W0274670

Volger/Laasch

Haustechnik

Grundlagen · Planung · Ausführung

Bearbeitet von

Professor Dipl.-Ing. Erhard Laasch
Fachhochschule Frankfurt am Main

7., neubearbeitete und erweiterte Auflage
Mit 914 Bildern, 203 Tafeln und 24 Beispielen

B. G. Teubner Stuttgart 1985

CIP-Kurztitelaufnahme der Deutschen Bibliothek

Volger, Karl:
Haustechnik : Grundlagen, Planung, Ausführung /
Volger ; Laasch. Bearb. von Erhard Laasch. –
7., neubearb. u. erw. Aufl. – Stuttgart :
Teubner, 1985.
ISBN 3-519-35221-4

NE: Laasch, Erhard [Bearb.]

Das Werk ist urheberrechtlich geschützt. Die dadurch begründeten Rechte, besonders die der Übersetzung, des Nachdrucks, der Bildentnahme, der Funksendung, der Wiedergabe auf photomechanischem oder ähnlichem Wege, der Speicherung und Auswertung in Datenverarbeitungsanlagen, bleiben, auch bei Verwertung von Teilen des Werkes, dem Verlag vorbehalten.

Bei gewerblichen Zwecken dienender Vervielfältigung ist an den Verlag gemäß § 54 UrhG eine Vergütung zu zahlen, deren Höhe mit dem Verlag zu vereinbaren ist.

© B. G. Teubner, Stuttgart 1985

Printed in Germany

Satz und Druck: Spandel-Druck, Nürnberg
Binderei: E. Riethmüller & Co., Stuttgart
Umschlaggestaltung: W. Koch, Sindelfingen

Vorwort

Die Bezeichnung „Haustechnik“ als Sammelbegriff hat sich seit Jahrzehnten für alle Maßnahmen eingebürgert, die der Ver- und Entsorgung eines Hauses dienen. Das umfaßt unter anderem die Trinkwasserversorgung, alle Energien zum Heizen, Lüften und Kühlen, zur Warmwasserbereitung, zum Betrieb von Starkstrom- und Fernmeldeanlagen, außerdem die Gebäudeentwässerung und die Hausmüllbeseitigung. Dabei stehen Anlagen in den hauswirtschaftlichen Arbeitsräumen und den der Körperpflege dienenden Sanitärräumen im Mittelpunkt. Der Schallschutz haustechnischer Installationen, Blitzschutzmaßnahmen sowie Aufzugsanlagen sind ebenfalls integrierte Teilgebiete der Haustechnik.

Die technische Ausrüstung bestimmt entscheidend den Gebrauchswert eines Gebäudes. Die verzweigten Leitungsnetze, die zahlreichen Geräte und Einrichtungsgegenstände, die zusammen schon im Mehrfamilienhausbau bis zu 20%, im Einfamilienhausbau bis zu 30% und bei Bürogebäuden bis zu 50% der gesamten Gebäudekosten ausmachen, können ihre vielfältigen Aufgaben zum größtmöglichen Nutzen aller im Haus wohnenden oder tätigen Menschen nur dann erfüllen, wenn auf ihre rechtzeitige Planung und auf ihren Einbau größte Sorgfalt verwendet wird. Dabei haben Auftraggeber und Architekt nicht nur den Bedarf zum Zeitpunkt der Planung zu berücksichtigen, sondern vorzusorgen, daß Ergänzungen und Erweiterungen der Anlagen, wie sie während der Benutzungsdauer der Gebäude aus der technischen Entwicklung und den ständig steigenden Ansprüchen zu erwarten sind, auch in Zukunft ohne kostspielige Eingriffe in das Gebäude möglich bleiben. Fehler in den haustechnischen Anlagen sind nachträglich meist nur schwer und unter hohen Kosten zu beseitigen.

Die haustechnischen Planungen des Architekten greifen in besonderer Weise in die Arbeitsgebiete anderer Ingenieure ein und erfordern deshalb eine rechtzeitige, enge und vertrauensvolle Zusammenarbeit mit den Sonderfachleuten, den zuständigen Energieversorgungsunternehmen und Behörden. Eine einwandfreie Lösung aller haustechnischen Aufgaben ist jedoch nur möglich, wenn die Koordinierung, verantwortliche Gesamtplanung und Überwachung der Ausführung alleinige Sache des Architekten bleiben. Hierbei hat er meistens unter verschiedenen konkurrierenden Energieformen und Ausführungsmöglichkeiten die beste Lösung zu finden und durchzusetzen. Auf der Baustelle muß er die Voraussetzung für eine sach- und fachgerechte Arbeit der Handwerker schaffen, die Ausführung aufmerksam überwachen und dabei die Arbeiten der verschiedenen am Bau tätigen Firmen aufeinander abstimmen. Der Architekt muß, ohne Spezialist auf den verschiedenen haustechnischen Einzelgebieten zu sein, ein solides Grundwissen über alle Möglichkeiten, Notwendigkeiten und Ansprüche der haustechnischen Einrichtungen und über die Elemente ihrer Planung und Ausführung besitzen. Ihm dabei behilflich zu sein, sich diese unerläßlichen Grundlagen anzueignen, hat sich dieses nunmehr in der 7. Auflage erscheinende Buch zur Aufgabe gesetzt.

Die „Haustechnik“ will vor allem der Ausbildung des hochbautechnischen Nachwuchses dienen und ist in bezug auf Umfang, Auswahl und Gliederung des behandelten Stoffes in erster Linie auf die Studienpläne der Fachhochschulen und Technischen Universitäten ausgerichtet. Die bisherige Erfahrung hat aber bestätigt, daß das Werk ebenso den Architekten und Bauingenieuren der Praxis im Büro und für die Baustelle ein nützliches Handbuch geworden ist.

Auch in der Neuauflage des Buches mußten Inhalt und Umfang im wesentlichen auf die haustechnischen Maßnahmen im Wohnungsbau begrenzt werden. Darüber hinausgehende, besonders wichtig erscheinende Themen konnten nur knapp behandelt werden. Sondergebiete, wie etwa die Haustechnik in Krankenhäusern oder Industriebauten, bleiben Spezialveröffentlichungen vorbehalten.

Trotz der gebotenen Beschränkungen wurde Wert auf größtmögliche Vollständigkeit sowie auf eine klare und anschauliche Darstellung des Stoffes gelegt, gestützt auf zahlreiche, das jeweils Wesentliche betonende Zeichnungen und unter bewußtem Verzicht auf Fotos. Dem Sonderfachmann vorbehaltene schwierige Berechnungen werden dem Architekten durch überschlägliche Ermittlungen anhand von Faustformeln oder Tabellen angeboten.

Die vorliegende 7. Auflage der „Haustechnik" wurde wiederum entsprechend dem fließenden Fortschritt der Technik, den Neuerungen behördlicher Vorschriften, den zahlreichen DIN-Normen und technischen Regeln in allen Abschnitten überarbeitet, teilweise erweitert oder völlig neu verfaßt.

In der vorliegenden Auflage wurden außerdem an jeweils geeigneter Stelle verbindliche Hinweise auf nunmehr über vierhundertfünfzig gültige Normen, Vorschriften und Richtlinien gegeben, die notwendige Arbeitsgrundlagen einzelner Teilabschnitte darstellen oder auch nur Einzelthemen haustechnischer Randgebiete berühren. Die wichtigsten „Technischen Regeln" sind zusätzlich am Ende jedes Einzelabschnittes aufgeführt. Die bei Abschluß des Buches noch nicht geltenden Entwurfsnormen wurden jedoch grundsätzlich nicht berücksichtigt.

Das Inhaltsverzeichnis wurde noch übersichtlicher gestaltet. Ein Abkürzungsverzeichnis am Schluß des Buches erklärt die im Baugeschehen gängigen und im vorstehenden Text häufig benutzten Kurzbezeichnungen. Schließlich sind hier auch die seit dem 1. 1. 1978 zu verwendenden internationalen Meßeinheiten in Umrechnungstafeln und Beispielen aufgeführt.

Anregungen, Vorschläge oder sachliche Kritik aus dem Leser- und Benutzerkreis, die zur weiteren Verbesserung dieses Werkes beitragen, werden vom Verlag und Verfasser aufmerksam berücksichtigt.

Bad Nauheim, im Frühjahr 1985 Erhard Laasch

Inhalt

1 Haustechnische Räume

2 Trinkwasserversorgung

3 Entwässerung

4 Schallschutz

5 Gasversorgung

6 Elektrische Anlagen

7 Blitzschutz

8 Wärmeversorgung

9 Einzelheizungen

10 Zentralheizungen

11 Lüftungsanlagen

12 Warmwasserbereitung

Hinweise auf DIN-Normen in diesem Werk entsprechen dem Stand der Normung bei Abschluß des Manuskriptes. Maßgebend sind die jeweils neuesten Ausgaben der Normblätter des DIN Deutsches Institut für Normung e. V. im Format A4, die durch den Beuth-Verlag GmbH, Berlin und Köln, zu beziehen sind. – Sinngemäß gilt das gleiche für alle in diesem Buch angezogenen amtlichen Richtlinien, Bestimmungen, Verordnungen usw.

1 Haustechnische Räume

Zu den Haupträumen einer Wohnung oder eines Wohnhauses, wie Wohn-, Eß- und Schlafzimmer, gehören je nach Größe des Grundrisses Wirtschafts-, Sanitär- und Sonderräume.

Nach ihrer Funktion werden unterschieden:

1. Wirtschaftsräume. Küche, Speisekammer, Kühlraum, Hausarbeitsraum, auch Gemeinschaftswaschraum und Trockenraum.

2. Sanitärräume. WC, Waschraum, Bad, Dusche, Hausschwimmbad, Sauna, auch Solarium und Gymnastikraum.

Eine richtige und sinnvolle Einfügung dieser Räume in den Gesamtgrundriß der Wohnung oder des Hauses bestimmt die Größe, Gestalt und innere Gliederung der Wirtschafts- und Sanitärräume.

Die einzelnen Räume werden durch die Tätigkeiten, die die Bewohner in ihnen verrichten, gegliedert. Dazu gehören die nötigen Einrichtungsgegenstände und eine zweckmäßige Geräteausstattung.

Durch den funktionell folgerichtigen und rationellen Arbeitsablauf in den Wirtschaftsräumen soll der unvermeidliche Arbeitsaufwand zur Bewirtschaftung eines Haushaltes tragbar bleiben.

Die Sanitärräume haben wesentliche Voraussetzungen dafür zu schaffen, daß alle Mitglieder einer Familie in ihrer Wohnung oder ihrem Haus behaglich und gesund leben können.

3. Sonderräume. Hausanschlußraum, Heizraum, Brennstofflagerraum, auch Übergabestation und Hausschutzraum.

Diese Räume gehören nach Erfordernis in jedes Einfamilienhaus, Mietwohnhaus oder Wohnheim.

1.1 Haushaltsküche

1.1.1 Planungsgrundlagen

Allgemeines. Die Küche ist nach DIN 18022 ein selbständiger Arbeitsraum, der in der Regel durch Fenster belichtet und belüftet wird.

Die Arbeitsküche mit mehreren Großgeräten erfordert 7 bis 10 qm Mindestgrundfläche. In diesem Raum sind alle Ausstattungs- und Einrichtungsteile für die Küchenarbeiten zusammengefaßt (**4**.1).

Zur Ausstattung gehören bauseits erstellte Teile, zur Einrichtung Möbel und Geräte, die vom Wohnungsnutzer eingebracht werden.

Die Arbeiten in der Küche umfassen die Arbeitsbereiche Vorratshaltung, Vorbereitung, Nahrungszubereitung sowie Spülen und Aufbewahren des Geschirrs (**2**.1).

Die Eßküche ist eine erweiterte Arbeitsküche mit Imbiß- oder Eßplatz und 10 bis 14 qm Mindestgrundfläche (**5**.1). Sie ersetzt damit jedoch nicht den nach DIN 18011 geforderten Eßplatz einer Wohnung.

Eine Kochnische ist mit 5 bis 6 qm Mindestgrundfläche Teil eines größeren Raumes, der durch Fenster belichtet und belüftet ist. Sie entspricht den hauswirtschaftlichen Anforderungen nur bedingt und kann ausnahmsweise in Kleinstwohnungen für höchstens 2 Personen angewendet werden (**2**.2).

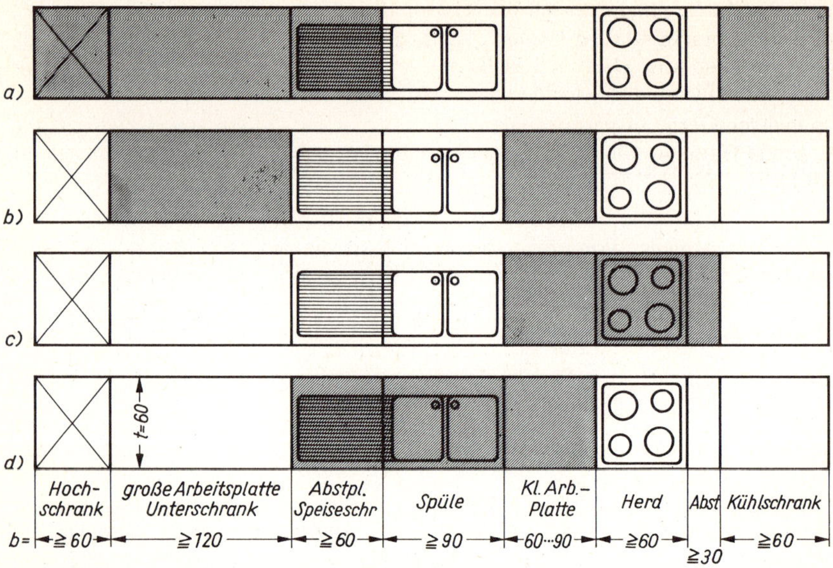

2.1 Arbeitszentren der Küche (nach DIN 18022) (M 1:50)
a) Aufbewahren
b) Vorbereiten
c) Kochen, Backen
d) Spülen

Raumzuordnung. Die Küche muß von Flur, Diele oder Eßplatz zugänglich sein. Küche und Eßplatz sollen dicht beieinanderliegen (**310**.1), wenn möglich in Sichtverbindung. Weiterhin muß die Küche dem Wohnungseingang nahe sein. Von ihrem Fenster soll man möglichst auch den Hauseingang und einen evtl. vorhandenen Kinderspielplatz überblicken können. Die Lage nach NO ist zum Schutz gegen zu starke Sonneneinstrahlung besonders günstig.

Grundrißtypen. Zur rationellen Erledigung aller Küchenfunktionen bieten sich vier Grundformen an:

Die einzeilige Küche, bei der alle erforderlichen Schränke und Geräte in einer Zeile aufgestellt sind. Dies kommt durchweg nur für Kochnischen mit ihren bescheidenen Anforderungen an Arbeits- und Abstellflächen in Frage (**2**.2). Die Stellfläche beträgt etwa 280 × 60 cm.

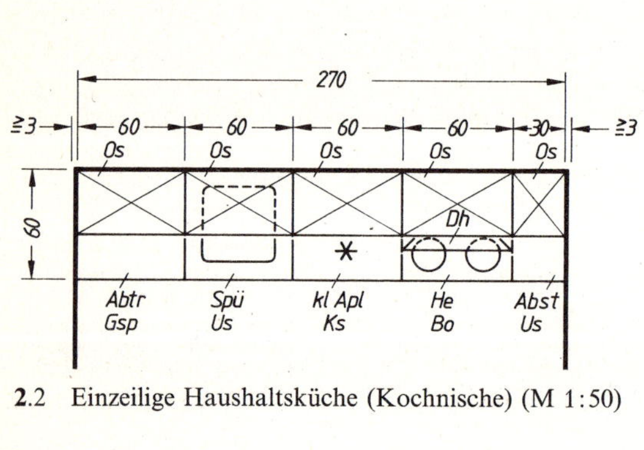

2.2 Einzeilige Haushaltsküche (Kochnische) (M 1:50)

Abst Abstellplatte
Abtr Abtropffläche
Apl Arbeitsplatte
klApl kleine Arbeitsplatte
grApl große Arbeitsplatte
Bo Backofen
Dh Dunstabzugshaube
Gs Gefrierschrank
Gsp Geschirrspüler
He Herd oder Kochmulde
Hs Hochschrank
Ks Kühlschrank
Os Oberschrank
Sps Speiseschrank
Spü Spüle
Us Unterschrank

Die zweizeilige Küche bietet so viel Wandlänge, daß alle angestrebten Arbeitsbereiche zweckmäßig untergebracht werden können. Nachteilig ist die oft nicht im Fensterbereich liegende große Arbeitsplatte. Diese Küchenform ist für die Mietwohnung mit Küchenbalkon üblich. Die Stellfläche beträgt etwa 610 × 60 cm.

Die mit dem meisten Gerät ausgestattete Zeile liegt an der Installationswand, während die gegenüberliegende Wand vor allem Schrankraum und zusätzliche Arbeitsflächen aufnimmt (**3**.1 und **310**.1).

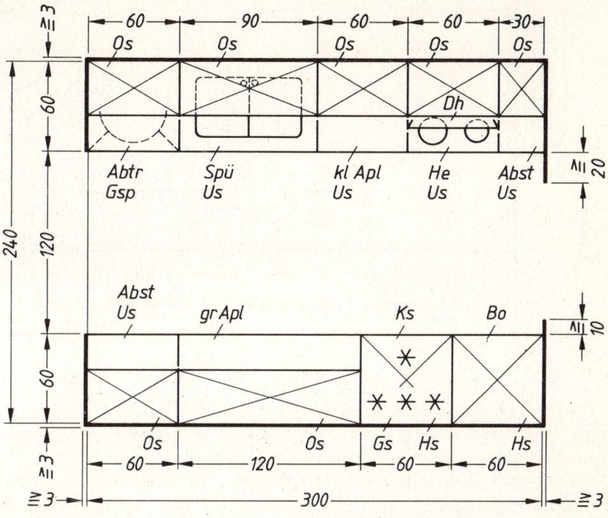

3.1
Zweizeilige Haushaltsküche
(M 1:50) (Erläuterung s. Bild **2**.2)

Die U-förmige Küche (**4**.1) ist eine stirnseitig verbundene zweizeilige Küche, die sich durch ihre günstigen Raumabmessungen zum praktischen Standardtyp entwickelt hat. Sie ist die Arbeitsküche mit der umlaufenden Arbeitsfläche. Die Stellfläche beträgt etwa 700 × 60 cm (Taf. **3**.2).

Tafel **3**.2 Empfohlene Stellflächen von Küchen in cm

Einrichtungen	Breiten
Herd oder Einbaukochmulde	60
Doppelbeckenspüle mit Abtropffläche	150
Geschirrspülmaschine	60
Back- oder Bratofen	60
Kühlschrank, Gefrierschrank oder Kühl-Gefrier-Kombination	60
Vorrats- oder Speisenschrank	60
Unterschränke (für Geschirr, Töpfe, Geräte, Trockenvorräte, Zubehör usw.), deren Abdeckungen gleichzeitig Vorbereitungs-, Arbeits- und Abstellflächen sind	240

Die L-förmige Küche (**5**.1) ist eine Arbeitsküche, deren Großgeräte und Schränke an zwei benachbarten Wänden angeordnet sind. Sie wird wegen ihrer ungünstigen Raumverhältnisse seltener geplant, meist als Kleinküche für Haushalte mit ein bis zwei Personen. Die Stellfläche beträgt etwa 580 × 60 cm, als Kleinküche mindestens 370 × 60 cm.

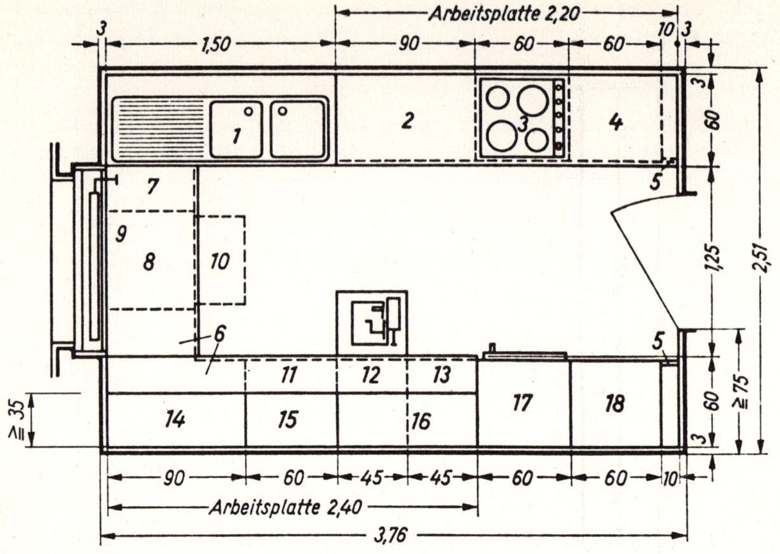

4.1 Beispiel einer U-förmigen Küche (M 1:50)

1 Doppelspüle 150/60 cm
2 Unterschrank mit Geschirrspüler, darüber kleine Arbeitsplatte
3 Elektro-Einbaumulde mit 4 Kochplatten
4 Unterschrank, darüber Abstellfläche
5 Paßstück
6 Eckschrank
7 Unterschrank 30/60 cm
8 Große Arbeitsplatte 125/60 cm
9 Heizkörper gem. Bild **24**.1
10 Arbeitsplatte, ausziehbar
11 Unterschrank 60/60 cm
12 Unterschrank 45/60 cm mit Allesschneider
13 Unterschrank 45/60 cm
14 Oberschrank 90/35 cm
15 Oberschrank 60/35 cm
16 Oberschrank 90/35 cm
17 Hochschrank 60/60/210 cm mit Einbau-Kühlschrank
18 Hochschrank 60/60/210 cm mit Einbau-Backofen

Der Arbeitsablauf ist nur durch längere Wege zu den einzelnen Arbeitszentren zu bewerkstelligen. Als Folge werden häufig Einrichtungsgegenstände eingespart.

Dieser Küchentyp ist jedoch geeignet, um einen Eckeßplatz einzurichten.

Einen Sondertyp stellt die U-Küche mit Kücheninsel dar. Sie wird bei ausreichendem Platz in der Küchenmitte als Koch-Spülinsel mit Arbeitsflächen eingeplant (**5**.2).

Eine Küche mit Eßplatz (**5**.1) erfordert je nach Ausstattung erheblich mehr Grundfläche als eine reine Arbeitsküche. Als Faustregel ist ein Raummehrbedarf von ca. 4,0 qm anzunehmen. Sie wird vom Bauherren gelegentlich als vollwertiger Eßplatz gefordert und dann auch zu jeder Mahlzeit benutzt. Hierzu gehört ein Tisch mit Stühlen oder Eckbank.

Der Imbißplatz in der Küche wird für das Frühstück oder gelegentliches Essen öfter miteingeplant. Es gibt ihn als Auszieh-, Ausschwenk- und Ansatztisch oder als Barplatte.

Auszieh- und Ausschwenktische werden mit einer Höhe von 70 bis 75 cm in einem Unterschrank verstaut. Sie sind 44 bis 54 cm breit und erfordern zusätzliche Bewegungsfläche für die Stühle.

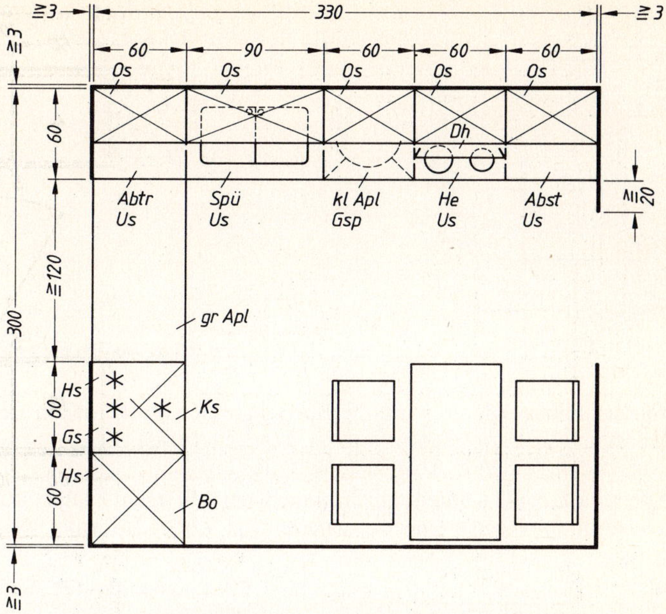

5.1 L-förmige Haushaltsküche mit Eßplatz (M 1:50)
(Erläuterung s. Bild **2**.2)

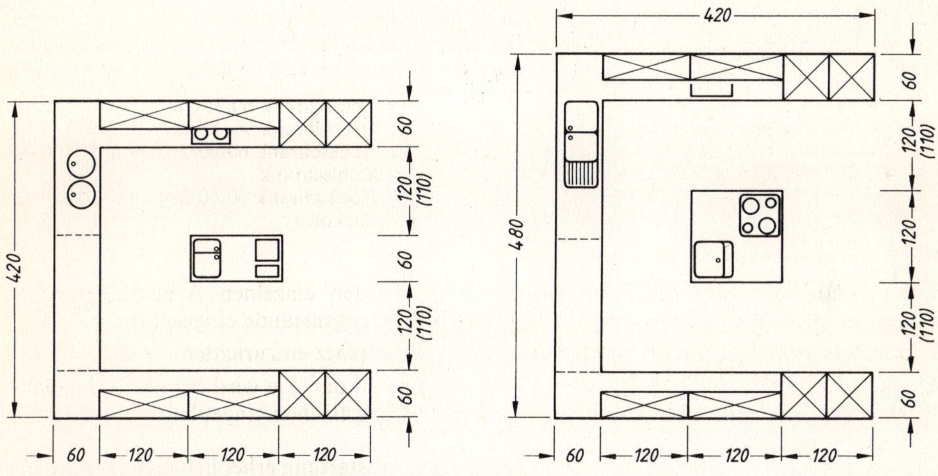

5.2 U-förmige Küchen mit Koch-Spülinseln (M 1:100)

Ansatztische werden mit ca. 40 cm Tiefe an freistehende Unterschränke angebaut und ergeben einen Imbißplatz für mehrere Personen (**6**.1).

Die ebenfalls ca. 40 cm tiefe Eßbar benötigt dagegen weniger Platz, da sie mit ca. 15 cm Überbau über dem Unterschrank angeordnet wird. Der Bartisch ist 110 bis 115 cm hoch, die Sitzhöhe der Barhocker 80 bis 85 cm (**6**.2).

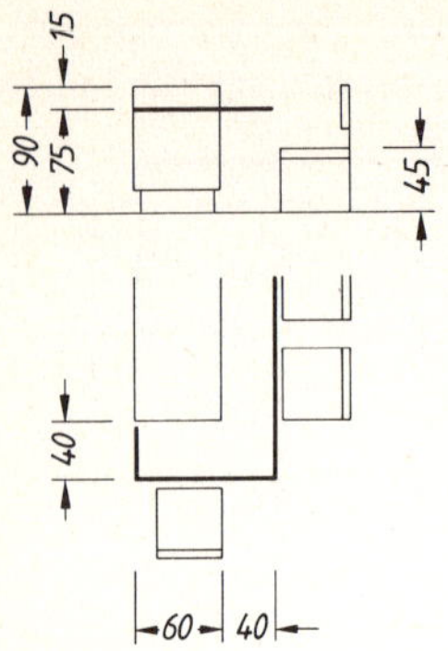

6.1
Imbißplatz als Ansatztisch (M 1:100)

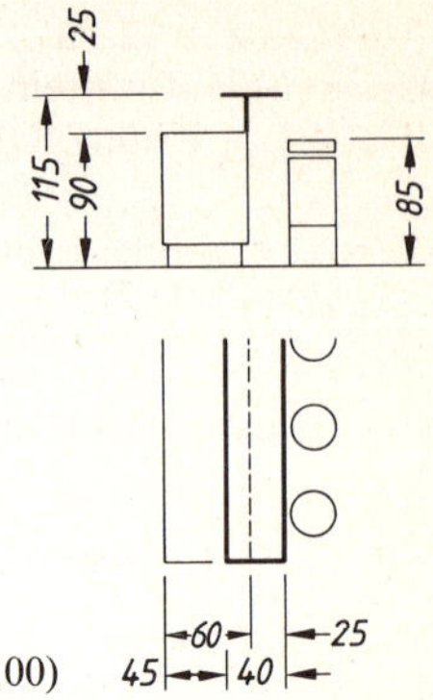

6.2
Imbißplatz als Bartisch (M 1:100)

Speisekammer. Heute wird die Speisekammer direkt neben der Küche wieder häufiger gefordert. Sie bietet dann Platz für Trockenvorräte, Frischvorräte und Einmachgut, oder ersetzt evtl. fehlende Abstellfläche in der Küche.

Speisekammern werden am rationellsten als rechteckiger Raum geplant und durch geschoßhohe Regale einzeilig, zweizeilig, U- oder L-förmig eingerichtet (**6**.3).

Der Raum sollte kühl und möglichst über ein Fenster zu belüften sein.

Ein Aufstellplatz für ein Gefriergerät oder einen Weinkühlschrank ist anzustreben.

Die Regaltiefen sind mit 30 bis 50 cm, die Verkehrsfläche davor mit 60 bis 90 cm einzuplanen.

Der direkte Zugang in die Speisekammer vom Küchenraum aus ist problematisch, da fast immer die durchlaufende Arbeitsfläche unterbrochen wird.

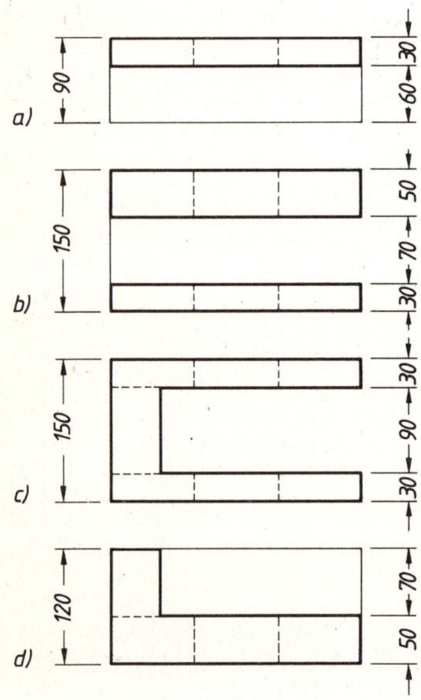

6.3
Speisekammer-Grundformen (M 1:100)

a) einzeilig
b) zweizeilig
c) U-förmig
d) L-förmig

1.1.2 Arbeitsbereiche

Der rationelle Arbeitsablauf, und damit die Reihung der einzelnen Arbeitsbereiche, ergibt sich im Normalfall für Rechtshänder von rechts nach links (**2**.1), für Linkshänder jedoch von links nach rechts (**14**.1).

In der Küche sind nachfolgende Arbeitsbereiche vorzusehen:

Aufbewahren (**2**.1a). Hierzu dienen Schränke zur Unterbringung von Geschirr, Töpfen, Geräten, Hilfsmitteln, Zubehör, Trockenvorräten usw. (Schrankraum nach Tafel **7**.1 und Bild **4**.1 in Unter-, Ober- und Hochschränken).

Tafel **7**.1 Küche, erforderliche Ausstattung und Einrichtung (nach DIN 18022 Tab. 1 und 2)

Ausstattungs- oder Einrichtungsteile	Abmessung[1]) cm *b*	*t*	Stellfläche[2]) cm *b*	*t*
Schränke für Geschirr, Töpfe, Geräte, Trockenvorräte usw.:				
Unterschränke[3])	≧ 120	60	≧ 150	60
Hochschränke in Wohnungen für				
höchstens 5 Personen	≧ 45	60	≧ 50	60
mehr als 5 Personen	≧ 90	60	≧ 100	60
Speiseschrank	≧ 60	60	–	–
Kühlschrank	nach Fabrikat	60	≧ 70	60
kleine Arbeitsplatte zwischen Herd (oder Einbaukochmulde) und Spüle	≧ 60[4])	60	–	–
große Arbeitsplatte	–	–	≧ 120	60
Herd mit Backofen (oder Einbaukochmulde)	nach Fabrikat	60	≧ 60	60
Abstellplatte am Herd	–	–	≧ 20	60
Doppelbeckenspüle	≧ 80[5])	60	–	–
Abstellplatten beiderseits der Spüle[6])	≧ 60	60	–	–

[1]) Bei bauseitigem Einbau
[2]) Bei Einbringung durch den Wohnungsnutzer
[3]) Die Anbringung von Oberschränken von gleicher Länge, 35 cm tief, muß möglich sein, evtl. an anderer Stelle
[4]) In größeren Wohnungen besser 90 cm
[5]) In Kochnischen auch Einfachspüle $b \geqq 40$ cm
[6]) Kleine und große Arbeitsplatte können hierfür ausgenutzt werden.

Bevorraten. Mit einem großen Platzbedarf ist für Frischvorrat, Kühlvorrat, Tiefkühlvorrat und Einmachgut zu rechnen. Die Unterbringung erfolgt im Kühlschrank, Gefrierschrank, Kühl-Gefrier-Kombination, auch im Speiseschrank als Unter- oder Hochschrank, der von außen oder vom Raum her durchlüftet sein muß.

Als gesonderter Aufbewahrungsraum kommen, neben der Küche angeordnet, Speisekammer (**6**.3), Kühlraum oder ein Raum mit Kühlzelle (s. Abschn. 1.1.4) in Frage.

Auch kann ein ausreichend bemessener, kühler und frostsicherer Raum z. B. im Keller eingeplant werden, der eine Speisekammer ersetzt. Die Aufstellung eines größeren Gefriergerätes, besser Schrank als Truhe, oder einer Kühlzelle ist hier sinnvoll.

Vorbereiten (**2**.1b). Hierzu dienen große und kleine Arbeits- und Abstellplatten (**4**.1, Taf. **7**.1 und **8**.1).

Eine kleine Arbeitsplatte von 60 oder 90 cm Breite zwischen Herd bzw. Einbaukochmulde und Spüle ist zum Anrichten der Mahlzeiten und Abstellen von gebrauchtem Geschirr anzuordnen. Sie ist Hauptvoraussetzung für einen zügigen Arbeitsablauf und bildet den Mittelpunkt der Küche.

Die große Arbeitsplatte, $\geqq 120$ cm breit, ist zur Vorbereitung raumaufwendiger Arbeiten z. B. Backen und Einkochen erforderlich. Sie sollte im Tageslichtbereich liegen.

Darunter ist gelegentlich in 65 cm Höhe eine Platte zum Arbeiten im Sitzen (**8**.1), $\geqq 60$ cm breit, als ausziehbare Arbeitsfläche angeordnet. Jedoch ist hier auf die richtige Stuhlhöhe zu achten.

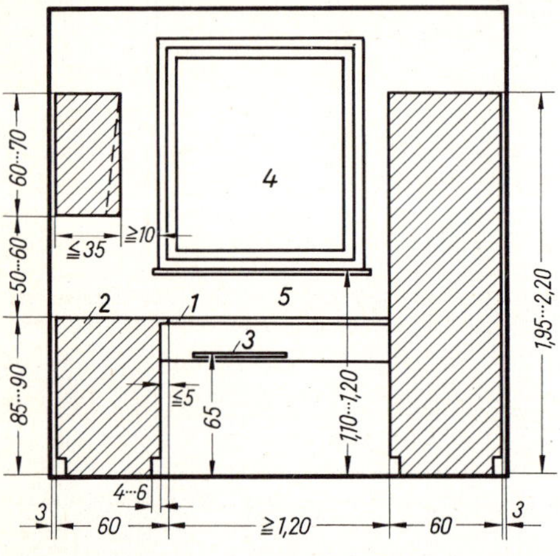

8.1
Einbaumaße von Kücheneinrichtungen (M 1:50)
1 Arbeitsplatte
2 Abstellplatte
3 ausziehbare Arbeitsplatte
4 Fenster
5 Raum für Gerät, Armaturen oder Geschirr

In diesem Küchenbereich ist auch die Unterbringung von Kochbuch, Haushaltsbuch, Radio, Kurzzeitwecker und Uhr zu empfehlen.

Eine Platte zum Aufstellen von Küchenmaschinen (s. Abschn. 1.1.4) und Geräten, $\geqq 60$ cm breit, meist in den Raumecken der hierfür als Tischfläche ausgebildeten Unterschrankabdeckungen, ist möglichst beiderseits im Anschluß an die große Arbeitsplatte vorzusehen.

Eine weitere Abstellplatte neben Herd bzw. Einbaukochmulde, 30 oder 60 cm breit, ist rechts anzuordnen.

Ebenso ist eine $\geqq 60$ cm breite Abstellplatte links neben der Spüle erforderlich.

Der Schrankraum unter den Arbeitsflächen ist für die zum Vorbereiten notwendigen Kleingeräte einzuplanen.

Die Aufteilung mit Einlegeböden, Drahtböden, Schubkästen, Einsätzen oder herausziehbaren Elementen ist genau zu überlegen.

Kochen, Backen (**2**.1c), auch Braten und Grillen. Als Koch- und Backeinrichtungen kommen der Herd mit Backofen, die Einbaukochmulde, Einbaubackofen, Heißluftherd und das Mikrowellen-Kochgerät in Frage. Alle Geräte werden für 60 auch 50 cm breite Stellflächen gebaut.

Neben dem Herd mit Backofen (**12**.2) bzw. der Einbaukochmulde (**13**.3) sind rechts und links der Kochstelle Abstellflächen von mind. 30 bis 90 cm als Arbeitsflächen vorzusehen (Taf. **7**.1).

Der darunterliegende Schrankraum ist für die Unterbringung von Töpfen und Kochgeräten einzuplanen. Oberschränke sollten links und rechts vom Herd Schüsseln, Gewürze und Kochzutaten griffbereit aufnehmen können.

Ein getrennt von der Einbaukochmulde in einem Hochschrank untergebrachter Einbaubackofen (**9**.1) ist am bequemsten zu bedienen.

Einbaubackofen und Mikrowellen-Kochgerät sind auch wahlweise als Einbaugeräte übereinander kombinierbar.

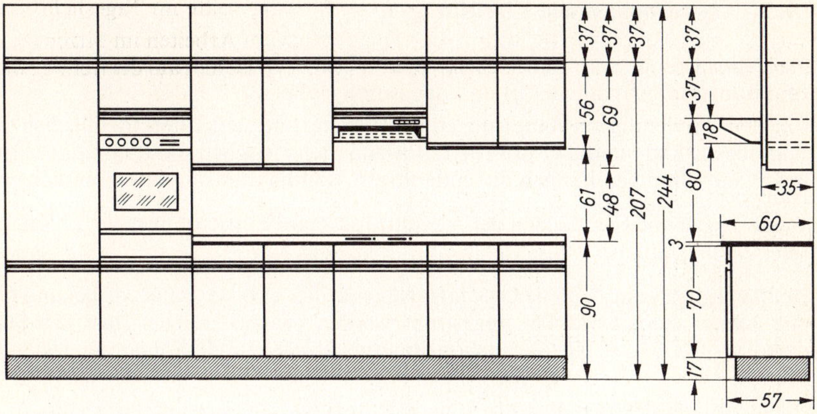

9.1 Einbauküche mit zusätzlichen Aufsatzschränken sowie hochgesetztem Einbau-Backofen, Herdmulde und Dunstabzugshaube über dem Herd (allmilmö)

Das Mikrowellengerät kann bei genügend Platz auch als Standgerät in Herdhöhe über Tisch untergebracht sein.

Über dem Herd ist eine mechanische Lüftung durch eine Dunstabzugshaube ratsam. Sie gibt es als Umluft- oder Abluftgerät (**20**.1) mit Fettfilter und Herdbeleuchtung.

Das Drehkippfenster im Herdbereich, ein Außenwandventilator oder eine Schachtlüftung sind mögliche Ersatzlösungen (s. Abschn. 1.1.5).

Die Kopfhöhe über dem Kochzentrum muß mindestens 65 cm über der Arbeitsplatte betragen.

Spülen. Als Spüleinrichtungen sind Einbeckenspüle oder Doppelbeckenspüle (**2**.1d und **16**.1b) und eine Geschirrspülmaschine (**17**.1) erforderlich.

Die Becken dienen der Reinigung von Geschirr, Besteck und Töpfen, auch für Gemüseputzzwecke.

Für Kleinküchen ist die Einbeckenspüle mit 60 cm breiter Stellfläche vorgesehen. Sie genügt evtl. auch, wenn ein Geschirrspülautomat vorhanden ist.

Die übliche Doppelbeckenspüle mit 90 cm breiter Stellfläche benötigt zusätzlich 60 cm Abtropffläche links (**4**.1) und 60 cm Abstellfläche für schmutziges Spülgut rechts.

Eine Geschirrspülmaschine sollte rechts oder links neben dem Spülbecken untergebracht werden (**4**.1).

Zum Aufbewahren des sauberen Geschirrs sind niedrige Oberschränke über dem Spülebereich sinnvoll, ein Behälter für Küchenabfälle sowie Spül- und Putzmittel unter dem Spülbecken angeordnet, selbstverständlich.

Die Kopfhöhe über dem Spülzentrum muß mindestens 65 cm über der Arbeitsplatte betragen.

Arbeits- und Abstellplatten. Sie sind 60 cm tief und haben nacheinander verschiedene Funktionen zu erfüllen. Dadurch ergibt sich von rechts nach links die gründsätzliche Reihenfolge des Arbeitsablaufes in den verschiedenen Bereichen (**4**.1):

Abstellfläche, Einbaukochmulde, kleine Arbeitsplatte, Doppelspüle, Abtropffläche, Abstellfläche, große Arbeitsplatte, weitere Abstellflächen über Unterschränken in freier Anordnung.

Auch die spiegelbildliche Anordnung, z. B. bei spiegelbildlichen Zweispännerwohnungen, ist möglich. Für Linkshänder ist die Anordnung der Arbeitsbereiche im Uhrzeigersinn besonders zu empfehlen.

1.1.3 Ausstattungen und Einrichtungen

Die Ausstattung und Einrichtung einer Küche richtet sich nach den vorgesehenen Funktionen (s. Abschn. 1.1.2) und der Raumgröße.

Von den notwendigen Abmessungen der Ausstattungsteile, den Stellflächen für Einrichtungsgegenstände und den geforderten Abständen zwischen diesen Einbauteilen, Wänden und Wandöffnungen hängen die endgültigen Raumabmessungen wesentlich ab.

Abmessungen und Stellflächen der Ausstattungs- und Einrichtungsteile für Küchen sind aus Tafel **7**.1 ersichtlich.

Stellflächen. Als empfohlene Gesamtstellfläche aller erforderlicher Möbel und Geräte sollte eine Länge von ca. 7,00 m angestrebt werden (Taf. **3**.2). Die Tiefe der Stellfläche ist grundsätzlich 60 cm, die Arbeitshöhe beträgt 85 cm, durch Anhebung des Sockels besser 90 cm.

Die benötigten Flächen werden je nach Raumeignung einzeilig, zweizeilig, in U- oder L-Form angeordnet (s. Abschn. 1.1.1).

Bei der Ermittlung der Stellflächen werden Türöffnungen, Wandvorsprünge, Schornsteine und Fenster unter 95 cm nicht mitgerechnet.

Die Brüstungshöhe von Küchenfenstern sollte mindestens 1,15 m betragen.

Abstände (Taf. **10**.1). Zur Benutzung und Bedienung der Kücheneinrichtungen sind zwischen ihrer Vorderseite und anderen Ausstattungs- und Einrichtungsteilen oder Wänden $\geqq$ 1,20 m Abstand erforderlich (**4**.1 und **8**.1).

Tafel **10**.1 Abstände zwischen Ausstattungen, Einrichtungen, Wänden und Wandöffnungen in cm (nach DIN 18022 Tab. 8)

Abstände zwischen	und	mind.
Seite und Rückseite von Ausstattungen und Stellflächen für Einrichtungen	Rohbauwänden	3
	Wänden, deren Rohbaumaße zugleich Ausbaumaße sind	–
Ausstattungen und Stellflächen für Einrichtungen	Türleibung auf der Schalterseite sonst	20[1]) 10
	Fensterleibung	10

[1]) Bei Stellflächen für Einrichtungen, deren Oberkante unter Schalterhöhe liegt, genügt ein Abstand von 10 cm.

Aus der zweifachen Tiefe der Geräte und Möbel von 60 cm und ihrem gegenseitigen Abstand von $\geqq$ 1,20 m ergibt sich eine Mindestbreite des Küchenraumes von $\geqq$ 2,40 m. Sie sollte möglichst nicht wesentlich überschritten werden.

In zweizeiligen Küchen kann der Abstand auf 1,10 m vermindert werden, wenn planerisch gesichert ist, daß sich auf einer Seite nur 85 cm hohe Teile befinden.

Bei L- und U-förmiger Anordnung können 85 bzw. 90 cm hohe Ausstattungs- und Einrichtungsteile an die Vorderkante einer Abstellplatte z. B. neben der Küchenspüle unmittelbar anschließen.

Möblierung. Küchenmöbel (**9**.1) sind heute ausschließlich Einbaumöbel, die von zahlreichen Firmen in großer Vielfalt hergestellt werden.

Küchenmöbel und Küchengeräte sind so gefertigt, daß sie sich nahtlos aneinanderfügen und so kombinieren lassen, daß ein fließender Arbeitsablauf gewährleistet ist. Dazu müssen ausreichende Bewegungsflächen zur Bedienung der Einbauschränke und Geräte vorhanden sein. Dies wird durch genormte Koordinationsmaße nach DIN 68901 für einheitliche Breiten, Tiefen, Höhen und Abstände sowie genormte Einbauöffnungen für Geräte erreicht.

Die genormten Möbelbreiten sind 30, 60, 90 und 120 cm. Sonderbreiten im 5-cm-Raster sind möglich. Die Schranktiefe beträgt, bis auf Oberschränke, einheitlich 60 cm.

Zu unterscheiden sind Unterschränke, Hochschränke, Aufsatzschränke und wandhängende Oberschränke (DIN 68881 T.1).

Unterschränke sind einschließlich der Arbeitsplatte 85, besser 90 cm hoch und haben einen 10 bzw. 15 cm hohen Sockel, der um mind. 5 cm eingerückt sein muß (**8**.1 und **9**.1).

Hochschränke werden in Abmessungen nach Wahl des Herstellers zwischen 195 und 220 cm Höhe (**8**.1) hergestellt, mit Aufsatzschränken bis 245 cm (**9**.1). Hochschränke sind besonders geeignet, um Großgeräte aufzunehmen.

Oberschränke haben eine Höhe zwischen 60 und 70 cm. Sie sind im Gegensatz zu allen anderen Möbeln $\leqq 40$ cm, besser nur $\leqq 35$ cm tief (**8**.1 und **9**.1).

Der Abstand zwischen Arbeitsplatte und Oberschrank-Unterkante soll 50 bis 60 cm betragen, über dem Koch- oder Spülzentrum jedoch mindestens 65 cm.

Nebeneinander stehende Unterschränke sind mit durchlaufenden, einheitlichen Arbeits- bzw. Abstellplatten abgedeckt. Sie werden zur Aufnahme von Einbaukochmulde oder Spülbecken nach Schablone passend ausgeschnitten.

1.1.4 Geräte

Sie können besonders in Altbauten zur bauseitig erstellten Ausstattung gehören oder vom Wohnungsnutzer eingebrachte Einrichtungen sein.

Unterbaugeräte, Einbaugeräte und notwendige Kleingeräte sind zu unterscheiden.

Unterbaugeräte sind mit einer Nennbreite von 60 cm, gelegentlich auch 50 cm, unter einer durchgehenden Arbeitsfläche integriert, billiger als Einbaugeräte, jedoch unbequemer zu benutzen.

Einbaugeräte mit gleichen Nennbreiten wie Unterbaugeräte haben den wesentlichen Vorteil, in arbeitstechnisch richtiger Höhe eingesetzt zu werden.

Kleingeräte benötigen möglichst festgelegte Aufstellplätze im Schrank oder auf der Arbeitsfläche.

Koch- und Backeinrichtungen. Zum Kochen, Backen, Braten und Grillen stehen folgende Geräte zur Auswahl: Herd mit Backofen, Einbaukochmulde, Einbaubackofen, Heißluftherd und Mikrowellen-Kochgerät. Sie lassen sich zwanglos mit allen übrigen Kücheneinrichtungen kombinieren.

Herd mit Backofen. Hierzu zählen Gas-Unterbauherd und Elektro-Unterbauherd. Sie dürfen nicht unmittelbar neben Hochschränken eingeplant werden.

Gas-Unterbauherde (**12**.1) sind Haushalt-Kochgeräte nach DIN EN 30 für Stadt-, Erd- und Flüssiggas mit Backofen und Grilleinrichtung.

Sie werden in einen Unterschrankkorpus eingebaut, haben 4, selten 3 Kochstellen und gelten als Gasgeräte, die keinen Schornsteinanschluß benötigen.

Wegen des Wasserdampfgehaltes der Abgase ist auf gute Entlüftung der Küche (s. Abschn. 11.3.2.2) besonders zu achten.

Die Herde können auch mit einem Heißluftbackofen ausgestattet sein.

Neuere Gasherde haben eine Kochfläche aus Glaskeramik (**13**.2b). Das geschlossene Kochfeld wird hier durch Infrarotstrahler beheizt.

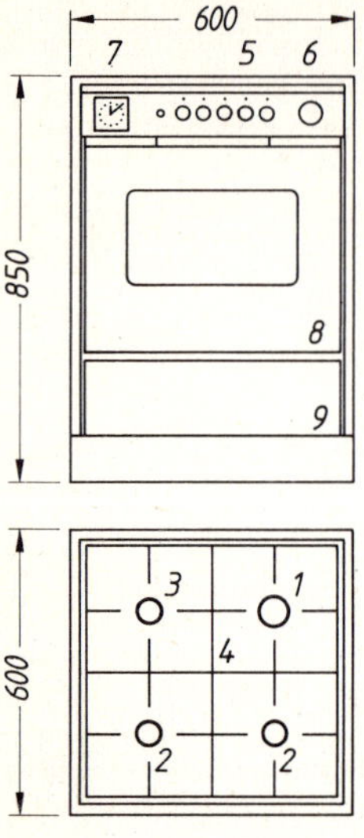

12.1
Allgas-Unterbauherd (Küppersbusch)
1 Starkbrenner
2 Normalbrenner
3 Garbrenner
4 Topfauflage
5 Armaturen
6 Klappdeckelsteckdose
7 Tageszeituhr mit Kurzzeitwecker
8 Backofen-Vollglasfront
9 Geschirrwagen

Elektro-Unterbauherde (**12**.2) müssen als Haushaltsherde mit Backofen und Grilleinrichtung den Anforderungen von DIN 44912 bis 44916 und 44927 genügen.

Sie werden ebenfalls für Unterschränke gebaut und haben 4 selten 3 nach DIN 44910 in Durchmesser oder Größe genormte Kochplatten (Tafel **13**.1).

Energiesparendes elektrisches Kochen setzt Spezialgeschirr mit plangeschliffenen Böden voraus.

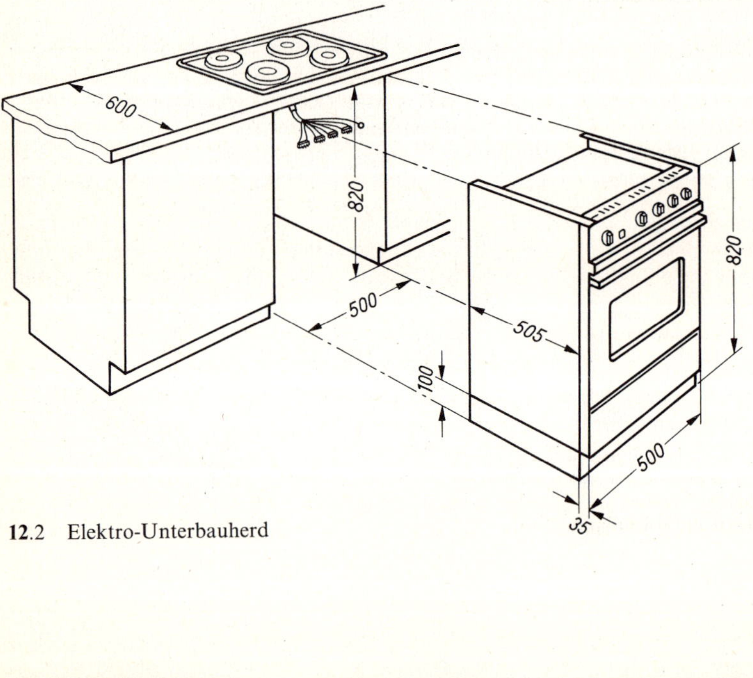

12.2 Elektro-Unterbauherd

Tafel 13.1 Nennaufnahme in W (bei höchster Schaltstufe) von elektrischen Herdkochplatten

Plattengröße in cm	14,5 ∅	18 ∅	22 ∅	30 ∅	40 ∅	30 □	40 □
Normalkochplatte	1000	1500	2000	2500	5000	2500	5000
Blitzkochplatte	1500	2000	2600	4000	–	4000	–

Einbaukochmulde. Sie gibt es als Gas- und Elektro-Herdmulde und dürfen nicht unmittelbar neben Hochschränken eingeplant werden.

Gas-Herdmulden (**13**.2) sind zum direkten Einbau in durchgehende Arbeitsplatten bestimmt.

Der notwendige Backofen wird getrennt als zusätzliches Einbaugerät in einem Hochschrank eingeplant (**9**.1).

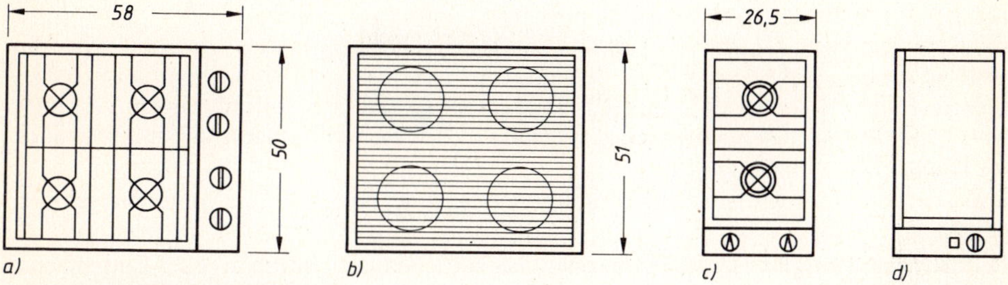

13.2 Allgas-Einbaukochmulden
a) Gaskochmulde
b) mit Glaskeramikkochfeld
c) und d) Gaskochmulden in Elementbauweise

Elektro-Herdmulden (**13**.3) werden wie Gas-Herdmulden in die Arbeitsplatte eingesetzt. Die Kochstelle kann aus Edelstahl oder Emaille und aus Glaskeramik sein.

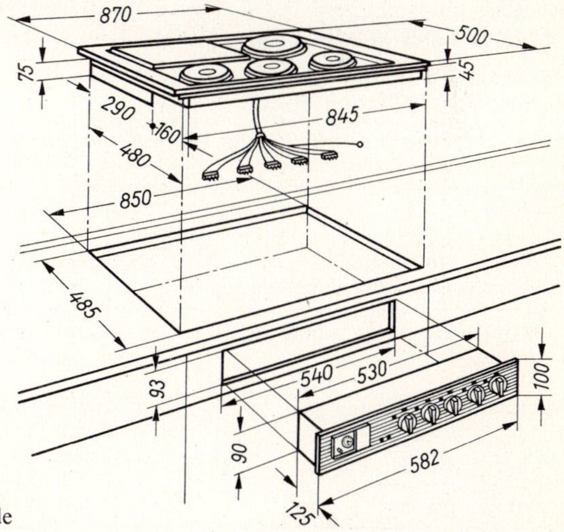

13.3
Elektroherd-Einbaumulde

Die Schalter nach DIN 44927 können von oben bedienbar im Gerät eingebaut oder in einem separat installierten Schaltkasten untergebracht sein (**13**.3). Gelegentlich werden Elektro-Herdmulden schon werkseitig in durchgehende Stahlabdeckungen integriert (**14**.1).

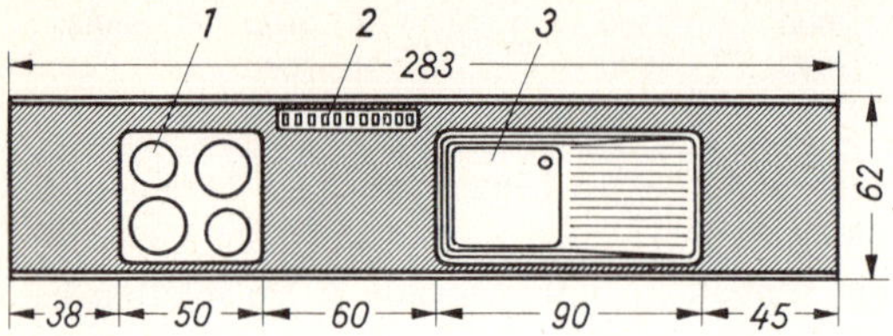

14.1
Arbeitsplatte für Linkshänder aus Chrom-Nickel-Stahl 18/8, mustergewalzt (M 1:50) (allmilmö)
1 Elektroherdmulde
2 Entlüftungsschlitz
3 Spülauflage

Einbaubackofen. Hierzu zählen Gas-Backofen, Elektro-Backofen und der Heißluftherd.

Gas-Einbaubacköfen sind Haushalt-Kochgeräte nach DIN EN 30 für Stadt-, Erd- und Flüssiggas mit Backofen und Grillbrenner.

Sie werden über Tischhöhe in Hochschränke eingebaut und benötigen als Gasgerät keinen Schornsteinanschluß.

Elektro-Einbaubacköfen (**9**.1) müssen als Haushaltsgeräte den Anforderungen von DIN 44913 und 44916 genügen und werden ebenfalls im Hochschrank eingesetzt. Sie gibt es auch als Doppel-Einbaubackofen.

Heißluftherd. Er wird auch als Umluftherd bezeichnet und stellt eine Weiterentwicklung des Backofens dar.

Das Heißluftgerät gibt es, mit Strom oder Gas betrieben, als Unterbau- oder Einbauherd.

Die Geräte arbeiten mit erhitzter Luft, die ein Gebläse ständig umwälzt. Dies verhindert ein Anbrennen des Brat- oder Backgutes. Die Backofenwände bleiben sauber, Brat- oder Backgerüche sind kaum wahrnehmbar. Außerdem kann auf 4 bis 5 Ebenen gleichzeitig gegart werden.

Mikrowellen-Kochgerät. Auch als Mikrowellenherd bezeichnet, stellt es eine Sonderbauart des Elektroherdes oder Elektrobackofens dar.

Das meist als Zusatzherd verwendete Gerät gibt es als frei aufstellbares Tischgerät, Unterbau- und Einbaugerät. Das letzte läßt sich gut mit anderen Einbaugeräten kombinieren.

Schnelles, sparsames, gesundes und praktisches Kochen sind die Vorteile dieses Gerätes.

Es taut Tiefkühlkost in Minuten auf.

Anschlußwerte für elektrische Koch- und Backgeräte s. Tafel **14**.2 und für Gasgeräte Tafeln **15**.1, **297**.1 und **302**.1.

Tafel **14**.2 Anschlußwerte für elektrische Koch-, Back-, Brat- und Grillgeräte

Gerät	Watt
Herd oder Einbaumulde	bis 12 000
mit Schaltkasten oder Einbaukochstelle	bis 10 000
Einbau-Backofen evtl. mit Wärmefach	bis 3 100
Doppel-Einbaubackofen	bis 6 000
Mikrowellen-Kochgerät	bis 2 500
Grillgerät	bis 1 900
Friteuse	bis 2 000
Elektrobratpfanne	bis 1 500

Tafel **15**.1 Anschlußwerte für gasbetriebene Koch-, Back-, Brat- und Grillgeräte

Gerät	kW
Allgasherd mit Backofen	bis 12,0
Einbau- oder Unterbauherd mit Backofen	bis 12,0
Einbaukochmulde mit 4 Kochstellen	7,5
Einbaukochmulde mit 2 Kochstellen	3,7
Starkbrenner	2,7
Normalbrenner	bis 1,8
Garbrenner	bis 1,2
Sparbrenner	1,2
Backofen oder Einbaubackofen	bis 3,7
Infrarotgrill	2,7
Gaskocher mit 1 Kochstelle	bis 1,8
Gaskocher mit 2 Kochstellen	bis 3,6

Spüleinrichtungen. Für Geschirr-, Topf- und Besteckwäsche, auch Gemüseputzzwecke, sind folgende Geräte zu unterscheiden: Spültisch, Einbeckenspüle, Doppelbeckenspüle und Geschirrspülmaschine.

Spültisch (**15**.2 und **16**.1a). Die 60 cm tiefen Spültischabdeckungen mit Schrankunterbauten werden als Einzelmöbel nur noch in Altbauten aufgestellt.

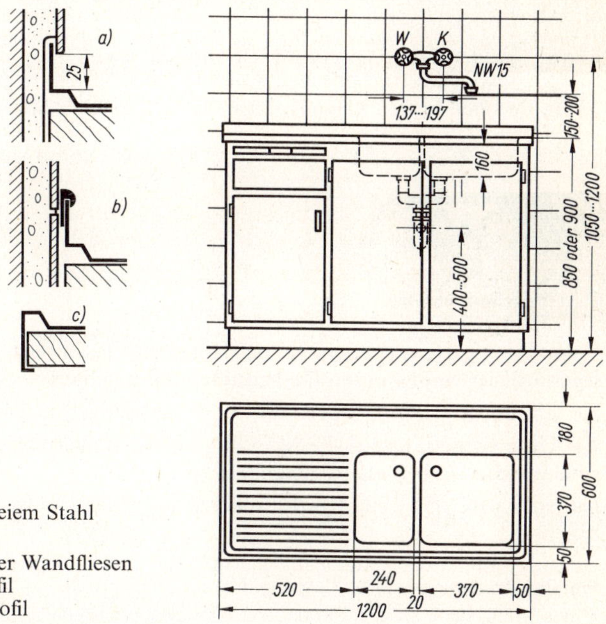

15.2
Spültisch mit Abdeckung aus rostfreiem Stahl (M 1:30, M 1:5)
a) Wandanschluß mit Stehbord unter Wandfliesen
b) mit Stehbord und Kunststoffprofil
c) vorderes und seitliches Beckenprofil

Einbeckenspüle. Sie genügt evtl. bei vorhandenem Geschirrspüler oder bei einzeiligen Küchen in Kochnischen.

Daneben gibt es selten verwendete einteilige Einbaumodelle aus glattem oder oberflächenbearbeitetem Edelstahl, die als Arbeitsfläche (**14**.1) gleichzeitig das Koch- und Spülzentrum großflächig verbinden.

Doppelbeckenspüle (**16**.1 b). Sie wird fast ausschließlich mit ca. 45 cm Tiefe, mit oder ohne seitlicher Abtropffläche, zum Einbau in Arbeitsplatten verwendet.

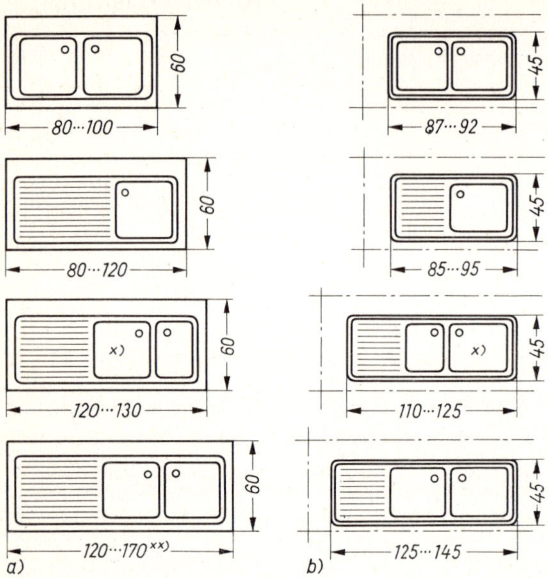

16.1
Spülabdeckungen aus Chrom-Nickel-Stahl 8/18, übliche Formen und Größen (M 1:50) (alle Maße sind Durchschnittsmaße in cm)
a) zum Auflegen auf Unterschränke
b) zum Einbau in Arbeitsplatten
x) Beckenanordnung auch spiegelbildlich
xx) Größen 160 und 170 zum Unterbau eines Geschirrspülers geeignet

Andere Spüleinrichtungen werden heute auch mit jeweils zwei getrennten runden oder ovalen, meist farbigen Spülbecken (**16**.2) geplant, wobei die Abtropffläche wegfällt.

Neben Edelstahl werden Keramik, Emaille und Kupfer als Material verwendet.

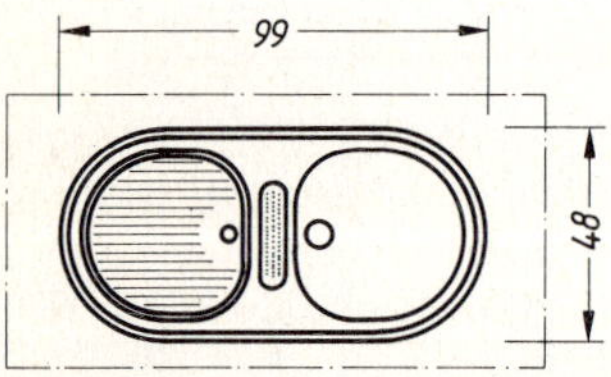

16.2
Einbauspüle mit Abtropffläche (für Schneidbretteinsatz) und Restebecken

Geschirrspülmaschine (**17**.1). Haushalt-Geschirrspüler sind in ihren Abmessungen standardisiert und werden für Frontbeladung gebaut.

Sie gibt es als Unterbau-, Einbau- und Auftischgerät, auch als Wandmodell.

Als Unterbaugerät wird die Maschine, meist in Verbindung mit dem Spülbecken, unter gemeinsamer Arbeitsplatte eingebaut (**4**.1).

Dagegen wird das Einbaugerät in der Mitte eines Hochschrankes arbeitsgünstig untergebracht.

Gängige Haushalt-Geschirrspülmaschinen haben ein Fassungsvermögen von 10 bis 14, Auftisch- und Wandmodelle nur von 5 bis 7 Maßgedecken.

Unter Maßgedeck ist die Zusammenstellung gängiger Porzellan- und Glasteile sowie Besteck zu verstehen. 10 Maßgedecke entsprechen dem täglichen Bedarf eines Vierpersonenhaushaltes.

Moderne Geschirrspüler werden von einem Mikroprozessor gesteuert. Sie arbeiten schonender und sparen Platz im Innenraum der Maschine ein.

Anschluß. Geschirrspüler werden bis 3500 W mit Steckdosen, darüber bis 4900 W durch Anschlußdosen montiert.

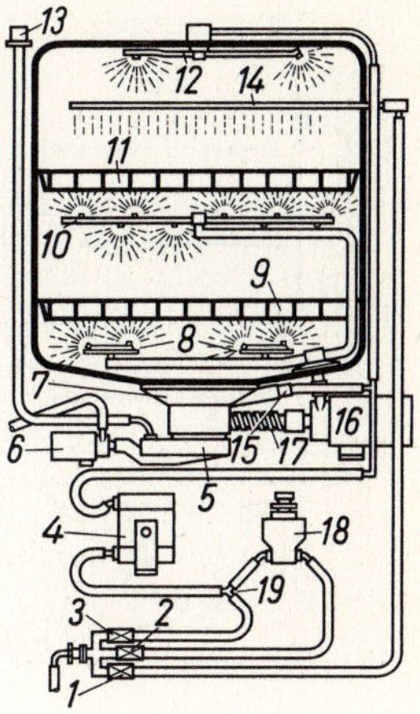

17.1
Geschirrspüler (Constructa)

1 Ventil 3 l/min: Frischwassereinlauf zum Entschwaden (14)
2 Ventil 2 l/min: Frischwassereinlauf zum Regenerieren des Enthärters (4) mittels Kochsalzlösung aus dem Salzgefäß (18)
3 Ventil 10 l/min: Frischwassereinlauf während des Spülvorganges über den Enthärter (4) zum oberen Sprüharm (12)
4 Enthärter
5 Staubehälter für Spülwasser
6 Ablaufpumpe für abzuführendes Spülwasser
7 Ablauftrichter für Spülwasser
8 untere Sprüharme
9 unterer Geschirrkorb
10 mittlerer Sprüharm
11 oberer Geschirrkorb
12 oberer Sprüharm
13 Doppelniveau-Membranschalter zur Regelung des Wasserstandes im Staubehälter
14 Entschwadung: Kaltwasser wird während des Geschirrtrocknens durch entlang der Behälterwände angeordnete Sprühdüsen auf diese gesprüht, so daß sich der Wasserdampf an den kalten Behälterwänden kondensiert und nicht beim Öffnen der Gerättür als Schwaden in den Raum tritt
15 Druckblende: ein Ventil, das das Frischwasser bei Einlauf über das 2-l-Ventil durch das Salzgefäß (18) zum Enthärter (4) leitet, bei Einlauf des Frischwassers über das 10-l-Ventil infolge des größeren Wasserdrucks aber den Zulauf zum Salzgefäß sperrt
16 Umwälzpumpe für Spülwasser
17 Heizung
18 Salzgefäß zum Enthärter (4) für 2 kg Kochsalz
19 Dreiwege-Rückschlagventil

Einrichtungen zur Aufnahme und Beigabe der Reinigungs- und Klarspülmittel sind nicht dargestellt.

Kühl- und Gefriereinrichtungen. Zur Vorratshaltung und zum Frischhalten von Lebensmitteln, Speisen und Getränken sind folgende Haushaltsgeräte zu unterscheiden: Kühlschrank, Gefrierschrank, Kühl-Gefrier-Kombination, Gefriertruhe und Kühlzelle.

Je nach den im Verdampferfach des Kühlgerätes erreichbaren Temperaturen unterscheidet man durch Sterne:

*	$\leqq -6\,°C$ („Eisfach"), Lagerung von Tiefkühlkost max. 3 Tage
**	$-12\,°C$ bis $-18\,°C$ („Frosterfach"), Lagerung von Tiefkühlkost max. 1 Woche
***	$-18\,°C$ und tiefer („Tiefkühlfach"), Lagerung von Tiefkühlkost max. 3 Monate

Kühlschrank. Hierzu zählen Stand-, Unterbau- und Einbaukühlschränke, auch die Kühlschranksäule. Die Stellfläche beträgt in der Regel 60 × 60 cm.

In ihnen werden Getränke gekühlt und verderbliche Lebensmittel und Speisen bei Temperaturen zwischen $+3\,°C$ und $+8\,°C$ aufbewahrt.

Kleine Elektro- und Gaskühlschränke bis 140 l Nutzraum arbeiten nach dem Absorberverfahren, die heute meist verwendeten Haushalt-Kühlschränke mit 150 bis 290 l Inhalt ($\geqq 50$ l je Person) nach dem Kompressionsverfahren (s. Abschn. 11.5.9.1).

Standkühlschränke (**18**.1) von 240 bis 290 l Nutzraum werden frei aufgestellt. Sie eignen sich für separate Speisekammern oder Kühlräume.

Unterbaukühlschränke, auch als Tischkühlschränke bezeichnet, von 150 bis 170 l Inhalt sind zur Aufstellung unter der Arbeitsplatte neben anderen Unterschränken vorgesehen.

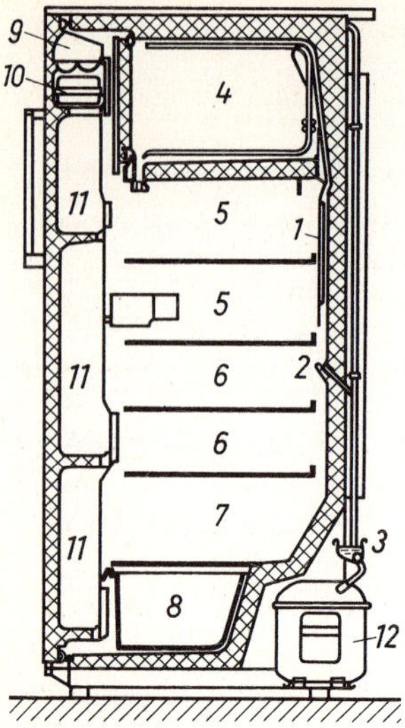

18.1
Stand-Kühlschrank (Bauknecht)

1 bis 3 Abtau-Vollautomatik
4 bis 8 Schrankfächer:
4 ***-Verdampferfach für Eiswürfel, Speiseeis und Tiefkühlkost
5 empfindliche Lebensmittel, wie Fleisch, Wurst, Fisch u. ä.
6 zubereitete Speisen, Inhalt geöffneter Konserven in Schalen od. dgl., Kuchen und anderes Gebäck
7 auf der Glasplatte: Getränke, Molkereiprodukte, bestimmte Räucherwaren, Halbkonserven mit Vermerk „kühl lagern"
8 Gemüseschale für Obst und Gemüse: eigene Feuchte kondensiert und hält Kühlgut frisch
9 bis 11 Türfächer
9 Eier
10 Butter und Käse
11 Gegenstände des täglichen Bedarfs, Milch und andere Getränke
12 Kälteaggregat

Einbaukühlschränke (**18**.2), im Hochschrankkorpus in Augenhöhe eingebaut, werden wegen ihrer praktischen Arbeitshöhe am häufigsten verwendet.

Kühl-Gefrier-Kombinationen, auch als Kühlschranksäulen bezeichnet, stellen die Kombination von oberem Kühl- und unteren Gefrierschrankteil dar (**18**.3). Sie füllen fast den Platz eines Hochschrankes ohne Aufsatzschrank aus.

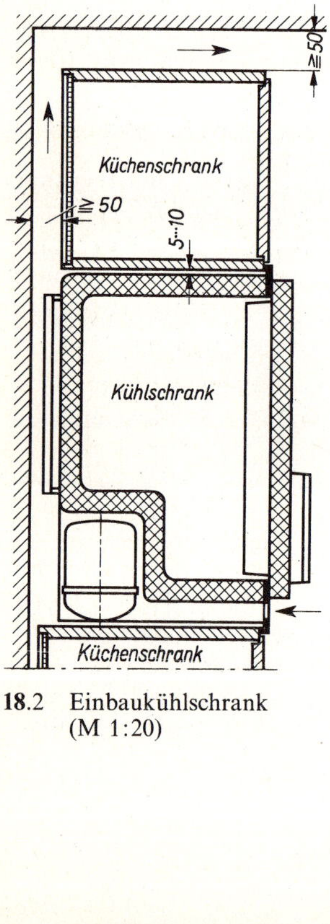

18.2 Einbaukühlschrank (M 1:20)

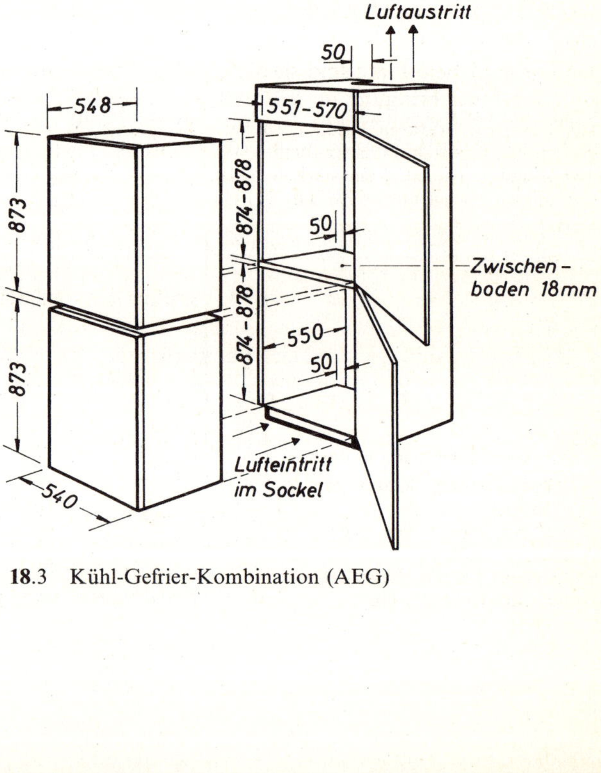

18.3 Kühl-Gefrier-Kombination (AEG)

Es gibt auch nebeneinander angeordnete Kühl-Gefrier-Kombinationen für die doppelte Unterschrankbreite.

Kühlschranktüren sind links oder rechts angeschlagen. Bei Kleinkühlschränken gibt es auch Modelle mit umsteckbaren Bändern.

Gefrierschrank. Hierzu rechnen Stand-, Unterbau- und Einbaugefrierschrank, auch die Kühlschranksäule (**18**.3). Die Stellfläche ist in der Regel 60 × 60 cm groß.

In diesen ***-Geräten werden frische Lebensmittel bei Temperaturen von −24 °C bis −35 °C eingefroren und bei Temperaturen von −18 °C bis −24 °C langfristig gelagert.

Gefrierschränke haben bis zu 500 l Fassungsvermögen (≧ 80 bis 100 l je Person).

Gefriergut und Tiefkühlkost lassen sich in von vorne zugänglichen Einzelfächern oder herausnehmbaren Drahtkörben übersichtlich lagern und leicht bedienen.

Standgefrierschränke werden frei aufgestellt. Sie sind zur Unterbringung in der separaten Speisekammer oder einem Kühlraum, auch im Vorratskeller geeignet.

Unterbaugefrierschränke werden wie Unterbaukühlschränke zunehmend in der größeren Haushaltsküche miteingeplant.

Einbaugefrierschränke als Einzelgerät im Hochschrankkorpus sind selten, vom Arbeitsablauf auch meist fehl am Platz.

Kühlschranksäulen oder Kühl-Gefrier-Kombinationen (**18**.3), aus unterem Gefrier- und oberem Kühlschrankteil bestehend, entwickeln sich dagegen, im Hochschrankkorpus untergebracht, zum Standardgerät. Sie haben einen Nutzinhalt von 230 bis 260 l.

Gefriertruhe. Truhen unterscheiden sich von Gefrierschränken ausschließlich durch ihre Form.

Gefriertruhen mit einem Nutzinhalt von 200 bis 500 l sind 85 bis 150 cm breit, 50 bis 60 cm tief und 85 bis 95 cm hoch. Sie eignen sich nicht zur Aufstellung in der Haushaltsküche, eher im Kühlraum oder im Vorratskeller. Gefriertruhen sind mit ihren Einsatzkörben unbequem zu handhaben und unübersichtlicher als Schränke.

Kühlzelle. Kühlzellen, auch als Frischhalte-Zellen bezeichnet, werden in verschiedenen Größen (**19**.1) aus vorgefertigten Elementen nach dem Baukastensystem im Raum zusammengesetzt.

Bei vorhandenem Platz sind sie als gekühlte Speisekammer für die große Etagenwohnung oder zur Unterbringung im Vorratskeller des Wohnhauses geeignet.

Die Innentemperaturen liegen etwa bei 0 °C bis +10 °C. Die Kühlzelle gibt es jedoch auch mit getrenntem Kühl- und Gefrierabteil. Das im Zellenraum oder außen angebaute Kühlaggregat arbeitet geräuscharm. Die ca. 6 cm starken rostsicheren Wandungen der Kühlzelle sind hochwertig isoliert, ebenfalls die ca. 60 cm breite Tür.

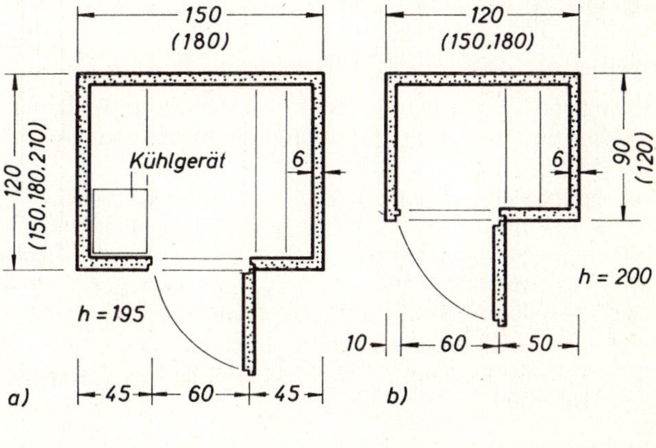

19.1
Kühlzellen-Außenmaße in cm
a) Kühlgerät im Raum (8 Größen)
b) Kühlaggregat außen angebaut (6 Größen) (Zellenhöhe mit Aggregat auf der Decke 230 cm)

Anschlußwerte. Die elektrischen Anschlußwerte betragen bei Kühlschränken max. 170 W, bei Kühl-Gefrier-Kombinationen max. 265 W und bei Gefriergeräten max. 270 W. Je nach Größe sind bei Kühlzellen 400 bis 750 W anzunehmen. Elektrische Kühl- und Gefriergeräte werden immer über Steckdosen angeschlossen.

Dunstabzugshauben. Zur Beseitigung von Wasserdampf, Fettpartikeln und Gerüchen in der Haushaltsküche gibt es Unterbau- und Einbaugeräte.

Beide Gerätetypen können als Abluft- oder Umluftgerät (**20**.1) geplant werden. Sie sind immer mit mindestens 65 cm Abstand über dem Kochbereich anzubringen.

Unterbaugerät (**20**.1). Es wird an der Wand oder unter einem Oberschrank befestigt. Der Absaugbereich wird durch einen nach vorne schwenkbaren oder herausziehbaren Wrasenschirm vergrößert.

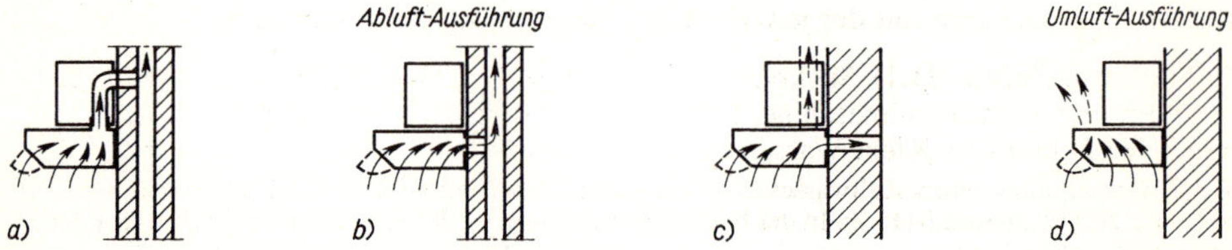

20.1 Dunstabzugshaube für Haushaltsküchen
a) Abzug nach oben mit Umleitungsblech in den Luftschacht
b) Abzug direkt nach hinten in einen Luftschacht
c) Abzug nach hinten direkt nach außen oder nach oben durch Decke und Dach
d) Umluftbetrieb mit auswechselbarem Filter

Einbaugerät. Es wird zwischen zwei Oberschränken in einem Oberschrankkorpus eingebaut und schließt frontbündig ab. Im Betrieb wird die Frontplatte als Wrasenschirm nach vorne geschwenkt.

Jedes Gerät ist mit Ventilator, Fett-Filter, Beleuchtung und Schaltern ausgestattet.

Als Abluftgerät verwendet (**20**.1a bis c), wird die Küchenluft entweder durch das Mauerwerk direkt oder in einen dafür vorgesehenen Luftschacht mit flexiblen oder starren Abluftrohren von 100 bis 200 mm ∅ ins Freie geleitet.

Als Umluftgerät verwendet (**20**.1d), werden keine baulichen Maßnahmen erforderlich. Das Gerät erhält dann ein zusätzliches Kohle-Geruchsfilter und hat dadurch eine etwas geringere Leistung. Die Filter sind alle 6 Monate zu reinigen oder auszutauschen.

Der elektrische Anschlußwert einer über Steckdose zu betreibenden Dunstabzugshaube kann bis 220 W betragen.

Weitere kleine mechanische Lüftungsanlagen sind unter Abschn. 11.3.2.2 beschrieben.

Kleingeräte. In der Haushaltsküche haben sie entweder einen festen Aufstellplatz, oder sie werden über ausreichend vorhandene Steckdosen an verschiedenen Arbeitszentren der Küche beweglich aufgestellt.

Die nachfolgend aufgezählten Küchengeräte sollten bei vorhandenem Platz und Ausstattungswünschen für die einzelnen Arbeitsbereiche weitgehend miteingeplant werden:

Nahrungszubereitung: Grillgerät, Friteuse, auch Elektrobratpfanne

Anrichten: Warmhalteplatte

Spülen: Handtuchtrockner, evtl. auch Abfallzerkleinerer oder Abfallpresse

Vorbereiten: motorische Kleingeräte: Küchenmaschine, Mixer, Handrührgerät, Kaffeemühle, Brotschneidemaschine, Entsafter, Allesschneider, auch Fleischwolf; thermische Kleingeräte: Toaster, Kaffeemaschine, Wasserkocher, Eierkocher und Waffeleisen.

1.1.5 Installationen

Die Planung der Küchen-Installationen für Kalt- und Warmwasser, Gas, Entwässerung, Strom, Heizung und Lüftung sollte möglichst vor Rohbauherstellung erfolgen.

Die Rohrinstallationen sind ausschließlich unter Putz vorzusehen, da mit Rücksicht auf einen unbehinderten Einbau der Einrichtungen die Küchenwände glatt sein müssen. Mauervorlagen für Schornsteine, Abluft- oder Rohrleitungsschächte können also nur zu den Nachbarräumen hin verspringen (s. auch Abschn. 2.5.4) oder in Zwischenwänden und Einbauten untergebracht werden.

Die Art, Anzahl, Anordnung und Lage der Installationen ist weitgehend von der Wahl der Kücheneinrichtung und der Geräte abhängig.

Dabei sind vor allem die Höhenlagen der Installations-Anschlüsse in bezug zur Oberfläche des fertigen Fußbodens (OKFF) entscheidend, zumal sie aufgrund der gewählten Geräte meist festliegt (**21**.1). Die Breitenmaße, als Abstandsmaße zu den umgebenden Wänden, sind dagegen mit der jeweiligen Küchenplanung neu festzulegen.

Kaltwasseranschlüsse (**21**.1). Sie kommen in Frage für Spültisch, Einbecken- oder Doppelbeckenspüle, Geschirrspülmaschine, Untertischspeicher (Taf. **786**.2), auch Kochendwassergerät (**787**.2) und Gas-Klein-Wasserheizer (Taf. **780**.2).

Alle Spülen erhalten einen Kaltwasseranschluß DN 15, stets auf der rechten Seite, selten noch als hochliegender Wandauslaß (**15**.2). In der Regel wird er über ein Eckabsperrventil im Unterschrank der Spüle hergestellt.

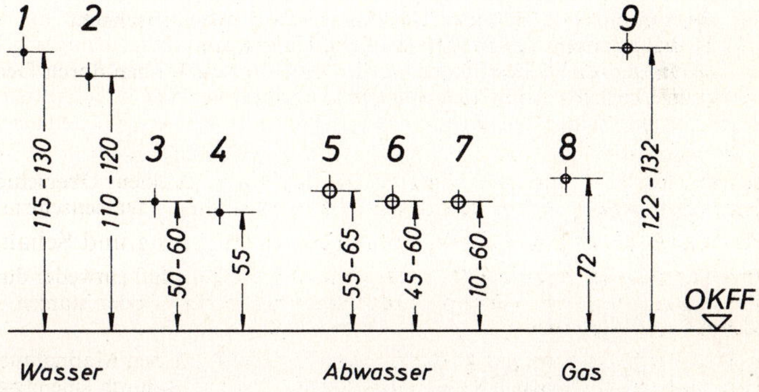

21.1 Montagemaße der Wasser-, Abwasser- und Gasanschlüsse für Haushaltsküchen in cm (M 1:40)
1 Kaltwasser-Zulauf für Elt-Kochendwassergerät und Gas-Kleinwasserheizer
2 Kaltwasser- (evtl. auch WW-)Zulauf für Spülbecken bei Wandarmaturen
3 Kaltwasser- (evtl. auch WW-)Zulauf für Spülbecken und Untertischspeicher
4 Kaltwasser-Zulauf für Geschirrspülmaschine
5 Wasser-Ablauf für Einbeckenspüle
6 Wasser-Ablauf für Doppelbeckenspüle
7 Wasser-Ablauf für Geschirrspülmaschine
8 Gas-Anschluß für Allgas-Herd oder Allgas-Einbaukochmulde
9 Gas-Anschluß für Kleinwasserheizer
(weitere Gas-Anschlüsse nach Herstellerangaben)

Der Wasseranschluß für den Geschirrspüler ohne DVGW-Zeichen erfolgt nach Bild **45**.2, jedoch mit DVGW-Prüfzeichen immer verdeckt vom Unterschrank der Spüle aus (**44**.1).

Der elektrische Untertischspeicher benötigt unter der Spüle, das elektrische Kochendwassergerät und der gasbetriebene Klein-Wasserheizer über der Spüle einen Kaltwasser-Wandanschluß (**21**.1).

Leitungsquerschnitte und Werkstoffe nach Abschn. 2.5.2, 2.5.3 und 5.1.2.

Warmwasseranschlüsse (**21**.1). Sie sind erforderlich für Spültisch, Einbecken- oder Doppelbeckenspüle.

Die Warmwasserbereitung kann zentral (Abschn. 12.3) oder durch örtliche WW-Bereiter (Abschn. 12.2) erfolgen.

Bei der zentralen WW-Versorgung endet die WW-Leitung als Warmwasseranschluß DN 15, stets auf der linken Seite, entweder noch als hochliegender Wandanschluß über dem Spültisch (**15**.2 und **793**.1) oder zeitgemäß verdeckt im Unterschrank der Spüle als Wandauslaß mit Eckabsperrventil.

Bei der örtlichen WW-Versorgung wird der elektrische Untertischspeicher direkt mit dem Spülauslauf über ein Anschlußrohr DN 10 verbunden (**785**.2). Bei Doppelbeckenspülen werden 10-Liter-, bei Einbeckenspülen 5-Liter-Geräte mit 2 kW Anschlußwert verwendet.

Das elektrische Kochendwassergerät (**787**.2) und der Gas-Klein-Wasserheizer (Taf. **780**.2) hängen über der Spüle, sind mit einem Schwenkauslauf versehen und benötigen daher keinen WW-Wandanschluß.

Der örtlichen WW-Versorgung sollte in Zukunft aus Gründen der Energieersparnis Vorrang eingeräumt werden.

Gasanschlüsse (**21**.1). Sie können erforderlich werden für Unterbauherd, Herdmulde, Einbaubackofen, Umluftherd, auch Gaskühlschrank und Klein-Wasserheizer.

Anschluß-Rohrweiten, Werkstoffe, sowie feste und lösbare Geräte-Anschlüsse sind in den Abschn. 5.1.2 und 5.1.5.1 beschrieben. Alle aufgezählten Gasgeräte benötigen keinen Abgasschornstein.

Entwässerungsanschlüsse (**21**.1). Sie sind notwendig für Spültisch (**15**.2), Einbecken- oder Doppelbeckenspüle und Geschirrspülmaschine.

Einbecken- bzw. Doppelbeckenspüle (**22**.1) werden unterseitig über einen einfachen bzw. doppelten Geruchverschluß DN 40 oder DN 50 (s. auch Abschn. 3.4.10) an die in der Wand liegende Entwässerungsleitung DN 50 (Taf. **192**.1) im Unterschrankbereich angeschlossen. Der rechts oder links der Spüle angeordnete Geschirrspüler wird im Unterschrank der Spüle mit einem seitlichen Anschlußstutzen am Geruchverschluß der Spüle mit angeschlossen (**22**.1). In Altbauten kann das Abwasser der Geschirrspülmaschine auch über einen Schlauch z. B. in einen Küchenausguß gepumpt werden (**45**.2).

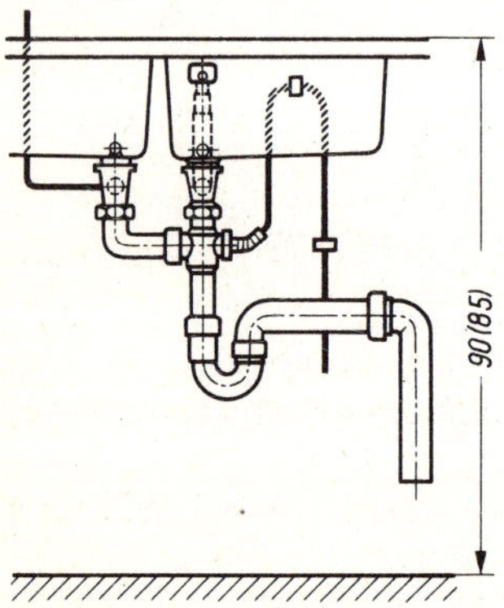

22.1
Fertigablauf aus Polypropylen (PP) weiß, zweiteilig für Doppelspüle, mit Stopfenablaufventilen DN 40 und einem Überlauf, Gummistopfen und Kugelketten, Anschluß DN 25 für Leckwasser und Anschluß DN 25 mit Winkelschlauchtülle für Geschirrspülmaschine oder Waschmaschine; Abgangsrohr DN 50 (M 1:20)

Elektroanschlüsse (**23**.1). Die Vielzahl der Geräte-Anschlüsse, Steckdosen und Beleuchtungseinrichtungen erfordern einen Installationsplan (**310**.1), meist im Maßstab 1:50, gelegentlich eine Innenperspektive (**316**.1) oder eine komplette Innenwandabwicklung der Küche.

Die Höhenmaße der Anschlüsse in bezug zur Oberfläche des fertigen Fußbodens (OKFF) zeigt Bild **23**.1.

Es werden evtl. nachfolgende Elektroanschlüsse notwendig:

20 cm über OKFF Anschlußdosen für Unterbauherd und Unterbaubackofen

30 cm über OKFF Anschlußdosen für Unterbau- und Einbau-Geschirrspüler, Steckdosen für Einbau-Gefrierschrank, Kühl-Gefrier-Kombination, Unterbau-Kühlschrank, Müllpresse, Handtuchtrockner, Warmwasserspeicher und eingebauten Allesschneider

60 cm über OKFF Anschlußdosen für Kochmulde oder Kochfeld mit Schaltkasten, Doppel-Einbaubackofen und Mikrowellen-Kochgerät

115 cm über OKFF Steckdosen für Einbau-Kühlschrank, Kühl-Gefrier-Kombination und Mehrfach-Wandsteckdosen über Arbeits- und Abstellplatten

135 cm über OKFF Steckdosen oder Wandauslässe für Arbeitsplatzbeleuchtungen, Kochendwassergerät und unter dem Oberschrank hängenden Schaltkasten für Kochmulde oder Kochfeld

165 cm über OKFF Wandauslässe für Arbeitsplatzleuchten über Spül- und Kochzentrum sowie für Unterbau- und Einbau-Dunstabzugshaube

215 bis 225 cm über OKFF evtl. Steckdosen über den Schränken.

Die über den Hoch- oder Oberschränken verlegten Steckdosen sind für hocheingebaute Geräte von Vorteil, da sie bequem angeschlossen und leicht vom Leitungsnetz getrennt werden können.

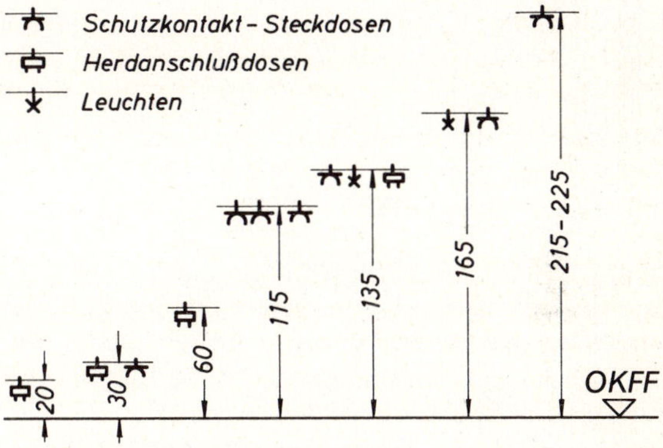

23.1 Höhenmaße von Elektroanschlüssen für Haushaltsküchen in cm (M 1:50)

Die Breitenmaße sind von der Küchenplanung abhängig und jeweils genau festzulegen.

Geräte mit einem Anschlußwert bis 3500 W werden über Steckdosen trennbar angeschlossen, größere Stromverbraucher grundsätzlich fest über Anschlußdosen.

Beleuchtung. Es ist für eine helle Allgemeinbeleuchtung durch Tageslicht und künstliches Licht unter Vermeidung von Körperschatten zu sorgen.

Einzelheiten über die Elektroinstallation in Abschn. 6.1.3, über die elektrische Beleuchtung in Abschn. 6.3.4.3.

Heizung. Küchen müssen nach DIN 4701 (s. Abschn. 8.3.1) mit einer Raumtemperatur von + 20 °C (Taf. **478**.1) ausreichend beheizt werden.

Dies kann örtlich oder zentral erfolgen.

Als örtliche Heizeinrichtungen kommen mit festen Brennstoffen, Öl, Gas oder Strom betriebene Zusatz- oder Heizungsherde, auch Wandheizgeräte in Frage.

Bei gasversorgten Neubauten sind Gasheizgeräte einsetzbar, die als Unterbau-, Einbau- und sogar Oberschrankheizgerät maßgerecht und frontbündig in die Küchenmöblierung mit einbezogen werden können.

Elektrische Speicherheizgeräte als Einbaugeräte (s. auch Abschn. 9.5.2) unter dem Fenster gibt es ebenfalls in genormten Größen und verschiedenen Bautiefen.

Bei zentral beheizten Küchen wird die Heizfläche meist innenwandbündig in der Fensternische angeordnet (**24**.1).

Als Heizflächen sind Radiatoren oder richtig eingebaute Konvektoren (**670**.1) gut geeignet.

Lüftungsgitter oder Schlitze in der Arbeitsplatte müssen eine optimale Luftzirkulation ermöglichen, Heizkörperthermostate (**659**.2) gut zugänglich und bequem zu bedienen sein.

Die waagerecht oder senkrecht ankommenden WW-Vor- oder Rücklaufleitungen sind in Verbindung mit evtl. notwendigen Wandschlitzen (**655**.1) rechtzeitig zu planen.

Alternativ kommen als zentrale Heizungen auch Fußbodenheizungen (s. Abschn. 9.5.3 oder 10.1.2.5) in Frage.

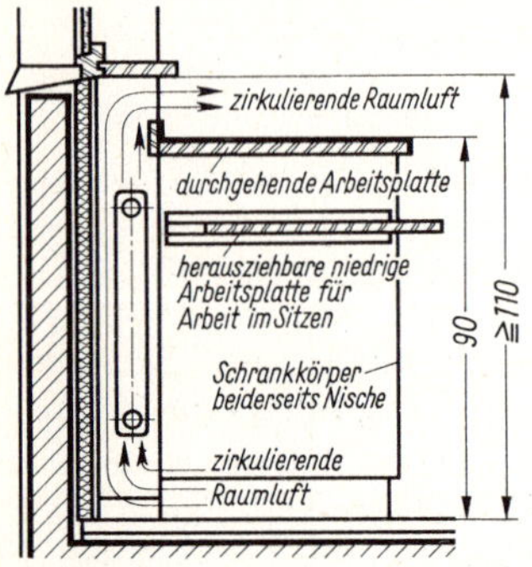

24.1
Heizkörper, in der Fensternische einer Küche eingebaut (M 1:30)

Lüftung. Um ein angenehmes und gesundes Raumklima zu erreichen, ist in der Küche eine ausreichende, zugfreie und regelbare Be- und Entlüftung erforderlich. Ein 6- bis 12facher Luftwechsel pro Stunde bei einer Luftfeuchtigkeit von 40 bis 60% ist wünschenswert.

Als mögliche Anlagen sind die natürliche Lüftung (Abschn. 11.3.1) und die mechanische Lüftung (Abschn. 11.3.2) zu unterscheiden.

Zur natürlichen Lüftung zählen die Fensterlüftung und die Schachtlüftung.

Die Fensterlüftung, über ein Drehkippfenster oder einen im Fenster eingebauten Lüftungsschieber, ist in vielen Fällen noch ausreichend.

Besser sind Luftschächte oder Kamine mit ausreichender Schachthöhe, da die Luft dann auch bei geschlossenem Fenster erneuert werden kann.

Als mechanische Lüftungen sind Außenwandventilator (**733**.1), Schachtventilator (**732**.1) und die Dunstabzugshaube (**20**.1) geeignet.

Durch die Verwendung von Ventilatoren wird die Lüftung weitgehend regelbar.

Ventilatoren können in Fenstern, Außenwänden, Decken und Schächten eingeplant werden. Sie saugen die Küchenluft aus dem Raum ab, wobei Luft aus den angrenzenden Räumen nachströmt.

Kochnischen erfordern immer einen Ventilator.

Dunstabzugshauben werden für Umluft- oder Abluftbetrieb eingesetzt (s. Abschn. 1.1.4). Sie sind möglichst über dem Kochzentrum anzubringen und im Abluftbetrieb mit der Außenluft zu verbinden.

Die gefilterte Abluft wird über flexible oder starre Abluftrohre von 100 bis 200 mm ∅ direkt ins Freie oder in einen dafür vorgesehenen Schacht geleitet.

1.1.6 Maßnahmen für Behinderte

Die Normen, Richtlinien und Gesetze unterscheiden Schwerbehinderte (Rollstuhlbenutzer, Blinde und wesentlich Sehbehinderte) sowie Behinderte und alte Menschen.

Die Zahl der Körperbehinderten in der Bundesrepublik wurde 1980 auf 2 Millionen geschätzt, darunter 330000 Rollstuhlbenutzer.

Behinderung ist ein Teil des Lebenslaufes. Behinderte müssen integrierter Bestandteil unserer Gesellschaft bleiben. Integration bedeutet, den Behinderten nicht zu isolieren, sondern ihn in den eigenen vier Wänden selbständig zu machen.

Dies ist nur möglich, wenn Räume, Ausstattungen, Möbel, Geräte, Installationen und Hilfsmittel so funktionsrichtig und dauerhaft gestaltet sind, daß der Behinderte weitgehend von fremder Hilfe unabhängig ist.

Die Fähigkeit, die Essenzubereitung selbst vornehmen zu können, zählt gerade bei behinderten Menschen zu den wesentlichen Merkmalen für die selbständige Haushaltsführung.

Nachfolgend behandelte Maßnahmen für Behinderten-Küchen gelten im wesentlichen den Rollstuhlbenutzern.

Wohnungen für Blinde und wesentlich Sehbehinderte sind ein seltener Sonderfall für den Planer.

1.1.6.1 Planungsgrundlagen

Küchenarten. DIN 18022 unterscheidet je nach Verwendung nur zwei Küchentypen, die Küche und die Kochnische.

Daneben gibt es die sogenannte Eßküche, eine Kombination aus Arbeitsküche und Imbiß- oder Eßplatz (s. Abschn. 1.1.1).

Seit Erscheinen der DIN 18025 müssen Küchen für Rollstuhlbenutzer und Blinde in Grundrißtypen eingeplant werden, die sich in Größe und Ausstattung von Normalküchen wesentlich unterscheiden.

Die Küchengröße wird durch den Platzbedarf des Rollstuhlfahrers bestimmt.

Der Mindestplatzbedarf des Rollstuhles für Wendemanöver nach DIN beträgt 140 × 140 cm. Flächen mit 140 × 160 cm oder 160 × 160 cm sollten jedoch angestrebt werden (**25**.1).

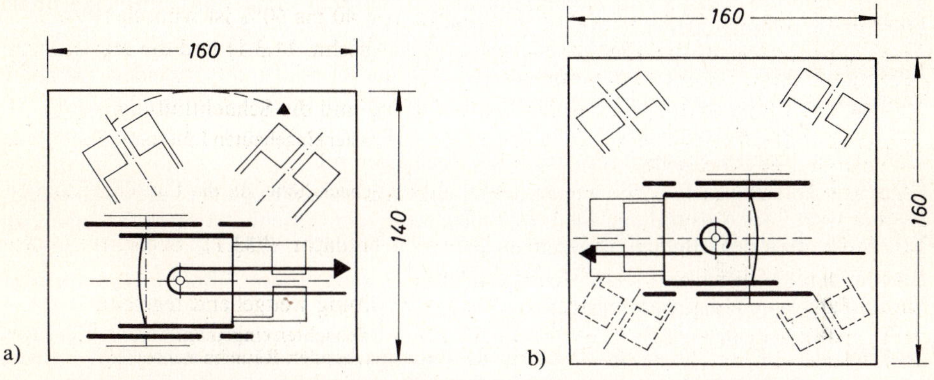

25.1 Mindestplatzbedarf beim Wenden (abweichend von DIN 18025 T. 1) (M 1:40)
a) Bewegungsfläche beim Wenden um 180°
b) Bewegungsfläche beim Wenden um 360°

Grundrißtypen. Hinsichtlich der Anordnung der Möblierung sind zunächst, wie bei Haushaltsküchen, einzeilige, zweizeilige, U-förmige und L-förmige Küchen zu unterscheiden (s. Abschn. 1.1.1).

Bei der Planung der Behinderten-Küche muß jedoch zusätzlich zwischen offener und geschlossener Küche entschieden werden.

Offener Küchentyp (**26**.1). Ein offener Küchenbereich (auch Kochnische oder Kochabteil) bietet in vielen Fällen klare Vorteile gegenüber der abgeschlossenen Küche.

Die Sicht- und Sprechverbindung zu Eßplatz und Wohnraum, die zweiseitige Nutzbarkeit von Schrankteilen sowie die Wegersparnis beim Tischdecken und Abräumen sind günstig zu bewerten. Die auftretende Geruchbelästigung kann jedoch besonders in Einraumwohnungen unangenehm sein. Eine wirksame Dunstableitung ist immer miteinzuplanen.

Die DIN empfiehlt in Wohnungen für 1 Person die Anordnung der Küche als ein dem Wohnraum angeschlossenes Kochabteil. Andernfalls ist in der Küche zusätzlich ein Platz zur gelegentlichen Einnahme von Mahlzeiten erforderlich.

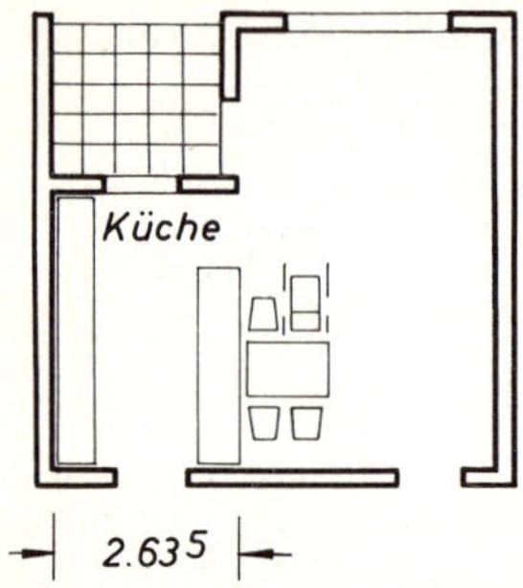

26.1 Offene Küche mit angrenzendem Eßplatz (M 1:200)

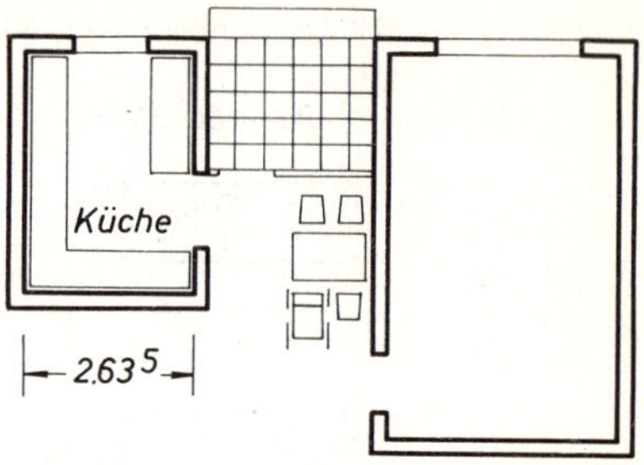

26.2 Geschlossene Küche mit nebenliegendem Eßplatz (M 1:200)

Geschlossener Küchentyp (**26**.2). Bei der geschlossenen Küche (Kochküche, Arbeitsküche) sollte die Verbindung zu Eßplatz und Wohnraum mindestens über eine breite Durchreicheöffnung oder eine direkte Schiebetür eingeplant werden.

Raumzuordnung. Eine abseitige Lage der Behinderten-Küche ist zu vermeiden. Sie sollte möglichst zentral in der Wohnung angeordnet werden.

Die Küche muß außerdem direkt vom Flur oder Eßplatz zugänglich, die Wege zum Eingang und zu den anderen Räumen möglichst kurz bemessen sein.

Eßplatz (**26**.1 und 2). Die Zuordnung des Kochbereiches zum Eßplatz ist die naheliegendste und wichtigste Verbindung. Damit ist gleichzeitig der Anschluß an den Wohnbereich hergestellt, dem der Eßplatz zuzurechnen ist.

Eine andere Möglichkeit stellt die Küche mit vorgelagertem Eßplatz und direkter Verbindung zum Wohnraum dar (**26**.3).

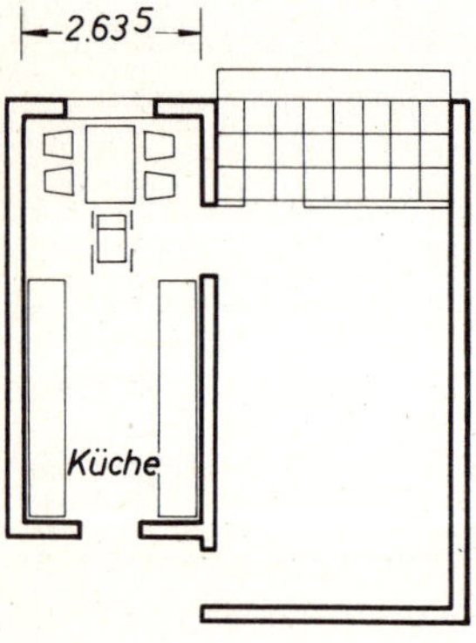

In diesem Fall ist eine ausreichende natürliche Belichtung der Küche über den Eßplatz sicherzustellen.

26.3
Küche mit vorgelagertem Eßplatz (M 1:200)

1.1.6.2 Arbeitsbereiche

Der rationelle Arbeitsablauf in der Behinderten-Küche unterscheidet sich zunächst grundsätzlich nicht von dem in der Haushaltsküche (s. Abschn. 1.1.2).

Dies ergibt auch ein Grundrißvergleich. Die Mindestausstattung nach DIN-Normen bzw. den Wohnungsbau-Förderungsbestimmungen zeigt, daß sich die Grundflächen von Hausarbeitsküchen mit ca. 8 qm gegenüber Rollstuhlfahrerküchen mit ca. 9 qm nur unwesentlich unterscheiden (**27**.1).

Die Wohnungsbau-Förderungsrichtlinien fordern für Küchen in Wohnungen mit höchstens $1\frac{1}{2}$ Zimmern mind. 600 l Schrankvolumen, für Küchen in größeren Wohnungen mind. 1000 l Schrankraum.

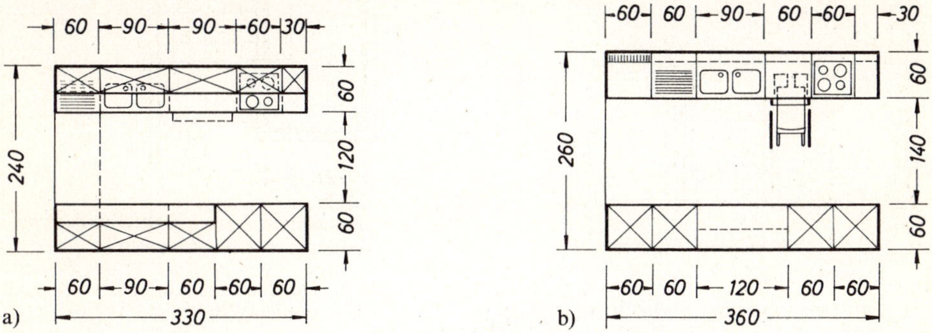

27.1 Grundrißvergleich zweizeiliger Küchen mit Mindestausstattung (M 1:100)
a) Hausarbeitsküche
b) Rollstuhlfahrerküche

Bewegungsfläche. Sie ergibt sich in einer zweizeiligen Behinderten-Küche aus dem Platzbedarf für eine 90°-Drehung mit einem Standardrollstuhl (**25**.1). Die Tiefe der Bewegungsflächen darf 140 cm nicht unterschreiten.

DIN 18025 schreibt für Küchen eine einheitliche Arbeitshöhe von 85 cm bei einer Tiefe von 60 cm vor. Für Rollstuhlbenutzer müssen Herdmulde, Arbeitsplatten und Doppelspüle unterfahrbar sein, die lichte Höhe dazu muß ≧ 69 cm betragen.

Durch die Unterfahrbarkeit der Hauptarbeitsbereiche, die sich in der Behinderten-Küche meist gegenüberliegen (**27**.1), wird die zur Verfügung stehende Mindestbewegungsfläche vergrößert (**27**.2). Dadurch ist dem Rollstuhlfahrer dann sogar das Wenden um 360° möglich.

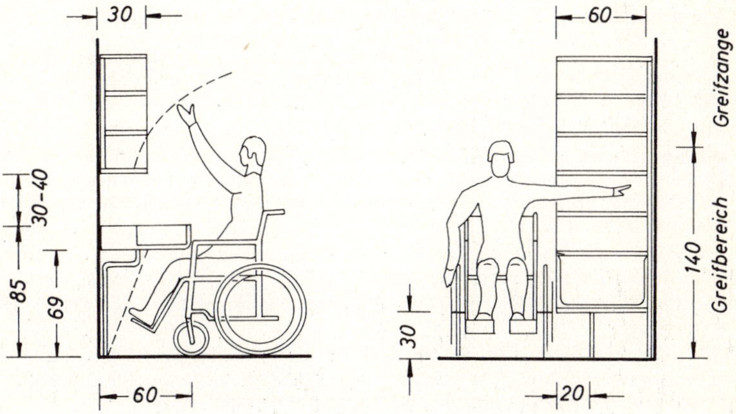

27.2 Unterfahrbarkeit, Greifbereich und Arbeitshöhen (M 1:50)

Nutzfläche. Sie ist in der Behinderten-Küche nicht nur die vor dem Küchenmöbel benötigte Bedienungsfläche und die unterfahrbare Möbelstellfläche, sondern auch die beiderseits daneben liegende Fläche (**28**.1).

Es gibt daher eine Abhängigkeit zwischen der Größe der erforderlichen Bewegungs- und Nutzflächen und der Art der Ausstattung.

Die Ausstattung ist durch die besondere Bauart und Funktionsweise der in der Küche erforderlichen Möbel und Geräte gekennzeichnet.

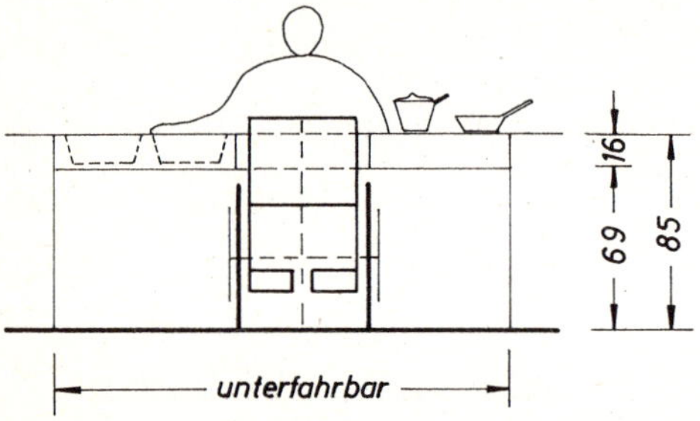

28.1
Nutzflächenbereich Doppelspüle, kleine Arbeitsplatte und Herdmulde (M 1:50)

1.1.6.3 Ausstattungen und Einrichtungen

Für die Abmessungen, Stellflächen und Abstände von Ausstattungs- und Einrichtungsteilen gelten hier zunächst auch die Ausführungen für Haushaltsküchen (s. Abschn. 1.1.3).

Schrank- und Stauraum. DIN 18025 T. 1 fordert vier schrankhohe Einrichtungsteile, die der Grundfläche eines Hochschrankes von 60 × 60 cm entsprechen (**27**.1 b).

In Wohnungen für 1 Person genügen laut DIN zwei schrankhohe Einrichtungsteile dieser Größe.

Speisenaufbewahrung. Verderbliche Lebensmittel werden im Kühl- oder Gefrierschrank untergebracht (s. Abschn. 1.1.6.4).

In DIN 18025 T. 2 wird für Blinde und wesentlich Sehbehinderte ein zusätzlicher, belüfteter Speiseschrank in einem Unterschrank empfohlen.

Vorräte. Während täglich verwendete Lebensmittel in der Nähe des Koch- und Backbereiches in Kühlgeräten oder einem Speiseschrank aufbewahrt werden, können Vorräte von Grundnahrungsmitteln, Haushaltswaren und Reinigungsmitteln in ungünstigen Raumzonen verstaut werden.

Für Rollstuhlbenutzer sollten dafür herausziehbare Schrankteile in Unterschränken und leicht zu öffnende Schrankteile in Oberschränken vorgesehen werden.

Koch- und Eßgeräte. An die möglichst direkte Zuordnung der Gegenstände, die zur Nahrungszubereitung bzw. zur Mahlzeiteinnahme erforderlich sind, sollte bei der Gestaltung des Koch-Eßbereiches gedacht werden.

Kochgeräte sind in der Nähe der Kochstelle entweder in Rollschränken mit Halterungen für Töpfe, Deckel, Pfannen, Gefäße, Kochbestecke und Küchenkleingeräte in bequemer Reichweite einzuplanen, oder die Unterbringung ist zwischen dem rückwärtigen Bereich der Arbeitsfläche und den Oberschränken anzuordnen (**32**.1).

Außerdem muß die funktionell bedingte Ausstattung an Schütten, Gewürzen und Steckdosen in Kochstellennähe selbstverständlich sein.

Für Eßgeräte ist in der Nähe des Eßplatzes Stauraum für Tischwäsche, Geschirr und Bestecke vorzusehen.

Die teilweise Überschneidung der zwei Tätigkeitsbereiche, z. B. der Austausch von sauberem und schmutzigem Geschirr, läßt zweiseitig benutzte Durchgabeschränke ideal erscheinen. Eine größere Durchreicheöffnung zwischen Küche und Eßplatz erspart Wege.

Müllaufbewahrung. In der Küche ist ein rollbarer Unterschrank mit einem dichtschließenden Mülleimereinsatz zu empfehlen. Er sollte sich für die Benutzung von PVC-Beuteln eignen.

In mehrgeschossigen Häusern sind Müllabwurfanlagen (s. Abschn. 13.4) außerhalb der Wohnung einzuplanen. Die gängigen Mülleinwurfklappen sind für Rollstuhlfahrer leicht zugängig und gut bedienbar.

Arbeits- und Abstellplatten. Die für die Einrichtung der Küche für Rollstuhlfahrer in DIN 18025 T. 1 geforderten Breiten für Abstell- und Arbeitsplatten stimmen mit denen der normalen Haushaltsküche überein (s. Abschn. 1.1.2).

Allerdings ist die durchlaufende Plattenhöhe mit 85 cm festgelegt.

Die kleine Arbeitsplatte im Koch-Spülbereich und die große Arbeitsplatte müssen unterfahrbar sein, die lichte Höhe muß dazu mind. 69 cm betragen (**28**.1).

Für Blinde und wesentlich Sehbehinderte wird in DIN 18025 T. 2 die Breite der kleinen Arbeitsplatte abweichend mit ≧ 90 cm gefordert.

Möblierung. Die zeitgemäße Möblierung der Behinderten-Küche sollte sicher, funktionsrichtig, unempfindlich und dauerhaft sein.

Die Höhenverstellbarkeit der einzelnen Möbelteile ist unbedingt anzustreben.

Folgende Anforderungen sollten berücksichtigt werden:

Höhenverstellbare Möbel zur Einrichtung individueller Arbeits- und Montagehöhen
durch vertikale Wandschienen mit Konsolen, von Hand oder elektrisch verstellbar,
durch justierbare Traggerüste für wandhängende Montage, Fußgestelle und Ausgleichshänger, oder
durch höhenverstellbare, getrennte Sockelausbildung.

Die Möbeloberflächen sollen rutschfest, nicht spiegelnd, leicht zu reinigen, hitze-, schnitt- und kratzfest sein.

Die Möbelecken von Arbeitsflächen, Oberschränken, Dunstabzugshauben und Sockeln sollten abgerundete Kanten besitzen.

Die Möbelgriffe sollten allseits rund, die Durchgreiföffnungen nicht zu eng sein. Produkte aus Nylon (z. B. Fa. HEWI) sind am zweckmäßigsten.

1.1.6.4 Geräte

Den Hauptunterschied zwischen Haushaltsküchen und Küchen für Rollstuhlbenutzer stellt die Ausstattung mit Groß- und Kleingeräten dar, die den sehr unterschiedlichen Bedürfnissen der Benutzer entgegenkommt.

Kochmulde. DIN 18025 T. 1 fordert für Rollstuhlbenutzer eine Herdmulde mit mindestens 3 Kochstellen (s. Abschn. 1.1.4).

DIN 18025 T. 2 verlangt dagegen für Blinde und wesentlich Sehbehinderte einen Herd mit Backofen, der mindestens 50 cm breit sein soll.

Die Entscheidung, ob Gas- oder Elektrokochmulden (**13**.2 und 3) vorzusehen sind, sollte dem Behinderten überlassen bleiben. Zur Standardausstattung gehören immer 4 Kochstellen.

Vorteilhaft ist der Einbau von Kochflächen, bei denen die einzelnen Kochstellen durch eine Glaskeramikplatte abgedeckt sind. Diese ebene Fläche läßt sich ohne Mühe benutzen.

Für rollstuhlgebundene Benutzer ist ein unterfahrbarer Kochbereich mit einer lichten Höhe ≧ 69 cm erforderlich (**28**.1). Im nicht benutzten Unterfahrbereich können rollfähige Unterschränke für Töpfe und Gerät eingeplant werden.

Die Trennung von Kochen und Backen ist durch die Unterfahrbarkeit unvermeidlich. Auch die übersichtliche Zuordnung der Schalter zu dem jeweiligen Großgerät spricht für eine Trennung.

Backofen. Das Backen, Braten und Grillen sollte, wie bei nichtbehinderten Menschen, in funktional richtiger Greif- und Sichthöhe ausgeführt werden.

Der Einbaubackofen (s. Abschn. 1.1.4) bietet dem Behinderten die unbedingt zu nutzende Möglichkeit, den Backofen auf individuell richtiger Höhe einzuplanen.

Einbaubacköfen werden als Einfach- oder Doppelmodelle angeboten und lassen sich mit Grill- und Warmhaltefächern kombinieren. Auch Mikrowellengeräte sind für Behinderte besonders geeignet (s. Abschn. 1.1.4).

Ob unten oder seitlich angeschlagene Backofentüren vorteilhafter sind, ist individuell zu entscheiden.

Die Erfahrungen über die richtige Einbauhöhe schwanken zwischen 85 bis 105 cm über OKFF (**30**.1).

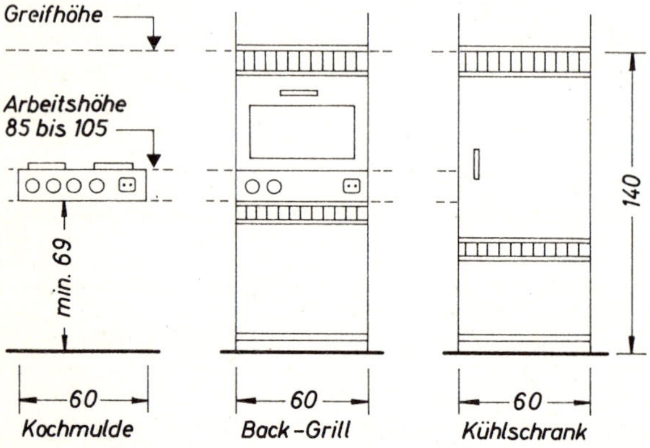

30.1
Einbauhöhen von Küchen-Großgeräten (Vorschlag Krumlinde zu DIN 18022)

Am sinnvollsten ist es, den Backofen in einen unterfahrbaren wandhängenden Hochschrank einzubauen, wobei die Höhenmontage für Rollstuhlfahrer variabel bleibt. Die zugehörige Schalttafel des Backofens ist auf jeden Fall in Sicht- und Greifhöhe des Behinderten unterzubringen.

Veränderliche Arbeitshöhen lassen sich durch Wandschienenmontage auf Tragkonsolen erreichen (s. Abschn. 1.1.6.3).

Der Backofen wird gegenüber dem Kochbereich im Anschluß an die große Arbeitsplatte eingeplant (**30**.2).

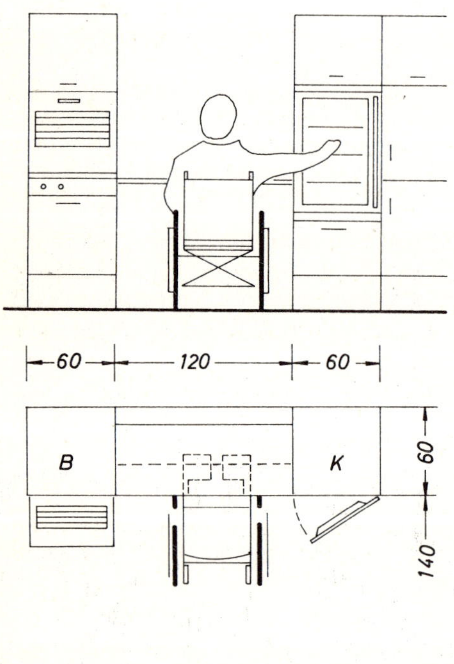

30.2
Große Arbeitsplatte mit seitlicher Anordnung von Backofen und Kühlschrank (M 1:50)

Küchenspüle. DIN 18025 fordert für Behinderte eine mind. 80 cm breite Doppelbeckenspüle (**16**.1 und 2).

Alle Beckenformen sind möglich, auch Herd-Spüle-Kombinationen (**14**.1). Die Becken sollten jedoch mit max. 4 cm nahe an der Vorderkante eingebaut sein. Die Beckentiefe ist auf ca. 15 cm zu begrenzen. Die Unterseite der Becken sollte wärmeisoliert werden.

Die Spültätigkeit wird im Sitzen ausgeführt, die Spüle ist also unterfahrbar. Der eingeschränkte Greifbereich im Sitzen ist zu berücksichtigen.

Geruchverschluß und Ablaufanschluß sollen möglichst weit seitlich angeordnet werden. Ein Flaschensiphon (**248**.1) oder besser ein Wandeinbaugeruchverschluß (z. B. Keramag) mit Revisionsöffnung ist zu empfehlen.

Unter der Spüle verbleibender Freiraum kann für rollfähige Unterschränke zur Aufnahme von Küchenabfällen oder Reinigungsmitteln eingeplant werden.

Spülearmatur. Sie soll leicht erreichbar und unkompliziert bedienbar sein sowie unfallsicher funktionieren.

Einhand-Mischbatterien mit einem Hebelmischer kommen den Ansprüchen am nächsten (s. Abschn. 12.3.3). Die Bezeichnung der Kalt- und Warmwasserseite soll deutlich erkennbar und für Blinde und wesentlich Sehbehinderte ertastbar sein.

Die Warmwassertemperatur ist durch einen Thermostat oder eine Sicherheitsmischbatterie auf max. 40 °C zu begrenzen.

Die Spülebrause sollte selbstverständlich sein. Sie ist zum Geschirrklarspülen und Gemüseputzen notwendig, auch um größere Behälter mit Wasser zu füllen.

Geschirrspülautomat. Für Behinderte bedeutet der Geschirrspüler eine große Erleichterung (s. auch Abschn. 1.1.4).

Der Raum unter der Abstell- bzw. Abtropffläche sollte in jedem Fall mit 60 × 60 cm seitlich der Spüle für dieses Gerät vorgeplant sein (**31**.1).

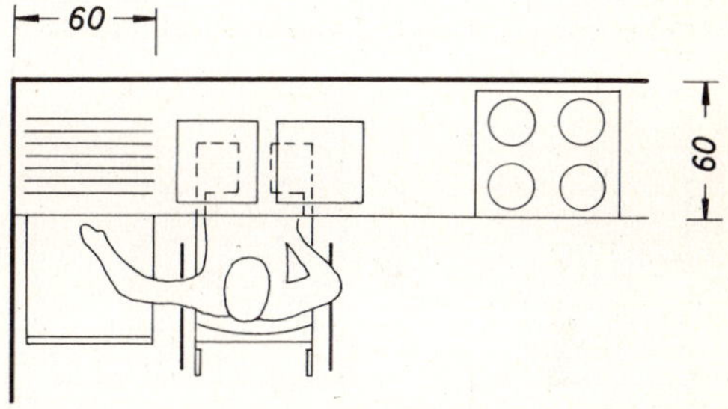

31.1
Anordnung einer Geschirrspülmaschine für Rechtshänder (M 1:50)

Kühlschrank. DIN 18025 fordert für Rollstuhlbenutzer einen tischhohen Kühlschrank (s. Abschn. 1.1.4).

Er ist ein wesentlicher Bestandteil der Vorratshaltung mit direktem Bezug zur Nahrungszubereitung.

Der Einbau-Kühlschrank wird wie der Einbau-Backofen entweder unterfahrbar oder seitlich neben der großen Arbeitsplatte in einem Hochschrank untergebracht. Die individuell richtige Greif- und Sichthöhe ist beim Einbau zu beachten (**30**.2).

Als Einbauhöhe wird der Bereich zwischen 70 cm (Unterfahrhöhe) und 140 cm (oberste Greifhöhe) empfohlen (**30**.1).

Das vorübergehende seitliche Abstellen von Kühlgut bei Beschickung oder Entnahme auf der großen Arbeitsplatte ist besonders praktisch. Das Kühlgut sollte möglichst in Einschubkörben, wie bei Gefrierschränken üblich, untergebracht werden.

Falls ein separater Gefrierschrank nicht zur Grundausstattung des Behinderten-Haushaltes gehört, sollte der Kühlschrank wenigstens ein Tiefkühlfach (Drei-Sterne-Modell) enthalten (s. Abschn. 1.1.4).

Die lichten Gefrierfachhöhen von 15 bis 20 cm in Standardkühlschränken erschweren jedoch die leichte Handhabung besonders im hinteren Fachbereich sehr (**18**.1).

Gefrierschrank. Sein Einsatz ist nicht vorgeschrieben, aber bei vorhandenem Platz zu empfehlen (s. Abschn. 1.1.4).

Das Gerät sollte neben dem Einbau-Kühlschrank in individuell richtiger Greif- und Sichthöhe angeordnet werden.

Die Verwendung von herausziehbaren Drahtkörben ist auch hier vorzusehen. Sie sollten in Schienen laufen und mit einer Sperre versehen sein, um unbeabsichtigtes Herausfallen zu verhindern.

Dunstabzugshaube. Eine wirksame Entlüftung der Küche zusätzlich zur Fensterlüftung durch Dreh-Kippflügel ist besonders bei geringer Küchengrundfläche oder der zum Wohnraum offenen Küche notwendig.

Dunstabzugshauben gibt es als Anbau- oder Einbaugeräte (s. Abschn. 1.1.4).

Die Einbauausführung ist für Rollstuhlfahrer wegen der Bedienung der Dunstleittür nicht gut geeignet.

Weitere Möglichkeiten der Lufterneuerung sind unter Haushaltsküchen im Abschn. 1.1.5 beschrieben.

Kleingeräte. Elektrische Kleingeräte leisten einen wichtigen Beitrag zur Erhaltung einer selbständigen Haushaltsführung durch den Behinderten. Sie erleichtern körperlich anstrengende oder ermöglichen sonst nicht mehr ausführbare Arbeiten.

Die vorhandene Arbeitsflächentiefe von 60 cm der unterfahrbaren kleinen bzw. großen Arbeitsplatte sollte für Rollstuhlfahrer im hinteren selten ausgenutzten Plattenbereich mit 10 bis 15 cm Tiefe für die Unterbringung von Kleingeräten genutzt werden (**32**.1).

Dies kann durch Wandhalterungen, Wandschienen mit Konsolen oder Loch-Schlitzplatten mit Einhängern geschehen.

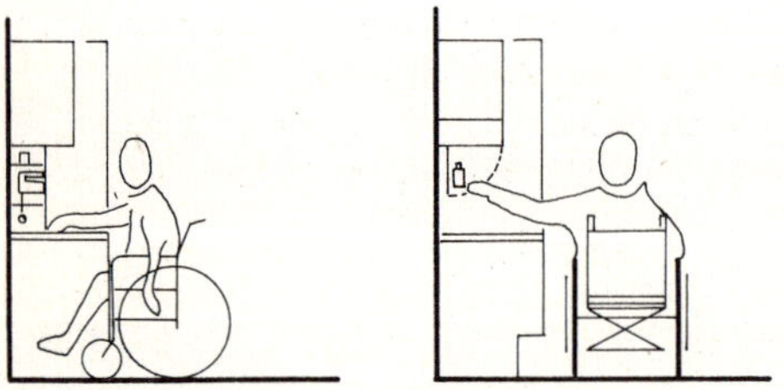

32.1
Unterbringung von Kleingeräten (Entwurf)

Auch in speziell abgeänderten Oberschränken, deren Böden nach unten herausklappbar und mit Halterungen oder Klemmvorrichtungen versehen sind, ist die greifnahe Unterbringung möglich (**33**.1).

Rührgerät. Hier sind einfache Handrührgeräte mit einer Anzahl von Zubehörteilen am besten geeignet.

Der Platzbedarf steigt mit der Anzahl von Zubehörteilen. Die Küchenhersteller halten hierfür spezielle Geräteschrankteile oder Einsätze sowie Gerätewagen bereit.

Die Benutzung erfolgt in der Küche sowohl auf der Vorrats- und Arbeitsseite als auch auf der gegenüberliegenden Vorbereitungs- und Kochseite.

Daher sind Schutzkontaktsteckdosen auch am Kochbereich notwendig, möglichst im Schaltkasten der Kochmulde.

Die Aufbewahrung von Rührgerät und Zusatzteilen sollte an festen Haltern in der Nähe des Kochbereiches sichtbar zwischen Ober- und Unterschrank erfolgen.

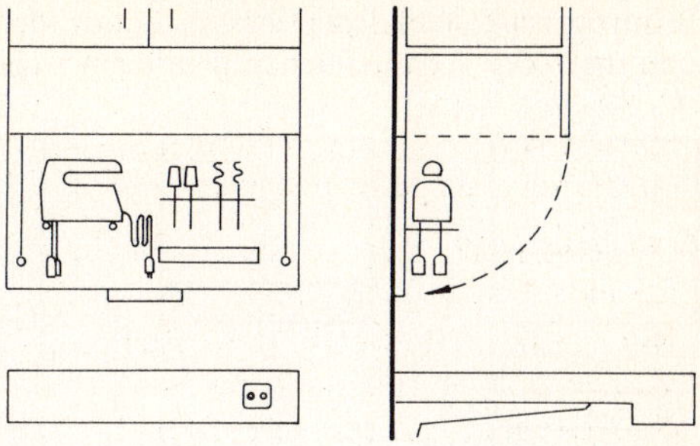

33.1
Oberschrank mit herunterklappbarem Geräteboden (Entwurf)

Kaffeemaschine. Der Kaffeeautomat muß als Standardgerät einer Küche bei der Möblierung berücksichtigt werden. Handelsübliche Geräte gibt es auch für eine Wandmontage.

Der Kaffeeautomat sollte daher platzsparend und sicher im Raum zwischen Unter- und Oberschrank an der Wandfläche hinter der Abtropffläche oder der kleinen Arbeitsplatte untergebracht werden (**32**.1).

Allesschneider. Die Montage von Brot- oder Allesschneidern auf einer herausziehbaren oder herausklappbaren Platte im oberen Bereich eines Unterschrankes wird seit langem von vielen Herstellern angeboten.

Der Einbau und die Aufstellung sollte fest und unverrückbar sein. Für ausreichenden Bewegungsspielraum zur Bedienung muß gesorgt werden.

Außerdem ist die hygienische Aufbewahrung von Backwaren in Form eines neben oder unter der Schneidemaschine angebrachten Schubkastens zu berücksichtigen.

Warmwasserbereiter. Die über der Spüle montierten üblichen Wandgeräte sollten mit Hebelarmaturen ausgestattet sein, um Personen mit Greifschwierigkeiten die Bedienung zu erleichtern.

Ergänzende Hilfsmittel und Einrichtungen. Je nach Art und Grad der Behinderung erleichtern oder ermöglichen geeignete Hilfsmittel die Ausübung der Küchenarbeiten. Die Auswahl sollte nach den persönlichen Erfordernissen erfolgen.

Es werden auf dem Markt u. a. folgende spezielle Hilfsmittel und Einrichtungen angeboten:

Greifzange, Griffverlängerungen, Gemüseschäler, Schneidbrett, Spülhilfen, Dosenöffner, Gleitschutz, Topfhalter, Einhängekörbe, Schüttenhalteleisten, Lochplatten mit Einhängern.

1.1.6.5 Installationen

Die notwendigen Installationen für normale Haushaltsküchen sind in Abschn. 1.1.5 ausführlich behandelt.

Zur Elektro- und Heizungsinstallation in Behinderten-Küchen sind jedoch weitergehende Maßnahmen erforderlich.

Elektroinstallation. Für behinderte Menschen ist eine ausreichende Anzahl und besondere Anordnung von Anschlüssen für elektrische Kleingeräte erforderlich.

Steckdosen, Stecker, Schalter und Beleuchtungskörper müssen funktionell und sicher, ihre Symbole und Wirkungen eindeutig sein. Die gute Erreichbarkeit und mißbrauchsichere Anordnung sollte bedacht werden.

Steckdosen. Verlängerungskabel und Tischsteckdosen stellen für den Behinderten eine besondere Gefährdung dar.

Die waagerecht zu installierenden Mehrfachsteckdosen oder Steckdosenleisten werden als

Schutzkontaktsteckdosen entweder an der Küchenrückwand oder im Bereich direkt unterhalb der Arbeitsflächenblende am sichersten untergebracht (**34**.1).

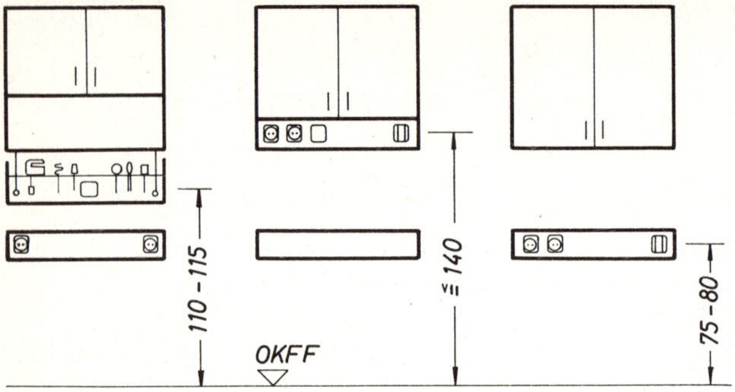

34.1 Anordnung von Steckdosen, Geräteschaltern und Kontrollleuchten (M 1:50)

Stecker. Die Schukostecker sollten eine greifgünstige Form aufweisen, besonders für armgeschwächte Behinderte. Sie trägt außerdem zur Sicherheit des Benutzers bei.

Schalter. Wichtig ist die Kontrolle über den vollzogenen Schaltvorgang durch eine Kontrollampe, besonders bei den Großgeräten wie Kochmulde, Backofen, auch Kochendwassergerät. Dieses optische Signal ist am Gerät in der Regel bereits vorhanden.

Anstelle von Schaltern werden in der DIN 18025 für Behinderte Tastplatten (Flächen-, Sensor- oder Tastschalter) empfohlen.

Die in DIN 18025 T. 1 für Schalter angegebene maximale Montagehöhe von 105 cm über OKFF ist für armbehinderte schlecht erreichbar. Sie sollte erfahrungsgemäß bei ca. 80 cm über OKFF liegen. Durch die Verwendung von Zugschaltern mit Schlaufe oder Kugelgriff lassen sich die individuell erforderlichen Greifhöhen am besten einrichten.

Geräteschalter oder -regler sollten nach ähnlichen Gesichtspunkten wie Steckdosen untergebracht werden. Der vordere Arbeitsflächenrand, die Küchenrückwand oder der untere Rand von Oberschränken sind greifgünstige Bereiche (**34**.1).

Geräteschalter sollten deutlich das Erkennen oder Ertasten der gewünschten Einstellung ermöglichen. Große erhabene Symbole oder Zahlen erhöhen die Funktionssicherheit.

Beleuchtung. Auch bei der Behinderten-Küche sind eine gleichmäßige Raumausleuchtung, punktförmige Arbeitsplatzbeleuchtungen und begrenzte Gerätebeleuchtungen nach DIN 5035 selbstverständlich (s. Abschn. 6.3.4).

Bei den blendfrei auszuführenden Arbeitsplatzbeleuchtungen ist von der geringeren Augenhöhe des Rollstuhlfahrers auszugehen. Sie liegt zwischen 115 und 125 cm.

Die Blende der Arbeitsplatzleuchte darf nicht scharfkantig und nicht transparent sein.

Das selbständige Auswechseln der L-Lampen oder Glühlampen ist dem Rollstuhlfahrer zu ermöglichen.

Heizung. Nach DIN 18025 kommt für Behinderten-Küchen nur eine Zentralheizung mit Heizkörpern oder eine Fußbodenstrahlungsheizung in Betracht. Als Raumtemperatur wird entgegen DIN 4701 22 °C empfohlen.

Heizkörper und Heizrohrleitungen sind so anzuordnen, daß sie außerhalb der erforderlichen Abstände, Stell- und Bewegungsflächen liegen. Heißwasserrohre sind zu verkleiden.

Die bei der U-förmigen Haushaltsküche oft angewendete Lösung (**24**.1) bringt Nachteile für den Behinderten.

Die Bedienung von Fenster und Vorhängen ist mühsam, eine Handregelung des Heizkörpers kaum durchführbar.

Flächenheizungen, als Fußboden- oder Wandheizungen, sind idealer, zumal sie die Probleme der Stellflächenknappheit und Unfallgefahr besser lösen.

1.2 Hausarbeitsraum

1.2.1 Planungsgrundlagen

Allgemeines. Innerhalb einer Wohnung oder eines Eigenheimes ist Platz erforderlich für Ausstattungen und Einrichtungen zur Wäsche-, Kleider- und Wohnungspflege.

Zur Ausstattung gehören bauseitig erstellte Teile, zur Einrichtung Möbel und Geräte.

Die Zusammenfassung dieser Tätigkeiten durch alle erforderlichen Einrichtungen in einem Raum erleichtert die Hausarbeit sehr.

Die Arbeiten in diesem Raum umfassen u. a. die Arbeitsbereiche Waschen, Trocknen, Bügeln, Nähen, Aufbewahren, Pflegen und Reinigen.

Der Hausarbeitsraum (**35**.1) ist nach DIN 18022 ein selbständiger Raum, der durch Fenster belichtet und belüftet wird.

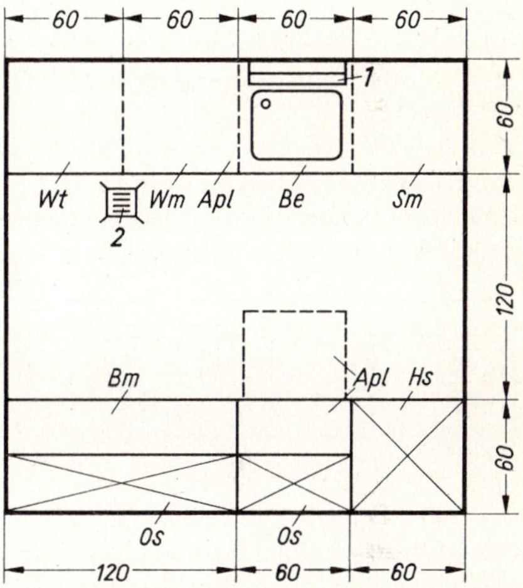

35.1
Zweizeiliger Hausarbeitsraum (M 1:50)
1 Hängevorrichtung für tropfnasse Wäsche
2 Fußbodenentwässerung
Apl Arbeitsplatte
Be Becken
Bm Bügelmaschine
Hs Hochschrank
Os Oberschrank
Sm Behälter für Schmutzwäsche
Wm Waschmaschine
Wt Wäschetrockner

Als Mehrzweckraum kann er auch zur Ausübung von Freizeitbeschäftigungen, wie Bastel- und Schreibarbeiten, oder als Fotolabor dienen.

Die Mindestgröße des Hausarbeitsraumes ist mit ca. 6 qm anzunehmen (**35**.1).

Die in DIN 18022 festgelegte Unterteilung in Hausarbeitsräume ohne und mit Wasseranschluß ist durch die Praxis überholt.

Raumzuordnung. Der Hausarbeitsraum soll von der Küche bequem zu erreichen, evtl. auch unmittelbar von ihr zugänglich sein. So können Arbeitsabläufe und Überwachungsfunktionen in beiden Bereichen miteinander verbunden und von einer Person ausgeführt werden (**46**.1 und **54**.2).

Der Raum kann aber auch dem Bad, also Schlafbereich einer Wohnung, zugeordnet werden.

Im Eigenheim wird der Hausarbeitsraum gelegentlich auch, getrennt vom Wohn- und Schlafbereich, im Untergeschoß mit eingeplant (**36**.1 und **311**.1).

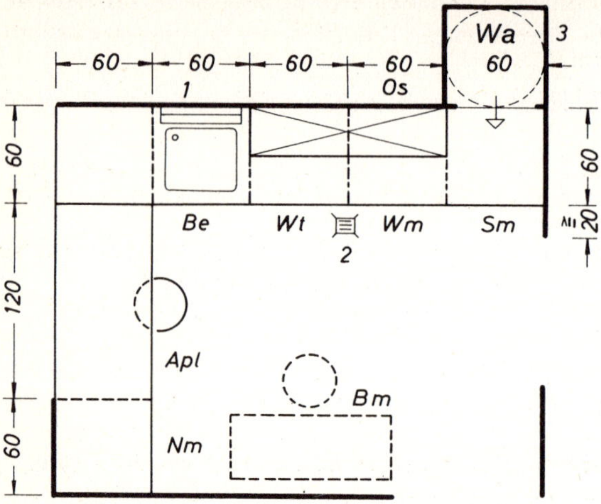

36.1
L-förmiger Hausarbeitsraum mit Wäscheabwurf (M 1:50)
3 Wäscheabwurfschacht
Nm Nähmittel
Os Oberschrank
Wa Wäscheabwurf
(s. auch Legende Bild **35**.1)

Hier ist dann ein über der Arbeitsplatte endender Wäscheabwurfschacht mit 60 cm ∅ und Einwurfklappen im Dach- und Erdgeschoß besonders praktisch (s. Abschn. 1.2.5).

Bei frei stehenden Familienheimen sollte ein direkter Ausgang zum Trockenplatz im Garten vorgesehen werden (**311**.1).

Die Aufgaben des Hausarbeitsraumes können auch in anderer räumlicher Zusammensetzung wahrgenommen werden: z. B. als Wasch-Trockenraum (Waschraum oder Gemeinschaftswaschraum) mit Wäschepflegeraum (Bügel- und Nähzimmer) oder separatem Trockenraum (Gemeinschaftstrockenraum).

Bei allen Wohnungsvorhaben sollte geprüft werden, ob sich die Einplanung eines Hausarbeitsraumes, notfalls einer Hausarbeitsnische, in irgendeiner Form verwirklichen läßt.

Ist weder ein Hausarbeitsraum noch ein anderer Raumteil eingeplant, müssen nach DIN 18022 an geeigneten Plätzen innerhalb der Wohnung Stellflächen vorgesehen werden, und zwar:
Schränke für Schmutzwäsche im Bad, Abstellraum oder an anderer Stelle,
Schränke für Reinigungsgeräte im Abstellraum, Flur oder an anderer Stelle,
Bügelgeräte (meist zusammenklappbar) im Abstellraum oder an anderer Stelle.

Grundrißtypen. Zur rationellen Erledigung aller Arbeiten sollte der Hausarbeitsraum, genau wie die Küche, einzeilig, zweizeilig (**35**.1), L-förmig (**36**.1) oder U-förmig eingerichtet werden (s. Abschn. 1.1.1).

Welche Einrichtungsform gewählt wird, ist abhängig von der Größe und dem Zuschnitt des vorhandenen Raumes bzw. von der Anzahl der zum Haushalt gehörenden Personen.

Die richtige Anordnung der Arbeitsbereiche ist auch hier das wesentliche Kriterium für den Standort der Einrichtungsgegenstände und Geräte.

1.2.2 Arbeitsbereiche

Im Hausarbeitsraum sind nachfolgende vier Arbeitsbereiche vorzusehen.

Waschen. Sortieren der Wäsche, Vorbehandeln, wie Ausbürsten oder Flecke entfernen, Eingabe der Wäsche in die Waschmaschine und anschließendes Schleudern sind die Tätigkeiten in dieser Arbeitszone.

Die zu sortierende Wäsche wird auf der Arbeitsplatte einem Wäschekorb oder einem im Unterschrank angeordneten herausziehbaren Schmutzwäschesammelbehälter entnommen.

Für den Waschvorgang kommen Haushaltswaschmaschinen in Frage, die als Teilautomat, Waschautomat, Waschkombination, Waschvollautomat (**40**.1) oder Vollwaschtrockner eingeplant werden können (s. Abschn. 1.2.4).

Sie werden heute in der Regel als stirnbeschickte Unterbaugeräte unter eine 85 besser 90 cm hohe Arbeitsplatte eingeschoben.

Bei Waschmaschinen ohne Schleudergang oder mit geringer Schleuderleistung ist ein weiterer Stellplatz für eine Wäscheschleuder (**41**.1) notwendig, um die Restfeuchte der Wäsche zu beseitigen. Sie wird mit einem Platzbedarf von 40 × 40 cm immer frei aufgestellt.

Eine in die Arbeitsplatte eingelassene Einbeckenspüle, auch ein untergebautes Labor- oder Waschbecken, dient als Putz-, Wasch-, Spül- und Schmutzwasserausgußbecken.

Hierin kann stark verschmutzte Bekleidung vorgereinigt oder auch Kleinwäsche, neben dem Waschvorgang in der Maschine, von Hand gewaschen werden.

In den Oberschränken über dem Waschzentrum sollten Reinigungsmittel, Waschmittelvorräte, Hilfsmittel und Kleinwerkzeuge arbeitsgünstig untergebracht werden.

Trocknen. Die Nachtrocknung ist eine unentbehrliche Ergänzung zum Waschvorgang.

Hierfür kommen Wäschetrockner (**42**.2), auch Trockenschränke und Trockengeräte, zum Einsatz (s. Abschn. 1.2.4). Es gibt sie in verschiedenen Gerätekonstruktionen. Als stirnbeschickte Unterbaugeräte werden sie im Anschluß an den Waschautomaten unter der Arbeitsplatte aufgestellt.

Der beim Trocknen der Wäsche anfallende Wasserdampf soll direkt am Aufstellungsort des Wäschetrockners sicher und möglichst nach außen abgeführt werden (**42**.1). Andere Automaten sammeln den Wasserdampf als Kondensat in einem Behälter (**42**.2) im Gerät oder pumpen es anschließend ab.

Tropfnasse pflegeleichte Kleinwäsche sollte über dem Waschbecken aufgehängt werden können. Eine Aufhängevorrichtung ist dann vorzusehen (**35**.1).

Jahreszeitlich bedingt aber anzustreben ist das Trocknen der Wäsche an einem Platz im Freien. Dies kann im Garten, auf einem Trockenplatz des Grundstückes oder in manchen Fällen im Flachdachbereich vorgesehen sein.

Bügeln, Nähen. Die getrocknete Wäsche wird in den meisten Fällen im Hausarbeitsraum schrankfertig gebügelt. Hier wird auch Wäsche und Kleidung instandgesetzt, gelegentlich neu genäht.

Die erforderlichen Geräte sind Bügelmaschine (**43**.1), Bügeleisen, Bügelbrett, Ärmelbrett, Nähmaschine und Nähutensilien.

Die Bügelmaschine kann in richtiger Arbeitshöhe fest montiert oder bei einem Platzbedarf von 100 × 50 cm im Raum beweglich aufgestellt sein. Der zusammenklappbare, im Schrank zu verstauende Heimbügler bleibt eine Notlösung.

Die Nähmaschine sollte in einem Unterschrank nach oben herausklappbar eingebaut sein. Sie wird aber oft ihren festen Platz auf der Arbeitsplatte haben oder notfalls als Koffernähmaschine bei Gebrauch aufgestellt werden.

Links oder rechts neben dem Nähplatz ist ein mindestens 30 cm breiter Unterschrank mit Schubkästen für Nähzutaten einzuplanen. Im Bereich des Nähplatzes ist außerdem ein gut zu benutzender Abfallbehälter mit einem Platzbedarf von 40 × 40 cm aufzustellen.

Zum Legen der Wäsche oder Zuschneiden von Stoff wird eine Arbeitsfläche von mind. 120 cm Breite benötigt.

Die Bügel- und Näharbeiten werden in der Regel im Sitzen erledigt. Die Arbeitshöhe sollte ca. 72 cm, notfalls 65 cm an auszieh- oder ausklappbarem Mehrzwecktisch betragen. Auf die richtige Stuhlhöhe ist zu achten.

Aufbewahren, Pflegen, Reinigen. Hierfür wird ein Hochschrank vorgesehen, der Schrubber, Besen, Staubsauger, Putzmittel und größere Werkzeuge aufnehmen kann.

Reinigungs-, Wasch-, andere Hilfsmittel und Kleinwerkzeuge sind arbeitsgünstiger in Oberschränken über dem Waschzentrum plaziert.

Arbeits- und Abstellplatten. Sie sind, wie die Arbeits- und Abstellplatten in der Küche, 60 cm tief und haben nacheinander die vorbeschriebenen Teilfunktionen zu erfüllen. Dadurch ergibt sich die Reihenfolge des Arbeitsablaufes in zwei verschiedenen Arbeitshöhen.

Die 85 besser 90 cm hohe Arbeitsplatte dient als Abstell- und Sortierfläche, die im Stehen benutzt wird. Sie reicht großflächig über Schmutzwäschebehälter, Waschmaschine, Trokkenautomat, Beckenunterschrank und evtl. weitere Unterschränke.

Daneben liegt die 65 besser 72 cm hohe nicht unterbaute Arbeitsplatte für Bügel- und Näharbeiten, die im Sitzen benutzt wird. Sie sollte auch den seitlichen Unterschrank für Nähutensilien mit abdecken.

Für den Arbeitsablauf des Rechtshänders hat sich die L-Form mit dem höheren Arbeitsbereich über den Großgeräten und der niedrigen Arbeitsfläche im Tageslichtbereich bei beweglich aufgestellter Bügelmaschine bewährt (**36**.1).

Auch die spiegelbildliche Anordnung oder andere Kombinationen der Arbeitsbereiche sind je nach Raumgröße, -lage und -zuschnitt möglich.

1.2.3 Ausstattungen und Einrichtungen

Die Ausstattung und Einrichtung eines Hausarbeitsraumes ergibt sich aus den vorgesehenen Funktionen (s. Absch. 1.2.2) und der Raumgröße (**38**.1).

Die endgültigen Raummaße hängen wesentlich von den notwendigen Abmessungen der Stellflächen für Einrichtungen, den Bewegungsflächen zwischen den Einbauteilen und den erforderlichen Abständen von Einbauten, Wänden und Wandöffnungen ab.

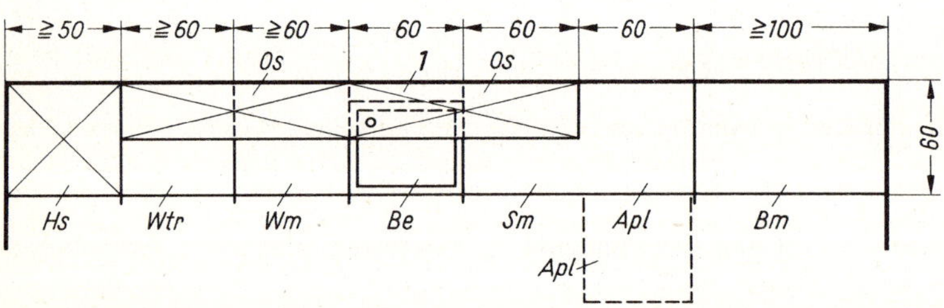

38.1 Hausarbeitsraum, zweckmäßige Anordnung der Mindesteinrichtung nach DIN 18022 (M 1:50)
(Legende s. Bild **35**.1)

Abmessungen. Die Mindesteinrichtungen der Hausarbeitsräume mit ihren festgelegten Abmessungen und Stellflächen sind aus Tafel **39**.1 zu entnehmen.

Die Arbeitshöhe der Platten zum Arbeiten im Stehen ist mit 85 besser 90 cm, die der Platten zum Arbeiten im Sitzen mit 65 besser 72 cm anzunehmen.

Stellflächen. Als empfohlene Gesamtstellfläche aller notwendiger Möbel und Geräte sollte eine Länge von ca. 5,00 m angenommen werden (**38**.1).

Im übrigen gilt das über Stellflächen für Küchen unter Abschn. 1.1.3 Erläuterte auch für Hausarbeitsräume.

Tafel **39**.1 Hausarbeitsraum mit Wasseranschluß, erforderliche Ausstattung und Einrichtung (nach DIN 18022 Tab. 5)

Ausstattungs- oder Einrichtungsteile	Abmessung cm *b*	*t*	Stellfläche cm *b*	*t*
Arbeitsplatte	–	–	≧ 120	60
Hochschrank für Wasch-, Reinigungs-, Pflegemittel und Zubehör	–	–	≧ 50	60
Schmutzwäschebehälter	–	–	≧ 60	60
Waschgeräte	–	–	≧ 120	60
Becken mit angebauter Abstellplatte, mit Kalt- und Warmwasseranschluß sowie Mischbatterie	≧ 100	60	–	–

Abstände. Zur Benutzung und Bedienung der Möbel und Geräte und deren Einbau sind wie bei Küchen die in Tafel **10**.1 angegebenen Abstände erforderlich. Für die Bewegungsfläche zwischen den Einbauten ist die Breite mit ≧ 120 cm einzuhalten.

Der Abstand zwischen Arbeits- bzw. Abstellplatten und darüberhängenden Oberschränken soll 50 bis 60 cm, über dem Wasch-Spül-Becken mind. 65 cm betragen.

Möblierung. Wie bei Haushaltsküchen werden die Möbel und Geräte der Hausarbeitsräume nach den Koordinationsmaßen der DIN 68901 für Kücheneinrichtungen als Einbaumöbel vorgefertigt.

Die erforderlichen Einbaumöbel haben als Unter-, Ober- und Hochschränke nachfolgende Funktionen zu erfüllen:

Schränke für Schmutzwäsche, für Wäsche und Kleidung, zum Ausbessern, Reinigen und Bügeln, für Wasch-, Reinigungs- und Pflegemittel, sowie für Geräte, Hilfsmittel und Werkzeuge.

Das über Möblierungen für Küchen unter Abschn. 1.1.3 Gesagte gilt im übrigen auch für Hausarbeitsräume.

1.2.4 Geräte

Unterbaugeräte, Einbaugeräte und notwendige Kleingeräte sind zu unterscheiden (s. auch Abschn. 1.1.4).

Wascheinrichtungen. Für die Erledigung des Waschvorganges können Haushaltswaschmaschinen, Wäscheschleudern (Entwässerungsgeräte) und Wasch-Spül-Becken eingeplant werden.

Haushaltswaschmaschinen. Die am häufigsten verwendete Art ist die elektrisch angetriebene und beheizte Trommelmaschine (**40**.1).

Die rostfreie Innentrommel wird von vorne oder oben gefüllt (**40**.2), d. h. sie wird stirn- oder mantelbeschickt.

Folgende Waschmaschinentypen sind zu unterscheiden:

Teilautomat, Waschautomat, Waschkombination, Waschvollautomat und Vollwaschtrockner.

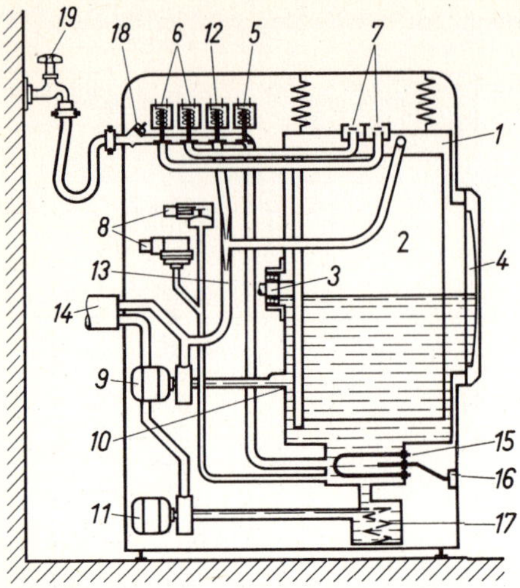

40.1
Waschvollautomat, schemat. Schnitt (M 1:15) (Constructa)

1 Laugenbehälter
2 Waschtrommel
3 Waschtrommel-Lagerung
4 Wäsche-Einfüllfenster
5 Strömungsventil
6 Wassereinlaufventil
7 Einspülschale für Waschmittel
8 Wasserstandsregler
9 Strömungspumpe mit Motor
10 Trommelüberlauf, verstellbar
11 Überlaufpumpe mit Motor
12 Magnetventil für Wasserstrahlpumpe
13 Wasserstrahlpumpe (saugt Dampf und Schaum beim Kochen ab)
14 Ablauf-Anschlußstück
15 Heizstäbe
16 Thermostat
17 Klammernfalle
18 Rücklaufsperre
19 Armaturenkombination gem. Bild **44**.1

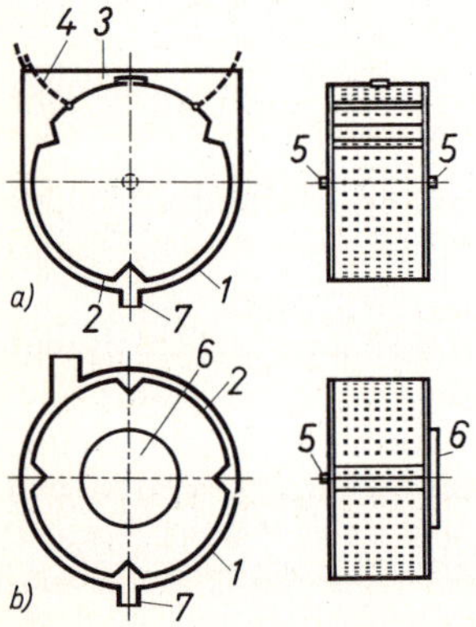

40.2
Waschmaschinentrommeln
a) mantelbeschickt
b) stirnbeschickt

1 Außentrommel
2 Innentrommel
3 Mantelklappe, geschlossen
4 Mantelklappe, geöffnet
5 Trommelachse
6 Öffnung zum Füllen und Entleeren auf der Vorderseite
7 Auslauf

Teilautomat. Die jeweiligen Arbeitsgänge werden von Hand eingeleitet, aber selbsttätig beendet.

Waschautomat. Dieses Gerät wäscht und spült vollautomatisch. Zum Schleudern der Wäsche wird aber eine zusätzliche Trockenschleuder (**41**.1) benötigt.

Waschkombination. Diese Maschine wäscht vollautomatisch. Sie besitzt eine gesondert eingebaute Schleuder. Jedoch muß die Wäsche zum Schleudern von der Waschmaschine in den Schleuderteil (Entwässerungseinrichtung) umgepackt werden. Dieses Gerät ist ca. 100 cm breit.

Waschvollautomat. Er übernimmt das Waschen und Schleudern vollautomatisch, einschl. der Wasch- und Spülmittelzuführung. Diese Maschinen sind zum größten Teil mit Spartaste ausgestattet und als Vollautomaten durch elastisch aufgehängte Trommeln befestigungsfrei aufstellbar.

Vollwaschtrockner. Dieses Gerät wäscht und schleudert 4,5 kg Wäsche und trocknet anschließend 2 kg Wäsche. Diese Maschine ist zum Teil mit Spar- und Intensivtaste ausgestattet.

Das Fassungsvermögen der Haushaltswaschmaschinen liegt zwischen 4 und 5 kg Trockenwäsche.

Die heute gebräuchlichen Vollautomaten passen als Unterbau- oder Einbaugerät nahtlos in den Unterschrankbereich, wobei die Wasch- und Spülmittelzugabe von vorne geschieht. Die Geräte sind 60 cm breit, 60 cm tief und ca. 85 cm (auch 60 bis 65 cm) hoch.

Anschlußwerte. Waschmaschinen werden bis 3500 W mit Steckdosen, darüber bis 6200 W durch Anschlußdosen montiert.

Wäscheschleudern. Sie gibt es, auch als Trockenschleuder oder Entwässerungsgerät bezeichnet, mit einem Fassungsvermögen von 2 bis 6 kg Trockenwäsche (**41**.1).

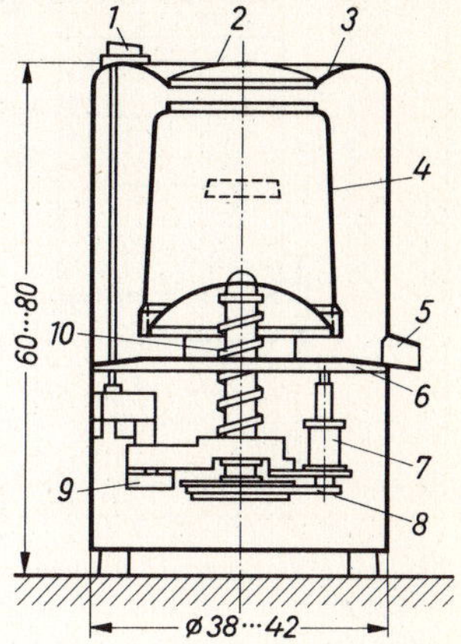

41.1
Wäscheschleuder (M 1:15)
1 Deckelschaltergriff und Verriegelung
2 Deckel
3 Einfülltrichter
4 Trommel mit Schlitzlochung
5 Auslaufstutzen
6 Zwischenboden
7 Motor
8 Gummiriemen
9 Backenbremse
10 Trommelfeder

Der Schleudererfolg ist mit bis zu 2800 U/min fast doppelt so hoch als beim Schleudern in einer stirnbeschickten Waschmaschine.

Wäscheschleudern haben eine Stellfläche von ca. 40 × 40 cm, einen frei liegenden Wasserauslaufstutzen, sind nicht zum Einbau geeignet und können mit Anschlußwerten bis 400 W an jeder Steckdose angeschlossen werden.

Das Gerät ist in Verbindung mit einem Waschautomaten als Zusatzgerät erforderlich.

Wasch-Spül-Becken. Die in die Arbeitsplatte eingelassene oder untergebaute Wasch- und Spüleinrichtung kann eine Einbeckenspüle (**16**.1), ein Labor- oder Waschbecken sein (s. auch Abschn. 3.4.5 und 3.4.6).

Das Becken dient für viele Zwecke als Schmutzwasserausguß. Im Becken kann Kleinwäsche von Hand gewaschen und gespült, stark verschmutzte Bekleidung oder Gerät gereinigt werden. Über dem Becken kann bei vorhandener Vorrichtung tropfnasse Kleinwäsche aufgehängt werden (**35**.1).

Trockeneinrichtungen. Wäschetrockengeräte als Ergänzung zur Waschmaschine werden mindestens in größeren Wohnungen immer unentbehrlicher.

Als Trockengeräte kommen Wäschetrockner, Hürdentrockner und Wandtrockengeräte in Frage, auch Trockenschränke und der vorher erwähnte Vollwaschtrockner.

Wäschetrockner. Sie gleichen in Form, Größe und Einbaumöglichkeit den stirnbeschickten Waschmaschinen und enthalten ebenfalls eine Trommel, in der die Wäsche unter Durchblasen von heißer Luft ca. 60 bis 120 Min. lang umgewälzt wird.

Ein Problem stellt die Abführung der beim Trockenprozeß anfallenden Luftfeuchtigkeit dar, die sich auf ca. 2,5 kg Wasser je Betriebsstunde beläuft. Nach Art der Beseitigung von Luftfeuchte werden Abluft- und Kondenstrockner unterschieden.

Beim Ablufttrockner wird die feuchte Luft über besondere, auch flexible Abluftleitungen ins Freie abgeführt (**42**.1) oder in den Aufstellungsraum abgegeben.

Im letzten Fall muß der Raum eine ausreichende Größe haben und eine intensive Entlüftung gewährleistet sein. Dies ergibt den geringsten Stromverbrauch und die kürzeste Trocknungszeit.

Beim Kondenstrockner war die ursprüngliche Ausführung durch die Kondensation der Luft an einer offenen Wasserfläche oder an einer Kühlwasser durchflossenen Kupferschlange gekennzeichnet. In beiden Fällen liegt der Wasserverbrauch bei $\leqq 150$ l je Trommelfüllung.

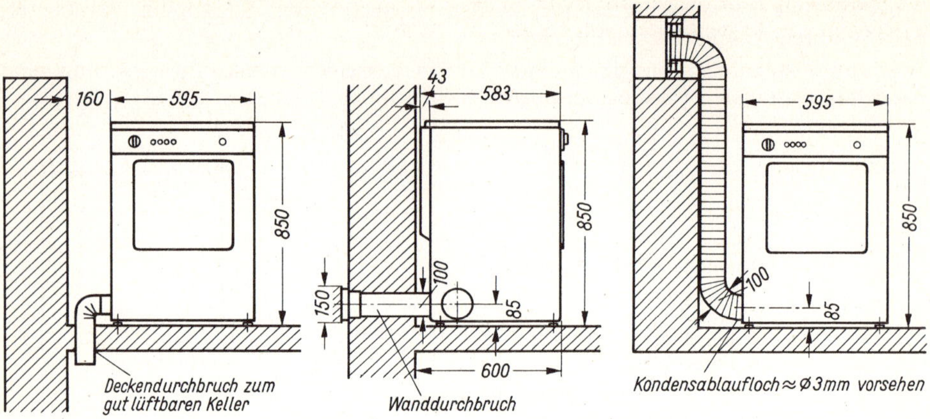

42.1 Aufstellung eines Wäschetrockners mit Abluftabführung (M 1:30)

Moderne Kondenstrockner arbeiten sehr wirtschaftlich mit Luftkühlung (**42**.2). Das Gerät erfordert weder einen Frischwasser- noch Abwasseranschluß.

Abluft- und Kondenstrockner haben 2 bis 4,5 kg Fassungsvermögen.

Bei Platzmangel können vorstehende Wäschetrockner auch auf einem Waschvollautomaten montiert, als Wasch-Trocken-Säule eingeplant werden.

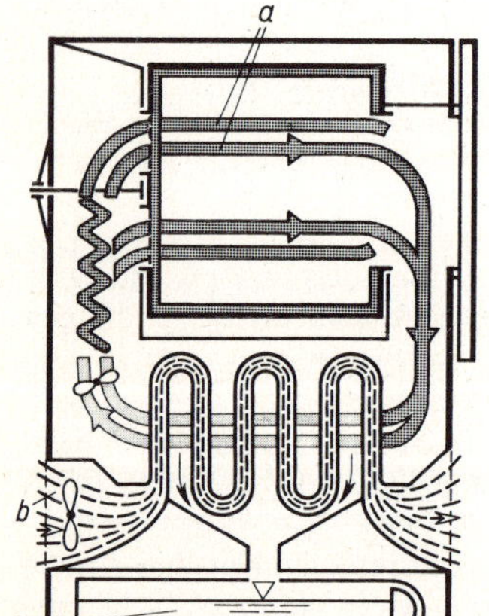

42.2
Wäschetrockner mit Luftkondensation (AEG)

a) geschlossener, nach außen abgedichteter Luftkreislauf: Erwärmte Luft wird durch nasse Wäsche geleitet, nimmt Feuchtigkeit mit, wird durch einen Flusenfilter und dann durch den Kondensator geführt, dort abgekühlt und entfeuchtet, vom Ventilator angesaugt, wieder erwärmt usw.
b) offener Luftkreislauf: Ventilator saugt Raumluft an, die im Kondensator erwärmt und wieder an den Raum abgegeben wird; je kühler der Raum, desto besser der Wirkungsgrad, desto kürzer die Trockenzeit
c) Kondensatauffanggefäß mit 5 l Inhalt

Wäschetrockner werden mit Anschlußwerten bis 3500 W über Steckdosen-Gerätestromkreise angeschlossen.

Hürdentrockner werden zum Trocknen von Einzelwäsche elektrisch beheizt. Beim Anschluß an die Zentralheizung des Hauses trocknen sie zwar langsamer, aber praktisch kostenlos.

Wandtrockengeräte sind elektrische Warmluftgeräte, die ebenfalls nur als Hilfsgeräte, z. B. im Bad, eingesetzt werden sollten.

Bügeleinrichtungen. Zur Erledigung des Bügelvorganges werden Bügelmaschine, Bügeleisen, Bügelbrett und Ärmelbrett verwendet.

Bügelmaschinen. Auch als Heimbügler bezeichnet, vereinigen sie Heißmangel und Bügeleisen bei Walzenbreiten von 65 oder 85 cm (**43**.1).

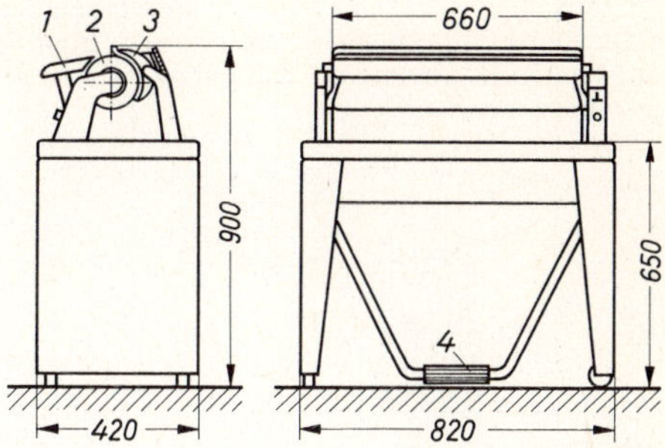

43.1
Heimbügler (M 1:30) (Siemens)
1 Anlegebrett
2 Walze
3 Bügelmulde
4 Fußschalter

Mit ihnen lassen sich große glatte Wäschestücke, aber auch Oberhemden und andere schwierig zu behandelnde kleine Wäschestücke bügeln. Man arbeitet im Sitzen und braucht nur ein Drittel bis ein Viertel der Bügelzeit mit dem Bügeleisen.

Das Wäschestück wird von der elastisch bewickelten Walze unter der beheizten, einen hohen Druck ausübenden Bügelmulde hindurchgeführt. Die bewegliche Mulde wird ohne jeden Kraftaufwand motorisch angelegt oder abgehoben. Das geschieht durch einen Fuß- oder Knieschalter.

Als normale Arbeitsbreite der Bügelmaschine hat sich eine Walzenlänge von ca. 65 cm durchgesetzt (**43**.1). Daraus ergibt sich eine Gerätebreite von 80 bis 85 cm bei ca. 45 cm Tiefe.

Für beschränkte Raumverhältnisse gibt es auch zusammenklappbare Modelle zum leichten Wegstellen.

Anschlußwerte. Die Nennaufnahme des Motors beträgt 50 bis 200 W, die der Heizung 1100 bis 2800 W. Ein eigener Gerätestromkreis über Steckdose ist erforderlich.

1.2.5 Installationen

Im Hausarbeitsraum sollte die Planung der Installationen für Kalt- und Warmwasser, Entwässerung, Strom, Heizung und Lüftung möglichst vor Rohbauherstellung erfolgen.

Die Höhenlagen der Installationsanschlüsse über OKFF liegen aufgrund möglicher Geräte weitgehend fest (**43**.2).

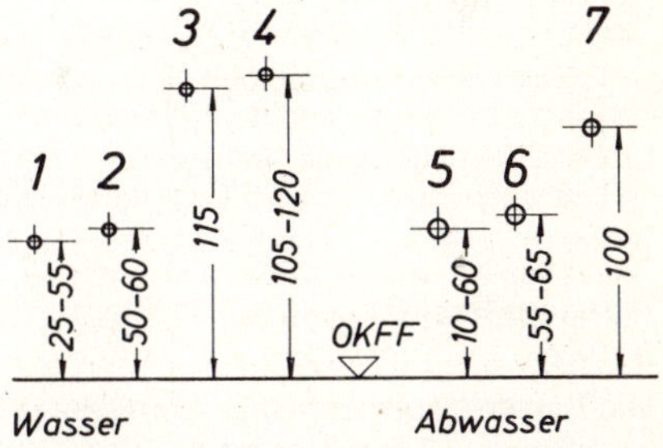

43.2
Montagemaße der Wasser- und Abwasseranschlüsse für Hausarbeitsräume in cm (M 1: 50)
1 Kaltwasser-Zulauf für Waschmaschine
2 Kaltwasser- (evtl. auch WW-)Zulauf für Wasch-Spül-Becken und Untertischspeicher
3 Kaltwasser-Zulauf für Waschmaschine ohne DVGW-Zeichen
4 Kaltwasser-Zulauf für Elt-Kochendwassergerät
5 Wasser-Ablauf für Waschmaschine
6 Wasser-Ablauf für Wasch-Spül-Becken
7 max. Förderhöhe Waschmaschinen-Laugenpumpe

Die Breitenmaße sind dagegen, als Abstandsmaße zu den umgebenden Wänden, mit der jeweiligen Raumplanung neu festzulegen.

Kaltwasseranschlüsse (**43**.2). Sie kommen in Frage für Waschmaschine, Wasch-Spül-Becken und Untertischspeicher (**785**.2), evtl. auch Kochendwassergerät (**787**.2).

Für die Waschmaschine ist ein absperrbarer Wasseranschluß DN 15 nach DVGW-Richtlinie W 501 vorzunehmen. Danach können Waschmaschinen mit DVGW-Prüfzeichen an jedes Auslaufventil mit Schlauchverschraubung angeschlossen werden (**44**.1). Maschinen ohne DVGW-Prüfzeichen müssen, um das Rücksaugen von Schmutzwasser in die Trinkwasserleitung zu verhindern, nach Bild **44**.2 installiert werden.

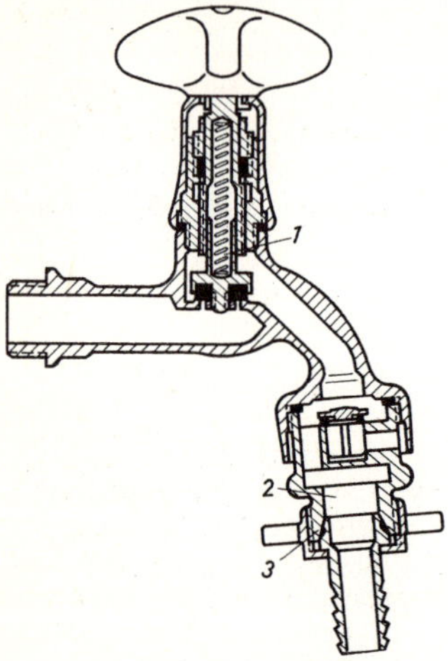

44.1 Armaturenkombination zum Anschluß einer Wasch- oder Geschirrspülmaschine an die Trinkwasserleitung (Seppelfricke)

1 Absperrventil, komb. mit Rückflußverhinderer
2 Durchfluß-Rohrbelüfter
3 Anschlußgewinde M20 für Schlauchverschraubung DN 15

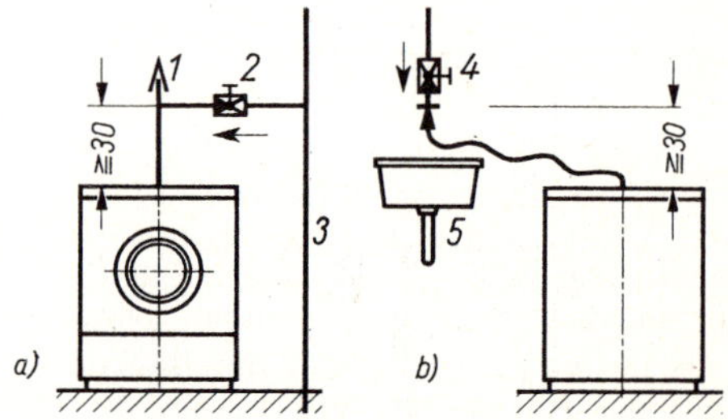

44.2 Wasch- oder Geschirrspülmaschine ohne DVGW-Zeichen (nach DVGW-Arbeitsblatt W 501) mit

a) festem Anschluß
b) Schlauchanschluß an die Trinkwasserleitung (M 1:50)

1 Rohrbelüfter (Einzelbelüfter)
2 Absperrventil kombiniert mit Rückflußverhinderer
3 Trinkwasser-Steigleitung
4 Armaturenkombination nach Bild **44**.1
5 Wasch-, Spül- oder Ausgußbecken

Die Leitungsanschlüsse sind immer seitlich der Waschmaschine, z. B. unter dem Spülbecken, anzubringen, damit das Gerät unmittelbar an die Wand geschoben werden kann (**40**.1) und bündig mit der Vorderkante der Unterschränke abschließt.

Das Wasch-Spül-Becken erhält einen eigenen Kaltwasseranschluß DN 15, stets auf der rechten Seite, mit einem Eckabsperrventil im Unterschrank.

Ist ein elektrischer Untertischspeicher (**785**.2) oder ein Kochendwassergerät (**787**.2) über dem Spülbecken vorgesehen, erhalten auch diese Geräte einen Kaltwasseranschluß DN 10 bzw. DN 15 (**43**.2).

Weitere Leitungsquerschnitte und Werkstoffe nach Abschn. 2.5.2 und 2.5.3.

Warmwasseranschlüsse (**43**.2). Sie werden erforderlich für die Versorgung des Wasch-Spül-Beckens.

Die Warmwasserbereitung kann zentral (s. Abschn. 12.3) oder durch örtliche WW-Bereiter (s. Abschn. 12.2) erfolgen.

Bei der zentralen WW-Versorgung endet die WW-Leitung als Warmwasseranschluß DN 15, stets auf der linken Seite, entweder noch als hochliegender Wandanschluß über dem Spülbecken (**15**.2 und **793**.1) oder zeitgemäß verdeckt im Unterschrank des Spülbeckens als Wandauslaß mit Eckabsperrventil.

Bei der örtlichen WW-Versorgung wird der elektrische Untertischspeicher, in der Regel ein 5- bis 10-Liter-Gerät mit 2 kW Anschlußwert, direkt mit dem Spülauslauf über ein Anschlußrohr DN 10 verbunden (**785**.2).

Ist ein über dem Spülbecken montiertes Kochendwassergerät mit Schwenkauslauf (**787**.2) vorgesehen, wird kein WW-Anschluß erforderlich.

Entwässerungsanschlüsse (**43**.2). Sie sind notwendig für Waschmaschine, Wäscheschleuder und Wasch-Spül-Becken, evtl. auch Wäschetrockner.

Die Waschmaschine wird im Unterschrank des Spülbeckens mit einem seitlichen Rohrstutzen DN 20 am Geruchverschluß des Spülbeckens mit angeschlossen (**22**.1).

Steht die Waschmaschine vom Wasch-Spül-Becken getrennt, erhält sie einen eigenen Geruchverschluß (**45**.1). Die Verbindung zwischen Maschine und Geruchverschluß muß mit einem elastischen Schlauch hergestellt werden.

In Altbauten kann das Abwasser auch über einen Schlauch DN 20 in ein Ausguß- oder Spülbecken gepumpt werden (**45**.2).

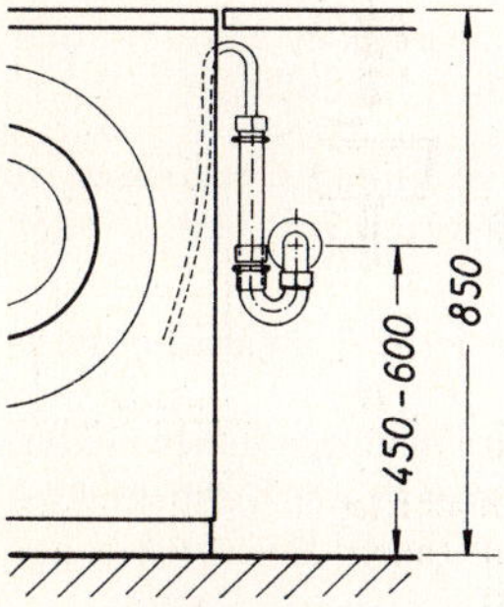

45.1 Ablaufanschluß von Wasch- und Geschirrspülmaschinen an Fertigablauf in PP weiß als Einzel-Geruchverschluß

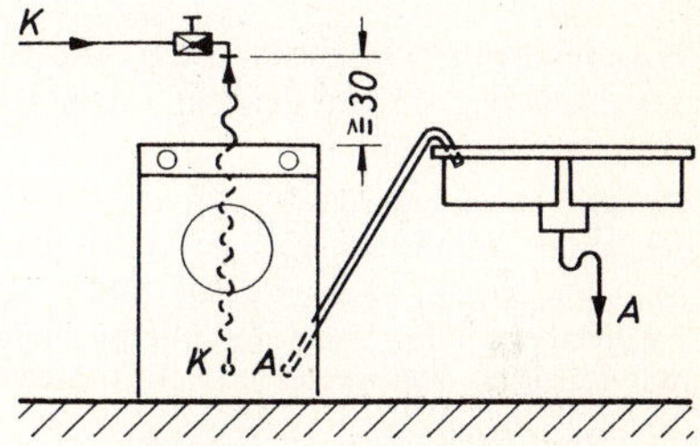

45.2 Zulauf- und Ablaufanschluß bei Wasch- und Geschirrspülmaschinen ohne DVGW-Prüfzeichen (M 1:50)

Das auslaufende Tropfwasser der Wäscheschleuder (**41**.1) muß örtlich aufgefangen werden oder z. B. über einen Bodenablauf weglaufen können (**35**.1).

Das Wasch-Spül-Becken wird im Unterschrank über einen Geruchverschluß DN 40 oder DN 50 (s. auch Abschn. 3.4.10) an die in der Wand liegende Entwässerungsleitung DN 50 (Taf. **192**.1) angeschlossen.

Im Bereich der Waschgeräte ist eine Fußbodenentwässerung zweckmäßig (s. Abschn. 3.3.6.2). Der Fußboden sollte wasserdicht ausgebildet sein (**252**.1).

Elektroanschlüsse. Die elektrischen Geräteanschlüsse, Steckdosen und Beleuchtungseinrichtungen sind rechtzeitig, möglichst in einem Installationsplan M 1:50, festzulegen.

Die Höhenmaße der Anschlüsse in bezug zur Oberfläche des fertigen Fußbodens sind auch im Hausarbeitsraum genau einzuhalten.

Es werden evtl. nachfolgende Elektroanschlüsse erforderlich:

30 cm über OKFF Steckdosen für Waschmaschine, Wäschetrockner, Wäscheschleuder, Bügelautomat und Untertischspeicher, Anschlußdosen für Waschmaschinen über 3500 W;

80 cm über OKFF Steckdosen über der großen Arbeitsplatte des Sitzbereiches für Bügeleisen und Kleingeräte;

115 cm über OKFF Einfach- und Mehrfachsteckdosen über Arbeits- und Abstellplatten des Stehbereiches für Kleingeräte;

135 cm über OKFF Steckdosen oder Wandauslässe für Kochendwassergerät und Arbeitsplatzbeleuchtungen.

Die Breitenmaße sind von der Planung des Hausarbeitsraumes abhängig und jeweils genau festzulegen.

Beleuchtung. Einzelheiten über die Raumausleuchtung des Hausarbeitsraumes (**311**.1) sind in Abschn. 6.1.3 und 6.3.4.3 behandelt.

Heizung. Hausarbeitsräume sollten wie Haushaltsküchen mit einer Raumtemperatur von +20 °C ausreichend beheizt werden, besonders wenn der Raum als Mehrzweckraum genutzt wird.

Die Ausführungen in Abschn. 1.1.5 gelten hier sinngemäß.

Lüftung. Der Hausarbeitsraum muß zu belüften sein, um die feuchtwarme Luft, die beim Wäschewaschen entsteht, abzuführen. Das wird, wie bei Haushaltsküchen, mit einer Fensterlüftung oder besser einer Schachtlüftung erreicht (s. auch Abschn. 1.1.5).

Die Aufstellung eines Wäschetrockners (**42**.1) erfordert besondere zusätzliche Maßnahmen der Abluftführung. Sie sind in Abschn. 11.3.1 und 11.3.2 ausführlich beschrieben.

Wäscheabwurfschacht (s. auch Abschn. 13.4.3). Für zweigeschossige Einfamilienhäuser ist der einfache Abwurfschacht dann sinnvoll, wenn der Hausarbeitsraum im Keller- oder Untergeschoß liegt.

Die 60 × 60 cm oder 60 ∅ großen Rohre sollten möglichst glattwandig, fugenlos und mit gleichbleibender lichten Weite senkrecht geplant werden (**36**.1).

Als Material sind Plewa, Eternit, Blech oder Kunststoff geeignet. Die Einwurföffnungen sollten in Flur, Treppenhaus oder Diele der oberen Geschosse liegen. Sie können im Rahmen des Innenausbaues individuell als Klappe oder Drehtür ausgebildet sein.

1.2.6 Maßnahmen für Behinderte

Die für Behinderten-Küchen angegebene Unterscheidung der Personengruppen in Schwerbehinderte und Behinderte (s. Abschn. 1.1.6) ist auch für Hausarbeitsräume gültig.

Wohnungen mit Hausarbeitsräumen für schwerbehinderte Rollstuhlfahrer werden jedoch selten geplant (**46**.1).

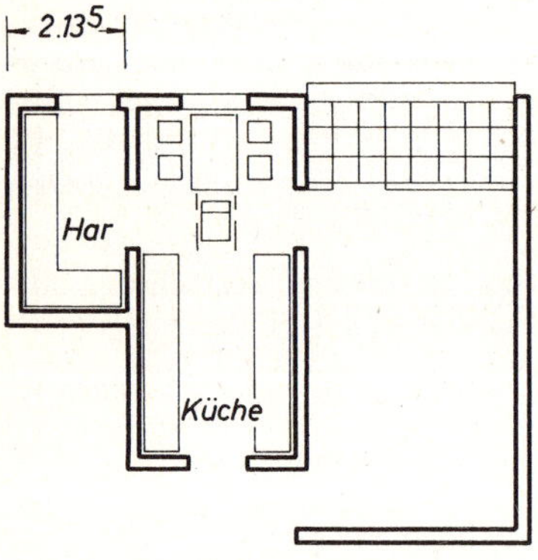

46.1
Hausarbeitsraum neben Behinderten-Küche (M 1:200)

Planungsgrundlagen. Die für Hausarbeitsräume ausführlich behandelten allgemeinen Richtlinien und Gesichtspunkte der Raumzuordnung und Grundrißtypen gelten auch für Rollstuhlfahrer (s. Abschn. 1.2.1).

In den Planungsgrundlagen der DIN 18025 für Schwerbehinderte wird ausdrücklich auf die Richtlinien der DIN 18022 für normale Hausarbeitsräume verwiesen.

Die Raumgröße wird jedoch durch den Platzbedarf des Rollstuhlbenutzers bestimmt. Für Wendemanöver werden nach DIN 18025 mind. 140 × 140 cm benötigt (**47**.1). Größere Bewegungsflächen sind für den Benutzer vorteilhafter (**25**.1).

Ist wegen der geringen Gesamtgröße der Behinderten-Wohnung ein Hausarbeitsraum nicht zu verwirklichen, sollte versucht werden, im Wohn-Eßbereich wenigstens eine Hausarbeitsnische mit einzuplanen.

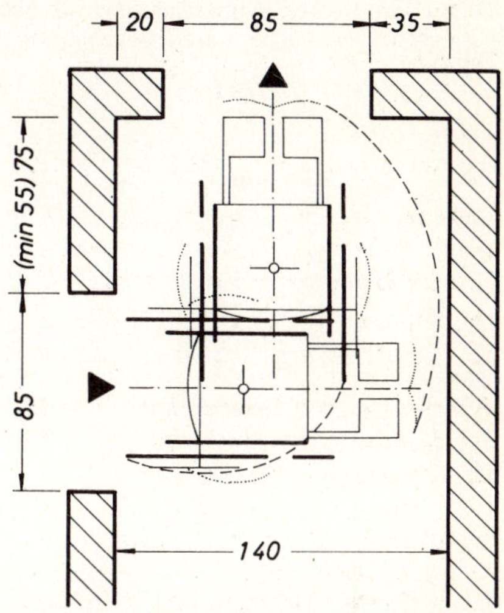

47.1
Platzbedarf des Standardrollstuhles beim Wenden um 90° (M 1:40)

Arbeitsbereiche. Der rationelle Arbeitsablauf im Hausarbeitsraum für Behinderte unterscheidet sich grundsätzlich nicht von dem im normalen Hausarbeitsraum (s. Abschn. 1.2.2).

Die Bewegungsfläche ergibt sich aus dem Platzbedarf für eine 90°-Drehung mit einem Standardrollstuhl (**47**.1). Die Tiefe der Bewegungsflächen darf nach DIN 18025 140 cm nicht unterschreiten.

Die für Behinderten-Küchen vorgeschriebene einheitliche Arbeitshöhe von 85 cm bei einer Tiefe von 60 cm sollte auch beim Hausarbeitsraum für Behinderte bindend sein (**47**.2). Die Abdeckplatte des Waschzentrums liegt dann mit der großen Arbeitsplatte auf einer durchgehenden Höhe (**47**.3).

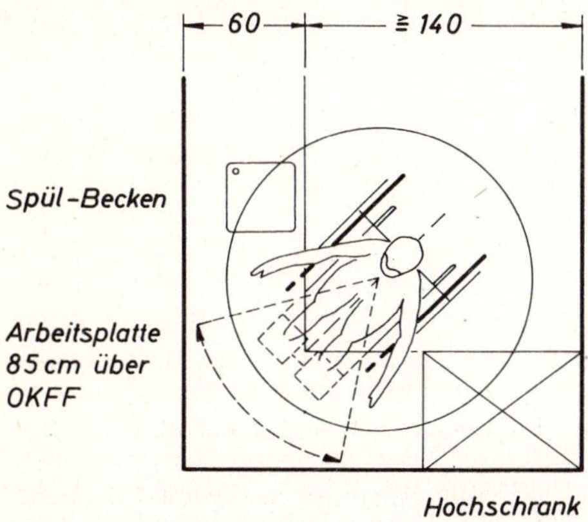

47.2 Bewegungsflächen zwischen Ausstattungs- und Einrichtungsteilen (M 1:50)

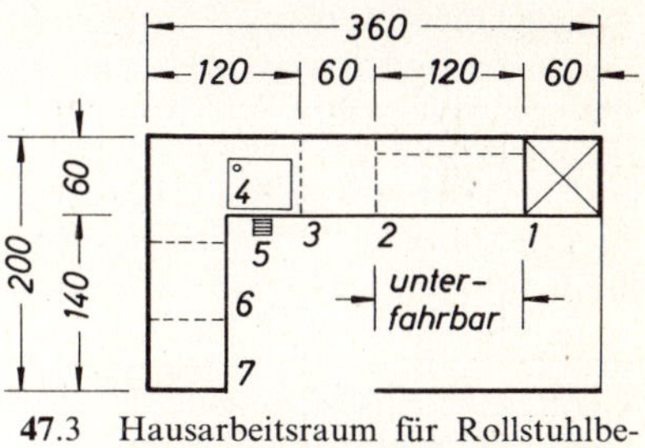

47.3 Hausarbeitsraum für Rollstuhlbenutzer mit Ausstattungs- und Einrichtungsteilen nach DIN 18022 (M 1:100)

1 Hochschrank
2 unterfahrbare Arbeitsplatte
3 Schmutzwäschebehälter
4 Wasch-Spül-Becken
5 Bodenablauf
6 Waschmaschine, 7 Trockengerät

Für Rollstuhlbenutzer besteht damit die Voraussetzung, das Näh-Bügelzentrum und das Wasch-Spülbecken mit einer lichten Höhe ≧ 69 cm unterfahrbar zu benutzen.

Die Nutzfläche im Hausarbeitsraum für Behinderte umfaßt nicht nur die vor dem Möbel liegende Bewegungsfläche und die unterfahrbare Möbelstellfläche, sondern auch die beiderseits daneben liegenden Flächen (**28**.1, **47**.2 und 3).

Damit wird für den Rollstuhlfahrer z. B. bei einer L-förmigen Anordnung des Hausarbeitsraumes die gesamte Arbeitsfläche vom Trockenautomaten bis zum Unterschrank für Nähzutaten voll nutzbar (**48**.1).

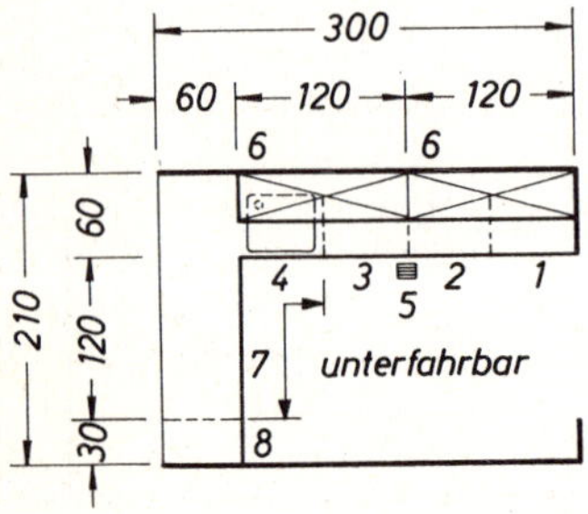

48.1
Hausarbeitsraum für Rollstuhlbenutzer (M 1:100)
1 Schmutzwäschebehälter
2 Waschmaschine
3 Trockengerät
4 unterfahrbares Wasch-Spül-Becken
5 Bodenablauf
6 Oberschränke (statt Hochschrank)
7 unterfahrbare Arbeitsplatte
8 Unterschrank

Ausstattungen und Einrichtungen. Für die Abmessungen, Stellflächen und Abstände von Ausstattungs- und Einrichtungsteilen gelten die Angaben für Hausarbeitsräume sinngemäß auch für Behinderte (s. Abschn. 1.2.3).

Jedoch ist die einheitlich durchlaufende Höhe der Arbeits- und Abstellplatten mit 85 cm anzunehmen.

Das Wasch-Spül-Becken und die große Arbeitsplatte sollten mit einer lichten Höhe von ≧ 69 cm unterfahrbar sein. Als Mindestabstand für die Bewegungsflächen zwischen den Einbauten ist die Breite mit ≧ 140 cm einzuhalten.

Unter Beachtung der festgelegten Mindeststellfläche für einen Hochschrank (Taf. **39**.1) sollte dieser Schrank- und Stauraum für Rollstuhlbenutzer evtl. arbeitsgünstiger untergebracht werden.

Der geforderte Hochschrank könnte durch leicht zu öffnende Oberschränke im Greifbereich des Behinderten über dem Waschzentrum ersetzt werden (**48**.1). In ihm sind Wasch-, Reinigungs- und Pflegemittel, sowie Kleingeräte und Hilfsmittel unterzubringen (s. Abschn. 1.2.3).

Für die Möblierung des Hausarbeitsraumes kann für den Behinderten die Höhenverstellbarkeit einzelner Möbelteile in begrenztem Umfang notwendig werden (s. auch Abschn. 1.1.6.3).

Geräte. Die Ausstattung des Hausarbeitsraumes für Behinderte mit Groß- und Kleingeräten stimmt weitgehend mit der des normalen Hausarbeitsraumes überein (s. Abschn. 1.2.4).

Das Wasch-Spül-Becken sollte mit max. 4 cm nahe an der Vorderkante eingebaut sein. Die Beckentiefe ist auf ca. 15 cm zu begrenzen (**48**.1), die Unterseite zu isolieren. Die ausführlichen Empfehlungen im Abschn. 1.1.6.4 für Küchenspülen gelten auch hier.

Die vorhandene Fläche über der Arbeitsplatte sollte für Rollstuhlfahrer im hinteren Bereich mit 10 bis 15 cm Tiefe für die sichtbare Unterbringung von Kleingeräten oder Hilfsmitteln z. B. im Bügel-Nähbereich genutzt werden (**49**.1), soweit die Wandfläche dies zuläßt (s. Abschn. 1.1.6.4).

Im Hausarbeitsraum für Blinde und wesentlich Sehbehinderte muß die Waschmaschine fest installiert werden.

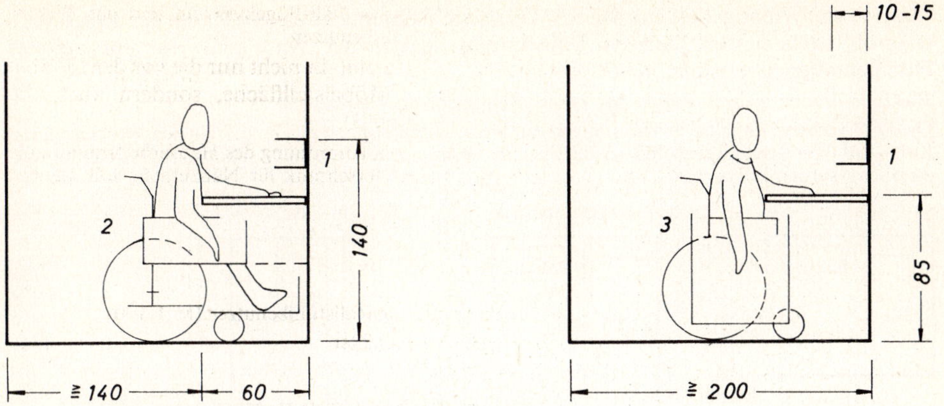

49.1 Geräteunterbringung für Rollstuhlbenutzer (M 1:50)
1 Kleingeräte
2 Schubladen
3 Rollwagen

Installationen. Die notwendigen Installationen für normale Hausarbeitsräume sind in Abschn. 1.2.5 ausführlich behandelt.

Im Hausarbeitsraum für Behinderte sind jedoch einige weitergehende Maßnahmen zur Elektro-, Heizungs- und Warmwasserinstallation zu beachten.

Die Angaben der Elektroinstallation zu Behinderten-Küchen gelten sinngemäß auch für den Hausarbeitsraum (s. Abschn. 1.1.6.5).

Steckdosen, Stecker und Schalter sind so anzuordnen, daß sie im Greifbereich des Rollstuhlbenutzers liegen.

Die Montagehöhen für Schalter sollten bei ca. 80 cm über OKFF liegen.

Für die Heizungsinstallation von Hausarbeitsräumen sind die gleichen Maßnahmen wie bei Behinderten-Küchen durchzuführen.

Als Raumtemperatur wird entgegen DIN 4701 22 °C empfohlen. Heißwasserrohre sind zu verkleiden.

Bei der Warmwasserinstallation ist am Wasch-Spül-Becken die Warmwasserzapfstelle mit einem Temperaturbegrenzer auszustatten.

1.3 WC und Waschraum

1.3.1 Allgemeines

WC-Raum. Das WC ist nach DIN 18022 ein selbständiger Raum, in dem Ausstattungen zur Körper- und Gesundheitspflege untergebracht sind.

Zur Körper- und Gesundheitspflege dienen im WC Spülklosett, Handwaschbecken oder Waschtisch, auch Brausewanne.

Der Raum muß abschließbar sein und einen eigenen Zugang vom Flur aus haben.

DIN 18022 empfiehlt ausdrücklich, das WC vom Bad getrennt zu planen (**269**.2).

Diese Trennung wird in Wohnungen, die für mehr als 5 Personen bestimmt sind, immer gefordert.

In mehrgeschossigen Wohnungen oder Einfamilienhäusern sollte ein WC in der Nähe des Einganges dem Tagesbereich (**495.1**), ein zweites WC neben dem Bad dem Schlafbereich zugeordnet werden.

Waschraum. Wichtiger als ein zweites WC in der Wohnung ist es, den Raum des Tages-WCs so groß zu bemessen, daß ein vollwertiger zusätzlicher Waschplatz für ein weiteres Familienmitglied entsteht.

Hierzu ist in den meisten Fällen nur wenig Mehrfläche erforderlich (**50**.1).

Die DIN verlangt ohnehin in Wohnungen mit mehr als 5 Personen einen zusätzlichen Waschtisch mit Kalt- und Warmwasseranschluß sowie Mischbatterie, der anstelle des Handwaschbeckens im WC installiert werden kann.

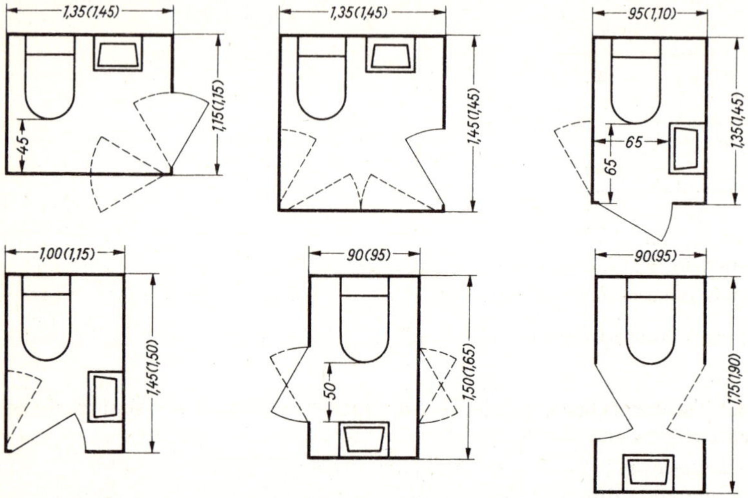

50.1 WC-Räume mit Handwaschbecken 40 cm × 30 cm; Mindestgrößen nach DIN 18022 (M 1:65) Gegenüber DIN 18022 verminderte Abstandsmaße sind angegeben worden. Eingeklammerte Maße gelten bei Wahl eines Waschtisches 55 cm × 45 cm anstelle des Handwaschbeckens

Darüber hinaus ist sogar die Erweiterung des WC-Raumes durch die Ausstattung mit einer Brausewanne erwünscht (**50**.2). Damit ist der Übergang vom WC- und Waschraum mit Dusche zum Baderaum (s. Abschn. 1.4) fließend.

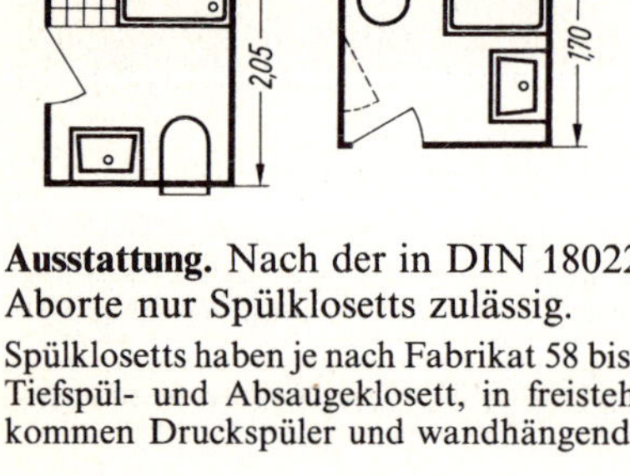

50.2
WC und Waschraum, Mindestgrößen nach DIN 18022 (M 1:100)

Ausstattung. Nach der in DIN 18022 geforderten Mindestausstattung (Taf. **51**.1) sind als Aborte nur Spülklosetts zulässig.

Spülklosetts haben je nach Fabrikat 58 bis 80 cm Tiefe. Die bekanntesten Beckentypen sind Flachspül-, Tiefspül- und Absaugeklosett, in freistehender oder wandhängender Ausführung. Als Spülsysteme kommen Druckspüler und wandhängende oder eingebaute Spülkästen in Frage (s. Abschn. 3.4.4).

Aus hygienischen Gründen sollte nur noch das Tiefspül- und besser noch das Absaugeklosett verwendet werden. Tiefhängende oder eingebaute Spülkästen sind wegen der geringen Geräuschentwicklung anderen Spüleinrichtungen vorzuziehen.

Tafel **51**.1 WC, erforderliche Mindestausstattung (DIN 18022 Tab. 7)

Ausstattungsteile	Abmessungen cm	
	b	*t*
Spülklosett	40	nach Fabrikat
Handwaschbecken mit Kaltwasseranschluß	≧ 40	≧ 30

Das Handwaschbecken mit Kaltwasseranschluß, als Mindestausstattung, gehört aus hygienischen Gründen in das WC und nicht in einen Vorraum (**50**.1).

Einzelheiten über Handwaschbecken, Waschtische und Waschtischzubehör s. Abschn. 3.4.6.

Abstände. Die Abstands-Mindestmaße für WCs sind mit ≧ 75 cm einzuhalten (Taf. **56**.1 und **57**.1).

Installationen. Eine Zusammenfassung der Rohrinstallationen wird empfohlen. Eine Trennung ist gerechtfertigt, wenn dadurch Grundrißvorteile erreicht werden.

Einzelheiten über Trinkwasser- und Warmwasserversorgung s. Abschn 2.5, 12.2 und 12.3.

Innenliegende WCs, die nicht durch Fenster belichtet und belüftet werden, sind mit einer Lüftung nach DIN 18017 (s. Abschn. 11.3.1 und 11.3.2) gestattet. Eine Verstärkung der Lüftung durch Motorkraft wird empfohlen.

DIN 4701 fordert für das WC eine Innentemperatur von + 20 °C (Taf. **478**.1). Auf eine unmittelbare Beheizung kann nur beim innenliegenden WC verzichtet werden.

Eine helle Allgemeinbeleuchtung durch Tageslicht oder künstliches Licht wird gefordert. Blendung und Körperschatten sind zu vermeiden.

Das WC oder der Waschraum muß einen wasserunempfindlichen Fußboden (**252**.1) und sollte eine wasserabweisende Wandverkleidung erhalte.

1.3.2 Maßnahmen für Behinderte

Die Normen, Richtlinien und Gesetze unterscheiden Schwerbehinderte (Rollstuhlbenutzer, Blinde und wesentlich Sehbehinderte) sowie Behinderte und alte Menschen.

Der WC-Raum hat für die Behinderten-Wohnung nur eine untergeordnete Bedeutung, da in den meisten Fällen das Bad alle Einrichtungen der Körper- und Gesundheitspflege für den Behinderten aufnehmen muß (s. Abschn. 1.4.2).

Jeder WC-Raum ist mindestens mit einem Spülklosett und einem Handwaschbecken auszustatten (s. Abschn. 1.3.1).

Die selbständige Benutzung des WC muß für den Behinderten möglich sein. Größere Raumabmessungen als bei normalen WCs sind hierzu notwendig. Die funktionsgerechte Ausstattung mit geeigneten Objekten und Hilfsmitteln ist außerdem vorzusehen (**52**.1).

Für Blinde und wesentlich Sehbehinderte sind die in der DIN 18022 festgelegten Forderungen für WC-Räume weitgehend ausreichend.

Jedoch wird die zusätzliche Ausstattung mit einem Urinalbecken (**218**.1) empfohlen.

In Wohnungen, die für mehr als 4 Personen bestimmt sind, ist ein zusätzlicher Waschtisch mit ≧ 60 cm Breite und ≧ 50 cm Tiefe erforderlich. Er kann anstelle des im WC ohnehin geforderten Handwaschbeckens installiert werden.

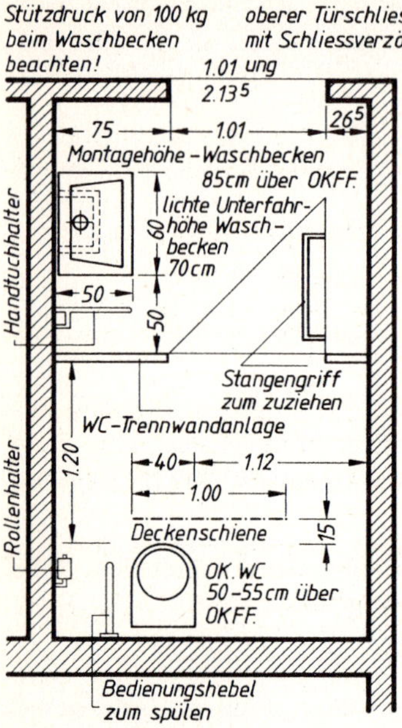

52.1 Behinderten-WC

a	b
25	170
35	160
45	150
55	140

Zwischenwerte interpolieren

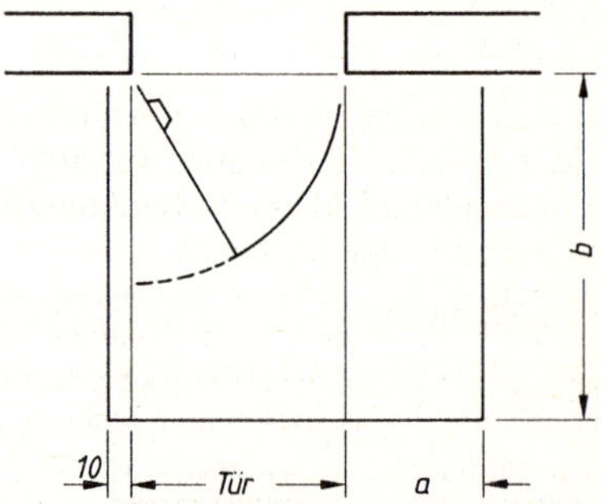

52.2 Bewegungsfläche vor Türen (DIN 18025 T. 1)

Für Rollstuhlbenutzer sind im WC nach DIN 18025 weitergehende Maßnahmen vorzusehen.

Die Durchgangsbreite der Tür muß mindestens 85 cm betragen. Sie muß nach außen zu öffnen sein. Auf der Bandseite des Türblattes ist ein Griff anzubringen, mit dem der Rollstuhlfahrer die Tür zuziehen kann (**52**.1 und 2).

Das Handwaschbecken bzw. der Waschtisch sollte vom Spülklosett zu erreichen sein.

Außerdem ist die Installation einer Notrufanlage im Raum notwendig (s. Abschn. 6.2.3).

Die Abstands- und Bewegungsflächen, die besondere Anordnung von Spülklosett, Waschtisch oder Handwaschbecken sowie die besonderen Installationen sind nach DIN 18011, 18022 und 18025 einzuplanen.

Einzelheiten sind hierzu in Abschn. 1.4.2 ausführlich beschrieben.

1.4 Bad und Duschraum

1.4.1 Allgemeines

Baderaum. Das Bad ist nach DIN 18022 ein selbständiger Raum, in dem Ausstattungen und Einrichtungen zur Körper- und Gesundheitspflege untergebracht sind.

Zur Körper- und Gesundheitspflege dienen im Bad Badewanne, Brausewanne und Waschtisch, auch Sitzwaschbecken und Spülklosett.

Der Raum muß abschließbar sein und einen eigenen Zugang vom Flur aus haben.

Das Bad kann jedoch auch vom Schlafzimmer zugänglich sein, wenn ein WC oder ein anderes Bad mit Spülklosett vom Flur aus erreichbar ist.

DIN 18022 empfiehlt ausdrücklich, das Bad vom WC getrennt zu planen.

Diese Trennung wird in Wohnungen, die für mehr als 5 Personen bestimmt sind, grundsätzlich gefordert.

In größeren Wohnungen und immer in mehrgeschossigen Einfamilienhäusern sollte neben einem Tages-WC in der Nähe des Einganges ein zweites WC neben dem Bad den Schlafräumen zugeordnet werden. Dieses zweite WC kann notfalls auch im Bad untergebracht werden (**496**.1).

DIN 18022 verlangt im Bad eine Stellfläche und Anschlüsse für eine Waschmaschine, wenn kein Hausarbeitsraum (s. Abschn. 1.2) mit Wasseranschluß vorhanden ist. Diese Forderung betrifft vor allem Geschoßwohnungen.

Die Größe solcher Baderäume entspricht den Beispielen des Bildes **53**.1, wobei anstelle des Sitzwaschbeckens eine Waschmaschine mit der Grundfläche von 60 × 60 cm tritt.

Darüber hinaus wird bei fehlendem Hausarbeitsraum eine Erweiterung des Bades durch eine Gesamtstellfläche für Waschgeräte von 120 × 60 cm und eine zusätzliche Stellfläche von 60 × 60 cm für einen Schmutzwäschebehälter empfohlen.

Duschraum. Bei größerem Wohnkomfort wird vielfach die Aufstellung einer Brausewanne zusätzlich zur Badewanne verlangt. Neben dem Erholungsbad in der Wanne kann dann vorher oder nachher ein Reinigungsbad unter der Dusche genommen werden. Hierfür zeigt Bild **53**.2 einige Beispiele.

Die DIN empfiehlt eine zusätzliche Ausstattung des Baderaumes durch eine Brausewanne, besonders in Wohnungen mit mehr als 5 Personen.

Ist diese Empfehlung im Baderaum der Großwohnung nicht zu verwirklichen, sollte die Unterbringung im WC- und Waschraum (s. Abschn. 1.3) möglich sein (**50**.2).

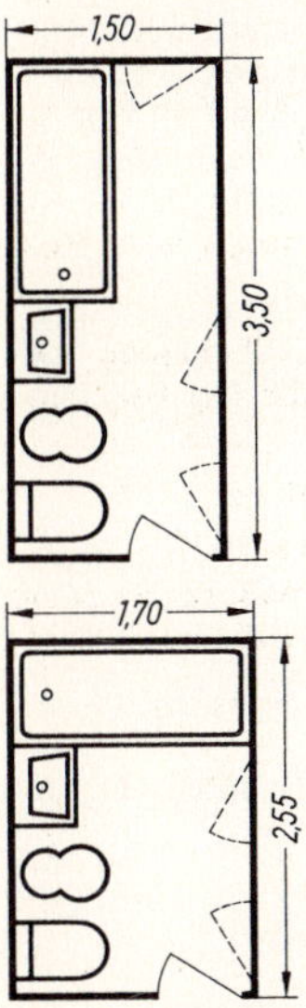

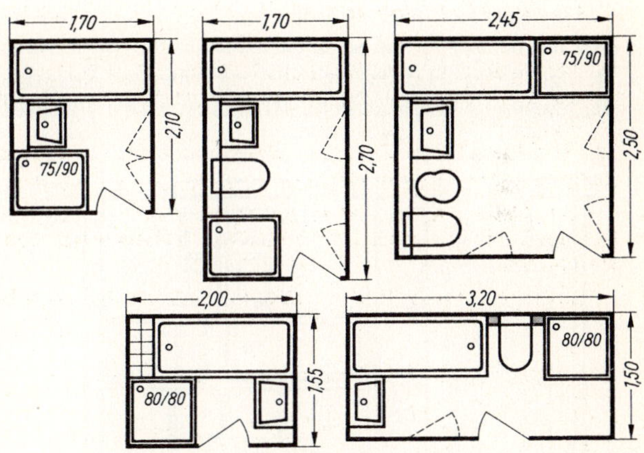

53.1 Badezimmer mit Waschtisch, WC und Bidet; Mindestgrößen nach DIN 18022 (M 1:100)

Anstelle des Bidets kann auch eine Waschmaschine 60/60 cm aufgestellt werden

53.2 Badezimmer mit Brausebad; Mindestgrößen nach DIN 18022 (M 1:100)

Ausstattung und Einrichtung. Die nach DIN 18022 erforderliche Ausstattung und Einrichtung mit ihren Abmessungen und Stellflächen sind aus Tafel **54**.1 ersichtlich.

Tafel **54**.1 Bad, erforderliche Ausstattung und Einrichtung (nach DIN 18022 Tab. 6)

Ausstattungs- oder Einrichtungsteile	Abmessung cm		Stellfläche cm	
	b	*t*	*b*	*t*
Badewanne mit Kalt- und Warmwasseranschluß, Mischbatterie und in der Höhe verstellbarer Schlauchbrause oder	≧ 170	≧ 75	–	–
Brausewanne mit Kalt- und Warmwasseranschluß, Mischbatterie und in der Höhe verstellbarer Schlauchbrause	≧ 80	≧ 75	–	–
Waschtisch mit Kalt- und Warmwasseranschluß sowie Mischbatterie	≧ 55	≧ 45	–	–
Waschmaschine	–	–	≧ 70	60
Spülklosett, sofern ein räumlich getrenntes WC nicht vorgesehen ist	40	nach Fabrikat	– –	– –

In der Norm werden eine Badewanne von ≧ 170 × 75 cm und eine Brausewanne von ≧ 80 × 80 cm gleichberechtigt nebeneinander aufgezählt.

Für Kranke und Gebrechliche ist die Badewanne besser geeignet und erfordert, unter Berücksichtigung der einzuhaltenden Abstandsmaße, kaum mehr Platz als die Duschwanne.

Die Aufstellung der Badewanne unmittelbar unter dem Fenster, die zwar oft eine besonders günstige Raumaufteilung ermöglicht, ist nur dann unbedenklich, wenn das Fenster eine entsprechend hohe Brüstung erhält und besonders zugdicht ausgeführt wird. Es ist planerisch oft sinnvoller, auf ein Fenster ganz zu verzichten.

Vorrangig werden zwei- oder dreiseitig gegen das Rohbaumauerwerk anschließende Einbaubadewannen gewählt (**53**.1, **53**.2, **54**.2, **55**.1 und 2).

Von der Badewanne aus sollte der Badende die Tür im Auge haben.

Bei größeren Haushalten oder gehobenen Ansprüchen empfiehlt es sich, neben der Badewanne eine zusätzliche Brausewanne vorzusehen.

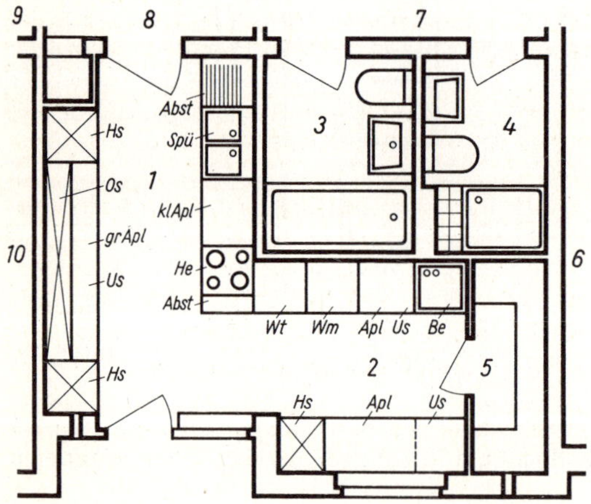

54.2
Zuordnung von Hausarbeits- und Sanitärräumen (Erläuterungen s. Bilder **2**.2 und **35**.1)

1 Küche
2 Hausarbeitsraum
3 Bad
4 WC und Waschraum
5 Abstellraum
6 Treppenhaus
7 Eingangsflur
8 Eßdiele
9 Wohnzimmer
10 Schlafzimmer

Die Unterbringung einer Duschwanne außerhalb des Bades in einem zweiten Sanitärraum ist immer zu überlegen (**50**.2 und **54**.2).

Vorrangig werden drei- oder zweiseitig gegen das Rohbaumauerwerk anschließende Einbaubrausewannen gewählt (**50**.2, **53**.2 und **54**.2).

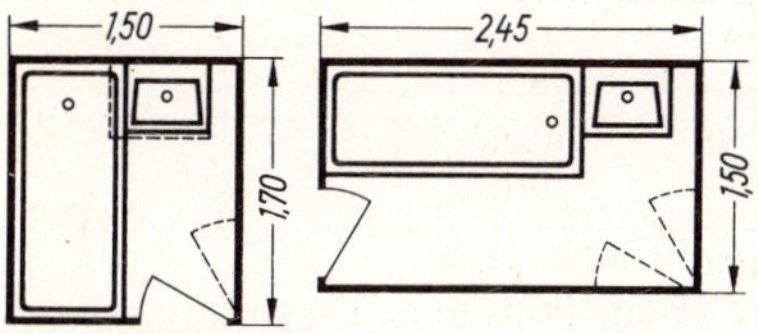

55.1 Badezimmer mit Waschtisch; Mindestgrößen nach DIN 18022 (M 1:100)

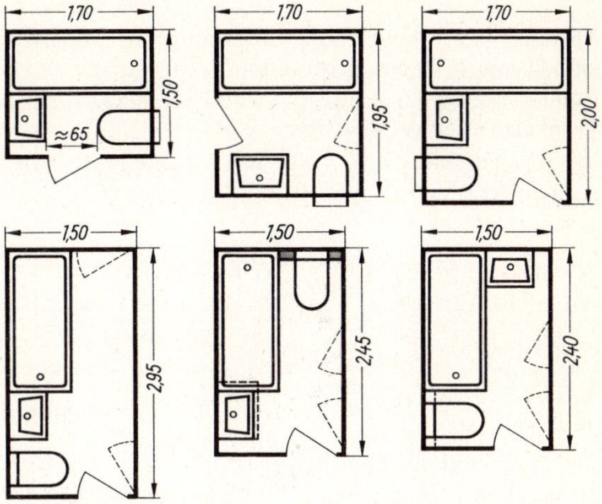

55.2 Badezimmer mit Waschtisch und WC; Mindestgrößen nach DIN 18022 (M 1:100)

Anmerkung zu Bild **53**.1, **53**.2, **55**.1 und 2

Soweit nichts anderes angegeben, sind folgende Objektgrößen zugrunde gelegt worden: Badewanne 170/75 cm, Brausewanne 75/90 cm, Waschtisch 55/45 cm. Von DIN 18022 abweichende Abstandsmaße sind besonders angegeben worden; alle Maße sind Ausbaumaße.

Der Waschtisch muß nach DIN 18022 ≧ 55 cm breit und ≧ 45 cm tief sein. Die in der Praxis verwendeten Standardmaße von ca. 65 × 50 cm sollte man jedoch nicht unterschreiten.

In kleineren Baderäumen kann man notfalls einen Waschtisch bis 10 cm Breite über das Fußende der Badewanne übergreifen lassen, doch muß eine 55 cm breite, freie Standfläche vor dem Waschtisch erhalten bleiben (**55**.1 und 2).

Die Forderung nach einem Waschtisch mit Mundspülbecken (**229**.2) oder nach Anordnung eines zweiten Waschtisches kann noch dazukommen und erfordert entsprechend vergrößerte Raummaße.

Die DIN verlangt in Wohnungen, die für mehr als 5 Personen bestimmt sind, einen zusätzlichen Waschtisch mit Kalt- und Warmwasseranschluß sowie Mischbatterie.

Ein Spülklosett im Bad ist in kleineren und mittleren Wohnungen zwar immer noch die Regel, aber aus hygienischen Gründen unerwünscht (**53**.1, **55**.2 und **310**.1). Es ist nur dort vertretbar, wo außerdem in der Wohnung ein weiteres Tages-WC vorhanden ist.

Es sollte nur ein Tiefspül- oder Absaugeklosettbecken gewählt werden, das einen Sitz mit Deckel aufweist.

Das Sitzwaschbecken (Bidet) ist in Deutschland gegenüber anderen Ländern immer noch wenig bekannt. Bei uns wird es zunehmend nur in größeren und besser ausgestatteten Baderäumen mit vorgesehen (**53**.1).

DIN 18022 empfiehlt das Sitzwaschbecken als Vervollständigung der Ausstattung für Baderäume. Standmodelle und wandhängende Ausführungen der Bidets haben denselben Platzbedarf und erfordern dieselben seitlichen Abstandsmaße wie die entsprechenden Modelle der Spülklosetts.

Weitere Einzelheiten über Badewannen, Brausewannen, Waschtische, Sitzwaschbecken, Spülklosetts und Badezubehör s. Abschn. 3.4.

Abstände. Die Abstands-Mindestmaße in Bädern sind mit ≧ 75 cm, vor Waschgeräten jedoch mit ≧ 90 cm einzuhalten.

Bei Badewannen gilt eine Längsseite als Vorderkante. Der geforderte Abstand muß in einer Breite von 90 cm planerisch gesichert sein.

Im übrigen sind die in Tafel **56**.1 angegebenen Abstände erforderlich (**57**.1).

Tafel **56**.1 Abstände zwischen Ausstattungen, Einrichtungen, Wänden und Wandöffnungen (nach DIN 18022 Tab. 8)

Abstände zwischen	und	cm
Seite und Rückseite von Ausstattungen und Stellflächen für Einrichtungen	Rohbauwänden	3
	Wänden, deren Rohbaumaße zugleich Ausbaumaße sind	–
Ausstattungen und Stellflächen für Einrichtungen	Türleibung auf der Schalterseite sonst	≧ 20[1]) ≧ 10
	Fensterleibung	≧ 10
seitlicher Kante von Waschtisch Handwaschbecken	Wand oder Hochschrank	≧ 20 ≧ 25
seitlicher Kante von Brausewanne	anderen Ausstattungen oder Stellflächen für Einrichtungen an einer Seite an der anderen Seite	 ≧ 30 ≧ 15
seitlicher Kante von Spülklosett	anderen Ausstattungen oder Stellflächen für Einrichtungen	≧ 15
	Wand auf einer Seite auf beiden Seiten	≧ 15 ≧ 25

[1]) Bei Teilen, deren Oberkante unter Schalterhöhe liegt, genügt ein Abstand von 10 cm.

Installationen. Eine Zusammenfassung der Rohrinstallationen wird empfohlen. Eine Trennung ist gerechtfertigt, wenn dadurch Grundrißvorteile erreicht werden.

Einzelheiten über Trinkwasser- und Warmwasserversorgung s. Abschn. 2.5, 12.2 und 12.3.

Innenliegende Bäder, die nicht durch Fenster belichtet oder belüftet werden, sind mit einer Lüftung nach DIN 18017 (s. Abschn. 11.3.1 und 11.3.2) gestattet. Eine Verstärkung der Lüftung durch Motorkraft wird empfohlen.

Nach DIN 4701 muß die Heizung in Bädern eine Raumtemperatur von + 24°C erreichen (Taf. **478**.1). Für Duschbäder sollte dieser Wert auf + 24 bis 26 °C erhöht werden.

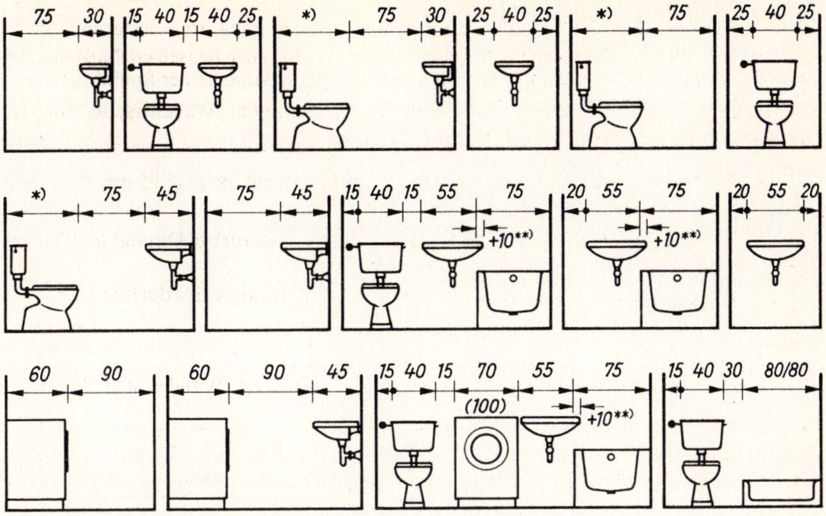

57.1 Abstands-Mindestmaße für Sanitärräume nach DIN 18022
*) je nach Anlage verschieden
**) bei breiterem Waschtisch ≦10 cm Überstand über Badewannenrand möglich

Als elektrische Beleuchtung genügen in einem kleinen Bad zwei Spiegelleuchten beiderseits des Waschtisches (**310**.1, **316**.2 und **334**.1). Bei größeren Bädern sollte eine zusätzliche Allgemeinbeleuchtung im Fensterbereich des Raumes angeordnet werden.

Die in DIN 18022 geforderte Schutzkontaktsteckdose für elektrische Kleingeräte ist in ca. 130 cm Höhe in der Regel rechts neben dem Waschtisch anzubringen. Hierbei ist der nach VDE 0100 geforderte Schutzbereich zu beachten (**316**.2).

Weitere Einzelheiten zur Elektroinstallation im Bad s. Abschn. 6.1.3 und 6.1.5.

Der Bade- und Duschraum muß einen wasserunempfindlichen Fußboden (**252**.1) und sollte eine ca. 2 m hohe wasserabweisende Wandverkleidung erhalten.

1.4.2 Maßnahmen für Behinderte

Die Normen, Richtlinien und Gesetze unterscheiden Schwerbehinderte (Rollstuhlbenutzer, Blinde und wesentlich Sehbehinderte) sowie Behinderte und alte Menschen.

Das Bad hat für die Behinderten-Wohnung eine besondere Bedeutung, da der Raum in den meisten Fällen alle Einrichtungen zur Körper- und Gesundheitspflege aufnehmen muß. Dieser Raum soll geeignet sein, die persönliche Intimsphäre zu wahren und die Selbständigkeit des behinderten Menschen zu erhalten.

Nach DIN 18025 sind die Sanitärräume in Wohnungen für Rollstuhlbenutzer gegenüber denen für Blinde und wesentlich Sehbehinderte zu unterscheiden.

Zu den Sanitärräumen zählen Bad und WC (s. Abschn. 1.3.2). Die Funktionen und Objekte beider Räume können aber auch in einem Sanitärraum vereinigt sein.

Nachfolgend behandelte Maßnahmen für Behinderten-Bäder gelten im wesentlichen den Rollstuhlbenutzern.

Wohnungen mit Sanitärräumen für Blinde und wesentlich Sehbehinderte sind ein seltener Sonderfall für den Planer.

1.4.2.1 Planungsgrundlagen

Wohnungen für Rollstuhlfahrer. DIN 18025 T. 1 unterscheidet Sanitärräume für Rollstuhlfahrer nach der Zahl der Wohnungsnutzer. Durch die Zuordnung der Sanitärräume in diesen Wohnungen ergeben sich außerdem verschiedene Wohnungsgrößen.

Nachfolgende vier Wohnungstypen sind bei der Planung getrennt zu betrachten.

Sanitärräume in Wohnungen für 1 Person. In dieser Wohnung ist ein Sanitärraum ausreichend. Er muß alle Funktionen von Bade- und WC-Raum aufnehmen.

Als Mindestausstattung ist ein Duschplatz mit Bodeneinlauf, Waschtisch und Spülklosett erforderlich (**58**.1).

Der Raum muß unmittelbar vom Schlafraum aus zugänglich sein. Ein zweiter Zugang vom Flur wird empfohlen.

Sanitärräume in Wohnungen für 2 Personen. In dieser Wohnung genügt ebenfalls ein Sanitärraum, jedoch wird hier grundsätzlich ein zweiter Zugang vom Flur gefordert.

Empfohlen wird außerdem die Aufteilung des Sanitärraumes in Bad und WC, wie beim nachfolgend beschriebenen Wohnungstyp.

Sanitärräume in Wohnungen für 3 Personen. Für diese Wohnung wird neben einem für den Rollstuhlbenutzer vorbehaltenen Sanitärraum ein weiteres WC gefordert.

Der unmittelbar von seinem Schlafraum zugängliche Sanitärraum des Behinderten muß alle Funktionen eines Bade- und WC-Raumes mit der Mindestausstattung des oben beschriebenen Wohnungstyps für 1 Person erhalten. Der getrennte WC-Raum ist nach DIN 18022 als üblicher Sanitärraum anzuordnen (s. Abschn. 1.3.1).

Sanitärräume in Wohnungen mit mehr als 3 Personen. In dieser Wohnung sind zwei vollständige Bäder anzuordnen.

Das Behinderten-Bad ist mit Duschplatz und Bodeneinlauf, Waschtisch und Spülklosett vorzusehen (**58**.1). Auch dieser Sanitärraum ist dem Schlafraum des Behinderten direkt zuzuordnen.

Das zweite Bad ist nach DIN 18022 normal auszustatten (s. Abschn. 1.4.1).

Ist in Wohnungen für Rollstuhlbenutzer ein Hausarbeitsraum (s. Abschn. 1.2.6) nicht vorhanden, muß im Sanitärraum des Behinderten eine Stellfläche von $\geqq 60$ cm Breite und 60 cm Tiefe für eine Waschmaschine vorgesehen werden.

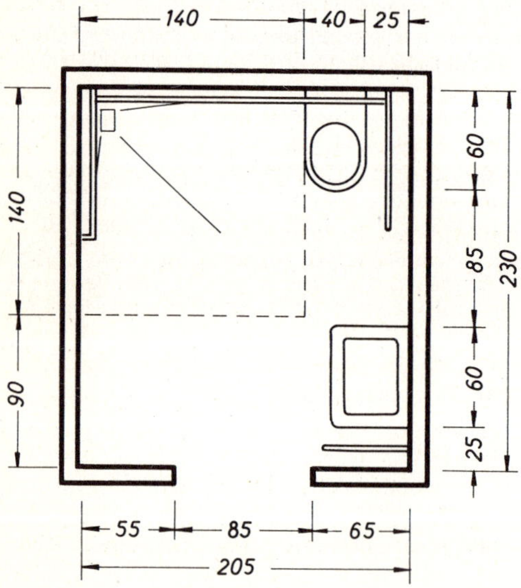

58.1
Bad mit Duschplatz für Rollstuhlbenutzer, Mindestausstattung und Mindestabmessungen (M 1:50)

Wohnungen für Blinde und Sehbehinderte. Für sie empfiehlt DIN 18025 T. 2 zwei getrennte Sanitärräume, Bad und WC.

In Wohnungen für mehr als 4 Personen ist diese Trennung immer erforderlich.

Das Bad für diese Behindertengruppe ist mindestens mit Einbaubadewanne, Waschtisch und Spülklosett auszustatten (Taf. **54**.1).

Für die Abmessungen des Waschtisches werden jedoch ≧ 60 cm Breite und ≧ 50 cm Tiefe gefordert. Außerdem werden größere Waschtische empfohlen. Sie können seitlich über das Fußende der Badewanne ragen.

Die Ausstattung mit einem Spülklosett wird auch dann verlangt, wenn ein vom Bad getrenntes WC (s. Abschn. 1.3.2) vorhanden ist.

Darüber hinaus wird die Ausstattung mit einem Sitzwaschbecken empfohlen.

Eine Fußbodenentwässerung (s. Abschn. 3.3.6.2) ist im Bad für Blinde und Sehbehinderte immer erforderlich.

Ist in diesen Wohnungen ein Hausarbeitsraum (s. Abschn. 1.2.6) nicht vorhanden, muß im Bad eine Stellfläche von ≧ 60 cm Breite und 60 cm Tiefe für eine Waschmaschine vorgesehen werden.

Zusätzlich wird empfohlen, eine Stellfläche für einen Wäschetrockner mit einer Vorrichtung für Abluft mit einzuplanen (s. Abschn. 1.2.4).

Abstände. Bei der Bemessung von Sanitärräumen in Behinderten-Wohnungen sind in allen Fällen die Abstandsregeln der DIN 18022 (Taf. **56**.1) anzuwenden.

Flächenbedarf. Die Baderaumgröße ergibt sich aus den einzelnen Objekten und den zugeordneten Stell- und Bewegungsflächen. Rollstuhlfahrer haben einen größeren Wohnflächenbedarf für Wende- und Fahrmanöver. Außerdem muß ihnen ein Umsteigen in oder auf ein Sanitärobjekt möglich sein. Durch geschickte Anordnung einzelner Bewegungsflächen lassen sich häufig Flächenersparnisse erzielen (**58**.1).

Für R o l l s t u h l b e n u t z e r sind im Bad nachfolgende Bewegungsflächen und Forderungen zu berücksichtigen.

Ein mindestens 85 cm breiter Zutritt zum Duschplatz muß gesichert sein.

Die Tiefe der Bewegungsfläche darf in Baderäumen aller Wohnungstypen 140 cm nicht unterschreiten.

Vor dem Duschplatz braucht eine Bewegungsfläche nicht besonders nachgewiesen zu werden, da sie sich in ausreichender Größe durch die erforderlichen Bewegungsflächen vor anderen Ausstattungsteilen ergibt.

Alle Türen müssen eine Mindestdurchgangsbreite von 85 cm haben (**52**.2). Türschwellen oder unterschiedliche Bodenhöhen sind bis 2,5 cm zulässig.

Für Bäder von B l i n d e n u n d S e h b e h i n d e r t e n sind nachfolgende Bewegungsflächen einzuplanen.

Vor der Badewanne genügt eine Bewegungsfläche von ≧ 90 cm Breite.

Die Tiefe der Bewegungsflächen darf im Bad grundsätzlich 90 cm nicht unterschreiten.

1.4.2.2 Sanitäre Ausstattungen

Die Funktionstüchtigkeit eines Behinderten-Bades wird von der Art und Gestaltung seiner Objekte und Armaturen und deren Anordnung bestimmt. Das in der Regel nur von einer Person benutzte Bad muß in allen Einzelteilen die Bedürfnisse und individuellen Bewegungsabläufe des Behinderten berücksichtigen.

Der Rollstuhlfahrer soll z. B. im Bad umsteigen können, von Zimmerrollstuhl auf einen Duschschemel, evtl. in die Badewanne oder auf das Spülklosett (**63**.1). Oft benötigt er hierzu auch mechanische Hebevorrichtungen.

Dusche. Die selbständige Körperpflege ist für den Rollstuhlbenutzer unter einer für ihn geeigneten Dusche leichter als in einer Badewanne.

In DIN 18025 wird für diese Behinderten ein mind. 140 × 140 cm großer Duschplatz mit Fußbodeneinlauf gefordert. Duschplatz und WC sind nebeneinander anzuordnen (**60**.1).

Die benachbarte Lage zum WC-Becken bietet die Möglichkeit, diese Fläche zum Umsteigen vom Rollstuhl zum WC oder Duschplatz zu nutzen.

Für die Ausführung eines zweckmäßigen Duschplatzes gelten nachfolgend beschriebene Voraussetzungen.

Der Duschplatz muß mit dem Rollstuhl befahrbar und schwellenlos sein (**60**.2). Daher sind Duschwannen ungeeignet. Der Bodenbelag muß auch im nassen Zustand rutschfest sein.

Der Duschplatz sollte zweiseitig offen bleiben. Auf eine Abtrennung durch Vorhänge kann verzichtet werden.

Individuell angepaßte Halte- und Stützvorrichtungen sind vorzusehen. Sie sind stabil zu verankern.

Haltegriffe sind zur Sicherheit und als Umsteigehilfe für Rollstuhlfahrer in horizontaler und vertikaler Anordnung notwendig (**60**.2).

Horizontale Haltestangen oder -griffe werden in der Höhe von 70 bis 85 cm über OKFF installiert, vertikale Haltestangen können wandhängend, raumhoch oder freistehend angeordnet werden.

Als Hilfe für das Umsteigen ist eine tragfähige Ankerschiene, zur wahlweisen Befestigung einer Strickleiter oder Halteschlaufe, in der Decke einzubauen (**60**.1).

Eine wegklappbare Sitzgelegenheit ist wichtiger Bestandteil eines Duschplatzes. Zur Erleichterung des Umsteigens vom Rollstuhl sollte die Sitzhöhe zwischen 50 und 55 cm liegen (**60**.2).

Der fest an der Wand montierte Einzelsitz ist in seiner Sitzform so zu wählen, daß er dem Behinderten den bestmöglichen Halt gibt.

Die Duscharmatur sollte vom Sitz aus bequem erreichbar sein.

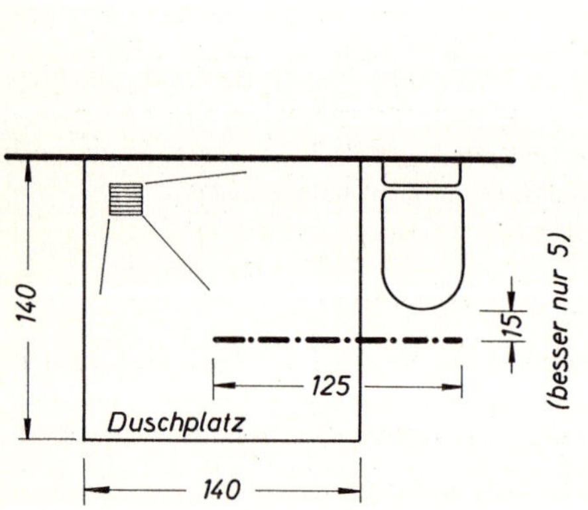

60.1 Lage der Deckenschiene im Bad nach DIN 18025 T.1 (M 1:50)

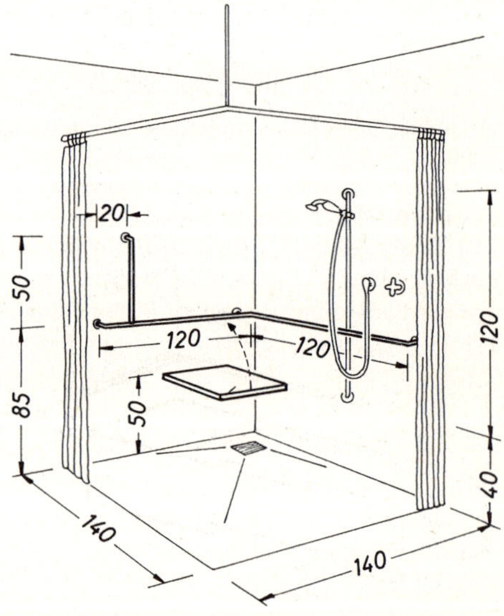

60.2 Befahrbarer Duschplatz mit Haltestangen, Klappsitz und Stangenbrause

Die Wahl der Armaturen ist abhängig von der Art der Behinderung. Es kommen hauptsächlich Armaturen in Frage, die mit einer Hand zu bedienen sind.

Grundsätzlich sollte nur über Thermostat örtlich oder zentral gemischtes Wasser verwendet werden.

Eingriff-Mischbatterien werden in verschiedenen Ausführungen als Duscharmaturen angeboten.

Zum Duschen sollte immer eine Schlauchbrause mit einer höhenverstellbaren Halterung verwendet werden (**60**.2).

Für den Rollstuhlbenutzer liegt die mittlere Höhe der Hebelarmatur bei 105 cm, der Einstellbereich der Brausehalterung zwischen 50 und 180 cm über OKFF (**60**.2).

Auf die Beschreibung von Duschkabinen für Behinderte, die in verschiedenen Ausführungen hergestellt werden, muß hier aus Platzgründen verzichtet werden.

Badewanne. In DIN 18025 T. 1 wird die Badewanne nicht als erforderliche Ausstattung für Rollstuhlbenutzer angeführt. Sie sollte im Bad auch nur als ergänzendes Objekt zum Duschplatz verwendet werden (**61**.1).

Für den Rollstuhlfahrer birgt die Benutzung einer Badewanne erhebliche Gefahren und ist in den meisten Fällen nur mit mechanischen Hebevorrichtungen oder fremder Hilfe möglich.

In DIN 18025 T. 2 wird dagegen für Blinde und wesentlich Sehbehinderte anstelle eines Duschplatzes eine Einbaubadewanne gefordert.

Waschtisch. Das Waschen von Oberkörper, Gesicht und Armen im Sitzen verlangt angepaßte Beckenformen.

In DIN 18025 T. 1 wird die Mindestabmessung mit 60 × 50 cm angegeben (**52**.1). Für Rollstuhlfahrer sind jedoch Waschtischgrößen von ca. 75 cm Breite und ca. 60 cm Tiefe zweckmäßiger.

Eine Überschneidung des Waschtisches mit einer Badewanne sollte unterbleiben.

Waschtische für Rollstuhlbenutzer müssen außerdem nachfolgend aufgezählte Anforderungen erfüllen.

Die Vorderwand sollte gerade sein oder besser eine leichte Einbuchtung haben (**61**.2). Durch das dichte Heranfahren mit dem Oberkörper wird der Greifbereich des Benutzers verbessert.

Der Waschtisch muß unterfahrbar sein. Dadurch können nur flache Modelle verwendet werden.

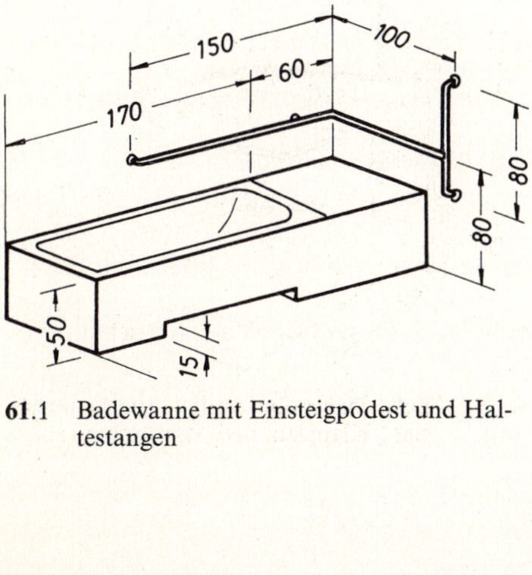

61.1 Badewanne mit Einsteigpodest und Haltestangen

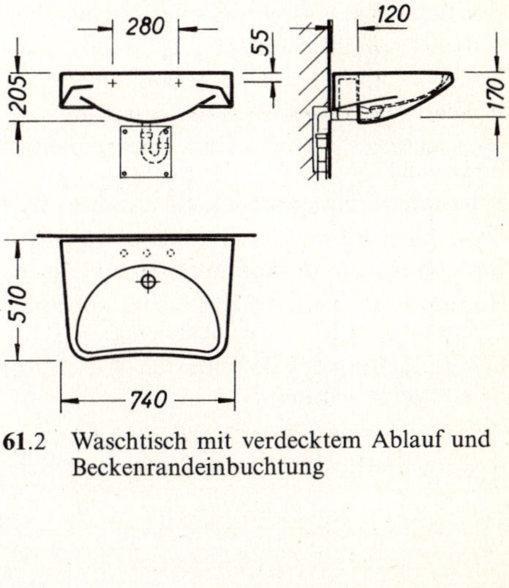

61.2 Waschtisch mit verdecktem Ablauf und Beckenrandeinbuchtung

Bei einer erforderlichen lichten Abstandshöhe von ca. 70 cm über OKFF sollte die Oberkante des Waschtisches mit 90 cm festgelegt werden (**62**.1).

Höhenverstellbare Waschtische sind im Handel.

Im Waschtischbereich ist der Behinderte auf Stützvorrichtungen angewiesen.

Der Waschtisch sollte einen Stützdruck von 100 kg aufnehmen können. Dies wird durch die Bauart und die Art der Wandverankerung erreicht.

Seitlich des Waschbeckens muß eine in Wand oder Boden eingelassene, abgewinkelte starke Stahlrohrstütze montiert werden (**62**.1). Oder der seitlich montierte Handtuchhalter sollte besonders massiv ausgeführt (Fa. HEWI) und fest installiert sein. Handelsübliche Halter sind nicht ausreichend.

Die seitliche Anordnung der Stützvorrichtung berücksichtigt die jeweilige Behinderung des Benutzers.

Der Geruchverschluß des Waschtisches muß Beinfreiheit gestatten und vor Verbrennungen schützen.

Nachfolgende Lösungen bieten sich an:

Zurückgesetzter Flaschensiphon oder Wandeinbau-Geruchverschluß,

am Waschtisch angeformter, zurückliegender Porzellangeruchverschluß,

Geruchverschlußverkleidung durch Ablaufhaube oder Halbsäule und

Rohrabweiser vor dem Geruchverschluß des Waschtisches (**62**.2).

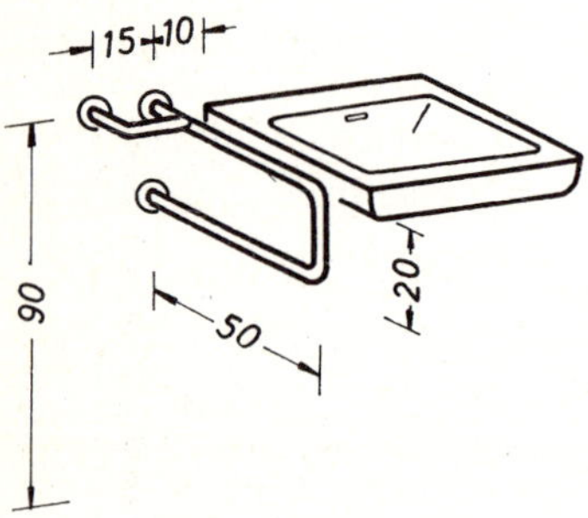

62.1 Waschtisch mit stabilem Handtuchhalter als Stützgriff

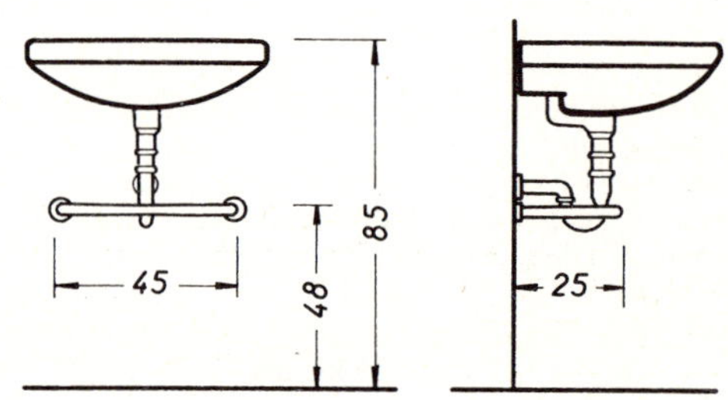

62.2 Rohrabweiser vor Geruchverschluß

Als Armaturen kommen nur Sicherheits-Mischbatterien in Frage, die in vielen Betätigungs-Varianten angeboten werden.

Für Behinderte lassen sich diese Armaturen noch durch weitere spezielle Anwendungsmöglichkeiten ausbauen.

Eingriff-Betätigungen durch Hand, Ellbogen, Armstumpf oder Kopf,

Wandarmaturen statt Waschtischarmatur, auch mit schwenkbarem hohem Auslauf,

Ergänzung der Waschtischarmatur durch eine Schlauchbrause mit Umschalthebel für Auslauf oder Brause und

Drucktastenarmaturen mit automatischem Wassermengenregler für Ohnhänder.

Schließlich können nachfolgend angedeutete berührungslose Armaturen auch den stark Bewegungsbehinderten noch eine Hilfe sein.

Hierzu zählen Kniehebelbetätigung, Fußtastenbetätigung, Magnetfeld-Näherungselektronik, Opto-Elektronik und Ultraschallbetätigung.

Die Benutzung des Behinderten-Waschtisches muß durch sinnvolles Waschplatzzubehör ergänzt werden.

Zur Grundausstattung gehören Seifenschale oder -halter, Ablage, Handtuchhalter oder -haken, Spiegel, Rasiersteckdose und Beleuchtung.

Wandmontierte Seifenschalen oder Seifenmagnethalter sind im Greifbereich anzuordnen.

Ablageflächen sollten als Wandsockel hinter dem Waschtisch oder besser innerhalb der Wand als Nische geplant werden.

Als Handtuchhalter eignen sich für Behinderte auf der Wandfläche montierte bügel- oder ringförmige Halter.

Großflächige Spiegel, in einer Höhe von 95 bis 185 cm montiert, sollten individuell ausgerichtet werden. Auch sind Kippspiegel oder Spiegelschränke in Unterputzausführung zu verwenden, die mit einem Schwenkmechanismus versehen sind.

Die Waschplatzbeleuchtung muß seitlich angeordnet werden. Spiegelschränke mit oberer Beleuchtungsanordnung sind abzulehnen.

Spülklosett. Die selbständige Benutzung des WCs erfüllt dem behinderten Menschen den Wunsch, bei dieser als intim empfundenen Tätigkeit alleine und ungestört zu sein.

DIN 18025 fordert eine benachbarte Lage von Duschplatz und WC. Für die Benutzung des Spülklosetts kommen zwei Möglichkeiten in Frage, die bei der Planung räumlich zu berücksichtigen sind.

Entweder fährt der Rollstuhlbenutzer vor das Becken, oder der Behinderte fährt links bzw. rechts neben das Spülklosett und steigt von dort aus um (**63**.1).

Der im letzten Fall neben dem Becken erforderliche Abstand von 80 cm wird sich in vielen Fällen mit der Fläche des Duschplatzes überschneiden (**60**.1).

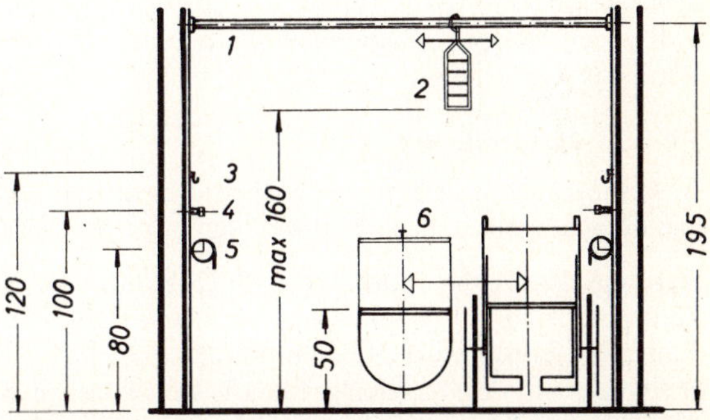

63.1
Umsteigehilfe und Hilfsmittel für Rollstuhlfahrer im WC-Bereich (M 1:50)

1 Stange
2 seitenverschiebbare Strickleiter
3 Kleiderhaken
4 Spülung
5 Papierhalter
6 Wandhänge-WC mit Spülkasten

Für den sonstigen Flächenbedarf des WCs sind die Abmessungen der Ausstattungsteile, für die seitlichen Abstände DIN 18022 (Taf. **56**.1) maßgebend. Die Bewegungstiefe vor dem Becken beträgt nach DIN 18025 T. 1 $\geqq$ 140 cm.

Die Beckengröße ist nach DIN mit 40 cm Breite angegeben. Sie liegt je nach Fabrikat zwischen 35 und 37 cm. Die Tiefe des Beckens richtet sich nach der Bauart und dem Spülsystem. Sie schwankt zwischen 55 und 75 cm (s. Abschn. 3.4.2).

Das wandhängende Absaugeklosett mit Einbauspülkasten (**214**.1) ist für Behinderte am geeignetsten.

Die Sitzhöhe des Spülklosetts ist für Rollstuhlfahrer nach DIN 18025 mit 50 cm festgelegt (**63**.1). Eine höhenverstellbare Ausführung ist besser.

Wandhängende Becken sind am günstigsten zu montieren. Dagegen erfordern Standklosetts zusätzliche Maßnahmen zur Sitzerhöhung, wie Podest oder einen Sockel.

DIN 18025 empfiehlt, die Bedienungsvorrichtung für die Spülung seitlich, also im Greifbereich des Rollstuhlbenutzers, anzuordnen (**63**.1).

Es sollten einfache, leicht erreichbare und bedienbare Hebel oder Drucktasten vorgesehen werden. Sie können per Hand, Ellbogen oder Fuß ausgelöst werden.

Für Schwerbehinderte ist das Spezialklosett Clos-o-mat eine echte Hilfe (**216**.1). Spülvorgang, Unterwäsche und Trocknung werden durch Tastendruck ausgelöst.

Wie bei Dusche, Waschtisch und Badewanne sind zur selbständigen WC-Benutzung Hilfsmittel notwendig.

Die DIN fordert Halte- bzw. Stützvorrichtungen, die stabil verankert sein müssen. WC-Halte- oder Stützgriffe werden in Wand-Boden- oder Wandausführung, fest oder wegklappbar, angeboten.

Einfache festmontierte Haltegriffe an einer Seitenwand sind oft ausreichend (**64**.1), schwenkbare Haltegriffe für den Rollstuhlbenutzer geeigneter.

Die Oberfläche der greifgünstigen Rohre sollte aus Kunststoff oder Edelstahl gefertigt sein.

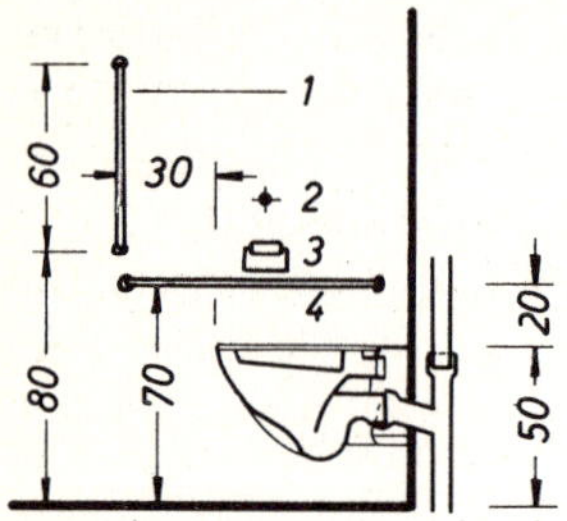

64.1
Haltegriffe und Druckspülung für Rollstuhlfahrer im WC-Bereich (M 1:50)

1 vertikale Haltestange
2 Spülung
3 Papierhalter
4 horizontale Haltestange

Als Umsteigehilfe ist eine tragfähige Ankerschiene in der Decke einzubauen (**60**.1).

Sie dient zur wahlweisen Befestigung von Deckenstrickleiter (**63**.1), Halteschlaufe oder starrem Deckenhaltebügel.

Individuell montierte Papierrollenhalter im Greifbereich des Behinderten dürften selbstverständlich sein.

1.4.2.3 Installationen

In Sanitärräumen sind, soweit vorher noch nicht erwähnt, für behinderte Rollstuhlbenutzer nachfolgende zusätzliche Maßnahmen erforderlich.

Heizungsinstallation. Nach DIN 18025 kommt für Behinderte in Sanitärräumen nur eine Zentralheizung mit Heizkörpern oder eine Fußboden-Strahlungsheizung in Betracht. Als Raumtemperatur wird 24 °C empfohlen.

Heizkörper und Heizrohrleitungen sind so anzuordnen, daß sie außerhalb der erforderlichen Objekt-, Abstands- und Bewegungsflächen liegen.

Lüftung. DIN 18025 fordert eine Lüftung durch Motorkraft (s. Abschn. 11.3.2), unabhängig davon, ob der Sanitärraum durch ein Fenster belüftet ist.

Auf dem Markt werden auch belüftete Klosettkörper oder Kleinstgebläse für das WC angeboten (**734**.1).

Allgemein wird für Behinderten-Wohnungen empfohlen, an allen Fenstern Vorrichtungen zur Dauerlüftung, z. B. Kippflügel, anzubringen.

Rufanlage. Da innerhalb des Bades für den Behinderten erhöhte Unfallgefahr besteht, muß eine Rufanlage installiert werden.

Die Anlage muß von der Dusche bzw. Badewanne und dem Spülklosett aus betätigt werden können. Mit Schnüren bedienbare Zugschalter erfüllen diese Forderung problemlos.

1.5 Hausschwimmbad

Viele Umwelteinflüsse richten sich gegen die Gesundheit des Menschen. Die Folge sind Haltungs- und Organschäden. Vorbeugung und Abhilfe bringen ausgleichende Betätigungen. Das Schwimmen hat sich hierbei als besonders geeignet erwiesen.

Neben der täglichen Schwimmstunde im privaten Schwimmbad wird in Hotelbetrieben das eigene Hausschwimmbad als Beitrag zur Erholung angestrebt.

1.5.1 Planungsgrundlagen

Öffentliche Bäder werden für einen großen Besucherkreis nach strengen allgemeinen Richtlinien gebaut.

Bei privaten Schwimmbädern sind individuelle Vorstellungen des Bauherren, bei Hotelschwimmhallen die Wünsche des Erholungssuchenden zu berücksichtigen. Allgemeine Erfahrungen und Richtlinien sind auch hier zu beachten.

Privatschwimmbäder und Hotelschwimmbäder werden unterschieden.

Raumprogramm. Schwimmhalle, Umkleide- und Ruheraum, Dusche und WC gehören zum kompletten Raumprogramm eines Hausschwimmbades (**317**.1). Je nach Ansprüchen kann es durch Schwimmgeräteraum mit 4 bis 8 qm Größe, Sauna (s. Abschn. 1.6) oder Gymnastikraum erweitert werden.

Daneben werden technische Einrichtungen erforderlich, die eventuell in separaten Räumen unterzubringen sind. Wasseraufbereitungs-, Umwälz-, Heizungs-, Lüftungs- und Beckenwassererwärmungsanlage zählen zu diesen Einrichtungen. Hierfür werden bei privaten Hausschwimmbädern etwa 10 bis 15 qm Stell- und Verkehrsfläche benötigt.

Schwimmhalle. Die Hallenlage ist möglichst in Südost-Nordwest-Orientierung anzuordnen, die Fenster nach Südwest.

Die Hallengröße in Länge und Breite wird durch die Lage des Beckens und dessen Umgangsbreiten sowie durch andere Einbauten, wie Treppen, Liegeplätze, Wärmebänke usw. bestimmt.

Die normale Hallenhöhe, vom Wasserspiegel aus gerechnet, beträgt in Privatschwimmbädern zwischen 3 und 3,5 m, bei Hotelschwimmhallen 3,5 bis 4 m.

Nebenräume. Sie sollten bei Privat- und Hotelschwimmbädern vereinfacht oder eingespart werden.

Allgemein rechnet man auf 4 qm Wasserfläche 1 Garderobenplatz, auf 10 Garderobenplätze 1 Dusche und auf 25 Besucher 1 WC.

Beim privaten Hausschwimmbad sind Duschraum und WC nicht erforderlich, wenn diese Räume und eine Umkleidemöglichkeit in Schwimmhallennähe vorhanden sind. Für häufige Gäste sollte jedoch möglichst ein Vorraum mit WC, Dusche und Umkleide vorgesehen werden (**317**.1).

Beim Hotelschwimmbad erfolgt das Umkleiden im Hotelzimmer. Der Weg zur Schwimmhalle wird im Bademantel zurückgelegt. Bademantelablagen, Dusche und WC sind daher in der Schwimmhalle anzuordnen (**66**.1).

1.5.2 Schwimmbecken

Auf freie Beckenformen sollte man verzichten. Das Becken des Hausschwimmbades wird fast immer rechteckig gebaut.

Die Größe der Wasserfläche (**66**.2) liegt bei Privatschwimmbecken zwischen 24 und 66 qm. Mindestmaß 8 × 3 m, häufigste Größe 8 × 4 m, Maximalmaß 16,5 × 4 m.

Die Wasserfläche von Hotelschwimmbecken beträgt 40 bis 250 qm. Mindestmaß 10 × 4 m, Maximalmaß 25 × 10 m.

Die Beckenlänge sollte nicht unter 8 m liegen, eine Länge von 10 m ist ausreichend.

Kleinere Beckengrößen als die vorher angegebenen sind nur dann zu vertreten, wenn eine Gegenstromschwimmanlage (s. Abschn. 1.5.5) eingebaut ist.

Für die Beckentiefe ist grundsätzlich 1,25 m zum Schwimmen ausreichend. Mindesttiefe 1 m, Maximaltiefe 1,5 m.

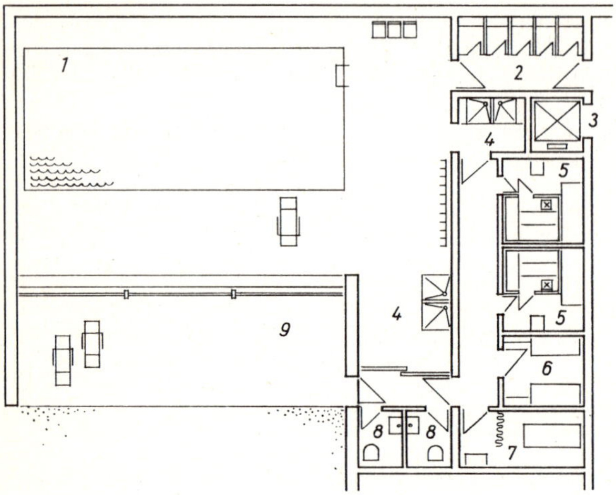

66.1
Hotelschwimmbad
1 Schwimmhalle mit Bademantelablagen, Sitz- und Liegemöglichkeiten
2 Umkleiden
3 Aufzug
4 Brausen
5 Damen- und Herren-Sauna mit Tauchbecken, Fußbad und Brause
6 Ruheraum
7 Solarium und Massageraum
8 Damen- und Herren-WC
9 Sonnenterrasse

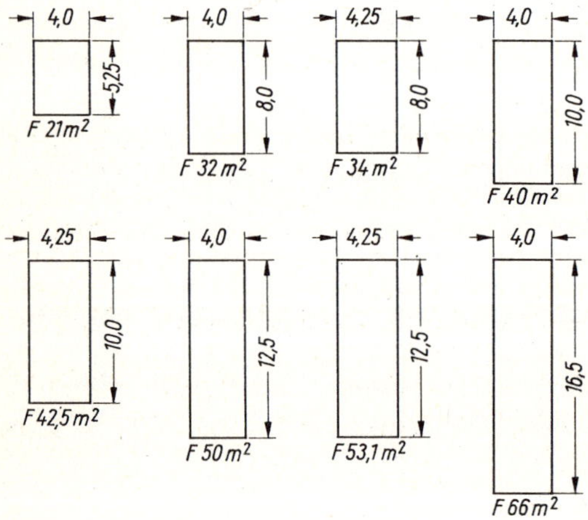

66.2
Zweibahnige Beckengrößen

Schwimmbeckenkonstruktionen. Sie können hier nur angedeutet werden.

Schwimmbecken aus Spritzbeton oder Ortbeton sind von vorgefertigten Becken zu unterscheiden.

Bei letztgenannten handelt es sich fast immer um die mehr oder weniger steife Innenhülle des Beckens, die ein mittragendes oder selbsttragendes Unterbecken erforderlich macht.

Vorgefertigte Schwimmbecken werden aus Stahlblech oder Aluminium, glasfaserverstärktem Polyester, einhängefertigen Folien, aber auch aus Beton-Fertigteilen hergestellt.

Beckenauskleidung. Voraussetzung ist die Wasserundurchlässigkeit der Unterkonstruktion. Die Beckenauskleidung erfüllt diese Forderung grundsätzlich nicht.

Die preisgünstigste Oberfläche ist der Anstrich. Da er jedoch erneuert werden muß, wird er immer seltener ausgeführt.

Chlor-Kautschuk-Anstriche eignen sich für Aluminium- und Stahlbecken, müssen jedoch alle 2–3 Jahre erneuert werden.

Kunstharzanstriche sind teurer und bei glatter Oberfläche haltbarer. Sie müssen alle 4–6 Jahre erneuert werden.

Für offenliegende Dichtungshäute sind Spezialfarben im Handel erhältlich.

Keramisches Material, Fliesen und Glasmosaik sind, als Bekleidung für Betonbecken, bei richtigem Einbau unbegrenzt haltbar.

Die Farbe der Beckenauskleidung und damit das Wasser soll ein hellblaues oder weißes, dadurch frisches Aussehen erhalten. Grüntöne sind zu vermeiden.

Beckenumgänge. Ihre Breiten betragen in Privatbädern allseitig 1 bis 1,5 m, bei Hotelbädern 1,5 bis 2 m, falls Liegeplätze oder Ruheplätze vorgesehen werden (**67**.1).

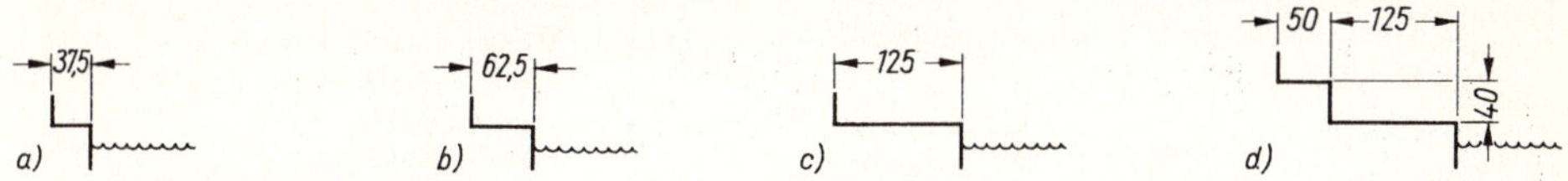

67.1 Beckenumgangsbreiten
a) Fensterputzgang
b) Umgang für 1 Person
c) Umgang für 2 Personen
d) Wärmebank und Umgang

Notfalls ist mindestens an einer Beckenlängsseite eine Gangfläche anzuordnen. Fenster sind dann nur an dieser Seite zu empfehlen.

Eine Wärmebank benötigt 50 cm Tiefe. Neben Treppen soll 1 m lichte Durchgangsbreite vorhanden sein.

Die genauen Abmessungen der Beckenumgänge werden durch den gewählten Belag bestimmt. Er muß rutschsicher (Kleinmosaik, Nockenfliesen, o. a.) sein, Wandanschlüsse sollten Hohlkehlsockel erhalten.

Das Gefälle wird mit 2–3% angenommen. Der Boden und die anschließenden Wände (ca. 30 cm hoch) sind zu isolieren.

Beckenrand. Für die Beckenrandausbildung können drei Konstruktionen gewählt werden (**68**.1):

1. Überlaufrinne in der senkrechten Beckenwand
2. Oberflächenabsauger (Skimmer) ohne Überlaufrinne in der senkrechten Beckenwand
3. Überflutungsrinne auf dem Beckenumgang.

Die Beckenrandausbildung mit Überflutungsrinne ist allen anderen Systemen überlegen.

Es sind für Überflutungsrinnen zwei Ausführungsarten zu unterscheiden:

a. senkrechte Beckenrandausbildung (Züricher Modell) mit Beckenrandwulst als Festhaltemöglichkeit und oberer Abschluß sowie im Beckenumgang liegende tiefe Überflutungsrinne mit Abdeckung (z. B. Rollrost) (**68**.1).

b. aus dem Wasser zur Überflutungsrinne ansteigende schräge Beckenrandfläche (Finnisches Modell) mit anschließender flacher oder abgedeckter tiefer Überflutungsrinne (**68**.2).

Bei der flachen Rinne müssen alle 1 – 2 m Abflüsse mit DN 60 – 80 installiert werden, wenn man ca. 50% der Wasserumwälzmenge über die Rinne zum Filter leiten will.

Bei der tiefen Rinne ist immer eine Abdeckung mit Schlitzen erforderlich. Die Zahl ist hier mit 1 – 2 Stück pro Becken ausreichend.

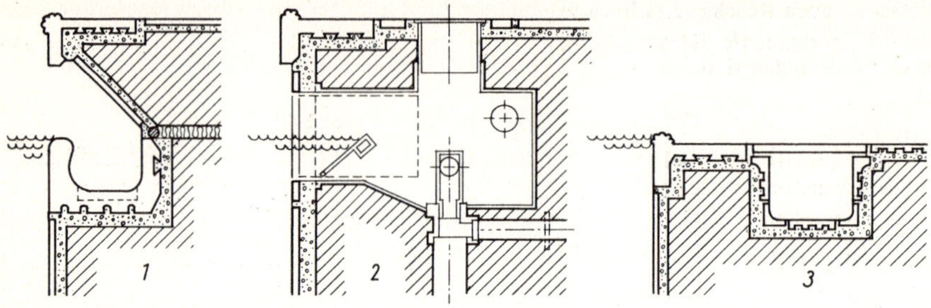

68.1 Beckenrandausbildungen
1 Überlaufrinne mit tiefliegendem Wasserspiegel
2 Oberflächenabsauger mit tiefliegendem Wasserspiegel ohne Überlaufrinne
3 Überflutungsrinne mit hochliegendem Wasserspiegel („System Zürich")

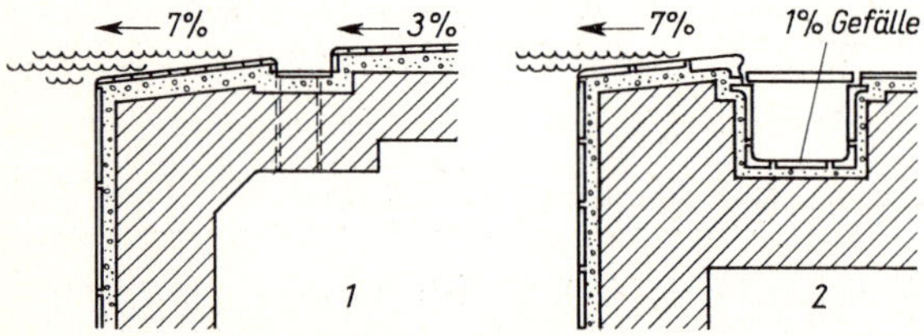

68.2 Überflutungsrinnen mit hochliegendem Wasserspiegel und schiefer Ebene („Finnische Rinne")
1 Beckenrandüberflutung mit flacher Rinne
2 Beckenrandüberflutung mit Handfasse und tiefer Rinne

Der Oberflächenabsauger (Skimmer) ist mit einem Schwimmer, einem Sieb für grobe Schmutzteile, einem Anschluß für den Bodenabsauger und einer Verbindung zum Beckenablauf ausgestattet (**68**.1).

1.5.3 Filteranlagen

Ein Schwimmer schluckt zwischen 70 und 50 ml Badewasser. Das Schwimmbadwasser muß daher Trinkwasserqualität nach DIN 2000 besitzen.

Das aus dem Leitungsnetz mit 8 – 12 °C entnommene Wasser verliert durch Benutzung und Erwärmung an Qualität. In Privatschwimmbädern sind Wassertemperaturen von 24 – 29 °C üblich.

Der Beckeninhalt muß daher täglich mehrmals umgewälzt, von allen filtrierbaren Verunreinigungen befreit und mit Desinfektionsmitteln angereichert werden (**69**.1).

Wassereigenschaften. Drei Eigenschaften des Wassers sind zu beachten:

1. der pH-Wert, die Wasserstoffionenkonzentration
2. der Härtegrad (dH)
3. der Kohlensäuregehalt.

Der pH-Wert läßt erkennen, ob das Wasser im sauren oder alkalischen Bereich liegt. Der pH-Wert des Schwimmbeckenwassers soll etwa bei 7,4–7,8 im alkalischen Bereich gehalten werden. Dies läßt sich durch möglichst konstant erfolgende Zugabe von Chemikalien leicht erreichen. Der Neutralpunkt zum Säurebereich liegt bei 7,0. Durch ständige Messung muß der pH-Wert kontrolliert werden.

Kalzium- und Magnesiumgehalt bestimmen den Härtegrad des Wassers. Zum Schwimmen wird weiches Wasser (s. auch Abschn. 2.1) bevorzugt.

Die sogenannte „permanente Härte" ergibt sich aus Härtebildnern, die nicht an Karbonat- und Bikarbonationen gebunden sind.

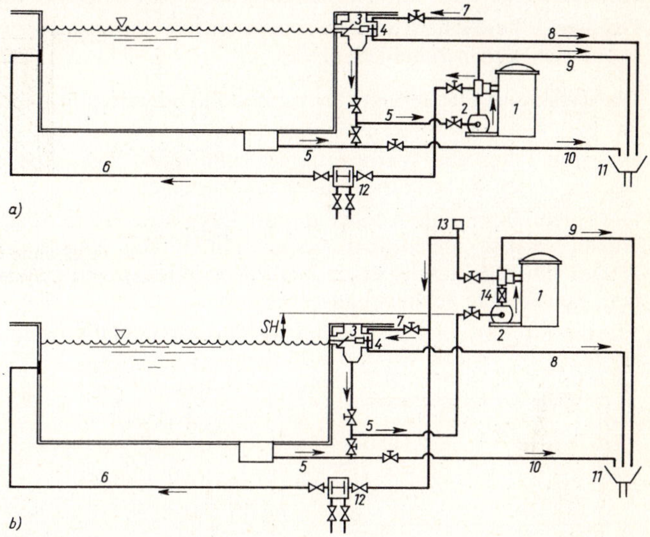

69.1 Installationsbeispiele (Benckiser-Schwimmbadtechnik) für Filterstandort
a) unter Schwimmbeckenwasser-Niveau
b) über Schwimmbeckenwasser-Niveau

1 Filter
2 Pumpe
3 Skimmer
4 Niveausteuerung
5 Saugleitung
6 Druckleitung
7 Nachspeisung
8 Sicherheitsüberlauf
9 Spülleitung
10 Beckenentleerung
11 Kanal
12 Heizung
13 Sicherheitsschleife mit Belüftungsventil
14 Kugelrückschlagventil

Der Kohlensäureanteil im Wasser wirkt bei Temperaturanstieg lösungsfördernd auf Kalziumkarbonat. Diese Kohlensäure ist gebunden. Eine weitere Menge Kohlensäure ist für das Halten der in Lösung gegangenen Karbonate sowie zur Bildung des Bikarbonations notwendig. Korrosion wird von der darüber hinaus zusätzlich freien, aggressiven Kohlensäure verursacht (s. auch Abschn. 12.4.1).

Zwischen Schwimmbecken und Filteranlage sind daher Kunststoffrohrleitungen zu verlegen.

Neueste Filteranlagen reduzieren den Restchlor im Wasser soweit, daß sie ein geruchs- und geschmacksfreies Badewasser erreichen. Dabei werden die Entkeimungswerte weitgehend konstant gehalten. Außerdem neutralisieren sie kalkaggressive Kohlensäure und verhindern dadurch ein starkes Absinken des pH-Wertes.

Filtersysteme. Im wesentlichen stehen drei Filtersysteme zur Verfügung:

1. die Flockungsfiltration
2. die Adsorptionsfiltration
3. Filtersysteme mit Feinstsand oder Filterkartuschen.

Siehe auch VDI-Richtlinie 2089, Blatt 2 (Entwurf 8. 78).

Bei der Flockungsfiltration werden die kolloidalen Belastungsstoffe durch Flockungsmittel (meist Aluminiumsulfat) gebunden und im Filterbett angeschwemmt. Die sich im Laufe der Zeit bildende Filterhaut wird durch Umkehrung der Filterdurchströmungsrichtung in die Kanalisation gespült. Das Filter ist dann wieder aufnahmebereit.

Beim Adsorptionsfiltersystem kommt man ohne Flockungsmittel aus. Neben der mechanischen Wirkung des mineralischen Filtermaterials wirkt ein stark adsorbierendes Mittel, z. B. Aktivkohle. Dieses poröse Material mit seiner Oberfläche von 800 bis 1200 m^2/g hält auch die im Wasser gelösten Belastungsstoffe zurück.

Filtersysteme mit Feinstsand, mit Korngrößen zwischen 0,3 und 0,8 mm haben eine positive und eine negative Eigenschaft. Man kann auf Flockungsmittel verzichten, hat aber höhere Durchflußwiderstände. Ähnlich verhält es sich mit Filterkartuschen aus vliesartig gebundenen Matten. Sie haben eine Porenweite zwischen 20 und 90 μ.

Filterleistung. Die Filteranlage eines Hausschwimmbades sollte das Wasser täglich zweimal umwälzen. Die theoretische Filterleistung wird durch die sich im Filter ansammelnden Schmutzteilchen ständig vermindert.

Auch eine verwinkelte Rohrinstallation kann die Pumpenleistung bis zu 50% einschränken.

Größere Filterflächen und eine ausreichende Pumpenleistung bei längerer Betriebszeit haben sich als wirtschaftlich erwiesen.

Wasserführung. Der gesamte Schwimmbeckeninhalt muß ständig gefiltert und auf konstanter Temperatur gehalten werden.

Das vom Filter und Wärmetauscher zufließende Wasser ist wärmer und leichter als das Beckenwasser. Es zeigt die Tendenz aufzusteigen.

Die Einlaufdüsen sollten daher an einer Längsseite in 2 m Abstand und in unterschiedlichen Höhen versetzt angeordnet werden (**70**.1). Das Wasser strömt dann direkt zu den Ablauföffnungen auf der gegenüberliegenden Längsseite und wird so, ohne tote Beckenzonen, gleichmäßig gefiltert und temperiert.

Für die Zu- und Abläufe sind korrosionsbeständige Materialien zu verwenden.

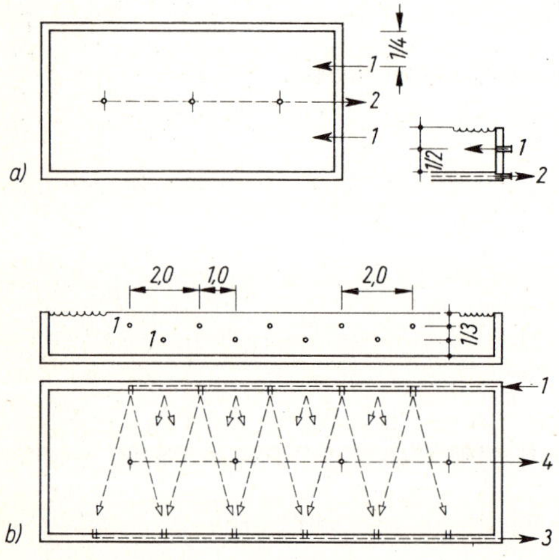

70.1
Wasserführung

a) einfache Wasserführung (bis 10 m Beckenlänge)
b) optimale Wasserführung

1 Zulauf (Druckleitung)
2 Entnahme und Entleerung
3 Entnahme (Saugleitung)
4 Entleerung

Für kleinste Schwimmbecken können die Zuflüsse an einer Stirnseite in der Mitte der Wasserhöhe erfolgen, der Rückfluß sowohl über Überlauf- oder Überflutungsrinnen als auch durch einen Bodenablauf.

Für den strömungsgünstigsten Ablauf beim System des Oberflächenabsaugers sorgen der Skimmer, die Ablauföffnungen und ein Bodenablauf.

Ein Gefälle zum Bodenablauf ist nicht nötig. Die Reinigung des Beckenbodens erfolgt durch ein Bodenreinigungsgerät (Schlammlift).

Rohrleitungsinstallation. Für Rohrleitungen sind Kunststoffrohre zu verwenden: Polyvinylchlorid (PVC) hart, Polyäthylen (PE) hart oder Polypropylen (PP). Die bei diesen

Materialien zu erwartenden Wärmeausdehnungen sind zu berücksichtigen. Übergänge vom Kunststoffrohr zu Metallgewinden sind durch Übergangsverschraubungen (**110**.3) herzustellen.

Die Dimensionierung der Leitungen erfolgt entsprechend der Umwälzleistung der Filteranlage, wobei Fließgeschwindigkeit, Leitungslänge und Saughöhe zu berücksichtigen sind.

Das Beckenwasser wird über die Auslaufstutzen und den Bodenauslauf durch die Rücklaufleitung von der Umwälzpumpe im Filtergerät angesaugt, über Haarfänger und Filtereinrichtung geleitet und dann durch die Vorlaufleitung und die Einlaufstutzen in das Schwimmbecken zurückgedrückt.

Das Filterrückspülwasser wird über eine separate Leitung in die Kanalisation transportiert.

Der Oberflächenschmutz wird in der Überlauf- oder Überflutungsrinne durch eine Überlaufwasserleitung in einen Zwischenbehälter geleitet. Er dient zur Steuerung und Rückführung des Überlaufwassers in das System.

Weiterhin wird für das Bodenreinigungsgerät eine besondere Saugleitung mit der Umwälzpumpe verbunden.

Schließlich ist von einem Bodenauslaufstutzen eine gesonderte Beckenentleerungsleitung zur Kanalisation zu verlegen.

Entkeimungsanlagen. Im Anschluß an den Filtervorgang wird der zweite Reinigungsvorgang des Wassers durch Chemikalien vorgenommen.

Für die Entkeimung des Beckenwassers eignet sich Chlor am besten. Chlor steht gasförmig, flüssig und auch als feste Chlorverbindung zur Verfügung. Man kann Chlor in Tablettenform dem Filterkessel, dem Anrührbehälter oder dem Oberflächenabsauger zumischen.

Eine Chlordosierungsanlage wird jedoch dringend empfohlen. Durch ständige Messungen muß der Chlorgehalt überwacht werden.

Eine andere Möglichkeit, Chlor an Ort und Stelle herzustellen, ist die Gewinnung aus Kochsalzlösung durch Elektrolyse, die hier nur genannt werden kann.

1.5.4 Heizung und Lüftung

Konvektionswärmeverluste, Strahlungsverluste und Verdunstungsverluste im Hausschwimmbad müssen durch Wärme ersetzt werden. Siehe auch VDI-Richtlinie 2089, Blatt 1 (12. 78).

Folgende Heizgruppen sind erforderlich:
Raumheizung (s. Abschn. 10.1)
Fußbodenheizung (s. Abschn. 9.5.3 und 10.1.2.5)
Wassererwärmung und
Raumentfeuchtung (s. Abschn. 11.5).

Für die Erwärmung des Schwimmbeckenwassers bieten sich verschiedene Heizsysteme an:

Gegenstromapparat. Er ist an der vorhandenen Zentralheizungsanlage angeschlossen und dient zur Auf- und Nachheizung des gereinigten Beckenwassers (**69**.1). Das Heizungswasser wird im Gegenstrom durch ein austauschbares Rohrbündel geleitet.

Wärmetauscher. Gegenüber dem Gegenstromapparat bietet der Wärmetauscher einen besseren Wärmeübergang und sehr geringen Platzbedarf (**72**.1). Es gibt verschiedenste Ausführungen aus korrosionsbeständigem Material.

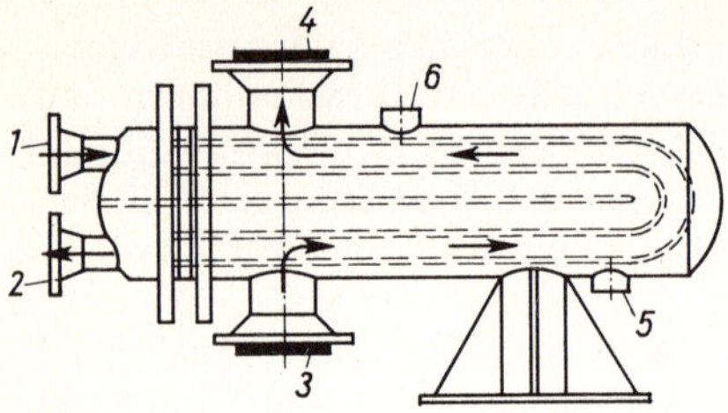

72.1
Wärmetauscher
1 Heizungswasser-Eintritt
2 Heizungswasser-Austritt
3 Beckenwasser-Eintritt
4 Beckenwasser-Austritt
5 Entleerung
6 Thermometer-Anschluß

Spezialheizkessel. Diese Spezialkessel haben drei Heizkreise für die Gebäudeheizung, die Warmwasserbereitung und die Erwärmung des Schwimmbeckenwassers. Der Heizkessel sollte nicht zu weit vom Becken entfernt installiert werden.

Durchlauferhitzer. Mit Nachtstrom automatisch arbeitende Durchlaufgeräte werden vorrangig zur Aufrechterhaltung der gewünschten Beckenwassertemperatur eingesetzt.

Neben den bekannten Raumheizsystemen (s. Abschn. 10.1) ist für das Hausschwimmbad der Einsatz einer Hauswärmepumpe (s. Abschn. 10.6.2) besonders wirtschaftlich.

Wärmepumpe. Sie erfüllt im Hallenbad folgende Funktionen:

Aufheizen und Temperieren des Schwimmbeckenwassers
Wärmeversorgung für die Warmwasser-Fußbodenheizung
Luftentfeuchtung im Bereich zwischen 40 und 50% relativer Feuchte
Klimatisierung der Raumluft durch Wärme.

1.5.5 Gegenstromschwimmanlage

Im kleinen Privatbecken ist die Gegenstromschwimmanlage eine zwingende Notwendigkeit. Sie ermöglicht ein gewisses Dauerschwimmen ohne zu wenden. Für das größere Hausschwimmbad ist diese Einrichtung eine wertvolle Bereicherung.

Es gibt Anlagen für festen oder nachträglichen Einbau.

Die Gegenstromschwimmanlage besteht aus Pumpenaggregat, Druckleitung, Düsenmantelgehäuse mit Schutzkappe und verstellbarer Düse mit Reguliergriff sowie einer Ansaugleitung mit Sieb (**73**.1). Neben der Anlage sind Haltegriffe anzuordnen.

Durch die Ansaugleitung wird dem Schwimmbecken Wasser entnommen und über Pumpe, Druckleitung und Düse wieder ins Becken zurückbefördert.

Die Düse dient zur Punkt- und Flächenmassage bzw. als Gegenstromschwimmanlage und ist gegen einen Massageschlauch auswechselbar.

Bei stationären Anlagen wird das Pumpenaggregat mit einer Leistung von 2–3 kW am Düseneinbauort im Untergeschoß, im Beckenumgang oder in einem entwässerten und belüfteten Schacht untergebracht.

Das Düsenmantelgehäuse wird an der Beckenschmalseite zwischen 20 und 35 cm unter dem Wasserspiegel angeordnet. Der Mindestabstand zur Seitenwand sollte 1,5 m betragen. Die Wassertiefe an der Einbaustelle des Gegenstromapparates sollte zwischen 1,1 und 1,4 m liegen.

In Hotelbädern wird häufig ein Münzzeitschalter verwendet. Andernfalls empfiehlt es sich, zur Begrenzung der Laufzeit ein Zeitrelais (s. Abschn. 6.1.7) mit einzubauen.

Der elektrische Steuerkasten der Gegenstromschwimmanlage ist in einem trockenen Raum zu installieren.

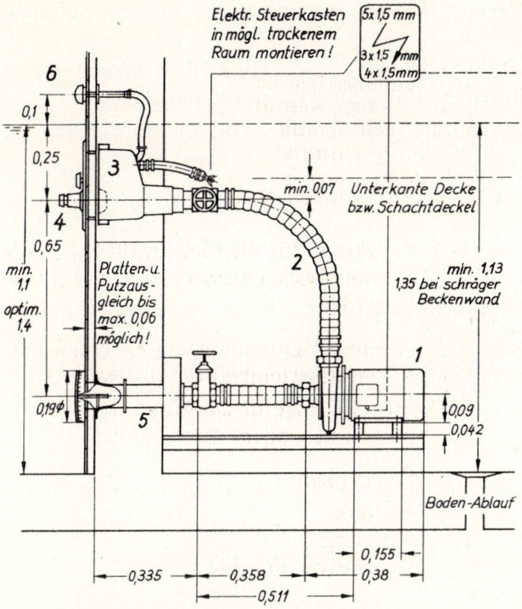

73.1 Gegenstromschwimmanlage und Unterwassermassage (uwe Unterwasser-Elektric)

1 Pumpenaggregat
2 Druckleitung
3 Düsenmantelgehäuse mit Frontplatte
4 Düse mit Reguliergriff
5 Ansaugleitung mit Sieb
6 Luftzufuhr

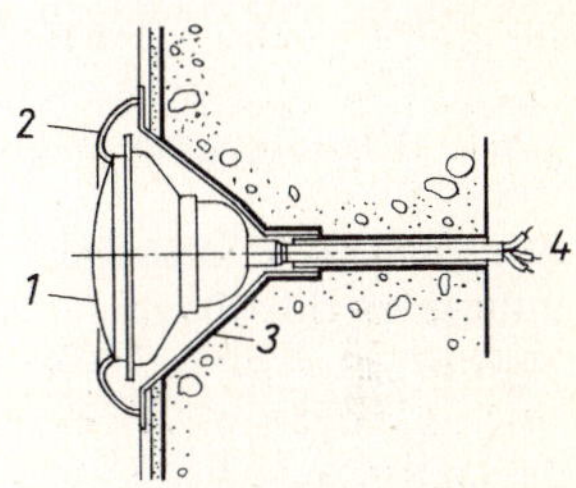

73.2 Unterwasserscheinwerfer

1 Abschlußglas
2 Abdeckring
3 Leuchtengehäuse
4 Kabelzuführung

1.5.6 Beleuchtung

Das Hausschwimmbad sollte möglichst viel Tageslicht erhalten. Glasflächen und Schiebetüren nach Südwesten, doppelschalige Oberlichtkuppeln oder größere Lichtschächte beim Kellerbad sind empfehlenswert.

Für die künstliche Beleuchtung sind Leuchtstofflampen in Feuchtraumausführung mit der Lichtfarbe weiß blendungsfrei anzuordnen (**317**.1). Die Beleuchtungsstärke sollte bei 250 bis 200 Lux liegen. Die zur Wasserfläche abgeschirmten Leuchten sollten über den Beckenumgängen eingeplant werden (s. auch Abschn. 6.1.3).

Unterwasserscheinwerfer ergeben das schönste Licht im Schwimmbad. Alle Leuchtenteile (**73**.2) müssen korrosionssicher sein und einen glatten Abschluß zum Wasser bilden.

Als Richtwert für die Anzahl der Scheinwerfer gilt: 24 V Halogen 250 W = 20 – 25 W pro qm Wasseroberfläche (s. auch Abschn. 6.3.2).

In Schwimmbecken bis zu 10 m Länge sind zwei Unterwasserscheinwerfer noch ausreichend. Die Montage erfolgt an den beiden Stirnseiten oder versetzt an den Beckenlängsseiten.

Bei längeren Becken werden alle Scheinwerfergehäuse im Abstand von 2–3 m in die Längsseiten eingebaut. Der Abstand von der Beckenecke soll ca. 1,5 bis 2 m betragen (**317**.1).

Die Mitte der Unterwasserscheinwerfer darf höchstens 60 cm unter dem Wasserspiegel liegen, um ein Auswechseln der Lampen bei gefülltem Becken zu ermöglichen.

Zur Ausstattung gehören Kleinspannungstrafos oder Fehlerstromschutzschaltung (s. Abschn. 6.1.9.2).

1.6 Familiensauna

Die Sauna mit den erforderlichen Nebenräumen bildet eine selbständige Anlage, die der Körperhygiene und der Gesunderhaltung dient.

Öffentliche Saunaanlagen und private Saunabäder sind zu unterscheiden.

1.6.1 Planungsgrundlagen

Die private Saunaanlage kann im Gartenblockhaus (**74**.1) oder im Gebäude selbst untergebracht werden.

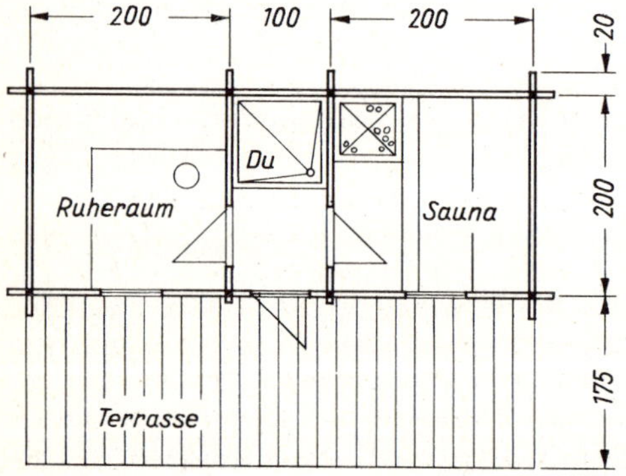

74.1
Blockhaus-Sauna Typ Helsinki (Silgmann)

Bei Wohnhäusern bieten sich hierfür meist Keller- oder gelegentlich Dachbodenräume an. Auch in Verbindung zu Hausschwimmbädern wird oft eine Sauna mit eingeplant (**66**.1).

Das Raumprogramm der Privatsauna muß alle Vorbereitungs- und Badevorgänge erfüllen können.

Das Kernstück der Sauna ist die ausreichend beheizte und belüftete Saunakabine.

Als Minimum an Grundfläche für Saunakabine und davorliegendem Vorreinigungs- bzw. Abkühlungsraum sind 6–7 qm anzunehmen, um die notwendigsten Anlageteile unterzubringen.

Anzustreben ist eine größere Fläche mit Tauch- und Fußwärmebecken, wofür dann insgesamt 8–11 qm benötigt werden (**75**.1).

Neben dem Raumprogramm der Saunakabine und des Abkühlungsraumes sind weitere Funktionen in Nebenräumen zu erfüllen. Dazu rechnen Umkleideraum, Ruheraum,

Massageraum, Solarium, Toiletten und ein Freiluftraum. Sie sind bei Privatsaunen entweder teilweise vorhanden oder auf kleinster Fläche unterzubringen.

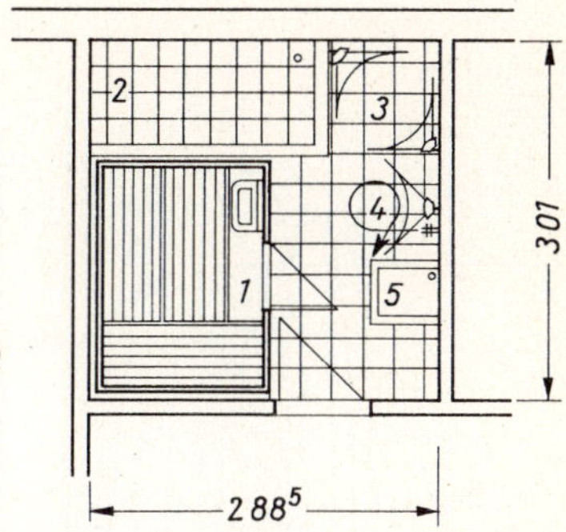

75.1
Saunaanlage
1 Saunakabine (140 × 190 cm)
2 Tauchbecken
3 Körperbrausen (kalt)
4 Kneippschlauch
5 Fußbad (warm)

1.6.2 Ausstattungen und Einrichtungen

Saunakabine. Sie gibt es vorfabriziert und montagefertig von vielen Firmen angeboten für 1 bis 20 Personen. Pro Person rechnet man mit einem Raumbedarf von 0,5 bis 0,6 qm.

Als Mindestmaße des Innenraumes sind 200 cm Höhe, 180 cm Breite und 130 cm Tiefe anzunehmen.

Die Standardgröße hat etwa eine Würfelform mit 200 cm Kantenlängen, also ein Innenraumvolumen von etwa 8 cbm.

Die Innenraumgröße sollte wegen der Heizleistung des Saunaofens klein gehalten werden. Als wirtschaftliche Grenze ist die Höhe mit max. 230 cm, der Rauminhalt mit max. 20 cbm und die Grundfläche mit max. 9 qm anzunehmen.

Der Decken- und Wandabstand beträgt bei der Einbausauna zur Luftumspülung allseitig 5 cm.

Die aus Holz gefertigte Kabine sollte nicht auf Beton gestellt werden. Rutschsichere Klinker-, Fliesen- oder Natursteinböden sind geeigneter.

Die stufenförmig ansteigenden Liegeplätze der Saunakabine sind in zwei, meistens jedoch in drei Ebenen als untere, mittlere und obere Liegen angeordnet. Die Lattenroste sind mindestens 55 cm breit, die Bankhöhen betragen meist 45, 90 und 135 cm.

Als Wärmequelle hat sich, neben Holz-, Gas- und Ölöfen, der elektrische Saunaofen (**76**.1) weitgehend durchgesetzt. Er ist einfach zu bedienen und sorgt automatisch für die regulierbare unter dem Saunaofen angeordnete Frischluftzufuhr (**75**.2).

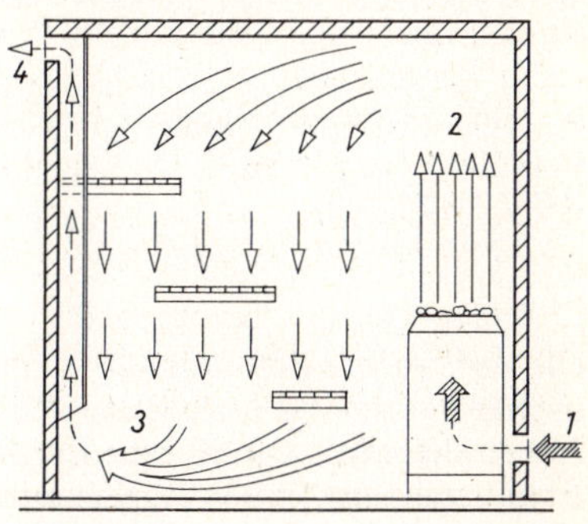

75.2
Schemadarstellung Saunaentlüftung
1 Frischluftzufuhr
2 aufsteigende, sich allmählich abkühlende Heißluft
3 verbrauchte, schweißhaltige Bodenluft
4 Absog durch Entlüftungskamin

Sie wird bei Privatsaunen meist dem Kabinen-Vorraum entnommen, der zugleich Abkühlraum ist, und zwangsläufig durch das Saunaheizgerät erhitzt. Die Frischluftzufuhr kann auch aus einer Schwimmhalle erfolgen, dann mit bereits vorgewärmter Luft (**66**.1).

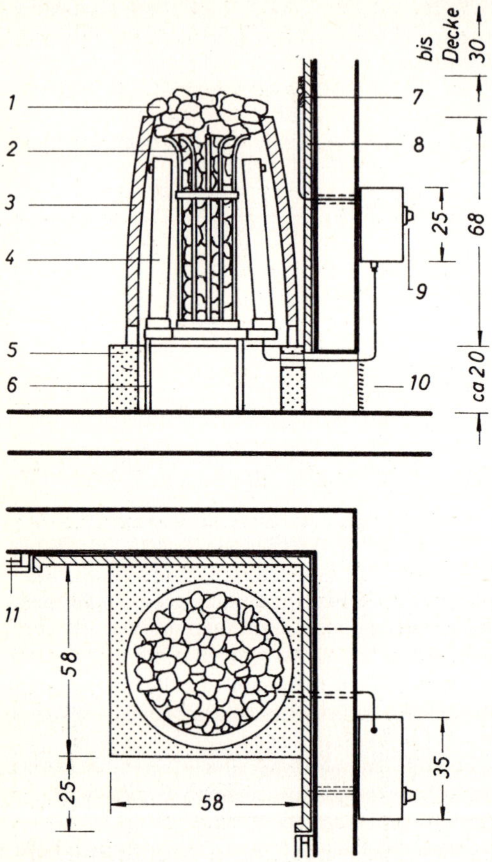

76.1
Elektro-Saunaofen
1 Granit- oder Quarzsteine
2 Korb für Steine
3 Glasierter Keramikmantel
4 Keramisches Überschubrohr mit Heizstäben
5 Klinker-Ofensockel
6 Stahlrohrfüße
7 Temperaturfühler
8 Spaltklinker-Wandverkleidung
9 Temperaturregler
10 Belüftungs-Jalousie
11 Holz-Wandverkleidung

Die Anschlußwerte der Edelstahlöfen, die wegen der unerwünschten Strahlungswärme einen doppelten Mantel haben, liegen zwischen 5 und 15 kW. Durch höhere Anschlußleistung erreicht man eine kürzere Aufheizzeit. Diese kann durch eine Zeitschaltuhr vorgewählt werden.

Der Saunaofen muß den Raum durch Strahlung und Konvektion auf eine Temperatur von 95 bis 105 °C an der Decke und 35 bis 40 °C am Fußboden aufheizen. Ein Überhitzungsschutz begrenzt die zulässige Höchsttemperatur.

Der im oberen Teil mit Steinen gefüllte Saunaofen wird in Abständen von 5 bis 7 Minuten mit kleinen Wassermengen übergossen. Die dabei entstehenden Dampfstöße dienen zur Luftbefeuchtung, die bei 90 °C etwa 5 bis 10% betragen soll.

Die verbrauchte Luft sammelt sich über dem Fußboden. Die Abluftöffnung wird daher im unteren Drittel der dem Saunaofen gegenüberliegenden Kabinenwand angeordnet (**75**.2). Abluftschächte in den Kabinenecken erhöhen die Saugwirkung ohne Zugerscheinung. Die Abluft soll nicht in den Abkühlraum geleitet werden.

Weitere Saunautensilien und Einrichtungen wie Ofenverkleidung, Beleuchtung, Thermometer, Hygrometer, Aufgußkübel, Aufgußkelle, Sand- oder Zeituhr sowie ein Bodenrost gehören zur Ausstattung.

Abkühlungsraum. Saunakabine und Abkühlraum bilden in der Regel eine räumliche Einheit. Der auch für die Vorreinigung benutzte Abkühlraum mit Tauchbecken, Fußbad, Körperbrausen und Kneippschlauch ist ein Naßraum (**75**.1).

Das mit Leitungswasser gefüllte Tauchbecken kann gemauert oder gekachelt, mit Kunststoffeinsätzen versehen, oder ganz aus Kunststoff oder Holz bestehen.

Das für das Saunabaden wichtige Fußwärmebecken erhält einen Warm- und Kaltwasseranschluß, möglichst jedoch auch getrennte Warm- bzw. Kaltwasser-Fußbeckenteile.

Bei der Körperbrause werden meist sechs Brauseköpfe oder Schwallbrausen installiert, die auf Knopfdruck zeitlich begrenzt kaltes Wasser abgeben. Falls die Brause nicht auch zur Vorreinigung verwendet wird, genügen Kaltwasseranschlüsse.

Der mit geringem Druck breitstrahlig (DN 40) arbeitende Kneippschlauch wird sowohl für Kneippgüsse als auch für die Saunaabkühlung nur mit Kaltwasser benutzt.

Gartensaunen erfordern frostsichere Wasserzu- und -abflüsse und im Raum einen elektrischen Frostwächter.

1.7 Hausanschlußraum

In allen Wohn-, Geschäfts- und Bürogebäuden, möglichst auch in Eigenheimen, ist ein Hausanschlußraum nach DIN 18012 vorzusehen.

Für Ein- und Zweifamilienhäuser besteht nur die Auflage, die Bestimmungen für die Anschlüsse der Leitungen sinngemäß anzuwenden.

Der meist im Kellergeschoß geplante Raum (**335**.1) soll alle Anschlußleitungen für die Ver- und Entsorgung des Gebäudes, außerdem die erforderlichen Anschlußeinrichtungen und gegebenenfalls die Betriebseinrichtungen aufnehmen.

Anschlußleitungen. Alle Leitungen der einzelnen Versorgungsunternehmen sollen an einer straßenseitigen Gebäudeaußenwand liegen (77.1).

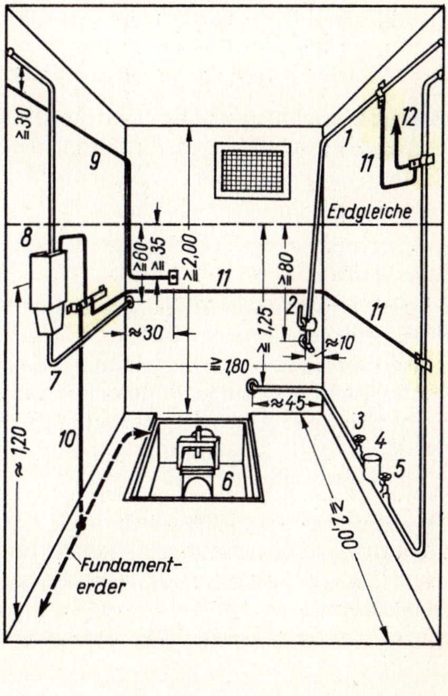

77.1
Hausanschlußraum (nach DIN 18012)

1 Gasleitung
2 Gas-Hauptabsperr-Einrichtung
3 Wasser-Hauptabsperrventil
4 Hauswasserzähler
5 Privat-Absperrventil der Wasserleitung
6 Abwasserleitung mit Reinigungsschacht
7 Starkstromkabel
8 Starkstrom-Hausanschlußkasten
9 Fernsprechkabel
10 Anschluß von 8 an Fundamenterder
11 Potentialausgleichsleitung (s. a. **324**.1) mit Anschluß an Gas- und Wasserleitung und an
12 Sammelheizung

POTENTIAL-
AUSGLEICH
S. 324

Bei der in der Regel unterirdischen Einführung in den Hausanschlußraum müssen die in der Tafel **78**.1 angegebenen Tiefen unter Geländeoberfläche eingehalten werden.

Zur Leitungsführung sind in der Gebäudeaußenwand Schutzrohre (**96**.1) vorzusehen, die nach Art und Größe vom jeweiligen Versorgungsunternehmen festzulegen sind.

Tafel **78**.1 Hausanschlußraum, Tiefe von Anschlußleitungen unter Gebäudeoberfläche (nach DIN 18012)

Leitungsart	m
Wasser	1,2 bis 1,5
Starkstrom	0,6 bis 0,8
Fernmelde	0,35 bis 0,6
Gas	0,5 bis 1,0
Fernwärme	0,6 bis 1,0

Anschlußeinrichtungen. Sie liegen jeweils zwischen der ankommenden Anschlußleitung und der weiterführenden Hausleitung (**77**.1).

Anschlußeinrichtungen sind bei der

Wasserversorgung: die Wasserzähleranlage (**99**.1),
Starkstromversorgung: die Hausanschlußsicherung (**356**.1),
Fernmeldeversorgung: die Abzweigdose der Post-Fernsprechanlage (**375**.2) oder sonstige Fernmeldeanlagen,
Gasversorgung: die Hauptabsperreinrichtung (**280**.1),
Fernwärmeversorgung: die Übergabestation (**689**.1),
Entwässerung: die Reinigungsöffnung des Abwasserkanales (**188**.2).

Die Starkstrom- und Fernmeldeleitungen sollen nicht an der Wand der Wasser-, Gas- oder Fernwärmeversorgung liegen, die Wasserleitung nicht oberhalb der Gasleitung (**77**.1).

Der Abstand zwischen den einzelnen Leitungen soll $\geqq$ 30 cm betragen.

Betriebseinrichtungen. Dies sind an die jeweiligen Anschlußeinrichtungen anschließende technische Einrichtungen. Sie dürfen in der Regel im Hausanschlußraum mit untergebracht werden.

Betriebseinrichtungen sind bei der

Wasserversorgung: Verteilungsleitungen, Wasserbehandlungsanlagen, Druckerhöhungsanlagen (**139**.1),
Starkstromversorgung: Hauptverteiler, Plätze für Meßeinrichtungen und Steuergeräte,
Fernmeldeversorgung: Hausverteilung, Zusatzeinrichtungen,
Gasversorgung: Verteilungsleitung, Gaszähler, Druckregelgerät,
Fernwärmeversorgung: Pumpen, Regelanlagen, Wärmetauscher,
Entwässerung: Abwasser-Hebeanlagen (**257**.1), Abscheider.

Die vorstehenden Betriebseinrichtungen stellen eine Aufzählung dar, werden im Einzelfall fast nur in größeren Gebäuden notwendig und sind nach den jeweiligen örtlichen Verhältnissen miteinzuplanen.

Raumgrößen. Sie richten sich nach der Anzahl der zu versorgenden Verbraucher, der Leitungsanschlüsse und der Art und Größe der evtl. notwendigen Betriebseinrichtungen.

Vor Anschluß- und Betriebseinrichtungen muß mindestens eine Tiefe von 1,20 m als Arbeitsfläche vorhanden sein.

Die freie Durchgangshöhe unter Leitungen muß $\geqq$ 1,80 m betragen.

DIN 18012 unterscheidet Hausanschlußräume ohne und mit Betriebseinrichtungen.

Bis 30 Wohneinheiten muß der Raum für die Hausanschlüsse $\geqq$ 1,80 m breit, $\geqq$ 2,00 m lang und $\geqq$ 2,00 m hoch sein.

Bei einem Fernwärmeanschluß gilt diese Mindestgröße bis 10 Wohneinheiten.

Bis 60 Wohneinheiten muß der Raum für die Hausanschlüsse $\geqq$ 1,80 m breit, $\geqq$ 3,50 m lang und $\geqq$ 2,00 m hoch sein.

Bei einem Fernwärmeanschluß gilt diese Mindestgröße bis 30 Wohneinheiten.

Die Größe von Hausanschlußräumen mit Betriebseinrichtungen ist nach Abstimmung mit den einzelnen Versorgungsunternehmen zu ermitteln.

Allgemeine Anforderungen. Hausanschlußräume sind so zu planen, daß die Einrichtungen vorschriftsmäßig installiert und gewartet werden können.

Hierfür sind nach DIN 18012 verschiedene Einzelanforderungen zu berücksichtigen.

Der Raum darf nicht als Durchgangsraum dienen und muß vom Keller oder direkt von außen jederzeit zugänglich sein.

Je nach Raumlage im Gebäude ist der erforderliche Schallschutz nach DIN 4109 T. 2 zu berücksichtigen.

Die Tür muß $\geqq$ 0,65 m breit, $\geqq$ 1,95 m hoch und abschließbar sein.

Der Raum muß eine Lüftungsmöglichkeit ins Freie haben und frostfrei sein.

Die nach DIN 18015 T. 1 geforderte Potentialausgleichschiene ist mit der Anschlußfahne für den Fundamenterder (**325**.1) in der Nähe des Starkstromanschlusses vorzusehen (**77**.1 und **324**.1).

Der Raum muß beleuchtet und mind. mit einer Schutzkontaktsteckdose ausgestattet sein.

Weitere Einzelheiten der Anschlüsse für Entwässerung s. Abschn. 3.3.2.1, für Gas s. Abschn. 5.1.1, für Starkstrom s. Abschn. 6.1.5.1 und für Fernmeldeanlagen s. Abschn. 6.2.

Der Hausanschlußraum ist bereits in den Entwurfszeichnungen vorzusehen.

Bei größeren Bauvorhaben wird die rechtzeitige schriftliche Zustimmung aller beteiligten Stellen zur Festlegung des Raumes und der Leitungseinführungen empfohlen.

1.8 Hausschutzraum

1.8.1 Planungsgrundlagen

Der von der Bundesregierung seit 1969 finanziell geförderte Bau von privaten Schutzräumen ist eine der humanitären Maßnahmen des Zivilschutzes.

Hausschutzräume sind in sich geschlossene, luftdicht verschließbare Baukörper.

Der Raum muß gegen herabfallende Trümmer, radioaktive Niederschläge, Brandeinwirkungen sowie biologische Kampfmittel und chemische Kampfstoffe schützen und für einen längeren Aufenthalt geeignet sein.

Schutzräume können außerhalb eines Gebäudes als Außenschutzraum und in Alt- oder Neubauten als Innenschutzraum geplant werden.

Sie bestehen aus Eingangsschleuse, Aufenthaltsraum, Abort, Filterraum und gegebenenfalls einem Notausstieg.

Außerdem enthalten sie Lüftungs-, sanitäre und Versorgungseinrichtungen.

Der meist im Keller liegende Raum kann als Bastel- oder Spielraum, Fahrrad- oder Trockenraum, Lager- oder Abstellraum vielseitig genutzt werden.

Raumgrößen. Standardgrundrisse von Hausschutzräumen für den Aufenthalt von 8 (**80**.1), 12, 18, 25 (**80**.2) und 50 Personen sind dem Planer als Beispiele in der Schutzbaufibel (Literatur) vorgegeben.

Ein Hausschutzraum soll nur Plätze für höchstens 50 Personen enthalten.

Aufenthaltsräume mit Schutzplätzen für weniger als 8 Personen müssen mindestens 6 qm Grundfläche und mindestens 14 cbm Rauminhalt haben (**80**.1).

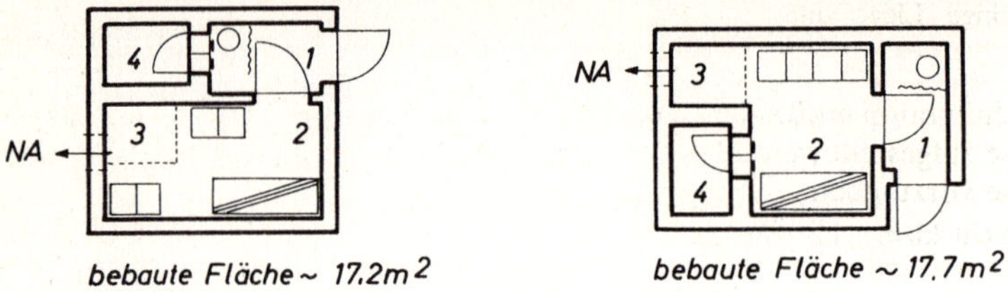

1 Eingangsschleuse mit Abort = 2,3 m²
2 Aufenthaltsraum = 6,0 m²
3 Lüfter = 1,3 m²
4 Filterraum = 1,5 m²

80.1
Hausschutzraum für weniger als 8 Personen (M 1:200)

Für jeden weiteren Platz wird die Grundfläche um 0,5 qm und der Rauminhalt um 1,15 cbm erhöht (**80**.2), ab 26 Schutzplätze um je 0,6 qm und 1,40 cbm.

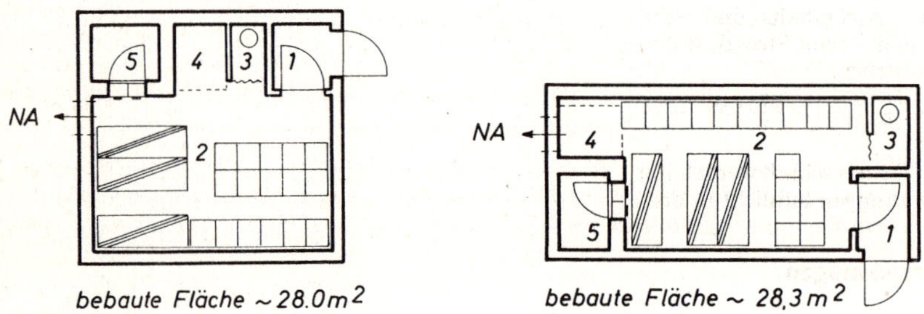

1 Eingangsschleuse = 1.5 m²
2 Aufenthaltsraum = 15,0 m²
3 Abort = 0,8 m²
4 Lüfter = 1,3 m²
5 Filterraum = 1.5 m²

80.2
Hausschutzraum für 25 Personen (M 1:200)

Die erforderlichen Grundflächen für die Eingangsschleuse und die Einrichtung und den Betrieb der Lüftungsgeräte sind zusätzlich vorzusehen. Das gleiche gilt, wenn der Abort im Aufenthaltsraum untergebracht wird.

Für den zweckmäßig in einer Nische angeordneten Luftförderer und dessen Bedienung wird mindestens 1,30 qm Grundfläche gerechnet.

Die lichte Höhe im Aufenthaltsraum darf nicht kleiner sein als

2,30 m über Flächen für dreistöckige Liegen,
2,00 m über Bewegungsflächen,
1,70 m über Flächen für zweistöckige Liegen,
1,50 m über Flächen für Sitzplätze.

Die erforderliche lichte Höhe darf durch Rohrleitungen, Beleuchtungskörper oder andere Einrichtungen nicht eingeschränkt werden.

Schutzplätze werden für ein Drittel der Schutzsuchenden mit meist dreistöckigen Liegen, für die restlichen zwei Drittel durch Sitzmöglichkeiten eingeplant (**81**.1).

Die Bewegungsflächen zwischen den Liegen und Sitzen sollen mindestens 0,50 m betragen.

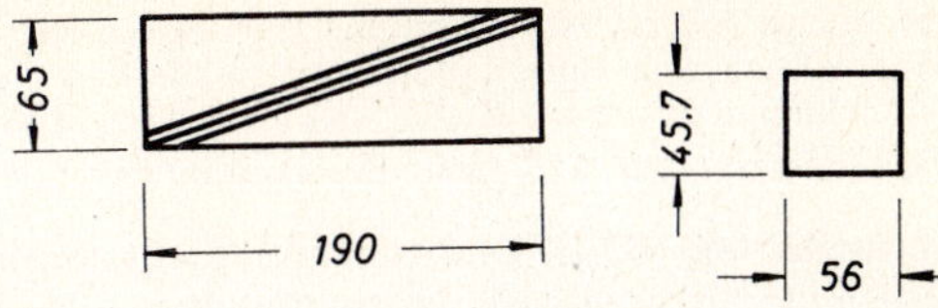

81.1
Hausschutzraum, 3stöckige Liege und Sitzplatz (M 1: 75)

A b o r t. Jeder Hausschutzraum muß einen Trockenabort haben. Bei Räumen bis 12 Plätzen kann er in der Schleuse aufgestellt werden (**80**.1). Bei Schutzräumen mit mehr als 25 Plätzen sind zwei Aborträume vorzusehen.

Die Grundfläche darf nicht kleiner als 0,80 qm sein und soll eine Waschgelegenheit mitaufnehmen können.

Der Raum ist durch eine Tür oder einen Vorhang abzuschließen.

Installationsleitungen. Rohrleitungen, wie Gas-, Heizungs- und andere gefahrdrohende Leitungen, dürfen durch Hausschutzräume nicht hindurchgeführt werden.

Wasserleitungen und Abwasserleitungen sind zulässig, wenn sie am Eintritt und am Austritt im Schutzraum absperrbar sind.

Abwasserleitungen sind mit einer Rückstauvorrichtung (s. Abschn. 3.5.1) zu versehen.

Elektrische Anlagen dürfen nur mit Leitungen für feuchte Räume installiert werden.

Eingangsschleuse, Aufenthalts- und Nebenräume sind mit mindestens einer Brennstelle auszustatten. Im Aufenthaltsraum ist eine Steckdose und ein Anschluß mit Motorschutzschalter für den Elektromotor des Lüfters vorzusehen.

Antennenleitung (**82**.1). Hausschutzräume sind mit einer Antennen-Wanddurchführung auszustatten.

Antenne und Elektroanschluß werden mit je einer handelsüblichen Kabeldurchführung ca. DN 12 für durchgehende Leitungen luftdicht in der Schutzraum-Außenwand installiert.

1.8.2 Lüftungsanlagen

Hausschutzräume sind so auszuführen, daß das Eindringen verunreinigter Außenluft verhindert werden kann.

Alle planmäßigen Öffnungen, wie Schleusentüren, Abschlußklappen, Filterraum und Überdruckventile sind luftdicht verschließbar.

Schutzräume müssen eine Anlage für N o r m a l - und S c h u t z l ü f t u n g erhalten (**81**.2). Sie werden nachfolgend für Schutzraumgrößen bis 25 Personen beschrieben.

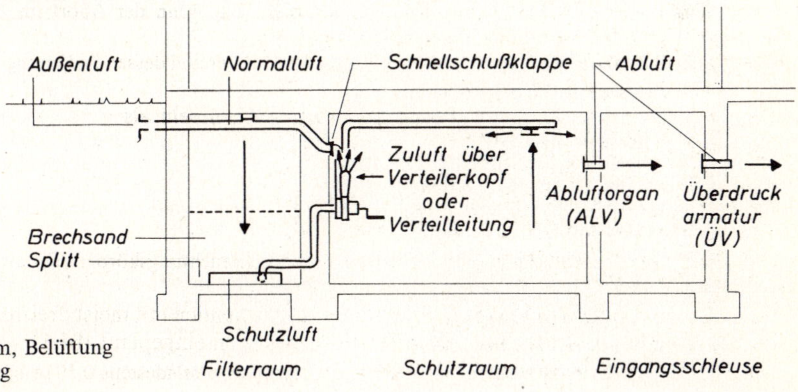

81.2
Hausschutzraum, Belüftung und Luftführung

Die Anlage soll bei Normallüftung eine Außenluftrate von etwa 150 l/min je Schutzplatz und bei Schutzlüftung eine Außenluftrate von mindestens 30 l/min je Schutzplatz fördern. Damit wird im Normalluftfall ein etwa 10facher und im Schutzluftfall ein etwa 2facher Luftwechsel/Stunde erreicht. Die Lüftungsanlage muß auch von Hand betrieben werden können.

Normallüftung (**82**.1). Die Außenluft fließt als Normalluft durch Abschlußsieb, Ansaugleitung, Filterabzweigstück, Normalluftansaugleitung, Schnellschlußklappe und Lüftungsge-

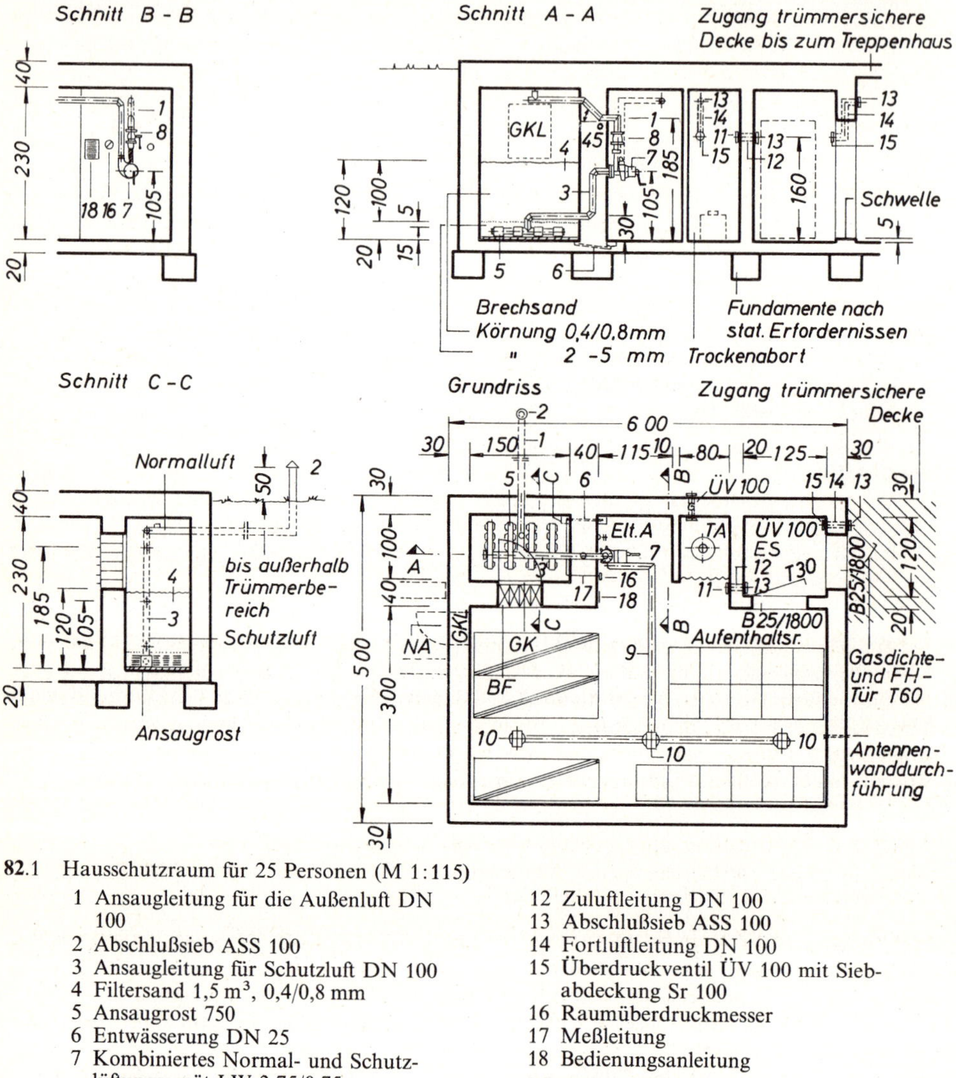

82.1 Hausschutzraum für 25 Personen (M 1:115)

1 Ansaugleitung für die Außenluft DN 100
2 Abschlußsieb ASS 100
3 Ansaugleitung für Schutzluft DN 100
4 Filtersand 1,5 m³, 0,4/0,8 mm
5 Ansaugrost 750
6 Entwässerung DN 25
7 Kombiniertes Normal- und Schutzlüftungsgerät LW 3,75/0,75
8 Schnellschlußklappe SK 100
9 Zuluftverteilleitung DN 100
10 Zuluftventil ZV 100 bzw. ZVA
11 Fortluft- bzw. Zuluftventil ALV 100
12 Zuluftleitung DN 100
13 Abschlußsieb ASS 100
14 Fortluftleitung DN 100
15 Überdruckventil ÜV 100 mit Siebabdeckung Sr 100
16 Raumüberdruckmesser
17 Meßleitung
18 Bedienungsanleitung

BF Betonformsteine
ES Eingangsschleuse
GK gasdichte Abschlußklappe
NA Notausstieg
TA Trockenabort

rät in den Schutzraum. Die Luft verläßt den Raum aus dem Abortraum als Fortluft durch Siebabdeckung, Überdruckventil, Fortluftleitung und Abschlußsieb direkt ins Freie oder in einen Nebenraum.

Die Abluft wird außerdem durch Siebabdeckung, Abluftventil, Abluftleitung und Abschlußsieb in die Schleuse und von dort als Fortluft durch die Außenwand über ein weiteres Überdruckventil (**83**.1) nach außen geführt.

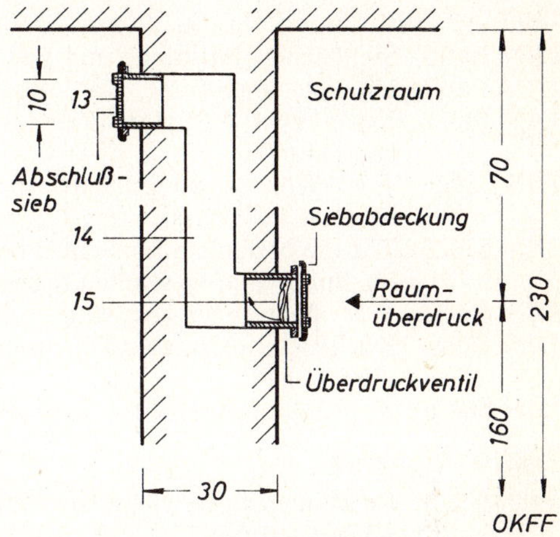

83.1
Hausschutzraum, Einbau eines Überdruckventiles in eine Schutzraumumfassungswand (M 1:20)

13 Abschlußsieb ASS 100
14 Fortluftleitung DN 100
15 Überdruckventil ÜV 100 mit Siebabdeckung Sr 100

Die Ansaugöffnung soll außerhalb des Bereichs von Gebäuden liegen. Sie soll von Austrittsöffnungen für Abluft möglichst weit entfernt sein.

Alle Rohre und Armaturen der Normallüftung werden in DN 100 ausgeführt.

Schutzlüftung (**82**.1). Die Außenluft fließt als Normalluft wie vorher beschrieben zum Filterabzweigstück, dann jedoch, wegen der geschlossenen Schnellschlußklappe, durch Brechsand und Ansaugrost unter den Filter. Vom Rost wird die Luft als Schutzluft durch ein Verbindungsstück und Schutzluftansaugleitung zum kombinierten Normal- und Schutzlüftungsgerät geführt.

Ein elastisches Rohrverbindungsstück liegt zwischen Schnellschlußklappe und Lüftungsgerät.

Alle Rohre und Armaturen der Schutzlüftung werden in DN 100 ausgeführt.

Hausschutzräume bis 25 Schutzplätze erhalten eine Lüftungsanlage mit 3,75 m^3/min Leistung im Normalluftfall und 0,75 m^3/min im Schutzluftfall.

Sandhauptfilter (**82**.1). In Schutzräumen bis zu 25 Schutzplätzen ist ein Sandhauptfilter mit einem Inhalt von 1,5 cbm Brechsand 0,4 bis 0,8 mm anzuordnen.

Die Schütthöhe des Sandes soll 1,00 m betragen und 5 cm über dem Filterrost beginnen.

Das Rost ist bis zu einer Höhe von 5 cm über Oberkante mit handelsüblichem Splitt 2 bis 5 mm abzudecken.

Unter dem Ansaugrost des Filterraumes ist ein Sandfänger für Filterentwässerung mit Anschluß zum Aufstecken DN 25 und Sandfilterentwässerungsrohr DN 25 zu installieren.

Luftverteilung (**82**.1). Wenn im Schutzraum keine gleichmäßige Durchlüftung gewährleistet ist, muß eine nicht immer erforderliche Zuluftverteilungsleitung vorgesehen werden.

Die an der Decke geführten und sich verzweigenden Luftverteilungsleitungen aus Hart-PVC DN 100 beginnen am Lüftungsgerät.

In der Leitung sind mit Abständen von 2 m und bis 1 m vor Wänden zur Luftverteilung Tellerventile anzuordnen.

1.9 Technische Regeln

Deutsche Normen

DIN 18011 Stellflächen, Abstände und Bewegungsflächen im Wohnungsbau (03.67)

DIN 18012 Hausanschlußräume, Planungsgrundlagen (06.82)

DIN 18022 Küche, Bad, WC, Hausarbeitsraum; Planungsgrundlagen für den Wohnungsbau (11.67)

DIN 18025 T. 1 Wohnungen für Schwerbehinderte; Planungsgrundlagen; Wohnungen für Rollstuhlbenutzer (01.72)

DIN 18025 T. 2 Wohnungen für Schwerbehinderte; Planungsgrundlagen; Wohnungen für Blinde und wesentlich Sehbehinderte (07.74)

DIN 68881 T. 1 Begriffe für Küchenmöbel; Küchenschränke (02.79)

DIN 68901 Kücheneinrichtungen; Koordinationsmaße für Küchenmöbel und Küchengeräte (11.81)

DIN 68935 Koordinationsmaße für Badmöbel, Geräte und Sanitärobjekte (11.82)

DVGW-Regelwerk

W 501 Richtlinien für Bau und Anschluß von Waschmaschinen und Geschirrspülmaschinen (01.64)

VDI-Richtlinien

VDI 2089 Blatt 1 Heizung, Raumlufttechnik und Brauchwasserbereitung in Hallenbädern (12.78)

2 Trinkwasserversorgung

2.1 Allgemeines

Eine Grundvoraussetzung beim Planen von Siedlungen und Einzelanwesen ist, daß Wasser in der notwendigen Güte und Menge auf eine wirtschaftlich tragbare Weise beschafft werden kann.

Größere Siedlungen und Städte benötigen zentrale Wasserwerke.

Einzelne Anwesen auf dem Lande müssen mit einer örtlichen Wasserversorgung auskommen.

Die Anforderungen an eine Trinkwasserversorgung sowie Planung, Bau und Betrieb dieser Anlagen, sind in DIN 2000 ausführlich behandelt.

Trinkwasser. Es ist das wichtigste Lebensmittel, das nicht ersetzt werden kann.

Es muß gesund, keimarm, farblos, klar, kühl, geruchlos und wohlschmeckend sein. Der Gehalt an gelösten Stoffen soll sich in Grenzen halten.

Das Wasser soll möglichst keine Korrosionsschäden hervorrufen.

Trinkwasser sollte stets in genügender Menge und mit ausreichendem Druck zur Verfügung stehen.

Die Trinkwasserqualität muß von einem anerkannten chemischen Institut festgestellt und regelmäßig überprüft werden.

Der Kalkgehalt des Trinkwassers sollte zwischen 15 und 25° d, am besten bei 18° d liegen (Taf. **85**.1).

Die Temperatur des Trinkwassers soll 7 bis 15 °C betragen.

Tafel **85**.1 Trinkwasser, Härtegrade[1])

Gesamthärte °d	Bezeichnung	Beurteilung	Geschmack
0...4	sehr weich	geeignet	fade
> 4...8 > 8...12	weich mittelhart	gut geeignet	angenehm
> 12...18 > 18...30	ziemlich hart hart	tragbar	
> 30	sehr hart	ungeeignet	bleiig

[1]) 1°d = 1 deutscher Härtegrad

Wasserbedarf. Er kann örtlich sehr verschieden sein und ist auch von der Art der Abwasserbeseitigung abhängig.

Als Durchschnittsverbrauch je Kopf und Tag für alle Trink- und hauswirtschaftlichen Zwecke sollten 200 l angenommen werden.

Im Einzelfall rechnet man für Wohnungen:

ohne Bad 60 bis 80 l
mit Duschbad 80 bis 150 l
mit Wannenbad 120 bis 200 l

Für Einzelzwecke sind etwa anzurechnen:

Trinken, Kochen, Reinigen je Kopf und Tag	30 bis 50 l
Wäsche je Kopf und Tag	20 bis 40 l
einmalige Klosettspülung	8 bis 12 l
1 Wannenbad	100 bis 200 l
1 Duschbad	35 bis 40 l
1 Stück Großvieh je Tag	50 l
1 Stück Kleinvieh je Tag	10 bis 15 l
1 qm Rasen oder Gehweg sprengen	1,5 l
1 PKW-Reinigung	100 bis 200 l

Für den Tageshöchstverbrauch sind das 1,5fache vorstehender Sätze, für den höchsten Stundenverbrauch 10% des mittleren Tagesverbrauchs anzunehmen.

Nichttrinkwasser. Es braucht für technische Zwecke oft nicht alle an Trinkwasser gestellten Anforderungen zu erfüllen, muß aber häufig besonders weich sein (Taf. **85**.1).

Die Zapfstellen sind durch Schilder „Kein Trinkwasser!" zu kennzeichnen.

2.2 Trinkwassergewinnung

2.2.1 Örtliche Wassergewinnung

Als Folge des natürlichen Wasserkreislaufes (**86**.1) ist bei der örtlichen Trinkwassergewinnung Niederschlagswasser und Grundwasser zu unterscheiden.

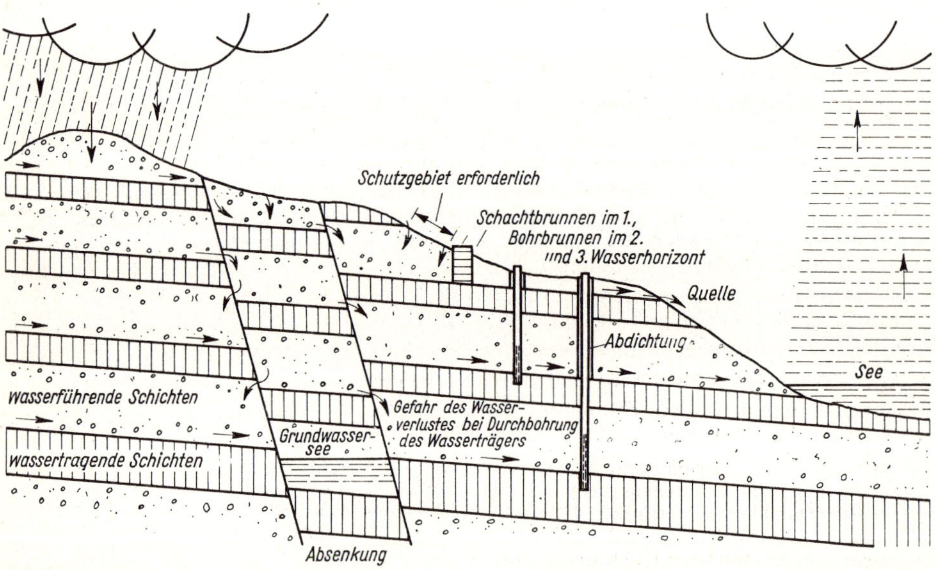

86.1 Wasserkreislauf

Niederschlagswasser. Wo Grund- und Oberflächenwasser nicht zu erreichen oder unbrauchbar ist, wird Niederschlagswasser aufgefangen und in Zisternen gesammelt.

Als Auffangflächen sind Dächer mit harter Deckung oder andere hierzu vorbereitete Flächen geeignet.

Zisternen sind unterirdische, im Freien unter einer Erdüberdeckung von ≧ 80 cm oder im Kellergeschoß untergebrachte Behälter aus Mauerwerk oder Beton.

Die drei zu unterscheidenden Bauarten sind die Zisterne mit Filterkammer, die amerikanische (**87**.1) und die venezianische Zisterne.

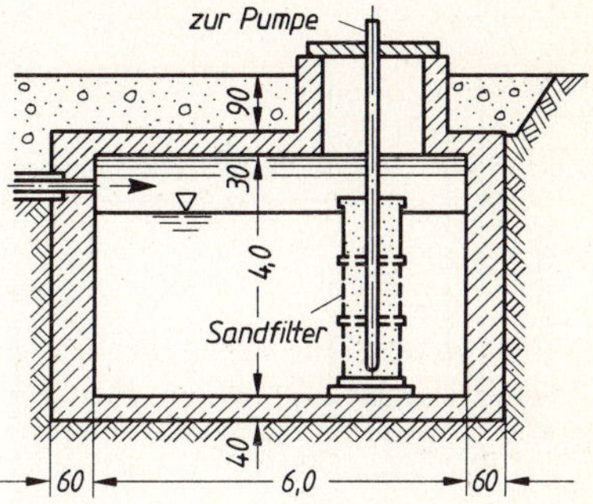

87.1
Amerikanische Zisterne (M 1:200)

Das stets verschmutzte Wasser wird durch ein Sandfilter mechanisch gereinigt, ist nicht keimfrei und erst durch Abkochen oder nach Passieren eines Feinporenfilters genießbar.

Auch wegen der Gefahr der Verseuchung durch radioaktive Strahlung wird Zisternenwasser zunehmend durch Grundwasser ersetzt.

Grundwasser. Etwa ein Viertel des auf die Erdoberfläche gelangenden Niederschlagswassers versickert im Erdboden und sammelt sich auf undurchlässigen Bodenschichten als Grundwasser.

Es kann durch Brunnen erschlossen werden oder tritt als Quellwasser, unter Druck auch als artesischer Brunnen, zutage (**86**.1).

Grundwasser liefert zu allen Jahreszeiten das beste Trinkwasser mit einer gleichmäßigen Temperatur von 7 bis 10 °C.

Brunnen sind senkrechte Anlagen zur Gewinnung des Grundwassers.

Sie müssen von Abort- oder Jauchegruben, Düngerstätten usw. ≧ 10 m entfernt sein, möglichst in entgegengesetzter Richtung zum Grundwasserstrom.

Je nach Verwendungszweck und vorhandener Grundwassertiefe sind Kessel- und Rohrbrunnen zu unterscheiden.

Kessel- oder Schachtbrunnen werden als Hausbrunnen bis zu 10 m Tiefe hergestellt. Sie sind bei geringem Wasserzufluß zu empfehlen (**86**.1).

Rohrbrunnen werden bei Grundwassertiefen von 5 bis 6 m billiger als Kesselbrunnen. Diese haben sie weitgehend verdrängt.

Es sind zwei Arten von Rohrbrunnen zu unterscheiden, der Rammbrunnen und der Bohrbrunnen.

Der Ramm- oder Abessinierbrunnen ist bei geringem Wasserbedarf für Einzelhäuser und Gärten durchaus geeignet. Das mit Schlitzen und Rammspitze versehene Stahlfilterrohr nach DIN 4920 von DN 32 bis DN 50 wird bis zu 6 m tief in weichen Böden abgesenkt und dient gleichzeitig als Saugrohr der unmittelbar aufschraubbaren Kolbenpumpe (**87**.2).

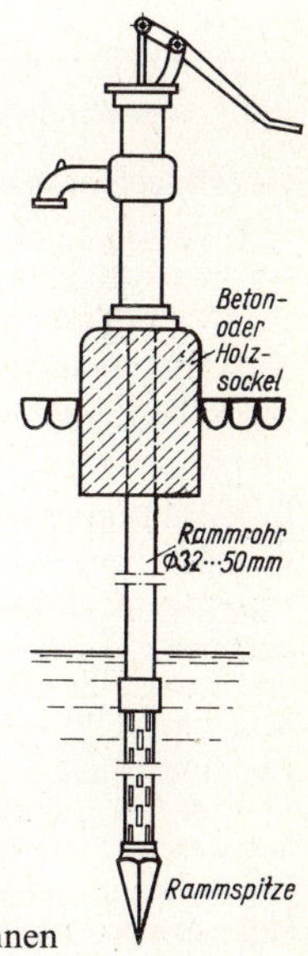

87.2 Ramm- oder Abessinierbrunnen

Bohrbrunnen sind bei größeren Tiefen, stärkerem Wasserbedarf und ungünstigen Böden vorzusehen (**86**.1).

Abarten des Bohrbrunnens sind wegen ihrer Filteranordnung der Gewebefilter-Rohrbrunnen und der Kiesschüttungsbrunnen.

Quellwasser. Als Quellwasser zutage tretendes Grundwasser wird für die Versorgung von Gehöften oder Einzelanwesen in einer Brunnenstube erfaßt (**88**.1).

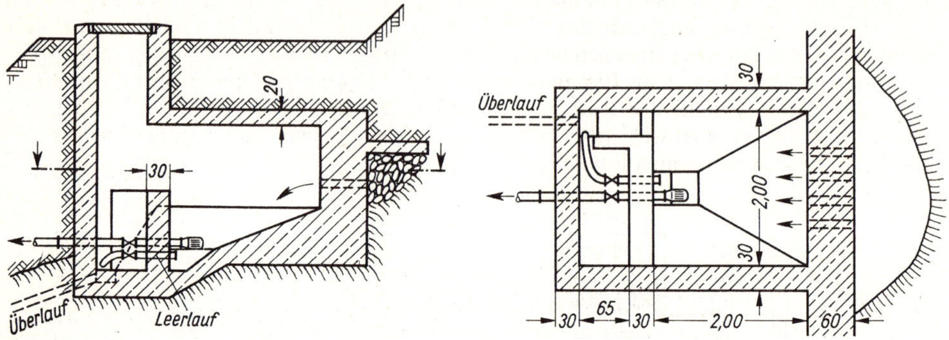

88.1 Quellfassung (M 1:100)

Die Brunnenstube besteht aus Sammelbehälter, Einsteigschacht, Überlauf und Entleerung.

Die Quellfassung soll das Wasser gegen jede Verunreinigung schützen und gegen Einwirken der Außentemperaturen im Erdreich des Hanges liegen. Das unmittelbar oberhalb befindliche Gelände darf mit Gras eingesät und umpflanzt, aber nicht landwirtschaftlich genutzt werden.

2.2.2 Zentrale Wassergewinnung

Als Folge des natürlichen Wasserkreislaufes (**86**.1) ist bei der zentralen Trinkwassergewinnung Oberflächenwasser und Grundwasser zu unterscheiden.

Oberflächenwasser. Das ist besonders Flußwasser, aber auch See- und Talsperrenwasser.

Das Wasser ist stets mechanisch und bakteriologisch, oft chemisch verunreinigt und auch aus Gründen des Strahlenschutzes nicht unbedenklich.

Das Oberflächenwasser ist zur Trinkwasserversorgung wenig geeignet und nur dort zu verwenden, wo die zu seiner unumgänglichen Aufbereitung erforderlichen Anlagen mit Sicherheit einwandfrei bedient werden und wirtschaftlich tragbar sind.

Das ist nur bei großen Anlagen zur zentralen Versorgung ausgedehnter Bezirke möglich.

Flußwasserwerke entnehmen das Rohwasser stets oberhalb des Versorgungsgebietes und der Einleitung unreiner Zuflüsse.

Das dem Fluß entnommene Rohwasser passiert Grob- und Feinrechen, wird im Absetzbecken vorgereinigt, in Schnellfiltern mechanisch und im Langsamfilter biologisch geklärt, abschließend durch Chlorierung keimfrei und evtl. im Kohlefilter geschmacksfrei gemacht. Das im Reinwasserbehälter gesammelte Wasser wird dann durch Reinwasserpumpen ins Stadtrohrnetz gedrückt.

Ein Hochbehälter, als Erdbehälter oder Wasserturm, kann als Wasserspeicher zum Ausgleich von Verbrauchsschwankungen und zugunsten eines gleichmäßigen Versorgungsdruckes zusätzlich vorgesehen werden.

Die stark schwankenden Wassertemperaturen an der Rohwasserentnahmestelle pendeln im Jahresverlauf zwischen 0 und +20 °C.

Seewasserwerke entnehmen das Rohwasser aus größerer Tiefe in einiger Entfernung vom Ufer an einer Stelle, wo Wellen und Schiffe den Seeboden nicht mehr aufwühlen.

Die Temperatur des Seewassers ist gleichmäßiger als das des Flußwassers.

Seewasser wird sonst wie Flußwasser behandelt.

Grundwasser. Für zentrale Wasserversorgungen ist es das beste Trinkwasser.

Grundwasser muß von seinem Gehalt an wasserlöslichen Eisenverbindungen befreit werden.

Grundwasserwerke (**89**.1) bestehen aus einer Reihe senkrecht zur Fließrichtung des Grundwasserstromes angeordneter Gewebefilter-Rohrbrunnen. Bei tief anstehendem Grundwasser erhält jeder Brunnen eine eigene Unterwasserpumpe, die in eine gemeinsame Sammelleitung fördert. Der Eisenanteil des Wassers wird in Enteisenungsanlage und Absetzbecken ausgefällt, der Rest im Schnellfilter entfernt. Das im Reinwasserbehälter gespeicherte Trinkwasser wird schließlich ins Stadtnetz gepumpt. Ein zusätzlicher Hochbehälter kann auch hier sinnvoll werden.

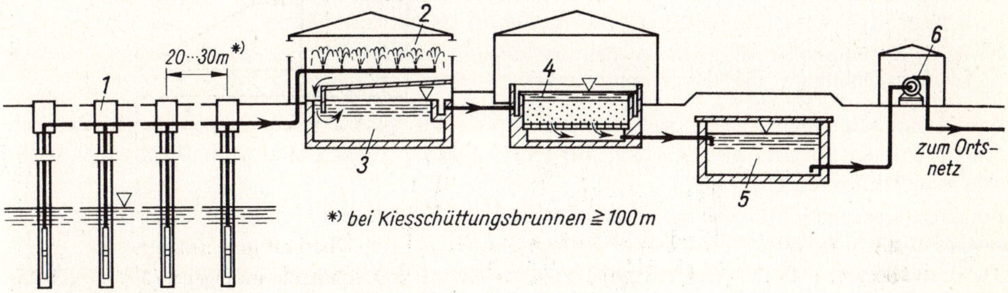

89.1 Grundwasserwerk

1 Rohrbrunnen mit Unterwasserpumpe
2 Enteisenungsanlage, offen, mit
3 Absetzbecken
4 Schnellfilter
5 Reinwasserbehälter
6 Reinwasserpumpe

Trinkwasser-Schutzgebiete. Zum Schutz des für die Trinkwasserversorgung beanspruchten Grundwassers wird das Einzugsgebiet jedes zentralen Grundwasserwerkes in verschiedene Schutzzonen eingeteilt. Für sie gelten die im DVGW-Arbeitsblatt W 101 enthaltenen Richtlinien.

Zu unterscheiden sind:

Fassungsbereich (Zone I). Es ist die unmittelbare Umgebung der Fassungsanlage mit besonders strengen Vorschriften.

Schutzmaßnahmen: Zaun, Schutz gegen Überflutung, Verbot jeder Öllagerung.

Engere Schutzzone (Zone II). Sie schließt sich an den Fassungsbereich an. Sie muß vor solchen Verunreinigungen geschützt werden, die nicht mit Sicherheit durch das Reinigungsvermögen des Untergrundes bis zum Eintritt in die Wasserfassung beseitigt werden.

Schutzmaßnahmen: keine Bebauung, Sand-, Kies- und Lehmgruben, Müll- und Schuttablagerungen, Sickergruben, Verrieselungs- und Verregnungsanlagen für Abwässer, usw. Lagerung von Heizölen EL nur unter besonderen Sicherungsmaßnahmen (s. Abschn. 10.2.6.6).

Weitere Schutzzone (Zone III). Sie schließt sich an die engere Schutzzone an und reicht bis zur Grenze des Grundwasser-Einzugsgebietes. Sie ist vor allen Verunreinigungen zu schützen, die durch das Reinigungsvermögen des Untergrundes überhaupt nicht beseitigt werden.

Schutzmaßnahmen: keine Betriebe mit schädlichen Abfällen oder Abwässern, Kläranlagen, landwirtschaftliche Abwasserverwertung, usw. Lagerung von Heizöl wie bei Zone II.

2.2.3 Wasserförderung

Zur Förderung des Trinkwassers sind Pumpen erforderlich, die nach Antriebskraft, Bauart, Betriebssicherheit und Anlagengröße auszuwählen sind.

Bei kleinen und mittleren Anlagen muß die Pumpe gewöhnlich dem größten Wasserbedarf dienen. Große Anlagen haben meist mehrere Pumpen.

Kolbenpumpen. Sie werden als Saug-, Druck- oder Saug- und Druckpumpen hergestellt.

Saugpumpen arbeiten nach dem Heberprinzip. Sie haben eine größte Saughöhe von 6 – 7 m.

Druckpumpen werden, wenn die Saughöhe zu groß wird, als Tiefenbrunnenpumpen verwendet.

Saug- und Druckpumpen sind dann angebracht, wenn das Wasser eine bestimmte Förderhöhe erreichen soll und die Saughöhe zur Aufstellung der Pumpe genügt.

Die Pumpen werden für Handbetrieb (**87**.2), aber auch für den Antrieb durch Elektro- oder Verbrennungsmotor verwendet.

Kolbenpumpen dienen zum Heben kleiner Wassermengen bei großer Förderhöhe, die, in m gerechnet, das 30 – 50fache der Fördermenge in l/s betragen kann.

Zu den Kolbenpumpen zählen die einfach und doppelt wirkende Pumpe, die doppelt oder vierfach wirkende Flügelpumpe, die Plungerpumpe und die Membranpumpe.

Kreiselpumpen. Sie werden mit waagerechter und senkrechter Achse in zahlreichen Ausführungsarten und allen Größen für jede Leistung, für Kalt- und Heißwasser, schnell- und langsamlaufend, gebaut.

Ein schnell rotierendes Schaufelrad saugt das Wasser aus dem Saugrohr an und schleudert es durch die Zentrifugalkraft in die Druckleitung (**90**.1).

Trotz des gegenüber der Kolbenpumpe schlechteren Wirkungsgrades mit einer Saughöhe nicht über 5 – 6 m werden Kreiselpumpen vor allem für größere Wassermengen und kleinere Förderhöhen gerne angewendet, weil sie billiger sind, weniger Platz beanspruchen und einfacher gebaut sind.

Anders als bei Kolbenpumpen steigt bei Kreiselpumpen der Förderstrom mit sinkender Förderhöhe und umgekehrt.

Eine Abart der Kreiselpumpe ist die Unterwasserpumpe, die aus tief anstehendem Grundwasser fördert.

Die mit einem Unterwasser-Elektromotor zusammengebaute Pumpe wird bis in das Grundwasser abgesenkt und drückt das angesaugte Wasser durch ein Steigrohr nach oben.

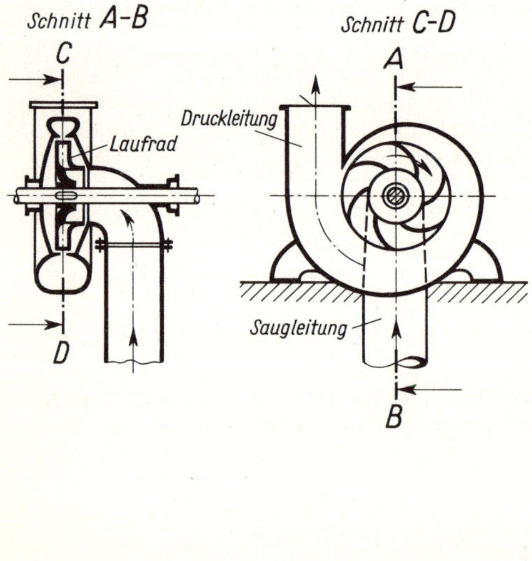

90.1
Kreiselpumpe

Wasserstrahlpumpen. Mit diesen Pumpen entwässert man gelegentlich Keller (**91**.1), deren Sohle tiefer als die Abwasserkanalisation liegt (s. Abschn. 2.5.6).

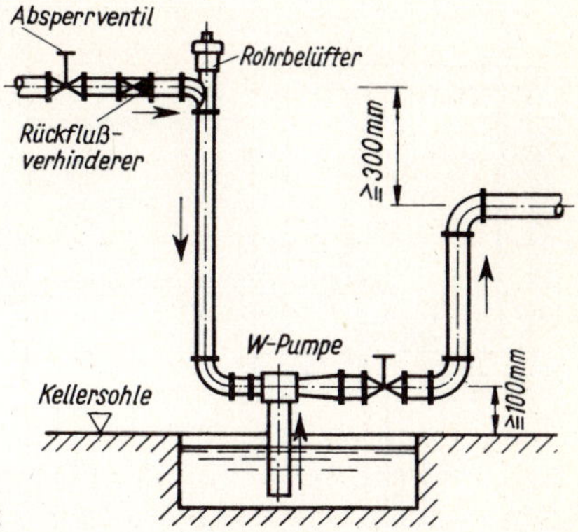

91.1
Wasserstrahlpumpe, Einbauanordnung

Der Wasserstrahl einer Druckwasserleitung erzeugt in einer Düse (**91**.2) einen kräftigen Unterdruck, saugt das zu fördernde Wasser an und reißt es mit in die Steigleitung.

Wasserstrahlpumpen sind auch zum Absaugen von Gasen geeignet.

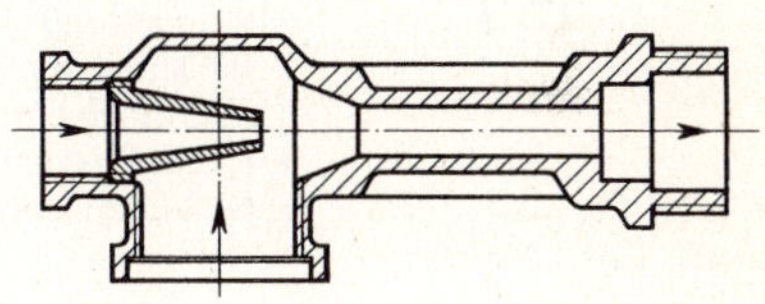

91.2
Wasserstrahlpumpe

2.3 Örtliche Trinkwasserversorgung

Fehlt eine öffentliche Wasserversorgung, muß das Trinkwasser einem auf dem Grundstück zu errichtenden Brunnen entnommen werden.

Die Eigenwasserversorgung kommt für einzelstehende Gebäude, wie Landhäuser, Aussiedlerhöfe und Ausflugsgaststätten infrage, oder wenn in Gewerbebetrieben, z. B. Gärtnereien, mit eigenem Brunnen Kosten gespart werden sollen.

Am besten ist ein Rohrbrunnen so anzuordnen, daß sein Rohr notfalls gezogen werden kann (**92**.1).

Alle Leitungen im Freien sind frostsicher zu verlegen.

Druckluft-Hauswasserversorgungsanlagen. Sie arbeiten vollautomatisch und sind mit einem Druckkessel nach DIN 4810 T. 1 oder einem Membrandruckbehälter ausgestattet.

Eine elektrische Kreisel- oder Kolbenpumpe pumpt das Wasser aus einem Brunnen in einen meist stehend angeordneten, geschlossenen Druckwasserbehälter. Dabei wird die im Behälter befindliche Luft zusammengepreßt, wodurch das Wasser zu den einzelnen Entnahmestellen weiterbefördert wird.

Ein automatischer Druckschalter schaltet die Pumpe bei Erreichen der gewählten Ein- und Ausschaltdrücke selbsttätig ein und aus.

Der Einschaltdruck muß das Wasser 2 – 5 m über die höchste Zapfstelle drücken, der Ausschaltdruck soll 1 – 1,5 bar, bei größeren Anlagen 2 – 3 bar über dem Einschaltdruck liegen.

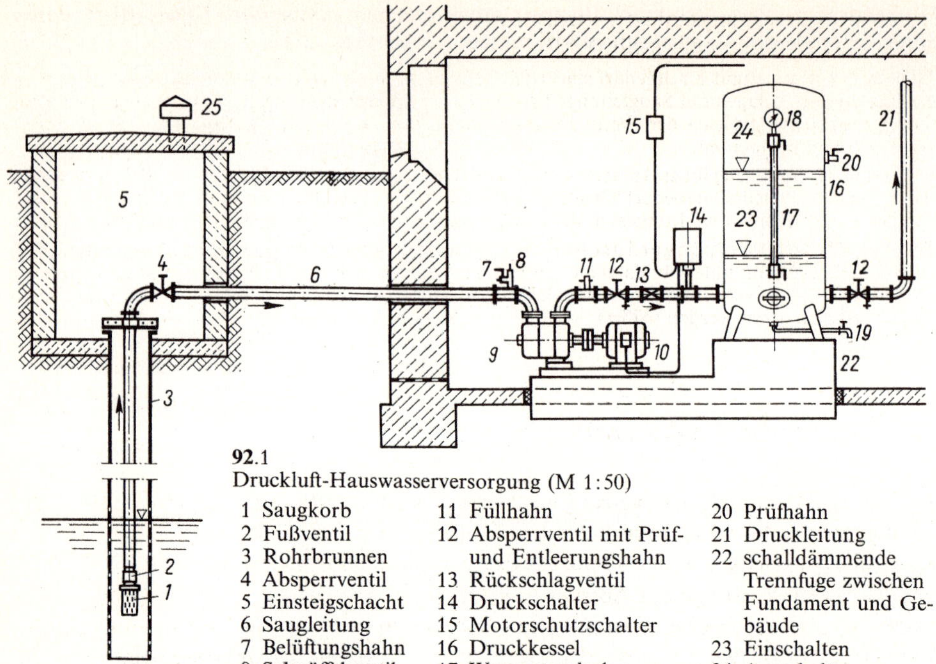

92.1
Druckluft-Hauswasserversorgung (M 1:50)

1 Saugkorb
2 Fußventil
3 Rohrbrunnen
4 Absperrventil
5 Einsteigschacht
6 Saugleitung
7 Belüftungshahn
8 Schnüffelventil
9 Kreiselpumpe
10 Elektromotor
11 Füllhahn
12 Absperrventil mit Prüf- und Entleerungshahn
13 Rückschlagventil
14 Druckschalter
15 Motorschutzschalter
16 Druckkessel
17 Wasserstandsglas
18 Manometer
19 Entleerungsventil
20 Prüfhahn
21 Druckleitung
22 schalldämmende Trennfuge zwischen Fundament und Gebäude
23 Einschalten
24 Ausschalten
25 Lüftung

Der erforderliche Gesamtinhalt des Druckkessels kann Tafel **92**.2 entnommen werden.

Tafel **92**.2 Hauswasserwerke (nach Siemens)

<table>
<tr><th rowspan="2">Verbrauchergruppe</th><th rowspan="2">Bedarf (mittlere Fördermenge)
l/h</th><th colspan="3">Druckbehälter nach DIN 4810</th></tr>
<tr><th>Inhalt
l</th><th>Durchmesser
cm</th><th>Höhe mit Füßen
cm</th></tr>
<tr><td>Wochenendhäuser u. a.</td><td>1300</td><td>150</td><td>45</td><td>120</td></tr>
<tr><td>Einfamilienhäuser</td><td>1800</td><td rowspan="2">300</td><td rowspan="2">55</td><td rowspan="2">155</td></tr>
<tr><td>kleinere Mehrfamilienhäuser</td><td rowspan="2">2500</td></tr>
<tr><td>kleine bis mittlere landwirtschaftl. Anwesen
kleinere Gärtnereien</td><td rowspan="2">500</td><td rowspan="2">65</td><td rowspan="3">180</td></tr>
<tr><td>größere Mehrfamilienhäuser</td><td rowspan="2">5000</td></tr>
<tr><td>Gemeinschaftsversorgung mehrerer Siedlungshäuser
größere landwirtschaftl. Anwesen
mittlere bis größere Gärtnereien</td><td>750</td><td>80</td></tr>
</table>

Hauswasserversorgungsanlagen werden frostsicher, kühl und trocken am zweckmäßigsten in einem Kellerraum aufgestellt (**92**.1).

Pumpenleistung und Kraftbedarf sind nach den örtlichen Verhältnissen durch den Fachmann zu bestimmen. Bei Anlagen mit Saugleitungen von $\leqq 15$ m und Druckleitungen $\leqq 30$ m Länge kann der Rohrquerschnitt gleich der Weite des Pumpenanschlusses gewählt, bei längeren Rohrleitungen muß er berechnet werden.

Für kleinste Leistungen gibt es Anlagen aus zusammengebauten Pumpenaggregaten und Druckkesseln mit besonders kleinem Platzbedarf. Große Anlagen erhalten 2 durch Rohrleitungen verbundene Kessel, von denen ein kleinerer als Luftkessel, der andere dagegen ganz mit Wasser gefüllt als Speicher dient.

Zum Schutz gegen Pumpengeräusche sollen die Anlagen auf schwere, vom Gebäude durch federnde Dämmschichten getrennte Fundamente gesetzt werden. Es sollten nur langsam laufende Pumpen ($\leqq 1000$ U/min) verwendet und diese mit elastischen Schläuchen oder Kompensatoren an die Rohrleitungen angeschlossen werden (**273**.1).

2.4 Öffentliche Trinkwasserversorgung

Jede an eine Sammelwasserversorgung angeschlossene Leitungsanlage muß DIN 1988, „Trinkwasser-Leitungsanlagen in Grundstücken", entsprechen. Sie umfaßt die

Anschlußleitung von der Versorgungsleitung bis zum Wasserzähler,

Wasserzähleranlage mit Absperr- und Prüfvorrichtungen,

Verbrauchsleitungen, die aus Verteilungs-, Steig- und Stockwerksleitungen bestehen.

Verbrauchsleitungen sind alle der Wasserzähleranlage bzw. Hauptabsperrvorrichtung nachgeschalteten Leitungen (**99**.1).

Das Herstellen oder Abändern einer Trink- oder Nichttrinkwasser-Versorgungsanlage ist durch das Wasserversorgungsunternehmen (WVU) zu genehmigen.

Soweit dies nach Rücksprache gefordert wird, sind an Plänen und Unterlagen vor Baubeginn vorzulegen:

Lageplan des Grundstückes mit Anschlußleitung

Kellergeschoßgrundriß mit Leitungsführung

Leitungsschema mit Angabe der Art, Zahl und Nennweite der Entnahmestellen sowie der Nennweite der Rohre

Rohrliste mit Angabe der Streckenlängen, Nennweiten, Bauhöhe und berechneten Druckverluste der Rohre

Für die zeichnerische Darstellung der Leitungspläne sind die Sinnbilder der DIN 1988 zu verwenden (Taf. **94**.1).

2.4.1 Anschlußleitung

Alle Wasserversorgungsanlagen, denen ständig hygienisch einwandfreies Trink- oder Brauchwasser entnommen werden soll, müssen den „technischen Bestimmungen für Bau und Betrieb" nach DIN 1988 entsprechen.

Dies gilt auch für vorübergehend angeschlossene Anlagen, wie Bauwasserversorgungen, reine Sprengleitungen auf Sportplätzen u. ä.

Jedes Grundstück erhält stets eine eigene Anschlußleitung, die von der Straßenhauptleitung über ein Formstück abzweigt.

Ein späterer Anschluß kann mit einer Anbohrschelle (**95**.1 und **99**.1) ohne Betriebsunterbrechung hergestellt werden.

Tafel **94**.1 Sinnbilder für Trinkwasser-Versorgungsanlagen nach DIN 1988 (Auszug)

Rohrleitung	——
verdeckt liegende Rohrleitung	- - - -
isolierte Rohrleitung	
Querschnittsänderung der Rohrleitung	25/20 (1")/(3/4")
Rohrleitungs-Flanschverbindung	
Rohrleitungs-Muffenverbindung	
Rohrleitungs-Gewindemuffe	
einfache Anbohrschelle	
Ventilanbohrschelle mit Schlüsselstange	
Wasserzähler	W
Durchgang-Absperrventil	
dgl. mit Entleerungsventil	
Absperrschieber	
Durchgang-Schwimmerventil	
Wechselventil	
Durchganghahn	
Rückflußverhinderer mit Prüfeinrichtung und Entleerung (zum Einbau in Leitungen)¹)	
Absperrventil kombiniert mit Rückflußverhinderer mit Prüfeinrichtung und Entleerung¹)	
Rückflußverhinderer bei Geräten¹)	
Druckminderer (Druckminderventil)	
Sicherheitsventil mit Gewichtsbelastung	
Membran-Sicherheitsventil mit Federbelastung	
Manometer	
Auslaufventil (Zapfventil, Entleerungsventil, Prüfventil)	
dgl. mit Schlauchverschraubung	
dgl. m. Schlauchverschraubung und angebautem Rohrbelüfter	
Auslaufventil mit Schwenkarm	
Auslauf-Schwimmerventil	
Rohrbelüfter (Einzelbelüfter)	
Rohrbe- und -entlüfter	
Abortdruckspüler	
Brause	
Schlauchbrause	
Mischbatterie für Kalt- und Warmwasser	
Warmwasserbereiter (Wasserheizer)²)	E
dgl. mit unmittelbarem Auslauf²)	G
offener Behälter	
Druckkessel	
Wasserstrahlpumpe	
Erdung	
Unterflurhydrant	
Überflurhydrant	
Gartenhydrant	

¹) Durchflußrichtung →
²) Beheizung: D Dampf, E Elektrizität, G Gas, K Kohle, Ö Öl, W Heiß- oder Warmwasser

In jede Anschlußleitung ist auf der Straße, möglichst nahe der Versorgungsleitung, eine Absperrvorrichtung mit Gestänge und Straßenkappe (**95**.2) einzubauen und durch ein Hinweisschild nach DIN 4067 (**95**.3) zu kennzeichen.

Die Anschlußleitung wird im allgemeinen geradlinig mit Steigung zum Gebäude und rechtwinklig zur Grundstücksgrenze mit 1,0 – 1,8 m Erddeckung frostfrei verlegt (**95**.2).

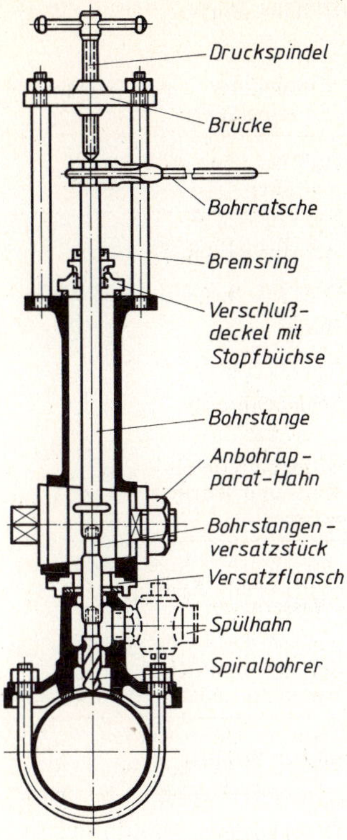

95.1 Ventilanbohrschelle

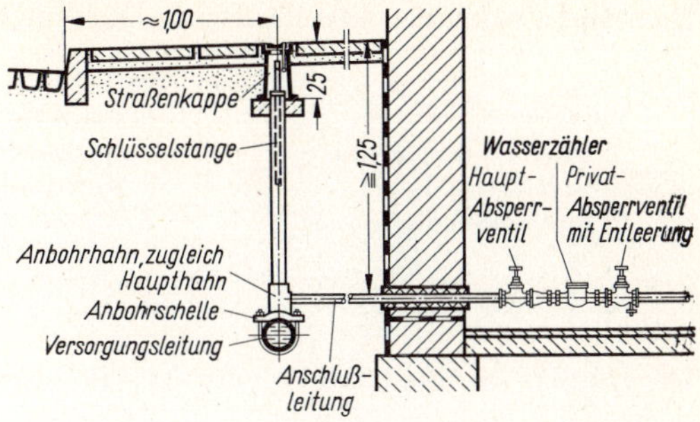

95.2 Hausanschluß für Stahlrohr-Anschlußleitung DN 25 bis DN 40 (M 1:50)
Versorgungsleitung unter Gehweg
Wasserzähleranlage im Hausanschlußraum

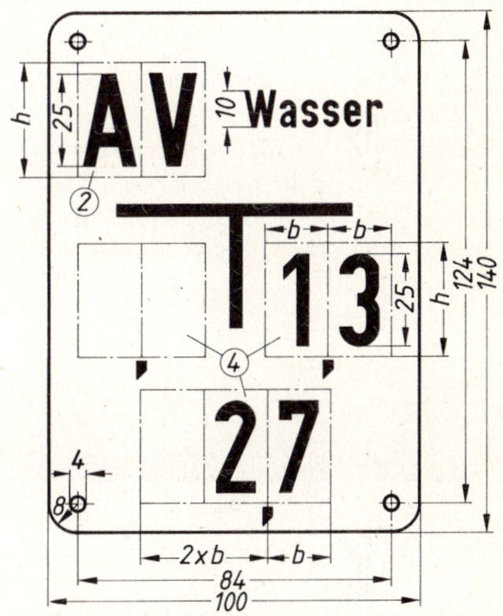

95.3
Hinweisschild für Anschlußleitung nach DIN 4067 (M 1:2,5)
AV = Absperrventil der Anschlußleitung
Weiße Schrift auf blauem Grund

Von Grundstücks-Entwässerungsleitungen oder -Anlagen muß die Anschlußleitung im Grundriß mindestens 1,0 m entfernt bleiben.

Die Leitung darf nicht überbaut werden und muß jederzeit freizulegen sein.

Die Anschlußleitung darf weder über ein Nachbargrundstück führen noch es mitversorgen.

Als Werkstoffe kommen für die im Erdreich zu verlegenden Anschlußleitungen bis DN 40 verzinktes oder bituminiertes Stahlrohr (St), bejutet und asphaltiert, und über DN 40 gußeisernes Druckrohr zur Ausführung. Heutige Anschlußleitungen bestehen fast ausschließlich aus dem schmiegsamen Polyäthylenrohr (PE weich).

Hauseinführung. Für die Anschlußleitung ist in der Außenwand des Gebäudes eine Öffnung vorzusehen, die später unter Verwendung eines Futterrohres aus Stahl oder Grauguß mit

Dichtungsstrick und einem elastischen Dichtungsmaterial verschlossen werden muß (**96**.1).

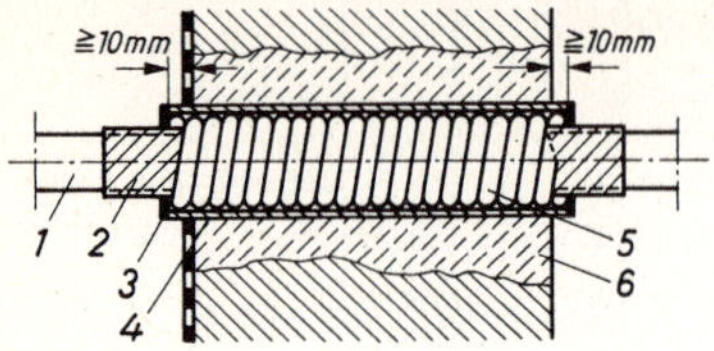

96.1
Durchführung einer Wasserleitung durch eine Außenwand

1 Wasserleitung
2 Korrosionsschutzbinde
3 elastische Dichtungsmasse
4 Schutzrohr
5 Dichtungsstrick
6 Mauerdurchbruch, mit Beton geschlossen

Die Hauseinführung einer Polyäthylen-Hausanschlußleitung veranschaulicht Bild **96**.2.

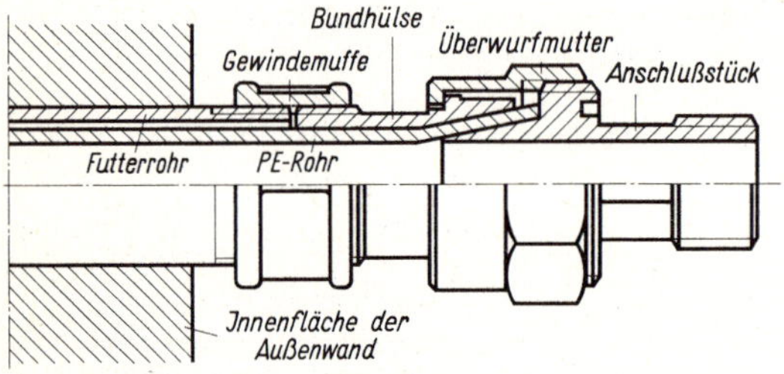

96.2
Hauseinführung einer Polyäthylen-(PE-)Anschlußleitung (M 1:2,5)

Die Lichtweite des Futterrohres muß mindestens 20 mm größer sein als der äußere Durchmesser des Leitungsrohres.

Innerhalb des Schutzrohres darf keine Rohrverbindung liegen.

Die Abdichtung muß wasser- und gasdicht, elastisch und korrosionsfest ausgeführt werden.

Eine wasser- und gasdichte Rohrführung mit zweiseitig elastischer Verlegung der Rohrleitung durch Wand oder Decke für hohe Beanspruchung und Abmessungen in DN 50 – DN 200 zeigt Bild **96**.3.

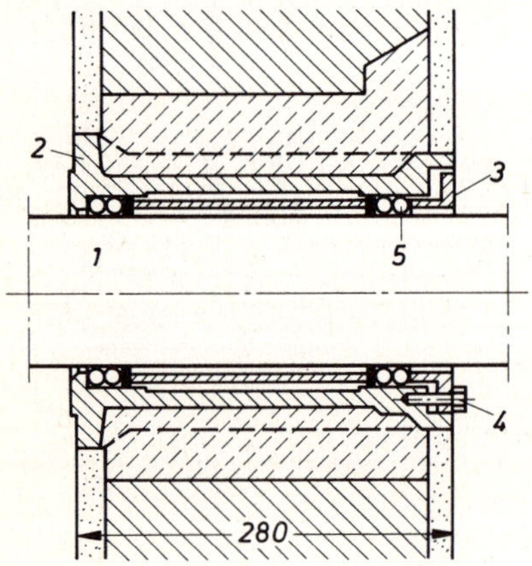

96.3
Rohrführung für hohe Beanspruchung (System „Duplex“, Guß- und Armaturenwerk Kaiserslautern)

1 Rohrleitung
2 Rohrführung
3 Spannbuchse auf der zugänglichen Mauerwerksinnenseite
4 Spannschraube
5 Gummidichtring, Dicke entsprechend der Rohrart

Die Nennweite der Anschlußleitung sowie den Ort ihrer Einführung in Grundstück und Gebäude bestimmt das WVU, das diese Leitung selbst verlegt.

Die Mindestnennweite für Anschlußleitungen beträgt DN 25 (s. Abschn. 2.5.2).

Für das Einführen von Trinkwasser-Anschlußleitungen in Gebäude ist ein Hausanschlußraum (**37**.1) nach DIN 18012 vorzusehen (s. Abschn. 1.7).

Die Anschlußleitung endet mit der Hauptabsperrvorrichtung und dem Wasserzähler (**95**.2).

2.4.2 Wasserzähleranlage

Wasserzähler werden vom WVU möglichst im Hausanschlußraum des Gebäudes unmittelbar hinter der Gebäudeeinführung waagerecht und frostgeschützt so eingebaut, daß sie leicht abgelesen, überprüft und ausgebaut werden können.

Hauswasserzähler werden meistens als Flügelradzähler mit 3 – 20 m^3/h Nenngröße hergestellt. Die Größe bestimmt das WVU.

Sie sind für den Einsatz in waagerechten Leitungen gebaut. Steigrohrzähler werden nur in Sonderfällen verwendet.

Zum Auswechseln benötigt man vor dem Zähler ein Absperrventil und nach dem Zähler ein Absperrventil mit Entleerung (**77**.1 und **95**.2).

Nach dem Privat-Absperrventil ist ein Rückflußverhinderer einzubauen. Ist der Rückflußverhinderer mit Absperrventil und Entleerung kombiniert, gehört er zur Wasserzähleranlage (**99**.1).

Die Leitungen sollen zum Einbau des Zählers 3 – 4 mm nachgeben (**97**.1), oder es müssen Wasserzähler-Paßstücke eingebaut werden.

Wird die Wasserleitung innerhalb von Gebäuden zum elektrischen Potentialausgleich herangezogen, muß sie unmittelbar hinter dem Wasserzähler durch ein NYY-Kabel von 16 mm^2 Cu-Querschnitt mit dem Nulleiter der Hauptleitung oder dem Schutzleiter verbunden werden (**324**.1).

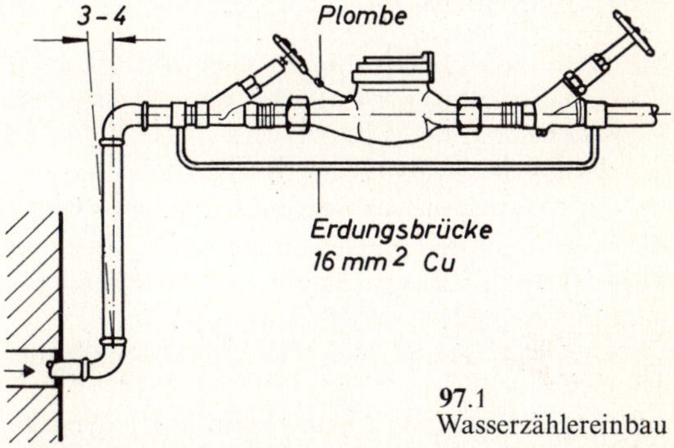

97.1 Wasserzählereinbau

Wasserzählerschächte. Wasserzähler außerhalb des Hauses oder unterhalb der Kellersohle, bei nicht unterkellerten Gebäuden unterhalb der Bodenplatte, erfordern in Ausnahmefällen einen besonderen Schacht (**97**.2).

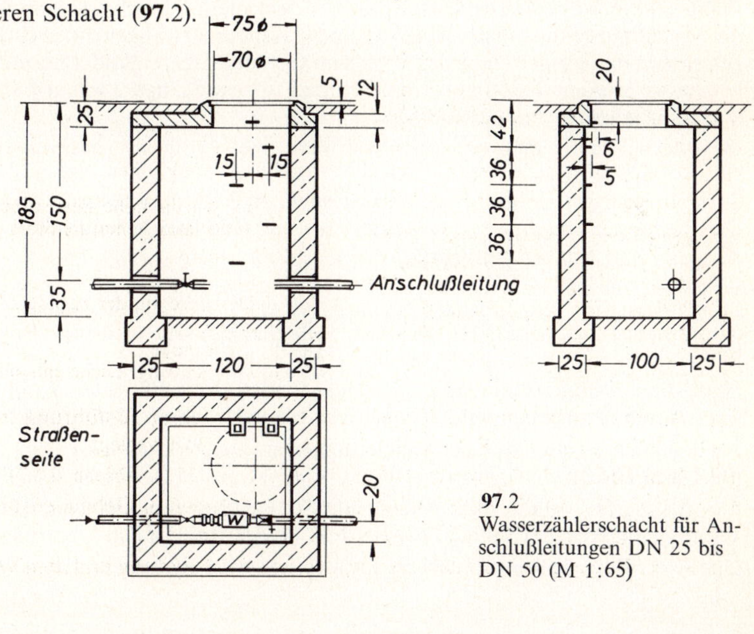

97.2 Wasserzählerschacht für Anschlußleitungen DN 25 bis DN 50 (M 1:65)

Für Anschlußleitungen bis DN 50 sind die Mindestlichtmaße mit 1,2 × 1,0 m bei 1,6 – 2,0 m Höhe, Einsteigöffnungen mit 0,7 × 0,7 m oder ∅ 0,7 m, zu berücksichtigen.

Die Schächte müssen über Steigeisen, Treppen oder Leitern leicht zugänglich sein. Sie sind gegen das Eindringen von Wasser und Schmutz zu schützen, zu entwässern, und mit verkehrssicheren Deckeln abzudecken.

Die Wasserzähleranlage muß vom Schachtboden einen Abstand von mindestens 20 cm haben.

Durch Wasserzählerschächte dürfen Abwasserleitungen nicht, Gasleitungen und Stromkabel nur in Schutzrohren geführt werden.

2.5 Verbrauchsleitungen

2.5.1 Anordnung

Mit dem unmittelbar hinter dem Wasserzähler anzubringenden Privat-Absperrventil (Privathaupthahn) als Entleerungsventil beginnen die hauseigenen Verbrauchsleitungen. Sie bestehen aus der Verteilungsleitung im Kellergeschoß, den Steigleitungen und den Stockwerksleitungen (**99**.1).

Die erste Abzweigung soll mindestens 1 m hinter der Wasserzähleranlage liegen.

Alle Verbrauchsleitungen sind möglichst übersichtlich, geradlinig und mit Steigung zu den Zapfstellen zu verlegen, damit die ganze Anlage durch das Entleerungsventil am Privathaupthahn entleert werden kann.

Luftsäcke sind zu vermeiden, da sonst Querschnittsverengungen oder Wasserschläge in den Leitungen auftreten können.

Alle wasserführenden Anlagen sind gegen Frost zu schützen. Die Kaltwasserleitungen sind in solchem Abstand von Schornsteinen, Warmwasser- oder Heizungsanlagen zu verlegen, daß sie nicht erwärmt werden. Andernfalls sind sie ausreichend zu isolieren.

Waagerechte Verteilungsleitungen ordnet man möglichst nur im Keller an. Die von der Verteilungsleitung in der Regel unter der Kellerdecke abgehenden einzelnen Steigleitungen sollten in nächster Nähe der jeweils im Gebäude übereinanderliegenden Entnahmestellen verlegt werden. Dadurch vermeidet man störende längere waagerechte Zuleitungen zu den Zapfstellen in den Geschossen.

Mit Rücksicht auf herabtropfendes Schwitzwasser muß bei übereinanderliegenden Leitungen (z. B. Gas- oder Warmwasserleitungen) die Kaltwasserleitung immer unten liegen (**77**.1).

Steigleitungen sollen so geführt werden, daß die nachfolgend abzweigenden Stockwerksleitungen möglichst kurz bemessen sind. Jede Steigleitung erhält am Fußpunkt ein Absperr- und Entleerungsventil.

Bei großen Gebäuden faßt man die von der Verteilungsleitung abzweigenden Steigleitungen gerne an einer Stelle zu einer Verteilerbatterie zusammen (**99**.2). Für die Entleerung wird eine Wasserauffangrinne mit Ableitung vorgesehen. Die einzelnen Steigleitungen sind in diesem Fall durch Schilder zu kennzeichnen.

Auch die Leitungen eines jeden Geschosses oder abgeschlossener Wohnungen müssen für sich einzeln absperrbar sein, ebenso die Leitungen für Warmwasserbereiter jeder Art.

An den höchsten Punkten der Steigleitungen sind Rohrbe- und -entlüfter einzubauen (**99**.1 und **124**.2).

Druckspüler sollten über eine eigene Steigleitung versorgt werden und innerhalb der Wohnung absperrbar sein. In diesem Fall ist der Rohrbe- und -entlüfter entbehrlich.

Unter Kellerfluren und unter Fußböden nicht unterkellerter Räume sind nur in besonderen Ausnahmefällen Wasserleitungen zu verlegen und dann in frostfreien Räumen nicht tiefer als 30 cm unter dem Fußboden. In nicht frostfreien Räumen ist für einen zuverlässigen Frostschutz zu sorgen.

Zeitweilig nicht benutzte und frostgefährdete Leitungen müssen abgesperrt und entleert werden können.

Hierzu gehören Leitungen zu Gärten, Höfen, Nebengebäuden, Springbrunnen usw.

Unter jeder Zapfstelle muß eine Ablaufstelle angeordnet sein.

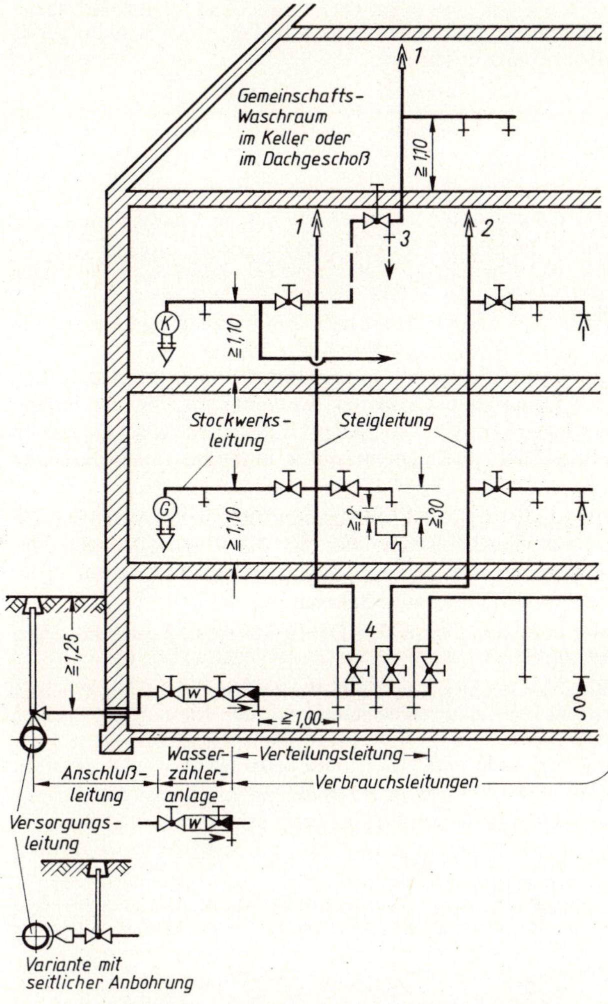

99.1 Strangschema einer Wasserleitungsanlage im Anschluß an eine öffentliche Trinkwasserversorgung (nach DIN 1988)

1 bei Steigleitungen ≧ DN 40 2 Rohrbe- und -entlüfter
2 Rohrbe- und -entlüfter entbehrlich, wenn ausschließlich Druckspüler angeschlossen
3 Ventil mit selbsttätiger Entleerung zur Abflußleitung
4 Verteilerbatterie

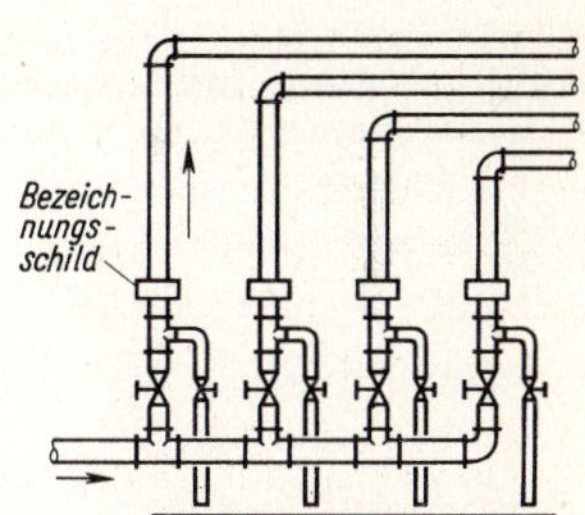

99.2 Verteilerbatterie mit Entleerungsventilen und Wasserauffangrinne

2.5.2 Bemessung

Die Abmessungen der Rohrleitungen sind nach dem örtlichen Betriebsdruck, der Größe und der Höhenlage der einzelnen Entnahmestellen so zu wählen, daß alle Teile des Hauses oder Grundstückes ausreichend mit Wasser versorgt werden.

Bei der Eigenwasserversorgung mit einem Druckkessel nach Abschn. 2.3 gilt der Ausschaltdruck als Betriebsdruck.

Berechnung der Nennweiten. Sie erfolgt nach dem DVGW-Arbeitsblatt W 308. Folgende Abmessungen dürfen nicht unterschritten werden:

Anschlußleitungen DN 25,

Steigleitungen DN 20 und

Stockwerksleitungen DN 15.

Stockwerksleitungen für mehrere Entnahmestellen sollen zur Geräuschminderung eine Nennweite größer als die Nennweite der größten eingebauten Armatur gewählt werden.

Die Nennweite (DN) ist die durch Normung festgelegte Kennzeichnung zueinander passender Teile, wie Rohre, Rohrverbindungen, Formstücke und Armaturen. Sie entspricht nur angenähert ihrem lichten Durchmesser in mm.

Gewinderohre werden nach der Nennweite, alle anderen Rohre nach dem Außendurchmesser und der Wanddicke, bezeichnet.

Für eine ausreichende Wasserversorgung der Gebäude und Grundstücke ist Bedingung, daß in keinem Leitungsstrang der Druckverlust von der Straßenleitung bis zur letzten Zapfstelle größer ist als der verfügbare Druck. Das ist der Unterschied zwischen dem an dieser Zapfstelle herrschenden Ruhedruck und dem bei ihrer Betätigung erforderlichen Mindestfließdruck.

Der Ruhedruck an der Entnahmestelle ist gleich dem Mindestdruck in der Versorgungsleitung abzüglich der Höhe der obersten Zapfstelle über der Versorgungsleitung. Der Mindestdruck wird vom WVU angegeben.

Bei der Eigenwasserversorgung gilt der Ausschaltdruck als Mindestdruck.

Als Druckverlust einer Leitung bezeichnet man den Druckunterschied zwischen dem Anfang und dem Ende einer Leitung.

Er hängt ab von der Länge der Leitung, der Nennweite und dem Werkstoff der glatten oder rauhen Rohre, außerdem von den Armaturen und Verbindungsstücken sowie von der Belastung der Leitung, d. h. der durchströmenden Wassermenge.

Ist ein Wasserzähler in der Anlage eingebaut, ist der verfügbare Druck zusätzlich um den Druckverlust im Zähler zu verringern. Er wird im allgemeinen mit 5 m WS angenommen.

Als erforderlicher Mindestfließdruck gilt u. a. für

Auslaufventile 5 m WS	DN 10 – DN 15
Mischbatterien 5 m WS	DN 15 – DN 25
Abort-Druckspüler 12 m WS	DN 15 – DN 20
Abort-Druckspüler 4 m WS	DN 25
Durchlauferhitzer 15 m WS	DN 15

Belastung. Unter der Belastung einer Leitung wird die durchströmende Gesamtwassermenge verstanden. Sie richtet sich nach der Anzahl und Größe ihrer Entnahmestellen und der Gleichzeitigkeit ihrer Benutzung.

Für die Berechnung gewöhnlicher Hausanlagen wird als Einheit der Leitungsbelastung der Belastungswert (BW) benutzt.

1 BW entspricht der Liefermenge eines Auslaufventiles DN 10 mit 0,25 l/s.

Die den Belastungswerten von 0,5 – 1000 entsprechenden sekundlichen Liefermengen sind aus Tafel **102**.1 bzw. **101**.1 zu ersehen.

Als Belastungswerte gebräuchlicher Entnahmestellen sind anzusetzen für

Abortspülkästen, Bidets, P-Becken u. dgl.	0,25 BW
Kleinwasserheizer ≦ 10 l/min, Ausläufe über Handwaschbecken u. dgl.	0,5 BW
Auslaufventile DN 10, Gaswasserheizer ≧ 15 l/min u. dgl.	1 BW
Auslaufventile u. dgl. DN 15	2,5 BW
Auslaufventile u. dgl. DN 20	16 BW
Auslaufventile u. dgl. DN 25	36 BW
Abortdruckspüler DN 15	8 BW
Abortdruckspüler DN 20 und DN 25	16 BW
Abortdruckspüler DN 32	27 BW

Tafel **101**.1 Druckverluste in m WS je m Rohrlänge einschl. der Verluste in Krümmungen, Durchgangsventilen usw. ausschließlich Verlust im Wasserzähler (Auszug aus DVGW-Arbeitsblatt W 308)

BW der Entnahmestellen	l/s	Kupfer- und auch Kunststoff-Rohre								
		Innendurchmesser in mm								
		13	16	20	25	30	35	40	45	50
0,5	0,177	**0,45**	0,15	0,04	0,01					
1	0,250	**0,90**	**0,29**	0,09	0,03	0,01				
1,5	0,306	1,36	**0,44**	0,13	0,04	0,01	0,01			
2	0,354	1,81	**0,59**	**0,18**	0,05	0,02	0,01			
2,5	0,395	2,26	**0,73**	**0,22**	0,07	0,02	0,01	0,01		
3	0,433		0,88	**0,26**	0,08	0,03	0,01	0,01		
3,5	0,468		1,03	**0,31**	0,09	0,03	0,01	0,01		
4	0,500		1,18	**0,35**	**0,11**	0,04	0,02	0,01		
4,5	0,530		1,32	**0,40**	**0,12**	0,04	0,02	0,01		
5	0,559		1,47	**0,44**	**0,13**	0,05	0,02	0,01	0,01	
5,5	0,586		1,62	**0,48**	**0,14**	0,05	0,02	0,01	0,01	
6	0,612			**0,53**	**0,16**	0,06	0,03	0,01	0,01	
6,5	0,637			0,57	**0,17**	0,06	0,03	0,01	0,01	
7	0,661			0,61	**0,18**	0,07	0,03	0,01	0,01	
7,5	0,685			0,66	**0,20**	0,07	0,03	0,02	0,01	
8	0,707			0,70	**0,21**	**0,08**	0,03	0,02	0,01	
8,5	0,729			0,75	**0,22**	**0,08**	0,04	0,02	0,01	0,01
9	0,750			0,79	**0,24**	**0,09**	0,04	0,02	0,01	0,01
9,5	0,771			0,83	**0,25**	**0,09**	0,04	0,02	0,01	0,01
10	0,791			0,88	**0,26**	**0,10**	0,04	0,02	0,01	0,01
11	0,829			0,97	**0,29**	**0,11**	0,05	0,02	0,01	0,01
12	0,866			1,05	**0,32**	**0,12**	0,05	0,02	0,01	0,01
13	0,901			1,14	**0,34**	**0,13**	0,06	0,03	0,01	0,01
14	0,935			1,23	**0,37**	**0,14**	0,06	0,03	0,02	0,01
15	0,968				**0,39**	**0,15**	**0,06**	0,03	0,02	0,01
16	1,000				0,42	**0,16**	**0,07**	0,03	0,02	0,01
17	1,031				0,45	**0,17**	**0,07**	0,04	0,02	0,01
18	1,061				0,47	**0,18**	**0,08**	0,04	0,02	0,01
19	1,090				0,50	**0,19**	**0,08**	0,04	0,02	0,01
20	1,118				0,53	**0,20**	**0,09**	0,04	0,02	0,01

Tafel **102**.1 Druckverluste in m WS je m Rohrlänge einschl. der Verluste in Krümmungen, Durchgangsventilen usw. ausschließlich Verlust im Wasserzähler (Auszug aus DVGW-Arbeitsblatt W 308)

BW der Entnahmestellen	l/s	Stahlrohre[1]) Innendurchmesser in mm 15	20	25	32	40	50
0,5	0,177	**0,39**	0,08	0,02	0,01		
1	0,250	**0,78**	0,16	0,05	0,01		
1,5	0,306	**1,18**	0,25	0,07	0,02	0,01	
2	0,354	1,57	**0,33**	0,10	0,03	0,01	
2,5	0,395	1,96	**0,41**	0,12	0,03	0,01	
3	0,433	2,35	**0,49**	0,15	0,04	0,01	
3,5	0,468	2,74	**0,57**	0,17	0,04	0,01	
4	0,500	3,13	**0,66**	**0,20**	0,05	0,02	
4,5	0,530	3,53	**0,74**	**0,22**	0,06	0,02	0,01
5	0,559		**0,82**	**0,24**	0,06	0,02	0,01
5,5	0,586		**0,90**	**0,27**	0,07	0,02	0,01
6	0,612		**0,98**	**0,29**	0,08	0,02	0,01
6,5	0,637		1,07	**0,32**	0,08	0,02	0,01
7	0,661		1,15	**0,34**	0,09	0,03	0,01
7,5	0,685		1,23	**0,37**	0,10	0,03	0,01
8	0,707		1,31	**0,39**	0,10	0,03	0,01
8,5	0,729		1,39	**0,41**	0,11	0,03	0,01
9	0,750		1,48	**0,44**	0,11	0,03	0,01
9,5	0,771		1,56	**0,46**	0,12	0,04	0,01
10	0,791		1,64	**0,49**	0,13	0,04	0,01
11	0,829		1,80	**0,54**	**0,14**	0,04	0,01
12	0,866		1,97	**0,59**	**0,15**	0,05	0,01
13	0,901		2,13	**0,63**	**0,17**	0,05	0,01
14	0,935		2,30	**0,68**	**0,18**	0,05	0,02
15	0,968			**0,73**	**0,19**	0,06	0,02
16	1,000			0,78	**0,20**	0,06	0,02
17	1,031			0,83	**0,22**	0,06	0,02
18	1,061			0,88	**0,23**	0,07	0,02
19	1,090			0,93	**0,24**	0,07	0,02
20	1,118			0,98	**0,25**	0,08	0,02

BW der Entnahmestellen	l/s	Stahlrohre[1]) Innendurchmesser in mm 25	32	40	50	65
21	1,146	1,02	**0,27**	0,08	0,02	0,01
22	1,173	1,07	**0,28**	0,08	0,02	0,01
23	1,199	1,12	**0,29**	0,09	0,03	0,01
24	1,125	1,17	**0,31**	0,09	0,03	0,01
25	.1,250	1,22	**0,32**	0,09	0,03	0,01
26	1,275	1,27	**0,33**	**0,10**	0,03	0,01
27	1,299	1,32	**0,34**	**0,10**	0,03	0,01
28	1,323	1,37	**0,36**	**0,11**	0,03	0,01
29	1,346	1,41	**0,37**	**0,11**	0,03	0,01
30	1,369	1,46	**0,38**	**0,11**	0,03	0,01
31	1,392	1,51	**0,40**	**0,12**	0,03	0,01
32	1,414	1,56	**0,41**	**0,12**	0,04	0,01
33	1,436	1,61	**0,42**	**0,13**	0,04	0,01
34	1,458	1,66	**0,43**	**0,13**	0,04	0,01
35	1,479		**0,45**	**0,13**	0,04	0,01
36	1,500		**0,46**	**0,14**	0,04	0,01
37	1,521		**0,47**	**0,14**	0,04	0,01
38	1,541		**0,48**	**0,14**	0,04	0,01
39	1,561		**0,50**	**0,15**	0,04	0,01
40	1,581		**0,51**	**0,15**	0,05	0,01
41	1,601		**0,52**	**0,16**	0,05	0,01
42	1,620		0,54	**0,16**	0,05	0,01
43	1,639		0,55	**0,16**	0,05	0,01
44	1,658		0,56	**0,17**	0,05	0,01
45	1,677		0,57	**0,17**	0,05	0,01
46	1,696		0,59	**0,17**	0,05	0,01
47	1,714		0,60	**0,18**	0,05	0,01
48	1,732		0,61	**0,18**	0,05	0,01
49	1,750		0,62	**0,19**	0,06	0,01
50	1,768		0,64	**0,19**	0,06	0,01

BW der Entnahmestellen	l/s	Stahlrohre[1]) Innendurchmesser in mm 32	40	50	65	80	100
55	1,854	0,70	**0,21**	0,06	0,01		
60	1,937	0,77	**0,23**	0,07	0,02	0,01	
65	2,016	0,83	**0,25**	**0,07**	0,02	0,01	
70	2,092	0,89	**0,27**	**0,08**	0,02	0,01	
75	2,165	0,96	**0,28**	**0,08**	0,02	0,01	
80	2,236	1,02	**0,30**	**0,09**	0,02	0,01	
90	2,372	1,15	**0,34**	**0,10**	0,02	0,01	
100	2,500		**0,38**	**0,11**	0,03	0,01	
125	2,795		0,47	**0,14**	0,03	0,01	
135	2,905		0,51	**0,15**	0,04	0,01	
150	3,062		0,57	**0,17**	0,04	0,01	
175	3,307		0,66	**0,20**	0,05	0,02	
200	3,536		0,76	**0,23**	**0,05**	0,02	
225	3,750		0,85	**0,25**	**0,06**	0,02	0,01
250	3,953			0,28	**0,07**	0,02	0,01
275	4,146			0,31	**0,07**	0,02	0,01
300	4,331			0,34	**0,08**	0,03	0,01
325	4,507			0,37	**0,09**	0,03	0,01
350	4,677			0,39	**0,09**	0,03	0,01
375	4,841			0,42	**0,10**	0,03	0,01
400	5,000			0,45	**0,11**	0,04	0,01
450	5,303			0,51	**0,12**	**0,04**	0,01
500	5,590			0,56	**0,14**	**0,04**	0,01
600	6,124				**0,16**	**0,05**	0,02
700	6,614				**0,19**	**0,06**	0,02
800	7,071				0,22	**0,07**	0,02
900	7,500				0,24	**0,08**	0,02
1000	7,906				0,27	**0,09**	**0,03**

[1]) In den Druckverlustziffern ist eine mittlere Querschnittsverengung durch Verkrusten berücksichtigt. Wo mit Verkrusten nicht gerechnet zu werden braucht, können im Einvernehmen mit dem WVU bis zu 10% kleinere Druckverluste in Rechnung gesetzt werden.

Gesamtbelastung. Die Gesamtbelastung einer Leitung oder Anlage ergibt sich als Summe der Belastungswerte aller angeschlossenen Entnahmestellen, zu der die zugehörige Wassermenge aus Tafel **102**.1 oder **101**.1 zu entnehmen ist.

Handelt es sich nicht um gewöhnliche Wohnungsanlagen, so muß die Wassermenge von Fall zu Fall einzeln ermittelt werden.

Zum Beispiel wird man bei einer Reihenwaschanlage von 20 gleichzeitig benutzten Waschtischen mit 1 BW das 20fache der 0,25 l/s betragenden Wassermenge des einzelnen Waschtisches mit 5 l/s und als Belastungswert der Zuleitung demgemäß 400 BW anzusetzen haben und dann in üblicher Weise weiterrechnen.

Leitungsberechnung. Für jeden Leitungsstrang ist aus dem Verhältnis des verfügbaren Druckes zur Leitungslänge der zulässige Druckverlust je m Rohrlänge zu ermitteln. Dann ist für den Strang, bei dem dieses Verhältnis am kleinsten wird, für jeden einzelnen Strangabschnitt der dem zulässigen Druckverlust annähernd entsprechende Rohrdurchmesser zu bestimmen.

In gleicher Weise ist bei den vom berechneten Leitungsstrang abzweigenden Leitungssträngen vorzugehen. Der verfügbare Druck in diesen Zweigleitungen ist um die Druckverluste in den gemeinsamen Leitungsabschnitten kleiner als der gesamte verfügbare Druck.

Der Gesamtdruckverlust in dem Leitungsstrang darf nicht größer werden als der verfügbare Druck. Andernfalls sind für die einzelnen Strangabschnitte größere Durchmesser zu wählen.

Im einzelnen rechnet man für die Stockwerksleitung bei

1 Abortspülkasten	DN 10–15
1 bis 2 Wasch- oder Spültischen	DN 15
1 Abortdruckspüler	DN 25
1 Badebrause	DN 15
1 Badewanne	DN 20–25
1 Waschraumanschluß	DN 20
1 Gartenleitung	DN 20–25
1 Feuerhahn	DN 25–50

Druckverlustzahlen. Die in den Tafeln **102**.1 und **101**.1 zusammengestellten Druckverluste in den Rohrleitungen schließen die Verluste in Krümmungen, Durchgangsventilen usw. ein, jedoch nicht den Druckverlust in Wasserzählern, für den im allgemeinen ein Durchschnittswert von 5 m WS eingesetzt werden kann.

Wassergeschwindigkeit. Die fettgedruckten Ziffern in den Tafeln **102**.1 und **101**.1 geben die Druckverluste an, die den zur Vermeidung von Strömungsgeräuschen (s. Abschn. 2.5.4, 4.2 und 4.3) normalerweise einzuhaltenden Geschwindigkeitsgrenzen zwischen 1,0 und 2,0 m/s entsprechen.

Die darüberstehenden Zahlen gelten für Wassergeschwindigkeiten < 1,0 m/s, die darunterstehenden für solche > 2,0 m/s bis zur höchstzulässigen Geschwindigkeit von 3,0 m/s.

Die waagerechten Trennungsstriche bezeichnen die Geschwindigkeitsgrenzen von 0,5 oder 1,5 oder 2,5 m/s.

Berechnungsbeispiel. Die Rohrweiten der Kaltwasserleitung des im Bild **104**.1 dargestellten Strangschemas eines Achtfamilienwohnhauses sind zu bemessen.

Werkstoff: verzinktes Stahlrohr

Druck in der Versorgungsleitung: 40 bar

Maße: siehe Strangschema

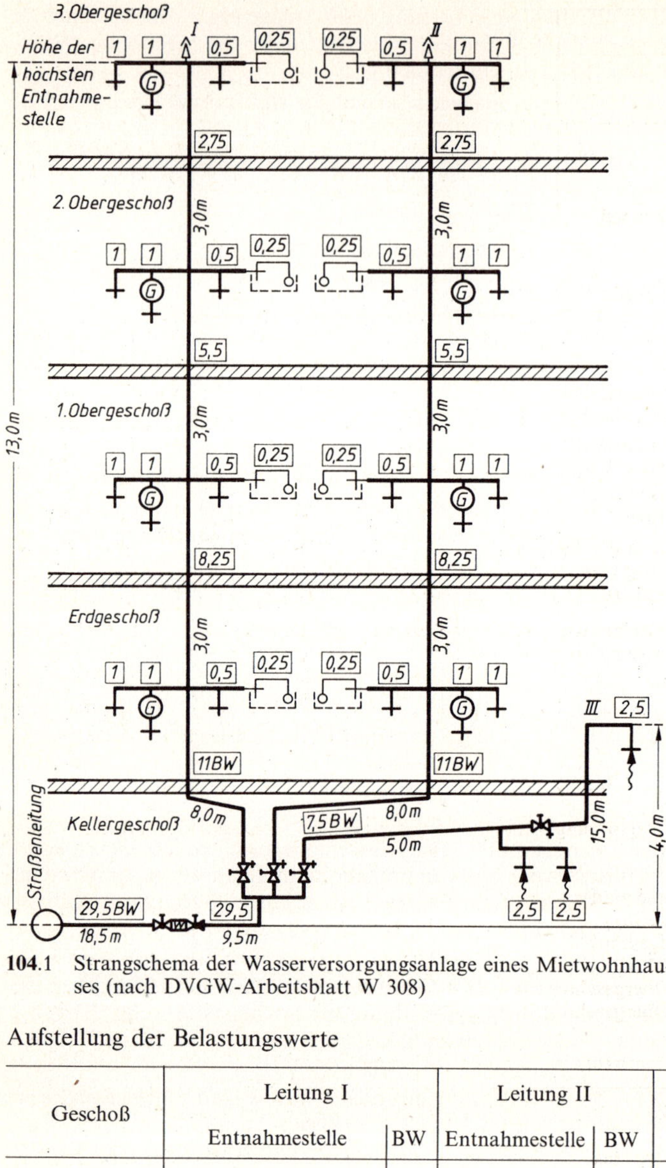

104.1 Strangschema der Wasserversorgungsanlage eines Mietwohnhauses (nach DVGW-Arbeitsblatt W 308)

Aufstellung der Belastungswerte

Geschoß	Leitung I		Leitung II		Leitung III	
	Entnahmestelle	BW	Entnahmestelle	BW	Entnahmestelle	BW
3. Obergeschoß	1 Auslaufventil DN 10 1 Gaswasserheizer 15 l/min ohne Mischbatterie 1 Handwaschbecken Abortspülkasten	1 1 0,5 0,25	wie Leitung I	2,75	–	–
2. Obergeschoß	dgl.	2,75	dgl.	2,75	–	–

1. Obergeschoß	dgl.	2,75	dgl.	2,75	–	–
Erdgeschoß	dgl.	2,75	dgl.	2,75	1 Auslaufventil DN 15 auf dem Hof	2,5
Kellergeschoß	–	–	–	–	2 Auslaufventile DN 15 im Waschraum	5
zusammen		11		11		7,5

Belastung der Zuleitung 29,5 BW = 1,358 l/s

Ermittlung der in den einzelnen Strängen zulässigen Druckverluste

	Leitung	I	II	III
a) Mindestdruck in der Versorgungsleitung	mWS	40	40	40
b) höchste Entnahmestelle über der Versorgungsleitung	m	13	13	4
c) Ruhedruck an dieser Entnahmestelle = a) – b)	mWS	27	27	36
d) erforderlicher Mindestfließdruck an dieser Entnahmestelle	mWS	5	5	5
e) verfügbarer Druck im ganzen = c) – d)	mWS	22	22	31
f) Druckverlust im Wasserzähler	mWS	5	5	5
g) verfügbar für Druckverlust in der Leitung = e) – f)	mWS	17	17	26
h) Leitungslänge gemäß Leitungsplan	m	45	45	48
i) zulässiger Druckverlust = g) : h)	mWS	0,38	0,38	0,54

Die Leitungen mit dem geringsten zulässigen Druckverlust je m Rohrlänge sind die Leitungen I und II. Mit diesen ist daher die Berechnung zu beginnen.

Bemessung der Rohrweiten

Leitungsstrecke		Länge	BW	DN	Druckverlust in mWS	
von	bis	m		mm	je m Rohrlänge	im ganzen

Leitung I und II. Von der Versorgungsleitung ab: Leitungslänge 45,0 m, zul. Druckverlust 17,0 m WS = 0,38 mWS/m

Versorgungsleitung	Wasserzähler	18,5	29,5	32	0,375	6,94
Wasserzähler	Verteilung	9,5	29,5	32	0,375	3,56
Verteilung	Erdgeschoß	8,0	11	32	0,14	1,12
Erdgeschoß	1. Obergeschoß	3,0	8,25	25	0,41	1,23
1. Obergeschoß	2. Obergeschoß	3,0	5,5	20	0,90	2,70
2. Obergeschoß	3. Obergeschoß	3,0	2,75	20	0,45	1,35
		45,0				16,90

Leitungsstrecke		Länge	BW	DN	Druckverlust in mWS	
von	bis	m		mm	je m Rohrlänge	im ganzen

Leitung III. Von der Verteilung ab: Leitungslänge 20,0 m, zul. Druckverlust 26,0 – (6,94 + 3,56) = 15,50 mWS = 0,78 m WS/m

Verteilung	Abzweig im Waschr.	5,0	7,5	20	1,23	6,15
Abzweig im Waschraum	Auslaufventil im Hof	13,0	2,5	20	0,41	5,33
		2,0		15	1,96	3,92
		20,0				15,40

Die Leitungsanlage ist nach dem Vorstehenden richtig bemessen, da bei den sich ergebenden Abmessungen der Gesamtdruckverlust kleiner ist als der zulässige Druckverlust, diesem aber doch möglichst nahekommt.

Die Leitung zum Auslaufventil auf dem Hof ist nicht nur aus Sparsamkeit verengt worden, sondern in erster Linie deshalb, um zu verhindern, daß bei zu geringem Druckverlust in dieser Leitung durch volles Öffnen der an sie angeschlossenen Zapfstelle den anderen Leitungssträngen in unzulässiger Weise Wasser entzogen wird.

2.5.3 Werkstoffe

Alle Rohre und Zubehörteile müssen einem Dauerdruck von 10 bar standhalten, soweit nicht höhere Betriebsdrücke eine höhere Druckstufe erfordern.

Stahlrohre müssen innen und außen bituminiert oder verzinkt sein.

Gebrauchte oder schadhafte Rohre und Zubehörteile dürfen nicht eingebaut werden.

Gußeiserne Druckrohre. Sie werden außerhalb von Gebäuden im Erdreich, aber auch oberirdisch verlegt.

Druckrohre aus Gußeisen sind in den Nennweiten 80 bis 1200 gemäß DIN 28610 und 28614 genormt. Mit DN 50 bis DN 65 werden sie auch als gußeiserne Hausanschlußrohre hergestellt.

Die Ausführung erfolgt mit Muffen, Flanschen oder glatten Enden mit Whitworth-Rohrgewinde.

Stahlrohre. Sie sind immer noch ein verbreiteter Werkstoff für Trinkwasserleitungen im Haus.

Tafel **106**.1 Rohrwerkstoffe für Trinkwasserleitungen (Stahl, Kupfer und Kunststoff)

Art	DIN	Ausführung	DN
Mittelschwere Gewinderohre St 33-2	2440	nahtlos oder geschweißt	6 bis 150 6 bis 50
Schwere Gewinderohre St 33-2	2441	nahtlos oder geschweißt	6 bis 150 6 bis 50
Kupferrohre	1786	nahtlos gezogen	6 × 0,8 bis 54 × 1,5
Kupferrohre	1754	nahtlos gezogen	10 × 1 bis 100 × 3,5
Polyvinylchlorid hart (PVC h)	8062	Druckstufen PN 10 – 16 DVGW-Merkblatt W 320 und W 328 sowie DIN 19 532	10 × 1 bis 160 × 7,7
Polyäthylen hart (PE h)	8074	Druckstufen PN 6 – 10	10 × 2 bis 150 × 20,5
Polyäthylen weich (PE w)	8072	Verlegung nach DVGW-Merkblatt W 320 und DIN 19 533	10 × 2 bis 80 × 9,7

Unterschieden werden nahtlose oder geschweißte mittelschwere Gewinderohre nach DIN 2440 und schwere Gewinderohre nach DIN 2441. Sie werden in den Nennweiten 6 bis 150 innen und außen verzinkt oder bituminiert hergestellt (Taf. **106**.1).

Je nach Verwendung ist außer einer Verzinkung nach DIN 2444 auch ein nichtmetallischer Schutzüberzug, z. B. aus Bituminierung oder Kunststoffüberzug, innen oder außen lieferbar.

Die Rohre sind sehr widerstandsfähig, jedoch rosten sie an den Schnittstellen leicht.

Ist der Rostschutz beschädigt, muß er erneuert werden. Stahlrohre mit Bitumenschutzschicht sind z. B. an den Schnittstellen mit schnelltrocknendem Bitumenlack zu streichen.

Stahlrohr-Verbindungen werden durch verzinkte Muffen aus Temperguß (**107**.1) mit Innengewinde und verstärktem Rand nach DIN 2950 oder mit Stahlfittings nach DIN 2980 hergestellt.

Zahlreiche Formstücke, wie Bögen, Winkel, T-Stücke, Kreuzstücke, Reduktionsmuffen u. a., ermöglichen jede Weiten- und Richtungsänderung.

Lang- und Doppelnippel verbinden die Formstücke miteinander.

Für Richtungsänderungen und Abzweigungen sind anstelle der hydraulisch ungünstigen Rohrwinkel Rohrbögen zu verwenden.

Lösbare Verbindungen werden durch Muffen mit Langgewinde, Dichtungsscheibe und Gegenmutter (**107**.2) oder durch Verschraubungen mit Bund- oder Kegeldichtung (**107**.3) hergestellt.

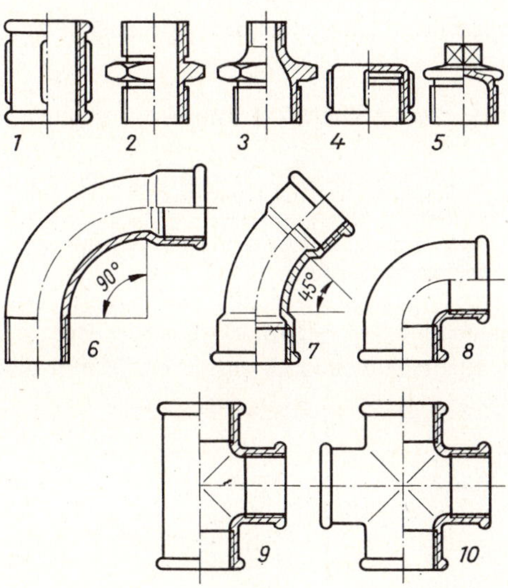

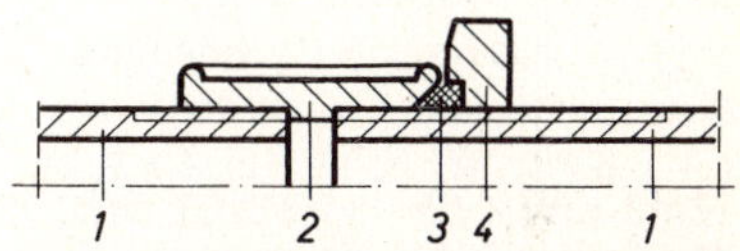

107.2 Langgewinde (nach DIN 2950)

1 Stahlrohr
2 Muffe
3 Dichtring
4 Gegenmutter

107.1
Beispiele für Tempergußfittings (nach DIN 2950)

1 Muffe
2 Doppelnippel
3 Reduktionsnippel
4 Kappe
5 Stopfen
6 Bogen 90°
7 Bogen 45°
8 Winkel 90°
9 T-Stück 90°
10 Kreuz

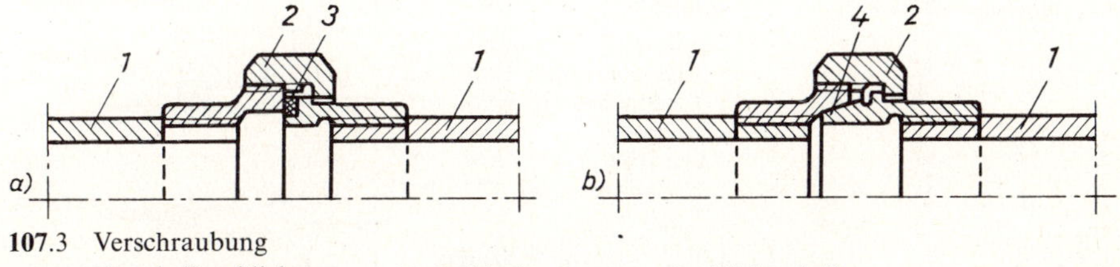

107.3 Verschraubung

a) mit Bunddichtung
b) mit Kegeldichtung

1 Stahlrohr
2 Überwurfmutter
3 Dichtscheibe
4 Innenkonus

Rohrwinkel sollen in Verteilungs- und Steigleitungen nicht verwendet werden, da sonst der Fließdruck gemindert und die Geräuschbildung gefördert werden.

Verzinkte Rohre dürfen weder gebogen noch geschweißt werden.

Die Abdichtung von Gewinderohren, Fittings und Armaturen erfolgt mit Dichtmaterial.

Dichtungsmittel sind Dichtungs-Hanf und Dichtungs-Flachs in Zöpfen, die in Verbindung mit Dichtungspaste verwendet werden. Außerdem können Kunststoff-Dichtungsbänder benutzt werden.

Bleirohre. Druckrohre aus Hart- und Weichblei nach DIN 1262 werden bis DN 40 hergestellt. Sie dürfen nur für Nichttrinkwasser-Leitungen verwendet werden.

Kupferrohre. Rohre aus Kupfer, nahtlos gezogen, nach DIN 1754 und Installationsrohre aus Kupfer, nahtlos gezogen, nach DIN 1786 sind für Kalt- und Warmwasserleitungen vorzüglich geeignet (Taf. **106**.1).

Sie sind äußerst widerstandsfähig gegen chemische und mechanische Angriffe. Wegen ihrer besonders glatten Innenwandungen sind sie für Warmwasserleitungen besonders geeignet, da sich kein Kesselstein absetzen kann. Sie können daher meist in der nächstniederen Nennweite verwendet werden.

Die Rohre werden in allen Abmessungen hart in Stangen von 4 bis 8 m Länge, besonders aber bis 18 mm Außendurchmesser weich in Ringen bis 50 m Länge geliefert.

Ringrohre lassen sich von Hand gut biegen und auch in geraden Längen leicht verlegen.

Da bei Ringen weniger Verbindungen anfallen, verringern sich Zeitaufwand und Verlegekosten sehr.

Gängige Abmessungen der Rohre sind (Außendurchmesser × Wanddicke in mm):
6 × 1, 8 × 1, 10 × 1, 12 × 1, 15 × 1, 18 × 1, 22 × 1 und 28 × 1,
12 × 1,5, 15 × 1,5, 18 × 1,5, 22 × 1,5, 28 × 1,5, 35 × 1,5, 42 × 1,5 und 54 × 1,5 sowie
28 × 2, 35 × 2, 42 × 2 und 54 × 2.

Unlösbare Verbindungen der Rohre entstehen durch Schweißen, Hartlötung, vor allem aber durch Weichlötung mit kapillaren Lötfittings (**108**.1).

Lösbare Verbindungen können durch Rohrverschraubungen mit Lötstutzen, Klemm- oder Schneidringen (**108**.2) aus Kupferlegierungen hergestellt werden.

Bei Lötring- oder Lötstutzenverschraubungen wird ein konischer Ring- oder Lötstutzen auf das Rohrende hart aufgelötet und durch eine Überwurfmutter mit dem Gegenstück verbunden (**108**.3).

Kunststoffisolierte Kupferrohre sind bei einem Außendurchmesser bis 22 mm als

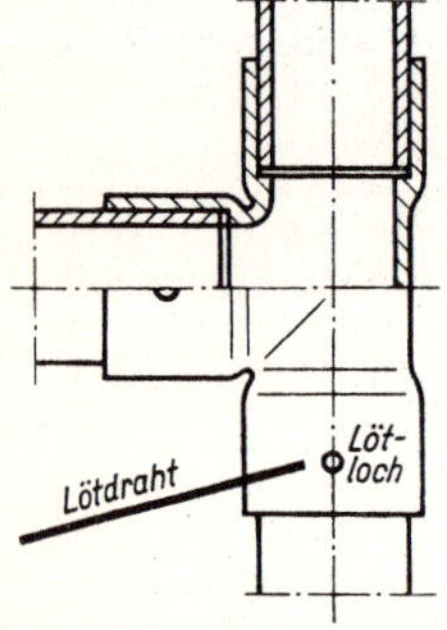

108.1 Kupferrohrverbindungen mit Lötfitting

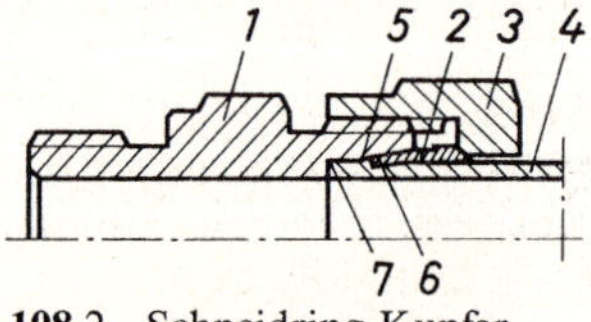

108.2 Schneidring-Kupferrohrverschraubung zum Anschluß an Stahlrohr

1 Anschlußstück mit Außengewinde
2 Schneidring (nach Anziehen der Überwurfmutter)
3 Überwurfmutter
4 Kupferrohr
5 sichtbarer Bund
6 Innenkonus
7 Anschlag

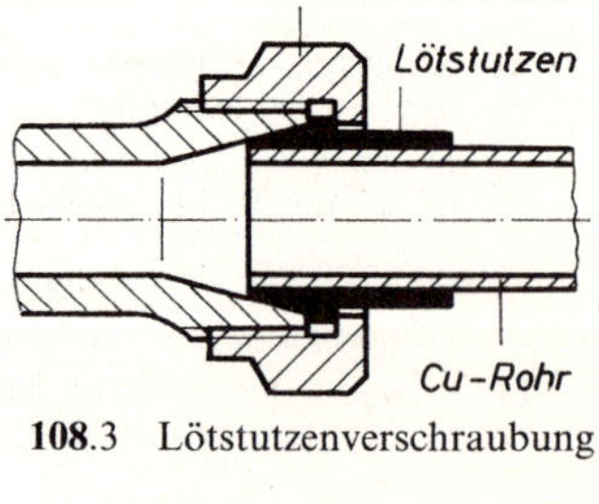

108.3 Lötstutzenverschraubung

WICU-Rohr mit PVC-Stegmantel (**109**.1), bei einem Außendurchmesser von 22 bis 54 mm als WICU-Rohr S mit Polyurethan-Hartschaummantel und Hart-PVC-Hülle ummantelt.

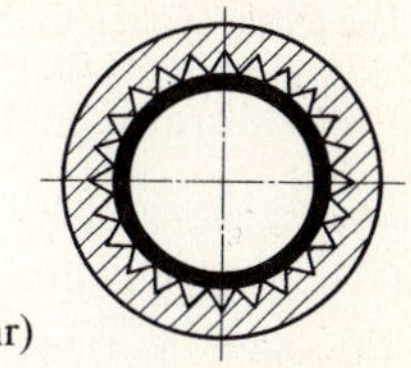

109.1
Kupferrohr mit PVC-Stegmantel als Wärmeschutz (WICU-Rohr)

Die Herstellung erfolgt wie bei blanken Kupferrohren in Stangen oder bis 22 mm Außendurchmesser in Ringen.

Die besonderen Vorteile wärmeisolierter Kupferrohre sind der Wegfall zeitraubender nachträglicher Ummantelung, verringerte Schwitzwasserbildung, gedämpfte Strömungsgeräusche, Korrosionsschutz, gutes Aussehen und leichte Reinigung.

Kunststoffrohre. Für Trinkwasserleitungen verwendet man Rohre aus thermoplastischen Kunststoffen.

Sie sind korrosionssicher, witterungsfest, alterungsbeständig, gasundurchlässig, ungiftig und als Nichtleiter unempfindlich gegen elektrische Streuströme. Sie verleihen dem durchfließenden Wasser keinen Geschmack oder Geruch, haben glatte druckverlustarme Innenwandungen und neigen nicht zu Inkrustationen. Sie können daher gelegentlich in der nächstniederen Nennweite verwendet werden. Im Vergleich zu Stahlrohren sind sie wesentlich leichter.

Kunststoffrohre sind jedoch empfindlich gegen mechanische Beanspruchungen und werden bei niedrigen Temperaturen spröde. Die Wärmedehnung ist wesentlich größer als bei Stahl- oder Kupferrohren, was bei der Verlegung berücksichtigt werden muß.

Zu unterscheiden sind Kunststoffrohre aus PVC hart sowie Rohre aus PE hart und PE weich (Taf. **106**.1).

Kunststoffrohre aus PVC hart. Rohre aus Polyvinylchlorid hart nach DIN 8061, 8062 und 19532 werden vor allem in der Trinkwasserversorgung verwendet.

Sie werden mit DN 10 bis DN 150 in geraden Längen von 5, 6 und 12 m dunkelgrau eingefärbt geliefert.

Für die Anwendung in Gebäuden sind die Bestimmungen des DVGW-Arbeitsblattes W 328 zu beachten.

Die Rohre dürfen als Wasserleitungen für eine Temperatur bis zu 20 °C eingesetzt werden und sind so zu verlegen, daß die Rohrwandung keinesfalls auf Temperaturen über 30 °C erwärmt wird.

PVC hart-Rohre werden für Kaltwasser-Innenleitungen mit DN 10 bis DN 50 verlegt.

Feste Verbindungen werden überwiegend geklebt. Zum Verbinden glatter Rohrenden stehen Klebmuffen (**109**.2) und Klebfittings aller Art (**109**.3) zur Verfügung. Die Rohre werden auch mit Steckmuffenverbindungen geliefert.

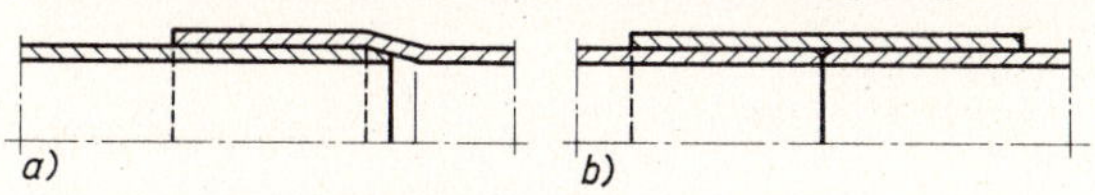

109.2 Kunststoff-Druckrohr aus PVC hart nach DIN 19532 mit Klebmuffe
a) am Rohr angeformt
b) auf das Rohr aufgeklebt

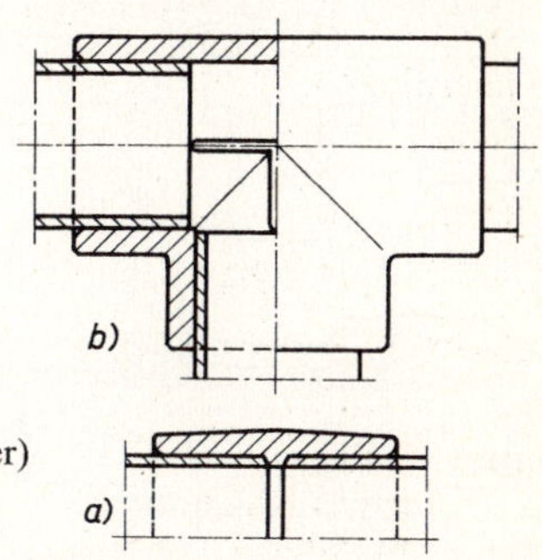

109.3
Klebfittings aus PVC hart (Gebr. Anger)
a) Muffe
b) T-Stück

Lösbare Verbindungen und Anschlüsse an Metallrohre werden mit Schraubverbindungen (**110**.1 und 2) und ab DN 32 auch mit Flanschverbindungen hergestellt.

Die Formstücke, wie Muffenbogen und Überschiebmuffen bis DN 150, bestehen aus PVC hart (**110**.1) oder aus Guß (**110**.2).

Die Dichtung bei lösbaren Verbindungen erfolgt mit Weich-PVC-Ringen.

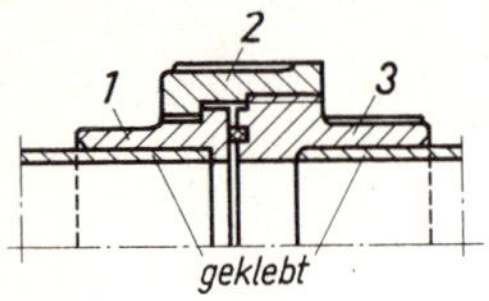

110.1
Verschraubung aus PVC hart für PVC hart-Rohr mit beidseitiger Klebmuffe (Gebr. Anger)

1 Einlegeteil
2 Überwurfmutter
3 Einschraubteil

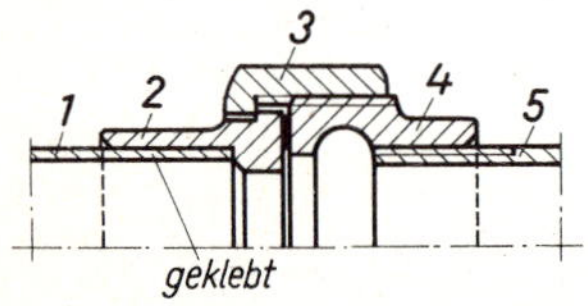

110.2
Verschraubung mit Klebmuffe und Außengewinde zum Übergang von PVC hart-Rohr auf Metallrohr (Gebr. Anger)

1 PVC hart-Rohr
2 Einlegeteil aus PVC hart
3 Überwurfmutter, Temperguß verzinkt
4 Einschraubteil, Temperguß verzinkt
5 Stahlrohr

Kunststoffrohre aus PE hart und PE weich. Rohre aus Polyäthylen hart und Polyäthylen weich nach DIN 8074 und 8072 werden für Wasserleitungen verwendet. Für Trinkwasserleitungen PN 10 gilt auch DIN 19533.

Neuere Bezeichnungen sind: PE hart = HDPE (Polyethylen hart) und PE weich = LDPE (Polyethylen weich).

Sie werden mit DN 10 bis DN 150 in geraden Längen von 5, 6 und 12 m und bis DN 80 in Ringen zwischen 100 m und 300 m schwarz eingefärbt geliefert.

Die biegsamen Rohre werden vor allem als erdverlegte Leitungen und Hausanschlußleitungen verwendet. Dabei sind die Bestimmungen des DVGW-Arbeitsblattes W 320 zu beachten.

Die Rohre dürfen als Wasserleitungen für eine Temperatur bis 20 °C eingesetzt werden.

Zur Verbindung der PE-Rohre werden nach DIN 8076 bei PE hart bis DN 50, bei PE weich bis DN 80 Klemmverschraubungen (**110**.3) aus Metall oder Kunststoff (**110**.4), aber auch Steckfittings verwendet. Eine Hauseinführung zeigt Bild **96**.2.

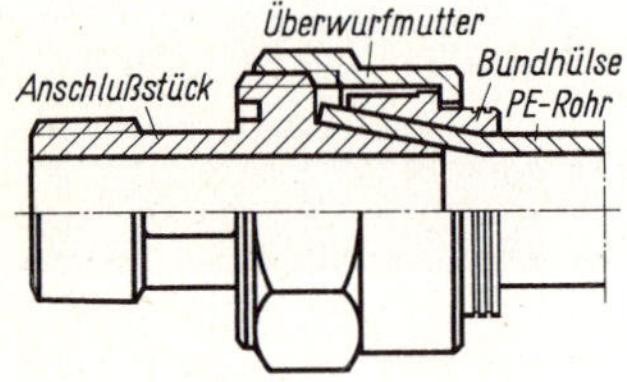

110.3
Klemmschraubverbindung aus Metall zum Anschluß eines PE-Rohres an ein Metallrohr oder eine Armatur

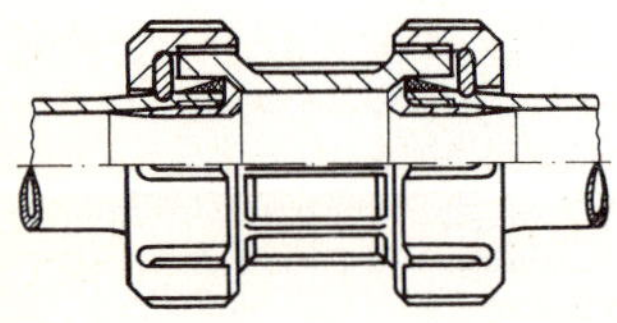

110.4
Klemmschraubverbindung aus PVC hart nach DIN 19533

Außerdem können bei Rohren aus PE hart bis DN 125 Klemmflanschverbindungen (**111**.1) verwendet werden. Die Verbindung von PE-Rohren untereinander durch Schweißen mit Elektroschweißfittings (**111**.2) im Bereich der Nennweiten 15 bis 125 ist üblich.

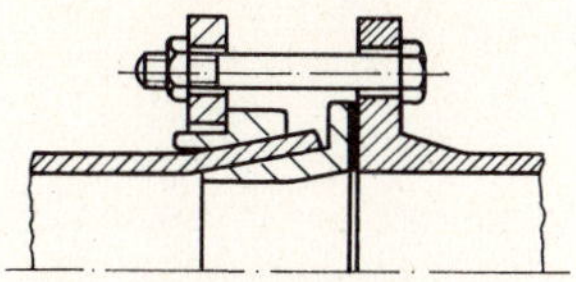

111.1 Klemmflanschverbindung nach DIN 19533

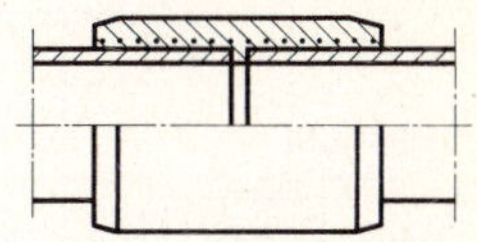

111.2 Elektroschweißmuffenverbindung für PE-Rohre

2.5.4 Verlegung

Für das Erstellen der Trinkwasserleitungsanlagen sind die Bestimmungen der DIN 1988 maßgebend.

Beim Einbau von Wasserleitungen ist auf bestehende Leitungen, wie Gas-, Heizungsrohre usw., Rücksicht zu nehmen.

Im Erdreich. Für die Bauausführung erdverlegter Wasserrohrleitungen ist DIN 19630 anzuwenden.

Als Korrosionsschutz sollen Stahlrohrleitungen grundsätzlich eine Bitumenumwicklung erhalten. Oder die Rohre werden gleichwertig mit selbstklebenden plastischen Kunststoffbandagen, Fettbinden oder dergleichen gegen Korrosion geschützt.

Wurde der Rostschutz beschädigt, ist er zu erneuern.

Für im Erdreich neu zu verlegende Leitungen werden fast ausschließlich PE-Kunststoffleitungen verwendet (s. Abschn. 2.5.3).

Zum Verfüllen der Rohrgräben dürfen Humusboden, Bauschutt, Schlacke, Müll und Steine nicht verwendet werden.

Im Gebäude. Die Verbrauchsleitungen werden geradlinig und rechtwinklig zu Wänden und Decken sowie mit Steigung zu den Entnahmestellen verlegt. Die Leitungen dürfen nicht durchhängen und müssen entleert werden können. Bei übereinanderliegenden Leitungen ist die Kaltwasserleitung wegen der Schwitzwasserbildung als unterste anzuordnen. Steigleitungen sollten einzeln abzusperren und zu entleeren sein. Die Stockwerksleitungen sind so anzuordnen, daß sie für sich abgesperrt werden können (**99**.1).

Trinkwasserleitungen dürfen nicht in Müllabwurf- oder Aufzugsschächten verlegt und nicht durch tragende Gebäudeteile belastet werden.

An Schornsteinwangen dürfen Rohre nicht befestigt werden.

Die Abstände der Rohrhalterungen sind nach Tafel **111**.3 abhängig von der Nennweite auszuführen.

Die Rohrabstände frei verlegter Leitungen müssen so angeordnet sein, daß Armaturen gut zugänglich sind.

Tafel **111**.3 Abstände der Rohrhalterungen für Einzelleitungen in m

Werkstoff	DN	senkrechte	waagerechte Leitung[1])
Stahlrohr	$\leqq 25$	$\leqq 1{,}50$	
	> 25	$\leqq 2{,}00$	
Kupferrohr	$\leqq 12$	$\leqq 1{,}50$	
	> 12	$2{,}00 \cdots 3{,}00$	
PVC hart-Rohr	10	0,80	0,75
	15	0,90	0,85
	20	1,00	0,90
	25	1,20	1,00
	32	1,40	1,10
	40	1,60	1,25

[1]) Steigleitungen: mind. 2 Befestigungen je Geschoß, $\approx 0{,}80$ m Abstand von Fußboden und Decke

Die Abstände der schwingungsfrei zu befestigenden Rohraufhängungen sind aus der Tafel **112**.1 abzulesen.

Tafel **112**.1 Abstände der Rohraufhängungen für Einzelleitungen in m

Werkstoff	DN	isoliert	nicht isoliert
Stahl- oder Kupferrohre	25	1,80	2,30
	32	2,20	3,00
	40	2,50	3,50
	50	3,00	4,00
	65	3,50	4,50
Kunststoffrohre isoliert und nicht isoliert	15- bis 20facher Rohr-Außendurchmesser		

Bei mehreren Leitungen, die neben- oder übereinander liegen, sind die Abstände der Aufhängungen für alle Nennweiten gleich zu wählen. Die Rohrleitungen werden dann an bestimmten Stellen gemeinsam aufgehängt (**112**.2).

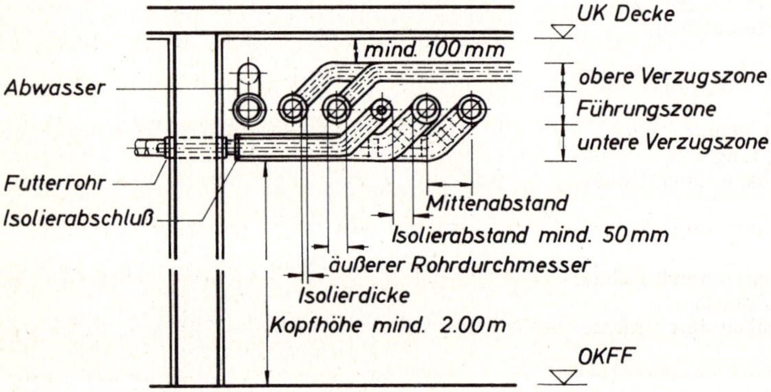

112.2 Gemeinsame Rohraufhängung ungleicher Nennweiten

Die Abstände zwischen den Aufhängungen richten sich bei Nennweiten über 50 mm nach dem jeweils kleinsten erforderlichen Abstand. Für kleinere Nennweiten und für Kunststoffleitungen sind Zwischenaufhängungen vorzusehen.

Die Befestigung freiliegender Rohrleitungen und Leitungen in Mauerschlitzen werden durch zweiteilige Abstandschellen (**112**.3) mit Filz-, Gummi- oder Spezialunterlagen hergestellt (**273**.3).

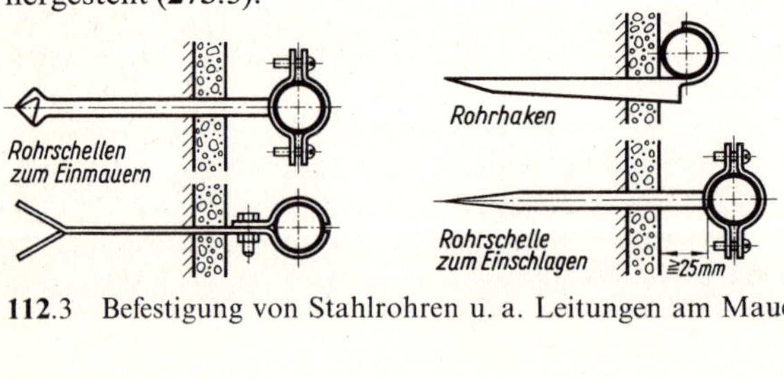

112.3 Befestigung von Stahlrohren u. a. Leitungen am Mauerwerk

Liegen mehrere gleichlaufende Leitungen in einem Mauerschlitz, erfolgt die Befestigung auf einer Sammelschiene (**273**.4) ebenfalls mit geräuschdämmenden Unterlagen.

Unter Putz verlegte kürzere Stichleitungen können mit Rohrhaken (**112**.3) befestigt werden, sofern das Rohr einen Isoliermantel besitzt (**109**.1).

Für das Befestigen der Rohrhalterungen dürfen nur schnellbindende Materialien (z. B. Racofix) verwendet werden, die die Rohrleitungen nicht angreifen. Das Eingipsen von Leitungen ist nicht zulässig.

Rohrleitungen dehnen sich bei Temperaturschwankungen je nach Material mehr oder weniger aus. Die Verlegung muß je nach Rohrmaterial Ausdehnungsmöglichkeiten berücksichtigen.

Bei PVC hart-Rohren, aber auch bei warmgehenden Kupferrohrleitungen, muß wegen der Wärmeausdehnung zwischen zwei Leitungsfestpunkten stets eine Ausdehnungsmöglichkeit bestehen. Dies geschieht durch Richtungsänderung, bewegliche Rohrkupplungen oder durch sogenannte Lyrabögen (**113**.1).

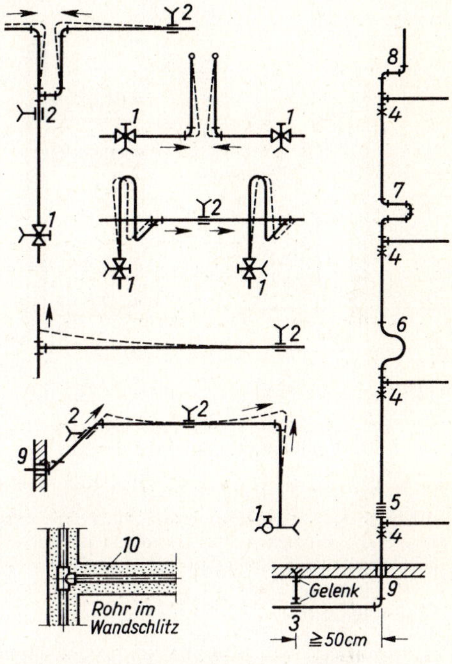

113.1
Verlegung von PVC-Rohrleitungen unter Berücksichtigung ihrer Wärmeausdehnung

1 Ventil-Fixpunkt
2 Gleitschelle mit elastischer Einlage aus Gummi, Kork, PE weich o. ä.
3 Gleitschelle mit Aufhängung
4 Fixpunkt der Steigleitung
5 Ausdehnungsmöglichkeit durch Kompensator (Wellrohr)
6 Ausdehnungsmöglichkeit durch vorgefertigten Dehnungsbogen
7 Ausdehnungsmöglichkeit durch Dehnungsbogen, hergestellt mit Fittings
8 Ausdehnungsmöglichkeit durch Richtungsänderung
9 Wand- und Deckendurchführung mit elastischer Auspolsterung
10 elastische Ausfütterung eines Wandschlitzes mit Glaswolle, Mineralwolle, Schaumstoff o. ä.

Längenänderungen dürfen bei Wand- und Deckendurchführungen nicht behindert werden.

In Rohrschellen aus Metall oder Kunststoff müssen die Rohre gleiten können. Schellenabstände siehe Tafel **111**.3.

Ausbiegungen von Abzweigleitungen müssen durch eine andere Leitungsführung oder den Einbau von Federschenkeln aufgenommen werden.

Durch Festpunkte (**113**.2) ist eine Aufteilung der Längenänderung in geraden Leitungssträngen zu ermöglichen.

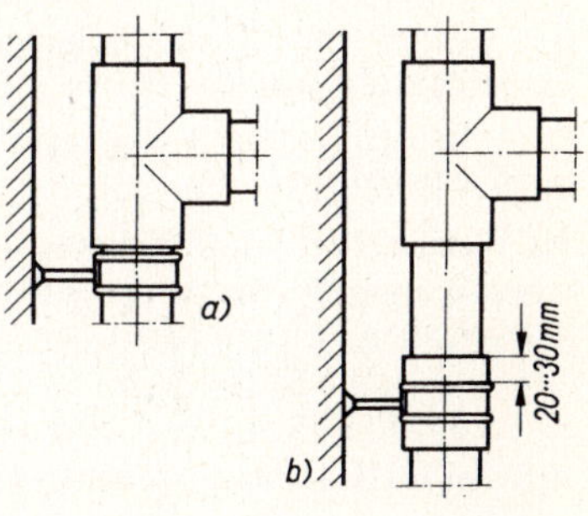

113.2
Festpunkte bei PVC hart-Druckrohren

a) einseitige, b) zweiseitige Begrenzung mit beidseitig einer Schelle aufgeklebten Begrenzungsmanschetten

Armaturen und Wandscheiben sind als Festpunkte auszubilden. Schwere Armaturen sind besonders zu befestigen.

Auf der Wand liegende Leitungen müssen vor Schlagbeanspruchung geschützt sein.

An T-Stücken, Bogen und Winkeln unter Putz verlegter Leitungen muß durch Auspolstern eine ausreichende Ausbiegungsmöglichkeit vorhanden sein.

Wand- und Deckendurchführungen. Sie müssen stets winkelrecht zur Wand bzw. lotrecht verlaufen.

Rohre in Wand- oder Deckendurchführungen dürfen nicht fest einbetoniert, sondern müssen mit einer Dämmschicht umgeben werden. Besser sind fertige Glaswollehalbschalen, Rohrhülsen mit Deckrosetten (**654**.1) oder elastische Stricke (**96**.1) o. ä.

Durch Decken feuchter Räume sind freiliegende Rohrleitungen wasserdicht im Schutzrohr zu führen, an das die waagerechte Sperrschicht sorgfältig anzuschließen ist (**114**.1).

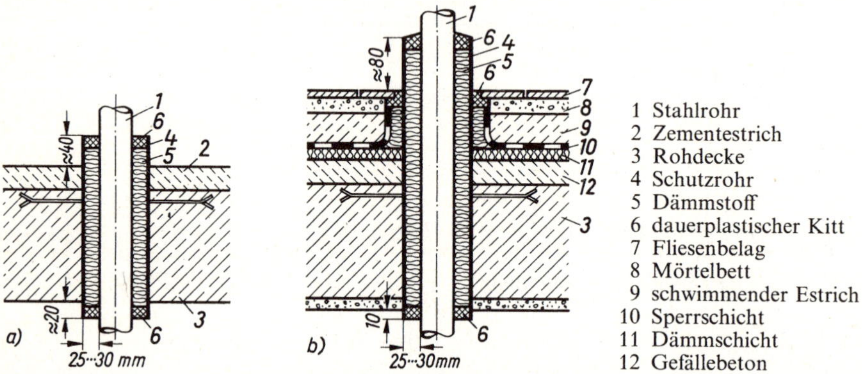

114.1 Körperschallgedämmte Deckendurchführungen von Stahlrohrleitungen (M 1:10)
a) durch eine Decke innerhalb eines Installationsschachtes
b) durch eine Decke mit Fliesenbelag auf schwimmendem Estrich und Sperrschicht

Im Wand- oder Deckenbereich, aber auch in Schutzrohren, sind keine Rohrverbindungen gestattet.

In Massivdecken einbetonierte Schutzrohre müssen aus Feuerschutzgründen mindestens 20 cm lang sein. Nach Einziehen der Leitungen ist der Zwischenraum in ganzer Höhe mit nichtbrennbaren mineralischen Dämmstoffen auszustopfen. In Naßräumen erhält das Schutzrohr zusätzlich an den Endigungen eine Dichtung aus dauerelastischem Material.

Weitere Einzelheiten zur Verlegung warmgehender Leitungen s. Abschn. 10.2.7.2.

Vor der Wand. Frei vor der Wand verlegte unverkleidete Rohrleitungen, die vor allem im Keller in Betracht kommen, sollen zur leichten Reinigung und zur Wandanstricherneuerung einen Abstand von mindestens 25 mm besser 40 mm vor der Wand einhalten.

Sie werden mit Abstandschellen die in die Wand eingeschlagen, einzementiert oder eingeschraubt werden, befestigt (**112**.3).

Die Leitungen sind durch eingelegte Dämmstreifen oder Spezialhalterungen (**273**.2 bis 4) schalldämmend zu montieren.

Im Wandschlitz. Wandschlitze mit verdeckt liegenden Rohrleitungen sind in allen Räumen einer Wohnung oder anderen Aufenthaltsräumen aus optischen Gründen notwendig.

Sie müssen nach DIN 1053 sorgfältig geplant und die Schlitzführungen in Aussparungsplänen (s. Abschn. 2.5.8) i. M. 1:50 oder 1:20 frühzeitig festgelegt werden. (**115**.2 und **116**.2).

Senkrechte Schlitze und Aussparungen in tragenden und aussteifenden Wänden müssen DIN 1053 entsprechen (Taf. **115**.1).

Tafel **115**.1 Ohne Nachweis zulässige lotrechte Aussparungen und Schlitze in cm (nach DIN 1053 T. 1)

Wanddicke	11,5	17,5	24	30	≧ 36,5
Aussparungen Breite ≦	–	51	51	63,5	76
Tiefe ≦	–	6	12,5	12,5	12,5
Restwanddicke ≦	–	11,5	11,5	17,5	24
Gefräste Schlitze Breite ≦	nicht breiter als Wanddicke				
Tiefe ≦	2	3	4	5	6

Abstand untereinander mindestens 199 cm
Abstand von Öffnungen mindestens 36,5 cm
Abstand von Verbindungen tragender und aussteifender Wände mindestens 24 cm.

Ausgesparte senkrechte Schlitze von 12,5 cm Tiefe erfordern mindestens 24 cm dicke Wände.

Gestemmte Schlitze sind unzulässig. Gefräste Schlitze dürfen höchstens 6 bis 2 cm tief sein.

In Schornsteinwangen sind Aussparungen und Schlitze unzulässig.

Erforderliche Voraussetzungen für ohne Nachweis zulässige waagerechte und schräge Schlitze und Aussparungen in tragenden und aussteifenden Wänden sowie Pfeilern nach DIN 1053 sind:

Wanddicke ≧ 24 cm,
Schlitzhöhe ≦ 6 cm,
Schlitztiefe ≦ 3 cm bzw. ≦ 1 cm in Zweikammer-Hohlblocksteinen,

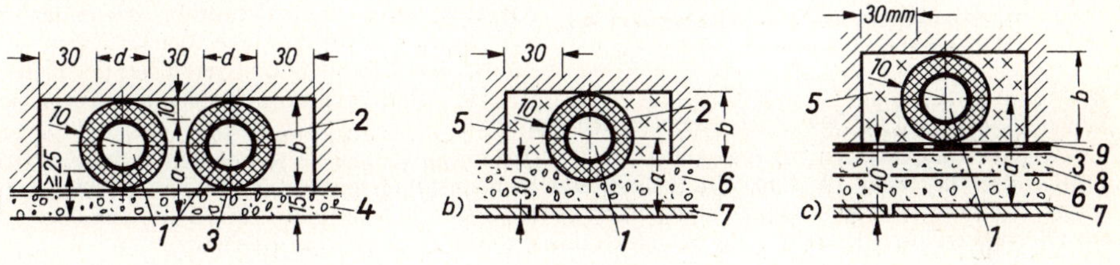

115.2
Mauerschlitze für Stahlrohrleitungen u. a. (M 1:5, 1:10)
(nach H. Feurich)

a) Wand verputzt
b) Wand mit Fliesenbelag
c) Wand, abgesperrt, mit Fliesenbelag
d) Mauerschlitz durch Vormauerung geschlossen

1 Stahlrohr DN 20
2 Dämmstoffumhüllung, d = 10 mm
3 Putzträger
4 Wandputz
5 Steinwolle, Kunststoffschaum o. ä.
6 Mörtelbett
7 Wandfliesen
8 Zementmörtelbewurf
9 Sperrschicht

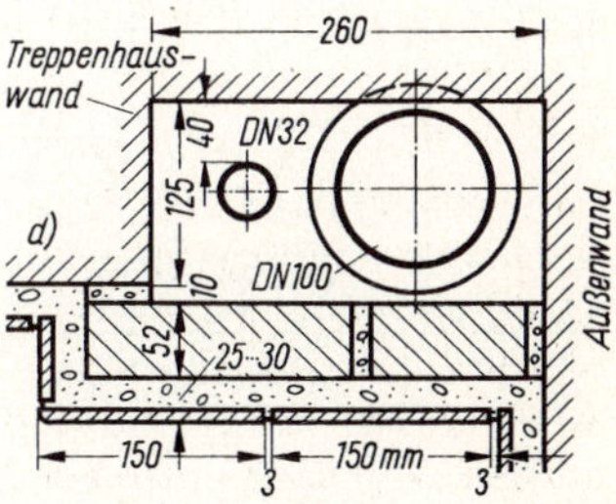

nicht mehr als zwei Schlitze je Wand, jeweils nur im oberen und unteren Drittel der Wandhöhe, bei 50 cm Mindestabstand untereinander,
bei Mehrkammerhohlblocksteinen im Bereich eines Wanddrittels nur Aussparungen auf einer Seite, keine Schlitze in Wänden aus Einkammer-Hohlblocksteinen.

Wasserführende Leitungen können in Außenwänden und zu unbeheizten Räumen bedenkenlos in Schlitzen verlegt werden, wenn sie eine ausreichende Wärmedämmung erhalten.

In der Regel wird der Schlitz abschnittsweise mit einem Putzträger aus Streckmetall, Ziegeldrahtgewebe oder Maschendraht überspannt und der Hohlraum mit Dämmstoffen, z. B. Glas- oder Mineralwolle, ausgestopft oder mit Kunststoffschaum ausgespritzt. Das Dämmvermögen des Dämmstoffes und der Restwanddicke des Schlitzes muß DIN 4108 genügen.

Die Leitungen werden im Schlitz mit Rohrhaken oder -schellen auch schnellbindendem Zementmörtel so festgelegt, daß ebene Wandflächen hergestellt werden können. Dabei bleiben nur die Rohrauslässe und Wandeinbauarmaturen sichtbar.

Die isolierten Rohrleitungen müssen eine Überdeckung von ≧ 25 mm bei Wandputz, ≧ 30 mm bei Wandfliesen, gemessen ab Rohraußenwandung, erhalten. Die sich daraus ergebenden Einbautiefen der möglichst zusammengefaßten Rohrleitungen sind aus Bild **115**.2 ersichtlich.

Größere lotrechte Mauerschlitze oder -kanäle können auch mit Leichtbauplatten geschlossen und dann verputzt werden.

Abnehmbare Blech- oder Holzabdeckungen von ungedämmten Rohrleitungsschlitzen sind abzulehnen.

In Wandvorlagen. Die Rohrleitungen werden auf der vorher erstellten Wand verlegt und danach durch eine Rabitzbespannung, Streckmetall o. ä. verkleidet (**116**.1).

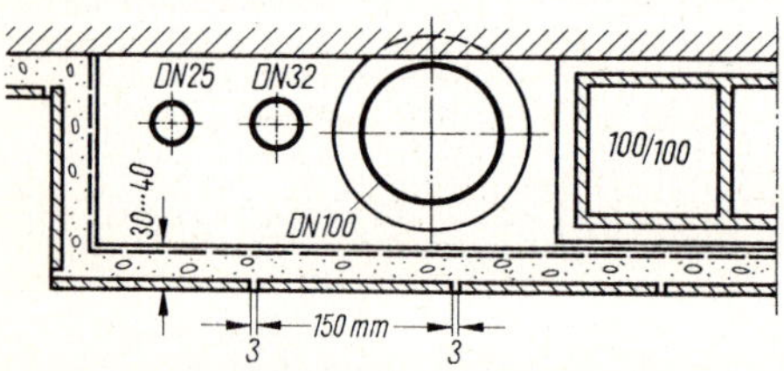

116.1
Wasser-, Gas- und Abflußrohr zusammen mit Abgasschornstein vor der Wand liegend und durch Rabitzbespannung verkleidet (M 1:10)

Wandvorlagen sind für bewohnte Räume selten zumutbar.

Verkleidete Wandvorlagen zur Aufnahme von Rohrleitungen werden bei Neubauten nach DIN 1053 dann notwendig, wenn die Lage der Rohrstränge nicht mehr rechtzeitig in Schlitzplänen festgelegt wurde. Außerdem bei Änderungen in der Planung und nachträglichen Zusatzinstallationen, oder weil die zulässige Schlitztiefe nicht mehr ausreicht, um alle Rohrleitungen aufzunehmen.

In der Wand. Rohrleitungen dürfen innerhalb nichttragender Wände ohne aussteifende Funktion auch eingemauert werden (**116**.2).

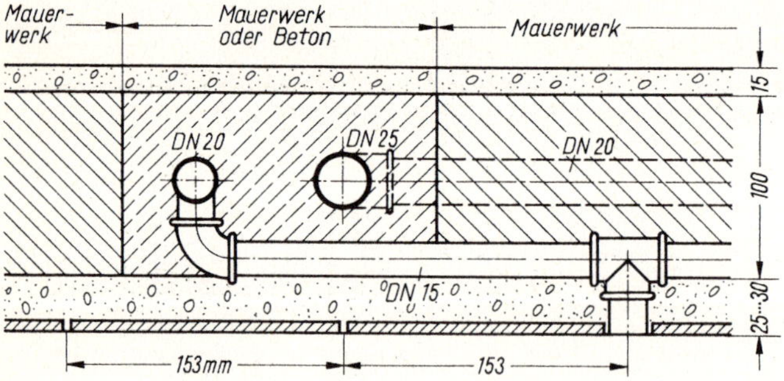

116.2
Wasser- und Gasleitung in Leichtwand eingemauert (M 1:5)

Horizontal oder sogar schräg eingebaute Leitungen schwächen die Wandkonstruktion.

Weiterhin reicht die Wanddicke oft für Rohrkreuzungen nicht aus.

Besonders schwierig gestaltet sich eine ausreichende Schalldämmung der einzumauernden Rohrleitungen.

Rohrleitungswand. Auch als Installationswände bezeichnet, werden sie vorwiegend im Mietwohnungsbau zwischen Küche und Bad angeordnet.

Alle Rohrleitungen an einer gemeinsamen Trennwand mehrerer unmittelbar nebeneinanderliegender haustechnischer Einrichtungen werden als Rohrleitungswand vereinigt und alle sanitären Einrichtungsgegenstände an ihr befestigt (**54**.2).

Hierfür kommen als haustechnische Räume neben Küche und Bad auch Tages-WC, Hausarbeitsraum und Waschraum in Frage.

Aus Gründen des Schallschutzes wird im Mietwohnungsbau das Zusammenfassen von Installationsräumen im Grundriß angestrebt (**269**.1 und 2, sowie **270**.1).

Durch Rohrleitungswände eingesparte Installationskosten sind jedoch unbedeutend.

Einschalige Rohrleitungswände sind in ihrer ganzen Länge und Höhe zur Aufnahme von vertikalen und horizontalen Rohrleitungen vorgesehen (**117**.1).

Die auf der Wand verlegten Rohrleitungen werden durch eine nachträgliche Einmauerung unsichtbar gemacht.

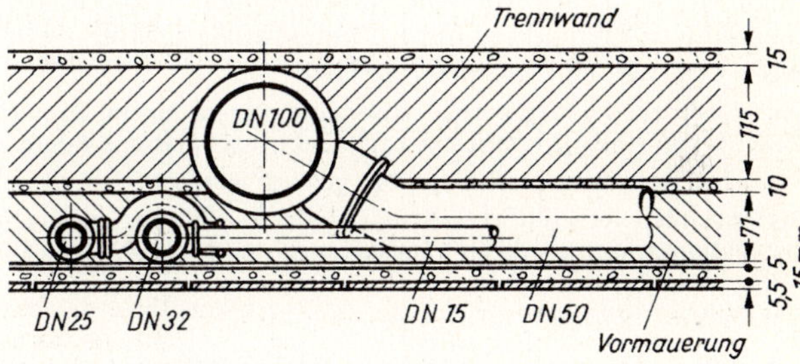

117.1
Abwasserfalleitung in der Trennwand. Steig- und Stockwerksleitungen für Gas und Wasser vor der Wand montiert und nachträglich eingemauert (M 1:10)

Der Schallschutz ist bei dieser Ausführung kaum befriedigend auszuführen.

Eine aufwendige, aber schalltechnisch bessere Rohrleitungswand zeigt Bild **117**.2.

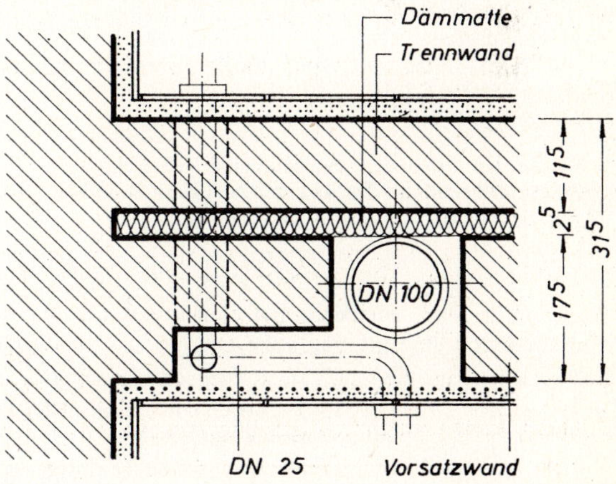

117.2
Einschalige Rohrleitungswand mit Vorsatzwand (M 1:10)

Auf eine raumhohe Wand, die ab 11,5 cm Stärke auch eine aussteifende oder deckentragende Aufgabe haben kann, wird eine 2,5 cm dicke Dämmatte aufgebracht. Davor wird eine mindestens 17,5 cm dicke Vorsatzwand mit den erforderlichen Schlitzen gestellt.

Waagerechte Schlitze sind so zu mauern, daß 11,5 cm, in Ausnahmefällen mindestens 7 cm Vorsatzwanddicke an der Rückseite dieser Schlitze stehenbleiben.

Rohrbefestigungen sollten nur an den Kopfseiten der Schlitze, nicht an den Schlitzrückseiten angebracht werden.

Der Schallschutz ist dann wie bei Wandschlitzen einwandfrei durchzuführen.

Zweischalige Rohrleitungswände mit einem Hohlraum zwischen den Wänden zur Unterbringung der Rohrleitungen erfordern mehr Platz.

Der notwendige Wandzwischenraum kann mit 13,5 bis 17,5 cm angenommen werden.

Auftretende Leckstellen an den in den Wänden liegenden Rohrleitungen sind schwer zu lokalisieren und meist nur kostenaufwendig zu reparieren.

Bei feuerbeständig ausgebildeten Geschoßdecken müssen die Hohlräume in Deckenhöhe feuerbeständig geschlossen und die beiden Wandschalen in feuerbeständiger Bauweise erstellt werden.

In Gerippebauten. Im Nichtwohnungsbau sind die Rohrleitungen in der Regel umfangreicher als im Wohnungsbau. Skelett- und Montagebauweisen, die im Innenausbau fast nur leichte Trennwände aufweisen, schränken die Freizügigkeit der Rohrleitungsanordnung erheblich ein.

Nach Möglichkeit werden die Rohrleitungen in senkrechten Installationsschächten, die häufig in Verbindung mit Lüftungskanälen, Müllabwurf- und Aufzugsschächten stehen (**818**.1), durch die Geschosse geführt.

Dabei werden wasserführende Rohrleitungen in einem Sanitär- und Heizungsschacht möglichst getrennt von einem Kabelschacht für Elektroinstallationen untergebracht.

Die Schächte können auch begehbar geplant werden.

Die einheitlich vorgeschriebenen und bei der Ausführung zu beachtenden Feuerwiderstandsklassen für Installationsschächte und Lüftungsleitungen sind einzuhalten (Taf. **118**.1).

Tafel **118**.1 Feuerwiderstandsklassen für Installationsschächte und Lüftungsleitungen

In Gebäuden	Widerstandsklasse[1])
ab 3 Vollgeschossen	L 30
ab 6 Vollgeschossen	L 60
ab Hochhausgrenze	L 90
Bei besonderer Art oder Nutzung der Gebäude	L 120

[1]) Die Zahlen hinter dem Buchstaben L geben die Zeitdauer an, während der die Schächte bei einem Brandversuch die gestellten Anforderungen erfüllen.

Andernfalls sind vertikale Rohrleitungen als Rohrleitungskanäle an Innen- und Außenstützen einzuplanen (**119**.1).

Die jeweilige Lage der häufig querlaufenden Unterzüge ist dabei zu berücksichtigen.

Wegen der Bewehrung im Stützenbereich können neben den Stützen meist nur kleine Deckenaussparungen bis etwa 25 × 25 cm vorgesehen werden.

Notfalls sind Rohrleitungsbündel in Blindstützen unterzubringen.

Die horizontale Verteilung der Rohrleitungen erfolgt in der Regel unter der Decke zwischen Rohdecke und Deckenabhängung.

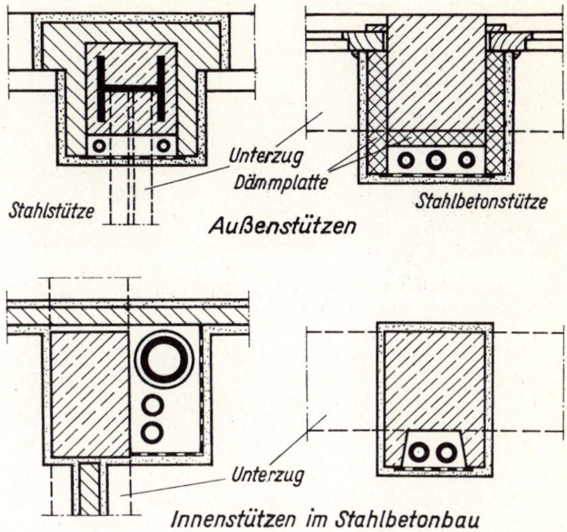

119.1
Rohrleitungskanäle im Gerippebau
(M 1:20)

2.5.5 Armaturen

Armaturen sind Ausrüstungsteile von Rohrleitungen. Mit ihnen wird der Wasserdurchfluß geregelt. Ihr Einbau ist für die Benutzung und Funktion der Rohrleitungsanlage notwendig.

Nach DIN 1988 dürfen in Wasserleitungen nur Armaturen eingebaut werden, die den Normen entsprechen.

Sie müssen korrosionsbeständig und wenig reparaturanfällig sein.

Beim Durchfluß dürfen nur geringe Geräusche entstehen (s. Abschn. 4.2).

Absperr- und Auslaufarmaturen dürfen beim Öffnen keinen wesentlichen Druckabfall verursachen.

Zu unterscheiden sind Absperr- und Auslaufarmaturen, Regel- und Sicherheitsarmaturen, aber auch Meß-, Prüf- und Anzeigearmaturen.

Ventile. Als Werkstoff wird Messing oder Rotguß, vernickelt oder verchromt, verwendet.

In Ventilen für Kaltwasserleitungen besteht die Dichtungsscheibe aus Gummi oder Leder, für Warmwasser aus Vulkanfiber.

Durchgangsventile. Sie dienen als Privatabsperrventil (**95**.2), meist mit Entleerungsventil, zum Absperren der ganzen Versorgungsanlage sowie überall dort, wo einzelne Leitungsstränge wie Steigleitungen (**99**.1), Räume, Einrichtungsgegenstände und Geräte absperrbar sein sollen.

Zu unterscheiden sind Geradsitz-, Schrägsitz- und Freiflußventile.

Geradsitzventile (**120**.1 und 2) sind strömungstechnisch ungünstig.

Schrägsitz- (**120**.3) oder Freiflußventile zeichnen sich durch wesentlich geringeren Druckverlust aus. Sie sind daher mindestens für die Hauptleitungen vorzusehen.

Zu den Schrägsitzventilen zählen auch Magnetventile (**120**.4), die als Absperrventile elektrisch betätigt werden.

Der elektrische Strom kann durch Taster, Oszillator, Schaltuhr oder durch Lichtstrahl gesteuert werden.

Die Öffnungszeiten von WC-, Urinal- oder Waschanlagen können mit dieser Armatur automatisch zeitlich begrenzt oder durch Unterbrechung des Stromes beendet werden.

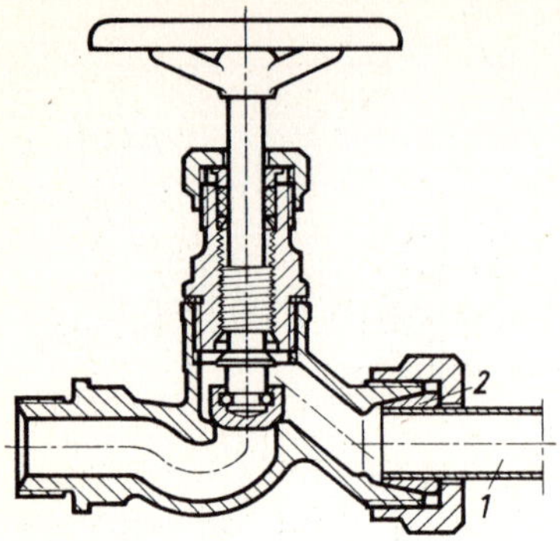

120.1
Durchgangs-Absperrventil aus Rotguß mit Lötstutzenverschraubung und Kupferkegeldichtung
1 Kupferrohr
2 Kupferkegel, hart aufgelötet

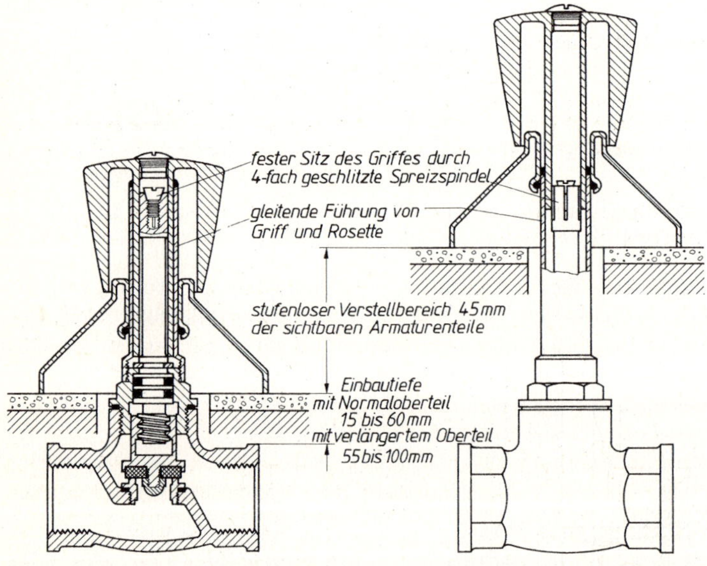

120.2 Unterputzventil für Einbautiefen von 15 bis 100 mm (Ideal-Standard)

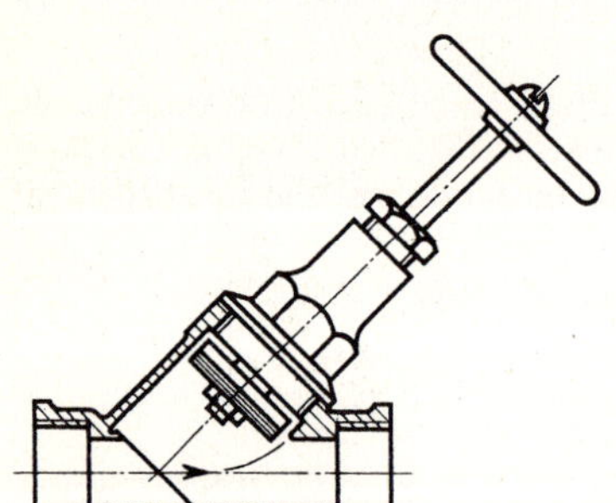

120.3 Schrägsitzventil

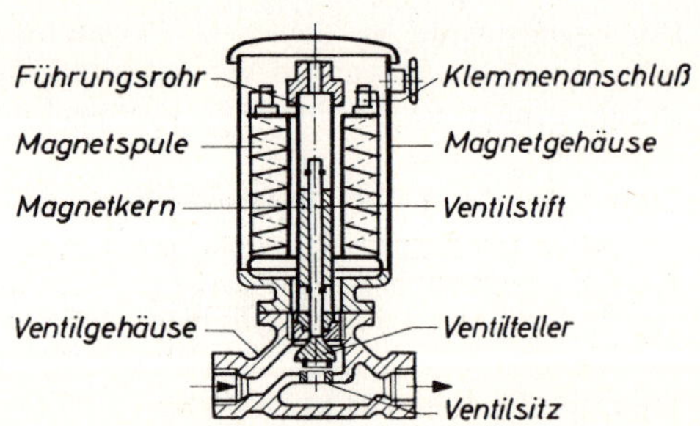

120.4 Magnetventil

Zu den Freiflußventilen sind auch der Kolbenschieber und das Eckventil zu rechnen.

Der Kolbenschieber (**121**.1) oder Ringkolbenschieber als Durchgangsabsperrventil ist geräuscharm, hat einen freien Durchfluß und einen selbstdichtenden Kunststoffkolben.

Das Eckventil mit Griffkappe (**121**.2) oder Kunststoffhandrad wird als Durchgangsventil zur Absperrung einzelner Sanitärobjekte vielseitig verwendet.

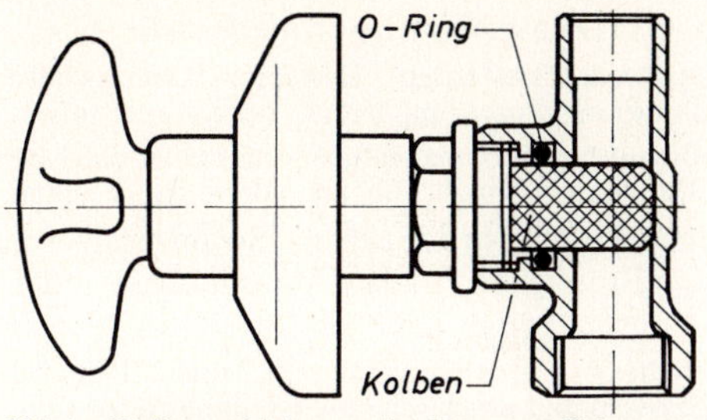

121.1 Kolbenschieber mit Kunststoffabsperrkolben, Wandeinbaumodell in Unterputzausführung

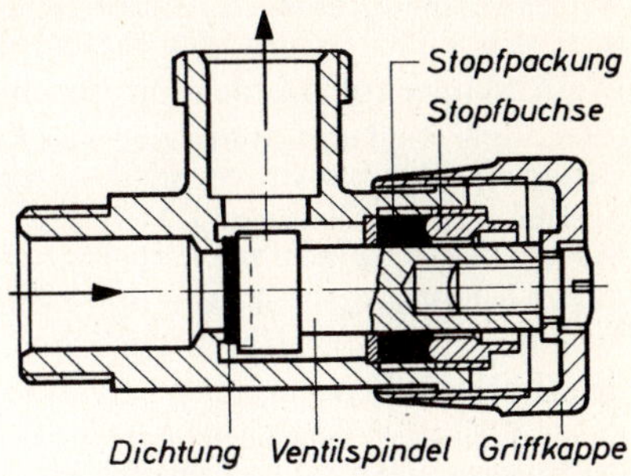

121.2 Eckventil mit Schubspindel und Griffkappe

Auslaufventile. Diese Zapfventile sind Entnahmeeinrichtungen für Kalt- und Warmwasser aus Zulaufleitungen. Sie werden als Einzelarmaturen in verschiedensten Ausführungen hergestellt und verwendet.

Zunächst sind Auslaufventile an der Wand (**121**.3 und 4) und Standventile (**121**.5) auf dem Rand eines Waschtisches zu unterscheiden.

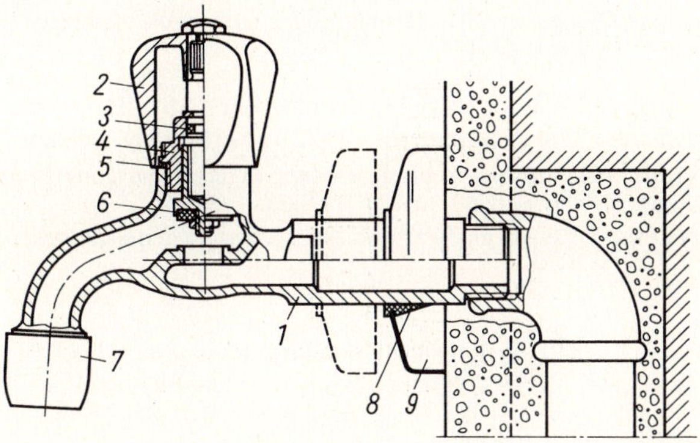

121.3
Auslaufventil DN 15 mit Kronengriff und Schubrosette (M 1:2,5) (Hubert Schell KG)

1 Gehäuse
2 Kronengriff
3 O-Ring
4 Stopfbuchse, verdeckt
5 Dichtungsring
6 Dichtungsscheibe
7 Perlator-Strahlzerteiler
8 Gleitring
9 Schubrosette

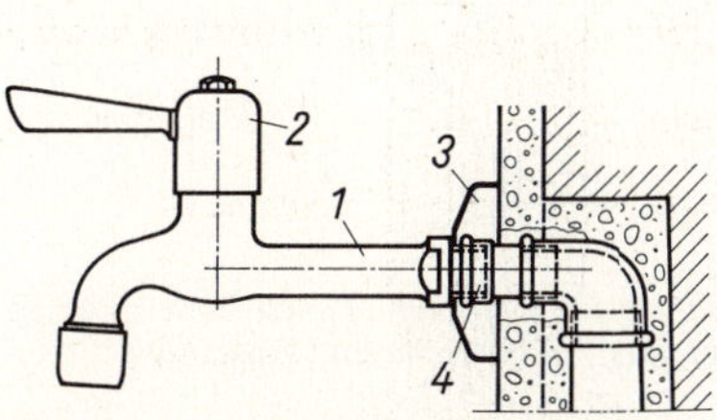

1 Gehäuse
2 Oberteil mit Hebelgriff
3 Wandrosette
4 Hahnverlängerung

121.4 Auslaufventil DN 15 mit Hebelgriff (M 1:5) (Hubert Schell KG)

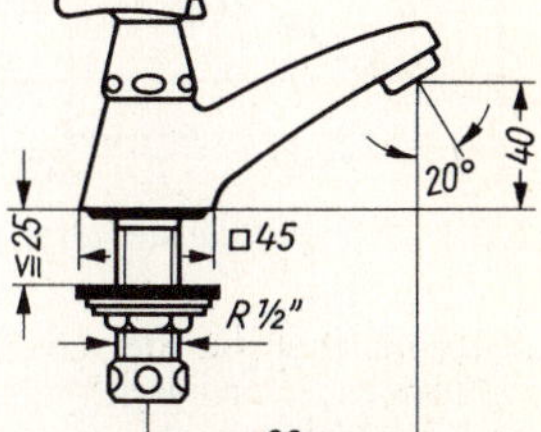

121.5 Auslauf-Standventil (M 1:5) (Friedr. Grohe)

Beide Auslaufarmaturen können auch als Schwenkventil zum Versorgen nebeneinanderliegender Becken installiert werden.

Bei der Warmwasserversorgung ermöglichen Mischbatterien (**806**.2) mit oder ohne Schwenkauslauf die Entnahme von heißem, warmem oder kaltem Wasser (s. Abschn. 12.3.3).

Werden getrennte, besondere Auslaufventile für Kalt- und Warmwasser vorgesehen, ist das Kaltwasserventil stets auf der rechten Seite anzuordnen.

Die Auslaufventile werden mit verschiedensten Griffausführungen hergestellt.

Oberteile für Sanitärarmaturen gibt es als Knebel-, Kreuz- oder Seesterngriff, Dreispitz-, Kronen- oder Hebelgriff, mit aufsteckbarem Schlüssel oder mit Handrad aus Porzellan, Metall- oder Kunststoffen.

Auslaufventile mit Hebelgriff (**121**.4), auch als Schnellschlußventil bezeichnet, sind mit einer einzigen Schwenkbewegung leicht zu öffnen und zu schließen. Ihre Verwendung ist für Behinderte gut geeignet.

Die Auslaufventile werden mit verschiedenartigen Auslaufenden, Strahlzerteilern, Strahlreglern, Strahlsprudlern, Schlauchverschraubungen, Schlauchkupplungen oder Brausen installiert.

Durch die häufig verwendeten Strahlzerteiler- oder Strahlsprudlereinsätze (**121**.3 und **271**.2) wird der Wasserstrahl so mit Luft angereichert, daß er geschlossen und weich schäumend, ohne zu spritzen, ausfließt.

Auslaufventile mit Schlauchverschraubungen bzw. Schlauchkupplungen werden z. B. für Zentralheizungen und Gartenzapfstellen erforderlich.

Für den Anschluß von Waschmaschinen und Geschirrspülautomaten werden Auslaufventile mit Schlauchverschraubungen eingebaut. Eine Anschlußkombination mit Belüfter und Rückflußverhinderer für den Anschluß nicht DVGW-geprüfter Maschinen zeigt Bild **44**.1.

Druckspüler. Sie sind als Selbstschlußarmaturen nach DIN 3265 unmittelbar an die Trinkwasser-Leitung angeschlossen.

Druckspüler lassen bei einmaliger Betätigung eine bestimmte Wassermenge unter Druck ausfließen und schließen nach einer regelbaren Zeitdauer selbsttätig und langsam.

Ihr Einbau erfolgt vornehmlich zur Wasserspülung von WC-, Urinal- und Fäkalienausgußanlagen.

Druckspüler sind im Abschn. 3.4.4 ausführlich beschrieben.

Rückflußverhinderer. Das Zurückfließen von Wasser entgegen der gewollten Strömungsrichtung muß durch Rückschlagklappen oder Rückschlagventile (**122**.1) verhindert werden.

Sie verhindern das Zurückfließen von Trinkwasser aus der Verbrauchsleitung in das Versorgungsnetz. DIN 1988 schreibt daher den Einbau hinter der Wasserzähleranlage zwingend vor.

Sie verhindern das Rückströmen des erwärmten Wassers aus Warmwasserbereitern in den Kaltwasseranschluß.

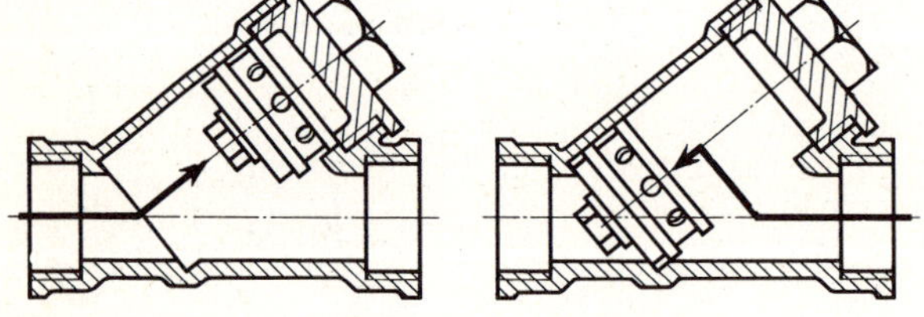

122.1 Rückflußverhinderer (Butzke-Werke AG)

Jedoch bieten sie nur im Zusammenwirken mit Rohrbelüftern (**123**.3) oder Rohrtrennern einen wirksamen Schutz gegen das Rückfließen von Schmutzwasser aus Spülautomaten, Waschmaschinen und Wasseraufbereitungsanlagen.

Für Trinkwasserleitungen in Gebäuden werden in der Regel Rückschlagventile mit einem federbelasteten Ventilkegel verwendet (**123**.1).

Rückflußverhinderer gibt es in Verbindung mit Schrägsitz- oder Freiflußventilen (**123**.2) oder als separate Abschlußeinrichtung mit Klappe oder Ringmembrane.

Besonders zur Sicherung von Zapfstellen mit Schlauchanschluß werden Auslaufventile verwendet, die sowohl einen Rückflußverhinderer als auch einen Rohrbelüfter besitzen (**44**.1).

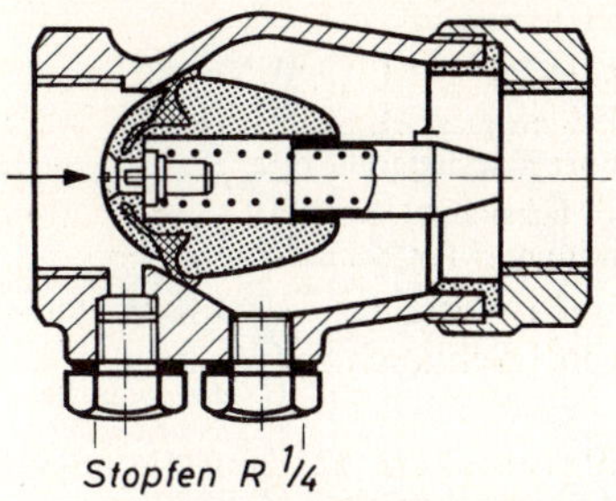

123.1 Rückflußverhinderer für Wasser mit Kegelführung aus Kunststoff und Abschlußkegel aus temperaturbeständigem Kunststoff

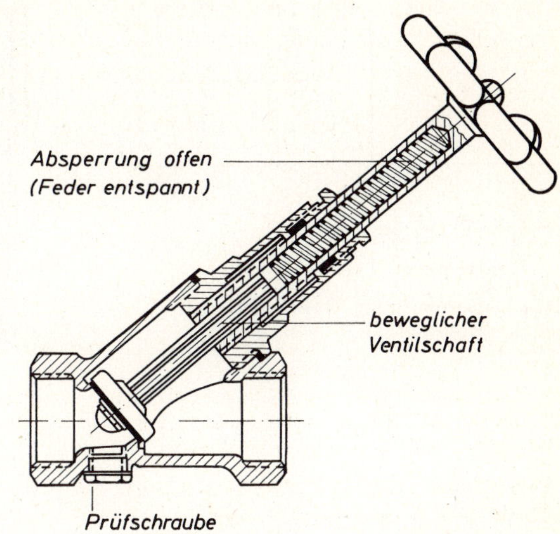

123.2
Freiflußventil mit Rückflußverhinderer, Ventil in Ruhestellung

Rohrbelüfter. Sie verhindern, im Zusammenwirken mit Rückflußverhinderern, bei Unterdruck in Trinkwasserleitungen das Rücksaugen von Schmutzwasser durch Einführen von Luft.

DIN 3266 unterscheidet im einzelnen Rohrunterbrecher DN 10 bis DN 32, Rohrbelüfter DN 10 bis DN 25, Rohrbe- und -entlüfter DN 15 und Armaturen mit eingebautem Rohrbelüfter.

Durchfluß-Rohrbelüfter (**123**.3) werden in Geräten, die unmittelbar mit der Trinkwasserleitung und der Entwässerungsleitung verbunden sein müssen, z. B. Geschirrspül- und Waschmaschinen, sowie an Auslaufventilen mit Schlauchverschraubung eingebaut (**44**.1).

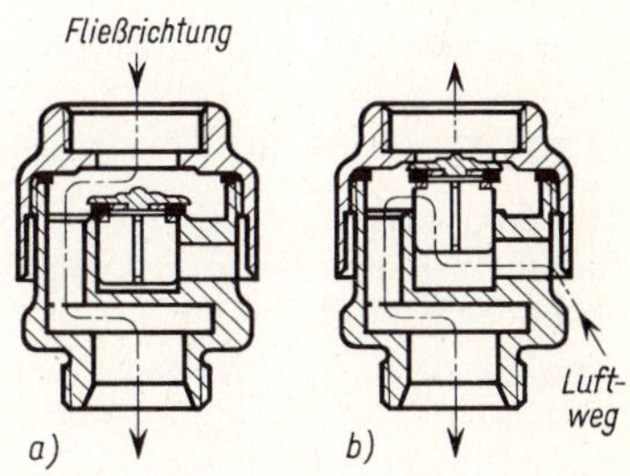

123.3
Durchfluß-Rohrbelüfter (Seppelfricke)

a) Normaler Betriebszustand: Der Kegel befindet sich auf seinem Sitz und verschließt den Wasseraustritt durch die Belüftungsbohrungen
b) Bei Unterdruck in der Leitung: Der Kegel, von seinem Sitz abgehoben, verschließt den Querschnitt zur Reinwasserleitung. Durch die Belüftungsbohrungen einströmende Luft unterbricht die Wassersäule

Selbsttätig arbeitende Rohrbe- und -entlüfter sind nach DIN 1988 auf den höchsten Punkten aller Steigleitungen vorzusehen (**99**.1).

Bei Rohrleitungen bis DN 40 genügt ein Rohrbelüfter DN 15. Bei Rohrleitungen ab DN 50 sind zwei Rohrbelüfter einzubauen.

Bei ebenerdigen Steigleitungen sind die Rohrbe- und -entlüfter auf eine Sicherheitsschleife (**124**.1) zu setzen. Dabei muß der Belüfter mindestens 30 cm über dem höchsten Flüssigkeitsspiegel liegen.

Rohrbe- und -entlüfter sind in zwei Bauformen, ohne und mit Tropfwasserableitung (**124**.2), genormt.

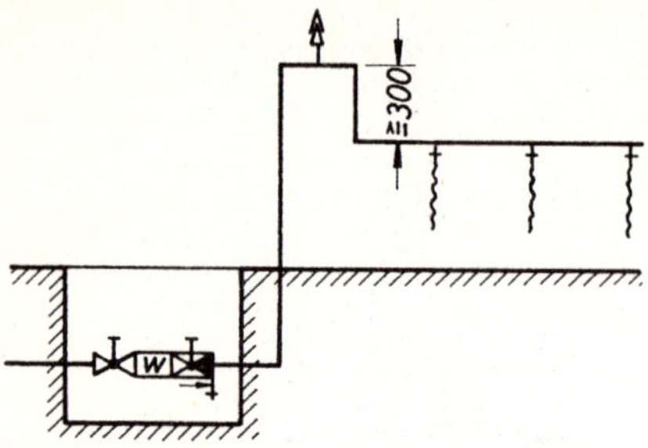

124.1 Gartenleitung, Rohrbelüfter auf Rohrschleife

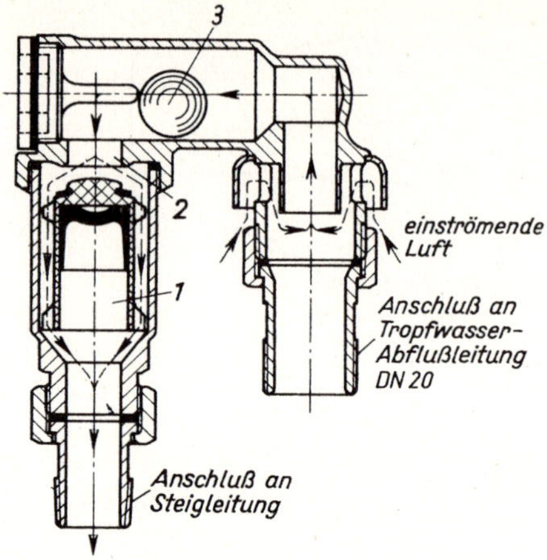

124.2 Rohrbe- und -entlüfter (M 1:2,5) (Seppelfricke)
1 Schwimmer
2 Ventilsitz
3 Kugel

Bei ungestörtem Betrieb der Wasserleitung wird der Schwimmer (1) durch den Wasserdruck angehoben und gegen den Ventilsitz (2) gepreßt und verhindert so den Wasseraustritt, solange in der Leitung Überdruck herrscht.

Bei Unterdruck löst sich der Schwimmer vom Ventilsitz und läßt Luft in das Rohrnetz einströmen. Schmutzwasser kann dann nicht in die Trinkwasserleitung, z. B. durch eine in der Wanne liegende, an eine Armatur angeschlossene Schlauchbrause, gesaugt werden.

Stellt sich danach wieder Überdruck ein, so drückt das ansteigende Wasser zunächst die angesaugte Luft auf dem umgekehrten Weg an dem in Offenstellung befindlichen Schwimmer vorbei aus der Steigleitung heraus. Der Schwimmer hebt sich erst und schließt dann den Belüfter, wenn er wieder vom Wasser erfaßt wird.

Mit einer Tropfwasserleitung DN 20 kann das gelegentlich austretende Leckwasser in einen Ausguß, Waschtisch oder dgl. geleitet werden.

Bei einer Störung des Rohrbe- und -entlüfters läßt eine Kugel (3) im Überlaufbogen nur eine geringe Menge Wasser austreten, mit der die Störung angezeigt wird (**124**.2).

Druckminderer. Druckregler oder Druckminderer dürfen in die von einer öffentlichen Sammelwasserversorgung gespeisten Leitungen in der Regel nur mit Genehmigung des WVU eingebaut werden.

Druckminderer (**125**.1) werden unmittelbar nach dem Hauptabsperrventil eingebaut, wenn der Leitungsdruck im Versorgungsnetz gelegentlich 6 bar überschreiten kann.

Besonders bei Hochhäusern muß vor einzelnen Entnahmestellen eine Einteilung in Druckstufen erfolgen. Eine Möglichkeit zur Realisierung von Druckstufen ist die Vorschaltung von Druckminderern.

Schmutzfänger. Die Funktion eines Druckminderventils ist nur bei absolut sauberen Dichtflächen gegeben. Deshalb muß vor dem Druckminderer ein Schmutzfänger oder Schwebstoffilter eingebaut werden.

Schmutzfänger oder Feinfilter sind grundsätzlich zur Absicherung von empfindlichen Armaturen oder Apparaten, z. B. Warmwasserbereitern, gegen Einspülen von Schmutz, Sand oder korrosionsgefährdenden Teilchen, besonders bei Kupferrohrinstallationen, dringend zu empfehlen.

Der Einbau erfolgt in der Regel zwischen Wasserzähler und Rückflußverhinderer bzw. Druckminderer.

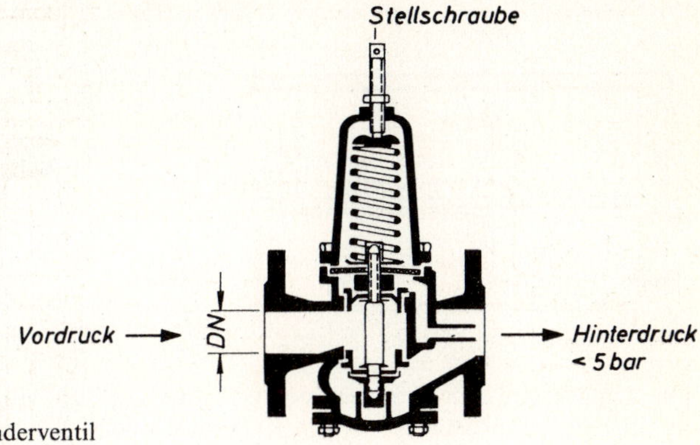

125.1
Druckminderventil

2.5.6 Trinkwasserschutz

Gegen Frost. Leitungen in der Erde sind in frostfreier Tiefe zu verlegen. Leitungen und Wasserzähler in Wasserzählerschächten sind ausreichend gegen Kälte zu schützen. Alle frostgefährdeten Leitungen müssen absperrbar und entleerbar sein, z. B. Gartenleitungen.

In Mauerschlitzen von Außenwänden verlegte Wasserleitungen sind ausreichend zu isolieren (s. Abschn. 2.5.4).

Gegen Erwärmen. Kaltwasserleitungen sind in ausreichendem Abstand von Schornsteinen, Warmwasser- und Heizungsanlagen zu verlegen. Dies gilt besonders für in Mauerschlitzen installierte Warmwasserzirkulationsleitungen.

Trinkwasserleitungen dürfen nicht der Sonnenbestrahlung ausgesetzt werden.

Gegen Kondenswasser. Bei mehreren waagerecht übereinander und freiliegenden Leitungen sind Kaltwasserleitungen immer unten anzuordnen. Freiliegende Kaltwasserleitungen in Räumen, die zeitweilig oder dauernd hoher Luftfeuchte ausgesetzt werden, z. B. Gemeinschaftswaschräume, sind grundsätzlich gegen Schwitzwasser zu isolieren.

Gegen Verunreinigungen. Unter keinen Umständen darf in die Trinkwasserleitungen Wasser zurückfließen oder dürfen andere flüssige oder feste Stoffe in sie hineingesaugt werden (**99**.1).

So dürfen Anlagen für Trinkwasser nicht mit solchen für Nichttrinkwasser oder mit Entwässerungsleitungen, auch nicht mit Trinkwasserleitungen eines anderen Versorgungssystems, z. B. einer Eigenversorgungsanlage (s. Abschn. 2.3), unmittelbar verbunden sein.

Keinesfalls dürfen Trinkwasserleitungen durch Abort- oder Dunggruben, Prüfschächte der Hausentwässerung, Abflußkanäle und dergleichen geführt werden.

Hinter dem Wasserzähler ist ein druckverlustarmer Rückflußverhinderer einzubauen (**123**.1).

Alle Steigleitungen bis DN 40 erhalten einen selbsttätig arbeitenden Rohrbe- und -entlüfter (**124**.2) von DN 15, alle Steigleitungen > DN 40 zwei derartige Rohrbe- und -entlüfter unmittelbar auf ihren oberen Enden, $\geqq$ 2,00 m oberhalb des Fußbodens, evtl.

mit Anschluß an eine Tropfwasser-Abflußleitung, die dann frei über einem Waschtisch oder einer anderen Sanitäreinrichtung mündet.

In ebenerdigen Gebäuden ohne Steigleitungen ist der Rohrbe- und -entlüfter auf eine Sicherheitsschleife zu setzen (**126**.1).

Die Rohrbelüfter müssen jederzeit zugänglich sein.

Die Nennweite der evtl. vorgesehenen Tropfwasserabflußleitung muß > 20 mm betragen.

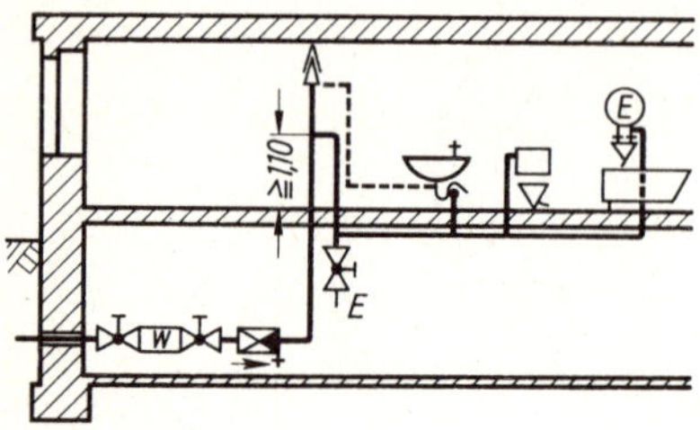

126.1
Trinkwasserversorgung eines eingeschossigen Hauses ohne Steigleitung

Die Unterkante der Auslaufventile muß ≧ 2 cm über dem Rand der Wasch- und Spültische, Laborbecken usw., in Kellergeschossen ≧ 30 cm über der Kellersohle liegen.

Abzweige der waagerechten Stockwerksleitungen von den Steigleitungen müssen ≧ 1,10 m über dem Fußboden des betreffenden Geschosses, jedoch ≧ 30 cm über dem höchsten Abwasserspiegel der Entnahmestelle dieses Geschosses liegen (**99**.1).

Wasch- und Geschirrspülmaschinen sowie andere Einrichtungen, bei denen Schmutzwasser zurückgesaugt werden kann, dürfen nur über einen offenen Auslauf oder das Zwischenschalten von Rohrbelüftern (**123**.3) mit der Trinkwasserleitung verbunden werden (**44**.1 und 2).

Abortbecken (s. Abschn. 3.4.2) dürfen nur über Spülkästen oder Abortdruckspüler mit der Trinkwasserleitung verbunden werden.

Sind lediglich Abortdruckspüler (**212**.2, **222**.2 und **223**.1) an einer Steigleitung angeschlossen, kann der Rohrbe- und -entlüfter entfallen.

Wasserstrahlpumpen (s. Abschn. 2.2.3) dürfen nur mit besonderer Genehmigung unmittelbar angeschlossen werden, jedoch nie im Pumpensumpf liegen. In die Druckwasserleitung müssen ein Rückflußverhinderer und ein Rohrbelüfter eingebaut werden, der ≧ 30 cm über dem Schmutzwasserauslauf liegen muß (**91**.1).

Entleerungsventile an unterirdischen Trinkwasserleitungen, z. B. in Gärten, Höfen und Kellern, sind gegen von außen eindringendes Wasser zu schützen.

Gegen erwärmtes Wasser. Zwischen Warm- und Kaltwasserleitungen dürfen keine Verbindungen bestehen. Ausgenommen sind Warmwasserbereiter, bei denen jedoch bestimmte Sicherheitsvorkehrungen, wie der Einbau von Rückflußverhinderern, getroffen werden müssen (s. Tafel **776**.1).

Zapfstellen für Warm- und Kaltwasser dürfen nur dann einen gemeinsamen Auslauf haben, wenn dieser unverschließbar oder der Übertritt warmen Wassers in die Kaltwasserleitung durch Rückflußverhinderer ausgeschlossen ist. Dies gilt sinngemäß auch für Thermo-Mischventile.

Das Füllventil eines Heizkessels darf mit der Kaltwasserleitung nur durch eine lösbare Schlauchverbindung zusammenhängen, die nur während des Füllvorganges angeschlossen sein darf. Feste Verbindungen sind unzulässig.

Gegen Leitungsgeräusche. Die Wasserleitungen und Armaturen sind so zu bemessen und auszuführen, daß in ihnen keine Druckstöße und nur möglichst geringe Strömungsgeräusche entstehen können.

Die Leitungsquerschnitte dürfen nicht zu eng sein, die Fließgeschwindigkeit soll 1 bis 2 m/s betragen. Der Ruhedruck der Anlage darf nicht höher als 6 bar sein.

Es sollten nur Armaturen der Geräuschklasse I eingebaut werden (s. Abschn. 4.2).

Alle Leitungen sind so zu verlegen, daß die Geräusche über die Befestigungen (**273**.3) als Körperschall nicht weitergeleitet werden. In Schlitzen oder Schächten verlegte Leitungen (s. Abschn. 2.5.4) sind gegen auftretenden Luftschall raumfüllend zu isolieren (**115**.2).

Die Ausführungen in DIN 4109 T. 5 über den Schallschutz bei Wasserleitungen und haustechnischen Gemeinschaftsanlagen sollten beachtet werden (s. auch Abschn. 4.3).

2.5.7 Inbetriebnahme

Füllen. Beim Füllen der Anlage ist das Absperrventil der Anschlußleitung zunächst nur wenig zu öffnen. Die Leitungen sind dann durch die entferntesten und höchstgelegenen Auslaufventile vorsichtig und sorgfältig zu entlüften.

Prüfen. Die freiliegenden, noch ungestrichenen und nicht verdeckten Leitungen werden vor dem Schließen der Mauerschlitze usw. 10 Minuten lang mit einem Wasserdruck in Höhe des 1,5fachen höchsten Betriebsdruckes in der Versorgungsleitung, jedoch von mindestens 12 bar, gemessen an der Verteilungsleitung, geprüft.

Dabei dürfen weder Undichtigkeiten noch Druckabfall auftreten.

An offene Behälter angeschlossene Rohrleitungen brauchen nur mit 2 bar über dem höchsten Behälterdruck geprüft werden.

Es empfiehlt sich, danach das gesamte Rohrnetz 24 Stunden lang unter normalem Betriebsdruck zu belassen.

Betrieb. Bevor die Leitungsanlagen in Betrieb genommen werden, sind sie gründlich durchzuspülen.

Rohrbe- und -entlüfter sowie Einzelbelüfter sind erst nach dem Durchspülen anzubringen.

Nicht gleich benutzte oder vorübergehend stillgelegte Anschlußleitungen sind sorgfältig zu verschließen und von der Versorgungsleitung abzusperren.

Sie sind spätestens nach einem Jahr völlig abzutrennen.

Vorübergehend nicht benutzte Verbrauchsleitungen sind abzusperren und bei Frostgefahr zu entleeren.

Sie sind vor Wiederinbetriebnahme gründlich durchzuspülen.

Bei Unterbrechung der Wasserzufuhr müssen alle Zapfstellen geschlossen bleiben. Dadurch werden bei Wiederinbetriebnahme der Leitungen Wasserschäden vermieden.

Die Absperrvorrichtungen vor und hinter dem Wasserzähler dürfen den Wasserdurchfluß nicht drosseln und müssen daher voll geöffnet sein.

Die Anpassung alter Anlagen an neue Vorschriften ist nur erforderlich, wenn das Leben oder die Gesundheit von Personen gefährdet würden.

Änderungen der Altanlagen sind dann, soweit die Verhältnisse es gestatten, den neuesten Bestimmungen entsprechend auszuführen.

2.5.8 Aussparungszeichnungen

Die Installationsleitungen haustechnischer Anlagen in einem Bauwerk erfordern Wand- und Deckendurchbrüche, Schlitze und Kanäle. Der spätere Einbau der Leitungen macht daher rechtzeitig festzulegende Aussparungen für die Rohbauausführung notwendig.

Die sorgfältige Vorplanung der Leitungsführung und die nachfolgende zeichnerische Festlegung der

Aussparungen mit genauen Maßangaben ist für eine rationelle Baudurchführung und zur Berücksichtigung beim statischen Nachweis zwingend erforderlich.

Eine nachträgliche Änderung der Leitungsführung ist zu vermeiden. Sie bringt in der Regel Nachteile bei der Montage und statische Mängel.

Aussparungen werden in Aussparungszeichnungen vor Rohbauherstellung festgelegt.

Dies sind vorzugsweise Grundrißzeichnungen, bei Bedarf auch Schnittdarstellungen und Wandabwicklungen, die bei größeren Bauvorhaben der Installationsfachmann anfertigt.

Der Architekt kann dann ohne Schwierigkeiten alle notwendigen Maßangaben sämtlicher Aussparungen von diesen Zeichnungen in seine Ausführungszeichnungen i. M. 1:50 übernehmen.

Bei kleineren Bauvorhaben werden die Aussparungen nach Überlegung der Leitungsführung vom Architekten selbst festgelegt.

Die Festlegung und Herstellung der Aussparungen richtet sich nach den jeweiligen Anforderungen. Zu unterscheiden sind Durchbrüche, Schlitze und Kanäle, aber auch Nischen und Schächte.

Einzelheiten zur Kennzeichnung und Darstellung von Aussparungen sind den Tafeln **128**.1 und **129**.1 zu entnehmen.

Tafel **128**.1 Kennzeichnung von Aussparungen

Bauteil	Aussparung	Maße	Lage	Bezug
D Decke W Wand B Boden F Fundament	D Durchbruch S Schlitz K Kanal	Breite × Tiefe × Höhe	u unter ü über	OK Oberkante UK Unterkante FB Rohfußboden (Rohdecke) FFB Fertigfußboden

Beispiel

WD 50 × 30 uD = Wanddurchbruch 50 cm breit, 30 cm hoch unter Decke

WS 20 × 10 × 120 UK 30 üFB = Wandschlitz 20 cm breit, 10 cm tief, 120 cm hoch, Unterkante 30 cm über Rohfußboden

Als Aussparungsangaben werden die Rohbaumaße meist in cm angegeben. Die farbige Kennzeichnung ist in der Regel gelb, aber auch gelb für den Deckenbereich und braun für den Wandbereich.

Aussparungsgrößen von Deckendurchbrüchen und Wandschlitzen für Rohrleitungen verschiedener Abmessungen können Bild **129**.2 entnommen werden.

Aussparungen dürfen die Standfestigkeit nicht beeinträchtigen und müssen bei der Bemessung durch den Statiker berücksichtigt werden.

Sie sollen bei Erstellung des Rohbaues im gemauerten Verband oder beim Beton- und Stahlbetonbau in der Schalung vorgesehen werden.

Nachträgliches Stemmen bei Beton- und Stahlbeton oder Fräsen bei Mauerwerk unterliegt Einschränkungen.

Für die Ausführung in Beton- und Stahlbeton gilt laut DIN 1045:

„Das nachträgliche Einstemmen ist nur bei lotrechten Schlitzen bis zu 3 cm Tiefe zulässig, wenn ihre Tiefe höchstens $^1/_6$ der Wanddicke, ihre Breite höchstens gleich der Wanddicke, ihr gegenseitiger Abstand mindestens 2,0 m und die Wand mindestens 12 cm dick ist.“

Für die Ausführung in Mauerwerk gilt laut DIN 1053 T. 1:

„Werden Aussparungen und Schlitze nicht im gemauerten Verband hergestellt, so sind sie zu fräsen. Das Stemmen von Aussparungen und Schlitzen ist nicht zulässig.“

Tafel **129**.1 Darstellung von Aussparungen

	Bezeichnung	Kennzeichen	Maßangaben Breite	Tiefe	Höhe	Darstellung im Grundriß / Aufriß (Schnitt, Ansicht)
Decken	Deckendurchbruch	DD	*A* ×	*B*		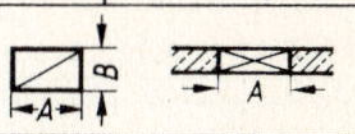
	Deckenschlitz (oberhalb Decke)	DS	*A* ×	*B* ×	*C*	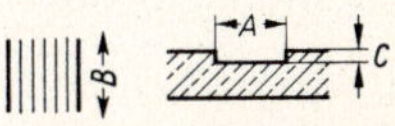
	Deckenschlitz (unterhalb Decke)	DS	*A* ×	*B* ×	*C*	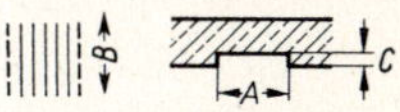
unterstes Geschoß: Böden, Fundamente	Bodendurchbruch (Fundament = FD)	BD	*A* ×	*B*		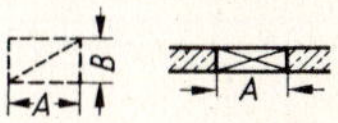
	Bodenkanal Bodenschlitz	BK BS	*A* ×	*B* ×	*C*	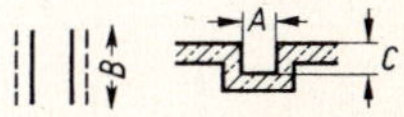
Wände	Wanddurchbruch (Fundament = FD im UG-Plan gestrichelt)	WD	*A*	×	*C*	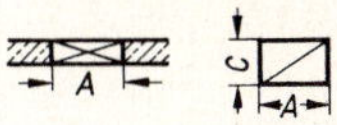
	Wandschlitz (waagerecht) Fundament = FS (s. oben)	WS	*A* ×	*B* ×	*C*	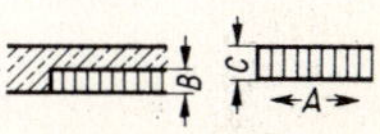
	Wandschlitz (senkrecht) Fundament = FS (s. oben)	WS	*A* ×	*B* ×	*C*	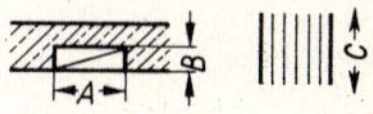

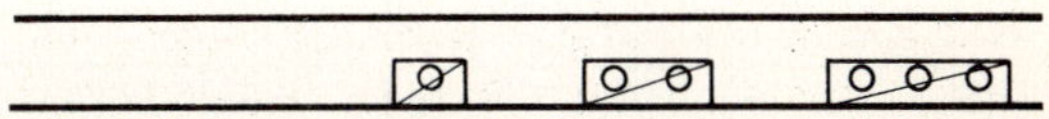

Rohr-DN		Tiefe	Breite	Breite	Breite
15	20	5	8	18	28
25	32	6	10	21	32
40	50	10	15	28	41
65	80	13	20	36	52
100		15	20	39	58

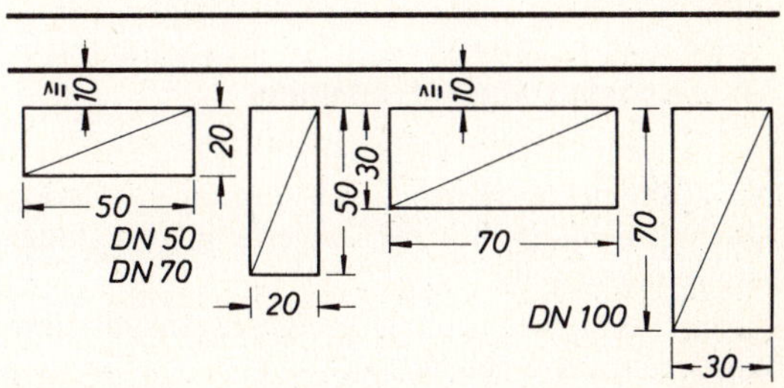

129.2
Aussparungsgrößen für Rohrleitungen ohne Isolierung in cm (Wandschlitze und Deckendurchbrüche)

Die Bedingungen für lotrechte Aussparungen oder Schlitze sind den Angaben aus Tafel **115**.1 zu entnehmen, die Bedingungen für waagerechte Aussparungen und Schlitze im Abschn. 2.5.4 ausführlich erklärt.

Ein Beispiel für eine Aussparungszeichnung zeigt Bild **130**.1.

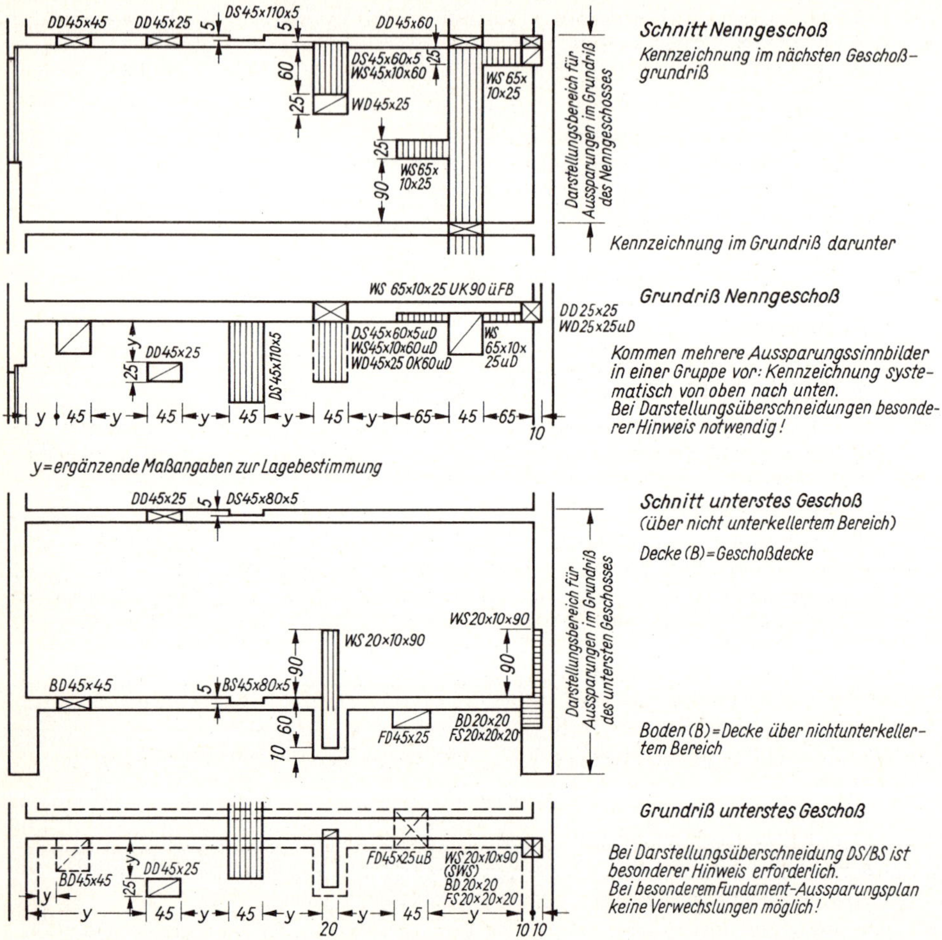

130.1 Aussparungszeichnungen, Beispiele (nach F. Auer)

2.6 Rohrleitungsvorfertigung

Die Rohrleitungsführung zur Sanitärinstallation eines Gebäudes ist in verschiedene Abschnitte unterteilt: Anschlußleitung, Verteilungs-, Steig- und Stockwerksleitungen sowie Sanitärausstattung.

Gleiche zur Vorfertigung geeignete Installationsabschnitte können sich fast nur bei Sanitärräumen ergeben.

Für die Rohrinstallation kommt die handwerkliche Fertigung auf der Baustelle bzw. die handwerkliche Vorfertigung auf der Baustelle oder in der Werkstatt in Frage.

Vorfertigung. Die industrielle Vorfertigung in der Werkstatt wird stets durch eine handwerkliche Fertigung auf der Baustelle zu ergänzen sein.

Das gilt für das Verbinden vorgefertigter Installationsteile mit anderen Anlageteilen und außerdem für örtliche Abweichungen von der Bauplanung.

Die Vorfertigung kommt für einzelne und mehrere Installationsteile gleicher Art in Frage.

Die Voraussetzungen für den Erfolg einer Vorfertigung sind:

Normalgeschosse mit gleichen Grundrissen
Zusammenfassung möglichst aller haustechnischer Räume
genügend große Stückzahl gleicher Installationsteile
Vereinheitlichung der Grundelemente
möglichst geringes Gewicht der Installationselemente
gleichwertige gewissenhafte Einbeziehung der Installationsplanung in die Bauplanung.

Die Planung muß bei Baubeginn ausführungsreif abgeschlossen, koordiniert und in allen Einzelheiten endgültig festgelegt sein.

Die Vorteile der Vorfertigung sind bessere Qualität, Verkürzung der Bauzeit, größere Termingenauigkeit und Fortfall von Nach- und Stemmarbeiten.

Der Einsatz von Installationsfertigteilen ist grundsätzlich bei allen Gebäudearten im Bereich des Wohnungsbaues und des Nichtwohnungsbaues möglich. Dabei ist es unbedeutend, ob es sich um vorgefertigte, konventionell hergestellte Gebäude oder Altbauten handelt.

Die Rationalisierung des handwerklichen Arbeitsablaufes erfordert einfache Montagemethoden, die Verwendung geeigneter Materialien und Befestigungssysteme.

In der Praxis kommt es auf eine Material- und Systembeschränkung an, so daß vom Installationsbetrieb höchstens zwei Rohrarten für Zu- und Abflußleitungen und ein möglichst universelles Befestigungssystem verwendet werden.

Vorgefertigte Installationsteile, die nach dem Einbau keine Nachprüfungen ermöglichen, unterliegen den Bestimmungen des DVGW-Arbeitsblattes GW 3 über Bau und Prüfung vorgefertigter Gas- und Wasserinstallationen.

Die Einteilung der einzelnen Vorfertigungsarten erfolgt nach ihrem Vorfertigungsgrad (Taf. **132**.1).

Rohrleitungsteile. Dies sind nach Plan gefertigte Rohrleitungen mit entsprechenden Verbindungselementen und Anschlußmöglichkeiten für Sanitärgegenstände und Armaturen. Sie eignen sich besonders für Anbinde- und Steigleitungen.

Rohrleitungsteile weisen den niedrigsten Vorfertigungsgrad auf, verringern jedoch die Abhängigkeit von den Gegebenheiten auf der Baustelle.

z-Maß-Methode. Dies ist ein zweckmäßiges Meßverfahren zur rechnerischen Bestimmung der zu fertigenden Rohrlängen bei Wasser- und Gasleitungen aller Werkstoffe.

Die z-Maße der Fittings und Armaturen sind Konstruktionsmaße. Sie geben den Abstand von der Mitte eines Fittings oder einer Armatur zum Ende des eingeschraubten oder eingelöteten Rohres an (**132**.2). Die z-Maße sind den Fittings- und Armaturenmaßtabellen zu entnehmen (**132**.3).

Grundlage des Messens ist dabei der Abstand Mitte bis Mitte = M. Die Rohrlänge L ergibt sich durch Reduzierung des Mittenabstandes um die z-Maße der Fittings oder Armaturen.

$$L = M - (z_1 + z_2)$$

Tafel **132**.1 Vorfertigungsgrade (nach R. Schmittlutz)

Sanitärfertigteile		Bestandteile					
		Rohrleitungen	selbsttragendes Element	Wandfunktion	Sanitärgegen-stände	Raumbegrenzung	Flexibilität
Rohrleitungsteile		×					
Rohrleitungsbündel		×					
Installationsblöcke		×	×				
Installationselemente		×	×	×	×		
Sanitär-zellen	monolithisch	×	×	×	×	×	
	zusammengesetzt	×	×	×	×	×	
	eleminiert	×	×	×	×	×	×

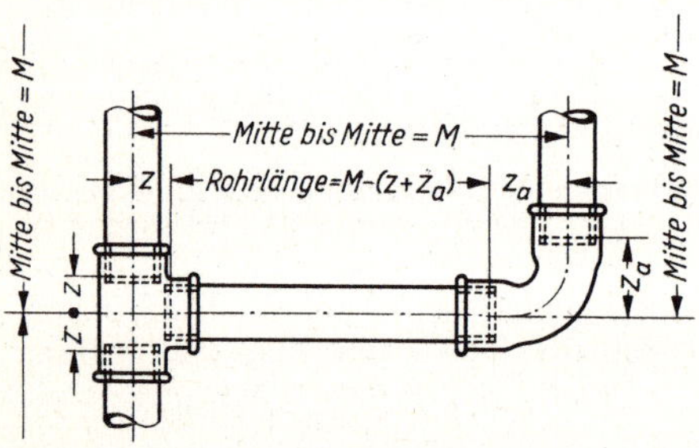

132.2 z-Maß-Methode (TVSG)

Nennweite		10	15	20	25	32
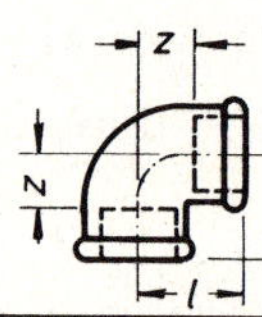	l	25	28	33	38	45
	z	15	15	18	21	26
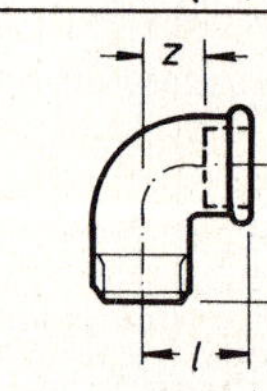	l	25	28	33	38	45
	h	32	37	43	52	60
	z	15	15	18	21	26
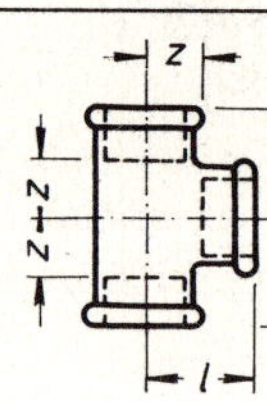	l	25	28	33	38	45
	z	15	15	18	21	26

132.3
z-Maße für Fittings, Beispiele

Anwendungsbeispiel der z-Maß-Methode: waagerechtes Rohrstück der Kaltwasserleitung Bild **133**.1.

M = Fugenrastermaß der Wandfliesen = 3 × 153 mm = 459 mm

z_l = Winkel mit Innengewinde DN 15 = 15 mm

z_2 = T-Stück mit Innengewinde DN 15 = 15 mm

$L = M - (z_1 + z_2)$

Rohrlänge = 459 − (15 + 15) mm = 429 mm

Hilfsmittel der Maßermittlung sind die TVSG-Unterteilungsblätter, die gleichzeitig zum Materialauszug verwendet werden (**133**.2). Die Leitungsteile werden als Raumschema in das Blatt gezeichnet.

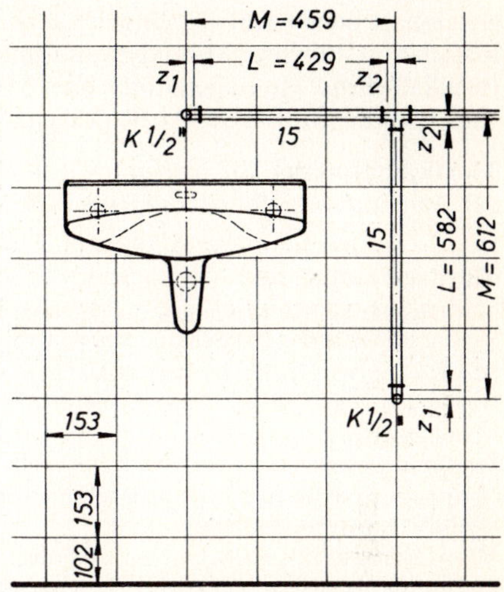

133.1 z-Maß-Methode, Anwendung

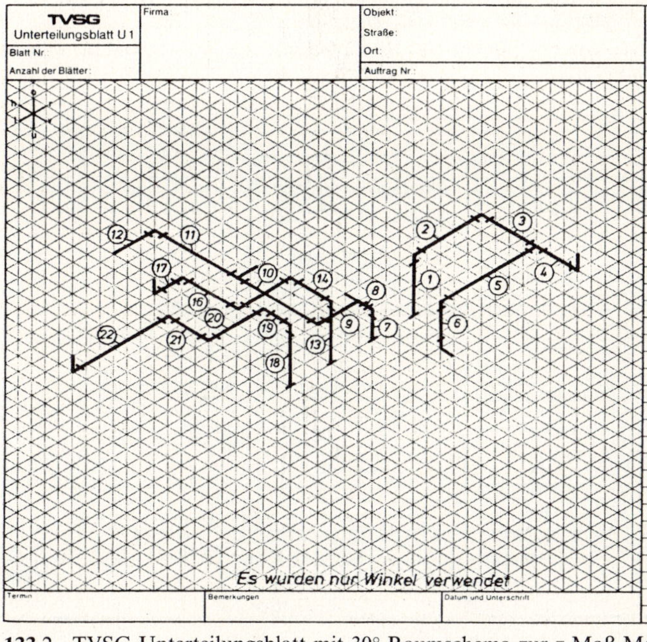

[x] Mittelschwere Gewinderohre nach DIN 2440
[ ] Schwere Gewinderohre nach DIN 2441

[ ] schwarz [ ] geschweißt
[x] verzinkt [ ] nahtlos
Zutreffendes ankreuzen

Bez.	M mm	−Σ(z + h) mm	L mm	DN	Stück	Bemerkungen
1	850	18	832	20		
2	1700	36	1664	20		
3	1450	36	1414	20		
4	4200	36	4164	20		
5	2300	33	2267	15		
6	1250	30	1220	15		
7	80	18	62	20		
8	200	36	164	20		
9	1600	36	1564	20		
10	800	36	764	20		
11	1800	33	1767	15		
12	200	15	185	15		
13	850	26	824	32		
14	200	52	148	32		
15	1450	52	1398	32		
16	1000	52	948	32		
17	450	52	398	32		
18	800	18	782	20		
19	200	36	164	20		
20	1300	36	1264	20		
21	1000	36	964	20		
22	4740	36	4704	20		
23						
24						
25						
26						
27						
28						
29						
30						

133.2 TVSG-Unterteilungsblatt mit 30°-Raumschema zur z-Maß-Methode

Montagearten. Die Montage von Rohrleitungen, Armaturen und Sanitärteilen kann freiliegend oder eingebaut ausgeführt werden.

Die freiliegende Installation wird vorwiegend in Keller- oder Untergeschossen und technischen Räumen mit dem Vorteil der guten Zugänglichkeit ausgeführt.

Die verdeckt liegende Installation wird in Sanitärräumen aus ästhetischen Gründen notwendig.

Zu unterscheiden sind folgende Montagearten:

Installation in Aussparungen bzw. Schlitzen, die beim Herstellen der Montagewände ausgespart oder nachträglich gefräst werden (s. Abschn. 2.5.4).
Installation auf einer Montagewand und nachträgliches Vormauern oder Abspannen.
Installation mit Montagerahmen oder Montagegerüst freistehend im Raum und nachträgliches Einmauern, Eingießen, Verkleiden oder Abspannen.

Montagehilfsmittel. Sie dienen im Rahmen der Rohrinstallation als Hilfen zur Festlegung der Armaturenanschlüsse und der Befestigungen.

Hierzu werden Montageschablonen, Montageeinheiten, Montageplatten, Montageprofile, Montagerahmen und Montagegerüste verwendet.

Montageschablonen haben Lochaussparungen nach den Anschlußmaßen der Mischbatterien und Sanitärgegenstände. Die Schablonen sind wiederverwendbar.

Montageeinheiten oder Batterielehren für Sanitärarmaturen garantieren maßgenaue Anschlußabstände und genau ausgerichtete Armaturenanschlüsse.

Montageplatten aus Holz oder Spanplatten dienen zum Zusammenbau von Installationseinheiten. Sie können eingemauert oder als Schalwände wieder benutzt werden.

Montageprofile sind nach dem gebräuchlichsten Fliesenraster (153 mm) gelochte Stahlbänder von bis zu 4 m Herstellungslängen.

Montagerahmen aus Aluminium werden für die Vorfertigung gleicher Rohrteile in der Werkstatt und auf der Baustelle verwendet (**134**.1). Sie werden mit Knoten- und Kreuzstücken nach den jeweiligen Erfordernissen zusammengeschlossen und mit Stahlrohrstützen aufgestellt. Montagerahmen und Stahlrohrstützen werden nach erfolgter Installation erneut verwendet.

Montagegerüste oder Traggestelle werden für einzelne Sanitärgegenstände, vorwiegend für wandhängende Sanitärobjekte, benutzt (**215**.2).

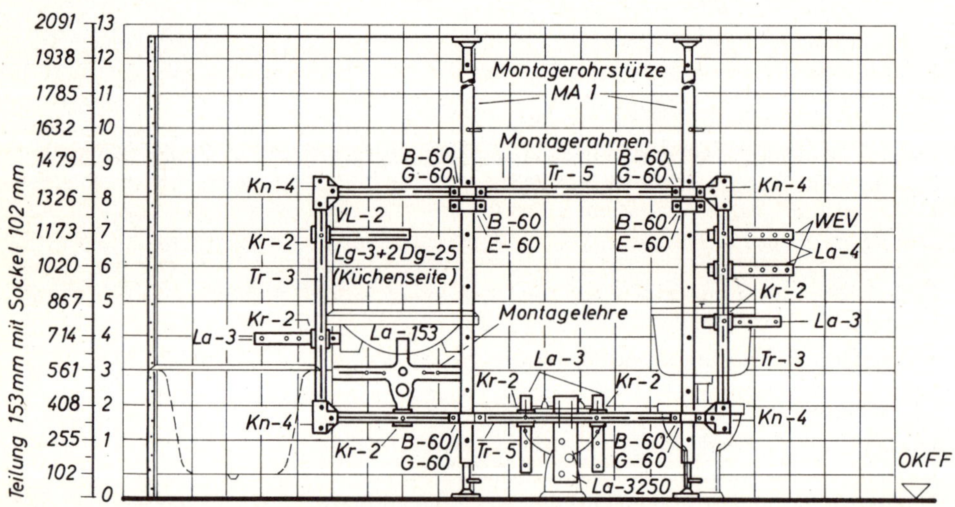

134.1 Montagerahmen, Installationswand eines Bades (P. + P. Holl)

Rohrleitungsbündel. Auch als Rohrleitungspakete bezeichnet fassen sie vorgefertigte vertikale und horizontale Rohrleitungsteile einschließlich der erforderlichen Absperrorgane in einem montagefertigen Installationsteil zusammen. Sie werden nach der Montage verkleidet (**135**.1).

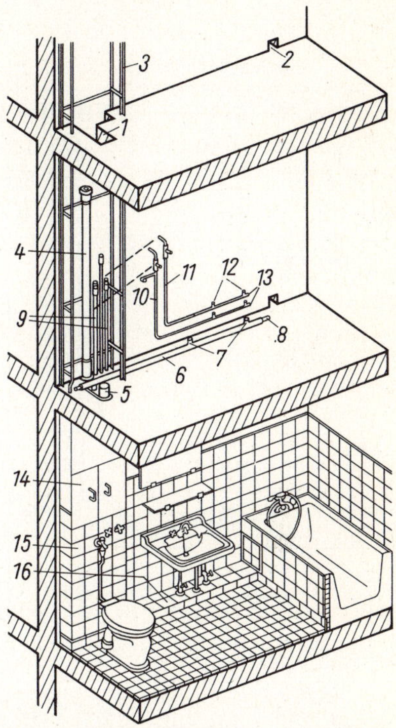

135.1
MERO-Fertiginstallation in einem mehrgeschossigen Wohnhaus
1 Deckendurchbruch für Steig- und Falleitungen
2 Wanddurchbruch zwischen Bad und Küche zum Anschluß der Kücheninstallation
3 Tragkonstruktion für MERO-Rohrpaket
4 Abwasser-Falleitung im Rohrpaket
5 Klosettanschlußstutzen
6 liegende Abwasser-Sammelleitung
7 Anschlußstutzen für Waschtisch und Badewanne
8 Anschlußstutzen für Kücheninstallation
9 Steigleitung für Kalt- und Warmwasser im senkrechten Rohrpaket
10 Kaltwasserleitung für waagerechtes Rohrpaket mit Anschluß für Klosettspülung
11 Warmwasserleitung für waagerechtes Rohrpaket
12 Anschlüsse für Waschtisch und Badewanne
13 Anschlüsse für Kücheninstallation
14 Einbauschrank im senkrechten Rohrpaket
15 Verkleidung des senkrechten Rohrpaketes
16 Verkleidung für waagerechtes Rohrpaket

Rohrleitungsbündel verlagern durch das Zusammenfassen der Anbinde- mit den Steig- und Falleitungen einen größeren Teil der Arbeiten in die Werkstatt. Der geringe Vorfertigungsgrad unterscheidet sie jedoch nur wenig von herkömmlichen Installationen.

Installationselemente. Sie werden für einzelne Sanitärgegenstände hergestellt. Die auf das Sanitärobjekt begrenzten Wandelemente können raumhoch vor Rohbauwänden oder zum Einbau in vorgeplante Aussparungen oder Wandnischen vorgefertigt sein.

Die Elemente werden aus Polyester-Schaumbeton gefertigt, der sich zur bauseitigen Verkleidung durch Fliesen eignet.

Die Installationen sind maßgenau im Montageelement untergebracht. Die Anordnung von Einbauspülkästen und Einbauarmaturen sind individuell möglich.

Installationsblöcke. Auch als Installationswände bezeichnet fassen sie geschoßweise sämtliche Steig-, Abzweig- und Falleitungen einer Sanitäreinheit in einem vorgefertigten Bauteil zusammen.

Der Einfluß des Sanitärblockes auf die räumliche Anordnung erfordert eine frühzeitige Bauplanung.

Der Installationsblock erspart Montagezeit bei erhöhtem Materialanteil.

Die als Rahmenkonstruktion ausgeführten selbsttragenden, vor einer Wand oder frei stehenden, geschoß- oder halbhohen Installationseinheiten enthalten sämtliche Anschlußmöglichkeiten für die geforderten Sanitärgegenstände und Armaturen (**136**.1).

Aufgrund der konstruktiven Möglichkeiten lassen sich offene, bauseits verfüllte oder verkleidete Installationsblöcke sowie werkseits verfüllte oder verkleidete Wand- oder Vorstellelemente unterscheiden.

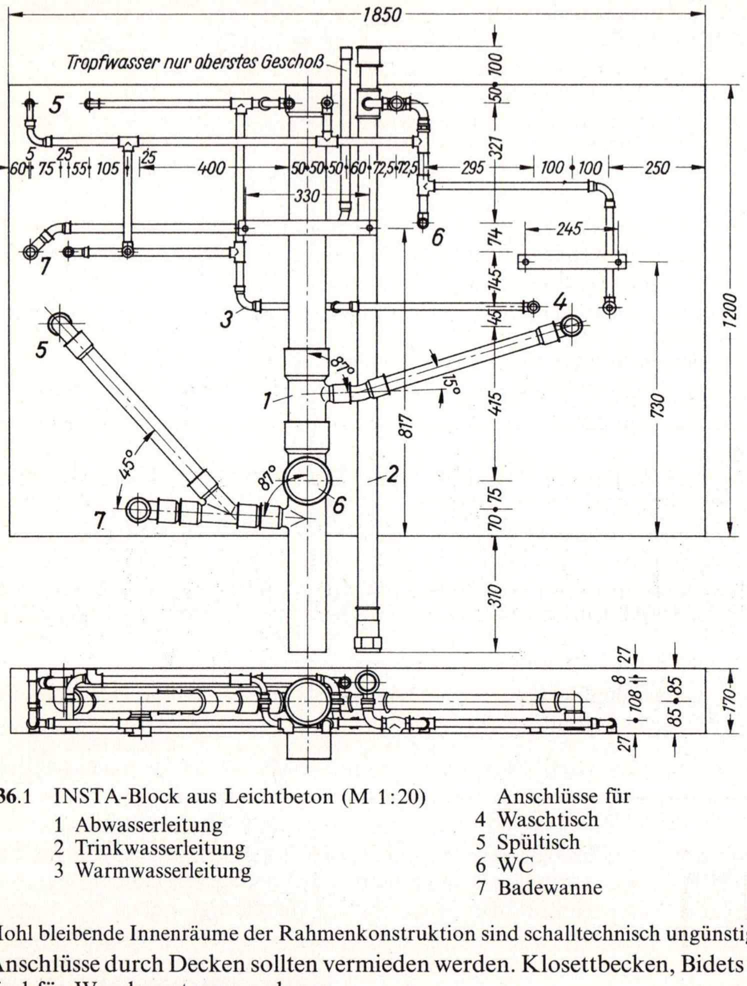

136.1 INSTA-Block aus Leichtbeton (M 1:20)
1 Abwasserleitung
2 Trinkwasserleitung
3 Warmwasserleitung

Anschlüsse für
4 Waschtisch
5 Spültisch
6 WC
7 Badewanne

Hohl bleibende Innenräume der Rahmenkonstruktion sind schalltechnisch ungünstig und abzulehnen.

Anschlüsse durch Decken sollten vermieden werden. Klosettbecken, Bidets und dergleichen sind für Wandmontage zu planen.

Der frei in den Raum gestellte Installationsblock stellt eine Sonderform dar, die weitgehende Unabhängigkeit zum Baukörper ermöglicht.

Installationszellen. Ein über die Vorfertigung von Installationsrohren, Rohrbündeln, Rohrelementen und Installationsblöcken oder -wänden hinausgehender Schritt stellt die Zusammenfassung der gesamten Rohrinstallation mit allen sanitären Gegenständen sowie Raumwänden, -decken und Fußbodenelementen zu geschlossenen Sanitärzellen dar.

Sie eignen sich für typisierte Bade- und WC-Räume, die nach dem Baukastensystem zusammengestellt werden.

Als industriell hergestellte Sanitärzellen sind sie nach der Montage sofort gebrauchsfertig.

Der Installateur stellt auf der Baustelle lediglich die Anschlüsse zwischen den Geschossen her.

Je nach Konstruktionsprinzip und Fertigungsart sind drei Grundtypen zu unterscheiden:
monolithische Installationszellen,
zusammengesetzte Installationszellen und
elementierte Installationszellen.

Monolithische Sanitärzellen sind schlüsselfertige Raumzellen, die in einem Arbeitsgang hergestellt und als fertige Einheiten in den Rohbau transportiert werden.

Zusammengesetzte Sanitärzellen werden als schlüsselfertige Raumzellen aus einzelnen Elementen hergestellt, im Werk zu einer Einheit zusammengebaut und dann als Ganzes in den Rohbau eingebracht.

Elementierte Sanitärzellen werden im Werk oder auf der Baustelle aus Einzelelementen zu Einheiten zusammengestellt.

Die durchweg nur in Räumen ohne Außenfenster einsetzbaren vorgefertigten Installationszellen engen die Gestaltungsmöglichkeiten der Grundrisse in der Regel stark ein und sind nur bei Verwendung großer Stückzahlen wirtschaftlich.

Die Grundrißmöglichkeiten sind bei Einzelelementen nach Typenkatalogen an ein Rastermaß von 750, 770, 920 mm o. a. gebunden.

Die übliche lichte Raumhöhe liegt bei 2,25 m, teilweise bei nur 2,05 m.

Der geringe Rauminhalt bedingt hohe stündliche Luftwechselraten mit schwer erreichbarer Zugfreiheit.

Installationsraumzellen sind ganze Raumzellen oder Installations-Kabinen mit kompletter Sanitäreinrichtung.

Transport- und Montageaufwand vergrößern sich mit dem Gewicht. Stahlbeton-Raumzellen (**137**.1) sind daher nur bei erdgeschossigen Bauten wirtschaftlich.

Kunststoffvollzellen oder -halbzellen (mit ca. 150 bis 70 kg Gewicht) werden allgemein Stahlbetonvollzellen (mit ca. 10 000 bis 3 000 kg Gewicht) vorgezogen.

Bei Kunststoff-Raumzellen werden in die Wandungen eingeformte Sanitärgegenstände geliefert (**137**.2). Wahl- oder Austauschmöglichkeiten bei Beschädigung, Brandschäden oder Verschmutzung sind nicht möglich.

Kunststoffhalbzellen sind für den Einbau in Altbauten entwickelt worden.

Die Ausstattungs- und Maßanforderungen der DIN 18 022 werden von den für Altbauten einsetzbaren Modellen nicht erfüllt.

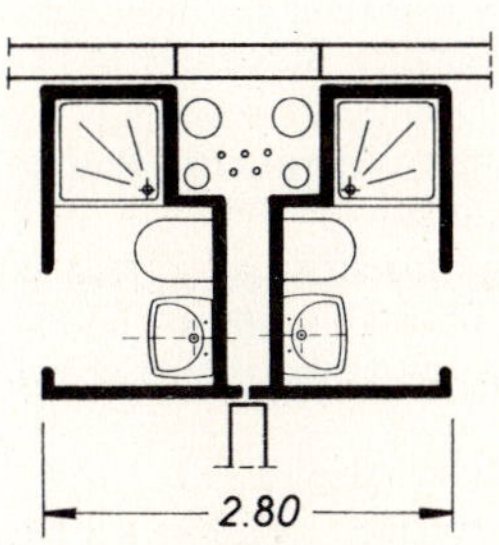

137.1 Beton-Sanitärzelle für Hotelbau (M 1:100), System Rasselstein (Baustoffwerke Rasselstein)

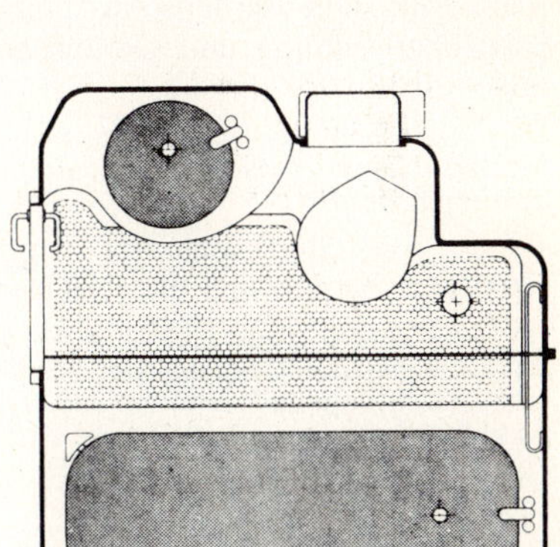

137.2 Kunststoff-Sanitärzelle für Wohnungsbau, Modell Tahiti (193 × 198 cm) (H.-G. Möller)

2.7 Druckerhöhungsanlagen

2.7.1 Allgemeines

Druckerhöhungsanlagen (DEA) in Grundstücken im Anschluß an öffentliche Trinkwasserleitungen sind Anlagen mit Pumpen zur Wasserversorgung von

Gebäuden, die mit dem vorhandenen Wasserdruck nicht ausreichend versorgt werden können, z. B. Hochhäuser (Höhe > 22 m, letzter Fußboden über Gelände),
Gebäuden, die mit dem vorhandenen Wasserdruck nicht ständig ausreichend versorgt werden können,
Anlagen, für deren Anschluß eine unmittelbare Verbindung mit Trinkwasserleitungen nicht zulässig ist, sowie
Feuerlösch- und Brandschutzanlagen (s. Abschn. 2.8).

Druckerhöhungsanlagen sind so auszulegen, auszuführen, zu betreiben und zu unterhalten, daß die ständige Betriebssicherheit der Wasserversorgung gegeben ist und weder die öffentliche Wasserversorgung noch andere Verbrauchsanlagen störend beeinflußt werden.

Vor der Projektierung ist beim Wasserversorgungsunternehmen (WVU) zu klären:

vorgeschriebene Anschlußart: mittelbarer (indirekter) oder unmittelbarer (direkter) Anschluß
Querschnitt der Anschlußleitung
vorhandener Mindestdruck in der Anschlußleitung
maximale Druckschwankungen in der Anschlußleitung
weitere Vorschriften des WVU
notwendige Förderhöhe der Anlage
Größe des Wasserbedarfes
Notwendigkeit einer Feuerlöschanlage: z. B. Anzahl der Anschlüsse je Stockwerk und Höhe des geforderten Mindestspritzdruckes am ungünstigst gelegenen Hydranten (s. Abschn. 2.8). Hierzu Anfrage auch bei der Brandbehörde.

Sehr hohe Gebäude werden in mehrere übereinanderliegende Druckzonen von je 8 bis 10 Geschosse unterteilt, wobei dann Druckminderventile (**125**.1) in den unteren Druckzonen für möglichst gleichmäßige Druckverhältnisse in den Leitungen sorgen.

Aus wirtschaftlichen und technischen Gründen sollte die Druckerhöhungsanlage möglichst hoch aufgestellt werden. Aus baulichen Gründen (Deckenbelastung, Raummangel, Betriebsüberwachung und Geräuschminderung) wird sie jedoch immer im Kellergeschoß angeordnet.

Da Druckerhöhungsanlagen in erheblichem Maß Störungen oder Rückwirkungen auf das öffentliche Wasserversorgungsnetz hervorrufen können, muß ihre Ausführung grundsätzlich durch das WVU genehmigt werden.

Bei der Aufstellung mehrerer Pumpen wählt man meistens eine Stufenverbrauchs-Druckschaltung, bei der sich die einzelnen Schaltbereiche überschneiden.

Bei absinkendem Druck schaltet sich zunächst die Pumpe mit dem höchsten Einschaltdruck ein. Reicht ihre Leistung für den augenblicklichen Verbrauch nicht aus, so sinkt der Wasserdruck weiter ab, und es schaltet sich dann die Pumpe mit dem nächstniedrigeren Einschaltdruck dazu usw. Ebenso wird sich bei Ausfall einer Pumpe selbsttätig die nächste einschalten.

Große Wirtschaftlichkeit und Betriebssicherheit sind die Vorzüge dieser Anordnung.

2.7.2 Anschlußarten

Je nach Versorgungsmöglichkeit und Leistung fordern die WVU örtlich verschiedene Anschlußsysteme der DEA. Dadurch ergeben sich von seiten des Zulaufes nachfolgend unterteilte Variationsmöglichkeiten.

Anlagen mit Druckkessel. Sie entsprechen in Bau und Betrieb grundsätzlich der in Abschn. 2.3 beschriebenen Druckluft-Hauswasserversorgung (**92**.1).

Folgende Arten sind zu unterscheiden:

a) Unmittelbarer Anschluß an das Versorgungsnetz ohne Druckbehälter auf der Vordruckseite (**139**.1a und **140**.1).

Der DVGW empfiehlt, daß beim Zu- und Abschalten einer Pumpe Geschwindigkeitsänderungen in der Anschlußleitung von 0,15 m/s nicht überschritten werden. Bei größeren Leistungen werden die örtlichen WVU daher diese Anschlußart nicht zulassen.

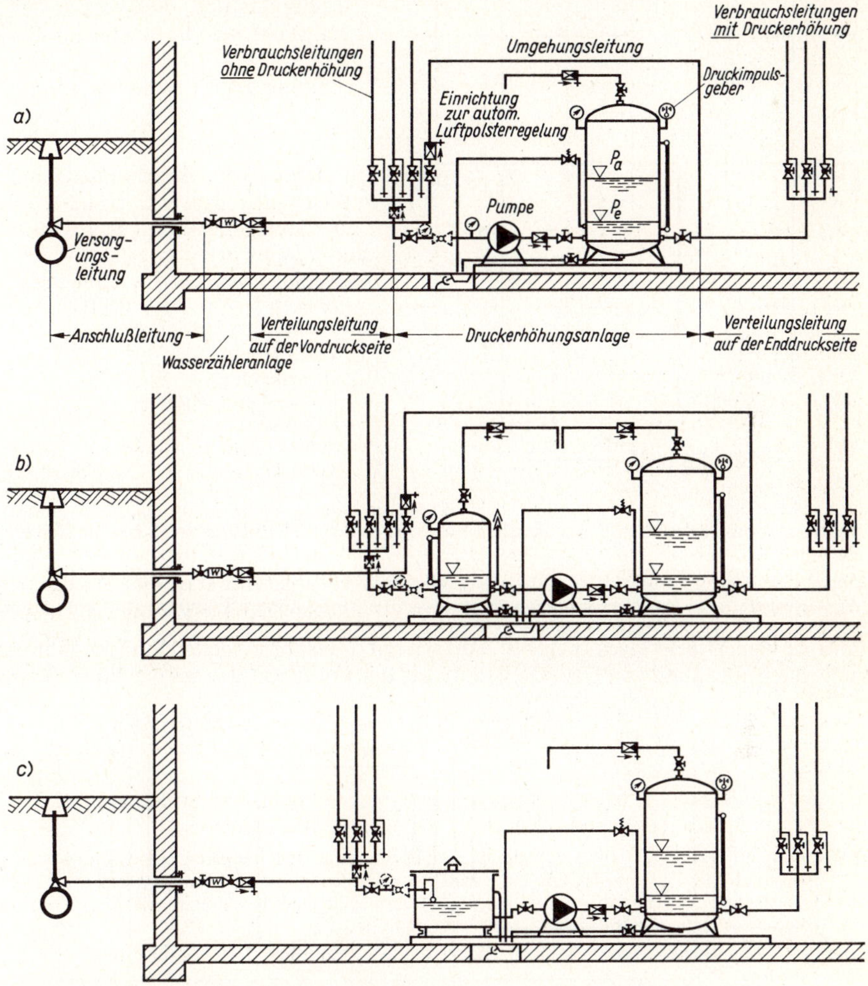

139.1 Druckerhöhungsanlagen mit Druckbehältern

a) unmittelbarer Anschluß, Druckbehälter nur auf der Enddruckseite der Pumpe

b) unmittelbarer Anschluß, je ein Druckbehälter auf der Vordruckseite und der Enddruckseite der Pumpe

c) mittelbarer Anschluß, Vorbehälter (geschlossener, unter atmosphärischem Druck stehender Behälter) auf der Vordruckseite, Druckbehälter auf der Enddruckseite der Pumpe

b) Unmittelbarer Anschluß an das Versorgungsnetz im vollautomatisch belüfteten Druckbehälter auf der Vordruckseite (**139**.1b).

Ein auf der Vordruckseite der Pumpen installierter Druckbehälter verhindert unzulässig hohe Druckstöße im Versorgungsnetz bei DEA für unmittelbaren Anschluß. Der vorhandene Netzdruck wird hier voll ausgenutzt.

c) Mittelbarer Anschluß an das Versorgungsnetz mit drucklosem Vorbehälter nach DIN 1988 (**139**.1c).

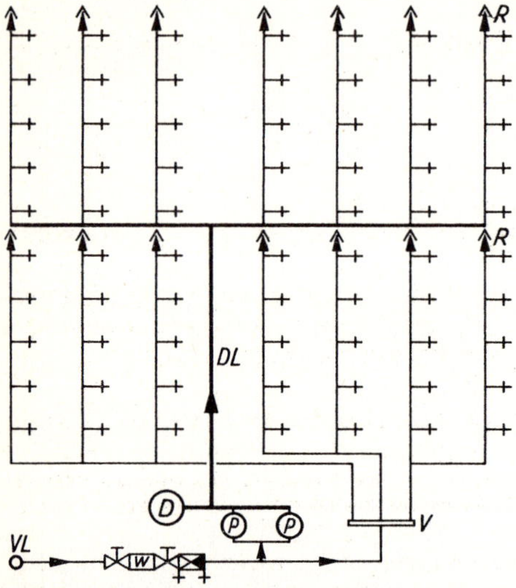

140.1 Druckerhöhungsanlage in unmittelbarem Anschluß an das Versorgungsnetz zur Wasserversorgung eines Hochhauses

VL Versorgungsleitung
DL Druckleitung
R Rohrbe- und -entlüfter
D Druckkessel
P Pumpe
V Verteiler

Diese Anschlußart wird erforderlich bei Systemtrennungsanlagen, wenn öffentliche mit privaten Anlagen verbunden werden, bei schwachen Vordrücken und als Druckhalteanlagen für Heizungssysteme.

Neben dem höheren Aufwand für den zusätzlichen Behälter gegenüber a) ist vor allem der Verlust des Wasserdruckes aus dem Versorgungsnetz von Nachteil. Eine höhere Pumpenleistung ist erforderlich.

Anlagen ohne Druckkessel. In diesen Anlagen mit drehzahlgeregelten Pumpen läßt sich auch ohne die Anordnung von Druckbehältern auf der Vordruck- wie auf der Enddruckseite der

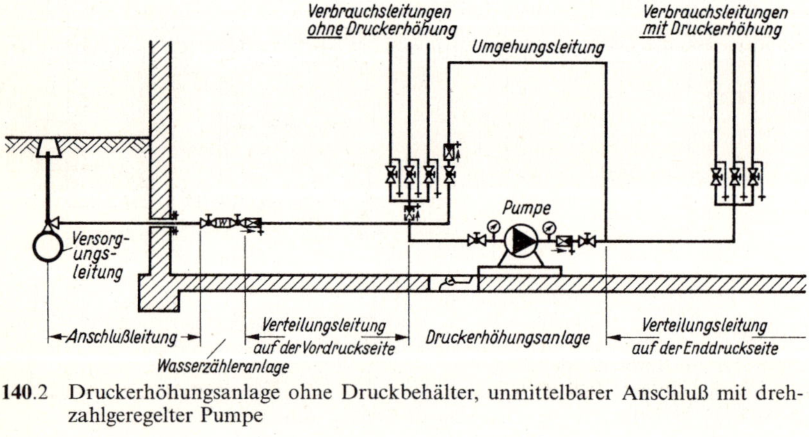

140.2 Druckerhöhungsanlage ohne Druckbehälter, unmittelbarer Anschluß mit drehzahlgeregelter Pumpe

Pumpen vermeiden, daß die im DVGW-Arbeitsblatt W 314 zulässigen Höchstwerte in der Anschlußleitung überschritten werden (**140**.2).

Gegenüber bisherigen Konstruktionen mit einer elektronischen Drehzahlregelung verwendet eine neuere Konstruktion an ihrer Stelle einen zwischen Motor und Pumpe geschalteten stufenlosen Drehzahlwandler. Er wird direkt durch die im Versorgungssystem entstehenden Druckveränderungen gesteuert und verursacht geringere Kosten bei fortfallenden Störquellen.

2.7.3 Förderhöhe und Wasserbedarf

Ermittlung der Förderhöhe. Die Förderhöhe der Pumpen beim Einschaltdruck ermittelt sich aus folgenden Werten:

$$H_E = H_{geo} + H_{Fl} + H_{vor\,max} - H_{vor\,min}$$

Darin sind im einzelnen

$H_{vor\,min}$ (m) = minimaler Vordruck in der Anschlußleitung

H_{geo} (m) = Höhe der höchstgelegenen Verbrauchsstelle über dem Aufstellungsort der Druckerhöhungsanlage

H_{Fl} (m) = erforderlicher Fließdruck an der ungünstigst gelegenen Verbrauchsstelle

$H_{vor\,max}$ (m) = maximaler Druckverlust in den der Druckerhöhungsanlage nachgeschalteten Leitungen bis zur ungünstigst gelegenen Verbrauchsstelle

H_E (m) = Förderhöhe der Pumpen beim Einschaltpunkt

Der minimale Vordruck in der Anschlußleitung muß beim zuständigen WVU erfragt werden, ebenfalls eventuelle Vordruckschwankungen.

Sind diese Vordruckschwankungen größer als 1,5 bar, so empfiehlt sich bei Anlagen für unmittelbaren Anschluß an das Versorgungsnetz der Einbau eines baumustergeprüften Druckminderers, der den Vordruck auf $H_{vor\,min}$ begrenzt und konstant hält.

Bei Anlagen für mittelbaren (indirekten) Anschluß beträgt der in die Formel für die Ermittlung der Förderhöhe der Pumpen einzusetzende Wert $H_{vor\,min} = 0$, da diese Anlagen mit einem drucklosen Vorbehälter ausgerüstet sind, in dem das aus dem Versorgungsnetz zulaufende Wasser drucklos gemacht wird.

Ermittlung des Wasserbedarfs. Der erforderliche Wasserbedarf läßt sich gemäß den Kurven des Arbeitsblattes W 314 ermitteln (**141**.1 und **142**.1).

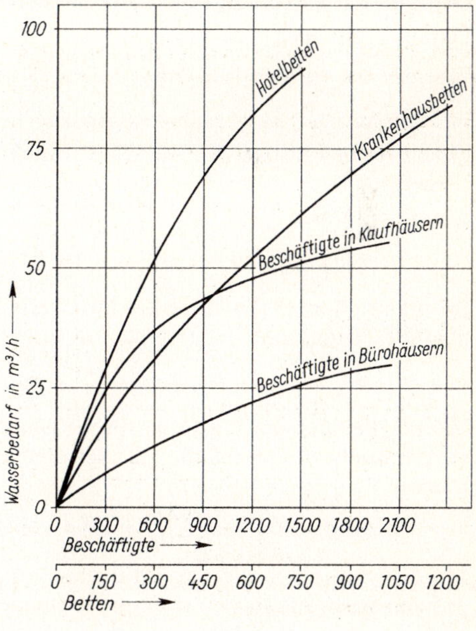

141.1
Maximaler Wasserbedarf für Büro-, Kauf- und Krankenhäuser sowie für Hotels; Richtwerte nach DVGW-Arbeitsblatt W 314

Anhand dieser Kurven läßt sich pro Wohnungseinheit oder pro Angestelltem im Bürohaus oder pro Hotelbett bzw. Krankenhausbett oder pro Beschäftigtem im Kaufhaus der Wasserbedarf ermitteln.

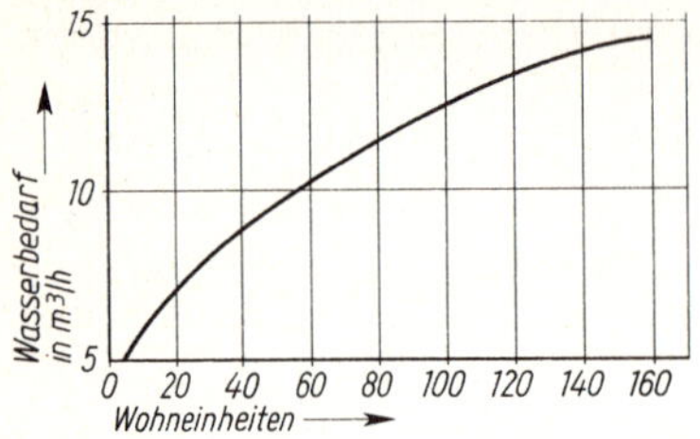

142.1
Maximaler Wasserbedarf für Wohnhäuser; Richtwerte nach DVGW-Arbeitsblatt W 314

Diese Werte sind Richtwerte und entsprechen dem Wasserbedarf von Gebäuden mit normaler Ausstattung.

Bei kleineren Gebäuden, Komfortausstattung und anderen Sonderfällen ist eine Wasserbedarfsberechnung in Anlehnung an Abschn. 2.5.2 erforderlich. Hierbei ergeben sich erfahrungsgemäß ausreichende Werte, wenn der Belastungswert (BW) mit 0,12 l/s eingerechnet wird.

Beispiel

Ein Hochhaus mit zehn Stockwerken und sieben Wohnungen je Stockwerk soll durch eine Druckerhöhungsanlage mit Wasser versorgt werden. Das sind im ganzen $7 \times 10 = 70$ Wohnungen. Der Wasserbedarf ergibt sich aus dem Kurvenblatt Wohneinheiten (**142**.1) mit 11 m³/h.

An der obersten Entnahmestelle soll ein Mindest-Fließdruck von $H_{Fl} = 15$ m vorliegen. Das zuständige Wasserversorgungsunternehmen gibt den minimalen Vordruck an der Anschlußleitung mit min $H_{vor} = 20$ m an.

Die Stockwerkhöhe beträgt 3 m.

Die Zahl der zu versorgenden Stockwerke: 10 + Keller = 11

Daraus ergibt sich

$$H_{geo} = 11 \times 3 = 33\,\text{m}$$

Die maximalen Druckverluste in den der Druckerhöhungsanlage nachgeschalteten Leitungen bis zur ungünstigst gelegenen Verbrauchsstelle werden mit 0,2 m je m Höhenunterschied festgelegt.

Dann ergibt sich

$$\max H_{vor} = 0{,}2 \times H_{geo} = 0{,}2 \times 33 = 6{,}6\,\text{m}$$

Bei unmittelbarem Anschluß der Druckerhöhungsanlage an das Versorgungsnetz ermittelt man die Förderhöhe der Pumpen im Einschaltpunkt

$$H_E = H_{geo} + H_{Fl} + \max H_{vor} - \min H_{vor} = 33 + 15 + 6{,}6 - 20 = 34{,}6\,\text{m} \approx 35\,\text{m}$$

Ist vom zuständigen Wasserversorgungsunternehmen der mittelbare (indirekte) Anschluß vorgeschrieben, so wird $\min H_{vor} = 0$ und damit die Förderhöhe im Einschaltpunkt der Pumpe

$$H_E = 33 + 15 + 6{,}6 - 0 = 54{,}6\,\text{m} \approx 55\,\text{m}$$

Mit den ermittelten Werten Wasserbedarf 11 m³/h Pumpenförderhöhe 35 bzw. 55 m ist aus den Auswahltabellen die entsprechende Anlage festzulegen.

2.8 Feuerlöschanlagen

In Hochhäusern werden von den Feuerschutzdienststellen und den Feuerversicherungsgesellschaften bestimmte Feuerlöscheinrichtungen verlangt, soweit diese nicht bereits gesetzlich vorgeschrieben sind.

Sie werden im allgemeinen im Anschluß an Trinkwasserleitungen ausgeführt, wobei neben DIN 1988 und speziellen örtlichen Vorschriften insbesondere das DVGW-Arbeitsblatt W 313 zu beachten ist.

Zu unterscheiden sind Hydrantenanlagen, Wasserschleieranlagen, Sprühflutanlagen und Sprinkleranlagen.

Hinsichtlich des Anschlusses an das Versorgungsnetz unterscheidet man

a) Verbundanlagen
b) reine Anlagen für den Brandschutz
c) unmittelbar angeschlossene Anlagen
d) mittelbar angeschlossene Anlagen mit Druckerhöhung

Hydrantenanlagen. Das sind Anlagen zur Brandbekämpfung in Grundstücken, die nur aus Rohrleitungen mit angeschlossenen Unterflur-, Überflur- oder Wandhydranten bestehen.

Unter- und Überflurhydranten sind für die Installation im Straßen- und Grundstücksbereich konstruiert. Für Wohn- und Bürogebäude kommen vor allem Wandhydranten in Frage.

Hydrantenanlagen sind, wenn irgend möglich, als Verbundanlagen zu bauen, deren Rohrleitungen weitgehend sowohl der Versorgung der Trinkwasser-Verbrauchsanlagen als auch der der Hydranten dienen (**143**.1). Der gesamte Wasserbedarf für die Trinkwasser-Verbrauchsanlage und den Brandschutz wird durch einen Wasserzähler erfaßt.

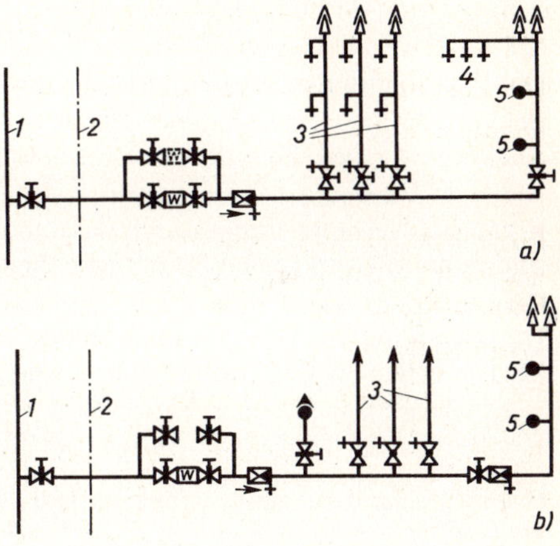

143.1
Hydrantenanlagen als Verbundanlagen (nach DVGW-Arbeitsblatt W 313)

a) mit
b) ohne Entnahmestellen an den Enden der Feuerlöschleitung

1 Versorgungsleitung
2 Grundstücksgrenze
3 Verbrauchsleitungen
4 Entnahmestellen
5 Wandhydrant

Zum Ausbau dieses Wasserzählers ohne Störung der Wasserversorgung ist der Einbau einer Parallelleitung empfehlenswert (**143**.1).

In der Hauptverteilungsleitung ist hinter der Wasserzähleranlage möglichst im Keller, notfalls in einem Schacht, ein prüfbarer Rückflußverhinderer (**123**.1 und 2) einzubauen.

Die Steigleitungen für Wandhydranten müssen folgende Mindestabmessungen aufweisen:

DN 50 für bis zu 2, DN 65 für bis zu 3 und DN 80 für 4 und mehr Entnahmestellen.

Die Abzweige in den Geschossen müssen die Nennweite der angeschlossenen Wandhydranten haben. Das ist in der Regel DN 50 (**144**.1).

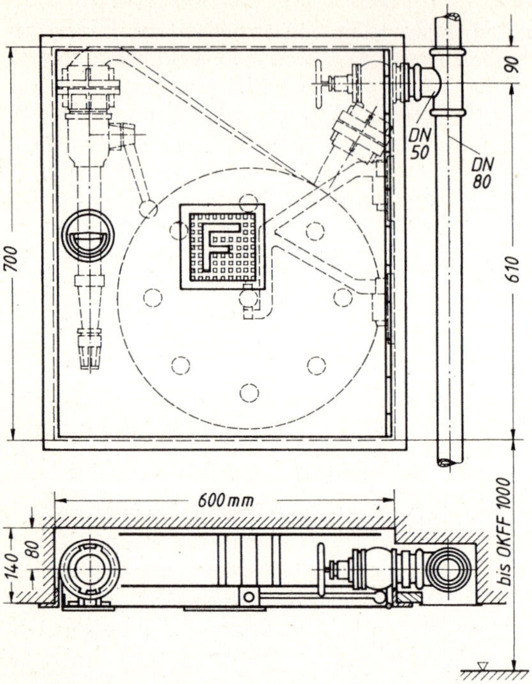

144.1
Trägertür für 15 bis 30 m Feuerlöschschlauch zum Anschluß an Wandhydranten DN 50 (M 1:13) (H. Schmitz + Co.)

Die Wandhydranten werden meistens in den Zwischengeschossen installiert.

Bei Verbundanlagen sind an den Enden der Feuerlöschleitungen zur laufenden Erneuerung des Wassers regelmäßig benutzte Entnahmestellen anzuschließen (**143**.1 a).

Ist dies bei einzelnen Feuerlöschleitungen nicht möglich, so sind diese nach der Abzweigstelle von der Verbundleitung durch zusätzliche Rückflußverhinderer zu sichern. Die Enden sind dann mit wirksamen Spülmöglichkeiten zu versehen (**143**.1 b).

Grundsätzlich kann man davon ausgehen, daß in Gebäuden je Wandhydrant eine Löschwassermenge von 12 m^3/h bei einem Mindestfließdruck von 3 bar zu garantieren ist. Die örtlichen Vorschriften hierzu sind jedoch abzuklären.

Feuerwehren bekämpfen Brandherde von zwei Ebenen aus. Deshalb sind in der Regel zwei Wandhydranten mit Leistungen von je 12 $m^3/h = 24$ m^3/h bei 3 bar Mindestfließdruck zu beliefern.

Die Löschwassermenge muß auf die Dauer von 2 Stunden im normalen Brandfall mit 20 bis 60 m^3/h (5 bis 15 l/s) und bei einem Großbrand mit 70 bis 100 m^3/h (20 bis 30 l/s) angenommen werden. Tragkraftspritzen leisten 6 l/s bzw. 13 l/s, Löschfahrzeuge 26 l/s und Tanklöschfahrzeuge 40 l/s.

Reine Hydrantenanlagen, die lediglich der Brandbekämpfung dienen, sind nur ausnahmsweise im Gebäude vorzusehen.

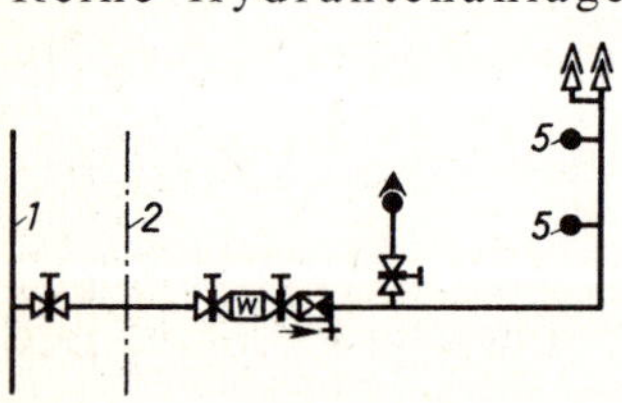

144.2
Reine Hydrantenanlage mit Wasserzähler (nach DVGW-Arbeitsblatt W 313) (Legende s. Bild **143**.1)

Sie sollen ebenfalls einen in die Anschlußleitung eingebauten Wasserzähler erhalten (**144**.2).

Trockene Steigleitungen zur Brandbekämpfung, z. B. für hohe oder frostgefährdete Gebäude, sind mit dem Trinkwassernetz nicht unmittelbar verbunden.

Im Brandfall wird das Löschwasser hier durch Zwischenschalten einer Feuerlöschpumpe herangeführt (**145**.1). Sie entnimmt das Wasser über Hydranten aus dem Trinkwassernetz oder aus Tankfahrzeugen, Bächen, Löschwasserteichen oder Brunnen.

Daher sind in nächster Nähe der Festkupplungsanschlüsse für die trockenen Steigleitungen nach Möglichkeit geeignete Wasserentnahmestellen vorzusehen.

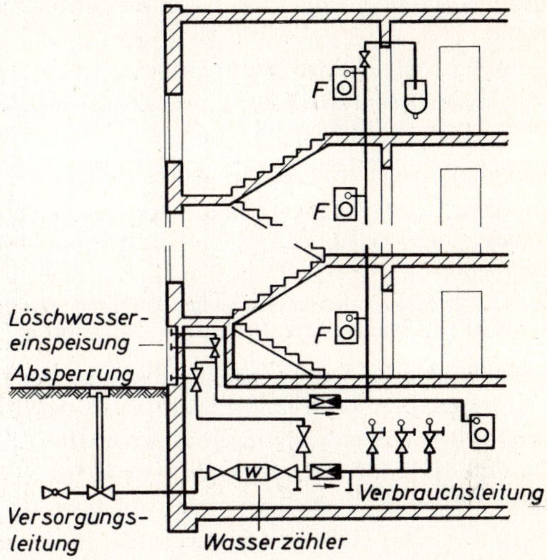

145.1
Feuerlöschanlage, kombinierte Naß- und Trockenanlage mit von außen bedienbaren Absperrungen und Schlauchanschlüssen

In Hochhäusern wird die Wasserversorgung von einer Druckerhöhungsanlage unterhalten (s. Abschn. 2.7). Es ist naheliegend, auch die Feuerlöschwasseranlage über diese Druckerhöhungsanlage zu versorgen. Dazu muß jedoch dem normalen Hauswasserbedarf ein Löschwasserbedarf hinzugerechnet werden.

Wenn z. B. für ein Hochhaus mit 150 Wohnungseinheiten für den normalen Bedarf ein Wasserstrom von 14 m^3/h erforderlich ist, müßte die Löschwassermenge mit 24 m^3/h berücksichtigt werden. Sie wäre zu dem errechneten Hauswasserbedarf von 14 m^3/h hinzuzurechnen, so daß sich eine Gesamtbedarfsmenge von 38 m^3/h ergibt. Da aber die 24 m^3/h nur im Falle eines Brandes als Löschwasser gebraucht würden, wäre eine solche Anlage für den Normalbetrieb mit einer unnötig großen Leistung ausgelegt, also unwirtschaftlich.

Deshalb ist es rentabler, Feuerlösch-Steigleitungen mit einer besonderen Druckerhöhungsanlage zu betreiben (**145**.2). Für solche mit getrennter Druckerhöhungsanlage ausgestatteten Feuerschutzeinrichtungen gelten erleichterte Aufstellungsbedingungen.

145.2
Feuerlöschanlage (Hydrantenanlage) mit besonderer Druckerhöhungspumpe

1 Versorgungsleitung
2 Feuerlöschleitung
3 Trinkwasserleitung
4 Trinkwasserzapfstelle
5 Wandhydrant
6 Druckerhöhungsanlage für Trinkwasserversorgung
7 DEA für Feuerlöschanlage

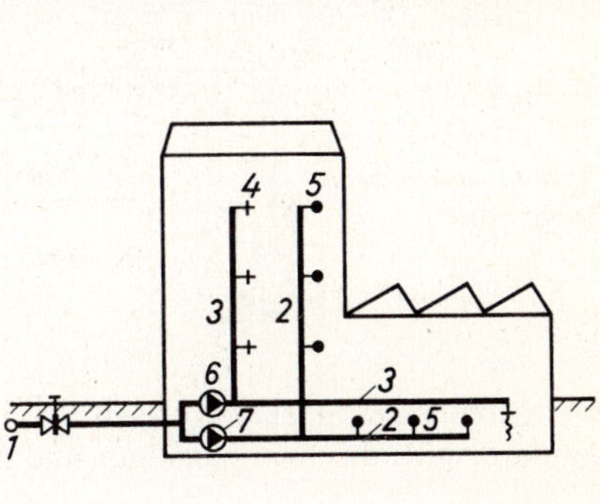

Die Frage der Feuerlöschwasserversorgung im Hochhaus ist daher stets rechtzeitig mit dem die letzte Entscheidung treffenden WVU zu klären.

Alle Absperreinrichtungen und Hydranten mit Zubehör müssen den DIN-Vorschriften und den Hydrantenrichtlinien des DVGW-Arbeitsblattes W 331 entsprechen, damit einheitliche Bedienungsschlüssel, Standrohre und Schlauchanschlüsse verwendet werden können.

Wasserschleieranlagen. Sie werden auch als Regenvorhänge bezeichnet. Von Hand oder automatisch über ein Anregersystem auslösbar sind sie keine eigentlichen Feuerlöschanlagen.

Sie sollen vielmehr die Ausbreitung von Feuer verhüten.

Im Betriebsfall wird schlagartig die volle Wassermenge versprüht. Das Wasser wird durch festverlegte Leitungen bis an Düsenrohre mit offenen Düsen geführt.

Sprühflutanlagen. Sie sind in gleicher Weise wie Wasserschleieranlagen auslösbar.

Sie dienen zur schnellen Überflutung besonders brandgefährdeter Räume, außerdem zur Berieselung von Tanks und ähnlichen Einrichtungen zur Verhinderung unzulässig hoher Temperaturen.

Die festverlegten Leitungen mit offenen Düsen werden erst mit Wasser gefüllt, wenn die Anlage in Tätigkeit tritt. Auch bei dieser Anlage wird sofort die volle Wassermenge entnommen.

Sprinkleranlagen. Dies sind stets selbsttätige Feuerlöscheinrichtungen, die das Wasser durch festverlegte Leitungen unmittelbar bis an den Brandherd heranführen.

Sie sollen als Verbundanlagen gebaut werden (**146**.1).

Durch eingebaute Schmelzlot- oder Glasfaßsprinkler werden sie automatisch unter gleichzeitiger Auslösung von Alarmanlagen in Tätigkeit gesetzt.

Es ist zwischen Naß- und Trockenanlagen zu unterscheiden (**146**.1).

Der Leitungsquerschnitt wird nur stufenweise und nicht schlagartig in Anspruch genommen.

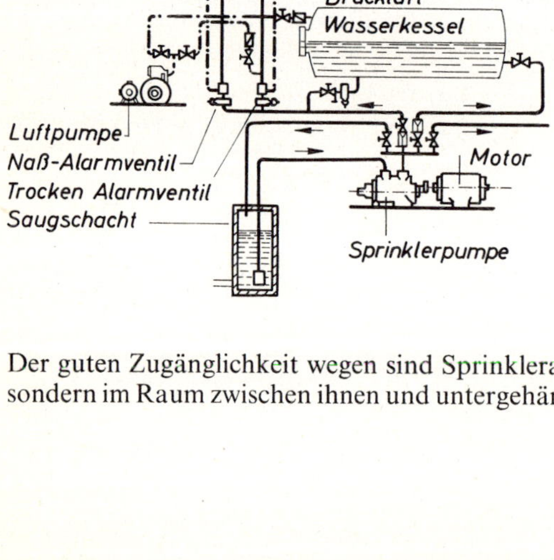

146.1
Sprinkleranlagen, Naß- und Trockensystem

Der guten Zugänglichkeit wegen sind Sprinkleranlagen möglichst nicht in Massivdecken, sondern im Raum zwischen ihnen und untergehängten Zwischendecken zu verlegen (**147**.1).

Die Zuleitungen zu ihnen sind entweder frei und unmittelbar zugänglich in den Räumen oder in Rohrkanälen anzuordnen.

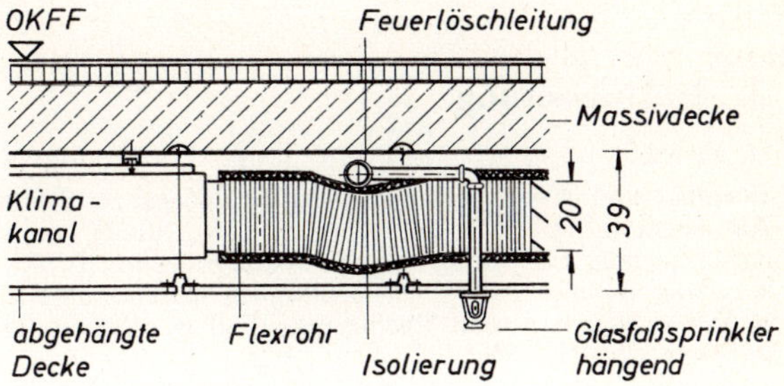

147.1
Sprinkleranlage in Kaufhauszwischendecke

2.9 Technische Regeln

Deutsche Normen

DIN 1053 T. 1 Mauerwerk; Berechnung und Ausführung (11.74)

DIN 1988 Trinkwasser-Leitungsanlagen in Grundstücken; Technische Bestimmungen für Bau und Betrieb (01.62)

DIN 2000 Zentrale Trinkwasserversorgung; Leitsätze für Anforderungen an Trinkwasser; Planung, Bau und Betrieb der Anlagen (11.73)

DIN 2001 Eigen- und Einzeltrinkwasserversorgung; Leitsätze für Anforderungen an Trinkwasser; Planung, Bau und Betrieb der Anlagen; Technische Regel des DVGW (02.83)

DIN 4109 T. 5 Schallschutz im Hochbau; Erläuterungen (04.63)

DIN 4810 T. 1 Druckbehälter aus Stahl für Wasserversorgungsanlagen (08.77)

DIN 18 381 VOB Verdingungsordnung für Bauleistungen, Teil C: Allgemeine Technische Vorschriften für Bauleistungen, Gas-, Wasser- und Abwasser-Installationsarbeiten innerhalb von Gebäuden (10.79)

DVGW-Regelwerk

W 101 Richtlinien für Trinkwasserschutzgebiete; 1. Teil, Schutzgebiete für Grundwasser (02.75)

W 308 Richtlinien für die Berechnung von Wasserleitungen in Hausanlagen; Berechnungsanleitung zu DIN 1988 (03.62)

W 313 Richtlinien für Bau und Betrieb von Feuerlösch- und Brandschutzanlagen in Grundstücken im Anschluß an Trinkwasserleitungen (07.64)

W 314 Druckerhöhungsanlagen in Grundstücken; Technische Bestimmungen für Auslegung, Ausführung und Betrieb (03.74)

W 331 Hydranten (02.83)

3 Entwässerung

Für die Standortwahl einzelner Gebäude und ganzer Siedlungen ist die Beseitigung des anfallenden Abwassers in hygienisch und technisch einwandfreier und wirtschaftlich tragbarer Weise ebenso von entscheidender Bedeutung wie die Versorgung mit Trinkwasser. Sie ist unbedingt von vornherein sorgfältig zu treffen, da Mängel nachträglich meist nur unter erheblichen Schwierigkeiten und mit hohen Kosten zu beseitigen sind. Rechtzeitige Rücksprache mit den zuständigen Genehmigungsbehörden ist daher unerläßlich.

Abwasserarten. Es sind zu unterscheiden

1. Regenwasser

2. Schmutzwasser

a) Hausabwässer aus Spül- und Wascheinrichtungen der Wirtschafts- und Sanitärräume usw.

b) feste und flüssige Fäkalien

c) Abwässer aus Gewerbebetrieben

Schmutzwässer sind durchweg mechanisch, bakteriologisch, zum Teil auch chemisch stark verunreinigt und daher stets aufzubereiten, bevor sie wieder in den natürlichen Wasserkreislauf eingeleitet werden. Am zuverlässigsten wird das Abwasser in öffentlichen Sammelanlagen aufbereitet und geklärt. Eine öffentliche Kanalisation, durch die zudem die Schmutzstoffe sogleich vom Grundstück abgeschwemmt werden, ist daher die beste Vorflut (Abflußmöglichkeit der Abwässer). Nur wo sie nicht möglich ist, kommt als Notlösung eine örtliche Abwasserbeseitigung in Frage.

3.1 Örtliche Abwasserbeseitigung

3.1.1 Regenwasserbeseitigung

Für die Bemessung von Regenwasserableitungen ist zunächst die maximale Regenspende max r maßgebend, d. h. diejenige Regenmenge in l/s · ha, die bei einer Regendauer von 5, 10 oder 15 min im Jahr einmal überschritten wird (Taf. **196**.2). Die maximale Abflußmenge max Q_r ermittelt man dann durch Ansatz eines Abflußbeiwertes ψ nach Tafel **196**.3, der die Versickerung, Verdunstung und zeitweise Zurückhaltung eines Teils der Niederschläge auf der Niederschlagsfläche berücksichtigt. Es gilt also die Formel

$$\max Q_r = \Psi \cdot F \cdot \frac{\max r}{10\,000 \text{ l/s}}$$

mit ψ Abflußbeiwert
F Niederschlagsfläche in m²
max r in l/s · ha

Zur Verwendung des Regenwassers für die Wäsche oder das Gießen der Gärten werden bei Einfamilienhäusern oft Sammelbehälter aus Holz, Beton oder Stahlblech als Regentonne direkt unter dem Regenfallrohr aufgestellt. Ein Überlauf mit Versickerung ist für starken Regenfall vorzusehen. Regentonnen erhalten zweckmäßig einen Entleerungshahn ca. 40 cm über Gelände. Regenwasser-Sammelgruben mit Filter (Zisternen) s. Abschn. 2.2.1.

Abgeleitet wird das Regenwasser unter Ausnutzung natürlichen Gefälles in offenen, flachen Rinnen, in einfachen Gräben oder in unterirdischen Leitungen.

Bei Fehlen einer geeigneten Vorflut läßt sich das Regenwasser bei durchlässigem Boden am billigsten durch eine einfache, leicht zu erneuernde Sickergrube, besser durch einen Sickerschacht nach Abschn. 3.1.3.3, in Fließrichtung des Grundwasserstromes hinter dem Gebäude angeordnet, beseitigen.

Ist auf dem Grundstück eine Kleinkläranlage nach Abschn. 3.1.3 vorhanden, so wird meistens das Regenwasser der Dachfläche in den Ablauf dieser Anlage eingeleitet. Hierbei müssen Laub und Sperrstoffe durch geeignete Einrichtungen zurückgehalten werden.

3.1.2 Schmutzwasserbeseitigung

Bei Grundstücksentwässerungsanlagen ohne Spülabort ist die Menge des Hausabwassers von Art und Umfang der Trinkwasserversorgung abhängig und mit 75···100 l je Person und Tag anzunehmen.

An festen und flüssigen Fäkalien rechnet man mit 1,5 l je Person und Tag oder 45 l je Kopf und Monat, an festen Kotstoffen mit 40 l je Kopf und Jahr.

Trockenaborte. Aborte ohne Wasserspülung dürfen nur ausnahmsweise dort vorgesehen werden, wo kein Anschluß eines Spülabortes an eine Kläranlage oder an ein zentrales Entwässerungsnetz möglich ist. Sie sollen möglichst eine selbsttätige Torfmull-Streuvorrichtung erhalten und sind mit dichtschließenden Deckeln auszustatten. Aborträume dieser Art dürfen nur von einem gut lüftbaren Vorraum oder vom Freien aus zugänglich sein.

Räume mit Aborten ohne Wasserspülung sind an eine außerhalb des Gebäudes anzulegende, wasserdicht gemauerte oder betonierte Abortgrube mit Betonfußboden und Gefälle zu einem Pumpensumpf und mit Stahlbetondecke mit Einsteigöffnung anzuschließen.

Abortanlagen dieser Art sind hygienisch unzulänglich und daher heute als überholt anzusehen.

Hausabwässer. Sie dürfen nicht in die vorgenannte Abortgrube eingeleitet werden. Sie müssen mindestens in einem Schlammfang grob vorgereinigt werden, bevor sie wie Regenwasser auf dem Grundstück versickern, da sich sonst wegen ihres Fett- und Seifengehaltes der Boden sehr schnell zusetzen würde.

3.1.3 Kleinkläranlagen

3.1.3.1 Allgemeines

Eine zeitgemäße Hauswasser-Versorgungsanlage nach Abschn. 2.3 und in Verbindung mit ihr Aborte mit Wasserspülung sind heute auch auf dem Land selbstverständlich geworden. Bei diesen Anlagen fällt indessen durch Fäkalien verschmutztes Abwasser in solchen Mengen an, daß nunmehr die gesamten häuslichen Abwässer vor der Einleitung in einen Vorfluter oder eine Versickerungsanlage gemeinsam in Kleinkläranlagen behandelt werden müssen.

Die nachfolgenden Ausführungen gelten lediglich gemäß DIN 4261 für Kleinkläranlagen zur Behandlung des im Trennverfahren erfaßten häuslichen Schmutzwassers aus einzelnen oder mehreren Gebäuden mit höchstens 200 Einwohnern. Als häusliches Schmutzwasser gilt Abwasser aus Küchen, Hausarbeitsräumen, Wasch- und Baderäumen, Aborträumen und ähnlich genutzten Räumen.

Anderes Wasser, wie Regenwasser (Niederschlagswasser), Grundwasser (Dränung), Ablaufwasser von Schwimmbecken, darf nicht in Kleinkläranlagen, sondern bei sichergestellter Vorflut lediglich in den Ablauf einer Kleinkläranlage eingeleitet werden, wenn dabei kein Rückstau in die Anlage eintreten kann.

Für die Behandlung gewerblichen Abwassers, für Kläranlagen für mehr als 200 Einwohner oder für Krankenanstalten, Autobahnraststätten usw. gelten besondere Festlegungen, auf die hier nicht eingegangen werden kann.

Über die Zulässigkeit des Einbaues und des Betriebes einer Kleinkläranlage, das erforderliche Ausmaß der Behandlung und die Art der Einleitung des Abwassers entscheidet die auch für die Abnahme zuständige Behörde (z. B. das Wasserwirtschaftsamt oder Tiefbauamt usw.) im Rahmen der baurechtlichen und der wasserrechtlichen Vorschriften nach den örtlichen Gegebenheiten und den Erfordernissen des Gewässerschutzes.

Der Entwurf der Kleinkläranlage ist von einem Fachmann aufzustellen. Werkmäßig hergestellte Kleinkläranlagen müssen ein Prüfzeichen aufweisen.

Der Abstand der Kleinkläranlage von vorhandenen oder geplanten Wassergewinnungsanlagen, Schutzbereichen und von Gebäuden muß entsprechend den Vorschriften ausreichend sein. Der anfallende Schlamm muß entnommen und beseitigt werden können.

3.1.3.2 Abwasserbehandlung

Die Schmutzwasserklärung und -beseitigung erfolgt in der Regel abschnittsweise in drei aufeinanderfolgenden Verfahren:

Mechanische Reinigung des Schmutzwassers,
biologische Reinigung des entschlammten Schmutzwassers und
Beseitigung des geklärten Schmutzwassers.

Mechanische Reinigung. Für die Reinigung des Schmutzwassers sind Mehrkammergruben als Entschlammungsanlagen geeignet.

Je nach erforderlichem Nutzraum (Taf. **151**.1) werden sie als Zwei-, Drei- oder Vierkammergruben für eine Wassertiefe von 1,20 bis 2,00 m ausgeführt (**150**.1, **151**.2 und 3).

Bei mehrstöckigen Klärgruben sind die Kammern übereinander angeordnet, so daß sich ungünstige Gesamtbautiefen von 6 bis 7 m ergeben.

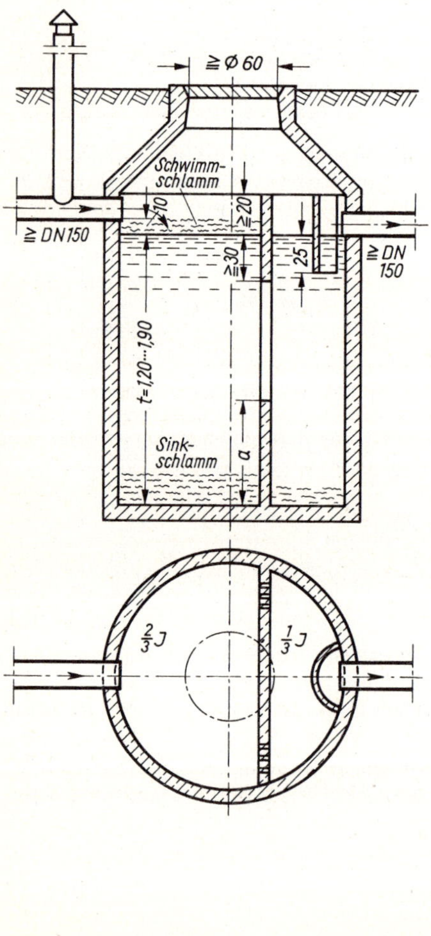

150.1
Mehrkammergrube mit 2 Kammern (M 1:50)

Tafel **151**.1 Mehrkammergruben als Drei- oder Vierkammergruben (nach DIN 4261)

Nutzinhalt der Grube	l	3000···4000	> 4000···10 000	> 10 000···50 000	> 50 000
größte zul. Wassertiefe	m	1,5	2,2	2,5	3,0

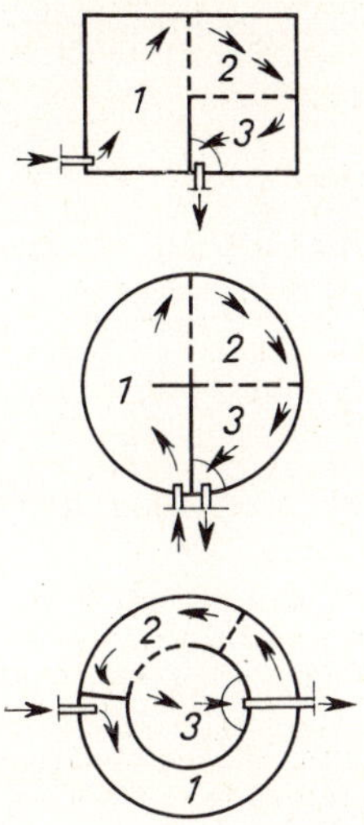

151.2 Dreikammergruben

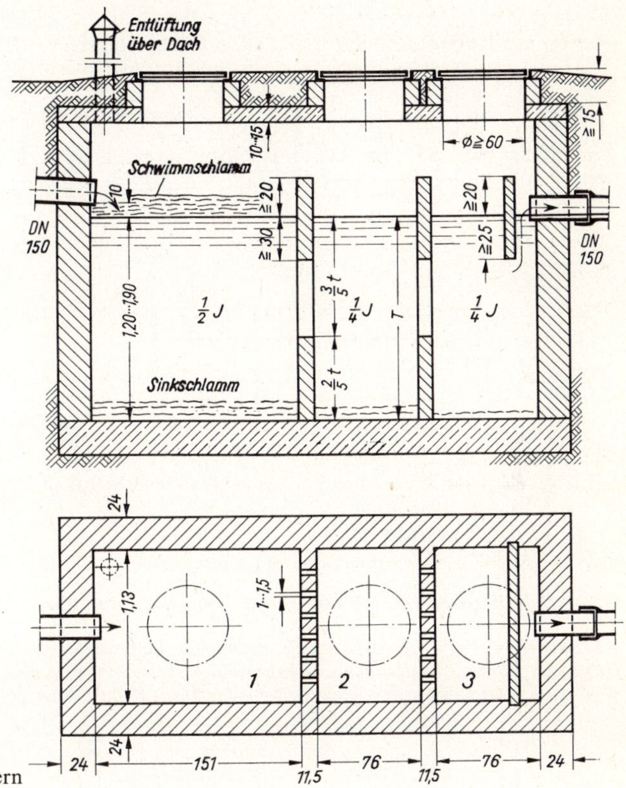

151.3
Mehrkammergrube mit 3 Kammern

Mehrkammergruben reinigen das Abwasser im wesentlichen mechanisch von den schwebend mitgeführten Verunreinigungen durch Verringern der Fließgeschwindigkeit. Sie werden im allgemeinen biologischen Reinigungsanlagen vorgeschaltet.

Für sich allein kommen sie auch als Übergangslösung dort in Frage, wo der spätere Anschluß an ein zentrales Entwässerungsnetz mit ausreichend bemessener Kläranlage sichergestellt ist.

Biologische Teilreinigung. Sie erfolgt durch Mehrkammer-Ausfaulgruben, die sich von Mehrkammergruben nur durch größere Abmessungen unterscheiden.

Sie erhalten jedoch mindestens drei Kammern, wobei die letzte stark belüftet wird.

In ihrer Wirkung ist die Ausfaulgrube wegen der längeren Durchlaufzeiten bei größerem Rauminhalt wesentlich wartungsfreier.

Die Belüftung der letzten Kammer bewirkt eine biologische Teilreinigung. Eine Erddeckung von 30 cm sichert den für die Faulung verantwortlichen Bakterien die zum Gedeihen nötige Wärme.

Biologische Reinigung. Da die biologische Selbstreinigungskraft der Vorflut (Bäche, Flüsse, Teiche, Seen usw.) in der Regel nicht ausreicht, um mechanisch vorgeklärtes Abwasser zu reinigen, werden biologische Reinigungsanlagen erforderlich.

Für eine biologische Reinigung vorgereinigten Abwassers bis zur Fäulnisunfähigkeit kommen folgende Anlagen in Frage:

Untergrundverrieselung, Sandfiltergraben, Sickerschacht und Tropfkörper.

Bei der Untergrundverrieselung wird vorgereinigtes Abwasser unter der Geländeoberfläche über ein Netz aus Dränrohren verteilt und dabei biologisch gereinigt (**152.1**).

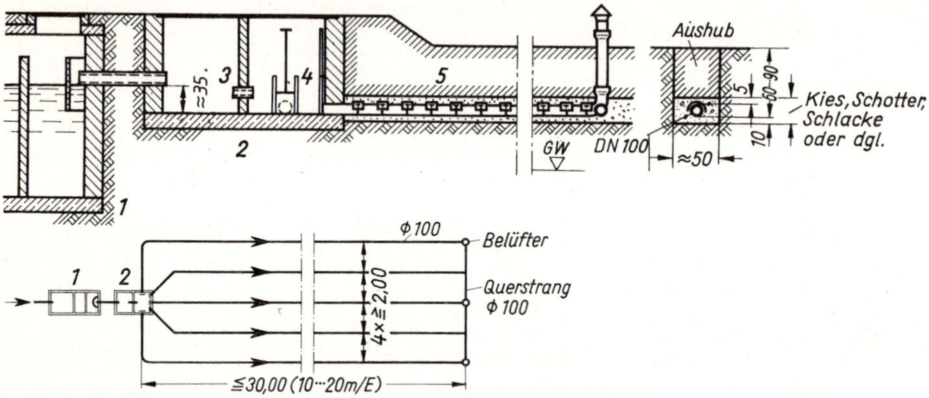

152.1 Untergrundverrieselung im Anschluß an eine Mehrkammergrube
1 Mehrkammergrube
2 Verteilerschacht
3 Heber
4 Handschieber
5 Dränrohre DN 100 mit Überdeckung der Fugen durch Teerpappstreifen

Im Sandfiltergraben wird das vorgereinigte Schmutzwasser in eine oben liegende Rohrleitung eingeleitet, in eine darunterliegende Filterschicht versickert und dabei biologisch gereinigt. Das Wasser wird danach in einer unten liegenden gleichartigen Rohrleitung gesammelt und abgeleitet (**152.**2).

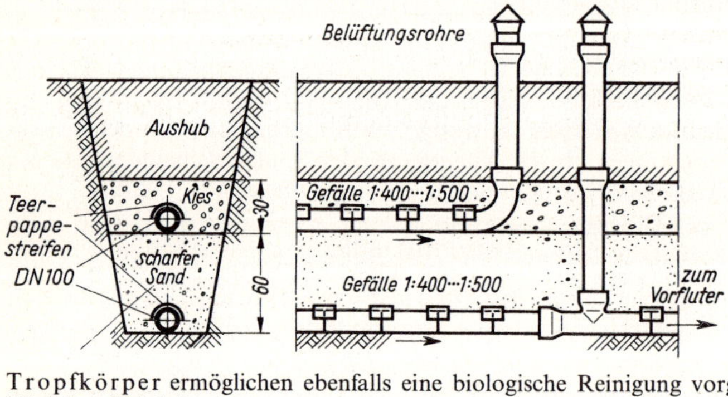

152.2 Sandfiltergraben (M 1:50)

Tropfkörper ermöglichen ebenfalls eine biologische Reinigung vorgereinigten Abwassers bis zur Fäulnisunfähigkeit.

Tropfkörper sind mit Lavaschlacke, Koks oder sauberer Kesselschlacke gefüllte Becken oder Behälter. Das entschlammte Abwasser wird über ein oben liegendes Rinnen- oder Rohrsystem geleitet und so gleichmäßig über die gesamte Beckenfläche verteilt (**153.**1). Das durch das Filtergut tropfende Abwasser wird dabei intensiv mit Sauerstoff angereichert und gereinigt.

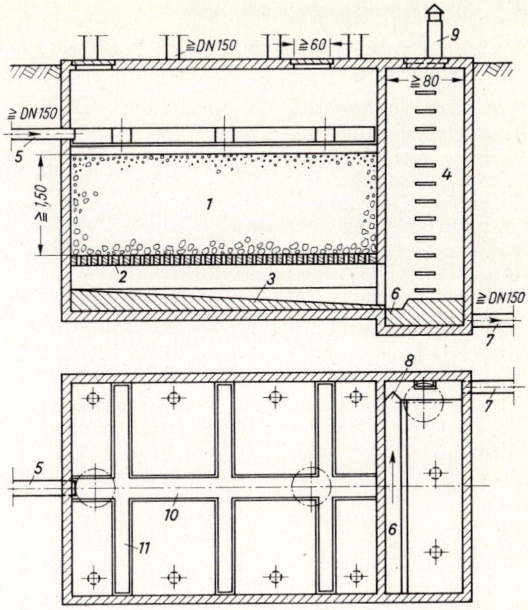

153.1
Tropfkörper für vorgereinigtes Abwasser (nach DIN 4261)

1 Füllstoff (Korngröße von unten nach oben abnehmend)
2 Tropfkörperboden
3 Tropfkörpersohle
4 Kontrollschacht
5 Zulauf von Mehrkammergrube oder -Ausfaulgrube
6 Ablaufrinne
7 Ablauf
8 Absturz mit Kupferblechnase
9 Lüftung
10 Hauptverteilerrinne
11 Nebenverteilerrinne

3.1.3.3 Abwassereinleitung

In oberirdische Gewässer. Das einzuleitende Abwasser ist vorher biologisch zu reinigen. Bei Einleitung in Teiche oder Seen müssen mind. 10 m² Wasseroberfläche je Einwohner vorhanden sein.

In den Untergrund. Bei der Untergrundverrieselung nach Abschn. 3.1.3.2 wird das Wasser gleichzeitig in den Untergrund geleitet.

Durch Sickerschächte (**153**.2) wird das Abwasser dann in den Untergrund abgeleitet, wenn es weder in ein oberirdisches Gewässer noch durch eine Untergrundverrieselung in den Untergrund eingeleitet werden kann.

Sickerschächte werden meistens aus Stahlbetonfertigteilen hergestellt.

Eine schädliche Verunreinigung oder Veränderung des Grundwassers darf dabei nicht zu befürchten sein.

In jedem einzelnen Fall ist festzusetzen, ob das Wasser mechanisch oder biologisch vorzubehandeln ist.

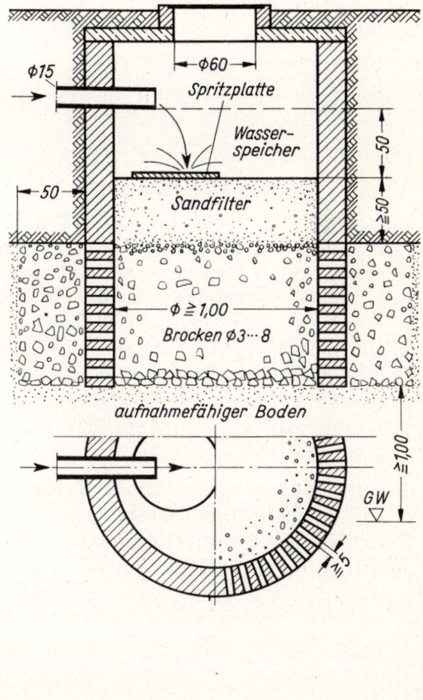

153.2
Sickerschacht aus Mauerwerk

3.1.3.4 Bemessungsgrundlagen

An Schmutzwasseranfall sind täglich ≧ 150 l je Einwohner (E) zu rechnen, je Familienwohnung ≧ 4 E.

Weiter sind gleichzusetzen

Beherbergungsstätten, Internate	1 Bett = 1 E
Camping- und Zeltplätze	2 Personen = 1 E
Fabriken, Werkstätten	2 Betriebsangehörige = 1 E
Büros, Geschäftshäuser	3 Betriebsangehörige = 1 E
Gaststätten mit üblicher Nutzung	3 Sitzplätze = 1 E
Vereins-, Boots- und Klubgebäude ohne Bewirtschaftung	10 Benutzer = 1 E
Schulen ohne Bade- oder Duscheinrichtungen	10 Personen = 1 E
Versammlungsstätten und Sportstätten ohne Gaststättenbetrieb	30 Besucherplätze = 1 E

Einen Zusammenhang zwischen Anlageteil, Abwasserbehandlung und Bemessung zeigt Tafel **154**.1.

Tafel **154**.1 Kleinkläranlagen, Abwasserbehandlung, Anlagenbemessung (nach DIN 4261)

Anlageteil	Art der Abwasserbehandlung	Bemessung Inhalt bzw. Länge je E	Bemessung Gesamtnutzinhalt mind.
Mehrkammergruben	mechanische Reinigung	300 l	3000 l
Mehrkammer-Ausfaulgruben	biologische Teilreinigung	1500 l	6000 l
Untergrundverrieselung	biologische Reinigung bis zur Fäulnisunfähigkeit	10 bis 20 m	–
Sandfiltergraben	biologische Reinigung bis zur Fäulnisunfähigkeit	≧ 6 m	–
Tropfkörper	biologische Reinigung bis zur Fäulnisunfähigkeit	250 l	4000 l
Tropfkörper nach Mehrkammer-Ausfaulgruben	Sauerstoffanreicherung	150 l	2000 l
Sickerschacht	Versenken in den Untergrund	–	–

3.1.3.5 Betrieb und Wartung

Kleinkläranlagen müssen sachgemäß betrieben und regelmäßig gewartet werden, da sonst ein einwandfreier Betrieb nicht möglich ist. Dabei darf weder eine Gefährdung des Menschen noch der Umwelt auftreten können. Dem Betreiber der Anlage hat der Planverfasser oder der Hersteller eine Bedienungsanweisung auszuhändigen. Geeignetes Gerät zur Wartung muß vorhanden sein. Festgestellte Beschädigungen müssen sogleich behoben werden. Vorteilhaft ist stets die Wartung mehrerer Kleinkläranlagen durch einen sachkundigen Beauftragten.

Mehrkammergruben sind mindestens jährlich einmal zu räumen, Mehrkammer-Ausfaulgruben dann, wenn etwa $^2/_5$ ihres Nutzinhaltes mit Schlamm angefüllt sind. Etwa $^1/_6$ des Schlammes soll zum Impfen in den Anlagen verbleiben. Schwimmschlammdecken sind von Zeit zu Zeit abzuschöpfen oder zu zerstören und unter Wasser zu drücken.

Anlagen für Untergrundverrieselung, Sandfiltergräben und Sickerschächte sind mindestens einmal jährlich auf Betriebsfähigkeit und Wirkung zu überprüfen. Ein Sickerschacht, dessen Durchlässigkeit durch Erneuern der Feinsandschicht und Säubern der darunterliegenden Füllstoffe nicht wiederhergestellt werden kann, ist durch einen neuen Sickerschacht oder eine andere Art der Abwasserbehandlung oder der Abwasserbeseitigung zu ersetzen.

Eine durch Pfützenbildung sich anzeigende Verschlammung der Oberfläche eines Tropfkörpers ist durch Spülen oder durch Aufnehmen und Reinigen der verschlammten Füllstoffe zu beseitigen, wobei unbrauchbar gewordene oder fehlende Füllstoffe zu ersetzen sind.

3.2 Öffentliche Abwasserbeseitigung

In größeren menschlichen Ansiedlungen ist die gemeinsame Abführung von Regen- und Schmutzwasser aus Haushalt, Gewerbe und Industrie sowie ihre Reinigung in Sammelkläranlagen zur Verhütung von Seuchen eine zwingende Notwendigkeit.

Wo öffentliche Entwässerungsanlagen vorhanden sind, müssen daher alle bebauten, in besonderen Fällen auch unbebaute Grundstücke an sie angeschlossen werden.

Ableitung. Die Abwässer werden durch ein unterirdisches Rohrleitungssystem, die Kanalisationsanlage, geleitet und Sammelkläranlagen zugeführt.

Die kleineren Stränge dieses Rohrleitungsnetzes in den Straßen bestehen aus Steinzeug-, Beton-, Stahlbeton-, Asbestzement- oder Kunststoffrohren. Die größeren Rohrquerschnitte ebenso wie die besonderen Bauwerke werden aus Mauerwerk mit Kanalklinkern hergestellt.

Sammelkläranlagen. Sie dienen zur Aufnahme und Reinigung der Abwässer und entsprechen grundsätzlich den in Abschn. 3.1.3 beschriebenen Einrichtungen.

Sie reinigen das Abwasser mechanisch und biologisch und beseitigen den Schlamm teilweise maschinell, bevor das Wasser dem Vorfluter zugeführt wird.

In der notwendigen Wartung der Sammelkläranlagen durch ein ausgebildetes Fachpersonal liegt, im Gegensatz zu Kleinkläranlagen, ein besonderer Vorteil, der ein einwandfreies Funktionieren der Anlagen gewährleistet.

Schädliche Stoffe. In die Leitungen der öffentlichen Kanalisation dürfen keine schädlichen Stoffe eingeleitet werden.

Hierzu zählen insbesondere:

Abfallstoffe, auch in zerkleinertem Zustand
Abfälle aus gewerblichen oder landwirtschaftlichen Betrieben
erhärtende Stoffe
feuergefährliche, explosionsfähige Gemische bildende Stoffe
Öle und Fette
aggresive oder giftige Stoffe
Reinigungs-, Desinfektions-, Spül- und Waschmittel in überdosierten Mengen bzw. solche mit unverhältnismäßig großer Schaumbildung
Rohrreinigungsmittel, die Sanitär-Ausstattungsgegenstände, Entwässerungsgegenstände und Rohrwerkstoffe beschädigen
Tierfäkalien
bakteriell belastete bzw. infektiöse Stoffe
Dämpfe und Gase
radioaktive Stoffe

Außerdem muß jedes an die öffentliche Abwasserbeseitigung anzuschließende Haus mit der zentralen Wasserversorgung verbunden sein.

Teilweise Kanalisation. In kleineren und mittleren Städten und Gemeinden ist sie gelegentlich noch anzutreffen. Sie nimmt im allgemeinen die Regen-, Haus- und Gewerbeabwässer auf, während die Fäkalien in Kleinkläranlagen (s. Abschn. 3.1.2) gesammelt werden.

Vollständige Kanalisation. Sie erfaßt sämtliche Abwässer und wird bei Neuanlagen stets angewendet.

Je nachdem, ob das Regenwasser und Schmutzwasser durch ein getrenntes oder ein gemeinsames Kanalsystem abgeführt wird, sind Trennsystem und Mischsystem zu unterscheiden.

Trennverfahren. Das Regenwasser wird getrennt vom übrigen Abwasser unmittelbar in den nächsten Vorfluter geleitet und gelangt nicht mehr in die Kläranlage (**162**.1).

Keller können bei Sturzregen infolge Rückstaues nicht mehr überschwemmt werden. Ablagerungen in den Rohrleitungen sind seltener als beim Mischverfahren. Das Schmutzwassernetz ist leichter zu erweitern. Die Rohrquerschnitte des Schmutzwasserkanales und die Kläranlage sind kleiner zu bemessen.

Da auch auf dem Grundstück zwei getrennte Systeme von Grundleitungen notwendig werden, entstehen durch die zusätzlichen Regenleitungen erhöhte Kosten.

Mischverfahren. Ein gemeinsames Kanalrohrsystem ist für Regen- und Schmutzwasser bestimmt (**161**.1).

Das Leitungsnetz ist einfacher, übersichtlicher und fast immer billiger als beim Trennverfahren, obwohl die Rohrquerschnitte und Kläranlagen größer zu bemessen sind.

Regenauslässe lassen bei Sturzregen einen Teil des Wassers direkt in den Vorfluter überlaufen. Trotzdem sind Kellerüberschwemmungen infolge Rückstaues nicht ausgeschlossen und erfordern besondere Schutzmaßnahmen (s. Abschn. 3.5.1).

3.3 Entwässerungsanlagen

3.3.1 Allgemeine Bestimmungen

Für alle Entwässerungsanlagen (EA) in Gebäuden und auf Grundstücken gilt DIN 1986 Teil 1 bis Teil 4 (s. Abschn. 3.8). Daneben sind ergänzende Vorschriften der örtlichen Tiefbaubehörde zu beachten. Sie hat die geplante Anlage zu genehmigen und nach ihrer Fertigstellung abzunehmen.

Alle EA müssen für die in ihnen auftretenden Drücke wasserdicht und dicht gegenüber Gasen und Dämpfen sein. Grundsätzlich sind nur normengerechte Bauteile zu verwenden. Für zahlreiche Gegenstände besteht Prüfzeichenpflicht. Abdeckungen von Schächten und Gruben, Roste usw. müssen den Belastungen entsprechen. Bauteile von EA dürfen keine den Werkstoff angreifende Stoffe berühren und sind vor allem beim Einbau in Decken, Wänden und Fußbodenauffüllungen sicher und dauerhaft gegen Korrosion zu schützen. Unvermeidliche Temperaturschwankungen sind sachgemäß zu berücksichtigen.

Frostschutz. Frost darf die EA und Spüleinrichtungen weder zerstören noch ihren Betrieb gefährden. In nicht frostfreien Klosett- und Urinalräumen sind die Spüleinrichtungen und Geruchverschlüsse frostfrei anzulegen.

Außerhalb von Gebäuden sind Leitungen und Geruchverschlüsse in frostfreier Tiefe einzubauen, oder es ist ein Ablauf ohne Geruchverschluß zu verwenden und der Geruchverschluß frostfrei anzulegen.

Schallschutz. Sanitäre Anlagen und Einrichtungen sollen so wenig Geräusche wie möglich verursachen und übertragen. DIN 4109 und die Ergänzungsbestimmungen hierzu sind zu beachten (s. Abschn. 4).

Zerkleinerungsgeräte für Küchenabfälle, Müll, Papier dürfen nicht an Abwasserleitungen angeschlossen werden.

Die Ausführungen dieses Abschnittes 3.3 gelten auch sinngemäß für EA mit Abführung der Abwässer über eine Kleinkläranlage nach Abschn. 3.1.3.

3.3.2 Rohrleitungen

3.3.2.1 Begriffe

Durch bauaufsichtliche Vorschriften ist jeweils geregelt, ob ein Gebäude oder Grundstück nach dem Misch- oder dem Trennverfahren zu entwässern ist (s. auch Abschn. 3.2).

Beim Mischverfahren dürfen Schmutz- und Niederschlagswasser nur in der Grundleitung oder im Anschlußkanal zusammengeführt werden.

Beim Trennverfahren sind für Schmutz- und Niederschlagswasser gesonderte Entwässerungsleitungen vorzusehen.

Leitungsarten. Zu unterscheiden sind:

Anschlußkanal, Grundleitung, Sammelleitung, Falleitung, Anschlußleitung, Verbindungsleitung, Regenfalleitung, Umgehungsleitung und Lüftungsleitung (**157**.1).

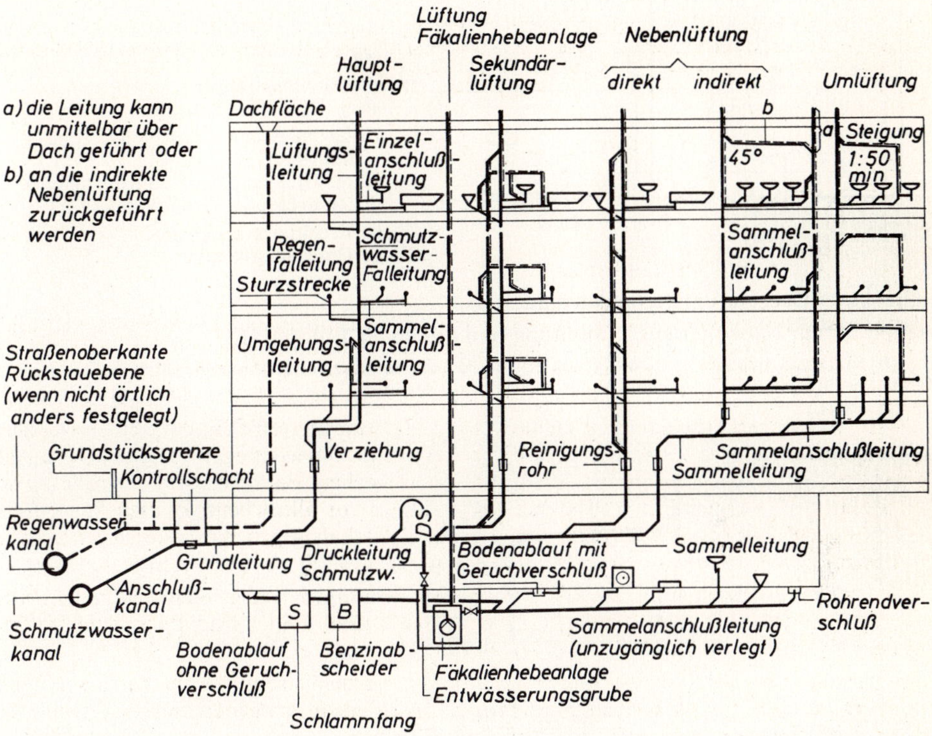

157.1 Entwässerungsanlage, Schema mit Rohrleitungen und Lüftungssystemen (nach DIN 1986 T. 1)

Anschlußkanal. Er führt vom öffentlichen Straßenkanal bis zur Grundstücksgrenze oder bis zur ersten Reinigungsöffnung (Revisionsschacht) auf dem Grundstück. Die zuständige Behörde bestimmt die LW des Anschlußkanals und führt ihn auf Kosten des Grundstückeigentümers aus. Wenn mit dem zulässigen maximalen Gefälle von $\leq 1{:}20$ der Straßenkanal nicht erreicht werden kann, ist ein Absturzschacht vorzusehen (**190**.1).

Grundleitungen sind auf einem Grundstück im Erdbereich oder im Fundamentbereich verlegte

Leitungen, die das ihnen aus den Sammel-, Fall- oder Anschlußleitungen zufließende Abwasser in der Regel dem Anschlußkanal zuführen.

Sammelleitungen nehmen das Abwasser von Fall- und Anschlußleitungen auf.

Falleitungen sind lotrechte Leitungen mit oder ohne Verziehungen, die durch ein oder mehrere Geschosse führen, über Dach gelüftet werden und das Abwasser einer Grund- oder Sammelleitung zuführen.

Anschlußleitungen. Eine Einzelanschlußleitung führt vom Geruchverschluß eines Entwässerungsgegenstandes bis zu einer weiterführenden Leitung. Eine Sammelanschlußleitung führt das Abwasser mehrerer Einzelanschlußleitungen bis zur Fall-, Sammel- oder Grundleitung.

Verbindungsleitungen verbinden eine Ablaufstelle mit dem zugehörigen Geruchverschluß.

Regenfalleitungen sind innen- oder außenliegende lotrechte Leitungen zum Ableiten des Regenwassers von Dachflächen, Balkonen und Loggien.

Umgehungsleitungen umgehen Verziehungen von Falleitungen (**158**.1).

Lüftungsleitungen haben die Be- und Entlüftung der EA zu gewährleisten. Sie nehmen kein Abwasser auf.

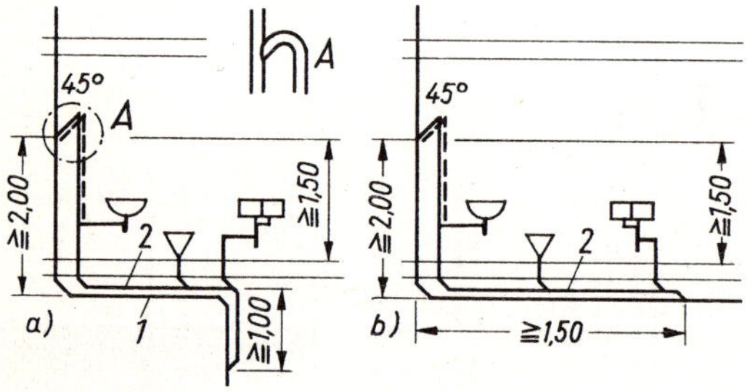

158.1
Umgehungsleitungen
(nach DIN 1986 T. 1)

a) für Falleitungsverziehung (Leitungsschleifung)
b) für Übergang der Falleitung in eine Sammel- oder Grundleitung

1 Falleitungsverziehung
2 Umgehungsleitung

Lüftungssysteme. Zu unterscheiden sind:

Hauptlüftung, Nebenlüftung, Umlüftung und Sekundär-Lüftung (**157**.1).

Hauptlüftung, das ist die Lüftung von einzelnen oder mehreren zusammengefaßten Falleitungen durch Leitungen von der Anschlußstelle des höchstgelegenen Entwässerungsgegenstandes bis über Dach (**158**.2).

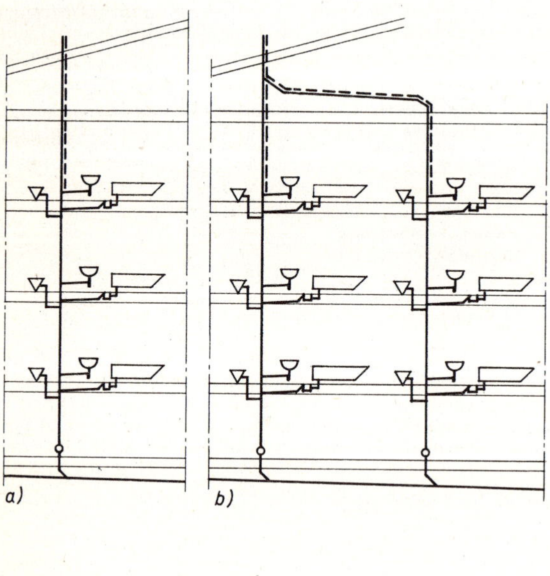

158.2
Hauptlüftungen
(nach DIN 1986 T. 1)

a) Lüftung einer einzelnen Falleitung
b) Lüftung von zusammengefaßten Falleitungen

Nebenlüftung. Eine direkte Nebenlüftung lüftet eine Falleitung zusätzlich durch eine parallel geführte und in jedem Geschoß mit der Falleitung verbundene Lüftungsleitung. Eine indirekte Nebenlüftung lüftet zusätzlich einzelne oder mehrere Anschlußleitungen durch direkte Lüftung über Dach oder Rückführung an die Hauptlüftung (**159**.1).

Umlüftung ist die Lüftung einer Anschlußleitung durch Rückführung an die Falleitung (**159**.2).

Sekundär-Lüftung ist die Belüftung aller Geruchverschlüsse und Anschlußleitungen durch ein zusätzliches zweites Belüftungssystem (**159**.3). Sekundäre Lüftungen sind wegen ihres zu hohen Aufwandes in Deutschland nicht mehr üblich.

Sovent-Lüftung ist ein in der Schweiz entwickeltes, technisch hochwertiges Lüftungssystem. Es arbeitet mit besonderen Formstücken zum Anschluß von langen, stark belasteten Sammelanschlußleitungen an die Falleitung sowie mit besonderen Fußentlüftern für die Falleitung. Für Wohngebäude ist diese Lüftung ohne Bedeutung. Sie hat sich auch für Bürohäuser und ähnliche Bauten in Deutschland bisher noch nicht durchgesetzt.

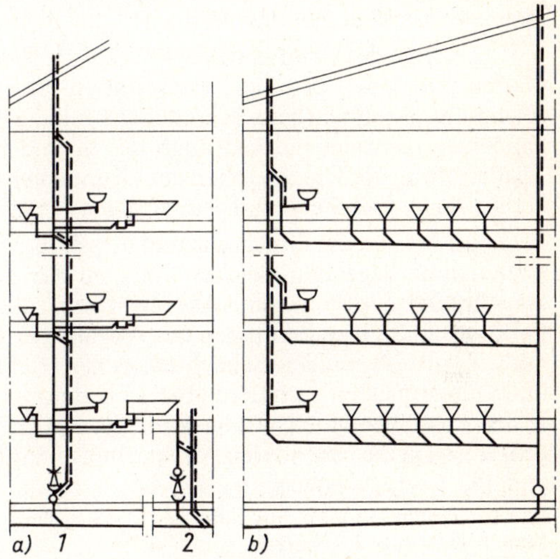

159.1
Nebenlüftungen (nach DIN 1986 T. 1)

a) direkte Nebenlüftung
   1 normale Ausführung
   2 direkter Anschluß an Grundleitung, bei höheren Belastungen empfehlenswert
b) indirekte Nebenlüftung

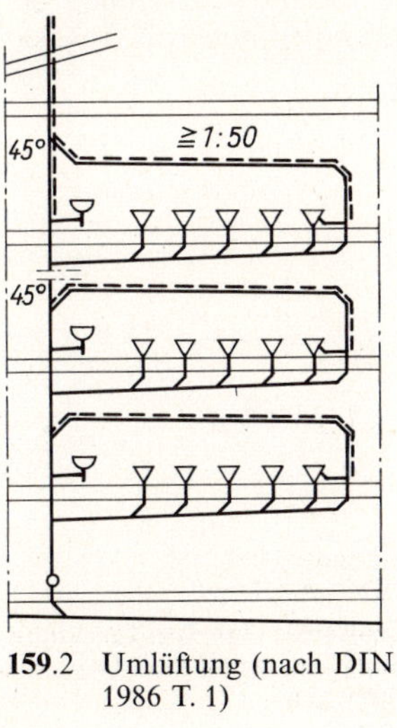

159.2 Umlüftung (nach DIN 1986 T. 1)

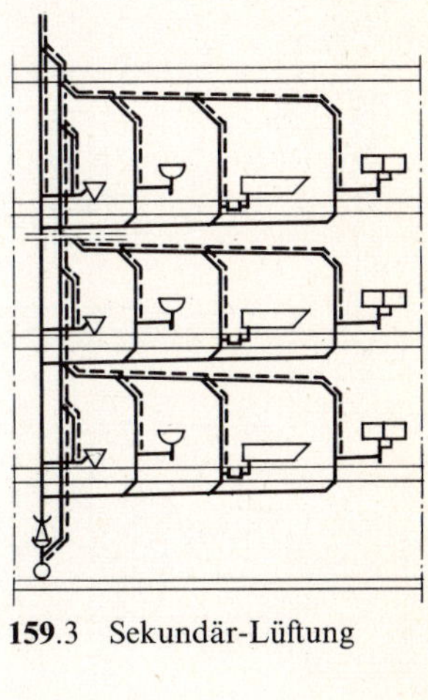

159.3 Sekundär-Lüftung

3.3.2.2 Entwässerungszeichnungen

Alle Grundstücksentwässerungsanlagen, wie Neuanlagen, Veränderungen und Erweiterungen, sind genehmigungspflichtig. Die Genehmigung wird in der Regel mit dem Baugesuch bei der zuständigen Bauaufsichtsbehörde schriftlich beantragt.

Vor Herstellung der erforderlichen Entwässerungszeichnungen muß der Planverfasser bei der zuständigen örtlichen Behörde (Bauaufsicht, Tiefbauamt, Gemeinde o. a.) die genauen Einzelheiten zur örtlichen Lage des Entwässerungsanschlusses erfragen.

Zum Inhalt der Vorfrage gehören u. a.: Misch- oder Trennsystem, Kanallage in der Straße oder Anschlußleitung auf dem Grundstück, Höhe der Straßenmitte über NN, Kanalsohlenhöhe, Kanaleinlaufhöhe, Kanalfließrichtung, Kanalgefälle, Rohrleitungsmaterialien, Prüfschachtanordnung, Rückstauhöhe usw.

Zur Vorlage bei der für die Genehmigung und Abnahme der EA zuständigen Behörde sind folgende Zeichnungen anzufertigen:

1. Lageplan des Grundstückes M 1:250, 1:500 oder 1:1000 mit Darstellung der Gebäude, Gärten und Höfe, Brunnen, Dungstätten, Straßen usw. Ferner sind die Grundstücksbezeichnung, Baufluchtlinie, Himmelsrichtung, Straßenkanäle, Schmutz- und Regenwasserkanäle und etwaige Dränstränge des Grundstückes mit Höhenlage, lichter Weite und Fließrichtung, ferner die Höhen der Grundstücksoberfläche anzugeben. Bäume in der Nähe der Leitungen sind ebenfalls einzutragen.

2. Grundrisse der Geschosse und Geschoßteile M 1:100 mit Entwässerungsanlagen (bei übereinanderliegenden gleichen Anlagen nur der Grundriß eines Geschosses; **160**.1) mit Angabe aller Zapfstellen und Abläufe. Der Grundriß des Kellergeschosses muß daneben alle Fallrohre und Grundleitungen mit Angabe der lichten Weiten, Werkstoffe, Reinigungsöffnungen mit eventuellen Schächten, Absperrschieber, Rückstauverschlüsse, ferner Abort- und Düngergruben enthalten (**161**.1 als Beispiel für Mischsystem, **162**.1 für Trennsystem). In den Ausführungszeichnungen sind dazu noch Wand- und Deckenaussparungen einzutragen, sofern keine besonderen Aussparungspläne i. M. 1:50 angefertigt werden (in Bild **161**.1 und **162**.1 weggelassen).

Bild **161**.1 stellt zur Verdeutlichung des Mischsystems eine evtl. zulässige Ausnahme dar (s. auch DIN 1986 T. 1, Absatz 3.8, Satz 3).

3. Schnitte der zu entwässernden Gebäude und Höfe M 1:100 mit Darstellung der Anschlußleitung, der Hauptgrundleitung und wichtiger Nebengrundleitungen als Abwick-

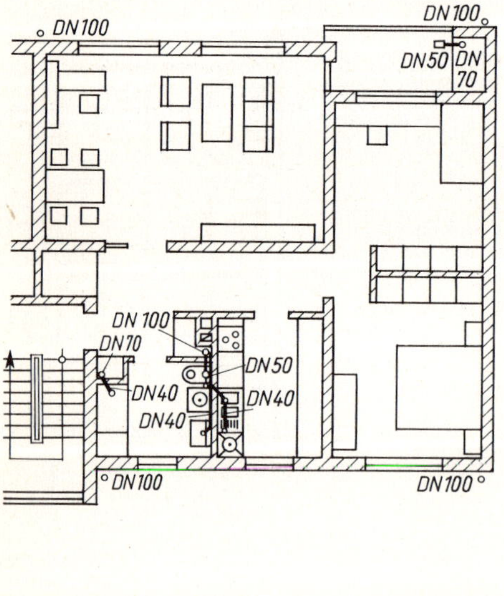

160.1
Obergeschoßgrundriß eines Mehrfamilien-Wohnhauses mit sanitärer Einrichtung und Abwasserleitungen (M 1:200)

lung in wahrer Länge, ferner der Fall- und Entlüftungsleitungen sowie mit Angabe der Abzweigstellen der Nebengrundleitungen, der auf NN bezogenen Höhe aller Leitungen einschließlich deren lichter Weite und deren Gefälle sowie der Kellersohle und des Geländes (**161**.2 für Mischsystem, **162**.2 für Trennsystem). Die Darstellung der Gebäude ist möglichst auf solche Bauteile zu beschränken, die von den Rohren durchfahren werden oder zu ihrer Befestigung dienen.

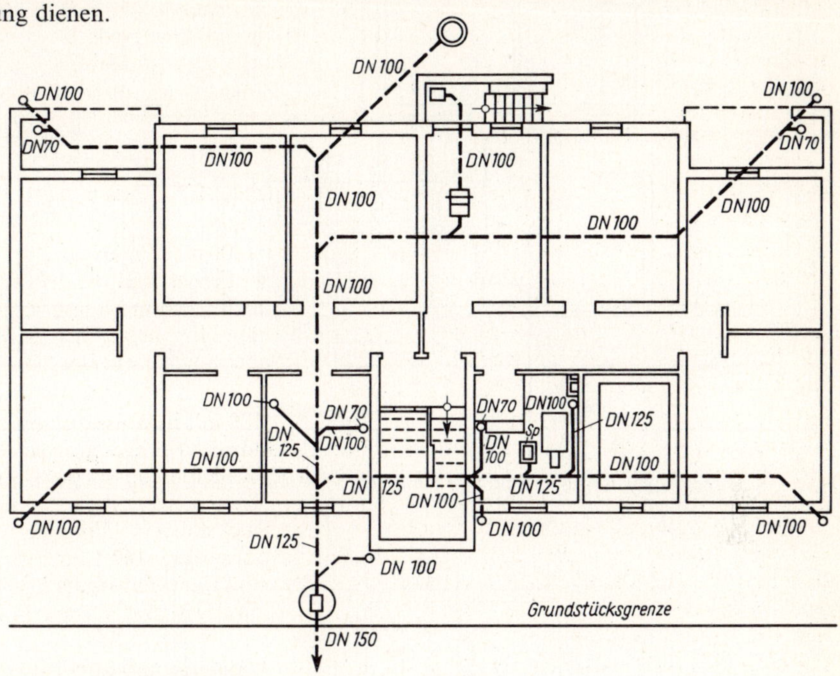

161.1 Kellergeschoßgrundriß zu Bild **160**.1 mit Grundleitungen für Mischsystem (M 1:200)

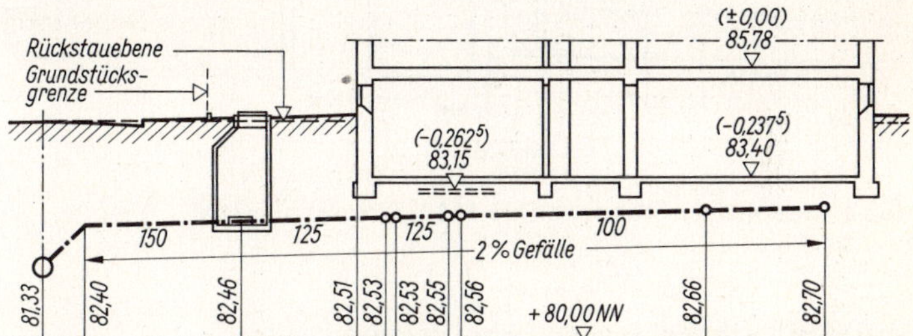

161.2 Senkrechter Schnitt zu Bild **161**.1 (Mischsystem) (M 1:200)

Die Sinnbilder und Zeichen für Entwässerungsanlagen sind in nachfolgenden Linienbreiten auszuführen:

Entwässerungs- u. Sanitär-Ausstattungsgegenstände	Rohrleitungen
0,25 mm für den Maßstab 1:100	0,5 mm für den Maßstab 1:100
0,5 mm für den Maßstab 1:50	1,0 mm für den Maßstab 1:50

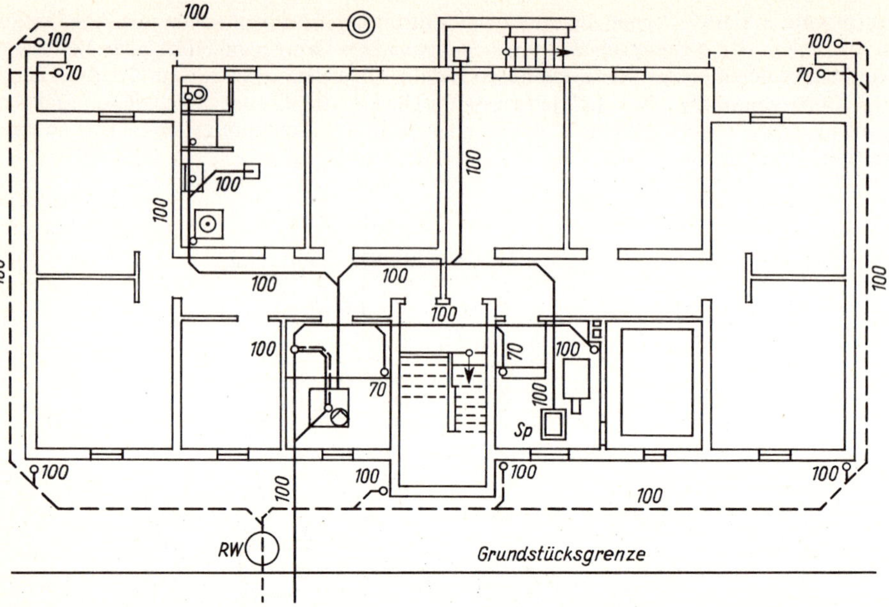

162.1 Kellergeschoßgrundriß zu Bild **160**.1 mit Grundleitungen für Trennsystem (M 1:200)

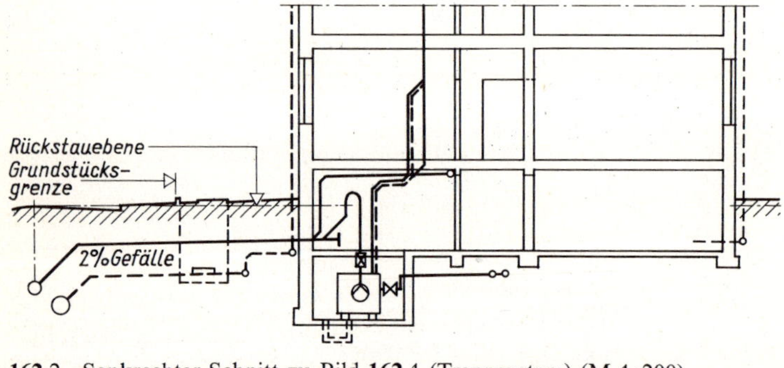

162.2 Senkrechter Schnitt zu Bild **162**.1 (Trennsystem) (M 1:200)

Auf den Zeichnungen sind farbig darzustellen:

vorhandene Anlagen	schwarz
wegfallende Leitungen und Bauteile	gelb durchstreichen
Mauerwerk im Schnitt	rot
Steinzeugrohre	braun
Graugußrohre	blau
Kunststoffrohre (und Bleirohre)	gelb
Zinkrohre	zinnoberrot
Beton- und Zementrohre	grau

Die für die Prüfvermerke vorbehaltene grüne Farbe darf nicht verwendet werden. Leitungen sind mit ausgezogenen einfachen Linien darzustellen, ausschließlich für Regenwasser bestimmte Leitungen sind zu stricheln. Darüber hinaus sind die in DIN 1986 T. 1 S. 9 bis 11 vorgegebenen Sinnbilder (Taf. **163**.1) zu verwenden.

Tafel **163**.1 Sinnbilder und Zeichen für Entwässerungsanlagen (nach DIN 1986 T. 1)

	Grundriß	Aufriß		Grundriß	Aufriß
Abwasserleitungen					
Schmutzwasserleitung	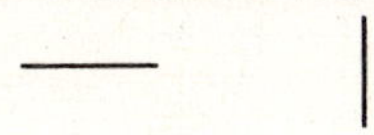		Werkstoffwechsel	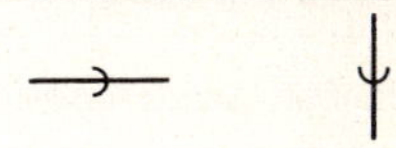	
Regenwasserleitung	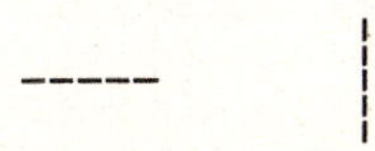		Rohrende mit Muffendeckel	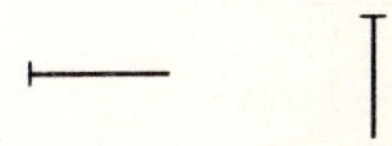	
Mischwasserleitung	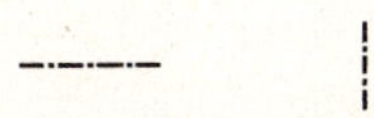		Reinigungsrohr	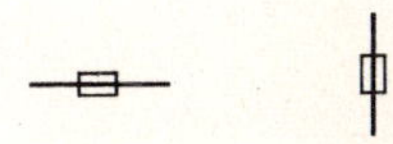	
Lüftungsleitung beginnend und aufwärtsverlaufend	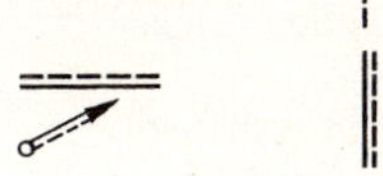		Rohrendverschluß		
Falleitung		je nach Leitungsart			
Richtungshinweise: a) hindurchgehend b) beginnend und abwärts verlaufend c) von oben kommend und endend	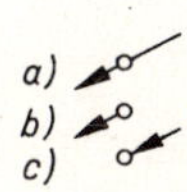	je nach Leitungsart	Nennweitenänderung	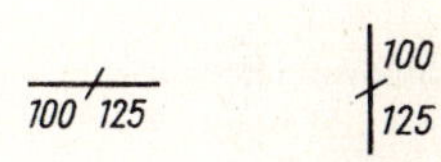	
			Geruchverschluß		
Abläufe, Abscheider, Hebeanlagen, Schächte					
Bodenablauf ohne Geruchverschluß			Hofablauf mit Geruchverschluß		
Bodenablauf mit Geruchverschluß (Keller-, Bad- und Deckenablauf)			Schlammfang	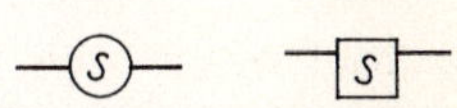	
Hofablauf ohne Geruchverschluß			Fettabscheider	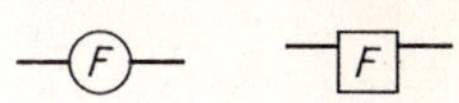	
Benzinabscheider	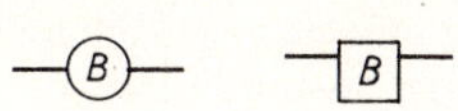		Stärkeabscheider	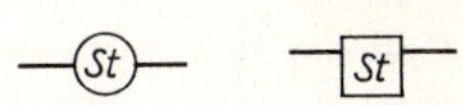	
Heizölabscheider	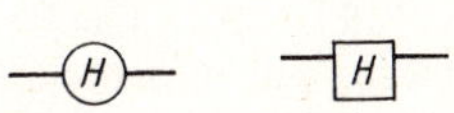		Kellerablauf mit Absperrvorrichtung gegen Rückstau		
Heizölsperre			Kellerentwässerungspumpe		
			Fäkalienhebeanlage	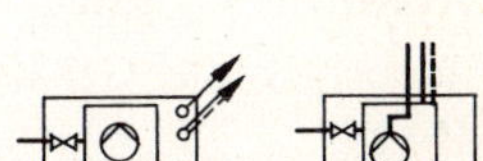	

(Fortsetzung siehe nächste Seite)

Fortsetzung Tafel **163**.1

	Grundriß	Aufriß		Grundriß	Aufriß
Heizölsperre mit Absperrvorrichtung gegen Rückstau	HSp	HSp	Schacht mit offenem Durchfluß		
Absperrvorrichtung gegen Rückstau			Schacht mit geschlossenem Durchfluß		
Sanitär-Ausstattungsgegenstände					
Badewanne			Ausgußbecken, rechteckig		
Brausewanne			Spültisch, einfach		
			Doppelspültisch		
Waschtisch, Handwaschbecken			Geschirrspülmaschine		
Sitzwaschbecken			Waschmaschine		
Urinal			Wäschetrockner		
Klosett			Klimagerät		

3.3.3 Rohrleitungswerkstoffe

3.3.3.1 Allgemeines

Rohre und Formstücke. Sie müssen für Abfluß- und Lüftungsleitungen genormt und amtlich zugelassen sein. Ihre Ausbildung und innere Beschaffenheit dürfen Inkrustationen, Ablagerungen und Verstopfungen nicht begünstigen. Sie müssen gegen entsprechende Erzeugnisse aus gleichen Werkstoffen von anderen Herstellern austauschbar sein. Zum Anschluß an andere genormte oder amtlich zugelassene Abflußrohrprogramme sind geeignete und mit Prüfzeichen versehene Formstücke zu verwenden (Tafel. **165**.1). Die Rohre und Formstücke für Anschluß-, Fall- und Sammelleitungen müssen für eine maximale Abwassertemperatur von 95 °C, solche für Grundleitungen für 45 °C brauchbar sein.

DIN 1986 T. 4 enthält genaue Angaben über die Verwendung von Abwasserrohren und -formstücken in Gebäuden und auf Grundstücken sowie über deren Brandverhalten (Taf. **165**.1).

Die in der Tafel angegebenen Verwendungbereiche gelten für die Ableitung von häuslichem Abwasser und Niederschlagswasser. Die einzelnen Rohrarten dürfen nur für die jeweils mit einem Kreuz bezeichneten Leitungsarten verwendet werden.

Tafel **165**.1 Verwendungsbereiche von Abwasserrohren und Formstücken verschiedener Werkstoffe (nach DIN 1986 T. 4).

Rohrart	DIN-Norm oder Prüfbescheid	Anschluß-, Verbindungsleitung	Falleitung	Sammelleitung	Grundleitung unzugänglich im Baukörper	Grundleitung im Erdreich	Lüftungsleitung	Regenwasserleitung im Gebäude	Regenwasserleitung im Freien
Steinzeugrohr	DIN 1230 Teil 1 bis Teil 3	–	–	–	+	+	–	–	–
Steinzeugrohr in Sonderausführung	Prüfbescheid	–	–	–	+	+	–	–	–
Betonrohr mit Falz	DIN 4032	–	–	–	–	+	–	–	–
Betonrohr mit Muffe	DIN 4032	–	–	–	+	+	–	–	–
Stahlbetonrohr	DIN 4035	–	–	–	+	+	–	–	–
Blechrohre (Zink, Kupfer, Aluminium, verzinkter Stahl)	DIN 18461	–	–	–	–	–	–	–	+
Gußeisernes Rohr (GA)	DIN 19500 bis DIN 19513	+	+	+	+	+	+	+	+
Gußeisernes Rohr ohne Muffe	Prüfbescheid	+	+	+	+	+	+	+	+
Stahlrohr	DIN 19530	+	+	+	+	–	+	+	+
Aluminiumrohr	Prüfbescheid	+	+	+	+	–	+	+	+
PVC-hart-Rohr mit normaler Wanddicke (N)	DIN 19531	+	–	–	–	–	+	+	+
PVC-hart-Rohr mit verstärkter Wanddicke (V)	DIN 19531	–	+	+	+	–	+	+	+
PVC-hart-Rohr für erdverlegte Leitungen	DIN 19534 Teil 1 und Teil 2	–	–	–	+	+	–	–	–
PE-hart-Rohr für Hausabflußleitungen	DIN 19535 (Vornorm)	+	+	+	+	–	+	+	+
PE-hart-Rohr für erdverlegte Leitungen	DIN 19537 Teil 1 und Teil 2	–	–	–	+	+	–	–	–
PVCC-Rohr	DIN 19538	+	+	+	+	–	+	+	+
PP-Rohr	DIN 19560	+	+	+	+	–	+	+	–
ABS/ASA-Rohr	DIN 19561	+	+	+	+	–	+	+	–
Asbestzementrohre	DIN 19830	+	+	+	+	+	+	+	+
	DIN 19850 Teil 1	–	–	–	+	+	–	–	–

Bedeutung der Zeichen: + darf verwendet werden, – nicht zu verwenden

Verbindungen. Sie müssen wie alle Dichtungen DIN 19543 entsprechen. Die Rohre, Formstücke und Verbindungen müssen bei einem Innen- oder Außendruck von 0···0,5 bar unter den zwischen ihnen und ihrer Umgebung möglichen Wechselwirkungen dicht sein.

Vorfertigung. Zur Vorfertigung von Abflußelementen zum Einbetonieren in Decken bzw. zum Einmauern in Wände oder zum Eingießen in Installationsblöcke eignen sich vor allem Stahlrohre sowie Kunststoff-Abflußrohre wegen ihres geringen Gewichtes.

Vorgefertigte Bauteile (**166**.1) müssen den bei Transport, Lagerung, Einbau und Betrieb üblicherweise auftretenden Beanspruchungen standhalten können. Beim Einbau sollen sie ohne Schwierigkeit nachträglich mit den bereits eingebauten Leitungsteilen verbunden werden können. Achsverschiebungen ≦30 mm müssen spannungsfrei, wasser- und gasdicht ohne Verminderung des Leitungsquerschnittes möglich sein. Die Einhaltung des freien Durchganges ist nach Fertigstellung zu prüfen.

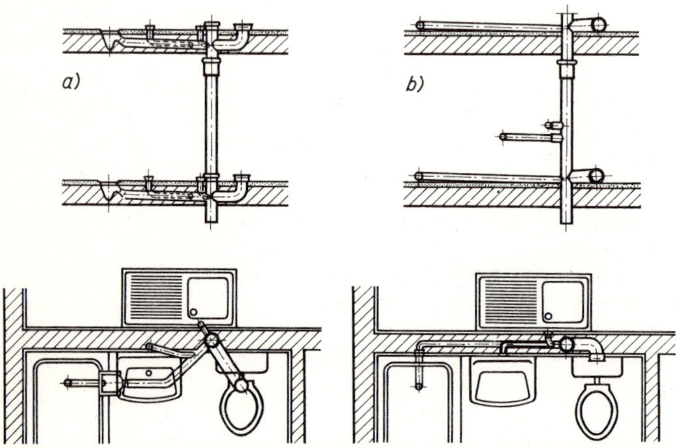

166.1 Vorgefertigte geschweißte Abflußelemente aus feuerverzinkten, innen kunststoffbeschichteten Stahlabflußrohren (LOROWERK K. H. Vahlbrauk KG)

a) Deckenelement mit Anschlüssen für Waschtisch, Spüle und WC sowie mit angeschweißtem Spezial-Badablauf

b) Wandelement mit Anschlüssen für Badewanne, Waschtisch, Spüle und WC

Die Objekte werden mit Steckverbindungen angeschlossen. Die Langmuffe zentriert und stabilisiert den Fallstrang und gleicht Differenzen der Geschoßhöhen aus.

Für Bauteile von Abwasserleitungen, die in geschlossenen Installationseinheiten (s. Abschn. 2.6) eingebaut werden, gilt zusätzlich: die Werkstoffe müssen sowohl bei der Herstellung als auch im eingebauten Zustand die auftretenden Beanspruchungen (Wärme, Druck, Stoß) aufnehmen können.

Für Abläufe und wandhängende Becken müssen die erforderlichen Halterungen bereits eingebaut sein.

3.3.3.2 Steinzeug

Steinzeugrohre. Die Rohrfarbe ist dunkelbraun. Sie sind nach DIN 1230, innen und außen mit Salzglasur geschützt, besonders widerstandsfähig gegen chemische Angriffe. Sie dürfen nur als Grundleitung im Erdreich verlegt werden, innerhalb der Gebäude nur dann, wenn die Leitungen keinen Stößen oder Drücken ausgesetzt und mit ≧ 15 cm Erde über der Muffe bedeckt sind.

Bei Steinzeugrohren wird die Regelausführung (N) mit einer Regeltragfähigkeit für Rohre und Formstücke sowie eine verstärkte Ausführung (V) mit erhöhter Tragfähigkeit unterschieden.

Steinzeugrohre in Sonderausführung. Die Rohrfarbe ist hellbraun. Dies sind Steinzeugmuffenrohre mit geringerer Wanddicke und Innenglasur. Sie sind mit Prüfbescheid für den gleichen Verwendungsbereich wie normale Steinzeugrohre zugelassen und mit diesen kombinier- und austauschbar.

Steinzeugrohre mit Muffen werden u. a. mit DN 100, 125, 150, 200 usw. als gerade Rohre in Baulängen (Rohrlänge abzüglich Muffe) von 100 und 125 cm bzw. 150 und 200 cm geliefert (Taf. **167**.1). Außerdem gibt es zahlreiche Formstücke wie Bogen, Abzweige, Übergangs- und Reinigungsrohre, Sattelrohre, Anschlußstutzen u. a. (**167**.2 und **169**.1).

Tafel **167**.1 Abwasserrohre aus Steinzeug, Konstruktionsmaße in mm (nach DIN 1230 T. 1)

DN	Rohr		Muffe			Wand-dicke
	⌀ innen	⌀ außen	⌀ innen	⌀ außen	Länge	
100	100	131	159	200	62	15
125	126	159	187	230	62	16
150	151	186	218	260	70	17
200	202	242	278	330	75	20

Die früher übliche Dichtung der Steinzeugrohrmuffen mit Dichtstrick und Asphalt oder einer anderen wurzelfesten Vergußmasse ist heute überholt. Sie ist durch die wesentlich einfacher auszuführende vorgefertigte Steckmuffenverbindung L oder S (für Rohre ≦ DN 200), bei Rohren ohne vorgefertigte Dichtung auch durch Gummi-Rollringverbindungen, ersetzt worden. Zur Steckmuffenverbindung L gibt es für den Übergang von Guß- auf Steinzeugrohr und umgekehrt sowie andere Sonderfälle zusätzliche Spezial-Gummimanschetten (**167**.3).

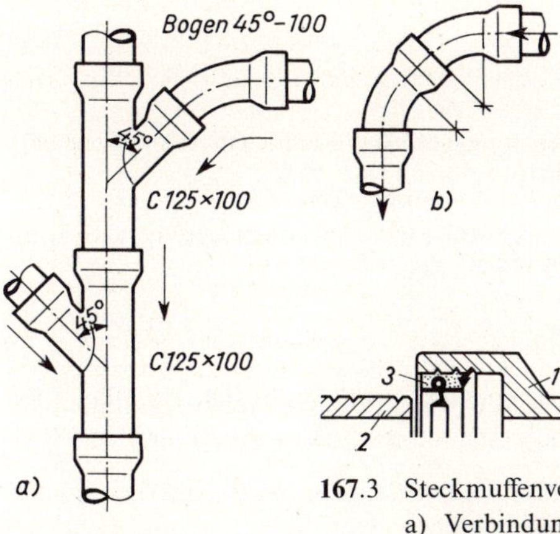

167.2
Steinzeugrohre in der Grundleitung (M 1:30)

a) Zusammenführungen
Die Abzweige sind schräg nach oben zu verlegen, da die Sohle der ankommenden Leitung immer höher als diejenige der durchgehenden Leitung liegen muß
b) Richtungsänderung von 90° mit zwei 45°-Bogen

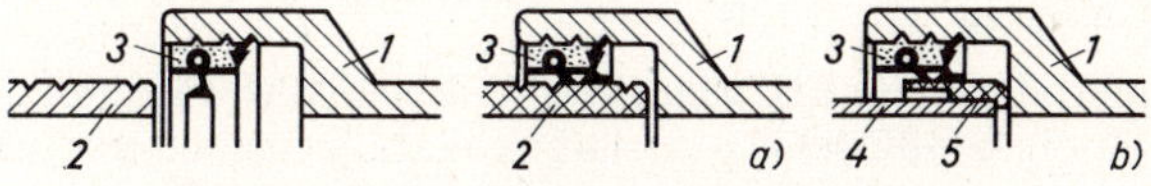

167.3 Steckmuffenverbindung L der Steinzeugrohre DN 100 bis DN 200

a) Verbindung zweier Steinzeugrohre
b) Übergang einer Grauguß- auf eine Steinzeugrohrleitung

1 Muffe des Steinzeugrohres
2 Spitzende des Steinzeugrohres
3 elastischer Gummi-Lippendichtring mit Zentrierfassung
4 Spitzende des GA-Rohres
5 Übergangsmanschette aus Kautschuk-Elastomer

Eine Steckverbindung ist eine bewegliche Rohrverbindung, deren Abdichtung durch Zusammenstecken von Spitzende und Muffe oder Kupplung in Verbindung mit einem elastischen Dichtmittel erzielt wird.

Elastische Dichtmittel sind Dichtungsmittel aus Elastomeren, die durch elastische Verformung in die zu dichtenden Fugen eingebracht werden.

3.3.3.3 Beton

Betonrohre mit Muffe. Die durch DIN 4032 genormten Rohre sind weniger korrosions- und abriebfest als Steinzeugrohre und dürfen als Grundleitungen nur im Erdboden, auch unzugänglich innerhalb von Gebäuden, aber nur für Regenwasserableitungen verwendet werden.

Betonmuffenrohre werden mit einem Kreisquerschnitt u. a. in DN 100, 150, 200 usw. ohne und mit Fuß in verschiedenen Längen hergestellt (Taf. **168**.1). Als Formstücke gibt es Zuläufe (Abzweige), Bogen, Anschlußstücke, Paßstücke, Gelenkstücke, Übergangsstücke u. a.

Die Muffenrohre werden mit Gummirollringen gedichtet (**168**.2).

Tafel **168**.1 Abwasserrohre in Beton mit Muffe, Konstruktionsmaße in mm (nach DIN 4032)

DN	Rohr ∅ innen	Rohr ∅ außen	Muffe ∅ innen	Muffe Länge	Wanddicke
100	100	146	162	60	23
150	150	206	222	60	28
200	200	260	276	60	30

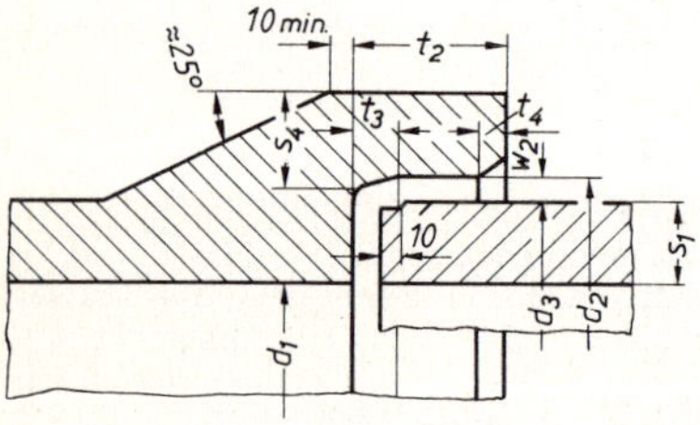

168.2
Muffenverbindung für Betonrohre DN 100 bis 200 für Rollringdichtung (nach DIN 4032)

Betonrohre mit Falz. Sie sind nach DIN 4032 nur zur Ableitung von Niederschlagswasser als Grundleitung im Erdreich und nur ab DN 250 zugelassen.

3.3.3.4 Gußeisen

Gußeiserne Abflußrohre sind gegenüber häuslichen Abwässern korrosionsbeständig, kochwasserbeständig, stoß-, schlag- und abriebfest, formstabil und nicht brennbar.

Gußeiserne Rohre. Gußeiserne Abflußrohre mit Muffen, kurz als GA-Rohre bezeichnet, nach DIN 19500 bis DIN 19513 innen und außen geteert, sind für alle Abflußleitungen zugelassen.

Bei Lackanstrich ist vorher ein gut deckender Isolieranstrich aufzutragen.

Sie werden mit ihren Formstücken vor allem für Leitungen innerhalb der Geschosse verwendet, Grauguß-Reinigungsrohre meist in Steinzeug-Grundleitungen (**169**.1, **188**.2 und **189**.1).

Eine sichtbare Verlegung von GA-Rohrleitungen kommt wegen des unbefriedigenden Aussehens der Muffen mit ihren Formstücken nur in Nebenräumen in Frage.

Eine unsichtbare Verlegung erfordert, falls man nicht die allerdings teueren geschoßhohen Formstücke verwenden kann, Wanddicken $\geq$ 17,5 cm (**117**.1 und 2).

Der Weiterleitung von Körperschall setzen die zahlreichen Rohrstöße spürbaren Widerstand entgegen. Mit ihrer Wanddicke von 3,5 bis 6 mm strahlen Graugußrohre weniger Luftschall ab als andere, dünnwandigere Rohre (s. a. Abschn. 4).

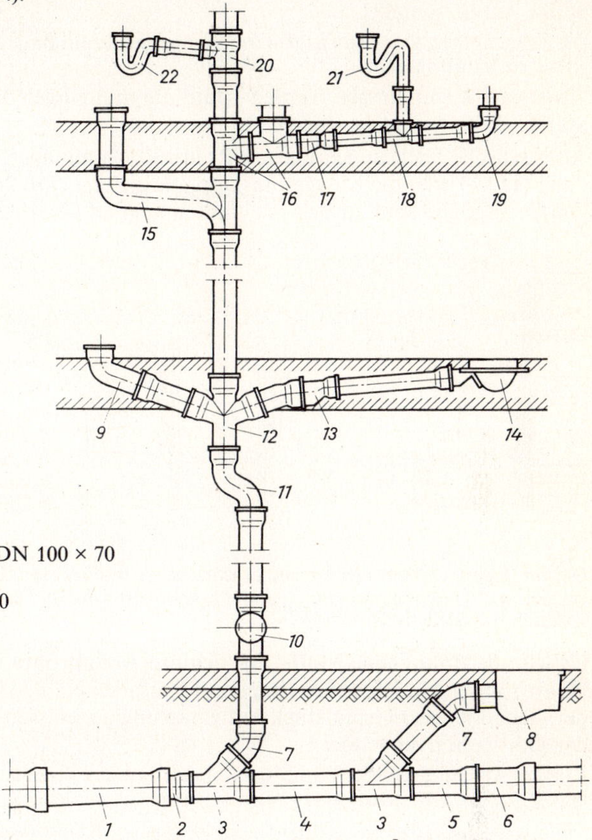

169.1
Formstücke von GA-Rohren und Steinzeug-Abflußleitungen

1 Steinzeug-Übergang lang 100 × 125 DIN 1230
2 GA-Anschlußstück Gußrohr/Steinzeugrohr DN 100
3 GA-Abzweig 45° DN 100 × 100
4 GA-Muffenrohr DN 100
5 GA-Anschlußstück Steinzeugrohr/Gußrohr DN 100
6 Steinzeugrohr DN 100
7 GA-Bogen 45° DN 100
8 Kellerablauf mit Rückstaudoppelverschluß
9 GA-Bogen 45° DN 100
10 GA-Reinigungsrohr DN 100
11 GA-Sprungrohr DN 100, Form B
12 GA-Doppelabzweig 70° DN 100 × 100
13 GA-Übergangsrohr, exzentrisch, DN 100 × 70
14 Deckenablauf
15 GA-Parallelabzweig DN 100 × 100
16 GA-Abzweig 87° DN 100 × 100
17 GA-Übergangsrohr, konzentrisch, DN 70 × 50
18 GA-Abzweig 87° DN 50 × 50
19 GA-Bogen 87° DN 50
20 GA-Abzweig 87° DN 100 × 50
21 GA-Geruchverschluß 90° DN 50 (S-Form)
22 GA-Geruchverschluß 5° DN 50 (P-Form)

GA-Rohre werden als Muffenrohre mit DN 50 bis 200 in Baulängen bis 3,00 m geliefert (Taf. **169**.2).

Tafel **169**.2 GA-Rohre, Konstruktionsmaße in mm (nach DIN 19500)

DN	Rohr ∅ innen	Rohr ∅ außen	Muffe ∅ innen	Muffe ∅ außen	Muffe Länge	Wanddicke
50	53	60	72	90	55	3,5
70	73	80	92	110	55	3,5
100	104	112	124	144	60	4
125	129	137	151	172	65	4
150	152	162	176	200	70	5
200	200	212	226	252	80	6

Zahlreiche genormte Formstücke, wie Bogen von 15°, 30°, 45°, 60°, 70° und 87°, Sprungrohre für Mauerabsätze, einfache, Doppel- und Eckabzweige, Übergangsrohre und -bogen für Querschnittserweiterungen, Parallelabzweige, Überschiebemuffen, Reinigungsrohre mit Schraub- oder Keilverschluß und Gummidichtung des Deckels (**188**.2), Geruchverschlüsse, Anschlußstücke für den Übergang von Steinzeug- auf Gußrohr und umgekehrt (**169**.1), dazu eine Anzahl von Sonderformstücken mit mehreren Abzweigen werden in DN 50 bis 200 hergestellt.

Die früher übliche Dichtung für starre Verbindungen mit Bitumenstrick, Weißstrick und Schwefelvergußmasse ist überholt.

Als starre Verbindungen werden heute die dreiteiligen MERO-Steif-Verbindung und die Starrfix-Verbindung verwendet.

Als elastische Dichtungen werden Rollringverbindungen eingesetzt, so die Rollfix-Verbindung (**170**.1) oder die Mengering-Doppeldichtung (**170**.2) mit zugelassenem Abschlußkitt. Die Dichtungen sind zuverlässig und einfach zu verarbeiten.

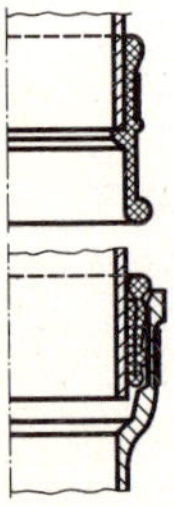

170.1 Rollfix-Gummidichtung für GA-Rohre

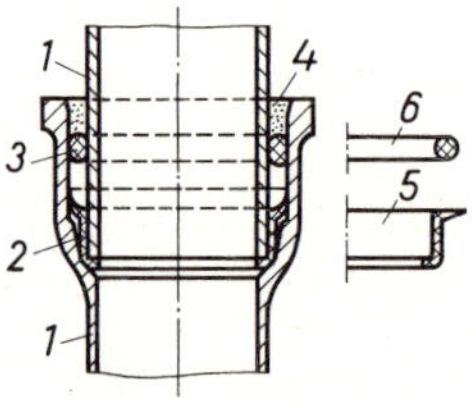

170.2 Mengering-Doppeldichtung für GA-Rohre
1 GA-Rohr nach DIN 19500
2 innerer Dichtring
3 äußerer Dichtring
4 Abschlußmasse, Kaltkitt
5 innerer Dichtring, Ausgangsform
6 äußerer Dichtring, Ausgangsform

Die GA-Rohre und die nachfolgend beschriebenen muffenlosen Gußabflußrohre (SML-Rohre) können bei gleicher Verwendbarkeit miteinander kombiniert werden. Das GA-Rohrprogramm wird schrittweise durch das SML-Rohr ersetzt.

Gußeiserne Rohre ohne Muffe. Muffenlose Abflußrohre und Formstücke, kurz als SML-Rohre (Super Metallit) bezeichnet, mit Prüfbescheid PA-I 1650 sind für sämtliche Bereiche der Gebäude- und Grundstücksentwässerung zugelassen. Sie werden immer häufiger statt der GA-Rohre verwendet.

Kürzere Abmessungen der Formstücke erleichtern das Verlegen und den Einbau. Der Rohrabfall ist gering, da kurze Rohrteile als Paßstücke verwendet werden können. Die Rohre sind leichter als GA-Rohre.

Durch den Wegfall der unschönen Muffen sehen die SML-Rohre ansprechender aus und lassen sich mit ihren geringeren Außendurchmessern auch leichter in dünneren Decken und Wänden sowie vorgefertigten Installationszellen verlegen.

Durch den inneren Justierring der Manschettenverbindung wird die Fortleitung von Körperschall erschwert.

SML-Rohre werden mit DN 50 bis 300 in Baulängen bis 3,00 m geliefert (Taf. **171**.1). Sie sind innen durch eine Teerbeschichtung und außen durch eine korrosionshemmende rotbraune Schutzfarbe geschützt. Das Rohrmaterial kann mit allen handelsüblichen Lacken gestrichen werden.

Für außergewöhnliche Beanspruchung sind besonders säure- und hitzebeständige innenemaillierte muffenlose Abflußrohre und Formstücke aus Gußeisen in DN 50 bis 200 lieferbar. Ihre Verwendung erfolgt für Sonderbereiche mit hohen chemischen, thermischen und mechanischen Beanspruchungen.

Die Dichtung der SML-Rohrenden wird durch eine elastische Dichtmanschette und eine darübergelegte Spannhülse aus Chromstahl hergestellt (**171**.2).

Eine Spannverbindung ist eine bewegliche Rohrverbindung, deren Dichtwirkung durch Spannen einer über die zu verbindenden Rohrenden greifenden Manschette erzielt wird.

Tafel **171**.1 SML-Rohre, Konstruktionsmaße in mm (nach Prüfbescheid PA-I 1650)

DN	Rohr ∅ innen	Rohr ∅ außen	Wanddicke
50	53	60	3,5
70	73	80	3,5
100	105	112	3,5
125	129	137	4
150	154	162	4
200	201	212	5,5

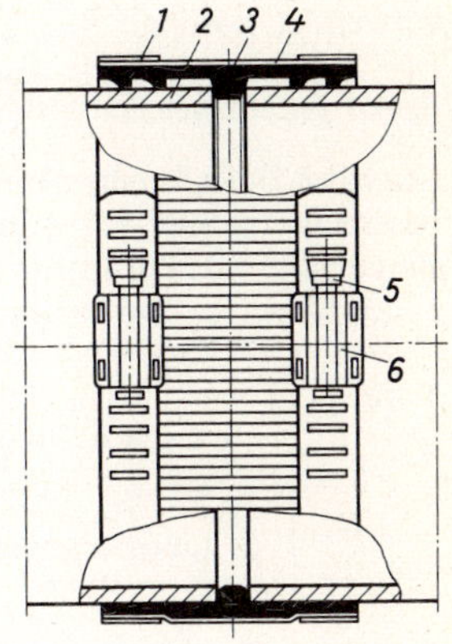

171.2
Verbindung für muffenlose Grauguß-Abflußrohre (SML-Rohre) (M 1:2,5)
1 Klemmband
2 SML-Rohr DN 100
3 Dichtungsschelle
4 Riffelblech
5 Schneckenschraube
6 Schneckengehäuse

In der Regel werden heute SML-Rohre und Formstücke mit CV-Verbindungen aus Chromstahl (**171**.3) oder Mengering-ML-Dichtungen als Schubverbindung im Rollring-System (**171**.4) verbunden.

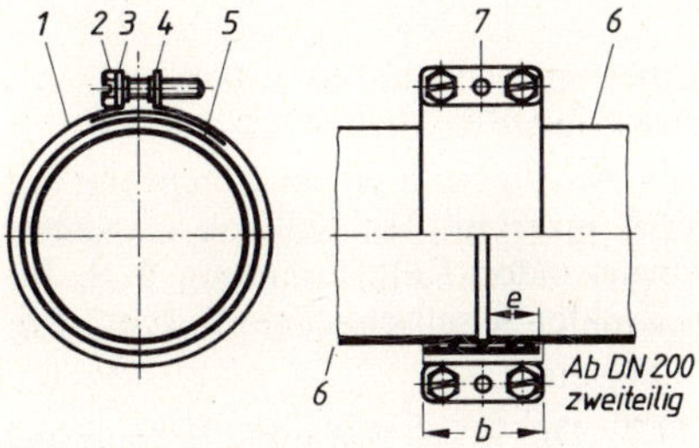

171.3 CV-Verbindung für SML-Rohre
1 Spannhülse
2 Sechskantschraube
3 Führungsplatte
4 Gewindeplatte
5 Dichtmanschette
6 Rohrenden
7 Bohrung für Befestigungselemente

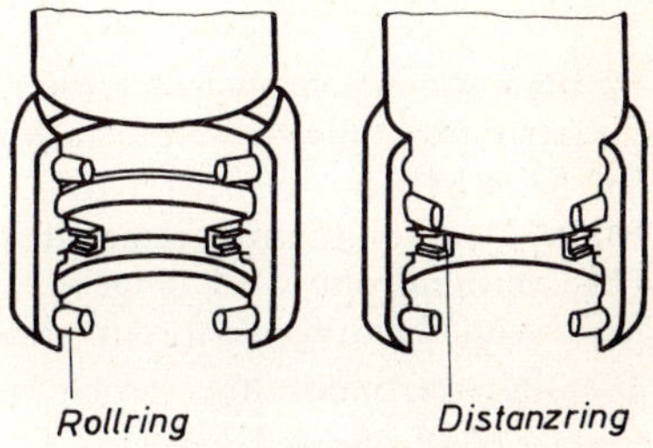

171.4 Mengering-ML-Dichtung mit Rollring-System für SML-Rohre

Die Dichtmanschetten der CV-Verbindung sind bis zu 120 °C, die der Mengering-ML-Verbindung bis zu 95 °C dauerhaft temperaturbeständig.

Bei extrem aggressiven Außeneinwirkungen wird die Verwendung von CS-Verbindungen aus Chromnickelstahl empfohlen.

Zugfeste Verbindungen für Innendrücke bis 3 bar werden mit der ako Tempo-Kralle ausgeführt. Sie sind bei innenliegenden Druckleitungen von Abwasserhebeanlagen oder Leitungen im Rückstaubereich einzusetzen.

3.3.3.5 Stahl

Stahlrohre. Stahl-Abflußrohre nach DIN 19530 werden in zwei Ausfertigungen, feuerverzinkt und innen zusätzlich kunstharzbeschichtet, bzw. innen und außen PVC-kunststoffbeschichtet, hergestellt.

Sie dürfen nach DIN 1986 für die Ableitung von häuslichen Abwässern und Regenwasser verwendet werden.

Die Verlegung kann als Anschluß-, Fall-, Sammel- und Grundleitungen auch unzugänglich im Baukörper erfolgen. Im Erdreich ist die Verlegung unzulässig.

Stahl-Abflußrohre mit Steckmuffenverbindung werden feuerverzinkt oder kunststoffbeschichtet in DN 40 bis 300 als gerade Rohre in Längen bis 3,00 m geliefert (Taf. **172**.1). Sie sind leichter als Gußrohre und infolge ihrer geringen Rohr- und Muffendurchmesser gut in engen Schlitzen unterzubringen.

Tafel **172**.1 Stahl-Abflußrohre, Konstruktionsmaße in mm (nach DIN 19530)

DN	Rohr ∅ außen	Muffe ∅ innen	Muffe ∅ außen	Wand-dicke
40	42	45	51	1,5
50	53	56	63	1,5
70	73	76	84,2	1,6
100	102	106	117,5	2,0
125	133	138,5	151,5	2,5
150	159	164	180	2,5
200	219	224	246,8	2,9

Daneben gibt es Rohre mit zwei beiderseitigen Muffen in Baulängen von 0,25 bis 3,00 m.

Für aggressive Abwässer werden auch emaillierte Stahlrohre hergestellt.

Stahl-Abflußverbundrohre bestehen aus einem Außen- und einem Innenrohr mit Muffe. Der Hohlraum zwischen dem doppelwandigen Rohr ist mit Hartschaum ausgefüllt. Das Verbundrohr wird eingebaut, wenn eine Wärme- oder Kältedämmung z. B. für freiliegende Leitungen erforderlich ist oder wenn ein erhöhter Schallschutz gewünscht wird.

Die Stahl-Verbundrohre werden in DN 70 bis 150 hergestellt.

Stahl-Abflußrohre besitzen eine Zweistufenmuffe (**172**.2). Die Dichtung und Verbindung erfolgt durch eine langfristig bis 90 °C temperaturbeständige Gummi-Steckmuffe (Lippenmanschette).

Die Rohre werden aus schalltechnischen Gründen und zur Dehnungsaufnahme nicht ganz zum Muffengrund eingeschoben. Als Rohrbefestigung werden übliche Rohrschellen und Aufhängungen mit schalldämmenden Einlagen verwendet.

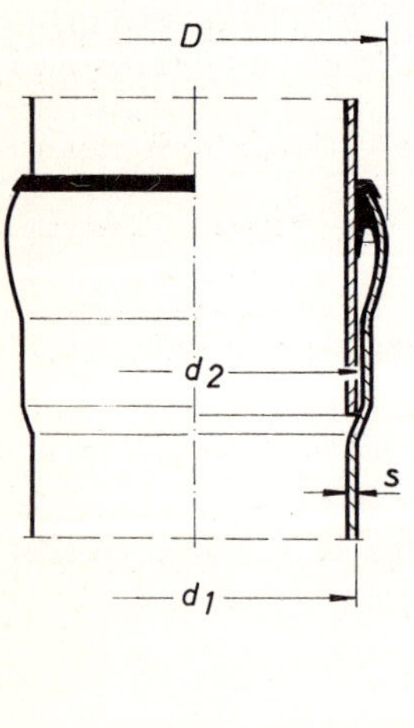

172.2
Stahl-Abflußrohrmuffe mit Gummi-Steckmuffe (Lippenmanschette)

Stahl-Abflußrohre eignen sich für die Vorfertigung. Werkseitig lieferbar sind ganze Bauelemente wie Rohrbündel, Deckenelemente, Rohrelemente mit Halterungen für Sanitärgegenstände und Installationsblöcke (**135**.1 und **136**.1).

Edelstahlrohre. Edelstahl-Abflußrohre, auch als GM-X-C-Abflußrohre bezeichnet, sind Sonderrohre für Abwasserleitungen in Labor- und Industriegebäuden. Die Rohre sind matt gebeizt.

Die Abmessungen der Edelstahl-Abflußrohre werden in Anlehnung an DIN 19530 in DN 50 bis 150 hergestellt.

Die Muffenverbindung erfolgt mit Dichtelementen aus Neoprene, wobei die Dauer-Temperaturbeständigkeit bei 100 °C liegt.

3.3.3.6 Bleche

Blechrohre. Zu ihnen gehören nach DIN 18461 Rohre aus Zinkblech, verzinktem Stahlblech, Kupferblech und Aluminiumblech.

Blechrohre dürfen nur für Regenwasserleitungen im Freien und nicht als Standrohr verarbeitet werden.

Außerhalb von bewohnten Räumen sind sie auch für Entlüftungsleitungen verwendbar, wenn keine mechanische Beschädigung zu erwarten ist.

Die Verbindungen von Blechfallrohren mit GA-Rohr und SML-Rohr zeigt Bild **173**.1. Siehe auch DIN 18339 (VOB Teil C, Klempnerarbeiten).

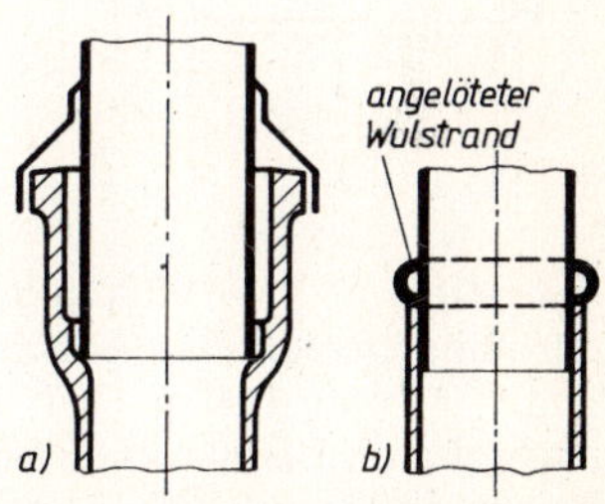

173.1
Verbindung von Guß-Rohren mit Blech-Rohren
a) Zinkrohr/GA-Rohr als Standrohr
b) Kupferrohr/SML-Rohr als Standrohr

3.3.3.7 Asbestzement

Asbestzement-Abflußrohre und -Formstücke sind nach DIN 1986 für alle Bereiche der Gebäude- und Grundstücksentwässerung zugelassen.

Die Rohre entsprechen in Abmessungen, Formgebung, Verbindungen, Dichtungen und Befestigung weitgehend den Graugußrohren.

Wesentlich geringeres Gewicht, dadurch mögliche größere Baulängen und erleichterte Verlegung machen ihre besonderen Vorteile aus.

Das Schneiden von Asbestzementrohren ist jedoch durch Einatmen von asbesthaltigem Feinstaub gesundheitsgefährdend.

Zu unterscheiden sind Asbestzement-Muffen-Abflußrohre und Asbestzement-VS-Abflußrohre ohne Muffe. Im Erdreich werden Asbestzement-Kanalrohre verwendet.

Asbestzement ist korrosionsbeständig und mit seinen glatten Innenflächen wartungsfrei. Die Temperatur-Dauerbelastung liegt bei 200 °C.

Im Erdreich verlegte Rohre müssen bei aggressivem Boden oder Grundwasser einen zuverlässigen äußeren Rohrschutz erhalten. Als Rohrschutz werden Anstriche auf Bitumen- und Steinkohlenteerpechbasis verwendet, für aggressive Industrieabwässer auch Kunstharzbeschichtungen.

Asbestzement-Muffen-Abflußrohre. Sie werden nach DIN 19830 und DIN 19831 mit DN 50 bis 300 in Längen von 0,15 bis 4,00 m geliefert (Taf. **174**.1).

Die Dichtung und Verbindung erfolgt mit Gummi-Rillenringen (**174**.2). In Rückstauleitungen wird die zugfeste Muffenverbindung ZMV verwendet, die einem Innendruck von 2,5 bar standhält.

Tafel **174**.1 Asbestzement-Muffen-Abflußrohre, Konstruktionsmaße in mm (nach DIN 19831)

DN	Rohr ∅ innen	Rohr ∅ außen	Muffe ∅ innen	Muffe ∅ außen	Muffe Länge	Wanddicke
50	50	64	76	92	46	7
70	70	84	98	116	56	7
100	100	116	130	150	61	8
125	125	141	157	177	61	8
150	150	168	184	206	66	9
200	200	220	242	266	71	10

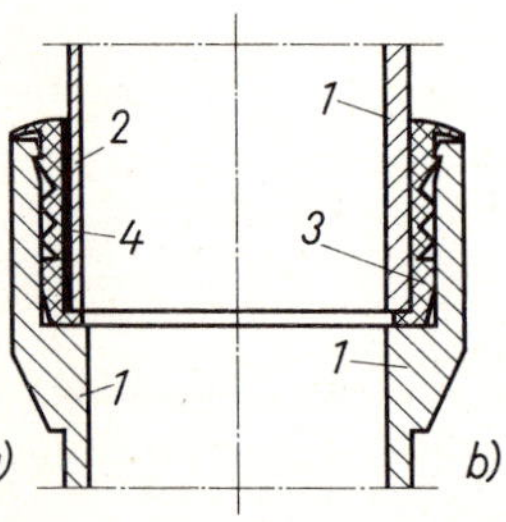

174.2
Gummirillenring-Dichtung der Asbestzement-Abflußrohre (Eternit AG)
1 Asbestzement-Rohr
2 GA-Rohr
3 Gummirillenring
4 Gummischlauch zum Ausgleich der verschiedenen Rohrweiten

Asbestzement-VS-Abflußrohre. Die muffenlosen Abflußrohre sind eine Weiterentwicklung der Asbestzement-Muffenrohre. Sie gibt es nach DIN 19841 mit DN 50 bis 200 in Längen von 2,00 und 4,00 m (Taf. **174**.3). Das VS-System kommt mit wenigen aber variabel einsetzbaren Formstücken aus.

Eine Kombination muffenloser Rohre mit Muffenrohren ist ohne zusätzliche Formstücke problemlos möglich.

Die Dichtung und Verbindung wird beim muffenlosen Asbestzementrohr durch eine mit zwei Inbusschrauben anzuziehende Connect-Spannmuffe aus Stahl und einer eingelegten Gummidichtung hergestellt (**174**.4).

Tafel **174**.3 Asbestzement-VS-Abflußrohre ohne Muffe, Konstruktionsmaße in mm (nach DIN 19841)

DN	Rohr ∅ außen	Wanddicke
50	64	7
70	84	7
100	116	8
125	141	8
150	168	9
200	220	10

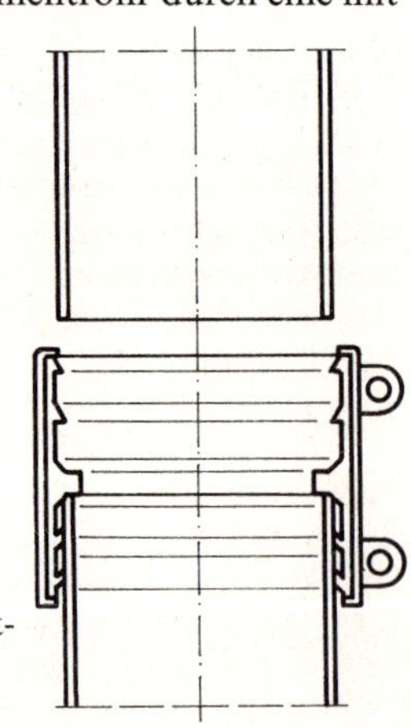

174.4
Muffenloses Asbestzement-Abflußrohr, Spannmuffe mit Gummidichtung

Bei druckgefährdeten Leitungen sind zusätzlich zwei zugfeste Muffenverbindungen ZMV beidseitig der Connect-Spannmuffe festzuschrauben.

Asbestzement-Kanalrohre. Sie sind nach DIN 19850 nur für die Verlegung von Abwasserleitungen im Erdreich zugelassen.

Im Haus- und Grundstückbereich kommen unkalibrierte Asbestzement-Kanalrohre mit DN 100 bis 350 zur Ausführung (Taf. **175**.1).

Tafel **175**.1 Asbestzement-Kanalrohre, Konstruktionsmaße in mm (Auszug nach DIN 19850)

DN	Rohr ∅ innen	Rohr ∅ außen	Muffe ∅ außen	Muffe Länge	Wand-dicke
100	100	116	161	120	8
125	125	141	186	120	8
150	150	168	220	140	9
200	200	220	273	140	10

Die Dichtung und Verlegung dieser Rohre wird durch eine einfache Verbindung mit der Reka-Kupplung RKG (**175**.2) hergestellt.

Die dazu verwendete werkstoffgleiche und doppeltgelenkige Steckmuffe sichert auch bei hohen Anforderungen (Bodenbewegungen, hohem Innendruck oder Schwingungen) beständige Dichtheit.

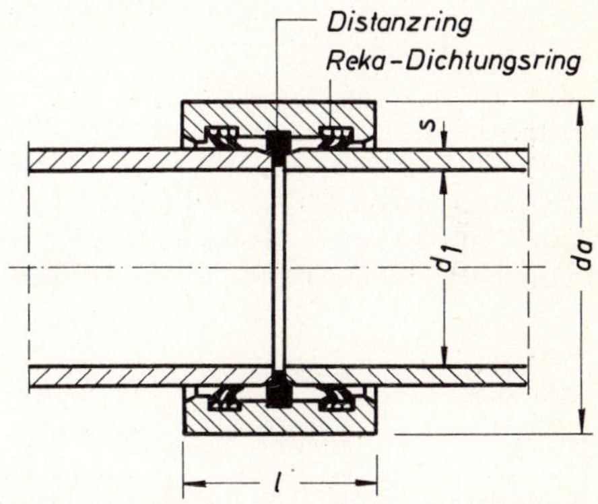

175.2
Asbestzement-Kanalrohr, Reka-Kupplung RKG

3.3.3.8 Kunststoff

Kunststoff-Abflußrohre werden in zunehmendem Maß für Abwasserleitungen aller Art eingesetzt.

Dank der glatten Innenflächen neigen sie nicht zu Inkrustierungen, haben günstige Abflußbeiwerte und sind weitgehend chemikalienbeständig.

Die Rohre sind sehr leicht. Die geraden Rohre haben große Baulängen, und die Formstücke sind mit wenig Zeitaufwand bequem zu verarbeiten. Durch ihre knappen Außenmaße sind Kunststoffrohre gut in Mauerschlitzen unterzubringen. Die Rohre dehnen sich jedoch bei Erwärmung stark aus, was beim Verbinden und Verlegen Dehnungsspielraum erfordert.

Die vorwiegend für Abwasser verwendeten Kunststoffrohrarten sind in Tafel **175**.3 zusammengestellt.

Tafel **175**.3 Abflußrohre, Kunststoffrohrarten

Kunststoff	Bezeichnung	Kennfarbe
Polyäthylen	PE-Rohr	schwarz
Polypropylen	PP-Rohr	mittelgrau
chloriertes Polyvinylchlorid	PVCC-Rohr	olivgrau
Polyvinylchlorid	PVC-Rohr	hellgrau
	PVC-Kanalrohr	orangebraun

PE-hart-Abflußrohre. Sie werden nach DIN 19535 für heißwasserbeständige Abwasserleitungen innerhalb von Gebäuden verwendet und mit DN 40 bis 300 in Längen bis zu 5,00 m hergestellt (Taf. **176**.1). Die schwarzen Rohre sind mit einem ununterbrochenen gelben Schriftzug versehen.

Als Grundleitung im Erdreich sind nach DIN 19535 Polyäthylen-hart-Abflußrohre nicht zugelassen. Die Temperaturbeständigkeit liegt bei −40 °C bis 100 °C.

Tafel **176**.1 PE-hart-Abflußrohre mit Schweißmuffe, Konstruktionsmaße in mm (nach DIN 19535)

DN	Rohr ∅ innen	Rohr ∅ außen	Schweißmuffe ∅ außen	Schweißmuffe Länge	Wanddicke
40	44	50	68	60	3
50	57	56	76	60	3
70	69	75	104	60	3
100	101,4	110	142	60	4,3
125	115,2	125	156	60	4,9
150	147,6	160	226	150	6,2
200	187,6	200	278	150	7,7

Durch feuerbeständig oder feuerhemmend auszuführende Decken oder Wände sind die Rohre feuerhemmend zu ummanteln. Auch durch Einbau einer Brandmanschette, die mit nichtbrennbaren Baustoffen zu schließen ist, kann dieser Anforderung entsprochen werden.

Die Dichtung und Verbindung der PE-hart-Abflußrohre und ihrer Formstücke erfolgt durch Steckmuffe, Schweißmuffe oder Schraubmuffe (**176**.2), aber auch durch Flanschverbindungen. Die Rohre können nicht geklebt werden.

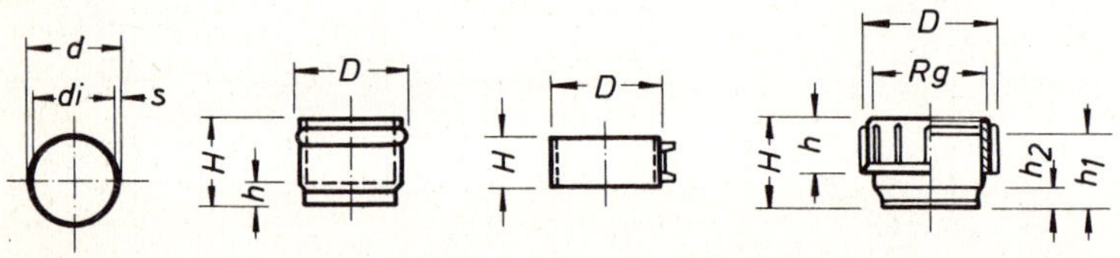

176.2 PE-hart-Abflußrohre, Steckmuffe, Schweißmuffe und Schraubmuffe

In der Regel werden die PE-hart-Rohre mit Stumpf- oder Elektromuffenschweißung (**176**.3) verbunden.

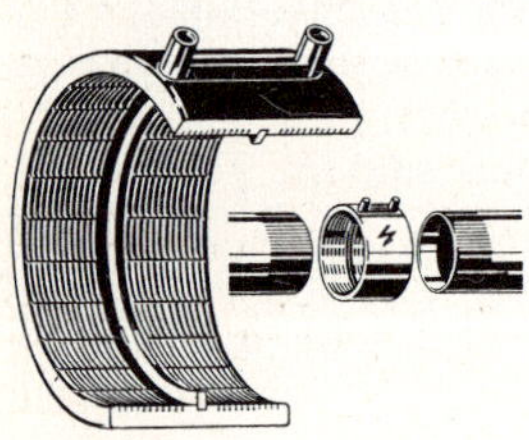

176.3
PE-hart-Abflußrohre, Elektromuffen-Rohrverbindung

Die Stumpfschweißung erfolgt mit einem Handschweißspiegel (bis DN 70) oder einer Spiegelschweißmaschine.

Eine Schweißverbindung ist eine starre Rohrverbindung, deren Dichtwirkung durch Verschweißen der Rohrenden erzielt wird.

Lösbare Verbindungen werden durch Steckmuffen und zur Dehnungsaufnahme mit Langmuffen hergestellt.

PPs-Abflußrohre. Diese Abflußrohre, Polypropylen schwer entflammbar, werden nur für besonders beanspruchte Industrie- und Laborentwässerungen mit Temperaturen bis 120 °C eingesetzt.

Die weitgehend chemikalienbeständigen PPs-Rohre werden in DN 40 bis 200 mit den Abmessungen wie PE-hart-Abflußrohre (Taf. **176**.1) geliefert.

Die Dichtung und Verbindung wird bei diesen Rohren ebenfalls durch Stumpfschweißung, Verschraubung, Langmuffe und Flansch hergestellt.

PP-Abflußrohre. Sie bestehen aus Polypropylen und werden auch als Rotstrichrohr oder HT-Abflußrohr bezeichnet. Nach DIN 19560 dürfen sie für heißwasserbeständige Abwasserleitungen innerhalb von Gebäuden, jedoch nicht im Erdreich und nicht im Freien, verwendet werden.

Die Rohre sind chemisch beständig gegen normales Abwasser, unter 0 °C werden sie schlagempfindlich.

Die PP-Rohre werden in DN 40 bis 150 mit einer oder zwei Steckmuffen in Längen von 0,15 bis 2,00 m geliefert (Taf. **177**.1). Die mittelgrauen Rohre sind mit einem ununterbrochenen roten Schriftzug versehen.

Die Dichtung und Verbindung wird mit Steckmuffe und Kautschuk-Rollring als Dichtungselement hergestellt.

Die Verlegung in der Muffe erfolgt mit 10 mm Ausdehnungsspielraum, so daß Dehnungsstücke entfallen (**177**.2).

Ein Verkleben des Werkstoffes Polypropylen ist nicht möglich.

PP-Rohre können auch durch Kelchschweißung verbunden werden.

Tafel **177**.1 PP-Abflußrohre, Konstruktionsmaße in mm (nach DIN 19560)

DN	Rohr ∅ außen	Muffe ∅ außen	Muffe Länge	Wand-dicke
40	40	54	58	1,8
50	50	64	58	1,8
70	75	89	61	1,9
100	110	128	72	2,7
125	125	145	75	3,1
150	160	184	83	3,9

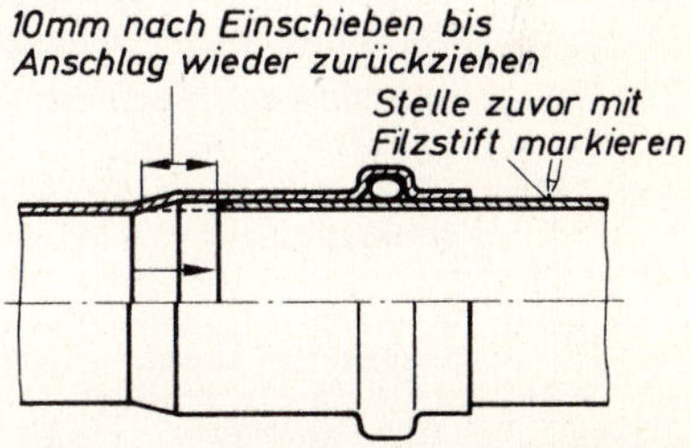

177.2 PP-Abflußrohr, Steckmuffe mit Dehnungsspielraum

ABS- und ASA-Rohre sind als HT-Abflußrohre nach DIN 19561 zur Gruppe der PP-Abflußrohre zu rechnen. Sie sind jedoch nur als normal entflammbar eingestuft. Die Rohre sind mit einem ununterbrochenen gelben Schriftzug gekennzeichnet.

ABS- und ASA-Rohre können auch geklebt werden.

PVCC-Rohre nach DIN 19538 sind ebenfalls HT-Abflußrohre. Sie sind wie die zugehörigen Formstücke aus chloriertem Polyvinylchlorid als schwer entflammbar eingestuft und werden wie PP-Abflußrohre verarbeitet. Die Farbe der Rohre ist olivgrau.

PVCC-Rohre können ebenfalls geklebt werden.

PVC-hart-Abflußrohre. Nach DIN 19531 gibt es zwei verschiedene Rohrarten aus Polyvinylchlorid, die Reihe N mit normaler Wanddicke und die Reihe V mit verstärkter Wanddicke.

PVC-hart-Rohre der Reihe N sind nur als Anschluß-, Lüftungs- und Regenwasserleitung im Gebäude und Freien, aber nicht als Standrohr, verwendbar.

Die Rohre dürfen nur als Anschlußleitungen für WC- und Urinalbecken sowie für Bodeneinläufe ohne seitlichen Zulauf im Wohnungsbau verarbeitet werden.

PVC-hart-Rohre der Reihe V sind für Fall-, Sammel- und Grundleitungen, jedoch nicht im Erdreich und nicht als Standrohr zugelassen.

PVC-hart-Abflußrohre eignen sich zur Ableitung chemisch aggressiver Abwässer und sind bis 60 °C temperaturbeständig. Bei Temperaturen unter 0 °C wird das Rohr schlagempfindlich.

Die Rohre der Reihe N, mit normaler Wanddicke, werden in DN 40 bis 150 geliefert (Taf. **178**.1). Sie sind mit einem ununterbrochenen blauen Schriftzug versehen.

Tafel **178**.1 PVC-hart-Abflußrohre, Reihe N, Konstruktionsmaße in mm (nach DIN 19531)

DN	Rohr ∅ außen	Muffe ∅ außen	Muffe Länge	Wanddicke
40	40	54	36	1,8
50	50	65	41	1,8
70	75	91	44	1,8
100	110	128	61	2,2
125	125	146	72	2,5
150	160	184	86	3,2

Die Rohre der Reihe V, mit verstärkter Wanddicke, werden in DN 100 bis 150 hergestellt (Taf. **178**.2). Sie sind mit einem ununterbrochenen grünen Schriftzug gekennzeichnet.

Die Dichtung und Verbindung der PVC-hart-Rohre geschieht mit Steckmuffe und Dichtring (**178**.3) mit einem Dehnungsspielraum von 10 mm.

Die Universalmuffe kann auch durch Klebung fest verbunden werden.

Tafel **178**.2 PVC-hart-Abflußrohre, Reihe V, Konstruktionsmaße in mm (nach DIN 19531)

DN	Rohr ∅ außen	Muffe ∅ außen	Muffe Länge	Wanddicke
100	100	127	61	3,0
125	125	144	72	3,0
150	160	182	86	3,6

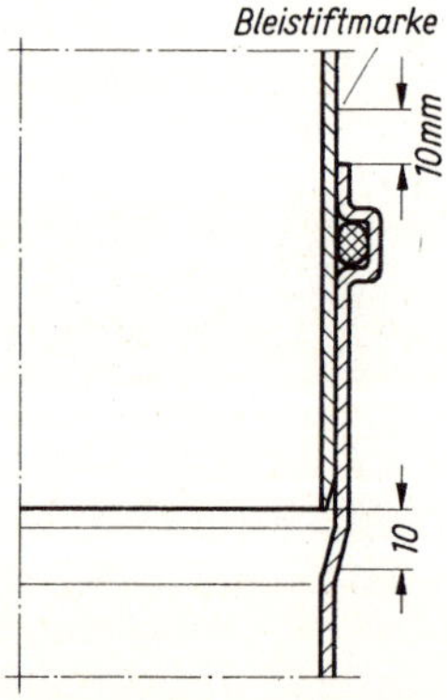

178.3
PVC-hart-Abflußrohr DN 100 mit Steckmuffe und Gummidichtring (M 1:2,5)

Klebverbindungen sollen nur bei Temperaturen über 5 °C vorgenommen werden. Eine Klebverbindung ist eine Rohrverbindung, deren Dichtwirkung durch Verkleben der zu verbindenden Rohrenden erzielt wird. Je nach Art des verwendeten Klebstoffes oder Dichtmittels werden starre kraftschlüssige oder bewegliche, nicht kraftschlüssige Klebverbindungen hergestellt.

PVC-hart-Kanalrohre. Nach DIN 19534 werden diese Polyvinylchlorid-Rohre nur für Grundleitungen im Erdreich verwendet.

Die Verwendung ohne statischen Nachweis ist zulässig bei:

Mindestüberdeckung von 0,80 m unter verkehrsfreien Flächen,
Mindestüberdeckung von 1,50 m unter Verkehrsflächen,
Höchstüberdeckung von 6,00 m bei Verlegung im Graben nach VOB.

Die Rohre in DN 100 bis 200 müssen mit Abwasser-Temperaturen bis 60 °C, in DN 250 bis 500 mit Temperaturen bis 40 °C belastbar sein.

PVC-hart-Rohre als Kanalrohre werden nach Tafel **179**.1 in Baulängen von 50, 100, 200 und 500 cm geliefert. Die Kennfarbe der Rohre ist orangebraun.

Tafel **179**.1 PVC-hart-Kanalrohre, Konstruktionsmaße in mm (nach DIN 19534)

DN	Rohr ∅ außen	Muffe ∅ außen	Muffe Länge	Wanddicke
100	110	127	61	3,0
125	125	144	72	3,0
150	160	182	86	3,6
200	200	225	106	4,5

Die Dichtung und Verbindung der PVC-hart-Kanalrohre erfolgt durch Steckmuffen mit Rundschnur- (DN 100 bis 200) und Hohlkammerringen (DN 250 bis 500) (**179**.2).

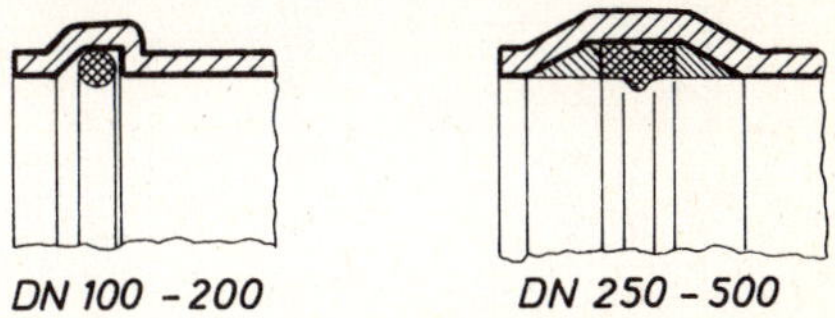

179.2
PVC-hart-Kanalrohr, Steckmuffenverbindungen
a) DN 100 bis 200 mit Rundschnurring
b) DN 250 bis 500 mit Hohlkammerring

3.3.4 Rohrleitungsverlegung

Innenleitungen werden auf der Wand aufliegend durch Rohrhaken unter der Muffe, besser aber durch Rohrschellen (mit abnehmbarem Vorderteil) oder Bügel befestigt. Sie sind einmal lösbar und gestatten zum anderen einen Abstand von der Wand einzuhalten, der mit Rücksicht auf die freie Lage der Muffen und auf das bequeme Reinigen der Wandflächen hinter den Rohren ca. 6 cm betragen soll (**179**.3). Rohrhaken und -schellen dürfen bei Ziegelmauerwerk nur in waagerechte Fugen eingeschlagen werden.

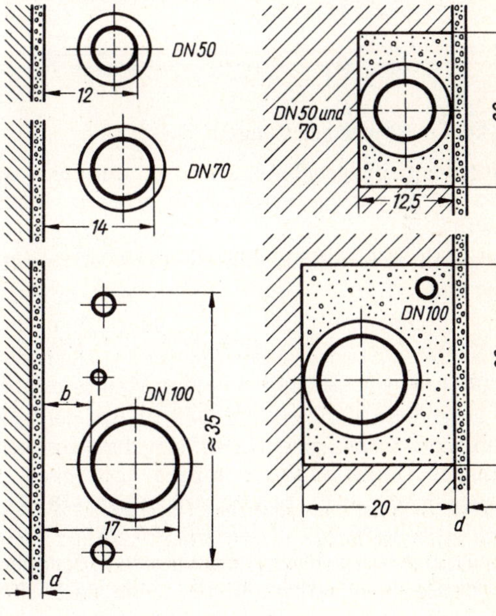

179.3
Raumbedarf von Abflußrohren (M 1:10)
d = 1,5 cm für Putz
= 2,5 bis 3 cm für Fliesen
= 5,5 bis 6 cm für Fliesen mit Sperrschicht

Am einfachsten und billigsten wird ein Verlegen der Rohrleitungen frei von der Wand. Es ist daher die übliche Ausführung der Leitungen in Nebenräumen und aus wärmetechnischen Gründen an Außenwänden stets zu empfehlen.

Die zumeist verlangte unsichtbare Anordnung der Rohrleitungen innerhalb der Wände von Wohn- und Aufenthaltsräumen macht vor allem bei den Entwässerungsleitungen oft Schwierigkeiten. Siehe auch die ebenfalls für Entwässerungsleitungen gültigen Ausführungen der Abschn. 2.5.4 und 4.

Bei der Verlegung von Kunststoff-Abflußleitungen ist besonders auf folgendes zu achten:

Die Rohrstränge werden mit handelsüblichen Metallrohrschellen und einer Kunststoffeinlage verlegt. Rohrhaken sind unzulässig. Festschellen umfassen das Rohr und arretieren es, so daß Festpunkte geschaffen werden. Sie werden i. allg. hinter die Muffen jeder Formstückgruppe gesetzt. Losschellen, die nicht zu fest angezogen werden dürfen, lassen dazwischen Längenänderungen des Rohres zu (**180**.1). Im Bereich von warmgehenden Leitungen anzuordnende Abflußrohre sind mit Rücksicht auf Schweißarbeiten nach diesen zu verlegen und erforderlichenfalls mit einem Wärmeschutz zu versehen. Unter Putz verlegte PVC-hart-Rohre sind grundsätzlich auf ihrer ganzen Länge mit Glas- oder Steinwolle zu umhüllen.

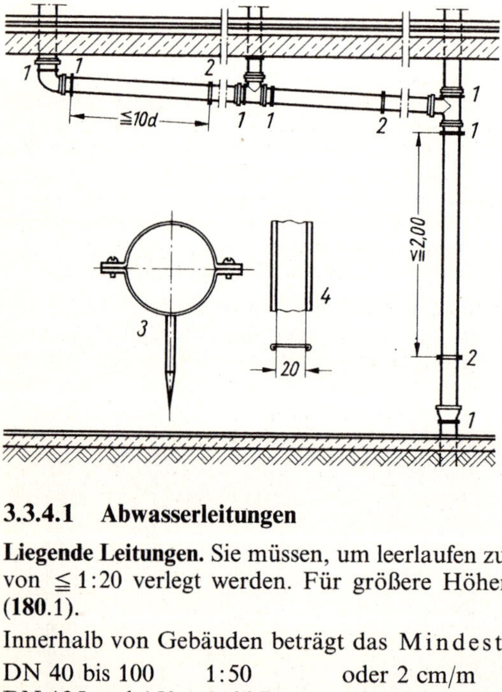

180.1
Befestigung von PVC-hart-Abflußrohren, Schema (M 1:50)
1 Festschelle
2 Losschelle (Steckmuffe)
3 Rohrschelle (Schlagschelle), schwarz, verzinkt oder kunststoffüberzogen
4 PE-Einlegeband

3.3.4.1 Abwasserleitungen

Liegende Leitungen. Sie müssen, um leerlaufen zu können, in einem gleichmäßigen Gefälle von ≦ 1:20 verlegt werden. Für größere Höhenunterschiede sind Abstürze vorzusehen (**180**.1).

Innerhalb von Gebäuden beträgt das Mindestgefälle der Leitungen für

DN 40 bis 100	1:50	oder 2 cm/m
DN 125 und 150	1:66,7	oder 1,5 cm/m
ab DN 200	1:0,5 DN	

Außerhalb von Gebäuden ist das Mindestgefälle mit 1:DN einzuhalten.

In liegenden Leitungen sind Doppelabzweige unzulässig. In Grund- und Sammelleitungen dürfen nur Abzweige mit ≦ 45° eingebaut werden (s. Bild **167**.2). Parallel zu Grundmauern laufende Grundleitungen müssen von ihnen genügend Abstand behalten, um deren Tragfähigkeit nicht zu beeinträchtigen (**181**.1). Die Erdüberdeckung der Muffen von Grundleitungen muß unterhalb von Gebäuden ≧ 15 cm betragen.

Grundleitungen werden am besten in der offenen Baugrube vor den Gründungsarbeiten in Rohrgräben verlegt, deren Sohle nach DIN 18300 40 bis 70 cm breiter als der

Rohraußendurchmesser zu sein hat. Rohrgräben sind in dem vorgesehenen Gefälle so auszuheben, daß die Rohre in ganzer Länge möglichst auf gewachsenem Boden fest aufliegen.

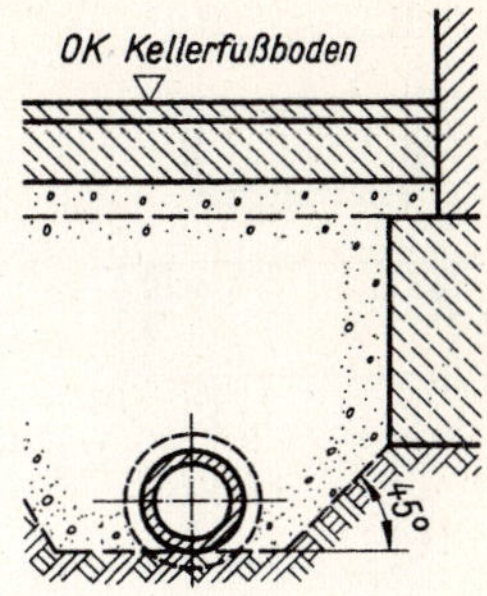

181.1
Grundleitung mit Abstand parallel zur Grundmauer

Das Verlegen der Rohre beginnt an der tiefsten Stelle mit den Muffen nach vorn, d. h. entgegen der Fließrichtung des Wassers. Unter den Muffen ist wegen ihres größeren Durchmessers ein etwa 15 cm tiefes Muffenloch vorzusehen. Rohre und Formstücke sind zu verbinden, in die richtige Lage zu bringen, auszurichten und zu unterstopfen. Offene Rohrenden sind mit Holzstopfen zu verschließen. Bevor die Rohrgräben möglichst mit Sand und Kies in ca. 25 cm dicken Lagen verfüllt und gut abgerammt oder bei durchlässigem Boden auch eingeschlämmt werden, wird die Bauaufsichtsbehörde oder Gemeinde die Grundleitungen abnehmen.

Ausnahmsweise unter der Kellerdecke aufgehängte oder an Kellerwänden angeordnete Grundleitungen sind sehr sorgfältig zu befestigen, an Wänden evtl. durch Wandvorlagen zu untermauern.

Der Leitungsquerschnitt aller Rohrverbindungen darf sich in Fließrichtung gesehen nicht verengen. Erweitert werden darf er nur mit Hilfe von Übergangsformstücken. Der Scheitel einer waagerechten Rohrleitung muß dabei in gleicher Höhe weiterlaufen (**169**.1 Ziff. 13).

Anhauschellen und Sattelstücke sind nur zum Anschluß von EA an vorhandene Entwässerungsleitungen und nicht zur Verbindung von Rohren gleicher Nennweite zulässig. Eine dauernd dichte Rohrverbindung muß gesichert sein.

Ein Wechsel der Rohrwerkstoffe darf nur bei gleicher Nennweite und nur mit Hilfe der hierfür eigens geschaffenen Anschlußformstücke, Nippel oder Dichtringe vorgenommen werden, die die verschiedenen Außendurchmesser und Muffeninnenmaße einander anpassen (**167**.3, **181**.2 bis **182**.2).

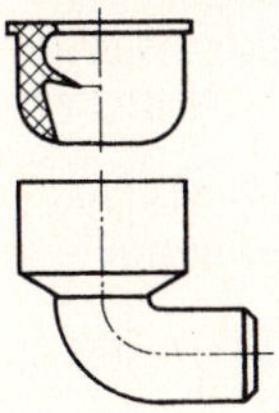

181.2
PVC-hart-Anschlußstutzen für Metallrohr (z. B. von Geruchverschluß) mit Gumminippel

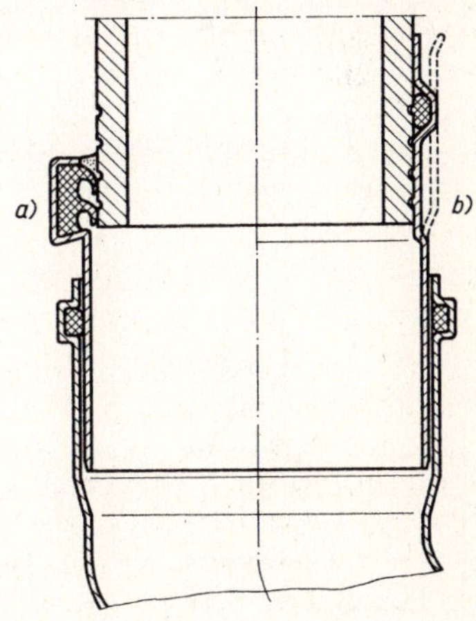

181.3
Anschluß eines Klosettbeckens an PVC-hart-Abflußrohr durch Klosettstutzen aus PVC-hart mit

a) Lippendichtung
b) Schrumpfmuffe

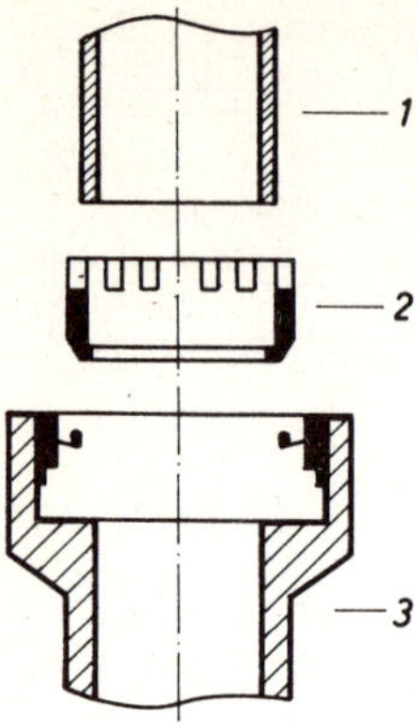

182.1
SML-Rohr an Steinzeugrohr DN 100 bis 200
1 SML-Rohr
2 Steinzeug-Ü-Ring
3 Steinzeugrohr mit Steckmuffe L

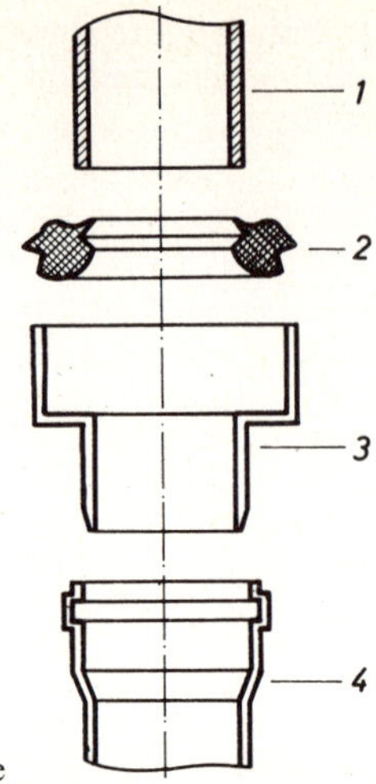

182.2
SML-Rohr an PVC-hart-Kanalrohr DN 100 bis 300
1 SML-Rohr
2 Tecotect-se-Ü-Dichtung
3 KGUE-PU-Anschluß mit Muffe
4 PVC-hart-Kanalrohr mit Steckmuffe

Falleitungen. Sie sind ohne Änderung der Nennweiten möglichst geradlinig durch die Geschosse zu führen. Bei Falleitungen, die mehr als 3 Geschosse normaler Höhe durchlaufen, sind die Übergänge in eine liegende Leitung sowie die zu- und ablaufseitigen Bogen einer Verziehung (Sprungbogen) nach Bild **182**.3b mit einem ≧ 250 mm langen Zwischenstück oder mit Umgehungsleitungen nach Bild **158**.1b unter Verwendung von Bogen 87° zu versehen. Bei Falleitungen bis zu 3 Geschossen einschließlich genügt an dieser Stelle ein Fußbogen 87° oder 2 × 45° (**182**.3a und **182**.4). Bei Falleitungen, die mehr als 9 Geschosse durchlaufen, sind nur Umgehungsleitungen nach Bild **158**.1 zulässig.

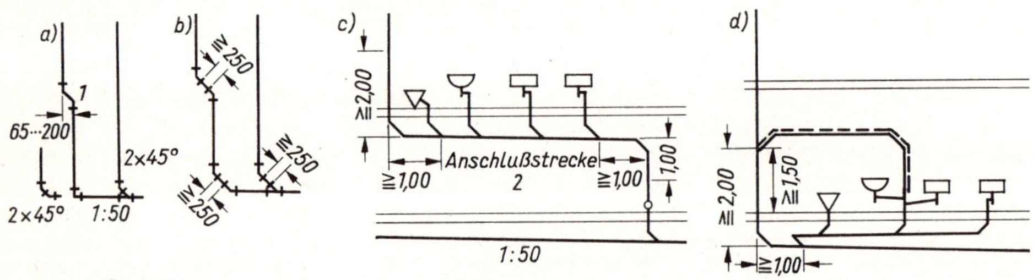

182.3 Falleitungen (nach DIN 1986 T. 1)
a) Fußbogen 87° oder 2 × 45° bei 1 bis 3 Geschossen
1 Sprungbogen
b) Fußbogen 2 × 45° mit Zwischenstück ≧ 250 mm lang für Falleitungen bis zu 9 Geschossen
c) anschlußfreie Leitungsteile am Fußbogen bis zu 9 Geschossen
2 wenn Anschlußstrecke = 0, Ausbildung nach Bild **158**.1 oder d) = anschlußfreie Zone
d) Umlüftung von Sammelanschlußleitung auf Falleitung

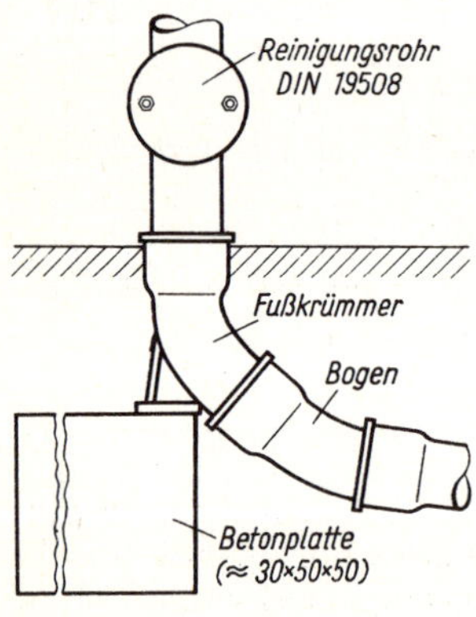

182.4
Fuß einer Falleitung aus GA-Rohren

Oberhalb des zulaufseitigen Bogens darf die Falleitung auf eine Höhe von $\leqq 2$ m keinerlei Anschlüsse erhalten, vielmehr sind Anschlüsse aus diesem Bereich an die liegende Leitung mit einem Abstand von $\geqq 1$ m nach dem zulauf- und $\geqq 1$ m vor- oder hinter dem ablaufseitigen Bogen vorzunehmen (**182**.3c) oder eine Umlüftung nach Bild **182**.3d zu wählen. Ist die Falleitungsverziehung kürzer als 2 m, ist eine Umgehungsleitung nach Bild **158**.1 vorzusehen. Dabei sind die Anschlüsse in diese einzuführen. Anschlüsse oberhalb von Sprungbogen und Verziehungen mit einer Neigung $\geqq 45°$ zur Waagerechten unterliegen keiner Beschränkung.

Ist in mehreren Geschossen eine größere Anzahl von Ablaufstellen anzuschließen, so ist es i. allg. wirtschaftlicher und in jedem Fall baulich günstiger, anstelle einer einzigen Falleitung und langer Sammelleitungen mehrere Falleitungen mit kurzen Sammelleitungen vorzusehen.

Bei mehrfach verzogenen Falleitungen, z. B. in Terrassenhäusern, sind die Verziehungen durch eine Nebenlüftung zu überbrücken (**183**.1) und die Entwässerungsgegenstände möglichst in den liegenden Teilen der Leitung anzuschließen.

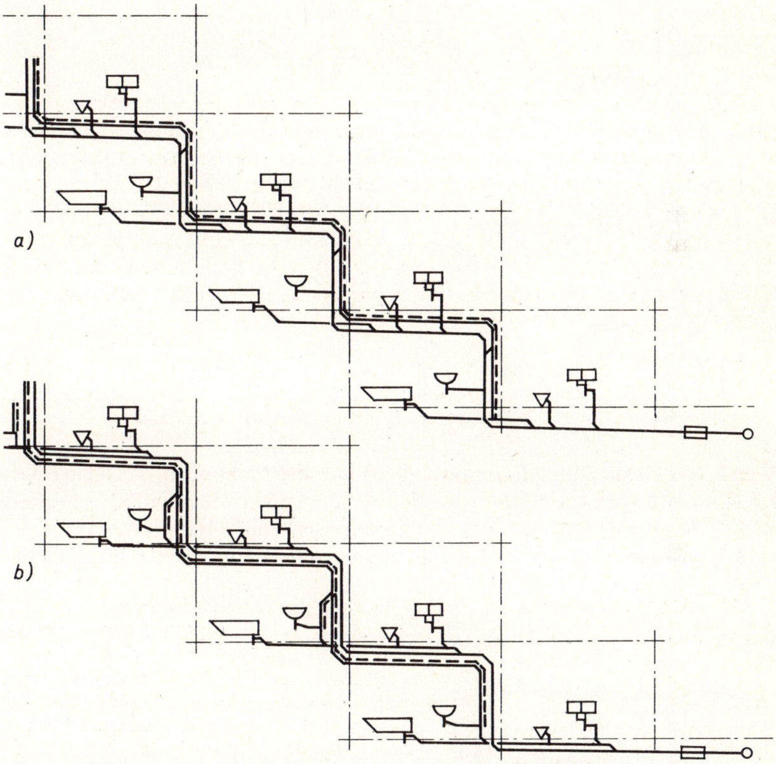

183.1 Mehrfach verzogene Falleitungen in einem Terrassenhaus
a) mit direkter Nebenlüftung
b) mit indirekter Nebenlüftung

Anschlußleitungen. Der Höhenunterschied zwischen der Sohle von Anschlußleitungen für Flach- und Tiefspülklosetts mit waagerechtem Abgang (gemessen am Einlaufabzweig in die Falleitung oder in die Sammelanschlußleitung) und dem Wasserspiegel im Geruchverschluß muß ≧ der Nennweite der Anschlußleitung sein (**184**.1). Anschlußleitungen von Klosetts können über Doppelabzweige in die Falleitung führen (**184**.1). Bei liegenden Einzelanschlüssen an Falleitungen ist der WC-Anschluß gesondert von den übrigen Anschlüssen des Geschosses in die Falleitung einzuführen. Anschlußleitungen sonstiger Entwässerungsgegenstände unterhalb von Klosettanschlüssen müssen entweder ≧ 250 mm tiefer als der Klosettanschluß liegen (**184**.2), oder beide Anschlüsse müssen im Grundriß um ≦ 90° gegeneinander verdreht sein (**184**.3).

Hierfür gibt es Sonderformstücke. Am günstigsten wählt man indessen stets den Klosettanschluß als untersten von mehreren Anschlüssen an eine Falleitung innerhalb eines Geschosses.

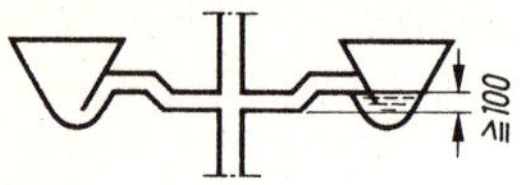

184.1
Anschluß von 2 gegenüberliegenden Klosetts mit Doppelabzweig an einer Falleitung

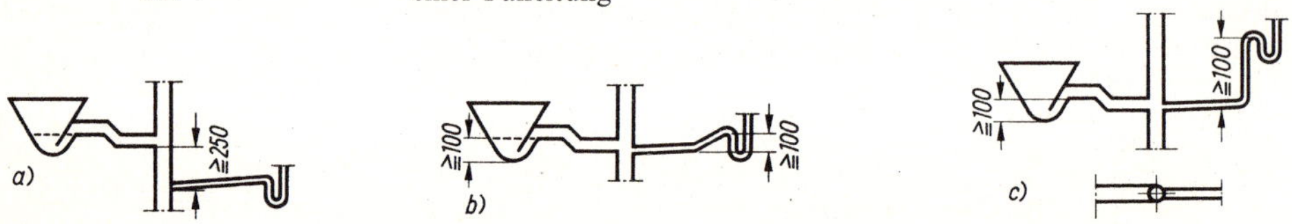

184.2 Anordnung der Anschlußleitungen gegenüberliegender Entwässerungsgegenstände
a) Anschluß eines Entwässerungsgegenstandes ohne Sturzstrecke unterhalb eines Klosettanschlusses. Mindestabstand der Einmündungen 250 mm
b) und c) für Einmündungen von Anschlußleitungen mit Sturzstrecke von ≧ 100 mm bestehen keine Einschränkungen

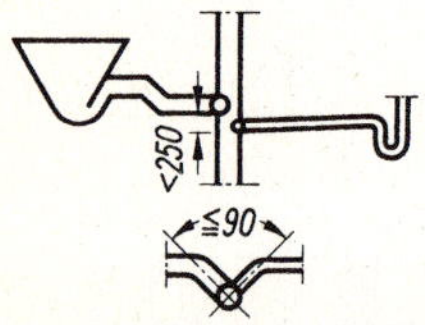

184.3
Zwei Anschlüsse von Entwässerungsgegenständen mit Verdrehung der Abzweige bei Höhenunterschied <250 mm

Wand- und Deckendurchführungen. Oberhalb des Fußbodens gelegene Durchführungsstellen von Leitungen durch im Erdreich liegende Außenwände müssen sorgfältig gegen Wasser und Gase abgedichtet werden. Hierzu erforderliche Schutzrohre (**184**.4 und **96**.3) müssen eine zur ordnungsgemäßen Ausführung der Dichtung ausreichende Weite haben.

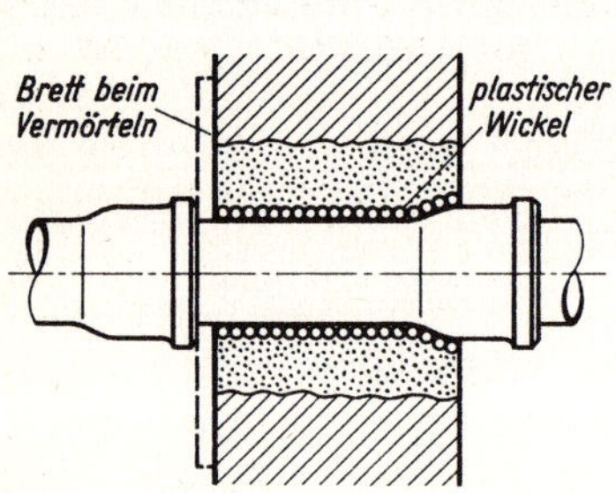

184.4
Mauerdurchführung einer Grundleitung

Die Rohrleitungen dürfen durch Bauteile nicht belastet werden. Notfalls sind an gefährdeten Stellen neben den druckfesten Schutzrohren aus Guß oder Stahl beidseitig gelenkige Rohrverbindungen (**185**.1) anzuordnen.

Deckendurchführungen (**185**.2) sind mit einem nichtbrennbaren Dichtmittel gegen Wassereintritt zu sichern. Sie erfordern besondere Sorgfalt, vor allem in solchen Räumen, die im Anschluß an einen Deckenablauf (Badablauf) auf der Rohdecke eine Sperrschicht erhalten, da diese durch Rohrleitungen nicht unterbrochen werden sollte.

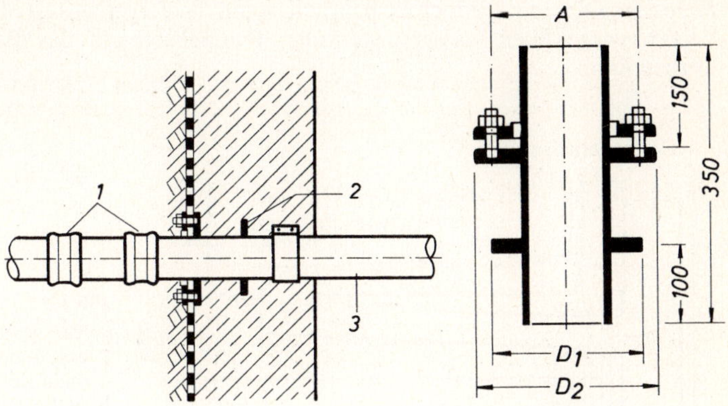

185.1
Mauerdurchführung, SML-Paßrohr mit Dichtflansch
1 Gelenke mit 2 SVE-Verbindungen
2 SML-Paßrohr mit Dichtflansch
3 SML-Rohr

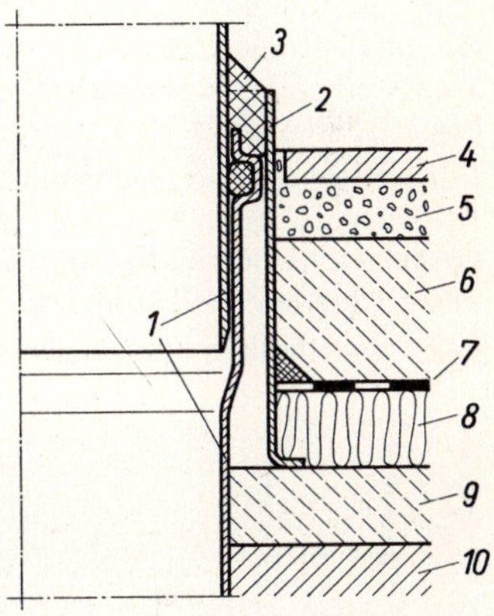

185.2
Deckendurchführung einer Falleitung aus PVC-hart-Rohren
1 Falleitung
2 Deckenfutter aus Polyester (PVC bindet nicht an PVC)
3 dauerplastischer Kitt
4 Bodenfliesenbelag
5 Mörtelbett
6 schwimmender Estrich
7 Bitumenpappe
8 Dämmschicht
9 evtl. Ausgleichsbeton
10 Rohdecke

Waagerechte Leitungen in einer solchen Naßraumdecke können an die Sperrschicht nicht einwandfrei angeschlossen werden. Sie müssen entweder oberhalb oder unterhalb der Sperrschicht liegen (**205**.1).

Bei Durchführung durch feuerbeständige oder -hemmende Decken müssen Abwasserrohre aus normalentflammbaren Baustoffen (Klasse B 2), z. B. HT-Rohre ABS/ASA, (mit Ausnahme der Abzweige) durchgehend, Rohre aus schwerentflammbaren Baustoffen (Klasse B 1), z. B. PP-Rohre, mindestens in jedem 2. Geschoß mit Putz oder einer gleichartigen Verkleidung ummantelt sein oder entsprechend in Wänden aus nichtbrennbaren Baustoffen (Klasse A) verlegt werden.
Über den Raumbedarf von Abflußleitungen s. Bild **179**.3.

3.3.4.2 Regenfalleitungen

Regenfalleitungen haben das auf Dächern anfallende Niederschlagswasser abzuführen und in der Regel über die Grundleitungen für Regenwasser (im Trennverfahren) oder Mischwasser (im Mischverfahren) und den betreffenden Anschlußkanal dem öffentlichen Entwässerungsnetz zuzuleiten.

In besonderen Fällen können statt dessen Regenwassergrundleitungen mit behördlicher Zustimmung auch an offene Vorfluter, Sickerschächte usw. angeschlossen werden, wenn das Regenwasser ungehindert abfließen und keine Gebäudeteile durchfeuchten kann.

Abläufe von Balkonen und Loggien werden, soweit örtliche Vorschriften dem nicht entgegenstehen, über besondere Balkonabläufe (**186**.1) und Anschlußleitungen angeschlossen. Diese sind jedoch entbehrlich, wenn das Regenwasser ohne Beeinträchtigung der Verkehrswege über Wasserspeier oder Tropfleisten auf das Baugrundstück abgeleitet werden kann.

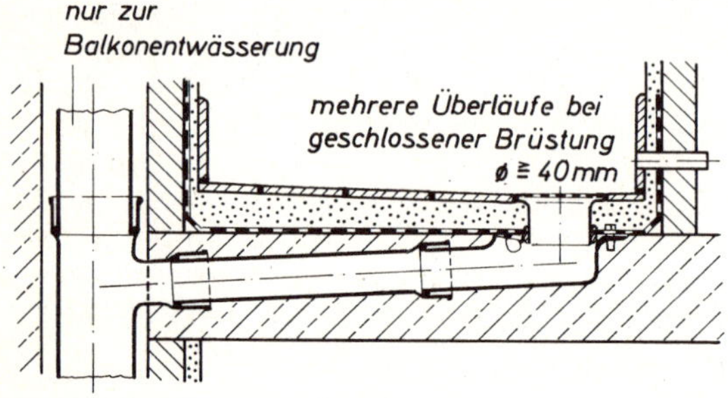

186.1
Loggien- oder Balkonentwässerung
1 gesondertes Regenfallrohr
2 mehrere Überläufe bei geschlossener Brüstung (∅ ≧ 40 mm)

Regenfalleitungen im Innern der Gebäude sind aus den in Abschn. 3.3.3 aufgeführten Werkstoffen für Abwasserleitungen herzustellen und im obersten Geschoß in ganzer Höhe gegen Schwitzwasser zu sichern.

Für außenliegende Dachrinnen und Regenfallrohre (**186**.2) werden vor allem Zink- und Kupferblech oder PVC-hart verwendet. Regenfalleitungen sind überall dort, wo eine mechanische Beschädigung möglich ist, durch Rohre, Standrohre (**429**.1) oder Überrohre aus geeigneten Werkstoffen (z. B. Grauguß, Stahl oder PE) zu sichern.

Regenwasserbehälter sind unfallsicher abzudecken.

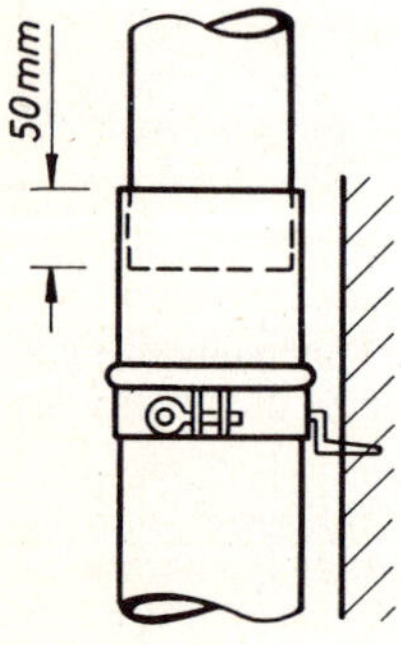

186.2
Regenfallrohr, Verbindung und Befestigung
1 Stoßüberdeckung 50 mm
2 Rohrschellenbreite 30 mm
3 Dornlänge ≧ 120 mm

Flachdächer mit Innenentwässerung müssen mindestens 2 Abläufe (**207**.1) oder einen Ablauf und einen Sicherheitsüberlauf erhalten. Sie sollen ringsum mit einem wasserdichten Rand (Brüstung) eingefaßt werden. Dachaustritte und -aufbauten sind in gleicher Höhe wasserdicht auszubilden.

3.3.4.3 Lüftungsleitungen

Eine ordnungsgemäße Lüftung ist eine unumgängliche Voraussetzung für das störungsfreie Arbeiten einer Entwässerungsanlage. Sie hat einmal die von einem Wasserstoß verdrängte Luft über gerade nicht benutzte Falleitungen über Dach ins Freie abzuleiten und zum anderen Luft aus dem Freien in die Falleitung oder die Sammel- oder Einzelanschlußleitung mit augenblicklichem Wasserablauf zu führen. Erst in zweiter Linie soll die Lüftung Kanalgase abziehen.

Die Lüftung muß über Leitungen erfolgen, mechanische Belüftungsventile sind unzulässig.

Direkte oder indirekte Nebenlüftungen werden vor allem bei überlasteten Falleitungen oder bei Abtreppungen (z. B. Terrassenhäusern, **183**.1) zur Verbesserung der Luftzufuhr verwendet, die indirekte Nebenlüftung auch bei außergewöhnlich lang verzogenen Einzelanschlußleitungen und stark belasteten Sammelanschlußleitungen. Sammelanschlußleitungen sind stets über den obersten Einzelanschluß zu lüften. An die Stelle einer Nebenlüftung kann häufig auch eine Umlüftung treten.

Alle Falleitungen sind als Hauptlüftungsleitung bis über Dach zu führen (**158**.2). Grund- und Sammelleitungen ohne Anschluß an eine Falleitung sind mit einer Hauptlüftung auszustatten.

In Grund-, Sammel- und Falleitungen für Schmutz- und Mischwasser dürfen weder Geruchverschlüsse noch Schlammfänge eingebaut werden. In Regenfalleitungen im Mischverfahren sind jedoch Geruchverschlüsse an frostfreier Stelle (**187**.1) vorzusehen, wenn aufsteigende Gase in bewohnte Räume, Balkone usw. dringen oder sonst die Gesundheit der Bewohner gefährden können.

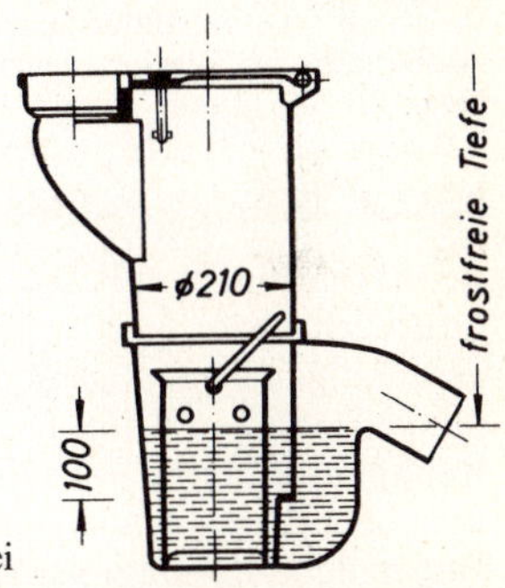

187.1 Regenwasserablauf mit Geruchverschluß, frostfrei

Die Dachausmündung von Lüftungsleitungen darf nicht durch Dunsthüte usw. abgedeckt und muß wie folgt über die Dachhaut hochgeführt werden (**187**.2):

Dachneigung $>15°$ 30 cm Dachneigung $\leqq 15°$ 15 cm

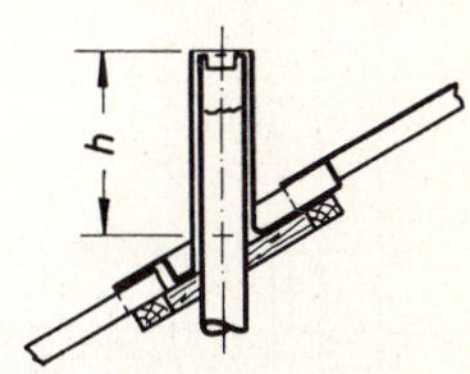

187.2 Ausmündung von Lüftungsleitung über Dachhaut (Dunsthüte sind verboten)

Lüftungsleitungen dürfen nur an lotrechte Teile von Abwasserleitungen, das sind Falleitungen oder der lotrechte Teil einer Einzel- oder Sammelanschlußleitung, angeschlossen werden und sind möglichst geradlinig und lotrecht zur Mündung zu führen. Notwendige Verziehungen müssen ein Mindestgefälle von 1:50 haben und sind bei mehr als 5 Geschossen mit 45°-Bogen auszuführen.

Hauptlüftungen (**158**.2) erhalten den Querschnitt der Fall- oder Grundleitungen, andere Lüftungen $^2/_3$ bis $^3/_3$ des Querschnitts der Abwasser führenden Leitung. Der Querschnitt der sekundären Lüftung von Klosettanschlußleitungen beträgt DN 50.

Mehrere Falleitungen können über der höchsten Ablaufstelle in eine gemeinsame Lüftungsleitung zusammengeführt werden (**158**.2b). Dies muß dann aber auf die Hälfte der Summe der Falleitungsquerschnitte, mindestens aber auf den nächst größeren Querschnitt der größten der betreffenden Falleitungen, erweitert werden. Alle Einmündungen sind in einem spitzen Winkel auszuführen.

In der Nähe von Aufenthaltsräumen muß die Ausmündung einer Lüftungsleitung ≧ 1 m über dem Fenstersturz oder ≧ 2 m seitlich der gefährdeten Öffnung liegen (**188**.1). Im Sogbereich der Ansaugstellen von Lüftungs- und Klimaanlagen sind diese Schutzabstände im Einvernehmen mit der Herstellerfirma zu bestimmen.

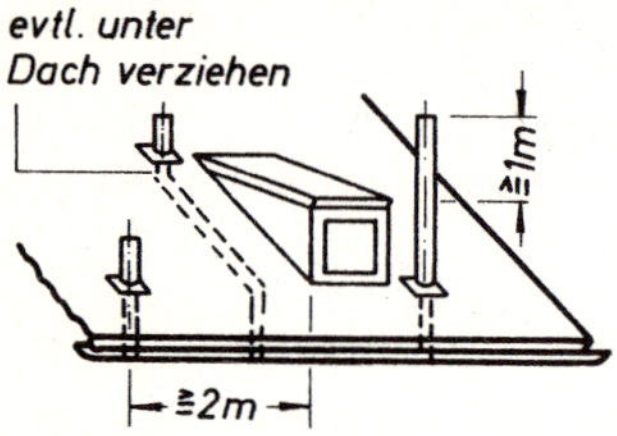

188.1
Ausmündungen von Lüftungsleitungen bei bewohnten Dachräumen

Lüftungsschächte und Schornsteine dürfen zur Lüftung von Abwasserleitungen nicht benutzt werden.

Innerhalb von Gebäuden liegende Schlammfänge, Abscheider, Behälter für Hebeanlagen und andere zur Aufnahme von Wasser dienende Behälter und Schächte sind geruchsicher abzudecken und notfalls besonders zu lüften.

3.3.4.4 Reinigungsöffnungen

Beim Anschluß von Fall- und Sammelleitungen an Grundleitungen (**169**.1 Ziff. 10), weiter in Grundleitungen ≦ DN 150 alle 20 m und außerdem vor Richtungsänderungen 45° (in geradlinigen Grundleitungen > DN 150 alle 40 m) sind ständig zugängliche Reinigungsöffnungen (**188**.2 und **189**.1) einzubauen und abwassergasdicht zu verschließen. Ferner ist eine Reinigungsöffnung nahe der Grundstücksgrenze, jedoch in der Regel nicht weiter als 15 m vom öffentlichen Abwasserkanal entfernt, einzubauen (**161**.1 und **162**.1). Nicht unmittelbar zugängliche Reinigungsrohre sind in einem Schacht unterzubringen (**188**.2).

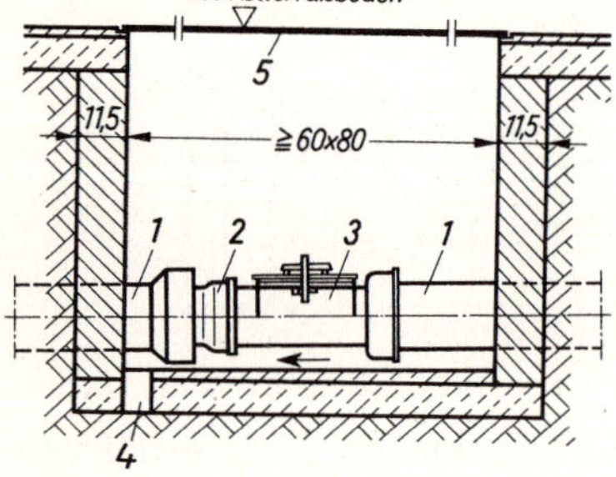

188.2
Prüfschacht mit Reinigungsöffnung im Kellergeschoß (M 1:20)

1 Steinzeugrohr DN 125
2 GA-Ringstück
3 Reinigungsrohr nach DIN 19509 mit Muffe zum Anschluß von Steinzeugrohren und rechteckiger Prüföffnung mit Keilverschluß
4 Sickerloch
5 Riffelblech-Abdeckung

Reinigungsrohre mit rechteckiger Öffnung (**188**.2) können in allen Leitungen, solche mit runder Öffnung (**182**.4) nur für Fall- und Anschlußleitungen verwendet werden. Muffendeckel oder Rohrendverschlüsse können ebenfalls als Reinigungsmöglichkeit dienen (**189**.1).

In Arbeitsräumen der Nahrungsmittelherstellung und in Lagerräumen für Lebensmittel dürfen keine Reinigungsrohre eingebaut werden.

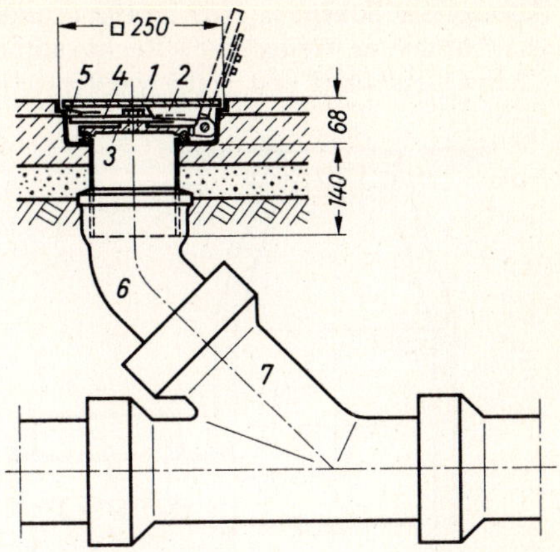

189.1
Reinigungsverschluß DN 125 (auch DN 100 und 150 lieferbar) für Grundleitungen und Sammelleitungen unter Decken (M 1:15) (WAL-FINOR II, Essener Eisenwerke, Passavant)

1 oberer Deckel in Fußbodenebene mit
2 Steg zum Verhindern der Deckelauflage 1 bei nicht geschlossener Verschlußklappe 3
3 Verschlußklappe, am Grundkörper drehbar befestigt
4 Vorreiber aus Nirosta-Stahl
5 Nocken zur Abstützung von 4
6 GA-Bogen 45°, DN 125 (dafür GA-Bogen 90° bei Verwendung des FINOR als Endverschluß einer Grundleitung)
7 Steinzeug-Abzweig DN 125/125

3.3.4.5 Schächte

Schächte (**188**.2, **189**.2 und **190**.1) müssen standsicher, wasserdicht und bei Ausführung in Mauerwerk innen verfugt sein.

Sie sind gegen Wassereinlauf von oben zu schützen und mit Abdeckungen gemäß DIN 1229 oder DIN 19599 zu verschließen. Schächte und Abdeckungen müssen die auftretende Verkehrslast sicher tragen. Bei Verwendung von Betonschachtringen ist DIN 4034 zu beachten.

Leitungen für Trinkwasser, Gas und Öl sowie Kabel dürfen nicht durch Schächte oder deren Mauerwerk geführt werden.

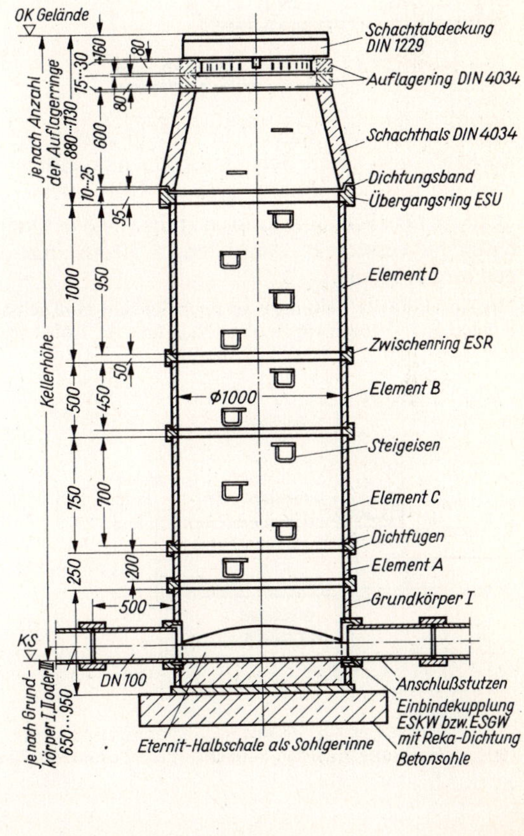

189.2
Prüfschacht aus Asbestzement-Fertigteilen (M 1:50) (Eternit AG)

Besteigbare Schächte (**189**.2, **190**.1 und **191**.1) müssen einen runden Querschnitt von ≧ 1,0 m lichter Weite, einen Rechteckquerschnitt von ≧ 0,8 × 1,0 m oder einen quadratischen Querschnitt von ≧ 0,9 × 0,9 m haben.

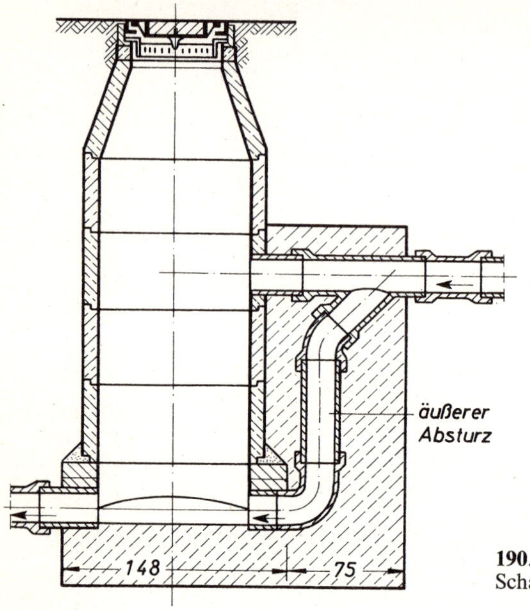

190.1
Schacht mit äußerem Absturz

Schächte von < 1,6 m Tiefe sind in diesen Abmessungen bis unter die Schachtdecke hochzuführen, tiefere Schächte können von dieser Höhe ab oben eingezogen werden, doch muß die Einstiegsöffnung ≧ 60 cm Durchmesser haben.

≦ 80 cm tiefe Schächte müssen ≧ 0,6 × 0,8 m Querschnitt aufweisen. > 80 cm tiefe Schächte sind mit versetzt angeordneten, ca. 30 cm langen Steigeisen oder anderen Steigvorrichtungen auszurüsten.

Der Anschluß der Leitungen an einen Schacht muß gelenkig sein, so daß alle auftretenden Bodenbewegungen und Verlagerungen ohne Nachteile für Rohrleitung und Schacht aufgenommen werden (**190**.2 und 3).

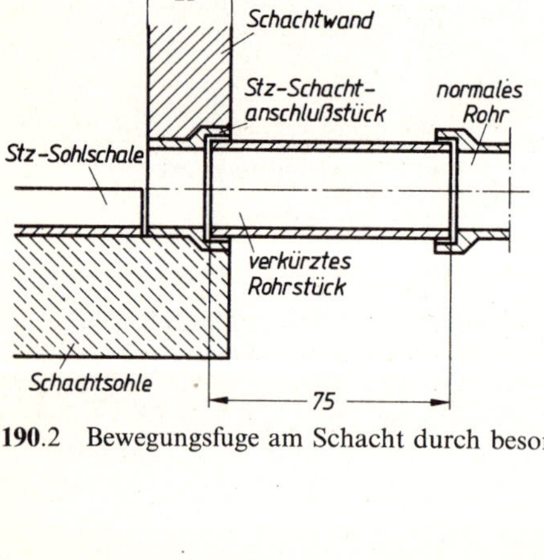

190.2 Bewegungsfuge am Schacht durch besondere Anschlußformstücke

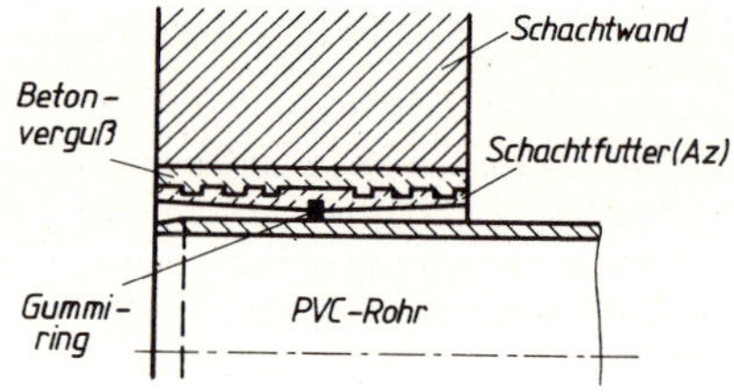

190.3 Schachtanschluß für ein PVC-Rohr (Gebr. Anger)

Die Sohle der Schächte mit offenem Durchfluß (**191**.1) ist als Rinne so auszubilden, daß das Wasser, ohne sich ausbreiten zu können, in geschlossenem Faden weiterfließt.

In Gebäuden sind Leitungen mit Reinigungsrohren geschlossen durch die Schächte zu führen.

Einen Schacht mit Absturz zur Überwindung größerer Höhenunterschiede bei liegenden Leitungen zeigt Bild **190**.1.

Beim Trennverfahren sind stets getrennte Schächte für Schmutz- und Regenwasser vorzusehen.

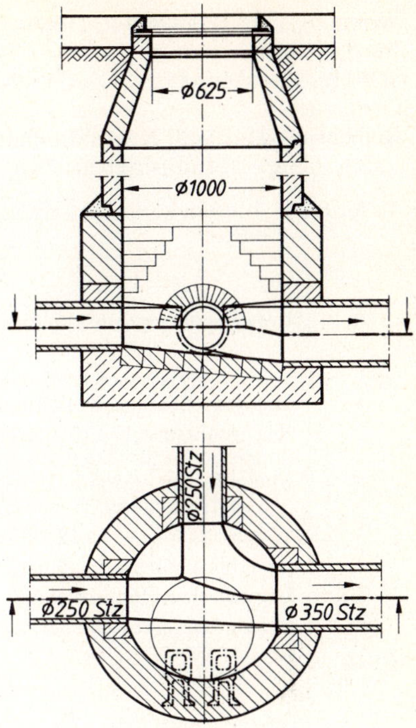

191.1
Normalschacht mit rundem Schachtunterteil und offenem Durchfluß

3.3.5 Rohrleitungsbemessung

Eine ordnungsgemäße Abführung des Abwassers, z. B. auch mit einem im Sinn von DIN 4109 „Schallschutz im Hochbau" geräuscharmen Abfluß, gilt als gewährleistet, wenn die Rohrleitungen nach dem in diesem Abschnitt mitgeteilten Verfahren bemessen und keine größeren als die sich danach ergebenden Nennweiten verwendet werden.

3.3.5.1 Anlagen mit Hauptlüftung

Die folgenden Ausführungen gelten für Entwässerungssysteme, die über eine Hauptlüftung (s. Abschn. 3.3.2.1) gelüftet werden.

A Leitungen für Schmutzwasser

Maßgebend für die Bestimmung der Nennweiten ist der Schmutzwasserabfluß Q_s in l/s, der unter Berücksichtigung der Gleichzeitigkeit aus der Summe der einzelnen Anschlußwerte AW_s aus Tafel **192**.1[1]) nach folgenden Formeln ermittelt wird:

---

[1]) Tafeln **192**.1 bis **195**.1 und **196**.3 bis **199**.1 nach DIN 1986 T. 2

Die weiteren Ausführungen dieses Abschnitts beziehen sich nur auf den Wohnungsbau. Die Bemessung der Rohrleitungen von Entwässerungsanlagen z. B. in Großgaststätten und Großhotels sowie in Laboranlagen erfolgt in der gleichen Weise und unterscheidet sich von derjenigen für den Wohnungsbau lediglich durch die nach vorstehenden Formeln zugrundezulegenden größeren Werte für den Schmutzwasserabfluß Q_s.

Wohnungsbau, Gaststätten, Hotels, Bürogebäude $Q_s = 0{,}5\sqrt{\Sigma AW_s}$ in l/s (s. Tafel **193**.1)
Schulen, Krankenhäuser, Großgaststätten, Großhotels $Q_s = 0{,}7\sqrt{\Sigma AW_s}$ in l/s
Reihenwaschanlagen, Reihenduschanlagen $Q_s = 1{,}0\sqrt{\Sigma AW_s}$ in l/s
Laboranlagen in Industriebetrieben $Q_s = 1{,}2\sqrt{\Sigma AW_s}$ in l/s

Tafel **192**.1 Anschlußwerte der Entwässerungsgegenstände und Nennweiten der Einzelanschlußleitungen

Nr.	Entwässerungsgegenstand oder Art der Leitung	Nennweite der Einzel-anschluß-leitung	Anschlußwert AW_s in l/s
1	Handwaschbecken, Waschtisch, Sitzwaschbecken	40	0,5
2	Küchenablaufstellen (Spülbecken, Spültisch einfach und doppelt) einschl. Geschirrspülmaschine bis zu 12 Maßgedecken, Ausguß, Haushalts-Waschmaschine für ≦6 kg Trockenwäsche, mit eigenem Geruchverschluß	50	1
3	Waschmaschine 6 bis 12 kg Trockenwäsche	70	1,5[1])
4	gewerbliche Geschirrspülmaschine, Kühlmaschine	100	2[1])
5	Urinalbecken (Einzelbecken)	50	0,5
6	Urinalrinne und Reihenurinal	70	
	bis 2 Stände		0,5
	bis 4 Stände		1
	bis 6 Stände		1,5
	über 6 Stände	100	2
7	Deckenablauf, Bodenablauf, DN 50	50	1
	DN 70	70	1,5
	DN 100	100	2
8	Klosett, Steckbeckenspülapparat	100	2,5
9	Brausewanne, Fußwaschbecken	50	1
10	Badewanne mit direktem Anschluß	50	1
11	Badewanne mit direktem Anschluß, Anschlußleitung oberhalb des Fußbodens mit ≦1 m Länge, Einführung in eine Leitung mit Nennweite ≧ 70	40	1
12	Badewanne oder Brausewanne mit indirektem Anschluß (Badablauf), Anschlußleitung mit ≦2 m Länge	50	1
13	Badewanne oder Brausewanne mit indirektem Anschluß (Badablauf), Anschlußleitung ≧ 2 m Länge	70	1
14	Verbindungsleitung zwischen Wannenablaufventil und Badablauf	≧ 32	–
15	sämtliche Entwässerungsgegenstände einer Wohnung, an eine Falleitung angeschlossen (Bad-Klosett-Küche)		5,5
16	Entwässerungsgegenstände einer Wohnung ohne Küchenablaufstellen, an eine Falleitung angeschlossen (Bad, Klosett)		5
17	Küchenablaufstellen einer Wohnung an eine besondere Falleitung angeschlossen (Küchenstrang)		2
18	Klosett mit Handwaschbecken od. Waschtisch u. Dusche		3
19	Hotelzimmer mit Klosett, Bad, Waschtisch und Sitzwaschbecken		4

(Fortsetzung s. nächste Seite)

Fortsetzung Tafel **192**.1

Nr.	Entwässerungsgegenstand oder Art der Leitung	Nennweite der Einzelanschlußleitung	Anschlußwert AW_s in l/s
20	Entwässerungsgegenstände ohne Ablaufverschluß, z. B. Reihenwaschanlagen in Fabriken u. dgl.		nach der zufließenden Wassermenge in l/s entsprechend ihrer Leistung
21	Abscheideanlagen nach DIN 1999, DIN 4040 und DIN 4043		
22	Entwässerungspumpen oder Fäkalienhebeanlagen und große Wasch- bzw. Geschirrspülautomaten, die über eine Druckleitung an das Entwässerungsnetz angeschlossen sind		entsprechend dem maximalen Förderstrom der Pumpen Q_p

[1]) Bei vorliegenden Werksangaben müssen die tatsächlichen Werte verwendet werden.

Ist der nach Tafel **192**.1 und **193**.1 ermittelte Wert für Q_s kleiner als der größte Anschlußwert eines einzelnen Entwässerungsgegenstandes, so ist der größte Anschlußwert maßgebend.

Tafel **193**.1 Ermittlung des zu erwartenden Schmutzwasserabflusses im Wohnungsbau Q_s aus der Summe der Anschlußwerte AW_s nach der Gleichung $Q_s = 0{,}5 \sqrt{\Sigma AW_s}$

AW_s	Q_s l/s	AW_s	Q_s l/s	AW_s	Q_s l/s	AW_s	Q_s l/s	AW_s	Q_s l/s	AW_s	Q_s l/s	AW_s	Q_s l/s	AW_s	Q_s l/s
26	2,55	50	3,54	70	4,18	94	4,85	135	5,81	240	7,75	380	9,75	800	14,14
28	2,65	52	3,61	72	4,24	96	4,9	140	5,92	250	7,91	400	10	850	14,58
30	2,74	54	3,67	74	4,3	98	4,95	145	6,02	260	8,06	420	10,25	900	15
32	2,83	56	3,74	76	4,36	100	5	150	6,12	270	8,22	440	10,49	950	15,41
		58	3,81			105	5,12			280	8,37			1000	15,8
34	2,92			78	4,42			160	6,33			460	10,72		
36	3	60	3,87	80	4,47	110	5,24	170	6,52	290	8,51	480	10,95	1500	19,5
38	3,08	62	3,94	82	4,5	115	5,36	180	6,71	300	8,66	500	11,18	2000	22,5
40	3,16	64	4	84	4,58	120	5,48	190	6,89	320	8,94	550	11,73	3000	27,5
		66	4,06			125	5,59			340	9,22			4000	31,5
42	3,24	68	4,12	86	4,64	130	5,7	200	7,07	360	9,49	600	12,25	5000	35,5
44	3,32			88	4,69			210	7,25			650	12,75		
46	3,39			90	4,74			220	7,42			700	13,23		
48	3,46			92	4,8			230	7,58			750	13,69		

Einzelanschlußleitungen. Die erforderlichen Nennweiten und zugehörigen Anschlußwerte sind in Tafel **192**.1 aufgeführt. Dabei gelten die DN 40 und 50 für abgewickelte Längen $\leqq 3$ m, die DN 70 für solche $\leqq 5$ m. Bei größerer Länge oder bei Höhenunterschieden von 1 bis 3 m ist entweder die nächst größere Nennweite zu wählen oder eine Lüftung nach Abschn. 3.3.2.1 anzuschließen. Einzelanschlußleitungen mit größeren Höhenunterschieden als 3 m sind auf jeden Fall zu lüften.

Sammelanschlußleitungen werden nach Tafel **194**.1 bemessen. Sturzstrecken in ihnen mit DN 50 und 70 sind um eine Nennweite größer zu wählen oder durch eine Lüftungsleitung zu lüften. Sammelanschlußleitungen von > 10 m Länge oder für $> 16\ AW_s$ sind ebenso zu lüften.

Sammelanschlußleitungen dürfen nicht enger als die größte Einzelanschlußleitung, Lüftungsleitungen nicht enger als die kleinste Einzelanschlußleitung sein.

Schmutzwasser-Falleitungen werden nach den Tafeln **194**.2, 3 und 4 bemessen, liegende Schmutzwasserleitungen (Sammel- und Grundleitungen) nach Tafel **195**.1.

Tafel **194**.1 Sammelanschlußleitungen, zulässige Summe der Anschlußwerte AW_s

Nennweite der Anschlußleitung		50	70	100
zul. ΣAW_s	unbelüftet	1	3	16
	belüftet[1])	1,5	4,5	25

[1]) indirekt, umlüftet, sekundär

Tafel **194**.2 Schmutzwasser-Falleitungen mit Hauptlüftung

DN	LW mm zul. Abw. −5%[1])	zulässige Anschlüsse ΣAW_s	zulässige Anschlüsse Anzahl der Klosetts	zul. Q_s in l/s Wohnungsbau	zul. Q_s in l/s Labors u. a.
70	70	9	–	1,5	1,5
100	100	64	13	4	3,2
125	118	112	22	5,3	4,2
	125	154	31	6,2	5,0
150	150	408	82	10,1	8,1

[1]) bezogen auf die Querschnittsfläche (ohne Berücksichtigung der Auswirkung auf die hydraulische Bemessung)

Tafel **194**.3 Schmutzwasser-Falleitungen mit Nebenlüftung (direkt oder indirekt)

DN	LW mm zul. Abw. −5%[1])	zulässige Anschlüsse ΣAW_s	zulässige Anschlüsse Anzahl der Klosetts	Q_s in l/s zul.
70	70	18	–	2,1
100	100	125	25	5,6
125	118	219	44	7,4
	125	300	60	8,7
150	150	795	159	14,1

[1]) Bezogen auf die Querschnittsfläche (ohne Berücksichtigung der Auswirkung auf die hydraulische Bemessung)

Tafel **194**.4 Schmutzwasser-Falleitungen mit Sekundärlüftung[1])

DN	LW mm zul. Abw. −5%	zulässige Anschlüsse ΣAW_s	zulässige Anschlüsse Anzahl der Klosetts	Q_s in l/s zul.
70	70	27	–	2,6
100	100	185	37	6,8
125	118	324	64	9,0
	125	441	88	10,5
150	150	1183	236	17,2

[1]) Das sekundäre Lüftungssystem sowie die direkten und die indirekten Nebenlüftungssysteme können höher belastet werden als die Hauptlüftungssysteme. Diese höheren Werte wurden in den Taf. **194**.3 und 4 berücksichtigt.

Tafel **195**.1 Liegende Leitungen für Schmutzwasser (Grundleitungen, Sammelleitungen)

DN	LW mm zul. −5%[1]	$J = 1:50$ (2 cm/m)		$J = 1:66{,}7$ (1,5 cm/m)		$J = 1:100$ (1 cm/m)		$J = 1:DN/2$	$J = 1:DN$
		Q_s l/s zul.	AW_s zul.	Q_s l/s zul.	AW_s zul.	Q_s l/s zul.	AW_s zul.	Q_s l/s zul.	Q_s l/s zul.
70	70	1,5	9	–	–	–	–	–	–
100	100	4	64	3,4	46	2,8	31	–	2,8
125	118	6,2	154	5,3	112	4,3	74	–	3,9
	125	7,2	207	6,2	154	5,1	104	–	4,5
150	150	11,7	548	10,1	408	8,2	269	9,5	6,7
200	200	25,1	2520	21,7	1884	17,7	1253	17,7	12,5
250	250	45,4	–	39,2	–	32	–	28,6	20,2
300	300	73,5	–	63,6	–	51,9	–	42,3	29,8
(350)	350	111	–	95,6	–	78	–	58,8	41,5
400	400	157	–	136	–	111	–	78,3	55,2
500	500	283	–	245	–	200	–	126	89,9

Die Werte oberhalb der Abtreppung gelten nicht für Leitungen innerhalb von Gebäuden (Abschn. 3.3.4).

[1]) bezogen auf die Querschnittsfläche (ohne Berücksichtigung der Auswirkung auf die hydraulische Bemessung). Ab DN 200 können größere Abweichungen zugelassen werden. Es ist dann jedoch ein rechnerischer Nachweis der hydraulischen Leistungsfähigkeit zu führen.

Die Nennweite von Grundleitungen außerhalb von Gebäuden und Anschlußkanälen im Anschluß an einen Schacht mit offenem Durchfluß kann ab DN 150 mit Tafel **198**.1 ermittelt werden.

Mindestnennweiten der Rohrleitungen für Schmutzwasser

Falleitungen allgemein	DN 70
Falleitungen mit Klosettanschluß	DN 100
Leitungen im Erdreich	DN 100

B Leitungen für Regenwasser

Liegende Leitungen (Anschluß-, Sammel- und Grundleitungen). Ihre lichte Weite ist abhängig von der angeschlossenen Niederschlagsfläche (Grundrißfläche) in m², der maximalen Regenspende in l/s · ha, dem gewählten Gefälle und dem Abflußbeiwert.

Niederschlagsfläche. Es ist jede durch Wasserscheiden, Mauern, Abtreppungen u. ä. von anderen Niederschlagsflächen getrennte oder einem bestimmten Ablauf zugeordnete Niederschlagsfläche gesondert zu betrachten.

Regenspende *r* ist diejenige Regenmenge in l/s · ha, die bei einer bestimmten Regendauer von z. B. 5, 10 oder 15 Min. niedergeht. Für einen bestimmten Ort gibt es verschieden hohe Regenspenden (**196**.1). Bei der Rohrbemessung ist daher die durch statistische Aufzeichnungen für ihn ermittelte und von der zuständigen Behörde bekanntgegebene größte Regenspende max *r* zugrunde zu legen (Taf. **196**.2). Werte für max $r < 200$ l/s · ha sollten indessen möglichst nicht verwendet werden, da sie in der Praxis zu häufig überschritten werden, so daß zu oft mit Überstauungen gerechnet werden müßte.

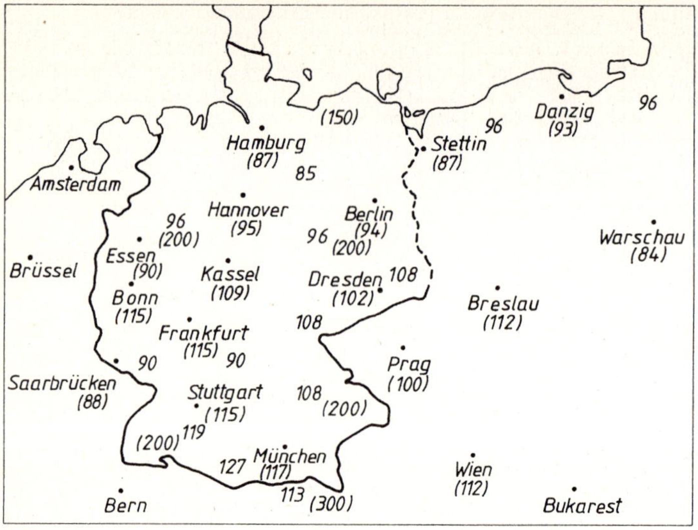

196.1 Regenkarte nach Reinhold

Tafel **196**.2 Regenspenden max r für die Bemessung von Grundstücksentwässerungsanlagen in Großstädten (Abwassertechnische Vereinigung)

	max r l/s · ha	T min		max r l/s · ha	T min
Braunschweig	100	15	Kassel	200	–
Dortmund	100	–	Kiel	150	–
Düsseldorf	100	20	Köln	400	–
Duisburg	150	–	Ludwigshafen	150	15
Frankfurt	150	–	Lübeck	150	7
Gelsenkirchen	200	15	Mannheim	125	15
Hamburg	150	–	München	300	5
Hannover	150	15	Nürnberg	–	5
Karlsruhe	150	15	Stuttgart	315	10

Abflußbeiwert. Der Abflußbeiwert ψ (Taf. **196**.3) berücksichtigt zeitliche und mengenmäßige Verzögerungen zwischen der maximalen Regenspende max r und der maximalen Abflußmenge max Qr, die durch die Intensität des Regens sowie die Neigung, die Größe (Abstand vom Ende bis zum Ablauf)

Tafel **196**.3 Abflußbeiwerte ψ zur Ermittlung des Regenwasserabflusses Q_r (nach DIN 1986 T. 2) Q_r in l/s = (Fläche in ha) × (Regenspende in l/s · ha) × Abflußbeiwert

Art der angeschlossenen Fläche	Abflußbeiwert ψ	Art der angeschlossenen Fläche	Abflußbeiwert ψ
Steildächer ($\geqq 15°$)	1	ungepflasterte Straßen, Höfe und Promenaden	0,5
Flachdächer ($< 15°$)	0,8	Spiel- und Sportplätze	0,25
Kiesschüttdächer	0,5	Vorgärten	0,15
Dachgärten	0,3	größere Gärten	0,1
Kfz.-Waschplätze, Rampen	1	Parks, Schreber- und Siedlungsgärten	0,05
Pflaster mit Fugenverguß, Schwarzdecken oder Betonflächen	0,9	Parks und Anlageflächen an Gewässern	0
Fußwege mit Platten oder Schlacke	0,6		

Tafel **197**.1 Niederschlagsflächen und Regenwasserleitungen
Abhängigkeit der lichten Weiten der Leitung von der anzuschließenden Niederschlagsfläche in m² bei maximaler Regenspende *r* von 150, 200, 300 bzw. 400 l/(s · ha) und Gefälle $J = 1:50$, 1:66,7 bzw. 1:100 unter Berücksichtigung von $\psi = 1$ mit Angabe des zulässigen Regenwasserabflusses zul. Q_r nach Tafel **198**.1

anschließbare Niederschlagsfläche in m² bei maximaler Regenspende r in l/(s · ha)				Abfluß	$J = 1:50$ (2 cm/m)		$J = 1:66,7$ (1,5 cm/m)		$J = 1:100$ (1 cm/m)	
150	200	300	400	Q_r l/s	LW	Q_r l/s zul.	LW	Q_r l/s zul.	LW	Q_r l/s zul.
47	35	23	17	0,7	50	1,0	50	0,9	50	0,7
73	55	37	28	1,1					60*)	1,1
107	80	53	40	1,6	60*)	1,6	60*)	1,4	70	1,7
113	85	57	43	1,7						
160	120	80	60	2,4	70	2,4	70	2,1	80*)	2,5
167	125	83	63	2,5						
233	175	117	88	3,5	80*)	3,5	80*)	3,0	100	4,5
300	225	150	113	4,5						
367	275	183	138	5,5			100	5,5		
427	320	213	160	6,4	100	6,4				
467	350	233	175	7,0					118	7,0
540	405	270	203	8,1					125	8,1
573	430	287	215	8,6			118	8,6		
660	495	330	248	9,9	118	9,9				
667	500	333	250	10,0			125	10		
773	580	387	290	11,6	125	11,6				
887	665	443	333	13,3					150	13,3
1087	815	543	408	16,3			150	16,3		
1253	940	627	470	18,8	150	18,8				
1900	1425	950	713	28,5					200	28,5
2327	1745	1163	873	34,9			200	34,9		
2693	2020	1347	1010	40,4	200	40,4				
3433	2575	1707	1288	51,5					250	51,5
4213	3160	2107	1580	63,2			250	63,2		
4867	3650	2433	1825	73	250	73				
5567	4175	2783	2088	83,5					300	83,5
6800	5100	3400	2550	102			300	102		
7867	5900	3933	2950	118	300	118				

*) Nennmaß nach DIN 18461

und die Oberflächenstruktur der Niederschlagsfläche, ferner durch die Sickerfähigkeit durchlässiger Beläge wie Kiespackungen hervorgerufen werden.

Bei Flachdächern, vor allem von Großbauten, ohne oder mit nur ganz geringer Dachneigung kann nach bisheriger Erfahrung neben anderen bautechnischen oder wirtschaftlichen Vorteilen die Ausnützung ihres natürlichen Rückhaltevermögens zu erheblichen Einsparungen in der Anzahl der Abläufe und der Länge der Rohrleitungen sowie zu bedeutenden Querschnittsverkleinerungen bei den liegenden Leitungen führen.

In Tafel **197**.1 sind die Niederschlagsflächen, die örtlich maßgebenden maximalen Regenspenden und die Gefälle den lichten Weiten zugeordnet. Für den Abflußbeiwert gilt Tafel **196**.3. Die lichten Weiten mit den zugeordneten Nennweiten werden nach den Tafeln **197**.1 und **198**.1 ermittelt.

Regenwasser-Falleitungen aus den für Schmutzwasser zugelassenen Werkstoffen sind nach Tafel **198**.1 wie Leitungen im Gefälle 1:50 zu bemessen.

Die lichten Weiten von Falleitungen aus Blechen von 0,6 bis 1,0 mm Dicke (Kupfer, Zink u. a.) werden jedoch wegen der geringeren Festigkeit dieser Werkstoffe nach Tafel **197**.1 wie liegende Leitungen im Gefälle 1:100 ermittelt. DIN 18460 „Regenfalleitungen..." ist zu beachten. Für Regen-Falleitungen aus Blech liegen den Werten der Tafel **197**.1 trichterförmige Einläufe (Stutzen) zugrunde. Bei zylindrischen Einläufen sind die Falleitungen nur mit der Hälfte der Tafelwerte zu berechnen.

Tafel **198**.1 Liegende Leitungen für Regen- und Mischwasser (Mischwasserleitungen)

DN	*LW* mm	$J = 1:50$ (2 cm/m)	$J = 1:66,7$ (1,5 cm/m)	$J = 1:100$ (1 cm/m)	$J = 1:DN/2$	$J = 1:DN$
	zul. Abw. −5%[1])	zul. Q_m l/s	zul. Q_m l/s	zul. Q_m l/s	zul. Q_m l/s	zul. Q_m l/s
70	70	2,4	2,1	1,7	–	–
100	100	6,4	5,5	4,5	–	4,5
125	118	9,9	8,6	7	–	6,2
	125	11,6	10	8,1	–	7,3
150	150	18,8	16,3	13,3	15,3	10,8
200	200	40,4	34,9	28,5	28,5	20,1
250	250	73	63,2	51,5	46	32,4
300	300	118	102	83,5	68	48
(350)	350	178	154	126	94,7	66,7
400	400	253	219	179	126	88,8
500	500	456	394	322	203	143

[1]) Bezogen auf die Querschnittsfläche (ohne Berücksichtigung der Auswirkung auf die hydraulische Bemessung). Ab DN 200 können größere Abweichungen zugelassen werden. Es ist dann jedoch ein rechnerischer Nachweis der hydraulischen Leistungsfähigkeit (z. B. nach ATV-Arbeitsblatt 110) zu führen.

Die Werte oberhalb der Abtreppung gelten nicht für Leitungen innerhalb von Gebäuden.

C Leitungen für Mischwasser

Der für die Bemessung von Mischwasserleitungen maßgebende Abfluß Q_m setzt sich zusammen aus dem anteiligen Schmutzwasserabfluß Q_s nach Tafel **193**.1 und dem Regenwasserabfluß Q_r nach Tafel **197**.1:

$$Q_m = Q_s + Q_r \quad \text{in l/s}$$

Mit der Summe der Abflüsse Q_m wird nach Tafel **198**.1 die lichte Weite bestimmt.

Die Nennweite von Grundleitungen für Regen- und Mischwasser (vollgefüllte Abwasserleitungen) außerhalb von Gebäuden und Anschlußkanälen im Anschluß an einen Schacht mit offenem Durchfluß kann ab DN 150 nach Tafel **199**.1 ermittelt werden.

Tafel **199**.1 Grundleitungen und Anschlußkanäle für Regen- und Mischwasser außerhalb von Gebäuden und im Anschluß an Schächte mit offenem Durchfluß

DN	*LW* mm	$J = 1:50$ (2 cm/m)	$J = 1:66{,}7$ (1,5 cm/m)	$J = 1:100$ (1 cm/m)	$J = 1:\text{DN}/2$	$J = 1:\text{DN}$
	zul. Abw. −5%[1])	zul. Q l/s	zul. Q l/s	zul. Q l/s	zul. Q l/s	zul. Q l/s
70	70	3,0	2,6	2,1	–	–
100	100	7,9	6,8	5,6	–	5,6
125	118	12,3	10,7	8,7	–	7,8
	125	14,4	12,4	10,1	–	9,0
150	150	23,4	20,2	16,5	19,0	13,4
200	200	50,2	43,4	35,4	35,4	24,9
250	250	90,7	78,5	64,0	57,2	40,3
300	300	147	127	104	84,6	59,6
(350)	350	221	191	156	118	82,9
400	400	314	272	222	157	110
500	500	566	490	400	252	178

[1]) Bezogen auf die Querschnittsfläche (ohne Berücksichtigung der Auswirkung auf die hydraulische Bemessung). Ab DN 200 können größere Abweichungen zugelassen werden. Es ist dann jedoch ein rechnerischer Nachweis der hydraulischen Leistungsfähigkeit (z. B. nach ATV-Arbeitsblatt 110) zu führen.

Grundleitungen außerhalb von Gebäuden. Grundsätzlich gelten die Regeln für Leitungen im Gebäudebereich auch hier, doch sind für Grundleitungen und Anschlußkanäle mit Nennweiten ≧ 150 außerhalb von Gebäuden im Anschluß an Schächte mit offenem Durchfluß höhere Füllungsgrade zulässig. Danach können bemessen werden:

Grundleitungen und Anschlußkanäle für Schmutzwasser ab DN 150 nach Tafel **198**.1

Grundleitungen und Anschlußkanäle für Regen- und Mischwasser ab DN 150 nach Tafel **199**.1

D Leitungen im Anschluß von Druckleitungen

Gefälleleitungen hinter der Anschlußstelle einer Abwasserdruckleitung (z. B. einer Hebeanlage) sind wie folgt zu bemessen:

Bei Regenwasserleitungen ist der Förderstrom der Pumpen Q_p dem Regenwasserabfluß Q_r hinzuzuzählen.

Bei Schmutzwasser- und Mischwasserleitungen ist der jeweils größere Wert, Pumpenleistung oder übriger Abwasseranfall, maßgebend.

E Lüftungsleitungen

Hauptlüftungen sind im Querschnitt der Falleitungen oder der Grundleitungen, andere mit $^2/_3$ bis $^3/_3$ des Querschnitts der abwasserführenden Leitung zu verlegen. Als Querschnitt der Lüftungsleitung einer sekundären Lüftung von Klosettanschlußleitungen genügt indessen DN 50.

Anlagen mit anderen Lüftungssystemen. Wenn ein anderes als das im Abschn. 3.3.5.1 behandelte Lüftungssystem angewendet werden soll, kann hierfür ein anderes Bemessungsverfahren zugelassen werden. Die in diesem Abschn. unter Leitungen für Schmutzwasser genannten Mindestwerte dürfen jedoch nicht unterschritten werden.

3.3.5.2 Sonderanlagen

Schulen, Krankenhäuser, Großgaststätten, Großhotels. Die Belastbarkeit der Schmutzwasser-Falleitung im System mit Hauptlüftung entspricht derjenigen im Wohnungsbau. Jedoch werden mehr Entwässerungsgegenstände gleichzeitig benutzt. Daher $Q_s = 0{,}7 \sqrt{\Sigma AW_s}$ nach Tafel **200**.1.

Tafel **200**.1 Schmutzwasser-Falleitungen mit Hauptlüftungen

DN	LW mm zul. Abw. −5%[1])	zulässige Anschlüsse ΣAW_s	zulässige Anschlüsse Anzahl der Klosetts	Q_s in l/s zul.
70	70	5	–	1,5
100	100	32	8	4,0
125	118	57	14	5,3
	125	79	20	6,2
150	150	208	52	10,1

[1]) bezogen auf die Querschnittsfläche

Reihenwaschanlagen, Reihenduschanlagen. Die Belastbarkeit der Schmutzwasser-Falleitung im System mit Hauptlüftung entspricht derjenigen im Wohnungsbau. Maßgebend für die Bemessung der Abflußleitungen ist jedoch der in der Regel größere Abwasseranfall. Daher $Q_s = 1{,}0 \sqrt{\Sigma AW_s}$ nach Tafel **200**.2.

Tafel **200**.2 Schmutzwasser-Falleitungen mit Hauptlüftungen

DN	LW mm zul. Abw. −5%[1])	ΣAW_s zul.	Q_s in l/s zul.
70	70	2	1,5
100	100	16	4,0
125	118	28	5,3
	125	38	6,2
150	150	102	10,1

[1]) bezogen auf die Querschnittsfläche

Laboranlagen in Industriebetrieben. Bei den hier typischen, langdauernden, weitgehend gleichbleibenden Abflußvorgängen darf die Schmutzwasser-Falleitung im System mit Hauptlüftung nicht so hoch belastet werden wie im Wohnungsbau. Die zulässige Schmutzwassermenge (Tafel **201**.1 Spalte 6) ist gegenüber dem Wohnungsbau um 20% reduziert. Aufgrund der spezifischen Nutzung ist Q_s mit 0,7, 1,0 oder $1{,}2\sqrt{\Sigma AW_s}$ in jedem Einzelfall zu bestimmen (Tafel **201**.1, Spalten 3 bis 5). $Q_s = 1{,}2\sqrt{\Sigma AW_s}$ ist oberer Richtwert.

Tafel **201**.1 Schmutzwasser-Falleitungen mit Hauptlüftungen

1	2	3	4	5	6
DN	LW mm zul. Abw. −5%[1])	zulässige Anschlüsse			Q_s in l/s zul.
		ΣAW_s (0,7)	ΣAW_s (1,0)	ΣAW_s (1,2)	
70	70	5	2,5	1,5	1,5
100	100	21	10,5	7	3,2
125	118	36	18	12	4,2
	125	51	25	17	5
150	150	134	66	46	8,1

[1]) bezogen auf die Querschnittsfläche

Tafel **201**.2 Anschlußwerte (Richtwerte) von Laborgeräten und -armaturen

Laborgerät oder Laborarmatur	Anschlußwert AW_s in l/s
Wasserstrahlpumpe	0,13
Kühlwasserauslauf	0,03
Kaltwasserzapfstelle	0,03
Warmwasserzapfstelle	0,08
Auslaufventil für demineralisiertes Wasser	0,08
Kleine Gläserspülmaschine	0,3
Säureausguß	0,3 bis 0,4
Staubares Spülbecken	1,0

3.3.5.3 **Beispiele** (nach DIN 1986 T. 2)

Die Nennweiten der Abwasserleitungen eines nach dem Trennverfahren (**202**.1) oder nach dem Mischverfahren (**202**.2) zu entwässernden Grundstückes sind zu ermitteln. Dabei gelten folgende Annahmen:

maximale Regenspende $r = 200$ l/s · ha

Gefälle 1:50

Abflußbeiwert ψ nach Tafel **196**.3:

Betonfläche $\psi = 0{,}9$

Steildach $\psi = 1{,}0$

A = Niederschlagsfläche in m²

Kellerentwässerungspumpe mit $Q_p = 6{,}0$ l/s

Trennverfahren
Regenfalleitungen
R_2, R_3, R_4, R_5 = je 75 m² Dachfläche

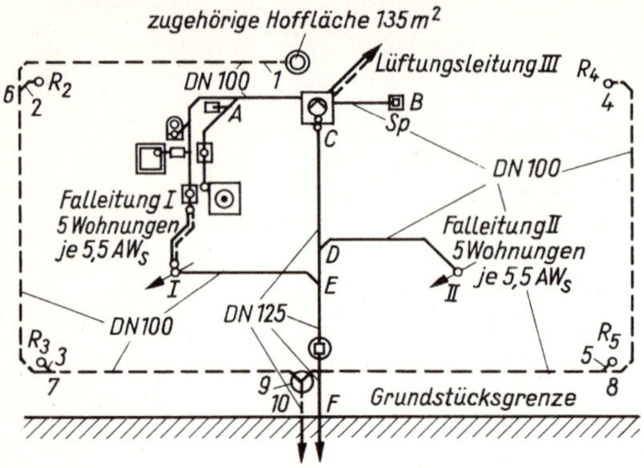

Falleitungen für Schmutzwasser nach Tafel **192**.1, **193**.1 und **194**.2

Fall-leitung	Zahl der Woh-nungen	Σ AW_s	Q_s l/s	DN mm
I	5	27,5	2,65	100
II	5	27,5	2,65	100

202.1
Abwasserleitungen für ein im Trennverfahren zu entwässerndes Mehrfamilienhaus-Grundstück

Grundleitungen für Schmutzwasser nach Tafel **192**.1, **193**.1 und **195**.1

Strecke	Σ AW_s	Q_s l/s	Q_p l/s	DN mm
A – C	8,0			100
B – C	2,0			100
C – D			6	125
II – D	27,5	2,65		100
D – E	27,5	2,65	6[1])	125
I – E	27,5	2,65		100
E – F	55	3,7	6	125

[1]) Unterstrichen ist der maßgebende Wert

Grundleitungen für Regenwasser nach Tafel **197**.1

Strecke	A m²	ψ	Q_r l/s	DN mm
1 – 6	135	0,9	2,45	100
2 – 6	75	1,0	1,5	100
3 – 7	75	1,0	1,5	100
4 – 8	75	1,0	1,5	100
5 – 8	75	1,0	1,5	100
6 – 7	210		4,20	100
7 – 9	285		5,70	100
8 – 9	150		3,00	100
9 – 10	285 +150 =435		5,70 +3,00 =8,70	125

Mischverfahren
Regenfalleitungen
R_2, R_3, R_4, R_5 = je 75 m² Dachfläche

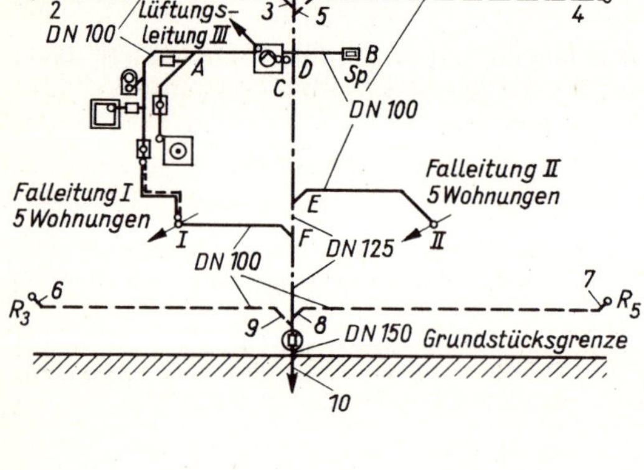

202.2
Abwasserleitungen für ein im Mischverfahren zu entwässerndes Mehrfamilienhaus-Grundstück

Grundleitungen für Regenwasser nach Tafel **197**.1; für Schmutzwasser nach Tafel **195**.1; für Mischwasser nach Tafel **198**.1

Strecke	A m²	Q_r l/s	AW_s	Q_s	Q_m l/s	Q_p	DN mm	verwendete Tafel
1–3	135	2,45					100	
2–3	75	1,50					100	
4–5	75	1,50					100	**198**.1
3–5	210	3,95					100	und
5–D	285	5,45					100	**197**.1
6–9	75	1,50					100	
7–8	75	1,50					100	
A–C			8				100	
B–C			2				100	**195**.1
II–E			27,5	2,65			100	
I–F			27,5	2,65			100	
C–D			–	–		6,0	125	
D–E	285	5,45	–	–	5,45	6,0[1])	125	
E–F	285	5,45	27,5	2,65	7,10[1])		125	**195**.1
F–8	285	5,45	55	3,7 + 5,45	9,15		125	und
8–9	360	6,95	55	3,7 + 6,95	10,65		125	**198**.1
10	435	8,45	55	3,7 + 8,45	12,15		150	

[1]) Unterstrichen ist der jeweils maßgebende Wert.

3.3.6 Wasserablaufstellen

3.3.6.1 Gasabschlüsse

Die Durchbildung der Entwässerungsanlagen muß in allen Teilen sicherstellen, daß Abwassergas aus den Abwasserleitungen nicht in die Aufenthaltsräume austreten kann.

Hierzu ist jede Ablaufstelle, die nicht aus einem mit einem Geruchverschluß versehenen Entwässerungsgegenstand besteht, mit einem Geruchverschluß auszurüsten (s. Abschn. 3.4.10).

Ausgenommen sind Einläufe für Regenwasserfalleitungen im Trennverfahren. Regenfalleitungen im Mischverfahren müssen jedoch Geruchverschlüsse an frostfreier Stelle erhalten, wenn aufsteigende Gase in bewohnte Räume, Balkone u. dgl. dringen oder sonst die Gesundheit der Bewohner gefährden können (s. auch Abschn. 3.3.4.3).

Doppelspülbecken (**22**.1) u. dgl. können einen gemeinsamen Geruchverschluß haben. Bei Reihenwaschanlagen u. ä. können mehrere Ablaufstellen unter bestimmten Voraussetzungen ebenfalls einen gemeinsamen Geruchverschluß erhalten.

In Gebäuden sind Überläufe aus Wasser- und Regenwasserbehältern, Springbrunnen u. dgl. und solche Überläufe, bei denen die Erneuerung des Sperrwassers im Geruchverschluß nicht gesichert ist, nicht unmittelbar an die Entwässerungsleitung anzuschließen, sondern durch ein sichtbar über einem Ablauf ausmündendes Rohr zu entwässern (**204**.1). Unzumutbare Belästigungen, z. B. durch heißes Wasser, dürfen dadurch nicht entstehen. Andere Überläufe sind in der Fließrichtung vor dem Geruchverschluß anzuschließen.

Abläufe und Überläufe von aus einer Trinkwasserleitung gespeisten Behältern dürfen nicht unmittelbar mit der Entwässerungsleitung verbunden werden. Das Abwasser muß entweder durch ein frei über einem Entwässerungsgegenstand mündendes Rohr oder unter Zwischenschalten eines offenen Trichters über einen Geruchverschluß abgeführt werden (**204**.1). Dabei muß der Entwässerungsgegenstand oder Trichter über der Rückstauebene liegen oder an eine Abwasserhebeanlage angeschlossen sein.

Kühlschränke und -anlagen, Speiseschränke u. ä. Behälter für Nahrungsmittel dürfen nicht unmittelbar mit der Abflußleitung verbunden werden.

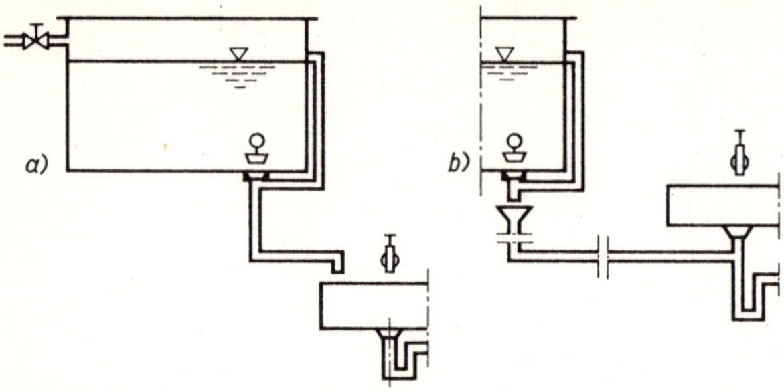

204.1 Anschluß eines aus einer Trinkwasserleitung gespeisten Behälters an die Entwässerungsanlage
a) über einen Entwässerungsgegenstand
b) mit einem Trichter und einer Rohrleitung über einen Geruchverschluß

3.3.6.2 Ablaufstellen

Unter jeder Zapfstelle in Gebäuden, außer denen für Feuerlöschzwecke, muß eine Ablaufstelle vorhanden sein, wenn nicht der Ablauf über wasserdichtem Fußboden ohne Pfützenbildung nach einem Bodenablauf od. dgl. möglich ist.

Ablaufstellen mit verschließbaren Ablauföffnungen (z. B. Waschbecken und -tische, Spültische, Badewannen u. dgl.) müssen einen Überlauf haben, dessen Abflußvermögen mindestens gleich dem des Ablaufventiles ist. Das Wasser aus Überläufen ist unschädlich abzuleiten (z. B. nicht auf Dächer).

Bodenabläufe sind wasserdicht in die Decke einzubauen, bei Geschoßdecken sind sie sorgfältig mit der Sperrschicht der Decke zu verkleben und müssen hierzu einen Kleberand von ausreichender Breite aufweisen.

Baderäume in Wohnungen sollten einen Badablauf haben, in dem die ständige Erneuerung des Sperrwassers durch Anschluß eines anderen Entwässerungsgegenstandes gesichert ist.

In anderen Gebäuden (z. B. Altenheimen, Hotels, Schulen usw.) dürfen Bade- und Brausewannen nur über einen Badablauf entleert werden, der zugleich den Fußboden entwässert (**205**.1).

Einen Bodenablauf mit besonders breitem Kleberand für den Anschluß der Fußbodensperrschicht für einen Naßraum ohne Wannenanschluß zeigt Bild **206**.1.

Wasch- und Geschirrspülmaschinen, die fest mit der Abwasserleitung verbunden sind oder das Wasser selbsttätig über einen Abwasserschlauch abpumpen, erfordern keine besondere Ablaufstelle unter der Zapfstelle. Fest angeschlossene Maschinen müssen über einen Geruchverschluß entwässert werden.

In Fall- und Sammelleitungen für Schmutzwasser darf kein Regenwasser, in Regenfall- und -sammelleitungen darf kein Schmutzwasser eingeleitet werden.

Flachdach- und Terrassenabläufe (**207**.1) werden aus asphaltiertem Grauguß oder auch aus Kunststoff (PVC-hart) mehrteilig, mit senkrechtem oder seitlichem Abgang DN 70 bis 150, mit und ohne Laubfang oder Kieskorb, höhenverstellbar, auch mit Heizpatrone, in den verschiedensten Ausführungen geliefert.

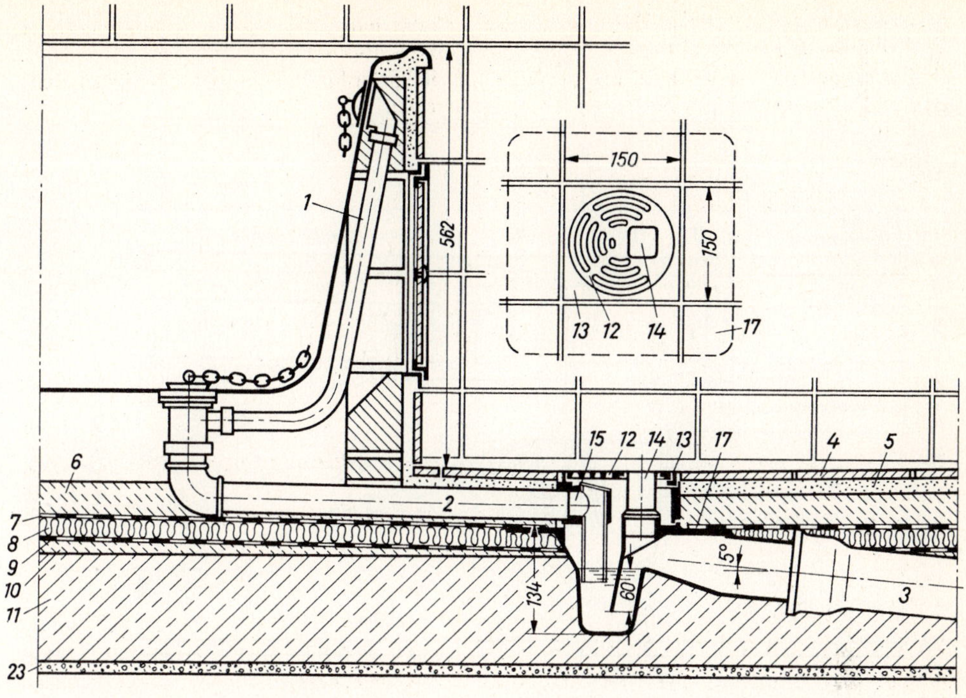

205.1 Badablauf mit seitlichem unmittelbarem Anschluß einer Einbau-Badewanne oberhalb der Deckenabdichtung, seitlicher Abgang 5°, auch 20°, 45° und senkrecht (M 1:10) (WAL, Essener Eisenwerke)

1 Ab- und Überlaufgarnitur
2 Abflußleitung DN 32
3 GA-Rohr DN 70
4 Fußbodenfliesen
5 Mörtelbett
6 schwimmender Zementestrich
7 Sperrschicht, zweilagig
8 Wärmedämmplatten zum Wärme- und Schallschutz
9 1 Lage Pappe
10 Gefällboden
11 Rohdecke
12 Rundrost
13 Rostrahmen, drehbar
14 Reinigungsstopfen aus Kunststoff
15 Zwischenring mit Zulaufanschluß für 2 und Richtungskrümmer (zur Verhinderung einer Fußbodenüberschwemmung bei Entleeren der Badewanne), um 90° drehbar
16 Zwischenring, 52 mm hoch, zum Angleich der Kragenhöhe *k* an die Dicke des Fußbodenbelages (auch 8, 16, 32, 60 mm hoch)
17 Kleberand mit Gefälle zum Ablauf hin
18 Anstoßleiste zur Begrenzung der Dichtungshaut, damit Sickeröffnung 20 nicht verklebt wird; unterbrochen zum Durchfluß des Sickerwassers
19 Nullpunkt = Ansatz des Dichtungsrandes an den Kragen. Von seiner genauen Festlegung hängt einwandfreie Funktion des Ablaufes ab
20 Sickeröffnung
21 Grundkörper mit seitlichem Abgang, hier 20°, auch 5° und 45° sowie mit senkrechtem Abgang
22 Umhüllung mit Dämmatte gegen Schallübertragung in die Decke
23 Deckenputz
24 dauerelastische Dichtung

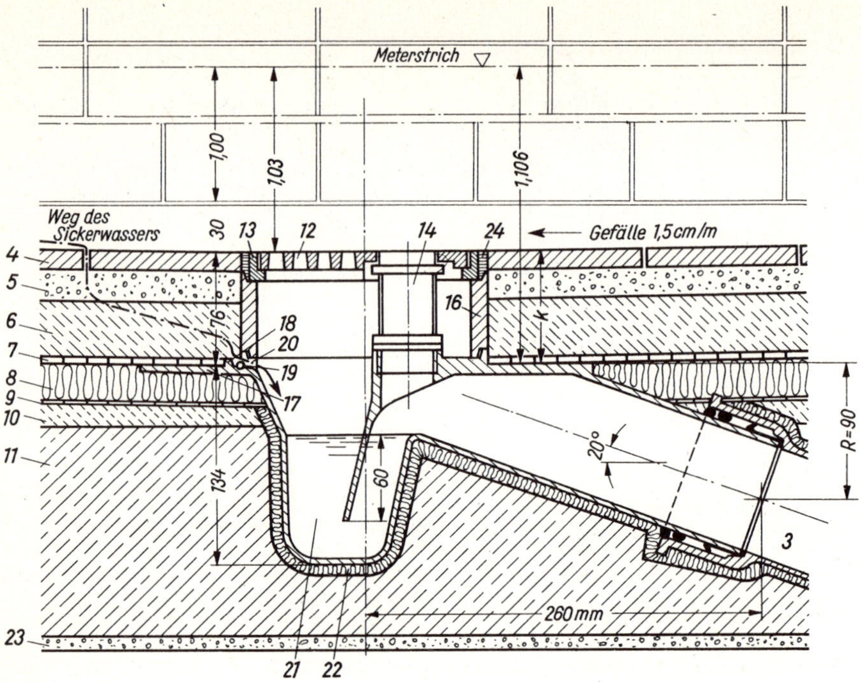

206.1 Bodenablauf (1:5) (WAL, Essener Eisenwerke) (Legende s. Bild **205**.1)

k = Kragenhöhe zwischen Oberkante Kleberand (Nullpunkt) und Oberkante Rostrahmen ohne Zwischenring k = 24 mm

R = Rohrdeckung = Abstand der Rohrachse zu Oberkante Kleberand. Von R aus wird das Gefälle der Anschlußleitung ermittelt, danach die Höhe des aufnehmenden Abzweiges der Falleitung

Sie entwässern durchweg in innerhalb der Gebäude angeordnete Regenfalleitungen und müssen daher einen völlig zuverlässig dichtenden Anschluß an die Sperrschichten des Daches ermöglichen. Außerdem dürfen sie den Wärmeschutz des Daches nicht durch Bildung von Wärmebrücken beeinträchtigen. Aus diesem Grund ist auch die zugehörige Regenfalleitung in dem Geschoß unterhalb der Dachdecke mit ausreichendem Wärmeschutz zu versehen.

Balkone und Loggien mit verschlossener Brüstung müssen außer einem Bodenablauf (**207**.2) noch Durchlaßöffnungen von je $\geqq$ 40 mm $\varnothing$ mit $\geqq$ 25 cm^2 Gesamtfläche aufweisen, aus denen Wasser ins Freie ablaufen kann (**186**.1).

3.3.6.3 Leitungsverschmutzung

Ablaufstellen von Trinkbrunnen, Spül- und Ausgußbecken, Waschbecken und -tischen, Wannen und Balkonen müssen Roste, Kreuzstäbe oder Siebe erhalten, die mit den Entwässerungsgegenständen i. allg. fest, mit Balkonabläufen (**207**.2) lösbar verbunden sind.

Bodenabläufe (**207**.3; **208**.1) müssen so ausgebildet sein, daß sich in ihnen nur möglichst wenig Sinkstoffe ablagern können. Bei großem Sinkstoffanfall (z. B. in Molkereien und

207.1
Zweiteiliger Flachdachablauf aus Grauguß (M 1:10) (WAL)

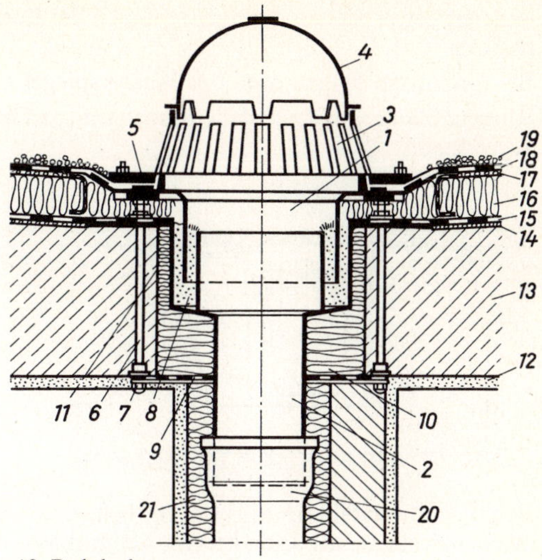

1 Oberteil der Ablauftülle mit Dichtungsmulde, □ 425 mm
2 Unterteil der Ablauftülle DN 100, ⌀ 425 mm
3 Sickerkranz
4 Laubhaube, geschlossen (Warmluft aus dem Gebäudeinnern tritt nur waagerecht aus und hilft, den Ablauf eisfrei zu halten; auch mit Einlaufschlitzen und Heizstab)
5 Gegenflansch zum Einspannen der Dichtung, mit 8 Löchern für Standschrauben und mit angegossenem Sickerkranz 3
6 4 Spindeln M 12, mit einbetoniert, zur genauen Einstellung des Dichtungsrandes auf die projektierte Deckenoberfläche
7 Haubenmutter aus Kunststoff
8 Vergußbitumen oder dauerplastischer Fugenkitt zum Schutz gegen Rückstau und Eindringen von Luftfeuchte in die Dämmschicht
9 Lochscheibe mit Gummidichtung und evtl. Alu-Folie zum luft- und dampfdichten Verschluß des Spaltes zwischen 2 und 11
10 Wärmedämmantel aus vorgefertigten Halbrundschalen
11 Hülse ⌀ 250 mm aus Kunststoff
12 Deckenputz
13 Rohdecke
14 untere Ausgleichsschicht
15 Dampfbremse
16 Wärmedämmschicht der Decke
17 obere Ausgleichsschicht
18 Dachdichtung, dreilagig
19 Kiespreßschicht
20 Falleitung, GA-Rohr DN 100
21 Wärmedämmung, $d \geqq 25$ mm, bis ca. 1 m unter Deckenunterkante, zur Verhinderung von Kondenswasserbildung im Winter

207.2
Balkonentwässerung (M 1:10)

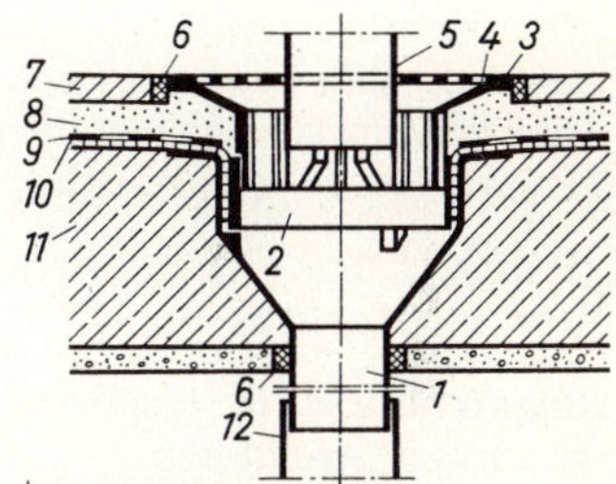

1 höhenverstellbarer Balkonablauf (Klaus Esser KG)
2 Klemmzylinder mit Führungsnocken
3 Höheneinstellplatte mit Sickerwasseröffnungen
4 Siebrost mit Rohrdurchbruchsöffnung
5 eingestecktes Fallrohr
6 dauerplastischer Fugenkitt
7 Plattenbelag
8 Mörtelbett oder Estrich
9 Sperrschicht, lose verlegt
10 Kunststoff-Folie, Zuschnitt 1,00 × 1,00 m
11 Balkonplatte
12 aufgeschobenes Fallrohr

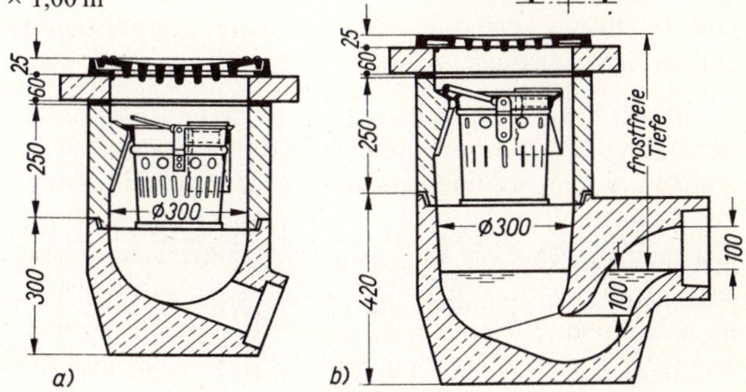

207.3
Hofablauf aus Beton (M 1:20) (Passavant)

a) ohne Geruchverschluß
b) mit Geruchverschluß, frostfrei

anderen gewerblichen Anlagen) müssen die Bodenabläufe genügend große Schlammfänge besitzen (**261**.3).

Bei Einbau im Freien muß der Wasserspiegel frostfrei unter Gelände liegen.

Rinnenabläufe von Regenfalleitungen sind an Orten starken Laubanfalles mit Rinnensieben zu versehen.

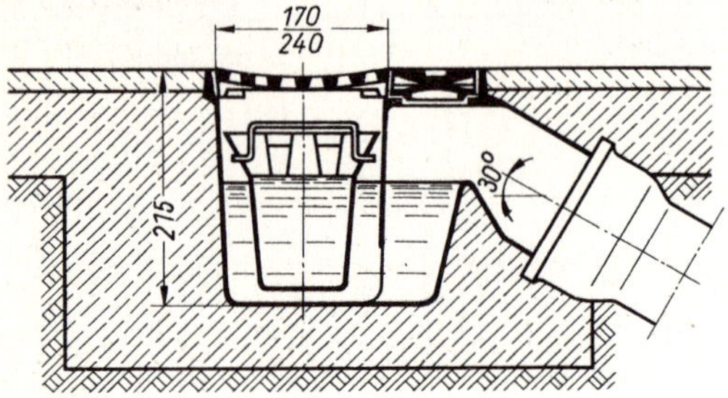

208.1
Kellerablauf, auch mit Abgang 10° und Zuflußstutzen DN 70 oder DN 100 Mitte, links oder rechts (M 1:10) (Buderus)

Beim Trennverfahren müssen in befestigten Flächen wie Höfen, Stellplätzen u. dgl. Wasserscheiden den Eintritt von Schmutzwasser in die Regenwasserabläufe verhindern, sofern es nicht bei abgegrenzten Autowaschplätzen den Schmutzwasserabläufen zugeführt werden muß.

Bei unbefestigten Höfen oder Verkehrsflächen ist die Umgebung der Abläufe im Umkreis von ≧ 1 m zu befestigen.

Der Abstand der Hofabläufe von Brunnen richtet sich nach den bauaufsichtlichen Vorschriften.

3.4 Sanitärausstattung

3.4.1 Werkstoffe

Kupferblech. Es ist von ausgezeichneter Korrosionsbeständigkeit und wird daher, mit einem Zinnüberzug versehen, vor allem für Heißwasserbereiter verwendet, daneben u. a. auch für Badewannen zu medizinischen Zwecken.

Messing. Diese Kupferlegierung (mit ≧ 35 bis 40% Zink) wird für sichtbar verlegte Rohrteile, Geruchverschlüsse und Armaturen verwendet.

Rotguß. Dies ist eine hochwertige Kupferlegierung (mit ≧ 70% Kupfer und z. B. 5% Zinn) für schwere Armaturen.

Die Oberflächen von Messing- und Rotgußarmaturen usw. werden galvanisch vernickelt und dann verchromt.

Stahlblech. Das Blech wird zum Schutz gegen Rost meistens innen und außen emailliert. Bei Beschädigung der Emaille rostet das dünne Stahlblech schnell durch. Die Außenoberfläche von Sanitärgegenständen erhält eine Grundemaillierung. Die Innenfläche wird durch eine Porzellanemaillierung stoß-, kratz-, säurefest und laugenbeständig.

Einrichtungsgegenstände aus federndem Stahlblech sind billiger und leichter als gußeiserne.

Edelstahl. Nichtrostendes Stahlblech, Nirosta, auch V2A oder V4A, ist ein hochlegierter Edelstahl (Chromnickelstahl mit ≧ 18% Chrom und ≧ 8,5% Nickel) mit korrosionsbeständiger, nicht alternder Oberfläche. Er ist schlagfest, sehr hart, äußerst widerstandsfähig, mit glänzender oder matter, glatter oder strukturierter Oberfläche. Edelstahl ist einfach zu pflegen, beständig gegen übliche Reinigungs- und Desinfektionsmittel sowie mechanische Belastungen.

Die Rückseiten aller Stahlblech-Einrichtungsgegenstände sollten einen Kunststoff-Antidröhnbelag aufweisen.

Gußeisen. Grauguß hat sich als korrosionsbeständiger Werkstoff hoher Festigkeit für Sanitärgegenstände bewährt. Die Innenoberfläche von Sanitärobjekten ist weiß oder farbig emailliert, die Außenoberfläche meist gestrichen, selten emailliert. Guß federt nicht, ist wegen seiner geringen Neigung zum Rosten und der dickeren Wandungen erheblich widerstandsfähiger als emailliertes Stahlblech. Die größere Wandstärke kann aufgenommene Wärme länger speichern (geringere Auskühlung bei Badewannen) und ist schalltechnisch günstiger.

Bade- und Brausewannen aus Gußeisen werden in drei Gütesorten hergestellt:

Rotsiegel-Qualität, für übliche Wannenbäder, mit tadellosem Aussehen, ohne Fehler in Guß und Email, mit glatter und glänzender Oberfläche ohne Vertiefungen.

Gelbsiegel-Qualität mit säurebeständigem Email für medizinische Bäder (ausgenommen sind Kohlensäure-, Moor-, Salhumin- und Schwefelbäder). Wesentlich ist die Widerstandsfähigkeit des Emails, nicht das Aussehen. Kleine Fehler (Poren, dunkle Punkte, wellige Oberfläche) können vorkommen.

Hochsäurefeste Transparent-Emaillierung für alle medizinischen Bäder bei höchster Dauerbeanspruchung. Das Email hat Glascharakter und ist wenig eingefärbt.

Email ist ein durch Metalloxide gefärbter, glasartiger Schmelzüberzug. Zwei Überzüge mit nachfolgendem Brand sind erforderlich. Alle Emaillen werden von scharfen, Sand enthaltenen Reinigungsmitteln angegriffen und stumpf. Die glatte, stoß- und kratzfeste sowie glänzende Oberfläche soll daher genauso wie die Glasur der keramischen Werkstoffe gepflegt werden.

Sanitärporzellan. Das Porzellan besteht aus weißbrennendem Ton, Kaolinerde und Quarz, Feldspat mit geringem Flußmittelzusatz. Der daraus gegossene Rohling wird mit einer weißen oder farbigen, undurchsichtigen, säure- und laugenfesten Glasur überzogen und in einem Arbeitsgang bis zur Sintergrenze bei ca. 1250 °C gebrannt. Porzellan behält seinen Glanz und ist völlig frei von Haarrissen. Seine hohe Festigkeit gestattet dünne Wandungen und elegante Formen. Porzellan ist der meistverwendete keramische Werkstoff für sanitäre Einrichtungsgegenstände.

Feuerton. Dies ist ein keramisches Erzeugnis aus Ton und Schamotte mit 20 bis 40 mm dicken Wandungen. Da Feuerton nicht weiß brennt und porös ist, wird er mit einer dicken weißen oder farbigen Engobe (porzellanähnliche Masse) und mit einer weißen oder transparenten säurefesten Glasur überzogen. Seiner hohen Festigkeit wegen stellt man aus ihm Wannen, Spültische und -ausgüsse aller Art, Bottiche, Waschrinnen, Urinalanlagen usw. für starke mechanische Beanspruchungen her. Feuerton ist im Bruch gelblich und körnig; infolge seiner schwierigen Herstellung können kleine Schönheitsfehler nicht immer vermieden werden.

Steinzeug. Aus feuerfesten, durch Verunreinigungen schon sehr früh sinternden Tonen und aus Schamotte oder Sand wird es bis zur Sinterung gebrannt und ist einer der festesten aller keramischen Werkstoffe von bräunlicher Farbe. Scherben und durch Aufstreuen von Kochsalz während des Brandes erzielte Glasur sind völlig säure- und temperaturbeständig. Steinzeug wird für Rohrleitungen, Brausewannen, Tröge, Waschrinnen, Urinale, Laborausgüsse u. dgl. überall dort verwendet, wo bei rauhester Beanspruchung weniger auf ein besonders schönes Aussehen als auf Preiswürdigkeit Wert gelegt wird.

Kunststein. Dies ist ein sehr dichter, hochfester Betonwerkstein mit geschliffener, auf Kunststoffbasis vergüteter Oberfläche. Die Farben sind rötlich- oder grünlich-weiß, auch grau-granit. Die Reinigung erfolgt mit einem geeigneten Reinigungsmittel. Der Kunststein ist bei ständiger Benützung wöchentlich einmal mit Hartglanzwachs einzureiben.

Kunststein und auch Naturstein ist in manchen Gegenden Baustoff für Spülsteine.

Kunststoffe. Gegen mechanische Beanspruchung und die praktisch vorkommenden Temperaturen sind sie ausreichend unempfindlich.

Hart-PVC oder glasfaserverstärkter Polyester finden als Werkstoff für Sanitärgegenstände wegen ihrer mangelnden Oberflächenhärte nur beschränkte Verwendung. Sie werden für Zubehörteile, wie Spülkästen, Spülrohre, Klosettsitze, Brausevorhänge usw., auch mit Glasfasereinlage zur Verstärkung, hergestellt.

Acrylglas oder Plexiglas ist ein korrosionsbeständiger thermoplastischer Kunststoff, der weitgehend schlag- und stoßunempfindlich ist. Wegen seiner geringen Kratzfestigkeit ist die Verwendung nur begrenzt möglich. Acrylglas wird für sanitäre Einrichtungsgegenstände, wie Bade- und Brausewannen, Wasch- und Sitzwaschbecken hergestellt.

Vorteile dieses Kunststoffes sind: zahlreiche Farben, voll durchgefärbt und lichtecht; geringe Wärmeleitfähigkeit, daher warm und hautsympathisch; chemikalienbeständig (Badezusätze) und leicht mit flüssigen Reinigungsmitteln zu pflegen; Kratzer sind mit Autopolitur auszupolieren; porenlose Oberfläche, aber sehr rutschfest; bruchfest und geringe Masse.

3.4.2 Klosettanlagen

Räume mit Klosett- und Urinalanlagen, die für einen größeren Personenkreis bestimmt oder allgemein zugänglich sind, müssen Bodenabläufe mit Geruchverschluß haben (**206**.1).

Klosett- und Urinalanlagen sind durch besondere, an eine Wasserleitung angeschlossene Spüleinrichtungen, Spülkästen oder Abortdruckspüler, zu spülen.

Spülaborte. Klosettbecken sollten DIN 1379, 1381, 1382, 1387, 1388 sowie DIN EN 33, 34, 37 und 38 entsprechen. Für die Verbindung zwischen dem Abluftstutzen des Klosetts und der Anschlußleistung dürfen nur Anschlußstücke nach DIN 1389 (**210**.1, **210**.2 und **211**.1) und vorgeschriebene Dichtmittel verwendet werden. Der Innendurchmesser der Spülrohre für Spülkästen muß $\geqq 30$ mm betragen.

210.1 Klosett-Fertigabläufe aus Polypropylen für Flach- und Tiefspülklosetts mit waagerechtem Abgang (GEBERIT) (s. auch Bild **212**.1 und **213**.1)

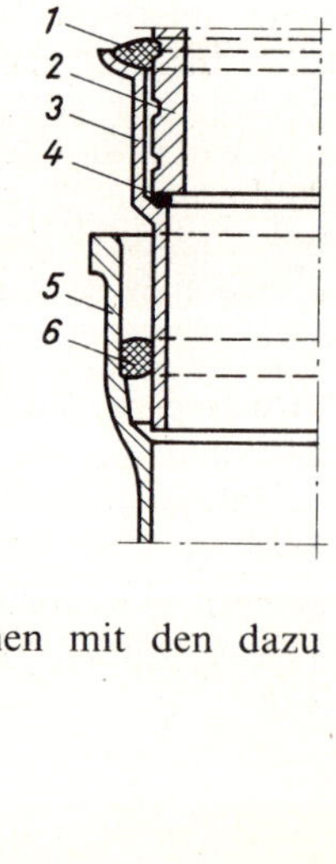

210.2
Anschluß eines Bodenklosetts (Einzelheit zu Bild **211**.1)

1 Kittring
2 Ablaufstutzen des Klosetts
3 Manschette aus PVC oder PE
4 Gummidichtungsring
5 Muffe des GA-Rohres
6 Kittring (wird mit der Manschette eingerollt)

Abortbecken. Sie müssen frei stehen oder hängen, ihre Innenflächen mit den dazu gehörenden Geruchverschlüssen müssen glatt und hell sein.

Die Abortbecken sind ohne Sitzbrett 38 bis 41 cm, für Kinderaborte 34 cm hoch. Sie werden aus Porzellan, für Massenanlagen auch aus Steinzeug und Feuerton hergestellt, seltener aus Grauguß. Der Abgangsstutzen ist außen 90 bis 105 mm, der Zuflußstutzen 48 mm i. L. weit.

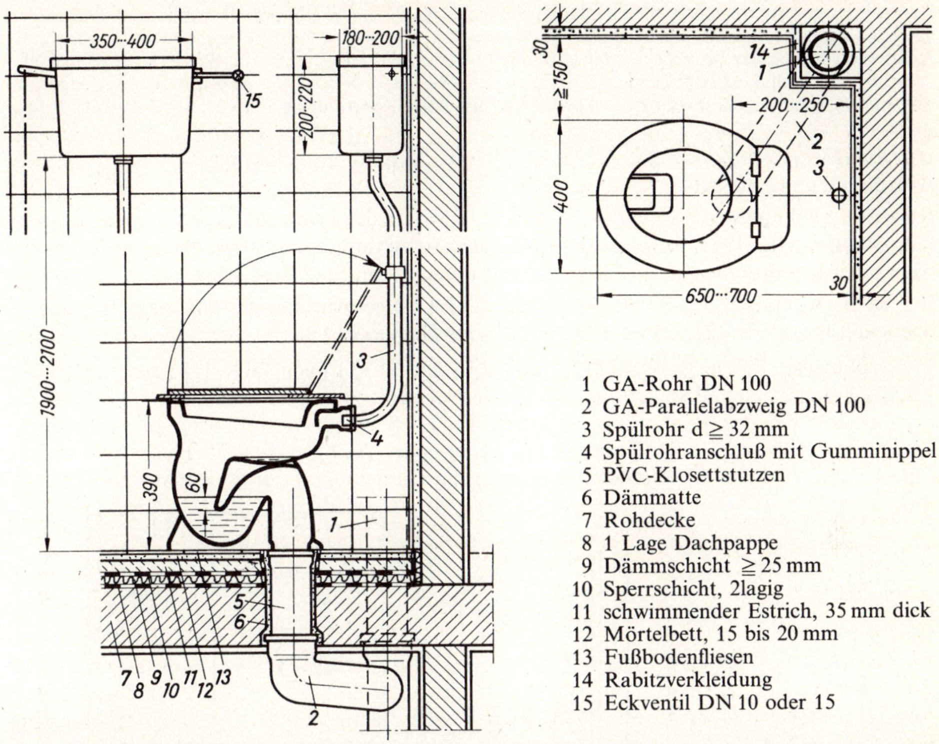

1 GA-Rohr DN 100
2 GA-Parallelabzweig DN 100
3 Spülrohr d ≧ 32 mm
4 Spülrohranschluß mit Gumminippel
5 PVC-Klosettstutzen
6 Dämmatte
7 Rohdecke
8 1 Lage Dachpappe
9 Dämmschicht ≧ 25 mm
10 Sperrschicht, 2lagig
11 schwimmender Estrich, 35 mm dick
12 Mörtelbett, 15 bis 20 mm
13 Fußbodenfliesen
14 Rabitzverkleidung
15 Eckventil DN 10 oder 15

211.1 Flachspülklosett mit Abgang innen senkrecht und mit hochhängendem Spülkasten (M 1:20) (Ideal-Standard)

Der aufklappbare Klosettsitz, für Badaborte stets mit Deckel in Größe des Sitzes, wird aus lackiertem oder poliertem Hartholz, besser aus vergütetem Schichtholz oder Kunststoff hergestellt und erhält einen kräftigen Beschlag und Befestigungsschrauben aus nichtrostendem Metall oder Kunststoff. Vorn offene Ringsitze sind im Handel. Beim Aufklappen dürfen Sitzbrett und Deckel das Spülrohr nicht beschädigen können (**211**.1). Fest mit dem Abortkörper verbundene Sitzbacken sind nur zulässig, wenn keine Fugen oder Hohlkehlen vorhanden sind oder sich bilden können. Diese Forderung ist kaum zu erfüllen.

An die Abflußleitung wird das Klosettbecken spannungsfrei mit einer Spezialmanschette (**210**.2) angeschlossen, die auf den Ablaufstutzen des Beckens aufgezogen und in die Muffe der Abflußleitung gesteckt oder eingeklebt wird. Dabei lassen sich auch noch gewisse Maßungenauigkeiten ausgleichen. Auf dem Fußboden wird das Becken mit 2 Schrauben befestigt.

Je nach Funktion oder Anordnung sind nachfolgende Spülaborte zu unterscheiden:

Flachspülklosett, Tiefspülklosett, Absaugeklosett, Wandklosett, Clos-o-mat und Hockklosett.

Flachspülklosetts. Diese Spülklosetts (**211**.1) wurden bisher in Deutschland für Wohnbauten, aber auch Hotels, Büros usw. noch viel verwendet, während sie im Ausland i. allg. nicht mehr zugelassen sind.

Ihrem Vorteil, daß sie die Fäkalien zur frühzeitigen Erkennung oder Behandlung von Krankheiten zu beobachten gestatten, stehen verschiedene erhebliche Nachteile gegenüber: Die Fäkalien sind in der flachen Schale des Beckens nur teilweise vom Wasser bedeckt, so daß Gerüche nicht zu verhindern sind. Nicht alle Flächen des Beckens werden gründlich bespült, vor allem reicht die Wasserkraft nicht mehr zum ausreichenden Durchspülen des Geruchverschlusses aus, in dem schwer zu beseitigende Ablagerungen und Verkrustungen unvermeidlich sind. Als Spüleinrichtung dienen Spülkästen oder Abortdruckspüler.

Universal-Flachspülklosetts nach DIN 1387 aus Sanitär-Porzellan werden mit folgenden Ablaufstutzen hergestellt:

Form A, Ablaufstutzen waagerecht (**212**.1). Klosetts der Form A werden mit besonderen Kunststoff-Fertig-Ablaufbogen (**210**.1) mit der Anschlußleitung verbunden, wobei praktisch jeder gewünschte Anschluß leicht und einwandfrei herzustellen ist.

Form B, Ablaufstutzen innen senkrecht (**211**.1). Die Anschlußleitung liegt bei diesen Modellen innerhalb (**213**.2) oder unterhalb der Decke (**211**.1).

Tiefspülklosetts. Diese Aborte (**212**.1 und 2, sowie **213**.1) nach DIN 1381 vermeiden die Nachteile des Flachspülbeckens und sind daher hygienisch einwandfrei. Ein etwa befürchtetes Spritzen bei der Benutzung ist durch Einlegen eines Papierblattes zu verhindern. Tiefspülbecken werden bei uns vor allem in öffentlichen Anlagen, Betrieben usw. verwendet, setzen sich aber auch im deutschen Wohnungsbau zunehmend durch. Im Ausland sind sie

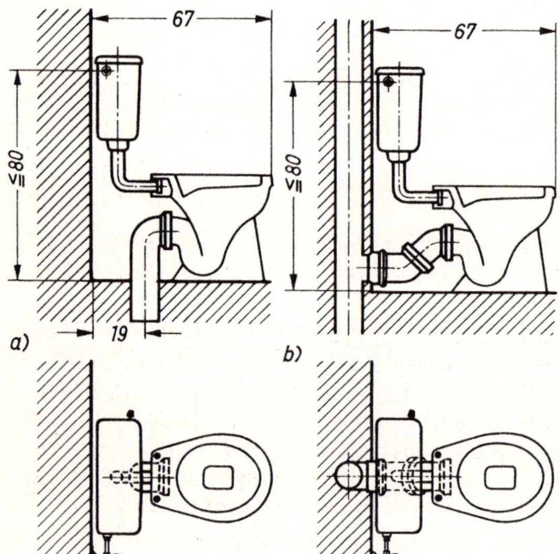

212.1 Universal-Tiefspülklosett mit waagerechtem Abgang. Anschlußmöglichkeiten an die Falleitung unter Verwendung von Fertigabläufen (**210**.1) (GEBERIT)
a) mit Fertigablauf 90°
b) mit 2 Fertigabläufen 45°

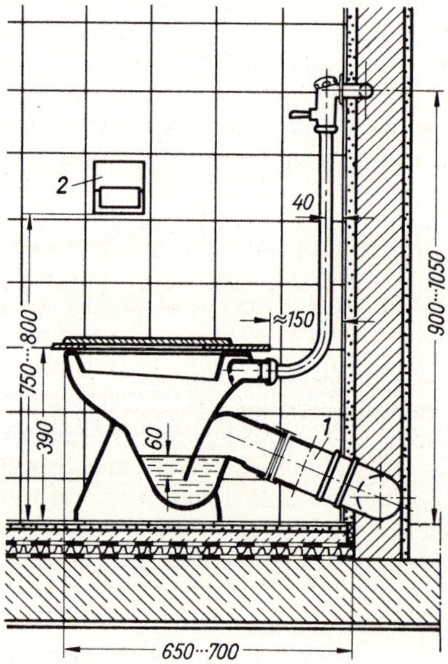

212.2 Tiefspülklosett mit Abgang 22° schräg nach hinten und mit Druckspüler (M 1:20)
1 muffenloses Grauguß-Abflußrohr (SML-Rohr) mit Klemmband-Verbindung (**171**.2)
2 Klosettpapierhalter

weithin vorgeschrieben. Bezeichnung und Anordnung der Ablaufstutzen wie bei den Flachspülklosetts, ebenso die Spüleinrichtungen (Spülmenge 9 bis 12 l).

Universal-Tiefspülklosetts nach DIN 1388 werden ebenso wie die entsprechenden Modelle der vorstehend aufgeführten Universal-Flachspülklosetts in der Form A mit waagerechtem und Form B mit innerem senkrechten Ablaufstutzen hergestellt und in gleicher Weise eingebaut.

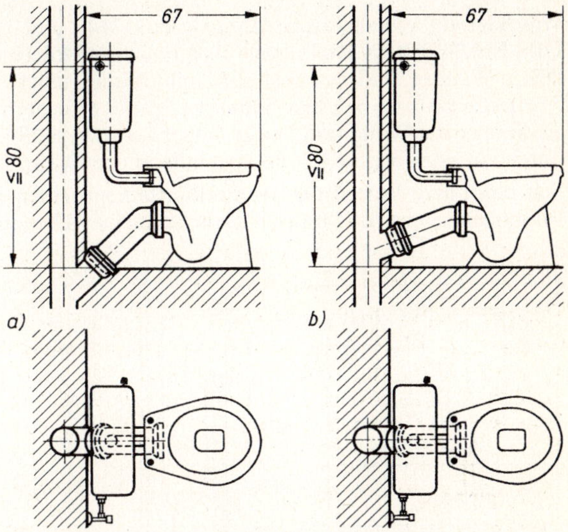

213.1
Universal-Tiefspülklosett mit waagerechtem Abgang. Anschlußmöglichkeiten an die Falleitung unter Verwendung von Fertigabläufen (**210**.1) (GEBERIT)

a) mit Fertigablauf 45°
b) mit Fertigablauf 22°

Absaugeklosetts. Sie stellen eine Weiterentwicklung der Tiefspülklosetts dar (**213**.2). Bei der Einleitung der Spülung wird ein Teil des Spülwassers direkt in den Geruchverschluß eingeführt und füllt den verengten Querschnitt dahinter voll aus, so daß durch die dadurch entstehende Heberwirkung der ganze Inhalt des Beckens abgesaugt wird. Alle Teile des Beckens werden dabei kräftig gereinigt. Das letzte Spülwasser füllt dann den Geruchverschluß wieder. Die Spülwirkung ist mithin nicht mehr wie bei den vorgenannten Klosetts auf die kinetische Energie des stürzenden Wassers angewiesen und damit auf die Anbringungshöhe des Spülkastens. Hier ist also der besonders leise, tiefhängende Spülkasten (Spülmenge 12 bis 18 l) vorzugsweise am Platz.

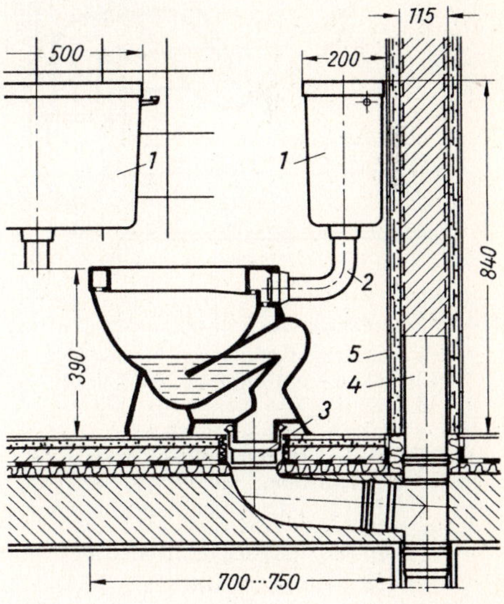

213.2
Absaugeklosett (Keramag) mit Abgang innen senkrecht und mit tiefhängendem Spülkasten (M 1:20)

1 tiefhängender Spülkasten aus Kunststoff 16 l (GEBERIT)
2 Spülrohr, d = 50 mm
3 PVC-Manschette zum Einkleben in PVC-Rohr (GEBERIT)
4 Kunststoff-Abflußrohr DN 100 in $^1/_2$ Stein dicker Wand
5 Putzträger über 4

Absaugeklosetts stellen die hygienisch vollkommenste Klosettanlage dar. Durch die verhältnismäßig engen Querschnitte sind sie gegen Verstopfungen durch Fremdkörper etwas empfindlich.

Absaugeklosetts werden mit vorderem oder hinterem Geruchverschluß und Abgang innen senkrecht nach unten oder außen senkrecht nach unten oder waagerecht nach hinten geliefert.

Bei besonderer Klosettbeckenform sind auch Druckspüler DN 25 möglich.

Wandklosetts. Wandhängende Spülklosetts (**214**.1 und 2, **215**.1) werden nach DIN 1382 sowie DIN EN 34 und 38 als Tiefspül- und Flachspülklosetts hergestellt. Sie werden an ≧ 11,5 cm dicken Wänden, in denen auch die Abflußleitung unterzubringen ist, durch ausreichend lange Steinschrauben befestigt. Dünnere Wände erfordern eine zusätzliche Verankerung durch ein in oder vor Wand und Decke eingebautes verstellbares Traggerüst (**215**.2) oder auch durch ein vorfabriziertes und ebenfalls in der Decke verankertes Betonelement.

Der besondere Vorteil der Wandklosetts liegt neben dem guten Aussehen ebenso in der Fußbodenfreiheit der Modelle, die Schmutzwinkel vermeidet und eine leichte Reinigung des

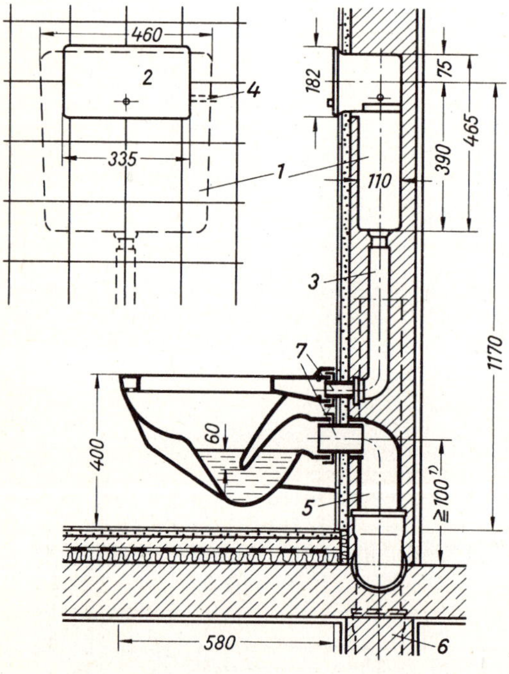

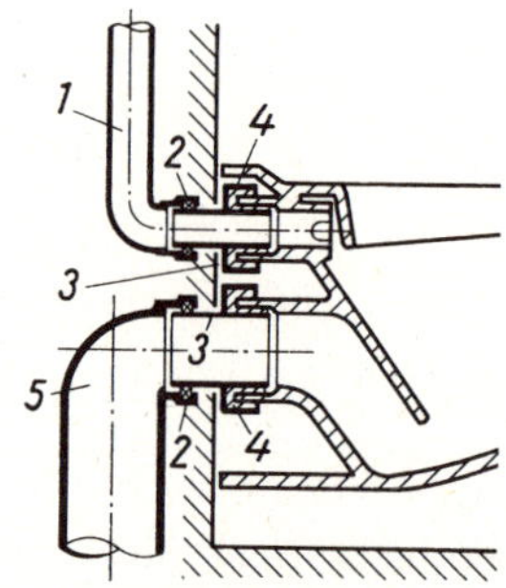

214.2 Anschluß eines Wandklosetts (Einzelheit zu **214**.1)

1 Spülrohr
2 O-Ring
3 Manschette
4 Kittring
5 Spezial-Ablaufformstück

214.1 Wandhängendes Tiefspülklosett (Villeroy u. Boch) mit Wandeinbau-Spülkasten (M 1:20)

1 Wandeinbauspülkasten 9 l aus PVC (GEBERIT)
2 äußere Kontrollplatte, PVC weiß
3 Spülrohr, d = 50 mm
4 Wasseranschluß DN 10 oder 15
5 GA-Anschluß für Wandklosett mit Spezialmuffe DN 100
6 GA-Falleitung
7 GEBERIT-Dichtungsmanschette für Wandklosett

[1]) zur Verhinderung des Rücktrittes von Schmutzwasser aus der Falleitung in den Geruchverschluß

Fußbodens erlaubt, wie in der gegenüber den Bodenklosetts leichteren Durchführung einer den Ansprüchen der DIN 4109 genügenden schalldämmenden Montage.

Als Spüleinrichtung wird gelegentlich ein tief- oder halbhochhängender Spülkasten, der auch auf die Rückseite des Beckens aufgesetzt oder in der Regel als besonders schmales Einbaumodell (**214**.1) in einer ≧ 11,5 cm dicken Tragwand unsichtbar untergebracht wird. Die Verwendung von Druck- oder Fußspülern ist ebenso möglich. Der Einbau von Wandklosetts ist vor allem für Krankenhäuser, Gaststätten und Hotels sowie für öffentliche Anlagen, aber auch für Wohnungen sehr zu wünschen.

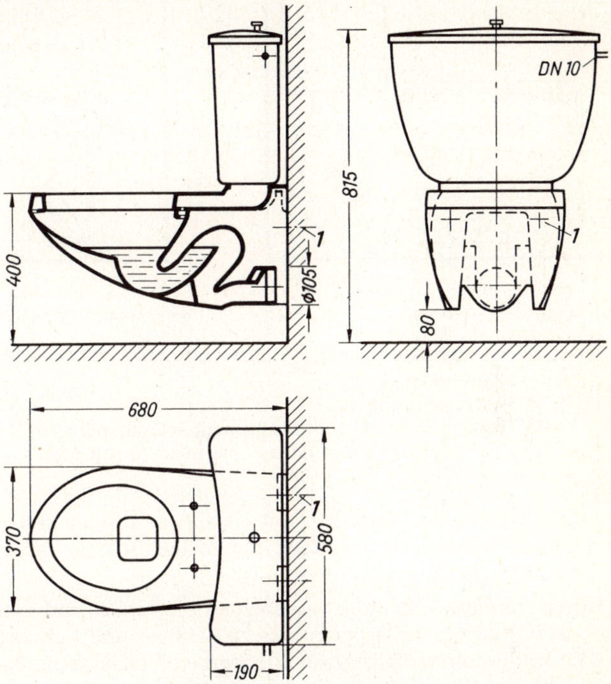

215.1
Wandhängende Absaugeklosett-Kombination (M 1:20) (Ideal-Standard)

1 Befestigung: 2 Steinschrauben M 16 × 160 mm mit Nylon-Bundmuttern bei Mauerdicken ≧ 12 cm, sonst Traggerüst

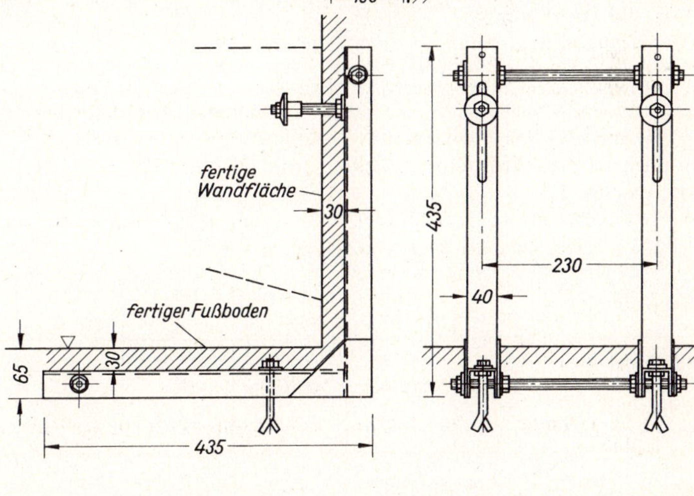

215.2
Traggerüst für Wandklosett bei Wanddicke ≧ 12 cm (M 1:10)

Clos-o-mat. Dieses WC ist eine Tiefspülklosettanlage, die auf Knopfdruck ohne Papier und ohne Berührung auf angenehme Weise mit Warmwasser reinigt, worauf automatisch eine Warmlufttrocknung folgt und damit höchste hygienische Ansprüche erfüllt (**216**.1).

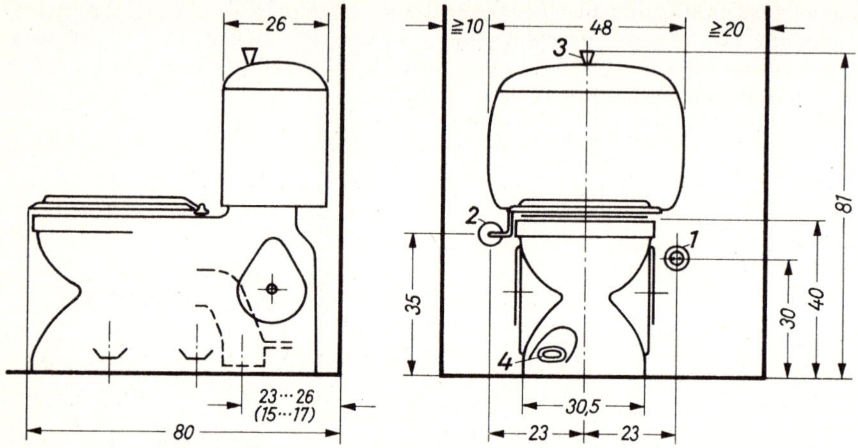

216.1 Clos-o-mat-Klosettanlage, Einbaumaße (M 1:20) (Deutsche clos-o-matic GmbH)
1 Schukosteckdose
2 Kaltwasseranschluß
3 Handbedienungsknopf für normale Klosettspülung
4 Fußbedienungsknopf für automatische Warmwasserreinigung und Warmlufttrocknung

Außer für kranke Menschen mit Ekzemen, Fisteln und Hömorrhoiden und für Frauen allgemein läßt sich diese Anlage mit Vorteil für viele Personengruppen und Gebäudearten verwenden. Dazu gehören:

Hotels, moderne Betriebe, vorwiegend Getränke- und Genußmittelherstellung, Personen ohne Hände oder Körperbehinderte, Heime und Schulen für körperbehinderte Kinder, Krankenhäuser, Unfallstationen, Kliniken, Entbindungsstationen oder-heime, Arztpraxen, Alters- und Pflegeheime.

Die Dusche und Klosettspülung treten in Tätigkeit, wenn man sitzt und mit dem Fuß den Bedienungsknopf betätigt. Aus der Dusche fließt ca. 15 s lang körperwarmes Wasser, das nach und nach kühler wird. Die Duschenarmatur berührt den Körper nie, deshalb ist eine Übertragung von Krankheitserregern nicht möglich. Nach beendetem Duschen tritt automatisch die körperwarme Luft in Funktion, die angenehm trocknet. Die Anlage ist alle $2\,^1/_2$ Minuten wieder betriebsbereit.

Zum Raumbedarf für Klosettbecken s. Bild **50**.1 und **57**.1, Tafel **51**.1, **54**.1, **56**.1 und **216**.2 sowie Abschn. 1.3.

Tafel **216**.2 Tiefenmaße der Klosettbecken in cm

Spüleinrichtung	hoch-hängend	halbhoch-hängend	tief-hängend	auf-gesetzt	in der Wand	Drück-spüler
Flachspülabort	60...65	60...70	70...75	–	60	65
Tiefspülabort	60...65	60...70	70	65	60	65
Absaugeabort	–	–	65...75	70...80	60	–
wandhängender Abort	–	–	–	65...70	55...60	62

Hockklosett. Dieses einfache Klosett (**217**.1) ist meist in südlichen Ländern anzutreffen und bei uns in Toiletten für Ausländer, die hauptsächlich aus islamischen Gegenden stammen, eingebaut.

Das Hockklosett ist ein hygienisch bedenkenlos benutzbares Klosett, das sich zum Einbau in öffentliche Abortanlagen, Raststätten und auf Campingplätzen sehr eignet.

Es besteht keine Berührung mit dem Klosettkörper. Die Hockstellung verstärkt vorteilhaft den Druck auf die Bauchmuskulatur. Nachteilig ist die Benutzung durch ältere Menschen und Kinder.

Der Abflußstutzen in DN 100 des Hockklosetts ist mit einem Geruchverschluß zu verbinden.

Die Spülung kann entweder durch Druckspüler oder durch hochhängende Spülkästen erfolgen.

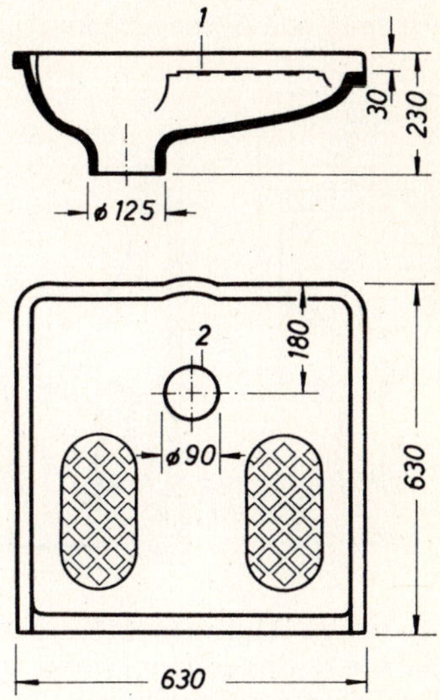

217.1 Hockklosett
1 Trittflächen
2 Abflußstutzen

Zubehör. Erforderliches Zubehör zu Klosettanlagen und die körpergerechten Montagehöhen über Fußbodenoberkante:

Klosettpapierhalter (70 bis 80 cm, in Kindergärten 60 bis 70 cm), seitlich vom Becken in Höhe der Beckenvorderkante.

Kleiderhaken (155 bis 170 cm), meist im Bereich der Eingangstür.

Zigarrenablage (80 bis 90 cm), nicht direkt über dem Papierhalter.

Im Klosettraum oder davor darf eine Handwaschgelegenheit (Waschbecken oder Waschtisch) nicht fehlen.

3.4.3 Urinalanlagen

Besondere Urinalanlagen kommen nur für stark benutzte Herrentoiletten in Gaststätten, Bürogebäuden, Betrieben, Schulen, Kaufhäusern, Bahnhöfen usw. in Frage. Diese Räume sollten immer Bodenabläufe mit Geruchverschluß aufweisen (**206**.1).

Die Urinale müssen DIN 1390 oder DIN EN 80 entsprechen.

Der Urin geht schnell in Fäulnis über und entwickelt dann einen scharfen, ekelerregenden Geruch. An keiner Stelle vor dem Geruchverschluß darf daher Urin stehenbleiben und dürfen Harnsalze sich ablagern können. Alle Flächen, die von Urin benetzt werden können, müssen völlig glatt und dicht, möglichst sogar fugenlos sein und ständig von Wasser bespült werden. Urin ist so rasch und vollständig wie möglich in geschlossenen Rohrleitungen abzuführen. Alle Rinnen müssen genügendes Gefälle haben, alle Geruchverschlüsse dauernd wirksam sein.

Der Spülvorgang bei Urinalanlagen mit 3 bis 6 l ist gegenüber der Klosettspülung wesentlich sparsamer.

Folgende Urinaleinrichtungen sind zu unterscheiden:

Urinalbecken als Einzelurinale und Urinalstände als Reihenanlage.

Urinalbecken. Wandhängende Beckenurinale aus Sanitär-Porzellan (**218**.1) werden mit und ohne Geruchverschluß, mit senkrechtem oder waagerechtem Abgang nach DIN 1380 hergestellt.

Ausspül- und Absaugebecken sind als Einzelurinale nur für kleinere Anlagen zu empfehlen.

Ausspül-Urinale halten Verunreinigungen an einem Ablaufsieb fest. Diese Ausführung erschwert die Beckenreinigung.

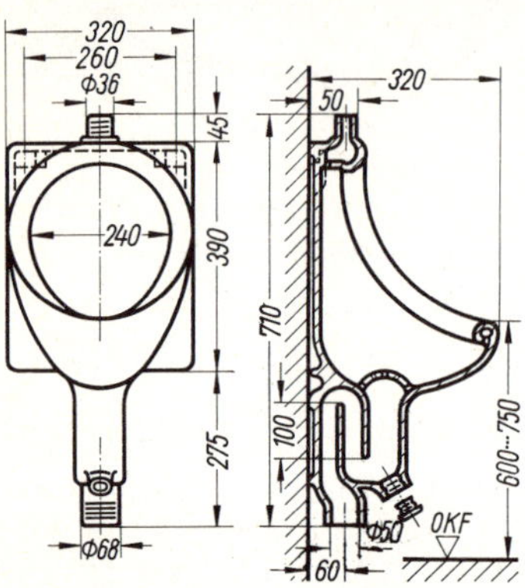

218.1
Beckenurinal aus Porzellan mit angeformtem Geruchverschluß (M 1:20) (Keramag)
Montagehöhen: OK Vorderrand ≧ 75 cm, in Schulen ≧ 60 cm

Absauge-Urinale (**218**.2) haben einen freiliegenden Ablauf. Beim Spülvorgang wird das Becken restlos entleert, wobei auch Zigarettenreste u. ä. mit abgesaugt werden. Anschließend wird der Geruchverschluß mit sauberem Wasser neu gefüllt.

Andere Becken müssen über einen Geruchverschluß unmittelbar mit der Entwässerungsleitung verbunden sein. Der Mittenabstand mehrerer Einzelurinale sollte ≧ 65 cm betragen. Befestigungen erfolgen an der Wand mit 2 Steckschrauben M8 oder mit Aufhängelaschen. Die Wandflächen hinter den Becken sind zu verfliesen.

Unter den Urinalbecken sollte eine Bodenrinne mit Ablauf angeordnet werden. Oberhalb des Ablaufes ist zweckmäßig ein Zapfventil zur Bodenreinigung miteinzuplanen.

Da eine Verunreinigung der Wandflächen hinter und des Fußbodens unter den Urinalen nicht verhindert werden kann, sind auch die besten Becken hygienisch unbefriedigend.

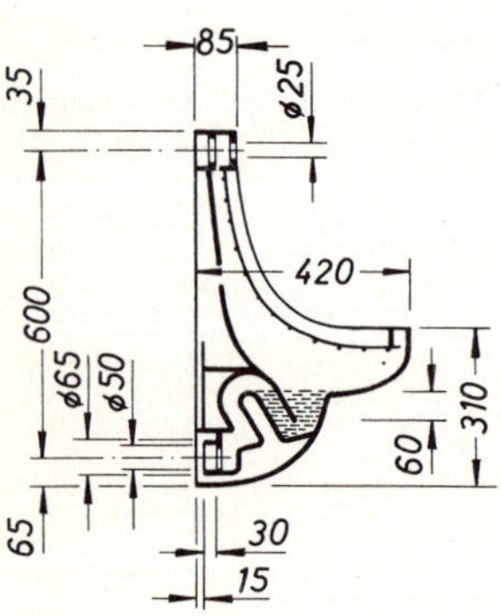

218.2
Absauge-Urinalbecken mit innenliegendem, verdecktem Geruchverschluß

Urinalstände. Als primitivste Form wird eine mit Terrazzo oder Fliesen belegte Wand, mit vertiefter Sammelrinne im Fußboden, verwendet. Diese Ausführung sollte der Vergangenheit angehören.

Bessere, hygienisch weitgehend einwandfreie Anlagen werden aus weiß glasierten ca. 1,00 bis 1,25 m hohen Einzelständen aus Feuerton oder Asbestzement zusammengesetzt (**219**.1). Sie bestehen aus Rinne, Rückwand, Abdeckleisten und evtl. auch Schamwänden.

Die Wandplatten werden zu Reihenanlagen beliebiger Länge aneinandergereiht und nach vorheriger gründlicher Isolierung der Rohbauwände mit Mörtel angesetzt.

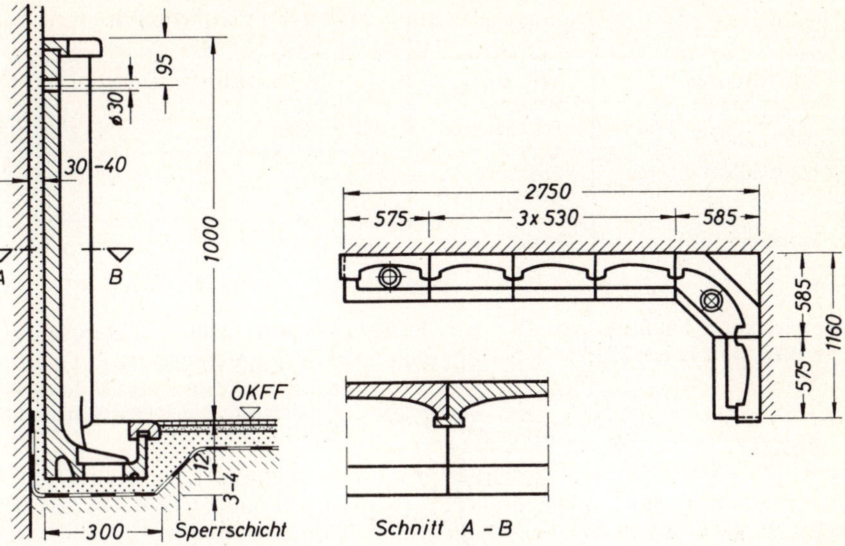

219.1 Wandurinal aus Feuerton (M 1:20, 1:50) (Keramag)

Man unterscheidet Urinalstände ohne oder mit Trennwänden, mit Sammelrinne und gemeinsamem Ablauf oder eigenem Ablauf je Stand.

Sofern nicht Einzelurinalabläufe vorgesehen sind, sollen höchstens 4 bis 6 Urinalstände in einen gemeinsamen Ablauf entwässert werden.

Jeder Stand erhält einen verchromten Spritzkopf (**219**.2).

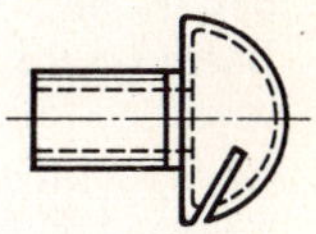

219.2
Spritzkopf für Urinalanlagen

Zubehör. Im Urinalraum sind an geeigneten Stellen Aschenbecher anzubringen. Zwischen den Urinalbecken können auf einfache Art auch nachträglich bodenfreie Trennschürzen (ca. 75 × 45 cm groß) z. B. aus Kunststoff an der Wand angebracht werden.

3.4.4 Spüleinrichtungen

Spülklosetts und Urinalanlagen müssen nach DIN 1986 durch besondere an eine Wasserleitung angeschlossene Spülvorrichtungen entleert werden (Taf. **220**.1).

Im Wohnungsbau, in Hotels und Heimen hat der Spülkasten nach DIN 19542 aufgrund seiner geringen Anschlußquerschnitte und des geräuscharmen Betriebes gegenüber Druckspülern erhebliche Vorteile.

Tafel **220**.1 Einbauhöhen für Spülkästen (nach DIN 1986 T. 1)

Spülkästen für	Einbauhöhe	Abstand des Spülkastenbodens von Oberkante Becken	Fußboden in mm
Flachspül- oder Tiefspülklosett	aufgesetzt tiefhängend hochhängend	0 120 bis 250 ≧ 1500	–
Absaugeklosetts	aufgesetzt tiefhängend	0 0 bis 250	–
Fäkalausgüsse Urinale	hochhängend hochhängend	– –	2000 1400

Je nach ihrer Funktionsweise werden Normalspülkästen (**220**.2), Injektorspülkästen und Freiflußspülkästen (**221**.2) als tiefhängende Spülkästen unterschieden.

Injektorspülkästen werden durch Hand- oder Fußdrücker, Freiflußspülkästen durch einen Hebel-Drücker betätigt.

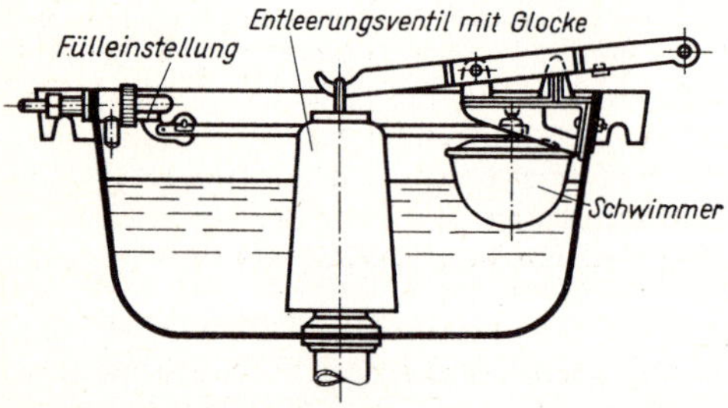

220.2
Hochhängender Spülkasten

Hochhängende Spülkästen. Diese Spülkästen mit Schwimmerventil (**211**.1 und **220**.2) werden für Flach- und Tiefspülaborte wegen des verhältnismäßig starken Geräusches der Spülung und des unbefriedigenden Aussehens nur noch selten verwendet. Der ≧ 6 l liefernde Spülkasten muß mit seiner Unterkante ≧ 1,50 m über Beckenoberkante liegen und besteht heute meistens aus Kunststoff, aber auch noch aus emailliertem Grauguß oder Porzellan. Er füllt sich selbsttätig über ein Zulaufventil, das über einen Schwimmer gesteuert wird.

Bei Betätigen des Klosettzuges wird durch Heberwirkung der gesamte Kasteninhalt durch die Glocke und das Spülrohr abgesogen und spült das Abortbecken (**220**.3).

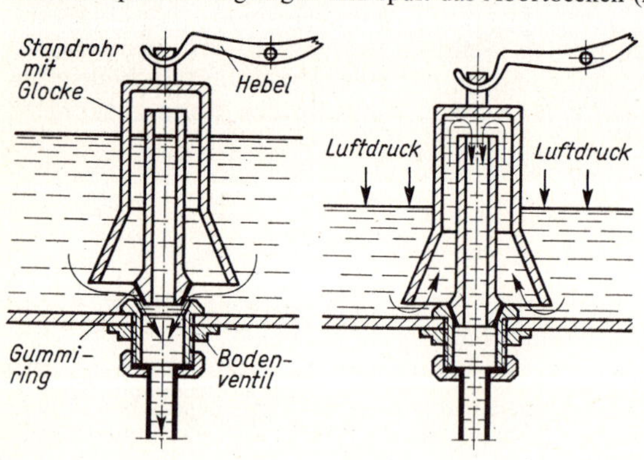

220.3
Wirkungsweise des hochhängenden Abortspülkastens

Nachteilig ist das verhältnismäßig starke Geräusch der Spülung. Der hochhängende Spülkasten ist jedoch für öffentliche Anlagen geeignet, in denen mit mutwilligen Beschädigungen gerechnet werden muß.

In das Zuflußrohr von DN 10 oder 15 wird ein Durchlauf-Eckventil zum Absperren und Regulieren des Wasserzulaufes eingebaut. An der Wand wird der Spülkasten durch Aufhängeösen befestigt. Schwere Spülkästen werden auf gußeiserne Konsolen gesetzt. Das normale Spülrohr mit 30 mm ∅ besteht aus verchromtem Messing oder aus Kunststoff und wird an das Abortbecken durch eine Steckverbindung unter Verwendung spezieller Gummi-Manschetten oder -ringe (**221**.1) angeschlossen. Für den Klosettdeckelanschlag gibt es Rohrschellen mit Gummipuffer (**211**.1).

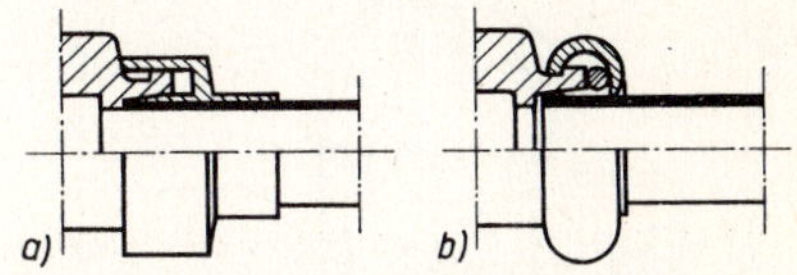

221.1
Verbindung des Spülrohres mit dem Klosettkörper (GEBERIT)
a) mit Spezial-Gummimanschette
b) mit elastischem Spülrohrinnenverbinder und Dichtring

Tiefhängende Spülkästen. Besonders für Absaugeaborte werden diese Spülkästen (**212**.1, **213**.1 und 2, **214**.1 und **221**.2 sowie Tafel **220**.1) hinter dem Abortbecken in geringer Höhe über dem Sitz eingebaut. Sie bestehen aus Porzellan oder Kunststoff. Das Spülwasser fließt durch ein weites Spülrohr (DN 50) ohne Saugwirkung aus und erzielt die kräftige, dabei geräuscharme Spülung. Auch das Füllgeräusch ist sehr leise und wird bei den Kunststoffkästen meist noch durch eine schalldämmende Auskleidung weiter verringert.

Bei einer Mindestwanddicke von 12 cm können auch Wandeinbaumodelle verwendet werden (**214**.1).

Aufgesetzte Spülkästen. Sie sind unmittelbar auf das Abortbecken gesetzt (Zweistückanlage) oder mit ihm zusammen aus einem Stück gefertigt. Sie fügen sich unauffällig in den Raum ein (**215**.1) und haben die auf die Konstruktion abgestimmte beste Spülwirkung.

In WC-Anlagen, die von einem größeren Personenkreis benutzt werden, sind aus hygienischen Gründen Spülkästen zu empfehlen, die statt durch einen Handgriff- oder -drücker mit einem Fußdrücker an der Wand oder besser im Fußboden betätigt werden (**221**.3).

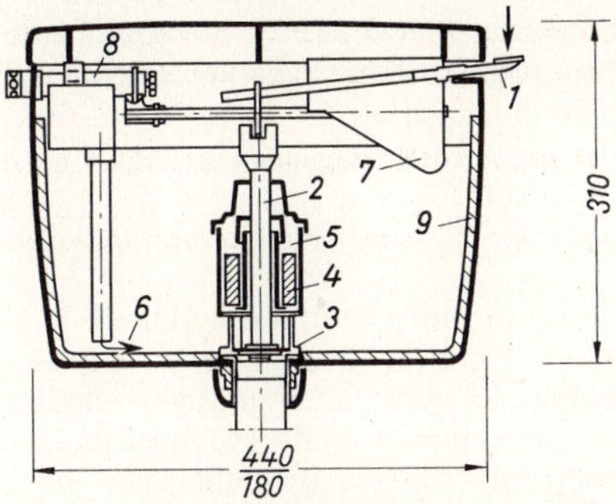

221.2 Tiefhängender Spülkasten aus Kunststoff (M 1:10) (GEBERIT)

1 Handdrücker
2 Standrohr
3 Ventil
4 Schwimmer
5 Bremsbehälter
6 Wasserzulauf
7 Schwimmer
8 Wasserventil
9 Styropor-Auskleidung

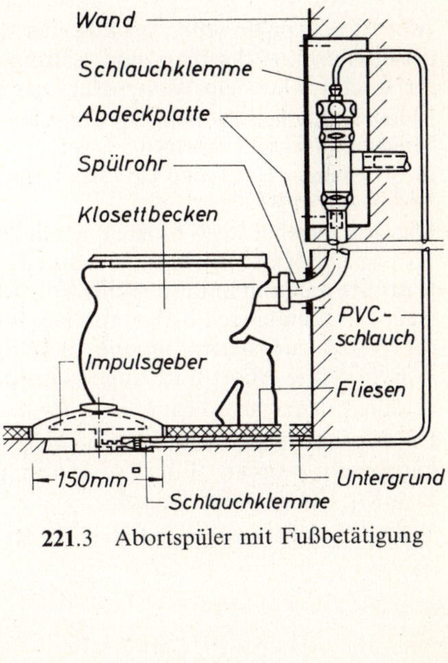

221.3 Abortspüler mit Fußbetätigung

Abortdruckspüler. Druckspüler für Abort- und Urinalanlagen müssen DIN 3265 entsprechen.

Sie dürfen nach DIN 1988 nur eingebaut werden, wenn der Wasserdruck ausreichend ist, in vorhandenen Anlagen der Betrieb das Netz nicht überlastet und angeschlossene, druckabhängige Geräte nicht gefährdet werden.

Druckspüler nutzen zur Spülung den Wasserdruck aus und verbrauchen mit 6 bis 14 l Wasser eine geringere Spülmenge als Spülkästen (Taf. **222**.1). Nach ca. 10 s Spüldauer schließen sie ohne Nachlauf dicht ab, so daß die störenden Füllgeräusche eines Spülkastens wegfallen.

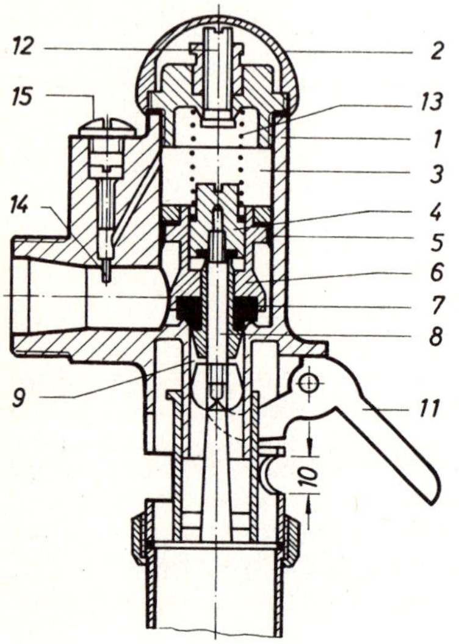

Tafel **222**.1 Durchschnittlicher Spülstrom von Druckspülern (nach DIN 3265)

Druckspüler	Spülstrom in l/s
DN 15	0,7 bis 1,0
DN 20	1,0 bis 1,3
DN 25	1,0 bis 1,8
DN 32	1,3 bis 1,8

222.2 Abortdruckspüler

1 Gehäuse
2 Haube
3 Gegendruckkammer
4 Entlastungskolben
5 Manschette
6 Hauptkolben
7 Kolbendichtung
8 Kolbenstange
9 Spielraum
10 Rohrbelüftung
11 Hebel oder Knopf
12 Hubbegrenzung
13 Feder
14 Druckausgleichsbohrung
15 Spülzeitregulierschraube

Abortdruckspüler sehen gefällig aus und brauchen wenig Platz (**222**.2). Sie sind heute geräuscharm, rückschlag- und störungssicher. Neuzeitliche Ausführungen geben auch bei stark schwankendem Wasserdruck gleichbleibende Spülmengen ab.

Pausen in Schulen, Theatern, Versammlungsräumen usw. lassen Abortdruckspüler wegen der kurzen Spüldauer geeignet erscheinen.

Im Wohnungs-, Hotel- und Heimbau bleibt der Spülkasten aufgrund seiner geringen Anschlußquerschnitte im Vorteil.

Die am meisten verwendeten Modelle DN 20 erfordern einen Mindestfließdruck von 1,7 bar. Die erforderliche aufwendige Zuleitung zum Druckspüler soll immer eine Nennweite größer sein und muß stets eine Vorabsperrung erhalten. Zu geringe Leitungsquerschnitte erzeugen nachteilige Fließgeräusche. Zu empfehlen ist immer eine besondere Steigleitung für die Abortdruckspüler, an die außerdem nicht mehr als ein Handwaschbecken oder Waschtisch je Abortraum angeschlossen werden sollte.

Bei Fließdrücken ab 0,5 bar können Niederdruckspüler verwendet werden.

Druckspüler sollen hinter dem Abortbecken und nicht seitlich auf oder in der Wand angebracht werden. Ein Spülrohr für Druckspüler nach DIN 3267 verbindet den Druckspüler mit dem Becken.

Wandeinbauspüler mit Hebel- oder Druckknopfbetätigung und einem schalldämmenden Einbaukasten zum Wandeinbau (**223**.1) sollten bevorzugt eingeplant werden. Auch Spüler mit elektromagnetischer oder pneumatischer Fußbetätigung sind vorteilhaft.

Fußspüler (**221**.3) sind besonders hygienisch und in öffentlichen Anlagen zweckmäßig. Sie werden durch Hebel, Knopf oder Druck auf die Bodenplatte betätigt. Die Spülstärke ist durch eine Schraube einstellbar, die Spülzeit und der gewünschte Durchfluß werden durch eine Regulierschraube bestimmt.

Der Betätigungsknopf der Bodenplatte sollte ca. 45 cm vor der Wand und ca. 30 cm außer Beckenmitte montiert werden.

Hebelspüler müssen mit 90 bis 110 cm über OKFF so montiert werden, daß der geöffnete Klosettdeckel nicht gegen den Hebel schlägt.

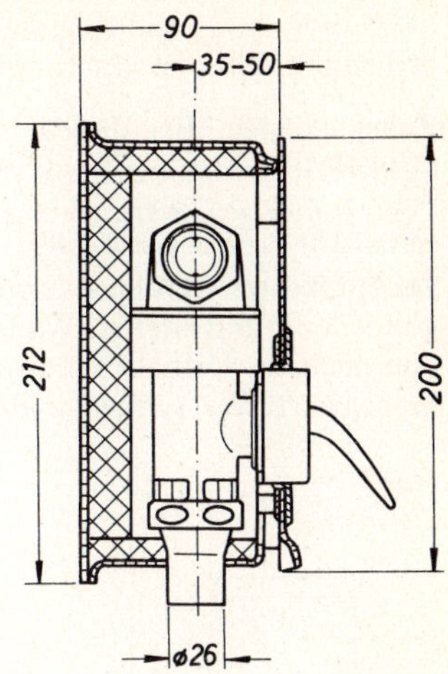

223.1
Wandeinbau-Abortspüler

Urinalspülungen. Spüleinrichtungen für Urinalanlagen sollten hygienisch, wassersparend und robust sein.

Nach der Art der Betätigung des Wasserzuflusses sind hand- oder fußbetätigte Spüleinrichtungen und selbsttätige Anlagen zu unterscheiden.

Weiter müssen Spüleinrichtungen für Einzelurinale und mehrere Urinalstände getrennt gesehen werden.

Besonders hygienisch sind selbsttätige Spüleinrichtungen.

Sehr wassersparend sind Spülabläufe, die nur während der Benutzung des Urinals spülen.

Urinaldruckspüler. Urinalspüler (**223**.2) sind den Abortdruckspülern sehr ähnlich. Druckspüler für Einzelurinale werden für Hand- oder Fußbetätigung hergestellt. Sie erfordern einen Rohranschluß DN 15 oder 20 und werden mit Druckknopf oder Hebel betätigt. Der Spülvorgang wird durch die Armatur selbsttätig beendet.

Urinaldruckspüler mit Fußbetätigung sind besonders hygienisch.

Der Mindestfließdruck für Urinalspüler beträgt je nach Modell 0,5 bar für Niederdruckspüler und bis 1,8 bar für Normaldruckspüler.

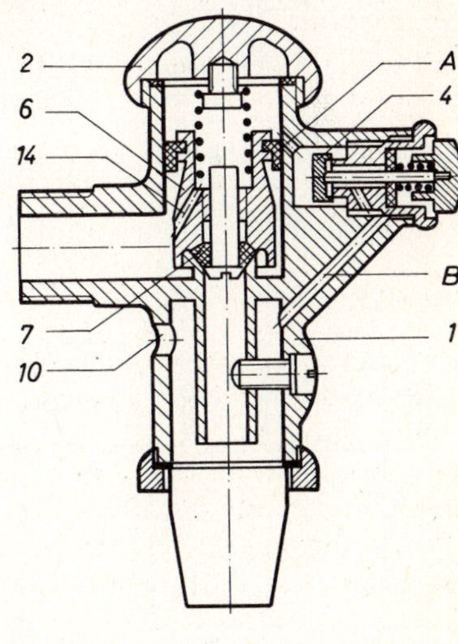

223.2
Urinaldruckspüler

1 Gehäuse
2 Haube
4 Entlastungskolben
6 Hauptkolben
7 Kolbendichtung
10 Rohrbelüftung
14 Druckausgleichsbohrung
A + B Abflußkanäle

Urinalventile. Neben Urinaldruckspülern gibt es Urinalventile für Einzelurinale, bei denen die Handhabung und Regulierung des geringstmöglichen Wasserverbrauches durch Handbedienung selbst bestimmt wird.

Zeitspülkästen. Bei diesen Spüleinrichtungen wird die zentrale Spülung automatisch ausgelöst.

Völlig befriedigend wäre nur eine Dauerspülung während der Benutzungszeit der Urinalanlage, doch verbraucht sie sehr viel Wasser.

Zeitspülkästen werden als hochhängende Spülkästen von ausreichender Größe zur Montage auf der Wand oder als Wandeinbauspülkästen für häufig benutzte Urinal-Reihenanlagen oder mehrere Urinalstände verwendet. Sie eignen sich für feste Zeitabstände, in denen die gespeicherte Wassermenge abgegeben wird.

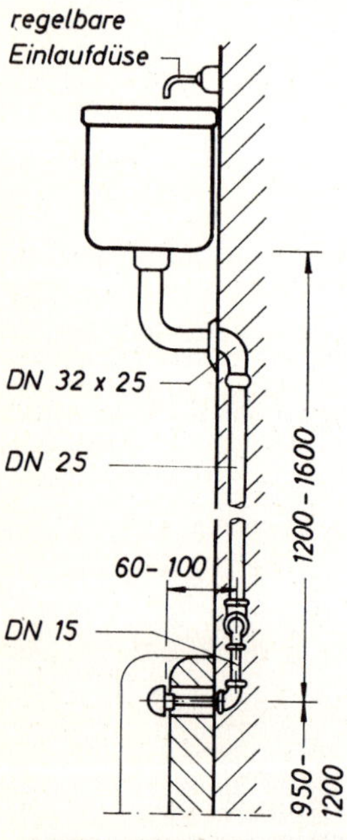

Die Größe der Spülkästen wird nach der Zahl der Urinalplätze bestimmt. Ein Zeitspülkasten kann bis zu 8 Spülstellen versorgen. Je Spritzkopf werden 3 bis 4 l Spülwassermenge angenommen.

Der Wasserdruck ergibt sich aus der Aufhängehöhe der Spülkastenunterkante über den Spritzköpfen, die bei 1,20 bis 1,60 m liegen soll.

Die Zeittaktregulierung wird am einfachsten durch eine verstellbare Einlaufdüse oder einen Hahn geregelt (**224.1**). In gleichmäßigen, durch den Tropfhahn einzustellenden Zeiträumen wird der Spülkasten nach jedem Füllen selbsttätig entleert. In diesem Fall werden die Sprühköpfe von oben mit den Leitungen verbunden.

Daneben kann der von Zeit zu Zeit automatisch auszulösende Spülvorgang u. a. auch durch moderne Anlagen mit Schaltuhr und Magnetventil oder als lichtstrahlgesteuerte Einrichtung mit Magnetselbstschlußventil betrieben werden.

224.1
Zeitspülkasten für Reihenurinalanlage, Montagehöhe

Eine elektromagnetisch gesteuerte zentrale Zeitspüleinrichtung (**224.2**) besteht aus Kontaktgeber, Zeitschaltuhr und Magnetventil. Die Spülwassermenge fließt mit dem Leitungsdruck zu, so daß die Anschlußleitungen von unten an die Sprühköpfe montiert werden können.

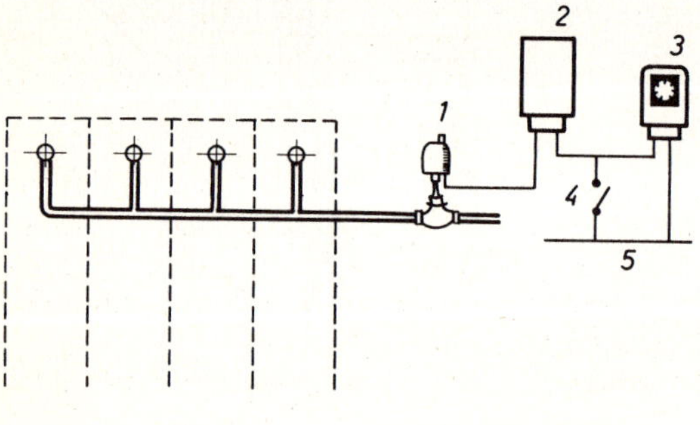

224.2
Elektromagnetisch gesteuerte Zeitspüleinrichtung

1 Magnet-Selbstschlußventil
2 Kontaktgeber
3 Zeituhr
4 Wahlschalter
5 Netzleitung

Eine lichtstrahlgesteuerte zentrale Spülanlage (**225**.1) erfordert zur Betätigung des Magnetventiles ein Verstärker-Schaltgerät mit Lichtstrahlsender und -empfänger. Auch hier werden die Zubringerleitungen von unten an die Spritzköpfe angeschlossen.

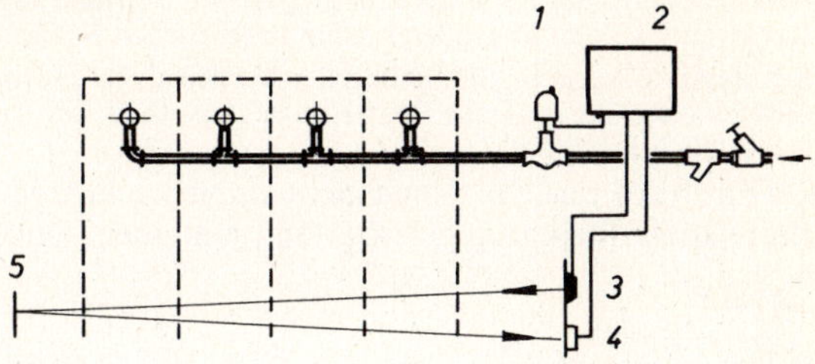

225.1
Lichtstrahlgesteuerte zentrale Spülanlage

1 Magnet-Selbstschlußventil
2 Verstärker-Schaltgerät
3 Lichtstrahl-Sender
4 Lichtstrahl-Empfänger
5 Reflektor

3.4.5 Ausgußbecken

Zu diesen Sanitärobjekten zählen Spülbecken, Ausgußbecken, Laborbecken, Krankenhausausguß und Fäkalienausguß.

Über Spültisch, Einbecken- und Doppelbeckenspüle s. Abschn. 1.1.4. Sonderausführungen von Spülbecken werden als Instrumentenspüle oder Gipsfangbecken in Krankenhäusern installiert.

Ausgußbecken. Zur Beseitigung von Schmutzwasser werden sie in Küchen, Hausarbeitsräumen, Heiz- und Waschräumen, Fluren, Putz- und Nebenräumen oder Gewerbebetrieben verwendet.

Die Becken bestehen aus innen emailliertem Grauguß, Feuerton, Porzellan oder Steinzeug. Zweckmäßiger als halbrunde sind rechteckige Modelle. Bei nicht gekachelter Wandfläche sind Ausgüsse mit halbhoher (**225**.2) oder hoher Rückwand mit Hahnloch vorzusehen.

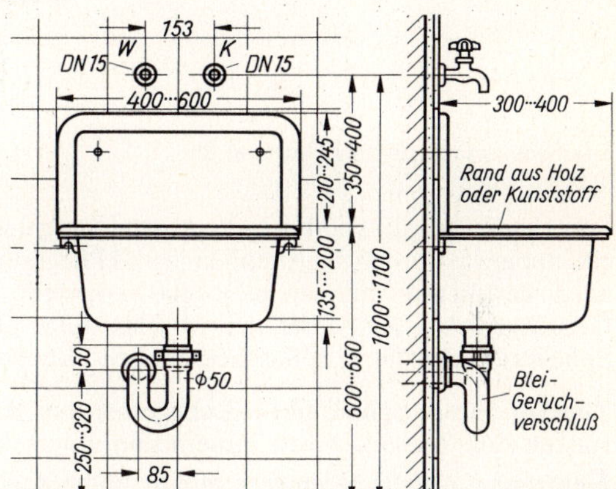

225.2
Ausgußbecken aus Grauguß (M 1:20) (Buderus)

Der Beckenrand soll nicht höher als 60 bis 65 cm über dem Fußboden, die Unterkante des Wandauslaufventiles zum Aufstellen eines Eimers 35 bis 40 cm über dem Beckenrand liegen.

Die Becken haben meist eingegossene oder fest eingebaute Abläufe aus Löchern, Lochrosten, Sieben oder Kreuzstäben mit Durchgangsweiten nach DIN 1986. Für die Ablaufventile genügt DN 40, der Geruchverschlußabgang sollte DN 50 haben. Für Ausgüsse werden Geruchverschlüsse aus Guß, Blei oder Kunststoff verwendet.

An der Wand sind die Becken mit kräftigen nichtrostenden Schrauben, bei keramischen

Becken mit Unterlagsscheiben, in Spezialdübeln zu befestigen. Becken ohne hochgezogene Rückwand werden auf Konsolen aus Grauguß, Stahl oder Mauerwerk gesetzt.

An der Wand oder frei im Raum aufgestellte Standausgüsse aus emailliertem Guß mit und ohne Rückwand werden in größeren oder gewerblichen Küchen verwendet.

Kombinierte Ausguß- und Spülbecken werden als Stufenausguß zum leichteren Ausgießen schwerer Gefäße oder für einfache Verhältnisse aus Gußeisen mit Innenemaillierung oder Feuerton nur gelegentlich installiert.

Laborbecken (**226**.1) sind meist als rechteckige Modelle hauptsächlich aus Feuerton oder säurefestem Steinzeug gefertigt und mit einem eingeformten Überlauf ausgestattet.

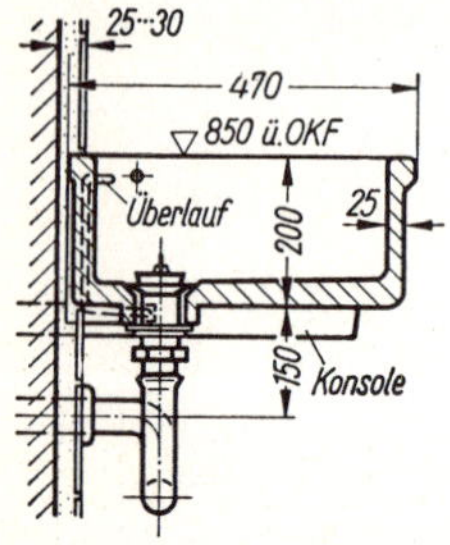

226.1 Laborbecken aus Feuerton, in die Wand eingefliest (M 1:20) (Keramag)

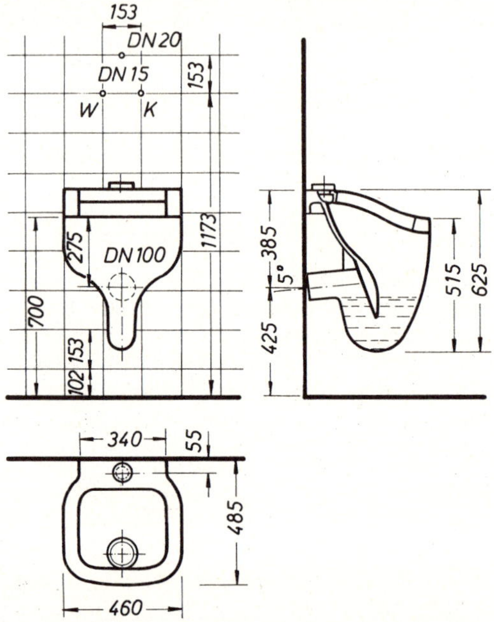

226.2 Krankenhausausguß aus Feuerton für Wandmontage

Fäkalienausgüsse, Krankenhausausgüsse (**226**.2) und sogenannte Steckbeckenspülapparate werden für Altenheime und Pflegestationen wandhängend oder bodenstehend aus Feuerton mit Abläufen in DN 100 hergestellt. Diese Ausgüsse haben immer angeformte Geruchverschlüsse. Außer der Mischbatterie über dem Becken wird meist noch eine Spüleinrichtung für Urinflaschen oder Steckbecken installiert.

Zubehör. Für Ausgüsse gibt es Einlegeroste aus Kunststoff, verschiedene Klapprostausführungen zum Aufstellen von Eimern und unterschiedlichste Drahteinsatzkörbe.

Elektrische Abfallzerkleinerer dürfen unter Ausgußbecken nach DIN 1986 nicht mehr montiert werden.

3.4.6 Waschbecken

Der Sammelbegriff Waschbecken erfaßt Handwaschbecken und Waschtische.

Handwaschbecken werden in verschiedenen Formen, aber auch als Eck-Handwaschbecken hergestellt.

Waschtische gibt es in zahllosen Bauformen als freihängende oder eingebaute Einzel- oder Doppelwaschtische, mit Unterschränken, Ablaufhaube oder Säule, als Eck-Waschtisch oder mit einem Mundspülbecken.

Daneben werden Sonderwaschtische als Ärzte-Waschtische, Inhalationstische und Friseur-Waschtische angefertigt.

Die Montage von Handwaschbecken und Waschtischen geschieht meist auf der Wandoberfläche, seltener im Wandfliesenbelag und neuerdings öfter mit Schrankunterbauten oder zwischen umgebenden Schrankteilen.

Handwaschbecken. Diese Becken dienen nur zum Händewaschen und sind in ihren Größen von 35 × 22 bis 50 × 36 cm knapp bemessen. Sie werden ohne rückwärtige Ablagefläche und ohne oder mit nur einer eingeformten Seifenablage hergestellt (**227**.1). Die Beckenmulde besitzt nur eine geringe Tiefe.

Das Händewaschen erfordert eine Bewegungsbreite von 60 bis 70 cm und eine Bewegungstiefe von 45 bis 50 cm vor dem Becken.

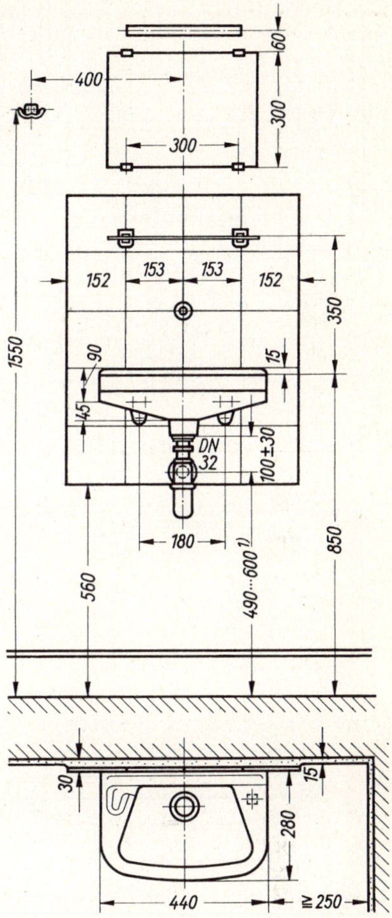

227.1
Handwaschbecken aus Porzellan (M 1:20)
(Ideal-Standard)

[1]) auch bei Rohrgeruchverschluß; bei Exzenter-Ab- und Überlaufventil + 50 mm

Waschtische. Sie dienen dem Händewaschen, der Gesichts-, Kopf- und Oberkörperwäsche sowie der Mund-, Haar- und Bartpflege.

Freihängende Einzelwaschtische (**228**.1), auch mit Ablaufhaube oder Säule, sind in den Größen zwischen 50 × 40 bis 100 × 62 cm, Einzelwaschtische mit Unterschrank (**228**.2) in den Größen zwischen 60 × 55 bis 122 × 52 cm im Handel.

Eine breitere rückwärtige oder seitliche Fläche mit oder ohne eingeformter Seifenablage und bis zu fünf durchschlagbaren Löchern ist zur Anbringung von Standarmaturen, Einloch- und Untertisch-Mischbatterien (**232**.1) erforderlich.

Die hintere Ablagefläche gibt der Beckenmulde einen Wandabstand, der in ähnlicher Tiefe das Anbringen von Ablagen oder Spiegelschränken über dem Waschtisch ermöglicht, ohne daß eine Behinderung beim Waschvorgang eintritt.

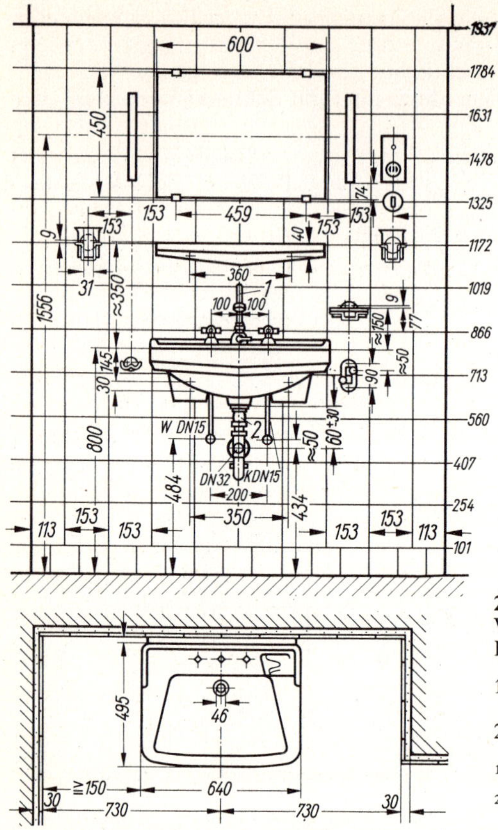

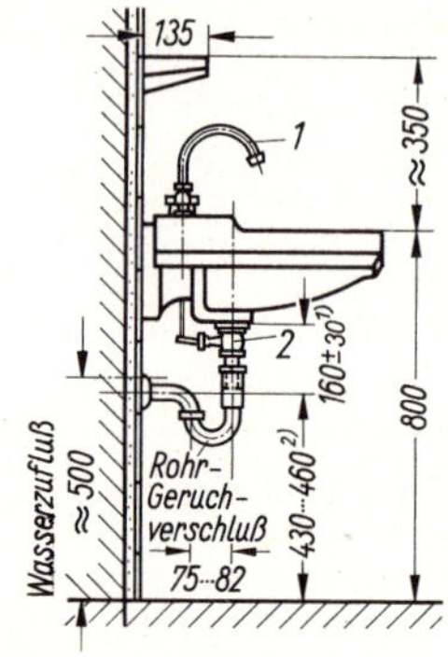

228.1
Waschtisch aus Porzellan mit Zubehör auf Fliesenwand

1 Waschtischgarnitur mit Schwenkauslauf und Umlegehebel
2 Exzenter-Ablaufgarnitur

[1]) bei Stopfen-Ablaufventil 100 ± 30 mm
[2]) ohne Exzenter-Ablaufgarnitur bei Flaschen- oder Rohrgeruchverschluß 400 bis 520 mm

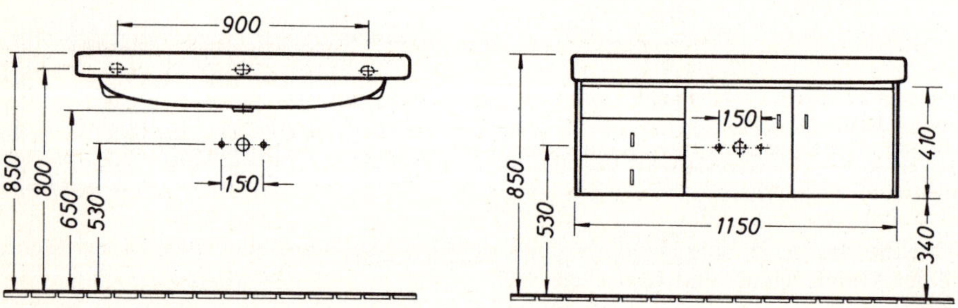

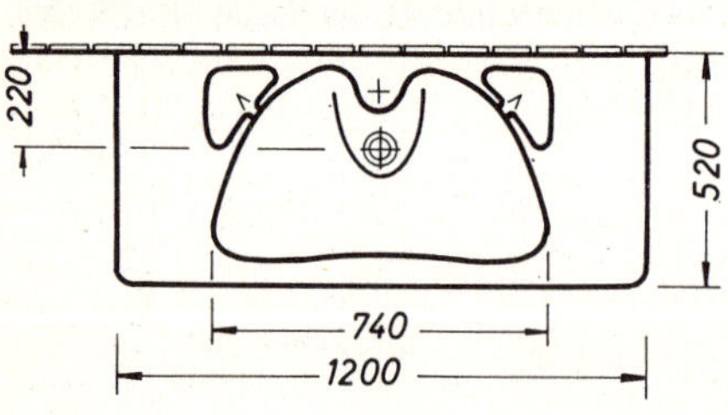

228.2
Waschtisch ohne oder mit wandhängendem Unterschrank (M 1:30) (Keramag)

Der Werkstoff für Waschtische ist durchweg Sanitärporzellan. Die meisten angebotenen Waschtischmodelle werden außer in Weiß gegen Aufpreis auch in verschiedenen Farben geliefert.

Daneben wird emaillierter Grauguß, Feuerton oder Steinzeug nur für Waschtischeinrichtungen in Betrieben verwendet.

Waschtische werden im Handel in zahlreichen Arten und Formen geführt, z. B. mit trapezförmigen, runden und ovalen Becken, mit eingebuchteter oder ausladender Vorderfront, mit und ohne Überlauf, mit und ohne Spritzrand, mit und ohne angeformten Seifenschalen oder als Modelle mit größeren seitlichen Ablegeflächen.

Vor dem Waschtisch sollte in jedem Fall eine Bewegungsbreite von 90 cm und eine Bewegungstiefe von 55 bis 60 cm vorhanden sein.

Die Montagehöhe der Beckenoberkante über dem fertigen Fußboden soll im Normalfall 85 bis 90 cm betragen.

In Hotels wird die Höhe mit 90 cm, bei Waschtischen vor denen man sitzt, mit 76 cm, für Kinder von 6 bis 14 Jahre mit 70 bis 75 cm und für Kinder bis 6 Jahre mit 60 bis 63 cm angenommen.

Freihängende Doppelwaschtische (**229**.1), auch mit Ablaufhaube oder Säule, sind in den Größen von ca. 115 × 57 cm, Doppelwaschtische mit Unterschrank in den Größen zwischen 124 × 55 bis 155 × 55 cm im Handel.

Zwei Einzelwaschtische sind einem Doppelwaschtisch vorzuziehen.

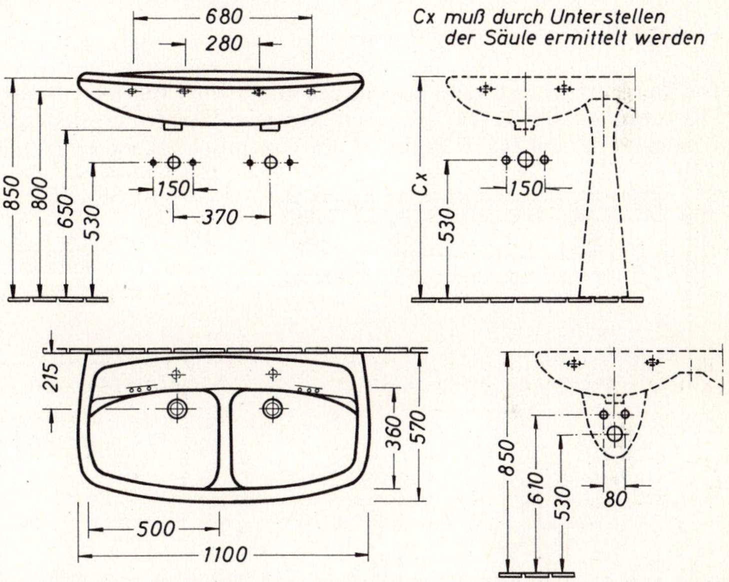

229.1
Doppelwaschtisch mit Ablaufhauben oder Säule (M 1:30) (Keramag)

Waschtische mit Mundspülbecken (**229**.2) sind ca. 80 × 50 cm groß und in Gäste-, Hotel- und Krankenzimmern anzustreffen.

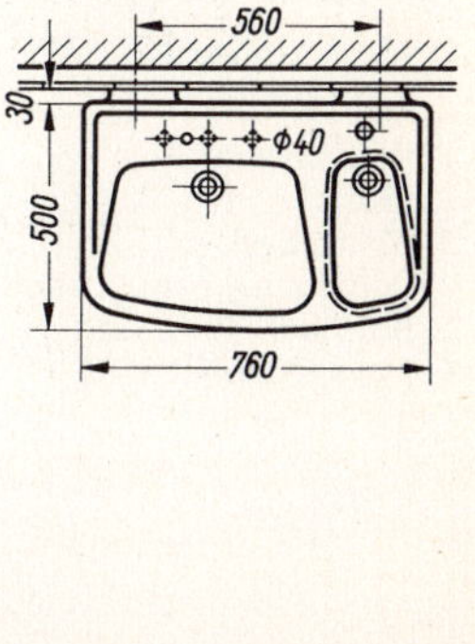

229.2
Waschtisch mit Mundspülbecken aus Porzellan (M 1:30)

Krankenhauswaschtische gibt es in rechteckigen oder geschwungenen Formen in Größen von 58 × 49 bis 68 × 55 cm, jedoch immer ohne Überlauf. Sie haben meist einen angeformten Geruchverschluß.

Einzel- und Doppelwaschtische mit Unterschränken gibt es in vielen Ausführungen, Materialien und Farben. Die Unterschränke werden mit 32 bis 53 cm Abstand über dem Boden freihängend oder bodenstehend mit Sockel ausgeführt.

Daneben werden in letzter Zeit immer mehr Badmöbel angeboten, die als Unter-, Ober- und Hochschränke nach DIN 68935 hergestellt werden.

Die bei aufwendiger sanitärer Ausstattung häufig anzutreffende Anordnung einer Säule unter dem Waschtisch ist sachlich nicht zu rechtfertigen. Sie schafft Schmutzwinkel und stellt damit hygienisch einen Rückschritt dar (**230**.1).

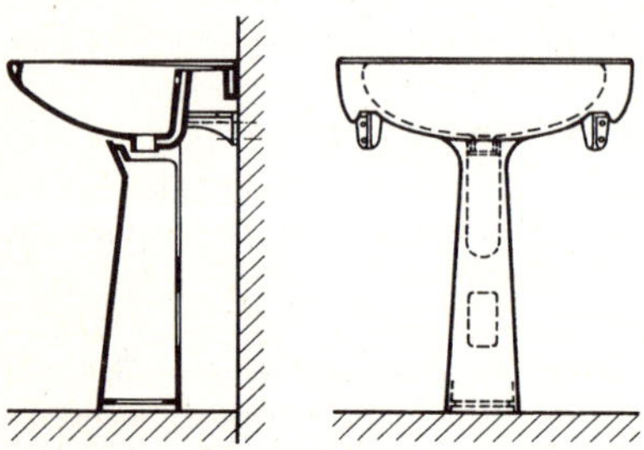

230.1
Waschtisch mit Säule (M 1:30)

Die Waschtische werden im allgemeinen unmittelbar gegen die Befestigungswand gesetzt. Die zuverlässigste Befestigung erreicht man hierbei mit Stockschrauben und Nylon-Bandmuttern (**230**.2c). Je nach Art des Waschtisches kann er aber auch auf unsichtbare

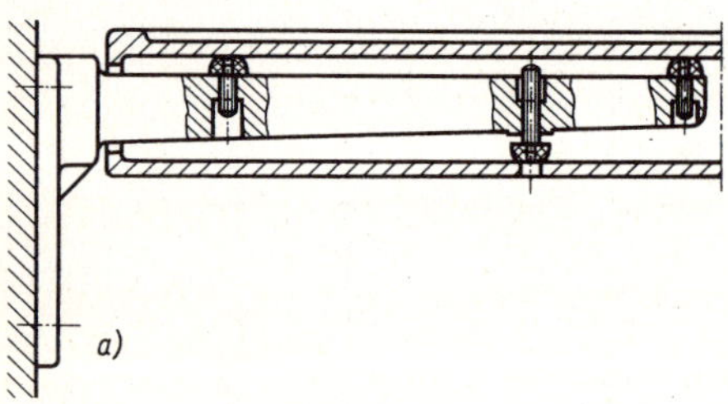

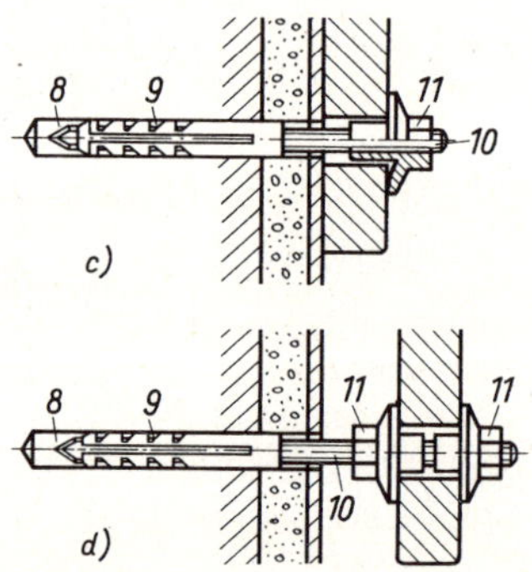

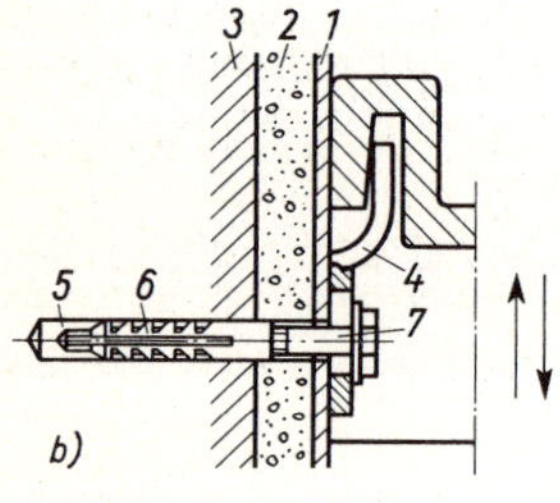

230.2
Befestigung von Waschtischen an der Wand (M 1:5)

a) Waschtisch ohne Rückwand auf Innenträgern (Ideal-Standard)
b) Aufhängung an Wandhängern, in der Höhe einstellbar
c) elastische, rüttelsichere Direktbefestigung an der Wand
d) elastische, rüttelsichere Befestigung mit Abstand vor der Wand

1 Wandfliesenbelag
2 Mörtel
3 Mauerwerk
4 Wandhänger mit Langloch
5 Bohrloch ∅ 12 mm
6 Fischer-Dübel S 12
7 Sechskant-Kopfschraube M 10 × 100
8 Bohrloch ∅ 14 mm
9 Fischer-Dübel S 14 W
10 Stockschraube M 10
11 Fischer-Bundmutter M 10 aus Nylon

Innenkonsolen aufgelagert (**230**.2a) oder auf Wandhängern eingehängt werden (**230**.2b), die auf Spreizdübeln oder mit Steinschrauben zu befestigen sind.

Gelegentlich werden Waschtische zur Vermeidung der Anschlußfuge ca. 4 cm frei von der Wand auf Innenkonsolen oder Aufhängekästen gelegt (**230**.2a).

Armaturen. Für die Regelung des Wasserzu- und -ablaufes stehen eine Vielzahl von Armaturen zur Verfügung.

Der Wasserstrahl soll bei voller Ventilöffnung etwa in die Mitte des Beckens treffen. Um ein Spritzen zu vermeiden, sollte jeder Auslauf mit einem Strahlzerteiler oder Perlator (**121**.3) ausgestattet sein. Manche Waschtische haben aus gleichem Grund einen nach innen gewölbten eingeformten Spritzrand.

Handwaschbecken erhalten 15 bis 30 cm über der Beckenoberkante frei an der Wand befestigte Wandauslaufventile (**121**.3). Außer bei Waschbecken dieser Größe werden sie nur noch bei Ärztewaschtischen verwendet.

Auch Standarmaturen werden auf dem Beckenrand von Handwaschbecken meist nur als Kaltwasser-Einzelventile montiert (**121**.5).

Standarmaturen werden von unten über verchromte Kupferrohre und Eckabsperrventile an die Zuflußleitung angeschlossen.

Waschtische erhalten bei Warmwasserversorgung Mischbatterien, selten noch als Stand- oder Übertischbatterie oberhalb des Waschtisches, in der Regel als Untertischbatterie (**228**.1 und **231**.1) unter dem Waschtisch angeordnet. Dabei sind zusätzlich Mehrloch- (**231**.1), Einloch- (**232**.1), Einhand- (**805**.2) oder Eingriff-Mischbatterien (**806**.1) zu unterscheiden.

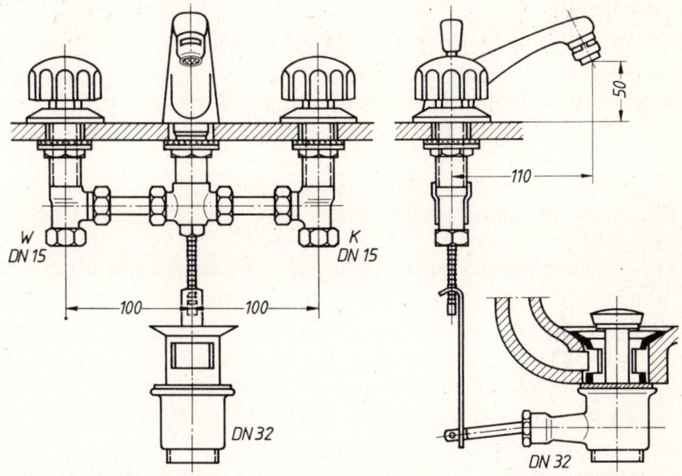

231.1 Waschtisch-Mischbatterie mit Exzenter-Ab- und Überlaufventil (Triton-Belco)

Die Montagehöhe der KW- und WW-Eckventile liegt bei 55 bis 65 cm über fertigem Fußboden bei einem Abstand untereinander zwischen 15 und 30 cm (**228**.1).

In der Zuflußleitung eingebaute Eckabsperrventile unter den Waschbecken dienen zum Absperren für das Auswechseln von Dichtungen in Auslaufventilen.

Für Ärzte- und Behindertenwaschtische gibt es besondere Drucktasten-, Arm-, Knie- und Fußhebelarmaturen.

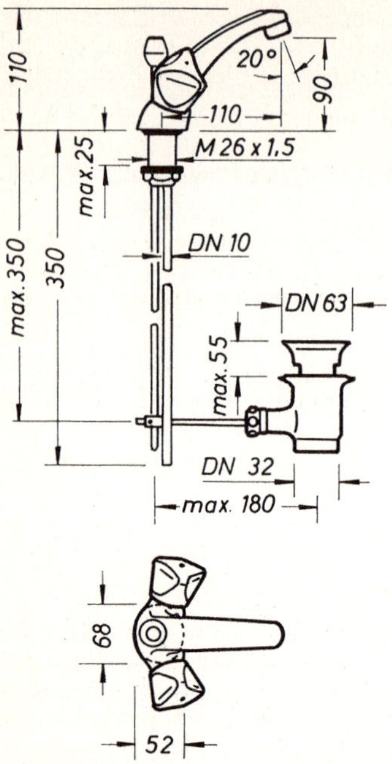

Berührungslos gesteuerte Armaturen können für Sonderfälle mit Näherungselektronik, elektrischer Lichtstrahl- oder Ultraschallsteuerung installiert werden.

Abflußarmaturen bestehen aus Ablaufventil und Geruchverschluß.

Die einfachen und zuverlässigen Ablaufventile DN 32 mit oder ohne Überlauf schließen bei Handwaschbecken mit Hartgummistopfen an Glieder- oder Kugelkette (**247**.1).

Bei Waschtischen werden Exzenter-Ablaufgarnituren mit Zugknopf- oder Umlegehebel betätigt, die meist mit dem Auslaufventil oder der Mischbatterie vereinigt sind (**231**.1 und **232**.1).

In die Waschtische eingeformte Überläufe sind unhygienisch, schlecht zu reinigen und nicht kontrollierbar. Sie sind Brutstätte gefährlicher Bakterien. Bei Krankenhauswaschtischen und einigen neueren Waschbeckenmodellen verzichtet man daher auf den Überlauf.

232.1
Einloch-Mischbatterie mit Exzenterventil

Als Geruchverschluß DN 32 werden die massiveren Flaschengeruchverschlüsse aus emailliertem Grauguß, verchromtem Messing oder Kunststoff verwendet. Strömungsgünstiger sind Röhren- oder Tauchwandgeruchverschlüsse aus verchromtem Messing oder Kunststoff, die durch eine Quetschverschraubung mit dem Ablaufventil verbunden werden (s. Abschn. 3.4.10).

Flaschengeruchverschlüsse sind nicht selbstreinigend.

Modelle mit verstellbarem Einschubrohr (**247**.1 und **248**.1) erleichtern den Anschluß an die Abflußleitung $\geqq$ DN 40.

Für besondere hygienische Ansprüche gibt es Waschtische mit angeformtem keramischen Geruchverschluß.

Zubehör. Die körpergerechte Anbringung des Zubehörs und die sonstigen Montagemaße, evtl. unter Berücksichtigung der Fliesenteilung (s. Abschn. 3.4.11), sind zum Teil aus Bild **227**.1 und **228**.1 zu entnehmen.

Spiegel werden meist nicht breiter als das Becken mit Spiegelklammern oder auch Kippspiegelgarnituren installiert. Viele Größen und Formen sind im Handel.

Die Montagemaße über OKFF sind: Spiegelmitte für Erwachsene 152 bis 155 cm, für Kinder von 7 bis 14 Jahren 120 bis 130 cm.

Spiegelschränke ersetzen den Spiegel über dem Waschtisch. Sie sind ein oder mehrteilig aus Kunststoff, auch in die Wand einbaubar, mit verstellbaren Innenfächern und Rasiersteckdose.

Die meist integrierte waagerechte Beleuchtungseinrichtung im oberen Schrankbereich ist für die Gesichtspflege nicht ausreichend.

Ablageplatten aus Glas, 12 oder 15 cm breit und 50, 60 oder 70 cm lang, werden von verchromten Trägern (Federzugkonsolen) gehalten, während Platten aus Porzellan oder Kunststoff direkt auf der Wand befestigt werden.

Die Montage erfolgt mit der Oberkante 30 bis 40 cm über der Oberkante des Waschbeckens.

Handtuchablagen gibt es als Handtuchhalter, Handtuchringe, Handtuchhaken und Handtuchablagen mit Handtuchkorb, aber auch Papierhandtuchspender mit Papierkorb.

Handtuchhalter sind ein- oder zweiarmig, beweglich oder feststehend, neben dem Waschbecken zu montieren.

Seifenhalter oder Magnetseifenhalter werden bei fehlender Seifenablage des Waschbeckens erforderlich.

Daneben gibt es Seifenmühlen oder Seifenspender für Trocken-, Flüssigseifen und Seifencremespender, die ebenfalls links oder rechts möglichst über dem Becken montiert werden sollten.

Mundglashalter mit Bechern aus Glas oder Kunststoff werden meist seitlich in Höhe der Ablageplatten montiert.

Außerdem ist die Installation einer Rasiersteckdose im Waschtischbereich die Regel geworden, während Händetrockner oder Haartrockner seltener als Zubehör miteingeplant werden.

3.4.7 Sitzwaschbecken

Sitzwaschbecken oder Bidets sind für Unterkörperwaschungen bestimmt und auch für die Fußpflege oder als Kleinkinderbad vielseitig zu verwenden. Bidets sind daher unentbehrlich für gut ausgestattete Baderäume in Wohnungen und Hotels.

Die Sanitärporzellanbecken werden, ähnlich wie Klosettbecken, mit 2 oder 4 verchromten Messingschrauben am Fußboden oder mit Steinschrauben an der $\geqq$ 11,5 cm dicken Wand hängend befestigt bzw. mit Spezialkonsolen montiert (s. auch Abschn. 3.4.2). Sie haben denselben Raumbedarf wie Abortbecken (s. Taf. **54**.1 und **56**.1).

Standbidets nach DIN EN 35 sind 38 bis 40 cm hoch und werden mit max. 7 cm oder ohne Wandabstand aufgestellt (**233**.1). Wandhängende Sitzwaschbecken nach DIN EN 36 werden wahlweise mit ihrer Oberkante auf 38 bis 42 cm über dem Fertigfußboden angebracht (**233**.2).

Für Rollstuhlbenutzer soll die Montagehöhe zwischen 50 und 55 cm liegen.

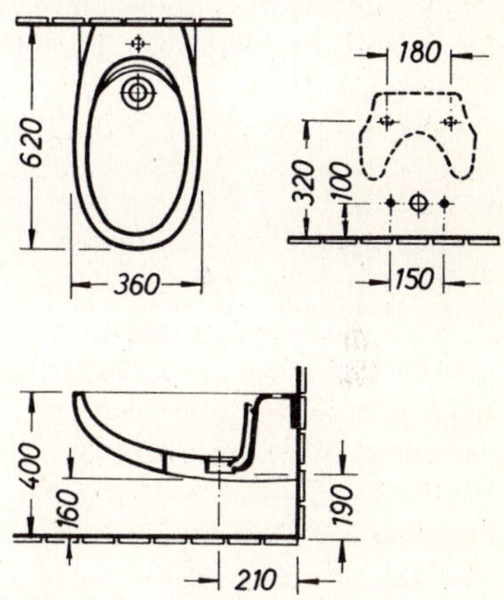

233.2 Wandhängendes Bidet für Einlocharmatur (Keramag)

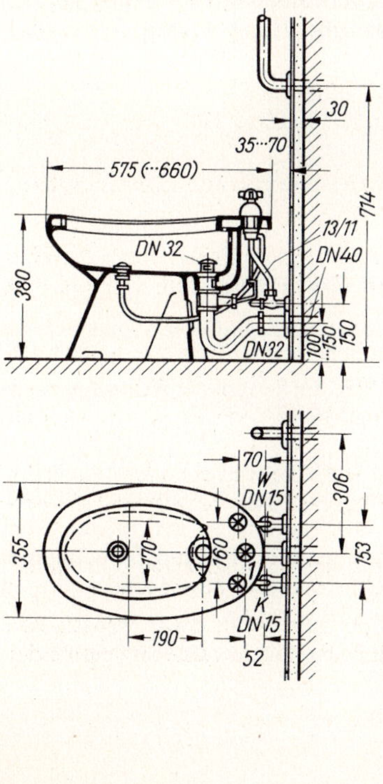

233.1
Bodenstehendes Sitzwaschbecken mit Unterdusche (M 1:20) (Ideal-Standard)

1 Knopf-Ablauf- und Umschaltbetätigung

Armaturen. Die Becken werden immer an Kalt- und Warmwasserleitungen angeschlossen. Als Einlaufarmaturen (**234**.1) verwendet man Stand- oder Wandbatterien am günstigsten mit Einhebelmischern, während Thermostatbatterien mit Temperaturbegrenzung Verbrühungen verhindern, aber nur als Wandeinbaubatterien montiert werden. Der Auslauf mit Kugelgelenk und Perlator soll den Wasserstrahl etwa in Nabelhöhe des Benutzers erreichen können.

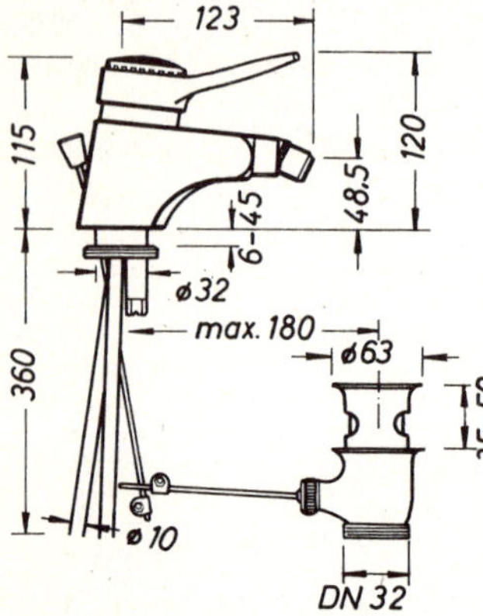

Die Montage der Standbatterien geschieht wie bei Waschbecken.

Die Wassereinlauftemperatur soll bei Bidets auf 33 bis 38 °C begrenzt sein. Ein Wasserzulauf durch den anwärmbaren Bidetrand, als Spülrandzulauf praktiziert, ist ungünstig.

234.1
Einlaufarmatur für Sitzwaschbecken, Einhand-Einlochbatterie (Hansa)

Die im Becken häufig vorhandene Unterdusche (**233**.1) ist sogar abzulehnen.

Die Unterdusche widerspricht den medizinischen Erkenntnissen sowie den Forderungen der DIN 1988 und des DVGW-Arbeitsblattes W 503.

Die Höhe der Eckabsperrventile liegt bei 10 bis 25 cm über dem Fußboden. Außerdem gibt es flexible, druckfeste Metallschläuche zum Anschluß der Batterien an die Eckventile.

Sitzwaschbecken erhalten am besten ein besonderes, nicht verschließbares Ablaufventil DN 32 (**234**.2), wodurch evtl. im Bidet eingeformte Überläufe überflüssig werden.

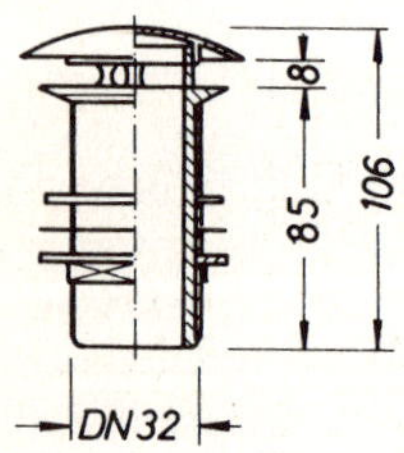

234.2
Ablaufventil für Sitzwaschbecken, nicht verschließbar

Oder die Ablaufgarnitur besteht aus einem Ablauf mit Exzenter- oder Zugknopfbetätigung wie bei Waschbecken, wodurch das Füllen der Bidetmulde mit Wasser möglich ist.

Das Sitzwaschbecken wird mit einem Bidetgeruchverschluß, am besten als Röhrengeruchverschluß DN 32, an die Abwasserleitung DN 40 angeschlossen.

Der Ablaufanschluß liegt 10 bis 14 cm über OKFF in Bidetmitte.

Zubehör. Ablageplatte oder geflieste Wandnische, Seifenschale (70 bis 95 cm über OKFF), Schwammhalter (75 bis 95 cm über OKFF) und Handtuchhalter (80 bis 105 cm über OKFF) sowie ein Haltegriff (Griffmitte 80 bis 100 cm über OKFF) sind in bequemer Reichweite des Benutzers vorzusehen. Günstig ist auch ein Papierhandtuchspender in Greifnähe des Bidets.

Die Unterkörperwäsche unter fließendem Wasser erfolgt je nach Bedarf mit dem Gesicht oder Rücken zur Wand.

3.4.8 Badewannen

Die Badewanne gehört in jede neuzeitliche Wohnung und ist durch eine Brauseeinrichtung zu ergänzen.

Nach DIN 18022 sollen die Mindestabmessungen der Badewanne 170 × 75 cm betragen. In Wohnungen für mehr als 5 Personen wird die Ausstattung des Bades durch eine zusätzliche Brausewanne von mindestens 80 × 80 cm empfohlen (Taf. **54**.1).

Bei engen Raumverhältnissen werden notgedrungen Stufenwannen als Sitzbadewannen oder Kurzwannen eingeplant.

Freistehende Badewannen, Einbau-Badewannen, Diagonalwannen, Großwannen, Schürzenwannen, Familienwannen und Einbau-Stufenwannen sind zu unterscheiden (Taf. **235**.1).

Tafel **235**.1 Badewannen, Abmessungen in cm (Höhen mit Füßen)

	Länge	Breite	Höhe
Einbaubadewannen	170 180 180 185 188	75 72 80 83 78	60 64 64 65 65
Schürzenwannen	171 180 183 187	76 80 78 78	49 58 49 49
Großwannen	200 210	88 105	75 75
Stufenwannen	104 114	70 77	75 74

Badewannen sind in zahlreichen Modellen auf dem Markt. Sie bestehen entweder aus Grauguß nach DIN 4471, innen porzellanemailliert und außen gestrichen, aus starkwandigem beiderseitig emailliertem Stahlblech oder aus Acrylglas.

Der Wasserinhalt einer Sparwanne beträgt ca. 100 l, einer Normalwanne von 170 cm Länge ca. 150 l, einer Großwanne von 210 cm ca. 200 l nach Abzug von 70 l Wasserverdrängung durch einen Erwachsenen.

Freistehende Badewannen. Sie werden fast nur noch als Sonderausführungen in Kranken- oder Badehäusern verwendet und sind in Wohnungen durch die Einbauwanne völlig verdrängt worden.

Freistehende Graugußwannen nach DIN 4474 und Stahlbadewannen mit angeformten Füßen, auch gemeinsam mit einem 100 l Kohlebadeofen installiert (**779**.1), werden mit 4 cm großem Wandabstand vor der geputzten oder gefliesten Wand angeordnet. Die Wannenhöhen liegen zwischen 55 und 60 cm.

Einbau-Badewannen. Sie werden aus Gußeisen, Stahl oder Acrylglas angeboten und meistens in der normalen Rechteckform mit stark geneigter Wandung am Kopfende eingebaut (**236**.1).

Daneben sind die wassersparenden Diagonalwannen durch ihre der Körperform angepaßten Innenfläche und den dadurch vorhandenen Sitz- und Eckablageflächen recht beliebt (**236**.2).

Alle Einbau-Badewannen haben einen flachen Rand mit an einer oder mehreren Seiten 15 bis 20 mm unter die Wandkachelung greifenden Wasserleiste (**237**.1).

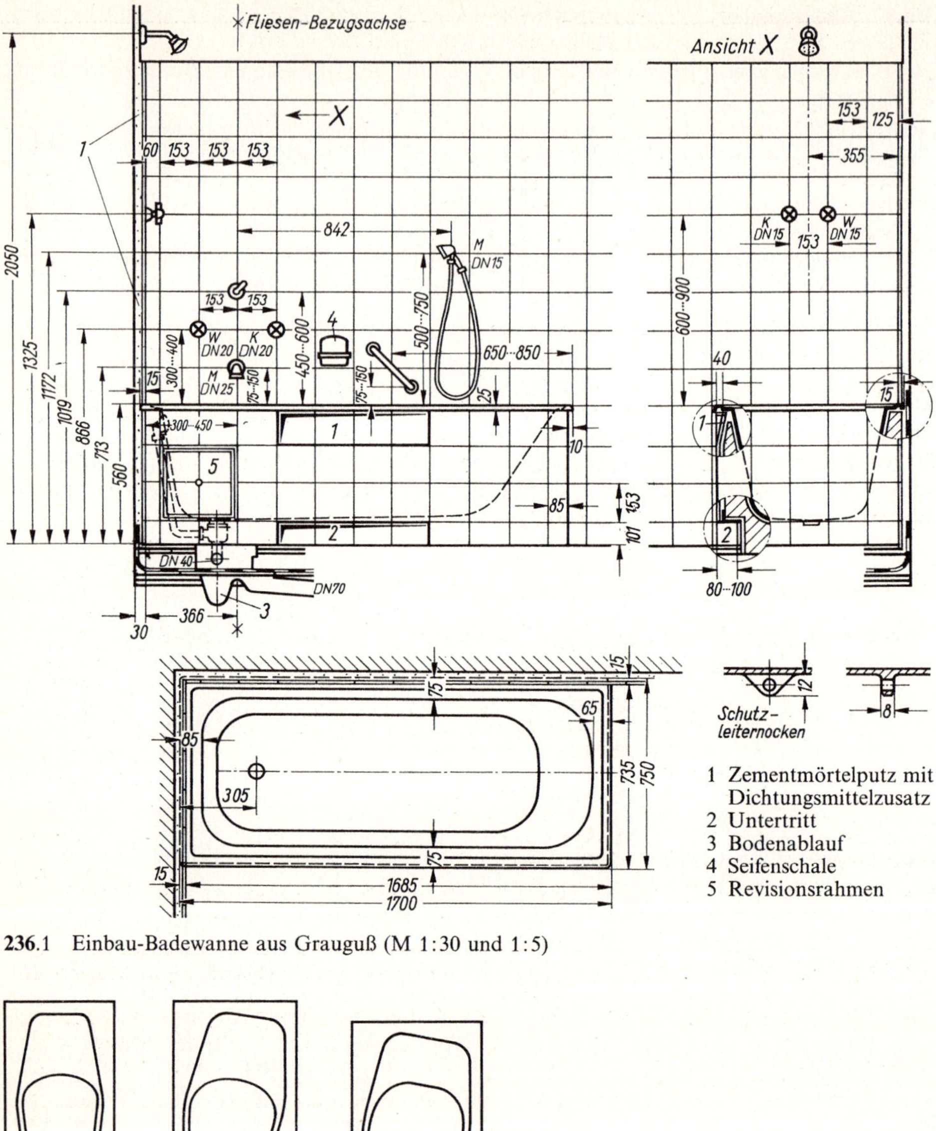

1 Zementmörtelputz mit Dichtungsmittelzusatz
2 Untertritt
3 Bodenablauf
4 Seifenschale
5 Revisionsrahmen

236.1 Einbau-Badewanne aus Grauguß (M 1:30 und 1:5)

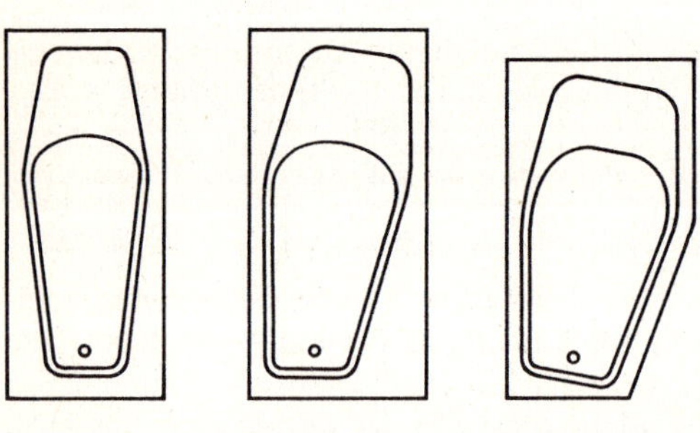

236.2
Einbau-Badewannen in körpergerechter Form

Der ein-, zwei- oder dreiseitige E i n b a u erfordert besondere Sorgfalt. Der Fußboden sollte immer eine Dichtungsbahn erhalten, die an der Aufstellungswand mindestens 10 cm über OKFF, möglichst sogar über Wannenoberkante, hochgezogen werden sollte (**236**.1 und

237.1). Der schallgedämmte Einbau wird durch die Dämmung des schwimmenden Estrichs (**239**.1) im Fußboden und den Stellstreifen an der Wand erreicht.

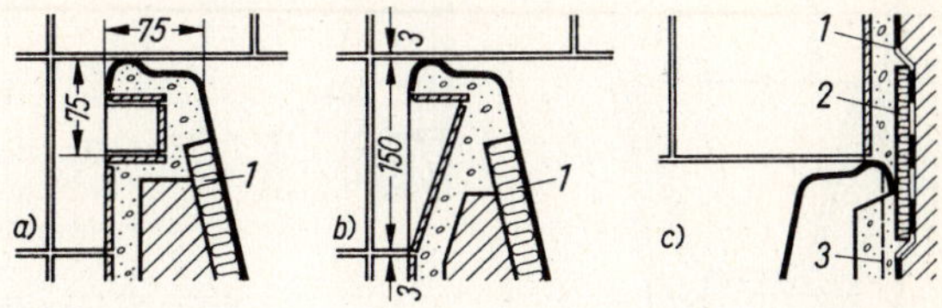

237.1
Wulst der Einbauwannen (M 1:10)
a) und b) aus Fliesen gebildeter Wannengriff (s. auch **236**.1 und **237**.3)
c) Wandanschluß
1 Sperrschicht
2 Korkstreifen
3 Maschendrahtbewehrung des Schutzmörtels

Die M o n t a g e h ö h e der Einbauwanne sollte auf eine waagerechte Fuge des Plattenbelages und der Wannenoberkante abgestimmt werden.

Je nach Verwendung der Wannen werden als Montagehöhe in Wohnungs-, Hotel- und Reinigungsbädern 49 bis 64 cm, für Schürzenbadewannen 52,5 bis 59,5 cm, in Kinderheimen, Behindertenwohnungen und Altenheimen 38 bis 45 cm angenommen.

Einbau-Badewannen aus Gußeisen werden mit Füßen, aus Stahl mit Füßen, Fußgestell oder Wannenträger, aus Acrylglas mit Füßen oder Untergestell eingebaut. Höhenverstellbare Füße erleichtern das Ausrichten der Wanne (**237**.2).

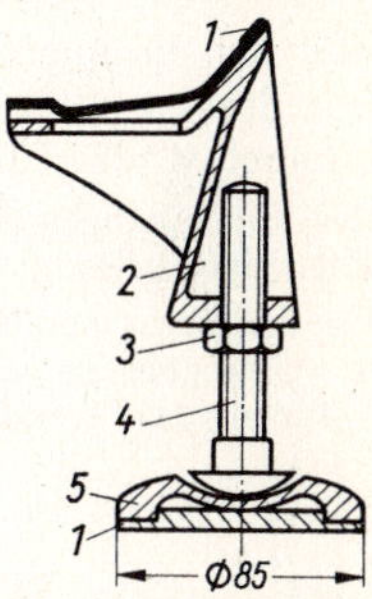

237.2
Verstellbarer Badewannenfuß aus Grauguß (M 1:5) (Buderus)
1 Kunststoff-Unterlegplatte, schalldämmend
2 Badewannenfuß aus Grauguß
3 Sechskantmutter M 16
4 Stellschraube M 16
5 Grundplatte aus Grauguß

Durch Weglassen der Füße (**237**.3) oder durch verstellbare Füße kann man die äußere Höhe der Einbauwanne verringern und ihre Benutzung erleichtern.

Bei der Aufstellung im Erdgeschoß läßt sich die Wanne sogar teilweise in die Kellerdecke einbauen. Eine ganz versenkte Wanne ist jedoch abzulehnen, da sie sehr unbequem zu benutzen und zu reinigen ist.

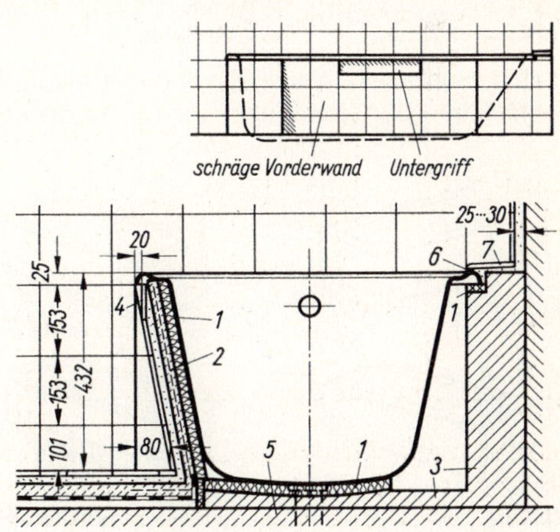

237.3
Einbau-Badewanne, versenkt eingebaut, mit schräger Vorderwand, schalldämmender Korklage und Randverbreiterung (M 1:20)
1 Korkstreifen 20 mm
2 Rippenstreckmetall
3 Untermauerung
4 Untergriff
5 Rohdecke
6 Silikon-Dichtung
7 Fliesenabdeckung

Gummi- oder Kunststoffzwischenlagen unter Wannen oder Füßen gewährleisten eine gute Schalldämmung (**237**.3). Speziell für Stahl-Einbaubadewannen werden zur Schall- und Wärmedämmung Wannenträger aus Styropor angeboten (**238**.1).

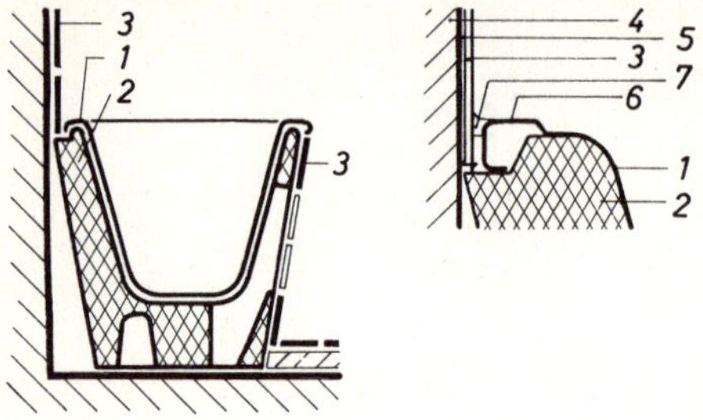

238.1
Poresta-Wannenträger, Schnitt und Wandanschluß
1 Wannenrand
2 Wannenträger
3 Wandfliesen
4 Mauerwerk
5 Fliesenkleber
6 Markierung
7 Silikon-Dichtung

Einbau-Badewannen erhalten in der Regel eine verkachelte Ummantelung. Die Verfliesung kann in verschiedenster Weise ausgeführt werden. Sie soll an einer Längsseite einen zurückgesetzten Untertritt (**236**.1) oder eine zurückspringende Wandschräge (**237**.3) von 8 bis 10 cm Tiefe zum bequemen Herantreten an die Wanne erhalten. Ebenso kann man als Griffaussparung einige Fliesen am Wannenrand zurücksetzen (**237**.1).

Auf der Wannenseite muß der Fliesenbelag den Wannenwulst um 20 bis 25 mm so überdecken, daß keine Wasserfuge entsteht. Die Fuge muß gewissenhaft mit einem dauerelastischen Kitt ausgespritzt werden.

Bei dünnwandigen Wannen aus Stahl oder Acrylglas muß der Wannenrand auf der Wand mit 2 bis 4 Klammern befestigt werden (**238**.2).

Der möglichst unauffällige Einbau von 1 × 2, 2 × 2 oder 2 × 3 Kacheln großen Revisionsrahmen in der Ummauerung (**236**.1) der eingebauten Wanne muß die Zugänglichkeit von Geruchverschluß und Wannenablauf gewährleisten.

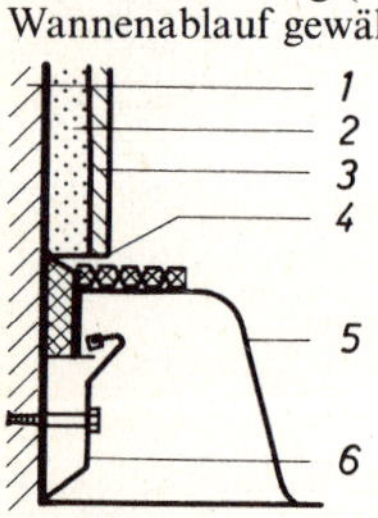

238.2
Wandklammer für Stahl- und Acrylwannen
1 Wand
2 Mörtelbett
3 Fliese
4 Nut für Fugenkitt (nach teilweisem Entfernen des Gummiabdichtprofiles)
5 Wanne
6 Wandklammer

Schürzenwannen. Auch als Kabinettwannen (**238**.3) bezeichnet, ermöglichen sie einen schnelleren und leichteren Einbau. An die Stelle der Fliesenverkleidung treten angeformte

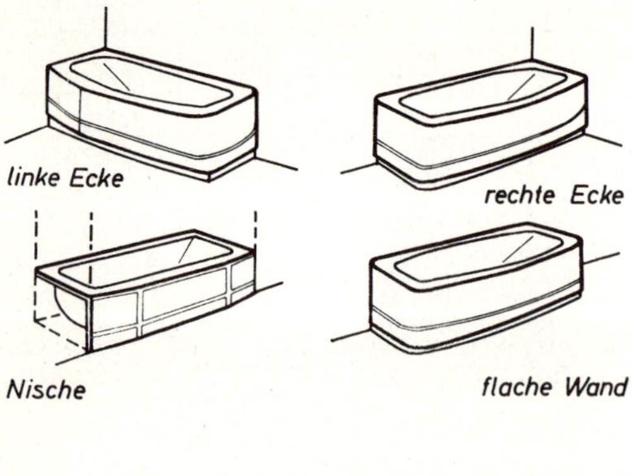

238.3
Schürzenwannen

oder lose eingehängte Schürzen, die die Wände nicht berühren. Die Schürze kann bei Gußwannen angeformt sein und einen einhängbaren, zurückgesetzten Sockel erhalten oder als vorgefertigte emaillierte oder verflieste Schürze zur Verkleidung an Ort und Stelle eingehängt werden (**239**.1). Schürzen-Spezialwannen gibt es auch mit einhängbaren Schürzen und Konvektor-Heizkörpern, die zum Anschluß an eine Warmwasser-Zentralheizung vorbereitet sind (**239**.2).

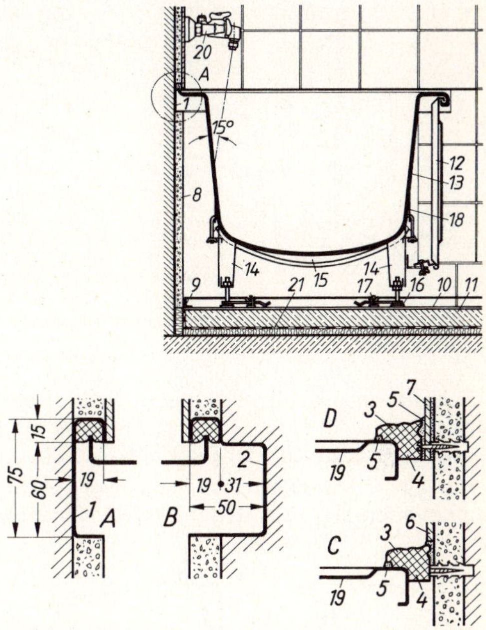

239.1
Einbau-Badewanne aus Stahl mit hochgestelltem Rand, Hubfüßen und ein- und aushängbaren Stahlschürzen zum ein- bis dreiseitigen Einbau mit Spezial-Wandanschlußprofilen (M 1:20 und 1:5) (Rankewerk)

1 Wandanschlußprofil mit hochgestelltem Rand
2 wie 1, Einschubprofil für eine Stirnseite der Nischenwanne
3 Variante zu 1 als Vorsatzprofil, für Wanne mit nach unten gestelltem Rand
4 wasserfester, geschlossenporiger Weichschaum-Kunststoff
5 Abdichtung aus dauerelastischem Tubenkitt
6 Wandfliesen in Zementmörtel
7 dgl. im Dünnbett-Verfahren verlegt
8 wassersperrender Putz
9 Sockelprofil aus PVC
10 PVC-Fußbodenbelag
11 schwimmender Estrich
12 Wannenschürze, aushängbar, mit Antidröhnbelag, Wandabstand 5 bis 10 mm
13 Wanne mit Antidröhnbelag
14 Hubfuß, in der Höhe um ± 25 mm verstellbar, an 15 befestigt
15 Traverse
16 Tellerschraube mit Vierkant
17 Spannklaue mit Klebteller zur Bodenbefestigung
18 Befestigungslasche
19 Wanne mit nach unten gestelltem Rand
20 Bade-Mischbatterie mit Kugelgelenk-Luftsprudler zur Verringerung der Füllgeräusche
21 Bitumenpapier

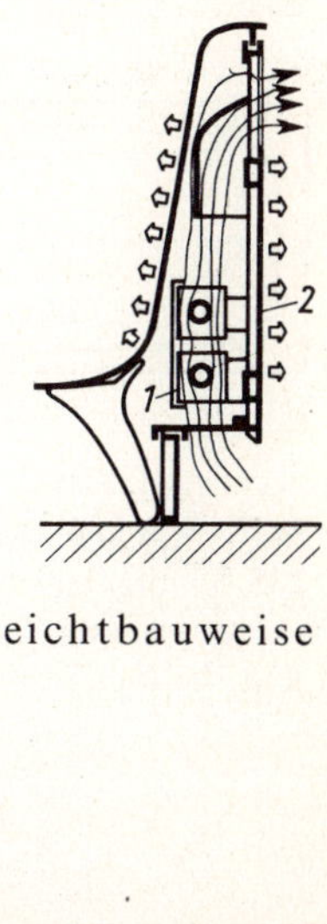

239.2
Einbau-Badewanne mit eingehängter Verkleidung und eingebautem Konvektor-Heizkörper (Ahlmann)

1 Konvektor, beheizt Baderaum und erwärmt Wandung der Badewanne
2 Wannenverkleidung aus Graugußplatten, im Farbton der Wanne emailliert

Einbauwannen aus Gußeisen, Stahl oder Acrylglas können auch in Leichtbauweise nach dem Fliesen mit einem Untergestell montiert werden.

Ein Wannenträger aus Vierkantstahlrohren (**240**.1) dient zum Aufstellen der Wanne und zur Befestigung der Wannenschürzen. Diese Schürzen bleiben abnehmbar. Die Außenmaße dieser Wannen sind 170 × 75 cm, 170 × 80 cm und 180 × 75 cm.

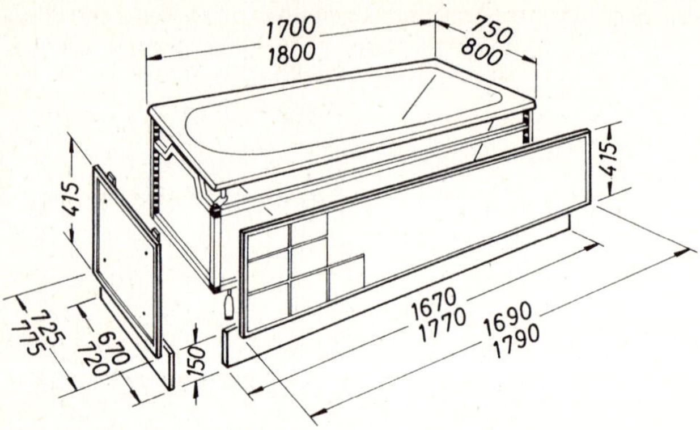

240.1 Einbau-Badewanne mit Wannenträger und Wannenschürzen

Sonderformen. Schließlich gibt es neuere Sonderformen besonders bei Einbauwannen aus Acrylglas, z. B. Eckbadewannen oder die Familienbadewanne mit einer kreisrunden anspruchsvollen Grundfläche (**240**.2).

Für ältere Menschen und Behinderte gefertigte Einbauwannen aus Grauguß mit innen montierten Haltegriffen (**240**.3) finden im Wohnungsbau neuerdings mehr Verwendung.

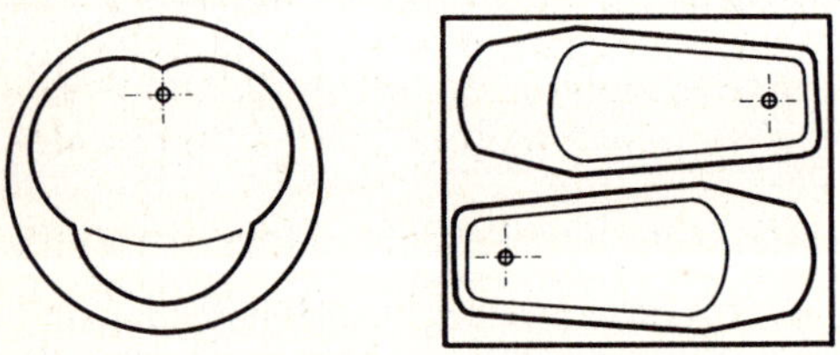

240.2
Familienbadewanne und Doppelbadewanne

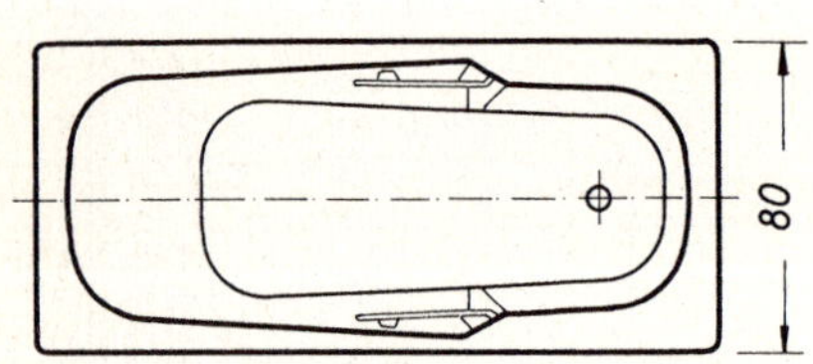

240.3
Stahlbadewanne mit Griffen, 3,5 mm stark (170 × 80 cm und 180 × 80 cm)

Stufenwannen. Auch als Sitzbadewanne oder Kleinraum-Einbauwanne bezeichnet (Taf. **235**.1), mit oder ohne Bidetmulde (**241**.1) aus Grauguß, wird sie bei Raummangel oder bei nachträglicher Einrichtung von Bädern in Altbauwohnungen, auch in Altenwohnungen und -heimen sowie in Schwesternheimen eingebaut.

Durch die Verwendung verkürzter Füße, das Aufsetzen der fußlosen Wanne auf die Rohdecke oder durch das Einlassen in die Decke läßt sich die Höhe der Stufenwanne derjenigen üblicher Einbauwannen angleichen und ihre Benutzung vor allem für ältere Menschen erleichtern.

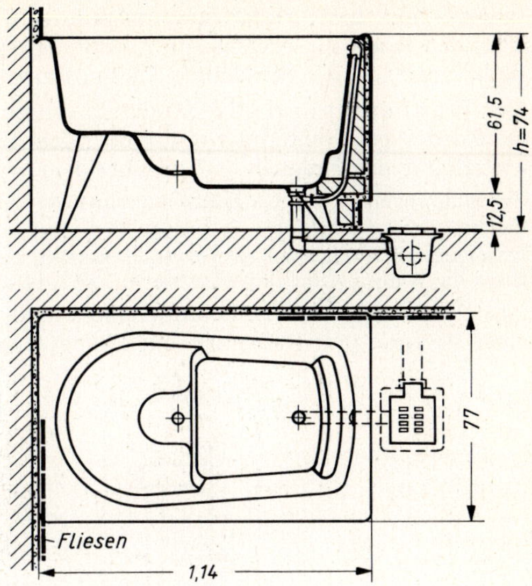

241.1
Stufenwanne mit Bidetmulde (M 1:30) (Buderus)

Armaturen. Die Zuflußarmaturen der Wanne haben nicht nur die Wanne zu füllen, sondern auch nach dem Vollbad ein Duschbad zu ermöglichen.

Unterschieden werden Wannenbatterien auf oder unter Putz und Standbatterien auf breitem Wannenrand oder Fliesenabsatz.

Bei freistehenden Wannen mit Badeofen (**779**.1) ist die Wannenbatterie mit direktem Auslauf zum Fußende der Wanne frei montiert.

Auf Putz montierte Mischbatterien, auch mit Brause und Auflegegabel, engen den Bewegungsraum unangenehm ein (**241**.2).

Unterputzbatterien (**236**.1) mit Anschlußweiten im Wohnungsbau von DN 15 seltener DN 20 können Vier- oder Fünfwegeumstellungen (**241**.3) für Handbrause oder Hand- und festinstallierte Brause erhalten.

Die Anschlüsse für Wandbatterien werden in der Regel 15 bis 23 cm über dem Wannenrand installiert.

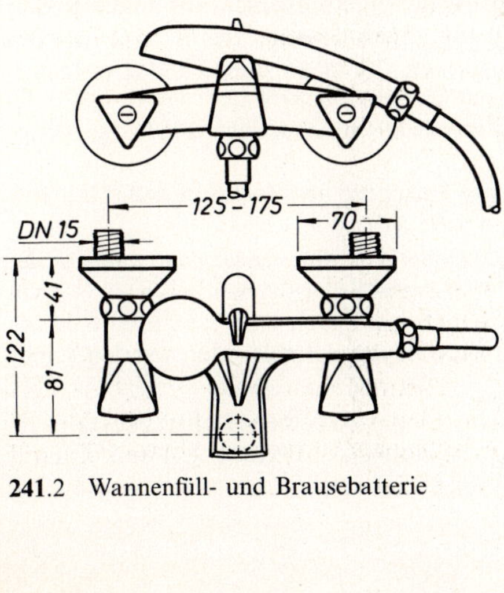

241.2 Wannenfüll- und Brausebatterie

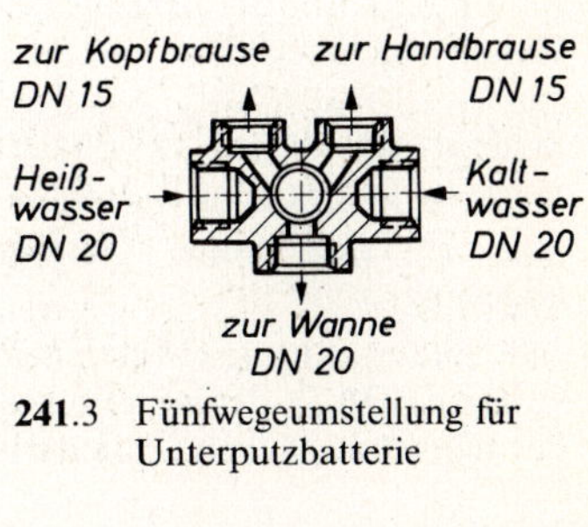

241.3 Fünfwegeumstellung für Unterputzbatterie

Eingriff- oder Einhand-Unterputzbatterien (**804**.1 und 2) lassen sich einfach montieren und schnell auf die gewünschte Mischtemperatur einstellen. Außerdem gibt es für die Badewanne seltener verwendete Thermostatbatterien (**806**.4).

Der Wanneneinlauf DN 20 oder 25 soll im unteren Drittel der Wanne zum Fußende nahe dem Ablaufventil oder mittig über dem Fußende der Wannenschmalseite liegen, die Unterkante des Einlaufes ≧ 2 cm über dem Wannenrand.

Der Wanneneinlauf wird bei gleichzeitiger Installation von Unterputzbatterien meist in gleicher Höhe montiert.

Es sollten nur Wanneneinläufe verwendet werden, die den Wasserstrahl mit einem Winkel von ≦15° gegen die Wannenwand auftreffen lassen (**239**.1) (s. auch Abschn. 4.3).

Anstelle der separaten Installation einer Handbrause (**236**.1) ist gelegentlich die Montage einer Brausegarnitur meist mit 130 cm langer Wandstange (**242**.1) von Nutzen.

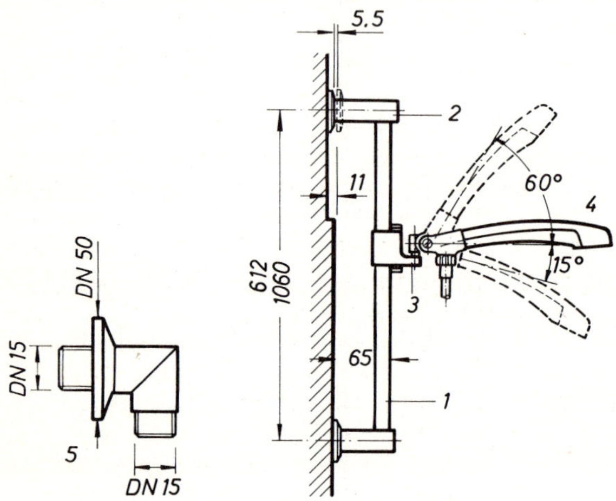

242.1
Stangen-Brausegarnitur (Grohe)
1 Brausestange, eckig, verchromt, 110 oder 60 cm
2 Wandhalter
3 Gleiter mit Klemmautomatik und Gelenkstück
4 Handbrause mit Metall- oder Kunststoffschlauch 1/2″, 150 oder 125 cm lang
5 Wandanschlußbogen 1/2″ für Brauseschlauch

Der verschiebbare Brausehalter mit Aufsteckzapfen ermöglicht die wechselweise Benutzung als aufgesteckte Kopf- oder Handbrause.

Die Abflußarmaturen können die Wannen direkt oder indirekt entwässern.

Meist wird am Fußende eine Ab- und Überlaufgarnitur mit einem Verbindungsrohr aus Kunststoff (**248**.2), verzinktem Stahl oder Messing mit Quetschverschraubungen an den Ventilen eingebaut und direkt an die Abflußleitung angeschlossen.

Beim direkten Anschluß wird entweder das einfache Ablaufventil DN 40 mit Stopfen und Kette (**248**.2) gewählt oder eine Exzenter-Ab- und Überlaufgarnitur mit Überlaufrohr DN 25.

Der Übergang vom Geruchverschluß DN 32 oder DN 40 wird in DN 50, jedoch über 2 m Leitungslänge in DN 70 an die Anschlußleitung erweitert.

Bei Einbau- und Schürzenwannen ist der indirekte Anschluß über einen Bodenablauf mit Zulauf von oben oder von der Seite zu empfehlen (**205**.1).

Die Verbindungsleitung zum Bodenablauf ist in DN 32 oder DN 40 anzunehmen, während der Bodenablauf selbst mit DN 50 oder DN 70 an die Falleitung angeschlossen wird.

Badewannen-Geruchverschlüsse müssen den Normen entsprechen und ≧ 50 mm Sperrwasserstand haben. Geringere Wasserstände verdunsten schnell oder werden leicht abgesaugt.

Jede Badewanne aus Metall besitzt an der Unterseite mindestens einen Schutzleiteranschluß (**236**.1), der vom Elektriker durch eine Potentialausgleichsleitung ≧ 4 mm² Cu mit der nächstmöglichen Erdleitung verbunden wird (**324**.2).

Zubehör. Eine in den Fliesenverband eingelassene, aus sitzender Haltung gut zu erreichende *Seifenschale* (**236**.1) als Wandplatte oder als Einzelseifenschale montiert und ein *Wannenhaltegriff* zum sicheren Aufstehen und Setzen gehören zum ersten Zubehör. Daneben werden meist verchromte 60 bis 100 cm lange *Badetuchhalter*, auch Handtuchhalter und Wäschewärmer gewünscht.

Diese Zubehörteile werden in Messing verchromt, neuerdings auch gerne in Acrylglas oder in Edelholz mit Messingbeschlägen kombiniert eingebaut. Senkrecht angebrachte 60 oder 80 cm lange Haltegriffe genügen den Anforderungen am besten.

3.4.9 Brausewannen

Duschbäder dienen der schnellen Körperreinigung, zur Erfrischung und Heilbehandlung. Sie sind bei Raummangel und dort am Platz, wo die Betriebskosten für Wannenbäder zu hoch erscheinen, z. B. in Kleinstwohnungen oder Hotelzimmern (**137**.1).

Der Warmwasserbedarf für ein Brausebad liegt nur zwischen 35 und 40 l.

Wegen der massageähnlichen Wirkung und des sofortigen Schmutzwasserablaufes werden Brausebäder oft Wannenbädern vorgezogen, ohne diese vollwertig ersetzen zu können.

Brausewannen werden aus emailliertem Gußeisen nach DIN 4488, porzellanemailliertem Stahlblech, Feuerton nach DIN 4486, Kunststein oder Kunststoff mit und ohne Gleitschutz hergestellt.

Der Wannenboden ist glatt oder meist geriffelt (gleitsicher) ausgebildet.

Die Grundrißform wird in der Regel quadratisch (Taf. **243**.1), auch mit abgeschrägter Ecke oder rechteckig, mit der Schmalseite zur Badewannenbreite passend gewählt. Die Tiefen liegen zwischen 7 und ca. 29 cm.

Tafel **243**.1 Brausewannen, Abmessungen in cm

	Länge	Breite	Höhen		
Brausewannen	70	70		16	23
	80	80		16	23
	81	81	7[1])		
	90	75[2])			26
	90	80[2])			25
	90	90		17	29,5
	100	100		19,5	
Mehrzweckbrausewannen	80	80			29[3])
	90	90			34,5[3])

[1]) zum bodenebenen Einbau im Fliesenbereich
[2]) zur Kombination mit einer Badewanne
[3]) ohne Füße

Grauguß- und Stahlblech-Brausewannen werden, wenn sie keine Schürze besitzen, durchweg eingemauert und verfliest oder in den Boden eingelassen. Auf mindestens zwei Seiten erhalten sie einen festen Anschluß zur Wand.

Normale Brausewannen werden auf Ziegelsteinen o. ä., seltener auf höhenverstellbare Einbaugestelle mit Gummiauflagen montiert.

Die mit einem glatten *Rand* (**244**.1, Form A) ausgebildete Wanne ist zum waagerechten Gegensetzen der Fliesen bestimmt, während die mit einem profilierten Rand (Form B) für das senkrechte Untersetzen der Plattenverkleidung vorgesehen ist. Der Wandabschluß durch Aufsetzen der Fliesen von oben ist bei beiden Ausbildungen möglich (**244**.1).

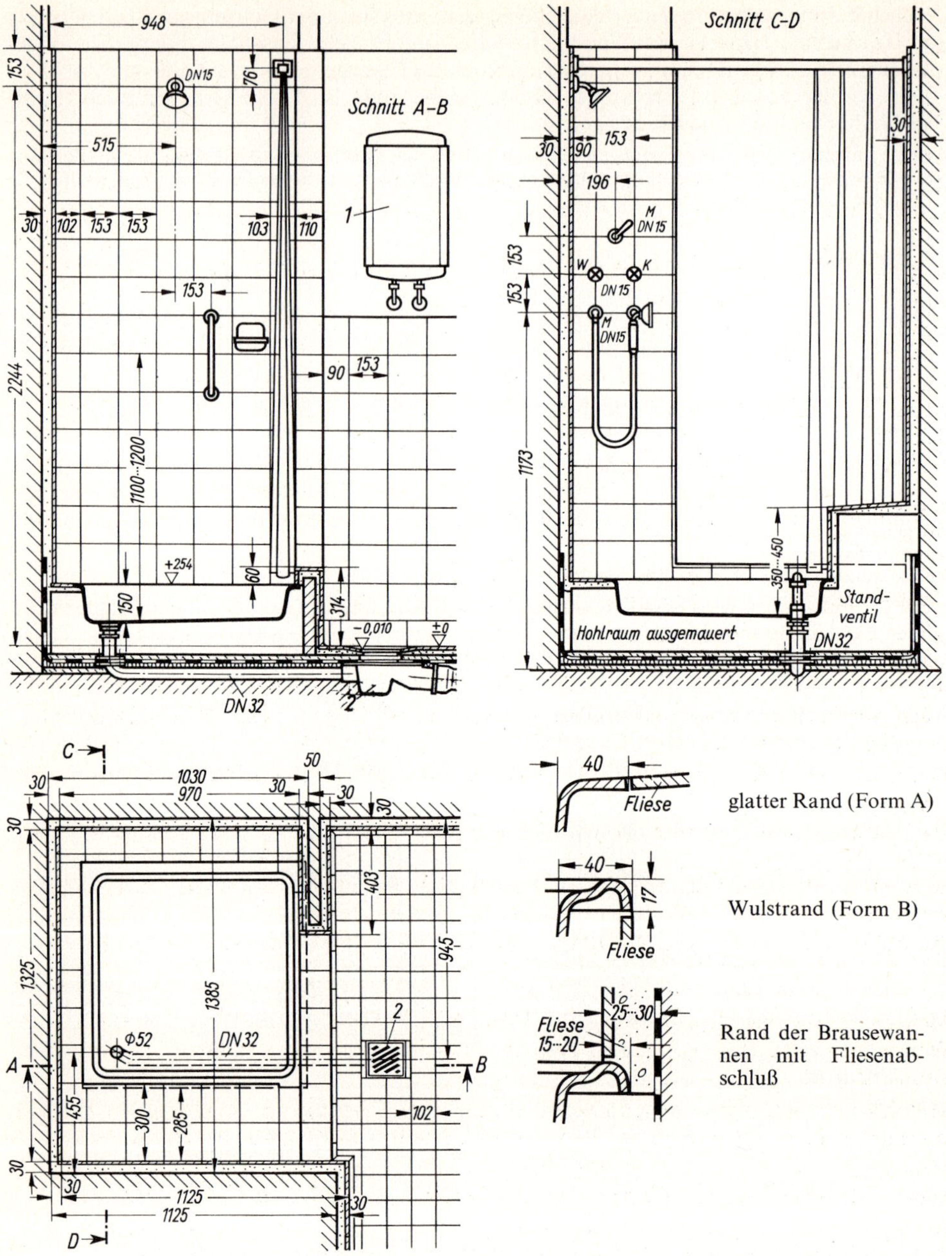

244.1 Brausenische mit Brausewanne 90 × 90 cm nach DIN 4488 (M 1:30, 1:5)

1 Elektro-Duschboiler 15 l

2 Badablauf (Variant-Selekta, Passavant)

Acrylglaswannen werden durch einen Dreieckfuß unterstützt und mit 2 bis 4 Wandklammern (ähnlich **238**.2) in der Wand befestigt.

An den Wandseiten muß die Fußbodenisolierung in Feuchträumen mindestens 15 cm, bei Duschräumen mindestens 30 cm über die Duschanlage trogartig hochgeführt werden.

Armaturen. Die Duschtemperatur des Wassers soll bei 37 °C und nicht über 40 °C liegen. Zum Schutz gegen Verbrühungen sind Sicherheitsmischbatterien in DN 15 evtl. auch DN 20 oder thermostatisch gesteuerte Brausebatterien unentbehrlich (s. Abschn. 12.3.3).

Auch bei Brauseanlagen werden Auf- und Unterputzbatterien für Hand- oder Fußbetätigung und berührungslos gesteuerte Armaturen verwendet.

Der Benutzer muß die Bedienungsarmatur stets erreichen können, ohne durch den Wasserstrahl hindurchzugreifen (**244**.1).

Für Brausenischen oder -kabinen stehen eine Anzahl verschiedenartiger meist verstellbarer Brauseköpfe zur Verfügung. Je nach ihrer Anordnung werden Kopf- (**806**.2), Körper-, Schulter-, Rücken-, Unter- und Fußbrausen unterschieden.

Die Montagehöhen über der Standfläche betragen bei

Kopfbrausen	200 bis 240 cm,
Körperbrausen	170 bis 200 cm,
Schulterbrausen	135 bis 160 cm,
Rückenbrausen	100 bis 130 cm,
Unterbrausen	50 bis 60 cm und
Fußbrausen	55 bis 75 cm.

Kopfbrausen sind aus verschiedenen Gründen weniger beliebt. Der hohe Wasserverbrauch mehrerer Brauseköpfe ist bei der Wahl der Geräte für die Warmwasserbereitung zu beachten.

Auch wassersparende Schlauchbrausen mit einer in der Höhe verstellbaren Haltevorrichtung (**242**.1) sind als Einzelbrause möglich.

Durch ein Ablaufstandventil mit Gummikonus (**244**.1) läßt sich für Fußwäschen das Wasser 10 bis 20 cm hoch anstauen.

Das Ablaufventil kann auch mit einem Stopfen oder einer Gummikugel vorübergehend verschlossen werden.

Brausewannen werden in der Regel über einen Bad- oder Bodenablauf mit seitlichem Zulauf DN 32 oder DN 40 entwässert (**244**.1).

Die Wanne muß nach dem Ablaufventil einen Brausewannengeruchverschluß erhalten, wenn ein Bodenablauf im Raum nicht vorgesehen ist.

Mehrzweckbrausewannen. Auch als „Polibanwannen" bezeichnet, sind diese für Hotels und Wohnungen hergestellten Wannen eine zweckmäßige Weiterentwicklung der einfachen Duschwannen.

Mit ihrer breiten, vorne angeordneten Sitzfläche und häufig mit geriffelten Fußrasten versehen, sind sie für Fuß-, Sitz-, Wechsel- und Kindervollbäder zu verwenden.

Mehrzweckwannen können mit oder ohne Füße geliefert werden (Taf. **243**.1).

Manche Modelle haben eine besondere Bidetmulde (**246**.1) zum festen Einbau einer Unterdusche.

Einzelbrausestände ordnet man am besten in einer Raumecke oder -nische mit $\geqq 90 \times 90$ cm Grundfläche und einem 60 bis 75 cm tiefen Bewegungsraum an.

Eine Sitzfläche für Fußbäder sollte immer vorhanden sein.

Gemeinschafts-Duschräume in Schulen, Betrieben u. ä. erhalten statt Einzelbrausen häufig eine aus Fliesen gefertigte Wanne oder Rinne im Bodenbereich.

Jede Brausewanne aus Metall muß geerdet werden (**324**.2).

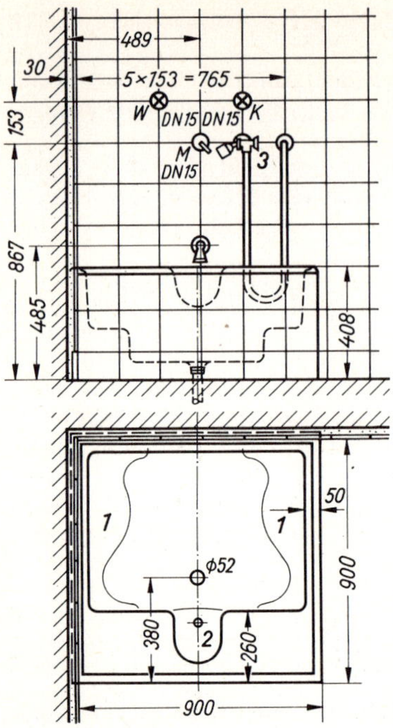

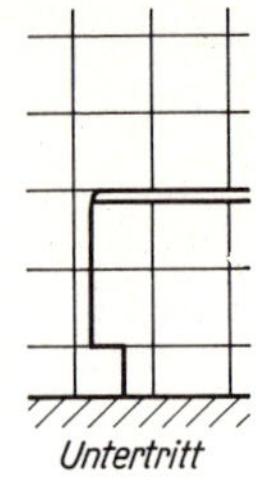

246.1
Mehrzweck-Brausewanne „Poliban" aus Grauguß 90 × 90 cm (M 1:30) (Buderus)
1 Fußrasten
2 Bidetmulde
3 Schlauchbrause mit Haftbrausekopf

Zubehör. In den Bereich der Brausewanne gehören eine eingeflieste Seifenablage und eine möglichst senkrecht angeordnete Haltestange, die Griffmitte ca. 115 cm über der Standfläche (**244**.1).

Ein mit Bleischnur beschwerter, in die Wanne abtropfender Spritzvorhang aus Kunststoff gehört ebenfalls zur Mindestausstattung.

Bessere Abschlüsse bilden Duschtrennwände aus Aluminiumrahmen mit Kunst- oder Sicherheitsglasfüllungen oder am umlaufenden Rand abgedichtete Ganzglastüren.

Im Raum vor der Brausewanne sollten außerdem Kleiderhaken, Sitzgelegenheiten und ein Spiegel nicht fehlen.

3.4.10 Geruchverschlüsse

Geruchverschlüsse sind Bauteile, die mit ihrer Wasserfüllung das Entweichen von Gasen aus den Entwässerungsleitungen verhindern. Sie werden entweder als einzelne Teile in die Abflußleitungen eingebaut oder an Entwässerungsgegenstände angeformt oder angebaut.

Grundsätzlich soll jede Ablaufstelle einen eigenen Geruchverschluß nach DIN 19541 haben. Bei mehreren unmittelbar nebeneinanderliegenden Ablaufstellen können diese an einen gemeinsamen Geruchverschluß angeschlossen werden. Die Nennweite der Anschlußleitung angebauter Rohr- und Flaschengeruchverschlüsse ist mindestens um eine Nennweite größer als die Nennweite der Geruchverschlüsse zu wählen.

Die Verschlußhöhen der Geruchverschlüsse betragen mindestens

bei Klosetts und Abläufen von Brause- und Badewannen	50 mm
bei allen übrigen Abläufen	60 mm
bei Abläufen für Regenwasser	100 mm

Bei Klimaanlagen sind je nach Unter- oder Überdruck sichere Verschlußhöhen zu wählen. Notfalls sind Entwässerungen über Ferneinläufe mit absperrbarer Verbindungsleitung und freiem Ablauf zu einer nicht gefährdeten Ablaufstelle vorzusehen.

Rohrgeruchverschlüsse müssen mindestens folgende Innendurchmesser haben:

bei Wasch- und Sitzwaschbecken, Brause- und Badewannen	30 mm
bei Ausgüssen, Spülbecken, Doppelspülbecken, Haushalts-Wasch- und Geschirrspülmaschinen u. dgl.	35 mm
bei Urinalbecken (ohne solche mit selbsttätiger Absaugung)	45 mm

Die Nennweite der zum Geruchverschluß verwendeten Ablaufventile muß mindestens betragen

für Waschtische und Sitzwaschbecken	DN 30
für Brause- und Badewannen, Ausgüsse, Spülbecken, Doppelspülbecken u. dgl.	DN 40

Geruchverschlüsse müssen leicht zu reinigen sein. Rohrgeruchverschlüsse müssen an der tiefsten Stelle eine leicht zugängliche und leicht zu lösende, dicht verschließbare Reinigungsöffnung aufweisen, wenn sie sonst nicht leicht zu reinigen sind.

In Absaugeklosetts und -urinalen muß sich der Geruchverschluß nach jeder Spülung automatisch wieder auffüllen.

Die einfachste und günstigste Form eines Geruchverschlusses ist der Rohrgeruchverschluß, das ist ein s-förmiges gebogenes Rohr, in dem ständig Wasser bis zur oberen Biegung steht und so den Verschluß bildet (**247**.1). Flaschengeruchverschlüsse (**247**.2 und **248**.1), zum Teil nicht leersaugend, sehen oft ansprechender aus, verstopfen i. allg. aber leichter.

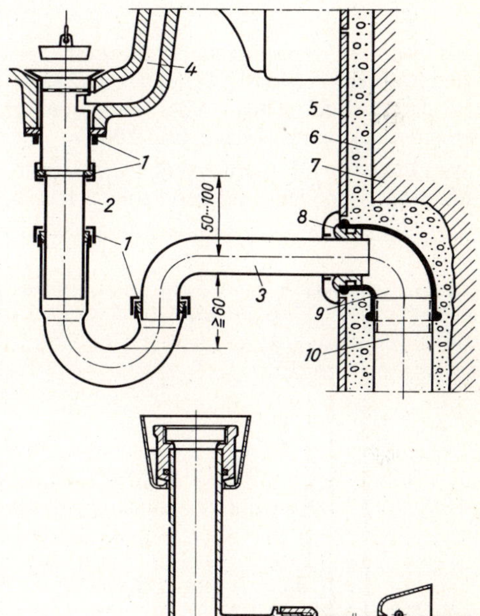

247.1
Anschluß eines Waschtisches an die Entwässerungsleitung mit Gummistopfen-Ablaufventil und Rohrgeruchverschluß (M 1:5)

1 Quetschverschraubung
2 verstellbares Schubrohr 32/30 mm, messing-verchromt
3 Rohr 32/30 mm, messing-verchromt
4 Überlauf des Waschtisches
5 Wandfliesen 150 × 150 mm
6 Mörtel
7 Mauerwerk
8 elastische Rohrverbindung mit H-Gumminippel
9 Fitting, Kniestück, DN 40
10 Stahlrohr DN 40, verzinkt

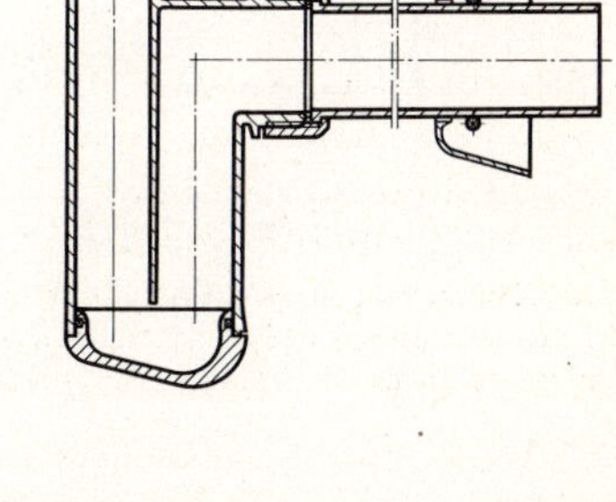

247.2
Flaschengeruchverschluß aus Polypropylen, weiß, strömungstechnisch günstiger als Bild **248**.1 (M 1:5) (GEBERIT)

Die Wirksamkeit der Geruchverschlüsse darf nicht durch Entfernen einzelner Teile aufgehoben werden können, daher sind Glockengeruchverschlüsse mit loser Glocke nicht vorschriftsmäßig.

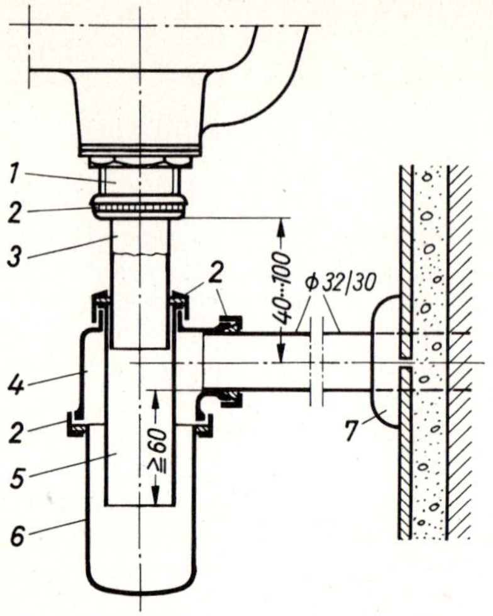

248.1
Flaschengeruchverschluß, messing-verchromt, an einem Waschtisch (M 1:5)

1 Gewindestutzen des Ablaufventiles
2 Quetschverschraubung
3 Schubrohr, verstellbar
4 Oberteil
5 Tauchrohr
6 Unterteil, abnehmbar
7 Wandrosette

Badewannen werden vielfach oberhalb des Fußbodens unmittelbar an die Ableitung mit Badewannen-Ablaufgarnituren (**248**.2) aus Messing angeschlossen. Die Kosten bei Wegfall der Sperrschicht in der Decke sind erheblich geringer als die einer Entwässerung mit einem Deckenablauf nach Bild **206**.1.

Werkstoffe für Geruchverschlüsse sind: Grauguß (asphaltiert oder emailliert), Blei, Messing (vernickelt und verchromt), Kupfer, Steinzeug, Kunststoff und Porzellan.

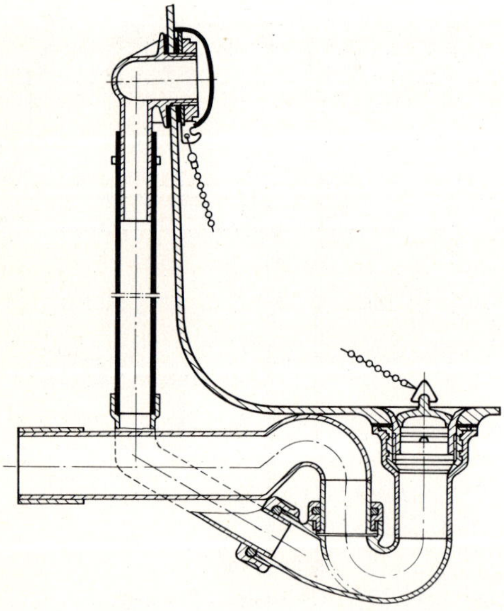

248.2
Wannenablaufgarnitur aus PE hart mit strömungstechnisch günstigem, verstopfungsfreiem Geruchverschluß und unmittelbarem Anschluß an die Falleitung (M 1:5) (GEBERIT)

3.4.11 Fliesenraster

Für alle hauswirtschaftlichen und sanitären Räume empfiehlt sich ein keramischer Wand- und Bodenbelag.

Fliesenbeläge sind besonders widerstandsfähig gegen mechanische Beschädigung, Feuchtigkeit und Beschmutzung.

Fliesen sind aber auch ein Mittel zur Raumgestaltung. Auf die harmonische Anordnung der Sanitäreinrichtungen und der zugehörigen Armaturenanschlüsse in das Fliesenrasterfeld der Wandfliesen ist daher besonderer Wert zu legen.

Alle sichtbaren Sanitärgegenstände sind mit ihrer Mittelachse symmetrisch auf eine Fuge oder Plattenmitte auszurichten (**249**.1).

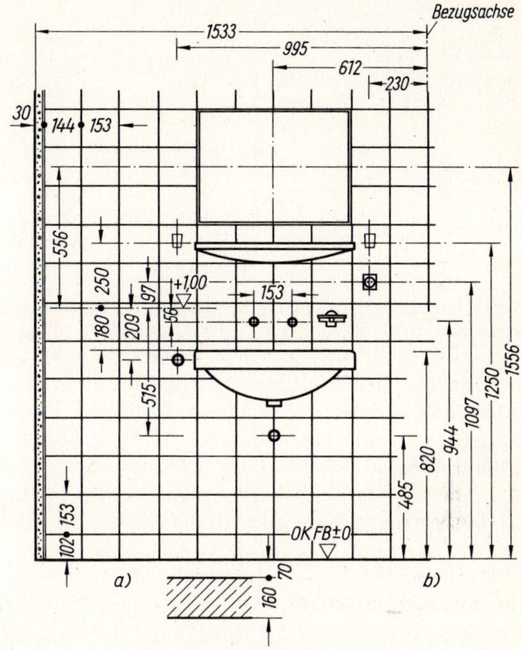

249.1
Verlegeplan für Wandfliesen 150 × 150 mm (M 1:30)

1. waagerechte Maße von der Bezugsachse aus
2. senkrechte Maße bezogen auf
   a) Meterstrich
   b) Oberkante fertiger Fußboden

Die zugehörigen Rohranschlüsse der Armaturen sollen im Fugenkreuz, mittig zwischen den Fugenschnittpunkten oder in der Plattenmitte liegen (**249**.2). Wenn der Mittenabstand der Anschlußstutzen vom Fliesenraster abweicht, sind die Rohranschlüsse symmetrisch zur Fuge oder zur Plattenmitte anzuordnen.

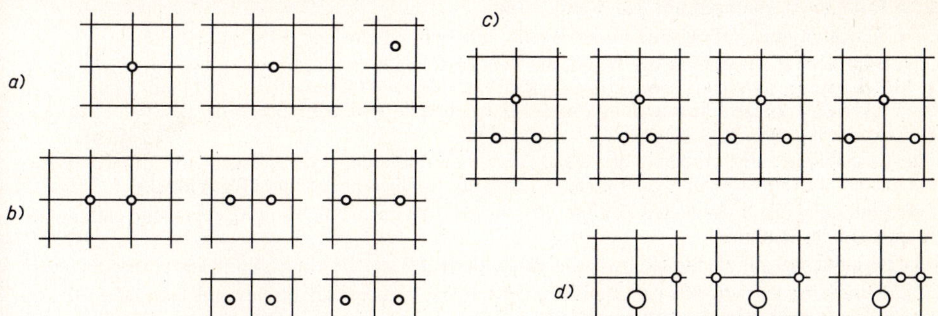

249.2 Armaturenanschlüsse im Wandfliesenbelag, Fliesen 150 × 150 mm (nach Feurich)

a) für Auslaufarmaturen mit einem Zuflußanschluß
b) für Mischbatterien mit 2 Zuflußanschlüssen
c) für Mischbatterien mit 3 Zuflußanschlüssen
d) für Waschtische, Sitzwaschbecken u. ä. mit 1 oder 2 Eckventilen und Geruchverschluß

Am häufigsten werden Wandfliesen in der Größe 150 × 150 mm mit einer Fugenbreite von 2 bis 3 mm und 100 × 100 mm Fliesen mit 2 mm Fugen verlegt (Taf. **250**.1). Dazu passende Sockelfliesen sind 50, 60, 75 und 100 mm hoch.

Tafel **250**.1 Keramische Wandfliesen, Maße in mm

Form	Größe	Fugenbreite	Fugenraster
Quadrat	100 × 100	2	102 × 102
	108 × 108	2	110 × 110
	150 × 150	3	153 × 153
Rechteck	75 × 150	3	78 × 153
	100 × 200	3	103 × 203
	108 × 218	2	110 × 220
	150 × 300	3	153 × 303

Neben ungeraden Formaten gibt es außerdem zahllose weitere rechteckige und quadratische Wandfliesengrößen, z. B. 50 × 50 mm, 73 × 73 mm, 98 × 98 mm, 123 × 123 mm, 198 × 198 mm, aber auch 65 × 198 mm, 98 × 198 mm, 148 × 198 mm und 198 × 298 mm.

Vor Beginn der sanitären Installationsarbeiten ist eine eindeutige Festlegung des Fugenrasters zwischen Architekt, Installateur und Fliesenleger unerläßlich.

Bei größeren Bauvorhaben erfordert die Projektierung und Ausführung der aufeinander bezogenen Installations- und Fliesenarbeiten einen genauen Verlegeplan im Maßstab 1:20 oder besser 1:10.

Vor Anfertigung eines Verlegeplanes sind Plattengröße, Fugenbreite, Sockelausführung, Gefälle, Bezugspunkte oder Bezugsachsen für die Verlegung festzulegen.

Als Bezugsachsen gelten z. B. Wandmitte = Fuge, Türmitte = Plattenmitte oder Waschtischmitte = Fuge (**249**.1).

Hierzu s. auch VOB, DIN 18352, Fliesen- und Plattenarbeiten.

Aus den notwendigen Achsabständen der Sanitärobjekte und dem Fliesenraster ergeben sich Achsmaße, die die Grundlage für die Einteilung werden.

Bei einer Fliesengröße von 150 × 150 mm und 3 mm Fugenbreite ergeben sich die Teilungsmaße 153 mm, 306 mm, 459 mm usw. (**251**.1).

Ein Verlegeplan sollte die nachfolgend aufgezählten Angaben berücksichtigen:

1. die Rohbauabmessungen mit den Wanddicken
2. die Schichten und Auftragsdicken der Wand- und Fußbodenbeläge (**115**.2 und **251**.2)
3. die senkrechte Fliesenteilung der Wände aus dem Plattenmaß (z. B. 150 mm) plus Fugenbreite (2···4, im Mittel 3 mm), möglichst symmetrisch mit ausgleichenden Plattenstreifen ≧ 75 mm breit in den Raumecken (**251**.2). Die Fliesenteilung von eingekachelten Badewannen soll mit der des Wandfliesenbelages übereinstimmen.
4. die waagerechte Fliesenteilung der Wände über dem Fußboden. Geht sie nicht voll auf, wählt man eine andere Sockelplattenhöhe oder einen Streifen aus Teilfliesen über dem Plattensockel.
5. die Einteilung der Bodenfliesen (i. allg. 150/150, 100/100, auch 200/200 mm), beginnend entlang der Hauptwand des Raumes
6. die Bezugsachsen für die Einteilung der Wand- u. Bodenfliesen (Objektachsen, Wandmitte oder -ecke)
7. die Armaturen und Objekte mit allen Montagemaßen, bezogen auf die Bezugsachsen oder OK des fertigen Fußbodens oder der fertigen Wand
8. die Rohrführung, maßgebend für die Aussparungen und Schlitze, mit allen Abmessungen, i. allg. farbig in der Lichtpause für den Installateur
9. das Fußbodengefälle (i. allg. 1:100) und die Oberkanten der Bodenabläufe (1···2 cm tiefer als nach dem normalen Gefälle, Einfassung durch Plattenstreifen zur Überbrückung des Gefälleunterschiedes)
10. Dübel für Objekte und Zubehör, die vor den Fliesenbelägen eingesetzt werden sollen.

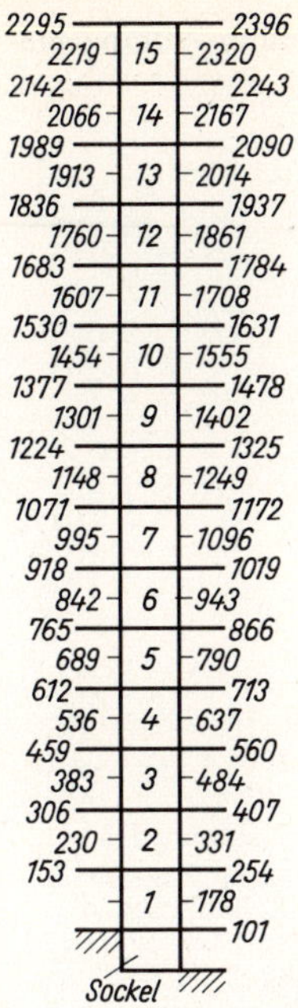

251.1
Teilungsmaße für Fliesen 150 × 150 mm mit 3 mm Fugen (M 1:30)

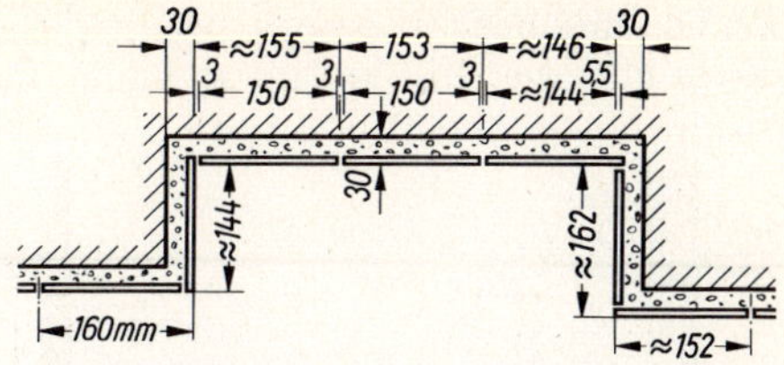

251.2 Wandbelag aus Fliesen 150 × 150 mm, Eckausbildungen (M 1:15)

Folgende Wandbelagsdicken in mm sind der Planung zugrunde zu legen:

Fliesen im Dünnbett (Fertigbau)	10
Fliesen im Dünnbett (einschl. Wandputz auf Mauerwerk)	20
Fliesen (Mörtelverlegung)	30
Fliesen im Dünnbett auf 2 cm dickem Sperrputz aus Zementmörtel mit Dichtungszusatz	30
Fliesen im Dünnbett, darunter 2 cm dicker Zementmörtelputz mit Metallgeflechteinlage auf zweilagiger Sperrschicht aus Dichtungsbahnen auf Unterputz aus Kalkzementmörtel	40
Fliesen im Mörtelbett, Unterkonstruktion wie vor	50

Wandfliesen sollten nicht wesentlich über 2 m hochgezogen werden, damit an Decke und Wänden genügend Putzflächen zur vorübergehenden Aufnahme überschüssiger Luftfeuchte übrigbleiben.

Bevor der Architekt seine Planungsunterlagen an der Baustelle verwendet, sollte er sie der Fliesenfirma zur Überprüfung geben.

Die Anordnung der Installationen nach dem Fugenraster der Wandfliesen bedeutet für den Fliesenleger eine Mehrarbeit, die nicht mehr als Nebenleistung gewertet werden kann. Daher sollte der Architekt bei der Ausschreibung der Fliesenarbeiten eine besondere Position für das Einteilen der Beläge vorsehen.

Beispiele für Installationen auf Wandfliesen zeigen die Bilder **15**.2, **225**.2, **228**.1, **236**.1, **237**.3, **244**.1 und **246**.1.

In feuchten und nassen Räumen müssen die Zwischenschichten der Bodenbeläge gegen Feuchtigkeit von oben geschützt werden. Daher ist der Belag bereits möglichst dicht auszuführen.

Bei Bodenbelägen aus keramischen Fliesen geschieht dies durch die Beigabe von Traßzement, Kunststoffzusätzen o. ä. in den Fugenmörtel oder durch Verwendung neuartiger Dichtkleber.

Zusätzlich ist jedoch oberhalb der Dämmschicht eine Abdichtung gegen Sickerwasser vorzusehen. Diese Abdichtung muß in Feucht- und Naßräumen trogartig ausgebildet und in der Regel 15 cm über die Oberkante des Fußbodenbelages geführt werden (**252**.1).

Bei Duschräumen ist es sogar erforderlich, die Abdichtung an den Wänden bis mindestens 30 cm über die Duschanlage zu führen (**252**.2).

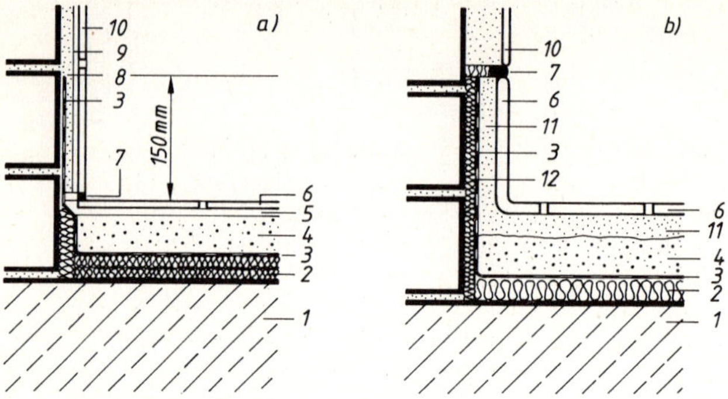

252.1 Boden-Wandanschlüsse in Naßräumen
a) Fliesenbodenbelag an Wandplatten
b) Bodenplattenbelag an Kehlsockel

1 Massivdecke
2 Trittschalldämmplatten, zweilagig, je 12,5/10 mm
3 Feuchtigkeitsabdichtung
4 schwimmender Estrich
5 Dünnbettmörtel oder Kleber
6 Bodenbelag aus keramischen Platten
7 Dehnungsfuge mit dauerelastischer Dichtmasse, zugl. Abdichtung gegen Nutzwasser und zur Vermeidung von Schallbrücken
8 Unterputz
9 Dünnbettmörtel oder Kleber
10 Wandbelag aus keramischen Platten
11 Mörtelbett
12 Randdämmstreifen (z. B. aus Styropor)

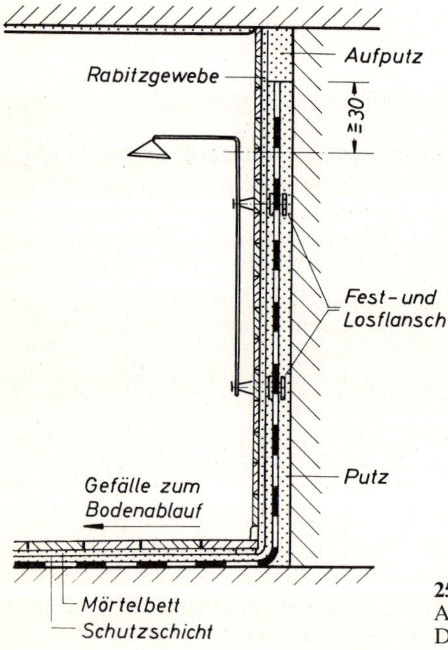

252.2
An der Wand hochgeführte Abdichtung in Duschräumen, Schema

3.5 Sondereinrichtungen

Zu den Sondereinrichtungen für Entwässerungsanlagen gehören Rückstauverschlüsse, Abwasserhebeanlagen und Abscheideanlagen.

3.5.1 Rückstauverschlüsse

Ein Rückstau ist eine im Augenblick nicht zu beeinflussende Drosselung des Abflußvermögens. Er kann sich aus dem Einfluß eines oberirdischen Vorfluters, eines öffentlichen Kanalnetzes oder auch aus der Grundstücksentwässerungsanlage selbst (z. B. durch eine Leitungsverstopfung) einstellen und den Wasserspiegel in der Entwässerungsanlage bis zu einer bestimmten Höhe, der Rückstauebene, ansteigen lassen.

Die Rückstauebene wird im allgemeinen von der zuständigen Behörde auf Oberkante Straße oder Straßenbordstein festgelegt, da hier durch die Straßenabläufe die zusätzlich anfallende Wassermenge abgeleitet werden kann.

Alle über der Rückstauebene liegenden Räume und Flächen müssen grundsätzlich mit natürlichem Gefälle entwässert werden.

In Abwasserschächten, deren Deckel unterhalb der Rückstauebene liegen, sind die Rohrleitungen geschlossen durchzuführen (**188**.2 und **189**.1).

Niederschlagswasser muß, wenn immer möglich, direkt der öffentlichen Kanalisation zugeleitet werden.

Regenwasser von sehr kleinen Flächen wie Kellerabgängen, Garageneinfahrten u. ä. darf, falls eine Versickerung nicht möglich ist, über einen Bodenablauf mit Rückstauverschluß abgeleitet werden (**253**.1). Durch Schwellen vor Kellereingängen, Regenauffangrinnen bei tiefliegenden Garageneinfahrten muß außerdem ein Überfluten der tiefliegenden Räume durch Regenwasser bei gesperrtem Verschluß verhindert werden.

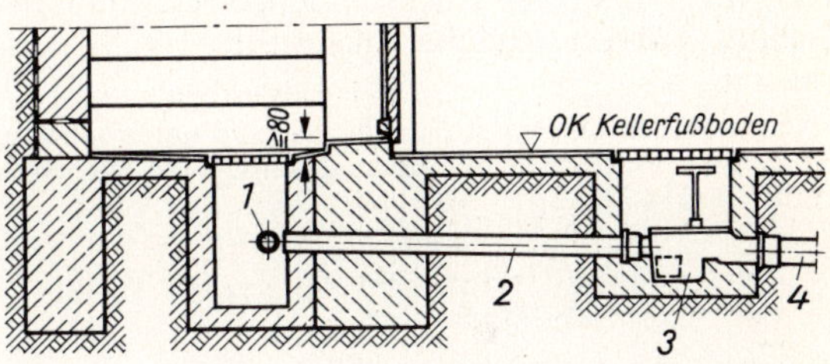

253.1
Entwässerung eines Kellerabganges über einen Kellerablauf mit Rückstaudoppelverschluß sowie mit Anschluß einer Dränleitung (M 1:50)

1 Dränleitung DN 50 oder 70
2 Stahl- oder Gußrohr DN 50 oder 70
3 Kellerablauf mit Rückstaudoppelverschluß
4 GA-Rohr DN 100

Schmutzwasser, das keine Anteile von Abwasser aus Klosett- oder Urinalanlagen hat, kann über eine Absperrvorrichtung abgeleitet werden.

Rückstauverschlüsse bieten jedoch nie eine absolute Sicherheit. Daher sollten Anschlüsse an Abwasserleitungen unterhalb der Rückstauebene möglichst nur in Ausnahmefällen vorgesehen werden.

Zum Schutz gegen Rückstau müssen unterhalb der Rückstauebene alle Schmutzwasserabläufe durch dicht schließende Absperrvorrichtungen nach DIN 1997 gesichert werden. Diese Einrichtungen haben einen doppelten Rückstauverschluß.

Ein handbedienter Schieber- oder Ventilverschluß übernimmt die Hauptsicherung. Er muß völlig dicht sein, soll nur bei Bedarf geöffnet werden und muß sonst aber dauernd geschlossen bleiben.

Ein automatischer Verschluß, der als Klappe oder Schwimmer ausgebildet ist, hält bei eintretendem Rückstau Schwimmstoffe vom handbedienten Verschluß fern und ist mit einer Dichtung Metall gegen Gummi zusätzlich am Rückstauschutz beteiligt.

Der Einbau der Rückstaudoppelverschlüsse erfolgt für Entwässerungsgegenstände, deren Wasserstand im Geruchverschluß unterhalb der Rückstauebene liegt. Oberhalb der

Rückstaudoppelverschlüsse darf nur der zu schützende Entwässerungsgegenstand angeschlossen sein.

Ein gemeinsamer Rückstaudoppelverschluß kann für mehrere Entwässerungsgegenstände vorgesehen werden, wenn ihre Einlaufhöhen auf gleicher Ebene liegen oder die Bedienung beim Betrieb für jeden der angeschlossenen Abläufe gesichert ist.

Sind jedoch Entwässerungsgegenstände, die nicht in demselben Raum und auf verschiedenen Höhen liegen, gegen Rückstau zu sichern, so muß jeder von ihnen einen besonderen Rückstaudoppelverschluß erhalten.

Je nach ihrer Einbaustelle werden Geruchverschlüsse mit Rückstaudoppelverschluß, Kellerabläufe mit Rückstaudoppelverschluß und Rückstaudoppelverschlüsse für durchgehende Rohrleitungen unterschieden. Sie werden größtenteils aus Grauguß, aber auch aus schlagfestem Kunststoff hergestellt.

Geruchverschlüsse mit Rückstaudoppelverschluß in DN 50 (**254**.1) aus Gußeisen werden nur selten für Ausguß-, Labor- und Spülbecken in Kellergeschossen verwendet.

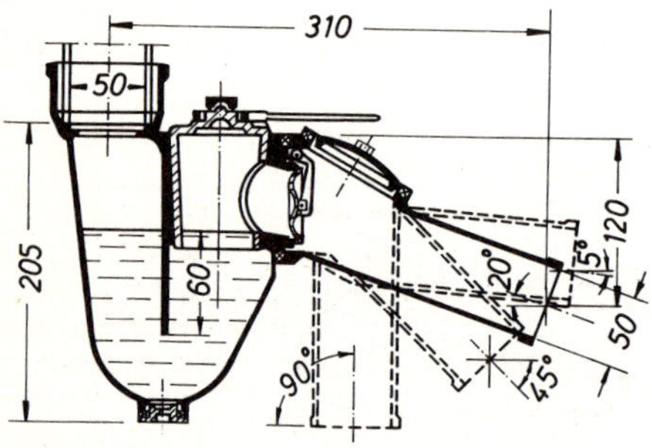

254.1
Geruchverschluß mit Rückstaudoppelverschluß DN 50 (Passavant-Werke)

Kellerabläufe mit Rückstaudoppelverschluß (**254**.2), auch mit dreifachem Rückstauverschluß, können seitliche Zulaufstutzen zum Anschluß weiterer Schmutzwasserabläufe haben.

Neuere Kellerabläufe mit Geruchverschluß und doppeltem Rückstauverschluß sind im Ablaufkasten mit einer zusätzlichen Pumpe ausgestattet, die mit bis zu 7 m Förderleistung gegen den Rückstau arbeitet (**254**.3).

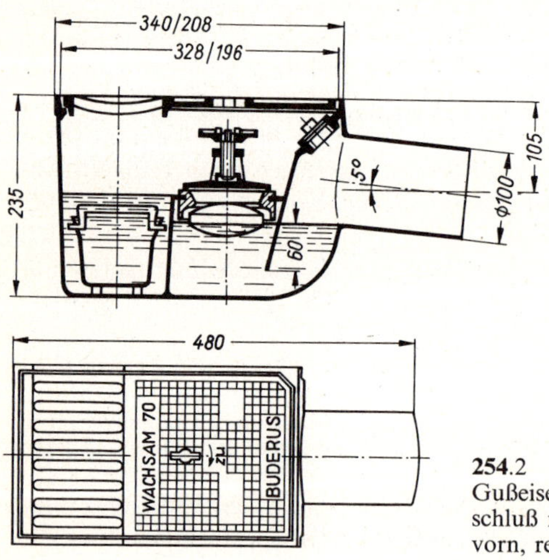

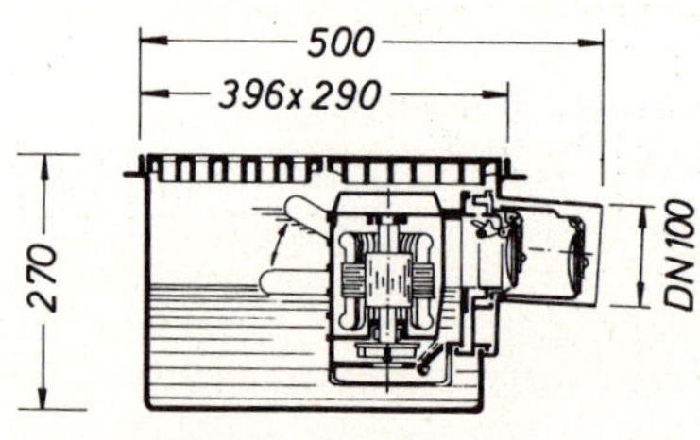

254.3 Kellerablauf mit Pumpe, Geruchverschluß, doppeltem Rückstauverschluß und handbedientem Notverschluß („UNIVA-Pumpfix", KESSEL GmbH)

254.2
Gußeiserner Kellerablauf mit doppeltem Rückstauverschluß nach DIN 1997, auch mit Zulaufstutzen DN 70 vorn, rechts und links lieferbar (M 1:10) (Buderus)

Rückstaudoppelverschlüsse für durchgehende Rohrleitungen mit DN 100, 125 und 150 werden zum Einbau in GA- und Steinzeugleitungen in verschiedenen Ausführungen hergestellt (**255**.1).

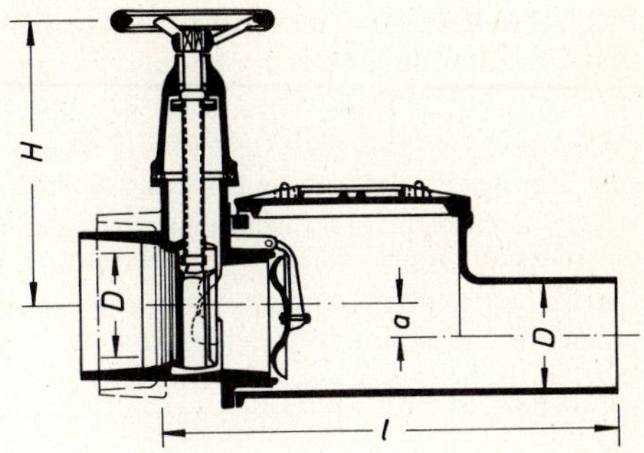

255.1
Rückstaudoppelverschluß für durchgehende Rohrleitung („Triplex", Passavant)

H 345 mm
D 150 mm
a 36 mm
l 520 mm

Andere Absperrvorrichtungen aus schlagfestem Kunststoff mit Hand-Absperrschieber und einer patentierten, automatisch wirkenden „Klenk'schen Klappe" sind ebenfalls als Rückstaudoppelverschluß zugelassen (**255**.2).

Alle Rückstauverschlüsse müssen gut zugänglich und leicht zu bedienen sein.

In ihrer Nähe ist ein dauerhaftes Schild mit der Aufschrift anzubringen:

Verschluß gegen Kellerüberschwemmung. Nur zum Wasserablaß öffnen, dann sofort wieder schließen.

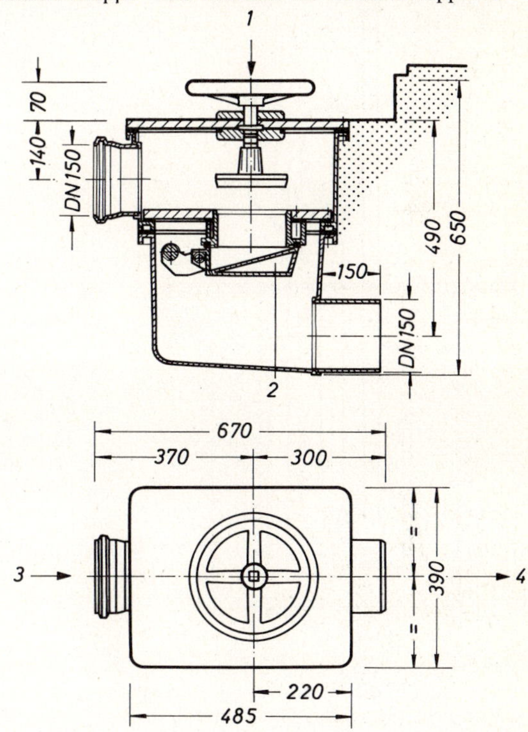

255.2
Selbstreinigender Rückstaudoppelverschluß DN 150 aus hochschlagfestem Kunststoff mit „Klenk'scher Klappe" (KGS-Abwasser-Technik GmbH)

1 Absperrschieber
2 Klenk'sche Klappe
3 Einlauf
4 zum Kanal

3.5.2 Abwasserhebeanlagen

Abwasserhebeanlagen werden notwendig in tiefliegenden Kellerräumen und Grundstücksflächen, die nicht mehr unmittelbar in den Straßenkanal entwässert werden können.

Ferner werden sie überall dort erforderlich, wo ein ständiger Verschluß der Rückstausicherungen wegen häufiger Benutzung oder aus anderen betrieblichen Gründen nicht möglich ist oder wo angrenzende Räume, wie Wohn-, Gewerbe- oder Lagerräume mit wertvollen Gütern unbedingt gegen Rückstau zu schützen sind.

Schließlich muß bei Abort- und Urinalbecken, deren Oberkante $\leqq 25$ cm über der Rückstauebene liegt, das Abwasser in einem gesonderten System von Anschluß-, Sammel- und Grundleitungen gesammelt und mit einer automatisch wirkenden Abwasserhebeanlage bis über die Rückstauebene gehoben und dann über die Grund- oder Sammelleitung dem Abwasserkanal zugeleitet werden (**258**.1).

Alle über der Rückstauebene liegenden Abläufe sind mit natürlichem Gefälle zu entwässern.

Regenwasserabläufe von Flächen unterhalb der Rückstauebene dürfen in eine öffentliche Kanalisation nur rückstaufrei über eine Abwasserhebeanlage entwässern.

Leicht verschmutztes Abwasser und Regenwasser kann in Behältern, Gruben oder Schächten gesammelt werden, soweit es keine Geruchsbelästigungen verursacht. Eine automatische Abwasserhebeanlage für reines oder leicht verschmutztes Wasser ist im Bild **256**.1 dargestellt, der Schaltvorgang nachfolgend erklärt.

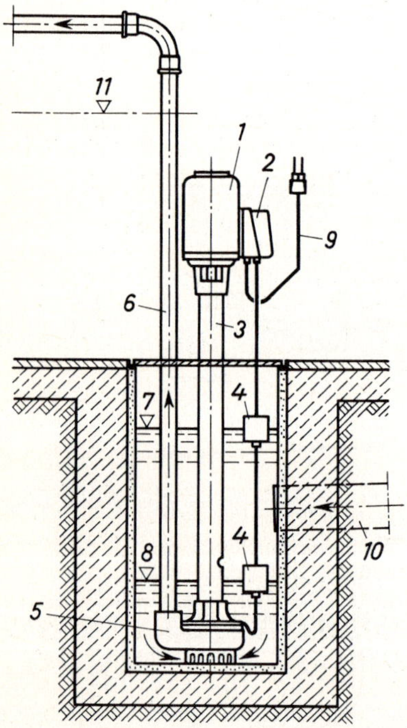

256.1
Automatische Abwasserhebeanlage für reines oder leicht verschmutztes Wasser (M 1:20) („Rotex", Klein, Schanzlin und Becker)

1 Motor
2 Schaltgehäuse
3 Tragrohr mit Welle
4 Verdrängergewichte mit Perlonschnur
5 Druckgehäuse mit Kreiselpumpe
6 Druckrohr DN 32
7 Einschalten
8 Ausschalten
9 Elektro-Anschluß
10 Zulauf
11 Rückstauebene

Zwei an einem Perlonfaden hängende Verdrängergewichte üben eine unterschiedliche Zugkraft aus, je nachdem, ob die zu fördernde Flüssigkeit beide oder nur ein Gewicht umspült. Erreicht der Flüssigkeitsspiegel das obere Gewicht, wird der elektrische Schalter vom Perlonfaden betätigt und die Pumpe automatisch eingeschaltet. Sinkt er bis auf das untere Gewicht ab, wird die Pumpe automatisch stillgesetzt. Ein- und Ausschaltniveau können durch Versetzen der Verdrängergewichte beliebig eingestellt werden.

Abwasser aus Spülaborten und Urinalen u. a., das Geruchbelästigung hervorruft, muß in geschlossenen, wasser- und geruchdichten Behältern gesammelt werden. Die Behälteranlagen müssen von allen Seiten zugänglich sein und über Dach gesondert entlüftet werden (**257**.1 und **258**.1).

Der Aufstellraum für größere Abwasserhebeanlagen (**257**.1) muß so groß sein, daß neben und über allen zu bedienenden und zu wartenden Teilen ein ≧ 60 cm breiter Arbeitsraum verfügbar ist. Der Raum der Hebeanlage muß ausreichend beleuchtet sein.

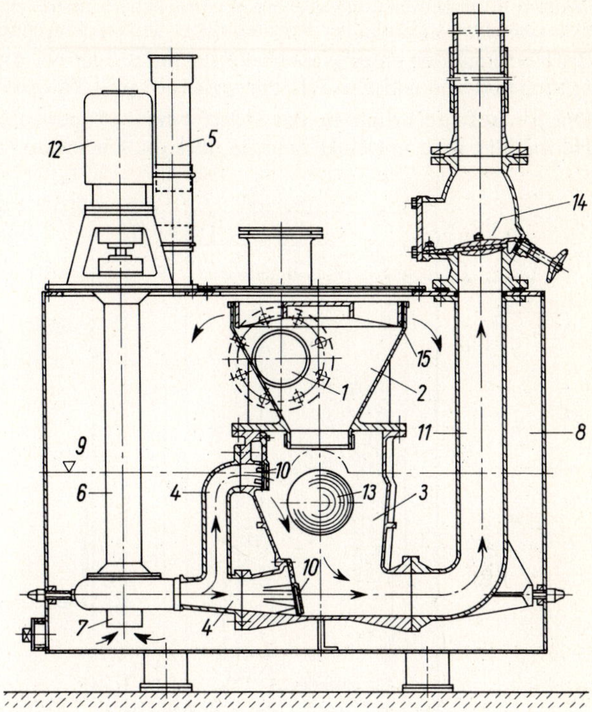

257.1
Abwasser- und Fäkalienhebeanlage „System Strate" („Fäkamat", Guß- und Armaturenwerk Kaiserslautern)

1 Zulauf
2 Fülltrichter
3 Spülraum
4 Abzweigstück
5 Entlüftung
6 Kreiselpumpe
7 Ansaugstutzen
8 Sammelbehälter
9 Einschalthöhe des Wasserspiegels
10 Klappenrechen
11 Druckleitung
12 Pumpenmotor
13 Schwimmerkugel
14 Rückflußverhinderer
15 Rost
→ Fördervorgang

Im gleichen Raum ist ein Pumpensumpf und eine zusätzliche Kellerentwässerungspumpe vorzusehen (**258**.1).

Eine größere automatische Abwasser- und Fäkalienhebeanlage ist im Bild **257**.1 veranschaulicht, der Füll- und Fördervorgang hierzu nachfolgend beschrieben.

Füllvorgang: Das Abwasser fließt durch Zulauf 1 und Fülltrichter 2 in den Spülraum 3. Von hier über Klappenrechen 10 durch Abzweigstück 4, Kreiselpumpe 6 und Ansaugstutzen 7 in den Sammelbehälter 8. Die im Abwasser enthaltenen sperrigen Verunreinigungen werden durch Klappenrechen 10 im Spülraum zurückgehalten.

Bei gleichzeitig im Sammelbehälter 8 und Spülraum 3 ansteigendem Wasserspiegel wird die Schwimmerkugel 13 gegen den Sitz am Fülltrichter 2 gedrückt und dichtet diesen gegen den Spülraum 3 ab. Weiter zufließendes Abwasser gelangt über den Rost 15 in den Sammelbehälter und füllt diesen bis zum vorgesehenen Einschaltpunkt. Sperrstoffe bleiben im Fülltrichter.

Fördervorgang: Sobald der Wasserspiegel im Sammelbehälter 8 den vorgesehenen Einschaltpunkt erreicht hat, wird die Kreiselpumpe 6 automatisch eingeschaltet.

Das mechanisch vorgereinigte Abwasser wird über das Abzweigstück 4, den Spülraum 3 und die Druckleitung 11 in das Kanalnetz gefördert. Dabei werden alle im Spülraum angesammelten Sperrstoffe von dem kräftigen Förderstrom mitgerissen und die Klappenrechen von Verunreinigungen freigespült. Die Schwimmerkugel wird während des gesamten Fördervorganges gegen den Fülltrichter gedrückt.

Nach dem Ausschalten der Pumpe sinkt die Kugel nach unten. Die im Fülltrichter befindlichen Sperrstoffe gelangen in den Spülraum. Der gesamte Vorgang wiederholt sich mit weiterem Abwasserzufluß.

Die in diesen Anlagen verwendeten, unter Wasser oder oberhalb des Wasserspiegels angeordneten Kreiselpumpen werden durch Schwimmer automatisch gesteuert. Zur erhöhten Betriebssicherheit können die Anlagen auch mit 2 Pumpen installiert werden.

Wird zur Raumentwässerung eine Handmembranpumpe verwendet, kann mit ihr bei Stromausfall über einen Dreiwegehahn der Behälterinhalt von Hand abgepumpt werden.

Bei Überschreiten eines Wasserhöchststandes oder bei Ausfall der Anlage tritt häufig eine optische oder akustische Alarmschaltung in Tätigkeit.

Die Einlaufseite erhält in der Regel einen Absperrschieber. Die Druckleitung der Hebeanlage wird mit einer Schleife über die Rückstauebene geführt (**258**.1).

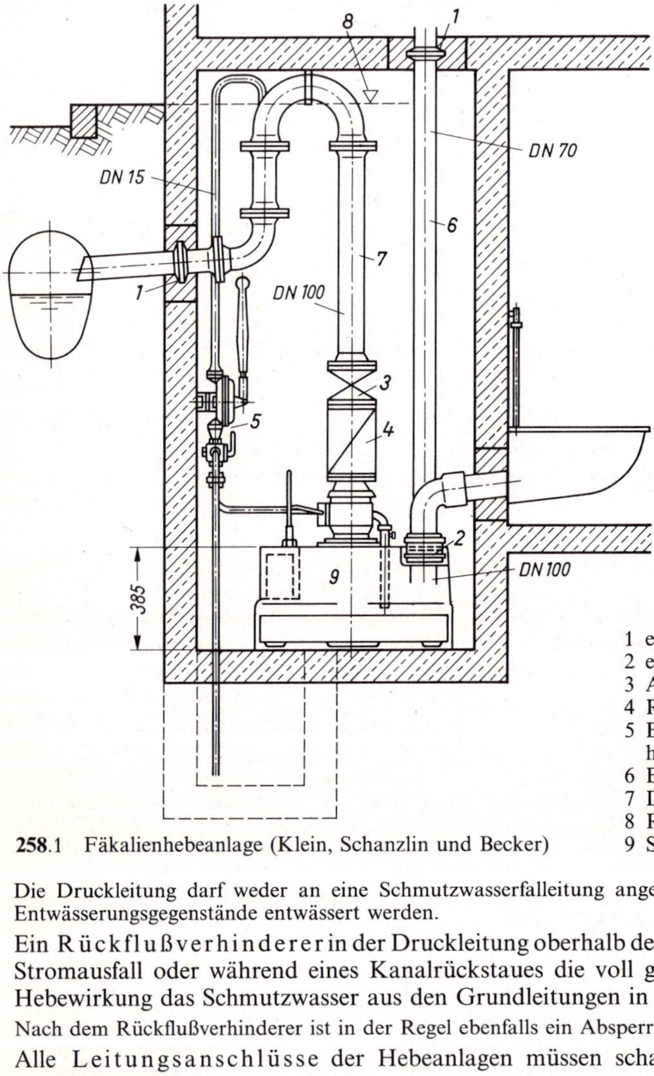

1 elastische Rohrdurchführung
2 elastische Rohrverbindung
3 Absperrventil
4 Rückflußverhinderer
5 Entwässerung der Aufstellgrube, hand- und motorbetrieben
6 Entlüftungsleitung DN 70
7 Druckleitung DN 100
8 Rückstauebene
9 Sammelbehälter 100 l

258.1 Fäkalienhebeanlage (Klein, Schanzlin und Becker)

Die Druckleitung darf weder an eine Schmutzwasserfalleitung angeschlossen, noch dürfen in sie Entwässerungsgegenstände entwässert werden.

Ein Rückflußverhinderer in der Druckleitung oberhalb der Pumpe verhindert, daß bei Stromausfall oder während eines Kanalrückstaues die voll gefüllte Druckleitung durch Hebewirkung das Schmutzwasser aus den Grundleitungen in den Keller saugt.

Nach dem Rückflußverhinderer ist in der Regel ebenfalls ein Absperrschieber eingebaut.

Alle Leitungsanschlüsse der Hebeanlagen müssen schallgedämmt und beweglich ausgeführt werden.

Je nach Art und Größe der im Abwasser anfallenden Stoffe können zusätzlich Vorrichtungen zu deren Zerkleinerung notwendig werden.

Eine Kleinanlage, auf engstem Raum untergebracht, als Fäkalienhebeanlage für Einfamilienhäuser, aus deren Kellerräumen öfter die Abwässer von Aborten, Waschtischen, Wascheinrichtungen und Duschanlagen abgeleitet werden müssen, zeigt Bild **258**.1.

Die kleinvolumige Fäkalienhebeanlage kann Abwässer von WC-Anlagen fördern, deren Beckenoberkante < 25 cm über der Rückstauebene liegt. Durch geringe Abmessungen (Grundfläche 72 × 59 cm, Einlaufhöhe < 40 cm) ist die Anlage zur nachträglichen Installation gut geeignet. Bei 2,00 bis 8,00 m Förderhöhe liegt der Leistungsbereich zwischen 2,5 und 45 m^3/h. Der gas-, geruch- und wasserdichte korrosionsbeständige Sammelbehälter faßt 100 l. Die mit verstopfungssicherem Freistromrad und automatischem Wasserstandswächter ausgerüstete Anlage wird steckerfertig verdrahtet geliefert.

3.5.3 Abscheideanlagen

Für Stoffe und Flüssigkeiten, die schädliche oder belästigende Ausdünstungen oder Gerüche verbreiten, Baustoffe der Entwässerungsanlagen angreifen oder den Betrieb stören, sind Einrichtungen zu schaffen, die mit Sicherheit das Eindringen dieser Stoffe und Flüssigkeiten in die Leitungen verhindern.

Bei Abführung sinkstoffhaltigen Abwassers in die Entwässerungsanlage sind Sand- oder Schlammfänge vorzusehen. Bei Kraftwagen-Waschplätzen sind Schlammfänge nach den Baugrundsätzen für Benzinabscheider zu bemessen.

Anlagen zum Zurückhalten schädlicher Stoffe dürfen sich nur in den Leitungen solcher Ablaufstellen, für die die Anlage notwendig ist, befinden. Anderes Abwasser darf nicht zugeführt werden. Die Anlagen müssen einwandfrei gereinigt werden können.

Benzinabscheider. In Garagen und auf Stellplätzen, in oder auf denen Kraftfahrzeuge gewaschen, gewartet oder betankt werden, sind alle Abläufe über Benzinabscheider nach DIN 1999 an das Entwässerungsnetz anzuschließen. Dies gilt nicht für Bodenabläufe von Flächen und Räumen, auf oder in denen Kraftfahrzeuge lediglich abgestellt werden.

Benzinabscheider (**259**.1) müssen allgemein zugelassen sein. Ihre Größe wird nach Art und Menge der flüssigen Abgänge bemessen (Taf. **260**.1).

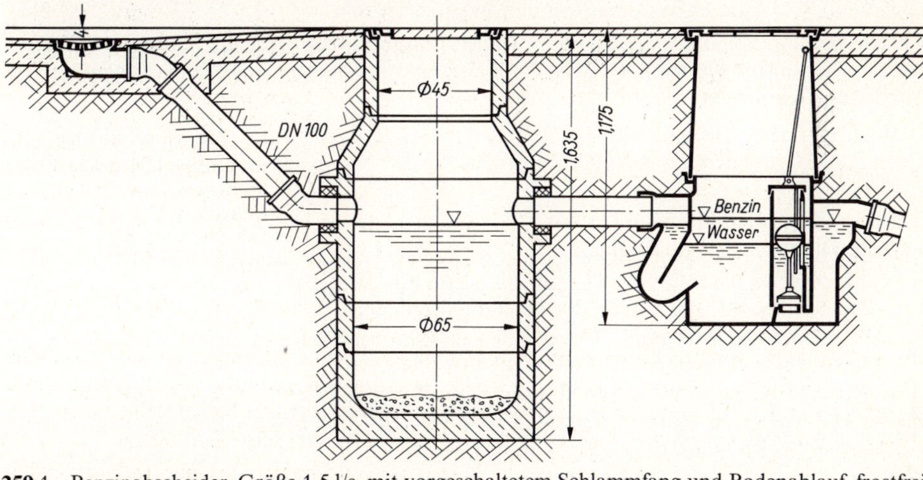

259.1 Benzinabscheider, Größe 1,5 l/s, mit vorgeschaltetem Schlammfang und Bodenablauf, frostfrei im Freien eingebaut (M 1:30) (Buderus)

Tafel **260**.1 Größe der Benzinabscheider und Schlammfänge (nach DIN 1999 T. 2)

Leistungsfähigkeit des Benzinabscheiders	l/s	1,0	1,5	2,0	3,0	4,0	5,0	6,0
Zahl der Wagenunterstände		5	8	12	25	40	60	100
angeschlossene größte zulässige Regenauffangfläche bei einer Regenspende[1]) von								
150 l/s · ha	m^2	70	100	140	200	270	340	400
200 l/s · ha	m^2	50	75	100	150	200	250	300
300 l/s · ha	m^2	35	50	70	100	135	170	200
geringster ∅ für Zu- und Ablauf des Schlammfanges	mm	100	100	100	100	100	125	125
Mindestgröße des Schlammfanges ab Ablaufunterkante								
runde Form:	∅ mm	650	650	650	800	1000	1200	1500
	Liter	240	240	360	650	1050	1550	2500
rechteckige Form: Länge	mm			1000	1400	1750	2000	2500
Breite	mm			800	800	1000	1000	1000
	Liter			520	840	1400	1800	2500

[1]) s. Tafel **196**.2

Besonders bei Anfall großer Mengen von Benzin usw. sind Abscheider mit selbsttätigem Schwimmerverschluß notwendig und werden von manchen Tiefbauämtern grundsätzlich vorgeschrieben, da sie den Ablauf beim Erreichen einer bestimmten Benzinhöhe absperren und so eine Kontrolle und rechtzeitige Entleerung erzwingen.

Die Oberkante des Abscheiders, in den keine Abort- und Wirtschaftsabwässer und kein Regenwasser von Dach- und Hofflächen eingeleitet werden dürfen, muß mindestens 4 cm über dem höchsten Einlauf liegen. Jedem Benzinabscheider ist ein Schlammfang vorzuschalten, über den auch Abwässer eines Waschplatzes zum Abscheider abzuleiten sind und dessen Abmessungen Tafel **260**.1 zu entnehmen sind. Die Hofflächen müssen ein vom Waschplatz abweisendes Gefälle haben oder von ihm abgetrennt sein.

Abscheider und Schlammfänge sind im Freien und möglichst in nicht befahrenen Flächen anzulegen. Sie sind nach DIN 1229 verkehrssicher abzudecken. Ihr Wasserspiegel muß in frostfreier Tiefe liegen.

Ölabscheider. In Abwasserkanäle abfließendes Heizöl gefährdet die Reinhaltung von Grund- und Oberflächenwasser und besonders die Arbeitsweise von biologischen Kläranlagen.

Daher sind in allen Heizräumen mit Ölfeuerungen, die an das Kanalnetz angeschlossen werden, Ölabscheider vorzusehen.

Heizölsperren nach DIN 4043 genügen, wenn nur gelegentlich geringe Mengen Wasser, z. B. beim Entleeren und Füllen der Heizung, abfließen.

Sie verhindern beim plötzlichen Heizölzufluß und Erreichen eines bestimmten Ölstandes in der Heizölsperre durch selbsttätigen Abschluß, daß Heizöl in die Kanalisation gelangt.

Heizölsperren werden mit und ohne doppeltem Rückstauverschluß hergestellt (**261**.1).

Die Heizölsperre nimmt bis zu 5 l Heizöl auf. Sie muß ständig mit Wasser gefüllt sein.

Ein Schlammfang ist in der Regel nicht erforderlich.

Bei Einbau unter der örtlich festgesetzten Rückstauebene ist eine Heizölsperre mit Rückstaudoppelverschluß erforderlich.

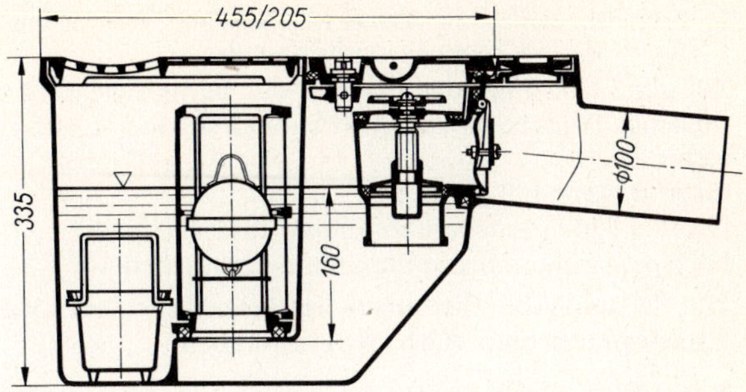

261.1
Gußeiserne Heizölsperre mit Rückstaudoppelverschluß nach DIN 4043

Heizölabscheider nach DIN 1999 sind bei größerem oder regelmäßigem Wasseranfall im Heizkeller einzubauen (**261**.2).

Sie scheiden beim Durchfluß des Wasser-Ölgemisches das Heizöl weitgehend aus und verhindern so, daß Öl in die Kanalisation gelangt. Bei Erreichen des maximalen Speichervermögens schließt das Schwimmerventil den Abfluß zum Kanal. Das abgeschiedene Öl muß von Zeit zu Zeit abgeschöpft werden.

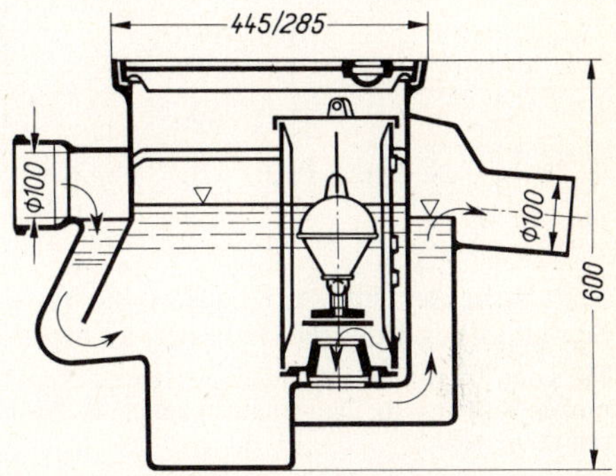

261.2 Heizölabscheider für 0,5 l/s („Curator MS“, Passavant-Werke)

Dem Heizölabscheider ist ein Bodenablauf ohne Geruchverschluß vorzuschalten.

Ein Schlammfang z. B. von 240 l Inhalt ist nur erforderlich, wenn beispielsweise die Abwässer aus einer begehbaren Betonwanne zur Leichtstofflagerung dem Abscheider zugeführt werden.

Wie bei einem Benzinabscheider (**259**.1) muß die Oberkante des Heizölabscheiders ≧ 4 cm über der Ablaufstelle liegen.

Bei Einbau unter der örtlich festgesetzten Rückstauebene muß der Abfluß eines Heizölabscheiders über eine Abwasserhebeanlage geleitet werden.

Fettabscheider. Sie sollen nach DIN 4040 und 4041 aus fetthaltigen Abwässern das Fett ausscheiden, das sich beim Erkalten an den Wänden der Abwasserleitungen absetzen und nur schwer zu entfernen sein würde.

Sie sind daher in Fleischereien und Fleischwarenfabriken, Schlachträumen, Fischverwertungsbetrieben, Großküchen, Gastwirtschaften u. dgl. einzubauen (**261**.3).

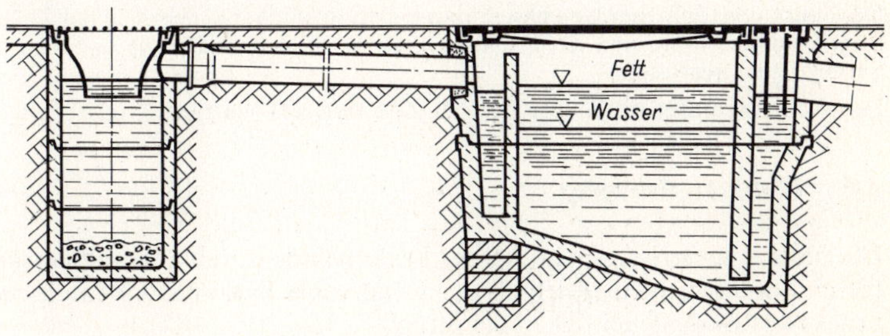

261.3
Beton-Fettabscheider „WAL“ in einem geschlossenen Raum mit vorgeschaltetem Schlammfang und Geruchverschluß, der gleichzeitig als Einlauf dient (Buderus)

Einbaupflicht besteht in Gastwirtschaften und Verpflegungsstätten, in denen täglich mehr als 200 Portionen warmes Essen ausgegeben werden.

Bei der Ermittlung der Größe des Fettabscheiders sind z. B. bei Gaststätten mit einer täglichen Abgabe bis zu 400 Portionen warmen Essens als Abwassermenge in Rechnung zu setzen 2,0 l/s

für je weitere 100 Portionen 0,25 l/s

für eine Einkammerspülmaschine zusätzlich 1,0 l/s

für eine Zweikammerspülmaschine zusätzlich 2,0 l/s

Die Zu- und Abflußleitungen des Fettabscheiders sollen mindestens die in der Tafel **262**.1 festgelegten lichten Rohrweiten haben.

Tafel **262**.1 Fettabscheider, Zu- und Abflußleitungen, lichte Rohrweiten (nach DIN 4040)

l/s	mm
bis 3	100
über 3 bis 7	125
über 7 bis 12	150
über 12 bis 25	200

Fettabscheider sind möglichst nahe an den Ablaufstellen hinter einem vorgeschalteten Schlammfang frostfrei im Freien anzuordnen, jedoch nicht in Hauptgrundleitungen.

Falls der Einbau außerhalb eines Gebäudes nicht möglich ist, muß der Einbauraum geruchsicher, be- und entlüftbar sein. Die Ablaufstellen, z. B. Bodenabläufe der Zuflußleitung, sind mit Geruchverschlüssen zu versehen.

Der Abscheider darf nur die zu behandelnden Abwässer aufnehmen. Mindestens eine Zuleitung zum Fettabscheider ist zu entlüften. Alle Zuleitungen müssen ein Mindestgefälle von 1:50 haben.

Fettabscheider, die unter der örtlich festgelegten Rückstauebene liegen, sind über eine Hebeanlage zu entwässern.

Die Abscheider können aus Grauguß-, Stahlblech- oder Betonfertigteilen, größere Anlagen auch an Ort und Stelle aus Ziegelmauerwerk oder Beton ausgeführt werden. Sie sind regelmäßig zu entleeren und zu reinigen.

Sand- und Schlammfänge. Sie sind laut DIN 1986 dort vorzusehen, wo sinkstoffhaltiges Abwasser abgeführt wird. Schlammfänge sind daher teilweise auch vor Abscheidern einzubauen (**259**.1 und **261**.3).

Schlammfänge vor Benzinabscheidern sind nach DIN 1999, vor Fettabscheidern nach DIN 4041 zu bemessen.

Der Sand- oder Schlammfang besteht aus einem Behälter, bei dem sich der Zulauf, der auch aus einem Rost bestehen kann, und der Ablauf im oberen Teil befinden, so daß sich am Behältergrund der Sinkschlamm absetzt.

Der Schlammfang muß von Zeit zu Zeit entleert werden.

3.6 Gebäudedränung

Die übliche äußere Abdichtung der Kellerwände durch äußere Sperranstriche und waagerechte Sperrschichten oberhalb der Kellersohle kann das Gebäude lediglich gegen nichtdrückende Bodenfeuchtigkeit schützen.

Sie versagt aber bei Stauwasser im Verfüllungsbereich der Baugrube bei schwer durchlässigem bindigem Boden, bei wasserführenden Schichten oder bei einer Hangbebauung mit Wasserandrang von der Bergseite. Hiergegen schützt eine Gebäudedränung, die nach DIN 4095 ausgeführt werden sollte.

Im Grundwasserbereich oder bei zeitweilig hohem Grundwasserstand sind weiterführende bauliche Sicherungsvorkehrungen zu treffen.

Die Dränung ist ein unterirdischer Leitungsstrang oder eine Flächenentwässerung zur dauerhaften Stauwasserbeseitigung des Gebäudeuntergrundes.

Eine Ringdränage bildet ein ringförmig die Gebäudefundamente umschließendes Rohrsystem (**263**.1). Die Ringdränage ist immer anzustreben.

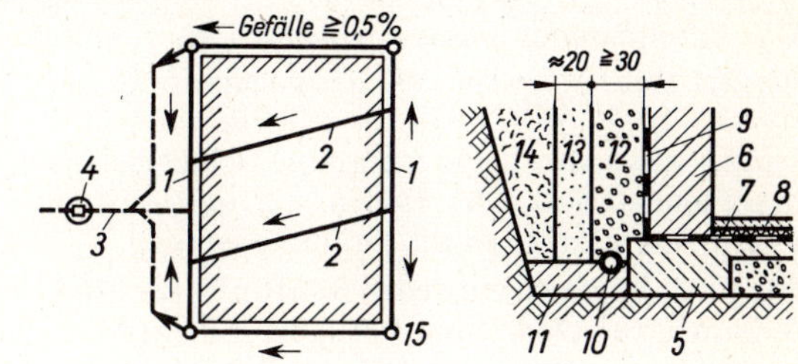

263.1
Gebäudedränung als Ring- und Sohlendränung

1 Dränleitung als Ringleitung
2 dgl. Verbindungsleitung (Sauger)
3 Anschlußkanal für Regenwasser
4 Reinigungsschacht
5 Gebäudefundament und Unterbeton des Kellerfußbodens
6 Kelleraußenwand
7 Sperrschicht des Kellerfußbodens, zweilagig
8 Kellerfußboden
9 3 oder 4 Sperranstriche auf der Kelleraußenwand
10 Dränleitung, ≧ DN 100
11 Magerbetonbett der Dränleitung
12 Sickerschicht aus grobem Flußgeröll o. ä.
13 Filterschicht aus Feinkies
14 Baugrubenverfüllung
15 Kontrollschacht

Eine Flächendränage besteht aus einer Kiesfilterschüttung mit oder ohne Rohrdränage unter der Bauwerkssohle (**263**.2). Diese Dränageform kann bei größerem Wasseranfall zweckmäßig sein.

Die Dränung bildet künstliche Hohlräume, die aus Rohren, Filterkörpern oder Sickerpackungen bestehen und das anfallende Abwasser ableiten sollen.

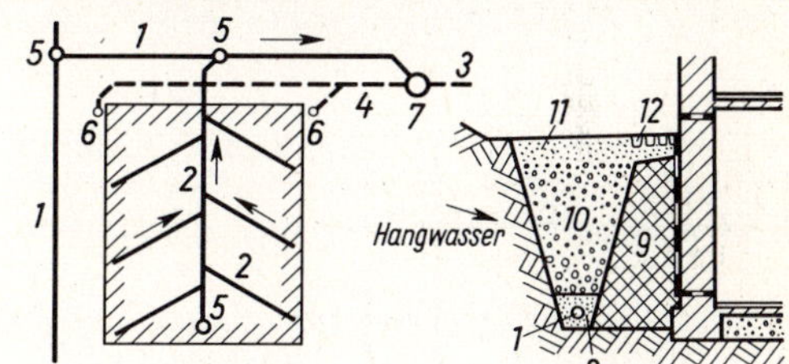

263.2
Hangdränung in Verbindung mit einer Sohlendränung im Anschluß an den Regenwasser-Anschlußkanal einer Trennkanalisation

1 Dränleitungen der Hangdränung
2 Dränleitungen der Sohlendränung
3 Regenwasser-Anschlußkanal
4 Regenwasser-Grundleitung
5 Prüfschacht
6 Regenfalleitung
7 Reinigungsschacht
8 Feinsandschicht
9 wasserundurchlässiger Boden
10 Sand-Kies-Filter des Sickergrabens
11 Mutterboden
12 Traufpflaster

Dränrohre. Sie können aus Tonrohren, geschlitzten bzw. gelochten Steinzeug- oder Betonrohren, Betonfilterrohren oder gelochten bzw. geschlitzten Kunststoffrohren bestehen. Sie sollen eine Nennweite $\geqq 100$ mm haben und in einem Gefälle $\geqq 0{,}5$ % verlegt werden. Das Sohlgefälle bei Sickerpackungen soll $\geqq 1$ % betragen.

Tonrohre sind 33 cm lang, werden stumpf gestoßen verlegt, so daß anfallendes Wasser über die Stöße in das Rohrinnere gelangt.

Betonfilterrohre aus Einkornbeton nehmen das Wasser durch ihre porösen Wandungen allseitig auf. Die Rohrverbindungen mit Falz und Muffe schließen an den Stößen ein Eindringen von Bodenmaterial aus.

Kunststoffrohre sind spiralförmig gewellt mit Wassereinlaßöffnungen in den Wellentälern. Die biegsamen Filterrohre werden in großen Längen geliefert.

Filtermaterial. Es besteht aus Filtersand 0 bis 4 mm oder sandigem Kies 4 bis 32 mm oder Grobkies bzw. Schotter mit 32 bis 63 mm Korngrößen.

Das Filtermaterial umgibt zunächst Dränrohre allseitig mit $\geqq 10$ cm Dicke.

Als zusätzliche Maßnahme des Rohrschutzes wird eine Umhüllung der Rohre mit Filtermatten aus Kunststoff- oder Glasfaservlies empfohlen.

Die zu verwendende Filterkörnung richtet sich nach der Art des anstehenden Bodens oder des Füllmaterials. Der Boden soll sich nicht mit dem Filtermaterial vermischen, das Filtermaterial nicht in die Dränung geraten.

Als Filter kommen entweder Stufenfilter (**264**.1) mit einzeln getrennten Schichten oder Mischfilter (**264**.2) mit kornabgestuftem Material zum Einbau.

Für Flächenentwässerungen können auch Filterkörper verwendet werden.

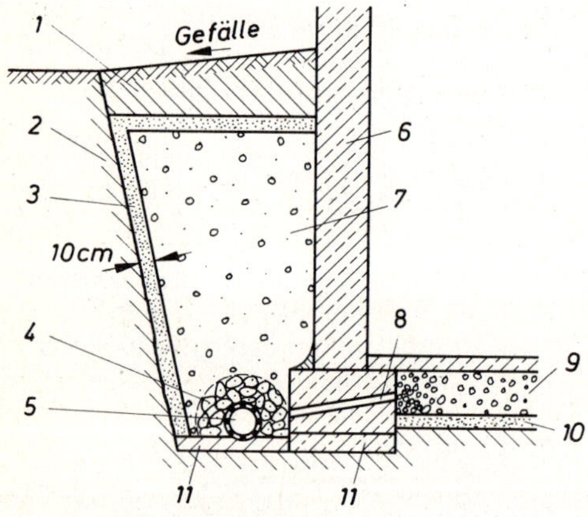

264.1
Rohrdränung mit Stufenfilter (nach DIN 4095)

1 wasserabweisende Abdeckung
2 anstehender Boden (Schluff)
3 Filtersand 0 bis 4 mm
4 Grobkies oder Schotter 32 bis 63 mm
5 perforiertes Dränrohr, Löcher ∅ 20 mm
6 wasserundurchlässiger Beton
7 Wanddränung, sandiger Kies 4 bis 32 mm
8 Entwässerung nach außen
9 Flächenfilter, sandiger Kies
10 Filtersand
11 Unterbeton

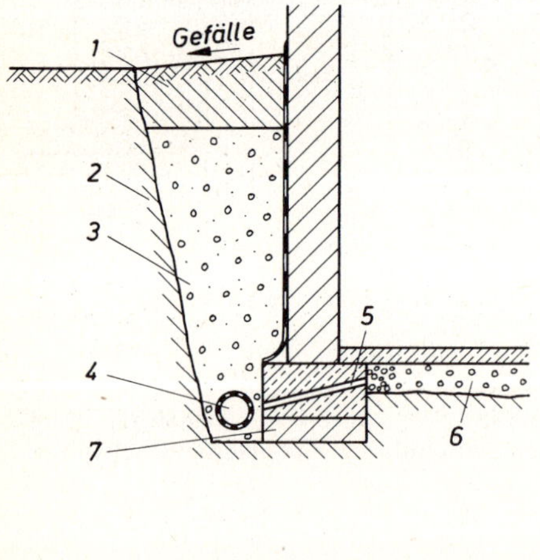

264.2
Rohrdränung mit Mischfilter (nach DIN 4095)

1 wasserabweisende Abdeckung
2 anstehender Boden (schluffiger Sand)
3 Wanddränung, Mischfilter, sandiger Kies 4 bis 32 mm
4 Dränleitung, Schlitzrohr
5 Entwässerung nach außen
6 Flächenfilter, sandiger Kies
7 Unterbeton

Verlegung. Im allgemeinen werden die Dränrohre gegen die Fließrichtung, also von unten nach oben, verlegt. Von der Seite in die Hauptleitung einmündende Rohre sind entweder mit Abzweigstücken oder, insbesondere bei Tonrohren, von oben anzuschließen.

Die Rohrsohle der Dränleitung sollte nicht über OK Kellerfußboden liegen (**263**.1, **264**.1 und 2). Bei tiefer als die Fundamentsohle liegenden Dränsträngen ist der Druckverteilungswinkel des Bodens unter dem Fundament zu berücksichtigen. Der Druckverteilungswinkel kann mit 30°, sicherer mit 45° angenommen werden (**181**.1).

Zur Verhinderung des Unterspülens der Leitungen empfiehlt sich ein Verlegen der Rohre auf einem Magerbetonbett (**263**.1 und **264**.1).

Die Dränstränge dürfen sich mit Grundleitungen und Anschlußkanälen der Gebäudeentwässerung nicht auf gleicher Höhe kreuzen.

In allen Dränagen, die als Rohrleitungen ausgebildet sind, sollen an den Knickpunkten und Einleitungen Revisionsschächte, z. B. aus Betonrohren DN 500, oder Reinigungsöffnungen in Abständen von höchstens 30 m vorgesehen werden (**263**.1 und 2). Sie müssen durch ihre Größe Kontrollen und Spülungen verschlämmter Dränstränge ermöglichen.

Nach ihrer Verlegung sind die Dränrohre umgehend mit Filtermaterial abzudecken.

Beim langenweisen Verfüllen und Verdichten des Arbeitsraumes ist der äußere Sperranstrich der Kelleraußenwände durch spitze Gegenstände, z. B. Bauschutt, Flaschen und Steinmaterial, in hohem Maß gefährdet. Dieser Gefahr sollte von vornherein durch Einlegen eines Schrammschutzes begegnet werden.

Schrammschutz. Am zuverlässigsten wird er durch eine vorherige Belegung der Bauwerksaußenflächen mit wasserdurchlässigen Filterkörpern oder -platten erreicht (**265**.1). Diese Dränwände wirken außerdem wasserabweisend, in manchen Fällen auch belüftend.

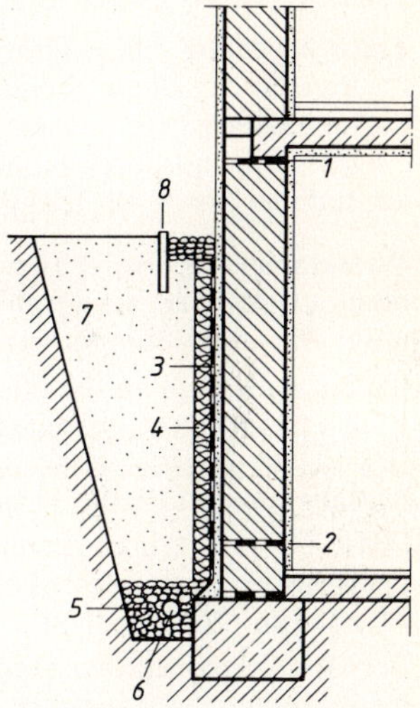

265.1
Schrammschutz und Filterschicht aus Kunststoffplatten (G + H, Exporit-Unidrän)

1 horizontale Abdichtungen
2 Zementputz
3 senkrechte Abdichtung (z. B. zweimaliger Anstrich mit heißflüssig aufgebrachtem Abdichtungsmittel)
4 Exporit-Unidrän
5 Sickerpackung aus Grobkies oder Schotter
6 Dränagerohr
7 Auffüllmaterial
8 Kantenstein oder Traufstreifen aus Grobkies

Als Schrammschutz- und Dränwandmaterialien kommen bituminierte Wellplatten, Dränplatten aus Styroporkügelchen, Betonfilterplatten, Betonfiltersteine u. a. in Frage.

Großflächige Wellplatten bestehen aus bituminiertem Guttapercha.

Dränplatten aus Styroporkügelchen sind in der Regel 6,5 cm stark und wärmedämmend, solange sie trocken bleiben.

Als trocken im Verband versetzte Schrammschutzschicht kommen Hochlochziegel, Bimsbetondielen oder Betonfilterplatten zur Anwendung (**266**.1).

Hohlkörperbildende Betonformsteine oder -platten bilden ebenfalls Dränwände, die durch Abdecksteine, Fußsteine und Fertigteilrinnen vervollständigt werden können.

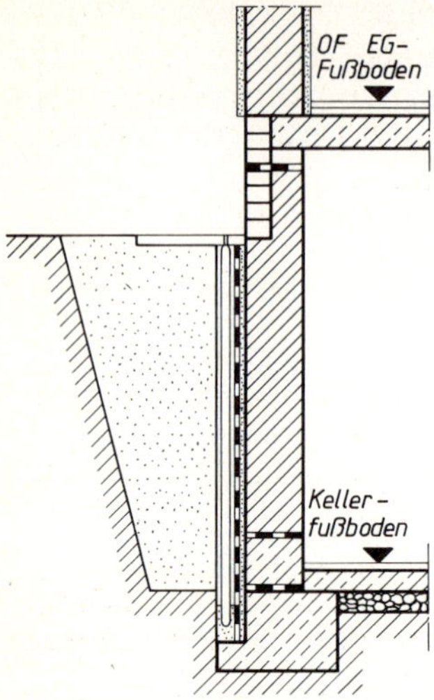

266.1
Schrammschutz und Filterschicht aus Bims-Hohlkörpern (Por-Wand)

Die oben offenen Schutzschichten sind sorgfältig mit Platten, Steinen, Fertigteilen, auch Bitumenpappe oder Kunststoffolie abzudecken.

Es besteht bei wasserableitenden Schrammschutzschichten die Gefahr, daß sich Wasser hinter der Schutzschicht aufstaut und auf die Kelleraußenwand einwirkt. Besonders gefährdet sind dabei auf den Fundamentabsatz gestellte Schutzwandendigungen.

Flächendränung. Diese Dränung unterhalb der Kellersohle kann notwendig werden, wenn im Bereich der Baugrube infolge der Bodenbeschaffenheit mit einer größeren Menge von Sickerwasser zu rechnen ist. In diesem Fall wird eine abgestufte Sand-Kiesfilterschüttung eingebracht und durch Rohre $\geqq$ DN 50 in die Ringdränung abgeleitet. Die Dränwirkung kann dabei durch ein fischgrätenartig verlegtes Rohrsystem verstärkt werden (**263**.2).

Wasserableitung. Es ist anzustreben, einen Anschluß der Dränage in freiem Gefälle an ein offenes Gewässer, wie Graben, Bach oder Fluß, oder Regenwasserkanal zu schaffen, also möglichst ohne Pumpen auszukommen.

Da ein Anschluß an die öffentliche Kanalisation oft nicht zugelassen wird, muß in vielen Fällen das Dränwasser einem Sickerschacht zugeführt werden (**153**.2).

Der Schacht muß vom Gebäude ausreichend entfernt und so groß bemessen sein, daß das anfallende Wasser auch in Stoßzeiten aufgenommen werden kann.

Beim Trennverfahren kann die Dränleitung, am besten über einen außen liegenden Prüfschacht, notfalls mit vorgeschaltetem Sandfang, in den Regenwasser-Anschlußkanal entwässern (**263**.1 und 2).

Bei Mischkanalisation ist eine Ableitung über den Anschlußkanal nur dann möglich, wenn dieser völlig rückstausicher ist.

Wird ein Rückstau erwartet, ist das Dränwasser in einer Grube zu sammeln und mit einer Pumpe in den rückstaugefährdeten Mischwasser-Anschlußkanal zu leiten.

Dabei muß das Dränwasser erst über die festgelegte Rückstauebene gehoben werden, bevor es dem Anschlußkanal zugeführt wird.

Notfalls ist die ständige Bereitschaft einer automatischen arbeitenden Hebeanlage (**256**.1) durch ein Notstromaggregat sicherzustellen.

3.7 Anlagenbeseitigung

Nicht mehr benutzte Entwässerungsanlagen sind so zu sichern, daß keine Gefahren oder unzumutbaren Belästigungen entstehen können. So können z. B. die Öffnungen in den Leitungen wasserdicht verschlossen werden. Nicht mehr benutzte Abort-, Klär- oder Sammelgruben sind nach ordnungsgemäßer Räumung sofort zu beseitigen oder mit Erdreich zu verfüllen, wenn sie nicht für andere Zwecke in zulässiger Weise nutzbar gemacht werden.

3.8 Technische Regeln

Deutsche Normen

DIN 1986	T. 1 Entwässerungsanlagen für Gebäude und Grundstücke; Technische Bestimmungen für den Bau (09. 78)
DIN 1986	T. 2 Entwässerungsanlagen für Gebäude und Grundstücke; Bestimmungen für die Ermittlung der lichten Weiten und Nennweiten für Rohrleitungen (09. 78)
DIN 1986	T. 3. Entwässerungsanlagen für Gebäude und Grundstücke; Regeln für Betrieb und Wartung (07. 82)
DIN 1986	T. 4 Entwässerungsanlagen für Gebäude und Grundstücke; Verwendungsbereiche von Abwasserrohren und -formstücken verschiedener Werkstoffe (05. 84)
DIN 1997	T. 1. Absperrarmaturen für Grundstücksentwässerungsanlagen; Rückstauverschlüsse für fäkalienfreies Abwasser; Anforderungen; Baugrundsätze; Werkstoffe (05.84)
DIN 1999	T. 2 Abscheider für Leichtflüssigkeiten – Benzinabscheider, Heizölabscheider; Bemessung, Einbau und Betrieb (08. 76)
DIN 4041	Fettabscheider; Einbau, Größe und Schlammfänge; Richtlinien (01. 57)
DIN 4043	Sperren für Leichtflüssigkeiten (Heizölsperren); Baugrundsätze, Einbau und Betrieb, Prüfungen (10. 82)
DIN 4095	Baugrund; Dränung des Untergrundes zum Schutz von baulichen Anlagen; Planung und Ausführung (12. 73)
DIN 4261	T. 1 Kleinkläranlagen; Anlagen ohne Abwasserbelüftung; Anwendung, Bemessung und Ausführung (10. 83)
DIN 18381	VOB Verdingungsordnung für Bauleistungen, Teil C: Allgemeine Technische Vorschriften für Bauleistungen, Gas-, Wasser- und Abwasser-Installationsarbeiten innerhalb von Gebäuden (10. 79)
DIN 18460	Regenfalleitungen außerhalb von Gebäuden und Dachrinnen; Begriffe, Bemessungsgrundlagen (09. 78)
DIN 19541	Geruchverschlüsse für Entwässerungsanlagen; Funktionsgrundsätze (01. 82)
DIN 19543	Allgemeine Anforderungen an Rohrverbindungen für Abwasserkanäle und -leitungen (08. 82)
DIN 68935	Koordinationsmaße für Badmöbel, Geräte und Sanitärobjekte (11. 82)

DVGW-Regelwerk

W 503	Richtlinien für den Anschluß von das Trinkwasser gefährdenden Geräten und Anlagen (06. 66)

4 Schallschutz

In der DIN 4109 Teil 2 sind die Anforderungen an den Schallschutz bei haustechnischen Anlagen, gewerblichen Betrieben und gegenüber Außenlärm festgelegt.

Bei allen Geräten, Maschinen und Einrichtungen haustechnischer Gemeinschaftsanlagen und gewerblicher Betriebe soll ein ausreichender Schutz gegen die Übertragung von Luft- und Körperschall vorhanden sein, wenn die Geräusche in Aufenthaltsräume übertragen werden können.

Die Lautstärke dieser Geräusche darf in Wohn-, Schlaf- und Arbeitsräumen (z. B. Büroräumen), in Raummitte gemessen, 30 DIN-phon nicht überschreiten.

Zu Arbeitsräumen zählen hier nicht Arbeitsküchen nach DIN 18022, Bäder, Aborte, Spülküchen und ähnliche Nebenräume. Sie fallen nicht unter diese Bestimmung.

Bei Anlagen, die nur in der Zeit von 7.00 bis 22.00 Uhr in Betrieb sind, darf diese Lautstärke ausnahmsweise bis zu 40 DIN-phon betragen.

Die gleiche Forderung gilt für Geräusche aus haustechnischen Einzelanlagen, insbesondere bei Wasser- und Abwasseranlagen, in bezug auf fremde Wohn-, Schlaf- und Arbeitsräume.

Durch Ergänzungsbestimmungen der Länder sind diese Geräusche, soweit sie aus der Betätigung von Armaturen und Geräten der Wasserinstallation herrühren, einheitlich auf einen höchstzulässigen Schallpegel von 35 dB (A)[1]) begrenzt worden.

Die vorstehenden Forderungen sind in die Bauordnungen der Bundesländer übernommen worden und damit gültiges Baurecht. Verstöße gegen sie können daher strafrechtlich geahndet werden und darüber hinaus hohe Schadenersatzforderungen gegen Planer und Ausführende nach sich ziehen.

Bei der Kompliziertheit des schalltechnischen Fragenkomplexes sind diese Forderungen indessen oft nur schwierig zu erfüllen, da beispielsweise bei Entstehung und Ausbreitung eines Störschalles durchweg mehrere Einzelfaktoren auftreten, die nur schwer voneinander zu trennen sind.

Ferner ist der Erfolg bautechnischer Schallschutzmaßnahmen immer auch an ihre äußerst sorgfältige Ausführung gebunden, die unter den Bedingungen des praktischen Baubetriebes in der Regel nur schwierig zu erreichen ist. Es fehlt auch noch an zuverlässigen Erfahrungen über die Verschlechterung des Schallschutzes infolge Alterungserscheinungen bei den verwendeten Dämmstoffen.

Der bautechnische Schallschutz stellt daher sowohl an das Fachwissen und -können als auch an die Gewissenhaftigkeit der Planer und Ausführenden hohe Anforderungen.

4.1 Planung

Jede schalltechnische Planung, vor allem bei Großbauten, beginnt mit der städtebaulichen Forderung nach dem richtigen Standort des Gebäudes in ausreichender Entfernung oder unter Abschirmung zu lärmerzeugender Umgebung, wie Gewerbebetrieben, Verkehrsflächen, Parkplätzen usw. Es könnte sonst eine Schalleinwirkung von außen her in den Ruheräumen der Gebäude einen Störpegel von > 30 bzw. 40 DIN-phon hervorrufen und damit alle Aufwendungen für einen optimalen Schallschutz bei den haustechnischen Anlagen wirkungslos machen.

---

[1]) dB = Dezibel. Der Zusatz „(A)“ gibt an, daß zum Messen des Geräuschpegels ein Lautstärkemesser nach IEC-Empfehlung 123 unter Benutzung einer Kurve A zu verwenden ist bzw. verwendet wurde.

Beim Entwurf selbst sollte der Architekt Räume mit haustechnischen Einrichtungen möglichst zusammenfassen und so den Wohn- und Schlafräumen zuzuordnen suchen, daß sich für den Schall möglichst weite Übertragungswege zu ihnen ergeben.

Vor allem ist zu vermeiden, Küchen-, Bade- und WC-Räume neben die Wohn- und Schlafräume benachbarter Wohnungen zu legen. Unter keinen Umständen sind Wasser- und Abwasserleitungen in oder an Wohnungstrennwände, aber auch nicht an die Trennwände zu Ruheräumen derselben Wohnung zu planen, da in diesem Fall sehr ungünstige, kurze Übertragungswege zu den schräg darunter oder darüber liegenden Ruheräumen fremder Wohnungen die Folge wären.

Dadurch ergibt sich manchmal zwangsläufig die als günstig zu bewertende Standardlösung der Zusammenfassung von Rohrleitungen und Installationsobjekten von Küche und Bad an einer gemeinsamen Rohrleitung, wie sie Bild **269**.1 rechts zeigt.

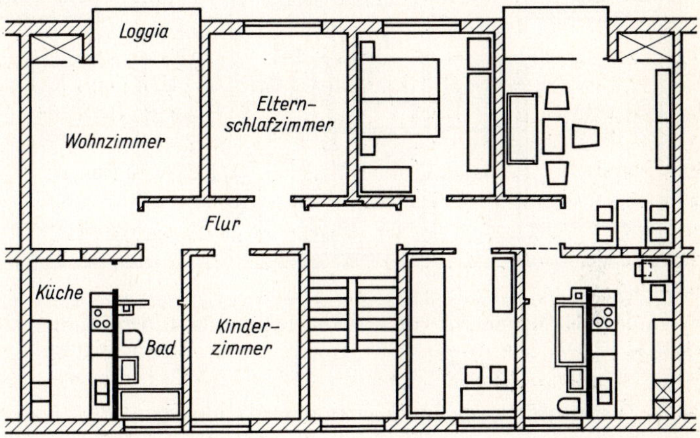

269.1
Installationsakustisch günstiger Grundriß eines Mehrfamilienhauses mit Rohrleitungswand zwischen Küche und Bad (M 1:200) (GAG in Köln)

Dagegen bedeutet schon die in Bild **269**.1 links dargestellte Anordnung einer an die Außenwand gesetzten, gegen die Raumtrennwand zum Kinderzimmer mit der Schmalseite anstoßenden Badewanne nur dann keine erhebliche Verschlechterung des Schallschutzes, wenn diese z. B. nach Bild **239**.1 nicht starr mit dieser Wand verbunden wird.

Als akustisch sehr günstig bewährten sich auch die in den Bildern **269**.2 und **270**.1 wiedergegebenen Wohnungstypen.

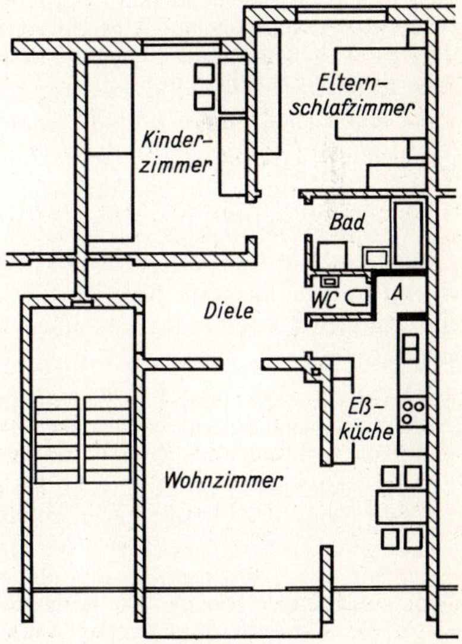

269.2
Installationstechnisch und -akustisch sehr günstiger Grundriß eines Mehrfamilienhauses. Die gesamte Wasser- und Abwasserinstallation liegt offen in einem Abstellraum (M 1:200) (GAG, Köln)

A Abstellraum mit offen verlegten Leitungen

Der erste dieser beiden Grundrisse führte trotz der scheinbar ungünstigen Lage des Bades zum Schlafzimmer dadurch zu so guten Ergebnissen, daß die Rohrleitungen nicht an der Wohnungstrennwand, sondern frei vor den Längswänden des Abstellraumes zwischen WC und Bad angebracht wurden.

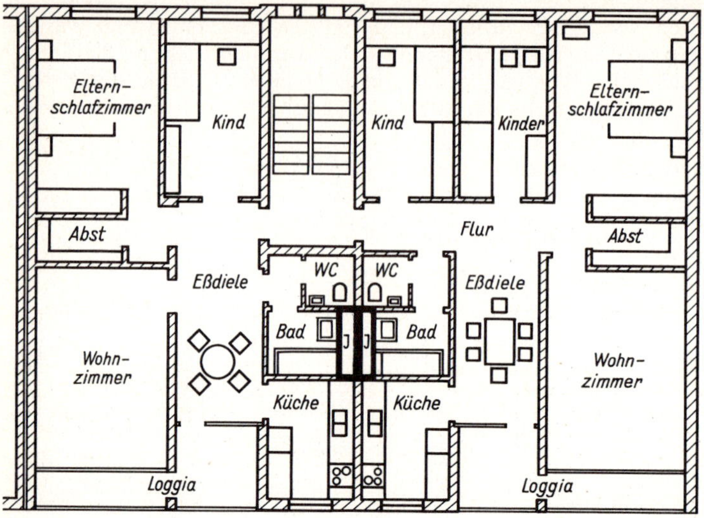

270.1 Installationsakustisch sehr günstiger Grundriß eines Mehrfamilienhauses mit klarer Trennung der haustechnischen von den Ruheräumen (M 1:200) (Nothelfer-Schwingen)

4.2 Verminderung der Geräuschentstehung

Grundsätzlich ist es besser und oft auch leichter, Geräusche erst gar nicht entstehen zu lassen, als sie hinterher mit viel Mühe und Aufwand an ihrer Ausbreitung zu hindern. Maßnahmen zur Verhinderung der Geräuschentstehung sind daher besonders wichtig und häufig ausschlaggebend für den Gesamterfolg aller Schutzmaßnahmen.

Gurgelgeräusche. Sie entstehen, wenn abfließendes Wasser am Schluß des Entleerungsvorganges Luftblasen mitreißt. Neben der Wahl des richtigen Geruchverschlusses sind Führung und Bemessung der Apparateanschlußleitung für die Verhinderung von Gurgelgeräuschen ausschlaggebend. 1 Liter Wasser kann bis zu 25 l Luft mitziehen.

Daher sind die Leitungen so zu führen und zu bemessen, daß selbst bei großer Belastung diesen Luftmengen eine freie Zirkulation im Abwassersystem ermöglicht wird. Dann kann der Unterdruck, eine der Ursachen von Gurgelgeräuschen, nicht entstehen.

Folgende Maßnahmen kommen nach Bild **271**.1 in Betracht:

a) Waagerechter Anschluß 1 an die Falleitung. Die Apparateanschlußleitung 2 wird um eine Nennweite größer bemessen als der Geruchverschluß. In 1 bildet sich ein Luftpolster, in 2 strömt von oben Luft zu und fließt nach unten als Wasser-Luft-Gemisch ab.

b) Apparateanschluß mit Fallstrecke. Waagerechte Anschlußstrecke 1 wie bei a). Die Fallstrecke wird um zwei Nennweiten größer bemessen als der Geruchverschluß.

c) Sekundäre Lüftung (**159**.3) verhindert auf sichere Weise Gurgelgeräusche. Diese besondere, in der Nähe des Geruchverschlusses abzunehmende Leitung 4 führt die notwendige Luft zu. Die Anschlußleitungen brauchen keine größeren Nennweiten zu erhalten als der Geruchverschluß. Zu empfehlen ist jedoch, die sekundäre Leitung 4 möglichst senkrecht über die Kante des Apparates zu führen, damit bei einer Verstopfung das Wasser wieder gut abfließen kann und sie etwas hinter dem Bogen des Geruchverschlusses anzuschließen, da sonst der Anschluß durch Schmutzspritzer zugeklebt wird.

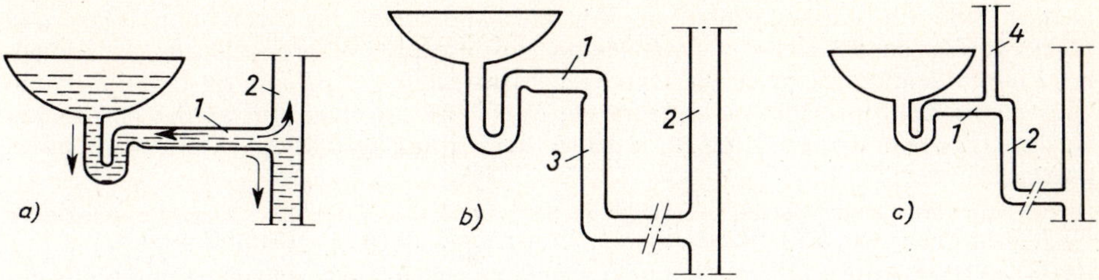

271.1 Unterbinden von Gurgelgeräuschen beim Anschluß von sanitären Gegenständen an die Falleitung (Geberit)

Aufprallgeräusche. Sie lassen sich in Abwasser-Falleitungen beim Übergang in die Waagerechte durch schlanke Bögen und Abzweige weitgehend vermeiden.

Unerträglich jedoch sind Störgeräusche, die in den Armaturen durch Stöße beim plötzlichen Öffnen und Schließen der Ventile, an starken Querschnittveränderungen oder bei sonst strömungstechnisch unzulänglicher Ausbildung der Wasserwege, durch lose Ventilkegel u. ä. als Sog- und Wirbelgeräusche auftreten. Ebenso unerträglich sind Störgeräusche, die in Klosettkörpern, Geruchverschlüssen, Fußbodeneinläufen mit schlecht gestalteter Wasserführung, ferner als Fallgeräusche beim ungünstigen Auftreffen des Wasserstrahles auf die Wandungen von leeren Badewannen, Spülbecken, Waschmaschinen u. a. entstehen. Hinzu kommen Geräusche von Pumpen und Motoren, die durch Resonanz der Blechmäntel der Geräte u. a. sehr verstärkt werden können.

Strömungsgeräusche. Störende Strömungsgeräusche in Leitungen lassen sich im allgemeinen ohne Schwierigkeit durch Begrenzen der Fließgeschwindigkeit des Wassers in den Leitungen auf $\leqq 2$ m/s vermeiden. Dies ist in der Berechnungsanleitung für Trinkwasserleitungen des DVGW bereits berücksichtigt (s. Abschn. 2.5.2). Ferner werden Strömungsgeräusche durch Verwendung schlanker Rohrbogen anstelle von T-Stücken bei Richtungsänderungen und eines glatten und gratlosen, nicht zu Inkrustierungen neigenden Rohrmaterials vermieden.

Zu hohen Leitungsdruck begrenzt man durch Druckminderer (**125**.1) auf den betriebstechnisch ausreichenden maximalen Ruhedruck von $\leqq 3{,}5$ bar an der ungünstigsten Zapfstelle, bei Hochhäusern außerdem durch die Anordnung einer entsprechenden Anzahl von Druckerhöhungsanlagen (**139**.1 und **140**.1).

Geräuscharme Armaturen. Von besonderer Wichtigkeit ist indessen die Verwendung wirklich einwandfreier geräuscharmer Armaturen, wie Auslaufventile und Mischbatterien, die, wo dies zulässig ist, stets mit wirkungsvollen Luftsprudlern mit Luftbeimischung auszurüsten sind (**271**.2) und bei der Badewanne den Wasserstrahl günstig, d. h. mit einem

271.2
Luftsprudler (für Innengewinde)
1 Dichtscheibe
2 2 Lochscheiben
3 Luftschlitz
4 4 Drahtsiebe
5 Einsatz des Luftsprudlers

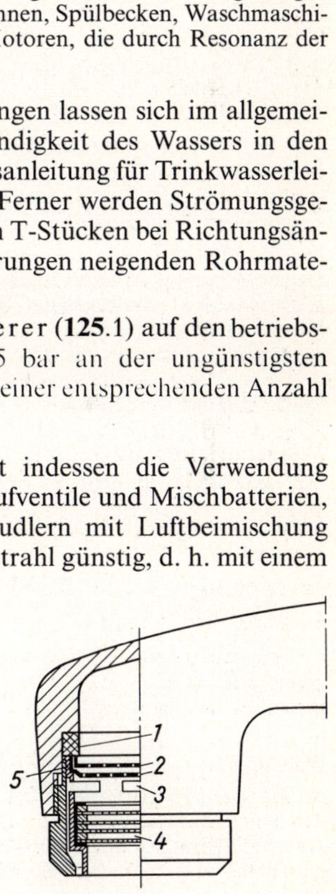

Auftreffwinkel von ca. 15° gegen die Wandung leiten sollen (**239**.1). In ihren technischen Baubestimmungen haben die Bundesländer durch Ergänzungserlasse zur DIN 4109 die Prüfzeichenpflicht für Armaturen und Geräte der Wasserinstallation eingeführt.

Danach sind für Auslaufarmaturen, Wasserschalldämpfer für Armaturen, Gas- und Elektrogeräte zum Bereiten von warmem und heißem Wasser, Abort-Spülkästen einschließlich Füllventilen, Druckspüler und Durchgangsarmaturen, die in Sanitärinstallationen und haustechnischen Einzelanlagen im Sinne der DIN 4109 T. 2 eingebaut werden (s. Abschn. 4), die Gerätegruppen I mit $\leqq 20$ dB (A) und II mit $\leqq 30$ dB (A) Geräuschpegel zu unterscheiden.

Diese Werte dürfen an der oberen Grenze des bei der Prüfung nach DIN 52218 zugrunde zu legenden Fließdruckes von 3 bar, bei Druckspülern von 2,5 bar, um 5 dB (A) überschritten werden.

Bei Gerätegruppen I ist der Architekt oder Sanitärplaner in bezug auf Armaturendisposition in Sanitärräumen frei, d. h., er kann Armaturen dieser Gruppe auch an Wänden zu Wohn-, Schlaf- und Arbeitsräumen unterbringen („bauakustisch ungünstige Grundrisse").

Im Gegensatz dazu darf er die Armaturen der Gerätegruppe II innerhalb der Sanitärräume nur an Trennwänden zu Räumen montieren, wo keine Schallschutzforderungen gestellt werden, wie z. B. an Wänden zu Küche, Flur usw. („bauakustisch günstige Grundrisse").

Demgemäß haben die Architekten und Sanitärplaner in allen Bauvorlagen anzugeben, welchen Räumen die jeweiligen Gerätegruppen I und II zuzuordnen sind.

4.3 Verminderung der Geräuschausbreitung

Die Entstehung störender Installationsgeräusche wird nie völlig zu verhindern sein. Neben der weitgehenden Verhinderung der Geräuschentstehung müssen also Planer und Ausführende dafür sorgen, auch die Ausbreitung solcher Geräusche so weit zu hindern, daß in den in Betracht kommenden Ruheräumen der höchstzulässige Störschallpegel nicht überschritten wird.

Die Installationsgeräusche werden in den Metallwandungen des Rohrleitungsnetzes und in den eingeschlossenen Wassersäulen, hier spricht man im besonderen auch von „Wasserschall", als Körperschall weitergeleitet. Bei harter Verbindung der Rohre mit den Wänden und Decken geht der Körperschall auch in diese hinein und wird von hier aus als Luftschall abgestrahlt, der beim Auftreffen auf Wände und Decken von diesen ebenfalls aufgenommen und in ihnen als Körperschall weiter übertragen wird, was alles zusammen durch geeignete Dämmaßnahmen auf das geringstmögliche Maß reduziert werden muß.

Wasserschalldämpfer. Gegen die ungehinderte Ausbreitung des Schalles in den Rohren und der Wassersäule gibt es Wasserschalldämpfer und Rohrschalldämpfer, letztere in Verbindung mit den Abdeckrosetten der Armaturen (**272**.1).

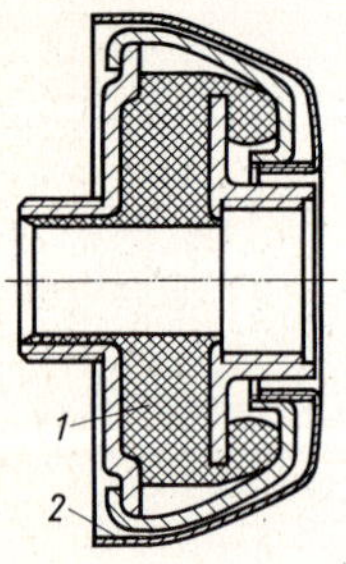

272.1
Wasserschalldämpfer (M 1:2,5) (DAL-GETEFO) zur Montage zusammen mit Auslaufarmaturen mit Auslaufgewinde DN 15. Geräuschdämpfung 12 bis 18 dB (A)

1 Synthese-Gummi, alterungsbeständig
2 Zierkappe

Körperschalldämmungen. Zur Verringerung der Körperschallübertragung aus den Rohren an die Wände und Decken, aber auch umgekehrt einer Aufnahme von Schall aus ihnen, müssen alle unvermeidlichen Verbindungen der Rohrleitungen usw. mit ihnen nicht starr, sondern „schwimmend“ ausgebildet werden, das heißt unter Einschaltung von schalldämmenden weichen Zwischenschichten.

So wird man die Fundamente von Heizkesseln, Motoren und Pumpen durch eine Dämmschicht oder durch Gummimetallelemente von Fußboden und Wänden trennen (**273**.1), Rohrschellen nur mit einer alterungsbeständigen Einlage aus Gummi, Kunststoff, Filz, Mineralfaser oder mit einer elastischen Halterung verwenden (**273**.2 und 3), Befestigungsschienen für eine größere Anzahl von Rohren z. B. in einem Schacht ebenfalls mit einem Schwingelement (**273**.4) befestigen.

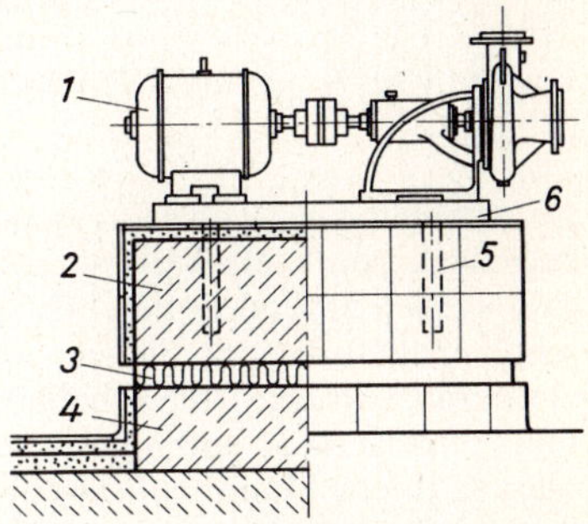

273.1
Körperschallgedämmtes Pumpenfundament (nach TVSG-Arbeitsblätter)
1 Pumpe und Motor auf gemeinsamer Grundplatte
2 freier Sockel
3 Preßkorkplatte
4 fester Sockel
5 Verankerung (darf Dämmplatte nicht durchstoßen)
6 Grundplatte (voll auszugießen)

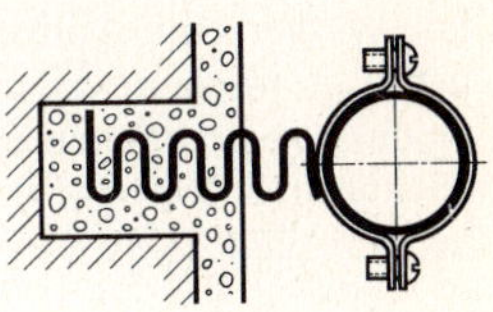

273.2
Rohrschelle mit elastischer Halterung (M 1:5)

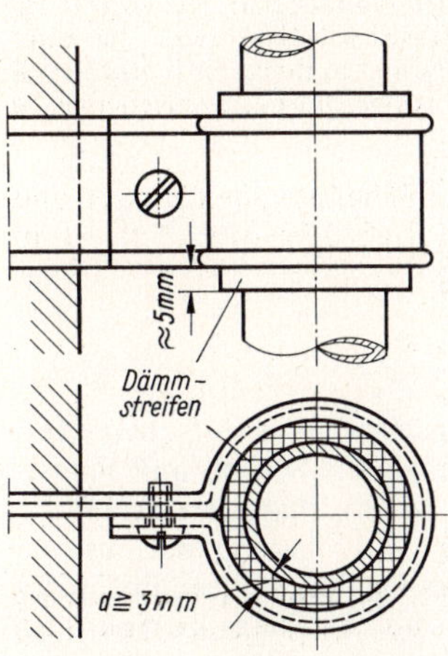

273.3 Rohrschelle mit Dämmstreifeneinlage (M 1:2,5)

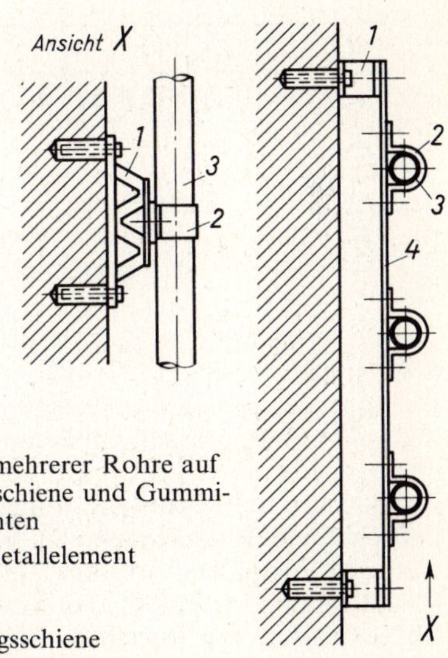

273.4
Befestigung mehrerer Rohre auf Befestigungsschiene und Gummi-Metallelementen
1 Gummi-Metallelement
2 Rohrband
3 Rohr
4 Befestigungsschiene

Rohrleitungsdämmungen. Rohrdurchführungen durch Wände und Decken sind mit besonderer Sorgfalt vor allem in Naßräumen auszuführen (**114**.1). Hier, wie bei der Rohrverlegung in der Wand, sind die Rohre durch wärme- und feuchtigkeitsunempfindliche Dämmstoffe fugenlos zu ummanteln (**274**.1), wozu es auch gepreßte Dämmstoffformteile gibt (auch mit einer Aluminium- oder Ölpapierumhüllung).

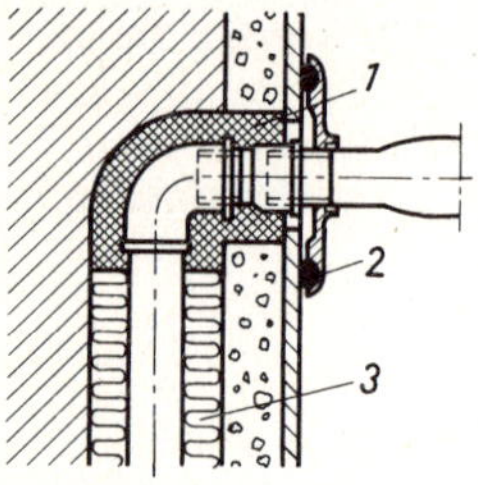

274.1
Schallgedämmter Anschluß einer Wandarmatur bei wandbündigem Rohrauslaß
1 Kork- oder Kunststoff-Formstück
2 Gummi-Rollring
3 Dämmstoff

Die Verlegung der Rohrleitungen im Mauerschlitz mit ihrer völligen Umhüllung schützt zugleich gegen Luftschallabstrahlung (**115**.2). Leitungsgeräusche in Abwasserleitungen werden besonders von den sonst so vorteilhaften, gegen die Fortleitung von Körperschall recht unempfindlichen, sehr dünnwandigen PVC-Abflußleitungen als Luftschall abgestrahlt, wogegen die Schallabstrahlung bei den schweren Abflußleitungen aus Grauguß und Asbestzement unerheblich ist. PVC-Abflußleitungen sollten daher immer verkleidet oder in einem Mauerschlitz- oder -schacht verlegt werden. Besonders vorteilhaft ist das Einbetonieren auch schon bei geringer Betonüberdeckung.

Die Wasser- und Abflußleitungen sollen möglichst an Bauteilen mit hohem Flächengewicht befestigt werden, da deren Massen der Körper- oder Luftschallanregung einen großen Widerstand entgegensetzen. Aus diesem Grund sind auch Mittelzonen von Wänden, da sie leichter in Schwingungen gebracht werden können als Randzonen, als Installationszonen zu meiden (**274**.2).

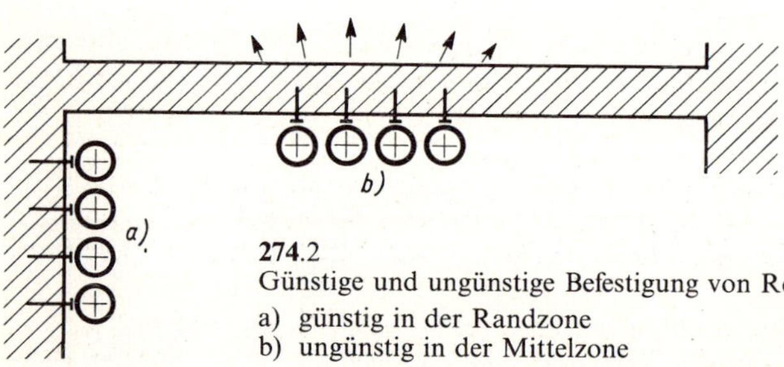

274.2
Günstige und ungünstige Befestigung von Rohrleitungen an Wänden (Geberit)
a) günstig in der Randzone
b) ungünstig in der Mittelzone

Rohrleitungsschächte. In Großbauten werden die Rohrleitungen meistens in Schächten zusammengezogen, die bei kleineren Querschnitten ebenfalls wie die Schlitze mit Kunststoffschaum ausgespritzt, mit Beton geschlossen oder auch mit Sand verfüllt werden (**119**.1). Für größere, auch begehbare Schächte empfiehlt sich eine Auskleidung der inneren Wandflächen mit Faserdämmstoffplatten von ca. 30 mm Dicke. Da durch offene Fugen der Luftschall ungehindert austreten kann (**275**.1), ist bei den Schachtabdeckungen das Ausfugen besonders sorgsam auszuführen. Vielfach machen offene Fugen die guten Schalldämmeigenschaften des Materials der Schachtabdeckung zunichte. Beiderseitige Abdeckplatten von Installationssteigzonen oder Sanitärblöcken sollen verschieden dick und ungleich schwer sein, damit nicht beide in gleicher Wellenlänge schwingen und so verstärkt Schall abstrahlen.

Bei besonderen Ansprüchen an den Schallschutz empfiehlt sich auch eine mehrschalige Ausführung der Schachtabdeckungen (**275**.2) oder Deckenabhängungen unter Rohrleitungen (**275**.3).

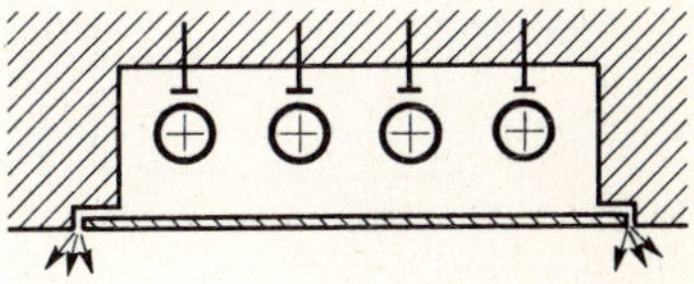

275.1
Austritt von Luftschall aus nicht abgedichteten Fugen einer Schachtabdeckung

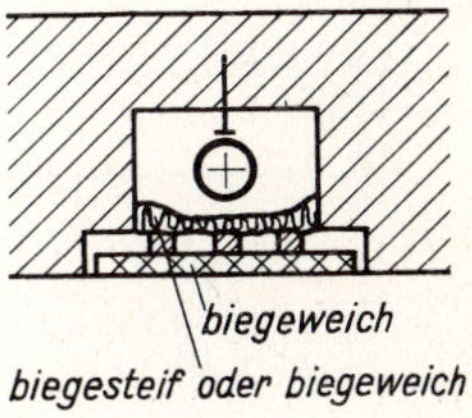

275.2
Mehrschalige Schachtabdeckung (Geberit)

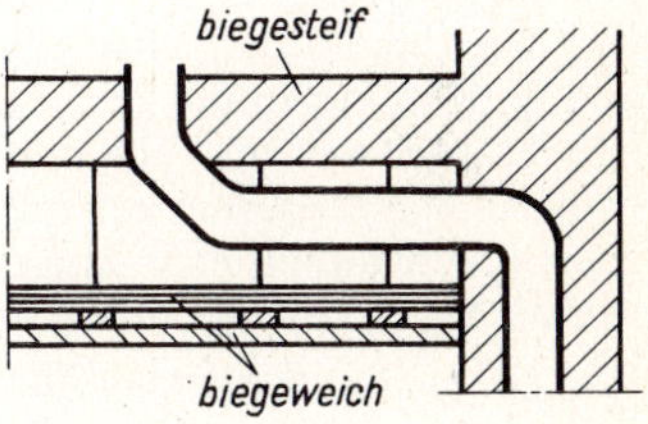

275.3
Mehrschalige biegeweiche, abgehängte Decke unter einer Rohrleitung

Einrichtungsgegenstände. Wichtig ist ferner ein wirklich schalldämmender Anschluß der haustechnischen Einrichtungsgegenstände an Wand und Decke. Er ist häufig schwierig auszuführen. So ist z. B. die „schwimmende" Aufstellung einer Einbaubadewanne (**237**.3) oder einer Brausewanne vielleicht weniger in der Theorie, jedoch um so mehr in der Praxis nur schwer zuverlässig durchführbar. Sehr bewährt hat sich indessen der schwimmende Einbau von Spezialwannen aus Grauguß oder Stahlblech mit hochgestelltem Rand unter Verwendung von besonderen Wandanschlußprofilen aus weichem, porigem und wasserdichtem PVC (**239**.1).

Diese Wannen haben justierbare Schraubfüße und können so von unten in das Anschlußprofil gepreßt werden. Die Füße werden auf eine dämmende Unterlage gestellt. Vor allem erhält die Wanne an Stelle einer Untermauerung mit Einfliesung eine ein- und aushängbare Stahlschürze, die einen Wandabstand von 2 cm enthält und so ebenfalls keinen Schall an die Wand übertragen kann.

Für alle Bade- und Brausewannen gibt es geräuscharme, strömungstechnisch einwandfreie Ab- und Überlaufarmaturen und Geruchverschlüsse, für die ein unmittelbarer Anschluß an die Abflußleitung unbedenklich ist (**248**.2). Auf die Wandmischbatterie der Badewanne mit flach gegen die Wandung gerichtetem Wasserstrahl ist bereits hingewiesen worden.

In gleicher Weise bewährt hat sich ein schwimmender Wandanschluß einer auf dem Schrank montierten Küchenspüle aus nichtrostendem Stahl nach Bild **276**.1; selbstverständlich unter der gleichen Voraussetzung bei der Wahl der Wandmischbatterie und des Geruchverschlusses gegenüber anderen Spülen mit festem Wandanschluß.

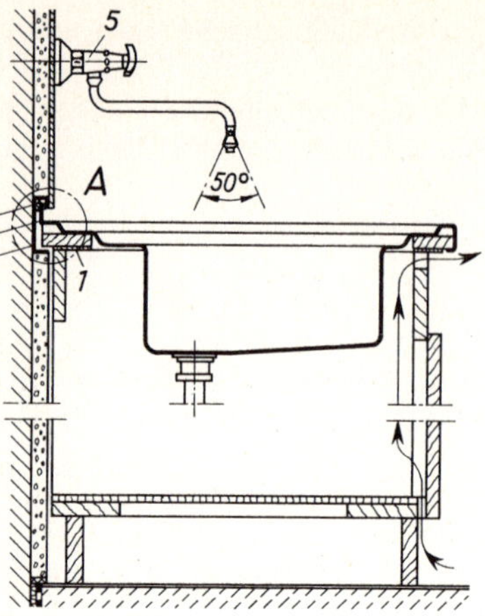

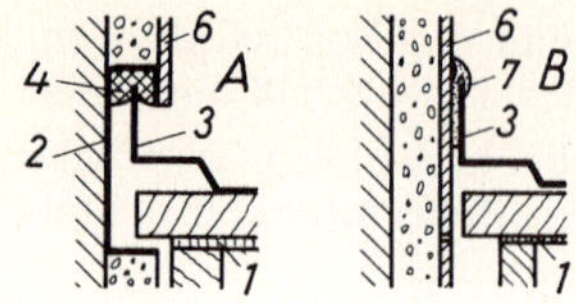

276.1
Schalldämmender Wandanschluß einer Küchenspüle (M 1:15 und 1:5)

1 Schaumkunststoff
2 Wandanschlußprofil aus Stahl verzinkt o. ä. (vgl. Bild **239**.1)
3 Stehbord der mit Antidröhnbelag versehenen Küchenspüle
4 geschlossenporiger Weichschaum-Kunststoff
5 Wandmischbatterie mit schwenkbarem Luftsprudler
6 Wandfliesenbelag
7 aufsteckbares Kunststoff-Anschlußprofil

Die Schalldämmung stehender Klosettkörper zum Fußboden hin ist im praktischen Baubetrieb ebenfalls kaum zu gewährleisten, solange es hierfür keine besonderen Formstücke gibt (**211**.1, **212**.2 und **213**.2). Wesentlich einfacher sind wandhängende Klosettkörper durch wenige Spezialgummimanschetten mit den Rohrleitungen schalldämmend zu verbinden und durch entsprechende Unterlagen auch gegen die Wand abzusichern (**214**.1 und 2). Zusammen mit geräuscharmen Druckspülern, einerlei ob als Wandeinbau-Spüler oder als preiswertere Vorwandmodelle, oder besonders mit geräuscharmen Tiefspülkästen, wobei es sich wiederum um Wandeinbaumodelle, Kästen für Vorwandmontage oder um auf das Becken unmittelbar aufgesetzte Spülkästen handeln kann, lassen sich einwandfreie Minderungen der Geräuschübertragungen erreichen.

Das gleiche gilt sinngemäß für Sitzwaschbecken mit Wandmischbatterien.

In Versuchsbauten hat man weiterhin festgestellt, daß eine allseitige Trennung neben die eigentliche Raumtrennwand gesetzter, durch alle Geschosse hindurchgehender Installationswände vom übrigen Gebäudemauerwerk und von den Decken durch Dämmschichten die Ausbreitung von Geräuschen erheblich verringert hat, was sich besonders für die unmittelbar benachbarten Räume auswirkte. Es ist aber sehr fraglich, ob eine so kostspielige und mit äußerster Sorgfalt durchzuführende Maßnahme im allgemeinen Wohnungsbau größere Bedeutung erlangen wird.

4.4 Technische Regeln

Deutsche Normen

DIN 4109 T. 1 Schallschutz im Hochbau; Begriffe (09. 62)
DIN 4109 T. 2 Schallschutz im Hochbau; Anforderungen (09. 62)
DIN 4109 T. 5 Schallschutz im Hochbau; Erläuterungen (04. 63)

5 Gasversorgung

Die aus der Aufbereitung natürlicher Brennstoffe gewonnenen „Edelenergien“ Gas und Elektrizität haben dadurch, daß sie beide in konzentrierter, gebrauchsfertiger Form ohne Ballaststoffe kontinuierlich zur Verfügung gestellt werden, für die Deckung des Energiebedarfes aller Bauten besondere Vorzüge.

Gas verbrennt ohne Geruch, Rauch, Ruß und Verbrennungsrückstände. Die Verbrennung ist leicht kontrollierbar durch die sichtbare Flamme. Es erfüllt so besonders auch die Forderung nach Reinerhaltung der Luft. Die Wärmelieferung setzt mit dem Entzünden der Flamme schlagartig ein und ist weiterhin bequem und verzögerungsfrei in weitem Umfang, vor allem auch vollautomatisch, zu regeln. Dadurch, wie auch durch den hohen Wirkungsgrad der Geräte, ist Gas sehr wirtschaftlich. Gasbeheizte Anlagen sind einfach zu warten und erfordern daher i. allg. kein besonderes Bedienungspersonal.

Vergiftungsgefahr (nur bei Stadtgas) und Explosionsgefahr durch unverbrannt austretendes Gas kann bei dem heutigen Stand der Ausrüstung der Gasgeräte und Feuerstätten mit Sicherheitseinrichtungen praktisch nur bei Undichtheiten an Gasleitungen in nichtbelüfteten Räumen auftreten.

5.1 Anlagen für Stadtgas und Erdgas

Städtische Gemeinden werden durch ein Straßenrohrnetz mit Gas versorgt, das in örtlichen Gas- oder Industriewerken erzeugt oder zunehmend durch Fernleitungen aus den großen Industriezentren oder Erdgasfeldern herbeigeführt wird. Antransport und Einbringen des Brennstoffes sowie eigene Vorratshaltung entfallen somit. Ohne Schwierigkeit können große Wärmemengen geliefert und hohe Anschlußwerte zugelassen werden. Die Kosten für die Energielieferung sind laufend entsprechend dem Verbrauch und nicht auf einmal zu entrichten.

Für die Gasbeschaffenheit in der öffentlichen Gasversorgung ist das Arbeitsblatt G 260 „Technische Regeln für die Gasbeschaffenheit“ maßgebend. Nach ihm sind zu unterscheiden

1. Gasfamilie: Stadt- und Ferngase (Kurzzeichen S)
2. Gasfamilie: Erd- und Erdölgase, Naturgase (Kurzzeichen N)
3. Gasfamilie: Flüssiggase (Kurzzeichen F)

Gemische aus Kohlenwasserstoffgasen der 2. und 3. Gasfamilie

Näheres hierzu s. Abschn. 8.4.1.

Für die Einrichtung, Änderung und Unterhaltung von Gasanlagen in Gebäuden und Grundstücken, die mit Gasen nach dem Arbeitsblatt G 260 und mit Niederdruck (Betriebsdruck $\leqq$ 100 mbar) betrieben werden, gelten die „Technische Regeln für Gas-Installationen“ (DVGW – TRGI 1972). Rechtsvorschriften (Gesetze, Verordnungen), z. B. in den Landesbauordnungen und Unfallverhütungsvorschriften, die von den DVGW-TRGI 1972 abweichen, gelten vorrangig.

Diese Gasanlagen müssen vom zuständigen Gasversorgungsunternehmen (GVU) genehmigt sein und dürfen nur von zugelassenen Gaseinrichtern ausgeführt werden.

Nachdem der Architekt im Einvernehmen mit dem Gaseinrichter Zahl, Art, Größe und Aufstellungsort der Gasgeräte und -feuerstätten mit den zugehörigen Abgasschornsteinen festgelegt hat und mit dem GVU Weg und Einführung der Zuleitung bestimmt sind, fertigt der Gaseinrichter die Rohrleitungspläne mit der Rohrweitenberechnung an und legt sie nach Zustimmung des Architekten dem GVU zur Genehmigung vor (**278**.1). Parallelperspektivische Leitungspläne (**278**.2) sind besonders anschaulich, vor allem sind aus ihnen die erforderlichen Formstücke leicht abzulesen. In den Plänen sind die vorgeschriebenen Sinnbilder für Gaseinrichtungen (Taf. **279**.1) zu verwenden und ist bei farbiger Darstellung der Rohrleitungen für Gas die Kennfarbe Gelb zu wählen. Alle notwendigen Mauerschlitze und Wand- und Deckendurchbrüche sind sogleich in die Bauausführungszeichnung zu übertragen.

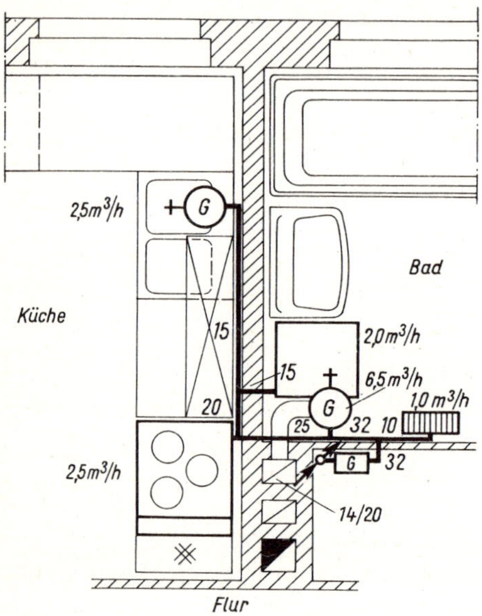

278.1 Ausschnitt aus einem Wohnungsgrundriß mit Angabe der Gasfeuerstätten und -geräte sowie der Gas-Verbrauchsleitungen und ihrer Nennweiten (M 1:50)

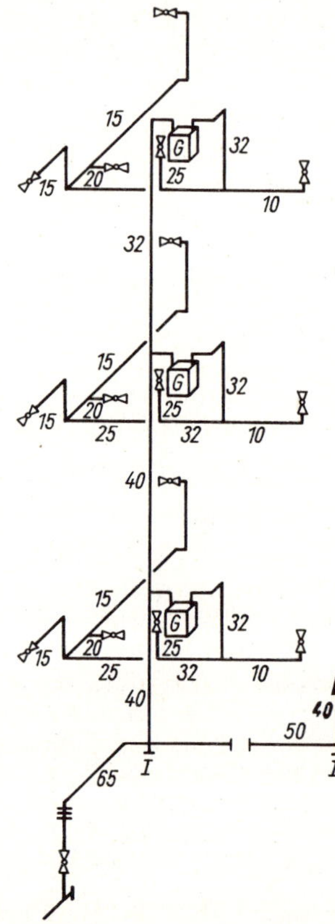

278.2 Isometrie der Gasleitungen in Bild **278**.1

5.1.1 Hausanschluß

Hausanschlußleitung. Jedes Grundstück wird an die Versorgungsleitung im Straßenkörper i. allg. mit einer vom Gaswerk bemessenen und verlegten Hausanschlußleitung angeschlossen, die in der Regel Gefälle zur Versorgungsleitung und erforderlichenfalls einen Auslaß oder einen Kondensatsammler erhält. Hofleitungen sollen mit Gefälle zum Hause hin verlegt werden und in der gleichen Weise zu entwässern sein. Werden mehrere Gebäude von einer gemeinsamen Hausanschlußleitung versorgt, sind in die zu den einzelnen Gebäuden abgehenden Leitungen innerhalb des Gebäudes Absperreinrichtungen einzubauen. Mehrere in ein Gebäude führende Hausanschlußleitungen dürfen nur im Einvernehmen mit dem Gasversorgungsunternehmen miteinander verbunden werden. Kennzeichnung derartiger Anlagen erfolgt durch dauerhafte Hinweisschilder.

Tafel **279**.1 Sinnbilder für Gasanlagen (nach DVGW-TRGI 1972)

Symbol	Benennung	Symbol	Benennung
	Hauseinführung		Absperrschieber
	Isolierstück		Absperrventil
25	Leitung offen liegend (mit Angabe der Nennweite)		Druckregelgerät
25	Leitung verdeckt liegend (mit Angabe der Nennweite)	G	Gaszähler
25 20	Querschnittsänderung (mit Angabe der Nennweiten)		Gasherd (dreiflammig)
	Leitung, steigend	G m^3/h	Durchlauf-Wasserheizer (mit Angabe des Anschlußwertes)
	Leitung, durchgehend steigend	G m^3/h	Umlauf-Wasserheizer (mit Angabe des Anschlußwertes)
	Leitung, fallend	G' m^3/h	Vorrats-Wasserheizer (mit Angabe des Anschlußwertes)
	Kreuzung zweier Leitungen ohne Verbindung	m^3/h	Gasraumheizer (mit Angabe des Anschlußwertes)
	Kreuzverbindung	G m^3/h	Gas-Kessel (mit Angabe des Anschlußwertes)
	Abzweigstelle einer Leitung	G	Gas-Kühlschrank
RT	Reinigungs-T-Stück	Ø80	Abgasrohr (mit Angabe des Durchmessers)
RK	Reinigungs-K-Stück	cm	Abgasschornstein (mit Angabe der Abmessung)
	Langgewinde-Verbindung		
	Schraub-Verbindung		
	Flansch-Verbindung		
	Schweiß-Verbindung		
	Absperrhahn		

Einheitliche Farben für Leitungspläne:

Gasleitungen	gelb
Kaltwasserleitungen	blau
Warmwasserleitungen	rot

Für erdverlegte Leitungen sind u. a. zu verwenden
Stahlrohre nach DIN 2441, 2448, 2458 (stets mit Korrosionsschutz gemäß Abschn. 2.5.4),
Druckrohre aus duktilem Gußeisen nach DIN 28610 und
andere Rohre, z. B. aus Kunststoff PVC-hart, nur soweit sie vom DVGW anerkannt sind.
Erdleitungen erhalten ≧ 0,80 m Deckung.

Hauseinführung (280.1). Die Hausanschlußleitung ist in einen möglichst als Hausanschlußraum nach DIN 18012 ausgebildeten Kellerraum seitlich versetzt von anderen Anschlußleitungen einzuführen (s. Abschn. 1.7). Durch unzugängliche Räume, Schächte oder Kanäle ist sie in einem Schutzrohr so zu verlegen, daß sie nach Trennung der Verbindung ausgebaut werden kann. Bei elektrisch leitenden Hausanschlußleitungen ist ein Isolierstück (elektrisch nichtleitende Verbindung) in der Nähe der Hauseinführung vor oder unmittelbar hinter der Hauptabsperreinrichtung einzubauen. Durchführungen durch Außenwände sind wie für Wasser-Anschlußleitungen (s. Abschn. 2.4.1) auszuführen. Gas- und elektrische Leitung müssen $\geqq 30$ cm Abstand voneinander haben.

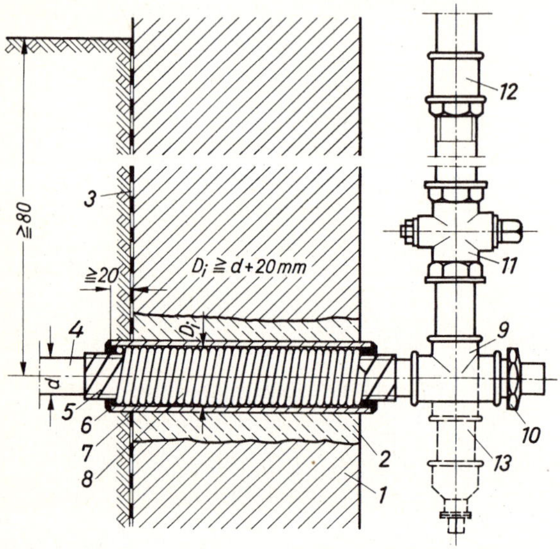

280.1 Durchführung der Gas-Hausanschlußleitung durch die Außenwand

1 Außenwand
2 Mauerdurchbruch, mit Beton geschlossen
3 Sperrschicht
4 Gasrohr, Stahlrohr nach DIN 2440
5 Korrosionsschutzbinde
6 plastische Dichtungsmasse
7 Schutzrohr aus Stahl oder Kunststoff
8 Dichtungsstrick
9 Reinigungs-T-Stück
10 Verschlußstopfen
11 Hauptabsperreinrichtung
12 lösbare Verbindung (Langgewinde)
13 Variante mit Wassersack

Hauptabsperreinrichtung. Unmittelbar hinter der Hauseinführung ist in die Zuleitung eine stets zugängliche Hauptabsperreinrichtung (Haupthahn, Feuerhahn) mit lösbarer Verbindung und Reinigungs-T- oder Kreuz-Stück, auf Verlangen des GVU auch ein Haus-Druckregler, einzubauen.

5.1.2 Innenleitungen

Leitungsführung. Das Grundsätzliche der Leitungsführung und die Bezeichnungen der Einzelteile der Innenleitungen zeigt der schematische Leitungsplan **281**.1.

Zwischen Haupthahn und Gaszähler auf dem Stockwerk ist die kürzeste winkelrechte Verbindung, aber nur durch Nebenräume ohne große Temperaturschwankungen (Rohrleitungswand), anzustreben und die Steigleitung in der Nähe der Gasgeräte mit dem größten Anschlußwert hochzuführen (Mauerschlitz $\geqq 8{,}5/8{,}5$ cm). Für den späteren Anschluß weiterer Geräte werden zweckmäßig T-Stücke in die Verteilleitungen eingebaut.

Rohrweitenbestimmung. Die Rohrweiten von Gasleitungen sind nach dem in DVGW-TRGI 1972 mitgeteilten Verfahren zu ermitteln. Diese Berechnung ist ihrer Schwierigkeit und Umständlichkeit wegen ausschließlich Sache des Gasfachmannes. Von ihrer Darstellung muß daher im Rahmen dieses Buches abgesehen werden.

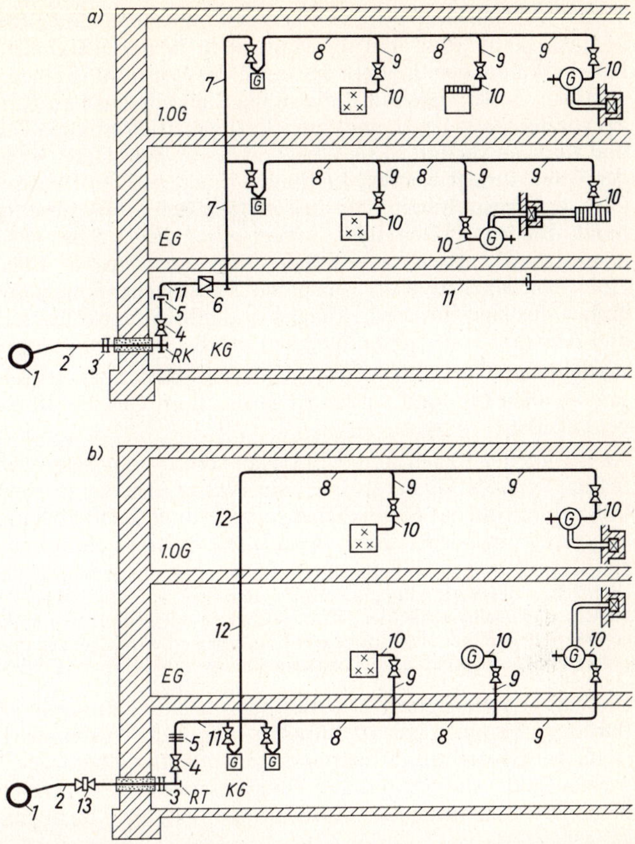

281.1
Leitungsschema für Gasleitungen (nach DVGW–TRGI 1972)

a) Gaszähler in den Geschossen
b) Gaszähler im Kellergeschoß

1 Versorgungsleitung
2 Hausanschlußleitung
3 Isolierstück (elektrisch nicht leitende Verbindung in der Hausanschlußleitung. Nicht erforderlich, wenn 2 elektrisch nicht leitend)
4 Hauptabsperreinrichtung
5 lösbare Verbindung
6 Hausdruckregelgerät, falls erforderlich
7 Steigleitung (Verteilungsleitung)
8 Verbrauchsleitung
9 Abzweigleitung
10 Geräteanschlußleitung
11 Verteilungsleitung
12 Steigleitung (Verbrauchsleitung)
13 Absperreinrichtung (ab DN 80)

Werkstoffe, Verbindungen und Befestigungen. Innenleitungen sind aus Stahlrohren nach DIN 2440, 2441, 2448 und 2458 auszuführen. Rohre nach DIN 2448 und 2458 sind jedoch nur ab 2,6 mm Wanddicke anwendbar. Stahlrohre nach DIN 2391 T. 1 und 2, DIN 2393 T. 1 und 2, DIN 2394 auf Dichtheit geprüft und mit Korrosionsschutz versehen, können bis DN 20 mit $\geqq 1{,}5$ mm Wanddicke, darüber hinaus mit $\geqq 2$ mm Wanddicke ebenfalls verwendet werden. Auch Kupferrohre nach DIN 1786 sind zulässig, wenn die Wanddicken mindestens betragen

$\leqq 22$ mm Außendurchmesser	1,0 mm
$> 22 \leqq 42$ mm Außendurchmesser	1,5 mm
> 42 mm Außendurchmesser	2,0 mm

Andere vom DVGW anerkannte Rohre dürfen ebenfalls verwendet werden.

Verbunden und befestigt werden die Gasleitungen wie die Wasserleitungen (s. Abschn. 2.5.3 und 2.5.4). Nachstehend werden nur einige die Gasleitungen betreffende Besonderheiten aufgeführt. Über Geräteanschlußleitungen s. Abschn. 5.1.5.1.

Rohrverlegung. Für Gasleitungen gelten ebenfalls die in Abschn. 2.5.4 für Wasserleitungen gegebenen Regeln. Darüber hinaus ist folgendes zu beachten:

Tropf- und Schwitzwasser von anderen Leitungen darf nicht auf Gasleitungen einwirken können. Unter Putz und im Mauerwerk liegende Stahlrohre müssen vor dem Einbau, Rohrverbindungen dagegen erst nach der Vorprüfung einen bewährten Korrosionsschutz erhalten. Gasleitungen in Kellerräumen und in feuchten Räumen (Waschküchen) müssen frei vor der Wand liegen und einen Schutzanstrich erhalten. Werden Leitungen in Schächten und Kanälen verlegt, so sind diese zu be- und entlüften. Kupferrohre müssen stets frei vor der Wand verlegt werden. Leitungen in aggressiven Baustoffen, wie Steinholz, Schlacke, Gips, mit Frostschutzmitteln aufbereiteter Beton, sind allseitig in Bitumen einzubetten oder durch Binden, Folien oder Schutzrohre, die $\geqq 5$ cm aus den aggressiven Baustoffen herausragen müssen, gegen Korrosion zu schützen. Ebenso ist für Gasleitungen in Hohlsteindecken als Korrosionsschutz mehrfacher Schutzanstrich, Binde oder Folie erforderlich. Frostgefährdete Leitungen sind mit Dämmstoffen zu umhüllen und zum Einfüllen und Ablassen von Auftauflüssigkeit mit RT-Stücken auszurüsten.

Fertiggestellte, noch nicht angeschlossene oder außer Betrieb genommene Innenleitungen sind an allen Ein- und Auslässen gasdicht mit Gewindestopfen oder -kappen oder dgl. zu verschließen.

An geeigneten Stellen sind RT-Stücke (**280**.1) zum Beseitigen von Fremdkörpern, an den tiefsten Punkten Wasserablässe oder Wassersäcke vorzusehen. Ausgedehnte Seitenstränge sollen durch ein gut zugängliches Langgewinde leicht abgetrennt werden können. Gaszähler, -geräte und -feuerstätten werden mit Rohrverschraubungen angeschlossen.

Durch unbelüftete Hohlräume dürfen Gasleitungen nur in Schutzrohren geführt werden, aus denen sie nach Lösen der Verbindungen herausgenommen werden können. Leitungen dürfen nicht in Aufzugschächten, Lüftungsschächten, Kohlenschütten oder Müllabwurfanlagen verlegt, durch Schornsteine geführt oder in Schornsteinwangen eingelassen werden. Verputzen oder verdecken darf man Gasleitungen erst nach der Vorprüfung. Verschraubungen und Flansche müssen zugänglich bleiben.

Prüfung und Reinigung. Die Dichtheit neuer Leitungen ist durch eine Vorprüfung (Druckprobe mit 1 bar 10 Minuten lang unter Abklopfen) und eine Hauptprüfung (1,1facher Betriebsdruck mit mindestens 50 mbar Überdruck 2 × 10 Minuten lang) nachzuweisen. Später darf man durch Überpinseln mit Seifenwasser oder ähnlichem oder durch besondere Gasspürgeräte prüfen, ob die Leitungen dicht sind.

Gereinigt werden die Gasleitungen durch Ausblasen mit Preßluft oder Kohlensäure (nie mit Sauerstoff!) von den engsten Leitungsteilen aus oder durch Absaugen von den weitesten aus. Vorher ist der Gaszähler auszubauen, die Absperrhähne aller angeschlossenen Geräte und Feuerstätten sind zu schließen, und dann ist die Zuleitung von den Innenleitungen zu trennen.

5.1.3 Gaszähler

Gaszähler müssen vom DVGW anerkannt sein. Es werden heute durchweg trockene Gaszähler mit 2 Lederbälgen verwendet, die sich abwechselnd füllen und leeren und jede Entleerung auf ein Zählwerk übertragen. Sie können nicht einfrieren (**283**.1). Das Gas tritt, von vorn gesehen, stets links in den Gaszähler ein und rechts aus. Zweistutzen- und Einstutzen-Gaszähler sind zu unterscheiden.

Größe und Art des Gaszählers sowie sein Aufstellungsort, der nicht zu warm, leicht erreichbar, trocken und frostfrei sein muß, bestimmt das GVU. Gaszähler sind so anzubringen, daß sie leicht abgelesen und ausgewechselt werden können und gegen mechanische Beschädigung geschützt sind. Sie sind spannungsfrei und ohne Berührung mit umgebenden Bauteilen anzuschließen. Zählernischen und -schränke mit Türen müssen oben und unten Lüftungsöffnungen haben. Vor dem Ein- und Ausbau von Gaszählern ist als Schutz gegen elektrische Berührungsspannungen und Funkenbildung eine metallische

Überbrückung zwischen dem Rohrein- und -ausgang der Gaszählerverbindung herzustellen, sofern eine solche nicht bereits besteht.

Bei Verwendung von Münzgaszählern durch mehrere Abnehmer oder verschiedene Benutzer (z. B. bei Gemeinschaftswaschräumen) ist hinter jedem Münzgaszähler eine Gasmangelsicherung einzubauen, es sei denn, daß Zündflammengas bereits vor dem Münzgaszähler abgezweigt wird.

Vor jedem Gaszähler ist eine Absperreinrichtung einzubauen, außer wenn der einzige vorhandene Gaszähler sich mit der Hauptabsperreinrichtung im selben Raum befindet.

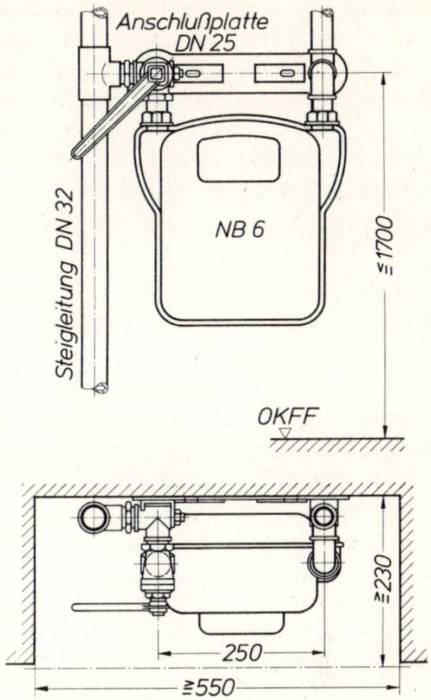

283.1
Haushaltgaszähler auf Anschlußplatte (M 1:12,5) (nach DIN 3374)
NB 6 = Nennbelastung 6 m³/h

5.1.4 Absperr-, Regel- und Sicherheitseinrichtungen

Bis DN 50 werden als Absperreinrichtungen Konus- bzw. Küken-Hähne verwendet, darüber hinaus Schieber oder Ventile mit nichtrostenden Spindeln. Absperreinrichtungen sind vorzusehen

1. als Hauptabsperreinrichtung in der Zuleitung unmittelbar nach der Einführung ins Gebäude
2. bei mehreren Steigleitungen am Fuß einer jeden
3. als Gaszähler-Anschlußhahn vor jedem Zähler (Ausnahme s. Abschn. 5.1.3)
4. vor jedem angeschlossenen Gerät bzw. Feuerstätte

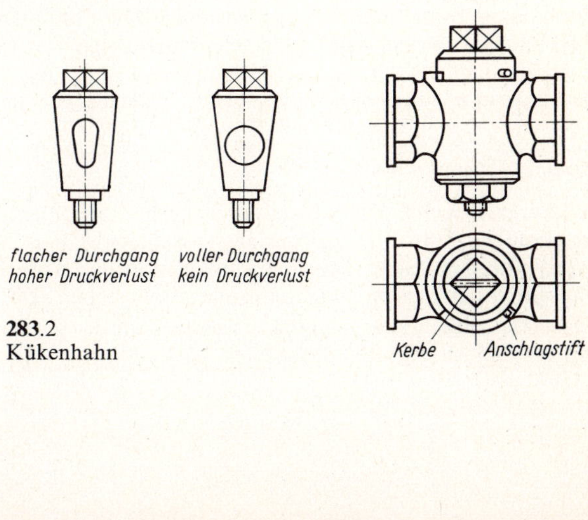

283.2
Kükenhahn

Gashähne müssen normgerecht aus korrosionsfesten Baustoffen hergestellt sein. Das Küken muß leicht herausnehmbar sein und soll eine dem DN entsprechende runde Durchgangsöffnung haben (**283**.2). Die Hahnstellung muß am Hahngriff oder bei Aufsteckschlüsseln an einer Kerbe im Vierkant des Kükens stets erkennbar sein, der Hahn durch Rechtsdrehen geschlossen werden.

Vom DVGW anerkannte Hausdruckregelgeräte sind einzubauen, wenn der Versorgungsdruck größer ist als der zum Erreichen des Anschlußdrucks erforderliche Druck.

Gasmangelsicherungen sperren die Gaszufuhr ab, wenn das Gas aus irgend einem Grunde ausbleibt oder sein Druck unter eine bestimmte Höhe sinkt. In der Regel sind sie bereits in den Geräten bzw. Feuerstätten eingebaut.

Es gibt auch Kombinationen dieser Einrichtungen.

5.1.5 Anschluß und Aufstellung von Gasverbrauchseinrichtungen

Nach der Abgasabführung werden unterschieden: Gasgeräte und Gasfeuerstätten.

Gasgeräte erfordern keine besondere Abgasanlage. Ihre Abgase können in den Aufstellungsraum austreten, der i. allg. groß genug ist und häufig gelüftet werden soll. Zu diesen Gasgeräten gehören z. B. Kocher, Haushaltsherde, Bügeleisen, Kühlschränke und Klein-Wasserheizer in Küchen.

Gasfeuerstätten müssen an eine Abgasanlage, meistens ist dies ein Abgasschornstein, angeschlossen werden. Zu ihnen gehören alle Raumheizer, Groß-Wasserheizer, Wasch- und Heizkessel, ferner zur Bereitung von Bädern benutzte Klein-Wasserheizer.

5.1.5.1 Anschluß

Gasverbrauchseinrichtungen sind fest oder lösbar an die Gasleitungen anzuschließen. Feuerstätten, die nicht verankert oder nicht durch andere Leitungen bereits starr angeschlossen sind, müssen gasseitig starr angeschlossen werden. Alle Anschlußarmaturen und Verbindungen müssen vom DVGW anerkannt sein. Geräteanschlußleitungen können als starre Leitung aus den gleichen Werkstoffen wie die übrigen Gas-Innenleitungen oder als biegsame Leitung nach DIN 3383 T. 1 und 2 und DIN 3384 ausgeführt werden. Für den Anschluß von Feuerstätten müssen biegsame Anschlußleitungen nach DIN 3383 T. 1 und 2 aus nichtrostendem Stahl bestehen. Es können auch andere vom DVGW anerkannte Rohre verwendet werden. Die biegsame Geräteanschlußleitung ist so anzuordnen, daß sie nicht übermäßig erwärmt und nicht von Flammen oder heißen Abgasen berührt werden kann.

Fester Anschluß. Der feste Anschluß muß aus der Anschlußarmatur, der nur mit Werkzeug zu lösenden Verschraubung und der Geräteanschlußleitung zwischen Anschlußarmatur und Gasverbrauchseinrichtung bestehen. Die Geräteanschlußleitung kann biegsam nach DIN 3383 T. 2 oder DIN 3384 oder starr ausgeführt sein.

Eine Anschlußarmatur vor der Gebrauchseinrichtung mit Flammenüberwachung für Zünd- und Hauptgas ist nicht erforderlich, wenn in der Wohnung oder im Treppenraum auf demselben Geschoß eine Zähleranschlußarmatur oder eine andere Absperrarmatur für die Verbrauchsleitung vorhanden ist oder wenn das Einstellglied der Gasverbrauchseinrichtung beim Lösen der Verschraubung mit der Leitung verbunden bleibt.

Lösbarer Anschluß. Er muß aus der Sicherheitsanschlußarmatur, der Geräteanschlußleitung nach DIN 3383 T. 1 (Sicherheitsgasschlauch) einschließlich der von Hand lösbaren Verbindung zur Sicherheitsanschlußarmatur und der erforderlichen Gewindemuffe für den Anschluß der Gasverbrauchseinrichtung bestehen (**285**.1).

Der Gasdurchgang kann nur geöffnet werden, wenn der Sicherheitsgasschlauch gasdicht angeschlossen ist, andererseits kann der Schlauch nur bei geschlossenem Gasdurchgang gelöst werden.

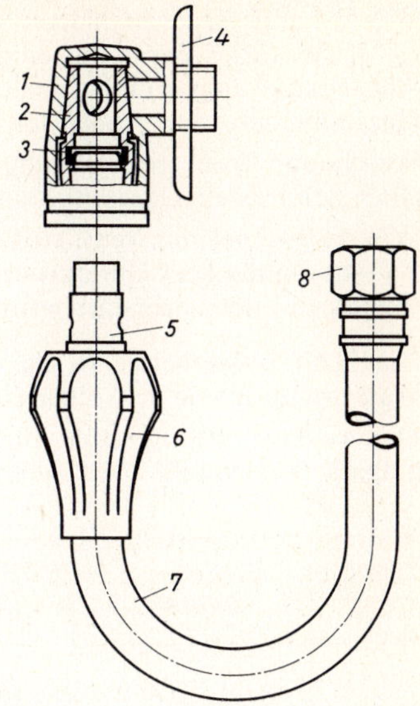

285.1
Sicherheitsgasschlauch mit Gassteckdose und -stecker (Tuboflex KG)

1 Gehäuse
2 Hahnküken
3 Dichtring
4 Wandrosette
5 Normstecker nach DIN 3383
6 Handgriff
7 Sicherheitsgasschlauch
8 Sechskantmuffe zum Gerät

5.1.5.2 Aufstellung

Gasverbrauchseinrichtungen müssen vom DVGW anerkannt sein und auf dem Geräteschild das DIN-DVGW- oder das DVGW-Zeichen mit Registernummer tragen. Elektrische Einrichtungen müssen den VDE-Bestimmungen entsprechen.

Sie dürfen in Räumen nur aufgestellt werden, wenn aus deren Lage, Größe, baulicher Beschaffenheit und Benutzungsart keine Gefahren entstehen.

Die Abstände zwischen Bauteilen aus brennbaren Baustoffen und äußeren erhitzten Teilen einer Gasverbrauchseinrichtung sind nach Bild **285**.2 vorzusehen, das auch über die bei geschlossener schrankartiger Umkleidung von Feuerstätten mit offener Verbrennungskammer zu beachtenden Abstände oder Lüftungsöffnungen unterrichtet.

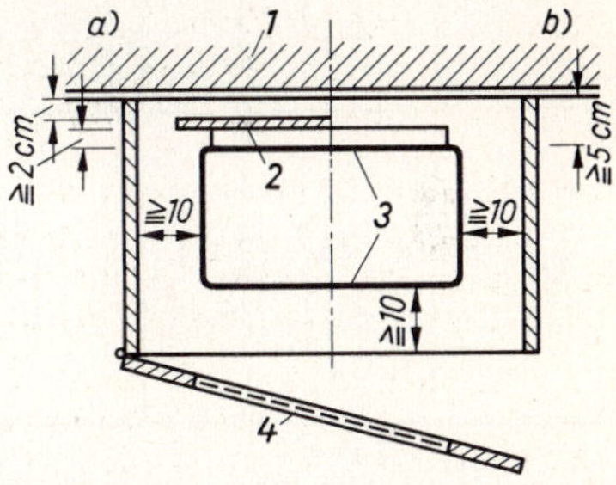

285.2
Abstände für Gasverbrauchseinrichtungen (außer Herden, nach DVGW – TRGI 1972)

a) mit Strahlenschutz
b) ohne Strahlenschutz

1 normal oder schwer entflammbare Rückwand
2 Strahlenschutz (z. B. Blech- oder 1 cm dicke Asbestzementplatte)
3 äußere erhitzte Teile der Gasverbrauchseinrichtung
4 obere und untere Lüftungsöffnung von je ≧ 600 cm^2 freiem Querschnitt

Feuerstätten mit offener Verbrennungskammer sind möglichst nahe dem Schornstein aufzustellen. Werden Feuerstätten zur zentralen Beheizung und Durchlauf-Gaswasserheizer gemeinsam in einem Raum aufgestellt, dessen Inhalt für den gleichzeitigen Betrieb dieser Feuerstätten zu gering ist, muß eine selbsttätige gemeinsame Verriegelung bei Betrieb des Durchlauf-Wasserheizers die andere Feuerstätte außer Betrieb setzen.

Koch-, Wasch- und Trockeneinrichtungen. Kocher, Backöfen und Herde müssen so aufgestellt werden, daß durch ihre Wärme die Umgebung nicht gefährdet wird. Ein ungehinderter Abgasaustritt muß sichergestellt sein.

Wasch- und Trockenanlagen ohne Abgasführung mit einer Nennwärmebelastung[1]) $\leqq$ 7,6 kW dürfen nur in ausreichend lüftbaren Räumen aufgestellt werden. Die Größe des Aufstellungsraumes muß $\geqq 3\ m^3$ je 1,2 kW Nennwärmebelastung der darin aufgestellten Gasgeräte betragen. Andernfalls sind sie an eine Abgasanlage anzuschließen.

Wasch- und Trockeneinrichtungen mit einer Nennwärmebelastung $\geqq$ 7,6 kW sind stets an einen Schornstein anzuschließen.

Wäschetrockner mit Ventilator sind so aufzustellen, daß im Aufstellungsraum durch die Luftansaugung kein Unterdruck entsteht, der den Betrieb anderer Gasverbrauchseinrichtungen und der Feuerstätten für andere Brennstoffe beeinträchtigt.

Durchlauf-Wasserheizer (Klein- und Groß-Wasserheizer). Die Abgase von Durchlauf-Wasserheizern sind stets über eine Abgasanlage nach Abschn. 5.1.6 abzuführen.

Die weiteren Bedingungen für die Aufstellung dieser Feuerstätten sind nachfolgend aufgeführt oder Bild **286**.1 zu entnehmen.

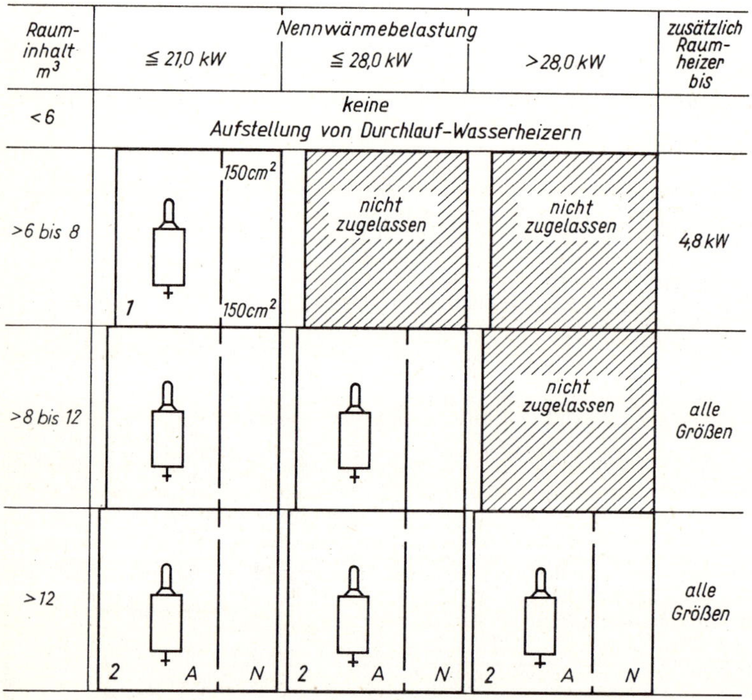

286.1 Aufstellung von Durchlauf-Wasserheizern mit offener Verbrennungskammer
1 soweit nach landesrechtlichen Bestimmungen zulässig
2 die Räume müssen entweder Lüftungseinrichtungen haben, oder der Rauminhalt muß je 1,2 kW Nennwärmebelastung $\geqq 0{,}65\ m^3$ betragen
A Aufstellungsraum
N Nebenraum

---

[1]) Vom Hersteller auf dem Geräteschild angegebene maximale Wärmebelastung, bezogen auf H_u (Heizwert des Gases), die bei der Einstellung nicht überschritten werden darf.

In Räumen $\leqq 6\ m^3$ Inhalt dürfen Durchlauf-Wasserheizer nicht aufgestellt werden.

In Räumen $\geqq 6\ m^3$ bis $8\ m^3$ Inhalt dürfen Durchlauf-Wasserheizer bis zu einer Nennwärmebelastung $\leqq 21{,}0$ kW aufgestellt werden. Die Räume müssen Lüftungseinrichtungen (s. Raumlüftung) haben.

In Räumen $\geqq 8\ m^3$ bis $12\ m^3$ Inhalt dürfen Durchlauf-Wasserheizer bis zu einer Nennwärmebelastung $\leqq 28{,}0$ kW aufgestellt werden. Die Räume müssen Lüftungseinrichtungen (s. Raumlüftung) haben.

In Räumen $\geqq 12\ m^3$ Inhalt dürfen Durchlauf-Wasserheizer mit einer Nennwärmebelastung $\geqq 28{,}0$ kW aufgestellt werden. Die Räume müssen entweder Lüftungseinrichtungen (s. Raumlüftung) haben, oder der Rauminhalt muß je 1,2 kW Nennwärmebelastung $> 0{,}65\ m^3$ betragen.

Vorrats-Wasserheizer. Dies sind Gasverbrauchseinrichtungen, in denen Wasser auf Vorrat erwärmt wird.

Die Bedingungen für ihre Aufstellung sind nachfolgend aufgeführt oder Bild **287**.1 zu entnehmen.

In Räumen $\leqq 5\ m^3$ Inhalt dürfen nur Vorrats-Wasserheizer $\leqq 5$ l Inhalt aufgestellt werden. Die Raumgröße muß $\geqq 3\ m^3$ je 1,2 kW Nennwärmebelastung betragen. Eine Abgasanlage ist nicht erforderlich. Die Räume müssen Lüftungseinrichtungen (s. Raumlüftung) haben.

In Räumen $\geqq 5\ m^3$ bis $12\ m^3$ Inhalt sind die Abgase von Vorrats-Wasserheizern $\geqq 5$ bis 10 l Inhalt über eine Abgasanlage abzuführen. Die Räume müssen Lüftungseinrichtungen (s. Raumlüftung) haben.

In Räumen $\geqq 12\ m^3$ Inhalt dürfen Vorrats-Wasserheizer $\leqq 10$ l Inhalt ohne Abgasanlage und ohne Lüftungseinrichtung aufgestellt werden.

Die Abgase von Vorrats-Wasserheizern $\geqq 10$ l Inhalt müssen stets über eine Abgasanlage abgeführt werden.

Bei Aufstellung in Räumen $\leqq 12\ m^3$ Inhalt müssen diese Lüftungseinrichtungen (s. Raumlüftung) haben.

Bei Aufstellung in Räumen $\geqq 12\ m^3$ Inhalt müssen diese entweder Lüftungseinrichtungen (s. Raumlüftung) haben oder der Rauminhalt muß je 1,2 kW Nennwärmebelastung $> 0{,}65\ m^3$ betragen.

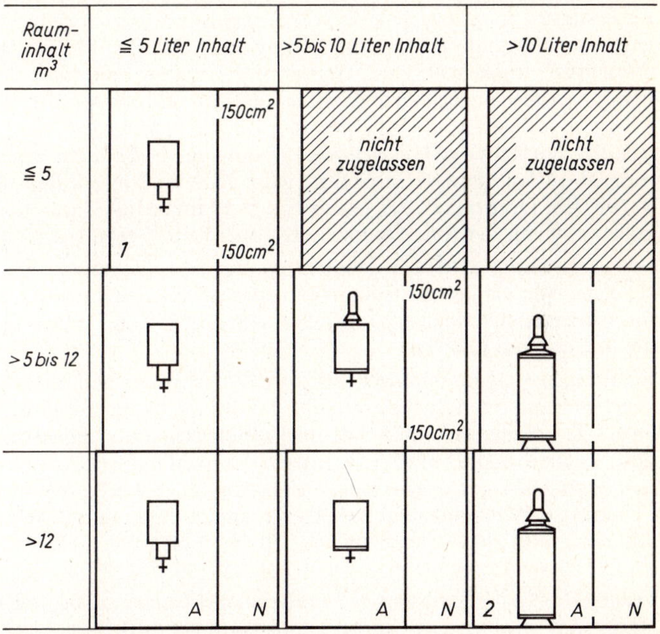

1 Rauminhalt je 1,2 kW Nennwärmebelastung $\geqq 3\ m^3$
2 entweder Lüftungseinrichtung oder Rauminhalt je 1,2 kW Nennwärmebelastung $\geqq 0{,}65\ m^3$
A Aufstellungsraum
N Nebenraum

287.1 Aufstellung von Vorrats-Wasserheizern mit offener Verbrennungskammer (nach DVGW–TRGI 1972)

Raumheizer. Klein-Wärmegeräte dürfen ohne Abgasabführung zur Beheizung frostgefährdeter Räume (z. B. WC) verwendet werden, wenn ihre Wärmeleistung nicht mehr als 0,70 kW beträgt, sie mit einer Zündsicherung ausgerüstet und fest angeschlossen sind. Die Abgase aller übrigen Raumheizer sind über eine Abgasanlage ins Freie abzuführen.

Von Bauteilen aus normal oder schwer entflammbaren Materialien müssen Raumheizer mit einer Ummantelung als Strahlungsschutz (z. B. beiderseits von Luft umspülte, nicht durchbrochene Bleche) einen Abstand von $\geqq 10$ cm, ohne einen solchen Strahlungsschutz von $\geqq 20$ cm haben.

Zur Aufstellung von Raumheizern gemeinsam mit Wasserheizern s. Bild **289**.1. Wird ein Raumheizer allein in einem innenliegenden Raum mit Lüftung nach DIN 18017 T. 1 aufgestellt, dann kann die obere Lüftungsöffnung entfallen.

Feuerstätten zur zentralen Wärmeerzeugung. Für die Aufstellung von Feuerstätten zur zentralen Beheizung (z. B. Heizkessel, Umlauf-Wasserheizer, Warmlufterzeuger) mit einer Wärmeleistung $\leqq 46{,}5$ kW gelten hinsichtlich der Rauminhalte der Aufstellungsräume die Vorschriften für Durchlauf-Wasserheizer, hinsichtlich der Lüftungseinrichtungen die nachfolgenden Vorschriften über die Lüftungseinrichtungen und hinsichtlich der Abstände die Bestimmungen für Raumheizer.

Für die Aufstellung von Feuerstätten zur zentralen Beheizung, zur Warmwasserbereitung und zur Betriebs- oder Wirtschaftswärmeerzeugung mit einer Wärmeleistung $> 46{,}5$ kW wird auf die bauaufsichtlichen Richtlinien und Vorschriften für Heizräume verwiesen (s. Abschn. 10.2.5).

Raumlüftung. Jeder Raum, für den wegen der Aufstellung eines Wasserheizers oder einer Feuerstätte zur zentralen Wärmeerzeugung Lüftungseinrichtungen erforderlich sind, und jeder innenliegende Raum mit Lüftung nach DIN 18017 T. 1, in dem eine Gasverbrauchseinrichtung aufgestellt wird, ist mit einer oberen und einer unteren Lüftungsöffnung zu versehen, die in denselben angrenzenden Raum führen müssen. Die obere Lüftungsöffnung ist möglichst dicht unter der Decke, jedoch $\geqq 1{,}80$ m über dem Fußboden, die untere Lüftungsöffnung in der Nähe des Fußbodens anzubringen. Die Lüftungsöffnungen dürfen nicht verschließbar sein. Jede muß mindestens 150 cm^2 freien Querschnitt haben. Ein Drahtnetz oder Gitter von > 10 mm Maschenweite und 0,5 mm Drahtdicke ist zulässig, wenn der freie Querschnitt von 150 cm^2 erhalten bleibt.

Bei Aufstellung von Gasfeuerstätten der vorgenannten Art in Dielen (Fluren) ohne Außenfenster genügt es, in der Wand zwischen Diele (Flur) und einem angrenzenden Raum mit Außenfenster eine Lüftungsöffnung von $\geqq 150$ cm^2 freiem Querschnitt in Fußbodennähe anzubringen (**289**.1 a).

Im übrigen sind in Bild **289**.1 weitere Vorschriften und Erläuterungen zur Raumlüftung gegeben. Unter den dort dargestellten Voraussetzungen können Abluftschächte nach DIN 18017 T. 1 (keine Sammelschächte!) gleichzeitig zur Abgasabführung herangezogen werden. Solche Abgas-Abluft-Schornsteine müssen in ihrer Ausführung den Abgasschornsteinen nach DIN 18160 entsprechen (s. Abschn. 5.1.6.2). Wenn der Wasserheizer oder die Feuerstätte zur zentralen Beheizung im zu lüftenden Raum aufgestellt ist, kann die Abluftöffnung zum Schacht bis auf 70 cm^2 freien Querschnitt verkleinert werden.

Feuerstätten mit geschlossener Verbrennungskammer (z. B. Außenwandfeuerstätten). Feuerstätten mit geschlossener Verbrennungskammer dürfen unabhängig von der Größe und der Lüftung des Raumes aufgestellt werden. Hierbei dürfen nur die vom Hersteller mitgelieferten Zubehörteile einschließlich der Teile für die Zuführung der Verbrennungsluft und die

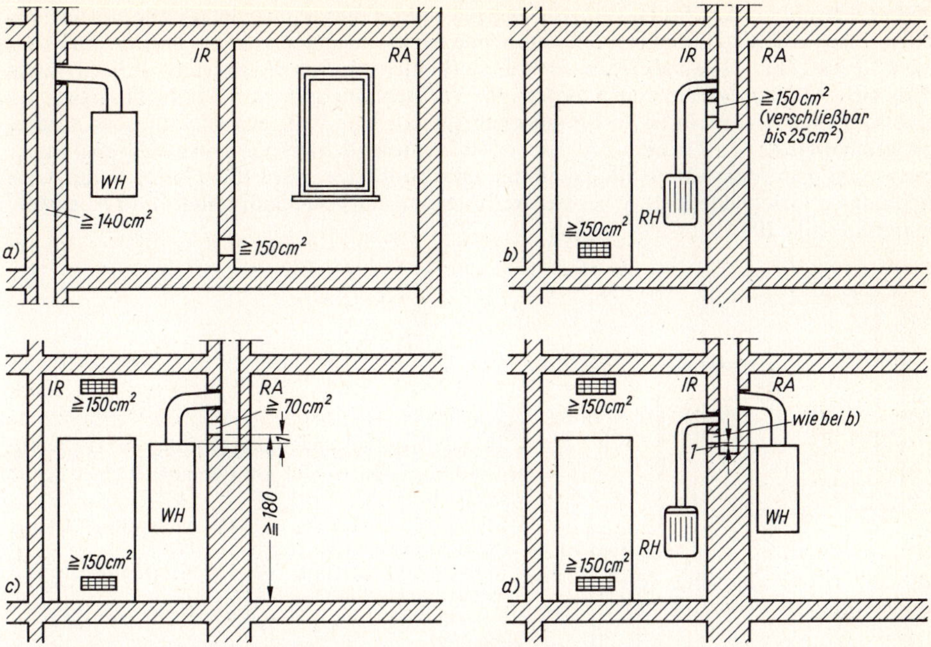

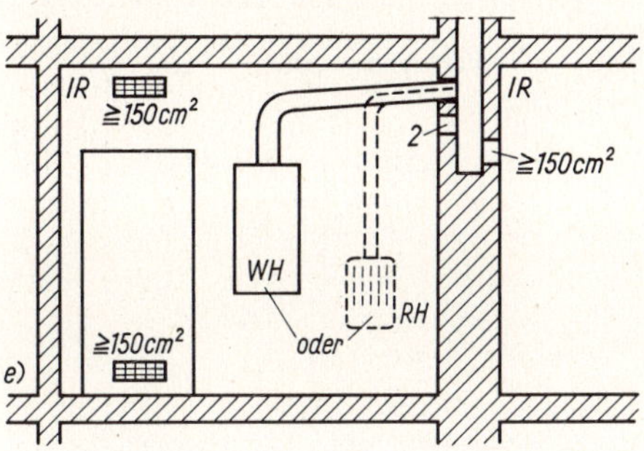

289.1
Lüftung von Innenräumen ohne Außenfenster bei Aufstellung von Gasfeuerstätten in Innenräumen (nach DVGW – TRGI 1972)

a) Lüftung von Diele (Flur) ohne Außenfenster mit Wasserheizer
b) nur Raumheizer im Innenbad
c) nur Wasserheizer im Innenbad
d) Raumheizer im Innenbad, Wasserheizer im Nebenraum mit Außenfenster
e) zwei Innenräume derselben Wohnung durch einen Abluftschacht entlüftet. Nur 1 Wasserheizer oder 1 Raumheizer darf an den Abluftschacht angeschlossen werden

1 Unterkante Abluftöffnung oberhalb Unterkante Strömungssicherung oder Oberkante Ummantelung
2 Abluftöffnungen versetzt angeordnet
IR Innenraum ohne Außenfenster
RA Raum mit Außenfenster
WH Wasserheizer oder Feuerstätte zur zentralen Beheizung
RH Raumheizer

Abführung der Abgase sowie für etwa erforderliche Schutzvorrichtungen (**555**.2) verwendet werden.

Die Verbrennungsluft- und Abgasöffnungen müssen entweder unmittelbar ins Freie, nicht in überdeckte Ausfahrten mit Toren, in Luftschächte und enge Traufgassen, oder in eine dafür bestimmte Anlage für Frischluft und Abgas führen, z. B. in eine innere Schornstein- oder äußere Schachtanlage (**290**.1). Verbrennungsluft- und Abgasöffnungen ins Freie müssen von Tanksäulen und Behältern für Kraftstoffe einen Mindestabstand von 5 m haben, soweit sie nicht ≧ 3 m über Gelände liegen. Ihre Unterkanten müssen ferner stets ≧ 30 cm über Erdgleiche, Balkonfußböden u. ä. liegen. Bei Verbrennungsluft- und Abgasöffnungen, die an öffentlichen oder privaten Verkehrsflächen oder auch an Balkonen oder offenen Loggien bis zu einer Höhe von 2 m über Erdgleiche (Balkonfußboden) liegen, sind die Abgasöffnungen wegen der Abgaswärme zusätzlich mit einer stoßfesten, nicht brennbaren Schutzvorrichtung zu versehen (**555**.2). Über andere Abstände der Verbrennungsluft- und Abgasöffnungen s. Bild **290**.2.

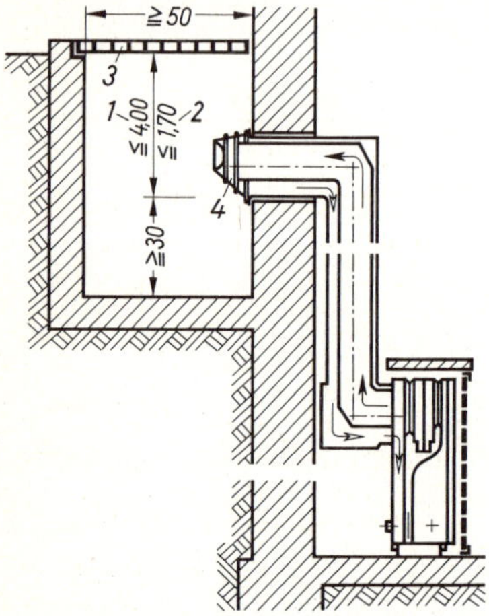

290.1
Außenwand-Gasheizöfen im Kellergeschoß, Mündung der Verbrennungsluft- und Abgasöffnung in einen äußeren Schacht

1 Maß gilt für Feuerstätte ≦ 14 kW Nennwärmeleistung (Schachtquerschnitt ≧ 0,5 m^2)
2 Maß gilt für Feuerstätte > 14 kW Nennwärmeleistung (Schachtquerschnitt ≧ 0,75 m^2)
3 Schachtabdeckung ≧ 70% des freien Schachtquerschnittes
4 Rundrohr-Verbrennungsluft- und Abgasöffnung mit Schutzgitter

◀— Abgas ◁— Verbrennungsluft

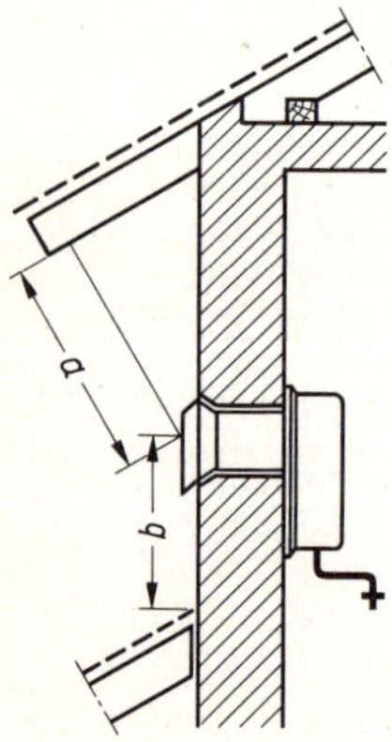

290.2
Außenwand-Feuerstätten, Abstände von Bauteilen (nach DVGW – TRGI 1972)

a ≧ 50 cm bei harter Bedachung
≧ 75 cm bei weicher Bedachung und kurzzeitiger Benutzung
≧ 100 cm bei weicher Bedachung und langzeitiger Benutzung

b ≧ 75 cm bei weicher Bedachung und kurzzeitiger Benutzung
≧ 100 cm bei weicher Bedachung und langzeitiger Benutzung

Die Verbrennungsluft- und Abgasöffnungen von unter Erdgleiche (z. B. in Kellergeschossen) aufgestellten Außenwand-Feuerstätten müssen in einen besonderen Schacht führen (**290**.1).

Abgas abführende Teile der genannten Feuerstätten müssen von Bauteilen aus normalen oder schwer entflammbaren Baustoffen ≧ 10 cm entfernt sein. Bei Durchbrüchen durch solche Bauteile muß dieser Abstand durch Schutzrohre mit Abstandhaltern eingehalten und der Zwischenraum mit einem nicht brennbaren, formbeständigen Dämmstoff ausgefüllt sein.

Gegen eine Durchfeuchtung der Wand oberhalb der Verbrennungsluft- und Abgasöffnungen durch den Wasserdampf der Abgase empfiehlt sich ein feuchtigkeitsabweisender Außenputz oder eine Verkleidung aus keramischen oder anderen widerstandsfähigen Platten.

Eine Verbrennungsluft-Zuführung und eine Abgasabführung senkrecht durch das Dach ins Freie ist nur bei einer Aufstellung der Feuerstätten in Räumen unmittelbar unter einem Flachdach oder einer anderen Dachkonstruktion zulässig (**291**.1).

In Garagen dürfen nur als „Garagen-Feuerstätten" vom DVGW anerkannte Feuerstätten mit geschlossener Verbrennungskammer, die durch Bügel oder Abweiser ausreichend gegen Beschädigung durch Stoß geschützt sind, unter Einhaltung eines Abstandes zwischen Brenner und Fußboden von ≧ 50 cm aufgestellt werden.

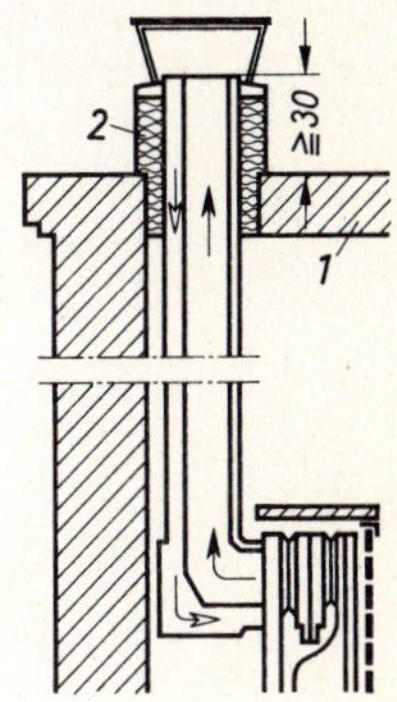

291.1
Gas-Feuerstätte mit Verbrennungsluftzuführung und Abgasführung senkrecht durch das Dach ins Freie

1 Dachdecke oder über der Decke nur Dachkonstruktion
2 Umkleidung wie Abgasschornstein

5.1.6 Abgasabführung

Die Abgase von Feuerstätten sind über eine betriebs- und brandsichere Abgasanlage, die auch durch Ventilatoren zur Raumlüftung nicht nachteilig beeinflußt werden darf, einwandfrei ins Freie abzuführen. Vor dem Anschluß einer Feuerstätte an einen Schornstein ist dieser auf seine Eignung zu prüfen.

Strömungssicherung. Feuerstätten mit Brennern ohne Gebläse für Schornsteinanschluß, deren Abgase durch natürlichen Auftrieb abgeführt werden, müssen vom Hersteller mit einer Strömungssicherung ausgerüstet sein, die als Bestandteil der Feuerstätte gilt und sich im Aufstellungsraum befinden muß (**781**.1).

Feuerstätten mit Gebläse-Brenner für eine Nennwärmebelastung > 46,5 kW müssen ohne Strömungssicherung, mit einer Nennwärmebelastung ≦46,5 kW dürfen sie indessen mit einer solchen betrieben werden.

Feuerstätten mit Saugzugventilator dürfen, Wechselbrandkessel müssen ohne Strömungssicherung betrieben werden.

5.1.6.1 Abgasrohre

Ausführung. Abgasrohre oder Verbindungsstücke sind nach DIN 18160 T. 2 auszuführen (s. Abschn. 8.5.2). Sie müssen aus nicht brennbaren Baustoffen bestehen, hitze- und formbeständig sowie gegenüber dem üblichen Schornsteinunterdruck dicht, ferner korrosionsfest oder gegen Korrosion geschützt sein. Zulässig sind u. a. Asbestzement (Dicke ≧ 7 mm), Aluminium-, Messing-, Kupfer- oder Stahlblech (Wanddicke ≧ 0,75 mm bei ∅ ≦ 100 mm, ≧ 1 mm bei ∅ > 100 mm. Stahlblechrohr bei Wanddicke > 2 mm ohne Korrosionsschutz).

Querschnitt. Die Querschnitte der Abgasrohre müssen den Weiten der Anschlußstutzen der Feuerstätten sowie den Mindestwerten der Tafel **292**.2 entsprechen. Werden ausnahmsweise in ein Abgasrohr die Abgase weiterer Feuerstätten eingeführt, deren Wärmebelastung die der bereits angeschlossenen Feuerstätten um mehr als 25% übersteigt, so muß das Abgasrohr bereits vor deren Einführung einen entsprechend größeren Querschnitt haben, der 80% der Summe der einzelnen Querschnitte betragen muß (**292**.1).

Es empfiehlt sich der Einbau einer geeigneten Abgasklappe in jeder Feuerstätte.

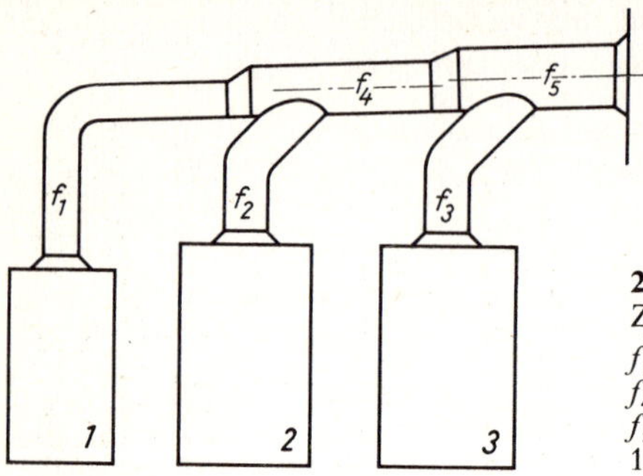

292.1
Zusammenführung von Abgasrohren
f_1, f_2, f_3 Querschnitt der Abgasrohre in cm²
$f_4 = 0{,}8\ (f_1 + f_2)$
$f_5 = 0{,}8\ (f_3 + f_4)$
1, 2, 3, Feuerstätten

Tafel **292**.2 Mindestquerschnitte für Abgasrohre (nach DVGW-TRGI 1972)

Nennwärmeleistung bis	Querschnitt für Abgasrohre: rund		quadratisch		rechteckig		
	d		a		b ≦ 1,5c		
kW	F cm²	d cm	F cm²	a cm	F cm²	b cm	c cm
2,8	20	5	25	5	24	6	4
4,2	28	6	36	6	35	7	5
5,9	38	7	49	7	48	8	6
9,1	50	8	64	8	70	10	7
13,3	62	9	81	9	77	11	7
17,4	80	10	100	10	104	13	8
21,6	95	11	121	11	126	14	9
27,2	115	12	144	12	150	15	10
35,0	135	13	169	13	176	16	11
44,0	150	14	196	14	204	17	12
52,3	180	15	225	15	247	19	13
66,3	200	16	256	16	260	20	13
80,2	225	17	289	17	294	21	14
94,2	260	18	324	18	345	23	15
108,2	285	19	361	19	384	24	16
125,6	315	20	400	20	425	25	17

Zusammenbau. Abgasrohre sind ansteigend auf dem kürzesten Wege zum Schornstein zu führen. In gemischtbelegte Schornsteine sind sie waagerecht einzuführen (**293**.1). Für je 2 m wirksame Schornsteinhöhe sollten nicht mehr als 1 m, insgesamt jedoch nicht mehr als 2 m waagerechtes oder schräges Abgasrohr verlegt werden.

Von Bauteilen mit normal entflammbaren Baustoffen (z. B. Holz, Holzwerkstoffe von 2 mm Dicke und genormte Dachpappen) oder schwer entflammbaren Baustoffen (z. B. mineralisch gebundene Holzwolle-Leichtbauplatten oder durch Feuerschutzmittel behandelte Baustoffe) muß das Abgasrohr oder ein zwischen ihm und dem Bauteil vorgesehener Strahlenschutz ≧ 5 cm Abstand einhalten.

Wanddurchführungen von Abgasrohren sind nach Bild **516**.2 auszuführen, wobei von normal oder schwer entflammbaren Baustoffen ein Abstand von ≧ 10 cm vorzusehen und beim Durchführen durch Holzwände oder Einbauschränke mit einem Schutzrohr zu sichern ist.

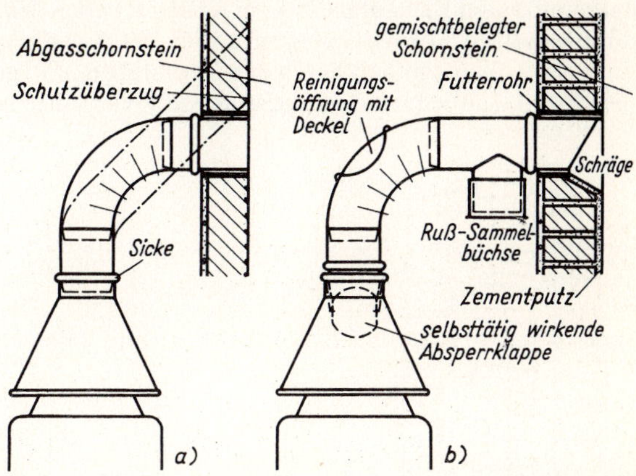

293.1 Schornsteinanschlüsse der Gasfeuerstätten

a) waagerechte oder schräge Einführung des Abgasrohres in den Abgasschornstein
b) waagerechte Einführung des Abgasrohres in einen gemischt-belegten gemauerten Schornstein

Dicht verschließbare Prüföffnungen genügender Größe sind in Abgasrohren, die zum Prüfen oder zum Reinigen nicht herausgenommen werden können, in genügender Anzahl anzuordnen. Weitere Öffnungen dürfen in Abgasrohren nicht vorhanden sein.

Durch unbeheizte Nebenräume führende Abgasrohre sind aus wärmedämmenden Baustoffen oder mit einer wärmedämmenden Ummantelung auszuführen.

Abgasklappen. Sie müssen DIN 3388 T. 1 oder 2 entsprechen, vom DVGW anerkannt sein, der Betriebsweise der betreffenden Feuerstätte entsprechen und nach Anleitung der Hersteller eingebaut werden.

Nur von der Abwärme der Abgase thermisch gesteuerte Abgasklappen müssen unmittelbar hinter der Strömungssicherung eingebaut werden.

Mechanisch (z. B. durch den Gasdruck) gesteuerte Abgasklappen können vor oder hinter ihr eingesetzt werden.

Gas-Raumheizer mit Handschaltung und Durchlauf-Wasserheizer erfordern i. allg. keine besonders schnell öffnende Abgasklappe, Umlauf-Wasserheizer sowie Gas-Raumheizer mit automatischer, gleitender Regelung verlangen eine besonders empfindliche und schnell reagierende Abgasklappe, während wärmespeichernde Feuerstätten wie Heizkessel u. ä. auf mechanisch gesteuerte Abgasklappen angewiesen sind (s. auch Abschn. 10.7.2).

5.1.6.2 Abgasschornsteine

Ausführung. Abgasschornsteine sind ebenso wie Luft-Abgasschornsteine nach DIN 18160 T. 1 (s. auch Abschn. 8.5.3) oder entsprechend den allgemeinen bauaufsichtlichen Zulassungen auszuführen. Sammelschornsteine mit Nebenschornsteinen sind nicht mehr zugelassen. Für Abgasschornsteine dürfen Formstücke aus Ton, Schamotteton, Asbestzement, Beton mit dichtem Gefüge od. dgl. verwendet werden, wenn die Formstücke bauaufsichtlich zugelassen sind und ihre Eignung im Einzelfall nachgewiesen ist.

Nachträgliche Querschnittsverkleinerungen, wie sie z. B. bei der Umstellung von bisher mit festen Brennstoffen betriebenen Feuerstätten auf Gasfeuerung notwendig werden können, werden durch

1. Ausspritzen des Schornsteins mit einem geeigneten Mörtel
2. Einziehen eines flexiblen Metallrohres (**294**.1)
3. Einziehen eines Asbestzement- oder Schamottetonrohres

vorgenommen. Hierbei sind die von den Bauaufsichten der einzelnen Länder eingeführten Richtlinien zu beachten. Die Ausführung solcher Arbeiten sollte nur erfahrenen Spezialfirmen übertragen werden. Nach ihrer Fertigstellung muß der so veränderte Schornstein vom Bezirksschornsteinfegermeister abgenommen werden.

Die Außenflächen von Abgasschornsteinen müssen von Bauteilen aus normal oder schwer entflammbaren Baustoffen $\geqq 5$ cm Abstand haben. Einzelheiten zu Abgasschornsteinen aus dünnwandigen Formstücken zeigt Bild **294**.2. Abgasschornsteine müssen fugendicht und unten und oben deutlich durch den Buchstaben „G" gekennzeichnet sein. Sie dürfen in dem Geschoß beginnen, in dem die unterste Feuerstätte angeschlossen ist.

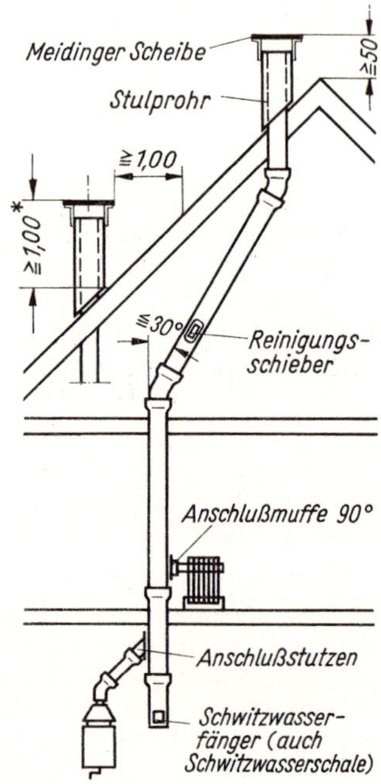

294.2 Abgasschornstein aus Asbestzementrohren
* bei Dachneigung < 30°

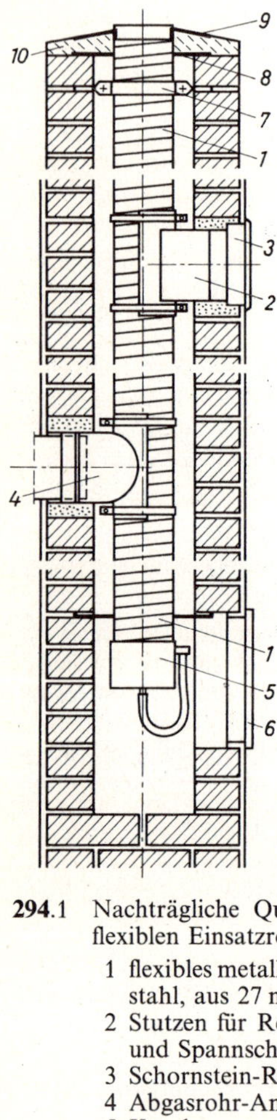

294.1 Nachträgliche Querschnittsverkleinerung eines gemauerten Abgasschornsteines mit einem flexiblen Einsatzrohr aus Chromnickelstahl (Ohler Flexrohr)

1 flexibles metallisches Einsatzrohr ∅ 100 bis 200 mm, Blechdicke 0,13 mm aus Chromnickelstahl, aus 27 mm breiten, 5fach gewellten Blechstreifen gewickelt
2 Stutzen für Reinigungsöffnung aus 1 mm dickem Chromnickelstahlblech mit Halbschale und Spannschellen
3 Schornstein-Reinigungsöffnung mit Halbschale, Spannschellen und Verschluß
4 Abgasrohr-Anschlußstutzen aus 0,8 mm dickem Chromnickelstahlblech
5 Kondenswasserschale
6 Verschlußtür
7 Rohrhalterungsschelle
8 Abdeckplatte aus Stahlblech
9 Kopfabdeckung aus Stahlblech
10 Betonabdeckung des Schornsteinkopfes

Abgasschornsteine müssen an der Sohle und, falls sie nicht von der Mündung aus geprüft werden können, auch im Dachboden eine Prüföffnung haben. Erforderlichenfalls sind bei schräggeführten Schornsteinen Prüföffnungen unterhalb der Knickstellen herzustellen. Dies gilt auch für Abluftschächte nach DIN 18017 T. 1, in die Abgase eingeleitet werden, doch können Entlüftungsöffnungen auch als Prüföffnungen benutzt werden, wenn der Einsatz in der Entlüftungsöffnung ohne Werkzeug leicht herausgenommen werden kann.

Abgasschornsteine dürfen nur einmal schräggeführt (gezogen) sein und nur unter einem Winkel $\geqq 60°$ gegen die Waagerechte.

In Ausnahmefällen dürfen, nach Maßgabe der allgemeinen bauaufsichtlichen Zulassungen, bei Abgasschornsteinen aus glattwandigen Formstücken (z. B. aus Asbestzement) Winkel bis 45° ausgeführt werden, wenn sich dabei strömungstechnisch günstigere Bedingungen ergeben. In diesem Fall muß unterhalb der Knickstelle eine Prüföffnung vorhanden sein, die Schrägführung in einem zugänglichen Raum liegen und bei Schornsteinen aus Mauersteinen oder Formstücken nach DIN 18150 von feuerbeständigen Bauteilen standsicher unterstützt sein.

Freistehende Schornsteine mit einer Wangendicke $\geqq 24$ cm sind unter Dach durch feuerbeständige Konstruktionen in Abständen von $\geqq 5$ m auszusteifen.

Schornsteinquerschnitt und -belastung. Die lichten Querschnitte der Abgasschornsteine sind entsprechend ihrer Belastung, der Zahl der Anschlüsse, der Benutzungsdauer und der wirksamen Schornsteinhöhe zu ermitteln.

Als wirksame Schornsteinhöhe gilt die Entfernung in Metern der obersten angeschlossenen Feuerstätte bis zur Schornsteinmündung. Die Schornsteinhöhe muß bei Anschluß von Feuerstätten in mehreren Geschossen $\geqq 4$ m betragen und kann bei Anschluß von Feuerstätten nur innerhalb eines Geschosses auch geringer sein.

Der lichte Querschnitt von Abgasschornsteinen aus Formstücken muß $\geqq 100$ cm², von solchen aus Mauersteinen $\geqq 13{,}5/13{,}5$ cm betragen. Bei Rechteckquerschnitt soll die kürzere Seite mindestens $^2/_3$ der Länge der längeren haben.

DVGW-TRGI 1972 enthält ein exaktes Berechnungsverfahren. Für praktische Zwecke genügt jedoch i. allg. eine Querschnittsermittlung nach Bild **295**.1.

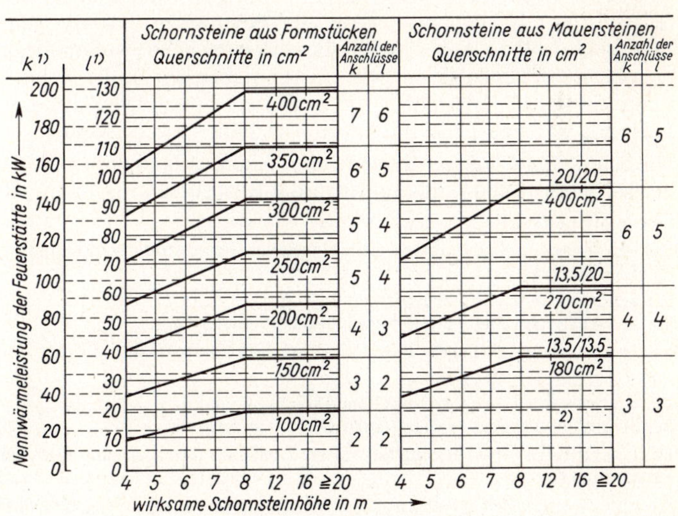

295.1
Querschnitte und Belastung von Abgasschornsteinen (nach DVGW – TRGI 1972)

1) k = für kurzzeitige, l = für langzeitige Benutzung

2) Querschnitte < 180 cm² nur als Zuschläge bei Gemischtbelegung

Es ist dringend zu empfehlen, den Querschnitt nicht größer als das 1,5fache des erforderlichen Mindestquerschnitts zu wählen, da ein unterbelegter Schornstein sich immer ungünstig auswirkt.

Mehrere über ein gemeinsames Abgasrohr an den Abgasschornstein angeschlossene Feuerstätten gelten hinsichtlich der Anzahl jeweils als nur eine Feuerstätte, ebenso Wasserheizer und die dazugehörigen Wandheizöfen sowie selbsttätige gegeneinander verriegelte, nicht gleichzeitig betreibbare Feuerstätten.

Bei Anschluß von mehr als 3 Feuerstätten an einen Schornstein empfiehlt sich zur Vermeidung von Zugstörungen der Einbau von Abgasklappen oberhalb der Strömungssicherungen.

Schornsteinmündung. Abgasschornsteine müssen über Dach im freien Windstrom münden, so daß die Abgase einwandfrei abgeführt werden. Ihre Mündung darf nicht in unmittelbarer Nähe von Fenstern und Balkonen liegen. Die im einzelnen in DIN 18160 T. 1 vorgesehenen Abstände der Schornsteinmündungen von den übrigen Bauteilen sind aus Bild **523**.1 ersichtlich. Das Aufsetzen einer Meidinger Scheibe (**296**.1) oder eines anderen geeigneten Schornsteinaufsatzes ist allgemein zu empfehlen.

Drehbare Ausführungen als Windhauben sind indessen unzulässig.

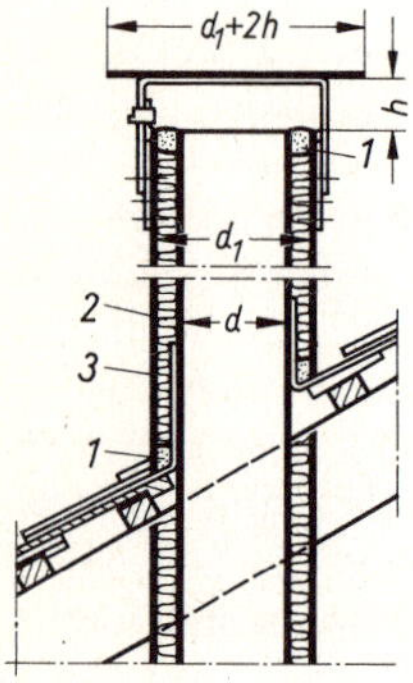

296.1
Kopf eines Abgasschornsteines aus Asbestzementrohren mit Meidinger Scheibe (Eternit AG)

1 Zementmörtel
2 Wärmedämmstoff
3 Stulprohr

$h = d/2$ bei rundem oder quadratischem Rohr
$h = (a + b)/4$ bei rechteckigem Rohr
d = lichte Weite des Schornsteinrohres bei rundem oder quadratischem Rohr
a bzw. b = lichte Weite des Schornsteinrohres bei rechteckigem Rohr
d_1 = lichte Weite des Stulprohres bei rundem oder quadratischem Rohr

Gemischtbelegte Schornsteine. Die Einleitung von Abgasen in Rauchschornsteine (gemischte Belegung) ist zulässig, wenn die Nennwärmeleistung keiner der angeschlossenen Feuerstätten 46,5 kW übersteigt, die wirksame Schornsteinhöhe $\geqq$ 4,50 m ($\geqq$ 4,00 m, wenn die oberste Feuerstätte nur mit Gas betrieben wird), die Funktion aller angeschlossenen Feuerstätten sichergestellt ist (evtl. Einbau von Abgasklappen) und die Anschlüsse von Gas- und anderen Feuerstätten in ihrer Höhe gegeneinander versetzt sind (**521.1**).

Die Schornsteine müssen an den Schornsteinreinigungsverschlüssen und erforderlichenfalls an der Schornsteinmündung durch die Buchstaben „G“ und „R“ gekennzeichnet sein.

Der lichte Querschnitt gemischtbelegter Schornsteine ist wie folgt zu bemessen:

Für die ersten 2 Feuerstätten gleich welcher Brennstoffart mit einer Gesamt-Nennwärmeleistung $\leqq$17,5 kW sind

bei Schornsteinen aus Formstücken 140 cm^2
bei Schornsteinen aus Mauersteinen 180 cm^2 anzusetzen.

Für weitere Feuerstätten für feste und flüssige Brennstoffe sind für jede weitere 8,7 kW Nennwärmeleistung

bei Schornsteinen aus Formstücken 50 cm^2
bei Schornsteinen aus Mauersteinen 60 cm^2 anzusetzen.

Die Querschnittsvergrößerung für weitere Gasfeuerstätten ist nach Bild **295**.1 für langzeitige Benutzung zu ermitteln.

Anschlußwerte von Gasverbrauchseinrichtungen können Tafel **297**.1 entnommen werden.

Tafel **297**.1 Anschlußwerte von Gasverbrauchseinrichtungen (nach DVGW-TRGI)

Gasverbrauchseinrichtung		Anschlußwert m^3/h 1. Gasfamilie (S)	2. Gasfamilie (N)
Gasgerät	Herd	3,2	1,6
	Kocher	0,9	0,4
	Kühlschrank	0,1	0,1
Raumheizer	4,7 kW	1,4	0,7
	7,0 kW	2,1	1,0
	9,3 kW	2,8	1,4
	11,6 kW	3,5	1,7
Umlauf-Wasserheizer Heizkessel Luftheizer	9,3 kW	2,7	1,3
	11,6 kW	3,4	1,7
	17,4 kW	5,1	2,5
	23,3 kW	6,7	3,3
	29,1 kW	8,4	4,2
Durchlauf-Wasserheizer	8,7 kW	2,5	1,2
	17,4 kW	5,1	2,5
	22,7 kW	6,5	3,2
	27,9 kW	8,1	4,0
Vorrats-Wasserheizer (1 h Aufheizzeit)	80 l	2,0	1,0
	100 l	2,5	1,2
	120 l	3,0	1,5
	150 l	3,7	1,8

Mittlerer Brennwert in kW/m^3: 1. Gasfamilie ca. 4,88, 2. Gasfamilie ca. 9,88

Beispiel
Vorhandener Rauchgasschornstein aus Formstücken 400 cm^2, wirksame Schornsteinhöhe 5 m.
Es sollen angeschlossen werden:

1 Kohleofen	5,4 kW	
1 Ölofen	9,0 kW	
	14,4 kW, dafür	140 cm^2
1 Kohleofen	6,0 kW	
1 Gasraumheizer	4,7 kW	
1 Gas-Durchlauf-Wasserheizer	8,7 kW	
1 Gas-Vorrats-Wasserheizer	23,4 kW	
	42,8 kW, dafür	250 cm^2
		390 cm^2

Der vorhandene Querschnitt ist somit ausreichend.

5.2 Anlagen für Flüssiggas

5.2.1 Allgemeines

Flüssiggas gestattet, auch ländliche Bezirke und Stadtrandgebiete mit Gas zu versorgen, die wirtschaftlich nicht an ein städtisches Gasversorgungsnetz angeschlossen werden können.

In Deutschland bezeichnet man als Flüssiggas die reinen Gase Propan (C_3H_3) und Butan (C_4H_{10}) sowie das diese beiden Gase meist im Verhältnis 50:50 enthaltende Mischgas (s. auch Abschn. 8.4.1). Alle

Flüssiggasgeräte sind für den Betrieb dieser drei Gasarten gebaut. Flüssiggas ist bei normalem Druck und normaler Temperatur gasförmig, läßt sich aber durch geringen Druck verflüssigen und dann in verhältnismäßig leichten Stahlbehältern speichern und transportieren.

Neubau und Unterhaltungsarbeiten. Die Installationsarbeiten von Flüssiggasanlagen dürfen nach Freigabe durch die behördlich zugelassenen Hauptverteiler (oder die von ihnen ermächtigten Vertriebsstellen) nur von deren Vertragsfirmen ausgeführt werden.

In den Installationsplänen sind die Sinnbilder für Flüssiggaseinrichtungen (Taf. **298**.1) anzuwenden. Maßgebend sind die „Technischen Regeln Flüssiggas-TRF 1969“. Nachstehend werden daraus die wichtigsten Vorschriften erläutert, soweit sie von denen für Stadt- und Erdgasanlagen nach DVGW-TRGI 1972 abweichen. Allgemeine Gesichtspunkte zur Leitungsverlegung über Gasgeräte- und -feuerstätten und die Abgasführung sind in den Ausführungen des Abschn. 5.1 zu finden.

Tafel **298**.1 Sinnbilder für Flüssiggasanlagen (nach TRF 1969)

	Längenausgleich		Druckregler mit Sicherheitsventil
	bewegliche Leitung	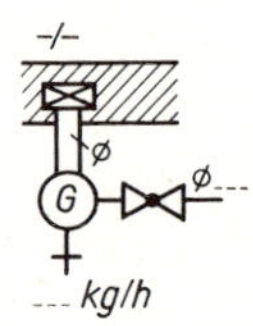	bei Gasfeuerstätten sind Gasleitung, Abgasleitung und Schornstein anzugeben
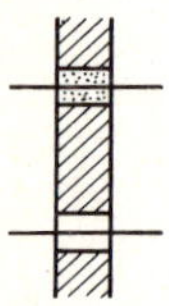	Mauerdurchbruch mit Schutzrohr und Abdichtung mit Spiel		
	Umschaltventil		Druckmesser
	Eckventil		Gasmangelsicherung
	Magnetventil		Sicherheits-Gasanschlußarmatur
	Rohrbruchventil		Abscheider
	Rückschlagventil nicht absperrbar		Verdampfer
	Fußventil		
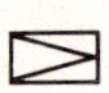	Druckregler ohne Sicherheitsventil		

Weitere Sinnbilder für Gasanlagen s. Tafel **279**.1.

einheitliche Farben für Leitungspläne:

Gasleitungen	gelb
Kaltwasserleitungen	blau
Warmwasserleitungen	rot

5.2.2 Versorgungsanlagen

Die in den Versorgungsanlagen verwendeten Flüssiggasbehälter sind
Flaschen (äußerer $\varnothing \leqq 420$ mm, Länge $\leqq 2$ m, Rauminhalt $\leqq 150$ l),
Fässer (Behälter mit Rollreifen, Rauminhalt 100 bis 1000 l) und
Lagerbehälter (Tanks).

Ortsbewegliche Behälter wechseln zwischen Füllen und Entleeren ihren Standort, ortsfeste werden am Aufstellungsort gefüllt.

Vorratsbehälter werden vorrätig gehalten, sind jedoch nicht an die Versorgungsanlage angeschlossen. Gebrauchsbehälter sind zum Betrieb der Verbrauchseinrichtungen an die Versorgungsanlage angeschlossen (Betriebs- und Reservebehälter).

Da Flüssiggas ca. 1,8mal so schwer wie Luft ist, wird sich durch Undichtheiten ausströmendes Gas am Boden ansammeln. Daher dürfen Flüssiggasbehälter aller Größen weder in Kellerräumen und in anderen Räumen, aus denen austretendes Gas nicht ins Freie abfließen kann, noch in Treppenhäusern und Durchgängen (Durchfahrten), noch unmittelbar neben Ausgängen und Durchfahrten von Gebäuden aufgestellt werden.

5.2.2.1 Ortsbewegliche Behälter

Ortsbewegliche Flüssiggasbehälter müssen der Druckgasverordnung mit den dazugehörigen Technischen Grundsätzen, die Anschlußgewinde der Absperrventile für Flaschen und Fässer DIN 477 T. 1 entsprechen.

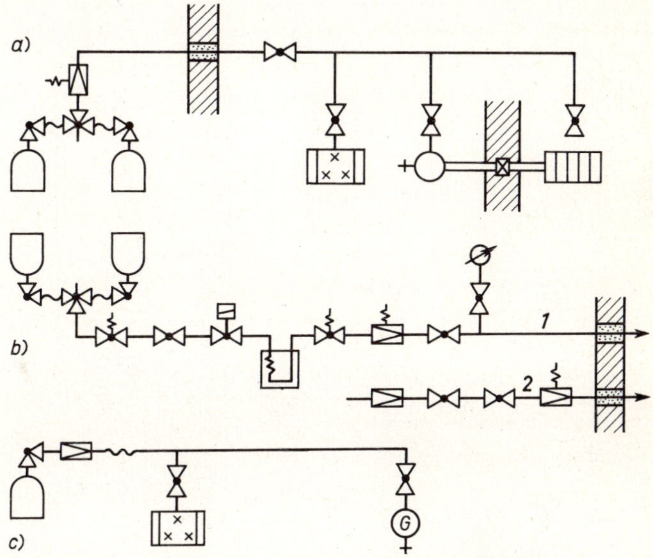

a) Flaschenanlage mit Entnahme aus der gasförmigen Phase
b) Flaschenanlage mit Verdampfer und Entnahme aus der flüssigen Phase
c) Flaschenanlage in bewohnten Räumen

299.1 Beispiele von Flüssiggas-Versorgungsanlagen mit ortsbeweglichen Behältern (Flaschen) (nach TRF 1969)

Aufstellung (Taf. **300**.1 und **300**.2.) Ortsbewegliche Behälter, außer solchen mit einem Füllgewicht $\leqq 14$ kg, bedürfen einer Schutzzone, die dem Schutz der Behälter vor Gefahren von außen und zugleich dem Schutz der Umgebung vor Gefahr durch die Behälter dient. Die Schutzzone stellt einen kegelförmigen Raum dar, dessen Grundfläche folgende Abstände als Radius haben muß (**300**.3):

Anlagen mit 1 bis 4 Flaschen	$\geqq$ 3 m
Flaschen und Fässer mit einem Gesamtinhalt $\leqq 3000$ l	$\geqq$ 5 m
Flaschen und Fässer mit einem Gesamtinhalt > 3000 l	$\geqq$ 10 m

und dessen Spitze 0,5 m über dem Flaschenventil, jedoch $\geqq 2$ m über der Grundfläche senkrecht über dem Behälter liegt.

Diese Schutzzone kann eingeengt werden
durch öffnungslose feuerhemmende Wände aus nicht brennbaren Baustoffen,
durch öffnungslose feuerhemmende Wände bei Verwendung von Flaschenschränken mit Rückwänden aus nicht brennbaren Baustoffen und
nach oben bei Verwendung von Flaschenschränken und -hauben durch deren Abdeckung.

Tafel **300**.1 Mindestabstände (in cm) der Flaschen mit $\leqq 14$ kg Füllgewicht von Wärmestrahlungsquellen (nach TRF 1969)

Wärmestrahlungsquelle	ohne Strahlungsschutz¹)	mit Strahlungsschutz¹)
Heizgeräte, Feuerstätten u. ä.	70	30
Gasherde, Heizkörper u. ä.	30	10

Bei kombinierten Gas/Kohleherden gilt für den Kohleteil der größere, für den Gasteil der kleinere Abstand.

¹) Aus nicht brennbaren Baustoffen und zwischen Wärmequelle und Flasche fest anzubringen

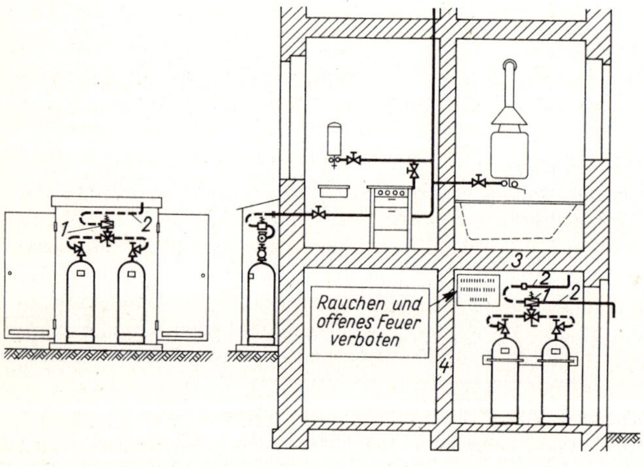

300.2
Aufstellung von Gebrauchsbehältern für Flüssiggas (Großflaschen)
links: in einem Schrank außerhalb des Hauses
rechts: in einem nur von außen zugänglichen Raum des Hauses

1 Druckregler mit Sicherheitsventil
2 Niederdruckleitung
3 feuerbeständige Decke
4 feuerbeständige Wand

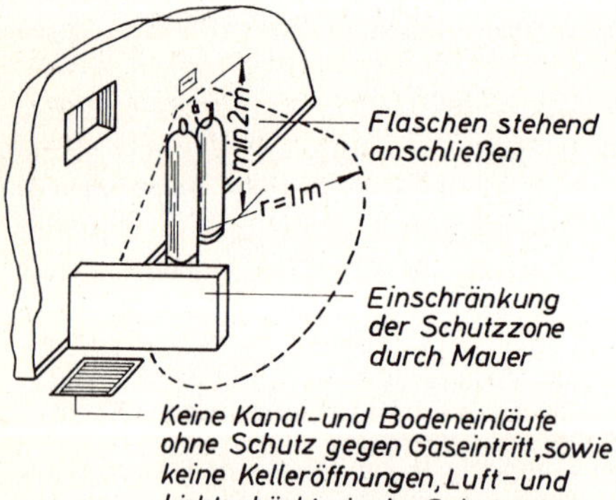

300.3
Sicherheitskegel, Schutzzone bei Lagerung von Flüssiggas in Flaschen im Freien (nach Kaempfer)

In der Schutzzone dürfen sich keine gegen Gasaustritt ungeschützte Kelleröffnungen, Luft- und Lichtschächte, Bodenabläufe, Kanaleinläufe sowie keine Zündquellen befinden. Brennbare und explosionsfähige Stoffe dürfen darin nicht gelagert werden. Elektrische Anlagen müssen DIN 57165 (S-Ausführung) entsprechen.

Im Freien aufgestellte ortsbewegliche Behälter müssen durch abschließbare Flaschenschränke oder -hauben od. dgl. gegen Zugriff Unbefugter gesichert sein. Flaschenschränke müssen oben und unmittelbar über dem Boden je eine Lüftungsöffnung von $\geqq 1/100$ der Bodenfläche haben (**300**.2).

Am Aufstellungsort von Behältern darf weder mit offenem Feuer umgegangen noch geraucht werden, worauf durch ein dauerhaftes Schild mit dem Wortlaut „Flüssiggas-Anlage. Feuer und Rauchen verboten!“ hinzuweisen ist (entbehrlich bei Aufstellung von Flaschen mit einem Füllgewicht $\leqq 14$ kg in Gebäuden mit Aufenthaltsräumen). Die Flaschen (auch leere) sind stehend aufzubewahren.

Flaschen mit > 14 kg Füllgewicht in Gebäuden. Innerhalb von Gebäuden dürfen diese Flaschen (sog. Großflaschen, i. allg. mit 22 und 33 kg Füllgewicht, nach DIN 4661) nur in besonderen Räumen aufgestellt sein, die nur vom Freien aus durch nach außen aufschlagende Türen zugänglich sein dürfen. Von anderen Räumen müssen die Aufstellungsräume durch feuerbeständige Wände und Decken ohne Öffnungen getrennt sein. Die Fußböden müssen aus nicht brennbaren Baustoffen bestehen (**300**.2).

Über dem Fußboden und unter der Decke muß je eine ins Freie führende Öffnung von $\geqq 1/100$ der Bodenfläche vorhanden sein. Um diese Be- und Entlüftungsöffnungen muß außerhalb des Gebäudes eine Schutzzone vorhanden sein, die sich allseitig auf $\geqq 1$ m erstreckt.

In einem Aufstellungsraum dürfen höchstens 8 gefüllte und 8 leere Flaschen mit einem Gesamtrauminhalt von $\leqq 1200$ l gleichzeitig untergebracht sein. Brennbare und explosionsfähige Stoffe dürfen hier nicht gelagert und abgestellt werden, der Umgang mit offenem Feuer und Rauchen ist nicht zulässig (Hinweisschild an der Türaußenseite!). Elektrische Anlagen müssen DIN 57165 entsprechen.

Die Oberflächentemperaturen von Heizungen dürfen 300 °C nicht überschreiten. Sind Temperaturen > 110 °C möglich, werden Verkleidungen aus nicht brennbaren Stoffen mit schräger Abdeckung angeordnet.

Flaschen mit $\leqq$ 14 kg Füllgewicht in Gebäuden. Innerhalb von Aufenthaltsräumen dürfen nur Flaschen mit $\leqq 14$ kg Füllgewicht (das sind Kleinflaschen mit 3, 5 und 11 kg Füllgewicht) aufgestellt werden. Innerhalb einer Wohnung dürfen höchstens 2 derartige Flaschen, einschließlich entleerter, je Raum jedoch nur 1 Flasche vorhanden sein.

Damit das Flüssiggas in der Flasche nicht höher als bis auf 40 °C erwärmt wird, sind von Wärmestrahlungsquellen die Mindestabstände der Tafel **300**.1 einzuhalten. Innerhalb und unterhalb von Verbrauchseinrichtungen wie Gaskochern und Gaswasserheizern dürfen Flaschen nur aufgestellt werden, wenn sie gegen unzulässige Erwärmung geschützt sind. Ein Flaschenschrank oder -raum zur Aufstellung einer Gebrauchs- oder Vorratsflasche muß oben und unten je eine Lüftungsöffnung von $\geqq 1/100$ der Bodenfläche haben.

Aufstellung in gewerblichen Arbeitsräumen. Bei gewerblichen Arbeitsräumen darf von den Forderungen nach besonderen Aufstellungsräumen, nach deren besonderer Zugänglichkeit, in bezug auf die Lagerung brennbarer usw. Flüssigkeiten in diesen Räumen und auf die Begrenzung der Oberflächentemperaturen von Heizeinrichtungen abgewichen werden, soweit dies aus verfahrenstechnischen Gründen notwendig ist und die erforderliche Sicherheit auf andere Weise erreicht wird.

Anschluß. Für die Entnahme des Flüssiggases aus der gasförmigen Phase sind die

Flaschen aufrecht stehend anzuschließen. Die Anzahl der für den Betrieb erforderlichen Gebrauchsbehälter ist nach dem Anschlußwert aller angeschlossenen Verbrauchseinrichtungen unter Berücksichtigung der Dauer und Gleichzeitigkeit der Benutzung zu bemessen. An eine Flasche mit $\leqq$ 14 kg Füllgewicht dürfen Verbrauchseinrichtungen bis zu einem Gesamtanschlußwert von 1,5 kg/h angeschlossen werden (Taf. **302**.1).

Tafel **302**.1 Mindestnennweiten für Geräteanschlußleitungen für Flüssiggas-Verbrauchseinrichtungen (nach TRF 1969)

Verbrauchs-einrichtung	Anschluß-wert kg/h	Nenn-weite mm	Verbrauchs-einrichtung	Anschluß-wert kg/h	Nenn-weite mm
Kühlschrank	0,03	6	mittlerer Heizofen	0,8	10
Innenleuchte	0,03 (je Brenner)	6	größerer Heizofen	1,5	10
			Waschkessel	1,0	10
Kocher	0,15 (je Brenner)	6	kleiner Wasserheizer	0,8	6
			größerer Wasser-		
Bratofen	0,3	6	heizer	1,5	10
Haushaltsherd	0,7	6	oder	2,0	12
kleiner Wandheizofen	0,3	6	oder	2,5	12

Beim Einbau von Verdampfern[1]) muß das Gas flüssig aus den Flaschen und Fässern entnommen werden. Die Flaschen sind in geeigneten Vorrichtungen mit dem Ventil nach unten anzuschließen (**299**.1b). Bei Fässern muß das Tauchrohr des Entnahmeventils nach unten gerichtet sein. Flaschen und Fässer müssen mit Sicherheitsventilen ausgerüstet und mit den Buchstaben SV gekennzeichnet sein. Im übrigen sind die „Technischen Regeln für Bau und Betrieb von Verdampfern für Flüssiggas" des DVFG zu beachten.

Für Behälter-Anschlußleitungen sind Schläuche für Flüssiggas nach DIN 4815 oder Rohrspiralen aus nahtlos gezogenen Kupfer- oder Stahlrohren zu verwenden. Die Schläuche sind möglichst senkrecht von unten an die feste Rohrleitung so anzuschließen, daß die Schlauchverbindung nicht unzulässig mechanisch belastet wird. Sie sind so kurz wie möglich zu halten, die Länge beträgt $\leqq$ 30 cm.

5.2.2.2 Ortsfeste Behälter

Ortsfeste Behälter, die am Aufstellungsort befüllt werden, können Flaschen, Fässer oder Lagerbehälter (Tanks) sein. Schematische Beispiele zeigt Bild **303**.1.

Anlagen dieser Art haben für Wohn- und ähnliche Gebäude nur geringe Bedeutung. Von einer Wiedergabe der für sie geltenden umfangreichen Bestimmungen muß daher abgesehen und auf Abschn. 4 der TRF 1969 verwiesen werden.

5.2.3 Leitungsanlagen

Druckregler für die Versorgungsanlage. In die Versorgungsanlage ist ein unverstellbarer Druckregler (für ortsbewegliche Behälter nach DIN 4811) einzubauen, der den Behälterdruck bzw. den Vordruck auf den Nenndruck von 50 mbar herabsetzt (in Gewerbebetrieben sind evtl. verstellbare Regler zulässig).

[1]) Diese Installationsart wird angewendet, wenn die zur Verdampfung des Flüssiggases erforderliche Verdampfungswärme bei größeren Entnahmen nicht mehr allein der verdampfenden Flüssigkeit entzogen werden kann. Das Gas wird dann den Behältern flüssig entnommen und in einem z. B. durch elektrischen Strom oder Gasbrenner beheizten Verdampfer verdampft.

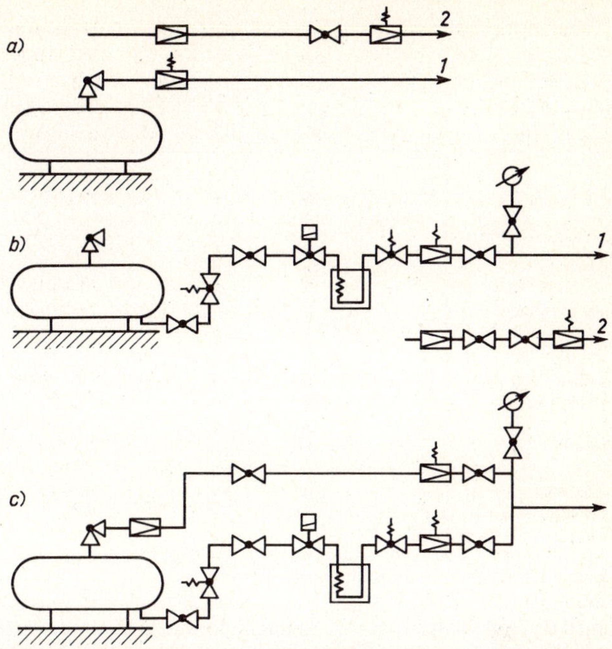

303.1
Beispiele von Flüssiggas-Versorgungsanlagen mit ortsfesten Behältern (nach TRF 1969)
a) Entnahme aus der gasförmigen Phase
b) Entnahme aus der flüssigen Phase
c) Entnahme aus der gasförmigen und der flüssigen Phase
1 einstufige Regelung
2 zweistufige Regelung

Der Druckregler kann (ausgenommen für Flaschen mit ≦14 kg Füllgewicht in Gebäuden mit Aufenthaltsräumen) mit einem Halter fest montiert und durch die Behälteranschlußleitung oder über die Hochdrucksammelleitung mit dem Behälter verbunden werden, oder er wird unmittelbar mit dem Flaschenventil verbunden. Der Verbindungsschlauch zwischen Druckregler und Leitung darf während des Flaschenwechsels durch das Gewicht des Reglers nicht geknickt werden.

Bei Flaschen mit einem Füllgewicht ≦14 kg in Gebäuden mit Aufenthaltsräumen dürfen nur unmittelbar an das Flaschenventil anzuschließende Kleinflaschenregler nach DIN 4811 oder andere besonders zugelassene Modelle verwendet werden.

Niederdrucksicherheitsventil. Versorgungsanlagen mit ortsbeweglichen Behältern über 14 kg Füllgewicht oder mit ortsfesten Behältern sind hinter dem Regler mit einem Sicherheitsventil auszurüsten, das sich bei einem Druck von 100 bis 120 mbar öffnet. Regler nach DIN 4811 (ausgenommen Kleinflaschenregler) sind bereits mit Sicherheitsventilen ausgerüstet.

Aus Sicherheitsventilen ausströmendes Gas muß durch eine Abblaseleitung gefahrlos ins Freie abgeleitet werden. Aus Schutzschränken und -hauben im Freien ist eine besondere Ableitung nicht erforderlich (**300**.2).

Rohre, Maße, Werkstoffe, Korrosionsschutz. Es gelten die Ausführungen in Abschn. 5.1.1 und Abschn. 5.1.2 mit der Maßgabe, daß Leitungen aus Stahlrohren nach DIN 2448 und 2458, eine Mindestwanddicke bei Innenleitungen von 2 mm, bei Erdverlegung von 2,5 mm, freiliegende Innenleitungen aus Präzisionsstahlrohr nach DIN 2391 mit einem Außendurchmesser ≦ 12 mm eine Mindestwanddicke von 1 mm haben müssen.

Rohrweiten. Die Rohrweite muß so ausgelegt sein, daß die in den Rohrleitungen auftretenden Druckverluste nicht mehr als 5% des Betriebsdruckes betragen (z. B. 2,5 mbar bei einem Betriebsdruck von 50 mbar). Die Rohrweiten sind nach dem in der Anlage 2 zu TRF 1969 aufgeführten Verfahren zu ermitteln.

Einen Anhaltspunkt für die zu erwartenden Werte bei einfachen Anlagen gibt Tafel **304**.1. Die hierin angegebenen lichten Rohrweiten sind für einen Gesamtdruckverlust von 2,5 mbar bei einem Nenndruck am Regler von 50 mbar errechnet. In den Werten für die Rohrweiten sind die Druckverluste für Durchgangsventile, T- und Winkelstücke enthalten.

Tafel **304**.1 Nennweiten der Verbrauchsleitungen für Flüssiggasanlagen in mm (nach TRF 1969)

Leitungs-länge	Flüssiggasdurchsatz in kg/h (Anschlußwert)								
m	0,3	0,5	0,8	1,0	1,5	2,0	3,0	4,0	5,0
1	5	5	6	6	7	8	9	10	12
2	5	5	6	7	8	9	12	12	15
3	5	6	7	8	9	10	12	15	15
4	5	6	7	8	9	10	12	15	15
5	5	6	8	8	10	12	15	15	18
6	6	7	8	9	10	12	15	15	18
8	6	7	8	9	12	12	15	18	18
10	6	7	9	10	12	12	15	18	18
12	6	8	9	10	12	15	15	18	20
14	6	8	9	10	12	15	18	18	20
16	7	8	10	10	12	15	18	18	20
18	7	8	10	12	15	15	18	18	20
20	7	8	10	12	15	15	18	20	20
25	7	9	10	12	15	15	18	20	25
30	7	9	12	12	15	15	18	20	25

Anschlußwerte der Verbrauchseinrichtungen und Mindestnennweiten für die Geräteanschlußleitungen können Tafel **302**.1 entnommen werden.

Auf die Rohrweitenberechnung kann verzichtet werden, wenn aus dem Gebrauchsbehälter nur Geräte mit DIN-Anschlußmaßen von 8 mm Außendurchmesser, entsprechend einer Mindestweite der Anschlußleitung von 6 mm (z. B. Herde oder Durchlauf-Wasserheizer), versorgt werden und keine Verbrauchseinrichtung mehr als 2 m von dem Gebrauchsbehälter entfernt ist. In diesem Fall kann ein Rohr von 8 mm Außendurchmesser gewählt werden.

Gasmangelsicherungen in Sammelversorgungsanlagen. Bei Sammelversorgungsanlagen, von denen aus mehrere Haushaltungen mit Flüssiggas versorgt werden, ist vor jedem Wohnungsanschluß eine Gasmangelsicherung einzubauen, es sei denn, daß alle Brennstellen der angeschlossenen Verbrauchseinrichtungen einschließlich Zünd- und Wachflammenbrenner zündgesichert sind.

Zusammenbau und Verlegung. Die Installation der Rohrleitungen erfolgt nach den allgemeinen Regeln, die für den Zusammenbau und die Verlegung von Kaltwasserleitungen und von Leitungen für die öffentliche Gasversorgung in den Abschn. 2.5.4 und 5.1.2 mitgeteilt worden sind.

Gaszähler. Es sind nur vom DVGW/DVFG für Flüssiggas anerkannte Gaszähler zu verwenden. Im übrigen s. Abschn. 5.1.3.

5.2.4 Anschluß und Aufstellung von Gasverbrauchseinrichtungen

Verbrauchseinrichtungen sind fest an die Verbrauchsleitung anzuschließen. Der feste Anschluß muß aus einer metalldichtenden Verschraubung (**305**.1 und 2) zwischen der Verbrauchseinrichtung und der fest verlegten Rohrleitung bestehen, die nur mit Werkzeug lösbar ist.

Geräte (nicht Feuerstätten und Durchlauf-Wasserheizer) dürfen auch mit einer Sicherheits-Gasanschlußarmatur und einem Sicherheits-Gasschlauch nach DIN 3383 angeschlossen werden. Die Nennlänge des Sicherheits-Gasschlauches für häusliche Gasgeräte darf ≤ 40 cm betragen. Die Schlauchverbindung ist so anzuordnen, daß der Schlauch nicht von den Flammen oder heißen Abgasen berührt oder durch Wärmestrahlung oder -leitung unzulässig erwärmt werden kann.

Im übrigen gelten die Ausführungen von Abschn. 5.1.5 vollinhaltlich auch für den Anschluß und die Aufstellung von Verbrauchseinrichtungen in Flüssiggasanlagen.

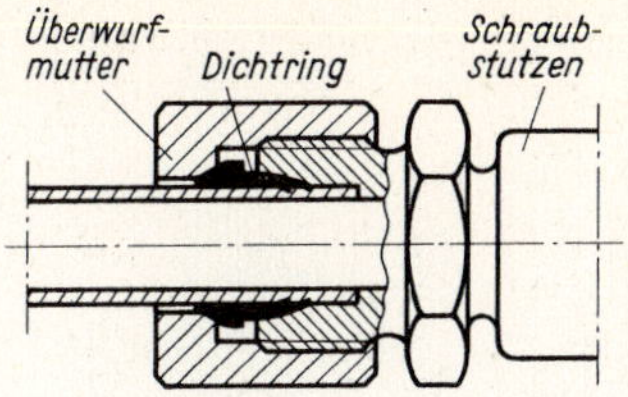

305.1
Lötlose Ermeto-Verschraubung für nahtloses Präzisionsstahlrohr (nach Cordes, Propan-Ratgeber)

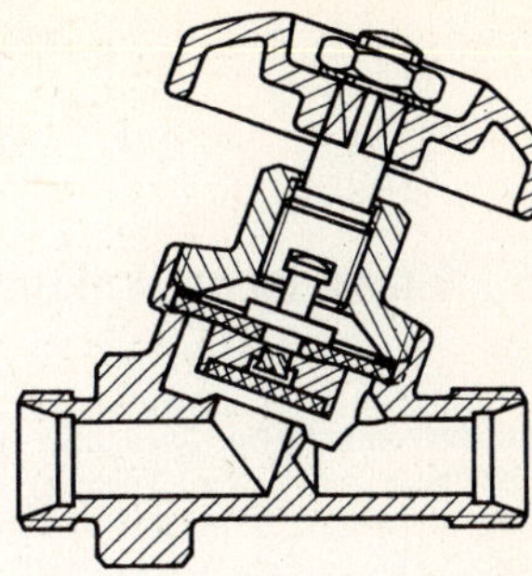

305.2
Dräger-Membran-Absperrventil mit Ermeto-Anschlüssen für Rohr 12 × 1 (nach Cordes, Propan-Ratgeber)

5.2.5 Abgasabführung

Die Regeln und Vorschriften für die Abgasabführung häuslicher Feuerstätten der öffentlichen Gasversorgungsanlagen gelten auch für die Anlagen der Flüssiggasversorgung. Sie sind in Abschn. 5.1.6 mitgeteilt.

5.3 Technische Regeln

Deutsche Normen

DIN 3383 T. 1 Gasschläuche und Gasanschlußarmaturen; Sicherheits-Gasschläuche mit Anschlußstecker; Sicherheits-Gasanschlußarmaturen (07. 81)
DIN 3383 T. 2 Gasschläuche und Gasanschlußarmaturen; Gasschläuche für festen Anschluß (08. 81)
DIN 3384 Edelstahlschläuche für Gas (05. 77)
DIN 3388 T. 1 Abgasklappen für Gasfeuerstätten, thermisch gesteuert (05. 78)
DIN 3388 T. 2 Abgas-Absperrvorrichtung für Feuerstätten für flüssige oder gasförmige Brennstoffe, mechanisch betätigte Abgasklappen; Sicherheitstechnische Anforderungen und Prüfung (09. 79)
DIN 18017 T. 1 Lüftung von Bädern und Spülaborten ohne Außenfenster, durch Schächte und Kanäle, ohne Motorkraft; Einzelschachtanlagen (03. 60)
DIN 18150 T. 1 Baustoffe und Bauteile für Hausschornsteine; Formstücke aus Leichtbeton; Einschalige Schornsteine, Anforderungen (09. 79)
DIN 18160 T. 1 Hausschornsteine; Anforderungen, Planung und Ausführung (04. 81)
DIN 18160 T. 2 Feuerungsanlagen; Verbindungsstücke (02. 63)
DIN 18381 VOB Verdingungsordnung für Bauleistungen, Teil C: Allgemeine Technische Vorschriften für Bauleistungen, Gas-, Wasser- und Abwasser-Installationsarbeiten innerhalb von Gebäuden (10. 79)
DIN 57165/VDE 0165 Errichten elektrischer Anlagen in explosionsgefährdeten Bereichen [VDE Bestimmung] (09. 83)

DVGW-Regelwerk

G 260 T. 1 Gasbeschaffenheit (04.83)
G 600 Technische Regeln für Gas-Installationen; DVGW-TRGI 1972 (05.72)
G 600 Änderung Technische Regeln für Gas-Installationen; Änderung der Abschnitte 4.2 und 5 des DVGW-Arbeitsblattes G 600 (02.81)
G 661 Ermittlung des Belastungswertes für die Rohrweitenbestimmung von Gas-Installationen durch ein vereinfachtes Verfahren mit Hilfe der Kennzahlen (03. 79)
TRF 1969 Technische Regeln Flüssiggas (09. 82)

6 Elektrische Anlagen

Starkstromanlagen. Dies sind „elektrische Anlagen mit Betriebsmitteln zum Erzeugen, Umwandeln, Speichern, Fortleiten, Verteilen und Verbrauchen elektrischer Energie mit dem Zweck des Verrichtens von Arbeit, z. B in Form von mechanischer Arbeit, zur Wärme- und Lichterzeugung oder bei elektrochemischen Vorgängen“ (VDE 0100).

Sie werden in Starkstromanlagen mit Betriebsspannungen unter 1000 V und in solche über 1000 V eingeteilt. Spannungen von 1000 bis 55 000 V nennt man auch Mittelspannungen, von 55 000 bis 150 000 V Hochspannungen und $\geqq$ 220 000 V Höchstspannungen.

Eine andere Kennzeichnung in bezug auf die zu verwendenden Elektrogeräte unterscheidet Kleinspannungsanlagen mit einer Spannung gegen Erde bis 42 V, Niederspannungsanlagen mit 42 bis 250 V gegen Erde (hierzu gehören auch Drehstromanlagen 380/220 V) und Hochspannungsanlagen mit mehr als 250 V gegen Erde.

Schwachstromanlagen. Auch als Fernmeldeanlagen bezeichnet sind dies Telefon-, Telegrafen-, Signal- und Feuermeldeanlagen, ferner Klingel- und Rundfunkanlagen.

6.1 Starkstromanlagen

6.1.1 Stromversorgung des Grundstückes

Gleichstrom. Er wird hauptsächlich für elektrische Bahnen mit Spannungen von 500 bis 3000 V und für bestimmte industrielle Zwecke verwendet und ist als Haushaltstrom nur noch in alten, noch nicht auf Wechselstrom umgestellten Versorgungsanlagen mit Netzspannungen von 110 und 220 V anzutreffen.

Die Zuleitung des Gleichstromes zu den Verbrauchern durch ein Dreileitersystem stellt 2 Gebrauchsspannungen zur Verfügung und spart erheblich an Leiterquerschnitt gegenüber dem Zweileitersystem.

Wechselstrom. Er wird entweder einphasig (z. B. in Glühlampen, Heizgeräten, kleinen Maschinen) oder als dreiphasiger Drehstrom angewendet. Die Drehstrom-Vierleiteranlage mit 3 Phasen (Außen- oder Hauptleitern) und dem Mittelleiter (**306**.1) hält 2 verschiedene Spannungen bereit, nämlich 380 V zwischen zwei Phasen und 220 V zwischen

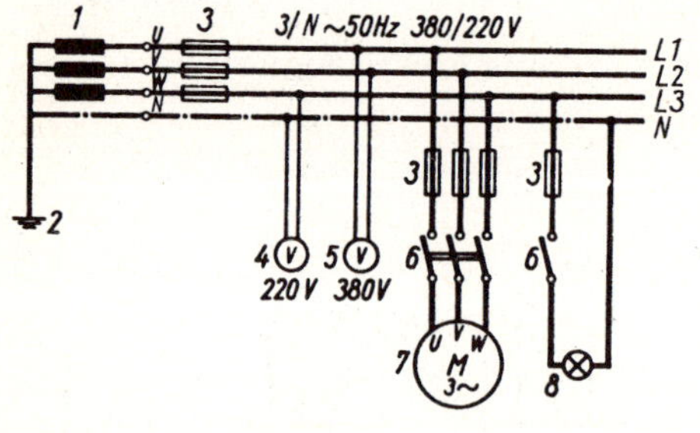

306.1 Schema des Drehstrom-Vierleiter-Versorgungsnetzes

1 Sekundärseite des Versorgungstransformators, in Stern geschaltet mit den Klemmen U, V, W und N
2 Betriebserde = Erdung von Sternpunkt und Mittelleiter
3 Sicherungen
4 Voltmeter, mißt Phasenspannung mit 220 V
5 dgl., mißt verkettete Spannung mit 380 V
6 Schalter
7 dreiphasiger Verbraucher, an die 3 Phasenleiter L1, L2 und L3 angeschlossen
8 einphasiger Verbraucher (z. B. Lampe), an einen Phasenleiter und den Nulleiter angeschlossen

einer der drei Phasen und dem Mittelleiter (bzw. Erde in Netzen, in denen mit Hilfe des unmittelbar geerdeten Mittelleiters, hier auch Nulleiter genannt, die Schutzmaßnahme Nullung gem. Abschn. 6.1.9 angewandt wird).

Auch ergeben sich bei Drehstromnetzen beträchtliche Ersparnisse am Leitungsmaterial gegenüber dem Wechselstromanschluß.

Elektrischer Strom wird heute fast durchweg in Großkraftwerken in Maschinen (Generatoren), die entweder in einem Wasserkraftwerk durch Wasserturbinen oder in einem Dampfkraftwerk (Wärmekraftwerk) durch Dampfturbinen angetrieben werden, als Dreiphasen-Drehstrom von $\leq$10 000 V Spannung erzeugt, auf die zur wirtschaftlichen Verteilung erforderliche Hoch- oder Höchstspannung von 100 000 bis 380 000 V hochgespannt und über die Freiluft-Schaltanlage eines Umspannwerkes, die zugleich das Kraftwerk an das westeuropäische Verbundnetz anschließt, durch Freileitungen zu den Verwendungsgebieten geleitet.

Im Schalt- und Umspannhaus einer größeren Stadt wird die Hochspannung in Mittelspannung von meistens 10 000 V transformiert.

In den Netzstationen des Mittelspannungsnetzes spannt man die Mittelspannung auf Niederspannung 380/220 V herab und versorgt von hier aus mit einem in der Art von Maschen ausgebildeten Niederspannungsnetz alle übrigen Verbraucher, vor allem die Haushaltungen, mit Strom. Hierbei übernehmen Kabelverteilerschränke, mit Hochleistungssicherungen zum Schutz der abgehenden Leitungen gegen Überlastung und Kurzschluß ausgerüstet, die Verteilung der elektrischen Energie in den einzelnen Straßenzügen.

Das Mittel- und das Niederspannungsverteilungsnetz in den Städten besteht durchweg aus ca. 70 cm unter den Gehbahnen der Straßen verlegten Erdkabeln (**307**.1).

Größere Verbraucher, z. B. Wohnhäuser ab 15 Wohnungen, Büro- und Verwaltungsgebäude, Kaufhäuser usw., erhalten ihres größeren Energiebedarfes wegen einen Anschluß an das Mittelspannungsnetz über besondere Transformatorenstationen, in denen die Mittelspannung in Niederspannung umgewandelt wird.

Lage, Größe, bauliche Einzelheiten und Ausrüstung dieser Netzstationen sind in Abhängigkeit von der Größe der benötigten elektrischen Leistung, die im wesentlichen durch den Energiebedarf für Licht, Kraft und Wärme bestimmt wird und anhand von Erfahrungswerten (s. Abschn. 6.1.4) näherungsweise zu ermitteln ist, vom EVU festzulegen.

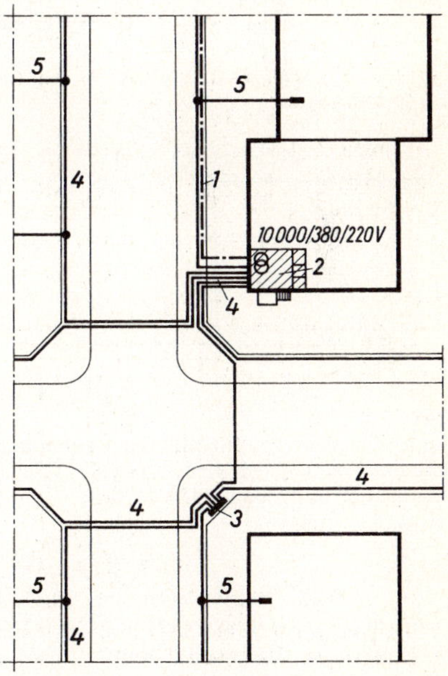

307.1
Von der Netzstation zum Hausanschluß (HEA)
1 Mittelspannungs-Straßenkabel 10 000 V
2 Netzstation, hier im Keller eines Wohnhauses untergebracht
3 Niederspannungs-Verteilerschrank
4 Niederspannungs-Versorgungsleitungen
5 Hausanschluß

Zwei Beispiele einräumiger Netzstationen zeigen die Bilder **308**.1 und 2. Eine Station mit baulicher Abtrennung des Mittelspannungs- vom Niederspannungsteil für niederspannungsseitige Abnahme stellt Bild **308**.3 dar.

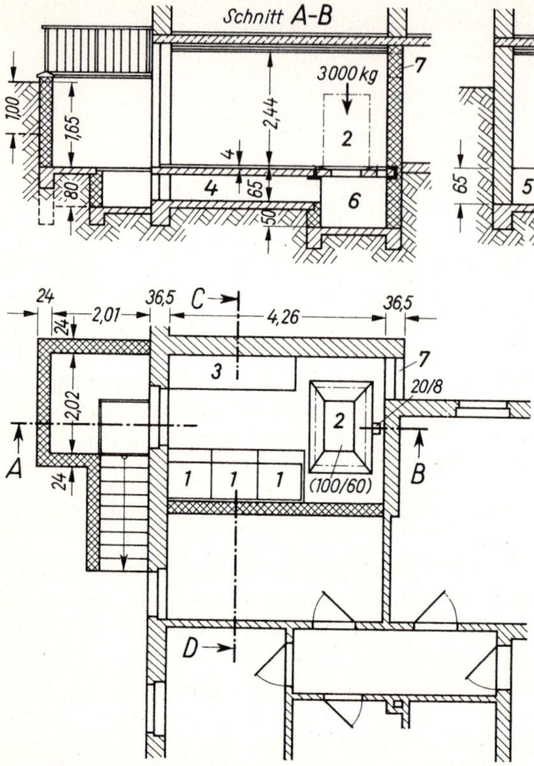

308.1
10 kV-Netzstation, einräumig, in einem Wohngebäude (M 1:150)
1 Schaltzellen (Mittelspannung)
2 Trafo (max. 125 kVA)
3 Niederspannungsverteilung
4 Zuluftkanal
5 Kabelkanal
6 Ölgrube unter dem Trafo
7 Abluftöffnung mit Jalousie

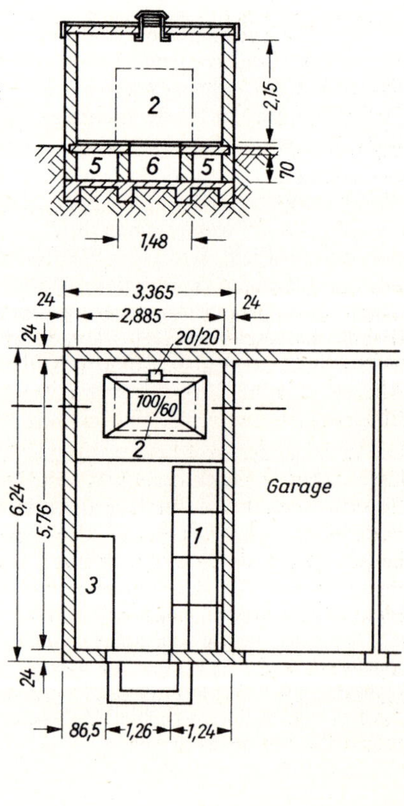

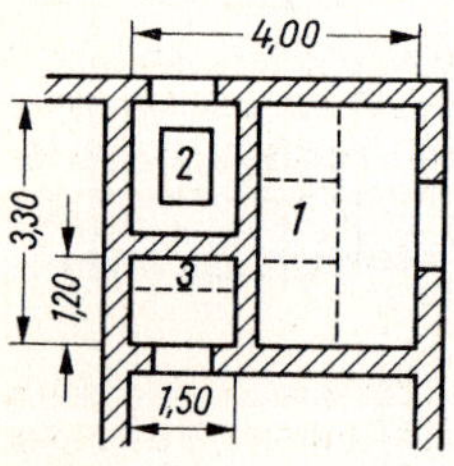

308.3
10 kV-Netzstation, mit räumlich getrennter und gesondert zugänglicher Niederspannungs-Schaltanlage, in einem Wohngebäude (M 1:200)
Legende s. **308**.1

308.2 10 kV-Netzstation, einräumig, in einem Garagengebäude (M 1:150)
Legende s. **308**.1

In ländlichen Gebieten versorgen 10 kV-Umspannwerke über 20 kV-Mittelspannungsfreileitungen unmittelbar die Ortsnetzstationen der einzelnen Gemeinden. Aus wirtschaftlichen Gründen werden für ländliche Mittel- und Niederspannungsnetze Freileitungen vorgezogen. Mit wachsender Energiedichte führen sich jedoch auch in ländlichen Gemeinden zunehmend verkabelte Ortsnetze ein, die das Ortsbild nicht stören.

6.1.2 Elektrische Hausinstallation

Hausinstallationen. Dies sind nach VDE 0100 elektrische Starkstromanlagen mit Nennspannung bis 250 V gegen Erde für Wohnungen sowie andere Starkstromanlagen mit Nennspannung bis 250 V gegen Erde, die in Umfang und Art der Ausführung den Starkstromanlagen für Wohnungen entsprechen.

Nennspannung, -stromstärke, -belastung usw. sind die Größen, für die die Stromverbraucher, Leitungen usw. gebaut und nach denen sie gekennzeichnet sind.

Die elektrische Installation eines Hauses muß so zukunftssicher ausgelegt sein, daß sie nicht nur den Betrieb ausreichender Beleuchtungsanlagen und aller heute unentbehrlichen Geräte gestattet, sondern darüber hinaus mit der wachsenden Anwendung des elektrischen Stromes auf absehbare Zeit Schritt hält und auf den Einsatz aller mit Sicherheit zu erwartenden neuen, der häuslichen Arbeitserleichterung und Behaglichkeit dienenden Geräte gerüstet ist (Taf. **309**.1).

Hierzu müssen Haupt- und Verteilungsleitungen ausreichende Querschnitte erhalten, Stromkreise und vor allem Steckdosen in genügender Anzahl vorgesehen werden.

Tafel **309**.1 Durchschnittlicher monatlicher Stromverbrauch (in kWh) in einem Haushalt von 3 bis 4 Personen

Beleuchtung, Kleingeräte, Radio	40	Heißwasserbereitung:	
Fernsehen	15	Küche	40
Elektroherd	75	Waschtisch	80
Kühlschrank	30	wöchentlich ein Vollbad je Person	80
Gefrierschrank	75	wöchentlich 2 Duschbäder je Person	35
Waschautomat	30	Geschirrspülautomat	30

Eine zukunftssichere Elektroinstallation eines Wohngebäudes würde nach Dürbeck gegenüber der weithin noch üblichen unzulänglichen Normalinstallation, für die erfahrungsgemäß ca. 3% der Gesamtbaukosten aufzuwenden sind, Mehrkosten von höchstens 1% der Gesamtbaukosten erfordern, dafür aber einen unverhältnismäßig erhöhten Wohnwert des Gebäudes gewährleisten.

Alle elektrischen Einrichtungen des Hauses sind im Zusammenwirken von Architekt, Elektrofachmann und EVU rechtzeitig und sorgsam zu planen.

Hierzu trägt der Architekt in einen Satz Grundrißzeichnungen alle gewünschten Lichtauslässe, Schalter, Steckdosen usw. ein (**310**.1 und **311**.1). Der Elektrofachmann ergänzt diese Eintragungen evtl. durch Einzeichnen der Leitungen (mit allen Angaben für deren Verlegung) zum Installations-Leitungsplan (**334**.1 und **335**.1). Dieser Plan dient als Unterlage für die evtl. erforderliche Genehmigung durch das EVU, für das Leistungsverzeichnis und die Installationsarbeiten. Allen Plänen ist DIN 40717 „Schaltzeichen, Elektroinstallation" zugrunde zu legen (Taf. **312**.1).

Nur geschulte Elektrofachleute, denen die Berufsausübung durch gesetzliche Bestimmung sowie ergänzende Vorschriften des zuständigen EVU gestattet ist, dürfen elektrische Installationen herstellen.

Maßgebend sind die einschlägigen VDE-Vorschriften, insbesondere VDE 0100, die zusätzlichen Technischen Anschlußbedingungen des zuständigen EVU, ferner die unter Abschn. 6.4 aufgezählten Technischen Regeln.

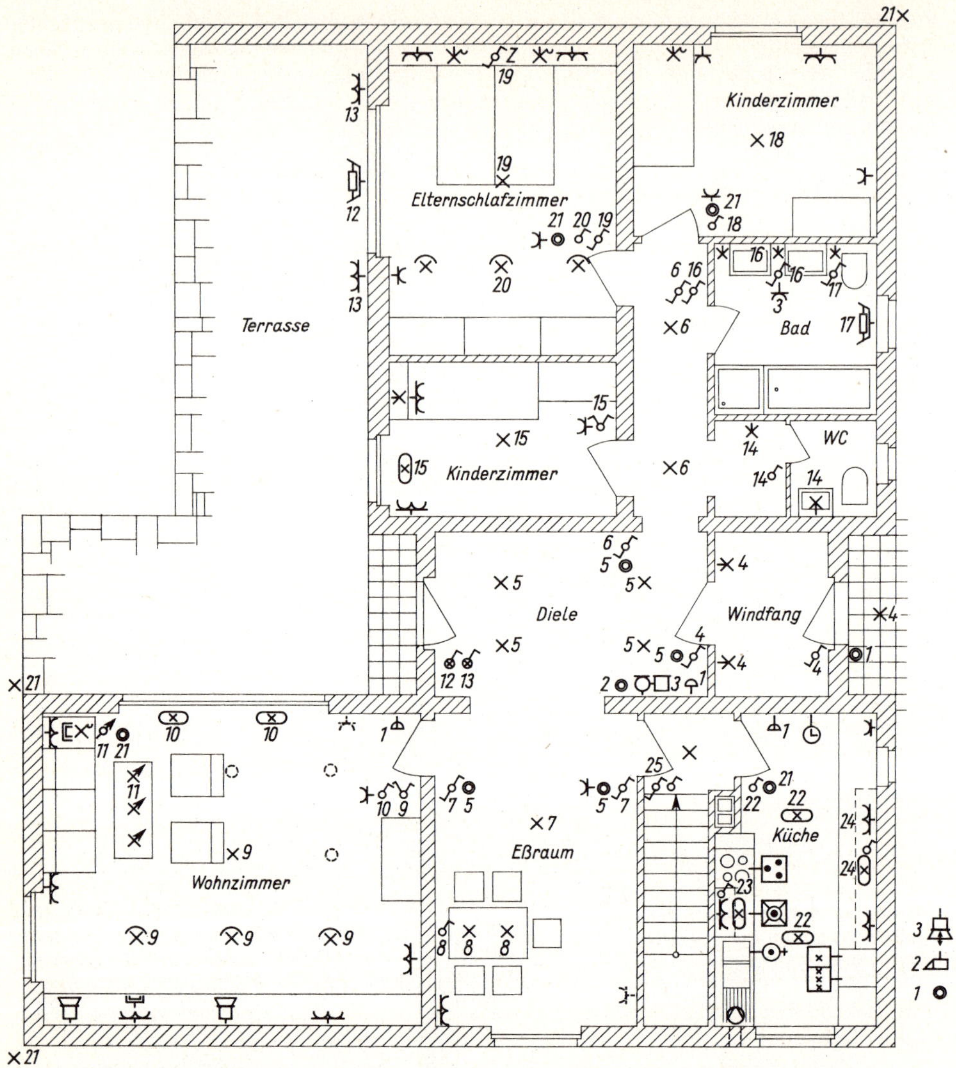

310.1 Architektenplan für die Elektroinstallation im Erdgeschoß eines Einfamilienhauses. Die angegebenen Zahlen bezeichnen Zuordnungen von Schaltern und zugehörigen Stromauslässen (M ca. 1:100)

Elektrische Armaturen, Geräte usw. müssen den VDE-Vorschriften entsprechen. Dies ist unbedingt gewährleistet, wenn sie das VDE-Zeichen (**310**.2) tragen.

310.2
VDE-Zeichen

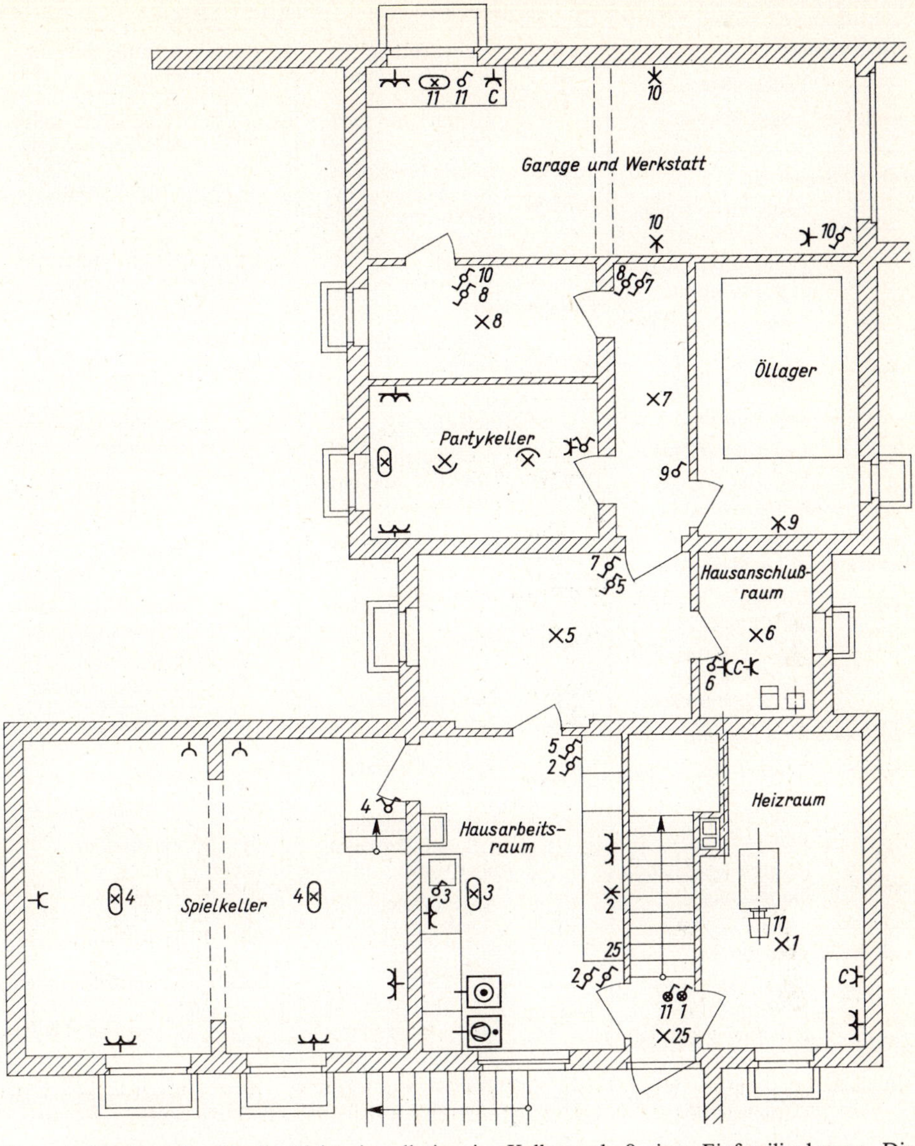

311.1 Architektenplan für die Elektroinstallation im Kellergeschoß eines Einfamilienhauses. Die angegebenen Zahlen bezeichnen Zuordnungen von Schaltern und zugehörigen Stromauslässen (M ca. 1:100)

In den nachfolgenden Ausführungen über die Starkstrominstallationen in Gebäuden und in den zugehörigen Bildern ist durchweg, soweit Abweichungen nicht ausdrücklich vermerkt sind, vorausgesetzt worden, daß als besondere Schutzmaßnahme gegen zu hohe Berührungsspannung die Nullung angewendet ist (s. Abschn. 6.1.9.2).

Tafel **312**.1 Schaltzeichen der Elektroinstallation (Auswahl aus DIN 40717)

Leitersysteme

Schaltzeichen	Bedeutung
	Leiter, allgemein
	Leiter, bewegbar

Leiterverlegearten

Schaltzeichen	Bedeutung
	Leiter im Erdreich, z. B. Erdkabel
	Leiter oberirdisch, z. B. Freileitung
	Leiter auf Isolatoren
	Leiter auf Putz
	Leiter im Putz
	Leiter unter Putz
	Leiter in Elektroinstallationsrohr

Leiterart und Leiteranzahl

Schaltzeichen	Bedeutung
NYM-J 3×1,5	Leitung, z. B. Mantelleitung
NYY-J 1×10re 0,6/1kV	Kabel, z. B. Kunststoffkabel
Cu 20×4	Stromschiene
	Leitung mit Kennzeichnung der Leiteranzahl, z. B. 3 Leiter
3	desgl. vereinfachte Darstellung

Leiterverwendungszweck

Schaltzeichen	Bedeutung
	Schutzleiter (PE), Nulleiter (PEN), Potentialausgleichsleiter (PL)
	Neutralleiter (N), Mittelleiter (M)
	Signalleitung
	Fernmeldeleitung
	Rundfunkleitung

Beispiele

Schaltzeichen	Bedeutung
3 NYJF 1,5	Stegleitung NYJF mit drei Kupferleitern 1,5 mm², im Putz verlegt
5 NYM-J 1,5	Mantelleitung NYM-J mit fünf Kupferleitern 1,5 mm², auf Putz verlegt
3 ○ J-Y 3×0,8	Installationsdraht von 0,8 mm ∅ in Elektroinstallationsrohr, unter Putz verlegt

Einspeisungen

Schaltzeichen	Bedeutung
	nach oben führende Leitung
	nach unten führende Leitung
	nach unten und oben durchführende Leitung
	Leiterverbindung
	Abzweigdose
	Dose
	Hausanschlußkasten
	Verteiler, Schaltanlage
	Umrahmungslinie, z. B. Schaltschrank oder -tafel
	Anschlußstelle für Schutzleiter

Stromversorgungsgeräte

Schaltzeichen	Bedeutung
	Element, Akkumulator (Zelle) oder Batterie
220/8V	Transformator, z. B. Klingeltransformator 220/8 V

Schaltgeräte

Schaltzeichen	Bedeutung
	Sicherung, allgemein
DII 10A	Schraubsicherung, z. B. 10 A Typ D II, dreipolig
10A	Schalter, z. B. 10 A, dreipolig
4	Fehlerstrom-Schutzschalter, vierpolig
	Leitungsschutzschalter
3	Motorschutzschalter, dreipolig

Installationsschalter

Schaltzeichen	Bedeutung
	Schalter, allgemein
	Schalter mit Kontrollampe
	Schalter 1/1, Ausschalter, einpolig
	Schalter 1/2, Ausschalter, zweipolig
	Schalter 1/3, Ausschalter, dreipolig
	Schalter 5/1, Serienschalter, einpolig
	Schalter 6/1, Wechselschalter, einpolig
	Schalter 7/1, Kreuzschalter, einpolig
t	Zeitschalter
	Taster
	Leuchttaster
	Stromstoßschalter
	Näherungsschalter, Ausschalter
	Berührungsschalter, Wechselschalter
	Dimmer, Ausschalter

Steckvorrichtungen

Schaltzeichen	Bedeutung
	Schutzkontaktsteckdose

Fortsetzung Tafel **312**.1

Symbol	Bedeutung
3/N/PE	Schutzkontaktsteckdose für Drehstrom, z. B. fünfpolig
	Schutzkontaktsteckdose, abschaltbar
	Schutzkontaktsteckdose, abschaltbar und verriegelt, z. B. Garagensteckdose
3	Schutzkontaktsteckdose, z. B. dreifach
	Steckdose mit Trenntrafo, z. B. für Rasierer
	Fernmeldesteckdose
	Antennensteckdose

Meßgeräte, Anzeigegeräte, Relais

Symbol	Bedeutung
	Zähler
	Schaltuhr, z. B. für Stromtarifumschaltung
t	Zeitrelais, z. B. für Treppenhausbeleuchtung
≈	Tonfrequenz-Rundsteuerrelais

Leuchten

Symbol	Bedeutung
×	Leuchte, allgemein
× 5×60 W	Leuchte mit Angabe der Lampenzahl und Leistung, z. B. 5 Lampen je 60 W
	Leuchte mit Schalter
	Leuchte mit veränderbarer Helligkeit
	Sicherheitsleuchte in Dauerschaltung (Notleuchte)
	Sicherheitsleuchte in Bereitschaftsschaltung (Panikleuchte)
	Scheinwerfer
×	Leuchte für Entladungslampe, allgemein
× 3	Leuchte für Entladungslampen mit Angabe der Lampenzahl, z. B. 3 Lampen
	Leuchte für Leuchtstofflampe, allgemein
40W	Leuchtenband, z. B. mit 3 Leuchtstofflampen je 40 W
65W	Leuchtenband, z. B. mit 2 × 2 Leuchtstofflampen je 65 W

Elektro-Hausgeräte

Symbol	Bedeutung
E	Elektrogerät, allgemein
	Küchenmaschine
	Elektroherd, allgemein
≈	Mikrowellenherd
	Backofen
	Wärmeplatte
	Friteuse
	Heißwasserspeicher
	Durchlauferhitzer
	Heißwassergerät, allgemein
	Infrarotgrill
	Waschmaschine
	Wäschetrockner
	Geschirrspülmaschine
	Händetrockner, Haartrockner

Geräte für Raumheizung, Lüftung und Klimatisierung

Symbol	Bedeutung
	Raumbeheizung, allgemein
	Speicherheizgerät
	Infrarotstrahler
	Lüfter
*	Klimagerät

Kühl- und Gefriergeräte

Symbol	Bedeutung
***	Kühlgerät, z. B. Tiefkühlgerät (Anzahl der Sterne siehe Abschn. 1.1.4)
* / ***	Gefriergerät (Anzahl der Sterne siehe Abschn. 1.1.4)

Motor

Symbol	Bedeutung
M	Motor, allgemein

Fernmeldegeräte

Symbol	Bedeutung
HVt	Hauptverteiler
Vz	Verzweiger auf Putz
Vz	Verzweiger unter Putz

Fernsprechgeräte

Symbol	Bedeutung
	Fernsprechgerät, allgemein
	Fernsprechgerät, halbamtsberechtigt
	Fernsprechgerät, amtsberechtigt

Fortsetzung Tafel **312**.1

Fernsprechgerät, fernberechtigt	**Signalgeräte**	Hauptuhr
Mehrfachfernsprecher, z. B. Haustelefon	Wecker	Temperaturmelder
Wechselsprechstelle, z. B. Haus- oder Torsprechstelle	Summer	Lichtstrahlmelder, Lichtschranke
Gegensprechstelle, z. B. Haus- oder Torsprechstelle	Gong	Dämmerungsschalter
Fernmeldezentralen	Hupe	**Rundfunk und Fernsehen**
Fernmeldezentrale, allgemein	Sirene	Antenne, allgemein
	Meldeleuchte, Signallampe oder Lichtsignal	Verstärker
	Ruf- und Abstelltafel	Lautsprecher
	Türöffner	Rundfunkgerät
	Elektrische Uhr, z. B. Nebenuhr	Fernsehgerät

6.1.3 Elektrische Rauminstallation (s. auch Abschn. 6.3.4.3)

Das Leben des heutigen Menschen ist längst undenkbar geworden ohne die Ausnutzung der vielfältigen Dienste, die ihm der elektrische Strom in seiner Wohnung für die Gestaltung seines persönlichen Lebens, für seine Körper- und Gesundheitspflege ebenso wie zur Erleichterung aller in der Küche wie für die Wäsche- und Hauspflege anfallenden Arbeiten anbietet.

Diese Möglichkeiten sind indessen nur auszuschöpfen, wenn dieser Helfer auch überall dort wirklich verfügbar ist, wo er gebraucht wird, d. h., wenn überall am richtigen Platz die zahlreichen Installationsgeräte, wie Schalter, Steckdosen, Lichtauslässe und Anschlüsse für die Großgeräte, in der erforderlichen Art und Anzahl richtig angeordnet, vorgefunden werden.

Damit wird die rechtzeitige, ausreichende und sinnvoll in die bauliche Gesamtplanung einbezogene grundsätzliche Planung der Stromversorgungsanlagen unabdingbarer Bestandteil der Entwurfsarbeit des Architekten.

Dementsprechend hat dieser, wie bereits erwähnt, durch Eintragen der Schaltzeichen (Taf. **312**.1) für die verlangten Installationsgeräte usw. in einen Satz Grundrisse in der Regel i. M. 1:50 die sog. „Architekten-Installationspläne" (**310**.1 und **311**.1) zu erstellen, die dem Elektrofachmann als Grundlage für seine Installationspläne mit allen Leitungen und für seine weiteren Arbeiten zu dienen haben.

Naturgemäß lassen sich auch für eine solche Planungsarbeit keine starren Regeln aufstellen. So wollen die in den nachstehenden Ausführungen gegebenen Hinweise auch nur als eine Planungshilfe verstanden werden.

Hauseingang (**310**.1, **364**.1d und **412**.1). Neben mindestens einem Lichtauslaß an der Haustür, von innen und außen schaltbar, und einer Hausnummernleuchte sind hier Klingel, Türöffner (**377**.1) und eine Sprechstelle der Haussprechanlage (**379**.1) vorzusehen. Auch das Namensschild muß mittelbar oder unmittelbar einwandfrei beleuchtet sein.

Flur, Diele (**310**.1 und **412**.1). Je nach Raumgröße sollten 2 bis 3 Deckenleuchten oder Strahler, evtl. als Lichtband, am besten von jeder Flurtür aus über Fernschalter durch Taster schaltbar sein. Am Garderobenspiegel sind 2 seitliche Wandleuchten und außerdem mind. 2 Steckdosen für Staubsauger und evtl. Schuhputzgerät anzuordnen.

Wohnräume (**310**.1). Die Beleuchtung soll behaglich sein und Stimmung bringen können, ihre Helligkeit sollte daher über Dimmer nach Abschn. 6.1.7 zu regeln sein. Für die Allgemeinbeleuchtung können ein oder mehrere Deckenauslässe für Strahler in Serienschaltung, im Einklang mit Raumnutzung und -ausstattung angeordnet, gewählt und durch Wandauslässe ergänzt werden. Vor allem für größere Räume empfiehlt sich statt dessen oder zusätzlich eine indirekte Beleuchtung durch Lichtbänder mit Leuchtstofflampen über der Fenster- und evtl. auch über der Türzone. Über einer Sitzgruppe kann eine Gruppe von Hängeleuchten anzuordnen und von hier aus, ebenso wie evtl. vorgesehene Strahler für ein effektvolles Punktlicht, eine Sicherheits-Außenbeleuchtung, die Antriebe für Wand- und Fensterventilatoren, für Rolläden usw. zu schalten sein. Ein Eßplatz erfordert einen besonderen Deckenauslaß für eine Hängeleuchte und Steckdosen für Toaster, Warmhalteplatte u. ä.

Der Gesamtbedarf an Starkstrom-Steckdosen kann für alle Wohn- und Schlafräume nach der Faustformel 1 Steckdose auf je 2 bis 4 m^2 Grundfläche bestimmt werden.

Unmittelbar an jeder Zimmertür sollte sich, z. B. mit dem Lichtschalter kombiniert, eine Steckdose zum bequemen Anschluß des Staubsaugers befinden. Für eine gute Stereowiedergabe müssen die Lautsprecher räumlich voneinander getrennt gegenüber der Sitzzone angeordnet werden. Dort ist auch Platz für die Antennensteckdose und für 2 bis 3 Steckdosen zum Anschluß des Fernsehers, während innerhalb der Sitzzone für die zweckmäßig von hier aus zu bedienenden Geräte, wie Plattenspieler, Tonband- und Stereogerät, eine Antennensteckdose und mehrere Starkstrom-Steckdosen vorzusehen sind.

In der Fensterzone befinden sich die Anschlüsse für eine evtl. elektrische Heizung, für Klimageräte und Lüfter. Ein evtl. vorhandener Raumtemperaturregler sitzt stets an einer Innenwand.

Schlafzimmer (**310**.1 und **412**.1). Auch hier soll durch geschickte Wahl der Beleuchtung eine angemessene Stimmung erreicht werden, zu der ein Helligkeitsregler beitragen kann. Für die allgemeine Beleuchtung dient ein Deckenauslaß oder besser eine indirekte Vorhang- oder Deckenleistenleuchte mit Wechselschaltern an der Tür und, z. B. als Zugschalter, über den Betten. Über dem Kopfende jedes Bettes ist eine abgeschirmte Lesebeleuchtung mit Schalter vorzusehen. Angenehm ist die Ausleuchtung der Schrankachsen durch Deckenstrahler. Steckdosen für Heizkissen und andere medizinische Geräte sind u. a. an den Bettkopfenden vorzusehen, Spiegelbeleuchtungen stets beiderseits des Spiegels. Bei einem evtl. Arbeitsplatz der Hausfrau im Schlafzimmer ist an eine Wandleuchte und an Steckdosen für einen Heimbügler und andere Geräte zu denken.

Kinderzimmer (**310**.1 und **412**.1). Sie dienen nicht nur dem Schlafen, sondern auch dem Spielen und Arbeiten der Kinder und verlangen daher helle und vielseitige Beleuchtung. Günstig ist eine Allgemeinbeleuchtung durch ein Band aus Leuchtstofflampen über dem Fenster, von der Sitzzone und der Tür aus zu schalten und durch Dimmer in der Helligkeit zu regeln sowie mit Wandleuchten und Punktstrahlern als Ergänzung. Lesebeleuchtung usw. an den Betten sollten wie unter Schlafzimmer beschrieben vorhanden sein. Schwachstromanlagen sind ggf. wie im Wohnzimmer vorzusehen.

Küche (**310**.1 und **316**.1). Die Allgemeinbeleuchtung ist durch Deckenleuchten mit Leuchtstofflampen über der Vorderkante der Hauptarbeitsfläche oder im Vorhangkofferbereich, von der Tür aus schaltbar, anzuordnen. Weitere Lichtauslässe sind mit Schaltern in den verschiedenen Arbeitszonen zu installieren. Empfehlenswert ist ein umlaufendes Lichtband unter den Hängeschränken und außerdem Anschlüsse für Ventilator und Dunsthaube. An jedem Arbeitsplatz sind für die zahlreichen Küchengeräte mehrere Steckdosen einzuplanen, dazu die Anschlüsse für die Großgeräte E-Herd, Backofen, Geschirrspüler, Kühl- und Gefrierschrank usw. (s. auch Abschn. 1.1.5 und 1.1.6.5).

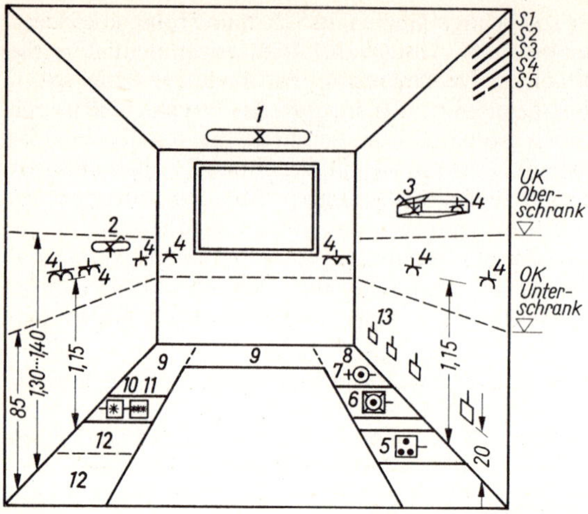

316.1 Elektrische Installation einer Küche (nach HEA)

S 1 Stromkreis 1, Beleuchtung und Steckdosen
S 2 Stromkreis 2, Elektroherd
S 3 Stromkreis 3, Geschirrspüler
S 4 Stromkreis 4, Heißwasserbereiter
S 5 Stromkreis 5, Reserve (evtl. Leerrohr)
1 Deckenleuchte in Fensternähe
2 Arbeitsleuchte
3 dgl., in Dunstabzugshaube
4 Steckdosen über den Arbeitsflächen
5 Elektroherd mit Backofen
6 Geschirrspüler
7 Heißwasserbereiter unter der Spüle
8 Spüle
9 Arbeitsfläche mit Unterschrank
10 Kühlschrank (oben)
11 Gefrierschrank (unten)
12 Hochschränke für Vorräte usw.
13 Auslaß zu Stromkreis 5

Hausarbeitsraum (**311**.1). Die Hauptbeleuchtung sollte am besten durch ein Lichtband aus Leuchtstofflampen in der Fensterzone mit Schalter an der Tür vorgesehen werden. Weitere Lichtauslässe sind mit zugehörigen Schaltern an den Arbeitsplätzen anzuordnen. Steckdosen oder Anschlußdosen für Waschmaschine, Wäscheschleuder, besser Trockner, Heimbügler, Nähmaschine und kleine Geräte und am Wasch- oder Ausgußbecken für einen Heißwasserbereiter gehören zur Standardinstallation (s. auch Abschn. 1.2.5).

Bad (**316**.2 und **324**.2). Für das nur der Körperreinigung dienende Badezimmer genügt eine Hauptbeleuchtung im Fensterbereich mit Schalter außerhalb des Raumes neben der Tür, dazu je eine Wandleuchte beiderseits des Spiegels mit gemeinsamem Schalter und eine Steckdose für Rasierer, elektrische Zahnbürste und Mundddusche am Waschtisch.

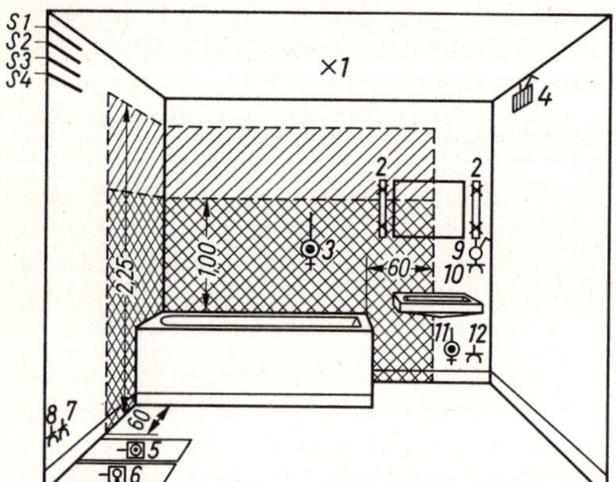

316.2
Elektrische Installation im Badezimmer

1 Deckenleuchte oder Fensterleuchte (Schalter neben der Tür)
2 Spiegelleuchten
3 Heißwasserbereiter für Badewanne
4 Infrarotstrahler
5 Waschmaschine
6 Wäschetrockner
7 Steckdose zu 5 (Stromkreis 3)
8 Steckdose zu 6 (Stromkreis 4)
9 Schalter zu Spiegelleuchten 2
10 Steckdose für Kleingeräte, wie Rasierer, Zahnbürste u. a.
11 Heißwasserbereiter 2000 W für Waschtisch
12 Steckdose zu 11

(kreuzschraffiert) nur senkrecht und waagerecht verlegte Zuführungsleitungen zu fest angebrachtem Gerät zulässig

(schraffiert) keine Schalter (außer Geräteeinbauschaltern) und Steckdosen

Vorteilhaft ist ein Auslaß für Infrarot-Wärmestrahler in ca. 2,25 m Höhe über dem Fußboden, der die Wanne und den Platz vor dem Waschtisch erwärmt. Besonders angenehm ist eine zusätzliche elektrische Fußbodenheizung im Bad. Bei dezentraler Warmwasserbereitung sind die Anschlüsse für einen oder mehrere Heißwasserbereiter für Wanne und Waschtisch zu schaffen.

Größere Badezimmer mit angegliedertem Hauswirtschaftsteil verlangen hier eine zusätzliche Arbeitsplatzbeleuchtung und Steck- oder Anschlußdosen für die Waschmaschine und andere Großgeräte.

Bäder und Duschecken in Wohnungen und Hotels gelten nach VDE 0100 zwar nicht als Feuchträume, doch sind die in dieser Bestimmung enthaltenen Vorschriften über Schutzbereiche gem. Bild **316**.2 sorgfältig zu beachten. Kann auf einen Anschluß für den Rasierer innerhalb des Schutzbereiches nicht verzichtet werden, so ist eine Rasiersteckdose mit Trenntransformator einzubauen.

Diese Vorschriften über Schutzbereiche gelten auch für bewegliche Bade- und Duscheinrichtungen (Schrankbäder, Duschkabinen).

Innerhalb des Bades verlegte Leitungen dürfen nur die Einrichtungen des Bades selbst mit Strom versorgen. Sie dürfen keinen Metallmantel haben. Stegleitungen sind zulässig, die Leitungen im oder unter Putz nur senkrecht oder waagerecht zu verlegen. Besser verlegt man diese Leitungen aber auf der dem Baderaum abgewandten Seite der Trennwände.

Bewegliche Bade- und Duscheinrichtungen müssen mit einer beweglichen Leitung über eine ortsfeste Geräteanschlußdose angeschlossen werden.

Über den in Baderäumen erforderlichen Potentialausgleich s. Abschn. 6.1.5.1.

Hausschwimmbad (**317**.1 und **318**.1). Zur Vermeidung störender Reflexe auf dem Wasser empfehlen sich ein Lichtband mit Leuchtstofflampen über der Fensterzone und evtl. ein

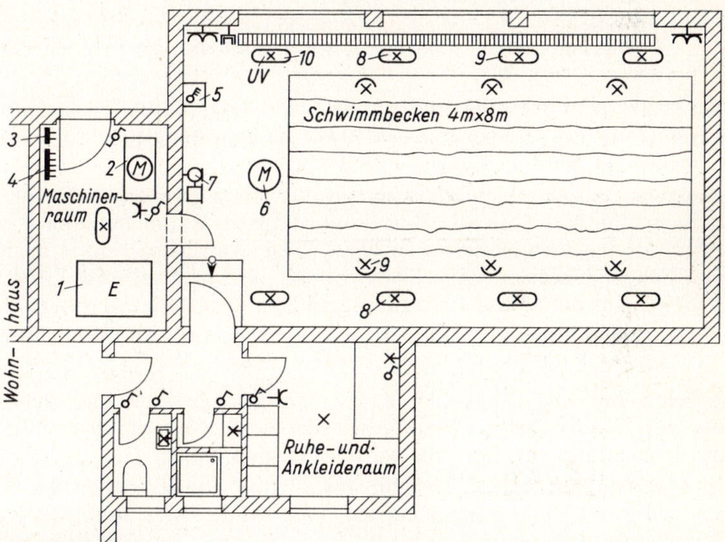

317.1
Architektenplan für die Elektroinstallation in einem Hausschwimmbad (nach G. Flatow) (M 1:150)

1 Elektro-Schwimmbad-Kompaktanlage für Heizung, Klimatisierung und Beckenwassererwärmung
2 Filter- und Umwälzanlage
3 Schaltschrank für UV-Leuchte
4 Unterverteilung Hausschwimmbad
5 Bedienungspult für UV-Leuchte
6 Gegenstromanlage zur Erzeugung einer Wasserströmung im Becken
7 Haussprechanlage
8 indirekte Deckenbeleuchtung
9 Unterwasserscheinwerfer 24 V
10 UV-Leuchte (z. B. BBC-Sonnenleuchte)

zweites an der gegenüberliegenden Wand. Diese Allgemeinbeleuchtung kann durch eine getrennt schaltbare Unterwasserbeleuchtung (**73**.2) im Schwimmbecken ergänzt werden (**317**.1).

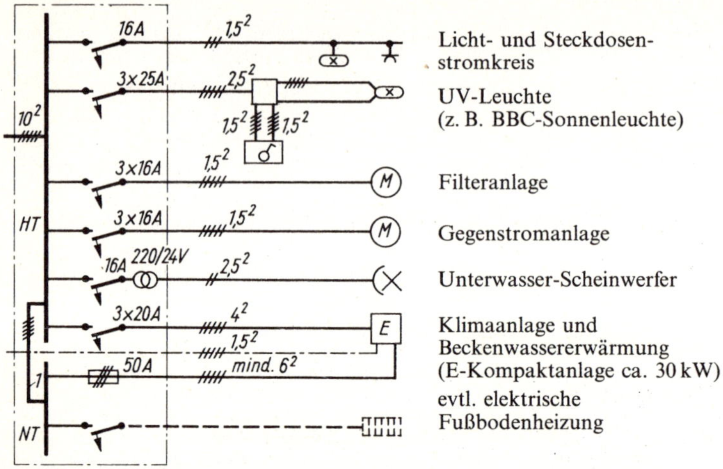

318.1 Stromkreise für ein Hausschwimmbad (zu Bild **317**.1)
1 Schaltorgane nicht dargestellt
HT Stromkreise stehen dauernd unter Spannung
NT Stromkreise nur während der Schwachlastzeiten des EVU unter Spannung

Bei elektrischer Heizung sind für Speicher- oder Direkt-Heizgeräte Anschlüsse in der Fensterzone und an einer Innenwand für die Beheizung einer Sitz-Liege-Zone zu schaffen. Daneben empfiehlt sich eine Fußbodenheizung.

Anschlüsse für Durchlauferhitzer und Filteranlage gehören an die Stirnseite des Schwimmbeckens. Ein Anschluß für einen Zuluftventilator ist am Fußboden, ein anderer für einen Abluftventilator in Deckenhöhe vorzusehen. Außerdem sind in ausreichendem Abstand vom Schwimmbecken genügend Steckdosen für Massagegeräte, UV-Lampen und Wärmestrahler, Kosmetik- und Reinigungsgeräte zu installieren.

Für die gesamte Elektroinstallation im Hausschwimmbad gelten die Vorschriften über die Feuchtrauminstallation (s. auch Abschn. 1.5 und 1.5.6).

Nebenräume. Alle Räume im Keller und Dachgeschoß sind stets gut zu beleuchten, besonders Boden- und Kellertreppen. Jeder dieser Räume muß mindestens einen Auslaß für die Beleuchtung und einen Steckdosenanschluß haben.

In Mehrfamilienhäusern wird die Installation am besten an die Wohnungszähler der zugehörigen Wohnung angeschlossen, während die Beleuchtung der Kellerflure wie die des Gemeinschaftswaschraumes und des Trockenraumes Teil der Gemeinschaftsanlagen ist. Bei mehreren Kellerausgängen erfolgt der Anschluß in Kreuz- oder Wechselschaltung. Für Schalter und Steckdosen sind im Keller die mechanisch widerstandsfähigeren Feuchtraumausführungen vorzuziehen (**311**.1).

Waschraum (im Mehrfamilienhaus). Die Installation muß in Feuchtraumleitung erfolgen und mindestens einen Deckenauslaß und einen Anschluß für Wandleuchte und Steckdosen für Waschmaschine und Wäschetrockner sowie für Kleingeräte aufweisen. Ein vollelektrifizierter Gemeinschaftswaschraum (**319**.1) erfordert einen besonderen Licht- und Steckdosenstromkreis 16 A, dazu für jedes Großgerät einen besonderen Stromkreis, i. allg. für Drehstrom.

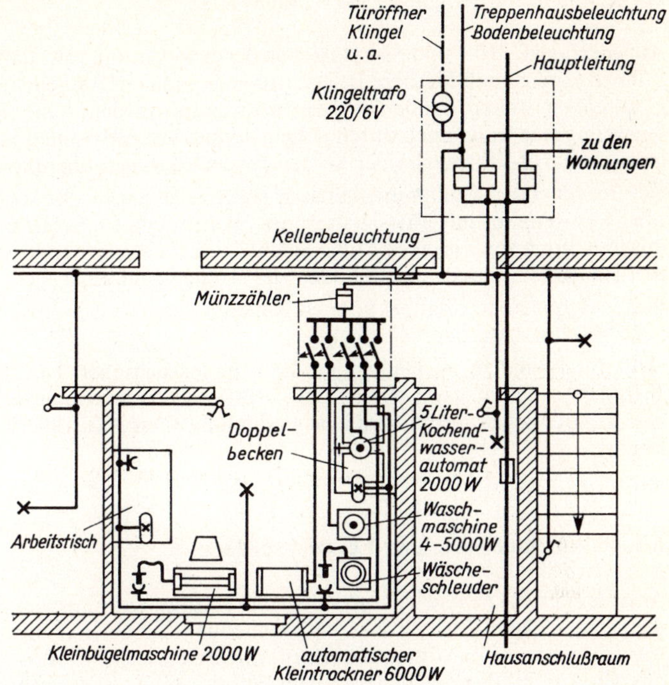

319.1
Installationsplan eines elektrischen Gemeinschaftswaschraumes für 10 bis 12 Familien (Gesamtanschlußwert ca. 15 kW) (M 1:100) (AEG)

Der Stromverbrauch wird entweder mit einem Münzzähler oder besser mit einem Haushaltsumschalter (**319**.2) über den Wohnungszähler des jeweiligen Benutzers gemessen.

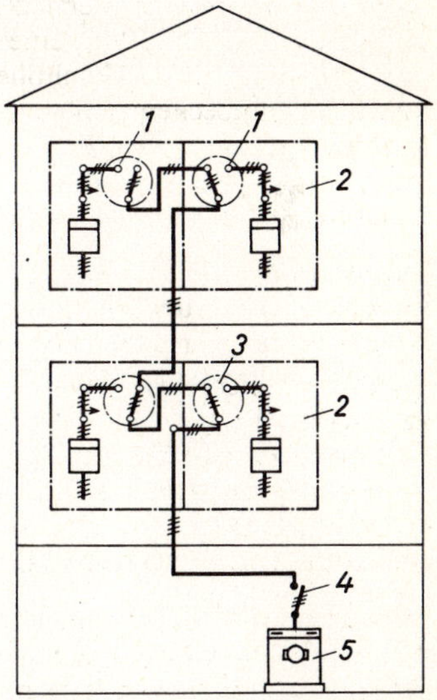

319.2
Schaltung für Gemeinschaftswaschraum im Mietshaus mit HU-Schalter

1 anstehende Spannung
2 Zählerschrank im Treppenhaus
3 Haushalts-Umschalter (HU-Schalter) mit Wanderschaltknebel, 4polig, 25 A, 220/380 V
4 Ausschalter
5 Waschmaschine

Treppenhaus. Im Mehrfamilienhaus ist die Steuerung der Treppenhausbeleuchtung durch einen Treppenhausautomaten mit Tastschaltern heute selbstverständlich. Siehe auch weiter vorher unter Hauseingang (**364**.1 und **377**.2).

Außenanlagen (**310**.1 und **334**.1). Neben der Beleuchtung usw. unmittelbar am Hauseingang können für eine unfallsichere Beleuchtung aller in der Dunkelheit zu begehenden Wege und Freitreppen weitere Außenleuchten notwendig werden. Eine Terrassen- und Gartenbeleuchtung (die letzte auch durch Scheinwerfer zum Anstrahlen von Pflanzengruppen usw.) sowie Infrarot-Wärmestrahler an der Terrasse können hinzukommen.

Bei freistehenden Einfamilienhäusern sollte eine Sicherheitsbeleuchtung, schaltbar über Fernschalter mit Tastschaltern im Wohnraum, im Schlafzimmer oder von der Diele aus, mit mindestens je einer Außenleuchte evtl. an zwei einander diagonal gegenüberliegenden Hausecken, besser an drei oder vier Außenwandseiten nicht fehlen (**310**.1 und **334**.1).

Gegen Schnee und Glatteis können Zugangsweg und Zufahrtszone durch eine Bodenheizung geschützt werden.

Steckdosen sind in ausreichender Zahl für Rasenmäher, Heckenschere, Rundfunkgerät, Toaster, Grillgerät usw., ferner für Tisch- und Stehleuchten vorzusehen und sollten stets zum Schutz gegen mißbräuchliche Benutzung vom Hausinnern aus abgeschaltet werden können.

6.1.4 Anschlußwerte und Leistungsbedarf

Anschlußwerte. Die Auslegung der Stromversorgungsanlage des Hauses, ihre Aufteilung in die verschiedenen Stromkreise und schließlich die Querschnitte der einzelnen Leitungen werden in erster Linie durch die erforderliche elektrische Leistung der Anlage bestimmt, die aus den Anschlußwerten der einzelnen Wohnungen bzw. des ganzen Hauses zu ermitteln ist.

Der Anschlußwert einer Wohnung wiederum ist gleich der Summe der Anschlußwerte der in ihr vorzusehenden elektrischen Geräte (Taf. **338**.2) und Beleuchtungsanlagen.

Für eine durchschnittliche vollelektrische Wohnungseinheit mit zukunftssicherer Energieversorgung, aber ohne Elektroheizung sind etwa folgende Anschlußwerte (in kW) anzusetzen:

Küche	Elektroherd	10,0
	Einbaubackofen	3,5
	Grillgerät	2,0
	Kochendwasserbereiter	2,0
	Kühlschrank	0,2
	Gefrierschrank	0,3
	Geschirrspüler	3,5
	Beleuchtung und Kleingeräte	3,5
		25,0
Wäschepflege	Waschautomat	3,5
	Wäschetrockner	3,5
	Bügelmaschine	2,0
	Bügeleisen, Nähmaschine, Beleuchtung	2,0
		11,0

Körper- und Gesundheitspflege	Warmwasserbereitung mit Durchlauferhitzer	24,0
	Waschtischspeicher	2,0
	Beleuchtung und Kleingeräte	2,0
		28,0
Wohnräume	Beleuchtung, Kleingeräte	3,0
Schlafräume	Beleuchtung, Kleingeräte	3,0
Anschlußwerte der Wohnung		70,0

Der Anschlußwert für die Elektroheizung mit Nachtstrom-Speicherheizgeräten beträgt durchschnittlich im Mehrfamilienhaus 17 kW und im Einfamilienhaus 25 kW je Wohnung.

Leistungsbedarf. Der Anschlußwert von 70 kW einer Wohnung ohne Elektroheizung ist indessen für die Bemessung ihrer Stromzuführungsleitung nicht voll einzusetzen. Zur Ermittlung des Leistungsbedarfes der Wohnung ist er vielmehr mit einem Gleichzeitigkeitsfaktor zu multiplizieren, der die Tatsache berücksichtigt, daß nie alle Geräte usw. eines Haushaltes gleichzeitig und mit voller Leistung eingeschaltet sind. Dieser Faktor kann für die vollelektrische Wohnung ohne E-Heizung mit 0,5 angesetzt werden.

Somit beträgt der Leistungsbedarf je Wohneinheit ohne E-Heizung $0{,}5 \times 70 = 35$ kW.

Für eine Wohnungseinheit mit Elektro-Nachtstromspeicherheizung ist zusätzlich der Anschlußwert der E-Heizung mit 17 bzw. 25 kW zu berücksichtigen. Wegen der i. allg. gleichzeitigen Aufladung aller Speicherheizgeräte entfällt hier der Ansatz eines Gleichzeitigkeitsfaktors, so daß der Leistungsbedarf für die E-Heizung dem addierten Anschlußwert aller Heizgeräte gleichzusetzen ist und somit ebenfalls 17 bzw. 25 kW beträgt.

Da jedoch die Speicherheizgeräte während der Nachtstromzeiten aufgeladen werden, wo nur eine geringe Stromentnahme für andere Zwecke erfolgt, kann auch bei Wohnungen mit E-Heizung von einem Leistungsbedarf von 35 kW für Geräte und Beleuchtung ausgegangen werden.

Um aber den Gesamtleistungsbedarf der Wohnung möglichst niedrig zu halten, unterbricht man üblicherweise mit einer Vorrangschaltung nach (**365**.1) Abschn. 6.1.7 die Aufladung der Heizung immer während einer gleichzeitigen stets nur kurzfristigen Benutzung des Durchlauferhitzers selbsttätig. Der so weggeschaltete Anschlußwert des Durchlauferhitzers entspricht in der Größenordnung dem hinzugekommenen maximalen Leistungsbedarf der E-Heizung von 25 kW so genau, daß auch durch den Betrieb einer Elektro-Speicherheizung der durchschnittliche Leistungsbedarf sich nicht erhöht und ebenfalls 35 kW beträgt.

Für das Mehrfamilienhaus wird der Gesamtleistungsbedarf des Hauses aus dem Leistungsbedarf der einzelnen Wohnungen von je 35 kW unter Ansatz eines Gleichzeitigkeitsfaktors nach Tafel **321**.1 ermittelt.

Tafel **321**.1 Gleichzeitigkeitsfaktoren und Leistungsbedarf für Stromversorgungsanlagen in Wohngebäuden (ohne Elektroheizung) (nach Flatow)

Anzahl der Wohnungen	Gleichzeitigkeitsfaktor	Leistungsbedarfsanteil je Wohnung kW	Gesamtleistungsbedarf aller Wohneinheiten kW
1	1	35	35
2	0,52	18,2	36
3	0,37	13	39
4	0,32	11,2	45
5	0,3	10,5	53
8	0,25	8,8	70
10	0,22	7,7	77
12	0,2	7	84

Ohne E-Heizung haben danach 3 Wohnungen einen Gesamtleistungsbedarf von 39 kW. Nach der Tafel **338**.1 könnte eine Leitung von 16 mm² bei Drehstrom zwar 50 kVA übertragen, als Hauptleitung wird sie indessen des Spannungsabfalles wegen nur mit 63 A gesichert, so daß sie nur noch für 40 kVA Leistungsübertragung und somit nur für die Versorgung von 3 Wohnungen ausreicht.

Daher die entsprechende Forderung der meisten EVU nach je 1 Hauptleitung von $4 \times 16\ mm^2$ für 3 Wohnungen.

Mit E-Heizung muß für 3 Wohnungen noch der volle Anschlußwert der Heizung von $3 \times 17 = 51$ kW berücksichtigt werden, so daß über eine Hauptleitung nicht mehr 3 Wohnungen versorgt werden können.

Aus diesem Grunde zieht man für allelektrisch versorgte Wohnungen im Mehrfamilienhaus die zentrale Zähleranordnung im Keller vor (**357**.1).

6.1.5 Elektrische Leitungen

6.1.5.1 Hausanschluß

Der werkseigene und vom Elektrizitätswerk selbst bemessene und angelegte Hausanschluß wird bei Kabelzuleitung (**322**.1) in einem Schutzrohr durch die Außenwand geführt und endet im Keller möglichst in einem Hausanschlußraum nach DIN 18012 (s. Abschn. 1.7), dessen Lage im Gebäude rechtzeitig mit dem EVU abzustimmen ist.

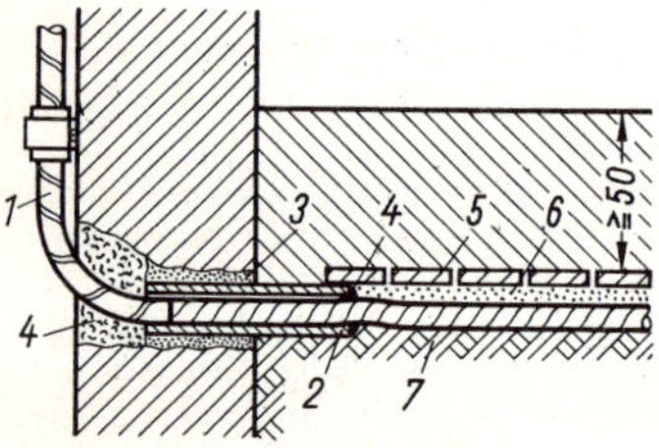

322.1
Hauseinführung eines Kabels
1 Stahlbewehrung nach Entfernen der getränkten Umhüllung
2 Schutzrohr 1. W. ≧ 7 cm
3 Zementmörtel
4 Abdichtmasse
5 Abdecksteine
6 Sandschüttung
7 festgestampfter Boden

Hierbei sind einzuhalten: der Abstand der elektrischen Leitungen von den Gas- und Wasserleitungen ≧ 1,00 m, die Tiefe der Einführung unter dem Bürgersteig ≧ 50 cm, ein Mauerdurchbruch 12,5/12,5 cm oder ein Schutzrohr ≧ 7 cm i. L. weit und nach außen schräg geneigt.

Ist ein Hausanschlußraum nicht verfügbar, so kann der Kabel-Hausanschlußkasten untergebracht werden in

1. unterkellerten Wohnbauten unter der Kellertreppe oder im Kellergang
2. nicht unterkellerten Wohnbauten in der Nische des Hauseinganges oder im Treppenhausflur oder in einer verschließbaren Außenwandnische des Hauses.

Vom Freileitungsnetz wird das Kabel zum Hausanschluß durch Dachständer- oder Wandeinführung (**323**.1) oder von einem Mast aus in einen Raum geführt, der nicht zur Aufnahme leicht entzündlicher Stoffe bestimmt ist.

Der Platz für einen Dachständer wird in Absprache mit dem EVU festgelegt. Die Einführungsleitung wird durch das Dachständerrohr geführt, der Hausanschlußkasten unmittelbar an oder unter dem Dachständerrohr befestigt (**323**.2).

Dabei sind auch die Aufstellung eines Antennenstandrohres (**383**.1) und ein Fernsprech-Freileitungsanschluß zu berücksichtigen.

Wandeinführungen erfordern bestimmte Mindestabstände von Fenstern, Dachrinnen, Balkonen usw. und damit eine bestimmte Außenwandfläche.

Bei Freileitungsanschlüssen ist je Hauptleitung ein Leerrohr von ≧ 29 mm l. W. bis in den Keller durchzuführen, wenn eine spätere Verkabelung zu erwarten ist. Außerdem ist die dazugehörige Hauseinführung herzustellen.

Zur Vermeidung aller Schwierigkeiten hinsichtlich der Standsicherheit des Dachständers oder der Giebelwand für die Wandeinführung und auch aus gestalterischen Gründen sollte man indessen stets anstreben, daß am letzten Mast der Freileitung ein *Mastanschluß* hergestellt und von hier aus eine *Kabelzuleitung* am Mast herunter- und unterirdisch in das Haus hineingeführt wird.

Grundsätzlich erhält jedes Gebäude einen *Vierleiter-Drehstromanschluß*, der unmittelbar hinter der Hauseinführung in dem plombierten *Hausanschlußkasten* mit Hausanschlußsicherungen und einem Übergang auf die Gebäudeleitungen endet.

Der Querschnitt der Hausanschlußleitung und die Stärke der Hausanschlußsicherung (z. B. Kabel-Hausanschlußkasten 3 × 100 A, mit Sicherungen 3 × 63 A oder 3 × 80 A oder 3 × 100 A, dgl. 3 × 200 A mit Sicherungen 3 × 125 A oder 3 × 160 A oder 3 × 200 A) bestimmt das EVU.

Werden vom Hausanschlußkasten mehrere Hauptleitungen abgezweigt, so erhält entweder der Hausanschlußkasten mehrere *Sicherungsgruppen*, oder aber es wird im Hausanschlußraum eine besondere *Verteilungstafel* mit den Sicherungen für die einzelnen Hauptleitungen angebracht.

Eine solche Verteilungstafel ist auch dann erforderlich, wenn von einem Hausanschlußraum ein Wohnkomplex mit mehreren Treppenhäusern versorgt werden soll.

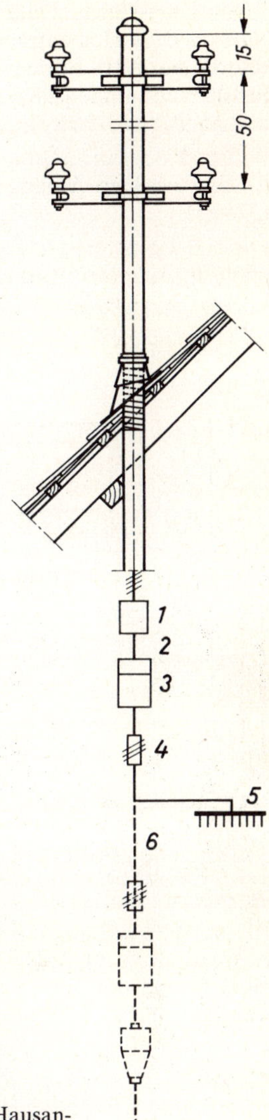

323.2
Freileitungs-Hausanschluß eines Einfamilienhauses mit Dachständereinführung
1 Hausanschlußkasten
2 Hauptleitung
3 Zähler
4 Vorsicherung
5 Unterverteilung
6 Leerrohr 29 mm l. W. für spätere Umstellung auf Kabel-Hausanschluß

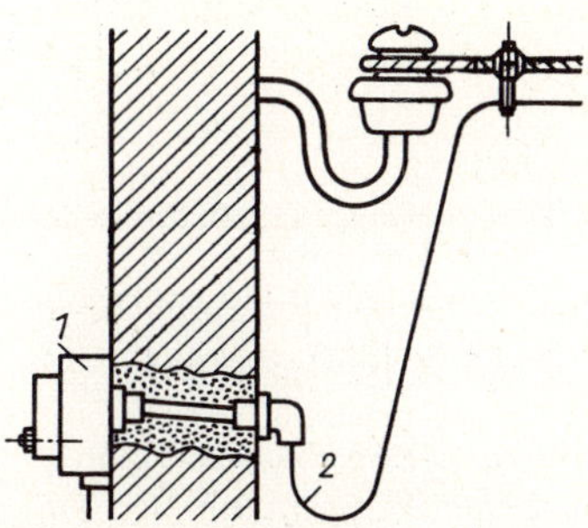

323.1 Giebeleinführung
1 Hausanschlußkasten
2 Leitung mit Porzellanpfeife

Potentialausgleich. Damit zwischen den metallenen Rohrsystemen, wie z. B. den Gas-, Wasser- und Heizungsrohrleitungen des Gebäudes, keine elektrischen Spannungsunterschiede auftreten können, sind diese nach VDE 0190 unabhängig von den angewendeten Schutzmaßnahmen nach Abschn. 6.1.9 in der Nähe der Hauseinführung durch Potentialausgleichsleitungen (HA-PL) miteinander zu verbinden.

Nulleiter oder die Schutzleiter für Nullung oder Fehlerstrom-Schutzschaltung (s. Abschn. 6.1.9.2) sind am Anfang der Verbraucheranlage in den Potentialausgleich einzubeziehen (**324**.1).

Die HA-PL ist an der Trinkwasserleitung in Wasserflußrichtung hinter dem Wasserzähler (einschl. Absperrventil) anzuschließen.

Anstelle einer alle metallenen Rohrsysteme verbindenden, nach Möglichkeit ungeschnittenen PL ist auch die strahlenförmige Anordnung mit festem Bezugspunkt, wie z. B. Potentialausgleichsschiene, Wasser- oder Heizungsleitung nach Bild **324**.1, möglich.

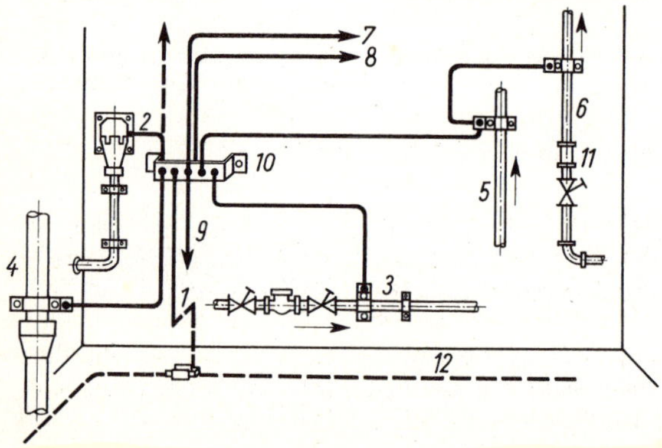

324.1 Potentialausgleichsleitungen im Hausanschlußraum

1 Anschlußfahne für Fundamenterder
2 Verbindung mit Nulleiter bei Kabelanschluß (Strichlinie bei Kabelanschluß ohne Nullung oder Freileitungsanschluß: Verbindung zum nächsten Zählerplatz oder Hauptleitungsabzweig)
3 Kaltwasserleitung
4 Abwasserleitung
5 Warmwasser-Zentralheizung
6 Gasinnenleitung
7 Verbindung mit Antennenanlage
8 Verbindung mit Fernmeldeanlage
9 Verbindung mit Blitzschutzerder
10 Potentialausgleichsschiene mit 5 Klemmstellen für vorder- und rückseitigen Anschluß
11 Isoliermuffe
12 Fundamenterder

HA-Potentialausgleichsleitungen müssen mindestens die Leitfähigkeit des Schutzleiters der stärksten vom Hausanschlußkasten oder dem Hauptverteiler abgehenden Hauptleitung (beim zentralen Aufputzzählerschranksystem nach Abschn. 6.1.6 i. allg. der stärksten von den Zählern abgehenden Zuleitung) haben, jedoch mindestens die eines Cu-Querschnitts von 10 mm².

In Baderäumen und Duschecken in Wohnungen und Hotels ist zur Überbrückung gefahrbringender Spannungen für den Badenden ein besonderer Potentialausgleich **324**.2 herzustellen. Es ist eine Potentialausgleichsleitung von ≧ 4 mm² Cu oder aus feuerverzinktem Bandstahl ≧ 2,5 mm Dicke bei 50 mm² Querschnitt zu verlegen, die nicht dazu

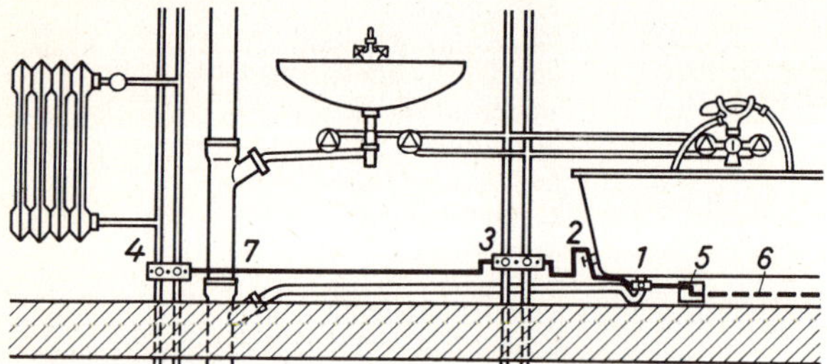

324.2 Potentialausgleich im Badezimmer

1 Anschluß an Abflußstutzen an der Bade- oder Duschwanne
2 Anschlußnocken an der Bade- oder Duschwanne
3 Anschluß an Kalt- und Warmwasserleitung
4 dgl. an Heizungsvor- und Rücklaufleitung
5 dgl. an Anschlußkasten für Schutzleiter des elektrischen Leitungsnetzes
6 Schutzleiter
7 kein Anschluß an Abwasserleitung

bestimmt ist, Schutzleiter oder Erder zu ersetzen. Sie stellt eine leitende Verbindung her zwischen dem Abflußstutzen an der Bade- oder Duschwanne, den Anschlußnocken an der Bade- oder Duschwanne, den Wasserleitungen für Kalt- und Warmwasser, den Vor- und Rücklaufleitungen der Zentralheizung und evtl. anderen metallischen Rohrleitungen.

Leitfähige Abwasserrohre können i. allg. wegen der hohen Übergangswiderstände an den Verbindungsstellen nicht wirksam in den Potentialausgleich einbezogen werden. Bei Abwasserrohren aus Kunststoff erübrigt sich die Einbeziehung.

Die Ausgleichsleitung ist auch dann erforderlich, wenn in den Baderäumen keine elektrischen Einrichtungen vorhanden sind, da Spannungen aus anderen Räumen nach dort verschleppt werden könnten.

Bei vorhandener Schutzmaßnahme mit besonderem Schutzleiter (z. B. Nullung) ist auch dieser an die Ausgleichsleitung anzuschließen, soweit nicht bereits eine Verbindung an zentraler Stelle (wie vorher beschrieben) besteht.

Anschlußstellen und Abzweigungen müssen dauerhaft korrosionssichere, elektrisch gut leitende Verbindungen gewährleisten.

Bewegliche Bade- und Duscheinrichtungen mit eingebauten elektrischen Betriebsmitteln (Schrankbäder, Duschkabinen) müssen mit diesen Betriebsmitteln über eine Potentialausgleichsleitung verbunden werden (s. auch Abschn. 6.1.3 unter Bad).

Bei Freileitungsanschluß ist die Verbindungsleitung in das bis zum Keller zu legende Leerrohr von 29 mm l. W. einzuziehen (**323**.2).

Fundamenterder. Zur wirksameren Gestaltung des Potentialausgleiches ist nach DIN 18015 T. 1 in Neubauten ein Fundamenterder nach den „Richtlinien für das Einbetten von Fundamenterdern in Gebäudefundamente" der Vereinigung Deutscher Elektrizitätswerke e. V. zu verlegen und an alle metallisch leitende Systeme anzuschließen (**325**.1).

Der Fundamenterder (**325**.2) ist als geschlossener Ring aus Bandstahl 30/3,5 oder 25/4 mm, auch aus verzinntem oder verbleitem Kupferband 25/2 mm, hochkant in die Fundamente der Außenmauern der Gebäude zu legen und gegen Umkippen und Absacken zu schützen.

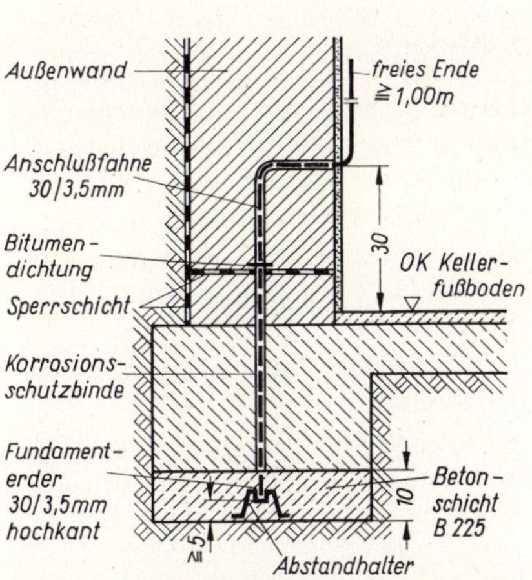

325.1 Fundamenterder im Betonfundament (M 1:20) (nach „Richtlinien für das Einbetten von Fundamenterdern in Gebäudefundamente")

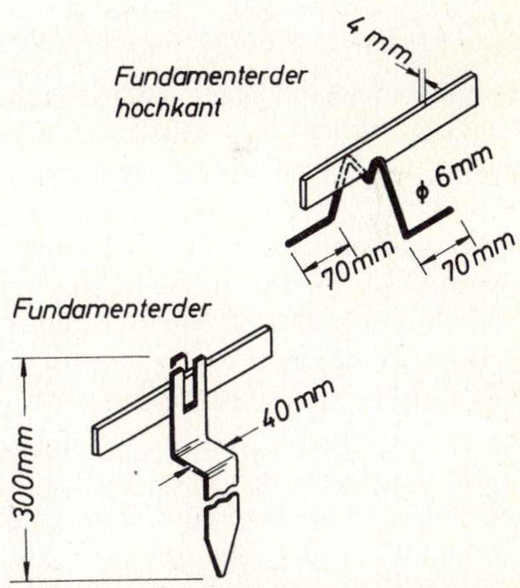

325.2 Abstandhalter für Fundamenterder aus Bandstahl (nach VDEW-Empfehlung)

Mit einer Anschlußfahne, die im Fundament und Mauerwerk durch eine Schutzbandisolierung gegen Rost zu schützen ist und ca. 30 cm über Kellersohle austritt, wird der Fundamenterder unmittelbar an die Potentialausgleichsleitung oder -schiene angeschlossen (**77**.1 und **324**.1).

6.1.5.2 Haupt-, Abzweig- und Steuerleitungen

Hauptleitungen. Sie führen im Mehrfamilienhaus vom Hausanschlußkasten (bzw. einem Speisetransformator) zu den Stockwerk-Abzweigkästen für die einzelnen Zählerzuleitungen (Abzweigleitungen, **356**.1).

Sie müssen bis zum letzten Stockwerk sämtliche 5 Leiter des Drehstromsystems (einschl. Null- und Schutzleiter nach Abschn. 6.1.9.2) enthalten und sind durch Niederspannungs-Hochleistungs-(NH-)Sicherungen vor Überlastung zu schützen.

An keinem elektrischen Anlageteil vor den Zählern darf man unbefugt Strom entnehmen können.

Die Verbraucher sind ihrem Leistungsbedarf entsprechend gleichmäßig auf die Außenleiter verteilt anzuschließen.

Bei einer Anordnung der Zähler unmittelbar über dem Hausanschlußkasten oder neben einem Speisetransformator (**326**.1, **357**.1 und **358**.2) entfallen naturgemäß die Hauptleitungen.

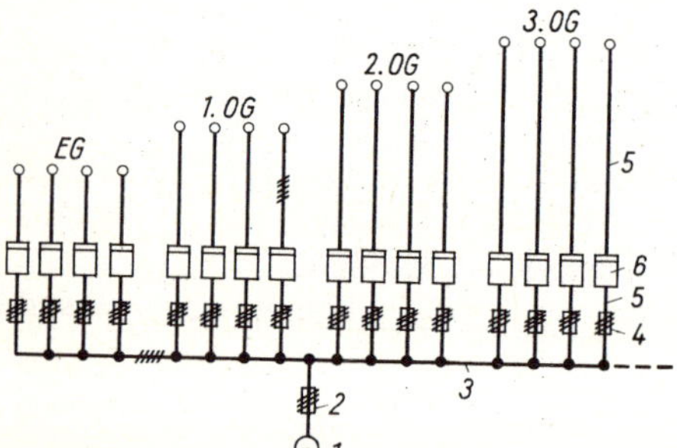

326.1
Hauptleitung im Hochhaus (nach Geyer)
1 Speisetransformator
2 Sicherung, 3polig
3 Sammelschiene
4 Vorsicherung, 3 × E 33
5 Zählerzu- und -ableitung, NYM 5 × 16 mm² Cu
6 Wohnungszähler

Hauptleitungen in kleineren Mehrfamilienhäusern. Bei Kabelhausanschluß und dezentraler Zähleranordnung nach Abschn. 6.1.6 können die Hauptleitungen vom Hausanschlußkasten bis zum Hauptleitungsschlitz, der 20 cm unter der Kellerdecke beginnt, auf Putz verlegt werden (evtl. Wanddurchführungen 10 × 10 cm unmittelbar unter der Decke).

Die Hauptleitungen sind in stets zugänglichen Räumen, möglichst im Treppenhaus, zu verlegen (**327**.1). Der bauseitig auszuführende Schlitz wird für eine Hauptleitung mind. 6 × 6 cm groß, für mehrere Hauptleitungen entsprechend breiter.

Als Leiterwerkstoff sind für die Hauptleitungen lediglich Feuchtraumleitungen NYM (Kunststoffmantelleitung) oder NYY (Kunststoffkabel) zulässig.

Der Querschnitt ist entsprechend dem zulässigen Spannungsabfall (s. Abschn. 6.1.5.5) bei der zu erwartenden Höchstbelastung und dem Nennstrom des vorgeschalteten Hausanschlußkastens zu bemessen. Zur Erfüllung dieser Bedingungen schreiben die EVU für Wohnbauten i. allg. vor, daß

1. in Einfamilienhäusern der Mindestquerschnitt einer Hauptleitung (hier = Zählerzuleitung) 5 × 10 mm² Cu NYM oder NYY beträgt (s. auch Abschn. 6.1.6 und Bild **358**.2),
2. in Mehrfamilienhäusern mit Zähleranordnung in den Treppenhäusern für je 3 Wohnungen eine Hauptleitung von 5 × 16 mm² Cu NYM oder NYY vorzusehen ist.

Bei einer größeren Wohnungsanzahl ergeben sich dementsprechend mehrere nebeneinander hochzuführende Hauptleitungen 5 × 16 mm² Cu (**356**.1).

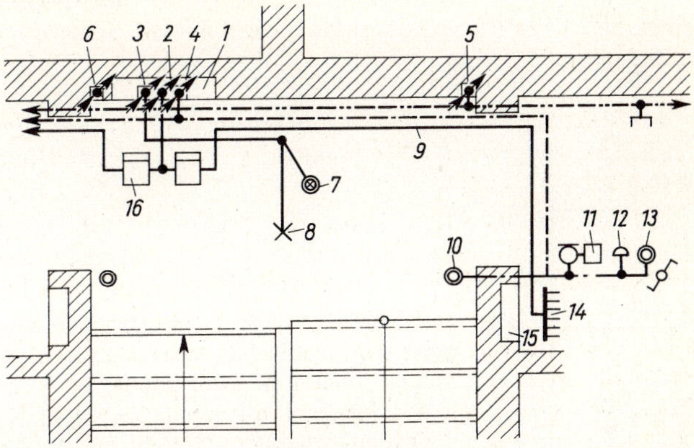

327.1 Hauptleitungen im Treppenhaus eines Mehrfamilienhauses (M 1:50)

1 Zählernische
2 Hauptleitung(en) der Starkstromversorgung der Wohnungen, NYM 5 × 16 mm² Cu
3 Hauptleitung der Treppenhausbeleuchtung
4 Hauptleitung der Fernmeldeanlagen
5 Hauptleitung der Post-Fernsprechanlage
6 dgl. (alternativ)
7 Tastschalter für Treppenhausbeleuchtung
8 Leuchte der Treppenhausbeleuchtung
9 Abzweigleitung zur Stromkreisverteilung 14
10 Tastschalter zum Wecker 12
11 Torfernsprechanlage
12 Wecker zu 10
13 Tastschalter der Türöffneranlage
14 Stromkreisverteilung der Wohnung
15 Mauernische für 14
16 Wohnungszähler

Die Verlegung von Hauptleitungen größeren Querschnitts, für die dann das übliche Installationszubehör nicht mehr zu verwenden und die auch schwieriger durchzuführen ist, bietet demgegenüber auch wirtschaftlich keine Vorteile und wird daher vom EVU nur ausnahmsweise gestattet. Weitere Einzelheiten s. Abschn. 6.1.6.

Hauptleitungen in Hochhäusern. Hochhausbauten werden nicht mehr direkt aus dem Niederspannungs-Versorgungsnetz, sondern aus gesonderten Transformatorenstationen mit elektrischer Energie versorgt. Dabei genügt für kleinere Anlagen i. allg. eine Transformatorenstation, z. B. im Keller, während für Gebäude mit einem Leistungsbedarf von > 1 MVA zweckmäßig außer einer Transformatorenstation, z. B. im Keller, in den oberen Geschossen eine zweite als Schwerpunktstation einzurichten ist.

Folgende Grundprinzipien der Energiezuführung zu den Wohnungen sind zu unterscheiden:

a) Anordnung der Zähler in einem dem Speisetransformator zugeordneten Zählerraum (**326**.1, Abschn. 6.1.6 und **357**.1) im Untergeschoß. Zählerableitungen NYM oder NYY mit einem Querschnitt ≧ 5 × 10 mm² Cu führen in die einzelnen Wohnungen. Dabei kann zu großer Spannungsabfall für die höher gelegenen Stockwerke größere Querschnitte notwendig machen.

Dieses Verteilungssystem ist wirtschaftlich vor allem dort, wo bei allelektrischem Betrieb (Elektroheizung + Durchlauferhitzer + sonstige elektrische Allgemeinausrüstung) in der Versorgung ein hoher Gleichzeitigkeitsfaktor gegeben ist und außerdem für jede Wohnung eine entsprechende Energiereserve bereitgestellt werden soll.

b) Anordnung der Zähler in den einzelnen Stockwerken in gesonderten Zählerräumen oder entsprechenden Mauernischen. Diese Stockwerkzähler werden über eine, i. allg. in einem besonderen Leitungsschacht untergebrachte (**818**.1), starke Hauptleitung, von der mit bestimmten Abzweigkästen oder -klemmen abgezweigt wird, gespeist (**328**.1).

Zur Erhöhung der Versorgungssicherheit kann die Hauptleitung auch als Ringleitung mit einer als Trennkuppelstelle ausgebildeten Sicherung in der Mitte ausgeführt sein (**328**.2).

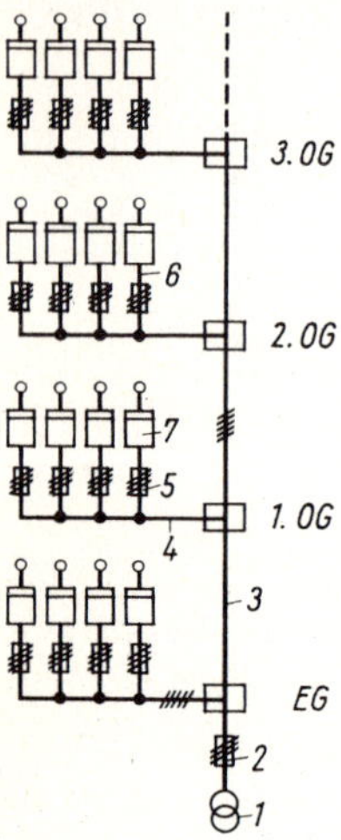

328.1
Hauptleitungen in Hochhäusern (nach Geyer)

1 Speisetransformator
2 Sicherung, 3polig
3 starke Hauptleitung
4 Hauptleitung, NYM oder NYY 5 × 16 mm² Cu
5 Vorsicherung, 3 × E 33
6 Zählerzuleitung, NYM 5 × 16 mm² Cu
7 Wohnungszähler

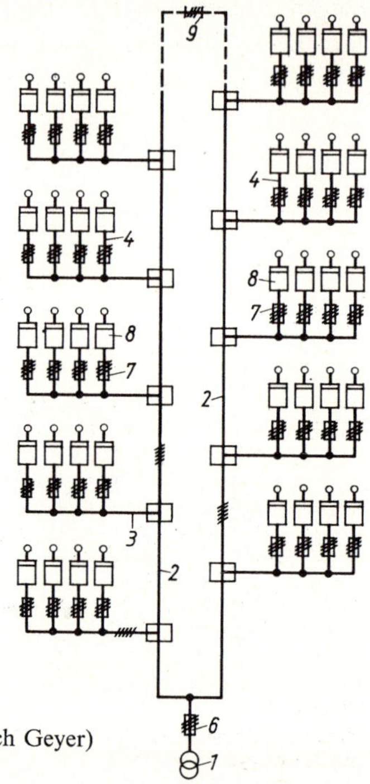

328.2
Hauptleitungen in Hochhäusern (nach Geyer)
Legende s. **329**.1

Die starke Hauptleitung kann dabei aus einem Sammelschienensystem, einem Mehrleiterkabel oder fünf Einleiterkabeln bestehen.

Diese Anordnung ist vor allem bei Hochhäusern mit einem geringen Gleichzeitigkeitsfaktor, also bei vollelektrischem Betrieb (ohne Elektroheizung), wirtschaftlich.

Neben den vorgenannten Grundprinzipien der Verteilungssysteme werden auch gemischte Systeme verwendet, z. B.:

c) in Anlehnung an a): Zusammenfassung mehrerer Stockwerke jeweils zu einer Zentralisation, wobei jede dieser Anlagen durch eine besondere Hauptleitung gespeist wird.

d) in Anlehnung an b): Zusammenfassung mehrerer Stockwerke zu einer Zentralisation, wobei jede dieser Anlagen im Abzweig an die Hauptleitung angeschlossen wird.

e) Mischsystem nach a) und b): Die unteren Stockwerke mit meist leistungsstarken Verbrauchern, wie Läden, Gaststätten, Arztpraxen u. ä., werden von einer zentralisierten Anlage nach a) gespeist, die oberen Stockwerke über eine starke Hauptleitung nach b) (**329**.1).

Neben der Stromversorgung der einzelnen Wohnungen ist nach den gleichen Grundsätzen die Versorgung der Gemeinschaftseinrichtungen, wie Beleuchtungsanlagen der Gemeinschaftsräume, Motorenstromkreise für Aufzüge, Heizungspumpen, Druckerhöhungsanlagen der Wasserversorgung u. ä., mit elektrischer Energie zu berücksichtigen.

Eine grundsätzliche Wertung der vorstehend unter a) bis e) beschriebenen Versorgungssysteme ist nicht möglich, vielmehr kann eine Wahl immer nur nach den Voraussetzungen und Bedingungen des Einzelfalles aufgrund einer genauen Wirtschaftlichkeitsberechnung getroffen werden.

Für andere Großbauten wie Schulen, Krankenhäuser, Verwaltungs- und Bürohäuser, Kauf- und Warenhäuser u. a. m. gelten grundsätzlich die gleichen Versorgungsprinzipien wie für Wohnhochhäuser. Doch erfordern die jeweiligen besonderen Betriebs-, Sicherheits- und Wirtschaftlichkeitsbedingungen durchweg Abweichungen und Ergänzungen, auf die hier nicht weiter eingegangen werden kann.

Den Hauptleitungen können Abzweigleitungen und Steuerleitungen zugeordnet werden.

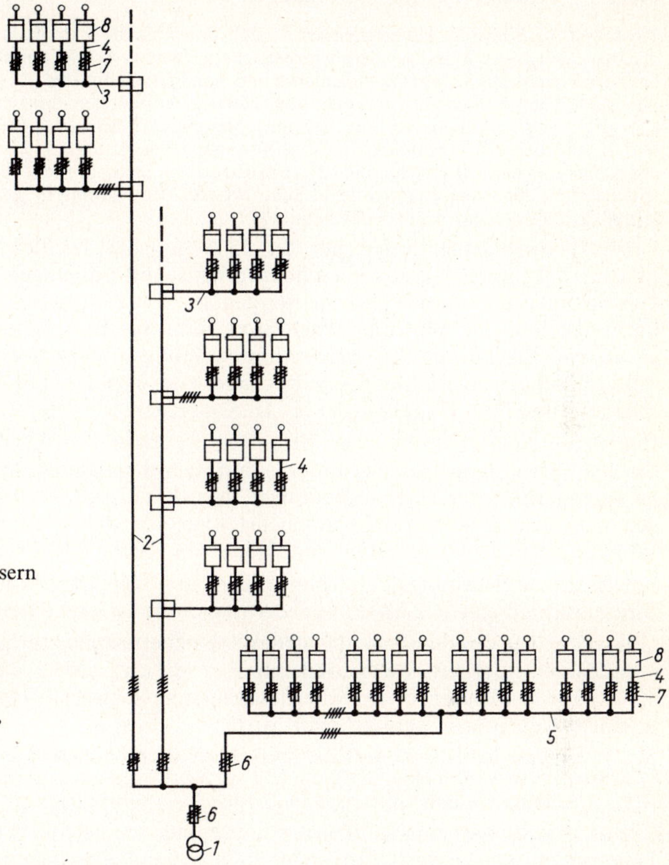

329.1
Hauptleitungen in Hochhäusern (nach Geyer)

1 Speisetransformator
2 starke Hauptleitung
3 Hauptleitung, NYM oder NYY 5 × 16 mm² Cu
4 Zählerzu- oder -ableitung, NYM 5 × 16 mm² Cu
5 Sammelschiene
6 Sicherung, 3polig
7 Vorsicherung, 3 × E 33
8 Wohnungszähler
9 Trennkuppelstelle

Abzweigleitungen. Sie zweigen in Hauptleitungs-Abzweigkästen (i. allg. $\geqq 200 \times 200$ mm groß) von den Hauptleitungen ab und führen bis zu den Zählern (Zählerzuleitungen) und darüber hinaus bis zu den Stromkreisverteilungen (Zählerableitungen).

Sie sind stets als Drehstromleitungen NYM 5 × 16 mm² Cu zu verlegen. Beim Einbau von Wechselstromzählern sind nicht benutzte Adern zu isolieren.

Im Einfamilienhaus beginnt die Zählerzuleitung bereits am Hausanschlußkasten.

Der Einbau von Gewindesockeln E 33 für Überstromschutzorgane als Vorsicherungen im Zuge der Zähler-Zu- oder -Ableitungen in besonderen Vorsicherungskästen kann auf Grund besonderer Bestimmungen des örtlichen EVU notwendig sein.

Steuerleitungen. Um durch zentrale Steuerungen den Betrieb leistungsstarker Geräte, wie z. B. elektrischer Speicherheizgeräte oder großer Heißwasserbereiter, auf Schwachlastzeiten beschränken zu können, verlangt das EVU heute durchweg die Verlegung einer Steuerleitung, z. B. NYY Iz 7 × 1,5 mm^2 Cu od. dgl., oder die vorsorgliche Installation eines Kunststoffrohres von 29 mm l. W. bis zu den Zählerplätzen oder Stromkreisverteilungen (**356**.1).

6.1.5.3 Stromkreise und Verteilungen

Stromkreis im Sinne der nachstehenden Ausführungen ist die Strombahn zwischen der Sicherung und dem bzw. den angeschlossenen Stromverbrauchern. Je nach Art des Anschlusses der Stromverbraucher kann ein Stromkreis aus einem Außenleiter und dem Mittelleiter (vgl. Abschn. 6.1.1) oder aus mehreren oder sämtlichen Außenleitern mit oder ohne Mittelleiter bestehen. Sind jedoch in einem Drehstromnetz z. B. drei zweipolige Stromverbraucher, und zwar einer zwischen L 1 und N, der andere zwischen L 2 und N und der dritte zwischen L 3 und N angeschlossen, und ist jeder dieser Anschlüsse für sich abgesichert, so handelt es sich um drei verschiedene Stromkreise (**306**.1). Zu den genannten Leitern tritt bei dem allgemein angewendeten Schutzsystem der Nullung in jedem Fall hinter dem Hausanschlußkasten noch ein Schutzleiter hinzu (**372**.1).

Lichtstromkreise dürfen nur bis 25 A gesichert werden. Leuchtstofflampen- und Leuchtstoffröhrenkreise sowie Lichtstromkreise mit Fassungen E 40 können mit höheren Überstromschutzorganen gesichert werden. In Hausinstallationen dürfen Lichtstromkreise, auch solche mit zweipoligen Steckdosen bis 16 A Nennstrom (s. Abschn. 6.1.2), sowie reine Steckdosen-Stromkreise mit zweipoligen Steckdosen bis 16 A Nennstrom nur mit Sicherungen oder Leitungsschutzschaltern des Typs L bis 10 A oder mit Leitungsschutzschaltern des Typs H (Haushalt) bis 16 A gesichert werden.

Eine neuzeitliche zukunftssichere Stromversorgungsanlage einer Wohnung wie für Gewerbe- und Verwaltungsbauten erfordert somit stets eine Aufteilung des elektrischen Leitungsnetzes innerhalb der Verbraucheranlage in zahlreiche Stromkreise, deren Sicherungen man zweckmäßigerweise möglichst kurz vor dem Belastungsschwerpunkt, in der Wohnung also in der unmittelbaren Nähe von Küche und Bad, zusammenfaßt.

Soweit dieser Belastungsschwerpunkt dicht am Treppenhaus liegt, kann dies für wenige Stromkreise in einem Zählerverteilungsschrank im Treppenhaus geschehen.

Günstiger aber vereinigt man die Stromkreissicherungen innerhalb der Wohnung auf einer vom Zähler getrennten besonderen Verteilung (**356**.1 und **358**.2), die ca. 1,20 bis 1,70 m über Fußboden, in der Nähe des Belastungsschwerpunktes im Flur, in der Diele oder in einem Nebenraum untergebracht wird.

Der Wohnungsinhaber kann auf diese Weise auch einen Automaten ein- und ausschalten oder eine Sicherung auswechseln, ohne die Wohnung zu verlassen. Ferner werden bei einer Nachinstallation weiterer Stromkreise Beschädigungen im Treppenhaus vermieden.

Kleine Verteilungen mit Stahlblechgehäuse oder schutzisoliert mit Isolierstoffgehäuse für Unterputzmontage, jeweils für 1- oder 3reihige Gerätebestückung (ähnliche Modelle gibt es für Aufputzmontage), werden im Wohnungsbau am meisten verwendet, sind aber ebenso für Gewerbe- und Verwaltungsbauten geeignet. Besonders die Rahmenverteilungen für putzbündigen Einbau in ca. 10 cm tiefen Mauernischen ordnen sich unauffällig jeder Raumgestaltung unter (**331**.1).

Alle Ausführungen der Verteilungen haben gleichartige Geräteabdeckungen aus Isolierstoff mit Ausschnitten für den Durchtritt der Einbaugeräte, die sämtlich eine genormte Kappenhöhe von 45 mm aufweisen. Der Gerätetrageinsatz mit Blendrahmen und Tür enthält 35 mm breite Tragschienen für die Schnappbefestigung der Einbaugeräte.

Zur Bestimmung der Größe einer Verteilung muß der Platzbedarf sämtlicher einzubauenden Geräte ermittelt werden.

Als Maß für die Breite eines Gerätes hat man den Platzbedarf von 18 mm für einen einpoligen Sicherungsautomaten als Teilungseinheit festgelegt.

Die Breiten der übrigen in den Verteilungen unterzubringenden Geräte, wie Sicherungssockel für Schmelzsicherungen, Fehlerstrom-Schutzschalter, Kippschalter, Taster, SCHUKO-Steckdosen, Klingeltransformatoren, Treppenhausautomaten, Fernschalter, Schaltuhren, Vorrangschalter usw., sind auf diese Teilungseinheit abgestimmt (Taf. **331**.2).

Richtmaße für Mauernischen (Siemens) in mm

Anzahl der einpoligen Automaten (Teilungseinheit = 18 mm)	Breite	Höhe	Tiefe
1 × 8	245	170	105
3 × 8	245	390	105
1 × 12	315	170	105
3 × 12	315	390	105

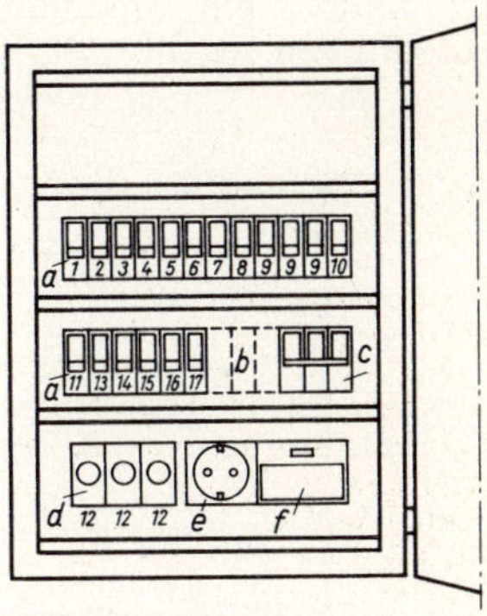

331.1 Unterverteilung zu Bild **332**.1 (M 1:10)
a Leitungsschutzschalter, 1polig, W-Automaten
b 3 Reserveplätze für *a*
c Kippschalter, 3polig, 63 A als Hauptschalter
d 3 Sicherungssockel NEOZED 63 A
e Schukosteckdose
f Klingeltransformator

Aus der Summe der Teilungseinheiten aller vorgesehenen Geräte sowie einiger Reserveplätze für Automaten im Hinblick auf eine spätere Erweiterung der Anlage ergibt sich die Größe der Verteilung, die in jedem Fall mindestens 24 Teilungseinheiten Platz bieten sollte.

Tafel **331**.2 Platzbedarf der Einbaugeräte für Verteilungstafeln

Einbaugerät		Teilungseinheiten
Leitungsschutzschalter	1polig W-Automaten 16 + 32 A	1
Leitungsschutzschalter	3polig W-Automaten 16 + 32 A	3
Sicherungssockel NEOZED	16 und 63 A	1,5
Sicherungssockel NEOZED	100 A	2,5
Sicherungssockel DIAZED	25 A	2,33
Sicherungssockel DIAZED	63 A	2,7
Fehlerstrom-Schutzschalter	25, 40, 63 A	4
Kippschalter 1polig	16, 40 A	1
Kippschalter 3polig	40, 63 A	3
Taster, Lichtsignal		1
SCHUKO-Steckdose		3
Klingeltransformator		4
Treppenhausautomat		2
Installationsfernschalter		1,5
Vorrangschalter	20 A	1
Heizungsfernschalter	40 A	6
Synchron-Kleinschaltuhr		3

Stromkreise. Es sind im einzelnen Stromkreise für Licht, Steckdosen und Geräte zu unterscheiden.

1. Stromkreise für Licht und Steckdosen. Sie erhalten grundsätzlich einen Leiterquerschnitt von 1,5 mm² Cu und werden mit Haushalt-Leitungsschutzschaltern 16 A abgesichert, können also mit 3,5 kW belastet werden.

a) Gemeinsame Stromkreise für Licht und Steckdosen (**332**.1 bis **335**.1). Je ein Stromkreis mit Anschluß aller festen Lichtauslässe an Wand und Decke sowie aller Steckdosen ist vorzusehen für jeden Wohn- und Schlafraum, Küche, Hausarbeitsraum, Flur, Bad, WC und andere Nebenräume gemeinsam.

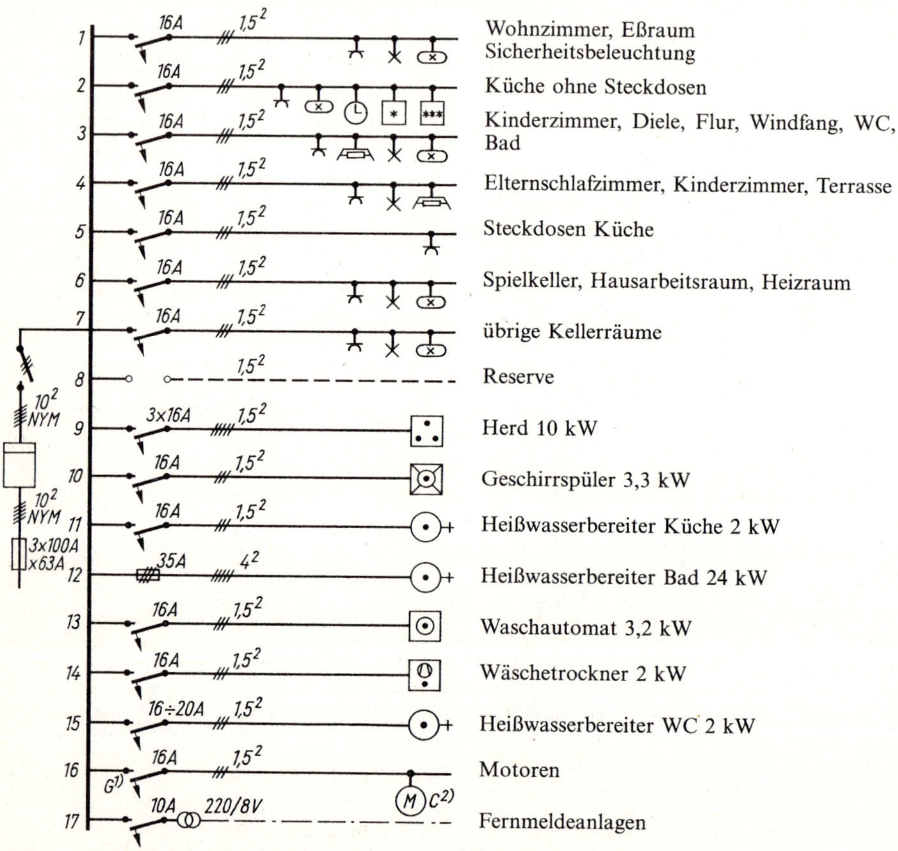

332.1 Stromkreise in einem Einfamilienhaus (zu den Bildern **334**.1 und **335**.1)

1) LS-Schalter mit Geräteschutzcharakteristik, kann Anlaufströme von Motoren ohne Auslösung des Automaten auffangen

2) Steckdose, 3polig

Diese Anordnung ist billiger als die unter b) beschriebene, doch kann man den Steckdosen nicht die volle Gerätelast von 3,5 kW entnehmen. Ferner erlischt bei einer Abschaltstörung durch Fehler an Geräten oder deren Zuleitung auch das Licht in diesem Raum.

Werden vorerst noch mehrere Räume an einen einzigen Stromkreis angeschlossen, so sollte doch die spätere Aufteilung in besondere Stromkreise vorbereitet sein.

b) Getrennte Stromkreise für Licht und Steckdosen (**333**.1). Ein Lichtstromkreis versorgt die gesamte Beleuchtung, Wandstrahler für Küche und Bad und auch Steckdosen, die für Staubsauger u. ä. in Kombination mit Schaltern an den Türen sitzen, für die ganze Wohnung oder für jedes Geschoß eines mehrgeschossigen Einfamilienhauses.

Daneben erhält jeder Wohn- und Schlafraum (Küche und Bad gemeinsam) einen eigenen Steckdosenstromkreis.

Die Steckdosenleitungen können für Gerätebetrieb mit 3,5 kW voll ausgenutzt werden. Bei Abschaltung dieser Leitungen erlischt die feste Raumbeleuchtung nicht.

In den Hauptwohnraum kann man evtl. zusätzlich den Steckdosenstromkreis eines Nachbarraumes hereinziehen und hat dann hier insgesamt 3 Stromkreise zur Verfügung.

Zu a) und b): Zusätzliche Stromkreise können in Betracht kommen für: Keller und Dachgeschoß, Gemeinschaftsanlagen, z. B. Wasch- und Trockenräume, Kellerflure, Abstellräume, im Mietshaus Treppenhaus- und Außenbeleuchtung, Heizungsanlage, Garagenbeleuchtung und -beheizung, Außenanlagen, Schwimmbad, Hauswasserwerk oder Druckerhöhungsanlage.

Zusätzliche Steckdosen sind für die immer zahlreicher werdenden Elektrogeräte zu berücksichtigen. Nachinstallationen erfordern meist bauliche Eingriffe und erhebliche Kosten. Doch kann man mit geringen zusätzlichen Kosten in die Steckdosen-Ringleitungen in Abständen von 1,25 bis 1,50 m vorsorglich vorerst abzudeckelnde und überzutapezierende Leerdosen vorsehen, die bei Bedarf einfache oder mehrfache Steckdoseneinsätze erhalten (**333**.1, **334**.1 und **341**.3).

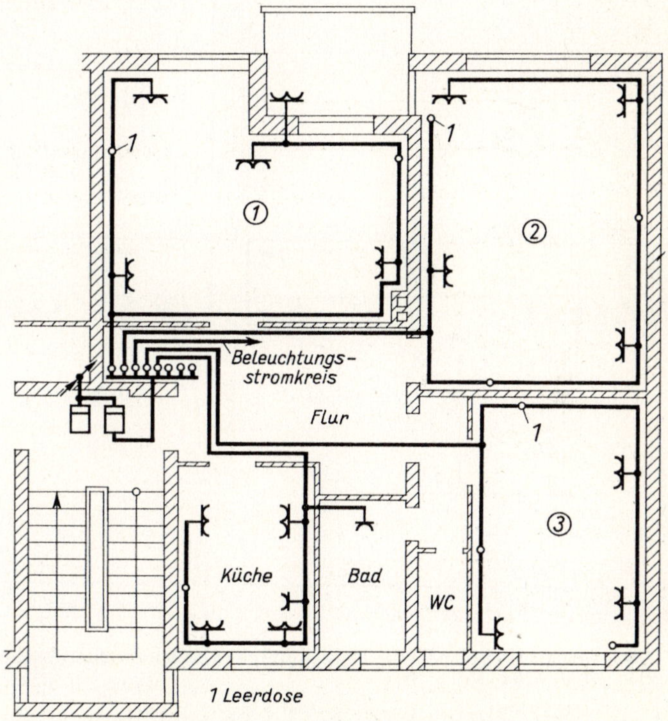

333.1 Installationsplan einer Geschoßwohnung. Selbständige Steckdosenstromkreise (ohne Lichtinstallation und Großgeräte)

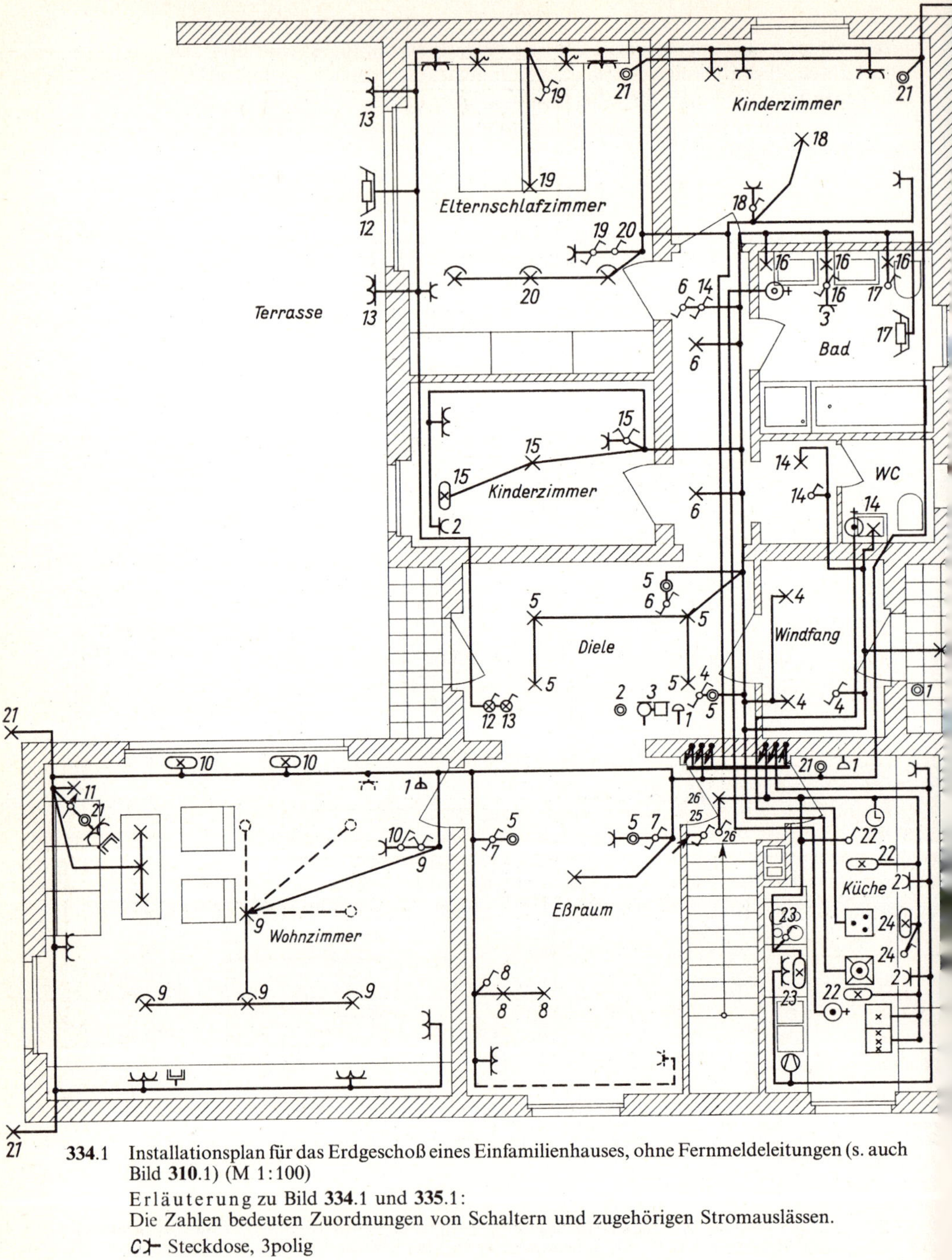

334.1 Installationsplan für das Erdgeschoß eines Einfamilienhauses, ohne Fernmeldeleitungen (s. auch Bild **310**.1) (M 1:100)

Erläuterung zu Bild **334**.1 und **335**.1:
Die Zahlen bedeuten Zuordnungen von Schaltern und zugehörigen Stromauslässen.
C}- Steckdose, 3polig

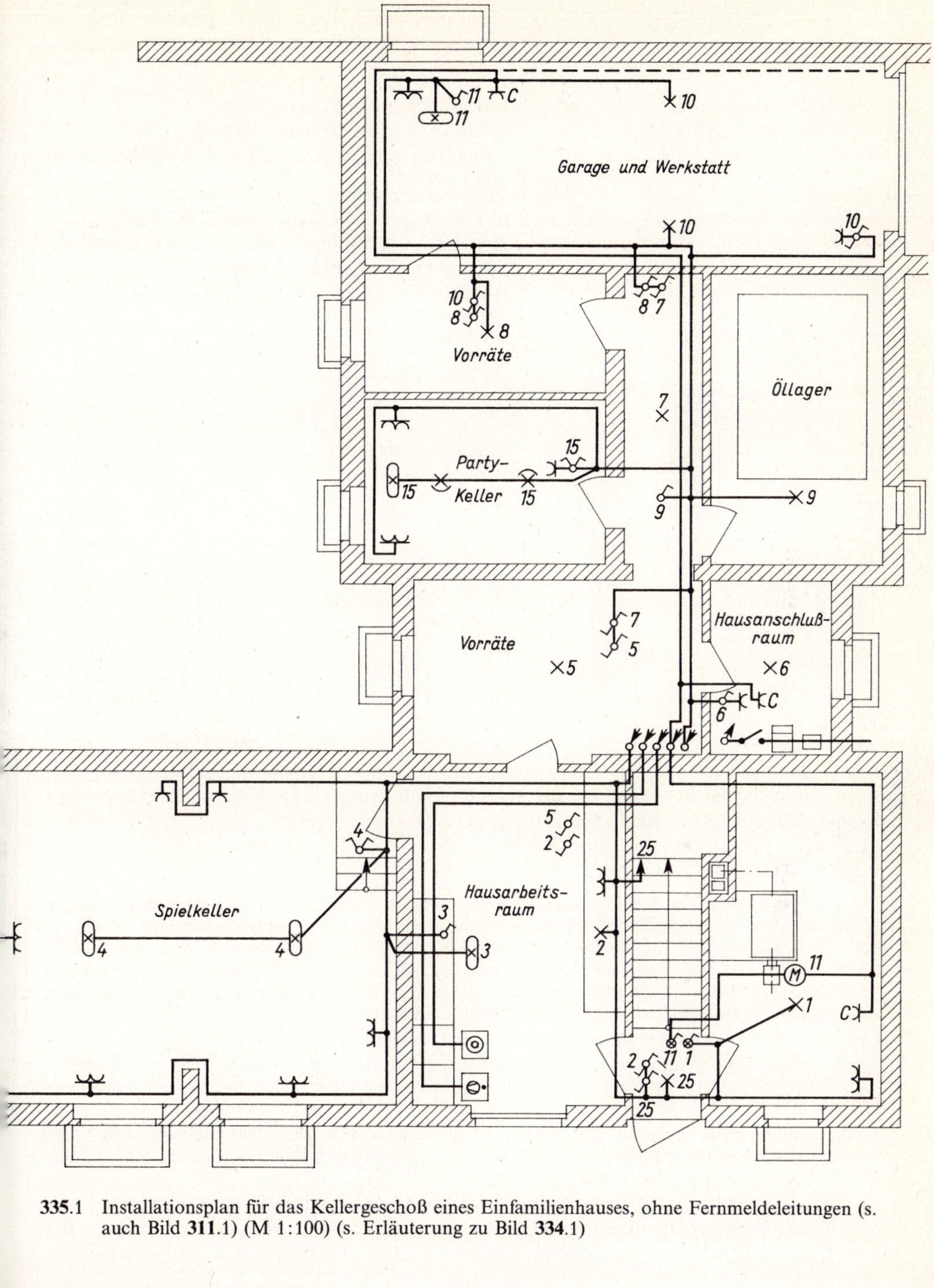

335.1 Installationsplan für das Kellergeschoß eines Einfamilienhauses, ohne Fernmeldeleitungen (s. auch Bild **311**.1) (M 1:100) (s. Erläuterung zu Bild **334**.1)

2. Stromkreise für Großgeräte (**332**.1, **334**.1, **335**.1 und **336**.1). Für den Anschluß von Großgeräten und Elektrowärmegeräten größerer Leistung an die Stromversorgungsanlage ist folgendes zu beachten:

Anschlußwert ≧ 2 kW	besonderer Stromkreis zu empfehlen
Anschlußwert > 3,5 kW	besonderer Stromkreis notwendig
Anschlußwert > 4,4 kW	i. allg. besonderer Stromkreis für Drehstrom vorgeschrieben
E-Herd mit Anschluß ≦ 7,5 kW	in Haushalten Wechselstromanschluß zulässig
E-Herd und Drehstrom-Waschmaschine	Anschluß über 3phasige Perilex-Steckvorrichtung oder über Herdanschlußdose
Speicherheizgeräte	Anschluß nur über Geräteanschlußdose (s. Abschn. 9.5.2)

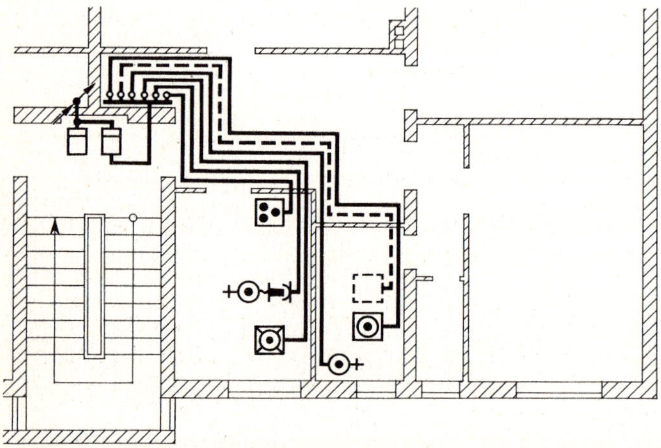

336.1 Installationsplan einer Geschoßwohnung. Installation für Großgeräte (ohne Licht- und Steckdosenstromkreise)

Leerrohre als Reserve für Drehstromanschlüsse später hinzukommender Großgeräte sollten stets in ausreichender Anzahl zu den für die Aufstellung in Betracht kommenden Räumen hin verlegt werden.

6.1.5.4 Werkstoffe

Der Leiterwerkstoff der im Wohnungsbau zur Fortleitung der elektrischen Energie benutzten Leitungen ist ausschließlich Kupfer. Ein solcher Kupferleiter, mit einer meist aus Kunststoff bestehenden Isolierung umhüllt, heißt Ader. Sie kann eindrähtig („e") oder mehrdrähtig („m") sein.

Im engeren Sinne bezeichnet man als Leitungen mehrere in einer gemeinsamen Umhüllung zusammengefaßte Adern, als Kabel zum Schutz gegen erhöhte mechanische Beanspruchung mit einem zusätzlichen, oft metallischen Mantel ausgestattete Leitungen.

Die einzelnen Adern der Leitungen und Kabel sind nach DIN 40705 farbig gekennzeichnet, z. B. die

dreiadrige Leitung (für Wechselstromverbraucher)	grün/gelb hellblau schwarz	fünfadrige Leitung (für Drehstromverbraucher)	grün/gelb schwarz hellblau	braun schwarz

Die grün/gelbe Ader darf nur als Schutzleiter verwendet werden. Die hellblaue Ader dient vorzugsweise als Mittelpunktleiter (N), die schwarzen Adern und die braune Ader als Phasenleiter.

Die sehr zahlreichen Arten der Leitungen und Kabel werden durch Kurzzeichen in Form von Buchstabenkombinationen gekennzeichnet (Taf. **337**.1). Von den wenigen in der

Hausinstallation verwendeten Leitungen sind die wichtigsten nachfolgend aufgeführt.

Zu den Leitungen für feste Verlegung zählen hauptsächlich:

1. Kunststoffaderleitung NYA (H 07 V-U) (**343**.1), einadrig in Kunststoffisolierhülle zur Verlegung in Rohren.

2. Stegleitung NYIF oder NYIFY (**345**.1) in Leiterquerschnitten bis 4 mm². Die 2 bis 5 Adern sind durch einen Gummisteg zu einem flachen Band vereinigt und nur für feste Verlegung in trockenen Räumen im und unter Putz geeignet.

3. Mantelleitung NYM (**346**.2). Sie hat einen Kunststoffmantel, der die in eine Gummifüllmischung eingebetteten Adern umhüllt, als mechanischen Schutz und ist für feste Verlegung in allen Räumen auf, in und unter Putz sowie im Freien, hier aber nicht im Erdreich, zulässig.

4. Kunststoffkabel NYY unterscheidet sich von der Mantelleitung durch einen stärkeren Mantel und ist für die gleiche Verwendung wie diese, aber auch für eine Verlegung im Erdreich außerhalb der Gebäude zugelassen, wenn sie gegen nachträgliche mechanische Beschädigung geschützt ist. Dementsprechend wird sie vorzugsweise für Außenanlagen, daneben für Haupt- und Abzweigleitungen verwendet.

Tafel **337**.1 Kennzeichen für Leitungen und Kabel

Kennzeichen	Bedeutung	Verwendungsbeispiel
N	normgemäß	genormte Leitung und Kabel
A	Ader	NYA, NYAF
F	feindrähtig	NYAF
	flach	NYIFY
I	Im-Putz-Verlegung	NYIF, NYIFY
M	Mantel	NYM
Y	Kunststoffisolierung	NYA, NYAF, NYM, NYY
	Kunststoffmantel	NYY
H	Handgeräteleitung	NLH, NYLHY

Flexible Leitungen können u. a. sein:

1. leichte Gummischlauchleitung NLH für leichte Hand- und Elektro-Wärmegeräte

2. leichte Kunststoffschlauchleitung NYLHY dgl.; für Wärmegeräte nur zulässig, wenn die Berührung mit Teilen des Gerätes, die Temperaturen über 85 °C annehmen können, ausgeschlossen ist

3. mittlere Gummischlauchleitung NMH für mittlere mechanische Beanspruchung

4. mittlere Kunststoffschlauchleitung NYMHY wie 3.; für Wärmegeräte nur zulässig, wenn die Leitung heiße Teile des Gerätes nicht berühren kann

5. schwere Gummischlauchleitung NSH für besonders hohe mechanische Beanspruchung und im Freien.

6.1.5.5 Querschnitte

Der Querschnitt einer Leitung ist in erster Linie von der Größe der zu übertragenden Leistung, dem Leistungsbedarf nach Abschn. 6.1.4, abhängig.

Die Leistungsaufnahme der Leitungen ist nämlich zur Verhütung einer unzulässigen Erwärmung infolge des Fließens des Stromes durch den vorgeschriebenen Einbau eines Überstrom-Schutzorganes nach Abschn. 6.1.9.1 mit einer für jeden Querschnitt festgelegten Nennstromstärke begrenzt.

VDE 0100 unterscheidet dabei 3 Gruppen von Leitungen nach ihrer Belastbarkeit.

Für die in der Hausinstallation wichtigste Gruppe 2 „Mehraderleitungen, z. B. Mantelleitungen, ..., Stegleitungen, bewegliche Leitungen“ können die für eine Bemessung erforderlichen Daten der Tafel **338**.1 entnommen werden. Bei langdauernder Belastung der Leitungen über die Werte der Tafel **338**.1 (z. B. Aufladeleitung einer Speicherheizung) ist eine niedrigere Sicherungsstufe zu wählen.

In Hausinstallationen dürfen reine und gemischte Licht- und Steckdosenstromkreise nur mit Sicherungen bis 10 A oder HLS-Schalter bis 16 A abgesichert werden, die Leiterquerschnitte mithin nur 1,5 mm² Cu betragen. Hierüber und zu weiteren Einzelheiten s. Abschn. 6.1.5.3, über die Querschnitte der Zuleitungen zu einzelnen Geräten s. Tafel **338**.2.

Tafel **338**.1 Überstrom-Schutzorgane und zulässige Dauerbelastung für isolierte Leitungen der Gruppe 2 bei Umgebungstemperaturen bis 25 °C (nach G. Flatow)

Nennquerschnitt der Leitung mm² Cu	Nennstromstärke des Überstromschutzorgans A	maximale zu übertragende Leistung bei Wechselstrom kVA	Drehstrom kVA
1,5	16[1])	3,5	–
1,5	20	4,4	13
2,5	25	5,5	15
4	35	7,5	20
6	50	nicht üblich	30
10	63	nicht üblich	40
16	80	nicht üblich	50
25	100	nicht üblich	60

[1]) Licht- und Steckdosenstromkreise in Hausinstallationen

Tafel **338**.2 Anschlußwerte von Elektrogeräten

Gerät	Anschlußwert kW	Zuleitung NYIF oder NYM mm² Cu	Sicherung H-Automat oder Schmelzsicherung (S) A
	≦ 3,5	3 × 1,5	1 × 16
E-Herd	7,5	3 × 4	1 × 35 (S)
		5 × 1,5	3 × 16
	10	5 × 1,5	3 × 16
Geschirrspüler	3,5	3 × 1,5	1 × 16
Einbaubackofen	3,1	3 × 1,5	1 × 16
Durchlauferhitzer	18	5 × 4	3 × 25
	21	5 × 4	3 × 25
	24	5 × 4	3 × 35 (S)
	33	5 × 6	3 × 50 (S)
Kochendwasser-Automat			
Küchenspeicher			
Waschtischspeicher 5 und 10 l	2,0	3 × 1,5	1 × 16
Heißwasserspeicher	4,0	3 × 1,5	1 × 20
Heißwasserboiler	6,0	5 × 1,5	3 × 16
Waschautomat	3,5	3 × 1,5	1 × 16
Trockenautomat	3,5	3 × 1,5	1 × 16

Anmerkung: Als Schutzmaßnahme gegen zu hohe Berührungsspannungen ist Nullung mit besonderem Schutzleiter vorausgesetzt.

Die so gefundenen Querschnitte sind nun noch zu überprüfen
auf ausreichende mechanische Festigkeit nach Tafel **339**.1
auf Spannungsverlust nach Tafel **339**.2 (nur bei längeren Leitungen erforderlich und durch den Elektrofachmann durchzuführen).

Der Querschnitt von Leitern aus anderen Metallen ist so zu wählen, daß ihre mechanische Festigkeit und ihr Leitwert den für Kupfer gegebenen Werten entspricht.

Tafel **339**.1 Mindestquerschnitte in mm² für Cu-Leitungen (nach VDE 0100)

feste, geschützte Verlegung	1,5
bewegliche Leitungen für den Anschluß von	
Geräten ≦ 10 A Stromaufnahme, für Gerätesteck- und Kupplungsdosen ≦ 10 A Nennstrom	0,75
Geräten > 10 A Stromaufnahme, Mehrfachsteckdosen, Gerätesteckdosen und Kupplungsdosen > 10 A bis 16 A Nennstrom	1,0
Fassungsadern (an und in Leuchten)	0,75

Tafel **339**.2 Maximal zulässige Spannungsverluste elektrischer Leitungen in % der Betriebsspannung

zwischen Hausanschluß und Zähler	0,5
hinter dem Zähler in Leitungen für Licht- und Steckdosenstromkreise	1,5
bis zu den Motoren und Geräten mit eigenem Stromkreis	3,0

6.1.5.6 Leitungsverlegung

Der größeren Sicherheit wegen ist eine festverlegte Leitung immer einer beweglichen vorzuziehen und aus dem gleichen Grunde soweit wie möglich außerhalb des Handbereiches, der mit ca. 2,00 m Höhe über dem Fußboden anzunehmen ist, anzuordnen.

Im Neubau werden diese Leitungen grundsätzlich im oder unter Putz verlegt, eine Verlegung auf der Wand bleibt (abgesehen von einer Installation in Altbauten) auf unverputzte Wände von Nebenräumen im Keller oder Dachgeschoß beschränkt (**339**.1).

Alle Leitungen an Wänden, auch im oder unter Putz, sind zum Schutz vor Beschädigung durch Nägel u. ä. nur senkrecht und waagerecht anzuordnen. An den Decken können sie auf kürzestem Wege geführt werden. Bei Verlegung unter Putz müssen die Leitungen oder ihre Rohre in Mauerschlitzen oder -kanälen, die möglichst schon bei der Errichtung der Wände und Decken auszusparen sind, mit der rohen Mauer bündig, besser noch etwas vertieft, liegen (**339**.2), doch ist diese Anordnung nach DIN 1053 in belasteten Wänden von 17,5 cm und geringerer Dicke sowie in Schornsteinwangen nicht zulässig. Ebenso können in < 10 cm dicken Leichtwänden Leitungen nur im Putz verlegt werden. Von parallel geführten Fernmeldeleitungen ist ≧ 30 cm Abstand zu halten.

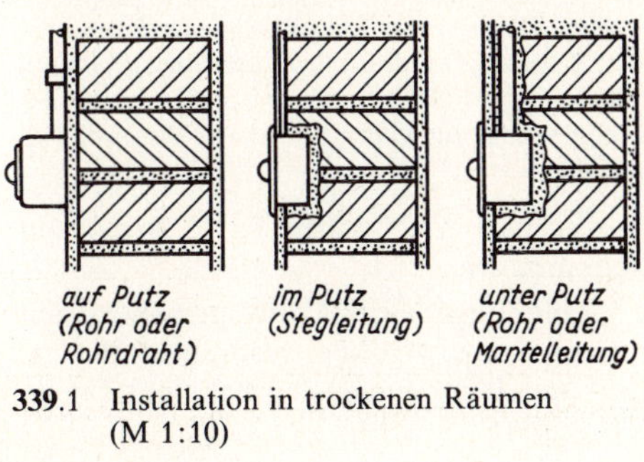

339.1 Installation in trockenen Räumen (M 1:10)

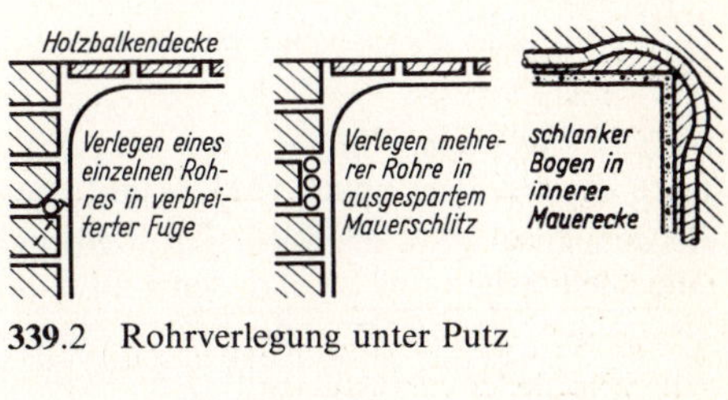

339.2 Rohrverlegung unter Putz

Von warmen Rohrleitungen für Dampf oder Heißwasser, von Ofenrohren u. ä. haben die Leitungen ebenfalls genügend Abstand zu halten, da zu große Erwärmung die Lebensdauer ihrer Isolierstoffe und die zulässige Belastbarkeit der Leitungsquerschnitte beeinträchtigt.

In Rohrschächten und -kanälen sollen Starkstromleitungen nicht mit anderen Rohrleitungen gemeinsam verlegt werden. In Aufzugsschächten sind betriebsfremde elektrische Leitungen nur in seltenen Ausnahmen gestattet.

In Wänden, Decken oder Fußböden aus Beton oder Stahlbeton sowie unmittelbar auf oder unter Drahtgeweben, Streckmetall u. ä. dürfen nur NYM- oder ähnliche Leitungen oder NYA-Leitungen in Stahl- oder Kunststoffrohren, keinesfalls jedoch Stegleitungen, verlegt werden.

Senkrechte Leitungen sind nach DIN 18015 T. 3 10 bis 30 cm von den Zimmerecken und 10 bis 30 cm von Tür- und Fensterleibungen entfernt, nicht aber auf den freien Wandflächen, anzuordnen. Waagerechte Leitungen an Wänden sind ca. 30 cm unterhalb der Decke oder ebensoviel oberhalb des Fußbodens zu verlegen. Beim Hinwegführen über Fenster ist die Anbringung von Gardinenhaken, Rolladenkästen o. ä zu berücksichtigen.

Über die Höhe der Wandauslässe über dem Fußboden s. Bild **340**.1 und **341**.3.

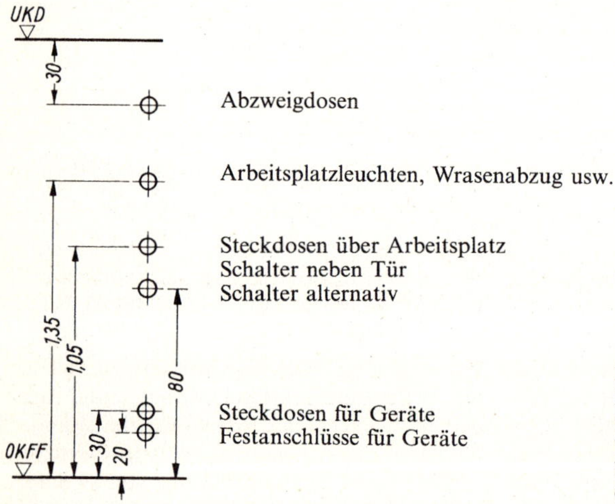

340.1
Höhen der Elektroinstallationsauslässe über dem Fußboden (nach DIN 18015 T. 3)
UKD Unterkante Decke
OKFF Oberkante Fertigfußboden

Wand- und Deckendurchführungen für 1 Rohr oder 1 im Putz verlegte Leitung sollen 3/3 cm, für 2 und 3 Rohre usw. 3/6 cm groß sein.

Verbindungen der Leitungen miteinander, auch Abzweigungen, dürfen nur in besonderen Abzweigdosen (**341**.1 und 2), meist aus Kunstharz-Preßstoff, mit Verbindungsklemmen erfolgen, die lose eingelegt oder auf Klemmenträgern aus Isoliermaterial befestigt sind. Längere Leitungen erhalten alle 6 bis 8 m und nach jedem 3. Bogen Zwischendosen.

In Abzweigdosen dürfen, von bestimmten Ausnahmen abgesehen, nur Leitungen eines Stromkreises vereinigt sein.

Installationszonen. Für die Leitungsführung sind nach DIN 18015 T. 3 2 Arten von Installationszonen üblich (**341**.3) und eine mittlere möglich.

Bei dem älteren System werden die Leitungen für Verbindungen oder Abzweigungen zu den einzelnen Schaltern, Steckdosen und Leuchten in Abzweigdosen verdrahtet, die ca. 30 cm unter der Decke in die Wände eingesetzt sind und deren sich auch unter einer Tapete markierende Deckel oft recht störend empfunden werden.

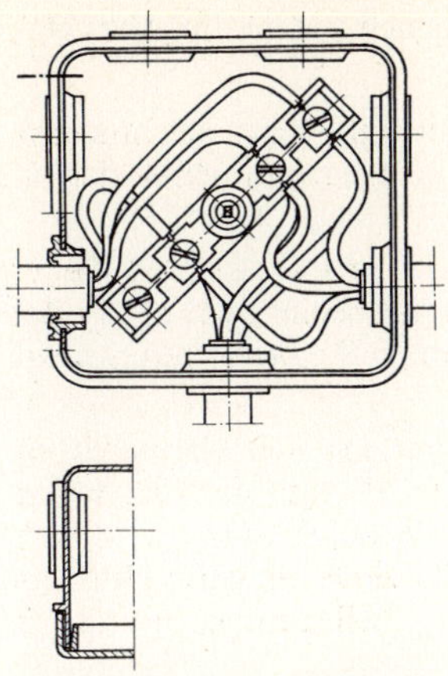

341.1 Feuchtraum-Abzweigdose aus Kunststoff mit elastischen Würgenippeln in Steckbefestigung sowie mit Deckel mit Quetschabdichtung (M 1:2,5)

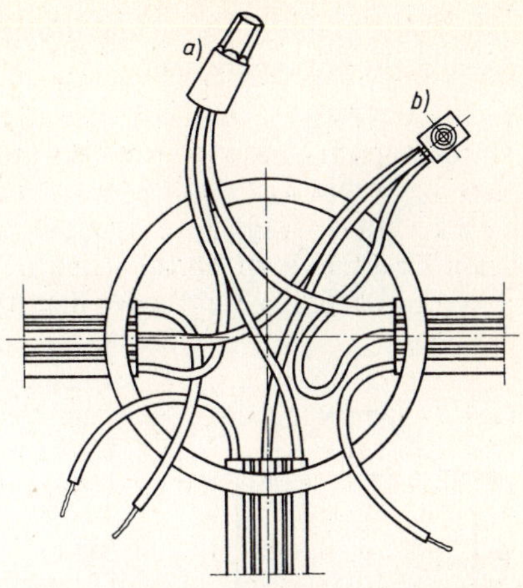

341.2 Abzweigdose mit lose eingelegten Verbindungsklemmen (M 1:2,5)
a) schraublose Klemme
b) Schraubklemme

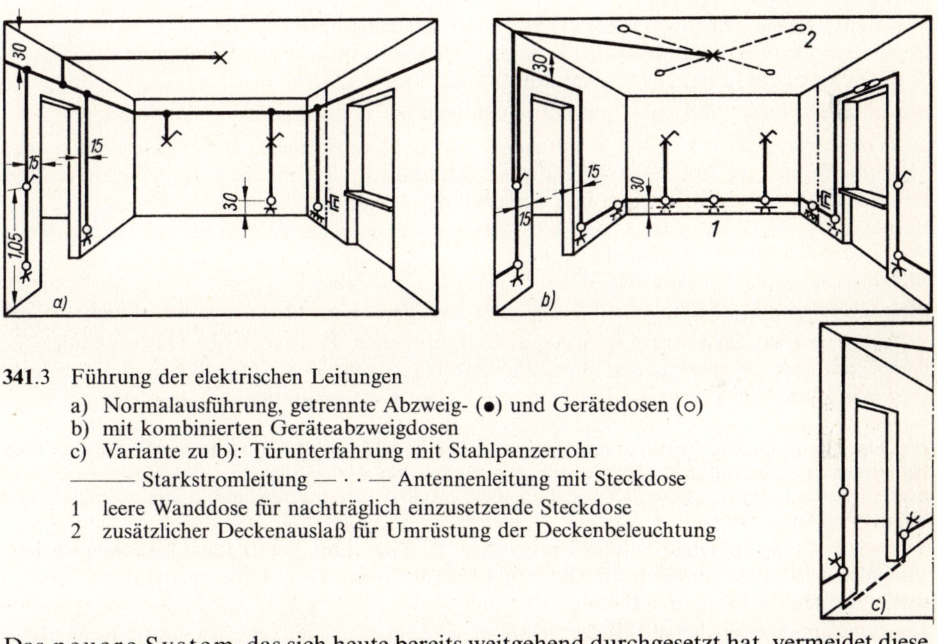

341.3 Führung der elektrischen Leitungen
a) Normalausführung, getrennte Abzweig- (●) und Gerätedosen (○)
b) mit kombinierten Geräteabzweigdosen
c) Variante zu b): Türunterfahrung mit Stahlpanzerrohr
——— Starkstromleitung — · · — Antennenleitung mit Steckdose
1 leere Wanddose für nachträglich einzusetzende Steckdose
2 zusätzlicher Deckenauslaß für Umrüstung der Deckenbeleuchtung

Das neuere System, das sich heute bereits weitgehend durchgesetzt hat, vermeidet diese Nachteile dadurch, daß waagerechte Leitungen auf den Wänden ausschließlich ca. 30 cm oberhalb des Fußbodens angeordnet werden und in einfachster Weise alle Steck- und Leerdosen für deren nachträgliche Installation aufnehmen.

Dabei werden Geräteabzweigdosen (**342**.1) verwendet, in denen unter dem Raum für den einzubauenden Schalter (oder Steckdose) noch die erforderlichen Abzweigklemmen für die Leitungen liegen. So wird gleichzeitig die Verlegearbeit vereinfacht, da sie weitgehend ohne Leiter vom Fußboden aus erfolgen kann und keine zusätzlichen Löcher für Abzweigdosen mehr notwendig sind.

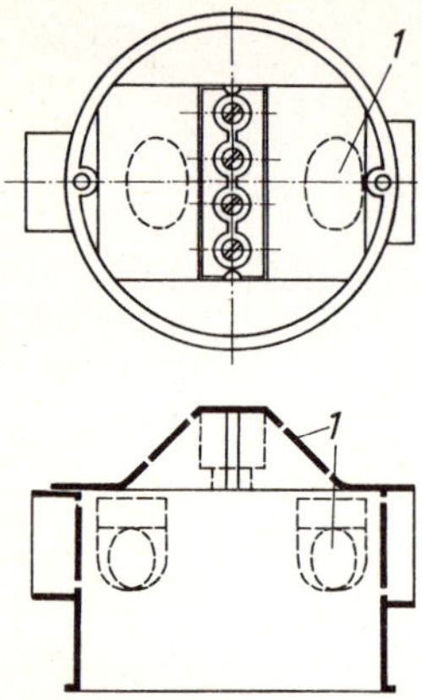

342.1
Geräteabzweigdose aus Kunststoff (M ca. 1:2,5)
1 Ausbruchsöffnung für Leitung

Verlegungsarten. Drei Verlegungsarten kommen für eine feste Leitungsverlegung in Betracht:

1. isolierte Leitungen in Installationsrohr auf und unter Putz,
2. isolierte Leitungen ohne Rohr als Stegleitungen in und unter Putz und
3. Feuchtraumleitungen über, auf, in und unter Putz.

Nach der Art der Räume sind die nachfolgenden Leitungsarten zu verwenden:

1. trockene Räume, z. B. Wohnräume (auch Hotelzimmer), Büros, Geschäfts- und Verkaufsräume, trockene Betriebsstätten, Dachböden, Treppenhäuser, beheizbare und belüftbare Keller, auch Küchen und Baderäume in Wohnungen und Hotels:

Kunststoffaderleitung NYA in Installationsrohr auf oder unter Putz, in Massivdecken sowie in Werkstätten mit rauhem Betrieb in Stahlrohr,

Stegleitung NYIF in Putz und

Mantelleitung NYM in und auf Holzwänden und -decken, in Altbauten auch auf Putz.

2. feuchte und ähnliche Räume, z. B. Spülküchen, Kornspeicher, Düngerschuppen, Milchkammern, Futterküchen, Großküchen, Waschanstalten, Backstuben, Kühlräume, Pumpenräume, unbeheizte und unbelüftete Keller, Orte im Freien:

Feuchtraumleitungen, auch bleimantellose Kabel. Abzweigdosen, Schalter und Steckdosen in Feuchtraumausführung, Leuchten in regengeschützter Ausführung, Handleuchten schutzisoliert. Die betriebsmäßig unter Spannung gegen Erde stehenden Leiter zu den Stromverbrauchsgeräten müssen durch Schalter mit erkennbarer Schaltstellung oder Steckvorrichtungen schaltbar sein, ausgenommen festangebrachte Leuchten.

3. nasse und durchtränkte Räume, z. B. Bier- und Weinkeller, Naßwerkstätten, Wagenwaschräume, Gewächshäuser, ferner Räume in Bade- und Waschanstalten, Molkereien, Brauereien, Schlachtereien u. ä.:

Das Installationsmaterial muß abgedichtet sein. Besonderer Schutz für Leuchten und übrige Betriebsmittel. Sonst wie zu 2.

4. heiße Räume, feuer- und explosionsgefährdete sowie landwirtschaftliche Betriebsstätten. Es sind zahlreiche weitere Vorschriften der VDE 0100 zu beachten, auf die hier nur hingewiesen werden kann.

Installationsrohre. Die Verlegung von Kunststoffaderleitungen NYA (**343**.1) u. ä. in Rohren hat den Vorteil, daß die Leitungen erst nach Fertigstellung und Austrocknung des

Baues eingezogen und so der Baufeuchte nicht ausgesetzt werden. Ferner können sie bei einer Beschädigung oder Erweiterung der Anlage leicht ausgewechselt werden.

343.1
Kunststoffaderleitung NYA (H 07 V-U)
1 Cu-Leiter
2 Kunststoffisolierhülle

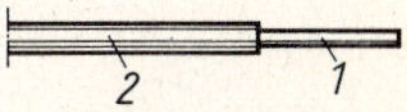

Diese Verlegungsart dauert aber länger und kostet dadurch mehr als die neueren Verfahren. Auch lassen sich die Rohre unter Putz in den zumeist dünnen Wänden heutiger Gebäude gar nicht mehr unterbringen, so daß für die Installation konventionell gebauter Häuser die Rohrverlegung kaum mehr üblich ist und nur noch, und dann i. allg. auf Putz, für Werkstätten, Lager- und ähnliche Räume Bedeutung hat.

Sie wird aber bei Montagebauten aus Fertigteilen angewendet (s. S. **351** ff.).

Auf Putz dürfen nur Rohre mit der Kennzeichnung „A“ verwendet werden, unter Putz Rohre der Bauart „B“ (für leichte Beanspruchung) und „C“ (leicht entzündliche Kunststoffrohre).

Die Rohre sind in Dosen, Muffen sowie in Geräte so einzuführen, daß die Isolierung der Leitungen durch vorstehende Teile oder scharfe Kanten nicht verletzt werden kann. Die Anzahl der NYA-Leiter ist den Lichtweiten der Rohre nach Tafel **343**.2 zuzuordnen.

Tafel **343**.2 Zuordnung der NYA-Leitungen zu den Rohrweiten von Isolierrohr

Leiterquerschnitt mm²	Anzahl der Leitungen				
	2	3	4	5	6
	Rohrweiten in mm				
1,5	11	11	13,5	13,5	16
2,5	11	13,5	16	16	23
4	13,5	16	16	23	23
6	16	16	23	23	23
10	23	23	23	29	29
16	23	23	29	29	36

Auf Putz werden die Rohre durch Einzel- oder Mehrfachschellen befestigt, die durch Stahlstifte oder mit Holzschrauben auf Kunststoff-Spreizdübeln (**343**.3) gehalten werden. Unter Putz werden die Rohre in Mauerschlitzen durch schräg eingeschlagene Drahtstifte, Stahlhaken o. ä. befestigt, wobei Rohrschlitze für eine größere Anzahl von Installationsrohren gleich beim Aufmauern der Wände auszusparen sind (**343**.3 und **344**.1).

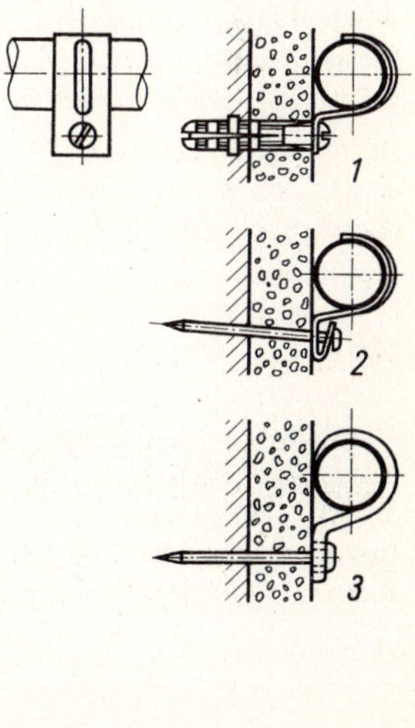

343.3
Befestigung der Rohre bei Verlegung auf Putz (M 1:2,5). Nägel oder Dübel sitzen unter dem Rohr bzw. auf der dem Fenster abgewandten Seite

1 Stahl-Rohrschelle mit Schraube auf Spreizdübel
2 Stahl-Rohrschelle mit Stahlnadel
3 elastische Kunststoff-Rohrschelle, für mehrere Rohrweiten geeignet, mit Stahlnadel

Gips darf nur zur Befestigung von Leitungen, Dosen usw. ohne Metallmantel und nur an Stellen verwendet werden, die später nicht mit Fliesen oder Platten verkleidet oder mit Zementmörtel verputzt werden sollen, auch nicht in feuchten Räumen oder im Freien. Anstelle von Gips lassen sich in Innenräumen mit Vorteil auch schnellbindende und zementunempfindliche Spezialmörtel einsetzen. Wasser (Baufeuchtigkeit, Kondenswasser) muß aus den Rohren ablaufen können (keine Wassersäcke).

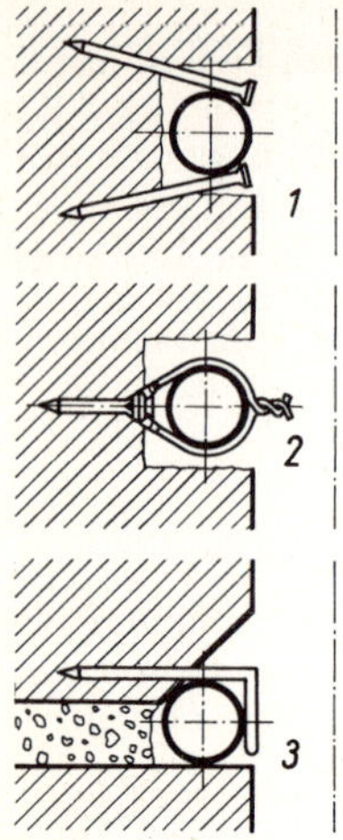

344.1
Befestigung der Rohre bei Verlegung unter Putz (M 1:2,5) mit
1 Drahtstift, abwechselnd über und unter dem Rohr eingeschlagen
2 Bindedraht an Drahtstiften
3 Haken

Die Leitungen selbst dürfen erst nach dem Austrocknen des Mauerwerkes und des Rohrnetzes mit einem Stahlband mit Kugel und Öse in die bis dahin offen zu haltenden Rohre eingezogen werden.

In einem und demselben Rohr dürfen nur Leitungen des gleichen Stromkreises liegen. In Wechselstromnetzen müssen bei Rohren aus Stahl zur Vermeidung von Wirbelströmen alle Leitungen eines Stromkreises in einem Rohr vereinigt werden.

An den freien Enden der Rohre sind zur Vermeidung von Verletzungen der Leiter Tüllen anzubringen.

Folgende Installationsrohre werden heute im wesentlichen verwendet:

1. Isolierrohr besteht heute aus Kunststoff. Es wird als flexibles Isolierrohr, gerillt, in Ringen in den Nennweiten 11, 13,5, 16, 23, 29, 36 und 48 mm und in den Ausführungen „Normal" und „Leicht" geliefert.

Rohrverbindungen erfolgen mit Steckmuffen, Richtungsänderungen sehr einfach durch ein in engsten Radien mögliches Biegen von Hand. Durch seine glatte Innenfläche, die das Einziehen der Drähte sehr erleichtert, sein geringes Gewicht, seine leichte Verarbeitung und seine geringen Außendurchmesser, die nur wenig Schlitzarbeit erfordern, hat das Kunststoffrohr alle früher noch bekannten Arten von Isolierrohren verdrängt.

2. Panzerrohr, wird dort eingesetzt wo mit stärkerer mechanischer Beanspruchung zu rechnen ist.

Stahlpanzerrohr (Stapa-Rohr) wird heute nur noch ohne Papierauskleidung, dafür innen lackiert, verarbeitet, vor allem auch in und auf Massivdecken. Die 3 m langen Rohre, in den Nennweiten von 11 bis 42 mm werden miteinander und mit den zugehörigen Geräten durch Schraubmuffen verbunden.

Für Richtungsänderungen gibt es Normalbogen und verschiedene Formstücke, sowie flexible Metall-Schlauch-Bogen. Es gibt auch flexibles Stahlpanzerrohr in Ringen. Stahlpanzerrohr ist nagelsicher.

Kunststoffpanzerrohr wird starr in Längen von 3 m geliefert und durch Steckmuffen verbunden. Richtungsänderungen erfolgen wie bei den Stahlpanzerrohren. Auch hier gibt es eine flexible Ausführung. Beide Rohrarten existieren in den Nennweiten 11 bis 36 mm. Das Kunststoff-Panzerrohr hat dickere Wandungen als das Kunststoff-Isolierrohr und ist daher entsprechend widerstandsfähiger.

Besondere Ausführungsarten mit ihrem speziellen Zubehör sind für die Fertigbau-Installation bestimmt.

Stegleitungen (Im-Putz-Installation). Stegleitungen NYIF werden mit den Leiterquerschnitten von 1,5 bis 4 mm² Cu ein- bis vieradrig, von 1,5 und 2,5 mm² Cu auch fünfadrig zur Verlegung in und unter Putz und nur in trockenen Räumen hergestellt (**345**.1). Die Kupferleiter sind durch eine Umpressung aus Gummimischung zu einem flachen Band vereinigt, das auf den unverputzten Wänden verlegt und durch Stahlstifte mit Isolierscheiben, Bandschellen aus Isolierstoff oder aus Metall mit isolierender Zwischenlage oder mit Gipspflastern etwa alle 25 cm befestigt wird. Auch Kleben ist möglich. An Decken- oder Wandauslässen legen Endschellen (**345**.2) die Leitung fest.

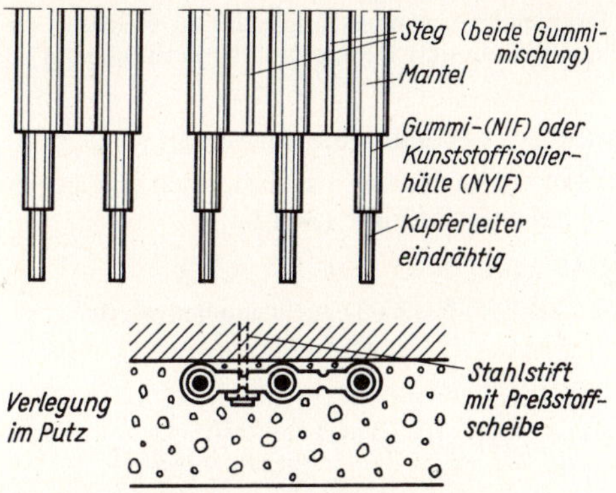

345.1 Stegleitungen, 2- und 3adrig (M 1:1)

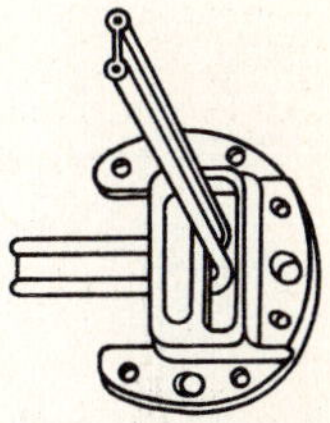

345.2 Endschelle aus Isolierstoff für 2- oder 3adrige Stegleitung

Stegleitungen müssen im ganzen Verlauf von Putz bedeckt sein. Sie dürfen auch in Wand- und Deckenhohlräumen nichtbrennbarer Konstruktionen verlegt werden, ferner in Holzbalkendecken von Massivbauten im Hohlraum zwischen dem mit einer unbrennbaren Auffüllung bedeckten Fehlboden und der verputzten Deckenschalung (**345**.3), falls man hier keine Mantelleitung NYM vorzieht, n i c h t aber in Holzhäusern und landwirtschaftlich genutzten Bauten.

In Gipsplattenwänden u. ä. mit nur dünnem Putzüberzug oder bei nachträglichem Einbau können 6 bis 8 mm tiefe Rillen eingefräst werden. Das Einbetonieren ist nicht zulässig.

Zwischen mehreren nebeneinanderliegenden Stegleitungen soll der besseren Putzhaftung wegen ein Zwischenraum von ca. 2 cm eingehalten werden. Eine Anhäufung von Stegleitungen, die zu unzulässiger Erwärmung führen könnte, ist zu vermeiden. Rechtwinklige Biegungen erfolgen durch Umklappen (**345**.4), besser aber durch Aufschlitzen der Stege.

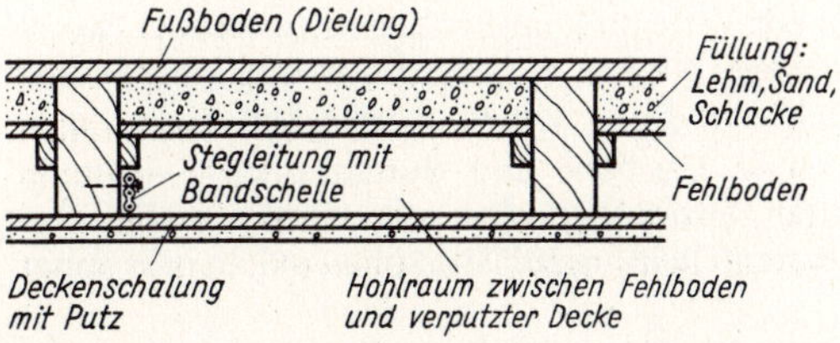

345.3 Verlegen der Stegleitung in einer Balkendecke

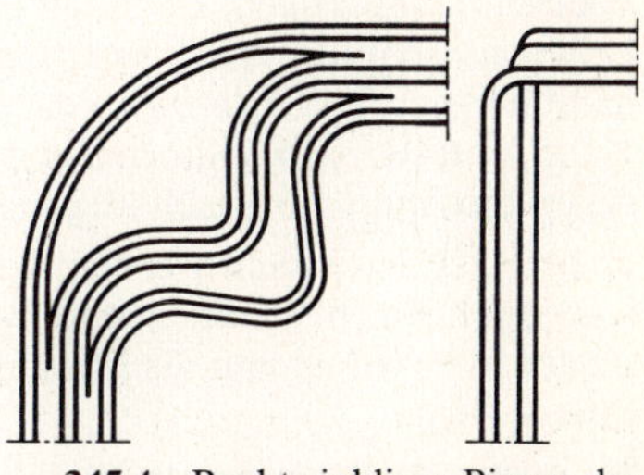

345.4 Rechtwinkliges Biegen der Stegleitung

Die Abzweig- und Gerätedosen zu den Stegleitungen müssen aus Isolierstoffen bestehen. Es gibt hierfür besonders flache Ausführungen. Da die zugehörigen Schalter und Steckdosen aber nicht mehr putzbündig ausgeführt werden können, werden meistens doch die normalen Gerätedosen mit ca. 35 mm Einbautiefe den dann völlig putzbündigen Geräten vorgezogen.

Stegleitungen sind nicht auswechselbar. Obwohl Beschädigungen durch eingeschlagene Nägel sehr selten sind (meistens drängt ein solcher die Leitung nur zur Seite), sollte man gerade bei der Stegleitung auf einen Leitungsweg achten, der sicher außerhalb des Bereiches später eingeschlagener Nägel liegt, z. B. nahe den Zimmerecken und Türleibungen.

Auch kann man im Hinblick auf eine spätere Erweiterung der Stromversorgung eine überzählige Ader mitverlegen lassen, zumal die Mehrkosten hierfür nur sehr geringfügig sind.

An den Abzweigdosen und Auslässen sind die freien Drahtenden besonders lang zu lassen. Ferner ist die gesamte Leitungsanlage stets vor dem Verputzen der Wände und Decken auf Stromdurchgang zu prüfen.

Feuchtraumleitungen. Folgende Feuchtraumleitungen werden heute verwendet:

Umhüllter Rohrdraht NYRUZY. Er hat über einem Mantel aus Zink noch eine gegen Feuchtigkeit und chemische Angriffe schützende Kunststoffhülle (**346**.1).

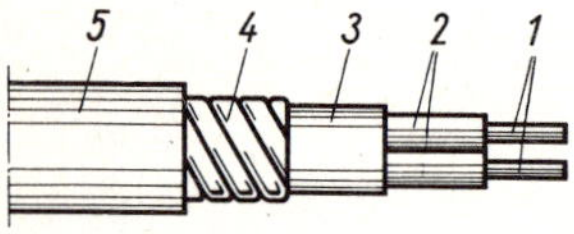

346.1
Umhüllter Rohrdraht NYRUZY (Feuchtraumleitung)
1 Cu-Leiter
2 Kunststoff-Isolierhülle
3 plastische Füllmischung
4 Zinkbandmantel, glatt oder gerillt
5 Kunststoffmantel

Er wird nur noch selten und dann meist für über oder auf Putz liegende Leitungen verwendet, weil er starrer als die Mantelleitung ist und daher weniger Schellen zur Befestigung erfordert.

Die Bleimantelleitung NYBUY hat einen Blei- anstelle des Zinkmantels und wird innerhalb der Gebäudeinstallation ebenfalls selten verwendet.

Die Mantelleitung NYM (**346**.2) hat nur einen Kunststoffmantel. Sie ist schmiegsamer als die beiden oben genannten Leitungsarten und daher besonders leicht zu verlegen.

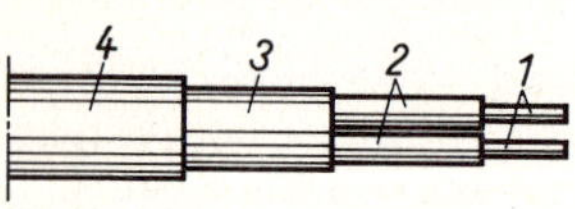

346.2
Mantelleitung NYM
1 Cu-Leiter
2 Kunststoff-Isolierhülle
3 plastische Füllmischung
4 Kunststoffmantel

Da sie auch besonders preisgünstig ist, wird sie als Feuchtraumleitung fast ausschließlich und auch sonst vielfach, z. B. auf Holzkonstruktionen oder zum Einbetonieren, verwendet.

Das bleimantellose Kunststoffkabel NYY gehört im engeren Sinn nicht zu den Feuchtraumleitungen. Es ähnelt im Aufbau der Mantelleitung NYM und wird wie diese für Leiterquerschnitte $\geqq 2{,}5\ \mathrm{mm}^2$ Cu angewendet, für die die anderen Feuchtraumleitungen nicht hergestellt werden. Außerdem wird es zur Verlegung im Erdboden verwendet, wo es $\leqq 0{,}6$ m, unterhalb befahrbarer Höfe oder Wege $\leqq 0{,}8$ m tief liegen soll und zum Schutz gegen mechanische Beschädigung mit Ziegel- oder Formsteinen abzudecken ist.

Feuchtraumleitungen werden hauptsächlich in feuchten und durchtränkten sowie in feuergefährdeten Räumen und Betriebsstätten, ferner in explosionsgefährdeten Betriebsstätten (hier jedoch nur als Mantel- oder Bleimantelleitung zulässig) über, auf, in oder unter Putz verlegt.

Sie dürfen auch im Freien, nicht aber im Erdreich verlegt werden, wo an ihre Stelle das bleimantellose Kabel NYY tritt.

Damit Feuchtigkeit und Dämpfe nicht in das Innere der Leitungen dringen können, dürfen nur besondere Feuchtraumdosen, -schalter usw. eingebaut werden, in die die Leitungen (ebenso wie in Leuchten) wasserdicht mit elastisch dichtenden Würgenippeln (**341**.1) oder anderen selbst dichtenden Einlässen einzuführen und die mit zuverlässig dichtenden Deckeln sorgfältig zu verschließen sind.

Feuchtraumleitungen werden von Hand gebogen und, soweit sie nicht in der gleichen Weise wie Installationsrohre unter Putz verlegt werden, am besten unmittelbar auf der Wand mit Schellen (**347**.1) aus Isolierstoff oder Stahl (Stahlschellen nur mit einer fabrikmäßig hergestellten Isolierstoffeinlage) befestigt, mehrere Leitungen nebeneinander am besten auf Reihenschellen (**347**.2).

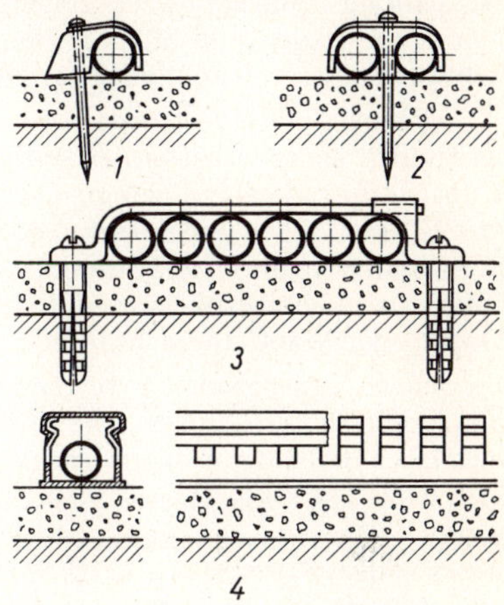

347.1
Befestigung von Feuchtraumleitungen bei Verlegung auf Putz (M 1:2,5)

1 Einfachschelle aus thermoplastischem Kunststoff mit Stahlnadeln
2 Doppelschelle aus thermoplastischem Kunststoff mit Stahlnadeln
3 Mehrfachschelle, verstellbar, aus thermoplastischem Kunststoff mit Dübeln und Schrauben
4 in „Dahl"-Kanal mit aufschneppbarer Abdeckung, aus thermoplastischem Kunststoff, lose eingelegt, Kanal auf Spreizdübeln aufgeschraubt oder geklebt

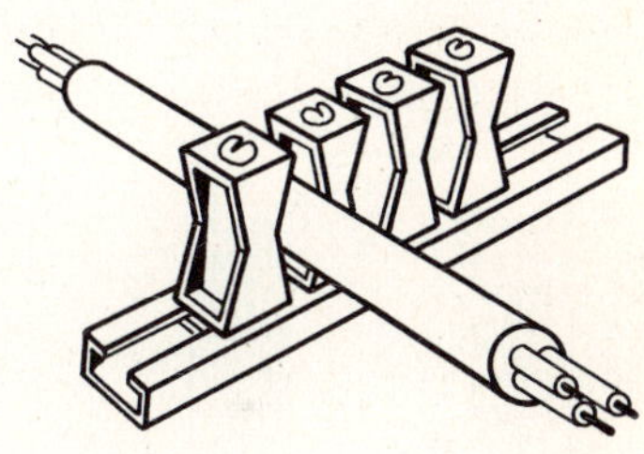

347.2
Reihenschelle zur Aufnahme mehrerer auf Putz verlegter Feuchtraumleitungen

Die früher übliche Verlegung über der Wand auf Abstandschellen (**347**.3) ist heute technisch überholt und wegen der Gefahr einer Beschädigung der Leitungen durch an ihnen aufgehängte Gegenstände, wie Werkzeug u. ä., abzulehnen, wird aber noch vielfach angewendet.

Der Abstand der Schellen soll in der Waagerechten bei Mantelleitungen ca. 25 cm, bei umhüllten Rohrdrähten auch mehr, in der Senkrechten ca. 50 cm betragen.

347.3
Befestigung von Feuchtraumleitungen bei Verlegung über Putz (M 1:2,5)

1 Hansa-Schelle aus Isolierstoff, einteilig, mit unverlierbaren Schrauben
2 Fischer-Schellen aus thermoplastischem Kunststoff

Durch den Federdruck der Innenzungen können in einer Schelle verschieden starke Rohr- oder Mantelleitungen verlegt werden. Verbindung der Einzelschellen zur Reihenschelle durch seitliches Aneinanderstecken

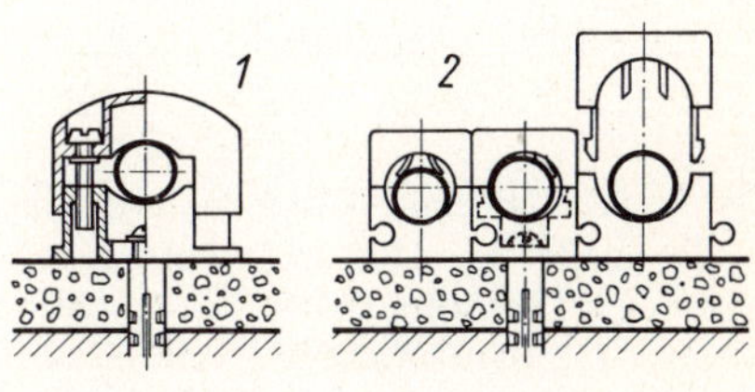

Die Leitungen dürfen durch Wände und Decken nach vorherigem Schutzanstrich hindurchgeführt werden, wonach die Maueröffnungen mit Zementmörtel zu schließen sind. Besser sind aber Schutzrohre.

In eine andere isolierte Leitung darf die Feuchtraumleitung nur außerhalb des feuchten Raumes an einer trockenen Stelle in einer Feuchtraumdose übergehen, auf eine Freileitung nur im Freien.

An besonders gefährdeten Stellen ist die Feuchtraumleitung gegen mechanische Beschädigung zusätzlich, z. B. durch ein übergeschobenes Metallrohr, zu schützen.

Stromschienensysteme. Stromschienensysteme für die bewegliche Montage von Strahlerleuchten geben einer Beleuchtungsanlage jenes Höchstmaß an Flexibilität, wie es für Ausstellungsräume mit wechselndem Ausstellungsgut, für Arbeitsräume ohne feste Arbeitsplätze, für Läden und Schaufenster und neuerdings zur variablen Betonung besonderer Schwerpunkte im Raum oder zur Hervorhebung einzelner Ausstattungsstücke für größere Wohnräume häufig gefordert wird.

Es handelt sich hierbei um einseitig offene Aluminiumprofile mit innenliegenden, in Kunststoffprofilen berührungssicher eingebetteten Kupferleitern. Die Alu-Profile werden in metrischen Längen von 1 bis 4 m oder für Installationen im Rastermaß von 62,5 cm auch in Sonderlängen von 1,25, 2,50 und 3,75 m abgepaßt geliefert, mit bestimmten Verbindungsstücken in beliebiger Weise zu dem jeweils gewünschten System zusammengefügt und an der Decke oder Wand angeschraubt.

Besondere Einspeisungen verbinden die Zuleitungen in Decke oder Wand mit den Kupferleitern der Schiene. Die Strahlerleuchten sind mit einem Spezialfuß (Adapter) an beliebiger Stelle der Schiene anzuschließen.

Zwei Arten von Stromschienensystemen sind zu unterscheiden:

3-Phasen-Stromschienensystem mit 5 Leitern für 3 Stromkreise (**348**.1) und der hohen Belastbarkeit von 3 × 3520 = 10 560 W im Drehstromanschluß (**348**.2). Die Zuordnung eines Strahlers

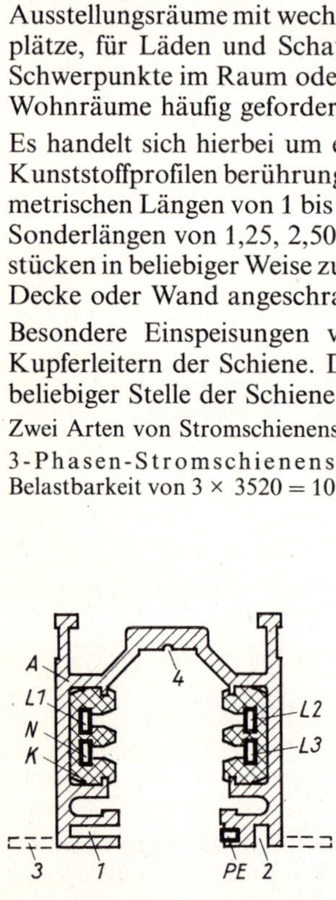

348.1
Stromschiene im 3-Phasensystem für bewegliche Leuchtenmontage (Staff)

1 untere Profilkehle } dienen zur Zwangspolung
2 Führungsnut } der Zubehörteile
3 Variante mit Auflageprofil für leichte Deckenplatte
4 Sollbruchstelle zur Befestigung der Schiene

L1, L2, L3	Außenleiter
N	Neutralleiter
PE	Schutzleiter
K	Kunststoffprofil
A	Alu-Profil

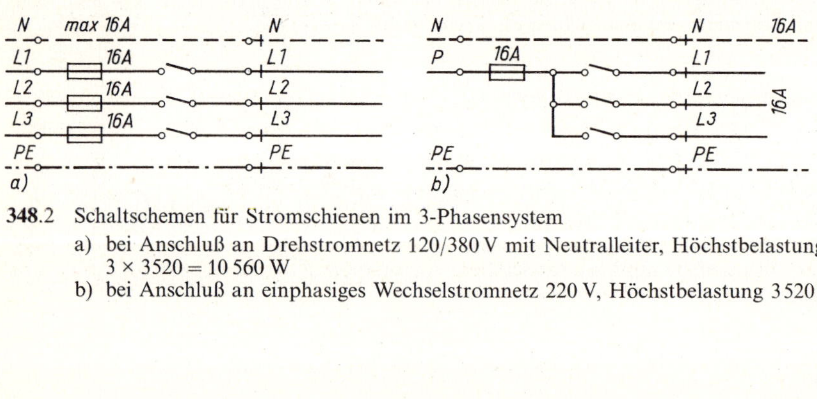

348.2 Schaltschemen für Stromschienen im 3-Phasensystem
a) bei Anschluß an Drehstromnetz 120/380 V mit Neutralleiter, Höchstbelastung 3 × 3520 = 10 560 W
b) bei Anschluß an einphasiges Wechselstromnetz 220 V, Höchstbelastung 3 520 W

zu einem bestimmten Stromkreis erfolgt am Adapter vor dessen Einsetzen in die Schiene. Das Schema eines Stromschienennetzes zeigt Bild **349**.1.

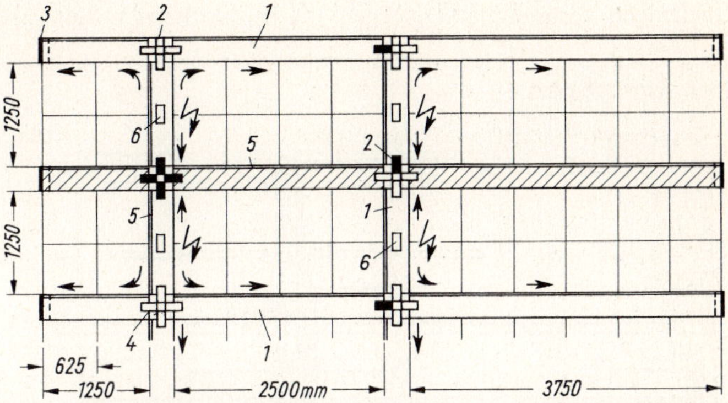

349.1 3-Phasen-Stromschienensystem im 62,5er Raster. Installationsbeispiel (Staff)

1 Stromschiene
2 T-Verbindung
3 Abschlußplatte
4 Kreuzverbindung
5 Polaritätsnut (muß immer auf der gleichen Seite verlaufen)
6 innenliegende Einspeisung

▬ Verbindung ohne elektrische Funktion
//////// Leerschiene

1-Phasen-Stromschienensystem mit 2 stromführenden Leitern und 1 Schutzleiter (**349**.2). Es wird dort verwendet, wo auf eine hohe Belastbarkeit und auf mehrere Stromkreise zugunsten einer besonderen Preiswürdigkeit verzichtet werden kann. Im übrigen entspricht es grundsätzlich dem 1. System.

Für beide Systeme gibt es Sonderprofile mit seitlichen Ansätzen zur Auflagerung von leichten Deckenplatten.

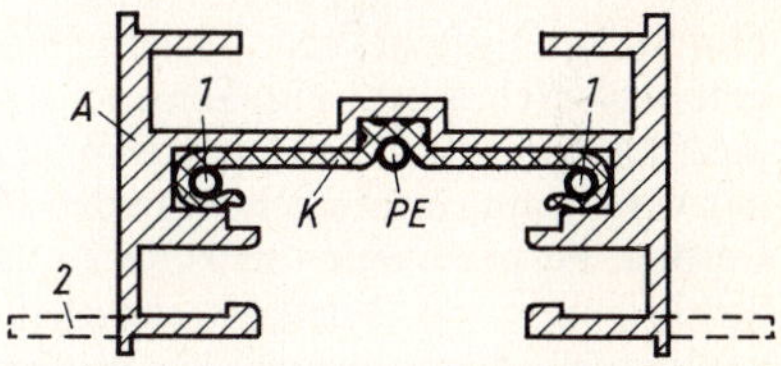

349.2
Stromschiene im 1-Phasensystem für bewegliche Leuchtenmontage (Staff)

1 stromführender Leiter
2 Variante mit Auflageprofil für leichte Deckenplatte

A Alu-Profil
K Kunststoffprofil
PE Schutzleiter

Unterflurinstallation. In Großbauten wird eine großzügige Wandelbarkeit der Räume und darum leichtes Versetzen der Trennwände verlangt, in denen daher die elektrischen Leitungen nicht mehr untergebracht werden können. Für sie bleiben nur noch die Fußböden und Decken sowie nicht versetzbare Wände verfügbar.

Der Hohlraum zwischen Rohdecken und abgehängten Decken, mit denen zumeist die Unterzüge verkleidet werden, bietet die Möglichkeit, neben allen anderen Installationen, z. B. für die Klimaanlage und die Fernmeldeanlagen, auch die elektrische Installation unterzubringen.

Zweckmäßig ist dabei eine Dezentralisierung der Verteilung z. B. nach Bild **350**.1. In den Fluren werden im Hohlraum zwischen der tragenden und der abgehängten Decke Unterverteilungen vorgesehen, die in einem Teil die allgemeinen und in einem anderen Teil diejenigen Verbraucher versorgen, die bei Notbetrieb weiterarbeiten müssen.

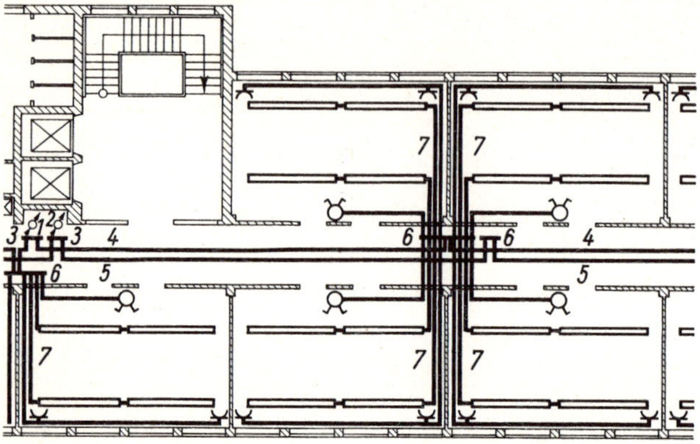

1 Steigleitung, allgemein
2 desgl. Notstromversorgung
3 Flurverteilung
4 Zuleitung zu den Deckenverteilern, allgemein
5 Zuleitung zu den Deckenverteilern der Notstromversorgung
6 Deckenverteiler
7 Verbraucherstromkreise

350.1 Dezentralisierte waagerechte Leitungsverlegung in einem Bürogebäude (ohne Darstellung der Notstromverbraucher) (M 1:200) (nach Siemens)

Deckenverteiler erhalten Klemmleisten, auf die sämtliche Leitungen wie Steckdosen-Zuleitungen, Schalterleitungen und Zuleitungen zu den Leuchten geführt sind, so daß in den Räumen Verbindungsdosen entfallen und bei Änderung der Raumaufteilung eine Neuzuordnung der Schalter ohne Uminstallation, nur durch Klemmarbeiten am Deckenverteiler vorgenommen werden.

Neuerdings gibt es hierzu auch Hängesteckdosen für Großraumbüros.

Für die horizontale Installation der Leitungen für Steckdosen und Telefonanschlüsse ist die Unterflurinstallation, als Versorgungsnetz im Estrich des Fußbodens verlegt, besonders zweckmäßig und wirtschaftlich.

Durch ein System von flachen Fußbodenkanälen zur Aufnahme der Leitungen, getrennt nach Stark- und Schwachstrom, mit entsprechenden Bodendosen oder Leitungsausführungsstutzen für Stark- und Schwachstromanschluß, lassen sich zahlreiche Varianten der Versorgung ermöglichen. In den Bodendosen können die Abzweigungen vorgenommen werden. Ferner werden hier die Zapfsäulen für den Anschluß der elektrischen Geräte wie Starkstrom- und Telefonsteckdosen usw. untergebracht (**351**.1). Nicht für Zapfstellen benutzte Bodendosen werden mit einem Deckel verschlossen. Bild **351**.2 zeigt eine der verschiedenen Möglichkeiten. Alle Systeme erfordern eine sorgfältige Projektierung der Elektro-Installation vor Beginn der Rohbauarbeiten.

Eine andere Art von waagerechter Leitungsführung stellt das Fensterbanksystem dar, das dort angewendet werden kann, wo das Unterflursystem nicht möglich ist oder seine Zapfstellen zu sehr stören.

Hier werden Kabelkanäle unterhalb der Fensterbänke, entlang der Außenstützeninnenseite des Gebäudes angeordnet und nehmen die Stark- und Schwachstromleitungen auf. Die Steckdosen befinden sich in den Kanalwandungen, die dem Raum zugewandt sind. Da sich unter den Fensterbänken durchweg auch die Heizeinrichtungen befinden, muß dafür gesorgt werden, daß die elektrischen Leitungen keiner zu hohen Erwärmung ausgesetzt werden.

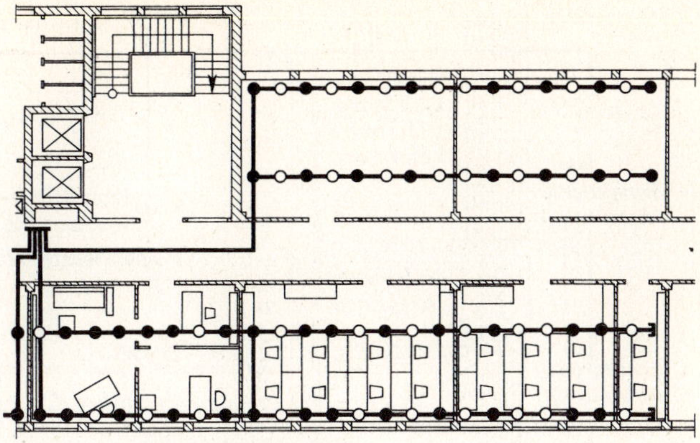

351.1
Unterflurinstallation in Büroräumen (M 1:200) (nach Siemens)
——— Kanal (Stark- und Schwachstrom)
○ Bodendose mit Zapfsäule
● Bodendose mit Verschlußdeckel
———⊐ Endkappe

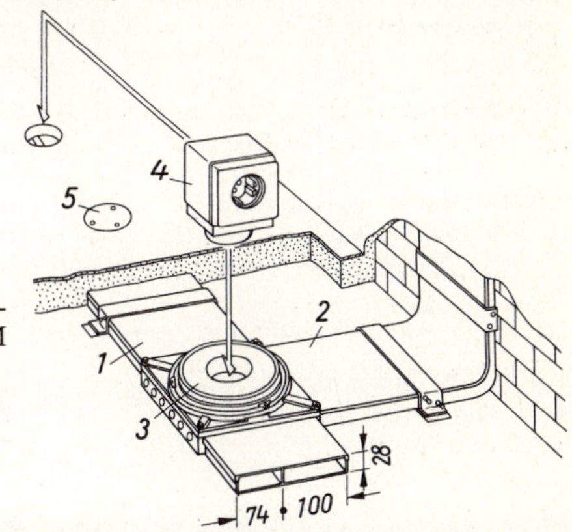

351.2
Unterflurinstallation. Verlegungssystem für Estrichhöhe >60 mm, Verlegung auf der Betonrohdecke (M 1:15) (nach Siemens)
1 Kabelkanal für Stark- und Schwachstromleitungen
2 Abzweigkanal
3 Bodendose
4 Zapfsäule
5 Abdeckung zur Zeit nicht benutzter Bodendose

Installation im Montage- und Fertighausbau. Sowohl die schweren Großtafelelemente des Montagebaues als auch die Leichtbauelemente des Fertighausbaues werden mit so glatten Oberflächen eingebaut, daß sie keine Putzüberzüge mehr zu erhalten brauchen, die die Elektroinstallation auch hier verdecken könnten. Die Installationsmethode mußte also dem veränderten Bauverfahren angepaßt werden. Das übliche Einfügen der Leitungen in den Putz der Decken und Wände sowie die Herstellung von Schlitzen und Durchbrüchen an Ort und Stelle fällt weg. Alle Leitungen, Abzweig- und Gerätedosen müssen innerhalb der vorgefertigten Bauteile untergebracht werden.

Damit beginnt die Arbeit des Elektrofachmannes bereits beim Vorfertigen der Wand- und Deckenelemente und wird fester Bestandteil der Rohbauarbeiten. Die Installationsplanung nach Schaltbild muß sehr frühzeitig einsetzen und durch eine äußerst sorgfältige Detailplanung für die Installation in den einzelnen Bauelementen für die Wände und Decken ergänzt werden (**352**.1). Fehler in der Planung wie in der Ausführung lassen sich nachträglich nur selten, meist gar nicht beseitigen.

Zweckmäßig ist ferner stets die Zuordnung eines Stromkreises zu jedem Raum. Durch Verwendung von Geräteabzweigdosen (**342**.1) läßt sich die Zahl der einzubauenden Dosen erheblich verringern. Eine genügende Anzahl von Leerdosen und -rohren, auch für die Schwachstrominstallation, ist stets vorzusehen.

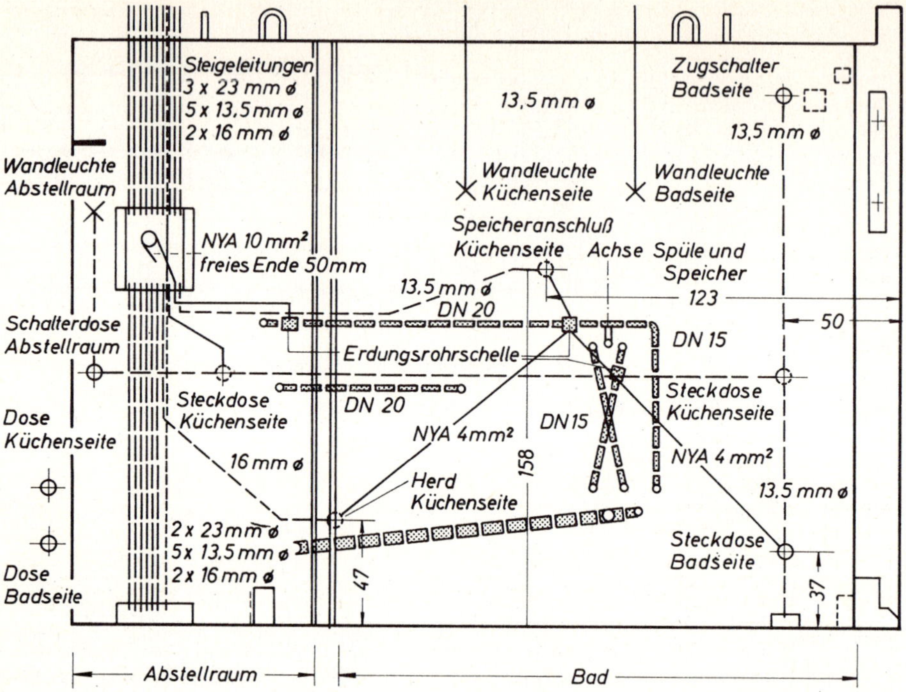

352.1 Plattenplan für Elektroinstallation im Montagebau. Trennwand zwischen Küche und Abstellraum/Bad (M 1:33)

M o n t a g e b a u a u s S c h w e r b e t o n p l a t t e n. Die auf der Baustelle, in Feldfabriken oder in stationären Betrieben vorgefertigten und bei der Montage nur aufzustellenden Wandplatten aus Schwerbeton bilden ein tragendes Schottensystem. Die Decken bestehen meistens ebenfalls aus vorgefertigten Schwerbetonplatten. Die Stahlverbindungen der Stoßstellen werden vergossen.

Für die im Innern der Platten unterzubringenden elektrischen Leitungen wird die Mantelleitung NYM mindestens in jeweils 5adriger Ausführung, vor allem für die Verbindungen innerhalb der Platten, gewählt und die NYA-Leitung in flexiblem Spezialkunststoffrohr für solche Leitungen vorgezogen, die aus der Platte herausgeführt werden sollen und daher besser erst nachträglich eingezogen werden (**352**.1). Anstelle von Installationsrohren können auch gefettete Ziehstäbe aus Rundstahl einbetoniert werden, die nach dem Abbinden des Betons herausgezogen werden und Leitungskanäle hinterlassen. Geräteabzweigdosen, Deckendosen usw. gibt es in Sonderausführungen aus hochschlagfestem Kunststoff für erhöhte Wärmebeanspruchung (bei Schnellhärtung oder Schalungsbeheizung).

Für Zähler und Wohnungsverteilungen werden Kästen eingegossen, Potentialausgleichsleitungen und Leerrohre für die Fernmeldeanlagen vorgesehen, ebenso ausreichende Leerrohre für die Hauptleitungen, soweit für diese nicht ein besonderer durchgehender Schacht geschaffen wird. Die Leitungsüberbrückungen von Tafel zu Tafel werden u. a. durch vorbereitete flexible Rohrstücke vorgenommen (**353**.1).

Liegende (waagerechte) Fertigung: In die auf Rütteltischen liegenden Schalungselemente werden vor dem Betonieren zunächst mit den Fenster- und Türzargen und der Stahlbewehrung auch die Verteilungen, Dosen und Leitungen der Elektro-Installation eingebracht. Der Beton wird durch Rüttler verdichtet, geglättet und mit Wärme nachbehandelt.

Die Leitungen in den Platten können in beliebigen Richtungen angeordnet werden, so daß waagerechte und senkrechte Leitungen ohne weiteres in den Platten selbst liegen können.

Senkrechte Fertigung: Hier werden mehrere nebeneinanderstehende Wandelemente nacheinander ausgerüstet, aber gemeinsam beschickt und nach dem Abbinden des Betons aus der Batterie nach oben gezogen. Wegen der Beschädigungsgefahr beim Betonieren sind die Leitungen möglichst nicht waagerecht zu führen.

Die bei der liegenden Fertigung übliche Leerdoseninstallation ist nicht möglich. Horizontale Leitungen müssen entweder in einer besonders ausgebildeten Fußleiste (**353**.2), im Fußboden oder in der Rohdecke (**353**.3), in einer Aussparung am unteren Plattenrand oder in einem Kanal unter der Decke (**353**.4) verlegt werden. Innerhalb der Platte verlaufen dann nur die senkrechten Steckdosen- und Schalterleitungen.

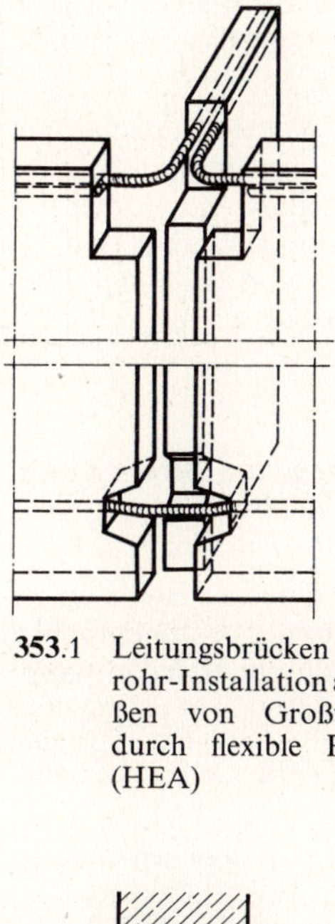

353.1 Leitungsbrücken für Isolierrohr-Installation an den Stößen von Großwandtafeln durch flexible Rohrstücke (HEA)

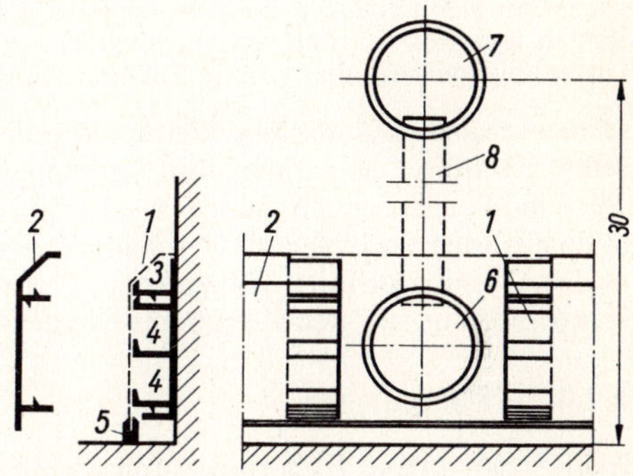

353.2 Waagerechte Leitungsführung im Fußleistenkanal (M 1:5)

1 Grundplatte mit Trägerleisten
2 Abdeckplatte
3 Schwachstromkanal
4 Starkstromkabel
5 Dichtleiste
6 Abzweigdose
7 Gerätedose
8 Installationsrohr

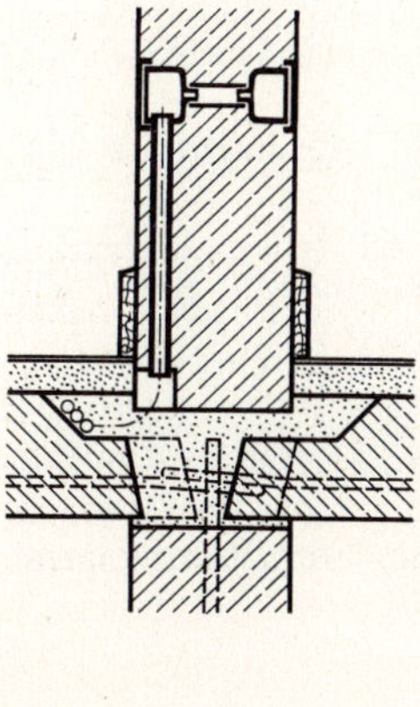

353.3
Waagerechte Leitungsführung in der Vergußfuge der Wand- und Decken-Großtafeln (M 1:15) (Siemens)

Gegenüberliegende Steckdosen werden mit einer Zuleitung versorgt

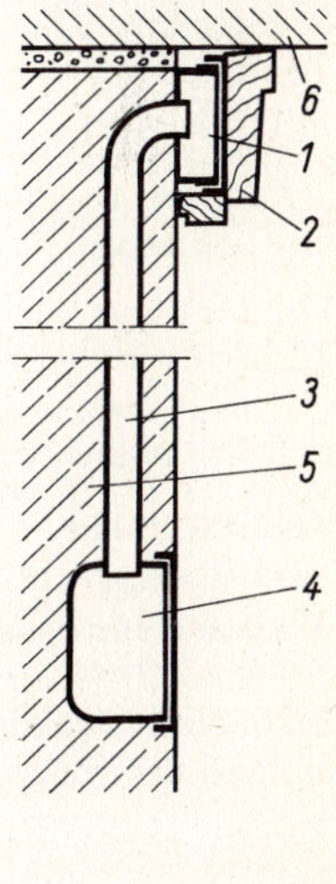

353.4
Waagerechte Leitungsführung im Leitungskanal unterhalb der Decke (M 1:5)

1 Kanal aus Kunststoff
2 Holzverkleidung
3 Isolierrohr
4 Gerätedose für Schalter oder Steckdose
5 Wandtafel
6 Deckenplatte

In gleicher Weise wird bei raumhohen Ausfachelementen in Rasterbreite von vorwiegend 1,25 m aus Leichtbeton verfahren, da die Leitungen wegen der vielen Stoßfugen nicht waagerecht verlegt werden können. Bei Platten aus Leichtbeton sind auch die herkömmlichen Installationen möglich, wenn nachträglich Putz oder Spachtelmasse aufgetragen werden soll.

Fertighausbau aus Leichtbauelementen. Im Fertighausbau von Ein- und Zweifamilienhäusern werden überwiegend Leichtbauelemente (Mehrschichtenplatten), raumgroß oder im Rastermaß, verwendet.

Die Forderung, daß Hausanschluß und Zählerplatz feuerhemmende Rückwände haben, gilt auch bei brennbarem Material als erfüllt, wenn es mit einer $\geq$ 10 mm dicken Asbestzementplatte, die seitlich umlaufend 150 mm über das Grundmaß hinausreicht, versehen ist.

Als Leitungsmaterial ist nur die Mantelleitung NYM zulässig, die stets, also auch bei Licht- und Steckdosenstromkreisen, in 5adriger Ausführung zu verwenden ist. Geräteabzweigdosen u. ä. müssen aus schwer entflammbarem Material bestehen.

Die Bauweisen zwingen meistens zur senkrechten Leitungsverlegung in den Raster- oder Trennfugen zwischen den Wandelementen, bei Röhrenplatten auch in deren Innern. Dabei werden die Verbindungen der senkrechten Leitungen zwischen den Wandplatten oberhalb der Decke oder, bei mehrgeschossigen Bauten, in den Zwischendecken hergestellt. Die waagerechten Leitungen können, vor allem bei flexibler Grundrißgestaltung, aber auch in Fußbodenkanälen untergebracht werden.

Ortbetonwände und -decken. Werden Wände und Decken am Ort der späteren Verwendung selbst geschüttet, so nehmen ihre Schalungen wie bei der Vorfertigung die Einbauteile z. B. Tür- und Fensterzargen, Stahlbewehrung, Leitungen, Dosen und Verteilungen auf. Zweckmäßig werden auch hier zur Vermeidung von Beschädigungen die Leitungen nur senkrecht in den Wänden geführt. Waagerechte Leitungen liegen in den Decken und verlaufen dort spinnenförmig von den Klemmenverbindungen in den Deckendosen aus.

6.1.6 Zähleranlagen

Zähler sind kleine Elektromotoren, deren Drehzahl durch Spannung und Stromstärke beeinflußt und auf ein die verbrauchte elektrische Arbeit anzeigendes Zählwerk übertragen wird.

Sie werden vom EVU zur Verfügung gestellt und an der von ihm bestimmten Stelle eines hellen, trockenen, belüftbaren, staubfreien und stets zugänglichen Raumes so angebracht, daß sie gegen Feuchtigkeit, Verschmutzung, Erschütterung und mechanische Beschädigung geschützt sind und ihr Lauf nicht schädlich beeinflußt werden kann.

Zählerplätze. Dies sind Einrichtungen zur Aufnahme der Zähler, z. B. Zählerschränke oder Zählertafeln.

Elektrizitätszähler und Steuergeräte müssen bei ausreichender Beleuchtung gut abgelesen werden können.

Der Abstand vom Fußboden bis zur Mitte des Zählers soll nicht weniger als 1,10 m und nicht mehr als 1,85 m betragen.

Die Montage der Zähler kann auf Zählertafeln nach DIN 43853 oder innerhalb von Zählerschränken nach DIN 43870 erfolgen.

Um die Forderung nach einer Mindestdicke der Zählerrückwand von 6 cm auch bei flachen Wänden einhalten zu können, sind Zählerschränke allgemein üblich. Ihre Einbautiefe beträgt 175 mm.

Zählerschränke. Sie müssen DIN 43870 und den „Richtlinien für Zählerschränke" der VDEW entsprechen.

Aus dem Grundraster von 50 mm ergeben sich die Breite von 250 mm sowie die Höhen von 150, 300, 450 und 750 mm.

Bild **355**.1 zeigt die möglichen Funktionsflächen für einen oder mehrere Zählerplätze anhand der vorgegebenen Höhen- und Breitenaufteilungen.

Ein Zählerplatz nach DIN 43870 umfaßt das mittig liegende Zählerfeld, den Raum für Betriebsmittel vor dem Zähler (unterer Anschlußraum) und den Raum für Betriebsmittel nach dem Zähler (oberer Anschlußraum).

Das Zählerfeld hat eine Breite von 250 mm und eine Höhe von 450 mm. Zwei Zähler übereinander haben ein 750 mm hohes Zählerfeld.

Der untere Anschlußraum ist 300 mm, der obere Anschlußraum 150 oder 300 mm hoch.

Die passende Mauernische ist jeweils um 50 mm größer auszuführen.

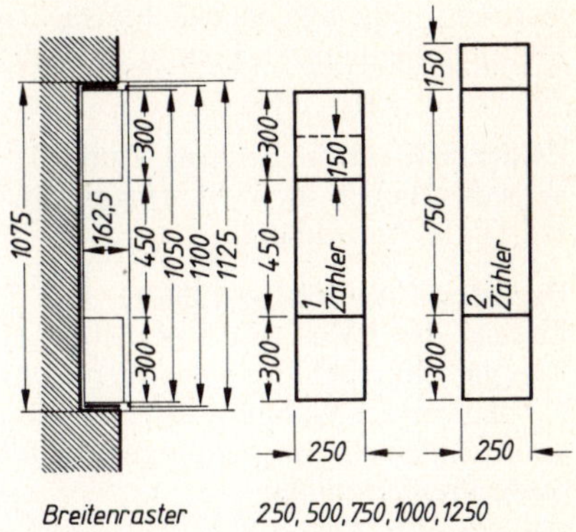

355.1
Zählerplätze, lichte Mindestmaße der Funktionsflächen auf der Basis eines Rastersystems (nach DIN 43870)

Zählerschränke nach DIN 43870 werden in den Ausführungen A für Wandaufbau und U für Wandeinbau hergestellt.

Zählernischen. Die Unterbringung von Zählerschränken nach DIN 43870 der Ausführung U für Wandeinbau erfolgt in Zählernischen.

Die den Zählerschränken angepaßten Abmessungen sind nach DIN 18013 in der Tafel **355**.2 angegeben, die Anordnung in der Rohbauwand in Bild **355**.3 dargestellt.

Tafel **355**.2 Zählernischen, lichte Mindestmaße im fertigen Zustand (nach DIN 18013 unter Berücksichtigung von DIN 43870)

Anzahl der Zählerplätze	Breite b	Tiefe t	Höhe h
1	300	140	
2	550	140	
3	800	140	950, 1100, 1250 oder 1400
4	1050	140	
5	1300	140	

Die Höhe ist abhängig von der Bestückung der Zählerplätze

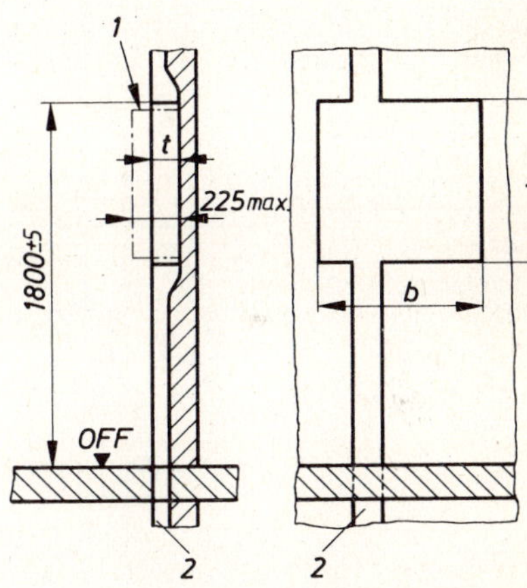

355.3 Zählernischen (nach DIN 18013) (s. auch Tafel **355**.2)
1 Zählerplatzumhüllung
2 Leitungsschlitz
b Breite
t Tiefe
h Höhe

Eine Zählernische darf den für die Wand geforderten Mindest-Brandschutz nach DIN 4102, den Mindest-Wärmeschutz nach DIN 4108 und den Mindest-Schallschutz nach DIN 4109 sowie die Standfestigkeit der Wand nicht beeinträchtigen.

Für Fertighäuser sind zusätzliche Bestimmungen zu beachten.

Zähleranzahl. Über die Anzahl der Zähler oder Rastereinheiten kann keine allgemeinverbindliche Angabe gemacht werden.

In der Regel sind je Wohnung ein Platz für eine Zählereinheit und für das Wohnhaus insgesamt eine zusätzliche Fläche nach DIN 43870 für das Tarifgerät vorzusehen. In Mehrfamilienhäusern kommt außerdem noch eine Rastereinheit für den Allgemeinzähler hinzu.

Zähler im Mehrfamilienhaus. Durch die örtlichen Gegebenheiten bedingt unterscheidet man im wesentlichen zwei Anbringungsmöglichkeiten der Zähler, die dezentrale und die zentrale Anordnung.

Dezentrale Anordnung (356.1). Der Hausanschluß bleibt an der Einführungsstelle der Leitung des EVU, in der Regel im Hausanschlußraum. Die Hauptleitungen führen die Energie senkrecht durch das Treppenhaus. Die Zähler für die Wohnungen jedes Geschosses werden vor der Wohnungseingangstür auf dem zugehörigen Hauptpodest des Treppenhauses in Zählerschränken untergebracht. Kurze Leitungsverbindungen führen zur Wohnungs-Stromkreisverteilung.

Der Allgemeinzähler und das Tarifgerät werden immer im Erdgeschoß untergebracht.

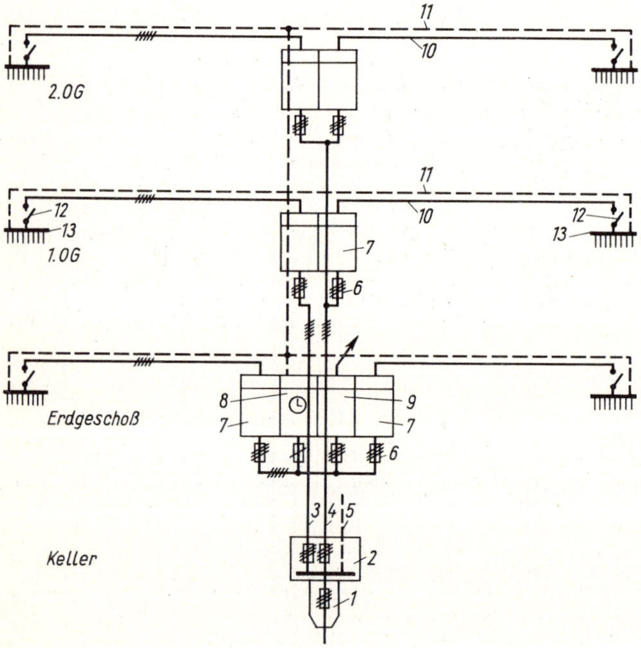

1 Hausanschluß mit 3poliger Hauptsicherung, plombiert (Größen durch EVU bestimmt)
2 Gruppenverteilung für Hauptleitungen
3 Hauptleitung I, NYM $5 \times 16\,mm^2$ Cu
4 Hauptleitung II, wie 3
5 Leerrohr 29 mm l. W.
6 Vorsicherung, 3polig, E 33
7 Wohnungszähler
8 EVU-Tarifgerät
9 Zähler für Gemeinschaftsanlagen
10 Abzweigleitung, NYM $5 \times 10\,mm^2$ Cu
11 Leerrohr 16 mm l. W. für Steuerleitung
12 Wohnungshauptschalter 63 A, 3polig, plombierbar
13 Stromkreisverteilung

356.1 Dezentrale Zähleranordnung im Treppenhaus eines Mehrfamilienhauses (Stromkreisverteilungen in den Wohnungen)

Zentrale Anordnung (357.1 und 326.1). Sowohl Bauplaner und Bauträger wie auch die EVU fordern immer häufiger, daß die Zähler nicht mehr im Treppenhaus auf den Hauptpodesten der einzelnen Geschosse, sondern zentral in der Nähe des Hausanschlusses untergebracht werden, also entweder im Hausanschlußraum, im Kellerflur oder im Erdgeschoß.

Diese Anordnung ergibt kurze Hauptleitungen, aber längere Verbindungsleitungen zu den Wohnungs-Stromkreisverteilern.

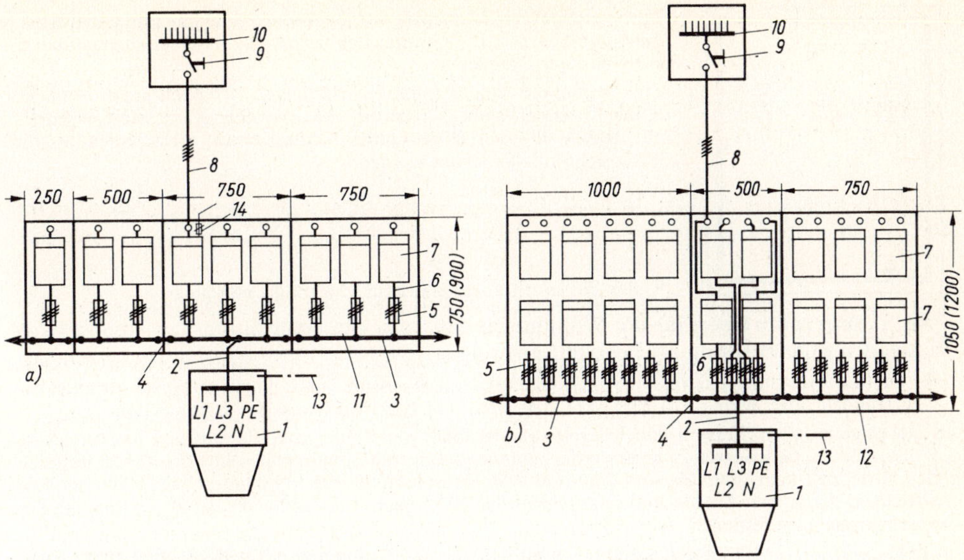

357.1 Zentrale Anbringung der Zähler im Kellergeschoß eines Mehrfamilienhauses, Stromkreisverteilungen in den Wohnungen

a) in einreihigen Zählerschränken
b) in mehrreihigen Zählerschränken

1 Hausanschlußkasten (Größe vom EVU bestimmt)
2 Verbindungsleitung zwischen 1 und 3 (Querschnitt vom EVU bestimmt)
3 eingebaute Sammelschiene, 5polig
4 Verbindungsteil der Sammelschiene
5 NH 00-Sicherung, 3polig, als Vorsicherung
6 Abzweigleitung (Zählerzuleitung), NYM 5 × 16 mm² Cu
7 Eintarifzähler
8 Abzweigleitung (Zählerableitung) wie 6
9 plombierbarer Hauptschalter 63 A, 3polig
10 Stromkreisverteilung in der Wohnung
11 Kellerzählerschrank für Aufputzmontage, einreihig
12 dgl., jedoch zweireihig
13 Potential-Ausgleichsleitung
14 evtl. zusätzlicher Abgang für Wohnungskeller

Anmerkung: Nach einer Seite ist stets Platz zum Anbau weiterer Zählerschränke freizulassen. Evtl. muß ein Leerplatz für eine Schaltuhr oder einen Tonfrequenz-Rundsteuerempfänger vorgesehen werden.

Die dadurch evtl. Überschreitung des zulässigen Spannungsabfalles macht möglicherweise einen Leiterquerschnitt von 16 mm² Cu zwischen Zähler und Unterverteilung erforderlich.

Die Zähler können den TAB entsprechend auf Tafeln oder in Schränken installiert sein. Die Zählerschränke müssen schutzisoliert sein und fertig verdrahtet angebracht werden.

Für die zentrale Anordnung der Zähler im Keller verwendet man plombierbare, schutzisolierte Zählerschränke für Aufputzmontage (**358**.1) aus schlagfestem grauen Formstoff mit Sichtscheiben für jeden Zählerplatz. Sie werden für 1, 2 und 3 Zähler in einreihiger, für 4, 6 und 8 Zähler in zweireihiger Ausführung hergestellt, können gruppenweise zusammengeflanscht über die Hausanschlußsicherung gesetzt werden und enthalten

ein 5poliges Sammelschienensystem,
eine 3polige Vorsicherung für jeden Zähler,
einen oder mehrere Zählerplätze,
Abgangsklemmen 16 mm² und eine vollständige drehstrommäßige Verdrahtung.

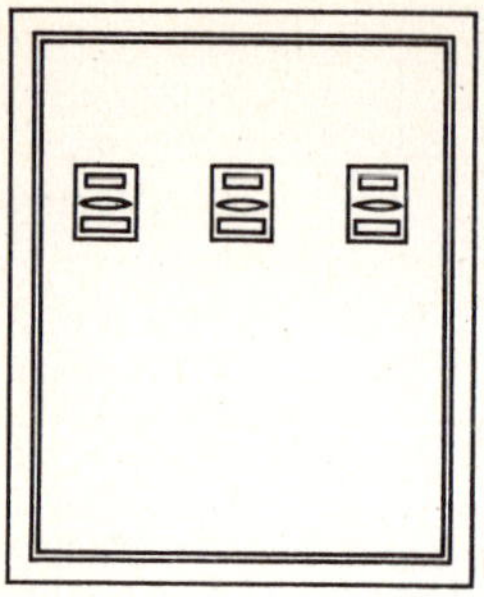

Vorbereitete Verbindungsteile ermöglichen die Sammelschienenverbindung von Schrank zu Schrank, Eckkästen eine Sammelschienenumlenkung in einer Raumecke.

Zur Aufnahme von Stromkreissicherungen, Treppenhausautomaten, Klingeltrafos usw. gibt es Leerschränke in gleichen Abmessungen, jedoch mit verschließbaren Türen ohne Sichtscheiben. Sie können an die Zählerschränke angebaut werden.

358.1
Keller-Zählerschrank für Aufputz-Montage, einreihig

Die Steuerleitungen für die Wohnungen läßt man von einer durch das Treppenhaus führenden Stammleitung als Leerrohr abzweigen.

Die zentrale Anordnung der Zähler im Keller eignet sich sowohl für Einfamilienhäuser als auch für Mehrfamilien- und Wohnhochhäuser, vor allem mit Elektroheizung (s. Abschn. 9.5).

Sollte bei sehr hohen Häusern jedoch der Spannungsabfall vom Zähler im Keller bis zur Unterverteilung in den obersten Geschossen zu groß werden, empfiehlt sich eine Zusammenfassung der Zähler für diese Geschosse im Dachboden. Sie sind dann mit dem Hausanschluß durch besondere Hauptleitungen zu verbinden, deren Art, Anzahl und Querschnitt das EVU nach Zahl und elektrischer Ausrüstung der einzelnen Anlagen festlegt.

Für Häuser über 12 Wohnungen sollte man hinsichtlich der Planung grundsätzlich das EVU befragen.

Das erleichterte Ablesen der Zähler durch die Zusammenfassung im Keller, der Fortfall der Zählernischen in den Treppenhäusern und das bessere Aussehen der Treppenhäuser sind die besonderen Vorzüge dieser Anordnung, denen als Nachteil der größere Leitungsaufwand und die erschwerte Stromverbrauchskontrolle durch die Verbraucher gegenübersteht.

Gemeinschafts-Zähler. Für die Gemeinschaftsanlagen, das sind alle den Wohngemeinschaften allgemein zugute kommende Einrichtungen, wie allgemeine Beleuchtung von Treppenhaus, Dachboden und Keller, Klingel-, Sprech- und andere Anlagen, sind besondere Zähler und Verteilungen im Keller oder Erdgeschoß vorzusehen (**356**.1).

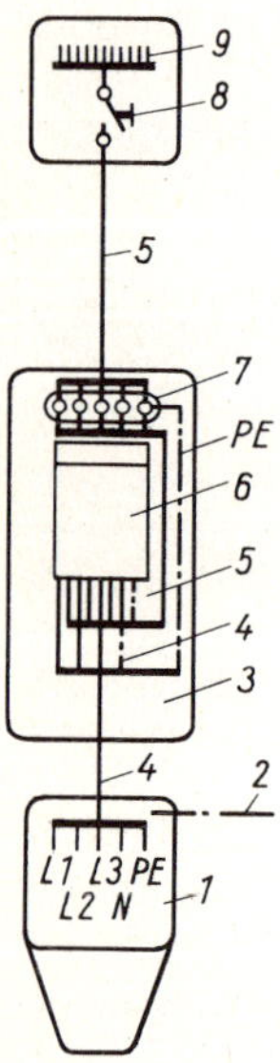

Zähler im Einfamilienhaus (**358**.2). Im Einfamilienwohnhaus wird man den Zähler im Keller, möglichst im Hausanschlußraum, unterbringen (**335**.1). Ist kein Kellerraum vorhanden, kommt ein geeigneter Nebenraum im Erdgeschoß in Frage.

358.2
Zähleranordnung im Einfamilienhaus

1 Hausanschlußkasten (Größe vom EVU bestimmt)
2 Potentialausgleichsleitung
3 Raum für Anlagenerweiterung (nachträglicher Einbau des 5poligen Sammelschienensystems und von NH-Sicherungen)
4 Zählerzuleitung, NYM $5 \times 16\,mm^2$ Cu
5 Zählerableitung wie 4
6 Eintarifzähler
7 5poliger Abgangsklemmstein
8 3poliger plombierbarer Hauptschalter 63 A
9 Stromkreisverteilung

PE Schutzleiter

Häufig ist die günstigste Zählerlage im Eingangsbereich zu sehen, der als Energieschwerpunkt die Zusammenfassung von Zähler und Stromkreisverteiler ermöglicht.

Verschiedene Hersteller bieten hierfür fertig verdrahtete Installationseinheiten an.

In mehrgeschossigen Einfamilienhäusern kann die Installation des Zählers im Keller und jeweils eine Verteilungstafel in den einzelnen Wohngeschossen vorteilhafter sein.

Zweckmäßig ist es immer, für die spätere Vermietung eines Raumes oder einer Einliegerwohnung gleich einen zweiten Zählerplatz vorzusehen.

6.1.7 Installationsschalter und -schaltungen

Schalter haben die Aufgabe, Teile des Netzes (Stromkreise) und einzelne Stromverbraucher mit der Stromquelle zu verbinden oder von ihr zu trennen.

Schalter für Stromverbraucher müssen i. allg. alle Pole ihrer Stromkreise, die unter Spannung gegen Erde stehen, gleichzeitig schalten. Nur Schalter für Zweileiterstromkreise mit Sicherungen oder LS-Schalter „L" bis 10 A oder „H" bis 16 A und Nennspannungen bis 250 V sowie für Beleuchtungsstromkreise mit Fassungen E 40, die bis 25 A gesichert sind, dürfen einpolig, aber nur in Außenleitern, nicht in Null- und Schutzleitern vorgesehen werden.

In der Hausinstallation werden ausschließlich Dosenschalter verwendet, die sich durch geringe Größe, unauffällige Form, leichte Bedienung und zuverlässige Abdeckung der spannungführenden Kontakte auszeichnen. Als Installationsschalter für festverlegte Leitungen werden sie mit Spreizkrallen oder Schrauben in die Unterputz-Gerätedosen von 58 mm l. W. eingesetzt, vielfach als Montagezeit sparende Modelle mit schraublosen Leiteranschlußklemmen, die Abdeckplatten zum Aufstecken. Die Dosen werden zusammen mit den Leitungen verlegt und eingegipst oder auf Spreizdübel geschraubt.

Installationsschalter. Als Installationsschalter werden heute fast nur noch die besonders geräuscharmen Wippschalter verwendet, bei denen über großflächige Wippen der Kontakt hergestellt wird.

Schalter außerhalb des Handbereiches werden als Zugschalter mit einem Schnurzug betätigt, z. B. in Schlafzimmern und Baderäumen.

Zeitschalter für die zeitlich bis auf 15 oder auch 120 Minuten zu begrenzende Stromzufuhr und mit einer Feststellvorrichtung für Dauerstrom sind für den Betrieb von Heizöfen und -decken, Tauchsiedern, Infrarotstrahlern, Außen- und Garagenbeleuchtung usw. zweckmäßig.

Zur Feuchtrauminstallation gibt es wasserdicht gekapselte Schalter.

Tastschalter (Taster, Lichtdrücker) bewirken durch eine Kontaktrückholfeder einen kurzzeitigen Stromschluß und werden, auch mit Kennzeichnung durch Sinnbilder für Licht, Klingel oder Tür, für die Schaltung mit Fernschaltern z. B. bei der Treppenhausbeleuchtung (**364**.1), dann vor allem in Fernmeldeanlagen angewendet.

Einbaukippschalter als Aus- und Wechselschalter, 1- bis 3polig für 16 A und 3polig für 25, 63 und 100 A, werden vorwiegend in größeren Verteilerschränken als Hauptschalter für mehrere Stromkreise und als Vorschaltgerät für mehrere gleichzeitig zu schaltende Automaten eingebaut.

Die Gerätedosen können ferner mit Lichtsignaleinsätzen in verschiedenen Farben, daneben mit Steckdosen sowie mit Geräten für die Fernmeldeanlagen bestückt werden.

Alle Unterputzschalter können, auch nachträglich, mit einer Glimmlampe als Orientierungslampe, die im Dunkeln das Auffinden des Schalters erleichtert, versehen werden.

Bei einer zusätzlichen Leitungsader können Kontrollschalter für Aus- oder Wechselschaltung mit einer Glimmlampe als Kontrollampe bestückt werden, die den jeweiligen Betriebszustand des hinter ihnen liegenden Anlageteiles anzeigen (**361**.1 und Taf. **362**.1).

Elektronische Helligkeitsregler (Dimmer) sind Lichtschalter für Glühlampen, in Sonderausführung auch für Leuchtstofflampen, mit denen sich eine Beleuchtung nicht nur ein- und ausschalten, sondern gleichzeitig auch in ihrer Helligkeit stufenlos regeln läßt, z. B. beim Fernsehen, als Nachtbeleuchtung in Schlaf-, Kinder- oder Krankenzimmern.

Das Gerät arbeitet nach dem Prinzip der Phasenanschnittsteuerung: Von jeder Halbwelle der Netzwechselspannung wird nur ein bestimmter Anteil durchgelassen. Die Restenergie wird nicht etwa blind in Wärme umgesetzt, sondern gar nicht erst abgenommen.

Dimmer gibt es zum (auch nachträglichen) Einbau in die normale Wandeinbaudose und als Tischgerät zur Einstellung der Helligkeit von Tisch- oder Stehleuchten. Diese Tischgeräte werden mit einem besonderen SCHUKO-Zwischenstecker an das Netz angeschlossen (**360**.1).

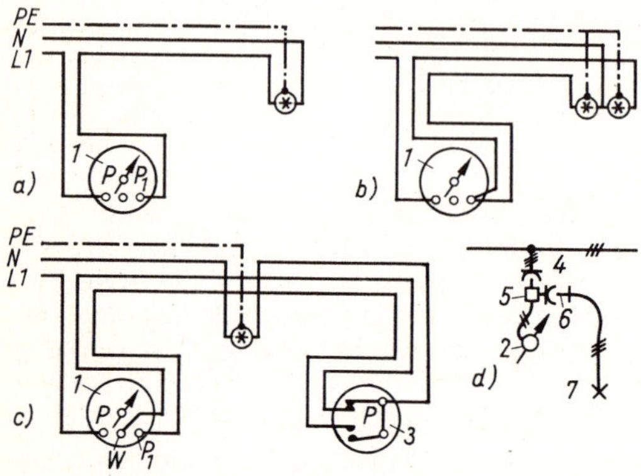

360.1
Helligkeitsregler (Dimmer)
a) Ausschaltung
b) Ausschaltung durch Umrüstung einer Serienschaltung
c) Wechselschaltung
d) Tischdimmer
1 Dimmer für Wandeinbau
2 Dimmer als Tischgerät
3 Wechselschalter
4 Wandsteckdose
5 Spezial-Schukostecker mit Schukosteckdose
6 Schukostecker
7 Tisch-, Steh- oder Hockerleuchte

Schalterprogramme. Nach der Größe der Installationsschalterwippen werden i. allg. 2 Fertigungsprogramme unterschieden:

1. das billigere Standard-Programm mit ca. 30 × 30 mm großen Wippen und
2. das elegantere Flächen-Programm, deren besonders bequem zu betätigende Flächenwippen den Schalter ganz oder fast ganz bedecken.

Die Installationsschalter und -geräte können einzeln mit quadratischer Abdeckplatte 80 × 80 mm gesetzt werden. Besonders häufig ist indessen die vielfältig mögliche Kombination von bis zu 5 Stark- und Schwachstromgeräten unter gemeinsamen Abdeckrahmen über- oder nebeneinander (**361**.1).

Beide Programme verwenden die gleichen Schalter und -einsätze, Abdeckungen usw. als Grundbausteine und unterscheiden sich nur durch die untereinander auch austauschbaren Wippen und Taster. Für beschränkte Platzverhältnisse gibt es Reihenkombinationen, d. h., besondere Abdeckrahmen, in denen man mit Hilfe von Standardserienschaltern bis zu 6 Schaltfunktionen, bzw. 2 oder 3 andere Geräte, unmittelbar nebeneinander unterbringen kann.

Die Farbe der Installationsschalter ist i. allg. weiß, aber auch beige, braun, silber, schwarz und bronce. Wassergeschützte Aufputzausführungen sind auch in Grau erhältlich.

Zu den herkömmlichen elektromechanischen Lichtschaltern sind elektronische Schalter mit eloxierter Metallabdeckung im Handel, zu deren Betätigung bereits ein leichtes Berühren genügt. Sie passen in alle üblichen Schalterdosen und können daher auch leicht gegen vorhandene Schaltgeräte ausgewechselt werden.

Geräteschalter werden in oder an Geräten oder Gerätesteckdosen verwendet.

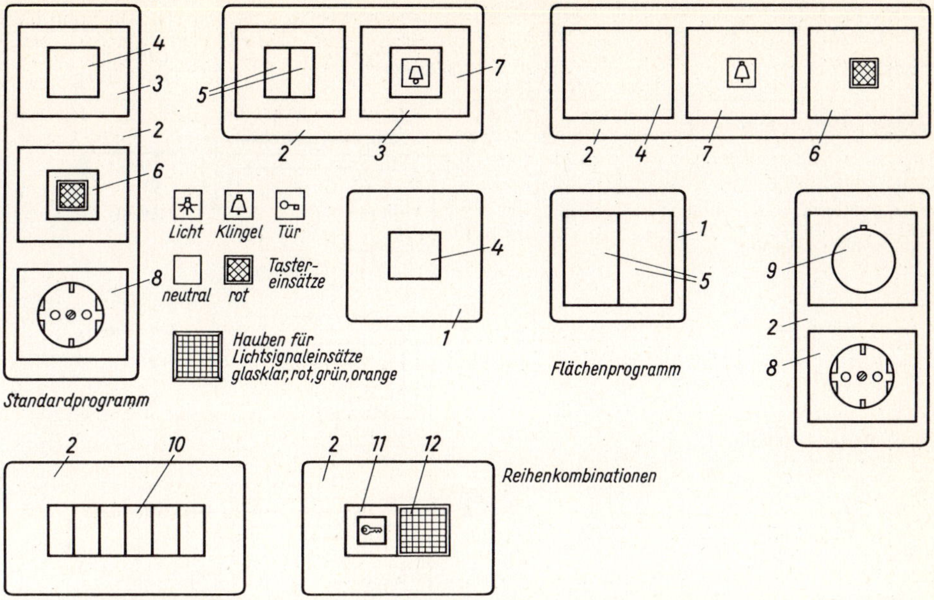

361.1 Die wichtigsten Installationsschalter und -geräte (Busch-Jaeger Elektro GmbH)

1 Abdeckplatte
2 Abdeckrahmen
3 Zentralscheibe
4 Wippe für Aus- oder Wechselschalter
5 Wippe für Serienschalter
6 Wippe für Kontroll-Aus- oder Wechselschalter
7 Taster für Klingelanlage
8 Steckdoseneinsatz mit Zentralscheibe
9 Helligkeitsreglereinsatz mit Zentralscheibe
10 3 Serienschaltereinsätze
11 Taster für Türöffneranlage
12 Lichtsignaleinsatz

Montagehöhen. Nach DIN 18015 sind alle Schalter einheitlich 1,05 m hoch über dem fertigen Fußboden anzubringen. Sie müssen leicht aufzufinden sein und sind daher an der Schloßseite der Türen 15 cm von der Türleibung (Rohbauöffnung) entfernt anzuordnen (**341**.3).

In der Praxis werden Installationsschalter, auch bei größeren Wohnungsbauvorhaben, 80 cm über OKFF in der Höhe der hängenden Hand installiert. Schalter des Flächenprogrammes lassen sich dann auch leicht mit dem Knie bedienen.

Für Behinderte und Rollstuhlfahrer ist die Schalterhöhe von 1,05 m häufig nicht zu erreichen. Als Höhe ist hier grundsätzlich 70 cm über OKFF angebracht.

Schaltungen. Die wichtigsten Schaltungen für Installationschalter sind (Taf. **362**.1):

Einpolige Ausschaltung: abwechselndes Ein- und Ausschalten einer oder mehrerer Brennstellen von einer Stelle aus.

Serienschaltung: 2 Gruppen von Brennstellen (z. B. Lampen einer mehrflammigen Leuchte) werden von einer Stelle aus gleichzeitig oder getrennt in Betrieb genommen.

Wechselschaltung: wechselseitiges Ein- oder Ausschalten einer oder mehrerer Brennstellen von 2 Stellen aus.

Schaltung Wechsel/Wechsel: die Verbindung von 2 Wechselschaltungen durch Kombination von jeweils 2 Wechselschaltern in einem Schaltereinsatz.

Tafel **362**.1 Die wichtigsten Installationsschalter und -schaltungen

Schalter	Schaltung	einpolige Darstellung
a) mit Orientierungslampen		
Ausschalter einpolig	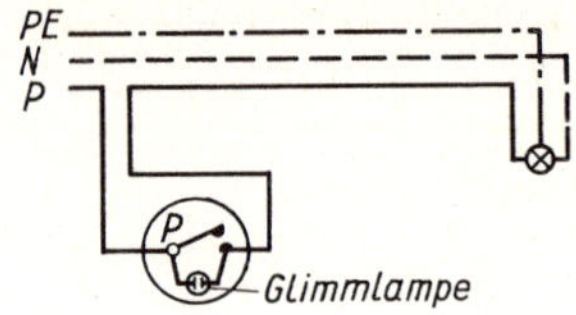	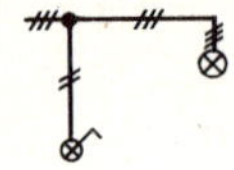
Ausschalter zweipolig	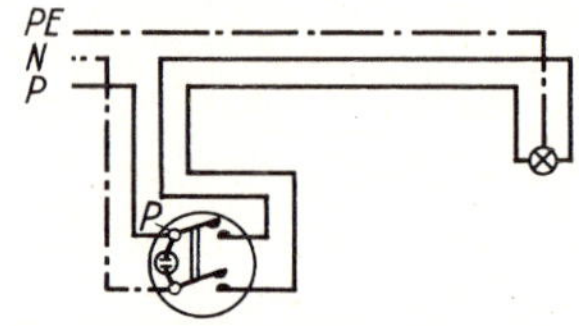	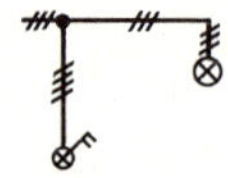
Serienschalter	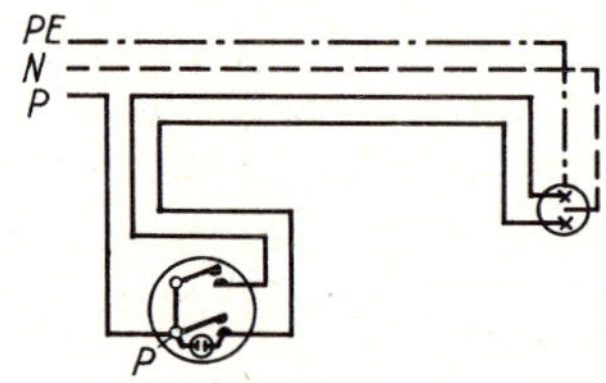	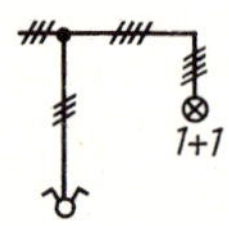
Wechselschalter	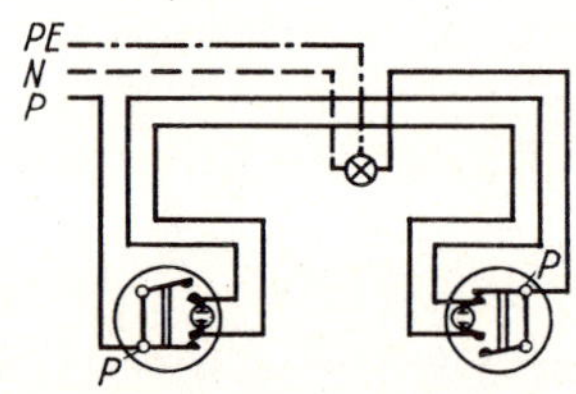	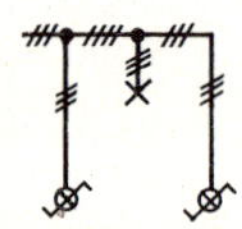
b) mit Kontrollampen (-schalter)		
Ausschalter einpolig	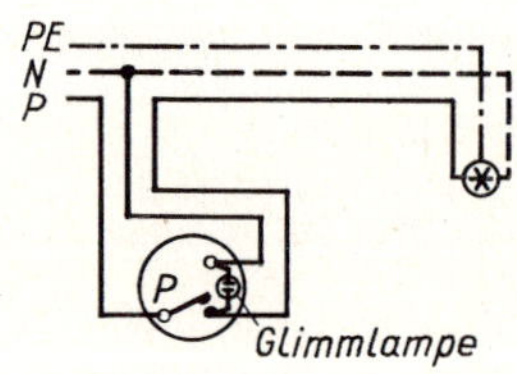	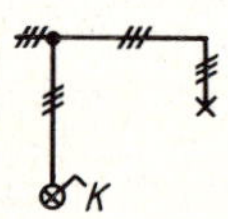
Ausschalter zweipolig	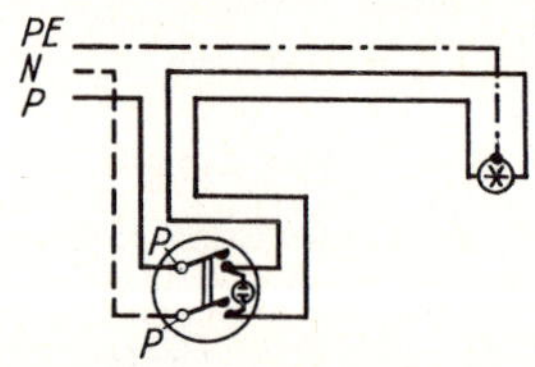	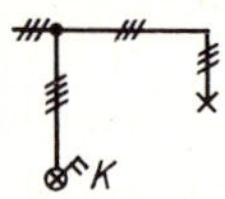

Fortsetzung Tafel **362**.1

Schalter	Schaltung	einpolige Darstellung
Wechselschalter	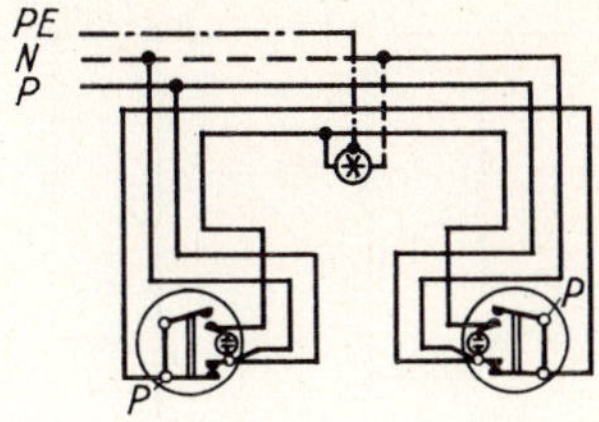	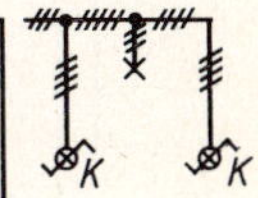

Haushalts-Umschalter (HU-Schalter. **363**.1). Sie gestatten in Mehrfamilienhäusern, z. B. eine elektrische Waschmaschine im Gemeinschaftswaschraum (oder jedes beliebige andere Gemeinschaftsgerät) auf den Zähler des jeweiligen Benutzers zu schalten.

Der Wanderschaltknebel des HU-Schalters ist bei Schaltstellung auf einen Zähler verriegelt. Er läßt sich nur entfernen und an den nächsten Waschraumbenutzer weitergeben, wenn der HU-Schalter auf den fortlaufenden Leitungszug zurückgeschaltet ist. Der HU-Schalter kann 2- und 4polig eingesetzt werden (**220**.1).

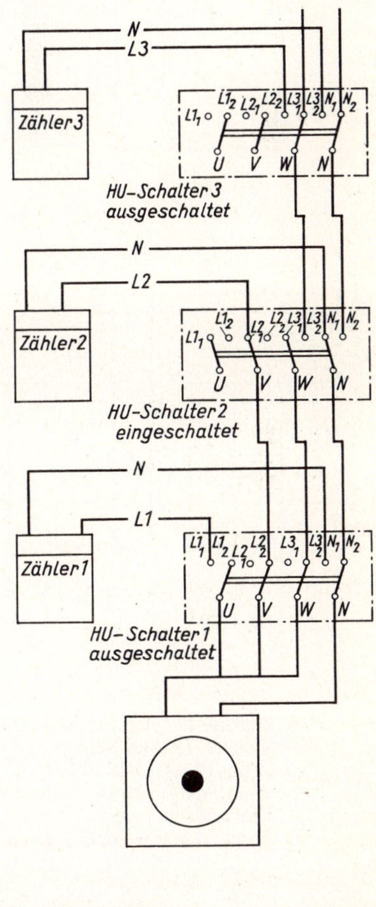

363.1
Haushalts-Umschalter (HU-Schalter) als Waschraumschalter im Mehrfamilienhaus bei 2poligem Anschluß

Fernschaltung (**364**.1). Durch Fernschalter (Stromstoßrelais) lassen sich einzelne oder Gruppen von Stromverbrauchern von beliebig vielen Stellen aus schalten.

Sie können ferner dazu dienen, bestimmte Stromkreise von einer Zentralstelle aus ein- und auszuschalten.

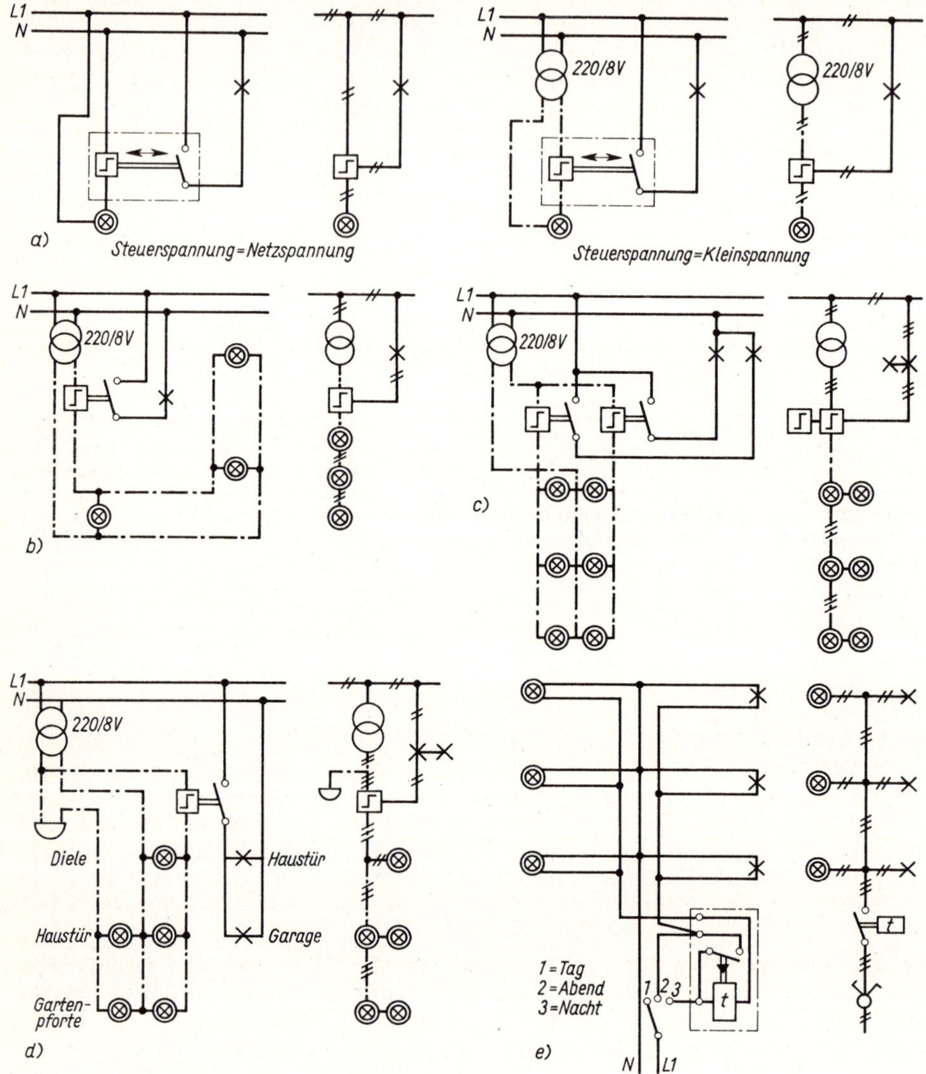

364.1 Installations-Fernschaltungen mit Stromstoßrelais

a) Prinzip der Stromstoßschaltung
b) Wechsel-(Kreuz-)schaltung
c) Serien-Wechselschaltung
d) Kombination einer Wechsel-Fernschaltung mit einer Klingelanlage (Hauseingang eines Einfamilienhauses)
e) Treppenhausbeleuchtung mit Zeitschaltuhr

Die Fernschalter werden mit einfachen Tastern je nach Schalterbauart durch Stark- oder Schwachstrom betätigt. Die konventionellen Serien- und Wechselschaltungen entfallen.

Der Fernschalter, dessen Schaltglied mit jedem Steuerimpuls seine Stellung wechselt, kann sowohl in Verteilungstafeln als auch in die übliche Unterputzdose eingesetzt werden.

Er kann auch mit einem Hilfskontakt ausgerüstet sein, der sich gleichzeitig mit dem Nutzkontakt öffnet und schließt und sich so für die Rückmeldung des Schaltzustandes benutzen läßt.

Eine Schwachstromsteuerung ist mit ihrem geringen Leistungsbedarf bei hohem Schaltvermögen auf der Starkstromseite, der einfachen Leitungsführung und der Ersparnis an Leitungsmaterial sowie mit ihrer völligen Ungefährlichkeit besonders vorteilhaft.

Treppenlicht-Zeitschalter (**364**.1e). Dies ist die Kombination eines Fernschalters mit einer Schaltuhr mit elektrischem Aufzug (Gangzeit verstellbar zwischen 15 s und 15 min) und einem Umschalter mit den Schaltstellungen

„Tag" Anlage ausgeschaltet, „Abend" dauernd eingeschaltet, „Nacht" auf Fernschalter geschaltet.

Sie werden ausschließlich für die Treppenhausbeleuchtung in Mehrfamilienhäusern verwendet. Mit Vierleiteranschluß sind sie nachschaltbar, d. h. sie können vor Ablauf der eingestellten Gangzeit und somit vor dem Erlöschen des Treppenlichtes wieder eingeschaltet werden.

Vorrangschalter (Lastabwurfschalter). Sie sind für Installationsanlagen bestimmt, in denen von 2 Verbrauchern (oder Verbrauchergruppen) dem einen im Betrieb der Vorrang gegeben werden soll.

So kann z. B. in einem Wohnbau ein in den Leitungszug eines Durchlauferhitzers gelegter Vorrangschalter während der Einschaltdauer dieses Gerätes die Aufladung der Elektro-Speicherheizgeräte der Wohnungsheizung durch Schalten des Heizungsschützes vorübergehend unterbrechen. Diese kurzzeitige Stromunterbrechung ist für den Heizungsbetrieb praktisch bedeutungslos (**365**.1).

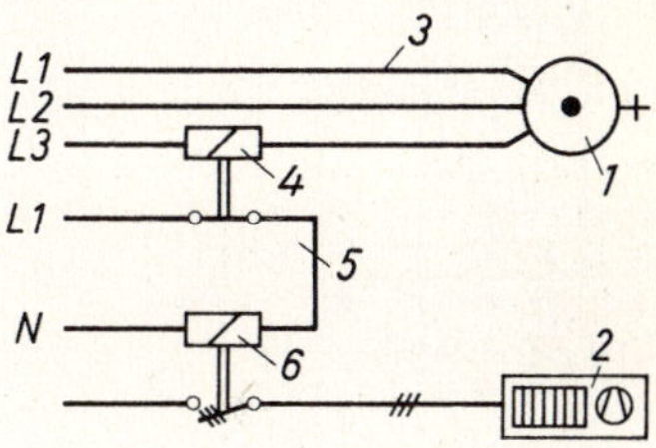

365.1
Vorrangschalter (Lastabwurfschalter)
1 Durchlauferhitzer
2 Elektro-Speicherheizgerät
3 Stromkreis Durchlauferhitzer
4 Vorrangschalter (Stromrelais) in der Stromkreisverteilung
5 Steuerstromkreis
6 Heizungsschütz in der Stromkreisverteilung

Der elektrische Anschluß braucht dann nicht für den gleichzeitigen Betrieb dieser beiden Großverbraucher bemessen zu werden, woraus sich ein geringerer Montage- und Werkstoffaufwand ergibt und die vorgesehene Installation häufig überhaupt erst möglich wird.

Heizungsnotschalter. Automatische Heizungsnotschalter 16 A mit Kontrollampe werden als Gefahrenschalter nach DIN 57116/VDE 0116 für Ölfeuerungsanlagen außerhalb des Heizraumes installiert.

Der im Heizraum angeordnete Temperaturfühler schaltet über den Notschalter den elektrischen Teil der Heizungsanlage ab, wenn an seiner Einbaustelle die Temperatur 60 °C überschreitet. Eine Abschaltung von Hand ist ebenfalls möglich. Durch eine Schalterbauart mit Hilfskontakt kann die Abschaltung der Heizungsanlage optisch oder akustisch gemeldet werden.

In Anlagen mit > 96 kW werden die Schalter im Heizraum installiert und von außen durch einen Taster abgeschaltet.

6.1.8 Steckvorrichtungen

Steckvorrichtungen dienen zum Anschluß ortsveränderlicher Betriebsmittel, wie Steh- und Tischleuchten, Kocher, Bügeleisen, Staubsauger und Rundfunkgeräte.

Sie sind wegen der wachsenden Verbreitung solcher Geräte in jedem Raum in ausreichender Anzahl vorzusehen (**310**.1, **333**.1, **334**.1 und **335**.1). Nach DIN 18015 T. 2 sind in jedem Wohn- und Schlafraum mindestens fünf, an jedem Arbeitsplatz der Küche mindestens eine Steckdose zu installieren (a. Abschn. 6.1.3 u. 5).

Sie sind zweiteilig. Die Steckdose ist mit dem Leitungsnetz fest verbunden, der Stecker befindet sich an der Anschlußleitung des anzuschließenden Gerätes. Stecker und Steckdosen müssen im Leitungszug so angebracht werden, daß die Steckerstifte im nicht gesteckten Zustand nicht unter Spannung stehen. An einen Stecker darf nur eine bewegliche Leitung angeschlossen werden.

Viele Geräte, wie Staubsauger, Heizöfen, Bügeleisen u. a., ohne eigene Anschlußleitung haben Gerätestecker, denen die Gerätesteckdosen der Anschlußschnüre entsprechen (**366**.1).

Mit Kupplungssteckdosen werden Anschlußschnüre verlängert. Verlängerungsschnüre sind indessen möglichst zu vermeiden, besser ist die Anordnung einer reichlichen Zahl von Steckdosen, die dann nur kurze bewegliche Leitungen erfordern.

In Hausinstallationen werden heute nur noch Steckvorrichtungen mit Schutzkontakt 16 A, 250 V Schukosteckvorrichtungen nach DIN 49440 (**366**.1) eingebaut.

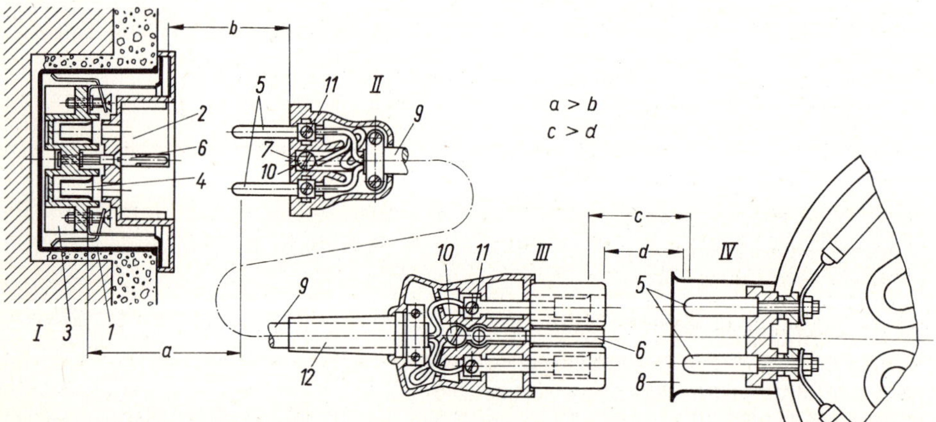

366.1 Zweipolige Schutzkontakt-Steckvorrichtung mit beweglichem Geräteanschluß (M 1:2,5)

I Wandsteckdose unter Putz mit Krallenbefestigung
II Wandstecker
III Gerätesteckdose
IV Kragen-Gerätestecker am Gerät

1 Gerätedose, l. W. 58 mm, aus Isolierstoff
2 Abdeckplatte zum Aufschrauben
3 Steckdoseneinsatz (ohne Darstellung der Leitungsführung)
4 Dosen-Kontakthülse, federnd
5 Steckerstifte
6 Dosen-Schutzkontaktbügel
7 Stecker-Schutzkontakt
8 Kragen-Schutzkontakt
9 Geräteanschlußschnur, dreiadrig
10 Klemmschraube für Schutzleiter
11 dgl. für Außenleiter
12 Gummitülle

Diese weisen in allen Teilen außer den i. allg. üblichen 2 spannungsführenden Polen (bzw. 3 oder 4 Polen zum Anschluß von Motoren, Elektroherden u. a. größeren Geräten) besondere Schutzkontakte auf, über die ein zusätzlicher, an das Metallgehäuse des Gerätes angeschlossener, gelbgrün gekennzeichneter Schutzleiter der beweglichen Anschlußleitung das Metallgehäuse (oder den Schutzkontakt des Gerätesteckers) leitend mit dem Nulleiter oder Schutzleiter des Netzes verbindet und so gegen eine zu hohe Berührungsspannung schützt (s. Abschn. 6.1.9.2).

Dabei muß beim Einstecken des Steckers in die Steckdose die Schutzverbindung zwischen den Schutzkontakten bereits hergestellt sein, bevor die Steckerstifte die Kontakthülsen der Steckdose berühren (**366**.1).

Begrenzt bewegliche Geräte mit einem Anschlußwert $\geqq$ 16 A, wie z. B. Elektroherde oder große Waschmaschinen, sind durch eine bewegliche Anschlußleitung über eine Geräteanschlußdose an die fest verlegte Leitung anzuschließen.

Alle Geräteanschluß- und Verlängerungsschnüre müssen demnach mindestens dreiadrig und auch dort, wo die Steckdosen des Leitungsnetzes selbst noch keine Schutzkontakte aufweisen, mit Schutzkontaktsteckern, -kupplungs- und -gerätesteckdosen ausgerüstet sein.

Ebenso müssen die ortsveränderlich anzuschließenden Stromverbraucher in jedem Falle Schukogerätestecker haben. Steckdosenstromkreise s. Bild **333**.1.

Steckvorrichtungen zum Einschrauben in Lampenfassungen, Abzweig-(Mehrfach-)Stecker aller Art mit und ohne Schutzkontakt sowie Übergangsvorrichtungen zum Übergang von Schukosteckdosen auf Steckdosen ohne Schutzkontakt sind verboten.

Steckdosen werden vorteilhaft stets als Mehrfachsteckdosen angeordnet, auch als Mehrfachgeräte kombiniert mit Schaltern sowie mit Tastschaltern und Steckdosen der Fernmeldeanlagen unter gemeinsamer Abdeckplatte.

Unmittelbar unter den Schaltern an den Zimmertüren verlegte Steckdosen sind nur zum Anschluß des Staubsaugers günstig zu verwenden und nur zusätzlich zu den sonstigen Steckdosen des Raumes zu empfehlen.

Fußboden-Steckdosen, die immer mit einem abdichtenden Deckel versehen sind, werden nicht nur in Bürogebäuden, sondern z. B. auch in privaten Arbeitsräumen als praktisch empfunden, wenn sie an der richtigen Stelle eingeplant wurden.

In Kinderzimmern u. ä. sollten stets Kinderschutz-Steckdosen eingebaut werden, die es Kindern unmöglich machen, mit spitzen Metallgegenständen an spannungsführende Teile zu gelangen.

Steckdosenanbringung. Steckdosen sind wie Schalter (s. Abschn. 6.1.7) auf, unter und im Putz anzubringen und i. allg. nicht auf den freien Stellflächen der Wände, sondern in deren Eckbereichen, an den Türen und Fenstern anzuordnen.

Nach DIN 18015 T. 2 sollen sie grundsätzlich $\geqq$ 30 cm, an den Arbeitsplätzen der Küchen möglichst 105 cm, besser 115 cm über dem fertigen Fußboden liegen (**23**.1 und **340**.1).

Steckdosen für Einbaukühlschränke verlegt man 115 cm, für Tischkühlschränke 30 cm, für mehr als 1,20 m hohe Kühlschränke > 215 cm, für Elektroherde 30 cm, für Untertisch-Heißwasserbereiter 30 cm über dem Fußboden (Geräteanschlußdosen für bewegliche Anschlußleitungen von Elektroherden, Waschmaschinen, Wäschetrockner u. ä. 20 bis 30 cm über OKF Fußboden) (**316**.1). Über Ringleitungs-Stromkreise für Steckdosen s. Bild **333**.1.

Neben jeder Rundfunkantennen-Steckdose sind mindestens eine Starkstrom-Steckdose, neben jeder Fernsehantennen-Steckdose mindestens drei vorzusehen.

Installationshöhen von Steckdosen in Haushaltsküchen und Hausarbeitsräumen sind in den Abschn. 1.1.5 und 1.2.5 nachzulesen, für Behinderte in den Abschn. 1.1.6.5 und 1.2.6.

Drehstrom-Steckvorrichtungen spielen in der Hausinstallation praktisch keine Rolle.

6.1.9 Sicherheitseinrichtungen

6.1.9.1 Überstrom-Schutzorgane

Überstrom-Schutzorgane, dazu zählen Leitungsschutzsicherungen und Leitungsschutzschalter, gegen zu hohe Erwärmung sowohl durch betriebsmäßige Überlastung als auch durch Kurzschluß sind an allen Stellen anzubringen, wo sich der Leitungsquerschnitt zur Verbraucherstelle hin verjüngt. Sie sind nach Tafel **338**.1 zu bemessen.

Bei Stellen, an denen davorliegende Leitungsschutzsicherungen auch den verjüngten Querschnitt schützen, sind weitere Sicherungen nicht erforderlich. Das verjüngte Leitungsende braucht auch dann kein Überstrom-Schutzorgan als Überlastschutz zu erhalten, wenn es ≤ 2 m lang ist und die vorgeschaltete Stromsicherung nicht mehr als drei Sicherungsstufen höher ist, als es der Tafel **338**.1 entspricht.

Eine Leitung, an die mehrere, z. B. auf einer Verteilungstafel vereinigte Stromkreise angeschlossen sind, gilt als gegen Überlast geschützt, wenn die Summe der Nennströme der Stromsicherungen aller abgehenden Leitungen gleich oder kleiner ist als der Nennstrom der für die Zuleitung zulässigen Stromsicherung.

Die Überstrom-Schutzorgane der einzelnen Stromkreise müssen leicht zugänglich am Anfang der zu schützenden Leitung liegen und werden daher auf den Zähler- oder den Verteilungstafeln angeordnet. Null- und Schutzleiter dürfen nicht abgesichert werden (**372**.1 und **373**.1).

Über die zulässigen Größen der Überstrom-Schutzorgane in Licht- und Steckdosenstromkreisen s. Abschn. 6.1.5.3.

Leitungsschutzsicherungen (Schmelzsicherungen). Für Stromstärken von 6 bis 200 A verwendet man vierteilige Leitungsschutzsicherungen, bestehend aus dem Sicherungssockel zum Anschluß der abzusichernden Leitung, dem Paßeinsatz (Paßring, Paßhülse), dem Schmelzeinsatz und der Schraubkappe zum Festschrauben des letzteren, nach dem Diazed-System mit seinen diametral abgestuften (zweiteiligen) Edison-Schraubstöpseln.

Im Schmelzeinsatz liegt in einem mit Sand gefüllten Hohlraum ein dünner Schmelzdraht, der bei Überschreiten der zulässigen Höchststromstärke ungefährlich abschmilzt.

Die Patronen müssen unverwechselbar sein und haben deshalb Fußkontakte, deren Durchmesser mit steigender Stromstärke zunehmen und den in die Sicherungssockel eingeschraubten zugehörigen Paßschrauben (-ringen oder -hülsen) entsprechen (**368**.1).

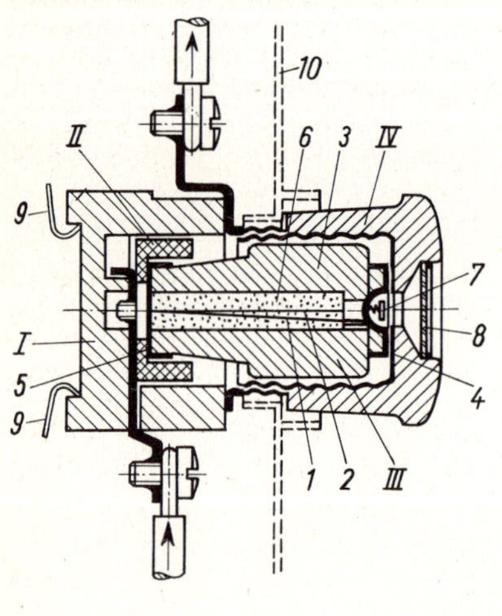

368.1
Leitungsschutzsicherung (M 1:2,5)

I Einbau-Sicherungssockel
II Paßschraube
III Schmelzeinsatz
IV Schraubkappe
1 Schmelzleiter
2 Spanndraht für Unterbrechungsmelder
3 Hohlkörper aus Porzellan
4 Kopfkontakt
5 Fußkontakt
6 Sand
7 Unterbrechungsmelder (Kennplättchen)
8 Fenster
9 Feder zum Aufklemmen auf Tragschiene
10 Isolierstoff-Abdeckstreifen der Verteilungstafel o. ä.

Am Kopf der Patrone befindet sich ein farbiger Unterbrechungsmelder (Taf. **369**.1), der beim Durchschmelzen des Schmelzdrahtes abgeschleudert wird und so anzeigt, ob die Sicherung intakt oder durchgebrannt ist.

Tafel **369**.1 Schmelzsicherungen

Nennstrom *Jn* in A	6	10	16	20	25	35	50	63
Kennfarbe der Schmelz-und Paßeinsätze	Grün	Rot	Grau	Blau	Gelb	Schwarz	Weiß	Kupfer

Flicken von Sicherungen und auch ihr Überbrücken ist wegen der damit verbundenen Gefahren verboten.

Das neuere NEOZED-Sicherungssystem entspricht in Aufbau und Funktion dem DIAZED-System, zeichnet sich aber durch kleinere Abmessungen aus.

Über die Teilungsmaße der Einbau-Sicherungssockel s. Tafel **331**.2.

Träge Sicherungen (Schmelzeinsätze mit erhöhter Verzögerung) vermeiden den möglichen Nachteil der normalen flinken Sicherungen, Stromstöße und vorübergehende Belastung zu früh abzuschalten und so keine volle Ausnützung der Leiterquerschnitte zu gestatten.

Sie werden in Stromkreisen mit kurzzeitigen Belastungsspitzen (Motorstromkreisen) und als Vorsicherungen vor Leitungsschutzschaltern „H" verwendet.

Man wählt sie 1 bis 2 Stufen niedriger als flinke Sicherungen.

NH-(Niederspannungs-Hochleistungs-)Sicherungen in den Größen NH 00 bis NH 2 werden in den Bereichen von 25 bis 200 A zum Schutz gegen hohe Kurzschlußströme eingebaut.

Leitungsschutzschalter. An Stelle von Schmelzsicherungen werden heute weitgehend Leitungsschutzschalter (LS-Schalter, Automaten) vorgesehen. Dies sind kleine Überstromschalter mit zweifacher Abschaltvorrichtung.

Die elektromagnetische Auslösung wirkt als Schnellauslösung bei Kurzschluß, und zwar bei den für die Wohnungsinstallation bestimmten „H"-(Haushalt-)Automaten bei 2,5fachem Nennstrom. Dadurch gewährt der H-LS-Schalter zugleich in Anlagen mit der Schutzmaßnahme „Nullung" (s. Abschn. 6.1.9.2) einen zuverlässigen Schutz gegen zu hohe Berührungsspannung.

Die langsamer wirkende thermische Bimetall-Auslösung schaltet bei kurzen unschädlichen Überlastungen, z. B. beim Einschalten von Motoren und großen Glühlampen, erst dann ab, wenn die Leitung sich unzulässig erwärmt. Der S-Schalter hat außer dem Einschalt- einen besonderen Ausschaltknopf oder einen Schaltgriff und kann daher auch zum Ausschalten des Stromkreises benutzt werden.

Die sog. Freiauslösung verhindert ein Wiedereinschalten eines Selbstschalters, solange die Ursache der automatischen Abschaltung nicht beseitigt ist.

Einmalige Anschaffung, stete Betriebsbereitschaft und höhere Belastbarkeit der abgesicherten Leiterquerschnitte sind die besonderen Vorteile der LS-Schalter.

LS-Schalter werden als Schraubautomaten mit Gewinde E27 zum Einschrauben in die Sockel von Sicherungselementen für 25 A (**370**.1) sowie als Sockel- oder Einbauautomaten (**370**.2) zur festen Montage in Schalt- und Verteilungstafeln für 10, 16, 20 und 25 A Nennstrom hergestellt.

Die heute meistens verwendeten Modelle der Einbauautomaten haben ein Breitenmaß (Teilungsmaß) von nur 18 mm bei einer Kappenhöhe von 45 mm und werden durch eine Schnappbefestigung auf Tragschienen aufgeklemmt, so daß auch auf kleineren Verteilungstafeln eine größere Anzahl Automaten unterzubringen ist (s. Abschn. 6.1.5.3, Bild **331**.1 und Tafel **331**.2).

Einbauautomaten 25 A sind zur Absicherung von Durchlauferhitzern bis 21 kW bei Drehstrom 380 V und Heißwasserspeichern bis 7 kW bei Wechselstrom 220 V geeignet.

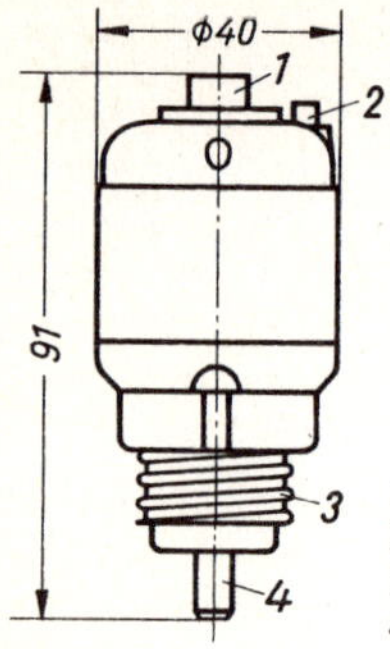

1 Einschaltdruckknopf
2 Ausschaltdruckknopf
3 Schraubgewinde E 27
4 Fußkontakt

370.1 Leitungsschutzschalter als Schraubautomat (M 1:2,5)

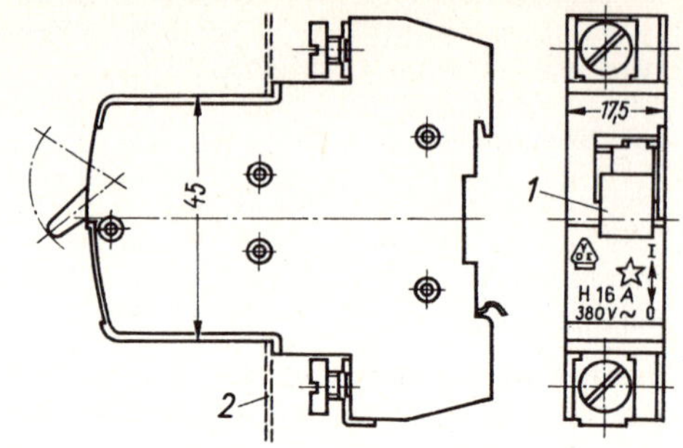

370.2 Einpoliger Einbau-Leitungsschutzschalter „H“ (Sockelautomat) (M 1:2)

1 Schaltgriff
2 Isolierstoff-Abdeckstreifen der Verteilungstafel

Allen LS-Schaltern ist nach VDE 0100 zur Vermeidung einer Beschädigung des Schalters beim Überschreiten der zulässigen Kurzschlußstromstärke eine Schmelzsicherung von $\leqq$ 100 A vorzuschalten. In Hausinstallationen übernimmt i. allg. die Hausanschlußsicherung oder die Wohnungsvorsicherung diese Funktion.

6.1.9.2 Unfall- und Brandschutz

Jährlich verunglücken im Bereich Haushalt etwa 11 000 Menschen tödlich. Der elektrische Strom ist daran mit etwa 70 Toten beteiligt bzw. mit 0,64%.

Ein **elektrischer Unfall** entsteht, wenn ein Fehlerstrom, und zwar ein Gleich- oder Wechselstrom im Schwingungsbereich von 50 Hz (1 Hz = 1 Schwingung je sec.), mit einer bestimmten Stromstärke über den Körper eines Menschen oder Tieres fließt. Im Strombereich von 0,02 bis $\approx$ 3 A entsteht bei Stromfluß über das Herz des Menschen „Herzflimmern“, bei höheren Stromstärken Herzstillstand.

Nach stundenlangen Wiederbelebungsversuchen kann, besonders nach Herzstillstand, eine Wiederaufnahme der Herztätigkeit erzielt werden, jedoch führen dann oft die mit höheren Stromstärken verbundenen Verbrennungen und Gewebeschäden, häufig noch nach Tagen, zum Tode.

Großtiere sind i. allg. gegen Strom erheblich empfindlicher als der Mensch.

Ein Strom fließt über den Körper eines Menschen oder Tieres, wenn der Körper eine Spannung zwischen Außenleiter und Erde (**370**.3) oder Außenleiter und Außenleiter überbrückt.

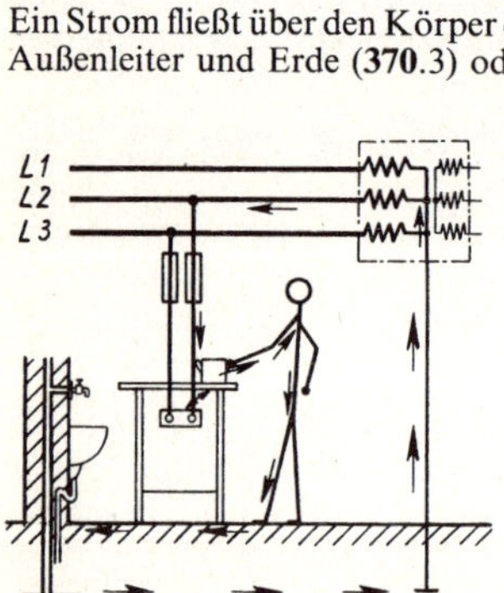

370.3
Gefährdung durch ungeschützten Herd

Die Berührungsspannung kann an den Körper durch die Verletzung der Isolation eines metallischen Leiters entweder direkt oder über eine leitende Verbindung zwischen Leiter und metallischem Gerätekörper (Körperschluß) herangetragen werden. Sogar an leitende Teile in Nachbarräumen kann über eine leitende Verbindung eine Berührungsspannung verschleppt werden.

Die Höhe des Fehlerstromes hängt ab vom Widerstand des Stromdurchganges, das sind die Widerstände aller stromleitenden Teile einschließlich der Erde und der Übergangsstellen, und, falls Mensch oder Tier beteiligt sind, vom Körperwiderstand (Mensch $\approx 1000\ \Omega$) und von der Höhe der Berührungsspannung.

In feuchten Räumen (z. B. Badezimmer) oder bei feuchter Haut sind die Übergangswiderstände gering, so daß besonders hohe Stromstärken auftreten. Die in Hausanlagen gebräuchlichen Spannungen zwischen 110 und 380 V sind durchaus in der Lage, das besonders gefährliche Herzflimmern zu erzeugen.

Erst Spannungen unter 65 V sind für Menschen und unter 24 V für Tiere nicht tödlich.

Elektrische Brandschäden bzw. Verbrennungen entstehen durch Funken bei Stromdurchgang über unvollständige Kontakte. Sie werden verursacht durch Leitungsbrüche, mangelhafte Leitungsverbindungen und an den Stromübergangsstellen bei Körperschlüssen.

Schutzmaßnahmen. Der Schutz gegen elektrische Unfälle und Brandschäden, den einwandfrei ausgeführte elektrische Anlagen bieten, ist gegenüber anderen Unfall- und Schadensmöglichkeiten außerordentlich hoch.

Er setzt indessen die Planung und Errichtung der Anlagen durch einen verantwortlichen Fachmann gemäß den VDE- und EVU-Vorschriften und die Verwendung einwandfreier Anlageteile, am besten mit dem VDE-Prüfzeichen, voraus.

Ferner ist eine der nachstehend aufgeführten zusätzlichen Schutzmaßnahmen vorzusehen.

Hiervon sind lediglich ausgenommen Hausanlagen unter 65 V und solche in Räumen mit isolierendem Fußboden, z. B. aus Holz oder mit Linoleum- oder Kunststoffbelag, in denen sich keine zufällig berührbaren, mit Erde leitend verbundenen Einrichtungen wie Wasser-, Gas- und Zentralheizungsanlagen od. dgl. befinden.

Schutzisolierung. Alle der Berührung zugänglichen Teile eines Gerätes, die Spannung annehmen können, werden fest und dauerhaft mit Isolierstoffen abgedeckt. Schutzisolierte Betriebsmittel müssen nach DIN 40014 das Zeichen ⧈ tragen. Ein schutzisoliertes Gerät darf keine Anschlußstelle für den Schutzleiter haben, eine fest angeschlossene bewegliche Anschlußleitung keinen Schutzleiter enthalten, muß bei Steckeranschluß aber mit einem Schutzkontaktstecker versehen sein.

Die Schutzisolierung ist mit Rücksicht auf Zuverlässigkeit und Aufwand eine äußerst günstige Schutzmaßnahme, die daher weitgehendst angewendet werden sollte.

Standortisolierung. Der Fußboden sowie alle im Handbereich befindlichen, mit Erde verbundenen Teile werden mit einer isolierenden Abdeckung versehen. Sie ist nur bei ortsfesten Geräten anwendbar.

Kleinspannung. Statt der üblichen Betriebsspannungen wird eine im Fehlerfall völlig ungefährliche Spannung, i. allg. $\leqq 42$ V, gewählt, z. B. für Handleuchten, Werkzeug bei Verwendung in Kesseln, Geräte in Frisiersalons usw.

Für Spielzeug, in Stallungen u. dgl. verwendet man $\leqq 24$ V. Die Kleinspannung wird i. allg. durch einen Kleintransformator erzeugt.

Mit der sicheren Abtrennung des sekundären Niederspannungskreises von der Netzspannung ist die Kleinspannung eine Schutzmaßnahme, die auch bei extremem Betrieb höchste Sicherheit gewährt. Sie ist allerdings nur bei kleineren elektrischen Leistungen wirtschaftlich.

Nullung. Der zu schützende Anlageteil wird im Hausanschluß oder in der Hauptverteilung über einen besonderen Schutzleiter mit dem Nulleiter (Mittelpunktsleiter N) verbunden.

Innerhalb der Hausanlage darf der grüngelb zu kennzeichnende Schutzleiter (PE) nicht mit dem Nulleiter (N) verbunden, ferner nicht für sich abgesichert und für sich geschaltet werden (**372**.1).

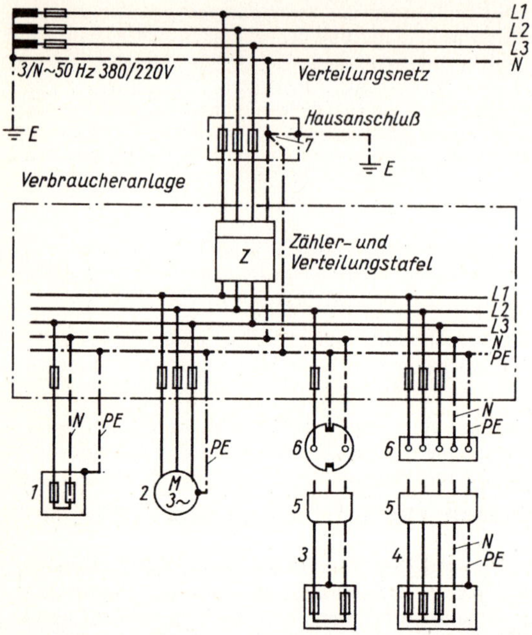

372.1
Nullung

1 ortsfester Anschluß
2 dgl., 3phasig ohne Nulleiter
3 ortsveränderlicher Anschluß, 1phasig
4 dgl., 3phasig mit Nulleiter
5 Schukostecker
6 Schukosteckdose
7 Verbindung des Schutzleiters mit dem Nulleiter (nach Vorschrift des EVU ggf. an der Zählerstation)

L1, L2, L3 Außenleiter
N Nulleiter (Mittelpunktsleiter)
PE Schutzleiter
E Erdung

Die Nullung soll das Bestehenbleiben einer gefährlichen Berührungsspannung dadurch verhindern, daß jeder Körperschluß einen starken Kurzschlußstrom hervorruft, der das dem fehlerhaften Gerät vorgeschaltete Überstrom-Schutzorgan ansprechen läßt. Ortsveränderliche Verbraucher müssen hierzu durch einen besonderen Schutzleiter (Kennfarbe Grüngelb) genullt werden, der nicht zur Stromführung benutzt werden darf. Die beweglichen Anschlußleitungen müssen also bei einphasigem Anschluß dreiadrig, bei dreiphasigem Anschluß fünfadrig sein.

Der Querschnitt des Nulleiters sowie des Schutzleiters muß bei Außenleitern $\leqq 16\ mm^2$ Cu mindestens gleich dem des Außenleiters sein.

Alle Maßnahmen zum Potentialausgleich gemäß Abschn. 6.1.5.1 (**324**.1 und 2) sind stets in die Nullung einzubeziehen.

Fehlerstrom(FI)-Schutzschaltung (**373**.1). Alle zum Verbraucher führenden Leitungen (einschließlich des Nulleiters) werden im Innern des Schalters durch einen Stromwandler geführt. Solange sich im ungestörten Betrieb die zu- und abfließenden Ströme die Waage halten und ihre Summe in jedem Augenblick gleich Null ist, kommt im Wandler kein Sekundärstrom zustande. Fließt jedoch bei einem Körperschluß ein Teil des Verbraucherstromes nicht mehr unmittelbar ins Netz zurück, sondern als Fehlerstrom über die Hilfserde zur Erde, so heben sich die Magnetfelder der einzelnen Leiter nicht mehr gegenseitig auf.

Das verbleibende Differenzfeld ruft nun im Wandler einen Sekundärstrom hervor, der bei Erreichen des „Grenz-Fehlerstromes" von z. B. 0,3 A innerhalb 0,1 s nach Auftreten des Fehlers durch eine Magnetspule den Schalter auslöst, der das geschützte Gerät allpolig vom Netz trennt.

Der FI-Schutzschalter hat Freiauslösung, wodurch das Wiedereinschalten bei bestehendem

Fehler ausgeschlossen wird, sowie eine Prüftaste zur jederzeitigen Prüfung seiner Wirksamkeit.

Die FI-Schutzschaltung ist zum Schutz sowohl einzelner Geräte wie auch ganzer Anlagen zu verwenden.

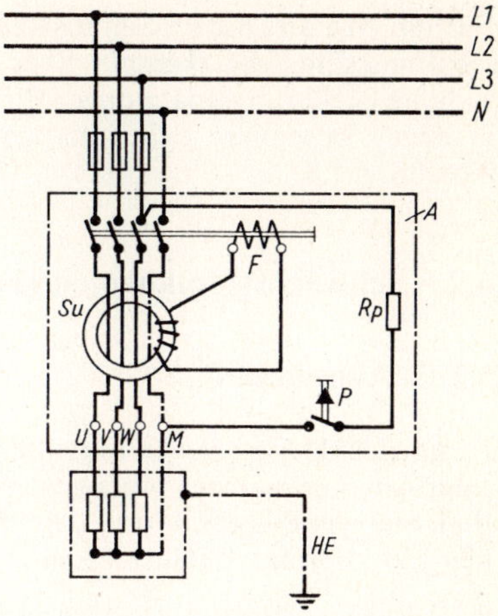

373.1
FI-Schutzschaltung
A Schutzschalter
F Fehlerstromspule
Su Summen-Stromwandler
HE Hilfserde
P Prüftaste
Rp Prüfwiderstand

Während die Nullung keinen Fehlerstrom abschalten kann, der unterhalb der Nennstromstärke des vorgeschalteten Überstrom-Schutzorganes liegt, arbeitet die FI-Schutzschaltung völlig unabhängig von der Größe dieses Organes und ist dabei besonders sicher.

Bei einfacher Montage und zuverlässigem Berührungsschutz bietet sie zusätzlich Brandschutz gegenüber Kriechströmen oder Überschlägen, in schadhaften Verbrauchernetzen auch für mehrere angeschlossene Geräte.

Für Baustellenverteiler und in der Landwirtschaft ist die FI-Schutzschaltung allgemein vorgeschrieben und weiterhin besonders für Heißwasserspeicher, Bäder, Waschräume, medizinische Räume, für chemische Fabriken, für Brauereien, Gerbereien und andere nasse Betriebe usw. zu empfehlen.

Fehlerspannungs(FU)-Schutzschaltung. Zwischen dem Gehäuse des Gerätes und Erde wird eine Spule geschaltet, die bei Körperschluß von einem Strom durchflossen wird und hierdurch in kürzester Frist die Abschaltung des fehlerhaften Gerätes einleitet.

Die Verwendung der FU-Schutzschaltung ist mit Aufkommen der FI-Schutzschaltung erheblich zurückgegangen, da die FU-Schutzschaltung i. allg. im Gegensatz zur FI-Schutzschaltung bei brandverursachenden Leitungsunterbrechungen nicht anspricht.

Schutztrennung. Der Stromkreis nur eines Verbrauchers, z. B. einer Rasiersteckdose, wird durch einen Transformator, jedoch unter Beibehaltung der üblichen Gebrauchsspannung, vom speisenden Netz abgetrennt (**373**.2). Der Sekundärteil des Transformators und der Sekundärstromkreis haben keine Verbindung mit der Erde. Es kann daher bei einem Körperschluß kein Strom in Richtung Erde fließen.

An einen Trenntransformator darf nur ein einziges Gerät mit $\leqq 15$ A Nennstrom und mit einer Zuleitung nicht zu großer Länge angeschlossen werden.

Er muß zu dessen Anschluß eine fest eingebaute Steckdose ohne Schutzkontakt haben.

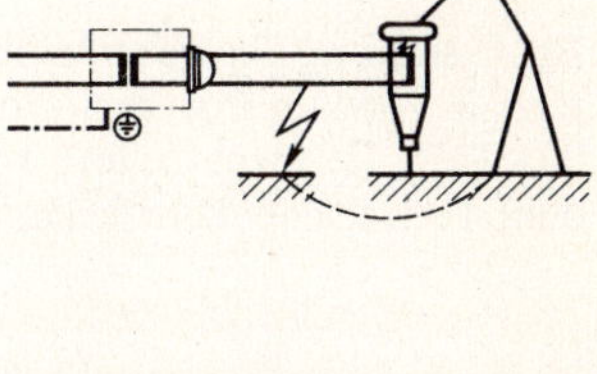

373.2
Trenntransformator (mit Erdschluß im Sekundärkreis)

Baustellen-Trenntransformatoren sind vorgeschrieben für Betonrüttler und -stampfer, Naßschleifmaschinen u. ä.

Da die Schutztrennung nur bei fehlerfreier Isolierung der Sekundärseite wirksam ist, ist diese regelmäßig zu überprüfen.

Für die Maßnahmen Schutzisolierung, Nullung, FI-Schutzschaltung und FU-Schutzschaltung sind **Schutzkontakt**-Steckvorrichtungen (**366**.1 und **372**.1) als Schutz gegen zu hohe Berührungsspannungen für ortsveränderliche Stromverbraucher in allen Räumen, in denen besondere Schutzmaßnahmen erforderlich sind, vorgeschrieben. Näheres s. Abschn. 6.1.8.

6.2 Schwachstromanlagen (Fernmeldeanlagen)

6.2.1 Allgemeines

Fernmeldeanlagen dienen mittelbar oder unmittelbar der Übermittlung von Nachrichten jeder Art, Zuständen, Vorgängen, Wahrnehmungen u. dgl. (VDE 0800 „Bestimmungen für Errichtung und Betrieb von Fernmeldeanlagen"). Ihr Gebiet ist sehr umfangreich und kann hier nur kurz angedeutet werden.

Klingel-, Türöffner- und Haussprechanlagen in Wohngebäuden werden mit Schwachstrom von 6 bis 12 V über einen Kleintransformator (Klingeltransformator) betrieben, der an den Netzstromkreis für die Gemeinschaftsanlagen angeschlossen wird.

Gleichstromanlagen, aus Akkumulatoren oder Batterien gespeist, werden nur selten für kleinste Anlagen, vor allem bei Nachinstallationen, gebaut.

Für Fernmeldeanlagen wird ein besonderes Leitungsmaterial verwendet, das im Innern der Gebäude mit Durchmessern von zumeist 0,6 und 0,8 mm als isolierte Leitung in Kunststoff-Isolierrohr oder dort, wo stärkerer Schutz gegen mechanische Beschädigung oder Nässe erforderlich ist, in Stahl- oder Kunststoff-Panzerrohr, weiter als Fernsprechkabel oder als Kunststoff-Fernsprechstegleitung in oder unter Putz wie Starkstromleitungen verlegt wird.

Wie diese sind die Fernmeldeanlagen, die sich häufig im Gebäude weit verzweigen, rechtzeitig sorgfältig und unter Berücksichtigung möglicher künftiger Erweiterungen zu planen. Schwachstrom-Schaltzeichen (auszugsweise) der Installationspläne s. Tafel **312**.1.

Im Innern der Gebäude sind Fernmelde- und Starkstromanlagen möglichst räumlich zu trennen.

Bei Kreuzungen und Näherungen zwischen Starkstrom- und Fernmeldeleitungen ist ein Abstand der beiderseitigen Bauteile von $\geqq 10$ mm einzuhalten, oder es ist ein Trennsteg erforderlich.

Gemeinsame Leitungsführung verschiedenartiger Fernmeldeleitungen (z. B. Fernsprech-, Fernschreib-, Alarmanlagen) ist nur dann zulässig, wenn keine unzulässigen Beeinflussungen in benachbarten Stromkreisen auftreten können oder nur ausnahmsweise und kurzzeitig möglich sind.

6.2.2 Post-Fernsprechanlagen

Bei Erstellung der Fernmeldeanlagen der Post sind außer den allgemein gültigen Vorschriften die von der Postverwaltung erlassenen Sondervorschriften, vor allem die FTZ-Norm 731 TV 1 „Rohrnetze und andere verdeckte Führungen für Fernmeldeleitungen in Gebäuden; Technische Vorschriften" zu beachten.

Zweckmäßigerweise wird zur Planung der Rohrnetze größerer Post-Fernmeldeanlagen das zuständige Fernmeldeamt frühzeitig, spätestens vor Ausführung der Putz- und Estricharbeiten, hinzugezogen.

Fernsprech-Hauptanschlüsse werden nur durch das zuständige Fernmeldebauamt der Deutschen Bundespost eingerichtet, mit dem rechtzeitig Verbindung aufzunehmen ist.

Fernsprech-Nebenstellenanlagen bestehen aus mind. 2 Nebenstellenapparaten, die sowohl dem internen Sprechverkehr im Hause als auch dem Verkehr über das öffentliche Fernsprechnetz dienen (**375**.1).

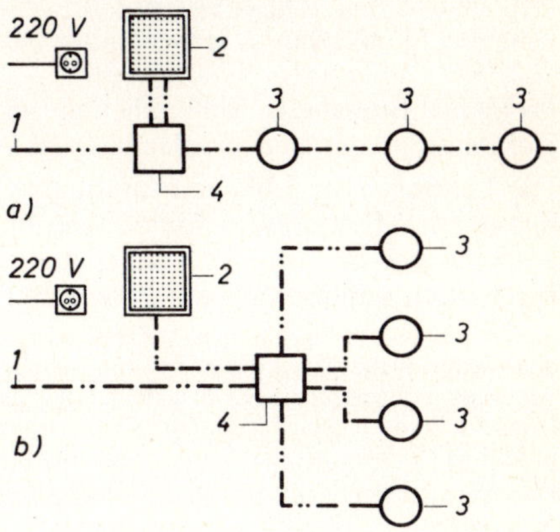

375.1
Nebenstellenanlagen in Verbindung mit Anlagen der Deutschen Bundespost

a) Reihenanlage
b) Anlage in Sternschaltung

1 Amtsleitung
2 Nebenstellenanlage
3 Nebenstellen
4 Verteilerkasten

Diese Anlagen werden von der Bundespost und von konzessionierten Privatfirmen errichtet und müssen der Fernsprechordnung der Bundespost entsprechen.

Fernsprech-Hauptanschlüsse. Sie sind in allen Einfamilienhäusern und in Mietshäusern für jede Wohnung vorzusehen.

Als besonders zweckmäßig und wirtschaftlich hat sich die Verlegung eines Leerrohrnetzes aus flexiblen Metall- oder Kunststoff-Isolierrohren erwiesen, das unter Verwendung der von der Deutschen Bundespost zugelassenen Verteilerkästen der Typen I bis IV von jedem zugelassenen Elektroinstallateur unter Beachtung der einschlägigen VDE-Vorschriften sowie FTZ- und DIN-Normen erstellt werden und in das das Fernmeldeamt später bei Bedarf die erforderlichen Leitungen einziehen kann.

Im Mietshaus. Dieses Rohrnetz (**375**.2) beginnt bei Kabelnetzen im Hausanschlußraum (s. Abschn. 1.7) am Endverzweiger und wird im Mietshaus von hier aus bis in das oberste Stockwerk als Steigrohr mit einer Nennweite 29 mm in einem Mauerschlitz 4/4 cm hochgezogen (**327**.1).

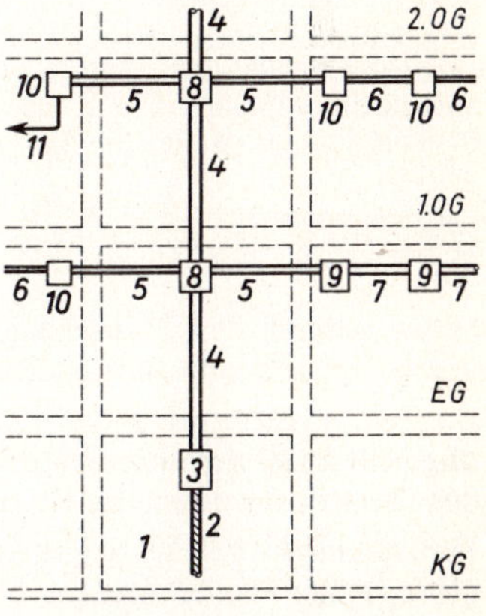

375.2
Rohrnetz einer Post-Fernmeldeanlage in einem Mehrfamilienhaus

1 Hausanschlußraum im Kellergeschoß
2 Fernsprechkabel des Hausanschlusses
3 Endverzweiger in der Abzweigdose des Typs I oder II oder in posteigenem Gehäuse
4 Steigrohr, Isolierrohr DN 29
5 Abzweigung, Isolierrohr DN 23
6 dgl., I-Rohr DN 16, zur Versorgung von 1 bis 5 Sprechstellen
7 dgl., in langem Flur, DN 23, für mehr als 5 Sprechstellen
8 Verteilerkasten Typ III (evtl. II)
9 dgl., Typ III in verlängerter Abzweigung 7
10 Verteilerkasten Typ IV
11 Innenleitung zum Fernsprechapparat auf Putz

Für die waagerechten Abzweigungen in den einzelnen Geschossen von der Abzweigdose des Steigrohres (Verteilerkasten Größe III, evtl. II) bis zum ersten Verteilerkasten (Typ IV) in den Wohnungen sind Isolierrohre DN 23 und hinter dem ersten Verteilerkasten in den Wohnungen ggf. DN 16 im Mauerschlitz 3/3 cm zu verlegen.

In großen Gebäuden mit langen Fluren kann es indessen notwendig werden, die Abzweigungen DN 23 unter Einschaltung weiterer Verteilerkästen des Typs III zu verlängern, da ein Isolierrohr DN 16 nur die Leitungen für höchstens 5 Sprechstellen aufnehmen kann.

Im Einfamilienhaus. In Einfamilienhäusern genügt i. allg. ein I-Rohr DN 16 für die gesamte Rohrleitung vom Endverteiler bis zum Aufstellungsort der Fernsprechapparate.

Die Leitungen sind bis zum mutmaßlichen Aufstellungsort der Fernsprechapparate zu führen, in Mietshäusern mindestens bis in den Wohnungsflur hinein, wo sie in einer Abzweigdose des Typs IV zum späteren Einbau einer Trenndose enden. Notfalls ist die Installation von hier aus auf Putz weiterzuführen.

Sollen Fernsprech-Nebenstellenanlagen auch für Einfamilienhäuser (**375**.1) eingerichtet werden, wofür es die verschiedenartigsten Möglichkeiten gibt, ist wegen der Erstellung des zumeist sehr verzweigten Leerrohrnetzes in jedem Fall das zuständige Fernmeldeamt einzuschalten, damit unerwünschte und kostspielige nachträgliche Änderungen in den bereits fertiggestellten Räumen oder eine unschöne Aufputzinstallation mit Sicherheit vermieden werden.

Das Nebenstellen-Zentralgerät erfordert einen 220-V-Anschluß.

Verteilerkästen. Die Verteilerkästen sind putzbündig und in genügendem Abstand von den Starkstromleitungen ($\geqq$ 10 mm zwischen allen beiderseitigen Bauteilen), die i. allg. knapp unter der Decke verlegt werden, möglichst so einzubauen, daß sie ohne Leiter zu erreichen sind.

Die Größe beträgt für Typ I 38,5/38,5/12,5 cm, Typ II 20/32/6,5 cm, Typ III 20/20/6,5 cm und Typ IV 10/10/4 cm.

Die Stromkreise von Fernmeldeleitungen der Deutschen Bundespost sollen von den Stromkreisen anderer Fernmeldeanlagen zur Vermeidung gegenseitiger elektrischer Beeinflussung i. allg. getrennt geführt werden.

Eine gemeinsame Verlegung in einem Unterputzsystem ist indessen bei Verwendung abgeschirmter Leitungen zulässig, evtl. mit Rohren größerer Nennweite.

Die ungeschnittene Leitungsführung verschiedener Systeme durch Verteilerkästen erfordert lediglich eine ausreichende Kennzeichnung der Leitungen.

Kombinationen von Unterputzdosen für Post-Fernmeldeeinrichtungen mit solchen für Starkstromeinrichtungen dürfen keine gemeinsame Abdeckplatte haben. Der Abstand von Dosenmitte zu Dosenmitte muß $\geqq$ 80 mm betragen.

In großen Gewerbebauten, wie z. B. Büro- und Verwaltungsgebäuden, Kaufhäusern u. a., auch in Wohnhochhäusern, wo häufig eine veränderliche Raumeinteilung oder -nutzung gefordert wird, tritt anstelle der Wandinstallation auch für die Fernmeldeanlagen eine Fußboden-, Decken- oder Fensterbankinstallation, wie sie in Abschn. 6.1.5.6 und S. 350 bereits für Starkstromanlagen beschrieben worden ist.

Die Steigrohre werden dann zusammen mit den Hauptleitungen anderer Versorgungssysteme in besonderen Rohrschächten hochgeführt (**818**.1).

Hausanschluß. Der Hausanschluß kann durch Kabel oder Freileitung erfolgen und wird vom Fernmeldeamt hergestellt.

Im Kabelnetz wird das Fernsprechkabel in den Hausanschlußraum eingeführt und ungeteilt auf Putz oder in einem Schlitz 3/3 cm unter Putz bis zum Endverzweiger am Fuß des Steigrohres unter der Kellerdecke weitergeführt (77.1).

Fernsprech-Freileitungsanschlüsse erhalten i. allg. eine Wandeinführung, bei der auf gleichzeitige Freileitungsanschlüsse der Starkstromversorgung Rücksicht zu nehmen ist.

Hier beginnt die Hauptleitung mit dem von der Post neben die Einführungsstelle gesetzten Sicherungskästchen.

6.2.3 Signal-, Heim- und Torfernsprechanlagen

Die zumeist in größerer Anzahl erforderlichen Leitungen können im Mietshaus als Steigleitung in einem besonderen Isolierrohr parallel mit der Starkstromhauptleitung in einem gemeinsamen Mauerschlitz 6/6 cm hochgeführt werden (**327**.1).

In jedem Geschoß ist dann oberhalb der Zählernische für die abgehenden Schwachstromleitungen eine Unterputzdose anzuordnen (**377**.1).

Klingelanlagen. Am Hauseingang werden die Klingeltaster und Namensschilder sowie möglichst auch der Lichttaster zum Einschalten der Treppenhausbeleuchtung auf einer Etagenplatte zusammengefaßt.

Die Namensschilder sollten beleuchtet sein (**377**.2 und **378**.1).

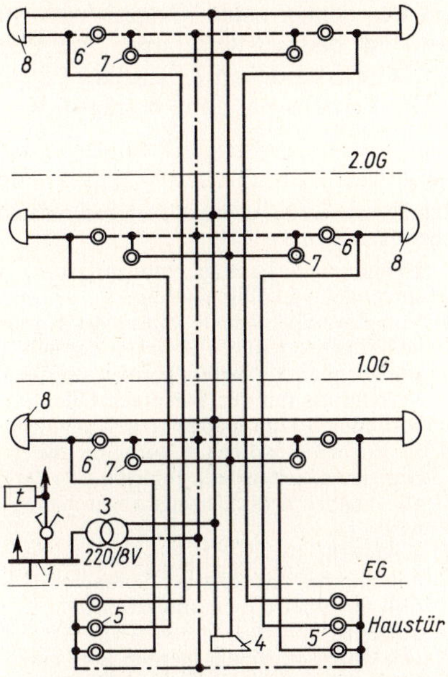

377.1 Klingel- und Türöffneranlage in einem Mehrfamilienhaus
1 Verteilungstafel für Gemeinschaftsanlagen
2 Schaltanlage zur Treppenhausbeleuchtung (vgl. Bild **364**.1)
3 Klingeltransformator
4 Türöffner der Haustür
5 Tastschalter der Klingelanlage an der Haustür (vgl. Bild **377**.2)
6 Tastschalter der Klingelanlage an der Wohnungstür
7 Tastschalter zum Türöffner im Wohnungsflur
8 Wecker der Klingelanlage

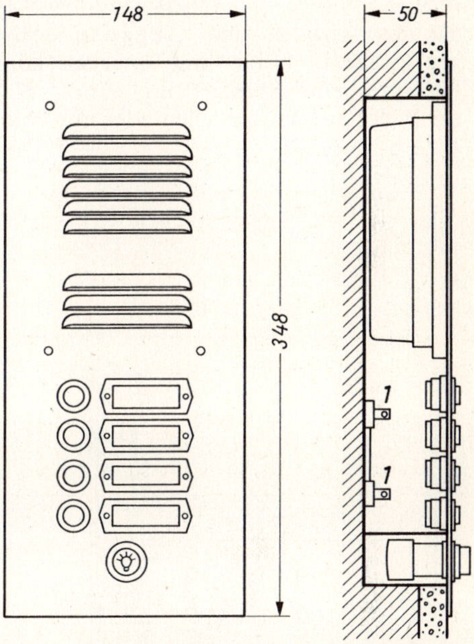

377.2 Torsprechstelle mit Kontaktplatte und Leuchttastschalter für Treppenhausbeleuchtung, Klingeltasten mit beleuchtbaren Namensschildern
Starkstrom- und Schwachstromseite sind im Einbaukasten durch eine Zwischenwand getrennt
1 Soffitte 12 V, 0,1 A

An der Wohnungstür werden Klingeltaster und Namensschild ebenfalls auf einer Abdeckplatte vereinigt.

Der bisher übliche Wecker wird heute gern durch einen melodischen elektrischen Gong ersetzt, wo dessen Tonstärke ausreichend erscheint.

Andere Signal- oder Fernmeldeanlagen, wie elektrische Uhren-, Feuermelde-, Raumschutz-, Wächterkontroll-, Panikbeleuchtungsanlagen, Behinderten-Notrufanlagen (s. Abschn. 1.3.2 und 1.4.2.3), Ruftafeln usw., können hier nur genannt werden.

Türöffneranlagen. Die Taster zur Betätigung des Türöffners (elektrisches Türschloß) in der Haustür werden in Geschoßwohnungen in der Nähe der Wohnungstür, in Einfamilienhäusern auch am Freisitz und anderen geeigneten Stellen angeordnet.

Die Verbindung mit einer Torfernsprechanlage ist stets zu empfehlen (**334**.1 und **377**.1).

Heimfernsprechanlagen. Sie dienen ausschließlich dem internen Fernsprechverkehr innerhalb eines Gebäudes oder verschiedener Gebäude eines und desselben Grundstückes (**378**.1). Sie sind unabhängig vom Post-Fernsprechnetz, die Gespräche sind gebührenfrei.

Zu unterscheiden sind Gegensprechanlagen, bei denen beide Gesprächspartner gleichzeitig hören und sprechen können (das sind beispielsweise auch die Post-Fernsprecheinrichtungen), und Wechselsprechanlagen, bei denen der einzelne Partner im Wechsel nur sprechen oder nur hören kann. Die Betriebsspannung beträgt 6 V.

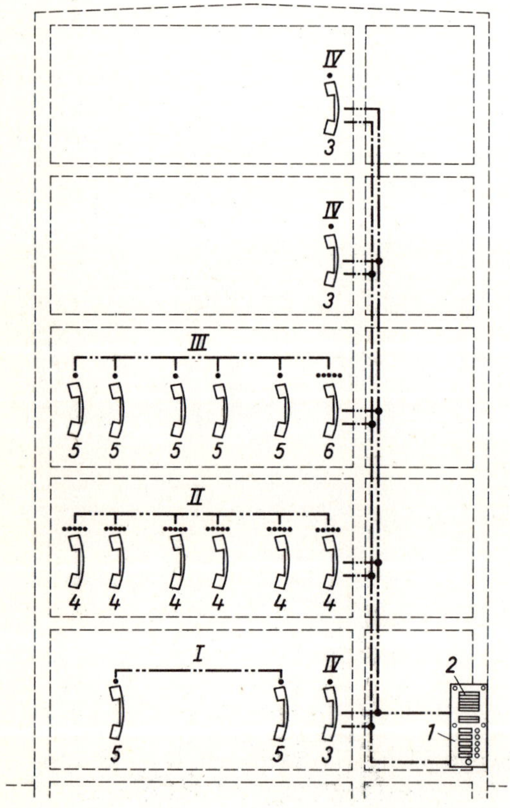

378.1
Heimfernsprechanlagen mit Torfernsprechanlage (nach Siemens)

I Heimfernsprechanlage, von Torfernsprechanlage völlig getrennt
II Von jeder Sprechstelle kann jeder einzelne Teilnehmer durch Drücken des entsprechenden Ruftasters gerufen werden. Verbindung mit der Torsprechstelle durch besonderen Umschalter oder Ruftaster an jedem Fernsprecher, durch die die betr. Heimsprechstelle zugleich von der allgemeinen Sprechleitung abgeschaltet wird.
III Gespräche von den Nebensprechstellen miteinander oder mit der Torsprechstelle sind nur über die Hauptsprechstelle möglich
IV Die einzelnen Mieter werden über eine Klingeltasterplatte neben der Haustür gerufen. Ihr Gespräch mit der Torsprechstelle können die anderen Teilnehmer nicht mithören. Ein Sprechverkehr zwischen den Haussprechstellen ist nicht möglich

1 Klingeltaster-Platte mit 5 Tastern
2 Torsprechstelle
3 Haussprechstelle mit Türöffnertaster
4 Heimfernsprecher mit 5 Ruftastern, 1 Umschalter für Torsprechstelle und 1 Türöffnertaster (dafür evtl. auch verfügbarer Ruftaster)
5 Heimfernsprecher mit 1 Ruftaster
6 Hauptsprechstelle wie 4

Anlagen der verschiedensten Größe und Zusammenschaltbarkeit sind möglich, z. B. ohne oder mit einer Hauptsprechstelle (Vermittlung).

Auch kann eine Torfernsprechanlage einbezogen werden. Neben einer Verbindung zu ihr können gleichzeitig Gespräche zwischen anderen Sprechstellen der Anlage geführt werden.

Die Fernsprecher gibt es in Wandausführung und als Tischfernsprecher.

Torfernsprechanlagen. Torfernsprechanlagen (**327**.1, **334**.1 und **378**.1) verbinden die Wohnung mit dem Hauseingang oder dem Garagentor.

Sie bestehen jeweils aus der Torsprechstelle und den Haussprechstellen.

Dabei können Gespräche zwischen einer Haussprechstelle und der Torsprechstelle von anderen Wohnungen aus nicht mitgehört werden. Auch ist ein Sprechverkehr dieser Haussprechstellen untereinander nicht möglich. Innerhalb einer und derselben Wohnung kann indessen die Torsprechstelle mit einer Heimfernsprechanlage zusammengeschaltet werden.

Die Fernsprecher im Hause weisen zugleich eine Türöffnertaste auf.

Torsprechstellen. Die Torsprechstelle besteht aus einer wetterfesten Mikrofon-Lautsprecher-Kombination und wird mit einer Frontplatte (**379**.1) direkt in das Mauerwerk oder in eine Klingeltaster-Platte (**377**.2) eingebaut.

Sie ist entweder neben der Hauseingangstür in die Hauswand oder in einen Pfeiler des Gartentores einzulassen. Dabei soll die Einsprechöffnung ca. 1,50 m über dem Erdboden liegen.

Auch in belebten Straßen reicht ein Abstand von 30 bis 50 cm von der Einsprechöffnung für eine gute Verständigung aus. Nur in besonders lärmerfüllter Umgebung sollte man die Torsprechstelle an einer lärmgeschützten Stelle einbauen.

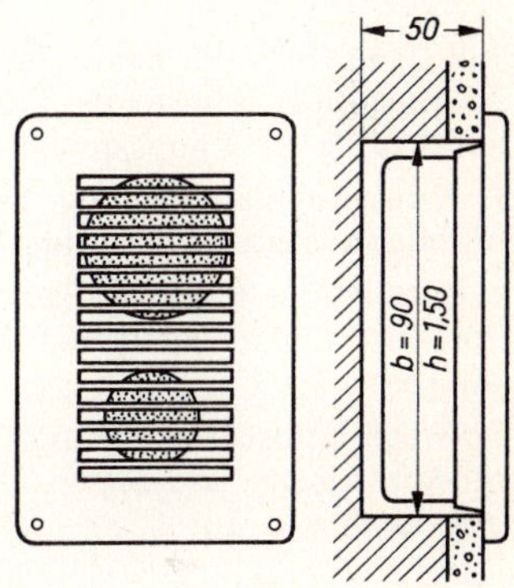

379.1
Torsprechstelle mit Frontplatte zum Einbau unter Putz (M 1:5) (Siemens)

Haussehanlagen. Die Kombination von Haussprech- und Haussehanlage stellt, besonders für Hochhäuser, eine Ideallösung der Eingangsinstallation dar.

Erst mit der Fernsehanlage ist es möglich, den einlaßbegehrenden Besucher auch visuell zu identifizieren.

Neben der Wohnungssprechstelle muß daher zusätzlich eine Anschlußdose für eine 220-V-Videoanlage installiert werden.

Die Verbindung vom Hauseingang zur Wohnungssprechstelle wird bis zu 12 Wohneinheiten mit einem Leerrohr 16 mm für eine Koaxialleitung hergestellt.

Die Frontplatte mit Klingeltastern, Briefkästen, Namensschildern, beleuchtetem Licht-Taster, Haussprechstelle und Hausfernsehanlage stellt damit am Mehrfamilienhaus-Eingang eine zusammenfassende Einheit dar.

Rufunterschiede können durch Anbringung eines zweiten Signalgerätes (Klingel, Summer, Gong) in der Wohnung ermöglicht werden.

Im Einfamilienhaus wird diese Station überwiegend als Torstation in einem massiven Einfriedigungsteil miteingeplant werden.

6.2.4 Schwachstrom-Leitungsmaterial

Nachfolgend werden die meistverwendeten Leitungen und Kabel für Klingel-, Signal- und Fernmeldeanlagen nach VDE 0815 und 0816 beschrieben.

Diese und weitere sehr zahlreichen Arten der Leitungen und Kabel werden durch Kurzzeichen in Form von Buchstabenkombinationen gekennzeichnet (Taf. **380**.1).

Tafel **380**.1 Kurzzeichen von Leitungen und Kabel für Klingel-, Signal- und Fernmeldeanlagen

Kennzeichen	Bedeutung
A –	Außenkabel
J –	Installationskabel
L –	Leitung
F	Folienisolierung, flache Ausführung bei Installationsleitungen, kontinuierlich gefüllt
(L) 2 Y	Schichtenmantel
(St)	Statischer Schirm aus Metallband oder kunststoffkaschierter Metallfolie
Y	Umhüllung aus Polyvinylchlorid (PVC)
2 Y	Umhüllung aus Polyäthylen (PE)
V	verzinnter Kupferleiter
R	Runddraht
(L)	Schirm aus kunststoffbeschichtetem Aluminiumband

1. Kunststoffaderleitung YV: Verwendung in trockenen Räumen, als Installationsdraht für Klingelanlagen, für feste Verlegung in Rohr auf und unter Putz
2. Stegleitung (Kunststoffhülle) J – FY: Verwendung in trockenen Räumen, als Installationsleitung für Klingelanlagen, für feste Verlegung in und unter Putz
3. Kunststoffmantelleitung YR: Verwendung in trockenen und feuchten Räumen als Installationsleitung für Klingelanlagen, für feste Verlegung auf und unter Putz
4. Installations-Kunststoffkabel J – Y (St) Y: zur festen Verlegung auf und unter Putz in trockenen und feuchten Räumen, für Fernsprech- und Signalübertragungen (Haussprechanlagen o. ä.)
5. Außen-Kunststoffkabel A – 2 YF (L) 2 Y (oder A – 2 Y (St) 2 Y bzw. A – 2 Y (L) 2 Y): zur Fernsprech- und Signalübertragung, für Verlegung als Erd- und Röhrenkabel (Torsprechstellen o. ä.).

6.2.5 Antennen-Empfangsanlagen

Technisch einwandfreie Antennen-Empfangsanlagen für Rundfunk und Fernsehen sind heute ein selbstverständlicher Bestandteil aller Wohnbauten.

Nur bei besonders günstigen Empfangsbedingungen können für den Fernsehempfang Dachboden-, Dachrinnen-, Fenster- oder Zimmerantennen und für den Rundfunkempfang die in den Geräten eingebauten Antennen ausreichen.

Normalerweise wird man indessen die Antennen als Hochantennen möglichst hoch über dem Dach anbringen, damit sie aus dem Störnebel des Hauses und seiner Umgebung herausragen.

Hochantennen. Die Ausführung aller Hochantennen-Empfangsanlagen erfordert umfangreiche Sachkenntnis und soll daher nur an bewährte Spezialfirmen vergeben werden.

VDE 0855 „Bestimmungen für Antennenanlagen“ und die „Richtlinien für Planung, Aufbau, Übergabe, Wartung und Betrieb von Gemeinschaftsantennenanlagen“ (Jan. 1974) (hrsg. vom Fachverband Empfangsantennen im ZVEI) sowie die einschlägigen Vorschriften der Deutschen Bundespost und DIN 18015, T. 1 und 2, sind zu beachten.

Alle Bauteile der Empfangsanlage einschließlich der Empfänger-Anschlußschnüre müssen aufeinander abgestimmt und daher vom gleichen System sein, d. h. von derselben Herstellerfirma stammen.

Die Antennenanlagen umfassen die Bereiche

Funk

Langwellen	mit	2000 ··· 1100 m	≙	0,15 ··· 0,285 MHz
Mittelwellen	mit	600 ··· 180 m	≙	0,525 ··· 1,605 MHz
Kurzwellen	mit	50 ··· 15 m	≙	6 ··· 20 (27) MHz
Ultrakurzwellen	mit	3,5 ··· 3,0 m	≙	87,5 ··· 100 (104) MHz

Fernsehen

Bereich I:	Kanal 2 bis 4 (FI)	mit 6,5 ··· 4,5 m	≙	47 ··· 68 MHz
Bereich III:	Kanal 5 bis 12 (FIII)	mit 1,7 ··· 1,3 m	≙	174 ··· 230 MHz
Bereich IV/V:	Kanal 21 bis 60 (FIV/V)	mit 0,65 ··· 0,38 m	≙	470 ··· 790 MHz

Der Zusammenhang zwischen Wellenlänge (l in m) und Frequenz (f in Megaherz; 1 MHz = 1 000 000 Schwingungen je Sek.) ergibt sich aus der Gleichung $l = 300/f$.

Beliebige Antennenkombinationen sind möglich.

Zu unterscheiden sind Einzelantennenanlagen (EA) und Gemeinschaftsantennenanlagen (GA).

Einzelantennenanlagen (381.1). Sie werden für Einfamilienhäuser errichtet und können eine oder mehrere Antennensteckdosen erhalten.

Zur weitgehenden Ausschaltung der Einwirkung äußerer Störfelder werden sie mit abgeschirmten Antennenkabeln aufgebaut. Nur für den Fernsehempfang bestimmte Einzel-Antennenanlagen lassen sich auch mit nicht abgeschirmten Antennenleitungen ausführen.

Bei besonders schlechten Empfangsverhältnissen erfordern Einzel-Antennenanlagen einen Verstärker.

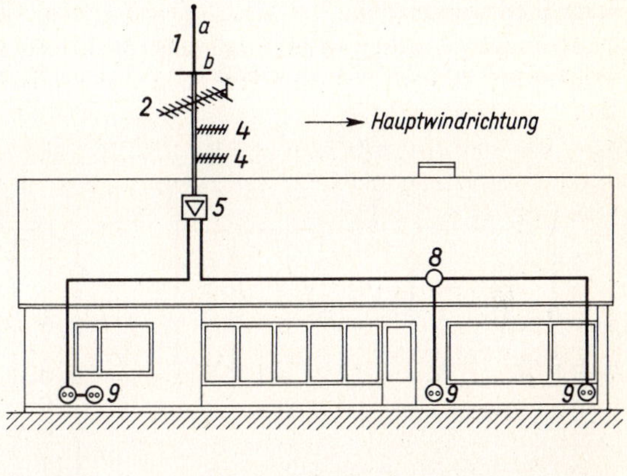

381.1
Einzelantenne für Einfamilienhaus als Hochantenne für Rundfunk- und Fernsehempfang mit 4 Teilnehmeranschlüssen (zu Bild **310**.1 und **334**.1)

Legende s. Bild **383**.1

Gemeinschafts-Antennenanlagen (**382**.1 bis **383**.1). Mehrfamilienhäuser und größere Wohnblocks werden heute durchweg mit Gemeinschafts-Antennenanlagen ausgerüstet, da diese sowohl die technisch beste als auch die wirtschaftlichste Lösung darstellen und außerdem die Verunstaltung der Bauten durch die Anhäufung zahlreicher und sich gegenseitig in ihrer Wirkung störenden Einzel-Antennen fortfällt.

Ihre Kosten, die nur einen Bruchteil der Gesamtkosten ausmachen, können anteilig auf die Mieter umgelegt werden.

Gemeinschafts-Antennenanlagen können bis etwa 100 Teilnehmer versorgen. Sie werden stets mit abgeschirmten Antennenkabeln aufgebaut.

Durch die an das Niederspannungsnetz angeschlossenen Antennenverstärker, die die zwischen der Antenne und den angeschlossenen Empfängern im Teilnehmernetz auftretenden Dämpfungen auszugleichen haben, erhält jedes Empfangsgerät die zum einwandfreien Empfang erforderliche Energie.

Benachbarte Gebäude (**382**.1) können durch ein abgeschirmtes E r d k a b e l zusammengeschaltet werden.

Anlagen für 2 bis etwa 8 Teilnehmer kommen bei günstigen Empfangsverhältnissen auch ohne Verstärker aus.

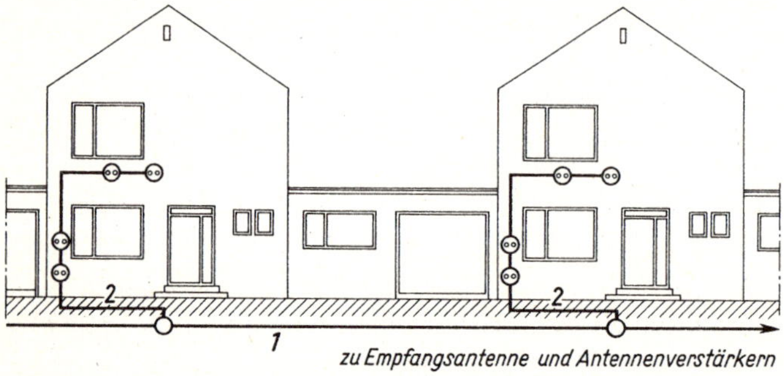

382.1 Anschluß von Reihenhäusern an eine Gemeinschafts-Antennenanlage mit Abzweigsystem (nach Siemens)

1 Hauptstammleitung mit Abzweigen
2 Abzweigleitung im Durchschleifsystem

Groß-Gemeinschafts-Antennenanlagen (GGA). Sie können 1000 und mehr Teilnehmer versorgen. Sie kommen in besonderen Fällen für die gemeinsame Versorgung von ganzen Gemeinden in Frage, in denen z. B. der unmittelbare Empfang der Fernsehprogramme wegen ungünstiger Geländeverhältnisse, etwa in Gebirgstälern, stark beeinträchtigt oder ganz unmöglich ist oder wo jede Beeinträchtigung des Ortsbildes durch Antennenanlagen vermieden werden soll.

Die Hochantenne selbst wird hier an günstiger Stelle auf einem Hochhaus, einem hohen Mast oder einer Geländeerhebung, die auch außerhalb der Bebauung liegen kann, errichtet.

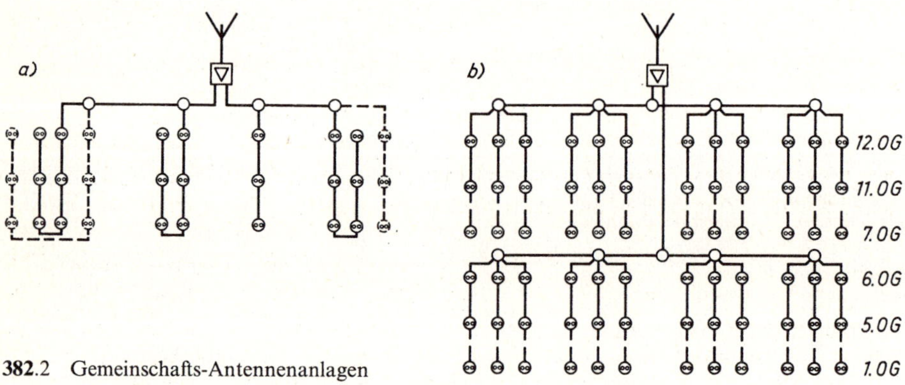

382.2 Gemeinschafts-Antennenanlagen

a) Teilnehmernetz nach dem Abzweigsystem für ein Mehrfamilienhaus im Zeilenbau
b) Teilnehmernetz nach dem Verteilersystem für ein Wohnhochhaus

Antennen-Stammleitung ———— in der vorderen, – – – – – in der rückwärtigen Gebäudehälfte

Verstärkerzentrale im Dachgeschoß; die beiden Hauptstammleitungen verteilen sich über Verteilerdosen in je 12 Antennen-Niederführungen (je 1 Hauptstammleitung für das 1. bis 6. und für das 7. bis 12. Geschoß)

Aufbau der Gemeinschafts-Antennenanlage (**383**.1). Die Wellenbereiche Lang (L), Mittel (M), Kurz (K) und Ultrakurz (UK oder auch nur U) werden durch eine kombinierte Antennenanlage empfangen.

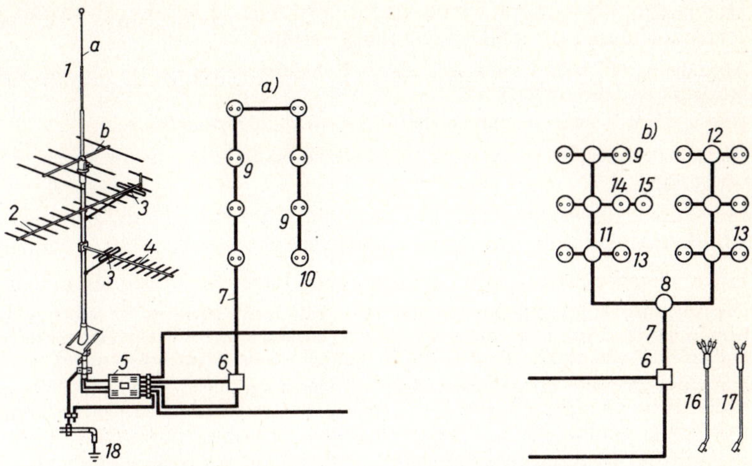

383.1 Gemeinschafts-Antennenanlage mit Verstärker (nach Siemens + Halske)

a) Durchschleifsystem
b) Stichleitungssystem
1 LMKU-Antenne
 a LMK-Stabantenne
 b U-Antenne
2 Fernseh-Antenne (Band III)
3 Antennenübertrager
4 Fernseh-Antenne (Band IV/V)
5 Antennenverstärker
6 Weiche LMKU F III/F IV V
7 Antennenleitung
8 Antennenverteilerdose
9 Doppel-Antennensteckdose
10 End-Doppelsteckdose
11 Abzweigdose für Stichleitungen
12 End-Abzweigdose für Stichleitungen
13 Doppel-Antennensteckdose für Stichleitungen
14 Einfach-Antennensteckdose Rundfunk (R) für Stichleitungen
15 Einfach-Antennensteckdose Fernsehen (F) für Stichleitungen
16 Empfängeranschlußschnur Rundfunk (R)
17 Empfängeranschlußschnur Fernsehen (F) I – V
18 Blitzschutzerdung

Damit diese möglichst weit aus dem Störnebel herausragt, wird der Antennenkopf mit der für den LKM-Empfang bestimmten Antennenrute und mit der Ultrakurzwellen-Antenne auf ein ≧ 2,50 m über das Dach hinausragendes Standrohr aufgesetzt.

Am Standrohr selbst werden in ca. 0,8 m Abstand die einzelnen Fernsehantennen für die verschiedenen Fernsehkanäle angebracht (die Antenne für den schwächsten Sender i. a. ganz oben, die für den stärksten unten) und auf die jeweils zugehörigen Sender gerichtet.

Von den Dachständern und Leitungen des Niederspannungsnetzes müssen die Antennen ≧ 2 m Abstand halten, mehrere Antennenmaste voneinander zur Vermeidung gegenseitiger Störung ≧ 5 m.

Das Standrohr ist regendicht durch die Dachhaut zu führen und unter Dach an der Dachkonstruktion oder am Mauerwerk mit Schellen standsicher zu befestigen.

Die Befestigung an Schornsteinen ist unzulässig, vielmehr sollen die Hochantennen entgegen der Hauptwindrichtung in einigen Metern Abstand von Schornsteinen stehen, damit sie vor Verschmutzung und Korrosion durch deren Abgase geschützt bleiben.

Die einzelnen Niederführungen der verschiedenen über Dach angeordneten Antennen werden innherhalb oder außerhalb des Standrohres ins Dach eingeführt und bei größeren Anlagen auf die Eingänge der zugehörigen, möglichst dicht am Standrohr zu montierenden Antennenverstärker geschaltet.

Hinter den Verstärkern werden sie durch Antennenweichen mit der gemeinsamen Antennenleitung (Empfängerzuleitung) verbunden.

Auch die Verteiler- und Abzweigdosen des Teilnehmernetzes werden der einfacheren Montage wegen möglichst im Dach untergebracht.

Neben jedem Verstärker muß ein 220 V-Netzanschluß vorhanden sein.

Als Antennenleitung wird eine Spezial-Koaxialleitung in abgeschirmter Ausführung verwendet.

Im Neubau soll sie möglichst in Isolierrohr unter Putz, kann aber auch als Im-Putz- oder Auf-Putz-Kabel (mit Kunststoffmantel) verlegt werden.

Einen weiteren Schutz gegen Beschädigung bietet die Verlegung in den Raumecken.

Die Antennenleitungen dürfen mit Starkstromleitungen zusammen im selben Kabelschacht mit einem Mindestabstand von 1 cm untergebracht werden, der bei entsprechenden isolierenden Zwischenlagen und einem Antennenkabel mit Kunststoffmantel weiter verringert werden kann.

Nur wo besonders hohe Störspannungen in anderen Leitungen, z. B. in der Nähe von Aufzugsanlagen, zu erwarten sind, soll der Abstand $\geqq$ 30 cm betragen und die Antennenleitung eventuell in Stahlpanzerrohr verlegt werden.

Zu der für das Standrohr und die Verstärkeranlage vorgeschriebenen Blitzschutzerdung, die nach Abschn. 7 „Blitzschutz“ auszuführen ist, können auch die Rohre der Wasserleitung oder einer Warmwasser-Sammelheizung oder eine vorhandene Blitzschutzanlage herangezogen werden.

Jeder Teilnehmer erhält eine oder mehrere Antennensteckdosen, die als Doppelsteckdosen (für Rundfunk und Fernsehen) oder als Einfachsteckdosen (je eine für Rundfunk und Fernsehen) erhältlich sind.

Jede Antennensteckdose soll mit mehreren Starkstromsteckdosen zum Anschluß besonderer Leuchten und Geräte kombiniert sein.

Das Teilnehmernetz verlegt man mit möglichst kurzen Leitungen i. allg. nach dem Durchschleifsystem (**383**.1a), bei dem die Antennen-Steckdosen, in sämtlichen übereinanderliegenden Wohnungen im gleichen Zimmer an der gleichen Stelle liegend, mit einer einzigen durchgeschleiften Stammleitung versorgt werden.

Mehrere Stammleitungen größerer Gebäude können nach dem Abzweig- oder nach dem Verteilersystem (**382**.1 und 2) zu Hauptstammleitungen zusammengefaßt werden.

Besonders bei nachträglichem Einbau in Altbauten, wo der Ausbau allmählich erfolgen und eine Beeinträchtigung der Mieter durch die Montagearbeiten möglichst vermieden werden soll, wählt man auch das Stichleitungssystem (**383**.1b), bei dem die senkrechten Leitungen im Treppenhaus angeordnet werden und in jedem Stockwerk eine Abzweigdose für soviel waagerechte Stichleitungen eingesetzt wird, wie das betreffende Geschoß Wohnungen aufweist.

Die Empfangsgeräte sind mit besonderen, zum Betrieb unbedingt erforderlichen Anschlußschnüren in einer Normallänge von 1,25 m anzuschließen, die im Interesse einer einwandfreien Funktion der Anlage in einem Mietshaus den Mietern am besten bauseitig zur Verfügung gestellt werden.

Antennenanlagen ohne Verstärker sollen jährlich, mit Verstärker halbjährlich überprüft und gewartet werden, wozu am besten mit der ausführenden Firma ein Wartungsvertrag abzuschließen ist.

Kabelfernsehen. In Neubaugebieten und neuen Stadtteilen erfolgt die Einspeisung der Gemeinschaftsanlagen durch ein Erdkabel im Kellergeschoß. Damit entfallen im Wohngebiet die zahlreichen Einzel- und Gemeinschaftsantennen.

Die evtl. notwendige Verstärkeranlage findet dann im Hausanschlußraum ihren Platz.

Mit dem modernen Leitungsmaterial des Kabelfernsehens sind außerdem zukunftssichere Empfangsmöglichkeiten eröffnet.

6.3 Elektrische Beleuchtung

6.3.1 Lichttechnische Grundbegriffe

Licht. Elektromagnetische Schwingungen (Strahlungen) im Wellenlängenbereich von ca. 400···750 nm (Nanometer, 1 nm $= 10^{-9}$ m) werden vom Auge als Licht wahrgenommen (**385**.1), wobei es eine Strahlung an den Grenzen des sichtbaren Bereiches weniger stark bewertet als eine energiemäßig gleiche Strahlung in der Mitte (Höchstwert bei der Wellenlänge 555 nm).

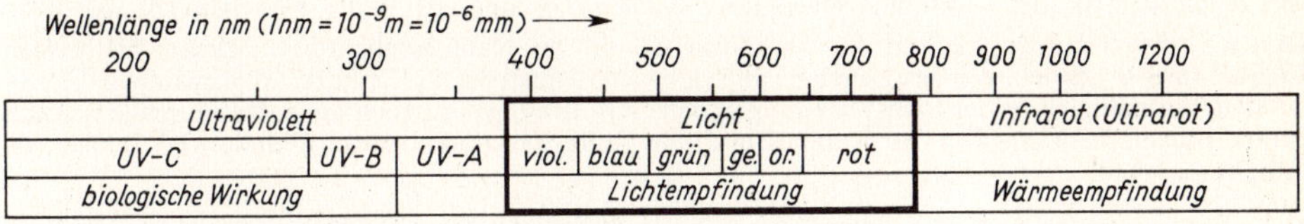

385.1 Ausschnitt aus dem System der elektrischen Wellen (Osram)
viol. = violett, ge. = gelb, or. = orange

Lichtstärke *I*. Dies ist die in einer bestimmten Richtung gemessene Stärke der Strahlung einer Lichtquelle mit der internationalen Einheit 1 Candela (cd). Auf dieser Maßeinheit beruhen alle übrigen lichttechnischen Maßgrößen.

Die in ein Polardiagramm eingetragenen, für alle Richtungen gemessenen Lichtstärken von Lichtquellen (Lampen und Leuchten) ergeben deren Lichtverteilungskurve (LVK) (**385**.2), dargestellt meist als Einheits-Lichtverteilungskurve für einen Lichtstrom der nackten Lampe von 1000 lm.

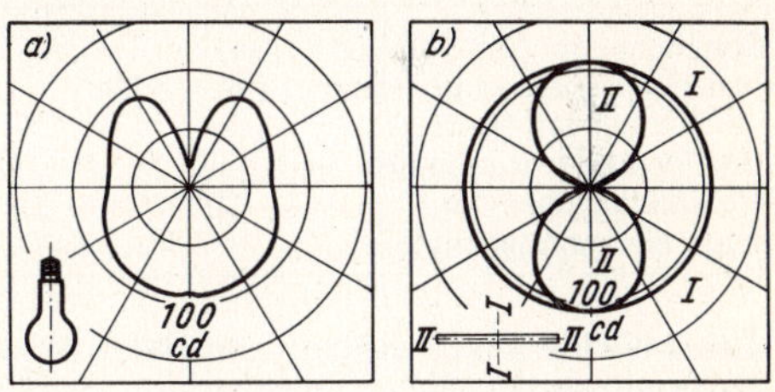

385.2
Lichtverteilungskurven elektrischer Lampen (AEG)
a) axialsymmetrische Lichtverteilung einer Glühlampe (für 1000 lm)
b) nicht-axialsymmetrische Lichtverteilung einer Leuchtstofflampe (für 1000 lm)
Ebene I senkrecht zur Lampe
Ebene II parallel zur Lampe

Für eine Lampe von *n* Lumen sind die Werte der Lichtverteilungskurve mit *n*/1000 zu multiplizieren.

Lichtstrom *Φ*. Das ist die von einer Lichtquelle nach allen Richtungen ausstrahlende Lichtleistung. Einheit ist das Lumen (lm), das ist der Lichtstrom, den 1 m² Oberfläche einer Kugel mit dem Radius 1 m von einer im Kugelmittelpunkt befindlichen Lichtquelle mit der Lichtstärke 1 cd empfängt (**386**.1). Der gesamte Lichtstrom dieser Lichtquelle 1 cd beträgt somit $4\pi r^2 = 12{,}57$ lm.

Die Leistungsfähigkeit einer Lichtquelle, die Lichtausbeute η in lm/W, ist das Verhältnis des abgestrahlten Lichtstromes zur aufgewendeten Leistung und ein Ausdruck für die Wirtschaftlichkeit der Lichtquelle.

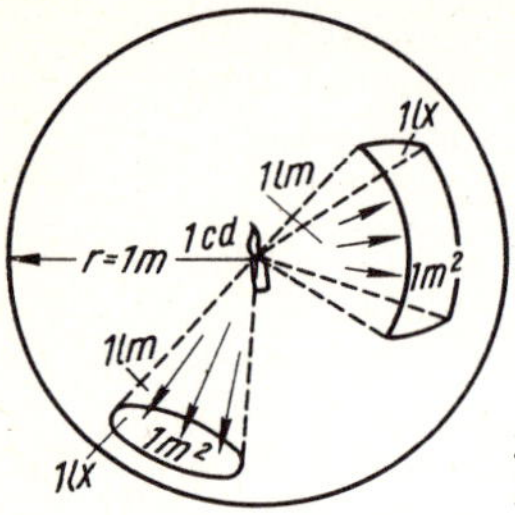

386.1
Lichttechnische Grundbegriffe

Der Betriebswirkungsgrad η_t einer Leuchte ist das Verhältnis des von ihr abgegebenen Lichtstromes Φ_2 zu dem von der Lichtquelle erzeugten Lichtstrom Φ_1 und liegt i. allg. zwischen 0,50 und 0,95.

Der Raumwirkungsgrad ist das Verhältnis des für die Raumbeleuchtung wirksam bleibenden Lichtstromes Φ_3 zu dem von den Leuchten abgegebenen Lichtstrom Φ_2. Er liegt i. allg. zwischen 0,2 und 0,9 und ist abhängig von der Lichtverteilung und der Anordnung der Leuchten im Raum sowie von den geometrischen Verhältnissen des Raumes und den Reflexionsgraden seiner Wände und Decken (s. Abschn. 6.3.4.5).

Beleuchtungsstärke *E*. In Lux (lx) gemessen ist dies die Lichtstromdichte einer beleuchteten Fläche *F*, d. h. der Quotient aus dem diese Fläche treffenden Lichtstrom Φ (lm) und der Fläche *F* in m^2.

$$E = \Phi / F \qquad 1\,\text{lx} = 1\,\text{lm/m}^2$$

Die Beleuchtungsstärke bildet die Grundlage jeder Beleuchtungsberechnung, da je nach den Reflexionsverhältnissen und der Zweckbestimmung des Raumes eine bestimmte Beleuchtungsstärke zu fordern ist (s. Abschn. 6.3.4.2).

Einige natürliche Beleuchtungsstärken gibt Tafel **386**.2 an.

Tafel **386**.2 Natürliche Beleuchtungsstärken in lx

Sommersonne (um 12 Uhr)	100 000
bedeckter Himmel im Sommer (um 12 Uhr)	18 000
im Zimmer am Fenster	2 500
im Zimmer in Raummitte	300
Vollmondnacht	0,25
klare Neumondnacht	0,01

Leuchtdichte *B*. In cd/cm^2 gemessen ist dies die Lichtstärkedichte (Flächenhelle) einer leuchtenden Fläche als Quotient aus der Lichtstärke *I* (cd) in einer bestimmten Richtung und der „gesehenen Fläche“ *f* (cm^2).

$$B = I / f$$

Mittlere Leuchtdichten für gebräuchliche Lichtquellen enthält Tafel **387**.1.

Für beleuchtete diffus reflektierende Flächen ist die Leuchtdichte *B* von dem Reflexionsgrad der Fläche abhängig. Sie wird auch in cd/m^2 angegeben.

Die Leuchtdichte ist das lichttechnische Maß, das dem subjektiven Empfinden der Helligkeit einer Lichtquelle oder eines Gegenstandes entspricht, während Lichtstrom,

Lichtstärke und Beleuchtungsstärke nicht sichtbar sind, also vom Auge nicht unmittelbar wahrgenommen werden können.

Tafel **387**.1 Mittlere Leuchtdichten in sb (Stilb)

Mittagssonne	bis 150 000
klarer Himmel	0,3···0,5
bedeckter Himmel	0,03···0,1
Mond	0,25
Kerzenflamme	0,7
Glühlampe, klar	200···2000
„ mattiert	5···50
„ siliziert	1···5
Glimmlampe	0,02···0,05
Leuchtstofflampe	0,3···0,75
Leuchtstoffröhre	0,1···0,8

Erst wenn das Licht auf einen Körper trifft und von ihm reflektiert oder streuend durchgelassen wird, wird es sichtbar. Daher erscheinen auch bei gleicher Beleuchtungsstärke Gegenstände verschieden hell, je nachdem wie stark sie das Licht zurückwerfen oder durchlassen.

Zu hohe Leuchtdichten rufen Blendung hervor (s. Abschn. 6.3.4.2).

Reflexion, Absorption und Transmission des Lichtes. Von dem auf eine Fläche auftreffenden Lichtstrom wird stets ein Teil absorbiert (verschluckt, d. h. in Wärme verwandelt), der Rest wird ganz oder teilweise reflektiert (zurückgeworfen) oder transmittiert (durchgelassen) (**387**.2).

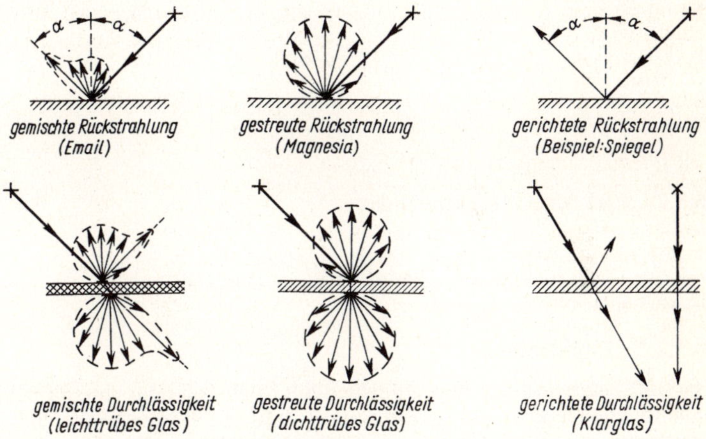

387.2 Rückstrahlung, Durchlässigkeit

Der Reflexionsgrad (Absorptionsgrad, Transmissionsgrad) ist das Verhältnis des zurückgeworfenen (verschluckten, durchgelassenen) Lichtstromanteiles zum einfallenden Lichtstrom (Taf. **388**.1 und 2).

Diese Größen sind wichtig für die Herstellung von Leuchten wie auch in der Beleuchtungstechnik bei der Wahl und Berechnung einer Raumbeleuchtung.

Tafel **388**.1 Mittlere Reflexionsgrade von Farbanstrichen in %

weiß, lichtcreme	70···80	beige, ockergelb	25···35	dunkelgrün, dunkelblau	10···15
hellgelb	55···65	hellbraun, olivgrün		dunkelrot, dunkelgrau	
rosa, hellgrün	45···50	orange, zinnoberrot	20···25	marineblau	5···10
hellgrau, himmelblau	40···45	mittelgrau		schwarz	4

Diese Reflexionsgrade gelten angenähert auch für Tapeten von entsprechendem Farbeindruck.

Tafel **388**.2 Reflexions-, Absorptions- und Transmissionsgrad sowie Streuvermögen verschiedener Baustoffe bei senkrechtem Lichteinfall (in %) (Studiengem. Licht e. V.)

Baustoffe	Reflexions-grad	Absorptions-grad	Transmissions-grad	Streu-vermögen
Ahorn und Birke	60	40	–	–
Aluminiumfolie	80···85	20···15	–	–
Asphalt-Straßendecke trocken/naß	10···20/5···10	90···80/95···90	–	–
Backstein rot neu/alt	25/5···15	75/95···85	–	–
Beton neu/alt	40···50/5···15	60···50/95···85	–	–
Drahtglas	10···30	20···15	53···70	–
Eiche hell lackiert/dunkel gebeizt	40/15···20	60/85···80	–	–
Email weiß	65···75	35···25	–	85···90
Glas klar	6···8	4···2	90···92	–
„ mattiert	6···20	20···3	65···90	3···6
„ trüb (überfangen)	30···75	20···5	15···60	70···90
Holzfaserplatten creme neu	50···60	50···40	–	–
Kacheln, weiß	60···75	40···25	–	80···90
Marmor natur	45···65	45···20	5···15	75···90
Nußbaum	15···20	85···80	–	–
Porzellan weiß	60···80	40···20	–	80···90
Ölfarbanstrich weiß neu/alt	85/75	15/25	–	–
Stuck weiß neu/alt	80/60	20/40	–	–
Webstoffe hell	30···40	50···30	15···30	20···60

6.3.2 Elektrische Lichtquellen

Typen der elektrischen Lampen werden im Nachstehenden nach den Unterlagen der Firma Osram behandelt. Andere Firmen, wie Philips, Radium u. a., stellen gleichartige Lampen unter ihren eigenen Bezeichnungen her.

6.3.2.1 Glühlampen

Sie sind Temperaturstrahler. In ihrem mit Stickstoff oder einem Edelgas (Argon, Krypton) gefüllten Glaskolben (**389**.1) wird ein ca. 0,01 mm dicker, einfach oder doppelt gewendelter Wolframdraht durch den Stromdurchgang auf hohe Temperatur (ca. 2700 bis 3000 °C) erhitzt.

Er sendet hierdurch ca. 5% der aufgenommenen Energie als Licht mit einem kontinuierlichen Spektrum vom kurzwelligen Violett bis zum langwelligen Rot aus (**409**.1). Dabei werden alle Körperfarben gut, allerdings mit einer Überbetonung des Roten wiedergegeben, durch die jedoch das Glühlampenlicht als besonders warm und angenehm empfunden wird.

Mit ihren vielfältigen Vorteilen (z. B. einfache Handhabung, Verwendbarkeit in direktem Netzanschluß bei Gleich- und Wechselstrom und in jeder Lage sowie bei jeder Außentemperatur, geringe Abmessungen und angenehme gelbweiße, die Behaglichkeit einer Raumstimmung steigernde Lichtfarbe) werden die Glühlampen in der Innenraumbeleuchtung, vor allem für Wohnungen, Gaststätten u. ä. am häufigsten verwendet und in einer außerordentlichen Vielzahl der Größen und Ausführungsformen für alle erdenklichen Verwendungszwecke hergestellt.

Sie sind für alle üblichen Spannungen, vorzugsweise für 220···230 und 235 V, aber auch für Kleinspannung 24···42 V, erhältlich und weisen i. allg. eine mittlere Lebensdauer von 1000 Stunden auf (Lichtwurflampen 100 bis 300 Stunden).

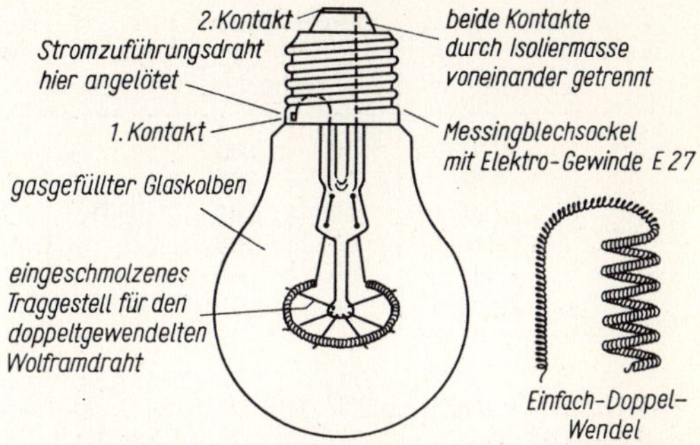

389.1
Glühlampe, Allgebrauchslampe 60 W mit Doppelwendel-Leuchtdraht (M 1:2,5)

Allgebrauchs-Glühlampen. Dies sind die für allgemeine Beleuchtungsaufgaben wichtigsten Glühlampenarten (**389**.2).

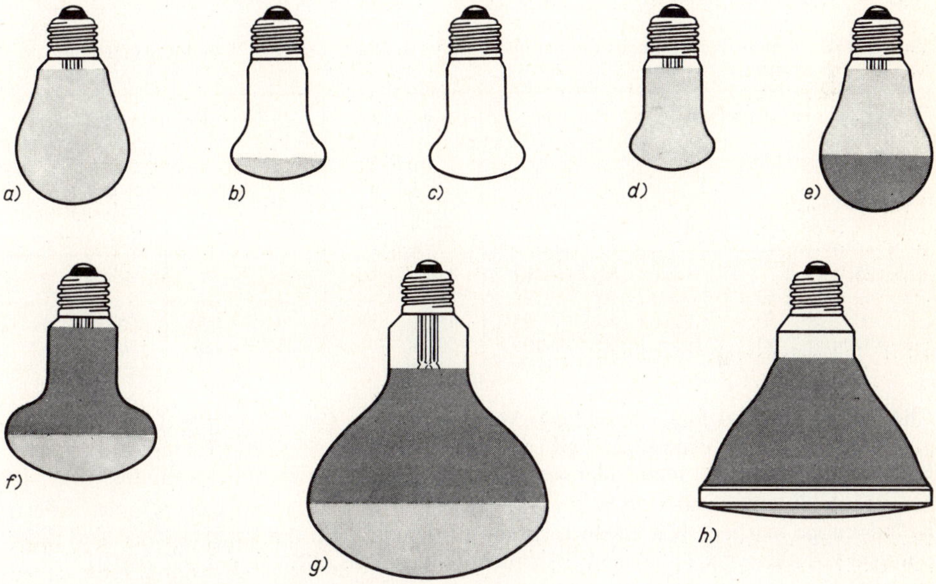

389.2 Allgebrauchs-Glühlampen, Auswahl (Osram) (M 1:5)

a) Lampe der Hauptreihe, 25 bis 100 W
b) Superlux-Lampe, 40 und 60 W
c) Bellalux-Lampe, 25 bis 60 W
d) Krypton-Lampe, 25 bis 60 W
e) Dekolux-Lampe, kuppenverspiegelt, 60 W
f) Reflektor-Lampe Concentra, 40 und 60 W
g) Reflektor-Lampe Concentra, 150 und 300 W
h) Reflektor-Lampe Concentra „Spot“ und „Flood“, 100 und 150 W

weiß = innensiliziert
hellgrau = innenmattiert
dunkelgrau = innenverspiegelt

Lampen der Hauptreihe, das sind die normalen Glühlampen 25···2000 W (innenmattiert 25···200 W, klar 25···2000 W) mit Doppelwendel-Leuchtkörper (**389**.1 und Taf. **390**.1).

Tafel **390**.1 Allgebrauchs-Glühlampen der Hauptreihe, 220 bis 230 V und 235 V (Osram)

Watt	Lichtstrom lm	Abmessungen mm ∅	l	Sockel	Watt	Lichtstrom lm	Abmessungen mm ∅	l	Sockel
25	230	60	105	E 27	200	3150	80	148	E 27
40	430	60	105		300	5000	90	189	E 40
60	730	60	105		500	8400	110	240	E 40
75	960	60	105		1000	18800	130	274	E 40
100	1380	60	105		2000	40000	200	380	E 40
150	2220	70	120						

Bellalux-Lampen 25···100 W mit Doppelwendel-Leuchtkörper, Pilzform mit milchweißer, lichtstreuender Siliziumoxidschicht auf der Kolbeninnenseite und kleineren Abmessungen, geben ein blendungsfreies, samtweiches Licht (**389**.2c und Taf. **390**.2).

Krypton-Lampen 25···100 W mit Doppelwendel-Leuchtkörper, innenmattiert, mit höherer Lichtausbeute und kleineren Abmessungen (**389**.2d und Taf. **390**.2).

Tafel **390**.2 Weitere Allgebrauchs-Glühlampen, 220 bis 230 V und 235 V (Abmessungen in mm) (Osram)

Watt	Superlux-Lampen ∅	l	Bellalux-Lampen ∅	l	Krypton-Lampen ∅	l	Dekolux-Lampen kuppenverspiegelt Klarglas ∅	l	Dekolux-Lampen kuppenverspiegelt innenmattiert ∅	l
25	–	–	50	92	45	88	–	–	–	–
40	50	92	50	92	45	88	–	–	–	–
60	50	92	50	92	45	88	60	109	60	109
100	60	105	60	105	50	96	70	120	70	192

Glühlampen mit gerichteter Strahlung. Während früher für die richtige Lichtverteilung ausschließlich die Leuchte sorgte, gibt es heute unter den Allgebrauchslampen auch eine Reihe von Lampen mit mehr oder weniger stark gerichteter Lichtausstrahlung.

Superlux-Lampen 40···100 W mit Doppelwendel-Leuchtkörper, Pilzform innensiliziert, Kolbenkuppe mattiert. Mit einem Lichtgewinn von 35% in der Lampenachse sind diese Lampen vor allem für Tisch- und Stehleuchten bestimmt (**389**.2b und Taf. **390**.2).

Dekolux-Lampen 60 und 100 W, kuppenverspiegelt, klar oder innenmattiert, für effektvolle Beleuchtung zum Einbau in Decken- oder Wandkalotten oder entsprechenden Leuchten, auch in Verbindung mit einem zusätzlichen Reflektor zur Erzeugung stark gerichteten Lichtes (**389**.2e und Taf. **390**.2).

Reflektor-Lampen (Taf. **391**.1). Hierzu zählen die verschiedenen Concentra-Lampen 40 bis 300 W z. T. mit Preßglaskolben (**389**.2f bis h). Als Eng- oder Breitstrahler werden sie ihres gebündelten Lichtes wegen nicht nur zur Schaufensterbeleuchtung verwendet, sondern ermöglichen auch als direkte Beleuchtung, in Zwischendecken eingebaut, oder bei der

Tafel **391**.1 Reflektor-Lampen, 220 bis 230 V und 235 V (Auswahl) (Osram)

Watt	Ausstrahlungswinkel	Abmessungen			max. Beleuchtungsstärke in lx bei Lampenabstand		
		Ø	Länge mm	Einbaulänge	1,5 m	2,5 m	3,5 m
Concentra-Lampen, mattiert und innen verspiegelt							
40		80	114	90			
60		80	114	90			
75	35°	95	134	110	310	110	55
100	35°	95	134	110	445	160	80
150	35°	125	168	128	890	320	160
300	35°	125	168	128	1780	640	320
150 24 V	10°	125	168	128	10000	4000	1900
Engstrahler Concentra „Spot"¹)							
100	15°	122	133	123	1775	640	325
150³)	15°	122	133	123	3330	1200	610
Breitstrahler Concentra „Flood"¹)							
100	40°	122	133	123	800	290	145
150⁴)	40°	122	133	123	1350	480	245
Engstrahler Concentra-Halogen „Spot", 6 V²)							
35	3,5°	113	70	–	13300	4800	2440

¹) Mit Preßglaskolben PAR 38, innenverspiegelt und granuliert
²) Mit Preßglaskolben PAR 36, innenverspiegelt und granuliert
³) Ebenso Concentra-Cool mit Kaltlichtspiegel, Engstrahler
⁴) Ebenso Concentra-Cool mit Kaltlichtspiegel, Breitstrahler

Anstrahlung von Bildern, Plastiken oder Wandflächen, allein oder in Verbindung mit anderen Lichtquellen, abwechslungsreiche und ansprechende Beleuchtungseffekte in repräsentativen Räumen.

Im Lichtbündel von Lampen mit sog. „Kaltlichtspiegel" ist die Wärmestrahlung auf ca. 25% verringert.

Die mittlere Lebensdauer der Reflektorlampen mit Preßglaskolben beträgt 2000 Stunden.

Als weitere Allgebrauchslampen seien hier nur erwähnt: farbige Lampen für Illumination und Dekoration, Kerzen-, Tropfen-, Birnen-, TV-, Röhren- und Soffittenlampen und Linestra-Röhren.

Halogen-Glühlampen. Sie zeichnen sich durch sehr kleine Abmessungen (vielfach nur 1% gegenüber klassischen Glühlampen gleicher Leistung) und einen hohen konstanten Lichtstrom bei langer Lebensdauer aus.

Ein Halogen-Wolfram-Kreisprozeß verhindert in den Lampen die mit Lichtverlusten verbundene Ablagerung des verdampften Leuchtkörpermaterials (Wolfram).

Die Lampentypen 500 bis 10000 W, 220 bis 230 V (Lichtausbeute 20 bis 25 lm/W) werden für die Anstrahlung von Gebäuden und Denkmälern, für Außenbeleuchtungen und Industriebeleuchtung u. ä. verwendet, besonders bei Ansprüchen an eine gute Farbwiedergabe.

Halogen-Glühlampen ≤1000 W, 220 bis 230 V und 35 bis 100 W, 6 und 12 V sind in speziellen Leuchten sowohl zur Anwendung im Wohnbereich als auch z. B. in Schaufenstern, Verkaufsräumen und Messeständen, für 20 W, 12 V auch in Kleinleuchten für punktförmige Anstrahlungen und als Bettleuchten geeignet.

Der für Niedervoltbetrieb erforderliche Transformator ist in der zugehörigen Leuchte eingebaut.

Die Nennspannung der Glühlampen muß mit der mittleren Netzspannung übereinstimmen. Eine Überspannung von z. B. 5% erhöht zwar den Lichtstrom der Glühlampe um ca.

20%, vermindert aber zugleich ihre mittlere Lebensdauer um ca. 40%. Unterspannung ist stets unwirtschaftlich.

Lampenfassungen. Sie verbinden die Glühlampen (wie auch die Metalldampflampen) mit dem Leitungsnetz.

In Deutschland verwendet man fast ausschließlich Elektrogewinde-Schraubfassungen in den Größen E 14 (Mignonfassung), E 27 (Normalfassung) und E 40 (Goliathfassung) (**392**.1).

Fassungen müssen einen Berührungsschutz haben, der bei E 14 und E 27 auch beim Einsetzen und Herausnehmen der Lampen wirkt.

Nur Fassungen E 27 dürfen bei Spannungen $\leqq 250$ V mit Schaltern versehen sein.

Fassungen mit Steckdosen wie auch Lampensockel zum Einschrauben in Fassungen mit Steckdosen sind verboten.

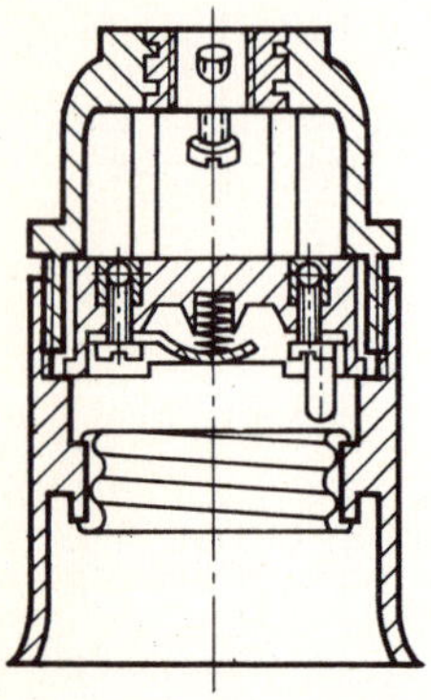

392.1
Lampenfassung (M 1:1,5) (Busch-Jaeger, Dürener Metallwerke AG, Lüdenscheid)

6.3.2.2 Gasentladungslampen

In den aus Glas oder Quarz bestehenden Entladungsgefäßen dieser Lampen werden Metalldämpfe, besonders Quecksilber, oder Gase durch elektrische Entladung zur Aussendung sichtbarer Strahlung (Licht) und unsichtbarer UV-Strahlung veranlaßt.

Dabei entspricht einem niedrigen Dampfdruck und einer niedrigen Temperatur im Entladungsgefäß ein hoher Anteil an UV-Strahlung und umgekehrt. Die UV-Strahlung wird an der Innenseite des Glaskolbens der Lampe in Wärme oder durch eine hier aufgebrachte Leuchtstoffschicht zum Teil in Lichtstrahlung umgewandelt.

Hohe Lichtausbeute bei sehr langer Lebensdauer machen die Gasentladungslampen besonders wirtschaftlich.

Niederdrucklampen haben ein großes Entladungsgefäß mit einer geringen Leuchtdichte, Hochdrucklampen ein kleines mit entsprechend hoher Leuchtdichte.

Zur Einleitung des Zündvorganges und danach zur Strombegrenzung des Entladungsvorganges ist stets ein Vorschaltgerät erforderlich, das indessen leicht in den Leuchten unterzubringen ist.

Leuchtstofflampen (L-Lampen). Sie sind Niederdruck-Entladungslampen, die mit Netzspannung, meist 220 V Wechselspannung, betrieben werden. Sie bestehen aus einem geraden, U- oder ringförmig (**393**.1) gebogenen Glasrohr, das mit Quecksilberdampf und Argon gefüllt ist und auf der Innenfläche eine Leuchtstoffschicht enthält, mit einer Wolfram-Doppelwendelelektrode und einem 2-Stift-Sockel an jedem Ende (**393**.2 und **396**.1).

Die durch die Entladung im Rohr neben einer schwachen Lichtwirkung erzeugte starke UV-Strahlung vermehrt, durch den Leuchtstoff z. T. in Licht umgewandelt, die sichtbare Strahlung um ein Vielfaches (**393**.3).

Je nach der Zusammensetzung des Leuchtstoffes gibt es L-Lampen mit verschiedenen Lichtfarben von tageslichtähnlichen, über mehrere Weißtöne bis zu glühlampenähnlichen Tönen, außerdem in mehreren farbigen Tönen und Sonderausführungen (**409**.1, Tafeln **394**.2, **395**.1 und **397**.1).

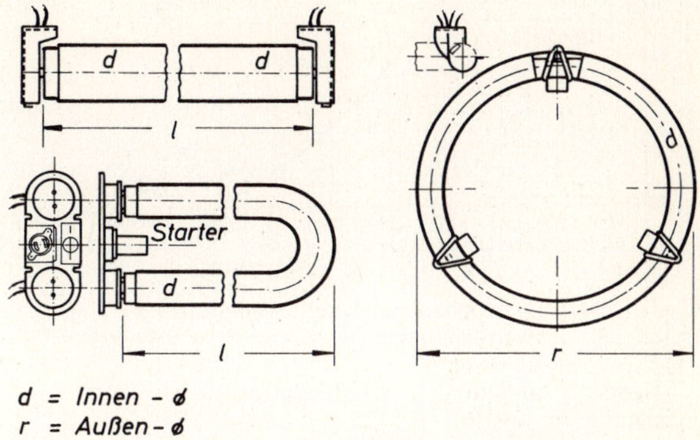

393.1
Leuchtstofflampen, gerade, U- und ringförmig

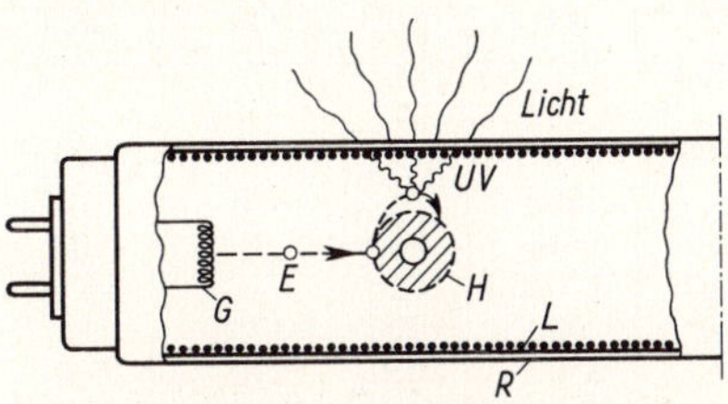

393.2 Lichterzeugung in einer Leuchtstofflampe, Schema (Trilux)

G Glühelektrode
E abgeschleudertes Elektron
H Quecksilberatomkern
UV unsichtbare UV-Strahlung
L Leuchtstoff
R Glasrohr der Lampe

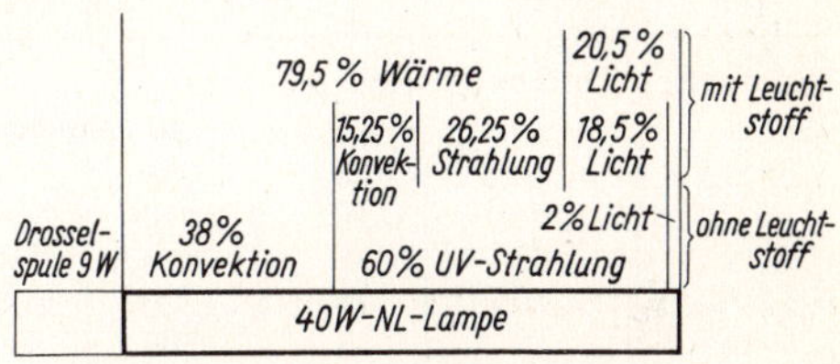

393.3 Umwandlung der elektrischen Energie bei NL-Lampen (Siemens)

Die L i c h t a u s b e u t e der L-Lampen ist mit 30 bis 65 lm/W 3 bis 6mal so hoch wie bei Glühlampen gleicher Wattzahl, der S t r o m v e r b r a u c h beträgt ca. 1/3 desjenigen einer lichtstromgleichen Glühlampe.

L-Lampen mit R e f l e x s c h i c h t (**393**.4) auf einem Teil des Lampenkolbens strahlen das Licht bevorzugt in einem Winkelbereich von ca. 135° aus, gegenüber der gleichmäßigen Lichtausstrahlung der normalen L-Lampen (**385**.2).

393.4
Leuchtstofflampe mit Reflexschicht
R Reflexschicht

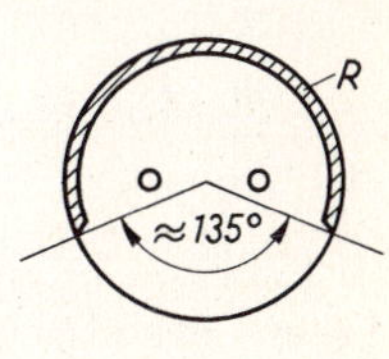

Für Leuchten an Arbeitsplätzen und in Vitrinen, für Handleuchten u. ä. gibt es k l e i n e L-Lampen mit ∅ 16 mm.

Der Lichtstrom der normalen L-Lampen erreicht bei einer Zimmertemperatur von + 20 bis 25 °C seinen Höchstwert und fällt bei Temperaturen unter + 15 und über + 30 °C merklich ab (**394**.1), daher sind bei tieferen Temperaturen geschlossene Leuchten zu verwenden.

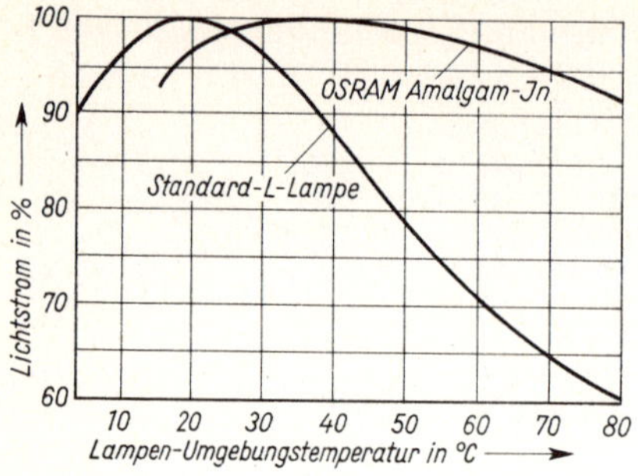

394.1
Lichtstrom der Leuchtstofflampen in Abhängigkeit von der Umgebungstemperatur

Tafel **394**.2 Die wichtigsten Leuchtstofflampen für Innenbeleuchtung (Osram)

Nenn-leistung W	Leistung mit Vorschalt-gerät W	Abmessungen ∅ mm	Länge mm	Lichtstrom in lm bei Lichtfarbe[1]) 25	22	32	19	39	36
L-Lampen in Stabform									
a) Standardprogramm									
15	19,5	38	438	660	–	600	–	–	–
20	25	38	590	1080	840	840	800	700	700
25	32	38	970	1500	1200	1200	1100	–	–
40	50	38	1200	2500	2000	2000	1900	1750	1600
65	78	38	1500	4000	3300	3300	3050	2900	2600
b) Amalgam-In-Lampen									
40	50	38	970	2300[2])	–	–	–	–	–
40	50	38	1200	2500[2])	–	2000[2])	–	–	–
L-Lampen in U-Form									
16	21	26	370	850	–	800	–	–	–
30	39	26	463	1600	–	–	–	1200	–
20	25	38	310	950	–	830	–	–	–
40	50	38	607	2300	–	2000	–	1700	–
65	78	38	765	3700	–	3300	–	2800	–
65 In[3])	78	38	570	3500	–	–	–	–	–
L-Lampen in Ringform									
			Außen-∅						
22	27	29	216	1000	–	–	–	–	–
32	42	32	311	1700	–	1600	–	1200	–
40	50	32	413	2300	–	2150	–	1800	–

[1]) S. Tafel **395**.1. [2]) Bei Umgebungstemperaturen von ca. + 35°C

[3]) Die L 65 W/25 U In benötigt ein besonderes Vorschaltgerät. Mit einer Länge von nur 570 mm besitzt sie die gleichen günstigen Eigenschaften wie die stabförmigen L-Lampen mit Indium-Amalgam. Beim Einsatz von L 65 W/25 U In anstelle der doppelten Anzahl Stabformlampen L 20 W/25 wird ein um ca. 65% höheres Beleuchtungsniveau erzielt.

Lichtstrom und Lebensdauer, i. M. 7500 Stunden bei 2500 Schaltungen, werden von Spannungsschwankungen kaum beeinflußt.

L-Lampen werden im Betrieb nur handwarm. Ihre Erschütterungs- und Stoßfestigkeit entspricht der stoßfesten Glühlampe. Die Leuchtdichte von 0,35 bis 0,7 sb und damit die Blendung ist geringer als bei einer Kerzenflamme.

Tafel **395**.1 Lichtfarben der Leuchtstofflampen (Osram) (s. auch Bild **409**.1)

Kurzzeichen	Bezeichnung	Eigenschaften und Verwendung	
Lichtfarben mit sehr hoher Lichtausbeute			
20	Hellweiß	weiße Lichtfarbe	besonders wirtschaftlich für Werkstätten, Werkhallen und Außenbeleuchtung
30	Warmton	warmweiße Lichtfarbe	
Lichtfarbe mit hoher Lichtausbeute und günstiger Farbwiedergabe			
25	Universal-Weiß	Neutralweiß; universal geeignet, daher am meisten verwendet für Arbeits-, Büro- und Verkaufsräume	
Lichtfarben mit besonders guter Farbwiedergabe			
22	Weiß de Luxe	weißer Farbton; höchste Güte des weißen Lichtes, sehr gute Farbwiedergabe	
32	Warmton de Luxe	warmer Farbton; vor allem für behagliche Innenraumbeleuchtung, auch in Verbindung mit Glühlampen	
19	Daylight 5000 de Luxe	sonniges Tageslicht mit Farbtemperatur von 5000 K (s. Abschn. 6.3.4.2; Bild **409**.1); Erfüllung höchster Ansprüche an Naturtreue in der Wiedergabe aller Farben; allein oder als Zusatzbeleuchtung zur Erzielung von frischer und belebender Atmosphäre, Tageslichtniveau und repräsentativer Ausstrahlung; besonders auch für das graphische Gewerbe und zur Farbabmusterung geeignet	
39	INTERNA	warmes anheimelndes Licht, das dem Raum eine sehr behagliche Note gibt; für Verbindung mit Glühlampen besonders geeignet; hervorragende Wiedergabe der Hautfarbe	
36	NATURA	Rotanteil der Lichtfarbe mit den anderen Farbkomponenten harmonisch abgestimmt; natürliche Farbwiedergabe besonders bei Fleisch, Wurst, Delikatessen, Gemüse, Blumen usw.	
besondere Lichtfarben			
61 – 64	Rosa, Gelb, Hellgrün, Hellblau	für Dekorationen und Stimmungseffekte	
70	L-Lampen für Pauszwecke	mit superaktinischer Strahlung	
73	L-Lampen für Fluoreszenzanregung	mit Schwarzglaskolben; für Luminiszenzeffekte im Theater, Varieté, in Schaufenstern, auf Plakaten usw.	
77	L-Fluora-Strahler	zur Förderung des Pflanzenwachstums in Blumenfenstern, Pflanzenvitrinen, Wintergärten, Aquarien, Terrarien, Gartenbaubetrieben usw.	

Amalgam-In-Leuchtstofflampen. Diese L-Lampen mit 40 und 65 W, in den Farben 25 und 32 lieferbar, geben im Gegensatz zu den Standard-L-Lampen ihren maximalen Lichtstrom bei ca. 35 °C ab und sind weitgehend temperaturunabhängig. 90 bis 100% des Lichtstromoptimums werden in dem weiten Temperaturbereich von + 15 bis 85 °C erzielt (**394**.1).

Diese beiden Eigenschaften machen die Amalgam-In-Lampe zur wirtschaftlichsten L-Lampe für die Innenbeleuchtung, wo mit ihnen Lichtstromgewinne bis zu 30%, in günstigen Fällen über 40% zu erzielen sind.

Ihre Verwendung empfiehlt sich daher vor allem bei Lampenumgebungstemperaturen von mehr als ca. 40 °C, z. B. in geschlossenen Leuchten oder auch überall dort, wo aus baulichen Gründen mit Wärmestau zu rechnen ist (z. B. in Schaufenstern, Räumen mit Deckenstrahlungsheizung, offenen Deckeneinbauleuchten in ungelüfteten Zwischendecken usw.).

Schaltung der L-Lampe. Die übliche Schaltung einer L-Lampe zeigt Bild **396**.1.

Nach dem Einschalten biegt sich in dem in der Lampenfassung untergebrachten Glimmzünder (kleine Glimmlampe als „Starter“ mit Rundfunk-Entstörkondensator vereinigt) die eine als Bimetallstreifen ausgebildete Elektrode infolge der Erwärmung durch die Glimmentladung durch, bis sie mit Berührung der anderen Elektrode die Glimmentladungsstrecke kurzschließt. Der jetzt fließende stärkere Heizstrom heizt nunmehr die Lampenelektroden vor. Der infolge Erlöschens der Glimmentladung abgekühlte Bimetallstreifen streckt sich wieder, unterbricht den Kontakt der beiden Zündelektroden und ruft damit die Zündung der Lampe durch den infolge der Feldschwächung in der Drosselspule induzierten Spannungsstoß hervor.

Nach der Zündung nimmt die Drosselspule die Differenz zwischen Netz- und Betriebsspannung der Lampe auf. Der hierdurch auf 0,5 reduzierte Leistungsfaktor kann durch einen Kompensationskondensator auf 0,95 verbessert werden.

Falls die Lampe nicht sofort zündet, wiederholt sich der Vorgang.

Leuchtstofflampen lassen sich auch sofort nach dem Ausschalten wieder einschalten.

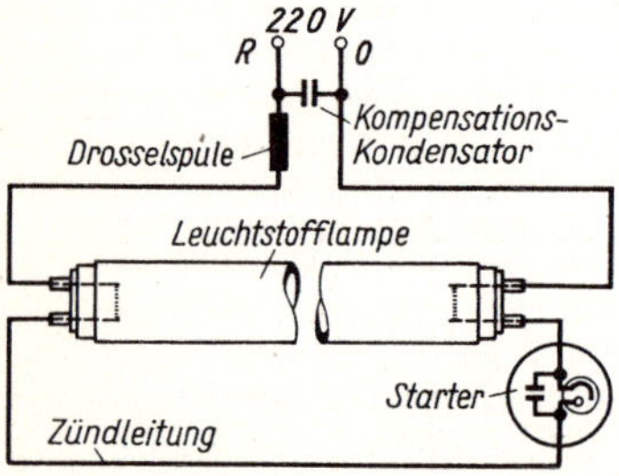

396.1
Schaltung der Leuchtstofflampe

Da die Lichtemission der Leuchtstofflampen dem Wechselstrom trägheitsloser als die der Glühlampen folgt, können besonders an umlaufenden Maschinenteilen gelegentlich Flimmereffekte (Stroboskop-Wirkung) auftreten. Diese lassen sich durch schaltungstechnische Maßnahmen (z. B. Duoschaltung) vermindern, durch Dreiphasenschaltung (**396**.2) ganz vermeiden.

396.2
Flimmerfreie Dreiphasenschaltung von Leuchtstofflampen

Anwendungsgebiete. Leuchtstofflampen haben sich ihrer zahlreichen Vorzüge wegen für alle Verwendungsgebiete im Bauwesen eingeführt (Taf. **397**.1).

Bei ihrer geringen Leuchtdichte sind sie vor allem in Nutzräumen mit hellen Wänden und Decken ohne weiteres nackt zu verwenden, werden aber bei höheren Ansprüchen häufig auch in besonderen, zugleich alle Vorschaltgeräte aufnehmenden Langfeldleuchten, Reflektorleuchten oder Leuchten mit lichtstreuendem Abschluß, z. B. Raster aus Kunststoff oder Glas, installiert und eignen sich besonders zur Bildung durchlaufender Lichtbänder und großflächiger Beleuchtungsanlagen.

Sie sind vor allem dort wirtschaftlich, wo bei langen Betriebszeiten und geringer Einschalthäufigkeit hohe Lichtleistungen verlangt werden (**397**.2).

Tafel **397**.1 Anwendung der wichtigsten Leuchtstofflampen in der Innenbeleuchtung (Osram)

Anwendungsgebiet		Lichtfarbe[1]) 25	22	32	19	39	36
Wohnung	Wohn- und Schlafräume			×		×	
	Diele, Bad		×	×		×	
	Küche		×	×		×	×
	Hausarbeitsraum, Heimwerkstatt, Nebenräume	×	×	×		×	
Verkauf	Lebensmittel, Blumen	×	×	×			×
	Fleischerei, Feinkost		×	×			×
	Bäckerei, Konditorei		×	×		×	
	Kleidung, Textilien		×		×	×	
	Schuhe, Lederwaren	×	×	×	×	×	
	Bücher, Reisebüro	×	×	×	×	×	
	Sport, Spielwaren	×	×	×		×	
	Photo, Uhren, Schmuck		×	×	×	×	
	Kosmetik, Friseur		×	×		×	
Industrie und Handwerk	Färberei, Weberei, Wäscherei, Reinigung	×	×		×		
	Textil-, Konfektionsbetrieb,						
	Druckerei, graph. Betrieb	×			×		
	Studio, Labor	×	×	×	×	×	
Büro und Verwaltung	Büroräume, Flure	×	×		×		
	Konferenzzimmer	×	×	×	×	×	
	Speiseräume	×		×	×	×	
Hotels, Gaststätten, Cafés, Bars, Krankenhäuser, Sanatorien		×	×	×	×	×	
Theater, Konzertsäle, Kinos (Foyer)				×	×	×	
Schule, Hörsäle, Kindergärten		×	×	×	×	×	
Sport- und Mehrzweckhallen		×	×		×		
Altersheime		×		×		×	
ärztliche Behandlungsräume			×		×		

[1]) S. auch Tafel **395**.1 und Bild **409**.1.

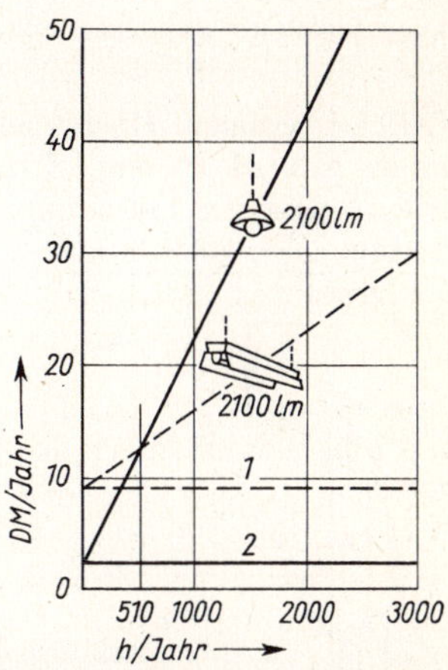

397.2
Jährliche Betriebskosten einer Langfeldleuchte und einer Glühlampenleuchte etwa gleichen Lichtstromes (AEG)
1 feste Kosten Leuchtstofflampe
2 feste Kosten Glühlampe

Leuchtröhren. Dies sind Niederdruck-Entladungsröhren für Hochspannung (bis 1000 V je m Rohrlänge) für Edelgase, vor allem Neon und Quecksilberdampf, mit kalten Blechelektroden ohne besondere Zündhilfe, die mit einem Vorschaltgerät an Wechselstromnetzen, mit einem zusätzlichen Umformer auch an Gleichstromnetzen betrieben werden können (besondere Sicherheitsvorschriften!).

Sie lassen sich durch Verwendung verschiedener Edelgase, verschiedenfarbiger Gläser (Klarglas-, Opalglas- und farbige Filterglasröhren) und unterschiedlicher Leuchtstoffe mit den mannigfaltigsten Farben und bei Durchmessern von 10 bis 35 mm in Längen herstellen, die praktisch nur durch die für diese Anlagen nach DIN 57128/VDE 0128 zulässige Höchstspannung (7,5 kV bei ungeerdeten, 15 kV bei geerdeten Hochspannungsstromkreisen) begrenzt sind.

Die Lichtausbeute erreicht 30 lm/W. Leuchtdichte, Wärmeentwicklung und Stromverbrauch sind sehr gering, die Lebensdauer ist sehr lang.

Vor allem können diese farbigen Leuchtröhren in jeder beliebigen Linienführung geliefert werden. Sie werden fast ausschließlich für Reklamebeleuchtung verwendet, die roten Neonröhren auch in der Flugverkehrsbeleuchtung (**398**.1).

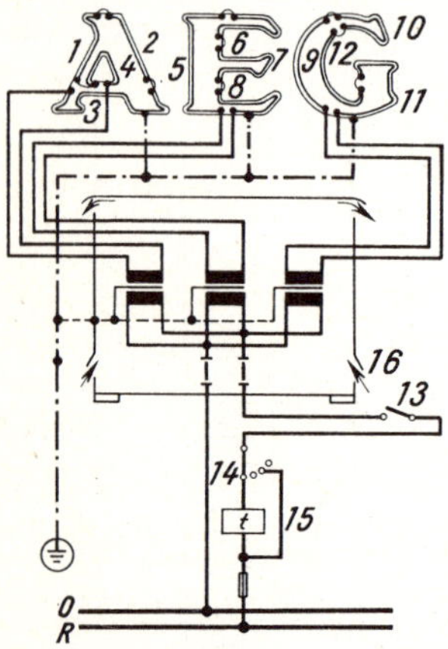

398.1
Schaltung einer Leuchtröhrenanlage (AEG)
1 bis 12 Leuchtröhrensysteme
13 Feuerschutzschalter
14 Hauptschalter
15 Zeitschalter
16 Lüftung

Leuchtstoffröhren. Sie unterscheiden sich von den Leuchtröhren nur durch den Leuchtstoffbelag auf der Innenfläche der Glasröhre, der wie bei den Leuchtstofflampen ein zusätzliches tageslicht-, creme- oder blütenweißes Licht hervorruft.

Sie werden außer für Außenreklame in repräsentativen Innenräumen angewendet, wo beliebig geführte Leuchtlinien als architektonische Gestaltungsmittel benutzt werden sollen und vielfach daneben eine einfache Verdunkelungsschaltung gewünscht wird.

Quecksilberdampf-Hochdrucklampen. Sie weisen einen von einem ellipsoid- oder röhrenförmigen Außenkolben mit Schraubsockel umgebenen Brenner aus Quarz- oder Hartglasrohr auf, in dem die Entladung im Quecksilberdampf stattfindet (**398**.2). Ihre Lebensdauer beträgt i. M. 6000 Stunden.

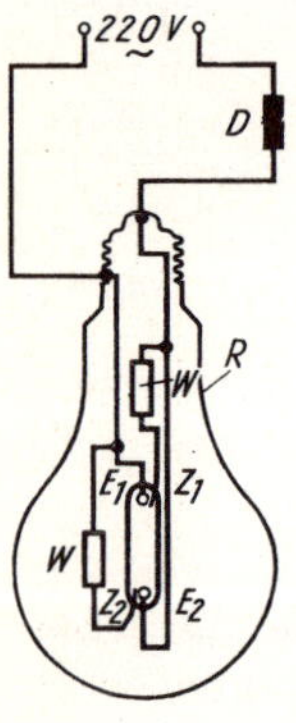

398.2
Quecksilberdampf-Hochdrucklampe (M 1:5) (AEG)
D Drosselspule
E_1, E_2 Hauptelektroden
W Widerstand
Z_1, Z_2 Zündelektroden

Nach dem Einschalten setzt die volle Lichtleistung erst in 2 bis 3 Minuten ein, nach dem Ausschalten sind die Lampen wegen des hohen Betriebsdruckes erst nach 3 bis 5 Minuten wieder einschaltbar. Das bläulichweiße Licht der reinen Hg-Dampflampen (HQA), dem der rote Spektralanteil völlig fehlt, ruft starke Farbverschiebungen hervor und beschränkt die Anwendung dieser Lampen mit Klarglaskolben auf Sonderfälle, z. B. für Werbebeleuchtung, zur Anstrahlung von Bauwerken, Baumgruppen und Grünflächen oder bei der Werkstoffprüfung, für Außenbeleuchtung u. ä.

Vielfältig verwendbar sind indessen die nachfolgend beschriebenen, verbesserten drei Lampentypen.

1. Hochdrucklampen mit Yttrium-Vanadat-Leuchtstoff (HQLS). Mit Nennleistungen von 50 bis 2000 W und Lichtausbeuten von 40 bis 65 lm/W Nennleistung unterscheiden sie sich von den HQA-Lampen nur durch die auf die Innenseite des ellipsoidförmigen Außenkolbens aufgebrachte Leuchtstoffschicht. Sie weisen eine angenehme Lichtfarbe und gute Farbwiedergabe auf (**399**.1).

In Pilzform und mit Reflexschicht sind sie für 250 und 400 W Nennleistung erhältlich.

2. Halogen-Metalldampflampen. Mit Dysprosium-Jodid-Zusätzen mit Klarglaskolben (HQI), mit Nennleistungen von 250 bis 3500 W und Lichtausbeuten von 68 bis 95 lm/W oder mit Ellipsoidformkolben mit Leuchtstoff (HQIL) für 250 und 400 W Nennleistung und mit Lichtausbeuten von 66 bis 72 lm/W zeigen sie ein angenehm weißes Licht mit Tageslichtcharakter und ausgezeichneter Farbwiedergabe im gesamten Spektralbereich.

Sie eignen sich daher insbesondere für repräsentative Innenräume, Fest-, Werk- und Messehallen, Tagungsstätten, Kaufhäuser, Großraumbüros sowie für farbfernsehgerechte Flutlichtanlagen, die bisher nicht mit Hg-Hochdrucklampen ausgerüstet werden konnten.

3. Mischlichtlampen mit Leuchtstoff (HWLS). Mit 160 bis 1000 W Nennleistung und 20 bis 32 lm/W Lichtausbeute vereinigen sie in einem Glaskolben einen Quecksilberdampf-Hochdruckbrenner und eine Wolframdrahtwendel, die gleichzeitig als Vorschaltgerät dient (**399**.2).

Die Lampen können daher statt Allgebrauchsglühlampen eingesetzt werden. Sie liefern ein tageslichtähnliches Licht mit guter Farbwiedergabe.

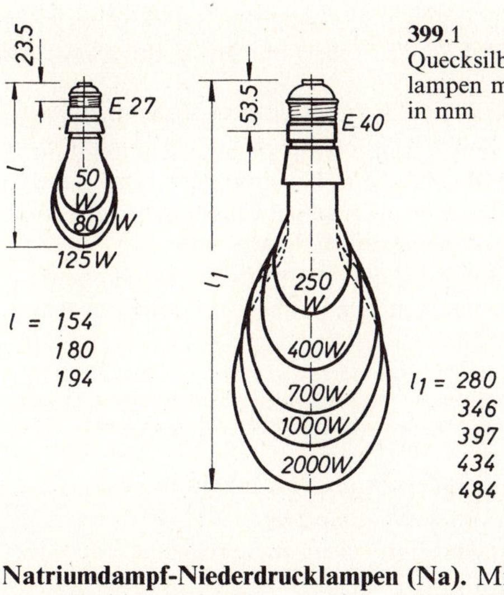

399.1
Quecksilberdampf-Hochdrucklampen mit Leuchtstoff, Größen in mm

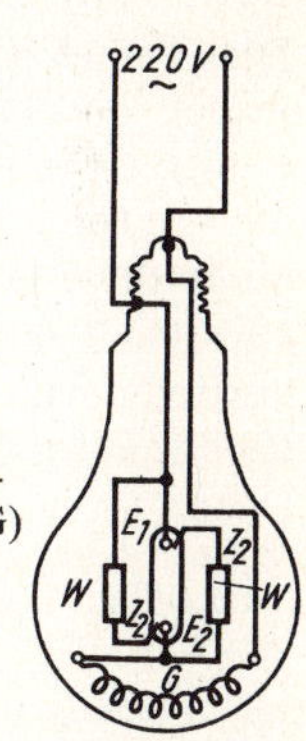

399.2
Quecksilberdampf-Mischlichtlampe (M 1:5) (AEG)

W Widerstand
E_1, E_2 Hauptelektroden
Z_1, Z_2 Zündelektroden
G Glühwendel

Natriumdampf-Niederdrucklampen (Na). Mit 35 bis 200 W Nennleistung, Lichtausbeuten von 130 bis 175 lm/W und einer Lebensdauer von i. M. 5000 Stunden erzeugen sie ein monochromatisch gelb-oranges Licht, das die Einzelheiten der Körper besonders gut, Farbunterschiede gar nicht erkennen läßt.

Verwendet werden sie in Straßen außerhalb der Städte, in Industrie, für Gleisanlagen, ferner zum Erkennen feinster Einzelheiten, wie Risse in Oberflächen.

Lichtfarbe und Farbwiedergabe lassen sich durch die Kombination mit L-Lampen oder HQLS-Lampen verbessern.

Natriumdampf-Hochdrucklampen (NaV). Mit 250 bis 1000 W Nennleistung und 76 bis 100 lm/W Lichtausbeute strahlen sie ein warmweißes Licht aus, dessen Spektrum neben mehreren Linien ein Kontinuum hat, das farbiges Sehen gestattet.

Für das Einschalten und die Wiederzündung der Na-Lampen gelten i. allg. dieselben Bedingungen wie bei den Quecksilberdampf-Hochdrucklampen.

Hg-Höchstdrucklampen mit einer Lichtausbeute bis 47,5 lm/W werden für Scheinwerfer, Projektionsapparate u. a. gebaut.

Xenon-Hochdrucklampen (Farbtemperatur von 6000 K, **410**.1) erzielen eine natürliche Farbwiedergabe. Sie werden überall dort verwendet, wo Farbtöne so erkannt und unterschieden werden müssen wie bei Tageslicht (z. B. Farbausmusterungen in der Industrie, Bühnenbeleuchtung, Farbphotographie, farbige Kinofilme usw.).

Glimmlampen sind Gasentladungslampen mit einem Edelgasgemisch (meistens Neon und Helium).

Sie haben zwei in einem Glaskolben mit geringem Abstand voneinander angeordnete Elektroden, zwischen denen eine Glimmentladung bei niedrigem Druck stattfindet. Bei Wechselspannung überziehen sich dabei beide Elektroden mit einem intensiven rötlichgelb leuchtenden Glimmlicht. Als Strombegrenzer dient ein Vorschaltwiderstand, der i. allg. im Sockel der Lampe eingebaut ist. Unter normalen Betriebsbedingungen haben die Glimmlampen eine sehr lange Lebensdauer.

Sie dienen hauptsächlich zur optischen Anzeige des Betriebszustandes in Lichtschaltern, Drucktastern, Signalleuchten, Schalt- und Befehlsgeräten, Fernmeldeanlagen sowie in Elektro-Haushaltsgeräten aller Art (s. Taf. **362**.1).

6.3.3 Leuchten für elektrische Lampen

Die meisten Lichtquellen eignen sich nicht ohne weiteres zur Erfüllung der verschiedenen Beleuchtungsaufgaben (s. Abschn. 6.3.4) und können daher nur in Verbindung mit Leuchten verwendet werden.

Diese haben den Lichstrom der nackten Lampen so zu lenken und umzuformen, daß er dem Zweck der Beleuchtung entsprechend im Raum verteilt wird (Kennzeichnung durch Lichtverteilungskurven), sowie das Auge gegen Blendung durch unerträglich hohe Leuchtdichten von Lampen dadurch zu schützen, daß sie die blendende Lichtquelle gegen das Auge abschirmen oder deren Leuchtdichte auf ein erträgliches Maß herabsetzen.

Dabei sollen die Leuchten einen guten Wirkungsgrad (= Verhältnis des aus der Leuchte austretenden Lichtstromes zum Lichtstrom der nackten Lampe) besitzen und eine ästhetisch gefällige Form aufweisen.

Diffuse Leuchten, durch ihre diffus reflektierenden oder transmittierenden Baustoffe gewissermaßen zum selbständigen „Zweitstrahler" geworden, werden für gleichmäßige Raumausleuchtungen, Spiegelleuchten mit Glassilber- oder Metallspiegel für lichttechnische Spezialaufgaben mit gerichtetem Licht verwendet.

Grundsätzlich gibt es drei Möglichkeiten für die Beleuchtung von Innenräumen:

1. die Einzelleuchte als Decken-, Hänge-, Steh- oder Wandleuchte
2. in die Raumflächen eingeführte Lichtspender, wie Glasdecken, Rasterdecken, Voutenbeleuchtung, Lichtbänder u. dgl.
3. eine Verbindung dieser beiden Lösungen

Zweckleuchten. Sie werden gemäß DIN 5040 nach ihrer räumlichen Lichtstromverteilung in folgende Hauptgruppen unterteilt (Taf. **401**.1):

Direkt-Leuchten, Vorwiegend-Direkt-Leuchten, Direkt-Indirekt-Leuchten, Vorwiegend-Indirekt-Leuchten und Indirekt-Leuchten.

Tafel **401**.1 Wichtigste Lichtverteilungsarten, ihre Ausstrahlungseigenschaften und erzielte Beleuchtungswirkung (nach DIN 5040)

Art der Lichtverteilung	direkt	vorwiegend direkt	direkt-indirekt	vorwiegend indirekt	indirekt
charakteristische Lichtverteilungskurve in einer durch die Leuchtenachse gelegten Ebene	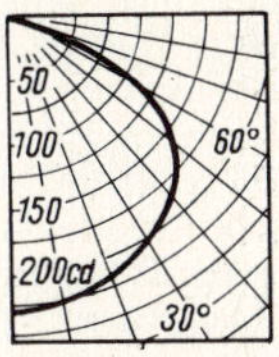	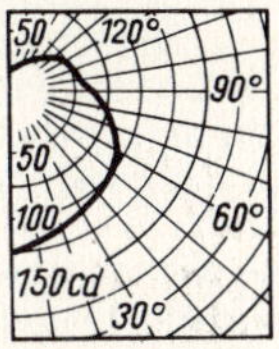	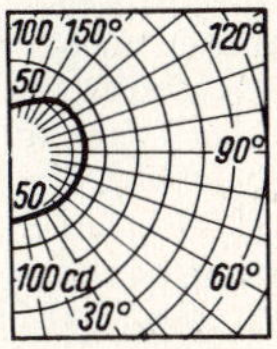	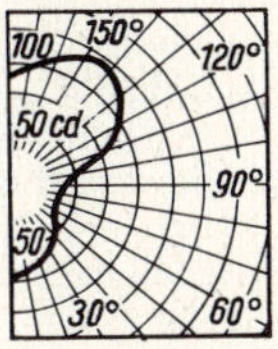	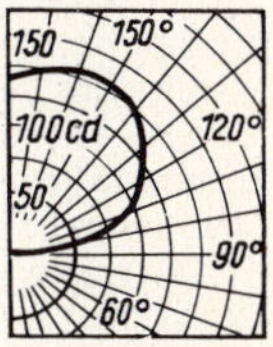
Grundform der Leuchten ▬ lichtundurchlässig ☒☒☒☒ Trübglas	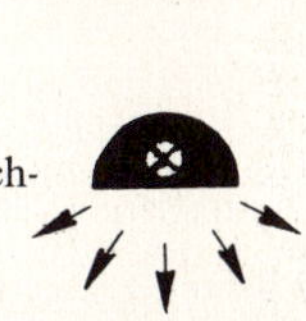		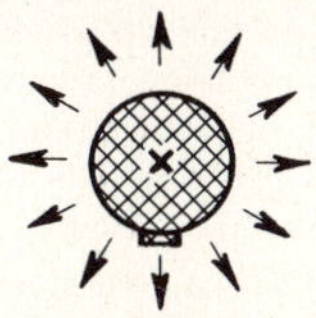		
Anteil des in den unteren Halbraum gestrahlten Lichtstromes	90···100%	60···90%	40···60%	10···40%	0···10%
Beleuchtungswirkung	Starke Horizontalbeleuchtung. Decke und obere Wände dunkel. Nur bedingt blendungsfrei. Gleichmäßigkeit nur bei größerer Aufhängehöhe		Aufhellung der Decken u. oberen Wände bei geringerer Horizontalbeleuchtung. Blendungsfrei. Mittlere bis weiche Schatten. Genügende Gleichmäßigkeit der Beleuchtung bei normaler Aufhängehöhe		Praktisch schattenfrei. Blendungsfrei. Größte Gleichmäßigkeit der Beleuchtung bei weiter verringerter Horizontalbeleuchtung

Besonders von den Zweckleuchten (**401**.2) ist ferner zu fordern, daß sie in einfacher Weise technisch einwandfrei und unfallsicher zu montieren und leicht zu reinigen sind. Wo sie chemischen Einflüssen und Wetterangriffen ausgesetzt sind, sind korrosions- und wettergeschützte Ausführungen zu wählen. Lampen und Zubehörteile müssen leicht auszuwechseln sein.

Über sog. Klimaleuchten mit Einrichtungen zur Abführung der Beleuchtungswärme aus dem Raum s. Abschn. 11.5.5.

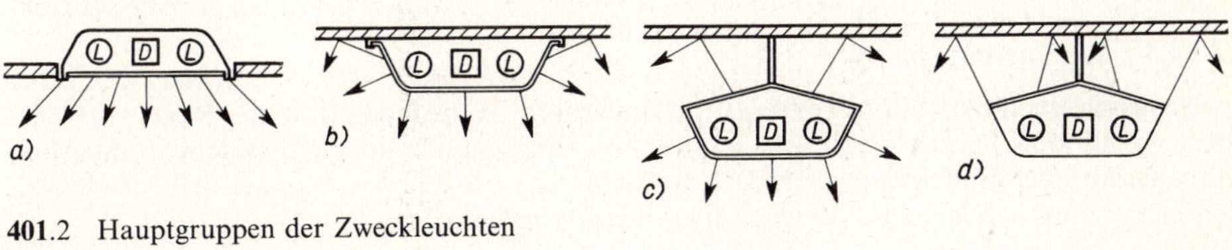

401.2 Hauptgruppen der Zweckleuchten

Zu Bild **401**.2

a) Direkt wirkende Leuchte, in die abgehängte Decke eingebaut

Sie erzeugt entsprechend der Leuchtenform einen ausschließlich nach unten gerichteten Leuchtkegel. Der von der Lampe in den oberen Teil der Leuchte gerichtete Lichtstrom wird zum Teil in den Raum reflektiert, zum Teil von der Leuchte absorbiert, wodurch die Temperatur der Leuchte steigt und diese zum Wärmestrahler wird. Je nach der Leuchtenform werden 90 bis 100% des Lichtstromes dem unteren Halbraum zugeführt. Die Decke wird nur indirekt durch Reflexion aus dem Raum erleuchtet. So entsteht in unmittelbarer Leuchtennähe ein starker Lichtkontrast hell/dunkel. Die von der Lampe nach oben gerichtete Strahlung führt zu einer Erhöhung der Temperatur der Decke, die dadurch ebenfalls zum Wärmestrahler wird.

b) Vorwiegend direkt wirkende Leuchte, an der Deckenunterseite montiert

Sie unterscheidet sich von den direkt wirkenden Leuchten dadurch, daß sie lichtdurchlässig ist. Der Lichtstrom ist auch hier im wesentlichen nach unten gerichtet. Der von der Lampe nach oben gerichtete Lichtstrom führt je nach der Lichtdurchlässigkeit der Leuchte zu einer direkten Aufhellung der Decke und zur Reflexion des Lichtes von der Decke aus. Da diese Deckenstrahlung diffus ist, ist die unter a) erwähnte Schattenbildung geringer. Je nach der Leuchtenkonstruktion gehen 60 bis 90% des Lichtes in den unteren Halbraum und 40 bis 10% an die Decke. Da bei Leuchtenarten nach a) und b) der Lichtstrom überwiegend nach unten gerichtet ist, hat der von der Decke reflektierte Lichtstrom auf die Beleuchtungsstärke im Raum nur einen unbedeutenden Einfluß. Der Raum ist nicht gleichmäßig ausgeleuchtet.

c) Direkt-indirekt wirkende Leuchte, freihängend im Raum

Sie strahlt gleichmäßig ca. 50% nach oben und unten. Die Decke wird heller und damit der Einfluß des diffusen Lichtes größer. Die Ausleuchtung des Raumes ist um so gleichmäßiger, je stärker die Lichtreflexion an der Decke und den Wänden ist. Die Schattenbildung wird entsprechend geringer.

d) Vorwiegend indirekt wirkende Leuchte

Sie strahlt gleichmäßig nach allen Seiten. Wie stark der nach unten gerichtete Lichtstrom ist, hängt von der Durchlässigkeit der Leuchte ab. Es kommt zu einer stärkeren Beleuchtung der Decke, somit verstärkt sich auch der Anteil an diffusem Licht. Der Raum wird noch gleichmäßiger ausgeleuchtet, Schatten treten kaum mehr auf.

6.3.4 Innenraumbeleuchtung

Nach DIN 5035 „Innenraumbeleuchtung mit künstlichem Licht“ T. 1 und 2 soll die Innenbeleuchtung gute Sehbedingungen schaffen, dem Menschen im Rahmen der gesamten Baugestaltung eine zu seinem Wohlbefinden beitragende Umwelt vermitteln und Unfälle verhüten.

Insbesondere soll sie in Arbeitsräumen zu aktiver Tätigkeit anregen, vorzeitiger Ermüdung entgegenwirken und Fehler verringern, während sie in Wohn- und anderen der Entspannung und Erholung dienenden Räumen vor allem eine behagliche Stimmung hervorrufen soll.

In Eingängen, Fluren, Treppen und anderen Verkehrsräumen soll sie vor allen Dingen die Sicherheit des Verkehrs gewährleisten.

Beleuchtungsanlagen müssen rechtzeitig und unter Berücksichtigung des Zweckes und der baulichen Gegebenheiten des Raumes geplant werden. Die zu erreichende Beleuchtungsgüte wird von der Gestaltung des Raumes wesentlich bestimmt.

6.3.4.1 Beleuchtungsarten

Allgemeinbeleuchtung. Die allgemeine Ausleuchtung von Räumen ist in der Regel vorzuziehen, da sie den Raum in seiner Gesamtheit wirken läßt. Allgemeinbeleuchtung ist in Arbeitsräumen mit nicht festgelegten Arbeitsplätzen notwendig, wenn an allen Arbeitsstellen gleich gute Sehverhältnisse geschaffen werden sollen.

Arbeitsplatzorientierte Allgemeinbeleuchtung. Dienen einzelne Raumzonen verschiedenen Aufgaben oder Arbeiten, so kann es zweckmäßig sein, die Allgemeinbeleuchtung in bestimmten Zonen unterschiedlich zu gestalten, wobei in jeder Zone die diesen Arbeiten entsprechenden Sehverhältnisse zu schaffen sind.

Für Arbeitsräume mit festgelegten Arbeitsplätzen (durch Maschinen oder Werktische) empfiehlt es sich, die Leuchten für die Allgemeinbeleuchtung nach den Arbeitsplätzen zu orientieren.

Einzelplatzbeleuchtung. Sie ist zusätzlich zur Allgemeinbeleuchtung zu empfehlen, wenn

nicht ständig an allen Plätzen des Raumes gearbeitet wird

für besondere Aufgaben außergewöhnliche Ansprüche an die Beleuchtung gestellt werden, vor allem, wenn erhöhte Beleuchtungstärken nur an einzelnen Plätzen erforderlich sind

ein aus bestimmter oder veränderter Richtung einfallendes Licht zum Erkennen von Umrissen, Formen oder Strukturen erforderlich ist

die Allgemeinbeleuchtung nicht in genügender Stärke an die Arbeitsstellen gelangen kann

dunkelfarbiges Arbeitsgut auf einer helleren Arbeitsfläche zu bearbeiten ist

für ältere Personen oder Personen mit verminderter Sehleistung höhere Beleuchtungsstärken erforderlich sind

in Wohn- und ähnlichen Räumen eine behagliche Stimmung erzeugt werden soll.

Großraumbeleuchtung. In sehr tiefen Räumen (Großräumen) ohne Oberlichter ist eine ständige künstliche Beleuchtung vorzusehen. Sie dient dazu,

die zur Arbeit erforderlichen Beleuchtungsstärken zu liefern

physisches Wohlbefinden beim Arbeiten über längere Zeiträume zu gewährleisten

psychologisch den Eindruck eines auch in der Tiefe hellen Raumes zu erzeugen

Blendung durch die Fensteröffnungen zu verringern.

Zur Erfüllung dieser Bedingungen sind bei Großräumen mit platzgebundener Tätigkeit mindestens die doppelten Werte der Nennbeleuchtungsstärke nach Tafel **403**.1 zu wählen. Bei Großraumbüros sollte die Nennbeleuchtungsstärke mindestens 1000 lx betragen.

Tafel **403**.1 Stufen der Nennbeleuchtungsstärken

Stufe	Nennbeleuchtungsstärke lx	Zuordnung von Sehaufgaben (spezielle Empfehlungen s. Taf. **404**.1)
1 2	20 50	Orientierung; nur vorübergehender Aufenthalt
3 4	100 200	leichte Sehaufgaben; große Details mit hohen Kontrasten
5 6	300 500	normale Sehaufgaben; mittelgroße Details mit mittleren Kontrasten
7 8	750 1000	schwierige Sehaufgaben; kleine Details mit geringeren Kontrasten
9 10	1500 2000	sehr schwierige Sehaufgaben; sehr kleine Details mit sehr geringen Kontrasten
11 12	3000 5000 und mehr	Sonderfälle; z. B. Operationsfeldbeleuchtung

6.3.4.2 Gütemerkmale

Nennbeleuchtungsstärke. Dies ist die empfohlene Beleuchtungsstärke, die im Mittel im Raum vorhanden sein soll.

Für das Sehen ist zwar die Leuchtdichte der Gegenstände maßgebend, diese ist jedoch von der vorhandenen Beleuchtungsstärke abhängig, von der daher alle Beleuchtungsberechnungen auszugehen haben.

Leistung und Arbeitsfreude nehmen mit steigender Beleuchtungsstärke bis zu Werten über 1000 lx stetig zu, während gleichzeitig geringere Ermüdung auftritt und Unfälle, Fehler und Ausschuß abnehmen. Für das Erkennen feinster Einzelheiten bedarf es noch viel höherer Beleuchtungsstärken.

Eine Auswahl der empfohlenen Werte für die Beleuchtungsstärke, bezogen auf eine Meßebene in 0,85 m Höhe über dem Fußboden, enthalten die Tafeln **403**.1 und **404**.1. Die angegebenen Werte gelten für den mittleren Betriebszustand der Beleuchtungsanlagen.

Tafel **404**.1 Nennbeleuchtungsstärken für verschiedene Beleuchtungsaufgaben

Art des Raumes bzw. der Tätigkeit		empfohlene Beleuchtungsstärke lx
Wohnungen	Treppenräume	50
	Wohnzimmer, Schlafzimmer	nach Bedarf
	Kinderzimmer, Bäder	200
	Küchen, Hausarbeitsräume	300
	Lesen, Schreiben, Schularbeiten, Körperpflege, Küchenarbeiten	500
	Nähen, Flicken, feine Handarbeiten	750
Gaststätten	Hotelzimmer, Restaurants, Speiseräume	200
	Eingangshallen, Gaststätten mit Selbstbedienung	300
	Hotelküchen	500
Versammlungsräume	Zuschauerräume in Lichtspieltheatern, Kirchenschiffe	100
	Foyers, Theater- und Konzertsäle	200
	Sitzungs- und Festsäle	300
	Konzertpodien	500
Büro- und Verwaltungsräume	Büroarbeiten mit leichten Sehaufgaben, Schalter- und Kassenhallen, Sitzungszimmer	300
	Büroarbeiten mit normalen Sehaufgaben (Buchführung, Stenogrammaufnahme, Datenverarbeitung)	500
	technisches Zeichnen, Großraumbüro	1000
Schulen und Unterrichtsräume	Umkleide-, Dusch-, Wasch- und Toilettenräume, Neben- und Abstellräume, Treppen, Flure und Eingangshallen mit schwachem Verkehr	100
	stark benutzte Umkleide-, Dusch-, Wasch- und Toilettenräume, Treppenflure und Eingangshallen mit starkem Verkehr	200
	Unterrichtsräume, Büros, Sitzungsräume, Büchereien, Musiksäle, Aulen, Küchen, Sammlungsräume, kleine Lehrsäle	300
	Zeichensäle, Übungsräume für Chemie und Physik, Sonderschulen für Sehbehinderte, Schwerhörige, Gehörlose und Sprechbehinderte, Räume für Erste Hilfe, große Lehrsäle	500
Verkaufsräume	Vorratslager	200
	Versandräume, Verkaufsräume	300
	Kaufhäuser	500
	Supermärkte	750
	Schaufenster	bis mehrere 1000 lx

Wegen der unvermeidlichen Alterung der Beleuchtungseinrichtung muß die Anfangsbeleuchtungsstärke das 1,25fache dieser Werte aufweisen. Wenn an allen Arbeitsplätzen während des überwiegenden Teils der Arbeitszeit, im Mittel über das ganze Jahr, gute Tageslichtverhältnisse vorliegen, kann die Nennbeleuchtungsstärke um eine Stufe erniedrigt werden.

Die Nennbeleuchtungsstärken sollten um eine Stufe erhöht werden, wenn

besonders schwierige Bedingungen hinsichtlich Reflexionsgrad, Farbe und Kontrast des Arbeitsgutes sowie des Arbeitstempos vorliegen

es sich um Arbeitsräume ohne Fenster oder um nicht ausreichend mit Tageslicht versorgte Arbeitsräume handelt

Arbeitsräume vorwiegend mit älteren Menschen besetzt sind.

Leuchtdichteverteilung. Arbeitsräume oder -zonen sollen gleichmäßig beleuchtet sein, d. h., daß bei Neuanlagen an keinem Arbeitsplatz die Beleuchtungsstärke geringer als 80% der Nennbeleuchtungsstärke sein soll.

Die Unterschiede in der Leuchtdichte zwischen dem Sehobjekt und größeren Umgebungsflächen sollen möglichst gering sein, doch müssen gewisse Kontraste im Sehfeld erhalten bleiben. Das Arbeitsfeld sollte ebenso hell oder heller als seine Umgebung sein.

Zwischen Arbeitsfeld und näherer Umgebung sollten sich keine größeren Leuchtdichteverhältnisse als ca. 3:1 und keine kleineren als 1:3 ergeben. In bezug auf weiter entfernte ausgedehnte Flächen im Gesichtsfeld sollten diese Leuchtdichteverhältnisse etwa zwischen 10:1 und 1:10 liegen.

Die Raumoberflächen werden ausreichend aufgehellt und ein guter Beleuchtungswirkungsgrad erreicht, wenn der Reflexionsgrad (Taf. **388**.2) der Decke $\geqq 0{,}7$, der Wände $\geqq 0{,}5$, und der des Bodens $\geqq 0{,}2$ beträgt.

Verschiedene Zonen eines Raumes sowie benachbarte Räume, die abwechselnd betreten werden, sollen keine zu großen Leuchtdichteunterschiede aufweisen, da ein Wechsel heller und dunkler Zonen im Gesichtsfeld das Sehvermögen beeinträchtigt und ermüdet. Beim Übergang aus dem Rauminnern ins Freie sollte eine abgestufte Beleuchtung dem Auge eine allmähliche Anpassung erlauben.

Leuchtenabstände. Die Gleichmäßigkeit der Raumbeleuchtung ist bei punktförmigen und bei linienförmigen Leuchten (Lichtbänder, Bandleuchten) von der Art der Lichtverteilung und von dem Reflexionsgrad der Auskleidung und Ausstattung des Raumes, besonders aber von dem Verhältnis der Aufhängehöhe *h* über der Meßebene zum Leuchtenabstand *d* zwischen 2 benachbarten Leuchten abhängig (**405**.1 und Taf. **406**.1).

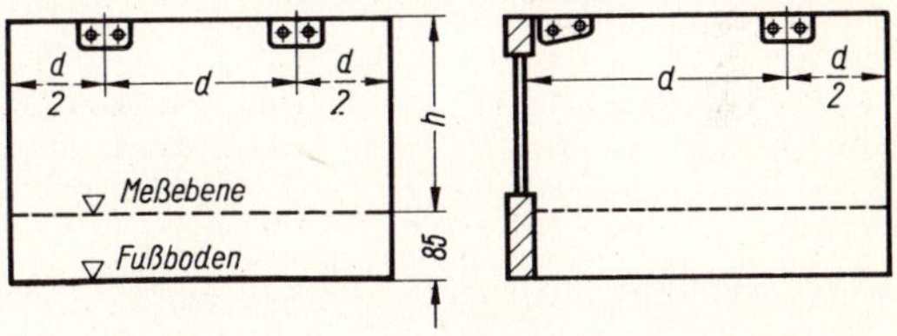

405.1 Vorteilhafte Anordnung von Decken- und Eckleuchten in Einzel- oder Bandmontage in kleineren Räumen (AEG)

Natürlich kann eine Unterteilung der Decke durch Kassetten, Unterzüge, Säulen u. ä. die Leuchtenanordnung ebenso beeinflussen wie die gewünschte stärkere Beleuchtung einzelner Raumteile.

Leuchtdecken werden durch Kassetten mit eingebauten Lampen (meist Leuchtstofflampen) und Abdeckung durch lichtstreuende Glas- oder transparente Kunststofftafeln oder Raster, die meist aus glasklarem oder weißem Kunststoff bestehen, gebildet.

Die Einordnung dieser größeren durchleuchteten, aber selbstleuchtend erscheinenden Flächen in die Raumdecke erlaubt eine vielfältige Einbeziehung des Lichtes in die Raumgestaltung.

Tafel **406**.1 Leuchtenanordnung bei verschiedener Lichtverteilung (AEG)

Art der Leuchte	Deckenabstand *r*	gegenseitiger Abstand *d*
direkt	*h*/5	1,2···1,5 *h*
vorwiegend direkt (auch Reflektor-Leuchten)	*h*/4	1,5···2 *h*
direkt-indirekt	*h*/3	2 ···2,5 *h*
vorwiegend indirekt (auch freistrahlende Lichtleiste oder Glasleuchte)	*h*/2	2,5···3 *h*
indirekt	*h*	3 ···4 *h*

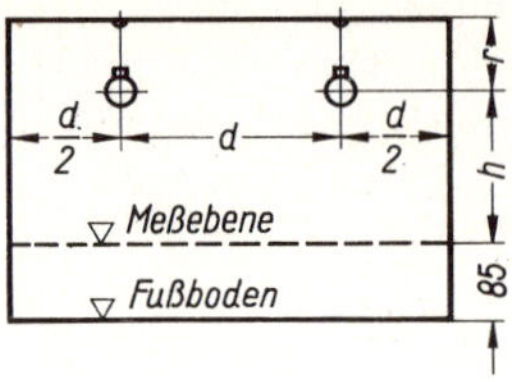

Raster lassen das Licht ungehindert nach unten austreten, entziehen die Lampen aber von einem bestimmten Winkel zur Senkrechten (30, 40 oder 45°) an der direkten Einsicht. Besonders mit Rastern wird häufig auch die gesamte Raumdecke zum Leuchten gebracht.

Zur gleichmäßigen Ausleuchtung der lichtstreuenden Fläche sind die Abstände nach Bild **406**.2 einzuhalten. Der Hohlraum über der Leuchtdecke muß mit höchstem Wirkungsgrad reflektieren, bei größeren Bauhöhen sind Reflektorleuchten anzuwenden.

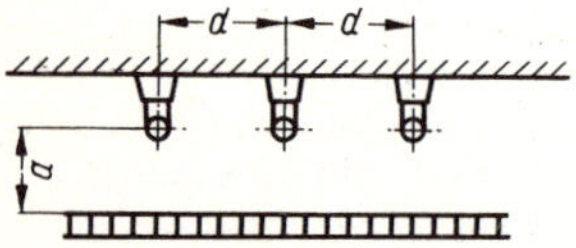

406.2
Lampenabstand bei Leuchtdecken (AEG)
$a = 1/2d$ bei Glas- oder Kunststofftafel, $2/3d$ bei Raster

Lichtbänder und Bandleuchten (**406**.3) verlegt man gleichlaufend mit der Hauptblickrichtung. Für die häufig notwendige Ermittlung des ausschlaggebenden direkten Beleuchtungsanteiles einer Bandleuchte werden in DIN 5035 T. 1 ausführliche Angaben gemacht.

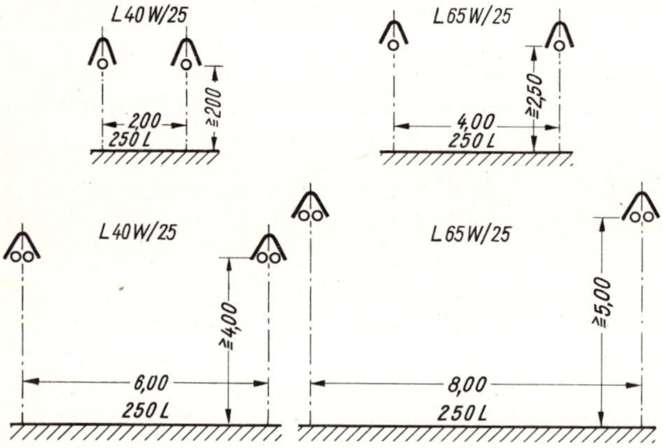

406.3
Aufhängung von Reflektorbandleuchten für eine mittlere Beleuchtungsstärke von 250 lx (AEG)

Indirekte Beleuchtung durch Hohlkehle. Zum Erzielen einer gleichmäßigen Deckenausleuchtung soll der Abstand der Hohlkehle von der Decke bei Spiegelreflektoren

1/8 der Raumbreite, bei diffusen Reflektoren 1/3 der Raumbreite betragen (**407**.1). Außerdem darf man von keiner Stelle des Raumes direkt in die Lichtquellen blicken können (**407**.2). Leuchtstofflampen sind besonders vorteilhaft (**407**.3).

Reines indirektes Licht ermüdet und ist daher stets durch einige direkt wirkende Leuchten zu ergänzen.

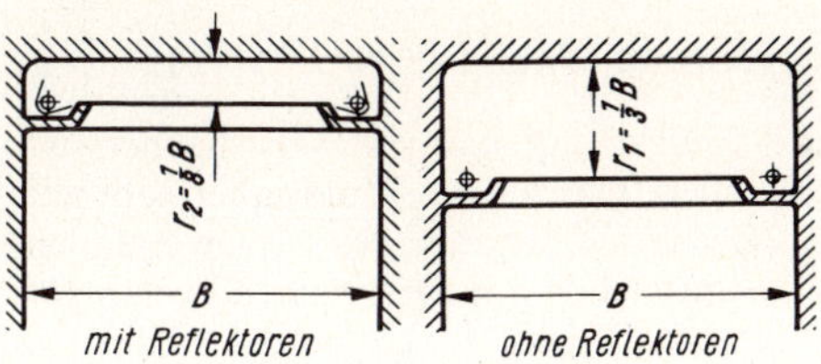

407.1 Beleuchtung eines Raumes durch Hohlkehlen (AEG)

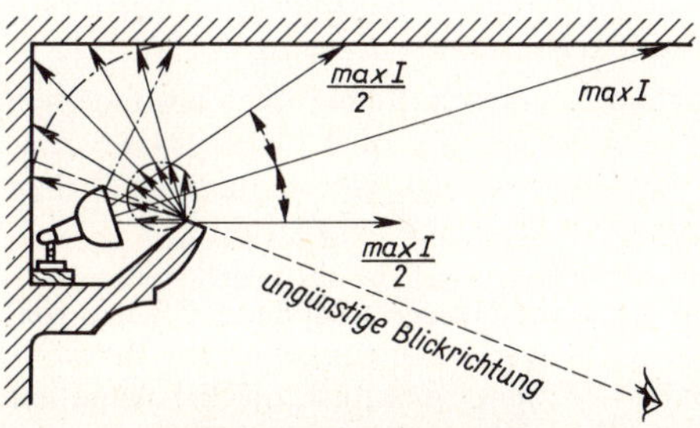

407.2 Anordnung einer Hohlkehlenbeleuchtung (Siemens-Schuckert)

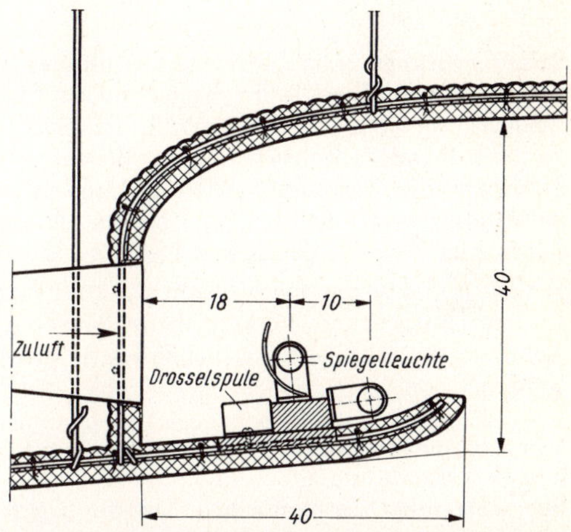

407.3 Hohlkehlenbeleuchtung eines großen Saales (Osram „Beleuchtungsanregungen")

Stroboskopischer Effekt. Lichtstromschwankungen bei Leuchtstofflampen als Folge des Wechselstromes können an bewegten Teilen störende und täuschende Wirkungen (stroboskopische Effekte) hervorrufen. Diese sind durch geeignete Maßnahmen, wie Duo- oder Dreiphasenschaltung (**396**.2), zu unterdrücken.

Blendung. Blendung vermindert die Sehleistung und ruft vor allem bei längerer Einwirkung ein unangenehmes Gefühl hervor, das sich leistungsmindernd auswirkt. Blendung darf weder durch Lampen und Leuchten unmittelbar (Direktblendung) noch durch Reflexe auf glänzenden Flächen (Reflexblendung) entstehen können.

Direktblendung. Diese nimmt zu mit der Leuchtdichte und der Größe der gesehenen leuchtenden Fläche, mit dem Verhältnis dieser Leuchtdichte zu derjenigen der Umgebung oder des Hintergrundes. Sie verringert sich mit wachsender Entfernung der Blendquelle vom Auge und mit ihrem Herausrücken aus der normalen Blickrichtung.

Die meisten Lichtquellen, insbesondere Glühlampen, haben eine so hohe Leuchtdichte, daß man sie nur abgeschirmt verwenden kann.

Leuchtstofflampen sind ohne lichtstreuende Umhüllung nur in heller Umgebung und parallel zur Blickrichtung montiert als blendungsfrei anzusehen.

Bei der Beleuchtung festlicher Räume u. ä., wo die Lichtquellen vornehmlich als belebendes Element dienen sollen, können höhere Leuchtdichten und stärkere Kontraste zur Umgebung als gestalterisches Element eingesetzt werden.

In untergeordneten und selten benutzten Nebenräumen, z. B. Abstellräumen, kann man ebenfalls höhere Leuchtdichten zulassen.

Näheres über exakte Verfahren zur Blendungsbegrenzung enthält DIN 5035 T. 1.

Reflexblendung. Reflexblendung durch störende Reflexe auf blanken Oberflächen wie Schreibtisch- und Zeichentischplatten, Maschinenteilen, glänzenden Materialien läßt sich durch eine geeignete Lichteinfallsrichtung (**414**.3) oder durch Erhöhen des seitlich einfallenden Anteiles der Beleuchtung oder durch große Leuchtflächen mit entsprechend verringerter Leuchtdichte vermindern.

Ferner sollen Arbeitsflächen, Papier, Schreibmaschinentasten u. ä. möglichst matte Oberflächen aufweisen.

Schattenwirkung. Die Gegenstände unserer Umgebung können wir räumlich nur gut erkennen, wenn Licht und Schatten auf ihrer Oberfläche richtig verteilt sind. Daher soll die Beleuchtung nicht schattenarm sein. Die Schatten sollen allerdings auch nicht tief sein und an ihren Rändern weich verlaufen. Weiche großflächige Schatten, wie sie auch durch das natürliche Licht erzeugt werden und uns daher vertraut sind, entstehen bei regelmäßiger Anordnung von Leuchten für Leuchtstofflampen mit großer Leuchtfläche, deren Lichtstrom zum Teil von den hellen Decken- und Wandflächen reflektiert wird.

Verkehrt oder ungewohnt verteilte Schatten entstellen. Schlagschatten können besonders in Räumen mit starkem Verkehr, beim Bearbeiten oder Bewegen großer Gegenstände oder wenn sie bei schrägem Lichteinfall sehr groß werden, erheblich stören oder gefährlich werden.

In machen Fällen, z. B. in bestimmten Verkaufsräumen und Schaufenstern, ist das Leuchtstofflampenlicht zum Hervorheben von Gegenständen und zur Erzeugung von Glanzlichtern durch Glühlampenlicht zu ergänzen.

Ebenso erfordert die Bearbeitung kleinster Gegenstände (Feinmechanik) oft zur Erhöhung der Kontraste tiefe Schatten, die man durch geeignet angebrachte Glühlampenleuchten erhält.

Schreib-, Zeichen- und Arbeitstische sollen ihr Licht im wesentlichen von links oben, dem Tageslichteinfall entsprechend, erhalten (**413**.1).

Lichtfarbe. Das künstliche Licht soll so zusammengesetzt sein, daß die Körperfarben natürlich erscheinen, d. h. ähnlich wie bei Tageslicht wirken. Dies ist ausreichend bei allen Lichtquellen mit kontinuierlichem Spektrum der Fall, z. B. beim Glühlampenlicht, an dessen hohen Gelbrotanteil verbunden mit nicht sehr hoher Beleuchtungsstärke das Auge von jeher durch das rötlichgelbe Licht des Feuers, der Kerzenflamme usw. gewöhnt ist.

Zwei Leuchtstofflampen gleicher Lichtfarbe, jedoch mit verschiedener spektraler Zusammensetzung ihres Lichtes, können indessen eine sehr unterschiedliche Farbwiedergabe aufweisen (wie z. B. ein aus 2 komplementären Farben gemischtes weißes Licht wegen des Fehlens bestimmter Wellenlängen die Farben bunter Körper nur verzerrt wiedergibt), was bei der Auswahl der Leuchtstofflampen für die verschiedenen Zwecke sehr zu beachten ist (**409**.1).

So schaffen bei der Beleuchtung von Büro- und Werkräumen Leuchtstofflampen mit der Lichtfarbe 25 (Neutralweiß, Osram) wegen der höheren Lichtausbeute und der besseren Angleichung an das Tageslicht die besten Sehbedingungen für die Arbeit.

Zur Erholung und Entspannung in Wohn- und Festräumen, Gaststätten u. ä. und überall dort, wo auf vorteilhaftes Aussehen der menschlichen Haut oder von Lebensmitteln besonderer Wert gelegt wird, ist

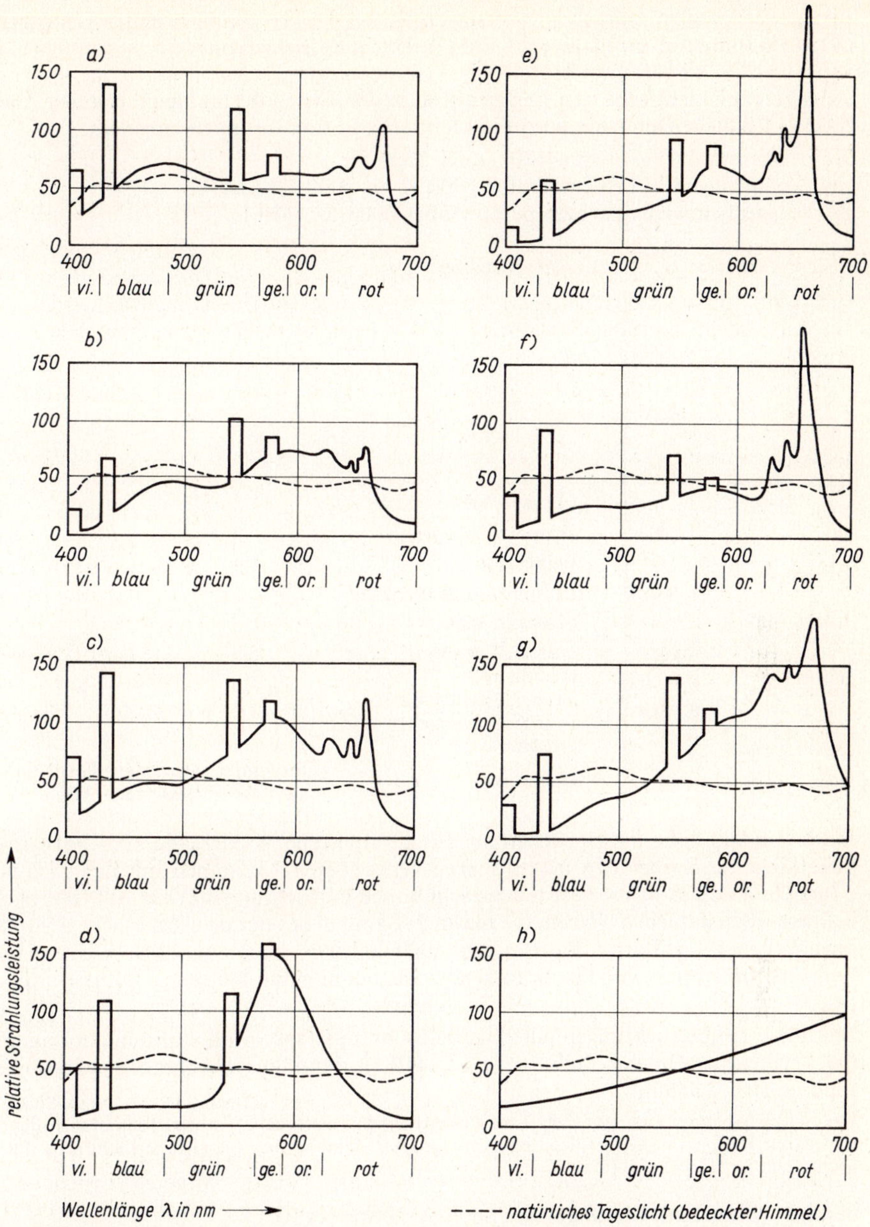

409.1 Spektrale Strahldichteverteilungen von L-Lampen (a bis g) und Glühlampen (h) im Bereich von 400 bis 700 nm (gesamter sichtbarer Bereich 380 bis 780 nm) (Osram)

a) Lichtfarbe 19 Daylight 5000 de Luxe
b) Lichtfarbe 22 Weiß de Luxe
c) Lichtfarbe 25 Universal-Weiß
d) Lichtfarbe 30 Warmton
e) Lichtfarbe 32 Warmton de Luxe
f) Lichtfarbe 36 L-Natura
g) Lichtfarbe 39 L-Interna
h) Glühlampe

jedoch eine wärmere Lichtfarbe mit größerem Rotanteil, z. B. 32, 36 oder 39 (Osram) vorteilhafter (Taf. **397**.1). Oft wird dabei eine stärkere farbliche Gestaltung des Raumes erfordern, die günstigste Lichtfarbe durch eine Probebeleuchtung zu ermitteln.

Angaben zur Lichtfarbe von Lampen sind in den Listen der Lampenhersteller (nach DIN 5035) enthalten. Demnach wird die Lichtfarbe in drei Gruppen eingeteilt:

ww = warmweiß (Farbtemperatur unter 3300 K),
nw = neutralweiß (Farbtemperatur 3300 K bis 5000 K) und
tw = tageslichtweiß (Farbtemperatur über 5000 K) (**410**.1).

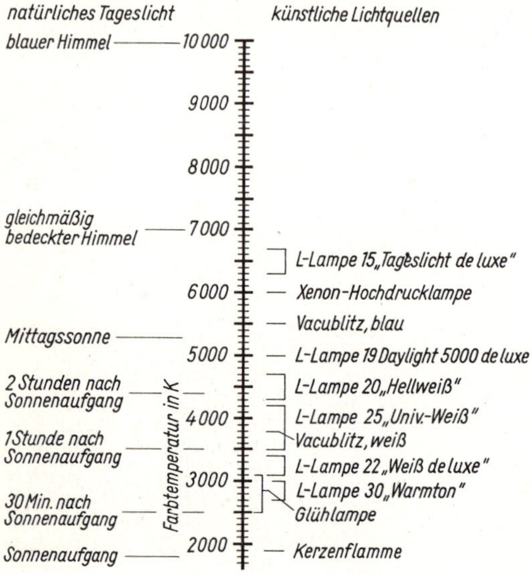

410.1
Farbtemperaturen natürlicher und künstlicher Lichtquellen (nach BBC)

Bei besonders hohen Ansprüchen an die naturgetreue Wiedergabe aller Farben werden neuerdings gegenüber den früher hierzu verwendeten L-Lampen mit der Lichtfarbe 15 „Tageslicht de Luxe“, die aber nur bei sehr hohen Beleuchtungsstärken von 1000 bis 2000 lx einigermaßen natürlich wirken, die neuen L-Lampen mit der dem Tageslicht besonders gut angeglichenen Lichtfarbe 19 „ Daylight 5000 de Luxe“ bevorzugt (**409**.1). In der Industrie und zur Beleuchtung von Großräumen verwendet man für den gleichen Zweck Xenonlampen.

Für alle Innenbeleuchtungen gilt: Die Beleuchtungsstärke muß um so höher sein, je höher die Farbtemperatur der Lichtquelle ist (**410**.1), damit die Farben echt wirken und der Mensch sich wohlfühlt.

Die Farbtemperatur (größter Ähnlichkeit) einer Lichtquelle ist die Temperatur des absolut schwarzen Körpers in K, bei der dieser mit größter Annäherung die gleiche Lichtfarbe hat wie die Lichtquelle: n °C = (n + 273) K.

6.3.4.3 Einzelanforderungen (s. auch Abschn. 6.1.3)

Allgemeine Richtlinien. Decken und Wände der Räume sollen so hell gehalten sein, daß das Licht von ihnen gut reflektiert wird. Auch die Fußböden sollen möglichst hell sein. Bei der Beleuchtung mit indirektem Lichtstromanteil verwendet man nur helle, nicht glänzende Vorhänge.

Mindestens eine Lampe oder Leuchte des Raumes soll durch einen Schalter neben der

Tür zu schalten sein. Durchgangsräume, Wohnungszugänge u. ä. erhalten zweckmäßig Wechselschaltung.

Besonders vorteilhaft ist die in Abschn. 6.1.7 beschriebene Schaltung mit Stromstoßrelais, die auf einfache Weise ein Schalten von beliebig vielen Schaltstellen aus gestattet.

Glühlampen, wegen ihrer hohen Leuchtdichte i. allg. nur in Leuchten zu verwenden, sowie auch ihre Leuchten sind wesentlich billiger als Leuchtstofflampen und deren Zubehör und kommen daher vor allem für Beleuchtungsanlagen mit niedrigerer Beleuchtungsstärke und kürzeren Benutzungszeiten in Frage.

Leuchtstofflampen sind dort wirtschaftlich, wo bei großen Beleuchtungsstärken, langer Benutzungsdauer und geringer Einschalthäufigkeit (**411**.1) die gegenüber den Glühlampen sehr viel niedrigeren Stromkosten die höheren Anschaffungskosten vor allem auch der Leuchten ausgleichen (s. Bild **397**.2, auch Abschn. 6.3.2 und 6.3.4.5).

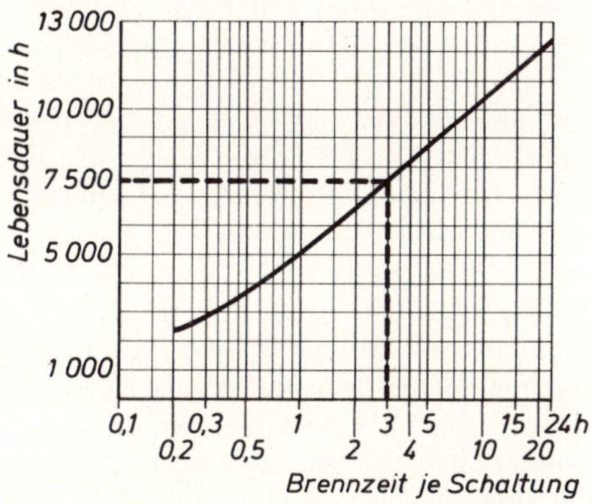

411.1 Lebensdauer von Leuchtstofflampen in Abhängigkeit von der Schalthäufigkeit

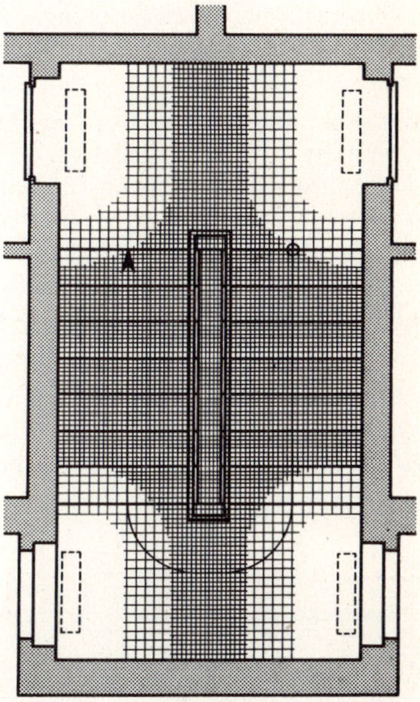

411.2
Beleuchtung des Treppenhauses eines Mietshauses

Hauseingänge. Sie erhalten eine blendungsfreie Trübglasleuchte über den Eingangsstufen oder seitlich ins Mauerwerk eingelassen, die die Hausnummern und Klingelplatten ausreichend mitbeleuchtet.

Zweckmäßig sind auch besondere Hausnummernleuchten.

Treppenhäuser (im Mehrwohnungshaus). Nach Bild **411**.2 angebrachte Leuchten vermeiden, ebenso wie die hier gewählte Fensteranordnung am Tage eine Blendung und leuchten die Antrittstufen unfallsicher aus. Außerdem beleuchten sie vor der Wohnungstür stehende Personen so, daß man sie vom Innern der Wohnung aus gut erkennen kann.

Wohnungsflure und -vorplätze. Sie erhalten Deckenleuchten oder Wandleuchten für Soffitten- oder Leuchtstofflampen über dem Spiegel oder je eine solche zu beiden Seiten. Es darf jedoch eine Leuchte an einem Spiegel weder unmittelbar im Blickfeld eines vor dem Spiegel Stehenden angebracht sein noch eine Reflexblendung hervorrufen.

Lange, schmale Flure wirken kürzer und breiter bei quer angeordneten Stableuchten. Deckenleuchten oder Deckenstrahler sind vorteilhafter als Wandleuchten.

Bei mehreren hintereinanderliegenden Vorräumen ist es stets günstig, die Helligkeit der künstlichen Beleuchtung der einzelnen Räume in das Innere des Gebäudes hinein zu steigern.

Wohnräume. Anstelle von Zweckleuchten erhalten sie meistens Zierleuchten, deren Durchbildung mehr durch gestalterische als durch lichttechnische Überlegungen bestimmt wird.

Anzustreben ist eine behaglich wirkende, nicht allzu intensive Allgemeinbeleuchtung mit weichen Schatten.

Neben den bisher am meisten üblichen Glühlampen werden in immer größerem Maße Leuchtstofflampen vor allem der Lichtfarbe 32 und 39 (Osram) mit ihrer warmen glühlampenähnlichen Lichtfarbe und günstigen Farbwiedergabe verwendet, besonders reizvoll und mit verhältnismäßig geringem Aufwand als Vorhangbeleuchtung (**412**.1).

Die Allgemeinbeleuchtung, besonders aber eine indirekte Beleuchtung repräsentativer Räume, ist stets durch zusätzliche Wand-, Hocker- oder Stehleuchten, z. B. für die Sitzecke, zu beleben, für die besondere Auslässe oder Steckdosen in einer Ringleitung vorzusehen sind.

Für besondere Effektbeleuchtungen werden heute auch gern die ursprünglich für den Laden- und Schaufensterbau entwickelten Strahlerleuchten benutzt, die um 2 Achsen schwenkbar sind und mit Glühlampen für mehr oder weniger stark gerichtete Lichtausstrahlung bestückt werden. Sie können fest an der Wand oder Decke angebracht oder zur Erzielung einer noch flexibleren Raumbeleuchtung mit besonderen Adaptern beweglich in einem Stromschienensystem (**348**.1 bis **349**.2) eingesetzt werden.

Alle diese Leuchten müssen beliebig zu- und abgeschaltet werden können.

In größeren Wohnräumen, besonders von Einfamilienhäusern, bringt man Deckenleuchten nie schematisch in der Raummitte an, sondern ordnet sie stets der vorgesehenen Möblierung zu, z. B. über dem Eßplatz, der stets ausreichend hell zu beleuchten ist, oder unter Betonung anderer Schwerpunkte des Raumes (**412**.1).

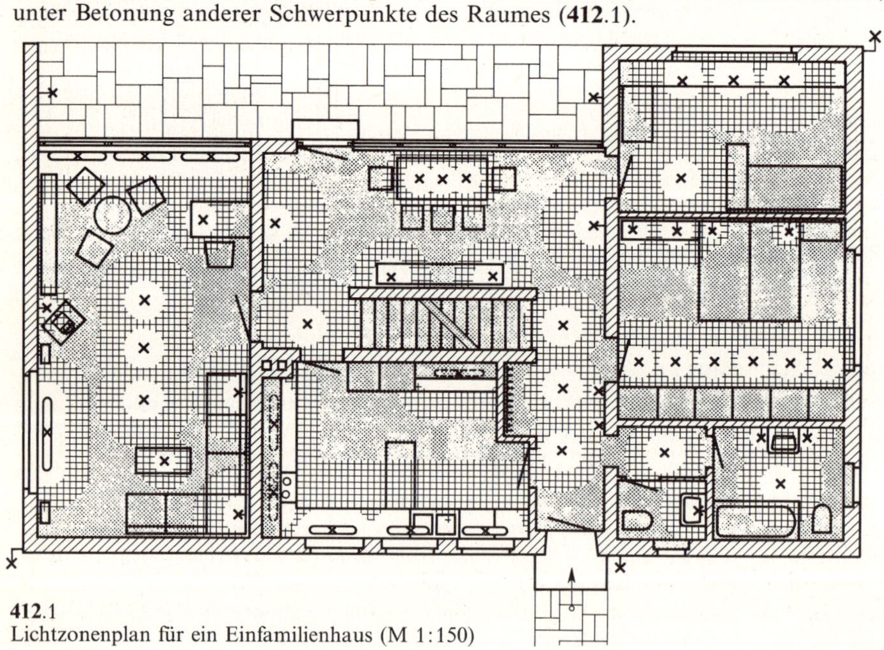

412.1
Lichtzonenplan für ein Einfamilienhaus (M 1:150)

Auch in der Mietwohnung läßt sich häufig eine durch die Grundrißgestaltung vorgezeichnete vorteilhafte Raumnutzung in dieser Weise fördern.

Im Wohnraum erweist sich das Licht von abgeschirmten Leuchten als besonders angenehm. Für festliche Gelegenheiten können jedoch zur Belebung und zur Erzielung einer gewissen Brillanz zusätzlich unabgeschirmte Glühlampen geringer Leistung erwünscht sein.

Soll ein Wohnraum hauptsächlich bei künstlicher Beleuchtung wirken, so ist es unerläßlich, daß alle farbigen Gardinen, Bezugstoffe der Möbel, Tapeten, Teppiche usw. bei dem Licht derjenigen Lampenarten ausgewählt werden, die für den Raum vorgesehen sind, oder daß umgekehrt die Lampen nach der farbigen Ausstattung bestimmt werden.

Schlafräume. Sie sollten neben der Allgemeinbeleuchtung im Fensterbereich und einer Ausleuchtung der Schränke durch Deckenstrahler außer der Steckdose an jedem Nachttisch über dem Kopfende eines jeden Bettes an der Wand eine Leselampe, der Frisierspiegel seitlich je eine senkrechte Stableuchte etwas über Augenhöhe aufweisen.

Küchen und Hausarbeitsräume. Neben einer Fensterleuchte im Vorhangkoffer sind über den wichtigsten Arbeitsplätzen abgeblendete Wandleuchten unter Oberschränken vorzusehen. Bei der erwünschten hohen Beleuchtungsstärke von 200 bis 300 lx und der meist langen täglichen Benutzungszeit sind Leuchtstofflampen, Lichtfarbe 22 oder 32, in Trübglasleuchten besonders vorteilhaft.

Büro- und ähnliche Arbeitsräume (**413**.1). Da in Büroräumen aller Größen die Arbeitsplätze durchweg nach der Tageslichtbeleuchtung orientiert werden, läßt man auch das künstliche Licht aus Leuchten in Fensternähe in ähnlicher Richtung wie das Tageslicht einfallen. Damit vermeidet man am zuverlässigsten die sehr störende Reflexblendung.

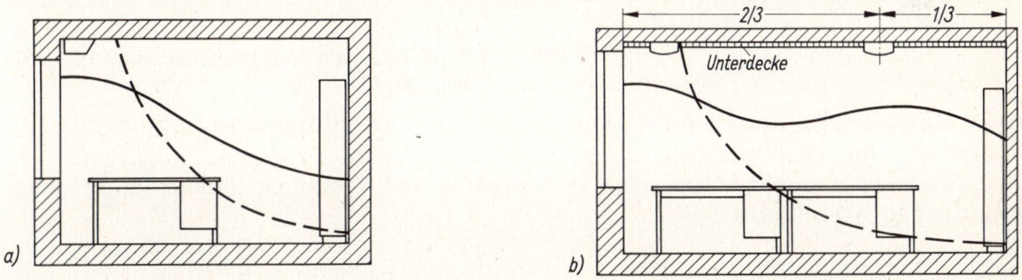

413.1 Bürobeleuchtung

a) hoher Fenstersturz, Raumtiefe $\leqq 4$ m, 1 Lichtband, Glaswannen-Leuchten

b) niedriger Fenstersturz, Raumtiefe $\geqq 4$ m, Lichtbänder, Decken-Einbauleuchten

– – – Beleuchtungsstärke bei Tageslicht ——— desgl. bei Kunstlicht

Leuchten für Leuchtstofflampen sind als durchgehendes oder unterbrochenes Lichtband parallel zur Blickrichtung und damit zur Fensterwand anzuordnen, da dann die geringste Blendungsgefahr besteht. Bei ausreichend hohen Fensterstürzen wählt man Eckleuchten mit Glas- oder Kunstglaswannen oder -raster, bei geringen Geschoß- und Sturzhöhen vielfach Decken-Einbauleuchten (**414**.1), die jedoch zur Aufhellung der Deckenfläche 4 bis 10 cm aus ihr herausragen sollen.

Pendelleuchten (**414**.2) eignen sich nur für besonders hohe Räume. In Räumen > 5 m Tiefe (bei geringer Raumhöhe auch schon > 4 m Tiefe) ist parallel zu diesem Lichtband ein weiteres, evtl. schwächer bestücktes, in ca. $^2/_3$ Raumtiefe, von der Fensterwand aus gemessen, vorzusehen. Dieses ergibt dann eine wesentlich gleichmäßigere und somit günstigere Beleuchtung als bei Tageslicht.

Untergehängte Decken können auch ganz oder teilweise als Leuchtdecke ausgebildet werden.

Für allgemeine Büroräume wählt man der größeren Wirtschaftlichkeit wegen die Lichtfarbe 25, für Direktions- und Sitzungszimmer sind die wärmeren Lichtfarben 22 und 32 (nach Osram) vorzuziehen.

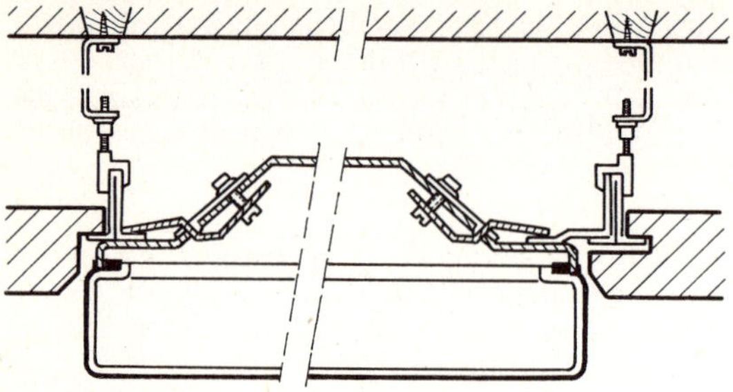

414.1
Decken-Einbauleuchte, lichttechnisch richtige Anordnung

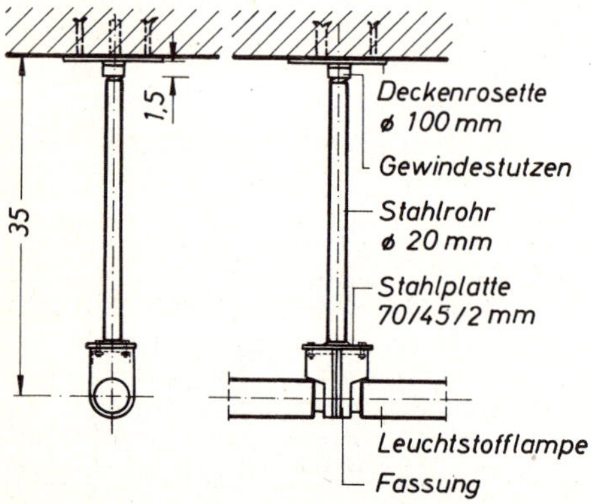

414.2
Pendelleuchten, Lampenbefestigung bei Lichtbändern (M 1:10)

Auch einzelne Schreibtische sollen grundsätzlich das Tageslicht von links erhalten. Man ordnet daher ihre künstliche Beleuchtung am besten auf derselben Seite an. Möglich ist auch eine Leuchte unmittelbar über dem Arbeitsplatz, wenn dadurch andere Plätze nicht benachteiligt werden (**414**.3).

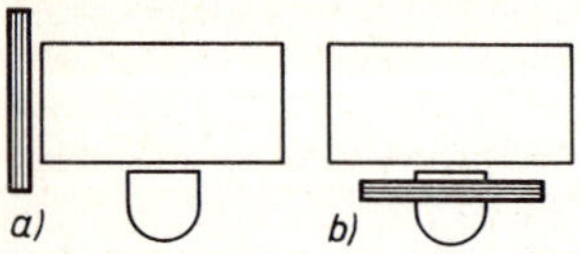

414.3
Beleuchtung einzelner Schreibtische durch Leuchtstofflampen

Unbedingt abzulehnen ist die Aufstellung von Schreibtischen in Gruppen, wobei dann einzelne Plätze das Tageslicht von rechts oder gar von vorn erhalten, auch wenn eine brauchbare künstliche Beleuchtung möglich sein sollte.

Unterrichtsräume. Sie erhalten bei einer Aufstellung der Schülertische mit Blickrichtung zur Tafel eine Anordnung der Leuchten wie in Büros. Bei Aufstellung von Vierertischen sind auch gut abgeschirmte, großflächige Leuchten oder Lichtbänder angebracht.

Verkaufsräume. Sie sollen eine Beleuchtungsanlage haben, die nicht nur ausreichend hell und gleichmäßig ist und eine richtige Schattigkeit zum Betrachten der Waren aufweist, sondern auch eine behagliche Raumstimmung hervorruft.

Pendelleuchten mit ihrer meistens zu hohen Leuchtdichte sind hier weniger am Platz. Eine lediglich indirekte Beleuchtung, auch eine leuchtende Plexiglas- oder Rasterdecke, läßt die Gegenstände nicht plastisch genug erscheinen.

Günstiger sind Beleuchtungen mit stärkerer Lichtkonzentration etwa in Form von Lichtbändern, Langfeld- oder quadratischen Deckenleuchten, bei denen ein Teil des Lichtes die oberen Raumteile aufhellt, der größte Anteil des Lichtes jedoch nach unten abgestrahlt wird (**415**.1).

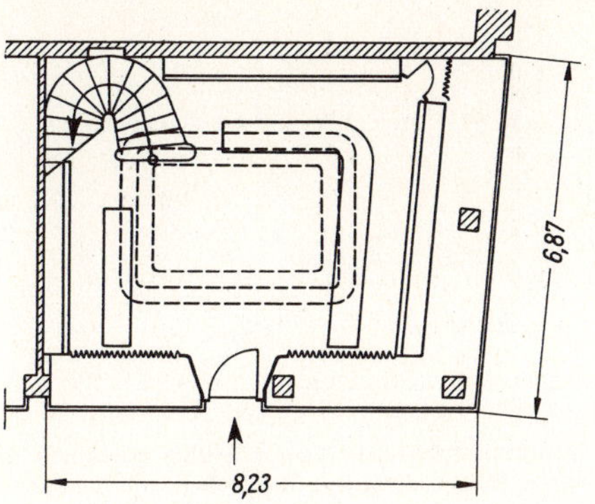

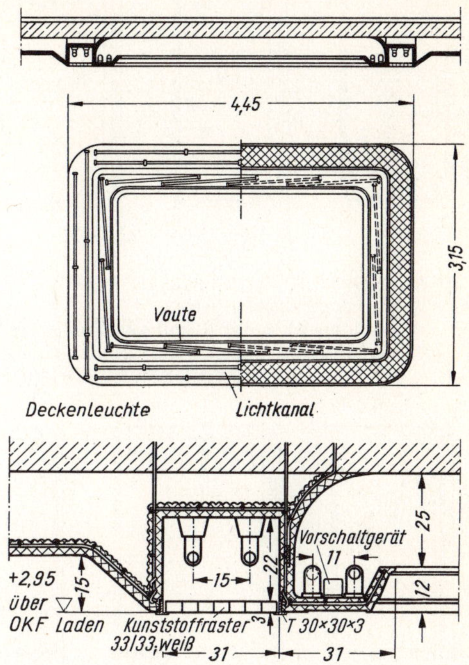

415.1
Beleuchtung eines Verkaufsraumes durch Verbindung von direkter (Lichtkanal mit Kunststoffraster) und indirekter Beleuchtung (Hohlkehle) (M 1:200, 1:100 und 1:20) (Osram „Beleuchtungsanregungen“)

Besonders vorteilhaft ist es, die Verkaufstische durch stärkere blendungsfreie Beleuchtung mit Langfeldleuchten oder anderen Lichtbändern zu betonen.

Zusatzbeleuchtungen, z. B. in Vitrinen, durch verdeckte Lichtquellen wirken besonders intim.

Schaufenster. Dem Einfall des Tageslichtes entsprechend soll auch das künstliche Licht von vorn oben einfallen und so eine natürliche Plastik ergeben.

Dabei darf keine Lichtquelle von außen sichtbar sein.

Die erforderliche Beleuchtungsstärke ist einmal von der Ausstattung des Schaufensters, zum anderen von der Helligkeit seiner Umgebung abhängig. Sie soll mindestens das Doppelte der in den zugehörigen Verkaufsräumen herrschenden Beleuchtungsstärke betragen und kann dann auch störende Spiegelungen in der Schaufensterscheibe bei Tage verringern (Taf. **404**.1).

Neben der Allgemeinbeleuchtung durch Lichtbänder aus Reihen von Spiegeltief- oder Schrägstrahlern mit Glühlampen, aus Leuchtstofflampen oder durch leuchtende Plexiglas- oder Rasterdeckenstreifen heben schwenkbar angebrachte Reflektor-Glühlampen als Breit- oder Engstrahler (Punktlicht), häufig veränderlich durch Steckdosen angeschlossen, Teile der Schaufensterauslage oder einzelne Ausstellungsstücke plastisch oder durch Glanzeffekte hervor (**416**.1 bis 3).

Fehlt ein genügend hoher Fenstersturz für das unsichtbare Anbringen der Beleuchtungsanlage, so ist diese hinter den oberen Teil der Schaufensterscheibe zu setzen und entsprechend nach außen hin abzuschirmen (**416**.2d und f).

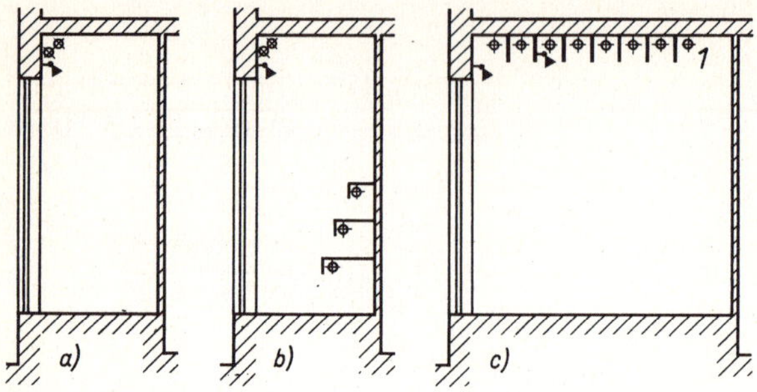

416.1 Schaufensterbeleuchtung, Frontschaufenster mit Fenstersturz (Studiengemeinschaft Licht e. V.)
a) bei geringerer Tiefe
b) desgleichen mit Regalbeleuchtung, verdeckt hinter Blenden (auch für Vitrinen geeignet)
c) bei großer Tiefe, Grundbeleuchtung über die ganze Decke verteilt und durch Lamellen dem Einblick entzogen, bei halbhoher oder fehlender Rückwand entfällt L-Lampe bei 1

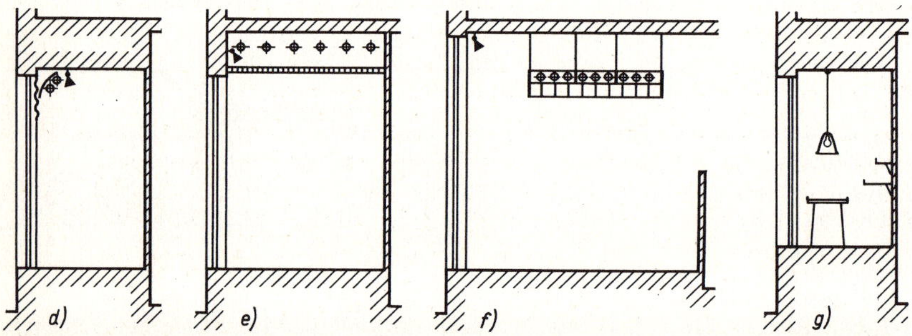

416.2 Schaufensterbeleuchtung, Schaufenster ohne Fenstersturz (Studiengemeinschaft Licht e. V.)
d) Frontschaufenster, Beleuchtungsanlage durch Blende, Vorhang, Farbanstrich oder Mattierung (Beschriftung) abgeschirmt
e) Front- oder Eckschaufenster mit Leuchtdecke
f) hohes Front- oder Eckschaufenster mit großflächiger freihängender oben offener Rasterleuchte, die auch die Schaufensterdecke beleuchtet
g) kleines Frontschaufenster mit abgehängten Glühlampenleuchten oder Strahlern für kleinformatige Waren (Juwelierläden u. ä.), stark gerichtetes Licht, Brillanz, intime Wirkung

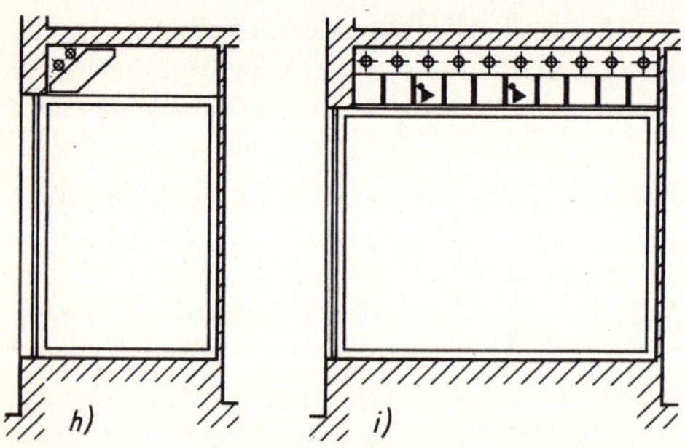

416.3
Schaufensterbeleuchtung, Eckschaufenster (Studiengemeinschaft Licht e. V.)
h) bei geringer Tiefe, L-Lampen hinter Fenstersturz, gegen seitlichen Einblick durch Lamellenblenden abgeschirmt
i) bei großer Tiefe, Einblick in Beleuchtungsanlage wird durch Großraster von allen Seiten verhindert

Der Blendungsschutz von Eckschaufenstern und freistehenden Vitrinenschaufenstern erfordert meistens besondere Maßnahmen, wie Einfügen von Lichtschürzen aus Trübglas, Kunststoff u. ä. zwischen die übereck sichtbaren Lichtquellen oder deren verdeckten Einbau (**416**.2g und **416**.3h).

Die Schaufensterbeleuchtung erhält am besten einen eigenen Stromkreis und kann dann durch eine Schaltuhr oder Dämmerungsschalter auch selbsttätig ganz oder teilweise ausgeschaltet werden.

6.3.4.4 Beleuchtung und Belüftung

Wie bereits erwähnt, erfordern Großraumbüros und andere Großräume auch tagsüber neben einer lüftungstechnischen Anlage (Abschn. 11.5) eine sehr intensive künstliche Beleuchtung mit einer erheblichen Wärmeentwicklung, die die Kühllast der Lüftungsanlage beträchtlich erhöhen würde, wenn man sie ungehindert in den Raum gelangen ließe.

Um dies zu verhindern und gleichzeitig die Möglichkeit einer Belästigung der Menschen durch Wärmestrahlung zu vermindern, kann man die Abluft des Raumes durch die Leuchten abführen. Mit der durch eine derartige Raumentlüftung verbundenen Kühlung der L-Lampen kann gleichzeitig deren Lichtausbeute spürbar erhöht werden (**752**.1).

6.3.4.5 Berechnung

Überschlägliche Leistungsberechnung. Als Faustformel für schnelle Vorkalkulationen dient die Wattregel, nach der für eine mittlere Beleuchtungsstärke von 100 lx bei Glühlampen 20 bis 30 W, bei Leuchtstofflampen 6 bis 8 W Leistungsaufwand je m^2 Bodenfläche erforderlich sind, bei höheren Beleuchtungsstärken das entsprechende Vielfache davon.

Wegen der hohen Stromkosten und der starken Wärmestrahlung der Glühlampen kommen für höhere Beleuchtungsstärken indessen nur noch Leuchtstofflampen in Betracht.

Für Lichtbänder aus Reflektorleuchten mit Leuchtstofflampen kann bei einer Anordnung nach Bild **406**.3 überschläglich mit einer mittleren Beleuchtungsstärke von 250 lx gerechnet werden.

In Bürogebäuden lassen sich mit einem Leistungsaufwand von 60 W/m^2 Nutzfläche Beleuchtungsstärken bis 1000 lx mit Leuchtstofflampen erreichen, wenn in Betracht gezogen wird, daß Flure und Nebenräume mit geringeren Beleuchtungsstärken auskommen.

In **Verkaufsräumen** kann man mit einem spezifischen Anschlußwert von 100 W/m^2 Raumgrundfläche mit

Glühlampenbeleuchtung 500 lx

Leuchtstofflampen-Beleuchtung 1000 lx

Allgemeinbeleuchtung erzielen, wobei gleichzeitig der zusätzliche Strombedarf für alle möglichen Innenraum- und Effektbeleuchtungen gedeckt wird.

Tafel **417**.1 Schaufenster-Gesamtbeleuchtung, empfohlene Anschlußwerte in W/m^2

	Städte	
	große	kleine
Hauptgeschäftsstraße	300	200
belebte Straße	200	100
Nebenstraße	100	50

Für **Schaufenster** werden für die Gesamtbeleuchtung nebenstehende Anschlußwerte (Taf. **417**.1) in W/m^2 Grundfläche empfohlen.

Dabei werden diese Anschlußwerte etwa je zur Hälfte durch die Grundbeleuchtung mit Leuchtstofflampen und durch die Ergänzungsbeleuchtung durch gerichtet strahlende Glühlampen oder Punktstrahler beansprucht.

Für **Lichtwerbung** an Geschäftshäusern wird als zukunftssichere elektrische Leistung je 1 10-Amperestromkreis (2,2 kW) empfohlen für

1. jeden Laden im Erdgeschoß
2. je 25 m Frontlänge jedes Obergeschosses
3. je 20 m Dachlänge

Wirkungsgradverfahren für Allgemeinbeleuchtung (nach AEG „Lichttechn. Erläuterungen"). Der zur Erzeugung einer mittleren Beleuchtungsstärke E in lx auf der Meßebene in 0,85 m Höhe über dem Fußboden erforderliche Lichtstrom Φ in lm errechnet sich nach der Formel

$$\Phi = \frac{E \cdot F}{\eta_t \cdot \eta_R \cdot v}$$

mit

F = beleuchtete Meßebene in m^2

η_t = Betriebswirkungsgrad (= Wirkungsgrad der Leuchte bei einer bestimmten Umgebungstemperatur t_u)

η_R = Raumwirkungsgrad, abhängig von den geometrischen Verhältnissen des Raumes und seinen Reflexionseigenschaften, von der Art der Lichtverteilung der Leuchten und deren Anordnung im Raum

v = Verminderungsfaktor (Taf. **418**.1) zur Berücksichtigung der Alterung der Lampen und der Verschmutzung der Leuchten im Raum = 0,8 unter der normalen Voraussetzung, daß die Beleuchtungsanlage nach einem Rückgang der Beleuchtung auf 80% des mittleren Betriebswertes überholt wird.

Tafel **418**.1 Verminderung der Beleuchtungsstärke und übliche Planungsfaktoren

Verminderung der Beleuchtungsstärke durch Verschmutzung und Alterung von Lampen, Leuchten und Räumen	Verminderungsfaktor v	Planungsfaktor p
normal	0,8	1,25
erhöht	0,7	1,43
stark	0,6	1,67

Berechnungsgang

1. Festlegen der Beleuchtungsstärke
2. Auswahl der Leuchtenart und Festlegen ihrer Aufhängungshöhe h in m über der in 0,85 m Höhe gedachten Meßebene
3. Bestimmen des Betriebswirkungsgrades η_t der Leuchten, z. B. nach Bild **419**.1
4. Berechnen des Raumindex k nach der Formel

$$k = \frac{a \cdot b}{h \cdot (a+b)}$$

mit a und b = Seitenlängen des Raumes in m

5. Bestimmen des Raumwirkungsgrades η_R aus dem Raumindex k aus Bild **419**.2 oder entsprechenden Darstellungen für andere Reflexionsgrade, z. B. in der von der Lichttechnischen Gesellschaft e. V., Karlsruhe, herausgegebenen Broschüre „Die Projektierung von Beleuchtungsanlagen für Innenräume nach dem Wirkungsgradverfahren"

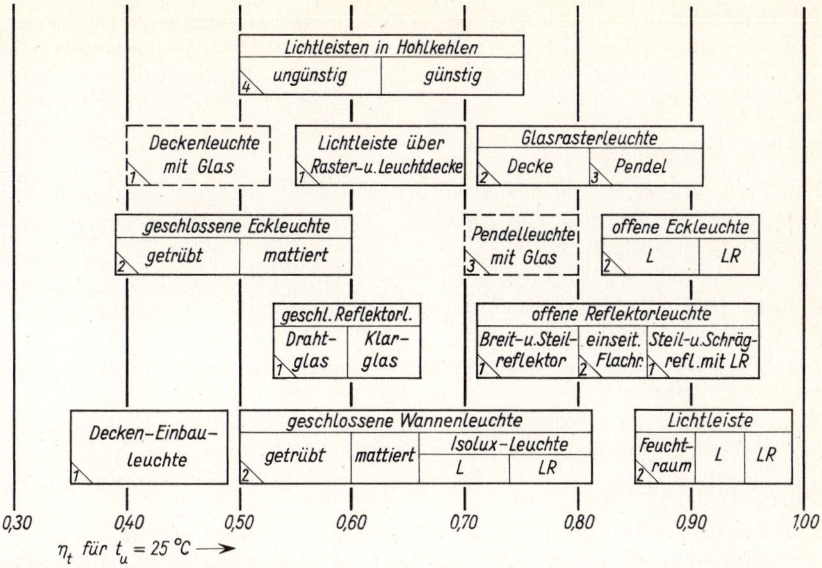

419.1 Betriebswirkungsgrade η_t von Innenraumleuchten (AEG „Lichttechnische Erläuterungen")
Die Bezifferung 1 bis 4 gibt die Raumwirkungsgradkurve an (**419**.2), die in den meisten Fällen für die entsprechende Leuchte anzuwenden ist.
Für Leuchtdecken ist Kurve 1 zu wählen.
Gestrichelte Rechtecke bezeichnen Glühlampenleuchten.

Beispiel

Für einen durch Glasrasterleuchten in Deckenmontage zu beleuchtenden Büroraum von 6 m × 10 m = 60 m² Grundfläche und 3,50 m lichter Höhe wird eine mittlere Beleuchtungsstärke von 250 lx gefordert. Die Aufhängungshöhe h beträgt 3,50 − 0,85 = 2,65 m. Der Betriebswirkungsgrad wird nach Bild **419**.1 mit 0,75 angenommen. Der Raumindex k errechnet sich zu

$$k = \frac{6 \cdot 10}{2{,}65 \cdot (6 + 10)} = 1{,}42$$

Für $k = 1{,}42$ ca. 1,5 liest man aus Bild **419**.2 durch Kurve 2 einen Raumwirkungsgrad $\eta_R = 0{,}58$ ab. Damit ergibt sich der zu installierende Lampenlichtstrom zu

$$\Phi = \frac{250 \cdot 60}{0{,}75 \cdot 0{,}58 \cdot 0{,}8} = 43\,000 \text{ lm}$$

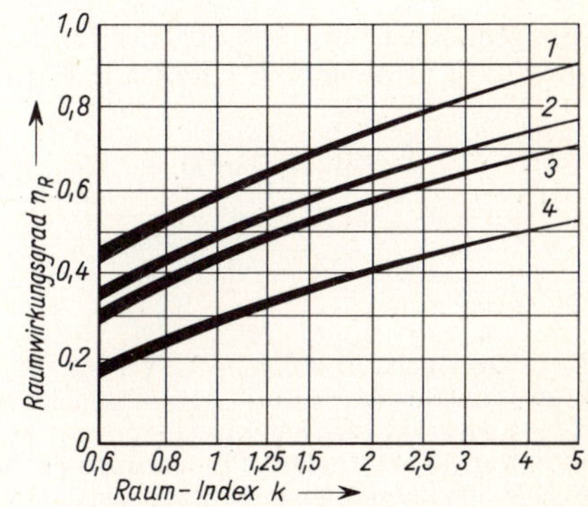

419.2
Raumwirkungsgrade η_R bei Beleuchtung im Innenraum (AEG „Lichttechnische Erläuterungen")

Beleuchtungsart:	Reflexionsgrade:
Kurve 1 = direkt	Decke 70%
Kurve 2 = vorwiegend direkt	Wand 50%
Kurve 3 = direkt-indirekt	Boden 10%
Kurve 4 = indirekt	

Bei Wahl von 10 Glasrasterleuchten mit je 2 Leuchtstofflampen 40 W/25 (einschließlich Vorschaltgerät 50 W) zu je 2300 lm errechnet sich der gesamte Lichtstrom zu $20 \cdot 2300 = 46\,000$ lm (entsprechend 267 lx). Der Leistungsaufwand beträgt dabei $20 \cdot 50 = 1000$ W.

6.3.4.6 Instandhaltung

Die Beleuchtungsstärke einer Beleuchtungsanlage verringert sich durch Alterung und Verstauben der Lampen und Leuchten ständig und ist daher bei größeren Anlagen regelmäßig zu überprüfen.

An dem am ungünstigsten gelegenen Arbeitsplatz darf die Beleuchtungsstärke zu keinem Zeitpunkt 60% der Nennbeleuchtungsstärke unterschreiten. Spätestens dann ist die Anlage zu reinigen und zu überprüfen.

Zur Erleichterung dieser Arbeiten sollten Lampen und Leuchten stets gut und gefahrlos zugänglich sein.

In großen Anlagen ist es häufig am wirtschaftlichsten, nach einer gewissen Betriebsdauer sämtliche L-Lampen gleichzeitig auszubauen und durch neue zu ersetzen.

6.3.4.7 Jahreskosten

Die Jahreskosten einer Beleuchtungsanlage setzen sich aus den festen Kosten der jährlichen Amortisation der Anlagekosten für Leuchten und Installation und aus den von der Betriebszeit abhängigen beweglichen Kosten für Stromverbrauch, Lampenersatz, Instandhaltung und Reinigung zusammen.

Der Stromverbrauch wird durch Lampen mit hoher Lichtausbeute eingeschränkt. Die Lampenersatzkosten sinken mit steigender Lebensdauer der verwendeten Lampen.

Aus diesen Gründen haben für leistungsstarke Innenbeleuchtungen für Arbeits-, Unterrichts-, Verkehrs- u. ä. Räume mit langer Benutzungsdauer die Leuchtstofflampen die Glühlampen völlig verdrängt.

Die durchschnittliche jährliche Betriebsdauer derartiger Beleuchtungsanlagen beträgt nach Jansen für

Fabriken (Montag bis Freitag, 6.30 bis 20.00 Uhr)	1100 Std.
Büros (Montag bis Freitag, 7.30 bis 19.30 Uhr)	1000 Std.
Tagesschulen (7.30 bis 14 Uhr)	200 Std.
Abendschulen (7.30 bis 22 Uhr)	1200 Std.
Schaufenster (bis 24 Uhr täglich)	3200 Std.
Ladengeschäfte (bis 19 Uhr)	700 Std.

Zur genauen Ermittlung der jährlichen Gesamtkosten K einer Beleuchtungsanlage wird nach DIN 5035 T. 1 folgende Formel verwendet:

$$K = n_1 \cdot \left[\frac{\frac{k_1}{100} \cdot K_1 + \frac{k_2}{100} \cdot K_2}{n_2} + t_B \cdot a \cdot P + t_B \cdot \frac{K_3}{t_L} + \left(t_B \cdot \frac{K_4}{t_L} + \frac{R}{n_2} \right) \right]$$

Darin bedeuten:

K_1 Kosten einer Leuchte
k_1 Kapitaldienst für K_1 (Verzinsung und Abschreibung) in %
K_2 Kosten für Installationsmaterial und Montage je Leuchte
k_2 Kapitaldienst für K_2 (Verzinsung und Abschreibung) in %
R Reinigungskosten je Leuchte und Jahr

n_1 Anzahl aller Lampen
n_2 Anzahl der Lampen je Leuchte
K_3 Preis einer Lampe
K_4 Kosten für das Auswechseln einer Lampe
P Leistungsaufnahme einer Lampe einschließlich Vorschaltgerät in kW
a Kosten der elektrischen Energie je kWh, einschließlich der anteiligen Bereitstellungskosten (Grundpreis)
t_L Nutzlebensdauer der Lampe in h
t_B jährliche Benutzungsdauer in h

Beleuchtungsanlagen verschiedener Ausführungsformen dürfen nur verglichen werden, wenn sie die Güteanforderungen gleichermaßen erfüllen.

6.4 Technische Regeln

Deutsche Normen

DIN 5035 T. 1 Innenraumbeleuchtung mit künstlichem Licht; Begriffe und allgemeine Anforderungen (10.79)
DIN 5035 T. 2 Innenraumbeleuchtung mit künstlichem Licht; Richtwerte für Arbeitsstätten (10.79)
DIN 5040 T. 1 Leuchten für Beleuchtungszwecke; Lichttechnische Merkmale und Einteilung (02.76)
DIN 5040 T. 2 Leuchten für Beleuchtungszwecke; Innenleuchten, Begriffe, Einteilung (02.76)
DIN 18012 Hausanschlußräume; Planungsgrundlagen (06.82)
DIN 18013 Nischen für Zählerplätze (Elektrizitätszähler) (04.81)
DIN 18015 T. 1 Elektrische Anlagen in Wohngebäuden; Planungsgrundlagen (04.80)
DIN 18015 T. 2. Elektrische Anlagen in Wohngebäuden; Art und Umfang der Ausstattung (12.80)
DIN 18015 T. 3. Elektrische Anlagen in Wohngebäuden; Leitungsführung und Anordnung der Betriebsmittel (06.82)
DIN 18382 VOB Verdingungsordnung für Bauleistungen, Teil C: Allgemeine Technische Vorschriften für Bauleistungen, Elektrische Kabel- und Leitungsanlagen in Gebäuden (10.79)
DIN 40009 Elektrotechnik; Leiterkennzeichnung; Schilder (11.82)
DIN 40705 Kennzeichnung isolierter und blanker Leiter durch Farben (02.80)
DIN 40717 Schaltzeichen; Elektroinstallation (11.83)
DIN 43853 Zählertafeln; Hauptmaße, Anschlußmaße (01.78)
DIN 43870 T. 1 Zählerplätze; Maße auf Basis eines Rastersystems (05.81)
DIN 43870 T. 2 Zählerplätze; Funktionsflächen (05.81)

VDE-Bestimmungen und -Richtlinien

VDE 0100 Bestimmungen für das Errichten von Starkstromanlagen mit Nennspannungen bis 1000 V (05.73)
VDE 0190 Bestimmungen für das Einbeziehen von Rohrleitungen in Schutzmaßnahmen von Starkstromanlagen mit Nennspannungen bis 1000 V (05.73)
VDE 0800 T. 1 Bestimmungen für Errichtung und Betrieb von Fernmeldeanlagen einschließlich Informationsverarbeitungsanlagen; Teil 1: Allgemeine Bestimmungen (05.70)
VDE 0855 T. 1 Bestimmungen für Antennenanlagen; Teil 1: Errichtung und Betrieb (07.71)

7 Blitzschutz

Bisher bestand die wesentliche Aufgabe des Blitzschutzes darin, Brände und mechanische Zerstörungen an und in Gebäuden durch Blitzschlag zu verhindern.

Blitzschutzanlagen sind daher erforderlich für feuergefährdete Bauten, wie Läger, Anlagen für leichtentzündliche oder explosible Stoffe, für weichgedeckte Gebäude, ferner für besonders hohe Bauten und Bauwerke von hohem Wert sowie für bauliche Anlagen, in denen infolge Ansammlung von Menschen bei einem Blitzschlag mit einer Panik zu rechnen ist.

Als zuverlässiger Blitzschutz kommt nur eine metallisch-leitende ununterbrochene Bahn für den Blitzstrom in Frage.

Die Elektroinstallationen in den Gebäuden sind jedoch im Laufe der Zeit immer umfangreicher geworden, und elektronische Geräte, die besonders überspannungsempfindlich sind, werden in immer stärkerem Maße eingesetzt.

Daher wird als Neuerung in der geltenden DIN zwischen äußerem und innerem Blitzschutz unterschieden.

7.1 Allgemeine Anforderungen

Blitzschutzanlagen sind so zu planen und mit solchen Bauteilen und Werkstoffen zu errichten, daß Personen, bauliche Anlagen und Sachwerte gegen Blitzeinwirkungen dauerhaft geschützt werden.

Eine Blitzschutzanlage ist die Gesamtheit aller Einrichtungen für den äußeren und inneren Blitzschutz der zu schützenden Anlage.

Diese Forderung gilt als erfüllt, wenn die Blitzschutzanlage allen Anforderungen der DIN 57185 T. 1/VDE 0185 T. 1 entspricht.

Die Norm gilt für das Planen, Errichten und Ändern von Blitzschutzanlagen.

Welche baulichen Anlagen einen Blitzschutz erhalten sollen, richtet sich nach den Verordnungen und Verfügungen der Aufsichtsbehörden, nach den Unfallverhütungsvorschriften, den Empfehlungen der Sachversicherer oder nach dem Auftrag des Bauherren.

Für die Blitzschutzanlage müssen Planungsunterlagen (s. Abschn. 7.5) angefertigt werden, aus denen alle wesentlichen Einzelheiten der zu schützenden Anlage und der Blitzschutzanlage entnommen werden können.

Für einfache Anlagen genügt eine Zeichnung mit Erläuterungen (**423**.1).

Blitzschutzanlagen müssen durch Fachkräfte errichtet werden.

Als Fachkraft oder Fachmann gilt, wer auf Grund seiner fachlichen Ausbildung, Kenntnisse und Erfahrungen die ihm übertragenen Arbeiten beurteilen und mögliche Gefahren erkennen kann.

Werden beim Errichten der Blitzschutzanlage auch Arbeiten an oder in der Nähe von elektrischen Anlagen durchgeführt, sind die VDE-Bestimmungen zu beachten.

7.2 Äußerer Blitzschutz

Der äußere Blitzschutz ist die Gesamtheit aller außerhalb, an und in der zu schützenden Anlage bestehenden und verlegten Einrichtungen zum Auffangen und Ableiten des Blitzstromes in die Erdungsanlage (**423**.1).

Fangeinrichtungen bestehen aus allen metallischen Bauteilen auf, oberhalb, seitlich oder neben der baulichen Anlage, die als Einschlagpunkte für den Blitz dienen.

Als Ableitung wird eine elektrisch leitende Verbindung zwischen einer Fangeinrichtung und einem Erder bezeichnet.

Die Erdungsanlage ist eine örtlich begrenzte Anlage leitend miteinander verbundener Erder oder Erdungsleitungen.

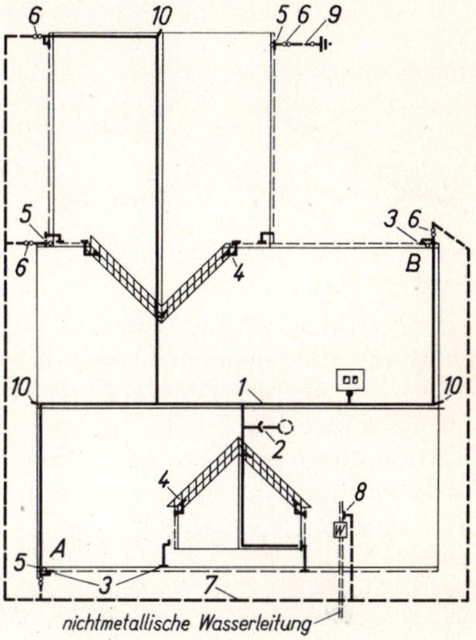

423.1
Blitzschutzanlage für ein hartgedecktes Wohnhaus mit Anbau (M 1:300)

1 Dachleitungen vom Trennstück A bis Trennstück B möglichst in einem Stück verlegen
2 Näherung zwischen Blitzschutzanlage und Ausdehnungsgefäß im Dachraum überbrücken. Heizungsanlage an ihrem Fußpunkt mit Blitzschutzanlage verbinden (entfällt, wenn leitende Verbindung mit Wasserleitung vorhanden)
3 Dachrinnen mit Rinnenklemmen an Blitzschutzanlage anschließen
4 Kehlblech anschließen
5 Regenfallrohre vor dem Trennstück mit Regenrohrschelle anschließen
6 Trennstück
7 Erdungsleitung (Teilring)
8 Anschluß an Hausinnenleitung
9 Ableitung mit Staberder
10 Auffangendigungen

7.2.1 Fangeinrichtungen

Beim äußeren Blitzschutz werden Fangeinrichtungen am Gebäude und isolierte Fangeinrichtungen unterschieden.

7.2.1.1 Fangeinrichtungen am Gebäude

Einschlagstellen. Vom Blitz bevorzugte Einschlagstellen auf Gebäuden sind erfahrungsgemäß:

Turm- und Giebelspitzen, Schornsteine, Firste und Grate, Giebel- und Traufkanten, Brüstungen und Attiken, Antennen und andere herausragende Dachaufbauten.

Bevorzugte Einschlagstellen müssen, falls sie nicht schon im Schutzbereich von Fangeinrichtungen liegen, mit Fangeinrichtungen versehen werden. Bei metallener Ausführung und ausreichendem Querschnitt der Einschlagstelle kann diese als Fangeinrichtung benutzt werden.

Der Schutzbereich ist der durch eine Fangeinrichtung gegen Blitzeinschläge als geschützt geltende Raum (**423**.2).

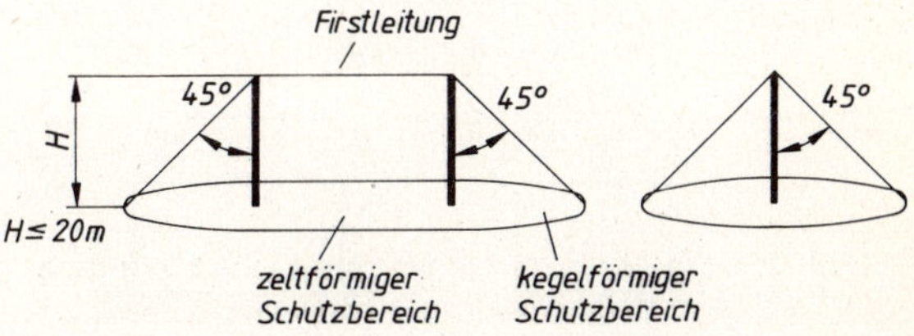

423.2
Schutzbereich einer horizontalen Fangleitung (Firstleitung) (nach DIN 57185 T. 1)

Fangleitungen. Als Fangeinrichtung zu verlegende Leitungen sind in der Regel in Form von Maschen anzuordnen.

Auf Dächern maschenförmig verlegte Fangleitungen sind so anzuordnen, daß kein Punkt des Daches einen größeren Abstand als 5 m von einer Fangeinrichtung hat.

Vorhandene metallene als Fangeinrichtung dienende Bauteile sind mit einzubeziehen.

Die Größe der einzelnen Masche darf nicht mehr als 10 m × 20 m betragen (**424**.1).

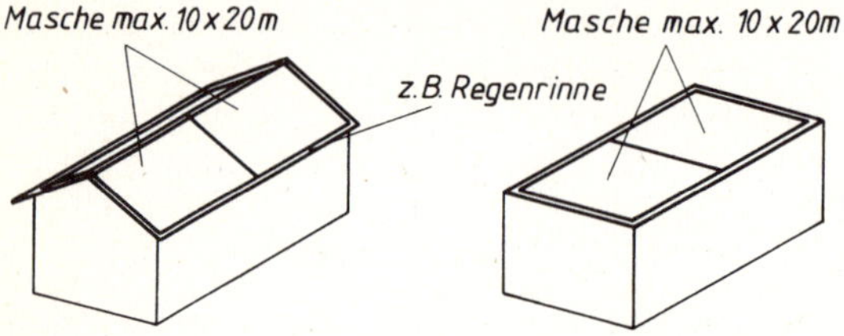

424.1
Maschenförmige Fangeinrichtungen (nach Hasse)

Die Lage der Leitungen ist unter Bevorzugung des Firstes, der Tauf- und Giebelkanten sowie vorhandener als Fangeinrichtung dienender metallener Bauteile frei wählbar.

Bei Gebäuden bis 20 m Gesamthöhe, gemessen bis zum höchsten Punkt der Fangeinrichtung, darf diese aus einer Fangleitung oder einer Fangstange auf dem Gebäude bestehen, wenn deren Schutzbereich ausreicht.

Als Schutzbereich gilt hier der Raum, der durch den Schutzwinkel von 45° nach allen Seiten gebildet wird (**424**.2)

Der Schutzwinkel ist der Winkel zwischen der Vertikalen und der äußeren Begrenzungslinie des Schutzbereiches durch einen beliebigen Punkt der Fangeinrichtung (**424**.3).

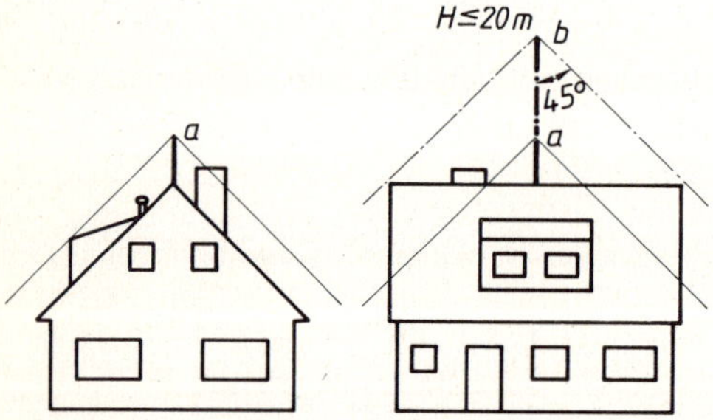

424.2
Schutzbereich einer Fangstange auf einem Gebäude (nach DIN 57185 T. 1)
a) Höhe der Fangstange nicht ausreichend
b) Höhe der Fangstange ausreichend

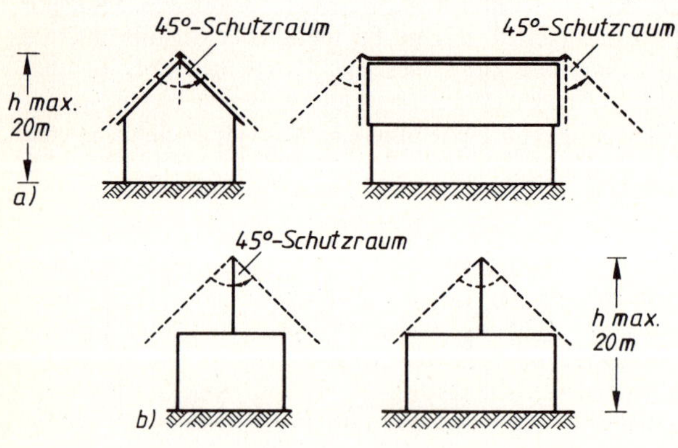

424.3
45°-Schutzwinkel (nach Hasse)
a) Schutzraum einer Fangleitung
b) Schutzraum einer Fangstange

Dachaufbauten. Aus elektrisch nicht leitendem Material bestehende Dachaufbauten gelten als geschützt, wenn sie nicht mehr als 30 cm aus der Maschenebene oder dem Schutzbereich herausragen.

Dachaufbauten aus Metall brauchen nicht an Fangeinrichtungen angeschlossen werden, wenn nachfolgende drei Voraussetzungen erfüllt sind:

Die Dachaufbauten dürfen
höchstens 30 cm aus der Maschenebene oder dem Schutzbereich herausragen,
höchstens eine eingeschlossene Fläche von 1 qm haben oder höchstens 2 m lang sein und
nicht weniger als 50 cm von einer Fangeinrichtung entfernt sein.

Andere Dachaufbauten und Schornsteine, die nicht den vorstehenden Bedingungen entsprechen, sind mit Fangeinrichtungen zu versehen oder an Fangeinrichtungen anzuschließen.

Für diese Fangeinrichtungen gilt unabhängig von der Gebäudehöhe ein Schutzwinkel von 45°.

Verlegung. Für Fangeinrichtungen gelten die Werkstoffe und Mindestmaße der Tafel **426**.1.

Fangleitungen müssen blank verlegt werden. Mit einer Beschichtung oder einem Anstrich versehene Fangeinrichtungen gelten als blank.

An den Außenkanten von Gebäudeteilen müssen die Fangleitungen möglichst dicht an den Kanten verlegt werden.

An den Brüstungen, Attiken, Schornsteinen, Türmen und Oberlichtern dürfen die Fangleitungen durch Blechabdeckungen, Winkelrahmen, Winkelringe und Spannringe usw. ersetzt werden (Taf. **426**.1).

Für unterhalb der Gebäudekanten liegende Fangleitungen müssen zusätzlich Fangeinrichtungen oberhalb der Gebäudekanten angeordnet werden, z. B. Fangspitzen, die die Gebäudekanten um mindestens 30 cm überragen und in Abständen $\leqq 5$ m angeordnet sind.

Auf dem First von Gebäuden müssen die Fangleitungen bis zu den Firstenden verlegt und über den Firstenden mindestens um 30 cm aufwärts gebogen werden (**425**.1).

Unterhalb der Dachhaut verlegte Fangleitungen dürfen durch miteinander verbundene Fangspitzen in Abständen von $\leqq 5$ m und mindestens 30 cm über die Dachhaut hinausragend ersetzt werden (**425**.2).

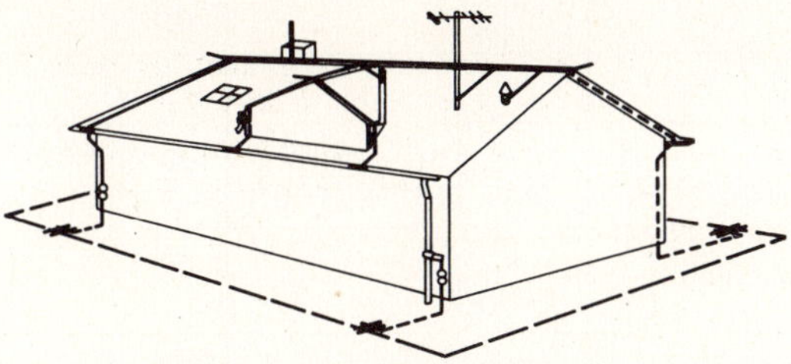

425.1 Äußere Blitzschutzanlage, Einrichtungen zum Fangen und Ableiten des Blitzstromes in die Erdungsanlage (nach Hasse)

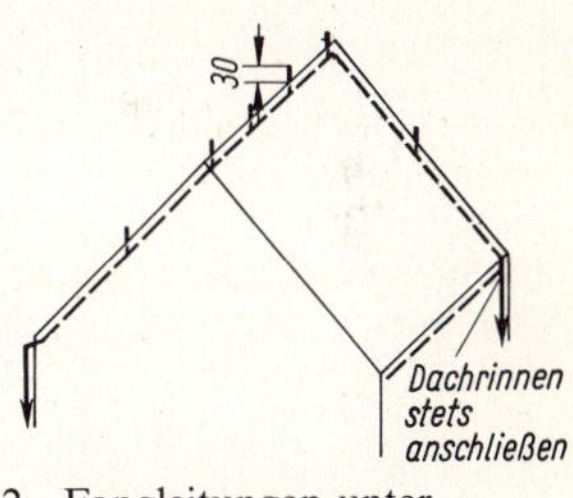

425.2 Fangleitungen unter Dach mit Fangspitzen über Dach

Die unter Dach liegenden Verbindungsleitungen sollen möglichst zugänglich bleiben.

Auch Stahlkonstruktionen und Bewehrungen von Stahlbeton dürfen als Verbindungen für die Fangspitzen verwendet werden.

Metalldeckungen auf Dächern, Metalleinfassungen von Dachkanten, Metallabdeckungen von Brüstungen und andere Blecheinfassungen dürfen als Fangeinrichtun-

Tafel **426**.1 Werkstoffe für Fangeinrichtungen, Ableitungen sowie Verbindungsleitungen und ihre Mindestmaße (Auszug nach DIN 57185 T. 1)

Bauteile	Werkstoffe	Mindestmaße in mm Rundleiter	Flachleiter
Fangleitungen und Fangspitzen bis 50 cm Höhe	Stahl, verzinkt nichtrostender Stahl	∅ 8 ∅ 10	20 × 2,5 30 × 3,5
	Kupfer Kupferseil	∅ 8 19 × 1,8	20 × 2,5
	Aluminium	∅ 10	20 × 4
Fangleitungen zum freien Überspannen von zu schützenden Anlagen	Stahlseil, verzinkt	19 × 1,8	
	Kupferseil	7 × 2,5	
	Aluminiumseil	7 × 2,5	
	Alu-Stahl-Seil	∅ 9,6	
Fangstangen	Stahl, verzinkt nichtrostender Stahl	∅ 16, ∅ 20[1]) ∅ 16, ∅ 20[1])	
	Kupfer	∅ 16, ∅ 20[1])	
Winkelrahmen für Schornsteine	Stahl, verzinkt nichtrostender Stahl		50 × 50 × 5 50 × 50 × 4
	Kupfer		50 × 50 × 4
Blecheindeckungen[2])	Stahl, verzinkt		0,5
	Kupfer		0,3
	Blei		2,0
	Zink		0,7
	Aluminium		0,5
Ableitungen und oberirdische Verbindungsleitungen	Stahl, verzinkt nichtrostender Stahl	∅ 8, ∅ 10[1]), ∅ 16[3]) ∅ 10, ∅ 12[1]), ∅ 16[3])	20 × 2,5 30 × 3,5[1])
	Kupfer Kupferseil	∅ 8 19 × 1,8	20 × 2,5
	Aluminium[2])	∅ 10	20 × 4
	Stahl mit 1 mm Bleimant.[2])	∅ 10 (8 Stahl)	
Ableitungen, oberirdische und unterirdische Verbindungsleitungen	Stahl mit Kunststoffm.[2])	∅ 8 (Stahl)	
	Kabel NYY[2]) Kabel NAYY[2])	16 mm² 25 mm²	

[1]) bei freistehenden Schornsteinen
[2]) nicht bei freistehenden Schornsteinen
[3]) im Rauchgasbereich

gen verwendet werden, wenn sie den in Taf. **426**.1 angegebenen Mindestdicken entsprechen und zuverlässig verbunden sind.

Dabei sind folgende Mindestmaße für Überbrückungen, durch Falzen, Nieten oder Überlappen, ausreichend:

100 mm Überlappung bei Blechen,
100 mm Überdeckung bei Einfassungen sowie
200 mm Länge und 100 mm Breite bei eingeschobenen Verbindungslaschen.

Dächer mit obenliegenden Isolierschichten zur Wärmedämmung und Unterkonstruktionen (z. B. Trapezbleche) aus Metall müssen mit isolierten Fangleitungen (s. Abschn. 7.2.1.2) versehen werden.

Bei Dächern auf Stahlbindern mit nichtleitender Dacheindeckung sind die Metallteile der Dachkonstruktion in Abständen von nicht mehr als 20 m mit den Fangeinrichtungen zu verbinden.

Bei Dachdeckungen aus Wellasbestzement auf Stahlpfetten sind die zahlreichen Befestigungsschrauben und Haken als Fangeinrichtung ausreichend, auch wenn sie mit Kunststoff überzogen sind.

Bei begehbaren und befahrbaren Dächern müssen Leitungen in den Fugen der Fahrbahntafeln verlegt und Fangpilze in den Knotenpunkten der Maschen angebracht werden.

Die größte Maschenweite darf auch hier 10 × 20 m nicht übersteigen.

Bei Bauten mit abgehängtem Dach und freiliegendem Stahltragwerk bildet die Stahlkonstruktion die Fangeinrichtung.

Gebäude mit Höhen ab 30 m, die an den Außenwänden keine Fangeinrichtungen haben, müssen ab 30 m zum Schutz gegen seitliche Einschläge waagerechte Fangleitungen in Abständen von nicht mehr als 20 m erhalten (**427**.1).

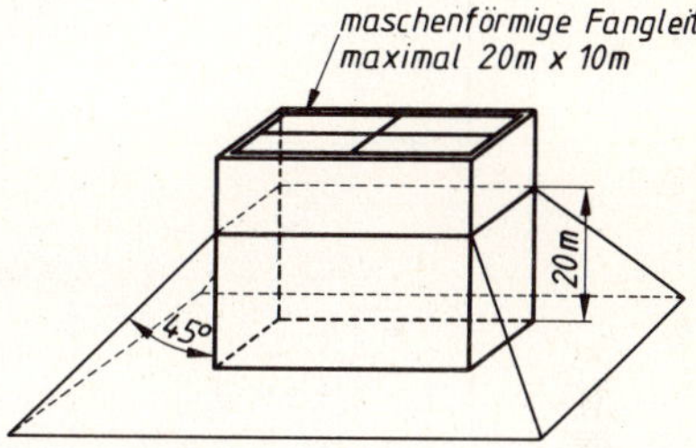

427.1
Schutzbereich für Gebäude mit einer Höhe von mehr als 30 m (nach DIN 57185 T. 1)

Bei Gebäuden bis zu 20 m Höhe sind an den Seitenwänden herauskragende nicht im Schutzbereich liegende Metallteile, z. B. Sonnenblenden mit den Ableitungen zu verbinden, wenn die Flächen der Metallteile ≧ 5 m groß sind oder Längen von mehr als 10 m haben.

Bei Gebäuden über 20 m Höhe müssen äußere Metallteile, z. B. Balkongitter, mit Flächen ≧ 1 qm oder ≧ 2 m Längen ab 20 m Höhe mit den Ableitungen verbunden werden.

Auf dem Dach angeordnete maschinelle oder elektrische Einrichtungen von Aufzügen, Klimaanlagen usw. sollen möglichst nicht mit Fangeinrichtungen verbunden werden.

Hierzu sind die Festlegungen der Abschn. 7.3.1 Blitzschutz-Potentialausgleich und Abschn. 7.3.2 Näherungen zu beachten.

Bei Gebäudehöhen über 30 m kann jedoch für Fernmeldeanlagen eine Verbindung mit der Blitzschutzanlage unter Beachtung des Abschn. 7.3.3 sinnvoll sein.

Kleinere elektrische Installationen auf dem Dach z. B. Lüfter dürfen mit daneben angebrachten Fangstangen (s. Abschn. 7.3.2) und einem ausreichenden Schutzwinkel abgeschirmt werden.

Fangstangen auf Dächern dürfen nicht in elektrische Freileitungen fallen können.

7.2.1.2 Isolierte Fangeinrichtungen

Isolierte Fangleitungen dürfen wahlweise mit Fangstangen, Fangleitungen, Fangnetzen oder Kombinationen errichtet werden.

Eine isolierte Blitzschutzanlage ist eine Anlage, bei der die Fangeinrichtungen und Ableitungen durch Abstand oder elektrische Isolation von der zu schützenden Anlage getrennt errichtet sind.

Diese Art des Blitzschutzes war bisher nur für explosionsgefährdete Bereiche vorgeschrieben. Sie ist jetzt für alle Arten baulicher Anlagen zugelassen.

Folgende drei Anforderungen müssen erfüllt sein:

Die gesamte zu schützende Anlage muß im Schutzbereich der Fangeinrichtung liegen (**428**.1).

Stützen aus Metall für Fangeinrichtungen und metallene Masten müssen neben der zu schützenden Anlage aufgestellt werden.

Stützen aus elektrisch nichtleitenden Werkstoffen dürfen an der zu schützenden Anlage selbst befestigt werden.

Die DIN 57185 T. 1 unterscheidet hierzu nachfolgend aufgeführte Einrichtungen, die durch ihre Größe über den Rahmen dieses Buches hinausgehende Blitzschutzanlagen darstellen.

Fangeinrichtungen
mit einer Fangstange (**428**.1) oder mit zwei Fangstangen (**428**.2),
mit vier Fangstangen,
mit einer einzelnen Fangleitung,
aus parallelen Fangleitungen und aus einem Fangnetz.

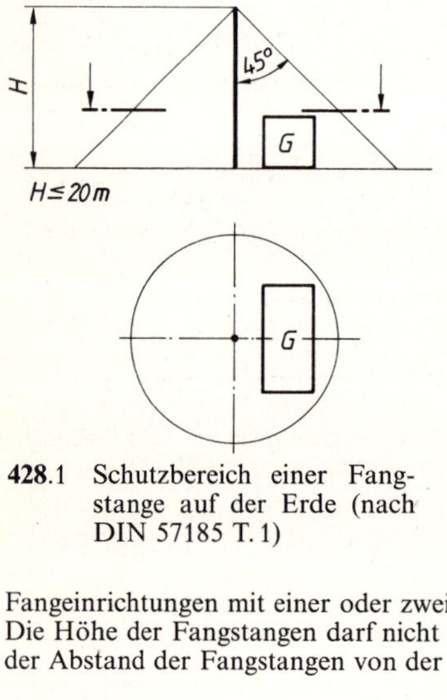

428.1 Schutzbereich einer Fangstange auf der Erde (nach DIN 57185 T. 1)

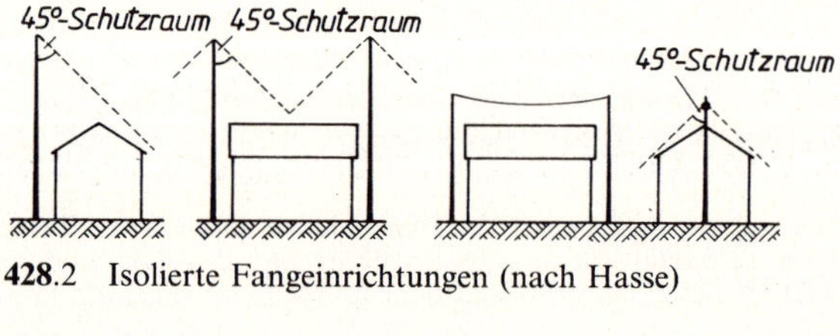

428.2 Isolierte Fangeinrichtungen (nach Hasse)

Fangeinrichtungen mit einer oder zwei Fangstangen sind wie folgt zu errichten:
Die Höhe der Fangstangen darf nicht größer als 20 m sein und
der Abstand der Fangstangen von der zu schützenden Anlage muß mindestens 2 m betragen (**428**.2).

7.2.2 Ableitungen

Die frühere Unterscheidung zwischen Haupt- und Nebenableitungen ist entfallen. Die Norm kennt nur noch Ableitungen.

Ableitungen sind so anzuordnen, daß die Verbindungen von der Fangeinrichtung zur Erdungsanlage möglichst kurz sind.

Anzahl der Ableitungen. Auf je 20 m Umfang der Dachaußenkante (Projektion der Dachfläche auf die Grundfläche) ist eine Ableitung vorzusehen. Die Ableitungen sind so anzuordnen, daß sie, ausgehend von den Ecken des Gebäudes, möglichst gleichmäßig auf den Umfang verteilt sind.

Ist der Umfang kleiner als 20 m, genügt eine Ableitung.

Je nach baulichen Gegebenheiten dürfen die gegenseitigen Abstände jedoch unterschiedlich groß sein.

Bei baulichen Anlagen mit Grundflächen, die größer als 40 × 40 m sind, werden auch innere Ableitungen gefordert.

Der mittlere Abstand der inneren Ableitungen voneinander und von den äußeren Ableitungen soll höchstens 40 m betragen.

Sind innere Ableitungen nicht möglich, ist die Anzahl der äußeren Ableitungen zu erhöhen, ihr Abstand braucht dann aber nicht kleiner als 10 m zu sein.

Bei baulichen Anlagen mit geschlossenen Innenhöfen ist ab 30 m Umfang des Innenhofes ebenfalls je 20 m Umfang eine Ableitung anzuordnen, mindestens jedoch zwei.

Türme, Schornsteine und ähnliche Bauwerke müssen bis 20 m Höhe mindestens eine Ableitung erhalten. Bei Höhen über 20 m sind mindestens zwei Ableitungen erforderlich, wobei diese ab 20 m Höhe als seitliche Fangeinrichtung dienen.

Ableitungen sollen möglichst von Türen, Fenstern und anderen Öffnungen einen Abstand von ≧ 50 cm einhalten.

Die Werkstoffe und Querschnitte müssen Taf. **426**.1 entsprechen. Die Ableitungen dürfen auch unter Putz, in Beton, in Fugen, in Schlitzen oder Schächten verlegt werden.

Metallene Bauteile an den Außenwänden von Gebäuden dürfen bei ausreichendem Querschnitt als Ableitungen verwendet werden.

Metallene Regenfallrohre dürfen als Ableitungen benutzt werden, wenn ihre Stoßstellen gelötet oder vernietet sind.

Die Verlegung von Ableitungen innerhalb von Regenfallrohren ist nicht zulässig.

Metallene Regenrinnen müssen an den Kreuzungsstellen mit den Ableitungen verbunden werden (**429**.1).

Ableitungen müssen Trennstellen erhalten. Sie sind möglichst oberhalb der Erdeinführung vorzusehen (**429**.1).

Eine Trennstelle ist eine lösbare Verbindung in einer Ableitung zur meßtechnischen Prüfung der Blitzschutzanlage.

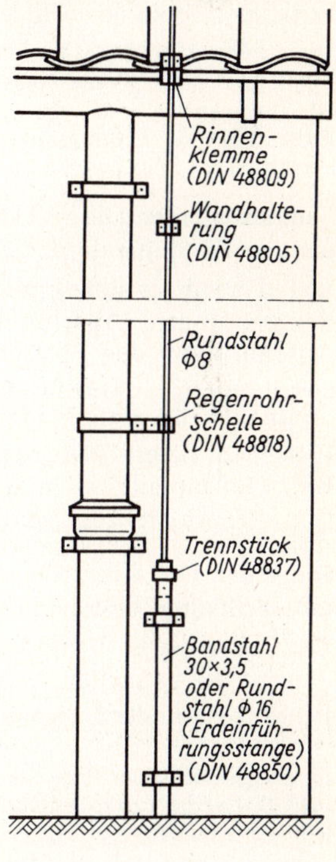

429.1
Anschluß einer Dachrinne und eines Regenfallrohres an eine Ableitung mit Trennstelle (M 1:20)

7.2.3 Erdung

Sofern nicht bereits ein ausreichender Erder, z. B. Fundamenterder, Bewehrung von Stahlbetonfundamenten, Stahlteile von Stahlskelettbauten vorhanden sind, ist für jede Blitzschutzanlage eine eigene Erdungsanlage zu errichten. Die Erdung muß ohne Mitverwendung von metallenen Wasserleitungen, anderen Rohrleitungen und geerdeten Leitern der elektrischen Anlage voll funktionsfähig sein.

Erdung ist die Gesamtheit aller Mittel und Maßnahmen zum Erden.

Erder ist ein Leiter, der in die Erde eingebettet ist und mit ihr in leitender Verbindung steht oder ein Leiter, der in Beton eingebettet ist, der mit der Erde großflächig in Berührung steht.

Fundamenterder ist ein Leiter, der in das Betonfundament einer baulichen Anlage eingebettet ist.

Erde ist die Bezeichnung sowohl für die Erde als Ort als auch für die Erde als Stoff, z. B. Humus, Lehm, Sand, Kies und Gestein.

Die Erdungsanlage ist unter Berücksichtigung der baulichen Gegebenheiten auf dem kürzesten Weg an die Potentialausgleichsschiene anzuschließen (**324**.1 und **325**.1).

Die Erdungsanlage muß damit als Fundamenterder (**325**.1), als Ringerder oder in Sonderfällen als Einzelerder errichtet werden.

Ein Ringerder ist ein Oberflächenerder, der möglichst als geschlossener Ring um das Außenfundament der baulichen Anlage verlegt ist.

Ein Oberflächenerder ist ein Erder, der im allgemeinen in geringer Tiefe von $\geqq 50$ cm eingebracht wird.

Ein Einzel- oder Staberder ist ein in der Regel senkrecht in die Erde eingebrachter einteiliger Stab.

Für eine Blitzschutzanlage mit konsequent durchgeführtem Blitzschutz-Potentialausgleich (s. Abschn. 7.3.1) wird in DIN 57185/VDE 0185 für die Erdung kein bestimmter Erdungswiderstand mehr gefordert.

Der Erdungswiderstand eines Erders oder einer Erdungsanlage ist der Widerstand zwischen dem Erder oder der Erdungsanlage und der Bezugserde.

Die Bezugserde oder neutrale Erde ist ein Bereich der Erde, der außerhalb des Einflußbereiches des Erders bzw. der Erdungsanlage liegt, wobei zwischen beliebigen Punkten keine vom Erdungsstrom herrührenden Spannungen auftreten.

Fundamenterder. Die EVU fordern in ihren technischen Anschlußbedingungen für Neubauten den Fundamenterder.

Soll er auch als Blitzschutzerder verwendet werden, ist er mit den notwendigen Verbindungsleitungen (Anschlußfahnen) für die Ableitungen und gegebenenfalls für weitere Anschlüsse für den Blitzschutz-Potentialausgleich (s. Abschn. 7.3.1) zu versehen.

Soweit diese Anschlußfahnen durch Erdreich oder Mauerwerk geführt werden, ist der Korrosionsschutz zu berücksichtigen (**431**.1).

Fehlen am bereits verlegten Fundamenterder die Anschlußfahnen für die Ableitungen der Blitzschutzanlage, so muß eine eigene Erdungsanlage aus einem Ringerder oder aus Einzelerdern errichtet werden.

Ringerder. Der Ringerder soll aus Gründen des Korrosionsschutzes aus einer Stahlleitung mit Bleimantel bestehen (Taf. **431**.2).

Der Ringerder ist in mindestens 50 cm Tiefe als geschlossener Ring um das Außenfundament der baulichen Anlage in einem Abstand von ca. 1 m zu verlegen.

Bei trockenem oder lockerem Erdreich muß der Erder eingeschlämmt oder das Erdreich verdichtet werden.

Ist ein geschlossener Ring um die bauliche Anlage nicht möglich, können Teilringe verlegt werden (**423**.1). Der im Erdboden verlegte Teilring muß in seiner Länge den Bedingungen für Einzelerder für jede der mindestens erforderlichen Ableitungen entsprechen.

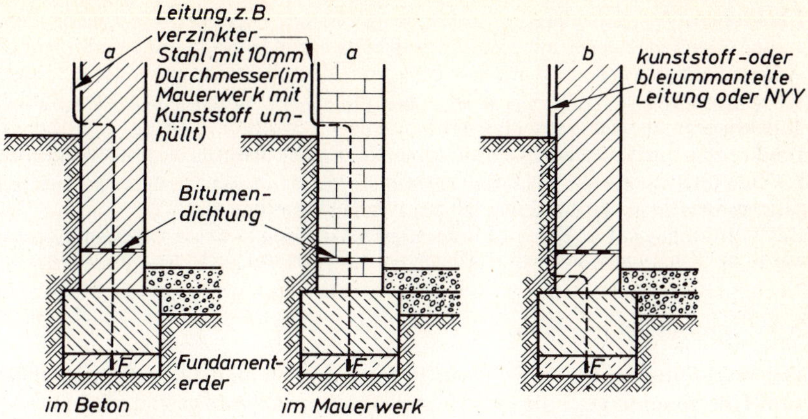

431.1 Anschlußfahnen an Fundamenterder für Ableitungen (nach DIN 57185 T. 1)
F Fundamenterder
a) Leitungsführung in Beton oder Mauerwerk bis oberhalb der Erdoberfläche
b) Leitungsführung durch das Erdreich

Tafel **431**.2 Werkstoffe für Erder und ihre Mindestmaße (Auszug aus DIN 57185 T. 1)

Werkstoff	Form	∅ mm	Querschnitt mm²	Dicke mm
Stahl, feuerverzinkt	Flach		100	3,5
	Profil		100	3
	Rohr	25		2
	Rund für Tiefenerder	20		
	Rund für Oberflächenerder	10		
	Rund für Erdeinführungen	16		
Stahl mit Bleimantel¹)	Rund	8 (Stahl)		1 mm (Blei)
Stahl mit Kupfermantel	Rund für Tiefenerder	15 (Stahl)		2 mm (Cu)
Kupfer	Flach		50²)	2
	Rund	8	50²)	
	Rund für Erdeinführungen	16		
	Seil	19 × 1,8	50²)	
	Rohr	20		2
Kupfer mit Bleimantel¹)	Seil	19 × 1,8	50²) (Cu)	1 mm (Blei)
	Rund	8 (Cu)	50²) (Cu)	1 mm (Blei)

¹) nicht für unmittelbare Einbettung in Beton; ²) bei Starkstromanlagen 35 mm²

Einzelerder. Als Einzelerder müssen je Ableitung entweder Oberflächenerder mit 20 m Länge oder Tiefenerder mit 9 m Länge in etwa 1 m Abstand vom Fundament der baulichen Anlage verlegt werden.

Ein Oberflächenerder kann aus Rund- oder Flachleitern bestehen und als Ring-, Strahlen- oder Maschenerder ausgeführt sein (Taf. **431**.2).

Der Strahlenerder ist ein Oberflächenerder aus Einzelleitern, die strahlenförmig auseinanderlaufen.

Ein Maschenerder ist ein Oberflächenerder, der durch netzförmiges Verlegen des Erders den Erdungswiderstand verringert und die Schrittspannung vermindert.

Der Tiefenerder ist ein Erder, der in der Regel senkrecht in größeren Tiefen eingebracht wird. Er kann aus Rohr- Rund- oder anderem Profilmaterial bestehen und auch zusammensetzbar sein.

7.3 Innerer Blitzschutz

Der innere Blitzschutz umfaßt den Blitzschutz-Potentialausgleich und Maßnahmen, die zum Überspannungsschutz elektrischer Anlagen notwendig sind (**432**.1).

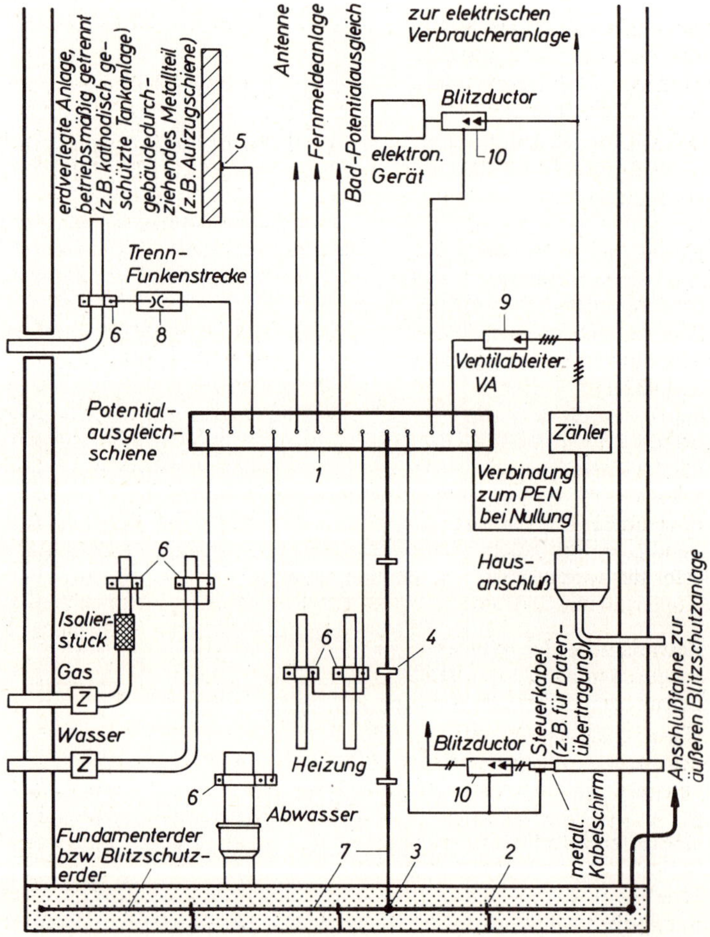

432.1 Innerer Blitzschutz, Blitzschutz-Potentialausgleich, Schema (nach Hasse)

1 Potentialausgleichschiene
2 Abstandhalter
3 Keilverbinder
4 Leitungshalter
5 Anschlußklemme
6 Anschlußschelle
7 Fundamenterder mit Anschlußfahne
8 Trennfunkenstrecke
9 Ventilableiter
10 Blitzductor (Überspannungsschutzgerät)

Unter dem Begriff innerer Blitzschutz ist die Gesamtheit der Maßnahmen gegen die Auswirkungen des Blitzstromes und seiner elektrischen und magnetischen Felder auf metallene Installationen und elektrische Anlagen im Bereich der baulichen Anlage zu verstehen.

7.3.1 Blitzschutz-Potentialausgleich

Zwischen der Blitzschutzanlage eines Gebäudes, den metallenen Installationen und den elektrischen Anlagen im und am Gebäude muß im Kellergeschoß oder in Höhe der Geländeoberfläche der Blitzschutz-Potentialausgleich durchgeführt werden.

Bei Blitzschutzanlagen mit Einzel- oder Teilringerdern genügt der Potentialausgleich mit einem Erder oder einem Teilringerder.

Bei Gebäuden über 30 m Höhe muß, ab 30 m Höhe beginnend, je 20 m Mehrhöhe ein weiterer Potentialausgleich zwischen den Ableitungen, den metallenen Installationen und dem Schutzleiter der Starkstromanlage durchgeführt werden.

Potentialausgleich mit metallenen Installationen. Alle metallenen Installationen, wie Wasser-, Gas-, Heizungs- und Feuerlöschleitungen, Sprinkleranlagen, Führungsschienen von Aufzügen, Stahltreppen, Lüftungs- und Klimakanäle usw., müssen untereinander und mit der Blitzschutzanlage verbunden werden.

Der Zusammenschluß soll möglichst an Potentialausgleichsschienen durchgeführt werden. Auch durchgehend elektrisch leitfähige Rohrleitungen, außer Gasleitungen, dürfen als Verbindungsleitung benutzt werden.

Eine Potentialausgleichsschiene ist eine metallene Schiene zum Anschließen der Erdungsleitungen, der Potentialausgleichsleitungen und gegebenenfalls auch des Schutzleiters (**432**.1).

Eine Potentialausgleichsleitung ist eine zum Herstellen des Potentialausgleiches dienende elektrisch leitende Verbindung.

Befindet sich in einer Wasser- oder Gas-Hausanschlußleitung ein Isolierstück, darf der Anschluß in Strömungsrichtung nur hinter dem Isolierstück durchgeführt werden (**324**.1 und **432**.1).

Ein Isolierstück ist eine elektrisch nicht leitende Rohrverbindung. Es dient zur Unterbrechung der elektrischen Längsleitfähigkeit einer Rohrleitung.

Für das Verbinden von Blitzschutzanlagen mit metallenen Wasser- oder Gasleitungen in Verbraucheranlagen ist das DVGW-Arbeitsblatt GW 306 zu beachten.

Folgende Mindestquerschnitte sind für Blitzschutz-Potentialausgleichsleitungen notwendig, soweit nach VDE 0190 (s. auch Abschn. 6.1.5.1) nicht größere Querschnitte gefordert werden:
Kupfer 10 mm^2, Aluminium 16 mm^2 und Stahl 50 mm^2.

Potentialausgleich mit elektrischen Anlagen. Erforderliche Verbindungen für den Potentialausgleich müssen unter Beachtung der zutreffenden VDE-Bestimmungen mit vorstehenden Leitungsquerschnitten wie folgt durchgeführt werden.

Unmittelbare Verbindungen sind zulässig mit Schutzleitern (Nullung, Fehlerstrom-Schutzschaltung, Schutzerdung und Schutzleitungssystem), Erdungsleitungen von Ventilableitern, Erdungen in Fernmeldeanlagen und Antennenanlagen.

Ein Ventilableiter ist ein Überspannungsschutzgerät zur Verbindung der Blitzschutzanlage mit aktiven Teilen der Starkstromanlage, z. B. bei Gewitterüberspannungen. Er besteht im wesentlichen aus in Reihe geschalteter Funkenstrecke und spannungsabhängigem Widerstand (**432**.1).

Nur über Trennfunkenstrecke dürfen verbunden werden Hilfserder von Fehlerspannungsschutzschaltern (**373**.1), Meßerden von Laboratorien, sofern sie von Schutzleitern getrennt ausgeführt werden, sowie Anlagen mit kathodischem Korrosionsschutz (**432**.1 und **649**.1) und Streustromschutzmaßnahmen.

Eine Trennfunkenstrecke für eine Blitzschutzanlage ist eine Funkenstrecke zur Trennung von elektrisch leitfähigen Anlageteilen. Bei einem Blitzeinschlag werden die Anlageteile durch Ansprechen der Funkenstrecke vorübergehend leitend verbunden.

Wenn Starkstrom-Verbraucheranlagen durch Blitzeinwirkung gefährdet sind, müssen über Ventilableiter in den Blitzschutz-Potentialausgleich einbezogen werden:
unter Spannung stehende aktive Leiter von Starkstromanlagen mit Nennspannungen bis 1000 V und Mittelleiter (N-Leiter) in Netzen, in denen die Nullung nicht zugelassen ist.

Falls erforderlich, ist ein Ventilableiter je aktivem Leiter in der Verbraucheranlage in der Regel unmittelbar hinter dem Zähler einzubauen. Ventilableiter sind auf dem kürzesten Weg zu erden, z. B. an der nächsten Potentialausgleichsschiene.

Trennfunkenstrecken und Ventilableiter müssen für eine Prüfung zugänglich eingebaut werden.

7.3.2 Näherungen

Eine Näherung ist ein zu geringer Abstand zwischen Blitzschutzanlage und metallenen Installationen oder elektrischen Anlagen, bei der die Gefahr eines Über- oder Durchschlages bei Blitzeinschlag besteht.

Näherungen zu metallenen Installationen. Näherungen von Fangeinrichtungen und Ableitungen zu metallenen Installationen aller Art oberhalb jedes Potentialausgleiches müssen vermieden oder beseitigt werden. Das geschieht entweder durch Vergrößern des Abstandes oder durch Verbinden der Blitzschutzanlage mit den metallenen Installationen.

Das gilt besonders für Wasser-, Gas- und Heizungsleitungen, Lüftungs- und Klimakanäle sowie Aufzugsführungsschienen.

Näherungen zu maschinellen und elektrischen Einrichtungen in Aufzugsmaschinenräumen, Klimakammern usw. auf dem Dach sind nach Möglichkeit durch Vergrößern der Abstände zu beseitigen.

Werden Näherungen überbrückt, müssen die Verbindungen unmittelbar oder über Trennfunkenstrecken ausgeführt werden. Die Querschnitte der Verbindungsleitungen müssen Tafel **426**.1 entsprechen.

Näherungen zu elektrischen Anlagen. Näherungen von Fangeinrichtungen und Ableitungen zu Starkstromanlagen aller Art oberhalb des nächsten Potentialausgleiches müssen vermieden werden.

Zwischen Bauteilen der Blitzschutzanlage und Freileitungs-Dachständern für Starkstrom ist ein möglichst großer Abstand anzustreben. Liegt die Näherung unter 50 cm, muß eine gekapselte Schutzfunkenstrecke eingebaut werden.

Ein Freileitungs-Dachständer ist ein Stützpunkt des als Freileitung ausgeführten Verteilungsnetzes.

Für die Berücksichtigung von Näherungen bei Fernmeldeanlagen und elektrischen MSR-Anlagen im Zusammenhang mit Blitzschutzanlagen gilt Abschnitt 7.3.3.

Fernmeldeanlagen sind Anlagen zur Übertragung und Verarbeitung von Nachrichten und Fernwirkinformationen mit elektrischen Betriebsmitteln.

MSR-Anlagen sind elektrische Anlagen mit Meß-, Steuer- und Regeleinrichtungen zum Erfassen und Verarbeiten von Meßwerten.

7.3.3 Überspannungsschutz

Eine Gebäude-Blitzschutzanlage reicht nach den vorstehenden Abschnitten nicht in jedem Fall aus, Fernmeldeanlagen vor schädlichen Überspannungen zu schützen.

Für den Überspannungsschutz von Fernmeldeanlagen und elektronischen MSR-Anlagen im Zusammenhang mit Blitzschutzanlagen gelten daher die Festlegungen in DIN 57845 sowie die Errichtungsfestlegungen für Fernmeldeanlagen nach DIN 57800 T. 2.

Dazu werden in der neuen DIN 57185 T. 1 weitere zusätzliche Maßnahmen sowohl an der Gebäude-Blitzschutzanlage als auch an den Informationsverarbeitungsanlagen empfohlen.

An der Gebäude-Blitzschutzanlage sind folgende Maßnahmen zweckmäßig:

Vermehrung der Fangleitungen und Ableitungen auf möglichst geringe Abstände, z. B. auf 5 bis 7 m,
Ausbildung von Metallfassaden zur Abschirmung,
Anschluß der Bewehrungen aller Decken, Wände und Fußböden an die Blitzschutzanlage,
Anschluß aller Bewehrungen in den Fundamenten an die Erdungsanlage und
Vermaschung der Erdungsanlagen zwischen denjenigen Gebäuden, die über Starkstrom- oder Fernmeldeleitungen verbunden sind.

An den Informationsverarbeitungsanlagen sind nach DIN 57845 unter anderem folgende Zusatzmaßnahmen anwendbar:

Abschirmung der Geräte,
Abschirmungen der Leitungen und Kabel und
Einbau von Überspannungsschutzeinrichtungen.

Der Umfang zusätzlicher Maßnahmen muß bereits in der Planung berücksichtigt werden.

Fernmelde- und Meßgeräte auf dem Dach oder an den Außenwänden von Gebäuden, z. B. meteorologische Meßgeräte, Fernsehkameras, sollen nicht mit der Blitzschutzanlage verbunden werden. Sie sollen durch eine oder mehrere Fangstangen oder durch einen Metallkäfig abgeschirmt sein.

Für den Blitzschutz von Antennenanlagen gilt VDE 0855 T. 1. Die Gehäuse oder Träger von Antennen oder Fernmeldeanlagen gelten als Fangeinrichtung und werden mit der Blitzschutzanlage verbunden.

7.4 Werkstoffe und Bauteile

Blitzschutzanlagen sind soweit wie möglich aus genormten Bauteilen herzustellen.

Werkstoffe für Fangeinrichtungen, Ableitungen sowie Verbindungsleitungen müssen Tafel **426**.1, Werkstoffe für Erder Tafel **431**.2 entsprechen.

Bauteile und Betriebsmittel müssen aufgrund der einschlägigen VDE-Bestimmungen und DIN-Normen angefertigt sein.

Werden nicht genormte Bauteile verwendet, müssen sie den genormten Bauteilen mindestens gleichwertig sein.

Verbindungen und Anschlüsse sind möglichst großflächig durch Klemmen, Schrauben, Schweißen, Löten oder oberirdisch auch durch Nieten oder Falzen herzustellen. Hierzu stehen zahllose in DIN 48801 bis DIN 48852 genormte Form- und Verbindungsstücke zur Verfügung.

Gegen Korrosion müssen Verbindungen im Erdreich nach der Montage mit Korrosionsschutzbinde oder Bitumenmasse geschützt werden.

Durch Verwenden der genormten Werkstoffe nach Tafel **426**.1 und **431**.2 ist in der Regel ein ausreichender Korrosionsschutz sichergestellt.

In Bereichen mit besonders aggressiver Atmosphäre durch Rauch oder Abgase müssen die chemischen Einwirkungen auf die Blitzschutzanlage jedoch berücksichtigt werden.

Schnittflächen und Verbindungsstellen von Leitungen aus verzinktem Stahl sowie Leitungen in Schlitzen und Fugen, in abgeschlossenen, nicht zugänglichen Hohlräumen und in feuchten Räumen müssen zusätzlich durch Anstriche, Umhüllungen oder Binden geschützt werden.

Leitungen an Ein- und Austrittstellen bei Putz, Mauerwerk oder Beton müssen so verlegt werden, daß an den Leitungen ablaufendes Wasser nicht in die Wände eindringen kann.

Wenn Dächer, Wände, Aufbauten, Verkleidungen, Regenrinnen usw. aus Kupfer bestehen, müssen Stahl- und Aluminiumleitungen so verlegt werden, daß über Kupfer abfließendes Regenwasser nicht auf diese Leitungen ablaufen kann.

Andernfalls müssen die tiefer liegenden Leitungen ebenfalls in Kupfer ausgeführt werden.

7.5 Planungsunterlagen

Für den Entwurf, Bau, Unterhaltung und Überwachung jeder Blitzschutzanlage muß eine Zeichnung mit Beschreibung angefertigt werden.

Aus den Unterlagen müssen ersichtlich sein:

1. Art, Bestimmung, Werkstoffe, Hauptabmessungen und Dachausbildung des zu schützenden Bauwerkes mit Angabe aller den Blitzschutz beeinflussenden Teile, metallische Leitungen und dergleichen
2. alle Einzelteile der Blitzschutzanlage
3. Himmelsrichtung, Grundwasserspiegel, stehende oder fließende Gewässer, Brunnen und Pumpen, Düngerstätten und Jauchegruben, elektrische Freileitungen, metallene Umzäunungen, hohe Bäume

In der Zeichnung sind folgende Farben zu benutzen:

Rot neue und geplante Blitzschutzanlagen
Grün Regenrinnen und -fallrohre, Dunstrohre, Zinkabdeckungen
Blau Wasser- und andere Rohrleitungen, Eisenkonstruktionen aller Art
Braun vorhandene alte Blitzschutzanlagen

Tafel **436**.1 Sinnbilder für Blitzschutzbauteile in Zeichnungen nach DIN 48820

Sinnbild	Benennung	Sinnbild	Benennung
	Gebäudeumrisse	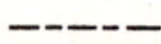	elektr. Leitungen, zum Unterschied von Blitzschutzleitungen
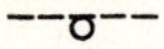	Regenrinnen und Fallrohre		unterirdische Leitungen
	Stahlbeton mit Anschluß		Leitungen unter Dach und unter Putz
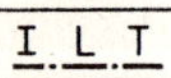	Stahlkonstruktion, Metallschienen	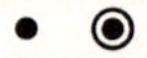	Auffangstange – Fahnenstange
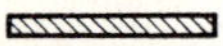	Metallabdeckung	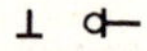	Anschlußstelle an Rohrleitung, Rinnen, Fallrohre usw.
	Schornstein	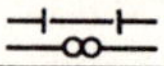 [2]	Trennstelle
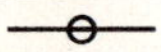	Dachständer für elektrische Leitungen		Rohr- und Staberder
	Ausdehnungsgefäß, Behälter		Erdung
	Schneefanggitter	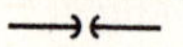	Funkenstrecke
	Antenne		Überspannungsableiter
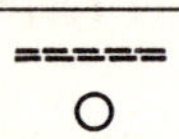 [1]	Rohrleitungen aus Metall		Dachdurchführung
			Aufzug
	Blitzschutzleitungen, offenliegend	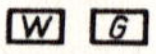	Wasserzähler, Gaszähler

[1]) Zusätzl. Angaben, falls zweckmäßig, z. B. G = Gas, W = Wasser, A = Abfluß, H = Heizung
[2]) Sinnbild einer Trennstelle auch in dieser Form üblich

Aber auch die einfarbige Darstellung mit den Sinnbildern nach DIN 48820 (Taf. **436**.1) ist möglich.

Änderungen an der Blitzschutzanlage sind laufend nachzutragen.

7.6 Prüfungen

Die Prüfung nach Fertigstellung und die Prüfung bestehender Blitzschutzanlagen wird unterschieden.

Prüfungen bestehender Blitzschutzanlagen können z. B. aufgrund von einschlägigen Verordnungen und Verfügungen zuständiger Aufsichtsbehörden, von Unfallverhütungsvorschriften der Berufsgenossenschaften vorgeschrieben sein oder nach Empfehlungen der Sachversicherer und auch im Auftrag des Bauherren durchgeführt werden.

Bei der Prüfung nach Fertigstellung wird durch Besichtigen und Messen festgestellt, ob die Blitzschutzanlage die Anforderungen nach DIN 57185 T. 1 erfüllt.

Über das Ergebnis ist ein Prüfbericht anzufertigen, der dem Auftraggeber auszuhändigen ist.

Bei der Prüfung bestehender Blitzschutzanlagen wird festgestellt, ob an der Blitzschutzanlage oder der baulichen Anlage Änderungen durchgeführt wurden. Weiterhin wird durch Besichtigen und Messen kontrolliert, ob die Blitzschutzanlage in ordnungsgemäßem Zustand ist.

Nach wesentlichen Änderungen sind Zeichnungen und Beschreibungen auf Vollständigkeit zu prüfen und gegebenenfalls zu ergänzen.

Über das Ergebnis der Prüfung an der bestehenden Blitzschutzanlage ist ein Bericht anzufertigen. Er muß insbesondere Angaben über Umfang und Werte der durchgeführten Messungen enthalten.

7.7 Besondere Anlagen

Die DIN 57185 T. 2 legt Anforderungen an Blitzschutzanlagen für besondere bauliche Anlagen, für nicht stationäre Anlagen und Anlagen mit besonders gefährdeten Bereichen fest.

Bauliche Anlagen besonderer Art. Hierzu zählen frei stehende Schornsteine, Kirchtürme und Kirchen, Fernmeldetürme, Seilbahnen, Elektrosirenen, Krankenhäuser und Kliniken, Sportanlagen, Tragluftbauten und Brücken.

Frei stehende Schornsteine werden in Metallschornsteine und nicht metallene Schornsteine eingeteilt.

Metallene Schornsteine und ihre Abspannungen sind zu erden.

Nichtmetallene Schornsteine. Als Fangeinrichtungen müssen grundsätzlich mindestens 3 Fangstangen, welche die Schornsteinmündung um 50 cm überragen, in Abständen von höchstens 2 m angebracht werden.

Bis 20 m Schornsteinhöhe genügt eine Ableitung, darüber hinaus sind zwei außenliegende Ableitungen vorzusehen.

Eine durchgehend elektrisch leitfähige äußere Steigleiter ersetzt zwei Ableitungen.

Ableitungen im Bereich der Rauchgase, das ist der Bereich bis zum fünffachen Mündungsdurchmesser, mindestens jedoch bis 3 m unterhalb der Mündung, müssen korrosionsfest ausgeführt werden (Taf. **426**.1).

Bei Schornsteinen aus Stahlbeton dürfen die Ableitungen im Beton verlegt werden.

Bei einer verrödelten Bewehrung darf auf besondere Ableitungen verzichtet werden.

Beleuchtungsanlagen außen am Schornstein sind durch Ventilableiter zu schützen, wobei die Ableiter an der obersten Einbaustelle der Leuchten sowie an der zugehörigen Verteilung im Bereich des Schornsteinfußes einzusetzen sind.

Weitere Einzelheiten sind DIN 57185 T. 2 Absatz 4.1.2 zu entnehmen.

Kirchtürme und Kirchen (**438**.1). Kirchtürme erhalten mindestens eine außenliegende Ableitung, über 20 m Höhe mindestens zwei äußere Ableitungen.

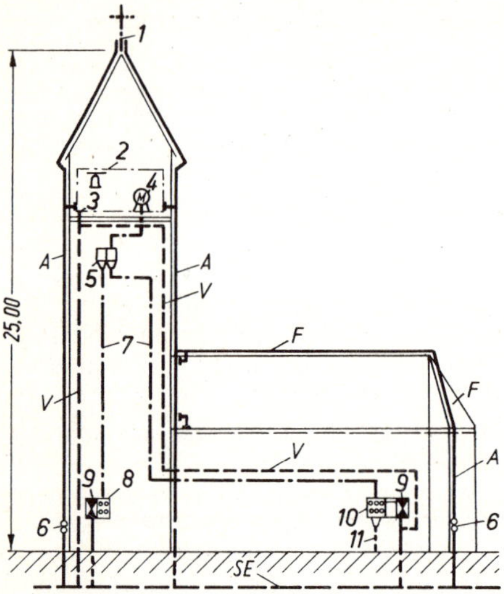

438.1
Blitzschutzanlage für eine Kirche mit elektrischer Anlage im Turm, mit 2 äußeren Ableitungen für den Turm und 1 äußeren Ableitung für das Kirchenschiff

A Ableitung
F Fangleitung
SE Sammelerder
V Verbindungsleitung
1 Metallkreuz im Anschluß an beide äußere Ableitungen
2 Glockenstuhl aus Stahl
3 Anschluß von Verbindungsleitungen an Glockenstuhl
4 Elektromotor
5 Metallgehäuse der Schalttafel
6 Trennstelle
7 elektrische Leitungen
8 Steuertafel für Läutewerk
9 Überspannungsableiter
10 Hauptverteilung
11 Starkstromanschluß

Bei Türmen über 40 m Höhe können besondere Maßnahmen zum Auffangen seitlich einschlagender Blitze notwendig werden.

Wenn der Kirchturm mit der Kirche zusammengebaut ist, muß eine Ableitung des Kirchturmes mit der Blitzschutzanlage der Kirche verbunden werden.

Im Inneren des Turmes darf keine Ableitung geführt werden.

Es darf keine Verbindung zwischen den außen am Turm herabführenden Ableitungen und den Läutewerken und Uhren im Inneren des Turmes hergestellt werden. Näherungen sind zu vermeiden.

Das Kirchenschiff muß eine eigene Blitzschutzanlage erhalten, die bei angebautem Turm auf dem kürzesten Wege mit einer Ableitung des Turmes zu verbinden ist.

Der Blitzschutz-Potentialausgleich mit den Starkstromanlagen ist durch Überspannungsableiter (Ventilableiter) unten im Turm oder an der Hauptverteilung der Kirche durchzuführen.

Seilbahnen. Personenseilbahnen dürfen bei Gewitter nicht betrieben werden.

Die in DIN 57185 T. 2 unter Absatz 4.4 beschriebenen Maßnahmen dienen in erster Linie dem Schutz der Anlagen.

Hierzu gehören der Einbau von Ventilableitern in die Starkstromanlage und ein Überspannungsschutz der Fernmeldeeinrichtungen.

Krankenhäuser und Kliniken. Die in DIN 57185 T. 2 unter Absatz 4.6 beschriebenen Maßnahmen und Bestimmungen sind so ausgelegt, daß Teilblitzströme in der Blitzschutzanlage die elektrischen Einrichtungen und den besonderen Potentialausgleich von medizinisch genutzten Räumen (VDE 0107) möglichst nicht beeinträchtigen.

Die Fangleitungen sind mit einer Maschenweite von nicht mehr als 10 × 10 m zu verlegen. Alle 10 m soll außerdem eine Ableitung angeordnet werden.

Außen am Gebäude vorhandene Metallteile, z. B. Sonnenblenden mit Motorverstellung oder Jalousien mit Motorantrieb, sind mit der äußeren Blitzschutzanlage zu verbinden.

Metallene Installationen und elektrische Anlagen von medizinisch genutzten Räumen dürfen nicht mit der Blitzschutzanlage verbunden werden.

Der erforderliche Potentialausgleich darf nur im Kellerbereich ausgeführt werden.

Nichtstationäre Anlagen und Einrichtungen. Hierzu zählen Turmdrehkrane auf Baustellen und Automobilkrane auf Baustellen. Sie erfordern nach DIN 57185 T. 2 Absatz 5.1 und 5.2 besondere Maßnahmen, auf die hier nicht näher eingegangen werden kann.

Anlagen mit besonders gefährdeten Bereichen. Hier sind feuergefährdete Bereiche wie Gebäude mit weicher Bedachung (Weichdächer), offene Lager und Windmühlen sowie explosionsgefährdete Bereiche und explosivstoffgefährdete Bereiche zu unterscheiden.

Gebäude mit weicher Bedachung. Bei den feuergefährdeten Dachdeckungen aus Reet, Stroh oder Schilf müssen die Fangleitungen auf isolierten Stützen, Holzpfählen nach DIN 48812, gespannt verlegt werden.

Der Abstand zwischen den Leitungen und dem First muß mindestens 60 cm, zwischen den übrigen Leitungen auf dem Dach und der Dachhaut mindestens 40 cm betragen (**439**.1).

Der Abstand von der Weichdachtraufe zur Traufstütze darf 15 cm nicht unterschreiten.

Bei Firstleitungen sind Spannweiten bis ca. 15 m, bei Ableitungen Spannweiten bis ca. 10 m ohne zusätzliche Abstützungen anzustreben.

Zweige von Bäumen sind in mindestens 2 m Abstand vom Weichdach zu halten.

Antennen sind auf weichgedeckten Dächern nicht zulässig.

Weitere Einzelheiten zum Errichten besonderer Blitzschutzanlagen sind in der umfangreichen DIN 57185 T. 2 nachzulesen.

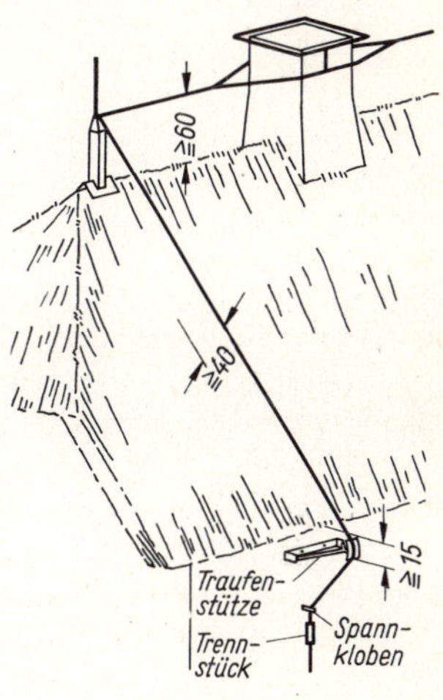

439.1
Blitzschutzanlage auf einem Weichdach (Schleswig-Holsteinische Landesbrandkasse)

7.8 Technische Regeln

Deutsche Normen

DIN 18384 VOB Verdingungsordnung für Bauleistungen, Teil C: Allgemeine Technische Vorschriften für Bauleistungen, Blitzschutzanlagen (08.74)

DIN 48820 Sinnbilder für Blitzschutzbauteile in Zeichnungen (01.67)

DIN 57185 T. 1/VDE 0185 T. 1 Blitzschutzanlage; Allgemeines für das Errichten [VDE-Richtlinie] (11.82)

DIN 57185 T. 2/VDE 0185 T. 2. Blitzschutzanlage; Errichten besonderer Anlagen [VDE-Richtlinie] (11.82)

DIN 57675 T. 2/VDE 0675 T. 2 Überspannungsschutzgeräte; Anwendung von Ventilableitern für Wechselspannungsnetze [VDE-Richtlinie] (08.75)

DIN 57675 T. 3/VDE 0675 T. 3 Überspannungsschutzgeräte; Schutzfunkenstrecken für Wechselspannungsnetze [VDE-Richtlinie] (11.82)

DIN 57800 T. 2/VDE 0800 T. 2 Fernmeldetechnik; Erdung und Potentialausgleich [VDE-Bestimmung] (07.80)

DIN 57845 /VDE 0845 VDE-Bestimmung für den Schutz von Fernmeldeanlagen gegen Überspannungen (04.76)

DVGW-Regelwerk

GW 306 Verbinden von Blitzschutzanlagen mit metallenen Gas- und Wasserleitungen in Verbrauchsanlagen (08.82)

VDE-Bestimmungen und -Richtlinien

VDE 0675 T. 1 Richtlinien für Überspannungsschutzgeräte; Teil 1: Ventilableiter für Wechselspannungsnetze (05.72)

VDE 0800 T. 1 Bestimmungen für Errichtung und Betrieb von Fernmeldeanlagen einschließlich Informationsverarbeitungsanlagen; Teil 1: Allgemeine Bestimmungen (05.70)

VDE 0855 T. 1 Bestimmungen für Antennenanlagen; Teil 1: Errichtung und Betrieb (07.71)

8 Wärmeversorgung

8.1 Grundbegriffe

Jeder Körper sendet Energie in Gestalt elektromagnetischer Strahlung aus, die geradlinig auch den luftleeren Raum durchdringt. Die durch ihre Wellenlänge bestimmte Art und die Menge dieser Strahlungsenergie hängen von der Temperatur des Körpers ab, d. h. von der Stärke der Bewegung seiner Moleküle, die sich erst beim Erreichen des absoluten Temperaturnullpunktes in völliger Ruhe befinden. Je höher die Temperatur des strahlenden Körpers ist, desto kürzer ist die Wellenlänge der Strahlung.

Bei den Temperaturen, die uns umgebende Körper aufweisen, liegt die ausgesendete Strahlung fast ausschließlich im Bereich der Infrarotstrahlung. Diese erregt in den getroffenen festen und flüssigen Körpern, soweit sie nicht zurückgeworfen wird, lediglich eine Molekularbewegung. Im menschlichen Körper wird sie als Wärme verspürt und bereits in der obersten Schicht der Haut absorbiert.

8.1.1 Wärmemessung

Temperatur. Sie ist die Kennzeichnung des Wärmezustandes (Wärmegrades) und kann auf zweierlei Weise gemessen werden:

1. Celsius-Temperatur. Die im praktischen Leben und in der Technik weitgehend verwendete Celsius-Skala ist zwischen den Festpunkten Gefrierpunkt (= 0 °C) und Siedepunkt des Wassers (= 100 °C) in 100 gleiche Teile, Celsiusgrade (Grad Celsius mit dem Einheitszeichen °C), geteilt.

Temperaturen unter dem Gefrierpunkt werden mit dem Minuszeichen (−) versehen, Temperaturen über dem Gefrierpunkt können mit dem Pluszeichen (+) versehen werden.

2. Kelvin-Temperatur (Thermodynamische Temperatur). Ein Temperaturunterschied von 1 Kelvin (1 K) ist genauso groß wie 1 °C.

Die Kelvin-Skala unterscheidet sich von der Celsius-Skala lediglich durch ihren anderen Nullpunkt, der dem Temperaturpunkt −273,15 °C der Celsius-Skala entspricht (= absoluter Nullpunkt).

Aus den vorstehenden Angaben ergeben sich folgende Entsprechungen:

0 K	≙	− 273,15 °C	absoluter Nullpunkt
273,15 K	≙	0 °C	Gefrierpunkt des Wassers
310,15 K	≙	37 °C	menschliche Körpertemperatur
373,15 K	≙	100 °C	Siedepunkt des Wasser

Temperaturdifferenzen, früher mit „grd“ gekennzeichnet, werden in K angegeben.

Wärme. Sie ist eine Form der Energie (= gespeicherte Arbeit und Fähigkeit, Arbeit zu leisten) und tritt nur bei der Energieübertragung zwischen 2 Körpern (Stoffen) auf.

Maßeinheit für die unmittelbar nicht mögliche Wärmemessung ist die Wattstunde (Wh) oder die Kilowattstunde (kWh).

Wärmeleistung bzw. Wärmestrom, das bedeutet die in der Zeiteinheit 1 s freigesetzte bzw. strömende Wärmemenge (Wärmeenergie), ist der Quotient aus Wärmemenge und Zeit.

Maßeinheit ist das Watt (W) oder das Kilowatt (kW).

8.1.2 Wärmeübertragung

Temperaturunterschiede zwischen verschiedenen Körpern suchen sich stets dadurch auszugleichen, daß die Wärme vom Ort der höheren zu dem der niedrigeren Temperatur wandert.

Dieser Wärmeübergang kann auf dreierlei Weise erfolgen, durch Wärmestrahlung, Wärmedurchgang und Wärmemitführung.

1. Wärmestrahlung. Die Wärmeenergie wird von der Oberfläche des wärmeren Körpers zu der des kälteren geradlinig durch den luftleeren oder gasgefüllten Raum abgestrahlt und von dieser je nach ihrer Beschaffenheit mehr oder weniger absorbiert oder zurückgestrahlt.

Dabei kühlt sich der ausstrahlende Körper ab, weil sich ein Teil seiner Molekularenergie in Strahlungsenergie umsetzt. Der bestrahlte Körper erwärmt sich, weil sich die auftreffende Strahlungsenergie, soweit sie absorbiert wird, in Wärmeenergie zurückverwandelt.

Blanke metallische Flächen strahlen fast keine Wärme ab, reflektieren dagegen auftreffende Wärmestrahlen fast vollständig. Während die kurzwellige Wärmestrahlung der Sonne von hellen Flächen stärker zurückgestrahlt wird als von dunklen, spielt die Farbe des aussendenden wie die des getroffenen Körpers bei der langwelligen Wärmestrahlung der üblichen Heizungsanlagen praktisch keine Rolle.

Fensterglas absorbiert von der kurzwelligen Sonnenwärmestrahlung nur 8 bis 15% und erwärmt sich hierbei, während der Rest, soweit er nicht reflektiert wird, hindurchgeht. Langwellige Wärmestrahlung wird hingegen von Glas in wesentlich größerem Maße absorbiert und wieder abgestrahlt z. B. der Wärmestau in Glasveranden bei Sonnenbestrahlung (s. auch Abschn. 11.5.6).

2. Wärmedurchgang. Der Wärmedurchgang (Wärmetransmission) durch ein Bauteil setzt sich zusammen aus dem Wärmeübergang von der begrenzenden wärmeren Luftschicht an die eine Seite dieses Bauteiles (z. B. die innere Wandoberfläche), der Wärmeleitung (Wärmedurchlaß) durch den Bauteil hindurch und dann dem Wärmeübergang von dessen anderer Oberfläche an die diese begrenzende kältere Luftschicht.

Ausdruck für die Wärmeleitfähigkeit eines Stoffes ist die Zahl λ.

Wärmeleitfähigkeit λ. Sie ist diejenige Wärmemenge, die in 1 Sekunde durch 1 m^2 einer 1 m dicken Schicht eines Stoffes hindurchgeht, wenn die Oberflächentemperaturen dieser Schicht sich um 1 K unterscheiden. λ hat demgemäß die Dimension $W/(m \cdot K)$.

Ein hoher Wert für λ kennzeichnet somit einen guten Wärmeleiter, ein niedriger einen schlechten (z. B. einen Wärmedämmstoff).

Rechenwerte der Wärmeleitfähigkeit (λ_R) vieler Baustoffe enthalten, unter Berücksichtigung einer in der Praxis stets vorhandenen gewissen Durchfeuchtung, u. a. Tabellen der DIN 4108 Teil 4.

Bei jedem Wärmedurchgang(-übergang, -durchlaß) ist ein bestimmter Widerstand zu überwinden.

Zu unterscheiden sind der Wärmedurchgangswiderstand $1/k$, der innere Wärmeübergangswiderstand $1/\alpha_i$, der äußere Wärmeübergangswiderstand $1/\alpha_a$ und der Wärmedurchlaßwiderstand $1/\Lambda$. Sie alle haben die Einheit $m^2 \cdot K/W$.

Wärmeübergangswiderstände $1/\alpha_i$ (R_i) und $1/\alpha_a$ (R_a). Rechenwerte, in denen die Anteile der Konvektion und Wärmestrahlung zu einer äquivalenten Größe zusammengefaßt sind, enthält Tafel **443**.1 und Bild **444**.1.

Unterschieden werden darin die Wärmeübergangswiderstände nur nach Art und Größe der Luftbewegung und nach Richtung des Wärmestromes bei waagerechten Bauelementen, nicht nach der Art der Bauelemente selbst.

Tafel **443**.1 Rechenwerte der Wärmeübergangswiderstände[1])[2]) (nach DIN 4108 T. 4)

Zeile	Bauteil[3])	Wärmeübergangswiderstand $\frac{1}{\alpha_i}$ $m^2 \cdot K/W$	Wärmeübergangswiderstand $\frac{1}{\alpha_a}$ $m^2 \cdot K/W$
1	Außenwand (ausgenommen solche nach Zeile 2)	0,13	0,04
2	Außenwand mit hinterlüfteter Außenhaut[4]), Abseitenwand zum nicht wärmegedämmten Dachraum		0,08[5])
3	Wohnungstrennwand, Treppenraumwand, Wand zwischen fremden Arbeitsräumen, Trennwand zu dauernd unbeheiztem Raum, Abseitenwand zum wärmegedämmten Dachraum		[6])
4	An das Erdreich grenzende Wand		0
5	Decke oder Dachschräge, die Aufenthaltsraum nach oben gegen die Außenluft abgrenzt (nicht belüftet)	0,13	0,04
6	Decke unter nicht ausgebautem Dachraum, unter Spitzboden oder unter belüftetem Raum (z. B. belüftete Dachschräge)		0,08[5])
7	Wohnungstrenndecke und Decke zwischen fremden Arbeitsräumen		
7.1	Wärmestrom von unten nach oben	0,13	[6])
7.2	Wärmestrom von oben nach unten	0,17	
8	Kellerdecke	0,17	[6])
9	Decke, die Aufenthaltsraum nach unten gegen die Außenluft abgrenzt		0,04
10	Unterer Abschluß eines nicht unterkellerten Aufenthaltsraumes (an das Erdreich grenzend)		0

[1]) Vereinfachend kann in allen Fällen mit $1/\alpha_i = 0{,}13\ m^2 \cdot K/W$ sowie – die Zeilen 4 und 10 ausgenommen – mit $1/\alpha_a = 0{,}04\ m^2 \cdot K/W$ gerechnet werden.
[2]) Für die Überprüfung eines Bauteils auf Tauwasserbildung auf Oberflächen siehe besondere Festlegung in DIN 4108 Teil 3.
[3]) Zur Lage der Bauteile im Bauwerk siehe Bild **444**.1.
[4]) Für zweischaliges Mauerwerk mit Luftschicht nach DIN 1053 Teil 1 gilt Zeile 1.
[5]) Diese Werte sind auch bei der Berechnung des Wärmedurchgangswiderstandes $1/k$ von Rippen neben belüfteten Gefachen nach DIN 4108 Teil 2, Ausgabe August 1981, Abschnitt 5.2.6, anzuwenden.
[6]) Bei innenliegendem Bauteil ist zu beiden Seiten mit demselben Wärmeübergangswiderstand zu rechnen.

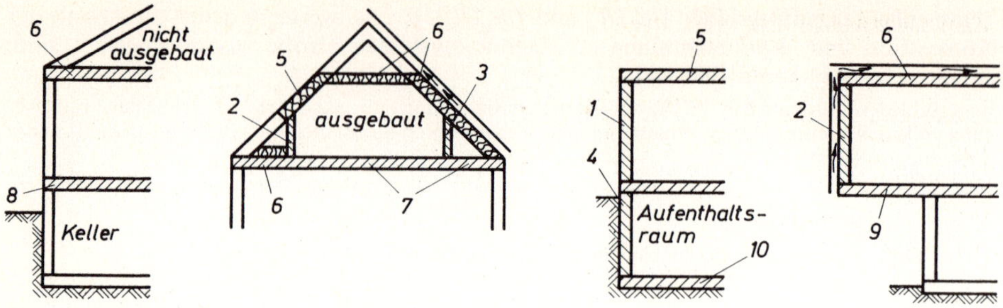

444.1 Lage und Ausbildung der Bauteile (die Nummern 1 bis 10 entsprechen den Zeilen-Nummern in Tafel **443**.1) (nach DIN 4108 T. 4)

Wärmedurchlaßwiderstand $1/\Lambda$. Er ist definiert für jedes Bauteil bzw. für jede Schicht eines Bauteiles durch

$$\frac{1}{\Lambda} = \frac{s}{\lambda} \text{ in } m^2 \cdot K/W$$

mit s (m) = Dicke des Bauteiles oder der Schicht und λ (W/m · K) = Rechenwert der Wärmeleitfähigkeit.

Der Wärmedurchlaßwiderstand eines Bauteiles wird auch mit Wärmedämmwert oder Wärmedämmzahl bezeichnet.

Wärmedurchgangswiderstand $1/k$. Der Wärmedurchgangswiderstand ist die Summe der Wärmeübergangs- und der Wärmedurchlaßwiderstände aller hintereinanderliegenden Schichten eines Bauteiles. Es gilt daher

für einschichtige Bauteile

$$\frac{1}{k} = \frac{1}{\alpha_i} + \frac{1}{\Lambda} + \frac{1}{\alpha_a} \text{ in } m^2 \cdot K/W$$

für mehrschichtige Bauteile

$$\frac{1}{k} = \frac{1}{\alpha_i} + \sum \frac{1}{\Lambda} + \frac{1}{\alpha_a} \text{ in } m^2 \cdot K/W$$

Diese Gleichungen lassen erkennen, daß in ihnen lediglich der Ausdruck für den Wärmedurchlaßwiderstand ($1/\Lambda$ bzw. $\Sigma\, 1/\Lambda$) durch Art, Gefüge und Abmessungen der verwendeten Bauteile beeinflußt wird, wogegen die Wärmeübergangswiderstände $1/\alpha_a$ und $1/\alpha_i$, wie bereits erwähnt, von den Bauteilen unabhängige Werte darstellen.

Allein aus der Größe des Wärmedurchlaßwiderstandes $1/\Lambda$ eines Bauteiles läßt sich daher bereits die Güte seines Wärmeschutzes zutreffend beurteilen. Großer Wärmedurchlaßwiderstand = hoher Wärmeschutz, kleiner Wärmedurchlaßwiderstand = geringer Wärmeschutz.

Aus diesem Grund sind in DIN 4108 T. 2 Mindestwerte für den Wärmedurchlaßwiderstand $1/\Lambda$ der verschiedenen Bauteile festgelegt (Taf. **446**.1).

Für die Aufstellung einer Wärmebedarfsberechnung (s. Abschn. 8.3.1.2) eines Gebäudes, welches die Grundlage für die Auslegung jeder Zentralheizungsanlage ist, müssen die Wärmedurchgangswiderstände $1/k$ aller in Betracht kommenden Bauteile bekannt sein und ermittelt werden.

Sie sind aus den Wärmedurchlaßwiderständen durch Addition der Wärmeübergangswiderstände leicht zu ermitteln:

Zahlenbeispiel für eine Außenwand

	Dicke s m	λ W/m · K	s/λ $m^2 \cdot K/W$	$1/\alpha$ $m^2 \cdot K/W$
$1/\alpha_i$	–	–	–	0,130
Innenputz	0,015	0,87	0,017	–
Steinwolle	0,050	0,05	1,000	–
Vollziegel-Mauerwerk	0,240	0,58	0,414	–
Außenputz	0,020	0,87	0,023	–
$1/\alpha_a$	–	–	–	0,040
Wärmedurchlaßwiderstand $1/\Lambda$			1,454	
Wärmeübergangswiderstände $1/\alpha_i + 1/\alpha_a$			0,170	0,170
Wärmedurchgangswiderstand $1/k$			1,624	

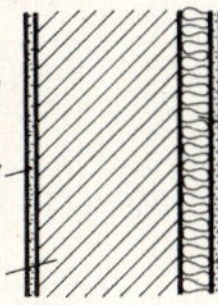

Die Rechenwerte der Wärmeleitfähigkeit aller gebräuchlichen Baustoffe können DIN 4108 T. 4, die für Luftschichten DIN 4701 T. 2 und DIN 4108 T. 4 entnommen werden (Taf. **445**.1).

Tafel **445**.1 Rechenwerte der Wärmedurchlaßwiderstände von Luftschichten[1]) (nach DIN 4108 T. 4)

Lage der Luftschicht	Dicke der Luftschicht mm	Wärmedurchlaßwiderstand $1/\Lambda$ $m^2 \cdot K/W$
lotrecht	10 bis 20	0,14
	über 20 bis 500	0,17
waagerecht	10 bis 500	0,17

[1]) Die Werte gelten für Luftschichten, die nicht mit der Außenluft in Verbindung stehen, und für Luftschichten bei mehrschaligem Mauerwerk nach DIN 1053 Teil 1.

Wärmebrücken. Der zusätzliche Wärmestrom durch Wärmebrücken, wie sie in Raumecken oder Fensterleibungen oder auch durch Einbau von Trägern u. ä. (z. B. in Fachwerkwänden) oder durch Bewehrungen entstehen, kann im Rahmen von Wärmebedarfsberechnungen (s. Abschn. 8.3.1) außer acht gelassen werden, wenn die Mindestwerte der Wärmedurchlaßwiderstände nach DIN 4108 für die ungünstigsten Stellen nach Tafel **446**.1 eingehalten sind.

3. Wärmemitführung. Leicht bewegliche Stoffe, wie Gase, Dämpfe und Flüssigkeiten, können Wärme außer durch Leitung auch durch Umwälzung (Konvektion) übertragen.

Tafel **446**.1 Mindestwerte der Wärmedurchlaßwiderstände $1/\Lambda$ und Maximalwerte der Wärmedurchgangskoeffizienten k von Bauteilen (mit Ausnahme leichter Bauteile) (nach DIN 4108 T. 2)

Spalte		1		2		3	
				2.1	2.2	3.1	3.2
Zeile		Bauteile		Wärmedurchlaßwiderstand $1/\Lambda$		Wärmedurchgangskoeffizient k	
				im Mittel	an der ungünstigsten Stelle	im Mittel	an der ungünstigsten Stelle
				$m^2 \cdot K/W$		$W/(m^2 \cdot K)$	
1	1.1	Außenwände[1])	allgemein	0,55		1,39; 1,32[2])	
	1.2		für kleinflächige Einzelbauteile (z. B. Pfeiler) bei Gebäuden mit einer Höhe des Erdgeschoßfußbodens (1. Nutzgeschoß) ≦500 m über NN	0,47		1,56; 1,47[2])	
2	2.1	Wohnungstrennwände[3]) und Wände zwischen fremden Arbeitsräumen	in nicht zentralbeheizten Gebäuden	0,25		1,96	
	2.2		in zentralbeheizten Gebäuden[4])	0,07		3,03	
3		Treppenraumwände[5])		0,25		1,96	
4	4.1	Wohnungstrenndecken[3]) und Decken zwischen fremden Arbeitsräumen[6]) [7])	allgemein	0,35		1,64[8]); 1,45[9])	
	4.2		in zentralbeheizten Bürogebäuden[4])	0,17		2,33[8]); 1,96[9])	
5	5.1	Unterer Abschluß nicht unterkellerter Aufenthaltsräume[6])	unmittelbar an das Erdreich grenzend	0,90		0,93	
	5.2		über einen nicht belüfteten Hohlraum an das Erdreich grenzend			0,81	
6		Decken unter nicht ausgebauten Dachräumen[6]) [10])		0,90	0,45	0,90	1,52
7		Kellerdecken[6]) [11])		0,90	0,45	0,81	1,27
8	8.1	Decken, die Aufenthaltsräume gegen die Außenluft abgrenzen[6])	nach unten[12])	1,75	1,30	0,51; 0,50[2])	0,66; 0,65[2])
	8.2		nach oben[13]) [14])	1,10	0,80	0,79	1,03

[1]) Die Zeile 1 gilt auch für Wände, die Aufenthaltsräume gegen Bodenräume, Durchfahrten, offene Hausflure, Garagen (auch beheizte) oder dergleichen abschließen oder an das Erdreich angrenzen. Zeile 1 gilt nicht für Abseitenwände, wenn die Dachschräge bis zum Dachfuß gedämmt ist.

An tief gelegener Stelle durch eine Heizfläche erwärmt, dehnen sie sich aus, werden spezifisch leichter als die benachbarten kälteren und schwereren Stoffteilchen und steigen daher in die Höhe. Stößt ein solcher Wärmeträger dort an kältere feste Stoffe, so gibt er einen Teil der mitgeführten Wärme durch Wärmeleitung ab, kühlt sich dabei ab, wird dadurch wieder schwerer und sinkt herab.

So entstehen ein ständiger Kreislauf und ein fortlaufender Wärmetransport, die durch äußere Mittel (zwangsweise Führung des Mediums oder Gebläse, Umwälzpumpen usw.) noch beschleunigt werden können.

Bei allen Heizungsarten wirken stets diese drei Wärmeübertragungen gemeinsam, wenn auch jeweils in verschiedenem Maße (s. Abschn. 8.6.2).

Alle Wärmeschutzmaßnahmen suchen die äußerst geringe Wärmeleitfähigkeit ruhender Luft auszunutzen. Aber nur in sehr kleinen Poren ruht die Luft praktisch völlig, während sie in größeren Poren bereits umgewälzt wird und so größere Wärmeverluste entstehen. Hinzu tritt in größeren Poren dann noch eine Wärmeabstrahlung von der warmen Porenwand zur kälteren. Je kleiner daher die Poren eines Wärmedämmstoffes sind, um so größer ist der Wärmeschutz.

8.2 Wärmeschutz

Die Wärmeverluste durch Abwandern aus dem wärmeren Inneren eines Gebäudes in die kältere Außenluft müssen während der Heizperiode durch eine Heizungsanlage ausgeglichen werden, damit die erwünschte beständige Innentemperatur von $\geqq 19$ °C erhalten bleibt (s. Abschn. 8.6.1).

Das Ausmaß dieser Wärmeverluste bestimmt die Größe der Heizungsanlage und damit die Höhe der Bau- und Betriebskosten der Heizung.

Die Größe der Wärmeverluste ist vor allem abhängig vom Umfang des baulichen Wärmeschutzes, den man dem Gebäude zuteil werden läßt.

Fortsetzung Fußnoten zu Tafel **446**.1

[2]) Dieser Wert gilt für Bauteile mit hinterlüfteter Außenhaut.

[3]) Wohnungstrennwände und -trenndecken sind Bauteile, die Wohnungen voneinander oder von fremden Arbeitsräumen trennen.

[4]) Als zentralbeheizt im Sinne dieser Norm gelten Gebäude, deren Räume an eine gemeinsame Heizzentrale angeschlossen sind, von der ihnen die Wärme mittels Wasser, Dampf oder Luft unmittelbar zugeführt wird.

[5]) Die Zeile 3 gilt auch für Wände, die Aufenthaltsräume von fremden, dauernd unbeheizten Räumen trennen, wie abgeschlossenen Hausfluren, Kellerräumen, Ställen, Lagerräumen usw. Die Anforderung nach Zeile 3 gilt nur für geschlossene, eingebaute Treppenräume; sonst gilt Zeile 1.

[6]) Bei schwimmenden Estrichen ist für den rechnerischen Nachweis der Wärmedämmung die Dicke der Dämmschicht im belasteten Zustand anzusetzen.
Bei Fußboden- oder Deckenheizungen müssen die Mindestanforderungen an den Wärmedurchlaßwiderstand durch die Deckenkonstruktion unter- bzw. oberhalb der Ebenen der Heizfläche (Unter- bzw. Oberkante Heizrohr) eingehalten werden. Es wird empfohlen, die Wärmedurchlaßwiderstände $1/\Lambda$ über diese Mindestanforderungen hinaus zu erhöhen.

[7]) Die Zeile 4 gilt auch für Decken unter Räumen zwischen gedämmten Dachschrägen und Abseitenwänden bei ausgebauten Dachräumen.

[8]) Für Wärmestromverlauf von unten nach oben.

[9]) Für Wärmestromverlauf von oben nach unten.

[10]) Die Zeile 6 gilt auch für Decken, die unter einem belüfteten Raum liegen, der nur bekriechbar oder noch niedriger ist, sowie für Decken unter belüfteten Räumen zwischen Dachschrägen und Abseitenwänden bei ausgebauten Dachräumen (bezüglich der erforderlichen Belüftung siehe DIN 4108 Teil 3).

[11]) Die Zeile 7 gilt auch für Decken, die Aufenthaltsräume gegen abgeschlossene, unbeheizte Hausflure o. ä. abschließen.

[12]) Die Zeile 8.1 gilt auch für Decken, die Aufenthaltsräume gegen Garagen (auch beheizte), Durchfahrten (auch verschließbare) und belüftete Kriechkeller abgrenzen.

[13]) Siehe auch DIN 18530 (Vornorm).

[14]) Zum Beispiel Dächer und Decken unter Terrassen.

Der Wärmeschutz der Gebäude wird bestimmt durch die Wärmedämmung und die Wärmespeicherung insbesondere aller umschließenden Bauteile.

Die Maßnahmen des Wärmeschutzes im Hochbau haben damit Bedeutung für
die Gesundheit der Bewohner durch ein hygienisches Raumklima,
den Schutz der Baukonstruktion vor klimabedingten Einwirkungen,
einen geringeren Energieverbrauch bei der Heizung und Kühlung sowie
die Herstellungs- und Bewirtschaftungskosten.

Der Wärmeschutz eines Raumes ist abhängig von den nachfolgend aufgezählten Gegebenheiten:

Dem Wärmedurchlaßwiderstand der raumumschließenden Wände, Decken, Fenster und Türen sowie deren Anteil an der wärmeübertragenden Umfassungsfläche,
der Anordnung der einzelnen Bauteileschichten und deren Wärmespeicherfähigkeit,
der Energiedurchlässigkeit, Größe und Orientierung der Fenster unter Berücksichtigung vorhandener Sonnenschutzeinrichtungen,
der Luftdurchlässigkeit von Bauteilen wie Fugen oder Spalten und
der Art der Lüftung.

Die in den Landesbauordnungen verankerten bindenden Vorschriften der neuen DIN 4108 „Wärmeschutz im Hochbau“ unterscheiden den Wärmeschutz im Winter und den Wärmeschutz im Sommer.

8.2.1 Wärmeschutz im Winter

Planungsgrundsätze. Der Wärmeverbrauch eines Gebäudes kann gelegentlich durch die Wahl seiner Lage vermindert werden.

Als Möglichkeiten kommen die Verminderung des Windangriffes infolge benachbarter Bebauung oder Baumpflanzungen und die Orientierung der Fenster zur Ausnutzung der winterlichen Sonneneinstrahlung in Frage.

Die Gebäudeform und -gliederung beeinflußt durch die Außenflächengröße den Wärmeverbrauch eines Hauses.

Stark gegliederte freistehende Einfamilienhäuser weisen einen höheren Wärmeverlust auf als Doppel- oder Reihenhäuser gleicher Größe und Ausführung.

Der Energieverbrauch eines Gebäudes wird erheblich von der vorgesehenen Wärmedämmung der umschließenden Außenbauteile und deren Dichtheit bestimmt.

Räume, die über mehrere Geschosse reichen, sind schwer auf eine gleichmäßige Temperatur zu beheizen und können einen größeren Wärmeverbrauch verursachen.

Zweckmäßig ist es, zur Verminderung des Wärmeverlustes bei Hauseingängen Windfänge vorzusehen.

Sie sollten so groß sein, daß die innere Tür geschlossen werden kann, bevor die Außentür geöffnet wird.

Große Fensterflächen können zu einem Ansteigen des Wärmeverbrauches führen.

Bei nach Südosten bis Südwesten orientierten Fensterflächen können jedoch infolge der Sonneneinstrahlung die Wärmeverluste vermindert oder sogar Wärmegewinne erzielt werden.

Geschlossene, möglichst dichtschließende Fensterläden und Rolläden vermindern den Wärmedurchgang durch Fenster.

Rohrleitungen der Wasserversorgung und Heizung sollten an der Innenseite der Außenwände, Schornsteine nicht in Außenwänden liegen.

Bei Schornsteinen vermindert dies den Heizwärmeverbrauch und die Gefahr der Versottung.

Wärmedurchgang. Der Wärmedurchlaßwiderstand $1/\Lambda$ eines Bauteiles, auch als Wärmeleitwiderstand R_λ bezeichnet, dient der Beurteilung der Wärmedämmung (s. auch Abschn. 8.1.2).

Der Rechenwert der Wärmeleitfähigkeit λ wird als λ_R bezeichnet. Er hat die Dimension W/(m · K) und ist DIN 4108 T. 4 zu entnehmen.

Der Wärmedurchgangskoeffizient k in W/(m² · K) dient zur Beurteilung des Transmissionswärmeverlustes $\dot{Q}_T$ in W durch Bauteile, Bauteilschichten oder die gesamte Gebäudeumfassungsfläche (s. Abschn. 8.3.1).

Die Berechnung des Wärmedurchlaßwiderstandes $1/\Lambda$ und des Wärmedurchgangskoeffizienten k erfolgt nach DIN 4108 T. 5.

Der Wärmedurchgangskoeffizient k wird aus dem Wärmedurchlaßwiderstand $1/\Lambda$ unter Berücksichtigung der Wärmeübergangswiderstände $1/\alpha_i$ und $1/\alpha_a$ berechnet.

$$k = \frac{1}{1/\alpha_i + 1/\Lambda + 1/\alpha_a} \text{ in W/(m}^2 \cdot \text{K)}$$

Die Wärmeübergangswiderstände $1/\alpha_i$ und $1/\alpha_a$ werden auch als R_i und R_a bezeichnet (s. auch Abschn. 8.1.2).

Für die Beurteilung des Transmissionswärmeverlustes durch Fenster und Verglasungen werden die Wärmedurchgangskoeffizienten k_F und k_V verwendet (s. DIN 4108 T. 4).

Feuchteschutz. Der Wärmeschutz der Bauteile darf durch Tauwasserbildung oder Schlagregeneinwirkung nicht unzulässig vermindert werden.

Anforderungen sowie Beispiele für Maßnahmen und Bauteileausführungen enthält DIN 4108 T. 3.

Luftdurchlässigkeit. Über die Fugen bei Außenbauteilen und undichte Anschlußfugen von Fenstern und Außentüren treten Wärmeverluste durch Luftaustausch auf. Eine gewissenhafte Abdichtung dieser Fugen ist erforderlich.

Die Fugendurchlässigkeit zwischen Flügeln und Rahmen bei Fenstern und Fenstertüren wird durch den Fugendurchlaßkoeffizienten a nach DIN 18055 gekennzeichnet.

Ein ausreichender Luftwechsel ist aus hygienischen Gründen, zur Regulierung der Luftfeuchte und teilweise auch für die Zuführung von Verbrennungsluft notwendig.

8.2.2 Wärmeschutz im Sommer

Bei Gebäuden mit Wohnungen, Einzelbüros oder Läden und Häusern mit ähnlichen Nutzungen sind in der Regel raumlufttechnische Anlagen bei ausreichenden planerischen und baulichen Maßnahmen entbehrlich.

Nur bei zu großen internen Wärmequellen, großen Menschenansammlungen oder besonderen Nutzungen können raumlufttechnische Maßnahmen im Sommer notwendig sein (s. Abschn. 11.4 und 11.5).

Planungsgrundsätze. Der sommerliche Wärmeschutz ist abhängig von

der Energiedurchlässigkeit der transparenten Außenbauteile, wie Fenster und feste Verglasungen einschließlich des Sonnenschutzes,
ihrem Anteil an der Fläche der Außenbauteile,
ihrer Orientierung nach der Himmelsrichtung,
der Art der Lüftung in den Räumen,
der Wärmespeicherfähigkeit besonders der innenliegenden Bauteile sowie
den Wärmeleiteigenschaften der nichttransparenten Außenbauteile durch den tageszeitlichen Temperaturverlauf und die Sonneneinstrahlung.

Große Fensterflächen ohne Sonnenschutzeinrichtungen und zu geringe Anteile innenliegender wärmespeichernder Bauteile können eine zu hohe Erwärmung der Räume zur Folge haben.

Für transparente Außenbauteile ist bei der Orientierung zur Himmelsrichtung eine Süd- oder Nordlage der Fenster günstiger als eine Ost- oder Westlage.

Eckräume mit nach mehreren Richtungen orientierten Fenstern sind in der Regel ungünstiger als mit einseitig angeordneten Fensterflächen.

Ein wirksamer Sonnenschutz der lichtdurchlässigen Außenbauteile kann durch die bauliche Gestaltung mit Hilfe außen- oder innenliegender Sonnenschutzvorrichtungen und Sonnenschutzgläsern (s. Taf. **754**.1) erreicht werden (s. Abschn. 11.5.6).

Die bauliche Gestaltung kann durch auskragende Dächer, Balkone, Loggien oder Sonnenblenden (**755**.2) erfolgen.

Zu Sonnenschutzvorrichtungen zählen Fensterläden, Rolläden, Jalousien und Markisen.

Automatisch arbeitende Sonnenschutzeinrichtungen können sich besonders günstig auf den sommerlichen Wärmeschutz auswirken.

In Abhängigkeit von der Sonnenschutzmaßnahme ist jedoch auf die ausreichende Innenraumausleuchtung mit Tageslicht nach DIN 5034 zu achten (s. auch Abschn. 6.3.4.2).

Energiedurchlässigkeit. Die Energiedurchlässigkeit von transparenten Außenbauteilen wird von der Glasart und der gegebenenfalls vorhandenen Sonnenschutzeinrichtung bestimmt.

Sie wird durch den Gesamtenergiedurchlaßgrad g (g_F) nach DIN 67507 gekennzeichnet (Taf. **450**.1).

Tafel **450**.1 Gesamtenergiedurchlaßgrade g von Verglasungen (nach DIN 4108 T. 2)

Zeile		Verglasung	g
1	1.1	Doppelverglasung aus Klarglas	0,8
	1.2	Dreifachverglasung aus Klarglas	0,7
2		Glasbausteine	0,6
3		Mehrfachverglasung mit Sondergläsern (Wärmeschutzglas, Sonnenschutzglas)[1]	0,2 bis 0,8

[1]) Die Gesamtenergiedurchlaßgrade g von Sondergläsern können aufgrund von Einfärbung bzw. Oberflächenbehandlung der Glasscheiben sehr unterschiedlich sein. Im Einzelfall ist der Nachweis gemäß DIN 67507 zu führen.

Ohne Nachweis darf nur der ungünstigere Grenzwert angewendet werden.

Lüftung. Das sommerliche Raumklima wird durch eine länger andauernde natürliche Lüftung der Räume während der Nacht- oder frühen Morgenstunden verbessert.

Voraussetzungen hierfür sind öffenbare Fenster oder Fenstertüren und einfache Lüftungseinrichtungen (s. Abschn. 11.3.1).

Wärmespeicherfähigkeit. Die Erwärmung der Innenräume durch Sonneneinstrahlung, Beleuchtung und Personen ist um so geringer, je speicherfähiger besonders die Innenbauteile sind.

Sind die Bauteile mit wärmedämmenden Schichten auf der Raumseite versehen, wird die Wärmespeicherfähigkeit verringert oder aufgehoben.

Wärmeleitung. Aus Gründen einer günstigen Wärmeleitfähigkeit der nichttransparenten

Außenbauteile muß eine ausreichende Wärmedämmung oder gegebenenfalls eine sachgerechte Schichtenfolge gewählt werden.

Außenliegende Wärmedämmschichten und innenliegende speicherfähige Schichten wirken sich günstig aus.

8.2.3 Mindestwärmeschutz

Die Mindestanforderungen an den Wärmeschutz, die bei Räumen an Einzelbauteile gestellt werden, sind in der Tafel **446**.1 angegeben.

Hierin sind die Mindestwerte der Wärmedurchlaßwiderstände $1/\Lambda$ und die Maximalwerte der Wärmedurchgangskoeffizienten k von nichttransparenten Bauteilen aufgeführt.

Zusätzliche Anforderungen für Außenwände, Decken unter nicht ausgebauten Dachräumen und Dächer mit einer flächenbezogenen Gesamtmasse unter 300 kg/m² für leichte Bauteile enthält Tafel **451**.1.

Diese Forderungen gelten nicht für den Bereich von Wärmebrücken.

Sie gelten bei Holzbauten für den Ausfachungsbereich.

Tafel **451**.1 Mindestwerte der Wärmedurchlaßwiderstände $1/\Lambda$ und Maximalwerte der Wärmedurchgangskoeffizienten *k* für Außenwände, Decken unter nicht ausgebauten Dachräumen und Dächer mit einer flächenbezogenen Gesamtmasse unter 300 kg/m² (leichte Bauteile) (nach DIN 4108 T. 2)

Flächenbezogene Masse der raumseitigen Bauteilschichten[1])[2]) kg/m²	Wärmedurchlaßwiderstand des Bauteils $1/\Lambda$[1])[2]) m² · K/W	Wärmedurchgangskoeffizient des Bauteils k[1])[2]) W/(m² · K)	
		Bauteile mit nicht hinterlüfteter Außenhaut	Bauteile mit hinterlüfteter Außenhaut
0	1,75	0,52	0,51
20	1,40	0,64	0,62
50	1,10	0,79	0,76
100	0,80	1,03	0,99
150	0,65	1,22	1,16
200	0,60	1,30	1,23
300	0,55	1,39	1,32

[1]) Als flächenbezogene Masse sind in Rechnung zu stellen:
– bei Bauteilen mit Dämmschicht die Masse derjenigen Schichten, die zwischen der raumseitigen Bauteiloberfläche und der Dämmschicht angeordnet sind. Als Dämmschicht gilt hier eine Schicht mit $\lambda_R \leqq 0{,}1$ W/(m · K) und $1/\Lambda \geqq 0{,}25$ m² · K/W,
– bei Bauteilen ohne Dämmschicht (z. B. Mauerwerk) die Gesamtmasse des Bauteils.
Werden die Anforderungen nach obiger Tafel bereits von einer oder mehreren Schichten des Bauteils – und zwar unabhängig von ihrer Lage – (z. B. bei Vernachlässigung der Masse und des Wärmedurchlaßwiderstandes einer Dämmschicht) erfüllt, so braucht kein weiterer Nachweis geführt zu werden.
Holz und Holzwerkstoffe dürfen näherungsweise mit dem 2fachen Wert ihrer Masse in Rechnung gestellt werden.

[2]) Zwischenwerte dürfen geradlinig interpoliert werden.

Nichttransparente Ausfachungen von Fensterwänden, die weniger als 50% der gesamten Ausfachung betragen, müssen mindestens die Anforderungen der Tafel **446**.1 erfüllen.
Andernfalls gelten die Forderungen der Tafel **451**.1.

Erläuterungen. Nachfolgende Angaben dienen zur Berechnungserläuterung der einzelnen Bauteile im Zusammenhang mit der Tafel **446**.1.

Wände. Der Mindestwärmeschutz muß an jeder Stelle vorhanden sein.
Hierzu gehören unter anderem auch
Nischen unter Fenstern,
Fensterbrüstungen von Fensterelementen,
Fensterstürze,
Rolladenkästen einschließlich Rolladenkastendeckel,
Wandbereiche auf der Außenseite von Heizkörpern und Rohrkanäle insbesondere für ausnahmsweise in Außenwänden angeordnete wasserführende Leitungen.

Falls ausnahmsweise Heizungs- und Warmwasserrohre in Außenwänden angeordnet werden müssen, ist auf der raumabgewandten Seite der Rohre eine erhöhte Wärmedämmung gegenüber den Tabellenwerten erforderlich.
Besondere Anforderungen an Rohrleitungen von Heizungs- und Brauchwasseranlagen in Außenbauteilen werden nach der Heizungsanlagen-Verordnung (HeizAnlV) gestellt (s. Abschn. 10.7.2).

Hinterlüftung. Der Wärmedurchlaßwiderstand der Außenschale und der Luftschicht von belüfteten Bauteilen wird bei der Berechnung der vorhandenen Wärmedämmung nicht berücksichtigt.

Wegen der Berücksichtigung der Wärmedämmung der belüfteten Luftschicht von mehrschaligem Mauerwerk in der Ausführung nach DIN 1053 T. 1 siehe Tafel **445**.1.
In diesem Fall darf die Wärmedämmung der Luftschicht und der Außenschale mitgerechnet werden.

Fußböden. Ein befriedigender Schutz gegen eine Wärmeableitung, das bedeutet ausreichende Fußwärme, ist nach DIN 4108 sicherzustellen.

Dachräume. Bei Gebäuden mit nicht ausgebauten Dachräumen, bei denen die oberste Geschoßdecke einen vorgeschriebenen Mindestwärmeschutz erhält, ist ein Wärmeschutz der Dächer nicht erforderlich.

Fenster und Fenstertüren. Außenliegende Fenster, Fenstertüren und außenliegende Türen von beheizten Räumen sind mindestens mit Isolier- oder Doppelverglasung auszuführen.
Anforderungen an den Wärmedurchgangskoeffizienten dieser Bauteile sind außerdem in der Wärmeschutzverordnung geregelt (s. Abschn. 8.2.4).

8.2.4 Energiesparender Wärmeschutz

Die steigenden Energiepreise haben die Bundesregierung veranlaßt, die Forderungen des baulichen Wärmeschutzes mit der Novellierung der „Verordnung über einen energiesparenden Wärmeschutz bei Gebäuden“ (WärmeschutzV) am 24. 02. 82 wesentlich anzuheben.
Die Verordnung trat am 01. 01. 84 in Kraft.

Die Wärmeschutzverordnung ist anzuwenden bei
Gebäuden mit normalen Innentemperaturen (mind. 19 °C)
Gebäuden mit niedrigen Innentemperaturen (12 °C bis 19 °C)
Gebäuden für Sport- und Versammlungszwecke (mind. 15 °C)
baulichen Änderungen bestehender Gebäude.
Gebäude mit gemischter Nutzung unterliegen ergänzenden Vorschriften.

Die Vorschriften der DIN 4108 „Wärmeschutz im Hochbau" stehen mit der Anwendung der Wärmeschutzverordnung in direkter Verbindung. Dies gilt besonders für die Teile 2, 4 und 5 der Norm.

Die Mindestanforderungen der DIN 4108 behalten daneben weiterhin ihre Gültigkeit.

Für die Ermittlung des Wärmedurchgangskoeffizienten k sind die Rechenwerte der Wärmeleitfähigkeiten λ_R der DIN 4108 anzuwenden (Taf. **453**.1).

Tafel **453**.1 Rechenwerte der Wärmeleitfähigkeit λ_R (nach DIN 4108 T. 4)

Zeile	Stoff	Rohdichte oder Rohdichteklassen[1])[2]) kg/m³	Rechenwert der Wärmeleitfähigkeit λ_R[3]) W/(m · K)
1	**Putze, Estriche und andere Mörtelschichten**		
1.1	Kalkmörtel, Kalkzementmörtel, Mörtel aus hydraulischem Kalk	(1800)	0,87
1.2	Zementmörtel	(2000)	1,4
1.3	Kalkgipsmörtel, Gipsmörtel, Anhydritmörtel, Kalkanhydritmörtel	(1400)	0,70
1.4	Gipsputz ohne Zuschlag	(1200)	0,35
1.5	Anhydritestrich	(2100)	1,2
1.6	Zementestrich	(2000)	1,4
1.7	Magnesiaestrich nach DIN 272		
1.7.1	Unterböden und Unterschichten von zweilagigen Böden	(1400)	0,47
1.7.2	Industrieböden und Gehschicht	(2300)	0,70
1.8	Gußasphaltestrich, Dicke ≧ 15 mm	(2300)	0,90
2	**Großformatige Bauteile**		
2.1	Normalbeton nach DIN 1045 (Kies- oder Splittbeton mit geschlossenem Gefüge; auch bewehrt)	(2400)	2,1
2.2	Leichtbeton und Stahlleichtbeton mit geschlossenem Gefüge nach DIN 4219 Teil 1 und Teil 2, hergestellt:		
2.2.1	unter Verwendung von Zuschlägen mit porigem Gefüge nach DIN 4226 Teil 2	1000 1200 1400 1600 1800 2000	0,47 0,59 0,72 0,87 0,99 1,2

Fortsetzung Tafel **453**.1

Zeile	Stoff	Rohdichte oder Rohdichteklassen[1])[2]) kg/m³	Rechenwert der Wärmeleitfähigkeit λ_R[3]) W/(m · K)
2.2.2	ausschließlich unter Verwendung von Blähton, Blähschiefer, Naturbims und Schaumlava nach DIN 4226 Teil 2 ohne Quarzsandzusatz. Herstellung des Betons güteüberwacht gemäß DIN 4219 Teil 1	800 900 1000 1100 1200 1300 1400 1500 1600	0,30 0,35 0,38 0,44 0,50 0,56 0,62 0,67 0,73
2.3	Dampfgehärteter Gasbeton nach DIN 4223 (z. Z. noch Entwurf)	400 500 600 700 800	0,14 0,16 0,19 0,21 0,23
2.4	Leichtbeton mit haufwerksporigem Gefüge, z. B. nach DIN 4232		
2.4.1	mit nichtporigen Zuschlägen nach DIN 4226 Teil 1, z. B. Kies	1600 1800 2000	0,81 1,1 1,4
2.4.2	mit porigen Zuschlägen nach DIN 4226 Teil 2, ohne Quarzsandzusatz[6])	600 700 800 1000 1200 1400 1600 1800 2000	0,22 0,26 0,28 0,36 0,46 0,57 0,75 0,92 1,2
2.4.2.1	ausschließlich unter Verwendung von Naturbims	500 600 700 800 900 1000 1200	0,15 0,18 0,20 0,24 0,27 0,32 0,44
2.4.2.2	ausschließlich unter Verwendung von Blähton	500 600 700 800 900 1000 1200	0,18 0,20 0,23 0,26 0,30 0,35 0,46

Fortsetzung Tafel **453**.1

Zeile	Stoff	Rohdichte oder Rohdichteklassen[1])[2]) kg/m³	Rechenwert der Wärmeleitfähigkeit λ_R[3]) W/(m · K)
3	**Bauplatten**		
3.1	Asbestzementplatten nach DIN 274 Teil 1 bis Teil 4	(2000)	0,58
3.2	Gasbeton-Bauplatten, unbewehrt, nach DIN 4166		
3.2.1	mit normaler Fugendicke und Mauermörtel nach DIN 1053 Teil 1 verlegt	500 600 700 800	0,22 0,24 0,27 0,29
3.2.2	dünnfugig verlegt	500 600 700 800	0,19 0,22 0,24 0,27
3.3	Wandbauplatten aus Leichtbeton nach DIN 18162	800 900 1000 1200 1400	0,29 0,32 0,37 0,47 0,58
3.4	Wandbauplatten aus Gips nach DIN 18163, auch mit Poren, Hohlräumen, Füllstoffen oder Zuschlägen	600 750 900 1000 1200	0,29 0,35 0,41 0,47 0,58
3.5	Gipskartonplatten nach DIN 18180	(900)	0,21
4	**Mauerwerk einschließlich Mörtelfugen**		
4.1	Mauerwerk aus Mauerziegeln nach DIN 105		
4.1.1	Vollklinker	(2000)	0,96
4.1.2	Hochlochklinker	(1800)	0,81
4.1.3	Vollziegel, Lochziegel, hochfeste Ziegel	1200 1400 1600 1800 2000	0,50 0,58 0,68 0,81 0,96
4.1.4	Leichthochlochziegel nach DIN 105 Teil 2, Typ A und B	700 800 900 1000	0,36 0,39 0,42 0,45
4.1.5	Leichthochlochziegel nach DIN 105 Teil 2, Typ W_1	700 800 900 1000	0,30 0,33 0,36 0,39

Fortsetzung Tafel **453**.1

Zeile	Stoff	Rohdichte oder Rohdichteklassen[1])[2]) kg/m³	Rechenwert der Wärmeleitfähigkeit λ_R[3]) W/(m · K)
4.2	Mauerwerk aus Kalksandsteinen nach DIN 106 Teil 1 und Teil 2	1000 1200 1400 1600 1800 2000 2200	0,50 0,56 0,70 0,79 0,99 1,1 1,3
4.3	Mauerwerk aus Hüttensteinen nach DIN 398	1000 1200 1400 1600 1800 2000	0,47 0,52 0,58 0,64 0,70 0,76
4.4	Mauerwerk aus Gasbeton-Blocksteinen nach DIN 4165	500 600 700 800	0,22 0,24 0,27 0,29
4.5	Mauerwerk aus Betonsteinen		
4.5.1	Lochsteine aus Leichtbeton nach DIN 18149	600 700 800 900 1000 1200 1400 1600	0,35 0,40 0,47 0,56 0,65 0,77 0,91 1,0
4.5.2	Hohlblocksteine aus Leichtbeton nach DIN 18151 mit porigen Zuschlägen nach DIN 4226 Teil 2 ohne Quarzsandzusatz[7])		
4.5.2.1	2-K-Steine, Breite ≦240 mm 3-K-Steine, Breite ≦300 mm 4-K-Steine, Breite ≦365 mm	500 600 700 800 900 1000 1200 1400	0,29 0,32 0,35 0,39 0,44 0,49 0,60 0,73
4.5.2.2	2-K-Steine, Breite = 300 mm 3-K-Steine, Breite = 365 mm	500 600 700 800 900 1000 1200 1400	0,29 0,34 0,39 0,46 0,55 0,64 0,76 0,90

Fortsetzung Tafel **453**.1

Zeile	Stoff	Rohdichte oder Rohdichteklassen[1])[2]) kg/m³	Rechenwert der Wärmeleitfähigkeit λ_R[3]) W/(m · K)
4.5.3	Vollsteine und Vollblöcke aus Leichtbeton nach DIN 18152		
4.5.3.1	Vollsteine (V)	500 600 700 800 900 1000 1200 1400 1600 1800 2000	0,32 0,34 0,37 0,40 0,43 0,46 0,54 0,63 0,74 0,87 0,99
4.5.3.2	Vollblöcke (Vbl) (außer Vollblöcken S-W aus Bims nach Zeile 4.5.3.3 und aus Blähton nach Zeile 4.5.3.4)	500 600 700 800 900 1000 1200 1400 1600 1800 2000	0,29 0,32 0,35 0,39 0,43 0,46 0,54 0,63 0,74 0,87 0,99
4.5.3.3	Vollblöcke S-W aus Bims Bis zur Regelung in DIN 18152*) dürfen Vollblöcke aus Bims mit Schlitzen (S) mit dem Zusatzbuchstaben W bezeichnet werden, wenn sie folgende Bedingungen erfüllen: a) Zuschläge Als Zuschlag ist ausschließlich Naturbims zu verwenden. Zumischungen von anderen Zuschlägen nach DIN 18152, Ausgabe Dezember 1978, Abschnitt 4.2, 2. Absatz, und Abschnitt 6.1, 2. Absatz, sind nicht zulässig. b) Form Die Schlitze der Vollblöcke müssen stets mit einem Deckel abgeschlossen sein. Griffhilfen sind nicht zulässig. Es sind stets Stirnseitennuten anzuordnen. c) Maße Es dürfen nur Vollblöcke der Zeilen 9 bis 12 der Tabelle 2 aus DIN 18152, Ausgabe Dezember 1978, verwendet werden. d) Kennzeichnung Die Kennzeichnung nach DIN 18152 muß durch den Buchstaben W ergänzt werden.	500 600 700 800	0,20 0,22 0,25 0,28

Fortsetzung Tafel **453**.1

Zeile	Stoff	Rohdichte oder Rohdichteklassen[1])[2]) kg/m³	Rechenwert der Wärmeleitfähigkeit λ_R[3]) W/(m · K)
4.5.3.4	Vollblöcke S-W aus Blähton Bis zur Regelung in DIN 18152*) dürfen Vollblöcke aus Blähton mit Schlitzen (S) mit dem Zusatzbuchstaben W bezeichnet werden, wenn sie folgende Bedingungen erfüllen: a) Zuschläge Als Zuschlag ist ausschließlich Blähton zu verwenden. Zumischungen von anderen Zuschlägen nach DIN 18152, Ausgabe Dezember 1978, Abschnitt 4.2, 2. Absatz, und Abschnitt 6.1, 2. Absatz, sind nicht zulässig. b) Form Die Schlitze der Vollblöcke müssen stets mit einem Deckel abgeschlossen sein. Griffhilfen sind nicht zulässig. Es sind stets Stirnseitennuten anzuordnen. c) Maße Es dürfen nur Vollblöcke der Zeilen 9 bis 12 der Tabelle 2 aus DIN 18152, Ausgabe Dezember 1978, verwendet werden. d) Kennzeichnung Die Kennzeichnung nach DIN 18152 muß durch den Buchstaben W ergänzt werden. *) Eine Ergänzung A 1 zu DIN 18152, Ausgabe Dezember 1978, ist z. Z. noch Entwurf.	500 600 700 800	0,22 0,24 0,27 0,31
4.5.4	Hohlblocksteine und T-Hohlsteine aus Normalbeton mit geschlossenem Gefüge nach DIN 18153		
4.5.4.1	2-K-Steine, Breite ≦240 mm 3-K-Steine, Breite ≦300 mm 4-K-Steine, Breite ≦365 mm	(≦1800)	0,92
4.5.4.2	2-K-Steine, Breite = 300 mm 3-K-Steine, Breite = 365 mm	(≦1800)	1,3
5	**Wärmedämmstoffe**		
5.1	Holzwolle-Leichtbauplatten nach DIN 1101[8]) Plattendicke ≧ 25 mm = 15 mm	 (360 bis 480) (570)	 0,093 0,15
5.2	Mehrschicht-Leichtbauplatten nach DIN 1104 Teil 1 aus Schaumkunststoffplatten nach DIN 18164 Teil 1 mit Beschichtungen aus mineralisch gebundener Holzwolle Schaumkunststoffplatte Holzwolleschichten (Einzelschichten) Dicke ≧ 10 bis < 25 mm ≧ 25 mm	 (≧ 15) (460 bis 650) (360 bis 460)	 0,040 0,15 0,093

Fortsetzung Tafel **453**.1

Zeile	Stoff	Rohdichte oder Rohdichteklassen[1])[2]) kg/m³	Rechenwert der Wärmeleitfähigkeit λ_R[3]) W/(m · K)
5.2	Holzwolleschichten (Einzelschichten) mit Dicken < 10 mm dürfen zur Berechnung des Wärmedurchlaßwiderstandes $1/\Lambda$ nicht berücksichtigt werden (siehe DIN 1104 Teil 1)	(800)	
5.3	Schaumkunststoffe nach DIN 18159 Teil 1 und Teil 2 an der Baustelle hergestellt		
5.3.1	Polyurethan(PUR)-Ortschaum nach DIN 18159 Teil 1	(≧ 37)	0,030
5.3.2	Harnstoff-Formaldehydharz(UF)-Ortschaum nach DIN 18159 Teil 2	(≧ 10)	0,041
5.4	Korkdämmstoffe Korkplatten nach DIN 18161 Teil 1 Wärmeleitfähigkeitsgruppe 045 050 055	(80 bis 500)	0,045 0,050 0,055
5.5	Schaumkunststoffe nach DIN 18164 Teil 1[9])		
5.5.1	Polystyrol(PS)-Hartschaum Wärmeleitfähigkeitsgruppe 025 030 035 040		0,025 0,030 0,035 0,040
	Polystyrol-Partikelschaum	(≧ 15) (≧ 20) (≧ 30)	
	Polystyrol-Extruderschaum	(≧ 25)	
5.5.2	Polyurethan(PUR)-Hartschaum Wärmeleitfähigkeitsgruppe 020 025 030 035	(≧ 30)	0,020 0,025 0,030 0,035
5.5.3	Phenolharz(PF)-Hartschaum Wärmeleitfähigkeitsgruppe 030 035 040 045	(≧ 30)	0,030 0,035 0,040 0,045
5.6	Mineralische und pflanzliche Faserdämmstoffe nach DIN 18165 Teil 1[9]) Wärmeleitfähigkeitsgruppe 035 040 045 050	(8 bis 500)	0,035 0,040 0,045 0,050

Fortsetzung Tafel **453**.1

Zeile	Stoff	Rohdichte oder Rohdichteklassen[1])[2]) kg/m³	Rechenwert der Wärmeleitfähigkeit λ_R[3]) W/(m · K)
5.7	Schaumglas nach DIN 18174 Wärmeleitfähigkeitsgruppe 045 050 055 060	(100 bis 150)	 0,045 0,050 0,055 0,060
6	**Holz- und Holzwerkstoffe**[10])		
6.1	Holz		
6.1.1	Fichte, Kiefer, Tanne	(600)	0,13
6.1.2	Buche, Eiche	(800)	0,20
6.2	Holzwerkstoffe		
6.2.1	Sperrholz nach DIN 68705 Teil 2 bis Teil 4	(800)	0,15
6.2.2	Spanplatten		
6.2.2.1	Flachpreßplatten nach DIN 68761 und DIN 68763	(700)	0,13
6.2.2.2	Strangpreßplatten nach DIN 68764 Teil 1 (Vollplatten ohne Beplankung)	(700)	0,17
6.2.3	Holzfaserplatten		
6.2.3.1	Harte Holzfaserplatten nach DIN 68750 und DIN 68754 Teil 1	(1000)	0,17
6.2.3.2	Poröse Holzfaserplatten nach DIN 68750 und Bitumen-Holzfaserplatten nach DIN 68752	≦200 ≦300	0,045 0,056
7	**Beläge, Abdichtstoffe und Abdichtungsbahnen**		
7.1	Fußbodenbeläge		
7.1.1	Linoleum nach DIN 18171	(1000)	0,17
7.1.2	Korklinoleum	(700)	0,081
7.1.3	Linoleum-Verbundbeläge nach DIN 18173	(100)	0,12
7.1.4	Kunststoffbeläge, z. B. auch PVC	(1500)	0,23
7.2	Abdichtstoffe, Abdichtungsbahnen		
7.2.1	Asphaltmastix, Dicke ≧7 mm	(2000)	0,70
7.2.2	Bitumen	(1100)	0,17
7.2.3	Dachbahnen, Dachdichtungsbahnen		

Fortsetzung Tafel **453**.1

Zeile	Stoff	Rohdichte oder Rohdichteklassen[1])[2]) kg/m³	Rechenwert der Wärmeleitfähigkeit λ_R[3]) W/(m · K)
7.2.3.1	Bitumendachbahnen nach DIN 52128	(1200)	0,17
7.2.3.2	nackte Bitumendachbahnen nach DIN 52129	(1200)	0,17
7.2.3.3	Glasvlies-Bitumendachbahnen nach DIN 52143		
7.2.4	Kunststoff-Dachbahnen		
7.2.4.1	nach DIN 16730 (PVC-weich)		
7.2.4.2	nach DIN 16731 (PIB)		
7.2.4.3	nach DIN 16732 Teil 1 (ECB) 2,0 K		
7.2.4.4	nach DIN 16732 Teil 2 (ECB) 2,0		
7.2.5	Folien		
7.2.5.1	PVC-Folien, Dicke ≧0,1 mm		
7.2.5.2	Polyethylen-Folien, Dicke ≧0,1 mm		
7.2.5.3	Aluminium-Folien, Dicke ≧0,05 mm		
7.2.5.4	andere Metallfolien, Dicke ≧0,1 mm		
8	**Sonstige gebräuchliche Stoffe**[11])		
8.1	Lose Schüttungen[12]), abgedeckt		
8.1.1	aus porigen Stoffen: Blähperlit Blähglimmer Korkschrot, expandiert Hüttenbims Blähton, Blähschiefer Bimskies Schaumlava	 (≦ 100) (≦ 100) (≦ 200) (≦ 600) (≦ 400) (≦1000) ≦1200 ≦1500	 0,060 0,070 0,050 0,13 0,16 0,19 0,22 0,27
8.1.2	aus Polystyrolschaumstoff-Partikeln	(15)	0,045
8.1.3	aus Sand, Kies, Splitt (trocken)	(1800)	0,70
8.2	Fliesen	(2000)	1,0
8.3	Glas	(2500)	0,80
8.4	Natursteine		
8.4.1	Kristalline metamorphe Gesteine (Granit, Basalt, Marmor)	(2800)	3,5

Fortsetzung Tafel **453**.1

Zeile	Stoff	Rohdichte oder Rohdichte-klassen[1])[2]) kg/m³	Rechenwert der Wärme-leitfähig-keit λ_R[3]) W/(m · K)
8.4.2	Sedimentsteine (Sandsteine, Muschelkalk, Nagelfluh)	(2600)	2,3
8.4.3	Vulkanische porige Natursteine	(1600)	0,55
8.5	Böden (naturfeucht)		
8.5.1	Sand, Kiessand		1,4
8.5.2	Bindige Böden		2,1
8.6	Keramik und Glasmosaik	(2000)	1,2
8.7	Wärmedämmender Putz	(600)	0,20
8.8	Kunstharzputz	(1100)	0,70
8.9	Metalle		
8.9.1	Stahl		60
8.9.2	Kupfer		380
8.9.3	Aluminium		200
8.10	Gummi (kompakt)	(1000)	0,20

[1]) Die in Klammern angegebenen Rohdichtewerte dienen nur zur Ermittlung der flächenbezogenen Masse, z. B. für den Nachweis des sommerlichen Wärmeschutzes.

[2]) Die bei den Steinen genannten Rohdichten sind Klassenbezeichnungen nach den entsprechenden Stoffnormen.

[3]) Die angegebenen Rechenwerte der Wärmeleitfähigkeit λ_R von Mauerwerk dürfen bei Verwendung von werksmäßig hergestellten Leichtmauermörteln aus Zuschlägen mit porigem Gefüge nach DIN 4226 Teil 2 ohne Quarzsandzusatz – bei einer Festmörtelrohdichte ≤ 1000 kg/m³ – um 0,06 W/(m · K) verringert werden, jedoch dürfen die verringerten Werte bei Vollblöcken S-W aus Bims und Blähton nach den Zeilen 4.5.3.3 und 4.5.3.4 sowie bei Gasbeton-Blocksteinen nach Zeile 4.4 die Werte der entsprechenden Zeilen 2.4.2.1, 2.4.2.2 und 2.3 nicht unterschreiten.

[4]) [5]) sind Fußnoten zu den hier nicht aufgeführten Werten für die Dampfdiffusions-Widerstandszahlen, siehe DIN 4108, Teil 4, Seite 11.

[6]) Bei Quarzsandzusatz erhöhen sich die Rechenwerte der Wärmeleitfähigkeit um 20%.

[7]) Die Rechenwerte der Wärmeleitfähigkeit sind bei Hohlblocksteinen mit Quarzsandzusatz für 2-K-Steine um 20% und für 3-K-Steine und 4-K-Steine um 15% zu erhöhen.

[8]) Platten der Dicken < 15 mm dürfen wärmeschutztechnisch nicht berücksichtigt werden (siehe DIN 1101).

[9]) Bei Trittschalldämmplatten aus Schaumkunststoffen oder aus Faserdämmstoffen wird bei sämtlichen Erzeugnissen der Wärmedurchlaßwiderstand $1/\Lambda$ auf der Verpackung angegeben (siehe DIN 18164 Teil 2 und DIN 18165 Teil 2).

[10]) Die angegebenen Rechenwerte der Wärmeleitfähigkeit λ_R gelten für Holz quer zur Faser, für Holzwerkstoffe senkrecht zur Plattenebene. Für Holz in Faserrichtung sowie für Holzwerkstoffe in Plattenebene ist näherungsweise der 2,2fache Wert einzusetzen, wenn kein genauerer Nachweis erfolgt.

[11]) Diese Stoffe sind hinsichtlich ihrer wärmeschutztechnischen Eigenschaften nicht genormt. Die angegebenen Wärmeleitfähigkeitswerte stellen obere Grenzwerte dar.

[12]) Die Dichte wird bei losen Schüttungen als Schüttdichte angegeben.

8.2.4.1 Gebäude mit normalen Innentemperaturen

Nachstehend genannte Gebäude sind mit einem baulichen Wärmeschutz nach den Vorschriften dieses Abschnittes auszuführen.

Wohngebäude,
Büro- und Verwaltungsgebäude,
Schulen, Bibliotheken,
Krankenhäuser, Pflegeheime, Entbindungs- und Säuglingsheime und Aufenthaltsräume in Justizvollzugsanstalten,
Gebäude des Gaststättengewerbes,
Waren- und sonstige Geschäftshäuser,
Betriebsgebäude, die nach ihrem üblichen Verwendungszweck auf Innentemperaturen von mindestens 19 °C beheizt werden,
Gebäude, die nach vorstehenden Gruppierungen eine gemischte oder eine ähnliche Nutzung aufweisen.

Ausgenommen sind,
Betriebsgebäude, die nach ihrem üblichen Verwendungszweck ihren Heizenergiebedarf überwiegend durch die im Innern des Gebäudes anfallende Abwärme decken sowie
Unterglasanlagen und Kulturräume im Gartenbau.

Anforderungen. Zur Begrenzung des Wärmedurchganges dieser Gebäudegruppe gelten nachfolgende Anforderungen und Werte.

1. Die Mindestanforderungen an den Wärmedurchgang sind für die einzelnen Bauteile einzuhalten.

2. Die Anforderungen an den Wärmeschutz der Außenwände müssen auch im Bereich der Heizkörper erfüllt sein.

Bei Flächenheizungen in Bauteilen ist der Wärmedurchgang auf 0,45 W/(m² · K) zu begrenzen.

3. Außenliegende Fenster und Fenstertüren sind mindestens mit Isolier- oder Doppelverglasungen auszuführen.

Der Wärmedurchgangskoeffizient darf 3,1 W/(m² · K) nicht überschreiten.

Dies gilt nicht für Glasbausteine.

Bei großflächigen Verglasungen (z. B. große Schaufenster) darf der Rechenwert für den Wärmedurchgangskoeffizienten k_F mit $\geqq 1{,}75$ W/(m² · K) angenommen werden.

4. Bei Gebäuden mit raumlufttechnischen Anlagen mit Kühlung sind zur Begrenzung des Energiedurchganges bei Sonneneinstrahlung die in Anlage 1 Nr. 7 der WärmeschutzV genannten Werte ($g_F \cdot f$) einzuhalten (DIN 4108 T. 2 Tab. 3).

Nachweis. Der Nachweis zur Begrenzung des Transmissionswärmeverlustes ist durch zwei Verfahren möglich.

1. Verfahren (Hüllflächenverfahren). Berechnung des Wärmedurchlaßwiderstandes $1/\Lambda$ für die Einzelbauteile (Außenwand, Kellerdecke, Dachdecke usw.) im Formblatt 1 (**464**.1). Die Wärmeleitfähigkeiten λ_R sind der Tafel **453**.1 zu entnehmen.

Der errechnete Wärmedurchlaßwiderstand ist mit den Mindestforderungen der DIN 4108 zu vergleichen (Taf. **446**.1).

Das ermittelte Flächengewicht der Spalte 4 ist zu überprüfen: $1/\Lambda$ vorhanden $\geqq 1/\Lambda$ erforderlich.

Wärmedurchlaßwiderstände $1/\Lambda$ für leichte Bauteile siehe Tafel **451**.1.

Berechnung des Wärmedurchgangskoeffizienten k (k-Wert) des Einzelbauteiles unter Berücksichtigung der Wärmeübergangswiderstände $1/\alpha_i$ und $1/\alpha_a$.

Bei weiteren Einzelbauteilen kann das Formblatt 1 A (**465**.1) benutzt werden.

Formblatt 1/84

ENERGIESPARENDER WÄRMESCHUTZ VON GEBÄUDEN

Berechnungsgrundlagen n. DIN 4108, Teil 5 zum Nachweis gem. Wärmeschutz-Verordnung vom 24.2.82

OBJEKT: Einfamilien - Wohnhaus, eingeschossig mit Flachdach

BAUTEIL: Außenwand W1

1. Berechnung des Wärmedurchlaßwiderstandes 1/Λ

1	2	3	4 (2 · 3)	5	6 (3 : 5)
Baustoffschichten von innen nach außen	Rohdichte	Schicht-dicke s	Flächen-gewicht	Wärmeleit-fähigkeit λ_R	s/λ_R
	$\frac{kg}{m^3}$	m	$\frac{kg}{m^2}$	$\frac{W}{m \cdot K}$	$\frac{m^2 \cdot K}{W}$
Innenputz (Kalkmörtel)	1800	0,015	27	0,87	0,02
Kalksandstein (KSV)	1600	0,175	280	0,79	0,22
Mineralfaserplatte (040)		0,06	—	0,04	1,50
Luftschicht (lotrecht)		0,04	—		0,17
Vormauerstein (KS-Vm)	2000	0,115	—	1,10	0,10
			307		2,01

erf. Wärmedurchlaßwiderstand nach DIN 4108, Teil 2, Tab.1 oder Tab. 2 (Bauteile < 300 kg/m²)	$\frac{1}{\Lambda}$	0,55	$\frac{m^2 \cdot K}{W}$
vorh. Wärmedurchlaßwiderstand des Bauteils (aller anrechenbaren Schichten)	$\frac{1}{\Lambda}$	2,01	$\frac{m^2 \cdot K}{W}$

2. Wärmeübergangswiderstände nach DIN 4108, Teil 4, Tab. 5

BAUTEILE	$1/\alpha_i$ $\frac{m^2 \cdot K}{W}$	$1/\alpha_a$ $\frac{m^2 \cdot K}{W}$
Außenwand, Dach, Decke (nicht belüftet)	0.13	0.04
Außenwand, Dach, Decke (belüftet)	0.13	0.08
Wohnungstrennwand - Treppenhauswand	0.13	0.13
Wand an Erdreich grenzend	0.13	0
Boden an Erdreich grenzend	0.17	0
Kellerdecke	0.17	0.17
Durchfahrt, Kragdecke	0.17	0.04

3. Berechnung des Wärmedurchgangskoeffizienten k

$1/\alpha_i$	m²·K/W	0,13
$1/\alpha_a$	m²·K/W	0,04
1/Λ	m²·K/W	2,01
1/k	m²·K/W	2,18

$$k = \frac{1}{1/k} = \frac{1}{2{,}18} = \boxed{0{,}46} \ \frac{W}{m^2 \cdot K}$$

Aufgestellt: 4 01·09·83

© HEA · Hauptberatungsstelle für Elektrizitätsanwendung e.V. · Am Hauptbahnhof 12 · 6000 Frankfurt/M. · Telefon (0611) 233557

464.1 Formblatt 1 der Wärmeschutzverordnung (HEA)

Formblatt 1 A/84

ENERGIESPARENDER WÄRMESCHUTZ VON GEBÄUDEN

NACHWEIS GEMÄSS WÄRMESCHUTZVERORDNUNG (ENERGIEEINSPARUNGSGESETZ-ENEG)

OBJEKT: Einfamilien - Wohnhaus, eingeschossig mit Flachdach

Berechnung des Wärmedurchlaßwiderstandes 1/Λ und des Wärmedurchgangskoeffizienten k

BAUTEIL: Dachdecke D1

1	2	3	4 (2·3)	5	6 (3:5)
Baustoffschichten von innen nach außen	Rohdichte	Schicht-dicke s	Flächen-gewicht	Wärmeleit-fähigkeit λ_R	s/λ_R
	$\frac{kg}{m^3}$	m	$\frac{kg}{m^2}$	$\frac{W}{m \cdot K}$	$\frac{m^2 \cdot K}{W}$
Innenputz (Kalkgipsm.)	1400	0,015	21	0,70	0,02
Stahlbeton B 25	2400	0,15	360	2,10	0,07
Dampfsperre					—
Dämmplatte (040)		0,14	—	0,04	3,50
Dichtungsbahn					—
Kiesschüttung					—
nach Tab. 1 oder 2 DIN 4108, Teil 2	1/Λ erf. =	1,10	381	1/Λ =	3,59

$k = \frac{1}{1/k} = \frac{1}{3{,}76} = $ **0,27** $\frac{W}{m^2 \cdot K}$

$1/\alpha_i$ +	0,13
$1/\alpha_a$ +	0,04
1/k =	3,76

BAUTEIL: Kellerdecke G

1	2	3	4 (2·3)	5	6 (3:5)
Spannteppich					—
Zementestrich	2000	0,05	100	1,40	0,04
Estrich-Dämmplatte 35/30		0,03	—	0,03	1,00
Stahlbeton B 25	2400	0,15	360	2,10	0,07
Hartschaum-2-Schichtpl.		0,03	—	0,04	0,75
nach Tab. 1 oder 2 DIN 4108, Teil 2	1/Λ erf. =	0,90	460	1/Λ =	1,86

$k = \frac{1}{1/k} = \frac{1}{2{,}20} = $ **0,45** $\frac{W}{m^2 \cdot K}$

$1/\alpha_i$ +	0,17
$1/\alpha_a$ +	0,17
1/k =	2,20

BAUTEIL:

1	2	3	4 (2·3)	5	6 (3:5)
nach Tab. 1 oder 2 DIN 4108, Teil 2	1/Λ erf. =			1/Λ =	

$k = \frac{1}{1/k} = \frac{1}{} = $ ☐ $\frac{W}{m^2 \cdot K}$

$1/\alpha_i$ +	
$1/\alpha_a$ +	
1/k =	

Aufgestellt: 4 01.09.83

© HEA · Hauptberatungsstelle für Elektrizitätsanwendung e.V. · Am Hauptbahnhof 12 · 6000 Frankfurt/M. · Telefon (0611) 233557

465.1 Formblatt 1A der Wärmeschutzverordnung (HEA)

Formblatt 2/84

ENERGIESPARENDER WÄRMESCHUTZ VON GEBÄUDEN

NACHWEIS GEMÄSS WÄRMESCHUTZVERORDNUNG VOM 24. FEBR. 1982

Anlage 1 Nr. 1 sowie Anlage 3 der Wärmeschutzverordnung

OBJEKT: Einfamilien - Wohnhaus, eingeschossig mit Flachdach

Nachweis der Forderung: $k_m = \frac{k_W \cdot A_W + k_F \cdot A_F + 0.8\,k_D \cdot A_D + 0.5\,k_G \cdot A_G + k_{DL} \cdot A_{DL} + 0.5\,k_{AB} \cdot A_{AB}}{A} \leq k_{m,\,max}$

Spalte	1	2	3	4	5 (3 · 4)	6	7 (5 · 6)
Zeile	Bauteil	Kurzbezeichnung	Fläche A	Wärmedurchgangskoeffiz. k	k · A	Faktor	
			m^2	$\frac{W}{m^2 \cdot K}$	$\frac{W}{K}$		$\frac{W}{K}$
1	Wand	W_1	124,84	0,46	57,4	1	57
		W_2					
		W_3					
		W_4					
2	Fenster, Fenstertüren (DIN 4108, Teil 4, Tab. 3)	F_1	49,35	2,6	128,3	1	128
		F_2					
3	Dach, Decke zum nicht ausgebauten Dachgeschoß	D_1	175,37	0,27	47,3	0.8	38
		D_2					
4	Grundfläche, Kellerdecke, Wände gegen Erdreich bei beheizten Räumen	G	175,37	0,45	78,9	0.5	39
5	Decke gegen Außenluft unten (Durchfahrt, Kragdecke)	DL				1	
6	Angrenzende Bauteile (unbeheizte Räume)	AB				0.5	
7	k_m $k_m \leq k_{m,\,max}$	A =	524,93				262
				$\frac{262}{525}$ = 0,50 $\frac{W}{m^2 \cdot K}$			
8	$k_{m,\,max}$ aus Tab. 1, Anl. 1 A = Umfassungsfläche V = Bauwerksvolumen	$\frac{A}{V}$ =	$\frac{525}{482}$ = 1,09 → $k_{m,max}$ = 0,60 $\frac{W}{m^2 \cdot K}$				

Aufgestellt: 4 01·09·83

© HEA · Hauptberatungsstelle für Elektrizitätsanwendung e.V. · Am Hauptbahnhof 12 · 6000 Frankfurt/M. · Telefon (0611) 233557

466.1 Formblatt 2 der Wärmeschutzverordnung (HEA)

Auf dem Formblatt 2 (**466**.1) wird der Nachweis des mittleren k-Wertes (k_m) für die Außenflächen geführt. Die Anforderungen an k_m sind in Abhängigkeit der wärmeübertragenden Außenflächen A vom Bauwerksvolumen V nach Tafel **467**.1 begrenzt.

Schließlich wird die Unterschreitung von $k_{m,max}$ mit k_m für die gesamte Gebäudehülle verglichen: $k_m \leqq k_{m,max}$.

Für die wärmeübertragende Umfassungsfläche A eines Gebäudes gilt die Formel

$$A = A_W + A_F + A_D + A_G + A_{DL} \text{ in m}^2 \text{ mit}$$

A_W = Fläche der Außenwände
A_F = Fensterfläche (Fenster, Fenstertüren, Dachfenster)
A_D = wärmegedämmte Dach- und Dachdeckenfläche
A_G = Grundfläche des Gebäudes, sofern sie nicht an die Außenluft grenzt (Kellerdecke, Fußboden nicht unterkellerter Räume)
A_{DL} = Deckenfläche, die das Gebäude nach unten gegen die Außenluft abgrenzt.

Die zugehörigen Wärmedurchgangskoeffizienten der einzelnen Bauteileflächen werden mit k_W, k_F, k_D, k_G und k_{DL} bezeichnet.

In der Formel für k_m im Formblatt 2 (**446**.1) bedeutet A_{AB} die Fläche angrenzender Gebäudeteile mit wesentlich niedrigerer Raumtemperatur. Diese Flächen werden bei der Ermittlung des Wertes A/V nicht berücksichtigt.

Tafel **467**.1 Maximale mittlere Wärmedurchgangskoeffizienten $k_{m,max}$ in Abhängigkeit vom Verhältnis A/V

A/V[1]) in m^{-1}	$k_{m,max}$ in $W/(m^2 \cdot K)$
$\leqq$0,22	1,20
0,30	1,00
0,40	0,86
0,50	0,78
0,60	0,73
0,70	0,69
0,80	0,66
0,90	0,63
1,00	0,62
$\geqq$ 1,10	0,60

[1]) Zwischenwerte sind nach folgender Gleichung zu ermitteln:

$$k_{m,max} = 0{,}45 + 0{,}165 \cdot \frac{1}{A/V} \text{ in W/(m}^2 \cdot \text{K)}$$

2. Verfahren (Kurzverfahren). Berechnung des Wärmedurchlaßwiderstandes $1/\Lambda$ für die Einzelbauteile im Formblatt 1 oder 1 A (**464**.1 oder **465**.1). Die Wärmeleitfähigkeiten λ_R sind der Tafel **453**.1 zu entnehmen.

Nachweis der Anforderung an die Außenwände je Geschoß für $k_{m,W+F}$, abhängig von der Grundrißgeometrie nach Formblatt 3 (**468**.1).

Nachweis der Forderung an die k-Werte für k_D an Dach- oder Dachdecken, k_G an Decken und Wände gegen unbeheizte Räume bzw. an Erdreich grenzend nach Formblatt 3 (**468**.1).
Bei Gebäudegrundflächen $A_G > 1250\,m^2$ dürfen die Werte k_G nach Tafel **469**.1 verwendet werden.

Formblatt 3/84

ENERGIESPARENDER WÄRMESCHUTZ VON GEBÄUDEN

NACHWEIS GEMÄSS WÄRMESCHUTZVERORDNUNG VOM 24. FEBR. 1982

Anlage 1 Nr. 2 der Wärmeschutzverordnung

OBJEKT: Einfamilien-Wohnhaus, eingeschossig mit Flachdach

Anforderungen an einzelne Außenbauteile, Tab. 2

Zeile	Abbildungen	Bauteile	gef. k in W/(m²·K)		vorh. k ≤ k_{max}
1.1	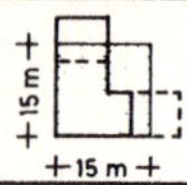	Außenwände und Fenster Gebäude deren Grundriß ein Quadrat mit einer Seitenlänge von 15 m nicht umschreibt	$k_{m,W+F}$ ≤	1,20	1,06
1.2	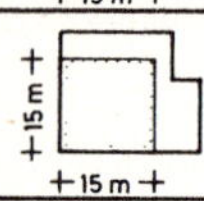	Außenwände und Fenster Gebäude deren Grundriß ein Quadrat mit einer Seitenlänge von 15 m umschreibt Reihenhäuser n. Anlage 1, Nr. 8.3	$k_{m,W+F}$ ≤	1,50	
2	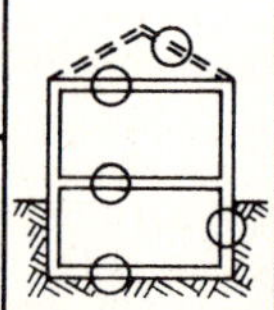	Decken unter nicht ausgebauten Dachräumen und Decken (einschl. Dachschrägen), die Räume gegen Außenluft abgrenzen	k_D ≤	0,30	*0,27
3		Kellerdecken, Wände und Decken gegen unbeheizte Räume sowie Decken und Wände, die an das Erdreich grenzen	k_G ≤	0,55	*0,45

Nachweis der Anforderungen $k_{m,W+F} = \frac{k_W \cdot A_W + k_F \cdot A_F}{A_W + A_F}$ ≤ 1,20 nach Zeile 1.1 bzw. 1.2

Spalte	1	2	3	4	5 (3 · 4)
Zeile	Bauteil	Kurzbez.	Fläche A	Wärmedurchgangskoeffizient k	k · A
			m²	W/(m²·K)	W/K
1	Wand	W_1	124,84	0,46	57
		W_2			
		W_3			
		W_4			
2	Fenster (DIN 4108, Teil 4, Tab. 3)	F_1	49,35	2,6	128
		F_2			
3	$k_{m,W+F}$		174,19		185
				$= \frac{185}{174}$ = 1,06	W/(m²·K)
4	Bauteile nach Zeile 2 u. 3 der Anforderungstabellen (siehe oben)		*Der Nachweis erfolgt in den Formularen 1/84 und 1A/84		

Aufgestellt: 4 01.09.83

© HEA · Hauptberatungsstelle für Elektrizitätsanwendung e.V. · Am Hauptbahnhof 12 · 6000 Frankfurt/M. · Telefon (0611) 233557

468.1 Formblatt 3 der Wärmeschutzverordnung (HEA)

Tafel **469**.1 Wärmedurchgangskoeffizient k_G für unteren Gebäudeabschluß gegen Erdreich

Gebäudegrundfläche A_G in m²	k_G ¹) in W/(m² · K)
≦ 100	2,15
500	1,26
1000	1,00
1500	0,87
2000	0,79
2500	0,74
3000	0,69
5000	0,58
≧ 8000	0,50

¹) Zwischenwerte sind nach folgender Gleichung zu ermitteln: $k_G = 10/\sqrt[3]{A_G}$

Zahlenbeispiel

Einfamilienwohnhaus, eingeschossig mit Flachdach, unterkellert, Keller nicht beheizt (**469**.2).

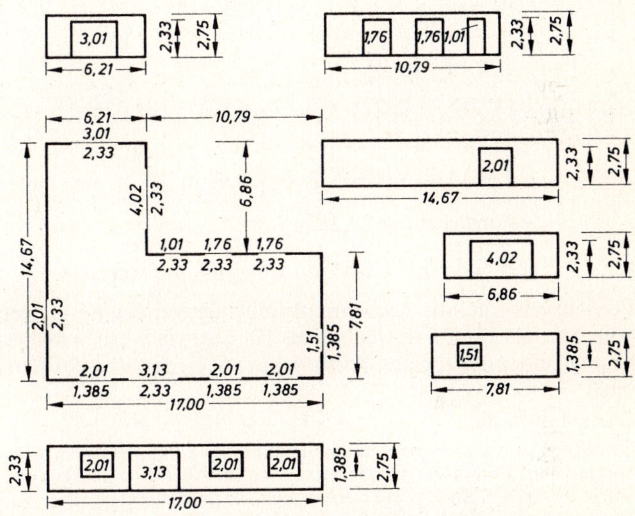

469.2
Einfamilienwohnhaus, Schemagrundriß und Wandabwicklungen (Fensterbrüstungen wie Außenwände)

„Gebäude mit normalen Innentemperaturen" nach Wärmeschutz-Verordnung. Der Nachweis kann nach dem 1. oder 2. Verfahren erfolgen (s. hierzu die Eintragungen in den Formblättern **464**.1 bis **468**.1).

Einzelbauteile:

Außenwände (**464**.1)

1,5 cm Innenputz (Kalkmörtel)
17,5 cm Kalksandstein (KSV)
6,0 cm Mineralfaserplatte (040)
4,0 cm Luftschicht
11,5 cm Vormauerstein (KS-Vm)

Dachdecke (**465**.1)

1,5 cm Innenputz (Kalkgipsmörtel)
15,0 cm Stahlbeton B 25
(Dampfsperre)
14,0 cm Dämmplatte (040)
(Dichtungsbahn)
(Kiesschüttung)

Kellerdecke (**465**.1)

(Spannteppich)
5,0 cm Zementestrich
3,0 cm Estrich-Dämmplatte 35/30
15,0 cm Stahlbeton B 25
3,0 cm Hartschaum-2-Schichtenplatte 35/2

Fenster

Holzrahmen mit Isolierverglasung, Scheibenabstand 12 mm (Rahmenmaterialgruppe 1)

Rechenwerte

$A_W + A_F = 2 \cdot (17{,}00 + 14{,}67) \cdot 2{,}75 = 174{,}19\ m^2$

$A_F = [(3{,}01 + 2{,}01 + 3{,}13 + 1{,}76 + 1{,}76 + 1{,}01 + 4{,}02) \cdot 2{,}33] + [(2{,}01 + 2{,}01 + 2{,}01 + 1{,}51) \cdot 1{,}385] = 49{,}35\ m^2$

$A_W = 174{,}19 - 49{,}35 = 124{,}84\ m^2$

$A_D = A_G = (17{,}00 \cdot 14{,}67) - (10{,}79 \cdot 6{,}86) = 175{,}37\ m^2$

$V = 175{,}37 \cdot 2{,}75 = 482{,}27\ m^3$

$A = 174{,}19 + (175{,}37 \cdot 2) = 524{,}93\ m^2$

Fensteranteil 28,33%

8.2.4.2 Gebäude mit niedrigen Innentemperaturen

Betriebsgebäude, die nach ihrem üblichen Verwendungszweck auf eine Innentemperatur von mehr als 12 °C und weniger als 19 °C sowie jährlich mehr als 4 Monate geheizt werden, sind mit einem baulichen Wärmeschutz nach den Vorschriften dieses Abschnittes auszuführen.

Dies gilt nicht für

Betriebsgebäude, die nach ihrem üblichen Verwendungszweck den Heizenergiebedarf überwiegend durch die im Innern des Gebäudes anfallende Abwärme decken,
Werkstätten, Werkhallen und Lagerhallen, die nach ihrem üblichen Verwendungszweck großflächig und langandauernd offengehalten werden müssen,
Unterglasanlagen und Kulturräume im Gartenbau.

Anforderungen. Zur Begrenzung des Wärmedurchganges dieser Gebäudegruppe gelten nachfolgende Anforderungen und Werte.

1. Die Mindestanforderungen an den Wärmedurchgang sind für die einzelnen Bauteile einzuhalten.

Für Heizkörpernischen und Flächenheizungen gelten die in Abschn. 8.2.4.1 gemachten Angaben.

2. Wird für außenliegende Fenster und Fenstertüren Einfachverglasung vorgesehen, ist der Wärmedurchgangskoeffizient mit $k_F \geqq 5{,}2\ W/(m^2 \cdot K)$ anzunehmen.

3. Gebäude mit Teil- oder Klimaanlagen sind mindestens mit Isolier- oder Doppelverglasung auszuführen.

Bei Gebäuden mit raumlufttechnischen Anlagen zur Kühlung ist zur Begrenzung des Energiedurchganges bei Fenstern und Fenstertüren im Sommer die in Anlage 1 Nr. 7 der WärmeschutzV genannten Werte ($g_F \cdot f$) einzuhalten (DIN 4108 T. 2 Tab. 3).

Nachweis. Der Nachweis zur Begrenzung des Transmissionswärmeverlustes ist nach folgendem Verfahren erforderlich.

Berechnung des Wärmedurchlaßwiderstandes $1/\Lambda$ für die Einzelbauteile im Formblatt 1 (**464**.1) unter Entnahme der Wärmeleitfähigkeiten λ_R aus Tafel **453**.1.

Überprüfung des Wärmedurchlaßwiderstandes und des Flächengewichtes mit den Mindestanforderungen anhand von Tafel **446**.1, erforderlichenfalls bei leichten Bauteilen Tafel **451**.1.

Berechnung der Wärmedurchgangskoeffizienten k der Einzelbauteile in Verbindung mit den Wärmeübergangswiderständen im Formblatt 1.

Bei Fenstern und Fenstertüren ist Einfachverglasung zulässig: $k_F \geqq 5{,}2\ \mathrm{W/(m^2 \cdot K)}$.

Bei Teil- oder Vollklimatisierung ist mindestens Isolier- oder Doppelverglasung erforderlich: k_F nach Tafel **472**.1.

Der Wärmedurchgangskoeffizient k_G ist abhängig von der Gebäudegrundfläche A_G nach Tafel **469**.1.

Nachweis der Unterschreitung von $k_{m,max}$ für die gesamte Gebäudeaußenfläche in Abhängigkeit von A/V auf dem Formblatt 2 (**466**.1).

Der ermittelte Wert für k_m darf $k_{m,max}$ nach Tafel **473**.1 nicht überschreiten.

8.2.4.3 Gebäude für Sport- und Versammlungszwecke

Bei Gebäuden, die sportlichen oder Versammlungszwecken dienen und auf eine Innentemperatur von mindestens 15 °C sowie jährlich mehr als 3 Monate geheizt werden, ist ein baulicher Wärmeschutz nach den Vorschriften dieses Abschnittes auszuführen.

Dies gilt nicht für Kirchen.

Anforderungen. Zur Begrenzung des Wärmedurchganges dieser Gebäudegruppe gelten nachfolgende Anforderungen und Werte.

1. Die Mindestanforderungen an den Wärmedurchgang sind für die einzelnen Bauteile einzuhalten.

Für Heizkörpernischen und Flächenheizungen gelten die in Abschn. 8.2.4.1 gemachten Angaben.

2. Der Wärmedurchgangskoeffizient für außenliegende Fenster und Fenstertüren ist bei Einfachverglasung mit $k_F \geqq 5{,}2\ \mathrm{W/(m^2 \cdot K)}$ anzunehmen.

Er darf bei Hallenbädern den Wert von 3,1 $\mathrm{W/(m^2 \cdot K)}$ nicht überschreiten.

3. Gebäude mit Teil- oder Vollklimaanlagen sind mindestens mit Isolier- oder Doppelverglasung auszuführen.

4. Für an das Erdreich grenzende Bauteile ohne zusätzliche Dämmung gelten die Wärmedurchgangskoeffizienten k_G nach Tafel **469**.1.

Nachweis. Der Nachweis zur Begrenzung des Transmissionswärmeverlustes ist durch zwei Verfahren möglich (s. auch Abschn. 8.2.4.1).

1. Verfahren (Hüllflächenverfahren). Berechnung des Wärmedurchlaßwiderstandes $1/\Lambda$ für die Einzelbauteile im Formblatt 1 (**464**.1) unter Entnahme der Wärmeleitfähigkeiten λ_R aus Tafel **453**.1.

Überprüfung des Wärmedurchlaßwiderstandes und des Flächengewichtes mit den Mindestanforderungen anhand von Tafel **446**.1, erforderlichenfalls bei leichten Bauteilen Tafel **451**.1.

Tafel **472**.1 Rechenwerte der Wärmedurchgangskoeffizienten für Verglasungen (k_V) und für Fenster und Fenstertüren einschließlich Rahmen (k_F) (nach DIN 4108 T. 4)

Spalte	1	2	3	4	5	6	7
Zeile	Beschreibung der Verglasung	Verglasung[1]) k_V W/(m² · K)	Fenster und Fenstertüren einschließlich Rahmen k_F für Rahmenmaterialgruppe[2]) W/(m² · K)				
			1	2,1	2,2	2,3	3[3])
1	**Unter Verwendung von Normalglas**						
1.1	Einfachverglasung	5,8	5,2				
1.2	Isolierglas mit ≧6 bis ≦8 mm Luftzwischenraum	3,4	2,9	3,2	3,3	3,6[4])	4,1[4])
1.3	Isolierglas mit > 8 bis ≦10 mm Luftzwischenraum	3,2	2,8	3,0	3,2	3,4	4,0[4])
1.4	Isolierglas mit > 10 bis ≦16 mm Luftzwischenraum	3,0	2,6	2,9	3,1	3,3	3,8[4])
1,5	Isolierglas mit zweimal ≧6 bis ≦8 mm Luftzwischenraum	2,4	2,2	2,5	2,6	2,9	3,4
1,6	Isolierglas mit zweimal > 8 bis ≦10 mm Luftzwischenraum	2,2	2,1	2,3	2,5	2,7	3,3
1.7	Isolierglas mit zweimal > 10 bis ≦16 mm Luftzwischenraum	2,1	2,0	2,3	2,4	2,7	3,2
1.8	Doppelverglasung mit 20 bis 100 mm Scheibenabstand	2,8	2,5	2,7	2,9	3,2	3,7[4])
1.9	Doppelverglasung aus Einfachglas und Isolierglas (Luftzwischenraum 10 bis 16 mm) mit 20 bis 100 mm Scheibenabstand	2,0	1,9	2,2	2,4	2,6	3,1
1.10	Doppelverglasung aus zwei Isolierglaseinheiten (Luftzwischenraum 10 bis 16 mm) mit 20 bis 100 mm Scheibenabstand	1,4	1,5	1,8	1,9	2,2	2,7
2	**Unter Verwendung von Sondergläsern** (siehe DIN 4108, Teil 4, Tabelle 3)						
3	**Glasbausteinwand** nach DIN 4242 mit Hohlglasbausteinen nach DIN 18175						3,5

[1]) Bei Fenstern mit einem Rahmenanteil von nicht mehr als 5% (z. B. Schaufensteranlagen) kann für den Wärmedurchgangskoeffizienten k_F der Wärmedurchgangskoeffizient k_V der Verglasung gesetzt werden.

[2]) Die Einstufung von Fensterrahmen in die Rahmenmaterialgruppen 1 bis 3 ist wie folgt vorzunehmen:

Gruppe 1: Fenster mit Rahmen aus Holz, Kunststoff (siehe Anmerkung) und Holzkombinationen (z. B. Holzrahmen mit Aluminiumbekleidung) ohne besonderen Nachweis oder wenn der Wärmedurchgangskoeffizient des Rahmens mit $k_R \leqq 2{,}0$ W/(m² · K) aufgrund von Prüfzeugnissen nachgewiesen worden ist (siehe Abschnitt 1 mit Fußnote 2).

Anmerkung: In die Gruppe 1 sind Profile für Kunststoff-Fenster nur dann einzuordnen, wenn die Profilausbildung vom Kunststoff bestimmt wird und eventuell vorhandene Metalleinlagen nur der Aussteifung dienen.

Tafel **473**.1 Maximale mittlere Wärmedurchgangskoeffizienten $k_{m,max}$ in Abhängigkeit vom Verhältnis A/V

A/V[1]) in m^{-1}	$k_{m,max}$[1]) in $W/(m^2 \cdot K)$
≦0,22	1,35
0,30	1,18
0,40	1,06
0,50	0,99
0,60	0,94
0,70	0,91
0,80	0,89
0,90	0,87
≧1,00	0,85

[1]) Zwischenwerte sind nach folgender Gleichung zu ermitteln:

$$k_{m,max} = 0{,}71 + \frac{0{,}14}{A/V} \text{ in } W/(m^2 \cdot K)$$

Berechnung der Wärmedurchgangskoeffizienten k der Einzelbauteile in Verbindung mit den Wärmeübergangswiderständen im Formblatt 1.

Bei Fenstern und Fenstertüren ist Einfachverglasung zulässig: $k_F \geqq 5{,}2$ W/(m² · K).

Bei Hallenbädern darf k_F den Wert 3,1 W/(m² · K) nicht überschreiten.

Bei Teil- oder Vollklimatisierung ist mindestens Isolier- oder Doppelverglasung erforderlich: k_F nach Tafel **472**.1.

Der Wärmedurchgangskoeffizient k_G ist abhängig von der Gebäudegrundfläche A_G nach Tafel **469**.1.

Nachweis der Unterschreitung von $k_{m,max}$ für die gesamte Gebäudeaußenfläche in Abhängigkeit von A/V auf dem Formblatt 2 (**466**.1).

Der ermittelte Wert für k_m darf $k_{m,max}$ nach Tafel **467**.1 nicht überschreiten.

2. Verfahren (Kurzverfahren). Berechnung des Wärmedurchlaßwiderstandes $1/\Lambda$ für die Einzelbauteile im Formblatt 1 oder 1A (**464**.1 oder **465**.1) unter Entnahme der Wärmeleitfähigkeiten λ_R aus Tafel **453**.1.

Fortsetzung Fußnoten zu Tafel **472**.1

Gruppe 2.1: Fenster mit Rahmen aus wärmegedämmten Metall- oder Betonprofilen, wenn der Wärmedurchgangskoeffizient des Rahmens mit $k_R < 2{,}8$ W/(m² · K) aufgrund von Prüfzeugnissen nachgewiesen worden ist (siehe Abschnitt 1 mit Fußnote 2).

Gruppe 2.2: Fenster mit Rahmen aus wärmegedämmten Metall- oder Betonprofilen, wenn der Wärmedurchgangskoeffizient des Rahmens mit $3{,}5 \geqq k_R \geqq 2{,}8$ W/(m² · K) aufgrund von Prüfzeugnissen nachgewiesen worden ist (siehe Abschnitt 1 mit Fußnote 2) oder wenn die Kernzone der Profile die in der Tabelle A angegebenen Merkmale aufweist.

Gruppe 2.3: Fenster mit Rahmen aus wärmegedämmten Metall- oder Betonprofilen, wenn der Wärmedurchgangskoeffizient des Rahmens mit $4{,}5 \geqq k_R \geqq 3{,}5$ W/(m² · K) aufgrund von Prüfzeugnissen nachgewiesen worden ist (siehe Abschnitt 1 mit Fußnote 2) oder wenn die Kernzone der Profile die in der Tabelle B angegebenen Merkmale aufweist.

Gruppe 3: Fenster mit Rahmen aus Beton, Stahl und Aluminium sowie wärmegedämmten Metallprofilen, die nicht in die Rahmenmaterialgruppen 2.1 und 2.3 eingestuft werden können, ohne besonderen Nachweis.

[3]) Bei Verglasungen mit einem Rahmenanteil ≦15% dürfen in der Rahmenmaterialgruppe 3 (Spalte 7, ausgenommen Zeile 1.1) die k_F-Werte um 0,5 W/(m² · K) herabgesetzt werden.

[4]) Aufgrund bisheriger Regelungen darf bei diesen Werten bis auf weiteres mit $k_F = 3{,}5$ W/(m² · K) gerechnet werden.

Nachweis der Anforderung an die Außenwände je Geschoß für $k_{m,W+F}$, abhängig von der Grundrißgeometrie nach Formblatt 3 (**468**.1).

Bei Fenstern und Fenstertüren ist Einfachverglasung zulässig: $k_F \geqq 5{,}2$ W/(m² · K).

Bei Hallenbädern darf k_F den Wert 3,1 W/(m² · K) nicht überschreiten.

Bei Teil- oder Vollklimatisierung ist mindestens Isolier- oder Doppelverglasung erforderlich: k_F nach Tafel **472**.1.

Nachweis der Forderung an die k-Werte für k_D an Dach- und Dachdecken, k_G an Decken und Wände gegen unbeheizte Räume bzw. an Erdreich grenzende Bauteile nach Formblatt 3 (**468**.1).

Der Wärmedurchgangskoeffizient k_G ist abhängig von der Gebäudegrundfläche A_G nach Tafel **469**.1.

8.2.4.4 Energieeinsparung bei baulichen Änderungen

Bei baulichen Änderungen an Gebäuden der vorstehenden Gebäudegruppen (Abschn. 8.2.4.1 bis 3) ist ein baulicher Wärmeschutz nach den Vorschriften nachfolgender Absätze auszuführen.

Anforderungen. Bei der baulichen Erweiterung von Gebäuden um mindestens einen beheizten Raum sind die vorstehenden Verordnungen für Neubauten zu befolgen.

Soweit in bestehende Gebäude Außenbauteile erstmalig eingebaut, ersetzt oder erneuert werden, sind nachfolgende Anforderungen einzuhalten.

Dies gilt nicht, wenn sich die Ersatz- oder Erneuerungsmaßnahmen auf $\leqq 20\%$ der Gesamtfläche des jeweiligen Bauteiles nach Spalte 1 der Tafel **474**.1 erstreckt.

1. Die in Tafel **474**.1 Spalte 2 aufgeführten maximalen Wärmedurchgangskoeffizienten dürften nicht überschritten werden.

Die Anforderungen gelten bei Einhaltung der in Spalte 3 angegebenen Dämmstoffdicken als erfüllt.

Tafel **474**.1 Begrenzung des Wärmedurchgangs bei erstmaligem Einbau, Ersatz und bei Erneuerung von Bauteilen (nach DIN 4108 T. 4)

Zeile	Bauteile	max. Wärmedurchgangskoeffizienten W/(m² · K)¹)	erf. Mindestdämmstoffdicke ohne Nachweis²)
	1	2	3
1	Außenwände	0,60	50 mm
2	Fenster	Doppel- oder Isolierverglasung	
3	Decken unter nicht ausgebauten Dachräumen und Decken (einschl. Dachschrägen), die Räume nach oben oder unten gegen Außenluft abgrenzen	0,45	80 mm
4	Kellerdecken und Decken gegen Erdreich, Wände und Decken, die an unbeheizte Räume grenzen	0,70	40 mm

¹) Der Wärmedurchgangskoeffizient kann unter Berücksichtigung vorhandener Bauteilschichten ermittelt werden.

²) Die Dickenangabe bezieht sich auf eine Wärmeleitfähigkeit $\lambda = 0{,}04$ W/(m · K). Bei einzubauenden Dämmstoffen oder Baustoffen anderer Wärmeleitfähigkeiten sind die Dämmstoffdicken entsprechend anzugleichen. Vorhandene Mineralfaser- oder Schaumkunststoffe dürfen mit einer Wärmeleitfähigkeit von 0,04 W/(m · K) bewertet werden.

2. Werden Decken oder Dachdecken, die Räume gegen die Außenluft abgrenzen, erneuert oder ersetzt, gelten die Anforderungen der Zeile 3 in Tafel **474**.1.

3. Bei nachträglichem Einbau von Teil- oder Vollklimaanlagen sind die außenliegenden Fenster und Fenstertüren der von diesen Anlagen versorgten Räume mindestens mit Isolier- oder Doppelverglasungen auszuführen.

8.3 Wärmebedarf

Der Wärmebedarf eines Gebäudes oder Raumes, gemessen in W, ist diejenige Wärmemenge, die der Projektierung einer Heizungsanlage zugrunde zu legen ist.

Sie muß über die ganze Heizperiode des Jahres von rund 220 Tagen hinweg das für einen behaglichen Aufenthalt erforderliche Raumklima (s. Abschn. 11.1) aufrechterhalten. Damit dies unter wirtschaftlichen Bedingungen möglich ist, muß das Gebäude einen energiesparenden Wärmeschutz nach Abschn. 8.2.4 aufweisen.

8.3.1 Berechnung des Wärmebedarfs

DIN 4701 „Regeln für die Berechnung des Wärmebedarfs von Gebäuden" gilt für durchgehend und voll bzw. teilweise eingeschränkt beheizte Gebäude.

Seit dem 1. 6. 1984 müssen Wärmebedarfsberechnungen nach der seit dem 1. März 1983 gültigen Norm durchgeführt werden.

Voll beheizt ist ein Gebäude, bei dem mit Ausnahme weniger Nebenräume alle Räume beheizt werden.

Dagegen ist ein Gebäude teilweise eingeschränkt beheizt, wenn in Nachbarräumen niedrigere als die üblichen Temperaturen auftreten können.

Mit Heizeinrichtungen, die entsprechend dem nach DIN 4701 ermittelten Wärmebedarf ausgelegt sind, ist bei milderen als der genormten Berechnung zugrunde liegenden Witterungsbedingungen auch dann eine befriedigende Beheizung zu erzielen, wenn sie zeitweise (z. B. nachts) mit Einschränkungen oder Unterbrechungen betrieben werden.

Für selten beheizte Gebäude ist dagegen das in Abschn. 8.3.1.3 angegebene Sonderverfahren anzuwenden.

Zu unterscheiden sind damit die Berechnungsverfahren für normale und besondere Fälle.

Berechnungsunterlagen. Für die Aufstellung der Wärmebedarfsberechnung, die raumweise auf besonderen Formblättern erfolgt (s. Abschn. 8.3.1.2), sind folgende Unterlagen und Angaben erforderlich:

1. Lageplan mit Himmelsrichtung und möglichem Windanfall
2. Grundriß-, Schnitt- und Ansichtszeichnungen des Gebäudes mit allen erforderlichen Rohbaumaßen
3. Angaben über die Konstruktion und das Material der Wände, Decken und Dächer zur genauen Berechnung der Wärmedurchgangs- bzw. Wärmeleitwiderstände
4. Angaben über die Fenster und Außentüren (Konstruktionsart, Werkstoffe, Öffnungsmöglichkeiten, Art der Anschläge, Beanspruchungsgruppen)
5. Angaben über die Nutzung der Räume, evtl. von der Norm abweichende Raumtemperaturen.

Um die zeitaufwendige Arbeit der genauen Wärmebedarfsberechnung zu verkürzen, setzt man neuerdings auch elektronische Rechenmaschinen ein.

8.3.1.1 Berechnungsverfahren für normale Fälle

Das Verfahren für Normalfälle ist auf die überwiegende Mehrzahl aller vorkommenden Gebäude, wie Wohnhäuser, Verwaltungsgebäude, Büro- und Geschäftsgebäude, Kasernen, Gaststätten und Hotels, Läden, Unterrichtsgebäude, Museen und Galerien, Bibliotheken, Krankenhäuser, Pflegeheime, Aufenthaltsgebäude in Justizvollzugsanstalten, Warenhäuser, Betriebsgebäude, Werkstätten mit normalen Geschoßhöhen und ähnliche Gebäude anzuwenden.

Gegebenenfalls ist zu prüfen, ob einzelne Teile des Gebäudes, z. B. selten benutzte Säle von Gaststätten, nach dem Verfahren für Sonderfälle zu bearbeiten sind (s. Abschn. 8.3.1.3).

Als Norm-Wärmebedarf $\dot{Q}_N$ (gemessen in W) wird die Wärmeleistung bzw. Wärmemenge bezeichnet, die dem Raum unter den genormten Witterungsbedingungen zugeführt werden muß, damit sich die geforderten thermischen Norm-Innenraumbedingungen einstellen.

Für die Berechnung wird ein stationärer Zustand, d. h. die zeitliche Gleichmäßigkeit aller Berechnungsgrößen sowie eine solche Zuführung der Heizwärme in den Raum vorausgesetzt, so daß die Lufttemperatur und die Oberflächentemperaturen der Umgrenzungsflächen zu beheizten Nachbarräumen gleich sind.

Der Norm-Wärmebedarf wird dabei als eine vom gewählten Heizsystem unabhängige Gebäudeeigenschaft betrachtet. Er kann mit ausreichender Genauigkeit als Grundlage für die Auslegung der Heizeinrichtungen dienen, auch wenn deren Wärmeübertragung an den Raum den obigen Voraussetzungen nicht völlig entspricht.

Der Norm-Wärmebedarf $\dot{Q}_N$ eines Raumes setzt sich zusammen aus dem Norm-Transmissionswärmebedarf $\dot{Q}_T$ zum Ausgleich der Wärmeverluste durch Wärmeleitung über die Umschließungsflächen und dem Norm-Lüftungswärmebedarf $\dot{Q}_L$ für die Aufheizung der über die Fugen eindringenden Außenluft:

$$\dot{Q}_N = \dot{Q}_T + \dot{Q}_L \text{ in W.}$$

Norm-Transmissionswärmebedarf $\dot{Q}_T$. Man ermittelt ihn aus der Summe aller Wärmeströme, die vom Raum durch Wärmeleitung über alle raumumschließenden Flächen abgegeben werden:

$$\dot{Q}_T = \sum_j A_j \cdot \dot{q}_j \text{ in W.}$$

Hierbei bedeutet A_j die Fläche des Bauteiles j, $\dot{q}_j$ die Wärmestromdichte des Bauteiles j.

Die Wärmestromdichte $\dot{q}_j$ des Bauteiles j ergibt sich für
Außenbauteile zu $\dot{q} = k_N \cdot (\vartheta_i - \vartheta_a)$ in W/m² und für
Innenbauteile zu $\dot{q} = k \cdot (\vartheta_i - \vartheta_i')$ in W/m².

Der Norm-Wärmedurchgangskoeffizient k_N eines Bauteiles ist die Summe aus dem Wärmedurchgangskoeffizienten k und den Korrekturen Δk_A für Außenflächen (Taf. **476**.1) sowie Δk_S für den Wärmegewinn durch Sonneneinstrahlung (Taf. **477**.1):

$$k_N = k + \Delta k_A + \Delta k_S \text{ in W/(m}^2 \cdot \text{K).}$$

Tafel **476**.1 Außenflächen-Korrekturen Δk_A für den Wärmedurchgangskoeffizienten von Außenflächen (nach DIN 4701 T. 2)

Wärmedurchgangskoeffizient der Außenflächen nach DIN 4108 Teil 4 W/(m² · K)	0,0 bis 1,5	1,6 bis 2,5	2,6 bis 3,1	3,2 bis 3,5
Außenflächen-Korrektur Δk_A W/(m² · K)	0,0	0,1	0,2	0,3

Tafel **477**.1 Sonnenkorrekturen Δk_S für den Wärmedurchgangskoeffizienten transparenter Außenflächen (nach DIN 4701 T. 2)

Verglasungsart	Sonnenkorrektur Δk_S W/(m² · K)
Klarglas (Normalglas)	−0,3
Spezialglas (Sonderglas)	$-0{,}35 \cdot g_F$

g_F = Gesamtenergiedurchlaßgrad nach DIN 4108 Teil 2

Den Wärmedurchgangskoeffizienten k erhält man als Kehrwert des Wärmedurchgangswiderstandes R_k:

$$k = \frac{1}{R_k}$$

Dabei errechnet sich der Wärmedurchgangswiderstand R_k aus der Gleichung:

$$R_k = R_i + \sum_j R\lambda_j + R_a = \frac{1}{\alpha_i} + \sum_j \frac{d_j}{\lambda_j} + \frac{1}{\alpha_a} \qquad \text{in m}^2 \cdot \text{K/W}$$

mit
R_i = innerer Wärmeübergangswiderstand (Taf. **477**.2)
R_a = äußerer Wärmeübergangswiderstand (Taf. **477**.2)
$R\lambda_j$ = Wärmeleitwiderstand der Schicht j
α_i = innerer Wärmeübergangskoeffizient
α_a = äußerer Wärmeübergangskoeffizient
d_j = Dicke der Bauteilschicht j
λ_j = Wärmeleitfähigkeit der Schicht j (Taf. **453**.1).

Tafel **477**.2 Wärmeübergangswiderstände R_i und R_a (nach DIN 4107 T. 2)

	R_i m² · K/W	R_a m² · K/W
auf der Innenseite geschlossener Räume bei natürlicher Luftbewegung an Wandflächen und Fenster	0,130	–
Fußboden und Decken bei einem Wärmestrom von unten nach oben	0,130	–
bei einem Wärmestrom von oben nach unten	0,170	–
an der Außenseite von Gebäuden bei mittlerer Windgeschwindigkeit	–	0,040
In durchlüfteten Hohlräumen bei vorgehängten Fassaden oder in Flachdächern (der Wärmeleitwiderstand der vorgehängten Fassade oder der oberen Dachkonstruktion wird nicht zusätzlich berücksichtigt)	–	0,090

Die Norm-Innentemperatur ϑ_i bzw. die Norm-Innentemperatur im Nachbarraum ϑ_i' ergibt sich aus der Tafel **478**.1.

Der Rechenwert ϑ_a der Norm-Außentemperatur ist einerseits von statistisch ermittelten niedrigsten Außentemperaturen ϑ_a' (Taf. **480**.1 und Bild **485**.1) und andererseits von der Speicherfähigkeit des Gebäudes abhängig:

$$\vartheta_a = \vartheta_a' + \Delta\vartheta_a \qquad \text{in °C.}$$

Tafel **478**.1 Norm-Innentemperaturen ϑ_i[1]) für beheizte Räume (nach DIN 4701 T. 2)

Lfd. Nr.	Raumart	Norm-Innentemperatur °C
1	**Wohnhäuser**	
1.1	**vollbeheizte Gebäude** Wohn- und Schlafräume Küchen Bäder Aborte geheizte Nebenräume (Vorräume, Flure)[2]) Treppenräume	 +20 +20 +24 +20 +15 +10
1.2	**teilweise eingeschränkt beheizte Gebäude**[3]) a) jeweils zu berechnender Raum wie lfd. Nr. 1.1 b) jeweils an den zu berechnenden Raum angrenzende Räume nach Tafel **506**.1	
2	**Verwaltungsgebäude** Büroräume, Sitzungszimmer, Ausstellungsräume, Schalterhallen und dgl., Haupttreppenräume Aborte Nebenräume und Nebentreppenräume wie unter 1.	 +20 +15
3	**Geschäftshäuser** Verkaufsräume und Läden allgemein, Haupttreppenhäuser Lebensmittelverkauf Lager allgemein Käselager Wurstlager, Fleischwarenverarbeitung und Verkauf Aborte, Nebenräume und Nebentreppenräume wie unter 2.	 +20 +18 +18 +12 +15
4	**Hotels und Gaststätten** Hotelzimmer Bäder Hotellhalle, Sitzungszimmer, Festsäle, Haupttreppenhäuser Aborte, Nebenräume und Nebentreppenräume wie unter 1.	 +20 +24 +20
5	**Unterrichtsgebäude** Unterrichtsräume allgemein, sowie Lehrerzimmer, Bibliotheken, Verwaltungsräume, Pausenhalle und Aula als Mehrzweckräume, Kindergärten Lehrküchen Werkräume je nach körperlicher Beanspruchung Bade- und Duschräume Arzt- und Untersuchungszimmer Turnhallen Gymnastikräume Aborte, Nebenräume und Treppenräume wie unter 2.	 +20 +18 +15 bis 20 +24 +24 +20 +20
6	**Theater und Konzerträume** einschließlich Vorräumen Aborte, Nebenräume und Treppenräume wie unter 1.	 +20
7	**Kirchen**[4]) Kirchenraum allgemein bei Kirchen mit schutzwürdigen Gegenständen Aborte, Nebenräume und Treppenräume wie unter 2.	 +15 nach Vereinbarung
8	**Krankenhäuser**[5]) Operations-, Vorbereitungs- und Anaesthesieräume, Räume für Frühgeborene alle übrigen Räume	 +25 +22
9	**Fertigungs- und Werkstatträume** allgemein, mindestens bei sitzender Beschäftigung	 +15 +20
10	**Kasernen** Unterkunftsräume alle sonstigen Räume wie unter 5.	 +20

Fortsetzung S. 479

Fortsetzung Tafel **478**.1.

Lfd. Nr.	Raumart	Norm-Innen-temperatur °C	Lfd. Nr.	Raumart	Norm-Innen-temperatur °C
11	**Schwimmbäder** Hallen (mindestens jedoch 2 K über Wassertemperatur) sonstige Baderäume (Duschräume) Umkleideräume, Nebenräume und Treppenräume	 +28 +24 +22	**14**	**Museen und Galerien** allgemein	 +20
			15	**Bahnhöfe** Empfangs-, Schalter- und Abfertigungsräume in geschlossener Bauart sowie Aufenthaltsräume ohne Bewirtschaftung	+15
12	**Justizvollzugsanstalten** Unterkunftsräume alle sonstigen Räume wie unter 5.	 +20	**16**	**Flughäfen** Empfangs-, Abfertigungs- und Warteräume	+20
13	**Ausstellungshallen** nach Angabe des Auftraggebers, jedoch mindestens	+15	**17**	**frostfrei zu haltende Räume**	+ 5

[1]) Für Räume mit Anlagen, die in den Anwendungsbereich von DIN 1946 Teil 4 fallen, gelten die dortigen Festlegungen.
[2]) Innenliegende Flure in Geschoßwohnungen werden in der Regel nicht beheizt.
[3]) Für die Ermittlung der Raumheizleistung bei teilweise eingeschränkt beheizten Nachbarräumen kann auch die Benutzung anderer anerkannter Rechenansätze vereinbart werden.
[4]) Häufig wird eine Mindesttemperatur von 5 °C dauernd gehalten.
[5]) Siehe auch DIN 1946 Teil 4, Raumlufttechnische Anlagen in Krankenhäusern.

Bei allen übrigen Gebäudearten sind die der Rechnung zugrundezulegenden Temperaturen mit dem Auftraggeber zu vereinbaren.

Die Außentemperatur-Korrektur $\Delta\vartheta_a$ hängt von der Schwere der Bauart ab und ergibt sich überschläglich zu

$$\Delta\vartheta a = 0\,\text{K für leichte Bauart} \left(\frac{m}{\sum A_a} < 600\ \text{kg/m}^2\right)$$

$$\Delta\vartheta a = 2\,\text{K für schwere Bauart} \left(600 \leqq \frac{m}{\sum A_a} \leqq 1400\ \text{kg/m}^2\right)$$

$$\Delta\vartheta a = 4\,\text{K für sehr schwere Bauart} \left(\frac{m}{\sum A_a} > 1400\ \text{kg/m}^2\right).$$

Hierbei ist m die Speichermasse in kg und ΣA_a die Summe aller Außenflächen (Fenster und Außenwände) des Raumes in m^2.

Die Schwere der Bauart kann in den meisten Fällen nach Erfahrung ausreichend sicher abgeschätzt werden.

Das obige Berechnungsverfahren ist nicht anwendbar bei Bauteilen, die mit dem Erdreich in Berührung stehen.

Hier muß neben dem Wärmeverlust über das Erdreich an die Außenluft auch das Grundwasser berücksichtigt werden.

Tafel **480**.1 Außentemperaturen ϑ_a' [1]) und Zuordnung zu „windstarker Gegend“ (W)[2]) für Städte mit mehr als 20000 Einwohnern (nach DIN 4701 T. 2)

Postleitzahl	Stadt	Außentemperatur °C
7701	Aach, Hegau	−14
5100	Aachen	−12
7080	Aalen, Württ.	−16 W
4730	Ahlen, Westf.	−12 W
2070	Ahrensburg	−12 W
5110	Alsdorf, Rheinl.	−12 W
5990	Altena, Westf.	−12 W
6508	Alzey	−12
8450	Amberg, Oberpf.	−16
5470	Andernach	−12
8800	Ansbach, Mittelfr.	−16
5770	Arnsberg	−12 W
8750	Aschaffenburg	−12
8900	Augsburg	−14
7960	Aulendorf, Württ.	−16 W
7150	Backnang	−12
7570	Baden-Baden	−12
7847	Badenweiler	−14
8600	Bamberg	−16
8580	Bayreuth	−16
4720	Beckum, Westf.	−12 W
6124	Beerfelden, Odenw.	−14 W
5060	Bensberg	−12
6140	Bensheim (Bensheim-Auerbach)	−10
8240	Berchtesgaden	−16
5070	Bergisch-Gladbach	−12
6748	Bergzabern, Bad	−12
1000	Berlin	−14
5550	Bernkastel-Kues	−10
6631	Berus	−12 W
7950	Biberach, Riß	−16
3560	Biedenkopf	−12
4800	Bielefeld	−12
6530	Bingen, Rhein	−12
6588	Birkenfeld, Nahe	−14 W
5581	Blankenrath	−14 W
4290	Bocholt	−10 W
4630	Bochum	−10
4713	Bockum-Hövel	−12 W
7030	Böblingen	−14
5300	Bonn	−10
5300	Bonn-Bad Godesberg	−10
5300	Bonn-Beuel	−10
2972	Borkum	−10 W
8801	Bottenweiler, Post Zumhaus (Wörnitz)	−16
4250	Bottrop	−10 W
4800	Brackwede	−12
3300	Braunschweig	−14 W
2800	Bremen	−12 W
2850	Bremerhaven	−10 W
2140	Bremervörde	−12 W
5790	Brilon	−14 W
7520	Bruchsal	−12
5040	Brühl, Rheinl.	−10
6967	Buchen, Odenw.	−14 W
8602	Burghaslach	−16
4620	Castrop-Rauxel	−10
3100	Celle	−12 W
3392	Clausthal-Zellerfeld	−14 W
8630	Coburg	−14
4420	Coesfeld	−10 W
7180	Crailsheim	−16
2190	Cuxhaven	−10 W
8060	Dachau	−16
6100	Darmstadt	−12
4354	Datteln	−12 W
2870	Delmenhorst	−12 W
4930	Detmold	−12
5509	Deuselbach	−12 W
6340	Dillenburg	−12
8880	Dillingen, Donau	−16
4220	Dinslaken	−10 W
4270	Dorsten	−10 W
4600	Dortmund	−12
6602	Dudweiler, Saar	−12
4060	Dülken	−10 W
4408	Dülmen	−12 W
5160	Düren	−12
4000	Düsseldorf	−10 W
4100	Duisburg	−10 W
7470	Ebingen (Albstadt)	−18 W
2330	Eckernförde	−10 W
2908	Edewechterdamm (Friesoythe)	−12 W
3352	Einbeck	−16
7090	Ellwangen, Jagst	−16
2200	Elmshorn	−12 W
5153	Elsdorf, Rheinl.	−12
2970	Emden	−10 W
5427	Ems, Bad	−12
4407	Emsdetten	−12 W
5250	Engelskirchen	−10
5828	Ennepetal	−12
8520	Erlangen	−16
3440	Eschwege	−14
5180	Eschweiler, Rheinl.	−12
4300	Essen	−10
7300	Esslingen am Neckar	−14

Fortsetzung Tafel **480**.1

Postleitzahl	Stadt	Außentemperatur °C
7505	Ettlingen	−12
5350	Euskirchen	−12
2420	Eutin	−10 W
8411	Falkenstein, Oberpf. (Großer Falkenstein)	−18 W
7821	Feldberg, Schwarzwald	−18 W
6384	Feldberg (kleiner), Taunus	−16 W
7012	Fellbach, Württ.	−12
8591	Fichtelberg, Oberfr.	−16 W
2390	Flensburg	−10 W
7831	Forchheim, Breisgau	−12
8550	Forchheim, Oberfr.	−16
6710	Frankenthal, Pfalz	−12
6000	Frankfurt/Main	−12
5020	Frechen	−10
7800	Freiburg i. Br.	−12
8050	Freising	−16
7290	Freudenstadt	−16 W
7990	Friedrichshafen	−12
5300	Friesdorf (Post Bad Godesberg)	−10
8080	Fürstenfeldbruck	−16
8510	Fürth, Bay.	−16
6400	Fulda	−14
8100	Garmisch-Partenkirchen	−18
2054	Geesthacht	−12 W
7340	Geislingen, Steige	−16
6460	Gelnhausen	−12
4650	Gelsenkirchen	−10
6970	Gerlachsheim (Lauda-Königshofen, Baden)	−14
5820	Gevelsberg	−12
6300	Gießen	−12
3170	Gifhorn	−14 W
3579	Gilserberg	−14
4390	Gladbeck, Westf.	−10 W
2208	Glückstadt	−10 W
7320	Göppingen	−14
8551	Gössweinstein	−16
3400	Göttingen	−16
3380	Goslar	−14
4402	Greven, Westf.	−12 W
4048	Grevenbroich	−10 W
4432	Gronau, Westf.	−10 W
7162	Gschwend b. Gaildorf	−16
4830	Gütersloh	−12 W
5270	Gummersbach	−12
5800	Hagen	−12
2000	Hamburg	−12 W
3250	Hameln	−12

Postleitzahl	Stadt	Außentemperatur °C
4700	Hamm, Westf.	−12 W
6450	Hanau	−12
3000	Hannover	−14 W
3388	Harzburg, Bad-	−14
4320	Hattingen, Ruhr	−12
3579	Hauptschwenda (Neukirchen, Knüllgeb.)	−14 W
2240	Heide, Holst.	−10 W
6900	Heidelberg	−10
7920	Heidenheim, Brenz	−16
7100	Heilbronn, Neckar	−12
5628	Heiligenhaus b. Velbert	−12
3330	Helmstedt	−14 W
5870	Hemer	−12
6424	Herchenhain	−14 W
4900	Herford	−12
3443	Herleshausen	−14
4690	Herne	−10
7506	Herrenalb, Bad	−14
6430	Hersfeld, Bad	−14
	Herstein	−12
4352	Herten, Westf.	−10 W
4010	Hilden	−10
3200	Hildesheim	−14 W
5231	Hilgenroth, Westerw.	−12
7821	Höchenschwand	−16 W
8204	Höllenstein (Post Degerndorf am Inn) (Großbrannenburg)	−18
8670	Hof, Saale	−18 W
8729	Hofheim, Unterfr.	−14
5850	Hohenlimburg	−12
8126	Hohenpeissenberg	−16 W
3450	Holzminden	−12
4100	Homberg, Niederrh.	−10 W
6380	Homburg, Bad	−12
6650	Homburg, Saar	−12
5142	Hückelhoven	−10
5030	Hürth	−10
2250	Husum, Nordsee	−10 W
4530	Ibbenbüren	−12 W
6580	Idar-Oberstein	−12
8070	Ingolstadt, Donau	−16
5860	Iserlohn	−12
2210	Itzehoe	−12 W
8756	Kahl am Main	−12
6750	Kaiserslautern	−12
4618	Kamen, Westf.	−12
4132	Kamp-Lintford	−10 W
8859	Karlshuld	−16
7500	Karlsruhe	−12

Fortsetzung Tafel **480**.1

Postleitzahl	Stadt	Außentemperatur °C
3500	Kassel	−12
8950	Kaufbeuren	−16
8960	Kempten, Allgäu	−16
2300	Kiel	−10 W
7312	Kirchheim, Teck	−16
8730	Kissingen, Bad	−14
4190	Kleve, Niederrhein	−10 W
7209	Klippeneck (Denkingen, Württ.)	−16 W
5400	Koblenz	−12
5000	Köln	−10
6240	Königstein, Taunus	−12
8112	Kohlgrub, Bad	−16 W
7750	Konstanz	−12
7014	Kornwestheim	−12
4150	Krefeld	−10 W
6550	Kreuznach, Bad	−12
8640	Kronach	−16
7118	Künzelsau	−14
8650	Kulmbach	−16
7630	Lahr, Schwarzwald	−12
6840	Lampertheim, Hessen	−12
6740	Landau, Pfalz	−12
8300	Landshut, Bay.	−16
6070	Langen, Hessen	−12
4018	Langenfeld, Rheinl.	−10
3012	Langenhagen, Han.	−14 W
2941	Langeoog	−10 W
2950	Leer, Ostfriesland	−10 W
3160	Lehrte	−14 W
4920	Lemgo	−12
4540	Lengerich, Westf.	−12
7250	Leonberg, Württ.	−12
5868	Letmathe	−12
5090	Leverkusen	−10
8990	Lindau, Bodensee	−12
4450	Lingen, Ems	−10 W
4780	Lippstadt	−12 W
2282	List auf Sylt	−10 W
7850	Lörrach	−12
5023	Lövenich b. Frechen	−10
6223	Lorch, Rheingau	−12
7140	Ludwigsburg, Württ.	−12
6700	Ludwigshafen am Rhein	−12
2400	Lübeck	−10 W
5880	Lüdenscheid	−12 W
2120	Lüneburg	−12 W
4670	Lünen	−12 W
6500	Mainz	−12
6800	Mannheim	−12
3550	Marburg, Lahn	−12
4370	Marl	−10 W
7758	Meersburg, Bodensee	−12
8940	Memmingen	−16
5750	Menden, Sauerland	−12
7801	Mengen, Baden	−14
7256	Merklingen Kr. Leonberg (Weil der Stadt)	−16 W
8354	Metten, Niederbay.	−18
4020	Mettmann	−12
4950	Minden, Westf.	−12
8961	Mittelberg b. Oy	−18 W
8102	Mittenwald	−16 W
4050	Mönchengladbach	−10
4130	Moers	−10 W
4019	Monheim, Rheinl.	−10
4330	Mühlheim, Ruhr	−10
8000	München	−16
7420	Münsingen, Württ.	−16 W
4400	Münster, West.	−12 W
6350	Nauheim, Bad	−14
5760	Neheim-Hüsten	−12
6078	Neu-Isenburg	−12
4133	Neukirchen-Vluyn	−10 W
2161	Neuland, Kr. Stade (Neuland-Waternevers-dorf)	−10 W
2350	Neumünster	−12 W
6680	Neunkirchen, Saar	−12
4040	Neuss	−10 W
6730	Neustadt, Weinstraße	−10
7910	Neu-Ulm	−14
5450	Neuwied	−12
5620	Neviges	−12
3070	Nienburg, Weser	−12 W
8860	Nördlingen	−16
2890	Nordenham	−10 W
2982	Norderney	−10 W
4460	Nordhorn	−10 W
5489	Nürburg	−14 W
8500	Nürnberg	−16
7440	Nürtingen	−14
8203	Oberaudorf	−18
4200	Oberhausen, Rheinland	−10 W
7801	Oberrotweil	−12
8980	Oberstdorf	−20
6370	Oberursel, Taunus	−12
8474	Oberviechtach	−16
7110	Öhringen	−14
4353	Oer-Erkenschwick	−10 W
6050	Offenbach, Main	−12
7600	Offenburg	−12
2900	Oldenburg, Oldb.	−10 W

Fortsetzung Tafel **480**.1

Postleitzahl	Stadt	Außentemperatur °C
5090	Opladen	−10
4500	Osnabrück	−12 W
4790	Paderborn	−12
8433	Parsberg, Oberfr.	−16
8390	Passau	−14
3150	Peine	−14 W
7530	Pforzheim	−12
2080	Pinneberg	−12 W
6780	Pirmasens	−12
5970	Plettenberg	−12
8561	Pommelsbrunn	−14
5000	Porz	−10
8080	Puch (Post Fürstenfeldbruck)	−16
2224	Quickborn Post Burg (Dithmarschen)	−12 W
5608	Radevormwald	−12
7550	Rastatt	−12
4030	Ratingen	−10 W
7980	Ravensburg	−14
4350	Recklinghausen	−10 W
8400	Regensburg	−16
5630	Remscheid	−12
2370	Rendsburg	−10 W
7410	Reutlingen	−16
4440	Rheine	−12 W
4100	Rheinhausen, Niederrh.	−10 W
4100	Rheinkamp	−10 W
4050	Rheydt	−10
5038	Rodenkirchen	−10
5101	Rötgen, Eifel	−12 W
8200	Rosenheim, Oberbay.	−16
8803	Rothenburg ob der Tauber	−14
6090	Rüsselsheim	−12
6600	Saarbrücken	−12
6630	Saarlouis	−12
3320	Salzgitter	−14 W
7822	St. Blasien	−16 W
6670	St. Ingberg	−12
2380	Schleswig	−10 W
7298	Schömberg, Kr. Freudenstadt (Loßburg)	−14 W
7294	Schopfloch	−16 W
7060	Schorndorf, Württ.	−16
6479	Schotten, Hess.	−12
8540	Schwabach, Mittelfr.	−16
7070	Schwäbisch Gmünd	−16
7170	Schwäbisch Hall	−16
8720	Schweinfurt	−14

Postleitzahl	Stadt	Außentemperatur °C
5830	Schwelm	−12
7220	Schwenningen, Neckar	−16 W
5840	Schwerte, Ruhr	−12
2360	Segeberg, Bad	−10 W
8672	Selb	−18 W
5200	Siegburg	−12
5900	Siegen	−12
5210	Sieglar	−10
7480	Sigmaringen	−14 W
7032	Sindelfingen	−14
7700	Singen, Hohentwiel	−14
4770	Soest, Westf.	−12 W
5650	Solingen	−12
3040	Soltau	−12 W
6720	Speyer	−12
2160	Stade	−10 W
8729	Steinbach bei Eltmann	−14
5190	Stolberg, Rheinl.	−12
8440	Straubing	−18
7000	Stuttgart	−12
6603	Sulzbach, Saar	−12
8170	Tölz, Bad	−18
5500	Trier	−10
7400	Tübingen	−16
7200	Tuttlingen	−16 W
5132	Übach-Palenberg	−12
3110	Uelzen	−14 W
7900	Ulm, Donau	−14
4750	Unna	−12 W
5620	Velbert	−12
6806	Viernheim	−12
4060	Viersen	−10 W
7730	Villingen, Schwarzwald	−16 W
6620	Völklingen, Saar	−12
4223	Voerde, Niederrh.	−10 W
7050	Waiblingen	−12
3544	Waldeck, Hess.	−14 W
4100	Walsum	−10 W
4355	Waltrop	−12 W
4680	Wanne-Eickel	−10
8090	Wasserburg a. Inn	−16
	Wasserkuppe	−16 W
4640	Wattenscheid	−10
2000	Wedel, Holstein	−10 W
8480	Weiden, Oberpf.	−16
6290	Weilburg	−12
6940	Weinheim, Bergstraße	−10
8832	Weissenburg in Bay.	−16
8508	Wendelstein, Mittelfr.	−20 W

Fortsetzung Tafel **480**.1

Postleitzahl	Stadt	Außentemperatur °C	Postleitzahl	Stadt	Außentemperatur °C
5980	Werdohl	−12	3430	Witzenhausen	−14
5678	Wermelskirchen	−12	3340	Wolfenbüttel	−14 W
4712	Werne a. d. Lippe	−12 W	3180	Wolfsburg	−14 W
6980	Wertheim	−14	6520	Worms	−12
4230	Wesel	−10 W	5603	Wülfrath	−12
5047	Wesseling, Rheinl.	−10	5102	Würselen	−12
6330	Wetzlar	−12	8700	Würzburg	−12
6200	Wiesbaden	−10	5600	Wuppertal	−12
7547	Wildbad	−14			
2940	Wilhelmshaven	−10 W	8100	Zugspitze	−24 W
3542	Willingen, Upland	−14 W	6660	Zweibrücken	−12
5810	Witten	−12			

[1]) In den Kerngebieten großer Städte liegen die Außentemperaturen etwas höher als in den Randgebieten, auf die sich die aufgeführten Außentemperaturen beziehen. Eine allgemeine Berücksichtigung dieser Verhältnisse ist wegen der vielfältigen Unsicherheitsfaktoren (Flußläufe, Plätze; keine sichere Abgrenzung gegen Außenbezirke) nicht möglich. Es kann jedoch in Städten über 100 000 Einwohner bei dichter Bebauung eine besondere Vereinbarung getroffen werden, nach der in Bereichen mit Geschoßflächenzahlen $\geqq 1{,}8$ die Außentemperatur bis zu 2 K höher als nach dieser Norm angesetzt werden kann, sofern das Gebäude seine Umgebung nicht wesentlich überragt.
[2]) Windstarke Gegend: W, windschwache Gegend: keine Angabe
[3]) Kleinere Orte mit Wetterstationen, deren Datenmaterial berücksichtigt wurde, sind mit aufgeführt.

Wegen der größeren Wärmespeicherfähigkeit des Bodens und des Grundwassers ist mit den Temperaturwerten

$\vartheta_{AL} = \vartheta_a + 15$ in °C (mittlere Außentemperatur über eine längere Kälteperiode) und

$\vartheta_{GW} = +10\,°C$ (mittlere Grundwassertemperatur) zu rechnen.

Die Wärmestromdichte $\dot{q}$ ergibt sich somit für vertikale und horizontale erdreichberührte Flächen aus:

$$\dot{q} = \frac{\vartheta_i - \vartheta_{AL}}{R_{AL}} + \frac{\vartheta_i - \vartheta_{GW}}{R_{GW}} \quad \text{in W/m}^2.$$

Hierbei gilt für die äquivalenten Wärmedurchgangswiderstände R_{AL} (Raum – Außenluft) und R_{GW} (Raum – Grundwasser):

$$R_{AL} = R_i + R_{\lambda B} + R_{\lambda A} + R_a \quad \text{in m}^2 \cdot \text{K/W}$$

$$R_{GW} = R_i + R_{\lambda B} + R_{\lambda E} = R_i + R_{\lambda B} + \frac{T}{\lambda_E} \quad \text{in m}^2 \cdot \text{K/W}$$

mit R_i = innerer Wärmeübergangswiderstand (Taf. **477**.2)
R_a = äußerer Wärmeübergangswiderstand (Taf. **477**.2)
$R_{\lambda B}$ = Wärmeleitwiderstand des Bauteiles
$R_{\lambda A}$ = äquivalenter Wärmeleitwiderstand des Erdreiches zur Außenluft (**486**.1)
$R_{\lambda E}$ = Wärmeleitwiderstand des Erdreiches zum Grundwasser.

$R_{\lambda E}$ wird berechnet aus T (Tiefe bis zum Grundwasser) und λ_E (Wärmeleitfähigkeit des Erdreiches) = 1,2 W/(m · K).

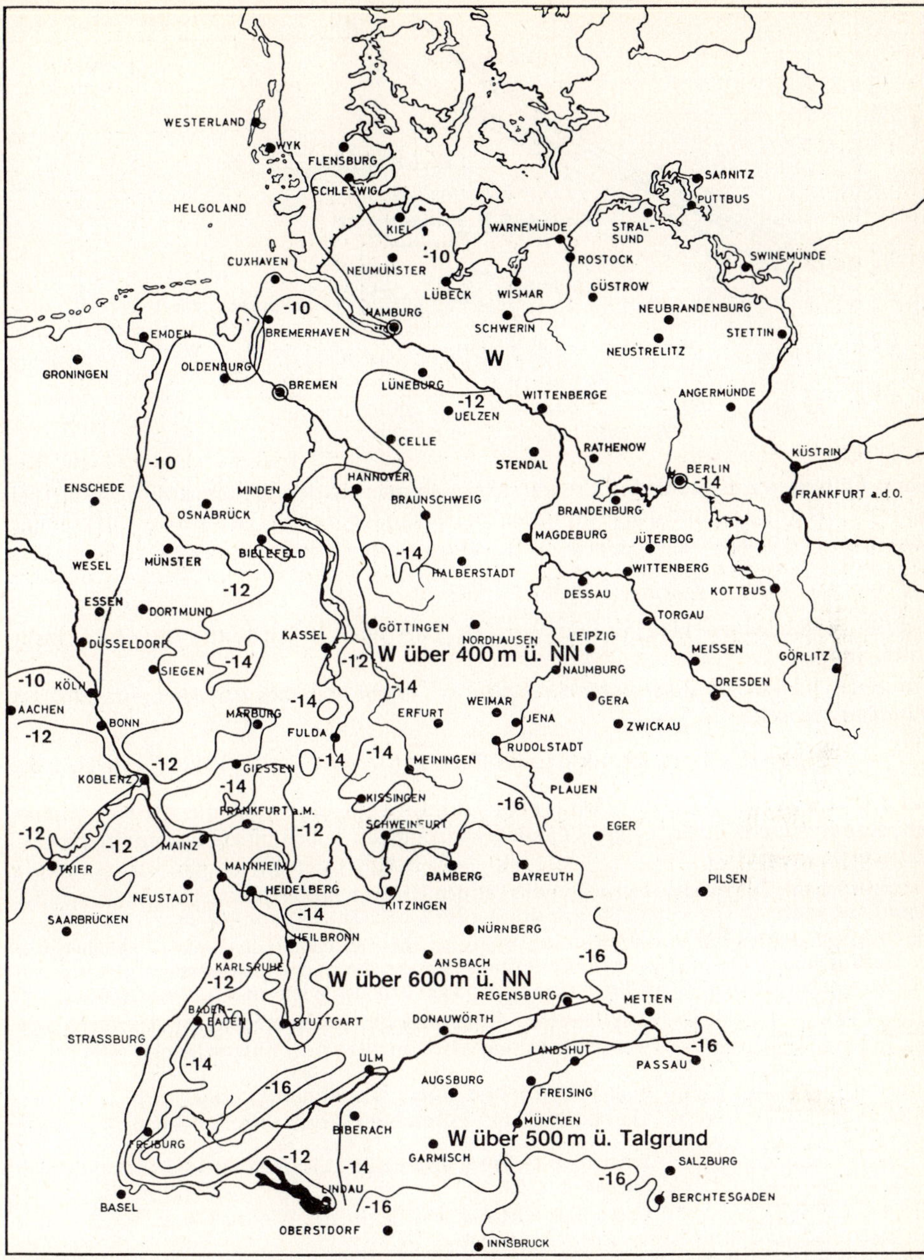

485.1 Isothermenkarte. Tiefstes Zweitagesmittel der Lufttemperatur in °C (aufgestellt vom Deutschen Wetterdienst, Zentralamt Offenbach/Main) (nach DIN 4701 T. 2)

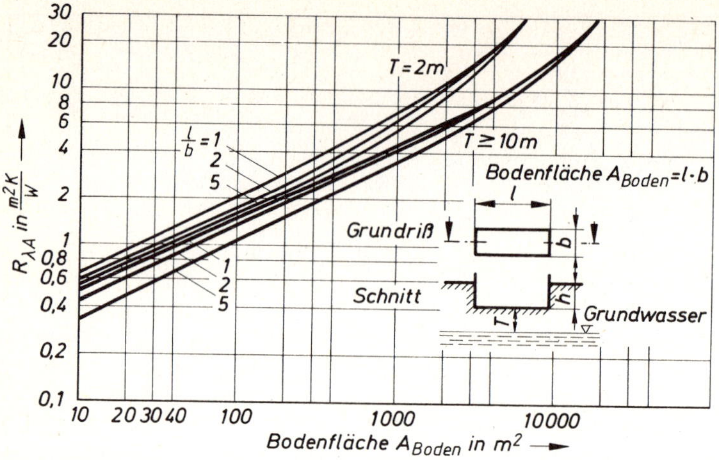

486.1 Äquivalenter Wärmeleitwiderstand $R_{\lambda A}$ des Erdreiches zur Außenluft (nach DIN 4701 T. 2)

Norm-Lüftungswärmebedarf $\dot{Q}_L$. Er setzt sich zusammen aus dem Lüftungswärmebedarf bei freier Lüftung $\dot{Q}_{FL}$ und dem Lüftungswärmebedarf für nachströmende Luft infolge maschineller Abluftanlagen $\Delta \dot{Q}_{RLT}$:

$$\dot{Q}_L = \dot{Q}_{FL} + \Delta \dot{Q}_{RLT} \quad \text{in W.}$$

Der im folgenden zu berechnende Wert $\dot{Q}_L$ darf einen Mindestwert $\dot{Q}_{L\,min}$ nicht unterschreiten.

Für einen Raum mit dem Volumen V_R in m^3 ergibt sich bei 0,5fachem stündlichen Raumluftwechsel:

$$\dot{Q}_{L\,min} = 0{,}17 \cdot V_R \, (\vartheta_i - \vartheta_a) \quad \text{in W.}$$

Der Lüftungswärmebedarf bei freier Lüftung $\dot{Q}_{FL}$ ergibt sich aus der Notwendigkeit, die durch Undichtheiten des Gebäudes einströmende Außenluft auf Raumlufttemperatur zu erwärmen.

Das einströmende Luftvolumen hängt einerseits von den Undichtheiten des Gebäudes (Ausmaß der Fugen) und andererseits von der Differenz des Außen- und Innendruckes ab.

Die Druckdifferenz entsteht durch Windanströmung eines Gebäudes (unter anderem abhängig von der Gebäudehöhe), die Auftriebsdrücke innerhalb des Gebäudes (insbesondere in vertikalen Schächten hoher Gebäude) oder durch eine Überlagerung der Wind- und Auftriebseinflüsse.

Zur besseren Erfassung der inneren Struktur des Gebäudes werden folgende Gebäudetypen unterschieden (**486**.2):

Schachttyp (ohne innere Unterteilung) und
Geschoßtyp (mit luftdichten Geschoßtrennflächen).

Schachttyp-Gebäude unterliegen gleichzeitig Wind- und Auftriebswirkungen.

Geschoßtyp-Gebäude unterliegen nur Windeinflüssen.

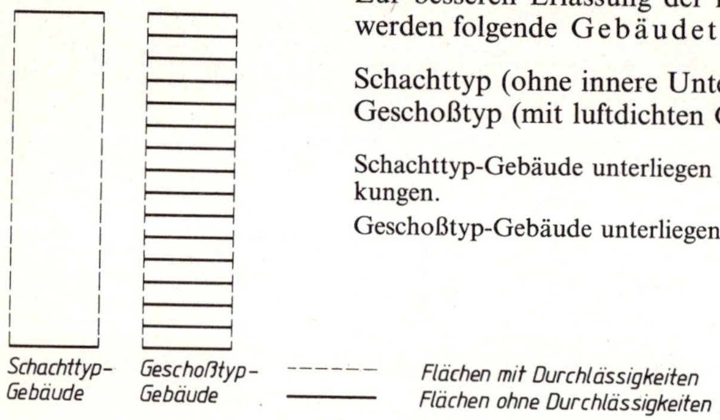

486.2 Gebäudetypen (nach DIN 4701 T. 2)

Außerdem werden relativ einfach zu bestimmende Grundrißtypen unterschieden (**487**.1):

Grundrißtyp I (Einzelhaustyp) und Grundrißtyp II (Reihenhaustyp).

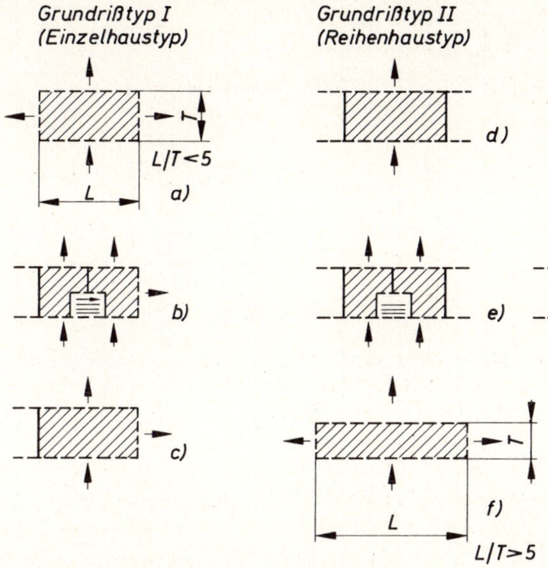

487.1 Grundrißtypen (nach DIN 4701 T. 2)

Bei der Berechnung des Lüftungswärmebedarfes $\dot{Q}_L$ wird die Windgeschwindigkeit (abhängig von der geographischen Lage, der Lage in der Umgebung und der Höhe über dem Erdboden) durch den Höhenkorrekturfaktor ε (Taf. **488**.1 und **490**.1), die Unterscheidung von windschwachen und windstarken Gegenden (**485**.1) sowie die Definition von normaler Lage (Stadtkerne, aufgelockerte Bebauung) oder freier Lage (Inseln, Küstengebiet, große Binnenseen, Berggipfel) berücksichtigt.

Die geographische Lage und die Umgebung bestimmt die Hauskenngröße H für die Grundrißtypen I und II (Taf. **488**.1 und **490**.1).

Die Undichtheiten werden durch $\Sigma(a \cdot l)_A$ für die vom Wind angeströmten bzw. durch $\Sigma(a \cdot l)_N$ für die nicht vom Wind angeströmten Seiten beschrieben.

Hierbei ist a der Fugendurchlaßkoeffizient (Taf. **492**.1) und l die Fugenlänge (Schließfugen der zu öffnenden Fenster und Türen sowie Einbaufugen zwischen Fensterrahmen und Wandkonstruktion bzw. zwischen einzelnen Außenwandelementen).

Für die Berechnung von $\Sigma(a \cdot l)_A$ ist jeweils der ungünstigste Fall der Windanströmung anzusetzen:

bei Eckräumen:

die beiden aneinanderstoßenden Außenflächen mit den größten Durchlässigkeiten,

bei eingebauten Räumen mit gegenüberliegenden Außenwänden:

beim Geschoßtyp: die Wand mit der größten Durchlässigkeit,

beim Schachttyp: die Wand mit der größeren Durchlässigkeit für $\Sigma(a \cdot l)_A$, die andere Wand für $\Sigma(a \cdot l)_N$.

Tafel 488.1 Hauskenngrößen H und Höhenkorrekturfaktoren ε_{GA}, ε_{SA}, ε_{SN} Grundrißtyp I (Einzelhaustyp) (nach DIN 4701 T. 2)

Gegend	Lage	Hauskenngröße H $W \cdot h \cdot Pa^{2/3}$ / $(m^3 \cdot K)$	Gebäudehöhe[1])[2]) m	ε	Höhe h über Erdboden m: 0	5	10	15	20	25	30	35	40	45	50	55	60	65	70	75	80	85	90	95	100
				ε_{GA}	1,0			1,2	1,4	1,5	1,6	1,7	1,9	2,0		2,1	2,2	2,3	2,4		2,5	2,6	2,7		2,8
windschwach	normal	0,72	100	ε_{SA}	9,4	8,8	8,1	7,5	6,8	6,1	5,4	4,5	3,7	2,6	1,3	0									
				ε_{SN}	9,1	8,5	7,8	7,0	6,2	5,4	4,5	3,5	2,4	0,7	0										
			80	ε_{SA}	8,2	7,5	6,7	6,0	5,3	4,5	3,6	2,6	1,3	0											
				ε_{SN}	7,8	7,1	6,4	5,6	4,7	3,7	2,5	1,0	0												
			60	ε_{SA}	6,8	6,0	5,2	4,4	3,5	2,5	1,2	0													
				ε_{SN}	6,5	5,7	4,8	3,8	2,7	1,3	0														
			40	ε_{SA}	5,3	4,4	3,4	2,4	1,1	0															
				ε_{SN}	4,9	4,0	2,9	1,6	0																
			20	ε_{SA}	3,5	2,4	0,9	0																	
				ε_{SN}	3,0	1,8	0																		
			10	ε_{SA}	1,0																				
				ε_{SN}	0																				
	frei	1,8	100	ε_{SA}	3,9	3,6	3,4	3,2	3,1	2,9	2,7	2,5	2,3	2,0	1,8	1,5	1,2	0,8	0,3	0					
				ε_{SN}	3,4	3,2	2,9	2,5	2,2	1,8	1,4	0,9	0,1	0											
			80	ε_{SA}	3,4	3,2	2,9	2,7	2,5	2,3	2,1	1,9	1,6	1,3	1,0	0,6	0								
				ε_{SN}	2,9	2,6	2,3	1,9	1,5	1,1	0,4	0													
			60	ε_{SA}	2,9	2,6	2,3	2,1	1,9	1,7	1,4	1,1	0,8	0,3	0										
				ε_{SN}	2,4	2,0	1,7	1,2	0,7	0															
			40	ε_{SA}	2,4	2,0	1,7	1,5	1,2	0,9	0,5	0													
				ε_{SN}	1,7	1,4	0,9	0,1	0																
			20	ε_{SA}	1,7	1,3	0,9	0,6	0																
				ε_{SN}	1,0	0,4	0																		
			10	ε_{SA}	1,0																				
				ε_{SN}	0																				

[1]) Als Gebäudehöhe gilt die Summe der Geschoßhöhen der beheizten Geschosse über Erdboden.
[2]) Die Gebäudehöhe 10 m kann bei Wohngebäuden generell für alle Häuser mit maximal 4 beheizten Geschossen über Erdboden eingesetzt werden.

Fortsetzung Tafel **488**.1

Gegend	Lage	Hauskenngröße H $W \cdot h \cdot Pa^{2/3}$ / ($m^3 \cdot K$)	Gebäudehöhe[1][2] m	ε	Höhe h über Erdboden m																				
					0	5	10	15	20	25	30	35	40	45	50	55	60	65	70	75	80	85	90	95	100
				ε_{GA}	1,0			1,2	1,4	1,5	1,6	1,7	1,9	2,0		2,1	2,2	2,3	2,4		2,5	2,6	2,7		2,8
windstark	normal	1,8	100	ε_{SA}	3,9	3,6	3,4	3,2	3,1	2,9	2,7	2,5	2,3	2,0	1,8	1,5	1,2	0,8	0,3	0					
				ε_{SN}	3,4	3,2	2,9	2,5	2,2	1,8	1,4	0,9	0,1	0											
			80	ε_{SA}	3,4	3,2	2,9	2,7	2,5	2,3	2,1	1,9	1,6	1,3	1,0	0,6	0								
				ε_{SN}	2,9	2,6	2,3	1,9	1,5	1,1	0,4	0													
			60	ε_{SA}	2,9	2,6	2,3	2,1	1,9	1,7	1,4	1,1	0,8	0,3	0										
				ε_{SN}	2,4	2,0	1,7	1,2	0,7	0															
			40	ε_{SA}	2,4	2,0	1,7	1,5	1,2	0	0,5	0													
				ε_{SN}	1,7	1,4	0,9	0,1	0																
			20	ε_{SA}	1,7	1,3	0,9	0,6	0																
				ε_{SN}		0,4	0																		
			10	ε_{SA}	1,0																				
				ε_{SN}	0																				
	frei	3,1	100	ε_{SA}	2,4	2,3	2,1				2,0		1,9		1,8		1,7	1,6	1,5		1,4	1,3	1,2	1,1	1,0
				ε_{SN}	1,8	1,6	1,4	1,2	0,9	0,6	0,2	0													
			80	ε_{SA}	2,2	2,0	1,9		1,8			1,7		1,6	1,5		1,4	1,3	1,2	1,1	1,1				
				ε_{SN}	1,5	1,3	1,1	0,9	0,5	0															
			60	ε_{SA}	1,9	1,8	1,6			1,5		1,4		1,3	1,2		1,1								
				ε_{SN}	1,2	1,0	0,8	0,4	0																
			40	ε_{SA}	1,7	1,5	1,3			1,2		1,1													
				ε_{SN}	0,9	0,6	0,3	0																	
			20	ε_{SA}	1,4	1,2	1,0	1,0	0,9																
				ε_{SN}	0,4	0																			
			10	ε_{SA}	1,0																				
				ε_{SN}	0																				

[1]) Als Gebäudehöhe gilt die Summe der Geschoßhöhen der beheizten Geschosse über Erdboden.
[2]) Die Gebäudehöhe 10 m kann bei Wohngebäuden generell für alle Häuser mit maximal 4 beheizten Geschossen über Erdboden eingesetzt werden.

Tafel **490**.1 Hauskenngrößen H und Höhenkorrekturfaktoren ε_{GA}, ε_{SA}, ε_{SN} Grundrißtyp II (Reihenhaustyp) (nach DIN 4701 T. 2)

Gegend	Lage	Hauskenngröße H $W \cdot h \cdot Pa^{2/3}$ / $(m^3 \cdot K)$	Gebäudehöhe[1])[2]) m	ε	Höhe h über Erdboden m: 0	5	10	15	20	25	30	35	40	45	50	55	60	65	70	75	80	85	90	95	100
				ε_{GA}	1,0			1,2	1,4	1,5	1,6	1,7	1,9	2,0		2,1	2,2	2,3	2,4		2,5	2,6	2,7		2,8
windschwach	normal	0,52	100	ε_{SA}	12,9	12,0	11,0	10,2	9,2	8,2	7,2	6,0	4,7	3,2	1,2	0									
				ε_{SN}	12,5	11,6	10,6	9,5	8,4	7,3	6,0	4,5	2,8	0											
			80	ε_{SA}	11,2	10,2	9,1	8,2	7,1	6,0	4,7	3,2	1,2	0											
				ε_{SN}	10,7	9,7	8,7	7,5	6,2	4,8	3,2	0,8	0												
			60	ε_{SA}	9,3	8,2	7,0	5,9	4,7	3,2	1,2	0													
				ε_{SN}	8,8	7,7	6,5	5,1	3,5	1,4	0														
			40	ε_{SA}	7,2	6,0	4,6	3,1	1,0	0															
				ε_{SN}	6,7	5,3	3,8	1,9	0																
			20	ε_{SA}	4,8	3,1	0,8	0																	
				ε_{SN}	4,1	2,2	0																		
			10	ε_{SA}	1,0																				
				ε_{SN}	0																				
	frei	1,3	100	ε_{SA}	5,1	4,7	4,3	4,1	3,8	3,6	3,3	3,0	2,6	2,3	1,9	1,4	0,9	0							
				ε_{SN}	4,4	4,0	3,6	3,1	2,5	1,9	1,2	0,2	0												
			80	ε_{SA}	4,4	4,0	3,6	3,4	3,1	2,8	2,5	2,1	1,7	1,3	0,7	0									
				ε_{SN}	3,7	3,3	2,8	2,2	1,6	0,8	0														
			60	ε_{SA}	3,8	3,3	2,9	2,6	2,3	1,9	1,5	1,0	0,4	0											
				ε_{SN}	3,0	2,5	1,9	1,2	0																
			40	ε_{SA}	3,0	2,5	2,0	1,7	1,3	0,8	0														
				ε_{SN}	2,1	1,5	0,7	0																	
			20	ε_{SA}	2,2	1,6	0,9	0,3	0																
				ε_{SN}	1,0	0																			
			10	ε_{SA}	1,0																				
				ε_{SN}	0																				

[1]) Als Gebäudehöhe gilt die Summe der Geschoßhöhen der beheizten Geschosse über Erdboden.
[2]) Die Gebäudehöhe 10 m kann bei Wohngebäuden generell für alle Häuser mit maximal 4 beheizten Geschossen über Erdboden eingesetzt werden.

Fortsetzung Tafel **490**.1

Gegend	Lage	Hauskenngröße H W·h·Pa$^{2/3}$ / (m^3 · K)	Gebäudehöhe[1][2] m	ε	Höhe h über Erdboden m																				
					0	5	10	15	20	25	30	35	40	45	50	55	60	65	70	75	80	85	90	95	100
				ε_{GA}	1,0			1,2	1,4	1,5	1,6	1,7	1,9	2,0		2,1	2,2	2,3	2,4		2,5	2,6	2,7		2,8
windstark	normal	1,3	100	ε_{SA}	5,1	4,7	4,3	4,1	3,8	3,6	3,3	3,0	2,6	2,3	1,9	1,4	0,9	0							
				ε_{SN}	4,4	4,0	3,6	3,1	2,5	1,9	1,2	0,2	0												
			80	ε_{SA}	4,4	4,0	3,6	3,4	3,1	2,8	2,5	2,1	1,7	1,3	0,7	0									
				ε_{SN}	3,7	3,3	2,8	2,2	1,6	0,8	0														
			60	ε_{SA}	3,8	3,3	2,9	2,6	2,3	1,9	1,5	1,0	0,4	0											
				ε_{SN}	3,0	2,5	1,9	1,2	0																
			40	ε_{SA}	3,0	2,5	2,0	1,7	1,3	0,8	0														
				ε_{SN}	2,1	1,5	0,7	0																	
			20	ε_{SA}	2,2	1,6	0,9	0,3	0																
				ε_{SN}	1,0	0																			
			10	ε_{SA}	1,0																				
				ε_{SN}	0																				
	frei	2,2	100	ε_{SA}	2,8	2,6	2,4		2,3		2,2		2,1	2,0	1,9	1,8	1,7	1,6	1,4	1,3	1,1	1,0	0,8	0,6	0,3
				ε_{SN}	1,8	1,6	1,3	0,8	0,1	0															
			80	ε_{SA}	2,5	2,3	2,1	2,0			1,9	1,8	1,7	1,6	1,5	1,4	1,3	1,2	1,0	0,8	0,6				
				ε_{SN}	1,5	1,2	0,8	0,1	0																
			60	ε_{SA}	2,2	2,0	1,7			1,6		1,5	1,4	1,3	1,1	1,0	0,9								
				ε_{SN}	1,1	0,7	0,1	0																	
			40	ε_{SA}	1,9	1,6	1,3			1,2		1,1	0,9												
				ε_{SN}	0,6	0																			
			20	ε_{SA}	1,6	1,3	0,9																		
				ε_{SN}	0																				
			10	ε_{SA}	1,0																				
				ε_{SN}	0																				

[1]) Als Gebäudehöhe gilt die Summe der Geschoßhöhen der beheizten Geschosse über Erdboden.
[2]) Die Gebäudehöhe 10 m kann bei Wohngebäuden generell für alle Häuser mit maximal 4 beheizten Geschossen über Erdboden eingesetzt werden.

Tafel **492**.1 Rechenwerte für die Fugendurchlässigkeit von Bauteilen[1])[6]) (nach DIN 4701 T. 2)

Nr.	Bezeichnung			Gütemerkmale	Fugendurchlässigkeit[2])	
					Fugendurchlaßkoeffizient a $m^3/(m \cdot h \cdot Pa^{2/3})$	$a \cdot l$
1	Fenster	zu öffnen		Beanspruchungsgruppen B, C, D[4])	0,3	–
2				Beanspruchungsgruppe A	0,6	–
3		nicht zu öffnen		normal	0,1	–
4	Türen	Außentüren	Dreh- und Schiebetüren	sehr dicht, mit umlaufendem dichtem Anschlag	1	–
5				normal, mit Schwelle oder unterer Dichtleiste	2	–
6			Pendeltüren	normal	20	–
7			Karusselltüren	normal	30	–
8		Innentüren		dicht, mit Schwelle	3	–
9				normal, ohne Schwelle	9	–
10	Außenwandelemente	durchgehende Fugen zwischen Fertigteilelementen[3])		sehr dicht (mit garantierter Dichtheit)	0,1	–
11				ohne garantierte Dichtheit	1	–
12	Rolläden und Außenjalousien	Rollmechanik von außen zugänglich		normal	–	0,2
13		Rollmechanik von innen zugänglich		normal	–	4
14	Permanentlüfter (geschlossen)			sehr dicht	4[5])	–
15				normal	7[5])	–

[1]) Die Funktions- und Gütemerkmale sind vom Auftraggeber anzugeben. Niedrigere Fugendurchlässigkeiten als nach dieser Tafel dürfen nur dann eingesetzt werden, wenn diese unter Berücksichtigung der Einbauundichtigkeiten bauseits für einen ausreichenden Zeitraum sichergestellt werden.
[2]) In den angegebenen Werten sind die Duchlässigkeiten evtl. Einbaufugen mit berücksichtigt.
[3]) Bei Rahmenbauweisen sind Fugen beiderseits der Stützen und der Riegel vorauszusetzen.
[4]) Nach DIN 18055.
[5]) Die Werte beziehen sich auf 1 m Schieberlänge und 100 mm Gesamthöhe.
[6]) Grundlagen für weitere Bauteile: Esdorn, H., Rheinländer, J.: Zur rechnerischen Ermittlung von Fugendurchlaßkoeffizienten und Druckexponenten für Bauteilfugen. HLH 29 (1978). Nr. 3, S.

Die Verminderung der Gebäudedurchströmung durch Innenwände mit Türen wird mit der Raumkennzahl r berücksichtigt (Taf. **493**.1).

Tafel **493**.1 Raumkennzahlen r (nach DIN 4701 T. 2)

Innentüren		Durchlässigkeiten der Fassaden $\Sigma(a \cdot l)$ $m^3/(h \cdot Pa^{2/3})$	Raumkennzahl r
Güte	Anzahl[1])		
normal, ohne Schwelle	1	≦30 >30	0,9 0,7
	2	≦60 >60	0,9 0,7
	3	≦90 >90	0,9 0,7
dicht, mit Schwelle	1	≦10 >10	0,9 0,7
	2	≦20 >20	0,9 0,7
	3	≦30 >30	0,9 0,7

[1]) Für Räume ohne Innentüren zwischen An- und Abströmseite (z. B. Säle, Großraumbüros u. ä.) gilt $r = 1{,}0$.
[2]) a Fugendurchlaßkoeffizient; l Fugenlänge
[3]) A angeblasen; N nicht angeblasen

Es werden jeweils die Werte $\Sigma(a \cdot l)$ eingesetzt, die der Berechnung von $\dot{Q}_{FL}$ zugrunde gelegt werden:
Geschoßtyp-Gebäude:
$\Sigma(a \cdot l) = \Sigma(a \cdot l)_A$
Schachttyp-Gebäude:
$\varepsilon_{SN} > 0$: $\Sigma(a \cdot l) = \Sigma(a \cdot l)_A + \Sigma(a \cdot l)_N$
$\varepsilon_{SN} = 0$: $\Sigma(a \cdot l) = \Sigma(a \cdot l)_A$

Mit Hilfe der dargestellten Größen ergibt sich der Lüftungswärmebedarf bei freier Lüftung $\dot{Q}_{FL}$:

Schachttyp-Gebäude:

$$\dot{Q}_{FLS} = [\varepsilon_{SA} \cdot \Sigma(a \cdot l)_A + \varepsilon_{SN} \cdot \Sigma(a \cdot l)_N] \cdot H \cdot r(\vartheta_i - \vartheta_a) \quad \text{in W}$$

Geschoßtyp-Gebäude:

$$\dot{Q}_{FLG} = \varepsilon_{GA} \cdot \Sigma(a \cdot l)_A \cdot H \cdot r \cdot (\vartheta_i - \vartheta_a) \quad \text{in W.}$$

Der größere der beiden Werte $\dot{Q}_{FLS}$ und $\dot{Q}_{FLG}$ gilt als Lüftungswärmebedarf $\dot{Q}_{FL}$.

Der Lüftungswärmebedarf bei maschineller Lüftung wird bei Anlagen ohne Abluftüberschuß mit $\Delta\dot{Q}_{RLT} = 0$ berücksichtigt.

Bei Anlagen mit Abluftüberschuß gilt:

$$\Delta\dot{Q}_{RLT} = (\dot{V}_{AB} - \dot{V}_{ZU}) \cdot c\varrho(\vartheta_i - \vartheta_U) \quad \text{in W.}$$

mit c = spezifische Wärmekapazität der Luft [≈ 1000 J/(kg · K)]
ϱ = Dichte der Luft (20 °C: $\varrho = 1{,}2$ kg/m³)
ϑ_U = mittlere Temperatur der nachströmenden Umgebungsluft in °C
$\dot{V}_{AB}$ = Abluftvolumenstrom in m³/s
$\dot{V}_{ZU}$ = Zuluftvolumenstrom in m³/s.

Bei innenliegenden Sanitärräumen mit freier Lüftung ergibt sich $\dot{Q}_L$ aus:

$$\dot{Q}_L = \dot{Q}_{FL} = 1{,}36 \cdot V_R(\vartheta_i - \vartheta_U) \quad \text{in W.}$$

mit V_R = Raumvolumen in m³
ϑ_U = Temperatur der nachströmenden Umgebungsluft in °C (für Räume mit besonderem Zuluftschacht: $\vartheta_U = +10$ °C).

Norm-Gebäudewärmebedarf. Er ist Grundlage für die Auslegung der Wärmeversorgung des Gebäudes.

Da für ein Gebäude der maximale Lüftungswärmebedarf zur gleichen Zeit nur für einen Teil der Räume auftritt, muß die Summe der Werte des Norm-Lüftungswärmebedarfes aller Räume mit dem Faktor ζ reduziert werden:

$$\dot{Q}_{N,Geb} = \sum_j \dot{Q}_{T,j} + \zeta \cdot \sum_j \dot{Q}_{L,j} \qquad \text{in W}$$

mit $\dot{Q}_{T,j}$ = Norm-Transmissionswärmebedarf des Raumes j in W
$\dot{Q}_{L,j}$ = Norm-Lüftungswärmebedarf des Raumes j in W
ζ = gleichzeitig wirksamer Lüftungswärmeanteil (Taf. **494**.1).

Tafel **494**.1 Gleichzeitig wirksame Lüftungswärmeanteile ζ (nach DIN 4701 T. 2)

Windverhältnisse	ζ Gebäudehöhe H m ≦10	ζ Gebäudehöhe H m >10
windschwache Gegend, normale Lage	0,5	0,7
alle übrigen Fälle	0,5	0,5

8.3.1.2 Beispiel einer Wärmebedarfsberechnung

Ein Einfamilien-Reihenhaus in Stuttgart, Endhaus einer Zeile, soll durch eine Warmwasser-Zentralheizung modernisiert werden.

Hierzu muß der Norm-Wärmebedarf der Küche, Raum 8 im Erdgeschoß (**495**.1), und des Schlafzimmers, Raum 12 im Obergeschoß (**496**.1), ermittelt werden.

Auf die Wärmebedarfsberechnung für das ganze Gebäude muß hier leider verzichtet werden.

Berechnungsunterlagen. Zur Berechnung des Beispieles folgen aus Platzgründen nur die notwendigsten Angaben:

1. Gebäudelage:
Nordrichtung auf dem Erdgeschoßplan (**495**.1)
Geschlossene Bebauung, normale Lage, windschwach
Gebäudehöhe unter 10 m
Windzutritt von Nordwesten.

2. Grundrisse und Ansichten:
Alle erforderlichen Rohbaumaße im Erdgeschoß-Grundriß (**495**.1) und Obergeschoß-Grundriß (**496**.1)
Fenster- und Türmaße in den Geschoß-Grundrissen.

3. Geschoßhöhen:
Hauptgeschoßhöhen 2,75 m, lichte Geschoßhöhen 2,50 m
Kellergeschoßhöhe 2,35 m, lichte Geschoßhöhe 2,13 m
Nicht ausgebautes Dachgeschoß, Dachaußenfläche dicht.

4. Einzel-Bauteile:
Alle erforderlichen Einzelbauteile sind nach den Rechenwerten der DIN 4108 T. 4 (Taf. **453**.1 und **443**.1) in den Tafeln **495**.2 und **497**.1 zusammengestellt.

5. Fenster:
Alle Fenster aus Holz, Isolierverglasung mit 12 mm Scheibenabstand, Rahmenmaterialgruppe 1 nach Tafel **472**.1, Beanspruchungsgruppe A.

6. Innentüren:
Normal, ohne Schwelle.

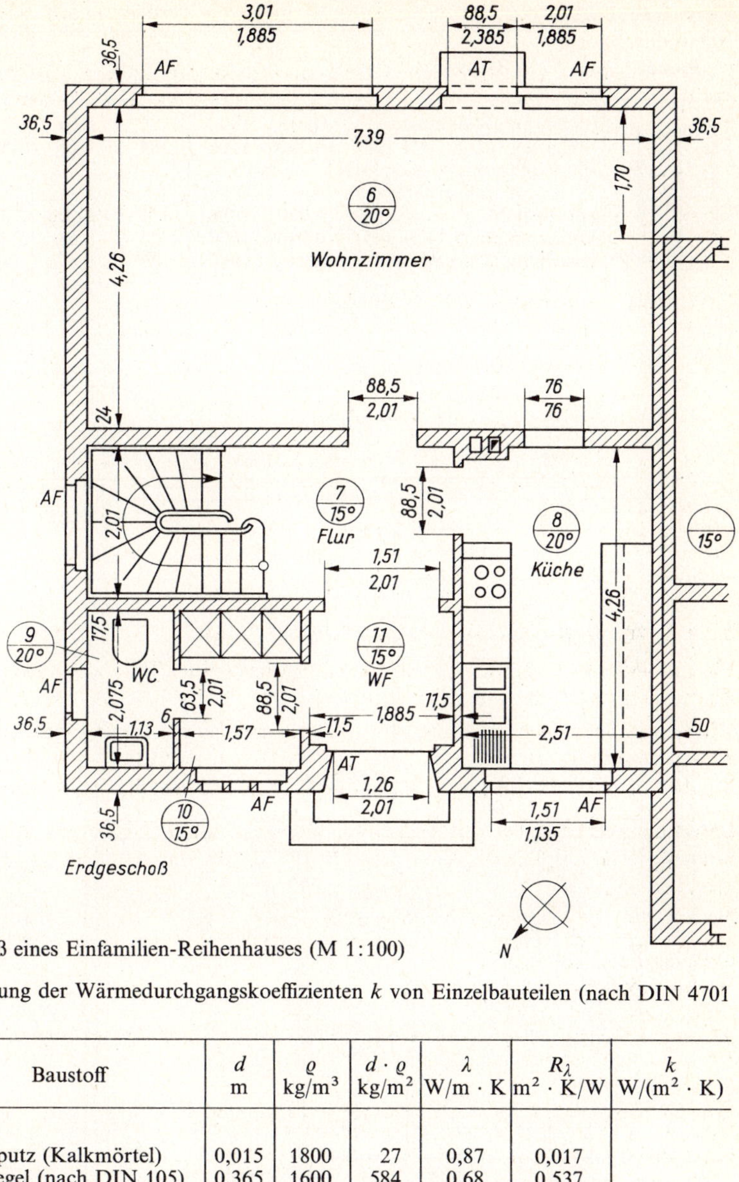

495.1
Erdgeschoß-Grundriß eines Einfamilien-Reihenhauses (M 1:100)

Tafel **495**.2 Ermittlung der Wärmedurchgangskoeffizienten k von Einzelbauteilen (nach DIN 4701 T. 1)

Bauteil	Baustoff	d m	ϱ kg/m³	$d \cdot \varrho$ kg/m²	λ W/m · K	R_λ m² · K/W	k W/(m² · K)
außen innen  20‖365‖15	Innenputz (Kalkmörtel) Vollziegel (nach DIN 105) Außenputz (Kalkzementmörtel)	0,015 0,365 0,020	1800 1600 1800	27 584 36	0,87 0,68 0,87	0,017 0,537 0,023 $R_i = 0{,}13$ $R_a = 0{,}04$	
Außenwand EG u. OG		0,400		647		0,747	1,34

Fortsetzung Tafel **495**.2

Bauteil	Baustoff	d m	ϱ kg/m³	$d \cdot \varrho$ kg/m²	λ W/m · K	R_λ m² · K/W	k W/(m² · K)
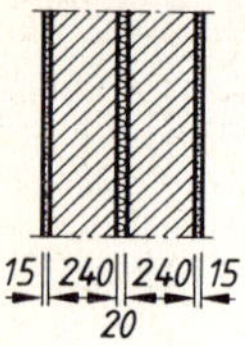	Innenputz (Kalkmörtel)	0,015	1800	27	0,87	0,017	
	Vollziegel (nach DIN 105)	0,240	1600	384	0,68	0,353	
	Mineralfaserplatte nach DIN 18165 (Wärmeleitfähigkeitsgruppe 035)	0,020	30	1	0,035	0,571	
	Vollziegel (nach DIN 105)	0,240	1600	384	0,68	0,353	
	Innenputz (Kalkmörtel)	0,015	1800	27	0,87	0,017	
						$R_i = 0,13$	
						$R_i = 0,13$	
Haus-Trennwand		0,530		823		1,571	0,64

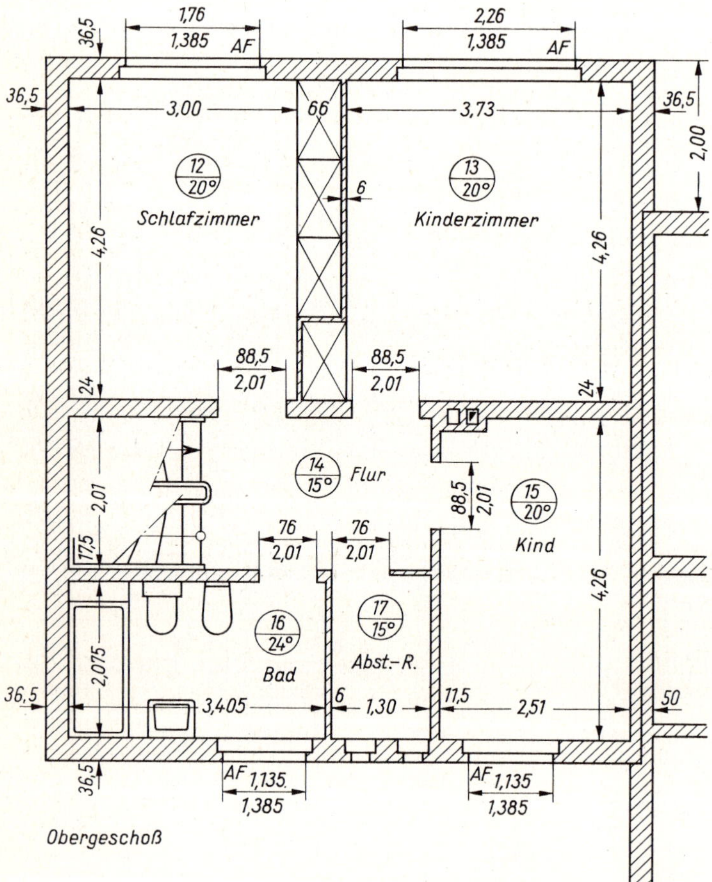

496.1 Obergeschoß-Grundriß eines Einfamilien-Reihenhauses (M 1:100)

Tafel **497**.1 Ermittlung der Wärmedurchgangskoeffizienten k von Einzelbauteilen (nach DIN 4701 T. 1)

Bauteil	Baustoff	d m	ϱ kg/m³	$d \cdot \varrho$ kg/m²	λ W/m · K	R_λ m² · K/W	k W/(m² · K)
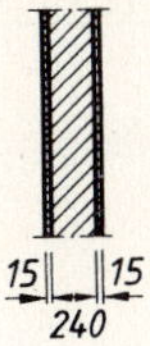	Innenputz (Kalkmörtel)	0,015	1800	27	0,87	0,017	
	Vollziegel (nach DIN 105)	0,240	1600	384	0,68	0,353	
	Innenputz (Kalkmörtel)	0,015	1800	27	0,87	0,017	
						$R_i = 0{,}13$	
						$R_i = 0{,}13$	
Innenwand Treppenhaus		0,270		438		0,647	1,55
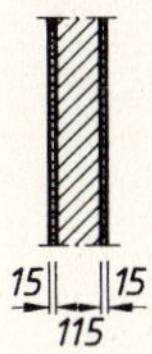	Innenputz (Kalkmörtel)	0,015	1800	27	0,87	0,017	
	Vollziegel (nach DIN 105)	0,115	1600	184	0,68	0,169	
	Innenputz (Kalkmörtel)	0,015	1800	27	0,87	0,017	
						$R_i = 0{,}13$	
						$R_i = 0{,}13$	
Innenwand Treppenhaus, Windfang		0,145		238		0,463	2,16
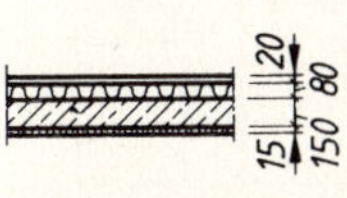	Holzspanplatte (nach DIN 68761)	0,020	700	14	0,13	0,154	
	Mineralfaser	0,080	300	24	0,040	2,000	
	Normalbeton (nach DIN 1045)	0,150	2400	360	2,1	0,071	
	Deckenputz (Kalkmörtel)	0,015	1800	27	0,87	0,017	
						$R_i = 0{,}13$	
						$R_i = 0{,}13$	
Decke zum Dachraum		0,265		425		2,502	0,40
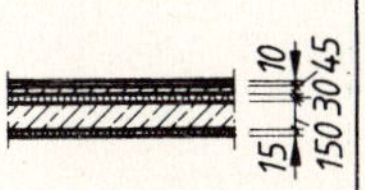	Spannteppich	0,010	700	7	0,081*)	0,123	
	Zementestrich	0,045	2000	90	1,40	0,032	
	Mineralfaser	0,030	300	9	0,040	0,750	
	Normalbeton (nach DIN 1045)	0,150	2400	360	2,1	0,071	
	Deckenputz (Kalkmörtel)	0,015	1800	27	0,87	0,017	
						$R_i = 0{,}17$	
						$R_i = 0{,}17$	
Geschoßdecke		0,250		493		1,333	0,75

*) Annahme

Allgemeine Angaben zum Formblatt. Für die Berechnung des Norm-Wärmebedarfes eines Raumes dient ein vorgedrucktes Formblatt nach DIN 4701 T. 1 (**498**.1 und **499**.1).

Tafel **498**.1 Berechnung des Wärmebedarfs (nach DIN 4701)

Projekt/Auftrag/Kommission: Datum: 01.09.83 Seite 1
Bauvorhaben: Beispielrechnung
Raumnummer: 12 Raumbezeichnung: Schlafzimmer

Norm-Innentemperatur: $\vartheta_i = 20\,°C$
Norm-Außentemperatur: $\vartheta_a = -8\,°C$
Raumvolumen: $V_R = 36{,}7\ m^3$
Gesamt-Raumumschließungsfläche: $A_{ges} = 68{,}6\ m^2$
Temperatur der nachströmenden Umgebungsluft: $\vartheta_U = -\ °C$
Abluftüberschuß: $\Delta\dot{V} = -\ m^3/s$

Hauskenngröße: $H = 0{,}52\ \frac{W \cdot h \cdot Pa^{2/3}}{m^3 \cdot K}$
Anzahl der Innentüren: $n_T = 1$
Höhe über Erdboden: $h = 4{,}35\ m$
Höhenkorrekturfaktor (angeströmt): $\varepsilon_{SA} = 1{,}0$
Höhenkorrekturfaktor (nicht angeströmt): $\varepsilon_{SN} = 0{,}0$
Höhenkorrekturfaktor (angeströmt): $\varepsilon_{GA} = 1{,}0$

1	2	3	4	5	6	7	8	9	10	11	12	13	14	15	16	17
			Flächenberechnung					Transmissions-Wärmebedarf			Luftdurchlässigkeit					
Kurzbezeichnung	Himmelsrichtung	Anzahl	Breite	Höhe bzw. Länge	Fläche	Fläche abziehen? (−)	in Rechnung gestellte Fläche	Norm-Wärmedurchgangskoeffizient	Temperaturdifferenz	Transmissions-Wärmebedarf des Bauteils	Anzahl waagerechter Fugen	Anzahl senkrechter Fugen	Fugenlänge	Fugendurchlaßkoeffizient	Durchlässigkeit des Bauteils	an- oder nicht angeströmt (A/N)
–	–	n	b	h	A	–	A'	k_N	$\Delta\vartheta$	$\dot{Q}_T$	n_w	n_s	l	a	$a \cdot l$	
–	–	–	m	m	m²	–	m²	$\frac{W}{m^2 \cdot K}$	K	W	–	–	m	$\frac{m^3}{m \cdot h \cdot Pa^{2/3}}$	$\frac{m^3}{h \cdot Pa^{2/3}}$	–
AF	SO	1	1,76	1,385	2,4	–	2,4	2,50	28	168	2	3	7,68	0,6	4,6	N
AW	SO	1	3,60	2,75	9,9		7,5	1,34	28	281						
AW	NO	1	4,26	2,75	11,7		11,7	1,34	28	439						
DE		1	4,26	3,60												
			−1,11	0,60	14,7		14,7	0,40	26	153						
IT		1	0,885	2,01	1,8	–	1,8	2,00	5	18						
IW		1	3,00	2,75	8,3		6,5	1,55	5	51						
										1110						

angeströmte Durchlässigkeiten: $\Sigma(a \cdot l)_A = -\ \frac{m^3}{h \cdot Pa^{2/3}}$
nicht angeströmte Durchlässigkeiten: $\Sigma(a \cdot l)_N = 4{,}6\ \frac{m^3}{h \cdot Pa^{2/3}}$
Raumkennzahl: $r = 0{,}9$
Lüftungswärmebedarf durch freie Lüftung: $\dot{Q}_{LFL} = 60\ W$
Lüftungswärmebedarf durch RLT-Anlagen: $\Delta\dot{Q}_{RLT} = -\ W$
Mindest-Lüftungswärmebedarf: $\dot{Q}_{L\,min} = 175\ W$

Norm-Lüftungswärmebedarf $\dot{Q}_L = 175\ W$
Norm-Transmissionswärmebedarf: $\dot{Q}_T = 1110\ W$
Krischer-Wert: $D = 0{,}58\ \frac{W}{m^2 \cdot K}$
anteiliger Lüftungswärmebedarf: $\dot{Q}_L/\dot{Q}_T = 0{,}16$
Norm-Wärmebedarf: $\dot{Q}_N = 1285\ W$

Tafel **499**.1 Berechnung des Wärmebedarfs (nach DIN 4701)

Projekt/Auftrag/Kommission: Datum: 01. 09. 83 Seite 2
Bauvorhaben: Beispielrechnung
Raumnummer: 8 Raumbezeichnung: Küche

Norm-Innentemperatur:	$\vartheta_i = 20\,°C$		Hauskenngröße:	H	$= 0{,}72\ \frac{W \cdot h \cdot Pa^{2/3}}{m^3 \cdot K}$
Norm-Außentemperatur:	$\vartheta_a = -8\,°C$		Anzahl der Innentüren:	n_T	$= 1$
Raumvolumen:	$V_R = 26{,}3\ m^3$		Höhe über Erdboden:	h	$= 1{,}60$ m
Gesamt-Raumumschließungsfläche:	$A_{ges} = 54{,}9\ m^2$		Höhenkorrekturfaktor (angeströmt):	ε_{SA}	$= 1{,}0$
Temperatur der nachströmenden Umgebungsluft:	$\vartheta_U = -\ °C$		Höhenkorrekturfaktor (nicht angeströmt):	ε_{SN}	$= 0{,}0$
Ablufttüberschuß:	$\Delta\dot{V} = -\ m^3/s$		Höhenkorrekturfaktor (angeströmt):	ε_{GA}	$= 1{,}0$

1	2	3	4	5	6	7	8	9	10	11	12	13	14	15	16	17
			Flächenberechnung					Transmissions-Wärmebedarf			Luftdurchlässigkeit					
Kurzbezeichnung	Himmelsrichtung	Anzahl	Breite	Höhe bzw. Länge	Fläche	Fläche abziehen? (–)	in Rechnung gestellte Fläche	Norm-Wärmedurchgangskoeffizient	Temperaturdifferenz	Transmissions-Wärmebedarf des Bauteils	Anzahl waagerechter Fugen	Anzahl senkrechter Fugen	Fugenlänge	Fugendurchlaßkoeffizient	Durchlässigkeit des Bauteils	an- oder nicht angeströmt (A/N)
–	–	n	b	h	A	–	A'	k_N	$\Delta\vartheta$	$\dot{Q}_T$	n_w	n_s	l	a	$a \cdot l$	
–	–	–	m	m	m^2	–	m^2	$\frac{W}{m^2 \cdot K}$	K	W	–	–	m	$\frac{m^3}{m \cdot h \cdot Pa^{2/3}}$	$\frac{m^3}{h \cdot Pa^{2/3}}$	–
AF	NW	1	1,51	1,135	1,7	–	1,7	2,50	28	119	2	3	6,43	0,6	3,9	A
AW	NW	1	2,51	2,75	6,9		5,2	1,34	28	195						
DE		1	4,26	2,51												
			−0,25	0,625	10,5		10,5	0,75	5	39						
IT		1	0,885	2,01	1,8	–	1,8	2,00	5	18						
IW		1	4,01	2,75	11,0		9,2	2,16	5	99						
IW		1	4,26	2,75	11,7		11,7	0,64	5	37						
										507						

angeströmte Durchlässigkeiten:	$\Sigma(a \cdot l)_A$	$= 3{,}9\ \frac{m^3}{h \cdot Pa^{2/3}}$	Norm-Lüftungswärmebedarf	$\dot{Q}_L$	$= 125$ W
nicht angeströmte Durchlässigkeiten:	$\Sigma(a \cdot l)_N$	$= -\ \frac{m^3}{h \cdot Pa^{2/3}}$	Norm-Transmissionswärmebedarf:	$\dot{Q}_T$	$= 507$ W
Raumkennzahl:	r	$= 0{,}7$	Krischer-Wert:	D	$= 0{,}33\ \frac{W}{m^2 \cdot K}$
Lüftungswärmebedarf durch freie Lüftung:	$\dot{Q}_{LFL}$	$= 55$ W	anteiliger Lüftungswärmebedarf:	$\dot{Q}_L/\dot{Q}_T$	$= 0{,}24$
Lüftungswärmebedarf durch RLT-Anlagen:	$\Delta\dot{Q}_{RLT}$	$= -$ W	Norm-Wärmebedarf:	$\dot{Q}_N$	$= 632$ W
Mindest-Lüftungswärmebedarf:	$\dot{Q}_{L\,min}$	$= 125$ W			

Zur Kennzeichnung der einzelnen Bauteile im Formblatt sind folgende Kurzbezeichnungen zu verwenden:

AF	Außenfenster	DA	Dach	IF	Innenfenster
AT	Außentür	DE	Decke	IT	Innentür
AW	Außenwand	FB	Fußboden	IW	Innenwand

Für die Abmessungen der Bauteile sind
als Länge und Breite die lichten Rohbaumaße,
als Höhen der Wände die Geschoßhöhen und
als Abmessungen der Fenster und Türen die Maueröffnungsmaße einzusetzen.

In die Berechnung sind
die Temperaturen und Wärmeströme ohne Stellen nach dem Komma,
Flächen, Fugendurchlaßkoeffizienten und Durchlässigkeiten mit einer Stelle nach dem Komma sowie
Längen und Wärmedurchgangskoeffizienten mit zwei Stellen nach dem Komma einzusetzen.

Bei der Flächenberechnung werden alle abzuziehenden Flächen (z. B. Fenster) vor der umgebenden Fläche (z. B. Außenwand) berechnet.

Die Spalte 17 dient zur Kennzeichnung angeströmter (A) oder nicht angeströmter (N) Durchlässigkeiten.

Dies kann erst nach der Ermittlung aller Durchlässigkeiten des Raumes und nach der Festlegung der ungünstigsten Windrichtung erfolgen.

Die Durchlässigkeiten werden dann getrennt nach den angeströmten und nicht angeströmten Bauteilen summiert.

Berechnungsgang. Die Berechnung ist für jeden einzelnen Raum getrennt durchzuführen.

Raum 12, Schlafzimmer (**498**.1):

1. Norm-Innenraumtemperatur (Taf. **478**.1):

$$\vartheta_i = 20\,°\mathrm{C}$$

2. Norm-Außentemperatur (Taf. **480**.1):

$$\vartheta'_a = -12\,°\mathrm{C} \text{ (windschwach)}$$

Außentemperatur-Korrektur nach Seite 479 (geschätzt, sehr schwere Bauart $m/\Sigma A_a > 1400$ kg/m^2):

$$\Delta\vartheta_a = 4\,\mathrm{K}$$

$$\vartheta_a = -12\,°\mathrm{C} + 4\,°\mathrm{C} = -8\,°\mathrm{C}$$

3. Raumvolumen:

$$V_R = [(4{,}26 \cdot 3{,}60) \cdot 2{,}50] - [(1{,}11 \cdot 0{,}60) \cdot 2{,}50] = 36{,}67\,\mathrm{m}^3$$

4. Gesamt-Raumumschließungsfläche:

$$A_{ges} = [(2 \cdot 4{,}26 \cdot 3{,}60) - (2 \cdot 1{,}11 \cdot 0{,}60)] + (2 \cdot 4{,}26 \cdot 2{,}50) + (2 \cdot 3.60 \cdot 2{,}50) = 68{,}64\,\mathrm{m}^2$$

5. Hauskenngröße:

Grundrißtyp nach Bild **487**.1h: Grundrißtyp II (Reihenhaustyp)

Hauskenngröße (Taf. **490**.1):

$$H = 0{,}52\,\mathrm{W} \cdot \mathrm{h} \cdot \mathrm{P}^{2/3}/(\mathrm{m}^3 \cdot \mathrm{K})$$

6. Anzahl der Innentüren:

$$n_T = 1$$

7. Höhe über Erdboden:

2 Eingangsstufen, Erdgeschoßhöhe und halbe lichte Obergeschoßhöhe

$$h = 0{,}35 + 2{,}75 + 1{,}25 = 4{,}35\ \mathrm{m}$$

8. Höhenkorrekturfaktoren (Taf. **490**.1):

$$\varepsilon_{SA} = 1{,}0$$

$$\varepsilon_{SN} = 0{,}0$$

$$\varepsilon_{GA} = 1{,}0$$

9. Berechnung einzelner Flächen (Spalte 1 bis 17):

Fenster (AF):
Rahmenmaterialgruppe 1 (Taf. **472**.1):

$$k = 2{,}6\ \mathrm{W/(m^2 \cdot K)}$$

Außenflächenkorrektur (Taf. **476**.1):

$$\Delta k_A = +0{,}2\ \mathrm{W/(m^2 \cdot K)}$$

Sonnenkorrektur (Taf. **477**.1):

$$\Delta k_S = -0{,}3\ \mathrm{W/(m^2 \cdot K)}$$

Norm-Wärmedurchgangskoeffizient:

$$k_N = 2{,}6 + 0{,}2 - 0{,}3 = 2{,}5\ \mathrm{W/(m^2 \cdot K)}$$

Transmissionswärmebedarf:

$$\dot{Q}_T = A' \cdot k_N \cdot \Delta\vartheta$$

Fugenzahl: Fenster öffenbar, zweiflügelig
Fugendurchlaßkoeffizient:
Beanspruchungsgruppe A (Taf. **492**.1)

Außenwand (AW):
Wärmedurchgangskoeffizient (Taf. **495**.2):

$$k = 1{,}34\ \mathrm{W/(m^2 \cdot K)}$$

Außenflächenkorrektur (Taf. **476**.1):

$$\Delta k_A = 0{,}0\ \mathrm{W/(m^2 \cdot K)}$$

$$k_N = 1{,}34 + 0{,}0 = 1{,}34\ \mathrm{W/(m^2 \cdot K)}$$

Decke zum Dachraum (DE):
Wärmedurchgangswiderstand nach außen:

$$R_{ka} = 0{,}4\ \mathrm{m^2 \cdot K/W}\ \text{(Annahme)}$$

Wärmedurchgangswiderstand zum beheizten Raum:

$$R_{kb} = R_\lambda = 2{,}502 > 1{,}6\ \mathrm{m^2 \cdot K/W}\ \text{(Taf. 497.1)}$$

Innentemperatur im nicht beheizten angrenzenden Dachraum:

$$\vartheta_i' = -6\,°C \text{ (Taf. \textbf{508}.1)}$$

Innentür (IT):
Wärmedurchgangskoeffizient k (Taf. **503**.1)

10. Raumkennzahl (Taf. **493**.1):

$$r = 0{,}9$$

11. Lüftungswärmebedarf durch freie Lüftung:

$$\dot{Q}_{FL} = \varepsilon_{GA} \cdot \Sigma(a \cdot l)_N \cdot H \cdot r(\vartheta_i - \vartheta_a) = 1{,}0 \cdot 4{,}6 \cdot 0{,}52 \cdot 0{,}9 \cdot 28 = 60\text{ W}$$

12. Mindest-Lüftungswärmebedarf nach Seite 486:

$$\dot{Q}_{L\,min} = 0{,}17 \cdot V_R \cdot (\vartheta_i - \vartheta_a)$$
$$= 0{,}17 \cdot 36{,}7 \cdot 28 = 175\text{ W}$$

13. Norm-Lüftungswärmebedarf:

$$\dot{Q}_{L\,min} > \dot{Q}_{FL} + \Delta\dot{Q}_{RLT}$$
$$\dot{Q}_L = 175\text{ W}$$

14. Krischer-Wert (Kennwert für die mittlere Oberflächentemperatur):

$$D = \frac{\dot{Q}_T}{A_{ges} \cdot (\vartheta_i - \vartheta_a)} = \frac{1110}{68{,}6 \cdot 28} = 0{,}58\text{ W/(m}^2 \cdot \text{K)}$$

Raum 8, Küche (**499**.1):

Schritt 1 bis 4: sinngemäß Raum 12.

5. Hauskenngröße:
Grundrißtyp nach Bild **487**.1 c: Grundrißtyp I (Einzelhaustyp)
Hauskenngröße (Taf. **488**.1):

$$H = 0{,}72\text{ W} \cdot \text{h} \cdot \text{P}^{2/3}/(\text{m}^3 \cdot \text{K})$$

6. Durchreiche vernachlässigt.

Schritt 7 bis 8: sinngemäß Raum 12.

9. Berechnung einzelner Flächen (Spalte 1 bis 17):

Geschoßdecke zum Kellergeschoß (FB):
Rechenwert für die Temperatur im Heizraum (Taf. **506**.1):

$$\vartheta_i' = +15\,°C$$

Innenwand zum Nachbar (IW):
Rechenwert für die Temperaturen in Nachbarräumen (Taf. **506**.1):

$$\vartheta_i' = +15\,°C$$

Schritt 10: sinngemäß Raum 12.

11. Lüftungswärmebedarf durch freie Lüftung:

$$\dot{Q}_{FL} = \varepsilon_{GA} \cdot \Sigma(a \cdot l)_A \cdot H \cdot r(\vartheta_i - \vartheta_a) = 1{,}0 \cdot 3{,}9 \cdot 0{,}72 \cdot 0{,}7 \cdot 28 = 55\text{ W}$$

Schritt 12 bis 14: sinngemäß Raum 12.

Tafel **503**.1 Wärmedurchgangskoeffizienten k für Außen- und Innentüren (nach DIN 4701 T. 2)

Türen	k W/(m² · K)
Außentüren[1])	
Holz, Kunststoff	3,5
Metall, wärmegedämmt	4,0
Metall, ungedämmt	5,5
Innentüren	2,0

[1]) Bei einem Glasanteil von mehr als 50% gelten die Werte für Fenster

8.3.1.3 Wärmebedarf für besondere Fälle

Für bestimmte Sonderfälle, für die das im Abschnitt 8.3.1.1 dargestellte Normalverfahren zur Berechnung des Wärmebedarfes nicht anwendbar ist, enthält DIN 4701 besondere Berechnungsverfahren.

Zu unterscheiden sind der Wärmebedarf selten beheizter Räume, bei sehr schwerer Bauart, von Hallen und ähnlichen Räumen sowie von Gewächshäusern und die Temperaturen unbeheizter Nebenräume.

Wärmebedarf selten beheizter Räume. Das einmalige Aufheizen von Gebäuden auf eine bestimmte Lufttemperatur, die nur für kurze Zeit aufrechterhalten werden soll, läßt sich nur für die nichtspeichernden Bauteile (Fenster usw.), nicht aber bei speicherndem Mauerwerk nach den für den Beharrungszustand geltenden Formeln des Abschnittes 8.3.1.1 berechnen.

Zu rechnen ist daher nach der Formel:

$$\dot{Q} = \dot{Q}_F + \dot{Q}_W + \dot{Q}_L \quad \text{in W}$$

mit Q_F = Wärmebedarf für Fenster und andere nichtspeichernde Bauteile nach $\dot{Q}_F = \sum_j A_j \cdot q_j$ (siehe vorne) in W

$\dot{Q}_W$ = Wärmebedarf zum Aufheizen speichernder Bauteile (gesamte innere Oberfläche des Raumes) in W

$\dot{Q}_L$ = Lüftungswärmebedarf (siehe vorne) in W.

$$\dot{Q}_W = \sum \frac{A_W}{R_Z} \cdot (\vartheta_i - \vartheta_0) \quad \text{in W}$$

mit A_W = Oberfläche des Bauteiles in m²

R_Z = mittlerer Aufheizwiderstand (**504**.1) in m² · K/W

ϑ_i = Innentemperatur nach der Aufheizdauer in °C

ϑ_o = Innentemperatur vor dem Aufheizen in °C (bei Kirchen in der Regel $\vartheta_o = 5$ °C).

Falls die speicherfähigen Bauteile innen mit einer Dämmschicht versehen sind gilt:

$$R_{ZDä} = R_Z + R_{\lambda Dä}$$

mit $R_{\lambda Dä}$ = Wärmeleitwiderstand der Wärmedämmschicht in m² · K/W.

Wärmebedarf bei sehr schwerer Bauart. Die Berechnung erfolgt wie üblich.

Bei zeitweise unterbrochenem Heizbetrieb ist die Heizanlage für einen Leistungsanteil von $24/Z_B \cdot Q_T$ auszulegen.

Z_B ist die Betriebsdauer in h. Im übrigen siehe DIN 4701 Teil 1 Abschnitt 7.2.

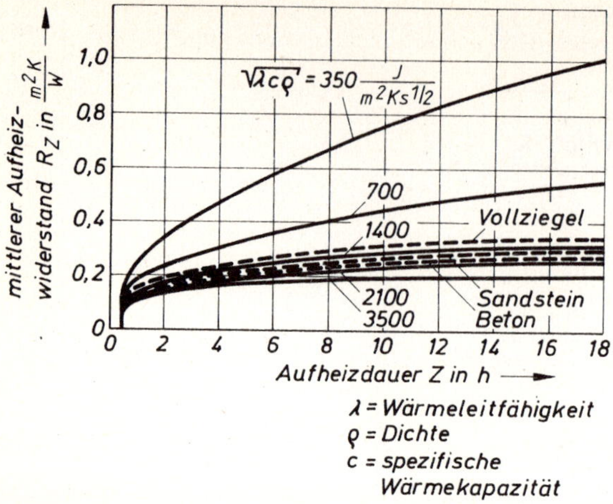

504.1
Mittlerer Aufheizwiderstand R_Z (nach DIN 4701 T. 2)

Anmerkung: Die Anwendung des Diagramms ist auf folgende Höchstwerte Z_{max} der Aufheizdauer in Abhängigkeit von der Wanddicke d beschränkt:

Wanddicke d	m	0,1	0,2	0,4	0,6
maximale Aufheizdauer Z_{max}	h	1	3	12	30

Wärmebedarf von Hallen und ähnlichen Räumen. Die Wärmebedarfsberechnung weicht hier in zwei Punkten von den üblichen Fällen ab.

Bei solchen Räumen fehlen weitgehend die erwärmten Innenflächen, die mit den Außenwänden und Fenstern im Strahlungsaustausch stehen.

Zweitens nimmt bei den meisten hier verwendeten Heizverfahren die Lufttemperatur mit der Höhe stark zu. Siehe DIN 4701 Teil 1 Abschnitt 7.3.

Wärmebedarf von Gewächshäusern. Durch die großen Glasflächen bei Gewächshäusern müssen die im Normalfall gültigen Formeln leicht verändert werden.

Für den Transmissionswärmebedarf $\dot{Q}_T$ gilt:

$$\dot{Q}_T = \dot{Q}_{T\,Glas} + \dot{Q}_{T\,Rest} \quad \text{in W}$$

mit $\dot{Q}_{T\,Glas}$ = Transmissionswärmebedarf der transparenten Flächen
$\dot{Q}_{T\,Rest}$ = Transmissionswärmebedarf aller übrigen Flächen.

$$\dot{Q}_{T\,Glas} = \frac{A_{Glas}}{R_{k\,Glas}} \cdot (\vartheta_i - \vartheta_a) \quad \text{in W}$$

mit $R_{k\,Glas} = R_{i\,Glas} + R_{\lambda\,Glas} + R_{a\,Glas}$ in $m^2 \cdot K/W$

hierbei bedeuten:

A_{Glas} = transparente Flächen (einschließlich Tragkonstruktion) in m^2
$R_{i\,Glas}$ = innerer Wärmeübergangswiderstand an den transparenten Flächen (Taf. **505**.1) in $m^2 \cdot K/W$
$R_{\lambda\,Glas}$ = Wärmeleitwiderstand der transparenten Flächen (Taf. **505**.2) in $m^2 \cdot K/W$
$R_{a\,Glas}$ = äußerer Wärmeübergangswiderstand an den transparenten Flächen (0,04 $m^2 \cdot K/W$).

Der Lüftungswärmebedarf $\dot{Q}_L$ errechnet sich aus:

$$\dot{Q}_L = \left(\frac{A}{R_L}\right)_{Glas} \cdot (\vartheta_i - \vartheta_a)$$

mit A_{Glas} = transparente Flächen (einschließlich Tragkonstruktion) in m^2
R_{LGlas} = äquivalenter Wärmedurchgangswiderstand für Fugenlüftung (Taf. **505**.3) in $m^2 \cdot K/W$.

Tafel **505**.1 Innere Wärmeübergangswiderstände R_{iGlas} an den transparenten Flächen von Gewächshäusern (nach DIN 4701 T. 2)

Heizungssystem	R_{iGlas} $m^2 \cdot K/W$
Heizrohre im Dachraum	0,09
Heizrohre an der Stehwand	0,09
Heizrohre unter den Tischen	0,10
Heizrohre auf dem Boden	0,12
Deckenluftheizer	0,09
Strahlluftheizung	0,10
Konvektoren	0,09
Gemischtes Heizungssystem (Rohre und Luftheizung)	0,10

Tafel **505**.2 Wärmeleitwiderstände $R_{\lambda Glas}$ der transparenten Flächen von Gewächshäusern (nach DIN 4701 T. 2)

Bedachung	$R_{\lambda Glas}$ $m^2 \cdot K/W$
Einfachglas	0,01
Kunststoffplatten, gewellt, GFK 1 mm (auf Ansichtsfläche bezogen)	0,01
Doppelverglasung in Stahlrahmen	
Abstand 15 mm	0,14
Abstand 12 mm	0,11
Abstand 6 mm	0,09
Kunststoffdoppelplatten, selbsttragend (ohne Stahlrahmen)*)	
Abstand 12 mm	0,15
Abstand 5 mm	0,08
Doppelfolie, Abstand = 10 mm	0,10
Einfachfolie 0,2 mm (PVC, PE)	0,01

*) Wärmebrücken müssen getrennt berechnet werden.

Tafel **505**.3 Äquivalenter Wärmedurchgangswiderstand R_L für Fugenlüftung von Gewächshäusern (nach DIN 4701 T. 2)

Bedachung	R_L $m^2 \cdot K/W$
eingeschobene Scheiben	0,5
verkittete Scheiben	1,0
Foliengewächshaus	2,0
Kittlose Verglasung in Metallrahmen mit Dichtstreifen abgedeckt	1,0

Temperaturen unbeheizter Nebenräume. Sie ergeben sich für die wesentlichen Fälle aus den Tafeln **506**.1 und 2 sowie **508**.1.

Tafel **506**.1 Rechenwerte für Temperaturen ϑ_i' in Nachbarräumen (nach DIN 4701 T. 2)

Räume	Norm-Außentemperatur °C				
	≧ −10	−12	−14	−16	≦ −18
Angrenzende Räume in teilweise eingeschränkt beheizten Wohngebäuden					
Wohn- und Schlafräume	+15	+15	+15	+15	+15
Übrige Räume wie Tafel **478**.1 lfd. Nr. 1.1 oder nach Vereinbarung mit dem Auftraggeber					
Nicht beheizte Nachbarräume[1])					
Ohne Gebäude-Eingangstüren, auch Kellerräume	+ 7	+ 6	+ 5	+ 4	+ 3
Mit Gebäude-Eingangstüren (z. B. Vorflure, Windfänge, eingebaute Garagen)	+ 4	+ 3	+ 2	+ 1	0
Vorgebaute Treppenräume[2])	− 5	− 7	− 9	−10	−11
Fremdbeheizte Nachbarräume	+15	+15	+15	+15	+15
Heizräume	+15	+15	+15	+15	+15

[1]) Die Tabellenwerte gelten für den Fall, daß die Nachbarräume vorwiegend an die Außenluft grenzen. Andernfalls sind die Temperaturen nach DIN 4701 Teil 1, Ausgabe März 1983, Abschnitt 7.6, zu berechnen bzw. anzunehmen.

[2]) Eingebaute Treppenräume siehe Tafel **506**.2

Tafel **506**.2 Rechenwerte für Temperaturen ϑ_i' in nicht beheizten eingebauten Treppenräumen mit einer Außenwand (nach DIN 4701 T. 2)

Thermische Kopplung an das Gebäude	Gebäudehöhe[4]) m	Geschoß	Norm-Außentemperatur °C				
			≧ −10	−12	−14	−16	≦ −18
normal[1])[3])	bis 20	EG und KG	+ 6	+ 5	+ 4	+ 3	+ 2
		1. OG	+11	+10	+ 9	+ 9	+ 8
		2. OG	+12	+11	+11	+10	+10
		3. und 4. OG	+12	+12	+11	+11	+10
		5. bis 7. OG	+13	+12	+12	+11	+11

Fortsetzung S. 507

Fortsetzung Tafel **506**.2

Thermische Kopplung an das Gebäude	Gebäudehöhe[4]) m	Geschoß	Norm-Außentemperatur °C				
			≧ −10	−12	−14	−16	≦ −18
normal[1])[3])	über 20	EG und KG	+ 1	− 1	− 2	− 3	− 4
		1. OG	+ 6	+ 5	+ 4	+ 3	+ 2
		2. OG	+ 9	+ 8	+ 7	+ 6	+ 5
		3. und 4. OG	+10	+10	+ 9	+ 8	+ 7
		5. bis 7. OG	+11	+11	+10	+10	+ 9
		über 7. OG	+12	+12	+11	+11	+10
schlecht[2])[3])	bis 20	EG und KG	+ 4	+ 3	+ 1	0	− 1
		1. OG	+ 7	+ 6	+ 5	+ 4	+ 3
		2. OG	+ 8	+ 7	+ 6	+ 5	+ 4
		3. und 4. OG	+ 8	+ 7	+ 6	+ 6	+ 5
		5. bis 7. OG	+ 8	+ 7	+ 6	+ 6	+ 5
	über 20	EG und KG	− 1	− 2	− 4	− 5	− 6
		1. OG	+ 3	+ 2	+ 1	0	− 1
		2. OG	+ 6	+ 5	+ 4	+ 3	+ 2
		3. und 4. OG	+ 7	+ 6	+ 5	+ 4	+ 3
		5. bis 7. OG	+ 7	+ 7	+ 6	+ 5	+ 4
		über 7. OG	+ 8	+ 7	+ 6	+ 6	+ 5

[1]) Annahme: $\frac{\Sigma(k \cdot A)_b}{\Sigma(k \cdot A)_a} = 3{,}0$ (z. B. Schmalseite Einfachfenster $2\,m^2$ je Geschoß)

[2]) Annahme: $\frac{\Sigma(k \cdot A)_b}{\Sigma(k \cdot A)_a} = 1{,}5$ (z. B. Schmalseite Einfachfenster über ganze Fläche)

[3]) Die Zuordnung zu den Fällen „normal" und „schlecht" ist üblicherweise an Hand von Zeichnungen abzuschätzen. Ein rechnerischer Nachweis gehört nicht zur Berechnung des Normwärmebedarfs.

[4]) Zwischen den Werten für die verschiedenen Höhenbereiche kann bei Gebäuden nahe der Bereichsgrenze interpoliert werden.

In den Fußnoten bedeuten:
k äquivalenter Wärmedurchgangskoeffizient (einschließlich Lüftungswärmeverlust)
A Fläche
Index a: nach außen
Index b: zu beheizten Räumen

Tafel **508**.1 Rechenwerte für Temperaturen ϑ_i' in nicht beheizten angrenzenden Dachräumen und in der Luftschicht belüfteter Flachdächer (nach DIN 4701 T. 2)

Räume			Norm-Außentemperatur °C				
			≧ −10	−12	−14	−16	≦ −18
Geschlossene Dachräume[1])							
Dachaußenfläche	Wärmedurchgangswiderstand R_k $m^2 \cdot K/W$ nach außen	Wärmedurchgangswiderstand R_k $m^2 \cdot K/W$ zu beheizten Räumen					
undicht[2])	0,2	0,8	−6	−8	−10	−12	−13
		1,6	−8	−10	−12	−14	−15
	0,4	0,8	−4	−6	−7	−9	−11
		1,6	−7	−9	−10	−12	−14
dicht[3])	0,2	0,8	−6	−8	−9	−11	−13
		1,6	−8	−10	−11	−13	−15
	0,4	0,8	−3	−4	−6	−7	−9
		1,6	−6	−8	−9	−11	−13
	0,8	0,8	+1	0	−1	−3	−4
		1,6	−3	−5	−6	−8	−9
	1,6	0,8	+5	+4	+3	+2	+1
		1,6	0	−1	−2	−4	−5
Luftschicht belüfteter Flachdächer[4])			−7	−9	−11	−13	−15

[1]) Die Tabelle wurde für mittlere Dachraumhöhen von 1 bis 2 m und Flächenverhältnisse A_a (nach außen) zu A_b (zum beheizten Raum) $A_a/A_b = 1{,}5$ berechnet.
Der allgemeine Zusammenhang ist in DIN 4701 Teil 1, Ausgabe März 1983, Abschnitt 7.6, dargelegt.
[2]) Rechnerischer stündlicher Luftwechsel $\beta = 2{,}5\ m^3/(h \cdot m^3)$
[3]) Rechnerischer stündlicher Luftwechsel $\beta = 0{,}5\ m^3/(h \cdot m^3)$
[4]) Der Wärmeleitwiderstand ist vom Innenraum bis zur Luftschicht zu rechnen. Der äußere Wärmeübergangswiderstand ist mit $R_a = 0{,}08\ m^2\ K/W$ anzusetzen.

8.3.2 Überschlägliche Ermittlung des Wärmebedarfs

Für Baueingaben genügt meist eine überschlägliche Ermittlung des Wärmebedarfs.

Eine Schätzung kann sich aufgrund von Erfahrungswerten für den spezifischen Wärmebedarf auf 1 m³ beheizten Raum oder auf 1 m² Wohnfläche beziehen.

Die Anwendung dieser Erfahrungswerte, die die Besonderheiten eines Gebäudes nicht erfassen können, setzt jedoch ausreichende Fachkenntnisse voraus.

Umgekehrt läßt sich der spezifische Wärmebedarf eines Gebäudes auch rückwärts aus einem bereits bekannten, nach DIN 4701 genau errechneten Wärmebedarf ableiten.

8.4 Wärmeerzeugung

8.4.1 Brennstoffe

Stoffe mit einem so hohen Heizwert und angemessenen Preis, daß sie unter wirtschaftlichen Bedingungen verbrannt werden können, gelten als Brennstoffe. Sie kommen in der Natur vor oder werden aus Naturstoffen, z. B. durch trockene Destillation, gewonnen.

Feste Brennstoffe. Hierzu zählen Braunkohle, Steinkohle und Koks, Torf und Holz.

Braunkohle (ca. 40% Kohlenstoff, 40% flüchtige Bestandteile wie Kohlenwasserstoffe und 20% Asche) wird meistens zu Briketts gepreßt. Diese kommen, außer für bestimmte Industriefeuerungen, vor allem für Einzelöfen in Frage.

Steinkohle (55 bis 85% Kohlenstoff, 35 bis 5% Kohlenwasserstoffe, 5 bis 10% Asche). Aus den gasreicheren Flamm- und Fettkohlen werden vor allem Gas und Koks gewonnen. Die gasärmeren Eß- und Magerkohlen, vor allem der nur in geringer Menge anfallende Anthrazit, sind besonders für die Ofenheizung geeignet.

Koks (ca. 88% Kohlenstoff, 1% Kohlenwasserstoffe, 11% Asche), durch Entgasung von Steinkohle als Gas- oder Zechenkoks gewonnen, verbrennt ohne flüchtige, im Abbrand nichtregelbare Bestandteile vollkommen rauch- und rußfrei, zerfällt im Feuer nicht und backt nicht zusammen.

Er hat damit einen gleichmäßigen, in weiten Grenzen regelbaren Abbrand und ist so der hervorragendste feste Brennstoff für Dauerbrand in Heizkesseln sowie auch für Einzelöfen mit thermostatischer Verbrennungsregelung.

Flüssige Brennstoffe. Dies sind vorwiegend Mischungen von Kohlenwasserstoffen, wie Benzin, Benzol, Gasöl, Petroleum, Spiritus, Dieseltreibstoff, Heizöl u. a.

Heizöle: Aus festen Ausgangsstoffen entstehen Steinkohlenteer-, Braunkohlenteer- und Ölschiefer-Heizöle, aus flüssigen Ausgangsstoffen Heizöle aus Erdöl (mineralische Heizöle).

Zu unterscheiden sind nach der Zähflüssigkeit (Viskosität) gem. DIN 51603:

Heizöl EL (leichtes Heizöl): dünnflüssig. Eine Vorwärmung ist weder zum Transport noch zur Verbrennung erforderlich. Es ist für Ölöfen sowie für kleine und mittlere Sammelheizungen geeignet. Verkauf nach Litern (1 Liter $\triangleq$ 0,85 kg).

Heizöl S (schweres Heizöl): zum Transport und zur Verbrennung ist es vorzuwärmen. Es wird für Großheizanlagen $\geqq$ 1200 kW je Kessel und Industriefeuerungen verwendet. Verkauf nach kg.

Heizöl verbrennt nicht als Flüssigkeit, muß vielmehr vorher in einem Brenner durch Verdampfen (Ölöfen) oder Zerstäuben (Heizkessel) aufbereitet werden. Sein Schwefelgehalt (EL: 0,5%, S: 2,8%) erhöht den Taupunkt der Abgase, der bei Koksfeuerung nur ca. 50 °C beträgt, auf 120 bis 160 °C.

Zur Vermeidung gefährlicher Tieftemperaturkorrosionen durch die Schwefelsäure, die sich aus den Schwefeloxyden und dem Wasserdampf der Abgase bei dessen Kondensation bilden würde, sollte daher an keiner Stelle und zu keiner Zeit dieser Taupunkt der Heizölabgase im Kessel wie im Schornstein unterschritten werden.

Brenngase. Diese Mischungen aus mehreren brennbaren Einzelgasen können durch nichtbrennbare Bestandteile (z. B. Stickstoff, Kohlendioxid) verdünnt sein. Je nach ihrer Zusammensetzung haben sie sehr unterschiedliche Eigenschaften hinsichtlich Heizwert und Brennverhalten.

Die Gasarten (Gasfamilien) sind in der DVGW-Richtlinie G 260 genormt. Danach sind zu unterscheiden:

1. Gasfamilie (Kurzzeichen S): Stadt- und Ferngase. Hoher Wasserstoffgehalt und durch beträchtlichen Gehalt an Kohlenmonoxid giftig, wesentlich leichter als Luft. Herstellung nach dem klassischen Kokereiverfahren oder durch Spaltung aus Erd-, Raffinerie-, Flüssiggas oder Leichtbenzin. Gasdruck (Fließdruck) $\geqq$ 7,5 mbar am Gerät.

2. Gasfamilie (Kurzzeichen N): Erd- und Erdölgase. Naturgase, größtenteils aus Methan CH_4 bestehend, evtl. mit Inerten oder schweren Kohlenwasserstoffen vermischt, schwerer als Stadtgas, leichter als Luft. Gasdruck (Fließdruck) $\geqq$ 18 mbar am Gerät.

3. Gasfamilie (Kurzzeichen F): Flüssiggase fallen als Nebenprodukte bei der Erdölraffinerie an. Zu 95% Propan, Butan oder Mischungen aus beiden, der Rest aus anderen Kohlenwasserstoffen. Wesentlich schwerer als Luft. Unter Druck verflüssigt. Gasdruck (Fließdruck) $\geqq$ 50 mbar am Gerät.

Zur Kennzeichnung des Gasvolumen werden folgende Begriffe verwendet:

1 m^3 (Normzustand) Gasmenge, die bei einer Temperatur von Tn = 273,15 K und einem Druck pn von 1013 mbar (= 760 mm Quecksilbersäule) im trockenen Zustand den Raum von 1 m^3 einnimmt.

1 m^3 (Gebrauchskubikmeter): die Maßeinheit des Gases im Gebrauchszustand, die vom Gaszähler registriert wird. Der Betriebskubikmeter bezieht sich z. B. auf

20 °C, 955 mbar, feucht (Sättigung mit Wasserdampf)
15 °C, 1013 mbar, trocken (Gaszustand nach Abzug des Wasserdampfgehaltes).

Elektrischer Strom. Elektrizität, die als Wärmequelle dient, ist kein Brennstoff im eigentlichen Sinn, da die Wärmeerzeugung ohne Verbrennung erfolgt. Es handelt sich vielmehr um eine reine Energieumwandlung, bei der keinerlei Abfallstoffe anfallen.

Sonnenenergie. Man bemüht sich seit langem, die unerschöpflichen und optimal umweltfreundlichen Energiemengen der Sonnenstrahlung auch für Heizzwecke nutzbar zu machen.

An der Erdoberfläche kann die Strahlungswärme günstigenfalls im Gebirge mit 1000 W/m^2, auf dem Lande mit 900 W/m^2 und in der Großstadt mit 800 W/m^2 angenommen werden.

Durch viele Faktoren ist die Sonnenenergie jedoch außerordentlichen Schwankungen unterworfen und stellt damit eine unbeständige Wärmequelle dar. Gegenden der Erde mit langer Sonnenscheindauer in kalten Monaten sind am erfolgversprechendsten, z. B. in Südeuropa oder Nordafrika. Dort scheint die Sonne etwa 4000 Stunden im Jahr, in Deutschland etwa 1300 bis 1900 Stunden. Die Ausnutzung der Sonnenenergie hat bis heute nur geringe Bedeutung erreicht.

Wärme und Warmwasser durch Sonnenheizung s. Abschn. 10.6.1 und 12.3.2.

Umweltenergie. Indirekt kann Sonnenenergie als Umweltwärme in beliebiger Menge durch Wärmeentzug aus der Umgebungsluft, dem Erdboden oder dem Grundwasser genutzt werden.

Grundwasser bietet mit seiner relativ konstanten Temperatur von 8° bis 12 °C die günstigste Möglichkeit der Wärmeaufnahme.

Für etwa 75% kostenlose Umweltenergie muß jedoch etwa 25% bezahlte Energie aufgewendet werden.

Wärme und Warmwasser durch Hauswärmepumpe s. Abschn. 10.6.2 und 11.5.9.1.

Kernenergie. Durch Spaltung von Urankernen wird eine im Vergleich zu den auf Elektronenvorgängen wie Verbrennung oder elektrischem Strom beruhenden Möglichkeiten so ungeheure Energiemenge frei, daß ihre Entstehung auf das zuverlässigste gesteuert werden muß. Dies kann in bezug auf die Wärmegewinnung nur in Kraftwerken geschehen. Daneben wird als weniger gefährliche Energiequelle die Kernfusion größere Bedeutung gewinnen.

8.4.2 Verbrennung

Verbrennung ist eine lebhafte und oberhalb bestimmter Grenztemperaturen unter Flammenbildung und starker Wärmeentwicklung verlaufende chemische Reaktion der brennbaren Bestandteile eines Brennstoffes mit dem Sauerstoff der Luft (Oxydation).

Bei der Verbrennung *fester Brennstoffe* zersetzen sich nach der Verdampfung des Wassers im Brennstoff zunächst bei ca. 250 °C die brennbaren Anteile unter Abspaltung der flüchtigen Bestandteile (schwere Kohlenwasserstoffe). Diese verbrennen nach Übergang in den gasförmigen Zustand. Bei $> 1100\,°C$ sublimiert der nun noch allein übriggebliebene Kohlenstoff, d. h., er geht aus der festen unmittelbar in die gasförmige Phase über und verbrennt.

Flüssige Brennstoffe müssen verdampfen. Ihre Reaktion mit dem Sauerstoff beginnt bereits im Übergangsstadium vom flüssigen zum gasförmigen Zustand und setzt sich in diesem fort.

Gasförmige Brennstoffe können unmittelbar mit dem Sauerstoff reagieren.

Einsetzen kann die Verbrennung jedoch erst mit dem Erreichen der *Entzündungstemperatur* (Taf. **511**.1). Die hierzu erforderliche Wärmemenge muß dem Brennstoff (bei Heizölen dazu noch die nötige Verdampfungswärme) vorher zugeführt werden, z. B. durch die Strahlung der Flamme und des Feuerraumes. Gas-Luft- und Kohlenstaub-Luft-Mischungen zünden nur innerhalb bestimmter Mischungsverhältnisse, der Zündgrenzen, innerhalb derer Explosionsgefahr besteht. Sinkt im Feuerraum die Temperatur unter die Entzündungstemperatur, so erlischt die Verbrennung schlagartig, umgekehrt verläuft sie um so lebhafter, je höher die Temperatur des Feuerraumes ist.

Tafel **511**.1 Zündtemperaturen von Brennstoffen in Luft (nach Recknagel/Sprenger)

Brennstoff	Zündtemperatur in °C	Brennstoff	Zündtemperatur in °C
Streichholz	170	Heizöl S	ca. 340
Rohbraunkohle	200 bis 240	Heizöl EL	ca. 360
Holz	200 bis 300		
Torf, trocken	225	Butan (n)	430
Fettkohle	ca. 250	Propan	ca. 500
Holzkohle	300 bis 425		
Anthrazit	ca. 485	Stadtgas	550 bis 570
Koks	550 bis 600	Erdgas	600 bis 670

Vollkommene Verbrennung. Brennstoff und Luft sind so miteinander gemischt worden, daß jedes Brennstoffmolekül mit den zu seiner Verbrennung notwendigen Sauerstoffmolekülen zusammengetroffen ist und so alle brennbaren Anteile C, H_2, S zu CO_2, H_2O und SO_2 (in selteneren Fällen auch zu SO_3) oxydiert werden können. Eine vollkommene Verbrennung ohne alle Verluste ist indessen in der Praxis nicht zu erzielen.

Lediglich die Umwandlung der elektrischen Energie in Wärme erfolgt verlustlos.

Unvollkommene Verbrennung. Sie entsteht durch Sauerstoffmangel infolge ungenügender Luftzufuhr oder unzureichender Vermischung der Gase oder durch zu niedrige Temperaturen im Feuerraum. Sie bedeutet neben der Gefährdung der Menschen durch das nicht mehr zu CO_2 verbrannte, äußerst giftige Kohlenoxyd CO einen hohen Wärmeverlust, denn während bei der Vergasung von 1 kg C zu CO ca. 2,8 kWh frei werden, sind dies bei der Verbrennung von 1 kg C zu CO_2 ca. 9,4 kWh.

Luftüberschuß. Um eine möglichst vollkommene Verbrennung zu erzielen, muß man die

Feuerstätte je nach ihrer Bauweise und der Art des Brennstoffes mit einem Luftüberschuß n gegenüber der theoretisch erforderlichen Luftmenge fahren:

$$n = \frac{\text{tatsächliche Luftmenge}}{\text{theoretischer Luftbedarf}} = \frac{\max CO_2}{CO_{2\,\text{gemessen}}} > 1$$

$\max CO_2$ = theoretisch möglicher CO_2-Gehalt der Abgase in %
$CO_{2\,\text{gemessen}}$ = gemessener CO_2-Gehalt der Abgase in %

$n = 1{,}4$ für Anthrazit und Koks; entsprechender CO_2-Gehalt 14 bis 15%
$= 1{,}05$ bis $1{,}4$ für Heizöl; entsprechender CO_2-Gehalt 12 bis 14%
$= 1{,}05$ bis $1{,}35$ für Brenngase; entsprechender CO_2-Gehalt für Gebläsebrenner 10 bis 12%
für atmosphärische Brenner 7 bis 10%

Mit steigendem n sinkt der CO_2-Gehalt. Daher ist stets ein möglichst hoher CO_2-Gehalt oder geringer Luftüberschuß anzustreben. Überschüssig zugeführte Luft infolge falsch eingestellter Gebläseluft, Falschluft durch einen undichten Ofen oder Kessel, zu starken Schornsteinzug u. ä. senkt die Verbrennungstemperatur und erhöht, da sie selbst zusätzlich erwärmt werden muß, die Abwärmeverluste. Zu niedriges n führt zu unvollkommener Verbrennung. Es entstehen CO, Ruß und hohe Abgasverluste.

Der Gehalt der Abgase an CO_2, CO, O und N wird in gut geführten größeren Feuerungen laufend gemessen, wofür es einfache Geräte gibt. Die Güte der Verbrennung wird so ständig überwacht und notfalls korrigiert.

Verbrennungsverluste (Feuerungswirkungsgrad). Durch eine Reihe mehr oder weniger unvermeidlicher Wärmeverluste ist die in der Feuerungslage nutzbar gemachte Wärmemenge stets kleiner als die ihr mit dem Brennstoff zugeführte. Das Verhältnis beider, in % ausgedrückt, ist der Feuerungswirkungsgrad η_F. Er beträgt für

offene Kamine 5 bis 10%, Einzelöfen für feste Brennstoffe und Ölöfen 70 bis 85%, Einzelöfen für Gas 80 bis 85% und Heizkessel 65 bis 85%.

Im einzelnen sind zu unterscheiden:

Abgasverluste fester und flüssiger Brennstoffe durch unverbrannt abziehende Kohlenwasserstoffe. Dabei bilden sich Rauch und Ruß, die die Luft in den Städten verschmutzen. Flockenruß, der sich an den Nachschaltheizflächen absetzt, ist ein schlechter Wärmeleiter und verringert die Wärmeabgabe an den Raum bzw. das Heizmedium erheblich (je mm Schichtdicke um ca. 10%). Glanzruß, z. T. aus schweren Kohlenwasserstoffen bestehend, verursacht an den Schornsteinwandungen schwer zu beseitigende Versottung, evt. Schornsteinbrände. An Kesselwandungen usw. bewirkt er noch höhere Wärmeverluste als Flockenruß.

Abwärmeverluste durch die mit den heißen Abgasen ungenutzt durch den Schornstein abziehende Wärme. Die Abgastemperatur soll daher nicht höher sein, als dies zur Erzielung des erforderlichen Schornsteinzuges notwendig ist: ca. 200 °C bei Kohleöfen, < 400 °C bei Ölöfen, < 300 °C bei Kleinkesseln, 180 bis 250 °C bei größeren Kesseln.

Nachströmungsverluste durch Falschluft infolge Undichtheiten der Feuerstätte, falsch eingestellte Gebläseluft, zu großen Luftüberschuß und zu hohen Schornsteinzug. Unnötige Kaltluft dringt in den Feuerraum ein, muß zusätzlich erwärmt und durch den Schornstein mitabgeführt werden.

Verluste durch unverbrannte Rückstände von festen Brennstoffen auf dem Rost oder in der Asche.

Die Berücksichtigung der Verluste von Heizkesseln durch Wärmeleitung oder Strahlung an Fundament und Kesselraum ergibt den Kesselwirkungsgrad η_K. Diese Verluste sind aber bei der guten Wärmedämmung neuzeitlicher Kessel so geringfügig, daß sie i. allg. nicht mitgerechnet werden.

Der Gesamtwirkungsgrad (= Betriebswirkungsgrad) η einer Kesselanlage ergibt sich als Produkt des Feuerungswirkungsgrades (= Kesselbetriebswirkungsgrad) η_K mit dem Anlage-Regelwirkungsgrad (85 bis 98%) und mit dem Verteilungswirkungsgrad (Taf. **529**.1).

Damit feste Brennstoffe möglichst vollkommen, also wirtschaftlich, verbrennen, muß für eine bestimmte baulich festliegende Glutschichthöhe eine entsprechende, vom Ofen- oder Kesselhersteller anzugebende Korngröße des Brennstoffes gewählt werden. Zu kleine Körnung ergibt Luftmangel und damit unvollkommene Verbrennung, zu große Körnung Luftüberschuß und damit hohe Abwärmeverluste; u.

U. sinkt die Temperatur des Verbrennungsvorganges unter die Entzündungsgrenze, d. h., das Feuer erlischt.

Bei Öl- und Gasfeuerung sind Brennergröße und -leistung sorgfältig auf Größe und Form des Feuerraumes abzustimmen.

8.4.3 Brennstoffheizwert

Der spezifische Heizwert H_u (Taf. **513**.1) eines festen, flüssigen oder gasförmigen Brennstoffes ist nach DIN 5499 die bei der vollkommenen Verbrennung von 1 kg dieses Brennstoffes freiwerdende Wärmemenge in kWh unter der Voraussetzung, daß die Temperatur des Brennstoffes vor dem Verbrennen und die seiner Verbrennungsprodukte +25 °C beträgt, das im Brennstoff vorhandene und beim Verbrennen gebildete Wasser nach dem Verbrennen in gasförmigem Zustand (Wasserdampf) vorliegen.

Tafel **513**.1 Heizwerte H_u verschiedener Brennstoffe (Mittelwerte) (1000 kJ ≈ 0,28 kWh)

Brennstoffe: fest	kWh/kg	flüssig	kWh/kg	gasförmig kWh/m³	(Normzustand)
Holz, lufttrocken	4,1	Heizöl EL	10,0[1])	Wassergas	3,0
Braunkohlenbriketts	5,6	Heizöl S	11,2	Generatorgas	1,4
Steinkohle, Saar	8,0	Propan	12,9	Stadtgas	5,0
Steinkohle, Westfälische	8,7	Butan	12,7	Erdgas	8,8
Anthrazit	9,1			Methan	10,0
Koks	8,0			Propan	25,9
				Butan	34,3

[1]) kWh/l

Der Heizwert $H_{u,n}$ eines Gases ist nach DIN 5499 die Wärmemenge, die bei der vollständigen Verbrennung von 1 Normkubikmeter (s. Abschn. 8.4.1) frei wird, wenn die Anfangs- und Endprodukte eine Temperatur von +25 °C haben und das bei der Verbrennung entstandene Wasser dampfförmig vorliegt.

Der Betriebsheizwert $H_{u,B}$ eines Gases unterscheidet sich von dessen Heizwert $H_{u,n}$ lediglich dadurch, daß als Bezugsgröße an die Stelle von 1 m³ Gas im Normzustand 1 m³ Gas im Betriebszustand, wie er an der Meß- oder Verbrauchsstelle vorhanden ist, tritt. Der Betriebsheizwert ist ca. 7% kleiner als der Heizwert.

Elektrischer Strom. Elektrische Heizwärme wird ebenfalls in kWh gemessen.

8.4.4 Wärmepreis

Die Brennstoffpreise sind je nach Heizwert und Güte sehr unterschiedlich. Der wirtschaftliche Wert eines Energieträgers (**514**.1) wird nicht nur durch seinen Brennstoffpreis, sondern auch durch seinen Heizwert bestimmt. Aus dem Brennstoffpreis P in DM je Einheit (kg, l, m³, kWh), dem Heizwert H_u und dem Wirkungsgrad η ergibt sich der Wärmepreis.

Der Nutzwärmepreis ist

$$k = 3600 \frac{P}{H_u \cdot \eta} \quad \text{in DM /1000 kWh} = \text{DM/MWh}$$

Zahlenbeispiel (— · — · — ·)

Für folgende Brennstoffe mit den oben genannten Heizwerten beträgt der Wärmepreis 50,00 DM/1000 kWh bei einem Brennstoffpreis von:

A elektr. Strom	H_u	= 1 kWh/kWh
B Stadtgas	$H_{u,n}$	= 5,0 kWh/m³
C Braunkohle-Briketts	H_u	= 5,6 kWh/kg
D Zechenkoks	H_u	= 8,0 kWh/kg
E Erdgas	$H_{u,n}$	= 8,8 kWh/m³
F Anthrazit	H_u	= 9,1 kWh/kg
G Heizöl EL	H_u	= 10,0 kWh/l
H Heizöl S	H_u	= 11,2 kWh/kg
J Propan	H_u	= 12,9 kWh/kg

A elektr. Strom 10 Dpf/kWh
B Stadtgas 25 Dpf je m³ (Normzustand)
C Braunkohle-Briketts 30 Dpf/kg
D Zechenkoks 45 Dpf/kg
E Erdgas 45 Dpf/je m³ (Normzustand)
F Anthrazit 50 Dpf/kg
G Heizöl EL 70 Dpf/l
H Heizöl S 60 Dpf/kg
J Propan 65 Dpf/kg

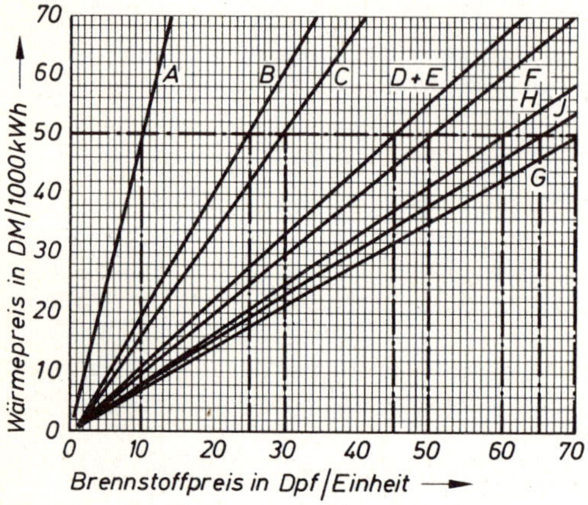

514.1
Wärmepreis in DM/1000 kWh für verschiedene Brennstoffe mit vorstehenden Heizwerten

8.5 Feuerungsanlagen

Eine Feuerungsanlage umfaßt die Feuerstätte, den Schornstein und das Rauch- oder Abgasrohr oder den Rauchkanal (Fuchs) als Verbindung zwischen beiden.

8.5.1 Feuerstätten

Feuerstätten für die Raumheizung (**514**.2) können sich in dem zu beheizenden Raum selbst befinden (Einzelöfen) oder an einem besonderen Aufstellungsplatz die für die Beheizung einer größeren Anzahl von Räumen erforderliche Wärme erzeugen (Kessel einer Zentralheizung).

Sie müssen folgenden Bedingungen genügen: Hohe Brennstoffausnutzung, gute Regelbarkeit, lange Lebensdauer durch robuste Bauart, einfache Bedienung und sauberer Betrieb, Preiswürdigkeit, leichte Ersatzteilbeschaffung.

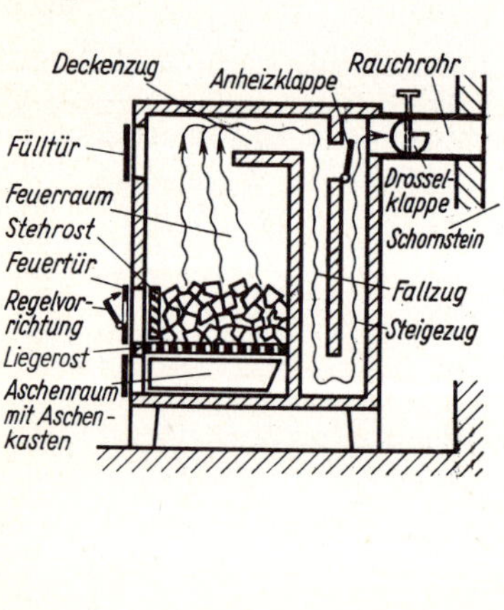

514.2
Bestandteile einer Feuerungsanlage für feste Brennstoffe

Feuerraum. Er muß für feste Brennstoffe groß und hoch genug sein, um den Gasen Raum und Zeit zur vollständigen Verbrennung zu bieten. Das ist vor allem für langflammige Brennstoffe wichtig, aber auch für kurzflammige nicht nachteilig.

Rost. Er hat in den Feuerstätten für feste Brennstoffe diese zu tragen und der ihm von unten zugeführten Verbrennungsluft den Zutritt zu ermöglichen. Form und Größe des Rostes, Anzahl und Abstand der Roststäbe müssen der Art des Brennstoffes und der Feuerstätte entsprechen. Rüttelroste erleichtern das Entaschen.

Regelvorrichtungen. Sie müssen es gestatten, die Verbrennung zuverlässig und in weitem Rahmen zu regeln. Sie können jedoch nur bei völlig dichtschließenden (aufgeschliffenen) Feuer- und Aschentüren aus Grauguß voll wirksam sein.

Die Regelvorrichtungen müssen vor allem beim Drosseln allmählich in mehreren Stufen betätigt werden, damit die hierbei unvermeidlichen Verbrennungsverluste möglichst gering gehalten und infolge plötzlichen Wärmestaues keine Schlacken gebildet oder zum Schmelzen gebracht werden.

Feuerzüge. Sie sollen die Heizwärme vor allem langflammiger Brennstoffe gut ausnützen und an die Heizflächen weiterleiten. Sie sollen durch eine ausreichende Anzahl gut zugänglicher Reinigungsöffnungen leicht zu reinigen sein. Feuerstätten mit langen Zügen erfordern einen besonders guten Schornsteinzug und sind daher für Dachgeschoßräume, Baracken usw. ungeeignet.

In Kesseln neuzeitlicher Bauart wird die freiwerdende Verbrennungswärme zu ca. 75% durch Strahlung an die Feuerraumwandungen, zu ca. 25% durch Konvektion an die Nachschaltheizflächen an das Heizmedium Wasser oder Dampf abgegeben.

Aschenraum. Eine Feuerstätte für feste Brennstoffe soll einen geräumigen Aschenkasten aufnehmen können. Zweckmäßig sind Leitbleche, die die durch den Rost fallende Asche vollständig in den Aschenkasten gelangen lassen.

8.5.2 Rauchrohre und -kanäle

Über die Abgasrohre und Abgasschornsteine der Gasfeuerstätten s. Abschn. 5.1.6.1 und 2.

Rauchrohre und -kanäle (Rauchfüchse) verbinden Feuerstätten für feste und flüssige Brennstoffe mit dem Rauchschornstein. Nach DIN 18160 T. 2 und den Landesbauordnungen der Länder sind sie aus nicht brennbaren, hitze- und formbeständigen Baustoffen so herzustellen und anzuordnen, daß die Rauchgase einwandfrei in den Schornstein geleitet werden.

1. Rauchrohre (**515**.1) und -füchse sollen so kurz wie möglich und keinesfalls länger als $^1/_4$ der Schornsteinhöhe sein. Ohne einen besonderen Wärmeschutz dürfen Rauchrohre nur $\leqq 3$ m (bei Ölöfen für Einzelheizung $\leqq 1$ m) lang sein. In unbeheizten Nebenräumen ist eine Wärmedämmung der Rohre auf ganzer Länge erforderlich. Rauchfüchse sind stets in voller Länge gegen Wärmeverluste und Feuchtigkeit zu schützen.

2. Rauchrohre und -füchse sollen möglichst geradlinig und mit einer Steigung von $\geqq 10\%$, besser 30 bis 45% zum Schornstein geführt werden.

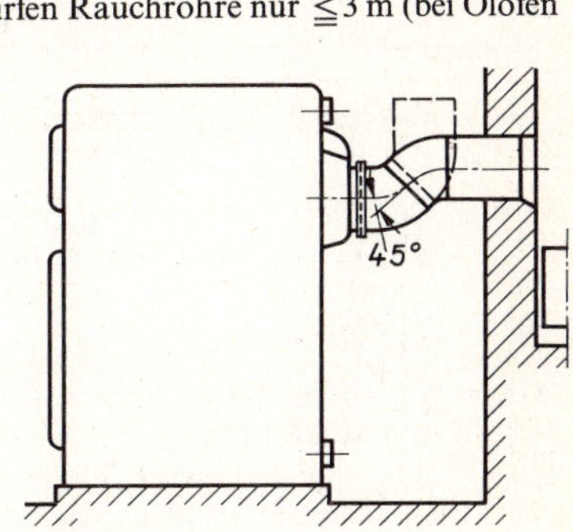

515.1
Schornsteinanschluß eines Heizkessels durch ein Rauchrohr (M 1:30)

3. Wanddicken der Rauchrohre bei Feuerstätten:

≦48 kW: Stahlblech verzinkt ≧0,75 mm oder schwarz ≧1,00 mm
>48 kW: Lichtweite ≦20 cm: Blechdicke 3 mm
>20 bis 30 cm: Blechdicke 4 mm
>30 cm: Blechdicke 5 mm

4. Rohrquerschnitte sind nach den Weiten der Abgangsstutzen der Feuerstätten zu bemessen, für Rauchfüchse um 10% größer als der zugehörige Schornsteinquerschnitt.

5. Reinigungsöffnungen sind in jedem Kniestück der Rauchrohre vorzusehen, in den Rauchfüchsen in genügender Anzahl (mit dem Schornsteinfegermeister absprechen).

6. Die Einführung in den Schornstein erfolgt im gleichen Geschoß, in dem sich die Feuerstätte befindet, durch Rohrhülse, Doppelwandfutter od. dgl.

7. Drossel- und Regelvorrichtungen in Rauchrohren oder -kanälen müssen im oberen oder mittleren Teil Öffnungen in zusammenhängender Fläche von ≧ 3% der Querschnittsfläche und ≧ 20 cm^2 haben. Ihre Stellung muß an der Einstellung ihres Bedienungsgriffes zu erkennen sein (**514**.2).

Tafel **516**.1 Abstände der Rauchrohre von Bauteilen und Verkleidungen (nach DIN 18160 T. 2)

Bauteil	Verkleidung od. dgl.	Abstände in cm[1]) ohne	mit Strahlungsschutz[2])
aus nicht brennbaren Baustoffen	aus brennbaren oder schwer entflammbaren Baustoffen[3])	40	20
	ohne oder aus nichtbrennbaren Baustoffen	–	–
mit brennbaren oder schwer entflammbaren Baustoffen	ohne oder aus brennbaren oder aus schwer entflammbaren Baustoffen, die nicht feuerhemmende Bauart ergibt	40	20
	aus nicht brennbaren Baustoffen, die mind. feuerhemmende Bauart ergibt[4])	20	10
–	Türbekleidungen aus brennbaren oder aus schwer entflammbaren Baustoffen sowie Tapeten u. dgl.	20	10

[1]) Die Abstände rechnen zwischen Oberfläche Verkleidung, ohne eine solche von Oberfläche Bauteile und der dorthin liegenden Rohraußenfläche.
[2]) z. B. wärmerückstrahlende Metalle mit ≧ 5 cm Abstand vom Bauteil oder von der Verkleidung
[3]) z. B. Holztäfelung [4]) z. B. Putz oder Putz auf Rohr oder auf Holzstabgewebe

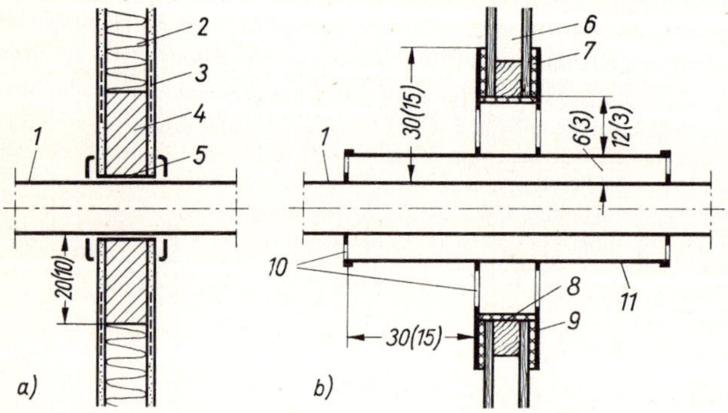

1 Rauch- oder Abgasrohr
2 Holzwolle-Leichtbauplatten
3 Drahtnetzstreifen
4 Leicht- oder Schamottesteine
5 Futterrohr
6 hölzerne Fachwerkwand mit Bretterschalung
7 Asbestunterlage
8 Asbestbekleidung der Stirnseite
9 Blechbekleidung
10 Durchlüftungsöffnungen, freier Querschnitt ≧50%
11 Überrohr als Strahlungsschutz

516.2 Wanddurchführungen von Rauch- und Abgasrohren (eingeklammerte Maßzahlen gelten für Abgasrohre)

a) Wanddurchbruch, ausgemauert
b) Überrohr als Strahlungsschutz, Zwischenraum entlüftet (nach DIN 18160 T. 2)

Abstände von Bauteilen und ihren Verkleidungen s. Tafel **516**.1, Wanddurchführungen zeigt Bild **516**.2. Rauchrohre dürfen nicht durch Einbauschränke geführt werden.

Über Rauchrohre und -kanäle von Heizkesseln s. auch Abschn. 10.2.5.1.

8.5.3 Schornsteine

Nachfolgend werden die Rauchschornsteine von Feuerstätten für feste und flüssige Brennstoffe behandelt. Über Abgasschornsteine für Gasfeuerstätten s. Abschn. 5.1.6.2.

Rauchschornsteine von Feuerstätten für feste und flüssige Brennstoffe haben zwei Aufgaben zu erfüllen:

1. Sie haben mit Hilfe des Unterdruckes, der im Feuerraum durch den Auftrieb im Schornstein (Schornsteinzug) entsteht, die nötige Verbrennungsluft anzusaugen (dies gilt nicht für Abgasschornsteine von Gasfeuerstätten mit atmosphärischem Brenner).

2. Sie haben die Rauchgase (Abgase) aus der Feuerstätte über Dach ins Freie abzuführen.

Die 1. Aufgabe können Heizungsschornsteine nur bei Heizkesseln mit geringem Zugbedarf erfüllen. Neuzeitliche Kesselkonstruktionen mit höheren Rauchgasgeschwindigkeiten in engen Kesselzügen haben häufig so hohe rauchgasseitige Widerstände, daß der natürliche Schornsteinzug nicht mehr ausreicht.

Für solche Kessel müssen vom schwankenden Schornsteinzug weithin unabhängige Öl- und Gas-Gebläsebrenner mit hoher Pressung oder Saugzugbrenner verwendet werden (s. Abschn. 10.2.1.4 und 5).

Ohne einwandfrei arbeitenden Schornstein kann keine Feuerstätte (von den soeben erwähnten Überdruck-Kesseln abgesehen) ihren höchstmöglichen Wirkungsgrad erreichen (**517**.1). Der Schornstein ist somit ein besonders wichtiges Bauglied, stets mit der größten Sorgfalt und unter Beachtung aller konstruktiven Regeln des Schornsteinbaues sowie aller einschlägigen bauaufsichtlichen Vorschriften zu planen und auszuführen.

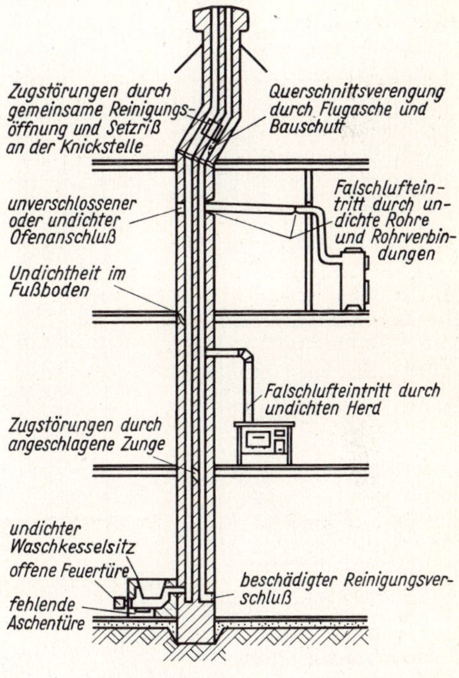

517.1
Zugbeeinträchtigungen durch Schornsteinfehler und Falschluft

Bauarten. Drei Bauarten der Schornsteine sind zu unterscheiden:

1. Gemauerte Schornsteine aus Ziegel-, Kalksand-, Hütten- und anderen Steinen, auch aus Formsteinen dieser Werkstoffe (**518**.1, **521**.1, **522**.1 und 2 sowie **523**.2).

2. Formschornsteine aus Leichtbeton-Formstücken für Hausschornsteine nach DIN 18150 T. 1 (**518**.1).

3. Mehrschalige Schornsteine bestehen aus einem Innenrohr aus Ton oder Schamotte, der Wärmedämmung und der äußeren Schale als Ummantelung (**518**.2, **519**.1 und 2). Die Forderungen nach Fugendichtheit, glatten Wandungen und Schutz gegen Wärmeverluste werden durch diese Bauweise besonders gut erfüllt. Durch die völlige Trennung vom übrigen Mauerwerk können die Schornsteine sich überdies ausdehnen, ohne Spannungen oder Risse im Mauerwerk hervorzurufen. Diese Bauart wird daher voraussichtlich weiterhin zunehmende Bedeutung erlangen.

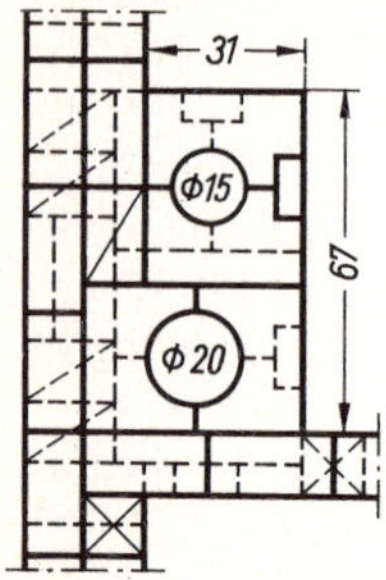

518.1
Schornstein für häusliche Feuerstätten aus Freka-Formsteinen (Werkstoffe: Mauerziegel nach DIN 105 oder Leichtbeton nach DIN 18150 T. 1)
Steinhöhen: 7,1 und 11,3 cm
Rohrdurchmesser: 15, 20 und 27 cm
Wangendicke ≧: 10,5, 11,5 und 24 cm

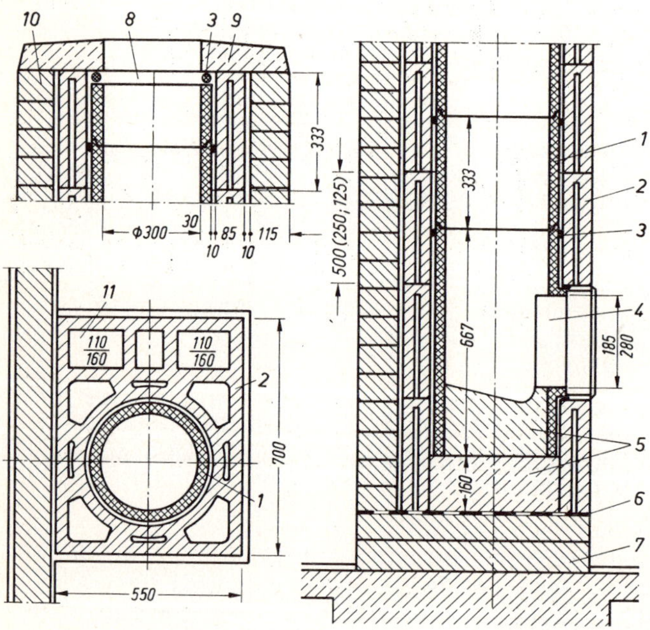

518.2
Zweischaliger Rundschornstein mit 2 Lüftungsrohren (M 1:22,5) (System Schiedel)

1 Innenrohr aus Schamotte
2 Mantelstein aus Leichtbeton mit Ziegelsplitt, Lavalith oder Blähton
3 Mineralwollstrick
4 Putztür-Anschlußstück mit doppelwandiger Putztür aus Grauguß
5 Betonauffüllung
6 untere Sperrschicht des Kellermauerwerkes
7 zwei Schichten Ziegelmauerwerk
8 Dehnungsfuge (≧2 mm/m Schornsteinhöhe); zusätzliche Sicherung durch Dichtungsmanschette wie in Bild **519**.2 zu empfehlen
9 Betonabdeckung
10 Ummauerung des Schornsteinkopfes aus VMZ 150, auf besonderer Kragplatte aufgesetzt
11 Lüftungsrohr

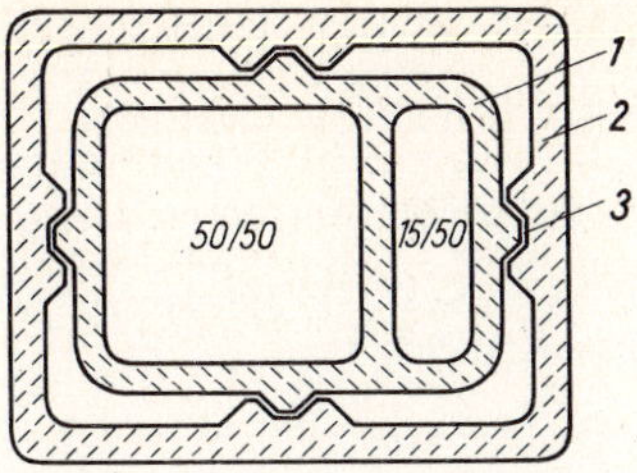

519.1
Zweischaliger Schornstein für Sammelheizungen aus Leichtbeton-Formsteinen mit angeformtem Entlüftungsrohr (Siemokat)
1 gleit- und dehnfähig gelagertes Innenrohr
2 Außenrohr
3 Asbeststrick

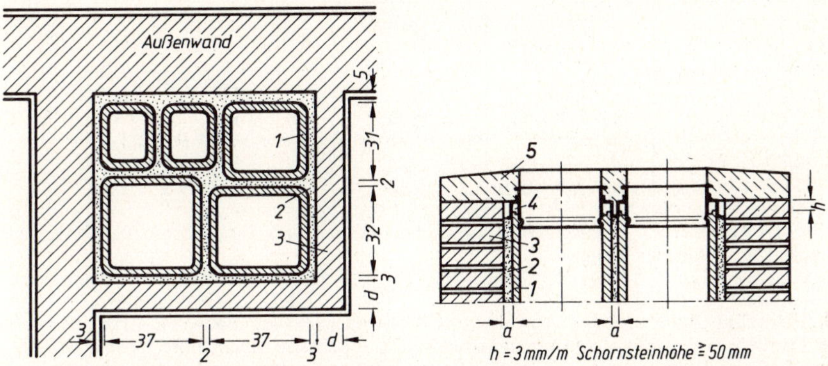

519.2 Dreischaliger Rauchschornstein (System Plewa), Grundriß und Schornsteinkopf (M 1:30)
1 Plewa-Vierkantrohr aus Schamotte als Innenrohr
2 Wärmedämmschicht aus Plewa-Dämmstoff (a = 20 bis 30 mm) oder Dämmplatten (a = 25 bis 40 mm)
3 Ummantelung aus Vollziegeln, Kalksandsteinen, Leichtbeton-Vollsteinen °) mit $d \geqq 71$ mm; Leichtbeton-Wandbauplatten °), Gas- oder Schaumbeton °), Gipsbauplatten °) mit $d \geqq 60$ mm; Lochziegeln, Schwerbeton mit $d \geqq 115$ mm
4 Dehnfuge mit Dehnfugenmanschette (System Specht)
5 Beton-Abdeckplatte
°) nicht in Feuchträumen

Höhe. Die wirksame Höhe der Rauchschornsteine zwischen dem Rost oder dem Brenner der Feuerstätte und der Schornsteinmündung soll ≧ 4,5 m betragen. Ausnahmen sind beim Nachweis einwandfreier Zugverhältnisse möglich.

Querschnitte. Der Schornsteinquerschnitt ist nach Zahl der Anschlüsse, der wirksamen Schornsteinhöhe und Belastung der Schornsteine zu bemessen, wobei örtliche Verhältnisse zu berücksichtigen sind.

Strömungstechnisch und wegen der kleineren Abkühlungsflächen sind runde oder quadratische Querschnitte am günstigsten. Rechteckige Querschnitte dürfen kein flacheres Seitenverhältnis als 2:3 haben.

Bei normalen einwandfreien Betriebsverhältnissen gilt für häusliche Feuerstätten und andere, die ihnen nach Menge, Temperatur und Art der Rauchgase gleichen, wie kleine gewerbliche Feuerstätten, Tafel **520**.1.

Schornsteine für Heizkessel für feste, flüssige und gasförmige Brennstoffe ≧ 48 kW werden nach DIN 4705 T. 1 und T. 2 berechnet.

Tafel **520**.1 Hausschornsteine, Querschnitt und Anzahl der Anschlüsse für häusliche Feuerstätten[1])

lichter Querschnitt der Schornsteine aus		Feuerstätten für feste und flüssige Brennstoffe		
Mauersteinen und Formstücken mit quadratischem oder rechteckigem Querschnitt cm/cm	Formstücken mit rundem Querschnitt ∅ in cm	Gesamtnennheizleistung[2]) kW	Anzahl der Anschlüsse bei kleinen Feuerstätten[3])[4]) Stück	Anzahl der Anschlüsse bei Heizkesseln Stück
10/10 (100 cm²)	10 (ca. 80 cm²)	–	–	–
13,5/13,5 (180 cm²)	13,5 (ca. 140 cm²)	≦18	≦2	1
13,5/20 (270 cm²)	16,5 (ca. 210 cm²)	≧12 ≦30	≧3 ≦4	2
20/20 (400 cm²)	20 (ca. 310 cm²)	≧24 ≦48	≧5 ≦8	4

[1]) Häusliche Feuerstätten: Feuerstätten für Haushaltungen und ähnliche nicht gewerbliche Zwecke mit ≦48 kW Nennheizleistung.
[2]) Für Rauchschornsteine aus Formstücken nach DIN 18150 darf die Gesamtnennheizleistung bis zu 25% erhöht werden.
[3]) Kleine Feuerstätten sind z. B. Heizöfen mit ≦9 kW Nennheizleistung, Badeöfen, Grudeöfen und kleine Herde. Größere Feuerstätten, wie Mehrzimmeröfen, Luftheizöfen für mehrere Räume, Wasch- und Kochkessel, Grudeherde und Herde mit <9 kW Nennheizleistung sind entsprechend ihrer Nennheizleistung zwei oder mehreren kleinen Feuerstätten gleichzusetzen.
[4])Bei Schornsteinen, die zusätzlich zu einem Zentralheizungsschornstein nur für den Anschluß kleiner Feuerstätten im Notfall errichtet werden (Notschornsteine), können die Anschlußzahlen dieser Spalte um 50% erhöht werden.

Diese sehr umfangreiche Anleitung zur „Berechnung von Schornsteinabmessungen“ behandelt im 1. Teil die ausführlichen Berechnungsverfahren für mit Koks, Heizöl, Erdgas, Flüssiggas und Holz betriebenen Feuerstätten.

Im 2. Teil dieser DIN wird ein Näherungsverfahren für einfach belegte Schornsteine angeboten. Die als Bemessungshilfen notwendigen zahllosen Diagramme können aus Platzmangel auch auszugsweise hier nicht abgebildet werden.

Für die Vorplanung genügt die überschlägliche Ermittlung nach der Formel

$$A = \frac{2{,}75Q}{n \cdot \sqrt{H}} \quad \text{in m}^2 .$$

mit A = Schornsteinquerschnitt in m²
Q = Kesselleistung in kW
H = Schornsteinhöhe in m
n = Beiwert = 900 für Öl- und Gasfeuerung mit Gebläsebrenner
= 1800 für Koksfeuerung

Querschnitte von Schornsteinen für offene Kamine s. Tafel **537**.2

Für Gebäude mit weicher Bedachung oder in schutzbedürftiger Umgebung (Wald, Heide, Moor) müssen Rauchschornsteine ≧20/20 cm Querschnitt oder ∅20 cm haben und einen Funkenschutz erhalten. Bei besonderer Brandgefahr sollen sie innen besteigbare Schornsteine (≧45/45 cm oder ∅45 cm) haben.

Über gemischtbelegte Schornsteine s. Abschn. 5.1.6.2.

Anschluß der Feuerstätten. An einen Rauchschornstein mit angeschlossenen Kochherden, Badeöfen, Waschkesseln oder Kleinheizkesseln dürfen andere Feuerstätten nur in derselben Wohnung oder in einem Einfamilienhaus (auch mit Einliegerwohnung) angeschlossen werden. Kochherde und Badeöfen dürfen einen gemeinsamen Schornstein haben.

An einen eigenen Rauchschornstein sind anzuschließen:

1. jede Feuerstätte für feste und flüssige Brennstoffe mit ≧ 48 kW Nennleistung. Ausnahme: gemeinsamer Anschluß mit einem Übergangsofen, Herd, Badeofen oder Waschkessel, ohne Anrechnung auf die Gesamtnennheizleistung und die Anzahl der Anschlüsse, in derselben Wohnung oder in einem Einfamilienhaus (auch mit Einliegerwohnung).

Besser ist es indessen, für jeden Heizkessel einen eigenen Rauchschornstein vorzusehen, wie dies z. T. auch von den Landesbauordnungen vorgeschrieben wird.

2. Großküchenherde, Backöfen, Müllverbrennungsöfen, Räucher- und Trockenanlagen und andere gewerbliche sowie alle offenen Feuerstätten.

3. Ölfeuerstätten mit Zerstäubungsbrennern nach DIN 4787 bei Rauchgastemperaturen am Rohrstutzen > 250 °C. Bei niedrigeren Temperaturen ist ein gemeinsamer Anschluß mit gleichartigen Feuerstätten zulässig, mit anderen Feuerstätten jedoch grundsätzlich nicht. Die Anschlüsse von Feuerstätten an dasselbe Rohr sollen ≦ 4,0 m auseinander, doch nicht in derselben Höhe liegen (**521**.1).

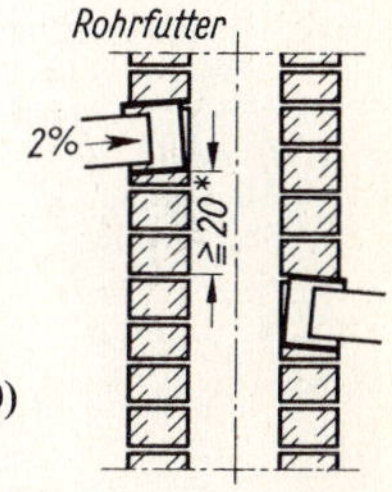

521.1
Einmündung von Rauchrohren in dasselbe Schornsteinrohr (M 1:30)
* im gemischt belegten Rohr ≧30 cm

Für den Anschluß von Rauch- und Abgasrohren müssen möglichst bereits beim Mauern der Schornsteine Doppelwandfutter, Rohrhülsen oder Anschlußstücke eingesetzt, bei Schornsteinen aus Formstücken nach DIN 18150 in jedem Geschoß Ergänzungsformstücke nach der gleichen Norm eingebaut werden. Nachträgliche Anschlüsse sollen gefräst werden.

Wangen und Zungen. Wangen und Zungen von Schornsteinen aus Mauersteinen müssen ≧ 11,5 cm dick sein. Der Schornsteinkopf erhält ≧ 17,5 cm (möglichst 24 cm) dicke Wangen zur besseren Wärmehaltung und wegen des dichteren Dachanschlusses.

Die Wangendicke von Schornsteinen aus Mauersteinen muß ≧ 24 cm betragen:

1. bei Rauch- oder Abgastemperaturen > 400 °C am Rohrstutzen oder bei besonderer Aggressivität oder Feuchte der Rauchgase

2. in Räumen mit besonderer Brandgefahr oder mit Explosionsgefahr sowie im Bereich einer weichen Bedachung ≦ 50 cm unterhalb der Bedachung

3. wenn der Schornstein ohne Verband mit anschließenden Wänden hochgeführt und nicht mindestens alle 5 m ausgesteift ist

4. in kalten Räumen, z. B. nicht ausgebauten Dachräumen (**522**.1), wenn die Wärmedämmung nicht anderweitig erreicht wird.

Schornsteine aus Formstücken mit der Mindestdicke der Wangen und Zungen nach DIN 18500 entsprechen Schornsteinen aus Mauersteinen mit 11,5 cm dicken Wangen und Zungen. Mit einer Ummantelung von 11,5 cm sind sie den Schornsteinen aus Mauersteinen mit 24 cm dicken Wangen gleichwertig.

Wangen dürfen durch Einstemmen von Schlitzen, Einsetzen von Dübeln oder Bankeisen, Einschlagen von Mauerhaken sowie Einlegen von Ankern nicht geschwächt werden.

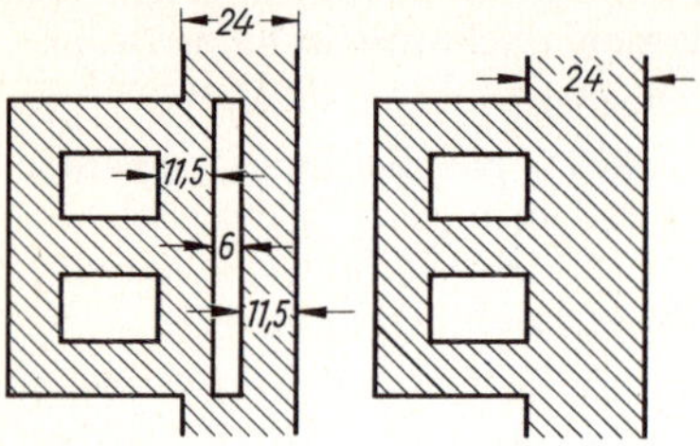

522.1
Verstärkung der Schornsteinwangen an Außenwänden (M 1:30)

Reinigungs- und Prüföffnungen. Rauchschornsteine erhalten an der Sohle (**518**.2) und, wenn sie nicht von der Mündung aus gereinigt werden sollen, im Dachraum oder über Dach ($\leqq$ 4,0 m unterhalb der Mündung) eine Reinigungsöffnung, gezogene Schornsteine soweit erforderlich auch unterhalb der Knickstelle (**522**.2).

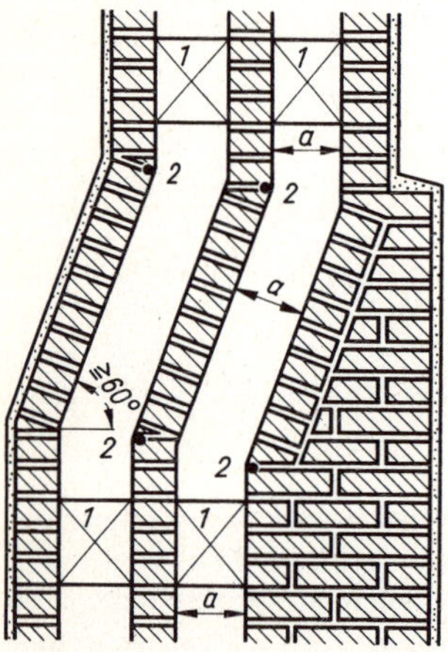

Reinigungsöffnungen müssen $\geqq$ 12/18 cm groß sein und dichte sowie wärmedämmende Verschlüsse aus nicht brennbaren Baustoffen besitzen (Prüfzeugnis vorgeschrieben).

In Wohn- und Schlafräumen, Garagen, Ställen und Räumen mit besonderer Brand- oder Explosionsgefahr, aber auch in Aufzugs-, Lüftungs- und Müllabwurfschächten sind Reinigungsöffnungen unzulässig.

Bei außerhalb der Dachfläche liegenden Reinigungsöffnungen oder der Notwendigkeit, den Schornstein von oben zu reinigen, sind die Unfallverhütungsvorschriften zu beachten.

522.2
Gezogener gemauerter Schornstein (M 1:30)
1 Reinigungsöffnung
2 Rundstahl $\geqq \varnothing$ 12 mm

Weitere Einzelheiten. Schornsteine sind auf tragfähigen Baugrund oder auf feuerbeständige und feuerbeständig unterstützte tragfähige Bauteile aufzusetzen.

Gemauerte Schornsteine sind in fachgerechtem Verband vollfugig und rauchdicht herzustellen und dürfen mit feuerbeständigen und feuerbeständig unterstützten Wänden im Verband hochgemauert werden. Im letzten Fall dürfen massive Decken mit Querversteifung (aber keine Unterzüge u. ä.) auf ihnen aufgelagert werden. Schornsteine mit einer Wangendicke < 24 cm sind unter Dach in Abständen $\leqq$ 5 m auszusteifen, wenn sie nicht mit anschließenden Wänden im Verband gemauert sind.

Ohne Verband mit dem Mauerwerk sind auszuführen:

Schornsteine aus Formstücken
Schornsteine mit einem lichten Querschnitt $\geqq 1500\ cm^2$
Schornsteine für Feuerstätten, deren Rauch- oder Abgase Temperaturen > 400 °C haben oder besonders aggressiv oder feucht sind
besonders hohe Schornsteine, z. B. in Gebäuden mit mehr als 5 Vollgeschossen.

Die Schornsteine sind in der Regel lotrecht hochzuführen. Sie dürfen nur einmal und nur unter einem Winkel von $\geqq 60°$ gegen die Waagerechte sowie unter Beibehaltung ihres lichten Querschnittes schräggeführt (gezogen) werden (**522**.2). Der schräggeführte Teil von Schornsteinen aus Mauersteinen oder aus Formstücken nach DIN 18150 muß von feuerbeständigen Bauteilen standsicher unterstützt werden.

Zur Verringerung der Wärmeverluste sind die Schornsteine in Gruppen zusammenzufassen (**519**.2 und **522**.1) und sollen möglichst nahe am Dachfirst (**523**.1 und 2) austreten.

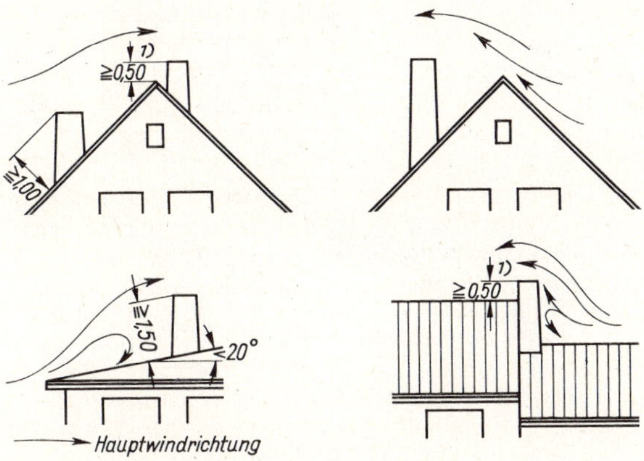

523.1 Schornsteinköpfe im freien Windstrom ([1]) bei weicher Bedachung ≧0,80 m)

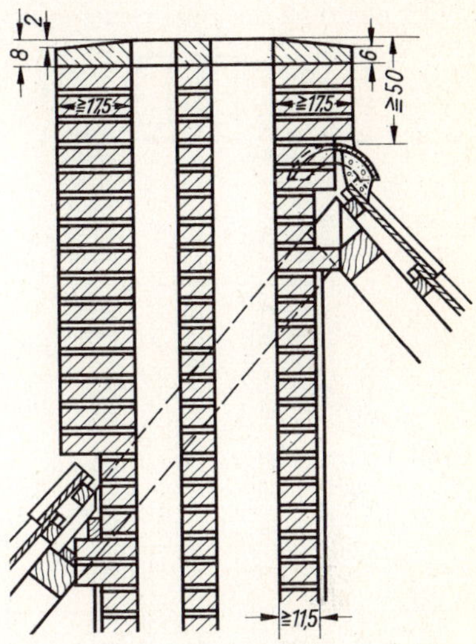

523.2 Schornsteinkopf eines gemauerten Schornsteines (M 1:30)

Die Schornsteinmündung über Dach muß im freien Windstrom liegen (Mindestmaße s. Bild **523**.1) und Dachaufbauten um ≧ 1,0 m überragen oder ≧ 1,50 m seitlich von ihnen entfernt bleiben. Sie darf ferner nicht in unmittelbarer Nähe von Fenstern und Balkonen liegen.

Der Schornsteinkopf muß gegen Durchfeuchtung gesichert sein. Am besten wird er aus hochwertigen Vormauersteinen hergestellt und verfugt sowie mit einer glatten, ≧ 8 cm dicken Betonplatte ohne Überstand oder Gesims abgedeckt (**523**.2 und **524**.1).

Schornsteinaufsätze sind bei einwandfrei ausgeführten Schornsteinen überflüssig. Drehbare Schornsteinaufsätze aus Blech, sog. Windhauben, rosten erfahrungsgemäß schnell fest und sind grundsätzlich abzulehnen.

Versotten. Versottung ist eine Beschädigung des Schornsteines durch Säuren und Basen, die durch chemische Verbindung schädlicher Bestandteile der Abgase mit der Unterkühlung kondensierendem und an den Innenflächen des Schornsteines sich niederschlagendem Wasserdampf entstehen.

Hierbei sind sowohl Teeröle als vor allem Schwefeldioxid und -trioxid, aus dem Schwefelgehalt von Heizölen stammend, beteiligt.

Es kommt zunächst zu braunen Verfärbungen des Wandputzes infolge des Durchschlagens der Teeröle und zu starker Geruchsbelästigung, im weiteren Verlauf zur Zerstörung des Schornsteinmauerwerkes, das dann völlig neu aufgeführt werden muß.

Während für einwandfrei gebaute und wärmegedämmte Schornsteine kaum eine Versottungsgefahr besteht, ist sie in Altbauten wegen der meist viel zu weiten Schornsteinquerschnitte in erhöhtem Maße gegeben.

Als Abhilfemaßnahmen kommen in Betracht:

Erhöhung der Abgastemperatur
zusätzliche Wärmedämmung des Schornsteines in kalten Dachräumen
Einbau eines Zugbegrenzers
Verkleinerung des Schornsteinquerschnittes durch Einbau von Einsatzrohren (**294**.1).

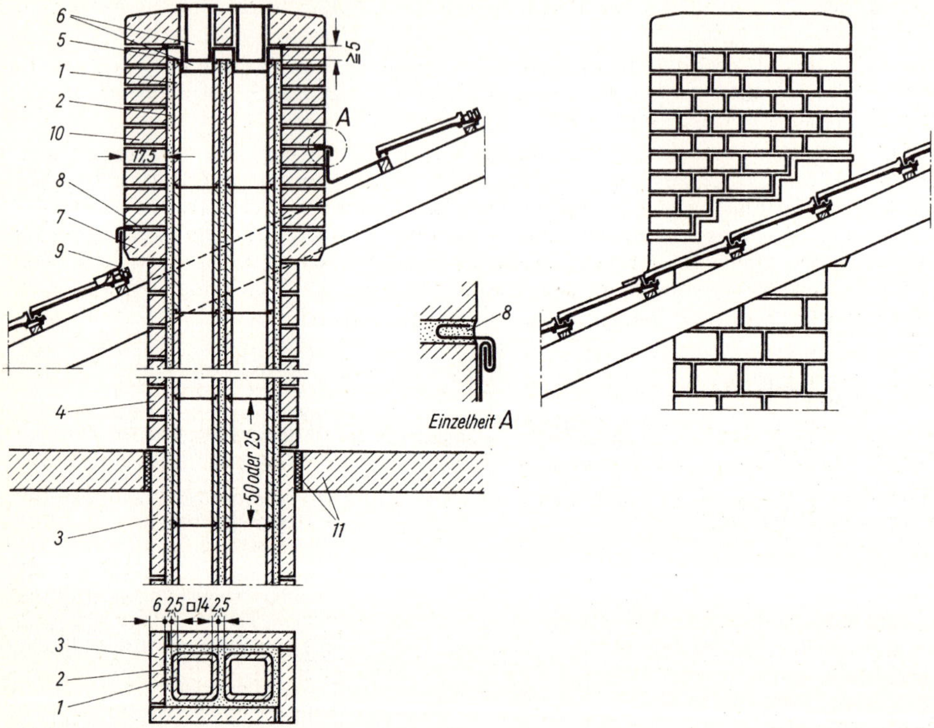

524.1 Hausschornstein aus Schamotteformsteinen (Plewa) mit zwei Rohren ($\leqq 700\ cm^2$) für den Anschluß von Einzelfeuerstätten

1 Schamotte-Innenrohr
2 Wärmedämmschicht 25 mm[1])
3 Ummantelung aus 6 cm dicken Mantelsteinen oder
4 Ziegelmauerwerk 7,1 cm dick
5 Dehnfuge für Formsteinrohr (3 mm/m Schornsteinhöhe; $\geqq 50$ mm)
6 zweiteilige Dehnfugenmanschette aus verzinktem Stahlblech
7 Stahlbetonkranz
8 Fugenmörtel mit Kunstharz-Dispersionszusatz (Kunstharz/Zement = 5/100)
9 Walzblei
10 frostbeständige Ummantelung
11 Stahlbetondecke (Decke darf sich nicht auf die Ummantelung abstützen, Anschlußfuge mit Wärmedämmstoff verfüllt)

---

[1]) 25 mm für Rauchrohre $\leqq 400\ cm^2$, 30 mm für $\geqq 400\ cm^2$ bei beliebigem Mantelmaterial, außer Gips und Schwerbeton

8.6 Heizungsanlagen

8.6.1 Aufgaben

Der behagliche und hygienisch einwandfreie Aufenthalt in einem Raum bei einem Höchstmaß an körperlicher und geistiger Leistungsfähigkeit ist für den Menschen an die Erfüllung einer Reihe von Voraussetzungen gebunden, die sich wechselseitig beeinflussen und in ihrer Gesamtheit als das Raumklima bezeichnet werden. Näheres hierüber s. Abschn. 11.1.

Einer der das Raumklima bestimmenden Faktoren ist die Raumtemperatur. In Raummitte und in 1,50 m Höhe über dem Fußboden gemessen soll sie in Aufenthaltsräumen 20 bis 24 °C betragen (Taf. **478**.1).

In unseren Breiten kann eine solche Raumtemperatur während der kälteren Jahreszeit, d. h. bei Absinken der mittleren Tagesaußentemperatur unter + 12 °C (das gilt für ca. 230 Tage im Jahr), nur gehalten werden, wenn die diesem Temperaturgefälle entsprechenden, ständig durch die Raum- bzw. Gebäudeumschließungen abfließenden sowie die zur Aufheizung der durch die Fugen der Fenster und Außentüren eindringenden Kaltluft erforderlichen Wärmemengen laufend ersetzt werden. Dies ist die Aufgabe der Heizungsanlagen.

Die mittlere Tagestemperatur wird gewöhnlich um 21 Uhr gemessen.

8.6.2 Wirkungsweisen

Wie bereits in Abschn. 8.1.2 ausgeführt, wirken bei jeder Heizungsanlage die 3 Arten der Wärmeübertragung, Wärmestrahlung, Wärmeleitung und Konvektion, gemeinsam.

Nach dem Überwiegen der einen oder anderen Art unterscheidet man Kovektions- und Strahlungsheizungen (**525**.1).

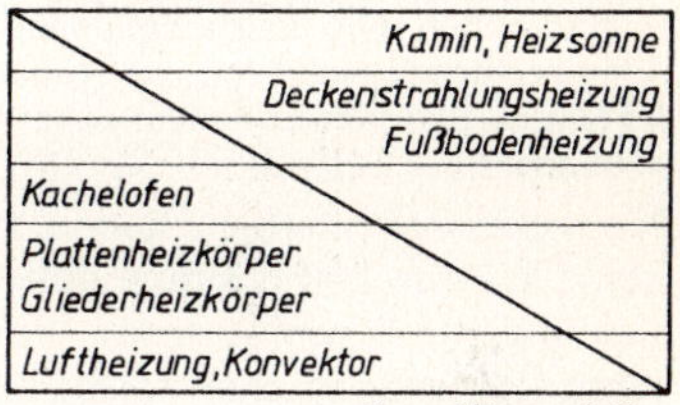

525.1
Anteil von Strahlungs- und Konvektions-Wärmeabgabe bei verschiedenen Heizungsarten

Konvektionsheizung (Luftheizung). Die an einer Heizfläche erwärmte und dadurch spezifisch leichter gewordene Luft wird durch die sich unter sie schiebende kältere und schwerere nachströmende Luft hochgehoben und steigt zur Raumdecke empor, wo sie sich verteilt und einen Teil der mitgeführten Wärme an die berührten Raumumschließungen abgibt (s. Abschn. 8.1.2).

Dadurch wieder schwerer geworden, sinkt sie zum Fußboden nieder und strömt dort zum Heizkörper zurück, wo unter erneuter Erwärmung der zugeströmten Luft sich dieser Kreislauf wiederholt.

Die natürliche Umwälzung der Luft wird vielfach durch eine zwangsweise Führung an den Heizflächen vorbei (Leitbleche, Luftmäntel) oder durch Gebläse beschleunigt, die Heizleistung dadurch verstärkt.

Luft speichert nur 0,36 Wh/m³K, Mauerwerk jedoch ca. 430 Wh/m³K. Daher muß bei einer Luftheizung die Raumluft stark umgewälzt werden (Luftzug, Staubaufwirbelung, erhebliche Temperaturunterschiede der Luftschichten im Raum) und ihre Temperatur stets höher sein als die der Wände, wenn diesen genügend Wärme zugeführt werden soll.

Beim Anheizen wird die für die Behaglichkeit notwendige Temperatur der inneren Wandoberfläche nur langsam und schwer erreicht und die Abstrahlung von Wärme an die kalten Wände als scheinbarer Luftzug unangenehm empfunden.

Ebenso unangenehm wirken sich vielfach die erheblichen Temperaturunterschiede zwischen den überhitzten Luftschichten in den oberen Raumzonen und der kalten Luftschicht über dem Fußboden aus, die durch ihre Bewegung zur Heizfläche hin zudem noch Zugbelästigung hervorrufen kann, wenn bei Aufstellung der Heizkörper an der Innenwand die durch die Fensterfugen eindringende Außenluft die Umluftströmung noch verstärkt (**526**.1).

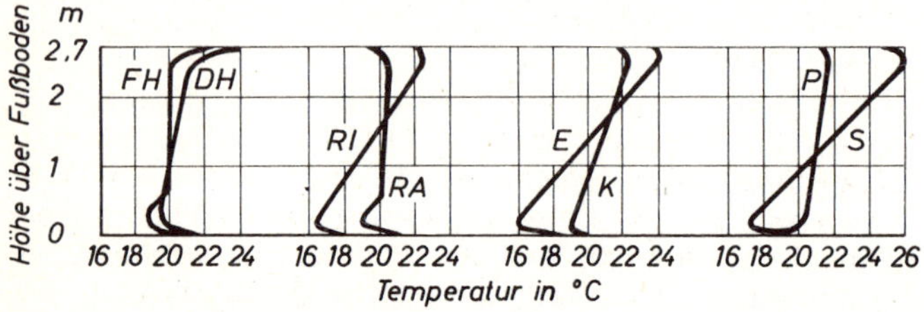

526.1 Charakteristische Lufttemperaturprofile in Raummitte im Beharrungszustand, bei verschiedenen Heizungen und bei geringen Außentemperaturen (nach Recknagel/Sprenger)

FH Fußbodenheizung
DH Deckenheizung
RA Radiatorheizung mit Heizkörper an der Außenwand unter dem Fenster
RI Radiatorheizung mit Heizkörper an der Innenwand
K Kachelofenheizung
E Eiserner Ofen
S Schwerkraftluftheizung mit Luftauslaß an Innenwand
P Perimeterheizung

Besonders bei anhaltender Kälte kann die starke Abkühlung der Wände durch Erhöhen der Lufttemperatur oft nicht ausgeglichen werden. Bei erheblichem Windanfall sind Doppelfenster unentbehrlich. Die überhöhten Lufttemperaturen in den oberen Raumzonen führen hier zu größeren Temperaturunterschieden zur Außenluft oder zu nicht beheizten Nebenräumen und damit zu einer faktischen Erhöhung der Wärmeverluste des Raumes, die durch das Berechnungsverfahren nach DIN 4701 nicht erfaßt wird.

Konvektionsheizungen haben zwar i. allg. eine kurze Anheizzeit, speichern jedoch keine Wärme und erkalten daher nach Erlöschen des Feuers sehr schnell. In Räumen mit Leichtwänden von geringer Wärmespeicherfähigkeit bei hoher Wärmedämmung ist eine reine Luftheizung eher vorteilhaft, sofern sie als Dauerheizung betrieben wird.

Strahlungsheizung. Hier wird umgekehrt die Raumluft durch die Wände, Decken und das Mobiliar des Raumes, die durch Wärmeleitung oder Wärmestrahlung von der Heizungsanlage aufgeheizt werden, erwärmt.

Die Lufttemperatur ist demnach niedriger als die Strahlungstemperatur der Umgebung. Trotz langsameren Temperaturanstieges stellt sich jedoch das Gefühl der Behaglichkeit recht schnell ein.

Kalte Frischluft erwärmt sich rasch an den Wänden, Störungen des Luftumlaufes bei starkem Windanfall wirken sich kaum aus. Die Temperaturen der verschiedenen Luftschichten weichen wenig voneinander ab. Der tatsächliche Wärmeverlust des Raumes an die Außenluft oder an nichtbeheizte Nebenräume wird damit geringer als bei der Konvektionsheizung und entspricht damit besser dem Rechenverfahren nach DIN 4701.

Das Absinken von Kaltluft, die sich an den kalten Fensteroberflächen abgekühlt hat, auf den Fußboden und die Wärmeabstrahlung von unbedeckten Teilen der Körperoberfläche des Menschen zu den kalten Fensterflächen können sehr lästig werden, wenn dagegen keine besonderen Vorkehrungen getroffen werden.

Wirtschaftliches Heizen ist nur dadurch zu erreichen, daß man bereits bei der Planung und Ausführung des Gebäudes alle wärmetechnischen Erfordernisse beachtet, ferner ein den wirklichen Bedürfnissen der Bewohner entsprechendes Heizsystem wählt, mit der Ausführung der Heizungsanlage nur ersklassige Fachleute beauftragt sowie die fertige Anlage stets richtig bedient und gut instand hält.

8.7 Jahres-Brennstoffbedarf

Die Kenntnis des voraussichtlichen Jahres-Brennstoffbedarfes ist vor allem für eine Zentralheizung notwendig, um nachfolgende Erfordernisse ermitteln zu können:

1. die Größe der Lagerfläche für feste Brennstoffe oder der Heizöl-Lagerbehälter
2. die voraussichtlich anfallenden Heizkosten
3. den wirtschaftlichsten Heizbetrieb durch Vergleich der Kosten für die verschiedenen Heizungssysteme.

Eine genaue Vorausberechnung des Jahres-Brennstoffbedarfes ist jedoch nicht möglich. Zwar wird dieser in erster Linie vom maximalen Normwärmebedarf Q_N des Gebäudes nach DIN 4701 bestimmt, der nach Abschn. 8.3.1 eine reine Gebäudeeigenschaft und für ein bestimmtes Gebäude eine feste Größe, abhängig von der Art, der Bauweise und dem Bauzustand des Bauwerkes, darstellt.

Daneben wird dieser Bedarf aber noch von einer Anzahl weiterer, zum Teil unsicherer Faktoren beeinflußt, wie z. B.

der Dauer der Heizperiode
der Härte des Winters
den Heizgewohnheiten der Bewohner (z. B. Raumtemperaturen, Voll- oder Teilbeheizung der Wohnung, Nachtabsenkung u. a.)
der Art und dem Gesamtwirkungsgrad der Heizungsanlage, abhängig vom Kesselwirkungsgrad,
der Art und Güte der Regelung,
der Sorgfalt der Bedienung und Pflege.

Es lassen sich also nur Durchschnittswerte angeben, die erheblich streuen und in einzelnen Jahren für dasselbe Objekt bis zu 30% überschritten oder auch spürbar unterschritten werden können, für einen längeren Zeitraum von z. B. 10 Jahren jedoch durchaus brauchbar sein können.

8.7.1 Überschlägliche Ermittlung

1. Auf Grund des Normwärmebedarfes nach der Faustformel

$$B_j = n \cdot Q_N$$

mit B_j = Jahresbrennstoffbedarf in l, kg, m^3 (Normzustand) oder kWh
Q_N = max. Wärmebedarf in kW nach DIN 4701
n = Faktor für die verschiedenen Brennstoffe
= 170 bis 190 für Heizöl EL mit $H_u = 10{,}0$ kWh/l
= 260 für Koks mit $H_u = 8{,}0$ kWh/kg
= 310 bis 335 für Stadtgas mit $H_u = 5{,}0$ kWh/m^3 (Normzustand)
= 285 bis 310 für Stadtgas wie vor, bei Etagenheizung
= 190 bis 205 für Erdgas mit $H_u = 8{,}8$ kWh/m^3 (Normzustand)
= 1000 für elektrischen Strom

Für Anlagen mit Warmwasserbereitung 10% Zuschlag auf vorstehende Werte.

2. Auf Grund des Rauminhaltes oder der beheizten Fläche

Als grobe Anhaltswerte können für den Jahres-Brennstoffbedarf gerechnet werden bei

Ölfeuerung	8 bis 12 l/m³ beheizter Raum	20 bis 30 l/m² beheizte Fläche
Koksfeuerung	12 bis 18 kg/m³ beheizter Raum	30 bis 45 kg/m² beheizte Fläche
Stadtgas I ($H_u = 5{,}0$ kWh/m³)	13 bis 22 m³/m³ beheizter Raum	32 bis 54 m³/m² beheizte Fläche
Erdgas ($H_u = 8{,}8$ kWh/m³)	9 bis 13 m³/m³ beheizter Raum	21 bis 34 m³/m² beheizte Fläche

Die vorstehenden unteren Zahlenwerte setzen eine Warmwasser-Zentralheizung mit neuzeitlichen Kesseln, Nachtabsenkung, gute automatische Regelung, baulichen Wärmeschutz nach DIN 4108 und eine Lage im Stadtgebiet voraus.

8.7.2 Ermittlung mit Jahresbenutzungsstunden

Eine zuverlässige Ermittlung des Jahres-Brennstoffbedarfes ist mit Hilfe der „Jahresbenutzungsstunden des stündlichen Normwärmebedarfes Q_N" (nach DIN 4701) möglich.

Die Jahresbenutzungsstunden h_j sind eine zweckmäßige Hilfsgröße für Wärmeverbrauchsrechnungen. Die Bedeutung und Verwendung ergibt sich wie folgt:

Angenommen, der maximale Wärmebedarf Q (in kW) würde während der 8760 Stunden des Jahres in Vollastbetrieb bereitgestellt, dann ergäbe sich der Jahreswärmeverbrauch mit

$$Q_{j\,8760} = Q \cdot 8760 \tag{1}$$

Da die Anlage jedoch normalerweise nicht ununterbrochen und mit wechselnder Belastung betrieben wird, beträgt der Jahresverbrauch nur Q_j.

Angenommen, dieser tatsächliche Wärmeverbrauch würde in Vollastbetrieb in h_j Stunden erzeugt, dann ist

$$Q_j = Q \cdot h_j \tag{2}$$

Wenn Gl. (1) und (2) kombiniert werden

$$\frac{Q_j}{Q_j \cdot 8760} = \frac{Q \cdot h_j}{Q \cdot 8760}$$

ergibt sich

$$b = \frac{h_j}{8760} = \frac{Q_j}{Q_{j\,8760}} \tag{3}$$

Diese Gleichung zeigt, daß sowohl b als auch $h_j = 8760 \cdot b$ das Verhältnis des tatsächlichen Verbrauches zum theoretischen höchstmöglichen darstellen, also ein Maß für die Benutzung der Anlage sind.

Für h_j liegen nun gemäß Tafel **529**.2 Erfahrungszahlen vor. Mit diesen kann dann der tatsächliche Wärmeverbrauch aus der Gl. (2) ermittelt werden.

Da dieser Wärmeverbrauch durch Brennstoff oder Strom gedeckt werden muß, ist noch der Brennstoff- oder Stromverbrauch B_j mit Q_j in Beziehung zu setzen. Er ist um so geringer, je größer der Heizwert (s. Abschn. 8.4.3) des Heizmittels H_u (bzw. $H_{u,n}$) und je besser der Wirkungsgrad η der Anlage ist:

$$B_j = \frac{Q_j}{H_u \cdot \eta} \tag{4}$$

Dann ergibt sich aus Gl. (2)

$$B_j = \frac{h_j}{H_u \cdot \eta} \cdot Q \tag{5}$$

Hierin ist $\frac{h_j}{H_u \cdot \eta}$ gleich dem in der Faustformel in Abschn. 8.7.1 Abs. 1 gebrauchten Wert n.

In (5) ist B_j = Jahres-Brennstoff- bzw. Strombedarf in l/Jahr, kg/Jahr, m_n^3/Jahr oder kWh/Jahr
h_j = Jahresbenutzungsstunden für Q_h in h/Jahr

Q = max. Wärmebdarf nach DIN 4701 in kW
H_u = Heizwert des Brennstoffes in kWh/l oder /kg oder /m³ oder /kWh
η = Gesamtwirkungsgrad der Heizungsanlage

Zahlen für H_u in Tafel **513**.1, für η in Tafel **529**.1 und für h_j in Tafel **529**.2.

Tafel **529**.1 Gesamtwirkungsgrade η von Kesselanlagen

Kessel	Gesamtwirkungsgrad η[1]) Koks	Öl	Gas
Gußkessel, oberer Abbrand	0,6	–	–
dgl. unterer Abbrand	0,67	0,70	0,70
Stahlkessel, oberer Abbrand	0,57	–	–
dgl. unterer Abbrand	0,67	0,69	0,69
Spezialkessel für Öl/Gas	–	0,73	0,73
Mehrkesselanlagen	0,7	0,72	0,74
dgl., Spez.-Kessel Öl/Gas	–	0,75	0,75

[1]) Der Gesamtwirkungsgrad (= Betriebswirkungsgrad) einer Heizungsanlage ist das Verhältnis der für die Gebäudeheizung nutzbar gemachten Wärme zu der mit dem Brennstoff insgesamt zugeführten Wärmemenge. Er berücksichtigt damit die Energieverluste, die in der Feuerungsanlage selbst, durch Unvollkommenheiten der Regelungsanlage und durch Rohrleitungsverluste entstehen.

Jahresbenutzungsstunden bei koks- und ölgefeuerter Zentralheizung. Die Jahresbenutzungsstunden können für Orte mit min $t_a = -15$ °C und $GT = 3400$ (bzw. min $t_a = -12$ °C und $GT = 3100$ oder min $t_a = 18$ °C und $GT = 3700$) aus Tafel **529**.2 entnommen werden.

Tafel **529**.2 Jahresbenutzungsstunden h_j für Wohnbauten mit koks- oder ölgefeuerten Warmwasser-Zentralheizungen in Orten mit min $t_a = -15$ °C und $GT = 3400$ oder mit min $t_a = -12$ °C und $GT = 3100$ oder mit min $t_a = -18$ °C und $GT = 3700$ (nach H. U. Todt)

Gebäudeart	h_j in h/Jahr	Anmerkungen
Einfamilienhaus, freistehend, 1- bis 1,5geschossig	1600	In diesen Werten für h_j sind ca. 155 Sommerbenutzungsstunden der Monate Mai bis September berücksichtigt. Die Werte gelten ferner für moderne städtische Wohngebäude mit neuzeitlichen, automatisch geregelten Zentralheizungen ohne Warmwasserversorgung.
als Doppelhaus	1520	
als Reihenhaus	1470	
Reihenhaus mit Mietwohnungen		
2- bis 2,5geschossig	1630	
3- bis 3,5geschossig	1570	
4- bis 4,5geschossig	1550	
Wohnblock mit über		
18 Wohnungen, 3- bis 3,5geschossig	1620	
24 Wohnungen, 4- bis 4,5geschossig	1570	
Wohnhochhäuser	1660	
im Mittel	ca. 1580	

Für Orte mit anderen Werten für min t_a und GT enthält Tafel **530**.1 Umrechnungsfaktoren zu den Werten der Tafel **529**.2. Es bedeuten:

GT = Jahres-Gradtagzahl = Produkt aus der Anzahl der Heiztage der Heizperiode mit der Temperaturdifferenz zwischen der mittleren Gebäude-Innentemperatur t_{im} (= 19 °C bei Wohngebäuden) und der mittleren Winter-Außentemperatur t_{am} (Lübeck z. B. + 4,5 °C). Als Heizperiode ist die zusammenhängende Zahl von Tagen mit einer durchschnittlichen Außentemperatur von $\leqq +12$ °C anzusehen.

min t_a = tiefste mittlere Außentemperatur nach DIN 4701

GT und min t_a sind für jeden Ort bekannt und z. T. aus Tabellen abzulesen (s. Tafel **480**.1).

Tafel **530**.1 Korrekturfaktoren zu den Jahresbenutzungsstunden aus Tafel **529**.2 für andere klimatische Verhältnisse

min t_a	−12 °C	−18 °C
f	1,09	0,92

GT	2800	2900	3100	3200	3300	3400	3500	3600	3700	3800	3900	4000
f	0,82	0,85	0,91	0,94	0,97	1,00	1,03	1,06	1,09	1,12	1,15	1,18

Jahresbenutzungsstunden bei Gaszentralheizung. Für größere Gaszentralheizungen sind der Jahres-Wärmeverbrauch und damit die Jahresbenutzungsstunden die gleichen wie bei der koks- oder ölgefeuerten Zentralheizung.

Für kleinere gasgefeuerte Zentralheizungen zur Beheizung einzelner Wohnungen oder Einfamilienhäuser (z. B. mit Umlauf-Gaswasserheizern) sind diese Werte jedoch mit dem Faktor $n = 0{,}82$ zu korrigieren.

Jahresbenutzungsstunden bei Nachtstrom-Speicher. Auf Grund der Besonderheiten der Elektro-Nachtstrom-Speicherheizung gegenüber einer Warmwasserzentralheizung, wie die individuelle und fast trägheitslose Raumtemperaturregelung, ein Gesamtwirkungsgrad von ca. 100%, der üblicherweise hochwertige bauliche Wärmeschutz, betragen hier für Wohnungsbauten die Jahresbenutzungsstunden nur etwa

$h_j = 1150$ bis 1300 h/Jahr (einschl. Sommerbenutzungsstunden Mai bis September).

8.7.3 Ergänzungen

Auf einfache Weise sind der Jahres-Wärmebedarf Q_j, der voraussichtliche Jahres-brennstoffbedarf B_j und die zu erwartenden durchschnittlichen jährlichen Brennstoffkosten für verschiedene Heizungsanlagen mit Hilfe der Jahresbenutzungsstunden und ausgehend vom spezifischen Wärmebedarf in kW/m² Wohnfläche nach Bild **531**.1 zu bestimmen.

Beispiel für $Q = 140$ W/m²WF und $h_j = 1550$ h/Jahr
Dieses Beispiel ist lediglich eine Erläuterung der Tafel **531**.1 und gestattet keinen Heizkostenvergleich.

Art der Heizung	A	B	C	F	G
Brennstoffbedarf je m²WF und Jahr	38,7 kg	29,7 l	56,3 m³	30,9 m³	228 kWh
Brennstoffpreis	45 Dpf/kg	70 Dpf/l	25 Dpf/m³	45 Dpf/m³	10 Dpf/kWh
Brennstoffkosten je m²WF und Jahr	17,50 DM	20,80 DM	14,10 DM	14,05 DM	22,80 DM

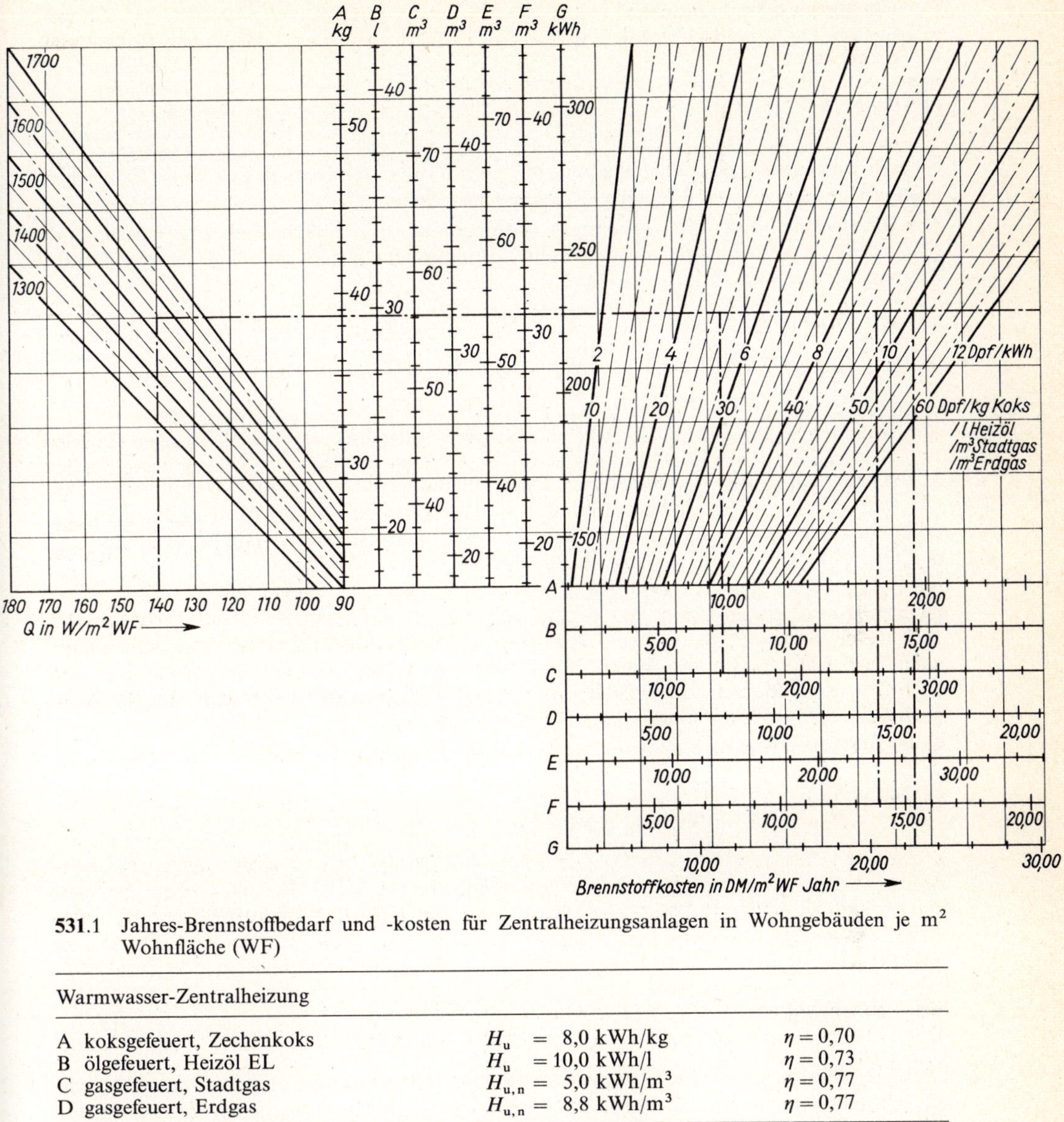

531.1 Jahres-Brennstoffbedarf und -kosten für Zentralheizungsanlagen in Wohngebäuden je m² Wohnfläche (WF)

Warmwasser-Zentralheizung		
A koksgefeuert, Zechenkoks	H_u = 8,0 kWh/kg	$\eta = 0{,}70$
B ölgefeuert, Heizöl EL	H_u = 10,0 kWh/l	$\eta = 0{,}73$
C gasgefeuert, Stadtgas	$H_{u,n}$ = 5,0 kWh/m³	$\eta = 0{,}77$
D gasgefeuert, Erdgas	$H_{u,n}$ = 8,8 kWh/m³	$\eta = 0{,}77$
Warmwasser-Etagenheizung		
E gasgefeuert, Stadtgas	$H_{u,n}$ = 5,5 kWh/m³	$\eta = 0{,}80$
F gasgefeuert, Erdgas	$H_{u,n}$ = 8,8 kWh/m³	$\eta = 0{,}80$
Elektroheizung		
G	H_u = 1,0 kWh/kWh	$\eta = 1{,}00$

Der Jahresbrennstoffverbrauch kann

in gebirgigen Lagen ($\leqq$1000 m Höhe)	ca. 25% höher
für Bürogebäude	ca. 10% niedriger
in Schulen	ca. 20% niedriger
in Krankenhäusern	ca. 5% höher
in Neubauten in der 1. Heizperiode	ca. 15 bis 30% höher
in der 2. Heizperiode	ca. 5 bis 15% höher
bei einer Kombination einer Zentralheizung mit einer Warmwasserbereitung	ca. 10 bis 20% höher

liegen als die nach Abschn. 8.7.1 oder 8.7.2 ermittelten Werte.

1. Zahlenbeispiel. Ein dreigeschossiges Wohngebäude hat 300 m² beheizte Fläche und $Q = 42$ kW. Wie hoch ist der mittlere Jahres-Brennstoffbedarf für eine ölgefeuerte Zentralheizung? ($GT = 3400$, min $t_a = -15\,°C$)

a) nach Abschn. 8.7.1, Abs. 1 $\quad B_j = 180 \cdot 42 = \underline{7550}$ l/Jahr Heizöl EL

b) nach Abschn. 8.7.1, Abs. 2 $\quad B_j = 300 \cdot 25 = \underline{7500}$ l/Jahr Heizöl EL

c) nach Abschn. 8.7.2 $\quad B_j = \dfrac{h_j \cdot Q}{H_u \cdot \eta} = \dfrac{1570 \cdot 42}{10 \cdot 0{,}73} = \underline{9030\,\text{l}}$ Heizöl EL

2. Zahlenbeispiel. Ein freistehendes Einfamilienhaus von 140 m² Wohnfläche und $Q = 0{,}130$ kW/m² Wohnfläche soll eine stadtgasgeheizte Warmwasser-Zentralheizung erhalten. Wie groß ist der voraussichtliche Jahres-Brennstoffbedarf, wenn für den betreffenden Ort min $t_a = -12\,°C$ und $GT = 2900$ sind?

Nach Tafel **529**.2 ist $h_j = 1600$ für min $t_a = -15\,°C$ und $GT = 3400$.

Folgende Korrekturfaktoren sind anzusetzen:

nach Tafel **530**.1 für min $t_a = -12\,°C$	1,09	
für $GT = 2900$	0,85	$f_{ges} = 1{,}09 \cdot 0{,}85 \cdot 0{,}82 = 0{,}76$
nach Seite 530 für Einfamilienhaus Gaszentralheizung	0,82	

Ferner sind

$$H_u = 5{,}0 \text{ kWh/m}^3 \text{ und } \eta = 0{,}77$$

Mithin

$$B_j = \frac{h_j \cdot Q}{H_u \cdot \eta} = \frac{1600 \cdot 0{,}76 \cdot 140 \cdot 0{,}130}{5{,}0 \cdot 0{,}77} = \underline{5750 \text{ m}^3 \text{ Stadtgas/Jahr}}$$

8.8 Betriebskosten

Die nach Abschn. 8.7 ermittelten voraussichtlichen Jahres-Brennstoffkosten sind nicht, wie oft irrtümlich angenommen wird, mit den voraussichtlichen jährlichen Heizkosten identisch. Die Gesamtbetriebskosten für eine Heizungsanlage setzen sich vielmehr wie folgt zusammen aus:

1. dem Kapitaldienst (Zinsen und Abschreibung) für die Anlagekosten (ggf. einschl. besonderer baulicher Maßnahmen, wie Heiz- und Brennstofflagerräume u. dgl., und zusätzlichen baulichen Wärmeschutz)

2. den Kosten für die Wartung und Instandhaltung der Heizungsanlage
3. den Brennstoffkosten.

Ein korrekter Heizkostenvergleich, wie er zur Ermittlung des wirtschaftlichsten Heizsystems für eine bestimmte Bauaufgabe vielfach aufzustellen ist, muß daher diese 3 Faktoren erfassen. Er kommt dann oft zu einem anderen Ergebnis, als wenn nur die Brennstoffkosten alleine miteinander verglichen würden.

Je unterschiedlicher dabei die jeweils betrachteten Heizsysteme sind (z. B. eine konventionelle Warmwasser-Zentralheizung gegenüber einer Elektroheizung), um so mehr weichen die Aufwendungen für den Kapitaldienst, aber auch für Wartung und Instandhaltung, voneinander ab, um so weniger ist aber auch die Annahme eines gleichen Wärmebedarfes und einer einheitlichen Benutzungsdauer für alle Systeme zulässig.

Insbesondere ist zu beachten, daß sich auch durch einen erhöhten Wärmeschutz nicht nur der maximale stündliche Wärmebedarf Q, sondern gleichzeitig auch die Anzahl der Jahresbenutzungsstunden h_j verringert (s. hierzu auch Abschn. 8.2).

Im übrigen gehen Wirtschaftlichkeitsuntersuchungen dieser Art über den Rahmen des Buches hinaus.

8.9 Technische Regeln

Deutsche Normen

DIN 4108	Beiblatt 1 Wärmeschutz im Hochbau; Inhaltsverzeichnisse; Stichwortverzeichnis (04.82)
DIN 4108	T. 1 Wärmeschutz im Hochbau; Größen und Einheiten (08.81)
DIN 4108	T. 2 Wärmeschutz im Hochbau; Wärmedämmung und Wärmespeicherung; Anforderungen und Hinweise für Planung und Ausführung (08.81)
DIN 4108	T. 3 Wärmeschutz im Hochbau; Klimabedingter Feuchteschutz; Anforderungen und Hinweise für Planung und Ausführung (08.81)
DIN 4108	T. 4 Wärmeschutz im Hochbau; Wärme- und feuchteschutztechnische Kennwerte (08.81)
DIN 4108	T. 5 Wärmeschutz im Hochbau; Berechnungsverfahren (08.81)
DIN 4701	T. 1 Regeln für die Berechnung des Wärmebedarfs von Gebäuden; Grundlagen der Berechnung (03.83)
DIN 4701	T. 2 Regeln für die Berechnung des Wärmebedarfs von Gebäuden; Tabellen, Bilder, Algorithmen (03.83)
DIN 4705	T. 1 Berechnung von Schornsteinabmessungen; Begriffe, ausführliches Berechnungsverfahren (09.79)
DIN 4705	T. 2 Berechnung von Schornsteinabmessungen; Näherungsverfahren für einfach belegte Schornsteine (09.79)
DIN 5499	Brennwert und Heizwert; Begriffe (01.72)
DIN 18055	Fenster; Fugendurchlässigkeit, Schlagregendichtheit und mechanische Beanspruchung; Anforderungen und Prüfung (10.81)
DIN 18150	T. 1 Baustoffe und Bauteile für Hausschornsteine; Formstücke aus Leichtbeton; Einschalige Schornsteine, Anforderungen (09.79)
DIN 18160	T. 1 Hausschornsteine; Anforderungen, Planung und Ausführung (04.81)
DIN 18160	T. 2 Feuerungsanlagen; Verbindungsstücke (02.63)
DIN 67507	Lichttransmissionsgrade, Strahlungstransmissionsgrade und Gesamtenergiedurchlaßgrade von Verglasungen (06.80)

9 Einzelheizungen

9.1 Allgemeines

Einzelheizungen sind alle Heizungsanlagen, bei denen die zur Beheizung eines Raumes erforderliche Wärme in einem in diesem Raum selbst aufgestellten Heizgerät (z. B. Ofen) erzeugt wird.

Hierbei lassen sich mit neuzeitlichen Geräten wegen des Fortfalles aller Wärmeverluste durch besondere Heizräume und Rohrleitungen hohe Wirkungsgrade erreichen. Der Betrieb der Heizung kann je nach Bedarf leicht auf einen oder wenige Räume beschränkt und somit äußerst sparsam werden.

Bei Einsatz zahlreicher Einzelöfen sind die Betriebskosten indessen nicht wesentlich niedriger als bei einer Zentralheizung, deren Anlagekosten jedoch meistens erheblich höher liegen.

Öfen mit Schornsteinanschluß unterstützen zwar den natürlichen Luftwechsel der Räume, doch bewirken sie durch ihre unvermeidliche Stellung an einer Innenwand in Schornsteinnähe eine ungünstige Luftzirkulation mit Zugerscheinungen vom Fenster her (**661**.1 rechts). Damit entsteht eine ungleichmäßige Erwärmung des Raumes, die durch die nach den Fenstern hin abnehmende Wirkung der Wärmeabstrahlung des Ofens noch verstärkt wird.

Günstiger in dieser Hinsicht sind schornsteinlose Heizgeräte, die sich in den Fensterbrüstungen aufstellen lassen, wie Außenwand-Gasheizöfen (s. Abschn. 9.4.2) oder Elektro-Speicherheizgeräte (s. Abschn. 9.5.2).

Öfen müssen dicht sein. Undichtheiten erzeugen Abgasverluste durch einströmende Falschluft und verhindern die für Schwachlastbetrieb unerläßliche Kleinstellbarkeit des Ofens (**517**.1). Nur hochwertige, normgerechte Modelle mit dicht aufgeschliffenen Türen erfüllen auf die Dauer diese Forderung.

Sie sollen ferner reichlich bemessen sein, um, ohne bald schadhaft zu werden, den starken Überlastungen durch das häufige und schnelle Anheizen gewachsen zu sein, das der oft unterbrochene Betrieb einer Einzelheizung mit sich bringt.

Größere Heizflächen haben außerdem niedrigere Oberflächentemperaturen und damit weniger lästige Strahlung und unhygienische Staubverschwelung. Glatte Oberflächen vermindern die Staubablagerung und erleichtern die Reinigung des Ofens, der hierzu auch innen gut zugänglich sein soll.

Öfen mit anerkannten Prüf- und Gütezeichen garantieren die Einhaltung der normenmäßigen Bau- und Gütevorschriften.

Öfen erfordern mehr Stellfläche als die Heizkörper der Zentralheizungen. Hinzu kommen der Platzbedarf und die Mehrkosten für die Schornsteine, die zudem die Grundrißdurchbildung hemmen und oft auch die äußere Gestaltung der Bauten beeinträchtigen.

Die außerordentliche Zahl der nicht immer einwandfrei betriebenen Feuerstätten und Schornsteine ist eine der Hauptursachen für die Verunreinigung der Luft, vor allem in den großen Städten, so daß auch aus diesem Grund zur Zeit bereits >90% aller neuerstellten Wohnungen Zentralheizungen mit ihren wenigen Schornsteinen und ihrer bei guter Wartung erheblich geringeren Luftverschmutzung erhalten.

9.2 Öfen für feste Brennstoffe

Ihre Anlage- und Betriebskosten sind verhältnismäßig niedrig. Holzabfälle und andere feste Brennstoffe, aber keine Kunststoffe und Küchenabfälle, können verbrannt werden.

Der Betrieb der Öfen selbst wie auch der Transport von Kohle, Holz und Asche verursachen Hausarbeit und Schmutz in der Wohnung.

Jede Wohnung muß einen ausreichenden Brennstoffkeller haben. Die vielen einzelnen Brennstofftransporte sind unwirtschaftlich und belasten die Straßen in unerwünschtem Maße.

9.2.1 Offene Kamine

Offene Kamine werden vor allem wegen der anheimelnden Wirkung der offenen Flamme und als beliebtes Gestaltungselement gern in Einfamilienhäusern eingebaut. Sie geben Wärme durch Warmluft oder Strahlung der Flamme und der Feuerraumwandungen ab, während die Wärme der Rauchgase ungenutzt in den Schornstein abzieht.

So ist der Wirkungsgrad des offenen Kamins mit 5 bis 10%, bei Umlufterwärmung $\leqq$30%, gering, doch wird auf ihn kein besonderer Wert gelegt, weil heute neben dem Kamin stets eine Zentralheizung vorhanden ist.

Die Heizleistung kann mit ca. 3500 bis 4500 W je m^2 Kaminöffnung angenommen werden.

Innenraumkamine. Sie sind mit einseitig geöffnetem Feuerraum (**536**.1) am unempfindlichsten gegen Zugstörungen und erfordern am wenigsten Platz. Sie werden daher am häufigsten ausgeführt. Die Öffnung des Feuerraumes soll nicht zu groß sein und hat in der Übergangszeit mit 70/55 cm ein Raumheizvermögen bis zu ca. 90 m^3, mit 90/70 cm bis zu ca. 120 m^3.

Zur besseren Wärmeabstrahlung werden die Seitenwände nach hinten konisch eingezogen (**537**.1) und die Rückwand evtl. ganz oder im oberen Teil nach vorn geneigt. Zusätzlich können sie auch auf der Rückseite eine Wärmedämmung erhalten.

Alle unmittelbar mit dem Feuer in Berührung kommenden Teile sind aus feuerfestem Material, z. B. Schamotteplatten, herzustellen. Für alle übrigen Teile des Rohkamines werden zunehmend vorgefertigte Leichtbetonplatten verwendet.

Seiten- und Rückwände stehen auf einer Feuerplatte mit Aschfalloch und eisernem Rost. Nach oben wird der Feuerraum durch eine Abdeckplatte abgeschlossen, die den konischen Rauchfang trägt, der den Übergang zum Rauchrohr (bei einem unmittelbar über dem Kamin angeordneten Schornstein auch zu diesem selbst) bildet.

Durch eine Regulierklappe in der Öffnung kann der Schornsteinzug geregelt oder bei nicht in Betrieb befindlichem Kamin zur Verhinderung der Auskühlung des Raumes ganz unterbunden werden. Durch ihr Schließen vermeidet man ferner ein Verschmutzen des Raumes während der Reinigung des Schornsteines. Die Oberkante Feuerplatte liegt am günstigsten in ca. 42 cm Sitzhöhe. So wird das Feuer für einen größeren Kreis sichtbar und auch die Bedienung eines Grills erleichtert.

Jeder Kamin muß einen eigenen Schornstein haben, der am besten mittig hinter ihm liegt (**536**.1), doch kann er bei der Wahl eines entsprechenden Rauchrohres auch seitlich neben oder über dem Kamin angeordnet werden.

Das Aufsetzen unmittelbar auf dem Kamin hat jedoch den Nachteil, daß der Schornstein zur Entlastung des Kaminkörpers abgefangen werden muß und daß beim Fegen des Schornsteines der Ruß in den Feuerraum zurückfallen kann. Gegen Beschädigung durch das Kehrgerät ist hier außerdem oberhalb des Rauchfanges ein Kugelfanggitter einzubauen.

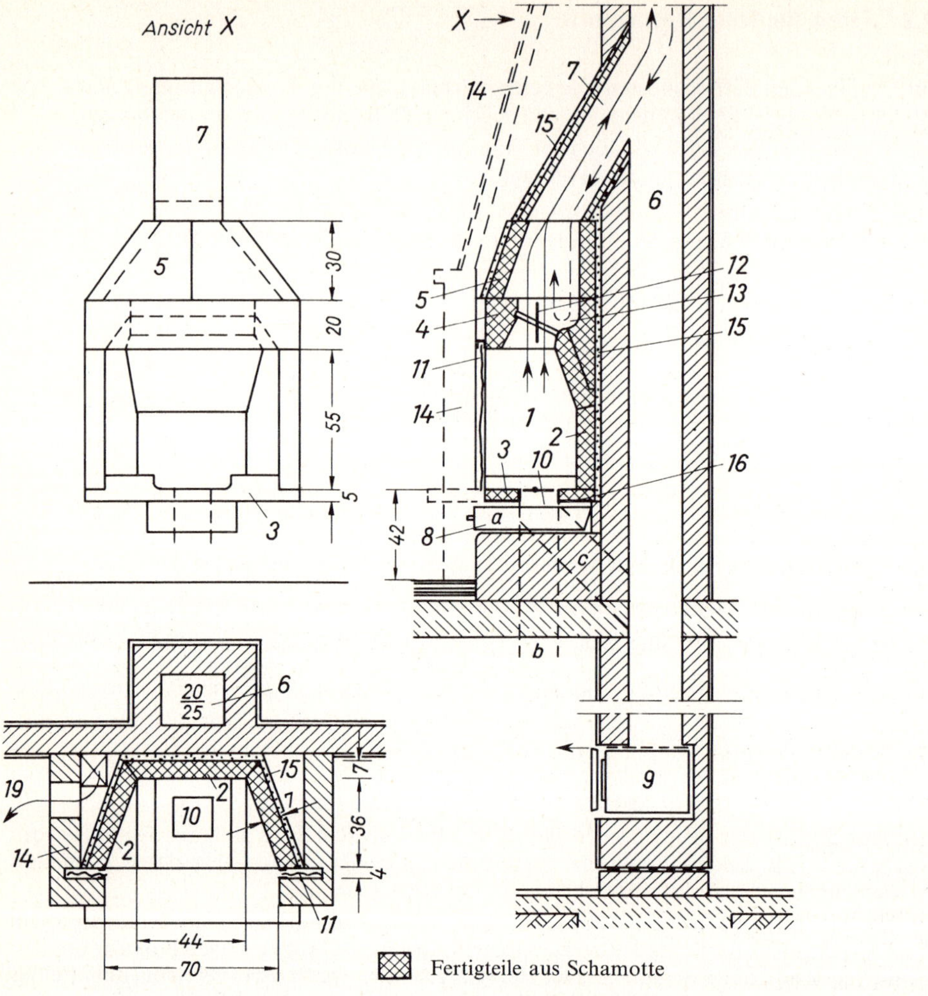

536.1 Offener Kamin aus Fertigteilen mit einseitig geöffnetem Feuerraum (M 1:30) (Bauart Rösler)

1 Feuerraum
2 Feuerraumbegrenzung
3 Bodenplatte mit Feuerböcken
4 Sturz
5 Abzugshaube
6 Schornstein, gemauert
7 Rauchrohr aus Schamotterohren
8 Entaschung
   a) im Raum durch Aschenschublade
   b) durch Blechrohr ⌀150 mm zum Ascheneimer im Keller
   c) durch Rutsche zum Schornstein
9 Ruß- und Aschenfangkasten zu 8c)
10 Aschfalloch 150/150 mm, eiserner Rost
11 Funkenschutz-Vorhang aus Metallgeflecht in Stahlrahmen
12 Rauchklappe
13 Umlenkboden
14 Verkleidung nach besonderem Entwurf, schräg oder senkrecht
15 Mineralfaser-Dämmplatten
16 Asbestplatte, 10 mm dick
17 Abzugshaube aus 3 mm dickem Stahlblech
18 Rauchrohr, wie 17
19 Zuluft aus gut belüftetem Kellerraum

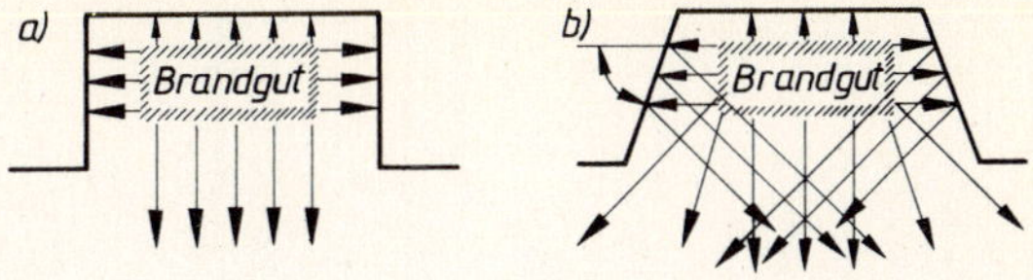

537.1
Grundform von Kaminen
a) ungünstige rechteckige Form
b) gute Ausnutzung der Wärmestrahlung

Rauchrohr und Schornstein müssen glatte Wandungen haben und gut wärmegedämmt sein, um einen möglichst wirksamen Auftrieb zu gewährleisten (z. B. mehrschalige Schornsteine mit Wärmedämmung). Schornsteinquerschnitte s. Tafel **537**.2.

Tafel **537**.2 Schornstein-Querschnitte in cm/cm für offene Kamine (nach Rösler)

Schornstein-höhe	Schornstein-art	Feuerraum einseitig geöffnet, lichte Öffnung in cm/cm 60/50[1]	70/55	80/60	zwei- oder dreiseitig geöffnet
≦6 m	a	20/20	20/25	20/25	25/30
	b	20/25	25/25	25/30	30/35
>6 m	a	16/20	20/20	20/20	25/25
	b	20/20	20/25	20/25	25/30

[1]) bei guten Zugverhältnissen auch kleiner; a = Schornstein aus Formstücken
b = Schornstein gemauert

Sie sind nach der mittleren Abgastemperatur (50 bis 60 °C), der Höhe und der Luftmenge berechnet. Über die Größenbemessung bestehen jedoch keine einheitlichen Auffassungen. Für die Größe der Kaminöffnung hat sich die Formel nach H. Schlüter bewährt (Tafel **537**.3).

Tafel **537**.3 Einflußfaktor e zur Berechnung der Kaminöffnung (nach Schlüter)

Schornsteinlage	bei Schornsteinen über dem Feuerraum	bei Schornsteinen hinter dem Feuerraum
gerade in Innenwand	0,2	0,4
gerade in Außenwand	0,3	0,5
gezogen in Innenwand	0,3	0,5
gezogen in Außenwand	0,4	0,6

$$F_{ö} = \frac{F_s \sqrt{h}}{e}$$

$F_{ö}$ in cm² Fläche der Kaminöffnung
F_s in cm² Schornsteinquerschnitt
h in m Schornsteinhöhe
e Einflußfaktor, 0,2 bis 0,6

Die Verbrennungszuluft sollte zur Vermeidung von Zugerscheinungen nicht aus dem Aufstellungsraum selbst, sondern immer entweder aus einem Nebenraum, aus dem Freien oder aus einem gut gelüfteten Kellerraum (**536**.1 und **538**.1) entnommen werden.

Sie kann auch aus der Wand neben dem Kamin austreten, aber nie an einer gegenüberliegenden Wand, da dann Zugbelästigungen unvermeidlich würden.

Die Entaschung kann entweder durch einen Aschenkasten vom Zimmer aus oder staubfrei über ein vom Aschenfall zu einem im Keller aufgestellten Ascheneimer oder zum Schornsteinfuß führendes Blechrohr ⌀150 mm erfolgen.

Innenkamine können auch mit zwei- oder dreiseitig geöffnetem Feuerraum (**538**.1) ausgeführt werden, doch sollte man einen solchen Kamin nur dort vorsehen, wo kein Zug aus dem Raum entstehen kann.

Die Sitzmöglichkeiten im Viertelkreis sind hier begrenzt.

Neben der oder den offenen Schmalseiten des Feuerraumes sollen sich auf ≦ 3 m keine Maueröffnung, wie Tür, Durchgang oder Fenster, befinden.

Anstelle der wegfallenden Seitenwand tritt jeweils eine Stütze aus Vierkantstahl oder eine in der Decke befestigte Zugstange.

Zur Gewichtsersparnis werden Rauchfang und Rohr zweckmäßig aus 3 mm dickem Stahlblech mit guter außenseitiger Wärmedämmung angefertigt.

Im übrigen besteht kein grundsätzlicher Unterschied zu den einseitig geöffneten Kaminen.

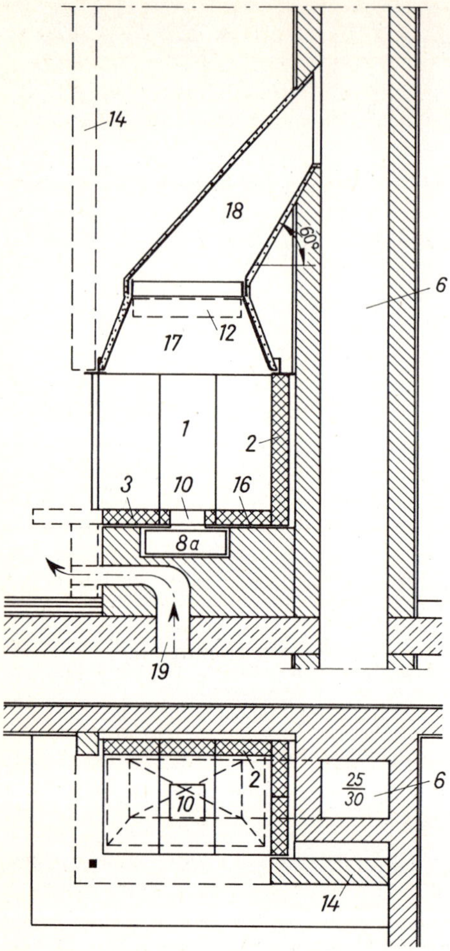

538.1
Offener Innenkamin mit zweiseitig geöffnetem Feuerraum, sonst wie Bild **536**.1 (Legende s. Bild **536**.1)

Außenkamine. Sie sollen nur mit einseitig oder zweiseitig geöffnetem Feuerraum errichtet werden.

Ein dreiseitig geöffneter Feuerraum ist hier der immer zu erwartenden Zugstörungen wegen nicht zu empfehlen.

Kamine im Freien erfordern keine Zuluft. Dadurch vereinfacht sich ihr Aufbau.

Planung. Für den Kaminbau bestehen keine allgemein anerkannten Bau- und Bemessungsregeln, zu bestimmten konstruktiven Einzelheiten werden sogar von den Fachleuten gegensätzliche Auffassungen vertreten.

Andererseits liefern eine Reihe von Spezialfirmen aufgrund langjähriger Erfahrungen vorgefertigte Elemente, aus denen an Ort und Stelle nach dem Baukastensystem Rohkamine erstellt werden, die in bezug auf garantierte Funktionsfähigkeit, optimale Größenabstimmung und leichten Zusammenbau keinen Wunsch offen lassen und daher gegenüber eigenen Experimenten besonders zu empfehlen sind.

Die sichtbare, 12 bis 14 cm dicke Verkleidung des Rohkamines kann dann nach dem eigenen Entwurf des Architekten völlig unabhängig und individuell geplant und ausgeführt werden.

Brennstoffe. Als Brennstoff dienen vorzugsweise ca. 25 cm lange Scheite aus lufttrockenem Hartholz aller Art. Das stets harzhaltige Weichholz von Nadelbäumen ist nicht zu empfehlen, da es nicht lange brennt, zu wenig Glut entwickelt und meterweit Funken in den Raum sprüht.

Zusätzlich können auch Torf, Braun- und Steinkohlebriketts sowie Fettkohle verfeuert werden.

Ein beim Bau des Kamines miteinzusetzender Vorhang aus Messinggeflecht schützt gegen Funkenflug und erlaubt das Verlassen des Raumes vor dem völligen Erlöschen des Feuers.

9.2.2 Eiserne Öfen

9.2.2.1 Allgemeines

Qualitätsöfen nach DIN 18890 „Dauerbrandöfen für feste Brennstoffe" sind durch ein Gütezeichen gekennzeichnet. Mit einem Ofenkörper aus schwarzem oder emailliertem Grauguß haben sie einen Wirkungsgrad von $\geqq 70\%$ und lassen sich auf weniger als $^1/_4$ ihrer Nennheizleistung einstellen, teilweise vorübergehend auch bis auf das $1^1/_2$fache überlasten. Sie geben nach dem Anheizen schnell Wärme ab, erkalten jedoch nach dem Erlöschen des Feuers ebenfalls schnell.

So sind sie einerseits für eine Kurzzeitheizung besonders geeignet, während andererseits die im Brennstoff-Vorratsraum des Ofens zu speichernde Brennstoffmenge einen stundenlangen Dauerbrand sichert, der bei $^1/_4$ Normallast 12 bis 18 Stunden anhält.

Trotz der Konkurrenz von Öl und Gas haben die eisernen Öfen für feste Brennstoffe, besonders durch ihre Automatik, noch immer einen gewissen Marktanteil.

9.2.2.2 Bauarten

Man unterscheidet Öfen mit oberem Abbrand (Durchbrandöfen, irische Öfen) und unterem Abbrand (Unterbrandöfen, amerikanische Öfen) sowie Universal-Dauerbrandöfen.

Konvektionsöfen. Der ursprüngliche eiserne Allesbrenner-Dauerbrandofen mit seinen hohen Oberflächentemperaturen ist heute durch den Konvektionsofen abgelöst worden (**539**.1). Dieser hat mindestens an den beiden Seitenflächen des Ofens durch einen Doppelmantel gebildete Luftkanäle, an denen die Raumluft im Zwangsumlauf an den Heizflächen des Ofens vorbeistreicht und erwärmt nach oben in den Raum austritt.

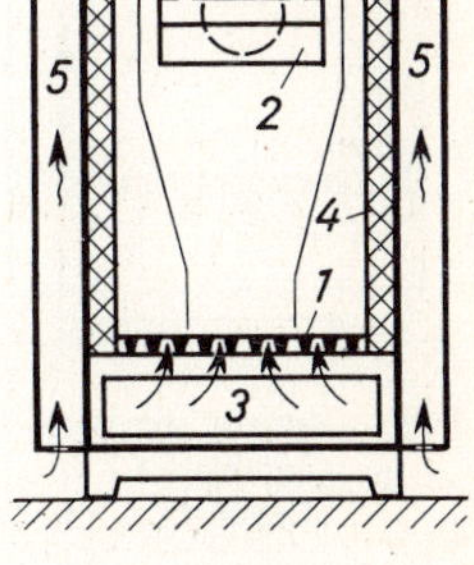

539.1
Konvektionsofen (Durchbrandofen mit Deckenzug) (M 1:20)

1 Planrost
2 Prallplatte des Deckenzuges
3 Aschenkasten
4 Schamotteauskleidung
5 Umluftkanal
6 automatischer Verbrennungsregler
7 Luftklappe des Verbrennungsreglers
8 Korbrost
9 Füllschacht
10 Vordertür zur Reinigung des vorderen Umluftkanales
11 Sichtfenster
12 vorderer Steigezug
13 Fülltür
14 Feuertür
15 Stehplatte
16 Aschenfalltür
17 Fülldeckel
18 Rütteleinrichtung
19 Aschenkanal
20 Aschenbehälter
21 Deckenzug

Legende auch zu Bild **540**.1, **541**.1, **542**.1 und 2

So wird mit einem Konvektionsanteil der Leistung von 50 bis 85% eine unangenehme oder schädliche Intensität der Wärmeabstrahlung des Ofens vermieden.

Diese Konvektionsöfen haben meistens Deckenzüge (**542**.2), seltener Sturz- und Steigezüge mit ihren höheren Ansprüchen an den Schornsteinzug, und sind für Magerkohle wie für Kohle- oder Braunkohlebriketts geeignet.

Weniger brauchbar ist Koks, der nur mit anderen Brennstoffen gemischt verfeuert werden sollte, da ein reines Koksglutbett wegen der hohen Entzündungstemperatur dieses Brennstoffes bei Schwachbrand leicht erlischt, bei Überheizen hingegen durch schmelzende Schlacke die Ausschamottierung des Ofens beschädigen kann.

Der Füllraum des Ofens ist zugleich Verbrennungsraum. Die durch den Planrost eintretende Verbrennungsluft durchzieht die ganze Brennstoffüllung des Ofens und setzt sie auf einmal in Brand (Durchbrand).

Die Wärmeabgabe des Ofens ist damit von der jeweiligen Füllmenge abhängig. Sie sinkt mit fortschreitendem Abbrand langsam ab, um nach erneuter Brennstoffaufgabe schnell wieder anzusteigen.

Ein gleichmäßiger Dauerbrand ist daher nur durch ständiges Nachregeln mit einer Reguliereinrichtung in der Feuertür zu erreichen.

Der Ofen läßt sich schnell hochheizen und auch zeitweise beträchtlich überlasten.

Die ca. 4 cm dicke Schamotteauskleidung des Ofens soll weniger Wärme speichern, als vielmehr zu hohe Oberflächentemperaturen und außerdem bei Schwachbrand eine Abkühlung des Glutbettes unter die Entzündungstemperatur verhindern.

Normgerechte Konvektionsöfen haben bei ≧ 0,1 bar Schornsteinzug (am Rauchrohrstutzen gemessen) und 200 °C Rauchgastemperatur eine spezifische Heizleistung von 4,8 kW/m^2, Sonderbauweisen mit Kochkacheln oder für Holz und Torf von 3,6 kW/m^2. Heizflächen und Leistungen (Raumheizvermögen) s. Tafel **543**.1.

Automatiköfen (540.1 und 2). Dies sind Konvektionsöfen mit automatischer Regelung, die durch selbsttätiges Verstellen der Luftklappe die Ofenleistung auf gleicher Höhe hält, ein unbeabsichtigtes Überheizen oder vorzeitiges Erlöschen verhütet, den Wartungsaufwand verringert, Brennstoff spart und den Ofen schont.

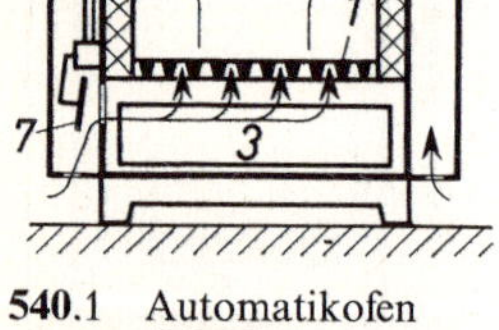

540.1 Automatikofen (M:20) (Legende s. **539**.1)

540.2
Leistungsregler eines Automatikofens (Buderus)

Die am Schalter 1 eingestellte Heizleistung wird durch Bimetallstreifen 2 eingehalten, deren durch die geringsten Temperaturänderungen hervorgerufenen Bewegungen über den Hebelarm 3 die Luftklappe 4 weiter öffnen oder schließen und dadurch die Zufuhr der Verbrennungsluft 5 ständig so regeln, daß die Heizleistung des Ofens sich nicht verändert.

Die in den Warmluftkanälen 7 zwischen dem Ofenmantel und dem eigentlichen Ofen erzeugte Warmluft 8 strömt daher in stets gleichmäßiger Menge und Temperatur ins Zimmer.

Die Reguliereinrichtung in der Feuertür entfällt.

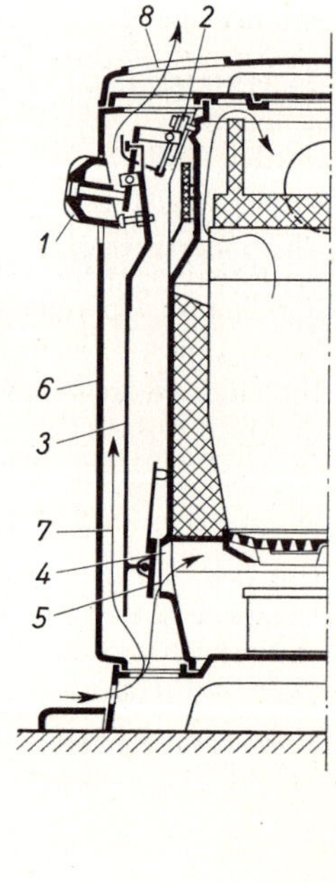

So wird vor allem ein sicherer gleichmäßiger Dauerbrand erreicht, auch bei der Verfeuerung des durch seine Rußfreiheit besonders günstigen Kokses. Dies ist auch ein wichtiger Schritt bei dem Bestreben nach Reinhaltung der Luft.

Rauchrohre. Deckenzugöfen kann man bei starkem Schornsteinzug zur besseren Ausnutzung der Abwärme mit einem ca. 1 m langen, senkrechten Rauchrohr mit 2 Knien an den Schornstein anschließen.

Längere Ofenrohre, Rohrregister sind wirkungslos und sogar schädlich, da sie die Abgastemperaturen so weit herunterzudrücken vermögen, daß der Schornsteinzug leiden und der Wasserdampf aus den Abgasen kondensieren kann.

Alle übrigen Öfen sind stets kurz an den Schornstein anzuschließen.

Leuchtfeueröfen. Diese Öfen sind nur für Koks, Anthrazit oder Magerkohle geeignet (**541**.1). Sie haben einen unteren Abbrand. Die Verbrennungsluft kann nur die stets gleichbleibende Brennstoffmenge im Korbrost durchziehen und in Glut setzen, nicht aber den in dem oberhalb des Korbrostes lose eingehängten Füllschacht gespeicherten und dem Abbrand entsprechend nachrutschenden Brennstoffvorrat.

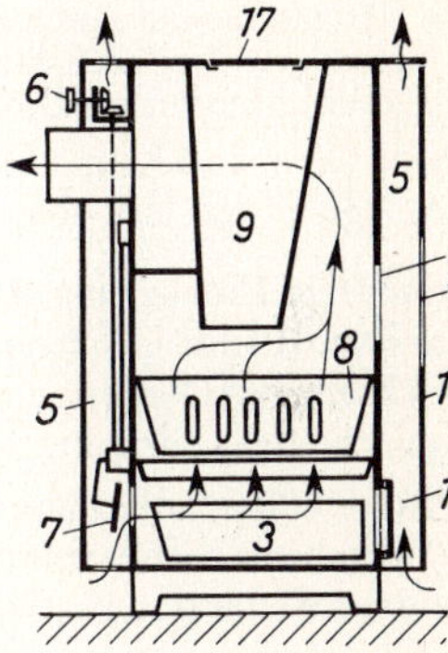

541.1
Leuchtfeuerofen (Unterbrandofen) (M 1:20) (Legende s. **539**.1)

Ein über eine lange Zeit, bei rechtzeitigem Nachfüllen sogar monatelang, sehr gleichmäßiger Dauerbrand kennzeichnet damit diese Öfen, die indessen nicht sehr stark überlastbar und daher für stoßweisen Betrieb weniger geeignet sind.

Da Schwelgase im Füllschacht Verpuffungen hervorrufen können, sind lediglich die genannten gas- und wasserarmen, nur sehr niedrige Emissionen (bestehend aus rußigen und teerigen Teilchen) hervorrufenden Brennstoffe zu verwenden.

Zur besseren Ausnutzung der Rauchgaswärme weisen diese Öfen oft Sturz- und Steigezüge auf, verlangen damit aber einen guten Schornsteinzug. Während des Anheizens gelangen dann die Abgase über eine Anheizklappe vorübergehend direkt in den Schornstein.

Da der Glutkern nirgends die Ofenwandungen berührt, werden diese nicht mit Schamotte ausgekleidet.

Ihre Bezeichnung verdanken diese Öfen einem großen Fenster in der Vorderseite, das die Sicht auf die Glut und Flammen freigibt.

Die spezifische Nennheizleistung beträgt 3,6 kW/m². Hergestellt werden die Öfen in Größen von 1,0 bis 2,5 m² Heizfläche.

Universal-Dauerbrandöfen. Dieser neuartige für nichtbackende Kohle, Briketts und Koks geeignete Ofentyp ist mit dem Ziel einer wirksamen Verminderung der festen Emissionen entwickelt worden (**542**.1).

Dadurch, daß man die Verbrennungsluft im Ofen nicht nur, wie bisher üblich, von unten, sondern auch von oben und in halber Glutbetthöhe seitlich an die brennende Kohle heranführt, werden die aus gasreicher Kohle und Briketts austretenden Schweldämpfe, die

Quelle der Emissionen, nach unten in die heißeste Verbrennungszone geführt, wo die brennbaren rußigen und teerigen Substanzen zum allergrößten Teil verbrennen.

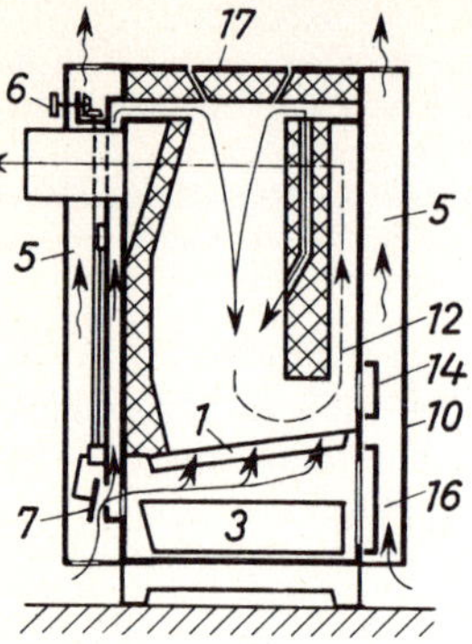

542.1
Universal-Dauerbrandofen (M 1:20) (Legende s. **539**.1)

Die Heizgase werden durch einen hinter der Vorderfront des Ofens liegenden Steigezug und einen oberen waagerechten Zug nach hinten zum Abgangsstutzen geführt. Hierdurch und durch einen vor dem Steigezug angeordneten Umluftkanal ergibt sich eine angenehme milde Wärmeabstrahlung nach vorn.

Diese Öfen sind Konvektionsöfen und werden mit einer automatischen Regelung ausgerüstet. Mit ihnen läßt sich ein ca. dreitägiger Dauerbrand erzielen.

Staubfreie Entaschung. Bei bestimmten Ofenmodellen wird durch einen Hebel der Rost gerüttelt und gleichzeitig die durchfallende Asche durch einen Aschenkanal an der Rückseite des Ofens nach hinten aufwärts in einen in einem Blechkasten untergebrachten Papierbeutel gedrückt, der nur alle 8 Tage entfernt zu werden braucht.

Wird der Ofen außerdem noch mit fertigen 1 kg-Brennstoffpäckchen beschickt, so läßt sich auch ein Kohleofen mit einem bisher unbekannten Höchstmaß an Bequemlichkeit und Sauberkeit betreiben (**542**.2).

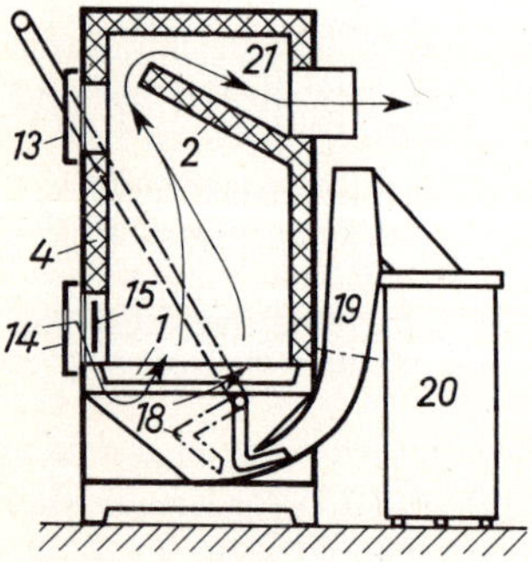

542.2
Allesbrenner-Dauerbrandofen mit Einrichtung zur staubfreien Entaschung (M 1:20) (Legende s. **539**.1)

9.2.2.3 Größenbestimmung

Vor der eigentlichen Bemessung des Ofens nach DIN 18893 ist der zu beheizende Raum nach den örtlichen Verhältnissen einer der 3 Raumgruppen

1. mit günstigem Wärmebedarf
2. mit weniger günstigem Wärmebedarf
3. mit ungünstigem Wärmebedarf

nach folgendem Verfahren einzustufen.

Die Bewertung geschieht nach den nachstehenden Bewertungsgruppen I und II.

Bewertungsgruppe I. Je ein Bewertungspunkt ist einzusetzen für:
a) Nord- und Ostlage (O, NO, N, NW)
b) Raum mit 1 bis 3 unbeheizten Innenflächen (Innenwände, Decke, Fußboden)
c) freistehendes Haus
d) Orte über 600 m Meereshöhe und besonders kalte Orte
e) jede Außenwand eines Raumes

Bewertungsgruppe II. Je 2 Bewertungspunkte sind einzusetzen für:
a) starken Windanfall und Orte nördlich der Linie Osnabrück, Celle, Wittenberge, Angermünde
b) Dachgeschoßräume
c) Räume neben oder über offenen Durchfahrten
d) Räume, deren Wände und Decken gegen das Freie und gegen Durchfahrten sowie offene Dachräume einen wesentlich geringeren Wärmeschutz bieten als eine 36,5 cm dicke, beiderseits verputzte Ziegelwand
e) Räume mit 4 oder mehr unbeheizten Innenflächen (Innenwände, Decke, Fußböden)
f) Räume mit starkem Durchgangsverkehr (Büros mit Publikumsverkehr, Ladenräume o. dgl.)
g) Räume, die auch bei starker Kälte eine Raumtemperatur von mehr als 20 °C erfordern
h) Barackenräume ohne Unterkellerung und ohne Dachgeschoß

Einstufung. Nach dem Zusammenzählen der Punkte wird der Raum wie folgt bewertet:
bis 4 Punkte: günstiger Wärmebedarf
5 bis 9 Punkte: weniger günstiger Wärmebedarf
über 9 Punkte: ungünstiger Wärmebedarf
über 12 Punkte: besonders ungünstiger Wärmebedarf (hier ist ein Ofen mit der nächstgrößeren Normheizfläche zu wählen).

Heizfläche und Raumheizvermögen. Sie ergeben sich aus der Tafel **543**.1 mit den gleichen Werten für Durchbrandöfen und für Unterbrandöfen für Anthrazit trotz ihrer verschiedenen spezifischen Nennheizleistungen von 4,65 bzw. 3,5 kW/m³, da bei den letzteren kein Anheizzuschlag gerechnet zu werden braucht.

Andere Öfen nach DIN 18890, wie Unterbrandöfen für verschiedene Brennstoffe, Öfen mit Kochkachel und Sonderöfen für Holz und Torf, sind um eine Stufe größer zu wählen, als sich nach Tafel **543**.1 ergibt.

Bei sehr hohen Räumen, die Öfen mit einer Normheizfläche von 2,0 m² und mehr erfordern, kann ein größerer Ofen angebracht sein. Es empfiehlt sich dann eine Wärmebedarfsberechnung nach DIN 4701 (s. Abschn. 8.3.1).

Tafel **543**.1 Heizfläche und Raumheizvermögen von eisernen Durchbrandöfen sowie Unterbrandöfen für Anthrazit

Normheizfläche des Ofens in m²	Raumheizvermögen des Ofens in m³, wenn Wärmebedarf des Raumes günstig	weniger günstig	ungünstig
0,8*)	60	40	30
1,0	70	55	40
1,2	90	65	50
1,5	110	80	60
2,0	180	125	85
2,7	250	180	130
3,5	350	240	175

*) Diese Größe nur in Deckenzugöfen

9.2.3 Kachelöfen

Neben den weiterhin im einzelnen genannten Vorschriften sind für alle Kachelöfen die „Richtlinien für den Bau von Kachelheiz- und Kochanlagen“ des Zentralverbandes des Deutschen Ofensetz-, Fliesenleger- und Keramikerhandwerks zu beachten.

Kachelöfen sind in alten deutschen Wohnungen sehr verbreitet. Sie geben durch ihre große Heizfläche eine milde, angenehme Wärme ab, besonders in der Nähe des Ofens.

Nachteilig sind die schlechte Regulierfähigkeit, die ungleichmäßige Wärmeabgabe, die erheblichen Temperaturunterschiede im Raum und der große Platzbedarf.

Kachelöfen werden heute entweder aus architektonischen Gründen bevorzugt, seit der Energieverteuerung aber auch aus Ersparnisgründen als Zweitheizung gewählt.

9.2.3.1 Kachelgrundöfen

Kachelgrundöfen sind ortsfeste, aus vorwiegend keramischen Baustoffen erbaute Wärmespeicheröfen mit handwerklich gemauerter Feuerung für Holz, Torf und Braunkohlenbriketts (**544**.1).

Sie nehmen die durch die 1 bis $1^1/_2$ Stunden dauernde Verbrennung des aufgegebenen Brennstoffes freigewordene Wärme in den keramischen Baustoffen auf und geben sie mit zeitlicher Verzögerung und

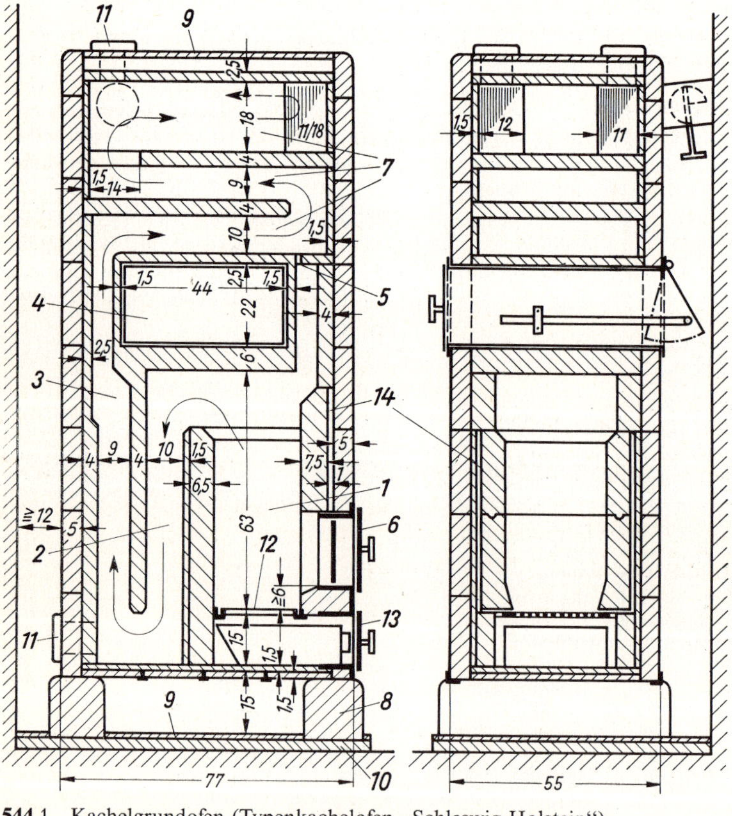

1 Feuerraum
2 Sturzzug
3 Steigezug
4 Blechheizröhre mit hinterer verstellbarer Klappe
5 Gasschlitz
6 Feuertür mit Stehrost oder -platte
7 liegende Züge
8 Sockelkasten
9 Fliesen
10 Stein- oder Ziegelplatte 3 cm
11 Reinigungsöffnung
12 Rost
13 Aschentür
14 Luft 1 cm

544.1 Kachelgrundofen (Typenkachelofen „Schleswig-Holstein“)
Größe $2^1/_2 \times 3^1/_2 \times 7$ Kacheln 22/22 cm, Heizfläche 5,01 m², Gewicht ca. 885 kg (M 1:20)

sinkender Wärmeleistung innerhalb der Speicherdauer (Taf. **545**.2) bei milden Oberflächentemperaturen langsam ohne Staubverschwelung und lästige Strahlung an den Raum ab.

Nach Beendigung der Verbrennung ist die Luftzufuhr zur Verhinderung der Auskühlung des Ofeninnern zu unterbinden, die Wärmeabgabe kann weiterhin nicht mehr beeinflußt werden.

Man unterscheidet nach der Dicke der Wandungen und dem Gewicht der Öfen schwere, mittelschwere und leichte Kachelöfen (Taf. **545**.2).

Neuzeitliche Kachelgrundöfen sind breit, niedrig und glatt, ohne vorspringende Gesimse (Breite = $1^1/_2$- bis 2fache Tiefe, Höhe = $1^1/_2$- bis 2fache Breite). Sie werden auf 15 cm hohe Füße oder Sockel gesetzt und allseitig von den Wänden mind. 12 cm abgerückt. Hierdurch wird die Wärme vor allem von den unteren Ofenflächen günstig abgegeben und die Raumluft gut umgewälzt.

Aus dem 50 bis 70 cm hohen Feuerraum mit vertieftem Rost gelangen die heißen Feuergase zur bevorzugten Erwärmung des unteren Ofenteiles zunächst in Sturz- und Steigezüge und danach oberhalb einer Heizröhre, mit der die Heizleistung erhöht und die Wärmeabgabe beschleunigt wird, meist in liegenden Zügen in den Oberteil des Ofens und von dort durch ein dichtes und unzerbrechliches Rauchrohr (evtl. Drosselklappe mit 25% freiem Querschnitt) in den Schornstein.

Die Hauptwerkstoffe des Kachelmantels sind die Rumpfkacheln (22/22 cm) aus gebranntem Ton (Glättekacheln mit einer lasierenden Glasur, Schmelzkacheln mit einer deckenden Fayence-Glasur, Schamottekacheln unter Schamottezusatz mit feinstkörnigem weißbrennenden Ton überzogen und glasiert), ferner Schamottesteine zur Ausfütterung und Hintermauerung in verschiedenen Dicken. Die Kacheln sind an den senkrechten Stegen (mindestens bis zur Feuerraumdecke) doppelt federnd zu verklammern (**545**.1).

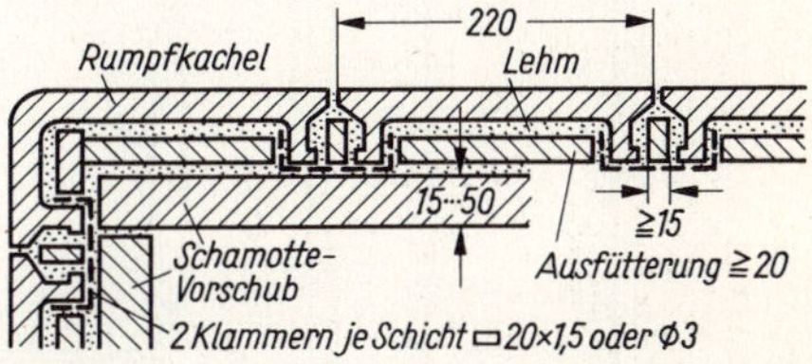

545.1
Aufbau des Kachelgrundofens (M 1:10)

Das gußeiserne Feuergeschränk muß dichtaufgeschliffene Feuer- und Aschfalltüren haben.

Weitere Einzelheiten der Kachelgrundöfen s. Tafel **545**.2.

Die Größe der Kachelgrundöfen wird nach Kachelmaßen angegeben (z. B. $2^1/_2 \times 3^1/_2 \times 5$ Kacheln) und ist entsprechend dem Wärmebedarf des Raumes zu bestimmen.

Der Heizwärmebedarf ist nach DIN 4701 zu ermitteln.

Tafel **545**.2 Einzelheiten der Kachelgrundöfen

Kachelofen		schwer	mittelschwer	leicht
spez. Nennheizleistung	kW/m²	ca. 0,7	0,9 bis 1,1	1,25 bis 1,75
Speicherdauer¹)	h	≦10	≦8	≦5
Gewicht	kg/m² Heizfläche	ca. 250	ca. 200	150 bis 100
mittlere Wanddicke	cm	13 bis 11	< 11 bis 9	< 9

¹) Speicherdauer = Zeit bis zum Absinken der mittleren Oberflächentemperatur auf 50 °C

Kachelgrundöfen werden besonders in Gegenden bevorzugt, in denen Holz oder Braunkohlenbriketts die gewohnten Brennstoffe sind und wo nur bei strenger Kälte täglich ein zweites Mal Brennstoff nachgelegt werden muß.

Ihr hohes Gewicht erfordert ausreichend tragfähige Decken. Ihr handwerklicher Aufbau an der Verwendungsstelle ist kostspielig, er erschwert und verzögert die Baudurchführung.

Im Aufbau und durch die Auswahlmöglichkeit unter zahlreichen Kachelmustern bieten die Kachelöfen Gelegenheit zu vielfältiger künstlerischer Gestaltung in Anpassung an die jeweiligen baulichen Verhältnisse und die architektonische Durchbildung der Räume.

9.2.3.2 Transportable Kachelöfen

Diese Öfen verzichten auf die Wärmespeicherung der schweren Kachelgrundöfen und gestatten dafür einen Dauerbrand nach Art der eisernen Durchbrandöfen. Ihre spezifischen Nennheizleistungen betragen für Öfen ohne Einsatz von $\geqq 65$ mm mittlerer Wanddicke 2,4 kW/m², für Öfen ohne Einsatz von < 65 mm mittlerer Wanddicke 3,0 kW/m².

Öfen dieser Art werden sowohl handwerklich als auch industriell angefertigt.

Ansprechender als Gestell-Kachelöfen mit ihrem äußeren Winkelstahl-Gestell wirken transportable Kachelöfen mit innen liegender Verankerung.

Daneben gibt es transportable keramische Dauerbrandöfen mit einem eisernen Einsatz und Kanälen für Umlufterwärmung im Kachelmantel (**546**.1). Diese Konvektionsöfen entsprechen den unter Konvektionsöfen beschriebenen eisernen Öfen dieser Art.

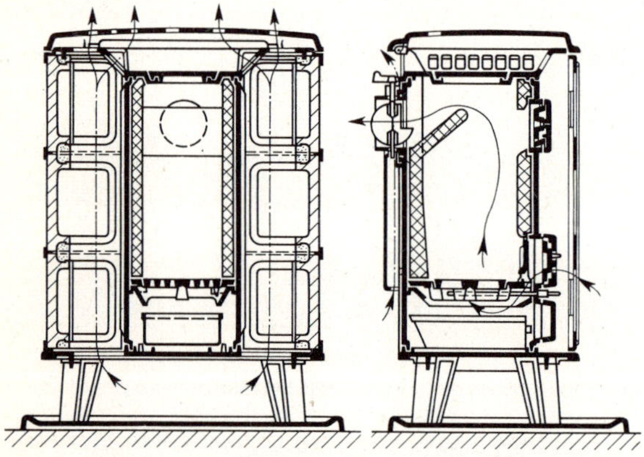

546.1 Transportabler keramischer Dauerbrandofen mit Deckenzug und Umluftkanälen (M 1:20) (Buderus)

Auch ihre Kachelwandungen erkalten nach dem Erlöschen des Feuers sehr rasch, da sie meistens weder ausgefüttert sind noch aus Vollkacheln bestehen.

Die spezifische Nennheizleistung der Einsatzöfen beträgt 4,65 kW/m², bezogen auf die Heizfläche des Einsatzes.

Bei Zweiraumöfen mit Umluftmantel ist dieser durch einen verschließbaren Abzweig mit einem Nachbarraum verbunden und führt ihm ebenfalls Warmluft zu.

Die Größen der transportablen keramischen Dauerbrandöfen werden gemäß DIN 18894 nach Tafel **547**.1 ermittelt.

Die verschiedenen Modelle werden derzeit mit Nennleistungen von 3,7, 4,6, 5,8, 7,0 und 9,3 kW hergestellt.

Tafel **547**.1 Raumheizvermögen transportabler Kachelöfen (nach DIN 18894)

Nennheizleistung ohne Einsatz kW	Heizfläche mit Durchbrandeinsatz oder Unterbrandeinsatz für Anthrazit m²	Raumheizvermögen[1]) wenn Wärmebedarf günstig m³	weniger günstig	ungünstig
2,9	–	35	30	20
3,5	–	55	35	25
–	0,8	60	40	30
4,1	–	65	50	35
4,65	1,0	70	55	40
5,2	–	80	60	45
–	1,2	90	65	50
5,8	–	95	70	55
–	1,5	110	80	60
–	2,0	180	125	85

[1]) gemäß Punktebewertung in Abschn. 9.2.2.3

9.2.3.3 Kachelofen-Warmluftheizung

Maßgebend sind die „Technischen Richtlinien für Warmluftheizungen" (Hrsg. vom Zentralverband des deutschen Kachelofen- und Luftheizungsbauhandwerks. Hannover 1964).

Die Kachelofen-Warmluftheizung gestattet, einen oder mehrere um die Heizanlage gruppierte Räume in 1 bis 3 Geschossen bei einem Gesamtwärmebedarf von etwa 7 bis 23 kW von einer einzigen Feuerstelle aus, das ist ein in einer Heizkammer aufgestellter Einsatzofen mit Nachheizflächen, vorzugsweise durch Warmluft zu beheizen (**547**.2).

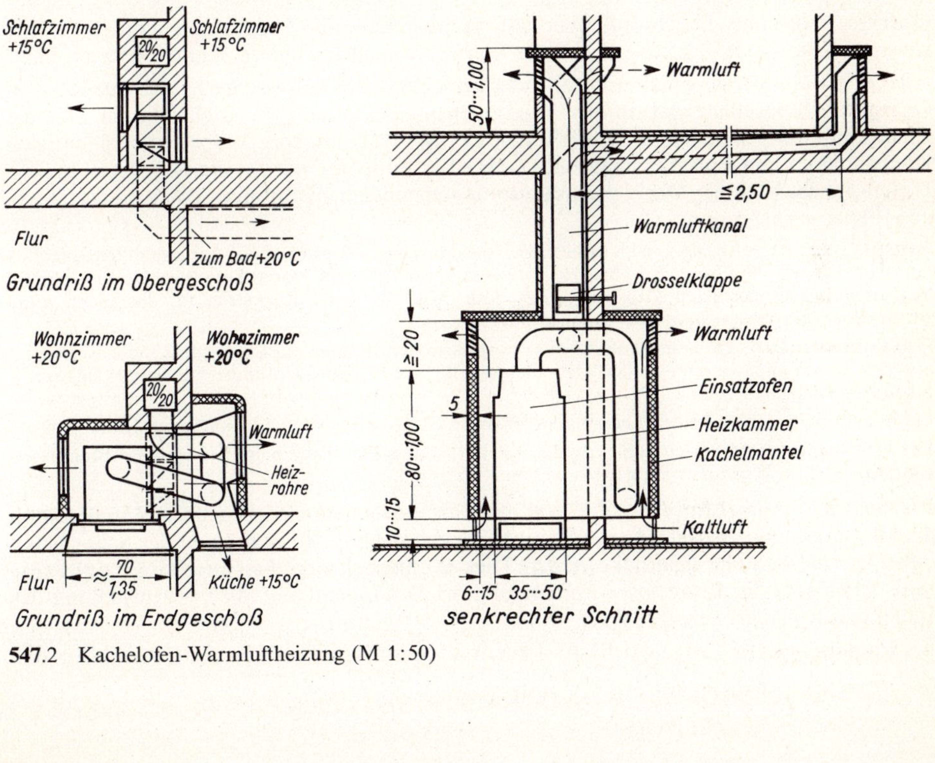

547.2 Kachelofen-Warmluftheizung (M 1:50)

Aufbau. Ein gußeiserner Einsatzofen von ca. 35/40 bis 60/55 cm Grundfläche wird im Hauptwohnraum so angeordnet, daß er möglichst vom Flur oder einem Nebenraum aus zu bedienen ist und diese Räume durch seine heiße Frontplatte (Mauerdurchbruch hierfür ca. 70 bis 135 cm) mit erwärmt. Die Abgase gelangen zur weiteren Ausnutzung ihrer Wärme über Nachheizflächen aus Grauguß, Stahlblech oder keramischen Werkstoffen in den Schornstein. Um Einsatz und Nachheizflächen herum wird mit 6 bis 14 cm seitlichem und ≧ 20 cm oberem Abstand ein ca. 5 cm dicker Kachelmantel errichtet, dessen erwärmte Flächen die angeschlossenen Räume durch milde Wärmestrahlung mitheizen.

In die so gebildete Heizkammer mit einer Grundfläche von ≧ 60/100 cm und ≧ 1,35 m Höhe sowie mit glatten inneren Wandungen tritt aus den angeschlossenen Räumen durch untere Einströmöffnungen Raumluft ein, erwärmt sich aufsteigend an den Heizflächen und gelangt als Warmluft durch obere Luftausströmöffnungen in die Räume zurück.

Die Obergeschoßräume werden nur durch Warmluftumwälzung im Schwerkraftbetrieb erwärmt, die durch strömungstechnisch einwandfrei auszubildende, möglichst quadratische oder runde Luftkanäle von ∅12 bis 20 cm, aus verzinktem Stahlblech mit einer Absperrklappe am unteren Ende, nach oben geleitet wird (Deckenausschnitt für 3 Kanäle ca. 30/70 cm). Alle Luftleitungen erhalten einen ≧ 20 mm dicken Wärmeschutz aus Mineralfaser od. dgl., wenn sie selbst keine Wärme abgeben sollen.

Waagerechte Luftkanäle zu etwas abgelegenen Räumen können in einer Länge ≦2,50 m innerhalb oder unterhalb der Decke verlegt werden.

Bei ≧ 2,50 m Länge muß in ihnen die Luft künstlich durch ein fast geräuschlos arbeitendes Gebläse bewegt werden, das, mit einem Luft-Trockenfilter gekoppelt, eine nahezu staubfreie Luft liefert. Im Sommer läßt sich durch diesen Ventilator die Wohnung angenehm kühlen und durchlüften, wenn man durch ein geöffnetes Fenster von einer sonnenarmen Hausseite her kühle Luft heranholen kann.

Sollen die Obergeschoßräume nicht nur temperiert, sondern voll erwärmt werden, muß aus ihnen durch einen besonderen Rückluftkanal, üblicherweise aber durch die Abluftgitter der Obergeschoßräume die Umluft über das Treppenhaus zur Heizkammer zurückgeführt werden, da sonst der Luftüberdruck die Warmluft nicht ins Obergeschoß austreten läßt.

Alle Warmluftauslässe erhalten regel- oder verschließbare Gitter oder Jalousien. Im Obergeschoß liegen sie glatt in der Wand oder in einem niedrigen Kachelmantel. Nur die Einströmöffnungen der Heizkammer sollen keine Gitter haben. Am besten setzt man den Kachelmantel und Einsatz auf 12 bis 15 cm hohe Füße und verlegt die Öffnungen auf die Unterseite des Mantels. Der Heizeinsatz sollte stets mit einem automatischen Leistungsregler ausgerüstet sein.

Einsätze für Ölfeuerung nach DIN 18892, aus Stahlblech oder Grauguß hergestellt, entsprechen den Ölöfen nach Abschn. 9.3, haben jedoch einen speziellen nach vorne herausziehbaren Gebläse-Verdampfungsbrenner nach DIN 4731. Bei ihrer Aufstellung ist Rücksicht auf das nicht völlig vermeidbare Betriebsgeräusch des Brenners zu nehmen.

Gasgeheizte Einsätze sind mit einem atmosphärischen Brenner für Stadt-, Erd- oder Flüssiggas ausgerüstet und müssen die erforderlichen Sicherheits- und Regeleinrichtungen aufweisen (Näheres s. DVGW-Arbeitsbl. G 675).

Gasheizeinsätze werden in den Leistungsstufen von 8,7, 11,6, 14,5 und 17,4 kW hergestellt.

Die Verknappung und Verteuerung von Energie hat dazu geführt, daß heute auf mehrere Brennstoffe umschaltbare Heizöfen hergestellt werden.

Planung. Besonders beim Anschluß von mehr als 2 nebeneinanderliegenden Räumen muß die Heizungsanlage in der Mauerkreuzung zwischen ihnen liegen und der Schornstein daher von dieser Stelle abgerückt werden. Dies ist ohne Schwierigkeit nur durch rechtzeitige Planung der Kachelofen-Luftheizung im Zusammenhang mit der Aufstellung des Bauentwurfes zu erreichen (**547**.2).

Bei Raummangel im Erdgeschoß läßt sich notfalls der Einsatz auch im Kellergeschoß in einer gegen Wärmeabstrahlung gut abgedämmten Heizkammer aufstellen. Die nachgeschalteten Heizgaszüge geben dann in einem Kachel-Abwärmeofen des Hauptwohnraumes im Erdgeschoß eine angenehme milde Strahlungswärme ab (**549**.1).

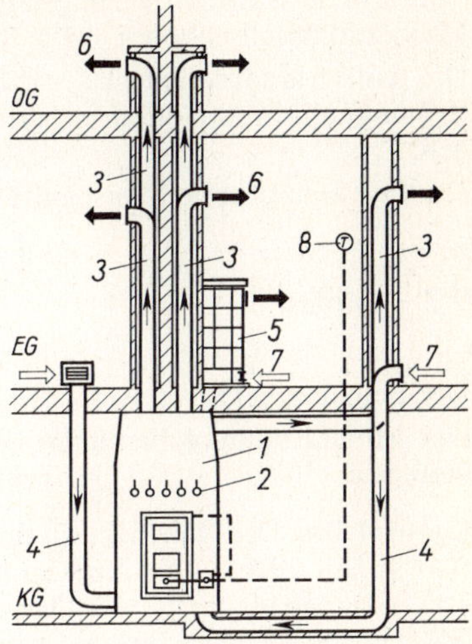

549.1
Kachelofen-Warmluftheizung mit Feuerstelle im Keller (M 1:100)
1 Feuerstelle (Heizkammer)
2 Stellgriffe der Drosselklappen
3 Warmluftkanal
4 Umluftkanal
5 Abwärme-Kachelofen
6 Warmluftaustritt
7 Rückluft (Umluft)

Außenluft-Heizungen (s. Abschn. 10.4) werden, trotz ihrer hygienischen Vorzüge, wegen des mind. 30% höheren Brennstoffbedarfes selten ausgeführt.

Umfangreiche Kachelofen-Warmluftheizungen können bereits den Zentralheizungen zugerechnet werden und stellen deren einfachste und billigste Ausführung dar. Sie arbeiten bei guter Berechnung und Ausführung sowie bei Umluftbetrieb wirtschaftlich, aber nur scheinbar billiger als eine Warmwasser-Sammelheizung dort, wo ein Teil der Räume nicht voll erwärmt oder nur temperiert wird.

Einer schnellen Wärmeabgabe beim Anheizen entspricht ein ebenso schnelles Erkalten nach Ende des Heizbetriebes. Einzelne Räume sind leicht abzuschalten. Die individuelle Gestaltungsmöglichkeit des Kachelmantels (wie beim Kachelgrundofen) ist ein weiterer Vorzug dieses Heizungssystems.

Außer dem Hauptwohnraum mit seinem Kachel-Einsatz- oder -Abwärmeofen werden alle übrigen Räume nur durch Konvektion beheizt, deren Begleiterscheinungen starke Luftumwälzung mit Zugbelästigung und Staubaufwirbelung sind. Durch die Luftkanäle werden Schall und Gerüche leicht von einem Raum zum andern übertragen. Aus diesem Grund ist die Kachelofen-Luftheizung nur für kleinere Einfamilienhäuser geeignet.

Über größere Luftheizungen mit Umluftgebläse s. Abschn. 10.4.

Berechnungsgrundlagen. Der Wärmebedarf der Räume ist nach DIN 4701 zu berechnen (s. Abschn. 8.3.1).

Bei der Bemessung der Heizflächen ist dann der Wärmebedarf der voll und dauernd zu beheizenden Räume ganz, der nur zeitweilig zu beheizender oder nur zu temperierender Räume zur Hälfte anzusetzen.

Der Wärmeverlust wärmegedämmter Zuluftleitungen kann dabei überschläglich bei der Schwerkraft-Warmluftheizung mit 7% der in ihnen stündlich durchgesetzten Wärmemengen angenommen werden, bei der Ventilator-Warmluftheizung mit Heizgerät im Wohngeschoß mit 5%, mit Heizgerät im Keller mit 10% des Wärmebedarfes Q_N.

Die danach erforderliche Heizleistung wird zu 80 bis 85% vom Einsatz und zu 15 bis 20% von den Nachheizflächen aufgebracht.

Dabei gelten folgende Nennheizleistungen (s. Abschn. 9.2.2.2):

Einsatz nach DIN 18892 mit Durchbrandeinsatz 4,65 kW/m² oder Unterbrandeinsatz 3,5 kW/m².

Der Bemessung der Luftwege wird eine Temperaturerhöhung der Luft von 55 °C bei Schwerkraft-Warmluftheizungen und ≦ 40 °C bei Ventilator-Warmluftheizungen bei einem Mindestluftwechsel von $n = 4$ je Stunde für die Hauptaufenthaltsräume zugrunde gelegt.

Die danach erforderlichen Luftkanalquerschnitte und Größen der Warmluft-Ausströmöffnungen sind durch ein vereinfachtes Verfahren nach Rietschel-Raiß zu berechnen.

Der freie Heizkammerquerschnitt soll je m² Einsatzheizfläche 1000 bis 1500 cm² betragen.

9.3 Ölöfen

Der Einbau von Ölöfen ist in allen Bundesländern den zuständigen Behörden anzuzeigen. Der Mindestrauminhalt für die Aufstellung eines Ofens muß 4 m³ je kW Heizleistung betragen.

Konstruktion. Der Ölofen ist ein für die Verbrennung von Heizöl El bestimmter Konvektionsofen (**550**.1). Ein Außenmantel aus emaillierten Grauguß- und Stahlblechteilen verkleidet den bis auf die stark beanspruchten Graugußteile im wesentlichen aus Stahlblech bestehenden Innenofen und wandelt dessen Strahlungswärme bei milden Oberflächentemperaturen großenteils in Konvektionswärme um.

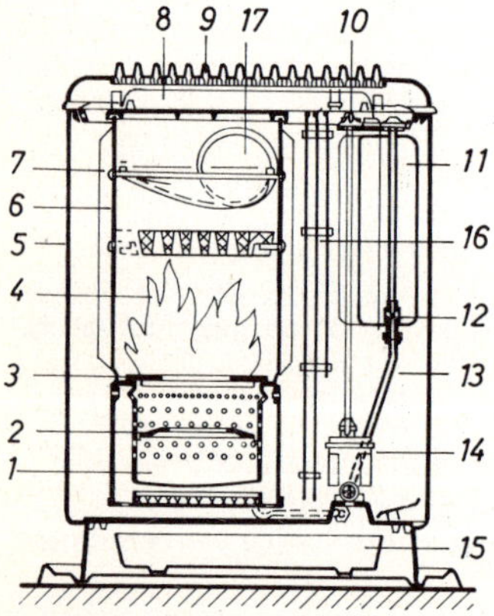

550.1
Ölofen (M 1:20) (Buderus)

1 Verdampfungsbrenner
2 unterer Brennerring
3 oberer Brennerring
4 Feuerraum
5 Außenmantel
6 Heizmantel
7 Zugumlenkung
8 Kochplatte
9 Abdeckplatte
10 Mengenregulierknopf
11 Ölvorratsbehälter
12 Absperrventil
13 Ölleitung
14 Schwimmerregelventil
15 Auffangschale
16 Strahlungsschutz
17 Rauchrohr-Anschlußstutzen

Unter dem oder am Außenmantel ist ein gegen unzulässige Erwärmung zu schützender Heizöl-Vorratsbehälter mit einem Ölstandsanzeiger und einem Fassungsvermögen von etwa 10 bis 15 l, das für einen Dauerbetrieb von ca. 20 Stunden ausreicht, untergebracht.

Aus ihm fließt das Heizöl durch eine absperrbare Leitung über ein Filter und einen Regler (**551**.2), der einen gleichbleibenden Ölzufluß gewährleisten und eine Sicherheitseinrichtung gegen Überfluten des Brenners aufweisen muß, sowie über ein von Hand in meist 6 Stufen verstellbares Regelventil zum Verdampfungsbrenner.

Dieser ist ein Topf aus Stahlblech mit leicht gewölbtem Boden und dem Heizöleinlauf dicht über diesem. Durch mehrere Reihen Luftlöcher verschiedener Größe im oberen Mantelteil des Brennertopfes kann die Verbrennungsluft eintreten. Ein oder zwei Einlegeringe aus Grauguß fördern die Vermischung von Öldampf und Verbrennungsluft und die Flammenführung.

Die Rauchgase durchströmen den Innenmantel und gelangen über Umlenkbleche zum Rauchrohr und Schornstein.

Eine Auffangschale für etwa auslaufendes Öl unterhalb des Ofens muß den ganzen Behälterinhalt aufnehmen können.

Tafel **551**.1 Raumheizvermögen von Ölöfen

Nennheizleistung kW	Raumheizvermögen, wenn Wärmebedarf des Raumes[1]) günstig m³	weniger günstig m³	ungünstig m³
4,1	35/60[2])	30/45	25/30
5,8	50/90	45/65	35/40
8,7	85/150	75/105	60/70
11,6	115/210	100/145	80/100

[1]) Nach DIN 18893, s. Abschn. 9.2.2.3.
[2]) Die Zahlen vor dem Schrägstrich verstehen sich für Zeitheizung (täglich < 8 Std.), hinter dem Schrägstrich für Dauerheizung (täglich ≧ 8 Std.).

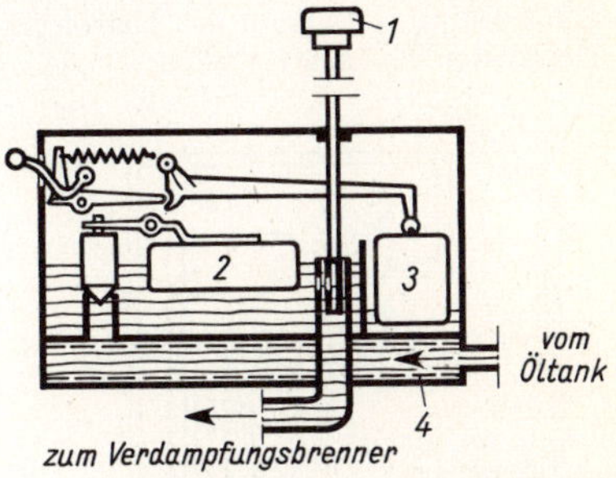

551.2 Doppelschwimmerregler zum Öl-Verdampfungsbrenner
1 Mengenregulierung
2 Schwimmer, hält Zulaufhöhe des Heizöles konstant
3 Sicherheitsschwimmer gegen Überfluten des Brennertopfes durch Heizöl
4 Sieb

Ölöfen werden mit Nennheizleistungen nach Tafel **551**.1 hergestellt. Sie sollen auf $^1/_3$ der Nennheizleistung kleinzustellen sein und unter Prüfbedingungen einen Wirkungsgrad von 70% nicht unterschreiten. Die Abgastemperatur darf 400 °C nicht überschreiten.

Ölöfen verlangen unbedingt einen guten Schornsteinzug (0,15 bar). Stärkerer oder ungleichmäßiger Zug ist durch eine Rauchrohr-Drosselklappe, die das Abzugsrohr höchstens zu 75% absperren darf, oder besser durch einen selbsttätigen Zug- oder Verbrennungsluftbegrenzer zu verringern.

Ölöfen können nicht überbelastet und dürfen daher nicht zu klein bemessen werden (Taf. **551**.1).

Über den Schornsteinanschluß der Ölöfen s. Abschn. 8.5.3.

Raumeignung. Ölöfen sind ihrer ständigen Betriebsbereitschaft und kurzen Anheizzeit wegen besonders für Räume mit Zeitheizung geeignet.

Ein hierfür entsprechend reichlich bemessener Ölofen sollte indessen nicht für Dauerheizung mit niedriger Wärmeleistung benutzt werden, da die dann für lange Zeit niedrige Rauchgastemperatur bei dem hohen Wasserdampfgehalt der Abgase zu Schornsteindurchfeuchtung führen kann.

Richtig bemessene Ölöfen indessen erlauben einen lang anhaltenden Dauerbrand, eine Tankfüllung reicht für einige Tage.

Asche und Staub entfallen, die Wartung ist unerheblich, denn eine Reinigung des Ofens ist nur alle 2 bis 4 Wochen erforderlich.

Es ist allerdings darauf zu achten, daß beim Tanken kein Öl verschüttet wird, da dessen Geruch unangenehm und nur schwer zu beseitigen ist.

Auch unsachgemäße Bedienung kann zur Bildung von Ruß, dessen fettige Flocken üble Verschmutzungen hervorrufen, und starken Geruchsbelästigungen führen.

Heizöllagerung. Über die einschlägigen Vorschriften der „Heizölbehälter-Richtlinien“ s. Abschn. 10.2.6.

Zentrale Ölversorgung (552.1). Die Brenner der einzelnen Öfen (**552**.2) werden nicht mehr aus einem eingebauten Tank, sondern durch ein Rohrsystem zentral aus einem im Keller aufgestellten Vorratsbehälter mit Öl ($\leqq$ 5000 l) versorgt.

Damit braucht kein Öl mehr in Kannen in die Wohnung gebracht und dort gelagert zu werden, jede Verschmutzungsgefahr ist hiermit ausgeschaltet.

Beim zentralen Einkauf des Heizöles können Mengenrabatte in Anspruch genommen und so die Heizkosten verringert werden.

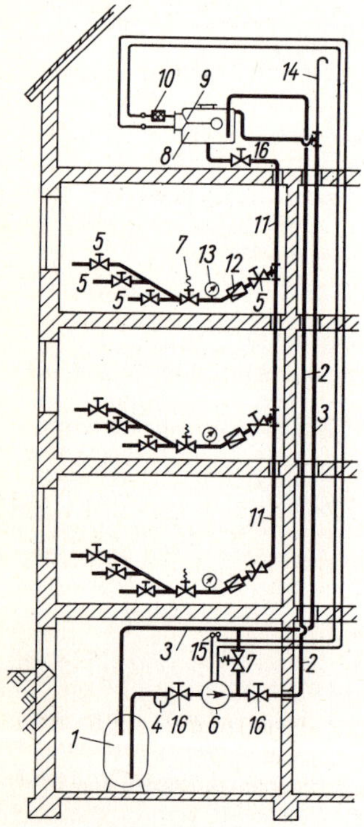

552.1
Zentrale Ölversorgung tankloser Ölöfen durch Druckpumpe (Buderus)

1 Vorratsbehälter
2 Druckleitung
3 Sicherheits-Überlaufleitung
4 Ölfilter
5 Absperrventil außerhalb der Wohnung
6 Ölpumpe
7 Überdruckventil
8 Ausgleichsbehälter $\leqq$20 l
9 Niveauschalter
10 Übertemperatur-Schutzschalter
11 Versorgungsleitung
12 Druckminderventil
13 Ölzähler
14 Belüftung
15 elektrischer Anschluß
16 Absperrventil

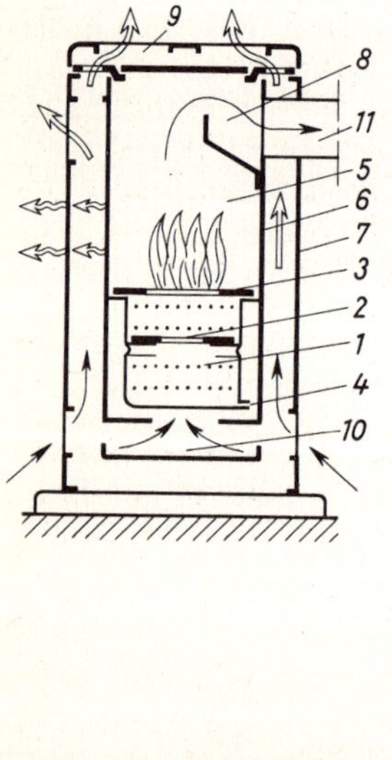

552.2
Ölofen ohne Vorratsbehälter

1 Verdampfungsbrenner
2 unterer Brennerring
3 oberer Brennerring
4 Ölzulauf
5 Feuerraum
6 Heizmantel
7 Außenmantel
8 Zugumlenkung
9 Abdeckplatte
10 Auffangschale
11 Rauchrohr-Anschlußstutzen

Bauarten. Drei Möglichkeiten der zentralen Ölversorgung sind gegeben.

1. Zufluß des Öles durch natürliches Gefälle, wenn die Unterkante vom Ölbehälter 0,15 bis 0,30 cm über dem Ölniveau im Regler des obersten Ofens liegt.

2. Ölversorgung durch Saugpumpe bei höchstgelegener Feuerstätte $\leqq 7{,}5$ m über dem Vorratsbehälter. Ein besonderer Ausgleichsbehälter ist erforderlich, wenn der Gesamtverbrauch $\geqq 10$ l/h beträgt.

3. Ölversorgung durch Druckpumpe (**552**.1) bei Geräten $\geqq 7{,}5$ m über dem Vorratsbehälter. Ein Ausgleichsbehälter oberhalb des höchsten Reglerniveaus mit eingebautem Niveauschalter und eine Überlaufleitung zum Vorratsbehälter oder einem Windkessel bei der Pumpe ist als Reservetank vorzusehen. Mehrwohnungshäuser erfordern für jede Wohnung eine besondere Versorgungsleitung mit einem Ölzähler.

Die Ölleitungen bestehen aus Kupferrohr $\varnothing 8 \times 1$ mm auf oder unter Putz (Die Lötverbindungen müssen stets zugänglich bleiben).

Absperrventile sind hinter jedem Tank und vor jedem Ofen anzuordnen, jedoch in Überlauf-, Rücklauf- und Saugleitungen unzulässig.

Der Betriebsbehälter (Ausgleichsbehälter) $\leqq 20$ l auch in Dachräumen (außer Treppenräumen) erfordert eine Rücklaufleitung zum Tank oder eine Entlüftungsleitung ins Freie und eine Sicherung gegen Überlauf.

Die selbsttätige Unterbrechung der Ölförderung bei Erwärmung des Heizöles im Betriebsbehälter über 70 °C ist zu sichern.

Maßgebend sind im übrigen die Heizölbehälter-Richtlinien (s. Abschn. 10.2.6).

9.4 Gasöfen

9.4.1 Allgemeines

Gasöfen sind ständig betriebsbereit, erfordern nur eine kurze Anheizzeit von wenigen Minuten und gestatten unbegrenzten Dauerbrand, ihre Wärmeabgabe ist leicht zu regeln.

Sie verursachen weder Asche, Staub noch Rauch und verlangen keine Wartung.

Der Brennstoffverbrauch ist durch Zählerablesung leicht jederzeit zu überprüfen.

Die Geräte haben hohe Betriebswirkungsgrade von $> 80\%$. Brennstofftransport und -lagerung, bei Außenwandöfen auch der Schornstein, entfallen.

Auch besteht keinerlei Gefahr für das Grundwasser, Vergiftungs- und Explosionsgefahr sind durch Zündsicherungen ausgeschaltet.

Die Anschaffungskosten einer Gasheizung können niedriger sein als die irgendeiner anderen technisch gleichwertigen Heizungsart.

Daher können trotz der bei Gastarifen immer noch hohen Brennstoffkosten die Gesamtbetriebskosten einer Gasheizung bei kurzzeitiger oder halbtägiger Betriebsweise billiger als bei anderen Heizsystemen werden, aber auch für eine Dauerheizung von > 8 Stunden in Wohnungen kann eine Gasheizung bei günstigem Heizgastarif mit anderen Heizsystemen wettbewerbsfähig sein, wenn ein über die Mindestanforderungen der DIN 4108 hinausgehender Wärmeschutz (s. Abschn. 8.2.3) des Gebäudes den Gesamtwärmebedarf und damit die Brennstoffkosten der Heizung niedrig genug hält (s. Abschn. 8.7).

Demgemäß werden Gasheizöfen bevorzugt für die Kurzzeit-, Übergangs- und Zusatzheizung von Versammlungsräumen, Kirchen, Schulen, Büros, Hotels, Praxisräumen, Ledigenwohnungen u. ä. insbesondere auch bei der Altbausanierung verwendet, während für Wohnungen heute Gas-Etagen- oder Zentralheizungen vorgezogen werden.

Gasöfen sind nicht überlastbar und müssen daher ausreichend bemessen werden. Anheizzeiten von > 1 Stunde bei Raumgrößen $\leqq 200\,m^3$ und > 2 Stunden bei Räumen $> 200\,m^3$ würden einen überhöhten Gasverbrauch erfordern.

In jeder Gasfeuerstätte ist eine Strömungssicherung eingebaut, durch die zu hoher Schornsteinzug durch Beiluft unschädlich gemacht und Flammen gegen die Auswirkung eines Staues oder Rückstromes der Abgase geschützt werden (**781**.1).

Über Aufstellung und Abgasabführung der Gas-Feuerstätten s. Abschn. 5.1.5 und 5.1.6.

9.4.2 Gasheizgeräte

Je nach Gasart unterscheidet man Eingasgeräte für eine Gasart (Gasfamilie), Mehrgasgeräte für zwei Gasarten und Allgasgeräte für alle Gasarten, z. B. Stadtgas, Erdgas und Propan/Butan.

Zur Umstellung von Stadtgas auf Erdgas s. DVGW-Arbeitsblatt G 680. Gasart und Gasdruck sollten auf den Geräten angegeben sein.

Gasradiatoren (**554**.1). Aus emailliertem Grauguß oder Stahlblech gefertigt werden sie nur noch selten, vor allem für Werkstätten, Büros, Läden u. ä., verwendet. Die Zündsicherung und Regeleinrichtung erfolgt wie bei den Gasheizöfen.

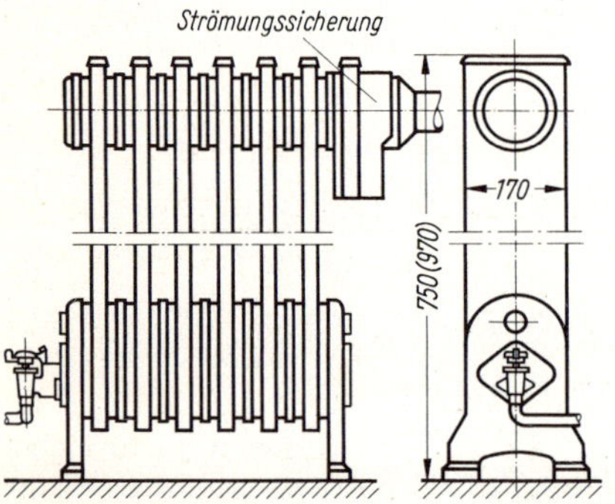

554.1
Gasradiator (M 1:20)

Gasheizöfen. Sie geben nach DIN 3364 für Stadtgas und DIN 3365 für Flüssiggas 75 bis 85% ihrer Leistung als Konvektions-, 25 bis 15% als Strahlungswärme ab.

Diese beiden Anteile der Wärmeabgabe können durch entsprechende Gestaltung der Heizkörperverkleidung (Mantel, Gitter usw.) verstärkt oder abgeschwächt werden. Ein emaillierter oder gekachelter Außenmantel oder eine Gitterverkleidung schließen den Brenner und den Heizkörper aus Grauguß oder emailliertem Stahlblech vollkommen ab, jedoch sind die Flammen durch eine durchbrochene Brennertür gut zu beobachten.

Brenner und Zündflammenhahn sind durch gegenseitige Verriegelung gesichert. Bimetall- oder thermoelektrische Zündsicherungen verhindern den Gasaustritt aus den Hauptbrennern bei nicht brennender Zündflamme.

Hahn- und Reglergriffe sind unauffällig, aber leicht erreichbar meistens an der Vorderseite oder auf der Oberseite des Ofens angebracht.

Die Zündung erfolgt durch einen Magnetzünder.

Die Heizleistung des Gasheizofens kann durch die Hahnarmatur stufenlos vom Vollbrand bis zum Kleinstbrand heruntergeregelt werden.

Für einen wirtschaftlichen Heizbetrieb ist eine automatische gas- oder elektrisch-gesteuerte gleitende Leistungsregelung durch einen Raumtemperaturregler unentbehrlich.

Für mehrere Gasheizöfen eines Raumes oder eine Vielzahl von ihnen innerhalb eines ganzen Gebäudes, z. B. einer Schule, kann das Schalten und Regeln auch zentral, ggf. durch Schaltuhr, erfolgen.

Gasheizöfen mit Schornsteinanschluß (555.1). Sie entnehmen die erforderliche Verbrennungsluft dem Aufstellungsraum und leiten ihre Abgase über einen Abgasschornstein ab. Sie sind daher in dessen Nähe an einer Innenwand aufzustellen.

Durch die in vieler Hinsicht vorteilhaften Außenwand-Heizöfen sind sie heute weitgehend verdrängt worden.

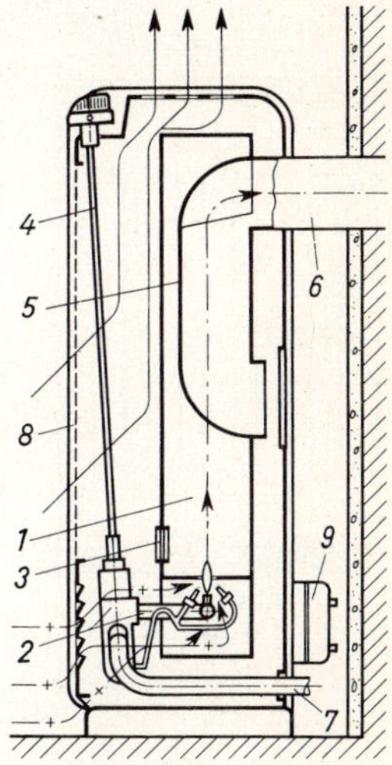

555.1
Gaskaminofen für Schornsteinanschluß (M 1:12,5) (Junkers + Co)

1 Heizkörper
2 Armatur mit Brenner
3 Schauloch
4 Schaltrohr für Armatur
5 Strömungssicherung
6 Abgasrohr ∅80 mm
7 Gasanschluß DN 15
8 Gitter
9 Bosch-Magnetzünder

— + → Frischluft
— · → Abgas
——→ Warmluft

Außenwand-Gasheizöfen (555.2). Sie benötigen keinen Schornsteinanschluß. Sie werden vielmehr an der Außenwand aufgestellt und erhalten ihre Verbrennungsluft durch ein in der Wand angebrachtes Frischluftrohr direkt aus dem Freien.

Die Abgase werden durch ein zweites, mit dem Frischluftrohr gemeinsam in einem Rundrohr oder einem Mauerkasten untergebrachtes Rohr unmittelbar ins Freie (nicht in Luft- oder Lichtschächte, überdeckte Durchfahrten mit dichtschließenden Toren sowie in ungenügend durchlüftete Hofräume) oder in besondere hierfür bestimmte Anlagen abgeführt (s. Abschn. 5.1.5.2).

Hier fallen also alle Belästigungen durch unverbranntes Gas und Abgas im Raum fort.

Für die Aufstellung von Gaseinzelöfen in Lichtspielhäusern und Garagen sind besondere Vorschriften zu beachten, die in DVGW-Merkblättern als Ergänzungen zur TRGI 1972 festgelegt sind.

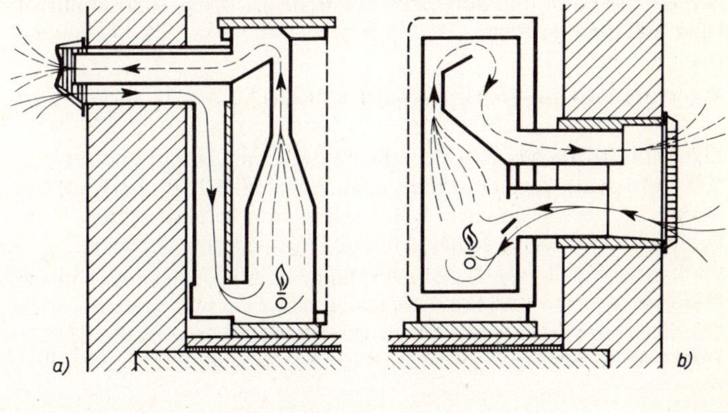

555.2
Außenwand-Gasheizöfen (M 1:20)

a) Abgasführung durch Rundrohr
b) Abgasführung durch Mauerkasten

Gas-Wandheizöfen (556.1). Sie sind vor allem zum Beheizen von Badezimmern bestimmt, die ohnehin durch Gas-Wasserheizer mit Warmwasser versorgt werden. Man unterscheidet:

Konvektionsöfen mit einer Heizleistung von 2,3 bis 3,5 kW
Konvektionsöfen mit Dunkelstrahlfläche von 1,2 kW
Wandstrahler mit Hellstrahlfläche von 2,3 bis 2,7 kW.

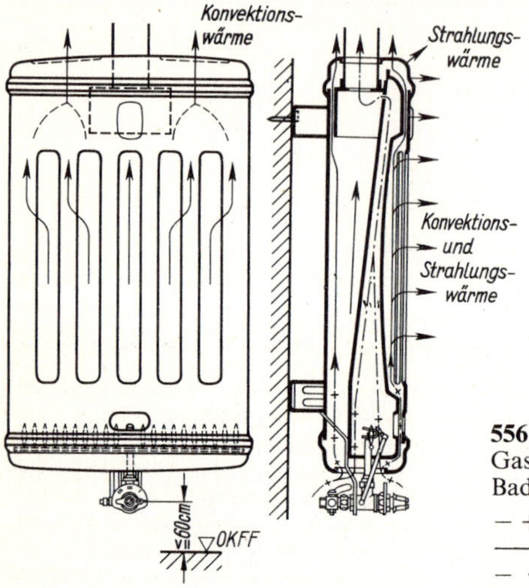

556.1
Gas-Wandheizofen als Konvektionsofen für größere Baderäume (M 1:15) (Vaillant)
– + → Frischluft
——→ Warmluft
– · → Abgas

Konvektionsöfen benötigen eine längere Anheizzeit, erwärmen aber die Raumluft auf eine gewünschte Innentemperatur.

Wandstrahler haben eine sofortige Wärmewirkung im Strahlkegel des Heizofens, erwärmen die Raumluft jedoch nur um wenige Grade, da die gerichteten Wärmestrahlen unmittelbar den angestrahlten Körper treffen, ohne selbst die Raumluft zu erwärmen.

Die Konvektionsöfen mit Dunkelstrahlfläche versuchen, diese beiden Heizeffekte in sich zu vereinigen.

Die Aufhängehöhe bei Konvektionsöfen soll 60 cm, bei Wandheizöfen mit Dunkelstrahlfläche und Wandstrahlern 1,50 bis 1,60 m über Fußboden betragen.

Die Abgasrohre dieser kleinen Wandheizöfen dürfen mit denen der im gleichen Raum befindlichen Gas-Wasserheizer vor dem Schornsteinanschluß ohne Querschnittserweiterung vereinigt werden.

9.4.3 Bestimmung der Nennwärmeleistung

Die Nennwärmeleistung der einzubauenden Gasraumheizer wird nach Tafel **557**.1 oder **557**.2 ermittelt, nachdem man nach Abschn. 9.2.2.3 die Lage des Raumes festgestellt hat (dabei ist zusätzlich auch 1 Bewertungspunkt einzusetzen, wenn die Fensterflächen des Raumes mehr als $^1/_8$ seiner Außenflächen betragen). Bei einem Rauminhalt über 150 m³ wird eine Wärmebedarfsberechnung nach DIN 4701 (Abschn. 8.3.1) empfohlen.

Folgende Betriebsweisen der Gas-Einzelheizung sind zu unterscheiden:

Dauerheizung: Die übliche Raumtemperatur von meistens 20 °C wird in Zeiten geringeren Wärmebedürfnisses (z. B. nachts) um $\leqq 5$ K abgesenkt.

Tafel 557.1 Raumheizvermögen von Gasraumheizern in m³ Rauminhalt für Gebäude mit Wärmedämmung nach Wärmeschutz-Verordnung (nach DVGW-Arbeitsblatt G 674)

Betriebsweise	Raumlage	Nennwärmeleistung in kW						
		1,75	2,3	2,9	3,5	4,7	5,8	7,0
		Rauminhalt in m³						
Dauerheizung	günstig	24	40	62	86	153	(265)	
	weniger günstig	15	26	38	54	87	127	
Zeitheizung	günstig	17	31	48	70	122	(195)	
	weniger günstig	11	19	30	42	71	103	140

Tafel 557.2 Raumheizvermögen von Gasraumheizern in m³ Rauminhalt für Gebäude mit geringer Wärmedämmung (nach DVGW-Arbeitsblatt G 674)

Betriebsweise	Raumlage	Nennwärmeleistung in kW								
		1,75	2,3	2,9	3,5	4,7	5,8	7,0	9,3	11,6
		Rauminhalt in m³								
Dauerheizung	günstig	17	28	44	63	115	(185)			
	weniger günstig	10	16	23	32	52	72	97	150	(212)
	ungünstig	6	9	14	18	28	40	52	77	102
Zeitheizung	günstig	14	23	36	51	90	140	(208)		
	weniger günstig	10	15	21	28	42	60	80	123	(175)
	ungünstig und Kurzheizung	7	9	13	17	25	34	44	67	92

Zeitheizung liegt vor, wenn vorwiegend täglich 6 bis 12 Stunden geheizt wird. Die Aufheizzeit soll nicht länger als 1 Stunde dauern.

Kurzheizung ist bei zeitlich unregelmäßiger Beheizung des Raumes gegeben.

Für die Beheizung von Wohnräumen sind ausschließlich Dauerheizung oder Zeitheizung anzuwenden. Allein Dauerheizung schafft einen echten Behaglichkeitszustand, der den heutigen Vorstellungen vom Wohnen entspricht.

Kurzheizung wird in der Regel in Versammlungsräumen, Kirchen, Sporthallen, Ausstellungsräumen u. ä. angewandt. Ein raumklimatischer Beharrungszustand wird hier nicht erreicht.

Für selten beheizte Gebäude enthält das Arbeitsbl. G 674 spezielle Angaben. Ferner enthält G 674 ein Berechnungsverfahren zum voraussichtlichen Brennstoffverbrauch der Gaseinzelheizung.

9.4.4 Gas-Strahlungsheizung

Gas-Heizstrahler haben ein gußeisernes Brennergehäuse mit keramischen Katalytplatten an der Austrittsseite, die von dem flammenlos und ohne Bildung von CO verbrennenden Gas auf ca. 850 °C erwärmt werden und eine kurzwellige Infrarotstrahlung von besonderer Eindringtiefe und mit einer Energiedichte von 7 bis 10 W/h und cm² strahlender Fläche abgeben (**558**.1). Ohne Beheizung der Luft werden die angestrahlten Flächen sofort und unmittelbar erwärmt.

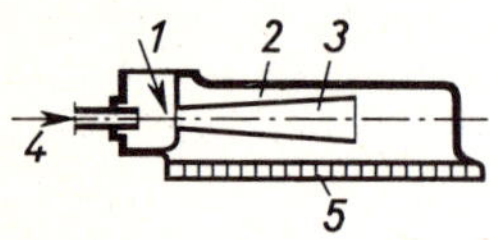

558.1
Schwank-Gasheizstrahler (Schwank Gasgeräte)
1 Luft
2 Brennergehäuse 4 Gas
3 Mischrohr 5 Katalytplatte

Ein Normalbrenner mit ca. 12 × 18 cm großer Strahlfläche und 0,8 bis 1,0 m³/h Gasverbrauch reicht für 10 bis 20 m² Bodenfläche aus. Größere Strahler werden durch Zusammensetzen mehrerer Einheiten gebildet.

Die Zündung erfolgt elektrisch oder durch eine Dauerzündflamme. Die Abgase brauchen nur bei mangelhaft belüfteten, kleineren Räumen oder sehr großen Leistungen durch einen Schornstein abgesaugt zu werden.

Der bei richtigem Einbau und Betrieb völlig rückschlagsichere Brenner ist zwischen 50 und 150% des Normalverbrauches regelbar.

Die Katalytmasse wie die übrigen Teile des Brenners haben eine praktisch unbegrenzte Lebensdauer. Die Austrittsbohrungen sind weit genug, um normalerweise durch Staub oder andere Verunreinigungen nicht zu verstopfen.

Wegen der hohen Strahlungstemperatur müssen die Geräte ≧ 4 m hoch angebracht werden, da sonst die Kopfbestrahlung als unangenehm empfunden wird (**558**.2).

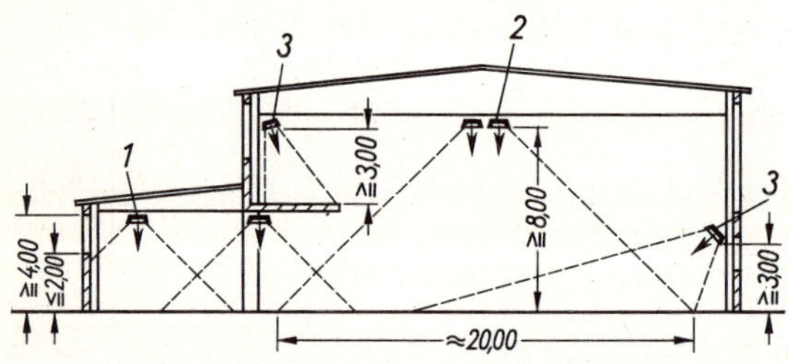

558.2 Gas-Strahlungsheizung einer Werkhalle (M 1:500) (Schema)
1 Senkrechtstrahler mit einem Brenner
2 Senkrechtstrahler mit mehreren Brennern
3 Schrägstrahler

Schwank-Strahler ermöglichen eine Beheizung vor allem dort, wo sie bisher nur unvollkommen oder gar nicht möglich war, z. B. in hohen oder offenen Werkhallen, wo nur einzelne Arbeitsplätze zu erwärmen sind, auf Sportplätzen und Tribünen, Terrassen, Bahnhöfen, Straßen, vor Schaufenstern und Haltestellen usw.

Daneben werden diese Strahler in zahlreichen Industriezweigen für Trocknungsvorgänge aller Art, in der Landwirtschaft für Frostschutzeinrichtungen und in der Jungtieraufzucht, auch in der Tiermedizin verwendet, andere Modelle als Wandheizöfen für Badezimmer.

Kleinstmodelle werden für Grilleinrichtungen in Gasherde eingebaut.

9.5 Elektrische Raumheizung

Sie paßt sich allen räumlichen Gegebenheiten mühelos an, ist ohne Brennstofflagerung und -transporte äußerst bequem zu bedienen, verlangt keine Wartung, erzeugt weder Staub, Asche oder Geruch noch Ruß und Abgase, braucht keine Zuluft- und Abgasvorrichtungen und kann keine Grundwasserschäden hervorrufen.

Sie läßt sich von Hand und automatisch leicht, wenn auch meist nicht stufenlos, regeln und hat einen Gesamtwirkungsgrad von 95 bis 100%.

Die Abrechnung der verbrauchten Wärmemengen erfolgt über den Stromzähler einfach und unmittelbar zwischen dem EVU und dem Verbraucher.

So stellt die elektrische Heizung technisch das Ideal einer Heizungsanlage dar.

Die Wirtschaftlichkeit der elektrischen Raumheizung ist eine Frage der Tarifgestaltung. Bei den in Deutschland geltenden Tarifen für den Strombezug wird der Wärmepreis des Tagstromes (**514**.1) so hoch, daß mit Tagstromgeräten nur eine kurzfristig betriebene Zusatz- oder Übergangsheizung vertretbar ist.

Bei den heute von den EVU gewährten Nachtstromtarifen ist indessen bei Vorhandensein eines energiesparenden Wärmeschutzes nach Abschn. 8.2.4 eine Vollheizung von Gebäuden mit Nachtstrom-Speicheröfen wirtschaftlich möglich (**531**.1).

Vor Aufstellung größerer elektrischer Heizgeräte ist stets zu klären, ob die Leitungsquerschnitte für den Anschluß genügen.

Da elektrische Heizgeräte nicht überlastbar sind, müssen sie ausreichend groß gewählt oder Zusatzgeräte vorgesehen werden.

Elektrische Raumheizungen lassen sich als Direktheizung, Speicherheizung oder Wärmepumpenheizung (s. Abschn. 10.6.2) ausführen.

9.5.1 Direktheizgeräte

Tagstrom-Heizgeräte sind für die kurzfristige Beheizung vor allem kleinerer Räume bestimmt. Sie haben durchweg einen Anschlußwert $\leqq 2$ kW (in Ausnahmen bis 4 kW) und können daher an jede Steckdose einphasig angeschlossen und zu jeder Zeit in Betrieb genommen werden.

Da gleichzeitiges Einschalten vieler solcher Geräte bei Kälteeinbrüchen jedoch zu Netzüberlastungen führen kann, gestattet das EVU mancherorts je Haushalt nur die Verwendung von Tagstrom-Heizgeräten mit einem Gesamtanschlußwert $\leqq 2$ kW.

Die Geräte sind tragbar oder fest montiert.

Verwendet werden vor allem 1000 W-Badezimmerstrahler (**559**.1), Badezimmer-Konvektionsöfen mit 3 Heizstufen von 750, 1250 und 2000 W und einer Frostschutzautomatik, die bei Absinken der Raumtemperatur unter +4 °C die Heizung von 750 W kurzzeitig einschaltet, zur Beheizung von Küchen oder Bädern mit einem Rauminhalt von 15 bis 25 m³ etwa zu $^1/_3$ durch Strahlung und zu $^2/_3$ durch Konvektion (**560**.1).

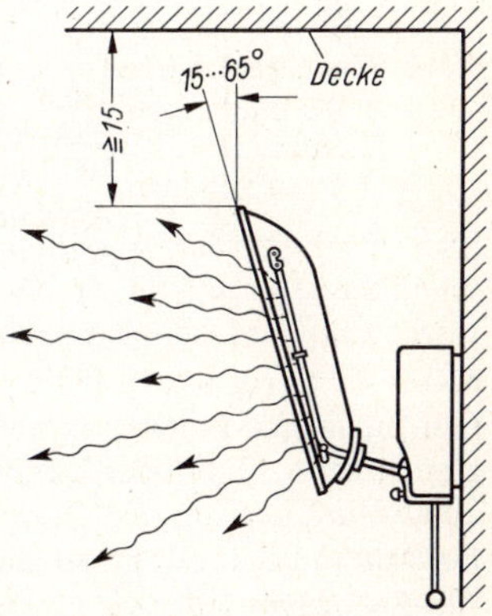

559.1
Schwenkbarer Elektro-Wandstrahler 1000 W, seitlicher Schwenkbereich 20° nach jeder Seite (1:10) (Siemens)

Ferner sind Elektro-Strahlkamine (**560**.2) oder Ventilator-Öfen (Heizlüfter, **560**.3), auch in Kombination (**560**.4), für kleinere Küchen oder für die Übergangsheizung in Wohnräumen im Handel.

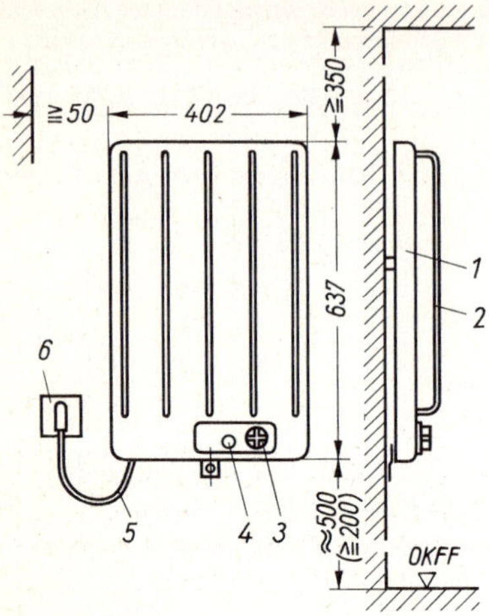

560.1
Konvektions-Wandofen für Badezimmer und Küchen (M 1:20) (Siemens)

1 Gerätegehäuse
2 Zierstäbe (Berührungsschutz)
3 Dreistufenschalter
4 Signallampe
5 Anschlußkabel
6 Herdanschlußdose

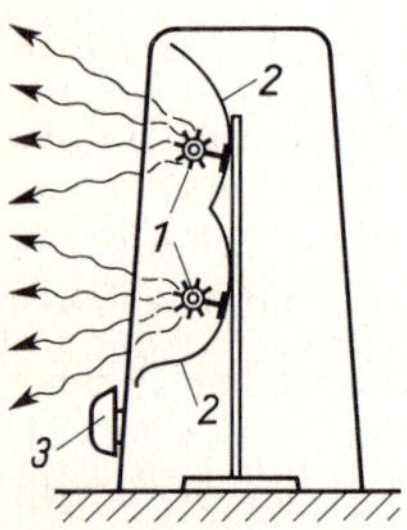

560.2
Elektro-Strahlkamin 600/900/1500 W (M 1:10)

1 Heizstäbe
2 Parabolspiegel
3 Viertaktschalter

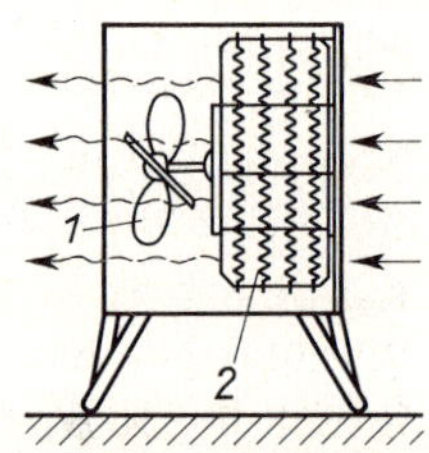

560.3 Elektro-Ventilatorofen 650/1350/2000 W (M 1:10) (Siemens)

1 Fächer
2 Heizleiter

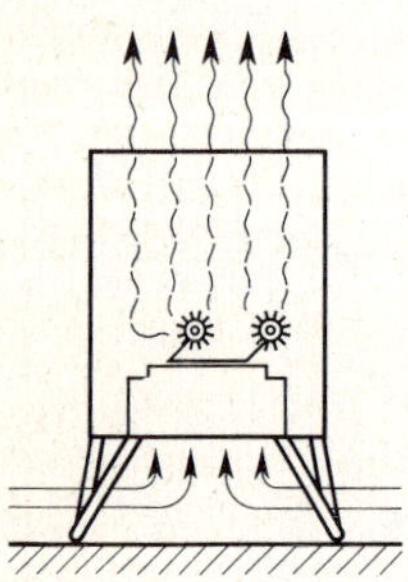

560.4
Elektro-Ventilatorofen 650/1350/2000 W in Kombination mit Heizkamin 500/1000 W, Schnitt durch den Heizkamin (M 1:10) (Siemens)

Ausführung A: Fächer- und Kaminteil gleichzeitig einschaltbar
Ausführung B: Fächer- und Kaminteil nur getrennt einschaltbar

Rohrheizkörper (**561**.1) in Längen von 0,5 bis 5 m und einem Anschlußwert von 250 bis 400 W/m werden z. B. für Kirchengestühlheizung verwendet, zu Registern zusammengefaßt, auch zur Beheizung anderer Räume, besonders in abgelegenen Bauten, wie Fernsprechzellen, Pumpstationen usw.. Rippenrohrheizkörper leisten etwa 1000 bis 2000 W/m.

Der Leistungsbedarf für eine derartige Übergangsheizung ist überschläglich 1 kW je 40 m^3 beheizter Raum.

Elektro-Infrarotstrahler werden zur Beheizung einzelner Arbeitsplätze in großen Werkhallen sowie auf Tribünen, Sportplätzen, Terrassen, vor Schaufenstern u. ä. eingebaut und entsprechen in ihrer Wirkung den in Abschn. 9.4.4 beschriebenen Gasheizstrahlern.

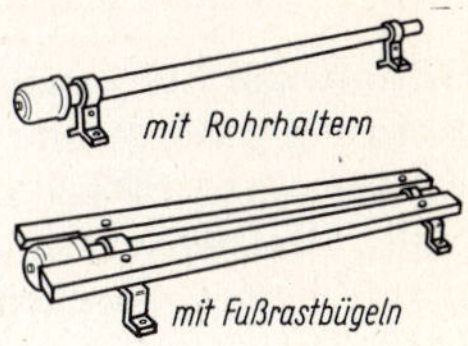

561.1
Rohrheizkörper (AEG)
250 bis 1250 W, 1,00 bis 5,00 m Länge

9.5.2 Speicherheizgeräte

Grundlage der Anwendung elektrischer Speicherheizgeräte ist das Angebot an Schwachlaststrom während der Nachtzeit und unter besonderen Umständen auch zu einigen Zeiten des Tages.

Während dieser Zeit kann verbilligte Elektroenergie in Wärme umgewandelt werden, die für den Heizbedarf der folgenden Tageszeit gespeichert wird.

Der Aufladevorgang ist allen Speicherheizgeräten gemeinsam. Die in elektrischen Widerstandsdrähten bei Stromdurchfluß während der Ladedauer erzeugte Wärme wird von dem Speicherkern, der meist aus keramischen Stoffen mit hohem Raumgewicht und hoher Wärmespeicherfähigkeit besteht, aufgenommen, wobei er auf ca. 600 °C aufgeheizt wird.

Die Menge der zu speichernden Wärme kann durch die Leistungsaufnahme während der Aufladung und durch die Ladedauer gesteuert werden.

9.5.2.1 Bauarten

Nach der Art der Entladung und der Steuerbarkeit der Wärmeabgabe nach beendeter Aufladung unterscheidet man drei Bauarten der Speicherheizgeräte.

Bauart I. Dies sind Speicherheizgeräte mit statischer Entladung und nicht steuerbarer Wärmeabgabe nach DIN 44570.

Zwischen dem Speicherkern und der Ummantelung des Speicherheizgerätes ist dem Heizzweck entsprechend eine mehr oder weniger dicke Wärmedämmschicht mit eingebaut.

Ohne Luftkanäle. Die Speicherwärme wird bereits während und vor allem nach der Aufladung lediglich durch Wärmeleitung vom Kern an den geschlossenen Außenmantel des Gerätes (**561**.2 links) und von dort aus weiter durch Strahlung und natürliche Konvektion an den Raum abgegeben.

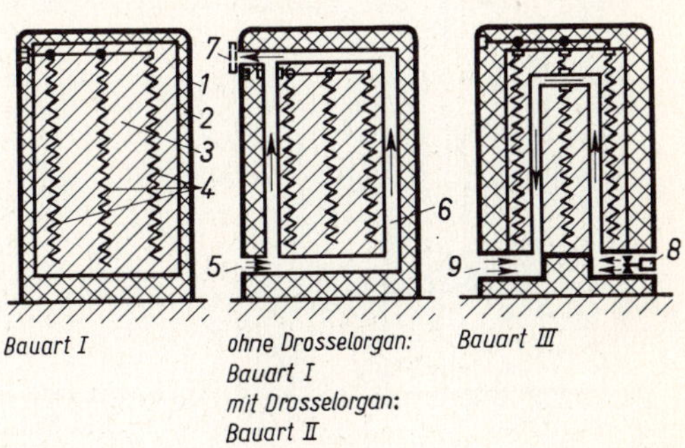

561.2
Elektro-Speicherheizgeräte
Bauart I: mit statischer Entladung und nicht steuerbarer Wärmeabgabe
Bauart II: mit statischer Entladung und steuerbarer Wärmeabgabe
Bauart III: mit dynamischer Entladung und steuerbarer Wärmeabgabe

1 Mantel
2 Wärmedämmung
3 Speicherkern
4 Heizleiter
5 Lufteintritt
6 Luftkanal
7 Drosselorgan
8 Lüfter
9 Luftaustritt
10 Mischluftklappe
11 Bimetallregler
12 Beipaß

Bei starker Wärmedämmung ergibt sich eine Dauerheizung mit einer etwa gleichbleibenden Raumtemperatur über die 24 Stunden des Tages.

Eine schwächere Wärmedämmung führt zu einer verstärkten Wärmeabgabe in den ersten Stunden nach dem Ende der Ladezeit und ist für Geräte in Räumen geeignet, die in den Abendstunden nicht mehr beheizt zu werden brauchen.

Mit offenen Luftkanälen. Diese Ausführung (**561**.2 Mitte) hat Luftkanäle am oder im Kern mit unteren und oberen Öffnungen im Außenmantel zur Raumseite hin. Durch sie wird eine zusätzliche konvektive Entladung des Speicherkernes hervorgerufen, die durch die Schornsteinwirkung innerhalb der Luftkanäle infolge des Temperatur- und Höhenunterschiedes zwischen Luftein- und -austritt erfolgt.

Bauart II. Dies sind Speicherheizgeräte mit statischer Entladung und steuerbarer Wärmeabgabe.

Von der Bauart I mit offenen Luftkanälen unterscheidet sich diese Bauart lediglich dadurch, daß die Öffnungen der Luftkanäle durch Drosselorgane (Klappen, Schieber oder dgl.) ganz oder teilweise geschlossen werden können. Hierdurch läßt sich die Stärke der Konvektion beeinflussen (**561**.2 Mitte).

Diese Steuerung ist indessen primitiv, Geräte dieser Bauart werden daher kaum mehr verwendet.

Bauart III. Dies sind Speicherheizgeräte mit dynamischer Entladung und steuerbarer Wärmeabgabe nach DIN 44572.

Geräte dieser Bauart (**561**.2 rechts) haben eine besonders starke Wärmedämmung. Dadurch wird die Wärmeabgabe von der Oberfläche des Gerätes erheblich geringer als bei den Bauarten I und II.

Der überwiegende Teil der Wärmeabgabe erfolgt vielmehr durch erzwungene Konvektion innerhalb der Luftkanäle im oder um den Speicherkern, deren umgekehrte U-Form jede selbständige Luftbewegung in ihnen verhindert.

An der Ansaugseite sind ein oder mehrere Gebläse eingebaut, die bei Einschalten die kühlere Raumluft aus dem Bodenbereich ansaugen, durch die Luftkanäle drücken und erwärmt in den Raum führen.

16 Stunden nach beendeter Aufladung müssen die Heizgeräte noch einen nutzbaren Wärmeinhalt von 40% (Gruppe A) oder 50% (Gruppe B) haben.

Eine Weiterentwicklung, nach der heute die Geräte der Bauart III allgemein gebaut werden, stellt Bild **562**.1 dar.

Zur Sicherung einer gleichmäßigen und nicht zu hohen Warmlufttemperatur an der vorderseitig gelegenen Luftaustrittsöffnung wird dem Luftstrom aus dem Geräteinnern über einen Beipaß (Kurzschlußleitung) und eine verstellbare Klappe, die durch einen in der austretenden Warmluft angebrachten Regler betätigt wird, nach Bedarf Kaltluft beigemengt.

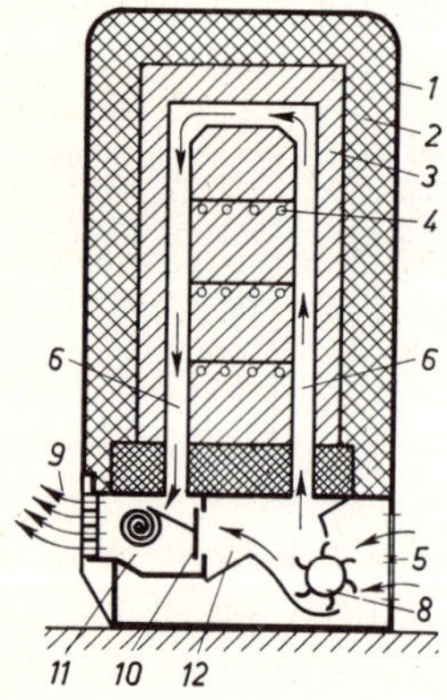

562.1
Elektro-Speicherheizgerät der Bauart III mit Beipaß und Mischluftklappe (Legende s. Bild **561**.2)

9.5.2.2 Steuerung und Regelung

Aufladung. Die Geräte der 3 Bauarten werden in gleicher Weise aufgeladen.

Über eine plombierte Schaltuhr, in Neubaugebieten und in Zukunft mehr durch eine Rundsteueranlage unmittelbar vom EVU aus, wofür u. U. bereits heute Steuerleitungen zusammen mit den Leitungen der übrigen Stromversorgungsanlage mitzuverlegen sind, wird in den Nachtstromzeiten, meist von 22 bis 6 Uhr, im Bereich vom EVU mit besonders günstigen Erzeugungs- und Verteilungsbedingungen auch während einer Nachheizzeit von ca. 2 Mittagsstunden, die Stromzufuhr zu den Heizgeräten freigegeben.

Dabei kann entweder ein besonderer Eintarifzähler den Nachtstromverbrauch nur für die Heizung erfassen oder ein Doppeltarifzähler, der dann in den Nachtstromzeiten auf den Niedertarif umschaltet, den gesamten Stromverbrauch für Heizung und Normalverbrauch nach diesem Tarif abrechnen (**563**.1).

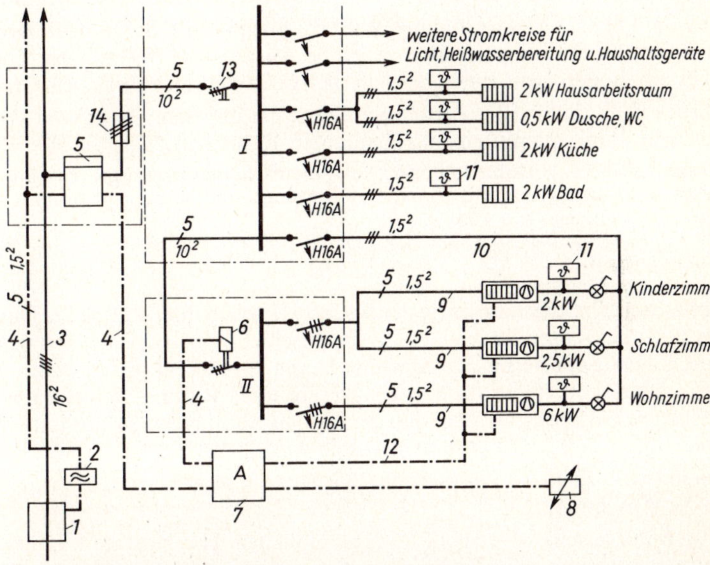

563.1 Übersichtsschaltplan für eine Elektro-Heizung mit Speicher- und Direktheizgeräten in einem Mehrfamilienhaus

1 Hausanschlußkasten mit Hauptsicherungen
2 Schaltuhr oder Steuergerät für Freigabezeiten
3 Hauptleitung der Stromversorgung, NYM 5 × 16 mm² Cu
4 Steuerleitung
5 Zweitarifzähler
6 Heizungsschütz
7 Steuergerät für Aufladung der Speicherheizgeräte
8 Witterungsfühler
9 Leitungen für Aufladung der Speicherheizgeräte
10 Leitungen für Entladung der Speicherheizgeräte
11 Raumthermostat
12 eventuell Leitung für Restwärmeerfassung
13 plombierbarer Hauptschalter, 3polig 63 A
14 Vorsicherung, 3polig

Außer der Freigabe muß auch die Intensität der Aufladung gesteuert werden.

Für kleine Anlagen genügt die Steuerung der Leistungsaufnahme von Hand durch einen Steuerschalter für die verschiedenen Aufladestufen, der sich am Speichergerät selbst befinden kann, häufig aber auch mit dem Raumthermostat in einem Gehäuse vereinigt ist.

Je nach Wetterlage kann eine schwächere, mittlere oder stärkere Aufladung des Speicherkernes eingestellt werden, so daß dieser eine mehr oder weniger hohe Temperatur annimmt bzw. einen mehr oder weniger großen Wärmevorrat erhält.

Der Grad der Aufladung kann auch durch die Ladedauer bestimmt werden, und zwar durch eine Schaltuhr mit vom Benutzer verstellbaren Reitern oder durch eine einstellbare Zeitautomatik. Dabei wird das Gerät stets mit einer gewissen Reserve aufgeladen, die nicht verloren ist, sondern als Restwärme in die Aufheizung der folgenden Nacht eingeht.

Für eine Anlage mit mehreren Geräten ist eine die Witterung und die Restwärme erfassende, von jeder Bedienung freie Aufladeautomatik zweckmäßig.

Ein im Freien an einer für die Witterung typischen Stelle des Gebäudes angebrachter Witterungsfühler, der für eine große Anzahl von Wohnungen tätig sein kann, meldet über ein Steuerorgan jedem Speicherheizgerät den erforderlichen Grad der Aufladung.

Diese erfolgt dann unter Berücksichtigung der in jedem Gerät vom Vortage nachgebliebenen und durch die mit einem eingebauten Restwärmefühler erfaßte Restwärme.

Dieses Verfahren ist dadurch möglich, daß die nächtliche Witterung als Maß für die Witterung des folgenden Tages dienen kann. Witterungssprünge sind selten und können durch den Vorrat an Restwärme ausgeglichen werden.

Ein Aufheizen des Speicherkernes auf > 600 °C wird durch einen eingebauten Temperaturbegrenzer verhütet.

Entladung. Speicherheizgeräte der Bauart III geben ihre Wärme bei Dauerheizung zu ca. 40 bis 50%, bei Kurzzeitheizung (z. B. in einschichtig betriebenen Schulen) zu ca. 60 bis 70% durch die ausgeblasene Warmluft ab. Deren Ausstöße können durch An- und Abschalten des Lüfters von einem für alle Heizgeräte eines Raumes gemeinsamen Raumthermostat zeitlich so bemessen werden, daß die für den Raum gewünschte Lufttemperatur mit einem Spiel von $\leqq \pm 0{,}5$ °C konstant gehalten wird.

Diese individuelle automatische Raumtemperaturregelung arbeitet fast trägheitslos (s. Abschn. 10.2.4.3).

Durch die jeweils in jedem Raum befindlichen Thermostate können je nach Bedarf die einzelnen Räume einer Wohnung auf verschiedenen Temperaturen gehalten werden.

Außerdem können in jedem Raum besondere Wärmegewinne, z. B. durch starke Sonneneinstrahlung oder Anwesenheit vieler Personen, starkes elektrisches Licht, erfaßt und in die Temperaturregelung einbezogen werden.

Beides kann die Heizkosten erheblich vermindern. Vergleichsmessungen haben bei Einzelraumregelungen gegenüber Zentralregelungen 30 bis 40% Minderverbrauch bestätigt.

Der Raumthermostat ist in ca. 1,5 m Höhe an einer Innenwand des Raumes, vor Geräte- und Sonnenstrahlung sowie vor Zugluft geschützt, anzubringen.

Der Lüfter arbeitet in 2 Stufen, einer Normalstufe, die praktisch geräuschlos, für alle normalen Anforderungen ausreicht, und einer für besonders schnelle Aufheizung des Raumes am Heizgerät oder am Raumthermostat einzuschaltenden Schnellstufe. Es gibt auch Geräte mit einer automatischen Einschaltung der Schnellstufe bei tieferen Temperaturabsenkungen. Das leise Luftgeräusch der Schnellstufe ist, da sie nur selten kurzzeitig eingeschaltet wird, belanglos.

Die geringe ungeregelte Wärmeabgabe über die Oberfläche des Gerätes ist von der jeweiligen Kerntemperatur abhängig. Auch bei Vollaufladung, also einer Kerntemperatur von 600 °C, bleiben die Oberflächentemperaturen unter 90 °C. Durch diese Wärmeabgabe wird der Raum schon während der Aufladung des Gerätes und während eines längeren Stromausfalles vor einem völligen Auskühlen bewahrt.

Aufladung und Entladung. Das Zusammenspiel von Aufladung und Entladung ist aus der in Bild **565**.1 dargestellten Vollast-Charakteristik eines Gerätes der Bauart III ersichtlich. Auf der Waagerechten werden die Auflade- und Entladestunden, auf der Senkrechten die aufgespeicherte und die an den Raum abgegebene Wärme aufgetragen.

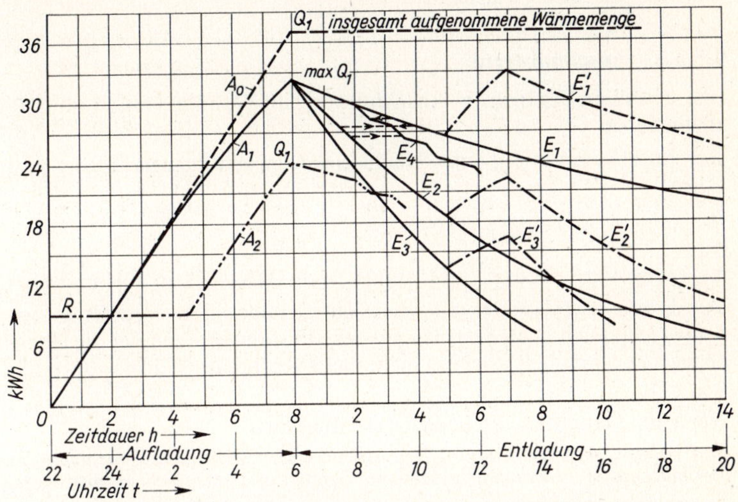

565.1 Vollast-Charakteristik eines Speicherheizgerätes der Bauart III

Bei voller Aufladung über 8 Stunden würde sich nach der Kurve A_0 eine Aufladung auf Q_0 ergeben. Doch praktisch ist nur eine Aufladung auf Q_{max} nach der Kurve A_1 erreichbar, da bereits während der Aufladung eine statische Entladung des Gerätes erfolgt. Diese geht jedoch nicht verloren, sondern bewirkt eine Vorheizung des Raumes.

Eine pausenlose Entladung nach der Vollaufladung würde dann ohne Betätigung des Lüfters rein statisch nach der Kurve E_1 erfolgen, bei ständigem Einschalten des Lüfters auf der Normalstufe nach E_2 und auf der Schnellstufe nach E_3.

Aus den Entladekurven ist die aus dem Gerät jeweils maximal verfügbare stündliche Wärmemenge (= Wärmeleistung) zu entnehmen, die dem nach DIN 4701 für den bestimmten Raum zu errechnenden stündlichen Wärmebedarf Q_N (s. Abschn. 8.3.1) entsprechen muß.

Aus A_0 bzw. Q_0 ist der elektrische Anschlußwert P_s in kW für das Speicherheizgerät zu bestimmen.

Im praktischen Betrieb verläuft die Entladung jedoch nicht gleichmäßig nach einer einzigen der drei Kurven E_1, E_2 oder E_3.

Entsprechend dem intermittierenden Betrieb des Lüfters, der vom Raumthermostat im ständigen Wechsel entsprechend der verlangten Raumtemperatur und der Außenwitterung ein- und ausgeschaltet wird, gibt das Gerät vielmehr Wärme nach einem Kurvenzug, z. B. E_4, ab, der sich abwechselnd aus Einzelstücken der Kurven E_1' und E_2' (evtl. auch E_3') zusammensetzt, je nachdem, ob der Lüfter gerade läuft oder stillsteht.

Die Kurven E_1, E_2 und E_3 ergänzen die Vollast-Charakteristik des Speicherheizgerätes unter der Annahme einer Nachheizung in der Zeit von 11 bis 13 Uhr.

Für den Fall, daß nach Ablauf des Tages noch eine Restwärme R von 9 kW zurückbliebe, die nunmehr für die erneute Aufladung zur Verfügung steht, und daß der Witterungsfühler feststellte, daß nur bis zu 24 kWh aufgeladen zu werden braucht, und die Aufladung der größeren Wirtschaftlichkeit wegen automatisch an das Ende der Aufladezeit verschoben werden soll, verläuft die nächste Aufladung nach Kurve A_2, d. h. einem Teil der Kurve A_1 parallel bis Q_1.

Die Entladung am anderen Tage erfolgt dann im Prinzip nach E_4, nur nach unten verschoben.

Zur richtigen Auswahl der einzelnen Geräte genügt es nicht, nur die Nennleistung zugrunde zu legen, sondern es sind auch die Heizleistungskurven der Einzelgeräte zu beachten. Für jede Gerätetype gibt es daher ein gesondertes Diagramm.

9.5.2.3 Anschlußwerte

Als überschläglicher Anschlußwert in Wohngebäuden sind 0,20 bis 0,25 kW/m² anzunehmen.

Der Anschlußwert P_{sp} eines Nachtstrom-Speicherheizgerätes ist zu bestimmen nach der Formel

$$P_{sp} = f \cdot Q_N \text{ in kW}$$

mit Q_N = Wärmebedarf des Raumes nach DIN 4701 in kW und f = Deckungsfaktor.

Der Deckungsfaktor f berücksichtigt neben dem Verhältnis der Benutzungszeit zur Aufladezeit auch noch die während der Stillstandszeiten über die Oberfläche der Heizgeräte abgegebene, beim Heizbeginn nicht mehr verfügbare Wärme sowie eine Vorheizzeit von ca. 1 Stunde.

Werte für f sind der Tafel **566**.1 zu entnehmen.

Eine zusätzliche Aufheizzeit am Tage gestattet eine Verringerung der nachts zu speichernden Wärme und führt daher zu wesentlich kleineren Geräten und entsprechend niedrigeren Anlagekosten.

Ferner ist es vorteilhaft, die Speicherheizgeräte nur für ca. 85% der erforderlichen Höchstleistung auszulegen und ca. 15% der erforderlichen Höchstleistung Tagstromheizgeräten, die auch in die Speicherheizgeräte eingebaut sein können, zuzuweisen.

Mit dieser Tagstromheizung kann man dann bei einem zumutbaren Kostenaufwand den Raum an kühlen Frühlings- oder Herbstabenden kurzfristig erwärmen und an sehr kalten Winterabenden die Nachtstromheizung unterstützen.

Tafel **566**.1 Deckungsfaktoren f zur Ermittlung des Anschlußwertes von Nachtstrom-Speicherheizgeräten (nach Siemens)

Raum	Benutzung des Raumes von···bis···	h	Deckungsfaktor f bei Aufladezeit von 8	8+2	8+3	8+4 h
Wohnzimmer	8 bis 22 Uhr	14	2,25	1,8	1,65	1,5
Kinderzimmer	8 bis 20 Uhr	12	2,0	1,6	1,4	1,3
Küche	10 bis 22 Uhr	12	2,1	1,7	1,55	1,4
Schlafzimmer	8 bis 18 Uhr	10	1,75	1,4	1,2	1,1
	12 bis 22 Uhr		1,9	1,55	1,4	1,3

9.5.2.4 Einbau

Nachtstrom-Speicherheizgeräte werden vorzugsweise mit Stahlblechmantel, in verschiedenen Farbzusammenstellungen lackiert, zum Teil wahlweise mit Kachelmantel, betriebsfertig geliefert. Bei den meisten größeren Geräten baut man jedoch zur Erleichterung des Transportes den Speicherkern erst am Verwendungsort ein.

Die Geräte sollen grundsätzlich, wie die Heizkörper einer WW-Zentralheizung, unter den Fenstern aufgestellt werden (**567**.1), um so durch einen Warmluftschleier den an den Fenstern entstehenden Kaltlufteinfall abfangen zu können. Dabei muß die Außenwand in der Fensternische denselben Wärmeschutz aufweisen wie die übrigen Außenwandflächen.

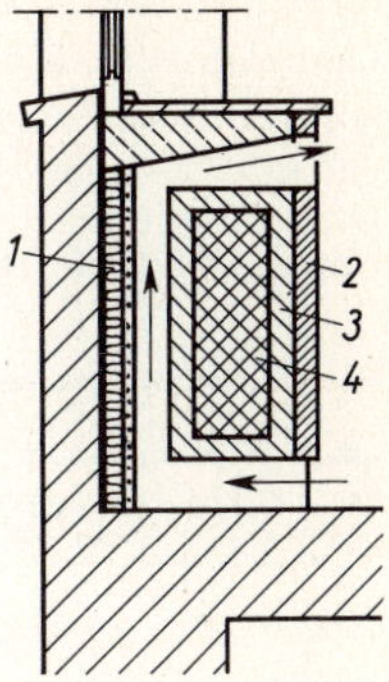

567.1
Nachtstrom-Speicherofen (Einbau unter dem Fenster) (M 1:30)
1 Dämmschicht
2 Kachelmantel
3 Wärmedämmschicht des Ofens
4 Speicherkern

Der Platzbedarf der Elektro-Speicherheizgeräte ist größer als der von Radiatoren oder Flachheizkörpern und kann dadurch die Aufstellung in kleineren Räumen erschweren. Die Geräte haben $\leqq 48$ cm Tiefe. Es gibt allerdings Modelle mit Tiefen von nur 30 oder auch 23 cm und entsprechend größerer Breite.

Bei diesen stärkeren Abweichungen von der für eine geringste Abstrahlung günstigsten Würfelform ist jedoch eine stärkere ungeregelte Wärmeabgabe in Kauf zu nehmen, soweit sie nicht durch eine verbesserte Wärmedämmung vermieden werden kann.

Das Gewicht der Speicherheizgeräte ist mit 50 bis 60 kg/kW Anschlußwert sehr beträchtlich. Trotzdem sind die baulichen Anforderungen nach DIN 1055 in der Regel erfüllt.

Falls in Ausnahmefällen, z. B. bei 8 kW-Geräten, dies nicht der Fall sein sollte, ist eine statische Nachrechnung der Geschoßdecke erforderlich.

Bei der Aufstellung der Geräte ist ferner zu beachten:

1. Die Geräte müssen von massiven Wänden $\geqq 3$ cm, von unverkleidetem Holz $\geqq 10$ cm Abstand einhalten.
2. Auf die Geräte dürfen keine brennbaren oder stark wärmedämmenden Stoffe gelegt oder an sie gelehnt werden.
3. Fenstervorhänge dürfen nicht bis unmittelbar an das Gerät herangeführt werden.

9.5.3 Fußboden-Speicherheizung

Die elektrische Fußbodenheizung ist im Prinzip eine Speicherheizung der Bauart I, deren im Fußboden verlegte Heizkabel beim Aufheizen mit Nachtstrom eine Speichermasse erwärmen (**568**.1).

Da der gesamte Tageswärmebedarf in der Nacht nicht gespeichert werden kann, ist eine zusätzliche Nachheizung am frühen Nachmittag für 2 bis 3 Stunden erforderlich.

Die Temperatur der Fußbodenoberfläche darf in der Aufenthaltszone im Mittel 25 bis 27 °C nicht überschreiten. Daher kann die Speichermasse nicht mit ca. 600 °C, sondern nur mit $\leqq 45$ °C arbeiten.

In den nicht begehbaren Randzonen der Räume darf dagegen die Oberflächentemperatur auf 40 °C gesteigert werden (**568**.2).

Die maximalen Wärmeleistungen sind in der Aufenthaltszone mit ca. 63 W/m² und in der Randzone mit ca. 230 W/m² anzunehmen. Bei einem Flächenanteil der Randzone von 15% ist dann der spezifische Wärmebedarf mit $0{,}85 \cdot 63 + 0{,}15 \cdot 230 = 88$ W/m² durch die Fußbodenheizung abgedeckt.

Im Normalfall wird die elektrische Fußbodenheizung nur als Teilspeicherheizung ausgelegt, so daß sie mit einer zusätzlichen Direktheizung kombiniert werden muß.

Die Wärmeabgabe des Fußbodens während der Entladung kann kaum beeinflußt werden.

Als elektrische Zusatzheizung ist die Installation von thermostatisch geregelten Flachheizungen unter den Fenstern angebracht, die ca. 15% des Raumwärmebedarfes abdecken sollten.

Die Fensterinstallation soll auch den unvermeidlichen Kaltlufteinfall abfangen und eine hygienisch einwandfreie Luftzirkulation im Raum herstellen (s. auch Abschn. 10.1.2.5).

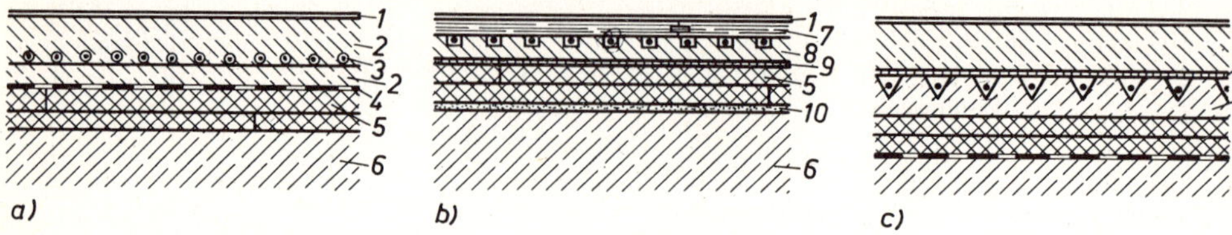

568.1 Elektro-Fußbodenheizungen

a) Heizelemente in schwimmendem Estrich eingebettet
b) im Trockenbauverfahren
c) Heizelemente unter dem schwimmenden Estrich eingebettet

1 Bodenbelag
2 Zementestrich
3 Heizelemente
4 Kunststoffolie
5 Wärmedämmschicht
6 Rohdecke
7 Spanplatte
8 Anhydritplatte mit Heizelementen
9 Maschendraht
10 Perlite-Schüttung
11 Wärmebremse (z. B.Eternit)
12 wärmespeichernde Zementplatten mit Heizelementen

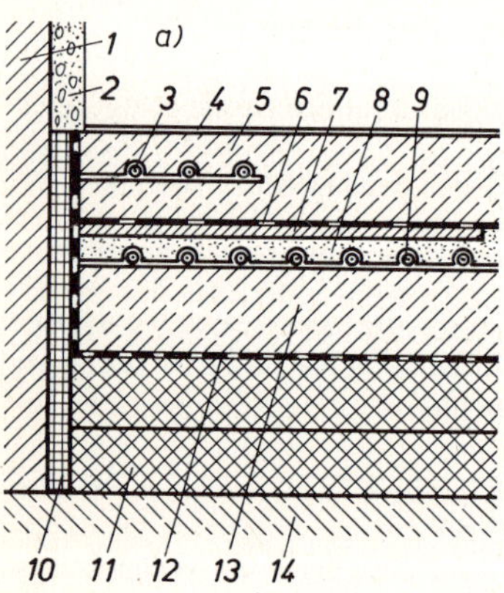

1 Wandmauerwerk
2 Innenputz
3 Randzonenzusatzheizung, zum Ausgleich von Wärmeverlusten beim Lüften, über Raumthermostat und Überhitzungsschutz gesteuert
4 Fußbodenbelag, Unterseite von Teppichbelägen nicht gummiert oder bitumengebunden, bei Teppichböden entfällt Wärmebremse 7
5 oberer Speicherestrich, 4 cm stark
6 Polyäthylen-Folie
7 Sillan-Hartplatten, 6 mm dick, als Wärmebremse
8 Sandbettung
9 Heizleiter in Kunststoff-Gittermatte
10 Randdämmstreifen
11 Sillan-Dämmplatten, zweischichtig, im Erdgeschoß 6 cm, in den Obergeschossen 4 cm dick
12 250er Bitumenpappe
13 unterer Speicherestrich, 4 cm stark
14 Rohdecke

568.2 Elektro-Fußbodenheizung mit Randzonen-Zusatzheizung (Felix Schuh + Co. GmbH), Schnitt durch den Fußbodenaufbau (M 1:5)

Bauarten. Unterhalb der Heizfläche ist die Wärmedämmung für dauerbeheizte Räume etwa 3 bis 6 cm dick anzunehmen. Die Wärmeabgabe erfolgt während des Tages nach oben in den Raum.

Für das Einbetten der Heizkabel gibt es verschiedenste Systeme.

1. Die Kabel werden direkt in den Beton oder Estrich eingegossen (Naßmontage). Das Auswechseln beschädigter Teile ist sehr schwierig. Die Estrichdicke beträgt 5 bis 15 cm bei einem guten Wärmeübergang (**568**.1a).

2. In den Beton werden Stahlrohre mit eingegossen und die Heizkabel nachträglich eingezogen. Statt der Rohre werden auch keramische Lochsteine verwendet.

3. Die Kabel werden in besonderen geschlitzten Heizplatten verlegt (Trockenmontage) (**568**.1b).

4. Über der Wärmedämmschicht verlegte Heizmatten, bei denen die Heizleiter in Kunststoff-Folien eingebettet liegen (**568**.2).

Die Belastung der Heizkabel wird mit 10 bis 25 W/m angenommen.

Die äußere Manteltemperatur bei Naßeinbettung beträgt 40 bis 50 °C, bei Trockeneinbettung 80 bis 100 °C.

Bei der Installation ist bei allen Einbettsystemen größte Sorgfalt erforderlich, um Beschädigungen der Kabel zu vermeiden.

Die verwendeten Baumaterialien wie Heizkabel, Wärmedämmstoffe, Bodenbelag und Bodenkleber müssen temperaturbeständig sein.

Das Reparieren der meist mit einem Metalldrahtgeflecht umhüllten Heizkabel ist sehr kostspielig.

Vermutete Schadstellen können unter anderem durch Infrarot-Sucheinrichtungen festgestellt werden.

Temperaturregelung. Sie erfolgt durch einen Wetterfühler in der Hausaußenwand. Je nach Außentemperatur wird die Aufheizung des Estrichs freigegeben, wobei die Restwärme im Fußboden durch einen besonderen Restwärmefühler wie bei Speicherheizgeräten berücksichtigt wird.

Für die zu installierende Leistung wird bei einer maximalen Oberflächentemperatur von 28 °C eine Aufheizzeit von 8 Stunden und eine Nachheizzeit von 2 Stunden zugrunde gelegt. Der darunter liegende Raum ist dabei als beheizt anzunehmen.

Bei Nichtbeheizung dieses Raumes ist die zu installierende Heizleistung etwa 15% größer anzunehmen.

Die Wärmeabgabe des Fußbodens an den Raum ist sehr ungleichmäßig.

Der spezifische Wärmeverlust kann mit 80 W/m^2 angenommen werden.

Die morgendliche maximale Wärmeabgabe beträgt ca. 116 W/m^2, die geringste am Abend nur 23 W/m^2. Für einen Mittelwert kann man dann mit 65 W/m^2 rechnen.

Vor- und Nachteile. Vorteilhaft bei der elektrischen Fußboden-Speicherheizung sind:

Einsparung von Schornstein und Heizungskeller,
kein Abgas,
keine Brennstoffbevorratung,
kein nennenswerter Platzbedarf,
relativ billige Anschaffung,
geringe Wartungskosten,
einfache Messung des Energieverbrauches.

Nachteilig sind:

Eine ungünstige Temperaturregelung,
Trägheit der Grundheizung, erforderliche Zusatzheizung,
schwer zu beseitigende Schäden an den Heizkabeln,
hoher Fußbodenaufbau und starke Deckenbelastung.

Eine Genehmigung durch das zuständige EVU ist in jedem Fall erforderlich.

Wirtschaftlichkeit. Wie bei allen elektrischen Heizungen ist auch bei dieser Heizung eine energiesparende Wärmedämmung des Raumes oder der Wohnung erforderlich. Der maximale Wärmeverlust beträgt ca. 80 W/m^2.

Für einen wirtschaftlichen Betrieb der elektrischen Fußboden-Speicherheizung können $\leqq$ 10 Pf/kWh als Mischpreis angenommen werden.

Als Anlagekosten müssen z. Zt. etwa 100 bis 120 DM/m² einschließlich der Installation ohne Fußbodenbelag kalkuliert werden.

Bei ca. 1500 Vollbetriebsstunden ergeben sich dann (1500 · 0,10 · 0,080) ca. 12,00 DM/m² Wohnfläche als jährliche Betriebskosten.

Fußbodenheizungen haben sich als Speicherheizung außer in Wohnungen (**570**.1) auch als Schul- und Kirchenheizungen bewährt.

In Spezialausführungen gibt es die elektrische Beheizung von Garagenrampen, Treppen und dergleichen.

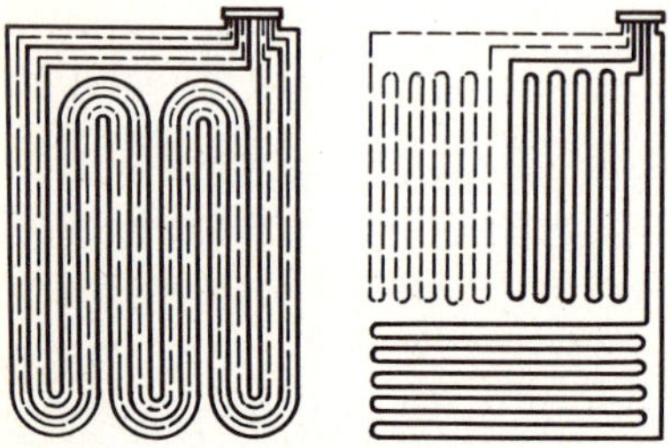

570.1
Elektro-Fußbodenheizung, Anordnung der Heizkabel
links: in Wohnräumen bis zu 6 Heizkreise mit paralleler Kabelführung: gleichmäßige Bodenerwärmung auch beim Abschalten einzelner Heizkreise. Festliegende Möbelstellflächen längs der Wände nicht beheizt
rechts: in Geschäftsräumen abschaltbare Heizfelder für die Anpassung an die jeweilige Raumnutzung

Andere Flächenheizungen. Neben der elektrischen Fußboden-Speicherheizung gibt es elektrische Flächenheizungen für Decken und Wände, die jedoch in der praktischen Anwendung ohne Bedeutung sind.

Die elektrische Deckenstrahlungsheizung ist eine Flächenheizung mit den Merkmalen einer Direktheizung. Die Wärmeabgabe ist fast ausschließlich durch Strahlung nach unten gerichtet.

Die elektrische Wandflächenheizung ist ebenfalls eine Direktheizung, deren Wärmeabgabe an den Raum durch Strahlung und Konvektion erfolgt.

9.6 Technische Regeln

Deutsche Normen

DIN 3364 T. 1 Gasverbrauchseinrichtungen; Raumheizer; Begriffe, Anforderungen, Kennzeichnung, Prüfung (04.82)

DIN 3364 T. 10/DIN 3365 Heizöfen für Stadtgas; Heizöfen für Propan/Butan, Ergänzungen für schornsteingebundene Gasheizeinsätze (03.63)

DIN 3372 T. 1 Gasverbrauchseinrichtungen; Heizstrahler mit Brennern ohne Gebläse, für Raumheizzwecke (01.80)

DIN 4731 Ölheizeinsätze mit Verdampfungsbrennern; Begriffe, Bau, Leistung, Güte und Prüfung (05.66)

DIN 4736 T. 1 Ölversorgungsanlagen für Ölbrenner; Bauelemente, Ölförderaggregate, Steuer- und Sicherheitseinrichtungen; Ölversorgungsbehälter, Sicherheitstechnische Anforderungen und Prüfung (06.80)

DIN 18890 Dauerbrandöfen für feste Brennstoffe (09.71)

DIN 18890 T. 10 Dauerbrandöfen für feste Brennstoffe; Raucharme Verbrennung (12.74)

DIN 18892 Dauerbrandeinsätze aus Grauguß; Begriffe, Bau, Güte, Leistung und Prüfung (08.56)

DIN 18893	Eiserne Dauerbrandöfen; Raumheizvermögen (01.56)
DIN 18894	Transportable keramische Dauerbrandöfen; Raumheizvermögen (06.56)
DIN 44567	T. 1 Elektrische Raumheizgeräte; Direktheizgeräte, Strahlungsheizgeräte, Begriffe (03.70)
DIN 44568	T. 1 Elektrische Raumheizgeräte; Direktheizgeräte, Konvektionsheizgeräte mit natürlicher Konvektion, Begriffe (03.70)
DIN 44569	T. 1 Elektrische Raumheizgeräte; Direktheizgeräte, Konvektionsheizgeräte mit erzwungener Konvektion, Begriffe (03.70)
DIN 44570	T. 1 Elektrische Raumheizgeräte; Speicherheizgeräte mit nicht steuerbarer Wärmeabgabe, Gebrauchseigenschaften, Begriffe (09.76)
DIN 44572	T. 1 Elektrische Raumheizgeräte; Speicherheizgeräte mit steuerbarer Wärmeabgabe, Gebrauchseigenschaften, Begriffe (04.73)
DIN 44572	T. 4 Elektrische Raumheizgeräte; Speicherheizgeräte mit steuerbarer Wärmeabgabe, Bemessung für Räume (10.74)

DVGW-Regelwerk

G 600	Technische Regeln für Gas-Installationen; DVGW-TRGI 1972 (05.72)
G 674	Heizung mit Gasraumheizern (03.80)
G 675	Gasbefeuerte Kachelofen-Luftheizung (12.79)
G 679	Heizung von Räumen durch Gas-Heizstrahler (09.76)
G 680	Technische Regeln für die Umstellung von Gasverbrauchseinrichtungen auf Erdgas (Bau, Güte, Prüfungen) (08.71)

10 Zentralheizungen

Eine Zentralheizungsanlage für eine größere Anzahl zu beheizender Räume besteht aus drei Hauptanlageteilen, dem Wärmeerzeuger, den Rohrleitungen und den Heizflächen.

Der wärmeerzeugende Teil ist eine Feuerstelle, die in der Regel in einem Heizraum im Keller, gelegentlich auch auf dem Dach (Dachheizzentrale) untergebracht ist.

Der wärmetransportierende Teil ist eine Rohrleitungsanlage, durch die ein Wärmeträger die Heizwärme den Räumen zuführt.

Der wärmeabgebende Teil sind einzelne Heizflächen. Durch sie wird die Wärme an die Räume abgegeben.

Als Wärmeträger werden Wasser, Dampf oder Luft verwendet.

Die Zentralheizungen sind daher zu unterscheiden in
Warmwasserheizungen (s. Abschn. 10.1),
Dampfheizungen (s. Abschn. 10.3) und
Warmluftheizungen (s. Abschn. 10.4).

Vorteile. Die Zentralheizung erwärmt ein ganzes Gebäude mit allen Nebenräumen gleichmäßig und ermöglicht die volle Nutzung sämtlicher Räume über die ganze Heizperiode von etwa 230 Tagen. Gleichzeitig werden Frostschäden an den Wasserleitungen vermieden.

Gegenüber Einzelheizungen erfordert die zentrale Gebäudeheizung nur einen oder wenige Feuerstellen und Schornsteine. Der Platzbedarf der Heizkörper ist relativ gering.

Zentralheizungen lassen sich mit großer Wirtschaftlichkeit bei der Brennstoffausnutzung und mit geringem Bedienungsaufwand weitgehend rauchlos betreiben. Das bedeutet geringere Umweltverschmutzung.

Der Wegfall von Brennstoff- und Aschentransporten in den Wohnungen gibt weniger Staub und Verschmutzung für die Bewohner.

Nachteile. Die Anschaffungskosten für eine Zentralheizung sind größer als die der Einzelheizung bei etwa gleichem Brennstoffverbrauch und bei Vollerwärmung aller Räume.

Eine Beschränkung der Heizung auf einzelne Räume würde dem Sinn einer Zentralheizung widersprechen und praktisch kaum Ersparnisse bringen.

Trotz der Schwierigkeit bei der Heizkostenabrechnung für Mietwohnungen und den höheren Betriebskosten mit allerdings höherem Heizkomfort hat sich die Zentralheizung gegenüber der Einzelheizung weitgehend durchgesetzt.

10.1 Warmwasserheizungen

Die verbreitetste und damit wichtigste Art der Zentralheizung ist in Deutschland die Warmwasserheizung (WWH). Bei ihr dient warmes Wasser bis zu einer Temperatur von maximal 110 °C als Wärmeträger.

In dem am tiefsten Punkt der Anlage, meistens im Kellergeschoß, aufgestellten Heizkessel wird das Wasser erwärmt, strömt durch unterschiedliche Schwerkraft oder eine Umwälzpumpe gehoben über Rohrleitungen zu den Heizkörpern in den Räumen und, nach der Wärmeabgabe an den Raum, abgekühlt von dort zum Kessel zurück, von wo aus dieser Kreislauf sich ständig wiederholt (**573**.1).

Die Heizkesselanlage kann aber auch aus mehreren Kesseln bestehen.

Das Heizwasser braucht nicht, abgesehen von dem unerheblichen gelegentlichen Ersatz verdunsteten Wassers, erneuert zu werden, so daß sich auch kaum Kesselstein bilden kann.

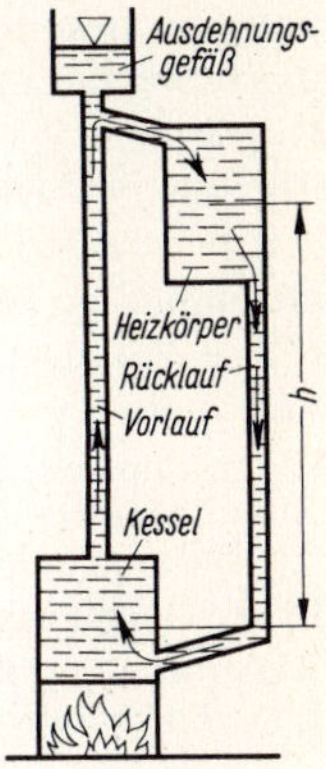

573.1
Schwerkraft-Warmwasserheizung. Der Mittenabstand *h* zwischen Kessel und Heizkörper bestimmt die Größe der Umtriebskraft (Schema)

Nach der den Wasserumlauf bewirkenden Triebkraft werden Schwerkraft-WW-Heizungen und Pumpen-WW-Heizungen unterschieden.

Nach der Verbindung mit der Atmosphäre unterscheidet man zwischen offenen und geschlossenen WW-Heizungen.

Die Volumenzunahme des Wassers infolge der Erwärmung wird in einem am höchsten Punkt der Anlage angeordneten unmittelbar mit der Atmosphäre verbundenen offenen Ausdehnungsgefäß ausgeglichen (s. Abschn. 10.2.2).

Das heute weitgehend verwendete geschlossene Ausdehnungsgefäß ist meist in Kesselnähe untergebracht und hat auch sonstige gefährliche Druckerhöhungen in der Anlage aufzufangen (s. Abschn. 10.2.2).

Der statische Druck in der Anlage darf 5 bar nicht übersteigen, wenn nicht besondere, im Einzelfall zu genehmigende Sicherheitsvorkehrungen getroffen werden.

In Deutschland werden bei Neubauten besonders geschlossene Pumpenwarmwasserheizungen installiert, während die Schwerkraftheizungen kaum noch ausgeführt werden.

Ältere offene WW-Heizungen arbeiten meistens bei der tiefsten für die Berechnung zugrunde gelegten Außentemperatur mit einer höchsten Vorlauftemperatur von 90 °C und einer höchsten Rücklauftemperatur von 70 °C.

Das Temperaturgefälle des Wassers, die Temperaturspreizung, beträgt damit 20 K.

Bei der geschlossenen WW-Heizung kann die Vorlauftemperatur maximal 110 °C betragen. Die Rücklauftemperaturen liegen in diesem Fall zwischen 70 °C und 90 °C.

So gewinnt man mit größeren Temperaturspreizungen geringere Rohrdurchmesser, mit höheren mittleren Heizwassertemperaturen kleinere Heizflächen (s. auch Abschn. 10.2.7.1).

Die Vorlauftemperaturen stehen in Abhängigkeit von den Außen- und Raumtemperaturen (Taf. **624**.1 und Bild **624**.2).

Eine WWH gibt gleichmäßig und mild, daher ohne Staubverschwelung, ihre Wärme an die Räume ab, da die Oberflächentemperatur nur selten 70 °C übersteigt.

Die Wärmeabgabe ist leicht zu regeln. Dies kann zentral, auch gruppen- und strangweise, durch Änderung der Vorlauftemperatur im weiten Bereich von etwa 35 bis 90 °C (selten bis 110 °C), örtlich durch Regulierventile an den Heizkörpern geschehen. Hierdurch ist ein besonders wirtschaftlicher Betrieb möglich.

Die Anlagen sind leicht zu bedienen und haben, da sie kaum Korrosionsschäden ausgesetzt sind, eine lange Lebensdauer.

Die heute fast ausschließlich zusammen mit Umwälzpumpen eingesetzten schnell regelbaren Öl- und Gasfeuerungen, besonders bei der Wahl von Heizkesseln und Heizkörpern mit besonders geringem Wasserinhalt, erfüllen fast alle wesentlichen Forderungen an die Beweglichkeit des Wärmeangebotes.

Dagegen sind WW-Heizungen mit festen Brennstoffen, vor allem als Schwerkraftanlagen, nicht in der Lage, sich raschen Änderungen im Wärmebedarf bei allen Betriebszuständen anzupassen.

Angewendet wird die WWH vor allem in Gebäuden, in denen eine langanhaltende, gleichmäßige Wärmeabgabe erwünscht ist. Das gilt für Wohnhäuser, Verwaltungsgebäude, Krankenhäuser, Museen, Gewächshäuser, Schulen, Theater, Gasthäuser und andere Gebäude.

Die geschlossene 110 °C-Anlage wird nur wegen der Einsparung an Heizfläche und wegen der günstigen Anordnung des Ausdehnungsgefäßes, zum Beispiel in Stockwerkwohnungen und in eingeschossigen Gebäuden gewählt.

In der Übergangszeit wird auch diese Heizung mit niedrigen Temperaturen gefahren.

Weiterhin eignet sich die 110 °C-Heizung besonders dort, wo die Heizung sowohl Radiatoren als auch Lufterhitzer aufweist, z. B. bei Werkstätten in Verbindung mit Büroräumen oder Wohnungen.

10.1.1 Arten

Nach der den Wasserumlauf bewirkenden Triebkraft ist zwischen Schwerkraft- und Pumpenheizung zu unterscheiden.

Schwerkraft-Warmwasserheizung (SWH). Sie ist die ursprüngliche und einfachste Art der WWH. Der Umlauf des Heizwassers wird alleine durch den Unterschied der Wichte des Vorlauf- und des Rücklaufwassers hervorgerufen (**573**.1 und **574**.1).

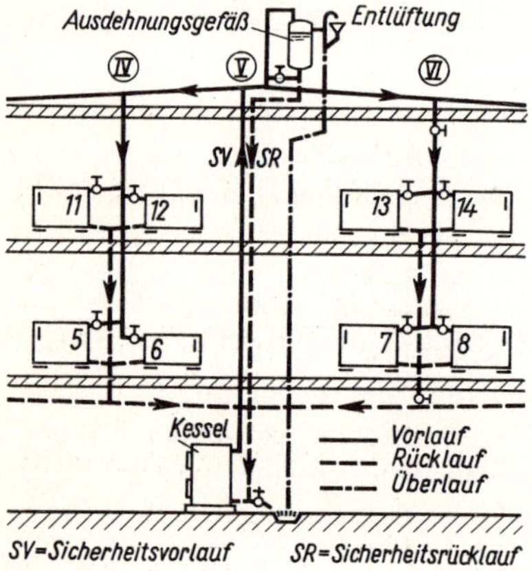

Die Umtriebskraft H ist demgemäß abhängig vom Temperaturunterschied zwischen Vor- und Rücklauf und von der Höhe h der sich gegenüberstehenden Wassersäulen, gemessen zwischen Kessel- und Heizkörpermitte.

Die Umtriebskraft H beträgt zum Beispiel bei der am meisten gebauten Anlage 90/70 °C nur 1,25 mbar je m Höhe.

574.1
Schwerkraft-Warmwasserheizung, Zweirohrsystem mit oberer Verteilung

Hierbei sind waagerechte Ausdehnungen der Schwerkraftheizungen ≤ 50 m, vom Kessel ab gerechnet, möglich.

Da die Umtriebskräfte nur sehr gering sind, können Baufehler die Wirksamkeit der Anlage sehr beeinträchtigen und zu erheblichen, oft nur schwer und mit größeren Kosten zu beseitigenden Störungen führen.

Durch den unkomplizierten Aufbau der Schwerkraftheizung bei fast unbegrenzter Lebensdauer sind ihre Anlagekosten verhältnismäßig niedrig, ihre Bedienung einfach und ihr Betrieb geräuschlos.

Andererseits verlangen die geringen Umtriebskräfte relativ große Rohrweiten und ermöglichen nur eine langsame Zirkulation des Heizwassers, die die Schwerkraftheizung besonders träge macht. Mit Rücksicht auf eine ungestörte Zirkulation und auf die Entlüftung der Anlage ist nicht immer jede gewünschte Rohrführung, z. B. zum Anschluß von Heizkörpern in oder unter Kesselhöhe, möglich. Die Rohrnetzberechnung ist besonders umständlich und zeitraubend.

Schwerkraftheizungen werden daher heute nur noch selten gebaut.

Ein Sonderfall ist der Heizkörper im Badezimmer eines Einfamilienhauses, der im Anschluß an eine Warmwasserbereitung oder an einen Sicherheitsvorlauf mit Schwerkraft zirkulieren soll (**576**.1).

Pumpen-Warmwasserheizung (PWWH). WW-Heizungen jeder Art und Größe werden heute fast ausschließlich als Pumpenheizungen ausgeführt.

Durch eine elektrisch betriebene, geräuschlos laufende und wartungsfreie Umwälzpumpe, mit gleichem Wirkungsgrad in der Regel in den Vorlauf oder in den Rücklauf eingebaut, lassen sich die Umtriebskräfte erheblich steigern, so daß man trotz erhöhter Wassergeschwindigkeit und dadurch vermehrter Leitungswiderstände mit wesentlich kleineren Rohrweiten auskommen kann.

Neben Ersparnissen an Leitungskosten, die jedoch nur bei größeren Anlagen höher als der Aufwand für die Pumpe werden, ergeben sich dabei noch geringere Wärmeverluste und eine billigere Isolierung der Rohrleitungen.

Die Reichweite der WW-Pumpenheizung und die Freizügigkeit der Leitungsführung, z. B. in Rohrkanälen, sind praktisch unbegrenzt (**575**.1 und **576**.1). So können z. B. auch die Rückläufe tiefliegender Heizkörper wieder hochgezogen werden.

Durch den kleineren Wasserinhalt und den schnelleren Wasserumlauf ist die Anlage weniger träge, schnell aufzuheizen und bei niedrigen Vorlauftemperaturen auch noch gut zu regeln. Die Wärmeverteilung ist sehr gleichmäßig.

Die Wartung einer Pumpenheizung ist nicht ganz so einfach wie die einer Schwerkraftheizung. Auch ist die Anlage von der Stromversorgung abhängig und dadurch störanfälliger.

I Strangnummer
2 Nummer des Heizkörpers
A Ausdehnungsgefäß
D Drosselventil
E Entlüftung
EL Entlüftungsleitung für zentrale Entlüftung
EV Entlüftungsventil
L Lufthahn für Einzelentlüftung
P Umwälzpumpe im Vorlauf
R Rücklaufleitung
RV Rückschlagventil
SR Sicherheitsrücklaufleitung
SV Sicherheitsvorlaufleitung
Ü Überlaufleitung
V Vorlaufleitung
Z Zirkulationsleitung

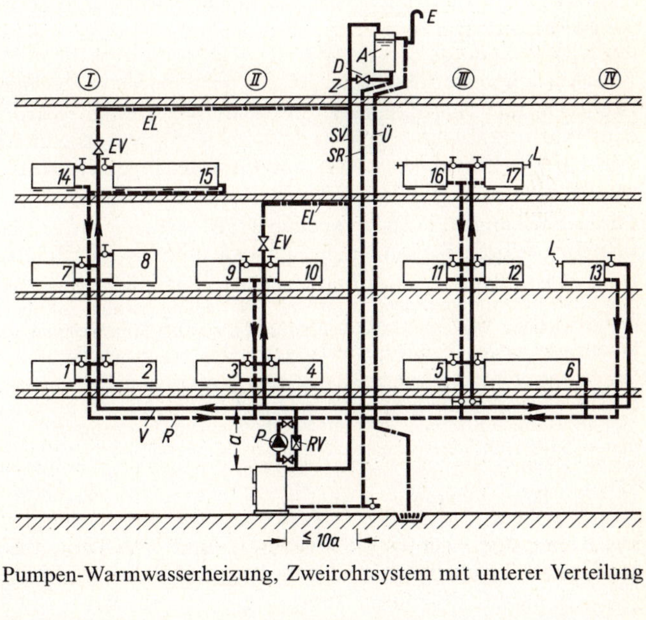

575.1 Pumpen-Warmwasserheizung, Zweirohrsystem mit unterer Verteilung

Der Stromverbrauch der Umwälzpumpe macht in Einfamilienhäusern 500 bis 800, in Mehrfamilienhäusern 800 bis 1500 und in Großbauten bis 5000 kWh/Jahr aus.

Fehlerhafte Pumpenwahl oder -montage kann zu Geräuschbelästigung führen.

Große und besonders wichtige Anlagen erhalten Reservepumpen und erforderlichenfalls Notstromaggregate.

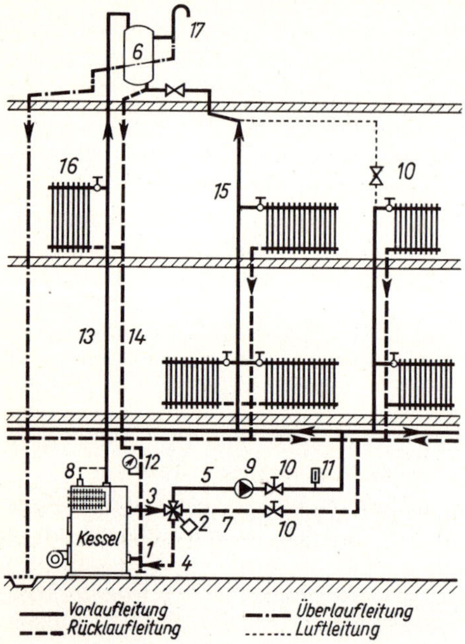

576.1
Pumpen-Warmwasserheizung mit öl- oder gasgefeuertem Heizkessel mit eingebautem Durchlauf-Warmwasserbereiter ($H \leq 15$ m WS, Temperaturbegrenzer für ≤ 110 °C Vorlauftemperatur; brauchwasserseitige Installation s. **793**.1)

1 Füll- und Entleerungshahn
2 Motor-Vierwegemischventil
3 Kesselvorlauf
4 Kesselrücklauf
5 Heizungsvorlauf
6 Ausdehnungsgefäß (bleibt im Sommer kalt)
7 Heizungsrücklauf
8 Temperaturbegrenzer
9 Umwälzpumpe
10 Absperrventil
11 Vorlaufthermometer
12 Wasserhöhenmesser
13 Sicherheitsvorlauf (Sommer)
14 Sicherheitsrücklauf
15 Sicherheitsvorlauf (Winter) mit Zirkulationsleitung
16 Heizkörper für Sommerbetrieb (z. B. im Bad)
17 Entlüftung

Wenn bei kleineren Anlagen mit längerem Stromausfall zu rechnen ist, sollte für einen Notlauf gesorgt werden. Bei Stillstand der Pumpe erfolgt dann in der ganzen Anlage ein gewisser Heizwasserumlauf durch Schwerkraft.

Einzelheiten über die Umwälzpumpen und ihren Einbau s. Abschn. 10.2.3.

Die in Öl- und Gasfeuerungen unregelmäßig erzeugte Wärme muß möglichst schnell aus dem Wärmeerzeuger abgeführt und im Rohrnetz gleichmäßig verteilt werden. Deshalb müssen WW-Heizungen mit Öl- und Gasfeuerungen immer als Pumpenheizungen gebaut werden.

Pumpenheizungen können ebenfalls als offene oder als geschlossene Anlagen betrieben werden. Sie werden meistens wie die Schwerkraftheizungen für 90/70 °C ausgelegt.

Der niedrigen Baukosten wegen errichtet man gelegentlich offene Pumpenheizungen auch für 95 oder 100 °C Kesselvorlauftemperatur aus der Überlegung heraus, daß diese hohe Vorlauftemperatur doch nur an wenigen Tagen des Jahres gebraucht wird und dann wegen der unvermeidlichen Abkühlung des Wassers bis zu den Heizkörpern eine Dampfbildung ausgeschlossen ist.

Bei Anlagen für ausgedehnte Gebäude, bei Blockheiz- und kleinen Fernheizwerken (s. Abschn. 10.5) wählt man auch geschlossene WWH 110/70 °C, um mit dem großen Temperaturgefälle von 40 °C zu besonders engen Rohren und damit zu erheblichen Einsparungen an Baukosten für das lange Rohrnetz und außerdem an Betriebskosten wegen der geringeren Wärmeverluste der engeren Rohre zu gelangen.

10.1.2 Rohrsysteme

Die Rohrsysteme der WW-Schwerkraft- und WW-Pumpenheizungen unterscheiden sich grundsätzlich nicht voneinander und können daher hier gemeinsam behandelt werden.

Um mit möglichst wenig senkrechten Rohrsträngen auszukommen, ordnet man in den einzelnen Geschossen die Heizkörper, vor allem Radiatoren, möglichst übereinander an. Vor- und Rücklaufleitungen werden meistens auf derselben Seite der Heizkörper angeschlossen, so daß beide Leitungen im Zweirohrsystem nebeneinander liegen.

Aus baulichen Gründen, etwa bei sehr schmalen Fensterpfeilern, kann auch ein wechselseitiger Anschluß von Vor- und Rücklauf an den Heizkörpern erwünscht sein.

Bei sehr langen Heizkörpern ist der wechselseitige Anschluß sogar notwendig. Dabei ist ihre Wärmeausdehnung zu berücksichtigen.

Auf eine Unterteilung des Rohrnetzes in verschiedene Regelzonen, wie in Bild **579**.2 angedeutet, ist grundsätzlich bei allen ausgedehnteren Heizungsanlagen zu achten.

Zur einwandfreien Entlüftung erhalten bei offenen Schwerkraftanlagen alle liegenden Leitungen zum Ausdehnungsgefäß hin etwa 2 mm/m Steigung, die bei der Pumpenheizung entfallen kann.

Bei einer farbigen Darstellung der Rohrpläne werden die Anlageteile nach DIN 2404 wie folgt angelegt:

Vorlaufleitungen	zinnoberrot	Luftleitungen	braun
Rücklaufleitungen	kobaltblau	Heizkörper	blau

10.1.2.1 Zweirohrsysteme

Zweirohrsystem mit oberer Verteilung. Durch ein Hauptsteigrohr wird das gesamte erwärmte Heizwasser bis zum Dachgeschoß hochgeführt und von dort durch Vorlauf-Verteilungsleitungen mit Gefälle zu den Vorlauf-Falleitungen geleitet, durch die das Heizwasser zu den Heizkörpern gelangt.

Besondere Rücklauf-Falleitungen führen das abgekühlte Wasser zu den Rücklauf-Sammelleitungen im Kellergeschoß und in den Kessel zurück (**574**.1).

Auch in Schwerkraftanlagen setzt die Wärmeabgabe schnell und gleichmäßig ein. Alle Stränge und Heizkörper gehen zuverlässig mit. Im Dachgeschoß sind Heizkörper nachträglich leicht anzuschließen, soweit die Rohrquerschnitte ausreichen. Die Kellerräume sind verhältnismäßig kühl, da in ihnen nur die weniger warmen Rücklaufleitungen liegen.

Andererseits sind wegen der längeren Rohrleitungen der Stahlverbrauch und die Baukosten höher als bei der unteren Verteilung. Auch gehen die trotz wärmedämmender Umhüllung unvermeidlichen Wärmeverluste der Vorlauf-Verteilungsleitungen auf dem Dachboden dem Gebäude verloren. Die Vor- und Rücklauftemperatur der Heizkörper, damit auch ihre mittlere Temperatur und Wärmeleistung, sinken ab und erfordern eine Vergrößerung der Heizfläche (Taf. **662**.1).

Eine zentrale Entlüftungsleitung oder Einzelentlüftungen werden eingespart.

WWH mit oberer Verteilung wurden als Schwerkraftheizung in erster Linie bei ausgedehnten Gebäuden, vor allem bei öffentlichen Bauten, angewendet.

Da solche Anlagen heute durchweg eine Pumpenheizung mit unterer Verteilung erhalten, wird die obere Verteilung nur noch selten ausgeführt.

Zweirohrsystem mit unterer Verteilung. Hier verzweigt sich der Vorlauf bereits im Kellergeschoß, so daß die Vorlauf-Verteilungsleitungen zusammen mit den Rücklauf-Sammelleitungen an den Wänden oder unter den Decken dieses Geschosses liegen (**575**.1 und **576**.1). Die Heizkörper werden von hier aus durch Vorlauf-Steigleitungen mit dem warmen Heizwasser versorgt.

Diese Stränge müssen entweder örtlich durch Lufthähne, die bei Bedarf zu betätigen sind, oder zentral und selbsttätig durch Luftleitungen von DN 10 oder DN 15 besonders entlüftet werden. Diese werden am besten unter der Decke des obersten Geschosses entlanggeführt und zur Vermeidung störender Wasserumläufe über ein Absperrventil (**576**.1) oder besser mit einem Fall von etwa 50 cm (**586**.1) an die Sicherheits-Vorlaufleitung (s. Abschn. 10.2.2) angeschlossen.

Rohrsysteme mit unterer Verteilung erfordern weniger Rohrmaterial und sind daher billiger als die mit oberer Verteilung.

Alle Wärmeverluste kommen dem Gebäude zugute, doch sind die Kellerräume schwerer kühl zu halten.

Nachteilig ist beim Schwerkraftbetrieb das langsamere und unter Umständen ungleichmäßige Einsetzen der Wärmeabgabe.

Die weitaus meisten WWH werden mit unterer Verteilung ausgeführt, vor allem Pumpenheizungen.

10.1.2.2 Einrohrsysteme

Mit dem allgemeinen Vordringen der Pumpenheizung haben sich Einrohrsysteme stärker durchgesetzt.

Bei ihnen wird, im Gegensatz zu den Zweirohrsystemen mit ihren getrennten Vor- und Rücklaufleitungen, das Heizwasser durch eine Ringleitung zu- und abgeführt. Es liegen also die Heizkörper nicht parallel, sondern in Reihe mit dem Wärmeerzeuger.

Der besondere Vorteil solcher Anlage liegt in der einfacheren und kostensparenden Rohrführung.

Nachteilig ist die gegenseitige Beeinflussung der im gleichen Ring zusammengeschlossenen Heizkörper in der Heizleistung. Wird ein Heizkörperventil gedrosselt, abgesperrt oder geöffnet, verändern sich die Heizleistungen der anderen Heizkörper.

Dieser Nachteil wird jedoch weniger spürbar, wenn man die Leitungsführung und Fließrichtung des umlaufenden Wassers so festlegt, daß grundsätzlich die wichtigsten Heizkörper, z. B. des Wohnzimmers und des Bades, die ersten im Ring sind.

Nachfolgende vier Anwendungsformen sind bei Einrohrsystemen zu unterscheiden.

Einrohr-Nebenschlußsystem (**579**.1a). Nur der Wärmeerzeuger liegt direkt in der Ringleitung, während die Heizkörper reitend mit Vor- und Rücklauf an sie angeschlossen sind.

Sie müssen aus der Ringleitung so viel Wasser entnehmen, daß ihre Nennleistung bei dem entsprechenden Δt (im allgemeinen 10 °C) erreicht wird.

Die Ringleitung zwischen Vor- und Rücklaufanschluß, sie nennt man die Kurzschluß- oder Drosselstrecke, gestattet die volle oder teilweise Abstellung des Heizkörpers und muß die nicht durch diesen fließende Wassermenge weiterleiten. Jeder Heizkörper, außer dem ersten, erhält nicht die vom Wärmeerzeuger abgegebene Vorlauftemperatur, sondern eine Mischwassertemperatur, die von Heizkörper zu Heizkörper absinkt und zu immer niedrigeren relativen Leistungen und daher immer größeren Heizflächen führt (s. auch Abschn. 10.2.8.3).

Die Abstimmung der vom Heizkörper bei Nennleistung geforderten Wassermenge kann erfolgen durch

ein Regulier-T-Stück in der Drosselstrecke,
eine genaue Berechnung der Maße der Drosselstrecke,
die Bemessung der Heizkörperanschlüsse so, daß die Kurzschlußstrecke ohne Verengung im gleichen Durchmesser wie die übrige Ringleitung verlegt werden kann (besser), oder
durch Saugfittings im Anschluß des Heizkörperrücklaufes. Das Fitting saugt, nach dem Injektorprinzip, eine seiner Bemessung entsprechende Wassermenge durch den Heizkörper (besonders günstig).

Einrohr-Zwangsumlaufsystem (**579**.1b). Die Heizkörper sind wie der Wärmeerzeuger ein Bestandteil der Ringleitung.

Die gesamte Umlaufmenge des Systems fließt durch jeden Heizkörper. Sehr kleines Δt der Heizkörper, deren Summe das Δt der Anlage ergibt. Jeder Heizkörper erhält die Rücklauftemperatur des vor ihm liegenden Heizkörpers als Vorlauftemperatur. Einzelne Heizkörper können nicht abgeschaltet werden, nur bei Konvektoren mit Luftklappe läßt sich die Wärmeabgabe beeinflussen (s. Abschn. 10.2.8.3 und 10.2.8.4).

Das Zwangsumlaufsystem eignet sich in erster Linie für Anlagen mit Fußleistenkonvektoren und für Anlagen mit kleinen Leistungen $\leq 9{,}5$ kW oder für größere, die in mehrere absperrbare kleine unterteilt sind (s. Einrohrsystem mit Zonenschaltung).

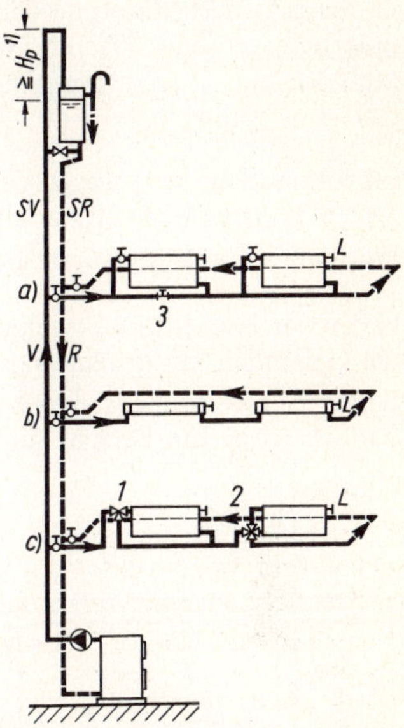

579.1
Pumpen-Warmwasserheizung, Einrohrsystem mit waagerechter Rohrführung

a) Nebenschlußsystem
b) Zwangsumlaufsystem
c) Zwangsumlaufsystem mit Nebenschluß

1 Dreiwegeventil
2 Vierwegeventil
3 Drossel-T-Stück

(im übrigen s. Legende zu **575**.1)

---

[1]) Bei der hier gewählten Abzweigung des Sicherheitsvorlaufes hinter der Pumpe (nur unter bestimmten Voraussetzungen zulässig) muß dieser um H_p = max. Förderhöhe der Pumpe in mWS über das offene Ausdehnungsgefäß hochgezogen werden, damit kein Wasser in das Gefäß übergepumpt werden kann (Plätschergeräusche, verstärktes Einsaugen von Luftsauerstoff).

Einrohr-Zwangsumlaufsystem mit Nebenschluß (**579**.1c). Diese Form stellt eine Kombination der beiden erst genannten Arten dar.

Bei geöffnetem Heizkörperventil (einem Dreiwegeventil) ist es ein Zwangsumlaufsystem und entsprechend zu berechnen. Das Wasser fließt von der Ringleitung über das Ventil durch den Heizkörper wieder in die Ringleitung. Bei geschlossenem Ventil fließt es über dieses gleich wieder in die Ringleitung zurück.

Durch Verwendung eines speziellen Vierwegeventiles bei Radiatoren und Flachheizkörpern fällt der besondere Rücklaufanschluß fort (**579**.1c, rechter Heizkörper).

Einrohrsystem mit Zonenschaltung (**579**.2). Mit Rücksicht auf eine unauffällige Leitungsfüh-

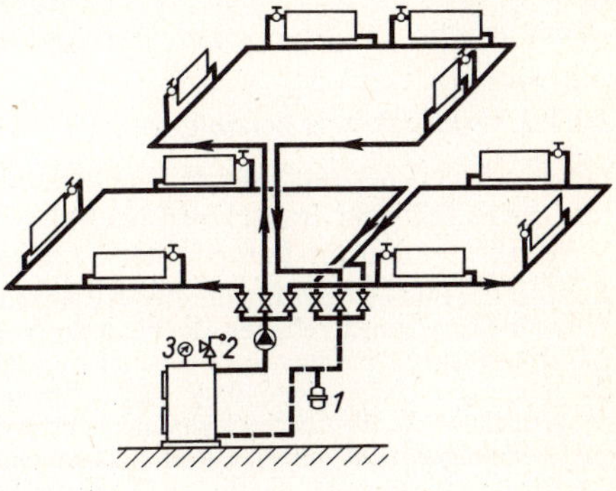

579.2
Pumpen-Warmwasserheizung, Einrohrsystem mit Zonenschaltung; Schema für ein zweigeschossiges Einfamilienhaus

1 geschlossenes tiefhängendes Ausdehnungsgefäß
2 Sicherheitsventil
3 Thermomanometer

rung geht man bei Einrohrheizungen über Rohrdurchmesser von 10 bis 22 mm, das sind auch die Kernrohrdurchmesser der Konvektoren, und zur Vermeidung von Strömungsgeräuschen über Strömungsgeschwindigkeiten von 0,9 m/s nicht hinaus.

Damit begrenzt sich die Leistung einer Ringleitung bei einem Δt von 10 °C der Anlage auf 7 bis 12 kW.

Ist die geforderte Leistung der Anlage höher, muß sie in mehrere Zonen (Heizkreise) unterteilt werden (**579**.2 und **675**.2).

Mit Rücksicht auf einen wirtschaftlichen Betrieb ist eine solche Unterteilung möglichst so durchzuführen, daß jeweils die von der Benutzung her zusammengehörenden Heizkörper in für sich absperrbare Zonen zusammengefaßt werden, z. B. gesonderte Wohnraum- und Schlafraumzonen.

Einrohrsysteme sind wegen des Wegfalles der zweiten Leitung in der Regel billiger als Zweirohrsysteme. Auch entfallen die hier oft unschönen Verkröpfungen der Rohre.

Wegen des Fortfalles der vielen Steigleitungen werden sie in Neubauten mit sehr schmalen Fensterpfeilern, wie Büro- und Verwaltungsbauten, Schulen usw., sowie im Altbau bevorzugt, ebenso in Wohnblocks und für Stockwerkheizungen, ferner bei nicht unterkellerten Gebäuden mit großer waagerechter Ausdehnung.

Besser als Zweirohrsysteme eignen sie sich ferner für eine Ausführung aus vorgefertigten Elementen. Ein Beispiel hierfür ist in Abschn. 10.2.7.3 beschrieben.

Der Vorgänger der waagerechten Einrohrheizung ist die Einrohrheizung mit senkrechter Rohrführung. Sie wird heute in Hochhäusern, sonst nur noch selten ausgeführt (**580**.1).

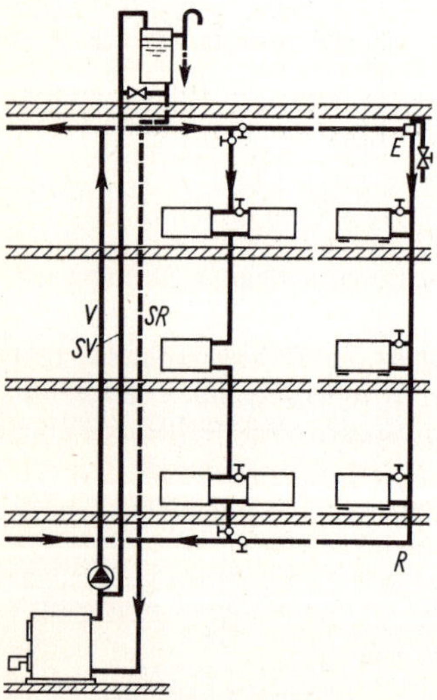

580.1
Pumpen-Warmwasserheizung, Einrohrsystem mit senkrechter Rohrführung
(Legende s. **575**.1)

10.1.2.3 Stockwerkheizungen

Die Stockwerkheizung oder Etagenheizung ist eine Warmwasserheizung, bei der der Kessel und die Heizkörper im selben Geschoß auf gleicher Höhe angeordnet sind. Sie kann für Schwerkraft- und für Pumpenbetrieb ausgeführt werden.

Zwar ist der Einbau einer bestimmten Anzahl einzelner Stockwerkheizungen teurer als eine Zentralheizung für das gesamte Gebäude, doch hat der Vorteil, daß jede Partei eines Mietshauses oder auch eines Bürohauses ihre Heizung nach eigenem Ermessen betreiben und auch einschränken kann und daß jeder Streit um die Heizkostenumlage vermieden wird, der Stockwerkheizung vor allem auch in ihren neuzeitlichen Ausführungsformen eine weite Anwendung verschafft, nicht zuletzt auch zur Beheizung eingeschossiger nicht unterkellerter Einfamilienhäuser.

Schwerkraft-Stockwerkheizung. Sie ist durch die neuzeitlichen Ausführungen mit Öl- oder Gasfeuerung und Umwälzpumpe völlig verdrängt worden.

Pumpen-Stockwerkheizung. Durch die Entwicklung betriebssicherer und praktisch geräuschloser Umwälzpumpen kleiner Leistung sowie von Umlauf-Gaswasserheizern (Heizthermen) für alle Brenngasarten als Wärmeerzeuger für kleine Zentralheizungen hat auch die Stockwerkheizung ihr Gesicht völlig verändert.

Sie hat als Umlauf-Gaswasserheizung (**581**.1) einen neuen und starken Auftrieb erhalten.

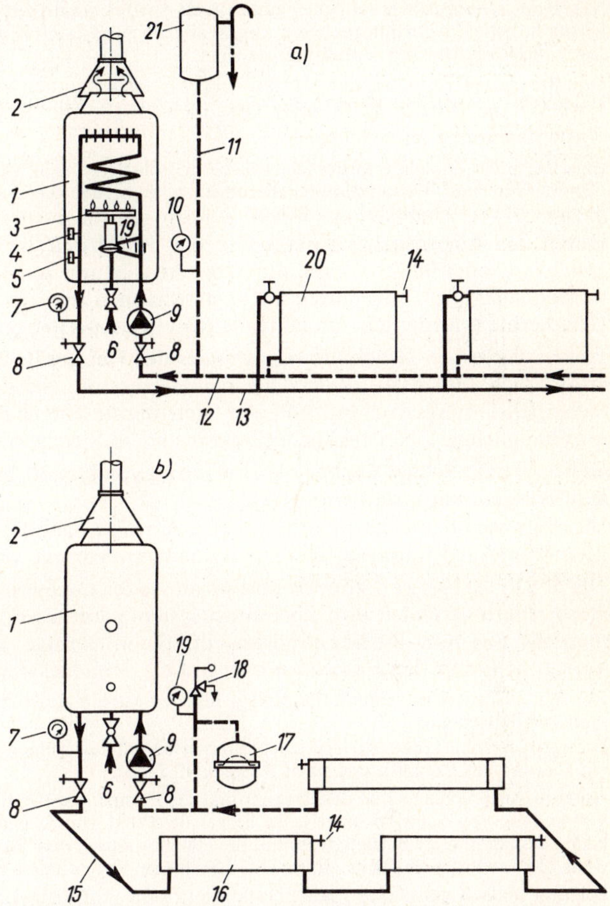

581.1
Pumpen-Stockwerkheizung mit Umlauf-Gaswasserheizer

a) offene Anlage im Zweirohrsystem
b) geschlossene Anlage im Einrohrsystem

1 Umlauf-Gaswasserheizer
2 Strömungssicherung der Abgasanlage
3 Brenner
4 Temperaturregler
5 Temperaturbegrenzer (Sicherheitsthermostat)
6 Gaszuleitung
7 Thermometer
8 Absperr- und Entleerungsventil
9 Umwälzpumpe
10 Wasserstands-Höhenanzeiger
11 Sicherheitsleitung
12 Rücklauf
13 Vorlauf
14 Lufthahn
15 Ringleitung (Schleife) des Einrohrsystemes
16 Fußleistenkonvektor
17 tiefhängendes geschlossenes Membran-Ausdehnungsgefäß
18 Sicherheitsventil
19 Manometer
20 Heizkörper
21 offenes Ausdehnungsgefäß mit Überlauf und Entlüftung

Wie alle gasgefeuerten Heizungen ist auch sie durch ständige Betriebsbereitschaft, einfache Bedienung, selbsttätiges Arbeiten und leichte Regelbarkeit, von Hand und automatisch, gekennzeichnet.

Der Brennstoffverbrauch ist jederzeit durch Zählerablesung zu kontrollieren und wird erst nachträglich bezahlt.

Die Anschaffungskosten sind günstig, und die Gesamtbetriebskosten liegen bei den heutigen Heizgastarifen in wirtschaftlichen Grenzen.

Korrosionsschäden sind praktisch ausgeschlossen.

Die als Wärmeerzeuger verwendeten Umlauf-Gaswasserheizer (**606**.2 und **607**.1) unterscheiden sich von den seit Jahrzehnten bewährten Gaswasserheizern für die Brauchwassererwärmung grundsätzlich nur durch die schwerere Ausführung (s. auch Abschn. 10.2.1.5).

Mit Leistungen von 7 bis 29 kW genügen sie vollauf dem Wärmebedarf üblicher Geschoßwohnungen und kleinerer Einfamilienhäuser. Sie lassen sich mit ihren geringen Abmessungen platzsparend an einer Wand oder der Rückseite einer kleinen Wandnische unterbringen.

Für einen größeren Wärmebedarf können auch zwei Geräte parallel geschaltet werden.

Neben den schornsteingebundenen gibt es auch Außenwandgeräte, die ihre Verbrennungsluft dem Freien entnehmen, dorthin auch ihre Abgase abgeben und damit keinerlei Ansprüche an die Raumgröße sowie die Raumbe- und -entlüftung stellen.

Für die Ausführung der Umlauf-Gaswasserheizungen sind neben den Vorschriften des DVGW, die TRGI 1972 oder die TRF 1969, die technischen Regeln für Umlauf-Gaswasserheizer zu beachten.

Eine Reihe der danach erforderlichen Sicherheitseinrichtungen wie Temperaturregler und -begrenzer, Zünd-, Gas- und Wassermangelsicherungen sind bereits werkseitig in die Geräte eingebaut und gewährleisten einen gefahrlosen Betrieb.

Durch das Auslegen der Anlage für eine Temperaturspreizung von $\leqq 10\,°C$, z. B. 110/100 °C oder 90/80 °C, und durch die Ausrüstung von Heizkörpern, die evtl. abgestellt werden sollen, mit sogenannten Konstanthähnen erreicht man, daß die zum Betrieb der Heiztherme erforderliche umlaufende Mindestwassermenge niemals unterschritten wird.

Wegen des hohen Druchflußwiderstandes der Heizgeräte ist stets eine Umwälzpumpe erforderlich. Sie wird, anders als bei Heizkesseln, in den Rücklauf zwischen dem Sicherheitsleitungsanschluß und der Heiztherme eingebaut, da diese hierdurch in den größtmöglichen Überdruckbereich gerät und so Siedegeräusche vermieden werden.

Es ist nur eine einzige Sicherheitsleitung von DN 20, und zwar ein Sicherheitsrücklauf zum Ausdehnungsgefäß erforderlich.

Meistens wird heute die geschlossene Anlage nach DIN 4751 T. 2 mit tiefhängendem Membran-Ausdehnungsgefäß ihrer besonderen Vorteile wegen gewählt.

Die Rohrleitungen können im Einrohr- oder im Zweirohrsystem angeordnet werden. Aus Ersparnisgründen wird das Einrohrsystem vorgezogen. Die Heizkreisleitungen werden meistens aus Cu-Rohren hergestellt, deren geringe Durchmesser eine unsichtbare Verlegung hinter den Fußleisten oder auf der Rohdecke ermöglichen (**655**.2 und 3).

Der sehr geringe Wasserinhalt der Anlage führt zu kurzen Anheizzeiten und schnellem Erkalten nach Außerbetriebsetzung.

Die automatische Regelung geschieht im Normalfall durch einen Raumthermostat (Zweipunktregler mit thermischer Rückführung nach Abschn. 10.2.4.3).

Auf sein Ansprechen gehen der Brenner und die Pumpe, diese evtl. mit einem Verzögerungsrelais zur Vermeidung von Schwitzwasser beim Einschalten und von Siedegeräuschen durch Nacherwärmung beim Ausschalten, in Betrieb, während die Heizung durch den Raum- oder den Vorlaufthermostaten nach Erreichen der an ihnen eingestellten Sollwerte abgeschaltet wird.

Bei den vielfach gewählten Plattenheizkörpern oder Fußleistenkonvektoren mit besonders kleinem Wasserinhalt können sich dabei sehr lästige Schwankungen der Raumtemperatur um den Sollwert herum einstellen, zu deren Verringerung man besser Radiatoren mit ihrem größeren Wasserinhalt verwendet und mit ihnen lieber eine etwas größere Trägheit der Anlage in Kauf nimmt.

In Kombinationsthermen ist die Wärmeerzeugung für Heizung und Warmwasserbereitung in einem einzigen Gerät vereinigt.

Eine Vorrangschaltung sorgt dabei dafür, daß bei einer Warmwasserentnahme sofort der Brenner eingeschaltet und während der Zapfung vorübergehend keine Wärme in das Heiznetz abgegeben wird.

Diese Kombinationsgeräte eignen sich vor allem für Fälle, wo der Platz zur getrennten Installation je einer Therme für Heizung und Warmwasser nicht vorhanden ist.

Anstelle von Umlauf-Gaswasserheizern können auch öl- oder gasgefeuerte Heizkessel eingesetzt werden, die als Tischmodelle mit einer Tiefe von 60 cm und einer Höhe von 85 cm sowie mit einem meist weißlackierten Mantel für den Einbau in eine normgerechte Kücheneinrichtung hergestellt werden.

Die Anwendungsmöglichkeit einer Vierwege-Rücklaufbeimischung der Gasheizkessel nach Bild **626**.1 ist ihr besonderer Vorzug.

Sie sind jedoch teurer als die Thermen, haben meistens auch eine größere Leistung und kommen daher doch mehr für größere Anlagen mit einem Wärmebedarf von ≧ 20 kW in Frage.

10.1.2.4 Deckenheizungen

Die WW-Deckenheizung ist eine Flächenheizung, bei der die wärmeabgebenden Heizrohre in der Decke angeordnet sind. Sie wird auch als Deckenstrahlungsheizung bezeichnet, da der größte Teil der Wärme von der Decke durch Strahlung abgegeben wird.

Vorwiegend durch milde Wärmestrahlung werden von der Decke aus Wände, Fußboden und die Möbel eines Raumes aufgeheizt, die ihrerseits wieder Wärme durch Strahlung und Konvektion abgeben (**583**.1).

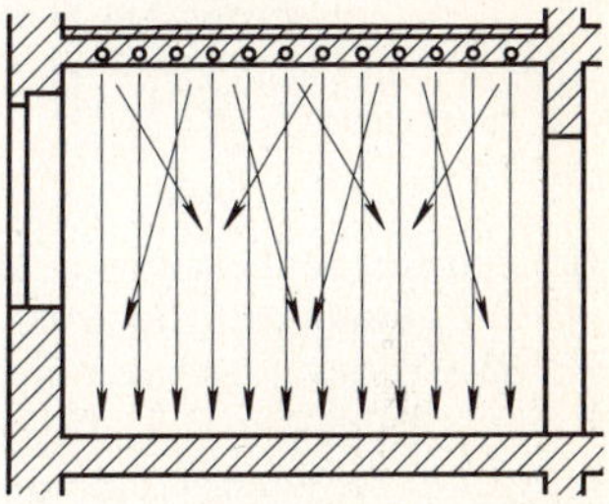

583.1
Deckenstrahlungsheizung

Die Vorteile der Deckenheizung sind:

Kein Platzbedarf für Raumheizkörper und keine Staubverschwelung auf Heizkörpern,
eine gleichmäßige und geringe für die Bewohner günstige Lufttemperatur sowie
die Möglichkeit einer Raumkühlung im Sommer durch Kaltwasserzirkulation.

Durch eine Strahlungsheizung stellt sich die gleiche Wohnbehaglichkeit wie bei einer Konvektionsheizung mit einer bereits um etwa 2 °C niedrigeren Lufttemperatur ein (**583**.2). Voraussetzung ist aber eine lichte Raumhöhe von mindestens 2,50 m, da in niedrigen Räumen die meisten Menschen die Wärmestrahlung senkrecht auf den Kopf nicht vertragen.

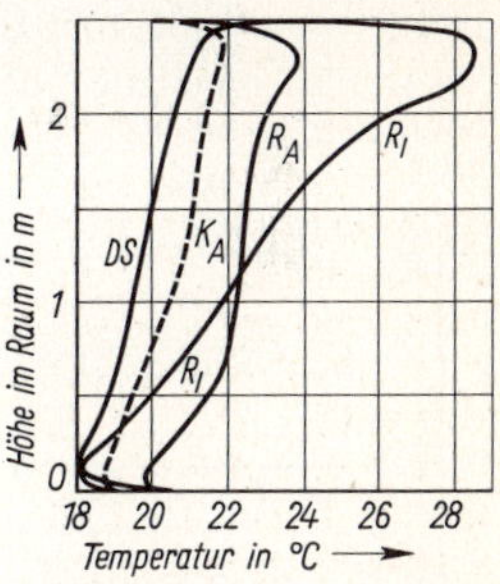

DS Deckenstrahlungsheizung
K_A Konvektoren an der Außenwand
R_A Radiatoren an der Außenwand
R_I Radiatoren an der Innenwand

583.2
Lufttemperaturen im Raum (in Raummitte bei mittleren Wintertemperaturen) (nach Raiß)

Die Anlage wird auf eine mittlere Heizwassertemperatur von ca. 50 °C und zur Erzielung einer möglichst gleichmäßigen Deckentemperatur für ein Temperaturgefälle von 5 bis 10 °C ausgelegt und stets als Pumpenheizung betrieben (**586**.1).

Nachteilig sind bei der Deckenheizung:

Eine größere Trägheit und damit geringere Regelfähigkeit,
keine Möglichkeit einer nachträglichen Heizflächenänderung sowie
ein höherer baulicher Aufwand.

Die Deckenstrahlungsheizung ist wegen der großen, vom Heizwasser erst einmal aufzuheizenden Baustoffmassen der Decken um ein Vielfaches träger als jede WWH. Sie ist daher schwer zu regeln und kann plötzlichen Schwankungen der Außentemperatur nur mit großer Verzögerung nachkommen. Dies wirkt sich besonders bei Bauten in leichter Bauweise aus.

Die infolge der niedrigen inneren Oberflächentemperaturen der Fensterflächen und ihrer Fugendurchlässigkeit möglichen Belästigungen durch Zugluft sind mit der Wärmestrahlung von der Decke her nicht zu beeinflussen. Deshalb muß man in der Nähe großer Fenster entweder zusätzliche Radiatoren aufstellen oder zusätzliche Heizflächen in den Fensterbrüstungen (**584**.1) oder im Fußboden miteinplanen (**588**.1).

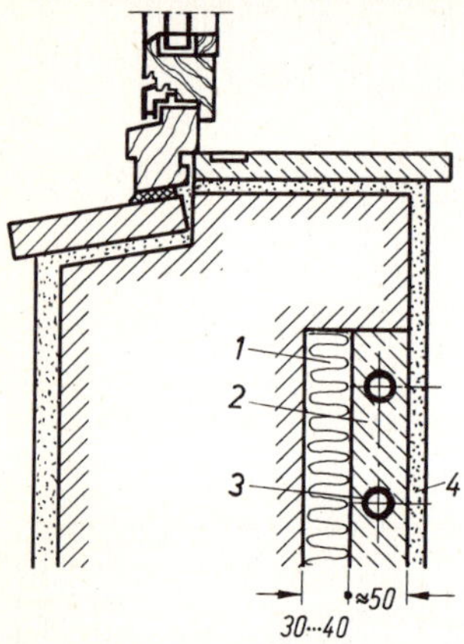

584.1
Fensterbrüstungs-Heizregister einer Strahlungsheizung (M 1:10)
1 Wärmedämmschicht (Glaswollematte o. ä.)
2 Heizbetonplatte
3 Heizregister DN 15
4 innerer Wandputz

Bei den Deckenheizungen soll die Wärmestrahlung auf den Kopf des Menschen bei 20 °C Raumtemperatur einen Betrag von 12 W/m² nicht überschreiten. Je niedriger der Raum ist, desto geringer muß auch die mittlere Deckentemperatur sein, z. B. bei 3 m Raumhöhe maximal 35 °C.

Ein spezifischer Wärmebedarf von > 60 W/m³ beheizter Raum ist in jedem Fall unerwünscht. Abhilfe ist immer durch einen höheren Wärmeschutz zu erreichen.

Ausführungsarten. Bei Deckenheizungen sind vier Ausführungsarten zu unterscheiden, die Rohrdeckenheizung, die Lamellenrohrdeckenheizung, die Strahlplattenheizung und die Hohlraumdeckenheizung.

Als Heizfläche benutzt man die gesamte oder Teile der Deckenfläche des Raumes, die durch eine lange Rohrschlange (**584**.2) aus dünnen nahtlosen Stahlrohren, Fretz-Moon-Rohren DN 15 oder DN 20 oder Kupferrohren 12 × 1 oder 13 × 1 mm aufgeheizt wird.

Sie werden innerhalb oder unterhalb der den Raum überspannenden Rohdecke verlegt und mit höchstens 35 bis 40 °C erwärmt (**584**.3).

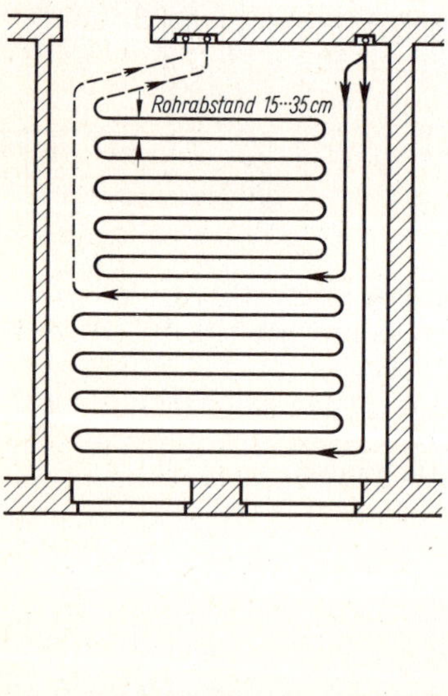

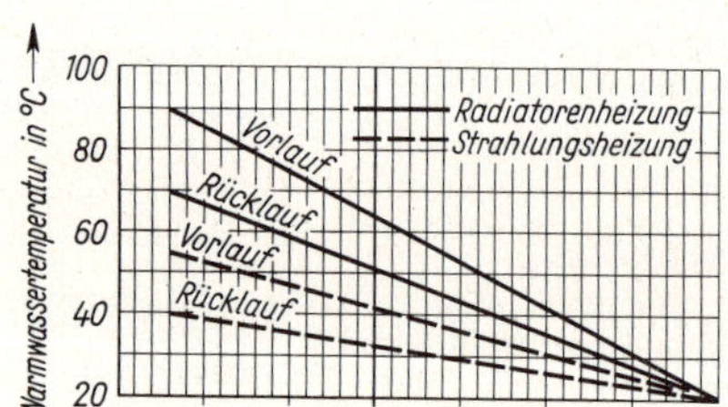

584.3 Heizwassertemperaturen bei Strahlungs- und Radiatorenheizung (nach Rud. Otto Meyer)

584.2
Decken-Warmwasser-Strahlungsheizung

Rohrdeckenheizung. Bei dieser Heizung werden nahtlose Rohre DN 10, DN 15 oder DN 20 in der Decke verlegt. Hierbei sind zwei Ausführungsarten möglich, die Rohrverlegung in Beton oder im Deckenputz.

Bei Vollbetondecken oder Decken mit unterem Tragbeton werden die Rohre direkt in die Betonschicht eingelegt. Als Critall-Decke ist dies die älteste Ausführungsart (**585**.1).

Bei Hohlsteindecken wird unter diese eine besondere 7 bis 8 cm starke Betonheizdecke, in der die Heizrohre liegen, angeordnet (**585**.2).

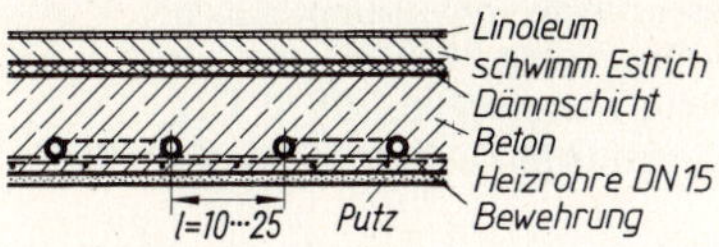

585.1 Rohr-Deckenheizung System Critall in Vollbetondecke (M 1:20)

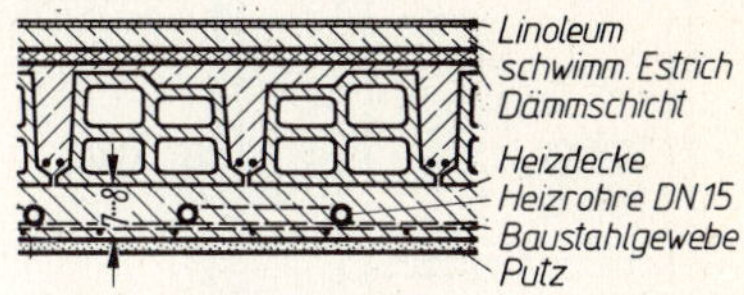

585.2 Rohr-Deckenheizung System Critall in Stahlbeton-Rippendecke (M 1:20)

In beiden Fällen muß die Verlegung der Rohre gleichzeitig mit der Deckenherstellung erfolgen.

Die Rohrregister werden entweder aus einzelnen Längen am Bau hergerichtet oder fertig in den erforderlichen Längen geliefert.

Der Rohrabstand beträgt bei Stahlrohren 15 bis 35 cm und bei Kupferrohren 10 bis 15 cm (**584**.2).

Die gestreckte Rohrlänge der einzelnen Rohrschlangen soll zur Vermeidung unerwünscht hoher Pumpendrücke bei DN 15 in der Regel 40 bis 50 m, bei Kupferrohr 35 m nicht überschreiten.

Die verschiedenen Heizflächen werden dabei so unterteilt, daß an die einzelnen Strangabzweige möglichst nur Rohrregister gleicher Länge und damit gleichen Rohrwiderstandes angeschlossen werden (**584**.2).

Bei der Verlegung der Heizrohre im Deckenputz wird das Rohrregister als Heizdecke unter der Massivdecke frei aufgehängt (**585**.3).

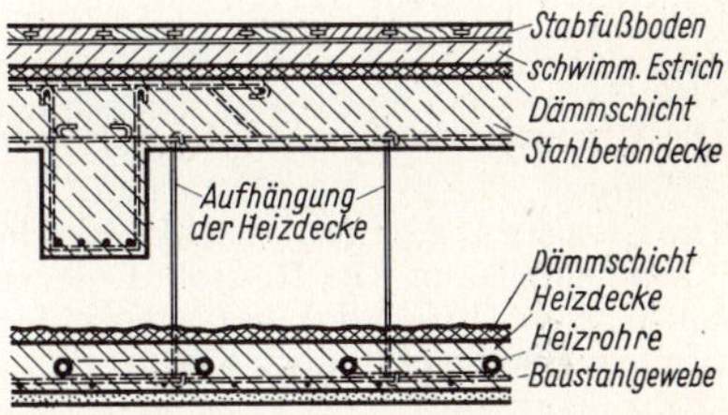

585.3
Rohr-Deckenheizung mit freihängender Heizdecke (M 1:20)

Die gesamte etwa 5 bis 6 cm starke Heizdecke besteht aus mehrschichtig aufgetragenem Kalkzementmörtel mit besonderen Beigaben wie Jutegewebe u. a., um die unterschiedlichen Wärmeausdehnungen auszugleichen.

Der Putzträger aus Streckmetallgewebe wird meist unterhalb der Rohre angebracht.

Die Heizdecke ist nach oben stets sorgfältig gegen Wärmeverluste abzudämmen.

Durch die Verwendung von Kupferrohren DN 10 anstelle von Stahlrohren wird die Montage der Heizflächen vereinfacht. Der Putz besteht dann aus Gips mit Kalkzusatz und hat nur noch eine Stärke von etwa 3 cm.

Zur besseren Entlüftung der in den Decken meistens ohne Gefälle verlegten Rohrschlangen werden die Vorläufe von unten herangezogen und die Rückläufe nach oben zu einem Sammelrücklauf z. B. auf dem Dachboden abgenommen, so daß die Luft in Richtung des strömenden Wassers ausgeschieden werden kann (**586**.1).

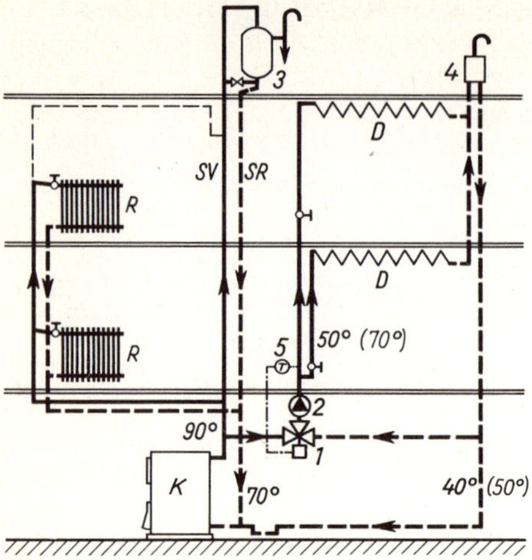

586.1
Deckenstrahlungsheizung kombiniert mit Radiatorenheizung
K Heizkessel (korrosionsunempfindlich)
R Radiatorenheizung 90/70 °C
D Deckenstrahlungsheizung 70/50 °C
Stramax normal (**678**.1), 50/40 °C für Critall (**585**.2)
1 Motor-Dreiwegemischventil zur Rücklaufbeimischung
2 Umwälzpumpe
3 Ausdehnungsgefäß
4 Entlüftung
5 Vorlauf-Thermostat

Lamellenrohrdeckenheizung. Diese Heizung ist aus den Rohrdeckenheizungen entwickelt worden.

Durch sie wird die Trägheit der Heizung vermindert und eine schnellere Anpassung an den Wärmebedarf erreicht.

An den Heizrohren befestigte rechteckige Bleche, die meist aus Aluminiumblech bestehen, sollen die Wärme schneller von den Rohren an den Raum abgeben.

Die Befestigungsart dieser Bleche an den Rohren und an der Decke, ihre Größe und Verbindung mit dem Putz ist je nach Konstruktion unterschiedlich.

Einige bekannte Ausführungen sind die Stramax-Standard-Decke, die Thermaxdeckenheizfläche, die Stramax-Element-Decke und die Zent-Frengerdecke.

Die Stramax-Standard-Decke ist glatt, verwendet breite Aluminiumbleche, die in der Mitte eine Sicke aufweisen, in der die Heizrohre liegen. Unter den Lamellen haben sie Putzträger und Gipsputz (**678**.1).

Die Thermaxdeckenheizfläche besteht aus Aluminiumlamellen, die gleichzeitig als Putzträger dienen.

Die Stramax-Element-Decke besteht aus vorgefertigten Gipsplatten mit darin fest verbundenen Aluminiumplatten. Die Heizrohre werden über Gleitschienen mit dem Blech verbunden. Bei einer Lochung der Gipsplatten und dahinter liegenden Schallschluckstoffen sind sie auch für eine Geräuschdämmung geeignet (s. auch **678**.2).

Die Zent-Frengerdecke verwendet glatte oder gelochte lackierte Aluminiumbleche ohne Gipsplatten, die 62,5 × 62,5 cm groß und 0,75 mm dick sind. Die Heizrohre werden unter der Decke aufgehängt und die Platten von unten durch Stahlklammern an den Rohren befestigt. Die Platten werden von oben zur Wärme- und Schalldämmung mit Isoliermatten abgedeckt (**586**.2).

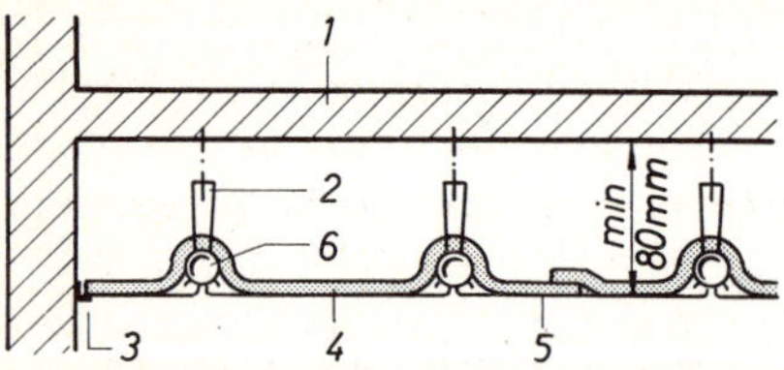

586.2
Querschnitt durch eine Zent-Frengerheizdecke
1 Tragdecke
2 Aufhängung
3 Randleiste
4 Isolierung
5 Aluminium-Platte
6 Heizrohr DN 15

Strahlplattenheizung. Diese Heizung besteht aus frei im Raum aufgehängte Heizplatten, die mit der Decke keine Verbindung mehr haben.

Die Platten bestehen meistens aus Stahlblechen, an denen die Heizrohre durch Schellen oder Schweißung befestigt sind (**678**.3).

Die Platten werden als langgestrecktes Band (Bandstrahler) oder als örtlich begrenzte Felder an der Decke angeordnet. Die Oberseite wird wärmegedämmt abgedeckt.

Diese Heizungsart wird vorwiegend in Fabriken im Zusammenhang mit Heißwasserheizungen verwendet.

Hohlraumdeckenheizung. Bei dieser Heizung liegen die Rohre im Zwischenraum zwischen Tragdecke und abgehängter Zwischendecke. Die Unterseite der Tragdecke ist isoliert.

Die Wärmeabgabe der Heizrohre erfolgt durch Strahlung und Konvektion. Das Heizmittel kann jede Temperatur haben.

Die abgehängten Zwischendecken werden als Putzdecke, Plattendecke, Metalldecke oder Lochdecke, auch mit der Möglichkeit der Lüftung und Schalldämmung, ausgeführt.

Nachträgliche Änderungen können an dieser Heizdecke problemlos durchgeführt werden.

Wärmeabgabe. Die Wärmeabgabe einer Deckenheizfläche kann man im allgemeinen mit folgenden abgerundeten Werten annehmen:

140 W/m^2 bei einer mittleren Deckentemperatur von 35 °C
175 W/m^2 bei einer mittleren Deckentemperatur von 40 °C
200 W/m^2 bei einer mittleren Deckentemperatur von 45 °C

Raumkühlung. Wo Kühlwasser als Tiefbrunnenwasser, Sole o. ä. in genügender Menge verfügbar ist, kann in einem Gegenstromapparat (**694**.2) das Heizungswasser im Sommer um 3 bis 4 K heruntergekühlt werden.

Dabei darf jedoch die Oberflächentemperatur der Decke nicht unter den Taupunkt der Luft absinken, da sich sonst Feuchtigkeit an der Decke niederschlagen und vor allem freiliegende Metallteile der Anlage durch Korrosion gefährden würde.

Baukosten. Die Kosten der Deckenstrahlungs-Heizungsanlagen übersteigen die einer Radiatorenheizung bis zu 200%, z. B. für Systeme mit Putzdecken und vorgefertigten Platten. Lediglich bei der einbetonierten Deckenheizung läßt sich bei Anlagen um 120 kW bereits ein dem der Radiatorenheizung gleicher Preis erzielen.

Anwendung. Deckenheizungen eignen sich in erster Linie für repräsentative Räume, in denen sichtbare Heizkörper unerwünscht sind, auch für Museen, Ausstellungsräume, Krankenhäuser und Sanatorien.

Sie eignen sich weniger für Verwaltungsgebäude, Schulen und andere Bauten, in denen Arbeitsplätze in der Nähe der Fenster vorgesehen werden müssen.

Sie eignen sich gar nicht für kurzfristig zu beheizende Gebäude, wie Theater, Kinos, Gaststätten usw.

Auch in Wohnungsbauten werden diese Heizungen wegen der höheren Anlagekosten und der schwierigeren Wartung wegen kaum eingebaut.

10.1.2.5 Fußbodenheizungen

Die WW-Fußbodenheizung ist eine Flächenheizung, bei der die wärmeabgebenden Rohre im Fußboden verlegt sind (**588**.1).

Die Wärme wird vom Fußboden durch Konvektion und Strahlung nach oben an den Raum abgegeben, während die Wärmeabgabe nach unten durch eine Wärmedämmschicht verhindert wird.

Die Vorteile der Fußbodenheizung sind:

Kein Platzbedarf für Raumheizkörper und keine Staubansammlung auf Heizflächen,
ein günstiges Temperaturprofil sowie
die technisch und hygienisch vorteilhaften Heizmitteltemperaturen.

Die Fußbodenheizung ist physiologisch mit ihrer bevorzugten Erwärmung der unteren Raumzone und ihrer sehr gleichmäßigen Temperaturverteilung im Raum besonders günstig (**526**.1).

Da aus hygienischen Gründen nur niedrige Fußbodentemperaturen von 26 bis 27 °C an ständig benutzten Fußbodenteilen, von höchstens 32 °C an nur kurzfristig begangenen Flächen wie Fluren, Schalterhallen und Bädern zulässig sind, dürfen die Vorlauftemperaturen nicht höher als 60 °C sein.

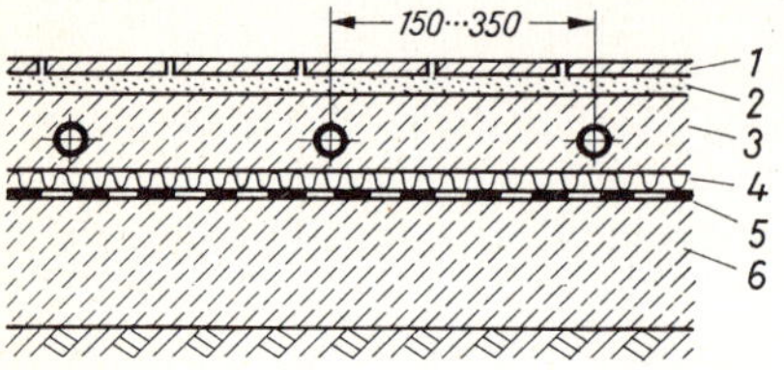

588.1
Fußbodenheizung eines nicht unterkellerten Raumes
1 Fußbodenfliesen
2 Mörtelbett 15 bis 20 mm
3 Magerbeton 60 bis 80 mm
4 Wärmedämmschicht 15 bis 50 mm
5 Sperrschicht
6 Unterbeton

Nachteilig bei der Fußbodenheizung ist die etwa 20 bis 40% teuere Installation gegenüber einer Heizung mit örtlichen Raumheizkörpern.

Ausführungsarten. Die Fußbodenheizungen werden in mehreren verschiedenen Ausführungen angeboten. Sie sind am übersichtlichsten in zwei Gruppen, der Naßverlegung und der Trockenverlegung, einzuteilen.

Naßverlegung. Die Heizrohre werden in Rohrschlangen oder Rohrspiralen direkt im Estrich auf Baustahlgewebe, Matten oder Trägerrosten verlegt und mit Rohrschellen oder speziellen Befestigungselementen in ihrer Lage fixiert (**588**.2).

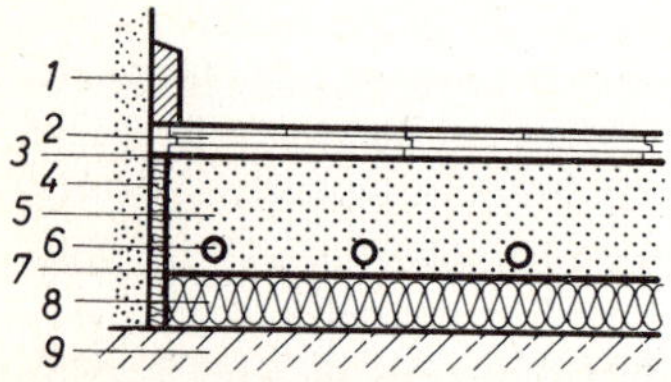

588.2 Fußbodenheizung, nasse Rohrverlegung

1 Fußleiste
2 Fertigparkett-Elemente
3 a) bei vollflächiger Verklebung: Klebstoff
b) bei schwimmender Verlegung: Zwischenlage (z. B. Rippenpappe)
4 Randdämmstreifen (mind. 6 mm dick)
5 Estrich (65 bis 70 mm dick)
6 Heizrohr oder Heizkabel
7 Feuchtigkeitsisolierung
8 Wärmedämmung und Trittschallisolierung (mind. 20 mm)
9 Rohbetondecke

Die Wärmedämmschicht und in der Regel gleichzeitig auch Trittschalldämmschicht wird durch eine Folie gegen das Eindringen von Baufeuchte abgedeckt.

Nach einer Druckprobe der Rohre wird der Estrich eingebracht, der die Rohre vollkommen umschließen soll.

Der Estrich nach DIN 18353 erhält als Heizestrich bestimmte Zusätze, um der unterschiedlichen Ausdehnung von Beton und Rohrmaterial Rechnung zu tragen.

An den Rändern wird der Estrich zur Aufnahme von Dehnungen und zur Trittschallisolierung durch Stellstreifen aus Dämmaterial von den aufgehenden Wandteilen getrennt.

Trockenverlegung. Die Heizrohre werden schlangen- oder spiralförmig auf vorgefertigten, mit Rillen oder Kanälen versehenen Hartschaumplatten verlegt (**588**.3).

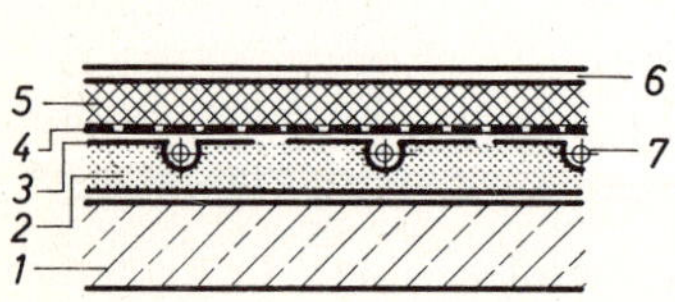

588.3
Fußbodenheizung, Heizrohre trocken verlegt
1 Tragdecke
2 Hartschaumplatte
3 Aluminium-Blech
4 Folie
5 Trockenplatte
6 Gehbelag
7 Heizrohr

Darüber wird der Estrich eingebracht oder die Fläche mit Trockenplatten ausgelegt.

Zur besseren Wärmeverteilung werden Leitbleche aus Aluminium oder Stahlblech auf die Rohre aufgeklemmt.

Die Heizrohre können sich jederzeit ungehindert ausdehnen.

Bei Rippendecken und anderen Hohlkörperdecken können die Heizrohre auch in den Hohlräumen verlegt werden, wobei höhere Heizmitteltemperaturen zulässig sind.

Rohrmaterial. Früher wurden für Fußbodenheizungen hauptsächlich Rohre aus Stahl oder Kupfer verwendet, die sich, abgesehen von gelegentlichen Korrosionen, durchaus bewährt haben.

Stahlrohre wurden aus 50 bis 60 m langen Rohrschlangen in DN 20, Kupferrohre in 12 × 1 bis 28 × 1,5 mm bei Abständen von 15 bis 35 cm verlegt (**588**.1).

Heute werden hauptsächlich Kunststoffrohre verwendet, deren Eigenschaften in der letzten Zeit erheblich verbessert wurden.

Sie sind heute allen Belastungen der Fußbodenheizung gewachsen. Sie halten Druck- und Temperaturbelastungen aus, sind stoßfest und flexibel. Außerdem besitzen sie eine lange Lebensdauer.

Bei der Kunststoff-Rohrherstellung werden folgende Werkstoffe verwendet:

Polypropylen (PP), Polyäthylen (PE), vernetztes Polyäthylen (VPE) und Polybuten (PB).

Am meisten in Benutzung ist Hostalen, ein PP-Rohr.

Die Durchmesser der Rohre betragen 12 bis 20 mm lichte Weite. Sie sind 80 bis 120 m lang, was für eine Grundfläche von etwa 10 bis 25 m^2 ausreicht.

Es sollten nur langjährig geprüfte Heizrohre aus Kunststoff von erfahrenen Herstellern verwendet werden.

Rohrverlegung. Für die Rohrführung gibt es zwei Möglichkeiten mit verschiedenen Mischformen, die schlangenförmige und die spiralförmige Verlegung (**589**.1).

Bei der schlangenförmigen Verlegung entstehen gewisse Temperaturunterschiede an der Fußbodenoberfläche. Günstiger ist die Temperaturverteilung, wenn die Vor- und Rücklaufrohre in gegenläufiger Anordnung nebeneinander verlegt werden. Die Randbereiche vor Fenstern können mit einem engeren Heizrohrabstand verlegt werden, um größere Wärmeleistungen zu erreichen.

Bei der spiralförmigen Verlegung werden die Vor- und Rücklaufleitungen entweder als Doppelrohre oder parallel zueinander verlegt, was in jedem Fall eine gleichmäßigere Oberflächentemperatur des Fußbodens ergibt.

Daneben sind auch gemischte Verlegeformen unter Anwendung beider Rohrführungsarten möglich.

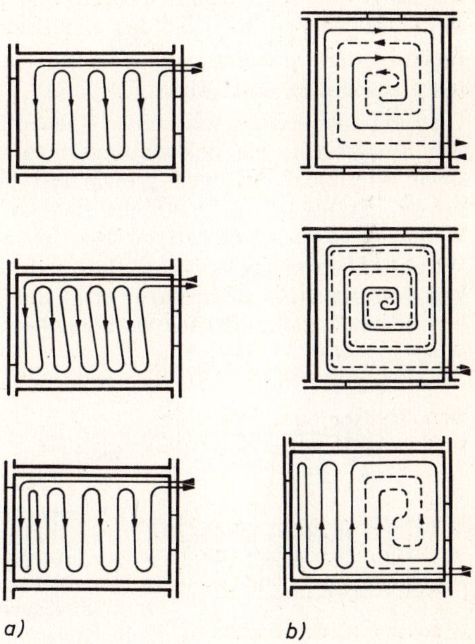

589.1
Fußbodenheizung, Rohrverlegung

a) schlangenförmig
b) spiralförmig

Die Enden der einzelnen Heizkreise, die jeder für sich regulierbar sind, werden zu Verteilern und Sammlern zusammengeführt (**590**.1).

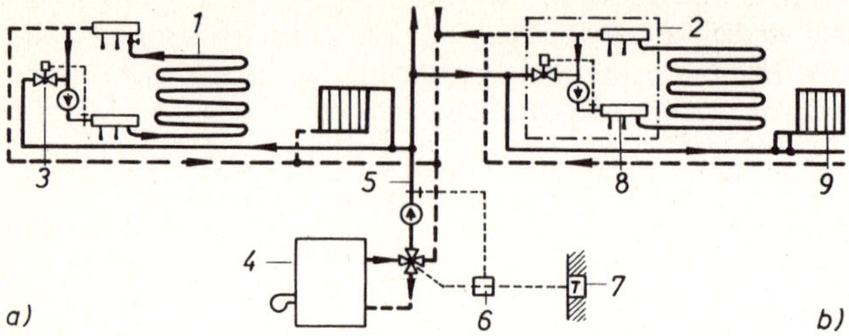

1 Fußbodenheizung
2 Verteilerkasten
3 Beimischventil
4 Heizkessel
5 Vorlauf
6 Regler
7 Außenfühler
8 Verteiler (Sammler)
9 Heizkörper

590.1 Fußbodenheizung, Rohrsysteme, Fußbodenheizung und örtliche Heizung
a) Zweirohrsystem
b) Einrohrsystem

Diese Anschlüsse werden an geeigneter Stelle in einem Verteilerkasten, meist in einer Mauernische oder einem Wandschrank z. B. im Bereich von Diele oder Flur, gut zugänglich untergebracht.

Fußbodenbeläge. Bodenbeläge aus Natur- oder Kunststein, Fliesen oder Ziegelmaterial sind als Gehbelag am geeignetsten.

Teppichböden auf Steinböden wirken als Wärmebremse.

Sie erhöhen die Kerntemperatur in der Estrichschicht und damit die Speicherfähigkeit der Fußbodenkonstruktion und bewirken eine besonders gleichmäßige Temperaturverteilung in der Fußbodenoberfläche.

Holzbeläge sind im allgemeinen über Fußbodenheizungen ungeeignet.

Unter der Beachtung der besonderen Einbringungsanweisung des Lieferanten kann jedoch z. B. Kleinmosaikparkett als Gehbelag in Betracht gezogen werden.

Regelung. Alle Fußbodenheizungen sind aufgrund der Wärmeübertragungsverhältnisse mehr oder weniger träge, so daß eine Raumtemperaturregelung unzweckmäßig ist.

Im Normalfall wird eine gängige witterungsabhängige Vorlauftemperaturregelung gewählt (s. auch Abschn. 10.2.4).

Die Fußbodenheizung weist einen eigenen Selbstregelungseffekt auf, der den Einfluß von Störgrößen, wie Beleuchtungsabwärme, Personenwärme oder Sonneneinstrahlung sowie Windanfall, zu einem großen Teil dämpft.

Bei einer Anhebung der Raumlufttemperatur um 1 K tritt eine unmittelbare Verringerung der Wärmeabgabe der Heizflächen von etwa 17%, bei 2 K von etwa 30% und bei 3 K von fast 50% auf.

Wirtschaftlicher ist es jedoch, die Fußbodenheizung nur als Grundheizung in Abhängigkeit von der Außentemperatur etwa auf 15 °C zu regeln und für die Spitzenbelastung besondere Raumheizflächen als Zusatzheizung vorzusehen (**590**.2).

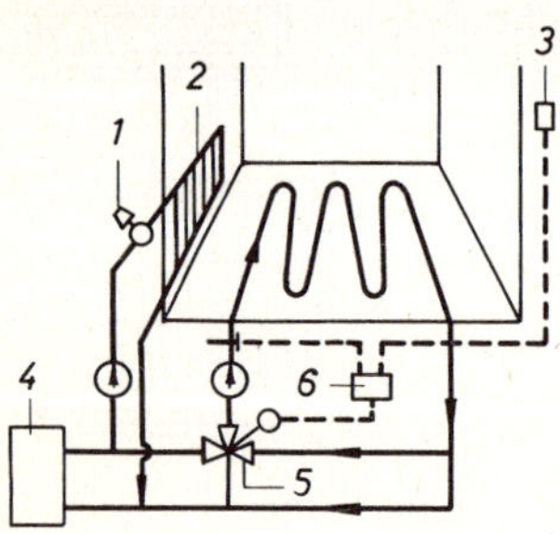

590.2
Fußbodenheizung mit zusätzlichem Heizkörper
1 Heizkörper-Thermostat
2 Heizkörper
3 Außenfühler
4 Heizkessel
5 Mischventil
6 Regler

Die Zusatzheizung kann aus Radiatoren, Konvektoren oder elektrischen Heizkörpern z. B. vor den Fenstern bestehen und sollte in der Regel als getrennter Heizkreis geplant werden.

Wird eine Fußbodenheizung in einem Gebäude mit einer Heizung aus Raumheizkörpern kombiniert, ist eine Unterteilung der Anlage in mehrere Heizgruppen immer notwendig, was sie kompliziert und verteuert (**590**.1).

Die Vorlauftemperatur für die örtlichen Heizkörper wird dann von einem Außenfühler gesteuert, während die Vorlauftemperatur für die Fußbodenheizung durch ein Beimischventil und eine Mischpumpe geregelt wird. Diese Art der Regelung nennt man Konstantregelung.

Wärmeabgabe. Im mitteleuropäischen Klima ist die Fußbodenheizung zur Deckung des Wärmebedarfes von Räumen nicht ausreichend, so daß zusätzliche Heizflächen oder ein besonders guter Wärmeschutz des Gebäudes erforderlich werden. Das geltende Energieeinsparungsgesetz kommt dieser Forderung sehr entgegen (s. Abschn. 8.2.4).

Bei einer Oberflächentemperatur von 27 °C und einer Raumtemperatur von 20 °C beträgt die bei der Fußbodenheizung abgegebene Wärme 70 bis 80 W/m^2.

Die Heizmitteltemperatur beträgt in den Übergangszeiten nur etwa 40 bis 45 °C, während sie maximal 55 bis 60 °C erreichen darf. Die Fußbodenheizung ist daher eine sogenannte Niedertemperaturheizung, die sich besonders für Sonnenenergie und Wärmepumpen eignet.

Anwendung. Die Fußbodenheizung wird in Zukunft als Niedertemperaturheizung für viele Gebäudegruppen eine noch weite Verbreitung finden.

In der ursprünglichen Anwendung war die Fußbodenheizung als Zusatzheizung auf kleine Bodenflächen, z. B. dem Taufbeckenplatz in der Kirche, in Empfangshallen, Kassenhallen von Banken, Umgängen von Theatern, in kleinen Läden, für Badezimmer und Badeanstalten, beschränkt.

Als Sonderheizung hat man die Fußbodenheizung schon frühzeitig für die Beheizung von Rampen, Gehsteigen, Sport- und Flugplätzen, zum Schmelzen von Schnee und Glatteis eingesetzt.

Die Berechnung der Rohrabstände und die Planung des Verlegesystemes ist von einer erfahrenen Installationsfirma unter Berücksichtigung der jeweiligen Fußbodenkonstruktion und des Gehbelages vorzunehmen.

Über elektrische Fußboden-Speicherheizungen s. Abschn. 9.5.3.

10.2 Anlagenteile

10.2.1 Heizkessel

Die Wirtschaftlichkeit einer Zentralheizungsanlage hängt im wesentlichen von der Wahl des Heizkessels ab.

Im Warmwasserkessel geben die heißen Rauchgase über die Kesselheizfläche ihre Wärme an das Heizungswasser ab. Beim Dampfkessel wird die Wärme zum Verdampfen des Wasser benötigt. Beim direktbefeuerten Lufterhitzer wird die an der Kesselheizfläche vorbeiströmende Luft erwärmt.

Der Heizkessel soll folgende Anforderungen erfüllen:

Genaue Anpassung der Kesselleistung an den Wärmebedarf des Gebäudes,
große Wirtschaftlichkeit durch gute Ausnutzung des Brennstoffes,
weitgehende, stufenlose und schnelle Regelbarkeit,
ausreichende Überlastbarkeit,
einfache und gefahrlose Bedienung auch im Dauerbetrieb,
keine Belästigung durch Rauch, Ruß, Geruch und Geräusche,
lange Lebensdauer,

geringer Platzbedarf und einfache Montage,
geringe Wärmeabstrahlung an den Heizraum,
Preiswürdigkeit,
eventuelle Umstellmöglichkeit auf andere Brennstoffe.

Der Kesselbau hat in letzter Zeit eine lebhafte Entwicklung durchgemacht.

Mehr Verwendung von Stahl. Die Zahl der produzierten Stahlkessel ist mehr als doppelt so groß wie die der Gußkessel.

Fast vollständige Verdrängung der festen Brennstoffe durch Heizöl und Heizgas.

Typenmäßiger Einbau von Speichern oder Durchlauferhitzern für die Brauchwasserbereitung bei fast allen kleinen und mittleren Kesseln, wobei die Speicher überwiegen. Vordringen der temperaturgeregelten Beistellspeicher neben dem Heizkessel.

Montageersparnis durch fabrikmäßige Fertigkessel.

Ständige Verbesserung des Kesselwirkungsgrades.

Kombination der Heizkessel mit Wärmepumpen aller Art in alternativer oder bivalenter Betriebsweise für Niedertemperaturheizungen.

Spezialkessel für Holz und Stroh werden hergestellt und angeboten.

Einteilung der Kesselarten. Die Ausführungsarten der Heizungsanlagen erstrecken sich vorwiegend auf den Wärmeentwickler. Es gibt zahlreiche Möglichkeiten, wonach Zentralheizungskessel eingeteilt werden können:

nach dem verwendeten Werkstoff: Gußkessel, Stahlkessel und Edelstahlkessel

nach der Bauart: Spezialkessel, Umstellbrandkessel, Wechselbrandkessel und Doppelbrandkessel

nach dem Brennstoff: Koks- oder Kohlekessel, Ölkessel, Gaskessel, Elektrokessel, auch Spänekessel

nach der Größe: Kleinkessel (bis etwa 50 kW), Mittelkessel (50 bis 500 kW) und Großkessel (> 500 kW)

nach dem Wärmeträger: Warmwasserkessel (bis 110 °C bzw. 120 °C), Heißwasserkessel (> 110 °C bzw. 120 °C), Dampfkessel für Niederdruck- oder Hochdruckdampf, Ölumlaufkessel und Lufterhitzer

nach der Art der Brauchwasserbereitung: Kessel mit Speicher oder Durchlauferhitzer

nach der Abgasführung: bei festen Brennstoffen: Durchbrand, oberer Abbrand, unterer Abbrand und bei Öl- oder Gasfeuerung: Zweizug-, Dreizug-, Teilstrom- und Umkehrzugkessel

nach dem Kesseldruck: Niederdruckkessel (< 0,5 bar Überdruck bzw. < 110 °C) und Hochdruckkessel (> 0,5 bar bzw. > 110 °C)

nach dem Feuerraumdruck: Naturzugkessel und Überdruckkessel oder Normalkessel und Hochleistungskessel

nach der Art der Kesselheizfläche: Gliederkessel, Quersieder, Flammrohrkessel, Strahlungskessel, Zweizug- und Dreizugkessel.

Spezialkessel. Diese Kessel sind jeweils nur für einen bestimmten Brennstoff vorgesehen und lassen sich nicht auf einen anderen Brennstoff umstellen.

Hierzu zählen auch diejenigen Heizkessel, die sich sowohl für Öl- als auch für Gasgebläsebrenner eignen.

Die Spezialkessel sind konstruktiv auf eine optimale Verbrennung des bestimmten Brennstoffes ausgelegt. Mit ihnen erreicht man daher die höchstmöglichen Wirkungsgrade und dadurch eine größtmögliche Wirtschaftlichkeit des Betriebes. Die Heizkessel sind außerdem einfacher gebaut, kleiner, leichter und preisgünstiger.

Dies ändert jedoch nichts an der gegenwärtigen Tatsache, daß bei Guß- als auch Stahl-Kleinkesseln bis ca. 70 kW Heizleistung der Umstell- und besonders der Wechselbrandkessel dominiert.

Normalkessel. Die Normal- oder Naturzugkessel arbeiten nach dem Unterdrucksystem.

Der rauchseitige Druck im Brennerraum ist < 0 mbar, so daß die durch den Zugbedarf des Kessels erforderlichen Kräfte durch den Schornsteinzug geliefert werden müssen. Hierbei können sich die unvermeidlichen Zugschwankungen des Schornsteines sehr störend auswirken.

Sie müssen eventuell durch Zugregler aufgefangen werden.

Hochleistungskessel. Hochleistungs- oder Überdruckkessel (**600**.2) weisen bei Verkleinerung der Heizfläche eine erhöhte spezifische Kesselleistung auf.

Während man früher bei Gußkesseln konstant mit 9,3 bis 11,6 kW/m² Heizfläche rechnete, sind die Werte heute je nach Kessel- und Brennerkonstruktion unterschiedlich.

Die Flächenbelastung bei Hochleistungskesseln kann 29 bis 58 kW/m² betragen.

Sämtliche Heizkessel werden daher nicht mehr nach m²-Heizfläche, sondern nach ihrer Wärmeleistung bestimmt.

Die erhöhte Kesselleistung wird durch eine gleichmäßigere Belastung der Strahlungsfläche im verbrennungsgerecht ausgebildeten Feuerraum, durch berippte Nachschaltheizflächen in den Heizgaszügen und durch Verwirbelung der Strömung durch Umlenken und Aufspalten des Rauchgasstromes sowie durch erhebliche Erhöhung der Heizgasgeschwindigkeit erreicht.

Der hierzu im Feuerraum erforderliche Überdruck von 2 bis 20 mbar wird mit der Überdruckfeuerung durch starke Gebläse der Öl- oder Gasbrenner aufgebracht.

Die Vorteile der Überdruckfeuerung sind:

Einsparungen an Größe, Gewicht und Kosten beim Kessel,
schnellerer Wärmeübergang und stabilere Verbrennung, geringere Schornsteinquerschnitte und damit Schornsteinkosten,
mögliche Kesselmontage auf dem Dach (Dachheizzentrale, s. auch Abschn. 10.2.5.3).

Nachteilig sind die Geräuschbildung durch die hohe Umdrehungsgeschwindigkeit des Brennerventilators, höhere Stromkosten und die erschwerte Reinigung der Nachschaltheizflächen.

Heizkessel-Bauarten. Nach DIN 4702 T. 1 werden folgende Kesselarten unterschieden:

Kessel für feste Brennstoffe,
Kessel für gasförmige und für flüssige Brennstoffe (Öl-/Gas-Kessel),
Kessel mit Wassererwärmer,
Kessel mit anderen Wärmetauschern,
Umstellbrandkessel und
Wechselbrandkessel.

10.2.1.1 Gußeiserne Gliederkessel

In kleinen und mittleren Heizungsanlagen wurden früher meist gußeiserne Gliederheizkessel für feste Brennstoffe verwendet. Der Stahlkessel erreichte jedoch in letzter Zeit eine immer größere Bedeutung.

Neue konstruktive Möglichkeiten im Stahlkesselbau haben auch den modernen Gußkesselbau so günstig beeinflußt, daß beide mit ihren Vor- und Nachteilen je nach Verwendungszweck gleichberechtigt gegenüberstehen.

Aufbau. Der seit Jahrzehnten bewährte gußeiserne Gliederkessel ist aus einer der geforderten Leistung entsprechenden Anzahl unter sich gleicher Mittelglieder zu einem Block zusammengesetzt.

Er wird durch ein Vorderglied mit den erforderlichen Türen und Reinigungsdeckeln und ein Hinterglied mit den Abgaseinrichtungen für den Schornsteinanschluß an den Stirnseiten abgeschlossen.

Kleine Kesseleinheiten werden bereits werkseitig, größere jedoch an der Einbaustelle zusammengesetzt.

Die Form der Glieder erreicht eine große Heizfläche bei geringem Raumbedarf.

Die einzelnen Glieder sind Hohlkörper, auf deren Innenseite sich das Heizwasser oder der Dampf befinden, während an der Außenseite die Rauchgase entlangstreichen. Die Glieder werden an der höchsten und tiefsten Stelle des Kessels durch konische Nippel miteinander verbunden und durch Zugankerbolzen zusammengehalten (**594**.1).

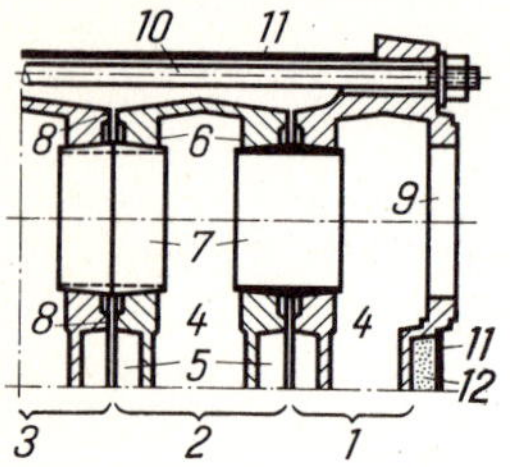

594.1
Nippelverbindung eines gußeisernen Gliederheizkessels (M 1:10) (Buderus)

1 Endglied (Vor- oder Hinterglied)
2 und 3 Mittelglieder
4 Wasser- oder Dampfraum
5 Rauchzüge
6 Naben
7 Nippel
8 Dichtleisten
9 äußere Nabe (für Rohranschluß oder blindverflanscht)
10 Ankerstange mit Unterlegscheibe und Mutter
11 Blechmantel
12 Wärmeschutz ($d = 15$ mm)

Durch die Hohlräume zwischen den einzelnen Gliedern entstehen der Feuerraum, die Heizgaszüge, die Rostfläche und der Aschenraum.

Durch Hinzufügen weiterer Mittelglieder können die Kessel leicht einem gestiegenen Wärmebedarf angepaßt werden. Ebenso lassen sich beschädigte Teile verhältnismäßig leicht austauschen.

Bei großen Kesseln, bei denen die Beschickung von oben erfolgt, werden die Glieder auch in zwei Halbglieder geteilt hergestellt.

Die Kesselhersteller bauen den Anforderungen entsprechende Serien, die sich durch ihre Abmessungen und oft auch durch konstruktive Maßnahmen unterscheiden (Taf. **594**.2).

Tafel **594**.2 Leistungstabelle eines gußeisernen Gliederkessels (Fa. Strebel)

Gliedzahl	Wärmeleistung kW	Kesseltiefe T mm	Gasinhalt m^3	Wasserinhalt m^3	Gewicht kg
6	71,6	750	0,250	0,160	820
7	81,2	875	0,310	0,185	930
8	92,8	1000	0,370	0,210	1040
9	104,4	1125	0,430	0,235	1150
10	116,0	1250	0,490	0,260	1260
11	127,6	1375	0,550	0,285	1370

Gußeiserne Gliederkessel (**598**.1, **602**.1 und **609**.1) sind einfach, zuverlässig und dauerhaft, da ihr Werkstoff Grauguß nur wenig korrosionsanfällig und bei seiner heutigen Güte auch den stärker und häufiger schwankenden Wärmespannungen eines intermittierenden Kesselbetriebes voll gewachsen ist.

Betriebsdruck. Gliederkessel werden in Normalausführung für einen höchsten Betriebsdruck von 4 bar (Probedruck bis 6 bar), daneben in Spezialausführungen als Hochhausmodelle von etwa 5 bis 6 bar hergestellt.

Abgasführung. Die Unterteilung gußeiserner Gliederkessel nach der Abgasführung in unteren und oberen Abbrand sowie unteren und oberen Rauchabzug ist heute unbedeutend (**595**.1). Sie geht auf die Zeit der Koksfeuerung zurück.

Die Zugstärke bei oberem Abbrand beträgt ca. 0,2 mbar, die erforderliche Zugstärke bei unterem Abbrand 0,3 bis 0,5 mbar.

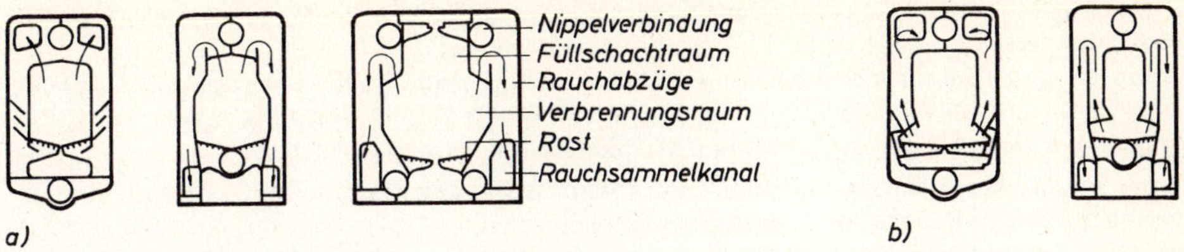

595.1 Abgasführung herkömmlicher Gußgliederkessel
a) oberer Abbrand
b) unterer Abbrand

Die modernen Gußkessel sind vorwiegend mit Nachschaltheizflächen ausgestattet, um die Rauchgase besser ausnützen zu können. Je nach Rauchgasführung unterscheidet man Dreizug-, Teilstrom- und Umkehrzüge (**595**.2).

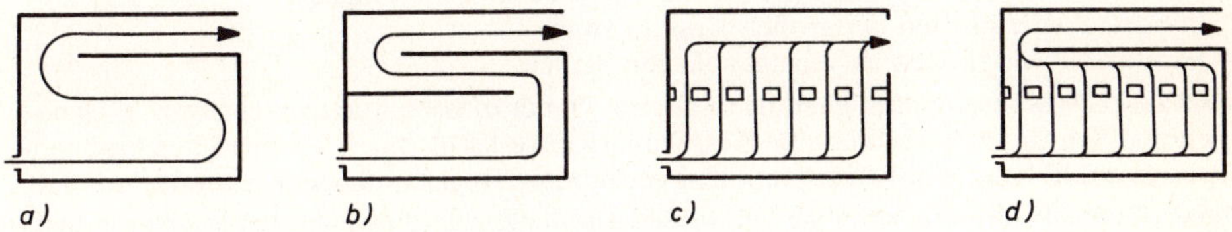

595.2 Abgasführung neuzeitlicher Kesselkonstruktionen
a) Zweizugprinzip mit Umkehrflamme
b) Dreizugprinzip
c) Teilstromprinzip
d) kombiniertes Dreizug- und Teilstromprinzip

Gußeiserne Gliederkessel werden auch als Niederdruckdampfkessel mit einer aufgesetzten Obertrommel verwendet.

Besonders als Umstellbrandkessel werden sie, sowohl mit festem Brennstoff wie mit Öl oder Gas beheizt, weiterhin gebaut (**609**.1).

Heizleistung. Durch die DIN 4702 T. 1 sind den Heizkesselherstellern nachfolgende Mindestbedingungen für die wirtschaftliche Heizleistung der Kessel vorgegeben:

Kesselwirkungsgrad je nach Kesselleistung 73 bis 83%,
Zugbedarf 0,15 bis 0,80 mbar,
Rußemission bei Kesseln über 22 kW und bei automatischen Feuerungen < 150 mg/m^2, bei handbeschickten Feuerungen < 300 mg/m^2,
Brenndauer bei Schwachlast bei automatischen Feuerungen 16 bis 22 Std., bei handbetätigten Feuerungen 12 bis 16 Std.,
Brenndauer bei Nennlast 4,5 Std.,
Abgastemperatur 160 bis 300 °C je nach Brennstoff,
Fassungsvermögen des Aschenraumes bei Nennleistung 9 Std.,
Abgasverluste 11 bis 14%,
Bereitschafts-Wärmeaufwand in % der Kesselleistung 0,04 bis 0,01.

Bei den Umstell- und Wechselbrandkesseln sind die Anforderungen geringer.

Bei einer Umstellung auf Koksfeuerung darf die Kesselleistung nicht kleiner als 65% sein.

10.2.1.2 Stahlkessel

Der Stahl, als Kesselbaustoff ursprünglich dem Großkesselbau vorbehalten, wird längst und in weitestem Umfang für die Herstellung von Klein- und Mittelkesseln verwendet.

Es handelt sich um Modelle, die in der Fabrik als ganze Einheit aus Stahlblechen und -rohren zusammengeschweißt und an der Verwendungsstelle nur noch aufgestellt und mit den Rohrleitungen verbunden werden.

Besonders vorteilhaft sind alle Ausführungen, die werkseitig bereits mit Brenner, Vierwegemischer und den übrigen Armaturen anschlußfertig verdrahtet und ummantelt auf die Baustelle geliefert werden.

Gegenüber dem Gußkessel bietet der Stahlkessel folgende Vorteile:

Gute Materialverformung und daher gute Anpassung der Flamme an das Kesselinnere,
geringer Materialeinsatz und geringeres Gewicht,
größere Unempfindlichkeit gegen Wassermangel, Kesselstein und kaltes Wasser,
unempfindlicher gegen plötzliche Temperaturschwankungen und hohe Drücke,
leichtere Reparaturen durch Schweißen,
höhere Heizflächenbelastung sowie
größere Leistung je Einheit (bis etwa 15 MW und darüber).

Nachteilig gegenüber dem Gußkessel sind:

Die größere Korrosionsgefahr,
keine Möglichkeit der Kesselvergrößerung durch zusätzliche Glieder,
Transportschwierigkeiten bei großen Kesseln sowie
Reparaturschwierigkeiten an unzugänglichen Stellen.

Stahl ist korrosionsempfindlicher als Grauguß. Daher müssen Stahlkessel gegen Korrosion und Schwitzwasserbildung im Kesselinnern zuverlässig durch konstruktive Maßnahmen sowie durch die Wahl einer hierauf abgestimmten Regeleinrichtung geschützt werden.

Um die Taupunktkorrosion zu vermeiden, werden neuerdings mehr Edelstahl oder emaillierter Stahl verwendet. Dann sind auch geringere Temperaturen im Kesselkreislauf zulässig.

Bauarten. Neben verschiedenen Sonderbauarten kann man die Stahlkessel in drei Gruppen einteilen: kleine und mittelgroße Stahlkessel, Zweikammerkessel und Hochleistungs-Stahlkessel.

Kleine und mittelgroße Stahlkessel. Sie arbeiten meist im Durchbrandverfahren. Im oberen Teil des Feuerraumes sind wasserführende Rohre, Kanäle oder Hohlrippen waagerecht, schräg oder senkrecht angeordnet.

Für kleine oder mittlere Anlagen werden rechteckige Stahlkessel aus 4 bis 6 mm starken Stahlplatten zu einem Stück zusammengeschweißt, so daß sie sich äußerlich kaum von Gußkesseln unterscheiden (**596**.1).

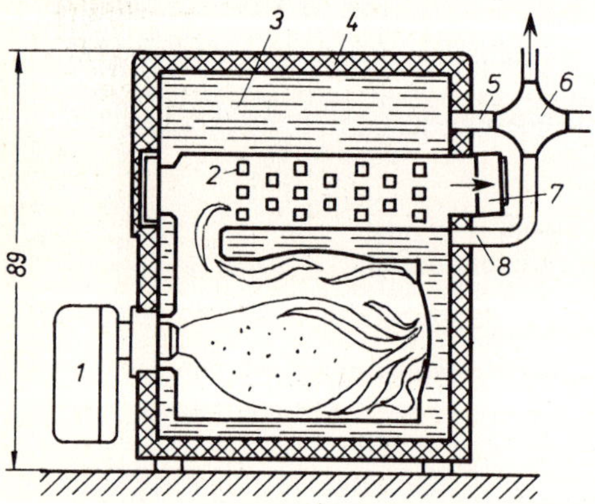

596.1
Spezial-Ölkessel aus Stahl (M 1:20)
1 Ölbrenner
2 Wirbulatoren aus korrosions- und hitzebeständigem Edelstahl
3 Heizwasser
4 Glaswolle-Dämmschicht, 40 mm dick
5 Anschluß für Heizungsvorlauf
6 Vierwege-Mischer
7 Rauchrohrstutzen
8 Anschluß für Heizungsrücklauf

Viele Kessel werden aber auch aus Gründen einfacher Fertigung als Rundkessel mit dem Vorteil geringstmöglicher Abstrahlungsflächen ausgeführt (**597**.2 und Taf. **597**.1).

Zur Erhöhung der Kesselleistung werden in Verbindung mit der Nachschaltheizfläche oberhalb des Feuerraumes Nocken, Rippen und andere die Turbulenz vergrößernde Einrichtungen eingebaut.

Tafel **597**.1 Runde Stahlheizkessel, Wärmeleistungen, Abmessungen und Gewichte (handelsüblicher Quer-, Steilsieder- und Ringgliederkessel)

Wärmeleistung kW	Höhe h m	Durchmesser d m	Gewicht kg
bis 23	1,0...1,5	0,4...0,5	ca. 200
23... 46	1,5...1,8	0,5...0,6	150...300
46... 70	1,6...1,8	0,6...0,7	250...400
70...116	1,7...1,8	0,7...0,8	350...600
116...290	1,8...2,2	0,8...1,2	500...700
290...580	2,0...2,5	1,2...1,8	600...800

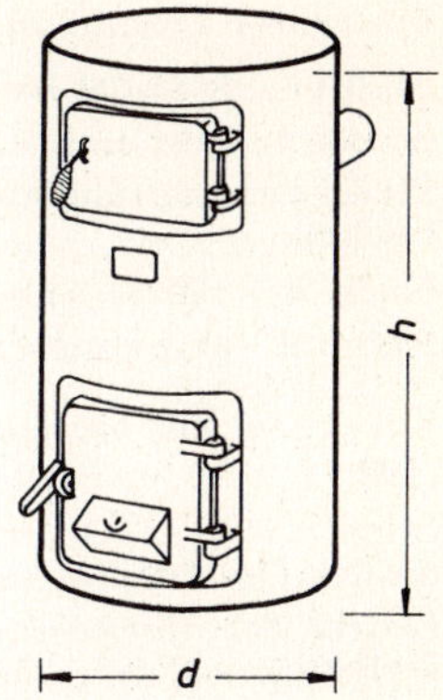

597.2 Runder Stahlheizkessel für feste Brennstoffe

Stählerne Kleinkessel mit oberem Abbrand haben einen geringen Zugbedarf und eine Heizflächenbelastung von ca. 12 bis 25 kW/m^2.

Im oberen Bereich des Kessels befindet sich häufig ein Brauchwasserbereiter als Speicher oder Durchlauferhitzer.

Rauchrohrkessel mit senkrechten Rohren als Nachschaltheizfläche haben unteren Abbrand und einen oberen Abgas-Sammelraum. Ihre Heizflächenbelastung liegt bei ca. 12 bis 18 kW/m^2.

Ringgliederkessel bestehen aus mehreren konzentrischen wasserführenden Doppelzylindern mit einem mittigen Füllschacht für eine obere Beschickung und unteren Abbrand.

Die meisten kleinen und mittelgroßen Kessel sind so konstruiert, daß sie als Umstellbrandkessel (10.2.1.6) auch mit Öl- oder Gasbrennern ausgestattet werden können.

Zweikammerkessel. Die Energieverteuerung hat dazu beigetragen, daß mehr Doppelkessel gebaut werden. In ihnen können einerseits Öl oder Gas, andererseits feste Brennstoffe wie Holz oder Kohle verbrannt werden (**597**.3).

In der Regel werden zwei getrennte Brennkammern mit getrennten oder gemeinsamen Nachheizflächen verwendet.

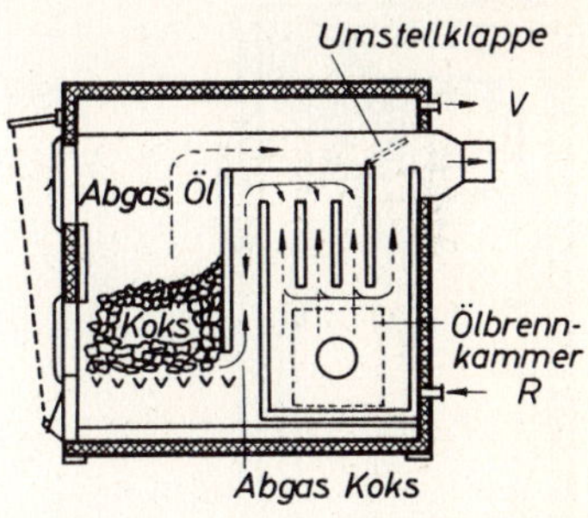

597.3
Zweikammerkessel, stählerner Wechselbrandkessel mit zwei Brennkammern (Röntgen-Werk)

Hochleistungs-Stahlkessel. Die Hauptmerkmale dieser mechanischen Kessel sind:

Die Verwendung eines Gebläses für die Zufuhr von Verbrennungsluft und die Leistungsregelung, die Verwendung von selbsttätigen Entaschungs- und Entschlackungseinrichtungen sowie eine automatische Leistungsregelung.

Die Kesselleistungen liegen zwischen 0,7 und 11,6 MW.

Beispiele für Stahlkessel zeigen unter anderem auch die Bilder **600**.2, **605**.1, **610**.1 und **611**.1, **797**.1 und 2.

10.2.1.3 Kessel für feste Brennstoffe

Die meisten dieser Spezialkessel sind für die Verbrennung von Koks bestimmt, der für einen Dauerbrand in Feuerstätten für Zentralheizungen besonders geeignet ist (s. Abschn. 8.4.1).

Ein großer Brennraum ermöglicht eine Brenndauer von mindestens 5 Stunden.

Man unterscheidet handbediente und automatische Feuerung.

Bei der handbedienten Feuerung wird von Hand geschürt, entschlackt und beschickt.

Bei der automatischen Feuerung wird durch mechanische Einrichtungen entschlackt, entascht und beschickt.

Nach der Wirkungsweise der Feuerung unterscheidet man Durchbrand (oberen Abbrand) und Unterbrand (unteren Abbrand).

Kokskessel mit oberem Abbrand. Sie sind die einfachsten Heizkessel für kleine Anlagen (**598**.1).

Beim Durchbrand durchzieht die Verbrennungsluft den ganzen Brennstoffvorrat und setzt ihn schnell in Glut. Die Heizgase durchstreichen die ganze Brennstoffschicht.

Ein lebhafter Wärmeübergang an das Heizwasser erlaubt ein schnelles Hochheizen. Der Kessel ist stark überlastbar und daher für einen stoßweisen Betrieb besonders geeignet.

Die Beschickung geschieht von vorn. Der Abbrand ist durch die Feuertür gut zu beobachten, die Wartung besonders einfach.

Nach gleichem Prinzip werden auch Umstell- und Wechselbrandkessel (s. Abschn. 10.2.1.6 und 7) gebaut (**609**.1).

Kokskessel mit unterem Abbrand. In einem Füllschacht, der auch von oben beschickt werden kann, findet keine Verbrennung statt. Der gespeicherte Brennstoffvorrat ermöglicht einen langanhaltenden Dauerbrand (**598**.2).

Die Verbrennungsluft durchzieht nur den unteren Teil der Koksfüllung und setzt diese in Glut.

Die Abgase werden durch seitliche Kanäle im unteren Teil des Füllschachtes abgeleitet.

Langsames Hochheizen und geringe Überlastbarkeit, aber gleichmäßigere Wärmeabgabe, höherer Wirkungsgrad und beste Regelbarkeit kennzeichnen diese Kesselbauart.

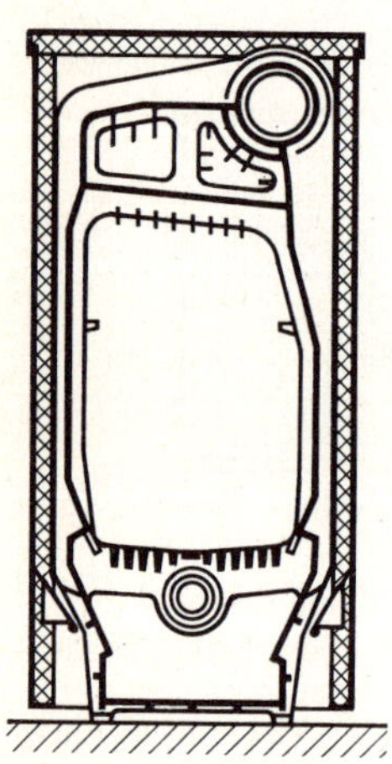

598.1 Spezial-Kokskessel (Kleinkessel) aus Grauguß mit oberem Abbrand (M 1:30) (Buderus)

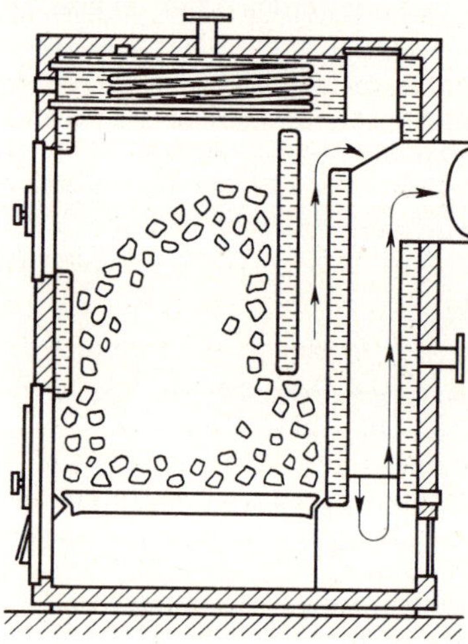

598.2 Spezialkessel aus Stahl für feste Brennstoffe mit unterem Abbrand (Vießmann)

Sie sind vorzugsweise für mittlere und große Anlagen geeignet.

Heute sind alle Heizkesselarten für feste Brennstoffe trotz technischer Weiterentwicklung durch die Kessel mit Öl- oder Gasfeuerungen fast vollständig vom Markt verdrängt worden.

10.2.1.4 Kessel für flüssige Brennstoffe

Diese Spezialkessel aus Guß oder Stahl weisen viele Verbesserungen gegenüber früheren Bauarten auf:

Fortfall der Schamotteausmauerung,
Betrieb mit niedrigeren Wassertemperaturen durch besondere Beschichtung oder Legierung des Kesselmantels sowie
höhere Heizflächenbelastungen.

Öl- und Gaskessel unterscheiden sich nicht in ihrer Bauart, so daß jeder Ölkessel auch mit einem Gasgebläsebrenner betrieben werden kann.

Ihrer besonderen Vorzüge wegen haben sich Ölfeuerungen in weitestem Maß für Anlagen aller Größen eingeführt.

Sie erfordern bei dem heute selbstverständlichen vollautomatischen Betrieb so gut wie keine Bedienung. Staub und Rückstände entfallen. Sie lassen sich schnell aufheizen und damit auch gut regeln.

Ihr Brennstoff, für Klein- und Mittelkessel das Heizöl EL, ist bequem und sauber zu transportieren, sowohl vom Tankwagen zum Vorratsbehälter als auch von dort zum Brenner, und erfordert bei seinem hohen Heizwert verhältnismäßig wenig Lagerraum.

Für die hier besprochenen Kesselanlagen der Warmwasserheizung, ebenso wie der Niederdruck-Dampfheizung, kommt ausschließlich mineralisches Heizöl EL nach DIN 51603 in Frage (s. Abschn. 8.4.1).

Nachteilig sind allerdings die hohen Anlagekosten für Ölfeuerungsanlagen, auch durch die Erfüllung der behördlichen Auflagen für die Öllagerung.

Die Ölbrenner sind bei ihrem komplizierten Aufbau für Störungen anfällig und erfordern eine regelmäßige Wartung und Inspektion durch einen Sachkundigen nach DIN 4755 mindestens einmal jährlich, über die am besten ein Jahresvertrag abzuschließen ist. Ölkessel sind nicht überlastbar und daher entsprechend groß auszulegen.

Aus dem SO_3-Gehalt der Heizölabgase entsteht bei Unterschreitung ihres Taupunktes Schwefelsäure, die zu Kesselkorrosionen und zur Zerstörung von Bauteilen älterer Kessel führen kann.

Ein fehlerhafter Betriebszustand kann zu unangenehmsten Belästigungen durch Ruß und Geruch führen.

Auch kann der Betrieb des Ölbrenners störende Geräusche und Vibrationen im Bauwerk hervorrufen.

Aus- oder überlaufendes Heizöl kann eventuell das Grundwasser verunreinigen.

Ölfeuerungen mit voll- oder teilautomatischen Brennern an Niederdruckkesseln sind genehmigungspflichtig und müssen DIN 4755, ihre Ölzerstäubungsbrenner außerdem DIN 4787 entsprechen.

Spezial-Ölkessel werden sowohl als Guß- als auch als Stahlkessel hergestellt (**600**.1 und 2). Kennzeichnend ist für alle Modelle der geräumige, dem kreisförmigen Querschnitt der Ölflamme angepaßte Feuerraum, der auch bei Gußkesseln keine Schamotteausmauerung mehr erfordert, sondern höchstens einzelne Rückwandschutzsteine oder Schirmplatten (**609**.1).

Statt der Feuertür besitzt die Vorderseite des Kessels eine Brennerplatte zur Montage des Brenners, auf der sich auch die erforderliche Schauöffnung zur Beobachtung der Flamme befinden kann (**600**.2).

Gußeiserne und stählerne Ölkessel sind von vornherein für eine Ölfeuerung als Spezialkessel gebaut, wodurch höhere Wirkungsgrade gegenüber ölgefeuerten Kokskesseln erreicht werden.

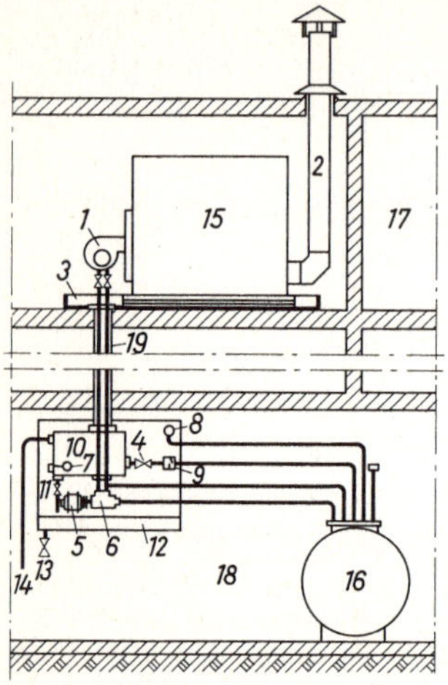

600.1
Spezial-Ölkessel, in einem Dachheizraum aufgestellt (nach Krupp-Heizungshandbuch)

1 Ölbrenner
2 Rauchrohr
3 Sammelwanne
4 Ventil
5 Motor
6 Ölpumpe
7 Niveauregler
8 Ölstandsanzeiger
9 Rückschlagklappe
10 Sicherheitsgefäß
11 Entleerung von 10
12 Schutzwanne
13 Entleerung von 12
14 Überlaufleitung
15 Heizkessel
16 Ölbehälter
17 Heizraum auf dem Dach oder im obersten Vollgeschoß
18 Öllagerraum im Keller
19 Ölzu- und Rücklaufleitung in Schutzrohr

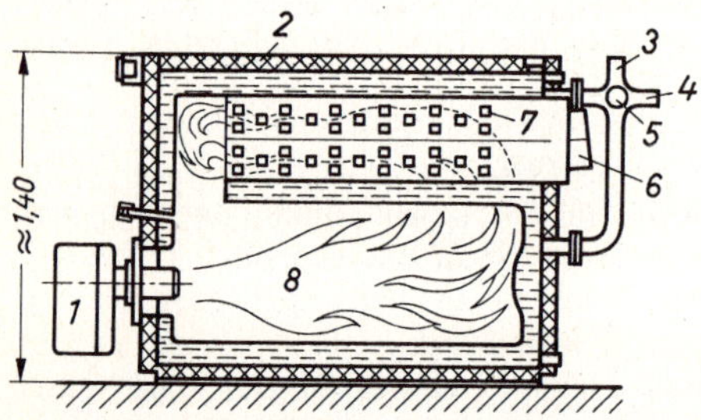

1 Ölbrenner
2 Wärmedämmschicht
3 Heizungsvorlauf
4 Heizungsrücklauf
5 Vierwegemischer
6 Rauchrohrstutzen
7 Wirbulatoren aus Edelstahl
8 Brennkammer

600.2 Spezial-Ölkessel aus Stahl, Leistungsbereich 150 bis 360 kW (M 1:50) (Vießmann)
Lenkflamm-System: Ein Rückstromkanal erweitert die Brennkammer nach oben und gibt den rückströmenden Gasen einen eigenen Weg nach vorn frei. Durch beiderseitige Heizgaszüge gelangen die erneut umgelenkten Heizgase danach zum Abgasstutzen an der Kesselrückwand.

Alte gußeiserne und stählerne Koks- und Kohlekessel lassen sich fast ausnahmslos mit geringen Änderungen für Öl- oder Gasfeuerung bei vermindertem Wirkungsgrad verwenden (**609**.1).

Spezialkessel für flüssige Brennstoffe gibt es in vielen Sonderbauarten, von denen nachfolgend nur einige aufgezählt werden können:

Ölkessel mit einer Rauchgasführung nach dem Dreizug-, Teilstrom- oder Flammenumkehrprinzip (**595**.2),
Spezialkessel mit Sturzbrenner,
Klein-Kessel als Etagenkessel mit Gebläse-Verdampfungsbrenner,
Ölkessel mit normalem Schornsteinzugbedarf oder Über- und Unterdruckkessel sowie Flammrohr-Rauchrohr-Kessel und Zweikreiskessel.

Automatische Ölfeuerungsanlage. Damit das Heizöl mit hohem Wirkungsgrad verbrennen kann, muß es möglichst fein zerstäubt und mit Verbrennungsluft gemischt werden.

Für Heizkessel kleinerer und mittlerer Größe werden hierzu vor allem die relativ einfach gebauten, wenig störanfälligen und geräuscharmen Hochdruck-Zerstäuberbrenner eingesetzt (**601**.1).

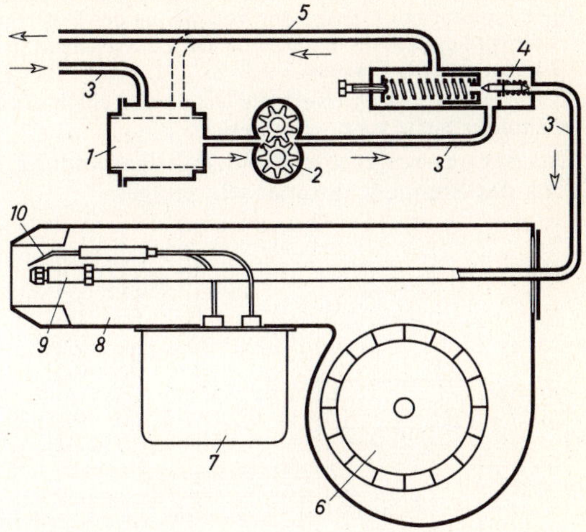

601.1
Hochdruck-Ölzerstäuberbrenner (Danfoss)
1 Ölfilter
2 Ölpumpe, ein- oder zweistufig
3 Ölzuleitung
4 Druckregler
5 Rücklauföl
6 Luftgebläse
7 Zündtransformator
8 Brennerkopf
9 Zerstäubungsdüse
10 Zündelektroden

In ihnen wird das Öl durch eine direkt angebaute ein- oder zweistufige Ölpumpe vom Öllagerbehälter angesaugt, mit der durch ein Zentrifugalgebläse zugeführten Verbrennungsluft vermischt und mit einem Druck von 7 bis 20 bar durch die Düse des Brennerkopfes in den Feuerraum des Kessels gepreßt.

Dabei erhält das austretende Öl eine rotierende Bewegung zur innigen Vermischung mit der Verbrennungsluft. Der Zerstäubungswinkel wird nach der Form des Feuerraumes gewählt.

Die Flamme soll möglichst nicht auf eine Kesselwandung treffen.

Heizölpumpen sind stets Zahnradpumpen, die zur Steigerung des Öldruckes immer mehr Öl fördern müssen, als die Düse verlangt. Das überschüssige Öl fließt entwender über eine Rücklaufleitung zum Ölbehälter zurück oder wird wieder der Saugseite der Pumpe zugeführt.

Saughöhen von mehr als etwa 5,5 m (z. B. bei einer Hanglage des Gebäudes) erfordern in der Nähe des Öltankes eine Druckpumpe, die das Öl zu einem Tagesbehälter in der Nähe des Heizkessels pumpt und über einen Schwimmer im Tagesbehälter gesteuert wird.

Der Ventilator und das Pumpenaggregat werden meist direkt durch einen seitlich angebauten wartungsfreien Elektromotor angetrieben.

Das vernebelte Öl wird durch Zündfunken zwischen zwei Zündelektroden gezündet, denen ein Zündtransformator die erforderliche Spannung von 10 bis 14 kV liefert.

Nach DIN 4787 müssen die vollautomatischen Ölbrenner folgende Sicherheitseinrichtungen aufweisen:

1. Automatische Flammenüberwachung. Sofort nach der Zündung erregt die Flamme die Fotozelle oder den Fotowiderstand, welche die Flamme überwachen, d. h. bei ihrem Erlöschen ohne Abschaltung der ganzen Anlage neue Zündversuche veranlassen. Meist hört der Zündvorgang mehrere Sekunden nach Entstehen der Flamme auf.

2. Sicherheitszeit. Dies ist die Zeitspanne von der Freigabe der Ölzufuhr in den Verbrennungsraum bis zur Störabschaltung, wenn keine Flamme gebildet wurde. Sie beträgt bis zu 30 kg/h Öldurchsatz $\leq$10 Sekunden.

3. Störabschaltung. Wenn beim Anlaufen des Brenners oder nach einem ungewollten Erlöschen der Flamme während des Betriebes innerhalb der Sicherheitszeit keine Flamme zustande kommt, dann erfolgt die Störabschaltung mit einer Verriegelung der Anlage, ggf. auch mit akustischem oder optischem Signal verbunden. Die Anlage kann erst nach Betätigung einer Drucktaste am Steuergerät wieder anlaufen. Bei Stromausfall schaltet sich die Anlage sofort ab und setzt sich nach Wiederkehr der Spannung selbsttätig wieder in Betrieb.

4. Vorbelüftung. Sie ist nicht direkt vorgeschrieben, aber bei jedem Kessel zu empfehlen. Durch Einschalten des Hauptschalters oder durch einen Impuls des Kesselthermostates wird zunächst nur der Brennermotor mit Gebläse zur Vorspülung des Feuerraumes in Betrieb gesetzt. Erst einige Sekunden später wird die Zufuhr des Öles zur Düse freigegeben, so daß es zerstäuben und gezündet werden kann. Es bildet sich die Flamme.

5. Ein Notschalter (Netzschalter) ist außerhalb des Heizraumes an leicht zugänglicher und nicht gefährdeter Stelle vorzusehen (**602**.1).

Das Steuergerät sorgt dafür, daß die Zündung, Flammenüberwachung und die Abschaltung des Brenners automatisch erfolgen.

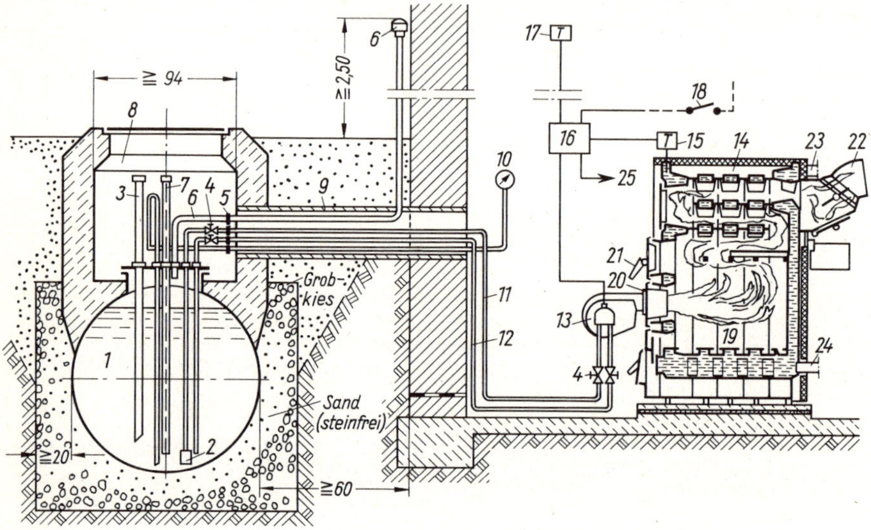

602.1 Ölfeuerungsanlage einer WW-Zentralheizung
1 unterirdischer Heizöl-Vorratsbehälter nach DIN 6608 T. 1, mit Kontrollgerät zur Lecksicherung (nicht dargestellt, s. Bild **648**.1)
2 Fußventil der Entnahmeleitung
3 Fülleitung mit Verschraubung und Filter
4 Absperrventile der Ölleitungen
5 Verschraubungen
6 Entlüftungsleitung
7 Peilrohr
8 Domschacht mit tageswasserdichter Abdeckplatte
9 wasserdichtes Futterrohr
10 Ölstandsanzeiger
11 Öl-Entnahmeleitung
12 Öl-Rücklaufleitung
13 Druckölzerstäuber-Brenner mit Ölpumpe, Zündtransformator und Photozelle
14 Spezial-Ölkessel
15 Kessel-Doppelthermostat
16 Steuergerät
17 Raumthermostat
18 Netzschalter (Notschalter) außerhalb des Heizraumes
19 Brennkammer
20 Brennerplatte
21 Schauöffnung
22 Rauchrohr
23 Vorlaufanschluß
24 Rücklaufanschluß
25 zur Pumpe und zum Mischer

Die wichtigsten Bauarten der Zerstäuberbrenner sind:

1. Hochdruck-Ölzerstäuber mit Unterdruck-Gebläse für alle Kessel mit Naturzug, d. h. Schornsteinzug, Zugbedarf 2 bis 6 mbar, in der Regel mit 1400 U/min laufend, werden in den meisten Fällen verwendet.

2. Hochdruck-Ölzerstäuber mit Überdruck-Gebläse für neuzeitliche Hochleistungskessel mit hohen Feuerraumwiderständen ≦20 mbar laufen meist mit 2800 U/min. Auf besonders gute Schalldämmung, z. B. durch geeignete Brennerhauben, ist zu achten.

3. Vakuumbrenner sind für Flachbauten (z. B. eingeschossige Fertigbauten), bei denen kein ausreichender Schornsteinzug vorhanden ist, bestimmt. Der Brennerkopf wird am Brennerflansch des Kessels angeschlossen, der Maschinensatz befindet sich am Rauchgasstutzen. Beim Start bleibt die Ölzufuhr so lange gesperrt, bis ein ausreichender Unterdruck in der Brennkammer aufgebaut ist. Die nicht mehr auf natürlichen Auftrieb angewiesenen Rauchgase können durch enge Rohrquerschnitte mit großer Geschwindigkeit ins Freie geführt werden.

4. Kombinierte Öl-Gas-Brenner lassen sich in Spitzenzeiten, in denen die Kapazität des Gasversorgungsunternehmens ausgelastet ist, automatisch kurzfristig auf Öl umstellen. Sie müssen DIN 4756 und 4788 und den TRGI 1972 entsprechen.

Der Brenner arbeitet nach der Zündung sogleich mit Vollast, bis er wieder ausgeschaltet wird. Er kennt also keine Zwischenstellungen: „An-Aus"-Betrieb.

Die Heizleistung des Kessels wird daher lediglich durch die Länge der Brennerlaufzeiten und der Schaltpausen bestimmt. Dabei sollte die Brennergröße zur Kesselleistung so abgestimmt sein, daß der Brenner während der höchsten zu erwartenden Kesselbelastung pausenlos arbeitet und sich während des Schwachlastbetriebes kurze Schaltzeiten ergeben, der Kessel also möglichst gleichmäßig warm bleibt.

Trotzdem können sich aus diesem intermittierenden Betrieb bei Schwerkraftheizungen Umlaufstörungen einstellen, weshalb man bei Ölfeuerungen immer Umwälzpumpen vorsehen sollte.

Die unvermeidliche Auskühlung des Kessels in den Schaltpausen ist durch eine selbsttätige Luftabsperrklappe gegen das Eindringen von Kaltluft zu verringern.

Trotzdem besteht vor allem während des Schwachlastbetriebes mit seinen langen Stillstandszeiten des Brenners die Gefahr rauchgasseitiger Tieftemperatur-Korrosionen im Kessel durch Schwefelsäure, die sich aus dem S-Gehalt des Heizöles bei Unterschreiten des Taupunktes der Abgase bildet, wenn nicht durch Rücklaufbeimischung (s. Abschn. 10.2.4.2) die Temperatur des Kesselwassers auf über 65 °C gehalten wird.

Die Kessel werden daher häufig bereits werkseitig mit Mischventilen ausgerüstet.

Bei stark wechselndem Schornsteinzug ist durch einen selbsttätigen Zugbegrenzer eine ungünstige Beeinflussung der Feuerung zu verhindern (**603**.1).

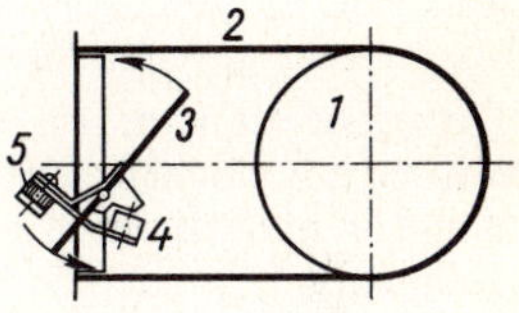

603.1
Zugbegrenzer (System Steinen) zum Ausgleich schwankenden Schornsteinzuges (M 1:15)

1 Rauchrohr des Kessels
2 Manschette zum Anschluß des Zugbegrenzers
3 Pendelklappe
4 Gewicht
5 Rändelschraube zum Justieren des Gewichtes

Ölgefeuerte Heizkessel sind durch den konstanten Durchlaß der Düse nicht überlastbar. Durch Begrenzen der Nachtabsenkung vermeidet man daher eine Überlastung der Anlage in den Morgenstunden.

Der Stromverbrauch eines Ölbrenners beträgt bei 0,125 kW Leistungsaufnahme und 1500 bis 1700 Betriebsstunden/Jahr 190 bis 210 kWh/Jahr.

10.2.1.5 Kessel für gasförmige Brennstoffe

Mit zunehmendem Erdgasangebot gewinnen die Gasheizkessel eine immer größere Bedeutung.

Alle Gasfeuerstätten benötigen die Genehmigung der Bauaufsicht und des zuständigen GVU. Die Installationen dürfen nur durch zugelassene Fachfirmen ausgeführt werden.

Einteilung der Kesselarten. Gaskessel unterscheidet man zunächst nach der Bauart des Brenners in zwei Ausführungen:

Kessel mit Brennern ohne Gebläse (Naturzugbrenner) für kleine und mittlere Leistungen und

Kessel mit Gasgebläsebrennern für Naturzug oder Überdruck, die wie der Ölbrenner für jede Leistung eingesetzt werden können.

Daneben gibt es zahlreiche Möglichkeiten gasbeheizte Kessel nach weiteren Gesichtspunkten einzuteilen:

nach dem verwendeten Werkstoff: Gußkessel, Stahlkessel, Kupferkessel und Edelstahlkessel

nach der Bauart: Kokskessel mit Gasbrennern, Gasspezialkessel, Umlauf-Gaswasserheizer sowie Kessel mit oder ohne Brauchwasserbereiter

nach der Gasart: Stadt- und Ferngase (S), Naturgase (N) sowie Flüssiggase (F)

nach der Anzahl der Gase: Eingas-, Mehrgas- und Allgaskessel

nach dem Gasdruck: Kessel für Niederdruck- und Hochdruckgas

nach der Größe: Kleinkessel (Wohnungs-Gasheizkessel bis etwa 50 kW), Mittelkessel (Spezial-Gasheizkessel von etwa 50 bis etwa 500 kW) und Großkessel (> 500 kW)

nach dem Wärmeträger: Warmwasser-, Heißwasser- und Dampfkessel

nach der Brennerbauart: Kessel mit atmosphärischem Gasbrenner und Kessel mit Gasgebläsebrenner.

Die Bauweise der Spezial-Gaskessel, die sowohl aus Grauguß wie aus Stahl hergestellt werden, ist durch die Besonderheiten der Gasverbrennung gekennzeichnet:

Kleiner Verbrennungsraum mit geringem Abgaswiderstand,
Rippen und Lamellen in den Zügen zur Vergrößerung der Heizfläche und Wärmeübertragung,
korrosionsfester Werkstoff,
geringer Wasserinhalt sowie
Umstellbarkeit auf verschiedene Gasarten.

Kessel mit Brennern ohne Gebläse. Diese Brennerart wird in Kesseln mit steigenden Zügen, bei Stahlkesseln meist senkrechte, innen von Heizgasen durchströmte Stahlrohre (**605**.1), angewendet, die im Herstellerwerk zusammengebaut und mit allen Armaturen, Sicherheits- und Regelorganen, oft auch mit Umwälzpumpe und geschlossenem Ausdehnungsgefäß ausgerüstet geliefert werden.

Derartige Einheiten werden wegen ihres geräuscharmen Betriebes im kleinen und mittleren Bereich bis 50 kW eingesetzt und erreichen durch die gute Abstimmung von Kessel und Brenner durchweg hohe Wirkungsgrade. Sie arbeiten wegen des Fortfalles beweglicher Teile auch besonders störungsfrei und sind preisgünstig.

Als Küchenmodelle werden Gas-Kleinkessel mit Abmessungen, die sich in jede normgerechte Kücheneinrichtung einfügen, auch mit weißlackiertem Mantel und Arbeitsplatte geliefert.

Bei einem atmosphärischen Brenner (auch als Einbau-, Niederdruck- oder Naturzugbrenner bezeichnet) tritt das Brenngas aus geraden oder ringförmigen Brennerrohren mit vielen Düsen, die den Querschnitt des Verbrennungsraumes unten ausfüllen und leicht von einer Gasart auf eine andere umzustellen sind, in den Brennraum des Kessels ein (Flächen- oder Rostbrenner). Die Verbrennungsluft wird mit natürlichem Auftrieb angesaugt, der Luftzutritt zum Kessel muß daher ständig gewährleistet sein.

Den Aufbau und die Wirkungsweise eines Niederdruckbrenners erklärt Bild **605**.2.

Durch Betätigen des Druckknopfes 4 wird das Gas zum Zündbrenner 7 freigegeben. Die Zündflamme wird elektrisch oder von Hand gezündet. Ein im Thermoelement 8 durch die Wärme der Zündflamme erzeugter Thermostrom 9 hält im Zündsicherheitsventil 3 einen Anker fest, sobald der Druckknopf nach einigen Sekunden losgelassen wird. Damit wird Gas zum Magnetventil und weiter zum Brenner geleitet.

Dieser von Hand ausgelöste Zündvorgang kann auch durch einen Motorantrieb vollautomatisch erfolgen. Die Zündflamme ist dann nur während der Brennerlaufzeit in Betrieb.

Bei diesen Niederdruckbrennern muß eine in den Kessel eingebaute oder auf ihn aufgesetzte Strömungssicherung (**605**.1) vorhanden sein, die den Kessel von Schwankungen des Schornsteinzuges unabhängig macht und eine gleichmäßige ungestörte Verbrennung sichert.

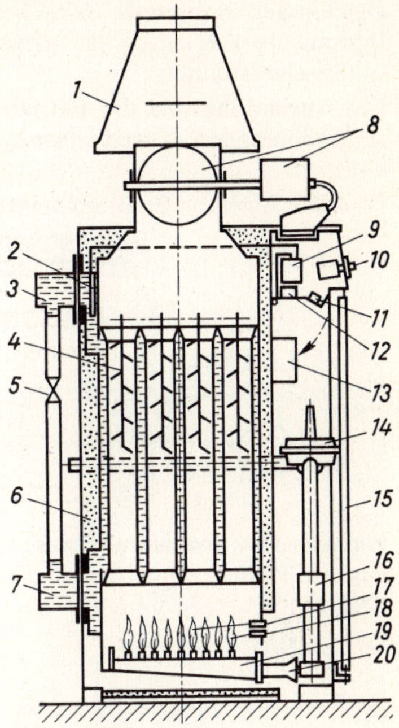

605.1
Spezial-Gaskessel aus Stahl mit atmosphärischem Brenner (Rohleder)

1 Abgashaube mit Strömungssicherung
2 Temperaturfühler
3 Vorlauf
4 Einhängekörper zur höheren Wärmeausnutzung
5 Beimischventil (Rücklaufbeimischung) zu 10
6 Wärmedämmung
7 Rücklauf
8 automatisch gesteuerte Abgas-Drosselklappe
9 Temperaturregler und -begrenzer
10 Drucktasten für Kesseltemperaturregelung
   1. Schalttaste: Netzschalter und Temperaturstufe 50 °C
   2. Schalttaste: 2. Temperaturstufe 67 °C
   3. Schalttaste: 3. Temperaturstufe 88 °C
11 Elektropaneel (aufklappbar) mit Klemmleiste
12 Zündtransformator
13 Gasfeuerungsautomat
14 Gasdruckregler
15 Gehäusetür
16 Gasmagnetventil
17 Überwachungselektrode
18 Zündelektrode
19 atmosphärischer Allgasbrenner
20 Injektordüse

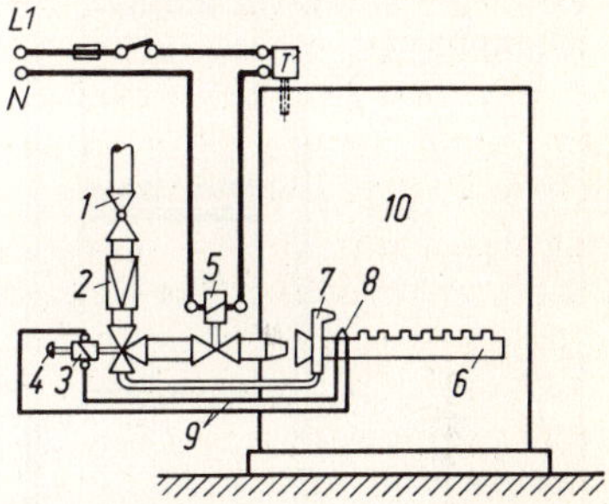

605.2
Atmosphärischer Gasbrenner, Schema (nach Krupp Heizungs-Handbuch)

1 Geräteanschlußhahn
2 Gasdruckregler
3 thermoelektrisches Zündsicherheitsventil
4 Druckknopf
5 Gasmagnetventil
6 Injektor-Allgasbrenner
7 Zündbrenner
8 Thermoelement
9 Thermoleitung
10 Heizkessel

In das Abgasrohr kann eine durch einen Klappenmotor angetriebene Abgasklappe eingesetzt werden, die nur bei Betrieb geöffnet ist und durch den Fortfall der Stillstandsverluste spürbare Brennstoffersparnisse herbeiführen kann.

Allerdings muß gewährleistet bleiben, daß der Schornstein nicht zu stark auskühlt und nicht durch Schwitzwasser aus dem starken Wasserdampfgehalt der Abgase durchfeuchtet wird.

Im allgemeinen lohnt sich diese Einrichtung aber nur bei größeren Heizkesseln.

Die Brenner arbeiten wie die Öl-Gebläsebrenner in „An-Aus"-Schaltung. Daraus entsteht auch bei Gaskesseln eine Korrosionsgefahr an den rauchgasseitigen Kesselwandungen durch Kondenswasserniederschlag infolge Auskühlung des Kesselinneren, wenn auch nicht so stark wie bei der Ölfeuerung.

Trotzdem sind auch bei den Gaskesseln die bei den Ölkesseln beschriebenen Schutzmaßnahmen zu beachten.

Kessel mit Gasgebläsebrennern. Kessel mit größeren Feuerraumwiderständen können auch mit Gas-Gebläsebrennern ausgerüstet werden. Dabei kann es sich um Unterdruck- wie um Überdruckkessel handeln (**639**.1).

Der Gasgebläsebrenner (**606**.1) ist bei kleineren Feuerungsanlagen teurer und durch die Bildung einer Kompaktflamme lauter. Er arbeitet aber wirtschaftlicher als der atmosphärische Brenner.

Die Ausbildung und der Betrieb der Gas-Gebläsebrenner ähneln den Hochdruck-Ölzerstäuberbrennern so weitgehend, daß auf eine nähere Darstellung hier verzichtet werden kann.

Über ihre Ausrüstung mit Strömungssicherungen s. Abschn. 5.1.6.

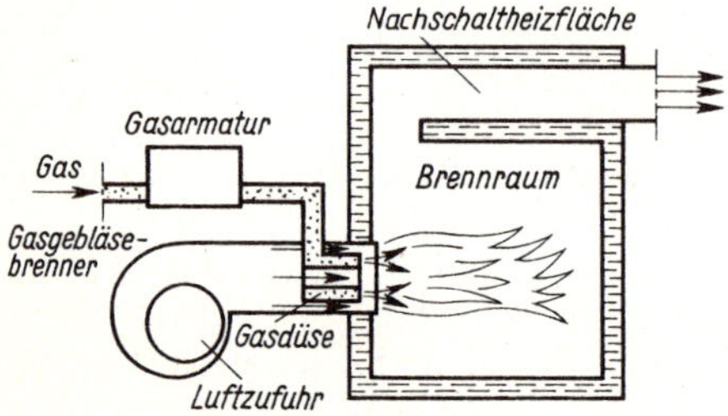

606.1
Prinzip einer Gasgebläsefeuerung

Umlauf-Gaswasserheizer. Diese Geräte kann man den Spezial-Gaskesseln zurechnen. Sie sind im Prinzip so gebaut wie die Durchlaufgaswasserheizer der Brauchwasserbereitung (**781**.1).

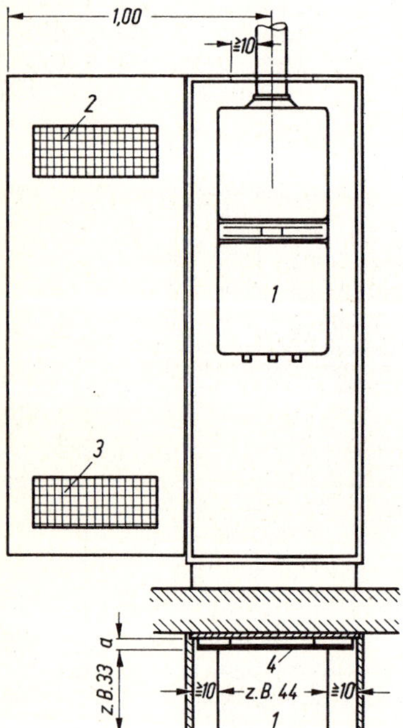

606.2
Einbau eines Umlauf-Gaswasserheizers in einem Schrank (M 1:30)

1 Umlauf-Gaswasserheizer (oder Kombinationstherme für Heizung und Warmwasserbereitung) mit eingebauter Umwälzpumpe, Strömungssicherung und geschlossenem Ausdehnungsgefäß (Maße nach Vaillant)
2 obere Lüftungsöffnung von ≧600 cm² freiem Querschnitt in Höhe der seitlichen Geräteöffnungen zur Strömungssicherung
3 untere Lüftungsöffnung von ≧600 cm² freiem Querschnitt
4 Grundplatte des Gaswasserheizers aus Blech und Asbest mit unten und oben geöffnetem Hohlraum
a ≧5 cm bei brennbarer oder schwer entflammbarer Rückwand
≦5 cm bei Wärmeschutz (wie dargestellt)
= 0 wenn Schrankrückwand aus Blech oder Mauerwerk besteht

Anstelle der dargestellten 2 Lüftungsöffnungen in der Schranktür können auch je eine obere und untere Luftöffnung von ≧300 cm² freiem Querschnitt in jeder Schrankseitenwand oder je eine Lüftungsöffnung von ≧600 cm² freiem Querschnitt im freiliegenden Boden sowie in der Decke des Schrankes vorgesehen werden. Auch Kombinationen dieser Anordnung sind zulässig.

Die für die in Abschn. 10.1.2.3 behandelten Stockwerkheizungen entwickeln Umlauf-Gaswasserheizer (**581**.1) unterscheiden sich im wesentlichen nur durch die für den Dauerbetrieb bedingte schwerere Ausführung (s. Abschn. 12.2.2.1).

Mit Leistungen von 8 bis 28 kW können sie den Wärmebedarf üblicher Geschoßwohnungen und kleinerer Einfamilienhäuser decken.

Für einen größeren Wärmebedarf kann man auch zwei Geräte parallel schalten, soweit man für diesen Fall nicht einen Spezial-Gaskessel entsprechender Leistung vorziehen möchte.

Die Umlauf-Gaswasserheizer werden einbaufertig mit allen Armaturen und Sicherheitsorganen für eine bequeme Montage an der Wand geliefert, wo sie mit ihren geringen Abmessungen platzsparend frei oder auch in einer Wandnische leicht unterzubringen sind (**606**.2).

Während schornsteingebundene Umlauf-Gaswasserheizer den in Abschn. 5.1.5.2 erläuterten behördlichen Vorschriften über Raumgrößen sowie Raumbe- und -entlüftung genügen müssen, entfällt dies natürlich bei den für die Raumheizung bestimmten Außenwandgeräten.

Die Brenner sind die gleichen atmosphärischen Brenner, wie sie bei den Gaskesseln verwendet werden.

Die Wärmeabgabe der Geräte wird im allgemeinen durch einen Raumthermostat geregelt. Bei dem sehr geringen Wasserinhalt arbeiten die Anlagen zwar ohne große Verzögerung, doch sind Raumtemperaturschwankungen nicht immer vermeidbar (s. Abschn. 10.1.2.3).

Die Heizung arbeitet automatisch. Sie wird von Thermostaten gesteuert. Sicherheitseinrichtungen überwachen die Funktion. Der Aufbau und die Wirkungsweise eines Umlauf-Gaswasserheizers ist am Bild **607**.1 erläutert.

Zur Inbetriebnahme wird der Gasabsperrhahn 14 geöffnet. Das Gas strömt bis zu dem jetzt noch geschlossenen Gas-Magnetventil 4. Mit Öffnen der Zündgasabsperrung 15 und nachfolgendem Betätigen des Druckknopfes 13 tritt Zündgas am Zündbrennerkopf 16 aus. Es wird entzündet, die

1 Geräte-Heizkörper
2 Schaltautomatik
3 Vorlaufthermostat
4 Gas-Magnetventil
5 Vorlaufthermometer
6 Klemmkasten
7 Raumthermostat
8 Hauptschalter
9 Umwälzpumpe
10 Betriebskondensator
11 Motorschutzschalter
12 Schaltkasten der Thermoelektrik
13 Druckknopf
14 Gasabsperrhahn
15 Zündgasabsperrung
16 Zündbrennerkopf
17 Thermoelement
18 Temperaturbegrenzer
19 Wassermangelventil
20 Venturidüse
21 Wasserschalter
22 Plattenmembran
27 Wassermangelventil-Sitz
29 Wassermangelventil-Feder
30 Ausdehnungsgefäß
31 Sicherheitsventil
32 Manometer
33 Überlauf

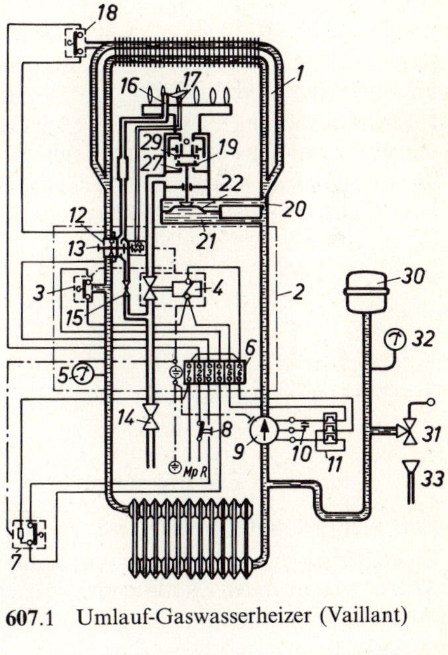

607.1 Umlauf-Gaswasserheizer (Vaillant)

Zündflamme beheizt das Thermoelement 17, nach 5 bis 10 Sek. bleibt das Zündgasventil offen. Mit Loslassen des Druckknopfes wird der im Schaltkasten der Thermoelektrik 12 bis jetzt unterbrochene Steuerstromkreis geschlossen.

Mit Betätigung des Hauptschalters 8 bekommen über den Klemmenkasten 6, den Temperaturbegrenzer 18, den Mikroschalter im Schaltkasten der Thermoelektrik, den Raumthermostat 7 und den Vorlaufthermostat 3 das Gas-Magnetventil und die Umwälzpumpe Spannung. So öffnet sich das Gas-Magnetventil, Gas strömt bis zum Wassermangelventil 19.

Gleichzeitig läuft auch die Umwälzpumpe 9 an, und das durch die Venturidüse 20 strömende Heizungswasser erzeugt im Wasserschalter 21 einen Differenzdruck, der bewirkt, daß sich das Wassermangelventil öffnet und damit den Gasweg zum Brenner freigibt. Das nun am Brenner ausströmende Gas entzündet sich an der Zündflamme.

Das erwärmte Heizungswasser strömt zu den Raum-Heizkörpern.

Der Raumthermostat unterbricht bei Erreichen der eingestellten Temperatur den Steuerstromkreis: das Gas-Magnetventil und die Umwälzpumpe werden stromlos, das Gas-Magnetventil sperrt den Gasweg noch vor dem Heizgerät, und die Umwälzpumpe kommt zum Stillstand.

Das führt zu einem Druckausgleich im Wasserschalter, die Wassermangelventil-Feder 29 drückt das Wassermangelventil auf seinen Sitz 27. Damit ist der Gasweg nicht allein vor dem Heizgerät mit dem Gas-Magnetventil, sondern auch im Heizgerät mit dem Wassermangelventil gesperrt.

Nach Absinken der Raumtemperatur um einen kleinen Wert schließt der Raumthermostat erneut den Steuerstromkreis, und die Heizung setzt sich selbsttätig wieder in Betrieb.

Der Vorlaufthermostat unterbricht den Steuerstromkreis nur dann, wenn die eingestellte Abschalttemperatur (Wählbereich 50 bis 105 °C) erreicht wird. Er schaltet nach Absinken der Wassertemperatur selbsttätig wieder ein.

Der Temperaturbegrenzer 18 schaltet die Heizung bei Erreichen der höchstzulässigen Wassertemperatur ab. Selbsttätige Wiedereinschaltung ist ausgeschlossen.

Umlauf-Gaswasserheizer haben damit drei Sicherheitseinrichtungen:

Das Wassermangelventil bewirkt durch die eingebaute Venturidüse, daß das Gas nur zum Brenner strömt, wenn die Pumpe läuft.
Die Zündflamme läßt das Gasventil nur offen, wenn sie brennt.
Der Temperaturbegrenzer schaltet die Anlage bei einer zu hohen Wassertemperatur aus.

Sicherheitseinrichtungen gasbeheizter Kessel. Alle Gas-Heizkessel benötigen besondere Sicherheitseinrichtungen, um Vergiftungen sowie Explosionen durch ausströmendes unverbranntes Gas zu verhindern.

Hierbei sind besonders die Sicherheitszeiten zu beachten, Zeitspannen, während denen unverbranntes Gas entweichen kann.

Sie betragen je nach Kesselleistung bei Zündsicherungen 15 bis 30 s, bei Feuerungsautomaten 5 bis 30 s.

Vorgeschrieben sind nachfolgende Sicherheitsarmaturen (**608**.1):

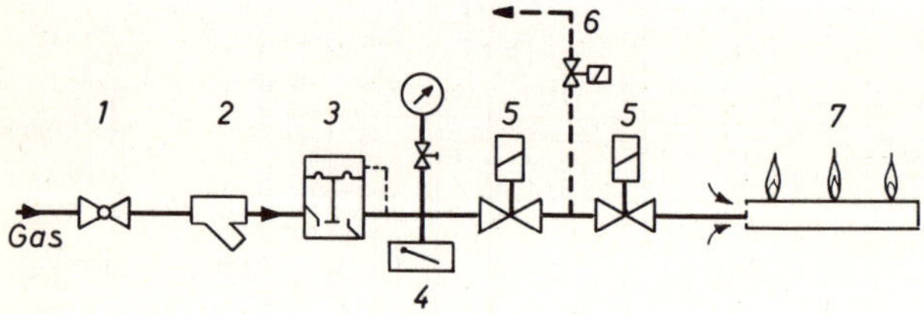

1 Gashahn (Gasabsperrvorrichtung)
2 Filter
3 Gasdruckregler
4 Gasdruckfühler
5 Magnetventile (Sicherheitsabsperreinrichtungen)
6 Leckgasleitung (ins Freie)
7 Gasbrenner

608.1 Gasbrenner-Sicherheitsarmaturen

Eine handbetätigte Gasabsperrvorrichtung vor dem Brenner.

Eine Zündeinrichtung, die entweder aus einem von Hand betätigten Zündbrenner mit dauernd brennender Zündflamme oder einer elektrischen Funkenstrecke mit Transformator besteht.

Ein Gasdruckregler nach DIN 3380, um den Gasdruck konstant zu halten.

Eine Flammenüberwachung, die entweder durch eine thermoelektrische Zündsicherung mit dauernd brennender Zündflamme oder durch einen Feuerungsautomaten mit Flammenwächter und Steuergerät geregelt wird.

Eine Sicherheitsabsperreinrichtung, die die Gaszufuhr nur bei einwandfreier Funktion aller Teile freigibt.

Einen Gasdruckwächter bei Feuerungsautomaten.

Außerdem wird bei Anlagen über 45 kW eine Absperreinrichtung und eventuell ein Gefahrenschalter außerhalb des Heizraumes gefordert.

10.2.1.6 Umstellbrandkessel

Das sind Kessel, die für eine Verfeuerung von festen, flüssigen und gasförmigen Brennstoffen geeignet sind.

Die Umstellung von der einen auf die andere Brennstoffart ist stets mit dem Abbau und Wiederaufbau des dazu erforderlichen Kesselzubehörs verbunden, erfordert also in der Regel Montagearbeit durch Fachkräfte. Hierzu gehört z. B. die Änderung der Tür, der Rostausbau und die Entfernung bzw. Änderung der Ausmauerung (**609**.1).

Links am Vorderglied unter der Brennertür ist das Scharnier auf dem Vorderglied aufgeschraubt, in das

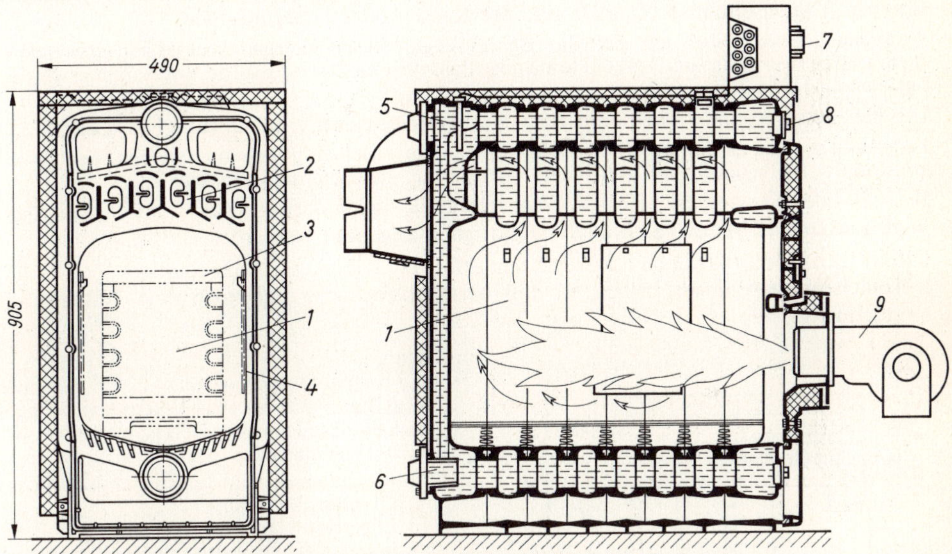

609.1 Umstellbrand-Gußheizkessel mit oberem Abbrand (M 1:15) (Buderus)
Nennleistung bei 3 Gliedern 20 bis 25 kW (Öl oder Gas) bzw. 16 kW (Koks)
Nennleistung bei 10 Gliedern 77 bis 84 kW (Öl oder Gas) bzw. 56 kW (Koks)

1 Brennraum
2 Nachschaltheizfläche mit angegossenen Rippen
3 Rückwand-Schutzstein bei Kesseln von 3 bis 5 Gliedern
4 Brennraum-Schirmplatte bei Kesseln von 6 bis 10 Gliedern
5 Tauchhülse für Fühler der Schaltkastenregler
6 Strömungsrohrhülse bei Kesseln von 5 bis 10 Gliedern
7 Schaltkasten
8 Anbohrung für Feuerungsregler
9 Brenner

nach Abschwenken der Brennertür die Aschentür mit Luftklappe eingehängt wird. Bei Betrieb mit festen Brennstoffen ist in die untere Türöffnung die Segmentplatte zum Verschluß der Brenneraussparung einzuhängen und der am Vorderglied vor dem Aschenöffnungsraum hängende Vorstellrost hochzuklappen. Zum Schließen der Brennertür müssen Aschentür und Segmentplatte wieder entfernt sowie der Rückwandstein bzw. die Schirmplatten in den Brennerraum eingebracht werden.

Unterschiedliche Heizleistungen, insbesondere zwischen festen Brennstoffen einerseits und flüssigen oder gasförmigen andererseits, sind möglich. Doch darf die niedrigste Nennleistung nicht kleiner als 65% der höchsten sein.

In der Praxis ist dieser Unterschied meist nicht größer als 20%. Oft gewährleisten die Hersteller eine gleiche Heizleistung für alle Brennstoffe.

Für feste Brennstoffe muß eine Brenndauer von $\geqq$ 3,5 Stunden bei Nennbelastung gesichert sein.

Umstellkessel sind dort am Platz, wo aus Kostengründen die Heizung zunächst auf Koks eingerichtet und erst später auf Öl oder Gas umgestellt werden soll. Hier käme dann auch ein Heizkessel mit gleichen Heizleistungen für Koks, Öl oder Gas in Frage.

Ist die Umstellung auf Koks nur für einen Notbetrieb gedacht, kann die Koksleistung gegenüber der Öl- oder Gasleistung niedriger liegen. Dieser Kessel ist im allgemeinen billiger.

10.2.1.7 Wechselbrandkessel

Durch Ein- oder Ausschwenken des Öl- oder Gasbrenners kann hier der Betreiber selbst den Brennstoff wechseln, also ohne Umbau der Kessel- oder Feuerungsteile.

Wechselbrandkessel haben nur dort ihre Berechtigung, wo ein häufiger Wechsel auf eine andere Brennstoffart zu erwarten ist. Das könnte nur ausnahmsweise für Stromausfall oder Versorgungsschwierigkeiten für Öl oder Gas gelten.

Die Heizkessel können einen oder zwei Feuerungsräume haben (**610**.1 und **611**.1).

Feste, flüssige oder gasförmige Brennstoffe dürfen nicht gleichzeitig verbrannt werden, was durch konstruktive Maßnahmen, z. B. durch eine Verriegelung, ausgeschlossen sein muß.

Bei Öl- oder Gaskesseln, die als Wechselbrandkessel auf dem Markt sind, kann das Wechselbrandgeschränk auch nachträglich angebaut werden.

Die neuen Konstruktionen haben jedoch, selbst bei Kleinkesseln, eine höhere spezifische Heizflächenbelastung als bisher, so daß bei Koksfeuerung nur noch eine Teilleistung möglich ist.

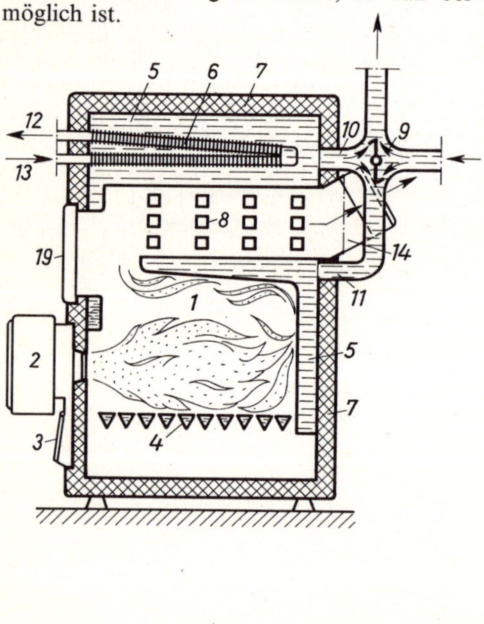

610.1
Wechselbrandkessel aus Stahl für Öl, Gas und feste Brennstoffe mit einer Feuerung und eingebautem Brauchwasser-Durchlauferhitzer (M 1:20) (Vießmann)

1 Brennkammer
2 Öl- oder Gasbrenner
3 Explosionsklappe
4 wassergekühlter Rost
5 Heizwasser
6 Durchlauferhitzer (Rippenrohrbatterie aus Kupfer oder Nickelbronze)
7 Glaswolle-Dämmschicht, 40 mm dick
8 Wirbulatoren aus korrosions- und hitzebeständigem Edelstahl
9 Vierwege-Mischventil
10 Anschluß für Heizungsvorlauf
11 Anschluß für Heizungsrücklauf
12 Brauchwasseranschluß
13 Kaltwasseranschluß
14 Rauchrohrstutzen

Der Wechselbrandkessel ist damit ein Heizkessel, der bei Notfällen eine gewisse Sicherheit garantiert. Nach der Norm dürfen Kessel mit einer Leistungsminderung bis zu 35% noch als Wechselbrandkessel bezeichnet werden.

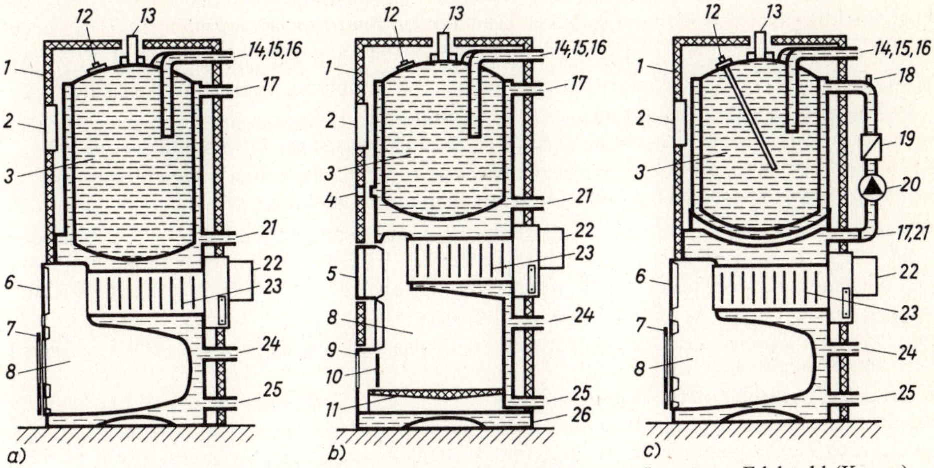

611.1 Kombinationskessel aus Stahl mit Speicher-Brauchwassererwärmer aus Edelstahl (Krupp)

a) als Spezial-Öl/Gaskessel mit eingebautem obenliegenden Brauchwassererwärmer
b) als Umstellbrandkessel[1]) mit gemeinsamer Brennkammer für Öl/Gas und feste Brennstoffe sowie mit eingebautem obenliegenden Brauchwassererwärmer
c) als Spezial-Öl/Gaskessel mit aufgebautem Brauchwassererwärmer und besonderer Boilersteuerung

1 steckbare Karosse
2 Kesselsteuerung
3 Warmwasserboiler
4 Zugreglerstutzen
5 Fülltür
6 Kesseltür mit Schauöffnung
7 Brennervorsetzplatte
8 Feuerraum
9 Aschfalltür mit Luftregelklappe
10 Vorstellrost } nur für Betrieb mit festen
11 Einlegerost } Brennstoffen
12 Boilerkontrollöffnung (mit und ohne Thermostat)
13 Transportstutzen
14 Kaltwasser
15 Zirkulation
16 Warmwasser
17 Sicherheitsvorlauf
18 Entlüftung
19 Schwerkraftbremse
20 Boilerladepumpe
21 Heizungsvorlauf
22 Rauchgasstutzen mit Putzöffnung
23 Nachschaltheizflächen
24 Heizungsrücklauf
25 Kesselentleerung und Sicherheitsrücklauf
26 Bodenisolation

---

[1]) Der Kessel kann durch ein Ölbrennerwechselgeschränk mit Türsicherheitsschalter zum Wechselbrandkessel umgerüstet werden.

10.2.1.8 Kessel mit Wassererwärmer

Die für Brauchwassererwärmungsanlagen verwendeten Kessel lassen sich in vier große Gruppen einteilen:

Gußeiserne und stählerne Heizungskessel,
Brauchwasserkessel,
Durchflußkessel und
Speicherkessel.

Gußeiserne und stählerne Heizungskessel, die in Verbindung mit besonderen Speichern oder

Durchflußbatterien zur Brauchwasserbereitung dienen, unterscheiden sich nicht von den beschriebenen Kesselbauarten.

Brauchwasserkessel sind direkt beheizte Speicher, bei denen ein großer Wasserraum vorhanden ist. Speicher und Kessel stellen damit eine Einheit dar.

Durchflußkessel sind Warmwasserkessel, bei denen zur Brauchwassererwärmung im Heizwasserraum eine Durchflußbatterie eingebaut ist. Das in die Batterie eintretende Kaltwasser erwärmt sich während des Durchfließens je nach Temperatur des Heizwassers und Menge des durchfließenden Kaltwassers.

Speicherkessel sind dadurch gekennzeichnet, daß mit dem Heizkessel ein Brauchwasserspeicher verbunden ist. Das Kesselwasser dient gleichzeitig zur Heizung wie zur Erwärmung des Speichers.

Speicherkessel, auch als Kombinationskessel bezeichnet, haben in den letzten Jahren mit steigendem Brauchwasserbedarf sehr an Bedeutung gewonnen.

In den kombinierten Kesseln wird die von der Feuerung erzeugte Wärme vom Kesselwasser über eingebaute oder aufgebaute, in beiden Fällen mit dem Kessel unter einem gemeinsamen Kesselmantel zusammengefaßte Speicher- oder Durchlauf-Warmwasserbereiter an das Brauchwasser übertragen (**610**.1 und **611**.1, **797**.1 und 2).

Die Heiz- und Warmwasserleistung des Kessels sind dabei sorgfältig und mit hohem Wirkungsgrad aufeinander abgestimmt.

Es ist dabei wichtig, daß die Bauweise des Kessels eine schnelle und vorrangige Erwärmung des Brauchwassers ermöglicht, etwa durch eine Brauchwasser-Vorrangschaltung (**632**.1 und 2), die während einer längeren Brauchwasserentnahme die gesamte Kesselleistung unter vorübergender Abschaltung der Raumheizung für die Brauchwassererwärmung nutzbar macht.

Im übrigen entspricht die heizseitige Ausbildung der Kombinationskessel völlig den in den vorangehenden Abschnitten dargestellten Kesselarten, auf die daher verwiesen werden kann.

Auf die Ausbildung der Brauchwasserseite der kombinierten Kessel wird im Zusammenhang mit der übrigen zentralen Warmwasserbereitung in Abschn. 12.3.1.3 näher eingegangen.

10.2.1.9 Elektrokessel

Mit der Elektro-Zentralspeicherheizung (Elektro-Blockspeicher) hat sich auch die Elektrizität in den Dienst der unmittelbaren Erzeugung von Heizwärme für Zentralheizungsanlagen gestellt.

Kessel mit elektrischer Direktheizung werden in Deutschland noch verhältnismäßig selten zur Heizung verwendet, in Ländern mit billigem Strom jedoch häufiger.

In Zukunft wird der Elektrokessel auch hier unter Ausnutzung von billigem Nachtstrom größere Bedeutung gewinnen.

Mit den im Abschn. 9.5 genannten Vorzügen einer Elektroheizung und nach den in Abschn. 9.5.2 geschilderten Bau- und Arbeitsprinzipien der Nachtstrom-Speicherheizgeräte für Einzelheizungen wird in diesen Kesseln meist während 8 Nacht- und 2 Tagesstunden die für den durchgehenden Heizungsbetrieb eines Hauses erforderliche Wärme zentral erzeugt.

Sie wird dort gespeichert und während der Dauer des Heizbetriebes über die Rohrleitungen und Heizkörper einer herkömmlichen WW-Heizung oder über die Luftkanäle einer üblichen Luftheizungsanlage den Räumen zugeführt.

Von den vier Grundbauteilen, Wärmeerzeuger, Wärmespeicher, Wärmeverteilung und Heizflächen interessieren hier nur die beiden ersten.

Nach den bisherigen Erfahrungen unterscheidet man zwei Bauarten:

Die Elektro-Speicherheizung mit Wasser und
die Elektro-Speicherheizung mit anderen Medien.

Elektro-Speicherheizung mit Wasser. Bei dieser Bauart wird die durch Strom erzeugte Wärme in Wasser gespeichert.

Die Erwärmung des Wassers erfolgt entweder direkt im Speicher selbst oder indirekt in einem besonderen Wärmeerzeuger.

Bei der direkten Heizung (**613**.1) wird das Wasser durch Tauchheizkörper auf Temperaturen bis maximal 110 °C erwärmt.

1 WW-Speicher
2 Tauchheizkörper
3 Stromzufuhr
4 geschlossenes Ausdehnungsgefäß
5 Dreiwege-Mischventil
6 Umwälzpumpe
7 Heizkörper-Thermostatventil
8 Wärmeverbraucher

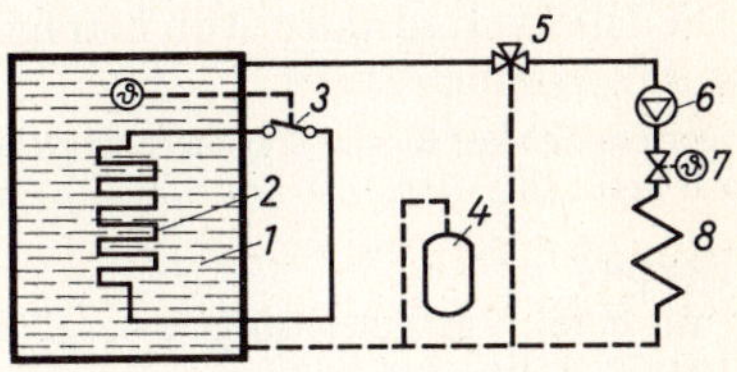

613.1 Elektro-Zentralspeicherheizung mit direkter Wassererwärmung durch Tauchheizkörper (Schema)

Das im Heizkreis umlaufende Wasser wird in einem Dreiwege-Mischventil je nach Außentemperatur mit Rücklaufwasser gemischt.

Ein Vorteil dieser Anlage besteht darin, daß das warme Wasser gleichzeitig zur Speicherung und zum Transport der Heizwärme benutzt wird.

Die Aufladung erfolgt in der Niedertarifzeit, bei tiefen Außentemperaturen eventuell auch durch eine Nachladung am Tage.

Die direkte Heizung wird hauptsächlich bei kleinen Anlagen, z. B. Einfamilienhäusern, verwendet.

Bei der indirekten Heizung (**613**.2) ist ein besonderer Wärmeerzeuger nach der Art eines Durchlauferhitzers vorhanden, der vom Speicher getrennt installiert ist. Das Wasser wird durch eine Pumpe zwischen dem Speicher und dem Wärmeerzeuger umgewälzt.

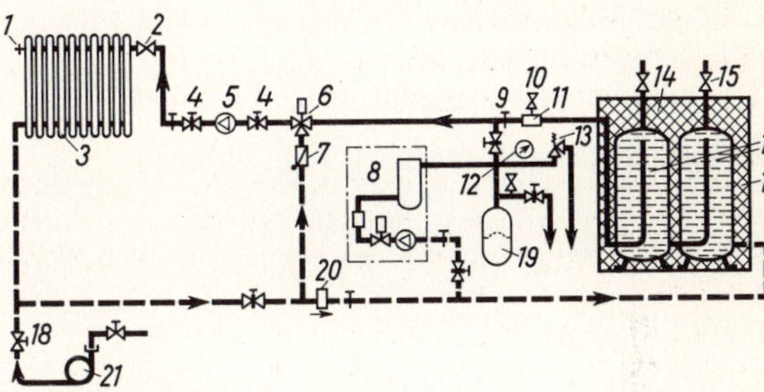

613.2 Elektro-Zentralspeicherheizung mit indirekter Wassererwärmung durch besonderen Wärmeerzeuger (Durchlauferhitzer oder Kessel) (Stiebel Eltron)

1 Entlüftungsventil
2 Thermostatventil
3 Wärmeverbraucher
4 Absperrschieber
5 Umwälzpumpe
6 Dreiwege-Regelventil
7 Rückschlagklappe
8 Heizaggregat mit Durchlauferhitzer
9 Thermometer
10 automatischer Entlüfter
11 Luftabscheider
12 Manometer
13 Sicherheitsventil 2,5 bar
14 Verkleidung
15 Entlüftungsventil (wahlweise automatischer Entlüfter)
16 Wärmedämmung
17 Speicherbehälter
18 Füll- und Entleerungsventil
19 Membran-Druckausdehnungsgefäß
20 Rücklauftemperatur-Begrenzer
21 Lose Schlauchverbindung

Die Speicheranlage besteht aus mehreren wärmegedämmten Zellen, die baukastenartig zusammengestellt werden.

Einige Firmen liefern bereits einbaufertige Aggregate mit Speicher, Isolierung, Pumpe, Regelung und allem Zubehör, so daß die Montage sehr vereinfacht ist.

Der Speicher wird desto kleiner, je größer die Temperaturspreizung des Heizwassers und je länger die Niedertarifzeit ist. Günstig sind Flächenheizungen, besonders Fußbodenheizungen, die Vorlauftemperaturen von nur etwa 40 bis 50 °C benötigen.

Der Anschlußwert für ein Einfamilienhaus mit 100 m² WF beträgt je nach Wärmeverlust und Ladezeit etwa 24 bis 49 kW.

Die Investitionskosten betragen einschließlich der Heizkörper etwa 800 bis 1000 DM je kW Wärmeleistung.

Der Platzbedarf für die Speicheranlage beträgt bei 100 m² WF etwa 3 bis 6 m² bei einer Kellerhöhe von 2,0 bis 2,5 m.

Beispiel

Für eine Wärmeleistung von $P = 20$ kW, 90/60°C Wassertemperatur, Aufheizung auf 105 °C, 8 Stunden Niedertarifzeit und $t = 15$ Stunden Vollbenutzungszeit, ist das erforderliche Speichervolumen:

$$V = \frac{P \cdot t}{\varrho \cdot c_w \cdot \Delta\vartheta \cdot \eta_{sp}}$$

$$= \frac{20 \text{ kW} \cdot 15 \text{ h}}{1000 \text{ kg/m}^3 \cdot 4{,}2 \text{ J/(g} \cdot \text{K)} \cdot (105 - 60) \text{ K} \cdot 0{,}90}$$

$$= \frac{(20 \cdot 1000) \cdot (15 \cdot 3600)}{1000 \cdot (4{,}2 \cdot 1000) \cdot 45 \cdot 0{,}90} \text{ m}^3$$

$$= 6{,}349 \text{ m}^3$$

Hierin bedeuten:

ϱ = Dichte des Wassers
c_w = spezifische Wärme des Wassers = 4,2 J/(g · K)
$\Delta\vartheta$ = Temperaturdifferenz
η_{sp} = Speicherwirkungsgrad = 0,90 bis 0,95

Der erforderliche Anschlußwert P_A ist:

$$P_A = \frac{P \cdot 15}{8 \cdot \eta_a} = \frac{20 \text{ kW} \cdot 15 \text{ h}}{8 \text{ h} \cdot 0{,}80} = 47 \text{ kW}$$

Hierin bedeutet:

η_a = Aufladewirkungsgrad = 0,80 bis 0,90

Bei einer zusätzlichen Nachheizzeit muß man mit etwa 0,2 bis 0,25 m³ je kW Kesselleistung rechnen.

Nachteilig sind die gegenwärtigen sehr hohen Investitions- und Betriebskosten, wobei die zukünftige Entwicklung wesentlich von den angebotenen Niedertarif-Strompreisen abhängt.

Regelung. Die Vorlauftemperatur muß durch witterungsabhängig gesteuerte Mischventile vollautomatisch dem Wärmebedarf angepaßt werden können.

Vor allem in den Haupträumen, in Räumen mit Sonneneinstrahlung und Wärmeabgabe durch Menschen, Beleuchtung usw. sollten Heizkörper-Thermostatventile verwendet werden.

Bei der Aufladung wird die eventuell noch im Speicher befindliche Restwärme berücksichtigt. Gleichzeitig mit der Erfassung der Außentemperatur und der davon abhängigen Aufheiztemperatur des Wassers in den Speicherbehältern wird die Heizleistung des Heizaggregates gestuft eingeschaltet. Damit ist gewährleistet, daß die gesamte installierte Heizleistung das Wasser nur bei sehr niedrigen Außentemperaturen aufheizt.

Elektro-Speicherheizung mit anderen Medien. In diesen Kesseln wird statt Wasser ein anderes Medium durch Nachtstrom aufgeladen und die Wärme an den Wärmeträger der Zentralheizung, in der Regel Wasser oder Luft, abgegeben.

Diese Elektro-Speicherheizung entspricht den Einzel-Nachtstrom-Speicherheizgeräten der Bauart III des Abschn. 9.5.2. Der Elektroheizkessel wird daher auch als Blockspeicher bezeichnet.

Das wichtigste Bauelement ist der Speicherkern, der die elektrische Wärmeenergie aufnimmt. Der Speicherstoff kann flüssig oder fest sein.

Praktische Bedeutung haben zur Zeit nur elektrische Blockspeicherheizungen mit einem Magnesitkern.

Sie werden vorzugsweise für Warmluft-Zentralheizungen zur Beheizung von Großräumen eingesetzt (**615**.1).

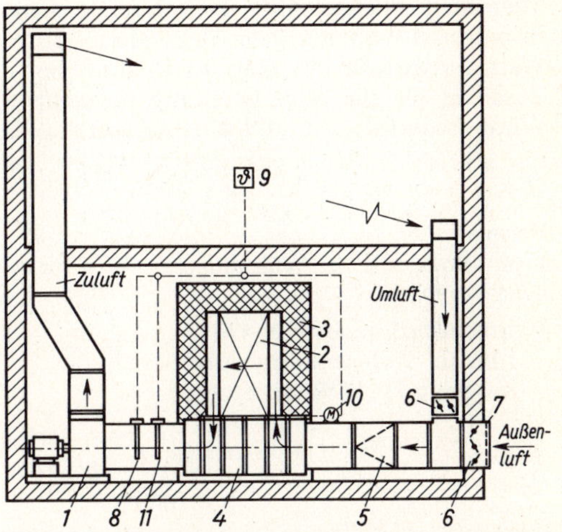

615.1
Elektro-Keramikblockspeicherheizung
1 Zuluftventilator
2 Elektroblock
3 Wärmedämmung zu 2
4 Luftmischkasten
5 Luftfilter
6 Jalousieklappe
7 Wetterschutzgitter
8 Maximal-Begrenzungsthermostat
9 Raumthermostat
10 Stellmotor
11 Minimal-Begrenzungsthermostat

Wirkungsweise. Die Außen- und Umluft wird über gegenläufige Jalousieklappen angesaugt, in einem Filter gereinigt und danach in dem Elektroblock erwärmt.

Bei kleinem Wärmebedarf wird jedoch nur ein geringer Teil der Gesamtluftmenge durch den Speicherkern geleitet und auf maximal 600 bis 800 °C erwärmt, während die übrige Luftmenge über einen Beipaß geführt in einem Luftmischkasten der erhitzten Luft beigemischt wird.

Entsprechend der Temperaturabnahme im Kern nimmt die durch den Kern fließende Luftmenge zu und der Beipaßanteil ab.

Die Zulufttemperatur steuert ein Raumtemperaturregler durch Impulse an den Klappenstellmotor, der die Beipaßklappe und die Warmluftklappe gegenläufig betätigt. Ein Maximal- und ein Minimal-Thermostat im Zuluftkanal verhindern Unter- oder Übertemperaturen der Zuluft.

Durch Luftkanäle nach Abschn. 10.4 und 11.5.3.2 wird die erwärmte Zuluft den Räumen zugeführt und die Umluft aus ihnen wieder dem Blockspeicher zugeleitet.

Neben dieser Speicherheizung gibt es noch Magnesit-Blockspeicher, die ihre Wärme an einen Wasserkreislauf abgeben, auch Elektro-Heizungen, die mit einem Salzschmelz-Speicherblock und anderen Medien arbeiten.

Die Regelung von Elektro-Blockspeicherheizungen ist ähnlich wie bei Speicherheizgeräten (s. Abschn. 9.5.2.2).

10.2.1.10 Ermittlung der Kesselleistung

Die erforderliche Leistung Q_K eines Heizkessels, ausgenommen die eines Elektro-Speicherheizgerätes, ist gleich dem Normwärmebedarf Q_N des Gebäudes nach DIN 4701, zuzüglich eines Zuschlages für die Wärmeverluste in den Rohrleitungen.

Dieser Zuschlag beträgt z. B. bei Altbauten:

5% für Anlagen mit geschützt liegenden Rohrleitungen (isolierte Verteilungsleitungen, Steigestränge an Innenwänden)

10% für Anlagen mit weniger geschützt liegenden Rohrleitungen (isolierte Verteilungsleitungen und isolierte Steigestränge in Außenwänden)

15% für Anlagen mit ungünstig liegenden Rohrleitungen (isolierte Verteilungsleitungen im kalten Dachgeschoß, schlecht isolierte Steigestränge in Außenwänden).

Bei Heizkesseln, die mit Brauchwassererwärmern gekoppelt sind, wird für Einfamilien- und Mehrfamilienhäuser mit $\leqq 30$ Wohnungen kein Zuschlag für die WW-Bereitung berechnet. In größeren Wohngebäuden mit mehr als 30 Wohnungen und bei außerordentlich großem Warmwasserbedarf (Hotels usw.) muß bei der Bestimmung der Heizkesselgröße ein Zuschlag für die WW-Bereitung gemacht werden, der überschläglich mit 10% des Wärmebedarfes nach DIN 4701 angesetzt werden kann (s. auch Abschn. 12.1.1 und 12.3).

Eine genauere Berechnungsmethode für Wohnbauten rechnet je Kopf und Tag 50 l Wasser von 60 °C, deren Erwärmung um 50 K auf 8 Stunden verteilt wird.

Beispiel

Wohnblock mit 48 Wohnungen = 48 Bädern, 150 Personen, Wärmebedarf nach DIN 4701 = 500 kW

Wärmebedarf nach DIN 4701	500 kW
+ 10% für Rohrleitungsverluste	50 kW
+ Zuschlag für WW-Bereitung	

$$Q_{WW} = \frac{\text{Personen-zahl} \times \text{WW-Menge} \times \text{Temperatur-differenz} \times 1{,}1}{8 \times 1000} = \frac{150 \cdot 50 \cdot 50 \cdot 1{,}1}{8 \cdot 1000} = 52\,\text{kW}$$

erforderliche Gesamtkesselleistung 602 kW

10.2.2 Sicherheitsausrüstungen

Nach DIN 4751 sind Heizungsanlagen, die mit festen, flüssigen oder gasförmigen Brennstoffen, mit Abgasen oder elektrisch beheizt werden, mit nachfolgend beschriebenen Sicherheitseinrichtungen auszurüsten.

Sicherheitsleitungen offener WW-Heizungen. Der Kessel ist durch eine oben abgehende Sicherheits-Vorlaufleitung (SV) und eine in den Kesselrücklauf einmündende Sicherheits-Rücklaufleitung (SR) mit dem am höchsten Punkt der Anlage anzuordnenden Ausdehnungsgefäß zu verbinden.

Diese Sicherheitsleitungen, deren lichte Weite von der Kesselleistung abhängig ist, jedoch $\geqq 25$ mm sein muß, dürfen nicht absperrbar sein und keine Verengungen aufweisen. Einzubauende Pumpen und Drosselklappen dürfen den Leitungsquerschnitt nicht unter den zulässigen Wert verengen (**575**.1 und **580**.1).

Bei Pumpen-Stockwerkheizungen mit Umlauf-Gaswasserheizern nach Abschn. 10.1.2.3 und 10.2.1.5 ist lediglich eine Sicherheits-Rücklaufleitung erforderlich (Bild **581**.1 a).

Mehrere Kessel einer Heizungsanlage können getrennte oder gemeinsame Sicherheitsvorlauf- und

Sicherheits-Rücklaufleitungen erhalten, auch getrennte Ausdehnungsgefäße. Sollen diese Kessel einzeln absperrbar sein, sind getrennte Sicherheitsleitungen vorzusehen. Gemeinsame Sicherheitsleitungen sind möglich, wenn die Kessel durch Sicherheitswechselventile mit Ausblaseleitung abgesperrt werden, die den abgesperrten Kessel mit der Atmosphäre verbinden (**617**.1).

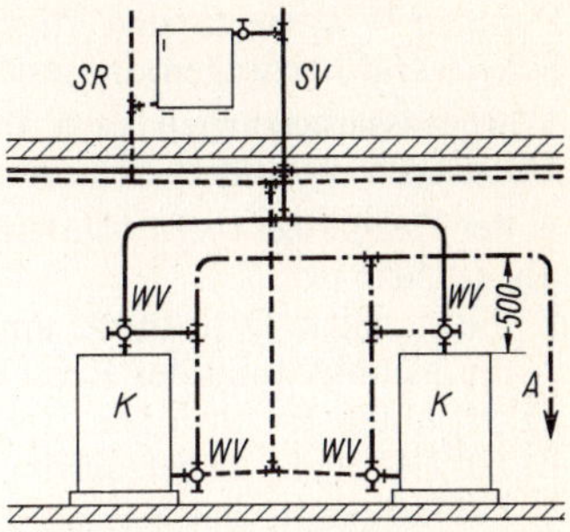

617.1 Anschluß mehrerer Kessel

K Kessel
WV Sicherheitswechselventil
A Ausblaseleitung
SV Sicherheitsvorlauf
SR Sicherheitsrücklauf
___ Vorlauf
_ _ _ Rücklauf

An die Sicherheitsleitungen können auch Heizkörper angeschlossen werden, z. B. bei einer mit einer Warmwasserbereitung verbundenen WWH Heizkörper für Bäder, die dann auch im Sommerbetrieb, bei abgestellter übriger Heizung, mitbetrieben werden können (**576**.1).

Ausdehnungsgefäße offener WW-Heizungen. Am höchsten Punkt der Anlage ist, möglichst senkrecht über dem Kessel und möglichst stehend, ein Ausdehnungsgefäß nach DIN 4806 vorzusehen, das die Volumenvergrößerung des Heizwassers bei der Erwärmung aufzunehmen und sicherheitsgefährdende Druckerhöhungen zu verhindern hat.

Die gesamte waagerechte Ausdehnung der Sicherheitsleitungen soll die 10fache senkrechte Anlaufstrecke über dem Kessel (**575**.1) nicht überschreiten.

Das Ausdehnungsgefäß ist durch eine nicht absperrbare Entlüftungs- und Überlaufleitung von der Weite des SV mit der Außenluft frei zu verbinden, muß sonst aber fest verschlossen sein.

Diese Leitungen dürfen nicht ins Freie führen, die Überlaufleitung soll möglichst im Heizraum offen und gut sichtbar enden.

Der SV wird von oben in das Ausdehnungsgefäß eingeführt, außerdem ist er zur Sicherung eines gewissen Wasserumlaufes im Ausdehnungsgefäß durch eine Verbindungsleitung DN 20 mit Drosseleinrichtung mit dem unteren Teil des Gefäßes oder dessen Anschlußstutzen für den Rücklauf zu verbinden. Der SR wird unten am Ausdehnungsgefäß abgenommen (**617**.2).

Bei Anlagen ohne SR ist eine Umlaufleitung vorzusehen.

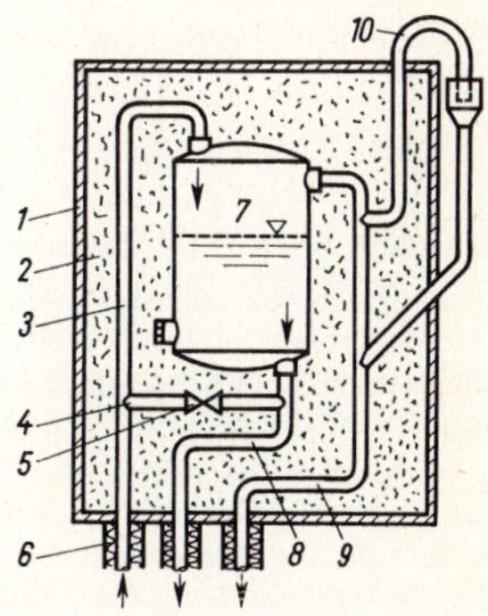

617.2
Offenes Ausdehnungsgefäß, stehend, mit Wärmeschutz für Aufstellung in ungeheiztem Raum (M 1:30)

1 Holzkasten
2 Wärmedämmung (z. B. Glaswolle)
3 Sicherheitsvorlauf DN 25
4 Zirkulationsleitung DN 20
5 Drosselventil
6 Wärmedämmung der Rohrleitung nach Abschn. 10.2.7.4
7 Ausdehnungsgefäß 50 l nach DIN 4806 aus Stahlblech, gestrichen oder verzinkt
8 Sicherheitsrücklauf DN 25
9 Überlaufleitung DN 25
10 Entlüftung DN 25

Bei kombinierten Kesseln für Heizung und Warmwasserbereitung kann auf die Zirkulation beim Sommerbetrieb ohne Heizung verzichtet werden, wenn die statische Höhe über der Kesselsohle $\leqq$15 m ist und ein Temperaturbegrenzer am Kessel Vorlauftemperaturen > 110 °C verhindert (**576**.1).

Die Größe des Ausdehnungsgefäßes wählt man bei Anlagen normaler Ausdehnung für Pumpen-WW-Heizungen zu ca. 1,2 l je 1,2 kW Kesselleistung und 1,5 l je 1,2 kW für Schwerkraftheizungen, im geschlossenen System etwa $^1/_3$ größer.

Warmwasserheizungen nach DIN 4751 T. 2. Bei offenen und geschlossenen WW-Heizungen mit direkt beheiztem Heizkessel (auch Umlauf-Gaswasserheizer), bei denen

1. der Heizkessel thermostatisch gegen Überschreiten einer Vorlauftemperatur von 110 °C abgesichert ist
2. die statische Druckhöhe am tiefsten Punkt der Anlage 15 m nicht überschreitet
3. die Nennleistung des Kessels
a) mit festen Brennstoffen $\leqq$ 93 kW
b) bei Öl- oder Gasbefeuerung $\leqq$ 350 kW beträgt
4. die Beheizung des Kessels in jedem Fall schnell regelbar ist, d. h. u. a.
a) Öl- oder Gaskessel (einschl. Umlauf-Gaswasserheizer) eine automatische Feuerung besitzt (Umstellbrandkessel $\leqq$ 93 kW sind zulässig)
b) Spezial-, Umstell- oder Wechselbrandkessel für feste Brennstoffe $\leqq$ 93 kW eingebaute Brauchwassererwärmer und thermische Ablaufsicherung haben, die Vorlauftemperatur 90 °C nicht übersteigen kann und bestimmte weitere Sicherheitsbestimmungen für den Brauchwassererwärmer erfüllt sind,

genügen folgende Sicherheitseinrichtungen:

a) Temperaturregler, -wächter und -begrenzer (baumustergeprüft) im Heizkessel oder im Vorlauf in seiner Nähe
in Anlagen > 150 kW bei Kesseln für Öl oder Gas zusätzlich eine geprüfte Wassermangelsicherung

Temperaturregler halten die Temperatur nach einem jeweils vorgegebenen Sollwert konstant.

Temperaturwächter schalten die Wärmezufuhr bei Erreichen eines fest eingestellten Temperaturgrenzwertes ab und geben sie erst nach wesentlichem Temperaturabfall wieder frei.

Temperaturbegrenzer schalten die Wärmezufuhr bei Erreichen eines fest eingestellten Temperaturgrenzwertes ab und verriegeln sie. Ein Wiedereinschalten ist nur von Hand möglich. (Nur im geschlossenen System erforderlich.)

b) in geschlossenen Anlagen mindestens 1 Sicherheitsventil mit Ansprechdruck von $\leqq$ 2,5 bar am höchsten Punkt des Heizkessels oder im Vorlauf in unmittelbarer Nähe des Kessels

c) in offenen Anlagen nur eine Sicherheits-Ausdehnungsleitung zum Ausdehnungsgefäß ($\geqq$ ⌀25 mm)
bei geschlossenen Anlagen möglichst kurze Verbindungsleitungen zwischen Kessel und Sicherheitsventil von $\geqq$ ⌀20 mm und zwischen Kessel und Ausdehnungsgefäß von $\geqq$ ⌀12 mm (abhängig von der Kesselleistung)

d) Ausdehnungsgefäße in offenen Anlagen nach Bild **619**.1a
in geschlossenen Anlagen Membran-Ausdehnungsgefäße nach Bild **619**.1b (neben solchen ohne Membran).

Geschlossene (Druck-) Ausdehnungsgefäße mit Membran sind in der Mitte durch eine Gummimembran geteilt. Eine Gefäßhälfte ist mit Stickstoff gefüllt, die andere durch eine Verbindungsleitung nach c) mit dem Kessel über die Rücklaufleitung verbunden (**619**.2 und 3), so daß seine Betriebstemperatur ca. 50 bis 60 °C nicht übersteigt.

Das durch die Membrane konstant gehaltene Stickstoffpolster des betriebsfertig gelieferten Gefäßes wird durch die Ausdehnung des Wassers bei erhöhter Temperatur mehr oder weniger zusammengedrückt. Bei einem nach den Herstellerangaben richtig ausgewählten Gefäß stellt sich dabei der richtige Betriebsdruck von $\leqq$2,5 bar für 110 °C Vorlauftemperatur ein.

Da der Wasserraum völlig geschlossen ist, kann kein Wasser verdampfen, und es besteht auch keine Korrosionsgefahr durch Sauerstoffaufnahme aus der Luft.

Eine Anlage dieser Art empfiehlt sich vor allem bei einer öl- oder gasgefeuerten Heizung, wo ein hochgelegenes Gefäß aus baulichen Gründen oder wegen Einfriergefahr unerwünscht ist oder wo besonders darauf Wert gelegt wird, alle zu kontrollierenden Teile der Heizung in einem Raum zusammenzufassen.

1 Heizkessel
2 Brenner
3 Temperaturregler
4 Temperaturwächter
5 Hydrometer
6 Thermometer
7 offenes Ausdehnungsgefäß
8 Überlauf und Entlüftung
9 Umwälzpumpe
10 Wärmeverbraucher
11 Entleerung
12 Manometer
13 Sicherheitsventil
14 Sicherheitstemperaturbegrenzer
15 Belüftungsventil
16 Membran-Ausdehnungsgefäß
17 Absperrventil, gegen unbeabsichtigtes Schließen gesichert
18 Sicherheitsleitung

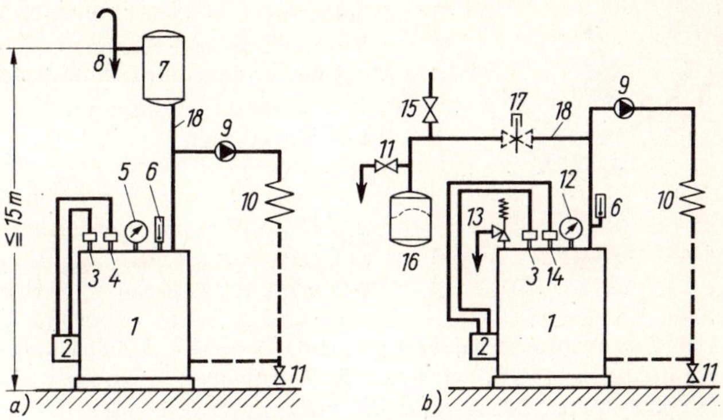

619.1 Offene und geschlossene Warmwasserheizungen bis 350 kW nach DIN 4751 T. 2

a) offene Anlage
b) geschlossene Anlage mit Membran-Ausdehnungsgefäß

Montagebeispiele
1 schnell regel- und abschaltbare Beheizung
2 baumustergeprüftes Membran-Sicherheitsventil mit offenem, sichtbarem Auslauf
3 Vorlaufthermometer
4 Manometer
5 Kesselthermostate
6 Druckausdehnungsgefäß

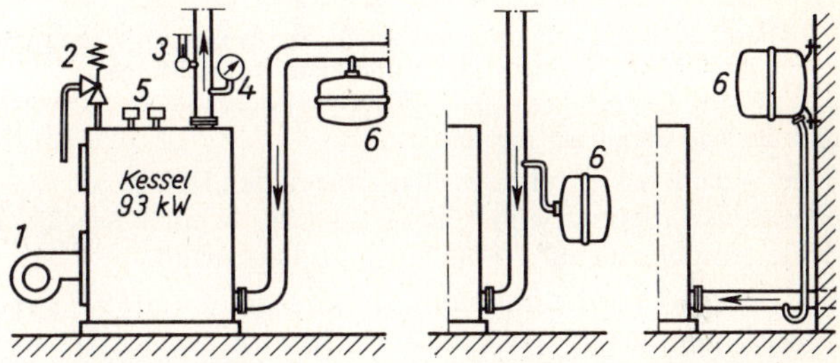

619.2 Tiefstehendes Druckausdehnungsgefäß einer geschlossenen WW-Heizung ≦93 kW nach DIN 4751 T. 2

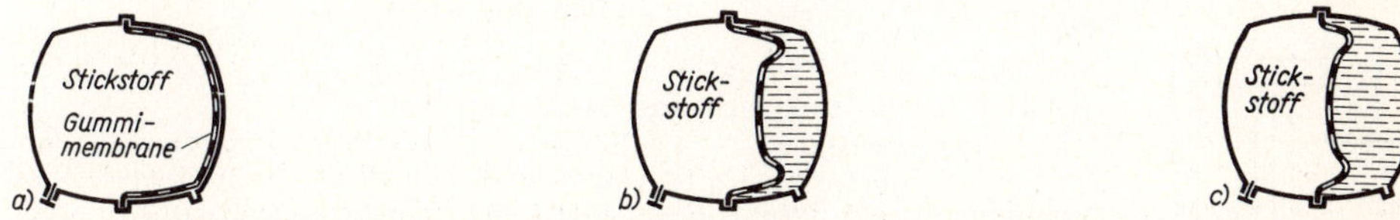

619.3 Tiefstehendes Ausdehnungsgefäß einer geschlossenen WW-Heizung ≦93 kW nach DIN 4751 T. 2

a) bei Lieferung: Fülldruck 0,5 oder 1 bar
b) während des Heizens: Wasser preßt Stickstoffpolster zusammen
c) bei höchster Wassertemperatur: Höchstdruck 2,5 bar

e) Ausrüstung

1 Vorlaufthermometer möglichst nahe am Kessel

1 gut sichtbares Manometer mit Marke für höchstzulässigen Betriebsdruck von 2,5 bar bei geschlossenen Anlagen (bei offenen Anlagen dafür 1 Wasserstands-Höhenanzeiger).

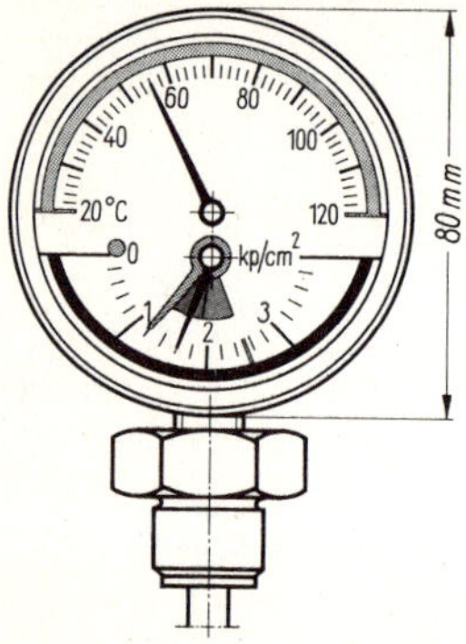

Ein verstellbarer Markierungszeiger wird auf den statischen Druck der Anlage eingestellt.

Mit dem beweglichen Zeiger wird der tatsächliche Druck abgelesen, der zwischen dem statischen und dem höchsten Betriebsdruck liegen muß.

Thermometer und Manometer können auch in einer Armatur als Mano-Thermometer zusammengefaßt sein (**620**.1).

Die gesamte Anlage muß 4 bar Prüfdruck unterworfen werden können.

620.1
Mano-Thermometer für geschlossene Warmwasserheizung nach DIN 4751 T. 2 (Flexcon)

110 °C-Warmwasserheizungen nach DIN 4751 T. 1. Dieses Heizungssystem mit Vorlauftemperaturen bis 110 °C wird zu den Warmwasserheizungen gerechnet und für Warenhäuser, Fabrikanlagen, Block- und Fernheizungen verwendet.

Es weist folgende Vorteile auf:

1. In Fabrikgebäuden, Lagerräumen und Warenhäusern, wo höhere Temperaturen der Heizflächen in Kauf genommen werden können, ergeben sich kleinere Heizflächen und niedrigere Anlagekosten.

2. Sind mehrere Heizgruppen, z. B. Lufterhitzer und örtliche Heizflächen, vorhanden, so werden die Luftheizgeräte mit hohen Temperaturen angefahren. Die übrige Anlage wird durch Mischventile mit verminderten Vorlauftemperaturen versorgt.

3. In Fernheizungen kann man mit großer Temperaturspreizung arbeiten (z. B. 110/60 °C) und erhält so kleine umlaufende Wassermengen und enge Rohrleitungen.

4. In der Übergangszeit arbeiten diese Anlagen wie normale WW-Heizungen mit geringeren Temperaturen und sind damit gut regelbar.

Eine Warmwasserbereitung durch den Heizkessel ist nur dann zulässig, wenn es durch eine Boilerladepumpe möglich ist, auch bei einer Kesselwassertemperatur von 110 °C die Boilertemperatur auf 70 bis 80 °C zu begrenzen.

Die Anlagen werden meistens als geschlossenes System ausgeführt, wobei man das Ausdehnungsgefäß mit einem Sicherheitsstandrohr nach DIN 4750 (**620**.2) oder einem Sicherheitsventil verschließt. So wird im Heizungssystem ein Überdruck von ≦ 0,5 bar erzeugt, mit dem man Wassertemperaturen bis 110 °C erzielt.

Das Ausdehnungsgefäß wird etwa 30% größer als bei 90/70°-Anlagen ausgeführt.

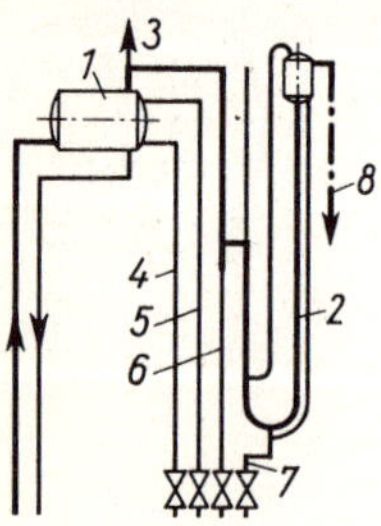

620.2
Anschluß eines 110 °C-Ausdehnungsgefäßes mit tiefhängendem Sicherheitsstandrohr (nach Krupp Heizungs-Handbuch)
1 Ausdehnungsgefäß
2 Sicherheitsstandrohr nach DIN 4750
3 Belüftungsventil
4 Prüfleitung für niedrigsten Wasserstand
5 Prüfleitung für höchsten Wasserstand
6 Prüfleitung und Entwässerung für Standrohr (mit Stauer und Kondenstopf)
7 Entleerung Standrohr
8 Ausblaseleitung

10.2.3 Umwälzpumpen

Als Heizungs-Umwälzpumpen kommen nur die stoßfrei arbeitenden und nahezu geräuschlos laufenden Kreiselpumpen in Betracht, und zwar als stopfbuchsenlose und wartungsfreie Rohreinbaupumpen, bei denen Pumpe und Motor direkt zusammengebaut sind (**621**.1 und 2).

Das Heizungswasser umspült den Rotor und schmiert zugleich die Lager. Ein Spaltrohr trennt den Rotorraum vom Wicklungsraum und schützt so die stromführende Statorwicklung vor Wasser: „Spaltrohrmotor“. Alle sich drehenden Pumpenteile sind also vollkommen gekapselt.

Der Motor wird normalerweise mit Drehstrom betrieben, kleinere Modelle können aber auch an Wechselstrom angeschlossen werden.

Zur Anpassung an die tatsächlichen Widerstände im Heizungskreislauf wird gerne eine Vorrichtung bei kleineren Heizungspumpen verwendet, mit der man entweder nach dem Drossel- oder nach dem Beipaßprinzip stufenlos die Förderleistung der Pumpe ohne Austausch von Pumpenteilen verändern kann. Vielfach wird zu diesem Zweck auch eine Kombination beider genannten Prinzipien eingesetzt (**621**.2).

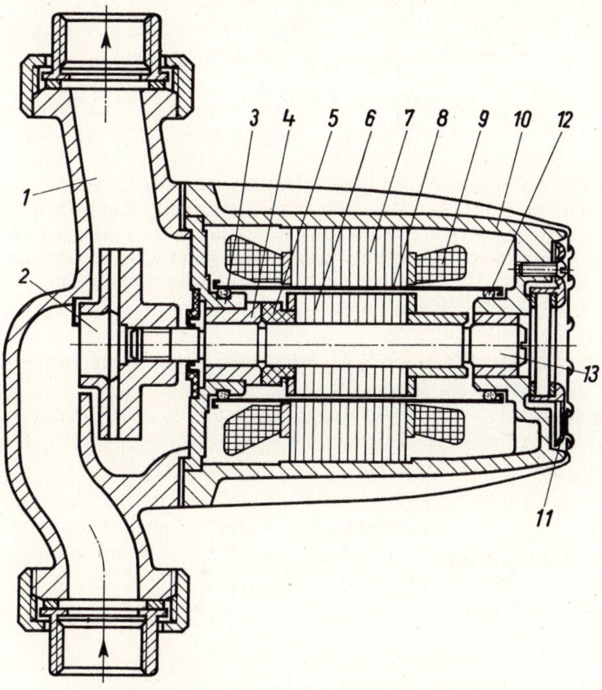

621.1 Heizungs-Umwälzpumpe für WW-Pumpenheizung (M 1:5) (Modell „Wilo“ der Fa. Opländer)

1 Pumpengehäuse
2 Laufrad mit Welle
3 Lagerbuchse
4 Axiallager, feststehend
5 umlaufendes Axiallager
6 Rotor
7 Stator
8 Spaltrohr
9 Wicklungen
10 Motorgehäuse
11 Abdeckung, abnehmbar, für Drehrichtungskontrolle
12 Dichtring
13 Welle

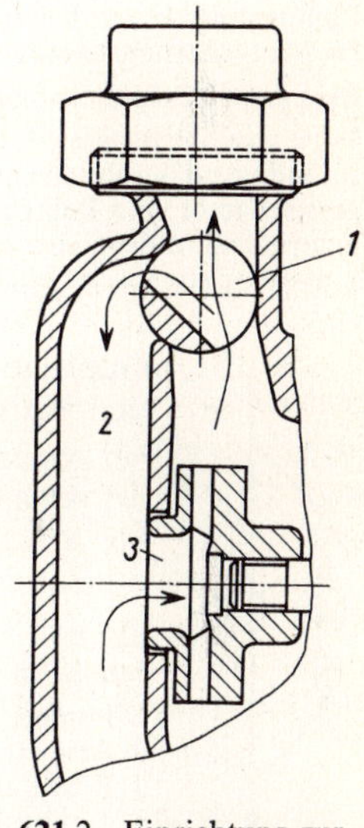

621.2 Einrichtung zur Änderung der Förderleistung der Heizungsumwälzpumpe nach Bild **621**.1 (M 1:5) (Opländer)

1 Drossel
3 Beipaß
3 Laufrad

Arten. Folgende zwei Arten von Umwälzpumpen werden unterschieden:

1. mit Propeller (Axiallaufrad) für kleine Förderhöhen bis etwa 1,5 m, die besonders als Umlaufbeschleuniger zum nachträglichen Einbau in Schwerkraftanlagen geeignet sind. Sie haben an jeder Stelle einen der Nennweite entsprechenden Querschnitt und einen besonders geringen Durchflußwiderstand bei Stillstand der Pumpe und Schwerkraftzirkulation.

2. mit geschlossenem oder saugseitig offenem Radiallaufrad für große Förderhöhen < 6 m, in Sonderbauweise z. B. für Gasthermenheizung für kleine Fördermengen und große Förderhöhen < 7 m oder zum Einbau in reine Pumpenheizungen.

Einbau. Die Pumpe wird, mit waagerechter Welle, unmittelbar in die Rohrleitung eingebaut und dort mit Flanschen, bei kleinerer Leistung auch mit Verschraubungen, angeschlossen. Sie wird meist im Vorlauf angebracht, da ihr dann das Wasser unmittelbar aus dem Kessel zuströmt, in dem sich bei der dort herrschenden geringen Strömungsgeschwindigkeit feinste Verunreinigungen, die die Pumpe verstopfen könnten, bereits abgelagert haben. Außerdem erzeugt die im Vorlauf angeordnete Pumpe einen Überdruck in allen hochliegenden Anlageteilen, so daß nirgends Luft in die Leitungen gesaugt werden kann.

Stets sollte die Pumpe zwischen Absperrventilen eingebaut werden, die in den Schemazeichnungen des Buches zur Vereinfachung meist weggelassen wurden.

In einen als Sicherheitsleitung dienenden Hauptleitungsstrang kann eine Umwälzpumpe, allerdings nicht mit vor- und nachgeschalteten Absperrventilen, dann eingebaut werden, wenn der freie Pumpenquerschnitt bei Stillstand des Laufrades dem vorgeschriebenen Mindestquerschnitt der betreffenden Sicherheitsleitung entspricht.

Bei einem Pumpenausbau müßte dann das Heizungssystem entleert werden.

Wird ausnahmsweise ein Notlauf gefordert, d. h. ein ausreichender Schwerkraftumlauf in der Anlage bei Stillstand der Pumpe infolge Stromausfalles, oder soll eine alte Schwerkraftanlage verbessert werden, so setzt man eine Pumpe mit Radiallaufrad in eine Umgehungsleitung und ordnet in der dem Schwerkraftumlauf dienenden durchgehenden Hauptleitung einen Rückflußverhinderer zur Unterbindung einer Fehlzirkulation bei laufender Pumpe an (**622**.1).

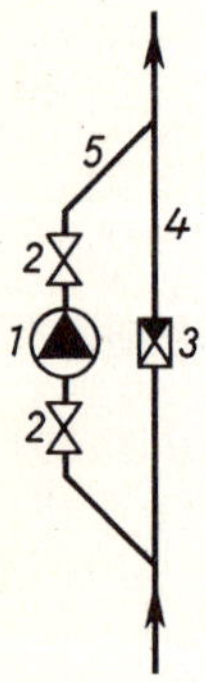

Günstige mittlere Pumpendrücke, bei denen die Summe der Anlage- und Betriebskosten am geringsten wird:

bei Anlagen ≦ 70 kW	H = 30 bis 50 mbar
bei Anlagen 70 bis 120 kW	H = 40 bis 70 mbar
bei Anlagen > 120 kW	H = 60 bis 900 mbar

622.1
Pumpe in Umgehungsleitung eingebaut
1 Pumpe
2 Absperrventil
3 Rückflußverhinderer
4 durchgehende Leitung
5 Umgehungsleitung

Der Stromverbrauch der Umwälzpumpe beträgt bei etwa 5000 Betriebsstunden je Heizperiode (HP) und einer Leistungsaufnahme zwischen 50 und 125 W

250 bis 650 kWh/HP

Bei Umwälzpumpen für Brauchwasserleitungen werden die Spaltrohrmotoren durch Inkrustation von Härtebildnern gefährdet, so daß man für diesen Anwendungszweck lange Zeit nur Pumpen mit Stopfbuchse einsetzte (**623**.1).

Neuerdings lassen sich aber auch die Vorteile des Spaltrohrmotors bzw. Wartungsfreiheit und Laufruhe ausnutzen, indem mit einer Vorrichtung die Wasserräume von Pumpe und Motor getrennt werden. Dabei kann nur aufgrund eines wirklichen Druckgefälles ein Wasseraustausch stattfinden, wie z. B. beim Füllen der Anlage, wenn der Motor noch mit Luft gefüllt ist.

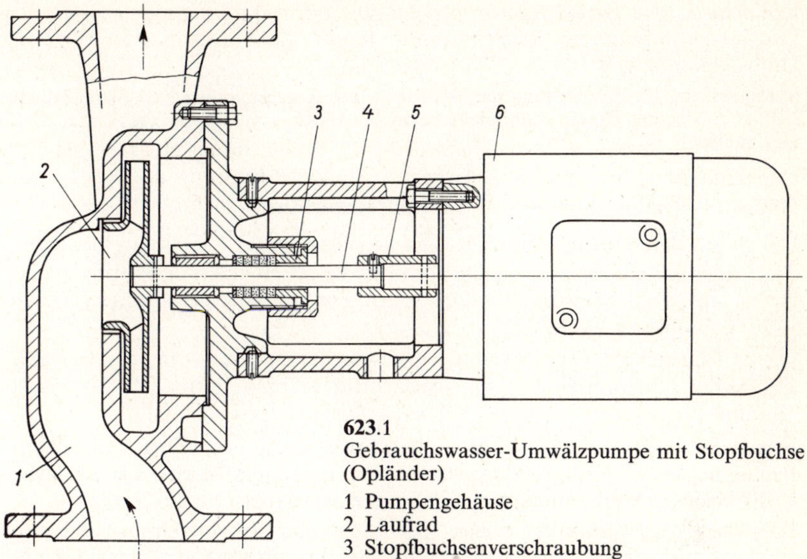

623.1
Gebrauchswasser-Umwälzpumpe mit Stopfbuchse (Opländer)
1 Pumpengehäuse
2 Laufrad
3 Stopfbuchsenverschraubung
4 Welle
5 Kupplungshülse
6 Motorgehäuse

10.2.4 Leistungsregelungen

Leistungsregelung ist die Anpassung der vom Heizkessel gelieferten Wärmemengen zur Beheizung eines Gebäudes an den tatsächlichen Wärmebedarf (s. auch Abschn. 10.7.2). Mit einer zuverlässigen selbsttätigen Regelungseinrichtung erreicht man:

1. die Einhaltung einer gesunden, gleichmäßigen und behaglichen Raumtemperatur bei geringstem Bedienungsaufwand

2. die höchste Wirtschaftlichkeit im Betrieb der Heizung und damit sparsamster Brennstoffverbrauch. 1 K Übertemperatur bedeutet etwa 6% Mehrverbrauch an Brennstoffen

3. eine völlige Betriebssicherheit der Anlage. Das Vermeiden von Überbelastung verlängert die Lebensdauer des Kessels und bedeutet keine oder nur geringe Schlackenbildung bei Koksfeuerung sowie keine Tieftemperaturkorrosionen im Kessel.

Zu einer Regelanlage gehören grundsätzlich:

1. ein Thermostat (Temperaturregler) als Vereinigung eines Temperaturfühlers mit einem Impulsgeber, der bei Abweichung vom eingestellten Sollwert Impulse, evtl. über ein Steuergerät, an ein Stellglied gibt (**623**.2 und **627**.1)

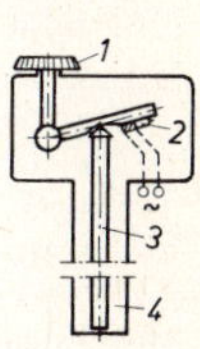

623.2 Kesseltemperaturregler mit elektrischer Hilfskraft als Tauchthermostat
1 Sollwertverstellung
2 Quecksilberschaltröhre
3 Invarstab (Ni-Fe-Legierung mit verschwindend kleiner Wärmedehnung)
4 Tauchrohr aus Messing

2. ein Stellglied. Es wird vom Thermostat unmittelbar oder mit einer Hilfskraft, das ist meistens elektrischer Strom, über einen Schalter oder Stellmotor betätigt.

Das Stellglied kann sein: die Frischluftklappe alleine oder zusammen mit dem Abgasschieber beim Kokskessel (Klappenregler), ein Gebläseregler (Unterwindgebläse) beim großen Kokskessel, der Brennermotor bei der Öl- oder Gasfeuerung, eine Drosselklappe, ein Drosselventil oder ein Beimischventil, ferner die Gasventile einer Gasfeuerung, eine Umwälzpumpe usw.

Voraussetzung für das einwandfreie Arbeiten einer Regelungseinrichtung sind selbstverständlich die richtige Auslegung, das einwandfreie Arbeiten der Heizungsanlage und die richtige Abstimmung beider aufeinander.

10.2.4.1 Raum-, Außen- und Vorlauftemperatur

Der durch den Wärmeaustausch zwischen Raum und Umgebung bedingte Wärmebedarf eines Gebäudes ist diejenige vom Heizkessel zu liefernde Wärmemenge, die erforderlich ist, um möglichst verlustlos die Raumtemperatur auf einer gewünschten Höhe, z. B. +20 °C, konstant zu halten.

Dieser Wärmebedarf ist in erster Linie von der Außentemperatur abhängig, die im Zyklus der Jahreszeiten und des überlagernden Temperaturwechsels zwischen Nacht und Tag und des Wetters ständigen Schwankungen unterworfen ist.

Damit ist auch der wirkliche Wärmebedarf des Gebäudes, anders als der zur Bemessung der Heizungsanlage verwendete maximale Normwärmebedarf Q_N nach DIN 4701, kein Festwert, sondern ebenfalls eine veränderliche Größe.

Dabei bestehen zwischen der Außen-, der Raum- und der Vorlauftemperatur der Heizung feste Zusammenhänge dergestalt, daß bei konstanter Raumtemperatur einer bestimmten Außentemperatur immer eine ganz bestimmte Vorlauftemperatur zugeordnet ist, deren Einhaltung durch die Regelungseinrichtung gewährleistet werden muß.

Diese Zusammenhänge lassen sich in Form von Heiztabellen (Taf. **624**.1) oder von Heizkurven, das sind leicht gekrümmte, meist vereinfacht als Gerade gezeichnete Linien, (**624**.2) darstellen.

Dabei versteht man allgemein unter der

$$\text{Steilheit } S = \frac{\text{Vorlauftemperaturänderung}}{\text{Außentemperaturänderung}} = \frac{t_v}{t_a}$$

Tafel **624**.1 Heiztabelle für eine WW-Heizung 90/70 °C mit Radiatoren (Steilheit $S = 1{,}75$)

Außentemperatur in °C	Vorlauftemperatur in °C bei einer Raumtemperatur von 20	22	24
+15	29	34,5	40
+10	37,5	43	48,5
+ 5	46	51,5	57
± 0	55	60,5	66
− 5	64	69,5	75,5
−10	72,5	78	83,5
−15	81	86,5	92

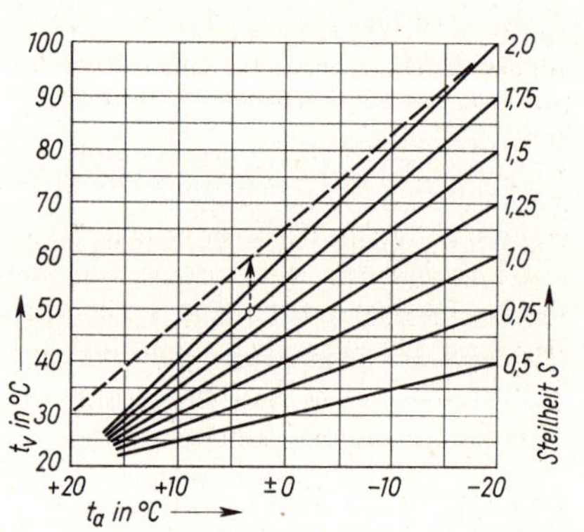

624.2 Heizkurven verschiedener Steilheit
– – – Parallelverschiebung der Heizkurve $S = 1{,}75$ um $N = +10$ K zur Erhöhung der Raumtemperatur

Die Steilheit S ist eine für jedes Gebäude mit seiner Zentralheizung charakteristische Größe.

Es ist verständlich, daß ein Haus mit einem gutem Wärmeschutz und reichlich bemessenen Heizflächen zur Erreichung der richtigen Raumtemperatur niedrigere Heizwassertemperaturen erfordert als ein leicht gebautes Haus mit großen Fenster- und kleinen Heizflächen, dem eine steilere Heizkurve entspricht.

So sind als Richtwerte anzunehmen für

WW-Radiatorenheizung $S = 1{,}8$ bis 1,4
WW-Konvektorenheizung $S = 1{,}6$ bis 1,3
WW-Deckenstrahlungs- oder Fußbodenheizung $S = 1{,}0$ bis 0,6

Die bei bestimmten hochwertigen Regelungseinrichtungen erforderliche endgültige Einregelung der dem Gebäude eigenen Heizkurve am Zentralsteuergerät ist Sache des Heizungsbauers.

Der Benutzer kann jedoch die sog. Niveaueinstellung der Heizkurve vornehmen, das ist eine Parallelverschiebung der Heizkurve nach oben $(+N)$ oder nach unten $(-N)$, und damit nach seinem Behaglichkeitsempfinden die Raumtemperatur erhöhen oder senken oder eine Nachtabsenkung veranlassen.

10.2.4.2 Anpassung der Vorlauftemperatur an den Wärmebedarf

Um bei dem stets schwankenden Wärmebedarf die Raumtemperaturen konstant zu halten, muß man die den Heizkörpern zugeführten Wärmemengen ändern können.

Diese Wärmemengen, abhängig von der in der Zeiteinheit umlaufenden Wassermenge und von der Vorlauftemperatur, sind also zu ändern, indem man entweder bei konstanter Vorlauftemperatur die Umlaufmenge oder umgekehrt bei konstanter Umlaufmenge die Vorlauftemperatur ändert.

Im allgemeinen wird der zweite Weg beschritten, da es zweckmäßig ist, eine Heizungsanlage mit konstanter Umlaufwassermenge zu betreiben.

Die Anpassung der Wärmezufuhr zu den Heizkörpern durch eine Änderung der Vorlauftemperatur kann auf dreierlei Weise erfolgen:

1. Anpassen der Wärmeerzeugung im Heizkessel durch Ändern der Feuerleistung.

Dieses Verfahren ist nur bei Heizkesseln für feste Brennstoffe anwendbar, da nur bei ihnen die Feuerleistung in weiten Grenzen durch Veränderung der Luftzufuhr zu beeinflussen ist.

2. Anpassen der Wärmeerzeugung im Heizkessel durch zeitweiliges Unterbrechen einer konstanten Feuerleistung.

Dies ist das für die Öl- und Gasfeuerung typische und damit heute am weitesten verbreitete Verfahren. Da die Leistung der Öl- und Gasbrenner nicht veränderlich ist, können hier die in wechselnder Höhe verlangten Wärmemengen nur durch zeitweiliges Aus- und Einschalten der Brenner im richtigen Zyklus nicht gleichmäßig, sondern nur schubweise geliefert werden: „intermittierender" oder „An-Aus"-Betrieb.

Diese Betriebsweise führt zu ständigen Schwankungen der Vorlauftemperatur, deren Mittelwert die gelieferte Wärmemenge bestimmt.

Die Schwankungen der Vorlauftemperatur übertragen sich, je nach dem weiteren Aufbau des Regelungssystemes, mehr oder weniger stark auf die Raumtemperatur.

Ein Brennerzyklus bei Halblast von etwa 2×10 min kann als günstig sowohl in bezug auf die Betriebssicherheit des Brenners als auch auf die Behaglichkeit der Raumtemperatur angesehen werden.

3. Beeinflussen der Wärmezufuhr zum Heizkörper durch hydraulische Schaltungen.

Hier sind zu unterscheiden:

Drosselsysteme. Die umlaufende Wassermenge wird bei konstanter Vorlauftemperatur verändert. Die Anwendung erfolgt bei Zonenventilen und thermostatischen Heizkörperventilen (**659**.2), ferner bei Warmwasserboilern.

Beimischsysteme (626.1). In Beimischsystemen wird dem auf konstanter Temperatur gehaltenen Heizkessel je nach dem Wärmebedarf der Anlage eine größere oder kleinere

Kesselwassermenge entnommen. Mit einem von Hand oder durch einen Stellmotor zu betätigenden 3- oder 4-Wege-Mischventil wird ein kleinerer oder größerer Teil des abgekühlten Rücklaufwassers des in sich geschlossenen Heizungsnetzkreises beigemischt, wobei je nach dem Mischungsverhältnis bei konstanter Gesamtumlaufmenge jede beliebige Vorlauftemperatur eingestellt werden kann.

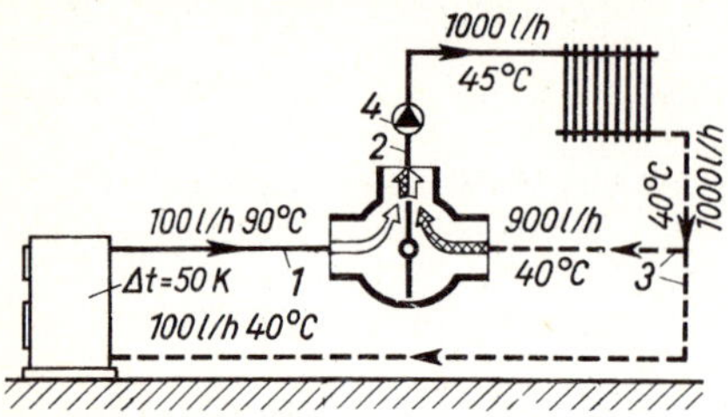

Wassertemperaturen und -umlaufmengen für $Q_N = 6$ kW (max $Q_N = 24$ kW) und Mischungsverhältnis im Heizungsvorlauf 1:9

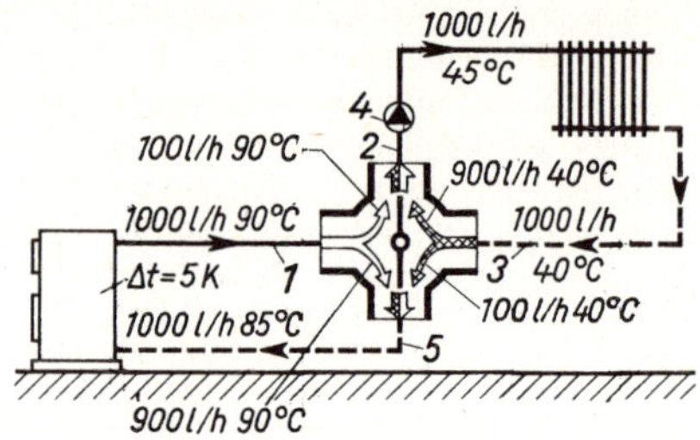

Wassertemperaturen in den Leitungen in Abhängigkeit von Mischer-Stellung

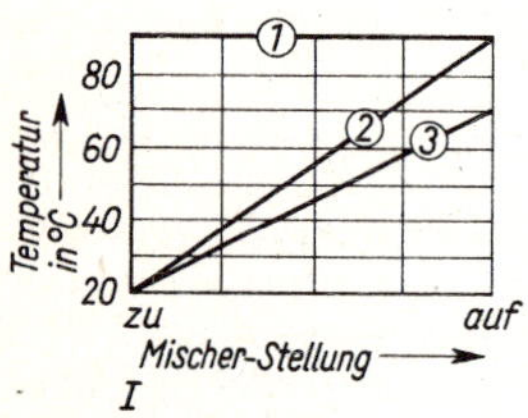

I. Dreiwegemischer

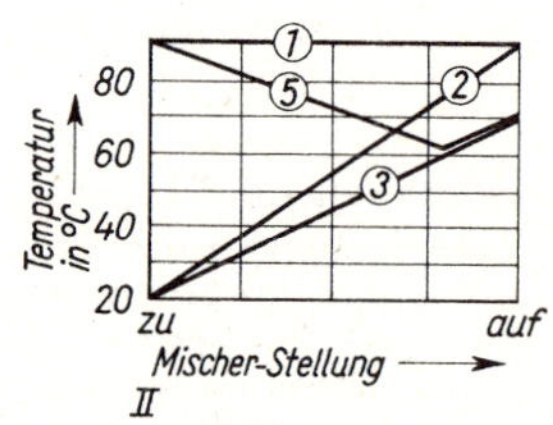

II. Vierwegemischer

626.1 Rücklaufbeimischung mit Drei- und Vierwegemischer (Vießmann)
1 Kesselvorlauf
2 Heizungsvorlauf, durch Beimischen von Heizungs-Rücklaufwasser der Außentemperatur angepaßt
3 Heizungsrücklauf
4 Umwälzpumpe
5 Kesselrücklauf, Temperaturanhebung durch Beimischen von Kesselvorlaufwasser

Beimischregelungen ermöglichen es, öl- und gasgefeurte Kessel zur Verhütung von rauchgasseitigen Korrosionen sowie Kessel zur gleichzeitigen Warmwasserbereitung mit den hierfür erforderlichen konstanten Temperaturen von $\geqq 75\,°C$ zu betreiben.

Zwischen 2 Systemen kann gewählt werden:

a) Beimischung mit Dreiwegemischer. Bei dieser einfacheren Beimischanlage gelangt zwar bei niedrigerer Belastung recht kühles Rücklaufwasser zum Kessel zurück, doch wird es hier zumeist an den Stellen, wo heißestes Kesselwasser vorhanden ist, in ihn eingeführt.

Kritisch bleiben auch die sehr niedrigen Heizungsvorlauftemperaturen wegen der dann langen Schaltpausen des Ölbrenners und des sich daraus ergebenden zeitweiligen Abkühlens des Kessels.

Aus diesem Grund sind Dreiwegemischer für die Beimischregelung von Heizungsanlagen mit besonders niedrigen Vorlauftemperaturen wie Deckenstrahlungs- oder Fußbodenheizungen ungeeignet.

Sie werden vorzugsweise bei Heizungsanlagen mit mehreren Heizgruppen (**630**.2) verwendet.

b) Beimischung mit Vierwegemischer. Bei der Doppelbeimischung mit Vierwegemischern wird der Kesselkreis völlig vom Heizkreis getrennt.

Zusätzlich zu der einfachen Rücklaufbeimischung des Heizkreises wird die Temperatur des in den Kessel zurückströmenden Rücklaufwassers durch Beimischen von heißem Kesselvorlaufwasser so weit angehoben (auf $\geqq 75\,°C$), daß ein Unterschreiten des Taupunktes der Abgase und damit Tieftemperaturkorrosion im Kessel mit Sicherheit verhindert werden kann.

Bei den in dieser Hinsicht besonders gefährdeten ölgefeuerten Stahlkesseln ist der Vierwegemischer daher unumgänglich notwendig und wird deshalb bei vielen Modellen auch bereits vom Kesselhersteller fest mit ein- oder angebaut.

Grundsätzlich sollte indessen jede Heizungsanlage mit einem Mischer, am besten mit einem Vierwegemischer, ausgerüstet sein.

Mischventile müssen mit Rücksicht auf einen einwandfreien Mischeffekt einen verhältnismäßig hohen inneren Widerstand haben, der durch die Auftriebskräfte einer Schwerkraftheizung nicht zu überwinden ist. Ihr Einbau ist daher nur in Pumpenheizungen möglich.

10.2.4.3 Regelsysteme der Warmwasserheizung

Aufgabe der Heizungsregelung, einerlei ob sie von Hand oder automatisch vorgenommen wird, ist es, die Außen-, Raum- und Vorlauftemperaturen zu messen, miteinander zu vergleichen und bei Abweichen von der erforderlichen Gesetzmäßigkeit durch Beeinflussen der Wärmezufuhr den richtigen Zustand herbeizuführen.

Von der Temperaturmessung her sind 2 Grundtypen der Regelung zu unterscheiden:

a) Regelung nach der Vorlauftemperatur. In der einfachsten, billigsten, aber auch primitivsten Form der Regelung mißt der Kesseltemperaturregler die Vorlauftemperatur und regelt sie auf den an ihm von Hand eingestellten der jeweiligen Außentemperatur und der Heizkurve entsprechenden Sollwert ein, indem er bei einer Koksfeuerung die Feuerleistung durch Regulierung der Zuluft ändert oder bei Öl- oder Gasfeuerung den Brenner über das Steuerungsgerät an- und ausschaltet.

Besonders in den Übergangszeiten muß die Einstellung des Reglers ständig dem Wechsel der Außentemperatur angepaßt werden.

Außer dem Temperaturregler mit zugänglichem Einstellknopf mit Temperaturskala (**623**.2) weist der Kessel als vorgeschriebene Mindestausstattung noch einen Temperaturbegrenzer (Sicherheitsthermostat) mit verdecktem Sollwertfeststeller auf, der bei Überschreiten der eingestellten Sicherheitsgrenze von z. B. 95 °C einrastet und den Brenner bei anschließend fallender Temperatur nicht wieder einschaltet. Die Entriegelung kann nur durch einen Rückstellknopf erfolgen.

Beide Apparate sind in Serie geschaltet und häufig als Doppelthermostat in einem Gehäuse mit gemeinsamem Fühlerschutzrohr vereinigt (**627**.1).

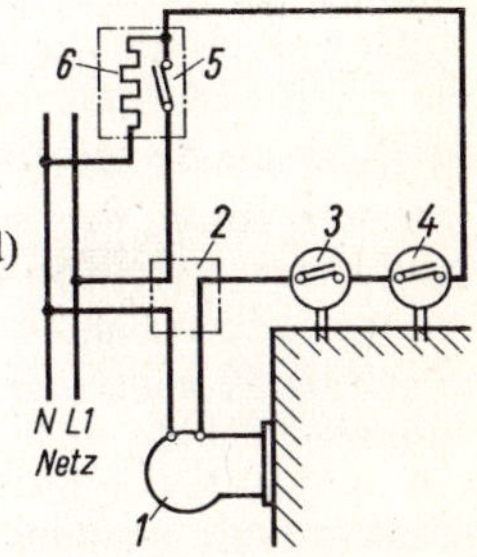

627.1
Raumtemperaturregler mit thermischer Rückführung (auf Brenner wirkend)

1 Öl- oder Gasbrenner
2 Steuergerät
3 Kesseltemperaturregler
4 Kesseltemperaturwächter (Sicherheitsthermostat)
5 Raumtemperaturregler mit
6 Rückführwiderstand

Diese einfachste Vorlauftemperaturregelung ist äußerstenfalls bei kleinen Stockwerkheizungen verwendbar. Durch die Kombination mit einer Raumtemperaturregelung mit Zonen- oder thermostatischen Heizkörperventilen läßt sie sich verbessern.

Als witterungsabhängige Vorlauftemperaturregelung (**630**.1) stellt sie jedoch eine ideale Regelung dar.

Die Sollwerteinstellung von Hand am Kesseltemperaturregler ist hier ersetzt durch eine elektronische Steuerung, bei der die Außentemperatur durch einen Außenfühler und die Vorlauftemperatur durch einen Vorlauffühler gemessen und in einem Zentralgerät miteinander verglichen werden. Dieses gibt bei Abweichung von den durch die eingestellte Heizkurve festgelegten Zuordnungswerten dem Stellglied der Anlage, in der Regel einem Vierwegemischer, so lange Verstellimpulse, bis die Übereinstimmung hergestellt ist.

Die Regelungsorgane können wie jede Vorlauftemperaturregelung aber keine Raumtemperaturen überwachen und insbesondere keine Störgrößen im Raum, wie Temperaturerhöhungen durch Personen, elektrische Beleuchtung und Geräte oder Maschinen oder Temperatursenkungen durch Lüften, wahrnehmen und ausregeln.

Es ist daher besonders wichtig, daß die richtige Heizkurve mit Sorgfalt ermittelt und am Steuergerät eingestellt wird (s. Abschn. 10.2.4.1).

Der Außenfühler soll

ähnlich wie die am ungünstigsten zum Sonneneinfall gelegenen Haupträume besonnt sein
vormittags bis etwa 10 Uhr im Schatten liegen
in der winterlichen Hauptwindrichtung liegen, aber nicht an einem Schornstein, Luftkanal oder über einem Fenster angebracht sein
nicht im Schatten eines Vordaches angeordnet sein
etwa in $^2/_3$ Höhe der Gebäudefront, der Witterung ausgesetzt, befestigt sein
bei mehreren gleichrangigen, nach verschiedenen Himmelsrichtungen gelegenen Räumen an der Nord-, Nordost- oder Nordwestseite des Gebäudes angebracht werden und
sich nur dann an der Ostseite eines Hauses befinden, wenn die Haupträume ausschließlich nach Osten oder Nordosten gelegen sind.

Der besondere Vorteil einer witterungsabhängigen Regelung ist das fast trägheitslose Eingreifen des Reglers bei Witterungsänderung, ohne daß die Raumtemperatur, die durch einen Raumthermostaten zusätzlich in die Regelung einbezogen werden kann, erst von ihrem Sollwert abzuweichen braucht.

Bei großen Gebäuden, deren Hauptfronten häufig verschiedenen Witterungseinflüssen ausgesetzt sind, ist aber auch diese Regelung, wenn sie nur von einem Witterungsfühler ausgeht, nicht genau genug. Hier muß dann die Heizungsanlage nach den Hauptwindrichtungen in verschiedene Heizgruppen, die jede von einem besonderen Außenfühler gesteuert wird, unterteilt werden (**630**.2).

b) Regelung nach der Raumtemperatur. Ein an einer Innenwand eines zweckmäßig ausgewählten „Testraumes“, das ist im Einfamilienhaus z. B. der Hauptwohnraum, sonst der wichtigste oder am meisten benutzte Raum, etwa 1,50 m hoch und unbeeinflußt von der Sonnen- und Heizkörperstrahlung sowie von Zugluft angebrachter Raumtemperaturregler beeinflußt die Wärmezufuhr auf einfachste Weise direkt durch Ein- oder Ausschalten des Brennermotors oder der Umwälzpumpe.

Er überwacht die Raumtemperatur und kann auch Fremdeinflüsse wie Übererwärmung durch Personenbesetzung, elektrische Beleuchtung und Geräte oder Unterkühlung durch Lüften in diesem Testraum erfassen und kompensieren, doch kann dies zu Auswirkungen auf die übrigen Räume mit umgekehrten Vorzeichen führen.

Störungen der Außentemperatur werden erst ausgeregelt, wenn sie sich auf die Raumtemperatur bereits ausgewirkt haben.

Vor allem bei Schwachlastbetrieb während der Übergangszeiten und besonders, wenn der Kesssel mit konstant hoher Temperatur gefahren wird, schaltet der Raumtemperaturregler in ständigem Wechsel den Brenner oder die Pumpe ein und aus. Die Heizkörper bekommen abwechselnd heißes Wasser und kühlen während der Schaltpausen aus.

Die dadurch im Raum hervorgerufenen, die Schaltdifferenz des Reglers durch die Trägheit der Heizungsanlage weit übertreffenden Schwankungen der Raumtemperatur sind äußerst unangenehm, ebenso der dauernde Wechsel in der Wärmeabstrahlung der Heizkörper.

Ohne einen Raumtemperaturregler mit „thermischer Rückführung" würde die beschriebene Raumtemperaturregelung unbrauchbar sein.

Raumtemperaturregler mit thermischer Rückführung (**627**.1) weisen in unmittelbarer Nähe des Bimetallmeßwerkes einen kleinen elektrischen Widerstand auf, der immer dann unter Spannung steht und aufgeheizt wird, wenn der Raumthermostat Wärme verlangt. So wird diesem das Erreichen der gewünschten Raumtemperatur vorzeitig vorgetäuscht.

Dadurch werden die Schwankungen der Raumtemperatur, zwar bei größerer Schalthäufigkeit, auf ein geringeres Maß reduziert.

Trotzdem wird auch dann diese Raumtemperaturregelung, die bei ihrer relativen Billigkeit viel ausgeführt wird, wegen ihrer immer noch erheblichen Unzulänglichkeit in Fachkreisen abgelehnt.

Setzt man jedoch bei Pumpenschaltung vor die Pumpe ein Mischventil mit Handschaltung, so kann man durch Rücklaufbeimischung die Vorlauftemperatur des Heizungskreislaufes so weit herabsetzen, daß die Pumpe möglichst ohne Unterbrechung läuft.

Das regelmäßige Verstellen des Mischers von Hand muß dabei allerdings in Kauf genommen werden.

Eine erhebliche Verbesserung der Raumtemperaturregelung, weil sie nur noch mit praktisch unmerklichen Bewegungen der Raumtemperatur verbunden sein würde, ist dadurch zu erzielen, daß der Raumthermostat, bei ständig laufender Umwälzpumpe, selbst den Stellmotor eines Mischventiles steuert (**631**.2).

Die Raumtemperaturregelung ist nur für solche Gebäude zu verwenden, in denen der erwähnte Testraum ausgewiesen werden kann. Das sind in erster Linie Einfamilienhäuser mit dem Hauptwohnraum als Testraum, daneben Gaststätten, Fabriken, Gewächshäuser u. ä.

Bei Mehrfamilienhäusern ist es schwierig oder unmöglich, einen Testraum zu finden, denn würde man hierfür den Wohnraum einer bestimmten Wohnung auswählen, so würde man den Inhabern aller übrigen Wohnungen die Heizgewohnheiten der Bewohner dieser einen Testwohnung aufzwingen.

Für Mehrfamilienhäuser und ähnliche Gebäude ist daher die witterungsabhängige Regelung über die Vorlauftemperatur vorzusehen.

10.2.4.4 Regelungsbeispiele für kleinere WW-Heizungen

Den beiden Grundtypen der Regelung, über die Vorlauftemperatur und über die Raumtemperatur, stehen die drei Möglichkeiten der Anpassung der Vorlauftemperatur an den Wärmebedarf nach Abschn. 10.2.4.2 gegenüber.

Hochwertige Regelungen bestehen aus einer Kombination der verschiedenen Systeme.

Daneben läßt sich der Heizkomfort noch erhöhen, indem man durch Schaltuhren eine automatische Nachtabsenkung vornehmen läßt.

Der Vorteil ist nicht so sehr, daß man abends die Nachtabsenkung nicht von Hand einzustellen hat, sondern daß am Morgen das Haus auf sein Tagesniveau gebracht wird, bevor die Bewohner aufgestanden sind.

Mit anderen Schaltuhren lassen sich, z. B. für Schulen, Verwaltungsgebäude und ähnliche Gebäude, die Raumtemperaturen nach einem Wochenendprogramm variieren.

Nachstehend werden einige empfehlenswerte Beispiele für Regelungen in kleineren Heizungsanlagen gegeben:

Beispiel 1: Witterungsabhängige Regelung über die Vorlauftemperatur. Kesseltemperatur durch Kesselthermostat, auf Brenner wirkend, konstant auf $\geqq 75\,°C$ gehalten, keine Korrosionsgefahr, Warmwasserbereitung möglich. Vorlauftemperatur durch den vom Zentralgerät unter Vergleich mit der Außentemperatur (Witterung) gesteuerten Motor-Vierwegemischer auf dem von der Heizkurve vorgeschriebenen Wert gehalten. Pumpe läuft ständig. Ideale Regelung für Einfamilien- und Mehrfamilienhäuser, Bürogebäude und ähnliche Gebäude (**630**.1).

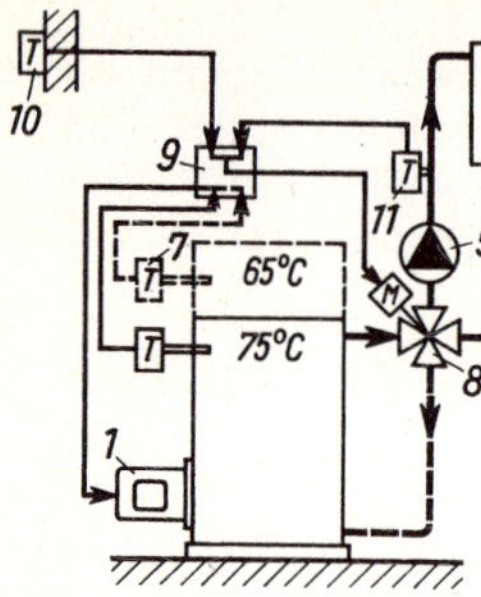

1 Öl- oder Gasbrenner
4 Raumheizung
5 Umwälzpumpe
7 eventuell Speicherthermostat zur Begrenzung der Speichertemperatur
8 Vierwegemischer mit Stellmotor
9 Zentralgerät
10 Außentemperatur- und Witterungsfühler
11 Vorlauftemperaturfühler

630.1 Witterungsabhängige Regelung über die Vorlauftemperatur: Kesseltemperaturregler wirkt auf Brenner, Außenwitterungsfühler und Vorlauftemperaturfühler wirken über Zentralgerät auf Motor-Vierwegemischer

65 °C Brauchwassertemperatur bei eventueller Temperaturbegrenzung
75 °C übliche Vorlauftemperatur

Beispiel 2: Witterungsabhängige Regelung über die Vorlauftemperatur. Für mehrere Heizgruppen, sonst genau wie Beispiel 1 (**630**.2).

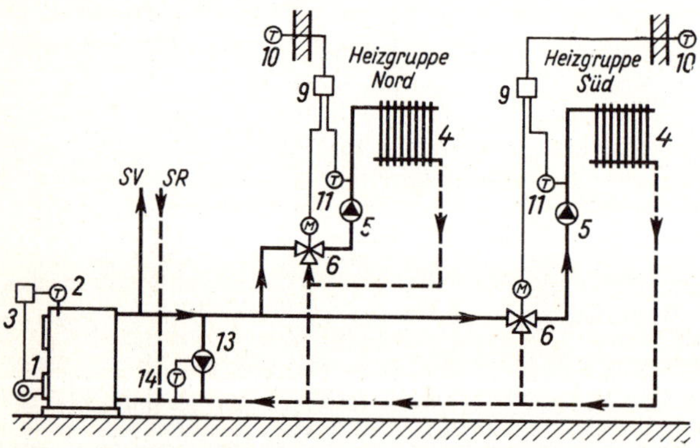

1 Öl- oder Gasbrenner
2 Kesseltemperaturregler
3 Steuergerät
4 Raumheizung
5 Umwälzpumpe
6 Dreiwegemischer, handverstellt
9 Zentralgerät
10 Außentemperatur- und Witterungsfühler
11 Vorlauftemperaturfühler
13 Beimischpumpe
14 Beimischtemperaturregler

630.2 Witterungsabhängige Regelung über die Vorlauftemperatur bei mehreren Heizgruppen: Kesseltemperaturregler wirkt auf Brenner, Kesselrücklaufanhebung durch Beimischpumpe und Beimischtemperaturregler; sonst wie Bild **630**.1

Beispiel 3: Regelung über die Raumtemperatur. Raumthermostat wirkt auf Umwälzpumpe, Kesselthermostat auf Brenner. Vierwegemischer wird von Hand so verstellt, daß Pumpe möglichst ständig läuft. Keine merklichen Raumtemperaturschwankungen. Kessel auf $\geqq 75$ °C gehalten, keine Korrosionsgefahr, Warmwasserbereitung möglich. Abgesehen vom Bedienungsaufwand brauchbare Lösung (**631**.1).

Beispiel 4: Regelung über die Raumtemperatur. Raumthermostat wirkt auf Stellmotor des Vierwegemischers, Kesselthermostat auf Brenner, Umwälzpumpe läuft ständig. Fortfall des Bedienungsaufwandes von Beispiel 3, sonst wie dort beschrieben. Bei sorgfältiger Abstimmung von Regelzyklus und Laufzeit des Stellmotors eine gute Lösung (**631**.2), die durch Ausrüstung der Heizkörper in weiteren Räumen mit Heizkörper-Thermostaten noch individueller gestaltet werden kann.

Beispiel 5: Regelung über die Raumtemperatur mit Vorregelung. Vorlauftemperatur und mit Witterungskompensation (**631**.3). Beste, aber auch kostspieligste Art der Raumtemperaturregelung. 1. Stufe der Verbesserung gegenüber Beispiel 4: Regelgerät erfaßt zusätzlich die Vorlauftemperatur und hält sie durch Ausregelung der Kesseltemperaturschwankungen völlig konstant, daher keine Schwankungen der Raumtemperatur. 2. Stufe der Verbesserung: zusätzliche Aufschaltung des Meßwertes der Außentemperatur, deren Störungen damit ausgeglichen werden, bevor sie die Raumtemperatur beeinflussen. Regelung genügt höchsten Komfortansprüchen.

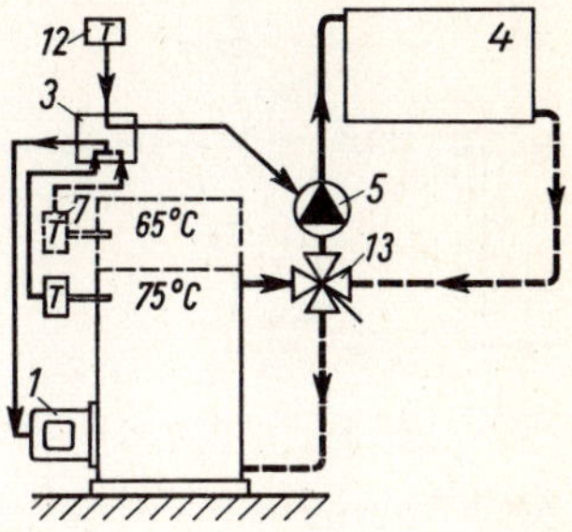

631.1
Regelung über die Raumtemperatur mit „Pumpenschaltung“: Kesseltemperaturregler wirkt auf Brenner, Raumtemperaturregler auf Pumpe

1 Öl- oder Gasbrenner
3 Steuergerät
4 Raumheizung
5 Umwälzpumpe
7 eventuell Speicherthermostat zur Begrenzung der Speichertemperatur
12 Raumtemperaturregler
13 Beimischpumpe

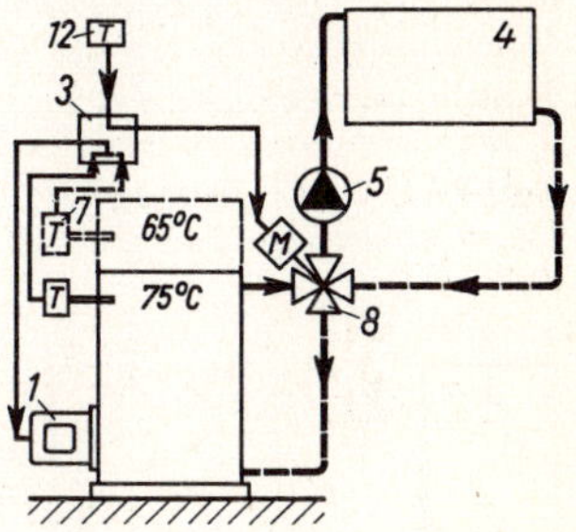

631.2
Regelung über die Raumtemperatur: Kesseltemperatur wirkt auf Brenner, Raumtemperaturregler auf Motor-Vierwegemischer

1 Öl- oder Gasbrenner
3 Steuergerät
4 Raumheizung
5 Umwälzpumpe
7 eventuell Speicherthermostat zur Begrenzung der Speichertemperatur
8 Vierwegemischer mit Stellmotor
12 Raumtemperaturregler

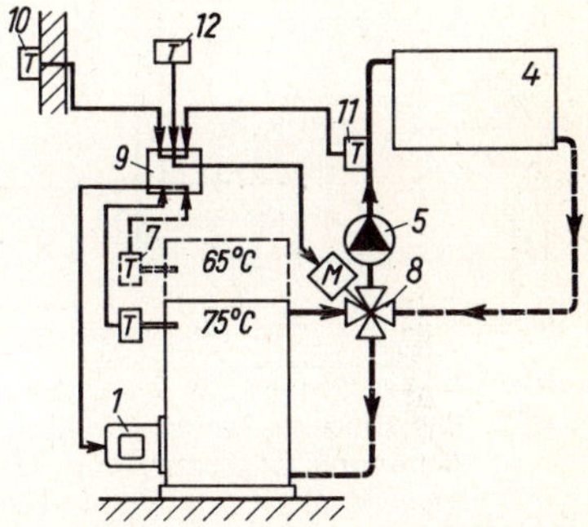

1 Öl- oder Gasbrenner
4 Raumheizung
5 Umwälzpumpe
7 eventuell Speicherthermostat zur Begrenzung der Speichertemperatur
8 Vierwegemischer mit Stellmotor
9 Zentralgerät
10 Außentemperatur- und Witterungsfühler
11 Vorlauftemperaturfühler
12 Raumtemperaturregler

631.3 Regelung über die Raumtemperatur mit Vorregelung der Vorlauftemperatur und Witterungskompensation: Kesseltemperaturregler wirkt auf Brenner, Raumtemperaturregler mit Aufschaltung der Meßwerte der Vorlauftemperatur und der Witterung auf Motor-Vierwegemischer

10.2.4.5 Warmwasser-Vorrangschaltung

Da die Kombi-Kessel in Wohngebäuden bei größerer Kälte nicht gleichzeitig für Heizung und Warmwasserbereitung die nötige Wärme liefern können, schaltet eine Warmwasser-Vorrangschaltung (**632**.1 und 2) bei größerer Warmwasserzapfung für diese Zeit den Brenner ein und die Umwälzpumpe der Heizung ab, konzentriert also die gesamte Kesselleistung auf die Warmwasserbereitung.

Im Heizbetrieb wird diese kurze Unterbrechung der Wärmelieferung nicht verspürt.

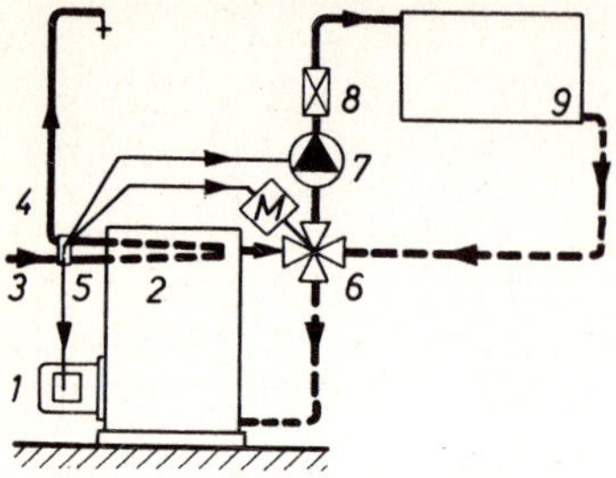

1 Öl- oder Gasbrenner
2 Durchfluß-Brauchwasserbereiter
3 Kaltwasserzuleitung
4 Brauchwasserleitung
5 Differenzdruckschalter
6 Vierwegemischer
7 Umwälzpumpe
8 Rückflußverhinderer (Schwerkraftbremse)
9 Raumheizung

632.1 Brauchwasser-Vorrangschaltung für Durchfluß-Brauchwasserbereiter in Kombinationskessel

Zu Bild 632.1. Solange kein Brauchwasser entnommen wird, herrscht Druckgleichheit in Kaltwasserzuleitung 3 und Brauchwasserleitung 4: Differenzdruckschalter 5 spricht nicht an. Bei Brauchwasserentnahme sinkt Druck in Brauchwasserleitung 4 stärker als in Kaltwasserleitung 3: Differenzdruck betätigt Differenzdruckschalter; dieser löst folgende Stell- und Schaltgänge aus:

1. Stellmotor des Mischers wird im Schnellgang zum Kessel hin zugefahren
2. Brennermotor wird eingeschaltet
3. Umwälzpumpe wird ausgeschaltet

Das Verzögerungsrelais gibt Schaltvorgänge erst nach Entnahme einer Zapfmenge und nach gewisser Zeit frei.

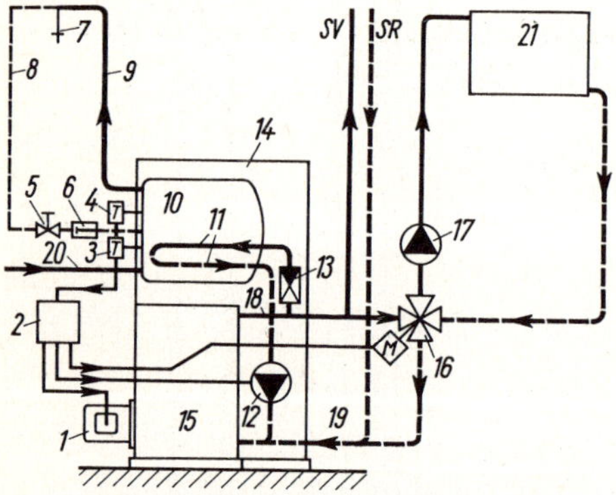

632.2 Brauchwasser-Vorrangschaltung mit Speichertemperaturbegrenzung für Brauchwasserspeicher (auf Kombi-Kessel aufgebaut)

1 Brenner
2 Steuergerät
3 Speichertemperaturwächter
4 Speichertemperaturregler
5 Absperrventil
6 Rückflußverhinderer
7 Zapfstelle
8 Zirkulationsleitung
9 Brauchwasservorlauf
10 Brauchwasserspeicher
11 Heizschlange
12 Speicherladepumpe
13 Rückflußverhinderer
14 Kesselmantel
15 Kessel
16 Vierwegemischer mit Stellmotor
17 Umwälzpumpe Heizung
18 Kesselvorlauf
19 Kesselrücklauf
20 Kaltwasserzuleitung
21 Raumheizung

Zu Bild 632.2. Vorrangschaltung in 2 Stufen:

1. Stufe. Wenn die am Speichertemperaturregler 4 von Hand einstellbare Temperatur von z. B. 65 °C erreicht ist, wird die Speicherladepumpe 12 abgeschaltet. Sinkt die Temperatur unter 65 °C, wird vom Regler 4 die Speicherladepumpe 12 eingeschaltet.

2. Stufe. Fällt die Brauchwassertemperatur infolge stärkerer Entnahme weiter und erreicht oder unterschreitet die am Speichertemperaturwächter 3 gewählte Festwerteinstellung von z. B. 50 °C, so gibt dieser Regler Impuls zum Schließen des Motormischers 16 zum Kessel im Schnellgang. Der Rückflußverhinderer (Schwerkraftbremse) 13 auf der Druckseite der Speicherladepumpe 12 begrenzt die Brauchwassertemperatur unabhängig von der Kesseltemperatur dadurch, daß bei stehender Ladepumpe die federbelastete Rückschlagklappe 13 zufällt und die Zirkulation von Kesselwasser durch den Speicher verhindert.

10.2.5 Heizräume

10.2.5.1 Allgemeines

Für die Heizräume, das sind Räume, in denen eine oder mehrere Feuerstätten für feste, flüssige oder gasförmige Brennstoffe zur zentralen Beheizung (Wasser-, Dampf-, Luftheizungen und Heizungen mit anderen Wärmeträgern), zur Warmwasserbereitung oder zur Betriebs- und Wirtschaftswärmeerzeugung mit einer Gesamtheizleistung von mehr als 48 kW aufgestellt sind, hat die Fachkommission „Bauaufsicht" in der Argebau die „Zusammenstellung technischer Anforderungen an Heizräumen (ZTA-Heizräume)" in der Fassung vom März 1971 beschlossen. Sie liegt der nachfolgenden Darstellung zugrunde (**633**.1, **634**.1 und 2).

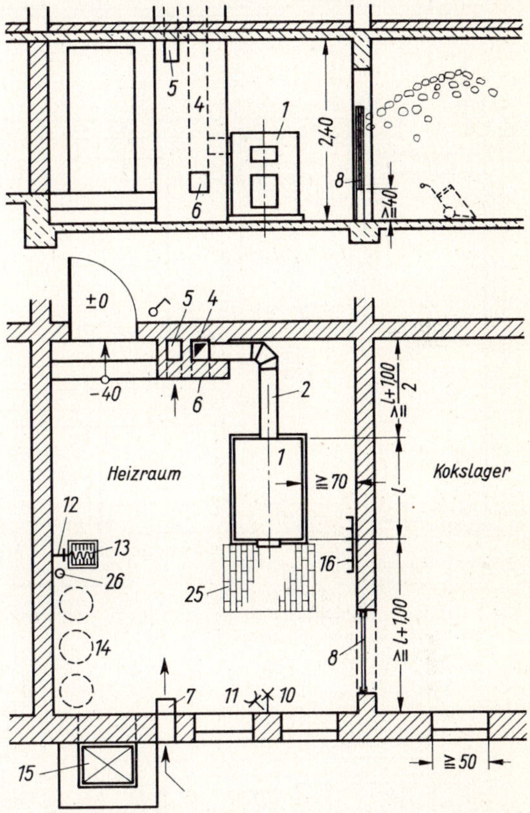

633.1
Heizraum und Kokslager für Heizkessel von 120 kW (M 1:100)

1 Heizkessel
2 Rauchrohr
4 Schornstein
5 Abluft
6 Reinigungsöffnung
7 Zuluft
8 Bohlen, herausnehmbar in U-Schienen
10 elektrische Wandleuchte
11 Schuko-Steckdose
12 Wasserauslaufventil mit Schlauchverschraubung
13 Fußbodenentwässerung
14 Aschenbehälter
15 handbetriebener Aschenaufzug
16 Schür- und Reinigungsgerät des Kessels
25 Klinkerfußbodenbelag vor dem Kessel
26 Auslauf der Überlaufleitung vom Ausdehnungsgefäß

Der Heizkessel wird in der Regel im Untergeschoß des Gebäudes aufgestellt. Nur in nichtunterkellerten Einfamilienhäusern und bei der Stockwerkheizung (s. Abschn. 10.1.2.3) findet er seinen Platz auch in der Küche oder einem Nebenraum. Heizkessel > 48 kW erfordern stets einen besonderen Heizraum, der auch eine Dachheizzentrale (s. Abschn. 10.2.5.3) sein kann.

Bei umfangreicheren Anlagen sieht man an Stelle eines größeren Kessels zwei oder mehrere kleinere Kessel von entsprechender Gesamtleistung vor. Man braucht dann in der Übergangszeit bei geringem Wärmebedarf nur einen Teil der Kessel in Betrieb zu nehmen und kann notfalls einen einzelnen Kessel ohne Stillegen der ganzen Anlage instandsetzen.

Lage. Sie muß hinsichtlich des Erschütterungs- und Schwingungsschutzes sowie des

Schutzes gegen sonstige Gefahren und unzumutbare Belästigungen zuverlässig und so gewählt sein, daß die Feuerungsanlagen entsprechend den sicherheitstechnischen Anforderungen erreicht werden können.

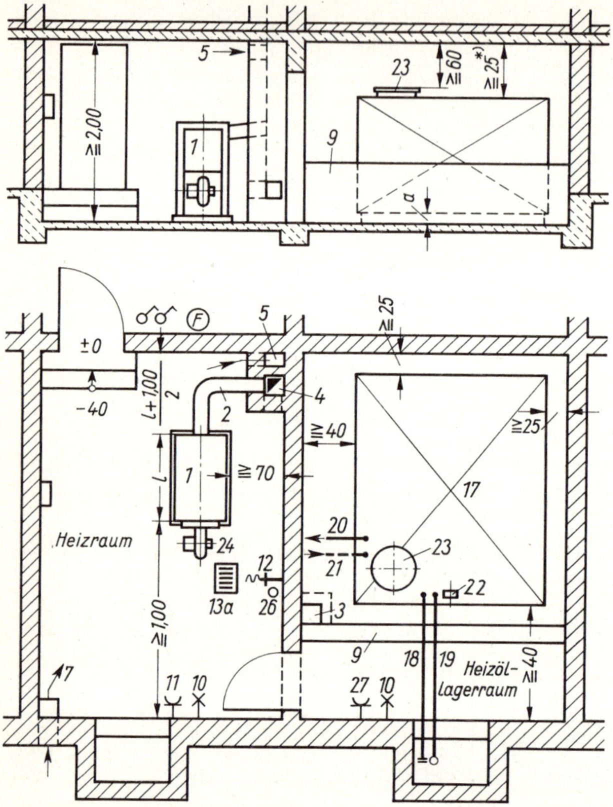

1 Heizkessel
2 Rauchrohr
3 Pumpensumpf
4 Schornstein
5 Abluft
7 Zuluft
9 Trennwand des Ölauffangraumes
10 elektrische Wandleuchte
11 Schuko-Steckdose
12 Wasserauslaufventil mit Schlauchverschraubung
13a Fußbodenentwässerung mit Heizölsperre oder -abscheider
17 Heizöllagerbehälter (geschweißter Kellertank)
18 Fülleitung DN 50
19 Entlüftungsleitung
20 Öl-Entnahmeleitung
21 Öl-Rücklaufleitung
22 Ölstandsanzeiger
23 Reinigungsöffnung
24 Ölbrenner
27 Steckdose für Grenzwertgeber zum Anschluß der Tankwagen-Überfüllsicherung
a ≧ 50 mm bei Batteriebehältern nach DIN 6620 (ovale Form)
≧ 100 mm bei Behältern mit ebenem Boden
*) falls kein Reinigungsdeckel in der Behälterdecke vorhanden

634.1 Heizraum und Heizöllagerraum für ölgefeuerten Heizkessel von 100 kW (M 1:100)

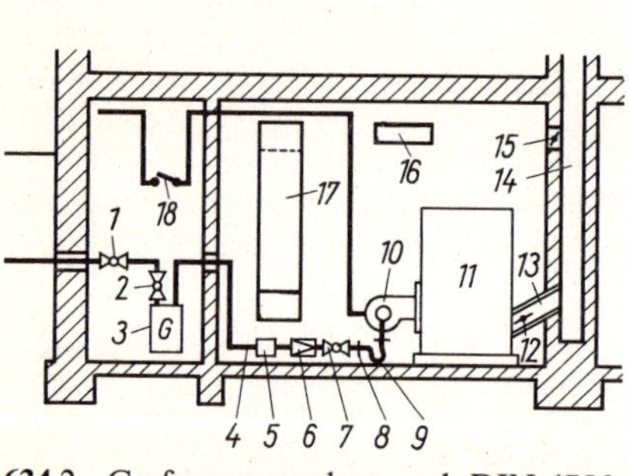

634.2 Gasfeuerungsanlage nach DIN 4756 (nach Krupp Heizungs-Handbuch)

1 Hauptabsperrschieber
2 Notabsperrhahn außerhalb des Heizraumes
3 Gaszähler
4 Verbrauchsleitung
5 Gasfilter
6 Gasdruckregler
7 Handabsperrhahn
8 DVGW-zugelassene Verschraubung
9 biegsame Leitung nach DIN 3383
10 DIN-DVGW-geprüfter Gasbrenner
11 Heizkessel
12 Abgasdrosselklappe
13 Abgasrohr
14 Abgasschornstein
15 Zugbegrenzer nach Auflage des örtlichen GVU
16 Abluftöffnung (über Dach)
17 Zuluft
18 elektrischer Notschalter

Abmessungen. Der Heizraum muß einen Rauminhalt von $\geqq 8\ m^3$ haben und so bemessen sein, daß Feuerstätten ordnungsgemäß bedient und gewartet werden können. Insbesondere muß vor, neben, hinter und über den Feuerstätten zur leichten Reinigung und Instandhaltung ausreichend freier Raum vorhanden sein.

Die in den Bildern **633**.1 und **634**.1 angegebenen Wandabstände der Kessel sollten möglichst nicht unterschritten werden. Mehrere Kessel können paarweise unmittelbar nebeneinanderstehen.

Der Heizraum muß $\geqq$ 2,00 m i. L. bei < 70 kW Nennheizleistung hoch sein. Zwischen Oberkante Feuerstätte und Unterkante Decke (Unterzug) oder Rohrleitungen müssen $\geqq$ 1,50 m lichte Höhe bei > 150 kW und $\geqq$ 1,80 m bei > 300 kW Nennheizleistung der Feuerstätte vorhanden sein, wenn diese von oben gereinigt wird.

Über der oberen, während des Betriebes zu betretenden Plattform einer Feuerstätte muß bis zur Unterkante Decke (Unterzug, Rohrleitungen) die lichte Durchgangshöhe $\geqq$ 1,80 m betragen.

Arbeitsbühnen, ausgenommen Beschickungsfahrbahnen, müssen aus Gitterrosten hergestellt sein.

Wände, Decken, Fußböden. Mit Aufenthaltsräumen darf der Heizraum nicht unmittelbar verbunden sein. Die Wände und Stützen des Heizraumes sowie die Decken zwischen ihm und anderen Räumen müssen feuerbeständig, Wände und Decken zwischen Heizraum und Aufenthaltsraum wärmedämmend sein. Für Trennwände zwischen dem Heizraum und den zum Betrieb der Heizungsanlage gehörenden Räumen, mit Ausnahme des Heizöllagerraumes, sind nichtbrennbare Baustoffe zulässig.

Der Fußboden des Heizraumes muß verkehrssicher sein und aus nichtbrennbaren Baustoffen bestehen. Durchbrüche für Heizrohre oder andere Leitungen in Wänden, Decken und Fußböden müssen geschlossen sein. Die Vorschriften dieses und des vorigen Absatzes, ohne den ersten Satz, gelten auch für zum Betrieb der Heizungsanlage gehörende Räume, die mit Heizräumen offen verbunden sind, z. B. Lagerräume für feste Brennstoffe.

Das Fundament größerer Kessel ist vom übrigen Betonfußboden zu trennen. Unmittelbar vor einem Kokskessel empfiehlt sich ein Klinkerbelag des Fußbodens, da dieser gegen glühenden Koks und heiße Asche unempfindlich ist.

Der Kesselraum erhält eine Wasserzapfstelle DN 15 mit Schlauchverschraubung zum Füllen und Ausspritzen des Raumes.

Bei Heizölfeuerung darf kein Heizöl an den Heizkessel, in Nebenräume, in die Kanalisation oder in das Grundwasser gelangen können. Daher ist als Fußbodenentwässerung hier, wenn überhaupt, nur eine Heizölsperre oder ein Heizölabscheider nach DIN 4043 zulässig (s. Abschn. 3.5.3).

Vertiefte Aufstellung. Von etwa 180 kW Nennleistung ab werden Kokskessel von oben beschickt und bei Handbeschickung, die jedoch nur noch für kleinere Zentralen in Frage kommen kann, hierzu so weit vertieft aufgestellt, daß die als Kesselbühne mitzuverwendende Kesseldecke mit dem Fußboden der Kokslagerräume in einer Höhe liegt (**636**.1). Der Koks wird hierbei am besten durch Karren von $\geqq$ 150 kg Inhalt mit Bodenentleerung und gummibereiften Rädern herangeschafft. Oft wird eine Grundwasserabdichtung notwendig sein.

Fenster, Türen, Ausgänge. Der Heizraum muß mindestens ein unmittelbar ins Freie führendes Fenster haben, wenn die ständige Anwesenheit eines Heizers erforderlich ist. Das lichte Maß der Fensterfläche soll $\geqq 1/_{12}$ der Heizraumgrundfläche betragen. Die Vorrichtungen zum Öffnen und Schließen der Fenster müssen in handlicher Höhe angebracht und leicht zu betätigen sein. Türen von Heizräumen müssen nach außen aufschlagen. Nicht ins Freie führende Türen müssen mindestens feuerhemmend sein, Türen in Trennwänden zwischen dem Heizraum und zum Betrieb der Heizungsanlage gehörigen Räumen aus nichtbrennbaren Baustoffen bestehen.

Heizräume für Feuerstätten mit einer Gesamtnennheizleistung von > 300 kW müssen zwei möglichst entgegengesetzt liegende Ausgänge haben. Einer dieser Ausgänge muß unmittelbar oder über einen Flur, der nicht mit anderen Räumen in Verbindung steht, ins Freie führen. Er kann als Ausstieg über ein Fenster ausgebildet sein. Notfalls sind Steigeisen anzubringen.

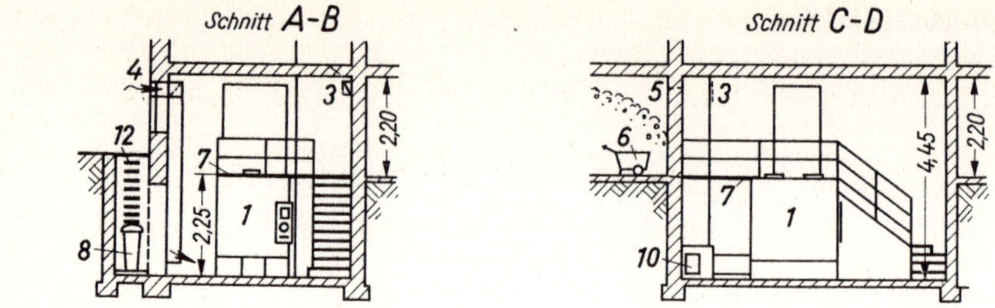

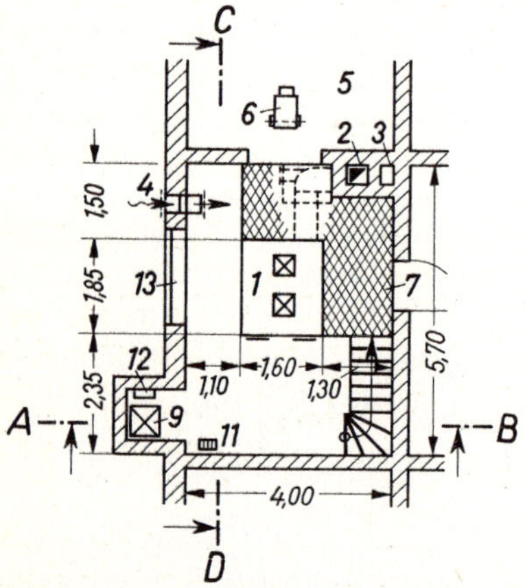

1 Heizkessel
2 Schornstein
3 Abluft
4 Zuluft
5 Kokslager
6 Kokskarre
7 Kesselbühne
8 Aschenkübel
9 Aschenaufzug
10 Reinigungsöffnung
11 Fußbodenentwässerung
12 Notausstieg
13 Montageöffnung

636.1 Heizraum für einen Kokskessel von 360 kW mit Handbeschickung von oben (nach VDI 2050) (M 1:200)

Schornsteine. Jede Feuerstätte für feste oder flüssige Brennstoffe muß ein eigenes Schornsteinrohr ohne jeden anderen Anschluß erhalten (Ausnahmen nur bei bestehenden Gebäuden und Stockwerkheizungen). Für Gasfeuerstätten ist ein Anschluß an ein gemeinsames Abgasschornsteinrohr zulässig.

Zweckmäßig sind Schornsteine aus Formstücken in mehrschaliger Bauart mit gasdichtem Innenrohr, Wärmedämmschicht und Ummantelung (**518**.2 und **519**.1) wegen geringer Geräuschübertragung und verringerter Gefahr der Rißbildung, besonders bei Ölfeuerungen, die mit ihren hohen und kurzzeitigen Wechselbelastungen das Schornsteinmauerwerk stark beanspruchen.

Weitere Einzelheiten über Rauchrohre und Rauchschornsteine der Koks- und Ölfeuerstätten s. Abschn. 8.5.2 und 8.5.3, über Abgasanlagen der Gasfeuerstätten s. Abschn. 5.1.6.

Beleuchtung. Heizräume und Räume, die mit ihnen unmittelbar in Verbindung stehen, müssen durch eine elektrische Beleuchtungsanlage ausreichend beleuchtet werden können.

Insbesondere ist auf eine gute Beleuchtung der Kesselvorderseite sowie aller wichtigen Armaturen zu achten und mindestens eine Steckdose vorzusehen. Zweckmäßig wird für die Stromversorgung des Heizraumes auch kleinerer Heizungsanlagen ein besonderer Stromkreis angeordnet (**332**.1 und **335**.1).

Schall- und Erschütterungsschutz. Erschütterungen, Schwingungen und Geräusche, die von Feuerstätten, Lüftungsanlagen und sonstigen Einrichtungen ausgehen, müssen so gedämmt sein, daß Gefahren oder unzumutbare Belästigungen nicht entstehen, insbesondere muß der Schallschutz des Heizraumes und der Lüftungsanlagen den Anforderungen der DIN 4109 genügen.

10.2.5.2 Heizraumlüftung

Belüftungsanlagen. Der Heizraum muß mindestens eine Einrichtung haben, durch welche Zuluft vom Freien angesaugt (Ansaugöffnung) und dem Heizraum zugeführt (Zuluftöffnung) wird.

Weniger als 2 m über Gelände liegende Ansaugöffnungen an öffentlichen oder privaten Verkehrsflächen müssen ein stoßfestes Gitter aufweisen.

Zu ungeschützten Öffnungen von Räumen mit erhöhter Brand- oder Explosionsgefahr muß ausreichender Abstand bestehen.

Zuluftöffnungen sollen in der Nähe des Fußbodens angeordnet sein.

Ihre Unterkante darf bei Feuerstätten mit ständiger Überwachung durch einen Heizer $\leqq 50$ cm über dem Fußboden des Heizerstandes liegen.

Bei Feuerstätten mit einer Gesamtnennheizleistung $\geqq 48$ kW müssen unmittelbar ins Freie führende kreisförmige oder rechteckige Öffnungen (Seite a $\leqq 1{,}5 \times$ Seite b) insgesamt $\geqq 300\ \text{cm}^2$ groß sein. Für je weitere 1,2 kW Gesamtnennheizleistung sind diese Öffnungen insgesamt um $3\ \text{cm}^2$ zu vergrößern.

Unvergitterte rechteckige Öffnungen, bei denen das Maß der längeren Seite bis zum Fünffachen bzw. Zehnfachen der kürzeren Seite beträgt, müssen $\geqq 10\%$ bzw. 25% größer sein als vorstehend angegeben. Die kürzere Seite muß $\geqq 10$ cm lang sein.

Wird die Zuluft einem an der Gebäudeaußenwand angeordneten Schacht entnommen, so muß sein Querschnitt mindestens um 50% größer als der der Ansaugöffnung sein. Die Schachtsohle muß $\geqq 30$ cm unter dem Abzweig der Zuluftleitung liegen. Der Schacht muß leicht zu reinigen und der Querschnitt der Öffnungen, Leitungen und Schächte während des Betriebes der Feuerstätte frei sein. Gitter, Roste oder ähnliche Vorrichtungen müssen Durchtrittsöffnungen von $\geqq 10\ \text{mm} \times 10\ \text{mm}$ haben.

Entlüftungsanlagen ohne Ventilatoren. Zur Entlüftung ohne Ventilatoren müssen Heizräume einen neben dem zugehörigen Schornstein liegenden Abluftschacht mit natürlichem Auftrieb haben, der wie ein Schornstein über Dach geführt und oben offen sein muß. Die Abluftöffnung muß während des Betriebes frei, möglichst nahe unter der Decke sowie möglichst weit von der Zuluftöffnung entfernt und so angeordnet sein, daß der Abluftstrom die Funktion der Strömungssicherungen von Gasfeuerstätten nicht beeinträchtigt.

Zur Vergrößerung des Abstandes zwischen Abluftöffnung und Strömungssicherungen kann die Abluft dem Abluftschacht durch eine nahe der Decke angeordnete Abluftleitung zugeführt werden.

Der Querschnitt des Abluftschachtes muß gleichbleibend $\geqq 200\ \text{cm}^2$ betragen. Bei rechteckigen Querschnitten darf das Maß der längeren Seite $\leqq$ dem 2fachen, wenn sie jedoch an einem zum Heizraum gehörenden Schornstein anliegt, $\leqq$ dem 2,5 fachen der kürzeren Seite sein. Diese muß $\geqq 10$ cm lang sein.

Eine waagerechte Abluftleitung soll nach Form und Größe dem Abluftschacht möglichst gleichen. Sie soll keinen kleineren Querschnitt als dieser haben.

Der Querschnitt eines neben dem Heizungsschornstein liegenden Abluftschachtes kann überschläglich nach Tafel **637**.1 ermittelt werden.

Tafel **637**.1 Verhältnis des Abluftschachtquerschnittes zum Schornsteinquerschnitt

Form des Schachtquerschnittes	Verbrennungsluft wird aus dem Heizraum entnommen	Verbrennungsluft wird durch dichte Leitung zugeführt
rechteckig, die längere Seite ist nicht länger als das 1,5fache der kürzeren	0,60	0,85
andere rechteckige Querschnitte	0,63	0,90
kreisförmig	0,57	0,80

Entlüftungsanlagen mit Ventilatoren. Sie müssen die Abluft über Dach oder durch die Gebäudeaußenwand abführen. Sie sind nur bei einer Aufstellung von Feuerstätten zulässig, die nicht mit festen Brennstoffen betrieben werden dürfen, und müssen Vorrichtungen zur Abschaltung der Feuerstätten haben, wenn der nach der ZTA-Heizräume geforderte Volumenstrom länger als 1 Minute um mehr als $^1/_3$ unterschritten wird.

Für die Lage der Abluftöffnungen gilt das bei den Entlüftungsanlagen ohne Ventilator Gesagte.

Die Lüftungsleitungen müssen eine ausreichende Anzahl von Reinigungsöffnungen mit dichten Verschlüssen (nicht zum Einschrauben) aufweisen, so daß die Leitungen leicht gereinigt werden können. Drosseleinrichtungen müssen zugänglich sein, ihre Einstellung dauerhaft gekennzeichnet.

Mit der Druckseite eines Ventilators verbundene Lüftungsleitungen dürfen nicht durch Aufenthaltsräume, Flur-, Wasch- und Aborträume führen, ferner, ebenso wie die Ventilatoren selbst, nicht in den Wänden dieser Räume liegen.

10.2.5.3 Dachheizzentralen

Durch die Entwicklung der Hochleistungskessel (Überdruckkessel) sowie leistungsstarker Gaskessel mit atmosphärischem Brenner, die beide keinen natürlichen Schornsteinzug mehr erfordern, ist es möglich geworden, Heizräume für Warmwasser-Pumpenheizungen größerer Gebäude, insbesondere von Hochhäusern, auch auf dem Dach des Gebäudes als Dachheizzentralen zu errichten (**600**.1).

Dort lassen sich diese häufig mit anderen Dachaufbauten, z. B. den Maschinenräumen der Aufzüge, in einwandfreier Gestaltung kombinieren.

Vorteile einer solchen Anordnung sind vor allem

Einsparung der Bau-, Instandhaltungs- und Reinigungskosten hoher Schornsteine und Abluftschächte, an deren Stelle für jeden Kessel ein einfaches niedriges und von unten nicht sichtbares Ausblaserohr über Dach genügt

Nutzflächengewinn in allen Geschossen, vor allem in dem voll als Lagerfläche oder Tiefgarage verfügbaren Kellergeschoß

keine unerwünschte und unbeeinflußbare Erwärmung der Räume, durch die der Schornstein führt

höherer Wirkungsgrad der Kessel durch niedrigere Abgastemperatur

Kessel im Sommer nicht der Feuchteeinwirkung des Kellers ausgesetzt

vollkommen rußfreie Verbrennung mit hohem CO_2-Gehalt, dadurch erhöhter Wirkungsgrad und Senkung der Betriebs- und Wartungskosten sowie geringere Luftverschmutzung.

Der Heizraum wird meistens unmittelbar vom Treppenhaus aus zugänglich gemacht. Ein Notausgang kann auf das Flachdach oder eine Dachterrasse führen. Die Brennstoffzufuhr erfordert nur einen verhältnismäßig kleinen Schacht in den Normalgeschossen, der meist auch die Heizungs-Vor- und -Rückläufe sowie die übrigen Versorgungsleitungen aufnimmt und ausreichend zu be- und entlüften ist (**639**.1).

Bei ölgefeuerten Überdruckkesseln müssen besondere Schutzmaßnahmen gegen auslaufendes Heizöl getroffen werden. So sind die Kessel und Ölbrenner in eine öldichte Wanne zu setzen, damit auslaufendes Öl oder Wasser nicht durch die Decken dringen kann.

Die Auffangwanne erhält eine Ablaufleitung von solchem Querschnitt, daß diese gleichzeitig als Schutzrohr für die Öl-Zu- und -Rücklaufleitung vom Öltank zum Brenner dienen kann. Ihr wird gegen Verstopfen zweckmäßig ein Sieb vorgebaut. Die Ablaufleitung führt zu einem Sicherheitsgefäß in der Nähe des Heizöltanks (**600**.1).

Bei größeren Anlagen wird auch ein Öltagesbehälter mit einem Fassungsvermögen für 12 Vollbetriebsstunden und einer Überlaufleitung zum Öltank in der Heizzentrale vorgesehen.

Gasgefeuerte Kessel sind, da sie keinen besonderen Schutz gegen auslaufenden Brennstoff erfordern, für eine Montage in Dachheizräumen besonders geeignet. Diese Kessel müssen jedoch in einer Auffangwanne für austretendes Wasser mit Anschluß an die Hausabwasseranlage stehen.

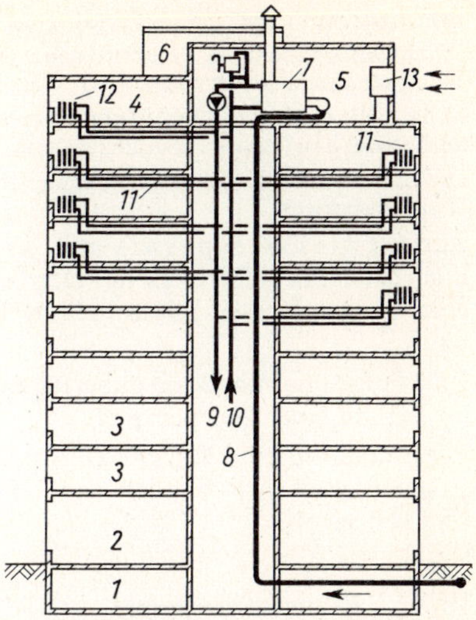

639.1
Dachheizraum eines Hochhauses mit Gas-Spezialkesseln

1 Untergeschoß
2 Erdgeschoß
3 Normalgeschoß
4 Dachgeschoß
5 Heizzentrale im Dachgeschoß
6 Maschinenraum der Aufzugsanlage
7 Gas-Spezialkessel
8 Gas-Zuleitung
9 Heizungsvorlauf
10 Heizungsrücklauf
11 Heizungsverteilungsleitungen
12 Heizkörper
13 Luftansaugöffnung mit Luftschalldämpfer

Die Decke unter dem Heizraum muß entsprechend dem Gewicht der Kessel für eine Belastung von 2000 bis 2500 kg/m^2 bemessen sein. Außenwände und Dach können in Leichtbauweise ausgeführt sein.

Im übrigen gelten die gleichen Anforderungen in bezug auf Standsicherheit, Brandschutz, Abmessungen, Be- und Entlüftung, Beleuchtung, Zugang wie für Heizräume in Kellergeschossen.

Zugang und Fluchtweg. Dachheizräume müssen in der Nähe leicht erreichbarer Treppenräume liegen. Der Zugang zum Treppenhaus sollte über einen $\geqq 3\,m^2$ großen Vorraum erfolgen, in dem sich auch der erforderliche Gefahrenschalter und die Öl- bzw. Gasabsperreinrichtungen befinden.

Ein bauaufsichtlich vorgeschriebener 2. Ausgang muß auf möglichst kurzem Wege zum Treppenraum oder zum Vorraum führen. Beide Ausgänge dürfen auf den gleichen Rettungsweg führen. Zu- und Ausgang dürfen im gleichen Vorraum enden, wenn die Türen in einer Langseite des Heizraumes angebracht sind.

Befinden sich im Dachraum keine Aufenthaltsräume, so kann in Anlagen bis 1200 kW der Zugang zum Dachheizraum unmittelbar vom Treppenraum aus erfolgen.

Wird die Heizzentrale auf das Dach gesetzt, so sollte eine feste Treppe auf das Dach führen. Der Weg über die Dachfläche zum Heizraum ist allseitig gut zu sichern und zu beleuchten.

Sind im Bereich des Zuganges oder Fluchtweges Rohrleitungen oder Blitzschutzanlagen installiert, ist ein Laufsteg von 1 m Mindestbreite vorzusehen. Die Kopfhöhe muß überall $\geqq 2$ m betragen.

Schallschutz. Zur Verhütung unzumutbarer Belästigungen in den Geschossen unter der Heizzentrale und in ihrer Umgebung sind eine Reihe von Schallschutzmaßnahmen unumgänglich, die unter Hinzuziehung einer Spezialfirma durchzuführen sind.

Die auftretenden Geräusche sind in 2 Gruppen zu unterteilen:

die mechanischen Geräusche der beweglichen Teile des Brenners, der Pumpen usw. sowie die Flammen- und Gasgeräusche.

Es sind möglichst leiselaufende Brenner und Pumpen auszuwählen und an der Entstehungsstelle des Lärmes schall- und schwingungsdämmende Maßnahmen vorzusehen, damit sich ein Teil der Druckwellen gar nicht erst ausbreiten kann.

In erster Linie sind die Brenner mit schalldämmenden Hauben zu umkleiden, die Kessel und Pumpen auf geräusch- und schwingungsdämpfende Fundamente oder Füße zu setzen und in die Wasser-, Luft- und Abgasleitungen Kompensatoren einzubauen. Eine wesentliche bauliche Schallschutzmaßnahme besteht darin, daß die Dachheizzentrale ohne Fenster gebaut und die Luftansaugöffnung mit einem Luftschalldämpfer ausgerüstet wird.

Es hat sich bewährt, die Zuluft durch einen Schacht vom Dach des Heizraumes aus zu entnehmen und auch die Abluft über Dach abzuführen.

Die Außenwände des Raumes sind innen mit Schallschluckplatten auf Dämmatten ausreichender Dicke zu belegen.

Zur Gewichtsersparnis und Transporterleichterung sowie mit Rücksicht auf höchste Wirtschaftlichkeit des Heizbetriebes auch in den Übergangszeiten werden anstelle eines großen Kessels meist mehrere kleinere mit möglichst geringem Wasserinhalt eingebaut.

Eine Folgeschaltung sorgt dabei für eine gleichhohe Belastung der einzelnen Kesseleinheiten im Verlauf einer Heizperiode.

Die Frage, ob eine Dachheizzentrale gegenüber der Unterbringung des Heizraumes im Kellergeschoß wirtschaftlicher ist, läßt sich nicht allgemein, sondern immer nur von Fall zu Fall beurteilen.

10.2.6 Brennstofflagerung

10.2.6.1 Kokslagerräume

Kokslagerräume sind in ausreichender Größe und so neben dem Heizraum anzuordnen, daß die Brennstoffe ohne Schwierigkeit herangeschafft, eingelagert und zu den Kesseln gebracht werden können (**633**.1).

Bei oberer Beschickung muß das Kokslager möglichst in gleicher Höhe mit der Kesselbühne liegen (**636**.1). Die Einfüllöffnungen sind möglichst so anzuordnen, daß nachträgliches Umschaufeln des Brennstoffes nicht erforderlich wird. Sie sollen für Bandfördergeräte $\geqq 50$ cm breit und $\geqq 40$ cm hoch sein und mit ihrer Unterkante 60 cm über der Fahrbahn liegen.

Einen Einwurfschacht für Koks zeigt Bild **640**.1.

Zwei oder mehr Kokskeller erleichtern bei größeren Anlagen die Kontrolle des Brennstoffverbrauches. Kokskeller unter Hofdecken sind sehr bequem von oben über eine Reihe von wasserdicht zu verschließenden Füllöffnungen zu beschicken. Sie sind aber kostspielig (**641**.1 und 2).

Die Größe des Kokslagers zur Einlagerung des Jahresbedarfes beträgt bei 1,50 m Schütthöhe einschließlich Gänge

$$F \text{ etwa } 0{,}5\, Q_N \text{ in } m^2$$

mit Q_N = Gesamtwärmebedarf des Gebäudes in kW.

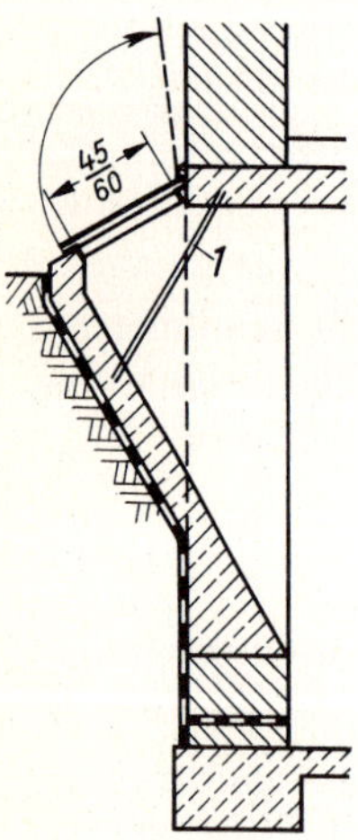

640.1
Einwurfschacht für Koks (M 1:50)
1 einbetonierte Rundstähle als Einbruchsschutz

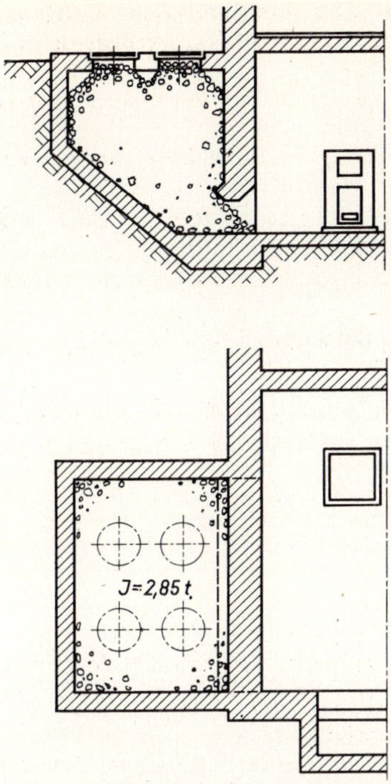

641.1 Außenliegender Koksbunker der WW-Heizung eines Einfamilienhauses, gegen die Baugrubenwand betoniert (M 1:100) (Ruhrkohlenberatung)

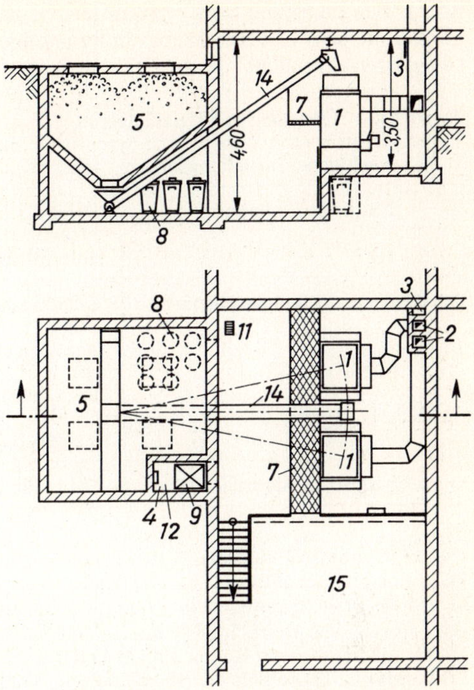

641.2 Kokslager und Heizraum für 2 Kokskessel von je 460 kW mit mechanischer Beschickung (M 1:200) (Ruhrkohlenberatung)

1 Heizkessel
2 Schornstein
3 Abluft
4 Steigeisen
5 Kokslager
7 Kesselbühne
8 Aschentonnen
9 Aschenaufzug
11 Fußbodenentwässerung
12 Notausstieg
14 Förderschnecke oder Förderband
15 Arbeitsraum

10.2.6.2 Heizöllagerung

Den nachstehenden Ausführungen liegen die auf Grund der Heizölbehälter-Richtlinien der Argebau vom Juli 1966 aufgestellten „Heizölbehälter-Richtlinien – HBR" des Landes Schleswig-Holstein vom November 1968 zugrunde.

Entsprechende Vorschriften der anderen Bundesländer können in Einzelheiten geringfügig abweichen. Die Vielfalt der behördlichen, in den Ländern unterschiedlichen Bestimmungen, erschwert die Übersicht (Taf. **642**.1).

Oberirdische Lagerung in Gebäuden. Sie wird gegenüber der unterirdischen Lagerung wegen der niedrigeren Anschaffungs-, Einbau- und Überwachungskosten sowie der geringeren Gefahren für das Grundwasser bei Undichtwerden von Behältern zunehmend vorgezogen.

In Heizöllagerräumen darf auslaufendes Heizöl nicht in Abwassergruben und -leitungen, in Rohrleitungs- und Kabelschächte und -kanäle oder in Gewässer gelangen können. Abläufe müssen, soweit erforderlich, gegen Heizöl abgesperrt sein (s. Abschn.

3.5.3). Bei Lagerung von > 300 l Heizöl ist der Fußboden ölundurchlässig und aus mindestens schwer entflammbaren Baustoffen herzustellen. Eine elektrische Beleuchtung ist vorzusehen.

Tafel **642**.1 Übersicht zur Heizöllagerung

1	Nach dem Aufstellungsort	innerhalb oder außerhalb des Gebäudes
2	Nach der Einbauart	oberirdisch, teilweise oberirdisch
		unterirdisch (liegend oder stehend)
3	Nach der Behälterbauart	zylindrische Behälter mit Einbaumöglichkeiten nach 2
		standortgefertigte, kellergeschweißte
		Batteriebehälter, oval oder rechteckig
		Kugelbehälter
4	Nach dem Material	aus Stahl, Aluminium, Kunststoff, Beton

Keine Lagerung von Heizöl ist erlaubt in Durchgängen und Durchfahrten, in Treppenräumen, Haus- und Geschoßfluren, in Dachböden von Wohn-, Büro-, Krankenhäusern und ähnlichen Gebäuden, in Arbeitsräumen und Laboratorien sowie in Lagerräumen für leicht entflammbare Stoffe.

Bei Lagerung von Heizöl in Heizräumen und Heizöllagerräumen sowie bei der Lagerung von ≧ 1000 l Heizöl außerhalb dieser Räume sind Handfeuerlöscher der Bauart PG 6 Größe 3 nach DIN 14406 (Brandklasse B) außerhalb der Heizräume und Heizöllagerräume in der Nähe des Zuganges vorzusehen.

An der Tür jedes Raumes, in dem Heizöl gelagert wird, außer in Wohnungen, ist ein auffälliger, dauerhafter Anschlag mit dem Wortlaut „Heizöllagerung! Feuer und Rauchen verboten!" anzubringen.

Lagerung in Heizöllagerräumen. Heizöllagerräume sind ausschließlich zur Lagerung von > 5000 l Heizöl genutzte Räume (**643**.1 und **634**.1). Sie dürfen keine Feuerstätten und in Gebäuden ≦ 100 000 l Fassungsvermögen haben. Wände sind feuerbeständig, Decken und Innentüren (diese dicht und selbstschließend) feuerhemmend, bei > 10 000 l Lagermenge feuerbeständig auszuführen.

In eingeschossigen Bauten sind Erleichterungen möglich.

Einbauten und Unterteilungen sind aus nicht brennbaren Baustoffen herzustellen.

Lüftung muß möglich sein. Feuerbeständige Leitungen sind erforderlich bei Lüftungsanlagen, die mit anderen Räumen verbunden sind.

Auffangraum. Bei Lagerung von mehr als insgesamt 300 l je Gebäude oder je Brandabschnitt muß auslaufendes Heizöl in einem ölundurchlässigen Auffangraum aus nicht brennbaren Baustoffen, z. B. durch Schwelle, Vertiefung oder Wanne gebildet, aufgefangen werden.

Dieser darf nur solche Abläufe haben, die über eine dichte Leitung zu einem Heizölabscheider oder einer Heizölsperre führen.

Leitungen oder Einrichtungen der Wasser-, Strom-, Gas- und Fernwärmeversorgung im Auffangraum sind unzulässig.

Das Fassungsvermögen des Auffangraumes muß mindestens dem Rauminhalt des größten Behälters entsprechen. Dabei zählen mehrere so miteinander verbundene Behälter, daß Heizöl von einem Behälter in andere fließen kann, als ein Behälter. Auch darf das Fassungsvermögen des Auffangraumes ohne Berücksichtigung des Rauminhaltes der in ihm aufgestellten Behälter berechnet werden.

Bei mehr als 2 Behältern im Auffangraum genügt es nach TRbF, wenn dessen Fassungsvermögen bei Lagerung in 3 Behältern 45%, in 4 Behältern 40%, in 5 und mehr Behältern 35% des Rauminhaltes dieser Behälter beträgt.

Beton-, Putz- oder Estrichflächen von Auffangräumen sind mit einem ölbeständigen Anstrich oder einer entsprechenden Beschichtung (Abdichtungsmittel) mit Prüfzeichen zu versehen.

Der Fußboden sollte einen Pumpensumpf haben.

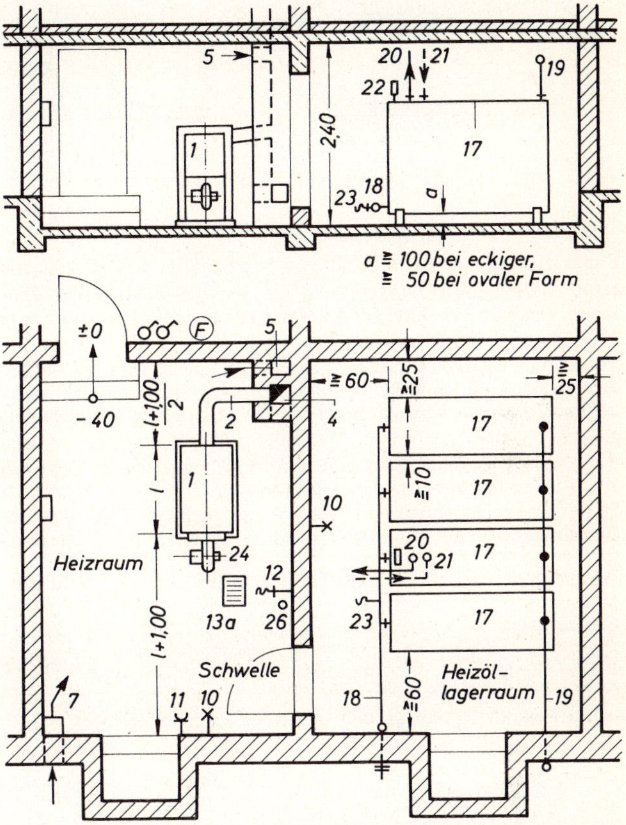

643.1 Heizöllagerraum und Heizraum für ölgefeuerten Heizkessel von 99 kW (M 1:100)

1 Heizkessel
2 Rauchrohr
4 Schornstein
5 Abluft
7 Zuluft
10 elektrische Wandleuchte
11 Schukosteckdose
12 Wasserauslaufventil mit Schlauchverschraubung
13a Fußbodenentwässerung mit Heizölsperre oder Heizölabscheider
17 4 Heizöllagerbehälter (Batteriebehälter nach DIN 6620) je 2000 l
18 Füll- und Verbindungsleitung ≧DN 50
19 Entlüftungsleitung
20 Ölentnahmeleitung ≧DN 10
21 Ölrücklaufleitung ≧DN 10
22 Ölstandsanzeiger
23 Entleerung
24 Ölbrenner
26 Ausmündung der Überlaufleitung vom Ausdehnungsgefäß

Lagerung in anderen Räumen. In Wohnungen darf Heizöl in ortsfesten Behältern bis zu 100 l, in Kanistern bis zu 40 l je Wohnung gelagert werden.

Außerhalb von Wohnungen darf Heizöl bis zu 5000 l je Gebäude oder Brandabschnitt in Räumen ohne Feuerstätten gelagert werden, wenn bei Lagerung von > 300 l die Räume feuerhemmende Wände und Decken haben, lüftbar und mit 2 feuerhemmenden und selbstschließenden Türen versehen sind. Leicht entflammbare Stoffe dürfen in ihnen nicht gelagert werden. Die für Auffangräume genannten Forderungen müssen erfüllt sein.

In Heizräumen. Hier dürfen bei einem Abstand von > 1 m zwischen Kessel und Lagerbehälter ≦ 5000 l Heizöl gelagert werden, wenn die Räume den Anforderungen an Decken, Wände, Innentüren und Auffangraum in Heizöllagerräumen genügen.

Unterirdische Lagerung. Unterirdische Behälter müssen voneinander ≧ 40 cm, von Gebäuden ≧ 60 cm und von Grundstücksgrenzen und Leitungen ≧ 1,00 m Abstand halten (**602**.1 und **644**.1).

Unabhängig von der Lagermenge muß auslaufendes Heizöl aufgefangen werden, wenn die Behälter gegen Auslaufen nicht besonders gesichert sind.

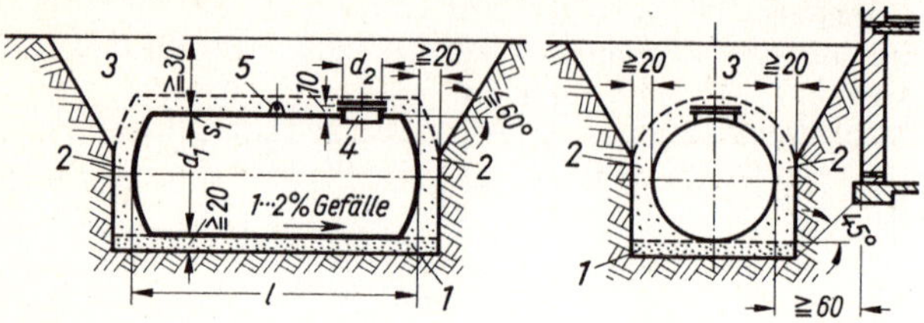

1 Grubensohle aus stein- und schlackenfreiem Boden (20 cm Sand)
2 gesiebter Boden
3 Verfüllung der Baugrube ohne Schlacke und Asche
4 Dom (hier ohne Domschacht)
5 Tragöse

644.1 Unterirdischer Lagerbehälter für Heizöl nach DIN 6608 T. 1

Diese Forderungen werden erfüllt

durch doppelwandige Behälter, z. B. nach DIN 6608 T. 2, auch als Behälter mit Einlage oder Hülle (Umhüllung), mit Leckanzeigegerät (Kontrollgerät) der Klasse I der Bau- und Prüfgrundsätze oder

durch ölundurchlässige Auffangräume mit Leckanzeigegerät (Kontrollgerät) und ohne Abläufe oder Abflüsse oder

durch einwandige Behälter, z. B. nach DIN 6608 T. 1 (Taf. **644**.2), mit entsprechenden Schutzeinrichtungen mit Bauartzulassung oder Typengenehmigung, die ein Auslaufen der Flüssigkeit nicht befürchten lassen. Dies gilt nur noch bei bestehenden Anlagen.

Tafel **644**.2 Geschweißte Lagerbehälter für unterirdische Lagerung flüssiger Mineralölprodukte nach DIN 6608 T. 1 (s. Bild **644**.1)

Nenninhalt	m^3	1	3	5	7	10	(13)	16	20	25	30
Außen-∅ d_1	mm	1000	1250	1600					2000		
Gesamtlänge l	mm	1510	2740	2820	3740	5350	6960	8570	6960	8540	10120
Blechdicke min s_1	mm	5							6		
lichte Weite des Doms d_2	mm	500 oder 600							600 oder 800		

Das Fassungsvermögen des Auffangraumes muß dem Rauminhalt aller in ihm eingebauten oder aufgestellten Behälter entsprechen. Mit eingerechnet werden darf der Rauminhalt der Behälter so weit, wie er unterhalb des möglichen Flüssigkeitsspiegels des Auffangraumes liegt.

Für Stahlbehälter kommt bei besonderen Korrosionsgefahren (z. B. durch aggressive Böden oder Streuströme) ein kathodischer Korrosionsschutz (s. Abschn. 10.2.6.5) in Betracht.

10.2.6.3 Heizöl-Lagerbehälter

Die Werkstoffe der Lagerbehälter müssen den auftretenden mechanischen, thermischen und chemischen Beanspruchungen standhalten, ölundurchlässig und ölbeständig sowie in erforderlichem Maße alterungsbeständig sein.

Die Behälter müssen für ihren Zweck geeignet sein, was durch Gütezeichen RAL-RG 998 für zylindrische sowie Batterie- und Haushaltsbehälter aus Stahl, bei Rechteckbehältern aus Stahl durch das Gütezeichen RAL-RG 616, in anderen Fällen durch Überwachungsverträge oder Bescheinigungen über die Bau- und Druckprüfung einer technischen Überwachungskommission nachzuweisen ist.

Behälter aus Stahl. Die vorgenannten Forderungen gelten als erbracht durch zylindrische Behälter aus Stahl für unterirdische Lagerung nach DIN 6608 T. 1 (Taf. **644**.2).

Behälter > 2000 mm Außendurchmesser erhalten einen oder zwei Versteifungsringe aus T 80, < 2000 mm Außendurchmesser einen Versteifungsring, wenn die zylindrische Länge des Behälters > 8000 mm ist.

Behälter ab 13 m³ Inhalt haben zwei Tragösen in 3500 mm Abstand.

Haushaltsbehälter nach DIN 6622 dienen zur Versorgung von Einzelöfen. Sie dürfen nicht zu Batterien zusammengezogen werden und keine fest angeschlossenen Leitungen haben.

Batteriebehälter nach DIN 6620 T. 1 (**645**.1). Sie eignen sich besonders zum Einbau in Altbauten, da ihre Zellen mit ≦ 720 mm Breite und ≦ 1500 mm Höhe leicht durch Türen und Flure zu transportieren sind.

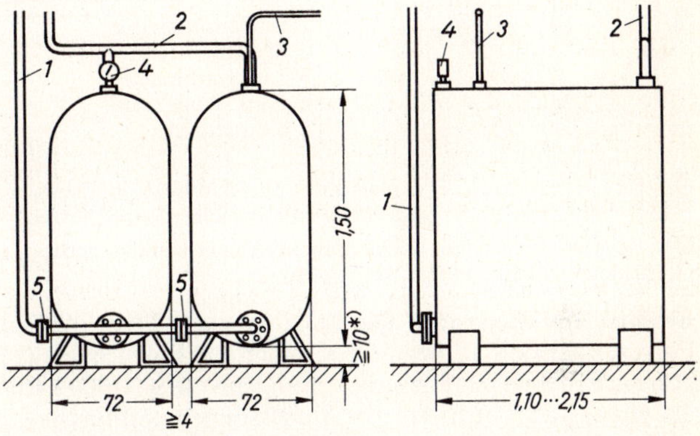

645.1
Heizöl-Keller-Behälter (Batterietanks nach DIN 6620 T. 1)
(M 1:50)
1 Fülleitung
2 Entlüftungsleitung
3 Ölsaugleitung (bzw. Rücklaufleitung)
4 Ölstandsanzeiger
5 elastische Verbindung
*) bei ovalem Behälter nach DIN 6620, T. 1, Form B ≧ 5 cm, bei Behältern mit ebenem Boden ≧ 10 cm

Sie werden mit 3 mm Wandstärke in 3 Größen hergestellt: Nenninhalt 1000 l mit ≦ 1100 mm, 1500 l mit ≦ 1650 mm und 2000 l mit ≦ 2150 mm Länge.

Die Behälter können einzeln aufgestellt oder bis zu 5 Stück in einer Batterie mit elastisch verlegten Verbindungsleitungen nach DIN 6620 T. 2 zusammengeschlossen werden, so daß auf diese Weise ein Vorrat von ≦ 10 000 l unterzubringen ist.

Besser ist es jedoch, einen einzigen Kellertank von entsprechender Größe aufzustellen.

Nicht zylindrische Rechteckbehälter, Kellertanks mit 5 mm starken Wandungen aus profilierten oder glatten Blechen werden nach DIN 6625 am Einbauort aus Einzelteilen zusammengeschweißt. Sie müssen bei > 2000 bis 16 000 l Rauminhalt eine als Dom auszubildende und durch einen Rahmen zu verstärkende Einstiegöffnung von ≧ 50 cm l. W., bei ≧ 16 000 l von ≧ 60 cm l. W. erhalten, deren Deckel eine ölbeständige Dichtung aufweist (**634**.1).

Der Abstand zwischen Oberkante Einstiegöffnung und Raumdecke muß ≧ 60 cm betragen.

Kellertanks dürfen bei Größen ≦ 2000 l anstelle einer Einstiegöffnung eine Reinigungsöffnung von ≧ 120 mm l. W. in der Behälterdecke haben, wenn der Abstand zwischen Behälter- und Raumdecke ≧ 250 mm ist.

Zu beachten ist, daß Innenverstrebungen dieser Behälter die Erneuerung eines Korrosionsschutz-Innenanstriches nicht erschweren.

Empfehlenswert ist es, auf die Bodenfläche und eine untere etwa 30 cm hohe Wandzone der Kellerbehälter eine Kunststoffbeschichtung als Korrosionsschutz aufzutragen.

Behälter aus Aluminium. Für Aluminiumbehälter gelten im wesentlichen die Regeln der DIN 6620 T. 1 und die TRbF.

Behälter aus Stahlbeton (646.1). Sie müssen standsicher sein und bestimmten Vorschriften über Dichtheit und Betongüte nach DIN 1045 und 4227 entsprechen.

Die Sohle soll ein Gefälle von ≧ 2% zu einer sie nicht schwächenden Schlammtasse, die Decke eine wasserundurchlässig abgeschlossene Einstiegöffnung von ≧ 600 mm l. W. aufweisen.

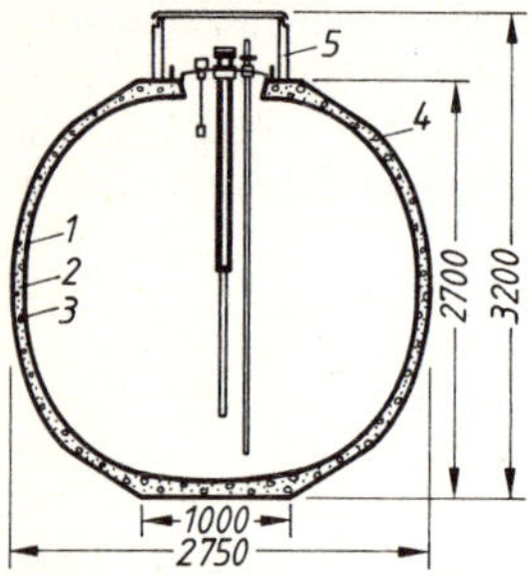

646.1
Heizöllagerbehälter aus Beton und Kunststoff zur unterirdischen Lagerung, 10000 l (M 1:100) (Haase-Tank GmbH)

Andere Nutzinhalte: 5000 bis 15000 l

1 GFK-Innentank
2 Spezial-Polyesterbeton
3 Leckwarnkanäle
4 GFK-Außentank
5 Domstutzen

Die Behälterinnenseiten sind mit ölundurchlässigen Mitteln abzudichten, die Außenseiten in betonschädlichen Böden und Wässern ausreichend zu schützen.

Die Behälter dürfen mit Gebäuden konstruktiv nicht verbunden werden und durch einstürzende Gebäudeteile nicht zerstört werden können.

Behälter aus Kunststoff. Die Behälter nach TRbF 404 bis 406 aus glasfaserverstärktem Polyesterharz (GUP bzw. GFK) oder aus Polyäthylen (PE) für unter- und oberirdischen Einbau mit Fassungsvermögen von ≦ 30 000 l, ferner als Batteriebehälter und als Haushaltsbehälter in Abmessungen und Fassungsvermögen nach DIN 6620 bzw. 6622, müssen den weiter oben genannten Anforderungen genügen, worüber ein amtliches Prüfzeugnis vorliegen muß.

Die besonderen Vorschriften des Herstellers für Transport, Einbau und Betrieb sind genau einzuhalten.

Im Freien und in Räumen, in denen Temperaturen > + 40 °C auftreten können, ist die Aufstellung von Kunststoffbehältern aus Polyäthylen unzulässig. Andere Behälter bestehen neuerdings auch aus Nylon (PA).

10.2.6.4 Heizöl-Behältereinbau

Transport und Aufstellung. Zur Vermeidung von Verformungen der Behälterwände und sonstigen Beschädigungen dürfen Behälter beim Transport nicht geworfen, hart aufgesetzt oder geschleift werden. Größere sowie isolierte Behälter sind mit geeigneten Hebewerkzeugen stoßfrei auf- und abzuladen, zu befördern und abzusetzen. Bei isolierten Behältern sind Ketten und Seile nur an den Tragösen zu befestigen.

Oberirdische Behälter müssen auf nicht brennbarer Unterlage und auf tragfähigem Untergrund aufgestellt und notfalls befestigt werden, größere Behälter sind sicher zu gründen.

Verbindungsleitungen dürfen bei Lageänderungen infolge Erschütterungen oder ungleicher Setzungen keine Beschädigungen hervorrufen können.

Über die bei ortsfesten oberirdischen Behältern in Gebäuden einzuhaltenden Mindestabstände s. Bild **634**.1, **643**.1 und **645**.1. In Heizräumen ist zwischen Kessel und Behälter ≧ 1 m Abstand vorzusehen.

Einbau unterirdischer Behälter. Die Größe der Baugrube muß eine ordnungsgemäße Einbettung der Behälter ermöglichen. Nicht tragfähiger Baugrund ist zu befestigen, soweit der Behälter nicht auf eigenen Fundamenten gelagert wird.

Bei Behältern unter einer Fahrbahn muß die Erdüberdeckung ≧ 1 m dick sein, soweit durch statischen Nachweis nicht die Sicherheit einer dünneren Erddeckung oder andersartigen Überdeckung nachgewiesen ist.

Die Tragösen und andere aus der Isolierung herausragende Teile sind gegen Korrosion zu schützen.

Die Behältersohle soll eine Neigung von ≧ 1% zum Domende erhalten, was vor dem Verfüllen zu überprüfen ist.

Der Dom und alle Anschlüsse müssen durch einen Schacht, der ölbeständig auszubilden ist und in Höhe des Domdeckels ≧ 940 mm l. W. haben muß, zugänglich sein. Die Schachtwände sind aus Stahlblech, hartgebrannten Mauerziegeln, vollfugig gemauert sowie innen und außen wasserundurchlässig verputzt, oder aus Beton oder Stahlbeton herzustellen.

In den Schacht eingedrungenes Heizöl darf nicht versickern können, Anschlüsse an Entwässerungsleitungen sind unzulässig (s. Bild **602**.1).

Der Behälter muß auf der Unterseite möglichst auf Sand voll aufliegen, die umgebende Erde auf ≧ 20 cm Abstand steinfrei sein und sorgfältig verdichtet werden. Ein Verfüllen der Baugrube mit scharfkantigen Gegenständen, Steinen, Schlacke oder anderen bodenfremden oder schädlichen Stoffen ist nicht zulässig (**644**.1).

Beim Auftreten von Grundwasser oder in Überschwemmungsgebieten ist eine Verankerung oder Belastung des Behälters gegen Auftrieb mit ≧ 1,3facher Sicherheit, bezogen auf den höchstmöglichen Wasserspiegel, vorzusehen.

10.2.6.5 Heizöl-Behälterausrüstung

Fülleitung (602.1). Ortsfeste Behälter (außer Haushaltsbehältern) müssen eine Fülleitung haben, deren Anschluß im Freien liegen und verschließbar sein soll. Die Höhe des Füllstutzens soll bei Batteriebehältern ≦ 3,5 m über Behältersohle und bei Kellertanks unterhalb deren 2,3fachen Höhe liegen. Die Fülleinrichtungen von Batteriebehältern und Rechtecktanks mit festem Anschluß dürfen erst in Betrieb genommen werden, wenn die Behälter mit Grenzwertgebern und Tankwagen mit selbsttätig schließender Abfüllsicherung ausgerüstet sind.

Entnahmeeinrichtung. Ortsfeste Behälter dürfen nur oben Öffnungen für das Einführen der Entnahmeleitung und der Rücklaufleitung haben.

Absperreinrichtung. Leitungsanschlüsse an Flüssigkeitsräumen von oberirdischen Behältern, ausgenommen bei Verbindungsleitungen von Batteriebehältern, müssen abgesperrt werden können. Die Absperreinrichtungen müssen möglichst nahe am Behälter angebracht, gut zugänglich und leicht zu bedienen sein.

Entlüftungseinrichtungen (602.1). Ortsfeste Behälter sind mit einer Entlüftungseinrichtung zu versehen, Haushaltsbehälter nach DIN 6622 T. 2 nur bei festem Anschluß einer Entnahmeleitung für zentrale Ölversorgung. Entlüftungsleitungen müssen unabsperrbar vom höchsten Punkt der Behälter mit Steigung ins Freie führen. Sie bestehen aus Stahl und sind gegen das Eindringen von Fremdkörpern und Wasser zu sichern. Die Ausmündung ist 2,50 m über Erdgleiche bzw. ≧ 50 cm über dem Füllstutzen anzubringen. Die Innendurchmesser sind nach Tafel **647**.1 zu bemessen. Die Behälter einer Batterie können gemeinsam entlüftet werden.

Tafel **647**.1 Entlüftungsleitung der Heizöllagerbehälter

Fülleitung DN		50	80
Entlüftungsleitung ∅ ≧ mm i. L. für	unterirdische Behälter nach DIN 6608	25	40
	Batteriebehälter nach DIN 6620	40	50

Entleerungseinrichtung. Ortsfeste Behälter von $\geqq$ 2000 l Rauminhalt müssen entleert werden können. Untere Entleerungsöffnungen sind bei Behältern für Heizöl EL unzulässig.

Flüssigkeitsstandanzeiger. Sie müssen bei ortsfesten Behältern vorhanden und so ausgebildet sein, daß auch bei Beschädigung kein Heizöl auslaufen kann. Peilvorrichtungen dürfen die Innenwände der Behälter weder mechanisch noch durch Korrosion beschädigen können.

Grenzwertgeber. Baumustergeprüft müssen sie bei allen ortsfesten Behältern, außer Haushaltsbehältern nach DIN 6622, vorhanden sein.

Sicherheitseinrichtungen. Für alle Sicherheitseinrichtungen sind bestimmte Nachweise ihrer Eignung vorgeschrieben. Es sind nachfolgende Einrichtungen zu unterscheiden.

Auffangvorrichtungen für auslaufendes Heizöl.

Leckanzeigegeräte (Kontrollgeräte) (**648**.1), die Undichtheiten von Behältern bei unterirdischer Lagerung optisch und akustisch, bei oberirdischer Lagerung mindestens optisch, selbsttätig anzeigen.

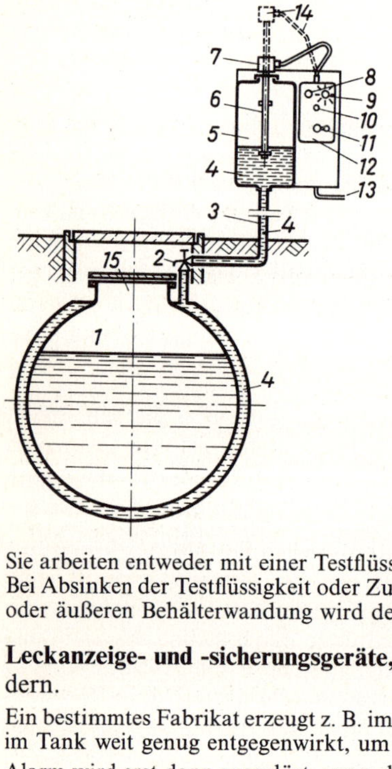

648.1
Leckanzeigeeinrichtung mit elektrischem Signalgeber für doppelwandige Stahlbehälter mit Testflüssigkeit (Mannesmann)

1 doppelwandiger Heizöllagerbehälter nach DIN 6608 T. 2
2 Prüfventil
3 Verbindungsleitung DN 20
4 Anzeigeflüssigkeit
5 Ausdehnungsgefäß 10 l
6 Signalgeber
7 Signalfühler
8 optisches Alarmsignal, rot
9 Funktionssignal, gelb
10 akustisches Alarmsignal mit
11 Schalter, plombierbar
12 Signaleinrichtung
13 Stromanschluß 220 V
14 Funktionskontrolle durch Anheben des Signalgebers
15 Tankdom, Anschlüsse der Ölleitungen usw. s. **602**.1

Sie arbeiten entweder mit einer Testflüssigkeit oder einem Vakuum im Doppelmantel-Zwischenraum. Bei Absinken der Testflüssigkeit oder Zusammenbrechen des Vakuums infolge Undichtheit der inneren oder äußeren Behälterwandung wird der Alarm ausgelöst.

Leckanzeige- und -sicherungsgeräte, die darüber hinaus das Auslaufen von Heizöl verhindern.

Ein bestimmtes Fabrikat erzeugt z. B. im Tank selbst ein Vakuum, das dem Druck der Flüssigkeitssäule im Tank weit genug entgegenwirkt, um ein Ausfließen von Öl bei einer Undichtheit zu verhindern.

Alarm wird erst dann ausgelöst, wenn das Vakuum infolge einer größeren Undichtheit nicht mehr im vorbestimmten Regelbereich gehalten werden kann.

Grenzwertgeber, der bei Erreichen der höchstzulässigen Behälterfüllung den elektrischen Impuls zum Schließen der Abfüllsicherung am Tankwagen gibt.

Kathodischer Korrosionsschutz. Er schließt als weitergehende Maßnahme bei besonderer Korrosionsgefahr (z. B. durch aggressive Böden mit einem pH-Wert $\leqq$ 6,5 oder durch

Fremdströme elektrischer Bahnen) oder in Wasserschutzgebieten Außenkorrosion an Stahlbehältern mit an Sicherheit grenzender Wahrscheinlichkeit aus.

Der Korrosionsvorgang ist immer von einem elektrischen Strom begleitet, der im umgebenden, als Elektrolyt wirkenden Erdbereich fließt, wobei das Metall an den Stromaustrittsstellen abgetragen wird.

Zur Unterbindung dieser Ströme und der durch sie hervorgerufenen Korrosionen erzeugt man ein Gegenpotential durch Aufbau eines künstlichen galvanischen Elementes mit Hilfe eines nach der Spannungsreihe unedleren Metalles (1 bis 3 Magnesium-Anoden in 1 bis 4 m Entfernung vom Tank, mit ihm kurzgeschlossen: **649**.1).

Fließt nun ein Strom (Bodenfeuchtigkeit als Elektrolyt), so korrodiert die Anode, nicht jedoch der Tank (Kathode).

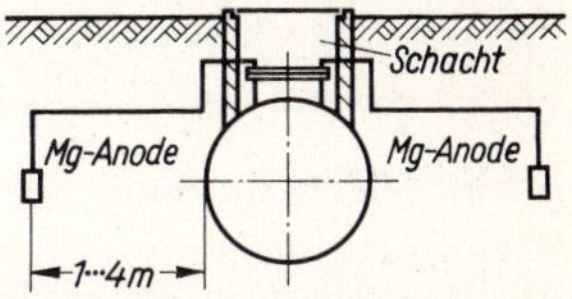

649.1
Kathodischer Korrosionsschutz bei unterirdischem Heizöl-Vorratsbehälter

Inhibitoren gegen Innenkorrosion. Diese, durchweg als Lochfraß im Behälterboden anzutreffen, wird durch Wasser hervorgerufen, das beim Befüllen des Lagerbehälters eingeschleppt ist oder sich durch Kondensation im Tankinneren niedergeschlagen hat, durch das Öl hindurch absinkt und im Behälterboden eine wäßrige Phase von hoher Aggressivität infolge starken Chloridgehaltes bildet.

Es schützen dagegen Inhibitoren, wasserlösliche, ölunlösliche chemische Zusätze, die auf den Behälterboden absinken und die dort vorhandene wäßrige Phase neutralisieren.

Diese einfache Schutzmethode ist bei allen unterirdischen wie oberirdischen Behältern zu empfehlen.

Darüber hinaus sollte man zur Verringerung der Kondenswasserbildung einen leergefahrenen Lagerbehälter umgehend wieder volltanken und von Zeit zu Zeit die wäßrige Phase aus ihm abpumpen.

Feste Leitungen. Sie sind zu verlegen, wenn flexible Leitungen nicht zulässig sind. Sie dürfen bei den auftretenden mechanischen, thermischen und chemischen Beanspruchungen nicht undicht werden. Sie sind durch Schweißen, Löten, Rohrverschraubungen oder Flansche zu verbinden.

Die Verlegung muß so erfolgen, daß auch durch Erschütterung, ungleichmäßige Setzungen oder Dehnungen keine Schäden an Leitungen oder Behältern möglich sind.

Für Werkstoffe nicht ausschließlich aus Metall bestehender Leitungen ist eine besondere Zulassung erforderlich.

Wand-, Decken- und Fußbodendurchführungen gehören in Schutzrohre ausreichender Weite. Ein Korrosionsschutz ist bei Schutzrohren aus Metall erforderlich.

Unterirdische Leitungen dürfen durch Korrosion nicht undicht werden und sind so zu schützen, daß Heizöl nicht unkontrolliert auslaufen kann.

Geeignete Maßnahmen hierzu sind:

1. Leitungen aus alterungs- und gegen Innen- und Außenkorrosion beständigem Werkstoff (z. B. Cu-Leitungen), gegen mechanische Beschädigung z. B. durch Abdecksteine ausreichend geschützt
2. Leitungen durch dichtes Schutzrohr oder dichten Kanal so gesichert, daß Undichtheiten angezeigt oder sichtbar werden, z. B. durch Auslauf in gesicherten Schacht
3. Leitungen z. B. durch Leckanzeige- und -sicherungsgerät überwacht und gesichert
4. Leitungen als Saugleitungen ausgelegt, Flüssigkeitssäule reißt bei Undichtheit ab
5. Stahlleitungen kathodisch gegen Außenkorrosion geschützt. Die Schutzanlage muß ohne besondere Schwierigkeit geprüft werden können.

Unterirdische Leitungen müssen von öffentlichen Versorgungsleitungen $\geqq 1$ m Abstand halten, wenn die Versorgungsleitung nicht anders gesichert ist.

Stahlleitungen sollen DIN 1626, 1629, 2440 oder 2441 entsprechen und sind wie die Behälter gegen Korrosion zu schützen. Bei der Verwendung verschiedener Metalle, z. B. für Behälter und Rohrleitungen, ist für eine elektrische Trennung zu sorgen.

Flexible Leitungen. Sie dürfen nur unmittelbar am Brenner in einer Länge von $\leqq 1{,}50$ m zwischen Brenner und festen Leitungen verlegt werden. Sie müssen jederzeit zugänglich und gegen unzulässige Erwärmung geschützt sein.

Flexible Leitungen aus nichtmetallischen Werkstoffen, wie z. B. Kunststoff, synthetischer Kautschuk, müssen zugelassen sein.

Der Schlauchteil muß durch eine korrosionsbeständige Metallumflechtung gegen Wärmeeinwirkung der Feuerstätte geschützt sein.

10.2.6.6 Heizöllagerung in Wasserschutzgebieten

Schutzgebiete im Sinne der Heizölbehälter-Richtlinien (HBR) sind:

Wasserschutzgebiete nach §19 Abs. 1 Nr. 1 und 2 des Wasserhaushaltsgesetzes (WHG) und nach den entsprechenden Vorschriften der Länderwassergesetze

Gebiete, für die Maßnahmen nach §19 Abs. 2 WHG durch Länderverordnung im Interesse der öffentlichen Sicherheit durch die Wasserbehörde angeordnet worden sind

Heil- oder Quellenschutzgebiete nach den entsprechenden Vorschriften der Länderwassergesetze

Gebiete, für die ein Verfahren auf Festsetzung als Wasserschutzgebiet oder Heil-Quellenschutzgebiet innerhalb der letzten zwei Jahre eingeleitet worden oder mit Sicherheit zu erwarten ist.

Ist die weitere Zone eines Schutzgebietes unterteilt, so ist das Schutzgebiet im Sinne des vorstehenden Abschnittes nur der innere Bereich.

Oberirdische Lagerung. Sie ist im Grundwasser-Erfassungsbereich und in der engeren Zone von Schutzgebieten unzulässig. Die untere Bauaufsichtsbehörde kann im Einvernehmen mit der Wasserbehörde bei standortgebundenen Anlagen Ausnahmen gestatten, wenn das Wohl der Allgemeinheit dies rechtfertigt.

In der weiteren Zone von Schutzgebieten ist die oberirdische Lagerung von Heizöl in Behältern von $\leqq 100\,000$ l zulässig.

Das Fassungsvermögen des Auffangraumes muß mindestens dem Rauminhalt der Behälter entsprechen. Der Rauminhalt der Behälter darf so weit mit eingerechnet werden, wie er unterhalb des möglichen Flüssigkeitsspiegels des Auffangraumes liegt. Im Auffangraum sind Abläufe unzulässig.

Unterirdische Lagerung ist im Fassungsbereich und in der engeren Zone von Schutzgebieten nicht zulässig.

In der weiteren Zone sind Behälter $\leqq 40\,000$ l gestattet. Prüfung von Behälter und Zubehör durch Sachverständigen ist mindestens alle 2 Jahre erforderlich.

Bereits gebrauchte Behälter dürfen nicht eingebaut werden.

Im übrigen gelten die Einbauvorschriften für unterirdische Behälter.

Weitergehende Anforderungen oder Beschränkungen für die Lagerung von Heizöl in Schutzgebieten durch Anordnungen oder Verordnungen auf Grund der Länderwassergesetze sind möglich.

10.2.6.7 Prüfung, Abnahme und Betrieb

Einbauprüfung. Unterirdische Behälter aus Stahl und ihre Isolierung sind unmittelbar vor dem Einbringen in die Baugrube durch Sachkundige auf einwandfreien Zustand zu überprüfen. Die Unversehrtheit ist festzustellen und zu bescheinigen. Behälter mit beschädigter Wandung dürfen nur mit schriftlichem Einverständnis eines Sachverständigen eingebaut werden.

Isolierungsschäden sind vollwertig auszubessern. Falls das Einfügen großer Isolierstücke erforderlich oder zuverlässige Prüfung der gesamten Isolierung nicht möglich ist, muß eine Hochspannungsprüfung mit ≧14 000 Volt erfolgen.

Schlußprüfung nach dem Einbau.

Bei oberirdischen Anlagen sind Behälter von ≧ 300 l Rauminhalt und ihre Sicherungseinrichtungen durch den Unternehmer auf Dichtheit, Betriebsfähigkeit und Übereinstimmung mit den HBR zu prüfen. Insbesondere ist die ausreichende Größe des Auffangraumes festzustellen.

Heizölleitungen (außer Fülleitung) sind mindestens eine Stunde lang unter 1,3fachem Betriebsdruck, jedoch ≧5 bar (bei zentralen Ölversorgungsanlagen ≧4 bar), Fülleitungen unter Betriebsdruck der zugehörigen Behälter auf Dichtheit zu prüfen, danach die Behälter ≧12 Stunden lang unter höchstem Betriebsdruck.

Eine Funktionsprüfung von Leckanzeige- und -sicherungsgeräten gilt zugleich als Prüfung auf Dichtheit. Der Unternehmer hat die Prüfungen und Feststellungen zu bescheinigen.

Bei oberirdischen Anlagen ≧ 40 000 l sowie in Schutzgebieten erfolgt die Prüfung und Bescheinigung durch den Sachverständigen.

Bei unterirdischen Anlagen geschehen die Prüfungen und Bescheinigungen durch den Sachverständigen. Soweit keine Prüfung durch Leckanzeigegerät möglich ist, wird eine Druckprüfung mit einem Prüfdruck = höchster Betriebsdruck + 1 bar durchgeführt.

Abnahme. Ortsfeste Behälter > 300 l erfordern eine bauaufsichtliche Schlußabnahme, Stahlbehälter ≧ 100 000 l und Stahlbetonbehälter auch eine Rohbauabnahme.

Die untere Bauaufsichtsbehörde kann weitere Abnahmen verlangen.

Zur Schlußabnahme hat der Bauherr (Betreiber) eine Bescheinigung über die Benutzbarkeit der Anlage nach vorgeschriebenem Muster beizubringen.

Wiederkehrende Prüfungen. Unterirdische Lagerbehälter, ortsfeste oberirdische Behälter mit ≧ 40 000 l Rauminhalt sowie oberirdische Behälter in Schutzgebieten und das Zubehör dieser Behälter hat der Betreiber mindestens alle 5 Jahre (nach Landesrecht evtl. auch in längeren Zeitabständen) durch Sachverständige auf ordnungsgemäßen Zustand überprüfen zu lassen und den Prüfungsbericht der zuständigen Behörde vorzulegen.

Nach Schadensfällen oder aus sonstigem begründeten Anlaß kann diese im Einzelfall besondere Prüfungen anordnen.

Eine länger als 2 Jahre stillgelegte Anlage, die wieder in Betrieb genommen werden soll, ist ebenfalls vorher zu überprüfen.

Rechtfertigen bei einer Prüfung festgestellte Mängel die Besorgnis, daß das Grundwasser schädlich verunreinigt oder sonst verschlechtert sein könnte, kann eine Nachprüfung angeordnet werden.

Betrieb. Behälteranlagen sind sorgfältig zu betreiben und instand zu halten. Oberirdische Behälter dürfen bis 95%, unterirdische bis 97% ihres Rauminhaltes gefüllt werden.

Beim Füllen, Umfüllen und Entleeren darf kein Heizöl verschüttet werden. Anfallende Rückstände müssen aufgefangen und so beseitigt werden, daß schädliche Verunreinigung des Wassers oder Brandgefahr nicht zu befürchten ist.

Der Betreiber der Anlage hat bei Anzeichen von auslaufendem Heizöl Maßnahmen zu dessen Verhinderung zu treffen und das ausgelaufene Heizöl so zu beseitigen, daß schädliche Verunreinigung des Wassers oder Brandgefahr nicht mehr zu befürchten ist.

Das Auslaufen von mehr als 300 l Heizöl ist sofort der unteren Bauaufsichtsbehörde oder der nächsten örtlichen Ordnungsbehörde anzuzeigen.

Vorübergehend außer Betrieb gesetzte Behälter sind so zu sichern, daß eine Gefahr für Personen nicht entstehen kann.

Bleibt ein endgültig außer Betrieb gesetzter Behälter im Erdreich liegen, so ist er mit einem Füllstoff aufzufüllen.

10.2.7 Rohrleitungen und Zubehör

10.2.7.1 Allgemeines

Rohrweiten. Sie sind durch sorgfältige Berechnung zu bestimmen. Diese ist schwieriger als beispielsweise für Rohrleitungen der Wasserversorgung und daher lediglich dem Heizungsingenieur vorbehalten.

Im Rahmen dieses Buches kann auf sie nicht eingegangen werden.

Werkstoffe. Für die WWH werden überwiegend Stahlrohre handelsüblicher Qualität verwendet:

mittelschwere Gewinderohre nach DIN 2440 in DN 10 bis 40, meistens geschweißt aus St 33, in Sonderfällen, z. B. bei höheren Drücken und Temperaturen oder bei Verlegung in Rohrkanälen und in Mauerschlitzen, nahtlos aus St 00 sowie nahtlose Rohre (Siederohre, aus St 00) nach DIN 2449 für $\geqq$ DN 40.

Für kleinere Heizungsanlagen, insbesondere Stockwerkheizungen mit Umlauf-Gaswasserheizern und bei nachträglichem Einbau einer Zentralheizung im Altbau, werden heute vielfach Kupferrohre, blank oder kunststoffummantelt (z. B. WICU-Rohre) in den Weiten 8 × 1 bis 22 × 1,5 mm eingesetzt.

Verbindungen. a) Stahlrohre: Gewindeverbindungen mit Gewindeformstücken aus Temperguß oder Stahl, wie sie in Abschn. 2.5.3 genauer beschrieben sind, lassen sich bis DN 40 auch im Heizungsbau anwenden. Sie werden aber, da sie leicht undicht werden und an vielen Stellen schlecht ausführbar sind, heute durchweg durch Schweißverbindungen ersetzt.

Als lösbare Verbindungen dienen gerade oder Winkelverschraubungen, meist mit metallischer konischer Dichtung (**107**.3), etwa bis DN 40 zum Anschluß von Kesseln, Heizkörpern und Armaturen aller Art an das Rohrnetz.

Schweißverbindungen. Rohrverbindungen jeder Art, auch Richtungs- und Querschnittsänderungen, werden heute auch für kleine Nennweiten überwiegend durch Schweißen hergestellt, ab DN 40 auch unter Verwendung fertiger Schweißbögen.

Besonders bei kleinen Rohrweiten ist die Schweißung mit größter Sorgfalt auszuführen, damit nicht eingeschlossenes Schweißgut den Querschnitt des Rohres verengt und so den Umlauf des Heizwassers stört.

Flanschverbindungen mit Dichtungsring (**652**.1) in verschiedenen Arten wählt man nur zum Anschluß von Absperrschiebern und anderen Einbaustücken großer Abmessungen. Sie sind schlecht gegen Wärmeverluste zu schützen.

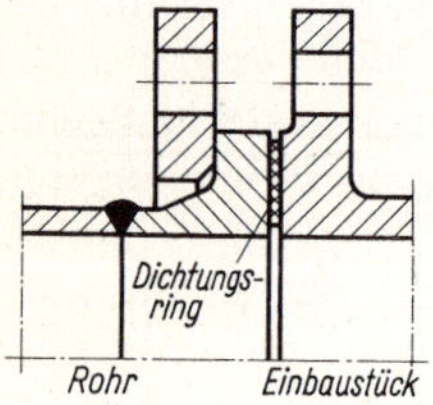

652.1
Flanschverbindung mit Vorschweißbund

Richtungsänderungen erzielt man, soweit nicht fertige Rohrbögen eingeschweißt werden, durch Warmbiegen der Rohre, die hierbei zur Bewahrung des gleichmäßigen Querschnittes mit getrocknetem Sand zu füllen sind.

Gewinderohre bis DN 32 können in besonderen Biegevorrichtungen auch ohne Füllung kalt gebogen werden.

b) Über Kupferrohre s. Abschn. 2.5.3.

10.2.7.2 Rohrverlegung

Die waagerechten Verteilungsleitungen werden im Kellergeschoß im vorgesehenen Gefälle von 2 bis 3 mm/m möglichst hoch und so verlegt, daß der längste Strang in einer Ebene durchläuft und die kürzeren Abzweige nach oben weggezogen werden, also in einer 2. Ebene darüberliegen (**653**.1). Bei weiteren Verzweigungen eines Abzweiges würde sich dann noch eine 3. Montageebene ergeben.

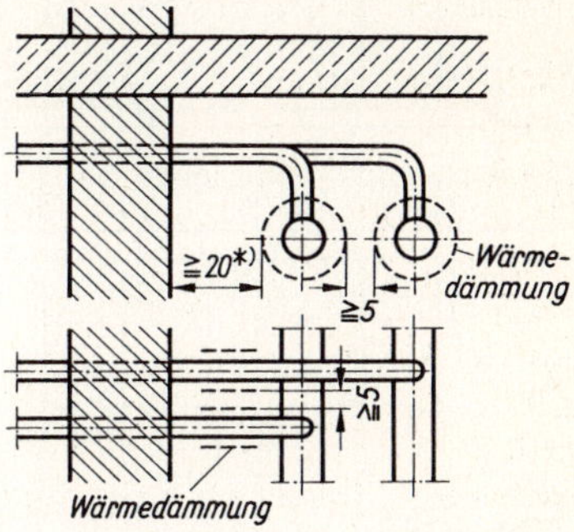

653.1
Waagerechte Heizungsleitungen im Kellergeschoß
*) an Außenwand größerer Abstand wegen Kellerfenster

Von der Wand sollen die Rohre bei fertiger Wärmedämmung etwa 20 cm, untereinander ≧ 5 cm Abstand halten.

Die Rohre sind so zu verlegen und zu befestigen, daß sie sich beim Erwärmen ungehindert und ohne Schäden am Bauwerk hervorzurufen ausdehnen können (Wärmedehnung der Stahlrohre 1,2 mm, der Kupferrohre 1,7 mm je m und 100 °C).

In kleinen und mittleren Gebäuden nehmen die vorhandenen Rohrbögen auch in den Verteilungsleitungen diese Dehnungen ohne weiteres auf und machen besondere Maßnahmen überflüssig.

Bei langen geraden Strecken > 20 m wird jedoch ein Längenausgleich durch besondere Ausdehnungsbögen aus glatten oder aus Faltenrohren oder durch Längenausgleicher (Stopfbuchsen- oder Metallschlauchausgleicher) notwendig.

Waagerechte Leitungen werden meistens an der Decke aufgehängt, zunächst behelfsmäßig mit Draht und nach Montage des ganzen Stranges endgültig in Abständen von 2 bis 3 m, je nach DN, mit Hängeschellen aus Bandstahl (**653**.2), schwere Rohre auch mit Hängependeln aus Rundstahl gehalten. Eine bewegliche Rohraufhängung an der Wand zeigt Bild **653**.3.

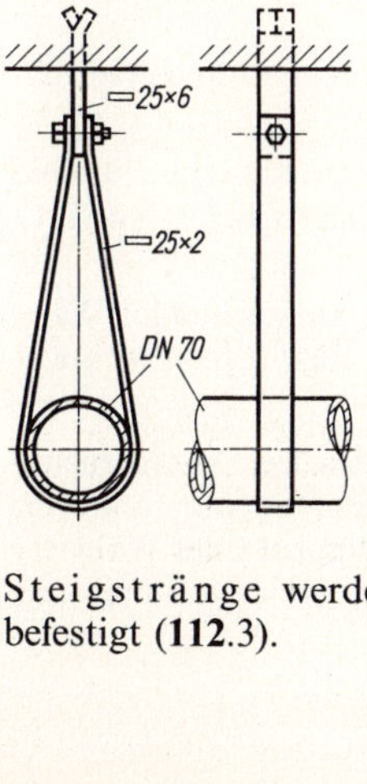

653.2
Hängeschelle aus Bandstahl
(M 1:10)

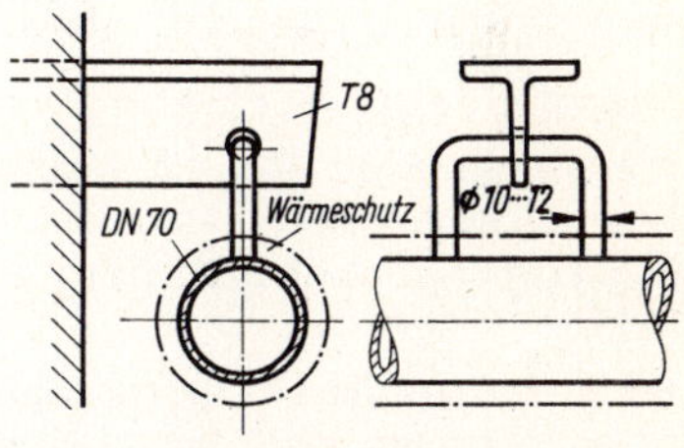

653.3 Rohraufhängung an aufgeschweißtem Bügel (M 1:10)

Steigstränge werden je Geschoß einmal, etwa in Augenhöhe, durch Rohrschellen befestigt (**112**.3).

Durch Wände und Decken sind die Rohre stets rechtwinklig und zur Vermeidung von Einspannungen innerhalb einer Rohrhülse oder in einer Glaswollschale, mindestens aber in einer Umwicklung mit Wellpappe zu führen. Deckrosetten verhindern ein Abbröckeln des Putzes (**114**.1 und **654**.1).

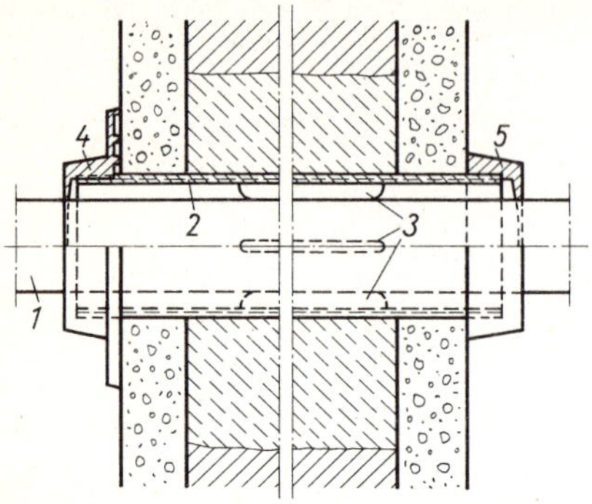

654.1
Wanddurchführung einer Stahlrohrleitung DN 15 mit Kunststoff-Rohrhülse (M 1:2,5) (System Troll, Dr. Schwarzkopf und Krug)

1 Stahlrohr DN 15
2 Buchsenrohr aus PVC mit Gewinde
3 4 Nocken zur Führung des Rohres 1
4 PVC-Flansch mit Kragen
5 PVC-Flansch ohne Kragen

Eine offene Verlegung frei vor der Wand ist am billigsten, erlaubt die leichte Kontrolle aller Leitungen und wird daher meistens in Nebenräumen der unsichtbaren Verlegung vorgezogen.

Die Rohre sind mit 5 cm lichtem Abstand vor der fertigen Wand anzuordnen. Nebeneinander liegende Rohre (z. B. Steig- und Fallstränge) erhalten den gleichen Wandabstand und einen etwa 7 cm großen gegenseitigen Abstand.

Kreuzungsstellen werden meistens nach Bild **654**.2 ausgebildet.

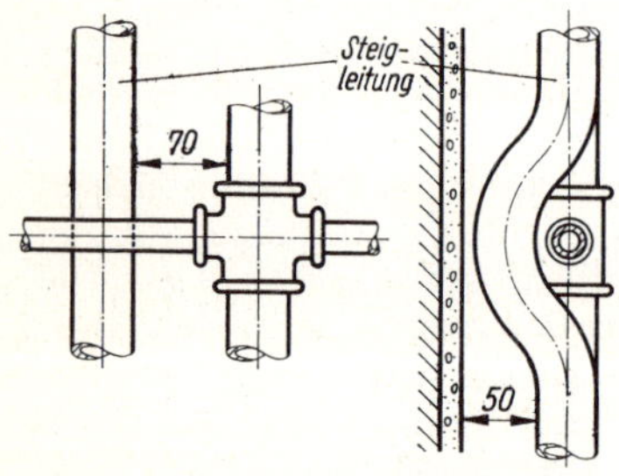

654.2
Rohrkreuzung (Ausbiegebogen) beim Heizkörperanschluß (M 1:10)

Die verdeckte Verlegung wird für alle Wohn-, Schlaf- und Aufenthaltsräume verlangt.

Wandschlitze, in statisch beanspruchten Wänden nach DIN 1053 nur bei ≧ 17 cm Wanddicke zulässig, müssen für 2 Steigstränge 200 mm breit und 125 mm tief sein. Für eine Heizkörper-Anschlußleitung genügt ein 125 mm breiter und 70 mm tiefer Schlitz (**655**.1).

Beim Austritt der Heizkörperwandanschlüsse sind Wandrosetten ausreichender Weite so anzubringen, daß diese Leitungen der Ausdehnung der Steigstränge folgen können. Näheres s. Abschn. 2.5.4.

Waagerechte Verlegung von Cu-Rohren auf der Rohdecke. Waagerechte Verteilungsleitungen ergeben sich z. B. bei Stockwerkheizungen im Einrohr- und im Zweirohrsystem, bieten sich heute aber auch in großen Zentralheizungen bei einer Wahl der hierfür zweckmäßigen Cu-Rohre mit PVC-Stegmantel 15 × 1 mm und 18 × 1 mm mit Gesamtdurchmessern von 19 und 22 mm an.

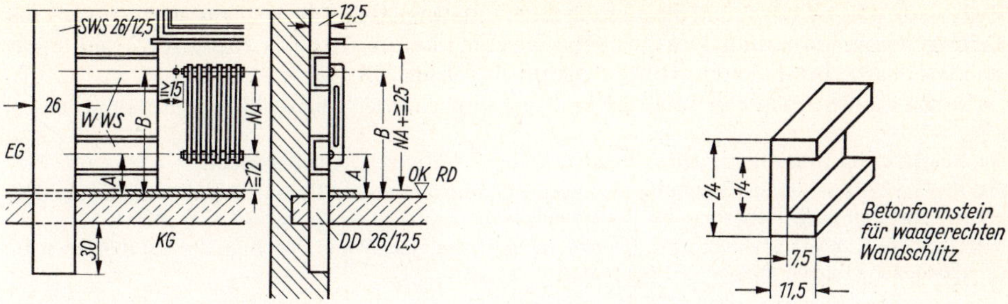

655.1 Mauerschlitze für Heizungsrohre (M 1:50 und 1:20) (nach Krupp Heizungshandbuch)

EG	Erdgeschoß	*DD*	Deckendurchbruch
KG	Kellergeschoß	*NA*	Nabenabstand
SWS	senkrechter Wandschlitz	*RD*	Rohdecke
WWS	waagerechter Wandschlitz		

Nabenabstand *NA* in mm		200	350	500	900
Abstand in cm von Rohdecke bis Mitte Formstein	*A*	23···27			
	B	43···47	58···62	73···77	113···117

Für verschiedene Ausführungen, von denen eine in Bild **655**.2 dargestellt ist, wurde nachgewiesen, daß eine Verlegung der genannten Rohre auf der Rohdecke innerhalb der Wärmedämmschicht das Trittschallverhalten der Decke bei einwandfreier Ausführung nicht beeinträchtigt.

Eine waagerechte Verlegung der vorgenannten Rohre ist auch in Wandfußleisten aus Kunststoffprofilen und Holz möglich (**655**.3).

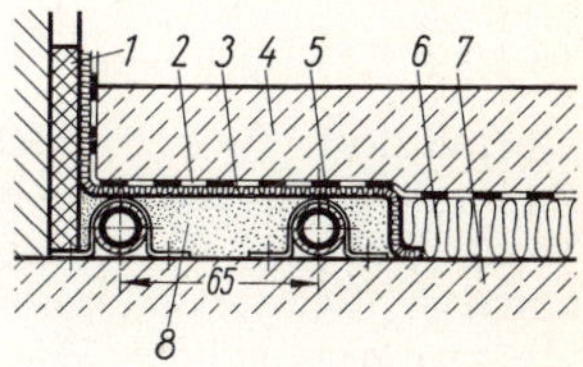

655.2 Verlegung von Heizungsrohren auf einer Rohdecke (M 1:5)
1 Randstreifen, 10 mm dick
2 250er Bitumenpappe, nackt
3 bituminierte Wellpappe, 3 mm dick
4 schwimmender Estrich, 35 mm dick
5 WICU-Rohr 15 × 1 mm, Gesamtdurchmesser 19 mm
6 24/20 mm Glasfaser-Estrichdämmplatte G 63
7 Stahlbetondecke
8 Perliteschüttung

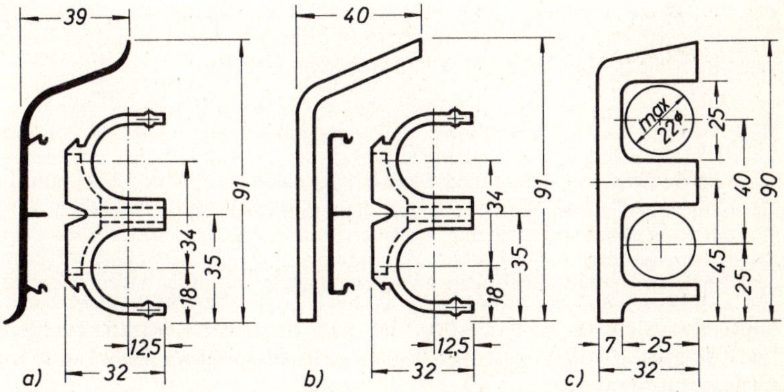

655.3 Heizungsrohrverkleidungen, HZ-Sockelleisten (H. Weitzel GmbH)
a) Kunststoff
b) Sperrholz
c) Holz

Fußbodenkanäle werden meistens in nicht unterkellerten Räumen, gelegentlich auch im Kellergeschoß, notwendig. Der Querschnitt ist für 1 Leitung ca. 20 × 20 cm, für 2 Leitungen ca. 20 × 30 cm, bei dickeren Rohren entsprechend größer.

Die Rohre werden in einfacher Weise auf beidseitig eingemauerten Rundstahl- oder Rohrabschnitten gelagert.

Sie müssen einen Rostschutzanstrich und einen guten Wärmeschutz bekommen.

Die Kanäle werden z. B. mit Betonplatten abgedeckt, über die ein Fußbodenbelag hinwegführt, so daß bei Reparaturen nach Entfernen des Bodenbelages die Rohre noch zugänglich sind (**656**.1).

Bekriechbare Kanäle zur dauernden Überwachung der an einer Wand übereinander auf Konsolen zu verlegenden Leitungen müssen $\geq 1{,}0/1{,}0$ m groß werden.

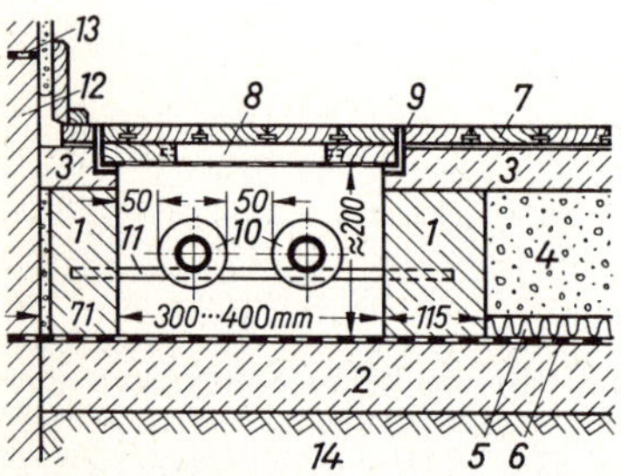

1 Kanalwandung
2 Unterbeton 8 cm
3 Zementestrich 4 bis 5 cm
4 Schüttung aus Koksschlacke, geglühtem Sand o. ä.
5 Holzwolle-Leichtbauplatten, 2,5 bis 5 cm
6 Sperrschicht
7 Parkettfußboden, geklebt
8 herausnehmbare Kanalabdeckung (Parkettfußboden wie 7, jedoch auf Blindholzrahmen mit Querstegen in L-Stahlrahmen, unterseitig mit Asbestpappe verkleidet)
9 L-Messingwinkel mit Kunststoffschaum-Streifen als Zwischenlage
10 Heizrohre mit Wärmeschutz
11 Rundstahl o. ä. als Rohrauflagerung
12 Außenwand
13 eventuell 2. Sperrschicht 30 cm über Erdgleiche
14 aufgefüllter oder gewachsener Boden

656.1 Rohrkanal unter dem Fußboden eines nicht unterkellerten Wohnraumes (M 1:15)

10.2.7.3 Vorfertigung

Überall dort, wo sich gleiche Konstruktionselemente regelmäßig wiederholen, z. B. bei Bauwerken im genormten Großtafelbau, in Büro- und Verwaltungsgebäuden, Schulen, Wohnblock- und Reihenhaussiedlungen, Fabrikhallen sowie Fertighäusern in Serien und ähnlichen Bauwerken, lassen sich durch die Wahl einer waagerechten Einrohr-Profil-Heizung, deren Einzelteile vorgefertigt und positioniert auf die Baustelle geliefert werden, die Vorteile einer Vorfertigung ausnutzen.

Bei diesem System wird eine waagerechte Ringleitung aus rechteckigem Profilrohr, in Wohnungen 40/20 mm, sonst auch 50/20 oder 60/25 mm, auf dem Fußboden, in Naßräumen auch 5 cm über ihm, direkt an der Wand verlegt.

Sie ähnelt einer Fußleiste und paßt sich jeder Bauform an (**657**.1).

Nach Fertigstellen des Innenputzes stellt ein von der Heizungsfirma entsandter Maurer auf der Rohdecke einen glatten und sorgfältig abgeglichenen Betonstreifen her, auf dem aufsitzend danach vom Monteur die Stege zur Befestigung der Heizkörperkonsolen an der Wand angebracht werden.

Die anschließende eigentliche Montage beschränkt sich dann nur noch auf das Anbringen der vorgefertigten Heizkörperelemente, bestehend aus jeweils dem Heizkörper, dem Profilrohrstück der Ringleitung darunter und den beiden Verbindungsrohrstücken einschließlich Ventil und Lufthahn, und dem Verschweißen mit den sonstigen vorgefertigten Profilrohrleitungen, wie z. B. Pfeilerumfahrungen und geraden Rohrzügen. Zum Schluß wird der Spalt zwischen dem Profilrohr und der Wand mit Moltoprenstreifen ausgefüllt, die Fuge mit einem dauerelastischen Kitt geschlossen.

Die Einrohr-Profil-Heizung hat sich auch beim nachträglichen Einbau von WW-Zentralheizungen in Altbauten bewährt.

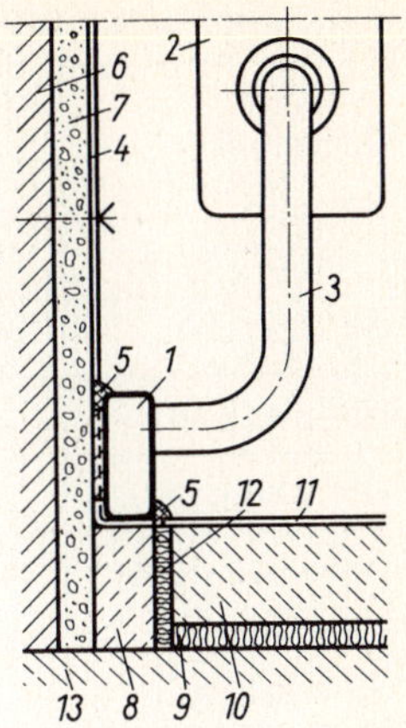

657.1
Vorgefertigte Einrohr-Profil-Heizung (M 1:5) (R. O. Meyer)
1 rechteckiges Profilrohr 40/20 mm als Ringleitung
2 Heizkörper
3 Anschlußrohr des Heizkörpers DN 15
4 Trägerleiste für Heizkörperkonsolen
5 dauerelastischer Kitt
6 Mauerwerk
7 Wandputz
8 Betonleiste
9 Dämmschicht
10 schwimmender Estrich
11 Fußbodenbelag
12 senkrechter Dämmstreifen
13 Rohdecke

10.2.7.4 Wärmeschutz

Alle Rohrleitungen, ebenso auch alle Kessel, Boiler, Ausdehnungsgefäße, Armaturen usw., deren Wärmeabgabe wesentliche Verluste verursachen würde, sind sorgfältig gegen Wärmeverluste zu schützen und daher so zu verlegen, daß eine wirksame Wärmedämmung, die nach DIN 18421 auszuführen ist, aufgebracht werden kann (s. auch Abschn. 10.7.2). Mögliche Ausführungen für kleinere und mittlere Anlagen sind:

1. Dämmatten aus Mineralfasern, einseitig versteppt auf Wellpappe, Kreppapier oder Drahtgeflecht oder zweiseitig versteppt zwischen 2 Lagen Drahtgeflecht.

Die Mattenstreifen werden um die Rohre gewickelt und mit Bindedraht befestigt. Einseitig gesteppte Matten erhalten stets, zweiseitig gesteppte Matten nur auf besonderes Verlangen eine Ummantelung. Üblich ist ein 10 mm dicker und mit Nesselbinden umwickelter Hartmantel aus einer Spezial-Gipsmasse oder, bei besonderen Ansprüchen, ein Blechmantel aus $\geq$0,6 mm dickem verzinkten Stahlblech oder ein Pappmantel aus einer Lage 500er Pappe mit beiderseitiger Bitumendeckenschicht, dessen Stöße in feuchten Räumen zu verkleben sind.

2. Dämmschnüre (Zöpfe) werden aus Textilfäden, Asbest- oder Glasgarn, oder aber aus dünnen Drähten in Schlauchform hergestellt, die mit losen faser- oder pulverförmigen oder körnigen Stoffen gefüllt sind.

Sie werden in Schraubenlinien um die Rohre gewickelt und dicht aneinandergepreßt. Seidenzopf u. ä. ist jedoch für feuchte Räume und Rohrkanäle nicht zu verwenden. Ummantelung wie bei 1.

3. Stopfdämmung. Hinter einen Drahtgewebe- oder Blechmantel auf Abstandsringen werden Mineralfasern gestopft. Auf eine Dämmung mit Drahtgeflecht wird ein Hartmantel nach 1. aufgebracht.

4. Dämmung mit plastischen Massen. Eine plastische Kieselgur- oder Magnesiamasse mit Verfilzungsstoffen wird auf die erwärmten Rohrleitungen aufgebracht, geglättet und mit Nesselbinden umwickelt, in die ein Tonbrei einzuschlämmen ist.

Diese früher allgemein übliche Dämmung wurde weitgehend durch Ausführungen nach 1. bis 3. verdrängt.

5. Formstücke aus Kieselgur, Kork, Mineralfasern, Schaumkunststoff, Torf u. ä. werden fabrikmäßig hergestellt und sind auch für Flanschverbindungen, Armaturen usw. bestimmt.

Für gerade Rohre benutzt man häufig 1 m lange Glaswatte-Schalen, die mit verzinktem Draht festgebunden und bandagiert werden und dann einen 5 bis 10 mm dicken Hartmantel nach 1. erhalten.

Die Dicke der Dämmschicht richtet sich nach der in der Leistungsbeschreibung verlangten Dämmwirkung. Bisherige Mindestdicken bestehender Bauten enthält Tafel **658**.1.

Tafel **658**.1 Mindestdicken der Dämmung in mm an wärmeführenden Anlagen bestehender Bauten

Dämmstoff	Matten, Formstücke, Dämmschnüre aus Mineralfasern			Mineralfasern bei Stopfdämmungen			Kieselgur- und Magnesiamasse		
t_m in °C[1])	≦80	≦100	≦120	≦80	≦100	≦120	≦80	≦100	≦120
DN ≦40	15/25[2])	20/30	25/35	–	–	–	30	35	40
DN >40 ≦60	25/35	30/40	35/45	–	–	–	45	50	55
DN >60 ≦125	30/40	40/50	50/65	–	–	50/65	55	65	75
DN >125 ≦250	40/50	50/65	60/75	–	50/65	60/75	70	80	90
DN >250 und bei Behältern	50/65	60/75	70/85	50/65	60/75	70/85	90	100	110

[1]) t_m = mittlere Temperatur während der Betriebszeit
[2]) Werte vor dem Schrägstrich = Mindestdicke ohne Ummantelung, hinter dem Schrägstrich = Mindestdicke mit Hartmantel

Die Dämmungen der Rohre sind bis auf 2 cm an die Wand- und Deckendurchbrüche heranzuführen, ihre Endstellen besonders zu sichern.

Bei Neubauten sind nach der HeizAnlV ab 1. Juni 1982 alle Rohrleitungen und Armaturen in Zentralheizungen gegen Wärmeverluste durch folgende Mindest-Dämmschichtdicken zu schützen:

Bis DN 20 mit 20 mm,
ab DN 22 bis DN 35 mit 30 mm,
ab DN 40 bis DN 100 in der Dicke der jeweiligen Rohrleitungs-NW sowie
über DN 100 mit mindestens 100 mm.

Schallschutz der Rohrleitungen. Er ist wegen der guten Schalleitfähigkeit des Stahles und des Wassers nicht leicht auszuführen.

Einzelheiten hierzu s. Abschn. 4.

10.2.7.5 Armaturen

Armaturen kleinerer Abmessungen werden meistens aus Rotguß oder Messing hergestellt und durch Verschraubungen (**107**.3 und **659**.1) mit den Rohrleitungen verbunden. Größere Armaturen bestehen aus Grau- oder Stahlguß und haben Flanschanschlüsse (**652**.1).

Nachstehend werden nur die wichtigsten Armaturen kleiner und mittlerer WWH genannt.

Absperrventile (≦ DN 40). Die Ventile sind durch einen an einer Spindel befestigten Ventilkegel gekennzeichnet, der auf eine Dichtfläche, den Ventilsitz, gepreßt wird.

Absperrschieber (> DN 40). Mit einem Handrad versehen ermöglichen sie in den Hauptleitungen und einzelnen Strängen ein gruppenweises, z. B. für einzelne Gebäudefronten oder -flügel, oder strangweises Regeln der Wärmeabgabe oder Außerbetriebsetzen des betreffenden Anlageteiles.

Schrägsitzventile werden ihrer besonders geringen Strömungswiderstände wegen gerne bevorzugt (**120**.3).

Regulierventile der Heizkörper (**659**.1), als Einheitsregulierventile für Warmwasser- und

Niederdruck-Dampfheizungen in Durchgangs- oder Eckform hergestellt, haben 2 Aufgaben zu erfüllen:

Einmal läßt sich durch eine von außen während des Betriebes nur vom Heizungsfachmann zu betätigende Voreinstellung die Wasserdurchflußmenge der geforderten Leistung des Heizkörpers genau anpassen und so der gleichmäßige Wasserumlauf und die gleichmäßige Erwärmung aller Heizkörper sichern.

Zum andern haben sie nur die völlige Unterbrechung des Durchflusses des Heizwassers zum Heizkörper zur Aufgabe und sind nicht dazu geeignet, die Wärmeleistung des Heizkörpers gleichmäßig zu verändern.

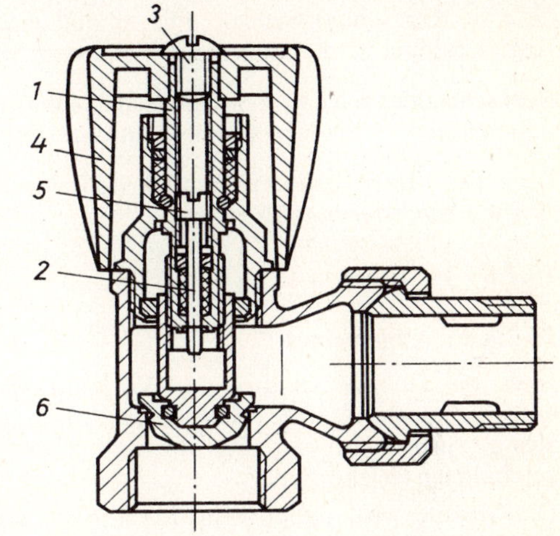

659.1
Heizkörper-Regulierventil (Kosmos)

Voreinstellung durch Begrenzung des Hubes: Ein in der Hauptspindel 1 angeordneter Stift 2 wird nach Abnehmen der Schraube 3 der Handradkappe 4 mit einem skalierten Verstellschlüssel über die Verstellschraube 5 so verschoben, daß er den Hub des Ventilkegels 6 in bestimmter Weise begrenzt.

Thermostatische Heizkörperventile. Daher verwendet man vielmehr die als Raumtemperaturregler arbeitenden thermostatisch gesteuerten Heizkörperventile, bei denen ein Raumtemperaturfühler unmittelbar, neben einer generellen Heizungsregelung, die Wärmeabgabe des Heizkörpers beeinflußt (**659**.2).

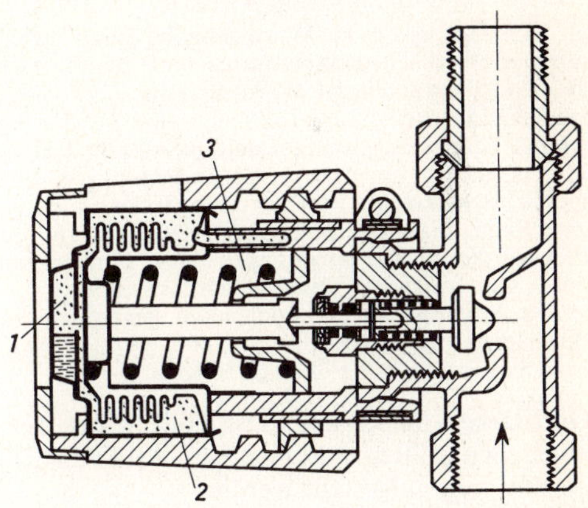

659.2
Thermostatisches Heizkörperventil mit eingebautem Fühler (M 1:2,5) (Danfoss)

1 Fühler
2 Wellrohrelement
3 Gegenhaltefeder

Der Einstellbereich liegt zwischen 8 und 30 °C. Bei der niedrigsten Einstellung bleibt das Ventil geschlossen, solange die Raumtemperatur 8 °C beträgt.

Ventile mit eingebautem Fühler sind dort verwendbar, wo die Raumluft frei am Element vorbeistreichen kann.

Besteht jedoch die Möglichkeit, daß das Ventil von einem Vorhang verdeckt, dicht unter einem Fensterbrett montiert oder an einer sonstigen Stelle angebracht wird, wo ein Wärmekissen um das Ventil entstehen kann, muß ein Element mit Fernfühler verwendet werden.

Entlüftungsventile (Lufthähne) werden zur Entlüftung der einzelnen Stränge in die obersten Heizkörper bei Anlagen mit unterer Verteilung ohne gemeinsame Entlüftungsleitung eingebaut (**575**.1).

Reguliermuffen (Regulier-T-Stücke) werden in einer Rohrleitung vorgesehen, durch die nur eine bestimmte, meist sehr geringe Menge Wasser fließen soll, z. B. in Zirkulationsleitungen oder in Kurzschlußstrecken. Die einmal eingestellte Drosselung durch einen inneren Reguliernippel wird später meist nicht mehr verstellt.

Rückschlagklappen und **-ventile** lassen das Wasser nur in einer Richtung durch die Leitung strömen und verhindern so unerwünschte Zirkulationen (**122**.1, **123**.1 und **622**.1).

Drei- und Vierwegemischer ermöglichen eine Rücklaufbeimischung und sind in Abschn. 10.2.4.2 beschrieben (**626**.1).

10.2.8 Heizflächen

10.2.8.1 Allgemeines

Über die Heizflächen gibt das Vorlaufwasser den vorgesehenen Teil der im Kessel aufgenommenen Wärme an die Räume ab und strömt dann entsprechend abgekühlt zum Kessel zurück, bei der Einrohrheizung evtl. nach Passieren weiterer hintereinander geschalteter Heizkörper.

Die Wärme wird dabei stets durch Strahlung und Konvektion an den Raum übertragen, wobei das Verhältnis beider Wärmeübertragungsarten zueinander je nach der Art und der Oberflächentemperatur verschieden ist.

Höhere Temperaturen der Heizfläche bedeuten einen höheren Strahlungsanteil der Wärmeabgabe (s. auch Abschn. 8.6.2).

Die Heizfläche soll folgende Anforderungen erfüllen:

gleichmäßige und milde Wärmeabgabe durch Strahlung und Konvektion
niedrige Oberflächentemperaturen ohne Staubverschwelung
gute Regulierbarkeit der Wärmeabgabe
keine Geräusche
geringe Abmessungen und damit geringer Bedarf an Stellfläche
Freizügigkeit in der Anordnung im Raum, z. B. unter den Fenstern
möglichst senkrechte Flächen ohne starke Staubablagerung
gute Reinigungsmöglichkeit der Heizflächen und ihrer Umgebung
Preiswürdigkeit und lange Lebensdauer (Unempfindlichkeit gegen Korrosion)
gutes, zum mindesten unauffälliges Aussehen
leichte Montage, Unempfindlichkeit gegen übliche mechanische Beanspruchung, leichter Ausbau beschädigter Teile
einfache Unterhaltung ohne hohe Kosten.

Heizflächen-Aufstellung. Die Heizkörper der WWH (von Flächenheizungen wird hier abgesehen) sollten stets an der Außenwand (**661**.1) unter den Fenstern oder neben den Außentüren aufgestellt werden.

Der dann an den Fenstern aufsteigende Warmluftstrom vom Heizkörper reißt die durch Fugen eingedrungene Außenluft und die an den Glasflächen abgekühlte Raumluft mit hoch und bildet so einen Wärmeschleier, der keine Zugluft entstehen läßt und einen behaglichen Aufenthalt auch in Fensternähe gestattet.

Die Wärmeeinstrahlung des Heizkörpers kann außerdem die Wärmeabstrahlung des menschlichen

Körpers an die kalten Außenwandflächen ausgleichen und dadurch die Raumbehaglichkeit weiter erhöhen.

Zum Verbessern ihrer Wirkung sollte man Heizkörper mit großer Baulänge bei kleiner Bautiefe bevorzugen.

Fensternischen müssen zur Vermeidung unnötiger Wärmeverluste mindestens den Wärmeschutz der übrigen Außenwand haben.

Je höher die Oberflächentemperatur der Wandinnenfläche hier ist, um so geringer ist die Wärmeabstrahlung des Heizkörpers auf diese. Ein zusätzlicher Aluminiumfolienbelag auf der Nischenwand kann einen Teil der Wärmeabstrahlung reflektieren. Es ist daher nicht sinnvoll, Heizkörper vor eine bis auf den Fußboden heruntergezogene Fensterverglasung zu stellen.

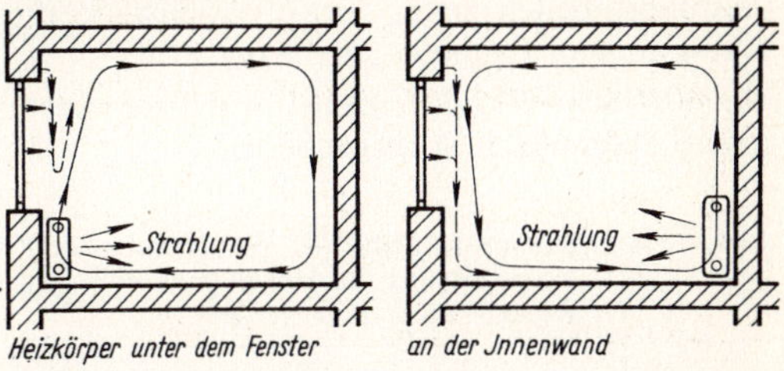

661.1
Luftumwälzung bei Radiatoren-Heizung

Der von einem an der Innenwand (**661**.1) aufgestellten Heizkörper aufsteigende Warmluftstrom zieht, unter gewisser Abkühlung, an der Decke entlang zur Fensterwand hin. Beim Absinken an den kalten Fensterflächen kühlt er sich weiter ab, streicht vermischt mit der durch die Fugen der Fenster eintretenden Außenluft am Fußboden zum Heizkörper zurück und ruft so unvermeidlich Zugerscheinungen hervor.

In der Fensternähe ist der Aufenthalt nur bei genügendem Wärmeschutz der Außenwand, nach längerem Aufheizen des Raumes und bei nicht allzu tiefer Außentemperatur einigermaßen erträglich. Der Unterschied der Raumlufttemperatur am Fußboden und unter der Decke ist hier auch in Raummitte besonders groß und wird ebenfalls als unangenehm empfunden.

Bei tieferen Räumen sollte man einen kleineren Teil der geforderten Heizfläche nicht an der Außen-, sondern an einer Querwand unterbringen, um auf diese Weise eine bessere Durchmischung der Raumluft zu erzwingen.

Heizflächengrößen. Für die Wärmeleistung Q_{HK} einer Heizfläche gelten zwei Gleichungen: die Gleichung der Wärmeübertragung durch Wärmeleitung

$$Q_{HK} = \frac{F}{1/k} \cdot \left(\frac{t_E + t_A}{2} - t_i \right) \text{ in W} \qquad (1)$$

und die Gleichung

$$Q_{HK} = G \cdot C(t_E - t_A) \text{ in W} \qquad (2)$$

mit
- $1/k$ Wärmedurchgangswiderstand der Heizfläche in K m²/W
- F Fläche des Heizkörpers in m²
- t_E Wassereintrittstemperatur des Heizkörpers in °C
- t_A Wasseraustrittstemperatur des Heizkörpers in °C
- t_i Raumtemperatur in °C
- G Gewicht (Masse) des durchlaufenden Wassers in kg/h
- C spezifische Wärme (bei Wasser = 1,163 ≈ 1,2) in Wh/kg K

Bei einer bestimmten geforderten Wärmeleistung wird

a) nach (1) die erforderliche Heizfläche mit steigender Wassereintrittstemperatur und/oder mit steigender Wasseraustrittstemperatur (d. h. mit steigender mittlerer Heizflächentemperatur) kleiner

b) nach (2) die umlaufende Wassermenge mit steigendem Temperaturgefälle $t_E - t_A$ kleiner und damit der Aufwand für das Rohrnetz geringer

c) nach (1) bei einer höheren Raumtemperatur eine größere Heizfläche nötig.

Aus a) und b) folgt, daß unter sonst konstanten Bedingungen das Anheben der Wasseraustrittstemperatur zu kleineren Heizkörpern, aber zu einem teueren Rohrnetz führt.

Die unter a) bis c) aufgezeigten Zusammenhänge bestimmen die Auslegung einer Warmwasserheizung.

Die Größen der Heizflächen brauchen nicht berechnet zu werden. Sie lassen sich zumeist aus Tabellen ermitteln.

Die zu den in Abschn. 10.2.8.2 bis 10.2.8.5 beschriebenen Heizkörpern gegebenen Leistungstabellen gelten für WW-Schwerkraftheizung mit unterer Verteilung und für WW-Pumpenheizungen aller Art.

Für WW-Schwerkraftheizung mit oberer Verteilung sind die dort gefundenen Werte noch gemäß Tafel **662**.1 zu vergrößern.

Tafel **662**.1 Korrekturtabelle für WWH mit oberer Verteilung
Vergrößerung der Heizflächen in % gegenüber den aus Tafel **663**.1 und **664**.2 ermittelten Werten (nach Rietschel)

Lage der Fallstränge	mehrgeschossige Anlage: Geschoßzahl des Gebäudes	Erdgeschoß	1. bis 2. Obergeschoß	3. bis 5. Obergeschoß	Stockwerkheizung: horizontale Ausdehnung der Anlage m	horizontale Entfernung des Fallstranges vom Steigestrang: < 5 m	5···10 m	10···15 m	15···20 m	20···30 m
unisoliert frei vor der Wand	1 oder 2	10	5	–	< 10	7	18	–	–	–
	3 oder 4	15	10	5	10···25	7	11	15	20	25
	> 4	25	10	5	25···30	5	8	11	14	18
isoliert in Mauerschlitzen	1 oder 2	5	0	–	< 10	5	15	–	–	–
	3 oder 4	5	3	0	10···25	5	8	12	16	22
	> 4	5	3	3	25···30	4	6	8	11	15

10.2.8.2 Rohrheizflächen

Rohrheizflächen als Rohrschlangen (**662**.2) oder als Rohrregister (**662**.3), die früher in Fabriken und ähnlichen Bauten häufig eingebaut wurden, werden ihrer hohen Montagekosten und der leichten Verschmutzung ihrer vielen waagerechten Flächen wegen nur noch selten verwendet (Taf. **663**.1).

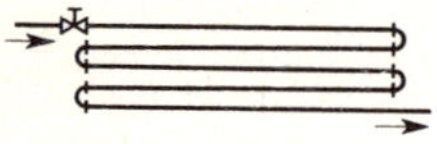

662.2 Rohrschlange

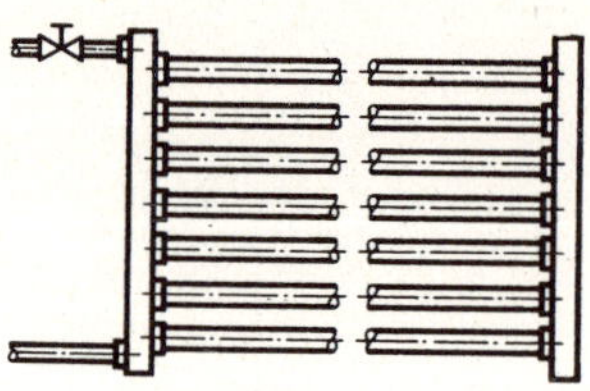

662.3 Rohrregister

Ebenso die schwer zu reinigenden unverkleideten Rippenrohre, glatte Rohre mit aufgesetzten Blechscheiben oder Spiralen, die in neuer Gestalt in den heutigen Konvektoren (s. Abschn. 10.2.8.4) auf dem Markt sind.

Tafel **663**.1 Wärmeabgabe von Glattrohrheizflächen in W/m

Übertemperatur K	mehrere waagerechte Rohre übereinander DN 15	20	25	32	40	50	60	waagerechtes Einzelrohr senkrechte Rohre DN 15	20	25	32	40	50	60
20	14	17	21	27	29	36	41	17	21	26	29	33	35	41
30	23	27	33	41	43	52	65	27	33	38	47	50	52	65
40	35	38	54	58	64	76	93	38	47	56	68	72	76	93
50	44	50	62	76	85	99	120	51	62	73	87	98	99	120
60	56	63	77	98	105	125	153	63	77	91	112	118	125	153
70	68	76	92	117	127	150	188	76	92	111	134	142	150	184
80	80	90	111	140	150	181	220	90	111	130	159	170	181	220
90	91	105	128	175	184	208	225	107	128	151	186	198	208	255
100	105	119	144	184	197	236	289	119	144	171	210	223	237	289

10.2.8.3 Radiatoren

Mit Radiatoren, die durch Aneinandersetzen von einzelnen Gliedern leicht in jeder beliebigen Größe hergestellt werden können, lassen sich große Heizflächen bequem auf kleinem Raum unterbringen.

Die Wärme geben sie bevorzugt durch Konvektion ab. Auf ihren glatten und bequem zu reinigenden, überwiegend senkrechten Flächen setzt sich nur wenig Staub ab.

Mit 900 mm Nabenabstand werden sie vor allem an Innenwänden, mit 500 mm vor normalen Fensterbrüstungen, mit 350 und 200 mm vor niedrigen Fensterbrüstungen, z. B. bei Schaufenstern, aufgestellt.

Radiatoren in Normalausführung sind für WWH mit einem Betriebsdruck $\leqq 4$ bar, statischer Druck plus Pumpendruck, und einer Betriebstemperatur $\leqq 110$ °C, in Sonderausführung für WWH und Heißwasserheizungen $\leqq 6$ bar und $\leqq 140$ °C bestimmt.

Die Radiatoren werden als Massenware billig hergestellt und ihrer Vorteile wegen am häufigsten verwendet.

Gußradiatoren nach DIN 4720 (**663**.2 bis **664**.1) werden in 10 Größen hergestellt, ihre Glieder durch Stahlnippel mit Rechts- und Linksgewinde miteinander verbunden (**663**.3). Die Baulänge beträgt einheitlich 60 mm, die übrigen wichtigsten Baumaße s. Tafel **664**.2.

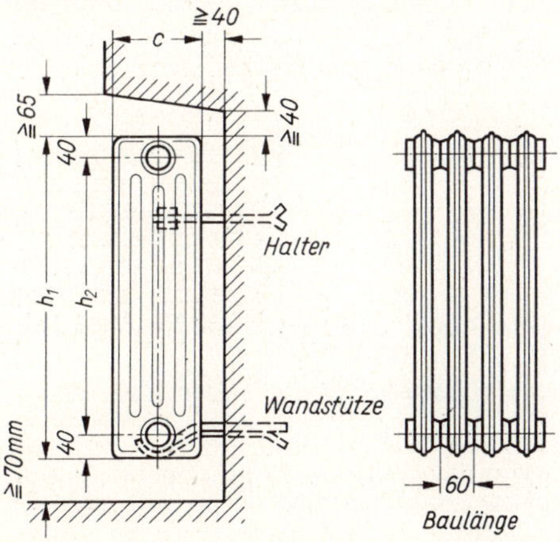

663.2
Gußradiator nach DIN 4720, auf Wandkonsolen (M 1:20)

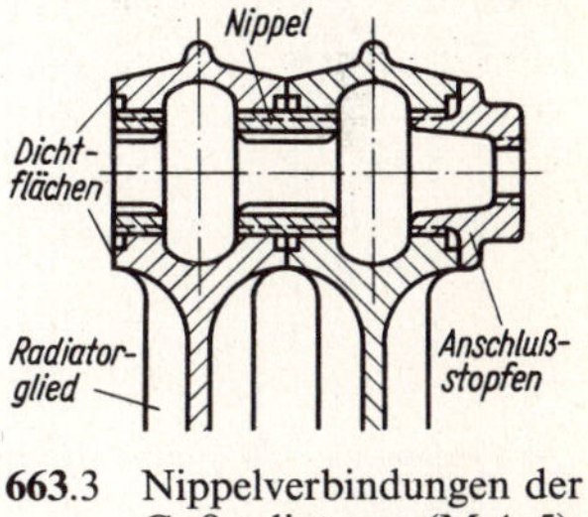

663.3 Nippelverbindungen der Gußradiatoren (M 1:5)

Radiatorglieder gleichen Bautyps von verschiedenen Herstellern stimmen in allen Einzelheiten völlig überein und können daher ohne weiteres zusammengebaut werden.

Bis zu 16 oder 20 Gliedern werden die Heizkörper von den Herstellern in einem Stück geliefert, darüber hinaus in mehreren Blocks.

Die Lebensdauer dieser Radiatoren ist praktisch unbegrenzt.

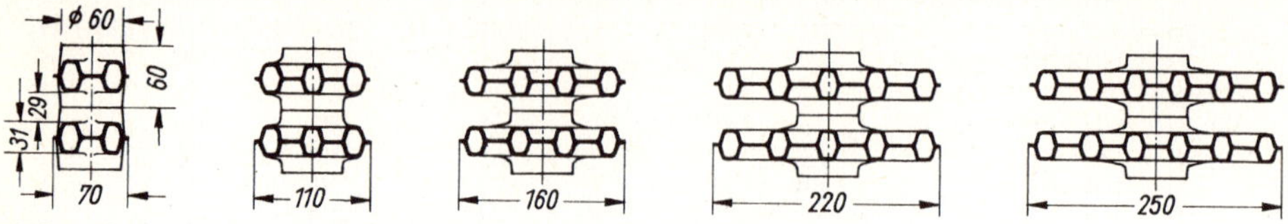

664.1 Querschnitte von Gußradiatoren nach DIN 4720 (M 1:10)

Tafel **664**.2 Baumaße, Wärmeleistung (nach DIN 4703 T. 1) und Anstrichfläche (Heizfläche) von Gußradiatoren nach DIN 4720
bei Warmwasser 90/70 °C ($t_m = 80$ °C) und Raumtemperatur $t_i = 20$ °C

Baumaße in mm	Bauhöhe h_1	980			580				430		280
	Nabenabstand h_2	900			500				350		200
	Bautiefe c	70	160	220	70	110	160	220	160	220	250
Wärmeleistung W je Glied		111	204	260	68	92	126	162	93	122	92
Anstrichfläche je Glied in m²		0,205	0,440	0,580	0,120	0,180	0,255	0,345	0,185	0,255	0,185

Stahlradiatoren nach DIN 4722 (**664**.3 und 4) werden ihres geringen Gewichtes, 10 kg/m² gegenüber 20 bis 25 kg/m² bei Gußradiatoren, und ihres dementsprechend niedrigeren Preises wegen für WWH viel verwendet. Für Dampfheizungen sind sie nicht zulässig (Korrosionsgefahr).

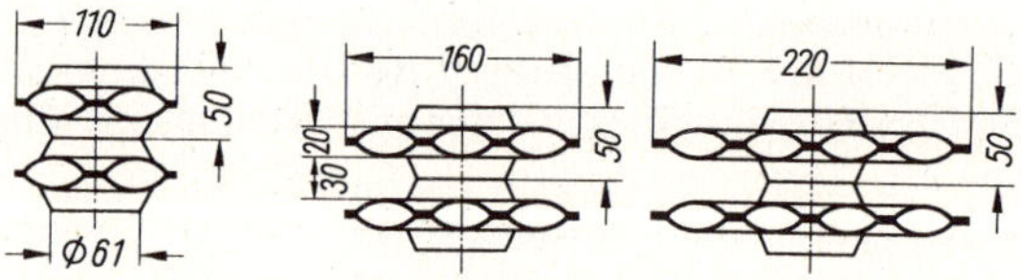

664.4 Querschnitte von Stahlradiatoren nach DIN 4722 (M 1:10)

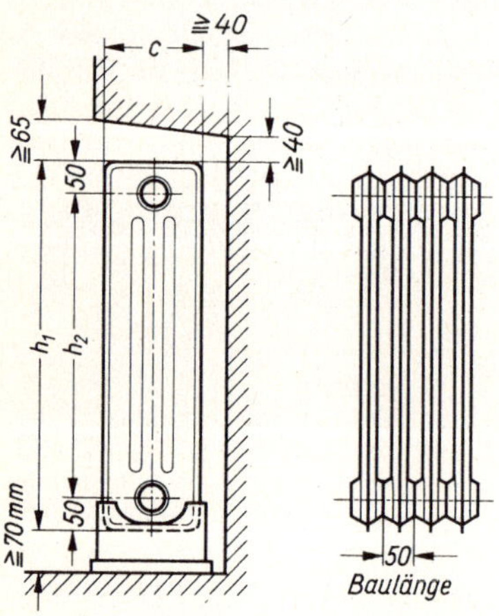

664.3
Stahlradiator nach DIN 4722, auf Aufsteckfüßen Blechdicke 1,25 mm (M 1:20)
Ausführung: einzelgenippelt oder blockgeschweißt

Stahlradiatoren bis zu 12 Gliedern werden meistens in einem Block verschweißt geliefert, bei größerer Länge aus mehreren Blocks mit Gewindenippeln zusammengeschraubt. Änderungen sind daher nur begrenzt möglich.

Stahlradiatoren haben 50 mm Baulänge und fast durchweg dieselben Nabenabstände und Bautiefen wie die Gußradiatoren (Taf. **665**.1).

Tafel **665**.1 Baumaße, Wärmeleistung (nach DIN 4703 T. 1) und Anstrichfläche (Heizfläche) von Stahlradiatoren nach DIN 4722
bei Warmwasser 90/70 °C (t_m = 80 °C) und Raumtemperatur t_i = 20 °C

Baumaße in mm	Bauhöhe h_1	1000			600			450		300
	Nabenabstand h_2	900			500			350		200
	Bautiefe c	110	160	220	110	160	220	160	220	250
Wärmeleistung W je Glied		122	157	204	73	99	128	74	99	77
Anstrichfläche je Glied in m²		0,240	0,345	0,480	0,140	0,205	0,285	0,155	0,210	0,160

Auch Stahlradiatoren gleicher Bautype von verschiedenen Herstellern können zusammengebaut werden, nicht aber Stahl- und Gußradiatoren.

Die Wärmeleistung der Guß- und Stahlradiatoren nach DIN 4720 und DIN 4722 ist, nach DIN 4703 T. 1, für eine WWH 90/70 °C mit t_m = 80 °C mittlerer Heizwassertemperatur und für eine Raumlufttemperatur t_i = 20 °C aus den Tafeln **664**.2 und **665**.1 abzulesen.

Für andere als diese Normbedingungen ergibt sich die gesuchte Wärmeleistung durch Multiplikation der aus Tafel **664**.2 oder **665**.1 abgelesenen Leistung mit einem aus Tafel **665**.2 zu entnehmenden Umrechnungsfaktor.

Tafel **665**.2 Umrechnungsfaktoren für verschiedene Raumluft- und Heizwassertemperaturen zu Taf. **664**.2 und **665**.1 (nach DIN 4703 T. 3), gültig auch für Konvektoren und Plattenheizkörper (**677**.1)

mittlere Heizwasser-temperatur t_m °C	Raumlufttemperatur t_i °C 5	10	12	15	18	20	22	24
100	1,82	1,69	1,64	1,59	1,51	1,47	1,43	1,37
95	1,69	1,59	1,54	1,47	1,39	1,35	1,30	1,25
90	1,59	1,47	1,41	1,35	1,28	1,23	1,18	1,14
85	1,47	1,35	1,30	1,23	1,16	1,11	1,06	1,02
80	1,35	1,23	1,19	1,11	1,04	1,00	0,95	0,91
75	1,23	1,11	1,06	1,00	0,94	0,91	0,86	0,80
70	1,11	1,00	0,95	0,91	0,83	0,79	0,74	0,70

Tafel **662**.1 ist, falls erforderlich, zu beachten.

Die Normleistungen der Tafeln **664**.2 und **665**.1 gelten für einen oberen Vorlauf- und unteren Rücklaufanschluß der Radiatoren sowohl bei einseitiger als auch bei wechselseitiger Anordnung der Anschlüsse.

Bei einem unteren Vorlaufanschluß können je nach der Ausführung erhebliche Leistungsminderungen auftreten.

Während bei allen Zweirohrsystemen für sämtliche Heizkörper gleiche Werte für die Vor- und Rücklauftemperaturen, damit auch für die mittleren Heizwassertemperaturen, angenommen werden können, ist bei Einrohrheizungen zu beachten, daß diese Werte für die hintereinandergeschalteten Heizkörper eines Stranges entsprechend der Wärmeabgabe jedes Heizkörpers abnehmen.

Mit der verringerten mittleren Heizwassertemperatur jedes nachfolgenden Radiators sinkt auch dessen Wärmeleistung je Glied, die daher jedesmal gesondert zu bestimmen ist.

Beispiel (666.1)
Für 5 nebeneinanderliegende Räume mit einem Normwärmebedarf Q_N von je 2330 W und $t_i = 20\,°C$ Raumtemperatur ist die Gliederzahl der zu verwendenden Gußradiatoren 500/160 einer WWH 90/70 °C zu bestimmen.

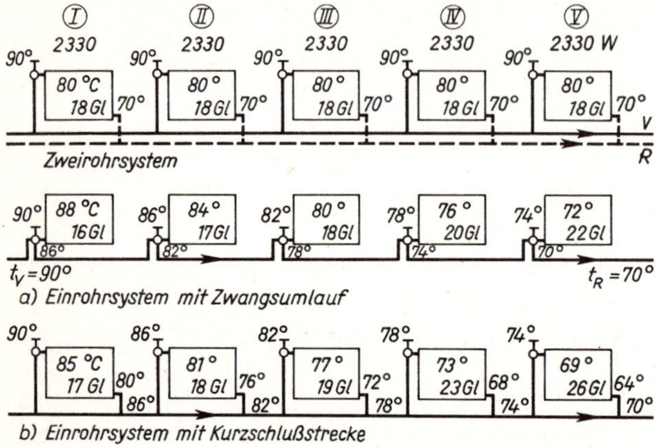

666.1 Zum Beispiel einer Berechnung von Heizkörpergrößen

1. Zweirohrsystem
Wärmeleistung je Glied nach Tafel **664**.2 = 126 W; Gliederzahl 2330/126 = 18 Glieder; insgesamt $5 \cdot 18 = 90$ Glieder

2. Einrohrsystem
a) mit Zwangsumlauf und Konstanthähnen

Zunächst wird die Wasserumlaufmenge G des Stranges ermittelt nach der Formel

$$G = \frac{Q_{ges}}{1{,}163\,(t_V - t_R)} = \frac{5 \cdot 2330}{1{,}163\,(90-70)} = 500\,\text{kg/h}$$

Das Temperaturgefälle jedes Heizkörpers beträgt danach $t_E - t_A = \dfrac{2330}{1{,}163 \cdot 500} = 4\,\text{K}$

Daraus ergeben sich die folgenden weiteren Werte:	I	II	III	IV	V
Heizkörpervorlauf t_V °C	90	86	82	78	74
mittlere Heizwassertemperatur t_m °C	88	84	80	76	72
Wärmeleistung W je Glied für $t = 60\,°C$ nach Tafel **664**.2	126	126	126	126	126
Umrechnungsfaktor nach Tafel **665**.2 (interpoliert)	1,18	1,09	1,0	0,92	0,84
Wärmeleistung W je Glied	149	137	126	116	106
Anzahl der Glieder je Raum	16	17	18	20	22
Gesamtzahl der Glieder für alle 5 Räume			93		

b) mit Kurzschlußstrecke
Umlaufende Wassermenge nach 2a) 500 kg/h
Temperaturgefälle jedes Radiators, Annahme: $t_E - t_A = 10\,\text{K}$

Bei dieser Anordnung der Heizkörper teilt sich das gesamte durch den Strang laufende Heizwasser (500 kg/h) vor jedem Heizkörper in einen Teil, der durch die Kurzschlußstrecke am Heizkörper geht (Annahme: ohne Wärmeverlust), und einen anderen Teil, der durch den Heizkörper strömt und dort eine bestimmte Wärmemenge abgibt.

Beim Zusammenfluß beider Teilmengen hinter dem Heizkörper kommt jeweils eine Mischtemperatur zustande, die entsprechend der Wärmeabgabe im Heizkörper niedriger ist als seine Vorlauftemperatur, zugleich aber die Vorlauftemperatur des folgenden Heizkörpers darstellt usw.

	I	II	III	IV	V
Wassereintrittstemperatur t_E °C	90	86	82	78	74
Temperaturverlust K im Strang $Q/G = 2000/500$	4	4	4	4	4
Mischtemperatur hinter Heizkörper °C	86	82	78	74	70
mittlere Heizkörpertemperatur $t_E - \frac{t_E - t_A}{2} = t_E - 5\,°C$	85	81	77	73	69
Wärmeleistung W je Glied für $t_w = 80\,°C$, $t_i = 20\,°C$	126	126	126	126	126
Umrechnungsfaktor nach Tafel **665**.2	1,11	1,02	0,95	0,81	0,70
Wärmeleistung W je Glied	140	129	120	102	88
Anzahl der Glieder je Raum	17	18	19	23	26
Gesamtzahl der Glieder für alle 5 Räume			103		

Gegenüber der Zweirohranlage erfordert hier die Einrohranlage mit Zwangsumlauf eine um etwa 2%, mit Kurzschlußstrecke für $t_E - t_A = 10$ K eine um etwa 12,5% größere Gesamtheizfläche. Für $t_E - t_A = 20$ K würde die Vergrößerung etwa 24% betragen.

Einbau. Radiatoren werden durch Wandkonsolen getragen, die in dicken Wänden 10 bis 15 cm einzuzementieren (**663**.2), bei Leichtwänden mit durchgehenden Schrauben und Unterlagsplatten anzuschrauben sind (**667**.1), und durch Heizkörperhalter befestigt (Taf. **667**.2).

Dies erleichtert sowohl ihre Montage als auch später das Reinigen der Fußböden.

Wo Wandkonsolen nicht anzubringen sind, werden die Radiatoren auf Aufsteck- oder Aufschraubfüße gesetzt (**664**.3) oder auf Heizkörperträger, die im Fußboden befestigt sind (**667**.3 und **669**.1).

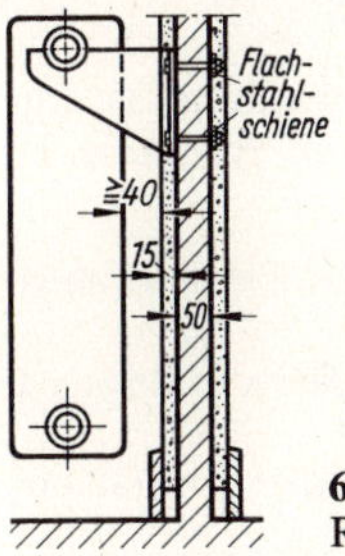

667.1
Radiator an Leichtwand auf Konsolen (M 1:20)

Tafel **667**.2 Erforderliche Wandkonsolen und Heizkörperhalter für Radiatorglieder

Glieder	4···16	17···30	31···40	41···50
Konsolen	2	3	4	5
Halter	1	2	2	2

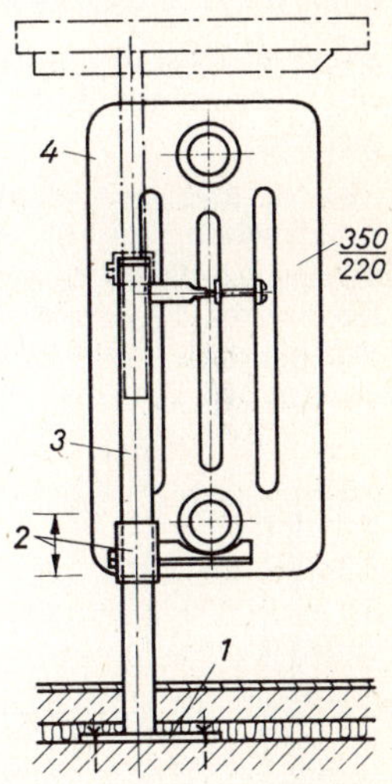

667.3 Radiator, freistehend (M ca. 1:10) (Heizkörperträger: P. Schulze und Co., Lübeck)
1 Fußplatte 150 × 100 × 6
2 Konsole, verstellbar
3 Stütze, Rechteckrohre 20 × 30 × 2
4 Fensterbrettstütze, Rechteckrohre 20 × 30 × 20

Von der Wand müssen die Heizkörper ≧ 40 mm Abstand haben, vom Fußboden ≧ 70 mm, der leichteren Fußbodenreinigung wegen aber besser 120 bis 150 mm.

Ihr Raumbedarf in der Länge ergibt sich aus der Gesamtbaulänge zuzüglich 15 bis 20 cm für den Anschluß mit Regulierventil.

Eine Abdeckplatte oberhalb eines Wandheizkörpers kann die Wand vor sonst unvermeidlicher Verschmutzung durch Staub schützen.

Bei Radiatoren in Nischen oder mit oberen Abdeckplatten (**663**.2, **664**.3 und **667**.3) ist die Wärmeleistung um ca. 4% kleiner als bei freier Aufstellung, wenn die Kleinstmaße der Einbauabstände nach DIN 4720 und DIN 4722 eingehalten werden.

Radiatorverkleidungen. Sie werden häufig in besonders gut ausgestatteten Räumen verlangt. Sie sollen die Wärmeabgabe der Radiatoren möglichst wenig beeinträchtigen und müssen leicht abzunehmen sein.

Auch das Regulierventil hinter der Verkleidung muß bequem zugänglich sein, evtl. durch eine besondere seitliche Klappe.

Zwischen Heizkörper und Wand muß allseitig ≧ 40 mm Abstand bleiben. Luftöffnungen in der Vorderseite einer Verkleidung sollen so lang wie der Heizkörper sein.

Breitere Holzteile werden am besten mit Asbestpappe hinterlegt.

Metallgitter der Verkleidung dürfen bei Erwärmung nicht ausbeulen.

Fenstervorhänge dürfen den aufsteigenden Wärmestrom nicht behindern, durch den sie zudem stark verschmutzen.

Entsprechend der geringeren Wärmeabgabe sind die Heizflächen ausreichend zu vergrößern (**668**.1 und **669**.1).

Bei vorderer Verkleidung geht die Radiatorenleistung erheblich zurück. Sie kann sich bei ungünstig angeordneten und unzureichend bemessenen Lufteintritts- und -austrittsöffnungen um ≦ 30% verringern.

Bei einer Ausführung nach Bild **669**.1 (Luftöffnungen in ganzer Heizkörperlänge) ist mit einer Leistungseinbuße von 10 bis 15% gegenüber dem frei aufgestellten Radiator zu rechnen.

Anstrich. Radiatoren werden von den Herstellern mit einem als Rostschutz im Tauchverfahren aufgebrachten Grundanstrich geliefert, der DIN 55900 zu entsprechen hat.

Sie sind vom Maler nachzuentrosten, zu säubern und zweimal mit Heizkörperlackfarbe zu streichen. Der Farbton der Anstriche ist ohne Einfluß auf die Wärmeabgabe der Heizkörper.

Nur Anstriche aus Metallbronzen verringern die Wärmeleistung durch verminderte Abstrahlung um etwa 10%.

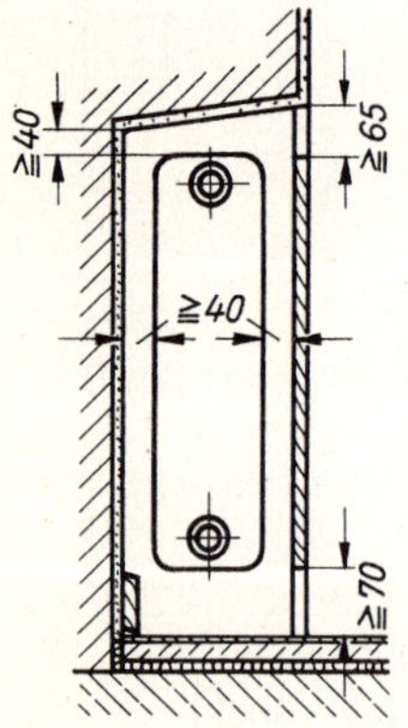

668.1
Verkleidung eines Radiators mit vorderen Luftöffnungen nach DIN 4703 T. 1 (M 1:20)

um 10 bis 15% verringerte Wärmeabgabe gegenüber einer Aufstellung frei vor der Wand

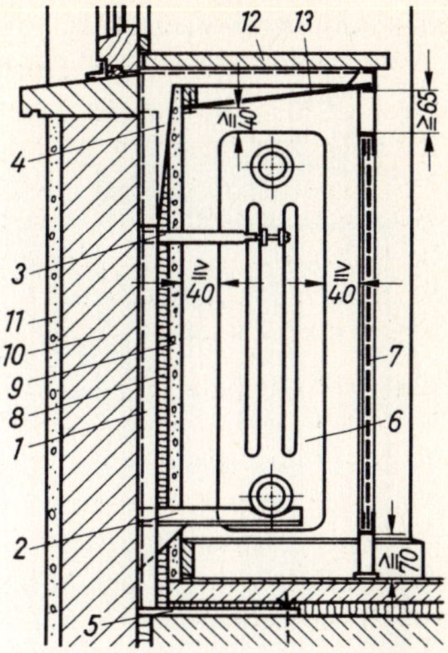

669.1
Radiator mit Verkleidung, freistehend auf Stahlstützen mit Konsolen und Halter vor einer 1/2 Stein dicken Fensterbrüstung (M 1:15)
(Heizkörperträger: P. Schulze und Co., Lübeck)

1 Stütze U 16 × 30 × 2
2 Konsole, verstellbar
3 Halter
4 Fensterbrettstütze, verstellbar
5 Fußplatte 100 × 150 × 8
6 Stahl-Radiator 500/160
7 Rahmen, herausnehmbar, mit Füllung aus Streckmetall, Drahtgeflecht o. ä.
8 Wärmedämmschicht
9 Innenwandputz
10 Lochziegelmauerwerk, 1/2 Stein dick
11 Außenwandputz
12 Abdeckplatte aus Natur- oder Kunststein
13 Hartplatte o. ä.

10.2.8.4 Konvektoren

Konvektoren stellen eine Weiterentwicklung der bereits erwähnten Rippenrohre dar. Ihre Heizelemente bestehen aus einem oder mehreren vom Heizwasser durchströmten runden, elliptischen oder rechteckigen Kupfer- oder verzinkten Stahlrohren, die auch zweilagig übereinander angeordnet sein können, auf die zur erhöhten Wärmeabgabe in engem Abstand rechteckige Blechlamellen aufgesetzt sind.

Ein bestimmtes Fabrikat hat z. B. Bauhöhen von 70 mm, Bautiefen von 50 bis 300 mm und wird in Längen $\leqq$ 5,60 m aus einem Stück hergestellt (Taf. **669**.2).

Tafel **669**.2 Größe der Luftöffnungen h_2 und h_3 (zu Bild **670**.1)

Bautiefe b mm	Nischenhöhe h_1 300	400	500	600	ab 700
50	60	60	60	60	60
100	80	80	80	80	80
150	80	100	100	100	100
200	80	100	120	120	120
250	80	100	120	140	140
300	80	100	120	140	160
	Einbauhöhe $h_k \approx h_2 + 10$ mm				

Die Konvektoren sind zur Zeit nicht genormt.

Alle Angaben über Größe und Leistung der Heizelemente, diese zunehmend mit wachsender Schachthöhe, sowie über die Höhe der erforderlichen Lufteintritts- und -austrittsöffnung sind daher den Herstellerlisten zu entnehmen.

Konvektorheizkörper werden so hinter eine Plattenverkleidung gesetzt, daß der auf diese Weise entstehende Schacht nur um 4 mm tiefer als der Konvektor ist (**670**.1 und Taf. **669**.2).

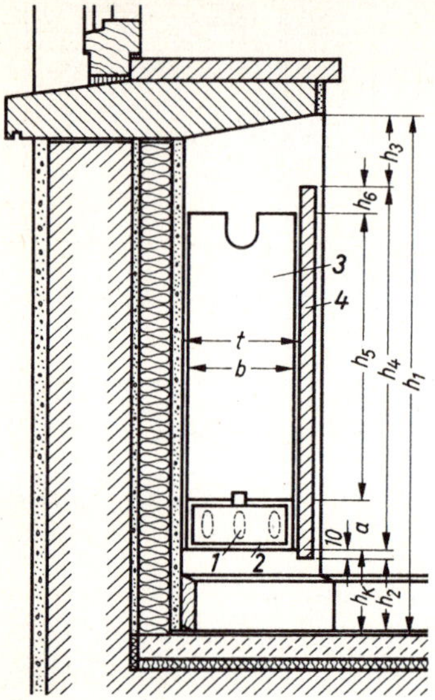

670.1
Konvektorheizkörper an einer Fensterbrüstung (Befestigung der Konvektortragschürze durch Fußkonstruktion auf dem Fußboden ist nicht dargestellt) (Happel KG)

a Konvektorbauhöhe
b Konvektorbautiefe
t Bautiefe der Tragschürze, $t = b + 4$ mm
h_1 Nischenhöhe
h_2 Lufteinlaßhöhe
h_3 Luftauslaßhöhe
h_4 wirksame Schachthöhe
h_5 Höhe der Tragschürze
h_6 Blendenüberstand
h_k Konvektormontagehöhe (meist $h_2 + 10$ mm)
1 Konvektorkernrohr (Kupfer oder verzinkter Stahl)
2 Konvektorlamelle
3 Konvektortragschürze (zugleich seitlicher Schachtabschluß und Träger für die Vorderblende), Abstände ca. 1,00 m
4 Vorderblende

Eine seitliche Plattenverkleidung ist nur bei großen Konvektorbautiefen notwendig, da durch die an beiden Enden des Konvektors anzubringende Tragschürze ein seitlicher Abschluß des Schachtes hergestellt wird (**670**.2).

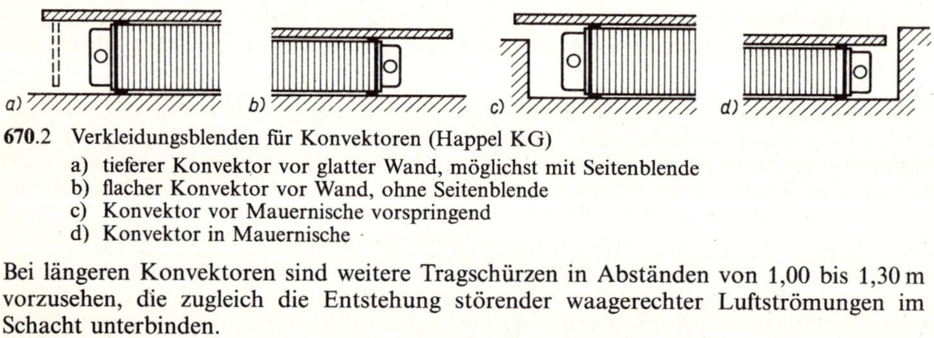

670.2 Verkleidungsblenden für Konvektoren (Happel KG)
a) tieferer Konvektor vor glatter Wand, möglichst mit Seitenblende
b) flacher Konvektor vor Wand, ohne Seitenblende
c) Konvektor vor Mauernische vorspringend
d) Konvektor in Mauernische

Bei längeren Konvektoren sind weitere Tragschürzen in Abständen von 1,00 bis 1,30 m vorzusehen, die zugleich die Entstehung störender waagerechter Luftströmungen im Schacht unterbinden.

Durch die Kaminwirkung des Schachtes erfolgt ein intensiver Wärmeübergang an die zwangsläufig durch die Lamellen des Konvektors hindurchgeführte Raumluft und eine Erwärmung des Raumes fast nur durch Konvektion.

Die Konvektorenheizung ist also praktisch eine reine Luftheizung mit deren Vor- und Nachteilen (s. Abschn. 8.6.2).

Nachteilig ist weiter die mindestens während der Betriebspausen unvermeidliche Staubablagerung auf den schlecht zu reinigenden Heizflächen. Dies gilt besonders bei dem später beschriebenen Unterflureinbau (**672**.1).

Die Konvektorheizkörper können wechselseitig oder einseitig an senkrechte oder waagerechte Verteilungsstränge angeschlossen werden (**671**.1).

Die Unterkante der Verkleidung soll 10 mm unter der des Konvektors liegen, die Verkleidung leicht abnehmbar und das Regulierventil gut zugänglich sein.

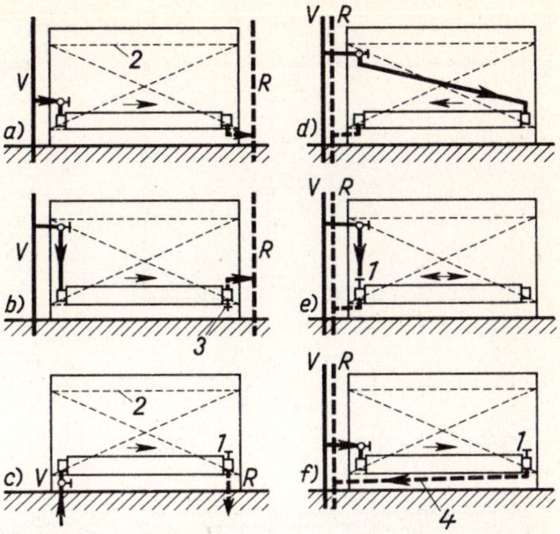

671.1
Konvektoren-Anschlüsse. Konvektoren können, besonders bei Dampfheizungen, auch ein leichtes Gefälle von 1 bis 2 mm/m erhalten

a) und b) wechselseitige Stranglage
c) Anschluß an waagerechte Verteilungsstränge, besonders für Einrohrheizungen
d) bis f) einseitige Stranglage

1 Entlüftung
2 Vorderblende
3 Entleerung
4 Rücklauf im Schacht: ungünstig, da evtl. sichtbar und Lufteintritt beengend

Für Einrohrsysteme und Heizungen mit konstanter Vorlauftemperatur kann die Wärmeabgabe statt durch Regulierventile auch durch verstellbare Regelklappen im Heizschacht bis auf 30% Restleistung gedrosselt werden.

Konvektoren unter Fenstern sollten zur bestmöglichen Abschirmung der Fensterkaltluft mindestens so lang wie die Fenster selbst sein, was in Fensternischen meist nicht voll zu erreichen ist.

Konvektoren lassen sich auch vorteilhaft hinter Möbeln, z. B. eingebauten Bänken, mit geschlossener Rückwand, unter Blumenwannen und -trögen und vor Einbaubadewannen (**239**.2) anordnen.

Einzelverkleidungen mit seitlichem Überstand können, bei einem Stützenabstand $\leqq$1,30 m, bis 1,50 m Länge aus einem Stück bestehen.

Bei Wahl einer zusätzlichen mittleren Anriegelung an einer weiteren Trägerschürze kann dieses Längenmaß bis auf ca. 2,30 m vergrößert werden.

Unterflureinbau (**672**.1). Für die Beheizung von Räumen mit Fenstern, die bis zum Fußboden reichen, ermöglicht der Unterflureinbau von Konvektoren ohne Verbauen der Fensterfläche eine einwandfreie Abschirmung aller Kaltlufteinflüsse unter der Voraussetzung, daß die nachfolgenden Bemessungs- und Einbauregeln sorgfältig beachtet werden.

Dabei ist eine zuverlässige Reinigungsmöglichkeit der Unterfluranlage, z. B. durch Reinigung mit dem Handstaubsauger, eine erste Voraussetzung für den hygienischen Betrieb und langjährige sichere Wärmeleistung der Anlage.

Mit Rücksicht auf die möglichst einfache Reinigung können nur einlagige Konvektoren gewählt werden, die in voller Länge der gesamten Fensterfläche vorzusehen sind.

Bemessung. Sie erfolgt nach der wirksamen Schachthöhe h_4 aus den normalen Leistungstabellen des Herstellers.

Unter der Voraussetzung, daß die Schachthöhe $h_4 \leqq 500$ mm ist, die richtige Einbauanordnung gewählt wurde, die angegebenen Kanalschachtmaße eingehalten sind und der freie Querschnitt des Abdeckgitters (Rollrost) $\geqq$70% des Gesamtquerschnittes beträgt,

genügt es, wenn für normale Konvektoren zum Ausgleich der Injektionswirkung der dicht benachbarten Warm- und Kaltluftströmungen, des zusätzlichen Luftwiderstandes der Umlenkung usw. eine 20%ige Leistungsminderung gegenüber den Tabellenwerten der Konvektoren berücksichtigt wird.

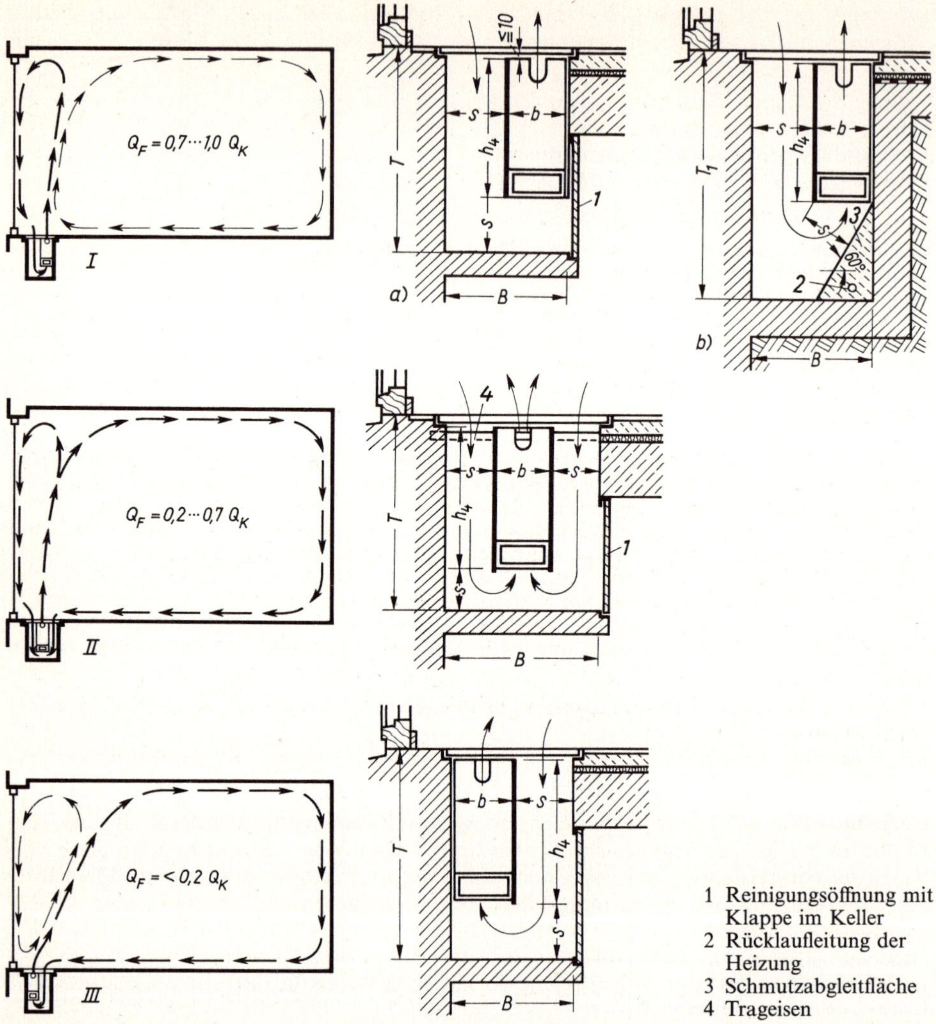

1 Reinigungsöffnung mit Klappe im Keller
2 Rücklaufleitung der Heizung
3 Schmutzabgleitfläche
4 Trageisen

672.1 Unterflureinbau von Konvektoren bei bis zum Fußboden reichenden Fensterflächen (Happel KG)

I Konvektor auf der Raumseite des Unterflurschachtes
II Konvektor in der Mitte des Unterflurschachtes
III Konvektor auf der Fensterseite des Unterflurschachtes

a) Unterflurschacht bei unterkellertem Raum
b) Unterflurschacht bei nicht unterkellertem Raum

Befestigung der Konvektortragschürzen durch Schlüsselschrauben ∅ 8 mm mit Spreizdübeln bei I und III nicht mit dargestellt

Einbau. Die erforderlichen Schachtseitenblenden sollen aus einem schlecht wärmeleitenden Material bestehen, z. B. 10 mm dicken Asbestzementplatten.

Für die Anordnung des Konvektors im Unterflurkanal und die hierzu nötige Schachtgröße gibt es 3 verschiedene Möglichkeiten, deren richtige Wahl je nach den gegebenen Wärmeverhältnissen ausschlaggebend für eine einwandfreie Wirkung dieser Heizungsanlage ist.

Maßgebend ist das Verhältnis des Wärmebedarfes auf der Fensterseite des betrachteten Unterflurkonvektors Q_F zu seiner Gesamtwärmeleistung Q_K. Dabei umfaßt Q_F sowohl den Transmissionswärmebedarf mit Zuschlägen nach DIN 4701 als auch den ganzen Lüftungswärmebedarf der Fensterfläche, bezogen auf die Länge des Konvektors.

Die 3 Möglichkeiten sind nach Bild **672**.1 I bis III:

1. $Q_F \geqq 0{,}70\, Q_K$. Fast der gesamte Wärmebedarf liegt auf der Fensterseite des Konvektors, der Wärmebedarf für den übrigen Raum ist verhältnismäßig klein. Der Konvektor auf der Raumseite des Schachtes erzeugt einen kräftigen Primärluftstrom, der einen Warmluftschleier vor das Fenster legt. Durch Injektorwirkung wird ein schwacher Sekundärluftstrom im Raum erzeugt. Auch bei größerem raumseitigen Wärmebedarf ist diese Unterfluranordnung zweckmäßig, wenn der Unterflurkonvektor nur das Fenster abschirmen soll und der restliche Wärmebedarf des Raumes durch einen weiteren Konvektor im Raum abgedeckt wird.

2. $Q_F = 0{,}2$ bis $0{,}7\, Q_K$. Mittige Anordnung des Konvektors im Unterflurkanal erzeugt je eine kräftige Primärströmung am Fenster und im Raum. Falls diese Lösung wegen des erforderlichen breiten Unterflurschachtes nicht möglich ist, muß die Anordnung nach 1 mit Zusatzkonvektor gewählt werden.

3. $Q_F = \leqq 0{,}2\, Q_K$. Die Lösung mit Anordnung des Konvektors an der Fensterseite des Unterflurkanales ist nur in den seltenen Fällen möglich, wo einem großen Wärmebedarf auf der Raumseite nur ein sehr kleiner Wärmebedarf am Fenster gegenübersteht. Andernfalls würde die Sekundärströmung am Fenster nicht mehr von der Primärluftströmung abgelenkt werden können, sondern die abgekühlte Luft am Fenster würde von oben her in den Warmluftaustrittskanal des Unterflurkonvektors einfallen und jede Leistung des Konvektors verhindern.

Tafel **673**.1 Mindestmaße für Unterflurschächte (zu Bild **672**.1)

	1 Lufteinfallkanal (Anordnungen 1 und 3)					2 Lufteinfallkanäle (Anordnung 2)				
Konv.-Bautiefe b in mm	100	150	200	250	300	100	150	200	250	300
wirksame Schachthöhe h_4	100 … 500	150 … 500	200 … 500	250 … 500	300 … 500	100 … 500	150 … 500	200 … 500	250 … 500	300 … 500
Luftkanalmaß s	120	150	180	210	240	95	110	125	140	160
Schachtbreite B	240	320	400	480	560	320	400	480	560	650
Schachttiefe T	h_4+160	h_4+190	h_4+220	h_4+250	h_4+280	h_4+135	h_4+150	h_4+165	h_4+180	h_4+200
Schachttiefe T_1 (mit Schmutzblech)	h_4+240	h_4+340	h_4+400	h_4+480	h_4+560	h_4+200	h_4+240	h_4+280	h_4+320	h_4+360
Roll-Rost: Rahmenmaß A	290	370	450	530	610	370	450	530	610	700

Schachtbreite B schließt 10 mm Einbautoleranz des Konvektors und Seitenblenden $\leqq 10$ mm Dicke ein (bei dickeren Blenden entsprechend breiter Schacht erforderlich).

Schachttiefe T schließt Gitterhöhe $\leqq 30$ mm und Luftspalt unter dem Gitter $\leqq 10$ mm ein.

Die wirksame Schachthöhe h_4 ist wegen der Konvektorreinigung und sicherer Leistungsbestimmung mit $\leqq 500$ mm begrenzt. Bei $h_4 > 500$ mm ergeben sich größere Leistungsminderungen.

Zahlenbeispiele

Bei einer WWH 90/70 °C und $t_i = 20$ °C soll ein bestimmter Raum bei einer Fenster- bzw. Kanallänge von 2,95 m einen

Gesamtwärmebedarf $Q_N = 5{,}28$ kW, davon Fensteranteil $Q_F = 2{,}56$ kW

haben.

Beispiel 1

Der Unterflurkonvektor muß den Gesamtwärmebedarf Q_N decken. Gewählt wurde ein Konvektor mit einer Bautiefe von 200 mm, der bei $h_4 = 330$ mm und einer Länge von 2,95 m eine Leistung von $Q_K = 5{,}34$ kW erbringt. Es beträgt mithin

$$\frac{Q_F}{Q_K} = \frac{2{,}56}{5{,}34} = 0{,}48$$

Danach ist die Anordnung II nach Bild **672**.1 und Tafel **673**.1 zu wählen mit

Luftkanalmaß $s = 125$ mm
Schachtbreite $B = 480$ mm
Schachttiefe $T = 330 + 165 = 495$ mm oder $T_1 = 330 + 280 = 610$ mm

Beispiel 2

Außer einem Unterflurkonvektor ist ein Zusatzkonvektor mit einer Leistung von 2,1 kW vorgesehen. Für den Unterflurkonvektor verbleibt danach ein Leistungssoll von

$$5{,}28 - 2{,}1 = 3{,}18 \text{ kW}$$

Gewählt wird ein Unterflurkonvektor mit einer Bautiefe von 150 mm. Er erbringt bei einer Länge von 2,95 m und einer Schachttiefe $h_4 = 170$ mm eine Leistung $Q_K = 3{,}20$ kW.

$$\frac{Q_F}{Q_K} = \frac{2{,}56}{3{,}20} = 0{,}8$$

Somit ist die Anordnung I nach Bild **672**.1 und Tafel **673**.1 zu wählen. Es ergeben sich danach

Luftkanalmaß $s = 150$ mm
Schachtbreite $B = 320$ mm
Schachttiefe $T = 170 + 190 = 360$ mm oder $T_1 = 170 + 340 = 510$ mm

Bei unterkellerten Räumen sollte der Unterflurkanal in jedem Fall eine durchgehende seitliche Reinigungsöffnung im Keller mit dichtschließender Klappe erhalten (**672**.1 a).

Bei nicht unterkellerten Räumen wird unter entsprechender Vertiefung des Schachtes unterhalb des Konvektors eine schräge Schmutzabgleitfläche (**672**.1 b) vorgesehen, in der auch die Rücklaufleitung des Konvektors unterzubringen ist.

Fußleistenkonvektoren. Sie stellen eine Sonderausführung der Konvektoren dar. Diese besonders niedrigen und flachen Konvektoren haben Abmessungen, welche die einer Fußleiste wenig übersteigen.

Sie werden stets zusammen mit einer Vorder- und Rückwand, oft auch mit einer Regulierklappe, geliefert.

Mit weiteren Zubehörteilen, wie Verbindungs- und Endstücken, Innen- und Außenecken, werden sie in besonders einfacher Montage anstelle einer Fußleiste vor allen Dingen an den Außenwänden entlang installiert (**675**.1 und 2).

Sie geben so ihre Wärme gleichmäßig und, wenn eine einzige Wand zur Unterbringung nicht ausreicht, von mehreren Seiten ohne spürbare Luftbewegung an den Raum ab, je nach Bauweise auch mit größerem oder kleinerem Strahlungsanteil.

An Innenwänden kann man Möbelstücke mit ausreichend hohen Füßen auch vor einen Fußleistenkonvektor stellen, wenn man die Gefahr der besonders starken Austrocknung des Möbels und den Nachteil der fortfallenden Zugänglichkeit des Heizelementes in Kauf nehmen will.

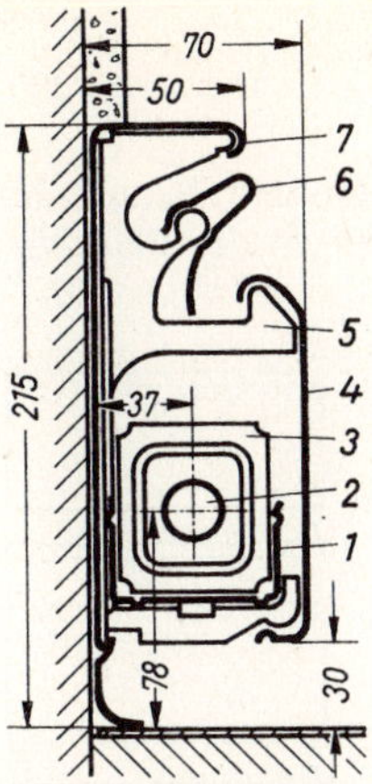

675.1 Fußleistenkonvektor (M 1:5) (System Evitherm)

1 Gleitstück
2 Cu-Rohr ∅ 22 mm
3 Alu-Lamellen
4 Vorderwand
5 Halter
6 Regelleiste
7 Rückwand

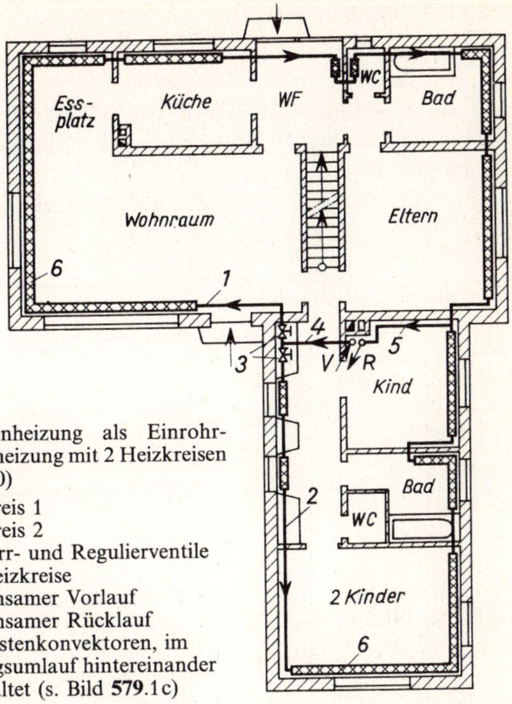

675.2 Fußleistenheizung als Einrohr-Pumpenheizung mit 2 Heizkreisen (M 1:200)

1 Heizkreis 1
2 Heizkreis 2
3 Absperr- und Regulierventile der Heizkreise
4 gemeinsamer Vorlauf
5 gemeinsamer Rücklauf
6 Fußleistenkonvektoren, im Zwangsumlauf hintereinander geschaltet (s. Bild **579**.1c)

Die Fußleistenheizung wird vornehmlich als waagerechte Einrohr-Pumpenheizung (Abschn. 10.1.2.2) mit hintereinandergeschalteten Heizelementen ausgeführt. Diese können hierbei ohne Kurzschlußstrecke im Zwangsumlauf oder mit Kurzschlußstrecke eingebaut werden. Im ersten Fall können sie einzeln durch Luftklappen bis auf $^1/_3$ ihrer Leistung oder der gesamte Strang kann durch ein evtl. von einem Raumthermostat gesteuertes Regulierventil geregelt werden (**675**.2), während im zweiten Fall eine Regelung der einzelnen Heizelemente durch Ventil oder ebenfalls durch eine Luftklappe möglich ist.

Die Wärmeabgabe der Fußleistenkonvektoren beträgt je nach Typ, Raum- und mittlerer Wassertemperatur 0,32 bis 0,75 kW (Taf. **675**.3). Genaue Werte anderer Ausführungen und Berechnungsanleitungen sind den Herstellerlisten zu entnehmen.

Tafel **675**.3 Wärmeabgabe für Fußleistenkonvektoren (zu Bild **675**.1), Lufttemperatur 20 °C, Wassergeschwindigkeit 0,65 m/s

	Mittlere Wassertemperatur in °C				
	60	70	80	90	100
Wärmeabgabe W/m	326	419	529	628	750

Infolge ihres besonders geringen Wasserinhaltes zeichnen sich alle Konvektorenheizungen durch kurze Aufheizzeit und schnelle sowie feine Reguliermöglichkeit aus. Ferner kann das Ausdehnungsgefäß aus dem gleichen Grunde um $^1/_3$ kleiner als bei der Radiatorenheizung werden.

10.2.8.5 Plattenheizkörper

Platten- oder Flachheizkörper (**676**.1) sind flache Heizkörper in Bauhöhen von 200 bis 1000 mm und in Einzellängen bis 6,00 m.

Mit ihrer geringen Bautiefe von 25 bis 40 mm, bei allerdings großem Bedarf an Montagefläche, eignen sie sich besonders für kleine und enge Räume, wo der Platz für Radiatoren fehlt.

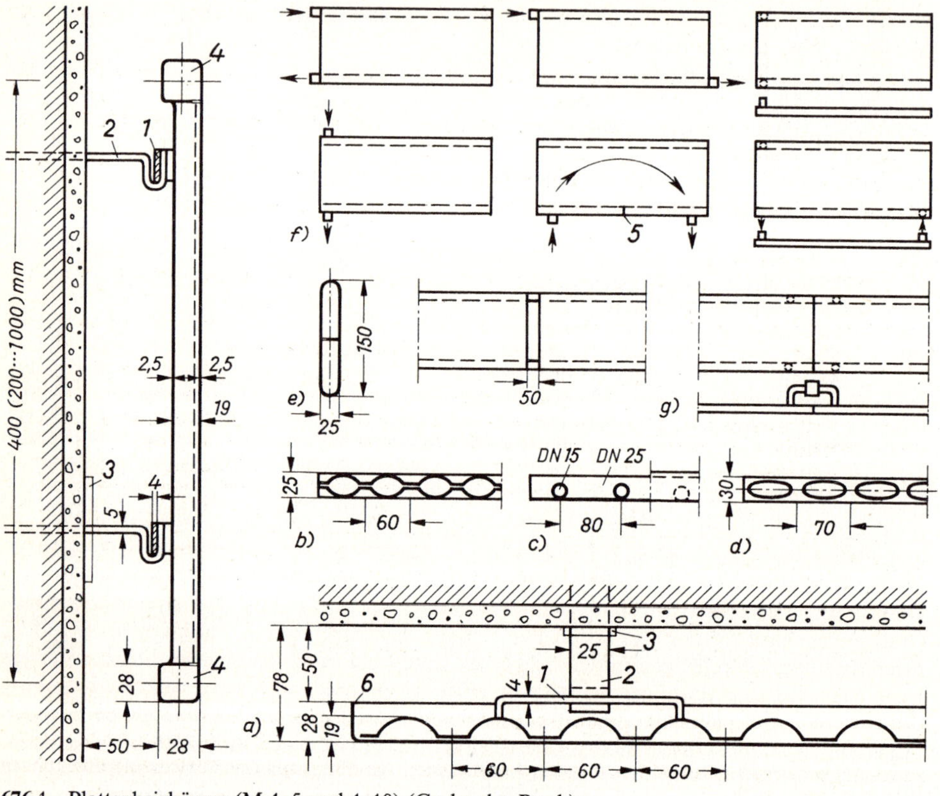

676.1 Plattenheizkörper (M 1:5 und 1:10) (Gerhard + Rauh)

a) mit glatter Frontplatte und gewellter Rückseite
b) mit zwei gewellten Seiten
c) mit glatter Frontplatte, verschweißt mit waagerechten Verteilerrohren DN 25 und Fallrohren DN 15 (Hochdruck-Heizkörper)
d) mit ovalen Fallrohren 20/60 mm zwischen Vierkant-Verteilerrohren 30/30 mm (Hochdruck-Heizkörper)
e) allseits glatter Plattenheizkörper (Hochdruck-Heizkörper)
f) einige Anschlußmöglichkeiten der Plattenheizkörper
g) Verbindungen der Plattenheizkörper

1 Aufhängelasche □ 20 × 4 für 90 mm Schiebeweg
2 Hakenhalter □ 25 × 5, eingemauert
3 evtl. Schraubplatte □ 30 × 5 × 70
4 Verteilerrohr 28/28 mm
5 Blindscheibe (Rohrsperre) zur Heizmittelführung
6 Seitenkante (nur auf besondere Bestellung)

Sie haben eine Heizfläche aus einer glatten Stahlblechplatte, die mit hinterlegten wasserführenden runden oder plattgedrückten Rohren oder einer rückseitigen gewellten Stahlblechplatte verschweißt ist.

Andere Modelle sind aus 2 gewellten Stahlblechen zusammengeschweißt.

Alle geben ihre Wärme vorzugsweise, besonders bei Heizmitteln hoher Temperatur, durch Strahlung ab.

Die Plattenheizkörper werden mit einem Abstand von ≧ 50 mm möglichst mit unsichtbaren Halterungen an der Wand befestigt, können aber auch freistehend auf Füßen oder Heizkörperträgern eingebaut werden, wobei die Wärmeausdehnung vor allem längerer Modelle zu berücksichtigen ist.

Auf Bestellung können die Heizkörper auch in beliebiger Winkel- oder Bogenform hergestellt werden und sich so jedem Raumgrundriß anpassen.

Auf ausreichende Reinigungsmöglichkeit ist zu achten. Eine mehrreihige Aufstellung empfiehlt sich aus diesem Grunde nicht.

Baumaße und Wärmeleistung der Plattenheizkörper sind in DIN 4703 T. 2 genormt (Taf. **677**.1). Abweichende Größen sind aus den Herstellerlisten zu entnehmen.

Tafel **677**.1 Bauhöhe und Wärmeleistung von Plattenheizkörpern aus Stahl nach DIN 4703 T. 2 (Plattendicke 25 mm)

Platten-		Bauhöhe in mm								
		200	300	400	500	600	700	800	900	1000
Form	Anordnung	Norm-Wärmeleistung in W/m für $t_m = 80\,°C$ und $t_i = 20\,°C$[1])								
beiderseits glatt	einreihig	267	400	525	650	773	893	1010	1125	–
	zweireihig	454	673	881	1078	1263	1436	1599	1750	–
beiderseits vertikal profiliert	einreihig	294	425	556	684	810	935	1058	1180	1300
	zweireihig	500	727	945	1157	1360	1556	1744	1924	2093

[1]) Für abweichende Wasser- und Raumtemperaturen s. Tafel **665**.2

Für dreireihige Plattenheizkörper kann die Leistung durch Addieren der Differenz der Leistung der ein- und zweireihigen Plattenheizkörper zur Leistung der zweireihigen Plattenheizkörper errechnet werden. Plattenheizkörper mit zusätzlichen Konvektionsblechen fallen nicht unter den Geltungsbereich dieser Norm.

10.2.8.6 Deckenheizflächen

Deckenstrahlungsheizungen sind, wie in Abschn. 10.1.2.4 ausgeführt, sehr träge, wenn die Heizschlangen in den Decken einbetoniert oder in angehängten verputzen Heizdecken untergebracht sind.

Dieser Nachteil läßt sich weitgehend durch Verwenden von Deckenheizplatten vermeiden, von deren zahlreichen Ausführungen nachstehend einige beschrieben werden.

Bei der Lamellen-Deckenheizung System Stramax (**678**.1) werden die Heizrohre unter der fertigen Rohdecke montiert und an ihnen Aluminiumplatten befestigt, die eine geschlossene Fläche bilden und durch einen Putzträger fest mit dem Deckenputz verbunden sind, der die ihm zugeleitete Wärme in den Raum abstrahlt.

Gegen die an sich geringe Wärmeabstrahlung von den Aluminiumplatten zur Rohdecke hin schützt eine Wärmedämmschicht, möglichst mit unterseitiger Aluminiumfolie.

Die Ibis-Decke (**678**.2) ist eine Kassettendecke, deren bereits im Werk mit den Aluminium-Heizplatten fest verbundene Gipskassettenplatten im Bau mit Nut- und Federverbindung an den in der Rohdecke einzubetonierenden Tragbändern aufgehängt werden.

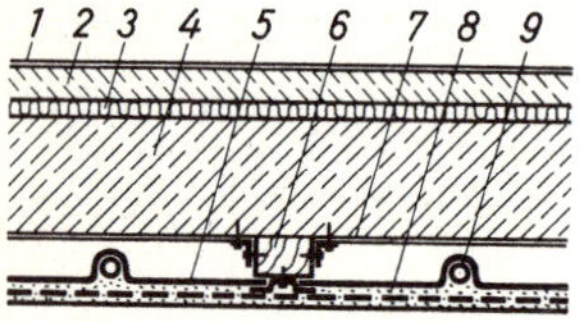

678.1
Lamellen-Deckenheizung, System Stramax (M 1:15)
1 Fußbodenbelag
2 schwimmender Estrich
3 Trittschall-Dämmschicht
4 Rohdecke
5 Alu-Leitlamellen, 0,7 bis 1,0 mm dick
6 Lattentragrost oder Metallabhängung
7 Alu-Folie
8 Putzschicht auf Rippenstreckmetall
9 Heizrohr DN 15 oder 20

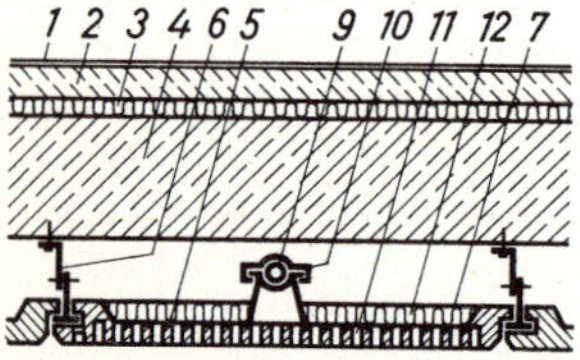

678.2
Lamellen-Deckenheizung, System Ibis (M 1:15)
1 bis 7 wie unter Bild **678**.1
9 Heizrohr DN 15 oder 20
10 Alu-Überschubhülse
11 vorfabrizierte Gips-Kassettenplatte mit
12 Schallschluckstoff (Steinwolle)

Bei der Deckeneinteilung sind, entsprechend dem Wärmebedarf, als Ausgleich, vor allem als Randstreifen, Kassettenplatten ohne Heizelement vorzusehen.

Die Strahlplattenheizung verwendet sichtbare Deckenstrahlplatten aus Blech, die über der von der Heizungsfirma zu verlegenden Rohrschlange mit oberseitiger Wärmedämmung an der Decke oder auch frei im Raum befestigt werden (**678**.3).

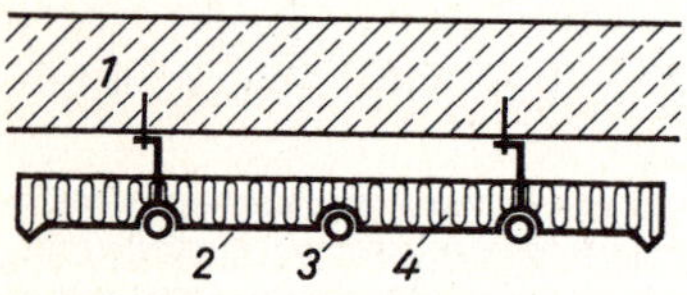

678.3
Strahlplatten-Heizkörper, System Sunstrip
1 Geschoß-Rohdecke oder Dachdecke
2 Strahlplatte aus Stahlblech, 1,5 mm dick
3 Heizrohr
4 Wärmedämmschicht (Glas- oder Steinwolle, einseitig auf Wellpappe gesteppt)

Andere Fabrikate werden auch bereits fest mit der Rohrschlange verbunden geliefert.

Die Oberflächentemperaturen sind, vor allem bei Verwendung von Heißwasser oder Dampf als Wärmeträger, erheblich höher als bei den verputzten Decken.

Die Strahlplattenheizung kommt daher vorwiegend für Großräume, wie Fabrik- und Turnhallen, Lagerräume u. ä., in Frage, wo die Platten als langgestreckte Bänder oder in einzelnen Elementen angeordnet werden.

Deckenheizkörper sind ebenfalls ungenormt und daher lediglich nach den Listen der Hersteller zu bemessen.

10.3 Dampfheizungen

10.3.1 Niederdruck-Dampfheizung

Allgemeines. Im Gegensatz zu den Wasserheizungen mit Wasser als Wärmeträger wird bei der Niederdruck-Dampfheizung (NDD) in dem ebenfalls im tiefsten Punkt der Anlage (Kellergeschoß) stehenden Heizkessel Wasser auf 100 °C erhitzt und in Dampf mit ≦ 0,5 bar Betriebsdruck übergeführt, der durch Vorlaufleitungen unter Verdrängung der in der Anlage befindlichen Luft in die Heizkörper gelangt und dort unter Abgabe der Verdampfungswärme von etwa 630 Wh/kg Dampf kondensiert.

Das Kondenswasser (Kondensat) fließt durch Rücklaufleitungen (Kondensleitungen) wieder zum Kessel zurück oder wird bei großen Anlagen, wo ein selbsttätiger Rücklauf nicht mehr möglich ist, durch besondere Einrichtungen zwangsweise in den Kessel zurückgeführt, von wo aus dieser Kreislauf sich wiederholt.

Wie bei der Warmwasserheizung geht auch hier praktisch kein Wasser verloren, so daß sich auch kein Kesselstein als Folge ständiger Wassererneuerung bilden kann (**679**.1).

Der große Unterschied der Wichte von Wasserdampf und Wasser bzw. Luft sowie die leichte Beweglichkeit des Dampfes ergeben große Umtriebskräfte, geringe Rohrwiderstände und eine hohe Strömungsgeschwindigkeit des Dampfes und ermöglichen lange waagerechte Ausdehnungen des Rohrnetzes von 200 bis 500 m mit Betriebsdrücken von 0,05 bis 0,12 bar.

Die Rohrweiten sind daher geringer als bei einer Warmwasserheizung.

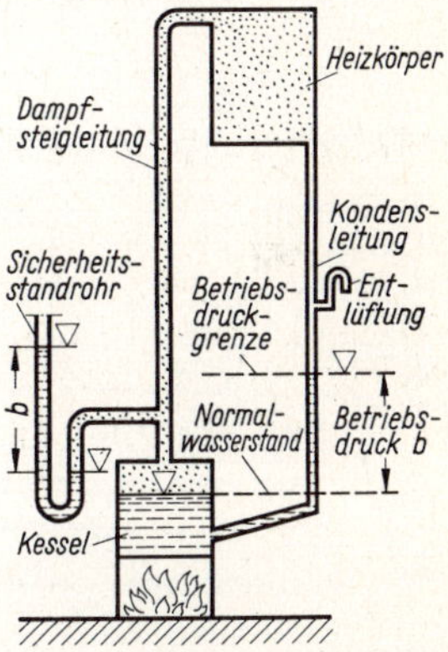

679.1
Niederdruck-Dampfheizung

Ebenso sind die Heizkörper der ND-Dampfheizung wegen ihrer höheren Oberflächentemperatur (100 °C gegen im Mittel 80 °C) kleiner.

Daraus ergeben sich für die ND-Heizung um 10 bis 20% niedrigere Anlagekosten als bei einer WW-Heizung.

Durch die höhere Betriebsmitteltemperatur sind indessen die Wärmeverluste und damit der Brennstoffverbrauch und die Betriebskosten der Dampfheizung höher.

Mit der Dampfbildung setzt die Wärmeabgabe schnell und kräftig ein, nach Betriebsschluß erkaltet die Anlage ebenso schnell wieder und ist damit bedeutend elastischer als die durch die im Heizwasser gespeicherten Wärmemengen trägere WW-Heizung.

Dabei ist die Wärmeabgabe der ND-Heizung kaum zu regeln, da der Betriebsdruck unabhängig von den Außentemperaturen stets so hoch gehalten werden muß, daß auch die entferntesten Heizkörper noch Dampf erhalten, wodurch nahe am Kessel gelegene Räume in der Übergangszeit leicht überheizt werden können.

Eine generelle Leistungseinschränkung ist daher nur durch stoßweisen Betrieb möglich, der jedoch starkes Schwanken der Raumtemperaturen verursacht.

Kondensierender Dampf ruft beim Anheizen und Erkalten der Anlage Wasserschläge und sehr störende Geräusche in den Leitungen hervor und schränkt damit die Verwendungsmöglichkeiten der ND-Dampfheizung stark ein.

Auch wegen der hohen Oberflächentemperaturen der Heizflächen und der Nachteile der Kondensatwirtschaft ist die ND-Heizung heute weitgehend durch die Warm- und die Heißwasserheizung verdrängt worden und wird nur noch gelegentlich zum Beheizen von kleineren Fabrikbetrieben, von Lagerhallen u. ä., jedoch als Wohnungs- und Büroheizung gar nicht mehr verwendet.

ND-Kessel werden fast nur noch dort eingebaut, wo der Dampf für technische Zwecke, als Heizmedium zum Kochen und für Lufterhitzer in Fabrik- und ähnlichen Hallen, auch als Wärmeträger für lüftungstechnische Anlagen verwendet werden soll und hierfür Abdampf aus Hochdruck-Dampfanlagen nicht zur Verfügung steht.

Durch einen Gegenstromapparat (**694**.2) kann über eine ND-Anlage auch eine WW-Heizungsanlage oder eine WW-Bereitungsanlage betrieben werden.

Rohrsysteme. Niederdruck-Dampfheizungen werden als Zweirohrsystem mit oberer und unterer Verteilung und mit den in Abschn. 10.1.2.1 für die Warmwasserheizung beschriebenen Kennzeichen gebaut.

Bei der meistens gewählten und daher nachstehend allein behandelten unteren Verteilung (**680**.1) steigt der Dampf vom Kessel im Hauptsteigrohr bis zu den unmittelbar unter der Kellerdecke abzweigenden Verteilungsleitungen, die ihn zu den Steigsträngen führen.

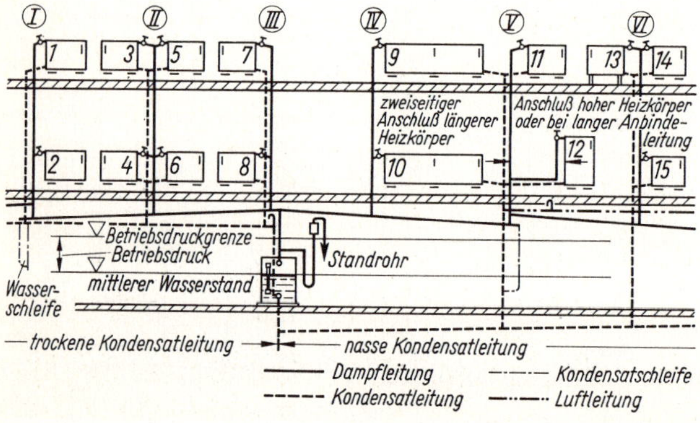

680.1 Niederdruck-Dampfheizung mit unterer Verteilung

Der Dampfdruck (Betriebsdruck) in dem bis zum mittleren Wasserstand mit Wasser gefüllten Kessel pflanzt sich in alle dampfgefüllten Teile der Anlage fort, wirkt aber zugleich auf den Wasserspiegel im Kessel und drückt so in allen unter dem mittleren Wasserstand liegenden, mit der Außenluft verbundenen Rohren den Wasserspiegel um Betriebsdruckhöhe über diesen Wasserstand auf die sog. Betriebsdruckgrenze (Betriebswasserstand).

Innerhalb dieser Betriebsdruckzone dürfen keine waagerechten Leitungen liegen, denn in sie würde beim Hochheizen des Kessels plötzlich eine so große Menge Wasser hineingedrückt werden, daß der Kesselwasserstand ruckartig absinken würde und dadurch der Kessel beschädigt werden könnte.

Die Kondenswasserleitungen sind daher als

trockene Kondensleitung $\geqq 30$ cm oberhalb der Betriebsdruckgrenze so hoch zu verlegen, daß das Kondensat immer zum Kessel zurückfließen kann (**680**.1 links), oder als

nasse Kondensleitung, stets mit Wasser gefüllt, unterhalb der Druckzone anzuordnen. Zur Vermeidung von Türunterfahrungen liegen sie dann meist in einem Fußbodenkanal (**680**.1 rechts).

Kondensat. Das besonders bei Betriebsbeginn in gewisser Menge bereits im Vorlauf anfallende Kondensat muß aus den Dampfleitungen entfernt werden.

Zur Verhütung von Wasserschlägen erhalten die Verteilungsleitungen im Keller ein Gefälle von 5 bis 10 mm/m in Richtung der Dampfströmung und entwässern unter den Steigsträngen in eine trockene Kondensleitung, damit in diese kein Dampf durchschlagen kann, mit einer Wasserschleife, in eine nasse Kondensleitung mit einfacher senkrechter Rohrverbindung.

Be- und Entlüftung. Die zunächst in der Anlage befindliche Luft muß beim Anheizen vor dem herannahenden Dampf durch die Kondensleitungen entweichen und nach Beendigung des Heizens wieder in die Rohre und Heizkörper zurücktreten können.

Dazu wird auf die trockene Kondensleitung ein Entlüftungsbogen (Rohrbogen DN 15) aufgesetzt, während bei nassen Kondensleitungen alle Fallstränge an eine über der Betriebsdruckgrenze liegende Entlüftungsleitung anzuschließen sind.

Die Rohrleitungen der Dampfheizungen, besonders die trockenen Kondensleitungen, in die stets von neuem Luftsauerstoff gelangt, sind in stärkerem Maße von Korrosion und damit von frühzeitiger Zerstörung bedroht. Auch aus diesem Grund wird die Warmwasserheizung mit ihrer fast unbegrenzten Lebensdauer durchweg der Dampfheizung vorgezogen.

Heizkessel und Sicherheitsstandrohr. Für Anlagen aller Größe werden durchweg die gleichen Heizkessel (**681**.1) wie bei der Warmwasserheizung verwendet (s. Abschn. 10.2.1).

1 Dampfleitung
2 Kondensleitung
3 Entlüftung
4 Sicherheitsstandrohr
5 Manometer
6 Verbrennungsregler
7 Überdruckpfeife
8 Wasserstandglas
9 Rauchschieber-Stellvorrichtung
10 Fülltür mit Luftrosette
11 Schlackentür
12 Aschentür mit Frischluftklappe
13 Verschlußtür für Rauchgas-Sammelkanal
14 Wasserleitung
15 Füllventil
16 Gummischlauch
17 Dampfraum
18 Wasser
19 Wassermangelpfeife

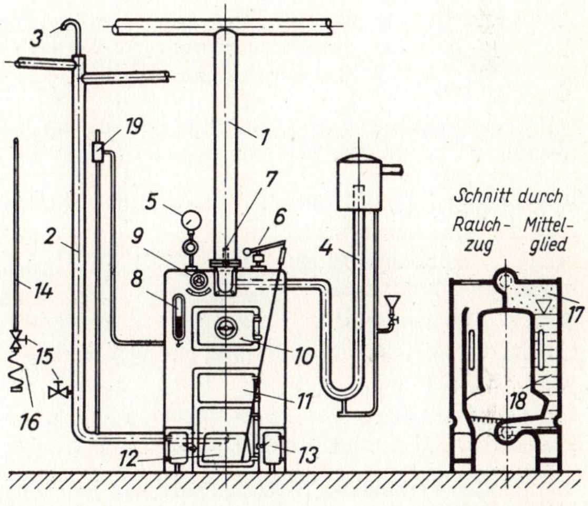

681.1 Koksnormalkessel für Niederdruckdampf (Buderus)

Sie unterscheiden sich von diesen nur durch folgende Bestandteile ihrer Ausrüstung:

1. Manometer zum Messen des Dampfdruckes
2. Wasserstandglas mit je einer Marke für den niedrigsten, höchsten und mittleren Wasserstand sowie einem oberen und unteren Absperrhahn
3. evtl. je eine Signalpfeife für zu hohen Kesseldruck und zu niedrigen Wasserstand
4. Sicherheitsstandrohr.

Jeder Kessel muß nach amtlicher Vorschrift als Sicherheitseinrichtung, die ein Übersteigen des zulässigen Höchstdruckes von 0,5 bar zu verhindern hat, ein Standrohr von 32 bis 175 mm l. W. nach DIN 4750 besitzen, das ist ein vom Dampfraum des Kessels ausgehendes U-förmiges nicht absperrbares Rohr mit Wasserfüllung, die durch unzulässigen Überdruck herausgeworfen und in einem Auffangtopf wieder aufgefangen werden kann (**682**.1).

Verbrennungsregler für ND-Dampfkessel s. Bild **682**.2.

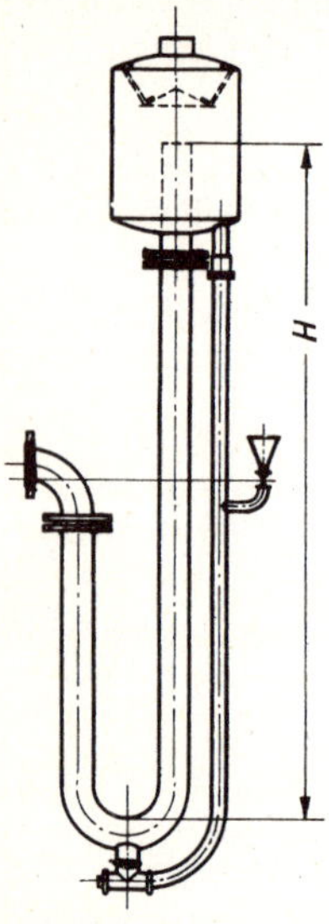

682.1
Sicherheitsstandrohr (Ausführung 2a nach DIN 4750)
H = Betriebsdruck + 200 mm

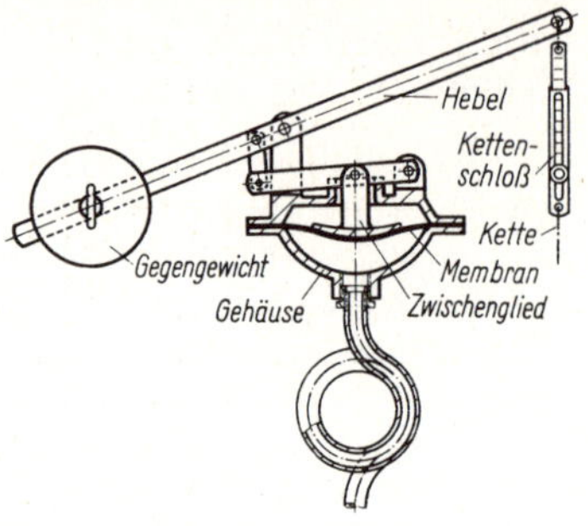

682.2 Membranregler (Ruhrkohlenberatung)

Heiz- und Brennstoff-Lagerräume. Sie sind wie bei der Warmwasserheizung auszuführen (s. Abschn. 10.2.5 und 10.2.6).

Rohrleitungen. Die Rohrpläne sind in den Kennfarben nach DIN 2404 anzulegen:

orange	Dampfleitungen
grün	Kondensleitungen
braun	Luftleitungen
gelb	Heizkörper

Die Rohrweiten sind durchweg geringer als bei der Warmwasserheizung, jedoch nicht unter DN 15 mm.

Für Dampfleitungen sind sie zu berechnen, für Kondensleitungen wählt man die halben Durchmesser der zugehörigen Dampfleitungen.

Werkstoffe, Verbindung, Wärmeschutz und Befestigung. Gegenüber der Warmwasserheizung bestehen keinerlei Unterschiede (s. Abschn. 10.2.7).

Heizkörper und Reguliereinrichtungen. Für die Niederdruck-Dampfheizung verwendet man die gleichen Heizkörper wie für die Warmwasserheizung mit der Ausnahme, daß Stahlradiatoren der Korrosionsgefahr wegen nicht eingebaut werden dürfen.

Da die Oberflächentemperatur der Heizkörper stets 100 °C beträgt, ist Staubverschwelung nicht zu vermeiden. Um sie zu verringern, verzichtet man auf Heizkörperverkleidungen.

Die Wärmeabgabe berechnet sich mit einer mittleren Heizkörpertemperatur $t_m = 100$ °C und kann aus den Tafeln **683**.1 und **664**.2 abgelesen werden.

Im übrigen wird auf Abschn. 10.2.8 verwiesen.

Tafel **683**.1 Wärmeleistung von Gußradiatoren (**663**.2 und 3, sowie **664**.1 und Taf. **664**.2) nach DIN 4720 in W je Glied bei Sattdampf mit $t_m = 100\,°C$

Baumaße mm Nabenabstand *h*	Bautiefe *c*	Raumtemperatur °C 24	22	20	18	15	12	10	5
900	70	158	165	170	175	184	193	198	214
	160	284	296	304	314	328	346	356	384
	220	358	374	386	398	416	440	452	486
500	110	128	133	137	142	149	156	160	172
	160	175	184	188	193	206	214	221	237
	220	230	240	246	254	266	282	288	312
350	160	133	137	142	147	154	163	165	179
	220	170	177	182	186	196	207	212	228
200	250	130	135	140	144	152	158	163	177

Die vorstehenden Wärmeleistungen der Tafel **683**.1 gelten für oberen Dampf- und unteren Kondensat-Anschluß sowohl bei ein- als auch wechselseitiger Anordnung.

Bei unterem Dampfanschluß kann die Leistung sich erheblich verringern.

Die Wärmeabgabe der Heizkörper ist mit den Regulierventilen und ihrer Voreinstellung (**659**.1) gut zu regeln.

Der Dampf wird, da er leichter als Luft ist, durch eine steigende Anbindeleitung oben in den Heizkörper eingeführt und darf zur Vermeidung von Umlaufstörungen nicht in die unten (bei großen Heizkörpern auf der Gegenseite) angeschlossene Kondensleitung durchschlagen können. Daher müssen meistens unmittelbar hinter den Heizkörpern Kondenswasserableiter (Dampfstauer) eingebaut werden, die wohl Kondensat, jedoch keinen Dampf in die Kondensleitung durchlassen (**683**.2).

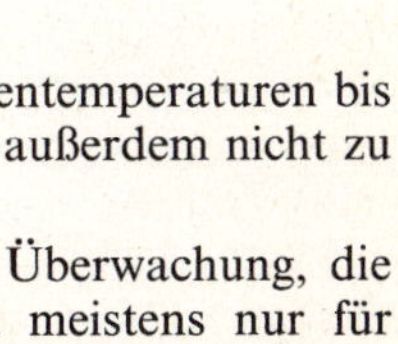

683.2
Kondensat-Schnellentleerer (M 1:5) (Industrie-Werke Karlsruhe AG)

10.3.2 Hochdruck-Dampfheizung

Als Wärmeträger dient Dampf von 0,5 bis 2 bar. Er erzeugt Heizflächentemperaturen bis 130 °C, die für Wohnräume und dergleichen hygienisch nicht tragbar, außerdem nicht zu regeln sind.

Die Hochdruckanlage verlangt eine behördliche Genehmigung und Überwachung, die Aufstellung der Kessel in einem besonderen Kesselhaus. Sie wird meistens nur für gewerbliche Aufgaben verwendet.

Man kann allerdings mit Hochdruckdampf in Gegenstromapparaten (**694**.2) auch Warmwasser oder Niederdruckdampf erzeugen und damit WW- oder ND-Heizungsanlagen versorgen.

10.4 Warmluftheizungen

Luftheizungen benutzen die Luft vorzugsweise zum Erwärmen der Räume. Eine gewisse Lufterneuerung kann nebenher erreicht werden.

Lüftungsanlagen (siehe Abschn. 11) sollen vor allem verbrauchte Luft erneuern. Eine Erwärmung der zugeführten Luft ist dabei in vielen Fällen notwendig.

Eine scharfe Trennung zwischen beiden Anlagearten ist daher vielfach nur schwer möglich.

Nach der Herkunft der Luft sind zu unterscheiden (**684**.1):

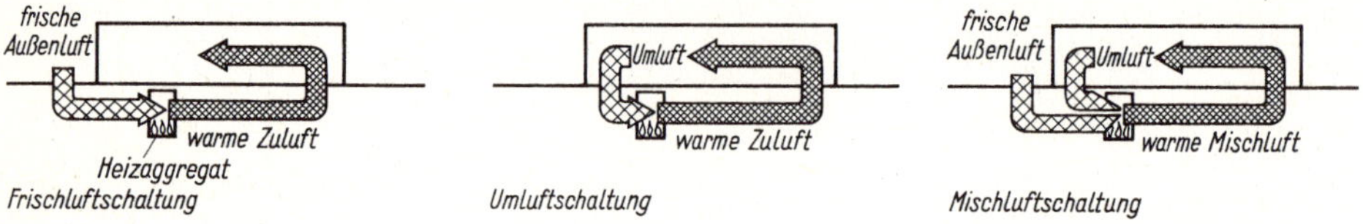

684.1 Warmluft-Zentralheizung, Luftschaltungen

Frischluftheizung. Die Luft wird an 1 bis 2 möglichst wind- und staubgeschützten Stellen im Freien entnommen. Sie ist im Winter sehr kalt, ihr Aufheizen daher teuer. Frischluftheizungen kommen vor allem für Räume mit starker Luftverschlechterung in Frage oder für sehr kurze Betriebsdauer.

Umluftheizung. Hier wird die Luft aus den zu erwärmenden Räumen entnommen. Sie ist daher leichter und billiger zu erwärmen. Umluftheizung eignet sich besonders für große, hohe Räume mit geringer Besetzung. Bei stärkerer Verunreinigung muß die Luft gefiltert werden.

Mischluftheizung. Sie ist eine Verbindung von Frischluft- und Umluftheizung und vereinigt die Vorteile beider Arten. Bei großen Sälen und ähnlichen Räumen heizt man vor Beginn der Benutzung mit Umluft und geht, sobald der Raum besetzt ist, zum Außenluftbetrieb über.

Die zur Raumheizung benutzte Luft wird an möglichst groß ausgelegten Heizflächen einer Wärmequelle erwärmt und durch ein Kanalnetz in die zu beheizenden Räume geleitet, soweit nicht Einzelluftheizer in Großräumen der Industrie und ähnlichen selbst aufgestellt sind und die erwärmte Luft unmittelbar in sie hineinblasen.

Die für die Luftheizung als Konvektionsheizung typischen Eigenschaften sind bereits in Abschn. 8.6.2 näher beschrieben worden.

10.4.1 Warmluft-Zentralheizung

Für Entwurf, Berechnung und Ausführung von Warmluftheizungen aller Art sind die „Technische Richtlinien für Warmluftheizungen" maßgebend.

Kleine Anlagen können lediglich für Schwerkraftbetrieb ausgeführt werden, zu ihnen gehören auch die in kleineren Einfamilienhäusern häufig ausgeführten Kachelofen-Luftheizungen, die in Abschn. 9.2.3.3 ausführlich dargestellt sind.

Schwerkraftanlagen sind sehr von den Windverhältnissen abhängig und verlangen sorgsame Bedienung.

Größere Anlagen erfordern Spezial-Warmluftheizgeräte (**685**.1) mit Ventilator und Umluftfilterung.

Wärmequelle ist ein durch feste, flüssige oder gasförmige Brennstoffe oder auch durch Nachtstrom beheiztes Warmluftheizgerät (s. auch **615**.1), das möglichst zentral in einem kleinen Heizraum oder in einer Nische des Kellergeschosses aufgestellt wird, bei fehlender Unterkellerung auch im Erdgeschoß selbst angeordnet werden kann.

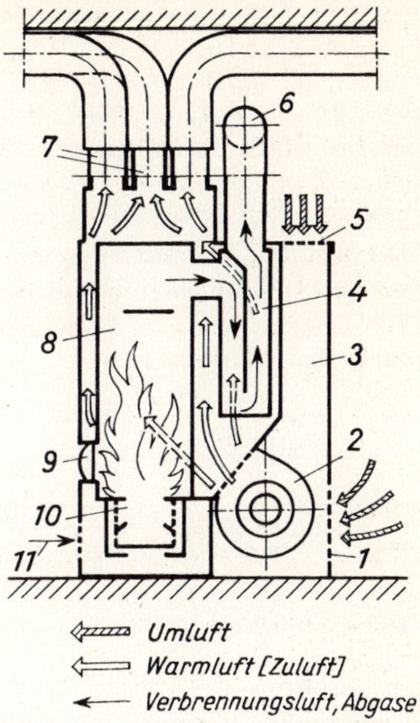

685.1
Warmluft-Heizgerät für 30 kW (System Airflam)

1 Umluftgitter mit Filter
2 Ventilator
3 Umluftkanal
4 Abgaszüge
5 Anschlußmöglichkeit für Umluft
6 Schornsteinanschluß
7 Anschluß der Warmluftkanäle ∅ 150 mm
8 Wärmeaustauscher
9 Schauglas
10 Brennertopf des Heizöl-Verdampfungsbrenners
11 Verbrennungsluft

Als Luftkanäle werden zumeist mit gutem Wärmeschutz zu versehende Blechrohre von beispielsweise ∅ 150 mm verwendet. Sie werden im unterkellerten Haus (**685**.2) unter der Kellerdecke, unter nicht unterkellerten Räumen ausnahmsweise in Fußbodenkanälen, von einem im Erdgeschoß stehenden Heizgerät aus am besten im Flur oberhalb einer abgehängten Zwischendecke verlegt.

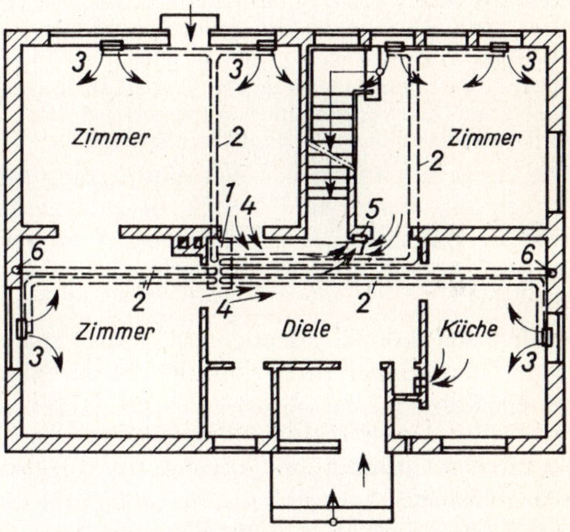

685.2
Feuerluftheizung eines Wohnhauses (System Airflam)

1 Warmluft-Heizgerät im Kellergeschoß
2 Warmluftkanäle ∅ 150 mm aus Blech mit Wärmeschutzmantel, unter der Kellerdecke
3 Warmluftauslässe in den Fensterbrüstungen
4 Abluft durch Gitter in den Türen über den Flur zum
5 Umluftschacht und zum Heizgerät (oder zur Heizkammer)
6 Warmluft-Steigrohr zum Dachgeschoß

Gegen die bei diesen Heizungen oft sehr lästigen Staub-, Geruch- und Geräuschübertragungen schützt am ehesten die Installation getrennter Warmluftkanäle vom Heizgerät zu den einzelnen Räumen, doch ist dies teuer.

Einwandfrei ist aber auch die weniger aufwendige Anordnung eines Warmluft-Hauptkanales mit Stichkanälen zu allen Ausblasöffnungen in den Räumen, wenn man auf möglichst große Abstände zwischen den Stichleitungen und auch zwischen den Ausblasöffnungen achtet.

Unerläßlich für ein einwandfreies Funktionieren der Anlage ist die zuverlässige Abführung der Abluft aus den Räumen. Diese ist als Umluft entweder mit Umluftgittern im unteren Teil der Flurtüren über Flur und Treppenhaus, auch durch einen Umluftsammelkanal im Keller (**685**.2), oder kostspieliger, aber mit weiterer Verbesserung des Schallschutzes, durch besondere Umluftkanäle aller Räume zum Heizgerät zurückzuführen.

Lediglich aus Küchen und Bädern wird zur Vermeidung einer Rückführung von Dämpfen und Gerüchen keine Umluft entnommen. Diese Räume sind vielmehr in gewohnter Weise nach draußen zu entlüften.

Die Luftführung im Raum (**686**.1) wird bestimmt durch die Anordnung der Zuluft- und Abluftdurchlässe.

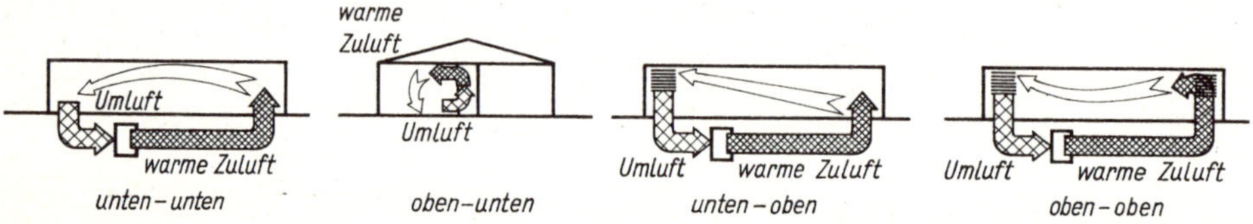

686.1 Warmluft-Zentralheizung, Luftführung im Raum

Unten-unten: Die Luftdurchlässe liegen im Fußboden oder unten in den Wänden der Räume. Sämtliche Luftleitungen können im Keller oder im Fußboden verlegt werden. Bei Leitungsführung im Keller liegen die Luftleitungen frei, sind jederzeit zugänglich, und ihre Montage ist preiswert.

Oben-unten: Wegen besonders kurzer und einfacher Führung der Luftleitungen ist die Installation sehr preisgünstig. Bei Einfamilienhäusern lassen sich Zuleitungen einer Ventilator-Luftheizung gut isoliert auf einem nicht begangenen Dachboden verlegen. Das Ansaugen unten kann ohne besonderes Leitungssystem direkt am Gerät erfolgen (üblich bei Fertighäusern). Bei Schwerkraft-Warmluftzentralheizung können Warmluftaustritts- und Zuluftöffnungen direkt in der Heizkammerwand liegen.

Unten-oben: Die Warmluft steigt von den Austrittsöffnungen unterhalb der Fensterscheiben nach oben, bildet Warmluftschleier an den Glaswänden, verhindert hier Kaltlufteinfall, kühlt sich dabei ab und wird in der Deckenzone des Raumes abgesaugt.

Oben-oben: Verbrauchte Warmluft und Tabakrauch werden zugfrei abgeführt. Die Anordnung ist für Restaurants und Versammlungsräume geeignet. Die Lüftung ist zugleich zugfrei, jedoch sind zusätzliche Zuluftdurchlässe in Fußbodennähe erforderlich.

Die Anlagekosten der Warmluftheizung sind verhältnismäßig niedrig, die Anlagen schnell aufzuheizen und örtlich, öl- und gasgeheizte auch zentral leicht zu regeln. Der Fortfall aller Raumheizkörper ist ein besonderer Vorteil. Da die gesamte Raumluft umgewälzt wird, läßt sich die verbrauchte feuchtigkeitsgesättigte Luft leicht durch frische ersetzen.

Andererseits können außer einer Übertragung von Staub, Gerüchen und Geräuschen auch hohe Zulufttemperaturen vor allem in der Nähe der Ausblasöffnungen lästig werden.

Warmluftheizungen der vorstehend beschriebenen Art werden als Mehrraumheizung für kleinere und mittlere Einfamilienhäuser ausgeführt.

Sie haben sich daneben für kurzfristige Beheizung von Großräumen, wie Kirchen, bewährt.

Für Großräume gibt es auch gasbeheizte Lufterhitzer, die den nachstehend behandelten wasser- oder dampfbeheizten Geräten entsprechen.

10.4.2 Wasser- und Dampfluftheizung

Zur Vermeidung der teuren, oft schwierig unterzubringenden und leicht verschmutzenden Luftkanäle und der durch sie bedingten hohen Betriebskosten und Wärmeverluste werden in großen Ausstellungs- und Industriehallen vielfach örtliche, durch Wasser oder Dampf beheizte Lufterhitzer, vor allem als Wandlufterhitzer (**687**.1), mit Vorteil besonders dort verwendet, wo Heißwasser oder Niederdruckdampf sowieso verfügbar ist, zum andern die hierbei unvermeidlichen Lüftergeräusche in Kauf genommen werden können.

Die in 3 bis 4 m Höhe aufzuhängenden Geräte erreichen Wurfweiten ≦ 25 m nach vorn, 12 m nach den Seiten und können somit beträchtliche Flächen bestreichen.

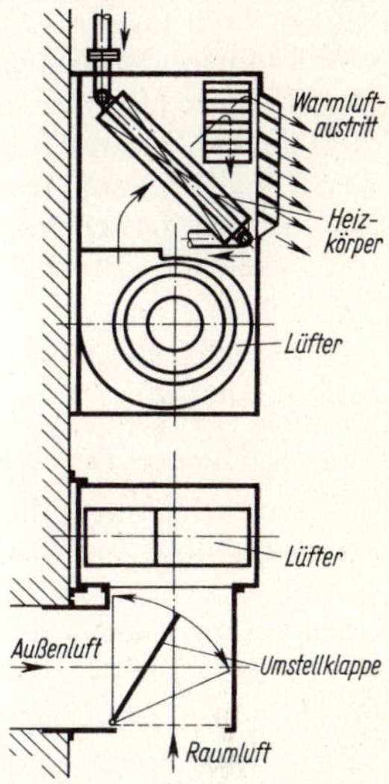

687.1
Wandluftheizer mit Ansaugkasten für Außenluft und Raumluft

10.5 Fernheizungen

10.5.1 Warmwasser-Fernheizungen

Allgemeines. Von einer Zentrale aus werden große Gebäudekomplexe, geschlossene Siedlungen und auch ganze Stadtbezirke entweder nur während der Heizperiode mit Raumwärme für die Gebäudeheizung oder auch daneben ganzjährig mit Wärme für gewerbliche und industrielle Abnehmer sowie mit Gebrauchswarmwasser versorgt.

Eine Fernwärmeversorgung weist gegenüber kleineren Warmwasser-Sammelheizungen und besonders gegenüber der Einzelheizung Vorteile auf, die den Wohnwert einzelner Gebäude wie ganzer Stadtteile erheblich steigern.

Den Haushaltungen wird Arbeit durch die Bedienung und Wartung der Feuerstätten und die Beseitigung des damit verbundenen Schmutzes abgenommen.

Der Fortfall der vielen Einzelschornsteine und ihrer ungereinigten Abgase verbessert das Aussehen der Siedlungen und Städte wesentlich und trägt entscheidend zur Reinhaltung der Luft bei.

Die bisher erforderlichen zahlreichen Heiz- und Brennstoff-Lagerräume in den Gebäuden entfallen.

Beim Fernheizwerk erfolgt eine ständige und einfache Überwachung durch geschultes Fachpersonal.

Aus diesen Gründen ist außer bei Umstellungen des Heizbetriebes in großstädtischen Altbauvierteln bei jeder Neuerschließung von Wohnsiedlungen und Stadtteilen mit ausreichender Geschlossenheit und Bebauungsdichte grundsätzlich eine Fernwärmeversorgung in Betracht zu ziehen.

Hierbei kann als untere Grenze für die Wirtschaftlichkeit eine Wärmedichte von 60 MW/km^2 angesehen werden. Durch Konzentration von Wärmeverbrauchern in den Innenstädten kann die Wärmedichte hier Werte von 180 MW/km^2 und mehr erreichen. In solchen Fällen können evtl. noch Randgebiete geringerer Wärmedichte angeschlossen werden.

Im übrigen beruht die Wirtschaftlichkeit von Heizwerken auf der günstigeren Bereitstellung der Wärme durch den besonders hohen Wirkungsgrad ihrer neuzeitlichen großen Kesselanlagen, ferner durch das Ausnutzen der Abfallwärme aus Gaswerken oder Industriebetrieben oder durch die Kopplung der Erzeugung von Wärme und Strom in einem Heizkraftwerk mit Ganzjahresbetrieb.

Der Anschluß von Krankenhäusern, Schwimmbädern und anderen Großverbrauchern, die gleichzeitige zentrale Versorgung mit Gebrauchswarmwasser sowie die Möglichkeit der Ausübung eines Anschluß- und Benutzungszwanges sind weitere Faktoren zur Verbesserung der Wirtschaftlichkeit einer Fernwärmeversorgung.

Die Betriebskosten einer Fernwärmeversorgung, im Endstadium des Ausbaus zu 15 bis 20% aus den Aufwendungen für den Kapitaldienst, zu 50 bis 60% aus den Brennstoffkosten, zu 25 bis 30% aus den Nebenkosten für Bedienung, Instandhaltung und Wasser- und Stromkosten bestehend, sind im Anfang bei zunächst nur teilweisem Ausbau relativ hoch und erreichen die errechneten wirtschaftlichen Ergebnisse erst mit abgeschlossenem Ausbau.

Jede Fernwärmeversorgung umfaßt den Wärmeerzeuger, das Rohrleitungsnetz und die Heizungsanlage.

Wärmeerzeuger. Der Wärmeerzeuger stellt die erforderliche Wärme bereit.

Als reines **Heizwerk** liefert er lediglich Wärme. An ein öffentliches Heizwerk sollten mindestens 600 bis 700 Wohnungen angeschlossen sein, davon mindestens die Hälfte in Wohnblocks oder größeren Mietshäusern. Kleinere Heizwerke (Blockheizwerke) werden auch von privaten Trägern, z. B. Wohnungsbaugesellschaften, für einen kleineren Versorgungskreis errichtet.

Ein **Heizkraftwerk** liefert in einem gekoppelten Prozeß sowohl Wärme als auch elektrischen Strom mit einem erheblich günstigeren Wirkungsgrad (z. B. 85%), als ihn die thermische Stromerzeugung allein aufweist (z. B. 35%), da die Fernheizung die sonst verlorengehende Kondensationswärme nutzbar macht.

Rohrleitungsnetz. Es leitet den Wärmeträger zu den Abnehmern. Als Wärmeträger werden Dampf (fast nur noch bei Heizkraftwerken für industrielle Wärmelieferung), Heiß- oder Warmwasser verwendet.

Heißwasser mit Vorlauftemperaturen ≦180 °C im geschlossenen Rohrsystem mit Überdruck bis etwa 10 bar (s. Abschn. 10.5.2) wird vor allem in größeren Anlagen benutzt, in deren Hausstationen dann meistens Wärmeaustauscher (wie auch bei Dampf als Wärmeträger) das Warmwasser für die örtliche Heizung oder den unmittelbaren Gebrauch erzeugen (**689**.1).

Warmwasser mit ≦110 °C Vorlauftemperatur in offenen Systemen mit hoch liegendem Ausdehnungsgefäß und mit meist unmittelbarem Anschluß der Hausheizung an das Fernheiznetz wendet man vor allem in kleineren Anlagen an (**688**.1).

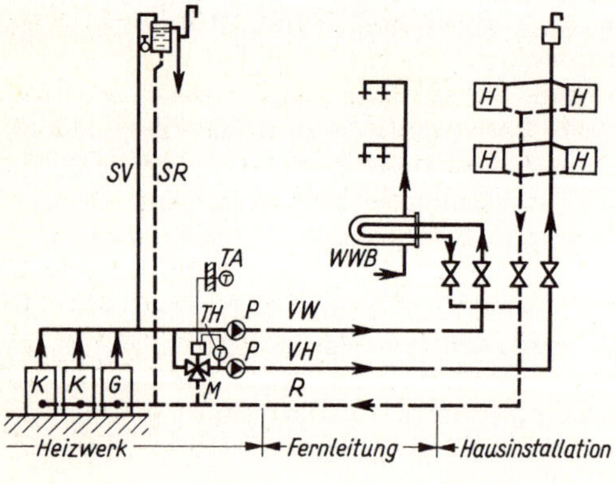

688.1
Fernwärmeversorgung, Warmwasser, offenes System mit Dreileiternetz

K	Kokskessel für Winterbetrieb
G	Gaskessel für Sommerbetrieb
SV	Sicherheitsvorlauf
SR	Sicherheitsrücklauf
TA	Temperaturfühler Außentemperatur
TH	Temperaturfühler Heizungsvorlauf
H	Heizkörper der Raumheizung
WWB	Warmwasserbereiter
VW	Vorlauf Warmwasserbereitung
VH	Vorlauf Heizung
R	gemeinsamer Rücklauf
P	Umwälzpumpe

Die Rücklauftemperatur beträgt bei Heiß- und Warmwassernetzen 50 bis 70 °C. Die hierdurch vor allem im Heißwassersystem auftretende große Temperaturspreizung führt zu einer erheblichen Verringerung der umlaufenden Wassermenge und damit der Leitungsquerschnitte.

Die jeweiligen Gegebenheiten, wie z. B. Geländeverhältnisse, Größenordnung der Anlagen und Forderungen einzelner Verbraucher, wie Krankenhäuser und Industrieabnehmer, die gleichzeitige Lieferung von Gebrauchswarmwasser, entscheiden auch darüber, ob die Fernwärmeversorgung über ein Dreileiternetz (**688**.1), das einen Betrieb mit gleitenden Heizungsvorlauftemperaturen zuläßt, erfolgen kann oder ob das billigere Zweileiternetz (**689**.1 bis **690**.2) zu wählen ist, das zugleich eine ganzjährige Entnahme von Raumheizwärme gestattet. Ferner ob mit unmittelbarem Anschluß der Hausanlagen an das Fernleitungsnetz oder ob mit mittelbarem Anschluß über Wärmeaustauscher gefahren werden kann.

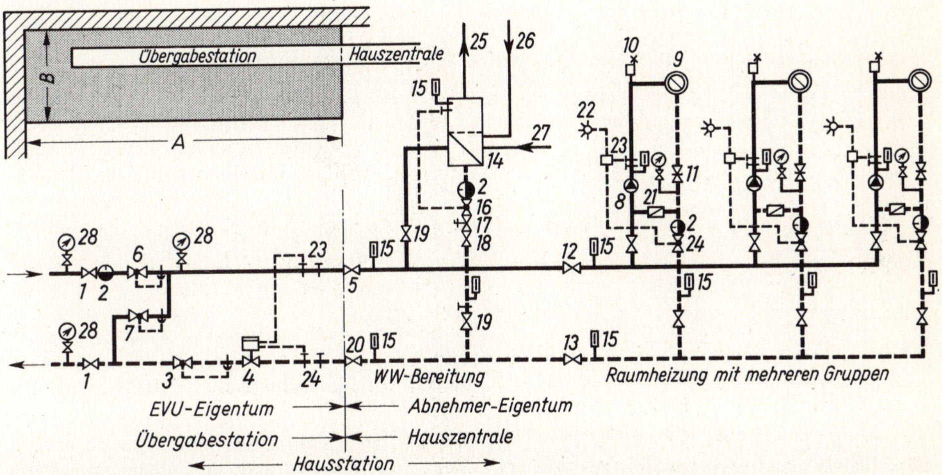

689.1 Hausstation einer Fernwärmeversorgung, geschlossenes System 130/70 °C mit Zweileiternetz (Raumheizung 90/70 °C) (Hamburgische Electricitäts-Werke AG)

1 Netzabsperrung
2 Schmutzfänger
3 Wassermengenregler
4 Wärmezähler
5 Hausabsperrorgan
6 Reduzierventil
7 Überströmventil
8 Umwälzpumpe
9 Heizungsanlage
10 automatischer Be- und Entlüfter
11 Einstellschieber zum Einregulieren der Umwälzmenge
12 Einstell- und Absperrorgan der Raumheizungsanlage
13 Absperrorgan wie 12
14 Wärmeaustauscher (Speicher mit eingebauter Heizfläche)
15 Thermometer
16 Temperaturregler
17 Rücklauf-Temperaturbegrenzer
18 Einstellorgan WWB
19 Absperrorgan WWB
20 Hausabsperrorgan
21 Rückschlagklappe
22 Witterungsfühler
23 Vorlauf-Temperaturfühler
24 Rücklauf-Temperaturfühler
25 Warmwasser
26 Zirkulation
27 Kaltwasser
28 Manometer

_______ Vorlaufleitung

_ _ _ _ _ _ Rücklaufleitung

Tafel **690**.1 Anschlußwerte und Platzbedarf von Übergabestationen (zu Bild **689**.1) (Hamburgische Electricitäts-Werke AG)

Anschlußwert	*MW*	< 0,12	> 0,12···0,24	> 0,24···0,7	> 0,7···1,4	> 1,4···2,0	> 2,0···3,5	> 3,5···5,6
Übergabestation	*DN*	25	32	50	65	80	100	125
Platzbedarf für Übergabestation in m	*A*	2,0	2,4	3,0	5,3	5,4	6,6	8,5
	B	1,5	1,5	1,6	1,6	1,6	1,7	2,0

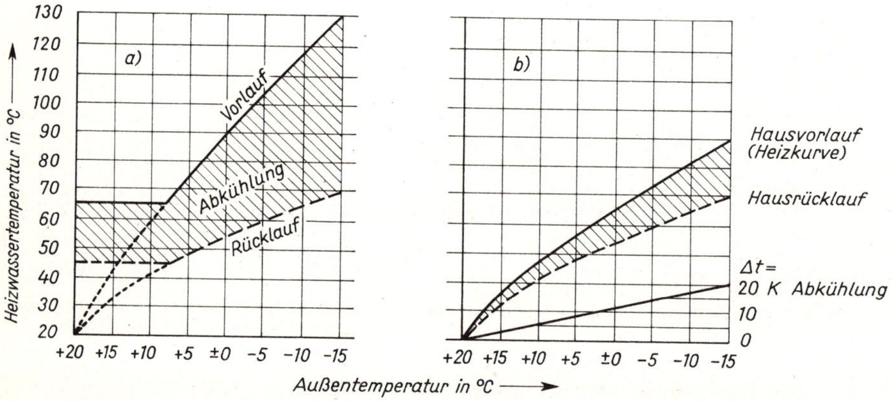

690.2 Heizwassertemperaturen zu der Fernwärmeversorgung nach Bild **689**.1 (Hamburgische Electricitätswerke AG)

a) an der Übergabestelle

Gleitende Netzvorlauftemperatur, die nicht unter 65 °C abgesenkt wird, damit in der angeschlossenen WW-Bereitungsanlage auch im Sommer Brauchwasser auf 55 °C erwärmt werden kann. Das Heizwasser soll in der Hausheizungsanlage mindestens bis auf die dargestellten Rücklauftemperaturen abgekühlt werden. Weitergehende Abkühlung ist möglich durch größere oder nachgeschaltete Heizflächen (z. B. stufenweise WW-Bereitung, Deckenstrahlungs- oder Garagenheizung) und hat eine Verringerung der erforderlichen Heizwassermenge zur Folge. Dadurch ergibt sich ein niedrigerer Wärmepreis.

b) in der Hausheizungsanlage

Zum Betrieb der Anlage ist die erforderliche Vorlauftemperatur jeweils einzustellen. Bei Anlagen mit elektr. Steuerung durch Außentemperaturfühler entfällt jede Bedienung während der ganzen Heizperiode. Eine zentrale Absenkung der Vorlauftemperatur in den Nachtstunden soll 10 bis 15 K nicht überschreiten.

Fernleitungen. Aus wirtschaftlichen Gründen werden in Wohngebieten die Fernleitungen nach Möglichkeit unter Vermeidung des Straßenkörpers unter Gehwegen, durch Vorgärten oder öffentliche Grünflächen und im übrigen durch die Keller der einzelnen Hauszeilen geführt und dort an den Kellerdecken aufgehängt.

Bei der unterirdischen Verlegung ist zwischen einer Verlegung in selbständigen Bauteilen, den Fernheizkanälen, und einer Verlegung unmittelbar in der Erde zu unterscheiden.

Die Kanalverlegung in Haubenkanälen ist zwar die aufwendigste und teuerste Lösung, bietet aber auch den sichersten Schutz gegen Wärmeverluste, Feuchtigkeitseinwirkung und mechanische Beschädigung.

Die Kanalsohle besteht aus armiertem Ortbeton und ist zur Ableitung von Wasser, dessen gelegentliches Eindringen nie mit Sicherheit auszuschließen ist, entsprechend zu profilieren und mit leichtem Gefälle zu verlegen.

Alle 15 bis 20 m wird eine Dehnungsfuge mit eingelegtem Dichtungsband angeordnet.

Auf der Sohle werden nach Montage der Rohrleitungen die vorgefertigten Abdeckhauben von normalerweise 1 m Länge in Zementmörtel versetzt und ihre Stoßfugen mit einer bitumengetränkten Binde bandagiert.

Je nach Anzahl und Durchmesser der zu verlegenden Leitungen verwendet man Abdeckhauben mit Querschnitten in Form eines Halbkreises (**691**.1), Korbbogens oder Rechteckes aus Stahlbeton, halbkreisförmige Hauben auch aus aufgetrennten Asbestzementrohren.

Die Erdüberdeckung der Hauben beträgt am günstigsten etwa 1 m.

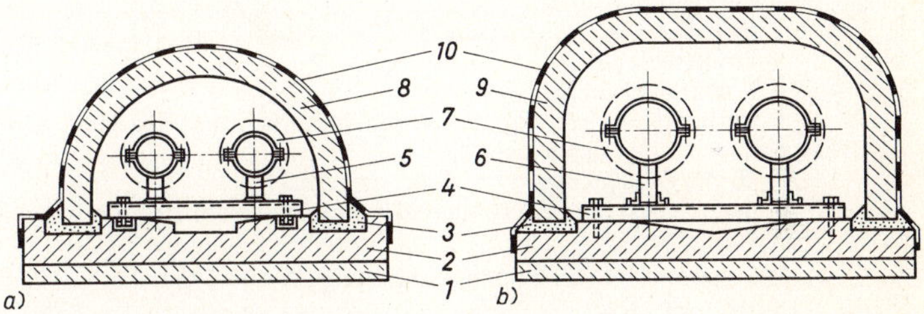

691.1 Haubenabgedeckte Leitungen für Fernheizkanäle (Steinkohle-Elektrizitäts AG)
a) mit unbewehrter Halbkreisschale für DN 25 bis 80
b) mit bewehrter Normalhaube für DN 100

1 Sauberkeitsschicht (Magerbeton)
2 Kanalsohle aus Ortbeton, bewehrt
3 Zementmörtel
4 U-Stahlschiene
5 Festlager
6 Gleitlager, geführt
7 Wärmedämmung der Rohrleitung
8 Halbkreisschale, unbewehrt, aus B 25
9 Normalhaube, bewehrt, aus B 25
10 Bitumenbinde über Stoßfuge

Die Erdverlegung der Fernleitungen (**692**.1 und 2) ist zwar billiger als die Kanalverlegung, doch ist sie z. B. bei schwerem wasserundurchlässigen Boden oder bei Gefahr mechanischer Beschädigung durch spätere Baumaßnahmen nicht anwendbar.

Sie ist daher für dichtbebaute Großstädte durchweg nicht zu empfehlen.

Im Grundwasser sollten Fernleitungen nie verlegt werden, da die Gefahr eines späteren Undichtwerdens noch so sorgfältig ausgeführter Abdichtungen nie auszuschließen ist.

Ein vermaschtes Wärmeverteilungsnetz mit genügend Absperrungen (bei Rohrdurchmessern > 200 mm Absperrschächte alle 200 bis 250 m) erhöht zwar die Betriebssicherheit der Anlage beträchtlich, ist aber kostspieliger.

Schachtbauwerke. Nach ihrer Funktion unterscheidet man Kompensator-, Verteiler-, Armaturen- und Eckschächte.

Neben der Aufnahme der Rohrleitungen und ihrer Armaturen dienen sie vor allem als Entwässerungs-, Entlüftungs- und Kontrollschächte.

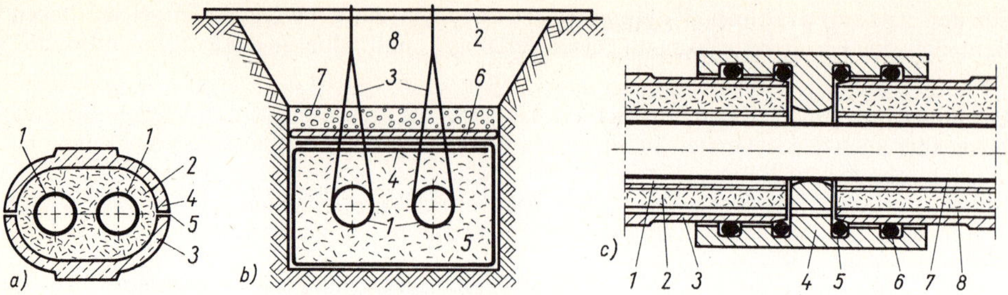

692.1 Kanalfreie Erdverlegung von Fernwärmeleitungen

a) Betonschalen (CEKA Georg Wetzel KG)
  1 Stahlrohr der Fernwärmeleitung mit Ölpapier umwickelt und auf Sonderhaltern montiert
  2 PU-Hartschaum, $\geqq$ 50 mm dick
  3 untere Halbschale aus bewehrtem Rüttelbeton, 4 m lang
  4 obere Halbschale wie 3, im Fugenwechsel mit 3
  5 Spezialzement zum Abdichten

b) Schüttisolierung (PROTEXULAT Isolierungs-GmbH)
  1 Fernwärmeleitung
  2 provisorische Aufhängung der Rohrleitung 1 an Traversen mit 3
  3 Drahtschlaufen
  4 Polyäthylen-Folie
  5 Protexulat-Schüttung zur Wärmedämmung und Sperrung gegen Erdfeuchte
  6 leere Protexulat-Säcke
  7 20 cm Erddeckung, von Hand eingebracht
  8 nach Setzen der Schüttung und Abschneiden der Rohraufhängung mit Erde auffüllen und verdichten

c) Mantelrohr mit Hartschaum-Isolierung (WANIT Gesellschaft für Asbestzementerzeugnisse mbH + Co. KG)
  1 Kernrohr
  2 Isolierung aus PU-Hartschaum
  3 Asbestzement-Mantelrohr
  4 Mantelrohr-Kupplung aus Asbestzement
  5 Gummi-Abstandsring
  6 Gummi-Dichtring (temperaturbeständig)
  7 Stahlrohr der Fernwärmeleitung
  8 Ablaufrinne für Kondenswasser

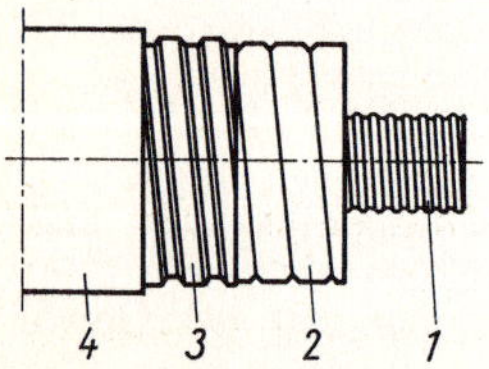

692.2
FLEXWELL-Fernheizkabel (System Goepfert-Kabelmetall)
1 gewelltes Kupfer-Innenrohr (Fernwärmeleitung)
2 PU-Hartschaum
3 gewelltes Stahl-Außenrohr
4 Polymentschicht mit PE-Mantel als Korrosionsschutz

Das Fernheizkabel wird als flexible, fabrikfertig isolierte und gegen Korrosion geschützte Wellrohrkonstruktion in Längen von 200 bis 400 m auf Trommeln angeliefert und wie ein elektrisches Kabel direkt ins Erdreich verlegt. Besondere Maßnahmen zur Aufnahme von Wärmedehnungen entfallen.

Spezialarmaturen sind T-Verbindungen für Abzweige, Flanschverbindungen zum Anschluß an die Stahlrohrinstallation in Gebäuden und Schächten, Durchgangsverbindungen zum Aneinanderfügen großer Kabellängen im Erdreich und Mauerdurchführungen in wasserdichter Ausführung.

Kleinere Schächte werden mit gemauerten Wänden, die erdseitig einen Putz mit Dichtungsmittelzusatz oder einen Rapputz mit Bitumenanstrich erhalten, auf einer Stahlbetonsohle hergestellt und mit Stahlbeton-Fertigplatten in einem Mörtelbett mit Teerstrickdichtung abgedeckt (**693**.1).

G r ö ß e r e S c h ä c h t e werden zumeist ganz in Stahlbeton ausgeführt.

Alle Schächte sind an das öffentliche Entwässerungsnetz anzuschließen.

Nur wo dies ausnahmsweise unmöglich ist, ordnet man einen Pumpensumpf an, der bei Wassereinbrüchen ein Auspumpen des Schachtes ermöglicht.

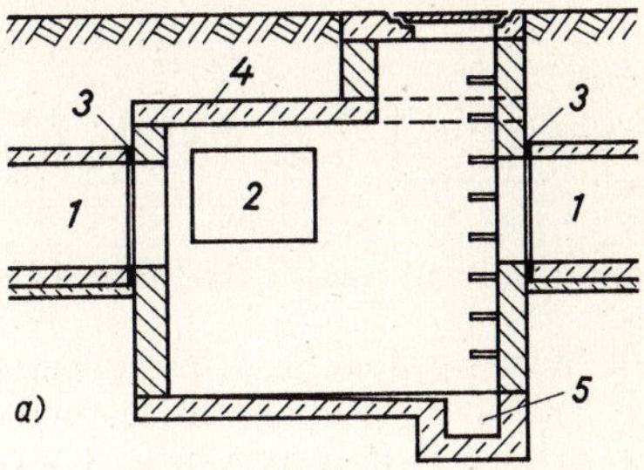

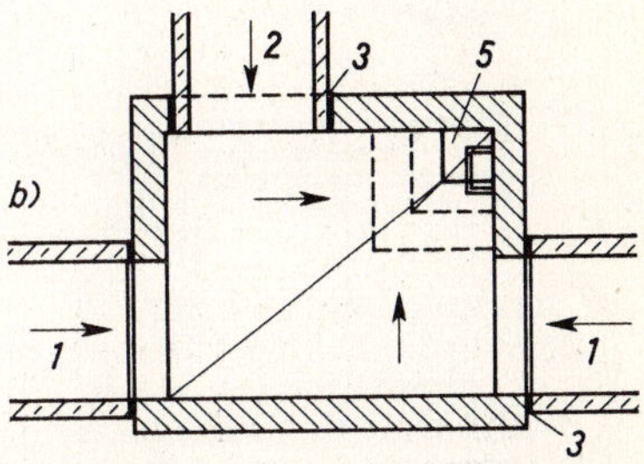

693.1
Kontrollschacht einer Fernheizungs-Kanalanlage
a) senkrechter Schnitt
b) Grundriß
1 Hauptkanal
2 Abzweigkanal
3 doppelte Isolierpappe
4 Deckenplatte
5 Pumpensumpf

Heizungsanlage. In einer H a u s s t a t i o n (Taf. **690**.1) bei jedem Abnehmer wird die ins Haus gelieferte Wärme übernommen und in der H a u s h e i z u n g s a n l a g e in die zu beheizenden Räume, in einen Warmwasserbereiter oder zu anderen Wärmeverbrauchern geleitet.

Diese Anlagen entsprechen vollkommen den vorher im Abschn. 10.1 behandelten Heizungseinrichtungen wie den in Abschn. 12.3 dargestellten Warmwasser-Bereitungsanlagen, so daß hier nicht weiter auf sie eingegangen zu werden braucht.

10.5.2 Heißwasser-Fernheizungen

Heißwasserheizungen nach DIN 4752 sind geschlossene Wasserheizungen mit Vorlauftemperaturen $> 110\,°C$ (meistens 130 bis 180 °C, auch höher).

Sie gehören zu den Hochdruckanlagen und unterliegen der Genehmigungspflicht und laufenden Überwachung durch den Technischen Überwachungsverein.

Diese Wassertemperaturen sind nur unter dem zugehörigen Betriebsdruck ($\geqq$ Siededruck des Wassers) von $\geqq 0{,}5$ bar oder $\geqq 2{,}5$ bis 10,2 bar möglich, der an jeder Stelle des Rohrnetzes vorhanden sein muß, da sich sonst Dampf bildet, der laut knallende Wasserschläge hervorruft, durch welche die Rohre beschädigt werden können.

Das Heißwasser kann erzeugt werden in einem

1. W a s s e r k e s s e l mit nachgeschaltetem geschlossenen Ausdehnungsgefäß (**693**.2)

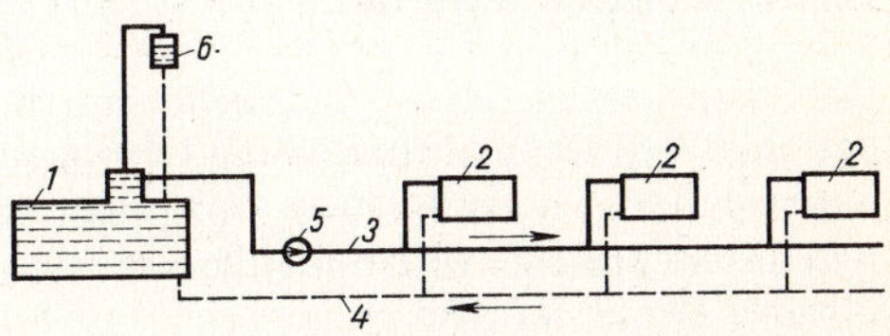

693.2
Wasserkessel als Heißwassererzeuger (nach J. Schmitz)
1 Wasserkessel
2 Wärmeverbraucher
3 Vorlaufleitung
4 Rücklaufleitung
5 Umwälzpumpe
6 geschlossenes Ausdehnungsgefäß

2. Dampfkessel, aus dem es unterhalb des Dampfraumes entnommen wird (**694**.1), der zugleich den Ausdehnungsraum für das Wasser bildet

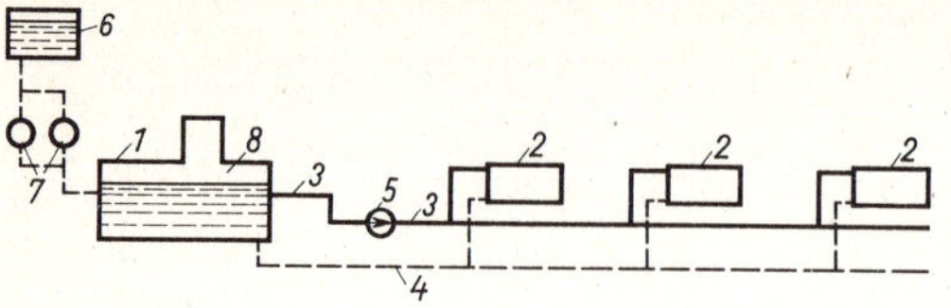

694.1 Dampfkessel als Heißwassererzeuger (nach J. Schmitz)

1 Dampfkessel
2 Wärmeverbraucher
3 Vorlaufleitung
4 Rücklaufleitung
5 Umwälzpumpe
6 Speisewasser-Vorratsbehälter
7 Speisepumpen
8 Dampfraum

3. Mischgefäß, in dem der aus einem Dampfkessel kommende Hochdruckdampf das Rücklaufwasser in unmittelbarer Berührung wieder aufheizt

4. Oberflächen-Wärmeaustauscher (Gegenstromapparat) durch Dampf oder Heißwasser (**694**.2).

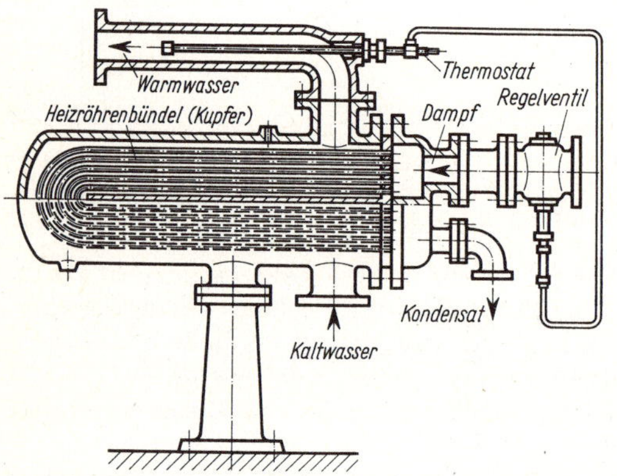

Zum unmittelbaren Beheizen von Aufenthaltsräumen ist die HWH wegen der hohen Oberflächentemperaturen der Heizkörper nicht geeignet, sie kommt jedoch für industrielle Zwecke, Großraumheizungen (auch mit örtlichem Lufterhitzer), für die Zentralen ausgedehnter Gebäudekomplexe, wie Kasernen, Krankenhäuser, Hochschulen, besonders wenn diese Abnehmer auch Dampf benötigen, vor allem aber für Fernheizungen großen Umfanges (s. auch Abschn. 10.5.1) in Frage.

694.2
Gegenstromapparat (WAM, Kiel)

Hier bietet der Wärmetransport mit Heißwasser als Wärmeträger auf längere Strecken gegenüber dem Hochdruckdampf erhebliche Vorteile durch weniger Störungen, geringere Wartungs- und Reparaturkosten sowie durch kleinere Wärme- und Wasserverluste infolge Fortfalles der Kondensatwirtschaft, durch leichtere örtliche und zentrale Regelung, einfachere Leitungsführung und längere Lebensdauer.

Ein schwankender Wärmebedarf läßt sich bequem mit Hilfe von Wärmespeichern auffangen, eine große Entfernung durch Pumpen überbrücken.

10.6 Sonderformen der Heizung

10.6.1 Sonnenheizungen

Die Sonnenenergie wird grundsätzlich mit Kollektoren aufgefangen und durch Wasser, mit einer Frostschutzbeimischung oder geeigneten synthetischen Ölen, als Wärmeträger über ein Rohrsystem einem Speicher zugeführt.

Aus diesem Speicher wird mit Hilfe eines weiteren Rohrkreislaufes das erwärmte Wasser in üblicher Weise zum Heizen verwendet (**695**.1).

Die Sonnenkollektoren nach DIN 4757 T. 3 und 4 werden meistens als Flachkollektoren auf Dächern angebracht, können jedoch auch an anderer Stelle im Hausbereich miteingeplant werden.

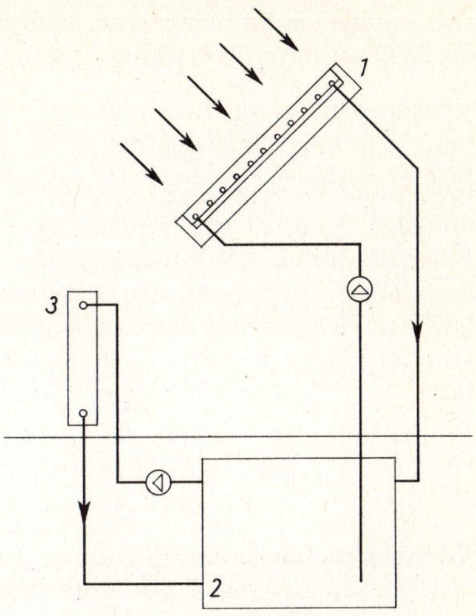

695.1
Funktionsschema einer Sonnenheizung
1 Sonnenkollektor
2 Wärmespeicher
3 Heizkörper

Kollektoren. Ein einfacher Flachkollektor besteht aus einer geschwärzten Metallplatte mit daran befestigten wassergefüllten Metallrohren, an der Oberseite aus ein oder zwei Glasplatten und an der Unterseite aus einer Wärmedämmung, die Wärmeverluste an die Umgebung verringern soll (**695**.2).

695.2
Schemaaufbau eines Flachkollektors
1 Zweischeiben-Isolierglas
2 Luftzwischenraum
3 Schwarzblech (Absorber)
4 Wärmerohre 12–25 mm ∅
5 Isolierung 5–10 cm
6 Gehäuse (Rahmen)
7 Wasserkreislauf
Gesamtbauhöhe 8 bis 22 cm

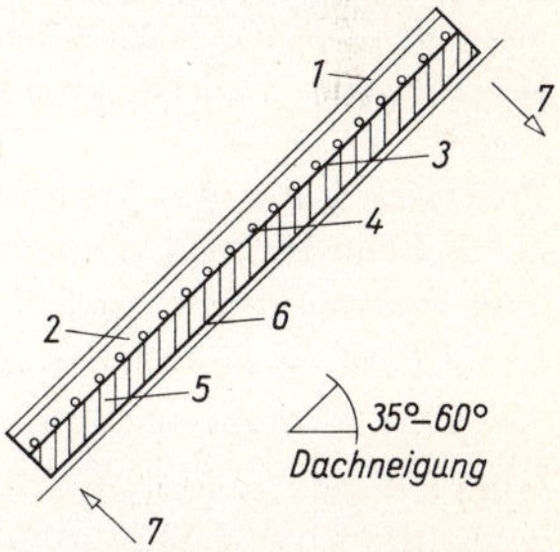

Statt Glas werden für Kollektorabdeckungen auch transparente Folien oder Kunststoffe hergestellt. Die üblichen Kollektorplattengrößen liegen bei 2 bis 3 m².

Statt Metallen, wie Aluminium, Kupfer oder Edelstahl, werden von den zahlreichen Herstellern auch korrosionsbeständige Kunststoffplatten, Kunststoffrohre und ähnliche Materialien verwendet (**695**.3).

695.3
Kollektor-Aufbau (Viessmann)
1 Spezialfolie
2 Absorberplatte mit eingepreßtem Rohrquerschnitt
3 Silicon-Kautschuk-Schlauch
4 Polyurethan-Hartschaum
5 zinkplattiertes Aluminium

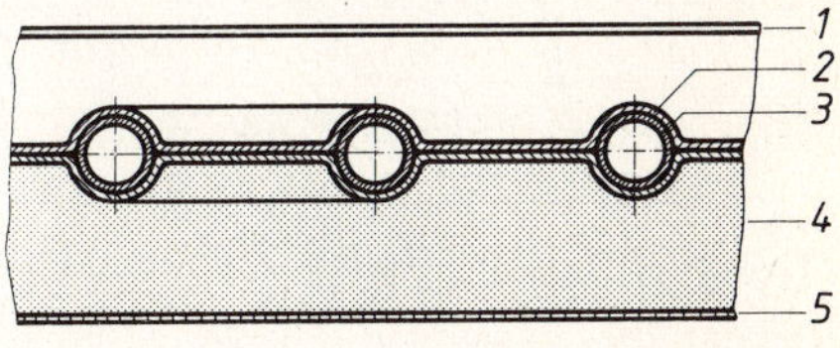

Bei anderen Auffangeinrichtungen dienen die Kollektoren gleichzeitig als Dachfläche.

Weitere neue Bauarten und Konstruktionen werden seit Jahren von Firmen und Instituten erprobt, um den Wirkungsgrad zu verbessern.

Die Kollektorkosten sind daher je nach Bauart sehr unterschiedlich. Sie liegen zwischen 200 und 500 DM/m².

Die einfallende Sonnenenergie wird im Kollektor in Wärme umgewandelt, wobei ein Teil der Wärme durch Abstrahlung, Konvektion und Leitung wieder verlorengeht.

Wirkungsgrad. Die Umwandlung der auf die Kollektorflächen auftreffenden Sonnenstrahlung in nutzbare Heizwärme ist ein von vielen Faktoren beeinflußter Vorgang.

Der Wirkungsgrad hängt weitgehend ab

von der Bauart der Kollektoren, wie Glasscheibenart und -zahl, Wärmedämmung, Beschichtung und Wärmekapazität,
von dem Temperaturunterschied zwischen dem Kollektor und seiner Umgebung,
von der Intensität der einfallenden Sonnenstrahlung (0 bis 900 W/m^2) sowie
von der Rohrinstallation der Anlage, wie Wärmedämmung, Speicherung und Regelung.

Bei der Montage von Sonnenkollektoren auf nach Süden ausgerichteten Hausdächern unter einer Dachneigung von 45° rechnet man mit einem mittleren jährlichen Wirkungsgrad von 50% und einer jährlichen Wärmemenge von etwa 500 kW/m^2.

Wirtschaftlichkeit. Die Wirtschaftlichkeit der Sonnenheizung ist bei der Hausheizung als Vollheizung wegen der notwendigen Installation eines zu großen Speichers nicht gegeben.

Für ein nach dem Energieeinsparungsgesetz wärmegedämmtes Haus kann ein maximaler spezifischer Jahreswärmeverbrauch von etwa 150 kWh/m^2 angenommen werden.

Durch einen Sonnenkollektor läßt sich jedoch im Jahresdurchschnitt höchstens 500 kWh/m^2 an Wärmemenge gewinnen. Damit ließen sich 3,3 m^2 Wohnfläche durch 1 m^2 Kollektorfläche heizen, wenn man die Wärme genügend lange speichern könnte.

Bei sehr guter Wärmedämmung muß mit einem Speichervolumen von 560 l/m^2 Wohnfläche gerechnet werden.

Praktisch kann die Speicherung nur für einen begrenzten Zeitraum vorgesehen und der zusätzliche Heizwärmebedarf durch eine andere Energieart, eine Zusatzheizung oder eine Wärmepumpe, gedeckt werden (bivalente Heizung).

Der Fehlbetrag an Sonnenwärme beträgt nach Bild **696**.1 rund 80 kWh je m^2 und Jahr.

Als reine Übergangsheizung im Frühjahr oder Herbst ist die Sonnenheizung jedoch durchaus vollwertig.

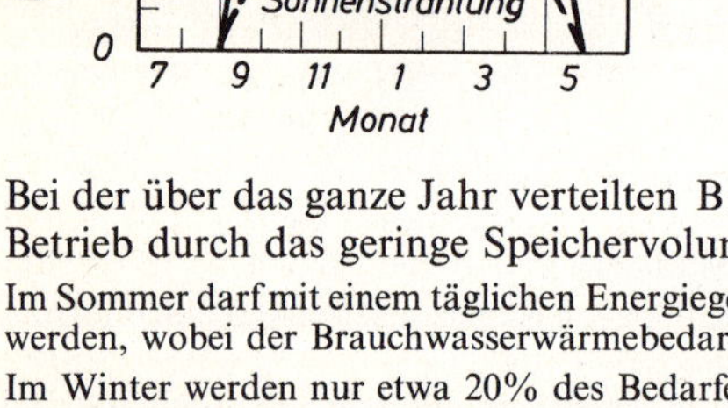

696.1
Wärmebedarf eines Hauses mit Sonnenheizung (Sonneneinstrahlung je m^2 Wohnfläche)
q spezifischer Wärmebedarf
Speicherwirkungsgrad = 50%
Wohnfläche/Kollektorfläche = 2/1

Bei der über das ganze Jahr verteilten Brauchwassererwärmung ist ein wirtschaftlicher Betrieb durch das geringe Speichervolumen gut möglich.

Im Sommer darf mit einem täglichen Energiegewinn von etwa 2 kWh pro m^2 Kollektorfläche gerechnet werden, wobei der Brauchwasserwärmebedarf mit etwa 80% gedeckt wird.

Im Winter werden nur etwa 20% des Bedarfes erreicht.

In der Winterperiode übernimmt daher ein Heizkessel die Zusatzenergielieferung, während im Sommer die gelegentlich erforderliche Nacherwärmung bei ruhendem Kessel durch einen elektrischen Heizeinsatz im Wärmespeicher erfolgen kann (**697**.1).

Beim Hausschwimmbad kann die Sonnenenergie verhältnismäßig einfach zur Beheizung des Beckenwassers genutzt werden, das gleichzeitig als Speicher dient (**697**.2).

Bei dieser Verwendung der Sonnenenergie ist auf ca. 1,25 m^2 Kollektorfläche mit je 1 m^2 Wasserfläche zu rechnen.

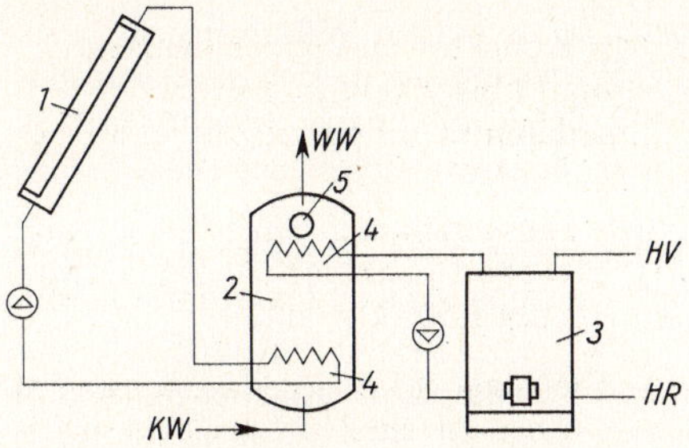

697.1 Funktionsschema einer Warmwasserbereitung mit Sonnenenergie
1 Kollektoren
2 Wärmespeicher
3 Heizkessel
4 Wärmetauscher
5 elektrischer Heizeinsatz

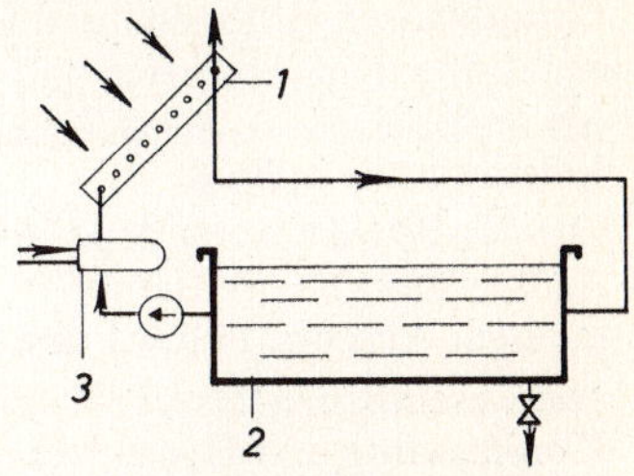

697.2 Funktionsschema einer Schwimmbadbeheizung mit Sonnenenergie
1 Kollektor
2 Hausschwimmbecken
3 Zusatzheizung

Energiedach. Durch die Kombination von Sonnenkollektoren mit Wärmepumpen läßt sich der Wirkungsgrad der Sonnenheizung wesentlich erhöhen.

Das Energiedach verwendet in Verbindung mit Wärmepumpen Solarabsorber (**697**.3). Dies sind Flächenwärmeaustauscher, die aus Kupfer-, Aluminium- oder Stahlblech, auch aus Kunststoff mit Hohlräumen bestehen und gleichzeitig als Dachteil ausgebildet sind.

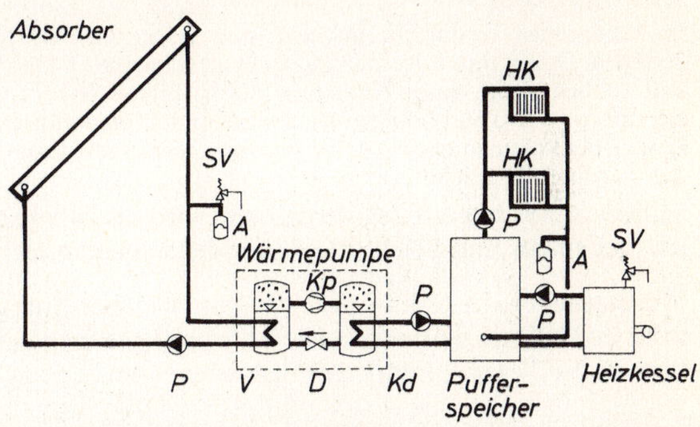

697.3
Solarabsorberdach mit Wärmepumpe zur Raumheizung
A Membran-Druckausdehnungsgefäß
D Drosselventil
HK Raumheizkörper
Kd Kondensator
Kp Kompressor
P Umwälzpumpe
SV Sicherheitsventil
V Verdampfer

Durch die Hohlräume zirkuliert Sole zum Verdampfer der Wärmepumpe.

Den Wärmeentzug aus der Luft erreicht man dadurch, daß die Absorberfläche über den Solekreislauf der Wärmepumpe kälter gehalten wird als die Umgebungsluft.

Die Absorber erhalten auf der Oberseite keine Glasabdeckung, sind aber als Energiedach wasserdicht.

Die Solarabsorber des Energiedaches sind im Gegensatz zu Solarkollektoren ganzjährig Tag und Nacht wirksam.

In Verbindung mit der Wärmepumpe nehmen sie außer der Sonnenenergie auch Wärme aus der trockenen oder feuchten Luft auf, wobei die Sole Temperaturen bis −15 °C annehmen kann.

Die Wärmeaufnahme der noch neuen Solarabsorber wird zur Zeit im Mittel mit etwa 100 W/m² eingeschätzt.

10.6.2 Wärmepumpenheizungen

Mit der Wärmepumpe kann man die verschiedensten relativ kalten Wärmequellen wie Grundwasser, Erdboden und Umgebungsluft durch Wärmeentzug für Heizzwecke ausnutzen, außerdem Abwasser und Fortluft durch Wärmerückgewinnung (s. Abschn. 11.4.3).

Als Heizzwecke kommen vorzugsweise die Raumheizung, Brauchwasserbereitung und Schwimmbaderwärmung in Frage.

Die Hauswärmepumpe arbeitet wie eine Kältemaschine, nur daß es hier nicht auf die Kühlleistung des Verdampfers, sondern auf die Wärmeleistung des Kondensators ankommt (s. auch Abschn. 11.5.9.1 und Bild **766**.1).

Die wesentlichen Bauteile einer Wärmepumpe sind Verdampfer, Verdichter mit Motor, Kondensator und Drosselventil.

Das Prinzip des Wärmepumpenkreislaufes für Heizzwecke erklärt das Funktionsschema (**698**.1).

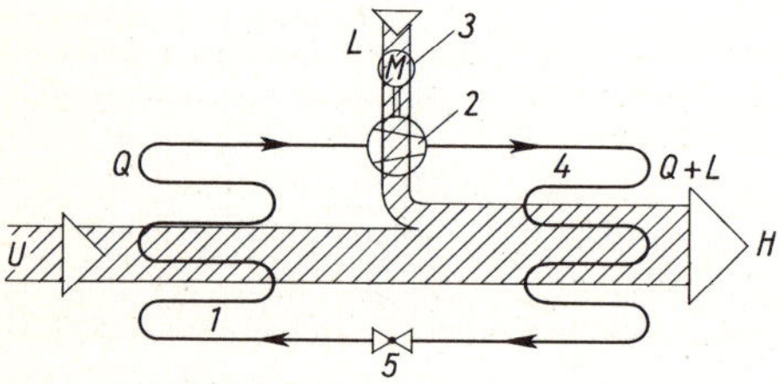

698.1 Funktionsschema einer elektrischen Hauswärmepumpe

1 Verdampfer
2 Verdichter (Kompressor)
3 Elektromotor
4 Verflüssiger (Kondensator)
5 Drosselventil

U Umweltwärme
Q Wärmeaufnahme
L Energiezufuhr
Q + *L* Wärmeabgabe
H Heizung

Im Verdampfer verdampft mit niedrigem Siedepunkt ein Kältemittel bei niedriger Temperatur und geringem Druck durch Aufnahme der Wärmemenge Q. Der Verdichter saugt den Kältemitteldampf an und verdichtet ihn unter Aufnahme mechanischer Arbeit, wobei dem Kreislauf die Wärmemenge L zugeführt wird. Unter hohem Druck und hoher Temperatur wird das Kältemittel im Verflüssiger durch Entzug der Wärmemenge Q + L (etwa max. 60 °C) verflüssigt und dann über das Drosselventil wieder in den Verdampfer geleitet.

Mit der Antriebskraft des Verdichters wird bis zu viermal soviel Wärmeenergie gewonnen wie bei einem mit gleicher Leistung betriebenem elektrischen Heizgerät.

Wärmequellen. In Abhängigkeit davon, welcher Energiequelle die Wärme entzogen und an welches Medium die gewonnene Wärme abgegeben wird, unterscheidet man für die jeweilige Bauart der Wärmepumpen verschiedene Anlagesysteme:

1. Luft-Luft-Wärmepumpen
2. Luft-Wasser-Wärmepumpen
3. Wasser-Wasser-Wärmepumpen
4. Wasser-Luft-Wärmepumpen
5. Erdreich-Wasser-Wärmepumpen

Die Bezeichnung erfolgt in der Reihenfolge Wärmequelle und dann Wärmeträger.

Der Wärmeträger ist in der Regel Wasser oder Luft, auch Raumluft.

Anwendung. Wärmepumpen eignen sich zur Heizung von Wohngebäuden, besonders für Ein- und Zweifamilienhäuser (**699**.1), Hausschwimmbäder und Hallenbäder.

Ein Nachteil ist es, daß die Heizleistung der Wärmepumpe desto geringer wird, je kälter es ist.

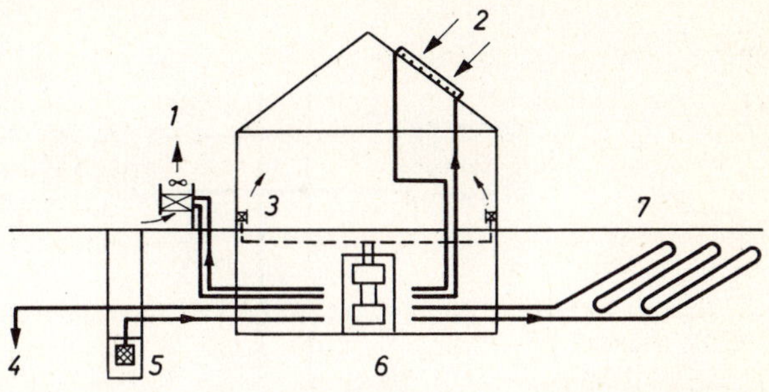

699.1
Wärmequellen einer Wärmepumpenheizung für kleinere Wohngebäude (nach Recknagel/Sprenger)

1 Luft
2 Sonne
3 Heizflächen
4 Sickerbrunnen
5 Saugbrunnen
6 Wärmepumpe
7 Erdreich-Rohrregister

Heizung von Wohngebäuden. Praktisch begrenzt man die Leistung der Wärmepumpe in der Regel derart, daß der Wärmebedarf nur bis zu einer Außentemperatur von etwa +3 °C gedeckt ist.

Bei tieferen Temperaturen wird eine zusätzliche Heizquelle erforderlich, z. B. Gas, Flüssiggas, Öl oder Nachtstromspeicher.

Monovalente Heizungen arbeiten ohne Zusatzenergie.

Bivalente Heizungen werden mit zwei Energien betrieben. Sie können im Alternativbetrieb oder im Parallelbetrieb ausgeführt werden.

Luft-Luft-Wärmepumpen. Bei diesen Anlagen wird die Wärme aus der Umgebungsluft entnommen und zur Gebäudeheizung verwendet.

Der Betrieb erfolgt meistens nach der bivalenten Methode im Alternativbetrieb mit einer Zusatzheizung bei Temperaturen unter etwa +3 °C.

Die Warmluft muß aus regelungstechnischen Gründen mit einem Wärmespeichersystem, z. B. einer Fußbodenluftheizung verbunden sein.

Bei der Ausführung unterscheidet man Kompaktgeräte (**699**.2 und **701**.1), bei denen der Außenluft- und Innenluftteil in einem gemeinsamen Gehäuse arbeiten, und Splitgeräte (**700**.1), bei denen beide Teile getrennt und nur durch Schläuche verbunden sind (s. auch Abschn. 11.5.9).

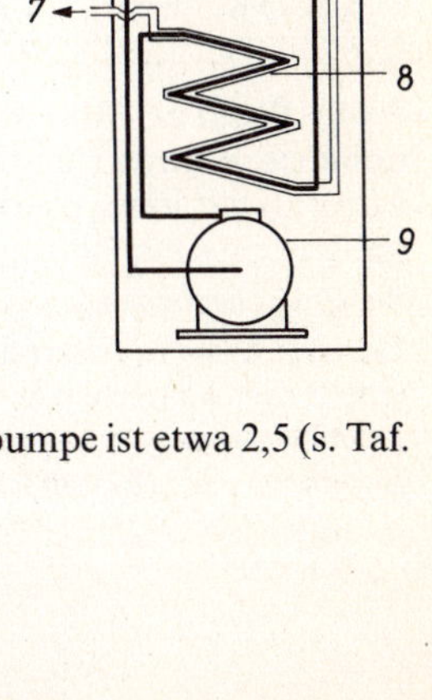

699.2
Kompaktgerät, Rohrleitungsschema einer Wasser/Wasser-Wärmepumpe (Junkers)

1 Speisewasser-Eintritt
2 Speisewasser-Austritt
3 Heizwasser-Rücklauf
4 Regelung
5 Drosselventil
6 Verdampfer
7 Heizwasser-Vorlauf
8 Verflüssiger
9 Verdichter

Der Wirkungsgrad, bzw. die mittlere Leistungszahl ε_w der Wärmepumpe ist etwa 2,5 (s. Taf. **700**.2).

Die Leistungszahl ε_w der Wärmepumpe ist der Quotient aus der erzeugten Wärmeleistung Q, dividiert durch den Aufwand an mechanischer Energie P:

$$\varepsilon_w = Q(\text{kW})/P\ (\text{kW}).$$

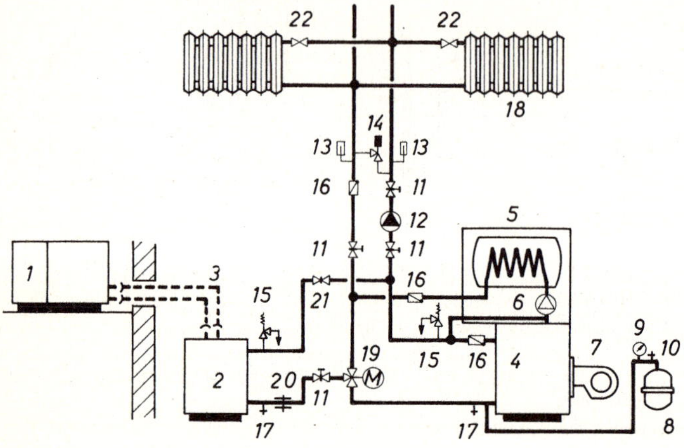

1 Außenteil Luft/Wasser-Wärmepumpe
2 Innenteil Luft/Wasser-Wärmepumpe
3 vorgefüllte Kältemittelleitungen
4 Heizkessel
5 aufgesetzter Brauchwasserspeicher
6 Speicherladepumpe
7 Ölbrenner
8 Ausdehnungsgefäß
9 Manometer
10 Entlüftungsventil
11 Absperrventil
12 Heizkreispumpe
13 Thermometer
14 Differenzdruck-Überströmventil
15 Sicherheitsventil
16 Rückschlagventil
17 Entleerung
18 Heizfläche
19 Umschaltventil
20 Strömungswächter
21 Montageventil
22 Thermostatventil

700.1 Anlagenschema, bivalentes Heizsystem mit Luft/Wasser-Wärmepumpe in Splitbauweise (Buderus)

Tafel **700**.2 Heizwert, Wirkungsgrad und Energiekosten je MWh Nutzwärme verschiedener Heizsysteme

Heizmittel	Heizwert H_u kWh	Einheitspreis DM	Wirkungsgrad η bzw. ε	Kosten DM/MWh	Verbrauch MWh
Koks	8,3/kg	0,40/kg	0,70	68,80	172 kg
Erdgas	8,9/m³	0,50/m³	0,80	70,00	140 m³
Leichtöl EL	10/l	0,60/l	0,75	80,00	133 l
Flüssiggas	11,6/kg	0,80/kg	0,80	86,40	108 kg
Nachtstrom	1/kWh	0,07/kWh	0,95	73,71	1053 kWh
Elt-Wärmepumpe	1/kWh	0,15/kWh	$\varepsilon = 2$	75,00	500 kWh
Elt-Wärmepumpe	1/kWh	0,15/kWh	$\varepsilon = 3$	49,95	333 kWh
Elt-Wärmepumpe	1/kWh	0,15/kWh	$\varepsilon = 4$	37,50	250 kWh
Gas-Wärmepumpe	8,9/m³	0,40/m³	$\varepsilon = 2$	22,40	56 kWh

Luft-Wasser-Wärmepumpen. Die Wärme wird auch hier der Umgebungsluft entnommen, während für die Heizung Warmwasser verwendet wird. Besonders Flächenheizungen mit ihren niedrigen Heizwassertemperaturen zwischen 40 und 50 °C sind hier die geeigneten Raumheizungen.

Bei Fußbodenheizungen genügen bereits Temperaturen von 30 bis 45 °C.

Der bivalente Alternativbetrieb erfolgt am günstigsten in der einfachen Kombination mit einem Gaswasserheizer oder Elektrowasserheizer (s. Abschn. 12.2.2 und 3).

Die Wärmepumpe kann hier auch außerhalb des Hauses aufgestellt werden, wobei der Kondensator gegen Frost zu schützen ist.

Der Wirkungsgrad, bzw. die mittlere Leistungszahl ε_w der Wärmepumpe ist etwa 2,5 bis 3,0 (s. Taf. **700**.2).

Wegen der überall vorhandenen Umgebungsluft werden diese Wärmepumpenanlagen, meist im Hauskeller aufgestellt, am ehesten ausgeführt (**701**.1).

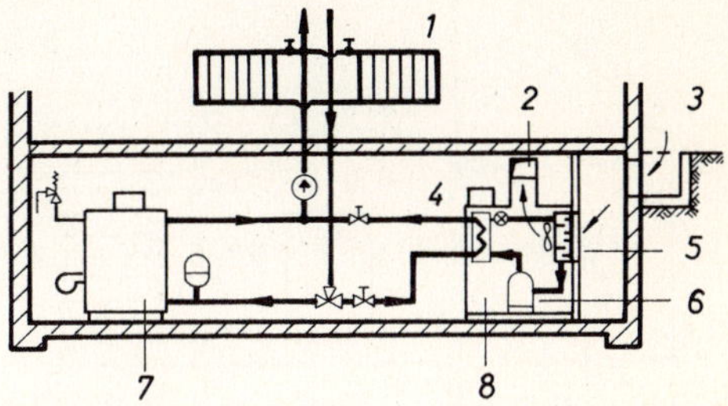

701.1
Anlagenschema, bivalentes Heizsystem mit Luft/Wasser-Wärmepumpe in Kompaktbauweise für Innenaufstellung

1 Heizflächen
2 Abluft
3 Zuluft
4 Kondensator
5 Verdampfer
6 Kompressor
7 Heizkessel
8 Wärmepumpe

Wasser-Wasser-Wärmepumpen. Als Wärmequelle dient hier aus einem Brunnen entnommenes Grundwasser mit einer konstanten Temperatur von 8 bis 12 °C. Für das Gebäude wird ebenfalls meist eine Flächenheizung verwendet (**701**.2).

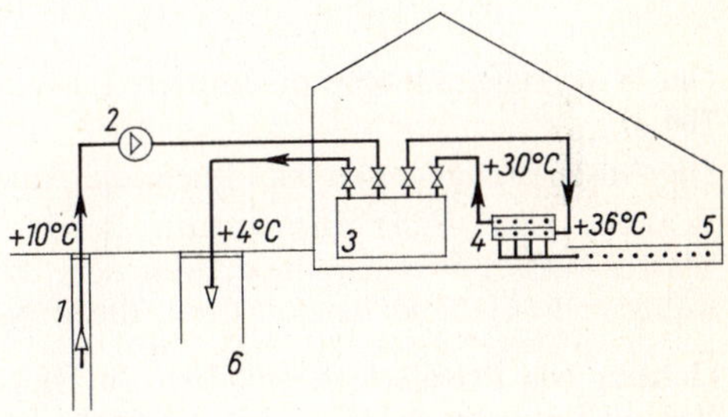

701.2
Anlagenschema, monovalentes Heizsystem mit Wasser/Wasser-Wärmepumpe in Kompaktbauweise (nach HEA)

1 Rohrbrunnen
2 Pumpe
3 Hauswärmepumpe
4 Verteilung
5 Fußbodenheizung
6 Sickerbrunnen

Das um 4 bis 6 K abgekühlte Wasser wird in einen Sickerbrunnen zurückgegeben, der in mindestens 15 bis 20 m Entfernung vom Entnahmebrunnen herzustellen ist.

1 m³/h Wasser ergibt etwa eine Heizleistung von 5 bis 6 kW.

Diese Anlage kann vorteilhaft monovalent betrieben werden.

Der Wirkungsgrad, bzw. die mittlere Leistungszahl ε_w der Wärmepumpe liegt sehr günstig zwischen 3,0 und 3,5 (s. Taf. **700**.2).

Wegen der Grundwasserentnahme aus einem Brunnen besteht Genehmigungspflicht.

Die Kosten der Brunnenanlage selbst sind unterschiedlich hoch und werden derzeit bei einer Leistung von 5 m³/h mit 10 000 bis 20 000 DM geschätzt.

Da Grundwasser und eine erforderliche Grundstücksgröße jedoch in den meisten Fällen nicht zur Verfügung stehen, ist der Anwendungsbereich sehr beschränkt.

Erdreich-Wasser-Wärmepumpen. Bei diesen Anlagen wird die Wärme durch mit Sole gefüllte Kunststoffrohre aus der Erde entnommen (**702**.1).

Mehrere parallel geschaltete Rohrleitungskreise werden im Rohrabstand von etwa 50 cm in einer Tiefe von 1,0 bis 1,5 m verlegt.

Die Erdtemperaturen liegen bei 1,5 m Tiefe wie beim Grundwasser zwischen 8 und 12 °C.

Die Wärmeabgabe des Erdreiches wird im Winter mit etwa 20 bis 30 W/m² angenommen.

Eine ausreichende Grundstücksfläche ist für die Verlegung der Rohrschlangen erforderlich. Sie beträgt das 2- bis 3fache der beheizten Wohnraumfläche.

Neuerdings verwendet man auch senkrecht in das Erdreich bis zum Grundwasserspiegel eingelassene Doppelrohrsonden als Wärmesammler, mit einer Leistung von etwa 3,5 kW je Sonde.

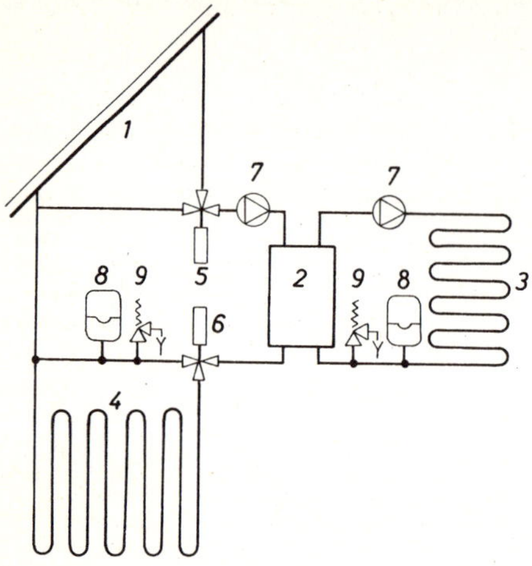

702.1
Anlagenschema, monovalentes Heizsystem mit Erdreich/Wasser-Wärmepumpe und Energiedach
Normalbetrieb mit Energiedach, bei Außentemperaturen unter 0 °C Betrieb mit Erdreichkreislauf (Kabel- und Metallwerke)

1 Energiedach
2 Wärmepumpe
3 Flächenheizung
4 Erdreichwärmetauscher
5 Umschaltventil für Dachspeicherbetrieb
6 Umschaltventil für Erdreichspeicherbetrieb
7 Umwälzpumpe
8 Ausdehnungsgefäß
9 Sicherheitsventil

Der Wirkungsgrad, bzw. die mittlere Leistungszahl ε_w der Wärmepumpe ist etwa 3,0 (Taf. **700**.2).

Die Anschaffungskosten sind hoch, die Anlage selbst einfach und betriebssicher.

Wasser-Luft-Wärmepumpen. Bei dieser Anlage wird die Wärme, wie bereits bei der Wasser-Wasser-Wärmepumpe, aus dem Grundwasser oder einem Fluß entnommen, während die Gebäudeheizung durch die im Kondensator erwärmte Luft übernommen wird.

Heizung von Privatschwimmbädern. In Hausschwimmbädern nimmt die Raumluft durch Verdunstung von der Beckenwasserfläche Wasserdampf auf. Die relative Luftfeuchte kann dabei auf unangenehm hohe Schäden verursachende Werte ansteigen.

In konventionellen Anlagen wird die feuchte Hallenluft durch die Zufuhr erwärmter Außenluft und die Absaugung mit erheblichem Wärmeverlust geregelt.

Für den Prozeß der Luftentfeuchtung und die Verwendung der Überschußwärme als Heizung werden für Privatschwimmbäder im Gebäudeinneren bis etwa 300 m² Beckenfläche Wärmepumpenaggregate in Kompaktbauweise verwendet (s. auch Abschn. 11.5.9).

Als zusätzliche Heizquelle werden z. B. elektrischer Strom oder Warmwasser aus der Hausheizungsanlage miteingeplant (**702**.2).

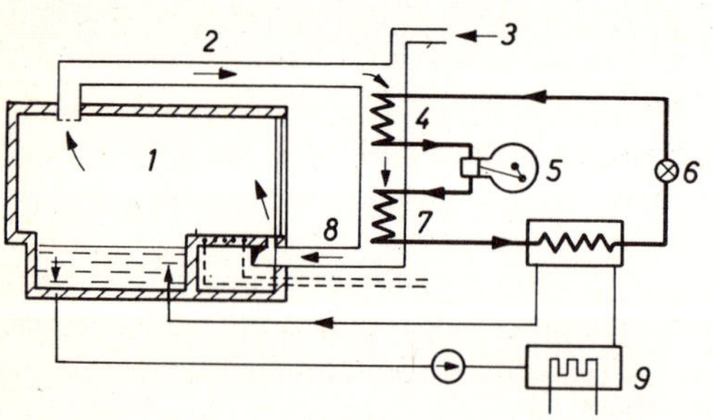

702.2
Anlagenschema, Rohr- und Kanalführung einer Schwimmbadentfeuchtung mit Wärmepumpe in Kompaktbauweise (nach Recknagel/Sprenger)

1 Privatschwimmbad
2 Abluft
3 Außenluft
4 Verdampfer
5 Kompressor
6 Expansionsventil
7 Kondensator
8 Zuluft
9 elektrischer Durchlauferhitzer

Der jährliche Energieverbrauch der Wärmepumpe beträgt unter Zugrundelegung von 7500 Betriebsstunden etwa 400 bis 500 kWh je m² Beckenfläche.

Die Kosten der kompletten Wärmepumpeninstallation muß jedoch mit etwa 700 bis 800 DM je m² Beckenfläche angenommen werden.

Für konventionelle Anlagen benötigt man nur etwa ein Drittel dieser Kosten.

Gasmotor-Wärmepumpen. Bei diesen Wärmepumpen wird zum Antrieb des Kompressors ein Gas- oder Dieselmotor verwendet (**703**.1).

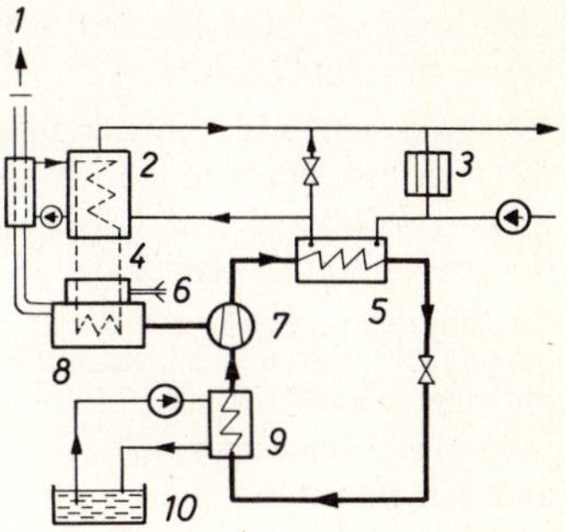

703.1
Funktionsschema einer Gasmotor-Wärmepumpe
1 Abgas
2 Wärmeübertrager
3 Heizung
4 Kühlwasser
5 Kondensator
6 Gas
7 Kompressor
8 Gasmotor
9 Verdampfer
10 Brunnen oder Fluß

Dabei wird eine besonders große Ersparnis an Primärwärme erreicht, da zusätzlich zur Umgebungswärme die im Kühlwasser und in den Abgasen enthaltene Wärme ausgenutzt wird.

Bei der Gaswärmepumpe steht ein Teil der Nutzwärme mit hohen Temperaturen bis 100 °C zur Verüfung.

Anwendung findet diese Heizung bei größeren Schwimmbädern und als Gebäudeheizung.

Bei Schwimmbädern wird das Beckenwasser durch Kondensatorwärme beheizt, während die Kühlwasser- und Abgaswärme für Heizzwecke und Duschen genutzt wird.

Als Wärmequelle können Brunnen, Umgebungsluft oder auch die zur Luftentfeuchtung dienenden Verdampfer eingesetzt werden.

Bei der Gebäudeheizung mit einem Wärmebedarf von 40 bis 500 kW können Gasmotor-Wärmepumpen besonders dann Anwendung finden, wenn gleichzeitig die Kühlleistung der Wärmepumpe ausgenutzt werden kann.

In Frage kommen z. B. Supermärkte, Kaufhäuser und fleischverarbeitende Betriebe, jedoch weniger kleine Wohngebäude.

Nachteilig sind die großen Investitions- und Wartungskosten und das geräuschvolle Arbeiten dieser Pumpen.

Für Ein- und Zweifamilienhäuser sind kleine Gaswärmepumpen für einen Wärmebedarf zwischen 10 und 40 kW in der Erprobung, die wirtschaftlicher als elektrische Wärmepumpen arbeiten (s. Taf. **700**.2), und, wo Gas als Energie vorhanden ist, in Zukunft größere Bedeutung erlangen werden.

10.7 Einrichtung und Wartung

10.7.1 Ausschreibung und Einbau

Ausschreibung. Der beschränkten Ausschreibung, die möglichst frühzeitig vorzunehmen ist, damit nach den von der ausführenden Firma herzugebenden Unterlagen die notwendigen baulichen Maßnahmen rechtzeitig veranlaßt, Rohrschlitze, Wand- und Deckendurchbrüche u. dgl. ausgespart werden können, ist stets die VOB, Teil C, DIN 18380, zugrunde zu legen.

Die Wärmebedarfsberechnung (s. Abschn. 8.3.1) wird am besten bauseitig beschafft und den Ausschreibungsunterlagen beigefügt.

Man sollte nur leistungsfähige Bieter auffordern und den technischen Wettbewerb und die Gewährleistung nicht durch unnötige Bedingungen einengen.

Bei einfacheren und kleineren Anlagen werden der Entwurf und das Leistungsverzeichnis von den Bietern, bei behördlichen Bauten auch vom Auftraggeber oder durch einen von ihm beauftragten Heizungsingenieur aufgestellt.

Bei größeren und schwierigeren Anlagen, bei denen technisch verschiedene Lösungen möglich sind, werden jedoch am besten nach dem bauseitig aufgestellten Entwurfsprogramm Entwurf und Leistungsbeschreibung von den Bewerbern ausgearbeitet und mit dem Angebot eingereicht.

Bei diesem „Entwurfswettbewerb mit Angebot" sind nach „Anweisung für den Bau von Zentralheizungs-, Lüftungs- und zentralen Warmwasserbereitungsanlagen in öffentlichen Gebäuden" bei Anlagen mit einer Wärmeleistung

$<0{,}6$ MW 3 Teilnehmer, 0,6 bis 1,2 MW 3 bis 4 Teilnehmer und $>1{,}2$ MW 4 bis 5 Teilnehmer aufzufordern.

Ihnen ist für die Ausarbeitung des Entwurfes und der Leistungsbeschreibung eine Vergütung zu gewähren, die bei Heizungsanlagen mit einer Wärmeleistung $\leq 0{,}6$ MW bis zu 1,2%, $>0{,}6$ bis 1,2 MW bis zu 0,9%, $>1{,}2$ bis 3,0 MW bis zu 0,75% und $>3{,}0$ MW bis zu 0,5% der Summe des Angebotes, das den Zuschlag erhält, betragen soll.

Bei einfachen Anlagen mit einer Wärmeleistung bis zu 0,12 WM kann die Vergütung wegfallen.

Einbau. Die Sammelheizungsanlage wird am besten nach Fertigstellen des Innenputzes eingebaut, da ihre Einrichtungen sonst verschmutzen und Heizkörper und Rohre gerne als Unterlage für Gerüste benutzt und dabei beschädigt werden.

Mindestens die Stellen hinter den Heizkörpern sollen verputzt, der Kesselraum soll völlig fertiggestellt und verschließbar sein.

Als Anhaltspunkt für die Einbaudauer kann gelten, daß bei ungehinderter Arbeit ein Monteur mit einem Helfer soviel Tage für die Montage braucht, wie die Anlage insgesamt Kessel, Heizkörper und Ausdehnungsgefäße hat.

Druckprobe. Gleich nach der Montage sind Warmwasserheizungen mit 1,5 bar über Betriebsdruck, jedoch mind. mit 4 bar kalt abzudrücken.

Probeheizung. Bei allen Warmwasser- und Dampfheizungen ist durch Probeheizung mit mehrfachem, abwechselndem Hochheizen und Erkalten nachzuweisen, daß

1. Kessel und Schornstein gut und sicher ziehen
2. bei Warmwasserheizung bei 30 °C Vorlauftemperatur alle Heizkörper gleichmäßig warm werden
3. bei Niederdruck-Dampfheizung alle Heizkörper gleichmäßig warm werden und auch bei höchstem Dampfdruck keinerlei Geräusche auftreten
4. die Anlage in allen Teilen vollständig dicht ist
5. Manometer, Thermometer, Wasserstands-Höhenmesser usw. frei spielen und richtig anzeigen
6. Verbrennungsregler, Standrohre und Signalpfeifen richtig arbeiten
7. die Kessel sich bei geöffneten Ventilen leicht hochheizen und die höchste Wassertemperatur bzw. der höchste Dampfdruck bei vollem Betrieb sicher zu erreichen ist
8. alle Ventile möglichst dicht schließen
9. bei mehreren Kesseln diese möglichst gleichmäßig leicht und sicher auf gleicher

Temperatur bzw. auf gleichem Druck zu halten sind und die Wasserstände der Dampfkessel nur wenig schwanken.

Gleichzeitig wird der Heizer, der bei größeren Anlagen als Helfer bei der Montage mitgewirkt haben sollte, in den Betrieb der Anlage eingewiesen.

Übergabe. Nach der Probeheizung erfolgt die Übergabe der Heizung, deren Regulierventile u. ä. danach eine Schutzumwicklung erhalten.

Zumindest bei öffentlichen Bauten ist im ersten Betriebswinter eine weitere Probeheizung von 3 bis 8 Tagen vorzunehmen. An allen Proben hat ein Vertreter des Bauherrn teilzunehmen.

Mit der Endabrechnung sind Bestandszeichnungen einzureichen.

10.7.2 Heizungsanlagen-Verordnung

Die seit dem 1. Juni 1982 geltende „Verordnung über energiesparende Anforderungen an heizungstechnische Anlagen sowie Brauchwasseranlagen" (HeizAnlV) sieht verschiedene bauliche Einzelmaßnahmen vor, die in Verbindung mit dem Energieeinsparungsgesetz (Abschn. 8.2.4) zu erfüllen sind.

Anwendungsbereich. Die Verordnung gilt für Heizungs- und Brauchwasserversorgungsanlagen und -Einrichtungen ab einer Nennwärmeleistung von mehr als 4 kW, die mit festen, flüssigen oder gasförmigen Brennstoffen, als Wärmepumpen- oder Solaranlagen oder über eine Widerstandsheizung mit Strom betrieben werden.

Begrenzung der Abgasverluste. Die Wärmeerzeuger für flüssige oder gasförmige Brennstoffe sind so zu errichten und einzustellen, daß die Abgasverluste wie folgt begrenzt werden:

über 4 kW bis 25 kW auf 14%
über 25 kW bis 50 kW auf 13%
über 50 kW bis 120 kW auf 12%
über 120 kW auf 11%.

Diese Vorschrift gilt nicht für Wärmeerzeuger, die ausschließlich mit festen Brennstoffen betrieben werden und 1. bis 28 kW nicht, wenn diese ausschließlich der Brauchwasserbereitung dienen sowie 2. bis 11 kW nicht, wenn sie der Beheizung eines Einzelraumes dienen.

Einbau und Aufstellung von Wärmeerzeugern. Sie dürfen nur eingebaut und aufgestellt werden, wenn der nach DIN 4701 zu ermittelnde Wärmebedarf nicht überschritten wird. Die Wärmeerzeuger sind auf diese Wärmeleistung einzustellen. Dies gilt nicht für Anlagen mit mehreren Wärmeerzeugern.

Zentralheizungen über 120 kW sind mit Einrichtungen für eine mehrstufige oder stufenlos verstellbare Feuerungsleistung auszustatten oder in mehrere Wärmeerzeuger aufzuteilen. Dies gilt nicht für Wärmeerzeuger, die überwiegend mit festen Brennstoffen betrieben werden.

Begrenzung von Betriebsbereitschaftsverlusten. Zentralheizungsanlagen mit mehreren Wärmeerzeugern sind mit Einrichtungen zu versehen, die Verluste an den Wärmeerzeugern selbsttätig verhindern.

Dies gilt nicht für Wärmeerzeuger mit festen Brennstoffen und Dampfkessel.

Wärmeverteilungsanlagen. Rohrleitungen bis DN 20 müssen 20 mm Dämmung erhalten. Bis DN 100 (s. auch Abschn. 10.2.7.4) sind sie so gegen Wärmeverluste zu dämmen, daß die Dämmschichtdicken mindestens gleich den Rohrleitungs-DN sind. Für größere Rohrleitungs-DN ist die Mindestdämmschichtdicke für DN 100 einzuhalten.

In Wand- und Deckendurchbrüchen, an Rohrkreuzungen, Heizkörperanschlußleitungen sowie bei Rohrnetzverteilern und Armaturen in Heizzentralen dürfen die vorher geforderten Dämmschichtdicken halbiert werden.

Die Wärmeleitfähigkeit des Dämmaterials von 0,035 W/m · K gilt als Grundlage.

Die geforderte Rohrleitungsisolierung entfällt bei Rohrleitungen, die Wärme an dauernd zu beheizende Räume abgeben sollen.

Steuerung und Regelung. Alle Zentralheizungen mit Wasser als Wärmeträger sind mit Einrichtungen zur zentralen Beeinflussung der Innentemperaturen auszustatten (s. auch Abschn. 10.2.4).

Bei allen Anlagen müssen die Einrichtungen eine selbsttätige Veränderung der Wärmezufuhr in Abhängigkeit von der Witterung und einem Zeitprogramm bewirken.

Zentrale Heizungsanlagen und Einzelgeräte sind mit thermostatischen Einzelraumregelungen auszustatten.

Raumgruppen gleicher Art und Nutzung in Nichtwohnbauten können statt dessen mit einer Gruppenregelung ausgestattet werden.

Dies gilt nicht für Fußbodenheizungen und Einzelheizgeräte, die mit festen oder flüssigen Brennstoffen betrieben werden sowie für Einzelräume mit weniger als 8 m² Fläche.

Die heizungstechnischen Anlagen sind mit Einrichtungen zur raumweisen Einregulierung der errechneten Wärmeleistung auszustatten.

Brauchwasseranlagen. Die vorstehenden Anforderungen gelten entsprechend auch für Anlagen der Brauchwasserbereitung und -verteilung (Einzel-, Gruppen- oder Zentralversorgung) (s. auch Abschn. 12.1 bis 12.3).

Die Brauchwassertemperatur ist im Rohrnetz auf höchstens 60 °C zu begrenzen.

Dies gilt nicht für Anlagen, die nach ihrem Verwendungszweck höhere Temperaturen zwingend erfordern oder eine Leitungslänge ≤ 5 m benötigen.

Umrüstungen oder wesentliche Erweiterungen. Bei Umrüstung der Anlagen durch Austausch des Wärmeerzeugers sind die vorstehenden Anforderungen an die Einrichtungen der Steuerung und Regelung zu erfüllen, ebenso bei Austausch von mehr als der Hälfte des Rohrnetzes oder der Heizfläche.

Bei Erweiterung oder Umrüstung von Mehrkesselanlagen, die mehr als die Hälfte der installierten Nennwärmeleistung umfaßt, und bei Erweiterung oder Umrüstung einer Einkessel- zu einer Mehrkesselanlage sind die vorstehenden Anforderungen an die Begrenzung von Betriebsbereitschaftsverlusten sowie an die Einrichtung der Steuerung und Regelung zu erfüllen.

10.7.3 Heizungsbetriebs-Verordnung

Die seit dem 1. Oktober 1978 geltende „Verordnung über energieeinsparende Anforderungen an den Betrieb von heizungstechnischen Anlagen und Brauchwasseranlagen" (HeizBetrV) verpflichtet den Betreiber zur Durchführung verschiedener Wartungsmaßnahmen, die in Verbindung mit dem Energieeinsparungsgesetz (Abschn. 8.2.4) zu erfüllen sind.

Anwendungsbereich. Die Verordnung gilt für den Betrieb von Heizungs- und Brauchwasserversorgungsanlagen und -einrichtungen ab einer Nennwärmeleistung von mehr als 11 kW, die mit festen, flüssigen oder gasförmigen Brennstoffen, mit Fernwärme oder über eine Widerstandsheizung mit Strom betrieben werden.

Begrenzung der Abgasverluste. Die Wärmeerzeuger für flüssige und gasförmige Brennstoffe sind so zu betreiben, daß ihre Abgasverluste wie in Tafel **707**.1 begrenzt werden.

Diese Vorschrift gilt nicht für Wärmeerzeuger mit einer Nennwärmeleistung bis 28 kW, wenn diese ausschließlich der Brauchwasserbereitung dienen.

Tafel **707**.1 Abgasverluste von Wärmeerzeugern

Nennwärmeleistung	Abgasverluste von Wärmeerzeugern in Abhängigkeit vom Zeitpunkt ihrer Errichtung oder Aufstellung bis 31. 12. 1978	ab 1. 1. 1979	ab 1. 1. 1983
über 11 kW bis 25 kW	18%	16%	14%
über 25 kW bis 50 kW	17%	15%	13%
über 50 kW bis 120 kW	16%	14%	12%
über 120 kW	15%	13%	11%

Die Methode zur Ermittlung der Abgasverluste ist in der Anlage Ia zur Durchführung des Immissionsschutzgesetzes vorgeschrieben.

Bedienung, Wartung, Instandsetzung. Der Betreiber ist verpflichtet, die Bedienung, Wartung und Instandsetzung der Anlage durchzuführen oder durchführen zu lassen.

Die genauen Anweisungen hierzu sind unter §4 der Heizungsbetriebs-Verordnung geregelt.

Überwachung. Die Überwachung der zu begrenzenden Abgasverluste und die Kontrolle über die geforderte Bedienung, Wartung und Instandsetzung der Anlage führt bis zu einer Nennwärmeleistung von 1 MW der zuständige Bezirksschornsteinfegermeister durch.

10.8 Heizkostenabrechnung

In Mietshäusern können die Heizungsbetriebskosten entweder pauschal oder über eine Messung der abgegebenen Raumheizwärme mit den Mietern verrechnet werden. Bei pauschaler Abrechnung ist der Mieter geneigt, Wärme zu verschwenden, z. B. durch Überheizen oder übertriebenes Lüften der Räume. Bei gemessenem Wärmeverbrauch wird sein Sparwille besonders angesprochen, da Einsparungen am Wärmeverbrauch ihm selbst zugute kommen.

10.8.1 Allgemeine Meßverfahren

Wärmemengenzähler. Eine genaue Wärmemessung ist bei der Warmwasserheizung nur mit Wärmemengenzählern möglich, die einmal die umlaufende Heizwassermenge und gleichzeitig die Temperaturdifferenz zwischen Vor- und Rücklauf messen und aus diesen beiden Werten dann in einem Integrierwerk die entnommene Wärmemenge in kWh oder MWh (1 MWh = 1000 kWh) ermitteln (**707**.2).

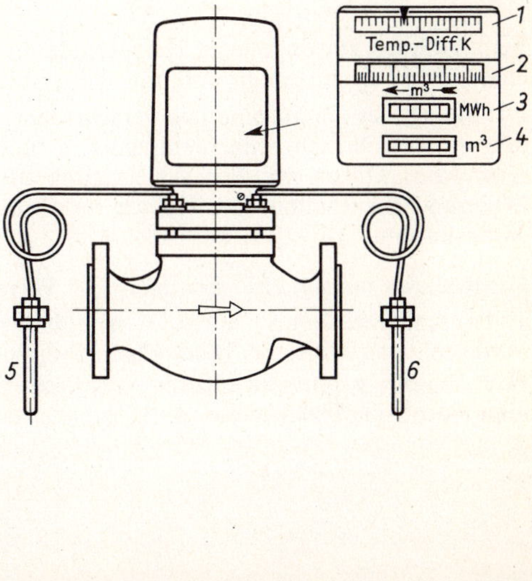

707.2
Wärmemengenzähler (M 1:10) (Pollux GmbH)
1 Temperaturdifferenz-Skala
2 Wassermengen-Zählscheibe
3 Wärmemengen-Zählwerk
4 Wassermengen-Zählwerk
5 Vorlauf-Temperaturfühler in Tauchhülse, quecksilbergefüllt, mit Kapillarrohr
6 Rücklauf-Temperaturfühler wie 5

Diese Geräte sind sehr teuer. Ihre Anschaffung erfordert z. B. für eine normale Wohnung 10 bis 20% des Jahreskostenaufwandes (Kapital- und Betriebskosten) der Heizung. Sie müssen zudem gewartet und nachgeeicht werden. Daher werden sie nur zur genauen Messung des Gesamtverbrauches umfangreicher Anlagen, wie z. B. großer Mietshäuser mit Fernheizanschluß, benutzt.

Der Verbrauch der einzelnen Wohnungen unter Verzicht auf exakte Messung wird in der Regel durch eines der nachstehenden Verfahren abgerechnet:

Warmwasserzähler. Eine einfache Meßeinrichtung besteht aus einem in den Heizungsrücklauf jeder Wohnung eingebauten Warmwasserzähler mit vorgeschaltetem, thermostatisch gesteuertem Ablaufregler, der die Rücklauftemperatur auf einem kostanten Wert hält und so die der Wohnung zugeführte Heizwärmemenge bestimmt (**708**.1).

Die Anlage erfordert 6 bis 8% des Jahreskostenaufwandes. Es ist hier jedoch wie bei dem etwaigen Einbau eines Wärmemengenzählers zu berücksichtigen, daß auch das Rohrnetz gegenüber einer Standardausführung teurer wird, da jede Wohnung mindestens ein eigenes Rücklaufsystem haben muß.

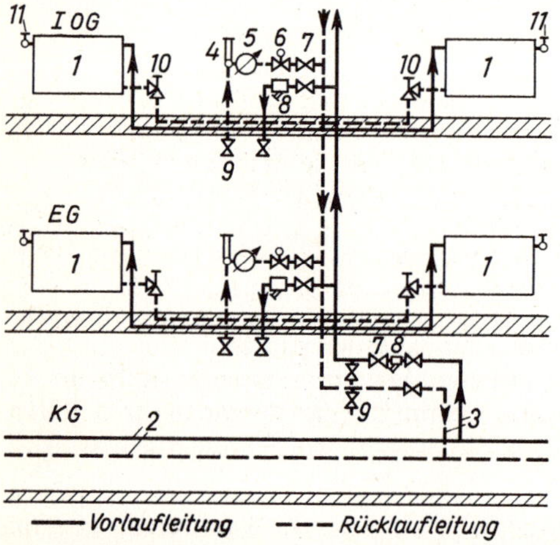

708.1
Wohnungsanschlüsse einer Fernheizungsanlage (nach Goepfert)
1 Heizkörper
2 Fernheizleitungen
3 Hausheizleitungen
4 Thermometer
5 Warmwasserzähler
6 thermostatisches Ventil
7 Absperrventil
8 Schmutzfänger
9 Entleerungsventil
10 Heizkörper-Regulierventil
11 Lufthahn

Verdunstungsgerät. Bei der Heizkostenberechnung durch ein Verdunstungsgerät muß an jedem Heizkörper ein Verdunstungsmesser (Heizkostenverteiler) mit einem offenen Glasröhrchen angebracht werden, das mit einer Verdunstungsflüssigkeit gefüllt ist.

Die Verdunstungsmenge, die sowohl durch die Zeitdauer als auch durch die Höhe der Erwärmung des Heizkörpers beeinflußt wird, kann als Maßstab für den Verbrauch an Heizwärme benutzt werden.

Beim Ablesen am Ende jeder Heizperiode durch die Herstellerfirma, die die Geräte gegen eine Gebühr auch verleiht und unterhält, ist das Meßrohr gegen ein neues auszutauschen.

Die Skalen der Geräte sind den verschiedenen Heizkörpergrößen angepaßt und sollten in den wärmetechnisch benachteiligten Erd- und Dachgeschoß- sowie Eckwohnungen stets Korrekturfaktoren zur Berücksichtigung des unvermeidlichen Mehrverbrauches dieser Wohnungen enthalten. Die Kosten für Gerät und Verrechnung betragen 2 bis 3% der Jahreskosten.

Pauschalabrechnung. Hier kommen drei Verrechnungsarten in Frage.

1. Pauschalabrechnung durch Einrechnen der Heizkosten in die Miete. Dieses Verfahren war früher bei beständigen Preisen für Lohn und Brennstoff allgemein üblich. Heute müßte es zur Abwälzung von Preiserhöhungen auf den Verbraucher durch eine Gleitklausel ergänzt werden.

2. Pauschalabrechnung nach der eingebauten Heizfläche. Für die exponierten Wohnungen mit erhöhtem Wärmebedarf wäre eine derartige Verrechnung nur dann gerecht, wenn zum Ausgleich ihre Grundmiete niedriger gehalten würde als für die eingebauten Wohnungen.

3. Pauschalabrechnung nach der Wohnfläche oder nach der beheizten Wohnfläche. Sie ist die korrekteste, da sie dem Maßstab der Mietberechnung entspricht und die wärmetechnischen Nachteile der Eck-Wohnungen ausgleicht. Sie wird in der Praxis daher auch meistens angewandt.

Bei jeder Heizkostenabrechnung über den gemessenen Wärmeverbrauch kommen zwar Einsparungen durch Einschränken des Heizbetriebes den einzelnen Verbrauchern zugute, doch führen Übertreibungen zu einer nicht vertretbaren Benachteiligung der umliegenden Wohnungen.

Aus diesem Grunde sind bei der Messung der gelieferten Wärme nach gesetzlicher Vorschrift (Alt- und Neubaumietenverordnungen) $\geq 50\%$ der entstandenen Jahresbetriebskosten pauschal, z. B. nach m^2 Wohnfläche, als Grundgebühr zu verrechnen, und nur der Rest darf auf Grund der Meßergebnisse auf die einzelnen Wohnungen aufgeteilt werden.

Fernwärmeverrechnung. Während bisher Fernheizwerke meistens über eine Messung der abgegebenen Heizwärme mit den Verbrauchern abzurechnen pflegten, führen sie neuerdings zunehmend die Pauschalabrechnung (meist nach der beheizten Wohnfläche) ein, um Kosten zu sparen und Streitigkeiten mit den Abnehmern möglichst auszuschließen.

Es ist nämlich durchaus nachweisbar, daß die Einsparungsmöglichkeit für einzelne Mieter beim Meßverfahren, insbesondere bei gutem Wärmeschutz der Gebäude, überbewertet wird und in Wirklichkeit in einer Größenordnung liegt, die den Kostenaufwand für ein Meßverfahren nicht lohnt.

Die pauschale Abrechnung stellt gleichzeitig einen selbsttätigen sozialen Ausgleich dar, z. B. für kinderreiche Familien und alte Personen, die ihre Wohnung dauernd heizen müssen, gegenüber kinderlosen, berufstätigen Ehepaaren, die ihre Wohnung nur teilweise voll beheizen.

Ein Mißbrauch bei der Wärmeentnahme für die Raumheizung ist ausgeschlossen, wenn das Heizwerk die Vorlauftemperatur gleitend, entsprechend der Außentemperatur einstellen kann (**690**.2).

Warmwasser. Für die Abrechnung des Verbrauches an Gebrauchswarmwasser ist jedoch, um Verschwendungen vorzubeugen, die Abrechnung nach dem wirklichen Verbrauch, mit Warmwasserzählern leicht durchzuführen, angebracht.

Von einer Darstellung der Wärmemessung und -verrechnung bei Heißwasser- und Dampfheizungen muß im Rahmen dieses Buches abgesehen werden.

10.8.2 Heizkosten-Verordnung

Die seit dem 1. März 1981 geltende „Verordnung über die verbrauchsabhängige Abrechnung der Heiz- und Warmwasserkosten" (HeizkostenV) verpflichtet den Gebäudeeigentümer zur Durchführung einer Kostenverteilung und -abrechnung gegenüber den Nutzern.

Die Verordnung gilt nicht für Mietverhältnisse über preisgebundenen Wohnraum.

Der Gebäudeeigentümer hat den anteiligen Verbrauch der Nutzer an Wärme und Warmwasser zu erfassen.

Der Eigentümer hat dazu die Räume mit Ausstattungen zur Gebrauchserfassung zu versehen. Die Nutzer haben dies zu dulden. Die Art der Ausstattung bleibt dem Gebäudeeigentümer überlassen.

Der Nutzer kann vom Eigentümer die Erfüllung seiner Verpflichtungen verlangen.

Zur Feststellung des anteiligen Wärmeverbrauches sind Wärmezähler oder Heizkostenverteiler zu verwenden.

Die Ausstattung und Verwendung dieser Geräte müssen den Mindestanforderungen nach DIN 4713 T. 2 bis T. 4 genügen.

Zur Erfassung des anteiligen Warmwasserverbrauches sind Warmwasserzähler oder Warmwasserkostenverteiler zu verwenden.

Der Gebäudeeigentümer hat die Kosten der Versorgung mit Wärme und Warmwasser auf der Grundlage der Verbrauchserfassung auf die einzelnen Nutzer zu verteilen.

Dies gilt bei den Kosten für die Lieferung von Fernwärme und Fernwarmwasser nur, soweit sie dem Eigentümer zu Lasten der Nutzer in Rechnung gestellt werden oder bei dem Gebäudeeigentümer als zusätzliche Betriebskosten entstehen.

Die Wahl der Abrechnungsmaßstäbe bleibt dem Gebäudeeigentümer überlassen. Er kann diese einmalig für künftige Abrechnungszeiträume gegenüber den Nutzern ändern.

Von den Betriebskosten der zentralen Heizungsanlagen sind mindestens 50%, höchstens 70% nach dem erfaßten Wärmeverbrauch der Nutzer zu verteilen.

Die übrigen Kosten sind nach der Wohn- oder Nutzfläche oder dem umbauten Raum zu verteilen.

Es kann auch sowohl die Wohn- oder Nutzfläche als auch der umbaute Raum beheizter Räume zugrunde gelegt werden (s. Abschn. 10.8.1).

Rechtsgeschäftliche Abmachungen, die höhere als die genannten Höchstsätze von 70% vorsehen, bleiben unberührt.

Räume, die vor dem 1. Juli 1981 bezugsfertig geworden sind und in denen eine nach der HeizkostenV erforderliche Ausstattung noch nicht vorhanden ist, sind mit den vorgeschriebenen Geräten spätestens bis zum 30. Juni 1984 zu versehen.

10.9 Technische Regeln

Deutsche Normen

DIN 2404	Kennfarben für Heizungsrohrleitungen (12.42)
DIN 3380	Gas-Druckregelgeräte für Eingangsdrücke bis 100 bar (12.73)
DIN 3383	T. 2 Gasschläuche und Gasanschlußarmaturen; Gasschläuche für festen Anschluß (08.81)
DIN 4702	T. 1 Heizkessel; Begriffe, Nennleistung, Heiztechnische Anforderungen, Kennzeichnung (12.79)
DIN 4702	T. 3 Heizkessel; Gas-Spezialheizkessel mit Brenner ohne Gebläse (08.80)
DIN 4703	T. 1 Wärmeleistung von Raumheizkörpern; Gliederheizkörper (04.77)
DIN 4703	T. 2 Wärmeleistung von Raumheizkörpern; Plattenheizkörper aus Stahl (04.77)
DIN 4703	T. 3 Wärmeleistung von Raumheizkörpern; Allgemeines, Umrechnung (04.77)
DIN 4713	T. 2 Verbrauchsabhängige Wärmekostenabrechnung; Heizkostenverteiler nach dem Verdunstungsprinzip (12.80)
DIN 4713	T. 3 Verbrauchsabhängige Wärmekostenabrechnung; Heizkostenverteiler mit elektrischer Meßgrößenerfassung (12.80)
DIN 4713	T. 4 Verbrauchsabhängige Wärmekostenabrechnung; Wärmezähler und Wasserzähler (12.80)
DIN 4720	Gußradiatoren, Gliederbauart; Maße und Einbaumaße (06.79)
DIN 4722	Stahlradiatoren, Gliederbauart; Maße und Einbaumaße (07.78)
DIN 4750	Sicherheitstechnische Anforderungen an Niederdruckdampferzeuger (08.65)
DIN 4751	T. 1 Heizungsanlagen; Sicherheitstechnische Ausrüstung von Warmwasserheizungen mit Vorlauftemperaturen bis 110 °C (11.62)
DIN 4751	T. 2 Sicherheitstechnische Ausrüstung von Heizungsanlagen mit Vorlauftemperaturen bis 110 °C; Offene und geschlossene Wasserheizungsanlagen bis 300000 kcal/h mit thermostatischer Absicherung (09.68)

DIN 4751	T. 3 Sicherheitstechnische Ausrüstung von Heizungsanlagen mit Vorlauftemperaturen bis 110 °C; Offene und geschlossene Wasserheizungsanlagen mit Zwanglauf-Wärmeerzeugern bis 10 Liter Inhalt und einer Nennwärmeleistung bis 150 kW ($\approx$ 130000 kcal/h) mit thermostatischer Absicherung (03.76)
DIN 4752	Heißwasserheizungsanlagen mit Vorlauftemperaturen von mehr als 110 °C (Absicherung auf Drücke über 0,5 atü); Ausrüstung und Aufstellung (01.67)
DIN 4755	T. 1 Ölfeuerungsanlagen; Ölfeuerungen in Heizungsanlagen; Sicherheitstechnische Anforderungen (09.81)
DIN 4756	Gasfeuerungen in Heizungsanlagen; Bau, Ausführung, Sicherheitstechnische Grundsätze (06.77)
DIN 4757	T. 1 Sonnenheizungsanlagen mit Wasser oder Wassergemischen als Wärmeträger; Anforderungen an die sicherheitstechnische Ausführung (11.80)
DIN 4757	T. 3 Sonnenheizungsanlagen; Sonnenkollektoren, Begriffe, Sicherheitstechnische Anforderungen, Prüfung der Stillstandtemperatur (11.80)
DIN 4757	T. 4 Sonnenheizungsanlagen; Sonnenkollektoren, Bestimmung von Wirkungsgrad, Wärmekapazität und Druckabfall (07.82)
DIN 4787	T. 1 Ölzerstäubungsbrenner; Begriffe, Sicherheitstechnische Anforderungen; Prüfung, Kennzeichnung (09.81)
DIN 4787	T. 2 Ölzerstäubungsbrenner; Flammenüberwachungseinrichtungen, Flammenwächter und Feuerungsautomaten; Sicherheitstechnische Anforderungen, Prüfung, Kennzeichnung (09.81)
DIN 4788	T. 1 Gasbrenner; Gasbrenner ohne Gebläse (06.77)
DIN 4788	T. 2 Gasbrenner; Gasbrenner mit Gebläse (06.77)
DIN 4788	T. 3 Gasbrenner; Flammenüberwachungseinrichtungen, Flammenwächter, Steuergeräte und Feuerungsautomaten (06.77)
DIN 4806	Ausdehnungs-Gefäße für Heizungsanlagen (09.53)
DIN 6608	T. 1 Liegende Behälter (Tanks) aus Stahl, einwandig, für unterirdische Lagerung brennbarer Flüssigkeiten (10.81)
DIN 6608	T. 2 Liegende Behälter (Tanks) aus Stahl, doppelwandig, für unterirdische Lagerung brennbarer Flüssigkeiten (10.81)
DIN 6620	T. 1 Batteriebehälter (Tanks) aus Stahl, für oberirdische Lagerung brennbarer Flüssigkeiten der Gefahrenklasse A III; Behälter (10.81)
DIN 8900	T. 3 Wärmepumpen; Anschlußfertige Heiz-Wärmepumpen mit elektrisch angetriebenen Verdichtern; Prüfung von Wasser/Wasser- und Sole/Wasser-Wärmepumpen (09.82)
DIN 8900	T. 4 Wärmepumpen; Anschlußfertige Heiz-Wärmepumpen mit elektrisch angetriebenen Verdichtern; Prüfung von Luft/Wasser-Wärmepumpen (06.82)
DIN 18160	T. 1 Hausschornsteine; Anforderungen, Planung und Ausführung (04.81)
DIN 18160	T. 2 Feuerungsanlagen; Verbindungsstücke (02.63)
DIN 18353	VOB Verdingungsordnung für Bauleistungen, Teil C: Allgemeine Technische Vorschriften für Bauleistungen, Estricharbeiten (10.79)
DIN 18380	VOB Verdingungsordnung für Bauleistungen, Teil C: Allgemeine Technische Vorschriften für Bauleistungen, Heizungs- und zentrale Brauchwassererwärmungsanlagen (10.79)
DIN 18421	VOB Verdingungsordnung für Bauleistungen, Teil C: Allgemeine Technische Vorschriften für Bauleistungen, Wärmedämmarbeiten an betriebstechnischen Anlagen (10.79)

DVGW-Regelwerk

G 600	Technische Regeln für Gas-Installationen; DVGW-TRGI 1972 (05.72)

G 672	Gasbefeuerte Dachheizzentralen (12.73)
TRF 1969	Technische Regeln Flüssiggas (09.82)

Technische Regeln für brennbare Flüssigkeiten

TRbF 404	Richtlinie für ortsfeste oberirdische Tanks aus glasfaserverstärkten ungesättigten Polyesterharz- oder glasfaserverstärkten Epoxidharz-Formstoffen zur Lagerung von Heizöl und Dieselkraftstoff (Richtlinie GFK-Tanks, oberirdisch) (08.72)
TRbF 406	Richtlinie für ortsfeste oberirdische Tanks aus Polyäthylen (PE) zur Lagerung von Heizöl und Dieselkraftstoff in Gebäuden (Richtlinie PE-Tanks, oberirdisch) (10. 77)

VDI-Richtlinien

VDI 2050	Heizzentralen; Technische Grundsätze für Planung und Ausführung (10.63)

11 Lüftungsanlagen

Nachstehende Ausführungen gelten nach DIN 1946 nur für solche Anlagen, die in Aufenthalts- und Versammlungsräumen vorwiegend ein dem Menschen zuträgliches Raumklima schaffen sollen, ohne daß das Arbeitsverfahren oder die Zweckbestimmung der Räume besondere Anforderungen stellen.

Aufenthaltsräume dienen einem gleichbleibenden Personenkreis als ganztägige Arbeitsräume (z. B. Einzel- und Großraumbüros, Sitzungsräume u. a.) oder werden ganztägig vom Personal benutzt und haben gleichzeitig Publikumsverkehr (Gaststätten, Verkaufs- und Ausstellungsräume).

Versammlungsräume werden von einem gleichbleibenden Personenkreis nur verhältnismäßig kurze Zeit (ca. 1 bis 4 Stunden) genutzt (Vortrags- und Hörsäle, Theater und Kinos, Konzert- und Festsäle).

Hauptaufgabe. Wichtigste Aufgabe der lüftungstechnischen Anlagen ist stets die Erneuerung der Raumluft, gegebenenfalls zusammen mit einer Aufbereitung der Luft.

Dabei werden nach dem Maß der Luftaufbereitung folgende Lüftungsanlagen unterschieden:

1. Anlagen einfacher Art
2. Anlagen mit zusätzlicher Luftaufbereitung
3. Klimaanlagen

Eine Lüftungs- oder Klimaanlage greift erheblich in die Gesamtplanung eines Bauwerkes ein. Ihr Einbau erfordert daher stets eine enge Zusammenarbeit zwischen den beteiligten Bau- und Lüftungsfachleuten.

Deshalb sollte schon bei Ausarbeitung des Bauvorentwurfes der Lüftungsfachmann vom Bauplaner und dem Bauherren gehört werden, damit die Forderungen an die Lüftungs- oder Klimaanlage nach dem Zweck des Bauwerkes und den für die Ausführung und den Betrieb der Anlage verfügbaren Mitteln festgelegt werden können.

Der Entwurf der Anlage, besonders der Lüftungszentrale und des Kanalnetzes, muß vor Baubeginn ausgearbeitet sein. In den Ausführungszeichnungen müssen alle Kanäle mit den Querschnitten, Wand- und Deckenaussparungen, Luftdurchlässen usw. eingetragen sein.

Begriffe. Die gesamte dem Raum zugeführte Luft heißt Zuluft, die gesamte abströmende Luft Abluft. Der dem Raum wieder zugeleitete Teil der Abluft heißt Umluft, die ins Freie abgeführte Luft Fortluft. Die der Fortluft entsprechende, von außen angesaugte Luft wird bis zum Zusammentreffen mit der Umluft als Außenluft bezeichnet.

Diese Benennungen gelten unabhängig davon, an welcher Stelle sich im Luftweg die verschiedenen Bestandteile der Aufbereitungsanlage befinden (**714**.1).

Farben. In den Schema- und Einbauzeichnungen sollen folgende Farben verwendet werden:

Außenluft	grün
Zuluft (aufbereitete Luft)	lila
Abluft oder Fortluft	gelb
Umluft, auch im Beipaß	orange
Ventilatoren und Luftaufbereitungsanlagen	grau

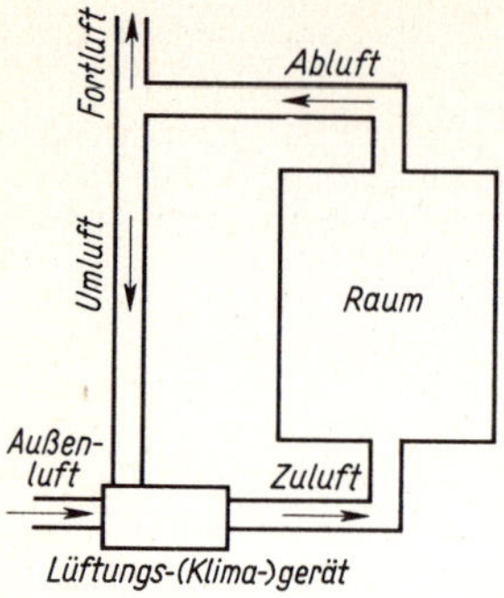

714.1
Benennungen für die Luft auf dem Weg durch eine Lüftungs- oder Klimaanlage

Sinnbilder. Die nach DIN 1946 T. 1 bei der zeichnerischen Darstellung lüftungstechnischer Anlagen zu verwendenden Sinnbilder sind in Tafel 714.2 wiedergegeben.

Tafel **714**.2 Sinnbilder der Lüftungstechnik

Axialventilator		Kanal	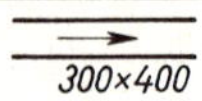	Ventil motorbetätigt	
Radialventilator einseitig saugend		Drosselklappe	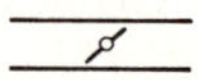	Ventil membranbetätigt	
Luftfilter		Sperrvorrichtung		Kanal-temperaturregler	
Luftvorerhitzer Luftnacherhitzer	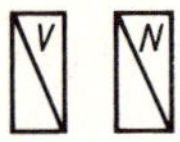	Zuluftdurchlaß	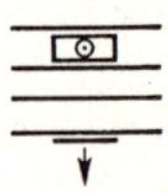	Kanal-feuchteregler	
Luftkühler		Abluftdurchlaß	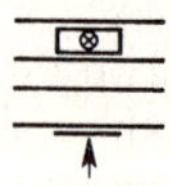	Raum-temperaturregler	
Düsenkammer		Jalousieklappe motorbetätigt	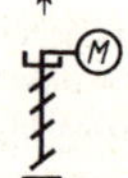	Raumfeuchteregler	
Mischkammer	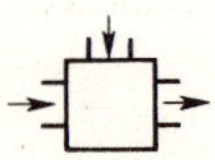	Jalousieklappe membranbetätigt			
Schalldämpfer	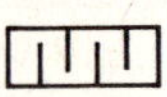				

11.1 Grundlagen

11.1.1 Bedeutung des Raumklimas

Aufgabe aller heizungs- und lüftungstechnischen Anlagen ist es, dem Menschen im Raum als Voraussetzung für einen behaglichen und gesundheitlich einwandfreien Aufenthalt und damit, in Arbeitsräumen, auch für ein Höchstmaß an Leistungsfähigkeit ein zuträgliches, ausgeglichenes Raumklima zu schaffen und zu erhalten.

Zwischen der ständigen Wärmeerzeugung im menschlichen Körper durch Muskelarbeit und Nahrungsmittelverbrennung und einer ständigen und gleichmäßigen Wärmeabgabe (Taf. **715**.1) soll ein Gleichgewichtszustand herrschen, so daß die zum ordnungsgemäßen Funktionieren seiner inneren Organe erforderliche Körpertemperatur von 37 °C aufrechterhalten bleibt.

Tafel **715**.1 Wärme- und Wasserdampfabgabe des Menschen (nach VDI-Bildungswerk 264)

		bei sitzender Tätigkeit					bei mittelschwerer Arbeit				
Raumlufttemperatur	°C	20	22	23	25	26	20	22	23	25	26
Wärmeabgabe durch Leitung, Konvektion und Strahlung	W	95	90	90	80	70	145	130	115	95	90
Wärmeabgabe durch Verdunstung	W	25	30	30	40	50	105	115	130	145	150
Gesamtwärmeabgabe	W	120	120	120	120	120	250	245	245	240	240
Wasserdampfabgabe	g/h	35	45	50	60	70	180	195	220	250	260

Das Raumklima entsteht im Zusammenwirken folgender, sich teilweise gegenseitig ergänzender Einflüsse:

Körperliche Tätigkeit, Bekleidung, Raumlufttemperatur, Raumluftgeschwindigkeit und Raumluftfeuchte.

Behaglichkeit. Sie ist wechselseitig beeinflußt durch:

a) den individuellen Zustand der Personen (wie geistige und körperliche Tätigkeit; Bekleidung; psychisches und physisches Allgemeinbefinden),
b) die raumlufttechnischen Anlagen (wie Lufttemperatur, -feuchte, -geschwindigkeit, -erneuerung; Reinheit der Luft; raumlufttechnisches System; insbesondere Luftführung im Raum; Anlagengeräusch),
c) die bauphysikalische Ausbildung des Raumes (wie Temperatur der Umschließungsflächen und sonstiger Wärmestrahler; Akustik; Beleuchtung).

Die Behaglichkeit ist nur dann sichergestellt, wenn die vorstehenden Faktoren während der Aufenthaltsdauer des Menschen im Aufenthaltsbereich aufeinander abgestimmt sind.

Mit RLT-Anlagen können die Raumlufttemperatur, Raumluftgeschwindigkeit, Raumluftfeuchte und die Reinheit der Luft beeinflußt werden.

Thermische Behaglichkeit. Sie ist vorhanden, wenn die Person mit der Temperatur, Feuchte und Luftbewegung in ihrer Umgebung zufrieden ist.

Das bedeutet, daß der Mensch weder wärmere noch kältere, weder trockenere noch feuchtere Raumluft wünscht (**715**.2).

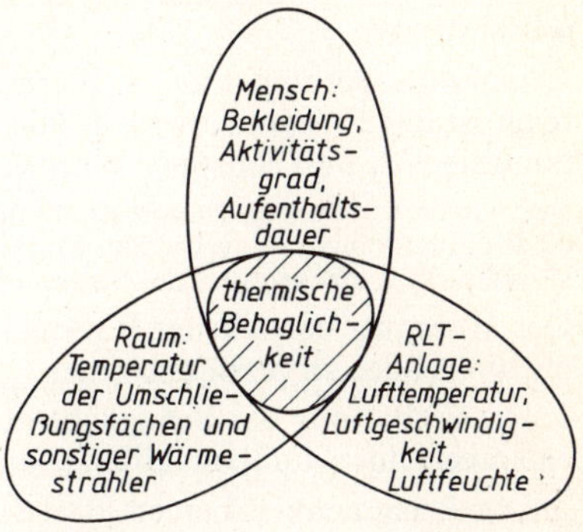

715.2
Einflußgrößen für die thermische Behaglichkeit der Personen in Gebäuden mit raumlufttechnischen Anlagen (DIN 1946 T. 2)

11.1.2 Einflußgrößen des Raumklimas

Körperliche Tätigkeit. Die Tätigkeit der Person, wie auch ihr psychischer und physischer Zustand beeinflussen ihre Wärmeabgabe (Taf. **716**.1).

Mit Aktivitätsgrad I oder II werden gesundheitstechnische Anforderungen für die Behaglichkeit von Personen bei leichter Tätigkeit im Aufenthaltsbereich von Räumen,
mit Aktivitätsgrad III oder IV bei höherer körperlicher Tätigkeit unter besonderen Vereinbarungen definiert.

Tafel **716**.1 Gesamtwärmeabgabe je Person in Abhängigkeit von der Tätigkeit (nach DIN 1946 T. 2)

Aktivitätsgrad	Tätigkeitsbeispiel	Anhaltswerte in W
I	sitzende Tätigkeit wie Lesen und Schreiben	100
II	leichte Tätigkeit im Stehen, Labortätigkeit, Maschinenschreiben	150
III	mäßig schwere körperliche Tätigkeit	200
IV	schwerere körperliche Tätigkeit	über 250

Bekleidung. Die Abgabe sensibler und latenter Wärme ist durch die Art der menschlichen Bekleidung beeinflußbar. Für den Wärmeleitwiderstand *R* der Bekleidung können die Anhaltswerte aus Taf. **716**.2 angenommen werden.

Modische Einflüsse sowie die Art und Struktur der Textilien können zu unterschiedlichen Wärmeleitwiderständen der menschlichen Bekleidung führen. Sie können dadurch indirekt die Behaglichkeit beeinflussen.

Tafel **716**.2 Wärmeleitwiderstand *R* der Bekleidung (nach DIN 1946 T. 2)

Bekleidung	in m^2 K/kW
ohne Kleidung	0
leichte Sommerkleidung	80
mittlere Kleidung	160
warme Kleidung	240

Raumlufttemperatur. Für die thermische Behaglichkeit der Menschen im Aufenthaltsbereich ist das Zusammenwirken von Raumlufttemperatur, der Temperatur der Umschließungsflächen und sonstiger Wärmestrahler zu berücksichtigen.

Weichen diese einzelnen Temperaturen nur geringfügig mit ca. 2 bis 3 K voneinander ab, so entspricht die Raumlufttemperatur etwa dem Mittelwert aus der Lufttemperatur, der mittleren Temperatur der Umschließungsflächen und der Strahlungstemperaturen.

Der Bereich behaglicher Raumlufttemperaturen ist in Bild **717**.1 angegeben. Dabei ist nachfolgendes zu berücksichtigen.

1. Die Einhaltung des Behaglichkeitsbereiches ist nur möglich, wenn die RLT-Anlage die entsprechenden Luftbehandlungsfunktionen hat.
2. Der Behaglichkeitsbereich darf nicht durch Regelabweichungen überschritten werden.

3. Bei besonderen Anforderungen können Abweichungen von diesem Bereich erforderlich sein. Sie müssen dann vereinbart werden.

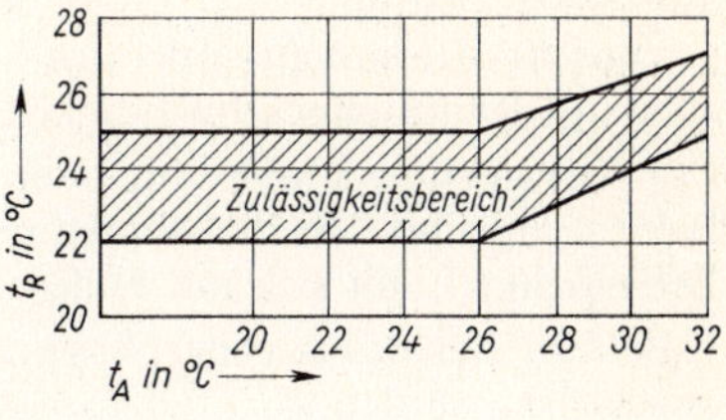

717.1
Bereich behaglicher Raumlufttemperaturen (Raumlufttemperatur t_R in Abhängigkeit von der Außenlufttemperatur t_A) (DIN 1946 T. 2)
Voraussetzungen:
Aktivitätsgrad I oder II
mittlere bis leichte Bekleidung
Lufttemperatur annähernd gleich der Oberflächentemperatur der Umschließungsflächen

Gründe für den Anstieg der Raumlufttemperaturen in Bild **717**.1 sind
die Anhebung des Behaglichkeitsbereiches infolge üblicher leichterer Kleidung in der warmen Jahreszeit,
die Vermeidung unbehaglicher Temperaturdifferenzen zwischen Raumlufttemperatur und Außentemperatur sowie
wirtschaftliche Gründe.

Die Temperaturdifferenz zwischen außen und innen soll aus physiologischen Gründen in der Regel 6 K nicht übersteigen.

Alle Temperaturen sind innerhalb der Aufenthaltszone in Kopfhöhe, das ist 1,30 m, sofern sich mehr sitzende, 1,80 m über dem Fußboden, sofern sich mehr stehende Personen im Raum befinden.

Bei RLT-Anlagen, die nur der Lüftung oder Heizung dienen, sollen in einer horizontalen Meßebene insgesamt keine größeren örtlichen und zeitlichen Abweichungen der Raumlufttemperatur im Aufenthaltsbereich als ± 2 K vom Sollwert zugelassen werden.

Bei RLT-Anlagen mit Kühlung soll diese Abweichung nicht mehr als ± 1,5 K betragen.

Der Einfluß vertikaler Temperaturgradienten (**526**.1) in der Aufenthaltszone bleibt bei vorstehender Forderung unberührt.

Raumluftgeschwindigkeit. Gewisse Luftbewegungen sind zur Erleichterung der Erwärmung des Menschen durch Konvektion und Verdunstung immer notwendig und im Interesse der Behaglichkeit erwünscht.

Dabei sind in der Aufenthaltszone zur Gewährleistung der Zugfreiheit jedoch obere und untere Grenzen der Raumluftgeschwindigkeit zu beachten.

Unter Zug versteht man eine starke örtliche Abkühlung des Körpers durch Luftbewegung oder auch durch Wärmeabstrahlung an kältere Umgebungsflächen.

Im Nacken ist der Mensch am empfindlichsten gegen Zug und verträgt hier etwa nur die halbe Luftgeschwindigkeit wie an den Fußknöcheln. Er reagiert außerdem gegen seitliches Anblasen empfindlicher als gegen ein Anblasen von vorn.

Die Kurve für die obere zulässige Raumluftgeschwindigkeit c stellt den zeitlichen, arithmetischen Mittelwert der Raumluftgeschwindigkeit dar (**717**.2).

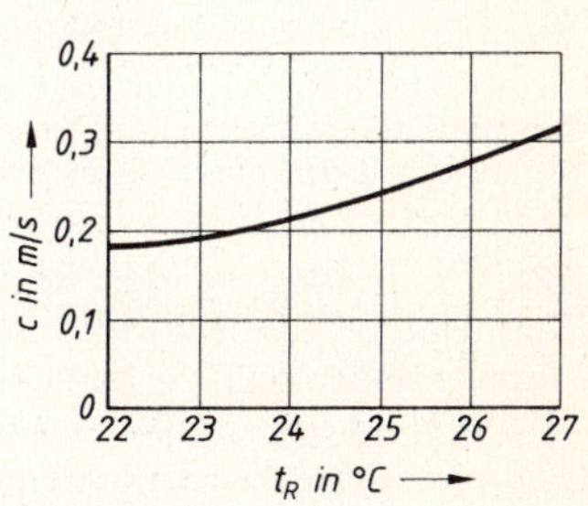

717.2
Obere Zulässigkeitskurve für behagliche Raumluftgeschwindigkeiten (Raumluftgeschwindigkeit c in Abhängigkeit von der Raumlufttemperatur t_R) (DIN 1946 T. 2)
Die Kurve gilt für:
Aktivitätsgrad I
mittlere Bekleidung
Lufttemperatur annähernd gleich der Oberflächentemperatur der Umschließungsflächen

Beispiel

Aktivitätsgrad I	$Q = 100$ W
mittlere Bekleidung	$R = 160$ m² K/kW
gewünschte Raumlufttemperatur	$t_R = 22{,}5$ °C
zulässige Raumluftgeschwindigkeit aus Bild **717**.2	$c = 0{,}185$ m/s

Die Auswirkung kleinerer oder größerer Werte der Einflußgrößen „Aktivitätsgrad, Bekleidung und Oberflächentemperatur der Umschließungsflächen" auf die thermische Behaglichkeit läßt sich mit Hilfe nachfolgender Richtgrößen abschätzen.

1. Bei Erhöhen des Aktivitätsgrades um 50 W kann die Zulässigkeitskurve um 0,04 m/s angehoben werden.
2. Bei Erhöhen oder Verringern des Wärmeleitwiderstandes der Bekleidung um 80 m² K/kW kann die Zulässigkeitskurve um 0,04 m/s entsprechend verschoben werden.
3. Bei Erhöhen oder Verringern der mittleren Oberflächentemperatur der Umschließungsflächen um 4 K kann die Zulässigkeitskurve um 0,04 m/s entsprechend verschoben werden.

Beispiel

Aktivitätsgrad II	$Q = 150$ W
warme Bekleidung	$R = 240$ m² K/kW
gewünschte Raumlufttemperatur	$t_R = 24$ °C
zulässige Raumluftgeschwindigkeit aus Bild **717**.2	$c = 0{,}215$ m/s + 0,04 m/s + 0,04 m/s
	= 0,295 m/s

Zugfreiheit im Aufenthaltsbereich ist Voraussetzung bei allen Räumen mit einer Lüftungsanlage.

Daher muß dem täglichen Temperaturgang der Außenluft entsprechend bei Anlagen, die in den Nachmittags-, Abend- oder Nachtstunden betrieben werden sollen, an ca. 280 bis 365 Tagen des Jahres die zugeführte Frischluft vorgewärmt werden.

Die hierzu erforderliche Heizwärme muß unabhängig von der stationären Gebäudeheizung erzeugt werden können.

Raumlufttemperaturen unterhalb von ca. 22 °C und oberhalb von ca. 27 °C liegen je nach Bekleidung außerhalb des allgemeinen thermischen Behaglichkeitsbereiches.

Die Räume und Anzahl der Meßstellen der Raumluftgeschwindigkeit sind vor der Messung zu vereinbaren.

In Räumen bis zu etwa 30 m² Größe genügen in der Regel zwei Meßstellen.

Die Messung an einem Meßort sollte in verschiedenen Höhen, und zwar möglichst 20, 130 und 180 cm über dem Fußboden durchgeführt werden.

Raumluftfeuchte. Für die Behaglichkeit des Menschen liegt die obere Grenze des Feuchtegehaltes der Luft bei 11,5 g Wasser je kg trockene Luft, wobei 65% relative Feuchte nicht überschritten werden sollen.

Bei leichter körperlicher Tätigkeit und einem Wärmeleitwiderstand üblicher Kleidung im thermischen Behaglichkeitsbereich ist die untere Grenze der Raumluftfeuchte für den Wärmehaushalt des Menschen praktisch ohne Bedeutung.

Jedoch wird durch zu trockene Luft die Schleimhaut der oberen Atemwege, besonders des Nasenraumes, funktionell und organisch beeinträchtigt, wenn eine mehrstündige Einwirkungsdauer zu erwarten ist und sich keine ausreichend lange Regenerierphase anschließt.

Die relative Luftfeuchte sollte daher in der Regel 30 bis 65% betragen.

Bei der Festlegung der Raumluftfeuchte sind daneben bauliche Gesichtspunkte wie Vermeidung von Schwitzwasser, elektrostatischer Aufladung von Kunststoff-Bauteilen, Teppichböden u. ä. zu berücksichtigen.

Wo die Möglichkeit der störenden elektrostatischen Aufladung besteht und keine ableitfähigen Bodenbeläge verwendet werden, muß der erforderliche Mindestfeuchtegehalt ermittelt werden. Ist dies nicht möglich, wird zur Verhütung einer Aufladung eine relative Luftfeuchte von ca. 50% empfohlen.

Über die den Berechnungen zugrunde zu legenden Werte für die Wasserdampfabgabe des Menschen gibt Tafel **715**.1 Auskunft.

11.1.3 Reinheit der Raumluft

Ausscheidungen des Menschen wie Wasserdampf, Kohlendioxid, Geruch- und Ekelstoffe, außerdem Staubentwicklung, andere Gase, Tabakrauch usw. verändern die Raumluft in ihrer Zusammensetzung, Temperatur und Feuchte fortlaufend in solchem Maß, daß sie ständig erneuert werden muß.

Staub und Gase aus Feuerstätten, Automotoren und industriellen Fertigungen verunreinigen vor allem in Ballungsgebieten die Außenluft so sehr, daß sie vor ihrer Verwendung als Zuluft lufttechnischer Anlagen stets durch Filter zu reinigen ist (Taf. **750**.1).

In Wohn- und anderen Räumen mit wenig Bewohnern, besonders in Gebäuden, die in schwerer Bauweise hergestellt und mit nicht allzu großen Fensterflächen versehen sind, erfolgt die Lufterneuerung ausreichend von selbst durch „natürliche Lüftung“ (s. Abschn. 11.3.1). Im Winter tritt lediglich die Gebäudeheizung hinzu.

In Küchen, Bädern und WCs genügen die Lüftungsanlagen nach DIN 18017 T. 1, T. 3 und 4 sowie DIN 1946.

Aufenthaltsräume verschiedenster Art als ganztägige Arbeitsräume sowie Bürohochhäuser mit ihren Außenwänden in Leichtbauweise und dem hohen Flächenanteil der meistens feststehenden Fenster erfordern zur Abführung der erheblichen Wärme- und Wasserdampfmengen und zur Lufterneuerung durchweg „Lüftungsanlagen mit zusätzlicher Luftaufbereitung“ (s. Abschn. 11.4) oder „Klimaanlagen“ (s. Abschn. 11.5), da die Luft im Sommer meistens zusätzlich gekühlt und getrocknet werden muß.

Tafel **719**.1 Mindestaußenluftstrom je Person (nach DIN 1946 T. 2)

<table>
<tr><th>Raumart</th><th>m³/h</th></tr>
<tr><td>Großraumbüro</td><td>50</td></tr>
<tr><td>Gaststätte</td><td>40</td></tr>
<tr><td>Einzelbüro</td><td rowspan="4">30</td></tr>
<tr><td>Kantine, Konferenzraum</td></tr>
<tr><td>Ruheraum, Pausenraum, Klassenraum, Hörsaal</td></tr>
<tr><td>Hotelzimmer</td></tr>
<tr><td>Theater, Konzertsaal Kino, Festsaal</td><td rowspan="5">20</td></tr>
<tr><td>Lesesaal</td></tr>
<tr><td>Messehalle, Verkaufsraum</td></tr>
<tr><td>Museum</td></tr>
<tr><td>Turn- und Sporthalle</td></tr>
</table>

Außenluftstrom. In Räumen zum Aufenthalt von Personen ist der Außenluftstrom nach der Anzahl gleichzeitig anwesender Personen und der Raumnutzung zu bemessen (Taf. **719**.1).

Der Außenluftstrom braucht bei Maximalwerten der Außentemperaturen (s. DIN 4701 T. 1 und 2 sowie VDI 2078) nur 50% des Mindestaußenluftstromes je Person zu betragen.

Die Werte der Tafel **719**.1 können aus wirtschaftlichen Gründen bei Außentemperaturen unter 0 °C bis zur tiefsten Außentemperatur linear auf 50%, bei Außentemperaturen > 26 °C auf 75% der Sollwerte abgesenkt werden.

Staub, Gase und Dämpfe. Der Staubgehalt der Raumluft setzt sich zusammen aus dem Staubgehalt der Zuluft und dem im Raum freigesetzten Staub.

In lüftungstechnischen Anlagen für Aufenthalts- und Versammlungsräume müssen daher Außen- und Umluft durch Luftfilter verschiedener Art so gereinigt werden, daß die Zuluft nicht mehr als 0,5 mg Staub je m^3 Luft enthält.

Der Feinstaubgehalt darf den MIK-Wert nach VDI 2310 nicht überschreiten.

Die durch die Außenluft eingebrachten und durch Arbeitsprozesse am Arbeitsplatz entstehenden schädlichen und belästigenden Gase und Dämpfe dürfen am Arbeitsplatz die MAK-Werte oder TRK-Werte bzw. in anderen Räumen die MIK-Werte nach VDI 2310 nicht überschreiten.

Bei Räumen mit zusätzlichen, belästigenden Geruchsquellen, z. B. Tabakrauch, soll der Mindestaußenluftstrom je Person um 20 m^3/h erhöht werden.

Gerüche. Für die Verschlechterung der Raumluft durch Geruchsstoffe und Ausdünstungen von Menschen wird (nach Pettenkofer) der Kohlendioxidgehalt der Luft als Vergleichsmaßstab genommen.

Der mittlere Volumengehalt an Kohlendioxid soll 0,15% nicht überschreiten.

Der Geruchspegel der Zuluft muß unterhalb der Belästigungsgrenze liegen. Diese Grenze kann durch Kollektivuntersuchungen ermittelt werden.

Entsprechende Anforderungen werden an die Fortluft gestellt, wobei die Belange des Immissionsschutzes zu beachten sind.

Eine Luftbehandlung durch Überdecken der Raumluftgerüche, z. B. durch geruchstilgende Mittel (Deodorante) ist nicht zulässig.

Mikroorganismen. Die Außenluft ist im allgemeinen frei von pathogenen vegetativen Mikroorganismen, wenn sie an geeigneter Stelle angesaugt wird (s. Abschn. 11.5.4).

11.1.4 Schutz gegen Lärm

Das menschliche Wohlbefinden in Räumen kann entscheidend durch Störgeräusche beeinträchtigt werden (s. auch Abschn. 4).

Die Lüftungs- oder Klimaanlagen müssen daher so geräuscharm arbeiten, daß ihr Betrieb weder in den zu lüftenden Räumen noch in anderen Teilen des Gebäudes als störend empfunden wird.

Der Anlagen-Geräuschpegel ist auch unter Berücksichtigung der von außen einwirkenden Geräusche so niedrig zu halten, wie es nach Art der Raumnutzung erforderlich und nach dem Stand der Lärmdämmtechnik möglich ist.

Für die von RLT-Anlagen erzeugten Geräusche ist die VDI-Richtlinie 2081 heranzuziehen.

Die Grenzwerte der zulässigen Geräuschlautstärken richten sich nach der Zweckbestimmung des Raumes und dem Geräuschpegel bei seiner Benutzung bzw. dem seiner Umgebung (Taf. **721**.1).

Diese Richtwerte gelten für den unbesetzten eingerichteten Raum und dürfen an keinem Aufenthaltsplatz überschritten werden.

Als Meßort wählt man den dem Luftauslaß oder -einlaß nächstliegenden Aufenthaltsplatz.

Geräuschquellen. Dies sind vor allem die rotierenden Teile der Ventilatoren und Motoren in den Zentralen, die durch Luftbewegung, Reibungsvorgänge und Unwucht von Rädern Schwingungen oder Geräusche hervorrufen.

In der Zentrale sorgt man für ein gutes Auswuchten aller rotierenden Teile, für ruhig laufende Lager, geräuscharme Motoren und schalltechnisch günstig konstruierte Ventilatoren.

Tafel **721**.1 Richtwerte für Schalldruckpegel in dB(A) von raumlufttechnischen Anlagen (DIN 1946 T. 2)

Raumart	Beispiel	Anforderungen hoch	Anforderungen niedrig
Arbeitsräume	kleiner Büroraum	35	40
	Großraumbüro	45	50
	Werkstätten	50	–
	Druckerei	60	–
Versammlungsräume	Theater	30	35
	Konzertsaal, Opernhaus	25	30
	Kino	35	45
	Konferenzräume	35	40
	Kantine	40	50
Wohnräume	Hotelzimmer	35[1])	35[1])
Sozialräume	Ruheräume, nicht Krankenzimmer (siehe DIN 1946 Teil 4)	30	35
	Pausenräume	35	40
	Waschräume	45	55
	WC-Räume	45	55
Unterrichtsräume	Klassenräume	35	40
	Seminarräume	35	40
	Lesesäle	30	35
	Hörsäle	35	40
Laboratorien	physikalische, chemische, biologische	40	55
Räume mit Publikumsverkehr	Messehallen	45	–
	Verkaufsräume	45	60
	Museen	35	40
	Gaststätten	40	55
	Schalterhallen	40	45
Sportstätten	Turn- und Sporthallen	45	50
	Schwimmbäder	45	50
Sonstige Räume	Reine Räume	40	50
	EDV-Räume	40	55
	Schutzräume	45	55
	Wäschereien	50	60
	Küchen	50	60
	Rundfunkstudios	15	25
	Fernsehstudios	25	25
	Fahrgasträume	50	–

[1]) Nachtwerte um 5 dB(A) niedriger

Keilriemenantrieb zwischen Motor und Ventilator, elastische Zwischenglieder zwischen diesem und dem anschließenden Kanal, Schwingungsdämpfer mit Stahlfedern und Metallgummistücken zwischen Grundplatten und Fundamenten vermindern Schallübertragungen (**722**.1).

Liegen in unmittelbarer Nähe des Maschinenraumes gegen Geräusche empfindliche Räume, müssen Fußboden, Decke und Wände der Zentrale mit ausreichender Schalldämmung ausgeführt werden.

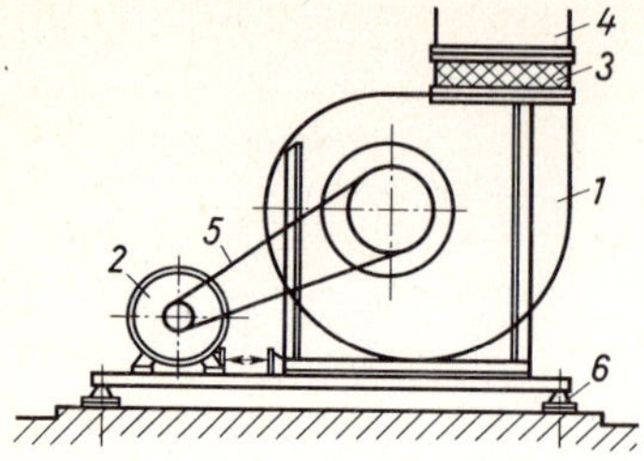

722.1
Erschütterungsdämpfung eines Ventilators
1 Ventilatorgehäuse
2 Motor
3 elastisches Zwischenstück
4 Kanal
5 Keilriemenantrieb
6 Schwingungsdämpfer

Es können jedoch auch in den Kanälen durch Reibungsvorgänge an den Wänden und durch unzweckmäßig geformte Einbauten Geräusche entstehen.

Da andererseits die Kanäle und viele andere Bauteile Schallenergie verschlucken, ist es schalltechnisch immer günstig, die Zentrale nicht in die unmittelbare Nähe der zu lüftenden Räume zu legen.

Plattenschalldämpfer aus Kammern mit Unterteilungen durch parallel angeordnete Platten aus schallabsorbierenden Werkstoffen (**722**.2) können unmittelbar hinter den Ventilatoren oder vor den Luftdurchlässen bei sehr hohen Anforderungen an den Schallschutz zusätzlich angeordnet werden.

Wanddurchführungen der Kanäle sind durch eine Dämmstoffschicht evtl. mit Mantelrohr (**722**.3) zur Vermeidung von Körperschallübertragung vom Mauerwerk zu trennen.

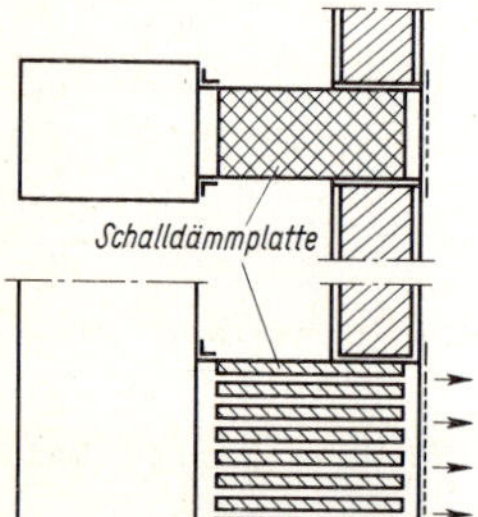

722.2 Absorptions-Schalldämpfer an einem Luftauslaß

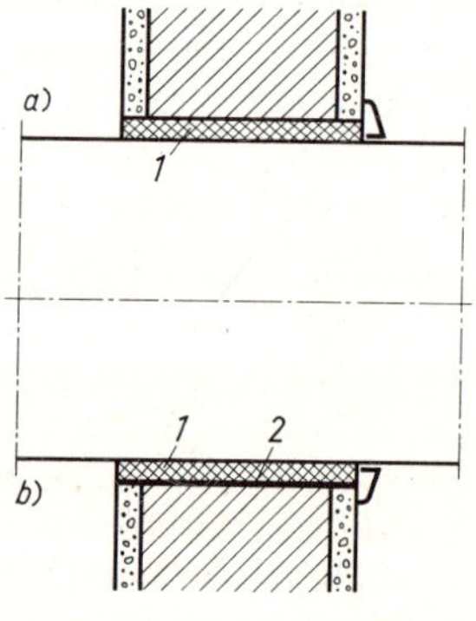

722.3
Wanddurchführung eines Lüftungskanals
a) ohne Filterrohr
b) mit Filterrohr
1 Glaswolle oder dergleichen
2 Futterrohr

11.1.5 Anlagenbemessung

Sofern mit dem Bauherrn nichts anderes schriftlich vereinbart worden ist, sind der Berechnung folgende Werte zugrunde zu legen:

Winterbetrieb. Die tiefste Außentemperatur wird nach DIN 4701 T. 2 (Taf. **480**.1) gewählt, die Außenluftfeuchte mit $\varphi = 100\%$ angesetzt. Hierbei muß die lüftungstechnische Anlage allein oder im Zusammenwirken mit anderen Heizungseinrichtungen eine Raumlufttemperatur von + 22 °C gewährleisten können. Damit sind in praktisch allen anderen Betriebszeiten die Raumtemperaturen nach Bild **717**.1 zu erreichen.

Sommerbetrieb. Die Kühllastberechnung ist nach VDI 2078 durchzuführen. Der Maximalwert der Außenlufttemperatur im Juli ist dabei grundsätzlich, von gewissen Ausnahmen abgesehen, im Küstengebiet mit max. $t = +29\,°C$, im Binnenland mit max. $t = +32\,°C$ anzunehmen.

Bei Gebäuden mit ausgedehnten Südfronten ist eine Vergleichsrechnung mit den Werten für den Monat September angebracht, da diese eine höhere Kühllast als für den Juli ergeben können.

In allen Gebäudebereichen, in denen die Kühllast überwiegend von den außenklimatischen Bedingungen bestimmt wird, muß die Klimaanlage eine Raumlufttemperatur von $+26\,°C$ erzielen können. Damit sind in praktisch allen anderen Betriebszeiten die Raumtemperaturen nach Bild **717**.1 zu erreichen.

Für innenliegende Räume oder Raumzonen mit nur geringer Beeinflussung durch das Außenklima ist die Klimaanlage für $+24\,°C$ Raumlufttemperatur auszulegen.

Höhere Forderungen sind indessen bei Räumen für starke Personenbesetzung, z. B. Hörsäle u. ä., angebracht.

Für die trockene Wärmeabgabe des Menschen sind in den Berechnungen die Werte der Tafel **716**.1 zu verwenden.

11.2 Luftführung

11.2.1 Allgemeines

Die Forderung nach gleichmäßiger Verteilung der Zuluft unter Ausschaltung jeder Zugbelästigung erzwingt ein sehr sorgfältiges Bemessen und Verteilen der Luftein- und -auslässe. Um den Raum gleichmäßig zu durchspülen, bläst man in Anlagen mit geringer Zuluftgeschwindigkeit die Luft gern entgegen ihrer natürlichen Bewegungstendenz ein, also Warmluft oben und Kaltluft unten.

Eine Schwierigkeit liegt allerdings in der im Sommer und Winter oft wechselnden Lufttemperatur.

Lüftung von unten nach oben (**723**.1 Nr. 1). Die Zuluft wird unmittelbar in die Aufenthaltszone gebracht, die verbrauchte Luft in Deckennähe abgesaugt.

Diese Lüftung ist besonders für Versammlungsräume geeignet, aus denen Wärme, Dünste und Rauch abzuführen sind.

Die Strömungsgeschwindigkeit der in Bodennähe eintretenden Zuluft muß jedoch $\leqq 0{,}2$ bis $0{,}3$ m/s, der höchste Temperaturunterschied $\leqq 5$ K sein, damit die Zuluft von den empfindlichen Füßen der Menschen nicht als Zugluft empfunden wird, was bei einem Einblasen von der Seite her nur schwer zu vermeiden ist (**723**.1 Nr. 2 und 3).

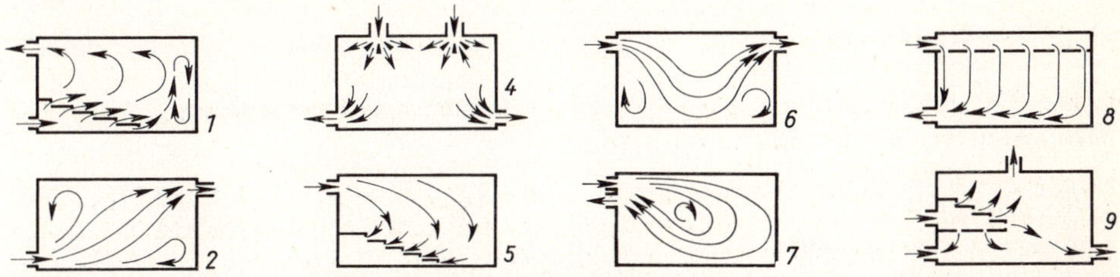
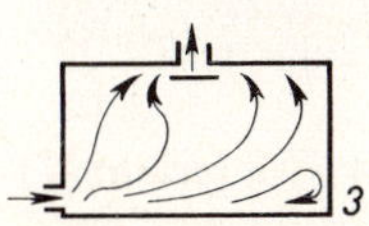

723.1 Luftführung im Raum

1 bis 3	von unten nach oben	7	von oben nach oben
4 und 5	von oben nach unten	5 und 7	Strahllüftung
6	von oben nach oben, Querlüftung	8	Lochdeckenlüftung
		9	kombinierte Lüftung

Am günstigsten ist daher eine Verteilung der Zuluftöffnungen über die ganze Bodenfläche. Sie ist aber nur in Räumen mit festem Gestühl möglich (**723**.1 Nr. 1).

Nachteilig ist ferner, daß die Zuluft durch Staub und Gerüche, die sie vom Boden nach oben mitnimmt, bereits in der Atemzone erheblich verunreinigt sein kann.

Lüftung von oben nach unten (**723**.1 Nr. 4, 5 und 8). Die gekühlte oder erwärmte Zuluft wird nicht direkt in die Aufenthaltszone geblasen, sondern kann sich vorher mit der Raumluft vermischen und so in der richtigen Temperatur und mit der erwünschten Strömungsgeschwindigkeit von ca. 0,2 m/s in die Aufenthaltszone gelangen.

Geeignete Luftauslässe müssen vorhanden sein, die die Zuluft gut verteilen und mit der Raumluft vermischen, z. B. Anemostaten (**724**.1), da sonst kalte Zuluft rasch herabfällt und stärkste Zugbelästigung hervorrufen kann.

Unter dieser Voraussetzung hat sich, außer für Luftheizungen, dieses Lüftungssystem auch für die Verteilung von gekühlter Zuluft gut bewährt. Da hier größere Luftgeschwindigkeiten und höhere Temperaturunterschiede etwa bis 8 K möglich sind, ist es zudem besonders wirtschaftlich.

Bei der Strahllüftung (**723**.1 Nr. 5) wird die Zuluft mit verhältnismäßig hoher Geschwindigkeit von der Seite her eingeblasen. Der Luftstrahl reißt hierbei Raumluft mit und gelangt dann stark abgebremst in die Aufenthaltszone.

Eine geringere Gleichmäßigkeit der Luftverteilung und -bewegung muß hierbei in Kauf genommen werden.

Eine besondere Art der Lüftung von oben nach unten ist die Lochdeckenlüftung (**723**.1 Nr. 8), bei der die Zuluft sehr fein verteilt und unauffällig durch eine große Zahl von über die ganze Deckenfläche verteilten Löchern mit ∅ 4 bis 6 mm und 2,5 bis 20 cm Abstand (freier Querschnitt 1,5 bis 2%) auch bei großen Mengen zugluftfrei in den Raum geführt wird (**724**.2).

Nachteilig sind die geringe Regelbarkeit und die auch bei guter Luftfilterung immer wieder auftretende Verschmutzung der Decke. In Räumen > 5 m Höhe ist die Lochdeckenlüftung nicht mehr anwendbar.

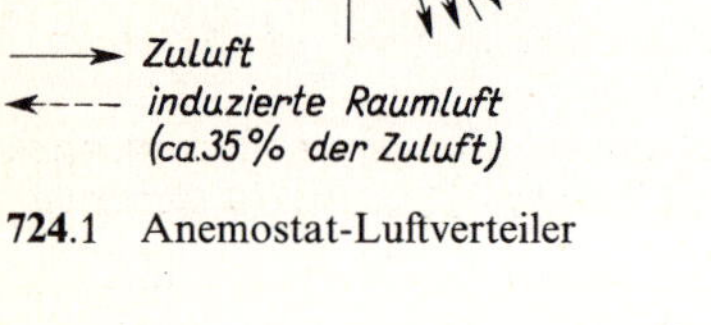

724.1 Anemostat-Luftverteiler

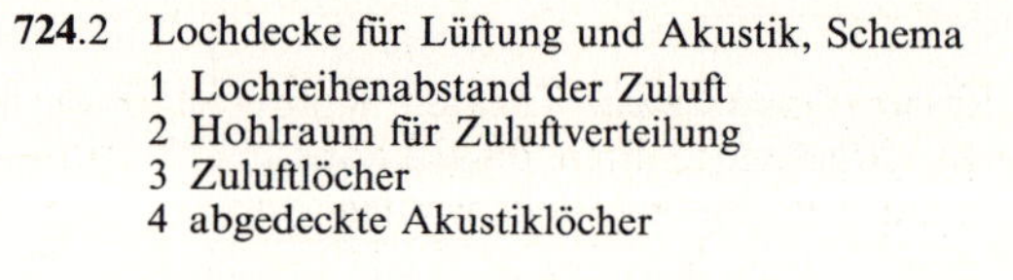

724.2 Lochdecke für Lüftung und Akustik, Schema
1 Lochreihenabstand der Zuluft
2 Hohlraum für Zuluftverteilung
3 Zuluftlöcher
4 abgedeckte Akustiklöcher

Lüftung von oben nach oben. Wenn keine Lüftungskanäle in der Decke und im Fußboden unterzubringen sind, ist nur eine Querlüftung möglich, bei der die Zuluft an einer Wand unterhalb der Decke eingeblasen und an der anderen Seite die Abluft abgesaugt wird (**723**.1 Nr. 6).

Bei kleinen Räumen mit Höhen von 3 bis 4 m können Zu- und Abluftkanal auch an ein und derselben Wand übereinander gelegt werden (**723**.1 Nr. 7).

Der Raum wird gegen Kälte- und Wärmeeinfall von der Decke gut abgeschirmt, aufsteigender Rauch abgesaugt.

Es handelt sich hier ebenfalls um eine Strahllüftung mit den weiter oben beschriebenen Eigenschaften.

Kombinierte Luftführung. In Theatern und anderen Großräumen mit umfangreicheren Emporeneinbauten und mit besonders hohen Ansprüchen an die Luftführung verbindet man vielfach auch die vorstehenden Lüftungssysteme, um eine besonders gleichmäßige Luftverteilung zu erreichen (**723**.1 Nr. 9).

11.2.2 Beispiele

Großräume. Hierzu sind u. a. Fabrikhallen, Versammlungsräume sowie Sport- und Messehallen zu zählen.

Fabrikhallen. Bei der Belüftung kommt es meistens darauf an, den dort arbeitenden Menschen Frischluft zuzuführen, und zwar, von Sonderfällen abgesehen, möglichst in die Nähe der Arbeitsplätze.

Bei zentralen Anlagen wird die Luft durch Kanäle herangeführt und über Gitter oder Anemostaten ausgeblasen.

Wegen der durch die ausgedehnten Kanäle sehr hohen Kosten dieser Zentralanlagen ist man in den letzten Jahren immer mehr zu Einzelaggregaten (**725**.1) übergegangen, die an der Wand oder im Dach angebracht werden und die angesaugte Frischluft direkt in die Halle ausblasen.

Für die Luftverteilung sind hierbei Anemostaten am günstigsten, da große Luftmengen zu verteilen sind, und zwar bis 20000 m^3/h je Aggregat. Die Absaugung erfolgt am besten direkt an den wärme- oder dampferzeugenden Maschinen.

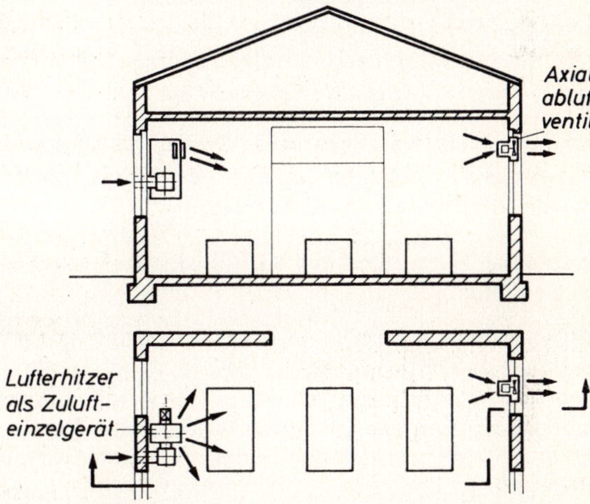

725.1
Zulufteinzelgerät für Werkhallenraum, Lufterhitzer und Abluftventilator

Versammlungsräume. Theater, Kinos, Hörsäle, Messe- oder Sporthallen sind weitaus schwieriger zu belüften, da viel höhere Anforderungen an eine zugluftfreie und geräuscharme Luftverteilung gestellt werden.

Räume mit fester Bestuhlung. Theater, Kinos und Hörsäle bieten die Möglichkeit für eine Lüftung von unten nach oben: Lufteinführung unter den Sitzen oder durch die Treppenstufen, Absaugung an der Decke.

Eine Lüftung von oben nach unten ist auch möglich, scheitert in Theaterbauten aber häufig an den architektonischen Schwierigkeiten bei der Unterbringung der Luftverteiler in der Decke des Zuschauerraumes.

In Lichtspielhäusern und Hörsälen hat sich die Lufteinführung durch Anemostaten mehr durchgesetzt, da sie neben guter Luftverteilung eine einfachere Kanalführung erlaubt.

Oft angewandt wird auch die Verbindung von Anemostaten und Strahllüftung, indem Luft unter der Empore durch Anemostaten und vom Rand der Empore durch Düsen oder Weitwurfgitter ausgeblasen wird. Auf genügendes Absaugen über der Empore ist hierbei aber zu achten, da sich hier sonst Zonen stagnierender Luft bilden.

Messe- und Sporthallen. Hier muß die Grundfläche von festen Einbauten freigehalten werden, daher ist die Luftführung von oben nach unten am günstigsten.

Die Zuluft wird durch Anemostaten von der Decke nach unten oder durch Lüftungsgitter waagerecht unter der Decke ausgeblasen.

Die Abluft wird am besten an den Seitenwänden abgesaugt. Da in Messehallen Seitenwände meist für Ausstellungszwecke benötigt werden, wird hier vielfach Zuluft durch Anemostaten eingeblasen und Abluft unter Berücksichtigung der Wurfweiten der Anemostaten an der Decke abgesaugt.

Boden- und Seitenflächen bleiben so völlig frei, doch muß man darauf achten, daß die Luft mit genügender Geschwindigkeit eingeblasen wird, damit sie bis zur Aufenthaltszone gelangt.

Kleine und mittlere Räume. Bei der Belüftung kleinerer Räume wie Büros und Sitzungszimmer mit ihrer geringen Raumhöhe scheidet wegen baulicher Probleme und der geringeren Grundfläche eine Lüftung von unten nach oben aus, jedoch mit der Ausnahme des Ausblasens der Luft durch Gitter in der Fensterbank (s. Abschn. 11.5).

Hauptzweck dieser Anordnung ist das direkte Auffangen der durch die Fensterfläche einfallenden Wärme oder Kälte. Zwar ergibt sich ein guter Schutz gegen Temperaturveränderungen im Raum, aber keine gleichmäßige Durchspülung mit Frischluft.

Der Normalfall ist die Lüftung von oben nach unten: Anemostaten in der Decke oder Zuluftgitter mit Strahllenkung in Deckennähe, Abluftrohr in Bodennähe.

Bei entsprechend niedriger Ausblasgeschwindigkeit und damit Wurfweite kann man auch eine Querlüftung wählen, doch besteht bei zu geringer Ausblasgeschwindigkeit die Gefahr des Abkippens der gekühlten Luft. Daher ist diese Luftführung bei klimatisierter Luft problematisch.

In Sitzungsräumen ist ein Teil der Abluft immer an der Decke abzusaugen, um aufsteigenden Tabakrauch zu beseitigen.

Spezialräume. Hierzu sind u. a. Großküchen, Großwäschereien, Kaufhäuser und Großgaragen zu zählen.

Großküchen und Großwäschereien. Hier wird die Zuführung von warmer Luft zur Aufnahme der entstehenden Wasserdämpfe benötigt. Daher ist diese Luft in die Nähe der dampferzeugenden Kessel zu bringen. Man kann die Zuluft durch Gitter mit Strahllenkung von der Wand her einblasen und die Abluft in Kesselnähe, evtl. durch Hauben, absaugen oder die Zuluft durch Anemostaten unmittelbar an den Kesseln verteilen und die aufsteigende Luft unter der Decke absaugen.

Kaufhäuser. Wie bei Messehallen müssen der Boden und die Seitenwände möglichst frei bleiben, daneben aber ist die viel geringere Raumhöhe zu berücksichtigen. Außerdem ist zur Vermeidung von Geruchübertragung Luft in einzelnen Zonen zu- oder abzuführen. Für die Luftzuführung kann man Anemostaten wählen und die Abluft in der Mitte einer jeden Zone oder an einer Seitenwand absaugen.

Großgaragen. Es kommt nur Lüftung von oben nach unten in Frage, da die schweren Auspuffgase in Bodennähe abzusaugen sind. Abluftöffnungen sind hoch genug zu legen, damit Schmutz und Wasser nicht eindringen kann, wobei die Absaugung gleichmäßig an allen Seitenwänden erfolgen sollte. Die Zuluft ist durch Gitter von den Wänden oder durch Anemostaten von der Decke aus einzublasen.

11.3 Lüftungsanlagen einfacher Art

11.3.1 Natürliche Lüftung

Unter natürlicher oder freier Lüftung versteht man den Luftwechsel, der durch die Gewichtsunterschiede der Luft bei Temperaturdifferenzen zwischen Innen- und Außenluft, ferner durch Winddruck und Luftbewegung ohne Verwendung von Ventilatoren hervorgerufen wird.

Dabei sind 3 Arten der freien Lüftung zu unterscheiden: Selbstlüftung, Fensterlüftung und Schachtlüftung.

11.3.1.1 Selbstlüftung

Als Selbst- oder Fugenlüftung eines Raumes wird der Luftwechsel im Raum bezeichnet, der bei geschlossenen Fenstern und Türen durch deren Undichtheiten (Fugen) infolge des durch Temperaturunterschied und Windanfall hervorgerufenen Druckunterschiedes zwischen innen und außen entsteht.

Bei Windstille reicht für Wohn- und andere schwach besetzte Räume bei normaler Bauausführung und einmaliger oder öfterer Fensterlüftung die Lufterneuerung meistens aus.

Bei Windanfall kann diese Querlüftung eines Gebäudes selbst bei geschlossenen Fenstern und Türen Ausmaße annehmen, die den wünschenswerten Luftwechsel weit übersteigen und im Winter eine einwandfrei geplante und ausgeführte Heizungsanlage bei besonders undichten Fenstern und Türen völlig versagen lassen (**727**.1).

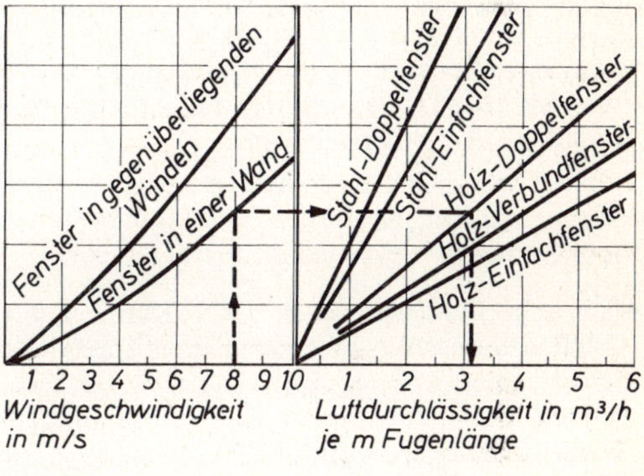

727.1
Luftdurchlässigkeit von Fenstern im Verhältnis zur Windgeschwindigkeit

11.3.1.2 Fensterlüftung

Eine Fensterlüftung ist der durch das Öffnen der Fenster (**728**.1) hervorgerufene Luftwechsel, welcher infolge der gegenüber der Selbstlüftung wesentlich größeren Luftein- und -auslaßöffnungen auch bei geringen wirksamen Kräften meist zu einer erheblich wirksameren Lufterneuerung führt. Dies ist besonders der Fall, wenn nicht nur ein kleiner Lüftungsflügel in mittlerer Raumhöhe betätigt wird, sondern ein Fensterflügel in ganzer Höhe, so daß über die Fensterbank kalte Luft in den Raum eindringen und die gleiche Menge warmer, verbrauchter Luft unter dem Fenstersturz entweichen kann.

Hierzu haben sich die Fenster mit Drehkippbeschlag besonders bewährt. Im Winter lassen sich allerdings auch bei Anordnung der Heizkörper unter den Fenstern Zugerscheinungen nicht vermeiden, so daß zu dieser Zeit die Fensterlüftung nur zu kurzzeitigen, schnellen Lufterneuerungen geeignet ist.

Bei Gleichheit der Innen- und Außentemperatur versagt die Fensterlüftung, wenn nicht die Unterschiede der Windkräfte durch eine Querlüftung wirksam werden können.

Aus diesem Grund sind Wohnungsgrundrisse, die keine Querlüftung zulassen, z. B. Vierspännergrundrisse bei geschlossener Bauweise, aus hygienischen Gründen abzulehnen.

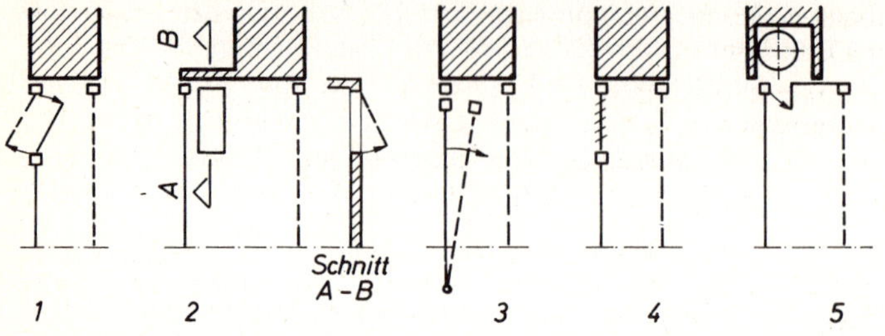

728.1 Fensterlüftungen für Kasten- und Blumenfenster (Schema nach Noack)
1 Kipp- oder Klappflügel
2 Kipp- oder Klappflügel, Schiebe- oder Klapplüfter, seitliche Anordnung bei Erkerfenstern
3 Klappflügel in ganzer oder geteilter Fensterfläche, Drehkippflügel bei fehlender Reinigungsmöglichkeit von außen
4 Schiebelüfter oder Lamellenlüfter
5 Lüftung durch Rolladenkasten

11.3.1.3 Schachtlüftung

Ein stärkerer natürlicher Luftwechsel als durch die Fensterlüftung läßt sich, wenigsten im Winter, durch die Anordnung getrennter Luftein- und -austrittsöffnungen in der Wand erzielen, wobei die erste in Fußbodennähe vorzusehen ist, die andere unterhalb der Decke in einen bis über Dach zu führenden Abluftschacht mündet und so eine wesentlich größere Auftriebshöhe erzielt wird.

Für Bäder und Spülaborte ohne Außenfenster, für deren Benutzung höchstens 6 Personen in Frage kommen, und ähnliche fensterlose Nebenräume sind folgende Lüftungsanlagen möglich.

Einzelschachtanlagen nach DIN 18017 T. 1 (728.2). Für jeden Raum ist ein eigener Abluftschacht vorzusehen und über Dach zu führen.

Sein Querschnitt kann rund, quadratisch oder rechteckig mit einem Seitenverhältnis $\geqq 2/3$ sein und muß bei glattem Schachtinneren aus Asbestzement, glattwandigem Steinzeug oder aus innen wenig rauhen Formstücken $\geqq 140\,cm^2$, bei vollfugig gemauerten Innenflächen $\geqq 180\,cm^2$ groß sein.

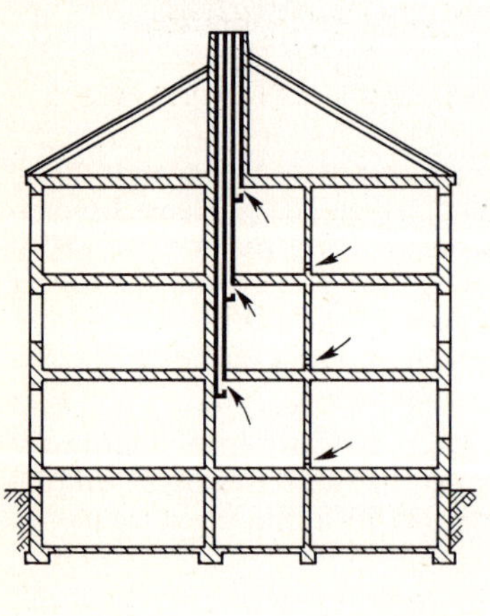

728.2 Schachtlüftung fensterloser Bäder und Spülaborte nach DIN 18017 T. 1 (Berliner Lüftung)

Sammelschachtanlagen (**729**.1). Jeder zu lüftende Raum erhält einen quadratischen oder rechteckigen Nebenschacht von $\geqq 140\,cm^2$ Querschnitt, der bereits unter der Decke des nächsthöheren Geschosses in einen gemeinsamen Sammelschacht eingeleitet wird. Dieser ist senkrecht und mit gleichbleibendem quadratischen oder rechteckigen ($b \geqq 3/4\,l$) Querschnitt von 300 bis $500\,cm^2$ über Dach zu führen (Taf. **729**.2).

Entlüftungsschächte des obersten Geschosses kann man neben dem Sammelschacht für sich bis zur Ausmündung über Dach führen.

Für sämtliche Schachtanlagen ist weiterhin zu beachten, daß nebeneinanderliegende Bade- und Aborträume derselben Wohnung gemeinsam an einen Schacht angeschlossen werden können (**729**.3).

In Dachböden und anderen kalten Räumen ist für alle Schächte ein Wärmeschutz wie für Außenwände vorzusehen (**296**.1).

Die unteren Schachtöffnungen in den zu entlüftenden Räumen müssen dicht unter der Decke liegen, einen freien Querschnitt von $\geq 150\,cm^2$ und einen zugelassenen Verschluß haben. Ein Gitter mit $\geq 180\,cm^2$ und ≥ 10 mm Maschenweite ist zulässig. Der Verschluß darf nur auf $\geqq 25\,cm^2$ zu drosseln sein.

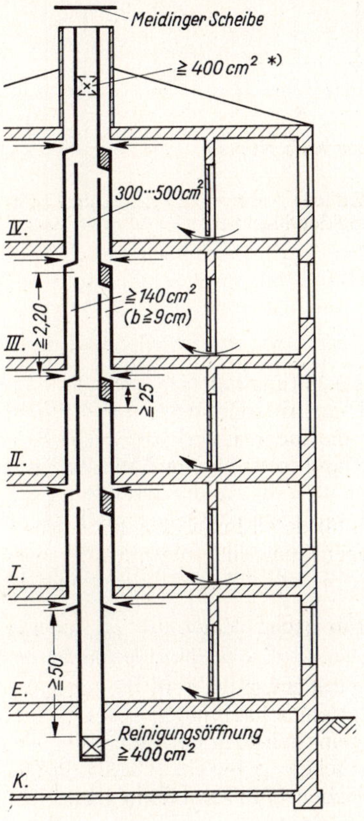

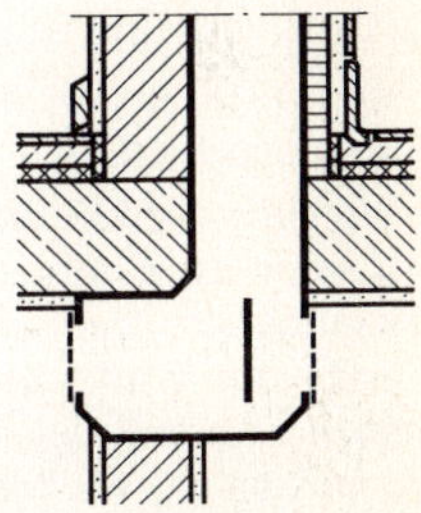

729.3
Anschluß nebeneinanderliegender Räume an einen Abluftschacht

729.1
Sammelschacht-Lüftungsanlage fensterloser Bäder und Spülaborte
*) Wenn eine Reinigung nicht von der Mündung aus möglich ist

Tafel **729**.2 Sammelschacht-Lüftungsanlagen

wirksame Schachthöhe h_m [1]) in m		$\leqq 10$	> 10 bis 15	> 15
Höchstzahl der Nebenschachtanschlüsse bei Sammelschachtquerschnitt	$300\,cm^2$	5	6	7
	$400\,cm^2$	8	9	10
	$500\,cm^2$	10	11	12

[1]) h_m = arithm. Mittel der Abstände der Lüftungsöffnungen aller angeschlossenen Räume hin zur Ausmündung des Sammelschachtes über Dach

An den unteren Öffnungen von Schächten aus nichtsaugenden Baustoffen ist ein Wasserfang anzubringen (**730**.1).

Weiterhin gelten die Vorschriften für Hausschornsteine nach DIN 18160 T. 1 sinngemäß.

Mündungs- und Reinigungsöffnungen im Dachboden sind zu kennzeichnen.

Die Zuluft muß bei beiden Anlagearten von einem Nachbarraum (bei Aborten kein Aufenthaltsraum) aus durch eine unverschließbare Zuluftöffnung nahe am Fußboden mit $\geqq 150\ cm^2$ freiem Querschnitt, auch als $\geqq 2$ cm breiter Türschlitz, eintreten können (**730**.2).

Über die Aufstellung von Gasfeuerstätten in diesen Räumen s. Abschn. 5.1.5.2.

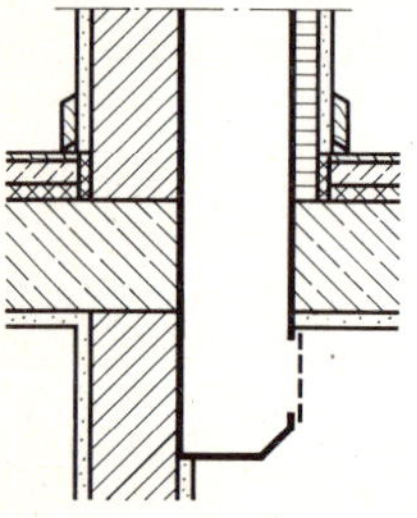

730.1 Abluftschacht mit Wasserfang

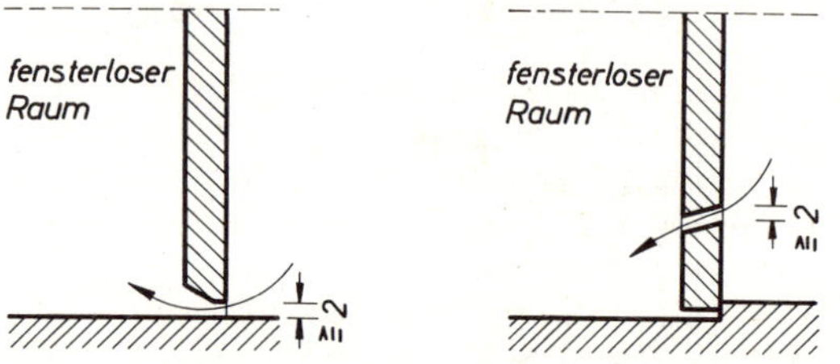

730.2 Zuluftöffnungen für fensterlose Räume (DIN 18017 T. 1)

Anwendung. Die freie Schachtlüftung ist außerordentlich stark von den jeweiligen klimatischen Verhältnissen abhängig und daher nicht kontrollierbar.

Sie versagt gerade dann, wenn eine Lüftung am meisten benötigt wird, nämlich an warmen Sommertagen.

Wirklich verwendbar ist sie nur für die Lüftung von Küchen, Bädern ohne WC und Hausarbeitsräumen, da hier die Dünste und Wrasen nicht während der Benutzung der Räume sofort abzuführen sind. Es genügt vielmehr, die an den Wänden niedergeschlagene und vom Wandputz aufgenommene Feuchtigkeit während der Benutzungspausen, also auch während der Nachtstunden, wo auch im Sommer ein Auftrieb in den Schächten zu erwarten ist, wieder zu beseitigen.

Für alle Innenräume mit einer WC-Anlage stellt auch bei nur geringer Benutzung jede Art von Schachtlüftung ohne Motorkraft nur eine Behelfslösung dar, die nach den bisherigen Erfahrungen und den heutigen Ansprüchen an Komfort und Hygiene nicht mehr zu vertreten ist.

11.3.2 Mechanische Lüftung

Hier werden die Luftmassen durch elektrisch angetriebene Lüfter unabhängig von den natürlichen Temperatur- und Druckverhältnissen, bei Bedarf zur besseren Durchwirbelung der Luft auch entgegen ihrer natürlichen Strömungsrichtung, bewegt.

Im Gegensatz zu den Möglichkeiten der zwar billigen und ohne große Schwierigkeiten einzurichtenden natürlichen Lüftung ist eine unter allen Witterungsverhältnissen zuverlässige Raumlüftung, die jedem Raum die Zufuhr der stündlich benötigten Luftmenge garantiert, nur durch eine kraftbetriebene mechanische Lüftungsanlage zu erzielen.

Gleichzeitig kann man mit ihr die Luftkanäle sehr viel freizügiger bemessen und führen sowie bei entsprechender Luftleistung des Ventilators beliebige Einrichtungen zur Luftaufbereitung einbauen (s. Abschn. 11.4 und 11.5).

Andererseits können die Erstellungs- und Betriebskosten solcher Anlagen sehr erheblich werden. Eine sorgfältige Planung ist daher unerläßlich.

11.3.2.1 Entlüftungsanlagen nach DIN 18017

Die nachstehenden Ausführungen gelten für Einzel- und Zentralentlüftungsanlagen mit Ventilator zur Entlüftung von Bädern einschl. Brausebädern und Spülaborten ohne Außenfenster.

Andere Räume, z. B. Küchen, dürfen angeschlossen werden, wenn ein Überströmen der Abluft in diese nicht möglich ist.

Einzelentlüftungsanlagen sind zur Entlüftung eines Aufenthaltsbereiches (z. B. Wohnung oder Wohneinheit in Hotels) und für den Betrieb nach Bedarf bestimmt.

Zentralentlüftungsanlagen dienen dem dauernden Betrieb zur Entlüftung von Räumen mehrerer Aufenthaltsbereiche.

Volumenstrom. Die Entlüftungsanlagen sind für einen mindestens 4fachen stündlichen Luftwechsel in den zu entlüftenden Räumen zu bemessen. Als Volumenstrom genügen jedoch für Bäder auch mit Abortsitz 60 cm^3/h und für Aborte je Abortsitz 30 m^3/h.

Bei Einzelentlüftungsanlagen mit mehreren Schaltstufen muß mindestens eine Schaltstufe diesen Anforderungen genügen.

Der Volumenstrom von Zentralentlüftungsanlagen kann in der Nacht bis auf 50% verringert werden.

Wind häufiger Stärke und thermischer Auftrieb dürfen den Volumenstrom der Entlüftungsanlagen nicht wesentlich beeinflussen können. Innerhalb der Entlüftungsanlagen muß der Gesamtdruck um bestimmte Werte abnehmen.

Nähere Angaben hierzu siehe DIN 18017 T. 3.

Die ausreichende Luftleistung hat der Lüftungsfachmann nach DIN 18017 T. 4 rechnerisch nachzuweisen.

Jeder zu entlüftende innenliegende Raum muß eine unverschließbare Nachströmöffnung von 10 cm^2 je m^3 Rauminhalt haben, wobei die Undichtheit der Tür mit 25 cm^2 berücksichtigt wird. In Bädern soll durch die Luftführung eine Rauminnentemperatur von 24 °C nicht unterschritten werden. In der Aufenthaltszone des Badenden darf die Strömungsgeschwindigkeit höchstens 0,2 m/s betragen.

Die Abluft ist ins Freie zu führen. Bei Einzelentlüftungsanlagen kann die Abluft in dauernd gut belüftete unbenutzte Dachräume geleitet werden, wenn sie von dort aus nicht in andere Räume gelangen kann.

Lüftungsleitungen. Jede Einzelentlüftungsanlage muß zur Ableitung der Abluft eine eigene Hauptleitung haben (**731**.1 und **732**.1).

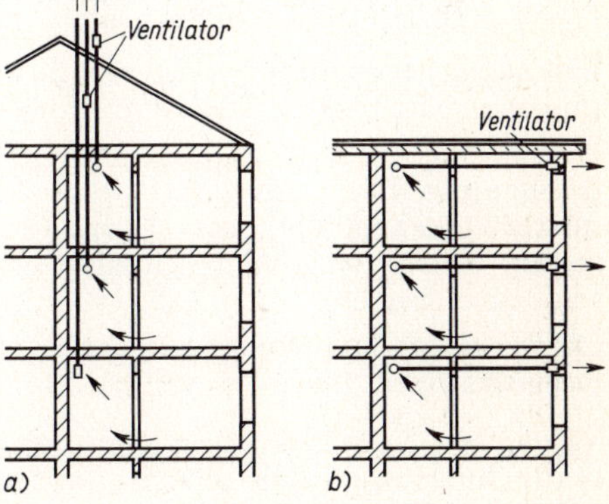

731.1
Einzelentlüftungsanlagen (nach DIN 18017 T. 3)
a) mit Führung der Abluft über Dach
b) mit seitlicher Abführung der Abluft

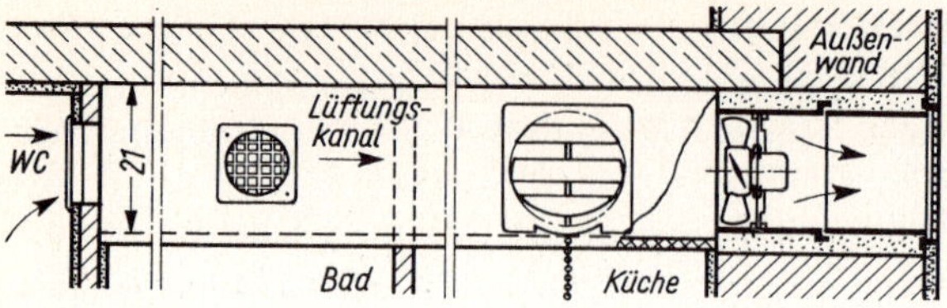

732.1
Einzelentlüftungsanlage mit Ventilator (nach DIN 18017 T. 3). Gemeinsame Hauptleitung zur Entlüftung mehrerer Räume, unter der Decke verlegt (M 1:20)

Zentralentlüftungsanlagen haben zu ihrer Ableitung für mehrere Aufenthaltsbereiche gemeinsame Hauptleitungen, in die die Abluft unmittelbar (**732**.2a) oder über Nebenleitungen (**732**.2b) eingeleitet wird, oder für jeden Aufenthaltsbereich eine getrennte Hauptleitung (**732**.2c).

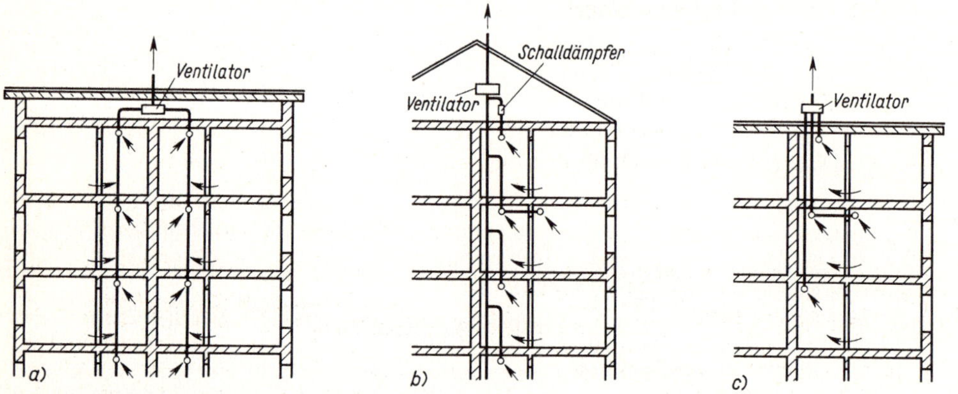

732.2 Zentralentlüftungsanlagen (nach DIN 18017 T. 3)
a) mit mehreren Hauptleitungen ohne Nebenleitungen
b) mit einer Hauptleitung und Nebenleitungen
c) mit getrennten Hauptleitungen

Ausführung. Lüftungsleitungen müssen dicht und standsicher sein und glatte Innenflächen haben.

Es darf sich kein Kondensat bilden können. Der Wärmedämmwert der Wandungen muß über Dach, in Dachböden und an Stellen mit ähnlicher Kälteeinwirkung mindestens dem in DIN 4108 festgesetzten Wert für Außenwände entsprechen. Über Dach kann bei Leitungslängen von < 1 m oberhalb der Dachhaut der Wärmedämmwert geringer sein.

Eine ausreichende Anzahl von Reinigungsöffnungen mit dichten Verschlüssen (keine einschraubbaren Verschlüsse) ist so anzubringen, daß die Leitungen leicht gereinigt werden können.

Drosseleinrichtungen, deren Einstellungen den planmäßigen Volumenströmen entsprechend bei Zentrallüftungsanlagen zu kennzeichnen sind, dürfen nur in Abluftöffnungen, an den Enden von Lüftungsleitungen oder an für die Reinigung zugänglichen Stellen angeordnet werden.

Die Bemessung der Lüftungsleitungen hat nach DIN 18017 T. 4 zu erfolgen und ist Sache des Fachingenieurs.

Ventilatoren. Sie müssen gegen Korrosion beständig oder ausreichend geschützt sowie für Dauerbetrieb geeignet sein. Sie werden mit Schutzgittern ausgerüstet, wenn eine

Berührung des Flügelrades möglich ist, und müssen ferner leicht zugänglich und so eingebaut sein, daß sie bequem zu warten und auszubauen sind.

Ventilatoren von Einzelentlüftungsanlagen sind im zugehörigen Aufenthaltsbereich, solche von Zentralentlüftungsanlagen an zentraler Stelle schaltbar. Der Betriebszustand der Anlage sollte optisch erkennbar sein.

Schallschutz. Die Entlüftungsanlagen müssen den Anforderungen in DIN 4109 T. 2 genügen.

Brandschutz. Die Anforderungen an den Brandschutz sind in den Bauordnungsvorschriften der Länder enthalten (s. auch DIN 4102 T. 6).

Feuerstätten. Für die Aufstellung von Feuerstätten in den zu entlüftenden Räumen sind die einschlägigen Bauordnungsvorschriften der Länder zu beachten. Für Gasfeuerstätten s. Abschn. 5.1.5.2.

11.3.2.2 Andere Lüftungsanlagen

Für Küchen, Hausarbeitsräume und Innenbäder haben sich kleine Entlüftungsanlagen mit einem Ventilator von ca. 300 m³ Stundenleistung und 20 Wh Stromverbrauch in einem Einbau-Wandkanal von ca. ∅20 cm mit unauffälligem Außenverschlußstück (bei Einbau in einer Außenwand) und innerem Jalousieverschluß sehr gut bewährt (**733**.1).

Ähnliche Modelle gibt es auch für den Einbau in Fenster und Wrasenrohre.

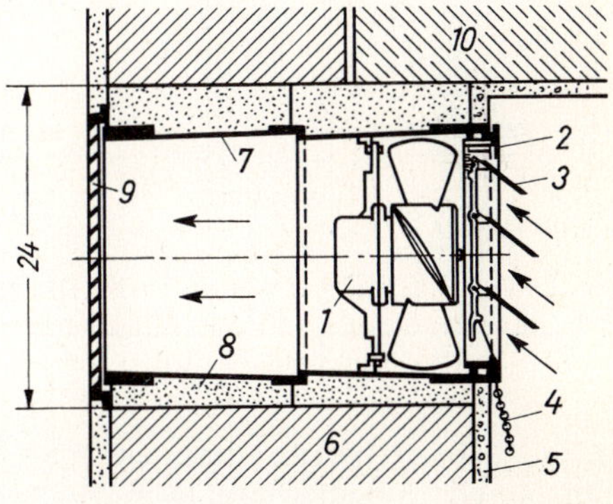

733.1
Ventilator zum Einbau in Außenwand für die Entlüftung von Küchen und anderen Räumen (LUNOS, Schöttler, Berlin)

1 Motor mit Lüfterflügeln aus Kunststoff
2 Innenverschlußstück aus Kunststoff
3 Jalousie aus Kunststoff mit
4 Kettenzug, zum elektrischen Schalter führend
5 Innenputz
6 Mauerwerk
7 Rundrohrkanal, eingearbeitet in
8 Hartschaumstein
9 Außenverschlußstück
10 Rohdecke

Für das WC gibt es Kleinstgebläse, die in eine vom Klosettspülrohr abgehende Entlüftungsleitung DN 32 eingebaut werden, die Luft unmittelbar aus dem Klosettbecken absaugen und ins Freie ausblasen (**734**.1).

Eine Sonderausführung mit Filter wird verwendet, wenn die Abluft nicht ins Freie fortgeleitet werden kann.

Einzelanlagen müssen stets automatisch geschaltet werden, z. B. durch Tür- oder Sitzschaltung mit und ohne Verzögerung oder durch Uhrwerksschalter mit einer Laufzeit von 1 bis 30 Minuten.

Zentralanlagen für Verwaltungsgebäude u. ä. mit gemeinsamer Absaugung durch ein Gebläse auf dem Dachboden werden ebenfalls hergestellt.

Dunstabzugshauben (**20**.1) mit Ventilator sind für Kochstellen im Raum besonders günstig. Geräte am Abzugsschacht oder an der Außenwand können im Mietshaus nur mit Genehmigung des Vermieters eingebaut werden.

Geräte mit Filter (Kohlefilter zur Beseitigung der Gerüche, daneben Fettfilter) erfordern keine baulichen Veränderungen.

Die Filter müssen mindestens alle 6 Monate ausgewechselt oder gereinigt werden. Das Gerät wird an einer Konsole oder unter einem Hängeschrank befestigt, evtl. mit Wandabstandshalter, damit es weiter in den Raum hineinreicht. Auf Kopfhöhe ist zu achten. Ferner muß die meist an der Unterseite der Haube befestigte Leuchte die Kochstelle richtig und blendungsfrei beleuchten.

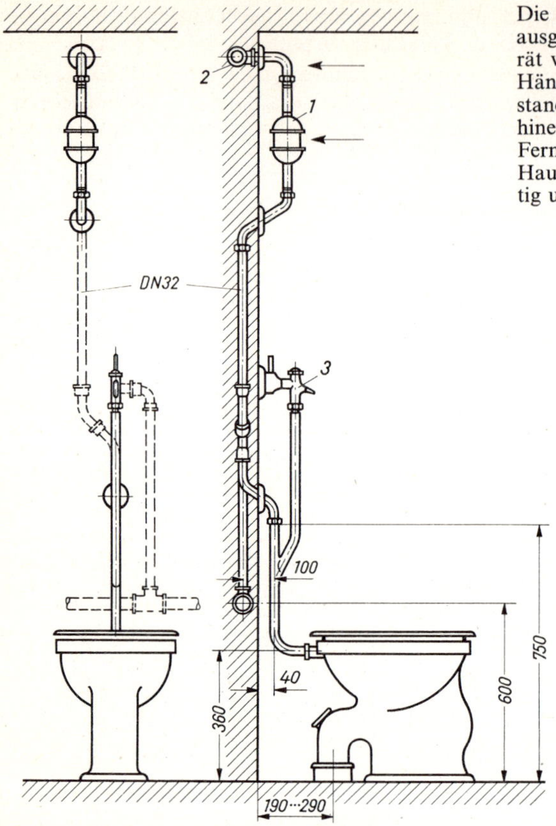

734.1
Klosettlüftung durch Kleingebläse (M 1:25) (EUOSMON GmbH, Stuttgart)
1 Euosmon-Kleingebläse
2 Ausblaseleitung ins Freie
3 Klosett-Druckspüler

Eine Verbundlüftung vereinigt Druck- und Sauglüftung und gestattet durch ein Regeln der Zu- und Abluftmengen, im Raum nach Bedarf Über- oder Unterdruck zu erzeugen.

11.4 Lüftungsanlagen mit zusätzlicher Luftaufbereitung

11.4.1 Allgemeines

Werden außer der Lufterneuerung noch weitere Anforderungen, wie Einhalten bestimmter Lufttemperaturen oder -feuchten, an die Lüftungsanlagen gestellt, sind die entsprechenden Zusatzeinrichtungen zur Be- und (oder) Entfeuchtung der Luft oder zur Lufterwärmung oder -kühlung vorzusehen.

Daraus ergeben sich zahlreiche Möglichkeiten und Anwendungsbereiche für mechanische Lüftungsanlagen, von denen nachstehend die wichtigsten Grundtypen dargestellt sind (nach H. Arnold).

Belüftungsanlagen (735.1a). Die Außenluft wird mechanisch in den Raum gedrückt. Der entstehende Überdruck schützt den Raum vor dem Eindringen von Verunreinigungen und Gasen. Die Abluft muß durch Undichtheiten und Öffnungen abströmen können. Im Winter ist die Zuluft möglichst durch

Zulufterhitzer zu erwärmen, da sonst Zugluft entsteht. Luftfilter reinigen die Luft, örtliche Heizflächen decken den Wärmebedarf.

Entlüftungsanlagen (735.1b). Die Raumluft wird mechanisch aus dem Raum gesaugt, so daß hier Unterdruck entsteht. Luft strömt durch die Türen usw. in den Raum nach und verhindert den Übertritt von Gerüchen usw. in Nachbarräume. Örtliche Heizflächen müssen evtl. auch den Lüftungswärmebedarf decken. Diese Anlagen gehören noch zu den einfachen Lüftungsanlagen nach Abschn. 11.3 und sind auf kleine Räume zu beschränken.

Be- und Entlüftungsanlagen (735.1c). Das sind Kombinationen von Bild 735.1a und b. Die Zuordnung von Zuluft und Fortluft bestimmt den Über- oder Unterdruck. Örtliche Heizflächen decken den Wärmebedarf ab.

Lüftungs- und Luftheizanlagen (735.1d). Wie Bildteil c, doch wird die Zuluft so weit über die Raumtemperatur erwärmt, daß der Wärmebedarf gedeckt wird. Ohne Außenluft ergibt sich eine einfache (Um-)Luftheizung ohne Lufterneuerung. Üblich ist ein Mischluftbetrieb mit Außen- und Umluftanteil (s. auch Abschn. 10.4).

Lüftungs- und Luftkühlanlagen (735.1e). Wie Bildteil d, doch wird die Zuluft so weit unter die Raumtemperatur gekühlt, daß der Kühlbedarf gedeckt wird. Ohne Außenluft erfolgt Umluftkühlung, bei Lufterneuerung häufig Mischluftkühlung. Gekühlt wird durch Brunnen- oder Leitungswasser, heute zunehmend durch eine Kältemaschine. Für ganzjährigen Betrieb ist zusätzlich ein Lufterwärmer erforderlich.

Lüftungsanlagen mit Befeuchtung (735.1f). Die Befeuchtung erfolgt durch Zerstäuben von Wasser oder Einblasen von Dampf. Ein Luftwäscher (Düsenkammer) wird zum Befeuchten, Kühlen und Reinigen verwendet. Mischluftbetrieb ist üblich. Luftbefeuchtung ist vor allem im Winter erforderlich.

Lüftungsanlage mit Entfeuchtung (735.1g). Eine Entfeuchtung durch Verringern der absoluten Luftfeuchte ist oft im Sommerbetrieb notwendig. Sie kann erfolgen
durch Unterkühlen (Taupunktunterschreitung) mit Wasserausscheidung (Kältemaschine meistens erforderlich) oder
durch Absorption des Wasserdampfes mit hygroskopischen Stoffen.
Mischluftbetrieb ist üblich.

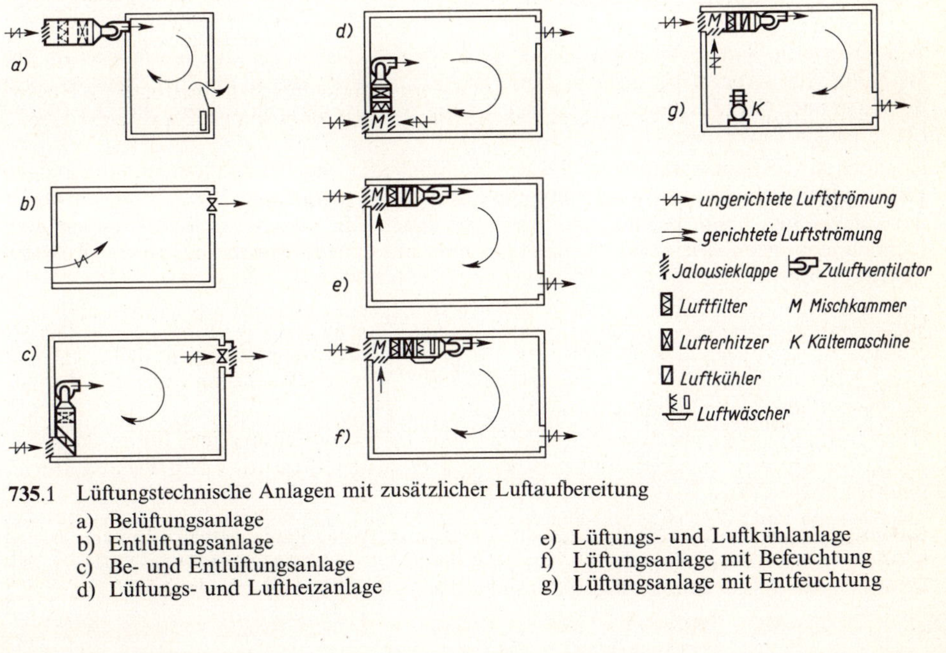

735.1 Lüftungstechnische Anlagen mit zusätzlicher Luftaufbereitung
a) Belüftungsanlage
b) Entlüftungsanlage
c) Be- und Entlüftungsanlage
d) Lüftungs- und Luftheizanlage
e) Lüftungs- und Luftkühlanlage
f) Lüftungsanlage mit Befeuchtung
g) Lüftungsanlage mit Entfeuchtung

Die Wahl unter den vorstehenden Möglichkeiten kann immer nur nach den Anforderungen des Einzelfalles geschehen.

So werden einfache Belüftungsanlagen in Läden, Gaststätten, Büros, Ausstellunghallen und anderen Räumen mit geringer Luftverschlechterung in Frage kommen.

Entlüftungsanlagen werden bei innen liegenden Räumen, ferner für Küchen, Abortanlagen, Labors usw. eingebaut, wo die umliegenden Räume durch Unterdruck gegen starke Luftverschlechterung abzuschirmen sind.

Einfache Lüftungsanlagen können große Wärmemengen abführen, doch lassen sich die Raumtemperaturen bei ihnen nicht unter die Außentemperatur absenken.

In Versammlungs- und Büroräumen übernehmen die Anlagen gewöhnlich ganz oder teilweise die Heizung.

In Kaufhäusern z. B. muß für Luftkühlung gesorgt werden.

Lüftungsanlagen mit Heizung und Kühlung werden für moderne Bürogebäude gebraucht und auch als Teilklimaanlagen bezeichnet.

Anlagen nach Bild **735**.1c bis g verlangen stets eine automatische Regelung.

Über den Aufbau der Anlagen und die Anordnung und Funktion der einzelnen Bauteile wird auf die Ausführungen in Abschn. 11.5 „Klimaanlagen" verwiesen, die sinngemäß auch für die einfacheren Lüftungsanlagen gelten.

11.4.2 Kombinierte mechanische Be- und Entlüftung in Wohnbauten

Während man sich bei uns fast immer noch damit begnügt, die Wohnungen durch natürliche Lüftungen völlig unkontrolliert zu lüften, obwohl die in Abschn. 11.3.1 dargelegten Unzulänglichkeiten dieses Systems hinlänglich bekannt sind, ist man im Ausland, vor allem in den nordischen Ländern, längst dazu übergegangen, in Wohnungen mechanische Lüftungen einzusetzen und mit ihnen aus jeder Wohnung über Abluftventile eine vorausbestimmte Luftmenge zu entfernen, die durch richtige Bemessung der Abluftventile, des Kanalsystems und der Ventilatoren bei allen Änderungen des Außenklimas ausreichend konstant gehalten wird.

Die Abluft wird über Dach abgeführt, damit Küchen- und sonstige Dünste nicht durch Fenster usw. in andere Wohnungen gelangen können. Der durch die Ventilatoren in der Wohnung hervorgerufene gewisse Unterdruck läßt die Außenluft über Fenster- und Türfugen oder über besondere, am besten unter den Fenstern angebrachte Lufteinlässe nachströmen.

Zu einer wirklich einwandfreien, von den Zufälligkeiten des Außenklimas unabhängigen Lüftung, bei der man sowohl die bewegten Luftmengen als auch die Luftführung einwandfrei beherrschen kann, gelangt man aber erst durch einen weiteren Schritt, indem man nämlich das mechanische Abluftsystem mit einem mechanischen Zuluftsystem koppelt.

Jetzt kann die Zuluft gefiltert und vorgewärmt dem Raum so zugeführt werden, daß kein Zug in den Aufenthaltszonen entsteht. Es können vielmehr völlig kontrolliert gleich große Luftmengen zu- und abgeführt und eine ausgeglichene Ventilation in der Wohnung erreicht werden.

Durch das Einblasen der Luft in die Wohn- und Schlafzimmer und das Absaugen aus Küche, Bad und WC erreicht man auch eine völlig kontrollierte Luftführung innerhalb der Wohnung, die jede Ausbreitung von Gerüchen verhindert (**737**.1).

Abluftsysteme. Bild **737**.2a zeigt ein Abluftsystem (nach SF Luft- und Wärmetechnik GmbH), bei dem von jedem Abluftventil ein senkrechter Kanal aus spiralgefalzten Rohren ⌀76 mm zum Dachgeschoß führt. Die Rohre können schon bei der Erstellung des Rohbaues in Wände und Decken mit eingegossen werden. Dieses System läßt sich für Häuser mit höchstens 6 Stockwerken verwenden.

Zu einem anderen, ebenfalls viel verwendeten Abluftsystem, bei dem die Abluftventile der untereinanderliegenden Räume an einen gemeinsamen Hauptkanal angeschlossen sind, gibt Bild **737**.2b ein Schema. Hier muß eine gute Schalldämpfung der Abluftventile und die Verhinderung der Ausbreitung von Feuer über das Kanalsystem gesichert sein. In Häusern mit mehr als 10 Geschossen ist eine Unterteilung des Gebäudes in 2 oder 3 Höhenzonen zweckmäßig.

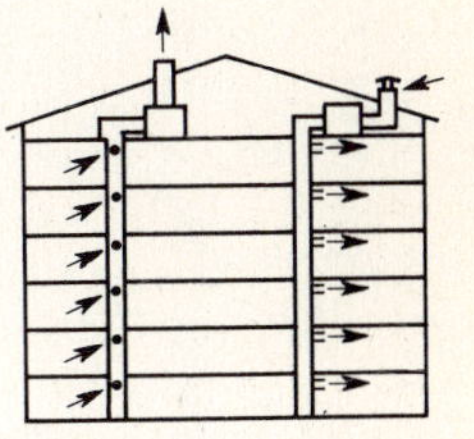

737.1
Kombinierte mechanische Be- und Entlüftungsanlage (nach SF Luft- und Wärmetechnik GmbH)

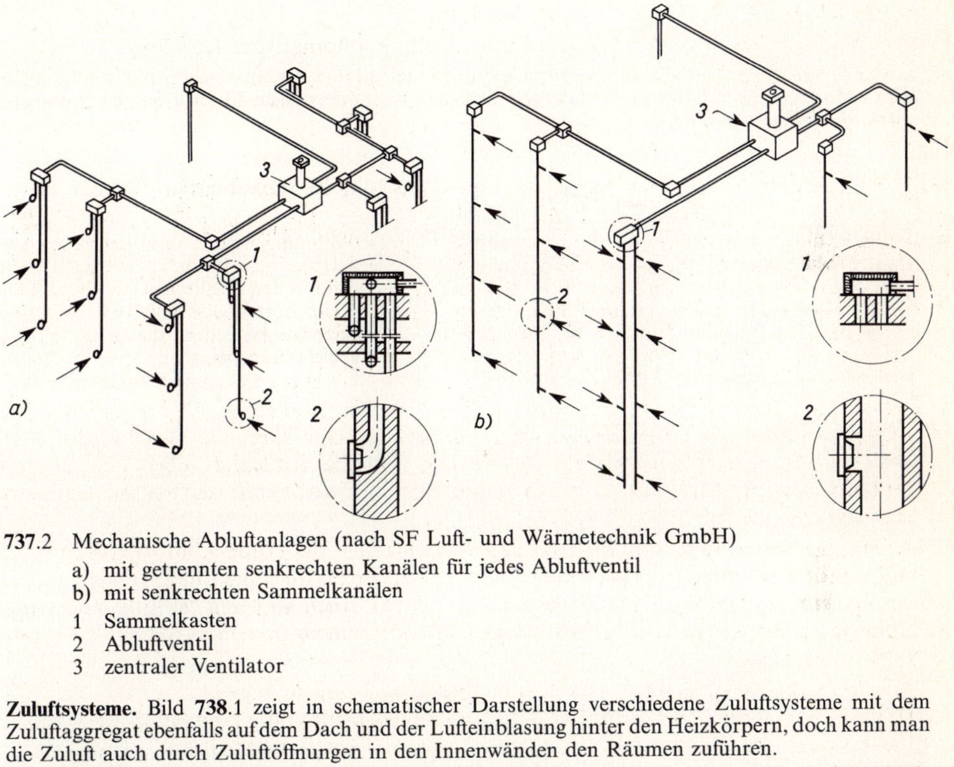

737.2 Mechanische Abluftanlagen (nach SF Luft- und Wärmetechnik GmbH)
a) mit getrennten senkrechten Kanälen für jedes Abluftventil
b) mit senkrechten Sammelkanälen
1 Sammelkasten
2 Abluftventil
3 zentraler Ventilator

Zuluftsysteme. Bild **738**.1 zeigt in schematischer Darstellung verschiedene Zuluftsysteme mit dem Zuluftaggregat ebenfalls auf dem Dach und der Lufteinblasung hinter den Heizkörpern, doch kann man die Zuluft auch durch Zuluftöffnungen in den Innenwänden den Räumen zuführen.

Ein typisches, in Schweden entwickeltes Beispiel einer kombinierten Be- und Entlüftungsanlage eines Wohnhauses zeigt Bild **738**.2. Es besteht aus einem Abluftsystem nach Bild **737**.2 sowie einem Zuluftsystem nach Bild **738**.1.

Die Zuluft wird im Zentralaggregat vorgewärmt und durch Einblasen hinter den Heizkörpern bis zur normalen Zimmertemperatur von 20 bis 22 °C nachgewärmt. Durch die erhöhte Luftbewegung geben diese dabei in verstärktem Maße Wärme ab und können entsprechend kleiner bemessen werden.

Die Aufgabe der bisher beschriebenen Systeme ist die kontrollierte Lüftung der Wohnung, deren Beheizung im übrigen durch unter den Fenstern installierte Heizkörper mit einer gesonderten zentralen WW-Heizung betrieben wird. Unter Fortfall dieser Heizungsanlage kann aber auch ein neues (z. B. das ebenfalls in Schweden unter der Bezeichnung ZONIVENT entwickelte und in Bild **738**.3 wiedergegebene) kombiniertes Lüftungs- und Heizungssystem gleichzeitig auch die Heizung übernehmen (s. auch Bild **735**.1 d).

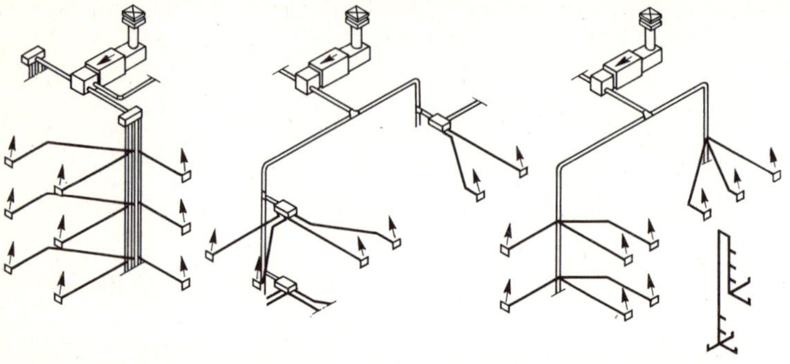

738.1 Mechanische Zuluftsysteme mit Lufteinblasung hinter den Heizkörpern (nach SF Luft- und Wärmetechnik GmbH)

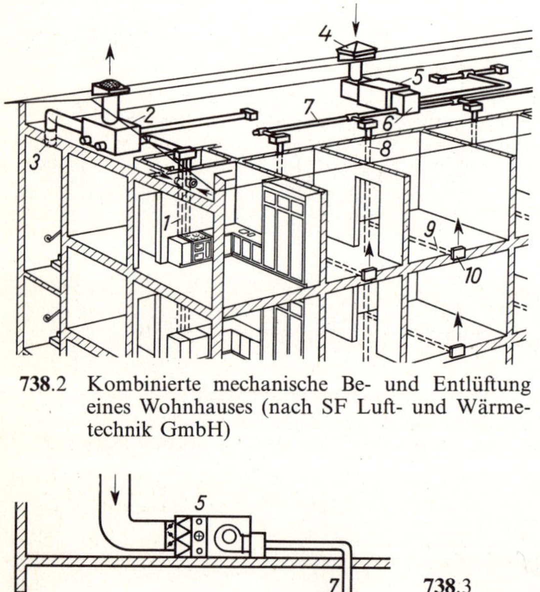

738.2 Kombinierte mechanische Be- und Entlüftung eines Wohnhauses (nach SF Luft- und Wärmetechnik GmbH)

Abluftsystem

1 Spiral-Falzrohre ∅ 78 mm in Betonwänden
2 Abluft-Aggregat
3 Rauchklappe zur Rauchabführung aus dem Treppenhaus

Zuluftsystem

4 Lufteinlaß
5 Zuluft-Aggregat
6 Verteilungskammer, zugleich Schalldämpfer
7 Wärmekanalsystem auf dem Dachboden aus spiralgefalztem Rohr
8 senkrechter Verteilkanal aus spiralgefalztem Rohr ∅ 78 mm in den Betonwänden
9 waagerechter Verteilkanal in den Betondecken, sonst wie 8
10 Zuluftgerät hinter dem Heizkörper, unterer Teil in der Betondecke eingegossen

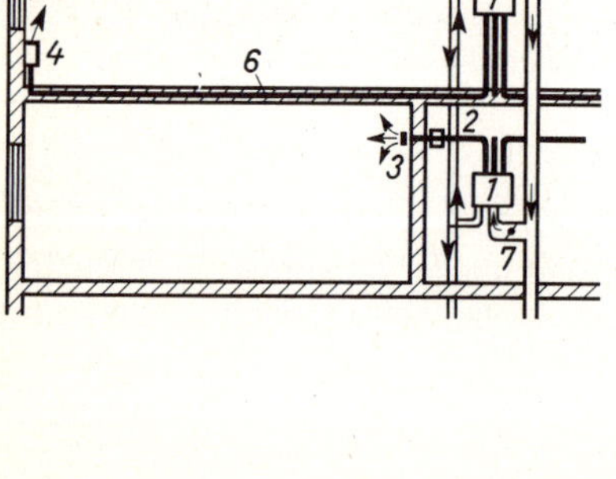

738.3
Kombinierte Lüftungs- und Heizungsanlage für Wohnhäuser (System ZONIVENT) (nach SF Luft- und Wärmetechnik GmbH)

1 Wohnungs-Nachheizgerät für 1 bis 5 Luftauslässe
2 Rohrschalldämpfer
3 Luftverteiler
4 Zuluftkasten
5 Zentrale
6 Doppelrohr
7 Luftklappe

In diesem System wird gefilterte und vorgewärmte Außenluft von einem Zentralaggregat über ein Kanalsystem zu einem in jeder Wohnung zentral angebrachten Nachheizgerät geschickt. In diesem Apparat wird die Luft auf die erforderliche Zulufttemperatur nacherwärmt und dann in die verschiedenen Wohnräume entweder unter dem Fenster oder durch in der Innenwand angebrachte Luftverteiler eingeblasen.

Der Apparat ist in verschiedene Kammern unterteilt, und die Lufttemperatur im Auslaß jeder Kammer kann auf den entsprechenden Wert eingestellt werden. Außerdem kann in jeder Kammer die Luftmenge zwischen 30 und 100 m^3/h voreingestellt werden.

11.4.3 Wärmerückgewinnung

In zentralen Be- und Entlüftungsanlagen wie auch in Klimaanlagen ist es bisher üblich gewesen, die aus den Räumen durch Sonneneinstrahlung, als Abwärme von Maschinen, als Personen- und Beleuchtungswärme (s. Abschn. 11.5.5) anfallenden Wärmemengen größtenteils mit der Fortluft ungenutzt ins Freie abzuführen.

Dies bedeutet nicht nur eine Energieverschwendung, sondern auch eine unerwünschte Wärmebelastung der Atmosphäre (im Zentrum von Großstädten kann man z. B. Lufttemperaturerhöhungen von 2 K gegenüber den Randzonen feststellen).

Durch den Einbau von Wärmerückgewinnungsanlagen läßt sich jedoch ein großer Teil der Fortluftwärme wieder verwenden. Es lassen sich so die Bau- und Betriebskosten der Lüftungs- oder Klimaanlage nicht unerheblich bis zu 50% und mehr senken.

Hierzu wird das am besten auf dem Dach oder im obersten Geschoß des Gebäudes angeordnete kombinierte Zu- und Abluftaggregat (Zentralgerät) mit verhältnismäßig geringem Aufwand um einen Wärmetauscher Luft/Luft erweitert.

In ihm wird die Außen- und die Fortluft an möglichst großen Berührungsflächen, aber völlig voneinander getrennt, so aneinander vorbeigeführt, daß im Winter und in den Übergangszeiten die warme Fortluft einen erheblichen Teil der von ihr mitgeführten Wärme an die kältere Außenluft abgibt und diese so vorwärmt (**739**.1). Umgekehrt kann an heißen Sommertagen die Fortluft die warme Außenluft vorkühlen.

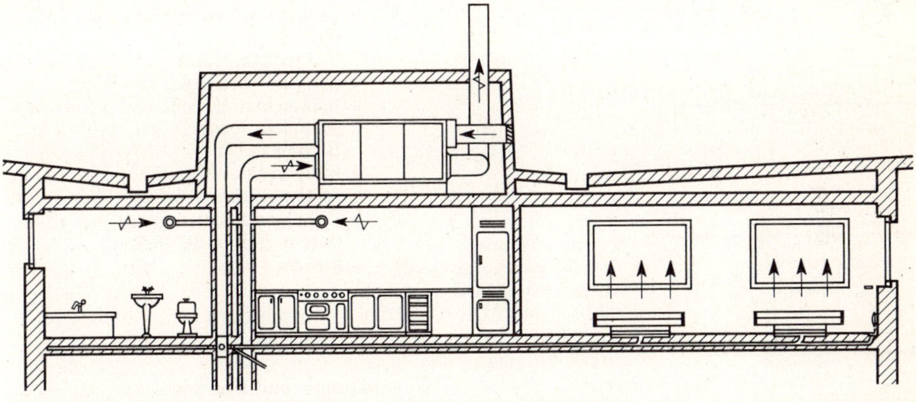

739.1 Kombiniertes Zu- und Abluft-Aggregat mit Wärmetauscher zur Abwärmerückgewinnung aus der Fortluft für eine kombinierte Be- und Entlüftungsanlage

Die wichtigsten Verfahren der Wärmerückgewinnung sind:

a) Rekuperatives Verfahren. Der Wärmeaustausch zwischen Fort- und Außenluft erfolgt zwischen feststehenden Flächen, das sind z. B. unter Verwendung von Abstandsleisten zu Paketen zusammengepreßte Glasplatten (**740**.1).

Die im Kreuzstrom durchgeleitete Fort- und Außenluft wirken unmittelbar aufeinander. Hierbei findet nur ein Wärmeaustausch, keine Feuchtigkeitsübertragung statt.

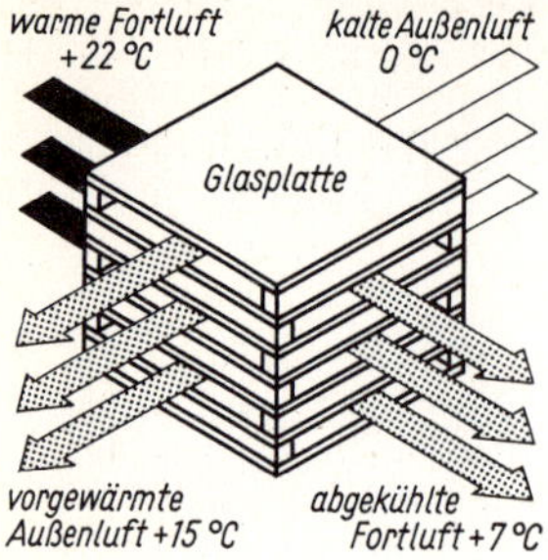

Als besonderer Vorteil dieser Wärmetauscher ist die große Widerstandsfähigkeit des Plattenwerkstoffes gegenüber aggressiven Luftverunreinigungen zu erwähnen.

Ferner lassen sich die Austauschflächen leicht durch eingebaute Sprühdüsen reinigen.

Andere Ausführungen verwenden Wärmetauscher aus Rohrbündeln.

740.1
Wärmerückgewinnung, rekuperativer Wärmetauscher (System Air Fröhlich)

b) Regeneratives Verfahren. Es arbeitet mit rotierenden Temperaturaustauschern. Ein bekanntes Verfahren verwendet langsam (10 U/min) rotierende Wärmetauscher, die der Fortluft mit einer in den Rotor eingebrachten hygroskopischen Speichermasse sowohl die Wärme als auch die Feuchte (samt ihrer latenten Wärme) entziehen und auf die zugeführte kalte Außenluft übertragen (**740**.2 und 3).

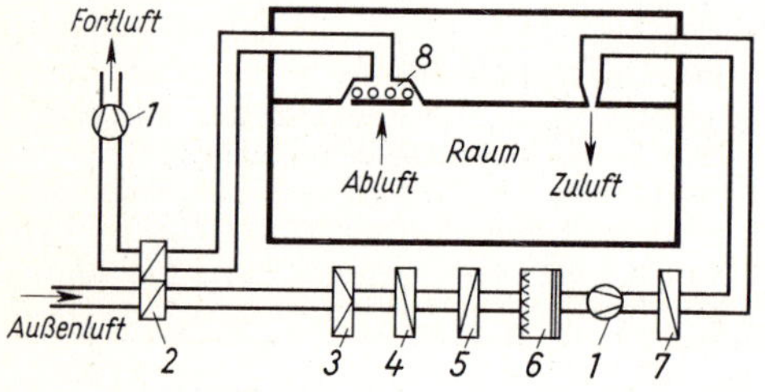

740.2
Klimaanlage mit Regenerativ-Wärmetauscher zur Wärmerückgewinnung

1 Ventilator
2 regenerativer Wärmetauscher
3 Filter
4 Vorwärmer
5 Kühler
6 Befeuchter
7 Nachwärmer
8 Klimaleuchte (**752**.1)

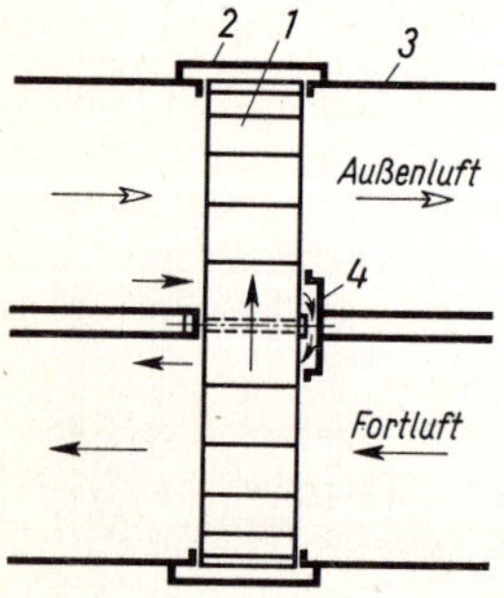

740.3
Regenerativ-Wärmetauscher zur Wärmerückgewinnung (Econovent)

1 Rotor mit hygroskopischer Speichermasse zum Wärme- und Feuchteaustausch
2 Stahlblechgehäuse des Rotors
3 Stahlblechgehäuse des Luftkanals
4 Spülschleuse: Die in der Speichermasse enthaltene Abluft wird vor einem Übertritt in den Frischluftteil des Apparates durch Frischluft ausgespült

Eine Schleuse trennt beide Luftströme so voneinander, daß ein Übertritt von Fortluft in den Außenluftkanal unmöglich ist.

Mit diesen Geräten werden Wirkungsgrade zwischen 65 und 95% erzielt.

c) Wärmepumpen (nach Abschn. 11.5.9.1). Der Wärmeübergang von der Fortluft zur Außenluft erfolgt hier über den Kondensator und den Verdampfer einer umschaltbaren Luft/Luft-Wärmepumpe (**741**.1), so daß die Außenluft im Wechsel im Winter vorgewärmt oder im Sommer vorgekühlt werden kann.

In Lüftungsanlagen ohne Kühlung mit Kältemaschine ist eine Wärmerückgewinnung mit dem rekuperativen Verfahren nach a) oder dem regenerativen Verfahren nach b) vorteilhafter als eine Wärmepumpenanlage.

Sind jedoch eine Heizung und Kühlung notwendig und ist außerdem die Kühlleistung nicht wesentlich kleiner als die Heizleistung, so ist zumeist eine Wärmepumpenanlage einer Anlage nach a) oder b) vorzuziehen.

Im Einzelfall ist jedoch die Entscheidung über das zu wählende System stets auf Grund einer sorgfältigen Wirtschaftlichkeitsberechnung zu treffen.

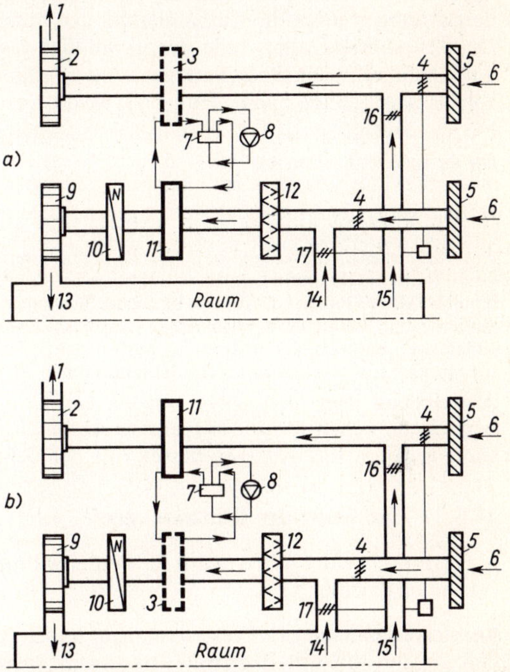

741.1
Wärmerückgewinnungsanlage mit umschaltbarer Luft/Luft-Wärmepumpe

a) Winterbetrieb: Vorwärmen der Außenluft
b) Sommerbetrieb: Kühlen der Außenluft

1 Fortluft
2 Fortluftventilator
3 Kühlbatterie (Verdampfer)
4 Luftklappe
5 Außenluftgitter
6 Außenluft
7 Vierwegeventil im Kältemittelkreislauf
8 Kompressor
9 Zuluftventilator
10 Nachwärmer
11 Kondensator (Verflüssiger)
12 Luftfilter
13 Zuluftöffnung zum Raum
14 Umluftöffnung im Raum
15 Fortluftöffnung im Raum
16 Fortluftklappe
17 Umluftklappe

11.5 Klimaanlagen

11.5.1 Allgemeines

Klimaanlagen sind nach DIN 1946 T. 1 lüftungstechnische Anlagen, die während des ganzen Jahres die Lufttemperatur und die Luftfeuchte selbsttätig auf vorgegebenen Werten halten, und zwar in einem Betriebsbereich, der durch vereinbarte Grenzwerte für die Wärme- und Feuchteentwicklung im Raum sowie durch die in den Lüftungsregeln der DIN 1946 festgelegten Grenzwerte der Temperatur und Feuchte der Außenluft gekennzeichnet ist.

Klimaanlagen müssen daher folgende Einrichtungen zum

Heizen der Luft
Kühlen und Entfeuchten der Luft
Befeuchten der Luft
Mischen und Umwälzen der Luft
Reinigen der Luft von Staub und teilweise von Gerüchen
Erneuern der Luft

aufweisen.

Sie werden durchweg für Mischluftbetrieb gebaut, d. h., sie können nach Bedarf mit Außenluft, mit Umluft oder mit einem beliebigen Gemisch aus beidem betrieben werden, wobei jedoch die Einhaltung eines bestimmten Außenluftstromes (Taf. **719**.1) zu beachten ist.

Die Berechnung der Anlage unterscheidet zwischen Sommer- und Winterbetrieb und legt meistens für beide ein bestimmtes Mischungsverhältnis von Außen- und Umluft und gleiche umzuwälzende Luftmengen zugrunde.

Damit ein wirklich einwandfreies Arbeiten der Anlage garantiert werden kann, sind diese Berechnungen sowie die Auswahl unter den zahlreichen technischen Möglichkeiten und die Dimensionierung aller Teile der gewählten Klimatisierungsanlage mit größter Sorgfalt durchzuführen. Die Berechnungen sind umständlich, setzen vielseitige Spezialkenntnisse voraus und bleiben daher dem Lüftungsfachmann vorbehalten.

Die Klimaanlage ist das z. Z. vollkommenste Verfahren der technischen Luftaufbereitung.

Die Anlage- und Betriebskosten sind hoch. Sie wachsen etwa linear mit der Luftleistung der Anlage in m^3/h, diese aber sehr stark mit niedrigerer verlangter Feuchte im Raum.

Bei der Planung ist daher durch Auftraggeber, Architekt und Klimaingenieur stets sorgfältig zu prüfen, ob etwa, vor allem bei industriellen Anlagen, durch eine vertretbare Reduzierung der technischen Anforderungen an die Anlage (z. B. Wahl einer höheren Betriebstemperatur und Feuchte, Erhöhung des Umluftanteiles, Beschränkung der Luftbehandlung auf den Außenluftanteil u. ä.) und durch verbesserte bauliche Maßnahmen, wie höherer baulicher Wärmeschutz mit stärkerem Wärmespeichervermögen der Außenwände, verkleinerte Glasflächen, verstärkte Sonnenschutzmaßnahmen, mit einer kleineren oder einfacheren Klimaanlage oder sogar nur mit einer Zwischenstufe, z. B. einer Luftkühl-, Luftbefeuchtungs- oder Lufttrocknungsanlage, auszukommen ist.

Abweichend von DIN 1946 werden als Teilklimaanlagen häufig solche Anlagen bezeichnet, denen eine oder mehrere Aufbereitungsstufen der Klimaanlagen fehlen. Man sollte für derartige Anlagen besser eine der Bezeichnungen nach Abschn. 11.4.1 wählen.

11.5.2 Einteilung der Klimaanlagen

Nach ihrer Zweckbestimmung werden Komfortklimaanlagen und Industrieklimaanlagen unterschieden.

Komfortklimaanlagen. Diese Anlagen haben in Aufenthaltsräumen den für den behaglichen Aufenthalt von Menschen wünschenswerten Raumluftzustand herzustellen oder zu halten. Die Heizung ist dabei eine Teilleistung der Klimaanlage, die jedoch auch nebenher durch eine konventionelle Heizungsanlage erbracht werden kann.

Ursprünglich verwendete man Komfortklimaanlagen nur für Großräume wie Theater, Kinos, Säle, Kaufhäuser u. ä., heute zunehmend auch für Bürogebäude, Labor- und Fabrikationsräume.

Kleinklimaanlagen (Klimageräte) werden in wachsendem Maße in Arzt- und Rechtsanwaltspraxen, Verkaufsläden, Sprech- und Konferenzzimmern, Friseursalons u. a. eingesetzt.

Darüber hinaus werden in nächster Zukunft Klimaanlagen voraussichtlich auch in unserem Wohnungsbau, zumindest in den Großwohnbauten der städtischen Ballungsgebiete, ein neuartiges Anwendungsgebiet finden, wie das im Ausland teilweise heute schon der Fall ist.

Hierfür sind vor allem folgende Gründe maßgebend:

1. Die geringere Wärmespeicherung der bisherigen Bauweisen läßt die Wärme schneller von außen in die Räume eindringen als bei den konventionellen Bauverfahren.

2. Die Außenluft ist infolge der zunehmenden Verunreinigung durch Staub, Gase und Gerüche immer weniger unaufbereitet als Frischluft zu verwenden, vor allem bei Inversionswetterlagen. Je nach Belastung der Luft durch diese Verschmutzungen muß u. U. ein erheblicher Aufwand bei der Filteranlage in Kauf genommen werden (s. Abschn. 11.5.4).

3. Der wachsende Straßenlärm in den Stadtzentren läßt kaum noch ein Öffnen der Fenster zu.

4. Wirtschaftliche Gründe (gestiegene Boden- und Baupreise) zwingen mehr und mehr zur besseren Raumausnützung, d. h. zur dichteren Belegung der Arbeitsräume. Deshalb müssen die Gebäude verstärkt mit Luft versorgt werden und zur besseren Ausleuchtung der Arbeitsflächen größere Glasflächen erhalten, die indessen den Wärmeeinfall stark erhöhen. Aber auch die künstliche Beleuchtung ist zu verstärken und führt zur erhöhten Wärmeabgabe.

5. In den immer zahlreicher werdenden Hochhäusern für Büros, Verwaltungen und Werkstätten werden wegen des starken Windanfalles und des thermischen Auftriebes zur Vermeidung von Zugbelästigung und mit Rücksicht auf gleichmäßige Temperaturen im Gebäude die Fenster fest verglast. Dadurch wird eine Fensterlüftung unmöglich gemacht.

In Wohnhochhäusern unserer Breitengrade genügt indessen eine Wohnungsbelüftung mit Zu- und Abluft nach Abschn. 11.4.2, jedoch muß dabei gewährleistet sein, daß eine Fensterspaltlüftung bei einer stärkeren Belastung der Wohnung kurzzeitig möglich ist.

Industrieklimaanlagen. Diese Anlagen haben in bestimmten Betrieben, wie z. B. der Textil-, Kunststoff-, Lederwaren-, Foto-, Nahrungs- und Genußmittelindustrie, der Papierherstellung und -verarbeitung, auch in Datenverarbeitungsanlagen und in anderen Industriebetrieben, in erster Linie den für die Lagerung oder Verarbeitung eines Roh- oder Werkstoffes oder der Fertigprodukte erforderlichen Zustand der Raumluft i. allg. gleichmäßig über das ganze Jahr hinweg herzustellen oder aufrechtzuerhalten.

Die an die Anlagen zu stellenden Anforderungen weichen meist sehr voneinander ab und müssen vielfach im Einzelfall vom Auftraggeber nach eigenen Erfahrungen vorgeschrieben werden.

Im Rahmen dieses Buches wird davon abgesehen, auf die Industrieklimaanlagen, die sich in Planung, Berechnung und Ausführung grundsätzlich nicht von den Komfortanlagen unterscheiden, näher einzugehen.

Nach dem Standort des Klimaaggregates sind zentrale Klimaanlagen und dezentrale Klimaanlagen mit Einzelgeräten zu unterscheiden.

Zentrale Klimaanlagen. In Klimaanlagen großer Leistung für Großräume oder Gebäude mit zahlreichen Einzelräumen wird die Zuluft i. allg. durch ein Kanalsystem zugeleitet, die Abluft durch ein zweites aus ihnen abgeführt.

Während man ursprünglich die maschinentechnischen Bauteile einer solchen Zentralanlage in einer Reihe von Kellerräumen aus Mauerwerk oder Beton unterbrachte, werden heute durchweg, mit wesentlich geringerem Raumbedarf und Gewicht, die Zentralgeräte (**744**.2 und **747**.1) aus serienmäßig in der Fabrik nach dem Baukastensystem vorgefertigten Stahlrahmenkonstruktionen mit abnehmbaren Blechverkleidungen an Ort und Stelle zusammengesetzt.

Sie können außer in Kellergeschossen auch in einem Hauptgeschoß selbst, vor allem aber in einem besonderen Technikgeschoß (**744**.1), das kann ein Zwischengeschoß oder ein Dachgeschoß sein, untergebracht werden.

Dabei kann man die einzelnen Teile bei Bedarf hintereinander, übereinander oder auch in Winkelform zusammenstellen (s. Abschn. 11.5.7 und 11.5.8).

Dezentrale Klimaanlagen mit Einzelgeräten. Für Klimaanlagen mittlerer und kleiner Leistung verwendet man heute in großem Umfang fabrikmäßig zusammengebaute und anschlußfertig gelieferte Einzelgeräte, die sich unter Fortfall eines Kanalnetzes in dem betreffenden Raum selbst oder in seiner unmittelbaren Nähe unterbringen lassen.

Nach Größe und Leistung werden unterschieden:

Raumklimageräte (Fenster- oder Einbaugeräte), Klimatruhen und Klimaschränke (s. Abschn. 11.5.9).

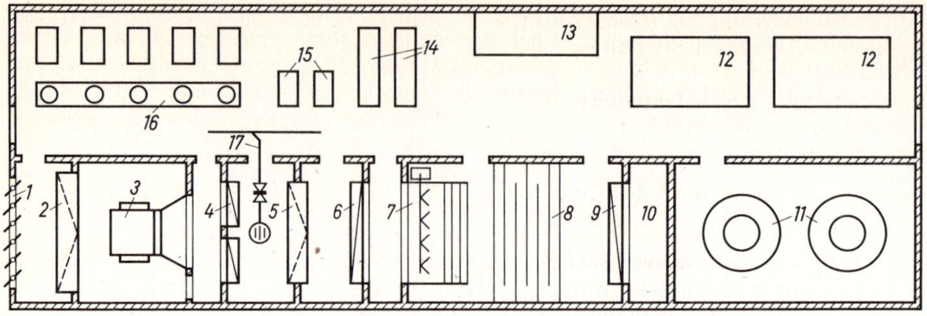

744.1 Technikgeschoß in einem Hochhaus mit Zentrale für eine Hochdruck-Induktionsklimaanlage (Schema) (Lüftungstechnische Gesellschaft)

1 Jalousieklappe Außenluft
2 Luftvorfilter
3 Zuluftventilator
4 Luftvorerhitzer
5 Luftfeinfilter
6 Luftkühler
7 Düsenkammer mit Pumpe und Tropfenabscheider
8 Zuluftschalldämpfer
9 Luftnacherhitzer
10 Zulufthauptschacht
11 Wasserrückkühlanlage für Kälte
12 Kälteanlage
13 Hauptschalttafel
14 Wärmetauscher
15 Pumpen
16 Mischgruppen für Sekundärwassersystem
17 Entwässerung mit Handabsperrung

Mischformen aus zentralen und dezentralen Anlagen sind ebenfalls möglich.

Nach der Luftpressung in der Kanalanlage sind Niederdruckanlagen und Hochdruckanlagen zu unterscheiden.

Niederdruckanlagen. Die Luft wird in einem zentralen Klimagerät (**744**.2 und **747**.1) aufbereitet und direkt zu den zu klimatisierenden Räumen über ein Kanalnetz geleitet, in dem bei entsprechend großen Querschnitten Luftgeschwindigkeiten zwischen 2 und 8 m/s bei einer Pressung von 2 bis 10 mbar auftreten (s. Abschn. 11.5.7).

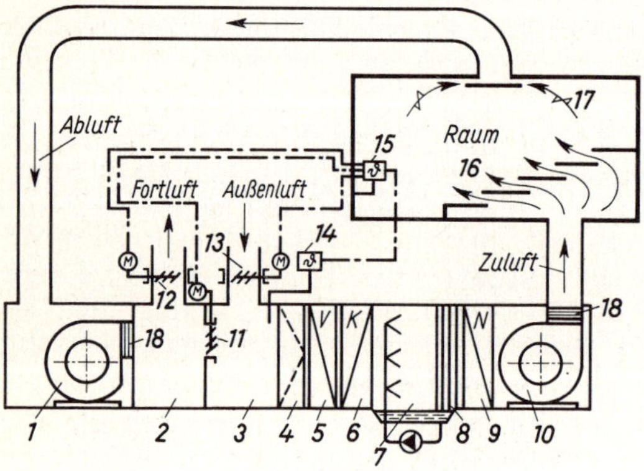

744.2 Einkanal-Niederdruckklimaanlage (Komfortanlage) mit Luftführung von unten nach oben

1 Abluftventilator
2 Trennkammer
3 Mischkammer
4 Luftfilter
5 Luftvorerhitzer
6 Luftkühler
7 Düsenkammer
8 Tropfenabscheider
9 Luftnacherhitzer
10 Zuluftventilator
11 Umluftklappe
12 Fortluftklappe
13 Außenluftklappe
14 Mischkammerthermostat
15 Raumthermostat
16 Zuluft
17 Abluft
18 flexibles Zwischenstück

Hochdruckanlagen. Diese unterscheiden sich von den Niederdruckanlagen grundsätzlich durch Kanäle von platzsparenden geringen Querschnitten mit Luftgeschwindigkeiten von 8 bis 15 m/s und Pressungen von 10 bis 25 mbar (s. Abschn. 11.5.8).

Die Geräuschfrage ist bei diesen Anlagen, die nur für Komfortklimaanlagen verwendet werden, mit besonderer Sorgfalt zu behandeln.

11.5.3 Aufbau und Arbeitsweise

11.5.3.1 Bauteile

Bild **744**.2 zeigt schematisch den Aufbau einer zentralen Klimaanlage aus den erforderlichen Einrichtungen zur Aufbereitung der Zuluft.

Abluftventilator, Trennkammer und Mischkammer. Der zusammen mit seinem Antriebsmotor (mit Drehzahlregelung) schwingungsgedämpft auf gemeinsamen Grundrahmen montierte Radialventilator in der schalldämmend verkleideten Abluftventilatoreinheit (1) ist immer dann erforderlich, wenn die Abluft über längere Luftkanäle in die Zentrale oder ins Freie abzuführen ist.

In der anschließenden Trennkammer (2) wird zur Konstanthaltung der Zuluftmenge so viel Abluft als Fortluft (**714**.1) über den hier angeschlossenen Fortluftkanal abgeführt, wie danach Außenluft der Zentrale zugeführt werden soll.

Der Rest der Abluft gelangt als Umluft in die Mischkammer (3) und wird hier mit der zugeführten Außenluft vermischt. Diese Zuluft genannte Mischung aus Außen- und Umluft wird nach ihrer weiteren Aufbereitung dem zu klimatisierenden Raum zugeleitet.

Bei diesem, wie bereits erwähnt, allgemein üblichen Mischluftbetrieb wird bei hohen Sommertemperaturen zur Einsparung von Kühlkosten und bei niedrigen Wintertemperaturen zur Verringerung der Heizkosten die Außenluftmenge unter Erhöhung der Umluftmenge, jedoch immer unter Einhaltung eines bestimmten Mindestaußenluftstromes (Taf. **719**.1), weiter herabgesetzt.

Das gewünschte Mischungsverhältnis der Außen- und Umluftanteile zur Zuluft wird durch selbsttätig (elektrisch oder pneumatisch) sich verstellende Außen-, Fort- und Umluft-Jalousieklappen hergestellt, die ihre Impulse vom Mischkammerthermostaten erhalten. Hierbei bewegen sich Außen- und Fortluftklappe im gleichen, die Umluftklappe im entgegengesetzten Sinn.

Luftfilter. Hinter der Mischkammer befindet sich die Filtereinrichtung zur Reinigung der Außen- und Umluft (4). Der Aufbau der Filtereinrichtung ist abhängig von dem Grad und der Art der Luftverunreinigung und der Anforderung von der Reinluftseite her. Die einfachste Ausführung ist meist ein Trockenschichtfilter aus zickzackförmig angeordneten Platten. Näheres über Luftfilter s. Abschn. 11.5.4.

Luftkühler und Luftnacherhitzer. Im Sommerbetrieb (**745**.1) wird dann die gereinigte Zuluft nach Durchgang durch den jetzt außer Betrieb befindlichen Luftvorerhitzer (5) an

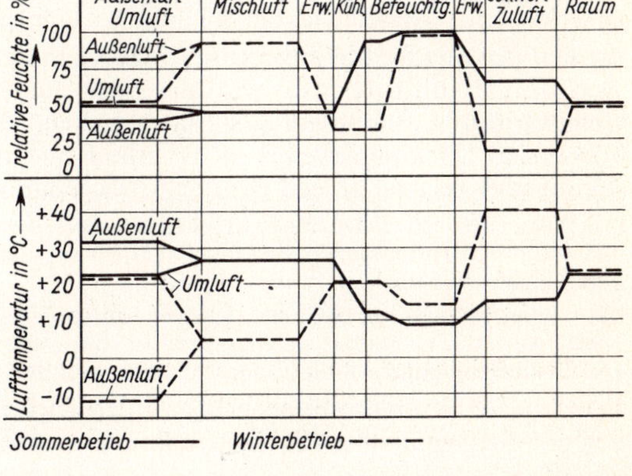

745.1
Einkanal-Niederdruckklimaanlage (Komfortanlage), Diagramm der Lufttemperatur und -feuchte (Prinzip) im Sommer- und Winterbetrieb

den Flächen eines Luftkühlers (6), das ist meist ein Oberflächenkühler aus Lamellenrohren, gekühlt und gleichzeitig infolge der hierdurch bewirkten Wasserausscheidung entfeuchtet. Die Abführung des ausgeschiedenen Kondensates erfolgt durch einen Tropfenfänger. Nur bei geringem Kühlbedarf ist Leitungswasser als Kühlmittel ausreichend, sonst schickt eine Kältemaschine tiefgekühltes Wasser oder ihr Kältemittel durch den Luftkühler. Anschließend wird die Zuluft im Nacherhitzer (9) auf die Einblastemperatur erwärmt, mit der sie in den Raum eintreten soll.

Dabei sollen zur Verhinderung von Zugerscheinungen die Untertemperaturen der Zuluft unter der vorgesehenen Raumtemperatur nicht mehr betragen als etwa

2 bis 4 K beim Einblasen der Zuluft im Aufenthaltsbereich

4 bis 7 K wie oben, jedoch ohne ein direktes Anblasen der Rauminsassen; auch bei normalen Lochdecken bei 3 bis 4 m Raumhöhe

7 bis 10 K bei Ausblasen der Zuluft aus Gittern oberhalb der Aufenthaltszone

15 K und mehr bei Spezial-Lochdecken, bei Hochdruckanlagen mit sehr starker Sekundärluftansaugung.

Je größer die Untertemperatur, desto wirtschaftlicher ist die Anlage. Geringere Luftmengen bedeuten kleinere Kanalnetze, geringere Ventilatorleistung, niedrigere bauliche Nebenleistungen, aber um so höhere Anforderungen an die Luftverteilung.

Eine Teilkühlung ist auch mit dem Wäscher der Befeuchtungsanlage (7) für den Winterbetrieb möglich, ebenso eine Teilreinigung der Luft.

Kühllast. Die „Kühllast" ist die unter den vorgegebenen Grenzbedingungen von der Zuluft im Raum aufzunehmende Wärmemenge, die sich aus dem Wärmeeinfall von außen infolge der Sonneneinstrahlung (über Sonnenschutz s. Abschn. 11.5.6) und Konvektion durch Wände, Dachflächen, Fenster und Türen, ferner aus der Wärmeabgabe der Rauminsassen, der Beleuchtungsanlage (über Beleuchtungswärme s. Abschn. 11.5.5) der Geräte und Apparate (z. B. Büromaschinen) und anderer Wärmequellen im Raum zusammensetzt.

Sie ist zu unterscheiden von der erforderlichen Kühlleistung des Kühlers. Diese beträgt wegen der zum Trocknen erforderlichen Kühlung der Außenluft und Wiedererwärmung der Zuluft meistens ein Vielfaches der Kühllast. Kühlen ist daher stets sehr kostspielig und sollte auch durch bauliche Maßnahmen, wie Schutz der zu klimatisierenden Räume gegen Sonneneinstrahlung, so weit wie möglich reduziert werden (s. Abschn. 11.5.6).

Luftvorerhitzer, Düsenkammer, Tropfenabscheider und Luftnacherhitzer. Im Winterbetrieb (**745**.1) wird die gereinigte Zuluft im Luftvorerhitzer (5), der meistens aus verzinkten Spezial-Lamellenrohren oder auch aus Kupferrohren mit Alu-Lamellen besteht und an eine PWW-Heizung angeschlossen ist, so weit vorerwärmt, daß sie bei der anschließenden Befeuchtung in der Düsenkammer (7) durch zerstäubtes Wasser den geforderten Wassergehalt erreicht und von den noch vorhandenen Staubteilchen befreit wird.

Da mit dem Befeuchten die Luft durch die Wasserverdunstung zugleich abgekühlt wird, zieht man die Düsenkammer vereinzelt auch zur Kühlung der Luft heran (s. vorstehend unter „Sommerbetrieb").

An den zickzackförmig angeordneten Blechen des zur Befeuchtungskammer gehörenden Tropfenabscheiders (8) wird das nicht aufgenommene Wasser aus dem Luft-Nebel-Gemisch durch Prallwirkung zurückgehalten, läuft in den Wasservorratsbehälter (mit Wassersieb, Schwimmerventil und Überlauf) im Unterbau der Kammer und wird von hier in ständigem Kreislauf zu den Düsen zurückgepumpt und erneut versprüht.

Das Wasser muß jedoch laufend ersetzt werden, da es sonst je nach Wasserbeschaffenheit eindickt (Salze) und starke Korrosionsgefahr besteht. Eventuell ist sogar eine Wasseraufbereitung (Enthärtung und Verschnitt) erforderlich.

Man kann jedoch den Wäscher ersetzen durch einen Dampf-Luft-Befeuchter. Hierbei wird die Nacherwärmung eingespart, und man erreicht eine hygienische Luftbefeuchtung, da der Dampf steril ist. Die Dampferzeugung erfordert indessen einen entsprechenden Aufwand.

In einem dem Luftvorerhitzer gleichartigen Luftnacherhitzer (9) wird die Luft schließlich auf die gewünschte Einblastemperatur erwärmt.

Heizlast. Die „Heizlast“ ist die zur Deckung des nach DIN 4701 zu berechnenden Wärmebedarfes der zu klimatisierenden Räume aufzubringende Heizleistung, die um die Grundlast der Raumheizung zu kürzen ist, wenn diese von besonderen Heizflächen übernommen wird.

Während des Betriebes können Sonneneinstrahlung und die Wärmeabgabe der Rauminsassen, der Beleuchtungsanlage usw., aber auch eine evtl. vorhandene Wärme-Rückgewinnungsanlage, die der Fortluft einen Teil ihrer Wärme entzieht und an die eingeführte Außenluft abgibt, die Heizlast erheblich verringern.

Beipaß. Durch einen Beipaß (Nebenschluß-, Umgehungskanal) kann ggf. ein Teil der Mischluft oder Umluft an einem Teil der Aufbereitungseinrichtungen vorbeigeführt werden (**747**.1).

A Außenluft
Ab Abluft
F Fortluft
H Hygrostat
HK WW-Heizkessel
KA Kälteaggregat
T Raumthermostat
U Umluft
Z Zuluft
1 Mischkammer
2 Luftfilter
3 Luftvorerhitzer
4 Beipaß
5 Luftkühler
6 Düsenkammer
7 Tropfenabscheider
8 Luftnacherhitzer
9 Zuluftventilator
10 flexibles Zwischenstück des Luftkanales
11 Umlaufpumpe

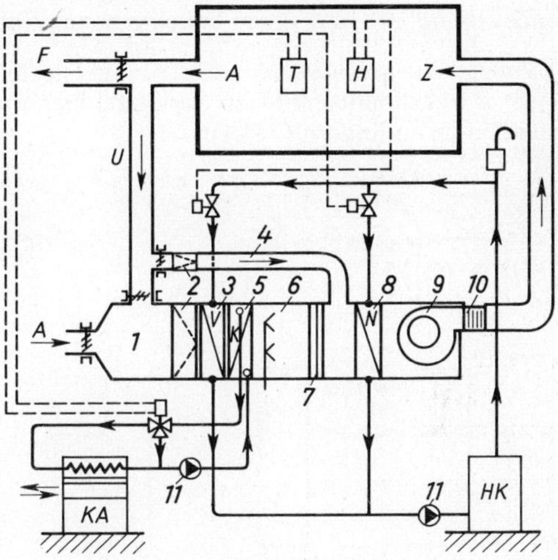

747.1 Einkanal-Niederdruckklimaanlage mit Beipaß (Schema) (Variante zu Bild **744**.2)

Zuluftventilator und Zwischenstück. Bei der Normalausführung drückt zum Schluß ein möglichst geräuscharmer Zuluftventilator (10), baulich dem Abluftventilator entsprechend, aber für höhere Pressungen ausgelegt, die Zuluft durch die Zuluftkanäle in den Raum bzw. in die Räume. Am Druckstutzen dieses Ventilators ordnet man zunächst zur Verringerung von Körperschallübertragung ein flexibles Verbindungsstück (18) aus kunststoffbeschichtetem Gewebe an, dem noch besondere Schalldämpfer folgen können.

Bei Sonderanforderung, z. B. bei Krankenhausanlagen und in „reinen“ Räumen, werden die Ventilatoren so angeordnet, daß die Luft durch die gesamte Aufbereitung hindurchgedrückt wird, da sonst u. U. beim Hindurchsaugen durch Undichtheiten Luft unter Umgehung der Filteranlage in den Kreislauf gelangt.

Die Leistungen der einzelnen Bestandteile einer Klimaanlage werden für vorgegebene Grenzbedingungen bemessen, die natürlich nur während eines geringen Teiles der Betriebszeit vorliegen.

Langfristig ändert sich der Energiebedarf durch den Klimawechsel während des Jahresablaufes (Sommer- und Winterbetrieb), kurzfristig als Folge der ständig wechselnden Außenluftzustände und Sonneneinstrahlung, ebenso wie im Wechsel der Wärmeabgabe von Personen, Beleuchtungskörpern, Einrichtungen usw.

Das Ausschalten dieser Störungen zur Einhaltung der vorgegebenen Raumluft-Zustandswerte macht daher eine automatische, alle Bauelemente erfassende Regelungsanlage zu einem wesentlichen Bestandteil jeder Klimaanlage.

11.5.3.2 Luftkanäle

Materialien. Sie müssen glatte Innenflächen haben. Geeignete Baustoffe sind vor allem:

Feinstahlblech, oberflächengeschützt, in Dicken von 0,5 bis 1,13 mm, Querschnitt quadratisch, rechteckig oder rund, Längsnähte gefalzt, Stöße gebördelt, mit Winkelstahlverbindung, losen Flanschen, Sickenschellen oder Schiebern; längere Rundrohre auch als Wickelrohre mit spiralförmig verlaufendem Falz

Asbestzement

innen geglätteter Putz auf nicht brennbarem Putzträger

innen sauber verfugtes Mauerwerk

nicht brennbare und gegen Feuchte unempfindliche Bauplatten

Planung. Die Kanäle sind nach strömungstechischen Gesichtspunkten sorgfältig zu berechnen, durchzubilden und zu verlegen. Der Querschnitt und die Richtung ist stets nur allmählich zu ändern (**748**.1).

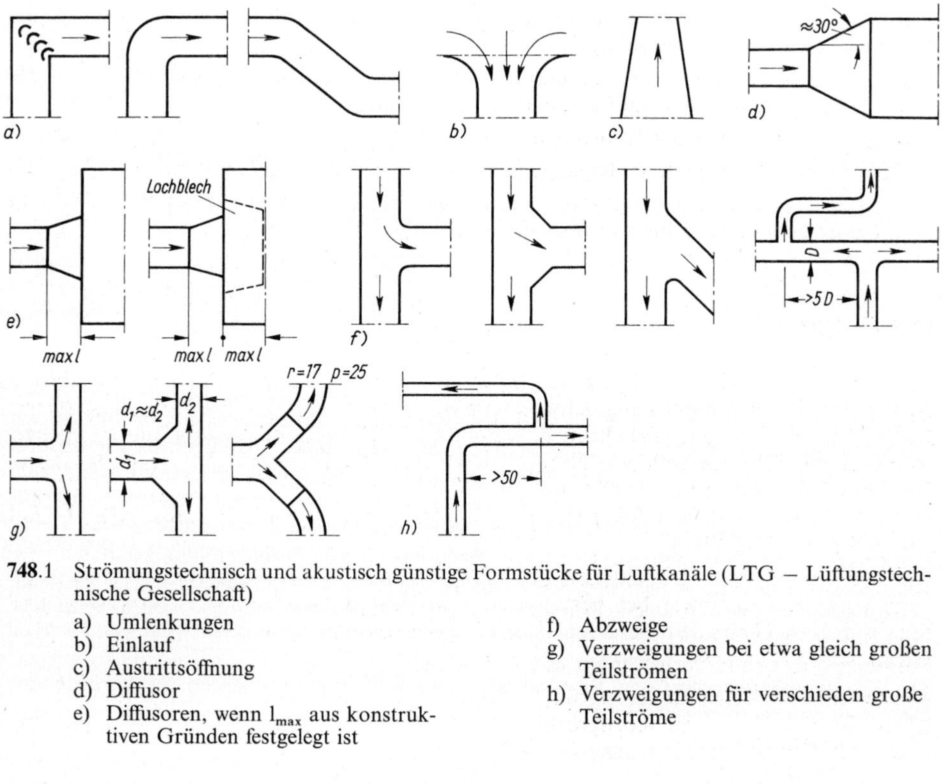

748.1 Strömungstechnisch und akustisch günstige Formstücke für Luftkanäle (LTG – Lüftungstechnische Gesellschaft)

a) Umlenkungen
b) Einlauf
c) Austrittsöffnung
d) Diffusor
e) Diffusoren, wenn l_{max} aus konstruktiven Gründen festgelegt ist
f) Abzweige
g) Verzweigungen bei etwa gleich großen Teilströmen
h) Verzweigungen für verschieden große Teilströme

Den Berechnungen sollten zur Verringerung der Geräuschbildung möglichst die unteren Grenzwerte der empfohlenen Luftgeschwindigkeiten und Druckverluste der verschiedenen Anlagensysteme zugrunde gelegt werden.

Während für Niederdruckanlagen nach Abschn. 11.5.7 durchweg Kanäle mit Rechteckquerschnitt typisch sind, verwendet man in Hochdruckanlagen nach Abschn. 11.5.8 vorwiegend Rundrohre aus Stahlblech.

Auch bei bauseitiger Erstellung der Kanalanlage hat die lüftungstechnische Firma alle Zeichnungen hierzu mit sämtlichen erforderlichen Angaben über deren Querschnitte, Lage und Ausführung, über den Einbau von Schalldämpfern usw. zur Verfügung zu stellen und die Bauleitung rechtzeitig über alle sonstigen von ihr zu treffenden Maßnahmen zu unterrichten.

Geräusche. Werden mehrere Räume von einer Lüftungsanlage versorgt, so dürfen durch die Luftkanäle keine Geräusche von einem Raum zu anderen übertragen werden, doch genügt der Dämmwert der Trennwände auch für die Kanalstrecke zwischen beiden Räumen.

In alle geräuschdämpfenden und -dämmenden Maßnahmen sind selbstverständlich auch die die Klimazentrale umschließenden Wände, Fußböden und Decken mit einzubeziehen.

Bei Anlagen mit besonders hohen akustischen Anfoderungen sollte zur Planung und Ausführung stets ein Raumakustiker hinzugezogen werden.

Außenluft. Die Ansaugöffnung für die Außenluft ist an einer Stelle anzuordnen, wo die Luft möglichst wenig verunreinigt werden kann.

Die Fortluft ist so ins Freie abzuführen, daß sie nicht wieder angesaugt werden oder andere unzumutbare Belästigungen hervorrufen kann.

Luftansaug- und -austrittsöffnungen sind zu vergittern.

Luftöffnungen dürfen nicht in begangenen Flächen liegen (s. auch Abschn. 11.2.1).

Vielfach ordnet man zentrale Luftansaugöffnungen als Lufttürme in größerem Abstand vom Gebäude und ca. 5 bis 6 m über dem Erdboden an.

11.5.4 Luftfilter

Luftfilter haben aus der Luft, i. allg. aus der Außen- und der Umluft, Staub (= schwebende Partikel mit nachweisbarer Fallgeschwindigkeit) und Aerosole (= feste Schwebestoffe wie Rauch von Feuerungen, Tabakrauch, radioaktive Schwebestoffe, Bakterien und Viren sowie flüssige Schwebestoffe wie Nebel, versprühtes Wasser in feinster Verteilung, in der Größenordnung von 50 bis 0,0001 µm und mit kaum noch feststellbarer Fallgeschwindigkeit) durch verschiedene Effekte (Sieb-, Trägheits-, Diffusionseffekt, elektrische Kräfte) auszuscheiden (Taf. **750**.1).

Ihre Verwendung ist aufgrund der zunehmenden Luftverunreinigung sowohl aus hygienischen Gründen sowie bei bestimmten Fertigungen aus wirtschaftlichen und technischen Gründen bei allen Klimaanlagen unentbehrlich.

Folgende Filterklassen werden unterschieden:

Klasse A: Grobfilter für Korngröße >8 µm
Klasse B: Feinfilter für Korngröße 0,7 bis 8 µm
Klasse C: Feinstfilter für Korngröße $<0{,}7$ µm

Filter für geringe und mittlere Ansprüche (Grobfilter). Hierzu gehören Metallfilter und Trockenschichtfilter.

Metallfilter (Naßluftfilter). Sie sind ölbenetzt und bestehen aus einzelnen Zellen oder Platten mit einer Füllung aus Steinwolle, Metallgewebe, Blecheinsätzen od. dgl., die in Stahlrahmen zu beliebig großen Zellen zusammengesetzt werden. Die Benetzung der Zellen geschieht durch Eintauchen in Benetzungsöl, die Reinigung durch Auswaschen.

Tafel **750**.1 Staub- und Filterarten (nach Ihle)

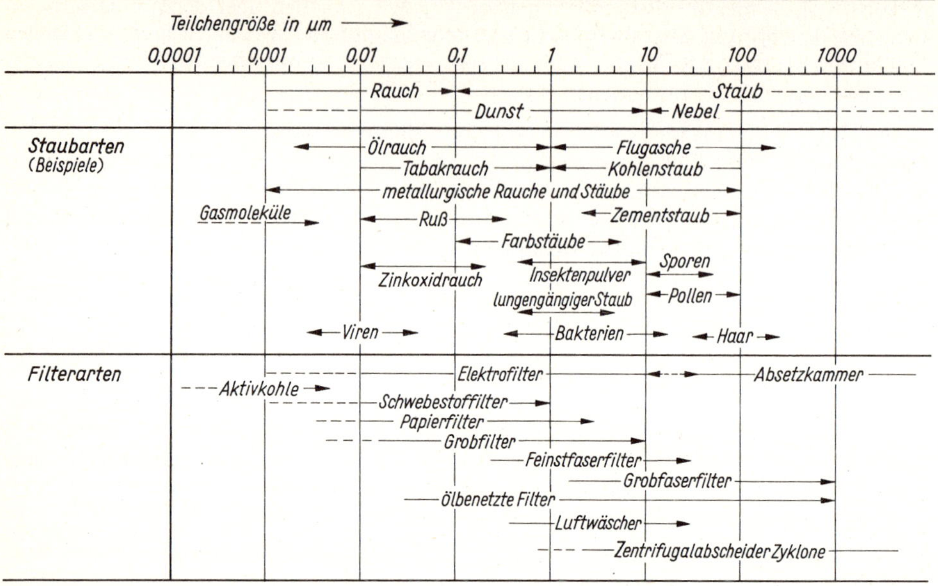

Bei großen Luftmengen werden auch automatische paternosterartige Umlauffilter verwendet, deren Luftfilterzellen durch Motorantrieb selbsttätig weitertransportiert und beim Durchgang durch ein Benetzerbad gereinigt und benetzt werden.

Grobfaserige Trockenschichtfilter. Diese haben Filterpakete, -matten oder -säcke aus Glasfasergespinst oder synthetischen Filterstoffen. Sie haben die Metallfilter weitgehend verdrängt, vor allem bei den Einzelgeräten (**765**.1).

Zu unterscheiden sind Wegwerffilter, deren Zellen mit einem billigen Füllstoff nach der Verschmutzung weggeworfen und durch neue ersetzt werden, von regenerierbaren Filtermedien (**750**.2) und von Automatik-Bandluftfiltern.

Letztere werden bei großen Luftmengen von ca. 5000 m^3/h verwendet und arbeiten in jeder Einbaulage.

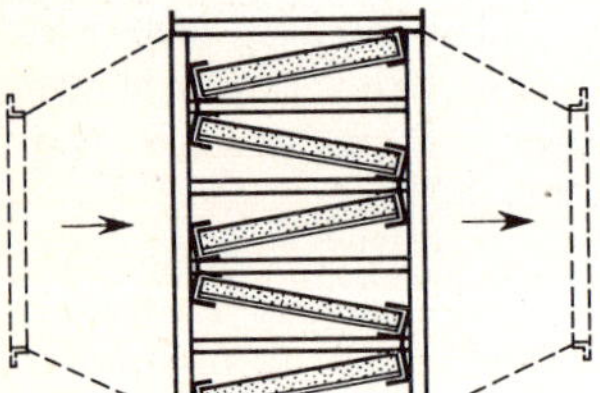

750.2
Regenerierbarer grobfaseriger Trockenschichtfilter (CEAG)

Filter für höchste Ansprüche (Fein- und Feinstfilter). Bei diesen Hochleistungsfiltern, zu denen auch die Schwebestoffilter zählen, muß die gesamte Luftfilterung in mehreren aufeinanderfolgenden Stufen geschehen, damit die Fein- und Feinststaubabscheidung vor zu schneller Verschmutzung durch Grobstaub bewahrt bleibt.

Überwiegend werden hierbei handbediente Konstruktionen verwendet.

Fasergewebefilter. Sie zeigen unterschiedlich strukturierte Filtermedien, die jeweils für eine bestimmte Abscheideleistung zugeschnitten sind.

Spezielle Schwebestoffilter sind für die Erfüllung höchster Ansprüche bestimmt und haben Wirkungsgrade bis 99,99%.

Sie werden auch direkt mit automatischen Rollbandfiltern oder Elektrofiltern kombiniert.

Elektrofilter (751.1). Die Luft mit den zunächst in einem Ionisierungsteil positiv aufgeladenen Staubteilchen strömt durch das Kraftfeld eines kondensatorartig aufgebauten Kollektors (Niederschlagszone), wo die Staubteilchen von den negativen Platten abgelenkt und angezogen werden. Der Staub scheidet sich ab.

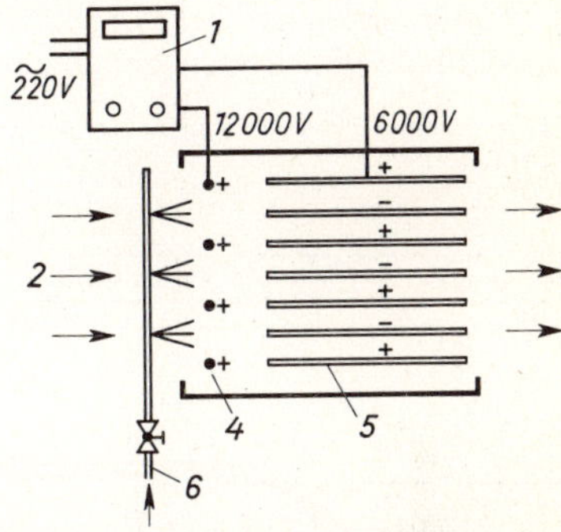

751.1
Schema eines Elektrofilters (nach Recknagel-Sprenger)
1 Gleichrichter
2 Rohluft
3 Reinluft
4 Ionisierungsstäbe
5 Elektrodenplatten
6 Wasser zum Abspritzen der Platten

Es gibt verschiedene Filtertypen, z. B. vollautomatische mit ständig umlaufenden Kollektorsätzen und kontinuierlicher Plattenreinigung und frischer Staubhaftmittelbenetzung oder mit feststehenden Kollektorplatten mit periodischer Reinigung und Benetzung oder ohne Benetzung und mit einem nachgeschalteten Rollbandfilter, ferner E-Filter mit ständig aufgeladener Papier- oder Glasfaserbespannung, die periodisch erneuert oder ausgetauscht wird, usw.

Ein besonderer Vorteil liegt in dem Fortfall größerer Druckdifferenzen und eines erhöhten Leistungsaufwandes.

Geruchsabscheidung. Die Luft enthält vielfach auch gasförmige Verunreinigungen, die unser Geruchssinn als unangenehm empfindet, wie z. B. Abort-, Lebensmittel-, Tabak-, Schweißgeruch und andere Gase.

Da diese von den bisher behandelten Filtern nur unzulänglich oder gar nicht ausgeschieden werden können, müssen ihnen in derartigen Fällen zu diesem Zweck Aktivkohlefilter nachgeschaltet werden.

Aktivkohle hat infolge ihrer außerordentlich großen Oberfläche (1 g 1200 m^2) ein großes Absorptionsvermögen und kann 15 bis 25% ihres Eigengewichtes an fremder Substanz binden.

Es werden Platten- und Patronenfilter verwendet.

Die Fettabscheider über Küchenherden (s. Abschn. 11.3.2.2) arbeiten ebenfalls mit Aktivkohle.

Aktivkohlefilter werden außer zur Reinigung der Zu- oder Abluft auch zur Behandlung von Umluft verwendet, um die Außenluftrate und damit die Energiekosten zu senken.

11.5.5 Beleuchtungswärme

In Großräumen von Bürohäusern mit Arbeits- und Konstruktionssälen, von Kaufhäusern und Fertigungsbetrieben mit hohen Beleuchtungsstärken von 800 bis 2000 lx ist neben der Sonneneinstrahlung (durch Fensterlosigkeit oft eingeschränkt), der Abwärme von Maschinen (auch elektrisch angetriebenen Büromaschinen) und Personenwärme die durch die Beleuchtungsanlage hervorgerufene Beleuchtungswärme einer der Hauptfaktoren der Wärmebelastung.

Sie kann sowohl im Winter als auch in der Übergangszeit einen erheblichen Teil des Transmissionswärmebedarfes decken. Im Sommer trägt sie allerdings zur Vergrößerung der Kühllast bei.

In Räumen mit hoher Beleuchtungsstärke ist es daher sinnvoll, Klima- oder Absaugleuchten (**752**.1) in die Decken einzubauen und so in die Lüftungs- oder Klimaanlage einzubeziehen, daß die Beleuchtungswärme weitgehend an die durch die Leuchten strömende Abluft abgegeben und mit dieser über ein wärmegedämmtes Abluftkanalsystem abgeführt wird, also gar nicht erst in den Raum gelangt.

Die dadurch gleichzeitig erfolgende Kühlung der Leuchtstofflampen kann wegen der hierbei erreichbaren günstigsten Leuchtentemperatur ihre Lichtausbeute um über 10% erhöhen.

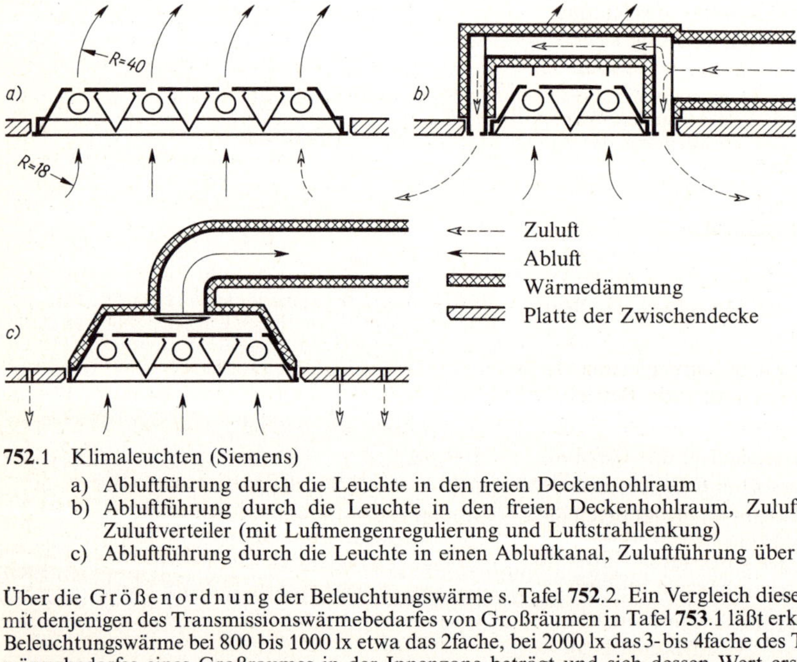

752.1 Klimaleuchten (Siemens)
a) Abluftführung durch die Leuchte in den freien Deckenhohlraum
b) Abluftführung durch die Leuchte in den freien Deckenhohlraum, Zuluftführung über Zuluftverteiler (mit Luftmengenregulierung und Luftstrahllenkung)
c) Abluftführung durch die Leuchte in einen Abluftkanal, Zuluftführung über Lochdecke

Über die Größenordnung der Beleuchtungswärme s. Tafel **752**.2. Ein Vergleich dieser Zahlenwerte mit denjenigen des Transmissionswärmebedarfes von Großräumen in Tafel **753**.1 läßt erkennen, daß die Beleuchtungswärme bei 800 bis 1000 lx etwa das 2fache, bei 2000 lx das 3- bis 4fache des Transmissionswärmebedarfes eines Großraumes in der Innenzone beträgt und sich dessen Wert erst bei höherem Wärmebedarf (Außenzone) nähert.

Geschlossene Leuchten, bei denen die Leuchtstofflampen in ihrer gesamten Länge gleichmäßig von Luft umspült werden, sind am günstigsten.

Tafel **752**.2 Beleuchtungswärme in W/m² (Überschlagswerte)

	Beleuchtungsstärke bei Leuchtstofflampen in lx		
	800	1000	2000
Leistungsaufnahme einschl. Drossel	40	50	100
Beleuchtungsnutzenergie	8	10	20
Beleuchtungswärme	32	40	80

Tafel **753**.1 Wärmebedarf von Großbauten in W/m² (Überschlagswerte)

Transmissionswärmebedarf	
bei einem weit in die Innenzone reichenden Großraum	18 bis 24
einem Raum in der Außenzone	60 bis 70
Lüftungswärmebedarf	120 bis 240

Bei neuzeitlichen Klimaleuchten verbleiben 16 bis 50% der elektrischen Lampenleistung im Raum, wenn je 100 W Leistungsaufnahme $\geq 20\,m^3/h$ Abluft über die Leuchten abgeführt werden.

Deutlicher werden die wirtschaftlichen Zusammenhänge noch durch einen Vergleich der Werte des jährlichen Energieverbrauches. Für die Außenlufterwärmung eines Großraumes mit Klimaanlage werden in grober Annäherung jährlich ca. 85 bis 180 kW/m² verbraucht. Für den gleichen Zeitraum beträgt bei einer Beleuchtungsstärke von 1000 lx die Beleuchtungswärme ca. 85 bis 120 kW/m² und liegt damit in der gleichen Größenordnung (nach Sengespeick).

Um die durch eine Leuchtenabsaugung abgeführte und üblicherweise mit der Fortluft ungenutzt ins Freie geleiteten Anteile der gesamten Beleuchtungswärme verringert sich naturgemäß die Kühllast des Raumes. Die dadurch bereits verkleinerte installierte Leistung für die Außenlufterwärmung kann indessen durch den Einbau einer Wärmerückgewinnungsanlage nach Abschn. 11.4.3 noch weiter spürbar vermindert werden.

Eine solche Anlage entzieht der Fortluft einen großen Teil der von ihr mitgeführten, aus der Leuchtenabsaugung stammenden Wärmeenergie und macht diese während des Winters und der Übergangszeit zur Vorwärmung der Außenluft, während heißer Sommertage aber auch zu ihrer Vorkühlung nutzbar.

11.5.6 Sonnenschutz

Die von einer Klimaanlage im Sommerbetrieb zu bewältigende Kühllast ist wesentlich größer als die Heizlast des Winterbetriebes und bestimmt daher die Auslegung der ganzen Anlage.

Jede nur mögliche Verringerung der Kühllast liegt daher im Interesse einer fühlbaren Reduzierung der Bau- und Betriebskosten der Klimaanlage.

Hierbei ist angesichts der sehr großen Energiemengen, die bei einer Sonnenstrahlung über die Glasflächen in das Gebäude einströmen, neben einer maßvollen Bemessung der Fensterflächen ein wirksamer Sonnenschutz von entscheidender Bedeutung.

Er kann vor allem wie folgt erreicht werden (Taf. **754**.1):

a) Absorbierglas wird durch Einschmelzen von Metalloxiden erhalten, absorbiert etwa die Hälfte der Gesamtenergie und erwärmt sich dabei auf 50 bis 60 °C und höher.

Daher muß es bei Doppelfenstern immer außen angeordnet werden und gibt dann die Absorptionswärme größtenteils an die Außenluft ab.

Durch die Färbung („Buntglas“) verfälscht es die Farbwiedergabe im Rauminnern und wird daher nur seltener verwendet.

Innenjalousien sind nicht anwendbar, da durch deren Reflexionswärme die Scheiben zusätzlich aufgeheizt würden.

b) Reflexionsgläser weisen auf der Innenseite eine dünne aufgedampfte Metallschicht oder eingebrannte keramische Schicht auf und reflektieren einen großen Teil der eingestrahlten Energie.

Reflexionsgläser mit Goldschicht sind besonders wirksam.

Innenjalousien sind möglich.

c) Verbundglas aus 2 Scheiben im Abstand von 6 oder 12 mm ist kein Sonnenschutzglas.

Tafel **754**.1 Mittlerer Durchlaßfaktor *b* der Sonneneinstrahlung bei verschiedenen Gläsern und Sonnenschutzeinrichtungen (nach VDI 2078)

Gläser		*b*
Tafelglas nach DIN 1249	Einfachverglasung Doppelverglasung	1,0 0,9
Absorptionsglas	Einfachverglasung Doppelverglasung (außen Absorptionsglas, innen Tafelglas) Vorgehängte Absorptionsscheibe (mind. 5 cm freier Luftspalt)	0,7 0,6 0,5
Reflexionsglas	Einfachverglasung (Metalloxidbelag außen) Doppelverglasung (meist Reflexionsschicht auf der Innenseite der Außenscheibe, innen Tafelglas) Belag aus Metalloxid Belag aus Edelmetall (z. B. Gold)	0,6 0,5 0,4
Glashohlsteine (100 mm), farblos	glatte Oberflächen ohne Glasvlieseinlage mit Glasvlieseinlage strukturierte Oberflächen (Rippen, Kreuzmuster) ohne Glasvlieseinlage mit Glasvlieseinlage	 0,6 0,4 0,4 0,3
Zusätzliche Sonnenschutzvorrichtungen		
Außen	Jalousie, Öffnungswinkel 45° Stoffmarkise, oben und seitlich ventiliert Stoffmarkise, oben und seitlich anliegend	0,15 0,3*) 0,4*)
Zwischen den Scheiben	Jalousie, Öffnungswinkel 45° mit unbelüftetem Zwischenraum	0,5
Innen	Jalousie, Öffnungswinkel 45° Vorhänge, hell⁰), Gewebe aus Baumwolle, Nessel, Chemiefaser Kunststoffolien	0,7 0,5 0,7
Kombinationen		
Beispiel:	1. Reflexionsglas, Doppelverglasung, Metalloxidbelag auf Tafelglas 2. Nesselvorhang Daraus wird $b = b_1 \cdot b_2 = 0{,}5 \cdot 0{,}5 = 0{,}25$.	($b_1 = 0{,}5$) ($b_2 = 0{,}5$)

*) Vorausgesetzt ist die völlige Beschattung der Glasfläche durch die Markise.
[0]) Bei dunklen Vorhängen sind die Werte um 0,2 zu erhöhen.

d) Verbundfenster mit einem äußeren Spezialglas, z. B. Reflexionsglas, und innerem Normalglas bietet denselben Sonnenschutz wie eine Innenjalousie mit 2 Normalgläsern.

e) Glasbausteine absorbieren zunächst die Sonnenwärme und lassen sie erst nach ca. 3 Stunden in den Raum gelangen.

Äußere Schattenspender haben etwa dieselbe Wirkung wie bei Normalglas. Innenjalousien sind praktisch wirkungslos.

f) Sonnenschutzeinrichtungen können zu beachtlichen Einsparungen an Energie führen. Auch in gezogenem Zustand soll der Raum noch ausreichend Tageslicht erhalten.

Es sind zu unterscheiden:

1. Nesselvorhänge haben eine gute Wirkung und sind zudem nicht kostspielig.

2. Innenjalousien (**755**.1) sind ebenfalls von guter Wirkung, wenn sie ein gutes Reflexionsvermögen aufweisen (z. B. Alu hell lackiert oder kunststoffbeschichtetes Gewebe) und nicht verschmutzt sind.

Das Fensterglas sollte besonders strahlungsdurchlässig sein, damit die von der Jalousie reflektierte Strahlung wieder nach außen gelangen kann.

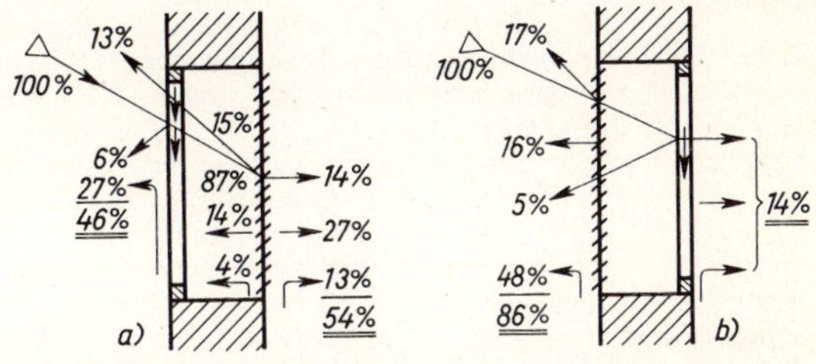

755.1
Strahlungsbilanz für Fenster mit halbgeöffneter Metalljalousie (nach Caemmerer und Raiß)
a) mit innerer Jalousie
b) mit äußerer Jalousie

3. Außenjalousien (**755**.1) haben eine besonders gute Wirkung. Nachteilig sind indessen die schwierige Anbringung, Reinigung und Instandhaltung, hohe Kosten, Geräusche und starker Verschleiß.

Die Farbe der Außenjalousien ist wegen der Kurzwelligkeit der auftreffenden Strahlung ohne Bedeutung.

4. Vorgebaute feste Sonnenblenden (**755**.2) bieten zwar einen hohen Schutz, verringern jedoch an trüben Tagen den Lichteinfall sehr. Daneben bestehen dieselben Nachteile wie bei den Außenjalousien.

Automatisch betätigte Sonnenschutzblenden können bei großen Gebäuden trotz ihrer Kosten wirtschaftlich sein.

g) Sonnenschatten. Die Beschattung des Gebäudes durch gegenüberliegende Häuser, Berge, Bäume usw. bildet den besten Sonnenschutz, vor allem für die unteren Geschosse.

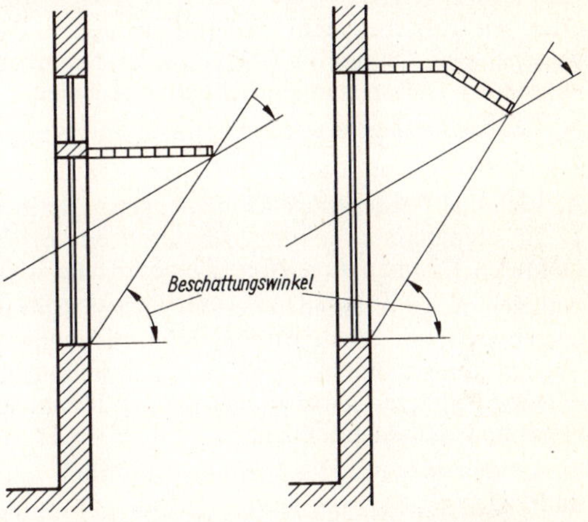

755.2
Sonnenschutz durch vorgebaute feste Sonnenblenden

h) Weitere bauliche Maßnahmen sind :

1. zurückgesetzte Fenster. Der Fenstersturz beschattet einen Teil der Scheibe.

2. Vordächer, Balkone und Loggien können den Sonneneinfall auf ein Minimum herabsetzen und besonders bei hochstehender Sommersonne jede direkte Sonneneinstrahlung unterbinden.

3. Schrägstellung des Fensters zur Vergrößerung des Einfallwinkels (Winkel zwischen Sonnenstrahl und Senkrechter zur Scheibe) erhöht bei Südfassaden die Reflexion der auftreffenden Sonnenstrahlung erheblich.

Weitere Anforderungen an den „Wärmeschutz im Sommer" sind in der DIN 4108 T. 2 behandelt.

11.5.7 Niederdruck-Klimaanlagen

Niederdruck-Klimaanlagen sind Anlagen mit zentraler Luftaufbereitung nach Abschn. 11.5.3, in deren Kanälen bei Druckverlusten von nur 2 bis 5 mbar lediglich Geschwindigkeiten von 1,5 bis 8 m/s auftreten (Taf. **756**.1).

Hieraus ergeben sich vor allem bei größeren Anlagen erhebliche Kanalquerschnitte mit Seitenlängen $\leqq 2$ m, höhere Baukosten und oft schwierige Einfügung der Anlage in das Gebäude.

Tafel **756**.1 Ungefähre Luftgeschwindigkeiten in m/s bei Niederdruckklimaanlagen (nach Recknagel-Sprenger)

Teil	Komfort-anlagen	Industrie-anlagen
Außenluftjalousien	3 bis 4	4 bis 6
Hauptkanäle	4 bis 8	8 bis 12
Abzweigkanäle	3 bis 5	5 bis 8
Abluft- oder Umluftgitter	2 bis 3	3 bis 4

Die Klimaanlagen können so ausgebildet werden, daß sie die volle Raumheizung mit übernehmen, vorausgesetzt, daß der Transmissionswärmebedarf verhältnismäßig klein ist, d. h. keine oder kleine Fensterflächen, z. B. bei Theatern, Vortragsräumen, Hörsälen und Kinos.

In anderen Räumen ist es erforderlich, besonders unter den Fenstern, zugleich für deren Abschirmung, Heizkörper einer PWW-Heizung vorzusehen, die die Raumheizung ganz oder, wie z. B. bei nicht dauernd benutzten Räumen wie Hörsälen u. ä., nur zum Teil wahrnehmen. Dadurch bleiben diese bei Nichtbenutzung temperiert und sind bei Inbetriebnahme der Lüftungsanlage schnell aufgeheizt.

Niederdruckanlagen werden sowohl für Komfort- als auch für Industrieklimaanlagen verwendet.

A. Einkanal-Niederdruck-Klimaanlagen. Die in einem zentralen Aggregat nach Abschn. 11.5.3 aufbereitete Zuluft wird durch ein einheitliches Kanalsystem einem oder mehreren Räumen zugeleitet, die somit alle Luft desselben Zustandes erhalten.

Anlagen dieser Art stellen den Grundtyp zentraler Lüftungs- und Klimaanlagen dar und eignen sich vor allem für die Klimatisierung von Großräumen wie Kinos, Theatern, Versammlungsräumen, Werk- und Ausstellungshallen, von einzelnen Raumgruppen oder Gebäudeteilen mit gleicher Lage zu den Himmelsrichtungen und vor allem mit konstanten Heiz- und Kühllastanteilen.

Sie werden durchweg für Umluft-, Mischluft- und Außenluftbetrieb ausgelegt (**744**.2, **745**.1 und **747**.1).

B. Zonen-Klimaanlagen. In den Zentralgeräten der Zonen-Klimaanlagen erfolgt lediglich eine Grundaufbereitung der Luft, während in Nachbehandlungseinheiten z. B. ein Nachwärmen oder Nachkühlen auf die jeweils angeschlossenen Räume des in Zonen aufgeteilten Gebäudes möglich ist.

Anlagen dieser Art sind mithin für moderne, vielgeschossige Bürobauten, soweit diese überhaupt noch mit Niederdruckanlagen ausgerüstet werden, unentbehrlich, in denen sowohl verschiedene Raumzonen der Normalgeschosse als auch einzelne Geschosse wie das Erdgeschoß, das Direktionsgeschoß oder Geschosse mit technischen Anlagen abweichende Anforderungen an den Zustand der Zuluft stellen.

Für die Luftnachbehandlung gibt es vor allem folgende Möglichkeiten (757.1):

Nachwärmer. Anstelle des Nachwärmers der Zentrale erhält jede Zone einen eigenen Nachwärmer, der von einem Raumthermostat aus geregelt wird.

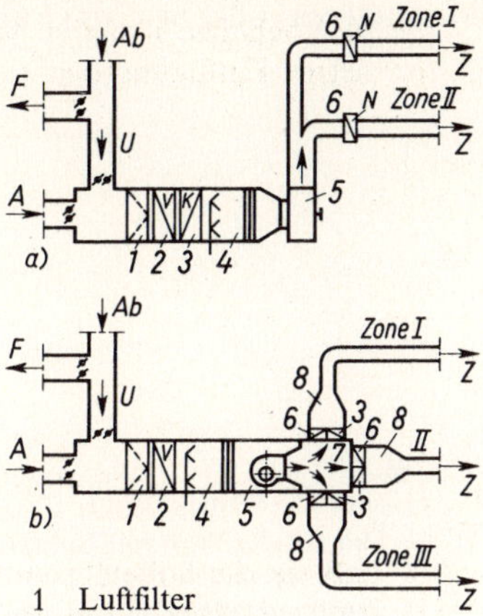

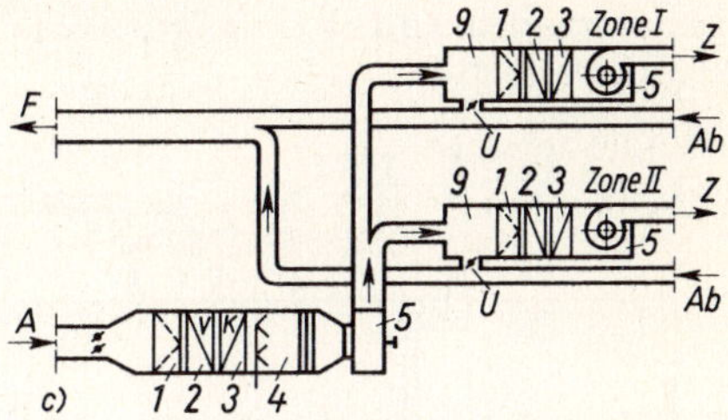

1 Luftfilter
2 Luftvorwärmer
3 Luftkühler
4 Düsenkammer
5 Zuluftventilator

757.1 Niederdruck-Zonenklimaanlagen mit
a) Nachwärmern für jede Zone
b) Mischklappenregelung
c) Nachlüftern

A Außenluft
Ab Abluft *U* Umluft
F Fortluft *Z* Zuluft

6 Luftnachwärmer
7 Druckkammer
8 Mischkammer
9 Nachlüfter (Zonenlüfter)

Mischklappen. Hinter der Zentrale wird für jede Zone getrennt Mischluft hergestellt. Besonders häufig werden kompakte Mehrzonengeräte für bis zu 20 Zonen verwendet. Regelung ebenfalls durch Raumthermostate.

Unterzentralen. Dem Zentralgerät obliegt nur die Grundaufbereitung der dauernd zugesetzten Außenluftmenge und deren Transport zu den Zonengeräten.

Hier wird die Außenluft mit Umluft aus den Räumen gemischt, gefiltert, bei Bedarf sodann erwärmt oder gekühlt und über einen Zuluftkanal und evtl. Lochdecken in die Räume geblasen.

Die nicht als Umluft erforderliche Abluft wird als Fortluft nach außen abgeführt. Ihre Menge ist um ca. 20 bis 30% geringer als die Außenluftmenge. Die Differenz deckt neben Leckverlusten die Fortluft für Aborte u. ä. und ergibt damit in Büroräumen einen gewissen Überdruck.

Da nur 30 bis 40% der Zuluft aus der Klimazentrale selbst stammen, kann diese und das Kanalnetz zu den Nachlüftern entsprechend sparsamer bemessen werden.

11.5.8 Hochdruck-Klimaanlagen

In ausgedehnten Gebäuden wie Hochhäusern u. ä. lassen sich die Zuluftkanäle eines Niederdrucksystemes wegen ihrer großen Abmessungen kaum oder gar nicht mehr unterbringen. Deshalb ist für alle diese Fälle die Hochdruck-Luftverteilung unentbehrlich.

In derartigen Anlagen (758.1) wird die Zuluft mit Geschwindigkeiten von 10 bis 20 m/s, bei entsprechend wesentlich höheren Förderdrücken des Ventilators, durch die Rohrleitungen gefördert.

Da in diesen Hochdruckanlagen außerdem die Temperaturdifferenz zwischen Zuluft und Raumluft auf 12 bis 16 K erhöht werden kann, werden die Kanalquerschnitte gegenüber denen der Niederdruckanlagen etwa auf $^1/_4$ reduziert. Dadurch lassen sich die Kanäle mit zumeist runden Querschnitten sehr viel leichter im Gebäude unterbringen.

Die Zuluft darf jedoch nicht mit dieser hohen Geschwindigkeit in den Raum eingeführt werden. Daher wird in den Hochdrucksystemen die Luftgeschwindigkeit durch das Einblasen über Induktionsgeräte (Klimakonvektoren) oder in Entspannungskästen verringert.

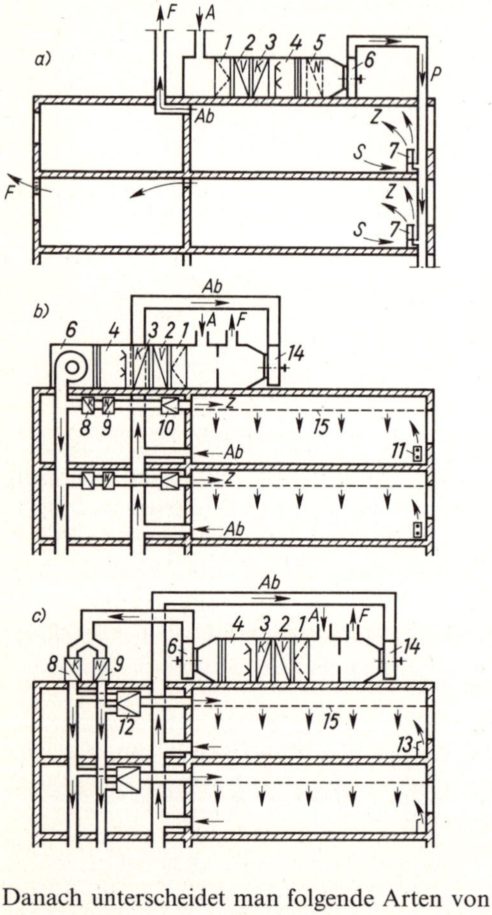

758.1
Hochdruck-Klimaanlagen

a) Primärluftanlage mit Induktionsapparaten
b) Einkanalanlage mit Luftauslässen
c) Zweikanalanlage mit Mischkästen

A Außenluft
Ab Abluft
F Fortluft
P Primärluft
S Sekundärluft
Z Zuluft

1 Luftfilter
2 Luftvorwärmer
3 Luftkühler
4 Düsenkammer
5 evtl. Luftnachwärmer
6 Zuluftventilator
7 Induktionsapparat
8 Zonen-Luftkühler
9 Zonen-Luftnachwärmer
10 Luftauslaß
11 Zusatzheizung mit Fensterabschirmung
12 Zonen-Mischkasten
13 Fensterheizung (Luftzufuhr weggelassen)
14 Abluftventilator
15 Lochdecke

Danach unterscheidet man folgende Arten von Hochdruckanlagen:

A. Einkanal-Hochdruckanlagen mit Luftauslässen. Diese Anlagen, in denen entgegen den Primärluftanlagen des nachfolgenden Abschn. C. Hochdruck-Induktions-Klimaanlagen die gesamte Zuluft zentral, entweder mit zonenweiser Nacherwärmung oder -kühlung, aufbereitet, die Raumluft mithin nicht nachbehandelt wird, unterscheiden sich von den Niederdruckanlagen nach Abschn. 11.5.7 und Bild **744**.2 und **747**.1 nur durch die hohen Luftgeschwindigkeiten.

Besondere Luftverteiler, deren mit einer akustischen Auskleidung versehene Entspannungskammer zugleich als Schalldämpfer wirkt, sind jedoch notwendig (**758**.1b).

Einkanalsysteme sind sehr wirtschaftlich, lassen indessen keine individuelle Regelung zu und eignen sich daher vor allem für die Klimatisierung von Gebäuden mit großflächigen Räumen wie Supermärkte, Fabrikationsbetriebe, Hallen usw. und für die Innenzonen von Hochhäusern.

B. Zweikanal-Hochdruckanlagen mit Mischkästen. In Anlagen dieser Art wird die gesamte Zuluft zunächst zentral gefiltert und vorgewärmt, hinter dem Zuluftventilator in einem Warmluftkanal (ausgelegt für 50% der Gesamtluftmenge) mit Nachwärmer und in einen Kaltluftkanal (für 80 bis 100% der Gesamtluftmenge) mit Nachkühler aufgeteilt (**758**.1c).

Auch hier ist wieder ein Umluft- und Fortluftkanal erforderlich und die zu befördernde Gesamtluftmenge 3- bis 4mal so groß wie bei den Primärluftanlagen.

Beide Luftströme werden in Mischkästen geführt, die entweder geschoßweise als „Mischkammer" z. B. für eine Lochdeckenverteilung oder in jedem Raum direkt als Decken-, Wand- oder Unterfensterauslaß auszubilden sind (**759**.1).

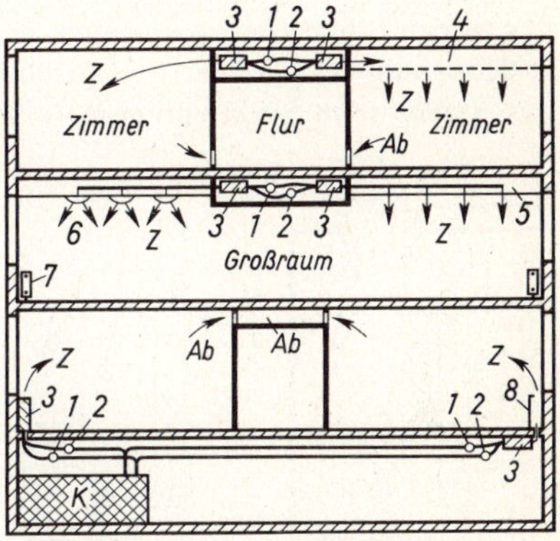

759.1 Zweikanal-Hochdruck-Klimaanlage, Ausführungsmöglichkeiten

Ab Abluft
K Klimaaggregat
Z Zuluft

1 Warmluftrohr
2 Kaltluftrohr
3 Mischkasten
4 Lochdecke
5 Schlitzdecke
6 Luftverteiler
7 Radiator
8 Luftauslaß

Die Temperatur in den Räumen wird durch Einstellung des richtigen Verhältnisses von Kalt- und Warmluft in den Mischkästen durch Klappen oder Ventile geregelt.

Das trägheitslose Arbeiten dieser Anlagen und ihre gute Anpassung auch an stark schwankende Belastungen gilt als ihr besonderer Vorteil.

Nachteilig ist der verhältnismäßig große Platzbedarf der Leitungen.

C. Hochdruck-Induktions-Klimaanlagen. Diese Anlagen arbeiten außer mit dem Medium Luft auch mit Wasser, das als Träger von Wärme- bzw. Kälteenergie verwendet wird.

Im Gegensatz zu allen anderen Klimasystemen ist deshalb der Raumbedarf zur Unterbringung der Klimazentrale und der Kanäle wesentlich geringer.

Zuluftsystem. Aus der Klimazentrale wird den Räumen lediglich die erforderliche Außenluft („Primärluft") zugeführt, deren Menge aus der Kühllast unter Sicherstellung einer Außenluftrate von 50 bis 80 m^3/h je Person errechnet wird, das sind ca. 20 bis 30% der Zuluftmenge bei allen anderen Systemen (**760**.1 und **758**.1a).

Die in der Klimazentrale gefilterte und je nach Außenklima erwärmte, befeuchtete, gekühlte und entfeuchtete Primärluft wird in meist weitverzweigten Kanalnetzen (Durchmesser der Hauptverteilungsrohre 250 bis 650 mm, der Unterverteilungsrohre 100 bis 200 mm) zu den Induktionsgeräten, auch Klimakonvektoren genannt, befördert. Dort strömt sie über den Verteilkasten und die Düsen des Gerätes in den Raum.

Durch die hohe Geschwindigkeit in den Düsen saugt sie infolge der Injektionswirkung die etwa 3fache Menge Raumluft als „Sekundärluft" an. Die Sekundärluft wird dabei evtl. gefiltert, in einem an ein Wassersystem mit Vor- und Rücklaufleitungen angeschlossenen Wärmetauscher erwärmt oder gekühlt, oder sie bleibt im Durchgang durch einen Beipaß neutral.

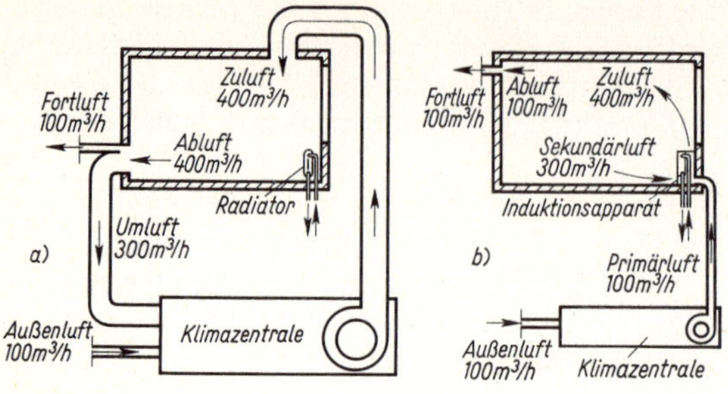

760.1
Vergleich zwischen Niederdruck- und Hochdruck-Klimaanlage
a) Einkanal-Niederdruck-Klimaanlage, Grundheizung und Fensterabschirmung durch Radiatoren einer WW-Heizung
b) Hochdruck-Klimaanlage mit Induktionsapparaten

Die beiden Luftströme vermischen sich dann und treten durch die Auslaßgitter des Gerätes in den Raum ein (**760**.2). Die Einzelregelung der Induktionsgeräte erfolgt durch wasserseitige Ventile oder vorteilhafter und daher bevorzugt durch Sekundärluftklappen.

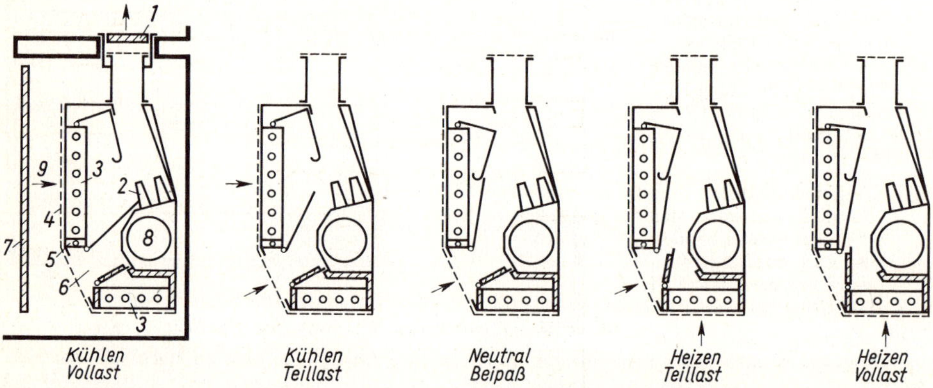

760.2 Induktionsapparat (Klimakonvektor) mit 2 Wärmetauschern (nach LTG)

1 Luftauslaßgitter
2 Primärluftdüsen
3 Sekundärluft-Wärmeaustauscher
4 Sekundärluftfilter
5 Tropfschale
6 Beipaß
7 Verkleidung
8 Primärluft
9 Sekundärluft

Steuerungsorgan kann in jedem Fall ein Raumtemperaturregler sein. Damit wird eine individuelle Raumtemperaturregelung in den verschiedenen Räumen von ± 3 K ermöglicht und den persönlichen Anforderungen der einzelnen Raumbenutzer weitgehend Rechnung getragen, was in Großräumen nicht möglich ist.

Die nach dem Induktionsprinzip arbeitenden Klimaanlagen sind vorwiegend für Verwaltungsgebäude mit vielen Einzelräumen und für die Außenzonen der Großräume geeignet.

Die unter den Fenstern aufgestellten Induktionsgeräte, deren Mischluftschleier zusätzlich gegen den Wärme- und Kaltlufteinfall von den Fenstern her abschirmt und daher andere Gegenmaßnahmen überflüssig macht, ermöglichen eine gute Durchspülung des Raumes bis zu ca. 7 m Tiefe, was etwa einer Gebäudetiefe von 14 m (ohne Flur) entspricht.

Kanalführung. Drei Grundsysteme der Kanalführung für solche Gebäude zeigt Bild **761**.1.

Bei tieferen Räumen oder der Innenzone von Großräumen muß zusätzlich ein anderes Klimasystem, z. B. ein Niederdruck- oder ein Hochdruck-Zweikanalsystem, eingesetzt werden (**761**.2).

I günstige Lösung für max. ca. 7 Geschosse; Luftsteigleitungen (∅ 150 bis 250 mm) hinter jeder 2. der in der Fassade angeordneten Stützen (im Wechsel mit Wassersteigleitungen)

II Gebäudehöhe unbeschränkt; Lösung empfehlenswert für Gebäude mit Vorhangfassaden und frei im Raum stehenden Stützen; senkrechter Hauptschacht im Inneren des Gebäudes, Verteilleitungen (∅ 250 bis 500 mm) über Zwischendecke im Flur, Verbindungsleitungen (∅ 100 bis 150 mm) ebenfalls über den Zwischendecken

III Lösung ähnlich II; Hauptluftschächte an den Stirnseiten des Gebäudes; zwei Luftverteilungsleitungen mit geringerem ∅ als die eine bei II

NG Normalgeschoß
TG Technikgeschoß
S Querschnitt
K Klimazentrale (kann sich auch im Dachgeschoß befinden)

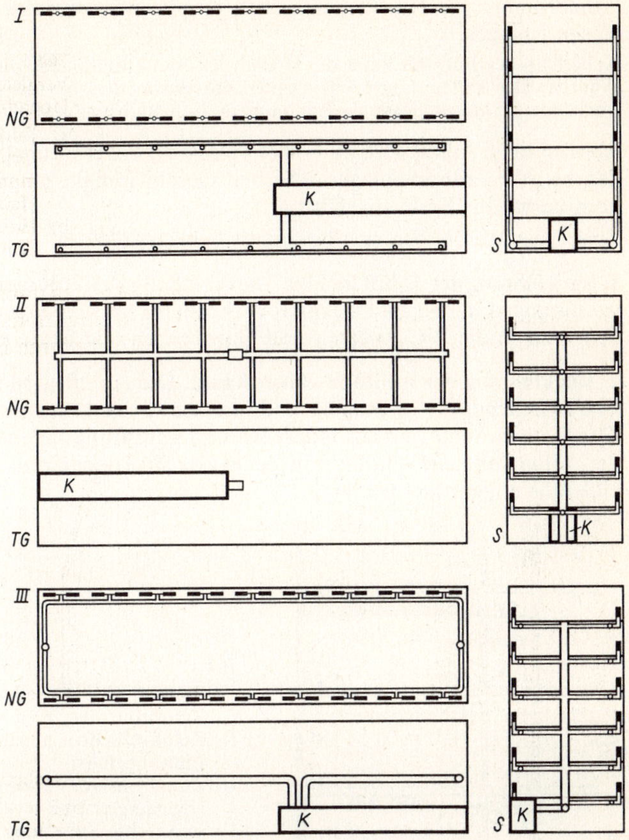

761.1 Hochdruck-Induktionsklimaanlage, Grundzüge der Zuluft-Kanalführung in einem Bürogebäude ohne Innenzone (nach LTG)

Abl Abluft
Al Außenluft
Fl Fortluft
Pl Primärluft
Sl Sekundärluft
Zl Zuluft
Z 1 Zuluftzentrale Außenzone
Z 2 Zuluftzentrale Innenzone

1 Induktionsgerät
2 Luftverteiler (Anemostat)
3 Leuchte mit Abluftschlitzen, -dom und -stutzen

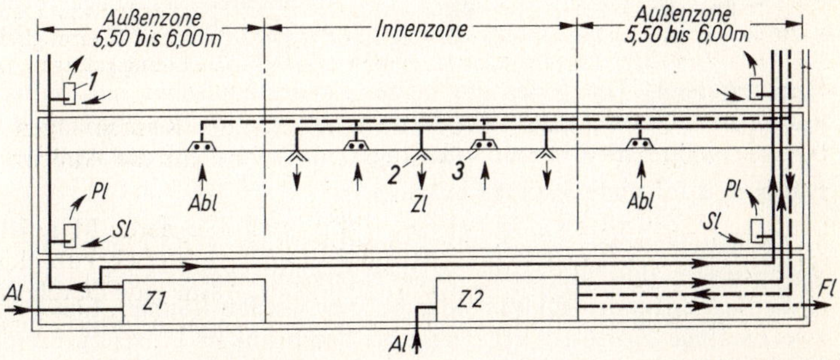

761.2 Hochdruck-Induktionsklimaanlage in einem Bürogebäude mit Innenzone (nach LTG)

Ebenso werden Nebenräume wie Flure, Treppenhäuser, Garderoben, Aborte usw. gesondert behandelt. Dafür genügt häufig eine entsprechende Abluftführung von den Normalräumen her, neben einer besonderen Beheizung dieser Räume durch Heizkörper.

Sonderräume wie Küchen, Kantinen und Konferenzräume erhalten zweckmäßigerweise eigene Anlagen.

Außerhalb der Bürozeit kann die Hochdruck-Induktionsanlage ohne weiteres abgeschaltet werden. Während der kalten Jahreszeit arbeiten die Wärmetauscher der Induktionsgeräte konvektiv und erwärmen die angeschlossenen Räume ohne Luftzuführung aus der Klimazentrale.

Abluftsystem. Abluft wird nur in der Menge der zugeführten Primärluft in Kanälen, die nach den bei Niederdruckanlagen üblichen Geschwindigkeiten zu bemessen sind, als Fortluft unmittelbar ins Freie abgeführt.

Zwei Lösungen haben sich besonders bewährt (**762**.1):

1. Rückführung der Abluft im Flur. Die Abluft aus den Räumen strömt durch schallgedämpfte Öffnungen in den als Luftkanal wirkenden Flur. Abluftventilatoren saugen die Luft aus dem Flur in die WC-Anlagen und Garderoben und fördern sie von dort ins Freie.

2. Rückführung der Abluft in einem Kanal. Die Abluft wird in einem Blechkanal über der Flurzwischendecke gesammelt und in einem Schacht ins Freie geführt. Für die WC- und Garderobenräume sind besondere Be- und Entlüftungsanlagen vorzusehen. Zum Absaugen der Abluft kann ein Ventilator in jedem Geschoß oder ein zentraler Ventilator für das ganze Gebäude angeordnet werden.

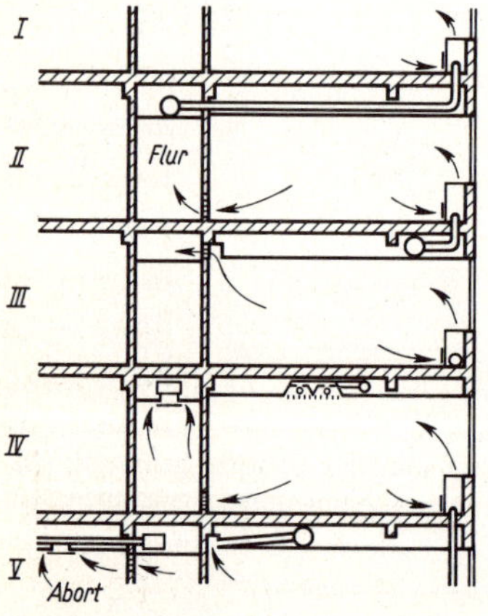

762.1
Induktionsklimaanlagen, Möglichkeiten der Luftführung

I Zuluftrohr über abgehängter Flurdecke
II Zuluftrohr über abgehängter Raumdecke; Abluft über Flur abgeführt
III Zuluftrohr vor Fensterbrüstung; Abluftabführung über abgehängter Flurdecke
IV senkrechte Zuluftrohre; Abluft durch Flur zum Abluftkanal über abgehängter Flurdecke, z. T. über Spezialrasterleuchten mit Abluftkanal über abgehängter Raumdecke
V Abluft durch Flur zu den Toiletten oder durch Abluftrohr über abgehängter Raumdecke

Wassersysteme. Die (oder die beiden) Wärmetauscher der Induktionsgeräte sind wie normale Radiatoren einer WW-Heizung an ein Wasserrohrsystem angeschlossen, das, wie bereits erwähnt, im Sommer Kälteträger, im Winter Wärmeträger der Sekundärleistung ist.

Dabei sind folgende Systeme möglich:

1. Zweileitersystem. Alle Konvektoren sind an einen entweder von Kalt- oder von Warmwasser durchflossenen Wasserkreislauf angeschlossen, so daß alle Räume nur einheitlich entweder gekühlt oder beheizt werden können. Die Verbesserung durch eine zweckmäßige Zoneneinteilung bei beschränkter Einzelregelung ist möglich (**763**.1a).

Diese preisgünstige Anlage empfiehlt sich vor allem für Gebäude mit normalgroßen Fenstern und außenliegendem Sonnenschutz.

2. Dreileitersystem. Getrennte Vorläufe für Kalt- und Warmwasser ermöglichen es jedem Induktionsgerät, jederzeit und bei befriedigender individueller Regelbarkeit entweder zu kühlen oder zu heizen. Der gemeinsame Rücklauf für warmes und kaltes Rücklaufwasser erschwert indessen die Wiederaufbereitung dieses Mischwassers in der Zentrale.

Wegen hoher Anlage- und Betriebskosten wurde das Dreileitersystem weitestgehend ersetzt durch das vorteilhaftere und nicht kostspieligere Vierleitersystem.

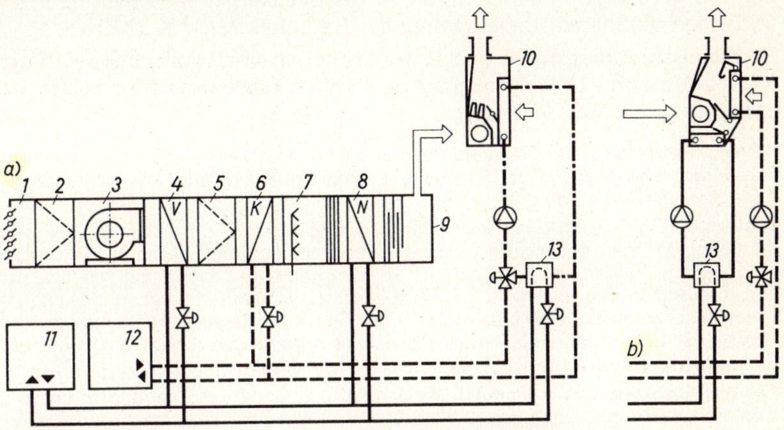

763.1 Hochdruck-Induktionsklimaanlage, Schema des Wassersystems (nach LTG)

a) Zweileitersystem
b) Vierleitersystem

1 Jalousieklappe Außenluft
2 Luftvorfilter
3 Zuluftventilator
4 Luftvorerhitzer
5 Luftfeinfilter
6 Luftkühler
7 Düsenkammer mit Tropfenabscheider
8 Luftnacherhitzer
9 Schalldämpfer
10 Klimakonvektor mit Klappenregelung
11 Heizungszentrale
12 Kältezentrale
13 Wärmetauscher

——— Warmwasser
– – – – Kaltwasser
– · – · – Warm- oder Kaltwasser

3. Vierleitersystem. Dieses System stellt in seiner vollkommensten Ausführung (**763**.1 b) die zwar aufwendigste, aber technisch beste Lösung dar.

Zwei Wärmeaustauscher, mit völlig getrennten Vor- und Rückläufen sowohl für Kühl- als auch für Heizwasser, werden ständig von der maximal erforderlichen Wassermenge durchströmt und erfordern daher keine Regelventile. Die individuelle Regelung erfolgt vielmehr luftseitig durch verstellbare Klappen, die im Sekundärluftstrom der Induktionsgeräte angeordnet sind und durch die je nach Bedarf die Sekundärluft über das Heiz- oder das Kühlregister oder über den Beipaß an beiden vorbeigeleitet wird (**760**.2).

11.5.9 Einzelklimageräte

11.5.9.1 Allgemeines

Für Komfortklimaanlagen kleiner und mittlerer Leistung werden anstelle von Zentralklimaanlagen zunehmend fabrikmäßig fertig zusammengebaute und anschlußfertig verdrahtete Geräte in Kompaktbauweise mit ähnlichen Bauteilen und grundsätzlich derselben Wirkungsweise, wenn auch nicht immer mit allen Luftaufbereitungsmöglichkeiten ausgerüstet, eingesetzt.

Ihre besonderen Vorzüge sind
geringere Anschaffungskosten,
geringer Platzbedarf,
einfache Montage, Bedienung und Wartung,
geräuscharmer Betrieb und
individuelle Regelung für jeden Raum.

Die Hauptaufgabe dieser Geräte ist neben einer gewissen Erneuerung, Reinigung und (nicht beeinflußbaren) Entfeuchtung der Raumluft deren Kühlung.

Da diese sehr häufig durch eine Kompressionskältemaschine erfolgt, die bei vielen Modellen auch als Wärmepumpe arbeiten kann, seien diese beiden Begriffe zunächst erläutert.

Kältemaschine (764.1). Ihre Hauptbestandteile Verdampfer (= innerer Wärmetauscher), Verdichter (Kompressor) und Verflüssiger (Kondensator = äußerer Wärmetauscher) sind mit einem Drosselorgan (Druckreduzierventil oder Kapillarröhre) zu einem Kältekreislauf zusammengeschaltet. In diesem Kreislauf zirkuliert ein leichtflüssiges Kältemittel (z. B. Freon 22), das in flüssigem Zustand, bei niedrigem Druck und niedriger Temperatur in den Verdampfer gelangt, dort verdampft, indem es die hierzu nötige Verdampfungswärme aus der Umgebung aufnimmt und somit in ihr die gewünschte Temperaturabsenkung erzeugt. Das jetzt gasförmige Kältemittel saugt nunmehr der Verdichter an und verdichtet es unter starker Erhitzung auf hohen Druck. In diesem Zustand gelangt das Kältemittel dann zum Kondensator und verflüssigt sich hier unter gleichzeitiger Abgabe der Wärme, die aus dem zu kühlenden Raum und aus der Kompressionsarbeit stammt.

Die Wärmeabgabe muß u. U. durch Wasserkühlung oder durch Ventilatoren unterstützt werden. Das Kältemittel wird im nachfolgenden Drosselorgan entspannt und gelangt so in den Verdampfer, wo der Kreislauf erneut beginnt.

Wärmepumpe. Wird die vorstehend beschriebene Kältemaschine verwendet, nicht um die im Verdampfer erzeugte Kälte, sondern, bei Einsatz in einem höheren Temperaturbereich, um die im Kondensator anfallende Wärme z. B. zur Raumheizung nutzbar zu machen, so bezeichnet man diese Maschine jetzt als Wärmepumpe (764.1 und 766.1).

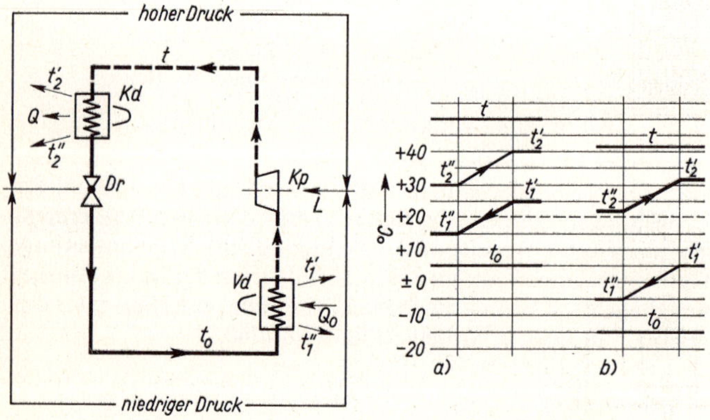

764.1 Wirkungsweise einer Kompressionskältemaschine
Temperaturen beim Einsatz der Kältemaschine (Annahmen)
a) zur Raumkühlung
b) zur Raumheizung
——— Zweck des Einsatzes

Dr Drosselventil
Kd Kondensator (Verflüssiger)
Kp Kompressor (Verdichter)
Vd Verdampfer
L Arbeit, im Verdichter aufgewendet
Q_0 im Verdampfer aufgenommene Wärmemenge
Q im Kondensator abgegebene Wärmemenge
t obere Temperaturgrenze des Arbeitsmittels
t_0 untere Temperaturgrenze des Arbeitsmittels
t'_1 obere Temperaturgrenze des wärmeabgebenden Mediums
t''_1 untere Temperaturgrenze des wärmeabgebenden Mediums
t'_2 obere Temperaturgrenze des wärmeaufnehmenden Mediums
t''_2 untere Temperaturgrenze des wärmeaufnehmenden Mediums

——— Arbeitsmittel flüssig
– – – – Arbeitsmittel gasförmig

Mit ihr läßt sich mithin unter Aufwendung von Arbeit Wärme von einer niedrigeren auf eine höhere Temperatur bringen, wobei die gewonnene Wärmemenge ein Vielfaches des Wärmeäquivalents der aufgewendeten Arbeit beträgt. So kann z. B. eine elektrisch angetriebene Wärmepumpe je 1 kW Leistungsaufnahme bis ca. 3,5 kW Wärme liefern, während bei einer elektrischen Widerstandsheizung bekanntlich ≤ 1 kW/kW abgegeben wird. Es ist jedoch zu beachten, daß nach einem physikalischen Gesetz der Wärmegewinn aus dem Wärmepumpenprozeß um so höher ist, je kleiner der Temperatursprung ist, um den die Wärme angehoben werden muß. Je niedriger die Außentemperaturen oder je höher die Vorlauftemperatur des Heizmittels sind, desto weniger Wärme kann vom Verdichter transportiert werden.

Eine Wärmepumpenheizung ist also vor allem bei höheren Außentemperaturen, d. h. als Übergangsheizung, nicht als Winterheizung bei tiefen Außentemperaturen besonders wirtschaftlich.

Ferner ist es günstig, eine Raumheizung durch eine Wärmepumpe mit möglichst niedrigen Vorlauftemperaturen zu betreiben, z. B. als Fußbodenheizung, Deckenstrahlungsheizung und u. U. Brauchwassererwärmung.

11.5.9.2 Raumklimageräte

Diese kleinsten Einzelgeräte werden meistens in Außenwände, aber auch in Trennwände zu nicht genutzten Nebenräumen (als Einbauklimagerät), seltener unmittelbar in Fenstern (als Fensterklimagerät), je nach Bauweise mehr oder weniger nach innen oder außen vorspringend und mit geringem Gefälle nach außen, am besten etwa in halber Wandhöhe (in Läden über der Tür oder einem Schaufenster) eingebaut (**765**.1).

Die Bezeichnung „Klimagerät“ hat sich besonders bei den Benutzern durchgesetzt, obwohl es sich vielfach nur um Geräte mit Teilluftbehandlung nach Abschn. 11.5.1 handelt.

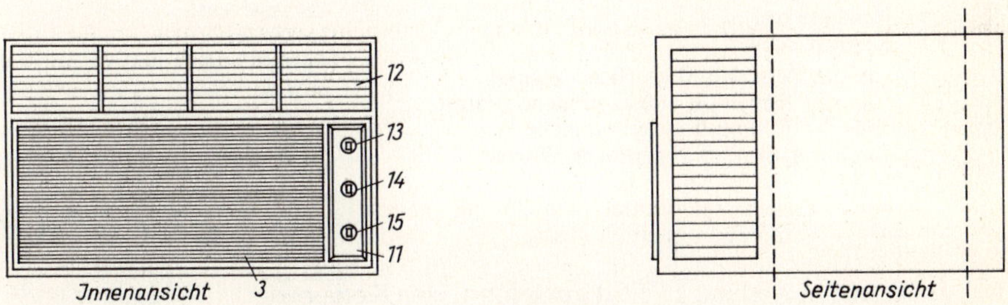

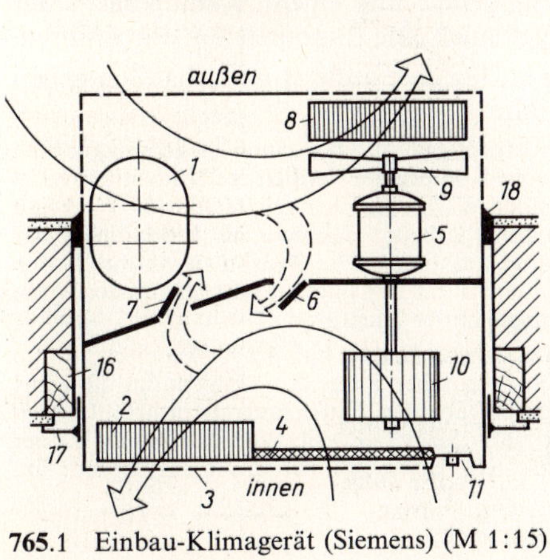

1 Kompressor
2 Verdampfer
3 Leitgitter (herausnehmbare Frontplatte)
4 Luftfilter, auswechselbar
5 Ventilatormotor
6 Außenluftklappe, geöffnet
7 Fortluftklappe, geöffnet
8 Kondensator
9 Axialventilator zur Kühlung des Kondensators
10 Trommelläuferventilator
11 Armaturenleiste
12 Zuluftgitter mit verstellbaren Leitlamellen (nicht nach unten)
13 Lüftungswähler
14 Hauptschalter mit Wahlmöglichkeit
15 Temperaturwähler
16 Einbaurahmen aus Kantholz 50 × 100 mm
17 Kunststoffdeckprofil
18 Dichtmasse

765.1 Einbau-Klimagerät (Siemens) (M 1:15)

Sie werden zunehmend in Sprechzimmern, Büros, Konferenzräumen, bestimmten Verkaufsläden wie z. B. Schlachtereien, Konditoreien, Feinkostgeschäften u. ä. verwendet, vor allem zur Ergänzung vorhandener Zentralheizungen.

In Verbindung mit Raumluftbefeuchtern liefern sie die einfachste und preiswerteste Möglichkeit zur Klimatisierung eines einzelnen Raumes.

Sie werden in folgenden Ausführungen geliefert:

nur für Kühlbetrieb,
für Kühlbetrieb und Heizbetrieb mit elektrischer Zusatzheizung (nachträglicher Einbau) und
für Kühlbetrieb und Heizbetrieb mit Wärmepumpenschaltung (**766**.1).

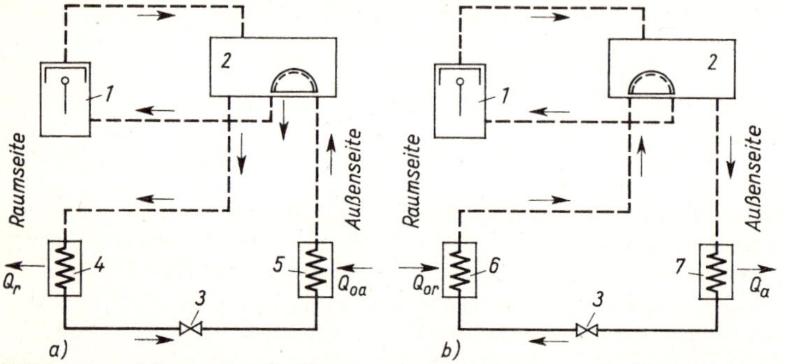

766.1 Raumklimagerät mit Wärmepumpenschaltung
a) Heizkreislauf
b) Kühlkreislauf

Q_r an die Raumluft abgegebene Wärme
Q_{oa} aus der Außenluft aufgenommene Wärme
Q_{or} aus der Raumluft aufgenommene Wärme
Q_a an die Außenluft abgegebene Wärme

– – – – Verdampfungsmittel, dampfförmig
——— Verdampfungsmittel, flüssig

1 Kompressor
2 Vierwegeventil
3 Drosselorgan
4 Innen-Wärmetauscher als Kondensator wirkend
5 Außen-Wärmetauscher als Verdampfer wirkend
6 Innen-Wärmetauscher als Verdampfer wirkend
7 Außen-Wärmetauscher als Kondensator wirkend

Da, wie bereits in Abschn. 11.5.9.1 ausgeführt, eine Kompressorkältemaschine im Prinzip völlig identisch mit einer Wärmepumpe ist, läßt sich mit einem Klimagerät unter Umkehrung des Kältemittel-Kreislaufes (**766**.1) ggf. auch eine Raumheizung durchführen.

Klimageräte mit Wärmepumpenschaltung stellen eine äußerst wirtschaftlich arbeitende Heizung vor allem für die Übergangszeit dar.

Die Umschaltung von Kühl- auf Wärmepumpenbetrieb erfolgt über einen elektromagnetisch betätigten Schieber (Vierwegeventil). Dabei wird das vom Kompressor verdichtete Kältemittel nicht mehr in den außenliegenden, sondern in den innenliegenden Wärmetauscher geleitet, der die Funktion des Kondensators übernimmt. Der äußere Wärmetauscher arbeitet nunmehr als Verdampfer, der Wärme aus der Atmosphäre bei niedriger Temperatur aufnimmt. Die Wärme wird durch den Kompressor auf ein höheres Temperaturniveau gebracht und durch den inneren Wärmetauscher an die Raumluft abgeführt, d. h., der Wärmestrom fließt in umgekehrter Richtung.

Wegen der Abkühlung der durchströmenden Luft am Verdampfer besteht hier bei Außentemperaturen unter +5 °C Vereisungsgefahr. Ein vereister Wärmetauscher kann der Umgebungsluft keine Wärme mehr entziehen. In diesem Fall schaltet ein eingebauter Differenztemperaturfühler den Kühlkreislauf vorübergehend so lange auf Kühlbetrieb unter Stillsetzung des Ventilators um, bis der äußere Wärmetauscher, nun wieder Verflüssiger, eisfrei ist. Dann schaltet das Gerät erneut auf Heizbetrieb zurück.

Die Auslegung des Gerätes ist Sache des Fachmannes.

Ganz überschlägig kann angenommen werden, daß ein Gerät von 0,75 kW Kältenennleistung für einen Raum von 60 bis 100 m^3 Rauminhalt ausreicht. Eine Luftbefeuchtung ist nicht möglich, eine gewisse Luftentfeuchtung erfolgt, ist aber nicht zu beeinflussen. Die Geräuschbildung der Geräte ist vor allem bei Vollastbetrieb nicht ganz unerheblich. Eine automatische Regelung mit einem Raumthermostat kann vorgesehen werden.

11.5.9.3 Klimatruhen

Sie dienen ebenfalls zur Klimatisierung einzelner Räume, vor allem in Wohn- und Bürogebäuden, und arbeiten ruhiger als die kleineren Einbaugeräte.

Sie werden meistens unter den Fenstern aufgestellt, um diese zugleich gegen Kälteeinfall im Winter und Sonneneinstrahlung im Sommer abzuschirmen. Bei vorhandenem Außenwanddurchbruch gestatten sie auch eine Lufterneuerung und -filterung in stufenlos zu schaltendem Außen-, Misch- und Umluftbetrieb.

Die meisten marktüblichen Geräte können auch ohne Gehäuse aufgestellt und danach bauseitig verkleidet werden.

Zwei hauptsächliche Bauweisen der Geräte sind zu unterscheiden:

1. Klimatruhen für Betrieb mit Pumpenkaltwasser oder Pumpenwarmwasser. Geräte dieser Art verfügen nur über einen (seltener zwei) Wärmetauscher, eine Tropfwasserschale, einen Ventilator und einen Filter und werden zur Klimatisierung mehrerer Räume, einzelner Stockwerke oder ganzer Gebäude über ein Zweirohrsystem, das dem der WW-Heizung entspricht, wechselweise im Sommer mit Pumpenkaltwasser aus einem im Keller aufgestellten Kaltwassersatz (Kältemaschine), im Winter mit Pumpenwarmwasser aus einem Heizkessel beschickt.

Die für den Kühlbetrieb erforderlichen Kaltwassermengen sind wegen der geringen Temperaturdifferenz zwischen Kaltwasservor- und -rücklauf von ca. 6 K (gegenüber ca. 20 K bei PWW) höher als die Warmwassermenge für den Heizbetrieb. Die Anlage kann jedoch auch im Winter mit derselben Wassermenge wie im Sommer betrieben werden, woraus sich dann sehr niedrige Warmwasser-Vorlauftemperaturen ergeben, die sich günstig auf das Raumklima im Winter auswirken, aber die Verwendung einer Mischregelung voraussetzen.

Die im Aufbau einfache Truhenanlage nach dem Zweirohrsystem schließt eine Lücke zwischen konventionellen Heizungsanlagen und Hochdruck-Induktions-Klimaanlagen im Drei- oder Vierrohrsystem, die einen bei kleinen oder mittelgroßen Anlagen nicht zu verantwortenden Aufwand verlangen.

Der von der Heizzentrale kommende PWW-Vorlauf oder der vom Kaltwassersatz kommende PKW-Vorlauf gelangt über ein von Hand oder automatisch durch einen Außenthermostat betätigtes Umschaltventil von PWW auf PKW zu den Klimatruhen.

Ein im Wasservorlauf hinter dem Umschaltventil angeordnetes Mischventil wird durch einen Raumthermostat betätigt und regelt die Temperatur des Wasservorlaufes zu den Truhen.

2. Klimatruhen mit eingebauter Kältemaschine. Sind nur ein oder zwei Räume zu klimatisieren, so daß die Anschaffung eines Kaltwassersatzes zu kostspielig wäre, so verwendet man die im Aufbau den Einbauklimageräten entsprechenden Klimatruhen mit eingebauter Kältemaschine mit luft- oder wassergekühltem Kondensator. Diese Geräte weisen außerdem eine elektrische Zusatzheizung oder einen zusätzlichen Wärmetauscher für Anschluß an Pumpenwarmwasser auf.

Klimatruhen als Splitgerät. Überall, wo störende Geräusche unbedingt zu vermeiden sind, wie z. B. in Arztpraxen, Chefbüros, Hotelzimmern oder im Wohnbereich, sind die zweiteiligen Splitgeräte die wirtschaftlichste Lösung (**768**.1).

Ihr Innenteil enthält den Verdampfer und als einziges sich drehendes Teil den Umluftventilator. Im Außenteil sind der Verdichter und der Verflüssiger untergebracht.

Beide Teile werden durch die Split-(Kühlmittel-)leitungen verbunden. Das Außengerät kann auch im Freien, z. B. an einer Außenwand oder auf einem Flachdach aufgestellt werden.

Die maximale Entfernung beider Teile beträgt 20 m, die Höhendifferenz $\leqq 20$ m, wenn der Außenteil unterhalb des Innenteiles installiert ist, sonst $\leqq 4$ m.

Auch diese Geräte können nach Ergänzung durch elektrische Heizregister oder WW-Heizbatterien für die ganzjährige Klimatisierung verwendet werden.

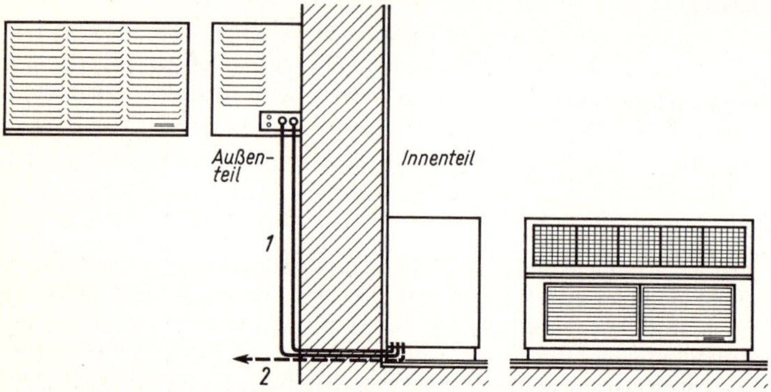

1 Splitleitungen
2 Kondensatleitung

768.1 Klimatruhe als Splitgerät (Siemens) (M 1:30)
Außenteil mit Verdichter und Verflüssiger an der Außenwand des Gebäudes

Klimatruhen in Wärmepumpenschaltung. Bei Gebäuden mit unterschiedlich beaufschlagten Räumen oder Gebäudezonen, z. B. Hochhäuser mit Ost-West-Lage der Hauptfassaden oder wegen hoher Beleuchtungswärme zu kühlende Innenkerne von Bürohäusern gegenüber den zu beheizenden Außenzonen, kann über verhältnismäßig lange Perioden, z. B. in der Übergangszeit, gleichzeitig Kühl- und Heizbedarf bestehen.

Der Gedanke liegt nahe, die einem Gebäudeteil zu entziehende Wärme bei Bedarf anderen Räumen des Gebäudes zuzuleiten.

Zur Lösung dieser Aufgabe werden die einzelnen Räume mit der erforderlichen Anzahl von Klimatruhen mit eingebauter Kältemaschine und Wärmepumpenschaltung ausgerüstet, wobei deren wassergekühlte Wärmetauscher an ein gemeinsames geschlossenes Zweileiter-Wassersystem angeschlossen werden (**769**.1).

Wenn die Mehrzahl der Geräte im Kühlbetrieb arbeitet, wird der Wärmeüberschuß im Wassersystem (= Kondensatorwärme) über den gesonderten geschlossenen Kreislauf eines Wasserrückkühlers (Kühlturm) abgeführt.

Wenn umgekehrt die Mehrzahl der Klimatruhen im Heizbetrieb arbeitet (Wärmepumpenbetrieb), wird die erforderliche Wärmemenge durch bauseitiges Pumpenwarmwasser über einen Gegenstromapparat zugeführt.

Ein Thermostat in der gemeinsamen Wasservorlaufleitung schaltet von Rückkühl- auf Heizbetrieb um und umgekehrt. Die Truhen sind indessen auch einzeln von Hand durch Raumthermostat zu regeln.

Auf Grund der in unseren Breiten bestehenden langen Übergangszeiten braucht bei diesem System über weite Strecken der Betriebszeit keine der vorgenannten Hilfsenergien in Anspruch genommen zu werden. Der Ausgleich findet dann, mit sehr geringen Betriebskosten, lediglich durch die Übertragung der Wärmeenergie von einem Teil des Gebäudes zum anderen statt.

Die Außenluft kann entweder direkt von außen über das Gerät durch eine Außenwandöffnung mit Gitter und Vorfilter oder über das Kanalnetz einer besonderen zentralen Lüftungsanlage mit Filter und Befeuchtungseinrichtung zugeführt werden.

Es ist damit zu rechnen, daß Anlagen dieser Art in Kürze auch bei uns bei der Errichtung von Wohnungsgroßbauten in Ballungsgebieten eine beachtliche Rolle spielen werden.

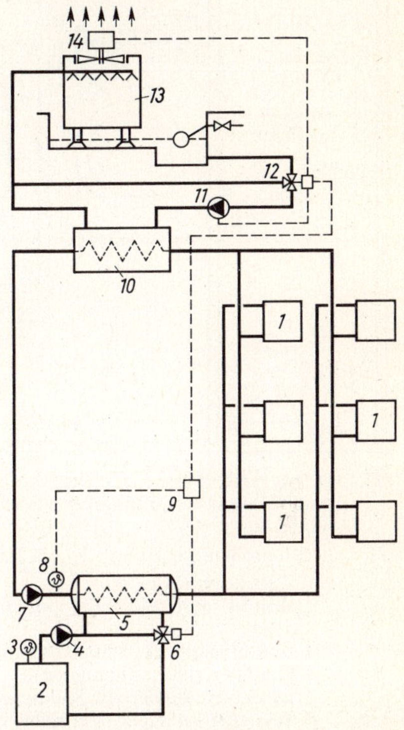

769.1
Klimasystem „Versatemp“
1 Versatemp-Gerät (Klimatruhe)
2 Heizkessel
3 Heizkesselthermostat
4 Heizungsumwälzpumpe
5 Wärmetauscher für Heizung (Gegenstromapparat)
6 Heizungsmischventil
7 Umwälzpumpe
8 Thermostat
9 Schaltgerät
10 Wärmetauscher für Kühlung
11 Umwälzpumpe für Kühlkreislauf
12 Mischventil
13 Kühlturm
14 Kühlturmventilator

Regelschema:

Temperaturregelkreis: Thermostat 8 regelt Ventile 12 und 6 nacheinander, um Wassertemperatur von z. B. +27 °C zu halten

Kühlturmregelkreis: Hilfsschalter am Regelventil 12 schaltet Umwälzpumpe 11 sowie Ventilator 14 ein, sobald 12 öffnet

Kesselregelung: Thermostat 3 hält Kesseltemperatur auf z. B. +82 °C

Sicherheitsregelkreis: Versatemp-Geräte 1 werden bei Absinken der Wassertemperatur unter +15 °C oder der Strömung des umgewälzten Wassers auf 60% abgeschaltet (nicht dargestellt)

11.5.9.4 Klimaschränke

Sie sind im Grunde nichts anderes als kleine Klimazentralen (s. Abschn. 11.5.3) in Schrankform.

Den Aufbau zeigt schematisch Bild **770**.1.

Klimaschränke können entweder frei aufgestellt oder an Luftkanäle angeschlossen werden und sind für kleinere Projekte bestimmt, wo sie sich unter Fortfall längerer Kanäle im Raum selbst oder in dessen nächster Nähe in einem Nebenraum, oft auch nachträglich, aufstellen lassen und dann zumeist wesentlich wirtschaftlicher als Zentralanlagen sind.

11.5.9.5 Wohnhaus-Klimageräte

Wohnhaus-Klimageräte sind für die Klimatisierung von Einfamilienhäusern bestimmt und stellen Erweiterungen der Warmluft-Heizgeräte für Luftheizungen nach Bild **685**.1 durch Hinzufügung eines Kältesatzes, ggf. mit Befeuchtungsvorrichtung, dar (**770**.2).

Die Geräte können im Keller, Dachgeschoß oder in einem Nebenraum des Erdgeschosses aufgestellt werden, der Kondensator oder auch das ganze Kühlaggregat auch außerhalb des Gebäudes im Freien (**771**.1).

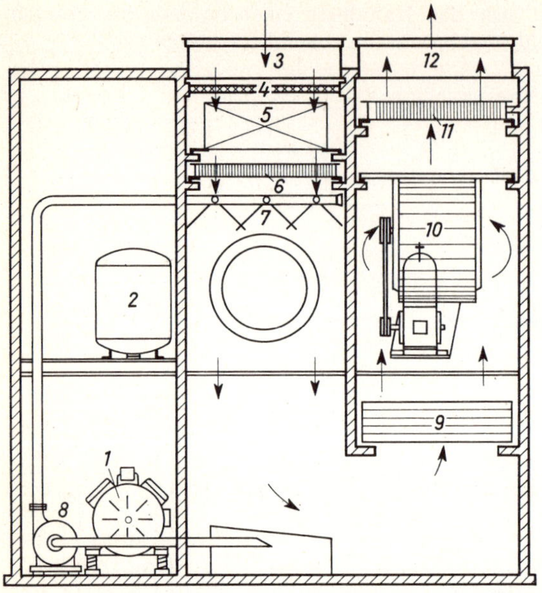

770.1 Klimagerät in stehender Ausführung (Schrankgehäuse) zur Belüftung, Heizung, Befeuchtung und Kühlung im Lüftungsbereich von 1 000 bis 9 000 m^3/h (ROX Lüftungstechnische Gerätebau GmbH)

9 Baugrößen mit Höhe 1,75 bis 2,85 m, Breite 1,70 bis 5,50 m und Tiefe 0,54 bis 1,13 m

1 Kältekompressor mit
2 Kondensator, Mischung von Umluft – Außenluft außerhalb des Gerätes, Mischlufteintritt durch
3 Anschlußstutzen, Kanalanschluß mit Segeltuchmanschette
4 Planfilter zur Luftreinigung
5 Direktverdampfer zur Kühlung der Mischluft
6 Wärmeaustauscher (Vorwärmer) mit Spezialrippenrohr, Stahl verzinkt oder Cu-Al
7 Luftwäscher mit Düsenstock
8 Umwälzpumpe
9 Tropfenabscheider
10 Hochleistungs-Radialventilator, schwingungsfrei aufgehängt mit wartungsfreien gummigebetteten Kugellagern, Anschluß über Kurzschlußläufer-Drehstrommotor über nachspannbaren Riemenantrieb
11 Nachwärmer wie 6
12 Anschlußstutzen für Zuluftaustritt mit Segeltuchmanschette

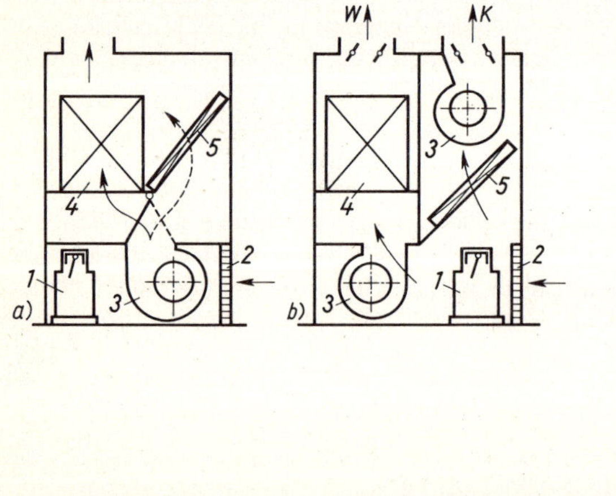

770.2
Wohnhaus-Klimageräte (nach Recknagel-Sprenger)

a) mit 1 Ventilator
b) mit 2 Ventilatoren

W Warmluft
K Kaltluft

1 Kompressor
2 Luftfilter
3 Ventilator
4 Luftheizer
5 Luftkühler

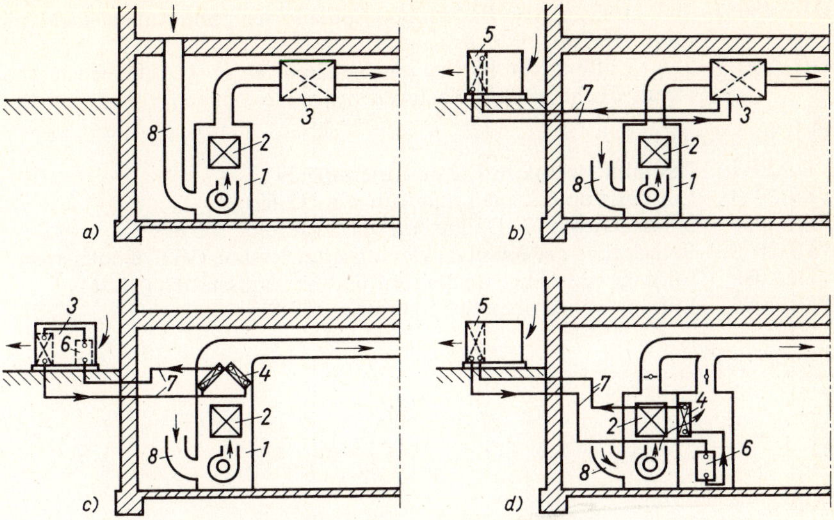

771.1 Klimatisierung im Einfamilienhaus (s. auch Bild **770**.2)
a) vollständiges Kühlaggregat (Kastenklimagerät) im Warmluftkanal
b) wie a), jedoch luftgekühlter Kondensator im Freien
c) Splitsystem, im Warmluftkanal nur zweiteiliger Kühler
d) Klimagerät mit Heiz- und Kühlteil und gemeinsamem Ventilator

1 Luftheizofen
2 Lufterhitzer
3 Kühlaggregat
4 Luftkühler
5 luftgekühlter Kondensator
6 Kompressor
7 Kältemittelleitungen
8 Umluftkanal

11.6 Technische Regeln

Deutsche Normen

DIN 1946 T. 1 Lüftungstechnische Anlagen (VDI-Lüftungsregeln); Grundregeln (04.60)

DIN 1946 T. 2 Raumlufttechnik; Gesundheitstechnische Anforderungen (VDI-Lüftungsregeln) (01.83)

DIN 1946 T. 4 Raumlufttechnische Anlagen (VDI-Lüftungsregeln); Raumlufttechnische Anlagen in Krankenhäusern (04.78)

DIN 1946 T. 5 Lüftungstechnische Anlagen (VDI-Lüftungsregeln); Lüftung von Schulen (08.67)

DIN 4108 T. 2 Wärmeschutz im Hochbau; Wärmedämmung und Wärmespeicherung; Anforderungen und Hinweise für Planung und Ausführung (08.81)

DIN 4701 T. 1 Regeln für die Berechnung des Wärmebedarfs von Gebäuden; Grundlagen der Berechnung (03.83)

DIN 4701 T. 2 Regeln für die Berechnung des Wärmebedarfs von Gebäuden; Tabellen, Bilder, Algorithmen (03.83)

DIN 18017 T. 1 Lüftung von Bädern und Spülaborten ohne Außenfenster, durch Schächte und Kanäle, ohne Motorkraft; Einzelschachtanlagen (03.60)

DIN 18017 T. 3 Lüftung von Bädern und Spülaborten ohne Außenfenster, mit Ventilatoren (08.70)

DIN 18017 T. 4 Lüftung von Bädern und Spülaborten ohne Außenfenster, mit Ventilatoren; Rechnerischer Nachweis der ausreichenden Volumenströme (06.74)

VDI-Richtlinien

VDI 2051 Raumlufttechnik in Laboratorien (07.78)
VDI 2053 Lüftung von Garagen und Tunneln (12.69)
VDI 2054 Klimaanlagen für Datenverarbeitungsräume (05.69)
VDI 2078 Berechnung der Kühllast klimatisierter Räume (VDI-Kühllastregeln) (08.77)
VDI 2082 Lüftung von Geschäftshäusern und Verkaufsstätten (11.76)
VDI 2085 Lüftung von großen Schutzräumen (09.71)

12 Warmwasserbereitung

12.1 Allgemeines

Warmwasser-Bereitungsanlagen (WWB-Anlagen) haben die Aufgabe, das für technische und hygienische Zwecke erforderliche Warmwasser (Brauchwasser) an den Gebrauchsstellen in der notwendigen Güte, Menge und Temperatur unter wirtschaftlichen Bedingungen zur Verfügung zu stellen.

Bei ihrer Ausführung sind u. a. DIN 1988 Abschn. 7 sowie die weiterhin für bestimmte Ausführungen genannten Vorschriften und Bestimmungen (s. auch Abschn. 10.7.2) zu beachten.

Während im Heizungswesen alles Wasser mit Temperaturen $\leqq 110\,°C$ als Warmwasser, $> 110\,°C$ als Heißwasser bezeichnet wird, unterscheidet man bei der Warmwasserbereitung

Warmwasser von ca. 40 °C vorzugsweise für Waschtisch und Bad,
Heißwasser von ca. 55 bis 85 °C vor allem für die Küchenspüle (55 bis 60 °C) und zum Mischen mit Kaltwasser und
Kochendwasser von 95 bis 100 °C für die Zubereitung von Speisen und Getränken.

Die Zapftemperaturen müssen zum Ausgleich für die Abkühlung des Brauchwassers in den Wannen und Becken um einige Grade höher sein als die vorgenannten Gebrauchstemperaturen.

Brauchwassertemperaturen von 65 °C sollte man zur Verhütung von Steinansatz (Abschn. 12.4.1) möglichst nicht überschreiten, wenn keine Wasseraufbereitung vorgesehen wird.

Für die WWB gibt es zahlreiche technische Möglichkeiten. Der verfügbare Raum zwingt dazu, nachstehend nur die für Wohnbauten wichtigsten Verfahren zu erörtern.

12.1.1 Warmwasserbedarf

Der Warmwasserbedarf für Wohnungen ist nach Größe der Wohnung, dem Lebensstandard der Bewohner usw., sehr verschieden. Mit steigendem Lebensstandard werden immer höhere Ansprüche an den Wohnkomfort, das ist in diesem Fall die Warmwasserbereitung, gestellt. Da diese Entwicklung vermutlich anhalten wird, müssen alle Planungen sich auf einen steigenden WW-Verbrauch einrichten.

Der unter dieser Voraussetzung zugrunde zu legende tägliche Warmwasserbedarf bei gemessenem Verbrauch in Wohngebäuden, der in erster Linie für die Berechnung der Brennstoffkosten einer WW-Versorgungsanlage interessiert, ist aus Tafel **774**.1, die durchschnittliche Belegung von Wohnungen aus Tafel **774**.2 zu ersehen.

Der ungemessene Wasserverbrauch kann dem gemessenen gegenüber bis 30% höher liegen.

Stündlicher Warmwasser-Spitzenverbrauch. Die Werte für den täglichen WW-Bedarf genügen noch nicht für die Bemessung einer WW-Bereitungsanlage, vielmehr müssen Boilergröße und Kesselleistung nach dem Spitzenbedarf je Stunde oder auch je 10 min bestimmt werden.

Tafel **774**.1 Täglicher Warmwasserbedarf in Wohngebäuden für persönliche Reinigung, Baden, Kochen, Putzen (nach Krupp Heizungs-Handbuch)

Art der Wohnung	Warmwasserbedarf bei Betriebstemperatur von 60 bis 65 °C je Person und Tag min l	Tag mittel l	Tag max l	Monat mittel m^3	Jahr mittel m^3
sozialer Wohnungsbau	25	40	60	1,2	15
allgemeiner Wohnungsbau	40	50	70	1,5	18
Einfamilienhäuser	40	50	80	1,5	18
Villen, Appartementhäuser	40	60	100	1,8	22

Tafel **774**.2 Anzahl der Bewohner je Wohnung (DVGW)

Wohnungsgröße	Appartement	Zimmer 2	Zimmer 3	Zimmer 4	Zimmer 5
Belegungsziffer	1,2	2,8	3,5	3,5	4,0

WW wird nämlich nicht gleichmäßig während 12 oder 24 Stunden am Tage entnommen, sondern es treten sowohl morgens von 6 bis 8 Uhr und abends von 17 bis 21 Uhr als auch, und noch stärker, freitags und samstags abends und sonntags vormittags durch den Badebetrieb beträchtliche Bedarfsspitzen auf. Gegenüber dem Verbrauch der Badewannen bleiben dabei die übrigen Geräte unberücksichtigt (Taf **774**.3).

Tafel **774**.3 Spitzen-Warmwasserverbrauch und Boilerleistung im Wohnungsbau (nach Krupp Heizungs-Handbuch)

Anzahl der Wohnungen zu je 3 bis 4 Bewohnern	Spitzenverbrauch in l/h = Boiler-Dauerleistung 45 °C	Spitzenverbrauch in l/h = Boiler-Dauerleistung 60 bis 65 °C	Spitzenverbrauch in l/10 min = Boiler-Inhalt in l 45 °C	Spitzenverbrauch in l/10 min = Boiler-Inhalt in l 60 bis 65 °C
10	800	570	550	400
20	1500	1100	700	500
30	1900	1350	850	600
50	3000	2100	1100	800
75	3800	2700	1400	1000

Beispiel
Wie groß muß der Boilerinhalt der WW-Bereitungsanlage des Beispieles auf S. 616 sein, wenn der Spitzenbedarf je 10 min zugrunde gelegt wird und die Boilertemperatur 60 bis 65 °C betragen soll?
Nach Tafel **774**.3 wird für 50 Wohnungen ein Boiler von 800 l Inhalt erforderlich.

12.1.2 Heizseite

Zur Heizseite aller WWB-Anlagen gehören sämtliche Bestandteile, die das Brauchwasser erwärmen helfen.

Unmittelbare (direkte) Beheizung. In Einzel-WWB-Anlagen, wie Badeöfen und Waschkesselherden für feste Brennstoffe oder Heizöl, in Gas-Wasserheizern und Elektro-Heißwasserbereitern, auch in Wasch- und Geschirrspülmaschinen u. ä., wird das Brauchwasser in der Regel unmittelbar durch den Energieträger erwärmt.

Auch für zentrale WWB-Anlagen gibt es mit Öl oder mit Gas unmittelbar beheizte Warmwasserspeicher.

Mittelbare (indirekte) Beheizung. Vorzugsweise in den zentralen WWB-Anlagen wird das Brauchwasser nicht direkt, sondern in einem WW-Bereiter durch einen in einem besonderen Heizkessel aufgeheizten Wärmeträger, wie Warm- oder Heißwasser oder Wasserdampf, erwärmt.

Dabei muß bei allen mit Trinkwasserleitungen verbundenen WW-Bereitern das Heizmedium völlig vom Trinkwasser getrennt sein, die Wärme also über ein Heizregister od. dgl. ausgetauscht werden (**795**.1).

Die Heizseite dieser zentralen WWB-Anlagen entspricht also in jeder Weise einer üblichen Gebäude-Zentralheizungsanlage, von der sie auch ein unmittelbarer Bestandteil sein und für die auf der Darstellung in Abschn. 10 verwiesen werden kann. Der Warmwasserbereiter (Brauchwassererwärmer) stellt lediglich einen oder auch den einzigen Heizkörper dieser Zentralheizung dar.

12.1.3 Brauchwasserseite

Die Brauchwasserseite umfaßt alle Teile einer WWB-Anlage, die vom Brauchwasser durchflossen werden (**793**.1).

Alle angeschlossenen Zapfstellen müssen besonders kenntlich gemacht sein, z. B. für warmes Wasser rot, für kaltes Wasser blau. Bei nebeneinander angeordneten Zapfstellen soll rechts die für Kaltwasser, links die für Warmwasser angebracht sein (das gilt nicht für hängende Elektro-Überlaufspeicher 8 bis 120 l).

Alle vom Wasser berührten Anlageteile aus Stahl müssen sorgfältig gegen Korrosion geschützt sein, bei aggressivem Wasser ist Kupfer als Werkstoff zu empfehlen (s. Abschn. 12.4).

Offene und geschlossene Anlagen. Nach dem in ihren Teilen herrschenden Wasserdruck sind alle WWB-Anlagen einzuteilen in offene (drucklose) und geschlossene (druckfeste) Anlagen.

Offene (drucklose) Anlagen. Die Brauchwasserseite offener (druckloser) Warmwasserbereiter ist mit der Atmosphäre ständig unmittelbar und nicht absperrbar verbunden, wie z. B beim Speicher-Kohle-Wasserheizer oder bei drucklosen Gas-Wasserheizern oder Elektro-Heißwasserbereitern oder bei dem Speichergefäß einer offenen Sammel-WWB-Anlage.

Sie stehen mithin betriebsmäßig nicht unter dem Wasserleitungsdruck und fallen daher nicht in den Geltungsbereich der Unfallverhütungsvorschrift Druckbehälter. Sie sind leichter gebaut und daher billiger als druckfeste WW-Bereiter.

Geschlossene (druckfeste) Anlagen. Nach DIN 1988 Ziff. 7.3.1 sollen neue WWB-Anlagen unmittelbar an die Trinkwasserversorgung angeschlossen werden.

Die Brauchwasserseite solcher geschlossenen Warmwasserbereiter ist daher nicht ständig mit der Atmosphäre offen verbunden, sondern steht betriebsmäßig unter Wasserleitungsdruck. Sie müssen deshalb in allen ihren Teilen entsprechend druckfest gebaut sein.

Soweit sie den in nachfolgenden Ausführungen beschriebenen Bedingungen entsprechen, unterliegen sie ebenfalls nicht der Unfallverhütungsvorschrift Druckbehälter.

Druckschwankungen in der Trinkwasserversorgung wirken sich gleichmäßig auf die Warm- und die Kaltwasserseite aus, die eingestellten Mischwassertemperaturen bleiben daher konstant. Jede Verschmutzungsgefahr des Wassers in den Leitungen entfällt.

Armaturen. Die Warmwasserbereiter müssen an die Kaltwasserleitung mit den in Tafel **776**.1 verzeichneten Einzel-Armaturen angeschlossen werden (**785**.3).

Einfacher in der Montage, damit preiswerter und zugleich äußerlich ansprechender sind die besonders bei Einzel-WW-Bereitern gern verwendeten Kombinationen der vorgeschriebenen Sicherheitsarmaturen zu Sicherheitsgruppen.

Tafel **776**.1 Anschluß der Warmwasserbereiter an die Kaltwasserleitung (nach DIN 1988)

Armaturen in Richtung des Wasserflusses ——→ / Bauform des Warmwasserbereiters	Durchgang – Absperrventil	baumustergeprüfter Druckminderer¹)	Prüfventil	Rückflußverhinderer	Manometer-Anschlußstutzen²)	Durchgang – Absperrventil	baumustergeprüftes Membran-Sicherheitsventil	Auslaufventil³)	Warmwasserbereiter
offen⁴) und geschlossen, mit Strömungsschalter (Durchlauferhitzer)									
offen, ≦10 l Inhalt (Kleinspeicher)⁴)									
geschlossen, thermisch gesteuert, ≦10 l Inhalt									
offen, > 10 l, allgemein⁴)									
geschlossen, thermisch gesteuert, > 10 l Inhalt, mit Gas, Öl oder Strom beheizt									
geschlossen, Inhalt > 50 l oder I⁵) × p⁶) > 300, mit festen Brennstoffen oder Abgasen beheizt⁸)									
geschlossen, mit Dampf, Heiß- oder Warmwasser beheizt, für zentrale WW-Versorgung									
wie vor, Durchlauferhitzer									

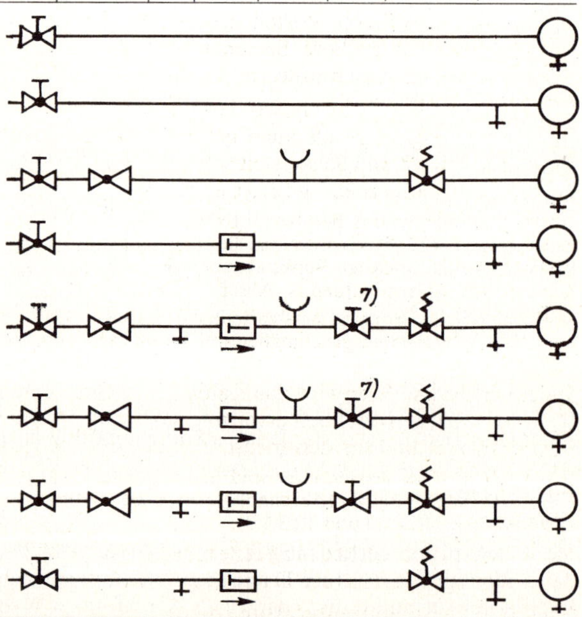

¹) wenn der Druck der Kaltwasserleitung über dem höchstzulässigen Betriebsdruck des WW-Bereiters liegt
²) > 1000 l Inhalt ist ein Manometer einzubauen
³) falls am Gerät keine Entleerungsvorrichtung vorhanden ist
⁴) Auslauf stets offen
⁵) I = Inhalt in l
⁶) p = Wasserdruck in bar
⁷) bei WW-Speicher ≦120 l Inhalt entbehrlich
⁸) dazu am Gerät ein thermisch gesteuerter, baumustergeprüfter Überlauf

Örtliche und zentrale WWB-Anlagen. Nach dem Ort der Erzeugung des Warmwassers unterscheiden wir örtliche oder Einzel-WWB-Anlagen und zentrale WWB-Anlagen.

Örtliche oder Einzel-WWB-Anlagen. In diesen Geräten wird das Brauchwasser am Ort seiner Verwendung erwärmt. Die Anlagen sind in Abschn. 12.2 im Zusammenhang behandelt.

Zentrale WWB-Anlagen. Sie erwärmen das Brauchwasser in zentral angeordneten WW-Bereitern, von denen aus es durch ein Rohrsystem zahlreichen Zapfstellen zugeleitet wird. Sie sind in Abschn. 12.3 im einzelnen dargestellt.

Speicher- und Durchlaufsystem. Nach dem System der Brauchwassererwärmung sind das Speichersystem, Durchlaufsystem und Kombinationen zu unterscheiden.

Speichersystem. Das Brauchwasser wird in einem offenen oder geschlossenen Speichergefäß (Warm- oder Brauchwasserspeicher) erwärmt, gespeichert und nach Bedarf entnommen.

Der Warmwasserspeicher ist vor allem dort am Platz, wo im Stoßbetrieb größere Warmwassermengen zu liefern sind. Die gute generelle Regelbarkeit der Brauchwassertemperatur ist ein weiterer Vorteil des Speicherbetriebes. Bei entsprechender Aufheizdauer lassen sich selbst größere Speicher mit Gas oder Strom aufheizen, auch wenn keine besonders hohen Anschlußwerte für die jeweilige Energieart verfügbar sind.

In größeren Speichern, wo das Warmwasser länger zu verweilen hat, werden sowohl Luft und Kohlensäure als auch gelöste Salze aus dem Brauchwasser ausgeschieden und dieses durch Rost und Kesselsteinschlamm auch verschmutzt, so daß es für Speisen und Getränke nicht mehr geeignet ist.

Alle vom Brauchwasser berührten Teile sind durch dessen ständige Erneuerung und seine hohen Temperaturen Korrosionen und besonders dem Steinansatz ausgesetzt. Das Warmwasser ist daher immer am höchsten Punkt abzunehmen, damit sich keine Gasblasen absetzen können, die die Korrosionen fördern würden (s. Abschn. 12.4).

Stehende Speicher sind stets vorteilhafter als liegende, da in ihnen das Wasser besser geschichtet ist, seine Temperatur somit gleichmäßiger bleibt und nur ein geringerer toter Raum entsteht.

Durchlaufsystem. Hier wird das Kaltwasser beim Durchströmen des Gerätes in einer Rohrschlange so schnell erwärmt, daß es springfrisch als Warm-, Heiß- oder Kochendwasser gezapft und für den menschlichen Genuß verwendet werden kann.

Besonders die Gas-Wasserheizer sind meistens Durchlaufgeräte (Abschn. 12.2.2.1), daneben gibt es Elektro-Durchlauferhitzer (Abschn. 12.2.3.4) und auch zentrale WWB-Anlagen nach dem Durchlaufsystem (Abschn. 12.3.1.2 und 12.3.1.3).

Bei Einzel-Durchlauferhitzern sind Temperatur und Menge des Brauchwassers gut zu regeln, bei zentralen Durchlaufanlagen weniger.

Hier hat man bei Spitzenbelastung meistens eine Wassertemperatur von nur 35 bis 40 °C und erhält Warmwasser von höherer Temperatur nur bei kleinerer Zapfleistung (**778**.1).

Im Haushalt entspricht dies allerdings auch den praktischen Bedürfnissen, da die zum Füllen der Badewanne erforderliche größere Wassermenge nicht viel wärmer als 40 °C zu sein braucht, während das heiße Wasser für das Spülen in der Küche zwar 50 bis 55 °C haben soll, aber nur in geringeren Mengen gebraucht wird.

Nachteilig ist bei Durchflußbatterien für das Brauchwasser, daß sich Kesselstein im schlecht zu reinigenden Innern der Rohrschlangen absetzt. Ihre Verwendung ist daher bei sehr hartem Wasser problematisch.

Besonders die Nacherwärmung beim Schließen des Zapfventiles kann in Einzel-WW-Bereitern die Steinablagerung verstärken. Bei der WW-Entnahme soll man daher das Zapfventil unmittelbar nach dem Schließen noch einmal kurz nur so weit öffnen, daß die Heizung nicht wieder anspringt, und nur so lange, bis kaltes Wasser fließt.

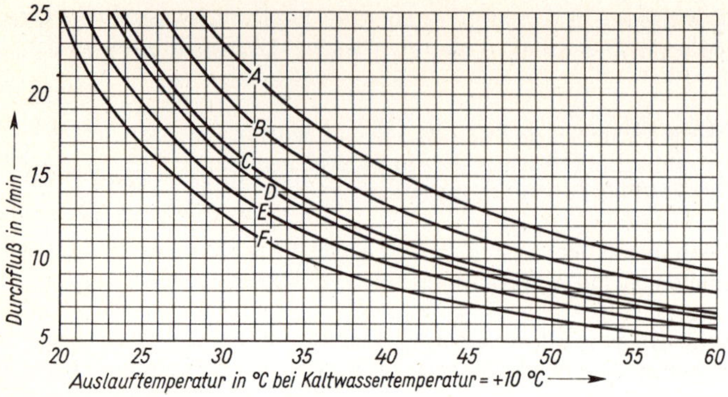

778.1 Durchflußmengen und Warmwasserleistungen von Durchlauferhitzern

A Elektro-Durchlauferhitzer 33 kW
B Gas-Durchlauferhitzer Typ 400 (GWH 28)
C Elektro-Durchlauferhitzer 24 kW
D Gas-Durchlauferhitzer Typ 325 (GWH 22,7)
E Elektro-Durchlauferhitzer 21 kW
F Elektro-Durchlauferhitzer 18 kW

angenommener Gerätewirkungsgrad:
Elektro-Durchlauferhitzer $\eta = 98\%$
Gas-Durchlauferhitzer $\eta = 80\%$

Kombinationen. Die Mannigfaltigkeit der Arten von WWB-Anlagen und ihrer weiterhin zu beschreibenden Einzelausführungen erhöht sich noch dadurch, daß mancherlei Kombinationen möglich sind.

Diese verursachen natürlich höhere Baukosten als die einfacheren Anlagen, können aber im Betrieb besondere Vorteile zeigen.

Besonders häufig wird die WWB mit einer Zentralheizung verbunden, wo der Heizungskessel dann über einen WW-Bereiter, der gesondert angeordnet oder in den Kessel eingebaut sein kann, gleichzeitig die WWB betreibt (s. Abschn. 12.3.1.3). Hierbei ist es wiederum möglich, daß das in den Übergangszeiten vom Kessel nur vorgewärmte Brauchwasser durch ein zusätzliches Heißwassergerät auf die Gebrauchstemperatur aufgeheizt wird (s. Abschn. 12.2.3.5).

12.2 Örtliche Warmwasserbereitung

Das Brauchwasser wird am Ort seiner Verwendung erwärmt. In ihrer dem jeweiligen Bedarf leicht anzupassenden Größe und Leistung haben vor allem die Gas- und Elektrogeräte zur Einzel-WWB einen hohen Wirkungsgrad, da die zusätzlichen Wärmeverluste eines Rohrleitungssystemes fortfallen. So können hier auch die Edelenergien Gas und Strom mit ihren besonderen Annehmlichkeiten trotz ihres höheren Wärmepreises mit Vorteil eingesetzt werden.

Einzel-WW-Bereiter eignen sich besonders für einzelne, weiter auseinanderliegende Zapfstellen mit nur kurzzeitiger Entnahme kleinerer Warmwassermengen und liefern je nach Art und Einstellung der Zapfleistung eine kleine Menge heißen Wassers oder eine größere Menge warmen Wassers.

Unter Gruppen-Warmwasserversorgung versteht man die Versorgung nahe beieinanderliegender Zapfstellen durch ein gemeinsames, druckfestes Gerät, während entfernter liegende weiterhin durch einen eigenen WW-Bereiter bedient werden. Geringere Anlagekosten sind die Vorteile dieser Einrichtung.

Bevorzugt wird die Einzel-WW-Bereitung vielfach auch deshalb, weil jeder Benutzer seinen WW-Verbrauch leicht selbst kontrollieren kann und nur ihn zu bezahlen braucht.

12.2.1 Speicher-Kohle-Wasserheizer

Kohlebadeöfen liefern bei ca. 40% Wirkungsgrad wegen der verhältnismäßig niedrigen Kosten der festen Brennstoffe das billigste Warmwasser und beheizen dabei noch den Baderaum ausreichend.

Die Grundform des Kohlebadeofens nach DIN 18889 (**779**.1) ist ein druckloser, stehender, zylindrischer (auch vierkantiger) Schicht- oder Verdrängungsspeicher von 90 oder 100 l Inhalt, der einem Prüfdruck von 2 bar standhalten muß, meistens aus 0,8 bis 1 mm dickem Kupferblech, aber auch aus Zink- oder verzinktem oder emailliertem Stahlblech.

Er wird durch ein inneres glattes oder gewelltes Flammrohr beheizt.

Die Feuerung für Holz und Kohle befindet sich in einem Untersatz aus Grauguß.

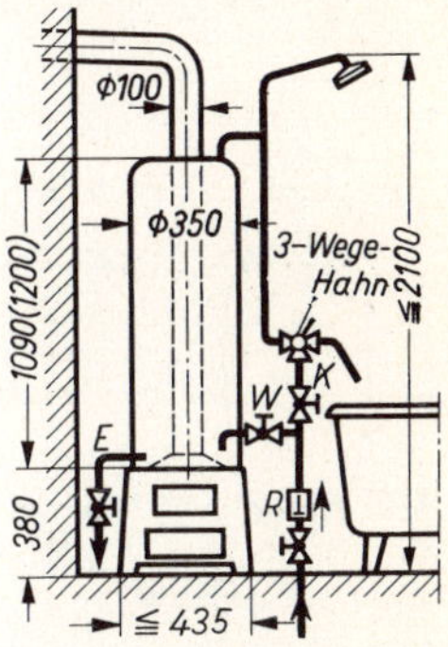

779.1
Druckloser Speicher-Kohle-Wasserheizer (Maße nach DIN 18889) (M 1:50)

E Entleerung
R Rückflußverhinderer
K Kaltwasser
W Warmwasser

Kohlebadeöfen haben Mischbatterien (ähnlich Bild **785**.1) mit Wannenauslauf und Stand- oder Schlauchbrause (diese mit Rohrbelüfter).

Wandbadeöfen werden an Wänden von ≧1/2 Stein Dicke auf Mauer- oder auf Standträgern am Fußende der Wanne 70 cm über dem Fußboden befestigt und haben einen Raumbedarf von 40 cm Breite, 60 cm Tiefe und 1,40 m Höhe.

Kohle-Wasserheizer müssen vom kalten Zustand aus in 45 min den Wasserinhalt um ≧ 40 °C aufheizen, nach Entnahme eines Bades in weiteren 30 min um ≧ 35 °C.

Elektro-Kohle-Badeöfen können im Sommerbetrieb durch eingebaute Heizpatronen beheizt werden.

Druckfeste Kohlebadeöfen für Betriebsdrücke ≦6 bar aus verzinktem Stahlblech von 3 bis 4 mm Dicke versorgen in unmittelbarem Anschluß an das Trinkwassernetz weitere Zapfstellen mit Warmwasser.

Wegen der mit Verwendung fester Brennstoffe verbundenen Nachteile, wie Kohle- und Aschetransport und Verschmutzungen der Räume, sind die Kohlebadeöfen heute fast völlig durch andere WW-Bereiter verdrängt worden.

Vorteilhafter sind ölbeheizte, im übrigen gleichartige, Speicher-Wasserheizer, deren Unterofen mit einem Öl-Verdampfungsbrenner ausgerüstet ist, besonders wenn sie an ein zentrales Ölversorgungsnetz des Hauses angeschlossen werden können (s. Abschn. 9.3).

12.2.2 Gas-Wasserheizer

In gasversorgten Gebäuden bietet die WW-Bereitung durch örtliche Gas-Wasserheizer (GWH), die meistens nach dem Durchlaufprinzip arbeiten, die gleichen Annehmlichkeiten wie der Betrieb von Gasheizöfen (s. Abschn. 9.4).

Über die Aufstellung und die Abführung der Abgase der Gas-Wasserheizer s. Abschn. 5.1.5 und 5.1.6.

12.2.2.1 Durchlauf-Gas-Wasserheizer

Sie liefern wenige Sekunden nach dem Einschalten in beliebiger Menge ein für Speisen und Getränke voll geeignetes Warmwasser und sind für stoßweisen Betrieb und stark wechselnden Warmwasserbedarf besonders gut geeignet.

Die Zapfleistungen der Geräte sind teilweise aus Bild **778**.1 zu ersehen.

Durchlauf-Gas-Wasserheizer für die Gasfamilien S und N müssen DIN 3368 entsprechen. Diese Vorschriften legen u. a. eine Reihe von Grundmaßen fest (**780**.1).

Der Warmwasseranschluß für weitere Zapfstellen ist stets unten auf der linken Seite, der Kaltwasseranschluß auf der rechten Seite, der Gasanschluß in der Mitte vorzusehen.

Weitere technische Daten der Durchlauf-Gas-Wasserheizer s. Tafel **780**.2.

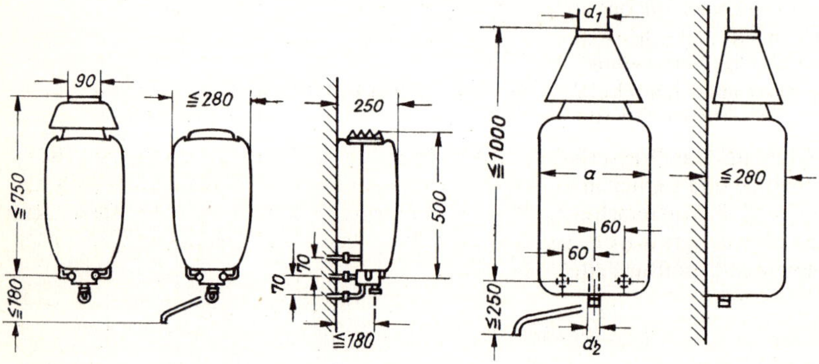

Gerätetyp	250	325	400
d_1 mm	110	130	130
d_2	DN 20	DN 25	DN 25
a mm	≦425	≦425	≦475

780.1 Bau- und Anschlußmaße für Gas-Wasserheizer (GWH) (nach DIN 3368)

Tafel **780**.2 Technische Daten der Durchlauf-Gas-Wasserheizer

Gerätetyp		GWH 8,7 (125)	GWH 17,5 (250)	GWH 22,7 (325)	GWH 28 (400)
Nennwärmeleistung	kW	8,75	17,5	22,7	28
Nennwärmebelastung	kW	10,5	21	27	33,3
Wassermenge bei Gasanschluß-Fließdruck ≧	mbar	7,5	7,5	7,5	7,5
Mindestwasserdruck	bar	0,2	0,3	0,4	0,45
Gasanschluß	DN	15	20	25	25
Kaltwasseranschluß	DN	15	15	15	15
Warmwasseranschluß	DN	10	15	15	15
Abgasrohr	mm	90	110	130	130

Im übrigen weichen die Geräte der Gasfamilie F für Propan/Butan nur so geringfügig von denen für Stadt- und Naturgas ab, daß die Darstellung sich weiterhin auf diese beschränken kann.

Klein-Wasserheizer Typ 125 (GWH 125; 8,75 kW = 125 kcal/min). Sie werden vorzugsweise anstelle von Kaltwasser-Auslaufventilen für die Warmwasserversorgung von Spültischen der Wohnungsküchen und von anderen Kleinstverbrauchern, aber auch für Duschbäder eingebaut.

Eine weitere Zapfstelle kann angeschlossen werden.

Groß-Wasserheizer. Gas-Wasserheizer Typ 250 (GWH 17,5) versorgen kleinere Normalwannen sowie oft die neben dem Bad gelegene Küche mit Warmwasser und werden gelegentlich in der Küche an der Trennwand zum Bad angebracht, wobei durch ihr Abgasrohr die Küche gleichzeitig ständig entlüftet wird.

Die größeren Gas-Wasserheizer Typ 325 (GWH 22,7) und 400 (GWH 28) sind für größere Badewannen und weitere Zapfstellen geeignet.

Zur Vermeidung stärkerer Rohrleitungsverluste sollen häufig benutzte Zapfstellen vom Gerät nur bis 2 m, weniger oft benutzte Zapfstellen nur bis 5 m entfernt sein.

Zusatzteile, wie Stand- und Schlauchbrausen, Mischbatterien, Schwenkarme, einzeln und kombiniert, lassen eine vielseitige Verwendung aller Geräte zu.

Über Gas-Wasserheizer als Zusatzheizung für zentrale WW-Bereitungsanlagen s. Abschn. 12.1.3, als Heizgerät einer WW-Stockwerkheizung Abschn. 10.2.1.5.

Aufbau. Die Durchlauf-Gas-Wasserheizer (**781**.1) bestehen aus dem Heizkörper (Heizschacht, Heizschlange und Lamellenblock), der Armatur (Brenner, Gasschalter, Zündsicherung nach DIN 3258, Wasserschalter, evtl. Gasmengenregler) mit Anschlußrohren, dem Mantel, der Strömungssicherung und der Rückwand, auf der alle übrigen Teile, der Mantel abnehmbar, montiert sind.

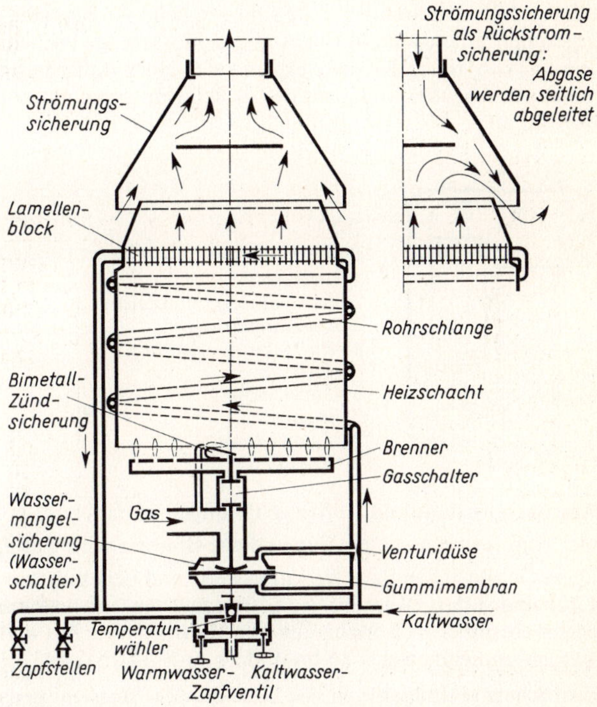

781.1
Gas-Wasserheizer mit Schornsteinanschluß

Der Heizkörper wird aus verbleitem Kupfer, Mantel, Strömungssicherung und Rückwand werden aus emailliertem Stahlblech hergestellt.

Alle Geräte sind druckfest und können daher mehrere Zapfstellen versorgen.

Wirkungsweise (**781**.1). Das Kaltwasser wird im Durchfluß zunächst in einer um den kaminartigen Heizschacht geführten Rohrschlange vorgewärmt und dann in dem auf dem Heizschacht aufsitzenden, von den Heizgasen durchströmten Lamellenblock voll aufgeheizt. Eine Bimetall-Zündsicherung verhindert den Austritt nichtbrennenden Gases aus dem Brenner.

Ein Druckdifferenzschalter als Wassermangelsicherung gibt darüber hinaus dem Gas den Weg zum Brenner nur dann frei, wenn durch die Rohrschlange eine zur Aufnahme der Heizleistung ausreichende Mindestwassermenge (ca. halbe Nennwassermenge) fließt: Das strömende Wasser ruft durch eine Venturi-Düse in der oberen Membrankammer des Wasserschalters einen Unterdruck hervor, durch den die Membran nach oben bewegt wird und ein Gasventil öffnet.

Mit einem Temperaturwähler läßt sich eine konstante Zapftemperatur einstellen. Ein Gasmengen- oder -druckregler läßt auch bei stark wechselndem Gasdruck dem Brenner stets die gleiche Gasmenge zufließen.

Durch eine Strömungssicherung, die das Erlöschen der Brennerflamme infolge Sauerstoffmangels durch zu starken Schornsteinzug, Stau oder Rückstrom der Abgase im Schornstein verhindert, gelangen diese über das Abgasrohr in den Schornstein oder bei schornsteinlosen Geräten direkt ins Freie.

Durchlauf-Gas-Wasserheizer für Schornsteinanschluß. Sie sind möglichst nahe am Schornstein anzuordnen. Die erforderliche Verbrennungsluft (ca. 6 m^3/m^3 Stadtgas) muß ungehindert zum Brenner des Gas-Wasserheizers gelangen, und die Abgase von ca. 100 °C (ca. 8,5 m^3/m^3 Stadtgas) mit ihrem hohen Wasserdampfgehalt müssen einwandfrei abgeführt werden können.

Außenwand-Gas-Wasserheizer (**782**.1 und **783**.1). Ihre Heizkörper und alle verbrennungsluft- und abgasführenden Teile sind wie beim Außenwand-Gas-Heizofen (s. Abschn. 9.4.2) gegen den Innenraum luftdicht abgeschlossen. Sie entnehmen die Verbrennungsluft durch ein Frischluftrohr dem Freien oder einer dafür bestimmten besonderen Anlage und geben die Abgase durch ein zweites Rohr im gemeinsamen Mauergehäuse unmittelbar dorthin ab.

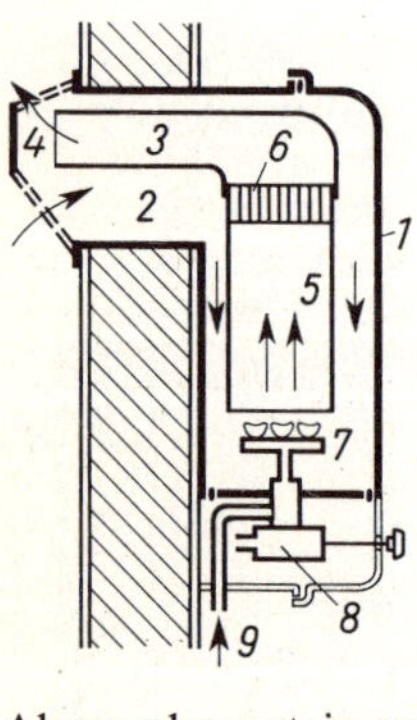

782.1
Außenwand-Gas-Wasserheizer (Junkers + Co)
1 Gehäuse
2 Verbrennungszuluftführung
3 Abgasabführung
4 Windschutzeinrichtung
5 Heizmantel
6 Lamellenblock
7 Brenner
8 Magnetzünder
9 Gaszufuhr

Abgasschornstein und Lüftungsöffnungen entfallen.

Der vom Raum aus nicht zugängliche Brenner wird durch einen Magnetfunken gezündet.

Diese Geräte, die in Bau, Wirkungsweise und Leistung (zur Zeit die Gerätetypen 250 (GWH 17,5) und 325 (GWH 22,7)) im übrigen den Gaswasserheizern für Schornsteinanschluß genau entsprechen, können daher in Räumen aller Art und Größe ohne weiteres aufgestellt werden und eignen sich so besonders zum nachträglichen Einbau in Altbauten u. ä.

Zum Schutz gegen Einfrieren sind die Geräte bei Temperaturen unter + 5 °C nachts zu entleeren.

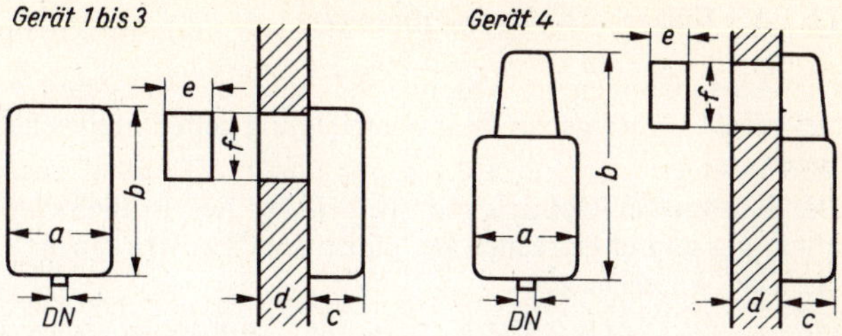

Gerät	Gerätetyp	Breite a	Höhe b	Tiefe c	Mauerdicke d	Mauerkasten		Gasanschluß DN
						Breite e	Höhe f	
					mm			
1	250	400	715	225	150 bis 670	220	320	20
2		420	665	250	180 bis 570	155	265	
3	325	400	715	225	150 bis 670	220	320	25
4		420	1005	250	180 bis 570	155	265	

783.1 Außenwand-Gas-Wasserheizer, Bau- und Anschlußmaße der auf dem Markt befindlichen Geräte

12.2.2.2 Gas-Vorratswasserheizer

Diese Geräte werden für die örtliche WW-Bereitung seltener verwendet, z. B. dort, wo die Gasleitungsquerschnitte für Durchlaufwasserheizer nicht ausreichen oder wo kurzfristig größere Mengen heißen Wassers benötigt werden (**783**.2).

Bei mehr als 10 l Wasserinhalt müssen sie an eine Abgasanlage angeschlossen werden.

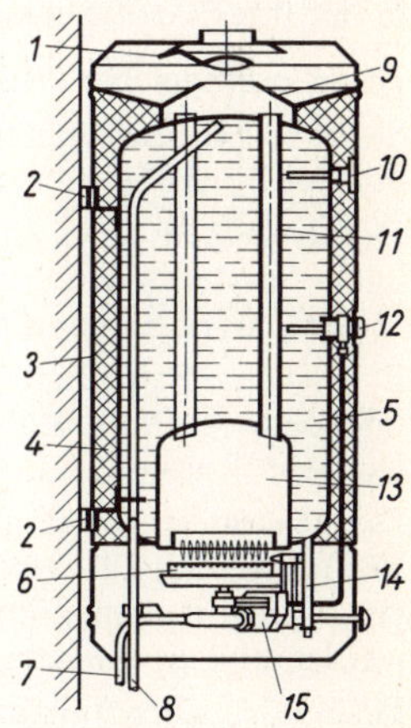

783.2
Gasgefeuerter druckfester Warmwasserspeicher mit innerer Heizgasführung (Rohleder)

1 Strömungssicherung
2 Tragbügel
3 Außenmantel
4 Wärmedämmschicht
5 Innenbehälter
6 Brenner
7 Gasanschluß
8 Warm- und Kaltwasser
9 Abgashaube
10 Thermometer
11 Heizrohr
12 Wärmefühler
13 Feuerbüchse
14 Entleerung
15 Gasventil

12.2.3 Elektro-Heißwasserbereiter

Die Ausführungen in Abschn. 9.5 über die Vor- und Nachteile der Verwendung von elektrischer Energie zur Wärmeerzeugung gelten in gleicher Weise für die elektrische WW-Bereitung.

Die Kosten der elektrischen Aufheizung des Brauchwassers sind von den Stromtarifen abhängig und entsprechen bei günstigen Nachtstromtarifen etwa den Betriebskosten der Gas-Wasserheizer.

Die Einzelversorgung, d. h. die Anordnung eines Heißwasserbereiters an jeder Zapfstelle, ist daher am wirtschaftlichsten.

In der Regel kann man damit rechnen, daß 1 kWh bei einer Kaltwassertemperatur von 10 bis 12 °C etwa folgende Warmwassermengen ergibt:

10 l von 85 °C, 15 l von 65 °C, 20 l von 50 °C oder 30 l von 37 °C.

Alle druckfesten Heißwasserbereiter müssen mit einem Sicherheits-Temperaturbegrenzer ausgerüstet sein, der bei Überschreiten einer Wassertemperatur von 110 °C selbsttätig ausschaltet und nur durch einen Fachmann wieder eingeschaltet werden kann.

Sie müssen ferner einen Temperaturregler aufweisen, der bei einer Gebrauchswassertemperatur von >90 °C die Beheizung des Gerätes unterbricht.

Sämtliche Speicher und Boiler sind mit einem Temperaturwähler versehen, mit dem die Abschalttemperatur stufenlos von 35 bis 85 °C eingestellt werden kann.

Werden von einem Elektro-Heißwasserbereiter, es kann ein druckfester Speicher nach Abschn. 12.2.3.1 oder auch ein Durchlauferhitzer nach Abschn. 12.2.3.4 sein, mehrere Zapfstellen versorgt, ist dieses Gerät zur Verringerung der Rohrleitungsverluste möglichst nahe an der am häufigsten benutzten Zapfstelle zu installieren.

12.2.3.1 Elektro-Heißwasserspeicher

Der Innenbehälter ist betriebsmäßig stets mit Wasser gefüllt, das vor Gebrauch durch einen nach dem Prinzip des Tauchsieders gebauten ein- oder mehrteiligen Heizkörper aufgeheizt wird.

Zur Begrenzung der Wärmeverluste ist der Innenbehälter mit einer hochwertigen Wärmedämmschicht aus einer Matte aus Moltopren o. ä. umkleidet.

Die Geräte arbeiten vollautomatisch und liefern nach dem Aufheizen jederzeit Warmwasser in der ihrer Größe entsprechenden Menge.

Drucklose Speicher (**785**.1). Sie versorgen in der Regel nur eine einzige Zapfstelle (**785**.2). Sie haben Innenbehälter aus verzinntem dünnwandigem Kupfer, deren Inhalt ständig mit der Außenluft verbunden sein muß.

Durch Öffnen eines im Kaltwasserzulauf angeordneten Warmwasserventiles tritt kaltes Wasser in den Speicher ein und hebt das erwärmte Wasser an, so daß dieses durch das Überlaufrohr heraus- und zur Mischbatterie fließt.

Dies ist eine Spezialbatterie mit nicht absperrbarer Verbindung zwischen dem Behälter und dem Auslauf. Kaltwasser kann durch ein besonderes Kaltwasserventil zugemischt werden.

Es gibt aber auch Ein-Griff-Sicherheitsmischbatterien, die beim Öffnen zunächst Kaltwasser austreten lassen, dann erst Heißwasser zumischen und so Verbrühungen verhindern (**805**.1).

Druckfeste Speicher (**785**.3). Sie versorgen mehrere Zapfstellen und haben einen druckfesten, dickwandigen Innenbehälter aus verzinntem Kupferblech, emailliertem Stahlblech oder, aber nur für nicht aggressives Wasser, aus verzinktem Stahlblech.

Sie stehen betriebsmäßig unter **vollem Wasserleitungsdruck**.

Durch ihren schweren Innenbehälter und die nach DIN 1988 erforderlichen **Sicherheitsarmaturen** (Taf. **776**.1) sind druckfeste Geräte erheblich teurer als drucklose.

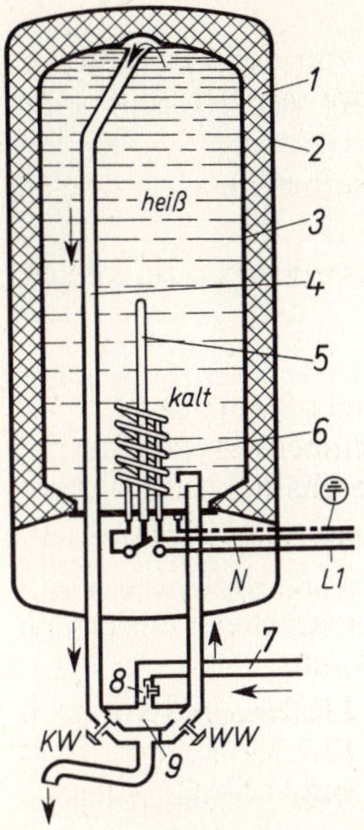

785.1 Druckloser Elektro-Heißwasserspeicher

1 Wärmeschutz
2 Außenmantel
3 Innenbehälter
4 Überlaufrohr
5 Reglerschutzrohr
6 Heizkörper
7 Kaltwasserzulauf
8 Drosselzwischenstück
9 Überlaufmischbatterie

N, L1 } elektrischer Anschluß

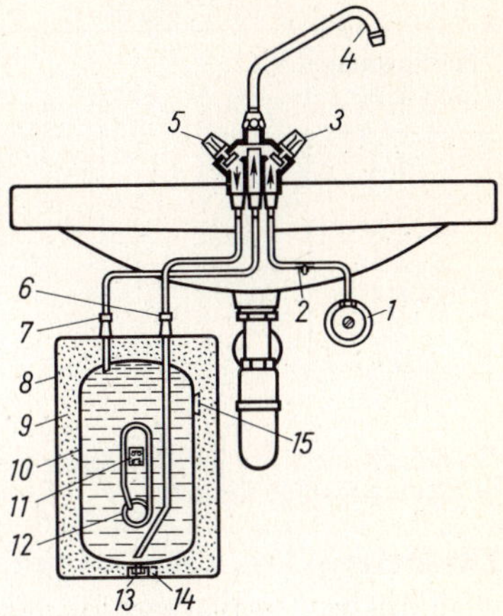

1 Kaltwasser-Eckventil
2 Drosselstück
3 Entnahmeventil
4 Schwenkauslauf
5 Temperierventil
6 Kaltwasser-Zulauf zum Gerät
7 Warmwasser-Überlauf vom Gerät
8 Außenmantel
9 Wärmedämmung
10 Innenbehälter
11 Temperaturwähler
12 Heizkörper
13 Entleerungsstutzen
14 elektrischer Anschluß
15 Übertemperatursicherung

785.2 Wasserseitiger Anschluß eines drucklosen Waschtischspeichers mit 5 l Inhalt

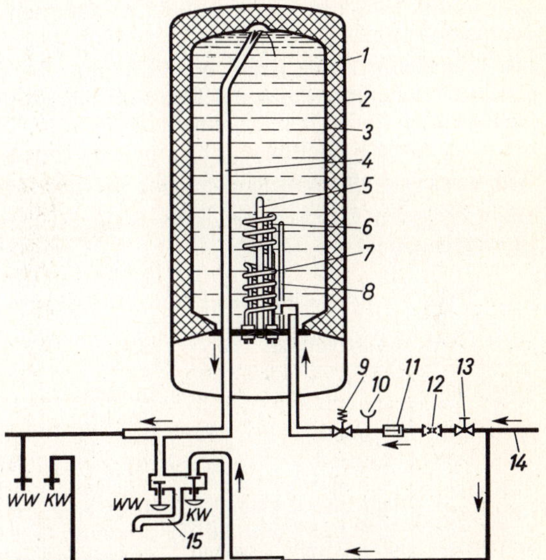

785.3
Druckfester Elektro-Heißwasserspeicher (Zweikreisspeicher)

1 Wärmeschutz
2 Außenmantel
3 Innenbehälter
4 Überlaufrohr
5 Reglerschutzrohr
6 Heizkörper für Grundheizung
7 Heizkörper für Zusatzheizung
8 Schutzrohr für Temperaturbegrenzer
9 Membran-Sicherheitsventil
10 Prüfstutzen für Manometer
11 Rückflußverhinderer
12 Druckminderventil (falls erforderlich)
13 Absperrventil
14 Kaltwasserzulauf
15 Druckmischbatterie

Beheizung. Größte Zapfmenge, Speicherinhalt und Heizleistung müssen richtig aufeinander abgestimmt sein, die Aufheizzeiten berücksichtigt werden (Taf. **786**.1).

Tafel **786**.1 Aufheizzeiten der Elektro-Heißwasserspeicher und -boiler in min bei Einstellung III/Heiß = 85 °C

Heizleistung in kW	Speicherinhalt in l										
	3	5	8	10	15	30	50	60	80	100²)	120
1	17	–	–	–	–	175	–	–	480	–	–
2	–	13	23	30	40	80	–	–	–	–	–
4	–	–	–	–	20	40	70	85	120	145	170
1/4¹)	–	–	–	–	–	–	–	–	120	–	–
0,4/4,4¹)	–	–	–	–	–	30	–	–	–	–	–
5	–	–	–	–	–	–	–	–	–	115	–
6	–	–	–	–	–	–	45	60	75	–	115
1/6¹)	–	–	–	–	–	–	–	–	75	–	–

¹) Aufheizzeiten der Zweikreisspeicher mit der Gesamtleistung von 4; 4,4 oder 6 kW
²) Elektro-Kohlebadeofen

Zweikreisspeicher. Reine Nachtstromgeräte werden ihrer langen Aufheizzeit wegen nur noch selten verwendet und überall dort, wo ausreichende Anschlußmöglichkeit vorhanden ist, durch die vorteilhafteren Zweikreisspeicher (**785**.3) ersetzt.

Zweikreisspeicher sind in Verbindung mit billigem Nachtstrom bei Doppeltarif und der wählbaren Abschalttemperatur besonders wirtschaftlich.

Sie werden mit einem kleinen Heizkörper von 400 bis 2000 W über Nacht auf eine beliebige Temperatur zwischen 35 °C und 85 °C aufgeheizt. Die Einstellung erfolgt durch den Temperaturwähler.

Die Zusatzheizung von 3 bis 5 kW kann bei erhöhtem Heißwasserbedarf über den gleichen Temperaturwähler auf Tagstrom zugeschaltet werden. Hierdurch können Abkühlungsverluste, die im Bereich von 50 bis 85 °C ca. 2 K/h, von 25 bis 50 °C ca. 1,5 bis 2 K/h betragen, sowie Kesselsteinansatz erheblich verringert werden.

Während des Aufheizens leuchtet eine Glimmlampe.

Die wichtigsten Gerätetypen der Elektro-Heißwasserspeicher sind in der Tafel **786**.2 zusammengestellt.

Tafel **786**.2 Die gebräuchlichsten Elektro-Heißwasserspeicher

Inhalt/Liter	Anschlußwert kW	Bauart	Verwendung
5 und 10	2	drucklos	1 Waschtisch oder Spüle
	2	druckfest	2 nebeneinanderliegende Zapfstellen
15	2 oder 4	drucklos	1 Dusche oder eine Spüle
	2 oder 4	druckfest	mehrere Zapfstellen
30	4, 6 oder 0,4/4,4	drucklos	1 Dusche
	4, 6 oder 0,4/4,4	druckfest	mehrere Zapfstellen
80	1, 4, 6, 1/4 oder 1/6	drucklos	1 Badewanne
80, 120	4, 6, 1,5/4,5 oder 2/6	druckfest	zentrale WW-Versorgung mit Badewanne

12.2.3.2 Elektro-Boiler

Boiler besitzen im Gegensatz zum Speicher keine Wärmedämmung. Sie müssen daher kurz vor dem Gebrauch in Betrieb genommen und von Hand eingeschaltet werden.

Bei Erreichen der am Temperaturwählbegrenzer eingestellten Temperatur zwischen 35 und 85 °C schalten sie automatisch ab. Zur Vermeidung von Abkühlungsverlusten sollte das warme Wasser gleich nach Beendigung der Aufheizung entnommen werden (**787**.1).

Bei Abkühlung oder Warmwasserentnahme schaltet sich das Gerät nicht selbsttätig wieder ein, es muß vielmehr bei weiterem Bedarf von Hand erneut eingeschaltet werden.

Boiler werden mit 15 l Inhalt für das Duschbad sowie 60 und 80 l Inhalt für das Vollbad bei 2 bzw. 4 oder 6 kW Anschlußwert hergestellt und sind grundsätzlich drucklos ausgeführt, es kann mit ihnen also nur eine Zapfstelle versorgt werden.

12.2.3.3 Elektro-Kochendwassergeräte

Mit einem Anschlußwert von 2 kW bereiten sie je nach Bedarf schnell 0,5 bis 5 l warmes, heißes oder kochendes Wasser für den Spültisch oder für heiße Getränke (**787**.2).

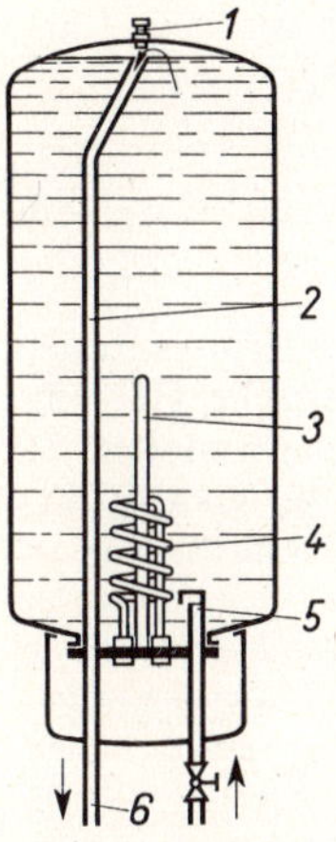

787.1 Elektro-Badeboiler

1 Belüftungsventil
2 Überlaufrohr
3 Reglerschutzrohr
4 Heizkörper
5 Kaltwasserzulauf
6 Heißwasserablauf

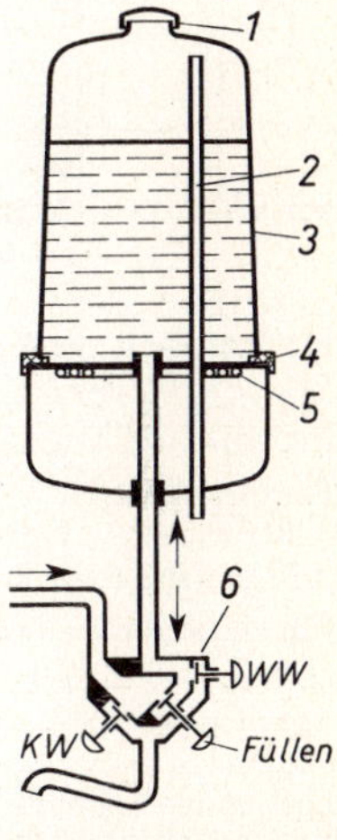

787.2 Elektro-Kochendwassergerät 5 l

1 Verschluß der Reinigungsöffnung
2 Dampfrohr
3 Kupfer- oder Glasbehälter
4 Dichtungsring
5 Heizkörper
6 Wasserarmatur

Die Geräte werden in besonders einfacher Montage nach Einschrauben eines Zwischenstückes ohne weitere Wandbefestigung direkt an die Kaltwasserleitung angeschraubt und über eine Schutzkontaktsteckdose an das Stromnetz angeschlossen.

Sie arbeiten nach dem Entleerungsprinzip: Mit einem Füllventil wird vor Einschalten des Stromes das Gerät bis zu der gewünschten Marke am Wasserstandsglas oder einer Füllstandskala mit Kaltwasser gefüllt. Nach dem Aufheizen des Wassers und Abschalten des Stromes wird über ein Warmwasserzapfventil das Warmwasser entnommen.

Mit einem Kaltwasserventil kann kaltes Wasser gezapft oder zugemischt werden.

Auf der Vorderseite dieser Geräte ist eine Sichtskala angebracht, an der Teilfüllungen zwischen 0,5 und 5 Liter abgelesen werden können.

Mit dem eingebauten Temperaturwählbegrenzer ist wie beim Boiler die Temperatur von 35 °C bis zur Kochtemperatur stufenlos einzustellen. Nach Erreichen der gewünschten Temperatur wird die Beheizung automatisch ab- und nicht mehr eingeschaltet. Andere Modelle erhalten mit einer Fortkochstufe das Wasser am Kochen und zeigen dies an. Bei versehentlichem Einschalten ohne Wasserfüllung verhindert ein eingebauter Trockengehschutz das Durchbrennen der Heizkörper. Ein Liter Wasser wird in ca. 4 Minuten zum Kochen gebracht.

Für gewerbliche Zwecke gibt es auch größere Kochendwassergeräte mit 10, 20, 30 und 60 Liter Inhalt, das letztgenannte Gerät in Nirosta-Ausführung.

12.2.3.4 Elektro-Durchlauferhitzer

Durchlauferhitzer können eine oder mehrere Zapfstellen versorgen. Bei ihnen wird das Wasser im Augenblick des Durchfließens durch das Gerät erwärmt, d. h., sobald der Wasserhahn geöffnet wird (**788**.1).

Als Gerätetypen sind hydraulisch und thermisch gesteuerte Geräte zu unterscheiden.

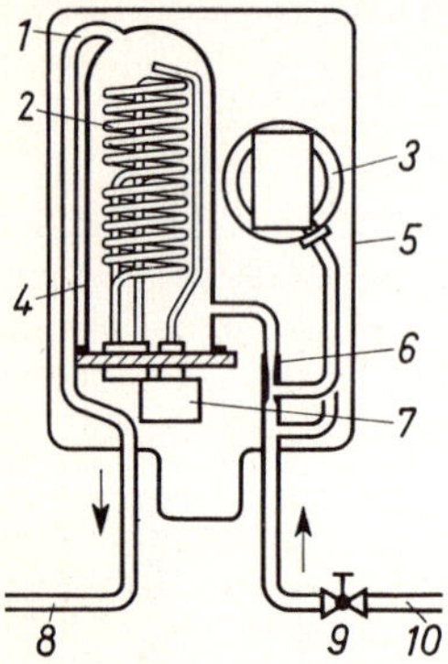

788.1
Elektro-Durchlauferhitzer mit strömungstechnisch (hydraulisch) gesteuerter Heizung (Dr. Stiebel-Werke)

1 Heißwasserauslauf
2 Heizkörper
3 Differenzdruckschalter
4 Innenbehälter
5 Außenmantel
6 Venturidüse
7 Sicherheitstemperaturbegrenzer
8 Heißwasserauslauf
9 Absperrventil
10 Kaltwasserzulauf

Hydraulisch gesteuerte Druck-Durchlauferhitzer. Sie besitzen einen Steuerungs- oder Druckdifferenzschalter (**781**.1), der bei Wasserdurchfluß die elektrische Heizung freigibt und wieder abschaltet, wenn der Durchfluß einen Mindestwert unterschreitet.

Die Geräte dieser Art sind Druckgeräte mit einem Betriebsdruck von 10 bar und mehr. Sie benötigen daher weder ein Sicherheits- noch ein Druckminderventil. Wegen ihres geringen Wasserinhaltes von ca. 0,2 l je nach Fabrikat ist auch kein Rückflußverhinderer erforderlich.

Für die zentrale Versorgung von Küchenspüle, Waschtisch und Badewanne wird meist ein Gerät in Zweikreisausführung verwendet. Dieses besitzt zwei Auslaufrohre mit je einem Strömungsschalter.

Mit dem Strömungsschalter im Auslaufrohr zur Badewanne wird die volle Leistung eingeschaltet, mit dem Strömungsschalter im Auslauf zu Küchenspüle und Waschtisch dagegen nur die Hälfte oder ein Drittel der Leistung.

Die auf dem Markt befindlichen Druck-Durchlauferhitzer haben einen Anschlußwert von 18, 21, 24 und 33 kW.

Thermisch gesteuerte Druck-Durchlauferhitzer. Im Durchlauferhitzer begrenzt ein Temperaturregler über ein eingebautes Schaltschütz die Wassertemperatur auf ca. 65 °C. Bei Wassermangel wird der Strom automatisch unterbrochen. Ein Sicherheitstemperaturbegrenzer schaltet den Strom bei unzulässiger Temperaturüberschreitung ab.

Das Gerät arbeitet bei einem Wasserleitungsdruck zwischen 1,5 und 10 bar ohne Druckminderventil.

Durchlaufspeicher (Speicher-Durchlauferhitzer). In Zweikreisausführung verbindet er die Vorteile eines Druckspeichers mit 15 Liter Inhalt für den Warmwasserbedarf an Küchenspüle und Waschtisch mit den Vorzügen eines leistungsstarken Durchlauferhitzers zur Versorgung des Dusch- oder Wannenbades.

Ein Temperaturwähler steuert die Grundheizung, während ein Druckdifferenzschalter selbständig die Zusatzheizung einschaltet. Die Einschaltung erfolgt nur, wenn die Wasserentnahme an Wanne oder Dusche im Durchfluß 5 l/min übersteigt.

Ein Sicherheitstemperaturbegrenzer schützt das Gerät vor unzulässiger Temperaturüberschreitung.

Durchlauferhitzer sind in ihrer Warmwasserleistung (Menge und Temperatur des auslaufenden Wassers) von der Leistung und der Kaltwasserzulauftemperatur abhängig (**778**.1).

Als Faustregel gilt:
Die Hälfte der angegebenen Leistung entspricht der Auslaufmenge in Litern je Minute mit ca. 40 °C.

Beispiel: 24 kW Durchlauferhitzer = 12 l/min mit ca. 40 °C

Wegen ihrer kleinen Abmessungen und ihres geringen Gewichtes können Durchlauferhitzer überall angebracht werden.

Infolge ihres hohen Anschlußwertes muß man jedoch vor der Anschaffung und Installation eines Durchlauferhitzers die Anschlußmöglichkeit beim zuständigen EVU klären.

12.2.3.5 Kombination elektrischer Heißwassergeräte

Der Betrieb einer mit der Zentralheizungsanlage eines Einfamilienhauses oder einer Stockwerkswohnung gekoppelten Warmwasserbereitungsanlage wird in den Sommer- und Übergangsmonaten erst bei der Entnahme von ca. 200 l Warmwasser täglich wirtschaftlich, da die im Winter geringen Stillstands- und Strahlungsverluste in den Sommermonaten $\leqq 80\%$ der zugeführten Energie betragen.

Auch muß die Temperatur des Umlaufwassers immer ca. 75 °C betragen, wenn die an der Küchenspüle benötigte verhältnismäßig kleine Warmwassermenge mit der erforderlichen Temperatur von 55 °C bereitgestellt werden soll.

Es ist daher oft wirtschaftlicher, die zentrale Warmwasserversorgungsanlage mit elektrischen Heißwassergeräten zu kombinieren, was auch noch nachträglich möglich ist.

Hierfür gibt es 2 Lösungen.

Drucklose Heißwassergeräte werden direkt an der Zapfstelle eingebaut und übernehmen die Warmwasserversorgung bei ausgeschalteter Zentralheizung (**789**.1).

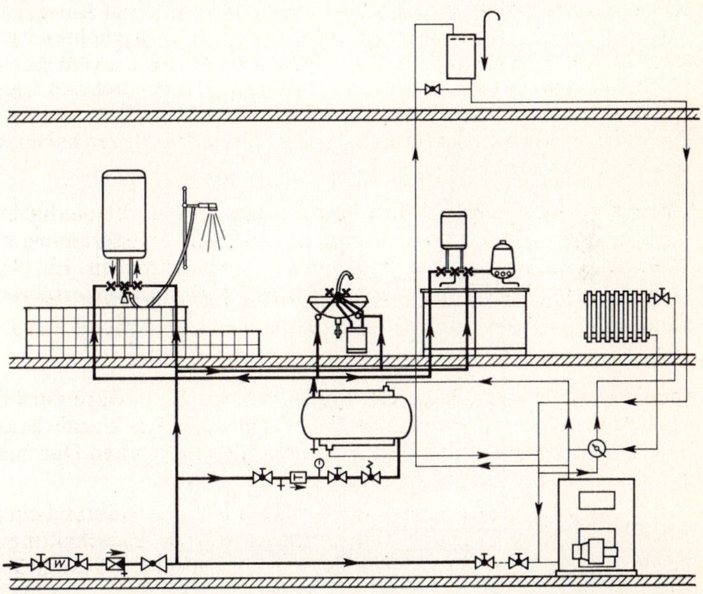

789.1 Kombination elektrischer druckloser Heißwassergeräte mit einer an eine Zentralheizungsanlage gekoppelten zentralen Warmwasser-Bereitungsanlage (Heizungs-Umwälzpumpe weggelassen)

Durch die Verwendung von Drucklos-Druck-Mischbatterien (**790**.1) ist trotz zweier verschiedener Warmwasserversorgungssysteme (drucklos und Drucksystem) die Montage nur einer Mischbatterie erforderlich.

Diese Kombimischbatterie als Verbindungselement beider Versorgungssysteme bietet folgende Vorteile:

Beste Anpassung an den Warmwasserbedarf der jeweiligen Zapfstelle,
kurze Warmwasserwege, daher große Wirtschaftlichkeit und
sichere, einfache Installation und Montage.

Während der Übergangszeit, wenn die Zentralheizung mit niedriger Temperatur arbeitet, wird das bereits vorgewärmte Wasser dem elektrischen Heißwassergerät zugeführt und in diesem auf die am Temperaturwähler eingestellte Gebrauchstemperatur aufgeheizt.

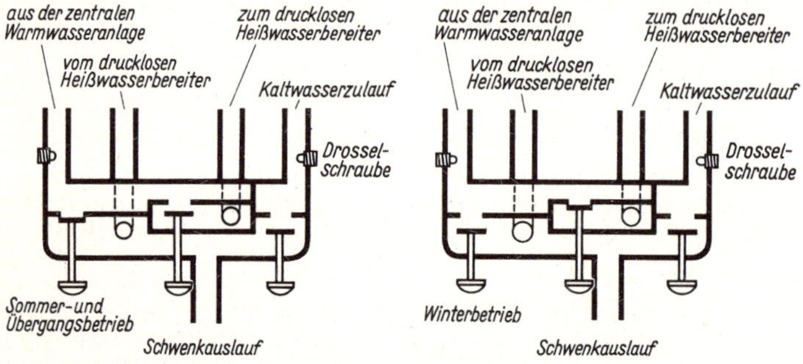

790.1 Schema einer Drucklos-Druck-Mischbatterie für Anlagen nach Bild **789**.1

Druck-Heißwassergeräte werden in die vom Heizkessel kommende, als Druckanlage ausgeführte Warmwasserleitung eingebaut (**790**.2).

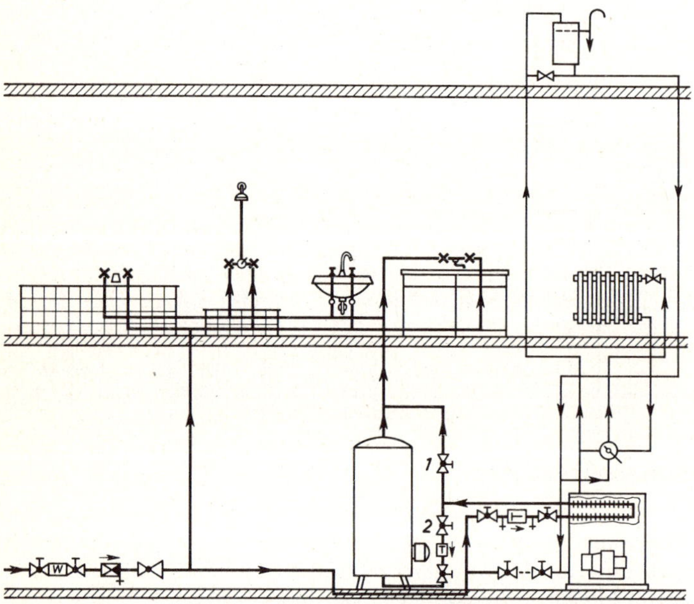

Winterbetrieb: Ventil 1 geöffnet, Ventil 2 geschlossen
Sommerbetrieb: Ventil 2 geöffnet, Ventil 1 geschlossen

790.2 Kombination eines elektrischen Druck-Warmwasserspeichers mit einer an eine Zentralheizungsanlage gekoppelten zentralen Warmwasser-Versorgungsanlage (Heizungs-Umwälzpumpe weggelassen)

Dem täglichen Warmwasserbedarf entsprechend kommen Druckspeicher ab 80 l Inhalt in Frage, die mit billigem Nachtstrom aufgeheizt werden.

Ein solches Heißwassergerät mit Temperaturwähler übernimmt dann die volle Aufheizung des kalten Wassers in den Sommermonaten und die Nachheizung des vorgewärmten Wassers in der Übergangszeit.

Auch hier ist darauf zu achten, daß an der am häufigsten benutzten Zapfstelle, der Küchenspüle, warmes Wasser ohne Kaltwasservorlauf bereitsteht, das heißt, die Warmwasserleitung vom Heißwassergerät muß so kurz wie möglich sein.

12.2.3.6 Elektrische Installation

Elektrische Heißwasserbereiter mit einem Anschlußwert $\leqq 2$ kW können an einen Licht- oder Steckdosen-Stromkreis angeschlossen werden.

Bei > 2 kW Anschlußwert sollten, bei $> 3{,}5$ kW müssen sie stets einen besonderen Stromkreis erhalten.

Geräte $> 4{,}4$ kW müssen grundsätzlich Drehstromanschluß bekommen. Die örtlichen Vorschriften sind außerdem zu beachten.

Geräte mit niedrigen Anschlußwerten beeinflussen bei reinem Nachtstrombetrieb die Abmessungen der Hauptleitungen und bei Verbrauchsmessung über Doppeltarifzähler die Anzahl der Stromkreise in der Wohnung nicht.

Eine bereits für Elektroherde bemessene Hauptleitung braucht nicht verstärkt zu werden, wenn ein Elektro-Wasserheizer mit höherem Anschlußwert bei Beheizung mit Haushaltstrom in den Herdstromkreis geschaltet ist, sobald dieser nach dem höheren Anschlußwert bemessen und durch einen Leitungsschutzautomaten so abgesichert wird, daß nie beide Geräte versehentlich gleichzeitig betrieben werden können.

Jedes Gerät erhält einen besonderen Schalter, wenn es nicht über einen eingebauten verfügt.

Die wichtigsten Geräteabmessungen der Elektro-Heißwasserbereiter sind in der Taf. **791**.1 zusammengestellt.

Tafel **791**.1 Abmessungen der Elektro-Heißwasserbereiter (Durchschnittswerte ohne Armaturen)

Gerät		Küchenboiler	Speicher					Badeboiler	Durchlauferhitzer
Inhalt bzw. Leistung		5 l	5 l	10 l	15 l	30 l	80 l	80 l	6 bis 11 l/min
Raumbedarf cm	Breite	22	25	30	35	40	50	40	22 bis 25
	Tiefe	20	20	25	25	40	45		16 bis 20
	Höhe	40	37	45	60	110	125	100	37 bis 65

12.3 Zentrale Warmwasserbereitung

Zentrale Warmwasser-Bereitungsanlagen versorgen eine größere Zahl von weiter auseinanderliegenden Zapfstellen, an denen ständig warmes Wasser von gleichmäßiger Temperatur in größerer Menge verfügbar sein soll, von einem zentralen WW-Bereiter aus.

Da dessen Wärmeverluste und die der Rohrleitungen des Verteilungsnetzes von der Brauchwasserentnahme praktisch unabhängig sind, besonders in Anlagen mit ständigem Wasserumlauf, sinkt der Anteil der Verluste am Gesamtwärmeverbrauch mit steigender Belastung. Daher kann der Wirkungsgrad einer zentralen WW-Bereitungsanlage bei Zapfstellen mit hohem Verbrauch, wie z. B. Badewannen, trotz dieser Wärmeverluste durchaus günstig sein.

Durch sorgfältige Planung und Ausführung der Anlage und guten Wärmeschutz aller ihrer Teile wird man diese Verluste dennoch so gering wie möglich zu halten suchen.

Anlagengröße. Die Größenbemessung der Anlagen und ihrer Einzelteile geht für Wohnbauten von der Anzahl der Wohnungen bzw. deren Bewohner (Taf. **774**.2) aus.

Dabei wird bei einer größeren Anzahl von Anlagen durch einen Gleichzeitigkeitsfaktor, der zwischen 0,2 und 0,8 liegen kann, berücksichtigt, daß nie alle Anlagen gleichzeitig in Betrieb sind.

Richtwerte geben die Tafeln **774**.1 bis **774**.3 (s. a. Abschn. 10.2.1.10).

Verbrauchsmessung. Die Auslegung der WWB-Anlage eines Mehrfamilienhauses nach den in Abschn. 12.1.1 mitgeteilten normalen WW-Verbrauchswerten und demgemäß tragbare Betriebskosten setzen voraus, daß der Verbrauch in den einzelnen Wohnungen durch Meßeinrichtungen erfaßt und so einer Verschwendung des WW vorgebeugt wird, die erfahrungsgemäß zu einem Mehrverbrauch bis zu 30% und zu Betriebsstörungen der nun nicht mehr ausreichenden Anlage führen kann.

Da indessen die Kosten für Einbau, Reparatur und Abschreibung der Meßgeräte erheblich sein können, werden die Warmwasserkosten immer häufiger pauschal abgerechnet, z. B. mit Zuschlägen auf die Wohnungsmieten oder nach der Anzahl der Wohnräume (ohne Küche, Bad, WC und Flur).

Zentrale WWB-Anlagen werden heute ausschließlich in unmittelbarer Verbindung mit der Trinkwasserversorgung als geschlossene Anlagen errichtet. In ihren WW-Bereitern wird das Brauchwasser meistens mittelbar nach dem Speichersystem, bei kleineren Anlagen auch nach dem Durchlaufsystem erwärmt.

Das Heizmittel kann aufgeheizt werden

in einem besonderen Heizkessel,
im Kessel einer besonderen Heizungsanlage,
durch eine Fernwärmeversorgung oder
durch Sonnenwärme.

Brauchwasserbereitung durch Sonnenenergie s. Abschn. 12.3.2.

Heute wird Warmwasser bei kleineren Wohnhäusern öfter in durch Gas oder Strom unmittelbar beheizten Speichern bereitet.

Wie bereits in Abschn. 12.1.3 ausgeführt, wird eine vorhandene WW-Zentralheizungsanlage mit Rücksicht auf ein Höchstmaß an Wirtschaftlichkeit auch gleichzeitig zur WW-Versorgung der Wohnungen herangezogen, wenn der öl- oder gasgefeuerte Heizkessel mit der auch für die WW-Bereitung erforderlichen gleichbleibenden Kesseltemperatur von $\geqq 75\,°C$ gefahren und die gleitende Vorlauftemperatur für die Raumheizung durch Rücklaufbeimischung erzeugt wird (**793**.1).

12.3.1 Speichergefäße

Die WW-Speicher sollen $\geqq 0{,}3$ m Wandabstand und 0,3 bis 0,5 m Deckenabstand haben. Flansche und Verschraubungen müssen gut zugänglich, Heizschlangen u. ä. zum Reinigen bequem aus- und einzubauen sein.

In stehenden Speichern sind die Berührungsflächen zwischen den Zonen verschieden temperierten Wassers kleiner als bei den liegenden Ausführungen, so daß sich bei ihnen das erwärmte Wasser weniger leicht mit dem kühleren mischt.

793.1
Zentrale Warmwasser-Bereitungsanlage im Anschluß an einen Heizungskessel mit eingebautem Durchlauf-Warmwasserbereiter; brauchwasserseitige Installation (heizungsseitige Installation s. Bild **576**.1)

Strang I mit Zirkulationsleitung
Strang II ohne Zirkulationsleitung

1 Membran-Sicherheitsventil
2 Heizungs-Füllventil
3 Rückflußverhinderer
4 Absperrventil mit Entleerung (Prüfeinrichtung für Rückflußverhinderer)
5 Absperrventil
6 Wasseraufbereiter (bei aggressivem Wasser; s. Bild **809**.1)
7 Rückflußverhinderer mit Entleerung
8 Wasserzähler
9 Motor-Drosselventil (oder Drosselklappe)
10 Schalter
11 Schaltuhr (zum Ein- und Ausschalten der WW-Zirkulation)
12 Rohr-Be- und -Entlüfter
13 Anschluß des Sicherheitsvorlaufes } der Heizung
14 Anschluß des Vorlaufes } der Heizung
15 Anschluß des Rücklaufes } der Heizung

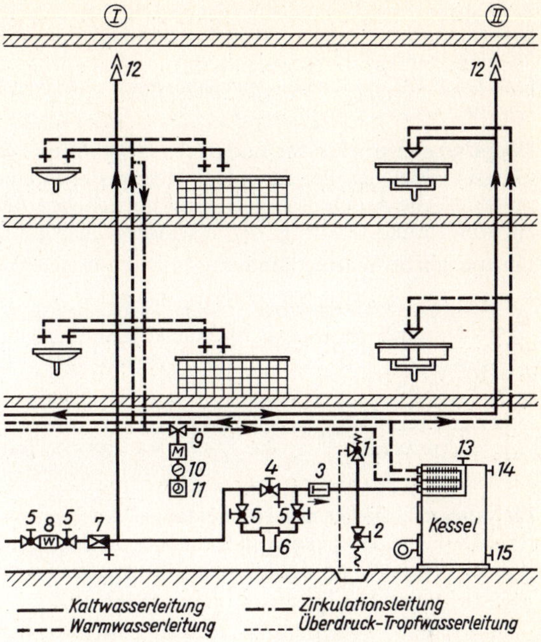

Da bei der heute allgemeinen Verwendung heizungsseitiger Umwälzpumpen der Speicher auch neben dem Kessel angeordnet werden kann, lassen sich Standspeicher auch bei niedriger Kellergeschoßhöhe einbauen.

12.3.1.1 Brauchwasserspeicher

Brauchwasserspeicher werden vor allem in Bauten, die einen großen und gleichzeitig auch stoßweisen Brauchwasserbedarf aufweisen, also in Hotels, Gaststätten, Pensionen, Komfortwohnungen usw., verwendet.

Ihre besonderen Vorteile liegen in der Bereitstellung einer größeren Brauchwassermenge, die der Größe des Speicherinhaltes entspricht und an der Verbrauchsstelle in kürzester Zeit entnommen werden kann.

Die Zapftemperatur ist unabhängig von der Entnahmemenge konstant und regelbar. Auch mit kleinster Kesselleistung kann in entsprechender Aufheizzeit eine größere Brauchwassermenge erwärmt werden. Die Wiederaufheizzeit kann nach der Entnahme auf einen beliebig langen Zeitraum ausgedehnt werden. Dabei wird bei einer kombinierten Raumheizung mit Brauchwasserbereitung die Heizleistung des Kessels nur teilweise beansprucht, somit die Raumheizung, insbesondere während der Übergangszeit des Jahres, kaum benachteiligt.

Bei geringer Entnahme und großem Speicherinhalt wird abgestandenes Wasser geliefert, das für den menschlichen Genuß ungeeignet ist.

Die inneren Wandungen der Speicher sind wegen des sich ständig erneuernden Wassers Korrosionen besonders ausgesetzt.

Bei hartem und nicht besonders aggressivem Wasser bietet verzinktes oder mit Zementmilch oder Speziallacken gestrichenes Stahlblech oft einen ausreichenden Schutz, da ausfallender Kesselstein eine zusätzliche Schutzschicht bildet.

In allen anderen Fällen erhalten die Speicher bei Stahlausführung eine besonders widerstandsfähige Spezialinnenglasur oder Kunststoffbeschichtung. Sie werden auch aus Kupfer, Nickelbronze oder Edelstahl hergestellt.

Eingebrachte Magnesiumanoden können einen zusätzlichen Schutz gegen Korrosion bilden. Näheres s. Abschn. 12.4.2.

Doppelmantelspeicher. Sie sind nach DIN 4803 und 4804 für kleine und mittlere Anlagen die billigsten Speicher, bei denen das Heizwasser in einem Mantel den Brauchwasserspeicher umspült. Alle Anschlüsse sind leicht herzustellen. Die Mantelheizfläche ist jedoch schlecht zu reinigen und überträgt die Wärme weniger gut an das Brauchwasser.

Unzulängliche Wärmedämmung führt zu hohen Wärmeverlusten (**794**.1).

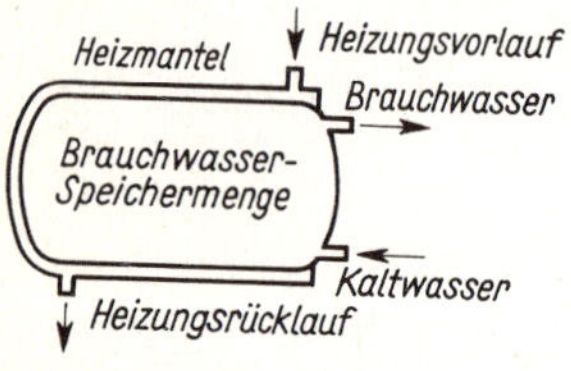

Den Doppelmantelspeichern sind auch die Brauchwasserspeicher der Kombi-Heizkessel und die Seitenboiler (Zellenspeicher) nach Abschn. 12.3.1.3 zuzurechnen.

794.1
Prinzip der Speicher-Brauchwassererwärmung mit Heizmantel (Doppelmantelspeicher)

Einwandige Speicher mit Heizschlange. Auch einwandige Speicher mit Heizregister nach DIN 4801 und 4802, die vom Heizmedium durchströmt werden, übertragen die zugeführte Wärme verlustlos an das Brauchwasser und sind leichter zu reinigen (**794**.2).

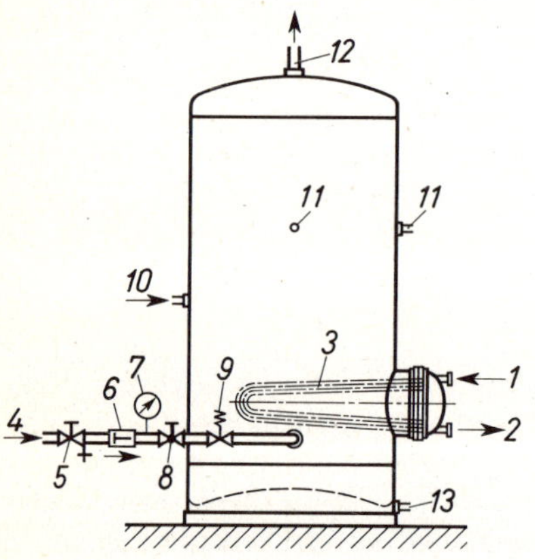

794.2
Stehender WW-Speicher 1500 l, warmwasser- oder dampfbeheizt

1 Heizungsvorlauf
2 Heizungsrücklauf
3 Heizregister
4 Kaltwasserzulauf
5 Absperrventil mit Entleerung (Prüfventil)
6 Rückflußverhinderer
7 Manometer
8 Absperrventil
9 Membran-Sicherheitsventil
10 Anschluß für Umlaufleitung
11 Anschlüsse für Thermometer, Sicherheitsventil u. a.
12 Warmwasseraustritt
13 Entleerung

Die Heizschlangen bestehen aus verzinkten Stahlrohren DN 32 bis 50 oder aus Kupferrohrbündeln 16/18 mm und sollen herausziehbar sein.

Bild **795**.1a zeigt eine WWB-Anlage mit einem solchen einwandigen WW-Bereiter.

Sie gibt es auch mit einem Boilerthermostat, der durch Steuerung einer Motordrosselklappe im Heizungsvorlauf die Brauchwassertemperatur zum Verringern der Gefahr von Steinablagerung und Korrosion auf z. B. 60 °C begrenzt.

Eine anstelle der Drosselklappe angeordnete Boilerladepumpe würde außerdem durch Beschleunigung des Heizwasserumlaufes die Wärmeleistung des Boilers bis auf das Doppelte verstärken (**632**.2) können.

12.3.1.2 Heizwasserspeicher

Bei den Durchlauf-Brauchwasserbereitern durchströmt das Brauchwasser mit hoher Geschwindigkeit die in der oberen heißesten Speicherwasserzone angeordneten

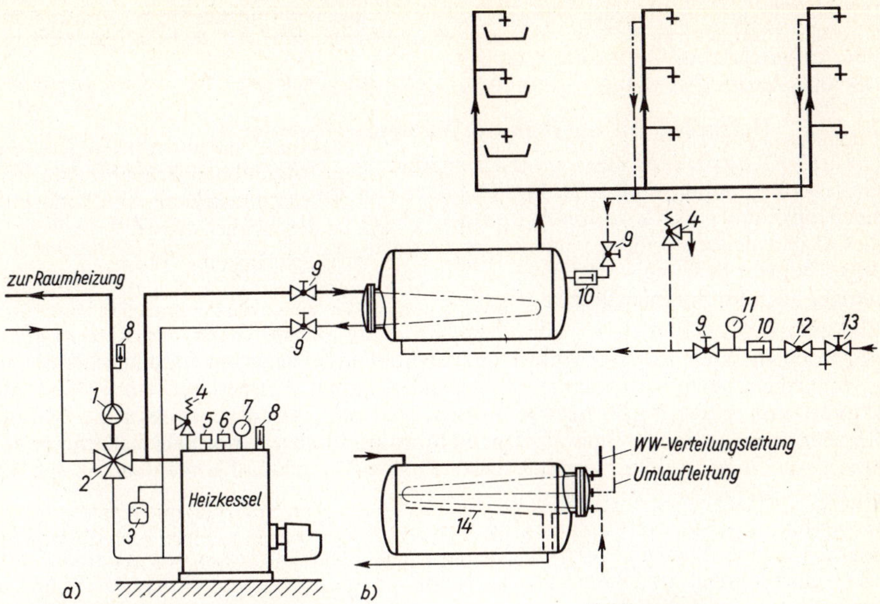

795.1 Zentrale Warmwasser-Bereitungsanlage mit
a) Speicher-Brauchwasserbereiter
b) Durchlauf-Brauchwasserbereiter

1 Umwälzpumpe
2 Vierwegemischer
3 geschlossenes Ausdehnungsgefäß
4 Sicherheitsventil
5 Temperaturregler
6 Temperaturwächter
7 Manometer
8 Thermometer
9 Absperrventil
10 Rückflußverhinderer
11 Manometer
12 Druckminderer
13 Absperrventil mit Entleerung
14 Leitblech

druckfesten kupfernen Heizröhrenbündel oder Spezialdurchlaufbatterien aus Rippenrohren und wird dabei durch das im Gegenstrom durch den Speicher geführte Heizwasser erwärmt. Es bleibt daher stets frisch.

Die Geräte sind kaum Korrosion ausgesetzt, weil das Wasser im Speicher selbst nicht erneuert wird und daher die Speicherwandungen nicht angreifen kann und weil die hohe Fließgeschwindigkeit des Brauchwassers im Innern der Heizschlangen es hier nicht zu Korrosionen kommen läßt.

Die Brauchwasserleistung ist unmittelbar von der Kesselleistung abhängig, da die Brauchwasserbereitung erst mit dem Beginn der Entnahme einsetzt, für deren Dauer die Raumheizung evtl. durch eine Brauchwasser-Vorrangschaltung (**795**.2) gedrosselt werden muß. Die Zapftemperatur ist von der Zapfmenge abhängig. Wegen der Gefahr schneller Verkrustung sind Durchlauferhitzer für härtere Wässer (ca. $\geqq 12$ dH) nicht geeignet. In diesem Fall ist eine Wasseraufbereitung vorzusehen.

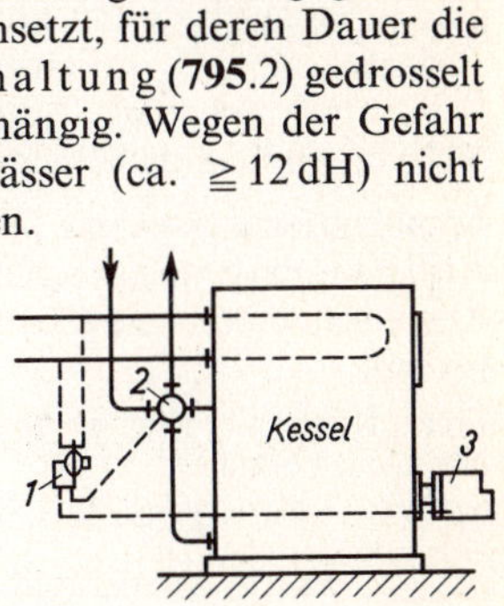

795.2 Brauchwasser-Vorrangschaltung
1 Differenzdruckschalter
2 Motor-Vierwegemischer
3 Brenner

Durchlauf-Brauchwasserbereiter (**795**.1b) werden vor allem in kleineren Wohnhäusern mit normalen Ansprüchen an die WW-Versorgung sowie allgemein in Fällen gleichmäßigen, der Kesselleistung entsprechenden WW-Bedarfes installiert.

Die Anlagekosten sind niedriger als bei Brauchwasserspeichern.

12.3.1.3 Heizkessel mit eingebautem Warmwasserbereiter

Die gute Regulierbarkeit einer automatischen Feuerungsanlage wie der Öl- und der Gasfeuerung und ihr müheloser Betrieb bilden eine besonders günstige Voraussetzung für eine Koppelung von Raumheizung und Warmwasserbereitung mit einem einzigen Kessel und dennoch völlig voneinander unabhängigen Betrieb beider Anlagenteile. Bei abgeschalteter Heizung wird dann einer solchen Anlagenkombination die Warmwasserbereitung auch im Sommer übertragen.

Ein ganzjähriger Betrieb ist vor allem durch die kombinierten Kessel möglich geworden, in deren heißester Wasserzone, oberhalb des Heizungsvorlaufanschlusses, unter einem gemeinsamen Kesselmantel mit besonders gutem Wärmeschutz ein leistungsfähiger Durchlauf- oder Speicher-WW-Bereiter mit ein- oder aufgebaut ist. Mit diesen Kesseln, deren gedrängte Bauweise einen Transport durch jede normale Kellertür gestattet, lassen sich die Auskühlungsverluste, besonders bei Verzicht auf Umlaufbetrieb der WWB, auf ein äußerstes Maß verringern.

Kombinationskessel werden aus Guß und Stahl (**610**.1 und **611**.1) als Spezialkessel vorzugsweise für Heizöl EL und Gas, aber auch als Umstellbrand- sowie Wechselbrandkessel (s. auch Abschn. 10.2.1.6 und 10.2.1.7) und für Leistungen von 18 bis 120 kW und mehr gebaut.

Ein durchgehender Betrieb eines Kombinationskessels zur ständigen Bereitschaft der WW-Versorgung auch außerhalb der Heizperiode ist selbst bei bester Wärmedämmung des Kessels und bei zuverlässig geregelter Wärmeerzeugung im Vergleich zur Einzel-WWB mit gas- oder strombeheizten Geräten erst bei einem Jahres-WW-Verbrauch von 50 bis 60 m³, d. h. für einen Haushalt von ≧4 Personen, wirtschaftlich.

Die Wirtschaftlichkeit läßt sich unter Verzicht auf eine dauernde Betriebsbereitschaft außerhalb der Heizzeit verbessern, wenn man durch Steuerung des Kesselbetriebes mit einer Schaltuhr die Anlage nur zu bestimmten Stunden des Tages Warmwasser bereitstellen läßt.

Der Umlaufbetrieb erhöht mit seinen unvermeidlichen Wärmeverlusten die Betriebskosten spürbar.

Ein 3- oder 4-Wege-Mischventil für die Rücklaufbeimischung und eine Umwälzpumpe sind selbstverständliche Ergänzungen jedes kombinierten Kessels.

Die Brauchwasser- und Heizleistungen der Kessel sind sorgsam aufeinander abgestimmt. Daher werden Kombi-Kessel für bis zu 30 Wohnungen mit normalem WW-Bedarf ohne Berücksichtigung der Brauchwasserleistung nur nach der Heizleistung ausgelegt und erhalten eine Brauchwasservorrangschaltung (s. Abschn. 10.2.4.5).

Für Wohngebäude mit mehr als 30 Wohnungen und bei außergewöhnlich großem WW-Bedarf, wie z. B. in Hotels, gilt als Faustregel ein Zuschlag von 10% auf den Gesamtwärmebedarf als ausreichend. Ein genaueres Verfahren ist, je Kopf und Tag 50 l von 60 °C anzunehmen (Erwärmung um 50 K) und auf 8 Stunden zu verteilen.

Kombinationskessel mit Durchlauf-Warmwasserbereiter (**610**.1 und **793**.1). Die Durchflußbatterie aus Kupfer oder kupferlegierten Rohren wird in der oberen heißesten Kesselwasserzone eingebaut. Zur Vergrößerung der Heizfläche werden diese Rohre häufig berippt.

Einen Richtwert für die Brauchwassererwärmung von 10 °C auf 45 °C bei 80 °C Kesseltemperatur liefert die Formel

$$V = 0{,}4\, Q_K$$

mit V = Brauchwasserleistung in l/min und Q_K = Kesselleistung in kW.

Bei einer Kesselleistung von 30 kW beträgt demnach die Dauerleistung 0,4 · 30 = 12,0 l/min. Die Füllung einer Badewanne mit 150 l Nutzinhalt würde also 150/12,0 = 12,5 min dauern. Da das Füllen einer Badewanne nicht länger als 10 bis 12 min dauern soll, werden Kombi-Kessel mit einer Nennleistung < 30 kW grundsätzlich n i c h t m i t D u r c h f l u ß e r h i t z e r hergestellt.

Die Spitzenleistung über 10 min hingegen ist von der aufgeheizten, die Durchflußbatterie umgebenden Kesselwassermenge abhängig: eine hohe Spitzenleistung bei großem, eine geringe bei kleinem Kesselwasserinhalt (dann ist die Spitzenleistung = Dauerleistung). Voraussetzung für diese Leistung ist natürlich, daß während der Entnahme einer größeren Brauchwassermenge die volle Kesselleistung für die Brauchwassererwärmung verfügbar ist (**632**.1).

Kombinationskessel mit Speicher-Warmwasserbereiter (**611**.1). Sie werden angesichts der steigenden Ansprüche an die Warmwasserversorgung zunehmend auch für Wohnungen den Kesseln mit Durchflußerhitzer vorgezogen (**797**.1 und 2).

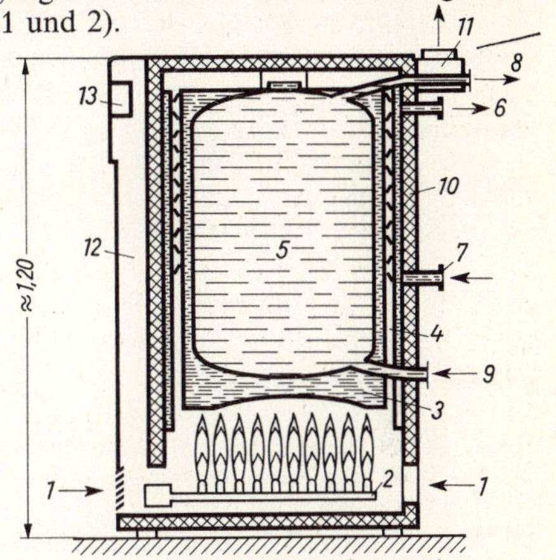

797.1
Kombinationskessel für Gas aus Stahl mit Brauchwasserspeicher (M 1:25) (Vießmann)

1 Zuluft
2 atmosphärischer Gasbrenner
3 Heizwasser
4 ringförmiger Heizgaszug mit Wirbulatoren
5 Brauchwasserspeicher aus Nickelbronze
6 Heizungsvorlauf
7 Heizungsrücklauf
8 Brauchwasseranschluß
9 Kaltwasseranschluß
10 Glaswolle-Dämmschicht 40 mm
11 Abgasstutzen
12 Raum für Gasarmatur, Sicherheits- und Regeleinrichtung
13 Armaturenleiste

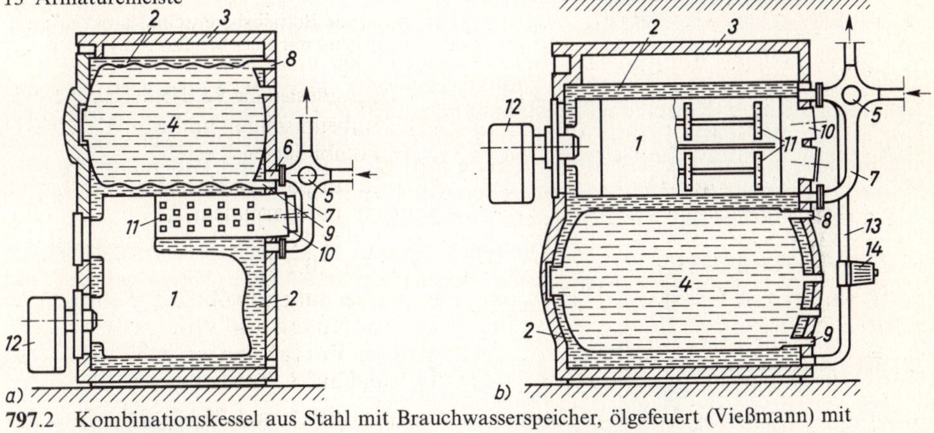

797.2 Kombinationskessel aus Stahl mit Brauchwasserspeicher, ölgefeuert (Vießmann) mit

a) Hochspeicher
b) Tiefspeicher und Speicherladepumpe

1 Brennkammer
2 Heizwasser
3 Dämmschicht
4 Brauchwasserspeicher
5 Vierwege-Mischventil
6 Anschluß an Heizungsvorlauf
7 Anschluß an Heizungsrücklauf
8 Brauchwasseranschluß
9 Kaltwasseranschluß
10 Rauchrohrstutzen
11 Wirbulatoren
12 Brenner
13 Heizwasser-Zirkulationsleitung für Speicher
14 Speicherladepumpe

Als Maßnahme gegen Korrosion werden die Brauchwasserspeicher aus Stahlblech innen spezialemailliert oder kunststoffbeschichtet oder aus Kupfer, Nickelbronze sowie Edelstahl ausgeführt, evtl. zusätzlich Mg-Anoden vorgesehen (s. Abschn. 12.4.2).

Zur Verminderung von Verbrühungsgefahren an den Zapfstellen, von Kalkausfällungen im Speicher und im Rohrnetz sowie von Korrosionen im Rohrnetz sollen Brauchwassertemperaturen 60 °C nicht übersteigen.

Dies ist bei einem in der üblichen Art oben im Kessel eingebauten Brauchwasserspeicher eines Kombi-Kessels jedoch nicht zu erreichen, da das sich hier um den Speicher sammelnde heißeste Kesselwasser von ≧80 °C das Brauchwasser zwangsläufig auf fast dieselbe Temperatur erwärmt.

Wird indessen der eingebaute Speicher als Tief-Speicher in dem unteren Teil des Kessels angeordnet (**797**.2b), läßt sich die nachstehend beschriebene Temperaturbegrenzung für das Brauchwasser auch hier erreichen.

Bei Kombinationskesseln, deren Speicher vom Heizkessel getrennt und nur über Rohrleitungen miteinander verbunden sind, wie z. B. bei gußeisernen Kombi-Kesseln (**611**.1c und **632**.2) oder bei Beistellspeichern (**798**.1), ist eine Temperaturbegrenzung möglich.

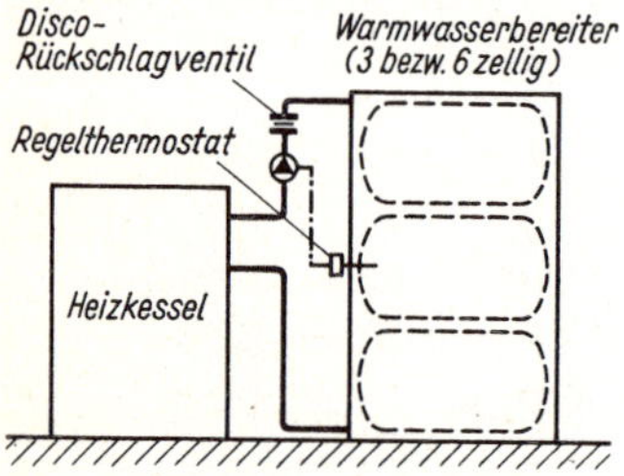

798.1
Anordnung eines Brauchwasserspeichers (Seitenspeicher) neben dem Heizkessel

Über eine Speicherladepumpe, die für die Zirkulation des Heizwassers zum Speicher aufzukommen hat, regelt ein Speicherthermostat die Brauchwassertemperatur im Speicher auf den gewünschten Wert von z. B. 60 °C ein.

Mit Hilfe einer Brauchwasservorrangschaltung (**795**.2) muß natürlich auch hier während einer längeren Brauchwasserentnahme die volle Kesselleistung auf die Brauchwassererwärmung geschaltet werden.

Um einem größeren Warmwasserbedarf genügen zu können, als es mit den aus konstruktiven Gründen in ihrem Volumen beschränkten auf- oder eingebauten Speichern der bisher behandelten Kombi-Kessel möglich ist, baut man auch Kessel-Speicher-Kombinationen mit Beistellspeichern, das sind neben dem Kessel oder zwischen zwei Kesseln angeordnete, mit ihm ebenfalls durch kurze Rohrleitungen mit Ladepumpe zu einer Einheit verbundene, stehende oder liegende, evtl. auch mehrteilige Brauchwasserspeicher von variabler Größe unter einheitlichem Kesselmantel mit Wärmeschutz.

Die Temperatur des Brauchwassers wird hier ebenfalls in der soeben gekennzeichneten Weise begrenzt (**798**.1 und 2).

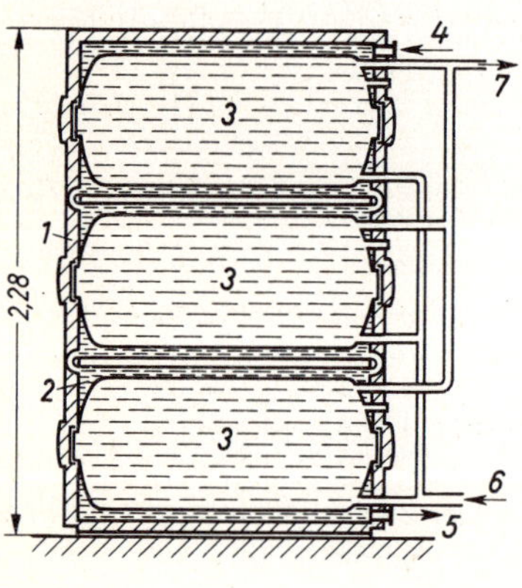

798.2
Mehrzelliger Brauchwasserspeicher zur Aufstellung neben dem Kessel (Vießmann)

1 Glaswolle-Dämmschicht
2 Heizwasser
3 Speicherzelle
4 Heizwasservorlauf
5 Heizwasserrücklauf
6 Kaltwasseranschluß
7 Brauchwasseranschluß

Anlagekosten und Wärmeverluste der Kesselkombinationen mit Brauchwasser-Speichern sind höher als bei denen mit Durchlauferhitzern.

Der Ersatz eines unbrauchbar gewordenen Speichers ist naturgemäß sehr viel kostspieliger als die Erneuerung einer Durchlaufbatterie, besonders bei Stahlkesseln.

Kombi-Heizthermen. Dies sind kombinierte Gas-Wasserheizer zum Betrieb einer zentralen Warmwasserbereitung und einer Gas-Umlaufheizung nach Abschn. 10.1.2.3.

Zum Heizen dient dabei eine Heiztherme mit allen eingebauten Regel- und Sicherheitseinrichtungen (**607**.1).

Das warme Wasser wird in einem wärmegedämmten Wärmeübertrager mit Durchflußbatterie erzeugt. Dabei kann man vielfach zwischen 2 Schaltungen wählen. Entweder wird eine kleine Menge Brauchwasser im Wärmeübertrager zu ständiger Bereitschaft auf Temperatur gehalten oder der Wärmeübertrager wird erst beim Warmwasserzapfen aufgeheizt.

Der Vorteil von Kombi-Thermen liegt vor allem in ihrer platzsparenden Installation (**606**.2).

12.3.2 Sonnenwärme

Günstiger als bei der Sonnenheizung (s. Abschn. 10.6.1) liegen die Verhältnisse bei der das ganze Jahr über andauernden Warmwasserversorgung durch Sonnenwärme.

Der mittlere Temperaturunterschied zwischen dem Brauchwasser und seiner Umgebung beträgt hier nur ca. 35 K.

Durch das geringere Speichervolumen entstehen geringere Mehrkosten.

Die Ausnutzung der Sonnenenergie befindet sich noch in der Entwicklung, da viele Grundlagen nicht genügend abgesichert sind und eine Amortisation bis heute kaum möglich ist.

Die einfachste Anwendung besteht grundsätzlich für den Niedertemperaturbereich mit preisgünstigen Flachkollektoren (**695**.2).

Sie eignen sich zur
Schwimmbeckenwasser-Erwärmung (**697**.2),
Trinkwasser-Erwärmung bis 60 °C und
Erwärmung eines Brauchwasserspeichers (**800**.1),
aber auch zur Raumheizung.

Die Preise der Sonnenenergieanlagen liegen wegen der hohen Investitionskosten über der Wirtschaftlichkeitsgrenze. Es empfiehlt sich daher, nur funktionell einfache, unkomplizierte Anlagen zu erstellen.

Im Niedertemperaturbereich kann durch teure Kollektoren und aufwendige Anlagen keine wesentliche Verbesserung des Wirkungsgrades erreicht werden.

Bei der Planung und Erstellung einer Sonnenkollektor-Anlage zur Brauchwasserbereitung sind folgende Erfahrungen zu berücksichtigen:

1. Ausrichtung der Kollektoren nach Süden.
2. Bester Kollektorneigungswinkel liegt zwischen 40° und 50° (er entspricht etwa der jeweiligen geographischen Breite), für größte Ausnützung im Sommer zwischen 30° und 50°.
3. Wirtschaftlichste Speichertemperatur für einfache Flachkollektoren ist ca. 40 °C.
4. Angenähertes Speichervolumen mit 0,04 m^3 je m^2 Kollektorfläche annehmen.
5. Speicherung der Wärme ist erforderlich, da Wärmeanfall und Bedarf zeitlich nicht übereinstimmen. Daher Einbau von Sicherheitsarmaturen mit Steueranlage gegen Überhitzung.

6. Wärme- und Korrosionsbeständigkeit aller Werkstoffe für Kollektoren, Leitungen und Speicher beachten.

Kollektorfläche. Im Sommer kann man mit einem täglichen Energiegewinn von etwa 2,0 kWh/m² Kollektorfläche, im Jahresdurchschnitt aber nur mit maximal 500 bis 600 W/m² rechnen.

Bei einem Brauchwasserwärmebedarf von täglich etwa 5 kWh je Wohnung sind im Sommer etwa 2,5 m² und im Winter etwa 10,0 m² Kollektorfläche erforderlich.

Praktisch wählt man die Kollektorfläche überschläglich mit ca. 2,0 m² pro Person.

Warmwasserbedarf. Der tägliche Warmwasserverbrauch je Person ist nach VDI 2067 mit 30 bis 115 l und 40 °C warmem Wasser angesetzt (s. auch Taf. **774**.1 und 2).

Dabei wird in drei Komfortbereiche unterteilt. Der höchste Komfortbereich ist mit 75 bis 115 l pro Tag und Person angegeben. Er sollte hier angewendet werden, um möglichst allen Anforderungen nachkommen zu können.

Der Speicher selbst wird meist zweiteilig ausgeführt. Der obere Teil ist dann dem Entnahmebereich mit 45 °C, der untere Teil dem Aufheizbereich mit dem Kaltwasseranschluß vorbehalten (**800**.1).

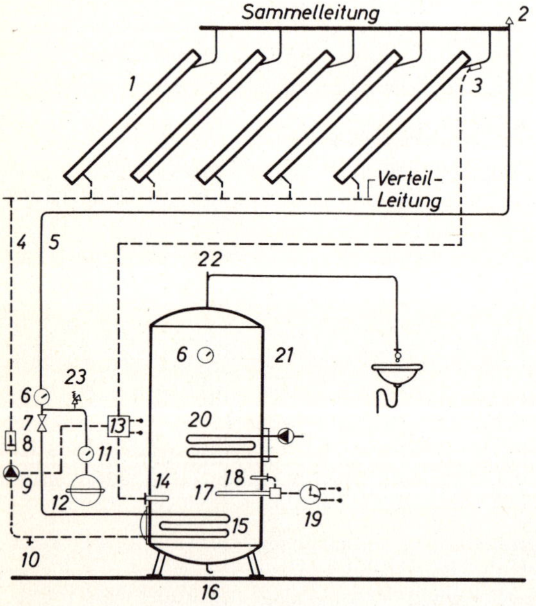

1 Kollektor
2 Entlüftungsventil
3 Anlegefühler
4 Rücklauf
5 Vorlauf
6 Zeigerthermometer
7 Absperrventil
8 Schwerkraftbremse
9 Umwälzpumpe
10 Entleerungshahn
11 Manometer
12 Ausdehnungsgefäß
13 Regelanlage
14 Temperaturfühler
15 Wärmetauscher Solarkreislauf
16 Kaltwasserzulauf
17 Elektroheizung
18 Thermostat
19 Zeitschaltuhr für Nachheizung
20 Wärmetauscher für Nachheizung über Heizkessel
21 Warmwasser-Bereiter
22 Warmwasser-Ablauf
23 Sicherheitsventil

800.1 Standard-Anlage für Brauchwassererwärmung, Funktionsschema (BBC-Solarwatt, Süddeutsche Metallwerke GmbH)

Funktion. Das im Kollektor erwärmte Wasser wird durch eine Umwälzpumpe einem Doppelmantelspeicher (**794**.1) zugeführt, wo es seine Wärme an das Brauchwasser abgibt.

Die Pumpe wird so gesteuert, daß sie bei etwa 5 K Temperaturdifferenz zwischen Kollektor und Speicher in Betrieb gesetzt wird.

Nachheizung. Im Sommer kann der Brauchwasserwärmebedarf mit etwa 80%, im Winter dagegen nur zu etwa 20% durch die Sonnenwärme gedeckt werden.

Je m² Kollektorfläche können jährlich etwa 350 kWh (200 bis 500 kWh) gewonnen werden, was einer Ölersparnis von ca. 100 l entspricht.

Die gelegentlich im Sommer erforderliche Nacherwärmung erfolgt durch einen elektrischen Heizeinsatz im Wärmespeicher (**800**.1) oder mit einem Gasdurchlauferhitzer (**801**.1).

Im Sommer ist eine Nachheizung durch einen Zentralheizungskessel wenig zweckmäßig. Sie sollte nur im Winterbetrieb angewendet werden (**801**.2).

Jede Sonnenwärme-Anlage erfordert in der Planung und Ausführung eine fachkundige Zusammenarbeit von Fachleuten der Sanitär-, Heizungs-, Elektro- und Regeltechnik.

1 Kaltwasser
2 Absperrventil
3 Rückflußverhinderer
4 Sicherheitsventil
5 Warmwasserspeicher
6 Sonnenkollektor
7 Steuerventil
8 Temperaturfühler
9 Temperaturfühler
10 Photozelle (steuert Umwälzpumpe)
11 Umwälzpumpe
12 Ausdehnungsgefäß
13 Wassererwärmer
14 Warmwasser
15 Zirkulation
16 Zirkulationspumpe

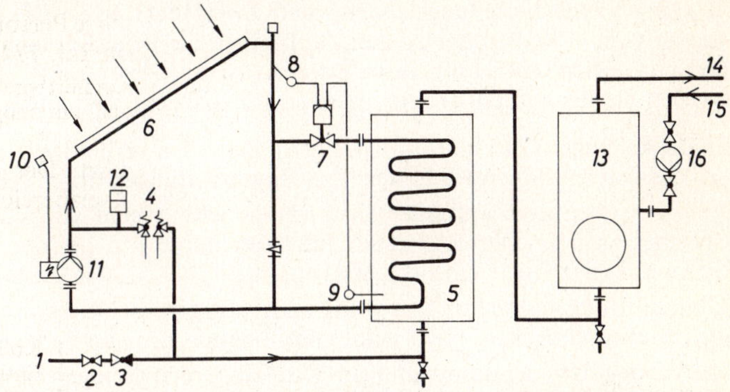

801.1 Solaranlage für die Warmwasserversorgung eines Wohnhauses (nach Feurich/Bösch)

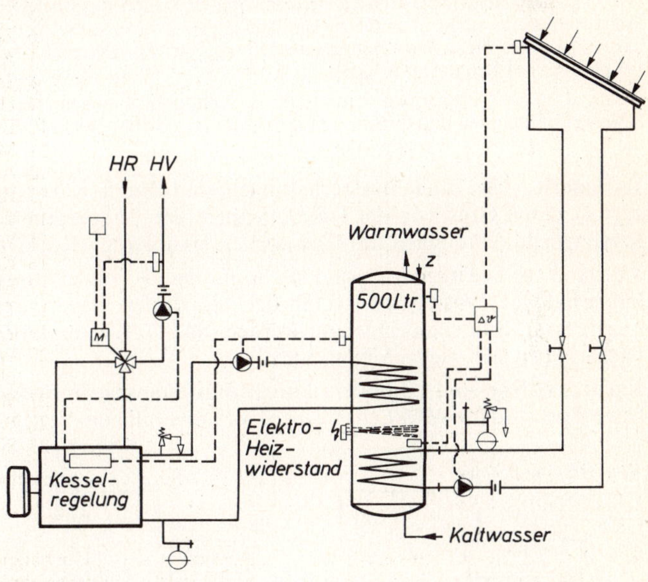

801.2
Solaranlage für Warmwasserbereitung mit Zellenspeicher (VertiCell-bivalent – 3/1), Elektro-Heizwiderstand und Heizkesselanschluß (Vitola-e) (Vießmann)

12.3.3 Rohrleitungen und Armaturen

Nachfolgende Ausführungen gelten sinngemäß auch für die Rohrleitungen der Einzel- und Gruppen-WWB-Anlagen.

Rohrleitungen. Heizleitungen für die gewählten Wärmeträger Warm- oder Heißwasser, seltener Nieder- oder Hochdruckdampf, verbinden den Kessel oder den Wärmetauscher einer Fernwärmeversorgung mit dem WW-Bereiter.

Nach Bemessung, Werkstoffen und Verlegung entsprechen sie den Rohrleitungen der betreffenden Heizungssysteme, auf die daher verwiesen werden kann (s. Abschn. 10.2.7).

Kaltwasserzuleitungen schließen die Brauchwasserseite der WW-Bereiter an die Trinkwasserleitung einer zentralen oder einer Hauswasserversorgung (bei offenen Anlagen über ein Speichergefäß) an. Sie sind nach DIN 1988 zu berechnen und auszuführen (s. Abschn. 2.5).

Warmwasser-Verteilungs-, Steig- und Zweigleitungen führen das erwärmte Brauchwasser vom WW-Bereiter zu den Zapfstellen. Sie beginnen beim Brauchwasserspeicher an dessen Oberkante, beim Durchlauferhitzer am WW-Stutzen der Batterie und werden meistens mit unterer, seltener mit oberer Verteilung angeordnet.

Umlaufleitungen (Zirkulationsleitungen). Sie sollen verhindern, daß bei längeren Zapfpausen die Wassertemperatur in den Versorgungsleitungen durch Abkühlung zu sehr absinkt.

Von den obersten Zapfstellen führt daher jeweils eine schwache Umlaufleitung zum Speicher zurück. Der Wasserumlauf kann dabei wie bei der WW-Heizung durch die Schwerkraft oder eine Umwälzpumpe (bei > 20 m Leitungslänge) erfolgen.

Umlaufleitungen sind nur dort nötig, wo häufig geringe Wassermengen gezapft werden, z. B. an Handwaschbecken, nicht jedoch für Stränge, die nur Badewannen versorgen (**795**.1).

Bei Verwendung der dünnwandigen Kupferrohre in geringen Nennweiten als WW-Leitung sind Umlaufleitungen evtl. entbehrlich.

Die Umlauf-Sammelleitung wird im oberen Drittel des Speichers eingeführt, damit bei starker Wasserentnahme nicht über die Umlaufleitung rückwärts kaltes Wasser zu den Zapfstellen gelangen kann. Zur zeitweiligen Ausschaltung des Umlaufbetriebes sollte die Umlaufsammelleitung ein Absperrventil, evtl. mit Schaltuhr, erhalten.

Ohne Umlaufleitungen kann das Verteilungsnetz wegen des ausreichenden Betriebsdruckes beliebig mit Steigung und Gefälle verlegt werden, bei Schwerkraftumlauf ist es nach den Regeln für die Schwerkraft-WW-Heizung auszubilden.

Werkstoffe. Alle Brauchwasserleitungen sind durch Korrosion gefährdet (s. Abschn. 12.4.2), deren Grad von der Beschaffenheit, der Temperatur und dem Druck des Wassers sowie von der Häufigkeit des Wasserwechsels abhängt (Rückfrage beim WVU empfohlen).

Verzinkte Stahlrohre sind nicht für jedes Wasser geeignet und vor allem durch kupferhaltiges Wasser sehr gefährdet, sie dürfen daher grundsätzlich nicht hinter kupfernen Bauteilen eingebaut werden (**802**.1). Kupferplattierungen von 0,3 bis 1,0 mm Dicke haben sich vielfach bewährt.

Kupferrohre sind besonders korrosionsbeständig, frei von Steinansatz und somit der beste Werkstoff für WW-Leitungen. Durch ihre billigere Verlegung und längere Lebensdau-

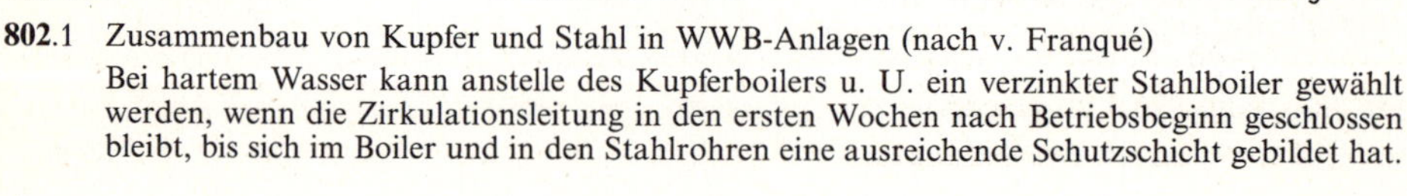

802.1 Zusammenbau von Kupfer und Stahl in WWB-Anlagen (nach v. Franqué)

Bei hartem Wasser kann anstelle des Kupferboilers u. U. ein verzinkter Stahlboiler gewählt werden, wenn die Zirkulationsleitung in den ersten Wochen nach Betriebsbeginn geschlossen bleibt, bis sich im Boiler und in den Stahlrohren eine ausreichende Schutzschicht gebildet hat.

er ist ein Teil der gegenüber den Stahlrohren höheren Materialkosten auszugleichen. Besonders mit einem PVC-Schutzmantel werden Kupferrohre daher in steigendem Maße bei der WW-Bereitung eingesetzt.

Asbestzement- und Kunststoffrohre sowie Rohre aus anderen Werkstoffen haben sich bisher noch nicht voll durchsetzen können.

Rohrweiten. Sie sind für ausgedehntere WWB-Anlagen sorgfältig nach Abschn. 2.5.2 zu berechnen. Dabei sollen keine größeren Wassergeschwindigkeiten angesetzt werden als

0,8 bis 1,2 m/s für Zweigleitungen in den Geschossen,
1,0 bis 1,5 m/s für Steigleitungen und
1,5 bis 2,5 m/s für Kaltwasserzuleitungen.

Überschlagswerte können aus Tafel **803**.1 entnommen werden.

Tafel **803**.1 Nennweiten für Stahlrohrleitungen von WWB-Anlagen im Wohnungsbau, Überschlagswerte (nach H. Sander)

<table>
<tr><th rowspan="3">Wasser-
geschwin-
digkeit v
m/s →</th><th colspan="2">Kaltwasserzuleitung
zum Speicher</th><th colspan="3">Warmwasser-
leitungen</th><th colspan="2">Umlaufleitungen</th></tr>
<tr><th>2,0</th><th>2,5</th><th>1,2</th><th>1,5</th><th>1,8</th><th>Schwer-
kraftbetrieb</th><th>Pumpen-
betrieb</th></tr>
<tr><th colspan="2">DN</th><th colspan="3">DN</th><th colspan="2">DN</th></tr>
<tr><td>1 Waschtisch</td><td colspan="2" rowspan="3">–</td><td colspan="3">10</td><td colspan="2" rowspan="3">–</td></tr>
<tr><td>1 Spültisch</td><td colspan="2">15</td><td>10</td></tr>
<tr><td>1 Badewanne</td><td>20</td><td>(15)</td><td>15</td></tr>
<tr><td>n[1]) = 1</td><td colspan="2">15</td><td colspan="2">20</td><td>(15)</td><td colspan="2">10</td></tr>
<tr><td>2</td><td colspan="2">20</td><td colspan="2">25</td><td>20</td><td>15</td><td>10</td></tr>
<tr><td>4</td><td>25</td><td>20</td><td>32</td><td colspan="2">25</td><td>15</td><td>(10)</td></tr>
<tr><td>6</td><td colspan="2">25</td><td colspan="2">32</td><td>25</td><td>20</td><td>(10)</td></tr>
<tr><td>8</td><td colspan="2">25</td><td colspan="2">32</td><td>25</td><td>20</td><td>15</td></tr>
<tr><td>10</td><td>32</td><td>25</td><td>40</td><td colspan="2">32</td><td>20</td><td>15</td></tr>
<tr><td>12</td><td>32</td><td>25</td><td>40</td><td colspan="2">32</td><td>20</td><td>15</td></tr>
<tr><td>15</td><td colspan="2">32</td><td colspan="2">40</td><td>32</td><td>20</td><td>15</td></tr>
<tr><td>20</td><td colspan="2">32</td><td>50</td><td colspan="2">40</td><td>25</td><td>(15)</td></tr>
<tr><td>25</td><td>40</td><td>32</td><td>50</td><td colspan="2">40</td><td>25</td><td>20</td></tr>
<tr><td>30</td><td>40</td><td>32</td><td colspan="2">50</td><td>40</td><td>25</td><td>20</td></tr>
<tr><td>40</td><td colspan="2">40</td><td colspan="2">50</td><td>40</td><td>25</td><td>20</td></tr>
</table>

vergleichbare Rohrweiten	Stahlrohr DN	10	15	20	25	32	40	50
	Kupferrohr $d \times s$	12 × 1	18 × 1	22 × 1	28 × 1,5	35 × 1,5	42 × 1,5	54 × 2

[1]) n = Anzahl der Wohnungen mit je 1 Waschtisch, 1 Spültisch, 1 Badewanne

Wärmeschutz. WW-Leitungen sind ebenso wie Kessel und WW-Bereiter mit einem einwandfreien Wärmeschutz zu versehen, so daß die Gesamtwärmeverluste $\leqq$ 20 bis 30% des Gesamtwärmeaufwandes ausmachen.

Die Ausführung des Wärmeschutzes der Rohrleitungen unterscheidet sich nicht von der für Heizungsleitungen (s. Abschn. 10.2.7.4).

Armaturen. Die in die Kaltwasserzuleitungen einzubauenden Sicherheitsarmaturen sind aus Tafel **776**.1 zu ersehen.

Ventile für Warmwasserleitungen unterscheiden sich von denen der Kaltwasserleitungen nur durch die besonderen Dichtungsscheiben aus Vulkanfiber u. ä. (s. Abschn. 2.5.5). Sie sind durch ein „W" oder durch rote Farbe zu kennzeichnen.

Erhalten Spül- und Waschtische usw. getrennte Kalt- und Warmwasser-Auslaufventile, so gehört das Warmwasserventil stets links neben das Kaltwasserventil.

Einfache Mischventile (Mischbatterien) für Wasch- und Spültische, Badewannen, Brausebäder u. a. sind Doppelventile für linksseitigen Warmwasser- und rechtsseitigen Kaltwasseranschluß mit einem Zwischenstück und gemeinsamem, meist schwenkbarem Auslauf, oft verbunden mit einem Umlegehebel zum Betätigen einer Ablaufgarnitur.

Standbatterien sind zur Montage auf dem rückwärtigen Rand des Spül- oder Waschtisches, Untertischbatterien darunter (**231**.1) vorgesehen.

Wandmischbatterien zum Anbringen an der Wand oberhalb des Spül- oder Waschtisches oder der Badewanne (**804**.1 und 2) sollen einen verstellbaren Abstand der Wandanschlüsse zum Abstimmen auf die Fliesenteilung von 153 mm haben (**15**.2, **249**.1 und **251**.2).

804.1
Eingriff-Wannenfüll- und Brausebatterie mit verstellbaren Anschlüssen, ohne Brausegarnitur dargestellt (Modell „mischka", ROKAL GmbH)

Temperaturwahl: Kopfstück schwenken
Mengendosierung: Knopf drehen

Ein-Griff-Sicherheitsmischbatterien öffnen stets zuerst den Kaltwasserzulauf und verhüten so Verbrühungen bei Wassertemperaturen > 40 °C (**805**.1).

Einhebel-Sicherheitsmischbatterien haben den weiteren Vorteil, daß mit einer Hand sowohl die Wassermenge zu dosieren als auch die Wassertemperatur zu regulieren ist, wobei eine gewählte Temperatur eingestellt bleiben kann (**804**.2, **805**.2 und **806**.1).

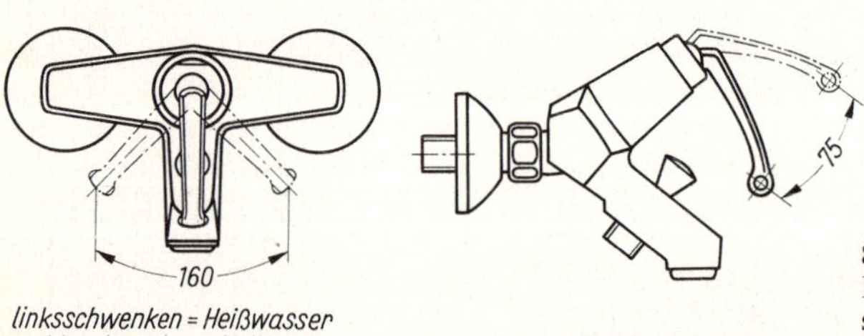

804.2
Hebel-Wannenfüll- und Brausebatterie (Hansa-Metallwerke AG)

Durchweg sind die Mischventile, soweit sie nicht für drucklose Elektro-Heißwasserbereiter bestimmt sind, mit einem Luftsprudler (**271**.2) ausgerüstet.

Einen Brausekopf ohne Sieb, der nicht verstopfen kann, für Duschbäder zeigt Bild **806**.2.

Bild **806**.3 zeigt eine durch einen flüssigkeitsgesteuerten Thermostat geregelte selbsttätige Sicherheitsmischbatterie, an deren Skalengriff die gewünschte Temperatur einzustellen und der wirksame Temperaturbereich auf Wunsch nach oben und unten zu begrenzen ist und deren Heißwasserventil bei Ausfall der Kaltwasserzuleitung sofort schließt.

Eine andere, bimetall-gesteuerte thermostatische Mischbatterie zeigt Bild **806**.4.

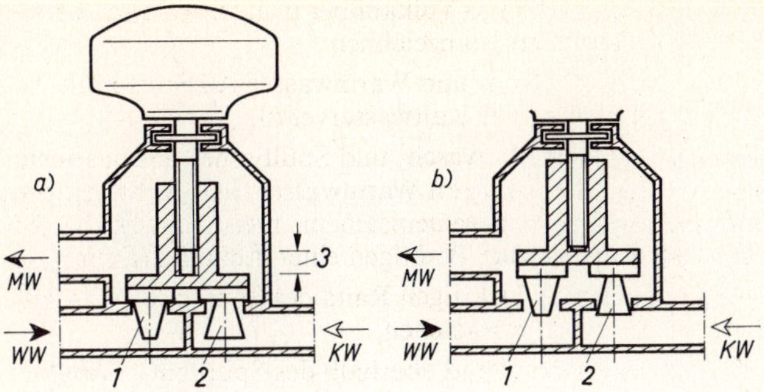

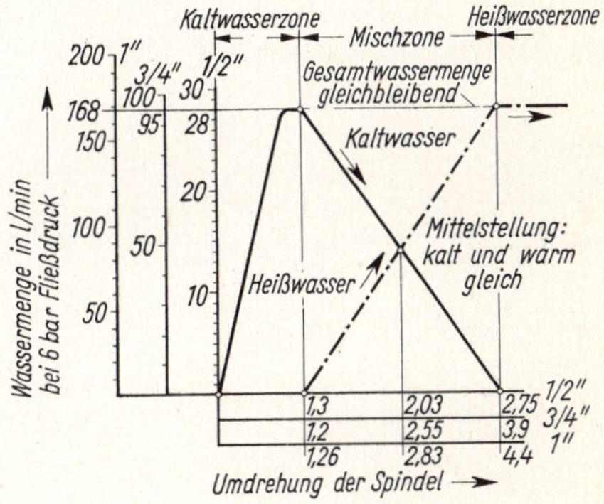

805.1
Sicherheitsmischbatterie

a) Kalt- und Warmwasserventil geschlossen
b) Kaltwasserventil geschlossen, Warmwasserventil offen

WW Warmwasserzufluß vom WW-Bereiter
KW Kaltwasserzufluß von der Trinkwasserleitung
MW Mischwasserabfluß zum Ventilauslauf

1 Ventilkegel „Warm“
2 Ventilkegel „Kalt“
3 Begrenzung der Mischwassertemperatur durch Verringerung des Ventilhubes möglich

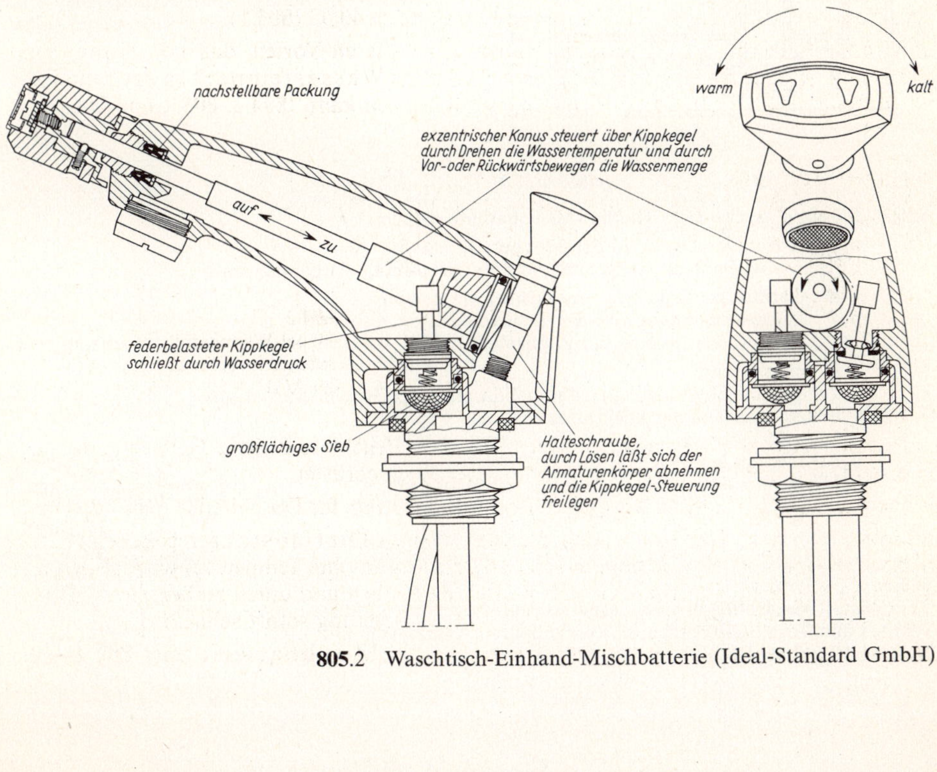

805.2 Waschtisch-Einhand-Mischbatterie (Ideal-Standard GmbH)

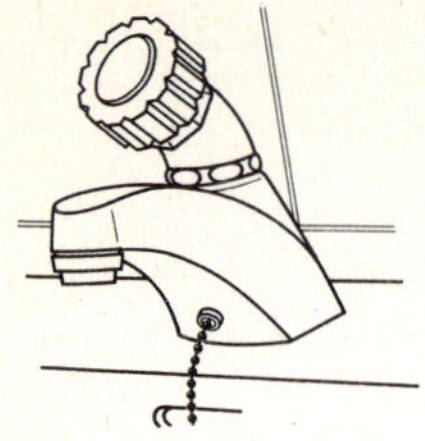

806.1
Eingriff-Waschtisch-Mischbatterie mit „Perlator“-Luftsprudler und versenkbarer Kette (Modell „mischka“, ROKAL GmbH)

Temperaturwahl: Kopfstück schwenken
Mengendosierung: Knopf drehen

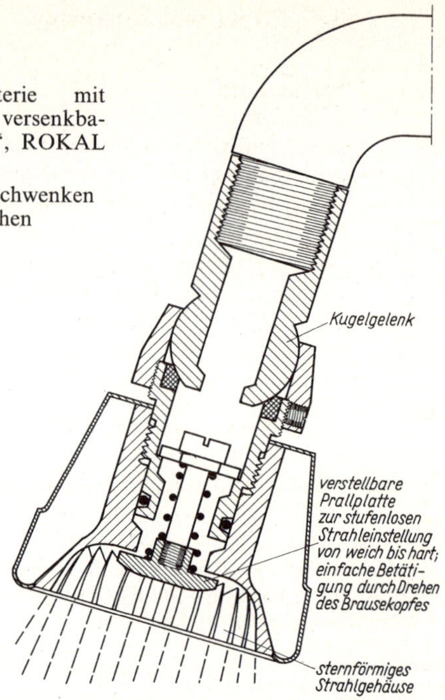

806.2 Brausekopf mit Kugelgelenk ohne Sieb, daher nicht verstopfend (Ideal-Standard GmbH)

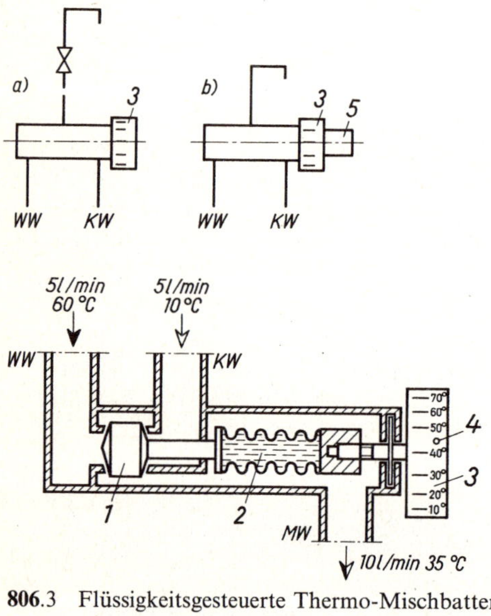

806.3 Flüssigkeitsgesteuerte Thermo-Mischbatterie (Schema)

a) mit Entnahmeventil in der Mischwasserleitung
b) mit eingebautem Mengenreguliergriff (gleichzeitig Entnahmeventil)

WW Warmwassereingang vom Warmwasserbereiter
KW Kaltwassereingang von der Trinkwasserleitung
MW Mischwasserausgang zur Zapfstelle

1 Doppelsitzventil
2 Temperaturfühler als Federrohr, gefüllt mit einer Sperrflüssigkeit mit hohem Ausdehnungskoeffizienten
3 Sollwertsteller mit
4 Arretierung bei 45 °C
5 Mengenreguliergriff

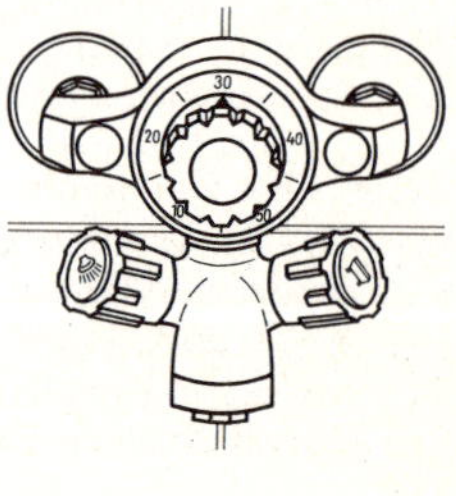

806.4
Thermostat-Wannenfüll- und Brausebatterie mit eingebauten Rückschlagventilen und Vorabstellventilen, mit verstellbaren Anschlüssen und Luftsprudler (ROKAL GmbH)

12.4 Steinansatz und Korrosion

12.4.1 Steinansatz

Das aus dem natürlichen Wasserkreislauf stammende Wasser ist nicht chemisch rein, sondern es enthält neben Gasen stets größere oder geringere Mengen an gelösten Salzen, von denen die als Härtebildner bezeichneten Kalzium- und Magnesiumsalze von besonderer Bedeutung sind.

Hier unterscheidet man zwischen den Karbonaten und Bikarbonaten einerseits, deren Gehalt die sog. Karbonat- oder vorübergehende Härte bildet, und den Sulfaten, Chloriden und Silikaten dieser Elemente andrerseits, die die sog. Nichtkarbonat- oder bleibende Härte darstellen.

Die Summe der den Hauptanteil bildenden Karbonathärte und der Nichtkarbonathärte ist die *Gesamthärte* des Wassers (Taf. **85**.1). Da Kalzium- und Magnesiumsalze sich gleichartig verhalten, letztere aber durchweg weniger als 20% der Gesamthärte ausmachen, ist zur Vereinfachung weiterhin nur von den Kalzium-(Ca-)Salzen die Rede.

Im Gegensatz zu dem praktisch wasserunlöslichen Kalziumkarbonat $CaCO_3$ (= Kalkstein) ist das Bikarbonat $Ca(HCO_3)_2$ sehr leicht wasserlöslich. Daher ist an Kalziumsalzen vor allem das Bikarbonat im Wasser enthalten. Um es hier in Lösung zu halten, ist neben der an das $CaCO_3$ und an das $Ca(HCO_3)_2$ gebundenen Kohlensäure CO_2 eine bestimmte Menge gelöster freier Kohlensäure (die zugehörige Kohlensäure) erforderlich: Kalk-Kohlensäure-Gleichgewicht (Taf. **807**.1).

Tafel **807**.1 Kohlendioxid im Wasser

Kohlensäure (Kohlendioxid im Wasser)

- freie Kohlensäure
  - zugehörige Kohlensäure — unschädlich für Rohrnetze, Beton
  - überschüssige Kohlensäure — aggressiv
    - Gesamtüberschuß — rostschutzverhindernd: Rohrangriff
    - Teilüberschuß — kalkaggressiv: Betonangriff
- gebundene Kohlensäure
  - ganz gebundene Kohlensäure — z. B. $CaCO_3$ in Carbonaten
  - halb gebundene Kohlensäure — in Hydrogencarbonaten z. B. $Ca(HCO_3)_2$
  - (beide:) nicht aggressiv

In *Gleichgewichtswässern* findet zwischen einer (evtl. durch den korrodierenden Angriff von Sauerstoff entstandenen) blanken Stahloberfläche und der zugehörigen Kohlensäure eine Reaktion unter Bildung von Eisenbicarbonat statt. Dabei fällt ein Teil der zur Stabilisierung des vorhandenen Calciumbicarbonates erforderlichen zugehörigen Kohlensäure aus, so daß, unter Abspaltung neuer Kohlensäure, Calciumbicarbonat zu wasserunlöslichem Carbonat reduziert wird. Ebenfalls kann aus dem Eisenbicarbonat unter Abspaltung von H_2CO_3 das Eisen-II-Hydroxid entstehen, das wiederum bei Anwesenheit von Sauerstoff zu dem rotbräunlichen Eisen-III-Hydroxid (Rost) reduziert wird. Calciumcarbonat und Eisen-III-Hydroxid bilden miteinander die unlösliche Kalk-Rost-Schutzschicht, die einen dauerhaften Korrosionsschutz bietet.

In *weichem Wasser* fehlen die zur Schutzschichtbildung erforderlichen Karbonate, so daß hier die ungeschützten Stahlteile mehr oder weniger stark von Korrosion bedroht sind.

Enthält ein Wasser *mehr Kohlensäure* als dem Kalk-Kohlensäure-Gleichgewicht entspricht (z. B. auch ein nach Erwärmen und Kalkausscheidung wieder erkaltetes Wasser), so verhindert diese überschüssige Kohlensäure die Bildung einer Schutzschicht und fördert bei Anwesenheit von Sauerstoff als aggressive Kohlensäure die Zerstörung ungeschützter Stahlteile durch Korrosion (s. auch Abschn. 12.4.2). Bei vorhandenem Calciumcarbonat versucht das Wasser, in diesem Fall durch Lösen von Kalk, den Gleichgewichtszustand wiederherzustellen. Das Wasser ist kalkaggressiv.

Die Löslichkeit von CO_2 in Wasser nimmt mit steigender Temperatur stark ab. Beim Erwärmen des Wassers wird daher ein Teil der gelösten zugehörigen Kohlensäure ausgetrieben. Ein entsprechender Teil des gelösten Bicarbonates kann daher nicht mehr in Lösung bleiben und wandelt sich in das nahezu unlösliche Carbonat um. Dieses kristallisiert normalerweise als Kesselstein aus dem Wasser aus und setzt sich vor allem an den hochbelasteten Teilen der Kesselheizfläche oder der Wärmetauscher, unter bestimmten Voraussetzungen aber auch mit Verzögerung in nachgeschalteten Rohrleitungen (vor allem aus Stahl) und Pumpen usw. ab.

Kesselsteinbeläge sind schlechte Wärmeleiter und behindern daher den Wärmedurchgang durch die Kessel- und Rohrwandungen. Geringere Wirkungsgrade der Anlagen und erhöhter Brennstoffverbrauch sind die Folge.

Der gleichzeitig hervorgerufene Wärmestau führt zur Überhitzung des Materiales und kann vor allem in den Kesseln schwerste Schäden hervorrufen.

Die Querschnittsverengungen in den Rohrleitungen durch die Ablagerungen können in kurzer Zeit einen ordnungsgemäßen Betrieb der Anlagen unmöglich machen. Unter bestimmten Voraussetzungen kann im Warmwasser ein Steinansatz zusätzlich durch Bildung von Lokalelementen eine Korrosion durch Lochfraß fördern (s. Abschn. 12.4.2).

Da das Wasser der WW-Heizungsanlagen nur sehr selten erneuert wird und daher aus ihm laufend kein Kesselstein ausgeschieden werden kann, sind diese Anlagen weniger vom Steinansatz bedroht.

Dagegen besteht diese Gefahr in hohem Maße für die Brauchwasserseite aller WWB-Anlagen, denn sie wird ständig von frischem Wasser berührt. Dabei neigen allerdings Durchlauf-WW-Bereiter infolge der großen Wassergeschwindigkeit weniger zum Steinansatz. Sie sollten bei größerer Wasserhärte aber trotzdem regelmäßig durch Auskochen mit einem geeigneten Entkalkungsmittel von Kesselstein befreit werden.

Bei Wassertemperaturen $> 60\ ^\circ C$ setzt eine besonders starke Kesselsteinablagerung ein. Daher sollte vor allem in WW-Vorratsspeichern das Überschreiten einer Brauchwassertemperatur von 60 °C durch einen Temperaturbegrenzer oder geeignete konstruktive Maßnahmen unbedingt vermieden werden.

Phosphatimpfung. Zur Verhinderung der Kalkablagerung und zum Abbau bereits vorhandenen Steinansatzes wird bei Wässern $\leqq 15$ bis 16 °dH vor allem in zentralen WWB-Anlagen neben anderen Verfahren vielfach die Phosphatimpfung angewendet.

In Mengen von 2 bis 4 g/m^3 ($\leqq 5$ mg/l gemäß Lebensmittelgesetz) werden dem Wasser in Feindosiergeräten (**809**.1) bestimmte härtestabilisierende Phosphate zugesetzt, die die Auskristallisierung der Salze zu Kesselstein verhindern, diese vielmehr bei Temperaturen bis 70 °C völlig in Lösung halten, während bei Temperaturen von 70 bis 90 °C nur geringe Mengen in lockerer Schlammform anfallen und ausgeschwemmt werden.

Man darf jedoch die Phosphate nicht derart zugeben, daß sie jede Bildung einer natürlichen Schutzschicht verhindern. Dann nämlich ist u. U. die Korrosionsgefahr besonders gegeben.

Deshalb sollte man, selbstverständlich immer wieder in Abhängigkeit von der Wasserzusammensetzung, besonders in der ersten Zeit nach der Inbetriebnahme einer Anlage so lange auf eine Phosphatimpfung verzichten, bis sich eine natürliche Schutzschicht ausgebildet hat.

12.4.2 Korrosion

Korrosion ist eine von der Oberfläche ausgehende Veränderung eines Werkstoffes durch unbeabsichtigte chemische oder elektrochemische Angriffe (DIN 50900).

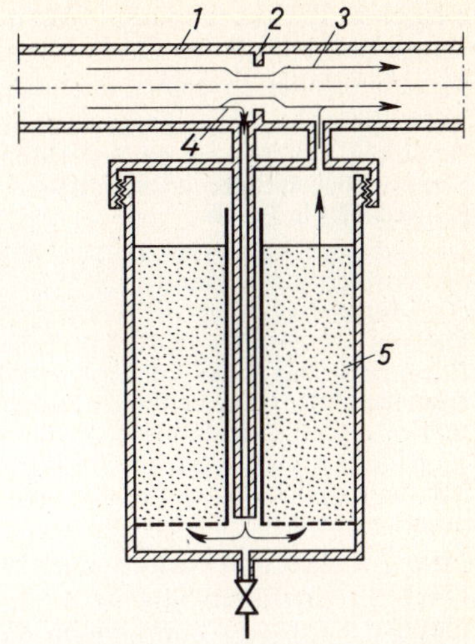

809.1
Feindosierapparat zur Wasseraufbereitung durch Phosphatimpfung
1 Brauchwasserleitung (kalt)
2 Stauscheibe
3 Hauptwasserstrom
4 Teilwasserstrom
5 leichtlösliches Phosphat

Die Korrosion metallischer Werkstoffe in Wasser ist überwiegend auf elektrochemische Vorgänge zurückzuführen. In wasserführenden Systemen sind die meisten Gebrauchsmetalle (z. B. Eisen, Zink, Kupfer) theoretisch nicht beständig, da sie aufgrund dieser Reaktionen thermodynamisch stabilere Verbindungen bilden können.

Die trotzdem in der Praxis vorhandene Beständigkeit verschiedener Metalle beruht häufig darauf, daß bei der Korrosion entstehende schwer lösliche Korrosionsprodukte schützende Deck- oder Schutzschichten bilden, die das Metall nach anfänglicher Korrosion vor weiteren Angriffen schützen. Im Prinzip wirken die Schutzschichten auf den Metallen dadurch korrosionshemmend, daß sie die Anzahl der Lokalelemente verringern oder die Erhöhung des elektrischen Widerstandes dieser Lokalelemente und die Herabsetzung ihrer Stromstärke ermöglichen. Sie be- oder verhindern sogar den Sauerstoffzutritt zum Metall, der seinerseits zum Aufrechterhalten der Korrosion unbedingt erforderlich ist.

Zwei Arten von Korrosionen sind vor allem zu unterscheiden:

1. die Flächenkorrosion, d. i. ein gleichmäßiger Werkstoffabtrag auf der ganzen Fläche des Metalles. Er beeinträchtigt die Nutzungsdauer einer Anlage nicht und ist daher unbedenklich.

2. die punktförmige Korrosion, der Lochfraß. Er entsteht aus der Bildung von Lokalelementen als örtlicher Angriff. Es bilden sich trichterförmige Vertiefungen, die oft in kurzer Zeit die Wandung eines Rohres oder Behälters durchstoßen können und so schwere, nur schwierig und mit hohen Kosten oder nicht zu beseitigende Schäden hervorrufen.

Verzinkte und unverzinkte Eisenwerkstoffe. Wie bereits im vorigen Absch. 12.4.1 ausgeführt, sind Wässer, die sich im Kalk-Kohlensäure-Gleichgewicht befinden, bei denen also ein Gleichgewicht zwischen der gelösten Menge des Kalzium-Hydrogen-Karbonates einerseits und der freien Kohlensäure und dem schwerlöslichen Kalziumkarbonat andererseits besteht, in der Lage, auf unverzinkten Stahlrohren bei Gegenwart einer ausreichenden Menge Sauerstoff Kalk-Rost-Schutzschichten zu bilden. Das sind Deckschichten auf der Stahloberfläche mit Korrosionsschutzeigenschaften. Enthält ein Wasser mehr Kohlensäure als diesem Gleichgewichtszustand entspricht, so besteht in Anwesenheit von Sauerstoff auf ungeschützten Eisenwerkstoffen Korrosionsgefahr.

Bei feuerverzinktem Stahl entsteht auch noch jenseits dieses Kalk-Kohlensäure-Gleichgewichtes eine Schutzschicht aus basischem Zinkkarbonat, wenn bestimmte aus DIN 50930 ersichtliche Grenzwerte nicht allzuweit überschritten werden. In feuerverzinkten Rohren bilden sich innen während der ersten Betriebszeit schützende Deckschichten aus basischen Zinkkarbonaten. Wenn diese sich vollständig ausgebildet haben, wird erfahrungsgemäß das Rohr durch Lochfraß nicht mehr angegriffen, und zwar auch dann nicht, wenn in solchen Systemen nachträglich Kupferrohre, z. B. Heizspiralen, eingebaut werden.

Als Korrosionsschutz gegen zinkangreifende Wässer, die keine natürliche Schutzschicht entstehen lassen, kommen für die Rohrleitungen Kupfer, für die WW-Bereiter neben der Verwendung von Kupfer, Nickelbronze oder Edelstahl Beschichtungen der Innenflächen mit Spezialemaillen oder Kunststoffen in Frage.

Daneben wird vielfach als zusätzlicher Schutz eine Magnesium-Opferanode eingebaut, die von Zeit zu Zeit erneuert werden muß.

Grundsätzlich sind die Korrosionsvorgänge für Warm- und Kaltwasserleitungen gleichartig, doch ist die Korrosionsgeschwindigkeit bei hohen Temperaturen erheblich größer. Außerdem verschiebt die Erwärmung das Kalk-Kohlensäure-Gleichgewicht, wodurch das schwerlösliche Kalziumkarbonat ausfällt und der Gehalt an freier Kohlensäure zunimmt. Auch bei einer Abkühlung (Umlauf) wird der frühere Gleichgewichtszustand nicht wieder erreicht, es verbleibt vielmehr oft ein aggressiver Kohlensäureüberschuß. Im Interesse einer ausreichenden Lebensdauer der Anlagen sollte also auch im Hinblick auf die Unterbindung oder Abschwächung von Korrosionen die Brauchwassertemperatur keinesfalls 65 °C übersteigen.

Neue Anlagen sind bei gemischter Installation, d. h. unter gleichzeitiger Verwendung von feuerverzinkten Stahl- und von Kupferrohren, immer von Lochfraß bedroht. Das gilt besonders dann, wenn das Wasser Kupfer angreift und Kupferionen in Lösung gehen. Diese können sich hinter den Kupferbauteilen an den deckschichtfreien Stellen der nachgeschalteten verzinkten Stahlbauteile metallisch abscheiden und dort zu den über die ganze Fläche verteilten Lokalelementen führen, deren gefährliche Korrosionstätigkeit auch dann weiterlaufen würde, wenn längst kein Kupfer mehr in Lösung geht.

Schutzschichten bilden sich nur langsam aus. Damit die Rohre hinter einem kupfernen WW-Bereiter Gelegenheit zur Bildung einer Deckschicht erhalten, wird dieser während einer Anfahrzeit von ca. 2 bis 3 Monaten am besten mit einem Beipaß umgangen und die nachgeschaltete Leitung zunächst als Kaltwasserleitung benutzt, zumindest ist in dieser Zeit die Wassertemperatur möglichst niedrigzuhalten und möglichst häufig Wasser zu entnehmen.

Vor allen Dingen ist unbedingt zu beachten, daß in gemischten Installationen Kupfer grundsätzlich nur in Fließrichtung hinter Stahl einzubauen ist (**802**.1).

Die Schutzwirkung der basischen Zink-Karbonat-Schicht wird bei Temperaturen von wesentlich über 60 °C zumindest stark herabgesetzt, die Deckschicht kann aber auch ihren Schutzschichtcharakter völlig verlieren.

Diese Schutzschichtumwandlung (Potentialumkehr des Zinks) ist zwar auch noch von anderen Faktoren, im wesentlichen aber doch von der Temperaturbelastung abhängig. Es ist also auch aus diesem Grund wichtig, die 60 °C-Grenze bei WWB-Anlagen nicht wesentlich zu überschreiten. Dies kann für das WW-Leitungsnetz allein z. B. durch ein Brauchwassermischventil, unter Einbeziehung des WW-Bereiters durch einen Brauchwasser-Temperaturbegrenzer geschehen (**632**.2).

Kupferwerkstoffe. Sie gelten als korrosionsunempfindlich, doch können auch bei ihnen unter bestimmten Voraussetzungen Korrosionsschäden auftreten. Das korrosionschemische Verhalten des Kupfers ist jedoch noch nicht ausreichend bekannt.

Die Kupferaufnahme des Wassers ist hygienisch unbedenklich, wenn sie auch zuweilen zur Verfärbung von Keramik oder Textilien führt. Ganz selten wird jedoch der Kupfergehalt des Wassers so hoch, daß der Geschmack beeinträchtigt wird. Wie bereits erwähnt, kann indessen ein noch so geringer Kupfergehalt des Wassers dann nicht vernachlässigt werden, wenn verzinkte Leitungen oder Behälter Bauteilen aus Kupfer nachgeschaltet werden sollen.

Lochfraßschäden bei Kupfer sind mit ziemlicher Sicherheit auch auf die Ablagerung von Feststoffen zurückzuführen. Daher sollte bei Verwendung von Bauteilen aus Kupfer unmittelbar hinter dem Wasserzähler stets ein Feststoffilter eingebaut werden. Eine weitere Schadensursache kann ein übermäßiger Gebrauch von Lötfetten sein, doch gibt es heute auch unschädliche Flußmittel.

WW-Heizungen. Hier ist die Korrosionsgefahr meistens gering, da das nicht zu erneuernde Heizwasser die gelösten Mengen an Kohlensäure und Sauerstoff beim ersten Aufheizen schnell ausscheidet und weiterhin frei von diesen Gasen bleibt.

Die Korrosionsgefahr bleibt im wesentlichen auf das offene Ausdehnungsgefäß beschränkt und kann durch die Wahl eines geschlossenen Druckausgleichgefäßes verringert werden.

Äußere Korrosion. Wie alle Bauteile aus Metall sind natürlich vor allem auch die Rohrleitungen der Heizungs-, Kalt- und Warmwasseranlagen durch Korrosionen an ihren Außenflächen bedroht, wenn Feuchtigkeit und Sauerstoff gemeinsam langzeitig auf sie einwirken können.

Vor allem greift bekanntlich Gips, der über längere Zeit hin durchfeuchtet ist, den Stahl stark an und darf daher nirgendwo mit Metallteilen in Berührung kommen. Ebenso bedeuten chloridhaltige Frostschutzmittel und Abbindeverzögerer sowie Steinholzestriche eine ernsthafte Korrosionsgefahr.

Maßnahmen über den äußeren Korrosionsschutz von Rohrleitungen sind überall bei der Behandlung der Ausführung entsprechender haustechnischer Anlagen besprochen worden.

Über den Korrosionsschutz bei Heizöl-Lagerbehältern s. auch Abschn. 10.2.6, über rauchgasseitige Tieftemperaturkorrosionen bei Heizkesseln Abschn. 10.2.1 und 10.2.4.2.

12.5 Technische Regeln

Deutsche Normen

DIN 1988	Trinkwasser-Leitungsanlagen in Grundstücken; Technische Bestimmungen für Bau und Betrieb (01.62)
DIN 3368	T.2 Gasverbrauchseinrichtungen; Kombi-Wasserheizer (02.80)
DIN 3368	T.3 Gasverbrauchseinrichtungen; Umlauf-Wasserheizer mit offener und geschlossener Verbrennungskammer (04.79)
DIN 3377	Gasverbrauchseinrichtungen; Vorrats-Wasserheizer (02.80)
DIN 18380	VOB Verdingungsordnung für Bauleistungen, Teil C: Allgemeine Technische Vorschriften für Bauleistungen, Heizungs- und zentrale Brauchwassererwärmungsanlagen (10.79)
DIN 18889	Speicher-Kohle-Wasserheizer, drucklos für 1 atü Prüfdruck; Begriffe, Bau, Güte, Leistung, Prüfung (11.56)

Europäische Normen

DIN EN 26	Durchlauf-Wasserheizer für die sanitäre Brauchwasserbereitung mit gasförmigen Brennstoffen (01.81)

13 Hausmüllbeseitigung

13.1 Hausmüll

Als Hausmüll bezeichnet man hauswirtschaftliche und besonders Küchenabfälle aller Art. Dabei sind drei Gruppen von Bestandteilen zu unterscheiden:

1. Organische Abfälle aus der Küche enthalten viel Wasser und gehen schnell in Verwesung über. Besonders im Sommer entwickeln sie üble Gerüche und stellen eine Brutstelle für Ungeziefer und Krankheitskeime dar. Im Winter frieren sie an den Wänden der Abfallbehälter fest und erschweren deren Entleerung.

2. Brennbare, meist wasserfreie Abfälle, wie Holz, Lumpen, Papier, Pappkartons und Verpackungsmaterial aus Kunststoff, können in Müllverbrennungsanlagen ohne Schwierigkeit verbrannt werden. Die dabei freiwerdende Verbrennungswärme trocknet die organischen Bestandteile so weit vor, daß auch diese verbrennen. Die verbleibenden und abzutransportierenden Rückstände verringern sich auf 5 bis 20% der ursprünglichen Menge.

3. Unbrennbare metallische und mineralische Abfälle, wie Glas, Konservendosen, Sand, Schlacke und Asche, sind chemisch neutral und hygienisch unbedenklich. Sie können ohne weiteres auf Müllkippen abgelagert werden.

Zusammensetzung und Menge. Sie können beim Hausmüll sehr schwanken. Insbesondere wirken sich dabei aus:

klimatische und geographische Verhältnisse,
Anzahl, Größe und soziale Struktur der Haushaltungen,
Verpackungsgewohnheiten der Verbrauchsgüterindustrie und die
Heizungsart (feste, flüssige oder gasförmige Brennstoffe, Sammelheizung, Fernwärmeversorgung).

Die anfallenden Abfallmengen steigen ständig an. Zur Zeit kann man annehmen:

in Haushalten mit laufendem Verbrennen der brennbaren Abfälle 3 l/Tag und Person,
bei Winterheizbetrieb und Gas- oder Elektroküche im Sommer 4 l/Tag und Person sowie
bei Haushalten ohne Hausbrandstätten 5 bis 6 l/Tag und Person.

13.2 Müllbehälter

Die staubfreie Müllabfuhr mit Spezialfahrzeugen, die heute für die kleine Gemeinde so selbstverständlich ist wie für die Großstadt, setzt genormte Müllgefäße voraus, die ein reibungsloses Zusammenwirken zwischen Müllbehälter, Transportkarren und -fahrzeugen, Einschüttungen und Mülltonnenschränken gewährleisten.

Die örtliche Gemeindesatzung bestimmt die Größe der Müllgefäße, ob sie von der Gemeinde vermietet werden oder vom Benutzer zu beschaffen sind.

Zu unterscheiden sind Mülleimer, Mülltonnen, Großmülltonnen und Müllgroßbehälter.

Mülleimer. Nach DIN 6628 T. 1 und T. 2 fassen die genormten Eimer 35 l oder 50 l Müll (**813**.1). Sie werden aus Kunststoff oder verzinktem Stahl hergestellt und in kleinen Gemeinden oder hängigen Gebieten verwendet.

Für die Müllaufgabestationen in Müllabwurfanlagen größerer Wohnbauten wird in der Regel ein Müllspezialeimer mit 14 l Inhalt eingesetzt (**819**.1).

Mülltonnen. Laut DIN 6629 T. 1 und T. 2 nehmen die Tonnen 110 l Abfall auf (**813**.2). Sie werden ebenfalls aus Kunststoff oder verzinktem Stahlblech hergestellt und in den meisten Haushalten verwendet.

Großmülltonnen. Sie haben ein Fassungsvermögen von 120 l (GMT 120) oder 240 l (GMT 240). Durch den ständig steigenden Müllanfall sind diese Größen notwendig geworden. Die Kunststofftonnen haben zwei Räder, die den Transport erheblich erleichtern (**813**.3). Zur Aufnahme glühender Asche sind sie nicht geeignet.

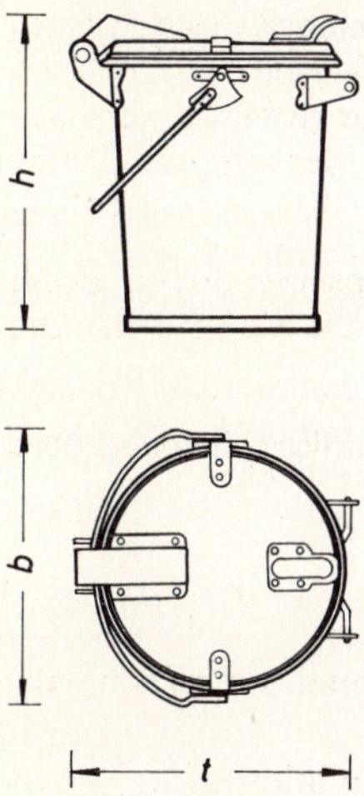

Inhalt	h	t	b
35	53	46	44
50	73	46	45

813.1 35-l- und 50-l-Mülleimer nach DIN 6628 (M 1:20)

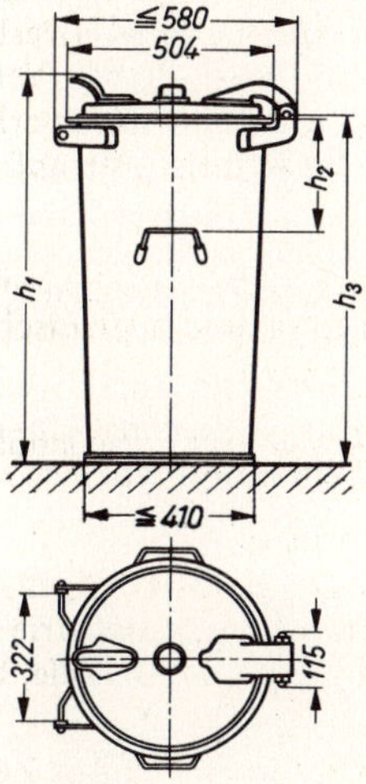

Inhalt	h_1	h_2	h_3
l	mm		
110	950	315	875

813.2 110-l-Mülltonne nach DIN 6629 (M 1:30)

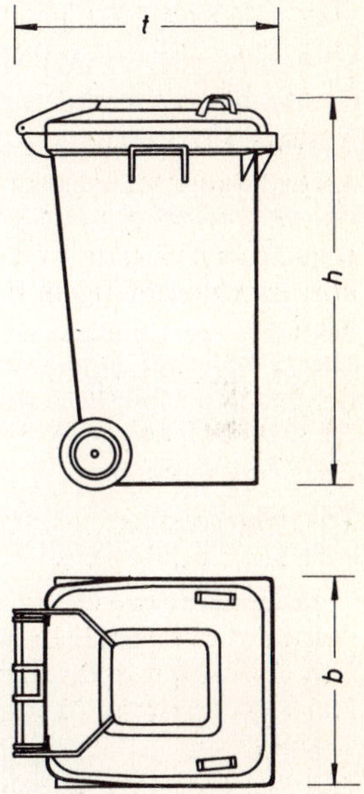

Inhalt	h	t	b
120	96	54	48
240	108	72	58

813.3 120-l- und 240-l-Großmülltonnen aus Kunststoff (M 1:25)

Müllgroßbehälter. Sie können ein Fassungsvermögen von 1,1 bis 6,6 cbm haben. Die Behälter sind aus korrosionsbeständigem Material hergestellt und haben geruchdicht schließende Deckel.

Der Standardbehälter für das Umleersystem, die Entleerung in kommunale Müllfahrzeuge, hat 1100 l (MGB 1100) Rauminhalt (**814**.1).

Sie werden zur Aufnahme von Müll, aber auch sperrigen Gegenständen bei Großbauten, unter Müllabwurfanlagen und von gewerblichem und Industriemüll eingesetzt.

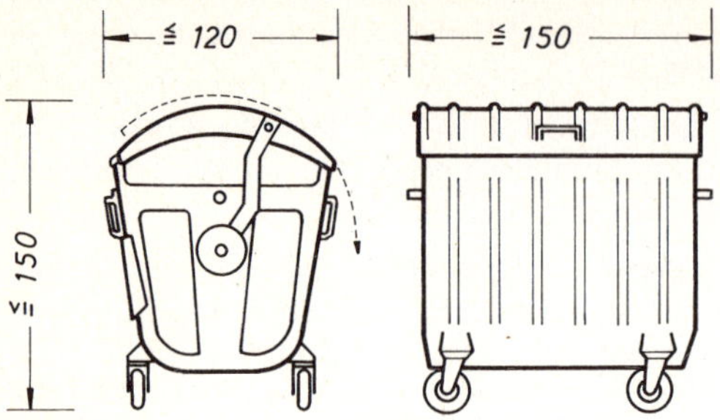

814.1
Müllgroßbehälter, Standardbehälter mit 1100 l Inhalt (M 1:50)

Müllsäcke. Sie werden als Sammelbehälter vor der Aufgabe in Müllgroßbehälter oder Großmülltonnen und auch in Verbindung mit pneumatischen Müllabsauganlagen (s. Abschn. 13.5) verwendet.

Als endgültige Müllsammelbehältnisse werden sie eingesetzt, wenn sie verschlossen im geregelten Einwegverfahren abgeholt werden.

In der Wohnung ist der Hausmüll grundsätzlich in dichtschließenden Mülleimern aus korrosionsbeständigem Stahlblech oder Kunststoff zu sammeln.

Besonders zweckmäßig sind Behälter mit einem inneren herausnehmbaren Eimer, dessen Deckel durch einen Fußhebel angehoben wird und sich mit einem Gummiring auf das Mantelgefäß legt.

Der Eimer ist häufig auch auf der Innenseite einer Küchenschranktür, in der Regel unter der Spüle, so befestigt, daß sich der Deckel beim Herausschwenken von selbst öffnet.

Für körperbehinderte Rollstuhlfahrer sind Abfallbehälter oder Mülleimer auf Rollwagen vorzusehen, die sich mit der Frontplatte eines Unterschrankes herausziehen lassen (**814**.2) oder im oberen Bereich der Schranktür eine Einwurfklappe besitzen.

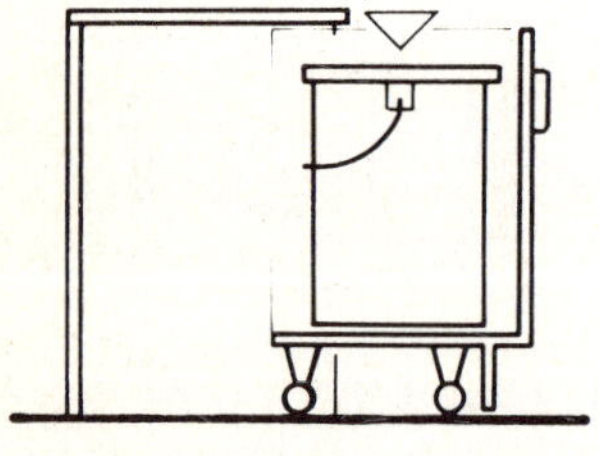

814.2
Herausziehbarer Müllwagen in Küchen für Rollstuhlfahrer (nach Krumlinde)

In die Eimer eingelegte Mülltüten oder PVC-Beutel, mit denen sich die Wohnungs-Mülleimer leichter sauberhalten lassen, haben sich auch bei uns durchgesetzt.

13.3 Mülltonnen-Standplätze

Bauliche Anlagen dürfen nur errichtet werden, wenn die einwandfreie Beseitigung der anfallenden Abfallstoffe gesichert ist.

Eine Verbrennung in hauseigenen Zentralheizungskesseln oder Öfen ist aus Gründen des Umweltschutzes unzulässig (Immissionsschutzgesetz).

Architekt und Bauherr sollten daher bereits zu Beginn der Planung über die Art der Müllunterbringung und -beseitigung entscheiden. Bei der zuständigen Dienststelle der

Müllabfuhr sollten dazu die örtlich zugelassenen Behälter- oder Tonnengrößen erfragt werden.

Wird diese Vorplanung unterlassen, sind kaum zu behebende Übelstände die oft zu beobachtende unerfreuliche Folge.

Es ist daher nicht nur die Angelegenheit des Bauherren und Hausbesitzers, für eine sachgemäße Aufstellung der Mülltonnen auf dem Grundstück zu sorgen.

Sie muß

gefährliche und lange Transportwege für Hausbewohner und Müllwerker,
Belästigung der Hausbewohner,
Verschmutzung und Verunstaltung der Gebäude und ihrer Umgebung sowie
Beschädigung von Treppen, Fußböden und Gangwänden ausschließen.

Für die Anlage von Mülltonnen-Standplätzen gelten nachfolgende Anforderungen:

1. Mülltonnen sollen nicht innerhalb oder in nächster Nachbarschaft von Wohnungen und Aufenthaltsräumen aufgestellt werden, auch nicht von Räumen, in denen Nahrungs-, Genußmittel oder Arzneien hergestellt, verarbeitet oder gelagert werden. In Treppenhäusern und Garagen sollen sie ebenfalls nicht stehen. In Heizungskellern sind keine Mülltonnen für verderbliche Abfälle zulässig.

2. Gesundheitsgefährdungen und Belästigungen durch Gerüche, Staub oder Lärm müssen ausgeschlossen sein.

3. Der Standplatz muß zum Füllen und Abholen günstig und soll vom Fahrweg nicht weiter als 15 m entfernt liegen. Standplatz und Zugangswege müssen unfallsicher, vom Fahrweg her ohne Stufen, ausgebildet und so befestigt sein, daß sie durch das Abstellen und den Transport der Gefäße nicht beschädigt und außerdem leicht gereinigt werden können. Nachts müssen sie ausreichend zu beleuchten sein.

4. Durchgänge müssen ≧ 2,0 m hoch und ≧ 1,0 m breit sein. Die Bewegungsfläche zwischen oder vor Tonnenreihen soll ≧ 1,20 m Breite haben (**815**.1). Türen in Zugangswegen müssen feststellbar sein.

5. Die Mülltonnen sind möglichst vor Witterungseinflüssen zu schützen, besonders vor Sonnenbestrahlung und Einfrieren, und dürfen nicht in Bodenvertiefungen aufgestellt werden.

6. Die Größe des Standplatzes (je Tonne 0,6 m^2) muß auch für einen größeren zukünftigen Bedarf an Mülltonnen ausreichen.

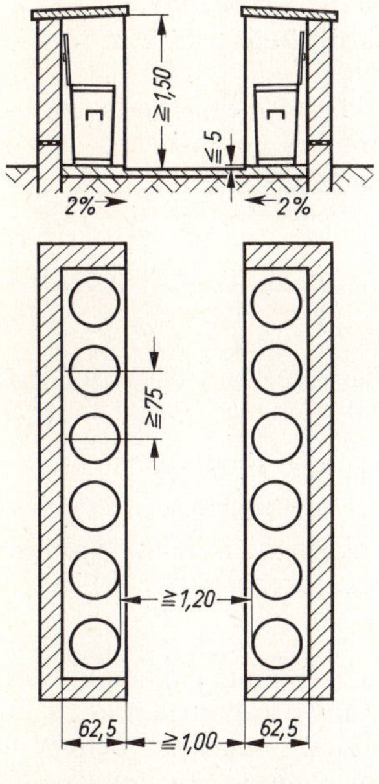

815.1
Aufstellung von Mülltonnen in Nischen (M 1:100)

Mülltonnen-Standplätze im Freien. Sie sind zwar billig, aber der Sicht von der Straße und vom Hause her kaum zu entziehen, stören auch mit einer Überdachung die Umgebung und müssen mindestens mit immergrünen Sträuchern umpflanzt werden.

Für Kinder geben sie einen unerwünschten Spielplatz ab, sind an windreichen Tagen oft verschmutzt und, wenn nicht der Sonne und dem Regen, so doch dem Einfrieren ausgesetzt.

Mülltonnennischen. Nischen in Wänden oder Einfriedigungen zur Aufnahme einer oder mehrerer Mülltonnen müssen ein ungehindertes Bewegen der Mülltonnen und ein vollkommenes Öffnen ihrer Deckel gestatten (Höhe $\geqq 1{,}50$ m). Der Nischenboden ist wie bei den Mülltonnenschränken auszubilden (**815**.1).

Kleine Abstellräume ohne Türen neben Sammelgaragen werden oft als Nische ausgebildet.

Zumeist können die Tonnen allerdings nicht ausreichend gegen Sicht und Witterungseinflüsse geschützt werden.

Mülltonnenschränke. Die den bisher beschriebenen Mülltonnen-Standplätzen noch anhaftenden Mängel vermeiden die Mülltonnenschränke und sind daher als ästhetisch und hygienisch einwandfrei anzusehen (**816**.1 und 2).

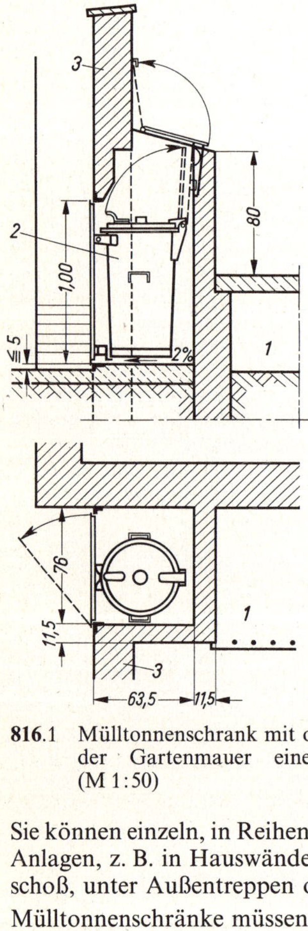

1 verbreitertes Treppenpodest vor der Hauseingangstür
2 110-l-Mülltone
3 Gartenmauer

816.1 Mülltonnenschrank mit oberer Beschickung in der Gartenmauer eines Einfamilienhauses (M 1:50)

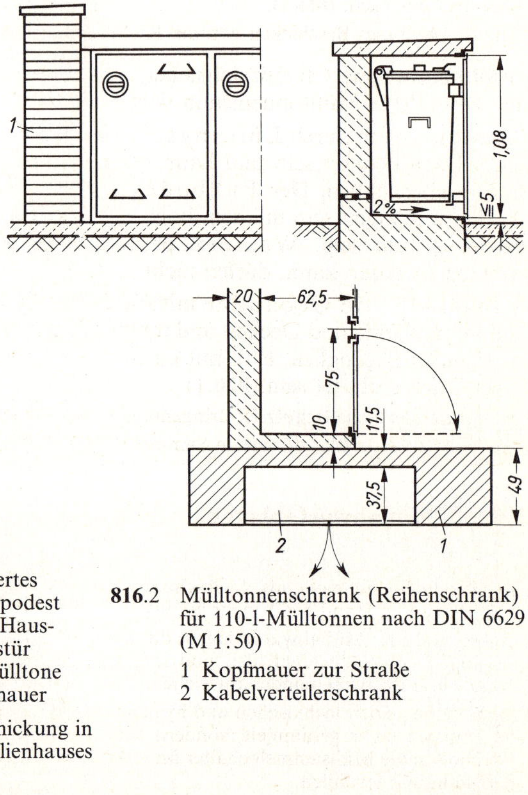

816.2 Mülltonnenschrank (Reihenschrank) für 110-l-Mülltonnen nach DIN 6629 (M 1:50)

1 Kopfmauer zur Straße
2 Kabelverteilerschrank

Sie können einzeln, in Reihen oder Gruppen, freistehend oder in Verbindung mit baulichen Anlagen, z. B. in Hauswänden, vorgezogenen Hauseingängen, unter Balkonen im Erdgeschoß, unter Außentreppen oder in Stützmauern von Kellergaragen aufgestellt werden.

Mülltonnenschränke müssen einfach zu benutzen, unfallsicher und dauerhaft sein.

Sie bestehen aus

dem Schrankkörper aus Mauerwerk, Beton, Stahlbeton, Stahl oder einem anderen nicht brennbaren Baustoff,

dem verwindungsfreien Stahlrahmen mit links oder rechts angeschlagener Tür, die mindestens aus schwer entflammbarem Baustoff bestehen muß, der Türverschluß soll möglichst verdeckt angebracht, selbsttätig wirksam und leicht zu bedienen sein, die Tür muß oben und unten Lüftungsöffnungen haben, in die Mäuse nicht eindringen können,

der Vorrichtung zur Aufnahme der Mülltonne oder des Mülleimers, die unmittelbar an der Tür oder für sich an einer drehbaren Achse möglichst so befestigt sein soll, daß die Tonne gleichzeitig mit der Tür ein- oder ausgeschwenkt wird.

Die Mülltonnen-Schranktür wird mit Zubehör entweder fertig bezogen und in den bauseitig hergestellten Schrankkörper aus Mauerwerk oder Beton eingesetzt, oder es wird ein vollständiger Mülltonnenschrank aus Stahl oder Stahlbeton angeliefert und aufgestellt.

Für Einfamilienhäuser werden gelegentlich auch Mülltonnenschränke mit einer zusätzlichen oberen, leicht zu bedienenden und dicht schließenden Klappe verwendet, die z. B. von der Innenseite einer Gartenmauer aus beschickt werden können. Das Müllgefäß muß dann bei geschlossener Schranktür von oben zu öffnen sein (**816**.1).

Ein unmittelbares Beschicken von der Küche aus ist jedoch abzulehnen.

Mülltonnenräume. Oft läßt sich neben einer Sammelgarage oder in einem Nebengebäude ein besonderer Mülltonnenraum vorsehen.

Dieser soll dann durch Lüftungsöffnungen in der Tür und oben in der Rückwand oder über Dach belüftet sein und kann verwindungssteife Vorrichtungen zum Aufhängen der Mülltonnen haben. Der Fußboden erhält ca. 2% Gefälle und ist an den Wänden, die leicht zu reinigen sein müssen, hochzuziehen. Die Türschwellen mit Stahlkantenschienen sollen $\leqq 2$ cm sein. Wasserzapfstelle und Bodenablauf, der durch Müll nicht verstopft werden kann, dürfen nicht fehlen.

Innerhalb von Gebäuden mit Aufenthaltsräumen muß der Mülltonnenraum feuerbeständige Wände und Decken und mindestens feuerhemmende Türen erhalten, unmittelbar von außen zugänglich, evtl. mit einem elektrischen Mülltonnenaufzug versehen und über Dach entlüftet sein (**820**.1).

Ausreichender Schallschutz ist dringend erwünscht, aber nur schwer einwandfrei durchzuführen.

Gas- und Stromzähler dürfen im Sammelraum nicht angebracht sein.

13.4 Müllabwurfanlagen

In Gebäuden mit mehr als 4 Geschossen ist der Transport der Mülleimer aus der Wohnung zur Mülltonne von Hand nicht mehr zumutbar.

Daher sind hier Müllabwurfanlagen, die in anderen Ländern teilweise schon vom 3. Vollgeschoß ab verlangt werden, zu empfehlen und in Deutschland in Gebäuden mit mehr als 5 Vollgeschossen vorgeschrieben (voneinander abweichende Vorschriften der Bundesländer).

Sie bedeuten einen technischen und hygienischen Fortschritt auch dadurch, daß nun kein Müll in den Wohnungen mehr gesammelt, sondern sogleich, wenn er anfällt, durch die Mülleinwürfe in jedem Geschoß in die Müllsammelbehälter im Keller befördert wird und damit alle Geruchsbelästigungen in der Wohnung fortfallen.

13.4.1 Planung

Eine ordnungsgemäße Planung und Ausführung durch Spezialfirmen ist unerläßlich, ebenso die sachgemäße Nutzung und Wartung, da sonst leicht Betriebsstörungen und schwere Belästigungen der Hausbewohner eintreten können.

Die Planung einer Müllabwurfanlage ist rechtzeitig mit der zuständigen Müllabfuhranstalt wegen Art und Anzahl der Müllgefäße, Müllsilos oder Großbehälter und der Regelung der Abfuhr abzustimmen.

Zur Verringerung der Schallübertragung sind die Anlagen außerhalb aller Aufenthaltsräume und möglichst weit entfernt von den Wohn- und Schlafräumen vorzusehen. In Hochhäusern werden sie am besten neben dem Aufzugschacht (**818**.1) und den sonstigen Schächten z. B. für die haustechnischen Versorgungsleitungen im Treppenhaus, mit denen sie indessen nicht unmittelbar verbunden sein dürfen, untergebracht.

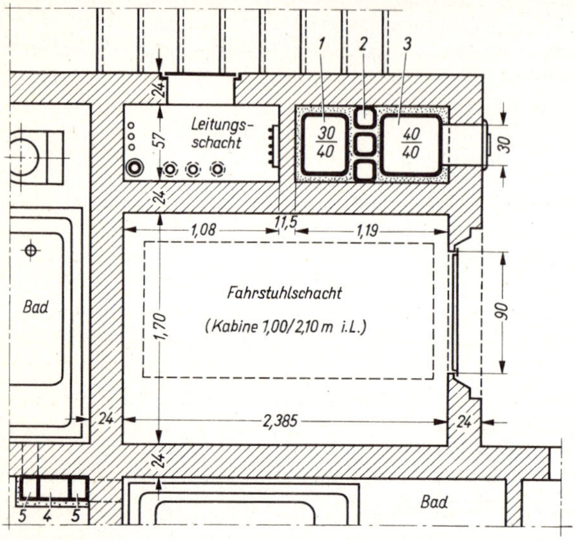

818.1
Schacht einer Müllabwurfanlage mit Leitungsschacht neben einem Fahrstuhlschacht (M 1:55)

1 indirekte Entlüftung aus Plewa-Rohr 30/40 cm mit Schall- und Wärmedämmung aus zementgebundenem Vermiculit
2 drei Lüftungsrohre 12,5/12,5 cm, sonst wie 1
3 Fallrohr 40/40 cm, sonst wie 1
4 Sammelschacht der Badentlüftung 18/24 cm aus Asbestzementrohr
5 Nebenschacht der Badentlüftung 11/18 cm, sonst wie 4

Auch sonst sind alle nur möglichen Maßnahmen gegen Belästigungen durch Schallübertragung zu treffen, insbesondere darf der nach DIN 4109 geforderte Luft- und Trittschallschutz der Wohnungstrennwände und -decken nicht beeinträchtigt werden.

Trotzdem soll man die Mülleinwurfvorrichtungen von allen Wohnungen leicht erreichen können.

Die Müllsammelräume sollen nahe am Fahrweg und möglichst in gleicher Höhe mit ihm liegen sowie von außen zugänglich sein. Sammelräume unterhalb des Fahrweges sind durch Rampen oder Aufzüge mit ihm zu verbinden.

13.4.2 Arten

Alle Müllabwurfanlagen müssen entlüftet werden. Der hierbei im Fallrohr auftretende geringe Unterdruck genügt, um ein Austreten von Staub und Gerüchen aus den geöffneten Mülleinwürfen zu verhindern.

Zu unterscheiden sind nach der Art der Lüftung zwei Bauarten:

1. Anlagen mit direkter Lüftung. Der Müllabwurfschacht wird mit verringertem Querschnitt oberhalb der obersten Einwurföffnung bis in den freien Windstrom über Dach geführt und entlüftet zugleich den Müllauffangraum (**819**.1).

2. Anlagen mit indirekter Lüftung. Mit dem im obersten Geschoß endenden Fallschacht ist über den Müllauffangraum ein besonderer Lüftungsschacht mit kleinerem Querschnitt verbunden, der von hier aus neben dem Fallschacht bis in den freien Windstrom über Dach geführt wird (**818**.1 und **820**.1).

Anlagen dieser Art wurden vor allem bei Müllverbrennungsanlagen verwendet, wo der Lüftungsschacht dann zugleich als Rauchschornstein für die Verbrennungseinrichtung dient.

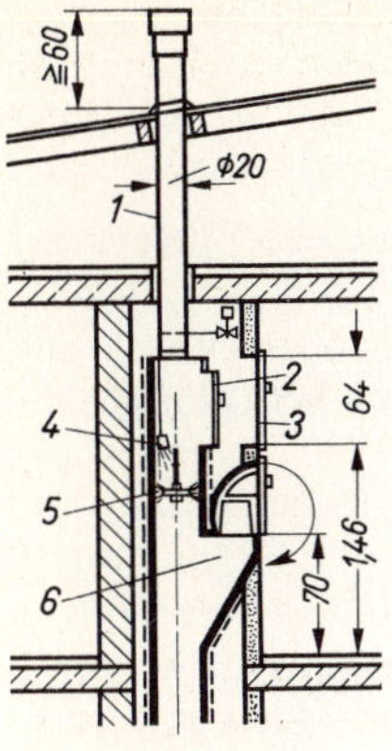

13.4.3 Einzelheiten

1. Müllabwurfschächte. Sie müssen mit den Mülleinwurfvorrichtungen alle anfallenden Abfälle sicher abführen und dürfen Feuer, Rauch, Geruch, Staub und weitgehend auch Schall nicht in das Gebäude eindringen lassen.

Baustoffe. Für die Schächte müssen sie mechanisch und chemisch widerstandsfähig, dröhnarm, nicht brennbar sowie feuchtigkeitsundurchlässig sein.

Bauart. Sie muß feuerbeständig sein und glatte Innenflächen aufweisen. Innere Wandschalen aus Baustoffen, die sich bereits bei Temperaturen ab 300 °C verformen, erfordern im Schacht eine thermostatisch gesteuerte selbsttätige Feuerlöscheinrichtung mit ≧ 2500 l/h Anschlußwert.

Stahlblechrohre als innere Wandschalen müssen ≧ 1,5 mm Wanddicke haben und feuerverzinkt sein mit ≧ 400 g/m² Zinkauftrag. Auf der Außenseite ist eine Entdröhnungsschicht aufzubringen.

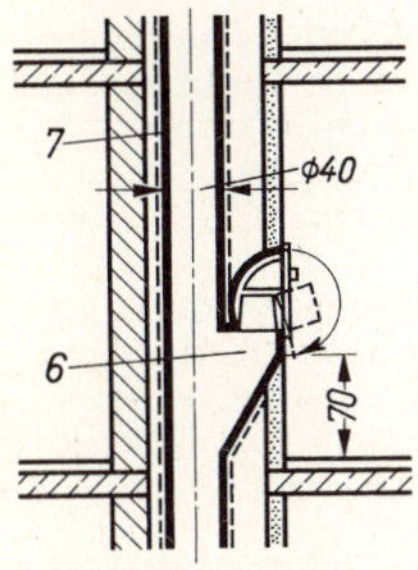

Wandschalen mit einem Flächengewicht von 400 kg/m² sind schalltechnisch günstig. Einschalige Müllabwurfschächte sind ohne Verband mit den Wänden und Decken aufzuführen. Bei mehrschaligen Schachtwänden ist der Zwischenraum mit nicht brennbaren Dämmstoffen z. B. nach DIN 18165 auszufüllen (**818**.1).

Zur Vermeidung von Fugen sind möglichst großformatige Formstücke zu verwenden.

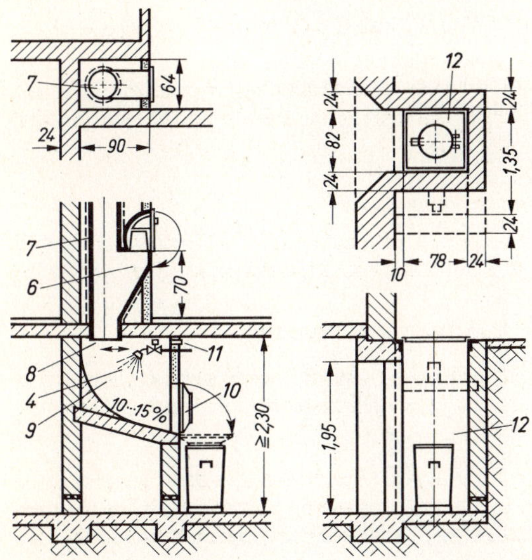

819.1
Müllabwurfanlage mit Fallrohr und direkter Lüftung (M 1:100) (Hubertus v. Aulock)
1 Entlüftungsrohr ⌀ 20 cm
2 Revisionstür am Fallrohr
3 Revisionstür 51/64 cm in feuerhemmender Ausführung
4 selbsttätige Feuerlöschanlage 2500 l/h
5 Reinigungsgerät
6 Müllaufgabestation mit 14-l-Eimer
7 Fallrohr ⌀ 40 cm mit Schalldämmung
8 Absperrschieber
9 Müllsilo
10 Silovorsatz, schwenkbar, 65/65 cm
11 Lüftungsöffnung
12 elektrischer Mülltonnenheber

Schachtquerschnitt. Er soll rund oder quadratisch mit abgerundeten inneren Ecken sein und muß vom Müllauffangraum bis zur Reinigungsöffnung oberhalb des obersten Mülleinwurfes eine gleichbleibende lichte Weite von ≧ 40 cm Seitenlänge oder Durchmesser haben.

Ist der Abwurfschacht vorwiegend für Papier und Packmaterial oder für Wäsche bestimmt, muß die lichte Weite ≧ 60 cm betragen.

Bei Anlagen mit direkter Lüftung ist oberhalb der obersten Reinigungsvorrichtung eine Verringerung des Schachtquerschnittes zweckmäßig.

Oberstes Schachtende. Bei Anlagen mit indirekter Lüftung endet der Müllabwurfschacht oberhalb des obersten Mülleinwurfes und ist hier schallschluckend und luftdicht abzuschließen.

Immer ist oberhalb des obersten Mülleinwurfes eine verschließbare Reinigungstür zum Müllabwurfschacht einzubauen und ein von Hand oder mechanisch durch den ganzen Schacht zu bewegendes und dem Schachtquerschnitt angepaßtes Kehrgerät anzuordnen.

Das über Dach geführte obere Ende eines Müllabwurf- oder Lüftungsschachtes wird mit einer Meidinger Scheibe (**296**.1 und **820**.1) oder einem auftriebverstärkenden Formendstück ausgerüstet.

In windarmen Gegenden sollte man außerdem in unmittelbarer Nähe der Reinigungstür stets einen Zugverstärker einbauen, der zur Verstärkung der Schachtlüftung eingeschaltet werden kann, evtl. zwangsläufig durch mit den Mülleinwurfklappen gekoppelte Schalter.

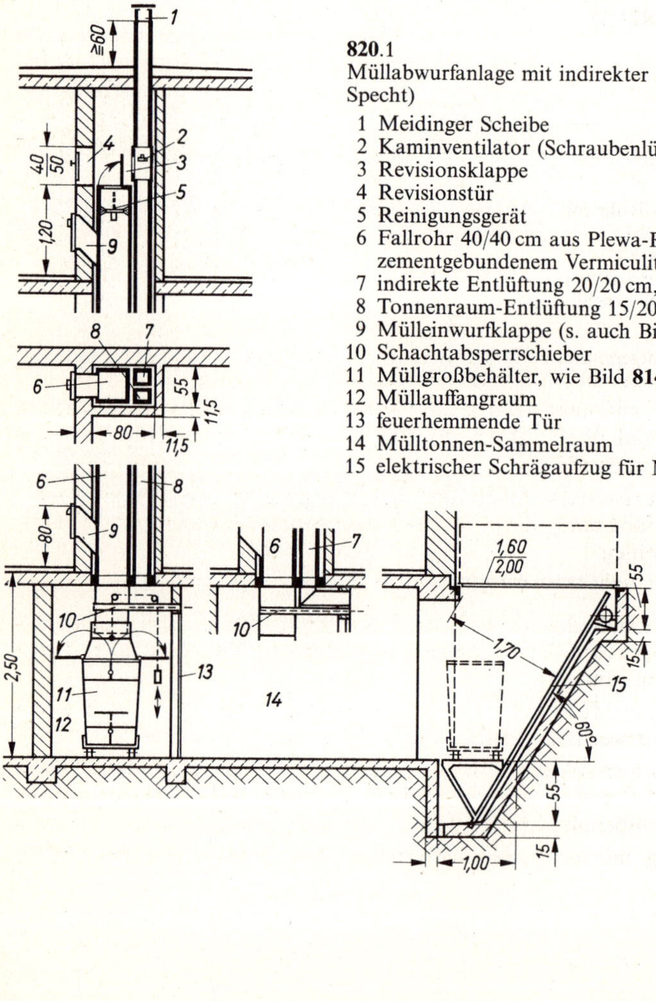

820.1
Müllabwurfanlage mit indirekter Entlüftung (M 1:100) (System Specht)

1 Meidinger Scheibe
2 Kaminventilator (Schraubenlüfter)
3 Revisionsklappe
4 Revisionstür
5 Reinigungsgerät
6 Fallrohr 40/40 cm aus Plewa-Rohr mit Schalldämmung aus zementgebundenem Vermiculit
7 indirekte Entlüftung 20/20 cm, sonst wie 6
8 Tonnenraum-Entlüftung 15/20 cm, sonst wie 6
9 Mülleinwurfklappe (s. auch Bild **821**.1)
10 Schachtabsperrschieber
11 Müllgroßbehälter, wie Bild **814**.1
12 Müllauffangraum
13 feuerhemmende Tür
14 Mülltonnen-Sammelraum
15 elektrischer Schrägaufzug für Müllgroßbehälter

Unteres Schachtende. Durch Schieber oder Klappen o. ä. müssen Unfälle beim Auswechseln der Auffangbehälter oder Entleeren der Silos durch herabfallende Gegenstände zu verhindern sein.

Zum unmittelbaren Füllen eines Müllbehälters ist am unteren Schachtende ein Zwischenstück aus nichtbrennbarem Baustoff anzubringen. Prallplatten oder -stäbe zum Auffangen schwerer Gegenstände sind elastisch und körperschallgedämmt zu befestigen und bei Verwendung von Stahl unterseitig mit einem Entdröhnungsmittel zu belegen.

Werden an den Abwurfschacht einer Anlage mit direkter Lüftung Müllgroßbehälter oder Silos (**819**.1) angeschlossen, so muß an seinem unteren Ende eine thermostatisch gesteuerte selbsttätige Feuerlöscheinrichtung mit $\geqq$ 2500 l/h Anschlußwert vorgesehen werden, die bei $\geqq$ 70 °C ansprechen und beim Absinken um 10 K abschalten muß.

Bei direkter Tonnenabfüllung genügt eine von Hand zu bedienende Feuerlöscheinrichtung.

Bei Anlagen mit indirekter Lüftung und inneren Wandschalen aus feuerbeständigen Bauteilen ist eine Feuerlöscheinrichtung entbehrlich.

2. Mülleinwurfvorrichtungen. Sie müssen ebenfalls aus nicht brennbaren Baustoffen nach DIN 4102 hergestellt sein und staub-, rauchdicht sowie geräuscharm schließen.

Die Türen oder Klappen müssen beim Öffnen die unmittelbare Verbindung der Einwurfsöffnung zum Müllabwurfschacht selbsttätig unterbrechen und einen unbehinderten Mülleinwurf gestatten (**821**.1).

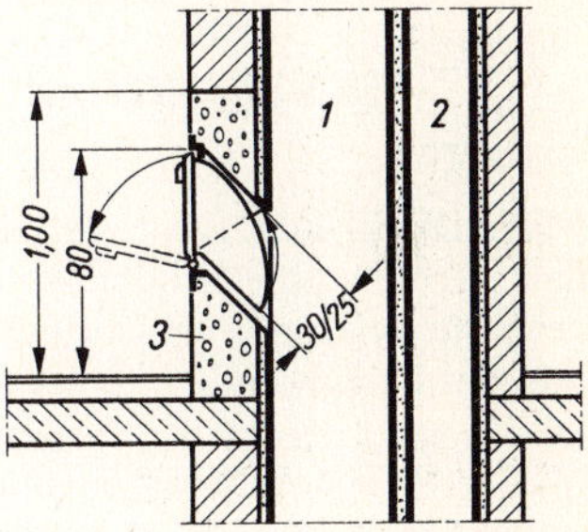

821.1
Mülleinwurfklappe einer Müllabwurfanlage (M 1:50) (System Specht)

1 Fallrohr 40/40 cm aus Plewa-Rohr mit Schalldämmung aus zementgebundenem Vermiculit
2 indirekte Entlüftung, sonst wie 1
3 Montageöffnung im Schachtmauerwerk, wird nach Einbau der ganzen Abwurfanlage geschlossen

Dabei darf nur so viel Müll aufgenommen werden können, daß der Schacht nicht verstopfen kann. Sperrige Gegenstände einzubringen muß unmöglich sein.

Eimerschleusen sind so auszubilden, daß sie nur mit den zur Anlage mitgelieferten Spezialeimern bedient und überfüllte Eimer nicht in die Mülleinwurfvorrichtungen hineingeschoben werden können (**819**.1).

Der Platz vor der Mülleinwurfstation muß $\geqq$ 1,20 m tief und ausreichend beleuchtet sein. Ein Hinweisschild, daß brennende, glimmende oder sperrige Teile nicht eingeworfen werden dürfen, darf nicht fehlen.

Außerdem sollten die Benutzer angehalten werden, den Müll möglichst in Papier verpackt einzuwerfen.

3. Müllsammelbehälter. Unterhalb des Abwurfschachtes ist der Müll auf möglichst gefahr- und geruchlose Weise in geeigneten Behältern unter Verwendung passender Zwischenstücke staubfrei aufzufangen und zu sammeln.

Unmittelbares Sammeln in Mülltonnen ist nur bei Anfall geringerer Müllmengen und Gewähr rechtzeitigen Tonnenwechsels angebracht.

Mülltonnen-Spezialwagen sollen weichgummibereifte Räder haben. Müllgroßbehälter von $\geqq$ 1,1 m^3 Inhalt (**814**.1) müssen dauerhaft, oberflächengeschützt, leicht auswechselbar sein und ebenfalls gummibereifte Räder besitzen.

Müllsilos in Verbindung mit normalen Mülltonnen (**819**.1) müssen staubdicht zu verschließen, schallgedämmt sowie leicht und gefahrlos von Hand oder mechanisch zu entleeren sein.

Alle genannten Auffangvorrichtungen sind so zu bemessen, daß sie nur alle 2 bis 3 Tage gewartet zu werden brauchen.

4. Müllsammelräume. Zum Sammeln des Mülls sind immer zwei Räume vorzusehen, ein Müllauffangraum und ein Mülltonnenraum. Beide Räume sind durch eine Tür stufenlos zu trennen, erhalten feuerbeständige Decken und Wände, feuerhemmende Türen und einen dichten massiven Fußboden mit vor dem Verstopfen durch Müll zu schützender Fußbodenentwässerung (**822**.1).

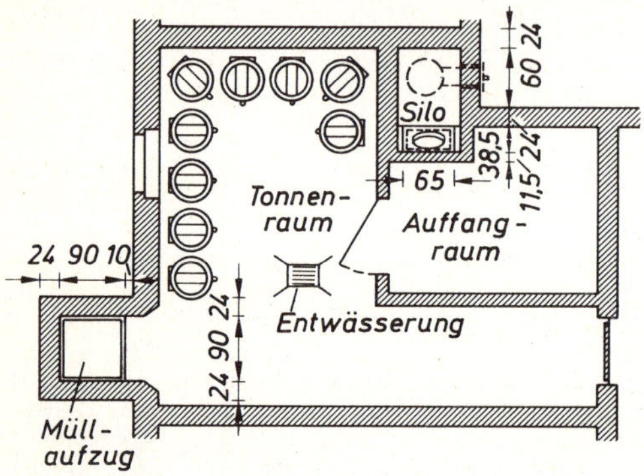

822.1
Müllauffangraum (Siloraum), Mülltonnenraum und Aufzugsschacht (s. auch Bild **819**.1)

Müllauffangraum. Dort wird der aus dem Müllabwurfschacht anfallende Müll in Mülltonnen, -großbehältern oder -silos aufgefangen und gesammelt. Seine Größe wird von der gewählten Sammeleinrichtung und dem erforderlichen Bewegungsraum bestimmt und ist von der ausführenden Firma anzugeben.

Der Fußboden muß hier einen schwimmenden Estrich nach DIN 4109 aufweisen, soweit die Müllsammelbehälter nicht unmittelbar auf Fahrgestellen mit weicher Gummibereifung stehen.

Mülltonnenraum. Unter Berücksichtigung einer Zuwachsrate ist für je 1 angeschlossene Familie Platz für 1 120-l- oder 110-l-Mülltonne (je 0,6 m^2) zu schaffen (**822**.1), soweit nicht Müllgroßbehälter verwendet werden.

In diesem Fall müssen die zugehörigen Spezialfahrzeuge an die Behälter heranfahren können.

Tonnentransport. Bei größerem Höhenunterschied zwischen dem Fußboden des Mülltonnenraumes und dem Fahrweg ist eine elektrische Hebevorrichtung einzubauen, wobei die Bestimmungen über Einrichtung und Betrieb der Aufzüge zu beachten sind (**819**.1 und **820**.1).

Bei kleineren Höhenunterschieden genügen flachgeneigte und stufenlose Rampen.

Lüftung. Die Müllsammelräume müssen wirksam gelüftet werden. Der Müllauffangraum wird grundsätzlich über den Müllabwurfschacht oder den besonderen Lüftungsschacht entlüftet.

Der Mülltonnenraum kann Fensterlüftung erhalten, wenn keine Geruchsbelästigungen in darüberliegenden Räumen zu befürchten sind.

Regelbare Frischluftöffnungen haben eine beständige und ausreichende Lüftung zu gewährleisten, die andererseits nicht so stark sein darf, daß Papier und Leichtbestandteile des Mülls über Dach getrieben werden.

Die Müllsammelräume müssen elektrische Beleuchtung haben und dürfen für andere Zwecke, z. B. zum Anbringen von Gas- oder Stromzählern, nicht benutzt werden.

13.5 Mülltransport in Rohrleitungen

Heute ist es selbstverständlich, daß unsere Siedlungen durch unterirdische Rohr- oder Kabelnetze mit Trinkwasser, Gas, elektrischem Stark- und Schwachstrom, auch mit Fernwärme versorgt und in gleicher Weise die Abwässer beseitigt werden und damit allen hygienischen technisch-wirtschaftlichen und ästhetischen Forderungen des neuzeitlichen Städtebaues einwandfrei entsprochen wird.

Dagegen haften den zur Zeit noch allgemein üblichen, in den vorstehenden Abschnitten behandelten, Verfahren zur Sammlung, Aufbewahrung und zum Abtransport des Hausmülls auch in den besten Ausführungen erhebliche grundsätzliche Mängel an, die bei weiterer Rationalisierung vielleicht noch gemildert, aber keinesfalls beseitigt werden können.

Dazu gehören:

Unzuträglichkeiten durch Überfüllung bereits zu klein gewordener oder nicht richtig gewarteter Behälter,
Belästigung der Anwohner durch Gerüche, Staub und Lärm,
verstreute Abfälle auf Mülltonnenplätzen und Transportwegen,
Seuchen- und Ungeziefergefahr,
Verunstaltung des Siedlungsbildes durch häßliche Mülltonnenstandplätze, deren Aufsuchen die Hausbewohner Wind und Wetter aussetzt,
hohe Straßenbaukosten auch innerhalb der Siedlung durch die Notwendigkeit, für die schweren Müllfahrzeuge geeignete Fahrwege bis in die Nähe jedes Hauses zu führen, dadurch auch Beeinträchtigung der städtebaulichen Gestaltung,
ständiges Ansteigen der Kosten der lohnintensiven manuellen Müllabfuhr durch das Anwachsen der Müllmengen um jährlich 4 bis 6% und
die laufende Erhöhung der Personalkosten und -schwierigkeiten.

Einen grundsätzlichen Wandel zum Besseren läßt jedoch der pneumatische Mülltransport in unterirdischen Rohrleitungen vor allem für Großsiedlungen erwarten, wie er sich in Schweden bereits in einer größeren Anzahl von Ausführungen in der Praxis bewährt hat, geplant und erstellt wird.

Bei uns sind zwar zur Zeit erst einige Projekte dieser Art in Betrieb (z. B. für das Olympische Dorf in München), aber zweifellos wird dieses neuartige Verfahren des Mülltransportes in den nächsten Jahren auch für Deutschland größere Bedeutung erlangen.

13.5.1 Aufbau

Eine Anlage für den pneumatischen Mülltransport (**823**.1) besteht im wesentlichen aus folgenden Teilen:

1 Ventilkammer, ca. 2/2 m groß
2 Transportluftventil
3 Müllabwurfschächte in Hochhäusern
4 Mülleinwurföffnung
5 Schachtventil
6 Transportrohr ∅500 mm
7 Müllsilo
8 Müllverdichter
9 Container
10 Grobfilter
11 Feinfilter
12 Vakuum-Erzeuger mit Antriebsmotoren
13 Schalldämpfer
14 Maschinenraum

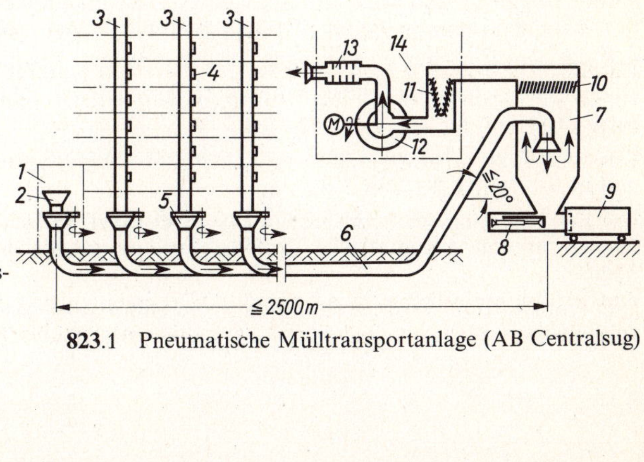

823.1 Pneumatische Mülltransportanlage (AB Centralsug)

Maschinenausrüstung, z. B. im Anschluß an die Zentrale einer Fernwärmeversorgung, mit den Vakuumturbinen und ihren Antriebsmotoren, welche die Luft durch Rohrleitungen saugen, ferner mit den Staubabscheidern, den Schalldämpfern und der elektrischen Ausrüstung für den Start und den elektrischen Betrieb.

Müllsilo, im Anschluß an die Maschinenausrüstung, zum Verdichten der Abfälle und zur Beschickung von Großbehältern zur Weiterbeförderung.

Rohrleitungssystem, zwischen dem Transportluftventil und dem Sammelbehälter aus horizontal und unterirdisch verlegten Stahlrohren von $\varnothing$500 mm und 5 bis 8 mm Wanddicke (Stranglänge $\leqq$ 2500 m, Biegeradius $\geqq$ 1,5 bis 2 m, Steigung $\leqq$ 20°), ferner einer Kupferrohrleitung für Druckluft zum Öffnen und Schließen der Schachtventile über Steuerzylinder.

Schachtventile, am Fuß jedes Müllabwurfschachtes für die Regelung des Abtransportes der Abfälle aus jedem Ventilraum (Müllraum) von ca. 2 × 2 m Größe.

Oberhalb des Schachtventiles können Müllabwurfschächte aller bisher üblichen Systeme eingebaut werden.

Man kann aber auch an ihrer Stelle z. B. für die gemeinsame Benutzung durch die Bewohner kleinerer ein- oder zweigeschossiger Häuser ohne unmittelbaren Anschluß an das Absaugrohrsystem außerhalb der Gebäude Eingabestationen, die aus einer Schleusenkippmulde und einem Schacht über dem Transportrohr bestehen, vorsehen und mit Garagen, überdeckten Fahrradständen, einer Sauganlage für die Teppichreinigung u. ä. verbinden.

Transportventile, am Ende jedes Transportstranges zum gemeinsamen Ansaugen von Transportluft für mehrere in einer Reihe angebrachte Schachtventile dieses Stranges.

13.5.2 Arbeitsweise

Der in Papier- oder Plastiktüten verpackte Hausmüll wird wie üblich in den Müllschlucker geworfen oder in eine besondere Eingabestation gegeben.

Er fällt auf eine waagerechte Scheibe, die den Fallschacht am unteren Ende abschließt und Teil des Schachtventiles ist, das die Fallschächte mit den waagerecht darunter verlegten Transportrohren und dem Zentralmüllbehälter verbindet.

Zu vorgewählten Zeitpunkten läuft eine Gruppe von Vakuumturbinen an und erzeugt einen Unterdruck von 250 mbar in der Rohrleitung. Dann wird das Transportluftventil am Ende eines Rohrstranges geöffnet.

Nach Erreichen einer Luftgeschwindigkeit von ca. 25 m/s öffnen sich die Schachtventile dieses Stranges nacheinander. Der Müll fällt aus dem Stauraum in das Transportrohr hinunter (**825**.1) und wird dort mit einer Geschwindigkeit von ca. 10 bis 15 m/s vom Luftstrom zum Sammelbehälter mitgerissen. Nach einer Öffnungszeit von ca. 15 s schließt sich das Ventil wieder. Die übrigen angeschlossenen Ventile öffnen sich der Reihe nach.

Danach öffnet sich das Transportluftventil des nächsten Leitungszweiges, und der Vorgang wiederholt sich bis zur Leerung aller Müllabwurfschächte.

Der angesaugte Müll wird nach und nach in den Verdichtungsapparat gegeben, verdichtet und in Container gepreßt.

Die gefüllten Container werden mit Lastkraftwagen in die Müllvernichtungsanlage gefahren. Durch eine automatische Verschiebeanlage werden die Container selbsttätig ausgewechselt.

Die Transportluft wird in Staubfiltern gereinigt und anschließend über Schalldämpfer ausgeblasen.

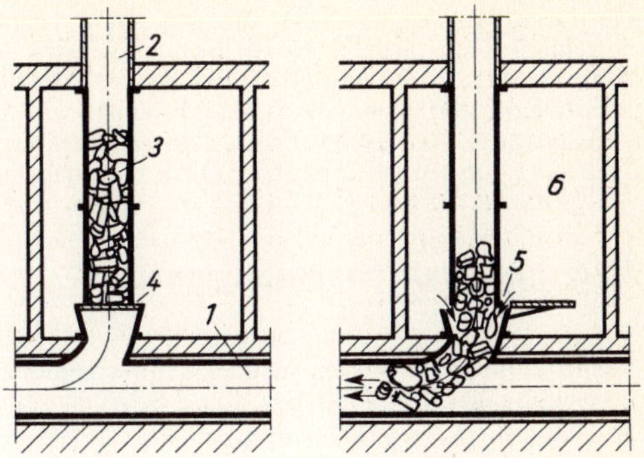

825.1
Saugtransport des Mülls, Arbeitsweise des Schachtventiles (M 1:100) (AB Centralsug)

1 Transportrohr
2 Abwurfschacht
3 Müll
4 Schachtventil, geschlossen
5 Schachtventil, geöffnet während des Mülltransportes
6 Ventilkammer, ca. 2/2 m groß

13.5.3 Vorteile

Die automatische Leerung bei kurzen Lagerzeiten vermeidet alle hygienischen und ästhetischen Unzulänglichkeiten der manuellen Müllsammlung. Es gibt weder Überfüllung der Behälter, Geruchsbelästigung, Staub oder Lärm noch verstreute Abfälle beim Umladen und Transportieren.

Eine Saugtransportanlage wird so ausgelegt, daß die gesamte Beseitigung des anfallenden Mülls nicht mehr als 1 bis 2 Stunden am Tag erfordert. Die Maschinen und Transportrohre werden aber von Anfang an für Dauerbetrieb bemessen. Das bedeutet die Möglichkeit einer Kapazitätssteigerung auf mehr als das Zehnfache des Transportgutes. Neue Mülleingaben können also direkt an die vorhandene Anlage angeschlossen werden.

Die Saugtransportrohre werden im Erdboden verlegt. Damit wird das Straßennetz innerhalb der Siedlung von den Müllabfuhrwagen befreit, die wegen ihrer hohen Achsdrücke und großen Wendekreise teure Verbindungsstrecken zwischen den Häusern und den öffentlichen Straßen erfordern. Die Forderung der Städtebauer nach Auflockerung der städtebaulichen Planung durch weitgehende Trennung des Fahrverkehrs vom Gehverkehr kann erfüllt werden.

Die Müllräume, die man heute baut, sind meistens viel zu klein für die in Zukunft anfallenden gesteigerten Müllmengen. Wenn der tägliche Müllanfall für die Müllräume zu groß geworden ist, wird die Müllabfuhr noch kostspieliger. Steht dagegen ein Saugtransport zur Verfügung, braucht man nur zusätzliche Transporte einzuschalten, was ohne zusätzliche Kosten auch an Sonn- und Feiertagen, an arbeitsfreien Sonnabenden usw. geschehen kann.

Da der Müll täglich abgesaugt wird, kann er auch an heißen Sommertagen keinen üblen Geruch in den Häusern verbreiten.

Außerhalb der Häuser verschwinden die meist häßlichen und den Unbilden der Witterung ausgesetzten Mülltonnenstandplätze. In den Häusern werden die ca. 20 m^2 erfordernden Mülltonnenräume durch die nur ca. 4 m^2 großen Ventilräume ersetzt.

In einem geschlossenen Saugtransportsystem nehmen trotz der hohen Anlagekosten die Betriebskosten je Wohneinheit bei zunehmender Auslastung ab, da bei den nur kurzen Betriebszeiten die laufenden Kosten nur sehr gering sind, während die Kosten der manuellen Müllabfuhr entsprechend der fortlaufend steigenden Müllmenge und den sich ständig erhöhenden Personalkosten stark ansteigen. Dies bedeutet, daß geschlossener Saugtransport mit 2 bis 3 täglichen Leerungen schon nach wenigen Jahren billiger wird als die einmal wöchentlich durchgeführte konventionelle Müllabfuhr.

Da die Saugtransportanlage von der Art des Transportgutes praktisch unabhängig ist, kann sie vorteilhaft für mehrere Aufgaben zu gleicher Zeit benutzt werden, z, B. für
Abtransport von Haushaltsmüll aus Wohnsiedlungen mit Hochhäusern und niedriger Bebauung,
Abtransport von Sperrmüll aus Warenhäusern und Betrieben,
Transport des Kehrichtes von Zentralsauganlagen für Gebäudereinigung oder
Transport von Schmutzschwäsche in Hotels und Krankenhäusern.

13.6 Zentrale Staubsauganlagen

In Büroräumen, Hörsälen, Fluren, Krankenzimmern usw. werden die Fußböden seit Jahrzehnten in konventioneller Weise mit Besen und Schaufel oder mit Schrubbern und Aufnehmern gereinigt.

Eine Weiterentwicklung dieser manuellen Verfahren stellte dann das Feuchtwischen dar, das entweder auch von Hand oder mit Maschinen durchgeführt wird. Dabei sind die etwas schwierig zu handhabenden Maschinen für große Reinigungsflächen wie breite Flure wohl sehr vorteilhaft, weniger aber in Büroräumen, Krankenzimmern und anderen mit Möbeln ausgestatteten Räumen. Alle diese Arbeiten sind sehr lohnintensiv.

In Schweden sind daher, um diese Arbeiten zu rationalisieren und erleichtern sowie deren Lohnkosten zu senken, zentrale Staubsauganlagen zur Gebäudereinigung entwickelt worden, die sich seit längerer Zeit bewährt haben und nunmehr auch bei uns in zunehmendem Maße Eingang finden.

Aufbau. Eine zentrale Staubsauganlage zur Gebäudereinigung besteht im Prinzip aus einem Maschinenraum, den Rohrleitungen und den Schnellanschlußventilen für die Saugschläuche (**826**.1).

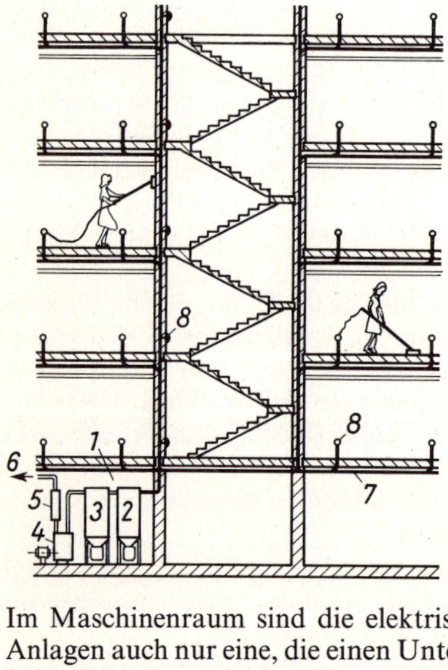

826.1
Zentrale Staubsauganlage für Gebäudereinigung (SF Luft- und Wärmetechnik GmbH)

1 Maschinenraum
2 Grobabscheider
3 Feinabscheider
4 Vakuumturbine mit Motor
5 Schalldämpfer
6 Ausblasleitung
7 Staubsaug-Rohrleitung
8 Staubsaug-Wandventil

Im Maschinenraum sind die elektrisch angetriebenen Vakuumturbinen, bei kleinen Anlagen auch nur eine, die einen Unterdruck von 250 bis 400 mbar erzeugen, schwingungsfrei aufgestellt sowie Grob- und Feinabscheider und elektrische Schaltkästen für den automatisierten Betrieb untergebracht (**827**.1).

Dabei kann es sich z. B. in Krankenhäusern empfehlen, auch eine kleinere Vakuumturbine (auch für Wandmontage) vorzusehen, die bei geringen Kosten das Vakuum in den Rohrleitungen auch außerhalb des Einschaltens der größeren Turbinen für die Gebäudeteinigung aufrecht erhält.

Für den Platzbedarf des Zentralgerätes gilt als Faustformel: für je 1000 m^2 angeschlossener Fußbodenfläche wird 1 m^2 Grundfläche benötigt.

Der *Grobabscheider* und die *Feinabscheider* werden gewöhnlich mit Wasser gespült, das danach schnell und hygienisch einwandfrei in die Kanalisation abläuft, ohne daß sie dabei geöffnet zu werden brauchen. Der Grobabscheider kann auch in einen Papiersack geleert werden.

Vom Maschinenraum aus ist ein *Rohrsystem* im gesamten Gebäude, in Großwohnhäusern in den Kellern und Treppenhäusern, aus handelsüblichen Stahlrohren, evtl. auch aus dünnwandigen Stahlrohren oder Kunststoffrohren (HT-Rohr), von ≧ DN 50 verlegt, das sowohl für die Trocken- als auch für die Naßreinigung verwendet wird und in dem sich die Transportluft mit einer Geschwindigkeit von 15 bis 20 m/s bewegt (**827**.1).

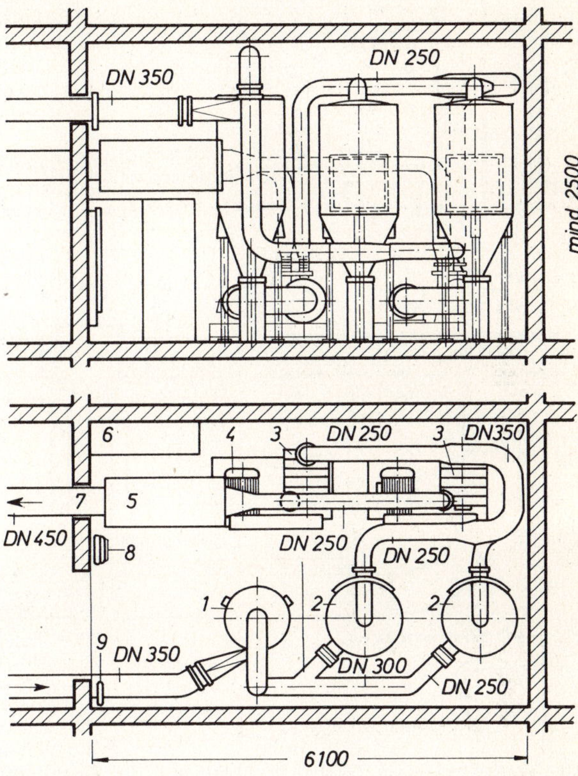

827.1
Zentrale einer Gebäude-Staubsauganlage, Grundriß und Schnitt (M 1:110) (Moch Staubtechnik GmbH)

1 Großabscheider
2 Feinabscheider
3 Exhaustor
4 Drehstrommotor
5 Schalldämpfer
6 Schaltanlage
7 Fortluft
8 Sauggarnitur
9 Saugventil

Schnellschlußventile (Ventil-Steckdosen) zum Anschluß der Absaugschläuche, zur Vermeidung eines Ansauggeräusches beim Öffnen des Ventildeckels gibt es geräuschlose Ausführungen, die erst nach Anschluß eines Schlauches Luft ansaugen, werden als Wandmodelle 30 bis 60 cm über dem Fußboden eingebaut (**828**.1). Daneben gibt es auch Ventile für den Fußbodeneinbau (**828**.2).

Die *Arbeitsgeräte* bestehen lediglich aus einem 8 bis 10 m langen, flexiblen *Absaugschlauch* von ⌀40 mm und *Saugdüsen* von ca. 60 cm Länge für die Trocken- und ca. 45 cm Länge für die Naßreinigung. Daneben gibt es ebenfalls leicht auswechselbare Spezialdüsen für das Staubwischen von Fußleisten, Heizkörpern, Möbeln, Büromaschinen usw.

Die A b s a u g l u f t m e n g e beträgt ca. 4 m³/min. Die Saugleistung ist so kräftig, daß selbst spezifisch schwere, aber kleine Gegenstände wie Nadeln, Büroklammern, Münzen u. ä. mit abgesaugt werden.

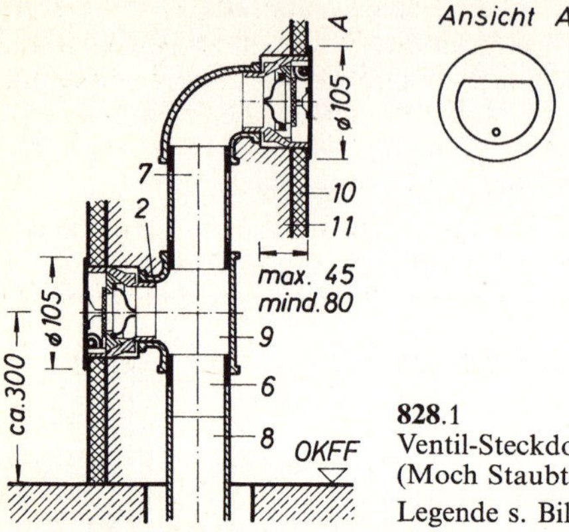

828.1
Ventil-Steckdosen (Schnellschlußventile), Wandeinbau (M 1:10) (Moch Staubtechnik GmbH)
Legende s. Bild **828**.2

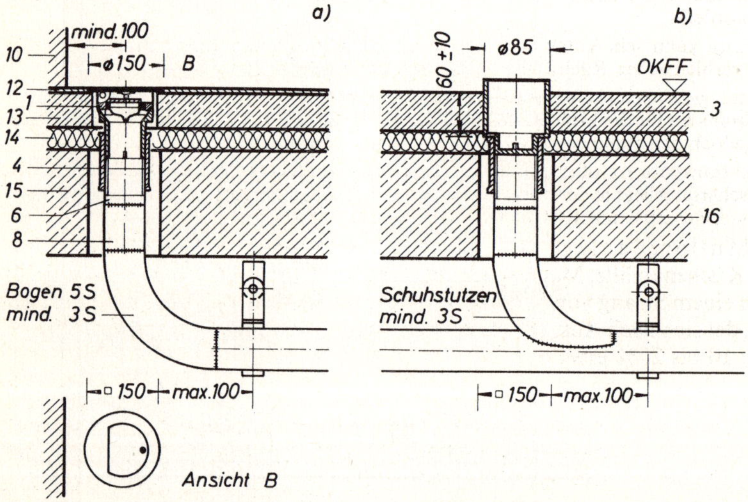

828.2 Ventil-Steckdosen, Fußbodeneinbau (M 1:10) (Moch Staubtechnik GmbH)

a) Endgültiger Einbau
b) Rohbaustadium
1 Ventilkörper (BSG)
2 Ventilkörper (BSG/K)
3 Schalkörper und Stopfen
4 Gewindemuffe DN 50
5 Bogen (GF-Winkel DN 50)
6 Vorschweißnippel DN 50
7 Doppelnippel DN 50
8 Stahlrohr 60,3 × 2,3
9 T-Stück DN 50
10 Wandverkleidung (Putz)
11 Wand
12 Teppich- oder PVC-Boden
13 Estrich
14 Isolierung
15 Betondecke
16 Aussparung (Vergußmörtel bauseits)

Die mit dem Hausstaub oder der Aufwischflüssigkeit verunreinigte Absaugluft wird zentral über als Grobabscheider dienende Zyklone vorgereinigt, dann über Trocken-Schüttelfilter oder mit Venturi-Düsen im Naßverfahren vom Feinstaub befreit und über Schalldämpfer durch die Wand oder über Dach ins Freie geleitet.

Die gleichzeitigen besonderen hygienischen Vorteile dieser Form der zentralen Gebäudereinigung liegen auf der Hand. Der Staub und damit die an die Staubpartikel gebundenen Bakterien und andere Krankheitserreger werden beim Absaugen nicht mehr aufgewirbelt und können damit nicht mehr die Raumluft verunreinigen. Damit ist die Gebäudereinigung durch zentrale Staubsauganlagen in ganz besonderem Maße für den Einsatz im Krankenhausbau geeignet.

Die Arbeit selbst ist leichter und sauberer als bei den konventionellen Methoden.

Im Wohnungsbau wird sich der Einsatz der zentralen Staubsauganlagen auf die Reinigung der Kellerräume und Treppenhäuser beschränken, dort aber sehr nützlich werden können.

Zentrale Staubsauganlagen lassen sich leicht und zweckmäßig mit einer pneumatischen Mülltransportanlage nach Abschn. 13.5 verbinden.

Ferner lassen sich Vibrations-Sauggeräte zum Teppich- und Matratzenreinigen u. ä. anschließen.

13.7 Müllverdichtungsanlagen

Der Anfall von Hausmüll steigt ständig. Sein Abtransport und seine Vernichtung sind schon heute ein ernstes Problem geworden.

Durch Verbrennung kann sein Volumen auf 5 bis 20% der Ausgangsmenge verringert werden. Außerdem sind die verbleibenden Rückstände hygienisch völlig einwandfrei.

Da örtliche Verbrennungsanlagen vielfach stark zur Umweltverschmutzung beigetragen haben, sind sie heute verboten. So kommen für die Müllverbrennung nur noch große Zentralanlagen in Betracht, deren Behandlung jedoch den Rahmen dieses Buches sprengen würde.

Das Problem des Abtransportes großer Müllmengen aus den Städten bleibt indessen bestehen. Ein Mittel zu seiner Entschärfung liegt in der Volumenverringerung des anfallenden Hausmülls durch Pressen, was je nach seiner Zusammensetzung bis auf 10 bis 20% möglich ist.

Eine kleinere Müllpreßanlage zeigt Bild **829**.1 im Schema. Sie kann Blech, Glas, Holz, Kunststoff, Küchenabfälle, Metallspäne, Papiere und Pappen bis zu einer Einzelgröße von 60 × 60 cm zu einem Strang von ca. 45 × 55 cm Querschnitt aus aneinandergeschichtetem Müll pressen, der sich nach Austritt aus dem Gerät im Querschnitt nur unwesentlich, in der Länge um ca. 10 bis 20% erweitert.

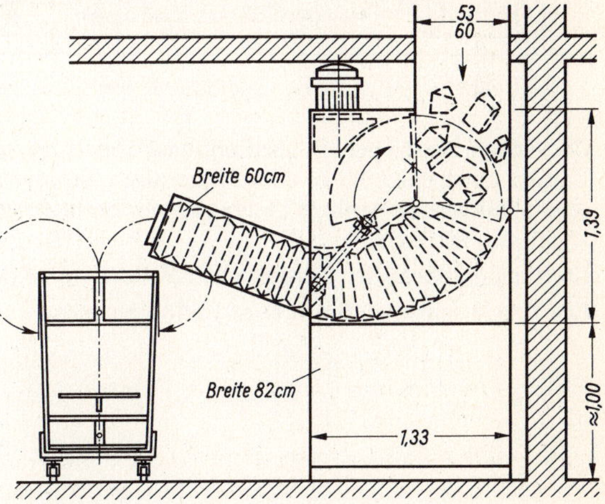

829.1
Müllpreßautomat (Hemat)

Der Trockenmüll nimmt dabei die Feuchtigkeit des nassen Mülls auf. Trotzdem gibt es keine Tropf-, Schmutz- und Faulstellen.

Bei mehrmaligem Umschütten fällt der Strang der Länge nach auseinander und ist dann gut brennbar. Mit einem Zusatzgerät kann der Strang aber auch abgebunden werden.

Arbeitsweise. Das untere Schachtende dient als Müllspeicher. Innerhalb des Blechgehäuses durchläuft der Müll von oben nach unten einen Preßkanal mit sich verjüngendem Querschnitt.

Ein Hydraulikzylinder schwenkt eine kreissektorförmige Preßklappe in den Preßkanal. Sie schiebt den Müllstrang weiter und preßt ihn mit einer Kraft von 120 MN zusammen, wobei die Wandreibung im Preßkanal die Gegenpreßkraft bildet. Durch Verstellen des Preßkanalquerschnittes kann der Grad der Pressung verändert werden.

Die Leistung des Gerätes beträgt 20 bis 30 m^3 unverdichteten Mülls je Stunde, die Motorleistung 3 kW.

Der Preßmüllstrang wird selbsttätig z. B. in einen 1,1 m^3-Müllbehälter, einen Großbehälter oder auf ein Fahrzeug transportiert.

Für das Ein- und Ausschalten hat sich der Betrieb mit einer Schaltuhr am besten bewährt.

Für Arbeitsküchen und Hausarbeitsräume sind 60 × 60 cm große Untertischeinbaugeräte im Handel, die das Volumen des normalen Haushaltmülls auf ca. 20 bis 25% zusammenpressen.

Bild **830**.1 zeigt das Schema einer größeren Müllpreßanlage. Hier erfolgt die Müllverdichtung durch die Presse innerhalb eines besonderen Preßmüllbehälters. Dieser wird in Größen von 6 bis 18 m^3 Füllraum geliefert und zu jedem Einsatz durch eine Spannvorrichtung mit der hydraulischen Müllpresse verbunden.

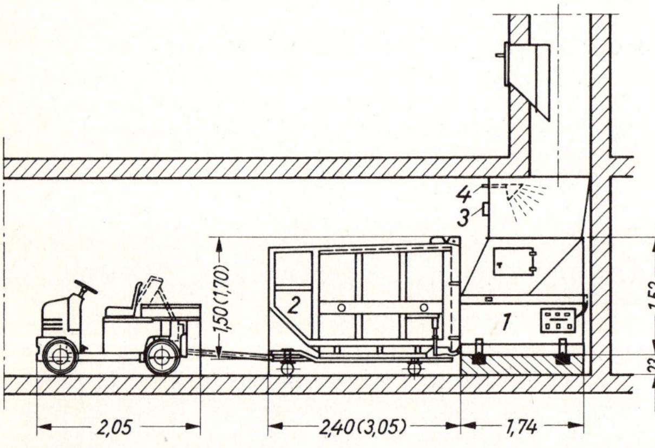

830.1
Müllpreßanlage (Optima)
1 Müllpresse
2 Preßmüllbehälter

Die Anlage kann über eine Bedienungsbühne oder -rampe, durch Großraumbehälter, durch Einsatz unter einer Müll- oder Papierabwurfanlage oder auch Anschluß an eine pneumatische Mülltransportanlage beschickt werden und verdichtet maximal 80 m^3 Müll mit einer Kraft von 300 MN.

Die Preßmüllbehälter werden nach Bedarf von Fahrzeugen abtransportiert.

Die Presse selbst muß mit dem Fußboden verankert werden.

13.8 Technische Regeln

Deutsche Normen

DIN 6628	T. 1 Mülleimer für staubarme Leerung; Mülleimer 35 Liter und 50 Liter aus Kunststoff (05.77)
DIN 6628	T. 2 Mülleimer für staubarme Leerung; Mülleimer 35 Liter und 50 Liter aus Stahlblech (05.77)
DIN 6629	T. 1 Mülltonnen für staubarme Leerung; Mülltonne 110 Liter aus Kunststoff (05.77)
DIN 6629	T. 2 Mülltonnen für staubarme Leerung; Mülltonne 110 Liter aus Stahlblech (05.77)
DIN 30700	T. 1 Müllgroßbehälter; 1,1-m^3-Umleerbehälter, fahrbar (09.72)
DIN 30719	T. 1 Müllbehälterschränke für Müllgroßbehälter (11.77)
DIN 30736	Müllbehälterschränke für Müllbehälter bis 240 Liter (02.80)

GUV-Schriften

GUV 7.8	Müllbeseitigung (01.79)

RAL-Druckschriften

RAL-RG 723/2	Müllgroßbehälter aus thermoplastischen Kunststoffen (MGB 120 und MGB 240); Gütesicherung (01.82)

VBG-Vorschriften

VBG 126	Müllbeseitigung (01.10.79)

14 Aufzugsanlagen

Aufzüge dienen der senkrechten oder schrägen Beförderung von Personen und Lasten.

Sie sind langlebige maschinelle Anlagen mit einer Gebrauchsdauer von 25 bis 40 Jahren und sollten daher so geplant werden, daß sie auch in Zukunft den zu erwartenden steigenden Ansprüchen genügen können.

Bereits die Planung erfordert, insbesondere bei Büro- und Verwaltungsbauten, bei Kauf- und Krankenhäusern usw., ein so großes Maß an Fachwissen, daß der Fachingenieur für Aufzugsanlagen nicht früh genug zu den Entwurfsarbeiten hinzugezogen werden kann.

Die nachstehenden Ausführungen beschränken sich auf die notwendigsten Planungserfordernisse für die einfacheren Verhältnisse des Hochbaues, besonders des Wohnungsbaues.

14.1 Gesetzliche Grundlagen

Die gültigen Rechts- und Verwaltungsvorschriften des Bundes für Aufzüge mit mehr als 2 m Förderhöhe, deren Fahrkörbe oder Plattformen zwischen festen Zugangsstellen bewegt und geführt werden, sind enthalten in

der Verordnung über Aufzugsanlagen (Aufzugsverordnung – AufzV 1980) vom 27. 02. 80 (Bundesgesetzblatt I, 1980, Nr. 8, S. 205),
der allgemeinen Verwaltungsvorschrift zur Aufzugsverordnung (AufzVwV 1980) vom 27. 02. 80 (Bundesanzeiger, 1980, Nr. 43, S. 5; Bundesarbeitsblatt 1980, Nr. 4, S. 120), sowie den Bauordnungen und Hochhausrichtlinien der Länder.

Technische Regeln für Aufzugsanlagen sind im Abschnitt 14.10 aufgeführt.

14.2 Personenaufzüge

Allgemeines. Personenaufzüge dienen der Beförderung von Personen oder Personen und Gütern. Ihre Aufzugskabinen sind immer mit einer Abschlußtür versehen.

Die meisten Bauordnungen der Länder schreiben für Wohnhäuser mit mehr als 4 Vollgeschossen Aufzüge in ausreichender Zahl vor. Einer dieser Aufzüge muß dabei für den Transport von Lasten und Krankentragen mit einer Nutzfläche von 1,10 m × 2,10 m geeignet sein (**845**.2b).

Fahrkörbe zur Aufnahme von Rollstühlen müssen mindestens 1,10 m breit und 1,40 m tief sein. Die Türen müssen mindestens 80 cm breit sein (**845**.2a).

Bei der Festlegung der Anzahl der Aufzüge soll die Gesamfläche aller Aufzüge so bemessen sein, daß für je 20 auf den Aufzug angewiesene Personen ein Platz im Aufzug vorhanden ist (Taf. **833**.1). Personen, die sich dauernd im Erdgeschoß aufhalten, können bei dieser Rechnung vernachlässigt werden.

Meist wird bei Wohnhäusern bis zu 10 Geschossen ein Aufzug ausreichen, der dann häufig nach obiger Vorschrift noch überdimensioniert wäre, da die Tragfähigkeit bei Krankentragenaufzügen 1000 kg beträgt und der Fahrkorb für 13 Personen zugelassen ist.

Tafel **833**.1 Personenaufzüge; Baumaße, Fahrkorbmaße und Türmaße (nach DIN 15306)

	Tragfähigkeit	kg	400			630*				1000*			
	Nenngeschwindigkeit	m/s	0,63	1,00	1,60	0,63	1,00	1,60	2,50	0,63	1,00	1,60	2,50
Fahrschacht	Mindest-Fahrschachtbreite *c*	mm	1800			1800				1800			
	Mindest-Fahrschachttiefe *d*	mm	1600			2100				2600			
	Mindest-Fahrschachtgrubentiefe *p*	mm	1400	1500	1700	1400	1500	1700	2800	1400	1500	1700	2800
	Mindest-Fahrschachtkopfhöhe *q*	mm	3700	3800	4000	3700	3800	4000	5000	3700	3800	4000	5000
Tür	Fahrschachttürbreite e_1	mm	800			800				800			
	Fahrschachttürhöhe f_1	mm	2000			2000				2000			
Triebwerksraum	Mindestfläche des Triebwerksraumes	m^2	8		10	10		12	14	12		14	16
	Mindestbreite des Triebwerksraumes *r*	mm	2400		2400	2700		2700	3000	2700		2700	3000
	Mindesttiefe des Triebwerksraumes *s*	mm	3200		3200	3700		3700	3700	4200		4200	4200
	Mindesthöhe des Triebwerksraumes *h*	mm	2000		2200	2000		2200	2600	2000		2200	2600
Fahrkorb	Fahrkorbbreite *a*	mm	1100			1100				1100			
	Fahrkorbtiefe *b*	mm	950			1400				2100			
	Fahrkorbhöhe *k*	mm	2200			2200				2200			
	Fahrkorbtürbreite e_2	mm	800			800				800			
	Fahrkorbtürhöhe f_2	mm	2000			2000				2000			
	Zulässige Personenzahl		5			8				13			

*) Diese Fahrkörbe erlauben die Benutzung mit Rollstühlen.
Daneben bieten die Hersteller eine Vielzahl standardisierter Aufzugsanlagen mit anderen Abmessungen an.

Es ist sinnvoll, den Aufzug jeweils im Treppenhaus oder in seiner Nähe anzuordnen. Bei zwei Aufzügen sollten diese in einem gemeinsamen Schacht untergebracht werden (**838**.1).

Bei Personen- und auch Lastenaufzügen kann man zwischen Führer- und Selbstfahreraufzügen wählen.

Führeraufzüge werden vor allem in Kaufhäusern, Fabrikationsstätten und Aussichtstürmen eingesetzt. Sie erfordern einen geringeren Aufwand in der elektrischen Steuerung als Selbstfahreraufzüge, verlangen aber den Einsatz eines geprüften Aufzugführers.

Selbstfahreraufzüge können von jedem Benutzer selbst bedient werden. Man verwendet sie in Wohnhäusern, Hotels, Verwaltungsgebäuden, Fabrikationsstätten usw. Der Aufwand der elektrischen Ausrüstung ist aber größer als bei Führeraufzügen.

Aufzüge mit Seilantrieb. Sie werden im Wohnungsbau am häufigsten eingesetzt (**834**.1 und **835**.1).

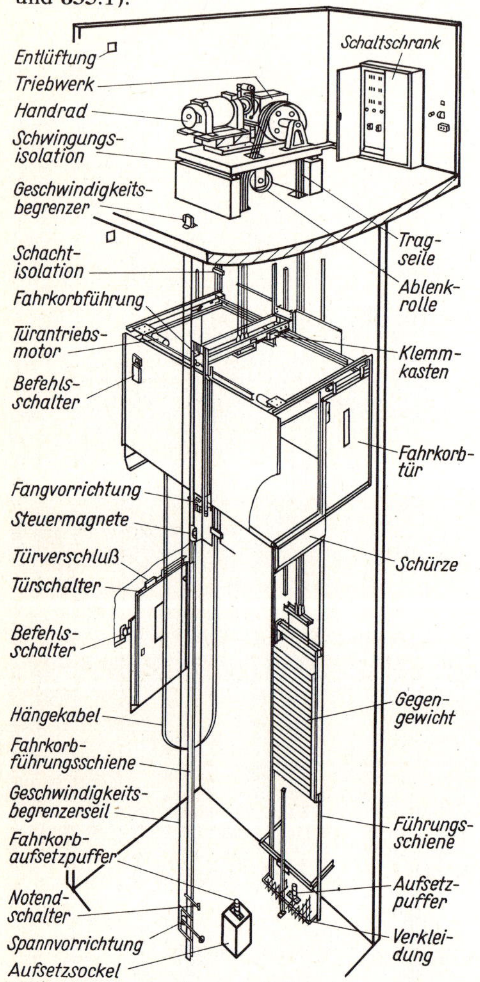

834.1 Personenaufzug mit Seilantrieb und Maschinenraum über dem Fahrschacht (Hillenkötter + Ronsiek)

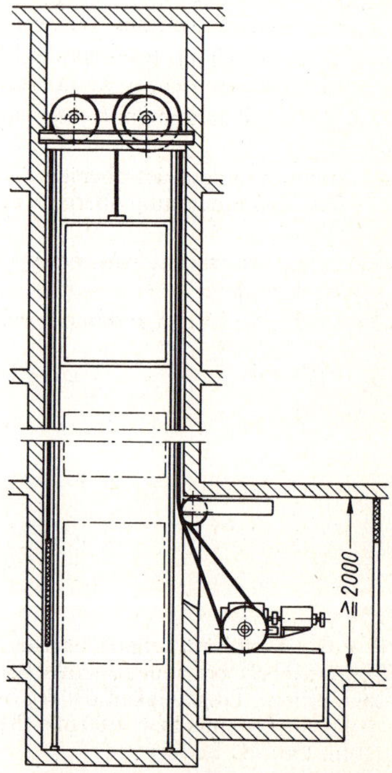

834.2 Personenaufzug mit Seilantrieb, Anordnung des Maschinenraumes neben dem Fahrschacht

Der Antrieb erfolgt über eine durch einen Elektromotor betriebene Aufzugswinde mit Treibscheibe oder Seiltrommel. Diese ist wegen der erforderlichen hohen Leistung nur noch in besonderen Ausnahmefällen möglich.

Beim Treibscheibenantrieb werden das Gewicht der Aufzugskabine und die halbe Nutzlast durch ein Gegengewicht ausgeglichen. Im unbelasteten oder belasteten Zustand wird daher immer nur die halbe Nutzlast gehoben.

Der Maschinenraum soll möglichst über dem Schacht (**834**.1 und **835**.1) angeordnet werden.

Man kann ihn aber auch oben oder unten neben dem Schacht vorsehen (**834**.2). Diese Ausführungen erfordern einen wesentlich höheren maschinellen Aufwand und weisen einen höheren Seilverschleiß durch die notwendigen Seilumlenkungen auf.

Der Maschinenraum über dem Fahrschacht erfordert, wenn der Fahrstuhl auch das oberste Geschoß anfahren soll, bei Flachdächern normalerweise einen Dachaufbau.

Soll dieser jedoch mit Rücksicht auf die Gestaltung des Bauwerkes vermieden werden, so kann man entweder

a) den Maschinenraum im Keller neben dem Fahrschacht vorsehen oder

b) auf das Anfahren des obersten Geschosses verzichten und in ihm den Maschinenraum oberhalb des Fahrschachtes unterbringen oder

c) einen keinen Dachaufbau verlangenden hydraulischen Aufzug wählen.

Die Lösung b) ist den anderen vorzuziehen.

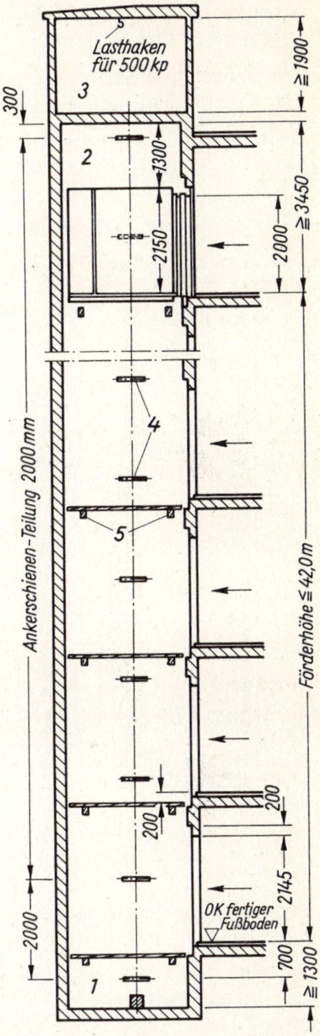

835.1
Personenaufzug mit Seilantrieb (Standardaufzug für Krankentragentransport) mit vollautomatischen Schacht- und Kabinenabschlußtüren. Tragfähigkeit 630 kg bzw. 1000 kg, Fahrgeschwindigkeit = 0,63 m/s bzw. 1,00 m/s (M 1:150) (Schindler Aufzügefabrik GmbH, Berlin)

1 Schachtgrube
2 Schachtkopf
3 Maschinenraum
4 Ankerschienen, Halfen-Profil 40 × 22, 500 mm lang
5 vermaßte Punkte zur Befestigung der bauseitigen Rüstbalken durch Aussparungen, Ankerschienen oder Rüsthülsen

Standardaufzüge. Vorgefertigte Aufzüge mit Seilantrieb werden heute bevorzugt im Wohnhausbau verwendet (**835**.1). Sie werden seit einigen Jahren von allen namhaften Aufzugsfirmen entwickelt und meist auf Lager gefertigt.

Normung und Serienfertigung ergeben preiswerte Aufzüge mit kurzen Lieferzeiten, die allen Ansprüchen des modernen Wohnhausbaues gerecht werden.

So können heute bereits Aufzüge mit vollautomatisch betätigten Schachttüren aus dem Normprogramm einzelner Firmen geliefert werden, die noch vor einiger Zeit nur den sehr aufwendigen Geschäfts- und Hotelbauten vorbehalten waren.

Ferner haben sich die äußeren Abmessungen der Standardaufzüge, wie Schachtmaß, Maschinenraumabmessungen, Kabinenabmessungen, bereits so weitgehend angeglichen, daß es heute meistens möglich ist, in einen von einer Aufzugsfirma geplanten Schacht das Fabrikat von anderen Firmen einzubauen.

Als Beispiel sei hier das Schachtmaß für einen Normkrankentragenaufzug mit 1,80 m Breite und 2,60 m Tiefe erwähnt (**845**.2).

Aufzüge mit hydraulischem Antrieb. Sie werden im Wohnhausbau nur beschränkt eingesetzt.

Der Antrieb erfolgt durch einen hydraulischen Hubstempel unter (**836**.1) oder neben der Aufzugskabine. Bei dieser Antriebsart werden das Kabinengewicht und die volle Nutzlast gehoben. Das erfordert eine große Motorleistung.

Der Maschinenraum muß nicht unmittelbar am Schacht angeordnet sein, sollte aber nicht mehr als 10 bis 15 m entfernt liegen.

Wirtschaftlich sinnvoll ist der Einsatz von Hydraulikaufzügen nur bei geringer Förderhöhe ($\leqq$ 7,0 m) und kleinen Hubgeschwindigkeiten ($\leqq$ 0,5 m/s).

Das bevorzugte Anwendungsgebiet liegt bei Lastenaufzügen mit sehr hoher Tragfähigkeit und geringen Förderhöhen $\leqq$ 5,0 m.

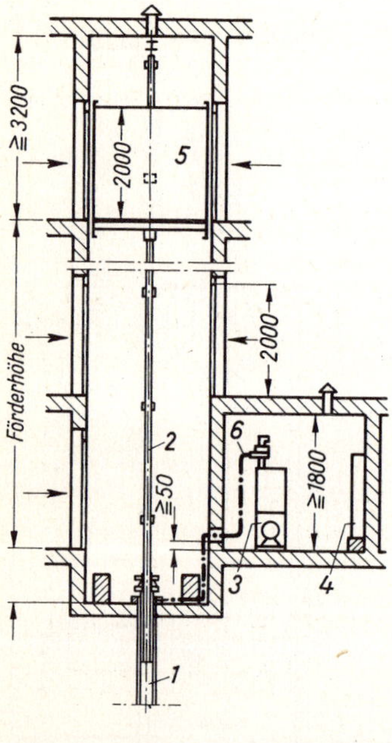

836.1
Hydraulischer Personen- und Lastenaufzug (M 1:150) (Leichsenring)

1 Hubzylinder
2 Tauchkolben
3 Pumpenaggregat
4 Schaltschrank
5 Fahrkorb
6 Ölleitung

Personenaufzüge in anderen Gebäuden. Angesichts der zahllosen Möglichkeiten des Einsatzes von Personenaufzügen können nur nachfolgende Hinweise gegeben werden.

Für die Planung von Aufzügen in anderen Gebäuden muß meist der Aufzugsbedarf anhand einer genauen Verkehrsberechnung ermittelt werden. Darin werden neben der Belegungszahl des Gebäudes die Füll- und Entleerzeit berücksichtigt sowie die speziellen Belange der Personen oder Personengruppen, die die Gebäude benutzen.

Für Ermittlungen dieser Art ist der Architekt unbedingt auf die Beratung durch einen Fachingenieur einer Aufzugsfirma angewiesen, die teilweise auch die Erstellung von zeichnerischen Unterlagen einschließt und von allen Aufzugsfirmen unverbindlich und unentgeltlich zu erhalten ist.

14.3 Andere Aufzugsarten

Neben den bereits beschriebenen sind nach der AufzV noch nachfolgend aufgezählte Aufzugsarten zugelassen.

Lastenaufzüge zur Beförderung von Gütern oder Personen, die von dem Betreiber der Aufzugsanlage beschäftigt werden.

Mit Lastenaufzügen dürfen auch andere Personen befördert werden, wenn der Aufzug von einem Aufzugführer bedient wird oder wenn die Fahrkorbzugänge mit Fahrkorbtüren versehen sind.

Fassadenaufzüge sind Aufzugsanlagen, die Gebäuden zugeordnet und dazu bestimmt sind, Personen mit und ohne Arbeitsgerät und Material aufzunehmen. Ihre an Tragmitteln hängende Arbeitsbühne wird durch Hubwerke oder durch Hub- und Fahrwerke bewegt.

Bauaufzüge mit Personenbeförderung sind auf Baustellen vorübergehend errichtete Lastenaufzüge, deren Förderhöhe und Haltestellenzahl dem Baufortschritt angepaßt wird.

Güteraufzüge sind Aufzugsanlagen, die ausschließlich dazu bestimmt sind, Güter zu befördern. Zu ihnen zählen vereinfachte Güteraufzüge, Unterfluraufzüge, Kleingüteraufzüge, Lagerhausaufzüge und Behälteraufzüge.

Vereinfachte Güteraufzüge sind Güteraufzüge mit höchstens drei Haltestellen. Die Tragfähigkeit darf 2000 kg, die Fahrkorbgrundfläche 2,5 m^2 nicht übersteigen.

Unterfluraufzüge sind vereinfachte Güteraufzüge oder Behälteraufzüge, deren Fahrschacht in Höhe des Niveaus der obersten Haltestelle endet (**837**.1).

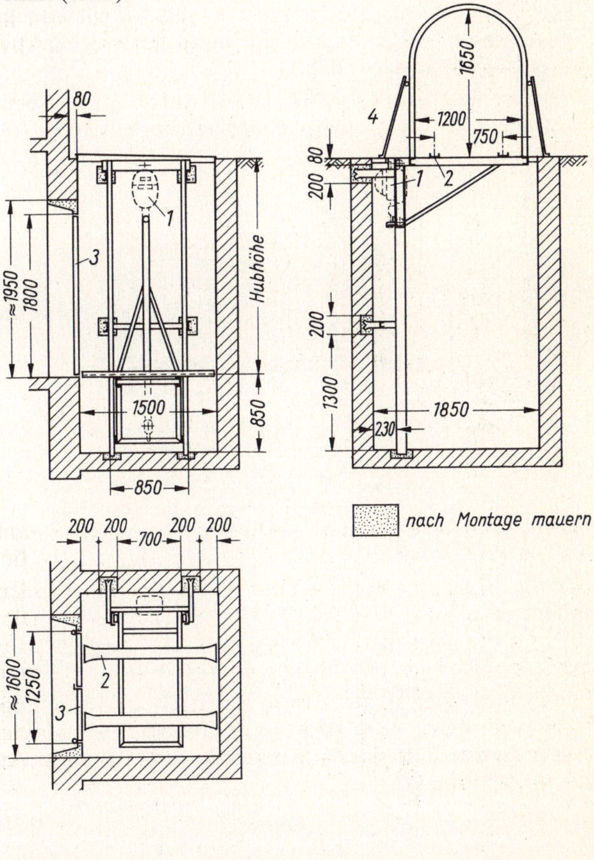

837.1
Müllaufzug für Großraumbehälter als elektro-mechanischer Stoßbügelaufzug (H. Witz, Horneburg)

1 elektromechanischer Windenaufzug
2 Führungsschiene, selbsttragend
3 untere Schachttür, 2flügelig, mit elektrischem Zwangskontakt
4 obere Schachtabdeckung, 2teilig, automatisch öffnend und verriegelnd

Tragfähigkeit 800 kg, automatische Endabschaltung an beiden Haltestellen und durch Schlüsselschalter nur von der oberen Haltestelle aus zu betätigende Steuereinrichtung

Kleingüteraufzüge sind Güteraufzüge, deren Tragfähigkeit 300 kg und deren Fahrkorbgrundfläche 1 m² nicht übersteigt.

Lagerhausaufzüge sind Güteraufzüge in landwirtschaftlichen Lagerhäusern, deren Tragfähigkeit 1000 kg, deren Fahrkorbgrundfläche 2,5 m² und deren Betriebsgeschwindigkeit 0,3 m/s nicht übersteigt.

Behälteraufzüge sind Güteraufzüge, die ausschließlich zur Beförderung von für die jeweilige Aufzugsanlage bestimmten Sammelbehältern zwischen höchstens drei Haltestellen dienen. Die Tragfähigkeit darf 1000 kg, und die Betriebsgeschwindigkeit darf 0,3 m/s nicht überschreiten.

14.4 Bauliche Einzelheiten

Die Anzahl der Aufzüge, die Ausführung von Triebwerksräumen und Aufzugsschächten sowie deren Entlüftung, müssen den baurechtlichen Vorschriften der Länder entsprechen.

Aufzugsanlagen unterliegen den technischen Regeln für Aufzüge (TRA 200). Die Einhaltung dieser Vorschriften wird durch Sachverständige der Abnahmebehörden (TÜV, TÜA) überprüft.

Die Betriebsfreigabe für die Aufzugsanlage wird erst nach mängelfreiem Prüfergebnis sowohl in bautechnischer, wie auch aufzugstechnischer Hinsicht erteilt.

14.4.1 Fahrschacht

Jeder Fahrschacht muß allseitig von Wänden umgeben sein, eine Decke und eine Schachtsohle haben. Es können bis zu drei Aufzüge in einem gemeinsamen Schacht untergebracht werden (**838**.1).

Im Fahrschacht dürfen sich keine Einrichtungen befinden, die nicht zur Aufzugsanlage gehören (z. B. Versorgungs- und Abwasserleitungen, Antennenleitungen u. a.).

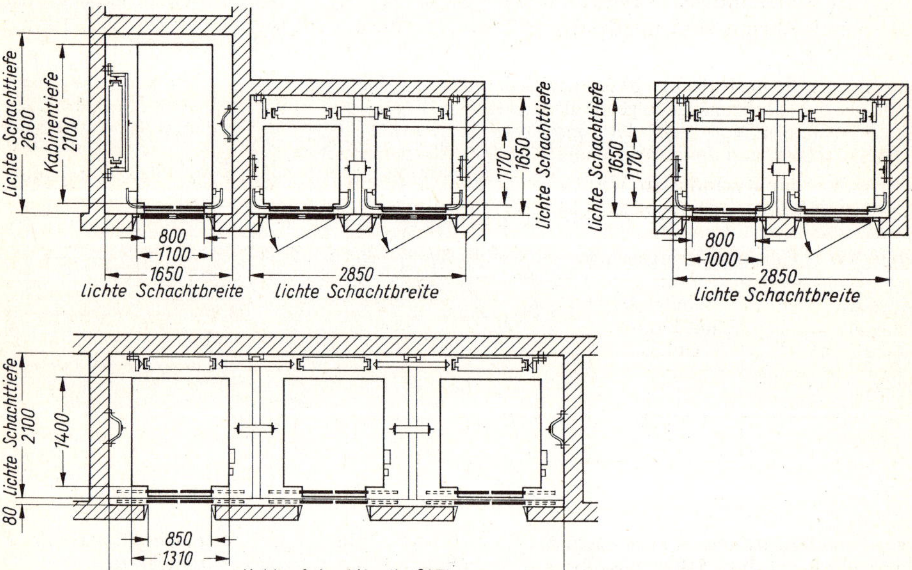

838.1 Personenaufzugsgruppen in gemeinsamen Fahrschächten (M 1:100) (Rheinstahl Eggers-Kehrhahn GmbH)

Der Fahrschacht muß zu lüften sein. Rauchabzugsöffnungen müssen eine Größe von ≧2,5% der Grundfläche des Fahrschachtes, mindestens jedoch von 0,1 m^2 haben.

Die Größe des Fahrschachtes ist wesentlich abhängig von der des Aufzugsfahrkorbes (s. Abschn. 14.5.3).

Fahrschächte müssen einen Schachtkopf und eine Schachtgrube aufweisen.

Im Fahrschacht angeordnete Bau- oder Maschinenteile müssen geprüft und gewartet werden können.

Fahrschachtzugänge. Es müssen Schachtzugänge vorhanden sein, von denen aus das Lastaufnahmemittel bei der vorgesehenen Betriebsweise gefahrlos betreten, verlassen, beladen oder entladen werden kann.

Fahrschachtzugänge und die betretbaren Fahrkörbe müssen zu beleuchten sein.

Fahrschachtzugänge müssen mit Fahrschachttüren versehen sein. Sie dürfen nicht in die Fahrbahn schlagen. Bei von Hand betätigten Fahrschachttüren muß vom Fahrschachtzugang aus erkennbar sein, ob das Lastaufnahmemittel hinter der Fahrschachttür steht.

Die lichte Höhe der Fahrschachtzugänge muß mindestens 1,80 m betragen.

Wartungsöffnungen und Notzugänge zum Fahrschacht müssen verschließbare, nicht in den Fahrschacht ragende Türen mit einer Höhe von mindestens 1,40 m haben.

Fahrschachtwände. Fahrschächte und Schächte getrennt laufender Gegengewichte müssen an allen Seiten von Wänden umgeben sein. Wände und Decken müssen aus nichtbrennbaren Stoffen bestehen.

Fahrschachtwände dürfen nur für Fahrschacht-, Wartungs-, Notzugänge und Fenster unterbrochen sein. Diese Öffnungen sind so herzustellen, daß Feuer und Rauch nicht in andere Geschosse übertragen werden können.

An Zugangseiten müssen Nischen und Vorsprünge von mehr als 150 mm Tiefe, soweit sie höher als 200 mm sind, mindestens in der lichten Breite der Fahrkorbzugänge vollwandig verkleidet sein.

Bei Aufzügen ohne Fahrkorbtüren muß die Schachtwand an den Zugangsseiten mindestens in der Breite der Fahrkorbzugänge folgende Bedingungen erfüllen: Die Schachtwand darf keine Vorsprünge oder Vertiefungen von mehr als 5 mm aufweisen, Kanten gegen die Aufwärtsrichtung müssen abgeschrägt sein, und sie muß eine harte und glatte Oberfläche haben.

Sind Fahrschachtwände im Verkehrsbereich verglast, dürfen nur die in Tafel **839**.1 aufgeführten Glasarten und Mindestabmessungen verwendet sein.

Tafel **839**.1 Fahrschachtverglasungen im Verkehrsbereich (nach TRA 200)

Länge der kleineren Seite	Gußglas mit Drahteinlage	Drahtspiegelglas	Verbund-Sicherheitsglas	Spiegelglas	Rohglas
≦0,7 m	6 mm	6 mm	6 mm	6 mm	6 mm
≦1,0 m				8 mm	8 mm
> 1,0 m	8 mm	8 mm	8 mm	10 mm	10 mm

Wenn Fahrschachtwände vor den Zugangsseiten der Fahrkörbe ohne Fahrkorbtüren verglast sind, dürfen nur die in Tafel **840**.1 aufgeführten Glasarten und Abmessungen verwendet sein.

Fahrschachtgrube. Am unteren Ende des Fahrschachtes muß eine Schachtgrube vorhanden sein. Sie ist für die Wartungsarbeiten am Fahrkorb erforderlich.

Tafel **840**.1 Fahrschachtverglasungen vor Zugangsseiten bei Fahrkörben ohne Fahrkorbtüren (nach TRA 200)

<table>
<tr><th>Länge der kleineren Seite</th><th>Gußglas mit Drahteinlage</th><th>Drahtspiegelglas</th><th>Verbund-Sicherheitsglas</th><th>Spiegelglas</th><th>Rohglas</th></tr>
<tr><td>≦0,7 m</td><td rowspan="2">8 mm</td><td rowspan="2">8 mm</td><td rowspan="2">8 mm</td><td>8 mm</td><td>8 mm</td></tr>
<tr><td>≦1,0 m</td><td>10 mm</td><td>10 mm</td></tr>
<tr><td>> 1,0 m</td><td>10 mm</td><td>10 mm</td><td>10 mm</td><td colspan="2">unzulässig</td></tr>
</table>

Ihre Tiefe wird von den Konstruktionsmerkmalen und der Betriebsgeschwindigkeit des jeweiligen Aufzuges bestimmt. Bei Personenaufzügen kann in der Regel 1,30 m Tiefe angenommen werden (**835**.1).

Schachtgruben mit ≧2,50 m Tiefe müssen durch eine verschließbare Öffnung von mindestens 1,40 m lichter Höhe in der Fahrschachtwand betreten werden können.

Bei Schachtgruben von 1,50 bis 2,50 m Tiefe genügt eine fest angebrachte Abstiegseinrichtung.

Fahrschachtkopf. Am oberen Ende des Fahrschachtes muß ein Schachtkopf vorhanden sein.

Seine Höhe richtet sich ebenfalls nach den Konstruktionsmerkmalen und der Betriebsgeschwindigkeit des jeweiligen Aufzuges. Für die Planung von Personenaufzügen ist hier das Maß zwischen OKFF der obersten Haltestelle bis UK Schachtabschlußdecke maßgebend. Es beträgt bei Wohnbauten 3,40 bis 3,70 m (**835**.1).

14.4.2 Triebwerksraum

Triebwerke und zugehörige Schalteinrichtungen müssen in besonderen abschließbaren Räumen untergebracht sein, die gegen Witterungseinflüsse geschützt, trocken und belüftet sind. Der Raum liegt im Normalfall über dem Aufzugsschacht (**834**.1 und **835**.1).

Als Triebwerksraum (Maschinenraum) gelten Schalt-, Umformer- und ähnliche Räume.

Für jeden Aufzug muß mindestens ein eigenes Triebwerk vorhanden sein.

Wände, Decken und Fußböden der Triebwerksräume müssen aus nicht brennbaren Stoffen bestehen.

Die Grundfläche des Maschinenraumes richtet sich nach der Art des einzubauenden Aufzuges, wird aber in den meisten Fällen größer sein als die des Schachtes. Es ergibt sich in der Regel ein Ausbau nach zwei Seiten (**841**.1).

An Wartungs- und Prüfungsseiten von Triebwerken und Schaltgeräten muß ein mindestens 70 cm breiter Gang vorhanden sein.

Zugangswege und Türöffnungen zu Triebwerksräumen müssen eine Höhe von mindestens 1,80 m aufweisen. Schwellen und Brüstungen bis zu einer Höhe von 40 cm bleiben unberücksichtigt.

Die Zugangswege müssen sicher und ungehindert begangen werden können.

Zugangstüren müssen nach außen aufschlagen und mit einem besonders geformten Schlüssel gegen Zutritt unbefugter abgesichert sein. Von innen muß die Tür ohne Hilfsmittel geöffnet werden können.

Zugänge zu Triebwerksräumen müssen die Aufschrift tragen: „Aufzugs-Triebwerksraum. Zutritt nur Befugten gestattet.“

Aufstiege zu Triebwerksräumen müssen als Treppen ausgeführt oder mit Leitern ausgerüstet sein.

Steigeisen sind als Aufstiege nicht zulässig. Aufstiege dürfen nicht entfernt werden können.

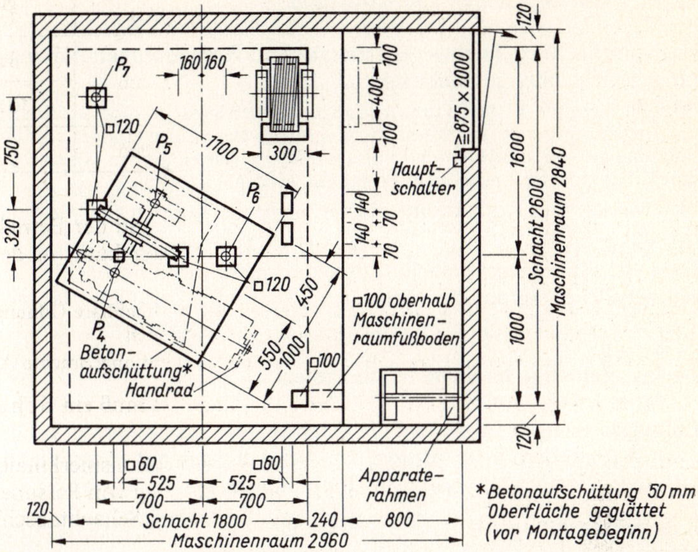

P_1 ca. 2500 kg
P_2 ca. 3900 kg
siehe Bild **845**.2
P_3 ca. 3000 kg
P_4 ca. 1200 kg
P_5 ca. 1100 kg
P_6 ca. 1000 kg
P_7 ca. 800 kg

841.1 Grundriß eines Maschinenraumes über dem Fahrschacht nach Bild **835**.1 (M 1:50) (Schindler Aufzügefabrik GmbH, Berlin)

Belastungen ohne Maschinenfundament, Deckengewicht und Verkehrslast ≧350 kg/m² (einschließlich Schwingungszuschlag)

14.4.3 Rollenraum

Außerhalb der Fahrschächte oder der Triebwerksräume gelegene Umlenkrollen für die Seile der Aufzugsanlagen müssen in Rollenräumen untergebracht sein (**834**.2). Die Räume müssen ungehindert erreicht, die Rollen und andere technische Einrichtungen müssen geprüft und gewartet werden können.

Rollenräume und deren Türöffnungen müssen ≧ 1,40 m, die Zugangswege ≧ 1,80 m hoch sein. Schwellen und Brüstungen bis 40 cm bleiben bei Türen unberücksichtigt.

Zugangstüren oder Klappen müssen nach außen aufschlagen und abschließbar sein.

Wände, Decken und Fußböden der Rollenräume müssen aus nichtbrennbaren Stoffen bestehen.

14.4.4 Räume unter der Fahrbahn

Liegen betretbare Räume unter der Fahrbahn des Fahrkorbes oder Gegengewichtes, müssen die von den Führungsschienen und Anschlägen aufgenommenen Kräfte auf die Gebäudefundamente übertragen werden.

Die Decken dieser Räume müssen für eine Belastung von mindestens 5 kN/m² bemessen sein.

Die Gegengewichte müssen mit einer Fangvorrichtung versehen sein.

Unter der Fahrbahn der Fahrkörbe und Gegengewichte müssen energieverzehrende Puffer angeordnet sein, die für die Auslösegeschwindigkeit ausgelegt sind.

14.4.5 Aufzugsfremde Einrichtungen

In Fahrschächten, Triebwerks-, Schalt- und Rollenräumen dürfen aufzugsfremde Einrichtungen nicht untergebracht sein.

Dies gilt nicht für Entwässerungspumpen der Schachtgrube, elektrische Leitungen zum Betrieb von Luftschutzsirenen und Warnsystemen, sofern diese Einrichtungen wartungsfrei oder so angebracht sind, daß sie von außerhalb der Aufzugsanlage gewartet werden können. Die Aufzugssteuerung darf durch diese Einrichtungen nicht beeinflußt werden.

Triebwerks- und Rollenräume dürfen nicht als Durchgang zu aufzugsfremden Räumen benutzt werden.

Die Abluft aufzugsfremder Räume darf nicht in Fahrschächte, Triebwerks- und Rollenräume geleitet werden können.

14.4.6 Sonstige bauliche Maßnahmen

Lüftungsöffnungen ($\geqq 0{,}05\,m^2$) in einer Wand sind möglichst auf der der Hauptwindrichtung abgewandten Seite anzuordnen. Bei Aufzügen mit Fremdbelüftung soll die Motorabluft über Kanäle unmittelbar ins Freie führen.

Rauchabzugsöffnungen müssen eine Größe von $\geqq 2{,}5\%$ der Grundfläche des Fahrschachtes haben.

Die Abzugsöffnung muß entweder direkt ins Freie münden oder über einen Kanal ins Freie geführt sein.

Hat der über dem Schacht liegende Triebwerksraum selbst eine entsprechend große und ständig offene Entlüftungsöffnung, darf die Schachtentlüftung in den Triebwerksraum münden. Durchbrüche in der Schachtdecke dürfen angerechnet werden.

Im **Maschinenraum** muß ein Drehstromanschluß für die Aufzugsmaschine vorhanden sein. Der Anschluß beträgt im allgemeinen 380 V, 50 Hz. Die entsprechende Steigleitung kann im Schacht verlegt werden.

Blitzschutzeinrichtungen sind für die Aufzüge in der Regel nicht vorgeschrieben. Die Führungsschienen für den Fahrkorb und das Gegengewicht sind jedoch in die Blitzschutzanlage des Gebäudes mit einzubeziehen (s. Abschn. 7.3.1).

Das **Gegengewicht** dient bei Treibscheibenaufzügen zum Ausgleich des Fahrkorbgewichtes und der halben Nutzlast des Aufzuges. Die Gegengewichtseinlagen bestehen aus Gußeisen. Die Gegengewichtsbahn muß in der Fahrschachtgrube mindestens 1,80 m hoch verkleidet werden, bei mehreren Aufzügen im gemeinsamen Fahrschacht auch höher.

Puffer. Die Fahrbahnen des Fahrkorbes und des Gegengewichtes müssen nach unten durch Puffer begrenzt sein. Puffer für den Fahrkorb müssen in der Schachtgrube angebracht sein.

Die Puffer dürfen am Fahrkorb befestigt sein, wenn sie auf Sockel von mindestens 50 cm Höhe auftreffen.

Belastung des Fahrschachtes. Durch den Aufzug werden die Decke über dem Fahrschacht, die Fahrschachtsohle und die Fahrschachtwände belastet.

Die Belastung P ist abhängig von der Tragkraft, der Betriebsgeschwindigkeit, der Art der Fangvorrichtung, der Bauart und dem Gewicht der Aufzugsteile im Triebwerksraum (**841**.1).

14.5 Technische Einzelheiten

14.5.1 Antriebe

Allgemeines. Für die Aufzugsanlagen werden grundsätzlich nur noch Treibscheibenantriebe und hydraulische Antriebe vorgesehen.

Trommelantriebe sollen höchstens noch für Kleingüteraufzüge über betretbaren Räumen, wo Treibscheibenantriebe einen sehr hohen Sicherheitsaufwand erfordern, eingebaut werden.

Mit der Schalthäufigkeit kann die Belastbarkeit der Aufzugsanlage bestimmt werden.

Bei Personenaufzügen bedeuten 240 Fahrten pro Stunde hohe, 120 bis 180 Fahrten pro Stunde mittlere und 90 bis 120 Fahrten pro Stunde geringe Belastung.

Bei Lastenaufzügen kann die Belastung 30 bis 60 Fahrten pro Stunde betragen.

Aufzüge mit Seilantrieb. Sie werden im Wohnungsbau am häufigsten eingesetzt. Der Antrieb erfolgt über eine durch Elektromotor betriebene Aufzugswinde mit Treibscheibe.

Für die Betriebsgeschwindigkeiten (Taf. **833**.1) bis 1,25 m/s sollen grundsätzlich polumschaltbare Drehstromantriebe verwendet werden.

Für Betriebsgeschwindigkeiten bis 2,00 m/s werden sowohl schnellaufende Gleichstrommotore mit Getriebe als auch getriebelose Antriebe angeboten.

Bei Aufzügen mit getriebelosen Antrieben muß unbedingt eine Notstromversorgung vorhanden sein, damit bei Stromausfall eingeschlossene Personen befreit werden können.

Für Betriebsgeschwindigkeiten über 2,00 m/s werden heute ausschließlich getriebelose Gleichstromantriebe verwendet.

Da diese Antriebe nur in Hochhäusern über 40 m Höhe vorkommen, in denen ausreichend bemessene Notstromversorgungsanlagen vorhanden sein müssen, ist das Bewegen der Fahrkörbe bei Netzausfall über Notsteuereinrichtungen möglich.

Aufzüge mit hydraulischem Antrieb. Sie werden im Wohnhausbau nur beschränkt eingesetzt (**843**.1).

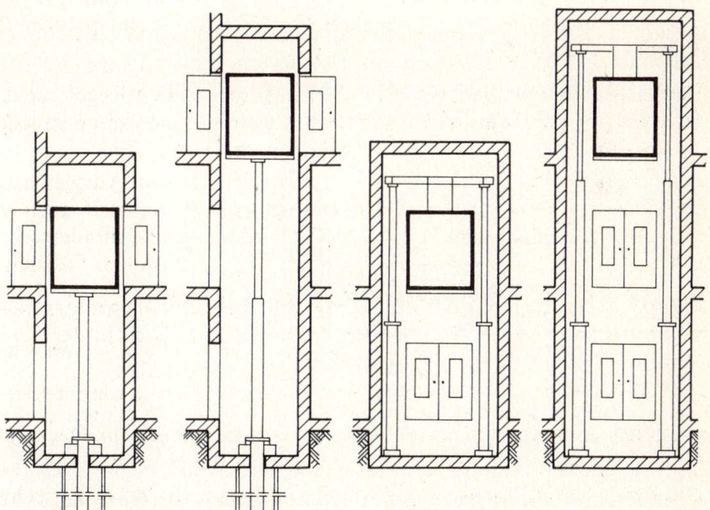

843.1 Verschiedene Ausführungsarten von ölhydraulischen Aufzügen im Schema

Normalerweise sollen nur Antriebe mit einstufigen Hubeinheiten verwendet werden, da mehrstufige Hubeinheiten sowohl in der Beschaffung als auch in der Unterhaltung wesentlich teurer sind und ihr Gleichlauf nur bei aufwendigen Konstruktionen erreicht wird.

Hydraulische Antriebe können für Hubhöhen bis etwa 15 m vorgesehen werden.

Bei größeren Hubhöhen sind die Kosten für die Bohrungen, Hubeinheiten und Antriebe meistens so hoch, daß ein Treibscheibenantrieb vorzuziehen ist.

Direkt-hydraulische Antriebe sollen nur in Einzylinder-Ausführung eingesetzt werden (**836**.1).

Zweizylinder-Antriebe mit Hubeinheiten seitlich neben dem Fahrkorb benötigen zwar keine Bohrung, sind jedoch nur für geringe Hubhöhen geeignet (**843**.1).

Indirekt-hydraulische Antriebe, bei denen die Hubeinheit seitlich im Schacht angeordnet und der Fahrkorb in Verbindung mit Seilen über lose Rollen am Kolben der Hubeinheit bewegt wird, können nur bei geringen Fahrkorbabmessungen und geringen Tragfähigkeiten angewendet werden.

14.5.2 Fahrschacht- und Fahrkorbtüren

Fahrschachttüren gehören bereits unmittelbar zum Aufzug und werden immer von der Aufzugsfirma geliefert.

Personenaufzüge müssen mit Fahrkorbtüren versehen sein. Dies gilt auch für Lastenaufzüge mit mehr als 1,25 m/s Betriebsgeschwindigkeit.

Lastenaufzüge mit einer Betriebsgeschwindigkeit $\leqq$1,25 m/s dürfen höchstens zwei Fahrkorbzugänge ohne Türen haben.

Der lichte Abstand zwischen Fahrkorbtüren und Fahrschachttüren darf nicht größer als 120 mm sein.

Eine Fahrschachttür darf nur geöffnet werden können, wenn das Triebwerk abgeschaltet ist und der Höhenunterschied zwischen dem Fahrkorbfußboden und dem Flur höchstens 25 cm beträgt (Entriegelungszone).

Fahrschachttüren müssen von außen mit einem besonderen Schlüssel entriegelt und dann geöffnet werden können (Notentriegelung).

Drehtüren. Einflügelige Drehtüren bis etwa 1000 mm werden für einfache Personen- und Lastenaufzüge mit und ohne Sammelsteuerung verwendet und für Betriebsgeschwindigkeiten bis 0,85 m/s, in Ausnahmefällen bis 1,20 m/s (**844**.1).

Zweiflügelige Drehtüren bis 2000 mm werden für Lastenaufzüge verwendet.

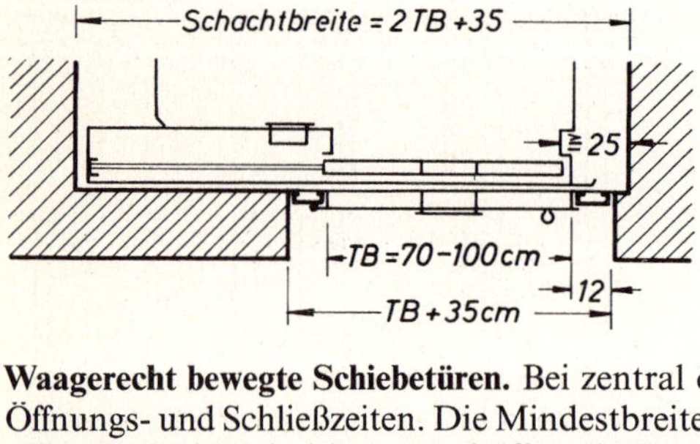

844.1
Fahrschachttür als einflügelige Drehtür, Fahrkorbtür als einteilige maschinell betätigte Schiebetür

Waagerecht bewegte Schiebetüren. Bei zentral öffnenden Türen ergeben sich die kürzesten Öffnungs- und Schließzeiten. Die Mindestbreite sollte 800 mm betragen. Einteilige, einseitig öffnende und zweiseitig, zentral öffnende Türen sind zu unterscheiden.

Wegen der erforderlichen großen Schachtbreite werden zweiteilige zentral angeordnete Türen meist nur bis 1100 mm lichte Türbreite verwendet (**838**.1).

Einseitig öffnende Teleskop-Türen sollen wegen der langen Öffnungs- und Schließzeiten nur verwendet werden, wenn die Schachtbreite den Einbau von zentralöffnenden Türen nicht ermöglicht (**845**.2).

Senkrecht bewegte Schiebetüren. Sie werden vorwiegend für Kleingüteraufzüge und Lastenaufzüge verwendet. Die Betätigung der Vertikal-Schiebetüren für Lastenaufzüge kann von Hand oder elektrisch erfolgen.

14.5.3 Fahrkorb

Die Fahrkörbe dienen der Aufnahme von Personen und Lasten. Dabei ist ihre Gestaltung sowohl bei der Personen- als auch bei der Lastenbeförderung von der Beförderungsart und den Verkehrs- und Betriebsverhältnissen abhängig.

Die Fahrkörbe bestehen aus einem Stahlrahmengerüst, das von einem Bodenrahmen und einem Tragrahmen gebildet wird (**845**.1). Dieses Fahrkorbgerüst wird durch Wände und Decke zur Aufnahme der Personen und Güter ergänzt. Als Werkstoff für die Fahrkörbe werden aus feuerpolizeilichen Gründen Stahlbleche verwendet.

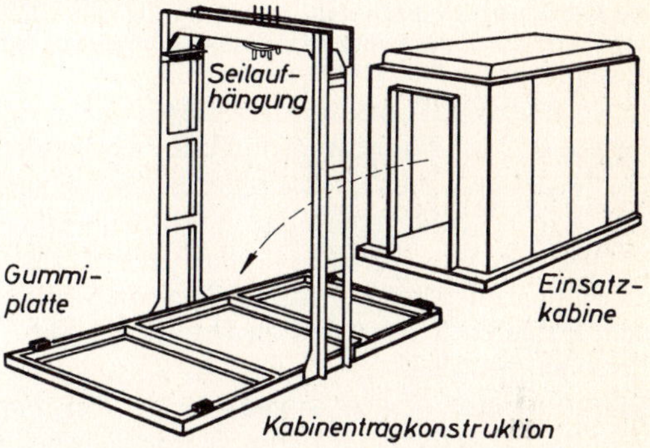

845.1
Fahrkorbtragkonstruktion mit Einsatzkabine

Fahrkorbgröße und Tragfähigkeit. Die Grundfläche des Fahrkorbes ist abhängig von seiner Tragkraft (**845**.2).

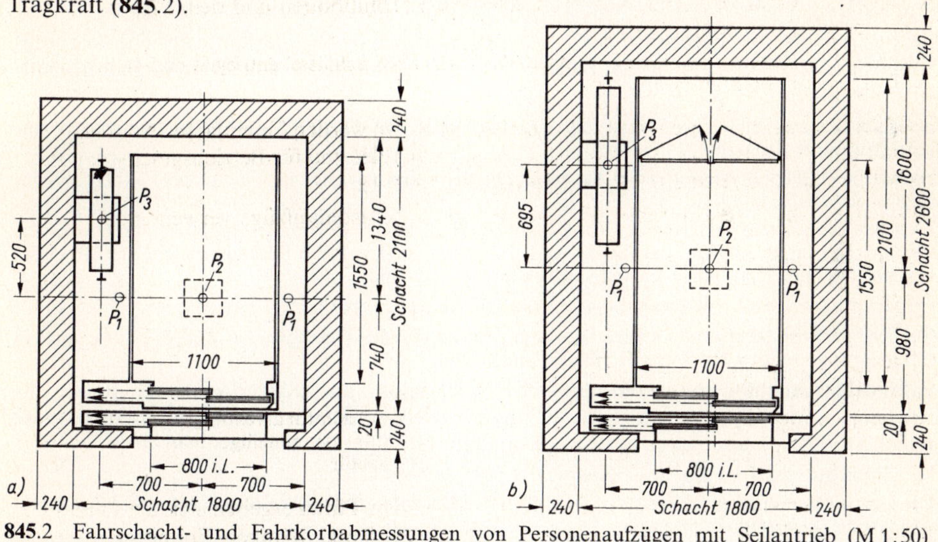

845.2 Fahrschacht- und Fahrkorbabmessungen von Personenaufzügen mit Seilantrieb (M 1:50) (Schindler Aufzügefabrik GmbH, Berlin)

a) reiner Personenaufzug (mittlerer Aufzug)
b) Krankentragenaufzug (großer Aufzug) (s. auch **835**.1)

P_1 bis P_3 s. **841**.1

Für Personenaufzüge in Wohngebäuden sind folgende Tragfähigkeiten nach DIN 15306 festgelegt.

400 kg (kleiner Aufzug) für die Benutzung durch Personen, auch mit Traglasten.

630 kg (mittlerer Aufzug) für die Benutzung auch mit Kinderwagen und Rollstühlen für körperbehinderte Personen.

1000 kg (großer Aufzug) für die Benutzung auch zum Transport von Krankentragen, Särgen, Möbeln und Rollstühlen für körperbehinderte Personen.

Die für den Wohnungsbau gebräuchlichen Kabinenabmessungen und Tragkräfte mit den zugehörigen Schachtabmessungen für Standardaufzüge enthält Tafel **833**.1, wobei sich die Schachtmaße auf Seilaufzüge mit obenstehender Maschine beziehen.

Die lichte Höhe des Fahrkorbes muß mindestens 2 m betragen.

Als Fahrkorbgrundfläche gilt bei Fahrkörben mit Fahrkorbtüren die von den Fahrkorbwänden und Fahrkorbtüren umgrenzte Bodenfläche.

Als Fahrkorbgrundfläche gilt, bei Fahrkörben ohne Fahrkorbtüren, die von den Fahrkorbwänden und der Vorderkante des Fahrkorbfußbodens umgrenzte Bodenfläche abzüglich einer Fläche von 0,10 m × Zugangsbreite je Fahrkorbzugang.

In Aufzügen mit Fahrkorbtüren dürfen nur so viele Personen befördert werden, daß für jede Person 0,15 m² Fahrkorbgrundfläche vorhanden ist.

Die Tragfähigkeit muß für jede beförderte Person mindestens 75 kg betragen.

Bei Aufzügen bis höchstens 3,50 m² Fahrkorbgrundfläche, die nur gelegentlich zur Beförderung von sperrigen Gütern oder Krankenbetten verwendet werden, ist es erlaubt, die Kabine mit einer verschließbaren Trenntür abzuteilen und die Tragkraft nur nach dem vorderen Kabinenteil zu berechnen. Die Tragkraft muß mindestens 450 kg oder 6 Personen betragen.

Fahrkorbwände, -zugänge und -decke. Der Fahrkorb muß Wände aus einem festen Werkstoff haben. Gelochte Bleche mit bis zu 1 cm² großen Durchbrechungen und Glaswände, die in Dicke und Glasart der DIN 18361 (Verglasungsarbeiten) entsprechen, sind zulässig.

Bei Fahrkörben mit Türen darf der Abstand zwischen der Vorderkante des Fahrkorbfußbodens und der Schachtwand im Bereich der Entriegelungszone von 25 cm nicht größer als 40 mm sein.

Bei Fahrkörben ohne Türen sind folgende Maße für die Abstände des Fahrkorbzuganges zur Schachtwand einzuhalten.

Zwischen der Schachtwand und den Vorderkanten der Fahrkorbseitenwände und des Fahrkorbfußbodens höchstens 20 mm.

Zwischen der Schachtwand und der Vorderkante der Fahrkorbdecke mindestens 80 mm und höchstens 100 mm. Der lichte Abstand darf bis zu einer Höhe von 2,50 m durch Einbauten nicht beeinträchtigt werden. Das gilt nicht, wenn Lichtschranken angeordnet sind.

Der Fahrkorb muß mit einer begehbaren, nicht durchbrochenen Decke versehen sein.

Auf der Fahrkorbdecke muß an allen Seiten, mit Ausnahme der Zugangsseiten, eine Brüstung oder ein Geländer von mindestens 50 cm Höhe vorhanden sein.

Fahrkorbbeleuchtung und -belüftung. Der Fahrkorb muß ausreichend künstlich beleuchtet sein, solange die Steuerung des Aufzuges betriebsbereit ist. Es müssen mindestens eine Leuchtstofflampe oder zwei parallel geschaltete Glühlampen brennen.

Die Beleuchtungsstärke muß mindestens DIN 5035 entsprechen.

Die Leuchten sollten bei Lastenaufzügen wegen der Beschädigungsgefahr möglichst in der Fahrkorbdecke versenkt angeordnet werden.

Fahrkörbe mit Fahrkorbtüren müssen mit Zuluft- und Abluftöffnungen versehen sein. Die Öffnungen müssen jeweils eine wirksame Größe von mindestens einem Hundertstel der Fahrkorbgrundfläche haben.

Die Öffnungen müssen so angeordnet und abgedeckt sein, daß man nicht hindurchgreifen kann.

14.6 Fahreigenschaften

14.6.1 Fahrgeschwindigkeit

Förderleistung. Die Planung von Personenaufzügen erfordert eine ausführliche Berechnung der erforderlichen Förderleistung. Für die Förderleistung von Personenaufzügen sind das Fassungsvermögen der Kabine und die Fahrgeschwindigkeit ausschlaggebend.

Nach DIN 15306 sind die üblichen Tragkräfte mit 400, 630 und 1000 kg festgelegt. Die Tragkraft wird durch die Zahl der Personen in den einzelnen Stockwerken und die Art des vertikalen Verkehrs bestimmt.

Die stärkste Verkehrsspitze sollte in etwa 20 Minuten bewältigt werden. Neben einer vertretbaren Füll- bzw. Entleerungszeit ist die mittlere Wartezeit, die nicht länger als 60 s sein soll, ein Maßstab für eine angemessene Ausstattung des Gebäudes mit Aufzügen. Sie muß deshalb durch eine Nachrechnung festgestellt werden.

Die Füll- und Entleerungszeit läßt sich durch die Erhöhung der Förderleistung/min oder durch eine Staffelung der Zeiten für Betriebsbeginn und -ende verbessern oder zumutbar einrichten.

Die mittlere Wartezeit wird wesentlich durch die Erhöhung der Anzahl der Aufzüge und der Betriebsgeschwindigkeit verringert.

Die Ermittlung der erforderlichen Förderleistung F in Personen/min:

$$F = \frac{\text{Personen in der Verkehrsspitze}}{\text{Entleerungszeit in Minuten}}$$

Um die optimale Förderleistung bei wirtschaftlichsten Erstellungskosten zu ermitteln, muß die Berechnung der Fahrzeit, der stündlichen Förderleistung, der erforderlichen Anzahl der Aufzüge mit verschiedenen Tragkräften durchgeführt und in einer Tabelle gegenübergestellt werden.

Fahrgeschwindigkeit und Beschleunigung. Die Betriebsgeschwindigkeit der Aufzüge mit Seiltrommeln und der Aufzüge, bei denen als Tragmittel Stahlgelenkketten, Spindeln oder Zahnstangen verwendet sind, darf höchstens 0,85 m/s betragen.

Die Betriebsgeschwindigkeit von Aufzügen, deren Fahrkorb durch Kolben hydraulisch bewegt wird, darf höchstens 1,0 m/s betragen.

Tafel **847**.1 Vorzusehende Betriebsgeschwindigkeit für Personenaufzüge

Zahl der Haltestellen über der Bezugshaltestelle	Förderhöhe in m	Betriebsgeschwindigkeit in m/s
bis etwa 2	etwa 7	etwa 0,5
über 2 bis etwa 4	etwa 15	etwa 0,8
über 4 bis etwa 10	etwa 35	etwa 1,0
über 10 bis etwa 15	etwa 55	etwa 1,5
über 15 bis etwa 20	etwa 70	etwa 2,0
über 20 bis etwa 25	etwa 90	etwa 2,5
über 25 bis etwa 30	etwa 105	etwa 3,0
über 30		etwa 3,5 bis 4,0
Für den Lastenverkehr ausgelegte Personenaufzüge (z. B. Kantine, Krankentragen):		
bis etwa	15	höchstens 0,5
bis etwa	35	höchstens 0,8
über etwa	35	höchstens 1,0

Die Betriebsgeschwindigkeit von Feuerwehraufzügen soll bei einer Förderhöhe bis 60 m 1,0 m/s und über 60 m 2,0 m/s betragen.

Die optimale wirtschaftliche Fahrgeschwindigkeit ist in erster Linie durch die Hubhöhe und die Anzahl der Haltestellen gegeben (Taf. **847**.1).

Bei Wohnhäusern mit großen Förderhöhen muß die gewünschte Fahrgeschwindigkeit möglichst an Hand einer Verkehrsberechnung ermittelt werden. Im Aufzugsbau sind Fahrgeschwindigkeiten $\leqq 7{,}0$ m/s möglich, die aber nur mit besonderen Antriebssystemen erreicht werden können (Tafel **848**.1).

Tafel **848**.1 Fahrgeschwindigkeit und Antriebssystem von Personenaufzügen

Fahrgeschwindigkeit m/s	Antriebssystem
0,1 bis 0,7	Hydraulik
0,1 bis 0,6	Aufzugswinde mit Drehstrommotor ohne Feinabstellung (1 Geschwindigkeit)
0,6 bis 1,25	Aufzugswinde mit Drehstrommotor mit Feinabstellung (2 Geschwindigkeiten)
1,25 bis 2,00	Aufzugswinde mit stufenlos geregeltem Drehstrom- oder Ward-Leonard-Antrieb
2,00 bis 2,50	Aufzugswinde mit stufenlos geregeltem Ward-Leonard-Antrieb
2,50 bis 7,00	Direkttraktionsmaschine Ward-Leonard ohne Aufzugswinde

Bei Lastenaufzügen beträgt die Fahrgeschwindigkeit bis 10 m Förderhöhe 0,2 bis 0,5 m/s, bis 20 m Förderhöhe 0,5 bis 1,25 m/s und über 20 m Förderhöhe 1,0 bis 1,5 m/s.

Einfache Drehstromantriebe können nur für Fahrgeschwindigkeiten von $\leqq 1{,}25$ m/s verwendet werden.

Bei höheren Geschwindigkeiten muß wegen der größeren Beschleunigung und Verzögerung beim Anfahren und Bremsen ein stufenloser Übergang von 0 bis zur Endgeschwindigkeit erfolgen.

Die hierfür erforderlichen komplizierten Antriebssysteme bedeuten einen wesentlich höheren Kostenaufwand.

14.6.2 Steuerung

Die Art der Steuerung ist von wesentlicher Bedeutung für die Förderleistung und muß unter Berücksichtigung des Verwendungszweckes ausgewählt werden.

Einfache Sammelsteuerung. Bei dieser Steuerung, auch richtungsunempfindliche Einknopf-Sammelsteuerung genannt, werden alle Fahrbefehle der Innen- und Außensteuerung gespeichert (**848**.2). Der Aufzug wickelt alle vorliegenden Steuerbefehle in der eingeschlagenen Fahrtrichtung ab.

Diese Steuerung eignet sich für einzelne Personenaufzüge und Lastenaufzüge, die auch der Beförderung von Personen dienen, jeweils bis zu 5 Haltestellen.

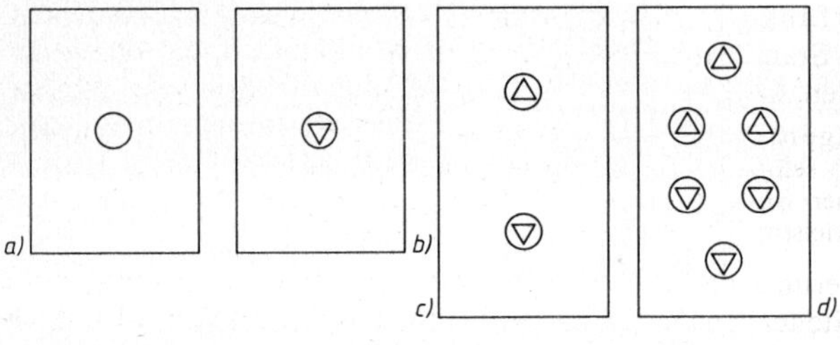

848.2 Befehlstastschalter in Außensteuertafeln der Aufzugshaltestellen
a) Einknopf-Sammelsteuerung
b) Einknopf-Abwärts-Sammelsteuerung
c) Zweiknopf-Sammelsteuerung
d) Gruppen-Sammelsteuerung

Einknopf-Abwärts-Sammelsteuerung. Bei der richtungsempfindlichen Sammelsteuerung befindet sich in jeder Haltestelle neben der Tür eine Leucht-Ruftaste zur Eingabe des Aufzugrufes (**848**.2). Jeder Ruf wird sofort gespeichert und dem Rufenden durch Aufleuchten der in der Taste eingebauten Signallampe quittiert.

Die Zentralsteuerung bestimmt automatisch auf Grund der vorliegenden Betriebszustände (wie Standort, Fahrt, Sicherheitsorgane) die Fahrtrichtung, die Verzögerung und das Anhalten der Aufzugskabine bis zur Zielhaltestelle.

Die Kabine hält in Abwärtsrichtung nacheinander in jeder vor ihr liegenden Haltestelle, wenn dort ein Ruf steht. In Aufwärtsrichtung werden die vorliegenden Rufe bis zum Richtungswechsel an der obersten Rufhaltestelle überfahren.

Empfohlen wird die Anwendung dieser Steuerung für Personenaufzüge in Wohnhäusern ab 10 Haltestellen und in Hotels, für den Verkehr vom Erdgeschoß zu den darüberliegenden Stockwerken und von dort zurück zum Erdgeschoß, bei möglichst geringem Zwischenverkehr.

Zweiknopf-Sammelsteuerung. Auch hier werden bei dieser vollrichtungsempfindlichen Sammelsteuerung alle Innen- und Außensteuerbefehle gespeichert. In den Außensteuertafeln der Zwischenhaltestellen sind jedoch 2 Ruftaster mit Fahrtrichtungspfeilen vorhanden (Aufwärts und Abwärts), damit der Fahrgast die gewünschte Fahrtrichtung eingeben kann (**848**.2). Die Ruftaste leuchtet auf.

Der Aufzug hält nur dann, wenn er die folgende Fahrt in der vom Rufenden gewünschten Richtung fortsetzt, sofern er nicht auf Grund eines Kabinenkommandos das Stockwerk erreicht hat.

Gruppen-Sammelsteuerung. Sofern mehrere Personenaufzüge erforderlich sind, werden sie baulich zu einer Gruppe zusammengefaßt. Hier wird dann eine richtungsabhängige Sammelsteuerung gewählt, bei der die Außensteuerungen aller Aufzüge in einem „Gruppenkopf" zusammengefaßt werden (**848**.2). Ein Außensteuerbefehl wird zunächst im Gruppenkopf gespeichert.

Fährt kein Aufzug, so erhält der nächststehende den Befehl übertragen. Befinden sich die Aufzüge in Fahrt, so wird der Außensteuerbefehl dem Aufzug zugeteilt, der sich jeweils in der gewünschten Fahrtrichtung dem entsprechenden Geschoß nähert.

Programm-Steuerungen. Zwei Arten der Steuerung sind hier zu unterscheiden, feste Programme und die automatische Verkehrserfassung.

Feste Programme. Um die Förderleistung (das Füllen und Leeren der Gebäude) der Aufzüge zu erhöhen, kann bei Aufzugsgruppen eine Zusatzeinrichtung vorgesehen werden, die jeden Aufzug nur ganz bestimmte Haltestellen anfahren läßt und ihn dann unmittelbar zur Bezugshaltestelle zurücksendet. Das Anfahren der Programm-Haltestellen soll nicht automatisch, sondern nur auf Steuerbefehl geschehen, da sonst unnötige Halte und Leerfahrten aufkommen.

Außerdem sollen beim Füllverkehr die Fahrkörbe in den Zugangsebenen erst abfahren können, wenn sie mindestens 30 s in der Haltestelle bereitstanden, sofern nicht bereits eher ein Füllungsgrad von 50% erreicht wird.

Automatische Verkehrserfassung. Über die Erfassung von Außen- und Innensteuerbefehlen, von Auslastung, Stand und Fahrtrichtung der Fahrkörbe kann ein vorher festgelegtes Programm (wie Füllen, Leeren, Schwerpunkt) automatisch eingeleitet werden.

Es gibt auch Zusatzeinrichtungen, die die Auswertung der angegebenen Daten durch einen kleinen internen Rechner laufend in sehr kurzen Abständen vornehmen und die einzelnen Aufzüge jeweils zu den gerade aufgekommenen Schwerpunkten oder Schwerpunktzonen schicken. In diesem Fall kann eine große Förderleistung der Aufzüge erreicht werden.

Signaleinrichtungen. Zur Orientierung der Aufzugsbenutzer ist es notwendig, für den Aufzug bestimmte, der Bauart und der Steuerung des Aufzuges entsprechende Signaleinrichtungen vorzusehen.

Notrufanlage. Sie ist für alle Aufzüge vorzusehen, bei denen das Mitfahren von Personen gestattet ist.

Rufquittung. Die Quittung für eine Befehlsannahme soll bei allen Sammelsteuerungen durch das Aufleuchten einer Lampe in den Befehlstastschaltern angezeigt werden.

Stockwerksanzeiger. Nur in Fahrkörben mit Fahrkorbtüren sind elektrische Stockwerksanzeiger (Fahrkorbstandanzeiger) erforderlich.

An den Zugangsstellen sind möglichst keine Fahrkorbstandortanzeigen vorzusehen.

Fahrtrichtungsanzeiger. Sie sind in Form von Leuchtpfeilen nur im Zusammenhang mit elektrischen Stockwerksanzeigern vorzusehen (**848**.2).

Weiterfahrtanzeiger. Bei Gruppen-Sammelsteuerungen sind an den Schachtzugängen Weiterfahrtanzeiger in gut erkennbarer Form anzubringen (**848**.2). Sie müssen vor dem Anhalten des Fahrkorbes aufleuchten, um so den Fahrgast auf den für ihn vorgesehenen Aufzug rechtzeitig zum Einsteigen aufmerksam zu machen.

Bei Gruppen mit mehr als 2 Aufzügen sind sie durch ein akustisches Signal zu ergänzen.

„Benutze" Lampe. Sie sind für alle Aufzüge mit Außen- und Selbstfahrerdruckknopfsteuerung vorzusehen.

„Aufzug hier" Lampe. Sie sind für alle nicht betretbaren Aufzüge ohne Schauöffnung in den Fahrschachttüren vorzusehen.

14.6.3 Sicherheitstechnische Einrichtungen

Fangvorrichtung. Fahrkörbe, die nicht durch Stützketten oder unmittelbar durch Kolben getragen werden, müssen eine Fangvorrichtung haben.

Fangvorrichtungen müssen durch einen Geschwindigkeitsbegrenzer eingerückt werden, wenn die Betriebsgeschwindigkeit des Aufzuges in der Abwärtsfahrt überschritten wird und dabei die Auslösegeschwindigkeit erreicht ist.

Ist ein Fahrkorb oder ein Gegengewicht mit mehreren Fangvorrichtungen versehen, müssen diese als Bremsvorrichtungen ausgebildet sein.

Bremsfangvorrichtung. Bremsfangvorrichtungen müssen den mit der Nutzlast beladenen Fahrkorb aus dem freien Fall mit einer mittleren Verzögerung von mindestens 0,2 g und höchstens 1,4 g stillsetzen.

Geschwindigkeitsbegrenzer. Aufzüge mit Fangvorrichtungen müssen mit Geschwindigkeitsbegrenzern ausgerüstet sein.

Sie müssen in der Abwärtsfahrt die Fangvorrichtung zur Wirkung bringen, wenn die Betriebsgeschwindigkeit überschritten wird,
mit einer von Hand zu betätigenden Einrichtung versehen sein, die ein Einrücken der Fangvorrichtung über den Geschwindigkeitsbegrenzer ermöglicht und
eine elektrische Sicherheitseinrichtung haben.

Der Geschwindigkeitsbegrenzer muß entweder im Triebwerksraum, im Rollenraum oder im Fahrschacht untergebracht sein.

Ist der Geschwindigkeitsbegrenzer im Fahrschacht untergebracht, muß er durch eine Wartungsöffnung erreicht werden können.

Puffer. Die Fahrbahnen des Fahrkorbes und des Gegengewichtes müssen nach unten durch Puffer begrenzt werden. Dies gilt nicht für Aufzüge, bei denen der Bauart nach das Überfahren der Endhaltestellen unmöglich ist.

Puffer für den Fahrkorb müssen in der Schachtgrenze angebracht sein. Sie dürfen am Fahrkorb befestigt sein, wenn sie auf Sockel von mindestens 50 cm Höhe auftreffen.

Puffer für das Gegengewicht dürfen in der Schachtgrenze oder am Gegengewicht angebracht sein.

Elektrische Ausrüstung. Im Triebwerksraum oder im Fahrkorb muß ein Schalter vorhanden sein, mit dem Fahrbefehle der Außensteuerung unwirksam gemacht werden können.

Gespeicherte Fahrbefehle brauchen nicht gelöscht zu werden.

Fahrkörbe müssen eine elektrische Beleuchtung haben. Die Stärke dieser Beleuchtung muß DIN 5035 genügen. Triebwerksräume einschließlich ihrer Zugangswege, Fahrschachtzugänge, Fahrschacht und Rollenräume müssen fest installierte Raumleuchten haben.

Auf der Fahrkorbdecke, in Triebwerksräumen, in Rollenräumen und in der Schachtgrube muß eine Steckdose vorhanden sein.

Im Fahrkorb und auf der Fahrkorbdecke muß ein Notbremsschalter vorhanden sein. Sind Fahrkorbzugänge ohne Fahrkorbtüren mehr als 4 m voneinander entfernt, muß an jedem Zugang ein Notbremsschalter angebracht sein.

Aufzüge müssen mit einer im Fahrkorb zu betätigenden Notrufeinrichtung ausgerüstet sein.

Der Notruf muß vom Aufzugswärter oder von Personen, die im Falle eines Notrufes den Aufzugswärter verständigen, gehört und als solcher erkannt werden.

Bei Aufzügen mit mehr als 25 m Förderhöhe muß die Notrufeinrichtung durch eine Sprechanlage zwischen Fahrkorb und regelmäßigem Aufenthaltsort des Aufzugswärters ergänzt sein.

Fällt die Netzspannung für die Fahrkorbbeleuchtung und die Notrufeinrichtung aus, muß eine Hilfsstromquelle die Notrufeinrichtung noch mindestens eine Stunde betriebsbereit halten.

Während dieser Zeit muß eine Hilfsbeleuchtung im Fahrkorb wirksam sein.

14.7 Behinderten-Aufzüge

Allgemeine Anforderungen. Damit dem behinderten Rollstuhlfahrer (**851**.1) die freizügige Wahl der Wohnung gewährleistet werden kann, müssen alle Wohnungen in jedem größeren Wohngebäude über gefahrlos benutzbare Aufzüge von ausreichender Größe erreichbar sein.

851.1
Internationales Bildzeichen, Symbol für Rollstuhlbenutzer (nach DIN 18024)

In DIN 18025 T. 1 ist die Notwendigkeit festgelegt, daß für in Obergeschossen liegende Behinderten-Wohnungen ein Aufzug erforderlich ist.

In DIN 18024 T. 2 ist für Behinderte und alte Menschen festgelegt, daß zur Überwindung von Niveauunterschieden vertikale Beförderungsmittel (z. B. Aufzug) erforderlich sind.

Nach beiden Vorschriften ist der Fahrkorb mindestens eines Aufzuges wie folgt zu bemessen:

Breite $\geqq$ 110 cm, Tiefe $\geqq$ 140 cm und Türbreite $\geqq$ 80 cm.

Die größte Rollstuhlbreite beträgt ca. 78 cm, während der Autorollstuhl ca. 66 cm breit ist.

Soweit irgend möglich, sollte das lichte Maß der Türöffnung auf mindestens 90 cm erhöht werden.

In Gebäuden mit größerer Besucherzahl ist nach DIN 18024 T. 2 mindestens ein Aufzug mit einer lichten Türbreite von 110 cm vorzusehen.

Der Fahrkorb ist mit Haltegriffen auszustatten.

Die in den DIN-Vorschriften geforderte Mindestbewegungsfläche vor den Aufzugszugängen von 140 × 140 cm ist für das Drehen des Rollstuhlfahrers vor oder nach der Aufzugsbenutzung erforderlich.

Diese Bewegungsfläche darf keine stark benutzte Verkehrsfläche sein.

Die Bewegungsfläche sollte jedoch in der Breite über das DIN-Maß von 140 cm auf 160 cm erhöht werden, da Bewegungsstudien zeigen, daß 140 cm nicht ausreichen (**852**.1).

Bei öffentlichen Gebäuden sollte außerdem zu Treppen, die dem Aufzug gegenüberliegen, ein zusätzlicher Schutzabstand von 100 cm eingehalten werden (**852**.2).

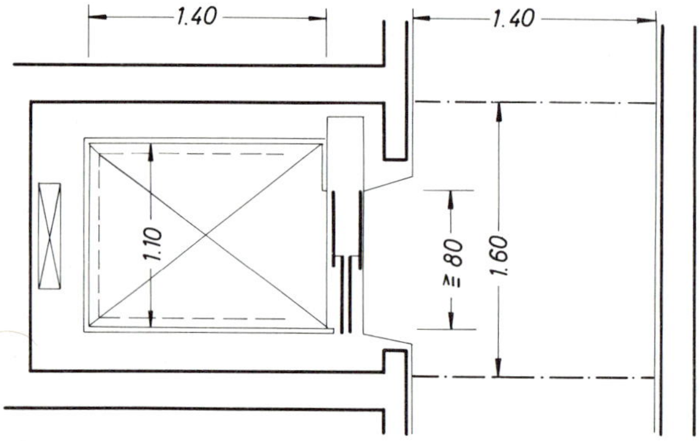

852.1
Behinderten-Aufzug, Kabinen-Mindestmaße, Teleskoptüren und Bewegungsfläche (M 1:50)

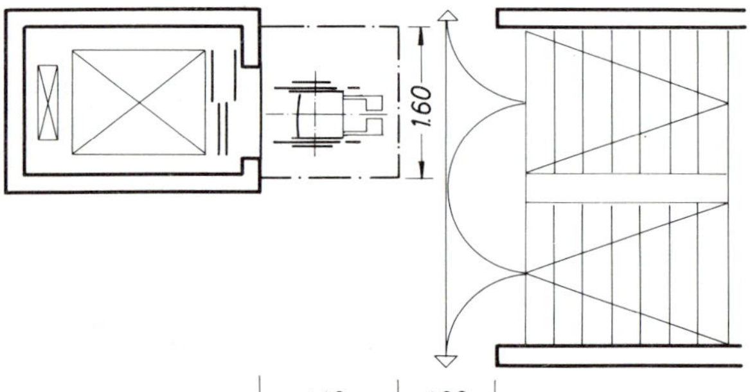

852.2
Behinderten-Aufzug, Schutzabstand zu Treppen (M 1:100)

Diese Bewegungsfläche muß auf jeden Fall vergrößert werden, wenn die Möglichkeit besteht, daß ein Rollstuhlfahrer den Aufzug verläßt, während ein zweiter den Aufzug benutzen will.

Dieser zusätzliche Platzbedarf kann jedoch in der allgemeinen Verkehrsfläche liegen.

Bedienungsknöpfe. Die Anordnung des Heranholknopfes sollte sorgfältig überlegt werden. Die übliche Anbringung des Befehlstastschalters außen neben der Aufzugstür ist für Rollstuhlfahrer ungeeignet. Besser ist ein Platz etwa 100 cm von der Aufzugstür entfernt und möglichst so, daß dem Rollstuhlfahrer zusätzliches Wenden erspart bleibt.

Dieser Befehlsschalter muß, von der Standardausführung abweichend, aureichend groß (z. B. Flächenschalter 5 × 5 cm) sein, da Behinderte mit schweren Motorikstörungen nicht in der Lage sind, den Serientastschalter zu betätigen.

Die Anbringungshöhe des Schalters wird nach DIN mit 105 cm über Fußboden empfohlen, sie sollte 120 cm nicht übersteigen (**853**.1).

Der Bedienungsschalter ist deutlich als Aufzugs-Heranholschalter zu kennzeichen.

In Gebäuden mit Aufzugsanlagen für Schwerbehinderte sind auch Kontaktmatten als Aufzugsruf geeignet.

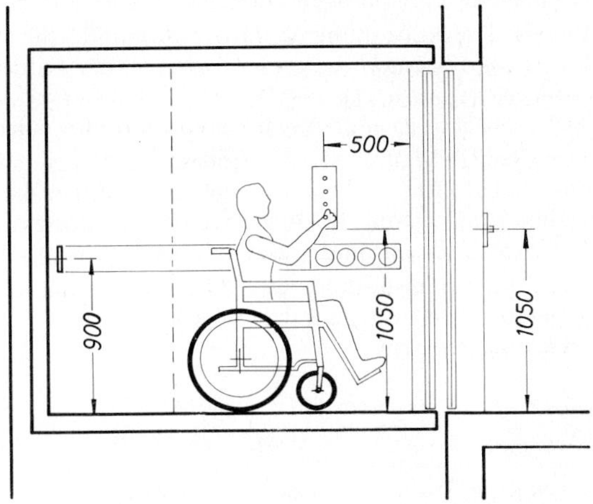

853.1
Anordnung der Bedienungsknöpfe innerhalb und außerhalb des Behinderten-Fahrkorbes (M 1:50) (nach Stemshorn)

Sie erfordern jedoch außer höheren Investitionskosten einen größeren Wartebereich vor dem Aufzug, damit der Fahrkorb nicht unbeabsichtigt vom vorbeigehenden Verkehr gerufen wird.

Aus Sicherheitsgründen wird für alle Behinderten-Aufzugsanlagen empfohlen, die Türsteuerungen der Fahrkorb- und Schachttüren über vertikale und horizontale Lichtschranken zu regeln (**853**.2).

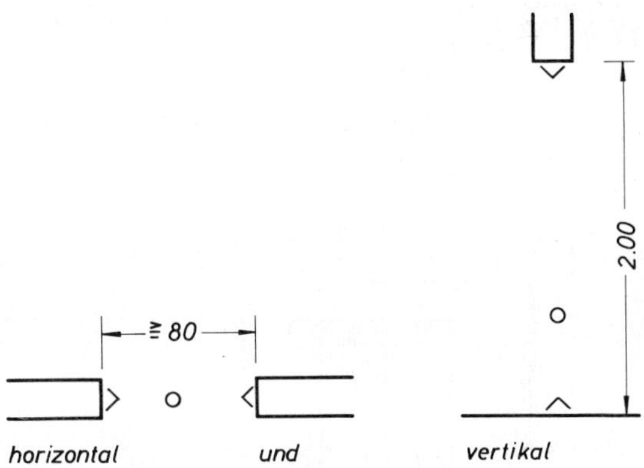

853.2
Lichtschranken-Steuerung, horizontal und vertikal, für Behinderten-Aufzüge (M 1:50)

Türen. Die Türart muß für den Schachtabschluß und den Fahrkorb immer gleich sein.

Handbetätigte Drehtüren als Schachtabschlußtüren sind für Rollstuhlbenutzer wie auch für gehfähige Schwerbehinderte ohnehin ungeeignet.

Es sind stets automatische Fahrkorb- und Schachttüren vorzusehen.

In Frage kommen 1- und 2-flügelige Schiebetüren sowie 2- und 4-flügelige Teleskoptüren.

Bei überbreiten Türen empfiehlt es sich, aus Gründen Schachtabmessungen und der verkürzten Aufenthaltszeiten, zentral öffnende Türen vorzusehen.

Fahrkorb. Die Behinderten-Kabinengröße von 110 × 140 cm ergibt eine Grundfläche von 1,54 qm mit einer Tragkraft von 600 kg für 8 Personen (s. auch Taf. **833**.1).

Der zum Krankentransport geeignete Aufzug von 110 × 210 cm hat eine Grundfläche von 2,10 qm mit einer Tragkraft von 900 kg für 12 Personen (**845**.2).

Die DIN-Vorschriften fordern, daß die Druckknopftafel an der Stirnseite der Aufzugskabine in 105 cm Höhe über dem Fußboden anzuordnen ist.

Diese Anordnung ist nicht überall möglich, da hier je nach Aufzugsart eine Trenntür liegen kann (**845**.2).

Eine bessere Anordnung der Druckknopftafel dürfte an einer Kabinenseitenwand in 105 bis höchstens 120 cm Höhe etwa 50 cm von der Fahrkorbtür entfernt sein (**853**.1).

Bei dieser Anordnung bleibt es dem Rollstuhlfahrer überlassen, ob er vorwärts oder rückwärts in den Aufzug einfährt, da er die Knöpfe gleich gut bedienen kann.

Dem Rollstuhlfahrer ist das Verlassen des Fahrkorbes ohne fremde Hilfe nur möglich, wenn die Feinfahrt so exakt eingestellt werden kann, daß der Kabinenboden und die Fußbodenoberkante des angefahrenen Geschosses auf gleicher Höhe liegen und der Abstand zwischen Kabinen- und Geschoßfußboden nicht mehr als 15 mm beträgt (**854**.1).

Als dringend notwendig werden eine Notrufanlage oder ein Telefon im Förderkorb angesehen. Der Aufzug sollte außerdem immer an einer vorhandenen Netzersatzanlage angeschlossen sein.

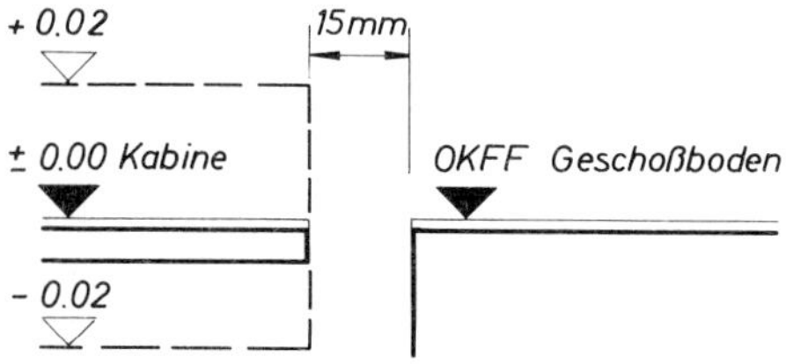

854.1
Behinderten-Aufzug, Feinfahrt, maximale Toleranzen (M 1:2)

14.8 Einbau

Der Einbau des Aufzuges ist die Aufgabe der Aufzugsfirma. Dazu wird in der Regel vorausgesetzt, daß sich der Aufzugsschacht und der Triebwerksraum im montagereifen, also baufertigem Zustand befinden.

Gelegentlich ist es möglich, die Aufzugsmontage dem Baufortgang anzupassen. Dabei wird z. B. die vormontierte Aufzugskabine in den noch offenen Schacht von oben eingesetzt.

Stets ist jedoch in jeder Etage des Aufzugsschachtes eine bauseitig zu stellende Gerüstlage nach Angabe der Aufzugsfirma vorzusehen (**854**.2).

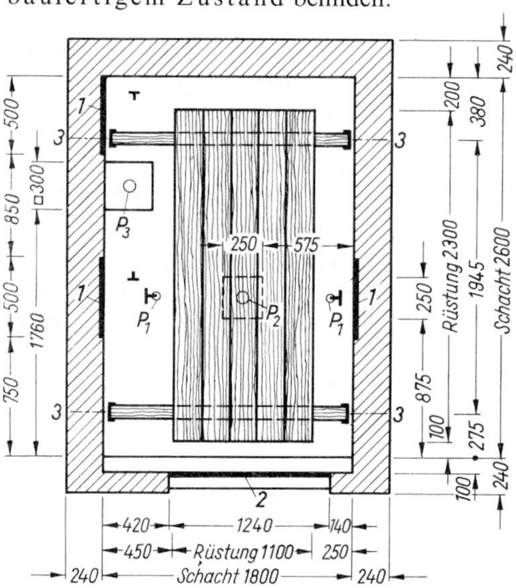

854.2
Gerüstlage im Fahrschacht eines Personenaufzuges mit Seilantrieb (zu Bild **835**.1) (M 1:50) (Schindler Aufzügefabrik GmbH, Berlin)

P_1 bis P_3 s. **841**.1 und **845**.2

1 Profil-Ankerschiene, 500 mm lang
2 Halfeneisen 40 × 22 mm, 1200 mm lang
3 vermaßte Punkte zur Befestigung der bauseitigen Gerüstbalken durch Aussparungen, Ankerschienen oder Gerüsthülsen

Im Fahrschacht und im Maschinenraum sind bauseitig die Mauerdurchbrüche für die Fahrschachttüren, die Ankerlöcher für die Ankereisen oder Halfenschienen zur Befestigung der Fahrkorb- und Gegengewichtsführungsschienen, der Fahrschachttürzargen, der Außendruckknopf- und Anzeigekästen vorzusehen.

In der Schachtgrube sind die Aufsetzsockel für den Fahrkorb und das Gegengewicht herzustellen.

Im Triebwerksraum sind die Deckendurchbrüche für die Tragseile, das Reglerseil, das Antriebsseil für das Kopierwerk, das Betätigungsseil für den Grenzschalter und die elektrischen Leitungen anzulegen.

Nach dem Stellen der Fahrkorb- und Gegengewichtsführungsschienen, der Fahrschachttüren und der übrigen Aufzugsteile sind die Ankereisen bauseitig einzubetonieren.

Für die Montage ist neben der Stellung der Montagerüstung auch die Montagebeleuchtung und der Drehstrom für die Montage sowie das Einfahren des Aufzuges vorzuhalten.

Die Abnahme des Aufzuges durch die Abnahmebehörde (TÜV, TÜA) ist bauseitig zu veranlassen.

14.9 Baugestaltungsfragen

Wie bereits vorher erwähnt, werden Personenaufzüge mit Seilantrieb und mit über dem Aufzugschacht angeordnetem Triebwerk aus technischen und wirtschaftlichen Gründen allen anderen Ausführungsmöglichkeiten gegenüber vorgezogen.

Diese Ausführungsart erfordert indessen einen Fahrschachtkopf mit darüberliegendem Maschinenraum in einer Gesamthöhe von 5,2 bis 5,5 m lichter Höhe über OKFF der obersten Haltestelle des Aufzuges.

Hieraus ergibt sich bei Flachdachbauten die Notwendigkeit eines klotzartigen Dachaufbaues, dessen Grundrißaußenmaße für einen Aufzug ca. 2,30 × 3,10 m betragen, und der die Dachdecke um $\geqq$ 2,50 m überragt.

Obwohl derartige Dachaufbauten die Gesamterscheinung eines Gebäudes nicht unwesentlich beeinflussen, wird es bedauerlicherweise immer noch sehr häufig unterlassen, sie in die architektonische Gestaltung des Gesamtbaukörpers einzubeziehen.

Sie rufen dann vielmehr den Eindruck scheinbar nachträglich hinzugefügter unorganischer und unschöner Ergänzungen eines im übrigen vielleicht ansprechend durchgebildeten Baukörpers hervor.

Eine harmonische Durchbildung des Gesamtbauwerkes, die neben der Erfüllung zwingender Vorschriften des öffentlichen Rechtes in gleicher Weise eine besondere Aufgabe des Architekten ist, dürfte indessen auch unter Einbeziehung der Dachaufbauten der Personenaufzüge mit einiger Mühe in den allermeisten Fällen zu erreichen sein.

Hierfür können an dieser Stelle nur einige Lösungsmöglichkeiten angedeutet werden:

Optisches Zurücktreten des Dachaufbaues hinter einer Mauerbrüstung des Hauptbaukörpers oder durch Verkleidung der Außenflächen des Aufbaues

vorgezogene verbindende Dachplatte über dem Aufbau bei Dachterrassen

Einbeziehung des durch die Anordnung der Dachaufbauten sich ergebenden Rhythmus in die Fassadengestaltung

Verbindung der Dachaufbauten mit hochgezogenen Treppenhäusern

Zusammenziehen einzelner Dachaufbauten für Aufzüge, Dachheizzentralen, Klimazentralen, Treppenaustritte, Dachfenster, auch Dachwohnungen u. ä. zu größeren Einheiten.

14.10 Technische Regeln

Deutsche Normen

DIN 15306 Aufzüge; Personenaufzüge für Wohngebäude; Baumaße, Fahrkorbmaße, Türmaße (09.77)

DIN 18024 T. 2 Bauliche Maßnahmen für Behinderte und alte Menschen im öffentlichen Bereich; Planungsgrundlagen, Öffentlich zugängige Gebäude (04.76)

DIN 18025 T. 1 Wohnungen für Schwerbehinderte; Planungsgrundlagen; Wohnungen für Rollstuhlbenutzer (01.72)

DIN 18090 Aufzüge; Flügel- und Falttüren für Fahrschächte mit feuerbeständigen Wänden (02.69)

DIN 18091 Aufzüge; Horizontal- und Vertikal-Schiebetüren für Fahrschächte mit feuerbeständigen Wänden (02.69)

DIN 18092 Kleinlasten-Aufzüge; Vertikal-Schiebetüren für Fahrschächte mit feuerbeständigen Wänden (05.63)

Europäische Normen

DIN EN 81 T. 1 Sicherheitsregeln für die Konstruktion und den Einbau von Personen- und Lastenaufzügen sowie Kleingüteraufzügen; Teil 1: Elektrisch betriebene Aufzüge (05.78)

Technische Regeln für Aufzüge

TRA 001 Allgemeines, Aufbau und Anwendung der Technischen Regeln für Aufzüge (TRA) (06.83)

TRA 200 Personenaufzüge; Lastenaufzüge (12.83)

VDI-Richtlinien

VDI 2566 Lärmminderung an Aufzugsanlagen (06.71)

VdTÜV-Merkblätter

VdTÜV 103 Richtlinien für Behindertenaufzüge (01.83)

Abkürzungen

ABS	Acrylnitril-Butadien-Styrol
AD	Arbeitsgemeinschaft Druckbehälter
AEG	Allgemeine Elektricitäts-Gesellschaft
AKO	Abflußrohrkontor
ARGE	Arbeitsgemeinschaft
Argebau	Arbeitsgemeinschaft Bauwesen
ASA	Acrylester-Styrol-Acrylnitril
ATV	Abwassertechnische Vereinigung
BD	Bodendurchbruch
BK	Bodenkanal
BS	Bodenschlitz
Bw	Belastungswert
CS	Chromnickelstahl
DD	Deckendurchbruch
DDA	Deutscher Dampfkesselausschuß
DEA	Druckerhöhungsanlage
DIN	Deutsches Institut für Normung
DIN EN	Deutsches Institut für Normung Europäische Norm
DN	Durchmesser nominal
DS	Deckenschlitz
DVFG	Deutscher Verband Flüssiggas
DVGW	Deutscher Verein des Gas- und Wasserfaches
E	Einwohner
EA	Entwässerungsanlage
EA	Einzelantennenanlage
EL	extra leicht
EN	Europäische Norm
EnEG	Energieeinsparungsgesetz
EVU	Elektrizitäts-Versorgungs-Unternehmen
FI	Fehlerstrom
FTZ	Fernmeldetechnisches Zentralamt
FU	Fehlerspannung
GA	Gemeinschaftsantennenanlage
GA	gußeisernes Abflußrohr
GFK	glasfaserverstärktes Kunstharz
GGA	Groß-Gemeinschafts-Antennenanlage
GMT	Großmülltonne
GT	Jahres-Gradtagzahl
GUP	glasfaserverstärktes ungesättigtes Polyesterharz
GUV	gesetzliche Unfallversicherung
GVU	Gasversorgungsunternehmen
GW	Grundwasser
GWH	Gaswasserheizer
HA-PL	Hausanschluß- oder Haus-Potentialausgleichsleitung
HBR	Heizölbehälter-Richtlinien
HDPE	Polyethylen hart
HEA	Hauptberatungsstelle für Elektrizitätsanwendung
HeizAnlV	Heizungsanlagen-Verordnung
Heiz-BetrV	Heizungsbetriebs-Verordnung
HeizkostenV	Verordnung über Heizkostenabrechnung
HLS	Haushalt-Leitungsschutzschalter
HP	Heizperiode
HQA-Lampen	Quecksilberdampf-Hochdrucklampen
HT	Haupttarif
HT	hochtemperaturbeständig
HU-Schalter	Haushalts-Umschalter
HWH	Heißwasserheizung
IEC	Internationale Elektrotechnische Kommission
ISO	Internationale Organisation für Normung
LDPE	Polyethylen weich
LS-Schalter	Leitungsschutzschalter
LTG	Lüftungstechnische Gesellschaft
LVK	Lichtverteilungskurve oder Lichtstärke-Verteilungskurve
LW	lichte Weite
MAK	maximale Arbeitsplatzkonzentration
MGB	Müllgroßbehälter
MIK	maximale Immissionskonzentration
MSR-Anlagen	Meß-, Steuer- und Regelanlagen
N	Neutralleiter oder Nulleiter
ND	Niederdruck
NDD	Niederdruck-Dampf
NH-Sicherungen	Niederspannungs-Hochleistungs-Sicherungen
NHM-Leitung	Niederspannungs-Hochleistungs-Mantelleitung

NL	Niederdruck-Leuchtstoff
NT	Nachttarif oder Niedertarif
NT	Niedertemperatur
NW	Nennweite
NYM	Kunststoffmantelleitung
NYY	Kunststoffkabel
OKFF	Oberkante Fertigfußboden
PA	Polyamid
PB	Polybuten
PE	Polyäthylen
PE	Schutzleiter
PKW	Pumpenkaltwasser
PL	Potentialausgleichsleitung
PP	Polypropylen
PPs	Polypropylen schwer entflammbar
PU	Polyurethan
PVC	Polyvinylchlorid
PVCC	chloriertes Polyvinylchlorid
PWW	Pumpenwarmwasser
PWWH	Pumpen-Warmwasserheizung
RAL	Deutsches Institut für Gütesicherung und Kennzeichnung
RTL	Raumlufttechnik
S-Schalter	Schutz-Schalter
SCHUKO	Schutzkontakt
SML	Super Metallit
SR	Sicherheitsrücklauf
SR	Sicherheitstechnische Richtlinie
Stz	Steinzeug
SV	Sicherheitsventil
SV	Sicherheitsvorlauf
SWH	Schwerkraft-Warmwasserheizung
TAB	Technische Anschlußbedingungen der Elektrizitätswerke
TRA	Technische Regeln für Aufzüge
TRbF	Technische Regeln für brennbare Flüssigkeiten
TRF	Technische Regeln Flüssiggas
TRGI	Technische Regeln für Gas-Installationen
TRK	Technische Richtkonzentration
TÜA	Technisches Überwachungsamt
TÜV	Technischer Überwachungsverein
TVSG	Technische Vereinigung für Schraubenverbindungen und Gewinderohre
UK	Unterkante
UKD	Unterkante Decke
UV	ultraviolett
VBG	Unfallverhütungsvorschriften der gewerblichen Berufsgenossenschaften
VDE	Verband Deutscher Elektrotechniker
VDEW	Vereinigung Deutscher Elektrizitätswerke
VDI	Verein Deutscher Ingenieure
VdTÜV	Vereinigung der Technischen Überwachungs-Vereine
VOB	Verdingungsordnung für Bauleistungen
VPE	vernetztes Polyäthylen
WärmeschutzV	Wärmeschutzverordnung
WD	Wanddurchbruch
WF	Wohnfläche
WHG	Wasserhaushaltsgesetz
WICU	wärmeisoliertes Kupferrohr
WS	Wandschlitz
WVU	Wasserversorgungsunternehmen
WW	Warmwasser
WWB	Warmwasserbereitung
WWH	Warmwasserheizung
ZMV	zugfeste Muffenverbindung
ZTA	Zusammenstellung technischer Anforderungen
ZTA-Heizräume	Zusammenstellung technischer Anforderungen an Heizräume
ZVEI	Zentralverband der Elektrotechnischen Industrie

Einheiten

Ab 1. 1. 1978 dürfen im geschäftlichen und amtlichen Verkehr aufgrund des Gesetzes über Einheiten im Meßwesen vom 2. 7. 1969 auch im Bauwesen nur noch die SI-Einheiten (SI = Système International d'Unités = Internationales Einheitssystem) verwendet werden.

Da bis zu diesem Zeitpunkt noch nicht alle DIN-Normen im Bau- und Wasserwesen umgestellt werden konnten, hat der ETB-Ausschuß (Ausschuß für einheitliche Technische Baubestimmungen) Übergangsregelungen beschlossen und „Ergänzende Bestimmungen zu DIN-Normen im Bauwesen und im Wasserwesen, die noch nicht auf gesetzliche Einheiten umgestellt sind (ETB-Ergänzung, Fassung Dezember 1977)" herausgegeben.

Die neue gesetzliche Krafteinheit ist das Newton (N) mit der Beziehung:

$$1\ \text{kp} = 1\ \text{kg} \cdot 9{,}81\ \text{m/s}^2 = 9{,}81\ \text{N} \mathrel{\hat{=}} 10\ \text{N} \qquad \text{(Bis 31. 12. 1977 galt 1 kp = 1 kg)}$$

Im Anwendungsbereich der Normen wird für 1 kp = 0,01 kN für 1 Mp = 10 kn (Taf. **1**) und für 1 kp/cm^2 = 0,1 MN/m^2 (Taf. **2**) gesetzt, wobei 1 MN/m^2 = 1 N/mm^2 ist.

Tafel **1** Umrechnungstafel für Kräfte und Einzellasten (entsprechend 1 kp = 9,80665 N ~ gerundet [Abweichung 2%]: 1 kp = 10 N)

bisherige Einheiten			gesetzliche Einheiten		
p	kp	Mp	N	kN	MN
1					
10			0,10		
100	0,1		1,0		
1000	1		10		
	10		100	0,10	
	100	0,1	1000	1,0	
	1000	1		10	
		10		100	0,10
		100		1000	1,0
		1000			10

Tafel **2** Umrechnungstafel für Kraft je Fläche (Flächenlasten, Spannungen, Festigkeiten und Druck)

bisherige Einheiten				gesetzliche Einheiten			
				N/m²	kN/m²	(bar)¹)	MN/m²
kp/m²	Mp/m²	kp/cm²	kp/mm²				N/mm²
mm WS	m WS	at		Pa	kPa		MPa
0,1				1,0			
1				10			
10				100	0,10		
100				1000	1,0		
1000	1				10	(0,10)	
	10	1			100	(1,0)	0,10
	100	10			1000	(10)	1,0
	1000	100	1			(100)	10
		1000	10			(1000)	100
			100				1000
			1000				

¹) Diese Einheit unterscheidet sich von den benachbarten nicht um den Faktor 10^3 und ist deshalb zur Vermeidung von Irrtümern nur bei Messungen mit Druckmeßgeräten anzuwenden, die auf bar geeicht sind.

Nach Nr. 2 der ETB-Ergänzung sind nicht mehr zulässige Einheiten mit den in Tafel **1** angegebenen Faktoren umzurechnen. Vielfache, Teile oder zusammengesetzte Einheiten, die in der Tafel **1** nicht enthalten sind, sind sinngemäß umzurechnen, s. DIN 1080 Teil 1, Ausg. Juni 1976, Erläuterungen zu Abschn. 5.

Tafel **3** Umrechnungsfaktoren für Einheiten-Beispiele

1 kp	=	0,01	kN			
1 kp/cm²	=	0,1	MN/m²	=	0,1	N/mm²
1 at	=	0,1	MN/m²	=	1,0	bar
1 atü	=	1,0	bar	=	0,01	MN/m²
1 m WS	=	0,1	bar	=	0,01	MN/m²
1 mm WS	=	10	N/m²	=	10	Pa (Pascal)
1 kp m	=	0,01	kNm	=	10	J (Joule)
1 kcal	=	4,2	kJ (Kilojoule)			
1 kcal/h	=	1,163	W (Watt)			
1 PS	=	0,74	kW (Kilowatt)			
1 grd	=	1	K (Kelvin)			
1 g	=	1	gon			
1 Torr	=	1,33	mbar	=	133	Pa

Tafel **4** Beispiele für die Anwendung der gesetzlichen SI-Einheiten im Bauwesen (entspr. DIN 1080, Teil I) mit den einschlägigen Umrechnungen, neu und bisher

Größe	Gegenüberstellung				Umrechnung
	bisher		neu		
	Formelzeichen	Einheit	Formelzeichen	gesetzl. Einheit n. DIN 1080	
Länge	l	m	l	m	
Fläche	F	m^2	A	m^2	
Volumen	V	m^3	V	m^3	
Trägheitsmoment	l	m^4	l	m^4	
Widerstandsmoment	W	m^3	W	m^3	
Winkel	$\alpha; \beta; \gamma$	°	$\alpha; \beta; \gamma$	°	
Masse	m	t; kg	m	t; kg	1 t = 1000 kg
Dichte	p_o	$\frac{t}{m^3}; \frac{kg}{dm^3}$	p_o	$\frac{t}{m^3}; \frac{kg}{dm^3}$	
Rohdichte	p	$\frac{t}{m^3}; \frac{kg}{dm^3}$	p	$\frac{t}{m^3}; \frac{kg}{dm^3}$	$1 \frac{t}{m^3} = 1 \frac{kg}{dm^3}$ (für Dichte, Rohdichte, Schüttdichte)
Schüttdichte	p_s	$\frac{t}{m^3}; \frac{kg}{dm^3}$	p_s	$\frac{t}{m^3}; \frac{kg}{dm^3}$	
Wichte	γ	$\frac{Mp}{m^3}; \frac{p}{cm^3}$	γ	$\frac{kN}{m^3}$	$1 \frac{kN}{m^3} = 0{,}1 \frac{Mp}{m^3} = 0{,}1 \frac{p}{cm^3}$
Kraft, Schnittkraft Einzellast	P	kp	F	kN	1 kN = 100 kp
Streckenlast	$g; p; s; w$	$\frac{kp}{m}$	$g; p; s; w$	$\frac{kN}{m}$	$1 \frac{kN}{m} = 100 \frac{kp}{m}$
Flächenlast	$g; p; s; w$	$\frac{kp}{m^2}$	$g; p; s; w$	$\frac{kN}{m^2}$	
Staudruck	q	$\frac{kp}{m^2}$	q	$\frac{kN}{m^2}$	$1 \frac{kN}{m^2} = 100 \frac{kp}{m^2}$ (für Flächenlast, Staudruck, Winddruck)
Winddruck	w	$\frac{kp}{m^2}$	w	$\frac{kN}{m^2}$	
Spannung	$\sigma; \tau$	$\frac{kp}{cm^2}$	$\sigma; \tau$	$\frac{MN}{m^2}; \frac{N}{mm^2}$	
Festigkeit	β	$\frac{kp}{cm^2}$	β	$\frac{MN}{m^2}; \frac{N}{mm^2}$	$1 \frac{MN}{m^2} = 1 \frac{N}{mm^2} = 10 \frac{kp}{cm^2}$ (für Spannung, Festigkeit, Elastizitätsmodul)
Elastizitätsmodul	E	$\frac{kp}{cm^2}$	E	$\frac{MN}{m^2}; \frac{N}{mm^2}$	
Druck[1])	p	$\frac{kp}{cm^2}$	p	$\frac{MN}{m^2}$	$1 \frac{MN}{m^2} = 10 \frac{kp}{cm^2}$
Moment	M	kpm	M	kNm	1 kNm = 100 kpm
Dehnung	ε	$\frac{m}{m}$	ε	$\frac{m}{m}$	

Weitere mögliche Einheiten:

[1]) MPa = 1 MN/m^2 = 10 bar   1 Pa = 1 N/m^2 = $1 \cdot 10^{-5}$ kp/cm^2

Fortsetzung s. nächste Seite

Fortsetzung Tafel **4**

Größe	Gegenüberstellung				Umrechnung
	bisher		neu		
	Formelzeichen	Einheit	Formelzeichen	gesetzl. Einheit n. DIN 1080	
Energie[2])	W	kpm	W	Ws; kWh	$1\ \text{kWh} = 3{,}6 \cdot 10^6\ \text{Ws} =$ $= 3{,}6 \cdot 10^5\ \text{kpm}$
Arbeit	A	kpm	W	kNm	$1\ \text{kNm} = 100\ \text{kpm}$
Wärmemenge	Q	kcal	Q	Ws; kWh; (J)	$1\ \text{kWh} = 3{,}6 \cdot 10^6\ \text{Ws}$ $1\ \text{kcal} = 4187\ \text{Ws}\ (= 4{,}2\ \text{kJ})$
Leistung	N	$\frac{\text{kpm}}{\text{s}}$; PS	P	kW	$1\ \text{kW} = 100\ \frac{\text{kpm}}{\text{s}} = 1{,}36\ \text{PS}$
Temperatur	t	°C	t	°C	
	t	°C	T	K	$0\ \text{K} = -273\ °\text{C};\ 0\ °\text{C} = 273\ \text{K}$
Temperaturdifferenz	Δt	°C	ΔT; Δt	K; °C	$1\ \text{K} = 1\ °\text{C}$
Wärmeleitfähigkeit	λ	$\frac{\text{kcal}}{\text{m h °C}}$	λ	$\frac{\text{W}}{\text{m K}}$	$1\ \frac{\text{W}}{\text{m K}} = 0{,}86\ \frac{\text{kcal}}{\text{m h °C}}$ bzw. $1\ \frac{\text{kcal}}{\text{m h °C}} = 1{,}163\ \frac{\text{W}}{\text{m K}}$
Wärmedurchlaßkoeffizient	Λ	$\frac{\text{kcal}}{\text{m}^2\text{h °C}}$	Λ	$\frac{\text{W}}{\text{m}^2\text{K}}$	bzw. (gilt für Λ, α, k)
Wärmeübergangskoeffizient	α	$\frac{\text{kcal}}{\text{m}^2\text{h °C}}$	α	$\frac{\text{W}}{\text{m}^2\text{K}}$	
Wärmedurchgangskoeffizient	k	$\frac{\text{kcal}}{\text{m}^2\text{h °C}}$	k	$\frac{\text{W}}{\text{m}^2\text{K}}$	$1\ \frac{\text{kcal}}{\text{m}^2\text{h °C}} = 1{,}163\ \frac{\text{W}}{\text{m}^2\text{K}}$

Weitere mögliche Einheiten:
[2]) 1 J = 1 Ws = 1 Nm

Tafel **5** Umrechnungstafel für Energie, Arbeit, Wärmemenge, Leistung usw.

Größe	bisherige Einheit	gesetzliche Einheit genau	Abweichung < 2%
Energie; Arbeit; Wärmemenge	1 kpm 1 kcal	9,80665 J 4,1868 kJ	10 J 4,2 kJ
Leistung; Energiestrom; Wärmestrom	1 PS 1 kcal/h	0,73549875 kW 1,163 W	0,74 kW 1,16 W
Wärmeübergangskoeffizient	$1\ \text{kcal}/(\text{m}^2 \cdot \text{h} \cdot \text{grd})$	$1{,}163\ \text{W}/(\text{m}^2 \cdot \text{K})$	$1{,}16\ \text{W}/(\text{m}^2 \cdot \text{K})$
Wärmeleitfähigkeit	$1\ \text{kcal}/(\text{m} \cdot \text{h} \cdot \text{grd})$	$1{,}163\ \text{W}/(\text{m} \cdot \text{K})$	$1{,}16\ \text{W}/(\text{m} \cdot \text{K})$

Literatur

Borstelmann, P., Flatow, G.: Handbuch der elektrischen Raumheizung. 5. Aufl. Heidelberg 1975
Bundesverband für den Selbstschutz: Schutzfibel. Köln 1981
Burckhard, B.: Gasinstallation – Rohrweitenberechnung. München 1974
Cerbe, G.: Grundlagen der Gastechnik. München 1981
Dahlhaus, C., Damrath, H.: Wasserversorgung. 7. Aufl. Stuttgart 1978
Diekmann, H.: Kamine drinnen und draußen. 4. Aufl. Braunschweig/Wiesbaden 1980
Feurich, H.: Sanitärinstallation auf Fliesen und Spaltplatten. 3. Aufl. Düsseldorf 1969
Feurich, H., Bösch, K.: Sanitärtechnik. 4. Aufl. Düsseldorf 1979
Flatow, G.: abc der Elektro-Installation. 5. Aufl. Heidelberg 1977
Frick/Knöll/Neumann: Baukonstruktionslehre. Teil 1. 28. Aufl. Stuttgart 1983
Frick/Knöll/Neumann: Baukonstruktionslehre. Teil 2. 27. Aufl. Stuttgart 1983
Gassner, A., Appold, H.: Fachkenntnisse, Sanitärinstallateure. 9. Aufl. Hamburg 1979
Gösele, K., Schüle, S.: Schall, Wärme, Feuchte. 7. Aufl. Wiesbaden 1983
Grasmeiser, K., Lex, H.: Gebäude- und Grundstücksentwässerung. München 1974
Hasse, P., Wiesinger, J.: Handbuch für Blitzschutz und Erdung. 2. Aufl. München 1982
Hosang, Bischof, W.: Abwassertechnik. 8. Aufl. Stuttgart 1984
Hösl, A.: Die neuzeitliche und vorschriftsmäßige Elektro-Installation. 9. Aufl. Heidelberg 1980
Ihle, C.: Klimatechnik für Heizungsbauer. 2. Aufl. Düsseldorf. 1975
Keller, E.: Abfallwirtschaft und Recycling. 1. Aufl. Essen 1977
Knoblauch, H.-J.: Projektbearbeitung von Sanitäranlagen. 3. Aufl. Düsseldorf 1973
Krumlinde, H. H.: Behindertengerechtes Wohnen. Köln 1979
Neufert, E.: Bauentwurfslehre. 30. Aufl. Düsseldorf 1980
Nürnberger, H., Burckhard, B.: Gasinstallation in Zeichnungen. 3. Aufl. München 1983
Radscheit, W., Diebold, E., Hornung, E.: Kommentar zu DIN 1988. 3. Aufl. Stuttgart 1974
Recknagel, H., Sprenger, E.: Taschenbuch für Heizung und Klimatechnik. 62. Aufl. München 1983
Rietschel, H., Raiss, W.: Heiz- und Klimatechnik. Band 1: Grundlagen, Systeme, Ausführung. 15. Aufl. Berlin 1968
Rietschel, H., Raiss, W.: Heiz- und Klimatechnik. Band 2: Verfahren und Unterlagen zur Berechnung. 15. Aufl. Berlin 1970
RWE-Bauhandbuch, Technischer Ausbau. Essen 1983/84
Sage, K.: Handbuch der Haustechnik. Band 1: Heizungsanlagen, Elektrische Anlagen, Förderanlagen. Berlin 1967
Sage, K.: Handbuch der Haustechnik. Band 2: Lufttechnische Anlagen, Gesundheitstechnische Anlagen, Industrielle Förderanlagen. Gütersloh 1970
Stemmshorn, A.: Bauen für Behinderte und Betagte. Stuttgart 1979
Wellpott, E.: Technischer Ausbau. Stuttgart 1979
Wendehorst/Muth: Bautechnische Zahlentafeln. 21. Aufl. Stuttgart 1983

Sachweiser